AF731281

Säugetiere
ZOOTIERHALTUNG

Säugetiere

ZOOTIERHALTUNG

Begründet von W. Puschmann (†),
fortgeführt und neu bearbeitet von T. Schikora und F. Velte

7., überarbeitete und aktualisierte Auflage

VERLAG EUROPA-LEHRMITTEL · Nourney, Vollmer GmbH & Co. KG
Düsselberger Straße 23 · 42781 Haan-Gruiten

Europa-Nr.: 57440

Die Autoren bearbeiteten folgende Kapitel:
T. Schikora: Gepanzerte Nebengelenktiere, Behaarte Nebengelenktiere, Primaten, Raubtiere, anteilig Unpaarhufer, Wale
F. Velte: Eierlegende Säugetiere, Beutelrattenartige, Spitzmausoppossums, Zwergopossums, Beutelmulle, Raubbeutlerartige, Nasenbeutler, Känguruverwandte, Tenrekartige, Rüsselspringer, Röhrchenzähner, Schliefer, Rüsseltiere, Sirenen, Spitzhörnchen, Pelzflatterer, Nagetiere, Hasenverwandte, Igelartige, Spitzmausartige, Fledertiere, Schuppentiere, anteilig Unpaarhufer, Paarhufer

In der EUROPATHEK (siehe Seite 992) steht Ihnen ein Bilder-Paket in Form einer HTML-Struktur zur Verfügung.

7. Auflage 2025
Druck 5 4 3 2 1

ISBN 978-3-8085-5949-9

Alle Rechte vorbehalten. Das Werk ist urheberrechtlich geschützt. Jede Verwertung außerhalb der gesetzlich geregelten Fälle muss vom Verlag schriftlich genehmigt werden.
Bei Fragen zur Produktsicherheit wenden Sie sich bitte an
produktsicherheit@europa-lehrmittel.de

© 2025 by Verlag Europa-Lehrmittel, Nourney, Vollmer GmbH & Co. KG, 42781 Haan-Gruiten
www.europa-lehrmittel.de

Redaktion und Satz: Manuela Kupfer, 35039 Marburg
Umschlaggestaltung: braunwerbeagentur, 42477 Radevormwald
Umschlagfoto: © Lithium366 – shutterstock.com
Druck: UAB BALTO print, 08217 Vilnius (Litauen)

Inhaltsverzeichnis

Vorwort

Wolfgang Puschmann, der langjährige verdienstvolle Direktor des Zoologischen Gartens Magdeburg, Mitinitiator der jetzigen Lehr- und Fachbuchreihe „Zootierhaltung“, Begründer und Autor der 1. bis 5. Auflage des Bandes „Säugetiere“ verstarb im Jahr 2008. Über Jahrzehnte hat er mit seiner Zielstrebigkeit, Hartnäckigkeit und Akribie den Säugetierband zum Standardwerk für in der Tiergärtnerei Tätige (tierpflegerisches und tiergärtnerisches Fachpersonal, Lehrkräfte und Auszubildende) werden lassen.

Gemeinsam mit Wolfgang Puschmann haben Karin und Diether Zscheile die 4. Auflage dieses Bandes umfassend überarbeitet und die 5. und 6. Auflage in bewährter Form und Tiefe fortgeführt und stetig aktualisiert. Ihnen danken wir für die Unterstützung und das in uns gelegte Vertrauen, den Band Säugetiere in der nun 7. Auflage in gewohnter Qualität fortzuführen.

Zahlreiche Fachleute der bunten Zoowelt unterstützten uns mit Fachwissen, Auskünften sowie praxisnaher Literatur und Erfahrungsberichten aus der Zootierhaltung. Namentlich möchten wir folgenden Personen ausdrücklich danken: Dr. Karin Baumgartner, Thomas Becker, Sabrina Höft, Dr. Benjamin Ibler, Dr. Johannes Köhler, Astrid Parys, Dr. Christina Schubert, Thomas Suckow, Dr. Kerstin Ternes, Stephanie Zech. Ihnen allen gilt unser ganz besonderer Dank.

Wir danken dem Verlag Europa-Lehrmittel für die Zusammenarbeit und die Umsetzung unserer Wünsche und Vorstellungen. Unser herzlichster Dank gilt dabei vor allem Frau Manuela Kupfer, die als gewissenhafte, verständige Lektorin den Werdegang der 7. Auflage begleitete, sich engagiert mit großer Sorgfalt in das Gelingen einbrachte und viel Geduld mit uns an den Tag legte.

Auch die 7. Auflage des Säugetierbandes soll tiergartenbiologische Fragen zu erläutern helfen und Verständnis für Haltungsmethoden der Zootiere wecken. Den Auszubildenden in der Tierpflege (Fachrichtung Zoo) und deren Lehrkräften soll sie als Lehrbuch und Nachschlagwerk wertvolle Dienste leisten und den in der Zootierpflege Tätigen als Ratgeber dienen und gleichzeitig Denkanstöße für ihre Arbeit geben. Und wenn der Band schließlich den in den Tiergärten eingebundenen Wissenschaftlerinnen und Wissenschaftlern Orientierungshilfen bietet, gleichzeitig als Aufforderung zur wissenschaftlichen Auseinandersetzung verstanden wird und damit zu eigener Beobachtungs- und Forschungstätigkeit anregt, die sich in der Publikation gewonnener tiergartenbiologischer Erkenntnisse niederschlägt, dann hat er seine Aufgabe erfüllt.

Schwerin und Bad Homburg im Oktober 2025
Dr. Tim Schikora und Dr. Frank Velte

Einführung

Die Neuauflage des Säugetierbandes baut auch in der 7. Auflage in Form und Inhalt im Wesentlichen auf den Vorgängerbänden auf. Neben Aktualisierungen in der Systematik wurde ein großes Augenmerk auf die Entwicklungen in der Haltung und Ernährung von Zootieren gelegt sowie auf neue Erfahrungen bei der Vergesellschaftung von Tierarten.

Gegenüber der vorherigen Auflage haben sich die Ernährungspraktiken teils stark verändert und wurden entsprechend eingearbeitet. Heutige Futterpläne basieren auf wissenschaftlichen Analysen und finden sich in Einzelpublikationen wie auch in den für Arten oder Tiergruppen spezifisch erarbeiteten und auf der Website des Europäischen Zoo- und Aquarienverbands (EAZA) veröffentlichten Best Practice Guidelines wieder.

Inhaltlichen Schwerpunkt bilden nach wie vor die Haltungskapitel, denen zum notwendigen Verständnis Aussagen über die systematische Stellung der fraglichen Tiere, ihre Verbreitung auf der Erde und ihre Lebensweise im Herkunftsgebiet vorangestellt werden. Die Reihenfolge der einzelnen Tiergruppen entspricht dem hier gebräuchlichen zoologischen System, wobei bestimmte, heute noch strittige Fragen zur Systematik zwar angemerkt, aber nicht eingehender diskutiert werden. Die Auswahl der behandelten Arten oder höheren taxonomischen Einheiten erfolgte vor allem nach ihrer zoologischen und tiergartenbiologischen Bedeutung. Sehr selten gehaltenen ist weniger Text gewidmet als bedeutenden Zootieren im weitesten Sinne des Wortes oder bestandsgefährdeten Arten.

Im Anschluss an die Beschreibung der taxonomischen Einheiten wird der Gefährdungsstatus in den Ursprungsgebieten dargelegt. Erwähnt werden hier auch die Zuchtbücher samt den zuständigen Institutionen. Gegenwärtig kommt es innerhalb der EAZA zu Novellierungen im Umgang mit ESB (European Studbook) und EEP (vormals Europäische Erhaltungszuchtprogramme, jetzt EAZA Ex Situ Programme). Die Angaben wurden wo nötig und wenn möglich aktualisiert.

Auf die hier benutzte Darstellung der Zahnformeln ist hinzuweisen. Damit sie sich harmonisch ins Schriftbild einfügt, wird die Anzahl und Art der Zähne so angegeben: 3/3 1/1 3/3 4/4 (= obere/untere Schneidezähne, obere/untere Eckzähne, obere/untere Vorbackenzähne, obere/untere Backenzähne).

In Zahlen, aber jeweils durch ein Komma voneinander getrennt, wird sich das Geschlecht eines Einzeltieres oder die Geschlechterverteilung innerhalb einer Gruppe ausgedrückt. Dabei zeigt die Zahl vor dem Komma die Zahl der Männchen, hinter dem Komma die der Weibchen an, die Zahl von Tieren unbekannten Geschlechts (z.B. von Jungtieren) wird nach einem weiteren Komma zum Ausdruck gebracht (Beispiel: 1,1,5 = 1 Männchen, 1 Weibchen, 5 Tiere unbekannten Geschlechts).

Wie in früheren Auflagen wurde auf ins Detail gehende Schilderungen der Freilandbiologie der einzelnen Arten oder Gruppen verzichtet, soweit diese Aussagen nicht zum Verständnis bestimmter Haltungsprinzipien oder Pflegemethoden erforderlich sind. Da aber durch eine zunehmend erfolgreiche Feldforschung die freilandbiologischen Erkenntnisse wachsen und in verstärktem Maße Rückschlüsse für die Verbesserung der Haltungsprinzipien zulassen, wurden die Abschnitte „Lebensweise" vielfach um wichtige Aussagen erweitert.

In den Haltungskapiteln wurden die bewährten Untergliederungspunkte beibehalten. Für einzelne Arten wurden eigene Abschnitte eingeführt und die dazu gehörenden Aussagen dort, wo erforderlich, aktualisiert. So wurden beispielsweise die zuvor zusammengefasst dargestellten Großen Menschenaffen nun untergliedert, um den sehr spezifisch hohen Ansprüchen gerecht zu werden.

Dabei wird deutlich, in welchem Maße sich die Auffassungen zu Grundprinzipien der Haltung von Zootieren in den letzten Jahrzehnten verändert haben. Die einst üblichen, leicht zu reinigenden, gefliesten Tierunterkünfte mit kunststoffverkleidetem Inventar oder Edelstahlklettereinrichtungen waren eine der Voraussetzungen für das einst geforderte Höchstmaß an Hygiene und Sterilität. Neue Pharmaka zur Therapie von lebensbedrohenden Infektionskrankheiten oder zur erfolgreichen und nachhaltigen Bekämpfung von Ekto- und Endoparasiten machen diese Bauweise nicht mehr zwingend nötig. Deswegen kann man nun möglichst naturnah gestaltete Tieranlagen bauen, die in großem Umfang mit natürlichen Stoffen (Rohholz, Äste und Stämme mit Rinde, Rindenmulch, Laub, Mutterboden) ausgestattet sind. Moderne Tieranlagen in Warmhäusern werden auch zur täglichen Reinigung nicht mehr wie einst regelmäßig mit Wasser ausgespritzt und desinfiziert. Ungeachtet dessen muss die jetzige, den früheren Haltungsprinzipien teilweise widersprechende Praxis ein notwendiges Maß an Hygiene garantieren. Die Ausstattung der heutigen Haltungssysteme fordert eine erhöhte Aufmerksamkeit und Beobachtungsgabe des Pflegepersonals der Fachleute in der Tierpflege.

In der heutigen Form der Tiergartenbiologie wird weniger aktiv in das Leben der Tiere eingegriffen, was sich besonders drastisch bei der Entscheidung, ob eine Handaufzucht bei sonst nicht lebensfähigen oder vom Muttertier nicht versorgten Neugeborenen durchgeführt werden soll. Bei vielen Arten besteht ein großes Risiko von nachhaltigen Fehlprägungen und sonstigen, die Zukunft massiv beeinträchtigen Konsequenzen. Hier wird aus fachlich-wissenschaftlicher Sicht in der Regel von einer „künstlichen" Aufzucht abgeraten. In der vorliegenden Auflage wurden entsprechende Abschnitte für eine bessere Übersichtlichkeit gekürzt oder gänzlich entnommen. In der 6. Auflage des Bandes finden sich insbesondere für Menschenaffen, basierend auf langjähriger Erfahrung, viele Hinweise und Methoden, sollte es dennoch zu einer Handaufzucht kommen.

Die Angaben zum Höchstalter in Menschenobhut sind nicht identisch mit der meist niedrigeren durchschnittlichen Lebenserwartung der betreffenden Art unter wild lebenden Bedingungen. Stete Versorgung mit hochwertigen Futtermitteln, medizinische Versorgung und Vermeidung von Stressoren fördern eine erweiterte Lebenserwartung. Der Tod eines Zootieres nach dem Erreichen der durchschnittlichen allgemeinen Lebenserwartung ist durchaus ein gutes Haltungsergebnis, doch deuten Altersrekorde nicht gleichzeitig ein besonderes Maß an indivuduellem Wohlergehen. Tiere in hohem Alter benötigen eine besondere und dichte veterinärmedizinische Betreuung und eine multidisziplinäre Beurteilung des körperlichen und mentalen Gesamtzustands.

Das Buch enthält ein Literaturverzeichnis zur Bestätigung allgemein gültiger Auffassungen und zur Absicherung von Einzelaussagen. Das ermöglicht den an zusätzlichen Details Interessierten ein vertiefendes Quellenstudium. Sie erhalten damit über Grundsatzinformationen hinaus den Zugang zu den Publikationen, die neben persönlichen Erfahrungen und Erkenntnissen dem Inhalt des Buches zugrunde liegen.

Im virtuellen Medienregal EUROPATHEK (www.europathek.de) findet sich eine Auswahl an Farbfotos von Vertretern fast aller Ordnungen der Säugetiere. Diese sollen einerseits eine Orientierungshilfe über für die Leserin oder dem Leser unbekannte Arten, aber andererseits auch Anreiz für eine Erweiterung der Artenkenntnisse sein.

Säugetiere (Mammalia)

Unter den Wirbeltieren sind die Säugetiere die am höchsten entwickelte Tierklasse. Sie entwickelten sich im frühen Erdmittelalter (Mesozoikum) vor etwa 220 Millionen Jahren (unterer Trias) aus den reptilienartigen Therapsiden. Die Ursäuger waren maus- bis rattengroß und führten als Landtiere ein verstecktes Dasein, als während der Jura- und Kreidezeit gewaltige Reptilien die Erde bevölkerten. Nach dem Aussterben der Saurier setzte im Paläogen vor etwa 60 Millionen Jahren eine stürmische Entwicklung bei den Ursäugern ein, die zu einer Vielzahl von Gruppen mit großer Formenmannigfaltigkeit führte. Die meisten starben wieder aus, doch aus bisher weitgehend unbekannten Vorfahren entstanden einerseits die Eierlegenden Säugetiere als einzige Überlebende der Unterklasse Prototheria und andererseits die echten Säugetiere, die in der Unterklasse Theria zusammengefasst werden. Letztere werden nochmals in 2 Teilklassen untergliedert. Bei den Metatheria haben nur die Beuteltiere überlebt, und die Eutheria vereinen alle übrigen Säugetierordnungen, deren wichtigstes gemeinsames Merkmal bei Schwangerschaft die Ausbildung einer Plazenta im Uterus ist und die deswegen auch als Plazentalier bezeichnet werden.

Säugetiere sind durch folgende Alleinstellungsmerkmale gekennzeichnet:

- Sie besitzen alle (zumindest primäre) Haare, die unterschiedliche Funktionen haben können.
- Nach der Geburt werden ihre Jungen mit Milch gesäugt.
- Im Mittelohr werden die Schallwellen durch 3 Gehörknöchelchen, Hammer (Malleus), Amboss (Incus) und Steigbügel (Stapes), vom Trommelfell zum Innenohr übertragen.
- Nur bei ihnen wird das Kiefergelenk (= sekundäres Kiefergelenk) von der Unterkiefergrube des Schläfenbeins und dem Kopf des Unterkiefers gebildet.
- Sie besitzen ein Zwerchfell, das Brust- und Bauchfell voneinander trennt.
- Ihren roten Blutkörperchen (Erythrozyten) fehlt generell der Zellkern.

Weitere typische Merkmale der Säugetiere:

- Sie sind eigenwarme (homoiotherme) und primär vierfüßige Landwirbeltiere.
- Sie sind bis auf wenige Ausnahmen (Eierlegende Säugetiere) lebendgebärend.
- Sie besitzen (zumindest primär) ein heterodontes Gebiss, das sich durch verschiedene Zahngruppen auszeichnet und meist einen Zahnwechsel aufweist.
- Wie die Vögel besitzen sie einen doppelten, voneinander getrennten Blutkreislauf (Lungen- und Körperkreislauf) und ein vierkammeriges Herz.
- Sonderbildungen der Nieren (Henle'sche Schleifen) ermöglichen den Säugern eine Rückgewinnung von Wasser aus dem Harn.

Die Säugetiere sind mit Ausnahme des antarktischen Inlandes weltweit verbreitet. Sie gliedern sich in 29 Ordnungen mit über 150 Familien, über 1330 Gattungen und mehr als 6500 Arten. Die Systematik dieser Tierklasse ist durch die Entdeckung neuer Arten und Unterarten, meist aber aufgrund von vergleichenden genetischen Untersuchungen durch Neubewertung, Neueinstufung und teilweise Umbenennung bereits bekannter und klassifizierter Formen nach wie vor im Fluss.

1 Ordnung Eierlegende Säugetiere (Monotremata)

Sehr ursprüngliche Säugetiere, die nach neueren Fossilfunden engere stammesgeschichtliche Beziehungen zu den übrigen Säugetieren haben, als bisher angenommen. Einmalig ist die Vereinigung von Merkmalen der Reptilien und Säugetiere sowie eigenständigen Sonderanpassungen. Reptilienartige Merkmale sind das Legen und Ausbrüten von Eiern sowie der Bau von Schädel (z.B. 2 verschiedene Stirnbeine), Skelett (Brustgürtel mit Rabenschnabel- und Nebenrabenschnabelbein), Gehirn, Auge, Magen (kropfartig ohne Verdauungsdrüsen) und Herz (Bau des Klappensystems). Auch Kloakentiere (Monotremata = „Einlochtiere") genannt, weil ihr Enddarm wie bei Reptilien zusammen mit den Ausfuhrgängen von Harn- und Geschlechtsapparat in einen gemeinsamen Hohlraum unter der Hautmuskulatur, der Kloake, mündet. Beide Eileiter der Weibchen enden getrennt in einem gemeinsamen Urogenitalkanal, der sich in die Kloake öffnet. Bei Männchen befindet sich an der Bauchwand der Kloake ein Penis, der nur der Begattung, nicht der Urinabgabe dient. Merkmale der Säugetiere sind u.a. die Behaarung, unter Normalbedingungen eine nahezu gleich bleibende Körpertemperatur (31–33 °C), das sekundäre Kiefergelenk, die Schallübertragung des Mittelohres. Milchdrüsen entlang der seitlichen Bauchmuskulatur, münden jedoch nicht in Zitzen, sondern scheiden Milch über 2 haarige Felder aus, die aus mehr als 100 Poren aufgebaut sind. Milch läuft aus jeder dieser Poren entlang eines spezialisierten Haares und wird vom Jungen aufgesaugt. Die seitliche Bauchmuskulatur kann bei beiden Geschlechtern zu einem „Beutel" kontrahiert werden, der in der Beckenregion von Beutelknochen gestützt wird und in dem beim Weibchen das Ei und später das Junge am Körper gehalten wird. Sonderanpassungen der plumpen und kurzschwänzigen Tiere sind Stacheln, Schnabel und „Giftsporn". Stacheln beweglich, mit langer Wurzel bis in die Muskelschicht (dadurch in Felsen Stemmklettern möglich). Schnauze schnabelartig gestreckt, hornumkleidet. Zähne fehlen oder sind nur bei Jungtieren vorhanden. Zunge bis 17 cm lang. „Giftsporn" kann bei beiden Geschlechtern vorhanden sein, ist aber nur bei männlichen Schnabeltieren mit einer funktionsfähigen, giftproduzierenden Oberschenkeldrüse verbunden.

Verbreitung. Australien, Tasmanien, Neuguinea.

2 Familien, 3 Gattungen, 5 Arten.

Familie Schnabeligel (Tachyglossidae)

Auch Ameisenigel, Echidna. Gestalt igelartig, plump, gedrungen. Schnauze zahnlos, lang, schmal, rund, Durchmesser der Mundöffnung nur wenige Millimeter. Zunge lang, wurmförmig, am Zungengrund mit Hornstacheln zum Zerquetschen der Nahrung. Magen ohne Verdauungsdrüsen, daher extrem langer Darmtrakt. Nasenhöhle groß, reich gegliedert, Riechzentrum im Gehirn und Tastsinn zum Registrieren von Bodenerschütterungen stark entwickelt. Augen ohne Nickhaut. Körperoberfläche stark behaart, oberseits mit kräftigen Stacheln.

Abb. 1.1 Kurzschnabeligel (*Tachyglossus aculeatus*) gehören zu den langlebigen Säugetieren.

Verbreitung. Australien einschließlich Tasmanien, Neuguinea.

2 Gattungen, 4 Arten.

Kurzschnabeligel (*Tachyglossus*): 1 Art. **Kurzschnabeligel** (*T. aculeatus*): Schnabel kurz, gerade, keine Ohrmuscheln, stets 5 Grabkrallen an den Füßen, lange Putzkralle an der 2. Zehe, gelbe oder gelb-schwarze Stacheln. 4 Unterarten. Süd- und Ostneuguinea, Australien, einschließlich Känguru-Inseln und Tasmanien.

Langschnabeligel (*Zaglossus*): Schnauze („Schnabel") lang und leicht gebogen, winzige Ohrmuscheln vorhanden, 4. und 5. Grabkralle können rückgebildet sein, Stacheln lang und locker stehend, stumpf, bei Tieflandformen gut sichtbar, bei Hochlandtieren im langen Fell verborgen, Fell dunkelbraun bis schwarz. 3 Arten.

Abb. 1.2 Den Barton-Langschnabeligel (*Zaglossus bartoni*) zeichnet eine langgezogene Schnauze aus.

Westlicher Langschnabeligel (*Z. bruijni*): Westliches Neuguinea, Salawati-Inseln. – **Barton-Langschnabeligel** (*Z. bartoni*), auch Östlicher Langschnabeligel: 4 Unterarten. Papua-Neuguinea. – **Sir Davids Langschnabeligel** (*Z. attenboroughi*): West-Papua.

Gefährdungsstatus. Bestand in der Wildnis in manchen Regionen (Tasmanien) zurückgehend, Barton-Langschnabeligel gefährdet, Westlicher Langschnabeligel und Sir Davids Langschnabeligel vom Aussterben bedroht. EEP für den Kurzschnabeligel und den Westlichen Langschnabeligel in Budapest.

Lebensweise. Tag- und Dämmerungstiere, manchmal auch nachts tätig, abhängig von Umweltbedingungen (Klima, Jahreszeit) Einzelgänger in locker bewaldeten Steppen, Buschsteppen und Parklandschaften, im Bergland bis in 2500 m Höhe. Fortbewegung gemächlich vierfüßig, können aber auch auf den Hinterfüßen zweibeinig rennen. Schlaf- und Ruheplätze in Gesteinsspalten, unter Baumwurzeln, in Erdbauen anderer Tiere. Hoch entwickelter Geruchssinn dient dem Auffinden der Nahrung. Bau des Ohres lässt auf schwaches Gehör, fehlende Zäpfchen in der Netzhaut auf fehlendes Farbsehen und geringe Größe des Auges auf einen wenig entwickelten Gesichtssinn schließen. Dagegen werden auch geringste Bodenerschütterungen wahrgenommen. Ausgezeichnete Schwimmer. Bei Gefahr rollen sich die Tiere igelartig zusammen, graben sich auch auf hartem Boden körpertief senkrecht in die Erde, spreizen die Stacheln, krallen sich im Boden der Höhlung fest und sind so fast unangreifbar. Laute: prustendes Schnaufen. Zur Fellpflege lange Putzkrallen an den Hinterbeinen.

Während der kalten Jahreszeit in kühleren Klimaten winterschlafähnlicher Starrezustand (Torpor), d.h. oberhalb der Schneegrenze Körpertemperatur bis auf 4 °C absinkend, verminderte Atmung und sogar Atemstillstand (bis zu 2 Stunden). Gegen Hitze empfindlich (keine Schweißdrüsen), überdauern dann in kühlen Höhlen mit Körpertemperatur knapp über der

Höhlentemperatur. Können in solchen Zeiten lange fasten.

Nahrung. Insekten, besonders Ameisen und Termiten, auch Schnecken, Würmer, Eier von Wirbellosen, die mit der Zunge aufgenommen werden. Zu große Futtertiere werden mit dem Schnabel zerstoßen und die Körpersäfte aufgeleckt.

Haltung von Schnabeligeln

In Tiergärten nur sehr vereinzelt gezeigt. Anspruchslose Pfleglinge, die bei geeigneten Haltungsmethoden langlebig sind. Eingewöhnung nur bei nicht futterfesten Tieren schwierig. Nicht akklimatisierbar.

Unterkunft. Zumindest im Spätherbst, Winter und Frühjahr im Warmhaus, entweder herkömmliches Kleinsäugerhaus oder Nachttierhaus. Raumtemperatur nicht unter 16 °C (ideal 18–25 °C). Als Käfigboden leicht beheizter Beton, darüber zum Eingraben 30 cm dicke Schicht aus Sand, Erde, Torf, Laub. Als Unterkunftsbegrenzung möglichst Glasscheiben verwenden. Bei Maschendraht- oder leichter Gittereinfriedung darf Gitter nicht bis zum Boden reichen, da die Tiere daran hochklettern, aber nicht wieder abwärts steigen können, abstürzen und sich dabei verletzen. Deshalb vom Käfigboden bis zum Gitterbeginn eine 60–75 cm hohe, innen glatte Sockelmauer oder Drahtglasscheiben installieren. Als Käfiginventar Stämme, Wurzeln und Natursteine so übereinander legen, dass die Tiere Verstecke finden. (Achtung! Sehr gut miteinander befestigen, da die Dekoration sonst durch die Schnabeligel zum Einstürzen gebracht wird.) Badebecken wünschenswert. Eingewöhnte, futterfeste Tiere können nach vorherigem Aufenthalt am Sichtgitter in ausreichend großen und strukturierten Anlagen zu mehreren vergesellschaftet und in kleinen Gruppen gehalten werden. Auseinandersetzungen zwischen gleichgeschlechtlichen Tieren selten. Je Tier ist besonders in konventionellen Tierhäusern eine ausreichend große, dunkle Schutzhütte oder Kunsthöhle bzw. ausreichend Substrat zum Eingraben notwendig. Häufig am späten Nachmittag und in der 1. Nachthälfte aktiv, aber insgesamt große Unterschiede im Aktivitätsmuster, so dass Unterbringung sowohl in Tag- als auch in Nachthäusern gerechtfertigt ist. Absperrmöglichkeiten sind vorzusehen. Bei kühlen Temperaturen Torpor möglich. Im Sommer bei warmen Temperaturen tagsüber auch in Außenkäfigen gute Haltungserfolge.

Umgang. Bei unvorsichtigem Umgang mit Schnabeligeln Gefahr von Stichverletzungen. Tiere dürfen nur mit dem Kescher und derben Lederhandschuhen gefangen werden. Eingegrabene Schnabeligel mit spezieller Grabgabel (abgerundete Zinken) ohne Gewalt herausstemmen. Sehr vorsichtig hantieren, Verletzungsgefahr! Nicht an den gebrechlichen Hinterbeinen greifen und so kopfunter hängend tragen. Transport einzeln in stabilen, möglichst blechausgeschlagenen Kisten mit kräftigem Gitter bzw. sicheren Luftschlitzen. Öffnungen gut sichern, da die Tiere schon Maschendrahtgeflechte von Kisten gerissen und Deckel geöffnet haben, die mit Gewichten beschwert waren. Fütterung auch bei längeren Transporten nicht erforderlich.

Fütterung. Sämiger Brei auf breiter Grundlage (z.B. mageres Herz- oder Muskelhackfleisch, Magerquark, Eiweißpulver, Babybrei, Haferbrei, gekochte Eier, Bananen, Karotten, getrocknete Wirbellose – Garnelen, Fliegen, Larven –, Hundefertigfutter, Affenpellets, Haferflocken, Zwiebackmehl, Honig, Traubenzucker, Nährhefe, Multivitamine, Mineralstoffe). Kein rohes Eiklar untermischen, da schwer verdaulich und durchfallerzeugend. Eigelb kann roh verabreicht werden. In australischen Zoos hat sich eine Futtermischung aus Hackfleisch, Ei, Weizenkleie, Glukose, Olivenöl, Multivitaminen und Mineralstoffen durchgesetzt. Ein im Zoo Moskau lebender männlicher Langschnabeligel erhielt neben Regenwürmern, Hackfleisch und Leber, Vitamin- und Mineralpräparate sowie Erde. Ein anderes Tier in Neuguinea verweigerte Ameisen, fraß aber Papaya und rohe Eier. Einige Zoos bieten von Dezember bis Juni eine fettarme, von Juli bis November eine fettreiche Diät an. Fütterung am Spätnachmittag. Tiere legen zeitweilige Fastenzeiten (bis 18 Tage) ein, neigen dennoch zur Verfettung.

Vergesellschaftung. Z.B. mit Gleitbeutlern, Kletterbeutlern, Koalas, Fledermäusen, Vögeln (Eulenschwalme) unproblematisch. Abzuraten ist von Mischanlagen mit Baumkängurus (Verschlucken von Stacheln!) und vor allem mit bodenlebenden Känguruarten (Fußverletzungen).

Fortpflanzung und Zucht. Paarungszeit im Ursprungsgebiet meist Juni bis Juli/August. Kopulationen in Zoos der Nordhemisphäre Dezember bis Januar, oft Bauch-zu-Bauch-Kopula in Seitenlage, aber auch dorsoventrale Begattungsstellung. Paarungsdauer 3–15 Minuten. Etwa 22–30 Tage nach der Paarungszeit Ablage eines dotterreichen, leicht ovalen Eies von 14–17 mm Länge mit weicher, sich lederartig anfühlender Keratinschale. Es wird in den Brutbeutel aufgenommen, wo nach ca. 10 Tagen ein etwa 13–15 mm langes, beim Kurzschnabeligel 0,3–0,4 g schweres, embryonenhaftes, rasant wachsendes Junges schlüpft, das nach 14 Tagen das 100-Fache des Geburtsgewichts erreicht. Mit 30–40 Tagen erscheinen die Hautpigmente, danach Haar- und Stachelentwicklung. Mit 50–60 Tagen wird es in einem Nest (unter Baumwurzeln, zwischen Steinen oder in selbst gegrabenem Bau) abgelegt. Nestwechsel wurde beobachtet. Beim Säugen große Abstände (bis zu 6 Tage), dann aber wird bis zu 40 % des Körpergewichts an Milch aufgenommen. Nach ca. 75 Tagen Öffnen der Augen, Entwöhnung nach 6–7 Monaten. Geschlechtsreife ungeklärt (Angaben schwanken zwischen 1 und 7 Jahren). Weibchen ziehen in der Natur nicht jedes Jahr Junge auf. Zucht in Tiergärten immer noch extrem selten. Gründe dafür nicht bekannt (zu viele schwefelhaltige Aminosäuren im Zoofutter?). Kurzschnabeligel: Erstzucht 1908 im Zoo Berlin. Junges wurde 3 Monate alt. In Saarbrücken gelang 1995 möglicherweise die 1. erfolgreiche natürliche Aufzucht.

Künstliche Aufzucht. Angaben über Milchzusammensetzung uneinheitlich (Mittelwerte von 26 Proben): Trockensubstanz 46,08 %, Fett 18,76 %, Eiweiß 10,19 %, Kohlenhydrate 0,80 %, Mineralstoffe 0,59 %. Die Untersuchungen, bei denen meist das Laktationsalter unbekannt ist, wiesen jedoch große Schwankungsbreiten auf: Trockensubstanz 36,8–47,0 %, Fett 14,8–19,6 %, Eiweiß (vorwiegend Kasein) 7,85–12,0 %, Laktose bis 2,8 %. Handaufzucht im Zoo Philadelphia (1983) mit laktosefreier Kondensmilch, Natriumkasein und Erdnussöl, relativ langsames Wachstum. 1996 Handaufzucht eines ca. 100 Tage alten Fundtieres (480 g) mit laktosearmer Ersatzmilch (Divetelact), Sahne und Olivenöl im Western Plains Zoo Dubbo, hierbei Wachstum zufriedenstellend. 1 tägliche Fütterung ausreichend. Junges nahm dann bis zu 20 % des eigenen Gewichtes auf. Ab einem Gewicht von 700 g (4–5 Monate alt) wurde Erwachsenenkost dazugemischt, im Alter von 5–6 Monaten (Gewicht: 867 g) wurde Junges entwöhnt. Handaufzucht eines Neuguinea-Kurzschnabeligels (*T. a. lawesii*) im Zoo Rostock (2014) mit einem Mix aus Hundeaufzuchtmilch, Wasser, Öl, Ei und Proteinpulver. Diese Babynahrung wurde im Abstand von etwa 5 Tagen verabreicht und gut vertragen. Diese Intervalle erfolgten in Anlehnung an das natürliche Säugeschema, da die Jungtiere viel Zeit zum Verdauen brauchen und frische Nahrung erst verabreicht werden darf, wenn sich keine unverdaute Milch mehr im Magen befindet. Gewichtskurve und Entwicklung waren normal, die Handaufzucht erfolgreich.

Höchstalter in Menschenobhut. Kurzschnabeligel fast 49½, Langschnabeligel fast 41¼ Jahre. Schnabeligel gehören zu den langlebigsten Säugetieren (im Freiland 45 Jahre nachgewiesen).

Familie Schnabeltiere (Ornithorhynchidae)

Gestalt biberförmig. Gesamtlänge etwa 60 cm, Männchen größer als Weibchen. Kopf mit entenartigem, breitem, von weicher Haut überzogenem Hornschnabel, nur bei Jungtieren bezahnt, Zahnformel: 0/0 0/0 1/0 2/3. Weitere 22 Zahnanlagen, davon 10 untere Schneidezähne, werden rückgebildet. Schnabel erwachsener Tiere mit Hornplatten, Querrunzeln, Querrillen (Seihapparat) zum Zerquetschen der Nahrung, seitliche Backentaschen. Schnabelhaut mit Vielzahl von Tastorganen und bioelektrischen Sensoren, die vom Beutetier ausgehende elektrische Reize wahrnehmen. Hinter dem Schnabelrand und am Hals Duftdrüsen, die fuchsartig riechendes Sekret absondern. Nasenlöcher liegen im Spitzenbereich des Oberschnabels, Nasenhöhle weniger gekammert als bei Schnabeligeln. Augen winzig, Nickhaut vorhanden. Rumpf gestreckt, plump, Gliedmaßen kurz, Zehen mit Krallen. Große Schwimmhäute überragen die Krallen, werden beim Laufen und Graben umgeklappt. Männchen mit Giftstachel am Hinterfußgelenk, bei Weibchen Stachel nur in der Jugend vorhanden. Schwanz flach, biberkellenartig breit, unbehaart, dient als Fettspeicher. Fell dicht, grobe Grannen mit feiner Unterwolle, gute Wärmeisolierung im Wasser.

Verbreitung. Ostaustralien, Tasmanien.

1 Gattung, 1 Art.

Schnabeltiere (*Ornithorhynchus*): **Schnabeltier** (*O. anatinus*): Ostaustralien, Tasmanien.

Gefährdungsstatus. Bestand in der Wildnis noch häufig, gilt aber als gefährdet. Seit 1960 Exportverbot.

Lebensweise. Scheue Dämmerungstiere, nur in den frühen Morgen- und späten Abendstunden aktiv (in Tasmanien besonders im Winter auch tagaktiv). Einzelgänger an stehenden und fließenden Gewässern und deren Uferzonen im Flach- und Hügelland bis in 1650 m Höhe, meiden die Nähe menschlicher Siedlungen nicht (z. B. am Stadtrand von Melbourne und Hobart). An Land gute, schnelle Läufer. Schwimmen und tauchen gut (Tauchdauer etwa 1 Minute, bei Gefahr bis 5 Minuten). Orientierung unter Wasser vorwiegend mit den Tastorganen und bioelektrischen Sensoren der Schnabelhaut. Augen und Ohren können durch Hautfalten verschlossen werden. Gutes Seh- und Hörvermögen an Land. Schlaf- oder Ruheplätze in einfachen, selbst gebauten Erdhöhlen, deren Eingang meist 1 Drittel über der Wasseroberfläche liegt. Bei Brutbauen sowohl 1-7 m in der Uferböschung aufsteigende als auch horizontal sich bis 18 m verzweigende Gänge. Beim Betreten des Baues wird das Wasser, welches sich im Fell befindet, vom trockenen Erdreich aufgesogen. Wenige Stimmäußerungen, vereinzelt brummende Laute. Bei Gefahr Flucht ins Wasser oder in Schutzbaue. Torpor tritt auch bei Schnabeltieren auf.

Abb. 1.3 Das Schnabeltier (*Ornithorhynchus anatinus*) wird in Tiergärten nur äußerst selten gehalten, da es hohe Ansprüche an Unterkunft, Fütterung und Pflege stellt.

Nahrung. Kleine Wassertiere wie Schnecken, Würmer, Insekten und Insektenlarven, auch Krebse, Fische. Kleinere Nahrungsteile werden in den Backentaschen gesammelt, oft zusammen mit Erde und Steinchen, die der Zerkleinerung dienen. Größere Krebse, Fische und andere umfangreiche Beute werden an Land verzehrt.

Haltung von Schnabeltieren

Nur in wenigen australischen Zoos und im San Diego Zoo Safari Park gezeigt. Empfindliche

Pfleglinge mit komplizierten Haltungsansprüchen. Eingewöhnung oft schwierig, sollte bei Wildfängen abgebrochen werden, wenn sich Aufregung der Tiere nicht innerhalb von 24 Stunden legt. Kaum akklimatisierbar. Ungesellige Einzelgänger, nur einzeln oder paarweise zu halten, in Healesville auch Trios von 1 Männchen und 2 Weibchen.

Unterkunft. Meist in temperiertem Haus. Unterbringung sowohl in Nachttierhäusern als auch in Warmhäusern und im Vorkommensgebiet auch in Freianlagen. Schnabeltieranlagen bestehen aus einer oder mehreren Schlafkisten, in der Regel je 1 Fütterungs- und Schaubecken sowie einem System von Gängen, die diese Unterkünfte verbinden. Becken mindestens 1,2 m lang und 0,8 m tief, Schaubecken oft größer (6 m x 1,4 m x 0,8 m) und mit natürlichen oder künstlichen Materialien strukturiert. Ausreichende Zahl von Ruheplätzen (Äste, Steine, Klötze) notwendig, damit die Tiere sowohl unter als auch über Wasser ruhen bzw. Körperpflege betreiben können. Schaubecken mit Glasscheibe zu Besucherraum, Futterbecken oft außerhalb des Schaubereichs. Gänge aus Sperrholz (15 cm x 13 cm) oder PVC-Röhren (Durchmesser: 15 cm) mit Kontroll- und Reinigungsluken und mindestens an Becken und Schlafkisten mit Abtrennschiebern. In diese tunnelartigen Gänge wird feuchtigkeitaufsaugendes Material (z.B. Heu, Torfmull, getrocknetes Seegras) zur Aufnahme aus dem Fell abgetropften oder abgestreiften Wassers eingebracht. Gänge aus PVC-Rohr mit geeignetem rutschfesten Bodenbelag. Überschüssiges Wasser muss abfließen können (Drainage, Belüftung, Gefälle nicht unter 30°). Im Freiland installierte Gänge und Becken müssen durch ausreichende Beschattung oder Kühleinrichtungen vor Überhitzung geschützt sein. In Häusern kommen auch Klimaanlagen zum Einsatz. Optimale Temperatur 20–25 °C, auch Temperaturen um 0 °C werden problemlos vertragen (höherer Futterbedarf, ansonsten Torporreaktion), aber sehr hitzeempfindlich (schon kurzzeitige Temperaturen über 35 °C schädlich!). Mindestens 1 Schlafkiste pro Tier (45–65 cm x 25–45 cm x 25–40 cm) aus Sperrholz, innen glatt, leicht zu reinigen, mit verschließbarem Deckel, zu ca. 75 % mit Nistmaterial gefüllt. (Als Nistmaterial dient u. a. Seegras, das nach Durchfeuchtung getrocknet und wieder verwendet werden kann.) Zur Zucht benötigt das Weibchen eine größere Kiste, daneben Areale mit Erdklumpen, mit denen das Weibchen den Gang verschließt. Einstreu in Gängen mindestens wöchentlich (im Winter häufiger), in Schlafkisten je nach Durchfeuchtung erneuern. Ruheplätze müssen trocken gehalten werden. Becken täglich scheuern und Wasser erneuern; bei Anwendung von Filtersystemen vollständigen Umlauf alle 6 Stunden gewährleisten. (Pumpen und elektrische Anlagen genügend abschirmen gegen Vibration und elektrische Felder.)

Vergesellschaftung. Schnabeltiere werden in der Regel nicht mit anderen Arten vergesellschaftet. In einer 2001 im Taronga Zoo Sydney neu errichteten Anlage werden die Tiere allerdings gemeinsam mit Kastanienenten und nicht näher beschriebenen Wasserschildkröten zusammen gehalten.

Umgang. Tiere täglich kontrollieren, regelmäßig wiegen. Blutentnahme nach Angaben des Taronga Zoos nur an der Schnabelbasis möglich. Mit Männchen wegen der Giftstacheln vorsichtig hantieren, Gift kann zu zeitweiligen Lähmungen führen. Der Gifteinsatz der Männchen ist auch für andere Schnabeltiere gefährlich, weshalb sie meist nur zur Paarungszeit paarweise gehalten werden. Bei allen bisher erfolgreichen Transporten wurden aufwändige Behältnisse verwendet, die aus einem kleinen Wasserbassin und trockenen, gepolsterten Schlupfkästen bestanden. Die Tiere vertragen bei Lufttransporten den Lärm und die Vibration im Flugzeug schlecht und regen sich dabei sehr auf. Fütterung während der Reise je nach Größe in 24 Stunden etwa 0,5–1,0 kg Nahrung, d. h. frische Regenwürmer, Mehlwürmer, Krebse. Kurze Transporte (z. B. von aufgefundenen hilflosen Tieren) in Stoffsack und Holzkiste (50 cm x 50 cm x 50 cm).

Fütterung. Flusskrebse, Goldfische, Regenwürmer, Mehlwürmer, Schaben, Wasserinsekten, Kaulquappen, Frösche, Fliegenpuppen, Käferlarven, Wasserschnecken, Tubifex (besonders Jungtiere), gekochte Eier, Eiercreme, Pellets. Krebse, Frösche und Fische möglichst lebend verfüttern. Geschnittene gekochte Eier werden vom Beckengrund, Schaben und Mehlwürmer von der Wasseroberfläche aufgenommen. Regenwürmer mit Erde in einer Futterschale auf dem Beckengrund verfüttern. Während des Aufenthalts im Schaubecken nur ca. 10 % der Tagesfuttermenge (Krebse, Goldfische, Regenwürmer) verabreichen, um dort eine Verunreinigung des Wassers durch Futter, das unter oder zwischen Einbauten oder in den Bodengrund gelangt und sich dort zersetzt, weitgehend zu vermeiden. Hauptmenge der Nahrung, vor allem am Spätnachmittag, in Futterbecken anbieten, die meist aufgrund des Fehlens von Einbauten übersichtlich und leicht zu reinigen sind. Die Bevorzugung einzelner Futtermittel ist individuell und jahreszeitlich verschieden. Krebse und Goldfische werden nur von voll erwachsenen Tieren gefressen. Futterbedarf hoch (bis 1 Drittel des Körpergewichts pro Tag, Weibchen mit Jungen noch mehr), aber auch jahreszeitlich schwankend.

Fortpflanzung und Zucht. Hoden äußerlich nicht sichtbar, Penis bauchständig in der Kloake, dort bei Weibchen kleine Klitoris.

Paarungszeit im Verbreitungsgebiet Ende Juli bis Anfang September (in Tasmanien Oktober bis Februar), wobei die Weibchen für 4–6 Tage, nach anderen Angaben für etwa 30 Tage rezeptiv sind. Zusammengewöhnung in großem Becken. Die Tiere werden hier vor dem Zusammenlassen wenigstens 24 Stunden durch Maschendraht getrennt. Paarung im Wasser. Männchen reitet auf den Rücken des schwimmenden Weibchens auf. Vorher Vorspiele, wobei das Männchen die Kelle des Weibchens umfasst und beide Tiere kreisend umeinander schwimmen. Zwischen Befruchtung der überaus dotterreichen Eizellen, die stets ausschließlich aus dem linken Ovar stammen, und Eiablage vergeht ungefähr 1 Monat. Eizellen werden im Eileiter mit zusätzlichen Nährstoffen umgeben und schließlich mit einer Keratinschale umhüllt. Ablage von 1–3, meist 2 eher kugeligen Eiern (Länge 16–18 mm), die oft untereinander verkleben. Weibchen ohne Bruttasche. Sie tragen mit dem unter den Bauch geklappten Schwanz in einen Brutbau Pflanzenmaterial ein, polstern damit die Bruthöhle und verstopfen vor Brutbeginn die Ausgänge. Weibchen rollt sich um die Eier, brütet 7–12 Tage, verlässt während dieser Zeit den Bau sehr selten, hungert auch tagelang. Junge etwa 2,5 cm lang, embryonenhaft. Erste Milchaufnahme mit 7 Tagen, Angaben über Milchzusammensetzung uneinheitlich (Mittelwerte von 19 Proben): Trockensubstanz 39,1 %, Fett 22,2 %, Eiweiß 7,56 %, Kohlenhydrate 1,69 %, Mineralstoffe 0,5 %. Darunter befinden sich allerdings auch Angaben von 2 Autoren aus den Jahren 1984 bzw. 1988, nach deren Analysen Schnabeltiermilch 18,2 % Eiweiß, sowie 3,3 % Kohlenhydrate enthält und mit 21,1 mg/l einen auffällig hohen Eisengehalt aufweist. Junge im Alter von 45 Tagen 5 cm lang. Augen bis zur 11. Woche geschlossen, mit 3½ Monaten erstes Verlassen des Baues, voll behaart, ungefähr 35 cm lang, Gewicht dann reichlich 1 kg. Hohe Jungtiersterblichkeit.

Geschlechtsreif mit 2 Jahren. Zucht in tiergärtnerischen Einrichtungen in 1. Generation verschiedentlich, in Healesville auch in 2. Generation geglückt. Über künstliche Aufzucht bisher noch nichts bekannt.

Höchstalter in Menschenobhut. 22½ Jahre (Melbourne Zoo), außerhalb Australiens über 10 Jahre.

2 Ordnung Beutelrattenartige (Didelphimorphia)

Die Angehörigen der einstigen Ordnung Beuteltiere (Marsupialia) werden jetzt in 7 Ordnungen unterteilt: Beutelrattenartige (Didelphimorphia), Spitzmausopossums (Paucituberculata), Zwergopossums (Microbiotheria), Beutelmulle (Notoryctemorphia), Raubbeutler (Dasyuromorphia), Nasenbeutler (Peramelemorphia) und Känguruverwandte (Diprotodontia). Ihnen allen gemeinsam sind charakteristische Besonderheiten wie das Vorhandensein bzw. die Anlage zur Ausbildung eines Beutels (Marsupium). Der Beutel ist eine Muskulatur- und Hauttasche am Unterbauch, deren vielfach von einem Ringmuskel verschlossene Öffnung artverschieden nach vorn oder nach hinten gerichtet ist. Innerhalb des Beutels befinden sich die Zitzen. Bei einigen, meist sehr ursprünglichen Arten fehlt ein Beutel, wobei nicht in jedem Fall geklärt ist, ob das Organ im Laufe der Entwicklung gar nicht angelegt oder wieder rückgebildet wurde.

Die Beutelrattenartigen sind die artenreichste Beuteltiergruppe außerhalb Australiens. Gestalt mäuse- oder rattenähnlich mit fast allen typischen Beuteltiermerkmalen. Körpergröße 8–50 cm, Gewicht zwischen 13 g und fast 6 kg beim Nordopossum. Meist spärlich behaarter Schwanz, der bei vielen Arten als Greifschwanz oder Fettspeicher genutzt werden kann. Beine relativ kurz, besitzen 5 Finger bzw. Zehen. 1. Zehe ohne Kralle, lässt sich als Greifzehe gegenüberstellen. Kopf langgestreckt und spitz, Ohren meist nackt und rund. Alle Beutelratten haben 50 Zähne.

Obwohl wichtigstes anatomisches Merkmal, kann der Brutbeutel der Weibchen bei vielen Beutelratten fehlen oder nur andeutungsweise ausgebildet sein (Opossums und Schwimmbeutler mit Beutel). Bei ursprünglichen Formen oft zahlreiche Zitzen (5–27), in welche die Gänge der schlauchförmigen Milchdrüsen münden. Zitzen an der Körperunterseite gelegen, zwei- bis vierzeilig oder kreisförmig angeordnet, werden ringförmig von schützenden Hautfalten umgeben. Bei anderen Arten bedeckt ringförmige, stets nach unten offene Hautfalte die bauchständige Zitzen. Becken mit 1 Paar „Beutelknochen“ am Schambein bei beiden Geschlechtern, auch bei beutellosen Arten, stützen aber den Beutel nicht. Hirngröße im Vergleich zu anderen Beuteltieren relativ gering. Fell dicht, vorwiegend wollig, daneben Leit- und Grannenhaare. Haut mit Talg- und Schweißdrüsen, diese gehäuft im Bereich der Analöffnung. Körpertemperatur 34–36 °C, nicht konstant, z. T. von der Außentemperatur beeinflusst. Geruchs-, Tast- und Hörsinn meist gut entwickelt, Sehvermögen eher gering. After und Genitalöffnung münden in eine Kloakentasche, die von einem Ringmuskel umschlossen wird. Männchen mit Scrotum, Penis meist dahinter in einer Tasche liegend. Harnröhre entweder in den Enddarm, an der Peniswurzel oder in den Samenleiter des Penis mündend. Bei Weibchen sind Gebärmutter und Scheide paarig vorhanden. Follikel ein- bis vieleiig. Eier dotterarm, Stoffaustausch zwischen Mutter und Embryo über einfache Verbindung zwischen äußerer Keimhülle und Uteruswand (Dottersackplazenta).

Tragzeit sehr kurz (12–14 Tage), Entwicklungszeit der Neugeborenen kurz.

Embryonenähnlich unreifer Zustand der Neugeborenen („Keimlinge“), sehr klein (0,2–1 cm), Ohren und Augen verschlossen, unbehaart. Keimlingszahl meist größer als Jungenzahl, da ein Teil der Embryonen abstirbt oder mehr Junge geboren werden als Zitzen vorhanden sind und überzählige Neugeborene verhungern. Weiterentwicklung im mütterlichen Beutel oder freihängend an den Zitzen der Mutter. Zitze schwillt an und füllt die Maulhöhle des Keimlings völlig aus. Atmung möglich, weil Kehlkopfeingang direkt an der hinteren Nasenöffnung liegt, somit Nahrungs- und Atemweg der Jungen getrennt. Später löst sich diese Verbindung und die Zitze wird nur noch zum Saugen ins Maul genommen. Die Jungtiere werden dann in Nestern abgelegt.

Verbreitung. Süd-, Mittel- und südliches Nordamerika.

1 Familie, 2 Unterfamilien, 16 Gattungen, 121 Arten.

Familie Beutelratten (Didelphidae)

Gestalt maus- bzw. rattenähnlich. Kopf mit spitzer Schnauze, langen Schnurrhaaren, meist großen, vorstehenden Augen und nackten, kleinen bis mittelgroßen, z.T. zusammenfaltbaren Ohren. Gebiss spitzzähnig, Zahnformel: 5/4 1/1 3/3 4/4, oft überzählige Zähne, Eckzähne lang und spitz. Rumpf gestreckt, Gliedmaßen kurz, fünffingrig bzw. -zehig, 1. Zehe den übrigen gegenübergestellt und ohne Nagel. Schwanz lang, teils Greif-, teils Fettspeicherorgan, vielfach nackt oder wenig behaart. Harnröhre mündet an der Penisbasis. Fell dicht, kurzwollig. Die Verwandtschaftsbeziehungen innerhalb der Beutelratten sind noch nicht endgültig geklärt und es muss mit weiteren Veränderungen in der Systematik gerechnet werden.

Abb. 2.1 Das Jungtier einer Nacktschwanzbeutelratte (*Caluromys philander*) begleitet die Mutter, wie auch bei anderen Beutelratten üblich, auf deren Rücken reitend.

Verbreitung. Östliches und mittleres Nordamerika über Mittelamerika und Südamerika bis Patagonien.

Unterfamilie Wollbeutelratten (Caluromyinae)

3 Gattungen, 5 Arten.

Wollbeutelratten (*Caluromys*): 3 Arten. Kopf-Rumpf-Länge etwa 22–30 cm, mehr als körperlanger Greifschwanz. Anstelle eines Beutels 2 längs verlaufende seitliche Hautfalten. Fell langhaarig. Südmexiko bis Nordargentinien. **Derbys Wollbeutelratte** (*C. derbianus*): 6 Unterarten. – **Rote Wollbeutelratte** (*C. lanatus*), auch Braunohr-Wollbeutelratte: 6 Unterarten. – **Nacktschwanzwollbeutelratte** (*C. philander*), auch Gelbe Beutelratte: 4 Unterarten.

Schwarzschulterbeutelratten (*Caluromysiops*): 1 Art. **Schwarzschulterbeutelratte** (*C. irrupta*), auch Bindenwollbeutelratte: braun, über den Nacken ziehender schwarzer Schulterstreif, buschiger, an der Spitze heller und unterseits nackter Greifschwanz. Südostkolumbien, Südostperu und Westbrasilien.

Buschschwanzbeutelratten (*Glironia*): 1 Art. Gestalt eichhörnchenähnlich. **Buschschwanzbeutelratte** (*G. venusta*): Fell wollig, bräunlich, 2 dunkelbraune Längsstreifen auf dem Gesicht, Schwanz mit unbehaarter Spitze. Brasilien, Peru, Ecuador, Bolivien.

Unterfamilie Eigentliche Beutelratten (Didelphinae)

13 Gattungen, 116 Arten.

Schwimmbeutler (*Chironectes*): 1 Art. Opossumähnlich. **Schwimmbeutelratte** (*C. minimus*), auch Yapok: Fell grau-schwarz gemustert, wasserabweisend, lange Tastborsten an der Schnauze, Ohren klein, wasserdicht verschließbar, vordere Fingerglieder froschartig verdickt, Zehen mit Schwimmhäuten. Beide Geschlechter mit Beutel, aber nur der des Weibchens wasserdicht verschließbar. 4 Unterarten. Mittelamerika und östliches Südamerika bis Nordargentinien.

Opossums (*Didelphis*): 6 Arten. Größte Beutelratten (Kopf-Rumpf-Länge 32–50 cm, Gewicht bis 6 kg), langer, nackter Greifschwanz bis 40 cm. Gestalt rattenartig, hauskatzengroß. Ohren weichhäutig, zusammenfaltbar. Großer, sich nach vorn öffnender Beutel. Fell weißlich bis grau, mit dichter Wolle, darüber lange Grannen, am Kopf meist 3 schwarze Streifen, Weibchen mit paarigen Scheiden, Männchen mit paariger Eichel am Penis. Opossums sind immun gegen das Gift verschiedener Grubenottern. **Nordopossum** (*D. virginiana*), auch Virginia-Opossum: einziges Beuteltier, das bis in die USA und Südkanada vorkommt. Fell gräulich bis bräunlich, z. T. mit dichter weißlicher Unterwolle, Gesicht hauptsächlich weiß, Schnauze mit langen Tasthaaren. 4 Unterarten. USA, Kanada, Mexiko, Costa Rica, El Salvador, Honduras und Nicaragua. – **Zentralamerikanisches Opossum** (*D. marsupialis*), auch Südopossum: dem Nordoppossum ähnlich, aber kleiner und leichter. 2 Unterarten. Mexiko bis Paraguay, Nordostargentinien. – **Weißohropossum** (*D. albiventris*): Nordostbrasilien bis Zentralargentinien. – **Großohropossum** (*D. aurita*): Ostbrasilien, Südostparaguay, Nordostargentinien. – **Guyana-Weißohropossum** (*D. imperfecta*): Guyana, Venezuela, Suriname, Französisch-Guayana, Nordbrasilien. – **Anden-Weißohropossum** (*D. pernigra*): Andengebiete von Kolumbien bis Bolivien.

Grazile Beutelratten (*Gracilinanus*): 9 Arten. Früher den Zwergbeutelratten (*Marmosa*) zugeordnet. Kopf-Rumpf-Länge 7 - 14 cm, Schwanzlänge 9 - 16 cm, mausähnlich, Fell grau bis braun, Bauch heller bis weißlich, kein Beutel. Nördliches und mittleres Südamerika. **Aceramarca-Beutelratte** (*G. aceramarcae*). – **Agile Grazile Beutelratte** (*G. agilis*). – **Höhen-Zwergbeutelratte** (*G. dryas*). – **Emilias Grazile Beutelratte** (*G. emiliae*). – **Nördliche Grazile Beutelratte** (*G. marica*). – **Brasilianische Grazile Beutelratte** (*G. microtarsus*): 2 Unterarten. **Chaco-Beutelratte** (*G. formosus*): seit 2004 auch als eigene Gattung *Chacodelphys* geführt, kleinste bekannte Beutelratte, auffallend kurzer Schwanz.

Cryptonanus: 4 Arten, darunter **Agricolas Grazile Beutelratte** (*C. agricolai*).

Hyladelphys: 1 Art. Früher *Gracilinanus* zugeordnet. **Kalinowskis Beutelratte** (*H. kalinowskii*): zählt zu den kleinsten Beutelratten, als einzige mit gerader Zitzenzahl (4), Ohren lang, dünn, unbehaart, Augen sehr groß. Peru, Guyana, Französisch-Guayana.

Lestodelphys: 1 Art. Mäuseähnlich. **Patagonische Beutelratte** (*L. halli*): ähnelt Mäusen, Fell kurz, dicht, grau, Bauch und Beine weiß, schwarze Flecken auf Schultern und Hüften, Schwanz als Fettspeicher. Patagonien.

Dickschwanzbeutelratten (*Lutreolina*): 2 Arten. Gestalt wieselartig. **Dickschwanzbeutelratte** (*L. crassicaudata*): Fell dunkelgelb bis braun, kein Beutel, Schwanz nicht als Greifschwanz, körpernahes Schwanzdrittel verdickt, behaart, Fettspeicher. 2 Unterarten. Venezuela bis Nordargentinien. – **Massoias Dickschwanzbeutelratte** (*L. massoia*): Bergwälder Boliviens.

Zwergbeutelratten (*Marmosa*): 26 Arten. Gestalt maus- bis rattenähnlich, Männchen oft größer als Weibchen (Kopf-Rumpf-Länge 13–25 cm), mehr als körperlanger Greifschwanz nackt, beschuppt, nur an der Basis behaart, Fell kurz und weich, Oberseite rötlich braun bis dunkelbraun, Bauch heller, bei vielen Arten dunkle Brillenzeichnung um die Augen, Beutel fehlt. Südliches Mittelamerika, ganz Südamerika bis Zentralargentinien. **Alstons Wollige Zwergbeutelratte** (*M. alstoni*). – **Weißbauch-Zwergbeutelratte** (*M. constantiae*). – **Demerara-Zwergbeutelratte** (*M. demerarae*), auch Wollige Zwergbeutelratte: 5 Unterarten. – **Mauszwergbeutelratte** (*M. murina*). – **Mexikanische Zwergbeutelratte** (*M. mexicana*), auch Schwarzring-Zwergbeutelratte: 3 Unterarten. – **Tates Wollige Zwergbeutelratte** (*M. paraguayanus*): 5 Unterarten. – **Kleine Wollige Zwergbeutelratte** (*M. phaea*). – **Rote Zwergbeutelratte** (*M. rubra*). – **Robinsons Zwergbeutelratte** (*M. robinsoni*), auch Blassbauch-Zwerg-

Abb. 2.2 Haus-Spitzmausbeutelratten (*Monodelphis domestica*) sind in ihrer Heimat beliebte Schädlingsvertilger.

beutelratte: 2 Unterarten. – **Kleine Rote Zwergbeutelratte** (*M. lepida*). – **Tyleria-Zwergbeutelratte** (*M. tyleriana*). – **Guajira-Zwergbeutelratte** (*M. xerophila*). – **Andersons Zwergbeutelratte** (*M. andersoni*).

Schlankbeutelratten (*Marmosops*): 21 Arten. Körperlänge 9-16 cm, Schwanzlänge 11-22 cm, mausähnlich, Beutel fehlt, Rücken grau oder braun, Bauch heller bis weißlich. Panama bis mittleres Südamerika. **Weißbauch-Schlankbeutelratte** (*M. noctivagus*), auch Nacht-

Abb. 2.3 Bei der Grauen Vieraugenbeutelratte (*Philander opossum*) täuschen 2 Überaugenflecke ein 2. Augenpaar vor.

Schlankbeutelratte. – **Gray-Schlankbeutelratte** (*M. incanus*). – **Panama-Schlankbeutelratte** (*M. invictus*). – **Zarte Schlankbeutelratte** (*M. parvidens*). – **Handleys Schlankbeutelratte** (*M. handleyi*). – **Dunkle Schlankbeutelratte** (*M. fuscatus*): 3 Unterarten. – **Junin-Schlankbeutelratte** (*M. juninensis*). – **Brasilien-Schlankbeutelratte** (*M. paulensis*). – **Pinheiros Schlankbeutelratte** (*M. pinheiroi*).

Nacktschwanzbeutelratten (*Metachirus*): 1 Art. Ähnlich der Vieraugenbeutelratte. **Nacktschwanzbeutelratte** (*M. nudicaudatus*): mit hellem Überaugenfleck, kein Beutel, stattdessen seitliche Hautfalten. 5 Unterarten. Mittelamerika bis Argentinien.

Spitzmausbeutelratten (*Monodelphis*), auch Kurzschwanz-Beutelratten: 24 Arten. Kopf-Rumpf-Länge etwa 11-22 cm, Schwanzlänge 5-9 cm, Gestalt spitzmausähnlich, Fell je nach Art rötlich braun bis dunkelgrau, verschiedentlich 1 oder 3 dunkle Rückenstreifen, spärlich behaarter Schwanz, kein Beutel. Panama bis Nordargentinien. **Haus-Spitzmausbeutelratte** (*M. domestica*): lebt oft in menschlichen Siedlungen und wird hier als Insekten- und Nagetierfresser gern gesehen. – **Nördliche Rotflanken-Spitzmausbeutelratte** (*M. brevicaudata*). – **Sepia-Spitzmausbeutelratte** (*M. adusta*), auch Marajo-Spitzmausbeutelratte. – **Kuns-Spitzmausbeutelratte** (*M. kunsi*). – **Dreistreifen-Spitzmausbeutelratte** (*M. americana*). – **Einstreifen-Spitzmausbeutelratte** (*M. unistriata*). – **Rotkopf-Spitzmausbeutelratte** (*M. scalops*). – **Osgoods Spitzmausbeutelratte** (*M. osgoodi*). – **Emilias Spitzmausbeutelratte** (*M. emiliae*). – **Iherings Dreistreifen-Spitzmausbeutelratte** (*M. iheringi*). – **Gelbflanken-Spitzmausbeutelratte** (*M. dimidiata*). – **Amazonische Rotflanken-Spitzmausbeutelratte** (*M. glirina*). – **Kappen-Spitzmausbeutelratte** (*M. palliolata*). – **Ronalds Spitzmausbeutelratte** (*M. ronaldi*): 2004 neu beschrieben.

Vieraugenbeutelratten (*Philander*): 10 Arten. Kopf-Rumpf-Länge etwa 30 cm, Schwanz körperlang oder länger, nur 1. Viertel behaart, Gestalt rattenähnlich, Fell grau oder schwarz, Unterseite heller, weißlich bis gelb, 2 leuchtend weiße Überaugenflecke, Beutel vorhanden, Öffnung nach vorn. Nordmexiko bis Nordargentinien. – **Graue Vieraugenbeutelratte** (*P. opossum*): 4 Unterarten. – **Schwarze Vieraugenbeutelratte** (*P. andersoni*). – **Südöstliche Vieraugenbeutelratte** (*P. frenatus*). – **McIlhennys Vieraugenbeutelratte** (*P. mcilhennyi*).

Fettschwanzbeutelratten (*Thylamys*): 9 Arten. Mausähnlich, Fell grau oder braun, Bauch heller, Schwanz unbehaart, Fettspeicher, Weibchen ohne Beutel, 15 Zitzen. Von Peru und Brasilien bis Chile und Argentinien. **Elegante Fettschwanzbeutelratte** (*T. elegans*). – **Paraguay-Fettschwanzbeutelratte** (*T. macrurus*). – **Weißbauch-Fettschwanzbeutelratte** (*T. pallidior*). – **Gewöhnliche Fettschwanzbeutelratte** (*T. pusillus*). – **Zwergfettschwanzbeutelratte** (*T. velutinus*). – **Karimis Fettschwanzbeutelratte** (*T. karimii*). – **Argentinische Fettschwanzbeutelratte** (*T. sponsorius*). – **Tates Fettschwanzbeutelratte** (*T. tatei*). – **Ockerbäuchige Fettschwanzbeutelratte** (*T. venustus*).

Graue Zwergbeutelratten (*Tlacuatzin*): 5 Arten. Greifschwanz körperlang. Darunter **Graues Zwergbeutelopossum** (*T. canescens*): Fell grau bis graubraun, Bauch gelblich, Ohren groß, unbehaart. Endemisch in Mexiko (Pazifikküste und Halbinsel Yucatán).

Gefährdungsstatus. Bestand in der Wildnis bei den meisten Arten gesichert, aber einzelne Arten, wie Aceramarca-Beutelratte, Andersons Zwerg- und Handleys Schlankbeutelratte hochgradig bedroht, Guajira-Zwergbeutelratte und Kuns-Spitzmausbeutelratte gefährdet und weitere Arten schutzbedürftig.

Lebensweise. Dämmerungs- und Nachttiere. Einzelgänger, im Unterholz unter und auf Büschen und Bäumen von Obstplantagen, Wald und Parklandschaften, manche auch in baumlosen Ebenen und Grassteppen (Patagonische Beutelratte ist Pampasbewohner), auf Geröllhalden oder in felsigem Gebiet (besonders kleine Arten) bis in 5000 m Höhe (Zwergbeutelratten). Meist Baumbewohner, weniger Bodentiere (Spitzmaus-, Dickschwanzbeutelratten, häufig auch Opossums). Schwimmbeutelratte in stehenden und fließenden Gewässern sowie deren Uferzonen. Schlaf- oder Ruheplätze in Baumhöhlen, Felsspalten, Erdbauen anderer Tiere, vereinzelt auch in menschlichen Wohn- und Vorratsbauten. Vieraugenbeutelratten bauen Kugelnester. Empfindliches Gehör, teilweise Ultraschallwahrnehmung. Nachts spielen Gesichts- und Tastsinn (Tastborsten an der Schnauze) eine Rolle. Die Tiere können teilweise schnell laufen, klettern geschickt, können schwimmen, Schwimmbeutelratten auch tauchen (Weibchen mit Beuteljungen schließen den Beutel durch Muskelzug wasserdicht). Bemerkenswert ist die große Zählebigkeit und Schmerzunempfindlichkeit der Tiere. Bei Gefahr drohen sie den Gegner mit aufgerissenem Maul an, z. T. begleitet von Zischlauten. Opossums können sich tot stellen, sind dabei schlaff und bewegungslos, die Zunge hängt aus dem geöffneten Maul, die Augen sind starr. Sie entgehen so oft ihren Feinden, werden auch wegen ihres Körpergeruchs von diesen meist nicht gefressen. Während Kälte-, Trocken- und Hungerperioden winterschlafähnlicher Zustand (Torpor), zehren dabei von Fettpolstern unter der Haut und an der Schwanzwurzel.

Nahrung. Allesfresser, vorwiegend tierische Kost (wirbellose Tiere wie Würmer, Schnecken, Insekten und deren Larven, kleine Wirbeltiere, Krebse, besonders Frösche, Kröten und Eidechsen, Vogeleier, Nager, Aas), auch Pflanzennahrung (besonders Früchte, zartes Grün). Schwimmbeutler reine Fleischfresser (Muscheln, Krebse, Fisch- und Lurchlaich, tote Wassertiere).

Haltung von Beutelratten

In Zoos selten gezeigt, derzeit am häufigsten Derbys Wollbeutelratte. Zentralamerikanisches Opossum, Haus-Spitzmausbeutelratte und Robinsons Zwergbeutelratte auch als Labortiere gehalten. Mit Ausnahme des Nordopossums, das ganzjährig kalt gehalten werden kann, nicht winterhart. Größere Arten, besonders Südopossums aus dem Bergland, sind bedingt akklimatisierbar, können vom Frühjahr bis zum Herbst auch in wind- und regengeschützten Außengehegen untergebracht werden.

Unterkunft. Meist in verglasten, terrarienartig eingerichteten Vitrinen von Warmhäusern, möglichst in Nachttierabteilungen. Unterkünfte besonders bei Zwergbeutelratten, die sich durch schmale Ritzen und Spalten drängen können, gegen Ausbrüche sichern! Raumtemperatur für südliche Arten nicht unter 16 °C, für kleine Arten aus dem südlichen Verbreitungsgebiet nicht unter 20 °C, optimal oft 22–24 °C. Viele Klettereinrichtungen, mehrere Schlafkästen oder hohle Stämme, Nistmaterial (insbesondere bei beutellosen Arten), andere Verstecke, Sand-, Mulch oder Naturboden. Für Schwimmbeutelratten neben einem ausreichend großen Wasserbecken Schlafkästen mit reichlich wasseraufsaugender Einstreu, die täglich gewechselt werden muss. Nasses Nistmaterial im Schlafkasten kann zu Unterkühlung und damit zu Erkrankung führen. In Warmhäusern darf für Opossums und auch Zwergbeutelratten die relative Luftfeuchtigkeit nicht zu niedrig sein (mindestens 50–60 %), da sonst die Schwanzhaut einreißen und nässen kann.

Umgang. Nordopossums leiden infolge einer chronischen Immuninsuffizienz oft unter septischen Hautnekrosen (besonders an Ohren, Gliedmaßen, Schwanz), hervorgerufen durch aggressive Staphylokokken, die auch auf Menschen übertragen werden können.

Alle Arten sind empfindlich gegen grelles Licht und laute Geräusche, teilweise auch schreckhaft. Umgang mit den Tieren meist ungefährlich. Trotzdem Vorsicht, Tiere sind teilweise sehr schnell und bissig! Erwachsene Opossums besitzen sehr lange, scharfe Eckzähne und eine kräftige Kiefermuskulatur. Fang mit Lederhandschuh (Genickgriff) oder Kescher. Größere Arten können bei kurzem Umsetzen auch an hinterer Schwanzhälfte getragen werden (durch leichtes Schütteln wird Hochklettern am eigenen Schwanz verhindert). Transport in luftigen, leichten, gut verschlossenen Holzkisten.

Fütterung. Große Arten: rohes, durchgedrehtes Fleisch, Hundemischfutter, Hundekuchen, Katzenfertigfutter, Mäuse, gestocktes Ei, Joghurt, rohes Obst und Gemüse, Vitamine, Mineralstoffe.

Mittelgroße Arten: wie oben, dazu Banane, hart gekochtes Ei.

Kleine Arten: rohes durchgedrehtes Fleisch, gekochtes Ei, rohes Eigelb, Milch, Quark, Mehlwürmer, Heuschrecken, Küken, handelsübliche Babybreie, weiche, süße Früchte, Rosinen.

Schwimmbeutelratten: pflanzliche Kost wird abgelehnt, neben genannter tierischer Kost Süßwasserfische, eventuell Krebse, geöffnete Muscheln, Schnecken.

Für alle Wasser zur beliebigen Aufnahme.

Vergesellschaftung. Ungesellig, deswegen überwiegend einzeln halten, sonst kommt es zu Beißereien. Nur in Ausnahmefällen vertragen sich Paare gut. In Braunschweig werden Nordopossums mit Ursons und Fleckenskunks gehalten, sonst liegen über Gemeinschaftshaltung mit anderen Arten keine gesicherten Erfahrungen vor.

Fortpflanzung und Zucht. Zucht in Menschenobhut eher selten, gelegentlich bei Woll-, Spitzmaus- und Zwergbeutelratten sowie Opossums. Bei Verpaarungsversuchen kommt es oft zu Beißereien mit Todesfällen, bei herkömmlicher Haltung besonders nachts, wenn die Tiere unbeaufsichtigt sind und ihre Aktivität hoch ist. Männchen mit deutlichem Scrotum. Zitzen brust- oder bauchständig, kreisförmig oder mehrzeilig angeordnet, Zahl schwankt zwischen 5 und 30 und ist fast immer ungerade. Nur bei sich anbahnendem Östrus wird ein Männchen für einige Tage bis zur Paarung hinzugelassen. Längere Paarhaltung bei Spitzmausbeutelratten möglich und wünschenswert, da Weibchen bei längerer Einzelhaltung unfruchtbar werden. Während der Paarung halten die Männchen die Weibchen durch Biss in das Nackenfell fest. Männliche Zwergbeutelratten schlingen das Schwanzende um einen Ast (oder um Gehe-

Tab. 2.1 Angaben zur Fortpflanzungsbiologie von Beutelrattenartigen

Art	Fortpflanzung	Zitzen (Anzahl)	Tragzeit (Tage)	Jungen (Anzahl)	Beuteltragzeit (Tage)	Diapause[1]
Nordopossum	saisonal	11–17	13	1–19	70–80	nein
Robinsons Zwergbeutelratte	saisonal	13	13–14	10–13	35–40	nein
Haus-Spitzmausbeutelratte	ganzjährig	22	13–14	3–14	14[2] (–20)	nein
Nacktschwanzwollbeutelratte	saisonal	6	25	4,1[2]	75–80	nein

[1] Ruhende Keimesentwicklung, siehe Familie Eigentliche Kängurus, Fortpflanzung und Zucht

[2] Rechnerischer Durchschnittswert einer größeren Zahl von Einzelwerten. Angaben in Klammern sind davon abweichende, im natürlichen Schwankungsbereich liegende Zahlen.

gegitter) und umklammern freihängend die Weibchen mit den Gliedmaßen. Paarungsdauer je nach Art zwischen 5 und 30 Minuten. Generell nach beobachteter Paarung Männchen entfernen, da Junge später sonst von ihm gefressen werden würden. Meist 1 (Zwerg-, Schwimm-, Vieraugenbeutelratte), selten 2–3 Würfe (Opossum) pro Jahr. Bei Spitzmausbeutelratten 4 Würfe pro Jahr mit jeweils durchschnittlich 7 Jungen möglich. Tragzeit 12–13 Tage. Zahl der geborenen Jungen stets größer als die der aufgezogenen, überzählige Junge sterben oder werden vom Weibchen gefressen. Bei bisherigen Zoonachzuchten von Opossums war die Jungenzahl niedriger als in der Wildnis. Neugeborene von Zwergbeutelratten sind weizenkorngroß, von größeren Arten bis 2 cm. Jungtiere erreichen den Beutel ohne Hilfe der Mutter. Bei beutellosen Arten (Spitzmaus- und Zwergbeutelratten) werden die Jungen, die sich fest mit dem Maul an eine Zitze anheften, zwischen den Hinterbeinen oder am Unterbauch liegend getragen. Nach dem Lösen von den Zitzen bei Haus-Spitzmausbeutelratte mit 20 Tagen (andere Spitzmausbeutelratten vielleicht schon mit 2 Wochen), werden die Beuteljungen von der Mutter zunächst in Höhlen oder Nestern abgelegt, die mit Blättern gut isoliert und gepolstert sind. Die Jungen bleiben nachts allein im Nest zurück und sind hier sehr empfindlich gegenüber Störungen (keine Nestkontrollen durchführen!). Hohe Außentemperaturen (24–26 °C) mindern Sterblichkeit.

Nach der Augenöffnung (Zwergbeutelratten mit 35 Tagen) klammern sie sich im Flanken- oder Rückenfell fest und begleiten die Mutter auf Nahrungssuche. Versehentlich von der Mutter abgefallene Junge machen mit Schreien im Ultraschallbereich auf sich aufmerksam, werden von der Mutter gesucht und wieder aufgenommen. Mit der Aufnahme von fester Nahrung beginnt die Entwöhnung (Spitzmausbeutelratten mit etwa 50, Zwergbeutelratten mit etwa 70 Tagen). Jungtiere dann spätestens 2–3 Wochen nach der ersten Futteraufnahme von der Mutter abtrennen. Wurfgeschwister von Spitzmausbeutelratten können bis zum Einsetzen der Geschlechtsreife zusammen gehalten werden. Halbwüchsige Geschwister von Zwergbeutelratten werden oft auch untereinander aggressiv. Bei Nichttrennung folgen intensive Beißereien und Kannibalismus, auch gegenüber dem Muttertier (Wollbeutelratten). Junge Opossums beginnen sich mit etwa 10 Wochen erstmals kurzzeitig von der Mutter zu lösen, die sie dann bei der Nahrungssuche in einem Nest zurücklässt (etwa 1–2 Wochen), anschließend folgt die Tragephase. Mit 3–4 Monaten sind die Jungen selbständig. Spätestens zu diesem Zeitpunkt vom Weibchen trennen und einzeln unterbringen, da es sonst zu Bissverletzungen und Entkräftung des Weibchens kommt. Geschlechtsreife bei Opossums mit 5–8 Monaten. Trotz Inzucht treten bei Spitzmausbeutelratten auch über viele Generationen in Menschenhand keine Fortpflanzungsprobleme auf. Bei Zwergbeutelratten sind die Fortpflanzungserfolge der F_1- und F_2-Generation bedeutend schlechter als die von Wildfängen.

Über eine künstliche Aufzucht ist nichts bekannt. In Caracas gelang es bei Nordopossums,

Tab. 2.2 Angaben zur Milchzusammensetzung von Beutelrattenartigen

Art/Gattung	LP[1]	Trockensubstanz (%)	Fett (%)	Eiweiß (%)	Kohlenhydrate (%)	Asche/Mineralien (%)	Proben (Anzahl)
	1	22,90	8,51	5,67	3,28		10
Nordopossum	2	32,81	43,43	9,38	2,87		8
	3	25,02	11,64	9,45	2,17	1,72	19
	1	10,76		2,43	1,93		7
Hausspitzmaus-Beutelratte	2	29,46		9,47	4,29		13
	3	33,57	19,20	9,40	3,47		22

[1] LP: Laktationsphase

3 Beutelsäuglinge eines toten Muttertiers in den Beutel eines Weibchens mit älteren Jungen zu verpflanzen, wo sie gesund heranwuchsen. Die Milchzusammensetzung von Nordopossums und Haus-Spitzmausbeutelratten findet sich in Tabelle 2.2.

Höchstalter in Menschenobhut. Bei kleineren Arten etwa 2½, Panama-Wollbeutelratte (*Caluromys derbianus derbianus*) fast 8½, Nacktschwanzwollbeutelratte fast 9, Schwarzschulterbeutelratte über 7½, Nördliche Rotflanken-Spitzmausbeutelratte fast 4, Weißbauch-Schlankbeutelratte 4½, Haus-Spitzmausbeutelratte über 5, Graue Vieraugenbeutelratte 4½, Nacktschwanzbeutelratte 3, Dickschwanzbeutelratte fast 3, Nordopossum über 4¾, Schwimmbeutler fast 3¼ Jahre.

3
Ordnung Spitzmausopossums (Paucituberculata)

Auch Opossummäuse oder Mausopossums genannt. Reste einer im Oligozän und Miozän artenreichen Beutlergruppe mit typischen Beuteltiermerkmalen, die auf beutelrattenähnliche Vorfahren zurückgehen.

Verbreitung. Inselartig von Venezuela, Mittel- und Südbolivien, südliches Mittelchile.

1 Familie, 3 Gattungen, 7 Arten.

Familie Spitzmausopossums (Caenolestidae)

Gestalt und Größe spitzmausähnlich, kleine Augen, langer, fast nackter Schwanz, Schwanzspitze dient als Stütze beim Klettern. Gebiss sehr urtümlich, Zahnformel: 4/3 1/1 3/3 4/4, unteres mittleres Schneidezahnpaar lang, übrige Schneidezähne klein. Kein Beutel, 4 Zitzen. Fell lang, weich, zottelig, Rücken braun bis schwarz, Bauchseite heller.

3 Gattungen, 7 Arten.

Eigentliche Spitzmausopossums (*Caenolestes*): 5 Arten. Venezuela bis Südwestecuador. **Ekuador-Spitzmausopossum** (*C. fuliginosus*): 3 Unterarten. – **Graubäuchiges Spitzmausopossum** (*C. caniventer*). – **Dunkles Spitzmausopossum** (*C. convelatus*), auch Nördliches Spitzmausopossum: 2 Unterarten. – **Anden-Spitzmausopossum** (*C. condorensis*) – **Sangay-Spitzmausopossum** (*C. sangay*).

Peruanische Spitzmausopossums (*Lestoros*): 1 Art. **Peruanisches Spitzmausopossum** (*L. inca*), auch Inka-Spitzmausopossum: Südperu.

Chilenische Spitzmausopossums (*Rhyncholestes*): 1 Art. **Chilenisches Spitzmausopossum** (*R. ramphanurus*), auch Langnasen-Spitzmausopossum: Insel Chiloé und angrenzendes Festland des südlichen Mittelchile.

Gefährdungsstatus. Chilenisches Spitzmausopossum bedroht, Graubäuchiges Spitzmausopossum und Dunkles Spitzmausopossum gefährdet.

Lebensweise. Wenig bekannt. Tag- und nachtaktiv, gut kletternde Bodenbewohner, bei denen der Schwanz als Stütze beim Klettern Verwendung findet. Lebensraum Unterholz in kaltfeuchten Regen- und Nebelwäldern der Anden, in 1600–4000 m Höhe. Beim Ekuador-Spitzmausopossum saisonale Fortpflanzung mit möglicherweise nur 1 Wurf pro Saison. Beim Chilenischen Spitzmausopossum periodische Fettspeicherung in der Schwanzwurzel.

Nahrung. Insekten, Spinnen und kleine Wirbeltiere, Aas.

Haltung von Spitzmausopossums

Nur kurzzeitig gelungen. Haltung in Glasvitrinen mit guter Belüftung bei Temperaturen von 4–24 °C. Als Bodengrund können Moose, Flechten und andere niedrige Pflanzen oder Hobelspäne verwendet werden. Äste und Zweige in unterschiedlicher Stärke sollten zum Klettern angeboten werden. Ekuador-Spitzmausopossums können in kleinen, gemischt- oder gleichgeschlechtlichen Gruppen gehalten werden. Als Nahrung dienen Insekten und deren Larven sowie Würmer. Tote Kleinsäuger werden ebenfalls gefressen. In Tiergärten nicht gezeigt.

4
Ordnung Zwergopossums (Microbiotheria)

Nur noch 2 (oder 3) rezente Formen, als frühe Abspaltung von den Beutelratten (*Didelphidae*). Sonst nur aus Versteinerungen bekannt.

Verbreitung. Insel Chiloé und angrenzendes Festland von Südchile bis Westargentinien.

1 Familie, 1 Gattung, 2 (oder 3) Arten.

Familie Zwergopossums (Microbiotheridae)

1 Gattung, 2 (oder 3) Arten.

Zwergopossums (*Dromiciops*): zwergbeutelrattenähnlich, kürzere Schnauze. **Chiloé-Beutelratte** (*D. gliroides*): „lebendes Fossil". Fell dicht, kurz, Rücken hellbraun bis grau, Nacken rötlich braun, Seiten heller, mit weißen Flecken im Schulterumfeld und an der Hüfte, schwarze Augenringe, Schwanz überwiegend behaart, leicht greiffähig, im Vorderabschnitt Fettspeicher, Weibchen mit kleinem Beutel und 4 Zitzen. – **Pancho-Beutelratte** (*D. bozinovici*): Zentralchile und Westargentinien. – Der Status der Art *D. mondaca* ist umstritten.

Gefährdungsstatus. Bestand in der Wildnis gefährdet.

Lebensweise. Nachtaktiv, überwiegend in Bambusdickichten, baumlebend, in kühleren Regionen Winterschlaf. Saisonale Fortpflanzung mit 1–4 Jungen pro Wurf. An die Beutelphase schließt sich eine Nestlingsperiode in Blattnestern an, ehe die Jungen der Mutter folgen. Als Fressfeinde gelten Pumas, Eulen und Schlangen.

Nahrung. Insekten und andere Wirbellose sowie Früchte der Quintral-Mispel.

Haltung von Zwergopossums

Erfahrungen liegen kaum vor, in Tiergärten nicht gezeigt.

Höchstalter in Menschenobhut. Chiloé-Beutelratte 2½ Jahre.

6
Ordnung Raubbeutlerartige (Dasyuromorphia)

Die Arten sind sich mit ihren typischen Beuteltiermerkmalen im Körperbau sehr ähnlich, aber in Körpergröße und -gewicht recht verschieden. Vertreter der Beutelmäuse zählen zu den kleinsten Beuteltieren, Beutelteufel erreichen eine Länge von etwa 1 m und ein Gewicht von über 10 kg.

Verbreitung. Australien, Neuguinea, Tasmanien und umliegende Inseln.

3 Familien, 18 Gattungen, 78 Arten.

Familie Beutelwölfe (Thylacinidae)

Gestalt hundeähnlich, hochbeinig, knapp schäferhundgroß. Zahnformel: 4/3 1/1 3/3 4/4; Eck- und Backenzähne vergrößert, Molaren bilden eine Brechschere. Fell kurz, glatt, oberseits gelbgrau mit 13–19 schwarzen Querstreifen. Beutel mit 4 Zitzen nach hinten offen. „Beutelknochen" sehr klein.

1 Gattung, 1 Art.

Beutelwölfe (*Thylacinus*): ausgerottet. **Beutelwolf** (*T. cynocephalus*). Tasmanien, vor über 2000 Jahren auch in Australien. Nach rücksichtsloser Bejagung ausgerottet. Letztes frei lebendes Tier wurde 1930 erschossen. Seitdem ergebnislose Suche nach überlebenden Tieren, auch unter Einsatz moderner elektronischer Geräte. Letztes Tier in Menschenobhut starb am 7.9.1936 im Zoo von Hobart, Tasmanien.

Lebensweise. Einzelgänger, überwiegend nachtaktiv, im Zoo auch tagaktiv. Ursprünglich in offenen Steppen, Buschsteppen, lichten Wäldern, vom Menschen in waldreiche, gebirgige Gegenden zurückgedrängt. Bodenbewohner. Fortbewegung laufend oder trabend, auf der Flucht möglicherweise auch känguruartig auf den Hinterbeinen hüpfend, konnte über 2 m hoch springen.

Nahrung. Fleischfresser, ausdauernder Jäger, erbeutete Reptilien, Vögel, kleine Säuger, auch Kängurus, später auch Hausschafe. Ältere Jungtiere begleiteten Muttertier auf Beutejagd.

Haltung von Beutelwölfen

Anspruchslos, wurden um 1900 wie winterharte tropische hundeartige Raubtiere gehalten. Zur Ruhe nachts Strohlager. Sollen wenig wilde, ruhige Pfleglinge gewesen sein.

Fütterung. Rind- und Pferdefleisch, Kleintiere mit Fell oder Federn.

Fortpflanzung und Zucht. In Menschenobhut nicht gelungen. 4 Zitzen, der Beutel ist ein einfacher Hautwall, bis 4 Junge. Beuteltragzeit vermutlich 3 Monate, danach wurden sehende Junge in einem Nest abgelegt.

Höchstalter in Menschenobhut. 13 Jahre.

Familie Ameisenbeutler (Myrmecobiidae)

Gestalt eichhörnchenähnlich, Kopf mit langer spitzer Schnauze, Augen groß. Schwanz lang,

Abb. 6.1 Ameisenbeutler (*Myrmecobius fasciatus*) sind als Nahrungsspezialisten schwierige Pfleglinge.

buschig. Zahnformel: 4/3 1/1 4/4 4/4, nicht selten überzählige Zähne, Anzahl in beiden Kieferhälften deshalb oft unterschiedlich. Zähne klein und spitz, werden nicht zum Kauen, sondern zum Tragen benutzt (z.B. Eintragen von Nistmaterial). Rumpf mit 6–8 weißen Querbinden. 4 Zitzen, kein Beutel.

Verbreitung. Südwestaustralien.

1 Gattung, 1 Art.

Ameisenbeutler (*Myrmecobius*): Weibchen kleiner als Männchen, rattengroß, Zunge als Hauptinstrument der Nahungsaufnahme sehr lang, etwa 12 cm, rund, weit vorstreckbar, große Speicheldrüsen. **Ameisenbeutler** (*M. fasciatus*), auch Numbat: 2 Unterarten, davon südliche Form ausgerottet. Südwestaustralien.

Gefährdungsstatus. Bestand in der Wildnis durch Buschbrände, Dingos, Füchse und Katzen fast ausgerottet, gilt als stark gefährdet. Es laufen Wiederansiedlungsprogramme in australischen Reservaten.

Lebensweise. Tagtiere, Einzelgänger oder paarweise in lockerem Wald, wie offenen Hartlaubwäldern, trockenem Buschland und Parklandschaft. Bodentiere, die aber gut klettern und dabei abgestorbene Bäume und Termitenbaue nach Nahrung absuchen. Schlaf- und Ruheplätze in Baumhöhlen oder verlassenen Erdbauen anderer Tiere, graben gelegentlich auch selbst Gänge, Lager wird mit weichem Pflanzenmaterial gepolstert. Tiere ruhen tags zeitweise mit ausgestreckten Vorderbeinen auf Ästen. Aus nicht geklärten Gründen zeitweilig Starrezustand (Torpor), der bis zu 15 Stunden dauern kann.

Nahrung. Termiten, Ameisen, die unzerkaut abgeschluckt werden.

Haltung von Ameisenbeutlern

In Tiergärten außerhalb Australiens nicht gezeigt. Haltung und Zucht bisher nur in den Zoos von Sydney und Perth. Einzelheiten nicht bekannt.

Fütterung. Nahrungsspezialisten, Ernährung ähnlich wie für Schnabeligel oder Ameisenbären.

Fortpflanzung und Zucht. Fortpflanzung saisonal fixiert, Tragzeit 14 Tage, Wurfgröße 2–4 Junge, kein Beutel. Neugeborene klammern sich an langen, in der Nähe der 4 Zitzen befindlichen Haaren fest und werden so etwa 4 Monate von der Mutter mit umhergetragen. Mit weitgehend abgeschlossener Behaarung werden sie von der Mutter in einer Erdhöhle abgelegt. Entwöhnung mit 6 Monaten.

Höchstalter in Menschenobhut. Numbat über 10 Jahre.

Familie Raubbeutler (Dasyuridae)

Gestalt und Körpergröße sehr verschieden, maus- bis waschbärengroß. Schneidezähne vorhanden, große Eckzähne, scharfkantige Backenzähne. Beine in etwa gleich lang, Hand mit 5 Fingern, Hintergliedmaßen vier- oder fünfzehig, Zehen nicht verwachsen, 1. Zehe ohne Nagel, oft reduziert, bei einigen baumbewohnenden Arten opponierbar. Beutel meist vorhanden, 2–12 Zitzen. Eng mit den amerikanischen Beutelratten verwandt.

2 Unterfamilien, 17 Gattungen, 76 Arten.

Unterfamilie Beutelmarder (Dasyurinae)

Gestalt kleinnager-, spitzhörnchen- oder marderähnlich, maus- bis waschbärengroß, spitzschnäuzig, Schwanz lang. Zahnformel der *Dasyurini* 4/3 1/1 2/2 4/4, Eckzähne und Backenzähne besonders im Oberkiefer kräftig, Gebiss raubtierähnlich, das der übrigen Vertreter wie bei den Schmalfußbeutelmäusen.

Verbreitung. Australien, Tasmanien, Neuguinea und Aru-Inseln.

13 Gattungen, 47 Arten.

Beutelmarder (Dasyurini)

Beutelmarder (*Dasyurus*), auch Quoll: 6 Arten. Ratten- bis hauskatzengroß, Gestalt schleichkatzenähnlich, Fell, z.T. sogar am Schwanz, weiß gefleckt. Australien, Tasmanien, Neuguinea. **Zwergbeutelmarder** (*D. hallucatus*), auch Nördlicher Beutelmarder. – **Tüpfelbeutelmarder** (*D. viverrinus*), auch Östlicher Beutelmarder: Großzehe fehlt. – **Schwarzschwanzbeutelmarder** (*D. geoffroii*), auch Westlicher Beutelmarder, Schwarzschwanzfleckenbeutelmarder. – **Neuguinea-Beutelmarder** (*D. albopunctatus*). – **Riesenbeutelmarder** (*D. maculatus*), auch Fleckschwanzbeutelmarder: Fellfleckung auch auf dem Schwanz. – **Bronze-Beutelmarder** (*D. spartacus*), auch Bronze-Quoll: Fell bronzefarben.

Streifenbeutelmarder (*Myoictis*): 4 Arten. 3 dunkle Längsstreifen auf dem Rücken. **Dreist-**

Abb. 6.2 Der Schwarzschwanzbeutelmarder (*Dasyurus geoffroii*) ist wie alle Beutelmarder am Körper weiß gefleckt.

Abb. 6.3 Beutelteufel (*Sarcophilus harrisii*) benötigen stabile Unterkünfte, deren Inventar sicher verankert sein muss.

reifenbeutelmarder (*M. melas*): rattengroß. Neuguinea und kleinere vorgelagerte Inseln. – **Wallaces Streifenbeutelmarder** (*M. wallacii*): Aru-Inseln. – **Wooley-Streifenbeutelmarder** (*M. leucura*): weiße Schwanzspitze. Südliches Papua-Neuguinea. – **Tate-Streifenbeutelmarder** (*M. wavicus*): Bergwälder Papua-Neuguineas.

Beutelteufel (*Sarcophilus*): 1 Art. Größter lebender Raubbeutler, waschbärengroß, Männchen größer, plump, dicker Kopf mit stumpfer Schnauze, Fell schwarz bis dunkelbraun, weiße Flecken und Binden auf Brust, Kruppe und Schwanzwurzel, Schwanz als Fettspeicher, Ohren färben sich bei Aufregung rot. **Beutelteufel** (*S. harrisii*), auch Tasmanischer Teufel: Tasmanien.

Kammschwanzbeutelmäuse (*Dasycercus*): 2 Arten. Haarkamm aus langen schwarzen Haaren auf dem hinteren Schwanzdrittel, Kopf breit, Ohren ausgesprochen klein, Füße kurz, Fell auf dem Rücken gelblich bis rotbraun, Bauch heller, verdickter Schwanz, vorderer Schwanzabschnitt mit langen, braunen Haaren, Beutel aus Hautfalten mit 6–8 Zitzen. **Mulgara** (*D. cristicauda*), auch Süd-Kammschwanzbeutelmaus: Nordwestliches Westaustralien bis südwestliches Queensland. – **Bürstenschwanz-Beutelmaus** (*D. blythi*): zentrales Australien.

Rote Beutelmäuse (*Dasykaluta*): 1 Art. Kleine, nur reichlich mausgroße Raubbeutler, Fell lang, rau, rötlich braun. **Rote Springbeutelmaus** (*D. rosamondae*), auch Rote Beutelmaus: Nordwestaustralien.

Kowaris (*Dasyuroides*): 1 Art. Schwanz mit oberer und unterer schwarzer Haarbürste, Füße schmal, vierzehig. **Kowari** (*D. byrnei*), auch Doppelkammbeutelmaus: Zentralaustralien.

Spitzhörnchenbeutler (*Neophascogale*): 1 Art. Gestalt spitzhörnchenähnlich, Fell lang, weich, rötlich bis rotbraun, meliert, Ohren und Schwanzspitze weiß. **Spitzhörnchenbeutler** (*N. lorentzi*): Neuguinea.

Sprenkelbeutelmäuse (*Parantechinus*): 1 Art. Reichlich mausgroße, typische Beuteltiere, Fell auf dem Rücken graubraun, weiß gesprenkelt, Bauchseite hellgrau, weißer Augenring. **Sprenkelbeutelmaus** (*P. apicalis*), auch Dibbler: Südwesten von Westaustralien.

Streifenbeutelmäuse (*Phascolosorex*): 2 Arten. Gestalt spitzmausähnlich, Fell orange- bis graubraun, schwarzer Streifen von der Schnauze zum Schwanz. Neuguinea. **Braunbauch-Streifenbeutelmaus** (*P. dorsalis*): kleinere Art, bräunlich gefärbter Bauch, braune Füße. – **Orangebauch-Streifenbeutelmaus** (*P. doriae*): roter Bauch, schwarze Füße.

Fettschwanzbeutelmäuse (*Pseudantechinus*): 5 Arten. Fell graubraun, Schwanzwurzel als Fettdepot. Nordwestaustralien. **Rotohr-Fettschwanzbeutelmaus** (*P. macdonnellensis*): größte Art. – **Sandstein-Fettschwanzbeutelmaus** (*P. bilarni*): früher Sprenkelmäusen zugeordnet. – **Alexandria-Fettschwanzbeutelmaus** (*P. mimulus*). – **Ningbing-Fettschwanzbeutelmaus** (*P. ningbing*). – **Woolleys Fettschwanzbeutelmaus** (*P. woolleyae*).

Gefährdungsstatus. Bestand in der Wildnis beim Beutelteufel trotz seiner Anpassungsfähigkeit durch Nachstellungen und besonders seit Beginn der Jahrtausendwende durch bisher unbekannte, nun aber um sich greifende, krebsauslösende Virusinfektion (Devil Facial Tumour Disease) stark gefährdet, ebenso der Tüpfelbeutelmarder und die Sprenkelbeutelmaus. Gefährdet außerdem Mulgara, Riesenbeutelmarder, Kowari, Schwarzschwanz-, Neuguinea- und Bronzebeutelmarder. EEP für den Kowari in Stuttgart, für den Beutelteufel im Zoo Kopenhagen und für den Tüpfelbeutelmarder in Leipzig. Zucht- und Auswilderungsprogramm für die Sprenkelbeutelmaus im Zoo Perth.

Lebensweise. Nacht- und Dämmerungstiere. Einzelgänger oder paarweise in lockerem Wald, Buschwald, Parklandschaft von Ebenen und Hügelland, häufig in Gewässernähe oder Küstenland, aber auch in trockenen Steinwüsten oder dürrer Spinifex-Graslandschaft (Mulgara). Auch Kulturfolger in menschlichen Siedlungen, sogar Großstädten. Teils Baum- und Bodentiere (Flecken-, Streifenbeutelmarder), teils ausschließlich am Boden (Beutelteufel). Baumbewohner klettern gut. Beutelteufel schwimmen geschickt und verstecken sich, gern tauchend, unter Wasserpflanzen. Schlaf- und Ruheplätze zwischen Steinen, in Baumhöhlen oder Erdbauen anderer Tiere, z. B. von Wombats.

Nahrung. Insekten, Eidechsen, Fische, Vögel, Vogeleier und Kleinsäuger, sogar kleine Kängurus, Hausgeflügel, Aas.

Beutelmäuse (Phascogalini)

Breitfußbeutelmäuse (*Antechinus*): 15 Arten. Ratten- oder spitzmausähnlich, Fell kurz, rau, hell- bis dunkelbraun, heller Bauch, kurze, breite, fünfzehige Füße, Schwanz kurzbehaart, nackt wirkend. Australien, Tasmanien. **Gelbfüßige Breitfußbeutelmaus** (*A. flavipes*): 2 Unterarten. – **Augenfleck-Breitfußbeutelmaus** (*A. bellus*), auch Rehbraune Breitfußbeutelmaus. – **Zimt-Breitfußbeutelmaus** (*A. leo*). – **Swainsons Breitfußbeutelmaus** (*A. swainsonii*). – **Queensland-Breitfußbeutelmaus** (*A. godmani*). – **Tropische Breitfußbeutelmaus** (*A. adustus*). – **Agile Breitfußbeutelmaus** (*A. agilis*). – **Sumpf-Breitfußbeutelmaus** (*A. minimus*), auch Hammock-Breitfußbeutelmaus. – **Stuarts Breitfußbeutelmaus** (*A. stuartii*). – **Subtropische Breitfußbeutelmaus** (*A. subtropicus*). – **Silberfarbene Breitfußbeutelmaus** (*A. argenteus*). – **Schwarzschwanz-Breitfußbeutelmaus** (*A. arktos*). – **Braune Breitfußbeutelmaus** (*A. mimetes*). – **Mystische Breitfußbeutelmaus** (*A. mysticus*). – **Van-Dycks-Breifußbeutelmaus** (*A. vandycki*).

Beutelmäuse (*Murexia*): 5 Arten. Spitzmausähnliche, arboricole Bewohner der Wälder Neuguineas und vorgelagerter Inseln. **Langschwanzbeutelmaus** (*M. longicaudata*): größter Vertreter der Neuguinea-Beutelmäuse, rötlich braunes Fell. – **Habbema-Beutelmaus** (*M. habbema*): Region um den Lake Habbema. **Schwarzschwanzbeutelmaus** (*M. melanura*): schwarzer Schwanz. – **Rothschild-Beutelmaus** (*M. rothschildi*), auch Breitstreifen-Neuguinea-Beutelmaus: schwarzer Rückenstreifen. – **Langnasenbeutelmaus** (*M. naso*): verlängerte Schnauze.

Pinselschwanzbeutelmäuse (*Phascogale*): 3 Arten. Spitzhörnchenähnlich, langer, buschiger, schwarzer Schwanz, Füße fünfzehig. Australien, nicht auf Tasmanien. **Große Pinselschwanzbeutelmaus** (*P. tapoatafa*), auch Großer Pinselschwanzbeutler: graue Schwanzwurzel. – **Kleine Pinselschwanzbeutelmaus** (*P. calura*): rote Schwanzwurzel. – **Nördlicher Pinselschwanzbeutler** (*P. pirata*): weiße Hinterfüße.

Gefährdungsstatus. Bestand in der Wildnis bei den meisten Arten ungefährdet, einige Arten selten oder in geringer Populationsdichte, allerdings Kleine Pinselschwanzbeutelmaus bedroht. Silberfarbene Breitfußbeutelmaus und Schwarzschwanz-Breitfußbeutelmaus vom Aussterben bedroht. Zucht einiger bedrohter Arten erfolgreich.

Lebensweise. Nacht- und Dämmerungstiere, einige Arten z. T. auch tagaktiv (Sonnenbaden). Vorwiegend als Einzelgänger in gattungs- und arttypischen, verschiedensten Lebensräumen, so Pinselschwanz- und einige Breitfußbeutelmäuse in Wald-, Park- und Kulturlandschaft, Swainsons Breitfußbeutelmaus in kühl-feuchtem Wald bis alpinem Heideland in Wassernähe. Manche auf Neuguinea lebende Arten in Gebirgen bis in 3000 m Höhe. Einige Arten Kulturfolger. Bodenbewohner, doch klettern die meisten gut, leben teilweise auch auf Bäumen (Breitfuß- und Pinselschwanzbeutelmaus). Viele Arten können sehr schnell rennen. Schlaf- und Ruheplätze in Astlöchern, Baum- und Erdhöhlen, Felsspalten, Erdbauen anderer Säugetiere oder verlassenen Vogelnestern. Schlafhöhlen werden mit Pflanzenmaterial, auch Stoff- und Papierfetzen ausgepolstert. Pinselschwanzbeutelmäuse bauen kugelige Baumnester. Gesichts-, Geruchs- und Gehörsinn gleich gut entwickelt, lange Tasthaare an der Schnauzenspitze erleichtern die Raumorientierung bei Nacht. Fortpflanzungsbiologie wenig bekannt, allerdings bei Pinselschwanz- und Breitfußbeutelmäusen (genauer untersucht beim Großen Pinselschwanzbeutler und bei der Stuarts Breitfußbeutelmaus)

Tab. 6.2 Angaben zur Milchzusammensetzung von Raubbeutlerartigen

Art/Gattung	LP[1]	Trockensubstanz (%)	Fett (%)	Eiweiß (%)	Kohlenhydrate (%)	Asche/Mineralien (%)	Proben (Anzahl)
Tüpfelbeutelmarder	1	16,00		3,00	3,09		2
	2	24,74	6,82	7,81	3,26		20
	3	33,49	16,46	8,99	1,49		19
Beutelteufel	1				2,50		
	2						
	3	45,00	30,00	6,00			1
Ameisenbeutler	1						
	2						
	3	29,00	12,00	14,00	1,00		1

[1] LP: Laktationsphase

abtrennen. Weibchen von Beutelmardern bilden zur Jungenaufzucht beutelähnlichen Ringwall aus. Zitzenzahl kann bei einigen Arten regionale Unterschiede aufweisen. Anzahl der geborenen Jungen übersteigt aber in jedem Fall deutlich die Zitzenzahl. Extrem bei Beutelmardern, z.B. Schwarzschwanzbeutelmarder mit etwa 50 Embryonen bei 6 Zitzen. Daher werden meist alle Zitzen nach der Geburt von Embryonen belegt. Die häufig zahlreichen überzähligen Jungen sterben sofort danach. Junge säugen bis zu einem Alter von 110 Tagen. Mit 170 Tagen werden sie in Perth von der Mutter getrennt. Erfahrungen über Streifenbeutelmarder liegen nicht vor. Kowaris können ganzjährig als Paar gehalten werden. Männchen werden spätestens nach einer Geburt entfernt. In geräumigen, gut ausgestatteten Unterkünften (mindestens 1 m x 1 m x 1 m) sind Aufzuchten auch bei Anwesenheit des Männchens möglich, wenn das Weibchen nicht zu aggressiv wird. Fortpflanzung auch unter Gehegebedingungen strikt saisonal (Mitteleuropa: November bis April). Weibchen brauchen den Temperaturrückgang am Beginn des Winters, um in den Östrus zu kommen. Bis 6 Junge hängen mindestens 50 Tage an den Zitzen, von denen sie sich mit 50–59 Tagen lösen. Anschließend vorübergehender Aufenthalt im Nestlager. Mit Augenöffnung zwischen 70. und 78. Tag besteigen sie die Mutter und werden auf deren Rücken oder seitlich an ihr hängend herumgetragen. Zwischen 79. und 87. Tag Erkundung der Umgebung, ab 86. Tag Spielkämpfe, ab 94. Tag Laufspiele. Erste feste Kost mit 96 Tagen, regelmäßige Aufnahme zwischen 109. und 119. Tag. Säugezeit 125–145 Tage. Absetzen mit 7 Monaten. Geschlechtsreife mit 9–11 Monaten, Weibchen etwas früher als Männchen. Beutelteufel sind in ausreichend großen Unterkünften in kleinen Gruppen verträglich, denen sogar mehrere Männchen angehören können. Während der Aufzucht werden die Weibchen meist einzeln gehalten, in Einzelfällen auch zusammen mit einem Männchen. Paarungen im April/Mai. Tragzeit 31 Tage. Bis zu 4 Junge von 12 mm Länge, saugen sich an den 4 Zitzen im hufeisenförmigen, sich nach hinten öffnenden Beutel fest. Junge sind mit 7 Wochen 7 cm lang, ab 10. Woche sind Beine und Schwänze außerhalb des Beutels sichtbar. Beuteltragzeit 21 Wochen. Dicht behaarte, etwa 200 g schwere Jungtiere werden dann in einem Versteck (Erdhöhle, Schutzhütte, Wurfkasten) abgelegt, machen wenig später erste Ausflüge. Säugezeit über 5 Monate, dann Aufnahme von fester Kost. Junge können sehr zahm werden. Besonders badefreudig und sonnen sich gern. Ausgewachsen und geschlechtsreif mit 2 Jahren, Gewicht dann 6–9 kg. Männchen größer und schwerer als Weibchen. In Europa 1. Geburt 1958 in Basel von einem tragend angekommenen Weibchen. Erfolgreiche Zuchten zwischen 1972 und 1977 in Neuwied, ab 1977 in Duisburg, 1982 in Köln. Erfahrungen zu künstlichen Aufzuchten liegen nicht vor. Seit 2011 werden im Zoo Leipzig erfolgreich Tüpfelbeutelmarder gehalten und gezüchtet. Daten zur Milchzusammensetzung von Tüpfelbeutelmarder und Beutelteufel in Tabelle 6.2.

Zucht der Beutelmäuse wie bei Beutelratten problematisch, da Verpaarung schwierig (Beißereien, Todesfälle). Meist 1, seltener mehrere Würfe im Jahr. Tragzeit art- und gattungsverschieden 13–31 Tage. 6–13 Zitzen. Je nach Zitzenzahl werden überzählige Embryonen vom Weibchen gefressen oder verhungern. Beutel kann fehlen, als ringförmige Hautwulst angedeutet, als hufeisenförmige, sich nach hinten öffnende Hauttasche angelegt oder voll entwickelt sein. Junge heften sich fest an Zitzen, reiten nach Augenöffnung auf Rücken und Flanken der Mutter oder werden im Höhlennest abgelegt. Bei der Sprenkelbeutelmaus bis zu 8 Jungtiere pro Wurf.

Große Pinselschwanzbeutler vertrugen sich außerhalb der Paarungs- (zeitiger Winter der Südhalbkugel, Mai/Juni) und Wurfzeit (Juni/Juli) in Gruppen aus Männchen und Weibchen, Mutterfamilien, erwachsenen Trios oder Paaren. Männchen während der Fortpflanzungsperiode untereinander, manchmal sogar gegenüber Weibchen, sehr aggressiv, werden etwa mit 10 Monaten geschlechtsreif, überleben in Menschenobhut im Gegensatz zur Wildnis die 1. Brunstzeit, doch fällt nach jetzigem Kenntnisstand danach die Spermatogenese aus, sodass die Tiere für den Rest ihres Lebens unfruchtbar sind. Verpaarungen nur unmittelbar vor der Brunstzeit und nur mit knapp 1-jährigen Männchen und 1- bis höchstens 2-jährigen Weibchen erfolgreich. Zucht im Gegensatz zum Freiland ganzjährig. Junge hängen etwa bis zum 40. Tag an den Zitzen, werden danach in einem Nest abgelegt. Augenöffnung mit 50 Tagen, erste feste Kost mit 60 Tagen, Ende der Säugezeit mit 70 Tagen. 2–3 Würfe im Jahr. Geschlechtsreife der übrigen Vertreter mit 4½–5 Monaten (Weibchen) oder 5–6 Monaten (Männchen), bei der Sprenkelbeutelmaus mit 10 Monaten.

Höchstalter in Menschenobhut. Tüpfelbeutelmarder 5, Schwarzschwanzbeutelmarder 6¼, Zwergbeutelmarder fast 6, Neuguinea-Beutelmarder über 4½, Fleckschwanzbeutelmarder über 6¾, Beutelteufel über 12, Mulgara fast 7½, Kowari 8, Braune Breitfußbeutelmaus fast 5½, Agile Breitfußbeutelmaus über 3¾, Augenfleck-Breitfußbeutelmaus fast 3½, Gelbfüßige Breitfußbeutelmaus über 3¾, Swainsons Breitfußbeutelmaus über 3¼, Sprenkelbeutelmaus 5½ Jahre.

Unterfamilie Schmalfußbeutelmäuse (Sminthopsinae)

Gestalt kleinnagerähnlich, maus- bis rattengroß, spitzschnäuzig. Zahnformel: 4/3 1/1 3/3 4/4, letzte Vorbackenzähne können fehlen. Zähne spitz, insektenfresserähnlich, Ohren klein bis mittelgroß, wenig behaart, Beutel kann fehlen oder ist häufig nur während Fortpflanzungszeit voll ausgebildet. Schwanz mitunter als Fettspeicher.

Verbreitung. Australien, Tasmanien, Neuguinea, umliegende Kleininseln.

4 Gattungen, 29 Arten.

Schmalfußbeutelmäuse (Sminthopsini)

Springbeutelmäuse (*Antechinomys*): 1 Art. **Springbeutelmaus** (*A. laniger*), auch Kultarr: spitzmausartig, aber Unterschenkel, Mittelfuß und Unterarm verlängert, Schwanz lang mit dunkler Endquaste. Zentral- und westliches Ostaustralien.

Ningauis (*Ningaui*): 3 Arten. Kleinste Beuteltiere, mäuseähnlich, Fell lang, Rücken braun bis schwarz, Unterseite gelb, behaarter Schwanz länger als Körper. Westaustralien. **Pilbara-Ningaui** (*N. timealeyi*): kleinste Art. – **Südliches Ningaui** (*N. yvonneae*). – **Wongai-Ningaui** (*N. ridei*).

Schmalfußbeutelmäuse (*Sminthopsis*), auch Dunnarts: maus- oder spitzmausähnlich, Fell auf dem Rücken grau, auf dem Bauch weiß, manche Arten mit schwarzem Längsstreifen im Gesicht, Schwanz teilweise bis zur Mitte als Fettspeicher verdickt, Beutel beim Weibchen gut ausgebildet, meistens 8–10 Zitzen. Australien und vorgelagerte Inseln. 20 Arten. **Kastanienbraune Schmalfußbeutelmaus** (*S. archeri*). – **Langschwänzige**

Schmalfußbeutelmaus (*S. longicaudata*). – **Dickschwanz-Schmalfußbeutelmaus** (*S. crassicaudata*). – **Kleine Schmalfußbeutelmaus** (*S. murina*). – **Kakadu-Schmalfußbeutelmaus** (*S. bindi*). – **Butlers Schmalfußbeutelmaus** (*S. butleri*). – **Queensland-Schmalfußbeutelmaus** (*S. virginiae*): 3 Unterarten. – **Douglas-Schmalfußbeutelmaus** (*S. douglasi*). – **Sand-Schmalfußbeutelmaus** (*S. psammophila*). – **Östliche Dickschwanz-Schmalfußbeutelmaus** (*S. macroura*). – **Kleine Langschwanz-Schmalfußbeutelmaus** (*S. dolichura*). – **Rußfarbene Schmalfußbeutelmaus** (*S. fuliginosa*). – **Gilberts Schmalfußbeutelmaus** (*S. gilberti*). – **Weißschwanz-Schmalfußbeutelmaus** (*S. granulipes*). – **Polster-Schmalfußbeutelmaus** (*S. hirtipes*). – **Weißfuß-Schmalfußbeutelmaus** (*S. leucopus*). – **Ooldea-Schmalfußbeutelmaus** (*S. ooldea*). – **Kleine Polster-Schmalfußbeutelmaus** (*S. youngsoni*). – **Stalkers Schmalfußbeutelmaus** (*S. stalkeri*). – **Froggarts Schmalfußbeutelmaus** (*S. froggati*).

Flachkopfbeutelmäuse (Planigalini)

Flachkopfbeutelmäuse (*Planigale*): spitzmausähnlich, flaches Schädeldach, Fell olivgrün bis graubraun, Beutel nach hinten offen. Australien, Neuguinea. 5 Arten. **Nördliche Flachkopfbeutelmaus** (*P. ingrami*): nach Pilbara-Ningaui eines der kleinsten Beuteltiere. – **Zwergflachkopfbeutelmaus** (*P. maculata*). – **Neuguinea-Flachkopfbeutelmaus** (*P. novaeguineae*). – **Südliche Flachkopfbeutelmaus** (*P. tenuirostris*). – **Giles-Flachkopfbeutelmaus** (*P. gilesi*).

Gefährdungsstatus. Bestand in der Wildbahn durch Belastung des Lebensraums verschiedentlich stark gefährdet, darunter Springbeutelmaus, Känguru-Insel-Schmalfußbeutelmaus (*S. fuliginosa aitkeni*) und Sand-Schmalfußbeutelmaus, ferner Douglas-Schmalfußbeutelmaus bedroht und Butlers-Schmalfußbeutelmaus schutzbedürftig.

Lebensweise. Bewohner einer Vielzahl von Lebensräumen, z.B. Schmalfuß- und Springbeutelmäuse in Buschsteppen, Steppen, Halbwüsten und Wüsten. Vorwiegend auf dem Boden lebend. Nacht- und Dämmerungstiere, tagsüber schlafen sie in Felsspalten, Erdhöhlen, selbst gegrabenen Bauen oder Blätternestern. Bewohnen feste Territorien, aber ohne ausgeprägtes Territorialverhalten (Revierüberlagerung), mitunter mehrere Tiere kurzzeitig in Gruppen ohne feste Sozialstrukturen.

Nahrung. Vorwiegend Insekten, daneben kleine Wirbeltiere wie Echsen und Mäuse.

Haltung von Schmalfußbeutelmäusen

Wie Beutelmäuse.

Unterkunft. Wie Beutelmäuse.

Fütterung. Fein geschabtes Rindfleisch und Rinderherz, Leber, gekochtes Ei, Hundeflocken, Hundefertigfutter, Säuglingsnahrung, daneben Insekten (Mehlwürmer, Heuschrecken, Grillen), junge Mäuse oder Ratten, Vegetabilien als Beifutter.

Fortpflanzung und Zucht. Daten zur Fortpflanzungsbiologie der Schmalfußbeutelmäuse in Tabelle 6.1. Zuchtgeschehen ähnlich dem der Beutelmäuse.

Weibchen besitzen gut entwickelten Beutel mit meist 8–10 Zitzen. Etwa 11- bis 19-tägige Tragzeit, durchschnittlich 6–8 Jungtiere. Halten sich die ersten 40 Lebenstage im Beutel der Mutter auf, nach weiteren 20 Tagen im Nest selbstständig. Geschlechtsreife mit 4-5 Monaten. Bei Flachkopfbeutelmäusen bis zu 3 Würfe pro Jahr. Lebenserwartung bis etwa 18 Monate. Bei Nachttierhaushaltung von Dickschwanz-Schmalfußbeutelmäusen kann Brunst der Weibchen durch Tageslichtlängen von über 12 (bis 15) Stunden ausgelöst werden, Raumtemperatur 21 °C.

Höchstalter in Menschenobhut. Östliche Dickschwanz-Schmalfußbeutelmaus fast 5, Queensland-Schmalfußbeutelmaus über 5¼, Kleine Polster-Schmalfußbeutelmaus über 5¼,

Graubauch-Schmalfußbeutelmaus über 3½, Douglas-Schmalfußbeutelmaus 3¼, Dickschwanz-Schmalfußbeutelmaus über 4, Zwergflachkopfbeutelmaus 5¾, Südliche Flachkopfbeutelmaus fast 5¼, Wongai-Ningaui 2¼, Springbeutelmaus 3½ Jahre.

7 Ordnung Nasenbeutler (Peramelemorphia)

Auch Beuteldachse oder Bandikuts (bedeutet „Schweineratten“) genannt. Gestalt känguruartig, ratten- bis katzengroß, lang- und spitzschnäuzig. Zähne in der Jugend insektenfresserartig spitz, im Alter abgeschliffen, mahlzahnähnlich. Zahnformel: 4-5/3 1/1 3/3 4/4. Hinterbeine länger als Vorderbeine. 1. und 5. Finger stummelartig, übrige mit Krallen. Hinterfüße verlängert, 4. Zehe mehr oder minder verlängert, 1. Zehe rückgebildet oder fehlend, 2. und 3. Zehe verwachsen, aber mit getrennten Krallen („Putzkralle“ wie bei Kängurus).

Verbreitung. Australien, Tasmanien, Neuguinea und umliegende Inseln.

3 Familien, 8 Gattungen, 23 Arten.

Familie Kaninchennasenbeutler (Thylacomyidae)

1 Gattung, 2 Arten.

Kaninchennasenbeutler (*Macrotis*), auch Bilbies genannt: Fell grau, weich, große, kaninchenartige Ohren. Hinterbeine länger als Vorderbeine. West- und Zentralaustralien. 2 Arten. **Großer Kaninchennasenbeutler** (*M. lagotis*), auch Bilby: Schwanz z.T. schwarz. – **Kleiner Kaninchennasenbeutler** (*M. leucura*): Schwanz weiß.

Gefährdungsstatus. Bestand des Großen Kaninchennasenbeutlers durch eingeschleppte Raubtiere und sich ausdehnendes Weideland gefährdet, Kleiner Kaninchennasenbeutler gilt als ausgestorben. EEP für Großen Kaninchennasenbeutler in Stuttgart.

Lebensweise. Dämmerungs- bis nachtaktive Einzelgänger in wüstenartigen Gebieten, bauen tunnelartige bis 2 m tiefe Baue (mit spiralig gewundenen Gängen) meist nur von 1 Tier belegt, in Erdbauen anderer Tiere aber auch Paare gemeinsam mit Jungtieren beobachtet.

Nahrung. Vorwiegend Insekten und Larven, gelegentlich auch kleine Wirbeltiere (Echsen, Mäuse) und Pflanzen (Samen, Früchte).

Familie Schweinsfußnasenbeutler (Chaeropodidae)

1 Gattung, 1 Art.

Schweinsfußnasenbeutler (*Chaeropus*): Füße lang und dünn, an Vorderbeinen nur 2 Zehen mit hufartigen Klauen. **Schweinsfußnasenbeutler** (*C. ecaudatus*): Fell gräulich bis orangebraun. Ehemals mittleres und südliches Australien.

Gefährdungsstatus. Gilt als ausgestorben.

Abb. 7.1 Der Große Kaninchennasenbeutler (*Macrotis lagotis*), auch als Bilby bezeichnet, ist nachtaktiv und schläft tagsüber in selbst gegrabenen Bauen.

Abb. 7.2 Der Große Kurznasenbeutler (*Isoodon macrourus*) wird in europäischen Tiergärten sehr selten gezeigt.

Lebensweise. Dämmerungs- bis nachtaktive Einzelgänger. Bewohnte Grasland, wüstenartige und buschbewachsene Gebiete.

Nahrung. Vorwiegend Pflanzenfresser, daneben auch Termiten und Ameisen.

Familie Eigentliche Nasenbeutler (Peramelidae)

3 Unterfamilien, 6 Gattungen, 20 Arten.

Unterfamilie Australische Nasenbeutler (Peramelinae)

Verbreitung. Australien, Tasmanien, Neuguinea.

2 Gattungen, 8 Arten.

Kurznasenbeutler (*Isoodon*): 4 Arten. Rattenähnlich, Schädel breiter als der der Langnasenbeutler. Fell rau, oberseits braun bis gelb, Unterseite gelbgrau. Australien, Tasmanien, Neuguinea. **Großer Kurznasenbeutler** (*I. macrourus*), auch Nördlicher Brauner Bandikut: 2 Unterarten. – **Kleiner Kurznasenbeutler** (*I. obesulus*), auch Südlicher Brauner Bandikut. – **Goldener Kurznasenbeutler** (*I. auratus*): 3 Unterarten. – **Kap-York-Kurznasenbeutler** (*I. peninsulae*).

Langnasenbeutler (*Perameles*): 4 Arten. Nasenbärenähnlich, Schnauze rüsselartig, große, zugespitzte Ohren, relativ kurzer Schwanz, Fell gelblich, braun oder grau, oft helle Querstreifen am hinteren Körperteil. Australien, Tasmanien. **Großer Langnasenbeutler** (*P. nasuta*). – **Tasmanischer Langnasenbeutler** (*P. gunnii*), auch Östlicher Streifenbandikut. – **Streifenlangnasenbeutler** (*P. bougainville*), auch Westlicher Streifenbandikut. – **Wüsten-Langnasenbeutler** (*P. eremiana*).

Unterfamilie Neuguinea-Nasenbeutler (Peroryctinae)

Verbreitung. Neuguinea und vorgelagerte Inseln.

1 Gattung, 2 Arten.

Große Neuguinea-Nasenbeutler (*Peroryctes*), auch Regenwald-Nasenbeutler: größte Nasenbeutler. **Riesennasenbeutler** (*P. broadbenti*), auch Riesenbandikut: Fell an der Oberseite dunkelbraun, Flanken rötlich, Bauch weiß. Südostneuguinea. – **Raffrays Nasenbeutler** (*P. raffrayana*), auch Großer Neuguinea-Nasenbeutler: Fell dunkelbraun, mitunter schwarze Musterungen, Unterseite heller, gelb bis hellbraun.

Unterfamilie Stachelnasenbeutler (Echymiperinae)

Verbreitung. Neuguinea.

3 Gattungen, 10 Arten.

Stachelnasenbeutler (*Echymipera*): 5 Arten. Stachelhaariges Rückenfell, Männchen einer Art mit hauerartigen Eckzähnen. Neuguinea und umliegende Inseln. **Flachstachelnasenbeutler** (*E. kalubu*): 4 Unterarten. – **Roter Stachelnasenbeutler** (*E. rufescens*): 2 Unterarten. – **Japen-Stachelnasenbeutler** (*E. clara*). – **Menzies-Stachelnasenbeutler** (*E.echinista*). – **Kiriwina-Stachelnasenbeutler** (*E. davidi*).

Mausnasenbeutler (*Microperoryctes*): 4 Arten. Relativ klein, spitze Schnauze, kleine Ohren, langes, weiches Fell. Neuguinea. **Mausnasenbeutler** (*M. murina*): Fell meist einheitlich grau. – **Mura-Nasenbeutler** (*M. papuensis*): Fell dunkelgrau, schwarze Streifen auf Rücken und Gesicht. – **Langschwanznasenbeutler** (*M. longicauda*): Fell rötlich braun oder hellbraun, mitunter schwarze Streifen entlang des Rückens, an Flanken, über den Augen. – **Arfak-Mausnasenbeutler** (*M. aplini*), auch Arfak-Zwergbandikut: wurde erst 2004 als eigene Art beschrieben. Fellfärbung ähnelt Mausnasenbeutler, aber schwarzer Rückenstreifen und weiße Schwanzspitze. Arfakberge der Vogelkop-Halbinsel im Westen Neuguineas.

Ceram-Nasenbeutler (*Rhynchomeles*): 1 Art. **Ceram-Nasenbeutler** (*R. prattorum*): nur auf Ceram.

Gefährdungsstatus. Bestand in der Wildnis teils noch gesichert, teils äußerst gefährdet wie Streifenlangnasenbeutler oder Wüsten-Langnasenbeutler, dessen Überleben fraglich ist. Schutzbedürftig sind Ceram-Nasenbeutler, Kiriwina-Stachelnasenbeutler, Goldener Kurznasenbeutler, Kleiner Kurznasenbeutler, Riesennasenbeutler und Tasmanischer Langnasenbeutler.

Lebensweise. Nachttiere, auch dämmerungsaktiv. Lebensraum Baum- und Grassteppen oder Halbwüsten der Ebenen und des Hügellandes, auf Neuguinea aber im Unterholz der Regenwälder, hier in Gebirgswäldern bis in 4000 m Höhe. 2 Arten Kulturfolger in der Nähe menschlicher Siedlungen. Bodenbewohner, Schlaf- und Ruheplätze verschieden, gras- oder strauchüberdeckte Sassen, selbst gebaute Grasnester auf der Erde, Löcher, Spalten oder selbst gegrabene Erdbaue in bis zu 1,8 m Tiefe. Können nicht klettern, aber mit Hilfe der langen Klauen an den mittleren Fingern schnell grabend auch in harten Boden eindringen. Lautäußerungen Quieken und Grunzen, meist scheu, Feinden gegenüber wehrlos.

Nahrung. Allesfresser, einige überwiegend Fleischfresser (Insekten, deren Larven, aber auch Würmer, Schnecken, bodenbewohnende Kleintiere wie Nager), daneben Wurzeln, Knollen, Zwiebeln, Pilze, Früchte, Grassamen.

Haltung von Nasenbeutlern

In Tiergärten außerhalb Australiens nur sehr vereinzelt gezeigt. Dort liegen deshalb nur wenige Erfahrungen vor. Nicht winterhart.

Unterkunft. Regenwaldbewohner aus Neuguinea und der umliegenden Inseln in Nachttier- oder Kleinsäugerhäusern bei Temperaturen von mindestens 22 °C, kontinentale und tasmanische Steppen- und Wüstentiere in australischen Instituten auch in naturbelassenen, geräumigen Außenanlagen. Fundamentierte Gehegebegrenzung, Boden mit Sand- und Erdschicht, auch Graswuchs, dazu heugepolsterte Schlafkästen.

Fütterung. Gehacktes Fleisch, Hundekuchen, rohes und gekochtes Ei, Quark, Mäuse, Küken, Mehlwürmer, Reis und Teigwaren mit Kochfleisch, geschabte Möhren, gekochte Kartoffeln, Obst, mehr tierische als pflanzliche Kost. Wasser als Dauerangebot.

Fortpflanzung und Zucht. Artabhängig einzeln oder paarweise halten. Weibchen oft außerhalb des Östrus unverträglich. In zu kleinen Unterkünften (Käfighaltung) und bei Nahrungsmangel neigen Mütter zu Kannibalismus an ihren Beuteljungen, aber auch an halberwachsenen Jungen. Fortpflanzung je nach Art und Verbreitungsgebiet saisonal oder ganzjährig. Daten zur Fortpflanzungsbiologie in Tabelle 7.1 Beutel gut ausgebildet, Öffnung nach hinten unten, meist 8 Zitzen. Sehr kurze Tragzeiten (12–15 Tage), Keimlinge bei Langnasenbeutlern mit der Gebärmutterwand über eine echte Plazenta verbunden. Wurfgröße bis 7 Junge. Schnelles Wachstum der Jungtiere im Beutel, daher hohe Fortpflanzungsrate möglich. Beim Großen Langnasenbeutler Augenöffnung mit 44–48 Tagen, danach erste Ausflüge aus dem Beutel, der mit 50–54 Tagen verlassen wird. Ende der Säugezeit mit 75–80 Tagen, Geschlechtsreife mit 4 (Weibchen) bis 5 (Männchen) Monaten.

Tab. 7.1 Angaben zur Fortpflanzungsbiologie von Nasenbeutlern

Art	Zitzen (Anzahl)	Tragzeit (Tage)	Jungen (Anzahl)	Beuteltragzeit (Tage)	Geschlechtsreife (Monate)[1]
Großer Langnasenbeutler	8	12–13	1–6	50–54	4 (W) 5 (M)
Großer Kurznasenbeutler	8	12–13	1–7	ca. 56	3½
Kleiner Kurznasenbeutler	8		1–5	53	4-5 (W) 6 (M)
Großer Kaninchennasenbeutler	8	8	1–2	72–80	5 (W)

[1] W: Weibchen, M: Männchen

Milchzusammensetzung von Großem Kurznasenbeutler in Laktationsphase 1 (Mittelwerte aus 11 Proben): Trockensubstanz 8,69 %, Eiweiß 2,17 % und Kohlenhydrate 1,04 % bzw. in Laktationsphase 3 (Mittelwerte aus 8 Proben): Trockensubstanz 40,10 %, Fett 17,15 %, Eiweiß 11,96 % und Kohlenhydrate 2,98 %.

Abweichend von anderen Nasenbeutlern wenig innerartliche Aggression bei Kaninchennasenbeutlern. Verträglich in kleinen Gruppen (1 Männchen, mehrere Weibchen), denen in geräumigen Außenanlagen neben mehreren Weibchen sogar mehrere Männchen angehören können (Adelaide, Alice Springs). Benutzen in gemeinsam bewohnten unterirdischen Bauen Gemeinschaftsnester. Unter den Männchen erkennbare Rangordnung. Dominantes Tier kann unterlegene Männchen aus Bau jagen. Darüber hinaus keine nennenswerten Auseinandersetzungen. Männchen wechseln häufig Baue, deren Öffnungen sie mit Analdrüsensekret markieren. Jungtierentwicklung langsamer als bei anderen Nasenbeutlern. Bleiben nach der Beutelzeit von bis zu 80 Tagen noch 14 Tage im Nest, ehe sie außerhalb des Baus auf Nahrungssuche gehen. In australischen Zoos einige einheimische Arten erfolgreich gezüchtet, z. B. Großer Kurznasenbeutler, Großer Langnasenbeutler und Großer Kaninchennasenbeutler. In Melbourne australisches Erhaltungszuchtprogramm des Östlichen Streifenbandikuts.

Höchstalter in Menschenobhut. Roter Stachelnasenbeutler über 3, Flachstachelnasenbeutler fast 2¾, Raffrays Nasenbeutler 3¼, Großer Kaninchennasenbeutler fast 7¼, Zentralaustralischer Großer Kaninchennasenbeutler (*Macrotis lagotis sagitta*) über 9½, Großer Langnasenbeutler fast 5½, Tasmanische Langnasenbeutler über 6, Streifenlangnasenbeutler über 5¼, Großer Kurznasenbeutler 5¼, Kleiner Kurznasenbeutler über 6, Goldener Kurznasenbeutler 6¼ Jahre.

8
Ordnung Känguruverwandte (Diprotodontia)

Die Känguruverwandten werden auf beutelrattenähnliche Vorfahren zurückgeführt, die Australien über die einstige Landverbindung Südamerika-Antarktis-Australien erreichten. Hier entwickelten sie sich zu einer mannigfaltigen, artenreichen Tiergruppe, die während der Eiszeit sogar nashorngroße Pflanzenfresser hervorbrachte. Ein Teil dieser australischen Beuteltiere starb aufgrund klimatischer Veränderungen, andere durch Einflüsse des Menschen aus (Einbürgerung des Dingos sowie Jagd und Brandrodung durch einwandernde Aborigines, Versteppung durch Schafzucht und Waldrodung sowie Einbürgerung von Fuchs, Hauskatze und Kaninchen durch europäische Siedler).

Der wissenschaftliche Name der aus über 140 vom Erscheinungsbild sehr unterschiedlichen Arten bestehenden Ordnung weist auf ein allen zugehöriges Merkmal hin (Diprotodontia = 2 erste Zähne): 1 großes Paar Schneidezähne im Unterkiefer, das deutlich sichtbar waagerecht nach vorn gerichtet ist und die Lippen überragt. Daneben kann 1 unbedeutendes kleineres Paar vorhanden sein. Im Oberkiefer meist 6 Schneidezähne (außer Wombats). Kein Zahnwechsel, außer 4. Prämolar. Ein weiteres Merkmal sind die bis auf die Krallen zusammengewachsenen 2. und 3. Zehe der Hinterfüße. Brutbeutel der Weibchen stets vorhanden. In der Regel 2-4, bei Bilchbeutlern bis 6 Zitzen. Hirngröße je nach Familie unterschiedlich, meist großes Riechzentrum, Ausdehnung der Großhirnrinde im Verhältnis zum Körpergewicht im Vergleich zu anderen Beuteltieren groß. Daher auch erhebliche Unterschiede in der Entwicklungshöhe der verschiedenen systematischen Gruppen. Becken mit 1 Paar „Beutelknochen" am Schambein bei beiden Geschlechtern, stützen aber Beutel nicht. Vordergliedmaßen oft kürzer als hintere, Schien- und Wadenbein können beweglich verbunden sein. Zehenzahl oft verringert, Einzelzehen oft verlängert, stark bekrallt. Fell dicht, vorwiegend wollig, daneben Leit- und Grannenhaare. Haut mit Talg- (Farbstoffe und Puder absondernd) und Schweißdrüsen, gehäuft im Bereich der Brust und der Analöffnung.

Körpertemperatur 34–36 °C, nicht konstant, z. T. von Außentemperatur beeinflusst. Geruchs-, Tast- und Hörsinn meist gut entwickelt, Sehvermögen eher gering. After und Genitalöffnung münden in eine Kloakentasche, die von einem Ringmuskel umschlossen wird. Harn durch Beimischung dunklen Drüsensekrets braunschwarz, scharf riechend, bei vielen Arten häufiges Harnen. Männchen mit Scrotum, Penis meist dahinter in einer Tasche liegend. Harnröhre entweder in Enddarmende, an der Peniswurzel oder in Samenleiter des Penis mündend. Bei Weibchen Gebärmutter und Scheiden paarig vorhanden, mehr oder minder vereinigt. Follikel ein- bis vieleiig. Eier dotterarm, Stoffaustausch zwischen Mutter und Embryo über einfache Verbindung zwischen äußerer Keimhülle und Uteruswand (Dottersackplazenta).

Tragzeit wie bei allen anderen Beuteltieren kurz (maximal 45 Tage). Embryonenähnlich unreifer Zustand der Neugeborenen („Keimlinge"), sehr klein (bis 3 cm), unbehaart, Ohren und Augen verschlossen. Weiterentwicklung bis zu mehreren Monaten im mütterlichen Beutel („Beuteltragzeit"). Zitze füllt die Maulhöhle des Keimlings völlig aus, schwillt an („Druckknopfprinzip"). Atmung möglich, weil Kehlkopfeingang direkt an der hinteren Nasenöffnung liegt, somit Nahrungs- und Atemweg der

Abb. 8.1 Koalas (*Phascolarctos cinereus*) sind die bei Menschen beliebtesten Beuteltiere.

Jungen getrennt. Später löst sich diese Verbindung und Zitze wird nur noch zum Saugen ins Maul genommen. Zusammensetzung der Milch ändert sich wie bei höheren Säugern während der Laktationszeit. Aber da bei vielen Arten zur gleichen Zeit 2 verschieden alte Jungtiere aus verschiedenen Zitzen gesäugt werden können, sind die Unterschiede in der Milchzusammensetzung je nach Laktationsphase oft gravierend. Laktationsphase I beginnt mit der Geburt und endet mit der Auflösung der Dauerverbindung zwischen Zitze und Jungtier. Während Laktationsphase II hält sich das Junge weiterhin andauernd im Beutel auf. In Laktationsphase III verlässt es häufig den Beutel, saugt dort zwar noch neben der Aufnahme fester Kost, doch geht mit zunehmender Selbständigkeit des Jungen die Säugezeit allmählich zu Ende.

Verbreitung. Australien, Tasmanien, Neuguinea, Molukken, indonesische Inseln bis Timor und Sulawesi sowie Salomonen.

3 Unterordnungen, 2 Überfamilien, 11 Familien, 46 Gattungen, 152 Arten.

Unterordnung Wombatartige (Vombatiformes)

2 Familien, 3 Gattungen, 4 Arten.

Familie Koalas (Phascolarctidae)

Gestalt teddybärähnlich, etwas plump wirkend. Kopf-Rumpf-Länge 60–80 cm, Männchen größer als Weibchen. Fell bräunlich silbergrau, wollig, dicht, mit hoher Wärmeisolation, rundlicher Kopf, Nase groß mit schwarzem Spiegel, Ohren rund, groß, Zahnformel: 3/0 0–1/0 1/1 4/4. 1. und 2. Finger parallel gestellt und gegen andere Finger opponierbar, nagellose 1. Zehe den restlichen Zehen gegenübergestellt, 2. und 3. Zehe zusammengewachsen (Putzkralle), extrem kurzer Schwanz, Blinddarm bis 2,5 m lang, Beutel nach hinten geöffnet.

1 Gattung, 1 Art.

Koalas (*Phascolarctos*): **Koala** (*P. cinereus*), auch Beutelbär, Aschgrauer Beutelbär: 3 umstrittene Unterarten. Nordost-, Ost- und südliches Südostaustralien mit Kangaroo Island.

Gefährdungsstatus. Bestand im natürlichen Verbreitungsgebiet in vielen Gebieten einst durch Pelzjagd und Lebensraumzerstörung ausgerottet, Als gefährdet eingestuft, gesetzliche Regelungen der einzelnen Bundesstaaten zielen auf Bestandssicherung ab, gebietsweise aber dennoch durch Waldrodungen, Siedlungs- und Straßenbau, unkontrollierte Waldbrände und Waldsterben infolge von Umweltverschmutzung gefährdet. Außerdem Fortpflanzungspotential vieler Populationen durch Uterusentzündungen aufgrund bakterieller Infektion mit dem Psittakose-Erreger *Chlamydia psittaci* eingeschränkt. EEP im Zoo Duisburg und der Wilhelma Stuttgart.

Lebensweise. Dämmerungs- und Nachttier, das aber auch tagsüber, meist um die Mittagszeit rege ist. Generell kurze Aktivitätszeit, verbringt, um Energie zu sparen, 16–20 Stunden des Tages als Baumbewohner und bedächtiger Kletterer ruhend oder schlafend in Astgabeln. Lebensraum trockene, lichte Hartlaubwälder des Flachlandes. Erhebliches Temperaturgefälle im Verbreitungsgebiet von Nord nach Süd. Im nordostaustralischen Queensland ziemlich gleich bleibendes tropisch-subtropisches Klima, im südlichen Victoria starke jahreszyklische Temperaturschwankungen mit warmen Sommern (Januarmittel 20 °C), in den Wintermonaten (Julimittel 9,5 °C) Temperaturen auch zeitweilig unter dem Gefrierpunkt. Einzelgänger, in festen, oftmals mit Kratzspuren gekennzeichneten Revieren, wobei Streifgebiet eines Männchens oft Reviere mehrerer Weibchen überdeckt. Männchen vor allem während der Fortpflanzungszeit territorial, markieren Bäume mit Drüsensekreten, lassen laute bellende und röhrende Rufe hören. Quäkender Schrei in Angst- und Stresssituationen.

Nahrung. Nahrungsspezialist: ausschließlich Blätter und Knospen von etwa 35 Eukalyptusarten, lokal werden sogar nur 5–10 Arten genutzt, junge Blätter mit Vorstufen von Blausäureverbindungen werden gemieden. Tagesmenge 200–500 g Blattmasse. Gelegentlich auch Blätter der Gattungen *Melaleuca*, *Bombax*, *Acacia*, *Allocasuarina* und *Tristania*. Aufschluss von Zellulose und Tannin in langem Blinddarm und Dickdarm. Größter Anteil an Stoffwechselenergie wird durch Aufschluss anderer Kohlenhydrate sowie Lipide im Dünndarm gewonnen. Gelegentlich aufgenommene Erde liefert zusätzliche Mineralien, dient sicherlich auch der Neutralisierung von toxisch wirkenden Inhaltstoffen. Trinken wegen hohen Wassergehaltes der Eukalyptusblätter selten.

Haltung von Koalas

In australischen Zoos häufig, in den USA gelegentlich, in deutschen Zoos nur vereinzelt (z. B. Duisburg, Dresden, Leipzig) gezeigt. Die Haltung ist aufwendig, die Haltungsbedingungen für Koalas außerhalb Australiens werden vom Zoo San Diego in Auftrag der australischen Regierung festgelegt.

Unterkunft. In tropischen und subtropischen Regionen ganzjährig auf baum- und buschbestandenen Freianlagen mit einfachen Wasser- oder Trockengräben, im Hintergrund niedrige, innen glatte Begrenzungsmauern. In der gemäßigten Zone klimatisierte Warmhausgehege mit Raumtemperaturen nicht unter 20 °C, in der Regel 22 °C. Nördlich beheimatete Koalas kälteempfindlicher als die aus dem Süden stammenden, die in Außenanlagen im Frühling und Herbst kurzzeitig sogar kühlere Temperaturen (etwa 15 °C) tolerieren. An die Warmhausunterkunft angeschlossen Außenanlage für Tagesaufenthalt während der warmen Jahreszeit. Begrenzung wie Freianlagen in warmen Klimaten. Bei allseits mit Drahtgeflecht umschlossenen Außenkäfigen an den Sichtflächen auch Glas. Unterkünfte mit zahlreichen Kletterbäumen (einige davon mit Astgabeln), welche die Bewohner über waagerechte Verbindungsäste wahlweise aufsuchen können. In Außengehegen Schutz vor extremem Wind, Regen, direkter Sonneneinstrahlung sowie Hitze erforderlich. Koalas leiden auch unter hochsommerlichen Temperaturen ab 28–30 °C und sollten dann in die Innenräume überführt werden, in denen geeignete Kühleinrichtungen für ein den Tieren angenehmes Raumklima sorgen sollten.

Zumeist Einzelhaltung von erwachsenen Männchen, die dann dem/den Weibchen zur Verpaarung zugeführt werden. Vergesellschaftung von Weibchen mit Jungtieren auch in Kleingruppen möglich. Beim Ergreifen zwecks Untersuchung von nicht handzahmen Tieren Verletzungen durch die scharfen, spitzen Krallen vorbeugen (Kescher verwenden, derbe, ellbogenlange Lederhandschuhe benutzen).

Fütterung. Ausschließlich mit frisch geernteten Eukalyptuszweigen, 0,6–1,5 kg pro Tier und Tag. In klimatisch günstigen Gebieten außerhalb Australiens Anbau von Eukalyptus in Plantagen. Für mitteleuropäische Zoos müssen frisch geschnittene Zweige eingeflogen werden. In Duisburg werden übers Jahr etwa 15 verschiedene Arten angeboten.

Vergesellschaftung. In Duisburg zeitweise vergesellschaftet mit Nacktnasenwombats und Kurzschnalbeligeln.

Fortpflanzung und Zucht. Bei Getrennthaltung sind genaue Verhaltensbeobachtungen an den Tieren erforderlich, um günstigen Zeitpunkt für eine Verpaarung zu ermitteln. Gewichtsverlust, schlechte Futteraufnahme und Belllaute des Weibchens können auf den etwa 30 Tage währenden Östrus hinweisen. Auch Männchen brüllen in dieser Zeit öfter, lassen vor allem einen schweineähnlich grunzenden, tiefen kehligen Laut hören und bringen noch häufiger als sonst an verschiedenen Gegenständen Duftmarken aus der Brustdrüse an, deren Sekret auf dem weißen Brustfell einen braunen Fleck hinterlässt. Nach der kurzen Paarung werden Männchen und Weibchen wieder getrennt. Angaben zur Fortpflanzungsbiologie in Tabelle 8.1. Neugeborenes nackt, blind, taub, etwa bohnengroß mit gut entwickeltem Tast- und Geruchssinn.

Abb. 8.2 Nacktnasenwombats (*Vombatus ursinus*) können als unverträgliche Einzelgänger meist nur während der Brunst des Weibchens zusammen gehalten werden.

Augenöffnung ab. 5. Monat. Bald danach streckt das in Australien als „Joey" bezeichnete Junge erstmals den Kopf aus dem Beutel und nimmt mit Beginn der allmählichen Entwöhnung zusätzlich zur mütterlichen Milch Nährstoffe aus angedautem Eukalyptusblätterbrei („pap") des Blinddarms auf (Caecotrophie), den das Muttertier vor dem normalen Kotabsatz über die Kloake ausscheidet. Dabei erfolgt auch als Vorbereitung auf die spätere Pflanzenkost Übertragung der Darmflora. Jungtier verlässt mit 6–8 Monaten Beutel der Mutter und wird bis zum Alter von 12 Monaten auf ihrem Rücken getragen. Ende der Säugezeit spätestens mit 1 Jahr. Mit etwa 1½ Jahren selbständig. Über künstliche Aufzuchten liegen keine Berichte vor. Milchzusammensetzung in Tabelle 8.2.

1. Koala in Europa 1880 im Zoo London, europäische Erstzucht 1995 im Zoo Duisburg.

Höchstalter in Menschenobhut. Über 22 Jahre.

Familie Wombats (Vombatidae)

Auch Plumpbeutler genannt. Kopf dick und breit. Fell kurz bis mittellang, je nach Art von gelb-, grau- bis schwarzbraun. Zahnformel: 1/1 0/0 1/1 4/4, alle Zähne mit offenen Wurzeln, ständig nachwachsend. Schneidezähne nagerartig meißelförmig, nur Vorderseite mit harter Schmelzbedeckung. Rumpf plump, walzenförmig. Gliedmaßen kurz, kräftig, fünfzehig, mit großen, sichelförmig gekrümmten Grabkrallen. Schwanz stummelförmig.

Verbreitung. Ost-, Südost-, östliches und mittleres Südaustralien, Tasmanien.

2 Gattungen, 3 Arten.

Nacktnasenwombats (*Vombatus*): 1 Art. Nackter, schwarzer Nasenrücken. **Nacktnasenwombat** (*V. ursinus*): Ost- und Südostaustralien, Tasmanien, Inseln der Bass Strait.

Haarnasenwombats (*Lasiorhinus*): 2 Arten. Fell weich, seidig, grau bis graubraun, Ohren relativ lang und zugespitzt. **Südlicher Haarnasenwombat** (*L. latifrons*): kleinste Wombatart. Nasenrücken breit und behaart. Inselartig in küstennahen Gebieten des mittleren und östlichen Südaustraliens. – **Nördlicher Haarnasenwombat** (*L. krefftii*): Schädel wirkt flachgedrückt. 3 Unterarten. Kleines Gebiet in Süd-Queensland (Südliches Nordostaustralien).

Gefährdungsstatus. Bestand in der Wildnis beim Nacktnasenwombat schutzbedürftig, beim Nördlichen Haarnasenwombat vom Aussterben bedroht, da deren kleine Population auf wenige Quadratkilometer beschränkt ist. EEP für den Nacktnasenwombat in Duisburg.

Lebensweise. Nachttiere. Lebensraum Baum- und Buschsteppe, Grassteppe und Bergwälder, auf Tasmanien Kulturfolger. Bodenbewohner mit ausgedehnten, selbst gegrabenen Erdbauen, in denen bis 20 m lange Gänge zu Schlaf- und Ruheplätzen in pflanzengepolsterten Endkesseln führen. In Baunähe flache, sassenartige Erdmulden für morgendliches Sonnenbad. Nacktnasenwombats vorwiegend Einzelgänger oder leben in lockeren Kolonien, durch die feste kilometerlange Wechsel führen. Im Streifgebiet eines Tieres mehrere Baue, die abwechselnd von verschiedenen Wombats genutzt werden. Südlicher Haarnasenwombat gesellig, lebt bei einem Geschlechterverhältnis von annähernd 1 : 1 in Kleingruppen von 5–10 Tieren pro Bauanlage. Nördlicher Haarnasenwombat Einzelgänger, nutzt aber gemeinsam ausgedehnte Tunnelsysteme.

Nahrung. Vorwiegend Gräser, Kräuter, daneben Rinde, Pilze, Wurzeln, Knollen. Verdauung erfolgt sehr langsam (bis 3 Tage), effizienter Wasserverbrauch.

Haltung vom Wombats

In Tiergärten selten gezeigt. Haltung ähnlich wie Stachelschweine (siehe dort). Nicht winterhart.

Unterkunft. Für die kalte Jahreszeit Warmhausgehege, eventuell in Nachttierhaus, obwohl in Menschenhand auch tagaktiv. Innenraumtemperatur nicht unter 16°C. In der warmen Jahreszeit auch Daueraufenthalt in geräumigem Außengehege. Fundamente der Gehegeumfassungen müssen tief betoniert sein, da sie sonst untergraben werden. Im Außengehege ausgiebige Möglichkeiten zum Graben und Wühlen schaffen, doch müssen Anlagen mit gewachsenem Boden in etwa 1,0–1,5 m Tiefe durch starke Grobschotterschicht oder Gittergeflecht (z.B. Baustahlgewebe) gesichert sein. Erdhöhlenähnliche Kunstbaue oder hitzegeschützte Schlaf- und Rückzugshütten anbieten, da Wombats auch sehr hitzeempfindlich. Als Komfort z.B. große Steine, liegende Stämme einbringen und Scheuermöglichkeiten vorsehen. In der Regel Einzelhaltung, da Beißereien häufig. Paare von Nacktnasenwombats vertragen sich nur selten, werden lediglich zur Paarung und dann unter Aufsicht zusammengelassen. Haarnasenwombats verträglicher. In einem Nachttierhaus wurden 1 Männchen und 2 Weibchen auf 50 m² Fläche zusammen gehalten. Sie schliefen oft gemeinsam in einer Box, obwohl mehrere zur Verfügung standen. Trennung nach Beißereien nur kurzzeitig nötig. Bei Gruppenhaltung oft stabile Rangordnung mit wenig aggressivem Verhalten. Allerdings despotisches Verhalten möglich, was zu Todesfällen unterlegener Tiere führen kann. Hohe Aggressivität oft vor der Paarung, Bisse in die Ohren und Ausreißen von Fell. Wildfänge sind bissig, werden aber später vielfach zahm, besonders Jungtiere. Ortswechsel in stabilem, dunklem Sack, sediert oder unter Narkose. Transport einzeln in stabilen, blechausgeschlagenen Kisten.

Fütterung. Wiesen-, Klee- und Luzerneheu, Gemüse (Möhren, Kohlrabi, Sellerie, Paprika) nur zur Beschäftigung, Känguru-Pellets, frisches Gras, Klee und Luzerne, Äste. Fütterung aus flachen Schalen. Bei zu reichlichem Nahrungsangebot Neigung zu Verfettung. Auf Kupferunverträglichkeit und Überversorgung (Hypovitaminose) mit Vitamin D achten.

Vergesellschaftung. Wird in Duisburg mit Kurzschnabeligeln und Koalas praktiziert, in Hannover mit Sumpfkängurus und Emus.

Fortpflanzung und Zucht. Wenig bekannt. Nacktnasenwombat in Australien ohne feste Paarungs- und Wurfzeit, Fortpflanzung ganzjährig, dagegen Haarnasenwombats vermutlich saisonal fixiert, in Menschenobhut auf der Nordhalbkugel vermutlich Anfang Mai bis Ende Juni. Paarungen bei Haarnasenwombats von 10–15 Minuten Dauer im seitlichen Liegen nach langem vorherigem Treiben. Als Zeichen beginnender Trächtigkeit setzen Weibchen bis 4 Tage nach der Paarung einen gallertigen Paarungspfropf ab. Tragzeit bei Haarnasenwombats 20–22 Tage. Bei allen Arten in der Regel 1 Junges, Zwillinge selten. Jungtier saugt sich an 1 der beiden Zitzen des sich nach hinten öffnenden Beutels fest. Beuteltragzeit beim Nacktnasenwombat etwa 180–200 Tage, bei Haarnasenwombats bis 270 Tage. Erste feste Kost mit 265 Tagen, Säugezeit rund 400 Tage. Nach Entwöhnung bleibt Jungtier etwa noch 6 Monate bei der Mutter. Milchzusammensetzung in Tabelle 8.2.

Künstliche Aufzucht eines 146 Tage alten, 620 g schweren Jungen in Chicago in einem Inkubator. Täglich 4 Mahlzeiten eines Aufzuchtpräparats, Tagesmenge anfangs 60 g, mit 200 Tagen 225 g. Beginnender Durchbruch der Schneidezähne am 172. Tag. Erste feste Kost schon mit 200 Tagen, danach zunehmender Rückgang der Milchaufnahme verbunden mit vermehrter Aufnahme von Pferde- und Kaninchenpellets, Luzerne und Wiesenheu, Salat und Möhre. Gewichtsentwicklung rascher als bei natürlicher Aufzucht.

1914 Erstzucht bei Nacktnasenwombat außerhalb Australiens in Halle/Saale, danach dort und später in London und Whipsnade weitere Würfe. Zucht bis 1970 selten, seither in Europa und USA mehrfach gelungen. Zucht bei Haarnasenwombat sehr selten.

Höchstalter in Menschenobhut. Nacktnasenwombat 34, Südlicher Haarnasenwombat fast 30, Nördlicher Haarnasenwombat 25½ Jahre.

Unterordnung Kletterbeutlerverwandte (Phalangeriformes)

2 Überfamilien, 6 Familien, 21 Gattungen, 74 Arten.

Überfamilie Kletterbeutlerartige (Phalangeroidea)

2 Familien, 8 Gattungen, 36 Arten.

Familie Bilchbeutler (Burramyidae)

Mausgroß, Gestalt bilchähnlich, Fell oberseits grau oder braun, Bauchseite heller, große Nachtaugen, langer, nur an der Schwanzwurzel stärker behaarter Greifschwanz, 5 Finger, 1. Zehe opponierbar.

Verbreitung. Ost- und Südaustralien, Tasmanien, Neuguinea.

2 Gattungen, 5 Arten.

Schlafbeutler (*Cercartetus*), auch Bilchbeutler: 4 Arten. Gestalt bilchähnlich, langer, sägeblattartiger Prämolar, Fell rotbraun bis gräulich, Unterseite heller, Ohren groß, unbehaart. **Neuguinea-Schlafbeutler** (*C. caudatus*), auch Langschwanz-Schlafbeutler: Fell rotbraun, weißer Bauch. 2 Unterarten. Neuguinea, Kap-York-Halbinsel (Nordostaustralien). – **Dünnschwanz-Schlafbeutler** (*C. concinnus*): 2 Unterarten. Westaustralien bis Neusüdwales. – **Tasmanischer Schlafbeutler** (*C. lepidus*), auch Zwergbilchbeutler: kleinster Schlafbeutler, Fell grau. Tasmanien, Südaustralien, Victoria. – **Dickschwanz-Schlafbeutler** (*C. nanus*): deutliche Fettspeicherung im Schwanz, hält Winterschlaf, in Laborversuchen haben australische Forscher mit 367 Tagen den bislang längsten Winterschlaf bei Tieren beobachtet. 2 Unterarten. Südöstliches Südaustralien bis südliches Queensland.

Bergbilchbeutler (*Burramys*): 1 Art. Galt als ausgestorben, 1966 1. Lebendfund. **Bergbilchbeutler** (*B. parvus*): Fell graubraun, Bauchseite heller. Gebirgsregion im südlichen Neusüdwales und Nordost-Victoria.

Gefährdungsstatus. Bestand in der Wildnis wohl gesichert. Bergbilchbeutler mit weniger als 3000 lebenden Individuen vom Aussterben bedroht, auch durch Skitourismus.

Lebensweise. Nachttiere. Lebensraum artverschieden, überwiegend Baumbewohner von Regenwäldern bis trockenen Hartlaubwäldern. Schlafbeutler auf Neuguinea in Bergregenwäldern bis in 3700 m, Bergbilchbeutler im südostaustralischen Bergland mit alpiner Buschvegetation bis in 2200 m. Tagschläfer in pflanzengepolsterten Baumhöhlennestern oder selbst gebauten, freistehenden Kugelnestern. Meist Einzelgänger, einige Arten auch in Nestgemeinschaften, z.B. Bergbilchbeutler außerhalb der Fortpflanzungszeit in Höhlen mit Gemeinschaftsnest. In Regionen mit jahreszyklischem Temperaturwechsel während der kalten Jahreszeit winterschlafähnliche Körperstarre (Torpor) mit herabgesetzter Körpertemperatur (bis 6 °C) und niedrigem Stoffwechsel (auch tagsüber im Nest). Bergbilchbeutler im Winter zeitweise aktiv, leben dann von eingetragenem Samenvorrat. Fressfeinde sind Schlangen, Eulen, Beutelmarder, Otter, aber auch eingeführte Rotfüchse und verwilderte Hauskatzen.

Nahrung. Insekten, Spinnen, Skorpione, kleine Wirbeltiere, Nektar, Pollen, Samen, Blätter, Früchte. Bei Bergbilchbeutlern Nahrungspalette saisonal unterschiedlich, ernähren sich während der wärmeren Monate vorwiegend von Insekten, vor allem von Bogong-Faltern (*Agrotis infusa*), im Herbst und Winter vorwiegend von Samen und Beeren. Bergbilchbeutler legen als einzige Beuteltiere Wintervorrat an.

Haltung von Bilchbeutlern

In Tiergärten in australischen Zoos und Forschungsinstituten gehalten. Haltung ähnlich wie Gleitbeutler und andere nachtaktive Kleinsäuger.

Unterkunft. Terrarienartige Vitrinen von Nachttierhäusern. Einrichtung ähnlich wie bei Gleitbeutlern und anderen vorwiegend baumbewohnenden Kleinsäugern, d.h. zahlreiche Klettermöglichkeiten, mehrere Nestboxen, Nestbaumaterial. Raumtemperaturoptimum für Bergbilchbeutler nachts bei 15 °C und tagsüber bei 17 °C, sonst wie bei Gleitbeutlern. Nicht unverträglich, 1–5 Tiere ruhen oft gemeinsam auf kleinen Plattformen aus umgebogenen Blättern, benutzen auch gemeinsames Schlafnest in Bodennähe.

Fütterung. Klein gehackte Mischung aus Erdnüssen, Sonnenblumenkernen, Rosinen, Möhre, Sellerie, Süßkartoffel, Avocado, verschiedenes Obst, Blätter und Früchte bestimmter Eukalyptusarten; mageres Hackfleisch, Ei, Fliegenpuppen; Honigwasser, angereichert mit Proteinen (Babynahrung sowie pürierte gekochte Eier) und Kalzium, angeboten in Nektargläschen (ähnlich wie für Fledermäuse oder Kolibris). In Poznan einmal täglich vor Beginn der Kunstnacht Spezialmischung aus Nektarersatz, Milchpulver, Honig, Babynahrung, gekochtem Ei und Wasser, dazu kleine Fruchtstücke und Fruchtsaft sowie einmal pro Woche Fliegenlarven.

Dünnschwanz-Schlafbeutler neigen zu Fettleibigkeit und körperlicher Trägheit. In solchen Fällen Aktivitätssteigerung durch Verstecken des Futters, Anbieten von Lebendfutter wie Nachtfalter, Aufhängen von Blüten, Verdünnen des Honigwassers.

Fortpflanzung und Zucht. Strikt saisonale (Bergbilchbeutler) oder ganzjährige Fortpflanzung mit 2–3 Würfen pro Jahr (einige Schlafbeutler). Daten zur Fortpflanzungsbiologie in Tabelle 8.1. Bei allen Arten schnelles Wachstum der Jungtiere. Nach Ende der kurzen Beuteltragzeit von 3-4 Wochen werden die noch blinden Jungen im Nest abgelegt, das Bergbilchbeutler erst im Alter von 7–8 Wochen verlassen. Trotz ihrer geringen Größe verhältnismäßig langlebig.

Höchstalter in Menschenobhut. Bergbilchbeutler 12, Dünnschwanz-Schlafbeutler 2¾, Neuguinea-Schlafbeutler über 3, Dickschwanz-Schlafbeutler über 10 Jahre.

Familie Kletterbeutler (Phalangeridae)

Gestalt, Größe und Lebensweise verschieden. Fellfarbe variiert zwischen Schwarz, Rotbraun, Grau und Weiß. Gliedmaßen fünfzehig, 1. Zehe Greiforgan, 2. und 3. Zehe bis zu den getrennten Krallen verwachsen. Zahnformel: 2-3/1-3 1/0 2/2 4/4, unterer Eckzahn fehlt, 2. und 3. unterer Schneidezahn, wenn vorhanden, klein. Backenzähne niedrigkronig. Schwanz greiffähig.

Verbreitung. Australien, Neuguinea, östliches Indonesien (ab Sulawesi und Timor), Salomonen, Neuseeland (ausgewilderte Kusus).

2 Unterfamilien, 6 Gattungen, 31 Arten.

Abb. 8.3 Der in tropischen Wäldern lebende Gleichfarbkuskus (*Phalanger gymnotis*) hält sich zur Nahrungssuche oft am Boden auf.

Unterfamilie Bärenkuskus (Ailuropinae)

1 Gattung, 3 Arten.

Bärenkuskus (*Ailurops*): Fell grau, braun oder schwarz, dick, pelzartig, Augen nach vorn gerichtet, Ohren klein, rund, Schnauze kurz, körperlanger Greifschwanz. **Sulawesi-Bärenkuskus** (*A. ursinus*): Fell grau- bis schwarzbraun. Sulawesi. – **Talaud-Bärenkuskus** (*A. melanotis*): seit 2003 eigene Art, kleiner als Sulawesi-Bärenkuskus. Talaud-Inseln (Indonesien). – **Großer Bärenkuskus** (*A. furvus*): größte Art. Sulawesi.

Unterfamilie Kletterbeutler (Phalangerinae)

5 Gattungen, 28 Arten.

Tribus Kuskus (Phalangerini)

Kuskus (*Phalanger*), auch Wollkuskus: 15 Arten. Ratten- bis katzengroß, Gestalt halbaffen- bis loriartig. Fell dicht, wollig, weiß, rötlich bis schwarz, Fellfärbung innerhalb einer Art oft variabel, rundköpfig, kleine Ohren, spitzschnäuzig, große Nachtaugen, 1. und 2. Finger den übrigen Fingern gegenübergestellt (siehe Koala), 1. Zehe den anderen Zehen gegenübergestellt, langer Greifschwanz, an Unterseite und Spitze unbehaart. Nordaustralien, Neuguinea und umgebende Inseln, Bismarck-Archipel, Salomonen, Sulawesi. **Gebe-Kuskus** (*P. alexandrae*): endemisch auf der Gebe-Insel (nördliche Molukken). – **Neubritannien-Kuskus** (*P. breviceps*): Neubritannien und Salomonen-Inseln. – **Bergkuskus** (*P. carmelitae*): 2 Unterarten. Mittleres und östliches Neuguinea. – **Gleichfarbkuskus** (*P. gymnotis*), auch Bodenkuskus: 2 Unterarten. Neuguinea. – **Südlicher Wollkuskus** (*P. intercastellanus*), auch Östlicher Kuskus: Südosten von Papua-Neuguinea. – **Woodlark-Kuskus** (*P. lullulae*): endemisch auf der Insel Woodlark (Papua-Neuguinea). – **Blauäugiger Kuskus** (*P. matabiru*): Ternate- und Tidore-Inseln (Indonesien). – **Telefomin-Kuskus** (*P. matanim*): westliches Neuguinea (u.a. im Telefomingebiet). – **Südlicher Kuskus** (*P. mimicus*): südliches Neuguinea und Kap-York-Halbinsel (Australien). – **Nördlicher Kuskus** (*P. orientalis*), auch Grauer Kuskus oder Wollkuskus: 2 Unterarten. Bismarck-Archipel, Salomonen, Molukken, Timor, Neuguinea mit zahlreichen umliegenden Inseln. – **Zierlicher Kuskus** (*P. ornatus*): nördliche Molukken. – **Rothschilds Kuskus** (*P. rothschildi*), auch Molukkenkuskus: nördliche Molukken. – **Peleng-Kuskus** (*P. pelengensis*): Peleng- und Sula-Inseln. – **Seidenkuskus** (*P. sericeus*): 2 Unterarten. Zentral- und Ostneuguinea. – **Steins Kuskus** (*P. vestitus*), auch Seidenkuskus: Neuguinea.

Tüpfelkuskus (*Spilocuscus*): 6 Arten. Fell dicht, wollig, weiß mit rötlich grauen Flecken oder grau bis graubraun mit cremefarbenen Tüpfeln. Kleiner Kopf mit kleinen runden Ohren, große Augen. **Eigentlicher Tüpfelkuskus** (*S. maculatus*): 4 Unterarten. Neuguinea, Molukken, Queensland. – **Kap-York-Tüpfelkuskus** (*S. nudicaudatus*): Kap-York-Halbinsel, Australien. – **Schwarztüpfelkuskus** (*S. rufoniger*): nördliches Neuguinea. – **Manus-Tüpfelkuskus** (*S. kraemeri*): endemisch auf der Insel Manus (nördlich von Neuguinea). – **Waigeo-Tüpfelkuskus** (*S. papuensis*): endemisch auf Insel Waigeo (vor der Westküste Neuguineas). – **Blauaugen-Tüpfeluskus** (*S. wilsoni*): einzige Art mit blauen oder blaugrünen Augen. Supiori-, Biak- und Numfor-Inseln (nordwestlich von Neuguinea).

Tribus Kusus (Trichosurini)

Bodenkuskus (*Strigocuscus*): 2 Arten. Fell dicht, wollig, oberseits grau oder rötlich braun, Bauch heller, erste 2 Finger opponierbar, Greifschwanz. **Sulawesi-Zwergkuskus** (*S. celebensis*): 3 Unterarten. Sulawesi (das frühere Celebes) und vorgelagerte Inseln. – **Sangihe-Kuskus** (*S. sangirensis*): Sangihe-Inseln (nordöstlich von Sulawesi).

Schuppenschwanzkusus (*Wyulda*): 1 Art. Nackter, schuppenartiger Greifschwanz. **Schuppenschwanzkusu** (*W. squamicaudata*), auch Schuppenschwanz-Possum: Fell graubraun, dunkler Rückenstreifen, Bauch und Kehle heller. Nördliches Nordwestaustralien.

Abb. 8.4 Der waldbewohnende Fuchskusu (*Trichosurus vulpecula*) ist ein anpassungsfähiger Kulturfolger und lebt in Grassteppen auch in Kaninchenbauen.

Kusus (*Trichosurus*): 4 Arten. Fell variiert zwischen weiß, grau, braun und schwarz, weich und wollig, Ohren dreieckig, deutlich größer als bei den Kuskus, langer, buschig behaarter Schwanz. Nordost- bis Südostaustralien, östliches Südaustralien, südliches Westaustralien, Nord- und östliches Zentralaustralien. **Fuchskusu** (*T. vulpecula*): 5 Unterarten. Australien, in Neuseeland eingebürgert. – **Hundskusu** (*T. caninus*), auch Bergkusu: Südostaustralien. – **Cunningham-Kusu** (*T. cunninghami*): Victoria. – **Kupferfarbener Kusu** (*T. johnstonii*): Queensland.

Gefährdungsstatus. Bestand in der Wildnis bei Großteil der Arten gesichert, allerdings Schuppenschwanzkusu gefährdet. EEP für den Sulawesi-Bärenkukus im Tierpark Berlin-Friedrichsfelde.

Lebensweise. Überwiegend nachtaktiv, Lebensraum Regenwald (Kuskus), dichte bis lockere Eukalyptuswälder, Parklandschaften. Baumbewohner, die teils faultierartig langsam unter Zuhilfenahme des Greifschwanzes (Kuskus), teils mäßig schnell, aber sehr geschickt sich mit dem Rollschwanz verankernd (Kusus) klettern, aber auch springen. Fuchskusu Kulturfolger, besonders anpassungsfähig, lebt sowohl auf Dachböden und in Stallungen als auch in Kaninchenbauen baumloser Gebiete. Meist Einzelgänger, nur während der Brunst paarweise, artverschieden manchmal aber auch über mehrere Wochen paarweise lebend. Beim Hundskusu möglicherweise dauerhafte Paarbindung. Männchen untereinander unverträglich. Töchter werden im Streifgebiet der Mutter von dieser toleriert.

Nahrung. Alles-, vorwiegend Pflanzenfresser. Früchte, Blüten, Blätter (u. a. Eukalyptus), auch Pilze. Kuskuse bevorzugen außerdem Insekten und andere Wirbellose, Eier, Kleinvögel, Kleinsäuger.

Haltung von Kletterbeutlern

In den Tiergärten Australiens Vertreter verschiedentlich gezeigt. Einige Kletterbeutlerarten außerhalb Australiens und Südostasiens zwar weltweit, aber selten gehalten.

Unterkunft. Meist in Nachttierhäusern (siehe Haltung von Lemuren, Lori- und Makiartigen) mit nur schwacher Beleuchtung, für Kuskus mindestens Zimmertemperatur (nicht unter 20 °C) mit erhöhter Luftfeuchtigkeit, bei der Eingewöhnung und später bei Umsetzungen oder ungewohnten Ereignissen sehr stressempfindlich. Kusus relativ anspruchslos, aber 16 °C Raumtemperatur sollte nicht unterschritten werden. In Kleinsäugerhäusern unter normalem Lichtzyklus bei trüben Lichtverhältnissen auch tagsüber aktiv. Als Einstreu Erde oder Mulch zum Abbinden von Feuchtigkeit aus Harn, Kot und Futterresten, nur wenige Arten zeitweise auch am Boden. Zur Gehegeeinrichtung zahlreiche Klettermöglichkeiten, Schlafkästen oder hohle Baumstämme als Tagesruhequartier.

Fütterung. Weiches Obst, gekochtes und rohes Gemüse (u. a. Fenchel, Möhre, Sellerie, Paprika, Brokkoli, Kartoffel), Avocado, Erdnüsse, Sonnenblumenkerne, gekochter Reis, Laub, Quark, gehacktes Herzfleisch, Küken, Mäuse, Mehlwürmer, Insekten, auch Hundekuchen, Hundefertigfutter. Nach Erfahrungen im Cotswold Wildlife Park beim Gleichfarbkuskus erhöht eine dreifache Fütterung am Tag die Aktivitätsdauer.

Vergesellschaftung. Mit anderen Arten möglich, z. B. mit Prevost-Schönhörnchen (*Callosciurus prevostii*) in Columbia, mit Kleinkantschil (*Tragulus kanchil*) in Cambron-Casteau oder mit Kurzkopfgleitbeulter (*Petaurus breviceps*) und Bürstenrattenkänguru (*Bettongia penicillata*) in Frankfurt oder Rotem Rattenkänguru (*Aepyprymnus rufescens*) in Stuttgart.

Fortpflanzung und Zucht. Männchen untereinander sehr aggressiv, besonders während der Paarungszeit. Zur Zucht wird beim Fuchskusu ein Paar unter Aufsicht zusammengelassen, das Männchen aber zur Geburt und Aufzucht wieder abgetrennt. In großräumigen Gehegen soll man auf Dauer auch 1 Männchen mit mehreren Weibchen oder mehrere Weibchen mit Tragsäuglingen gemeinsam halten können. Beim Gleichfarbkuskus, der auch am Boden aktiv ist, schlafen zusammengewöhnte Paare vielfach gemeinsam im Tagesquartier. Jungtiere können über den Östrus hinaus bei der Mutter bleiben. Bei Paar- und Gruppenhaltung umfassendes Kletterwegesystem mit mehreren Schlafboxen notwendig. Beim Fuchskusu schon zwischen 1857 und 1924 in London 60 Geburten, darunter 6 Zwillingswürfe und 1 Drillingswurf. Dort auch bereits vielfach Handaufzucht mit verdünnter Kuhmilch oder Milchersatzpulver gelungen, laktosefreie Milch nicht erforderlich. Milchzusammensetzung in Tabelle 8.2.

Höchstalter in Menschenobhut. Sulawesi-Bärenkuskus fast 6, Nördlicher Kuskus über 4, Eigentlicher Tüpfelkuskus 13¼, Gleichfarbkuskus 19, Nördlicher Fuchskusu fast 9½, Hundskusu fast 13¼, Fuchskusu fast 16, Schuppenschwanzkusu über 3½ Jahre.

Überfamilie Gleitbeutlerartige (Petauroidea)

4 Familien, 13 Gattungen, 38 Arten.

Familie Ringbeutler (Pseudocheiridae)

Auch Ringelschwanzbeutler. Hörnchen- bis mardergroß. Fell weich, wollig, Rücken meist grau bis braun, Bauchseite gelblich bis weiß. Kurzer Kopf, kleine, runde Ohren. 1. und 2. Finger als Greifklammern den übrigen Fingern gegenübergestellt (wie bei Kuskus). Langer, dünn behaarter, teilweise nackter Greifschwanz, wird spiralförmig zusammengerollt, wenn nicht in Bewegung (englische Bezeichnung „ringtail" verantwortlich für deutschen Tiernamen). Langer Blinddarm bei Eukalyptusfressern.

Verbreitung. Australien, Neuguinea.

3 Unterfamilien, 5 Gattungen, 20 Arten.

Unterfamilie Ringbeutler (Pseudocheirinae)

2 Gattungen, 10 Arten.

Ringbeutler (*Pseudocheirus*): 2 Arten. **Östlicher Ringbeutler** (*P. peregrinus*), auch Ringelschwanzbeutler: Grau bis rötlich braun, Bauch oft heller, weiße Ohrbüschel und weiße Schwanzspitze. 4 Unterarten. Queensland bis Südaustralien, Tasmanien. – **Westlicher Ringbeutler** (*P. occidentalis*): südliches Westaustralien.

Neuguinea- und Queensland-Ringbeutler (*Pseudochirulus*): 8 Arten. Fell meist grau, braun oder schwarz, Bauchseite meist heller, oft weiß, einige Arten mit Gesichts- oder Rückenstreifen. **Flachlandringbeutler** (*P. canescens*): 5 Unterarten. Neuguinea und Salawati. – **Zwergringbeutler** (*P. mayeri*): Zentralneuguinea. – **Maskenringbeutler** (*P. larvatus*): Nordosten Neuguineas. – **Weyland-Ringbeutler** (*P. caroli*), auch Buntschwanz-Ringbeutler: 2 Unterarten. Mittleres Neuguinea. – **Vogelkop-Ringbeutler** (*P. schlegeli*), auch Schlegels Ringbeutler: Nordwesten Neuguineas. – **Forbes-Ringbeutler** (*P. forbesi*): Südosten Neuguineas. – **Herbert-River-Ringbeutler** (*P. herbertensis*): Nordost-Queensland, Kap-York-Halbinsel. – **Aschgrauer Ringbeutler** (*P. cinereus*): Kap-York-Halbinsel.

Unterfamilie Lemur-Ringbeutler und Riesengleitbeutler (Hemibelideinae)

2 Gattungen, 4 Arten.

Lemur-Ringbeutler (*Hemibelideus*), auch Lemuren-Ringbeutler: 1 Art. Angedeutete Flugmembranen zwischen den Gliedmaßen. **Lemur-Ringbeutler** (*H. lemuroides*): Fell dicht, wollig, Rücken graubraun, Bauch gelbgrau. Südosten der Kap-York-Halbinsel.

Riesengleitbeutler (*Petauroides*): 3 Arten. Flughaut zwischen Ellbogen und Knie. **Südlicher Riesengleitbeutler** (*P. volans*): größtes zum Gleitflug fähiges Beuteltier. Gleithörnchenbeutlerähnlich, Schwanz mehr als körperlang, behaart, Färbung variabel. Ostaustralien, vom südlichen Queensland bis Victoria. – **Nördlicher Riesengleitbeutler** (*P. minor*): kleinste Art der Gattung. Nordöstliches Australien. – **Mittlerer Riesengleitbeutler** (*P. armillatus*): zentrales Queensland.

Unterfamilie Grüne Ringbeutler (Pseudochiropsinae)

1 Gattung, 6 Arten.

Grüne Ringbeutler (*Pseudochirops*): Fell grünlich bis kupferfarben, mitunter Rücken- oder Gesichtsstreifen, Unterseite heller. **Grüner Ringbeutler** (*P. archeri*), auch Streifen-Ringelschwanzbeutler: Australien, Kap-York-Halbinsel. – **Kupferringbeutler** (*P. cupreus*): Zentralgebirge Neuguineas. – **Langhaar-Ringbeutler** (*P. albertisii*): 3 Unterarten. Nordwesten Neuguineas. – **Einsiedler-Ringbeutler** (*P. coronatus*): Westen Neuguineas. – **Glanzringbeutler** (*P. corinnae*): 3 Unterarten. Zentralgebirge Neuguineas. – **Felsenringbeutler** (*P. dahli*): Fell lang, weich, Rücken rötlich grau, Bauch hellgrau, Schwanz kurz. Nordaustralien.

Gefährdungsstatus. Bestand in der Wildnis teilweise noch gesichert, aber viele Arten in kleinen Verbreitungsgebieten. Westlicher Ringbeutler gilt als stark gefährdet.

Lebensweise. Nachtaktiv, Lebensraum offene bis geschlossene Eukalyptuswälder, Regenwald, Hochlandwälder bis in 4000 m Höhe, auch steinig-felsige Lagen (Felsenringbeutler). Gewöhnlicher Ringbeutler Kulturfolger. Baumbewohner, schnelle und geschickte Kletterer, Felsenringbeutler halten sich auch teilweise am Boden auf. Riesengleitbeutler hüpfen mit federnden Sprüngen stammaufwärts, können je nach Absprunghöhe bis über 100 m gleiten. Tagesquartier je nach Art in Astgabeln, Baumhöhlen oder in gebautem Zweig- und Blattnest. Nestmaterial wird vielfach mit Greifschwanz eingetragen. Meist Einzelgänger, 2 Arten gesellig als Paare mit Jungen (Lemur-Ringbeutler und Felsenringbeutler). Männchen der Riesengleitbeutler markieren mit Sekret der Afterdrüsen, besitzen zahlreiche Schlafhöhlen im Streifgebiet. Als Fressfeinde gelten Pythons, Eulen, Beutelmarder sowie eingeschleppte Hauskatzen und Füchse.

Nahrung. Blüten, Rinde, Früchte, einige Arten sind reine Blattfresser (Riesengleitbeutler Nahrungsspezialist, ausschließlich Eukalyptusblätter wie Koala).

Abb. 8.5 Der Große Streifenbeutler (*Dactylopsila trivirgata*) ist ein Einzelgänger, der mit seinem stinkenden Analdrüsensekret Feinde abwehrt.

Haltung von Ringbeutlern

Wenig bekannt. In Tiergärten außerhalb Australiens nicht gezeigt.

Bei Gewöhnlichem Ringbeutler kann 1 Männchen bei geräumigem Gehege mit 1–2 Weibchen und deren Jungen zusammengehalten werden. Gruppenangehörige benutzen gemeinsam ein aus Gräsern, Rinde und Blättern gebautes Nest.

Fortpflanzung und Zucht. Daten zur Fortpflanzungsbiologie in Tabelle 8.1. 2 Würfe pro Jahr möglich, Jungtiere werden nach dem Verlassen des Beutels vom Weibchen 2 Monate herumgetragen oder im Nest abgelegt. Milchzusammensetzung in Tabelle 8.2. Beim Herbert-River-Ringbeutler meist 1 Wurf pro Jahr mit 1-3 Jungen, Weibchen haben 4 Zitzen, von denen 1 Paar stark zurückgebildet und nicht funktionstüchtig ist, daher Aufzucht von maximal 2 Jungen.

Höchstalter in Menschenobhut. Lemur-Ringbeutler fast 5½, Felsenringbeutler über 3, Östlicher Ringbeutler über 10, Langhaar-Ringbeutler 1¾, Riesengleitbeutler 6¼ Jahre.

Familie Gleitbeutler (Petauridae)

Gestalt bilch- oder eichhörnchenähnlich, reichlich maus- bis mardergroß. Fell meist graubraun mit schwarz-weißen Musterungen, auch im Gesicht. Schwanz meist lang, teils wenig, teils oft buschig behaart, dient bei einigen Arten als Fettspeicher.

Verbreitung. Australien, Tasmanien, Neuguinea und umliegende Inseln.

3 Gattungen, 14 Arten.

Streifenbeutler (*Dactylopsila*), auch Streifenphalanger: 5 Arten. Eichhörnchenähnlich mit schwarz- oder braun-weißer Längszeichnung auf weißem bis hellgrauem Fell, Schneidezähne nagerähnlich, 2 obere und 6 untere verlängert,

Finger und Zehen lang und dünn, 4. Finger länger als übrige (siehe Fingertier). **Großer Streifenbeutler** (*D. trivirgata*): 4 Unterarten. Neuguinea und Nordost-Queensland. – **Ferguson-Streifenbeutler** (*D. tatei*): Ferguson-Insel vor Neuguinea. – **Weyland-Streifenbeutler** (*D. megalura*), auch Langschwanz-Streifenbeutler: inneres Neuguinea. – **Langfinger-Streifenbeutler** (*D. palpator*), auch Kleiner Streifenbeutler: inneres Neuguinea. – **Arfak-Streifenbeutler** (*D. kamburayai*): Arfakgebirge auf Neuguinea.

Hörnchenbeutler (*Gymnobelideus*): 1 Art. Oberseite graubraun mit schwarzem Rückenstreifen, Unterseite heller, Gesicht mit schwarzen Streifen. Galt als ausgestorben. **Leadbeaters Hörnchenbeutler** (*G. leadbeateri*): 1961 wiederentdeckt. Hochland von Victoria (östliches Südaustralien).

Gleithörnchenbeutler (*Petaurus*), auch Flugbeutler: 8 Arten. Eichhörnchen- bis katzengroß. Rücken graubraun, Bauch heller, weißlich bis gelb, von der Stirn bis zum Schwanz schwarzer Strich, Gesichtszeichnung, behaarte Gleitflughaut vom 5. Finger bis zum Fußgelenk, Unterseite wenig behaart, Verkürzung der Schnauze und Backenzahnreihe (Prämolaren und Molaren werden jeweils nach hinten kleiner), Schwanz lang, buschig behaart. **Kurzkopfgleitbeutler** (*P. breviceps*): 2 Unterarten. Südostaustralien, Tasmanien (eingeführt), Neuguinea und umliegende Inseln. – **Nordaustralischer Kurzkopfgleitbeutler** (*P. ariel*): nördliches Australien. – **Östlicher Kurzkopfgleitbeutler** (*P. notatus*): östliches Australien. – **Mittlerer Gleithörnchenbeutler** (*P. norfolcensis*), auch Eichhörnchengleitbeutler: Osten und Südosten Australiens. – **Großer Gleithörnchenbeutler** (*P. australis*), auch Gelbbauch-Gleithörnchenbeutler: 2 Unterarten. Östliches Australien. – **Ebenholz-Gleitbeutler** (*P. gracilis*): Nordost-Queensland. – **Neuguinea-Gleitbeutler** (*P. abidi*): nördliches Neuguinea. – **Biak-Gleitbeutler** (*P. biacensis*): auf den Inseln Biak, Supiori und Owi.

Gefährdungsstatus. Bestand in der Wildnis bei mehreren Arten gesichert. Stark gefährdet sind Ferguson-Streifenbeutler und Ebenholz-Gleitbeutler. Als vom Aussterben bedroht gelten Leadbeaters Hörnchenbeutler und Neuguinea-Gleitbeutler.

Abb. 8.6 Der Kurzkopfgleitbeutler (*Petaurus breviceps*) besitzt eine vom 5. Finger bis zum Fußgelenk spannende Gleithaut, die ihn auch vor Wärmeverlusten schützen kann.

Lebensweise. Nachtaktive Baumbewohner, Lebensraum gemäßigte bis subtropische Hartlaubwälder, Bergregenwälder mit dichtem Unterholz bis zur Baumgrenze, unverzichtbar alter Baumbestand mit Baumhöhlen als Wurf- und Schlafplätze. Lebensweise sonst unterschiedlich.

Streifenbeutler: meist Einzelgänger mit großen, sich überlappenden Streifgebieten. Nestbau aus Blättern, auch in Baumhöhlen. Schlafplätze werden häufig gewechselt, Fortbewegung laufend-kletternd auf Ästen und Zweigen oder hängend wie Faultiere. Erbeuten holzbewohnende Insekten und deren Larven, indem sie die Beute mit den Schneidezähnen aus dem Holz freibeißen und mit dem langen 4. Finger aus ihren Gängen ziehen. Stinkendes Analdrüsensekret zur Abwehr von Artgenossen und möglicherweise Feinden.

Leadbeaters Hörnchenbeutler: äußerst geschickte Kletterer, springfreudig. Territoriale Familiengruppen mit bis zu 8 Tieren, gemeinsame Schlafhöhle. Gruppenduft wird über Speichel bei gegenseitiger Fellpflege übertragen. Nur 1 Weibchen der Gruppe pflanzt sich fort.

Gleithörnchenbeutler: Kleingruppen aus mehreren Männchen und Weibchen, die sich alle fortpflanzen. Territorial, Verteidigung einzelner Futterbäume, von denen ein Exemplar wochenlang den Nahrungsbedarf einer Gruppe (Baumsaft) deckt. Gruppenduft über Stirn- und Brustdrüsen. Flughaut schützt vor Wärmeverlust bei Kälte. Klettern und laufen mit angelegter Flughaut, spannen diese vor dem Absprung und gleiten von Baumkronen an Stämme entfernter Bäume, wobei Schwanz als Balance- und Steuerorgan fungiert. Einige Arten können Gleitrichtung abrupt ändern. Landung nach kurzem Aufwärtsschwung kopfoben bäuchlings, klettern stammaufwärts eichhörnchenartig in Spiralen. Ältere Junge fliegen auf dem Rücken oder im Brustfell der Mutter mit.

Nahrung. Blüten, Baumsäfte, Nektar, Pollen, Insekten und deren Larven, Spinnen, kleine Wirbeltiere.

Haltung von Gleitbeutlern

In australischen Tiergärten werden mehrere Arten aus allen 3 Gattungen gehalten, in Europa und USA einige wenige Arten und nur vereinzelt gezeigt (z.B. Großer Streifenbeutler, Leadbeaters Hörnchenbeutler), am häufigsten Kurzkopfgleitbeutler.

Unterkunft. Meist in terrarienartigen Vitrinen von Nachttierhäusern, gelegentlich auch in schwach beleuchteten Gehegen von Warmhäusern für Kleinsäuger, wo die Tiere bei trübem Wetter tagsüber nicht nur schlafen, sondern zeitweilig aktiv sind. Gute Belüftung des Geheges wegen intensiven Geruchs. Als Bodenbelag Torf, Rindenmulch, trockenes Laub, regelmäßig erneuern. Alle Arten sehr kletter- und sprungfreudig. Unterkünfte mit zahlreichen Klettermöglichkeiten, besonders Äste, aber auch dünne Zweige, deren Rinde angenagt oder angekratzt wird, Seile. Mit Schalbrettern oder Kork verkleidete Wandflächen sind gute Klettermöglichkeiten. Als Versteck, Schlaf- und Ruheplätze mehrere Schlafkästen und hohle Baumstämme erforderlich. Nistmaterial anbieten.

Fütterung. Kohlenhydratreiche, fettarme Ernährung erforderlich, hoher Kalziumbedarf muss bei der Futterzusammensetzung berücksichtigt werden. Weiches, süßes Obst, zartes Gemüse, gekochte Möhren, Nüsse, Sonnenblumenkerne, Rosinen, Datteln, Feigen, gekochtes Ei, rohes Eigelb, Quark, gekochter süßer Reis, Babybrei, Gummi arabicum (Akaziengummi), Blütenpollen, Honig, Fruchtsäfte (mit Zucker oder Honig versetztes Futter steigert dessen Attraktivität) oder Nektar-Produkte, dazu zartes gekochtes Fleisch, nackte Mäuse, Küken, Mehlwürmer, Grillen, Schaben, Blattläuse, Hundekuchen, Frischwasser zur freien Aufnahme. Im David Fleay Wildlife Park werden für einen 400 g schweren adulten Gleitbeutler 40 g Früchte und Gemüse, 30 ml Nektar täglich sowie 5 g tierisches Protein jeden 2. Tag als Futter gegeben.

Vergesellschaftung. Kurzkopfgleitbeutler: Nicht unverträglich, je nach Größe der Unterkunft Gruppen von Tieren verschiedenen Alters und beider Geschlechter von bis zu 12, nach britischen Angaben sogar bis zu 30 Tieren, die gemeinsame Schlafhöhlen benutzen, wobei Weibchen als dominante Tiere in verschiedenen Boxen schlafen. Alle Weibchen einer Gruppe pflanzen sich fort. Die Gruppe bleibt durch gemeinsamen Sippenduft zusammen und untereinander friedlich. Zum Aufbau einer neuen Gruppe möglichst zunächst mit 2 Männchen und 2–3 Weibchen zu starten, die untereinander unverwandt sein sollten. Vergesellschaftung mit Kurzschnabeligeln, Ratten- und Baumkängurus erfolgte problemlos. Kurzkopfgleitbeutler werden mit Kurzschnabeligeln vergesellschaftet.

Fortpflanzung und Zucht. Details bei den meisten selten gehaltenen Arten nicht bekannt. Daten zur Fortpflanzungsbiologie in Tabelle 8.1. Weibchen mit 4 Zitzen, Beutel öffnet sich nach vorn oben. In britischen Zoos 80 % aller Geburten von Oktober bis Februar. Tragzeit 18

Tab. 8.1 Angaben zur Fortpflanzungsbiologie von Koalas, Bilch-, Kletter-, Ring-, Gleit-, Schlaf- und Honigbeutlern

Art	Zitzen (Anzahl)	Tragzeit (Tage)	Jungen (Anzahl)	Beuteltragzeit (Wochen)	Geschlechstreife[1] (Monate)
Koala	2	34–36	1 (–2)	34–39	W 24, M 24
Bergbilchbeutler	4	13–16	1–4	3	W 24, M 12
Neuguinea-Schlafbeutler			1–4	3–5	W 15
Dickschwanz-Schlafbeutler	4–6	30	1–4	5	W 12
Kuskus (Angehörige der Gattung)	4	ca. 13	1–3	25–29	
Fuchskusu	2	17–18	1	20–22	W 12–24, M 24
Hundskusu	2	16	1	25–29	W 22–36, M 36
Gewöhnlicher Ringbeutler	4		1–3	16–17	W 12, M 12
Riesengleitbeutler	2		1	ca. 21	W 24, M 24
Leadbeaters Hörnchenbeutler	4	über 20	1–2	12–13	W 12
Kurzkopfgleitbeutler	2	15–17	1–2	10-11	W 8–15, M 12
Ebenholz-Gleitbeutler		16	2		W 12, M 12
Mittlerer Gleithörnchenbeutler	4		2		W 12
Zwerg-Gleitbeutler	4		2–3 (1–4)		W 8, M 12–18
Honigbeutler	4	21–28[2]	2–4	9–10	W 6

[1] W: Weibchen, M: Männchen
[2] Ohne Diapause

Tage. Wurfgröße variiert von 1–3, meist Zwillinge. Junge verlassen den Beutel im Alter von etwa 70 Tagen, krallen sich dann im Fell der Mutter fest und werden von ihr getragen. Beginnende Selbständigkeit mit 4 Monaten, geschlechtsreif noch im 1. Lebensjahr. Künstliche Aufzucht von Beutelsäuglingen mit normaler Milch gelungen. Milchzusammensetzung beim Kurzkopfgleitbeutler in Tabelle 8.2.

Höchstalter in Menschenobhut. Großer Streifenbeutler über 9½, Ebenholz-Gleitbeutler 11½, Leadbeaters Hörnchenbeutler fast 13½, Großer Gleithörnchenbeutler 14¼, Kurzkopfgleitbeutler 17¾, Mittlerer Gleithörnchenbeutler über 14¾ Jahre.

Familie Honigbeutler (Tarsipedidae)

Gestalt und Größe spitzmausähnlich. Rückenfell graubraun, an Flanken und Schultern rötlich, 3 Längsstriche auf dem Rücken, Bauch heller. Große Augen und Ohren, Schnauze rüsselförmig. Obere Eckzähne nach hinten gekrümmt, untere Schneidezähne bilden Gleitschiene für lange, pinselartige Zunge, die aufgenommenen Pollen an den Zähnen und Hornleisten am Gaumendach abstreift. Finger und Zehen mit Nägeln, Greifschwanz lang, dünn, nackt. Tiefe Bauchtasche als Beutel (wie Kängurus). Deutlicher Sexualdimorphismus im Körpergewicht: Männchen 7–9, Weibchen 10–12 g.

1 Gattung, 1 Art.

Honigbeutler (*Tarsipes*): **Honigbeutler** (*T. rostratus*), auch Rüsselbeutler: Südwestaustralien.

Gefährdungsstatus. Bestand in der Wildnis selten. Risiken für den Bestand sind Biotopeingriffe in den kleinen Verbreitungsgebieten sowie Füchse und Katzen.

Lebensweise. Nachttier, Lebensraum lichte Wälder, Buschwälder und Heidelandschaften,

Tag abgeschlossen. Aufenthaltsdauer im Geburtsnest aus trockenen Blättern und Halmen knapp 3 Wochen (Gewicht dann ca. 180 g), folgen anschließend der Mutter bis zum Selbstständigwerden.

Höchstalter in Menschenobhut. Kurzohr-Rüsselspringer über 8½, Buschfeld-Elefantenspitzmaus 9¼, Nordafrikanische Elefantenspitzmaus fast 7¼, Kurznasen-Elefantenspitzmaus und Westliche Klippen-Elefantenspitzmaus über 4, Kap-Elefantenspitzmaus 5¾, Rote Elefantenspitzmaus fast 8, Rüsselratte über 6¾, Rotschulter-Rüsselhündchen 4½, Goldsteiß-Rüsselhündchen vermutlich 11 Jahre (Zoo Frankfurt/Main).

Tab. 8.2 Angaben zur Milchzusammensetzung von Koalas, Wombats, Bilch-, Kletter-, Ring-, Gleit- und Honigbeutlern

Art/Gattung	LP[1]	Trockensubstanz (%)	Fett (%)	Eiweiß (%)	Kohlenhydrate (%)	Asche/Mineralien (%)	Proben (Anzahl)
Koala	1						
	2	31,28	13,77	7,32			25
	3	28,97	14,40	11,85	2,50		18
Nacktnasenwombat	1						
	2	23,00	6,00	4,00	6,00		1
	3	51,00	28,00	9,00	2,00		1
Fuchskusu	1	11,41		4,23	2,11		28
	2	20,98	2,80	6,32	4,90	1,18	48
	3	24,55	7,00	9,27	3,10	1,59	61
Gewöhnlicher Ringbeutler	1						
	2	15,00	2,00	4,00	5,00		8
	3	13,00	2,00	5,00	2,50		8
Kurzkopfgleitbeutler	1						
	2						
	3	31,00	22,00	8,00	5,50		1

[1] LP: Laktationsphase

insbesondere mit Beständen von *Proteaceae* und *Myrtaceae*. Sehr agiler, gut kletternder, vorwiegend aber am Boden oder in bodennaher Vegetation lebender Einzelgänger, der jedoch auch paarweise oder in Mutterfamilien angetroffen wird. Schlafplätze in selbst gebauten, runden Kobel- oder Vogelnestern. Torpor bei Kälte und Nahrungsmangel bis zu 10 Stunden bei 5 °C Körpertemperatur.

Nahrung. Nektar, Pollen (Blütenbestäuber), möglicherweise auch Insekten.

Haltung von Honigbeutlern

Nur in wenigen Zoos und Forschungseinrichtungen Australiens gehalten. Offensichtlich sehr empfindlich gegenüber geringsten Veränderungen der Haltungsbedingungen (Pflegerwechsel, Änderungen im Tagesrhythmus, Besuchereinflüsse).

Unterkunft. Ähnlich wie für Gleit- und Bilchbeutler oder nachtaktive Kleinsäuger in terrarienartiger, großer Vitrine (in Tiergärten im Nachttierhaus) mit zahlreichen Kletterästen, Schlaf- und Wurfverstecken mit Nistmaterial bei Zimmertemperatur und 60 % relativer Luftfeuchtigkeit.

Fütterung. Je nach örtlichen Erfahrungen sehr variabel. Zoo Perth: Nektarersatz (Honig, Rohrzucker, Milchpulver, Pollen, Multivitaminpräparat), Ei-Honig-Mischung (wässrige Lösung von Eidotter, Milchpulver, Casein, Weizenkeimen, Trockenhefe, Fischmehl, Erdnussöl, Honig), Nektar und Pollen, gehacktes Herzmuskelfleisch, Mehlwürmer, geriebener Apfel und Möhre, Mineralstoffzusatz. Dazu Blüten von Hartlaubgewächsen wie Eukalyptus, Banksia, Callistemnon. Aufnahme von Mehlwürmern individuell sehr verschieden.

Vergesellschaftung. Zusammenstellung von Kleingruppen bestehend aus mehreren Weibchen und Männchen möglich, in denen die Weibchen dominant über die Männchen sind. Unter den Weibchen erweist sich bald ein Einzeltier als ranghöchstes. Die Tiere der Gruppe schlafen gemeinsam eng beieinander liegend und betreiben gegenseitig intensive Körperpflege.

Fortpflanzung und Zucht. Daten zur Fortpflanzungsbiologie in Tabelle 8.1. Zucht sehr selten. Fortpflanzung ganzjährig. 2–3 Würfe pro

Jahr mit je 1–4 Jungen (mit Geburtsgewicht von etwa 5 mg die leichtesten neugeborenen Säugetiere), die von verschiedenen Vätern stammen können und nach 60 Tagen voll behaart sowie mit einem Gewicht von 2–2,5 g den Beutel verlassen und noch etwa 1 Woche im Nest bleiben. Weibchen zu diesem Zeitpunkt schon wieder tragend mit neuen Embryos im Uterus in Keimlingsruhe (Diapause). Junge werden nach dem Verlassen des Nests noch einige Zeit von den Weibchen getragen. Säugezeit knapp 90 Tage, Gewicht der Jungen dann etwa 5 g.

Höchstalter in Menschenobhut. Angaben liegen nicht vor.

Familie Zwerggleitbeutler (Acrobatidae)

Früher den Kletter- bzw. Bilchbeutlern zugerechnet, heute eine eigene Familie, die den Honigbeutlern nahe steht. Besonderes Merkmal ist zweireihige Schwanzbehaarung. Fell weich, graubraun.

2 Gattungen, 3 Arten.

Federschwanzbeutler (*Distoechurus*): 1 Art. Gleitmembran fehlt. **Federschwanzbeutler** *(D. pennatus)*, auch Pinselschwanzbeutler: Fell grau, weißes Gesicht mit 2 schwarzen Augenstreifen. Neuguinea.

Zwerggleitbeutler (*Acrobates*): 2 Arten. Kleinste gleitfähige Beuteltiere. Gleithaut zwischen Ellbogen und Knie. **Schmalfuß-Federschwanzgleitbeutler** (*A. pygmaeus*), auch Australischer Zwerggleitbeutler: Rücken graubraun, Bauch weiß. Südost- und Ostaustralien. – **Breitfuß-Federschwanzgleitbeutler** (*A. frontalis*): Verbreitung weitgehend sympatrisch mit *A. pygmaeus*.

Gefährdungsstatus. Bestand in der Wildnis nicht besorgniserregend.

Lebensweise. Nachtaktive Baumbewohner. Tagsüber in Verstecken wie Baumhöhlen, selbst gebauten Nestern. Leben in Gruppen von bis zu 20 Tieren. Bei Zwerggleitbeutlern Kältestarre bei kühlen Umgebungstemperaturen (Auskühlung auf nur noch 2 °C Körpertemperatur wurde bis zu 5 Tage unbeschadet ertragen).

Nahrung. Insekten, Würmer, Früchte und gelegentlich auch Nektar (den sie mit ihrer langen Zunge aufnehmen) und Baumsäften.

Haltung von Zwerggleitbeutlern

In Tiergärten fast ausschließlich in australischen Zoos und Forschungsinstituten gehalten, in Europa abgesehen von ganz wenigen Ausnahmen nicht gezeigt, dort aber regelmäßige Nachzuchten. Zwerggleitbeutler können in größeren Gruppen gehalten und sehr zahm werden.

Fütterung. Wie Bilchbeutler. Bevorzugen aber saure Früchte, z. B. Kiwis.

Fortpflanzung und Zucht. Wenig bekannt. Geschlechtsreife bei Weibchen mit 12, bei Männchen mit 6–8 Monaten. Weibchen mit gut entwickeltem Beutel, 4 Zitzen. Nach einer Tragzeit von 18–20 Tagen werden 2–4 Junge geboren, diese verbringen ersten 2 Lebensmonate im Beutel, anschließend 1 weiteren Monat im Nest. Bei in Gruppen gehaltenen Zwerggleitbeutlern führt der 2–3 Tage andauernde Östrus eines Weibchens zu Auseinandersetzungen unter den erwachsenen Männchen, die in heftiger Paarungsaktivität oft gemeinsam versuchen, mit dem Weibchen zu kopulieren. Normalerweise 1 Wurf pro Jahr, in seltenen Fällen auch 2.

Höchstalter in Menschenobhut. Schmalfuß-Federschwanzgleitbeutler 8¾, Federschwanzbeutler 1½ Jahre.

Unterordnung Känguruartige (Macropodiformes)

3 Familien, 22 Gattungen, 74 Arten.

Familie Moschusrattenkängurus (Hypsiprymnodontidae)

Rattenähnlich, Fell braun bis rostfarben, Bauch heller, Fuß fünfzehig, 1. Zehe ohne Nagel, Vorderbeine relativ lang, Schwanz nackt, beschuppt, Magen einfach gebaut, nicht mehrteilig. Namensgebend ist der moschusartige Geruch.

1 Gattung, 1 Art.

Moschusrattenkängurus (*Hypsiprymnodon*): **Moschusrattenkänguru** (*H. moschatus*): Nordostaustralien.

Gefährdungsstatus. Bestand in der Wildnis nicht gefährdet, aber infolge geringer Zahlen schutzbedürftig.

Lebensweise. Tagaktiv, überwiegend einzelgängerisch, in Regenwäldern in der Nähe von Gewässern. Fortbewegung meist vierfüßig, seltener hüpfend, klettert gut, meist gemächlich, bei Gefahr aber flink und mit schneller Flucht ins Unterholz. Trägt Nestmaterial mit eingerolltem Schwanz.

Nahrung. Fast ausschließlich Insekten, daneben auch Würmer, Pilze, Beeren.

Haltung von Moschusrattenkängurus

Zurzeit werden keine Tiere außerhalb Australiens gehalten.

Unterkunft. Wie Rattenkängurus, können im Sommer aber auf begrasten Ausläufen mit Buschbestand gehalten werden.

Fütterung. Wie Rattenkängurus, aber auch Nüsse und morsches Holz, das nach Freilandbeobachtungen mit den scharfen Prämolaren zerkleinert wird, wobei bisher unklar geblieben ist, ob dabei nur Insektenlarven gesucht und verzehrt werden oder auch zerkautes Holz gefressen wird.

Vergesellschaftung. Auch in kleinen Haremsfamilien (1 Männchen, wenige Weibchen) verträglich (siehe dazu Rattenkängurus).

Fortpflanzung und Zucht. Saisonal fixiert, in Townsville, Queensland z.B. von Februar bis Juli. 1, 2 oder selten sogar 3 Junge.

Höchstalter in Menschenobhut. 4 Jahre.

Familie Rattenkängurus (Potoroidae)

Früher als Unterfamilie der Kängurus geführte Beuteltiergruppe, deren systematische Selbständigkeit als eigene Familie sowohl durch neuere Fossilfunde, als auch durch anatomische Besonderheiten im Schädel- und Zahnbau begründet wird.

Gestalt rattenähnlich, bis kaninchengroß. Fellfarbe variiert von gelblichem Sandfarben über Grau bis Braun. Kopf kurz, spitze Schnauze. Zahnformel: 3/1 1/0 1–2/1–2 4/4. Meist höckrige Kronenmuster der Backenzähne. Hinterbeine meist vierzehig, wenig verlängert. Schwanz meist behaart, teilweise als Greiforgan.

4 Gattungen, 9 Arten.

Kaninchenkängurus (*Potorous*), auch Kaninchenrattenkängurus: 3 Arten. Weibchen meist schwerer als Männchen, großer Vor- und kleiner Nachmagen, Rücken grau bis braun, Bauch heller, relativ kurze Hinterbeine. **Gilbert-Kaninchenkänguru** (*P. gilbertii*): 1994 beschrieben. Westaustralien. – **Langfuß-Kaninchenkänguru** (*P. longipes*): 1980 entdeckt, für Kaninchenkängurus relativ lange Hinterbeine. Australien (Nordost-Victoria und südöstliches Neusüdwales). – **Langschnauzen-Kaninchenkänguru** (*P. tridactylus*): langgestreckte Schnauze. Südostaustralien (südöstliches Queensland, Neusüdwales, Victoria), Tasmanien.

Bürstenkängurus (*Bettongia*), auch Bürstenrattenkängurus: 4 Arten. Grau bis graubraun, kaninchengroß, kleine, runde Ohren, unbehaarte Nasenspitze, Vorderpfoten mit kräftigen Krallen, bürstenartigen Haarkamm am

Schwanz, Magen zweiteilig aus Vormagensack (hier bakterieller Aufschluss der Pilznahrung) und Nachmagensack bestehend. **Festland-Bürstenkänguru** (*B. gaimardi*), auch Tasmanisches Bürstenkänguru: Fell hellbraun. Ursprünglich in Südaustralien, heute nur auf Tasmanien. – **Lesueur-Bürstenkänguru** (*B. lesueur*), auch Boodie: Inseln vor Westaustralien. – **Bürstenrattenkänguru** (*B. penicillata*), auch Woylie: Schwanz mit ausgeprägtem Bürstenkamm. Südwesten Westaustraliens. – **Nördliches Bürstenkänguru** (*B. tropica*): galt als ausgestorben, kleine Population in Queensland wiederentdeckt.

Rote Rattenkängurus (*Aepyprymnus*): 1 Art. Häufigste und größte Rattenkängurus. **Rotes Rattenkänguru** (*A. rufescens*): Schädel breit und kurz, Rückenfell grau, oft mit rötlichem Schimmer, Bauch heller, spitze Ohren. Ost- und Südaustralien.

Nacktbrustkängurus (*Caloprymnus*): 1 Art. **Nacktbrustkänguru** (*C. campestris*), auch Wüstenrattenkänguru: mit hoher Wahrscheinlichkeit ausgerottet. Südaustralien.

Gefährdungsstatus. Bestand in der Wildnis artabhängig sehr unterschiedlich, teilweise lokal häufig, andere nur durch Inselvorkommen gesichert bzw. durch Lebensraumzerstörung (Brandrodung) sowie eingeführte Raubtiere (Rotfuchs, Hauskatze) gefährdet. Breitkopf-Kaninchenkänguru (*Potorous platyops*) um 1875 ausgerottet. Gilbert-Kaninchenkänguru zählt zu den bedrohtesten Beuteltierarten. Nur etwa 50 Individuen leben in kleinem Gebiet im südwestlichen Westaustralien. Festland-Bürstenkänguru auf Australien ausgerottet, tasmanische Reste gefährdet wie Nördliches Bürstenkänguru und Lesueur-Bürstenkänguru, Bürstenrattenkänguru gilt als vom Aussterben bedroht. EEP für Bürstenrattenkänguru im Zoo Jihlava.

Lebensweise. Überwiegend Dämmerungs- und Nachttiere. Lebensräume sehr verschieden: feuchte bis trockene und teilweise offene, küstennahe Hartlaubwälder (Rotes Rattenkänguru, Kaninchenkängurus, Bürstenkängurus) und Trockensavanne Zentralaustraliens (einst Nacktbrustkänguru). Schlaf- und Ruheplätze in gut getarnten, sassenartigen Gras- oder Blätternestern. Loses Nestbaumaterial wird mit bäuchlings eingerolltem Schwanz transportiert. Fortbewegung bei fast allen Arten zwei- oder vierfüßig hüpfend. Meist Einzelgänger, aber Streifgebiet eines Männchens umfasst oft das mehrerer Weibchen. Lesueur-Bürstenkänguru dagegen gesellig in Haremsgruppen in selbst gegrabenen Erdbauen mit zahlreichen Eingängen und Verbindungstunneln. Unterirdische Nahrung (Pilze, Wurzeln) wird mit Vorderpfoten ausgegraben.

Abb. 8.7 Beim Bürstenrattenkänguru (*Bettongia penicillata*) führt eine kurze Trag- und Beuteltragzeit bis zu 3 Aufzuchten pro Jahr.

Nahrung. Früchte, Nüsse, Wurzeln, Knollen, ober- und unterirdisch wachsende Fruchtkörper von Pilzen, bodenlebende Insekten, Würmer und andere Wirbellose.

Haltung von Rattenkängurus

Außerhalb Australiens in Tiergärten relativ selten gezeigt. Auf der Nordhalbkugel vor allem Bürstenrattenkänguru und Rotes Rattenkänguru mehrfach erfolgreich gezüchtet sowie langfristig gehalten und in den letzten Jahren vereinzelt auch in europäischen Zoos zu sehen. Details aus Tiergärten liegen nur spärlich vor, ähnlich wie Beutelratten und andere überwiegend nachtaktive Beuteltiere. Haltungstechniken aus Forschungsinstituten lassen sich nur ausnahmsweise berücksichtigen.

Unterkunft. Meist in frontseitig verglasten Vitrinen von Nachttierhäusern (darin unbedingt grelles Licht vermeiden). Raumtemperatur 18–21 °C. Hölzerne Schlafkästen, Nistmaterial und hinreichend hohe Einstreu (Sand) notwendig, Klettereinrichtungen nicht erforderlich. Auch tagsüber aktive Arten können im Sommer auf begrasten Ausläufen mit Buschbestand gehalten werden. In Freianlagen an regen-, wind- und sonnengeschützten Plätzen hölzerne Schlafkisten anbieten, in deren Nähe an trockenen Stellen ständig Heu als Nestmaterial bereitgehalten werden soll. Winterquartier in geräumigem Innengehege eines Warmhauses. Außengehegebegrenzungen mit tiefen Fundamenten, eventuell auch tief in den Boden eingelassene Gitter, da Rattenkängurus gerne graben.

Fütterung. Gutes Wiesen- oder Luzerneheu, zerkleinertes Obst und Gemüse, Haferflocken, Pflanzenfresser- oder Kängurupellets, Insekten, weiches Hundefutter, Nüsse und Pilze in geringer Menge, auf ausreichende Vitamin-E-Versorgung achten.

Vergesellschaftung. Obwohl im Wildleben meist einzelgängerisch, sind Langschnauzen-Kaninchenkängurus und Bürstenkängurus bei hinreichender Gehegegröße ausgehend von 1 Paar in Familiengruppen zu halten. Bei Anwesenheit des Vatertieres müssen heranwachsende männliche Junge frühzeitig entfernt werden. Fremde Partner müssen langsam und vorsichtig aneinander gewöhnt werden. Nah verwandte Tiere sind untereinander meist weniger aggressiv als nicht verwandte. Bei Gruppenhaltung Futter an mehreren Futterplätzen anbieten, da sonst schwächere Tiere abgedrängt werden. Kaninchen-Kängurus und Rote Rattenkängurus können mit Gleitbeutlern, Bürstenrattenkängurus und anderen kleinen Känguruarten, Flughunden, Tauben und Kakadus vergesellschaftet werden. Gemeinschaftshaltungen mit Kuskusen sorgten bei Rattenkängurus für enormen Stress und haben nicht funktioniert. Eine Vergesellschaftung von Allfarbloris mit Bürstenkängurus in Darmstadt gelang nicht, da die Kängurus enorme gesundheitliche Probleme durch die hohe Anzahl an Bakterien im Papageienkot bekamen.

Fortpflanzung und Zucht. Je nach Art und Herkunftsgebiet ganzjährig oder saisonal fixiert, Moschusrattenkängurus z. B. von Februar bis Juli. Angaben zur Fortpflanzungsbiologie in Tabelle 8.3. Beim Bürstenrattenkänguru 1 oder selten 2 Junge, andere Arten nur 1 Jungtier. Meist Post-partum-Östrus mit Keimruhe. Wegen kurzer Tragzeit (etwa 21 Tage, Rotes Rattenkänguru 22–24 Tage) und bei vielen Arten kurzer Beuteltragzeit (90–115 Tage) hohe Fortpflanzungsrate möglich (z. B. 3 Aufzuchten pro Jahr beim Bürstenrattenkänguru). Nach dem Verlassen des Beutels bleibt Jungtier entweder noch über längere Zeit im mütterlichen Nest (Rotes Rattenkänguru) oder folgt der Mutter wie beim Bürstenrattenkänguru. In Menschenobhut oft hohe Mortalitätsrate unter den Beuteljungen, Ursache bisher ungeklärt.

Künstliche Aufzucht wie bei Eigentlichen Kängurus. Beuteljunge sollten bei 32–34 °C warm gehalten werden. Milchzusammensetzung von Bürstenrattenkänguru, Festland-Bürstenkänguru und Langschnauzen-Kaninchenkänguru in Tabelle 8.4.

Höchstalter in Menschenobhut. Festland-Bürstenkänguru 13¼, Lesueur-Bürstenkänguru fast 10, Bürstenrattenkänguru über 18¾, Langfuß-Kaninchenkänguru über 15¼, Langschnauzen-Kaninchenkänguru fast 14¾, Rotes Rattenkänguru über 12¾ Jahre.

Familie Eigentliche Kängurus (Macropodidae)

Hasen- bis menschengroß. Zahnformel: 3/1 0–1/0 2/2 4/4. Obere Schneidezähne fast gleich groß, Eckzähne fehlen oder klein, Backenzähne mit Querjochen auf der Kaufläche, erscheinen nacheinander, fallen nach Abnutzung aus und werden durch die nächsten ersetzt. An den Hin-

Abb. 8.8 Charakteristisch beim Zügelstreif-Nagelkänguru (*Onychogalea fraenata*) sind die weißen, zügelförmigen Streifen, die vom Kopf über Nacken und Schultern bis zum Bauch verlaufen.

terbeinen fehlt 1. Zehe, 2. und 3. sind zusammengewachsen, 4. Zehe ist die kräftigste. Mit Ausnahme der Baumkängurus Verlängerung von Unterschenkel und Mittelfußknochen. Magen mehrteilig gegliedert.

Verbreitung. Australien, Tasmanien, Neuseeland, Neuguinea.

2 Unterfamilien, 13 Gattungen, 64 Arten.

Unterfamilie Kurzschnauzenkängurus (Sthenurinae)

1 Gattung, 1 Art.

Bänderhasenkängurus (*Lagostrophus*): systematische Stellung umstritten. **Bänderhasenkänguru** (*L. fasciatus*), auch Gebändertes Hasenkänguru: Fell graubraun mit einigen schwarzen Querstreifen auf dem Rücken, unterscheidet sich in der Zahnstruktur von allen anderen Kängurus. Inseln Bernier und Dorre Islands vor australischer Westküste.

Lebensweise. Nachtaktiv, tagsüber schlafen sie im dichten Unterholz, leben in Gruppen.

Nahrung. Pflanzen, darunter Gräser und Früchte.

Unterfamilie Echtkängurus (Macropodinae)

12 Gattungen, 63 Arten.

Hasenkängurus (*Lagorchestes*): 2 Arten. Fell graubraun bis rötlich, erinnern in Größe und Fortbewegung an Hasen. **Brillen-Hasenkänguru** (*L. conspicillatus*): rötliche Flecken um die Augen. Nordaustralien. – **Zottel-Hasenkänguru** (*L. hirsutus*): dickes, graubraunes Fell. Inseln Bernier und Dorre Islands, Restpopulationen und Wiederansiedlungsprojekte auf australischem Festland.

Nagelkängurus (*Onychogalea*), auch Nagelschwanzkängurus: 3 Arten. Fell rotgrau mit weißen und schwarzen Schulter-, oft weißlichen Hüftstreifen, Bauch heller, Hornspitze am Schwanzende. **Zügelstreif-Nagelkänguru** (*O. fraenata*), auch Kurznagelkänguru: 1973 wiederentdeckt. Nord- und Westaustralien (Neusüdwales). – **Nördliches Nagelkänguru** (*O. unguifera*): Nordaustralien.

Buschkängurus (*Dorcopsis*): 4 Arten. Nasenregion abwärts gekrümmt, kurze, breite Füße, Schwanz setzt beim Hoppeln und Stehen mit der Spitze auf. **Schwarzes Buschkänguru** (*D. atrata*), auch Goodenough-Buschkänguru: Goodenough-Insel (Papua-Neuguinea). – **Weißstreifen-Buschkänguru** (*D. hageni*):

Abb. 8.9 Baumkängurus sind wie das Matschie-Baumkänguru (*Dendrolagus matschiei*) an das Leben auf Bäumen angepasst.

Norden Neuguineas. – **Graues Buschkänguru** (*D. luctuosa*): Süden Neuguineas. – **Braunes Buschkänguru** (*D. muelleri*): Westen Neuguineas und vorgelagerte Inseln.

Kleine Buschkängurus (*Dorcopsulus*): 2 Arten. Ähneln Buschkängurus. **Papua-Buschkänguru** (*D. macleayi*), auch Macleay-Buschkänguru: Südostneuguinea. – **Kleines Buschkänguru** (*D. vanheurni*): Zentralneuguinea.

Filander (*Thylogale*): 7 Arten. Hasengroß, kurzer, dicker, fast haarloser Schwanz. **Rotbauchfilander** (*T. billardierii*): Rücken graubraun, Bauch rötlich. Tasmanien. – **Browns Filander** (*T. brownii*): Norden und Osten Neuguineas, Bismarck-Archipel (Papua-Neuguinea). – **Neuguinea-Filander** (*T. brunii*): Fell dunkelbraun, mit schwarzem Wangenstreifen. Neuguinea und vorgelagerte Inseln. – **Calabys Filander** (*T. calabyi*): Südosten Neuguineas. – **Bergfilander** (*T. lanatus*): wird auch als Unterart des Browns Filander angesehen. Neuguinea. – **Rotbeinfilander** (*T. stigmatica*): Fell schwarzbraun gemustert, sehr heller Bauch, heller Hüftstreifen. Süden Neuguineas, Ostaustralien. – **Rothalsfilander** (*T. thetis*): Fell grau, rötlich auf Schultern und Nacken. Ostaustralien.

Kurzschwanzkängurus (*Setonix*): 1 Art. **Kurzschwanzkänguru** (*S. brachyurus*), auch Quokka: kaninchengroß, rattenähnlich, Fell graubraun, relativ kurzer, unbehaarter Schwanz, kleine, runde Ohren. Südwestaustralien und der Stadt Perth vorgelagerte Insel Rottnest.

Felskängurus (*Petrogale*): 17 Arten. Kurze, breite Hinterfüße, von körnig strukturierter Sohle bedeckt, häufig mit Streifen oder Mustern auf dem Fell. **Warabi** (*P. burbidgei*), auch Kimberley-Felskänguru: zweitkleinste Känguruart, erst 1978 entdeckt. Kimberleyplateau (Westaustralien). – **Gelbfuß-Felskänguru** (*P. xanthopus*), auch Ringschwanz-Felskänguru: grau, weiß und braun gemustertes Fell, Ringzeichnung am Schwanz. Südosten Australiens. – **Bürstenschwanz-Felskänguru** (*P. penicillata*), auch Bürstenfelskänguru: in mehreren, über Australien verteilten Gebieten sowie auf Inseln der Hawaii-Gruppe, eingebürgert auf der Nordinsel von Neuseeland. – **Zwergfelskänguru** (*P. concinna*), auch Zwergsteinkänguru, Nabarlek: kleinste Art. Mitunter als Gattung *Peradorcas* geführt. Nordaustralien. – **Palm-Island-Felskänguru** (*P. assimilis*): Nord-Queensland. – **Wilkins-Felskänguru** (*P. wilkinsi*): markanter weißlicher und schwarzer Streifen hinter der Schulter. Nordaustralien und vorgelagerte Inseln. – **Kurzohr-Felskänguru** (*P. brachyotis*): auffallend kurze Ohren. Nordwestaustralien. – **Kap-York-Felskänguru** (*P. coenensis*): Kap-York-Halbinsel (Australien). – **Godman-Felskänguru** (*P. godmani*): Kap-York-Halbinsel (Australien). – **Herbert-Felskänguru** (*P. herberti*): Südosten von Queensland. – **Queensland-Felskänguru** (*P. inornata*): einheitlich graues Fell. Ost-Queensland. – **Schwarzpfoten-Felskänguru** (*P. lateralis*): Australien. – **Mareeba-Felskänguru** (*P. mareeba*): in der Nähe der Stadt Mareeba (Nord-Queensland). – **Proserpine-Felskänguru** (*P. persephone*): Proserpine-Gebiet (Queensland). – **Purpurnacken-Felskänguru** (*P. purpureicollis*): auffällige Halsfärbung. Dajarra-District (Queensland). – **Rothschild-Felskänguru** (*P. rothschildi*): Westaustralien. – **Sharman-Felskänguru** (*P. sharmani*): Nord-Queensland.

Baumkängurus (*Dendrolagus*): 14 Arten, davon 4 erst in den 1990er Jahren entdeckt. Hinterbeine wenig verlängert, Vorderbeine kräftig, mit starken, teilweise sehr gebogenen Krallen, Rückenfell schwarz bis graubraun bzw. rötlich braun, mitunter gemustert, Bauch oft weißlich, kurze Schnauze, runde Ohren, behaarter Schwanz gleichmäßig dick. Nordostaustralien

(Südosten der Halbinsel Kap York), Neuguinea und umgebende Inseln. **Bennett-Baumkänguru** (*D. bennettianus*): Nordost-Queensland. – **Doria-Baumkänguru** (*D. dorianus*): Hinterbeine kürzer als der plumpe Körper, kann nicht springen, am Boden nur vierfüßig hoppeln. Neuguinea, Nord-Queensland. – **Wondiwoi-Baumkänguru** (*D. mayri*): wird gelegentlich noch als Unterart des Doria-Baumkängurus angesehen, galt 90 Jahre als verschollen, wurde 2018 wiederentdeckt. Gebirgige Regionen in Nordwest-Neuguinea. – **Goodfellow-Baumkänguru** (*D. goodfellowi*): schlanker, Hinterbeine mehr als körperlang, Fortbewegung meist hoppelnd, dazwischen auch kurze Sprünge. Zentral- und Ostneuguinea. – **Graues Baumkänguru** (*D. inustus*): schlanker, längste Hinterbeine von allen *Dendrolagus*-Arten, kann schwerfällig, aber ähnlich wie übrige Kängurus auf den Hinterbeinen hüpfen. Norden und Westen Neuguineas und vorgelagerte Inseln. – **Lumholtz-Baumkänguru** (*D. lumholtzi*): Nordost-Queensland. – **Matschie-Baumkänguru** (*D. matschiei*), auch Huon-Baumkänguru, Rotes Baumkänguru: mit hellen individuellen Farbflecken. Papua-Neuguinea. – **Schwarzweißes Baumkänguru** (*D. mbaiso*), auch Dingiso: 1995 entdeckt. Sudirman-Bergland (Lorentz-Nationalpark) in West-Papua. – **Goldmantel-Baumkänguru** (*D. pulcherrimus*): 1993 entdeckt. Kleinstes aller Baumkängurus. Torricelli-Gebirge (Papua-Neuguinea), Foja-Gebirge (West-Papua). – **Schwarzes Baumkänguru** (*D. scottae*), auch Tenkile, Scotts Baumkänguru: Torricelli-Gebirge (Papua-Neuguinea). – **Tiefland-Baumkänguru** (*D. spadix*): Süden Neuguineas vom Lorentz-Nationalpark bis zum Fly. – **Seri-Baumkänguru** (*D. stellarum*): Neuguinea. – **Bären-Baumkänguru** (*D. ursinus*): Vogelkopf-Halbinsel (Westspitze Neuguineas). – **Ifola-Baumkänguru** (*D. notatus*): Gebirge in Zentral-Neuguinea.

Sumpfwallabys (*Wallabia*): 1 Art. **Sumpfwallaby** (*W. bicolor*): Rücken und Kopf rotbraun, Bauch orangefarben, Flanken mitunter schwarz, weißer Gesichtsstreifen bis zum Ohr. Einzige Känguruart, deren Weibchen vor der Geburt eines Jungtieres brünstig werden und sich decken lassen. Ostaustralien.

Wallabys (*Notamacropus*): 7 Arten. Deutlich kleiner und leichter als die beiden nachfolgenden Gattungen. **Parmawallaby** (*N. parma*): erst 1965 wiederentdeckt. Rücken rötlich bis graubraun, Bauch hellgrau, weiße Kehle, weißer Wangenstreifen und dunkler Rückenstreifen. Osten von Neusüdwales, eingebürgert auf der Insel Kawau (Neuseeland). – **Derbywallaby** (*N. eugenii*): graubraun, Bauch meist gelblich grau, Beine rötlich. Südwesten Westaustraliens, auf einigen Inseln vor Südaustralien (z.B. Känguru-Insel), eingebürgert auf der Kawau-Insel. – **Hübschgesichtswallaby** (*N. parryi*): graubraun, Bauch weißlich, weiße Wangenstreifen von der Schnauze bis unter die Augen. Kap-York-Halbinsel (Queensland) bis zum Nordosten von Neusüdwales. – **Flinkwallaby** (*N. agilis*), auch Sandwallaby: gelbbraun, Bauch heller, weiße Streifen an Wangen und Hüfte. 3 Unterarten. Nordosten Westaustraliens bis Queensland, Neuguinea und einige vorgelagerte Inseln. – **Rückenstreifenwallaby** (*N. dorsalis*): graubraun, vom Nacken bis zur Schwanzwurzel schwarzer Aalstrich, weiße Wangenstreifen. Osten Queenslands und Neusüdwales. – **Westliches Irmawallaby** (*N. irma*): hellgrau, weißer Gesichtsstreifen, Ohren schwarz mit weißen Streifen, Pfoten schwarz. Südwesten Westaustraliens. – **Rotnackenwallaby** (*N. rufogriseus*): graubraun mit rötlichem Nackenfell. 4 Unterarten. Osten und Südosten Australiens, Queensland, Neusüdwales, Tasmanien.

Bergkängurus (*Osphranter*): 4 Arten. **Bergkänguru** (*O. robustus*), auch Euro, Wallaroo: dunkelgrau bis schwärzlich, Bauch heller, Füße und Schwanz oft dunkelbraun. 3 Unterarten. Australien. – **Schwarzes Bergkänguru** (*O. bernardus*): Männchen dunkelbraun bis schwarz, Weibchen gräulich. Arnhemland im australischen Norden. – **Antilopenkänguru** (*O. antilopinus*): rötlich braun bis grau. Nördliches Westaustralien, Northern Territory, Norden Queenslands. – **Rotes Riesenkänguru** (*O. rufus*): Fell beim Männchen in der Regel rötlich braun, Fell beim Weibchen grau. Australien.

Riesenkängurus (*Macropus*): 2 Arten. **Westliches Graues Riesenkänguru** (*M. fuliginosus*): grau- bis schokoladenbraun, weißer Kehlfleck, Bauch weißlich. 3 Unterarten. Süden Westaustraliens über Südaustralien bis Neusüdwales und Queensland, Känguru-Insel. – **Östliches Graues Riesenkänguru** (*M. giganteus*): Fell grau bis silbergrau. 1 Unterart. Osten und Südosten Australiens, Tasmanien.

Gefährdungsstatus. Bestand in der Wildnis artverschieden, teils durch Lebensraumzerstörung und eingeführte Füchse stark gefährdet (Matschie-Baumkänguru) oder gefährdet (z.B. Neuguinea-Filander, Kurzschwanzkänguru, Zügelstreif-Nagelkänguru, Graues Buschkänguru, Bürstenschwanz-Felskänguru, Doria-Baumkänguru, Bären-Baumkänguru, Graues Baumkänguru), teils zahlreich und ungefährdet, teils selten, aber gesichert. Insbesondere die Bestände größerer Arten haben trotz Verfolgung zugenommen, weil in Verbindung mit der Viehwirtschaft durch Rodung und Brandrodung neue Nahrungsflächen entstanden. Andere Arten, etwa Schwarzes Buschkänguru, Schwarzweißes Baumkänguru, Goldmantel-Baumkänguru, Schwarzes Baumkänguru und Wondiwoi-Baumkänguru vom Aussterben bedroht. EEP für Goodfellow-Baumkänguru im Zoo Krefeld, Internationales Zuchtbuch in Melbourne, EEP für Sumpfwallaby in Leeuwarden, für Rotes Riesenkänguru in Nyiregyhaza, für Östliches Graues Riesenkänguru in Budapest, für Gelbfuß-Felskänguru im Zoo Mulhouse, für Parmawallaby im Longleat Safari Park.

Lebensweise. Vorwiegend Tag- und Dämmerungstiere, besonders in den Morgen- und Abendstunden, Filander und Buschkängurus auch nachts aktiv. Lebensraum fast alle Landschaften ihres Verbreitungsgebietes: offene, baum- und buscharme Grassteppe (Rotes Riesenkänguru), Trockensavanne (Nagelschwanzkängurus), auch Wüsten (Hasenkängurus), sonst lichte Busch- und Baumsteppe (manche Wallabys), lichte Wälder, Buschdickichte (Wallabys), unterholzreiche Wälder (Östliches Graues Riesenkänguru) und Parklandschaften (Nagelkängurus, Buschkängurus), tropische Gebirgswälder, Urwalddickicht oder Ränder von Regenwäldern (Filander, Busch- und Baumkängurus), Sümpfe, Farn-, Gras-, Gebüschdschungel (Filander, Nagelkängurus, Wallabys) oder licht bestandene Felskuppen und Hügel (Busch-, Bergkängurus), auch steinig-felsige Steilhänge und Geröllhalden von heißen Trockengebieten (Felskängurus) und Bergland bis in 3000 m Höhe. Schlaf- und Ruheplätze in Felshöhlen, Felsspalten, unter Felsüberhängen (Felskängurus), in grasüberdeckten, sassenartigen Lagern (Hasen- und Nagelkängurus), in Dickungen (Filander und Wallabys) oder im hohen Gras im Schatten von Bäumen und Büschen. Tiere, die dicht bewachsenes Gebiet besiedeln, benutzen dort feste Wechsel, z. T. mit tunnelartigen Verbindungen im Unterholz (Filander, Hasenkängurus). Überwiegend Bodenbewohner, Fortbewegung entweder langsam vierbeinig gehend, stützen sich dabei meist auf den Schwanz, oder zweibeinig, je nach Anlass gemächlich oder schnell hüpfend. Bei Gefahr auf der Flucht weite Sätze (bei Riesenkängurus wurden Sprünge von 9–13,5 m Weite und bis 3 m Höhe festgestellt, Geschwindigkeiten bis 88 km/h gemessen). Manche Arten drücken sich bei Gefahr, verharren so in flachen Bodenmulden, rennen dann plötzlich hasenschnell davon (Hasenkängurus) und verbergen sich im Dickicht (Filander). Riesenkängurus können schwimmen, flüchten auch ins Wasser. Felskängurus hüpfen und klettern geschickt auf schräge Bäume, über steile Felsen und Geröllhalden, überspringen mit Viermetersätzen Felsspalten. Baumkängurus klettern auf Bäumen langsam und vorsichtig, benutzen dazu auch die Vordergliedmaßen, besonders an senkrechten Stämmen, springen von hohen Ästen eines Baumes auf niedrige eines benachbarten, halten sich je nach Art auch am Boden auf. Ihr Schwanz ist ein Balanceorgan. Bei großer Hitze verbergen sich Berg- und Felskängurus in kühlen Höhlen, die weibliche Felskängurus oft gemeinsam nutzen und in denen anfangs Junge abgelegt werden, die kurz vorher den Beutel verlassen haben. Andere Arten suchen den Schatten von Büschen, Bäumen oder Felsvorsprüngen auf. Riesenkängurus hecheln und speicheln Arme und Oberkörper ein (Verdunstungskühlung). Einige Arten besitzen als Anpassungen an Trockenheit und hohe Temperaturen bestimmte Körpermerkmale, wie z. B. die kurzen, runden Ohren des Kurzschwanzkängurus. Manche Känguruarten sind gesellig und leben in „Mobs", d. h. in Horden von 50–80 Tieren jeden Alters und beider Geschlechter, die in kleineren Untergruppen ein gemeinsames Streifgebiet besiedeln (Graue Riesenkängurus, einige Wallabys). Felskängurus leben ähnlich wie Klippschliefer ortstreu in Kolonien, die aus weniger als 10 oder mehr als 100 Tieren bestehen können und bilden hier oft kleinere Haremsgruppen.

Bei einer Felskänguruart andauernde Paarbindung mit Territorialbesitz. Männliche Hasenkängurus unverträglich, verteidigen Reviere, welche die Streifgebiete der Weibchen überlappen. Letztere untereinander verträglicher, schlafen gelegentlich zu mehreren am gleichen Platz. Kurzschwanzkängurus in Gruppen aus Männchen und Weibchen, bilden vermutlich Gruppenterritorien im Haremsverband. Filander, Nagelkängurus und Sumpfwallabys meist Einzelgänger, die sich teilweise an gemeinsamen Futterplätzen gegenseitig dulden, teilweise aber bei jeder Begegnung feindselig reagieren (Parmawallabys). Einige Arten zeigen regional unterschiedliches Sozialverhalten, sind in manchen Regionen Einzelgänger, können aber in Gebieten mit günstigem Nahrungsangebot in locker zusammenhängenden, großen Trupps aus Angehörigen beider Geschlechter auftreten oder in stabilen Kleingruppen aus verwandten Weibchen gemeinsame Nahrungsstreifgebiete bewohnen, in denen sie von einzelgängerischen Männchen aufgesucht werden (Rotnackenwallabys). Wenig stimmfreudig, meist nur Zisch- und Schnalzlaute. Felskängurus, Filander und einige Wallabys warnen bei Gefahr, indem sie nach Kaninchenart mit den Hinterbeinen auf den Boden schlagen. Alle sind auf Wasser angewiesen, nur Bänderhasenkängurus scheinen ihren gesamten Flüssigkeitsbedarf mit pflanzlicher Nahrung und Tau zu decken. Größere Arten graben in Dürrezeiten Wasserlöcher, trinken jedoch nicht sehr viel. Bei einigen auch auf Inseln vorkommenden Arten wurde während der Trockenzeit auch die Aufnahme von Salzwasser beobachtet (z. B. Derbywallaby).

Nahrung. Blätter, Früchte und Kräuter (besonders Wald- und Buschwaldbewohner), Gräser, darunter nährstoffarme Spinifexarten (besonders Arten, die offene Grassteppenlandschaften bewohnen), die teilweise wegen ihres hohen Kieselsäureanteils von Nahrungskonkurrenten (Hausschafe) verschmäht werden, Wurzeln von Gräsern, darunter auch von Getreide, andere Feldfrüchte des Menschen (Filander), verursachen manchmal erhebliche Ernteschäden (Flinkwallaby).

Haltung von Kängurus

In Tiergärten außerhalb Australiens artverschieden, besonders einige Mittel- und Riesenkängurus häufig, Baumkängurus seltener, besonders die kleineren Arten sehr selten oder nicht gezeigt. Im Allgemeinen nicht winterhart, besonders die tropischen, kleinen Arten sind nicht akklimatisierbar, ihnen schadet kühles, nasskaltes Wetter. Größere Arten, besonders aus winterkalten Trockengebieten, können in gewissem Umfang und mit Einschränkungen an die Witterungsverhältnisse der gemäßigten Zone akklimatisiert werden. Rotbauchfilander leben auf Tasmanien auch in größeren Höhen, müssen im Winter verschneite Nahrung mit den Vordergliedmaßen freilegen. Auch Bennettkänguru und Tasmanisches Riesenkänguru sind im Ursprungsgebiet im Winter Nasskälte ausgesetzt. Bennettkängurus erwiesen sich in Europa über viele Jahre als sehr winterhart. Sie überstanden Temperaturen von weniger als –20 °C im Freien ohne Schutzunterkunft und vermehrten sich in einem Zeitraum von 6 Jahren auf die 7- bis 8-fache Kopfzahl. Australische Rotnackenwallabys (*Macropus rufogriseus banksianus*) wurden ebenfalls im Winter in zugfreien, trockenen Schutzhütten gehalten. In England konnten sich

Abb. 8.10 Zwischen männlichen Kängurus, wie hier beim Roten Riesenkänguru (*Osphranter rufus*), kommt es häufig zu Rivalenkämpfen.

neben Bennettkängurus auch Graue Riesenkängurus vollständig akklimatisieren. Dennoch ist es empfehlenswert, auch diese Tiere bei Außentemperaturen unter –10 °C nicht mehr ins Freie zu lassen.

Unterkunft und Außengehege. Generell in Innenräumen von Warmhaus mit zugeordneten Außenanlagen, vor allem für kleinere und mittelgroße Arten (Busch- und Baumkängurus, manche Filander) aus tropischen und subtropischen Gebieten. Raumtemperaturen nicht unter 18–20 °C. Einige Mittel- und Großkängurus nach Akklimatisation wenig empfindlich, dürfen sogar bei mäßigem Frost (bis etwa –5 °C) nach eigenem Belieben Freigehege aufsuchen, wenn schwach beheizter Stall mit Temperaturen von 5–10 °C vorhanden ist. Für die meisten Wallabys sollten jedoch die Stalltemperaturen 15 °C nicht unterschreiten. Günstig sind Doppelställe, die aus einem unbeheizten Vorraum, dessen Boden mit Sägemehl, Torfmull oder feinem Mulch zum Aufsaugen hereingetragenen Wassers bedeckt ist, und einem dahinter liegenden erwärmten Abteil mit Raumheizung und gutem Winterlager aus Heu (siehe Haltung von Hirschen) oder mit Bodenheizung bestehen. Als Stallboden nach unten gut isolierter Beton, Ziegel- oder Holzpflaster, auch säurefester Asphalt, Hartgummi- oder Kunststoffbeläge. Bei Felsenkängurus sollten auch in den Innenräumen Klettermöglichkeiten in Form von Plattformen, Baumstämmen oder Felsen vorhanden sein. Schlafboxen sollten erhöht angeboten werden. Im Außengehege Sand, Hartplatzbelag, in großen Anlagen bei mäßiger Besetzung auch Naturboden mit Rasen. Geschlossene Grasnarbe wird auch als Faktor zur Vermeidung von Nekrobazillose gesehen, Wechselweide ist bei ruhigeren Arten praktizierbar. Bei Hartplatzbelag oder Rasen werden lockere Sandliegeflächen, von den gern badenden Riesenkängurus auch flache Badebecken angenommen. Gehege sollen sonnig sein, aber auch ganztägig schattige Flächen, kleinen Arten Versteckmöglichkeiten aus Buschwerk, Felsbrocken oder Holz (Schutzhütten, Schlafboxen) bieten. Als Gehegebegrenzung in der Regel je nach Größe der Arten 1,2–2,0 m hohe Drahtgeflechtzäune, gehegeseitig schräg zur äußeren Begrenzungsmauer abfallende Trockengräben, ausnahmsweise auch Wassergräben. Eisbildung im Winter durch Wasserumwälzung, Erwärmung oder rechtzeitiges Ablassen verhindern, da bei dünnem Eis Einbruchgefahr. Baumkängurus sind nicht winterhart und benötigen mehrere geräumige Unterkünfte (Absperrmöglichkeit) im Warmhaus mit möglichst vielen Kletterästen. Bodenbelag dick mit Sand, Mulch oder Heu beschichten, um bei Abstürzen Verletzungen vorzubeugen. Als Tagesquartier in der warmen Jahreszeit glas- oder drahtgitterbegrenzter Außenkäfig oder zugeordnetes Außengehege mit innen glatter Begrenzung, die nicht überklettert werden kann (Glas, glatte Mauern, ausreichend Abstand von Kletterästen zur Gehegebegren-

Abb. 8.11 Großkängurus wie das Westliche Graue Riesenkänguru (*Macropus fuliginosus*) werden in Gruppe gehalten, da es bei einer Paarhaltung zum Terrorisieren des Weibchens kommen kann.

zung). Elektrozäune sind ungeeignet. In Außengehegen für Felskängurus sind Felsaufbauten oder mit Felsbrocken versehene Hügel notwendig, um den Tieren artgemäße Klettermöglichkeiten zu bieten.

Umgang. Kängurus sind schreckhafte Tiere, die angesichts ungewöhnlicher Vorgänge oder Geräusche plötzlich in Panik verfallen können und sich bei Sprüngen ins Gitter oder gegen Wände leicht verletzen. Deshalb im Umgang mit den Tieren hastige Bewegungen und Lärm vermeiden! Vor Beginn ungewohnter Bau-, Handwerker- oder Gärtnerarbeiten in der Nähe der Außenanlage Kängurus in den Stall bzw. bei Arbeiten im Haus ins Außengehege absperren. Bei Routinearbeiten, besonders bei der Reinigung von Stall- und Gehegeböden auf Kotbeschaffenheit achten. Normaler Kot ist braunschwarz bis dunkelbraun, drageeförmig, 0,5–1,2 cm im Durchmesser, aber auch walzenförmig, bis 3 cm lang und bis 1,2 cm dick, faserreich, leicht glänzend. Bräunlicher oder rötlicher Urin ist normal. Im täglichen Umgang außerdem bewusst aufmerksam die Köpfe der Pfleglinge im Auge behalten. Schwellungen im Kieferbereich, erhöhter Speichel- oder Tränenfluss sind fast stets Anzeichen von beginnender Nekrobazillose, einer Muskel-, Knochen- und andere Gewebe zerstörenden Infektion mit anaeroben (auch oder stets nur in Abwesenheit von Sauerstoff gedeihenden) Bakterien im Kieferbereich („Lumpy jaw"). Im weiteren Krankheitsverlauf folgen Abmagerung und Sekundärinfektionen mit meist tödlichem Ausgang. Es ist die verlustreichste Erkrankung bei Kängurus (häufig beim Roten Riesen- und Rotnackenwallaby). Zur Vorbeugung von Nekrobazillose dienen regelmäßige Desinfektionsmaßnahmen an Futterplätzen und Unterständen, Verringerung der Gruppengröße, Stressvermeidung und Impfung mit bestandsspezifischer Vakzine. Muss ein Tier zu Behandlungszwecken oder aus anderen Gründen gefangen werden, zuerst den Schwanz greifen und festhalten, danach können Helfer insbesondere bei großen Arten die Ohren halten, Vorder- und Hinterbeine fixieren, um Verletzungen durch Tritte und Bisse auszuschließen. Obwohl Kängurus meist harmlose Pfleglinge sind und menschenvertraut, Filander und einige Wallabys oft sogar sehr zahm werden, sind erwachsene männliche Großkängurus im Alter oft aggressiv. Ursache dafür wird im aufrechten Gang des Menschen vermutet, den die

Tab. 8.3 Angaben zur Fortpflanzungsbiologie von Kängurus

Art	Fortpflanzung	Östruszyklus (Tage)	Tragzeit (Tage)	Beuteltragzeit (Tage)	Diapause
Langschnauzenkaninchenkänguru	z.T. saisonal	42	38	130	ja
Bürstenrattenkänguru	ganzjährig	22–23	21	90	ja
Rotes Rattenkänguru	ganzjährig	21-26	22–24	105–119	ja
Bürstenschwanz-Felskänguru	ganzjährig	ca. 32	31	189–227	ja
Matschie-Baumkänguru		63	44–45	240–300	vermutlich nein
Sumpfwallaby	ganzjährig	ca. 32	35–36	ca. 250	ja
Parmawallaby	ganzjährig	39–42	34–35	195–225	individuell verschieden
Derbywallaby	saisonal	30–31	29–30	ca. 250	ja
Flinkwallaby	ganzjährig	32–33	29-30	ca. 220	ja
Bennettkänguru	saisonal	31–32	29–30	ca. 280	ja
Rotes Riesenkänguru	ganzjährig	34–35	33–34	ca. 235	ja
Westliches Graues Riesenkänguru	ganzjährig	34–35	30–31	256–294	nein
Östliches Graues Riesenkänguru	ganzjährig	45–46	36–37	ca. 320	ja

Tiere als Herausforderung ansehen, da einander imponierende oder drohende Männchen sich auf den fast senkrecht nach unten gestreckten Schwanz gestützt mit gestreckten Hinterbeinen hoch aufrichten. Angreifende Tiere schlagen aus dieser Stellung gleichzeitig mit den bekrallten Hinterbeinen nach vorn aus und können dabei den Pfleger schwer verletzen. Deswegen ist das Betreten von Stall oder Gehege, in dem sich ein angriffslustiges, männliches Riesenkänguru befindet, lebensgefährlich.

Fütterung. Täglich Frischwassertränke. Als Kraftfutter Haferflocken, Knäckebrot, Kängurupellets, Obst ohne Kerne und nur in geringen Mengen (Banane, Apfel, Birne), nicht blähendes Gemüse, vor allem Möhre, junges Möhrenkraut, grünen Mais, junge Kohlrabi, Rosenkohl, Blumenkohl, Chinakohl, Chicorée, Petersilie, kleine Mengen gekochter Kartoffeln, im Sommer frisches Gras, Luzerne, Klee, Laub und dünne Zweige, im Winter weiches Wiesenheu, Klee- oder Luzerneheu. Zusätzlich Vitamin- und Mineralstoffbeigaben, besonders Vitamin-E- und Selengaben zur Verhinderung der Weißmuskelkrankheit. Zum Einsatz kommen auch Salzlecksteine und Macropod-Kängurufutter, das ad libitum oder zeitweise als Vollfutter verabreicht wird. Das Fütterungsverbot von Stroh, Quetschhafer, Getreide mit Ähren oder stachligem Wiesenheu, das zu Verletzungen in der Maulschleimhaut führen und damit Nekrobazillose fördern könnte, ist zwar mittlerweile umstritten, doch wird dennoch von der Verabreichung dieser nicht erforderlichen Futtermittel abgeraten. Dagegen wird empfohlen, die Tiere sehr eiweißreich zu füttern, weil wie bei allen Beuteltieren auch bei Kängurus der über die Nahrung zu deckende Stickstoffbedarf höher sein soll als bei den übrigen Säugetieren. Kängurus haben als Pflanzenfresser ähnlich wie Wiederkäuer Bakterien im Vormagen, die Zellulose aufschließen. Viele Arten würgen aufgenommenen Futterbrei noch einmal zurück ins Maul und kauen diesen ein weiteres Mal durch.

Vergesellschaftung. Art- bzw. gattungsabhängig verschieden. In der Wildnis in „Mobs“ auftretende, koloniebildende oder in Haremsgruppen lebende Arten lassen sich ohne Probleme mit Artgenossen oder anderen Kängurus vergesellschaften. Das gilt aber auch für Arten, die im Wildleben vielfach Einzelgänger sind, die Artgenossen aber an gemeinsamen Futterplätzen oder in gleichen Streifgebieten dulden oder deren Sozialverhalten regional verschieden ist. Sie sind in Menschenobhut meist in Haremsfamilien verträglich. Gruppengröße abhängig von der Gehegegröße und der Stallkapazität, bei den in der Wildnis eher einzelgängerischen Arten klein halten. Die ungeselligen Hasenkängurus oder Filander und andere extrem einzelgängerische Arten können meist nur einzeln oder paarweise gepflegt werden. Männliche Baumkängurus, Filander und Felskängurus sind untereinander unverträglich, deshalb nur 1 Männchen in der Gruppe belassen. Bei Mittel- und Großkängurus können, eine ausreichende Gehegegröße vorausgesetzt, auch mehrere erwachsene Männchen zusammenleben. Bei vielen Arten ist es aber empfehlenswert, halbwüchsige Männchen, die besonders bei den großen Arten noch lange nach Einsetzen der Geschlechtsreife weiter wachsen, aus der Gruppe zu entfernen, bevor sie von dem oder den älteren Männchen gejagt werden. Häufig bekämpfen sich auch aneinander gewöhnte Männchen während der Brunst eines Weibchens so heftig, dass sie für die Dauer des Östrus getrennt werden müssen. Deshalb ist es meist üblich, nur 1 Männchen mit mehreren Weibchen zusammen zu halten. Männliche Großkängurus können, wenn sie auf Dauer mit nur 1 Weibchen zusammenleben, in ihrem Sozialverhalten derart gestört werden, dass sie ihr Weibchen terrorisieren und bekämpfen. Das Weibchen kann in solchen Fällen nur zur Paarung für einige Tage zu dem Männchen gelassen werden, nachdem vorher beobachtet worden ist, dass sich die Tiere an einem Trenngitter füreinander interessieren. Deutlich unterschiedlich große Arten können in einem Gehege gemeinsam gehalten werden (z.B. Rotes oder Graues Riesenkänguru mit Bennettkänguru, Flink- oder Parmawallaby; Baumkänguru mit Rattenkänguru oder Derbywallaby). Die Männchen vertragen sich meist. Kreuzungen zwischen etwa gleich großen Arten sind möglich, wenn den mit einer anderen Art vergesellschafteten Weibchen ein artgleiches Männchen fehlt. In diesem Fall paaren sich diese Weibchen auch mit artfremden Männchen. Zu Kreuzungen verschiedener Arten kommt es jedoch nicht, wenn bei den Weibchen ein sexuell aktives Männchen gleicher Art lebt. Darüber hinaus werden Kängurus mit Vögeln, z.B. Emus, Trauerschwänen, Spaltfußgänsen, Brillenpelikanen, Helmkasuaren und Hühnergänsen (oft problembehaftet), oder anderen Säugetieren wie Nacktnasenwombats und Wasserbüffeln vergesellschaftet.

Bei der Vergesellschaftung von Baumkängurus mit Vertretern der Nagetiere besteht die Gefahr von Toxoplasmoseinfektionen und mit Vögeln die der Tuberkuloseansteckung. Gemeinschaftshaltungen von Baumkängurus u.a. mit Kurschschnabeligeln, Rattenkängurus, Gleitbeutlern und Flughunden wurden erfolgreich praktiziert.

Fortpflanzung und Zucht. Die in der Wildnis oft vom Nahrungsangebot abhängige, dann vielfach saisonal begrenzte Fortpflanzungsperiode ist in Menschenobhut bei den meisten Arten nicht jahreszeitlich fixiert. Abweichend davon sind Derbywallaby und Bennettkänguru strikt saisonal in Abhängigkeit von der Tageslichtlänge. Tragzeit artverschieden 21–45 Tage (Angaben zur Fortpflanzungsbiologie von Kängurus in Tabelle 8.3), längste Tragzeit bei Baumkängurus.

Die Geburt erfolgt in halbliegender Hockstellung, wobei der Schwanz zwischen den Beinen nach vorn gestreckt ist. Vorher reinigt das Weibchen mit der Zunge den Beutel. Junge embryonenhaft und winzig (Rotes Riesenkänguru wiegt 0,75–1,0 g), nackt, taub und blind, finden in 1–4 Minuten mit Hilfe des Schwere- und Geruchssinns allein den Weg in den Beutel. Fortbewegung der Neugeborenen ausschließlich mittels der kräftig bekrallten Vorderbeine (Schwanz und Hinterbeine nur als Stummel ausgebildet), mit denen sie sich im Fell sehr gut festhalten können. Nachdem das Junge den Beutel erreicht hat, saugt es sich an einer der 4 Zitzen fest, das Zitzenende schwillt knollig an, so dass das Jungtier sich nicht mehr allein lösen kann („Druckknopf-Prinzip"). Strittig ist, ob die Neugeborenen aktiv saugen oder ob die mit Muskeln ausgestatteten Zitzen von Zeit zu Zeit

Tab. 8.4 Angaben zur Milchzusammensetzung von Kängurus

Art/Gattung	LP[1]	Trockensubstanz (%)	Fett (%)	Eiweiß (%)	Kohlenhydrate (%)	Asche/Mineralien (%)	Proben (Anzahl)
Langschnauzenkaninchenkänguru	1	20,40		3,95	5,13		2
	2	24,60	13,77	9,83	4,95		3
	3	38,00	14,40	12,58	1,22		5
Bürstenrattenkänguru	1	16,00					?
	2	27,00	5,50	7,00	5,50		14
	3	36,00	12,00	10,00	1,00		12
Festland-Bürstenkänguru	1		0,30	8,50	4,65		1
	2		2,40	10,50	5,75		1
	3		12,00	11,70	0,45		1
Gelbfuß-Felskänguru	1						
	2						
	3	34,00	20,00	8,00	0,50		1
Derbywallaby	1	16,76		3,53	4,35		161
	2	21,27	2,00	5,36	15,77		46
	3	38,56	23,00	10,26	0,85		67
Rotnackenwallaby	1						
	2	17,42	2,71	4,34	4,78	0,77	32
	3	29,19	14,63	9,63	0,77		14
Bergkänguru	1			4,57			8
	2	21,74	6,50	8,68	1,98	1,58	5
	3	21,00	8,00	8,90	1,05	2,00	3
Rotes Riesenkänguru	1		2,87				6
	2	18,90	4,15	5,63		1,23	56
	3	18,73	8,09	7,12		1,65	18
Graue Riesenkängurus[2]	1						
	2	24,30	7,00	6,60		1,20	4
	3	27,96	14,88	8,05		1,77	8

[1] LP: Laktationsphase
[2] Westliches und Östliches Graues Riesenkänguru

Milch in das Maul des Jungtiers pressen. Ein neugeborenes Rotes Riesenkänguru saugte in Leipzig deutlich sichtbar an einer Pipette.

Eine stattgefundene Geburt kann man in sauberen, nicht zu dicht besetzten Ställen an Blutspuren auf dem Boden erkennen. Kurz nach der Geburt werden die Weibchen erneut brünstig und gedeckt (Post-partum-Östrus). Sumpfwallabys paaren sich als einzige Kängurus vor der Geburt (Prä-partum-Östrus). Bei den meisten Arten entwickelt sich die dabei befruchtete Eizelle zu einem aus 70–100 Zellen bestehenden Keimbläschen (Blastocyste), das danach für bis zu 200 Tage in Keimlingsruhe verharrt. Erst wenn das vorangegangene Junge den Beutel endgültig verlassen hat, wird die Keimlingsruhe mit der Weiterentwicklung der Blastocyste und Fortsetzung der Embryonalentwicklung beendet. Diese unter den übrigen Säugern einmalige, weil von der Laktation gesteuerte Keimlingsruhe wird als embryonale Diapause bezeichnet.

Meist 1 Junges, Zwillinge selten (unter 219 Geburten in London bei Groß- und Mittelkängurus elfmal Zwillinge, einmal Drillinge). Zwillinge können ein- oder zweieiig sein. Sogenannte Beutelzwillinge von 32–38 Tagen Altersunterschied entstehen, wenn die im Zusammenhang mit einer vorausgegangenen Paarung nach der Geburt entstandene neue Blastocyste sich nahtlos ohne Keimlingsruhe weiterentwickelt. Das jüngere Tier dieser „Pseudozwillinge“ kommt oft nicht auf. Dennoch Pseudozwillingsaufzuchten nachgewiesen bei Rotem und Grauem Riesenkänguru und beim Bennettkänguru.

Beutelträchtige Weibchen reinigen den Beutel häufig, indem sie ihn mit den Vorderbeinen aufhalten und mit Schnauze und Zunge Kot und Urin des Jungtieres entfernen. Je nach Artzugehörigkeit bleibt das Junge 90–320 Tage im Beutel (siehe Tabelle 8.3). Mehrere Wochen bis Monate vor Ende der Beuteltragzeit (Zeit des dauernden und später zeitweiligen Beutelaufenthalts) verlassen die Jungen gelegentlich den Beutel, erkunden die Umwelt, suchen den Beutel aber bei Beunruhigung, zum Sichaufwärmen, Saugen und Schlafen wieder auf, wobei mit zunehmendem Alter die Aufenthaltsdauer geringer wird.

Säugezeit nicht identisch mit Beuteltragzeit, sondern 2–8 Monate länger (beim Roten Riesenkänguru etwa 130 Tage, beim Bergkänguru 120–150 Tage). Während dieser Zeit saugt das selbständiger werdende Jungtier, das nun auch feste Kost zu sich nimmt, stets an der Zitze, an der es sich nach der Geburt festgesaugt hatte, und die sich im Verlauf der Jungtierentwicklung stark vergrößert hat. 1 der restlichen 3 kleinen Zitzen bleibt dem sich mit dem Ende der Beuteltragzeit nun im Uterus weiterentwickelnden Geschwister vorbehalten, das wenig später geboren wird. Milchzusammensetzung beider Zitzen verschieden. Für Neugeborenes werden anfangs kleine, dann zunehmend steigende Mengen kohlenhydratreicher Milch produziert. In 2. Hälfte der Säugezeit steigen dann neben der Gesamtmilchmenge auch Protein- und Fettanteil deutlich an. Bei kurz nach (oder vor) der Geburt gedecktem Weibchen befindet sich wenige Tage nach der Paarung erneut eine ruhende Blastocyste im Uterus, die sich sofort weiterentwickelt, falls der Beutelsäugling stirbt, im Normalfall aber die übliche Keimlingsruhe einhält. Zur gleichen Zeit kann also ein Känguruweibchen 2 verschieden alte Junge mit unterschiedlich zusammengesetzter Milch säugen und bereits wieder tragend sein.

Kängurumütter tolerieren gegen und nach Ende der Beuteltragzeit im Beutel und beim Säugen auch fremde Junge, wenn diese etwa gleich alt sind. In Hannover kamen Pseudozwillinge von Bennettkängurus auf, von denen das schwächere Junge vorzeitig den Beutel verließ. 2 andere Junge führende Weibchen, deren Junge ebenfalls gelegentlich den Beutel wechselten, duldeten dieses fremde Junge im eigenen Beutel, so dass zeitweilig alle 3 Mütter fremde Junge im Beutel hatten. Beuteltausch von Jungtieren unter anderem auch beim Derby-, Parma- und Flinkwallaby nachgewiesen. Geschlechtsreife bei den kleinen Arten mit 9–15 Monaten, bei Mittel- und Riesenkängurus mit 18–24 Monaten. Gute Zuchterfolge bei Riesenkängurus, Wallabys und Kleinkängurus, nur vereinzelt bei Filandern, Baumkängurus und den übrigen Arten.

Künstliche Aufzucht von Neugeborenen fast aussichtslos, doch in Philadelphia bei Grauem Riesenkänguru mit Kuhmilch und Vitaminzusätzen gelungen. Aufzucht von halbwüchsigen Beuteljungen dagegen nicht kompliziert, besonders erfolgreich in einem elektrisch beheizten Aufzuchtkasten (Inkubator) mit einer konstanten Temperatur von 31–34 °C und hoher Luftfeuchtigkeit (80–100 %) sowie einem Beutelersatz. In verschiedenen Zoos konnten so Beutelsäuglinge gestorbener Mütter von Großkängurus und Wallabys, darunter 14 zwischen 450 und 700 g schwere Flinkwallabys, aufgezogen werden. Da die Körpertemperaturregelung bei Beuteljungen noch nicht oder nur unvollständig funktionsfähig ist, auf gleich bleibende Körpertemperatur (35,5–37,0 °C) achten (Messung in Kloake). Wärmespender so anbringen, dass Junges nicht damit in Berührung kommen kann. Noch nicht vorhandene oder unvollständig entwickelte Wärmeempfindlichkeit, so dass Jungtier nicht vor Gefahr von Verbrennungen gewarnt wird. Bis zum Erscheinen des Haarkleides Haut gegen Austrocknung durch regelmäßiges Aufbringen einer geruchsneutralen Feuchtigkeitscreme (Vaseline) und auch Augen vor intensiver Sonneneinstrahlung schützen.

Milchzusammensetzung von Gelbfuß-Felskänguru, Derby- und Rotnackenwallaby, Bergkänguru, Rotem und Grauem Riesenkängurus in Tabelle 8.4. Als Nahrung wurde in vielen Fällen pasteurisierte Kuhmilch mit Multivitaminzusatz, KMR-Katzenmilch und weitere spezielle Milchrezepturen erfolgreich eingesetzt.

Veränderungen der Milchzusammensetzung während der 3 verschiedenen Laktationsphasen sollten in Betracht gezogen werden, z.B. in der 2. Hälfte der Beutelzeit Fettanteil erhöhen. Die Ersatzmilch soll laktose- und möglichst auch galaktosefrei sein, da Junge oft mit heftigem Durchfall auf Kuhmilch reagieren und später bei ihnen verschiedentlich Katarakte (Trübungen der Augenlinsen) auftraten. Harn und gelber, weicher Kot wird ohne fremde Hilfe abgesetzt, kann aber durch Analmassage mit feuchtwarmem Wattebausch oder Leinenläppchen provoziert werden. In Australien und den USA versuchte man die Fortpflanzungsrate seltener Arten zu steigern, indem man deren Neugeborene in den Beutel eines brünstigen Weibchens einer häufigeren Art verpflanzte. Bisher nur Teilerfolge, da sich die Milchzusammensetzung während der Säugezeit artspezifisch ändert. Amme soll ruhig, handhabbar oder möglichst zahm und etwa so groß wie die Elterntiere sein. Beuteljungtiere, die ausgetauscht werden, müssen möglichst jung und gleich alt sein. Die Gefahr von Fehlprägungen ist zu beachten.

Höchstalter in Menschenobhut. Bürstenschwanz-Felskänguru über 14¼, Kurzohr-Felskänguru über 10, Zwergfelskänguru fast 11¾, Queensland-Felskänguru 7, Schwarzpfoten-Felskänguru 9¼, Gelbfuß-Felskänguru fast 14½, Kurzschwanzkänguru über 13¾, Rotbauchfilander über 8¾, Neuguinea-Filander fast 9½, Rotbeinfilander fast 9¾, Rothalsfilander über 8, Matschie-Baumkänguru fast 27, Goodfellow-Baumkänguru über 23½, Bären-Baumkänguru fast 20¼, Bennett-Baumkänguru fast 12½, Doria-Baumkänguru 17¾, Graues Baumkänguru 23¾, Graues Buschkänguru 7½, Braunes Buschkänguru 12½, Bänderhasenkänguru 6¾, Brillen-Hasenkänguru über 8¾, Zottel-Hasenkänguru 13¼, Sumpfwallaby über 16¾, Parmawallaby über 15¾, Derbywallaby 16, Hübschgesichtswallaby fast 9¾, Flinkwallaby fast 17, Bennettkänguru fast 15¼, Rückenstreifenwallaby fast 12½, Bergkänguru 22, Schwarzes Bergkänguru 11¼, Antilopenkänguru 19¾, Rotes Riesenkänguru 25, Östliches Graues Riesenkänguru über 22¼, Westliches Graues Riesenkänguru 23¼ Jahre.

9
Ordnung Tenrekartige (Afrosoricida)

Auch Tanrekartige. Früher mit den Igelartigen (*Erinaceomorpha*) und Spitzmausartigen (*Soricomorpha*) in einer gemeinsamen Ordnung Insektenfresser (*Insectivora*). Durch molekulargenetische Befunde jetzt eine eigenständige Ordnung. Urtümliche, kleine bis sehr kleine, kurzbeinige Tiere von igel-, spitzmaus-, otter- oder maulwurfsähnlicher Gestalt, mit kleinem, einfach gebautem Gehirn, großem Riechzentrum, gutem Geruchs-, Tast-, Gehör- und Erschütterungssinn. Augen und Ohrgrößen einzelner Vertreter schwanken in Anpassung an die Lebensweise beträchtlich.

Verbreitung. Zentral- und Südafrika, Madagaskar.

2 Unterordnungen, 2 Familien, 20 Gattungen, 56 Arten.

Unterordnung Tenrekverwandte (Tenrekomorpha)

Familie Tenreks (Tenrecidae)

Gestalt igel-, spitzmaus- oder otterähnlich, Größe sehr verschieden (Körperlänge 4,5–40 cm, Gewicht 5 g bis 2,4 kg). Zahnformel: 2/3 1/1 3/3 4/3, I und C variabel. Kein Blinddarm. Schwanz bei den meisten Arten verkümmert, bei anderen länger, Schwanzwirbelzahl schwankt zwischen 7 und 47. After und Genitalöffnung in kloakenähnlicher Hautfalte. Fell mit Grannen und zahlreichen Tastborsten oder Stacheln.

Verbreitung. Madagaskar, Zentralafrika.

4 Unterfamilien, 11 Gattungen, 35 Arten.

Unterfamilie Erdtenreks (Geogalinae)

1 Gattung, 1 Art.

Erdtenreks (*Geogale*): Körperlänge 6-7 cm, Schwanzlänge 3 cm, große, mäuseähnliche Ohren, nur 34 Zähne. **Erdtenrek** (*G. aurita*).

Verbreitung. Süd-, West- und Nordostmadagaskar.

Unterfamilie Reistenreks (Oryzorictinae)

Sehr ursprüngliche Arten mit meist körperlangem Schwanz.

Verbreitung. Madagaskar.

3 Gattungen, 26 Arten.

Reiswühler (*Oryzorictes*): 2 Arten. Grabende, maulwurfsähnliche Tiere.

Kleintenreks (*Microgale*): 21 Arten. Gestalt spitzmausähnlich, Fell weich, kurzhaarig. **Kleiner Langschwanz-Kleintenrek** (*M. parvula*): kleinste Art.

Langschwanztenreks (*Nesogale*): 2 Arten. Ähnlich Kleintenreks. Waldbewohner Ostmadagaskars. **Dobson-Langschwanztenrek** (*N. dobsoni*).

Wassertenreks (*Limnogale*): 1 Art. **Wassertenrek** (*L. mergulus*): Schwimmhäute zwischen den Zehen, kräftiger, im hinteren Teil seitlich zusammengepresster, der Fortbewegung im Wasser dienender Schwanz.

Unterfamilie Borstenigel (Tenrecinae)

Auch Igeltenreks. Stachelkleid am Rücken oder borstiges Rückenfell, aus dem höchstens einige Stacheln herausragen, spitze Schnauze, der Schwanz ist verkümmert oder fehlt ganz.

Verbreitung. Fast ausschließlich auf Madagaskar.

4 Gattungen, 5 Arten.

Große Tenreks (*Tenrec*): 1 Art. **Großer Tenrek** (*T. ecaudatus*): größte Art, Köperlänge 25–40 cm, lange, spitze Schnauze, Fell grobborstig, mit langen dünnen Stacheln. Eingebürgert auf den Komoren, Reunion und den Seychellen.

Streifentenreks (*Hemicentetes*): 2 Arten. Hochbeinig, spitzschnäuzig, dunkles Kopf- und Rückenfell mit hellen Längsstreifen. **Streifentenrek** (*H. semispinosus*): mit breitem Längsstreifen auf der Kopfmitte. Madagaskar. – **Schwarzkopftenrek** (*H. nigriceps*): Kopfstreifen fehlt. Madagaskar.

Große Igeltenreks (*Setifer*): 1 Art. **Großer Igeltenrek** (*S. setosus*): igelähnlich mit kurzem, dünnem, dichtem Stachelkleid. Madagaskar.

Kleine Igeltenreks (*Echinops*): 1 Art. **Kleiner Igeltenrek** (*E. telfairi*): ähnlich, aber Stachelkleid länger, weniger dicht. Madagaskar.

Unterfamilie Otterspitzmäuse (Potamogalinae)

Auch als eigene Familie *Potamogalidae* angesehen, was neuere Studien untermauern. Ans Wasserleben angepasste Tiere. Gestalt fischotterähnlich, Gesamtlänge 26–64 cm. Schnauze flach, Zahnformel: 3/3 1/1 3/3 3/3, Schneidezähne I1und I2 lang, spitz, eckzahnartig. Gliedmaßen kurz, 2. und 3. Zehe verwachsen, Schwanz fast körperlang, schmal und hoch, Männchen mit Hodensack. Fell weich, dicht.

Verbreitung. Westliches und mittleres Äquatorialafrika.

Abb. 9.1 Die unvollkommene Regulation der Körperwärme beim Großen Tenrek (*Tenrec ecaudatus*) erfordert Umgebungstemperaturen über 20 °C.

2 Gattungen, 3 Arten.

Große Otterspitzmäuse (*Potamogale*): 1 Art. **Große Otterspitzmaus** (*P. velox*): Körperlänge 29–35 cm, muskulöser Schwanz fast körperlang, Gestalt sehr fischotterähnlich.

Kleine Otterspitzmäuse (*Micropotamogale*): 2 Arten. Körperlänge 12–20 cm, Schwanzlänge 10–15 cm. **Zwerg-Otterspitzmaus** (*M. lamottei*). – **Ruwenzori-Otterspitzmaus** (*M. ruwenzorii*).

Gefährdungsstatus. Bestand in der Wildnis regional und artverschieden teils noch gesichert, teils gefährdet. Wassertenrek und 6 Arten Kleintenreks in der Wildnis stark bedroht. Bestand der Otterspitzmäuse in der Wildnis nicht genau bekannt, alle 3 Arten werden als gefährdet, die Zwerg-Otterspitzmaus als stark gefährdet angesehen.

Lebensweise. Dämmerungs- und Nachttiere. Lebensraum alle Landschaften ihres Verbreitungsgebietes, im Bergland bis in 1000 m Höhe, teilweise als Kulturfolger in Feldern und Gärten. Bodenbewohner, die nur ausnahmsweise klettern (Igeltenreks), notfalls schwimmen können (Wassertenrek). Schlaf- und Ruheplätze in selbst gegrabenen Höhlen, Erdbauen anderer Tiere, Baumhöhlen und Felsspalten. Körperwärmeregulierung unvollkommen. Bei Temperaturen wenig unter 20 °C laufen Große Tenreks viel und erzeugen so durch Bewegung Wärme. Bei Temperaturen unter 15 °C Kältestarre mit verminderter Atmung. Nicht in feuchtwarmen Tropengebieten lebende Arten verbringen die kühle, nahrungsarme Trockenzeit (Mai bis Oktober) in ihren Höhlen. Hauptsinne Geruch und Gehör. Bodenlebende Beute wird mit den bekrallten Vorderbeinen und der Schnauze ausgegraben.

Lebensraum der Otterspitzmäuse sind teils langsam fließende, trübe Gewässer im tropischen Regenwald des Tieflandes, teils klare, rasch fließende Bäche und Flüsse des bewaldeten Hügel- und Berglandes bis in 1800 m Höhe. Ruhen tagsüber als Einzelgänger oder paarweise in Uferbauen mit Unterwassereingängen, schwimmen und tauchen geschickt.

Nahrung. Insekten, bodenlebende Insektenlarven, Würmer, daneben Nacktschnecken, Frösche, Eidechsen, auch Eier und Junge bodenbrütender Kleinvögel und Kleinsäuger, vereinzelt Wurzeln und Früchte. Streifentenreks bevorzugen Regenwürmer, Otterspitzmäuse ernähren sich von Krebsen, Muscheln, Schnecken, Wasserinsekten und deren Larven, Spinnentieren.

Haltung von Tenreks

In Tiergärten nur Großer Tenrek und Igeltenreks häufiger, Streifentenreks (*Hemicentetes*) gelegentlich gezeigt. Otterspitzmäuse in Tiergärten nicht gezeigt, in einigen Forschungsinstituten zeitweilig gehalten.

Unterkunft. Besucherseitig verglaste Nachttierhausvitrine oder massiver Kleinsäugerkäfig mit Frontscheibe und betoniertem Boden. Mit Ausnahme des Streifentenreks Nachttiere, bei denen sich in Nachttierhäusern Rotlicht als geeignet erwies. Raumtemperatur 21–25 °C, für Kleintenreks 23–27 °C. Kleine Igeltenreks sonnen sich gern unter zusätzlich angebrachten Wärmestrahlern. Bodenbelag Sand, trockenes Laub oder eine Mischung aus Gartenerde, Torfmull und Sand (1 : 1 : 1). Als Einbauten Wurzeln, Steine, hölzerne Schlafkästen, für Igeltenreks auch Kletteräste. Unterkunft für Kleine Igeltenreks allseitig geschlossen, da Ausbruchskünstler. Als Polster- und Nistmaterial Heu, kurzes Stroh oder Papierschnitzel. Gründliche Hygiene, besonders an festen Kotplätzen, die Große Tenreks mit Einstreu bedecken. Alle Arten gesellig, verträglich, einige benutzen sogar gemeinsam selbst gepolsterte Schlafkästen. Käfiginventar wird mit Speichel, bei einigen Arten auch mit Harn und Kot markiert. Viele Tiere wurden handzahm, obwohl erwachsene Neuzugänge oft wenig umgänglich sind, zwar nicht beißen, aber die Hand des Pflegers attackieren, indem sie mit gesenktem Kopf die Stacheln des Kopfes, Nackens und des Vorderrückens (Großer Tenrek, Streifentenrek) oder die des ganzen Körpers in die Haut stoßen, wobei die Stacheln des Kleinen Igeltenreks abbrechen.

Erfahrungswerte für Otterspitzmäuse liegen nur vereinzelt vor. Tiere gelangten noch nicht lebend nach Europa.

Fütterung. Mageres, durchgedrehtes Fleisch (Pferd, Rind, Kalb), untermischt mit Milchpulver, Säuglingsmilchpräparaten, Mineralstoffen, Vitaminen, auch mit industriell hergestelltem Zierfischfutter und/oder Aleckwa Delikat. Als Beigaben rohes Eigelb, gekochtes Ei, Rinderherz, Leber, Geflügelherz und -magen, roher oder gekochter Fisch, Quark, Eintagsküken, nestjunge und erwachsene Mäuse, je nach Möglichkeit Regenwürmer, Schnecken, Mehlwürmer (werden von Streifentenreks nur vereinzelt gefressen, da zu hart), Schaben, Grillen, Wiesenheuschrecken, gekochter Reis, Banane, weiches Obst. Manche Arten nehmen zwischen Mai und Oktober (Kleine Igeltenreks von Juli bis Oktober) weniger Nahrung auf, schlafen in dieser Zeit viel, manchmal auch in anderen Monaten zeitweilig. Dann nur jeden 2. Tag füttern. Eine in Afrika gehaltene Große Otterspitzmaus konnte über einige Wochen mit einer Tagesration von 25–30 Krebsen gehalten werden. Um-

Tab. 9.1 Angaben zur Fortpflanzungsbiologie von Tenreks

Gattung/Art	Zitzen (Anzahl)	Tragzeit (Tage)	Wurfgröße (Anzahl)	Säugezeit (Tage)	Geschlechtsreife (Monate)
Großer Tenrek	24	57–63	1–31[1]	35–42	12
Streifentenrek	8	57–63	2–11	30–35	
Schwarzkopftenrek		46–48	1–5	ca. 34	10[2]
Großer Igeltenrek	10	65–69	1–5	35–38	
Kleiner Igeltenrek	10	62–65	1–10	33	12[3]
Kleintenreks	4	58–64	1–3	28–30	21–22
Erdtenrek		54–69	2–5	35–51	

[1] In Wassenaar brachte ein Weibchen 31 Junge, von denen 1 nicht aufwuchs. Die Jungen wogen bei der Geburt 10 - 18 g. In Stuttgart bestand ein Wurf aus 27 Jungen.
[2] Fortpflanzung nach der 1. Überwinterung
[3] Ein Männchen zeigte schon mit 8½ Monaten Brunstverhalten.

stellung auf Ersatzfutter (Schabefleisch, Ei, Süßwassergarnelen) gelang nicht.

Vergesellschaftung. Kleine Igeltanreks werden in einigen Zoos mit Mausmakis, Fettschwanzmakis und Senegal-Galagos gemeinsam gehalten.

Fortpflanzung und Zucht. Zucht bei mehreren Arten öfter gelungen, darunter beim Kleinen Igeltenrek über viele Generationen. Ruheperiode (von September/Oktober bis Februar) bei 18–20 °C ausschlaggebend für eine erfolgreiche Zucht. Geschlechtsunterscheidung schwierig. Zitzenzahl sehr unterschiedlich, Wassertenrek 3, Großer Igeltenrek 5, Großer Tenrek 12 Zitzenpaare, Große Otterspitzmaus 1 leistenständiges Zitzenpaar, Zwerg-Otterspitzmaus 4 Zitzenpaare. Bei Kleinen Igeltenreks läuft brünstigen Männchen ein milchweißes, zähflüssiges Sekret aus den Augendrüsen über die Kopfseiten, mit dem sie sich und die Weibchen einreiben. Vor der Paarung oft stundenlange kampfähnliche Vorspiele. Kopulationsdauer artverschieden 8–28 Minuten. Männliche Große und Kleine Igeltenreks sind für die Jungen nicht gefährlich, ihre Anwesenheit kann aber den Aufzuchterfolg beeinträchtigen. Bei Großen Tenreks und Kleintenreks ist es sicherer, die tragenden Weibchen zu isolieren, während männliche Streifentenreks beim Weibchen bleiben können. 2–3 Tage vor dem Wurf, manchmal auch früher, tragen Weibchen Nistmaterial in die Wurfbox ein. Sollen das Männchen oder andere Artgenossen während der Geburt und Aufzucht in der Unterkunft bleiben, spätestens zu diesem Zeitpunkt zusätzliche Schlafkästen anbieten, da die Weibchen jetzt unverträglich werden und die Männchen aus der gemeinsam genutzten Schlafkiste vertreiben. Angaben zur Fortpflanzungsbiologie in Tabelle 9.1. Große Otterspitzmaus vermutlich zweimal im Jahr 1–2 Junge, Kleine Otterspitzmäuse 2–4 Junge. Kurz vor dem Werfen schwellen bei Tenreks Zitzen deutlich sichtbar an. Dauer der Geburt beim Kleinen Igeltenrek mehrere Stunden, sonst nicht beobachtet. Geburtsgewicht beim Großen Tenrek und Großen Igeltenrek um 25 g, beim Streifentenrek und Kleinen Igeltenrek um 6, beim Schwarzkopftenrek 6–12 g und bei Kleintenreks 3,5–4 g, während es bei Erdtenreks weniger als 1 g ist. Neugeborene nackt oder wenig behaart und blind, können aber schon recht gut laufen und besitzen beim Großen Tenrek bereits kleine Zähne. Augenöffnung beim Großen Tenrek am 4.–5., beim Kleinen Igeltenrek am 10., bei Kleintenreks am 18.–22. Lebenstag. Post-partum-Östrus beim Erdtenrek nachgewiesen. Erste feste Kost nehmen Große Tenreks schon mit 7, Kleine Igeltenreks mit 16 - 17 und Streifentenreks mit 21 Tagen auf. Kleintenreks und Kleine Igeltenreks gleichen den Eltern in Größe und Färbung mit 8, Große Tenreks mit 10 Wochen. Ende der Fortpflanzungsfähigkeit bei Kleintenreks mit 3¾, bei Kleinen Igeltenreks mit 6 Jahren.

Höchstalter in Menschenobhut. Großer Tenrek fast 9, Großer Igeltenrek über 14, Schwarzkopftenrek 3½, Kleiner Igeltenrek 19, Langschwanz-Tenreks (*Nesogale talazaci* und *N. dobsoni*) 5½ Jahre.

Unterordnung Goldmulle (Chrysochloridea)

Familie Goldmulle (Chrysochloridae)

Gestalt einheitlich maulwurfsähnlich, aber Körpergröße und Fellfärbung unterschiedlich, Fell kurz, dicht, metallisch schimmernd. Zahnformel: 3/3 1/1 3/3 3/3, nur Kupfergoldmulle (*Amblysomus*) mit 36 Zähnen. Augen rückgebildet und von Fell überzogen, Ohrmuscheln fehlen, Nasenspitze plattenartig verhornt, 4. Finger mit großer Grabklaue.

Verbreitung. Süd- und Äquatorialafrika.

2 Unterfamilien, 9 Gattungen, 21 Arten.

Beispielvertreter

Riesengoldmulle (*Chrysospalax*): 2 Arten. **Riesengoldmull** (*C. trevelyani*): größte Art, Körperlänge bis 23,5 cm. Südliches und südöstliches Südafrika.

Wüstengoldmulle (*Eremitalpa*): 1 Art. **Grants Goldmull** (*E. granti*): kleinste Art, Körperlänge nur 7,5 cm. Südwestliches Südafrika bis Namibia.

Kap-Goldmulle (*Chrysochloris*): 3 Arten. **Kap-Goldmull** (*C. asiatica*): Körperlänge 9–14 cm. Gesamter Westen Südafrikas.

Kupfergoldmulle (*Amblysomus*): 5 Arten. **Hottentotten-Goldmull** (*A. hottentotus*): Körperlänge 8–13 cm. Südafrika.

Gefährdungsstatus. Bestand im Verbreitungsgebiet teilweise gefährdet, besonders der derjenigen Arten mit nur sehr kleinem Verbreitungsgebiet.

Lebensweise. Dämmerungs- und Nachttiere. Lebensraum Küstenwälder, Busch- und Grassteppe, Halbwüsten und Wüsten. Einzelgänger, Bodenwühler, die sowohl dicht unter der Oberfläche wühlen, in Wäldern auch in der Laubschicht, als auch tiefer in Erdreich bzw. Wüstendünensand eindringen und dort größere Kessel anlegen. Ursprünglich Steppenbewohner, heute auch im Kulturland. Verlassen bei regnerischem Wetter auch den Erdboden und suchen nach Beute. Bei zu hohen oder zu niedrigen Temperaturen und Nahrungsmangel Torpor, einige Arten möglicherweise Winterschläfer, Fortpflanzungszeit April bis Juli.

Nahrung. Würmer, bodenbewohnende Insekten und deren Larven, andere Gliederfüßler, besonders Spinnentiere und Skorpione. Wüstenbewohner fangen fußlose, sandwühlende Eidechsen.

Haltung von Goldmullen

In Tiergärten nicht gezeigt. Wenige Erfahrungswerte aus südafrikanischen Laboren.

Fortpflanzung und Zucht. Geschlechtsunterscheidung sehr schwierig. Weibchen mit je 1 brust- und leistenständigen Zitzenpaar. In runden Grasnestern werden meist 2 Junge geboren (Körperlänge 4,5–4,7 cm). Gebissbildung erst nach 2- bis 3-monatiger Säugezeit.

Höchstalter in Menschenobhut. Kap-Goldmull fast 2½ Jahre.

10 Ordnung Rüsselspringer (Macroscelidea)

Die systematische Ein- und Zuordnung der Rüsselspringer hat mehrfach im Laufe der Zeit gravierende Wandlungen erfahren. Jetzt werden sie in die nähere Verwandtschaft mit den Tenrekartigen (*Afrosoricida*), Röhrchenzähnern (*Tubulidentata*), Schliefern (*Hyracoidea*) und Rüsseltieren (*Proboscidea*) gestellt. Ursprüngliche Merkmale: 4 Vorbackenzähne, Jacobson'sches Organ. Sondermerkmale: funktionaler Blinddarm vorhanden, hoch entwickeltes Gehirn, sehr guter Lichtsinn (große Augen). Rüsselspringer und Elefantenspitzmäuse können bei für sie ungünstigen Umweltverhältnissen kurzzeitig in Torpor (Absinken der Körpertemperatur und des Stoffwechsels) fallen.

1 Familie, 6 Gattungen, 21 Arten.

Familie Rüsselspringer (Macroscelididae)

Zahnformel: 1–3/1 1/1 4/4 2/2–3. Gestalt spitzmausähnlich mit röhrenförmiger, beweglicher Rüsselschnauze, großen Ohren, känguruartig verlängerten Hinterbeinen und langem Schwanz.

Verbreitung. Ganz Afrika mit Ausnahme Westafrikas und der Sahara.

6 Gattungen, 21 Arten.

Rüsselspringer (*Macroscelides*): 3 Arten. Fell oberseits sandfarben bis gelbrotbräunlich mit leicht dunklem Anflug, unterseits weißlich, insgesamt weich und dicht, lange Schnurrhaare, Kopf und Ohren im Vergleich zu anderen Arten kürzer, Schwanzwurzelunterseite mit unbehaartem Hautdrüsenfeld, Sekretgeruch moschusartig, langer Penis an der Spitze dreiteilig, 4–6 Zitzen. **Kurzohr-Rüsselspringer** (*M. proboscideus*): Kopf-Rumpf-Länge 9,5–11,5 cm, Schwanzlänge 9,7–13,5 cm, Gewicht ca. 45 g, Haut dunkel pigmentiert. Südwestliches Südafrika, südliches Namibia, südwestliches Botsuana. – **Gelbschwanz-Kurzohr-Rüsselspringer** (*M. flavicaudatus*): Artstatus seit 2014. Felloberseite überwiegend hellgelblich, Haut dunkel pigmentiert. Westnamibia (Namibwüste). – **Etendeka-Kurzohr-Rüsselspringer** (*M. micus*): wissenschaftliche Erstbeschreibung 2014, kleinste Art der Ordnung. Kleinere Augen, Ohren überragen nicht den Kopf, hellgraues Rückenfell mit rötlicher Tönung, wenig pigmentierte Haut. Namibia (Etendeka-Ignaeus-Provinz).

Rüsselratten (*Petrodromus*): 1 Art. Fell seidig, dicht, oberseits sandfarben, gelblich oder orangefarben getönt mit dunklem Anflug, unterseits heller, Kopf lang und spitz, Nase lang und beweglich, Augen und Ohren groß, Schwanz rattenähnlich rund, nackt, spitzendig und wie Hintergliedmaßen lang. **Vierzehen-Rüsselratte** (*P. tetradactylus*): ohne Großzehe, Daumenzehe nur stummelförmig. 9 Unterarten. Zentral- bis Südostafrika.

Elefantenspitzmäuse (*Elephantulus*), auch Rüsselmäuse: 9 Arten, gehören zu den kleinsten Vertretern der Familie. Gestalt rüsselspringerähnlich, aber große, nackte langovale Ohren und große Augen, Fell weich, dicht, gelbgrau bis rötlich braun, Unterseite heller, 3 Paar Zitzen. **Kap-Elefantenspitzmaus** (*E. edwardii*): westliches Südafrika, Kap-Provinz. – **Westliche**

Abb. 10.1 Kurzohr-Rüsselspringer (*Macroscelides proboscideus*) stellen an Pflege und Fütterung hohe Ansprüche.

Klippen-Elefantenspitzmaus (*E. rupestris*): Südafrika, Kap-Provinz, Namibia. – **Buschfeld-Elefantenspitzmaus** (*E. intufi*), auch Trockenland-Elefantenspitzmaus: nördliches Südafrika, Namibia, Botsuana, Südwestangola. – **Karoo-Klippen-Elefantenspitzmaus** (*E. pilicaudus*): Karroo-Halbwüste, Südafrika. – **Östliche Klippen-Elefantenspitzmaus** (*E. myurus*): östliches Südafrika, Mosambik, Simbabwe, Botsuana. – **Dunkle Elefantenspitzmaus** (*E. fuscus*): Mosambik, Sambia, Malawi. – **Kurznasen-Elefantenspitzmaus** (*E. brachyrhynchus*): nördliches Südafrika bis Kenia und Nordnamibia. – **Schwarzfuß-Elefantenspitzmaus** (*E. fuscipes*), auch Dunkelfuß-Elefantenspitzmaus: Südsudan, Norden der Demokratischen Republik Kongo, Uganda.

Gattung *Galegeeska*: 2 Arten. – **Somali-Elefantenspitzmaus** (*G. revoili*): endemisch in Nordsomalia. – **Rote Elefantenspitzmaus** (*G. rufescens*), auch Rotbraune Elefantenspitzmaus: 6 Unterarten. Somalia, Äthiopien und Südsudan bis Uganda und Tansania.

Nordafrikanische Elefantenspitzmäuse (*Petrosaltator*): 1 Art. In vielen Merkmalen den Elefantenspitzmäusen ähnlich. Gelblichbrauen bis braune Rückenfärbung, relativ große Ohren, keine andersfarbigen Augenringe. – **Nordafrikanische Elefantenspitzmaus** (*P. rozeti*): 2 Unterarten. Nordafrika von Marokko bis Libyen.

Rüsselhündchen (*Rhynchocyon*): 5 Arten. Beine lang und dünn, Hinterbeine länger als Vorderbeine, Hinterfüße mit 4 Zehen, langes, weiches, gemustertes Fell, nur 2 zurückgebildete obere Schneidezähne, Eckzähne bei Männchen deutlich vergrößert. **Goldsteiß-Rüsselhündchen** (*R. chrysopygus*), auch Goldrücken-Rüsselhündchen: Küste zwischen Mombasa und Malindi und vom Tana-Fluss bis zur Grenze von Somalia. – **Geflecktes Rüsselhündchen** (*R. cirnei*), auch Braunrotes Rüsselhündchen: mehrere Unterarten. Vom Osten der Demokratischen Republik Kongo und Uganda bis Malawi und Nordmosambik. – **Dunkles Rüsselhündchen** (*R. stuhlmanni*): bis 2017 noch als Unterart des Gefleckten Rüsselhündchens geführt. Auffällige Rückenfärbung. Norden der Demokratischen Republik Kongo, Uganda. – **Rotschulter-Rüsselhündchen** (*R. petersi*), auch Schwarzbraunes Rüsselhündchen: 2 Unterarten. Kenia, Nordosttansania (einschließlich Sansibar, Mafia). – **Graugesichtiges Rüsselhündchen** (*R. udzungwensis*): 2008 beschrieben, größte Art, Gesamtlänge bis 50 cm, Gewicht um 700 g, Stirn bis Rüsselansatz, untere Vorderbeine und Hinterbeine ab Keulenmitte grauschwarz, sonst rotbraun, unterseits heller. Vermutlich nur 2 Populationen in Zentraltansania.

Gefährdungsstatus. Bestand im Verbreitungsgebiet z. T. gefährdet, besonders Somali-Elefantenspitzmaus, Goldsteiß- und Rotschulter-Rüsselhündchen, Geflecktes Rüsselhündchen, Kurzohrrüsselspringer, Kap- und Westliche Klippen-Elefantenspitzmaus.

Lebensweise. Überwiegend Tagtiere, Rüsselspringer dämmerungsaktiv, Lebensraum artverschieden. Wüsten, Halbwüsten, felsiges Gelände, Dornbusch-, Geröll- und Buschsteppen (Rüsselspringer, Elefantenspitzmäuse, Rüsselratten) oder Urwald, dicht bewachsene Flussufer, Mangrovenwälder, feuchtwarme Dickichte an Küsten und Bergregenwäldern (Rüsselhündchen). Feste, von Rüsselhündchen mit Duftstoffen aus der Unterschwanzdrüse markierte Territorien mit regelmäßig benutzten Wechseln. Bei Rüsselspringern

Abb. 10.2 Goldsteiß-Rüsselhündchen (*Rhynchocyon chrysopygus*) gehören zu den größten Rüsselspringern.

ist ein Fußtrommeln zu beobachten, das der Reviermarkierung, aber auch anderweitiger Kommunikation dienen kann. Einzelgänger oder paarweise (Graugesichtiges Rüsselhündchen vermutlich in lebenslanger Einehe), Goldsteiß-Rüsselhündchen auch in Kleingruppen von 2–5 Tieren, obwohl erwachsene Tiere gleichgeschlechtliche fremde Artgenossen aus den beanspruchten Territorien vertreiben. Einige Populationen von Elefantenspitzmäusen auch in kleinen Kolonien. Sonne- und wärmebedürftig, schlafen oder ruhen selten in selbst gegrabenen Bauen, häufiger in Felsnischen und -spalten, in Erdbauen anderer Tiere, Termitenbauen oder Laubhaufennestern (Rüsselhündchen graben und klettern nicht!) am Boden. Fortbewegung vierfüßig laufend oder springend.

Nahrung. Insekten, Spinnen, andere Wirbellose, kaum Kleinvögel, Eier, Kleinsäuger, aber auch Früchte und Sämereien, Nektar. Kleine Arten fressen hauptsächlich Ameisen, gelegentlich Termiten, große Arten (Rüsselhündchen) meist Käfer.

Haltung von Rüsselspringern

In Tiergärten Kurzohr-Rüsselspringer häufig, Rote Elefantenspitzmaus, und Rotschulter-Rüsselhündchen nur gelegentlich gehalten. Stellen hohe Fütterungsansprüche, jedoch für Zoobesucher anders als viele andere Kleinsäuger von bemerkenswerter Attraktivität.

Unterkunft. Wie tropische Spitzmäuse in langgestreckten, großräumigen, sandig-trockenen Wüstenterrarien (Kurzohr-Rüsselspringer, Elefantenspitzmäuse) oder tropisch feuchten, dicht bepflanzten Urwaldterrarien (Rüsselhündchen). Ringsum geschlossene Vitrinen, zumindest mit Sichtscheibe, Gitterbegrenzung vermeiden, da Verletzungsgefahr der Extremitäten. Raumtemperatur 22–25 °C (nicht unter 18 °C), punktuelle 40 °C unter Wärmestrahlern (HQI-Lampen), Luftfeuchtigkeit 65 % (an Herkunftsgebieten orientieren). Elefantenspitzmäuse eventuell auch in Nachttierhäusern, da manchmal in Menschenobhut zu nächtlicher Lebensweise neigend. Kurzohr-Rüsselspringer oftmals auch nachtaktiv oder besonders in den Morgen- und frühen Abendstunden rege. Als Einzelgänger oft unverträglich. Unterkünfte für Paare sollten zur leichteren Trennung der Partner ohne großen technischen Aufwand in 2 Hälften teilbar und durch Raumstrukturierung so stark gegliedert sein, dass sich die Tiere aus den Augen gehen können, sonst Bissverletzungen. Möglichkeiten für Sandbäder schaffen, wichtig für Fellpflege und -beschaffenheit. Sehr stressempfindlich gegen Störungen aller Art, besonders geräuschempfindlich, rasen bei Schreck an Drahtgitter- oder Glasflächen. Vorsicht beim Fang per Hand, mit leichtem Kescher oder durchsichtigen Kunststoffdosen. Nur kurzfristig in die Hand nehmen, sie kollabieren leicht.

Fütterung. Wie Spitzmäuse oder Tenreks, täglich auch lebende Insekten (Heuschrecken,

Stabschrecken, Grillen, Heimchen) oder deren Larven (Wachsraupen, Mehlwürmer nur selten und wenig, da sehr fett), Spinnen, dazu für Kurzohr-Rüsselspringer auch sehr fein (nicht über 3 mm) geschnittenes Obst (wie Apfel, Birne, Banane, Kiwi, Trauben, Melone, keine Zitrusfrüchte) und Gemüse (wie Rote Bete, Tomate, Paprika, Gurke, Möhre), dazu Multivitaminpräparat, Loribrei, Nektarpulver, nachmittags getrocknete Insekten, Bachflohkrebse (Aleckwa Delikat), Schrecken (Larven und Vollkerfe), gekochtes Ei. Im Tierpark Berlin auch Brei aus rohem und gekochtem Fleisch mit gekochten Möhren und Haferflocken, alles im Mixer zerkleinert, dazu Mineralstoffe und Vitamine. Reichlich Wasser. Goldsteiß-Rüsselhündchen wurde auch Katzenfutter aus Dosen, Weichfutter für Insektenfresser, Insekten und deren Larven (s. o.) sowie lebende Jungmäuse angeboten. Mehrfachfütterung täglich.

Vergesellschaftung. Kurzohr-Rüsselspringer werden mit Afrikanischen Landschildkröten, Agamen, Skinken, Geckos, Schildechsen, Jemen-Chamäleons und Gürtelschweifen gemeinsam gehalten, Rote Elefantenspitzmäuse mit Rotarm-Sonnenhörnchen und Buschschliefern, Rotschulter-Rüsselhündchen mit Weißscheitelröteln, Goldscheitelwürgern, Montserrattrupialen und Goldbrusttauben.

Fortpflanzung und Zucht. Bei meisten Arten mangelhafte Zucht- und Aufzuchtergebnisse. Schon die Paarzusammenführung ist nicht problemlos. Obwohl monogam, züchtet nicht jedes Weibchen mit jedem Männchen. Zucht ganzjährig, aber bei Kurzohr-Rüsselspringer Geburten vorwiegend zwischen April und August (Angaben zum Östruszyklus schwanken von 14 Tagen bis 2½ Monaten). 2–3 Zitzenpaare (Kurzohr-Rüsselspringer).

Tragzeit ca. 2 Monate, beim Rüsselhündchen ca. 42 Tage, bei der Roten Elefantenspitzmaus 57–65 Tage, bei der Östlichen Klippen-Elefantenspitzmaus 56 Tage, bei der Vierzehen-Rüsselratte nicht bekannt. Meist wie bei Elefantenspitzmäusen 1 oder 2 Junge. Geburtsgewicht bei Vierzehen-Rüsselratte etwa 30 g, bei Goldsteiß-Rüsselhündchen ca. 80 g. Bei Elefantenspitzmäusen 1 oder 2, bei der Nordafrikanischen Elefantenspitzmaus auch 3–4 Junge je Wurf. Neugeborene behaarte, sehtüchtige, lebhafte Laufjunge, Geburtsgewicht 10–13 g, Gewichtszunahme bis zum 50. Tag etwa 0,77 g pro Tag. Jungtiere frühestens mit 17–21, spätestens mit 30 Tagen von der Mutter absetzen, sonst kommt es zu Beißereien. Geschlechtsreife bei beiden Geschlechtern ab 50. Tag. Weibchen werden entweder schon 24 Stunden nach der Geburt, in manchen Fällen aber erst 7–20 Tage später erneut gedeckt. Wurfintervalle etwa 80 Tage, bei Rotschulter-Rüsselhündchen auch 46 Tage.

Bei Kurzohr-Rüsselspringern nach 56–61 Tagen Tragzeit meist 2 (etwa 70 %) behaarte, sehtüchtige, 6–8 g schwere Laufjunge, seltener 1 Jungtier, Drillingswürfe liegen bei 1 %. Geburt meist außerhalb der Nestbox. Abnabelung durch Zerreißen der Nabelschnur. Nachgeburten gehen später ab und werden dann vom Muttertier gefressen. Junge werden bald nach der Geburt im Wurfnest abgelegt und nur nachts vier- bis fünfmal zum Säugen aufgesucht. Dauer eines Saugakts 30–40 Sekunden. Säugezeit endet mit etwa 3 Wochen. Vermutlich Zitzenprägung. Neben der Muttermilch ab 5. Tag Beifütterung von Insektenbrei aus den mütterlichen Backentaschen. Ab 15. Tag Erkundung der Umgebung und Beginn selbständiger Nahrungssuche. Während des ständigen Nestaufenthalts möglichst wenig durch Säubern und Kontrollen stören. Jungtiere werden oft schon mit 25–30 Tagen abgesetzt, um nächsten Wurf nicht zu gefährden, da früher Post-partum-Östrus. Frühester Eintritt der Geschlechtsreife eines Weibchens mit 4, eines Männchens mit knapp 3 Monaten. Erstmalige Verpaarungen aber meist erst mit 6–7 Monaten. Weibchen mindestens bis zum 5. Lebensjahr fertil, bis zu 11 Würfe mit Aufzuchten möglich.

Bei Goldsteiß-Rüsselhündchen meist nur 1 Junges, bei Rotschulter-Rüsselhündchen 1–2. Neugeborene trotz dünnen Fells und geschlossenen Augen weit entwickelt, aber empfindlich gegen Nässe. Augenöffnung bis 11. oder 12.

11
Ordnung Röhrchenzähner (Tubulidentata)

Stark spezialisierte, altertümliche Nachkommen ausgestorbener Urhuftiere (Protungulata), die sich vermutlich in Afrika entwickelten. Formen, die der einzigen überlebenden Art sehr ähnlich waren, einst auch in Südeuropa, Westasien und auf Madagaskar. Röhrchenzähner werden einer Verwandtschaftsgruppe aus Tenrekartigen (Afrosoricida), Rüsselspringern (Macrocelidea), Schliefern (Hyracoidea), Rüsseltieren (Proboscidea) und Sirenen (Sirenia) zugeordnet. Zähne wurzellos, dauerwachsend, charakteristischer, namensgebender und nur bei dieser Tiergruppe anzutreffender Feinbau aus zahlreichen, rundlich sechseckigen, säulenartigen, untereinander fest verbundenen Prismen aus Dentin (Zahnbein) mit feinem, teilweise mit Zahnmark gefülltem Zentralzylinder. Seitenwände aus zahnzementartiger Substanz, kein Zahnschmelz, Zahnkronenfläche abgeschliffen.

Verbreitung. Afrika.

1 Familie, 1 Gattung, 1 Art.

Familie Erdferkel (Orycteropodidae)

Gestalt plump, gedrungen, einschließlich Schwanz bis knapp 2 m lang. Kopf schmal, sehr gestreckt, Schnauze lang mit schweineähnlich endständiger Rüsselscheibe. Nasenlöcher verschließbar, mit borstenartigen Haaren umgeben. Zahnformel: 0/0 0/0 2/2 2–3/3 (abweichende Angaben: 0/0 0/0 2–4/2–4 3/3). Zunge flach, schmal, bis 30 cm lang, leistungsfähige Unterkieferspeicheldrüsen, an deren klebrigem Sekret die Insektenbeute haften bleibt. Großer, sackförmiger Magen mit außergewöhnlich dicker Ringmuskulatur im Pylorusbereich, die das Zerkleinern der Nahrung übernimmt, großer Blinddarm. Augen klein, Ohren sehr groß, tütenförmig. Hals kurz, Rumpf gedrungen. Rücken rund, Gliedmaßen stämmig, muskulöse Hinterbeine durch verlängerte hintere Mittelfußknochen länger als Vordergliedmaßen. Vorn 4 Zehen mit kräftigen Grabklauen, hinten fünfzehig mit kürzeren Krallen. Sohlen nackt, verhornt. Schlüsselbein fehlt. Schwanz muskulös, rund, spitzendig, Stützorgan beim Sitzen. Haut derb, lederartig, Farbe rötlich grau, mit spärlichen Grannen, Beine und Hüftbereich mit grau- bis schwarzbraunen Haaren bedeckt. Kein Unterhautfettgewebe. Im Bereich der Geschlechtsöffnung Drüsen, die stark nach Moschus riechendes Sekret ausscheiden, das zur Markierung dient. 2 leistenständige Zitzenpaare.

1 Gattung, 1 Art.

Erdferkel (*Orycteropus*): **Erdferkel** (*O. afer*): In einem großen Verbreitungsgebiet bisher 17 oft umstrittene Unterarten. Endemisch in Afrika, südlich der Sahara.

Gefährdungsstatus. Bestand in der Wildbahn vorläufig gesichert. Zu seinen Feinden zählen u.a. afrikanische Großraubtiere. ESB im Burger's Zoo Arnheim.

Lebensweise. Nachttiere, nur nach kühlen Nächten in den Morgenstunden gelegentliches Sonnenbad. Lebensraum alle Landschaften Afrikas bis in 2000 m Höhe von Urwald bis Savanne, nicht auf sumpfigfeuchten oder harten

Abb. 11.1 Die nachtaktiven Erdferkel (*Orycteropus afer*) benötigen gleich bleibend warme Unterkünfte, da sie kein wärmeisolierendes Unterhautfettgewebe besitzen und außerdem besonders bei Inaktivität ihr Körperwärme-Regulationssystem unvollkommen reagiert.

Böden. Wahrscheinlich Einzelgänger, nur zeitweilig zur Brunst paarweise. Weibchen in nahrungsreichen Gebieten ortstreu in Einzelterritorien mit Wechseln zu Futterplätzen und Tränken. Männchen vagabundieren wie auch Weibchen in nahrungsärmeren Gebieten. Tagschläfer in selbst gegrabenen Erdbauen, entweder zeitlich begrenzte Schutzhöhlen mit 2–3 m langem, etwa 40 cm weitem Zugangstunnel zum Endkessel, der auch als Wendepunkt benutzt wird, oder länger genutzter Hauptbau mit bis zu 18 Ein- bzw. Ausgängen und umfangreichem Röhrensystem mit Laufgängen in verschiedener Tiefe sowie geräumiger Wohnhöhle (1 m x 2 m). Nachnutzer sind eine Vielzahl von Arten, z.B. Erdwölfe, Löffelhunde, Schabrackenschakale, Schuppentiere, Ginster- und Schwarzfußkatzen, Stachelschweine und Nagetiere. Schlafende Erdferkel kugeln sich sitzend zusammen (Kopf und Vorderbeine zwischen Hinterbeine) oder liegen entspannt in Seitenlage. Auf der Nahrungssuche oft kilometerweite nächtliche Streifzüge gemächlich schlendernd, kurzfristig schneller Ortswechsel durch fördernden Trab, bei Gefahr schnelle weite Sprünge. Klettern nicht, schwimmen gut. Hoch entwickelter Geruchssinn und ausgezeichnetes Gehör im Dienst der Feindvermeidung und der Nahrungssuche. Sehvermögen auf Dämmerungssehen mit Schwarz-Weiß-Wahrnehmung beschränkt (kein Farbsehen). Körperwärmeregulierung besonders während Ruhephasen unvollkommen, kein wärmeisolierendes Unterhautfett, benötigen deshalb zum Schlafen Erdhöhlentemperaturen von etwa 24 °C. Während oberirdischer Aktivitätsphasen Aufrechterhaltung der normalen Körpertemperatur durch Anstieg der Eigenwärmeproduktion bei nächtlich kühlen Umgebungstemperaturen.

Nahrung. Termiten und Ameisen verschiedener Arten, teils aus aufgebrochenen Bauen, teils auf Nahrungssuche ausschwärmende Tiere. Gelegentlich auch andere Insekten und kleine Wirbeltiere. Nahrungsaufnahme mittels der klebrigen Zunge, in Bauen auch durch Aufsaugen mit der Schnauze. In Südafrika auch unterirdische Früchte einer Wildkürbisart.

Haltung von Erdferkeln

In Tiergärten relativ selten gehalten, da unter natürlichen Lichtverhältnissen tagsüber meist schlafend. Eingewöhnung nicht transportgeschädigter Wildfänge besonders nach erfolgter Futterumstellung und in geeigneter Umgebung wenig problematisch, Verluste gering. Nicht winterhart, nicht akklimatisierbar.

Unterkunft. Gut eingewöhnte Tiere können zwar in klimatisiertem Gehege im Warmhaus bei natürlichem Beleuchtungsregime gehalten werden und hier wie im Sommer in zugeordneter Außenanlage auch im Freien tagsüber zeitweilig rege sein, doch Dauerunterkunft optimal in Nachttierhäusern. Dort attraktiver Pflegling, weil tagsüber in künstlicher Nacht häufiger aktiv. Nachttierhausgehege sind fast stets geräumige, allseitig von Wänden umschlossene, besucherseitig durch eine Glasscheibe einsehbare, artspezifisch klimatisierte Kleinlebensräume, die für die Bewohner bedürfnisgerecht ausgestattet sind. Für Erdferkel Raumtemperatur etwa 24 °C, nicht unter 15 °C. Neugeborene und Jungtiere sollten nicht unter 24 °C Raumtemperatur gehalten werden. Bodenbelag in sich strukturierter Beton mit Kunstharzbeschichtung, darauf als Bodensubstrat zur Befriedigung des Bedürfnisses zum Graben, zur Krallenabnutzung und Hautreinigung 25–40 cm starke Sandschicht, die aber häufig ausgewechselt werden muss (Tiere verscharren den glatten, matt glänzenden olivenförmigen Kot). Mancherorts erhalten die Tiere auch eine täglich erneuerte Strohschütte. Unentbehrlich als Erdbauersatz ist eine ca. 60 cm hohe Schlafkiste (günstiger sind mehrere) mit einer Liegefläche von mindestens 2 m^2 Grundfläche für 2 Tiere. Eingangsöffnung an der Schmalseite mit 10 cm hohem Einstieg. Obere oder seitliche Abdeckung zu Reinigungs- und Kontrollzwecken aufklappbar. Einstreu aus staubfreien Holzspänen. Für Besucher attraktiver sind von außen einsichtbare Schlafhöhlen, zur Zucht idealer klimatisierbare, vor äußeren Einflüssen abgeschirmte, aber für Betreuer zugängliche Kunstbaue. Alle Käfigeinrichtungen, auch Futtertrog, müssen gut verankert sein, werden sonst aus den Halterungen gerissen.

Umgang. Enger Kontakt des Pflegepersonals zu Erdferkeln möglich und empfehlenswert, er-

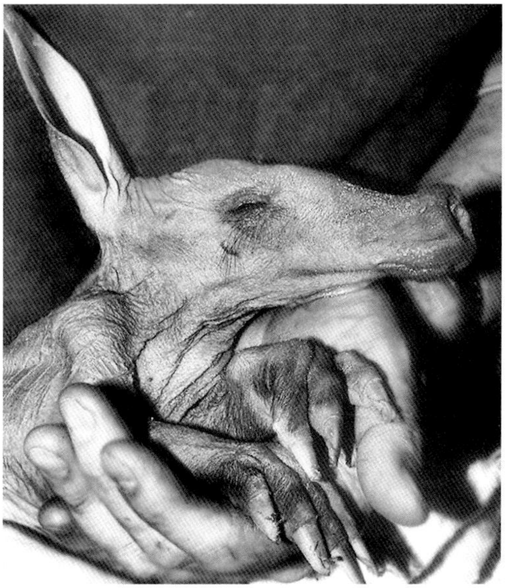

Abb. 11.2 Die langen, kräftigen Grabklauen an den Vorderbeinen sind schon bei sehr jungen Erdferkeln (*Orycteropus afer*) weit entwickelt.

leichtert Handhabungen wie Hautpflege und Wundbehandlung sowie die Zufütterung bei Jungtieraufzuchten. Bei ungenügender Abnutzung regelmäßiges Kürzen der Klauen notwendig. Auch bei zahmen Tieren jedoch Vorsicht beim Fangen zu Behandlungszwecken, werfen sich auf den Rücken und wehren sich klauenschlagend. Transport in sorgfältig mit Blech ausgeschlagenen Kisten (ähnlich wie für halbwüchsige Bären); nur in der wärmeren Jahreszeit zu empfehlen, da kälteempfindlich. Für Transporte die Tiere von vertrautem Personal mit Futter in die Kisten locken, da Fangaktionen für Tiere und Pfleger aufgrund der Körperkraft der Erdferkel nicht ungefährlich sind.

Fütterung. Spezialmischungen mit hohem Anteil an leicht verdaulichem, vorwiegend tierischem Eiweiß. Zusammensetzungen örtlich verschieden. Bewährt hat sich das Insektivoren-Futter von Granovit. Beigemischt wird gute Gartenerde, die anregend und reinigend auf den Magen-Darm-Trakt wirkt. Als Beschäftigungsfutter sind Insektenlarven geeignet. Für die Ga-

Tab. 11.1 Milchzusammensetzung von Erdferkeln

Art	Trockensubstanz [%]	Fett [%]	Gesamteiweiß [%]	davon Kasein [%]	Albumin und Globulin [%]	Kohlenhydrate [%]	Asche [%]	Proben [Anzahl]
Erdferkel	30,99	9,95[1]	13,54[2]	9,50[4]	4,80[4]	0,91[3]	1,45	26

Erwähnenswerte Abweichungen von Einzelproben:
[1] 2,13-12,10 %, [2] 14,61 %/15,90 %, [3] 3,77 %/4,60 %
[4] Einzelprobe mit einem Gesamteiweißgehalt von 14,3 %

be von Medikamenten kann man Avocado in Maßen verwenden (Vorsicht vor Überdosierung mit Vitamin D). Größte Sauberkeit bei den Futtergefäßen, gewissenhaft mit heißem Wasser reinigen, Zusätze von Reinigungsmitteln durch gründliches Spülen restlos entfernen. Gefäße mit sauberem Tuch trocknen.

Vergesellschaftung. Haltung paarweise oder in kleinen Gruppen. Mit Löffelhunden, nachtaktiven Halbaffen, Quastenstachlern, Springhasen, Fledertieren, Baumschliefern und Vögeln (Eulenschwalmen, Weißgesichtseulen) unproblematisch. Dabei sollten diese Arten aber immer separate, für Erdferkel nicht zugängliche Futterplätze haben. Eine Vergesellschaftung mit Erdwölfen hat sich nicht bewährt.

Fortpflanzung und Zucht. Dauerhafte Paarhaltung ohne Schwierigkeiten, auch 2 Weibchen mit 1 Männchen verträglich. Zusammengewöhnung einander fremder Tiere im Allgemeinen unproblematisch, absolute Harmonie untereinander kann sich allerdings in Einzelfällen erst nach Wochen einstellen. Für die Zucht muss ein 2. Gehege zur Abtrennung des Männchens sowie weiterer Artgenossen zur Verfügung stehen. Geschlechtsunterscheidung bei Neugeborenen und Adulten schwierig, Penisspitze am Unterbauch größer als Klitoris.

Würfe ganzjährig möglich, allerdings fast 75 % der Geburten in Europa zwischen Dezember und Mai. Trächtigkeitsanzeichen gering, eventuell Schlaffwerden der Haut rund um die 4 etwas steifer werdenden Zitzen. Trächtigkeitsdiagnose idealerweise per Ultraschalluntersuchung. Tragzeit nicht gesichert, beträgt etwa 8 (+/–1) Monate. 1 graurosa gefärbtes, 1,3–1,9 kg schweres Junges (Zwillingsgeburten selten) mit runzelig-faltiger Haut und hängenden Ohren, die sich ab dem 3. Tag aufrichten. Koordiniertes Laufen beginnend in 3. Woche, dann auch freiwilliges Verlassen der Aufzuchthöhle bei Mutteraufzucht. Zur Aufzucht Abtrennung des tragenden Weibchens (Minderung der Gefahr des unbeabsichtigten Erdrückens, keine Beunruhigung der Mutter, geringere Wahrscheinlichkeit der Nichtannahme des Jungen). In Frankfurt hat sich bewährt, Mutter und Jungtier nach ein paar gemeinsamen Stunden für die Mutter-Kind-Bindung bei Geruchs- und Sichtkontakt zu trennen. Während der Ruhephase der Mutter wird das Jungtier unter Aufsicht des Tierpflegepersonals drei- bis viermal zum Säugen an die Zitzen gelegt. Bei Schmerz und Angst blöken junge Erdferkel wie Schafe. Erforderlich zugfreie Aufzuchthöhle mit Bodenheizung und Innenraumtemperatur von 26–31 °C sowie hoher relativer Luftfeuchtigkeit von 50–70 %. Keine tiefe Sandeinstreu (nicht angenommene Jungtiere werden von der Mutter wie Kot im Sand vergraben), sondern hautfreundliche, regelmäßig angefeuchtete Einstreu (z. B. feines Buchenholzgranulat oder staubfreie Hobelspäne mit geringen Torfanteilen), die den häufig beobachteten Hautabschürfungen (hohes Infektionsrisiko) vor allem an Extremitäten und Schwanz entgegenwirkt. Tägliche Inspektion des Jungen durch menschliche Betreuer oftmals Voraussetzung für Aufzuchtserfolg, vor allem Gewichts- und Hautkontrolle. Hautpflege mit Fettcreme, Wundversorgung mit antibiotischen Salben und notfalls Verbänden. Stagnierende Gewichtszunahme kann durch das Anlegen des Jungen an die Zitzen der Mutter und eventuelle Zufütterung (in Duisburg 30–60 ml eines Gemischs aus Vollmilchpulver, Hundemilchaustauscher, Reisschleim, Rinderserum) behoben werden. Zusatzfütterung nicht überdosieren, damit auch bei der Mutter noch getrunken wird. Nach Beobachtungen in Duisburg werden während eines 15-minütigen Saugakts alle 4 Zitzen besaugt. Erste feste Kost mit 7–9 Wochen (Duisburg, Frankfurt). Gewichtsentwicklung: mit 14 Tagen ca. 2,5 kg, mit 30 Tagen ca. 5 kg, mit 60 Tagen ca. 10 kg, mit 180 Tagen ca. 30 kg, am Ende des 1. Jahres vorläufiges Endgewicht von 50 kg.

Zusammenführung von Mutter und Kind mit abgetrennten Artgenossen nach 8–9 Monaten, nach anderen Angaben nach 4–6 Monaten (nächste Decksaison), wenn die Jungtiere futterfest sind, unproblematisch. Geschlechtsreife bei Männchen mit unter 3 Jahren, vielleicht schon mit 18 Monaten, ein 18-jähriges Männchen war noch sexuell aktiv. Abgabe der Jungtiere frühestens mit einem Alter von 12 Monaten, bei männlichen Jungtieren spätestens mit einem Alter von 18 Monaten (mögliche Geschlechtsreife).

Künstliche Aufzucht mehrfach gelungen (Miami, Frankfurt, Berlin). Milchzusammensetzung in Tabelle 11.1. Grundnahrung war eine Aufzuchtmilch aus Esbilac-Hundemilch gemischt mit Fencheltee im Verhältnis 1:2. Bei hartem Kot Zugabe einer Prise Milchzucker, bei weichem Kot etwas Heilerde in die Aufzuchtmilch mischen. In der 1. Lebenswoche 7 Mahlzeiten à 35 ml, ab 2. Lebenswoche 6 Mahlzeiten. Danach alle 10 Tage Steigerung der Milchmenge um 20 ml pro Mahlzeit. Nach etwa 8 Wochen wird pro Trinkmahlzeit 1 Teelöffel Babynahrung (Gemüse und Huhn) beigegeben. Langsame Umstellung auf feste Kost zwischen 14. und 28. Lebenswoche (Durchbruch der Zähne beginnt bereits mit 12 Wochen). Anfangs tagsüber Mahlzeitenfolge zweistündlich (nachts keine Fütterungen, da Junge in der Wildbahn dann auch nicht gesäugt werden, weil Muttertier auf Nahrungssuche), wenig später 5–6 Mahlzeiten während der Aktivitätsphasen der Jungen (schlafendes Jungtier wurde nicht gestört), nach 1 Monat 4, nach 2 Monaten 3, nach Futterumstellung täglich 2 Mahlzeiten. Umgebungstemperatur anfangs 27–29 °C bei 60–70 % relativer Luftfeuchtigkeit. Umstellung auf Erwachsenenkost zwischen 140. und 180. Lebenstag abgeschlossen. Gewichtszunahme gegenüber natürlichen Aufzuchten deutlich verlangsamt. Herangewachsene künstlich aufgezogene Erdferkel sehr zahm, folgen Betreuern später auf Spaziergängen.

1. Haltungserfolg 1869 in London, Tier wurde 9 Jahre alt. Erstgeburt in Menschenobhut 1962 (Frankfurt), erste Handaufzucht 1967 (Miami), erste natürliche Aufzucht 1968 (Amsterdam). Inzwischen Nachzucht in 2. Generation bereits mehrfach gelungen.

Höchstalter in Menschenobhut. 29¾ Jahre (Point Defiance Zoo, Tacoma), über 25½ Jahre (Zoo Berlin, Wildfang), Gesamtlebenszeit vermutlich bis 30 Jahre.

12
Ordnung Schliefer (Hyracoidea)

Wenig spezialisierte Nachkommen ausgestorbener Stammhuftiere (*Condylarthra*), durch gemeinsame Ahnengruppe vermutlich mit Elefanten und Seekühen, nach molekulargenetischen Analysen außerdem mit Röhrchenzähnern und Tenrekartigen näher verwandt. Verschiedentlich auch in die Nähe der Unpaarhufer gestellt. Gestalt murmeltierähnlich, hauskatzengroß. Kopf stumpf-kegelförmig, Ohren klein, rundlich. Zahnformel: 1/2 0/0 4/4 3/3, obere Schneidezähne groß, eckzahnähnlich, dauerwachsend, bei geschlossenem Maul sichtbar und Unterlippe überragend, untere kleiner, nach vorn gerichtet, Schneide mehrspitzig. Hals kurz, Rumpf plump, gedrungen, auf der Rückenmitte unpaare Drüse (ähnlich wie Pekaris), die oft von einem Kranz abweichend vom Fell gefärbter Haare umgeben ist. Darm lang, mit großem Blindsack, der zellulosespaltende Bakterien enthält, sowie kleinerem Blindsack mit paarigen, fingerförmigen Fortsätzen, dessen physiologische Funktion noch ungeklärt ist. Gliedmaßen kurz, vorn vier-, hinten dreizehig, innere Hinterzehe mit langer hakenförmiger Putzkralle, übrige Zehen mit flachen hufähnlichen Nägeln. Fußsohle nackt, in elastische Ballen gegliedert. Schwanz stummelförmig, äußerlich nicht sichtbar. Fell kurz, dicht, mit langen, am Kopf büschelartigen Tasthaaren durchsetzt. Färbung meist einfarbig ohne starke Zeichnung schwarzbraun bis sandfarben.

Verbreitung. Afrika, Arabien bis Syrien.

1 Familie, 3 Gattungen, 5 Arten.

Familie Schliefer (Procaviidae)

Baumschliefer (*Dendrohyrax*), auch Waldschliefer: 3 Arten. Fell verhältnismäßig lang, besonders Randbehaarung der Rückendrüse, dicht, feinwollig bis seidig, mittel- bis schwarzbraun oder graubraun, Einzeltiere heller, gelblich braun bis weißlich gelb, auch teilweise weiß gefleckt oder unterseits hell gesprenkelt. **Regenwald-Baumschliefer** (*D. dorsalis*), auch Gemeiner Baumschliefer: ursprünglichste Art, vorn mit stummelförmig verkümmertem 5. Finger, Nasenrücken bei erwachsenen Tieren nackt. Fell kürzer und rauer als beim Steppenwald-Baumschliefer. 6 Unterarten. West- und Zentralafrika von Senegal bis Uganda, vom nördlichen Kongobecken über die zentralen Teile der Demokratischen Republik Kongo bis Kamerun und südlich über Bioko und Äquatorialguinea bis Nordangola. – **Steppenwald-Baumschliefer** (*D. arboreus*): Nasenrücken behaart, weiße Flecken- oder Strichzeichnungen im Kopfbereich. Vom Osten der Demokratischen Republik Kongo über den Sudan, Kenia und Tansania, Tumbatu und benachbarten Inseln über das südliche Ostafrika einschließlich Sambia, Malawi und Mosambik bis zu den Provinzen Ostkap und Westkap in Südafrika. – **Bergwald-Baumschliefer** (*D. validus*): Fell kastanienbraun, Bauch und Kehle heller gefärbt. Kenia, Tansania sowie auf Sansibar und Pemba.

Buschschliefer (*Heterohyrax*), auch Steppenschliefer: 1 Art. Schwarzbraun bis bräunlich grau, z.T. fein gelblich getüpfelt, Rückendrüse mit weißen Haaren. Gewicht deutlich geringer als bei Klippschliefern. **Buschschliefer** (*H. brucei*): über große Teile Afrikas in den verschiedensten Landschaften mit 24 anerkannten Unterarten weit verbreitet, 2 davon, Kongo-Buschschliefer (*H. brucei chapini*) aus dem östlichen Zentralkongo und Hoggar-Buschschliefer (*H. brucei antineae*) aus Südalgerien und punktuell der Zentralsahara, werden, obwohl umstritten, teilweise heute noch als selbständige Arten ge-

Abb. 12.1 Buschschliefer (*Heterohyrax brucei*) werden von den Einheimischen als „kleine Brüder der Elefanten" bezeichnet. Mit den Rüsseltieren sind die Schliefer entfernt verwandt.

führt. Nordafrika von Algerien über Südostägypten und Somalia bis Südafrika, dort im Westen nördlich bis Angola.

Klippschliefer (*Procavia*): 1 Art. Artenzahl umstritten, früher bis 5 Arten, heute zusammengefasst. Rötlich braun bis sandfarben, Rückendrüse schwarz behaart. **Klippschliefer** (*P. capensis*), auch Wüstenschliefer: 17 Unterarten. Riesiges Verbreitungsgebiet: Afrika südlich der Sahara, im Osten von Ägypten und im Westen vom Senegal bis zum Kap der Guten Hoffnung, nördliche Verbreitungsgrenze, von inselartigen Vorkommen im Bergland von Algerien und Libyen abgesehen, südlich einer Linie von Senegal bis Ägypten, außerdem bis in den Nahen Osten verbreitet, so in Teilen der Türkei, Syriens, Libanons, Israels und Jordaniens einschließlich Saudi-Arabiens und Jemens.

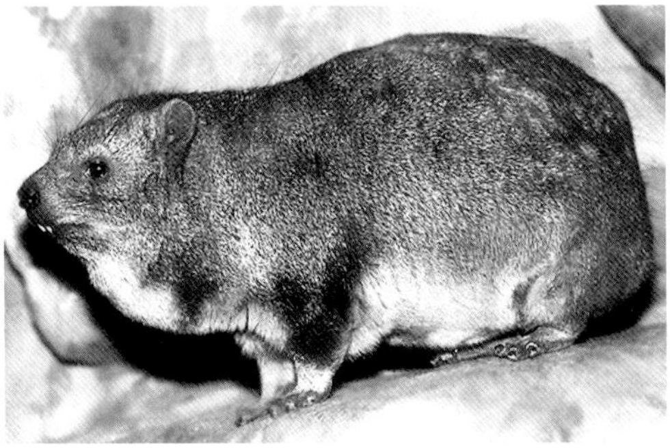

Abb. 12.2 Der Kap-Klippschliefer (*Procavia capensis capensis*) aus Südafrika ist eine Unterart des in weiten Teilen Afrikas und dem vorderen Orient beheimateten Klippschliefers. Dessen Vertreter aus dem nördlichsten und südlichsten Teil des Verbreitungsgebietes sind wenig kälteempfindlich.

Gefährdungsstatus. Bestand der meisten Unterarten im Verbreitungsgebiet nicht gefährdet, schutzbedürftig dagegen die Populationen des Steppenwald-Baumschliefers im Kapland. Bergwald-Baumschliefer gefährdet. Überlebenschancen bei Hoggar- und Kongo-Buschschliefer bedenklich. ESB für Klippschliefer im Zoo Zagreb, für Buschschliefer im Zoo Pilsen.

Lebensweise. Sehr verschieden. Tag- (Klipp- und Buschschliefer) oder Nachttiere (Baumschliefer). Lebensraum tropischer Regenwald, Galeriewald, dichte Waldinseln in Steppen (Regenwald-Baumschliefer), lockere, felsig-steinige Baum- und Buschsteppe, Geröllflächen, Steinwüsten (Busch- und Klippschliefer, letztere im Bergland bis in 4500 m Höhe). Regenwald-Baumschliefer sind Einzelgänger, ausgezeichnet kletternde Baumbewohner, nur selten am Boden (1 Art in Sansibar auch auf Felsen). Reviere werden akustisch (lang anhaltende nächtliche Rufreihen) und wie bei den übrigen Arten durch feste Kotplätze, vermutlich auch mit Harn markiert. Tagschlaf in Baumhöhlen. Übrige Baumschliefer geselliger, Baum- und

Bodenbewohner. Tagschlaf in Baum- oder Felshöhlen und Erdspalten. Buschschliefer bevorzugen steinig-felsige, geröll-, felsenspalten- und höhlenreiche, windgeschützte Lebensräume, bilden dort mit einem territorialen Männchen stabile Haremsfamilien (1 bis mehrere Weibchen und deren Junge). Klippschliefer leben in ähnlichen Landschaften, sind gesellige, koloniebildende (bis zu 50 Individuen) Boden- und Höhlenbewohner, graben nicht, leben in steinig-felsiger, geröll-, felsenspalten- und höhlenreicher, windgeschützter Landschaft, selten auch in Erdbauen anderer Tiere. Ortstreu in Gemeinschaftsterritorien mit festen Wechseln von Höhleneingang zu Höhleneingang, zu Futter-, Tränk-, Versteck- und Markierungsplätzen (Harn- und Kotmarkierung). Alle Arten Sohlengänger, die gesellig vorwiegend in den frühen Vor- und späten Nachmittagsstunden weiden, während Pausenzeiten mit Zähnen und Putzkralle häufig Fellpflege betreiben, an heißen Tagen mittags im Bau ruhen und morgens gern ein Sonnenbad nehmen (offenbar schlechtes Thermoregulationsvermögen). Temperatur in den Felshöhlen verhältnismäßig hoch, auch in kühlen Nächten. Klipp- und Buschschliefer leben z.T. in gemischten Kolonien. Während der Paarungszeit nach Kämpfen Bildung von Haremsfamilien und wenig verträglichen Junggesellengruppen. Nach der Wurfzeit werden Jungtiere gemeinsam von Mutterfamilien betreut, erwachsene Männchen vorher abgebissen. Außerhalb der Höhle Einzeltiere als Wachtposten (leiser Alarm-, schriller Warnpfiff). Ausgezeichnetes Sehvermögen, erkennen Feinde auf weite Distanz. Riechvermögen dient der Auffindung von Nahrung und der Identifizierung von Artgenossen (Maul- und Analkontrolle). Hauptfeinde sind Adler, Pythonschlangen, Leoparden, Löwen, Schakale und Tüpfelhyänen.

Nahrung. Regenwald-Baumschliefer: saftige Blätter, Knospen, junge Triebe. Übrige Arten: Kräuter, Gräser (Klippschliefer bevorzugt von hartstängeligen Grasarten), Stauden, Blüten, zur Trockenzeit Rinde und Blätter. Gebirgsbewohner auch Flechten und Moose, Wüstenbewohner dürre Wüstengräser, Akazienblätter. Z.T. hohe Toleranz gegenüber Pflanzengiften. In manchen Regionen ohne Zugang zu offenem Wasser. Nahrung wird zweimal gekaut.

Haltung von Schliefern

In Tiergärten v.a. Abessinische Klippschliefer und Kap-Klippschliefer, seltener Buschschliefer, nur ausnahmsweise Baumschliefer gehalten.

Unterkunft. Für Abessinische und Kap-Klippschliefer sonnige, von etwa 2 m hohen Glaswänden, Steilwandgräben mit grabenseitigem Überstand (extrem gutes Klettervermögen auch an glatten Flächen) oder Wassergräben begrenzte Freianlagen (Klippschliefer wasserscheu) mit trockenem Sandbodenbelag, Steinaufbauten als Kletter- und Ruheplätze oder drahtüberdachte Außenkäfige aus Stahldrahtgeflechten und wetterseitig gemauerter Rücken- und Seitenwand. Akklimatisation begrenzt möglich, wenn geeignete Schutzunterkunft vorhanden, da in Ursprungsgebieten mit mehr als 50 °C Temperaturdifferenz im Winter sogar regional schwache Fröste und leichter Schneefall auftreten können. Schlaf-, Wurf- und Zufluchtsort in doppelwandigen, kälteisolierten, trockenen, beheizbaren Innenunterkünften (außen 80 cm lang, je 50 cm breit und hoch) mit kleinem Vorraum und zuggeschütztem, temperierbarem Ruheplatz. Gut isoliertes Dach abnehmbar. Schlafraum heugepolstert (Grundfläche 40 cm x 35 cm, lichte Höhe 35 cm), wird im Winter (Außentemperaturen bis –15 °C) von mehreren Tieren benutzt. Ähnliche Schlupfwinkel können auch in oder hinter seitliche oder rückwärtige Begrenzungsmauern integriert werden. An kalten, kühlen oder Regentagen sehr inaktiv, körperkontaktfreudig, wärmen sich eng aneinander liegend, verlassen Box bei niedrigen Temperaturen nur zur Nahrungsaufnahme und Kotabgabe. Kotplatz an zuggeschütztem Ort (vorn offene Kiste mit Sand- oder Torfmullbelag), mit Kotstückchen beködern, damit Annahme erfolgt.

Alle übrigen Arten sehr nässe-, kälte- und zugempfindlich, nicht winterhart. Unterkunft wäh-

Tab. 12.1 Angaben zur Fortpflanzungsbiologie von Schliefern

Unterart/Gattung	Tragzeit (Tage)	Wurfzeit (Monate)	Wurfgröße (Anzahl)	Geburtsgewicht[1] (g)
Baumschliefer	ca. 210–240	I–XII	1–2	300–350
Buschschliefer	ca. 210–240	V–VII[3]	2–4	160–200
Abessinischer Klippschliefer	226–237[2]		2–3 (1–6)	170–240
Kap-Klippschliefer	ca. 225	III–V[4]	2–4	210–250

[1] Zwillinge schwerer als Jungtiere aus Mehrlingsgeburten
[2] Mindestens 205-208, höchstens 245 Tage
[3] Außerdem Dezember bis Januar
[4] In London auch Juni bis November

rend der kühlen Jahreszeit im Warmhaus. Raumtemperatur nicht unter 16 °C, meist in konventionellem Kleinsäugerhaus mit großen, von Draht oder Glas begrenzten, geräumigen und stark strukturierten Innenanlagen, die bei entsprechender Dimensionierung, wie auch Außenanlagen, für Besucher zugängig gemacht werden können. Fußbodenheizung, punktförmige Wärmestrahler und ein erhöhter Ruheplatz wurden von Buschschliefern in Cottbus gern angenommen. Daran angeschlossen Außenkäfig oder im Sommer in einer Freianlage, Baumschliefer auch in Nachttierhaus. Inventar wie für Klippschliefer, für alle Tiere uneingeschränkter Zugang zu Wärmequellen (Rotlicht, Heizmatten), für Baumschliefer zusätzlich schräge Kletteräste.

Umgang. Schliefer werden zahm und stubenrein (sandgefülltes Kotkästchen), Einzeltiere sind Menschen gegenüber kontaktfreudig. Gereizte Tiere knirschen mit den Zähnen, stampfen mit den Füßen auf den Boden und verteidigen sich mit Scheinangriffen oder Bissen. Transport in leichten, gut belüfteten Holzkisten während der warmen Jahreszeit. Vor Zugluft und Nässe schützen.

Fütterung. Nährstoffarm und rohfaserreich. Pflanzenfresser, reichlich ballaststoffreiches Grünfutter, darunter nicht blähendes, festes, rohes Gemüse in Maßen, frisches Gras mit hohem Kräuteranteil, u.a. Löwenzahn, Wegericharten; Klee, Luzerne, für wählerische Baum- und Buschschliefer auch ausreichend Laub (in Cottbus bevorzugt Robinie), das jeder anderen Nahrung vorgezogen wird, und anderes Blätterfutter (frisch, getrocknet oder als Silage). Rohfaserreiche Pflanzenfresser-Pellets, ständig Zugang zu gutem Klee-, Luzerne- und Wiesenheu, daneben geringe Mengen Gerste, Graupen, Quetschhafer als Kraftfutter (Tiere neigen zu Verfettung, Koliken und gegebenenfalls Karies, sollen außerdem empfindlich auf hohen Eisengehalt des Futters reagieren). Als Delikatesse Mehlwürmer, Heuschrecken, Grillen, eventuell gekochtes Ei und Mineralleckstein für Nager. Täglich 2 Mahlzeiten, vor- und nachmittags. Ständig Frischwasser.

Vergesellschaftung. Abessinische Klippschliefer im Winter in Gruppen von mehreren erwachsenen Männchen und Weibchen verträglich, schlafen zu mehreren in einer Hütte, auch wenn weitere Unterkünfte vorhanden sind. Andere Klipp- und Buschschliefer können vermutlich in kleinen Haremsgruppen oder wie Baumschliefer paarweise gehalten werden. Mit anderen Arten, z.B. Dianameerkatzen, Springhasen, Kap-Borstenhörnchen, Huftieren und Vögeln, Vergesellschaftung möglich.

Fortpflanzung und Zucht. Bei Urwaldbewohnern aus äquatornahen Gebieten keine feste Brunst- und Wurfzeit, Geburten ganzjährig möglich, bei anderen Arten jahreszyklisch verlaufendes Fortpflanzungsgeschehen. Angaben zur Fortpflanzungsbiologie in Tabelle 12.1. Während der Paarungszeit verstärkt Aggressions- und Territorialverhalten. Geburten in einer Kolonie werden synchronisiert. Bei Abessinischen Klippschliefern deuten zu Beginn des Frühjahrs intensiver werdende, mannigfaltige Lautäußerungen (besonders Pfiffe) Beginn von Auseinandersetzungen zwischen erwachsenen Männchen an. Spätestens dann bis auf 1 männliches Tier alle halbwüchsigen und erwachsenen Geschlechtsgenossen entfernen, können in Junggesellentrupps vereinigt werden. Hoden der Männchen unter der Bauchdecke, relativ großer, proportional zur Körpergröße mit dem von Pferden oder Tapiren vergleichbarer Penis. Weibchen mit je einem achsel- und leistenständigen Zitzenpaar. Zuchtgruppe aus 1 erwachsenen Männchen und bis zu 10 Weibchen.

Gut beobachten, Aggressionen zwischen den Weibchen untereinander oder des Männchens gegenüber bestimmten einzelnen Weibchen nicht auszuschließen. Zucht auch paarweise möglich. Paarungszeit August/September. Keine deutlichen Brunstzeichen bei Weibchen. Paarungen meist nachts, da im Sommer auch bis in die tiefe Dunkelheit rege. Nach Mitte September Trächtigwerden unwahrscheinlich. Trächtige Weibchen isolieren oder Männchen aus Zuchtgruppe entfernen, da sonst Jungtiere attackiert werden. Bei paarweiser Haltung sind Männchen Jungtieren gegenüber oft verträglich und können beim Weibchen bleiben. Neugeborene voll behaart, seh- und lauftüchtig, bereits in den ersten Lebenstagen äußerst lebhaft. Erste feste Kost wird von Abessinischen Klippschliefern und Regenwald-Baumschliefern ab 3.–4. Tag probiert, selbständiges Fressen bereits mit 2 Wochen. Anfangs Intervalle zwischen Saugakten 1–1½ Stunden, später länger. Jungtiere sehr kontaktbedürftig, liegen gern neben oder sitzen rittlings auf der Mutter. Säugezeit etwa 3 Monate. Im Alter von 1 Jahr Gewicht bei Männchen 3 kg, Weibchen 2,5 kg. Heranwachsende Männchen verlassen mit 1–1½ Jahren die Gruppe, sollten möglichst vorher entfernt werden. Geschlechtsreife mit 17 Monaten. Künstliche Aufzucht mit sahneangereicherter Säuglingsnahrung gelungen.

Höchstalter in Menschenobhut. Regenwald-Baumschliefer über 5, Steppenwald-Baumschliefer über 13, Buschschliefer 11¾, Kap-Klippschliefer fast 14¼, Syrischer Klippschliefer über 12 Jahre.

13 Ordnung Rüsseltiere (Proboscidea)

Einst artenreiche, weltweit verbreitete Säugerordnung, deren Wurzeln bis zu den Stammhuftieren (Condylarthra) im Neogen reichen, unter denen auch die Stammformen der Sirenen und Schliefer vermutet werden. Im Oberkiefer Stoßzähne tragende Rüsseltiere traten im Paläogen mit den Mastodonten (Familie Mastodontidae), deren letzte Vertreter in Nordamerika gegen Ende der Eiszeit verschwanden, und mit den Stegodonten (Familie Stegodontidae) auf, die in Südostasien ebenfalls gegen Ende der Eiszeit ausstarben. Früheiszeitliche Warmsteppen-Elefanten (*Archidiskodon*) waren die ersten Angehörigen der Familie der Elefanten (Elephantidae), zu der auch die beiden lang behaarten Mammutarten der Eiszeit zählen. Bereits frühzeitig entwickelten sich unabhängig voneinander die beiden heute lebenden Arten als Vertreter eigener Gattungen, die einander weniger nahe stehen als z.B. Asiatischer Elefant und Mammuts (*Mammonteus*) oder Afrikanischer Elefant und Altelefanten (*Palaeoloxodon*).

1 Familie, 2 Gattungen, 3 Arten.

Familie Elefanten (Elephantidae)

Schwerste lebende Landsäugetiere. Gestalt massig, Schulterhöhe nicht selten über 3 m, Einzelexemplare noch größer, bis 7 t schwer. Kopf groß, Schädel über innerer, das Gehirn umschließender Schädeldecke aus schwammähnlich poröser, dünner Knochensubstanz, Hohlräume teils mit Schleimhaut ausgekleidet und der Riechwahrnehmung dienend. Augen klein, lang bewimpert, Ohren groß, fächerartig, Oberlippe und Nase zu langem Rüssel umgebildet (Riech-, Tast-, Greiforgan, dient auch der Nahrungs- und Flüssigkeitsaufnahme, der innerartlichen Kontaktpflege und als Waffe).

Zahnformel: 1/0 0/0 3/3 3/3, obere Schneidezähne zu mehr oder minder leicht aufwärts geschwungenen Stoßzähnen mit rundem Querschnitt umgewandelt. Außen schmelzbedecktes Elfenbein besteht aus Dentin mit geringen Mengen eingelagerter Knorpelsubstanz und Kalziumsalzen.

Stoßzähne entweder nur bei Männchen oder bei beiden Geschlechtern, Vorbacken- und Backenzahn brotlaibförmig, oval-flachkronig, bestehen aus harten, zwischen dunklerem, sich schneller abnutzendem Zahnzement liegenden, quer verlaufenden Schmelzplatten, die sich oberflächlich als Querleisten darstellen. Zahl der Schmelzplatten in den einzelnen Zähnen steigt mit zunehmendem Alter, bei sehr jungen Tieren meist 4, bei erwachsenen Afrikanischen Elefanten 10–13, bei Asiatischen Elefanten 24–27. In jedem Kiefer zur gleichen Zeit nur 1 Zahn voll funktionsfähig, oft aber 2 vorhanden, wandern nach dem Durchbruch im Kiefer langsam, gefolgt von nachrückendem Zahn, nach vorn, werden beim Kauen (Unterkiefer nur nach vorn und hinten raspelnd, nicht seitlich mahlend beweglich) abgeschliffen, brechen nach Abnutzung aus oder in Stücken ab. Zunge fleischig, mit breitem, höckerartigem Wulst am Hinterende. Hals kurz. Rumpf gedrungen, Gliedmaßen säulenförmig. Zehen mit breiten Nägeln von gemeinsamem Fußmantel umschlossen, Zahl uneinheitlich, Außenzehen besonders hinten oft rückgebildet, Zahl der Nägel nicht immer mit Zehenzahl übereinstimmend. Nägel können fehlen, auch wenn Zehen am Fuß vorhanden sind. Individuelle Unterschiede möglich. Sohlenspitzengänger, in deren Fuß ein dickes Polster aus elastischem, gallertigem Bindegewebe unter Mittelfuß- und Zehenknochen als Stoßdämpfer auch für das Fußwurzelgelenk wirkt, welches am Vorderbein oft fälschlich als Kniegelenk angesehen wird, weil der Fuß nach hinten abgeknickt werden kann und die Tiere auf diesem Gelenk knien können. Fußsohle biegsam, weichhornig mit gegeneinander beweglichen, verfestigten, mehreckigen Horneinlagerungen. Schwanz einschließlich Endquaste knapp fersenlang. Knochen marklos. Schlüsselbein und Gallenblase fehlen. Haut 2–4 cm stark, bis dicht unter die verhornte Oberfläche gut durchblutet, tastempfindlich, an Hals und Körperhinterende faltig, fast unbehaart, nur spärliche, kurze Borsten auf Rücken und Nacken, längere an Schwanzquaste und Augenlidern. Zwischen Auge und Ohr Wangen- oder Musthdrüse mit senkrechter Schlitzöffnung. Aussagen zu Schweißdrüsen reichen von völligem Fehlen bis zum Vorhandensein einer großen Zahl kleiner Drüsen. Haut grau bis bräunlich grau. Besonders älter werdende Asiatische Elefanten an Ohrrändern, Rüsselansatz und -spitze, Schläfen und Hals grau gepunktet, rosaweißlich. Bei so genannten „Weißen" Elefanten von Jugend an größere weißlich rosafarbene, wenig pigmentierte Hautpartien mit grauen Punkten und Ausbildung größerer pigmentfreier Hautbezirke.

Verbreitung. Süd- und Südostasien, Afrika.

2 Gattungen, 3 Arten.

Asiatische Elefanten (*Elephas*)

1 Art.

Asiatischer Elefant (*Elephas maximus*): Körperhöhe bis 3,35 m, Gewicht bis 5 t. Stirn steil, durch 2 große, wulstartige, schwammige Knochenauftreibungen über den Augen beiderseits der Stirnmitte buckelförmig, Ohren relativ klein, Oberseite des Rüsselendes mit fingerartigem, zipfeligem Fortsatz, Rumpf massig, Rückenmitte leicht aufwärts gewölbt, vorn meist 5, hinten 4 Zehen (Abweichungen möglich, d.h. vorn auch nur 4 oder hinten 5 Zehen). Männchen mit Stoßzähnen, aber nicht immer vorhanden, auf Sri Lanka sogar selten (nur bei 11 % der Bullen); zahnlose Männchen werden als „Mukna" bezeichnet. Weibchen ohne oder mit nur kleinen Stoßzähnen. 3 Unterarten.

Gefährdungsstatus. Bestand im natürlichen Lebensraum stark gefährdet, teilweise nur noch in Schutzgebieten erhalten. Der Gesamtbestand Asiatischer Elefanten ist gravierend rückläufig, geschätzter Bestand zwischen 25600 und 32750. EEP im Zoo Rotterdam.

Lebensweise. Tag- und Dämmerungstiere, zeitweilig auch nachts aktiv, da Schlafzeit nur 2–4 Stunden beträgt. Lebensraum Regen- und Bergwälder (auf Sumatra bis in 3000 m Höhe, am Himalaja bis unterhalb der Schneegrenze), Gras- und Bambusdschungel, Buschdickicht, während der Trockenzeit Sumpfwälder, während der Regenzeit Trockenwälder. Meist ortstreu in festen, großen Gruppenterritorien (250–1000 km^2 in Indien, 50–150 km^2 in Sri Lanka), die in manchen Gebieten während der Trockenzeit verlassen werden. Dann Wanderung zu regelmäßig benutzten Trockenzeitrevieren auf generationenlang benutzten, breiten, festen Wechseln. Hauptwechsel innerhalb der Gruppenterritorien von Wasserstelle zu Wasserstelle. Diese sind jeweils von einem ringförmigen Wechsel umgeben, von dem mehrere Zugangswechsel ans Wasser führen. Von Hauptwechseln zweigen Nebenwechsel zu Futterplätzen ab. Gesellig, innerhalb eines Gruppenterritoriums aufgesplitterte Gesamtherde aus einzelgängerischen Altbullen, kleinen Bullenherden und Herden aus Mutterfamilien (5–20 erwachsene, meist miteinander verwandter Weibchen mit Jungtieren). Weibchentrupps oft nochmals in 2 Gruppen, die aber engen Kontakt miteinander halten. Eine dieser Gruppen besteht dann aus jugendlichen, noch nicht geschlechtsreifen Weibchen sowie erwachsenen Kühen mit halbwüchsigen Jungen, die andere aus erwachsenen Kühen mit jungen Kälbern. Straffe Rangordnung, Führung durch erfahrene Leitkuh, meist das älteste Weibchen und gleichzeitig die Mutter und Großmutter der übrigen Gruppenmitglieder (Matriarchat). Zusammenhalt der Gruppen eng, Tiere erkennen einander an Stimme und Geruch (gegenseitiges Berüsseln an Schläfen- und Wangendrüsen, Maul und Geschlechtsorganen). Auch nicht zusammenlebende Tiere eines Gruppenterritoriums (besonders einzelgängerische Männchen) halten untereinander Kontakt, indem sie zu verschiedenen Zeiten gleiche, als Treffpunkt bevorzugte Wasserlöcher aufsuchen, dort Kot absetzen und sich nach dem Suhlen an bestimmten Scheuerbäumen nahe dem Ringwechsel reiben. Männchen gehen sich jedoch auch hier aus dem Weg, sonst in der Nähe von Weibchenherden Kämpfe. Fortpflanzungsrate gering. Lebenserwartung im natürlichen Lebensraum etwa 35 Jahre. Brünstige Weibchen sondern sich mit dem Bullen meist etwas von der Herde ab, hochtragende suchen Anschluss an die Gruppe mit jungen Kälbern, gebären dort, wobei andere, meist erwachsene Tiere einen dichten Ring um die werfende Kuh bilden und Geburtshilfe leisten (Entfernung von Fruchthüllen, Hilfe beim ersten Aufstehen des Jungen, Stützung und Führung des Jungtieres in den ersten Tagen auf Wanderungen). Während der Nahrungsaufnahme oder an der Wasserstelle bewachen einzelne Weibchen abwechselnd die Jungtiere, halten sie zusammen und treiben sie beim Aufbruch der abwandernden Herde nach. Bei Gefahr stellen sich die Erwachsenen in dichter Front vor die Jungen oder nehmen sie in die Mitte und igeln sich ein. Signal zum Angriff oder zur Flucht gibt die Leitkuh.

Passgänger, die auch in steilem, unwegsamem Gelände gut laufen, auf Wanderungen bummeln (etwa 7 km/h) oder zügig schreiten (15 km/h) und sich dabei, fast ohne Spuren zu hinterlassen (Bodenbelastung pro cm^2 Sohlenfläche 400–600 g), lautlos bewegen. In unbekanntem Gelände tasten sie mit dem Rüssel vor jedem neuen Schritt den Boden ab. Gute Schwimmer, baden und suhlen gern, besonders um sich abzukühlen. Riechvermögen ausgezeichnet, wittern Artgenossen bei

Abb. 13.1 Die Bullen der Asiatischen Elefanten (*Elephas maximus*) sind im Gegensatz zu den Kühen meist Träger großer Stoßzähne.

günstigem Wind bis auf 5 km Entfernung, sollen Wasser riechen können. Gehör hochleistungsfähig, Gesichtssinn gut. Erinnerungsvermögen für olfaktorische und akustische Eindrücke sehr gut. Lautäußerungen sind dumpf grollende, rumpelnde Kontaktlaute, rollendes Kollern oder Quietschen bei Begrüßung, auch lautes Brüllen, häufig bei Begegnung mit fremden Artgenossen im Grenzbereich des Gruppenterritoriums. Trompeten bei Angst und Wut. Darüber hinaus Infraschallkontaktlaute in sehr niedrigem Frequenzbereich zwischen 14 und 24 Hz, die vermutlich nachts oder in unübersichtlichem Gelände und über größere Entfernungen dem Zusammenhalt der Herden dienen, u.a. auch Gefahren signalisieren.

Abb. 13.2 Erstrebenswert ist eine Haltung in strukturierten Gruppen wie hier bei den Asiatischen Elefanten (*Elephas maximus*).

Nahrung. Gräser, besonders Bambusschösslinge, Blätter, Rinde, Weichholz, Wurzeln, Früchte (mit Vorliebe Wildfeigen), brechen auch Bäume um, um an Nahrung heranzukommen. Täglich große Nahrungsmengen (bis zu 10 % ihres Körpergewichtes), da schlechte Futterverwerter (Kot enthält viel unverdaute Nahrung, nur 45 % des aufgenommenen Futters werden aufgeschlossen). Nahrungsaufnahme ca. 12–18 Stunden am Tag.

Afrikanische Elefanten (*Loxodonta*)

Stirn flach, fliehend, manchmal oberhalb des Rüsselansatzes mit buckelartiger Erhebung, Ohren sehr groß, fächerartig. Rüsselspitze an Ober- und Unterseite mit je 1 schwach ausgebildeten Fortsatz, Stoßzähne bei beiden Geschlechtern, bei Weibchen kleiner und schwächer als bei Männchen, Rücken gerade oder in der Rückenmitte leicht eingesenkt und über der Kruppe erhöht, Rumpf weniger massig als beim Asiatischen Elefanten, Schwanz und Gliedmaßen länger, vorn meist vier-, hinten dreizehig, Haut etwas stärker borstig behaart, Schwanz mit langer, hartborstiger Endquaste.

2 Arten.

Afrikanischer Steppenelefant (*L. africana*), auch Spitzohrelefant: Körperhöhe bis 4,0 m, bis 7 t schwer. Untere Vorderkante der großen, sich auf dem Scheitel berührenden Ohren spitzzipflig, Stoßzähne kräftig, leicht nach vorn geschwungen, Haut stärker genarbt. Mehrere Unterarten. Nördliches und südliches Westafrika, nördliches Mittelafrika, Ostafrika, Südafrika. – **Afrikanischer Waldelefant** (*L. cyclotis*), auch Rundohrelefant: kleiner, Männchen meist nur bis 2,5 m hoch, Ohren rundlich, berühren sich am Scheitel nicht, Stoßzähne schwächer, meist mehr oder minder gerade nach unten gerichtet, vorn oft fünf-, hinten vierzehig, Trittsiegeldurchmesser 43–46 cm, maximal 50 cm, Haut glatter, ähnlich der Asiatischer Elefanten. Westafrika, Kongobecken. – Zwischen Afrikanischem Steppen- und Afrikanischem Waldelefant an Verbreitungsgrenzen fließende Übergänge und Mischlingspopulationen, die die enge Verwandtschaft beweisen. – Der vereinzelt als weitere Art aufgeführte Zwergelefant (*L. pumilio*) ist umstritten und wird als solche nicht anerkannt.

Gefährdungsstatus. Bestand im natürlichen Verbreitungsgebiet außerhalb von Schutzgebie-

Abb. 13.3 Bei den Afrikanischen Steppenelefanten (*Loxodonta africana*) sind auch die Kühe Stoßzahnträger.

ten in weiten Teilen Afrikas vernichtet, dennoch in Reservaten gesichert. Afrikanische Elefanten gelten als gefährdet, ihr Bestand wir auf etwa 350000–570000 geschätzt und hat in den letzten 20 Jahren um 100000 Individuen abgenommen. EEP für Afrikanischen Steppenelefant im Zoo Wuppertal.

Lebensweise. Grundsätzlich in vielen Situationen ähnlich wie bei Asiatischen Elefanten. Lebensraum tropischer Regenwald, feuchter, stark versumpfter, dicht verwachsener Primärwald, Schilf- und Rohrdickichte an Gewässerufern (Waldelefant), tropischer Bergwald bis in 5000 m Höhe, Busch- und Baumsavannen, Wüstensteppen (Steppenelefant). Tagtiere, auch nachts äsend, Schlafdauer nur 2–3 Stunden. Regenwaldbewohner relativ ortstreu in weiträumigen Streifgebieten. Steppenelefanten nur in nahrungs- und wasserreichen Gebieten und meist während der Regenzeit zeitweilig stationär in großen Weideterritorien, sonst ohne feste Wechsel vagabundierend, zur Trockenzeit auch weite Wanderungen. Passgänger, die gemächlich schlendernd 4–6 km/h, in förderndem, ausdauerndem Schritt 12–15 km/h, beim Angriff auf Kurzstrecken 30–35 km/h erreichen. In Nordwestnamibia kleine Population so genannter „Wüstenelefanten", die in steinigen, trockenen Wüstengebieten vor allem am Rande ausgetrockneter Flussläufe von dort vorhandener Restvegetation leben und im trockenen Flussbett mit Stoßzähnen, Rüssel und Füßen Löcher in den Boden graben, in denen sich Grundwasser zum Trinken sammelt. In extremen Dürrejahren wandern sie entlang der trockenen Flussläufe in das Landesinnere.

Hier wie auch in anderen Teilen des Verbreitungsgebietes von Steppenelefanten erhebliche Tag-Nacht-Temperaturdifferenzen. Nachttemperatur bis in Nähe des Gefrierpunktes, tagsüber im Schatten bis über 40 °C. Der Abbau des bei Hitze im Körper entstehenden Wärmestaus erfolgt wie bei Asiatischen Elefanten durch das Fächeln bzw. Wedeln mit den Ohren, in deren Venen beim Afrikanischen Elefanten beim Eintritt ins Ohr Bluttemperaturen von 42 °C und in den abführenden Bereichen 34 °C gemessen wurden. Gesellig in Herden aus erwachsenen, meist miteinander verwandten Weibchen mit Halbwüchsigen und Jungen. Bullen oft in kleinen Männerrudeln, seltener Einzelgänger, vor allem sehr alte Tiere. Herdenführung durch er-

Abb. 13.4 Afrikanische Wald- oder Rundohrelefanten (*Loxodonta cyclotis*) sind in Tiergärten sehr selten.

fahrenes Weibchen. Zusammenhalt innerhalb der Gruppen, Geburtshilfe und Schutz der Gebärenden ähnlich wie bei Asiatischen Elefanten. Unbeholfene Junge werden von der Mutter und anderen Weibchen z.B. beim Erklimmen von Steilhängen geschoben, verletzte oder kranke Tiere von Artgenossen gestützt bzw. beim Aufrichten unterstützt. In undurchdringlichem Gelände mit geringen Sichtmöglichkeiten Kontakthaltung durch schnurrendes Kollern oder Lautserien im Infraschallbereich, die von den Tieren noch aus weiter Entfernung wahrgenommen werden. Bei Kämpfen und Wut lautes Brüllen, bei Schreck und Aufregung, Flucht oder Angriff lautes Trompeten. Ohrwedeln dient nicht nur der Abkühlung, sondern drückt bei starker Intensität Angriffslust bzw. ranghohe Stellung aus. Kontaktaufnahme durch gegenseitiges Berüsseln an Ohr und Schläfen, Männchen fahren Weibchen auch mit dem Rüssel in den After. Männchen viel verträglicher als beim Asiatischen Elefanten, stehen meist auch näher bei den Herden, sondern sich zwar mit brünstigen Weibchen ab, dulden aber auch andere Männchen in der Nähe. Kühe paaren sich in größeren Trupps nacheinander mitunter mit mehreren Männchen. Vereinzelt aber auch heftige Kämpfe unter den Bullen. In Weidegemeinschaft mit anderen Steppentieren verträglich, selten Angriffe auf andere Pflanzenfresser.

Nahrung. Vorwiegend Gräser, gelegentlich reife Früchte, die durch Rütteln an Bäumen zu Boden fallen, an Flüssen, Seen und Sumpfgebieten auch Sumpf- und Wasserpflanzen, während Trockenzeiten auch Äste und Rinde, dadurch bei Überpopulation in Schutzgebieten Vegetationsschäden, auch durch Umbrechen von Bäumen (Steppenelefant). Hoher Wasserbedarf, trinken täglich 100–150 l. Graben wie „Wüstenelefanten“ während der Trockenzeit in ausgetrockneten Flussbetten nach Wasser.

Haltung von Elefanten

In Tiergärten werden Indischer Elefant (*E. m. indicus*) häufig, Ceylon-Elefant (*E. m. maximus*) selten, Sumatra-Elefant (*E. m. sumatranus*) sehr selten gezeigt, Afrikanischer Steppenelefant häufig, Afrikanischer Waldelefant extrem selten.

In altindischen Kulturen seit mindestens 3500 Jahren als Arbeits-, Kriegs- und Kulttiere in Südasien (Asiatische Elefanten) sowie in Nordafrika von Ägyptern und Nubiern im Niltal (Afrikanische Elefanten) bereits vor 5500 Jahren gezähmt.

In Zoos früher nur als Schautiere gehalten, oft Einzeltiere oder wenige Kühe unterschiedlicher Herkunft, kaum Haltung fortpflanzungsfähiger Bullen, selten Nachzucht. In den letzten 3 Jahrzehnten Beginn neuer Strategien in der Elefantenhaltung. Möglichst wenig Mischgruppen aus Asiatischen und Afrikanischen Elefanten, größere Gruppen, wünschenswert aus Tieren, die miteinander verwandt sind, größere Anlagen,

Schaffung von bautechnischen Voraussetzungen für Bullenhaltung (z.B. zeitweilig auch räumlich getrennte Unterbringung von Bullen), reine Jungbullengruppen. Haltung mehrerer Kühe freilaufend in geräumigen Unterkünften, z.B. großen, beheizten und überdachten Freilaufhallen. Hier sollen Elefantenmütter im Kreise verwandter Artgenossen auch gebären können.

Um Verhaltensauffälligkeiten zu vermeiden und die Tiere konditionell zu optimieren, müssen Elefanten täglich langzeitig beschäftigt und gefordert werden. Das kann erfolgen durch Interaktionen in der Gruppe, vielfältige Trainingseinheiten (Targettraining), Futter (Äste, Leckerbissen) und Fütterungsregime, über Komforteinrichtungen in der Anlage (z.B. Badebecken, Sand- und Lehmsuhlen, Juckpfeiler, Findlinge), strukturierte Ausläufe mit ausgewählten Lehmflächen, welche der Fußpflege dienen.

Eingewöhnung. Nicht winterhart, empfindlich gegen Nasskälte und Zugluft. Unterkunft in Warmhaus mit Temperaturen von 20–22 °C, für sehr junge Importtiere bis 24 °C. Importierte Wald- und Asiatische Elefanten empfindlicher als Steppenelefanten. Bedingt akklimatisationsfähig, d.h. gesunde Tiere können ab Spätfrühling an unser Klima gewöhnt werden. Bei regnerischem Wetter, Regengüssen oder an windigen, trüben Tagen im Haus lassen bzw. dorthin überführen. Dürfen mit zunehmender Aufenthaltsdauer auch an windstillen kühlen Sommertagen oder bei Regen im Freien bleiben, aber gut beobachten. Nach und nach klimatische Belastung steigern. Akklimatisierung erstreckt sich meist über längeren Zeitraum (2–3 Jahre). Während dieser Phase Aufenthalt im Freien bei nasskaltem, nebligem Wetter nur unter Vorbehalt, jedoch im Winter an sonnigen Tagen mit mildem Frost möglich. Gut akklimatisierte Tiere dürfen bei Temperaturen bis –10 °C je nach Wind- und Wetterverhältnissen (bei starkem Wind, Schneefall, Nebel nur kurz) im Freien bleiben, solange sie sich lebhaft bewegen. Wasser aus Badebecken im Spätherbst ablassen und Becken sicher abdecken oder Vereisung durch ständigen Wasserdurchlauf verhindern. Es schadet nichts, wenn Elefanten etwas Schnee oder Eis fressen. Herumstehende Tiere frieren und müssen ins Haus zurück, d.h. auch gut akklimatisierte Tiere im Freien bei ungünstiger Witterung gut beobachten. Andererseits sind Elefanten sehr hitzeempfindlich, Schatten oder Abkühlung erforderlich.

Unterkunft. Als Nacht-, Schlechtwetter- und Winterquartier früher meist Unterbringung im konventionellen Elefantenhaus oder gemeinsam mit anderen tropischen Großsäugern (Nashörner, Flusspferde) im sog. Dickhäuterhaus. Seit Beginn der 1990er Jahre vermehrt große Elefantenhäuser mit mindestens 15 °C Lufttemperatur und oft mehrteiligen Außenanlagen, Badebecken innen und außen, der Möglichkeit zur Bullenhaltung und zur Einzelaufstallung der Elefantenkühe. Zuchtbullen Asiatischer Elefanten werden jetzt meist in separierten Häusern mit eigenen Außenanlagen untergebracht (Beachtung der Sozialstrukturen im natürlichen Lebensraum). Als Bodenbelag kunststoffbeschichteter, möglichst schwach beheizter Beton, säurefester Asphalt, Gummigranulatbeschichtung. Begrenzung der Stallboxen und Außenanlage mit starkwandigen, senkrecht oder schräg verlaufenden Stahlrohren. Stahlseile oder waagerechte Stahlrohre als Boxenbegrenzung bergen die Gefahr der Stoßzahnbeschädigung. Stattdessen werden starke Kunstfasertaue mit eingeflochtenem Elektroweidedraht verwendet, auch zur Sicherung von vorhandenen Trockengräben mit gehegeseitig steilen Wänden. Beiderseits steilwandige Trockengräben müssen an den Endpunkten Ausstiege haben, werden bei Neubauten wegen der dort vorhandenen Unfallgefahr nicht mehr für Gehegebegrenzungen eingesetzt. Heute stattdessen Absperrgräben, deren Böschung vom Gehegeboden zu der von den Tieren begehbaren Grabensohle flach abfällt und die besucherseitig durch eine steilwandige, etwa 3 m hohe Mauer begrenzt werden. Als Bodenbelag für Ausläufe neben befestigten Flächen weicher, feinkörniger, kieselfreier Sand- oder in großen Anlagen gewachsener Mutterboden, Lehmsuhlen. Empfehlenswert sind auch gemauerte Juckpfeiler, die durch häufige Benutzung an den Kanten vielfach abgeschliffen sind, möglichst kombiniert mit unterschiedlich großen Scheuerfelsen. Wegen Hitzeempfindlichkeit der Tiere und Gefahr von Sonnenbrand bei langer, direkter Sonneneinwirkung sind schattige Stellen und Badebecken im Gehege erforderlich, Schlammsuhle ist wünschenswert.

Umgang. In tiergärtnerischen Einrichtungen werden im Umgang mit Elefanten die Haltungsmethoden „ungeschützter Kontakt" (Hands-on-Haltung), „geschützter Kontakt" (Protected contact) oder „indirekter Kontakt" (Hands-off-Haltung) praktiziert. Keine der drei Varianten ist alternativlos. Große Vorteile der Hands-on-Haltung sind die Möglichkeit umfassender, intensiver Pflege- und Kontrollmaßnahmen am Tier, die Vermeidung von Sedierungen bei vielen medizinischen Maßnahmen und eine vielfältige Tierbeschäftigung. Der Nachteil sind Sicherheitsprobleme für das betreuende Personal. Deshalb ist ungeschützter Kontakt zu Elefantenbullen sowie zu aggressiven, nervösen und untrainierten Elefantenkühen nicht erlaubt. Der Umgang im geschützten Kontakt ist dem direkten Kontakt deshalb grundsätzlich zu bevorzugen. Er ist sicherer für die Pfleger und die Elefanten können ihre Verhaltensmuster durch geringere pflegerische Einwirkung eigenständiger ausleben. Voraussetzung dafür sind Doppelboxsys teme zum Um- und Absperren und spezielle Schutzeinrichtungen in den Elefantenanlagen, die Pflege- und Kontrollmaßnahmen am Elefanten bei Gewährleistung der Sicherheit des Pflegepersonals sowie ein Kommando- kombiniert mit Targettraining ermöglichen. Hands-off-Haltung ist für Elefantenpfleger die sicherste Variante. Sie minimiert auch Eingriffe in die Sozialstruktur der Elefantengruppe, erschwert aber stark die erforderliche Kontrolle und Körperpflege der Tiere, macht diese nur unter Sedierung bzw. in Zwangsständen möglich. Außerdem werden für diese Haltungsart sehr große Anlagen benötigt. Die Meinungen zu den gegensätzlichen Haltungsmethoden (direkter Kontakt/strikte Trennung zwischen Mensch und Tier) sind gegenwärtig noch sehr kontrovers.

Voraussetzung für ungefährdete Arbeit mit und sachgemäße Pflege von Elefanten ist die Persönlichkeit des Tierpflegers, der mit Mut, Ausdauer, Konsequenz und Ausgeglichenheit für eine ordnungsgemäße Erziehung der Elefanten bereits ab früher Jugend sorgt. Elefanten sind Herdentiere mit klarer sozialer Rangordnung, in die der Mensch nicht einbezogen wird. Die soziale Rangordnung regelt lediglich die Beziehungen der Tiere untereinander. Es ist abwegig zu glauben, Elefanten betrachten den Menschen als Artgenossen. Elefantenpfleger müssen daher innerhalb der biologischen Rangordnung, die im natürlichen Lebensraum die Beziehungen und Hierarchien zwischen den verschiedenen Tierarten regelt, im Zoo gegenüber allen dort lebenden Elefanten, auch gegenüber dem Alpha-Tier, Dominanz ausüben und sich Respekt verschaffen. Bei ungeschütztem Umgang mit Elefanten beansprucht der Mensch im biologischen Spannungsfeld gegenüber den Tieren eine ranghöhere Stellung und fordert deren Unterwerfung unter seinen Willen. Grundlage eines solchen Verhältnisses bildet die Zähmung und Dressur des Wildtieres und die frühe Erziehung zur Disziplin von in Zoos geborenen Jungelefanten. Durch geeignete Erziehung kann ein Asiatischer Elefant bis zu 27 Kommandos erlernen, die er z.T. mit Tasthilfen ausführt. Bestes Instrument zum Leiten, Führen, Training oder um einer Forderung Nachdruck zu verleihen, ist der Elefantenhaken, ohne den ein Gehege nicht betreten werden sollte. Um die eigene dominante Stellung zu sichern, muss ein Elefantenpfleger im direkten Umgang mehrmals täglich von seinen Tieren die Ausführung bekannter Kommandos fordern und konsequent durchsetzen. In vielen Tiergärten deshalb regelmäßige Dressurvorführungen, die als Trainingsprogramm außerdem durch die im Zooalltag sonst unterbleibende Belastung bestimmter Muskelgruppen und mancher Gelenke therapeutische Bedeutung haben und gleichzeitig der Verhaltensanreicherung (Behavioral enrichment) dienen. Entschlossenheit und Durchgreifen im Umgang mit Elefanten bedeuten nicht, dass das Verhältnis von Tier zu Mensch darunter leidet. Innerhalb einer Gruppe setzt sich das sozial ranghöchste Tier gegebenenfalls robust durch, dennoch bestehen zwischen ihm und rangniederen Tieren echte Freundschaften und Sympathien, die Elefanten ihren Pflegern gleichfalls entgegenbringen, auch wenn diese ihre Dominanz behaupten. Sympathiebekundungen der Tiere durch brummelndes Grollen, helles kurzes Quietschen, eventuell auch klatschendes Aufschlagen der Ohren an die Schädelseiten (auch Locklaut für Junge und Artgenossen).

Wenn Einzelaufstallung bei engen Platzverhältnissen nicht möglich ist, werden Elefanten in der Hands-on-Haltung abends im Haus angekettet, damit Futter aufnehmende oder schlafende Tiere nicht durch Artgenossen gestört werden, denn Elefanten unterbrechen nachts ihren Schlaf individuell verschieden in Intervallen von 30–180 Minuten. Während der Wachpausen dösen die Elefanten im Stehen, fressen oder wandern umher. Tiefschlaf meist nach Mitternacht, unterbrochen nur durch kurzes Erwachen in Abständen von 15–30 Minuten. Sofortiges Erwachen bei unbekannten Außenreizen, besonders akustischer Art. Insgesamt schlafen die älteren Elefanten nur 2–4 Stunden, jüngere etwas länger, und fast alle im Liegen. Dabei legen sie den Kopf gern auf ein Heupolster, manchmal auf liegende Artgenossen. Ältere Elefanten nehmen gerne Sandaufschüttungen in der Innenunterkunft zum Abliegen an. Nur sehr alte, steifbeinige Tiere legen sich nicht ab. Stehend schlafende Stoßzahnträger stützen sich auch mit den Zähnen auf.

Zum Anketten geprüfte Ketten geeigneter Stärke verwenden. Kettenteile, die um das Bein gelegt werden, sollten möglichst mit Leder oder starkwandigem Kunststoffschlauch gepolstert sein. Die Tiere werden über Kreuz, z. B. rechts vorn, links hinten, angelegt und die Kettenbeine am nächsten Abend gewechselt. Abendliches Anketten mit der letzten Fütterung verbinden. Auch bei Einzelaufstallung oder Freilauf in der Gruppe nicht auf tägliches, kurzzeitiges Anketten verzichten, z.B. bei erster Mahlzeit, da die Tiere bei täglichem direkten Umgang aus Sicherheitsgründen für Pflegemaßnahmen oder Behandlungen daran gewöhnt sein sollten.

Kot möglichst nach dem Absetzen zeitnah entfernen, sonst gewöhnen sich die Tiere an, ihn breitzutreten oder ihn unter die Besucher zu werfen. Ställe morgens ausmisten, anschließend mit Wasser ausspritzen (Hochdruckreiniger) und austrocknen lassen. In regelmäßigen Abständen desinfizieren, anschließend aber gut nachspülen.

Bei Arbeiten in Anwesenheit der Tiere Werkzeuge (Besen, Schaufel, Eimer, Schubkarre, Wasserschlauch) nicht aus den Augen lassen. Besonders Zugänge von Versorgungsräumen in Rüsselreichweite von Gerät und Material aller Art (Desinfektionsmittel!) frei halten. Wenn im Winter im Haus kein Badebecken vorhanden ist, werden die Tiere morgens lauwarm geduscht und mit einem hartborstigen Schrubber abgescheuert. Fehlt auch in der Außenanlage ein Badebecken, an heißen Tagen zur Abkühlung Tiere mehrmals kühl mit dem Schlauch duschen oder über Mittag ins Haus nehmen.

Lehmbodenareale in Außenanlagen und Lehmsuhlen dienen der Haut- und Fußpflege. Besondere Aufmerksamkeit muss neben der Zahnkontrolle den Fußnägeln, Nagelbetten und Sohlen gelten. Zur Fußpflege muss der Elefant lernen, auf 3 Beinen ruhig zu stehen und den zu bearbeitenden Fuß auf eine Unterlage aufzustützen. Nägel und Nagelbetten regelmäßig mit harter Bürste abreiben, damit dort befindliche Talgdrüsen frei bleiben. Nägel mit der Feile schräg nach unten abkanten, sollen bei normaler Fußbelastung Boden nicht ganz berühren. Bei Spalten verhindert oft eine am Ende des Risses angebrachte Querkerbe ein Weiterreißen. Nagelbette reinigen und von abgestorbenen Hautresten befreien. Dabei nicht mit der Feile, sondern mit speziellen Hufmessern arbeiten. Sohlen regelmäßig verschneiden, d.h. Risse und Furchen glätten, abgehobene Taschen, Hornfetzen oder Hornlappen entfernen. Sohlenflächen eines gut gepflegten Elefanten sind glatt und ohne gröbere Furchen. Bei schlechter Sohlenabnutzung muss vorsichtig von der gesamten Sohlenfläche Horn abgetragen werden. An Sohlenrändern auf Verdickungen achten, die am Übergang von Sohle zu Fußhaut harte Kanten bilden können. Dort sorgfältig nachschneiden. Sohlenhorn älterer Tiere ist oft hart, vor der Pflege eventuell mit Wasser einweichen, am besten, indem die Tiere regelmäßig daran gewöhnt werden, in einem Holzbottich unter Aufsicht ein Fußbad zu nehmen (günstig auch bei therapeutischen Bädern). Erkrankte Füße von Elefanten nicht auf eigene Faust behandeln! Bei mangelhafter Rattenbekämpfung Sohlenverletzungen durch nächtlichen Rattenfraß am schlafenden Tier möglich.

Stoßzähne, wenn vorhanden, regelmäßig bürsten, anschließend einfetten. Auf Risse oder Scheuerstellen achten! Wenn letztere auftreten, feststellen, wo die Tiere an bestimmten Gehegeeinrichtungen mit den Stoßzähnen reiben, solche Stellen möglichst beseitigen oder ändern (z.B. scharfe Eisenkanten abrunden). Einreißende Stoßzähne kann man mittels Knochensäge kappen, allerdings reicht bei jüngeren Tieren die Zahnhöhle verhältnismäßig weit in den Zahn hinein, verkürzt sich erst bei älteren Tieren, gegebenenfalls durch Edelstahlkronen schützen. Bei Elefanten hängt temporal auftretende Aggressivität manchmal mit Schmerzen in den Stoßzähnen bzw. mit Zahnwechsel zusammen. Elefanten von Jugend an darauf trainieren, auf gewünschte Körperteile stets an der gleichen Stelle durch ein Absperrgitter Zugriff zu ermöglichen, damit Fuß- und Zahnpflege sowie Fußbäder und Handhabungen medizinischer Art hier erfolgen können. In Neubauten sind hierfür besondere Einbauten vorgesehen. Solche neuen technischen Einrichtungen ermöglichen jetzt auch Haltungsmethoden mit geschütztem Umgang.

Gefährlich werden Elefanten während der Musth, die bei Bullen erstmals etwa im 15. Lebensjahr auftritt, dann in der Folgezeit auch mehrmals im Jahr. Ab etwa 25. Lebensjahr und bei dann voll ausgewachsenen Bullen stellt sich die Musth nur noch einmal im Jahr ein. Sie ist bei weiblichen Asiatischen Elefanten selten, bei männlichen Asiatischen Elefanten besonders heftig, macht sich bei Afrikanischen Elefanten bei beiden Geschlechtern und sogar halbwüchsigen Tieren, aber schwächer und später als bei Asiatischen Elefantenbullen bemerkbar. Es handelt sich dabei um ein zwischen den Individuen asynchron verlaufendes, aber individuell zunehmend jahreszyklisches, durch die Gonaden gesteuertes Geschehen, das in Indien vorwiegend in der Zeit von März bis Oktober, auf Sri Lanka das ganze Jahr über auftritt. Biologische Bedeutung nicht umfassend geklärt. Die verschiedene Stärke der Musth könnte mit der unterschiedlichen Sozialstruktur Asiatischer und Afrikanischer Elefanten in Zusammenhang stehen. Afrikanische Elefantenbullen werden von den Weibchenherden weniger distanziert als Asiatische Elefanten. Um sich Zugang zu den Kühen zu verschaffen, benötigen letztere ein höheres Maß an innerartlicher Aggressivität, die durch die Musth gesteuert wird. Bei männlichen Tieren meist 2 Hauptstadien:

- Vorphase: Anstieg des Testosteronspiegels, Vergrößerung der Hoden und der Schläfendrüsen, (sichtbar durch Anschwellen der Schläfengrube), häufiges Berüsseln der Drüsenöffnung. Penis wird beim Harnen ausgeschachtet. Ab 2. Hälfte des Vorstadiums beginnende Masturbation bzw. Spontanejakulationen und bei wild lebenden Tieren steigende Paarungshäufigkeit. Verhaltensveränderung der Tiere äußert sich in Unruhe, leichter Reizbarkeit, Übererregbarkeit, hochgradiger Sexualität, abnehmendem Gehorsam.
- 1. oder sexuelles Musthstadium: weitere Hodenvergrößerung bis auf das 2,5-Fache, Testosteronspiegel stark erhöht, Schläfendrüse schwillt auf die 4-fache Größe an und sondert wenig zähflüssiges, klebriges, nach Moschus riechendes Sekret ab, das ab Mitte dieses Stadiums am Kopf und an Bäumen verrieben wird. Nahrungsaufnahme verringert, Penis wird weiterhin beim Harnen ausgeschachtet, ständige Paarungsbereitschaft, häufige Spontanejakulationen und Paarungen. Wild lebende Bullen halten sich in der Nähe von Weibchengruppen auf, beginnen diese zu verteidigen und zeigen hochgradige

Aggressivität gegen männliche Artgenossen (im Zoo auch gegen Menschen)

- 2. oder asexuelles Stadium: verstärkt einsetzende Sekretion der Schläfendrüse. Sekret nunmehr wässrig, stark riechend, braunschwarz, läuft bei erwachsenen Asiatischen Elefantenbullen in breitem Band über die Gesichtsseiten herab bis in die Mundwinkel. Sexualverhalten fast erloschen, keine Ejakulationen mehr. Penis kann nicht mehr ausgefahren werden, verbleibt im Präputium. Auffällig ist unnormale Urinabgabe durch ständiges Harntröpfeln (grüner Urin). Trotz zunehmenden sexuellen Desinteresses an Weibchen ist die Bereitschaft, deren Herde zu verteidigen, nach wie vor groß. Unverändert ist auch die hochgradige Aggressivität gegen andere Bullen, im Zoo gegen alle Menschen. Elefanten in Musth toben oft und sind, auch wenn sie vorher umgänglich waren, selbst gegen vertraute Pfleger sehr angriffslustig. Der Pfleger sollte jetzt jeden direkten Kontakt zum Bullen vermeiden, auf Kommandos verzichten und keinen Ungehorsam mit Kraftproben provozieren.
- Nachphase: Absinken und Normalisierung des Testosteronspiegels, Rückgang der Hodenschwellung auf Normalgröße, Abschwellen der Schläfendrüse und Versiegen der Sekretion, Normalisierung der Harnabgabe, Nachlassen der Aggressivität. Im natürlichen Lebensraum Wiederaufnahme der überwiegend einzelgängerischen Lebensweise sowie im Zoo gegenüber Menschen zunehmende Beruhigung.

Gesamtdauer bei Wildtieren 2–4 Wochen, bei Arbeitselefanten in Myanmar 1–10 Wochen, in Indien 4–22 Wochen. Mustheintritt und -dauer sind u. a. abhängig vom Alter, der Kondition und von äußeren Einflüssen, die auf die Bullen einwirken. Arbeitselefanten werden in Indien in dieser Zeit angekettet und nicht zur Arbeit herangezogen, Zirkuselefanten weltweit nicht vorgeführt. Während der Musth Tiere einzeln aufstallen, nur Heu und Grünfutter verabreichen, aber ausreichend Wasser zum Trinken und Benetzen der Schläfenregion anbieten. Ställe nicht betreten, keine Haut- und Körperpflege wie bei ständig aggressiven Einzeltieren. Auch bei Kühen in Musth oder Müttern mit neugeborenen Jungen größte Vorsicht. Musth ist keine besondere Form der Brunst, obwohl im 1. Stadium die geschlechtliche Aktivität der Männchen erhöht ist und die Spermiogenese stark ansteigt. Die Dominanz der Bullen während der Musth ist für östrische Weibchen besonders attraktiv. Auch die Größe und Stärke der männlichen Tiere beeinflusst die Paarungswilligkeit der Weibchen. So sollen sich viele Elefantinnen im natürlichen Lebensraum nicht von Bullen decken lassen, die kleiner sind als sie selbst. Weibliche afrikanische Elefanten in Wien wiesen einen 9-jährigen, noch nicht geschlechtsreifen Bullen nachdrücklich ab. Dessen ungeachtet züchten besonders junge, noch nicht in Musth gewesene Elefantenbullen in Tiergärten häufig. Auch ältere Bullen, die während der Musth im Zoo wegen ihrer Gefährlichkeit auch für Kühe einzeln gehalten werden müssen, können sich außerhalb der Musth durchaus fortpflanzen.

Generell sollte der Pfleger Veränderungen des Geruchs, der ihm anhaftet, möglichst vermeiden, kein häufiger Wechsel der benutzten Alltagskosmetika. Keine stark parfümierten Seifen, Haar-, Gesichts- oder Rasierwässer verwenden, Ställe nicht in Kleidung mit starkem Geruch anderer Tierarten (z.B. Raubtiergeruch) oder in Straßenkleidung betreten. Beim Aufenthalt in Elefantenunterkünften stets Fluchtweg (Graben, Gitter) im Rücken freihalten. Bei direktem, ungeschütztem Umgang mit Elefanten ist generell die permanente Anwesenheit von mindestens 1 weiteren, von den Tieren anerkannten Elefantenpfleger zwingend erforderlich. Erregte Elefanten oder solche, die sich überlegen fühlen, wedeln kräftig mit den Ohren, Asiatische Elefanten schlagen mit dumpfem Dröhnen bei erhobener Rüsselspitze mit dem Rüsselende auf den Boden (Droh- und Warnsignal). Auf der Freianlage angreifende Tiere laufen mit geducktem Kopf, den Rüssel schlagbereit zwischen den Vorderbeinen hindurch an den Bauch gelegt, mit aufgestellten Ohren auf den Gegner los. Rüsselschläge stehender Tiere oftmals auch aus der Bauchhaltung oder nachdem Rüssel vorher nach der Schläfendrüse getastet hatte. Gefahr auch durch Fußtritte oder wenn Elefanten versuchen, den Menschen gegen eine Wand zu drücken. Nicht nur Bullen, sondern auch Kühe versuchen gelegentlich die Dominanz des Menschen zu beenden. Sie gehen dabei anders als bei Auseinandersetzungen im Rahmen der sozialen Rangordnung mit voller Tötungsabsicht zum Angriff über. Hatte ein solches Tier einmal Erfolg, d.h. den im Rang übergeordneten Menschen vertrieben, verletzt oder getötet, wird es aufgrund dieser Erfahrung, zumindest unter gleich bleibenden Bedingungen, immer wieder Personen angreifen. Das belegt eine Vielzahl registrierter Angriffe mit Verletzungs- und auch Todesfolgen im Zeitraum der letzten 50 Jahre. Zooelefanten reagieren sehr sensibel auf Disharmonien im Elefantenpflegerteam.

Transport in stabilen Kisten oder Spezialtransportern einschlägiger Firmen. Neu ankommende Tiere zuerst im Stall unterbringen. In Häusern mit Trockengrabenabsperrung Grabenkante je nach Größe des Neulings mit starken Holzbohlen oder Stahlträgern absichern. Alteingesessene Tiere außer Sichtkontakt nehmen und erst danach Neuling ins Haus überführen, ihn möglichst anfangs von den übrigen Tieren isolieren oder in ausreichendem Abstand von ihnen aufstallen (eigene Box). Am gewünschten Standort Futter oder Wasser (nach Transporten oft sehr durstig!) bereitstellen oder mit Leckerbissen dorthin leiten. Wichtig, auch bei Jungtieren, Kenntnis des Namens und möglichst aller bereits befolgten Kommandos. Tierpfleger muss in jedem Fall alle Kommandos in der Sprache und dem Tonfall erlernen, den das Tier bisher gewohnt war. Erwachsene Tiere sollten entweder in Begleitung des bisherigen Pflegers überführt und von diesem eingewöhnt werden oder ausreichend Gelegenheit erhalten, ihren neuen Pfleger vorher kennenzulernen. Besonders in der Eingewöhnungszeit mindestens 2 Pfleger (Elefantenpfleger und Vertreter) zur Betreuung des Neulings, die sich viel mit ihm beschäftigen, um schnell guten Kontakt zu erhalten. Nicht allein und stets unter Wahrung der notwendigen Sicherheitsmaßnahmen mit neuen Tieren arbeiten.

Fütterung. Tagesfuttermenge je nach Alter und Geschlecht verschieden. Elefanten werden in Menschenobhut im Vergleich zu ihren Artgenossen im natürlichen Lebensraum leicht übergewichtig und neigen zu Korpulenz. Idealkondition kann über Futterzusammensetzung, Futtermenge und Fütterungsregime gesteuert werden. 1–3 kg Kraftfutter (Pflanzenfresserpellets bzw. spezielle Presslinge für Elefanten, die von langfaseriger Konsistenz sind. Obst und Gemüse (am besten grünes Blattgemüse) in Maßen, nicht mehr als 1 kg pro Tag. 25–30 kg langhalmiges Wiesenheu, eventuell auch Futterstroh, möglichst ein- bis zweimal wöchentlich Luzerne- oder Kleeheu, Heusilage. Im Sommer stattdessen 50–100 kg Grünfutter wie Wiesengras, Luzerne, Klee, Landsberger Gemenge, Grünmais, Futterroggen und viel belaubte Zweige (Weichhölzer von 8–10 cm Durchmesser) wie Weide, Pappel (nur bis zum Hochsommer vor neuer Knospenbildung), Esche, Erle, Linde, Ahorn, Eiche, im Winterhalbjahr auch unbelaubt, verschiedentlich ungiftige Koniferen. Umstellung auf Grünfütterung vorsichtig vornehmen, anfangs stets Heu untermischen. Gefahr von Eiweiß-, Nitrat- oder Saponinvergiftungen, Blähungen nach jungem Klee und Luzerne, Koliken nach Grünhafer. Um Verdauungsstörungen vorzubeugen, die sich bei ausschließlicher Grünfutterverabreichung häufig einstellen und nicht selten mit Komplikationen (z.B. Koliken) einhergehen, wird in manchen Tiergärten während der gesamten Grünfutterperiode, mit Ausnahme von Wiesengras und Laub, das meist im Feldanbau erzeugte Grünfutter reichlich, d.h. bis zu einem Volumenverhältnis von 1:1, mit Heu vermischt. Dabei muss das Mischen von Heu und Grünfutter sorgfältig erfolgen, damit die Tiere keine Möglichkeit haben, das Grünfutter herauszusuchen. Nasses und taufeuchtes Grünfutter im Schatten (!) trocknen lassen, dabei öfter wenden. Während der Grünfutterperiode Kraftfutter- und Saftfutterrationen entsprechend der aufgenommenen Grünfuttermenge kürzen. Als Futterzusätze Mineralstoffe, besonders Kochsalz bzw. Salvana-Briketts, Vitamin-E-Pellets, auch gute Gartenerde, sauberen Lehm, außerhalb der Grünfutterperiode hoher Bedarf an Vitamin C. Medikamente möglichst über Futter verabreichen, mit Leckerbissen überdecken, z.B. in Früchten, flüssig auch unter Vorzeigen eines Leckerbissens ins geöffnete Maul spritzen.

Elefanten als typische Dauerfresser bekommen mehrmals täglich Futter angeboten, Hauptfutter morgens und abends, zwischendurch v.a. Zweige und Äste, um Tiere zu beschäftigen und vom Betteln abzulenken. Besonders Möhren und Rüben gut waschen, Faulstellen ausschneiden. Grünfutter darf nicht altwelk oder heiß, Saftfutter nicht gefroren gewesen sein. Heu und Grünfutter aufschütteln, dabei auf Fremdkörper achten. Fütterung nur von sauberen Böden. Für Mist und Futter getrennte Transport- und Arbeitsgeräte!

Täglicher Wasserbedarf je nach Alter und Flüssigkeitsgehalt der Nahrung 50–150 l. Wenn keine Selbsttränken verwendet werden, die mit temperiertem(!) Wasser beschickt sein sollten, zweimal täglich im Stall morgens und abends lauwarm tränken. Auch wenn Tiere tagsüber im Sommer aus dem Badebecken trinken, Tränkzeiten beibehalten, besonders morgens vor dem Verlassen des Hauses, damit Aufnahme verschmutzten Beckenwassers so niedrig wie möglich bleibt. 1 Rüsselfüllung entspricht etwa 1 Eimer. Verdauungsprozesse werden von rumpelnden Darmgeräuschen (Darmgase) begleitet. Normaler Kot besteht aus mittel- bis dunkelbraunen, leicht glänzenden, festen, faserreichen, wenig feuchten, rundlichen oder ovalen Ballen von mehr als doppelter Männerfaustgröße. Geruch kräftig, nicht säuerlich. Bei reichlicher Grünfütterung Farbe auch bräunlich grün und etwas feuchter. Nach dickbreiigen, ungeformten Stühlen oder wenn geformte Ballen beim Aufschlagen auf den Boden platzen, Grünfutter verringern oder absetzen. Geformter Kot wird im Laufen, Harn (zehn- bis vierzehnmal am Tag) im Stehen abgesetzt.

Vergesellschaftung. Weibchen Asiatischer und Afrikanischer Elefanten im Allgemeinen untereinander friedlich. Vergesellschaftung wird aber auch wegen der damit verbundenen latenten Herpes-Gefahr kaum noch praktiziert. Zusammengewöhnen nur unter Aufsicht. Neuling, der in die Herde integriert werden soll, ausreichend Gelegenheit geben, Artgenossen und grabenumfriedete Unterkünfte kennenzulernen. Straffe Rangordnung, daher anfangs nicht selten Rempeleien. Trennung nur, wenn größere Gefahr für Neuling besteht. Alteingesessene kommandogewohnte Tiere je nach Situation durch scharfes Ansprechen bremsen oder durch beruhigendes Reden besänftigen. Nach mehr oder minder kurzer Zeit ist das Gleichgewicht innerhalb der Gruppe meist ausbalanciert, wenn nicht, was sehr selten vorkommt, bisherige Leitkuh durch Neuankömmling abgelöst wird. Unproblematisch ist eine Familiengruppe, bestehend aus geschlechtsreifen Kühen und deren Nachkommen. Männliche Jungtiere müssen ab einem bestimmten Alter aus dieser Gruppe herausgenommen werden. Geschlechtsreife, aggressive Bullen können oft nur schwer oder gar nicht in stabile Gruppen gewöhnt werden, müssen einzeln gehalten und können nur während der Brunst eines Weibchens mit diesem zusammengelassen werden. Ein jungerwachsener, neu eingewöhnter Bulle wächst meist in der Gruppe ohne Komplikationen mit Weibchen auf. Mehrere Männchen können in der Regel nur gemeinsam in reinen Bullengruppen gehalten werden. Zwischen Altbullen sind Kämpfe unter Tiergartenverhältnissen unausbleiblich! Bei Vergesellschaftungen mit anderen Arten müssen diese immer die Möglichkeit zum sicheren Rückzug in einen für Elefanten nicht zugängigen Gehegebereich haben. Erfolgreich vergesellschaftet wurden Asiatische Elefanten mit Hirschziegenantilopgen und Afrikanische Elefanten mit Grünen Meerkatzen, Löffelhunden, Pinselohrschweinen, Warzenschweinen, Impalas und Afrikanischen Straußen.

Fortpflanzung und Zucht. Moderne Elefantenanlagen ermöglichen heute die Haltung von

Elefantenbullen und schaffen dadurch eine der Voraussetzungen für Nachzuchten. Außerdem orientiert sich das Zuchtmanagement an den Sozialstrukturen der Elefanten im natürlichen Lebensraum. In den Tiergärten werden Weibchengruppen miteinander verwandter Tiere unterschiedlichen Alters aufgebaut, denen zuchtreife Bullen zur Inzuchtvermeidung im Rotationsprinzip zugeführt werden. Kuhkälber verbleiben in der Herde, Jungbullen in der Regel bis zur Zuchtreife in Bullengruppen stationiert.

Hoden in der Leibeshöhle nahe den Nieren. Klitoris der Weibchen groß, kann zeitweilig sogar versteift werden, aus der Vaginaöffnung hervortreten und einen Penis vortäuschen. Ganzjährig fortpflanzungsfähig, keine feste Brunstzeit. Exakte Bestimmung des Zyklusgeschehens und damit auch des Östruszeitpunkts labordiagnostisch durch wöchentliche Analysen zur Bestimmung der Gestagene im Urin. Brunst der Weibchen wenig deutlich, bei Afrikanischen Elefanten vereinzelt leichte Schwellung der äußeren Schamlippen, bei beiden Arten vermehrtes Harnen, Schleimabsonderung, Unruhe, vereinzelt auch Anbieten. (Weibchen drücken rückwärts laufend ihr Körperhinterende gegen Kopf des Bullen oder eines weiblichen Artgenossen.) Wenn umgängliche Männchen in der Herde, Paarung ohne besonderes Zutun oder Vorkehrungen der Menschen. Den Bullen werden ansonsten die Weibchen unter Einhaltung örtlich gegebener Sicherheitsvorkehrungen zugeführt. Bullen drücken manchmal anfangs sich anbietendes Weibchen mit Rüsselansatz und Stoßzähnen von sich ab. Kuh läuft dann Rüssel und Schwanz schlenkernd sowie kopfnickend weg, stellt sich dem Bullen auch zu leichtem Kampfspiel. Dabei schieben sich die Tiere mit erhobenen Rüsseln gegenseitig hin und her, berüsseln sich gleichzeitig am Kopf, fahren sich gegenseitig auch häufig mit dem Rüssel ins Maul. Nach mehr oder minder langem Vorspiel kurze Paarung von etwa 10–20 Sekunden Dauer durch rückwärtiges Aufreiten des Bullen. Ranghohe Weibchen können dem Bullen gegenüber auch während der Brunst unfreundlich sein, lassen sich nur schwierig decken. Vereinzelt auch Paarungen im Wasser. Östrusdauer 2–5 Tage, täglich mehrere Paarungen. Zykluslänge etwa 3 Monate. Trächtigkeitszeichen erst ab 9.–11. Trächtigkeitsmonat durch Anschwellen der brustständigen Zitzen, deutlich sichtbar ab 16. Monat, dann auf leichtes Melken Milchabsonderung (mitunter Einschießen der Milch erst zeitnah der Geburt). Außerdem zwischen 11.–13. Monat Anschwellen des Leibes. Als Schwangerschaftstest auch Ultraschall-Untersuchungen oder labordiagnostische Hormonuntersuchungen von Harn- und Kotproben.

Tragzeit bei Asiatischen Elefanten durchschnittlich 21 Monate (614–688 Tage), doch erhebliche Schwankungen (18½–22½ Monate), die möglicherweise auch abhängig von der Tageslichtlänge in den Zeugungsmonaten sind, d.h. kürzere Tragzeiten bei den in der lichtarmen Jahreszeit gezeugten Jungen (September bis März etwa 635 Tage), längere Tragzeit bei den in der lichtreichen Jahreszeit gezeugten Jungen (April bis August etwa 655 Tage). In Myanmar sollen sogar Schwankungen zwischen 17½ und 25 Monaten auftreten, wobei es sich bei den Extremwerten sicher um Frühgeburten oder übertragene Junge handelt.

Tragzeit bei Afrikanischen Elefanten zwischen 21 und knapp 24 (?) Monaten (640–722 Tage), bei einem in Wien durch künstliche Besamung der Mutter gezeugten Afrikanischen Elefanten 643 Tage. Bei beiden Arten unterschiedliche Tragzeiten auch bei mehrfach gebärenden Einzeltieren. Hochtragende Weibchen nachts einzeln aufstallen und/oder per Video überwachen. Umstritten ist, ob das Tier angekettet werden soll. Ankettung schränkt während der Geburt die Bewegungsfähigkeit ein, Hinterbeinkette kann schlimmstenfalls auch das Jungtier verletzen. Ankettung macht aber andererseits erforderliche menschliche Eingriffe weniger gefährlich, z.B. bei Geburtshilfe oder Schutz des Jungen bei Tötungsabsicht der Mutter. Immer mehr (z.B. in Emmen, Wien oder erstmals für Deutschland 2003 in Hagenbecks Tierpark) werden hochtragende Elefantinnen zum Werfen auch in der Herde gehalten bzw. mit einigen ausgewählten Tieren der Gruppe zu-

Tab. 13.1 Zahnwechsel bei Elefanten

Zahn	Durchbruch (Wochen)	Durchbruch (Jahre)	Hauptfunktionszeit (Jahre)	Ausfall (Jahre)
1. unterer Backenzahn[1]	5.–6.	-	1	1–1½
1. oberer Backenzahn[1]	6.–7.	-	1	2–2½
2. Backenzähne[2]	12.–16.	-	½–5	6–7
3. Backenzähne	-	3½–4	5–11	12–13
4. Backenzähne	-	6–8	10–22	24–26
5. Backenzähne	-	16–18	22–38	40–43
6. Backenzähne[3]	-	33–35	38 bis ca. 58	60–65

[1] Klein, nur etwa 4–4,5 cm lang, 3–3,5 cm breit. Vermutlich kaum funktionsfähig. Nahrungszerkleinerung wird vom 2. Zahnpaar übernommen.
[2] 9–10 cm lang, 5,5–6 cm breit
[3] Oberfläche 30 cm lang

sammen belassen. Alle Tiere laufen dabei frei in einem Stallabteil umher, das erheblich größer als konventionelle Elefantenställe sein muss. Ein solcher Laufstall wird in Hamburg als Geburtshalle bezeichnet, deren rechtwinklige Stallecken durch massive, von Stahlträgern verstärkte Holzwände abgedeckt sind. Die massiven Holzschilde brechen die dahinter liegenden toten Winkel des Raumes und bieten den dort für Notfälle bereitstehenden Pflegern Schutz. Trotz hochgradiger Erregung und beträchtlicher Unruhe aller Tiere nahmen die Neugeborenen keinen Schaden, obwohl die Hamburger Elefantin mehrfach ihren Fuß wie tastend unter das liegende Junge schob, das Neugeborene dann durch einen Tritt wie einen Fußball vor sich her schoss. Dabei schlitterte das Jungtier nicht nur meterweit auf dem Boden, sondern flog streckenweise sogar durch die Luft. Dieses Verhalten wird auch gelegentlich im natürlichen Lebensraum beobachtet.

Verhalten des Muttertiers vor der Geburt meist unverändert, keine deutlichen Geburtsanzeichen, manchmal aber auch Unruhe, verminderte Nahrungsaufnahme, vermehrte Kotabgabe, mitunter Absonderung von anderen Tieren, Abgang eines großen Schleimpfropfes aus der Scheide, danach Abscheidung von dickflüssigem, klarem Schleim aus der Scheide, später von schleimiger, klarer rötlich brauner Flüssigkeit. Ermittlung des wahrscheinlichen Geburtszeitpunktes labordiagnostisch, u. a. durch Analysen der Progesteronwerte des Harns oder besser des Blutes, die während der Schwangerschaft um einen Durchschnittswert von 400 ng/ml Blut pendeln, zwischendurch auch zeitweilig unter 300 ng/ml absinken können, dann aber durch einen steilen Abfall auf 0 ng/ml die bevorstehende Geburt signalisieren. Die Geburtswehen setzen danach in der Regel innerhalb der folgenden 48 Stunden ein.

In Hands-on-Haltungen rechtzeitig Ketten und Seile mit Schlingen zur eventuellen Bergung des Jungen und mehrere Säcke feuchtigkeitsbindender Einstreu (Torfmull, Strohhäcksel, Hobelspäne, zerkleinerter Rindenmulch, alles eventuell untermischt mit feinem Sand) sowie Heu und Stroh in handlichen Portionen bereitlegen, um schnell, aber ohne lärmende Hektik verbliebene Reste des in großer Menge abgehenden Fruchtwassers binden und dadurch glitschig gewordenen Stallboden abstumpfen zu können. Szenario und eventuell erforderliche Manipulationen sollten rechtzeitig vorher durchdacht und abgesprochen sowie in den letzten Trächtigkeitswochen simuliert und mit der Elefantin trainiert werden. Geburtsbeginn meist nach Mitternacht oder in den frühen Morgenstunden. Wehenintervalle 6–2 Minuten, anfangs längere, später kürzere Pausen. Geburtsdauer 40 Minuten bis 5 Stunden, durchschnittlich 1½ Stunden. Bei einer erstgebärenden Asiatischen Elefantin in Leipzig vergingen zwischen 1. Presswehe und vollendeter Austreibung nur 20

Tab. 13.2 Durchschnittliches Wachstum von Elefanten in den ersten Jahren

Art	Durchschnittliches Wachstum 1. Jahr (cm)	Widerristhöhe Ende 1. Jahr (cm)	Durchschnittliches Wachstum 2. Jahr (cm)	Widerristhöhe Ende 2. Jahr (cm)	Durchschnittliches Wachstum in Folgejahren (cm)
Asiatischer Elefant	35–40	122–127	20–25	140–152	10–5
Steppenelefant	20	100–110	15	115–125	12–5

Minuten, bei einer Asiatischen Elefantin im Zoo Hannover sogar nur 17 Minuten. Gelegentlich Schwer- und Totgeburten, daher tragende Tiere möglichst regelmäßig an rektale Eingriffe gewöhnen, um notfalls Geburtshilfe leisten zu können. Geburt im Stehen. Im Augenblick des Austritts der Frucht knickt gebärendes Tier leicht mit den Hinterbeinen ein. Hinterendlage (Steißgeburt) nicht ungewöhnlich. 1 Junges, sehr selten Zwillinge, so z.B. 1987 verschiedengeschlechtliche Zwillinge von einer Asiatischen Arbeitselefantin in Koliampti oder 1951 gleichgeschlechtliche Totgeburten im Tierpark München Hellabrunn. Abgang der Nachgeburt nach 1-3 Stunden, manchmal auch früher. Erfahrene Mütter befreien Jungtier mit Füßen und Rüssel von Fruchthüllen, regen es zum Aufstehen an. Unerfahrene Erstgebärende bringen oftmals vermutlich das Neugeborene mit dem Stress, der Aufregung und den Schmerzen der letzten Stunden in Verbindung, erschrecken sich vor ihm oder betrachten es als störenden Fremdkörper und versuchen, das Jungtier zu töten, welches in solchen Fällen nur durch eine rasche Bergung und Entfernung von der Mutter gerettet werden kann. Nachdem sich das Muttertier später, eventuell auch unter medikamentellem Einfluss, beruhigt hat und einige Zeit in Sicht- und Geruchskontakt mit dem Jungen stand, kann unter ständiger Aufsicht mit einiger Aussicht auf Erfolg versucht werden, das Junge mit der Mutter wieder zu vereinen. Solche Komplikationen treten bei Geburten in der Gruppe bei Anwesenheit erfahrener Kühe, trotz augenscheinlicher Turbulenzen und hohen Lärmpegels, viel seltener auf.

Geburtsgewicht durchschnittlich 100 kg, doch auch hierbei Schwankungen. Asiatische Elefanten wogen zwischen 48–150 kg, wobei sehr leichte Junge vermutlich Frühgeburten sind, die nur gelegentlich aufkommen, während über 120 kg schwere Junge oft übertragen sind, zu Schwergeburten führen können oder während der Geburt eingehen. Übergewicht der Muttertiere soll gelegentlich Ursache für erhöhtes Geburtsgewicht der Kälber sein. Männliche Junge (50–150 kg) sind möglicherweise etwas schwerer als weibliche Jungtiere (72–127 kg). Schulterhöhe im Durchschnitt 86–91 cm, Schwankungsbreite aber von 62 cm (vermutlich Frühgeburten) bis 106 cm (übertragen). Ein im Zoo Hannover geborenes Bullkalb war 98 cm groß und 140 kg schwer, ein in Berlin geborenes, großes und kräftiges Weibchen wog neugeboren 145 kg und war 98 cm hoch. Ab dem 2. Lebensjahr wachsen männliche Jungtiere schneller als weibliche. Geburtsgewichte von Afrikanischen Elefanten nach allgemeinen Aussagen 90–120 kg, Schulterhöhe zwischen 80–90 cm (gesicherte Einzeldaten selten, 3 Neugeborene: 75 kg/85 cm, 106 kg/84 cm, 113 kg/98 cm, ein weiteres männliches Jungtier 111 kg). Neugeborene sind besonders am Kopf verhältnismäßig stark rötlich braun (Asiatische Elefanten) bis schwarzbraun (Afrikanische Elefanten) behaart. Rüssel kurz, Augen groß und vorstehend, in den ersten Lebenstagen Augäpfel und Umgebung gerötet. Schwanz fersenlang. Junge stehen nach etwa 5–20, manchmal auch erst nach 90 Minuten, laufen aber in der Regel schon nach einer Stunde, zwar etwas zittrig, aber sicher. Erstes Saugen ausnahmsweise nach 30, in der Regel nach 45–120 Minuten, manchmal auch erst nach 5–10 Stunden. Junge drehen dazu Rüssel seitlich nach oben weg und nehmen eine Zitze ins Maul. Saugakt 3–20 Minuten, dabei werden Zitzen häufig gewechselt. Intervalle zwischen Saugakten anfangs 1–2 Stunden, nach

Tab. 13.3 Milchzusammensetzung von Elefanten

Art	Trockensubstanz (%)	Fett (%)	Eiweiß (%)	Kohlenhydrate (%)	Asche (%)	Proben (Anzahl)
Asiatischer Elefant	21,00 (11,14)	10,63 (7,27)	4,50 (5,10)	5,18 (2,42)	0,62 (0,69)	10 (2)
Afrikanischer Elefant	20,48	10,01	4,98	3,93	0,72	32

Angaben in Klammern: Werte für Kolostrum

14 Tagen länger. Milchkot gelb und breiig, ab einem Alter von 5–8 Wochen mit geringen Beimischungen unverdauter fester Nahrung (Getreidekörner, Heustückchen). Bereits mit 1 Woche nehmen die Jungen Futterteile oder Kotbröckchen der Mutter ins Maul, nehmen aber erst mit 4 Monaten häufiger feste Kost zu sich, die ab 5. Monat auch verdaut, ab 6. Monat regelmäßig gefressen wird. Kot dann dunkel und geformt.

Junge Elefanten schlafen viel im Liegen, anfangs alle 2 Stunden für etwa 20–30 Minuten, dösen im Stehen, können ab Ende der 1. Woche zielsicher mit dem Rüssel greifen, wälzen sich ab 3. Woche, baden ab 2.–3. Monat, werden wie im natürlichen Lebensraum auch von anderen weiblichen Tieren beaufsichtigt. Sie sind verspielt, aber auch recht schreckhaft, flüchten manchmal bei geringsten Anlässen schreiend unter die Mutter.

Zahnung der 1. Backenzähne beginnt mit 2–3 Wochen, dabei nicht selten Appetitlosigkeit, Temperaturanstieg, Nervosität, leichter Durchfall, ist im Oberkiefer mit 5–6, im Unterkiefer mit 6–7 Wochen abgeschlossen. Wenig später folgen die 2. Backenzähne. Bei männlichen Asiatischen Elefanten brechen die Stoßzähne mit etwa 1¼–1½ Jahren durch. Afrikanische Elefanten werden oft mit kleinen Milchstoßzähnen geboren, die bis 5 cm lang werden können und nach 1 Jahr ausfallen. Bleibende Stoßzähne brechen ab Ende des 1. bis zum 3. Jahr durch. Angaben zur Zahnentwicklung in Tabelle 13.1. Dabei handelt es sich bei den 1.–3. „Backenzähnen" vermutlich um die 3 Prämolaren, während die 4.–6. „Backenzähne" die 3 Molaren sind, die in der Zahnformel ausgewiesen werden. Alle diese „Backenzähne" gehören zum bleibenden Gebiss, von denen jeder im Kiefer nur einmal angelegt wird. Ein Zahnwechsel findet nur bei den Stoßzähnen statt.

Säugezeit 8–10 Monate, seltener 1–2 Jahre. Tägliche Zunahme in den ersten Wochen durchschnittlich 500–750 g, bei einem männlichen Asiatischen Elefanten in Leipzig sogar täglich 1 kg. Langsame Entwicklung, Verdoppelung des Geburtsgewichtes erst nach 3 Monaten. Weitere tägliche Zunahmen von etwa 1 kg bis mindestens zum 5., wahrscheinlich bei Weibchen bis zum 9. oder 10. Lebensjahr, wiegen dann 3–3,5 t, bei Männchen bis zum 15.-20. Lebensjahr, Gewicht dann bis 5,5 t. Wachstum individuell schwankend, bis zum 6. Monat beschleunigt, dann etwas nachlassend und von Jahr zu Jahr geringer werdend. Angaben zum Wachstum bei Elefanten in Tabelle 13.2.

Geschlechtsreife bei Männchen mit 10–12 Jahren, in Ausnahmen ab 8. oder 9. Jahr, bis nachweislich über 40 Jahre. Geschlechtsreife bei Weibchen mit 9–10 Jahren, gelegentlich schon mit 7–8 Jahren, bei Asiatischen Elefanten in Myanmar bis nachweislich 65 Jahre. Ungewöhnlich frühreif erwies sich eine 1991 in Ramat Gan geborene Elefantin die dort im Oktober 1996 im Alter von 6 Jahren und 9 Monaten ein Jungtier gebar. Auch in Paris soll eine Asiatische Elefantin mit etwa 5 Jahren erfolgreich gedeckt worden sein.

In Menschenobhut hat vermutlich noch keine Elefantin mehr als 5 Junge gebracht, Geburten können bei normaler Aufzucht alle 3–4 Jahre erfolgen, nach Totgeburten oder Jungtierverlust Post-partum-Östrus nach etwa 3 Monaten, dann Wurfintervall reichlich 2 Jahre. In jüngster Zeit erfolgreiche Versuche mit künstlicher Befruchtung. 1. Geburt eines Asiatischen Elefanten nach künstlicher Besamung der Mutter im November 1999 im Zoo Springfield, 1. Geburt ei-

Tab. 13.4 Veränderung der Milchzusammensetzung beim Asiatischen Elefanten während der Laktation

Laktationsalter[1]	Fett (%)	Gesamteiweiß (%)	davon Kasein (%)	Kohlenhydrate (%)
Kolostrum[2]	7,27	5,10		2,42
2 Monate[3]	5,80/7,50	4,40/4,45	1,75/2,10	4,90/5,40
4 Monate	8,50	4,65	1,60	5,25
1 Jahr	10,00	4,93	2,50	5,40
1½ Jahre[3]	12,00/18,50	5,10/5,40	1,40/2,20	3,40/4,30

[1] Mit zunehmendem Laktationsalter sinkt die produzierte und damit aufgenommene Milchmenge.
[2] Mittelwert aus 2 Proben
[3] 2 verschiedene Proben

nes künstlich gezeugten Afrikanischen Elefanten im Zoo Indianapolis.

2001 erstmals in Europa Geburt eines Afrikanischen Elefanten als Produkt künstlicher Besamung im Wiener Tiergarten Schönbrunn. Künstliche Aufzucht mehrfach gelungen.

Raumtemperatur bei 22–24 °C. Elefantenmilch enthält die 4-fache Menge Vitamin C im Vergleich zu Kuhmilch (0,3–0,4 mg/100 g), daher neben anderen Vitaminen für reichliche Vitamin-C-Gaben sorgen. Milchzusammensetzung siehe Tabellen 13.3 und 13.4. Bei künstlicher Aufzucht versuchen, Muttertier abzumelken, um in den ersten Tagen arteigenes Kolostrum zu verabreichen. Milchfett von Kuhmilch wird schlecht verdaut, daher kann später Magermilch verwendet werden, die mit Pflanzenöl (Kokosöl) bis auf einen Fettgehalt von 9 % angereichert ist. Allerdings sind durch den hohen Anteil ungesättigter Fettsäuren in Pflanzenölen Durchfälle möglich, dann zeitweiliger Verzicht auf pflanzliche Fette erforderlich. Tägliche Milchmenge in den ersten Tagen 3–4 kg. Zahlreiche Mahlzeiten (Abstand anfangs 1½–2 Stunden) mit kleinen Mengen, damit verhältnismäßig kleiner Magen nicht überlastet wird. Übergang zu weicher anderer Kost (Haferflockenbrei, Reis, Bananen, geriebene Möhren) ab 4.–5. Monat. Milchbeifütterung bis mindestens 10. Monat.

Im Jahr 2000 erfolgreiche, aber nicht komplikationslose künstliche Aufzucht eines Asiatischen Elefanten im Zoo Berlin mit Ersatzmilch der Firma Salvana, von der maximal täglich bis 26 l aufgenommen und damit Gewichtszunahmen von 1 kg erreicht wurden. Jungtier starb leider an einer Herpesvirus-Erkrankung.

Erstzucht von Asiatischen Elefanten mit erfolgreicher Aufzucht 1906 in Wien, von Afrikanischen Elefanten 1943 in München. Aufzuchtquote in der Vergangenheit verhältnismäßig gering aufgrund einer hohen Zahl von Totgeburten oder von den Müttern getöteten Kälbern, jetzt bedeutend höher. Am 11.07.1978 wurde im Zoo Chester erstmals ein Mischling geboren, zwischen dem männlichen Afrikanischen Elefanten „Jumbolino“ und der Asiatischen Elefantin „Sheba“ . Das männliche Jungtier „Motty“ wurde von seiner Mutter angenommen, starb aber am 11. Lebenstag.

Höchstalter in Menschenobhut. Asiatische Elefanten selten mehr als 50 Jahre, häufige Todesfälle zwischen 40. und 50. Lebensjahr (oft infolge Störungen des Zahnwechsels nach dem Erscheinen des 6. Backenzahns). In Zoos hat nachweislich noch kein Tier das 70. Lebensjahr erreicht, wenngleich von einem männlichen Tier berichtet wurde, das im Tapei Zoo 86 Jahre alt geworden sein soll. Ältester Asiatischer Elefant in einem Holfäller-Camp in Myanmar mit 79½ Jahren. Afrikanischer Steppenelefant 57, Afrikanischer Waldelefant fast 39 Jahre.

14
Ordnung Sirenen (Sirenia)

Auch Seekühe genannt. Stark spezialisierte, wasserlebende Pflanzenfresser. Durch gemeinsame Ahnengruppe (Condylarthra) nach bisherigen Erkenntnissen mit Schliefern (inzwischen umstritten) und Elefanten verwandt. Paläogene Vorfahren aus dem Mittelmeer und karibischen Raum, später aus anderen Teilen des Atlantiks und Pazifiks bekannt.

Gestalt plump, spindelförmig, Kopf stumpfschnauzig, Zwischenkieferknochen verlängert und mit dem Oberkiefer vor dem Unterkiefer nach unten abgekippt. Im vorderen Ober- und Unterkiefer hornige Reibplatten. Oberlippe über Unterlippe seitlich herabhängend, kurz beborstet. Augen klein, Ohrmuscheln fehlen oder nur als Falte angedeutet. Kopf und Hals nicht vom Rumpf abgesetzt, unterseits im Kehlbereich einige Hautfalten. Vordergliedmaßen flossenartig, von 5 Fingern gestützt, Hintergliedmaßen bis auf kleine bindegewebige, mit der Rumpfwirbelsäule verbundene Beckenreste verschwunden. Am Schwanzende flächig verbreiterte, horizontal gestellte, nicht durch Knochen gestützte Endflosse. Haut über Unterhautfettmantel derb, lederartig, von vereinzelten Tastborsten und wenigen einzelnen Haaren abgesehen, nackt.

Verbreitung. Mit 1 Ausnahme tropische Gewässer der Erde.

2 Familien, 3 Gattungen, 4 rezente Arten, 1 weitere, im nachfolgenden Text erwähnte Art wurde vor etwa 250 Jahren ausgerottet.

Familie Rundschwanz-Sirenen (Trichechidae)

Auch Manatis oder Lamantins: Länge bis 3,5 m, Gewicht bis 1,2 t. Körper walzenförmig. Kopf von der Schnauze etwas faltig abgesetzt, Augen klein, Ohrmuscheln fehlen, Nasenlöcher verschließbar, bewegliche Oberlippe tief dreigeteilt mit zahlreichen borstenartigen Tasthaaren. Obere und untere vordere Kieferteile mit verhornten Reibeplatten, Schneidezähne nur bei Jungtieren, Eckzähne fehlen, in den hinteren Ober- und Unterkieferhälften bis 12 wurzellose, querhöckrige Backenzähne, davon jeweils 5–6 funktionsfähig. Zahnreihe wandert ähnlich wie die Einzelzähne der Elefanten nach vorn, wo abgenutzte, älteste Zähne ausfallen, während am hinteren Ende der Zahnleiste neue nachwachsen. Nur 6 Halswirbel anstatt der bei Säugtieren üblichen 7. Vorderflossen meist mit Nägeln, Hintergliedmaßen völlig rückgebildet. Schwanz in spatelförmige, abgerundete quer gestellte Flosse umgebildet. Haut derb und dick, fast nackt und nur spärlich behaart, geringes Unterhautfettgewebe. Langsamer, niedriger Stoffwechsel (Anpassung an energiearme Pflanzennahrung). 2 brustständige Zitzen führten zu dem Namen „Meerjungfrau“, die entsprechend antiker Sagen den damaligen Seeleuten als „Sirenen“ mit ihrem Gesang Unheil brachten.

Verbreitung. Küsten und Flussgebiete des mittleren Westafrikas und des östlichen Amerikas von den Südstaaten der USA über die Karibik bis Brasilien.

1 Gattung, 3 Arten.

Manatis (*Trichechus*): Haut über dem Rücken dicker (5 cm) als am Bauch (1 cm), Hautfarbe oberseits dunkelgrau bis bräunlich grün, unterseits aufgehellt, beim Männchen Schwanzflossenhinterrand stärker gekrümmt, Vorderflossen länger als beim Weibchen. **Afrikanischer Manati** (*T. senegalensis*): graublau, Vordergliedmaßen mit Nagelresten. Westafrikanische Küste

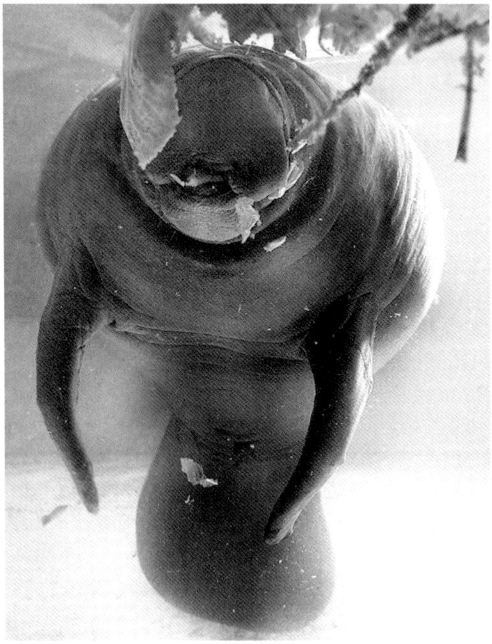

Abb. 14.1 Wasserverschmutzung, Sportboote und Bejagung gefährden den Nagelmanati (*Trichechus manatus*).

von Senegal bis Angola einschließlich landeinwärts führender Flusssysteme (z. B. Schari-Fluss und Niger-Strom 2000 km flussaufwärts bis ins Binnendelta und zum Tschadsee). – **Nagelmanati** (*T. manatus*): graublau, Vordergliedmaßen ebenfalls mit Nagelresten. 2 bisherige Unterarten: Karibik-Manati (*T. m. manatus*) und Florida-Manati (*T. m. latirostris*) nicht mehr anerkannt. Flussmündungen und Küstengewässer von Karibikinseln bis Nordostbrasilien und den Südoststaaten der USA. – **Flussmanati** (*T. inunguis*), auch Amazonas-Manati: bräunlich grün, am Bauch aufgehellt, keine Nagelreste mehr an den Vordergliedmaßen. Süßwasserbewohner des oberen und mittleren Amazonasbeckens, des oberen Orinokos sowie 1 isolierte Population im Essequibo in Guyana.

Gefährdungsstatus. Bestand im natürlichen Verbreitungsgebiet durch wasserbauliche Maßnahmen, Wasserverschmutzung, Sportboote und Jagd bedroht, besonders Flussmanati und der im Süden der USA (Florida) geschützte Nagelmanati sowie der Afrikanische Manati gefährdet. Für das restliche natürliche Verbreitungsgebiet des Nagelmanatis aus der Karibik und von der Ostküste des nördlichen Südamerikas liegen keine verlässlichen Bestandszahlen vor. EEP für Nagelmanati im Tiergarten Nürnberg.

Familie Gabelschwanz-Sirenen (Dugongidae)

Auch Dugongs. Schwanzflosse dreieckig, seitlich spitz zipfelig. Vordergliedmaßen ohne Nägel. Obere Schneidezähne (I2) der Männchen und einiger alter Weibchen stoßzahnähnlich, restliche Schneidezähne und Vorbackenzähne nur rudimentär angelegt bzw. fallen frühzeitig aus, einzige funktionsfähige Backenzähne sind M2 und M3. Kein Zahnwechsel wie bei Manatis. Knöcherner Gaumen mit faserigem Horn ausgekleidet, dessen Fortsatz auch bei geschlossenem Maul aus diesem herausragt. Unterkiefer und vordere Zungenteile gleichfalls verhornt. Oberlippe mit weniger Borsten, Haut fast völlig nackt, braun bis grau.

Verbreitung. Indischer Ozean und Südpazifik von der ostafrikanischen Küste bis Nordostaustralien und Neuguinea, einst auch arktischer Pazifik.

Je 1 ausgestorbene und rezente Art mit eigener Gattung.

Seekühe (*Hydrodamalis*). **Stellers Seekuh** (*H. gigas*) †: mit bis zu 8 m Länge größte und schwerste Art der Ordnung. Letzte Tiere 27 Jahre nach der Entdeckung 1768 auf den Kommandeurs-Inseln im Beringmeer ausgerottet.

Dugongs (*Dugong*): **Dugong** (*D. dugon*), auch Gabelschwanzseekuh: Länge bis reichlich 3 m, bis 400 kg schwer. Färbung je nach Alter blauschwarz bis schiefergrau (erwachsene Tiere), braungrau (Halbwüchsige), hellbraunweißlich (Jungtiere). Indischer Ozean und Südpazifik vom Roten Meer entlang der ostafrikanischen Küste bis zu den Komoren und Madagaskar, Küstengewässer West- und Südindiens, Hinterindiens, Südchinas, zwischen Sumatra und Borneo, den Philippinen, Nordaustraliens und Neuguineas.

Gefährdungsstatus. Bestand von Dugong im natürlichen Verbreitungsgebiet gefährdet, gebietsweise extrem gefährdet, z.B. selbst im Nationalpark Bazaruto-Archipel vor Mosambik.

Lebensweise. Tagtiere, nur Dugongs in stark bejagten Gebieten Dämmerungs- und Nachttiere. Lebensraum seichte, trübe, tropische Küstenmeere (Dugong nicht in Flussmündungen, reine Salzwasserbewohner), flache, trübe Buchten an tropischen und subtropischen Meeresküsten, Flussmündungen, Brackwassersumpfgebiete, meernahe Flussunterläufe, Süßwasserseen (Afrikanischer Manati und Nagelmanati, beide nie auf offenem Meer, aber unempfindlich gegen unterschiedlichen Salzgehalt des Wassers), Überschwemmungsgebiete und angrenzende Sumpfgebiete sowie Mittel- und Oberläufe tropischer Ströme (Flussmanati, ausschließlich Süßwasserbewohner), einst auch felsige, riffreiche Inselküsten arktischer Meere (Stellers Seekuh). Keine besonderen Ansprüche an Sichtverhältnisse im Wasser. Gesellig, selten Einzelgänger (Dugong), meist paarweise oder in kleinen Gruppen (oft mehrere Kühe gemeinsam, halbwüchsige Männchen längere Zeit in Junggesellentrupps) oder Familien (Mutter und Kind bleiben über 1 Jahr zusammen), vereinzelt aber auch in größeren Herden (Nagelmanatis im Winter, ostafrikanische Dugongs während der Trockenzeit oder an gemeinsamen Schlafplätzen). Selbst zur Paarungszeit bisher keine Auseinandersetzungen zwischen Männchen beobachtet, überaus friedfertig. Männchen und Weibchen sowie Weibchen und Junge halten eng zusammen, versuchen bei Gefahr einander Hilfe zu leisten. Mütter verteidigen ihre Jungen. Männchen beteiligt sich nicht an der Aufzucht. Bei Manatis zahlreiche Zärtlichkeitsgesten und Erwachsenenspiele. An Land hilflos, im seichten Wasser dagegen mittels der kräftigen Vordergliedmaßen, die Vor- und Rückwärtsbewegung ermöglichen, nicht unbeholfen. Im freien Wasser elegantes Schwimmen durch Auf- und Abschlagen der Schwanzflosse. Normalgeschwindigkeit von 5-10 km/h, bei Gefahr auch doppelt so schnell. Steuerung mittels Kopf und Vordergliedmaßen. Erwachsene Sirenen schwimmen häufig in Kiellinie hintereinander. Sirenen können auch senkrecht stehend und mit weit aus dem Wasser ragendem Kopf sichern. Sie paaren sich im Wasser bäuchlings, wobei die Männchen den Bauch des Weibchens umklammern. Jungtiere werden unter Wasser gesäugt, manchmal halten die Mütter dabei das Junge mit den Vorderbeinen leicht fest. Tauchdauer beim Schlafen bis zu 15 Minuten, bei Futteraufnahme oder leichter Bewegung 1-2 Minuten. Seekühe sind weitgehend sesshaft, Dugongs wandern aber bei Nahrungsmangel und nicht optimalen Temperaturen, mitunter auch aus unbekanntem Anlass über größere Strecken (100-600 km in wenigen Tagen).

Nahrung. Dugongs: Seegras und dessen Wurzeln, aus denen Schlamm und Schmutz durch Kopfschütteln herausgeschleudert werden, gelegentlich Meeresalgen. Manatis: Wasserpflanzen aller Art (z.B. Wasserhyazinthen) aus See-, Brack- und Süßwasser, Sumpfpflanzen, Gras in Überschwemmungsgebieten. Fressen im Uferbereich auch Pflanzen vom Land. Nagelmanatis wurden dabei beobachtet, wie sie Fische fraßen, die sie sich aus Fischernetzen holten und in seltenen Fällen auch Krebse, Muscheln und andere wirbellose Tiere konsumierten. Afrikanische Manatis sind eher Allesfresser, da sie regelmäßig auch Muscheln fressen (bis zu 10 % der Nahrungsmenge).

Haltung von Sirenen

In Tiergärten werden Sirenen gegenwärtig immer noch selten gezeigt, in Europa Nagelmanatis aus dem karibisch-südamerikanischen Raum in mehreren Zoologischen Gärten (z.B. Arnheim, Beauval, Nürnberg, Odense, Randers), teilweise schon in 2. Generation. In den USA fast nur Tiere von der Südostküste der USA. Flussmanatis äußerst selten in einigen südamerikanischen Zoos (z.B. Maracaibo) gezeigt. Für Afrikanische Manatis wohl nur wenige Haltungen in asiatischen Zoos und Schauaquarien. Dugongs werden in Tiergärten äußerst selten und nur in Südostasien, Japan und Australien gezeigt, z.B. in Großaquarien wie Singapur Underwater World, Sea World Australia, Queensland und Toba Aquarium. Grund dafür sind ihre speziellen Anforderungen an Unterkunft und Ernährung. Die Haltung ist außerdem finanziell aufwendig (beträchtliche Kosten für Heizung, Filterung, Wasser und Abwasser). Außerdem wird ihre Attraktivität für Zoobesucher unterschätzt.

Unterkunft. In den Tropen und Subtropen Freianlagen, sonst im Warmhaus und nur bei geeigneten Temperaturen während der warmen Jahreszeit auch im Freien. Becken sollten tieferes Wasser zum Schwimmen und Flachwasserzonen zum Ausruhen aufweisen. Zusätzlich möglichst Behandlungsbecken. Wassertemperatur nicht unter 20 °C (bei Temperaturen darunter Gefahr von Erkältungskrankheiten, insbesondere der Luftwege). Temperaturoptimum 23–28 °C, bei Temperaturen über 32 °C Gefahr von Überhitzung. Raum- bzw. umgebende Lufttemperaturen stets über 15 °C, Staubfreiheit und hohe relative Luftfeuchtigkeit erforderlich. Für Flussmanatis Süßwasser erforderlich. Haltung der übrigen Manatis, z.B. in Miami, erfolgreich in 2%igem Brackwasser, vertragen aber auch Süßwasser problemlos. Für Dugongs Seewasser unbedingt erforderlich (Massensterben 1954, als Salzgehalt in der zwischen Indien und Sri Lanka liegenden Palk-Bay durch heftige Regengüsse eines Zyklons vermindert wurde). Wasserwechsel oder Filterung erforderlich, um Wasser sauber zu halten, da große Mengen Kot ins Wasser abgesetzt werden. Beckenreinigung je nach Verschmutzungsgrad. Algenbildung im Wasser nicht mit Kupfersulfat bekämpfen.

Umgang. Manatis und Dugongs gewöhnen sich schnell an vertraute Pfleger, werden zahm, kommen nach kurzer Zeit an den Beckenrand und lassen sich aus der Hand füttern. Dies sollte durch Training gefördert werden, um bei Bedarf gezielt Vitamine, Mineralstoffe oder Medikamente verabreichen zu können. Um ein Veralgen der Haut zu verhindern, Tiere etwa einmal wöchentlich mit kräftiger Bürste scheuern, was von den Tieren offensichtlich als angenehm empfunden wird. Besonders einzeln gehaltene oder Jungtiere spielen mit dem Pfleger, wenn dieser zu ihnen ins Wasser geht. Transport ähnlich wie bei Delphinen. Transportbegleitung durch Fachpersonal ratsam. Seekühe werden etwa zu 3 Viertel im Wasser liegend transportiert, um den Druck auf die Bauchseite zu mindern und ein Austrocknen der Haut zu verhindern (Wassertemperatur 20–30 °C). Bei längerem Liegen auf dem Trockenen schleimig schlieriger Augenausfluss. Nach Transporten und Umsetzungen manchmal Nahrungsverweigerung von 4- bis 9-wöchiger Dauer.

Fütterung. Dugongs lassen sich schlecht in der Ernährung umstellen, fressen vorwiegend Seegräser, daneben Kopfsalat, in 1 Fall Süßkartoffelkraut. Für Manatis als Ersatznahrung vorwiegend frisches Gras (besonders Weidelgras) und Salate (z.B. Kopfsalat, Chicorée, Endivien, Chinakohl). Kohlarten maximal 1 kg pro Tag und Tier (z.B. Rosenkohl, Grünkohl, Blumenkohl), um zu starke Verdauungsgasentwicklung zu vermeiden (Beifütterung von Fenchel wirkt dem entgegen). Darüber hinaus Petersilie, Karotte, alle blättrigen und fleischigen Gemüse (z.B. Gurke, Zucchini, Aubergine), frischer Klee und Luzerne, auch Obst, sogar Kartoffel, Tomate, Melone, Klee- und Luzerneheu. Falls verfügbar, auch viel Wasserpflanzen (Brunnenkresse, Wasserpest usw.). Als Ernährungsergänzung zur Verabreichung von Hand täglich 1,5 kg zu Kugeln geformter Brei aus 2 Tage lang eingeweichtem Mais und Weizen, Haferflocken, Kleie, Kälberkorn und Insektenfutter. Bei Bedarf lassen sich Vitamine oder Spurenelemente zusetzen. Beobachtet wurde die Aufnahme von totem Fisch (Futter für im gleichen Becken lebende Wasserschildkröten). Tägliche Futterration je nach Alter 7,5–30 kg, meist 20–30 kg. Wenn Fisch genommen wird, etwa 200 g pro Tag. Fütterung in weitmaschiger Überwasserraufe, frei auf der Wasseroberfläche verteilt oder auch in schwimmendem Holzlattenrost. Zusätzliche Gaben von Vitaminen, besonders an Weibchen vor und nach der Geburt, haben sich als günstig erwiesen. In Nürnberg erhalten Mütter von Nagelmanatis täglich 10 g Vitamin A (WdT; 60000 i.E. Retinolacetat, 40000 i.E. Retinolpalmitat), 20 g MV + Se (300000 i.E. Vitamin-A-Palmitat, 460000 i.E. Vitamin-A-Acetat, 1,2 mg Selen), 5 Tabletten Ephynal (500 mg Vitamin-E-Acetat), 5 Tabletten Vitamin A + E ratiopharm (125000 i.E. Vitamin A, 350 mg Vitamin E) und 5 g Kochsalz.

Vergesellschaftung. Haltung über eine längere Zeitspanne nicht einzeln, sondern mindestens paarweise oder besser in kleinen Gruppen. Teilweise enge Bindung zwischen den Tieren. Untereinander sehr verträglich. Zur Kennzeichnung von Einzeltieren individuelle Markierung durch Transponder. Seekühe werden in mehreren Zoos mit anderen Tiergruppen vergesellschaftet, z.B. mit Fischen, Schildkröten, Pinguinen, Pelikanen oder sogar Seelöwen (Zoo Singapur). Eine Vergesellschaftung mit Kaltblütern kann riskant sein (Gefahr tödlich verlaufener Fälle der Übertragung von Tuberkulose, *Mycobacterium cheloniae*, auf Sirenen).

Fortpflanzung und Zucht. 1937 1. Geburt eines Nagelmanatis im Bayfront Park, Miami, Weibchen kam jedoch bereits tragend in den Zoo. Nach weiteren ähnlichen Geburten 1. Empfängnis in Menschenobhut mit nachfolgender Geburt 1975 im Miami Seaquarium, in Europa Erstgeburt 1977 in Amsterdam. Erstgeburt eines Flussmanati 1999 in Manaus. Von Afrikanischen Manatis und von Dugongs keine Geburten in menschlicher Obhut bekannt.

Fortpflanzungsbiologische Erkenntnisse bisher vor allem über Nagelmanatis. Ganzjährig fortpflanzungsfähig. Trächtigkeit kann zu vermehrter Futteraufnahme des Weibchens führen, ist aber schwer feststellbar. 3–4 Wochen vor der Geburt kann manchmal eine Genitalschwellung, 1–2 Wochen vorher ein Anschwellen der Milchdrüsen und 2–3 Tage vorher ein Austritt von Milch festgestellt werden. Tragzeit knapp 12 Monate.

Geburt im Wasser. Bei Nagelmanatis meist 1 1,10–1,30 m langes und 25–30 kg schweres Junges (von vermutlich untergewichtigen Zwillingen im Tierpark Berlin wogen eine Totgeburt 7,85 kg und ein lebendes Jungtier 13,80 kg). Zwillingsgeburten selten, erstmals in Menschenobhut 1986 in Nürnberg. Neugeborene können sofort schwimmen und tauchen. Junge Nagelmanatis sind etwas dunkler als die Mutter, beginnen normalerweise spätestens am 2. Lebenstag an dem achselständigen Zitzenpaar zu saugen, anfangs mehrmals in der Stunde.

Jungtiere bei Flussmanatis nur 80–90 cm lang und 8–10 kg schwer. Bald nach der Geburt werden Weibchen wieder brünstig. Geburtsgrößen und Häufigkeit von Zwillingsgeburten bei Dugongs und Afrikanischem Manati nicht bekannt. Etwa 1-jährige Dugongs waren 1,50 m lang und 70 kg schwer. Tragzeit vermutlich 13–14 Monate, Geburtsgewicht 25–40 kg. Erste feste Kost nach etwa 3 Monaten. Anfangstauchdauer 1 Minute, nach 1 Woche 3–4 Minuten, später noch länger. Sowohl bei Nagelmanatis, als auch bei Flussmanatis Adoption beobachtet. Bei gut harmonierenden Gruppen muss die Mutter nicht separiert werden. Geschlechtsreife mit 3–5 Jahren. Fortpflanzungsfähigkeit bei Nagelmanatis bis zu einem Alter von über 30 Jahren nachgewiesen.

Künstliche Aufzucht 1957 erstmals im Miami Seaaquarium gelungen, in Europa erstmals 1981 in Nürnberg. Mutter hatte Jungtier nicht angenommen, obwohl dieses zielgerichtet nach den Zitzen gesucht hatte. Milchzusammensetzung einer Einzelprobe vom Nagelmanati: Trockensubstanz 29,5 %, Fett 19,8 %, Eiweiß 9,4 %, Kohlenhydrate 0,5 %. Da die natürliche Muttermilch nur sehr wenig Laktose enthält, muss auf milchzuckerarmes Milchpulver geachtet werden. Der Nürnberger Flaschensäugling erhielt alle 2 Stunden Milchersatz folgender Zusammensetzung: 450 ml Fencheltee, 3 Eier, 100 g Nestle Milchpulver AL 110 (14 g Eiweiß,

25 g Fett, 55,5 g Maltodextrin, 170 mg Na, 600 mg K, 450 mg Ca, 300 mg P, 370 mg Cl, 50 mg Mg, 6 mg Fe, 1500 i.E. Vitamin A, 300 i.E. Vitamin D_3, 6 mg Vitamin E, 41 µg Vitamin K, 41 µg Vitamin C, 0,3 mg Vitamin B_1, 0,7 mg Vitamin B_2, 0,4 mg Vitamin B_6, 1,1 µg Vitamin B_{12}, 11 µg Biotin, 3,8 mg Niacin, 45 µg Folsäure, 2,3 mg Pantothensäure), dazu 3 Tabletten Calcipot D_3 (720 mg Calciumcitrat x 4 H_2O, 240 mg Calciumhydrogenphosphat x 2 H_2O, 22,5 µg Vitamin D_3), 0,3 ml Vigantol (0,333 mg Colecalciferol-Cholesterin = 2000 i.E. Vitamin D_3), 3 Tabletten Vitamin A+E ratiopharm (75000 i.E. Vitamin A, 210 mg Vitamin E), 3 Tabletten Ephynal (300 mg Vitamin-E-Acetat) sowie 3 g Kochsalz, 45 ml Mazola-Öl, 60 g Becel-Margarine, 30 ml Boviserin. Später zur Umstellung auf feste Kost anfangs Maiskeimlinge und zarte Gräser.

Höchstalter in Menschenobhut. Nagelmanati „Snooty“ 2017 im Alter von 69 Jahren gestorben (war beim Ableben gesund und in guter Kondition, lebte in Bradenton, Florida, geboren am 21.07.1948 im Miami Sea-Aquarium), Flussmanati 35¼, Afrikanischer Manati über 15¼ Jahre, 0,1 Dugong 30 Jahre (Zoo Surabaya).

15
Ordnung Gepanzerte Nebengelenktiere (Cingulata)

Seit 2016 zeichnen sich Tendenzen ab, die Ordnung der Cingulata in 2 Familien, die Langnasengürteltiere (Dasypodidae) und die Chlamyphoridae aufzuteilen Letzterer werden die Vertreter der Borsten- und Kugelgürteltiere zugeordnet. Die Cingulata zeichnen sich durch einen Rückenpanzer aus. Ihre Wirbelsäule ist durch zusätzliche Gelenke an den letzten Brust- und Lendenwirbeln verfestigt, Becken und Kreuzbein sind massiv miteinander verschmolzen.

Verbreitung. Süd- und Mittelamerika bis südliche USA.

1 Familie, 3 Unterfamilien, 9 Gattungen, 22 Arten.

Familie Gürteltiere (Dasypodiae)

Gestalt plump, gedrungen. Kopf langgestreckt dreieckig, spitzschnauzig. Ohren oft groß. Rumpf kurz, brotlaibförmig, Beine kurz, kräftig, mit langen, schmalen Krallen. Schwanz meist lang. Körperseiten und Rücken sind von einem Knochenhornpanzer umgeben, der aus vieleckigen, fest zusammengefügten, oberseits später verhornenden Knochenplatten besteht, die in der Lederhaut gebildet wurden. Der Panzer besteht zumeist aus 3 starren Teilen, dem Kopf-, Schulter- und Beckenpanzer. Zwischen Schulter- und Beckenpanzer gegeneinander bewegliche, an der Bauchseite offene, reihenweise wie Gürtel angeordnete Panzerbänder, zwischen denen aus der sie verbindenden Haut oft lange Borsten hervorragen. Kehle, Bauch und Hinterseite der Gliedmaßen ungepanzert, oft langborstig behaart. Vorderseite der Gliedmaßen und Schwanz von zahlreichen kleineren, mehr oder minder fest miteinander verbundenen, verhornten Hautknochenplättchen überzogen. Schwanz kann auch in einer Panzerscheide aus ringförmigen, hornüberzogenen Hautknochen stecken. Zahnzahl teilweise sogar innerartlich individuell sehr verschieden (28 bis fast 100 Zähne). Zähne dauerwachsend, Zahnwechsel nur bei Weichgürteltieren nachgewiesen. Rippen und Brustbein total verknöchert, kein Knorpel, Wirbel der Hals- und Lendenregion teilweise miteinander verwachsen. Männchen mit langem Penis, Hoden in der Bauchhöhle liegend, Uterus simplex. Ausgestorbene Verwandte bis fast nashorngroß.

Verbreitung. Südliche USA über Mittelamerika bis Südchile und Südargentinien.

Unterfamilie Weichgürteltiere (Dasypodinae)

1 Gattung, 8 Arten.

Weichgürteltiere (*Dasypus*), auch Langnasengürteltiere: Panzer elastisch, aufgewölbt, leicht, dünn, 6–11 Gürtel, Zahl kann innerhalb einer Art schwanken, hochbeinig, Schwanz sehr lang. Vom südlichen Nordamerika (hier eingebürgert) über Mittel- und Südamerika bis Mittelargentinien, temperate und tropische Wälder, Savannen und Uferbereiche der Nearktis und neotropische Regionen. **Neunbindengürteltier** (*D. novemcinctus*): 6 Unterarten. Süden der USA, Mittelamerika mit den Kleinen Antillen, Trinidad und Tobago, Südamerika bis Nordargentinien. – **Siebenbindengürteltier** (*D. septemcinctus*): 3 Un-

Abb. 15.1 Trotz seines Namens kann beim Neunbindengürteltier (*Dasypus novemcinctus*) die Zahl der Segmente zwischen 7 und 11 betragen.

terarten. Amazonasbecken Brasiliens bis Bolivien, Paraguay und Nordargentinien. – **Nördliches Siebenbindengürteltier** (*D. sabanicola*), auch Savannengürteltier: Llanos in Venezuela und Kolumbien. – **Südliches Siebenbindengürteltier** (*D. hybridus*): Südbrasilien, Paraguay und Argentinien bis zum Rio Negro. – **Pelzgürteltier** (*D. pilosus*): inselartige Vorkommen in den Anden von 4 Provinzen Perus. – **Großes Langnasengürteltier** (*D. kappleri*): auch Kappler's Weichgürteltier: 2 Unterarten. Südamerika von Guayana bis Kolumbien, Amazonasbecken westlich bis Ecuador und Peru, südlich bis Nordbolivien und Ostbrasilien. – **Yepe's Gürteltier** (*D. mazzai*), auch Yungas Gürteltier: Gran Chaco von Paraguay bis Argentinien. – **Westamazonien-Gürteltier** (*D. pastasae*): westliches Amazonasgebiet und östliche Ausläufer der Anden.

Gefährdungsstatus. Bestand im Verbreitungsgebiet wohl noch gesichert, obwohl artverschieden regional teilweise gefährdet, Südliches Siebenbindengürteltier gering, Pelzgürteltier gefährdet.

Unterfamilie Borstengürteltiere (Euphractinae)

5 Gattungen, 5 Arten.

Eigentliche Borstengürteltiere (*Euphractus, Chaetophractus, Zaedyus*): Panzer flach, breit, 6–8 Gürtel, Schwanz gepanzert, Körper dichtborstig behaart. **Weißborstengürteltier** (*Euphractus sexcinctus*), auch Sechsbindengürteltier: 5 Unterarten. Ostbrasilien, Bolivien, Paraguay, Nordargentinien. Außerdem isolierte Population in Südsuriname und angrenzenden Teilen Nordbrasiliens. – **Braunborstengürteltier** (*Chaetophractus villosus*): Bolivien, Paraguay bis Mittelargentinien. – **Weißhaargürteltier** (*Ch. vellerosus*), auch Kleines Borstengüteltier: 2 Unterarten. Bolivien und Paraguay südlich bis Zentralargentinien. – **Zwerggürteltier** (*Zaedyus pichiy*): 2 Unterarten. Nördliches Mittelargentinien bis Südargentinien und Ostchile bis zur Magellan-Straße.

Gürtelmulle (*Chlamyphorus* und *Calyptophractus*): Gestalt maulwurfsartig. Panzer dünn, nur auf Kopf und Rücken, nach dem Kopfschild 23–25 Gürtel bis zu dem mit Becken und Wir-

Abb. 15.2 Braunborstengürteltiere (*Chaetophractus villosus*) züchten in Tiergärten häufiger, sind aber Störungen gegenüber empfindlich und verletzen oft ihre Jungen beim Herumtragen.

belsäule verwachsenen Beckenschild. Augen und Ohren winzig. Fell dicht, weißlich wollig. **Gürtelmull** (*Chlamyphorus truncatus*), auch Schildwurf: Mittelargentinien. – **Burmeister-Gürtelmull** (*Calyptophractus retusus*): Nordargentinien, Westparaguay, Südostbolivien.

Gefährdungsstatus. Bestand im Verbreitungsgebiet wohl noch gesichert, obwohl artverschieden regional teilweise bzw. gering gefährdet (Zwerggürteltier). Gürtelmull und Burmeister-Gürtelmull gefährdet.

Unterfamilie Kugelgürteltiere (Tolypeutinae)

3 Gattungen, 7 Arten.

Kugelgürteltiere (*Tolypeutes*): 2 Arten. Panzer hart, schwer, aufgewölbt, Brust- und Beckenschild breiter als Körper, 2–4 Gürtel. Kreuzbeinwirbelsäule starr und mit dem Becken verwachsen. Weisen Besonderheiten im Zahnaufbau auf. Bauchseite mit nur spärlichen Borsten. Südamerika von Guayana über Brasilien bis Bolivien und Mittelargentinien. **Eigentliches Kugelgürteltier** (*T. matacus*), auch Südliches Kugelgürteltier: Ostbolivien und Südwestbrasilien über den Gran Chaco von Paraguay bis Argentinien. – **Dreibindenkugelgürteltier** (*T. tricinctus*), auch Nördliches Kugelgürteltier: Ost- und Zentralbrasilien von Bahia bis Pernambuco.

Nacktschwanzgürteltiere (*Cabassous*): 5 Arten. Schlanker Schwanz ungepanzert, schwach beschuppt. Zahnaufbau mit Besonderheiten. **Südliches Nacktschwanzgürteltier** (*C. unicinctus*): 2 Unterarten. Südamerika östlich der

Abb. 15.3 Das Eigentliche Kugelgürteltiere (*Tolypeutes matacus*) rollt sich zum Schutz vor Feinden zu einer allseits gepanzerten Kugel zusammen.

Anden von Kolumbien und Bolivien bis Zentralbrasilien. – **Nördliches Nacktschwanzgürteltier** (*C. centralis*), auch Mittelamerikanisches Nacktschwanzgürteltier: Mexiko bis Kolumbien und Nordwestvenezuela. – **Chaco-Nacktschwanzgürteltier** (*C. chacoensis*), auch Kleines Nacktschwanzgürteltier: Westparaguay und Nordwestargentinien. – **Großes Nacktschwanzgürteltier** (*C. tatouay*): Uruguay, Südbrasilien, Südostparaguay, Nordostargentinien. – **Cerrado-Nacktschwanzgürteltier** (*C. squamicaudis*): Ostbolivien und Ostparaguay bis mittleres Brasilien, Cerrado und offene Landschaften.

Riesengürteltiere (*Priodontes*): 1 Art. Mit den Nacktschwanz-Gürteltieren verwandt, obwohl Schwanz gepanzert, bis 50 kg schwer, Panzer hart, schwer, flach, 3. Zehen der Vorderfüße mit außergewöhnlich langen, platten Krallen. **Riesengürteltier** (*P. maximus*): südliches Mittelamerika über Südamerika östlich der Anden bis Mittelargentinien.

Gefährdungsstatus. Riesengürteltier und Dreibindenkugelgürteltier gefährdet.

Lebensweise. Dämmerungs- und Nachttiere, doch Neunbindengürteltiere und manche Borstengürteltiere während der kühlen Jahreszeit besonders in der Mittagswärme aktiv. Kugelgürteltiere sind reine Tagtiere. Lebensraum bewaldete, leicht sumpfige Bach- und Flussuferlandschaften (Neunbindengürteltier), lichte Wälder und Urwälder (Nacktschwanzgürteltiere), lichter Wald und Buschwald, Baum- und Buschsavanne (Riesengürteltier, Kulturflüchter!), offenes Grasland (Kugelgürteltiere), Küstendünen (Zwerggürteltier), trockene, sandige, dornbuschbestandene, wüstensteppenartige Pampa (Gürtelmull). Vorwiegend auf Zehenspitzen laufende Bodenbewohner, flüchten bei Gefahr in schnellem Trab oder Galopp, graben sich teilweise sehr schnell sogar in festen Boden ein, kugeln sich dabei auch ein und stemmen sich gegen die Wände gegrabener Bodenvertiefungen. Kugelgürteltiere rollen sich zu einer allseits panzerumschlossenen Kugel zusammen, graben sich nicht ein. Neunbindengürteltiere schlucken Luft in Magen und Darm, um schwimmen zu können. Gürtelmull ist ein Bodengräber wie Maulwürfe. Bei vielen Arten ist die Regulierung der Körpertemperatur unvollkommen, diese sinkt bei Unterschreitung bestimmter Außentemperaturen (Neunbindengürteltier unter 16 °C) ab. Tod durch Unterkühlung möglich. Bei Zwerggürteltieren vermutlich Winterschlaf. Gesichtssinn wenig leistungsfähig, kein Farbsehen. Hauptsinnesorgan ist der Geruchssinn, dient vor allem der Nahrungssuche. Daneben Wahrnehmung feinster Bodenerschütterungen. Ungesellige Einzelgänger, die nur zur Paarung wenige Stunden beisammen bleiben. Ruheplätze in laub- und grasgepolsterten Kesseln selbst gegrabener Erdhöhlen, zu denen 2 m (Borstengürteltiere) bis 7 m (Weichgürteltiere) lange Gänge führen. Baue nicht selten mit 2 oder mehreren Ausgängen (Neunbindengürteltier). Kessel von Nacktschwanzgürteltieren oft bis in 5 m Tiefe. Ortstreue Arten (Neunbindengürteltier) mit mehreren Bauen im Revier, die wechselweise benutzt werden. Nicht ortstreue Borstengürteltiere graben jeweils nur 1 Bau. Baue von Neunbindengürteltieren vorwiegend unter Bäumen, von Nacktschwanz- und Riesengürteltieren am Fuß von Termitenbauen, von anderen Arten im freien Gelände.

Nahrung. Insekten, Schnecken, Würmer und andere Wirbellose, kleine Amphibien, Reptilien, Säuger und Vögel, einschließlich Eier, vereinzelt auch Aas und unterirdische Pflanzenteile. Riesen- und Nacktschwanzgürteltiere sind Ameisen- und Termitenfresser, zerbrechen mit ihren Grabklauen die betonharten Termitenbaue, fangen ihre Beute mit der langen, klebrigen Zunge, nehmen aber auch Insekten, Spinnen und Würmer.

Haltung von Gürteltieren

In Zoos werden heute vorwiegend Neunbindengürteltiere und Südliches Kugelgürteltier gehalten, selten auch und Sechsbindengürteltier und Dreibindenkugelgürteltier. Sie gelten fälschlicherweise als wenig besucherattraktiv, daher werden sie nicht häufig gezeigt. Außerdem sind sie nicht winterhart, kälte-, zug- und nässeempfindlich, somit hinsichtlich der Unterbringung durchaus anspruchsvoll.

Unterkunft. Ideal in Nachttierhäusern, da sehr leicht im Aktivitätsrhythmus umzustellen (Art des Dämmerlichts gleichgültig, nachts Käfige sehr stark beleuchten). Bei konventioneller Haltung nur schwach belichtete Quartiere, da sonst, von einigen Aktivitätsphasen abgesehen, tagsüber fast immer schlafend. Raumbedarf wird meist unterschätzt, für 1 Paar nicht unter 10 m^2, für jedes weitere Tier zusätzlich 2 m^2. Unterkunft für grabende Arten mit festen Stahlbetonböden (als Untergrabschutz) und -wänden. (Ein Paar Riesengürteltiere hat 30 cm Betonboden durchbrochen!) Sichtflächenbegrenzung mit Maschendraht oder Stahldrahtgeflechten darf nicht bis zum Gehegeboden reichen, sondern muss auf einer etwa 70 cm hohen Sockelmauer (bei Riesengürteltieren entsprechend höher als bei den anderen Arten) mit glatter Innenwand und abgerundeten Ecken enden, da die Tiere sonst am Drahtgitter hochklettern, abstürzen und sich tödlich verletzen können. Günstiger ist stattdessen eine Glasscheibe auf einem Betonsockel. Als Bodenbelag meist Zementestrich, oft mit Kunstharzbeschichtung, darauf als Möglichkeit zum Graben partiell eine mindestens 40 cm hohe Einstreu aus Sand, Rindenmulch, Kokosfaser oder Hanfholzstreu. Als Gehegeeinrichtung zum Beschauer geöffnete, mit Heu gepolsterte, regensichere Schlafkiste. Badebecken wird gern angenommen und stark frequentiert, stets für frisches Wasser sorgen. Raumtemperaturen nicht unter 17 °C, in der Regel 20–23 °C. Relative Luftfeuchtigkeit bis 80 %. Im Sommer Aufenthalt auf Freianlagen mit Durchlauf zur Innenunterkunft möglich. Begrenzung mit glatten, 60–80 cm hohen Mauern oder Glasscheiben. Bodenflächen gegen Untergraben mit geeignetem Material sichern. Ausläufe meist besandet, manchmal auch mit Mutterboden bedeckt. Bei Kälteeinbrüchen und Regenperioden müssen die Tiere ins Warmhaus umquartiert werden. Gürtelmulle sind feuchtigkeitsempfindlich, Haltung wie Maulwürfe (siehe dort), aber in trockenen Wüstenterrarien.

Umgang. Unterkünfte täglich reinigen und Einstreu regelmäßig erneuern. Sparsame Verwendung von Wasser, da Gürteltiere oftmals nässeempfindlich sind. Beim Ergreifen Vorsicht walten lassen, Gürteltiere schnellen oft förmlich aus den Händen, fallen dann zu Boden, können sich dabei verletzen, verkriechen bzw. verklemmen sich auch in Ecken, unter Schränken, Heizkörpern, Wasserleitung usw. Große Arten wehren sich oft heftig mit den Krallen, wenn sie angehoben werden. Dennoch wegen möglicher Wunden oder Verletzungen an der Bauchunterseite tägliches vorsichtiges An- oder Ausheben und Kontrolle auf Blutungen bzw. Blutergüsse. Aus diesem Grunde möglichst häufiger Handkontakt, um so zahm gewordene Tiere an bestimmte Manipulationen, darunter auch das Ausheben, zu gewöhnen. Transport in heugepolsterten, eventuell mit Blech ausgeschlagenen Holzkisten.

Fütterung. Für Kugelgürteltiere eingeweichte Insektenfresserpellets möglich (z.B. Granovit) mit Gemüsemischungen, die kohlenhydratarm sind oder einen mäßigen Kohlenhydratgehalt haben, sowie Insektenschrot und Mehlwürmer oder alternativ Heuschrecken oder Schaben. Klassische Futtermischungen für Gürteltiere im Allgemeinen bestehen aus feinem Schabefleisch, gekochtem Ei, Quark oder Joghurt, gemahlenem Hundetrockenfutter, Gemüse, Luzernegrünmehl, Haferflocken sowie Heilerde zur Verdauungsregulation im Mixer zu einem Brei püriert, auch Kolibri-Mix. Um Zahnabnutzung zu gewährleisten, rohes, jedoch nur wenig Obst, besser Gemüse (Artischocke, Chinakohl, Fenchel, Lauch, Mangold, Mairübchen, Pak Choi, Paprika, Pastinake, Radicchio, Rettich, Radieschen, Schwarzwurzel, Sellerieknolle, Stangensellerie, Topinambur, Zucchinie) darunter mischen. Für Borstengürteltiere deshalb auch Getreidebeimischung. Gelegentlich Mehlwürmer, Grillen, Eintagsküken, tote Mäuse. Als Ergänzungsfutter bieten sich Aleckwa, Termant-

Tab. 15.1 Angaben zur Fortpflanzungsbiologie von Gürteltieren

Art	Paarungszeit (Monate)	Tragzeit (Tage)	Wurfzeit (Monate)	Wurfgröße (Anzahl)	Geschlechtsreife* (Monat)
Neunbindengürteltier	XI–XII	ca. 120	III–IV	4	6.
Eigentliches Kugelgürteltier	VI–IX	ca. 120	X–I	1	
Weißborstengürteltier	I–XII	60–65 (74?)	I–XII	1–3	9.
Braunborstengürteltier	I–XII	60–65	I–XII	1–2	9.

* Ungewöhnlich frühe Geschlechtsreife beim Siebenbindengürteltier: Spermiogenese und lebende Samenzellen nach Paarungsverhalten bei 11–12 Wochen alten Männchen nachgewiesen

Ameisenbärenfutter von Marzuri und das Claus-Kleinsäugerfutter an. Mineralstoff- und Vitaminzugaben nur während des Wachstums notwendig, allerdings werden auch für erwachsene Tiere wegen Blutungsneigung regelmäßige Vitamin-K_1-Gaben empfohlen. Gezielte Verabreichung z.B. von naturbelassenem Joghurt, das zusätzlich Vitamin-K-synthetisierende Laktobazillen enthält. Täglich 1–2 Mahlzeiten, Hauptmahlzeit spät nachmittags. Gesamtfuttermenge 300–500 ml pro Tier und Tag. Verschiedene Gürteltier-Arten neigen zu Fettansatz.

Vergesellschaftung. Einzelgänger, aber Haltung der meisten Arten auch in Paaren oder Kleingruppen möglich. 2 oder mehr Männchen vertragen sich nur in Abwesenheit von Weibchen. Mehrere Weibchen in wenig geräumigen Unterkünften auch nicht immer verträglich. Gemeinschaftshaltung vor allem in Nachttierhäusern oder entsprechenden modernen Klimahäusern mit vielen anderen Arten möglich, bevorzugt mit Baumbewohnern oder verträglichen anderen Bodentieren, z.B. mit Krallenaffen, Fledermäusen, Baumstachlern, Baumhörnchen oder Vögeln. Die früher gelegentlich praktizierte Gemeinschaftshaltung von Gürteltieren mit Kapuzinerartigen wird heute abgelehnt, da die großen Affen die Gürteltiere nicht nur drangsalieren, sondern auch mit Kot beschmutzen.

Fortpflanzung und Zucht. Zucht vereinzelt erfolgreich, besonders häufig beim Braunborstengürteltier und Kugelgürteltier. Die erfolgten Würfe bei Neunbindengürteltieren sollen alle in der Natur gezeugt worden sein. Eine Ausnahme davon macht ein Wurf, der sich 2002 in Magdeburg ereignete und der mit Sicherheit in Menschenobhut gezeugt wurde. Vor der Paarung oft längeres Treiben. Paarungen werden selten beobachtet, meist nachts. Trächtigkeitszeichen nur selten deutlich. Zunahme des Leibesumfangs, 1–3 Wochen vor der Geburt schwellen die beiden brustständigen Zitzen an (Weichgürteltiere mit zusätzlichem leistenständigen Zitzenpaar). Strittig, ob tragende Weibchen isoliert werden sollen. In Poznan hat sich bei Braunborstengürteltieren die ständige Anwesenheit des Männchens positiv auf die Aufzuchterfolge ausgewirkt. Auch in Heidelberg war bei der Geburt und Aufzucht eines Eigentlichen Kugelgürteltieres das Vatertier zugegen. Dicht mit Heu gefüllte Wurfbox anbieten und zusätzlich größere Mengen Heu zum Bau eines Wurfnestes bereitstellen (Heunest eines Braunborstengürteltieres 40 cm hoch, 70 cm im Durchmesser, mit Eingangsröhre und 2 Schlafkammern). Nach dem Wurf keine Störung, lediglich, falls noch anwesend und Unruhe bei der Mutter auslösend, Artgenossen entfernen. Keine lauten Geräusche, nervöse Reaktion der Tiere auch auf fremde Stimmen. Beunruhigte Weibchen tragen Junge im Maul umher, dabei kein geordneter Tragegriff, Junge werden am Kopf, an den Gliedmaßen oder am Leib gefasst. Große Verletzungsgefahr. Angaben zur Fortpflanzungsbiologie von Gürteltieren in Tabelle 15.1. Ergänzend dazu: Wurfgröße bei Riesengürteltier und Nacktschwanzgürteltieren 1–2, bei Zwerggürteltier 2 (1–3) Junge.

Tab. 15.2 Angaben zur Jugendentwicklung von Gürteltieren

Art	Geburtsgewicht (g)	Augenöffnung (Tag)	erste feste Kost (Tag)	Säugezeit (Wochen)
Neunbindengürteltier		20.–26.	21.–26.	6–7
Kugelgürteltier	100–120	21.–22.		
Weißborstengürteltier	95–115	22.–25.	ca. 30.	
Braunborstengürteltier	100–145	23.–30.	39.–44.	7–8

Bisher in Menschenobhut erhobene Befunde zur Fortpflanzungsbiologie sind nicht identisch mit früheren Literaturangaben. Jungenzahl nicht selten ungerade, Mehrlingswürfe beim Sechsbindengürteltier und Braunborstengürteltier nicht stets gleichgeschlechtlich, demzufolge auch nicht eineiig wie beim Neunbindengürteltier, bei dem nach einer Vierteilung der Eizelle 4 Keimlinge entstehen, die eine 14- bis 16-wöchige Keimlingsruhe durchmachen. In der sich anschließenden 4-monatigen Tragezeit entwickeln sich 4 gleichgeschlechtliche Junge. Tragzeitangaben für Weich- und Kugelgürteltiere mit 7½ bzw. 5–6 Monaten werden als verlängerte Tragzeit mit Keimlingsruhe von 14 bzw. 7½–11 Wochen angesehen, doch wurden vermutlich in Tiergärten derartig lange Tragzeiten noch nicht exakt bestätigt. Neugeborene blind mit geschlossenen Gehörgängen, können aber sofort laufen, orientieren sich dabei mit dem Geruchs-, vermutlich auch mit dem Tastsinn. Schnelles Wachstum und Zunahme, z. B. verdoppelten Sechsbindengürteltiere zwischen dem 13. und 15. Lebenstag das Geburtsgewicht, verdreifachten es am 25. Tag und vervierfachten es am 30. Tag. Beispiele zur Jugendentwicklung in Tabelle 15.2.

Künstliche Aufzucht bei mehreren Arten gelungen. Gesunde Junge rosafleischfarben, warm, geschwächte oder kranke Jungtiere dunkler, mehr fahlbläulich bis bräunlich, kühl. Junge Borstengürteltiere mit intensivem, maggiähnlichem Eigengeruch. Aufzuchttemperatur 28–30 °C, vorteilhaft ist ein Baby-Inkubator. Mäuler sehr klein, nicht selten entstehen Schwierigkeiten beim Einführen auch sehr kleiner Sauger, notfalls Tropfpipette einsetzen. Über die Milchzusammensetzung kaum Angaben bekannt. Für das Braunborstengürteltier: Protein total 7,83 %, fettlösliche Proteine 4,14 %, Kasein 3,69 %, Milchzucker 4,44 %, Milchfett 8,23 %, Beta-Laktoglobulin 1,28 % der Trockenmasse. Als Ersatzmilch werden standardisierte Milchaufzuchtpräparate (z. B. Esbilac, im Verhältnis 1 : 2 mit Fencheltee angemischt), bei Verstopfungen leicht gesüßte Milch, bei diätetisch bedingtem Durchfall Stullmisan flüssig empfohlen. 2–5 ml, später 8–10 ml Milch in 2-stündigen Intervallen mit nächtlicher Pause von 4–5 Stunden in den ersten 14 Lebenstagen. Augenöffnung bei handaufgezogenen Borstengürteltieren mit etwa 4 Wochen. Bereits mit 14 Tagen dunklere Färbung und wachsende Borsten. Beginnende Umstellung auf feste Kost mit 6 Wochen. Frubiase-Calcium-forte oder andere Kalzium-Vitamin-D_3-Präparate als Rachitisprophylaxe. Gelegentlich auftretendes Schälen der Haut kann durch Einfetten oder Einölen (Vaseline oder Babyöl mit öligem Vitamin A anreichern) behandelt werden.

Höchstalter in Menschenobhut. Siebenbindengürteltier 16¾, Neunbindengürteltier über 22, Sechsbindengürteltier über 24, Braunborstengürteltier über 24, Weißhaargürteltier 19, Südliches Nacktschwanzgürteltier 7½, Zwerggürteltier 12½, Gürtelmull über 4¼, Eigentliches Kugelgürteltier über 33, Riesengürteltier über 12½ Jahre.

16 Ordnung Behaarte Nebengelenktiere (Pilosa)

Nach der Abspaltung der Gürteltiere aus der früheren Ordnung Nebengelenktiere (Xenarthra), auch als Zahnarme bezeichnet, bilden die verbleibenden rezenten Unterordnungen der Faultiere (Folivora, bisher Pilosa) und Ameisenbären (Vermilingua) nun die Ordnung Behaarte Nebengelenktiere (Pilosa).

Besonderheiten im Bau der Wirbelsäule und des Beckens: mit zusätzlichen Gelenken an den letzten Brust- und den Lendenwirbeln, die die Wirbelsäule gleichzeitig gelenkig machen und stabilisieren, Becken mit Kreuzbein massiv verschmolzen.

Verbreitung. Mittel- und Südamerika.

2 Unterordnungen, 4 Familien, 5 Gattungen, 10 Arten.

Unterordnung Faultiere (Folivora)

Gestalt schlank, etwa 50–65 cm lang. Kopf rund, flachgesichtig, vorspringende Schnauze. Augen und Ohren klein. Schneidezähne fehlen, beiderseits im Oberkiefer meist je 5, im Unterkiefer je 4 gleichartige Zähne, dauerwachsend, schmelzlos. Hals mit 6–9 Wirbeln, Rumpf schlank, seitlich leicht zusammengedrückt. Magen in rechte und linke Hälfte geteilt, jede Hälfte 2- bzw. 3-fach gekammert, Magen liegt über der an den Rücken verlagerten Leber, Milz und Bauchspeicheldrüse in die rechte Leibeshälfte verschoben, Darm kurz, Harnblase sehr groß, dient als Wasserspeicher. Hoden in der Bauchhöhle liegend, Uterus simplex. Gliedmaßen lang, schlank, vordere oft etwas länger als hintere, vorn 2 oder 3 untereinander verwachsene, lang sichelförmig bekrallte Finger, hinten 5 bzw. 3 miteinander verwachsene Zehen mit meist 3 sichelartigen Krallen. Schwanz verkümmert. Fell lang, dicht, grob, hart, Haarstrich vom Bauch zum Rücken, von Händen und Füßen zum Körper gerichtet. Fellfarbe graubraun, auch weißlich braun, erscheint durch kleine, auf den Haaren sitzende blaugrüne Algen der Gattungen *Trichophilus* und *Cyanoderma* gelegentlich grünlich.

Zwischen den Angehörigen dieser Unterordnung z. T. deutliche anatomische und physiologische Unterschiede, z. B. in der Feinstruktur der Haare, beim Gebiss, in der Anzahl der Hals- und Brustwirbel, Länge der Vordergliedmaßen (Dreifingerfaultiere mit deutlich längeren Vordergliedmaßen), in der Größe der Augen und Nasenlöcher oder Aktivitätszeiten (Zweifingerfaultiere größere Augen, größere Nasenlöcher, vorwiegend nachtaktiv). Körperwärmeregulierung unvollkommen, Körpertemperatur schwankt bei Dreifingerfaultieren zwischen 37,5 °C und 32 °C, kann bei Zweifingerfaultieren je nach Außentemperatur für weniger als 1 Stunde auch bis auf 24 °C absinken, besonders während und nach kalten Regengüssen. Fell lässt das Wasser schnell abtropfen. Sinnesorgane wenig leistungsfähig, nur Geschmackssinn gut entwickelt.

Reste einer einst artenreichen Tiergruppe, deren größte bodenlebende Art fast Elefantengröße erreichte. Dieses Riesenfaultier wurde noch von steinzeitlichen Jägern Südamerikas gejagt.

Verbreitung. Tropisches Mittel- und Südamerika.

2 Familien, 2 Gattungen, 6 Arten.

Abb. 16.1 Das Dreifingerfaultier (*Bradypus tridactylus*) ist als ausgesprochener Nahrungsspezialist bisher nur in seinem Ursprungsgebiet erfolgreich zu halten.

Familie Dreifingerfaultiere (Bradypodidae)

1. und 5. Finger bzw. Zehen verkümmert, 2.–4. mit langen Krallen.

1 Gattung, 4 Arten.

Dreifingerfaultiere (*Bradypus*): meist 9 Halswirbel, Kopf eulenartig um 270 Grad beweglich. Besitzen im Gegensatz zu Zweifingerfaultieren kurzen Schwanz und auffällige Gesichts- und Rückenfärbung sowie an den Vorderfüßen 3 bekrallte Finger. **Dreifingerfaultier** (*B. tridactylus*), auch Ai, Weißkehlfaultier: Nordosten Südamerikas (Guayana-Schild). – **Braunkehlfaultier** (*B. variegatus*): 7 Unterarten. Hauptverbreitungsgebiet südliches Mittelamerika, nördliches, zentrales und westliches Südamerika. – **Zwergfaultier** (*B. pygmaeus*): eigenständige Art mit mähnenartigem Haarschopf, die sich aus dem Braunkehlfaultier entwickelt hat, erst 2001 als eigene Art beschrieben. Kleine Inselform auf der vor der Küste Westpanamas gelegenen Inselgruppe Bocas del Toro. – **Kragenfaultier** (*B. torquatus*): gelegentlich in eigene Untergattung (*Scaeopus*) gestellt. Küstenwälder Südostbrasiliens.

Gefährdungsstatus. Bestand des Dreifingerfaultiers im natürlichen Verbreitungsgebiet wohl noch gesichert, aber wie manche Unterart des Braunkehlfaultiers regional teilweise gefährdet. Kragenfaultier trotz staatlichen Schutzes gefährdet, regional hochgradig bedroht, Zwergfaultier vom Aussterben bedroht.

Lebensweise. Tag- und nachtaktive Einzelgänger. Lebensraum Baumkronen des zentralen tropischen Urwaldes, an Waldrändern und Lichtungen auch im Unterholz, häufig an Urwaldrändern und Gewässerufern. Gute Schwimmer, die aktiv ins Wasser gehen. Zwergfaultier scheut auch Salzwasser nicht. Schlafen meist in Astgabeln zusammengerollt, wobei gelegentlich auch die Finger einer oder beider Hände zur Sicherheit einen oberen Ast umklammern. Lebensweise der Dreifingerfaultiere gleicht weitgehend der der Zweifingerfaultiere (siehe dort).

Nahrung. Vegetarische Nahrungsspezialisten. Reine Blätterfresser, die aber nicht, wie früher angenommen, nur auf einige wenige Baumarten angewiesen sind. Ihr Nahrungsspektrum umfasst nach Untersuchungen in Dallas u.a. Knospen und Blätter, seltener Blütenblätter, von Ymbahuba-Bäumen (*Cecropia lyratiloba* und *C. adenopus*), Kapok-Baum (*Ceiba pentadra*), Kakaobaum (*Theobroma cacao*), Cashew-Baum (*Anacardium*) und verwandter Gehölze, Vertretern der Familie *Moraceae* (z.B. *Ficus elastica*, *F. benjamina*, *F. ali*, *F. citrifolia*), die einen gummiartigen Milchsaft produzieren, Baumwollgewächsen wie Florett- oder Kokonseidenbaum (*Chlorisia speciosa*) und Sangrillo-Bäumen (*Pterocarpus*). Daneben auch vorwiegend epiphytische Stauden von Angehörigen der Familien *Begoniaceae*, *Bromeliaceae* und *Araceae* wie *Anthurium*.

Haltung von Dreifingerfaultieren

Erfolgreiche Pflege von Dreifingerfaultieren außerhalb von Haltungen in ihren Ursprungsgebieten bisher gescheitert, in Menschenobhut kurzlebig. Gegenwärtig wird die Art außerhalb von Rehabilitationseinrichtungen im Verbreitungsgebiet wohl nicht gehalten. Futter, das von Zweifingerfaultieren gut gefressen und vertragen wird, wurde teils abgelehnt, teils nur in nicht ausreichender Menge aufgenommen. So starben Dreifingerfaultiere in Menschenobhut oft nach mehrwöchiger Nahrungsverweigerung oder an Unterernährung. Erst in den letzten Jahren gab es einzelne Haltungserfolge in Mittelamerika und den Südstaaten der USA durch artspezifisch angepasste Fütterung.

Unterkunft. Siehe Zweifingerfaultiere. Dreifingerfaultiere benötigen eine relative Luftfeuchtigkeit zwischen 60–90 %, die durch den zeitweiligen Einsatz von Vernebelungsgeräten oder Bewässerung der Unterkünfte erreicht werden kann.

Fütterung. Erfolgreich nur mit natürlicher Nahrungspalette. Ersatzfutter unbefriedigend. Wird verweigert oder unzureichend aufgenommen. Ständige Verfügbarkeit von artspezifischen Laubarten tropischer Bäume und anderer Gewächse als Futter erforderlich. Nach Angaben aus Dallas dazu spezielle Gärten für die Produktion der benötigten Laubarten. Pflanzenauswahl muss berücksichtigen, dass im Gegensatz zu dem breiten Futterpflanzenspektrum der Art Einzelindividuen oft auf bestimmte Pflanzenarten geprägt sind. Durch vorgekaute Nahrung der Mutter wurden sie in früher Jugend auf den Geschmack bestimmter Pflanzenarten geprägt, so dass sie manche Laubarten verschmähen, die von anderen Artgenossen gern gefressen werden. Dieselben Tiere stellen aber im Widerspruch dazu zugleich hohe Anforderungen an ein variables, breites Laubangebot. Laub muss absolut frisch, also unmittelbar nach dem Schnitt verfüttert werden, da die Tiere ihren Flüssigkeitsbedarf vorwiegend aus der Nahrung decken. Laub aus nicht überwachten Baumbeständen muss wegen der Gefahr durch Pestizide gewaschen werden. Die täglich aufgenommene Menge sollte gewissenhaft überwacht werden. Obwohl allgemein als nicht notwendig erachtet, wurden Multivitaminpulver, in einem Fall von Anämie ein Eisenpräparat eingesetzt.

Fortpflanzung und Zucht. Ähnlich wie bei Zweifingerfaultieren (siehe dort). Geschlechter ebenfalls schwer zu erkennen. Männliche, über 1 Jahr alte Dreifingerfaultiere unterscheiden sich von den Weibchen durch einen nur ganz kurz behaarten, gelblich orangefarbenen Fleck mit schwarzer Streifenzeichnung auf dem Rücken zwischen den Schulterblättern, von dem ein schwach salmiakartiger Geruch ausgeht.

Angaben zur Tragzeit von 120–180 bzw. 300–322 Tagen lassen auch für Dreifingerfaultiere Keimlingsruhe vermuten. Neugeborene wiegen 150–200 g. Bereits im Alter von 7 Tagen beginnen sie Nahrungsbrei aus zerkauten Blättern vom Maul der Mutter abzulecken. Sie verdreifachen ihr Geburtsgewicht mit 6 Monaten. Dauer der Säugezeit noch nicht exakt ermittelt, wahrscheinlich 10–12 Monate.

Dreifingerfaultiere wurden im Aviarios Sloth Rescue Center von Cahuita mit Ziegenmilch-Austauscher aufgezogen, dem zur Vorbeugung von Durchfällen ein im Handel erhältliches Lactobacillus-Lebendpäparat beigegeben wurde. Obwohl die Jungtiere schon frühzeitig anfangen, feste Kost zu sich zu nehmen, wird dort empfohlen, die Milchbeifütterung bis zum 10.–12. Monat beizubehalten.

Höchstalter in Menschenobhut. Dreifingerfaultier fast 11¾ Jahre.

Familie Zweifingerfaultiere (Megalonychidae)

2. und 3. Finger miteinander verwachsen, lang bekrallt, übrige Finger rückgebildet. An den Hintergliedmaßen 3 Zehen (2.–4.), ebenfalls

Abb. 16.2 Obwohl Hoffmanns Zweifingerfaultiere (*Choloepus hoffmanni*) Einzelgänger sind, können sie in ausreichend großen und gut strukturierten Anlagen zu mehreren Tieren problemlos gehalten werden.

untereinander verwachsen und lang bekrallt. 1. und 5. Zehe rückgebildet.

1 Gattung, 2 Arten.

Zweifingerfaultiere (*Choloepus*): **Zweifingerfaultier** (*Ch. didactylus*), auch Eigentliches Zweifingerfaultier, Unau: Kopf dunkel, 6–8 (7) Halswirbel. Südamerika von den Guayana-Staaten über Venezuela (Mündungsdelta und südliches Einzugsgebiet des Orinoko-Unterlaufes), Nord- sowie Zentralbrasilien (Amazonasbecken) und weiter westlich bis zum Einzugsgebiet des Solimões-Oberlaufes in Ecuador und Peru, südlich bis zum 20. südlichen Breitengrad in Ostbolivien. – **Hoffmanns Zweifingerfaultier** (*Ch. hoffmanni*): Kopf hell, 6 Halswirbel. 5 Unterarten. Von Honduras über Mittelamerika bis Südamerika, dort im Osten bis Westvenezuela, südlich in Brasilien bis Mato Grosso und Ostbolivien, im Westen von Kolumbien bis Peru.

Gefährdungsstatus. Bestand im natürlichen Verbreitungsgebiet unübersichtlich, wohl generell nicht, jedoch regional gefährdet. EEP für Zweifingerfaultier im Zoo Halle.

Lebensweise. Vorwiegend nachtaktive Einzelgänger. Lebensraum Wipfel des tropischen Urwaldes, an Urwaldrändern, Gewässerufern und Lichtungen auch im Unterholz. Einzelgänger, die mit den hakenartigen Klauen an Ästen mit dem Rücken nach unten hängen und bei der Fortbewegung mit zeitlupenhaften Bewegungen hangeln. Halten sich dabei stets mit 3 Gliedmaßen fest, während die 4. nach einem anderen Aststück greift oder Nahrung zum Mund führt. Beim Überwechseln von einem Baum zum anderen ergreifen sie überhängende Äste und steigen nur dann über das an den Stämmen empor wuchernde Unterholz und über Lianen auf den Boden ab, wenn Nachbarbaum nicht anders erreichbar ist oder um dort zu ihren festen Kotplätzen zu gelangen. Bewegungsaktiver als Dreifingerfaultiere. Fortbewegung am Boden schwerfällig, mit den Armen kriechend. Können notfalls gut schwimmen. Schlafen bis 16 Stunden täglich, teils hängend, wobei die Hände und Füße den Ast dicht nebeneinander umgreifen und der Kopf auf die Brust gelegt wird, teils in Astgabeln zusammengerollt.

Nahrung. Blätter, junge Triebe, Knospen, Blüten, Früchte, die mit den stark verhornten Lippen abgerissen und gut gekaut werden. Flüssigkeitsbedarf wird aus der Nahrung gedeckt, zusätzlich auch in Form von Tau- oder Regentropfen aufgenommen. Zweifingerfaultiere verschmähen dabei auch tierische Kost (Wirbellose, Vogeleier, Nestlinge) nicht.

Haltung von Zweifingerfaultieren

Haltung von Zweifingerfaultieren in den Zoos weltweit erfolgreich. In Menschenobhut langlebig.

Unterkunft. In den Ursprungsgebieten und Ländern mit ähnlichem Klima und Tagestemperaturen zwischen 10–35 °C einfache, allseits von stabilem Drahtgewebe begrenzte, volierenartige Käfige im Freiland mit Heizlampen für kühlere Tage. Tiere dürfen keinen direkten Zugang zu den Wärmestrahlern haben, da sie sonst bei Kontakt schwere Verbrennungen erleiden.
Ansonsten Unterbringung in konventionellen Warmhäusern mit natürlichem Lichtregime oder in Nachttierhaus. Besonders im Sommer ist ein Zugang vom Innengehege zu einer Außenanlage mit Sonnen- und Schattenplätzen und einer Wärmequelle günstig. Sichtfläche meist verglast, da die Tiere sich sonst an Gitter-, Stahlgeflecht- oder Maschendrahtbegrenzungen anhängen. Besucherseitig auch glatte, innen ca. 1,5 m hohe Mauer als Begrenzung einer Freisichtanlage. Aststärke der zum Bau eines Klettergerüstes benutzten Hölzer muss dem Griff der Klauen entsprechen, insbesondere zu starke Äste sollten nicht verwendet werden. Astdurchmesser im Rahmen der Griffigkeit variieren. Als Schlafplätze in die Kletter- und Hangeleinrichtungen integrierte, astgabelähnliche, im Winkel von 45° zusammengefügte Hölzer, eventuell auch kleine (15 cm x 15 cm) Liegebretter. Kletteräste sollten nicht ausschließlich parallel montiert, sondern besonders in Schlafplatznähe in 2 Ebenen angebracht sein, da schlafende Tiere dort höher gelegene Äste brauchen, um sich mit einer oder beiden Händen verankern zu können. Faultiere werden darüber hinaus auf freihängendem Klettergerüst frei im Besucherraum eines Klimahauses gehalten. Dafür müssen sie Gelegenheit haben, ungestört den Boden aufzusuchen, um dort Kot abzusetzen. Frei hängende Klettergerüste müssen an steilen Drahtseilen oder Stahlstäben befestigt werden, da die Tiere frei im Raum an Ketten hängende Klettereinrichtungen hangelnd verlassen können. Diese können in der Nähe ihrer Aufhängungen sicherheitshalber zusätzlich durch große, runde Metallscheiben abgeschirmt werden, um nächtliche Ausflüge sicher zu unterbinden. Raumtemperatur optimal 24–27 °C, doch werden auch Temperaturen um 20 °C toleriert. Relative Luftfeuchtigkeit nicht unter 60 %, wünschenswert über 80 %, da vorteilhaft für Fellwachstum. Aus dem gleichen Grunde in zugfreien, warmen Räumen gehaltene Tiere hin und wieder mit lauwarmem Wasser besprühen. Vorsicht: empfindlich gegen Nasskälte und Zugluft.

Umgang. Unterkünfte täglich reinigen, besonders alle Futterreste gründlich entfernen und Futtergefäße säubern. Kot wird in Intervallen von 2–6, ausnahmsweise noch mehr Tagen (auch 14 Tage noch normal) abgesetzt, meist in großen Mengen, fest geperlt. Bei hohen Tagestemperaturen kann es zu täglichem Kotabsatz kommen. Im Umgang mit den phlegmatisch wirkenden Tieren beachten, dass sie mit den Armen sehr schnell zuschlagen können und dabei mit den Klauen Wunden reißen. Beim Beißen erzeugen die fest schließenden Kiefer tiefe Fleischwunden. Falls eine Fixierung erforderlich ist, Tiere mit mindestens 3 Personen greifen, dabei gleichzeitiger rascher Zugriff im Nacken und an allen Gliedmaßen. Bei richtiger Behandlung können Faultiere handzahm werden und dulden dann vielfältige Manipulationen. Transport in heugepolsterter Holzkiste mit unter der Decke fest verankertem Querholz zum Festhalten.

Fütterung. Kohlenhydratarme Ernährung, vorwiegend Salate (Kopfsalat, Chinakohl, Chicorée, Endivien), rohes (Sellerie, Fenchel, Grün- und Rosenkohl) und gekochtes Gemüse (Kartoffel, Möhre), Reis, Mais. Obst (Apfel, Banane, Birne) ist als Trainingsfutter geeignet und sollte nur in geringen Mengen verfüttert werden. Stein- und Kernobst stets entkernen, Kerne können oft den Magenausgang nicht passieren! Auch Aufnahme von Sand und kleinen Steinchen verhindern. Dazu wenig tierisches Eiweiß wie gekochtes Ei, trockener Magerquark, Insekten. Im Sommer verschiedene Laubarten (Spitzahorn, Buche, Weide, Haselnuss etc.) sowie frischen Klee und Luzerne anbieten. Zweifingerfaultiere wechseln mitunter in der Bevorzugung von Futter. Wasser wird nur vereinzelt getrunken. Futterschalen gut im Klettergerüst befestigen. 2 Fütterungen täglich. Empfindlich auf Vitamin D_3 (Gefahr der Gefäßverkalkung), daher bei Gemeinschaftshaltung mit z.B. Krallenaffen die Aufnahme entsprechenden Futters verhindern.

Fortpflanzung und Zucht. Obwohl grundsätzlich Einzelgänger, Paare auf 2 oder mehr miteinander verbundenen kleineren oder 1 größeren Klettergerüsten verträglich, bei ausreichenden Ausweichmöglichkeiten auch mehrere Weibchen mit 1 Männchen untereinander sehr tolerant. Geschlechtsunterscheidung schwierig. Kein Skrotum, Hoden in der Bauchhöhle. Klitoris und Penis in Größe und Aussehen nahezu von gleicher Gestalt. Durch Druck mit 2 Fingern kann die Anogenitalregion kloakenähnlich ausgestülpt werden. Dabei werden seitlich 2 längliche Drüsenausführungsgänge sichtbar. Weibliche Genitalöffnung länglich schlitzförmig, mittig zwischen beiden Drüsen und unmittelbar in Afternähe gelegen. Öffnung des Urogenitalkanals beim Männchen punktförmig, rundlich oval, leicht erhaben auf der Spitze des Penis, in deutlichem Abstand von etwa 1,5–2 cm kopfwärts zu den Drüsenausführungsgängen und After erkennbar. Keine feste Paarungszeit, polyöstrisch, Geburten ganzjährig möglich. Brünstige Weibchen stoßen Serien von kurzen, schrill-hellen Pfiffen aus. Paarung bäuchlings, nur mit den Vorderbeinen an Ästen hängend, auch in Sitzposition, fast stets nachts, wird daher selten beobachtet. Dauer über 20 Minuten. Tragzeit nicht endgültig geklärt, vielleicht nur 170–175 bzw. 240–340 Tage. Unterschiedliche Angaben von Tragzeiten lassen Keimlingsruhe vermuten. Geburt teils in Rückenlage, teils vierfüßig verankert. Embryonalhäute reißen oft schon innerhalb des Geburtskanals, daher meist keine Fruchtblase sichtbar. Ausnahmen möglich. Während der Geburt beleckt das Weibchen seine Vagina und das austretende Junge, das sich bereits mit den Vorderbeinen am mütterlichen Fell festhält und sich damit sowie mit windenden Bewegungen aus dem Geburtsweg zu befreien sucht. Geburtsdauer 30–60 Minuten. Nach der Austreibung kriecht das Junge, nicht selten von der Mutter mit den Vorderbeinen unterstützt, zu dem brustständigen Zitzenpaar. Nachgeburt wird nach Abgang (etwa 90 Minuten später) von der Mutter gefressen. Dabei erfolgt, wenn nicht schon vorher geschehen, Abnabelung mit den Zähnen. Bei Gruppenhaltung interessieren sich auch andere Weibchen für den Geburtsvorgang. Dadurch kann es geschehen, dass das Neugeborene versehentlich auf ein fremdes Weibchen gelangt. Da bei der Geburt kaum Flüssigkeit oder Blut austritt, das Weibchen sich auch intensiv reinigt, ist wenige Stunden danach an der Genitalregion nicht mehr zu erkennen, welches Weibchen die Mutter des Jungen ist. Zitzen vor der Geburt geschwollen.

Neugeborene Zweifingerfaultiere wiegen 300–400 g, werden mit offenen Augen und fast vollständigem Gebiss (oben und unten 4 Prämolaren, dazu oben beidseits 1 ähnlich gestalteter Eckzahn) geboren. Fast stets nur 1 Jungtier, kälteempfindlich, liegt bäuchlings auf dem Brustkorb der Mutter, die sich hängend zusammenrollt, um das Junge zu wärmen. Junge Zweifingerfaultiere beginnen mit 3–5 Wochen mit der gezielten Aufnahme von erster fester Kost wie Blätter und Obst. Ein männliches Hoffmanns Zweifingerfaultier nahm mit 15 Tagen erstmals feste Kost auf. Dauer der Säugezeit noch nicht exakt ermittelt, bei Zweifingerfaultieren etwa 6 Monate. Jungtiere wachsen langsam und bis zum Erreichen der Geschlechtsreife, die von beiden Geschlechtern frühestens mit 1½, in der Regel mit 2½–3 Jahren erreicht wird. Früheste Geburt im Alter von 2 Jahren, 3 Monaten, kürzester Geburtsintervall etwa 350–360 Tage. Aus 1 Paarung können nacheinander 2 Würfe resultieren (Superfetation).

Künstliche Aufzucht mehrfach gelungen. Milchzusammensetzung in Tabelle 16.1. Erfolgreich z.B. in Dortmund bei einem jungen Zweifingerfaultier ab 11. Lebenstag (Gewicht: 600 g) in einem Baby-Inkubator bei 28–30 °C auf einer „Ersatzmutter". Fütterung zunächst mit Hundemilchaustauscher (Esbilac im Verhältnis 1:2 mit Fencheltee angemischt). Täglich 5–6 Mahlzeiten mit 6–10 ml dieses Gemisches. Harn- und Kotabsatz nur alle 5–6 Tage, dazwischen zunehmend praller Bauch durch starke Ausdehnung der Blase. Hinweis: Nicht vorschnell als Verdauungsstörung bewerten! Ab 21. Lebenstag Verabreichung von Alete-Babynahrung mit Milchzusatz. Ab 22. Lebenstag werden klein gewürfelte gekochte Möhre, Kartoffel sowie weiches Obst (Banane, Weintraube etc.) heißhungrig gefressen. Bereits ab dem 27. Lebenstag (Gewicht: 710 g) dreimal täglich selbständige Aufnahme von klein gewürfeltem, frisch zubereitetem Futter aus einer Schale, auch sehr gerne frisches Laub. Kot- und Harnabsatz von nun an alle 2–5 Tage, meist über Nacht. Kot kleingeperlt. Mit 9 Wochen (Gewicht: 860 g) Übersiedlung ins Tropenhaus.

Gewichtsentwicklung schneller als bei natürlicher Aufzucht durch die Mutter in Prag (Vergleichszahlen in Klammern): mit 6 Monaten 1,3 (1,2) kg, mit 1 Jahr 2,4 (2,1) kg, mit 13 Monaten 3,0 (2,3) kg. Im NZP Washington Handaufzucht eines Zweifingerfaultieres mit einer Mischung aus Kondensmilch und Wasser im Verhältnis 1:1 plus Multivitaminzusatz. Täglich 8–10 Mahlzeiten von 2,6–5,2 ml in 2½- bis 3-stündigem Abstand bis zur 5. Woche, danach zusätzlich ansteigende Mengen fester Beikost (weiche Früchte, z.B. Banane) und größere Milchmengen (bis 21 ml). Mit 8 Monaten war das Tier völlig auf feste Kost umgestellt. Erfolgreiche Aufzuchten auch in Chicago mit Milchpulver, das in einer Elektrolytlösung angerührt wurde.

Tab. 16.1 Milchzusammensetzung von Faultieren[1]

Art	Fett (%)	Eiweiß (%)	Laktose (%)
Braunkehlfaultier	2,7	6,5	2,8
Zweifingerfaultier[2]	6,9	6,1	4,8

[1] Literaturangaben enthalten keine Aussagen zu Trockensubstanz, Gesamtkohlenhydratanteil und Asche.
[2] Aus mehreren Entnahmen zusammengesetzte Sammelprobe aus der 4. Laktationswoche nach Jungtierverlust

Höchstalter in Menschenobhut. Zweifingerfaultier über 51 Jahre (Zoo Halle), Hoffmanns Zweifingerfaultier 34¼ Jahre.

Unterordnung Ameisenbären (Vermilingua)

Eichhörnchen- bis schäferhundgroß. Kopf klein, vom Hals wenig abgesetzt, rüsselförmig langgezogener Gesichtsschädel mit zahnlosem Ober- und Unterkiefer, kleine Mundspalte mit sehr langer (bis 60 cm), wurmförmiger Zunge, die nicht am Zungen-, sondern am Brustbei ansetzt. Hoch entwickeltes Riechhirn („Makrosmatiker"). Gliedmaßen stämmig, vor allem Vordergliedmaßen gut bemuskelt, vier- bzw. fünfzehig. Magen mit Drüsen- und Muskelanteil, produziert keine Salzsäure, sondern nutzt Ameisensäure der Beutetiere zur Verdauung. Hoden in der Bauchhöhle liegend, Uterus simplex.

Verbreitung. Süd- bis Mittelamerika.

2 Familien, 3 Gattungen, 4 Arten.

Familie Zwergameisenbären (Cyclopedidae)

Seidiges Fell von gelblich brauner bis grauer Färbung. Mundspalt relativ groß, Schnauze verhältnismäßig kurz, leicht nach unten gebogen. 2. und 3. Finger verwachsen, besonders 3. lang bekrallt, übrige Finger nicht sichtbar oder fehlend, Handfläche schwielig gepolstert, Fuß fünfzehig. Hände und Füße innerhalb der Ameisenbären am weitesten spezialisiert. Runder, mindestens körperlanger Greifschwanz mit nackter Spitze. Sehr feines Gehör.

1 Gattung, 1 Art.

Zwergameisenbären (*Cyclopes*): **Zwergameisenbär** (*C. didactylus*): eichhörnchengroß. Mehrheitlich in 7 Unterarten geführt, jüngere Untersuchungen gehen von 7 eigenständigen Arten aus. Mittelamerika von Mexiko bis Panama, nördliches Südamerika von Kolumbien östlich über Venezuela bis Französisch-Guayana, westlich bis Südecuador und südlich über das zentrale Südamerika (Amazonasbecken) bis Bolivien und Südbrasilien.

Gefährdungsstatus. Bestand im natürlichen Verbreitungsgebiet unübersichtlich, vermutlich aber nicht nennenswert gefährdet. Regional einzelne Populationen durch Zerstörung des Biotops bedroht.

Lebensweise. Nachtaktive Einzelgänger. Lebensraum tropischer Urwald. Reine Baumbewohner, klettern in Baumkronen und schlafen in Baumhöhlen oder Astgabeln. Bevorzugen Seidenwollbäume (*Ceiba pentandra*), deren Samenbüschel farblich dem Haarkleid ähneln (Sichtschutz vor Fressfeinden).

Nahrung. Baumtermiten, Baumameisen, Bienen und Wespen, deren Baue mit den vorderen Klauen geöffnet werden. Nahrung mit der eingespeichelten Zunge, häufig unter Zuhilfenahme der angefeuchteten Hand, in den Mund befördert.

Haltung von Zwergameisenbären

In Tiergärten sehr selten gezeigt. Haltung ist bislang in Menschenhand nicht dauerhaft erfolgreich. In Südamerika werden in Auffangstationen immer wieder junge oder verletzte Tiere abgegeben, die jedoch aufgrund der zu wenig erforschten Nahrungsgewohnheiten und Bedürfnisse meist nicht lange überleben.

Unterkunft. Nicht winterhart, deshalb Dauerquartier in Nachttierhaus oder klimatisiertem Tropenhaus. Raumtemperatur um 28 °C, relative Luftfeuchtigkeit mindestens 50–60 %. Vorsicht im Umgang. Zwergameisenbären stellen sich auf die Hinterbeine, verankern sich mit dem Schwanz an einem Ast und teilen mit den scharf bekrallten Vorderbeinen Schläge aus. Transport einzeln in mit Blech ausgeschlagenen oder stabilen Hartholz- oder Gitterkisten mit Haltemöglichkeiten.

Fütterung. Schwierig durch fehlende ausreichende Kenntnisse der genauen Futterpalette und Futtermenge. Bisher keine zufriedenstellende Ersatznahrung. Weitgehende Orientierung an natürlicher Nahrung.

Fortpflanzung und Zucht. Bisher keine gesicherten, aussagefähigen Daten zur Fortpflanzung. Zucht noch nicht gelungen. 2 Zitzen. Vermutlich stets 1 Junges, an dessen Aufzucht sich das Männchen beteiligen soll. Nach der Geburt verbleibt Junges in Blätternest oder Baumhöhle.

Höchstalter in Menschenobhut. Über 2¼ (5) Jahre.

Familie Ameisenbären (Myrmecophagidae)

Fuchs- bis schäferhundgroß. Kopf klein, vom Hals wenig abgesetzt, rüsselförmig langgezogener Gesichtsschädel mit zahnlosem Ober- und Unterkiefer, kleine Mundspalte mit sehr langer (bis 60 cm), wurmförmiger Zunge. Körpertemperatur wird durch Umgebungstemperatur beeinflusst. Gliedmaßen stämmig, vier- bzw. fünfzehig. Schwanz lang, dicht behaart (Großer Ameisenbär) oder rundes, bewegliches Greiforgan (Tamanduas). Magen mit Drüsen- und Mus-

Abb. 16.3 Die Haltung und Zucht Großer Ameisenbären (*Myrmecophaga tridactyla*) gestaltete sich in den letzten Jahren erfolgreich. Bei Ortswechseln reiten die Jungtiere auf dem Rücken ihrer Mütter und werden dabei vom Betrachter oft nicht wahrgenommen.

kelanteil, Hoden in der Bauchhöhle liegend, Uterus simplex.

Verbreitung. Mittel- bis Südamerika.

2 Gattungen, 3 Arten.

Große Ameisenbären (*Myrmecophaga*): 1 Art. Sehr langer, röhrenförmiger Kopf, vorn vierzehig, mit großen, klauenartig gebogenen Krallen an 2. und 3. Zehe, beim Laufen wird die Hand eingeschlagen, so dass Knöchel und Fingervorderseite aufgesetzt werden, Fuß fünfzehig, kurz und bekrallt, Schwanz lang, mähnenartig behaart, Fell drahtig, hartborstig. **Großer Ameisenbär** (*M. tridactyla*): 3 Unterarten. Tropisches Mittelamerika, Südamerika ohne Andenregion südlich bis Nordargentinien und Süduruguay.

Tamanduas (*Tamandua*): 2 Arten. **Nördlicher Tamandua** (*T. mexicana*): fuchsgroß, Kopf kürzer als bei Großem Ameisenbär, vorn vierzehig, 2.-4. Finger, besonders 3. lang bekrallt, Fuß fünfzehig, beim Laufen werden Krallen nach hinten eingeschlagen und nur Hand- und Fußaußenkante aufgesetzt, Schwanz rund, beschuppt, nur im Basisdrittel kräftig behaart, Wickelschwanz, goldgelbes Fell mit schwarzer Schabracke. 4 Unterarten. Ostmexiko (Yucatan) bis Nordwestvenezuela und Nordwestperu. – **Südlicher Tamandua** (*T. tetradactyla*): Nördlichem Tamandua sehr ähnlich, meist einfarbig goldgelbes Fell, regional bedingte Farbvarianten möglich. 4 Unterarten. Südamerika östlich der Anden von Trinidad und Venezuela bis Nordargentinien und Südbrasilien.

Gefährdungsstatus. Große Ameisenbären im natürlichen Verbreitungsgebiet fast überall und zunehmend gefährdet, Tamanduas in Teilen des Verbreitungsgebiets vom Aussterben bedroht, allerdings wenig Informationen vorhanden, daher als Art jeweils als geringgradig gefährdet eingestuft. EEP und Internationales Zuchtbuch für den Großen Ameisenbär im Zoo Dortmund, für den Südlichen Tamandua ESB im Zoo Krefeld.

Lebensweise. Sowohl Nacht- als auch Tagtiere (Tamandua, Großer Ameisenbär in besiedelten Gebieten), sonst tagaktiv. Lebensraum lichte Wälder und Buschsavannen oder Waldränder, Baum- und Grassavannen (Großer Ameisenbär). Einzelgänger, teils reine Bodenbewohner (Großer Ameisenbär), teils sowohl am Boden als auch auf Bäumen lebend (Tamanduas). Große Ameisenbären können nicht klettern, sind aber schnelle Läufer und gute Schwimmer. Ge-

Abb. 16.4 Neben Tieren mit schwarzer Schabracke sind beim Südlichen Tamandua (*Tamandua tetradactyla*) häufig Tiere mit einfarbig goldgelbem Fell anzutreffen.

hör- und Geruchssinn hoch entwickelt. Große Ameisenbären vagabundieren anscheinend ziellos durch das Gelände oder wandern in gemächlich schlenderndem Gang weiträumig umher, ruhen in flachen Mulden unter Bäumen oder Sträuchern und bedecken den Körper mit dem langhaarigen Schwanz. Fluchtabstand gering, da Jaguar und Puma sich nur selten an die wehrhaften Tiere wagen.

Nahrung. Bei Baumbewohnern (Tamanduas) Baumtermiten und Baumameisen, deren Baue mit den vorderen Klauen freigelegt werden. Große Ameisenbären brechen die steinharten Baue von Bodentermiten mit den Krallen auf oder legen damit Erdameisenbaue frei. Nahrung wird mit der speichelfeuchten Zunge aktiv in die Mundhöhle befördert (ausgedehnte Speicheldrüsen, Zungenmuskulatur setzt am Brustbein an), an speziellen Hornpapillen im Maul abgestreift, unzerkaut abgeschluckt, im Drüsenteil des Magens vorverdaut sowie anschließend im Muskelmagen zerrieben. Zusätzliche Kost Würmer, Insektenlarven, Vogeleier und Nestlinge, auch Beeren.

Haltung von Ameisenbären

In Tiergärten werden Große Ameisenbären häufiger, Tamanduas zunehmend gezeigt. Haltung dieser Arten in der Vergangenheit vor allem wegen Futterproblemen schwierig, inzwischen aber weitgehend gelöst.

Unterkunft. Alle Arten nicht winterhart, deshalb Dauerquartier in Warmhaus oder klimatisiertem Tropenhaus. Tamanduas gelegentlich in Nachttierhaus, obwohl auch tagsüber zeitweise aktiv. Sichtfläche der trockenen und zugfreien Unterkünfte möglichst verglast, Fußboden aus solidem, rissfreiem, kunstharz- oder andersartig beschichtetem Beton mit partieller Fußbodenheizung. Vorsicht bei Einstreu, kann versehentlich aufgenommen werden und zu Gesundheitsschäden führen. Für Große Ameisenbären lediglich Lager aus Stroh, Heu oder Mulch als Schlafplatz, doch auch hierbei kann es nach Strohaufnahme zu einer Verlängerung der Darmpassage und vereinzelt Verdauungsstörungen kommen. Tiefe Schichten von Mulch und Laub in Innengehegen problemlos möglich, sie fördern die Aktivität der Tiere. Kletteräste mit von unten möglichst zusätzlich beheizten Liegebrettern (erhöhte Kanten wegen Absturzgefahr von Jungtieren) als notwendiges Unterkunftsinventar für Tamanduas, auch Schlafkästen, Höhlen und andere Schlupfwinkel. Raumtemperatur für Große Ameisenbären nicht unter 15 °C, für Tamanduas 18–20 °C, relative Luftfeuchtigkeit mindestens 50–60 %, da in zu trockener Luft bei Tamanduas Schwanzhaut spröde und rissig wird (kann durch Baden in

Wasser behoben werden). Zur Beschäftigung für alle Arten morsche Ast- oder Stammstücke, trockenes Laub, Drohnenwaben.

Futternäpfe müssen kippsicher am Boden verankert sein. Große Ameisenbären urinieren und koten regelmäßig in die Tränkschale. Wasser muss häufig gewechselt, Gefäß dabei regelmäßig gereinigt werden. Vorteilhaft ist eine zusätzliche, zum Baden mit lauwarmem Wasser gefüllte Bodenwanne mit Abfluss. Trinkgefäß dann eventuell auch an leicht erhöhtem Standort positionieren. Harnabsatz kann durch Anstellen eines Wasserschlauchs verlässlich provoziert werden. (Wichtig für Entnahme einer Urinprobe!)

Im Sommer für Große Ameisenbären Unterkunft auf offener Freianlage mit Wildgatter-, Glas-, Mauer- oder Trockengrabenumfriedung. Als Bodenbelag Naturrasen oder Sand. Anlage sollte Möglichkeiten zum Rückzug bieten (Buschwerk) und durch Baumstämme etc. strukturiert sein. Badebecken für Große Ameisenbären und Tamanduas unverzichtbar, Tiere baden und duschen gern und häufig. Für Tamanduas nach oben offene, verglaste Außenanlage mit Kletterbäumen ideal. Vorsicht, Kletter- und Ausbruchskünstler, Mindestabstände zwischen Kletterbäumen und Begrenzung aus Glaswänden 1,20 m! An sehr kühlen, regnerischen Tagen nicht ins Freie lassen.

Umgang. Vorsichtig und ruhig bei der Arbeit hantieren, keine hektischen Bewegungen, Lärm vermeiden, Tiere nicht in die Enge treiben. Große Ameisenbären meist wenig aggressiv, doch können sie, wenn sie sich irritiert oder bedroht fühlen, gefährliche Gegner sein. Sie schnauben laut und drohen mit angehobener Vorderpfote, schlagen blitzschnell zu, reißen den Gegner an sich heran, um gleich danach mit der anderen Klaue zuzuschlagen. Oder sie setzen sich, auf den Schwanz gestützt, auf die Hinterbeine und breiten die Arme aus, die dann fast gleichzeitig zuschlagen, wenn sich das Tier mit einem kurzen Sprung dem Gegner entgegenwirft. Unterkünfte drohender Tiere sofort verlassen, Anlagen aggressiver Tiere nicht betreten. 2007 erlitt eine junge argentinische Tierpflegerin in einem Zoo nahe Buenos Aires tödliche Verletzungen durch einen Großen Ameisenbär. Erste Kontaktaufnahme am besten durch Vorhalten der Hand, da die Tiere überwiegend geruchsorientiert sind. Deswegen auch stärker parfümierte Körperpflegemittel meiden. Ameisenbären können sehr zahm werden, erkennen den Pfleger auch visuell und akustisch und folgen ihm auf Spaziergängen. In Dortmund ist der tägliche Handkontakt durch das Pflegepersonal Routine, dadurch tolerieren besonders Große Ameisenbären Körperberührungen und Manipulationen aller Art problemlos, wie z.B. Dirigieren in die Ausläufe, tierärztliche Untersuchungen oder kleinere Behandlungen. Tamanduas verteidigen sich bei Gefahr wie Große Ameisenbären, reißen aber den Gegner nicht an sich heran, sondern „kneifen“ oder schlagen mit den Klauen zu, verkrallen sich im Gegner, wobei tiefe Fleischwunden entstehen können, und suchen ihn sich mit gestreckten Armen vom Leibe zu halten. Bei Erregung lautes Fauchen und Schnauben, Duftdrüsen sondern stinkendes Sekret ab. Transport aller Arten einzeln in sorgfältig mit Blech ausgeschlagenen oder stabilen Hartholz- oder Gitterkisten.

Fütterung. Häufig kommt die Dortmunder Mischung für Ameisenbären, identisch für Großen Ameisenbär und Tamanduas, von den Zoos oft modifiziert, zum Einsatz. Bestandteile: gehacktes Herzfleisch (Rind oder Pferd), gemahlenes Hundetrockenfutter (z.B. Royal Canin Club Special Performance Adult CC), Banane (ohne Schale), Apfel, Birne, Tomate, gekochtes Ei, getrocknete Krebstiere, gemahlene Haferflocken, Magerquark, Honig und 1–2 Handvoll gesiebten Torf. Alle Komponenten mit warmem Wasser im Mixer zu einem pastösen Brei vermischen, der nicht zu flüssig sein und dessen Bestandteile nicht zu fein zerkleinert werden sollten. Wichtig ist, dass er keine langfaserigen Bestandteile enthält, die sich um die Zunge wickeln und diese abschnüren können. Von der fertigen Mischung pro erwachsenem Großen Ameisenbär 1000–1500 ml, pro Tamandua täglich 300–500 ml, verteilt auf 2 Fütterungen,

Hauptanteil jeweils abends. Alternativ sind auch Fertigfutterzubereitungen verfügbar (z.B. Ameisenbärengranulat von Granovit), die mit Wasser versetzt als tägliches Hauptfutter Verwendung finden. Unverzichtbar ist bei Ameisenbären die Zugabe einer Handvoll gesiebtem Torf oder Heilerde pro Futterportion, der Ballaststoff reguliert die Magen-Darm-Tätigkeit und beugt Durchfällen bzw. Verstopfungen vor. Manche Tiere fressen gelegentlich Fisch, Mäuse, nackte junge Ratten, Ameisenpuppen, Drohnenwaben, Regenwürmer usw., andere lehnen das ab. Avocado und Mangos werden als Leckerei sehr gerne genommen. Bei Tendenz zu Übergewicht „Diät" aus Quark, Obst und Honig, wenig Fleisch, auch den Anteil an Hundetrockenfutter herabsetzen. Zusätzlich täglich einige Teelöffel naturbelassenen Joghurt pro Tier (enthält Vitamin-K-synthetisierende Laktobazillen), auch gut geeignet zur gezielten prophylaktischen Gabe von Vitamin K_1 gegen Blutungen (siehe Gürteltiere). Da bei Großen Ameisenbären Neigung zu Herzmuskelerkrankung (dilatative Kardiomyopathien) diagnostiziert wurde, kommt versuchsweise das Nahrungsergänzungsfutter Termant von Mazuri, das Taurin enthält, zum Einsatz. Gaben von Mineralstoffen und Vitaminen sind nicht notwendig. Analysen von Magen-Darm-Inhaltsstoffen wild lebender Tamanduas haben gezeigt, dass die Ernährung von Ameisenbären in der Wildnis extrem mineralstoff- und vitaminarm ist. Bei Zootieren aufgetretene Skelett- und Weichteilerkrankungen hatten vermutlich u.a. zu hohe Vitamin-A- und -D-Gaben zur Ursache. Ameisenbären setzen täglich Urin, Kot manchmal nur alle 2 Tage ab. Kotabsatz kann bei Tamanduas durch warmes Bad oder Begießen des Hinterteils mit warmem Wasser gefördert werden.

Vergesellschaftung. Verträglichkeit art- und individuell verschieden, vielleicht auch von der Unterkunftsgröße abhängig. Große Ameisenbären paarweise, auch mehrere Weibchen zusammen mit 1 Männchen verträglich. Tamanduas müssen oft einzeln, können gelegentlich aber dauerhaft auch paarweise gehalten werden. Vereinzelt vertrugen sich 2 Paare miteinander. Das Zusammengewöhnen erwachsener Tiere ist bei allen Arten jedoch meist schwierig, oft langwierig und darf nur unter Aufsicht erfolgen. Bei Kämpfen kommt es häufig zu schweren Verletzungen. Erwachsene Männchen bei allen Arten untereinander unverträglich, selbst Geruchskontakt ruft starke Unruhe und Nervosität hervor. Gemeinschaftshaltung mit zahlreichen anderen Arten, so in Dortmund auf einer Freianlage mit Flachlandtapiren, Pudus, Wasserschweinen und Tschajas, im Überwinterungshaus mit Faultieren und Nachtaffen.

Fortpflanzung und Zucht. Zucht beim Großen Ameisenbären in Menschenobhut nicht alltäglich, obwohl die jährliche Zahl von Geburten und Aufzuchten zunimmt. Weltweit erfolgreichste Zucht in Dortmund. Geschlechtsunterscheidung schwierig. Äußeres Genitale bei beiden Geschlechtern dicht unter dem After, beim Männchen an unterer Spitze punktförmig runde Urogenitalöffnung, beim Weibchen durchgehende Schamspalte. Im Gegensatz zu Freilandbeobachtungen (Mai bis Juli) in Tiergärten keine feste Paarungszeit, polyöstrisch, Geburten ganzjährig. Zykluslänge schwankt von 44–63 Tagen, rechnerischer Mittelwert etwa 50 Tage. Dauer der erkennbaren Brunst 5–7 Tage, beginnt mit Blutung, labordiagnostisch auch durch Scheidenabstriche nachweisbar. Weibchen in dieser Zeit oft unruhig, sucht Kontakt zum Männchen. Mehrere Paarungen am Tag durch Aufreiten, bevorzugt im seitlichen Liegen. Paarungen aber auch außerhalb des Östrus und sogar während der Trächtigkeit. Bei Erstgebärenden keine Trächtigkeitsanzeichen, bei älteren Weibchen besonders in der 2. Trächtigkeitshälfte deutliche Umfangsvermehrung des Leibes, nicht selten Verlängerung der beiden brustständigen Zitzen kurz vor der Geburt. Trächtigkeitsdiagnose mit Ultraschall.

Laktation setzt etwa 2 Wochen vor der Geburt ein (Milch abmelkbar). Entfernung der Männchen vor der Geburt unabdingbar, da diese in mehreren Fällen neugeborene Jungtiere getötet haben. Daher tragende Weibchen bereits ab der

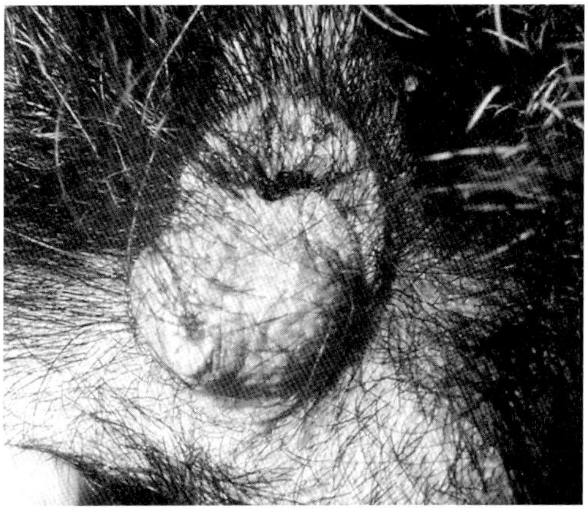

Abb. 16.5 Die Geschlechtsbestimmung des Großen Ameisenbären (*Myrmecophaga tridactyla*) ist schwierig. Die punktförmige Harnröhrenmündung weist ihn als Männchen aus.

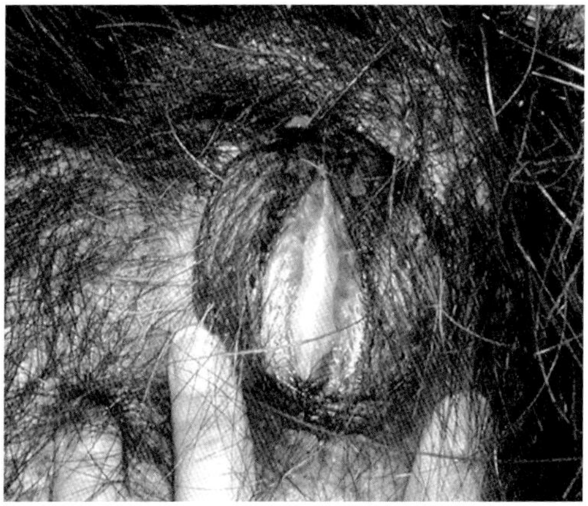

Abb. 16.6 Die leicht gespreizte Schamspalte eines Großen Ameisenbären (*Myrmecophaga tridactyla*) identifiziert das Tier als Weibchen.

2. Trächtigkeitshälfte möglichst einzeln halten und Kontakt mit Männchen auf der Außenanlage vermeiden, damit Unruhe nach der Trennung der Partner rechtzeitig vor der herannahenden Geburt abgeklungen ist. Tragzeitangaben differieren von 167–197 Tagen, meist jedoch 178–184, durchschnittlich 180 Tage. Ein nach nur 167 Tagen geborenes Jungtier war kleiner als vergleichbare Neugeborene, kam aber auf. Geburt in Hockstellung. Hinterendlage häufiger als Vorderendlage. Geburtsgewicht mit starker Bandbreite, von 900 g bis ausnahmsweise 2,0 kg (leichte Junge nach kürzerer, schwere Junge meist nach längerer Tragzeit), meist zwischen 1,25–1,65 kg. Zwillinge selten. Im Jahr 2000 jeweils erfolgreiche Aufzuchten von Zwillingen in den Zoos von London und Wien. Neugeborene klettern unmittelbar nach der Geburt auf den Rücken der Mutter und reiten bis zum Selbständigwerden nahe dem Schwanzansatz auf dem Becken. Zum Schlafen liegen sie in der Hüftbeuge des auf der Seite eingerollt liegenden Muttertieres, das in dieser Stellung auch säugt. Beunruhigte Junge trillern oder schreien heiser, beginnen selten schon in den ersten Lebenstagen, meist erst mit 6 Wochen selbständig zu laufen, ab der 12.–16. Woche erste feste Kost aufzunehmen, sind mit 12 Monaten ausgewachsen und nachweislich mit 1½ Jahren geschlechtsreif.

Zucht von Tamanduas noch immer selten, Erstzucht in Europa 1984 in Krefeld. Relativ wenige Einzelheiten bekannt. Beobachtungen an Krefelder Tieren deuten unter Umständen auf feste Paarbildungen hin. Es wird auch auf eine periodische Hautveränderung („braunrote Gänsehaut im Bein- und Halsbereich) hingewiesen, die mit dem Sexualzyklus in Zusammenhang stehen soll. Tragzeit durchschnittlich 6 Monate. Muttertiere werden meist vor der Geburt isoliert. In Krefeld zwar Aufzucht auch im Beisein des Männchens gelungen, dennoch wird diesbezüglich grundsätzlich zu Vorsicht geraten und Nachahmung nicht empfohlen.

Künstliche Aufzucht von Großen Ameisenbären und Tamanduas mehrfach gelungen, dabei wurde in Dortmund sowohl die ausschließliche Handaufzucht als auch die „Zufütterung auf der Mutter" bei beiden Arten erfolgreich praktiziert.

Milchzusammensetzung einer Einzelprobe beim Großen Ameisenbär: Fett 20 %, Eiweiß 11,0 %, Laktose 0,3 %, Asche 1,1 %. Dagegen enthielt nach bisher unveröffentlichten Angaben Kolostralmilch, die im Zoo Dortmund am 3. und 8. Laktationstag gewonnen worden war, nur

8,35 % Fett, aber 47,58 % Eiweiß und 16,69 % Laktose.

Zur Handaufzucht von Großen Ameisenbären in den 1980er Jahren in Dortmund Aufzuchtskiste mit Bodenheizung und Infrarotstrahler. Temperatur 34 °C. Nach 4 Wochen in Laufstall. Fütterung mit Katzen- oder Hundemilchaustauscher, durch Sahne mit Fett angereichert. Bei Verdauungsstörungen auch Säuglingsheilnahrung. Normaler Kot fest, walzenförmig mit stumpfen Enden (Durchmesser etwa 1 cm, Länge 2–3 cm). Bis zu 12 Tage lange Kotverhaltungen konnten durch fettreiche Kost gelöst werden. Ab 10. Woche in Flaschenmilch feinst zerkleinerte Hundepellets und Eigelb. Selbständige Nahrungsaufnahme erst mit reichlich 6 Monaten. Anzahl der Mahlzeiten und dabei aufgenommene Milchmengen: 1.–5. Tag: fünfmal 50–80 g; 6.–15. Tag: fünfmal 100–150 g; 16.–30. Tag: viermal 160–200 g; 2. Monat: dreimal 210–360 g; 3. Monat: dreimal 360–450 g. Im 1. Monat durchschnittliche tägliche Zunahme 36 g. Geburtsgewicht mit 1 Monat verdoppelt, mit 2 Monaten verdreifacht. Vergesellschaftung mit Artgenossen im Alter von 7 Monaten. Weitere gute Aufzuchterfahrungen mit Einsatz eines Baby-Inkubators (Temperatur 30–35 °C, relative Luftfeuchtigkeit ca. 50 %) bei ausschließlicher Fütterung von Esbilac im Verhältnis 1:2 mit Fencheltee angemischt. Davon erhielten die Jungtiere täglich 5 Mahlzeiten. Hundemilchaustauscher (Esbilac) scheint für Ameisenbären das Mittel der Wahl bei künstlicher Aufzucht zu sein und wird auch bei gleichzeitiger Aufnahme von Muttermilch gut vertragen. Bis zur 12. Woche durchgehende Flaschenfütterung, danach Verabreichung eines Milch-Futter-Gemisches. In Denver Umgebungstemperatur 28–32 °C, nach 2–3 Wochen 24 °C. Fütterung teilweise in den ersten Tagen mit Magensonde, teilweise sofort mit Flasche. Beim Tränken war zusätzliche Hilfsperson erforderlich, um die bekrallten Vorderbeine festzuhalten. Zur Ernährung Hundemilchaustauscher mit Kaffeesahne angereichert, ab 5. Woche Zusatz eines Kleinkindereiweißkonzentrats, ab 6. Woche zusätzlich Kleinkinderfleischnahrung. Ab 9. Woche Fütterung aus Tränknapf. Zwischen der 11. und 17. Woche gelang die Umstellung auf Normalkost. Im Tuxtla Gutiérrez Zoo in Chiapas gelang 1984 die Handaufzucht eines ca. 1 Woche alten Tamanduas (Wildfang) mit Ziegenmilch, in der 3. Lebenswoche angereichert mit Nutrical und Eigelb. Der Milch wurde ab der 36. Lebenswoche zerkleinertes Pferdefleisch beigemengt, ab der 38. Lebenswoche fraß der weibliche Tamandua selbstständig.

Höchstalter in Menschenobhut. Zwergameisenbär 2¼, Großer Ameisenbär etwa 31, Nördlicher Tamandua 12¼ Jahre (Wildfang, vermutlich 16 Jahre), Südlicher Tamandua über 20 Jahre.

17
Ordnung Spitzhörnchen (Scandentia)

Systematisch früher zu den Insektenfressern, dann zu den Primaten gestellt, heute als eigene Ordnung anerkannt. Gestalt und anatomische Merkmale den Ahnen der Primaten ähnlich. Aussehen hörnchenähnlich, schlank, rattengroß. Kopf und Schnauze spitz, keine langen Tasthaare an der Schnauze. Augen groß, Ohren nackt und affenartig. Geruchssinn und kleines Riechhirn wenig spezialisiert. An Zehen und Fingern Krallen, Daumen kann den anderen Fingern nicht gegenübergestellt werden. Schwanz lang, beschuppt oder buschig behaart. Fell braun, schwärzlich oder rötlich getönt, dicht.

Verbreitung. Indien, Südchina bis Hinterindien und Malaiische Halbinsel, Philippinen, Indonesien.

2 Familien, 4 Gattungen, 23 Arten.

Familie Buschschwanztupaias (Tupaiidae)

Schwanz buschig behaart.

3 Gattungen, 22 Arten.

Eigentliche Spitzhörnchen (*Tupaia*): 19 Arten. Unauffällige Schulterstreifen, Schnauze kurz bis mittellang, gut ausgebildete Eckzähne, kleine Ohrmuscheln. **Gewöhnliches Spitzhörnchen** (*T. glis*), auch Tupaia: Großes Verbreitungsgebiet von Südthailand über die Malaiische Halbinsel, Singapur, Indonesien mit Sumatra, Java, nahe liegende Inseln, Philippinen. – **Nördliches Spitzhörnchen** (*T. belangeri*): 2 Unterarten. Nepal bis Südostchina, Indochina. – **Bangka-Spitzhörnchen** (*T. discolor*): Insel Bangka bei Sumatra. – **Zwergspitzhörnchen** (*T. minor*): 4 Unterarten. Borneo, Sumatra und Malaiische Halbinsel sowie benachbarte Inselgruppen, darunter das südlich von Singapur und westlich von Sumatra gelegene Lingga-Archipel mit Pulau Sinkep und Pulau Lingga. – **Hochlandspitzhörnchen** (*T. montana*): 2 Unterarten. Sarawak und Sabah (Nordwestborneo/Malaysia) sowie angrenzende Teile von Kalimantan (Nordostborneo/Indonesien). – **Goldbauchspitzhörnchen** (*T. chrysogaster*), auch Mentawai-Spitzhörnchen: Mentawai-Inseln. – **Schlankes Spitzhönchen** (*T. gracilis*): 3 Unterarten. Borneo (indonesische und malaysische Teile) einschließlich westlich und nördlich vorgelagerter Inseln. – **Java-Spitzhörnchen** (*T. javanica*), auch Horsfield's Spitzhörnchen: Bali, Java, Westsumatra. – **Kalimantan-Spitzhörnchen** (*T. salatena*): Südkalimantan. – **Langfußspitzhörnchen** (*T. longipes*): 2 Unterarten. Borneo mit Sabah und Sarawak, Brunei und Kalimantan. – **Philippinen-Spitzhörnchen** (*T. everetti*): Mindanao. – **Calamian-Spitzhörnchen** (*T. moellendorffi*): 3 Unterarten. Calamian- und Cuyo-Inseln (Philippinen). – **Nikobaren-Spitzhörnchen** (*T. nicobarica*): 2 Unterarten. Große und Kleine Nikobaren. – **Palawan-Spitzhörnchen** (*T. palawanensis*): Inseln Palawan und Balabac (Philippinen). – **Tiefland-Spitzhörnchen** (*T. picta*): 2 Unterarten. Borneo (Ostkalimantan, Brunei, Nordsarawak/Malaysia). – **Rotschwanzspitzhörnchen** (*T. splendidula*): 5 Unterarten. Malaysia, Indonesien. – **Rötliches Spitzhörnchen** (*T. ferruginea*): Sumatra. – **Großspitzhörnchen** (*T. tana*): früher

Abb.17.1 Das Gewöhnliche Spitzhörnchen (*Tupaia glis*) ist der häufigste Vertreter seiner Ordnung in den Tiergärten und pflanzt sich dort auch regelmäßig fort.

in eine eigene Gattung gestellt. 15 Unterarten. Sumatra, Borneo und umliegende Kleine Sunda-Inseln. – **Streifentupaia** (*T. dorsalis*): wahrscheinlich mit Großspitzhörnchen näher verwandt. Westborneo.

Indische Spitzhörnchen (*Anathana*): 1 Art. Den Eigentlichen Spitzhörnchen sehr ähnlich, aber kürzere Eckzähne, größere Ohrmuscheln. Schulterstreifen weiß bis gelbbraun. **Madras-Spitzhörnchen** (*A. ellioti*), auch Indisches Spitzhörnchen: Indien ohne Südspitze und westliches Küstenvorland.

Glattschwanztupaias (*Dendrogale*), auch Bergtupaias. 2 Arten. Keine Schulterstreifen, Schwanz dünn und kurz behaart. **Borneo-Glattschwanztupaia** (*D. melanura*): 2 Unterarten. Endemisch in Höhen über 900 m zentraler Gebiete Borneos im Nordosten und Südwesten. – **Hinterindisches Glattschwanztupaia** (*D. murina*), auch Nördliches Glattschwanztupaia: Süden Vietnams über Kambodscha bis Ostthailand.

Familie Federschwanztupaias (Ptilocercidae)

1 Gattung, 1 Art.

Federschwanztupaias (*Ptilocercus*): Schwanz nackt, beschuppt, am Ende seitlich je 1 Reihe borstiger Haare. **Federschwanztupaia** (*P. lowii*): keine Schulterstreifen, obere Schneidezähne vergrößert, große, bewegliche Ohrmuscheln. 2 Unterarten. Südhälfte der Malaysischen Halbinsel, Sumatra, Java, Borneo und Kleine Sunda-Inseln.

Gefährdungsstatus. Bestand im natürlichen Verbreitungsgebiet weitgehend gesichert, einige Arten, wie Langfußspitzhörnchen und Nikobaren-Spitzhörnchen gefährdet, andere, besonders

Abb. 17.2 Bei Vermeidung von Stressfaktoren gelingt auch bei den seltener gehaltenen Zwergspitzhörnchen (*Tupaia minor*) die Zucht.

solche mit kleinem Verbreitungsgebiet, möglicherweise regional bedroht. Goldbauchspitzhörnchen, Calamian-Spitzhörnchen, Palawan-Spitzhörnchen, Borneo-Glattschwanztupaia und Philippinen-Spitzhörnchen schutzbedürftig.

Lebensweise. Tagtiere, nur Federschwanztupaias vermutlich Nachttiere. Lebensraum lichte tropische und subtropische Wälder und Buschwälder des Flach- und Hügellandes, Glattschwanztupaias und Bergspitzhörnchen im Gebirge. Überwiegend Bodenbewohner oder in der niedrigen Astregion von Unterholz, laufen flink, klettern und springen gut, beanspruchen meist paarweise feste Reviere, die vor allem vom Männchen sowohl mit Urin als auch mit Brustdrüsensekret markiert werden. Schlaf- und Ruheplätze in Baum-, möglicherweise auch in Erdhöhlen.

Nahrung. Kleintiere aller Art, auch Pflanzenkost wie Früchte und zarte Pflanzenschösslinge. Futter wird mit Vordergliedmaßen festgehalten und zum Mund geführt.

Haltung von Spitzhörnchen

In Tiergärten wird Nördliches Spitzhörnchen häufig gezeigt und regelmäßig gezüchtet, Gewöhnliches Spitzhörnchen, Zwergspitzhörnchen und Großspitzhörnchen selten gehalten, aber Zucht auch bei diesen gelungen. Alle anderen Arten nicht oder nur ausnahmsweise gezeigt. Haltung unkompliziert und erfolgversprechend, wenn vorbeugend alle vorhersehbaren Stressfaktoren bedacht und abgestellt, unvorhersehbare erkannt und, bevor stressbedingte Verhaltens- oder Gesundheitsstörungen eintreten, beseitigt werden.

Unterkunft. In der gemäßigten Klimazone im Warmhaus mit natürlich gestalteten, zum Besucher mit Drahtgitter begrenzten oder mit Glas abgeschlossenen und dann meist auch klimatisierten Gehegen (Vivarien). Bodenbelag Rindenmulch, Lauberde oder trockenes Laub. Einrichtung mit größeren Wurzeln, Baumstämmen, Steinen, schräg verlaufenden Klettergelegenheiten (Stämme oder Zweige mit möglichst rauer Rinde), auch lebende oder künstliche Pflanzen als Dekoration und Sichtschutz. Mehrere Schlafkästen oder andere dunkle Verstecke (hohle Baumstämme). Optimale Haltungstemperatur 25 °C, niedrigere Dauertemperaturen (20–22 °C) schaden den Jungtieren, relative Luftfeuchtigkeit um 45 %. Während der warmen Jahreszeit auch Daueraufenthalt in halbschattigem, mit Gräsern und Büschen bewach-

Tab. 17.1 Milchzusammensetzung von Spitzhörnchen

Art	Trockensubstanz (%)	Fett (%)	Eiweiß (%)	Kohlenhydrate (%)	Proben (Anzahl)
Großspitzhörnchen	33,50	>17	6–11	<2,5	2
Nördliches Spitzhörnchen	40,40	25,60	10,40	1,50	3
Zwergspitzhörnchen	44,60	>17	6–11	<2,5	2

senem, volierenartigem Außengehege, das im Idealfall an die Warmhausunterkunft angeschlossen ist.

Umgang. Eingewöhnungsunterkünfte anfangs leicht abdunkeln und Sichtfläche (Glasscheibe, Drahtgeflecht) mit einem Tuch o.Ä. als Schranke sichtbar machen. Bei Reinigungsarbeiten und Fütterung Vorsorge treffen, dass die flinken Tiere nicht entweichen. Sehr schreckhaft und daher äußerst stressanfällig. Bei der täglichen Reinigung der Unterkünfte Stress durch hastige Bewegungen und Lärm vermeiden, von den Tieren markierte Gehegeeinrichtungen nicht scheuern oder nur teilweise reinigen, damit Duftmarken erhalten bleiben. Stressfaktoren sind auch zu kleine Unterkünfte, zu wenig Schlupfwinkel, Pflegerwechsel, Fang und Umsetzung in andere Unterkünfte, Handwerkerarbeiten, neue Tiere in enger Nachbarschaft und andere ungewohnte Ereignisse. Aufgeregte Tiere signalisieren Stress durch Sträuben der Schwanzhaare (kein Zeichen für Dominanz). Bei Aufregung über den ganzen Tag oft plötzlicher Schocktod. Stresseinwirkung täglich über mehrere Stunden führt häufig zu Fressunlust, Abmagerung und Tod. Transport einzeln in kleinen heugepolsterten Holzkästen. Auch bei kurzen Transporten mit Nahrung und Wasser versorgen. Bei Versand an kühlen Tagen oder im Winterhalbjahr temperierte Transportmittel wählen.

Fütterung. Süßes, weiches Obst, Südfrüchte, auch Rosinen und Datteln, Erdnüsse, Sonnenblumenkerne, Haferflocken, Tupaia-Pellets, Katzenfertigfutter, weiches, gekochtes Gemüse, rohe Tomate, Salat, gekochtes und rohes Ei, zartes Fleisch, süßer Quark, junge Mäuse, Mehlwürmer, Grillen, Heuschrecken, andere Wirbellose, auch klein geschnittenes Fleisch (z.B. Rinderherz). Verhältnis von tierischer zu pflanzliche Kost etwa 1:3. Tagesfutterration etwa 100–150 g.

Vergesellschaftung. Paarweise halten, aber auch dann ist nicht immer sicher, dass Männchen und Weibchen miteinander harmonieren. In der Regel tolerieren sich Partner eines Paares außerhalb des Östrus, zeigen aber kein sonderliches Interesse aneinander, sondern gehen sich meist aus dem Weg. Unverträgliche Paare zumindest zeitweilig trennen, denn Disharmonie zwischen Paaren oder häufige Auseinandersetzungen mit anderen Artgenossen, besonders mit gleichgeschlechtlichen Tieren (heranwachsender Nachwuchs mit einem Elternteil, Geschwister untereinander), können zu den erwähnten Stressfolgen führen. Wichtig dabei ist nicht nur räumliche, sondern auch optische Trennung. Vergesellschaftung mit anderen Arten bedingt möglich, z.B. mit Schildkröten, Kleinvögeln, kleineren Halbaffen.

Fortpflanzung und Zucht. Fortpflanzung an keine Jahreszeit gebunden. Brünstige Weibchen werden vom Männchen getrieben, dabei zwitschernde und schnatternde Laute. Bei gut harmonierenden Paaren und geräumiger Unterkunft kann Männchen beim Weibchen bleiben. Spätestens nach der Paarung mehr als 2 Schlafkästen anbringen, da Männchen und Weibchen mindestens je 1 eigenen benötigen und außerdem das Weibchen seinen Schlafkasten meist nicht als Aufzuchtsversteck benutzt, sondern dafür einen weiteren Schlupfwinkel sucht. Besonders bewährt haben sich kleine Holzkästen in Bodennähe mit einem gekrümmten Kunststoffrohr als Einschlupf (verhindert Lichteinfall in Wurfnest). Weiches Nistmaterial (trockenes Laub, Moos, Zellstoff, Papier) anbieten, mit dem die Tiere die Wurfbox auspolstern. Zeigt das Weibchen während der Trächtigkeit häufig Schwanzsträuben, Männchen entfernen. Es ist daher günstig, wenn beim Neubau von Unterkünften für Spitzhörnchen ein spiegelbildlich konstruierter Absperrkäfig vorgesehen wird.

Tragzeit beim Gewöhnlichen Spitzhörnchen und beim Nördlichen Spitzhörnchen 42–45 Tage, bei den anderen Arten 45–48 Tage. Beim Nördlichen Spitzhörnchen kürzeste Partusintervalle 41–45 Tage (Post-partum-Östrus) unmittelbar nach der Geburt. Bis zu 7 Würfe im Jahr möglich. Geburt meist morgens.1–4, meist 2 nackte, blinde, 10–14 g schwere Junge, die sofort nach der Geburt gesäugt und dann im Wurfnest allein gelassen werden. Milch sehr konzentriert und nährstoffreich, besonders hoher Eiweiß- und Fettgehalt. Milchzusammensetzung von Spitzhörnchen in Tabelle 17.1. In den ersten Lebenstagen werden die Jungen nur ein- oder zweimal am Tag gesäugt, später alle 48 Stunden. Je Saugakt werden etwa 5 g aufgenommen. Nach 1 Woche erreichen die Jungen das Doppelte, nach 2 Wochen das 4-Fache des Geburtsgewichts. Beginn des Zahndurchbruchs zwischen 1. und 2. Woche, Ohröffnung ab Anfang der 2. Woche. Nach 30–33 Tagen verlassen Junge das Nest und beginnen feste Kost aufzunehmen. Sie wiegen dann 90–100 g und schlafen nun mit den Eltern oder der Mutter zusammen. Ende der Säugezeit mit etwa 38 Tagen. Mit 40–45 Tagen absetzen, da die erwachsenen Tiere die Jungen zu vertreiben suchen. Ausgewachsen und geschlechtsreif mit 3 Monaten.

Oftmals wenig befriedigende Aufzuchtergebnisse. Junge werden oft nicht im Nestkasten geboren, hier auch vernachlässigt, gebissen und angefressen. Solches Fehlverhalten auch dann, wenn das Männchen vor dem Wurf vom Weibchen getrennt wurde. Tägliche kurze Stress-Situationen können bei Weibchen Unfruchtbarkeit, Rückbildung der Keimlinge oder Tötung der Jungen zur Folge haben. Mütterlicher Infantizid oft dann, wenn das Weibchen vor Aufregung nicht dazu kommt, die Jungen mit Brustdrüsensekret zu markieren, dessen spezifischer Geruch den Nachwuchs kennzeichnet und Kannibalismus verhindert.

Künstliche Aufzucht bereits in den 1970er Jahren von Gewöhnlichen Spitzhörnchen in Dresden und Leipzig gelungen. Die Tiere wurden anfangs mit 1 Teil dünnem Kamillentee, 2 Teilen Kondensmilch und Vitaminzusätzen gefüttert. Später wurde der Milchanteil auf 6–8:1 gesteigert. 5–6 Mahlzeiten in Abständen von 4 Stunden. Verdoppelung des Geburtsgewichtes am 9. Tag, Verdreifachung am 15., Vervierfachung am 23. Tag und gleichzeitig Beginn der Aufnahme erster fester Nahrung (Banane). Bei arttypischen Gewichtszunahmen der Jungen genügen 3–4 Mahlzeiten täglich. Aufzuchtkästen mit Bodenheizung durch Heizkissen, Liegeflächentemperatur von 23–25 °C als erwiesenes Optimum.

Handaufgezogene Spitzhörnchen werden sehr zahm, zeigen aber keine Anzeichen von aufzuchtsbedingtem Fehlverhalten und pflanzen sich als Erwachsene normal fort.

Höchstalter in Menschenobhut. Gewöhnliches Spitzhörnchen fast 12½, Nördliches Spitzhörnchen über 11, Zwergspitzhörnchen fast 12¼, Großspitzhörnchen über 11½, Everetts Spitzhörnchen 11½, Federschwanztupaia fast 2¾ Jahre.

18
Ordnung Pelzflatterer (Dermoptera)

Reste einer altertümlichen Tiergruppe, die auch als Riesengleitflieger, Großgleitflieger, Flattermakis sowie im Englischen als Colugos bezeichnet werden und sowohl Merkmale der Insektenfresser als auch der Fledertiere und Halbaffen aufweisen. Katzengroß, Kopf lemurenartig. Zahnformel: 2/3 1/1 2/2 3/3, untere Schneidezähne vielspitzig kammförmig. Körper schlank, Gliedmaßen lang, fünfzehig, bekrallt. Behaarte Flughaut von den Halsseiten zur Handwurzel (vordere Flughaut), von der Handwurzel zur Fußwurzel (seitliche Flughaut) und von den Fußwurzeln zur Spitze des Schwanzes (Schwanzflughaut). Fell weich und dicht, rötlich braun bis gelblich braun.

Verbreitung. Südostasien.

1 Familie, 2 Gattungen, 2 Arten.

Familie Gleitflieger (Cynocephalidae)

Gattung *Cynocephalus*: 1 Art. **Philippinen-Gleitflieger** (*C. volans*): Philippineninsel Mindanao, sowie mittelgroße und kleinere Nachbarinseln.

Gattung *Galeopterus*: 1 Art. **Malaien-Gleitflieger** (*G. variegatus*): Hinterindien, Malaiische Halbinsel, Sumatra, Java, Borneo und umliegende Kleininseln.

Gefährdungsstatus. Bestand in der Wildbahn vermutlich regional bedroht, da die Tiere als Schädlinge in Plantagen verfolgt und ihres Fleisches wegen gejagt werden.

Lebensweise. Nachttiere, Einzelgänger im tropischen Regenwald, die lediglich in losen Fressgemeinschaften gelegentlich zu mehreren auf bestimmten Bäumen anzutreffen sind. Baumbewohner, die tagsüber in Baumhöhlen oder faultierartig an Baumstämmen und Unterseiten von Ästen hängend schlafen. Gleitflieger, die von hohen Baumteilen an niedriger gelegene Stammstücke benachbarter Bäume gleiten, ihre Flugbahn mittels der Beine und des Schwanzes steuern und mit leichtem Aufwärtsschwung kopfoben senkrecht landen. An Stämmen klettern sie mit kurzen Sätzen hoppelnd empor, im Gezweig hangeln sie an Ästen hängend und be-

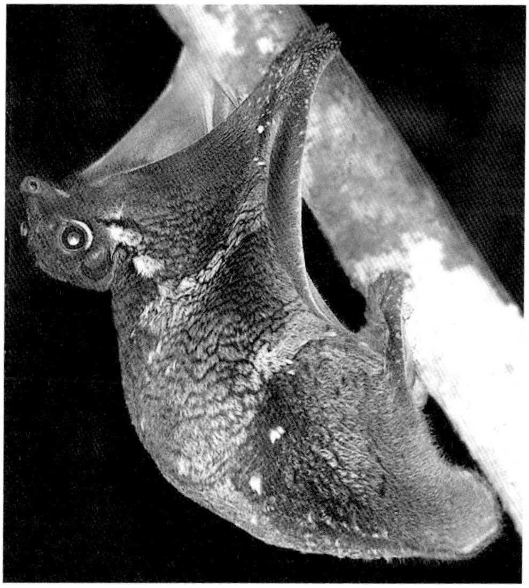

Abb. 18.1 Die Haltung von Pelzflatterern, hier ein Malaien-Gleitflieger (*Galeopterus variegatus*), ist aus ernährungsbedingten Gründen tiergartenbiologisch ungelöst.

nutzen sowohl gleitend als auch kletternd und hangelnd vielfach feste Wechsel.

Tragzeit etwa 60 Tage. 1 beuteltierähnlich embryonenhaftes Jungtier (Gewicht ca. 35 g), das von der Mutter ständig zwischen den Hinterbeinen in einer Tasche der Schwanzflughaut getragen wird und an ihrem Unterbauch an einer der beiden Zitzen saugt. Entwöhnung nach etwa 6 Monaten. Weibchen werden meist schon vorher wieder gedeckt und erneut trächtig.

Nahrung. Vegetarische Nahrungsspezialisten: vorwiegend Blätter bestimmter Bäume, daneben Knospen, Blüten, besonders Kokosblütenknospen, junge Samenhüllen und Früchte.

Haltung von Gleitfliegern

Pelzflatterer werden in Tiergärten nicht gezeigt. Haltung aus ernährungsbedingten Gründen tiergartenbiologisch ungelöst. In einer australischen Privathaltung wurde ein Einzeltier erfolgreich gehalten. Einzelheiten darüber sind nicht bekannt.

Höchstalter in Menschenobhut. Über 17½ Jahre (aus menschlicher Pflege entkommen, Artzugehörigkeit nicht genau bekannt, vermutlich Malaien-Gleitflieger). Philippinen-Gleitflieger fast 4½ Jahre (Universität der Philippinen Los Banos).

19 Ordnung Primaten (Primates)

Früher stellte man die Primaten unter der heute veralteten Bezeichnung Herrentiere meist an das Ende der Systematik, weil man glaubte, dass sie die höchstspezialisierten Lebewesen seien. Tatsächlich handelt es sich jedoch um eine Tiergruppe, die sich schon im Paläogen von den Insektenfressern gelöst hat. Bemerkenswerte Entwicklungstendenz ist die Vergrößerung und Verfeinerung des Gehirns. Bau vieler anderer Körperteile von überraschender Einfachheit und wenig spezialisiert. Körpergröße sehr unterschiedlich. Sohlengänger mit fünffingrigen Händen und Füßen. Gesichtssinn ausgezeichnet. Geruchssinn meist nur schwach entwickelt. Schnauze oft stark verkürzt. Häufig Baumbewohner, Krallen oft zu Nägeln umgewandelt. Meist nur 1 Junges. Andere einheitliche anatomische Merkmale sind u.a. der geschlossene Knochenring um die Augenhöhle, ein wohlentwickelter Blinddarm, meist nur 1 Paar brustständige Zitzen. Systematik ist umstritten und wurde Ende des vorigen Jahrhunderts neu gegliedert. Stellte man lange die Halbaffen (Prosimiae) den Echten Affen (Simiae), einschließlich der Menschenaffen, gegenüber, so geht man heute von 2 stammesgeschichtlich gleichrangigen, aber uneinheitlichen Unterordnungen aus: Feuchtnasenaffen (Strepsirrhini) und Trockennasenaffen (Haplorrhini), in denen die dort eingeordneten Arten lediglich jeweils die etwa gleiche Evolutionshöhe erreicht haben.

2 Unterordnungen, 16 Familien, 81 Gattungen, mehr als 500 Arten.

Unterordnung Feuchtnasenaffen (Strepsirrhini)

Systematisch uneinheitliche Tiergruppe, deren Angehörige äußerlich sowohl Ähnlichkeiten mit höheren Primaten zeigen als auch Merkmale aufweisen, die denen von Insektenfressern ähneln. Namensgebender Unterschied zu den höheren Primaten ist unbehaarter, feuchter Nasenspiegel (Rhinarium). Kleine, bis mittelgroße Tiere mit teils hundeartig vorspringender, teils stark verkürzter Schnauze. Zahnformel meist 2/2 1/1 3/3 3/3, bei einigen Familien auch Abweichungen. An Zehen und Fingern meist Nägel, 2. Zehe oft mit Putzkralle. Daumen und 1. Zehe stehen vielfach den restlichen Fingern und Zehen als Greiforgan gegenüber. Finger- und Zehenlänge unterschiedlich, oft 4. Finger bzw. 4. Zehe verlängert. Gebärmutter stets zweihörnig. An Brust und Bauch oft je 1 Zitzenpaar. Gehirn meist einfach gebaut. Geruchs-, Gehör- und Gesichtssinn, besonders von Nacht- und Dämmerungstieren, gut entwickelt.

Teilordnung Lemurenverwandte (Lemuriformes)

Auch Lemuren. Angehörige von sehr verschiedener Gestalt und uneinheitlichem Erscheinungsbild, die verschiedenartige Lebensräume der geologisch stark gegliederten und von anderen Teilen der Erde entwicklungsgeschichtlich früh isolierten Insel Madagaskar besiedeln. Zugehörige Arten sollen von einer oder einigen wenigen Ursprungsformen abstammen, welche die Insel nach der Abspaltung von der Festlandmasse des Gondwanalandes erreicht haben.

Verbreitung. Madagaskar, vereinzelt Komoren.

Überfamilie Katzenmakis (Cheirogaleoidea)

Familie Katzenmakis (Cheirogaleidae)

Auch Kleinlemuren. Maus- bis kaninchengroß. Kopf rundlich, Körper gestreckt, Beine nur wenig länger als Arme. Schwanz lang und behaart, bei einigen Arten mit Fettspeicher. 3 Paar Zitzen. Fell dicht und wollig, meist grau-bräunlich, fast immer ohne auffällige Abzeichen. Gesichts-, Geruchs- und Gehörsinn mit sehr beweglichen Ohrmuscheln gut ausgeprägt. Körperwärmeregulierung unvollkommen.

Verbreitung. Madagaskar.

5 Gattungen, 42 Arten.

Kleinmakis (*Microcebus*), auch Mausmakis: 19 Arten. Klein, große Augen, große, aber keine zusammenfaltbaren Ohren wie bei Galagos. Territorialmarkierung mit Harn und Drüsensekreten aus Anal- und Genitalbereich. Von den gegenwärtig anerkannten Arten sind einige erst in den letzten Jahren beschrieben. Ihre Zahl kann durch neue Entdeckungen in den kommenden Jahren noch weiter ansteigen. Madagaskar. Grenzen der Verbreitungsgebiete teilweise fließend, teilweise noch nicht eindeutig definiert. **Grauer Mausmaki** (*M. murinus*), auch Eigentlicher Mausmaki. – **Zwergmausmaki** (*M. myoxinus*). – **Roter Mausmaki** (*M. rufus*), auch Brauner Mausmaki. – **Rötlichgrauer Mausmaki** (*M. griseorufus*). – **Goldbrauner Mausmaki** (*M. ravelobensis*). – **Madame-Berthe-Mausmaki** (*M. berthae*). – **Sambirano-Mausmaki** (*M. sambiranensis*). – **Nördlicher Rötlicher Mausmaki** (*M. tavaratra*). – **Goodmans-Mausmaki** (*M. lehilahytsara*): 2005 entdeckt. Die nachfolgend aufgeführten Arten sind sich in ihrem Erscheinungsbild sehr ähnlich: **Bongolava-Mausmaki** (*M. bongolavensis*). – **Danfoss-Mausmaki** (*M. danfossi*). – **Jolly-Mausmaki** (*M. jollyae*). – **Nosy-Be-Mausmaki** (*M. mamirata*), auch Claire-Mausmaki. – **Mittermeier-Mausmaki** (*M. mittermeieri*). – **Simmon-Mausmaki** (*M. simmonsi*). – **Arnhold-Mausmaki** (*M. arnholdi*). – **Nosy-Boraha-Mausmaki** (*M. boraha*). – **Gerps Mausmaki** (*M. gerpi*). – **MacArthur-Mausmaki** (*M. macarthurii*). – *M. manitatra*. – **Margot-Marsh-Mausmaki** (*M. margotmarshae*). **Ansog-Mausmaki** (*M. tanosi*). **Marohita-Mausmaki** (*M. marohita*).

Abb. 19.1 Beim Westlichen Fettschwanzmaki (*Cheirogaleus medius*) dient der gesamte Schwanz als Fettspeicher.

Riesenmausmakis (*Mirza*): 2 Arten. Früher den Mausmakis zugeordnet, aber deutlich größer und schwerer. Keine Territorialmarkierung, entsprechende Drüsen nicht vorhanden oder wenig produktiv. **Südlicher Riesenmausmaki** (*M. coquereli*), auch Großer Riesenmausmaki, Ratten- oder Coquerels Mausmaki: Fell oberseits rötlich braun, am Bauch gelblich grau, runder Kopf, relativ große Augen und Ohren, langer buschiger Schwanz. Südwestmadagaskar. – **Nördlicher Riesenmausmaki** (*M. zaza*), auch Kleiner Riesenmausmaki: als eigene Art seit 2005 geführt. Gestalt und Färbung gleich, aber deutliche Unterschiede in der Sozialorganisation und vermutlich auch Fortpflanzung. Nordwestmadagaskar.

Eigentliche Katzenmakis (*Cheirogaleus*), auch Fettschwanzmakis: 9, möglicherweise 10 Arten. Größte Vertreter der Katzenmakis. Große, mit dunklen Ringen umgebene Augen, dünne, unbehaarte Ohren. Schwanz mit Fettspeicherfunktion. Fell weich und seidig, an der Oberseite grau oder rotbraun, an der Unterseite gelblich weiß. Endemisch auf Madagaskar. **Großer Katzenmaki** (*Ch. major*), auch Brauner Katzenmaki: wie Riesenmausmakis keine Duftdrüsen, Territorialmarkierung jedoch mit Harn und Kot. – **Westlicher Fettschwanzmaki** (*Ch. medius*), auch Mittlerer Katzenmaki: gesamter Schwanz als Fettspeicher. – **Südlicher Fettschwanzmaki** (*Ch. adipicaudatus*). – **Rötlicher Katzenmaki** (*Ch. crossleyi*), auch Pelzohriger Katzenmaki: behaarte Ohren, rötlich braunes Fell. – **Lavasoa-Fettschwanzmaki** (*Ch. lavasoensis*): rötlich braune Kopffärbung, dunkle Schnauze, schwarzer Augenring. – **Kleiner Eisengrauer Katzenmaki** (*Ch. minusculus*): bislang nur aus kleinem Gebiet in Ostmadagaskar bekannt. – **Großer Eisengrauer Katzenmaki** (*Ch. ravus*). – **Rückenstreifen-Katzenmaki** (*Ch. sibreei*): dunkler Haarstreifen am Rücken. – **Andy-Sabin-Katzenmaki** (*Ch. andysabini*): Kopf, Rücken und Beinaußenseiten rötlich braun, Beininnenseiten, Bauch und Nasenspitze weiß. – **Sheth's Katzenmaki** (*Ch. shethi*), auch Ankarana-Katzenmaki: kleinster Fettschwanzmaki, grau mit weißer Bauchseite.

Büschelohrige Katzenmakis (*Allocebus*): 1 Art. Büschelartig behaarte Ohren. **Büschelohriger Katzenmaki** (*A. trichotis*), auch Büschelohrmaki: Norden der Ostküste Madagaskars.

Gabelstreifenmakis (*Phaner*): 4 Arten. **Östlicher Gabelstreifenmaki** (*Ph. furcifer*), auch Masoala-Gabelstreifenmaki: auffällige Fellzeichnung, schwarzer Rückenstreifen gabelt sich auf dem Scheitel. Masoala-Halbinsel auf Madagaskar. – **Westlicher Gabelstreifenmaki** (*Ph. pallescens*), auch Blasser Gabelstreifmaki: Westmadagaskar. – **Sambirano-Gabelstreifenmaki** (*Ph. parienti*), auch Parientes Gabelstreifmaki: Sambirano-Region im nördlichen Madagaskar. – **Nördlicher Gabelstreifenmaki** (*Ph. electromontis*): auch Amberberg-Gabelstreifmaki: Halbinsel Cap d'Ambre im äußersten Norden Madagaskars.

Gefährdungsstatus. Bestand im natürlichen Verbreitungsgebiet nur ausnahmsweise gesichert, nahezu alle Arten der Familie gefährdet, bei lokal von natürlichen Barrieren begrenzten Verbreitungsgebieten teilweise durch Lebensraumzerstörung sogar von Ausrottung bedroht. In Tiergärten nur wenige Arten und auch nur gelegentlich gehalten. EEP für Grauen Mausmaki und Goodmans-Mausmaki im Zoo Plzen.

Lebensweise. Nachttiere, Lebensraum Busch- und Baumkronenzonen in Trocken- und Regenwäldern. Einzelgänger oder in kleinen Gruppen in Territorien, die mit Geruchsstoffen markiert oder durch Laute kenntlich gemacht werden. Tagesschlaf in Baumhöhlen oder selbst gebauten Nestern aus Zweigen und Laub. Saisonal (Trockenzeit) mehrmonatiger Trockenschlaf, der nach neueren Untersuchungen beim Fettschwanzmaki den Organismus in einen dem Winterschlaf entsprechenden physiologischen Zustand versetzt. Herzschlag und Atmung sind verlangsamt, Körpertemperatur gleicht der Außentemperatur. Ein solcher Schlafzustand wurde sowohl bei einem Tropentier, als auch bei einem Primaten bisher noch nicht beobachtet.

Nahrung. Wirbellose, Früchte, Nektar, Blüten, Baumsäfte, Ausscheidungen von Insekten. Teilweise spezialisierte Ernährung.

Haltung von Katzenmakis

Siehe Haltung von nachtaktiven Feuchtnasenaffen.

Überfamilie Lemuren (Lemuroidea)

Familie Eigentliche Lemuren (Lemuridae)

Kaninchen- bis katzengroß. Kopf gestreckt, spitzschnäuzig oder rundlich mit kurzer Schnauze (Halbmakis). Zahnformel: 2/2 1/1 3/3

Abb. 19.2 Kattas (*Lemur catta*) sind ausschließlich tagaktive Lemuren. Durch ihre auffällige Zeichnung und ihre Verhaltensweisen sind sie Anziehungspunkte für Zoobesucher.

3/3. Schneide- und Eckzähne des Unterkiefers stehen zusammen waagerecht nach vorn und bilden einen „Zahnkamm" (Putzkamm), der zur Fellpflege eingesetzt wird. Augen mittelgroß, Ohrmuscheln meist behaart. Gesichts-, Gehör- und Geruchssinn gut ausgeprägt. Vordere Gliedmaßen kürzer als hintere. An Zehen und Fingern Nägel, lediglich 2. Zehe mit einer sichelförmigen Putzkralle. 1 Paar bruständige Zitzen, bei Varis 3 Paar Zitzen brust- und bauchständig. Schwanz lang und dicht behaart, dient vor allem beim Springen als Steuerorgan. Fell weich, dicht, oft kontrastreich gefärbt. Vielfach Duftdrüsen in der Analregion, an Ober- und Unterarmen oder an der Kehle. Die in den vergangenen Jahren neu oder wieder entdeckten oder nach genetischen und anderen Studien als neue Arten oder Unterarten beschriebenen Formen lassen den Schluss zu, dass vermutlich weitere Veränderungen in der Systematik der Lemuren zu erwarten sind.

5 Gattungen, 21 Arten.

Kattas (*Lemur*): 1 Art. **Katta** (*L. catta*): einziger nur am Tag aktiver Lemur, beide Geschlechter gleich gefärbt. Süd- und Südwestmadagaskar.

Braune Makis (*Eulemur*), auch Echte Lemuren, Echte Makis: 12 Arten. Mehr oder weniger stark ausgeprägter Geschlechtsdimorphismus in Fellfärbung und -zeichnung. **Mohrenmaki** (*E. macaco*): Nordwestmadagaskar. – **Blauaugenmaki** (*E. flavifrons*), auch Sclaters Maki: früher Unterart des Mohrenmakis. Nordwesten Madagaskars. – **Mongoz-Maki** (*E. mongoz*): Nordmadagaskar und Komoren ohne Mayotte. – **Kronenmaki** (*E. coronatus*): Nordmadagaskar. – **Rotbauchmaki** (*E. rubriventer*): Ostmadagaskar. – **Brauner Maki** (*E. fulvus*): fast ganz Madagaskar, Mayotte. – **Roter Maki** (*E. rufus*): östliches und westliches Madagaskar. – **Rotstirnmaki** (*E. rufifrons*): östliches Madagaskar. – **Weißkopfmaki** (*E. albifrons*): Nordmadagaskar, Mayotte. – **Graukopfmaki** (*E. cinereiceps*), auch Weißkragenmaki: früher als *E. albocollaris* geführt. Frafafangana, Madagaskar. – **Halsbandmaki** (*E. collaris*), auch Rotbartmaki, Rotwangen-Halsbandmaki: Ostspitze von Madagaskar. – **Sanfords Maki** (*E. sanfordi*): Nordmadagaskar.

Abb.19.3 Beim Mohrenmaki (*Eulemur macaco*) unterliegt die Fellfärbung einem ausgeprägten Sexualdimorphismus. Die Männchen sind stets schwarz gefärbt.

Halbmakis (*Hapalemur*), auch Bambuslemuren: 5 Arten. **Grauer Halbmaki** (*H. griseus*), auch Östlicher Bambuslemur: Madagaskar. – **Südlicher Bambuslemur** (*H. meridionalis*): Südosten Madagaskars. – **Alaotra-Halbmaki** (*H. alaotrensis*): Ostmadagaskar. – **Goldener Bambuslemur** (*H. aureus*), auch Goldener Halbmaki: 1987 entdeckt und beschrieben, sehr selten. Südostmadagaskar. – **Sambirano-Halbmaki** (*H. occidentalis*), auch Westlicher Halbmaki: Westmadagaskar, Sambirano-Region. – Unklar ist der Artstatus des als Gilbert-Bambuslemur (*H. gilberti*) geführten Halbmakis.

Breitschnauzenhalbmakis (*Prolemur*): 1 Art. **Großer Bambuslemur** (*P. simus*), auch Großer Halbmaki: galt bis 1960 als ausgestorben. Ostmadagaskar.

Varis (*Varecia*): 2 Arten. Größte Lemuren. **Roter Vari** (*V. rubra*): Halbinsel Masoala. – **Schwarzweißer Vari** (*V. variegata*): 3 Unterarten. Gürtelvari (*V. v. subcincta*) genetisch eventuell Rotem Vari nahe stehend, obwohl Schwarzweißem Vari in der Färbung ähnlich. Nordostmadagaskar von Mitte der Provinz Antsiranana bis zur Nordhälfte der Provinz Toamasina, eingebürgert auf der Insel Nosy Mangabe.

Gefährdungsstatus. Bestand der meisten Arten im natürlichen Verbreitungsgebiet durch Lebensraumzerstörung (Waldrodung) und Bejagung sehr gefährdet. Brauner Weißkragenmaki und Großer Bambuslemur gehören zu den 25 am stärksten bedrohten Primatenarten. Einige weitere Arten sind hochgradig von Ausrottung bedroht (Blauaugenmaki, Mongoz-Maki, Alaotra-Halbmaki, Goldener Bambuslemur, Roter Vari im eigentlichen Ursprungsgebiet und Gürtelvari). Für den ebenfalls hoch bedrohten Blauaugenmaki ist in Nordwestmadagaskar, auf der Sahamalazza-Halbinsel, ein internationales Schutzprojekt angelaufen.

EEP für den Schwarzen Mohrenmaki im Dudley Zoo, für den Mongoz-Maki in Linton, für den Sclaters Maki und Rotbauchmaki im

Abb. 19.4 Die kontrastreiche Zeichnung der Schwarzweißen Varis (*Varecia variegata*) variiert innerhalb ihres Verbreitungsgebietes auf Madagaskar.

Zoo Mulhouse, für den Alaotra-Halbmaki im Wildlife Preservation Trust Jersey, für den Großen Bambuslemur im Zoo Paris, für den Roten Vari in Lyon, für den Schwarzweißen Vari und den Gürtelvari in Buford. EEP für den Katta in Bussolengo. Zudem führt das EAZA-Büro in Amsterdam das EEP für Blauaugenmaki und Kronenmaki.

Lebensweise. Tag- und Dämmerungstiere, die auch nachts Aktivitätsphasen haben, ausnahmsweise ausschließlich am Tag aktiv sind (Katta). Lebensraum tropische und subtropische Wälder des Flach- und Hügellandes, darunter auch primäre Tieflandwälder (z.B. auf der Halbinsel Masoala), manche Arten in Bambusdickicht und Schilfniederungen (Halbmakis), Kattas im baumarmen Hügel- und Bergland. Gut kletternde und zielsicher springende Baumbewohner, können aber nur schlecht schwimmen. Kattas halten sich häufiger als andere Arten am Boden auf. Artverschieden in Kleinfamilien oder kleineren Gruppen (Mongoz-Maki, Rotbauchmaki, Varis, Halbmakis) oder in größeren Gruppen mit mehreren Männchen, Weibchen und Jungtieren (Katta, Braune Makis, Mohrenmaki). Soziale Organisation auch abhängig vom Nahrungsangebot, d.h. bei Nahrungsmangel geringere Gruppengrößen. Mit Ausnahme der Braunen Makis sind die Weibchen dominant über die Männchen. Z.T. jahreszeitliche Unterschiede in Größe und Zusammensetzung der Gruppen, die sich mehr oder weniger streng voneinander abgrenzen und teilweise feste Reviere beanspruchen. Territorialmarkierung mit Urin oder Duftstoffen aus den Drüsen in der Anal- oder Kehlregion. Männliche Kattas und männliche Halbmakis drücken die Hornschwiele des Unterarmes gegen die in Achselnähe gelegene Oberarmdrüse und verreiben das Sekret anschließend an Ästen. Duftstoffe aus den Drüsen der Unter- und Oberarme dienen bei Kattas auch zum Einreiben des auffällig schwarz-weiß geringelten Schwanzes, der dann bei Rivalenkämpfen als optisches und olfaktorisches Drohsignal wippend in Richtung auf die Artgenossen bewegt wird („Stinkkämpfe"). Laute Rufe (Varis) und Heulen (Kattas) dienen der Kennzeichnung des Standortes, haben aber auch vielfältige andere Funktionen in der innerartlichen Kommunikation (z.B. Warnung vor Gefahren). Fortpflanzung streng saisonal mit festen Paarungs- und Wurfzeiten.

Nahrung. Vorwiegend Pflanzenkost wie Wildfrüchte, Blüten, Blätter, Bambus, Gräser, Schilf, Pflanzensäfte, Nektar, aber auch Insekten, Kleintiere, Kleinvögel. Einige Arten sind wenig spezialisiert (Braune Makis), einige andere bevorzugen bestimmte Kost (ca. 75 % der von Varis aufgenommenen Nahrungsmenge bestehen aus Früchten), wieder andere sind extreme Nahrungsspezialisten. Halbmakis fressen je nach Art nur bestimmte Bambusteile wie Schösslinge, Mark oder Blätter, darunter der Große Bambuslemur auch Mark und andere Pflanzenteile einer giftigen Bambusart (*Cathariostachys madagascariensis*), die Cyanid enthalten.

Haltung von Lemuren

Siehe Haltung von tagaktiven Feuchtnasenaffen.

Familie Wieselmakis (Lepilemuridae)

Kaninchengroß, Kopf rundlich mit kurzer Schnauze, obere Schneidezähne fehlen, Augen und Ohren groß. Beine deutlich länger als Arme, Schwanz lang und dicht behaart. Fell dicht und wollig, Rücken zumeist hellgrau oder bräunlich gefärbt, ohne kontrastreiche Zeichnung, Bauchseite heller.

1 Gattung, 26 Arten.

Wieselmakis (*Lepilemur*): Nachfahren längst ausgestorbener Riesenlemuren (*Megaladapis*): **Ottos Wieselmaki** (*L. otto*): Nordwestmadagaskar. – **Grewcock-Wieselmaki** (*L. grewcockorum*), auch Anjimangirana-Wieselmaki: Nordwestmadagaskar. – **Gewöhnlicher Wieselmaki** (*L. mustelinus*), auch Großer oder Geoffroys Wieselmaki: Nordostmadagaskar. – **Graurücken-Wieselmaki** (*L. dorsalis*): Nordwestmadagaskar. – **Edwards-Wieselmaki** (*L. edwardsi*): Ostmadagaskar. – **Weißfuß-Wieselmaki** (*L. leucopus*): Südmadagaskar. – **Kleinzahn-Wieselmaki** (*L. microdon*): Südostmadagaskar. – **Rotschwanz-Wieselmaki** (*L. ruficaudatus*), auch Kleiner Wieselmaki: kleinster Vertreter seiner Gattung. Südwestmadagaskar. – **Nördlicher Wieselmaki** (*L. septentrionalis*): Nordostspitze Madagaskars. – **Ankarana-Wieselmaki** (*L. ankaranensis*): Nordspitze Madagaskars.

Gefährdungsstatus. Bestand im natürlichen Verbreitungsgebiet bei allen Arten gefährdet. Verbreitungsgebiete zum großen Teil durch geografisch-geologische Strukturen (Flüsse, Ströme, Höhenzüge, Bergland) lokal von unüberwindlichen natürlichen Barrieren umschlossen (Fragmentierung), daher ist die Bedrohung durch Bejagung und bei Lebensraumzerstörung groß. 8 Arten werden als kritisch bedroht eingestuft.

Lebensweise. Nacht- und Dämmerungstiere, Tagesschlaf in Baumhöhlen oder zusammengekauert in Astgabeln. Lebensraum sowohl immergrüne Küstenwälder als auch Trockenwälder im Landesinneren, besonders Weißfuß-Wieselmaki in trockenen Lebensräumen. Einzelgänger in festen, mit Harn und Afterdrüsensekret markierten Revieren, wobei ein Männchenterritorium das mehrerer Weibchen überdeckt. Saisonal auch in Mutterfamilien oder während der Paarungszeit auch paarweise. Territorien werden so wie der Standort des Besitzers durch laute Rufe gekennzeichnet und gegen gleichgeschlechtliche Eindringlinge vehement verteidigt.

Nahrung. Fast ausschließlich Blätter bestimmter einheimischer Pflanzen, daneben Blüten und Rinde. Die Zellulose wird durch Bakterien im vergrößerten Dickdarm aufgeschlossen, deshalb Kotaufnahme (Caecotrophie) zu beobachten.

Haltung von Wieselmakis

Siehe Haltung von nachtaktiven Feuchtnasenaffen.

Familie Indriartige (Indriidae)

Katzen- bis mehr als fuchsgroß. Kopf rundlich, Schnauze kurz und breit, daher Gesicht affenähnlich. Augen groß, Iris oft leuchtend gelbgoldfarben, Sehvermögen hoch entwickelt. Zahnformel: 2/2 1/0 2/2 3/3. Füße und Hände groß, Zehen und Finger sehr lang, die Großzehe ist ein kräftiges und bewegliches Greifwerkzeug. Beine deutlich länger als Arme (vertikales Springen ist typische Fortbewegungsweise).

Abb. 19.5 Kronensifakas (*Propithecus coronatus*) bevorzugen den Aufenthalt auf Bäumen. Auf dem Erdboden bewegen sie sich mit ausgestreckten Armen in hüpfenden Sprüngen fort.

Schwanz artverschieden, meist lang (Sifakas, Wollmakis). 1 Paar brustständige Zitzen. Fell weich und dicht, zumeist sehr auffällig und kontrastreich gefärbt.

Verbreitung. Madagaskar.

3 Gattungen, 19 Arten.

Sifakas (*Propithecus*): 9 Arten. Mittelgroße Indriartige. Schwanz im Unterschied zu Indri körperlang. Fell lang, seidig, je nach Art verschieden gemustert. Färbung variiert von gelblich weiß bis schwarzbraun, Gesicht immer schwarz und haarlos, mehrere Arten mit fransenartig behaarter Hautfalte vom Oberarm bis zum Rumpf. Name dem Alarmruf „si-fak“ nachempfunden. **Larvensifaka** (*P. verreauxi*): weiß mit braunen und grauen Fellpartien. Mehreren ehemaligen Unterarten wurde Artstatus zuerkannt. Südwestmadagaskar. – **Kronensifaka** (*P. coronatus*): Westküste Madagaskars. – **Coquerel-Sifaka** (*P. coquereli*): früher als Unterart des Larvensifakas geführt. Nordwestmadagaskar. – **Van-der-Decken-Sifaka** (*P. deckenii*): galt früher ebenfalls als Unterart des Larvensifakas. 1 Unterart. Nördliches Zentral- und Südwestmadagaskar. – **Diademsifaka** (*P. diadema*): Fell am ganzen Körper seidig-weiß, teilweise mit gelblichem Anflug, deshalb hebt sich weißer Haarkranz („Diadem“) um den Kopf nicht immer ab. 2 Unterarten. Ostküste Madagaskars. – **Seidensifaka** (*P. candidus*): weißes, seidiges Fell, variierende Gesichtsfärbung. Nordostmadagaskar. – **Milne-Edwards-Sifaka** (*P. edwardsi*): früher Unterart des Diademsifakas. Ostküste Madagaskars. – **Perrier-Sifaka** (*P. perrieri*): ebenfalls in den Artstatus erhobene einstige Unterart des Diademsifakas. Ostmadagaskar. – **Goldkronensifaka** (*P. tattersalli*), auch Tattersall-Sifaka: Nordspitze Madagaskars.

Wollmakis (*Avahi*): 9 Arten. Kleinste Vertreter der Familie. Fell dicht, wollig, meist grau, Gliedmaßen weiß, langer Schwanz orangefarben. Runder Kopf mit kurzer Schnauze, Ohren im Fell verborgen. **Östlicher Wollmaki** (*A. laniger*), auch Rußroter Wollmaki: häufigste und bekannteste Art, kleine Ohren, weiches Fell dichtwollig. Ostmadagaskar. – **Betsileo-Wollmaki** (*A. betsileo*): östliches Zentralmadagaskar. – **Peyrieras-Wollmaki** (*A. peyrierasi*): Südostmadagaskar. – **Südlicher Wollmaki** (*A. meridionalis*): Südostmadagaskar. – **Masoala-Wollmaki** (*A. mooreorum*), auch Moore-Wollmaki: Masoala-Halbinsel in Nordostmadagaskar. – **Manombo-Wollmaki** (*A. ramanantsoavanai*): Südostmadagaskar. – **Westlicher Wollmaki** (*A. occidentalis*): Nordwestmadagaskar. – **Nordwestlicher Wollmaki** (*A. unicolor*), auch Einfarbiger oder Sambirano-Wollmaki: Sambirano-Region, Nordwestmadagaskar. – **Cleeses Wollmaki** (*A. cleesei*): zentrales Westmadagaskar (bewaldetes Randgebiet der Tsingy de Bernaraha).

Indris (*Indri*): 1 Art. Größter Feuchtnasenaffe, auffällig große buschige Ohren, Schwanz stummelförmig. **Indri** (*I. indri*), auch Babakoto: Haarkleid weich, Fellzeichnung kann variieren, bei Nominatform vorwiegend schwarzweiß, bei Tieren der Mananara-Region mit weißer Hinterhauptskappe und weißem Nackenkragen sowie Grau- und Brauntönen an den Gliedmaßenaußenseiten. 2 Unterarten. Nordosten bis Zentralmadagaskar.

Gefährdungsstatus. Alle Arten sind hochgradig bedroht. Perriers-Sifaka (nur noch wenige hundert Tiere) gehört zu den 25 am höchsten bedrohten Primatenarten. Ursachen: Vernichtung und Fragmentierung der Lebensräume, unkontrollierte Jagd des Fleisches wegen. EEP für Kronensifaka in Paris und für Coquerel-Sifaka im Tierpark Berlin.

Lebensweise. Teils Tagtiere (Sifakas, Indri), teils Nachttiere (Wollmakis). Lebensraum Regen- und Bergwald (Indri, Diademsifakas und Östlicher Wollmaki) oder Trocken- und Dornwald (Larvensifakas und Westlicher Wollmaki). Vorwiegend Baumbewohner. Alle klettern gut und springen hervorragend. Larvensifakas überwinden Lichtungen und offene Flächen zwischen Bäumen känguruähnlich hüpfend. Sifakas leben in kleinen Familienverbänden (3–5 Tiere), Indri und Wollmakis einzeln, paarweise oder in einer kleinen Familiengruppe mit 1 bis höchstens 2 Jungtieren verschiedenen Alters. Territorialmarkierung bei Indri durch weit hallende melodische Rufe (ähnlich Gibbons).

Nahrung. Vorwiegend Blätter bestimmter, ausgewählter Pflanzen, z.T. auch Blüten, Früchte und Rinde. Cleese-Wollmaki vermutlich Nahrungsspezialist und auf Knospen und junge Blätter bestimmter Baumarten angewiesen.

Haltung von Sifakas

Sifakas leben in matriarchalischen Gesellschaftssystemen, in denen es in jeder Gruppe 1 reproduktives Alpha-Weibchen gibt. Die Gruppen bestehen in der Regel aus 1 dominanten Weibchen, 1 fortpflanzungsfähigen Männchen und deren Nachkommen. Die Gruppengröße schwankt zwischen 2 und 10 Individuen, in Zoos bei zu 8 bei Kronensifaka und 6 Tieren bei Coquerel-Sifaka. Versuche, mehr als 1 nicht verwandtes Zuchtmännchen oder Zuchtweibchen in einer Gruppe zu halten, blieben bislang erfolglos. Innen- und Außengehege sollten alle 3 Dimensionen optimal ausnutzen. Gerade die vertikale Dimension ist sehr wichtig, da Sifakas den Großteil ihrer Zeit hoch über dem Boden verbringen. Alle Haltungsbereiche so gestalten, dass die Tiere zum Beobachten, Füttern, Wiegen oder Einfangen umgesetzt oder getrennt werden können. Der Aufenthalt in Außengehegen fördert die Aktivität der Tiere und zeigt eine Verbesserung der Zuchtaktivitäten und ist daher im Rahmen der Möglichkeiten zu maximieren. Wegen der klimatischen Bedingungen ist die Aufenthaltsdauer in europäischen Zoos in den Innenanlagen dennoch sehr hoch, daher gilt es diesen eine große Bedeutung bei der Planung und Ausgestaltung zuzumessen. Alle Bereiche mit reichlich und abwechslungsreichen Strukturen ausstatten. Aufgrund der komplexen Sozialstruktur mehrere kleinere und größere Innenbereiche, damit die Tiere je nach Situation in verschiedenen Konstellationen getrennt werden können. Sichtkontakt zwischen separierten Tieren ermöglichen. Innenanlagen möglichst nur einseitig durch Besucher einsehbar, Glasscheiben unproblematisch. Viel Tageslicht bieten. Vertikale Strukturen fest im Boden montieren. Sifakas bewegen sich springend zwischen vertikalen Stämmen fort. Daher diese Strukturen fest und steif verankern. Horizontale werden vorwiegend durch junge Individuen genutzt, aber auch als Ruheplatz aufgesucht. Bewegliche Strukturen wie Seile, Lianen und dünne Äste werden zum Spielen genutzt. Durchmesser 7–20 cm. Leicht zu reinigende Fütterungsplattformen anbieten. Dreiseitig geschlossene Schlafboxen (elektrische Heizstrahler möglich) für den Aufenthalt bei schlechter Witterung anbieten. Mehrere Futterplätze anbieten, um Aggressionen zu vermeiden. Die Abgrenzung von Außengehegen gegen das Eindringen von Beutegreifern und Nagern (Krankheitsüberträger) sichern. Maschenweiten bei Matten und Zäunen von 3x3, 4x4 und 5x5 cm haben sich als tauglich erwiesen. Vollumschlossene Außenanlagen bieten erhöhte Sicherheit und erweitern den dreidimensionalen Aktionsradius. Bei nach oben geöffneten Anlagen, Zaun mindestens 1,80 m hoch und mit Stromsicherung (2000–5000 V). In Gehegen mit hochwachsender Vegetation sollten die Zaunlinien auf beiden Seiten der Barriere 4,5 m entfernt sein, um ein Überspringen der Außenzäune zu verhindern. Von Wassergräben wird abgeraten, da Sifakas sehr anfällig für Infektionen mit Krankheitserregern sind, die im flachen Wasser vorkommen. Bodengrund mit ausreichend Drainage, um Pfützenbildung zu verhindern. Wie bei allen herbivoren Arten besondere Sorgfalt bei der Auswahl der Pflanzen zur Gehegegestaltung (siehe EAZA-Richtlinien für eine Liste der bevorzugten, möglichen und ungeeigneten Pflanzenarten). Die Innenbereiche täglich reinigen. Der nackte Boden sollte einmal am Tag mit Wasser gewischt und zwei- bis dreimal pro Woche desinfiziert werden. In Haltungsbereichen mit Substrat (Holzspäne/Sägemehl) verschmutztes Substrat entfernen, den Boden darunter wischen und dann neues Substrat darüber streuen. Futterreste entfernen. Fütterungsplätze täglich reinigen und desinfizieren. Zugang zum Innenbereich unterhalb von 10 °C anbieten, sofern nicht grundsätzlich die Wahl zwischen Innen- und Außenbereich gegeben ist. Innenhaltung unter 5 °C. Innentemperatur sollte bei 20–25 °C liegen, Innenluftfeuchtigkeit etwa 70 %.

Fütterung. Als blattfressende Primatenart ist das Verdauungssystem von Sifakas hoch spezialisiert. Die Ernährung sollte in Bezug auf die Nährstoffzusammensetzung und die Fütterungsstrategie der natürlichen Ernährung so weit wie möglich ähneln. Um sicherzustellen, dass die Nahrung die richtigen Nährstoffe und vor allem die richtige Menge an Ballaststoffen enthält, ist es wichtig, dass Sifakas das ganze Jahr über Zugang zu Laubfutter haben. Futter mit einem hohen Anteil an einfachen Zuckern und Stärke sollten vermieden werden, da dies zu Durchfall führt. Täglich frisches Laub (sommergrün: Feldahorn, Hainbuche, Roteiche, Platane, Essigbaum und viele weitere heimische Arten, wintergrün: Elaeagnus, Cotoneaster und Brombeere, Robinienlaub nach Frostung sehr stabil und sehr beliebt bei Kronensifakas), möglichst noch am Ast oder Zweig ad libitum, etwa 200–250 g pro Tier und Tag. Dazu verteilt auf mindestens 3 Fütterungen pro Tag handelsübliche Primatenpellets (Leaf Eater Primate Pellet von Mazuri), Gemüse (Karotte, grüne Bohnen, Kohl, Brokkoli, Zwiebel, Gurke), Nüsse und Hülsenfrüchte (Kichererbsen, Bohnensprossen, ungesalzene Nussmischungen). Ergänzend zum frischen Laub Blattsalate (Grünkohl, Mangold, Kohl, Römersalat). Die Pellets können trocken oder in Wasser oder (Schwarz-)Tee eingeweicht gefüttert werden. Sifakas fressen auch Rinde und dünne Äste. Da lange Fasern nur schlecht verdaut werden, ist beim Verfüttern von Weidengewächsen Vorsicht geboten. Sehr anfällig für Krankheiten. Um das Risiko einer Exposition gegenüber lebensmittelbedingten Krankheitserregern wie Listerien, Giardien und pathogenen Darmbakterien wie Escherichia coli oder Salmonellen zu verringern, sollten alle Lebensmittel gut gewaschen und gegebenenfalls desinfiziert werden, bevor sie an Sifakas verfüttert werden. Futtermenge je nach Lebensphase oder sonstigen individuellen Gegebenheiten anpassen. Trächtigen Weibchen in der zweiten Hälfte der Schwangerschaft Futtermenge um 30 % erhöhen. Ab Geburt des Säuglings die Menge um 50–100 % erhöhen, je nach Gewicht und Appetit der Mutter. Sobald der Säugling selbständig frisst (3.–4. Woche), volle Menge der Erwachsenennahrung anbieten. Das ganztägige Angebot von Futter (Laub) entspricht dem natürlichen Verhalten von Indriartigen, den ganzen Tag über auf Futtersuche zu gehen, und gewährleistet eine gesunde Verdauung. Wie andere blattfressende Primaten haben auch Sifakas eine niedrige Verdauungsrate. Ihr Verdauungstrakt ist länger und der Magen größer als bei den genügsameren Lemurenarten. Die Verdauungszeit für Nahrung im Magen beträgt 10–24 Stunden und in etwa noch einmal die gleiche Zeit bis zur Ausscheidung.

In der Natur erhalten Sifakas den größten Teil des benötigten Wassers durch das Fressen von Gras und das Ablecken von Tau auf den Blättern. In der menschlichen Haltung kann die Nahrung einen geringeren Feuchtigkeitsgehalt aufweisen, sodass die Tiere möglicherweise häufiger trinken. Geeignet sind leicht zu reinigende und vor Eintrag geschützte Behältnisse wie Schalen, Flaschen und automatische Trinksysteme.

Vergesellschaftung. Die Erfahrungswerte zur Vergesellschaftung von Sifakas mit anderen Arten sind noch gering. Besonders die Haltung eines Paares mit anderen Arten scheint nicht erfolgreich, da sich Sifakas sehr dominant verhalten können. Hingegen kann bei der Haltung von Einzeltieren (separierte junge Erwachsene, überzählige Individuen) die Vergesellschaftung, insbesondre mit anderen Lemurenarten, eine willkommene Kompensation der fehlenden Sozialpartner sein. Im Allgemeinen gehen Sifakas dann sehr entspannt mit anderen Arten um. Grundsätzlich bestehen wie bei den meisten Primatenarten bei Sifakas große charakterliche Unterschiede, die bei der Entscheidung für oder gegen eine Vergesellschaftung berücksichtigt werden müssen. Vergesellschaftungen von Kronensifakas mit Lemurenarten (Große Makis, Bambuslemuren, Katta) waren erfolgreich.

Fortpflanzung und Zucht. Junge Weibchen werden aus der Gruppe ausgestoßen, wenn sie die Geschlechtsreife erreichen (mit etwa 2½ Jahren). Daher müssen junge Weibchen, wenn sie zum ersten Mal brünstig werden, aus ihrer Gruppe entfernt werden. Das veränderte Verhalten der jungen Weibchen ist offensichtlich: Sie isolieren sich stärker vom Rest der Gruppe und distanzieren sich stärker von den Pflegern. Im Gegensatz zum weiblichen Nachwuchs werden junge Männchen im Allgemeinen länger von der Gruppe toleriert. In der Natur beginnen die jungen Männchen im Alter von 3–6 Jahren, sich in andere Gruppen zu begeben. Daher können sie länger in Familiengruppen gehalten werden, bis eine geeignete neue Einrichtung für die weitere Haltung gefunden ist. Erwachsene Männchen scheinen gegenüber ihren Söhnen toleranter zu sein als die Weibchen gegenüber ihren Töchtern. Die Aufzucht stellt eine große Herausforderung dar und ist bislang in nur wenigen Einrichtungen gelungen. Die Zeit der Geburt und die ersten Lebenstage sind für Sifakas äußerst prekär. Aufzeichnungen über die Sterblichkeit im Duke Lemur Center zeigen, dass der Tod während der Geburt und in den ersten 3 Lebenstagen knapp über 30 % aller Todesfälle bei dieser Art in Zoos ausmacht. Zucht wie im natürlichen Verbreitungsbiet saisonal (Juli bis September), Deckakt zwischen einigen Sekunden und einigen Minuten, jedoch selten beobachtet. Nach der Kopulation hinterlassen Sifakas häufig Duftmarken und reinigen geradezu zwanghaft ihre eigenen Genitalien. Der Östrus kann aufgrund von Verhaltensänderungen erkannt werden. Verstärktes Markierungsverhalten, Männchen verdecken systematisch die Markierungen des Weibchens. Das Männchen folgt während dieser Zeit dem Weibchen intensiv, gesteigertes Aggressionsverhalten des Weibchens. Tragzeit bei Coquerel-Sifaka 155–165 Tage, bei Kronensifaka 165–170 Tage. Training zur freiwilligen Ultraschalluntersuchung möglich und verbreitet. Geburten finden von November bis April statt. Es wird empfohlen, das Weibchen vor der Geburt von der Gruppe zu trennen. Andernfalls sollte es gleich nach der Geburt getrennt werden, um zu verhindern, dass der Säugling von übereifrigen Gruppenmitgliedern versehentlich verletzt wird. Mutter und Kind sollten nach der Geburt 7 Tage lang getrennt bleiben, mit Sichtkontakt zur Gruppe, um die Wiedereingliederung zu erleichtern. Geburtsgewicht100–120 g (Coquerel-Sifaka) bzw, 90–100 g (Kronensifaka). Die Rektaltemperatur sollte 35,5–37,2 °C betragen. Liegt die Temperatur unter 35,5 °C, muss der Säugling in Anwesenheit der Mutter (in einer Box neben ihr) langsam aufgewärmt werden (Wärmelampe oder Inkubator). Durchschnittliche tägliche Gewichtszunahme in den ersten 2 Monaten 3–5 g pro Tag. Bei Stabilität des Jungtiers und regelmäßiger Gewichtszunahme das Männchen ab dem 7. Tag wieder zur Mutter lassen. Der Säugling wird vom Muttertier entweder in Querlage am Unterbauch getragen (Schlafposition), oder in vertikaler Position auf dem Bauch, wenn er Zugang zu den Brustwarzen hat. Die Mutter sollte den Säugling regelmäßig, aber nicht übermäßig, zur Körperpflege oder zur anogenitalen Stimulation berühren. Der Säugling gibt in der Regel Laute von sich, sollte aber ansonsten fast still sein. Wenn sich der Säugling auf dem Rücken, am Schwanz oder am Oberschenkel der Mutter befindet, wenn er viel vokalisiert oder lose oder nur mit einem Arm zu greifen scheint, liegt ein Problem vor und der Säugling sollte sofort untersucht werden. Wenn der Säugling von der Mutter fällt, nicht wieder auf die Mutter setzen, sondern sofort zur Handaufzucht herausnehmen.

Höchstalter in Menschenobhut. Coquerel-Sifaka, 30½ Jahre (Duke Lemur Center), im Dezember 2024 lebte noch 1 männliches Tier im Alter von fast 35 Jahren im Saint Louis Zoological Park, Diademsifaka 18½ Jahre, Kronensifaka 26 Jahre (Belfast Zoo) und noch lebend im Alter von fast 28 Jahren im Museum de Besancon, Larvensifaka 16 Jahre.

Teilordnung Fingertiere (Chiromyiformes)

Familie Fingertiere (Daubentoniidae)

Äußerlich wenig Ähnlichkeit zu anderen Feuchtnasenaffen. Anfänglich als Nagetiere eingeordnet, da erwachsene Tiere im Ober- und Unterkiefer 2 wurzellose, ständig nachwachsende, meißelartige Schneidezähne besitzen. Katzengroß, Kopf rund mit stumpfer Schnauze, Ohren auffällig groß und beweglich, Gehör ist das Hauptsinnesorgan. Zahnformel: 1/1 0/0 1/0 3/3. Körper schlank, an den Gliedmaßen dürre, sehr lange Finger und Zehen (3. Finger und 3. Zehe am längsten), mit Ausnahme des nageltragenden Daumens und der 1. Zehe lange, spitze Krallen. Schwanz mehr als körperlang, buschig. Fell schwarzgraubraun, struppig wirkend, im Gesicht hellere Abzeichen. Zitzenpaar leistenständig. Kein Sexualdimorphismus, Durchschnittsgewicht zwischen 2300 und 2800 g.

1 Gattung, 1 Art.

Fingertiere (*Daubentonia*): **Fingertier** (*D. madagascariensis*), auch Aye-Aye: Nordwest- und Nordostmadagaskar. – **Riesenfingertier** (*D. robusta*): vermutlich nach der Besiedlung von Madagaskar vor etwa 2000 Jahren ausgerottet.

Gefährdungsstatus. Bestand im natürlichen Verbreitungsgebiet durch Bejagung (Aberglaube) und Lebensraumzerstörung (Abholzung der Wälder) stark gefährdet. Trotz weiter Verbreitung selten, da geringe Populationsdichte. Genaue Bestandszahlen unbekannt. Auch in Zoos noch immer selten gehalten und vermehrt, in Deutschland lediglich im Zoo Frankfurt und im Tierpark Berlin. EEP in Jersey.

Lebensweise. Streng nachtaktiv. Lebensraum Baumkronenbereich tropischer Regenwälder, Berg- und Sekundärwälder, auch in Kulturlandschaften, insbesondere Kokosplantagen. Meist Einzelgänger, daneben in meist nur aus 2 Tieren bestehenden Mutterfamilien, saisonal kurzzeitig paarweise. Tagesschlaf in Baumhöhlen oder selbst gebauten Nestern. Klettern und springen gut. Vierbeinige Fortbewegung auf dem Boden, etwa beim Baumwechsel. Reviere der Männchen überlappen sich und können gleichzeitig von 2 oder mehr Tieren besetzt sein, die Reviere der Weibchen scheinen sich nicht zu überlappen. Männchen besuchen Weibchen regelmäßig nachts, tagsüber ruhen die Tiere getrennt. In Zoos wurde auch eine gemeinsame Nestnutzung beobachtet.

Nahrung. Vorwiegend holzbohrende Käferlarven, deren Sitz durch Beklopfen von Stämmen und Ästen in der Art des Echolotes ausfindig gemacht und mit dem kräftigen Gebiss schnell freigelegt wird. Zum Herausangeln der Beute dient der lange Mittelfinger. Daneben Bambusmark, Früchte, Eier, Kokosnüsse.

Haltung von Fingertieren

Das 1. Fingertier wurde 1782 von Sonnerat nach Europa gebracht. Zwischen 1884 und 1932 wurden Fingertiere in verschiedenen europäischen Einrichtungen gehalten, allerdings ohne nachhaltigen Erfolg. Erst 1990 importierte der Jersey Zoo im Rahmen einer Vereinbarung mit der madagassischen Regierung 6 Fingertiere aus Madagaskar um ein Zuchtprogramm in Menschenobhut zu beginnen. Die Haltung von Fingertieren erfolgt in der Regel einzeln in speziell für sie eingerichteten Nachttierhäusern und im Dämmerlicht. Verbundene Einzelbereiche ab 45 m^3 oder 15 m^2 bei einer Höhe von mindestens 3 m für 1 Familie bzw. 2 gleichgeschlechtliche adulte Tiere. Alle Gehege reichlich mit Zweigen, Seilen und Baumstämmen ausstatten. Fingertiere verbringen viel Zeit mit dem Nestbau und scheinen dazu größere Blätter zu bevorzugen. Je Tier mindestens 1, besser 2 Schlafboxen anbieten, mit Absatz, um das Herausfallen des Nestes zu verhindern. Für trächtige Tiere auch eine auf dem Boden stehende Box anbieten, da die Geburt häufig auf dem Boden stattfindet. Oder nach der Geburt und bevor das Junge das Nest zum ersten Mal verlässt, in den Nistkasten auf dem Boden umziehen. Auch Tunneleingänge und hohle Baumstämme werden als Schlafplätze genutzt. Schlafboxen eignen sich als Transportmöglichkeit, aber Tiere nur einzeln transportieren. Verfaulte Baumstämme, die manchmal von Käferlarven befallen sind, können zur Beschäftigung eingesetzt werden, was dem artspezifischen Nahrungssuchverhalten entspricht. Alternativ mit Insektenlarven gefüllte Bambusstämme anbieten. Ebenso können z.B. Eier, Nüsse und Kokosnüsse im Ganzen angeboten werden. Das Einbringen neuer Äste animiert zur Bewegung, da Aye-Ayes sehr neugierig und erkundungsfreudig sind. Alles Neue regt zum Klopfen an. Ausreichend Nagematerial anbieten, um den ständig wachsenden Schneidezähnen ausreichend Abnutzung zu ermöglichen. Fingertiere sind sehr reinlich, daher ist der Reinigungsaufwand der Anlagen gering. Keine Latrinennutzung, der Kot ist klein, fest und lässt sich gut absammeln. Duftmarkierung durch Reiben von Hals, Wangen und Anogenitalregion an Zweigen, Ästen und Stämmen. In Zoos auch kontinuierliches Urinieren während der Fortbewegung beobachtet. Als Bodengrund

Abb. 19.6 Äußerlich hat das Fingertier (*Daubentonia madagascariensis*) wenig Ähnlichkeit mit Primaten.

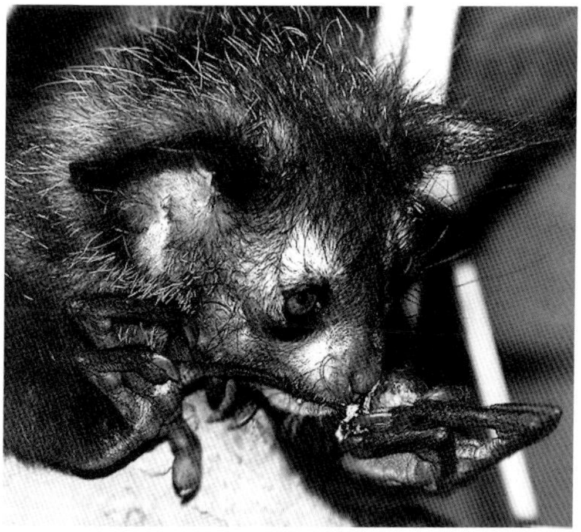

Abb. 19.7 Das Fingertier (*Daubentonia madagascariensis*) ortet mit dem Gehör holzbohrende Käferlarven, nagt mit den Zähnen deren Gänge frei und zieht sie aus diesen mit der Kralle des verlängerten Mittelfingers heraus.

sind natürliche Materialien wie Rindenmulch, Torf, Holzspäne und trockenes Laub geeignet. Raumtemperatur 19–23 °C bei einer Luftfeuchte von 60–80 %. Als Bewohner von Nachttierhäusern werden Aye-Ayes nach einem umgekehrten Beleuchtungsplan gehalten, der die Veränderungen der Photoperiode in Madagaskar nachahmt. Für eine erfolgreiche Fortpflanzung hat sich ein Wechsel des Tag-Nacht-Verhältnisses als vorteilhaft erwiesen. Hierbei das Verhältnis Helligkeit zu Dunkelheit während der Fortpflanzungsperiode auf 14:10 Stunden und in der übrigen Zeit auf 10:14 Stunden einstellen. Das Zwischenschalten von Dämmerungsphasen entspricht dem natürlichen Wechsel zwischen Tag und Nacht.

Vergesellschaftung. Fingertiere sind Einzelgänger, lassen sich aber gut als Zuchtpaar oder gleichgeschlechtliches Paar halten, auch Vater mit Sohn ist möglich. Nachwuchs mit etwa 2 Jahren von der Mutter trennen. Eine Vergesellschaftung von Fingertieren mit Mausmakis und Tenrek-Arten ist möglich.

Fütterung. Trotz des hohen Grades an anatomischer Spezialisierung ist die Nahrungsvielfalt sehr hoch, mit einer Vorliebe für Blütennektar, etwa vom Baum der Reisenden (*Ravenala madagascariensis*), der mit dem verlängerten 3. Finger gesammelt wird. Er wird insbesondere zum Herausstochern von Insektenlarven aus verrottendem Holz genutzt. Daher kommt die Vermutung, dass Fingertiere die ökologische Nische der auf Madagaskar nicht verbreiteten Spechte einnehmen. Früchte, Kokosnüsse, Pflanzengallen, ausgewachsene Insekten und kleine Wirbeltiere stehen ebenso auf dem Speiseplan. In menschlicher Haltung sind Fingertiere wählerisch, die Ernährung muss an die Vorlieben und Abneigungen jedes einzelnen Tieres angepasst werden. Es ist wichtig, das Futter so oft wie möglich zu variieren, da die Tiere dazu neigen, ein bestimmtes Futter nicht mehr zu fressen, wenn es zu oft angeboten wird. Alle Futterreste werden täglich vor dem Umschalten der Beleuchtung entfernt, während die Tiere schlafen. Je Tier 1 Futterplatz. Täglich 2 Mahlzeiten geben, bestehend aus Gemüse (Gurke, Möhre, Maiskolben, gekochte Kartoffel), Pelletmischung als Brei (pro Tier: ca. 15 g Mazuri Leaf Eater Pellets, ca. 60 g frischer Orangensaft, ca. 15 g Milupa 7-Getreide-Babynahrung, ca. 15 g klarer Honig), Kokos- und anderen hartschaligen ungeschälten Nüssen (Paranuss, Walnuss, Pekanuss, Erdnuss, Mandel, Haselnuss, Macadamianuss, Esskastanie) und Insekten. Der Insektenanteil ist wie folgt zusammengesetzt: 70–80 Wachsmottenlarven in einem Bambusstamm mit Löchern (sechsmal pro Woche), 2–3 Rosenkäfermaden in einem Bambusstamm (einmal pro Woche, falls verfügbar). Als Früchte in geringerem Maße Orange, Mandarine, Apfel, Pflaume, Avocado, Papaya, Mango, Melone, Wassermelone, Sharonfrucht, Traube, Lychee, Rambutan, Zimtapfel, Granatapfel, Pitahaya, Passionsfrucht, Physalis, Guave. Früchte reif anbieten, unreife Früchte wie Avocados, Mangos und Papayas werden abgelehnt. Die Zutaten und die Präsentationsmethode von Zeit zu Zeit variieren. Das Futter wird im Gehege verteilt, um das Futtersuchverhalten zu fördern. Frisches Wasser ad libitum zur Verfügung stellen.

Fortpflanzung und Zucht. Die 1. Nachzucht in Menschenhaltung gelang 1992 im Jersey Zoo. Geschlechtsunterschiede sind in der Regel nicht sehr ausgeprägt. Die Weibchen rufen seltener, leiser und mit Betonung auf der Endphase. Sie scheinen kein ausgeprägtes saisonales Fortpflanzungsmuster aufzuweisen. Männliche Tiere streifen umher und konkurrieren mit anderen Männern um einzelne brünstige Weibchen. Brunstende Weibchen machen durch häufige Rufe auf sich aufmerksam. Die Männchen interagieren agonistisch, sie beißen und jagen sich gegenseitig und stören beim Deckakt. In der Regel werden Männchen und Weibchen getrennt voneinander gehalten und es hat sich als förderlich erwiesen, wenn das männliche Tier erst beim Höhepunkt des Östrus (geschwollene Vulva) anwesend ist. Zumindest ist das männliche Tiere einige Wochen vor der Geburt vom Weibchen zu trennen, um unnötigen Stress zu vermeiden. Tragzeit etwa 158 Tage. Kurz vor der Geburt baut das Weibchen ein besonders dichtes Nest, in dem es sich geradezu selbst einbaut. Dieses Verhalten kann als Zeichen für die bevorstehende Geburt gedeutet werden, daher ist es wichtig, trächtigen Weibchen kurz vor der Geburt viel Nistmaterial zur Verfügung zu stellen. Kurz vor der Geburt schwellen die Milchdrüsen erkennbar an. Gewicht des Jungtiers nach der Geburt etwa 140 g, stetiges Wachstum von durchschnittlich 40 g pro Woche, nach 1 Jahr liegt das Gewicht bei 1,4–1,9 kg. Jungtiere entwickeln sich vergleichsweise langsam. Verlassen des Nests nach 55 Tagen, erste Aufnahme von fester Nahrung ab 20. Woche. Jungtiere bleiben bis zum Alter von 2,5–3 Jahren bei der Mutter. Der Trennung von Mutter und Jungtieren geht oft ein sich veränderndes Sozialverhalten voraus.

Höchstalter in Menschenobhut. Nachweislich über 20 Jahre, in Einzelfällen weit über 30 Jahre, so beispielsweise im Chester Zoo (fast 39 Jahre). Ein 38-jähriges Tier lebt derzeit noch im Duke Lemur Center.

Teilordnung Loriverwandte (Lorisiformes)

Trotz auffälliger Unterschiede im Erscheinungsbild, andersartiger Gestalt und unterschiedlicher Bewegungsweise sind die Angehörigen dieser Teilordnung untereinander näher verwandt als mit den vorangegangenen Familien, von denen sie sich ausgangs des Oligozäns (vor ca. 30 Millionen Jahren) abgetrennt und seither unabhängig weiterentwickelt haben. Gemeinsame Merkmale sind Anzahl und Form der Zähne, Bau des Schädels und andere anatomische Übereinstimmungen (z. B. sind bei allen Vertretern 2. Finger und 2. Zehe längenreduziert).

Verbreitung. Südasien und Afrika.

2 Familien, 8 Gattungen, 28 Arten.

Familie Loris (Lorisidae)

Ratten- bis kaninchengroß. Runder Kopf, kurzschnauzig. Zahnformel: 2/2 1/1 3/3 3/3. Große eng stehende Augen nach vorn gerichtet. Ohren klein bis mittelgroß und behaart. Meist 2 Zitzenpaare. Vorder- und Hintergliedmaßen kurz, gleich lang, 2. Finger und 2. Zehe (mit Putzkralle) oft kürzer als die anderen oder zurückgebildet, Daumen als Greiforgan den übrigen Fingern gegenübergestellt. Schwanz meist stummelförmig. Kurzes dichtes, wolliges Plüschfell.

Verbreitung. Südasien und Afrika.

4 Gattungen, 12 Arten.

Schlankloris (*Loris*): 2 Arten. Schlank, hochbeinig, Schwanz fehlt, relativ große Ohren. Fell grau oder rötlich. **Roter Schlanklori** (*L. tardigradus*): Gliedmaßen lang, Fell rötlich bis rotbraun. Südwesten Sri Lankas. – **Grauer Schlanklori** (*L. lydekkerianus*): häufigere Art, Fell graubraun. 4 Unterarten. Südliches Indien und Sri Lanka.

Plumploris (*Nycticebus*): 6 Arten. Körper kurz und gedrungen, sehr biegsamer Rücken.

Abb.19.8 Die großen Augen weisen den Grauen Schlanklori (*Loris lydekkerianus*) als nachtaktives Tier aus. Er kann wie alle Loris nicht springen, klettert dafür aber sicher im Geäst.

Gliedmaßen kurz, gut entwickelter Daumen. Schwanz verkümmert, 2-3 Zitzenpaare. Fell kurz, dicht, meistens grau-rötlich, Ohren klein, fast im Fell verborgen. **Bengal-Plumplori** (*N. bengalensis*): Ostindien, Bangladesch. – **Sunda-Plumplori** (*N. coucang*): Südostasien einschließlich der Philippinen und des westlichen Indonesiens. – **Borneo-Plumplori** (*N. menagensis*): Borneo, Belitung, Bangka. – **Java-Plumplori** (*N. javanicus*): Westjava. – **Zwergplumplori** (*N. pygmaeus*), auch Zwerglori oder Kleiner Plumplori: kleinster Vertreter, Fell orangebraun, während der Winterfärbung zusätzlich mit Rückenstreifen und silbrigweißen Haaren. Südchina, Vietnam, Laos und Kambodscha. – **Kayan-Plumplori** (*N. kayan*): sein Biss hat Giftwirkung durch Vermischen eines giftigen Sekrets aus einer Armdrüse mit Speichel. Nordostborneo.

Bärenmakis (*Arctocebus*), auch Angwantibos: 2 Arten. Schnauze spitzer als bei anderen Loris, in Verbindung mit den runden Ohren bärenartiges Aussehen, jedoch große Augen. Kein Zeigefinger. 3 Zitzenpaare. **Bärenmaki** (*A. calabarensis*), auch Calabar-Angwantibo: Fell gelbbraun. Westliches Zentralafrika zwischen Niger (Südostnigeria) und Sanagafluss (Nordwestkamerun) – **Goldener Bärenmaki** (*A. aureus*), auch Goldener Angwantibo: Fell goldgelb. Zentralafrika südlich des Sanagaflusses (Südwestkamerun) bis in den Westen und Norden der Flusssysteme von Kongo und Ubangi (Gabun, Kongo, nördliche und östliche Demokratische Republik Kongo).

Pottos (*Perodicticus*): 3 Arten. Stark vergrößerte Dornfortsätze der obersten Hals- und Nackenwirbel, von außen deutlich erkennbar, Zeigefinger rückgebildet, Daumen kann Fingern gut gegenübergestellt werden, 2. Zehe mit Putzkralle, 3 Zitzenpaare, Fell dicht, wollig, graubraun, im Nackenbereich einzelne verlängerte, abstehende Haare. **Potto** (*P. potto*): größte Art, 3 Unterarten. Mittleres Westafrika. – **Kamerun-Potto** (*P. edwardsi*): früher Unterart des Pottos. Fellfarbe variiert stark, deutlich längerer Schwanz als Potto. Südostnigeria bis Republik Kongo. – **Ostafrika-Potto** (*P. ibeanus*): von der Demokratischen Republik Kongo im Westen bis Uganda im Westen und Kenia.

Gefährdungsstatus. Bestand im natürlichen Verbreitungsgebiet weitgehend unbekannt. Horton-Plains-Schlanklori (*Loris lydekkerianus nycticeboides*) gehört zu den 25 am höchsten bedrohten Primatenarten. Roter Schlanklori, Mysore-Schlanklori (*L. l. lydekkerianus*) sowie Zwergplumplori sind gefährdet oder bedroht, übrige Arten teilweise in lokal eng begrenztem Verbreitungsgebiet gefährdet. EEP für Grauen Schlanklori im Zoo Frankfurt, für Zwergplumplori im Zoo Poznan, für Sunda-Plumplori im Zoo Singapur und Bengal-Plumplori in Shaldon.

Lebensweise. Nachttiere, Baum- und Buschbewohner des tropischen Waldes. Meist Einzelgänger oder paarweise, Plumploris geselliger in kleinen Gruppen. Fortbewegung faultierhaft langsam (Plumploris) oder zügiger (Schlankloris), stemmen beim Klettern den Körper gegen die Unterlage ab oder hangeln vierfüßig. Alle können nicht springen. Zur Nahrungsaufnahme halten sich Pottos oft nur mit den Beinen fest, hängen kopfunter, um mit ihren Händen die Nahrung an den Mund zu führen. Der Griff von Händen und Füßen ist dabei außerordentlich fest. Besondere Form der Durchblutung der Muskulatur (Wundernetze) verhindert deren Ermüdung bei längerer Kontraktion. Schlafen mitunter an einem Ast hängend oder in Astgabeln verankert. Loris rollen sich zum Schlafen kugelig zusammen, indem sie den Kopf zwischen die Arme stecken. Ruheplätze von Plumploris und Pottos auch in Baumhöhlen. Hoch entwickelter Gesichtssinn, Gehör und Riechvermögen gut. Duftmarken aus Urin, der mit Füßen und Händen verrieben wird, dienen der Kennzeichnung von Wechseln.

Nahrung. Allesfresser; Blüten, Blätter, junge Triebe, Früchte, Baumsäfte, ebenso wirbellose Kleintiere, Frösche, Eidechsen, Jungvögel, Eier. Nahrungsspektrum der einzelnen Arten unterschiedlich.

Haltung von Plumploris

Siehe Haltung von nachtaktiven Feuchtnasenaffen.

Familie Galagos (Galagidae)

Maus- bis kaninchengroß. Kugeliger Kopf mit kleiner, spitzer, behaarter Schnauze und nacktem Nasenspiegel. Sehr große, eng stehende, nach vorn gerichtete Augen. Große, nackte, dünnhäutige Ohren, die durch Knorpelleisten gestützt und sehr beweglich sind sowie zusammengefaltet werden können. Zahnformel: 2/2 1/1 3/3 3/3, obere Schneidezähne sehr klein, mit kleinem Eckzahn eine Reihe bildend. Als Eckzahn fungiert der spitze 1. Vorbackenzahn. Sehr beweglicher Hals, ermöglicht Kopfdrehungen um fast 180°. An Brust und Unterbauch je 1 Zitzenpaar. Vordergliedmaßen kürzer als Hintergliedmaßen. Füße durch Verlängerung ihrer Wurzelknochen sehr langgestreckt, Finger und Zehen mit Verdickungen an den Spitzen („Haftballen"). Schwanz lang, oft buschig. Viele Arten äußerlich sehr ähnlich. Artbestimmung oft nur durch Vergleich der Lautäußerungen, der Haarstrukturen, des Baues der Fortpflanzungsorgane und des Chromosomenbildes möglich. Einzelne Arten werden mitunter in neuen, eigenen Gattungen zusammengefasst.

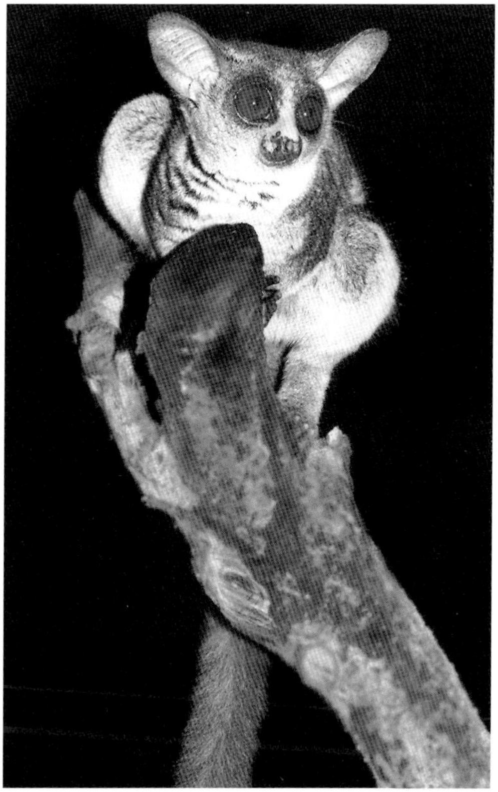

Abb. 19.9 Die Laute der Galagos, hier das Nördliche Kleine Buschbaby (*Galago senegalensis*), erinnern an das Weinen von Kleinkindern, weshalb sie auch Buschbaby genannt werden.

Verbreitung. Afrika.

5 Gattungen, 18 Arten.

Galagos (*Galago*), auch Buschbabys: 4 Arten, deren taxonomische Bewertung noch nicht endgültig abgeschlossen ist. Ohren groß und sehr beweglich, können unabhängig voneinander auch nach hinten gebogen werden. Augen entsprechend der nachtaktiven Lebensweise groß. Finger lang, enden in Nägeln, Ausnahme: 2. Zehe mit der für Feuchtnasenaffen typischen Putzkralle. Fell dicht, wollig, Färbung variiert von silbergrau bis braun. Buschbabys im engeren Sinne: **Nördliches Kleines Buschbaby** (*G. senegalensis*), auch Steppengalago, Senegal-Galago: Westafrika von Senegal nördlich der zentralafrikanischen Urwaldgebiete bis Südsudan und Westäthiopien, Ostafrika, nördliches Südafrika. 4 Unterarten. – **Südliches Kleines Buschbaby** (*G. moholi*), auch Moholi: beide Arten ähneln sich, werden häufig falsch bestimmt. Südafrika. – **Somalisches Kleines Buschbaby** (*G. gallarum*), auch Boran-Galago: Südäthiopien, Südsomalia, Nordkenia. – **Brillen-Buschbaby** (*G. matschiei*), auch Matschies Buschbaby: brillenähnliche Fellzeichnung um Augen. Demokratische Republik Kongo, Ruanda, Burundi, Uganda.

Eichhörnchengalagos (*Sciurocheirus*): 4 Arten. Auffällig große Ohren. **Buschwaldgalago** (*S. alleni*), auch Allens Galago: Äquatorialguinea, Bioko. – **Kamerun-Galago** (*S. camero-*

nensis), auch Cross-River-Galago: Kamerun im Nordwesten des Sanaga-Unterlaufes und Südostnigeria. – **Gabun-Galago** (*S. gabonensis*): Gabun, Kamerun südlich des Sanaga-Flusses, Republik Kongo.

Zwerggalagos (*Galagoides*): 7 Arten. Kleiner Kopf, spitze Schnauze, auffällige Augenringe, mehr als körperlanger, aber nicht buschiger Schwanz und rötlich brauner bis schwarzbrauner, unterseits aufgehelltes Fell. Dazu **Demidoff-Zwerggalago** (*G. demidovii*): bekannteste Art. Von Senegal bis Uganda und Tansania. – **Grants-Zwerggalago** (*G. granti*), auch Mosambik-Zwerggalago: Süd- und Südosttansania, Südmalawi und Südmosambik zwischen Sambesi- und Lipopo-River. – **Uluguru-Zwerggalago** (*G. orinus*), auch Bergland-Zwerggalago: Osttansania (Uluguru-Berge westlich von Daressalam, vielleicht auch Usambara-Bergland). – **Rondo-Zwerggalago** (*G. rondoensis*): Südosttansania. – **Thomas-Zwerggalago** (*G. thomasi*): Südwestuganda bis Westruanda und angrenzender Kivu-Distrikt der Demokratischen Republik Kongo. – **Kenianischer Küstengalago** (*G. cocos*), auch Diani-Zwerggalago: Tana-River in Ostkenia über die Südostküste vom Sabaki-River bis Nordosttansania nördlich des Pagani-River. – **Sansibar-Zwerggalago** (*G. zanzibaricus*): Sansibar sowie Küstenregion und Binnenland des südlichen Ostafrikas von Nordosttansania bis Südmosambik. – 2017 wurde als neue Art der **Angola-Zwerggalago** (*G. kumbirensis*) beschrieben, dessen wissenschaftliche Anerkennung noch aussteht. Grant-, Uluguru-, Rondo-, Sansibar-Zwerggalago und Kenianischer Küstengalago werden verschiedentlich zur Gattung *Paragalago* zusammengefasst.

Riesengalagos (*Otolemur*): 3 Arten. Größte Vertreter der Familie. Ohren mit 4 Querrillen, unabhängig voneinander beweglich, langer buschiger Schwanz. Fell hellgrau oder bräunlich, Unterseite heller. **Dickschwanz-Riesengalago** (*O. crassicaudatus*), auch Brauner oder Großohr-Riesengalago: 2 Unterarten. Ostafrika von Südsudan über Kenia, Tansania und Ruanda bis Mittelmosambik und in das nördliche Südafrika sowie über den Süden Sambias und Angolas bis zur Westküste. – **Kleinohr-Riesengalago** (*O. garnetti*), auch Nördlicher oder Garnetts Galago: 4 Unterarten. Südsomalia bis Nordmosambik einschließlich Sansibar, Pemba und die Mafia-Inseln. – **Silber-Riesengalago** (*O. monteiri*), auch als Unterart von *O. crassicaudatus* geführt: Fell silbergrau. 2 Unterarten. Angola bis Tansania, Ruanda und Westkenia.

Kielnagelgalagos (*Euoticus*): 2 Arten. Seitlich gedrungene Nägel mit zugespitztem „Kiel" an den Fingern. Fell zimtfarben bis gräulich. **Nördlicher Kielnagelgalago** (*E. pallidus*): 2 Unterarten. Äquatorialguinea (Bioko) bis in das Grenzgebiet von Nigeria und Kamerun. – **Südlicher Kielnagelgalago** (*E. elegantulus*): Gabun, Demokratische Republik Kongo, Kamerun.

Gefährdungsstatus. Bestand im natürlichen Verbreitungsgebiet zumeist nicht genau bekannt. Buschwaldgalago, Rondo-Zwerggalago und Bioko-Kielnagelgalago gefährdet, einige Formen mit lokal eng begrenztem Verbreitungsgebiet möglicherweise durch Lebensraumzerstörung bedroht.

Lebensweise. Dämmerungs- und Nachttiere. Lebensraum artverschieden sowohl tropischer Regenwald als auch lichte Trockenwälder, Buschsteppen und Baumsavannen. Paarweise, in Familien oder kleinen Gruppen lebende Baum- und Buschbewohner, die Äste und andere Laufunterlagen mit Hilfe der Hände und Füße mit Urin markieren, geschickt und gewandt klettern, ausgezeichnet, weit und zielsicher springen und am Boden aufrecht auf den Hinterbeinen hüpfen. Schwanz beim Sprung Steuer- und am Boden wie beim Klettern Balanceorgan. Schlafplätze, die oftmals von mehreren Tieren gemeinsam benutzt werden, in Baumhöhlen oder Vogelnestern. Gehör und Gesichtssinn ausgezeichnet, Riechvermögen gut. Gegenseitiger Stimmkontakt über größere Entfernungen durch Laute, die dem Weinen von Kleinkindern ähnlich sind, deswegen auch Buschbabys genannt.

Nahrung. Artverschieden Allesfresser oder spezialisierte Ernährungsweise. Früchte, Nüsse,

Blüten, Nektar und Baumsäfte, auch tierische Nahrung (Insekten, andere wirbellose Kleintiere, Baumfrösche, Eidechsen, Kleinvögel, Eier).

Haltung von Galagos

Siehe Haltung von nachtaktiven Feuchtnasenaffen.

Haltung von nachtaktiven Feuchtnasenaffen und Koboldmakis

Regelmäßig aktualisierte Haltungsinformationen (Best Practice Guidlines) finden sich für unterschiedliche Taxa öffentlich zugänglich auf der Internetseite des europäischen Zoo- und Aquarienverbands EAZA. Ungeachtet der Artenvielfalt werden mit Ausnahme von einigen Loris nachtaktive Feuchtnasenaffen nur selten gehalten. In Tiergärten werden einige Arten häufig (Katta, manche Braunen Makis, Varis), andere seltener oder sehr selten (Gürtelvari) gehalten. Wieselmakis, Indris und Wollmakis werden derzeit nicht gezeigt, Die Haltung ist sehr anspruchsvoll, da sie Nahrungsspezialisten sind. Das Fingertier wird seit 1986 im Rahmen von Zuchtprogrammen, allerdings sehr selten, Loris und Galagos vereinzelt gezeigt. In den meisten zoologischen Gärten mit Nachttierabteilung werden zumeist auch Feuchtnasenaffen gehalten. Die Haltungserfolge sind bei Mausmaki, Fettschwanzmaki, Coquerels Mausmaki, Moholi, Senegal-, Riesen- und Kleinohr-Riesengalago, Potto, Plumplori, Zwergplumplori und Schlanklori gut. Die Nachzuchtergebnisse sind vielfach sehr zufriedenstellend. Die Haltung von Rotem Mausmaki, Gabelstreifigem Katzenmaki, Zwerg- und anderen Galagos, Bärenmaki und Koboldmakis ist schwieriger, obwohl auch bei diesen Arten eine z.T sehr lange Haltungsdauer zu verzeichnen ist. Haltungsversuche bei Indri und Wollmakis waren in der Vergangenheit nicht dauerhaft erfolgreich (Ernährungsprobleme, sehr sensibel), ähnlich Wieselmakis (Nahrungsspezialisten).

Unterkunft. Zu Beobachtungs- und Zuchtzwecken in Nachttierhausgehegen, d.h. meist allseitig von Wänden umschlossene, besucherseitig durch Glasscheiben einsehbare, individuell klimatisierte Vivarien eines Nachttierhauses, unterbringen. Das Prinzip eines Nachttierhauses beruht auf der Tag-Nacht-Umkehr. Während der Tagstunden, also während der üblichen Zoobesuchszeiten, wird den Tieren durch extrem reduziertes Licht (Dimmer) schwacher Mondschein der Nachtphase vorgetäuscht, wobei die eigentlichen Lichtquellen (Lampen oder auch Leuchtstoffröhren mit Tageslichtqualität oder hohem Anteil kurzwelligen, bläulich wirkenden Lichts) jalousieartig abgeschirmt sind und von den Bewohnern nicht gesehen werden, die Beleuchtung also indirekt erfolgt. Das Dämmerlicht muss die gesamte Unterkunft erfassen. Häufig wird auch farbiges Licht (oft langwelliges Rotlicht) verwendet, welches die nachtaktiven Tiere aufgrund des Feinbaus ihrer Augen (Netzhaut) nicht wahrnehmen können und so scheinbare Dunkelheit um sich empfinden. Zur tatsächlichen Nachtzeit werden die Gehege mit hellem Licht ausgeleuchtet, vor dem sich die Tiere zurückziehen, um ihre Ruhezeit zu verbringen. Die auf diese Weise erzwungene Umstellung des Tag-Nacht-Rhythmus kann nach einigen Tagen eintreten, manchmal aber erst nach Wochen abgeschlossen sein. Dauer der schrittweisen Umschaltung zwischen Tag- und Nachtphasen meist nur 1 Stunde, da die Dämmerung in den Tropen auch nur von kurzer Dauer ist. Kritik an Nachttierhäusern wegen fehlender Außengehege und damit ohne Möglichkeit zum Sonnenbaden beruht im Falle nachtaktiver Arten auf einem Denkfehler. Alle Katzenmakis, die meisten Halbmakis, alle Loris, Galagos und Koboldmakis verbringen im Verbreitungsgebiet die Tageslichtphasen in möglichst dunklen Verstecken, wo sie keiner direkten Sonnenstrahlung ausgesetzt sind, und entbehren damit nichts. Auch bei Haltung in konventionellen Kleinsäugerhäusern mit natürlichem Tag-Nacht-Rhythmus lassen sich z.B. Mausmakis und Galagos nicht einmal durch Futtergaben dazu animieren, tagsüber ihr Schlafversteck zu verlassen und sich dabei der Sonne auszusetzen.

Die Klimatisierung der Unterkünfte ist dagegen von erheblicher Bedeutung für das Wohlbefinden der Tiere. Die relative Luftfeuchtigkeit muss für Arten aus Regenwäldern (z.B. Zwerggalagos, Pottos, Rote Mausmakis, Große Katzenmakis, Koboldmakis) hoch sein, Arten aus Trocken- und Buschwäldern (z.B. Graue Mausmakis, Coquerels Mausmaki, Fettschwanzmakis, Moholis, Riesengalagos) diesbezüglich weniger anspruchsvoll. Für Regenwaldbewohner konstant warme Temperaturen (nicht unter 25 °C). Bei Arten aus Trockengebieten, die im Freiland großen täglichen Temperaturschwankungen ausgesetzt sind, wird die Raumtemperatur nachts abgesenkt (tagsüber ca. 25 °C, nachts um 20 °C). Bei den meisten Arten sind die Toleranzen gegenüber Haltungstemperaturen noch nicht genügend bekannt. Wahrscheinlich nicht wenige Arten, z.B. solche aus Bergwäldern, wesentlich unempfindlicher gegenüber niedrigeren Temperaturen als bisher angenommen (z.B. verschiedene Galagos und Koboldmakis). Allerdings gehen die meisten Katzenmakis bei Dauertemperaturen unter 20 °C in Kältestarre. Die Gehegegröße muss den Bedürfnissen der Tiere entsprechen. Auch für springfreudige Mausmakis nicht zu kleine Vitrinen vorsehen. Bei teilweise oder überwiegend einzelgängerisch lebenden Tieren möglichst mehrere, untereinander verbundene Abteilungen, in denen sich die Bewohner aus dem Weg gehen können bzw. ein Zusammenlassen oder Abtrennen problemlos möglich ist.

Bodenbelag aus Sand, Rindenmulch oder Laub. Gehegeeinrichtung unter Berücksichtigung artspezifischer Bewegungsweisen aus einer Vielzahl von Kletterstrukturen, vorzugsweise aus Naturmaterialien. Bei Kletterästen ist bezüglich des Durchmessers das Greif- und Klammervermögen der Bewohner zu berücksichtigen, d.h., die Tiere sollen den Ast mindestens zur Hälfte seines Umfangs umgreifen können. Maus- und Fettschwanzmakis sowie Zwerggalagos laufen über horizontale Äste und klettern auf dünnen Zweigen. Moholis und Senegalgalagos springen zwischen vertikal gewachsenen bzw. angebrachten Ästen, deswegen auch größere freie Raumbereiche für weite Sprünge bzw. schnelles Hüpfen am Boden ohne Hindernisse erforderlich. Auch für Koboldmakis als spezialisierte „Vertikalspringer" sind senkrecht stehende Bambusstangen von unterschiedlichem Durchmesser geeignet. Frei auf Ästen schlafende oder ruhende Arten benötigen dazu stärkere, möglichst gegabelte Äste. Von Klettereinrichtungen für nicht springende, vor allem auf Ästen laufende Arten sollten einige Laufäste in flachem Winkel zum Gehegeboden führen. Bewegliche Klettermöglichkeiten (Lianen, Seile, Taue) fördern bei allen Arten abwechslungsreiche Bewegungsabläufe. Futternäpfe nicht am Boden, sondern an erhöhten Standorten anbringen. Unverzichtbar für alle nachtaktiven Feuchtnasenaffen sind Schlafkästen oder andere Verstecke (z.B. hohle Baumstämme, Nisthöhlen wie für Sittiche oder Großpapageien), auch für häufig frei sitzende Arten wie Loris. Anzahl der Schlafkästen oder Versteckplätze mindestens identisch mit der Zahl der Gehegebewohner. Alle Katzenmakis und Galagos bringen in solchen Verstecken auch ihre Jungen zur Welt und legen sie dort ab. Viele Arten benötigen außerdem Nistmaterial. Maus- und Katzenmakis sowie Galagos tragen Blätter, weiche Halme, Leinenläppchen, Zellstoff oder Vliespapier in die Schlafkisten ein.

Umgang. Bei Reinigungsarbeiten können viele der nachtaktiven Feuchtnasenaffen durch ihre Schnelligkeit entweichen, aufgrund ihrer geringen Körpergröße auch durch kleine Öffnungen (Lüftungsaustritte, Türspalten). Deshalb ist gewissenhafte Kontrolle und Umsicht beim Betreten und Verlassen der Gehege notwendig. Käfiginventar sollte nicht zu oft gewechselt oder mit Reinigungsmitteln geputzt werden, damit der durch das Markieren entstandene Reviergeruch erhalten bleibt. Deswegen sparsamster Umgang mit Wasch- und Desinfektionsmitteln, Feuchtreinigung weitgehend mit klarem Wasser. Zur Verhaltensanreicherung von Zeit zu Zeit Käfigeinrichtung durch neue Kletteräste oder frische Zweige ergänzen. Beim Fang auch der kleinsten Arten leichte Lederhandschuhe tragen, um Bissverletzungen durch die spitzen Zähne der Tiere zu vermeiden. Plumploris und Pottos klammern sich bei dem Versuch, die Tiere zu greifen, fest an der Unterlage an, greifen mit einer eben von einem Ast oder Gitter gelösten Gliedmaße so schnell wieder nach einem Halt, dass 2 Personen nötig sind, um sie in die Hand zu nehmen. Zuerst den Kopf des Tieres ergreifen (Fanghandschuh aus derben Leder benutzen, da Loris recht heftig beißen können). Transport in Behältern, die nur an 1 Seite mit Draht versehen sein sollten, damit sich die Tiere wie in einer Schlafhöhle möglichst sicher fühlen. Ausreichende Belüftung gewährleisten. Transport meist einzeln in kleinen Kisten oder solchen mit separaten Abteilen für Einzeltiere. Auf den Versand von Müttern mit Jungen möglichst verzichten. Wenn unumgänglich, nur gemeinsam versenden. Für Maus- und Katzenmakis sowie kleinere Galagos lose zusammengeknülltes Vlies als Versteckmöglichkeit in den Kisten. Bei Loris in der Kiste gut befestigtes Zweig- oder Aststück, an dem sie sich fest halten können. Versorgung mit Futter und Wasser auch auf kürzeren Transporten.

Fütterung. Meist Gemischtköstler, die artverschieden pflanzliche oder tierische Kost bevorzugen. Für Mausmakis, Fettschwanzmakis, Moholis, Senegal- und Riesengalagos und Pottos vielfältige Auswahl an Früchten und Gemüse, lebende Insekten, gekochtes Ei, auch Brei aus Magerquark und pürierter Banane, dem Vitamin- und Mineralpräparate beigemischt werden können. Futter wird in Näpfen oder auf kleinen Tellern möglichst erhöht an verschiedenen Stellen im Gehege angeboten. Größere Obststücke, z.B. geviertelte Äpfel, auch an Ästen aufspießen. Futtertiere (Grillen, Heuschrecken) können, wenn deren Entweichen ausgeschlossen ist, frei in die Gehege gelassen werden, damit die Bewohner sie jagen können. Ausschließlich tierische Kost für Koboldmakis: Wirbellose, besonders Insekten und deren Larven, auch kleine Echsen, Schlangen, Frösche, eventuell Krabben und Fisch.

Fütterung aller Tiere während der Aktivitätsphase mindestens zweimal täglich, nicht umgestellte Nachttiere erst abends, damit das Futter stets frisch ist. Ausschließlich qualitativ hochwertige Futtermittel auswählen und mit größtmöglicher Sauberkeit zubereiten. Bei der Futterzusammensetzung und Futtermenge muss bedacht werden, dass alle Arten zu Verfettung neigen. Jahreszeitlich befristeter Fettansatz (im Herbst, vor der „Winterruhe“) von Maus- und Fettschwanzmakis ist physiologisch normal. In der eigentlichen Ruhephase kann zwar eine kleine Menge Futter angeboten werden, doch nehmen die Tiere dann oft tagelang überhaupt keine Nahrung auf.

Vergesellschaftung. Nahezu alle nachtaktiven Feuchtnasenaffen leben in kleineren Sozialverbänden (Paare, kleine Familienverbände). Daher sollten blutsfremde Einzeltiere zu Paaren vereinigt werden, aus deren Nachzucht größere, meist untereinander verträgliche Familiengruppen entstehen können (z.B. bei verschiedenen Galagos, Plumploris und Mausmakis). Bei Mausmakis können in einem ausreichend großen Gehege mit vielen Versteckmöglichkeiten auch 2–3 miteinander verwandte Weibchen mit 1 oder 2 gleichfalls zusammengewöhnten Männchen vereint werden. Einzelne, abgedrängte Tiere von Familiengruppen aus dem Verband entfernen. In derart gewachsenen Gruppen züchten zumeist nur die Elterntiere bzw. nicht miteinander verwandte Individuen. Zur Aufrechterhaltung der Zucht in Abständen Zuführung von blutsfremden Tieren oder Aufbau einer neuen Gruppe mit 2 nicht miteinander verwandten Partnertieren. Vergesellschaftung verschiedener Feuchtnasenaffenarten oft einfacher als bei einander fremden Individuen einer Art, so z.B. von Mausmakis mit Fettschwanzmakis, Coquerels Mausmaki mit Fingertieren, Zwerggalagos mit Pottos und auch Galagos mit madagassischen Feuchtnasenaffen. In Nachttierhäusern sind Feuchtnasenaffen häufig auch mit Arten aus anderen Säugetierordnungen vergesellschaftet, z.B. Galagos mit Springhasen, Quastenstachlern oder Erdferkeln, madagassi-

Tab. 19.1 Daten zur Fortpflanzungsbiologie von Feuchtnasenaffen und Koboldmakis

Gattung/Art	Zyklusdauer (Tage)	Östrusdauer (Tage)	Tragzeit (Tage)	Jungen (Anzahl)	Geburtsgewicht (g)	Säugezeit (Wochen)	Geschlechtsreife (Monate)
Kleinmakis	40–45	1–4	56–64	2 (1–3)	4–7	4–6	7–10
Fettschwanzmaki	23–31	2–3	61–70	2 (1–4)	um 18		10–14
Südlicher Riesenmausmaki	16–46		95–100	1–2	um 12	17–20	9
Katta	32–45	1	131–138	1–2	50–85	24–26	18
Brauner Maki	28–30	1–2	117–125	1 (–2)	50–80	22–26	18
Mohrenmaki	29–48	1–2	120–129	1 (–2)	55–80	20–26	18
Mongoz-Maki	30–37	1–2	126–130	1 (–2)	41–60	20–26	18
Kronenmaki	26–46	1	123–126	1 (–2)	55–70		
Grauer Halbmaki		1	140–150	1 (–2)		25–30	30
Varis	30–40	1	98–106	2 (1–5)	75–40	20–28	18–33*
Wieselmakis			ca. 135	1		ca. 16	18
Sifakas		1–2	154–160	1 (–2)		25–30	30
Fingertier			158–176	1	100–130	40-50	
Schlankloris	29–40		163–174	1 (–2)	10–12		10–12
Plumploris	22–70		185–197	1 (–2)	22–70	ca. 25	17–20
Potto	34–40		194–205	1 (–2)	35–50	17–25	9–18
Steppengalago	31–39	2–6	122–146	1 (–2)	9–5	12–16	8–10
Zwerggalagos			100–120	1–2	5–0	ca. 8	8–10
Riesengalagos	39–50	5–6	125–135	2 (1–2)	48–70	18–20	12–20
Koboldmaki	23–26	1–3	178–185	1	24–28	ca. 20	

* Weibchen mit 18–20, Männchen mit 24–33 Monaten

sche Feuchtnasenaffen mit der Riesenratte *Hypogeomys antimena* oder mit Igeltenreks. Bei solchen Vergesellschaftungen dürfen die einzelnen Arten möglichst nicht an das Futter ihrer Gehegemitbewohner gelangen. Außerdem sind für jede Art Rückzugsbereiche erforderlich, die von der oder den anderen nicht aufgesucht werden können.

Fortpflanzung und Zucht. Fortpflanzung bei den südostasiatischen und afrikanischen Feuchtnasenaffen (Galagos, Koboldmakis) aus äquatornahen Ursprungsgebieten an keine feste Jahreszeit gebunden. In den meisten Fällen 1 Wurf pro Jahr. Madagassische Feuchtnasenaffen, vielleicht auch südafrikanische Galagos sind in ihrer Lebensweise und vor allem in ihrem Fortpflanzungszyklus streng saisonal fixiert. Für die Zucht in Nachttierhäusern Simulation von Jahreszeiten durch veränderte Tageslichtlängen als auslösender exogener Faktor. Bei konstant gleichen Tag- und Nachtlängen Störungen der Lebensabläufe und Ausbleiben der Nachzucht. Unter direktem Einfluss mitteleuropäischer Lichtverhältnisse (in Räumen mit Fenstern oder Oberlichtern, ohne Verlängerung der Hellphase durch künstliche Beleuchtung), fällt bei Mausmakis und Fettschwanzmakis die Paarungszeit in den Spätwinter, etwa bis Ende März, und die Wurfzeit ins späte Frühjahr. Da auf Madagaskar (Südhalbkugel) die Jahreszeiten im Vergleich zu Mitteleuropa um ½ Jahr differieren, benötigen aus dem Freiland importierte Tiere bis zu 1 Jahr zur Umstellung ihres jahreszyklischen Lebensablaufs.

Geschlechtsunterscheidung bei manchen Arten (Maus- und Fettschwanzmakis, Galagos) nicht ganz einfach, da Weibchen mit penisähnlicher, langer Klitoris. Bei vielen Weibchen (u. a. Mausmakis, Katzenmakis, Pottos und Koboldmakis) ist in der Hochbrunst die sonst im Fell verborgene Scheide geschwollen und sichtbar.

Bei männlichen Feuchtnasenaffen mit jahreszyklischem Fortpflanzungsgeschehen während sexueller Aktivitätsperioden deutlich erkennbare Hodenschwellung. Daten zur Fortpflanzung in Tabelle 19.1. Wurfgröße artverschieden, bei Moholi und Riesengalago normalerweise 2, bei Maus- und Fettschwanzmaki meist 2–3 Junge, bei Senegal- und Garnetts Galago, Loris und Koboldmakis zumeist nur 1 Junges.

Geburt bei allen Katzenmakis, Galagos und beim Fingertier in Baumhöhlen oder selbst gebauten, vorher mit Nistmaterial ausgepolsterten Nestern bzw. in Schlafkästen. Junge werden von den Müttern bei Ortswechsel im Maul transportiert. Jungtiere der übrigen Arten klammern sich je nach Art und Alter am Bauch oder auf dem Rücken der Mutter fest und werden so von ihr getragen (Traglinge). Jungtiere von Koboldmakis bei der Geburt schon sehr weit entwickelt, werden sowohl am Bauch hängend transportiert als auch im Maul getragen. Gut beobachten, ob vor und nach der Geburt einzelne Tiere eines Verbandes tyrannisiert werden, bei Paarhaltung das Männchen vom Weibchen bedroht bzw. das Muttertier vom Männchen bedrängt wird. Aggressives Verhalten, das mit einer Geburt zusammenhängt, hält oft nur wenige Tage an. Wenn ausreichend Versteck- und Ausweichmöglichkeiten vorhanden sind, kann ein bedrängtes Tier im Verband bleiben, entsteht aber der Eindruck, dass das Weibchen nicht zur Ruhe kommt, muss das störende Tier entfernt werden. Dass die meisten nachtaktiven Feuchtnasenaffen nicht generell einzelgängerisch sind, zeigt sich u.a. bei der Jungenaufzucht. Plumplori-Weibchen ziehen ihre Jungen auch in größeren Familienverbänden auf, bei Moholis hielt sich das Männchen zusammen mit dem Weibchen und den Neugeborenen im gemeinsamen Schlafkasten auf, bei Mausmakis betreuten 2 Weibchen ihre innerhalb von 2 Tagen geborenen Jungen in einem Schlafkasten gemeinsam. Körperlicher Zustand und Entwicklung der Neugeborenen sind unterschiedlich. Mausmakis werden mit Eck- und Schneidezähnen geboren, Öffnung der Augen am 4. Lebenstag, bei den nahe verwandten Katzenmakis schon am 2. Lebenstag. Augen bei allen anderen Arten bei der Geburt offen. Wieselmakis sind besonders weit entwickelt, bewegen sich bereits im Alter von 1 Monat selbständig frei. Koboldmakis können bereits in den ersten Stunden ohne Hilfe auf Äste klettern. Galagos verlassen mit 2 Wochen den Geburtsort. Mausmakis können mit 12 Tagen springen, mit 15 Tagen klettern, mit 20 Tagen frei auf Ästen laufen.

Künstliche Aufzucht bei einigen Arten (Mausmaki, Galagos, Plumplori) offenbar gelungen, Aufzeichnungen darüber nur spärlich. Für Mausmakis wurde ein laktosefreies Säug-

Tab. 19.2 Milchzusammensetzung von Feuchtnasenaffen

Gattung/Art	Trockensubstanz (%)	Fett (%)	Eiweiß (%)	Kohlenhydrate (%)	Asche (%)	Proben (Anzahl)
Katta		2,50	3,23	6,43	0,37	3
Brauner Maki	9,60	2,75	1,95	7,93	0,22	8
Rotbauchmaki	10,30		1,10	8,90	0,20	3
Mongoz-Maki	9,80		1,30	7,90	0,20	4
Mohrenmaki	10,10	1,29 (0,80)	1,50 (6,00)	7,80 (5,50)	0,34 (0,60)	8 (1)
Varis	14,00	3,20	4,20	7,70	0,40	5
Fingertier		17,00	3,50			1
Plumplori	16,30	7,96	3,90	6,52	0,70	5
Riesengalagos	18,60	6,16 (5,87)	5,29 (5,90)	5,81 (3,64)	0,69	14 (4)
Kleinohr-Riesengalago	18,50	7,30	5,20	6,60	0,60	14

Angaben in Klammern: Werte für Kolostrum

lingsmilchpräparat erfolgreich eingesetzt. Senegal-Galagos wurden mit Babyersatzmilch unter Zugabe von Glukose ernährt, letztere aber nur in sehr kleinen Mengen, da durchfallerzeugend. Im EPRC in Cuc Phuong wurden mehrfach Bengal- und Zwergplumploris in Handaufzucht erfolgreich aufgezogen. Zum Einsatz kam auf dem vietnamesischen Markt erhältliches Milchpulver für Säuglinge (Dielac Alpha 2) in zwei- bis dreifacher Dosierung, um eine optimale Gewichtsentwicklung (verglichen mit Jungtieren in natürlicher Aufzucht) zu erreichen. Urinabsatz anfänglich nur bei Bauchmassage und erster Kotabsatz (Mekonium = Darmpech) im Alter von 14 Tagen nach Zufütterung von Banane. Milchzusammensetzung in Tabelle 19.2.

Höchstalter in Menschenobhut. Mausmaki über 18, Coquerels Mausmaki 17½, Westlicher Fettschwanzmaki über 23¼, Gabelstreifiger Katzenmaki etwa 25, Bärenmaki 13, Potto 26¼, Senegal-, Riesen- und Garnetts-Galago über 18 Jahre.

Haltung von tagaktiven Feuchtnasenaffen

Im Gegensatz zu den lichtscheuen, nachtaktiven Feuchtnasenaffenarten werden die auch tagsüber aktiven Arten, besonders Lemuren, relativ häufig gehalten. Die attraktiv gefärbten Kattas und Varis gehören zu den Lieblingstieren der Zoobesucher. Tiergärtnerische Erkenntnisse und Erfahrungen in Haltung, Pflege und Zucht reichen weit bis in die 1. Hälfte des vergangenen Jahrhunderts zurück. Bei entsprechender Pflege und vor allem bei Rücksichtnahme auf die Ernährungserfordernisse und den sensiblen Charakter ist die Haltung heute fast aller Arten erfolgreich oder erfolgversprechend. Indris sind nicht etabliert, historisch gibt es spärliche, jedoch erfolglose Haltungen.

Unterkunft. Lokal und regional in Abhängigkeit vom vorherrschenden Klima sehr verschieden, in Mitteleuropa meist in vom Publikum begehbarem Warm- oder Klimahaus (oft als „Affenhaus" zur Haltung auch anderer Primaten genutzt) mit geräumigen Innenunterkünften und zusätzlichen, direkt zugänglichen Außenunterkünften. Daneben auch ausschließlich in kleineren, pavillonartigen, manchmal nur von außen einsehbaren, heizbaren, für 1 oder 2 Arten bestimmten Gebäuden am Rande von Freianlagen. Viele Arten in mitteleuropäischem Klima teilakklimatisierbar. Für Kattas, Varis, Mohrenmakis, Braune Makis und sicherlich auch für andere Arten in Innenunterkünften ganzjährig Raumtemperaturen von 16–18 °C, wenn lokale Wärmeplätze (z.B. Sitzbretter mit Heizung, Wärmestrahler) zur Verfügung stehen, Raumwärme sonst nicht unter 20–22 °C. Innenunterkünfte vor allem im Frühjahr, Spätherbst und Winter Hauptaufenthaltsorte. In den Sommermonaten Haltung oben stehender Arten auch völlig im Freien (z.B. auf Inseln), wenn Schutzhütten zur Verfügung stehen. Generell sollten sich Innenunterkünfte direkt an Außengehege anschließen, um ein Umsetzen von Sommer- in Winterquartiere zu vermeiden. Außerdem kann so den Tieren freie Wahl des Aufenthalts in Innen- oder Außengehegen auch außerhalb des Sommers oder an kühlen Tagen gewährt werden. Dabei ist aber im Winter oder bei nasskaltem Wetter mit niedrigen Außentemperaturen zu verhindern, dass rangniederen Tieren der Zugang zum Innenraum von anderen Gruppenmitgliedern verwehrt wird. Für harmonisch zusammenlebende Gruppen auch bei Frostgraden Zugang in die Außengehege ermöglichen. Leicht bedienbare Plastikklappen vor den Durchgängen zwischen Innen- und Außenanlage verhindern ein Auskühlen der Innenräume und das Entstehen von Zugluft. An solche Plastikklappen (frei oder einseitig pendelnd) müssen Lemuren erst gewöhnt werden. Manche Individuen lernen deren Betätigung erst nach Wochen. Großzügige Dimensionierung von Außen- und Innengehegen, vor allem für Varis und Kattas. Innerhalb des Hauses möglichst System von mehreren, z.B. durch Laufgänge und Schieber miteinander verbundenen Käfigen, um u.a. aggressive oder abgebissene Individuen abtrennen zu können, ohne dass der Kontakt zur Gruppe, in die sie wieder integriert werden sollen, verloren geht. Abtrennkäfige daher mit optischem, akustischem und geruchlichem Kontakt zu Nachbarunterkünften. Innenräume mit vielgestaltigen, möglichst multifunktionalen Gehegeeinrichtungen zum Laufen, Springen, Sitzen, Ruhen und Schlafen. Für alle Arten erhöht angebrachte Sitzbretter, Kletteräste von verschiedener Stärke und mit verschiedenen Verlaufswinkeln, Seile, Taue, Strickleitern und andere bewegliche Elemente. Viele Arten bevorzugen hoch angebrachte Schlafkästen oder Körbe, für Varis unbedingt erforderlich (siehe Fortpflanzung und Zucht). Als Belag auf versiegelte Böden der Innenunterkünfte Sägemehl, Rindenmulch, Holzwolle, Heu oder Stroh aufbringen. In dieser Einstreu, die der Aufnahme von Flüssigkeiten aus Harn, Kot und Futterresten dienen soll, kann, so lange sie frisch und sauber ist, auch Futter versteckt werden. Besonders dann halten sich die Tiere viel lieber am Boden auf als auf dem früher üblichen kahlen Betonestrich oder Fliesenbelag. Solche Bodeneinstreu ist allerdings arbeitsintensiv und muss regelmäßig je nach Verschmutzungsgrad entfernt und erneuert werden. Bei dieser Gelegenheit sollten die Gehegeböden vor dem Aufbringen neuen Materials gründlich mit Wasser gereinigt werden.

Außengehege mit verschiedener Bauweise. Als integrierter Bestandteil eines festen Baukörpers (Warmhaus) meist Stahlkonstruktionen mit allseitiger Begrenzung aus Maschendraht oder punktgeschweißten Stahldrahtgeflechten. Bodenbelag und Einrichtung wie bei Innenunterkünften, bei sehr geräumigen Grundflächen auch Naturboden mit Rasenbelag, Büschen und anderer Vegetation sowie dekorativen Steinen, Baumstämmen und Wurzeln als Sichtschutz und Verstecke. Große, breitkronige Bäume dicht an den Außengrenzen oder innerhalb des Geheges als Schattenspender besonders wichtig bei stark besonnten Flächen. Varis sind offensichtlich besonders hitzeempfindlich, mehrere Todesfälle in Außengehegen durch Hitzschlag bei hochsommerlichen Temperaturen. Als Außengehege außerdem Freianlagen, häufig in Form von natürlich gestalteten Inseln mit Naturboden und reichlicher Vegetation, die in Kombination mit anderen Einrichtungselementen den Bewohnern vielfältige Betätigungsmöglichkeiten bietet. Begrenzung durch mindestens 4,5 m breiten Wassergraben mit gehegeseitig flach zur Grabenmitte abfallendem Uferbereich, besucherseitig mit steiler Grabenwand. Lemuren können schwimmen, sind aber wasserscheu, respektieren daher den Wassergraben als Reviergrenze.

Neben der Haltung auf Inseln auch auf weitläufigen, natürlichen Freianlagen, welche von den Besuchern über Schleusen betreten und auf vorgegebenen Wegen begangen werden können. Äußere Begrenzung Maschendraht- oder Stahlgeflechtzäune mit überhängenden Blech- oder Kunststoffmanschetten, stattdessen oder zusätzlich Drähte oder Netze, die von elektrischen Weidezaungeräten unter Spannung gehalten werden. Bei derartig unmittelbarem Kontakt zu den Zoobesuchern Durchsetzung des Fütterungsverbotes ist im Interesse der Gesunderhaltung der Tiere, aber auch der Sicherheit der Besucher vor Attacken unerlässlich. In einigen Zoos, allen voran Apenheul in Apeldoorn, dürfen sich Lemuren in manchen Teilen des Tiergartens auch gänzlich frei bewegen. Mohrenmakis und Braune Makis bleiben eher in der Nähe ihrer Unterkünfte, Varis hingegen wandern gelegentlich ab und finden dann nicht mehr den Weg zurück. Bei subadulten „Freigängern“ besteht das Risiko des Abwanderns und des eigenständigen Separierens von der Gruppe. Im Zoo Schwerin mussten deswegen häufiger junge männliche Kattas bei deutlicher Entfernung zum Zoogelände wieder eingefangen werden.

Umgang. Lemuren können sehr vertraut werden. Ein solches Verhältnis zum Pfleger ist auch anzustreben. Bereits bei der Eingewöhnung ist sehr behutsames Vorgehen notwendig, da es sensible Pfleglinge sind. Ruhiges Arbeiten und regelmäßiges Futteranbieten aus der Hand wirken vertrauensbildend. Allerdings können einzelne Tiere (u.a. Männchen, besonders Kattas, aber auch andere Arten, Halbmakis und nicht zuletzt Varis) auch aggressiv gegenüber dem Menschen werden. Nach Attacken durch die scharfen Zähne tiefe Bissverletzungen. Drohverhalten der Tiere respektieren und defensiv verhalten. Beim Betreten und Verlassen von Gehegen Sprungvermögen und Schnelligkeit der Lemuren berücksichtigen, damit es nicht zum Entweichen der Tiere kommt. Bei Arbeiten in den Tierunterkünften (z.B. zur Käfigreinigung) alle Absperrmöglichkeiten nutzen. Eine nützliche Konstruktion sind Kisten oder vergitterte Behälter mit 2 Schiebern, die im Alltag als Bestandteile von Laufgängen Käfige miteinander verbinden, aber auch zum Absperren und Fangen von Tieren oder nach dem Ausbau aus dem Laufgang innerbetrieblich als Transportbehälter genutzt werden können.

Reinigungsarbeiten stets auch zur Kontrolle der Abgänge, insbesondere der Kotbeschaffenheit, nutzen. Kot von Varis ist zumeist nur wenig geformt, oft von breiiger Konsistenz, enthält manchmal noch kaum verdaute Futterstücke. Praktisch alle Lemuren neigen zu Bezoarbildungen (Verklumpungen von Haaren und Pflanzenfasern im Magen und Darm), die zu Durchfällen oder Verstopfungen, später meist zu Abmagerung und zum Tod führen. Besonders in der Zeit des Haarwechsels (Tiere schlucken bei der Fellpflege mehr Haare ab als sonst) regelmäßige Kontrolle des Kotabgangs und der Kotbeschaffenheit nötig. Fang von Lemuren in der Regel mit Kescher. Fixierung durch Griff im Genick und an der Hüfte. Kein Polizeigriff und nicht am Schwanz festhalten! Transport in genormten Kisten oder geeigneten Einheitstransportbehältern aus Kunststoff und Gitter, so genannte „Vari-Kennels", für Lufttransporte von Katzen und Hunden. Versand in der Regel einzeln, eventuell in Kisten mit 2 oder mehr Abteilen, zwischen denen Sicht- und Geruchskontakt besteht. Mütter mit noch abhängigen bzw. schon selbständigen halbwüchsigen Jungen sollten in einer gemeinsamen Transportbox reisen. Während des Transportes Versorgung mit frischem Futter und Wasser. Für Nahrungsspezialisten sollte ein Futterplan und entsprechendes Futter beigegeben werden.

Fütterung. Überwiegend Pflanzenfresser, einige Arten sind in ihrer Ernährungsweise spezialisiert. Lange bestand das Futterangebot zu großen Teilen aus Obst, in Anlehnung an die natürliche Ernährung mit Wildfrüchten. Da die für den menschlichen Verzehr gezüchteten Obstsorten jedoch erhebliche Mengen an Zucker enthalten, sollten diese nicht mehr regelmäßig angeboten werden. Denn es besteht die Gefahr von Zahnerkrankungen, Diabetes oder sonstigen schwerwiegenden Erkrankungen sowie einer reduzierten Lebenswerwartung. Für Kattas bewährt hat sich eine Frischfutter-Mischung aus Laub bzw. Laubsilage und Luzerneheu (es wird nur der Laubanteil gefressen) ad libitum, kohlenhydratarmes Gemüse (Artischoke, Chinakohl, Fenchel, Lauch, Mangold, Pak Choi, Paprika, Pastinake, Radicchio, Radieschen, Rettich, Schwarzwurzel, Sellerieknolle, Stangenselleri, Zucchini und Salat) und Kattapellets (Granovit), gelegentlich gekochtes ei, Heuschrecken und andere Insekten. Für Trainingszwecke Obst in kleinsten Portionen und Rosinen. Varis dürfen als Fruchtfresser etwas mehr Obst erhalten. Eine etablierte Fütterung besteht aus einer Tagesration von ca. 500 g Gesamtfuttermenge pro Tier auf täglich 5 Mahlzeiten verteilt. Die Tiere erhalten morgens Pellets, vormittags 100 g Salat und Gemüse, dazu einmal pro Woche 1 Apfel, mittags 120 g „Makibrei" aus Bananen, Haferflocken, Hefe, Kleie, Kalziumkarbonat u.a., am frühen Nachmittag zur Beschäftigung eine kleine Menge Körnermischung (Sonnenblumen- und Kürbiskerne) und später am Nachmittag als Hauptmahlzeit 250–300 g Obst und Gemüse (Apfel, Birne, Saisonobst, Weintrauben, Aubergine, Zucchini, Paprika, Staudensellerie, Sellerie, Lauch usw.).

Manche Arten fressen gern Gras (Kattas), nehmen auch Heu oder Blätter (Varis) und Rinde belaubter Äste. Bei Fertigfuttermitteln (Pellets) auf hohen Rohfasergehalt achten. Saisonal erhebliche Schwankungen in der aufgenommenen Futtermenge. Futtermenge und Futterzusammensetzung müssen so gesteuert werden, dass sich die Tiere nicht nur an den bevorzugten Delikatessen satt fressen können, sondern auch die ernährungsphysiologisch wichtigen Bestandteile aufnehmen. Viele andere Lemuren, z. B. alle Unterarten des Braunen Maki, sind hinsichtlich der Ernährung „Generalisten". Futterzusammensetzung liegt zwischen denen für Kattas und Varis. Halbmakis sind spezialisierte Bambusfresser, können zwar auf eine Diät aus verschiedenen Gemüsen, Salaten und speziellen Pellets umgestellt werden, doch ist frischer Bambus unverzichtbar und sollte bei der täglichen Fütterung zumindest beigegeben werden, besser den Hauptbestandteil ausmachen. Auch Varis (Fruchtfresser) müssen zur Eingewöhnung die entsprechenden Futtermittel ausreichend zur Verfügung stehen.

Viele Lemuren (vor allem Kattas, Mongoz-Makis, auch Varis) sind im Vergleich zu wild lebenden Tieren übergewichtig mit negativen Auswirkungen auf die Zuchtfähigkeit. Fast die Hälfte aller in europäischer Menschenobhut lebenden Varis neigen, wie auch einige andere Lemurenarten, zu Fettleibigkeit. Körpergewichte erwachsener Varis in der Wildnis um 3,5–3,6 kg, Tiere im Zoo, die bis 4,3 kg wiegen, haben Übergewicht, noch schwerere Varis sind fettleibig. Deswegen überhöhte Energieaufnahme (Kohlenhydrate, vorwiegend in Form von Fruktose) reduzieren durch dauerhafte Verringerung des Obst- und Steigerung des Gemüseanteils in der Nahrung, dazu kleine Mengen von tierischem Eiweiß wie Quark, Herz, gekochte Eier. Die Umstellung des Futterplans sollte langsam und unter guter Beobachtung und Beachtung der Kotkonsistenz erfolgen Auch Kattas, die ihre Nahrung besonders effektiv aufschließen, neigen leicht zur Verfettung. Allerdings setzen Katta-Männchen saisonal (vor der Paarungszeit) stets Fett an, erscheinen dann wesentlich kräftiger, verlieren aber zum Frühjahr hin wieder an Gewicht.

Futterzubereitung generell mit großer Sorgfalt, hohes Maß an Hygiene. Ausschließlich frische, unverdorbene Ware einsetzen. Futter kann in Näpfen, auf Tellern oder zur besseren Beschäftigung ausgestreut auf Futtertischen gereicht werden. Zahl der Futterplätze ist von der Gruppengröße abhängig. Hoch gelagerte Futterplätze sind wichtig Halbmakis. Kattas, andere Makis und Varis nehmen auch ohne weiteres Futter vom Boden auf.

Vergesellschaftung. Alle tagaktiven Feuchtnasenaffen sind gesellig, zeigen aber sehr verschiedene Sozialgruppierungen. Zusammengewöhnung von Individuen bzw. Gruppenaufbau daher nur unter Berücksichtigung artspezifischer Sozialstrukturen erfolgreich. Mit Ausnahme des Braunen Makis sind bei allen Arten die Weibchen dominant über die Männchen. Innerhalb der Geschlechter eigene Rangordnung. Einander unbekannte Tiere möglichst in neuen, von Artgenossen noch nicht markierten oder gründlich gereinigten, neu eingerichteten Unterkünften zusammenführen. Beim Zusammengewöhnen in einem bereits bewohnten Gehege muss der Neuankömmling dieses in Abwesenheit des Revierinhabers erkunden und markieren können. Normalerweise keine Probleme bei der Zusammenstellung von Paaren. Größere Gruppen entstehen am sichersten durch den Verbleib von Nachwuchs im Familienverband. Bei Kattas Gruppenaufbau aus mehreren halbwüchsigen oder erwachsenen Tieren unterschiedlicher Herkunft meist nur erfolgreich, wenn Weibchen und Männchen jeweils untereinander verwandt und zusammengewöhnt sind und wenn Zusammenführung der Geschlechtergruppen zur Paarungszeit erfolgt. Ausgangspunkt für Gruppenaufbau auch blutsfremde Paare, die sich ohne Probleme aneinander gewöhnen lassen. Entgegen früheren Auffassungen Nachzucht auch aus Paarhaltung möglich, die zunächst in der Gruppe verbleiben sollte. Bei allen Lemuren sehr ausgeprägte Inzuchtsperre, Väter paaren sich nicht mit ihren Töchtern, Söhne nicht mit der Mutter und Geschwister nicht untereinander. In der Wildnis verbleibt weiblicher Nachwuchs in der Geburtsgruppe, männlicher Nachwuchs wechselt in andere Gruppen. Deshalb regelmäßiger Austausch aller Männchen (Vater und Söhne) einer Gruppe gegen 1 oder mehrere zusammengewöhnte, blutsfremde Männchen möglichst zu Beginn der Paarungszeit. Eingliederung der neuen Männchen nach kurzer getrennter Eingewöhnung meist unproblematisch, da dominante Weibchen in dieser Zeit mit größter Toleranz gegenüber fremden Männchen sind. Räumliche Begrenzung der Zoohaltung erfordert regelrechtes tiergartenbiologisches Management. Saisonal nicht unerhebliche Streitereien und Kämpfe zwischen den Männchen, gelegentlich auch zwischen den Weibchen. Zur Paarungszeit zwischen rivalisierenden Männchen Auseinandersetzungen („Stinkkämpfe", aber auch Beschädigungskämpfe, wenn das schwächere Tier nicht ausweichen kann). Unterlegenes Tier muss bei Aufrechterhaltung des Kontakts zur Gruppe abgetrennt werden, Reintegration meist nach wenigen Tagen (nach Ende der Hitze der Weibchen bzw. nach den Paarungen) wieder möglich. Bei oftmals spontan auftretenden Streitereien zwischen den Weibchen versuchsweise das Tier, von dem die Aggression ausgeht, für wenige Tage aus der Gruppe nehmen und dann wieder zurücksetzen. Derartiges Eingreifen ist manchmal erfolgreich, doch enden Auseinandersetzungen und Kämpfe zwischen den Weibchen meist mit einem endgültigen Ausschluss aus dem Verband. Bei Braunen Makis, Mohrenmakis, Kronenmakis und deren Unterarten bilden sich kleine Gruppen aus 1 Zuchtpaar und dessen Nachwuchs. Mongoz- und Rotbauchmakis sowie Sifakas und Halbmakis leben in kleinen Familienverbänden, in denen der Nachwuchs maximal bis zum Einsetzen der Geschlechtsreife verbleiben darf. Rotstirn- und Sclater's Makis leben in größeren Gruppen mit komplexen Strukturen. Spontane Aggressionen zwischen den Tieren sind bei allen Arten möglich.

Varis leben im Freiland in nicht klar abgegrenzten Sozialstrukturen infolge ständiger Veränderung von Größe und Zusammensetzung eines gemischtgeschlechtlichen Trupps durch Zu- und Abwanderung (sog. Fusion-Fission-Gruppen). Daneben auch reine Männergruppen (sog. Junggesellengruppen), deren Angehörige verschiedener Herkunft und unterschiedlichen Alters sind. In Menschenobhut sind Zuchtgruppen aus 1 Weibchen und mehreren untereinander verträglichen Männchen nicht ungewöhnlich. Daneben werden auch Paare erfolgreich gehalten, doch können Streitereien zwischen den Partnern, vor allem zur Wurfzeit, eine zeitlich begrenzte Abtrennung des Männchens erforderlich machen. Nachwuchs sollte so lange bei den Eltern verbleiben, bis diese ihn zu verdrängen suchen. Dabei sind Männchen untereinander toleranter, auch Weibchen tolerieren Söhne bzw. Brüder eher als Töchter bzw. Schwestern. So können vielköpfige Gruppen bestehend aus 1 Zuchtpaar und seinem männlichen Nachwuchs unterschiedlichen Alters entstehen. Mütter werden gegenüber geschlechtsreifen Töchtern aggressiv, versuchen diese zu vertreiben. Wenn in solchen Fällen die Töchter nicht aus der Gruppe entfernt werden, verändert sich oft die Dominanzhierarchie zu deren Gunsten, sie nehmen schnell einen höheren Rang ein als die Mutter, tolerieren diese nicht mehr und versuchen sie zu vertreiben. Bei fehlender Aggressivität der Mutter und einer individuellen Toleranz der geschlechtsreifen Tochter gegenüber der Mutter sind jedoch auch Ausnahmen möglich.

Die Vergesellschaftung von Einzeltieren verschiedener Arten ist fast immer problemlos und ermöglicht ausgestoßenen oder alten Tieren Gesellschaft. Eine Gemeinschaftshaltung von Verbänden verschiedener Arten in großen Gehegen ist möglich und wird mancherorts auch praktiziert, doch muss sorgfältig auf zwischenartliche Dominanzen geachtet werden. Vergesellschaftungen von Kattas mit Rotstirnmakis, Weißkopfmakis oder Braunen Makis sind weitgehend problemlos; bei einer Gemeinschaftshaltung von Varis und Kattas dominieren die Varis. Zur Vermeidung von Hybridzuchten sollten Vergesellschaftungen von nah verwandten Arten oder gar Unterarten unterbleiben.

Fortpflanzung und Zucht. Fortpflanzung aller Lemuren saisonal fixiert. Brunstzeiten sowie Synchronisierung des Paarungsverhaltens von Männchen und Weibchen sind abhängig von der Tageslichtlänge. Bei Haltung unter natürlichen Lichtverhältnissen in Mitteleuropa (ohne Verlängerung der Hellphase durch künstliche Beleuchtung) Paarungszeiten meist im Spätherbst,

Geburten im Frühjahr. Daten zur Fortpflanzungsbiologie in Tabelle 19.1.

Bei Männchen zur Paarungszeit deutliche Hodenschwellung (besonders ausgeprägt bei Varis und Kattas), bei Weibchen Veränderungen an der Scheide (Schwellung, Rötung, Öffnung), die bei Varis außerhalb der Brunst geschlossen ist, am Beginn des Östrus anschwillt und sich mit gleichzeitigem Sichtbarwerden der rosafarbenen Schleimhaut anfangs punktförmig, später dreispitzig schlitzförmig und auf dem Höhepunkt der Brunst bei gleichzeitigem Rückgang der Schwellung kreisförmig öffnet. Hochbrunst auch am Verhalten erkennbar: gegenseitiges Beschnüffeln, Männchen folgen Weibchen, Weibchen weniger aggressiv gegenüber Männchen, häufiges Markieren, Weibchen fressen weniger, belecken die Scheide. Fertile Phase des Östrus bei Lemuren kurz, nur wenige Stunden. Männchen reiten auf, umklammern Weibchen und verharren so einige Minuten lang. Östrusdauer bei Varis ca. 24 Stunden, paaren sich am 4.–5. Tag nach der Scheidenöffnung in kurzen Abständen, auf der Nordhalbkugel meist zwischen Dezember und Februar. Unbefruchtete Tiere haben in diesem Zeitraum bis zu 4 Östruszyklen. Bei Kattas und allen Echten Makis bildet sich nach der Kopulation ein Scheidenpfropf, der erhärtet und erst nach einigen Tagen herausfällt oder vom Weibchen herausgeknabbert wird. Kommt es beim 1. Östrus nicht zur Befruchtung, kann nach etwa 4 und 8 Wochen 2. bzw. 3. Hitze auftreten. Mit Ausnahme der Indriartigen Würfe im Abstand von 1 Jahr.

Varis und Halbmakis benötigen für Geburt und Jungenaufzucht Wurfverstecke, in denen sie die Neugeborenen für die erste Zeit ablegen. Manche Halbmakis deponieren aber ihre Jungen schon im Alter von wenigen Tagen zeitweise an Ästen. Varis suchen zur Geburt ein Nest oder eine Baumhöhle auf, nehmen in Menschenobhut gern erhöht angebrachte Wurfkisten mit selbst gebauten Zweignestern an. Jedoch haben Vari-Weibchen auch in Stroheinstreu auf dem Boden geboren und dort ihre Jungen aufgezogen. Mehrlingsgeburten bei Varis die Regel, 2–3 oder mehr Junge, aber relativ hohe Jungtiersterblichkeit, besonders bei Würfen aus 4 oder mehr Jungtieren. Mutter bleibt die ersten Tage fast ständig bei den Jungen, die sie bei Ortswechsel von einem Versteck ins andere im Maul trägt. Nach wenigen Tagen beginnt der Nachwuchs mit der Erkundung seiner Umgebung, dann Gefahr von Abstürzen. Deshalb Käfigboden mit Stroh oder Heu polstern bzw. Brett oder Fangnetz unterhalb des Ausstieges anbringen. Die Jungen klettern mit 15 Tagen sicher, nehmen mit 18 Tagen erste feste Kost auf, fressen mit 1 Monat selbständig und brüllen mit 3 Monaten wie Erwachsene.

Geburt bei Kattas und Echten Makis ohne Wurfversteck frei in ihrem Lebensraum. Zumeist 1 Junges, gelegentlich bei allen Arten auch Zwillinge, bei Kattas etwas häufiger. Ein weiblicher Kronenmaki brachte 10 Tage nach der Geburt seines 1. Jungen noch einmal Zwillinge (Superfetation) und zog alle 3 Jungen auf. Mehrlingsgeburten besonders häufig bei Varis, so z. B. in San Diego und im Tierpark Berlin, die von der Mutter aufgezogen wurden. Die Anzahl der Jungtiere pro Wurf steigt offenbar mit dem Körpergewicht der Weibchen, d.h. schwerere Weibchen neigen zu größeren Würfen. Dies scheint auch auf Kattas und Rotbauchmakis zuzutreffen. Geburt erfolgt in der Regel in Anwesenheit des Männchens oder in der Gruppe, wo Kattas und Echte Makis ihre Jungen meist problemlos aufziehen. Viele Vari-Weibchen werden gegenüber Artgenossen kurz vor der Geburt aggressiv, vertreiben Männchen vor der Niederkunft und müssen isoliert werden. Zusammenführung meist um den 45. Tag, doch oft erst auch nach vielen Wochen möglich. Individuell verschieden können auch weibliche Echte Makis (Mongoz-, Mayotte-, Mohrenmaki) so unverträglich werden, dass eine Trennung von den Artgenossen erforderlich wird. Nach 2–6 Wochen können sie dann wieder mit dem Männchen bzw. der Gruppe vereint werden. In Köln wurden Muttertiere, die ihre Jungen nicht angenommen hatten, in engen Käfigen in einen dunklen Raum gebracht und das Junge immer wieder angesetzt, bis es getrunken hatte. Danach blieben Mutter- und Jungtier noch einige

Tage in der Isolation, wurden anschließend mitsamt dem Käfig in die Unterkunft der Artgenossen gebracht und dort später wieder herausgelassen. Katta- und Mohrenmakimütter ziehen gelegentlich ihre Jungen gemeinsam auf, dabei auch Austausch der Jungen möglich.

Kattas tragen ihre Jungen längs am Bauch hängend mit sich. Ab dem 10. Tagen wechseln diese zunehmend häufiger auf den Rücken. Kurzzeitiges Lösen von der Mutter bereits im Alter von etwa 2 Wochen. Alle Echten Makis tragen ihre Jungen quer am Bauch. Kurzzeitiger Wechsel auf den Rücken und Lösen von der Mutter später als bei Kattas. Auf der Suche nach den Zitzen können sich wenige Stunden oder Tage alte Jungtiere auf andere Gruppenmitglieder verirren, die mit der Mutter in Körperkontakt sitzen und das Jungtier auf ihrem Körper dulden. Daher anfangs häufig kontrollieren, ob das Junge bei der Mutter ist! Junge Kattas können ab der 2. Lebenswoche selbständig auf die Mutter zurückwechseln, junge Echte Makis erst mit etwa 4 Wochen. Gegebenenfalls muss das Tier, an dem das Junge hängt, gefangen und das Junge der Mutter zurückgegeben werden. Auch abgefallene Junge müssen wieder auf die Mutter gesetzt werden, da Weibchen nur selten ein am Boden liegendes Jungtier selbst wieder aufnehmen. Für solche Fälle ist es von Vorteil, wenn die Tiere gegenüber den Pflegern vertraut sind und Handkontakte dulden.

Sobald die Jungen beginnen, zeitweilig den Kontakt zu Artgenossen zu suchen und danach selbständig wieder zur Mutter zurückwechseln können (Kattas bereits mit 10–15 Tagen, übrige Arten mit 21–30 Tagen), beteiligen sich auch andere Gruppenmitglieder am Tragen der Jungen. Säuglinge werden meist von weiblichen Tieren, oftmals von Schwestern der Jungen, in Kleinfamilien bei Echten Makis auch von Vätern getragen, die sich mehr als erwachsene Kattamännchen um den Nachwuchs kümmern. Junge Kattas beginnen mit 21–25 Tagen, sich von der Mutter zu lösen und lernen nun, sich selbständig zu bewegen. Solcherart beginnende Unabhängigkeit bei Echten Makis frühestens ab 35. Tag, nicht selten auch erst mit 50–55 Tagen.

Neugeborene aller tagaktiven Lemuren kurz und dünn behaart, Augen offen. Iris bei Kattas und Varis blau im Gegensatz zu den gelben Augen ihrer Eltern. Fellzeichnung bei Kattas und Varis wie bei Erwachsenen. Neugeborene des Braunen Makis und seiner Unterarten ohne oder mit sehr undeutlich ausgeprägter geschlechtstypischer Fellzeichnung. Junge Mohrenmakis unabhängig vom Geschlecht dunkel bis schwärzlich behaart, allerdings Weibchen schon mit dem spezifischen weißen Haarbüschel an den Ohren.

Bei Varis und Kattas Geschlechtsbestimmung in der Jugendphase nicht einfach. Hoden treten erst gegen Ende des 1. Lebensjahrs in das Scrotum ein.

Säugezeit artverschieden um 5 Monate. Geschlechtsreife im Alter von 1½ Jahren, jedoch 1. erfolgreiche Fortpflanzung bei den Männchen zumeist erst im Alter von 2½ Jahren.

Fortpflanzungsfähig manchmal bis 20, zumeist bis 15 Jahre.

Künstliche Aufzucht ist bei praktisch allen gehaltenen Arten gelungen. Auch stark unterkühlte Junge überlebten nach Massage in sehr warmer Umgebungstemperatur. Unterbringung der Säuglinge in einer geheizten, gut gepolsterten Aufzuchtbox mit einer Bodentemperatur von 30–34 °C und einer Lufttemperatur um 25 °C. Milchzusammensetzung in Tabelle 19.2. Milchrezepturen sind sehr verschieden. Grundlage sind zumeist verdünnte Säuglingspräparate. Für Varis hat sich ein Gemisch aus Kondensmilch, Kuhmilch, Wasser und Säuglingsmilchpulver im Verhältnis von 12:12:3:1 bewährt. Verabreichung der Milch mit Aufzuchtfläschchen für Katzen oder auch mit Einwegspritzen, die genauere Kontrolle der aufgenommenen bzw. eingeträufelten Milchmenge zulassen, aber den Nachteil haben, dass bei ungeschicktem Einträufeln der Milch die Gefahr von Schluckpneumonien entsteht. Unterschiede bei den Fütterungsintervallen und Nahrungsmengen pro Mahlzeit für Nestlinge (z.B. Varis) und Tragsäuglinge. Bei Nestlingen können etwas größere Mengen Milch in etwas längeren Zeitabständen verabreicht werden. Bei Tragsäuglingen (z.B. Katta) in den ersten Tagen große Gefahr der Überfütterung, deshalb stündliche bis 2-stündliche Mahlzeiten in Kleinstmengen (0,5 ml). Die ersten 10 Tage sind besonders kritisch. Vorteilhaft für zügige Eingliederung der Jungen in die Gruppe ist frühes Gewöhnen an Aufnahme von Milch bzw. Futter aus dem Napf.

Soziale Eingliederung oft schwierig, notfalls schrittweises Zusammengewöhnen mit Einzeltieren. Dabei kann die Aufzuchtbox in einem kleinen, engmaschig verdrahteten Käfig in das Gehege der Gruppe gestellt werden. Durch Verlassen der vertrauten Aufzuchtbox kann das Junge Kontakt mit seinen Artgenossen aufnehmen, sich aber auch dorthin zurückziehen. Da fremde Jungtiere aufgrund Kindchenschemas nicht oder nur ausnahmsweise attackiert werden, sollte mit der Vorbereitung auf deren Rückführung so früh wie möglich (ab 4.–6. Woche) begonnen werden. In fast jedem Tiergarten werden heute 1 oder mehrere Arten von tagaktiven Feuchtnasenaffen gehalten (am häufigsten Kattas und Varis).

Höchstalter in Menschenobhut. Katta über 38½, Mohrenmaki über 36, Schwarzkopfmaki über 37, Mongoz-Maki 37½, Braune Makis über 35, Grauer Halbmaki über 25, Schwarzweißer Vari über 34, Gürtelvari 28¾, Roter Vari 37 Jahre.

Unterordnung Trockennasenaffen (Haplorrhini)

Systematisch einheitlicher als Feuchtnasenaffen, dennoch Tiere recht unterschiedlicher Größe. Kleinster Vertreter ist das goldhamstergroße, 120 g schwere Zwergseidenäffchen, größter der bis zu 270 kg schwere Gorilla. Kopf verhältnismäßig groß, rund, Hirnschädel im Vergleich zu anderen Säugern vergrößert, Hirn, besonders bei hoch entwickelten Tieren, stark gefurcht. Augen nach vorn gerichtet, Linse akkomodationsfähig, ermöglicht zusammen mit dem Feinbau des Augenhintergrundes (Stäbchen- und Zäpfchenzellen, gelber Fleck) scharfes, räumliches Farbsehen (Ausnahme: Nachtaffe, keine Farbwahrnehmungen). Ohren wenig oder nicht beweglich, kein gezieltes, die Geräuschquelle anpeilendes Richtungshören. Geruchs- und Geschmackssinn durchschnittlich leistungsfähig. Zahnformel: 2/2 1/1 2–3/2–3 2–3/2–3. Eckzähne oft groß, dolchartig spitz. Gesicht meist nackt, bei einigen Arten Bärte. Gesichtsmuskulatur locker und von zahlreichen Nerven durchzogen, daher deutliches Mienenspiel als Ausdruck für Gefühle und als innerartliches Verständigungsmittel. Der mit Stimmbändern versehene Kehlkopf und Sonderbildungen (Zungenbeinblase der Brüllaffen, Luftsäcke bei Orang-Utan, Siamang und einigen Schlankaffen) als Resonanzorgane machen mannigfaltige Lautäußerungen möglich. Gliedmaßen mittellang, bei Hanglern Arme länger als Beine. Wie die Hände fungieren die Füße meist als Greiforgan, je 5 Finger bzw. Zehen. Fuß- und Handflächen nackt. Fingerbeeren innerviert, ermöglichen hohe Tastsinnesleistungen. Haut der Hand- und Fußflächen, besonders der letzten Glieder der Finger und Zehen, individuell charakteristisch gefurcht (Fingerabdruck!). Sohlengänger. Die Tiere neigen zu aufrechtem Gang bzw. mindestens aufrechter Körperhaltung (Sitzen!), so dass die Vordergliedmaßen als Bewegungsorgane entlastet werden und Greiffunktion (z.B. bei der Nahrungsaufnahme) übernehmen können. Körper schlank. Schwanz teilweise lang, dann Steuer-, Balance- oder Greiforgan (Neuweltaffen) oder Signalzeichen (Guerezas), teilweise nur mittellang oder stummelförmig (bodenbewohnende Altweltaffen) oder fehlt völlig (Gibbons, Menschenaffen). An Schwanzwurzel und Körperhinterende zuweilen Gesäßschwielen (besonders bei Hundsaffen). Fell meist kurz und dicht, Grannen-, daneben auch Wollhaar. Haardichte ist unterschiedlich, Fellfarbe meist wenig auffällig, nur bei einigen Arten (Meerkatzen u.a.) bunt. Auffällig farbenkräftig können nackte Hautteile (Gesicht, Afterregion, Geschlechtsorgane) gezeichnet sein. Färbungs- und Größenunterschiede zwischen Männchen und Weibchen nicht selten. Sexualorgane menschenähnlich. Bei Weibchen mancher Arten je-

Abb. 19.10 Die großen Augen des Philippinen-Koboldmakis (*Carlito syrichta*) nehmen noch geringste Restlichtmengen wahr und befähigen das Tier zu nächtlicher Lebensweise.

doch penisähnliche, vergrößerte Klitoris (z.B. Klammeraffen, Gibbons) oder während der Brunst starke Schwellung der Schamlippen und des umgebenden Gewebes (Brunstschwellung) bei Pavianen, Schimpansen u.a. Gebärmutter einhöhlig, birnenförmig, Mutterkuchen intensiv mit Gebärmutterschleimhaut verwachsen (Zotten), löst sich nach der Geburt unter oft beträchtlichem Blutverlust und hinterlässt in der Gebärmutter eine Wundfläche. Tragzeit 5–9 Monate, selten Zwillinge oder Drillinge, meist nur 1 Junges, 1 bruständiges Zitzenpaar.

Teilordnung Koboldmakiverwandte (Tarsiiformes)

„Lebende Fossilien", Körperbau seit vielen Millionen Jahren nahezu unverändert. Wahrscheinlich Zweig einer Primatengruppe des Paläogens, aus der auch die höheren Trockennasenaffen abstammen. Deswegen in der Systematik vereinzelt gleichrangig zwischen Feuchtnasenaffen und Trockennasenaffen als eigene Unterordnung gestellt.

1 Familie, 3 Gattungen, 14 Arten.

Familie Koboldmakis (*Tarsiidae*)

Rattengroß, Kopf kugelig, Gesicht flach. Augen sehr groß, eng gestellt, nach vorn gerichtet. Ohren groß, beweglich, dünnhäutig. Zahnformel: 2/1 1/1 3/3 3/3. Hals kurz, sehr beweglich, Kopf kann um nahezu 360° gedreht werden. 2 Zitzenpaare an Brust und Unterbauch, zweihörnige Gebärmutter wie bei Feuchtnasenaffen. Vordergliedmaßen kürzer als Hintergliedmaßen, Unterschenkelknochen teilweise miteinander verwachsen. Fuß sehr langgestreckt, da Kahn- und Fersenbein (Fußwurzelknochen, anatomische Bezeichnung „Tarsus" namensgebend für wissenschaftlichen Gattungsbegriff) als lange, röhrenknochenähnliche Streben ausgebildet sind. Finger und Zehen lang, dürr, an den Spitzen Haftballen. 2. und 3. Zehe spitz bekrallt (Putzkrallen), sonst an Fingern und Zehen Nägel. Schwanz lang, spärlich oder nur im letzten Drittel behaart. Fell kurz, dicht, bräunlich.

Verbreitung. Regional auf den Großen und Kleinen Sunda-Inseln und den Philippinen.

3 Gattungen, 14 Arten.

Sulawesi-Koboldmakis (*Tarsius*): 12 Arten. Schwanzquaste etwa 1 cm, flaschenbürstig, 3 Zitzenpaare. **Celebes-Koboldmaki** (*T. tarsier*), auch Selayar-, Sulawesi-Koboldmaki: Sulawesi und nördlich und südlich vorgelagerte kleine Inseln. – **Diana-Koboldmaki** (*T. dentatus*): Sulawesi. – **Peleng-Koboldmaki** (*T. pelengensis*): auf Peleng endemisch. – **Sangihe-Koboldmaki** (*T. sangirensis*): auf Sangihe endemisch. – **Zwergkoboldmaki** (*T. pumilus*): Sulawesi. –

Lariang-Koboldmaki (*T. lariang*): westliches Sulawesi. – **Makassar-Koboldmaki** (*T. fuscus*): Makassar. – **Jatna's Koboldmaki** (*T. supriatnai*): Nördliche Halbinsel Sulawesi. – **Gursky's Koboldmaki** (*T. spektrumgurskyae*): Osten der nördlichen Halbinsel Sulawesi. – **Wallace-Koboldmaki** (*T. wallacei*): Zentralsulawesi. – **Siau-Koboldmaki** (*T. tumpara*): Siau-Insel. – **Niemitz-Koboldmaki** (*T. niemitzi*): wurde erst 2019 beschrieben. Togainseln.

Philippinen-Koboldmakis (*Carlito*): 1 Art. Schwanzquaste fehlt, 2 Zitzenpaare. **Philippinen-Koboldmaki** (*C. syrichta*): Philippineninsel Mindanao und kleinere, nördliche Inseln.

Sunda-Koboldmakis (*Cephalopachus*): 1 Art. Fellfarbe variiert in Brauntönen, kurze Schwanzquaste, 3 Zitzenpaare. **Sunda-Koboldmaki** (*C. bancanus*), auch Westlicher Koboldmaki oder Horsfields Koboldmaki: 4 Unterarten. Von Südostsumatra über dazwischenliegende Inseln bis Borneo.

Gefährdungsstatus. Bestand im Verbreitungsgebiet weitgehend unbekannt, Populationen lokal eng begrenzter Verbreitungsgebiete durch Lebensraumzerstörung und Fang bedroht. Die meisten Arten gelten deshalb als gefährdet oder vom Aussterben bedroht.

Lebensweise. Dämmerungs- und Nachttiere, vor allem kurz vor und nach Sonnenauf- bzw. Sonnenuntergang aktiv. Lebensraum Bambus- und Lianendickichte, besonders an Sümpfen, Seen, Flüssen und Küsten, auch Mangrovenwälder und Unterholz oder mittlere Astregionen von wassernahen Dschungelgebieten sowie Gebirgswälder bis in 1200 m Höhe, einige auch als Kulturfolger in Plantagen und Gärten. Einzelgänger oder paarweise, seltener in kleinen Gruppen oder Familien. Klettern gut, springen weit (bis zu 5 m!) und zielsicher, wobei sie sich mit den Hinterbeinen abfedern und mit dem Schwanz steuern. Arme und Beine werden beim Sprung an den Körper gezogen und erst kurz vor dem Aufsprung abgestreckt. Am Boden laufen sie auf Händen und Füßen, springen wie Frösche und hüpfen känguruartig auf den Hinterbeinen. Beim Auf- und Abklettern wird der Schwanz an die Unterlage gedrückt und dient auch während des Schlafes, bei dem sich die Tiere an dünne, im Schatten stehende, senkrechte Äste, Stämmchen oder Halme (Bambus usw.) klammern, als Stützorgan. Wie bei Loris kompliziertes Arteriensystem für gute Durchblutung der kontrahierten Muskeln, die so nicht ermüden. Gehör und Gesichtssinn hoch entwickelt. Ohrmuscheln beweglich, können voneinander unabhängig in verschiedene Richtungen gedreht werden. Geruchssinn weniger leistungsfähig. Ortstreu. Revierabgrenzung durch Urinmarkierung und laute Paarduette, besonders in der Morgendämmerung. In der Nähe eines brünstigen Weibchens zirpende und schnarrende Gesänge der Männchen.

Nahrung. Wirbellose Kleintiere aller Art, vor allem Insekten, auch Frösche, Eidechsen, Kleinvögel, Eier und kleine Säuger (z.B. Fledertiere) sowie Wassertiere (Schnecken, Krebse, kleine Fische, die aus dem Wasser geschleudert und an Land verzehrt werden). Beobachtungen über die Aufnahme von pflanzlicher Kost liegen nicht vor.

Haltung von Koboldmakis

In Tiergärten bisher sehr selten gezeigt. Siehe Haltung von nachtaktiven Feuchtnasenaffen.

Höchstalter in Menschenobhut. Philippinen-Koboldmaki fast 14¼, Horsfields Koboldmaki (*C. b. bancanus*) über 16¼ Jahre.

Teilordnung Affen (Simiiformes)

Kleinordnung Neuweltaffen – Breitnasenaffen (Platyrrhini)

Abkömmlinge früher Affenvorfahren (Parapitheciden), die im Eozän über den damals noch relativ kurzen Weg von Afrika über den Südatlantik nach Südamerika wanderten. Sie bildeten die Ausgangsformen für eine sich eigenständig entwickelnde Affengruppe und unterlagen nicht den Entwicklungsprozessen, denen die übrigen Affen unterworfen waren. Körperbau teils ursprünglich, teils stark spezialisiert. Kleine bis mittelgroße Tiere. Nasenlöcher durch breite Nasenscheidewand getrennt, öffnen sich nach den Kopfseiten. Gehirn meist weniger entwickelt als bei den altweltlichen Arten (außer Kapuzineraffen). Vordergliedmaßen kletternder oder hangelnder Arten verlängert, Hintergliedmaßen von Springern kräftig, lang. Daumen ist den anderen Fingern nur wenig gegenübergestellt, aber 1. Zehe den anderen Zehen. Schwanz immer vorhanden, lang (außer Uakaris), sondern in vielen Fällen hoch spezialisiertes Greif- und Klammerorgan (Kapuziner-, Brüll-, Woll-, Klammeraffen).

Von 1 Ausnahme abgesehen, tagaktive Baumbewohner. Im Gegensatz zu den altweltlichen Affen beteiligen sich bei einigen Arten die Männchen sehr intensiv an der Jungtieraufzucht.

5 Familien, 6 Unterfamilien.

Familie Krallenaffen (Callitrichidae)

Ihre systematische Einordnung ist nach wie vor umstritten. Meist etwa eichhörnchengroß, kleinster ausgewachsener Vertreter wiegt 120 g (Zwergseidenaffe). Kopf rund, Schnauze meist nur wenig vorspringend, Gesicht oft nackt. Große Augen und meist nackte, menschenähnliche Ohren. Eckzähne häufig verlängert. Zahnformel: 2/2 1/1 3/3 2/2 (nur bei Springtamarin 2/2 1/1 3/3 3/3). Körper schlank. Hintergliedmaßen oft als Sprungbeine verlängert. Finger und Zehen mit Krallen (kein ursprüngliches Merkmal, da aus Nägeln entstanden). Daumen lang und den anderen Fingern parallel zugeordnet (nur bei Springtamarin kurz und den Fingern gegenübergestellt), 1. Zehe mit Nagel und als Greifwerkzeug den Zehen gegenüberstehend. Schwanz lang, ohne Greiffleck. Fell dicht, seidig, an Kopf und Nacken oft Mähnenbildung, z.T. Haarbüschel an den Kopfseiten oder in der Ohrengegend, auch Kranz von Flaumhaaren um Ohren, Kinn und Kehle. Braunschwärzlich, grüngrau, daneben lebhaft goldgelb oder silbergrau gefärbte Arten, oft mit dunkler Zeichnung. Große Arten- bzw. Unterartenzahl, weil der südamerikanische Kontinent von zahlreichen Strömen und Gebirgen zerteilt wird, die unüberwindbare Grenzen für die einzelnen Formen darstellen.

Verbreitung. Panama und Südamerika bis etwa zum südlichen Wendekreis.

7 Gattungen, etwa 47 Arten.

Marmosetten (*Cebuella*, *Mico*, *Callithrix*)

Marmosetten werden derzeit 3 verschiedenen Gattungen zugeordnet. Kleinste Affenarten. Untere Eckzähne gleich lang wie Schneidezähne, obere lang, beim Weibchen mitunter länger als beim Männchen. Bei den atlantischen Arten auffällige, oft büschelartige Kopfseitenbehaarung. Geschlechter durch helles oder gemustertes, fast unbehaartes Scrotum der Männchen deutlich zu unterscheiden. Circumgenitaldrüsen bei Männchen und Weibchen. Mittelbrasilien überwiegend südlich des Amazonas und getrennt davon im ostbrasilianischen atlantischen Küstenwald bis zum südlichen Mato Grosso.

20 Arten, darunter 15 im Amazonasgebiet und 5 Arten im atlantischen Küstenwald.

Zwergseidenäffchen (*Cebuella*): 1 Art. kleinster Krallenaffe, Kopf-Rumpf-Länge etwa 13 cm, Schwanzlänge 20 cm, Gewicht 120 g, Fell dicht, seidig, graubraunoliv, das die Ohren nahezu verdeckt. **Zwergseidenaffe** (*C. pygmaea*): 2 Unterarten. Amazonaseinzugsgebiet von Nord- und Westbrasilien, Nordperu und Ecuador.

Seidenaffen (*Mico*), auch Amazonische Marmosetten: 14 Arten. **Silbermarmosette** (*M. ar-*

gentata), auch Silberäffchen: Nord- und Zentralbrasilien, Ostbolivien. – **Weiße Silbermarmosette** (*M. leucippe*), auch Goldschwanz-Seidenäffchen: verwandtschaftlich der Silbermarmosette nahe stehend. Zentralbrasilien zwischen Rio Tapajos und Rio Jamanxim. – **Braune Marmosette** (*M. emiliae*), auch Brauner Seidenaffe: östliches Mittelbrasilien zwischen Mittel- und Oberlauf der Flüsse Iriri und Tapajos. – **Marcas-Marmosette** (*M. marcai*): Verbreitung unbekannt, außer dem Fundort am Rio Castanho im Amazonasgebiet Brasiliens. – **Manicoré-Marmosette** (*M. manicorensis*): 2000 als neue Art beschrieben. Mittelbrasilien am Rio Manicoré zwischen Rio Aripuanã und Rio Madeira, südlich bis zum Rio Rooseveldt. – **Schwarzkopfmarmosette** (*M. nigriceps*): südliches Mittelbrasilien nördlich des Rio Ji-Paraná zwischen Rio Madeira und Rio Marmelos. – **Schwarzschwanzmarmosette** (*M. melanura*): Südbrasilien vom Rio Juruena und Aripuanã bis zum Rio Beni in Nordostbolivien. – **Weißschulter-Seidenaffe** (*M. humeralifer*), auch Weißschulteräffchen: Brasilien, südwestliches Einzugsgebiet des Amazonas zwischen den Flüssen Maues-Acu und Tapajos. – **Aripuanã-Marmosette** (*M. intermedia*), auch Hershkovitz's Marmosette: mittleres Südbrasilien westlich des Rio Aripuanã im Mündungsbereich des Rio Guariba. – **Weißgoldener Büschelohraffe** (*C. chrysoleucos*), auch Gelbschwanz-Marmosette oder Gelbweißer Seidenaffe: ab etwa 8° südlicher Breite zwischen den Flüssen Aripuanã und Madeira im Westen und Cancuna und Uraria im Osten bis zum Südufer des Amazonas. – **Rio-Maués-Marmosette** (*M. mauesi*): Mittelbrasilien im südlichen Einzugsbereich des Amazonas zwischen den Flüssen Urariâ und Maués. – **Rio-Acari-Marmosette** (*M. acariensis*): erst 2000 endeckt und wissenschaftlich beschrieben. Kleines Verbreitungsgebiet in Mittelbrasilien südlich des Amazonas im östlichen Einzugsgebiet des Rio Acari. – **Sateré-Marmosette** (*M. saterei*): Mittelbrasilien östlich des Rio Canunã bis zur Mündung in Rio Uraria. – **Rondonia-Seidenaffe** (*M. rondoni*): endemisch im brasilianischen Rondoni. – **Zwergmarmosette** (*M.*

Abb. 19.11 Der Weißbauch-Zwergseidenaffe (*Cebuella pygmaea niveiventris*) ist der kleinste Primatenvertreter.

humilis), auch Schwarzkronen-Marmosette: auch in eigene Gattung *Callibella* gestellt. Größe etwa wie Zwergseidenaffe, 1998 neu entdeckt. Zentralbrasilien zwischen Flüssen Aripuanã und Madeira.

Büschelaffen (*Callithrix*), auch Atlantische Marmosetten: 6 Arten. Haarbüschel oder -pinsel im im Ohrmuschelbereich. **Weißbüschelaffe** (*C. jacchus*): bekannteste Krallenaffenart. Vor den Ohren Büschel aus weißen, steifen Haaren. Brasilianische Atlantikküste der Provinzen Piauí, Ceará und Pernambuco, inzwischen in anderen Regionen Süd- und Mittelamerikas eingebürgert. – **Schwarzpinselaffe** (*C. penicillata*): Ohren von schwarzen Haarpinseln ver-

Abb. 19.12 Vom seidig silberweißen Fell der Silbermarmosette (*Mico argentata*) hebt sich der schwarzbraune Schwanz kontrastreich ab.

deckt. Brasilianische Küstenregion zwischen Bahia und São Paulo und Provinz Goiás. – **Bahia-Seidenaffe** (*C. kuhlii*), auch Kuhl's oder Wieds Schwarzbüschelaffe: Atlantische Küstenwälder im Süden der Provinz Bahia zwischen Rio de Contas und Rio Jequitinhonha (östliches Mittelbrasilien). – **Weißgesichtsseidenaffe** (*C. geoffroyi*), auch Geoffroy-Pinseläffchen oder Weißkopfbüscheläffchen: Küstenwaldgebiete der Provinz Bahia im östlichen Mittelbrasilien. – **Weißohrseidenaffe** (*C. aurita*), auch Weißpinselohraffe: lange weißliche Haarpinsel auf den Ohren. Küstenwälder Südostbrasiliens. – **Gelbkopfbüschelaffe** (*C. flaviceps*): ockerfarbene Ohrbüschel. Wälder der Küstenregion Espírito Santo im Norden von Südostbrasilien.

Gefährdungsstatus. Bestand im Verbreitungsgebiet bei vielen Arten unklar, aber oft hohe Bestandsanfälligkeit infolge geringer Größe der Verbreitungsgebiete. Weißgesichtsseidenaffe akut schutzbedürftig, Weißohrseidenaffe und Gelbkopfbüschelaffe gefährdet. EEP für Weißgesichtsseidenaffen im Zoo Madrid, für Silbermarmosette in Shaldon, für Zwergseidenaffe im Zoovon Newquay, für Weißbüschelaffe und Schwarzpinselaffe in Herdfortshire, für Weißgesichtsaffe in Madrid.

Lebensweise. Tagtiere, Baumbewohner des tropischen Regenwaldes und bewaldeten Graslandes, von unteren Bergwäldern, Trocken- und Sekundärwäldern, vorwiegend in den unteren Baumetagen. Zwergseidenaffen hier auf möglichst einzeln stehenden Bäumen, klettern häufig hörnchenartig kopfunter an senkrechten Stämmen. Weißbüschelaffen als Kulturfolger auch in Plantagen und sogar in Parkanlagen von Städten. Meist in kleinen Elternfamilien, die sich seltener, z.B. an nahrungsreichen Plätzen, kurzzeitig in größeren Gruppen versammeln. Familien meist in festen Revieren, laufen dort vierfüßig auf regelmäßig benutzten Wechseln durch das Geäst, markieren Wechsel mit Sekret der Circumgenitaldrüsen und Harn. Benachbarte Äste oder Bäume erreichen sie mit beträchtlich weiten Sprüngen. Schwanz dient dabei als Balancierorgan, beim Sitzen auf den Hinterbeinen als Stütze. Schlaf und Ruheplätze in Astgabeln oder in Schlingpflanzendickichten, ausnahmsweise in Baumhöhlen oder Vogelnestern. Schlafplätze von Angehörigen einer Familie meist gemeinsam benutzt. Verständigung durch zirpende Laute, bei Angst oder Wut schrilles Kreischen. Gegenseitige Fellpflege üblich, wobei sich geputztes Tier meist räkelnd hinlegt. In der Regel monogam. Elternpaar hat innerhalb der Familie ranghöchste Stellung, unter den übrigen Tieren keine klar abgestufte Rangordnung. Ranghohe Tiere imponieren mit erhobenem Schwanz bzw. „katzbuckeln“ (Zwergseidenaffen) und präsentieren ihre Genitalregion. Als Unterwürfigkeitsgeste läuft das rangniedere Tier, mehr kriechend als laufend, in geduckter Haltung um das ranghöhere herum und beschnuppert dessen Analregion, eventuell auch nur die Schwanzspitze. Zwergseidenaffen bilden echte Familiengruppen aus 3–9 (15) Tieren, besetzen zeitweilig kleine Wohngebiete (0,1–0,4 ha) bis dortige Nahrungsquellen versiegen, ziehen dann weiter in neues Territorium und sind teilweise locker vergesellschaftet mit Tamarinarten. Übrige Marmosetten meiden Kontakte zu verwandten Arten, halten sich aber gelegentlich in der Nähe von Kapuziner-, Saki- oder Klammerschwanzaffen auf.

Nahrung. Allesfresser, Pflanzenkost wie Früchte, Beeren, Nüsse, zarte Triebe, Knospen, Sämereien, Baumsäfte, aber auch Kleintiere aller Art, vor allem Insekten und deren Larven, seltener Schnecken, baumlebende Amphibien und Reptilien, Vögel und deren Eier. Dabei bevorzugen amazonische Marmosetten hauptsächlich Früchte und Insekten, atlantische Marmosetten teilweise sehr hohe Anteile von gummiartigen Baumsäften. Zwergseidenaffen auf gummiartige Baumsäfte (etwa 70 %) spezialisiert, die nach Annagen der Stammrinde vieler Baum- und Schlingpflanzenarten austritt. Restliche Kost aus Insekten, vor allem Heuschrecken, daneben wenig Früchte, die auch nur zeitweise aufgenommen werden.

Tamarine (Leontocebus, Saguinus)

Meist etwas größer als Marmosetten. Große Eckzähne auch im Unterkiefer. Größere Längendifferenz zwischen Armen und Sprungbeinen. Färbung sehr unterschiedlich. Einige Arten mit Schnurrbärten oder verlängerten Hinterhaupthaaren. Verwandtschaftlich engere Verbindungen durch Bildung von 6 Artengruppen sichtbar gemacht. Systematik umstritten, Arten werden manchmal nur als Unterarten eingestuft und umgekehrt. Die Vertreter der Nigricollis-Gruppe erhielten 2016 einen eigenen Gattungsstatus und werden als Gattung *Leontocebus* geführt. Sie sind durchweg kleiner als die Vertreter der Gattung *Saguinus* und werden von uns, da bisher ein deutscher Gattungsname fehlt, zur Orientierung als Kleine Tamarine oder Nigricollis-Tamarine bezeichnet. Von Südpanama und Nordkolumbien im Norden und im gesamten Amazonaseinzugsgebiet von Ecuador, Peru und Nordbolivien bis zur Mündung in Ostbrasilien, in Guyana und Suriname.

2 Gattungen, 22 Arten.

Kleine Tamarine (*Leontocebus*), auch Nigricollis-Tamarine: 10 Arten. Meist kleiner als Saguinus-Arten, dunkles Gesicht mit weißer Behaarung umd Mund und Kinn, Ohren gut sichtbar, da wenig behaart. **Schwarzrückentamarin** (*L. nigricollis*): 2 Unterarten. Ostecuador, Ostperu und Westbrasilien. – **Sattelrückentamarin** (*L. fuscicollis*), auch Braunrückentamarin: 4 Unterarten. Südwestkolumbien, Ostecuador, Ostperu und Nordbolivien bis Nordwestbrasilien. – **Brauner Sattelrückentamarin** (*L. fuscus*): Nordwestbrasilien, Kolumbien. – **Anden-Sattelrückentamarin** (*L. leucogenys*): östliches Andengebiet Perus. – **Schwarzkopftamarin** (L. illigeri), auch Illiger-Tamarin: Peru. – **Rotmanteltamarin** (L. lagonotus), auch Rotschultertamarin: Rio Curaray und Rio Marañon bis zu Anden in Ecuador und Peru. – **Weddel-Tamarin** (L. weddelli), auch Schwarzmanteltamarin: Peru, Brasilien, Bolivien. – **Cruz-Lima's-Braunrückentamarin** (*L. cruzlimai*): Westbrasilien. – **Schwarzstirntamarin** (*L. nigrifrons*), auch Geoffroy-Sattelrückenramarin: endemisch in Peru. – **Goldmanteltamarin** (*L. tripartitus*): nordwestliches Einzugsgebiet des Amazonas östlich des Rio Curaray und Rio Napu von Nordostperu bis Nordwestbrasilien und Südwestkolumbien.

Tamarine (*Saguinus*): 12 Arten. In der Regel größer als *Leontocebus*-Arten, vereinzelt Auftreten von Mähnen und Schnurrbärten. **Schnurrbarttamarin** (*S. mystax*): 2 (3) Unterarten, Unterartstatus des Rotkappentamarin (*S. m. pileatus*) vereinzelt angezweifelt. Südhälfte von Peru und südliches Einzugsgebiet des Ama-

Abb. 19.13 Der Zweifarbtamarin (*Saguinus bicolor*) hat einen weißen Vorder- und olivbraunen Hinterkörper. Das Gesicht ist bis hinter die Ohren unbehaart und dunkel pigmentiert.

zonas in Westbrasilien bis zum Unterlauf des Rio Madeira. – **Rotbauchtamarin** (*S. labiatus*): 3 Unterarten. Westbrasilien, Ostperu, Bolivien. – **Kaiserschnurrbarttamarin** (*S. imperator*): langer, weißer Schnurrbart. 2 Unterarten. Westbrasilien, Ostperu, Bolivien. – **Marmorgesichtstamarin** (*S. inustus*): Nordwestbrasilien bis Südwestkolumbien. – **Rothandtamarin** (*S. midas*): auch Goldhandtamarin: rötlich gelbe Hände und Füße. Nördliches Einzugsgebiet des Amazonas von Französisch-Guayana über Suriname, Guyana und Nordbrasilien östlich bis zum Rio Negro. – **Schwarzhandtamarin** (*S. niger*): Hände und Füße dunkelbraun bis schwarz. Südliches Einzugsgebiet des Amazonas östlich des Rio Xingu bis zur Mündung des Amazonas einschließlich der Insel Marajo im brasilianischen Bundesstaat Para. – **Schwarzer Tamarin** (*S. ursula*): Gesicht, Ohren udn Fell schwarz, schwarz-goldener Haarstreifen von der Rückenmitte bis zur Schwanzbasis. Nordostbrasilien. – **Zweifarbtamarin** (*S. bicolor*), auch Manteltamarin oder Mantelaffe: Einzugsgebiet des Amazonas in Nordbrasilien. – **Nacktgesichttamarin** (*S. martinsi*), auch Martins-Tamarin: 2 farblich deutlich verschiedene Unterarten. Beidseits des Rio Nhamunda in Nordostbrasilien. – **Lisztaffe** (*S. oedipus*): lange, weiße Kopfmähne bis über die Schultern. Nordkolumbien bis Panama. – **Geoffroys-Perückenaffe** (*S. geoffroyi*), auch Panama-Perückenaffe: Südöstliches Costa Rica, Panama bis Nordwestkolumbien. – **Weißfußtamarin** (*S. leucopus*), auch Weißfußaffe: Nordkolumbien.

Gefährdungsstatus. Bestand im Verbreitungsgebiet unklar. Zweifarbtamarin hochgradig gefährdet, Nacktgesichtstamarin, Lisztaffe und Weißfußtamarin bestandsbedroht. Bei vielen weiteren Tamarinen fehlen statistisch ausreichend gesicherte Bestandszahlen, so dass die Dunkelziffer der gefährdeten oder bedrohten Arten und Unterarten vermutlich höher ist. EEP für Kaiserschnurrbarttamarin in Tamworth, für Zweifarbtamarin in Jersey, für Lisztaffen in Bristol, für Rotbauchtamarin in Newquay, für Rothandtamarin in Marwell.

Lebensweise. Tagtiere, Bewohner der unteren und mittleren Etagen im tropischen Regenwald, in Sekundär- und Buschwäldern, vereinzelt auch Bergwäldern bis in höchstens 1000 m Höhe. Seltener im Unterholz, besonders an Urwaldrändern von Flüssen und Seen. Alle Arten springen gut, zielsicher und weit, nicht selten auch aus großer Höhe zu Boden. In der Regel bestehen Elternfamilien aus dem sich wohl nahezu ausschließlich monogam fortpflanzenden Elternpaar und 1–10 Nachkommen unterschiedlichen Alters. Gelegentlich werden auch fremde

Artgenossen in der Familiengruppe toleriert. Gruppen besetzen begrenzte Reviere unterschiedlicher Größe, die meist aber viel größer sind als die von Marmosetten, meiden Vergesellschaftung mit anderen Tamaringruppen, akzeptieren mitunter aber lockere Nachbarschaft von Zwergseidenaffen, Marmosetten, Kapuziner-, Saki- oder Klammerschwanzaffen. Ältere Nachkommen verlassen gelegentlich die Elterngruppe, bilden eigene Trupps, die sich im Revier der Hauptgruppe aufhalten und sich mit dieser auch von Zeit zu Zeit wieder vereinigen. Diese Tiere stellen das Reservoir dar, aus dem zu gegebenem Zeitpunkt Einzeltiere in ranghohe Positionen hineinwachsen und dabei das neue Zuchtpaar bilden.

Nahrung. Allesfresser, vorwiegend Blüten, Früchte (auch von Obstplantagen), Beeren, Nüsse und Sämereien (zusammen etwa 60 %), daneben tierische Kost (etwa 30 %), hauptsächlich Insekten und Spinnen, vereinzelt Schnecken und seltener baumlebende Amphibien und Reptilien, Kleinsäuger und Vögel. Wirbeltiere töten sie mit einem schnellen Biss in den Schädel. Baumsäfte haben als Nahrung geringe Bedeutung. Bei Schnurrbarttamarinen und Braunrückentamarinen wurde Verzehr mineralischer Erde (meist von Ameisen- und Termitenbauen) beobachtet. Zumindest diese beiden Tamarinarten verschlucken auch die Samen (von bis zu 2,5 cm x 1 cm Größe!) der von ihnen verzehrten Früchte und scheiden sie wieder aus (Samenverbreitung). Bedeutung für die Tamarine noch nicht vollkommen geklärt, vielleicht mechanische Stimulierung des Verdauungstraktes bei sonst ballaststoffarmer Nahrung. In Menschenobhut fehlen solche Samen in der Nahrung, daher vermutlich Magen-Darm-Erkrankungen häufigste Krankheitsursachen bei Tamarinen.

Löwenaffen (Leontopithecus)

Größte Krallenaffen, Kopf-Rumpf-Länge etwa 30 cm, Schwanzlänge 35-40 cm. Gesicht nackt, dunkel. Fell lang, seidig, artverschieden goldgelb oder rötlich golden bis schwarz. Kopfbehaarung mähnenartig über Hals- und Schultergürtel. Verbreitung einst weiträumig im Osten und Süden Brasiliens, heute nur noch inselartige Vorkommen im Gebiet des atlantischen Küstenwaldes vom Südosten des Staates Bahia bis zum Süden des Staates São Paulo und zum Norden des Staates Paraná.

Abb. 19.14 Der Kinnbart-Kaiserschnurrbarttamarin (*Saguinus imperator subgrisescens*) besitzt zusätzlich zum Schnurrbart noch lange weiße Barthaare die am Kinn nach unten ragen.

4 Arten.

Goldgelber Löwenaffe (*L. rosalia*), auch Goldener Löwenaffe: Südostbrasilien, punktuelle Kleinvorkommen in Küstenwäldern vom Rio Doce (Provinz Espirito Santo) bis in den Südwesten von Rio de Janeiro. – **Goldkopflöwenaffe** (*L. chrysomelas*): kleines Küstengebiet im Südosten von Bahia. – **Schwarzer Lö-**

Abb. 19.15 Das Fell des Goldkopflöwenaffen (*Leontopithecus chrysomelas*) ist dunkel, die Mähne gelb bis orangebraun und die Vorderarme sind goldfarben.

wenaffe (*L. chrysopygus*), auch Rotsteißlöwenaffe: wenige kleine Rückzugsgebiete im Südosten von São Paulo. – **Schwarzgesichtslöwenaffe** (*L. caissara*), auch Schwarzkopflöwenaffe: Insel Superagui und kleines Gebiet im Nordosten Paranás südlich von São Paulo.

Gefährdungsstatus. Bestand im Verbreitungsgebiet durch Besiedelung und Waldrodung hochgradig vom Aussterben bedroht. Schwarzgesichtslöwenaffe gehört zu den 25 am höchsten bedrohten Primatenarten. Für Goldgelben Löwenaffen 1972 Gründung eines internationalen Schutz- und Wiederansiedelungsprogramms, dem heute weltweit 140 Zoos angehören. 1984 Auswilderung von zoogeborenen Tieren. Bis 2007 über 150 Zoonachzuchten an der brasilianischen Ostküste eingebürgert, die sich inzwischen auf über 1000 Tiere vermehrten. Gesamtbestand wird einschließlich der etwa 500 Tiere in Tiergärten auf etwa 1500 Tiere beziffert. EEP für Goldkopflöwenaffen in Antwerpen, für Goldgelben Löwenaffen in Bristol, für Schwarzen Löwenaffen in Jersey.

Lebensweise. Tagtiere, Baumbewohner oft küstennaher tropischer Regenwälder (Primärwälder) und alter Sekundärwälder des Hügel- und flachen Berglandes in 500–1000 m Höhe. Laufen sicher im Gezweig, klettern gut und springen weit und zielsicher. Meiden direkte, heiße Sonnenbestrahlung, ziehen sich daher in der Mittagshitze in den Schatten zurück. In der Regel monogam in Elternfamilien aus 3–11, durchschnittlich 3–6 Tieren. Verständigung durch mindestens 17 verschiedene Laute.

Nahrung. Allesfresser, Pflanzenkost wie Früchte, Beeren, Nüsse, zarte Triebe, Knospen, Sämereien (etwa 60 %), aber auch Kleintiere aller Art wie Insekten und deren Larven, Schnecken, seltener baumlebende Amphibien und Reptilien, Vögel und deren Eier (35 %) und Baumsäfte (5 %).

Springtamarine (Callimico)

Den übrigen Krallenaffen sehr ähnlich, aber auch mit einigen Merkmalen von anderen Neuweltaffen, z.B. im Schädelbau sowie durch das Vorhandensein eines „Weisheitszahnes“ und die daraus resultierende Zahnformel: 2/2 1/1 3/3 3/3, deshalb verschiedentlich auch in eine eigene Familie (*Callimiconidae*) gestellt. Etwa eichhörnchengroß, Schädel rundlich, Schnauze vorspringend, Ohren groß, nackt, z.T im Fell verborgen. Körper schlank, Beine als Sprungorgane verlängert. Fell lang, seidig, an Kopf und Nacken mähnenartig verlängert, lackschwarz mit bräunlichem oder goldgelbem Schimmer. Scheinen den Marmosetten näher zu stehen als den übrigen Krallenaffen.

1 Art.

Springtamarin (*C. goeldii*): Oberlauf des Amazonas in Kolumbien, im östlichen Peru, westlichen Brasilien und nördlichen Bolivien.

Gefährdungsstatus. Bestand im Verbreitungsgebiet äußerst gefährdet. EEP in Dublin.

Lebensweise. Tagtiere tropischer Urwälder, Sekundärwälder oder Bambusdickichte der Niederungen, die sich selten in den Baumkronen, sondern meist im Unterholz, gelegentlich am Boden aufhalten und die Nähe des Menschen meiden. Paarweise oder in kleinen Elternfamilien lebend, manchmal auch mit mehr als 1 sich fortpflanzenden Weibchen. Enger Gruppenzusammenhalt. Oft lockere Zusammenschlüsse mit Tamarinen. Verständigung durch eine Vielzahl von Lauten, die zum Teil mit geschlossenen Lippen hervorgebracht werden.

Nahrung. Früchte, Blüten, Sämereien, hoher Anteil an Insekten, andere Wirbellose, kleine Wirbeltiere.

Abb. 19.16 Der Springtamarin (*Callimico goeldii*) ist in Tiergärten selten anzutreffen und in seiner Heimat äußerst gefährdet.

Haltung von Krallenaffen

In Tiergärten werden Weißbüschelaffen, Zwergseidenaffe, Schwarzpinselaffe, Weißgesichtsseidenaffe und Silbermarmosette öfter gezeigt, übrige Arten nicht oder nur ausnahmsweise. Lisztaffe, Braunrückentamarin, Rotbauchtamarin, Kaiserschnurrbarttamarin und Rothandtamarin öfter, übrige selten oder gar nicht gezeigt. Löwenaffen nicht häufig, Schwarzgesichtslöwenaffe außerhalb des Ursprungsgebietes noch nicht gehalten. Springtamarin in Tiergärten selten. Krallenaffen sind die kleinsten Vertreter der artenreichen Teilordnung Affen. Diese kleinen neuweltlichen Primaten sind empfindliche Pfleglinge. Obwohl Einzeltiere oft erstaunlich lange in Menschenhand lebten und sich viele Arten im Zoo auch fortpflanzten, konnten die Haltungsergebnisse einiger Arten in der Vergangenheit noch nicht voll befriedigen. Die Anwendung neuer Erkenntnisse, welche sich von den Haltungsmethoden bei anderen Breitnasenaffen unterscheiden, erbringt erfolgreiche Pflegeergebnisse.

Eingewöhnung. Bei den heute üblichen Transfers von Zoo zu Zoo ist die Eingewöhnung neuer Tiere meist unproblematisch. Importtiere aus dem Wildleben oder aus Zoos des Ursprungsgebiets sehr selten, dann meist sehr empfindlich.

Neu eingetroffene Tiere in der Regel nur paarweise halten, wobei notfalls Männchen und Weibchen nicht der gleichen Art angehören müssen (nicht bei allen Individuen möglich). Aus tropischen oder subtropischen Herkunftsgebieten ankommende Tiere in der ersten Zeit äußerst anfällig gegen zu niedrige Temperaturen, Zugluft und feuchtkalte Witterung. Schlafkästen für alle Arten günstig, müssen wie die gesamte Unterkunft täglich gereinigt werden. Tiere aus dem Freiland oder aus schlechten Haltungen treffen oft hochgradig verwurmt ein, deshalb sind koprologische Untersuchungen mit anschließender Wurmbekämpfung stets notwendig. Dazu muss jedes Tier einzeln gefangen werden, um die festgelegte Dosis verabreichen zu können. Durch Parasiten geschwächte Tiere fressen nämlich nur noch wenig und verschmähen fast immer Futter, das mit einem Wurmpräparat versehen worden ist. Die Futterumstellung ist in der Eingewöhnungszeit schwierig.

Unterkunft. Man glaubte lange, die Tiere seien zu empfindlich, um auch im mitteleuropäischen Klima ins Freie gelassen zu werden, und ihr Bedarf an Sonnenlicht sei gering und könne durch entsprechende Ernährung ausgeglichen werden. Diese Überlegungen führten zwangsläufig zu falsch gebauten Tierunterkünften für Krallenaffen. Als Dauerunterkunft sind die früher gern genutzten, relativ kleinen, meist verglasten Käfige in Warmhäusern ohne Außenkäfig ungeeignet, da sie für die bewegungs- und springfreudigen Tiere zu klein sind, wegen ihrer geringen Größe zu wenig Rückzugsmöglichkeiten bieten und mangels fehlender Möglichkeiten zu direkter Besonnung der Tiere ungesund sind. Optimal ist die Kombination einer geräumigen, auf der Besucherseite verglasten Innenanlage mit einer Außenanlage. Innen- und Außenanlagen sollten wenigstens 2,5 m hoch sein. Grundfläche der Innenanlage für eine Gruppe mindestens 4 m^2, der Außenanlage mindestens 10 m^2. Verbindungsöffnungen für die Tiere zwischen Innen- und Außenanlage nicht am Boden, sondern wenigstens 1,5 m darüber und höher als breit. Innenanlage mit glatten, leicht zu reinigenden Wänden und Fußboden vorteilhaft, wenn kein Besuchereinblick gegeben, sonst aus schautechnischen Gründen und bei größeren Innenanlagen der Natur nachempfundene Gestaltung. Als Bodenbedeckung Rindenmulch, Holzschredder oder Hobelspäne vorteilhaft, saugen gut auf und lassen sich leicht wechseln. Biofloor aus 25 cm dicker Rindenmulchschicht, darunter Filtermatte auf festem Drainageboden. Urin sickert durch den Boden, Kot und Futterreste werden vom Rindenmulch gebunden. Dadurch vollständiger Wechsel erst nach langer Zeit notwendig. Weicher Untergrund verhindert bei Absturz auch Verletzungen. Als Inventar u.a. 1 bis mehrere Schlafkästen (25 cm x 25 cm x 25 cm bis 30 cm x 30 cm x 30 cm), deren Eingänge so groß sein müssen, dass ein erschrockenes Alttier beim überstürzten Verlassen des Schlafplatzes das oder die auf seinem Rücken reitenden Jungen nicht verletzt (Genickbrüche bei Löwenaffen). An den Seiten fast völlig offene Kästen haben sich bewährt, da sie nur Ersatz für eine von oben geschützte Astgabel sein sollen (siehe Lebensweise). Weiterhin vielgestaltige, schräge sowie waagerechte Laufstege oder Äste, die vierfüßiges Laufen ermöglichen, dazu kleine Sprung- und Sitzplattformen sowie bewegliche Elemente mit Seilen und Holz. Halterungen für Futter- und Tränkgefäße stets erhöht und möglichst so anbringen, dass die Tiere das Futter nicht mit Kot und Urin verschmutzen können. Die Innenraumtemperatur sollte bei 20–24 °C liegen. Dazu für notwendige Fälle zusätzliche Wärmequellen in Form von gut gesicherten Infrarotstrahlern, zu deren Nähe Klettereinrichtungen führen. Bei kalter Außentemperatur sollten die Durchgänge für die Tiere von der Innen- zur Außenanlage eine Wärmedämmung haben (leichter Vorhang, Windfang, Warmluftschleier). Gelegentlich werden für die Innenkäfige 50–75 % relative Luftfeuchtigkeit gefordert, doch ist die Luftfeuchte sicher von untergeordneter Bedeutung. Nur staubtrockene Luft ist ungünstig, feuchtes Tropenklima jedoch nicht erforderlich. Bei genügend Bewegungsmöglichkeiten und richtiger Ernährung ist ein normales „Wohnzimmerklima“ am günstigsten. In modernen Häusern heute oft Klimaanlagen zur Regelung der Temperatur und Luftfeuchtigkeit. Beleuchtung (kann Einfluss auf Fortpflanzung haben) möglichst durch Tageslicht und künstliches Licht bei einer Lichtzeit von 12 Stunden am Tag. Außenanlagen sollen sehr sonnig sein, aber auch schattige Plätze bieten. Gleiche Einbauten als Kletter-, Lauf- und Springeinrichtungen wie in Innenanlagen. Im Idealfall natürlicher Bewuchs mit Naturrasen, Sträuchern und Bäumen. Als Bodenbelag auch wasserdurchlässige, leicht auswechselbare und zu reinigende Sandböden. Als Außenanlagen eignen sich mit Maschengeflecht bespannte, zur Besucherseite auch von Glas begrenzte Volieren, aber auch von Wasser umgebene Inseln. Wassergräben müssen eine sehr flache Neigung zur Anlage haben und besucherseitig ausstiegsgesichert sein (Krallenaffen können schwimmen, besonders bei Löwenaffen beobachtet!). Krallenaffen sind in Menschenobhut sehr ortstreu auf kleinem Gebiet, daher im direkten Anschluss an die Innenanlage Freihaltung im benachbarten Zoogelände möglich. Zur Gewöhnung an Freihaltung anfangs ein vor die Innenanlage gesetzter Außenkäfig aus Maschendraht mit Klettereinrichtungen. Nachdem diese Unterkunft angenommen worden ist, wird der Käfig entfernt, aber die inzwischen von den Tieren geruchlich markierten Klettereinrichtungen belassen. In Freihaltungen besteht bei Auseinandersetzungen in der Gruppe Gefahr der Abwanderung einzelner Tiere. Auf Inseln und bei Freihaltung Gefährdung der Tiere durch wild lebende Greifvögel. Besucherkontakt muss durch Fütterungsverbot möglichst unterbunden werden. Nach Eingewöhnung und Akklimatisation sollen alle Arten auch im Winter, außer bei strenger Kälte, die Möglichkeit haben, nach Belieben die Außenanlage aufzusuchen. Sie halten sich an sonnigen Wintertagen auch bei Frost oft dort auf, ohne Schaden zu nehmen. Viele Zoos gewähren nur bis zur Frostgrenze den Zugang zur Außenanlage, doch sind die meisten Krallenaffen nicht so temperaturempfindlich, wie oftmals angenommen. Marmosetten wurden von Mitte Mai bis Mitte September sowohl im milden Klima der Kanalinsel Jersey als auch in einigen kontinentalklimatischen mitteleuropäischen Zoos ohne Zugang zu Innenunterkünften ständig im Freien gehalten, wobei ihnen als Schutzunterkunft lediglich ungeheizte, trockene, zugfreie, gepolsterte Schlafkisten mit kleinem Einschlupfloch zur Verfügung standen. Ausschließlich in Außenanlagen gehaltene Schwarzpinselaffen tolerierten in Brasilien während des Winters (Trockenzeit) Temperaturen zwischen 0 und 22 °C bei relativer Luftfeuchtigkeit von 15–98 %, während des Sommers Temperaturen von 15–32 °C bei 30–95 % relativer Luftfeuchtigkeit. Im mitteleuropäischen Klima während des Sommers im Freien gehaltene Weißbüschelaffen fielen in kalten Nächten in eine Art Kältestarre mit gedrosseltem Blutkreislauf bei Aufrechterhaltung der vollen Hirndurchblutung, was auch aus dem Wildleben zumindest bei atlantischen Marmosetten bekannt ist. War man früher bestrebt, die kleinen Affen so nahe wie möglich an das Publikum heranzubringen, weiß man heute, dass die Tiere das Bedürfnis haben, sich vor Menschen, besonders unbekannten Personen (Besucher!), zurückzuziehen. In manchen Situationen (z.B. Jungtieraufzucht) scheint sogar Furcht vor Besuchern zu entstehen, die daher nicht allzu dicht (geeignet sind Vorpflanzungen) an die vordere Begrenzung der Unterkünfte heran gelassen werden sollten. Außerdem sollten Unterkünfte stets Rückzugsmöglichkeiten bieten, allerdings ohne dass man die Außenanlagen so zuwachsen lässt, dass der Zoobesucher die Bewohner nur noch durch Zufall sehen kann. Sowohl in zu kleinen Unterkünften mit mangelnden Kletter- und vor allem Sprungmöglichkeiten als auch bei lang anhaltendem Ausschluss von direkter Sonnenbestrahlung kommt es nicht selten zur „Käfigparalyse" („Wasting Marmoset Syndrom"), einer Erkrankung, die mit Steifheit der Beine beginnt und nach schweren Bewegungsstörungen und Lähmungen sowie Gewichtsverlust tödlich endet. Ihre Ursache ist noch nicht endgültig geklärt. Untersuchungsergebnisse deuten außerdem vor allem auf Defizite in der Ernährung (Eiweiß- und Vitamin-E-Mangel) hin, während man bisher Störungen im Kalzium-Vitamin-D-Stoffwechsel vermutete. Ähnlich verhält es sich bei der bei Jungtieren häufig auftretenden Rachitis.

Bei längerem Aufenthalt im Sonnenlicht bessern sich oftmals Steifheiten ohne weitere Therapie. Deshalb besonders im Winterhalbjahr, bei fehlendem Außenkäfig ganzjährig, täglich etwa 10 Minuten UV-Licht-Bestrahlung. Bei herkömmlichen Geräten soll die Strahlenquelle nicht unter 1 m vom Tier entfernt sein. Vorsicht! Bestrahlungen mit Höhensonnen und UV-Lampen können zu Augenschädigungen führen. Deshalb nur nach Vorschrift anwenden. Affen während der Bestrahlung von der Lichtquelle durch Leckerbissen usw. ablenken. Haarausfälle am Schwanz und an ganzen Körperpartien können ebenfalls durch Unterversorgung mit öligen Vitaminen (A, D, E) oder durch andere Ernährungsmängel hervorgerufen werden. Mancherorts werden zur Ausleuchtung der Käfige auch Leuchtstoffröhren verwendet, die ständig geringe Mengen von UV-Licht abstrahlen, bei Alterung aber zunehmend harte UV-Strahlen abgeben und deswegen nicht länger als vom Hersteller vorgeschrieben benutzt werden dürfen.

Umgang. Darauf achten, dass die Tiere beim Öffnen des Käfigs nicht entkommen. Alle Arten können sehr zahm werden, doch vorsichtig Kontakt suchen, da Tiere, die als Erwachsene in

Menschenhand kamen und schlechte Erfahrungen machten, sehr angriffslustig sein können. Springtamarine drohen in Imponierhaltung und stoßen dabei abgehackte, schrille Wutschreie aus. Während Bisse von Marmosetten verhältnismäßig harmlos sind, kann ein wütender Tamarin oder Springtamarin mit seinen langen Eckzähnen tiefe Wunden reißen. Auch Tamarine und Löwenaffen kreischen vor dem Angriff, Lisztaffen schieben in Imponierhaltung die Lippen vor, sträuben die Mähne und spannen dabei die Oberkopf- und Stirnmuskulatur so an, dass diese auf der Stirn eine Wulst bildet, hinter der die darunter liegenden Augen fast verschwinden. Fast alle Tamarine drohen züngelnd. Auch Löwenaffen stehen vor Wut „die Haare zu Berge". Fang mit leichten Keschern oder mit lederhandschuhbewehrter Hand. Besonders einzeln gehaltene Tiere werden sehr zahm, schließen sich dem Menschen eng an, sind mangels eines Partners oft sehr stark auf eine bestimmte Person geprägt. Bei deren Abwesenheit können, wie z.B. bei einem Springtamarin, heftige, unstillbare Durchfälle und Gewichtsverluste eintreten. Alle Krallenaffen sind recht stressanfällig, einige Arten in besonderem Maße (z.B. Zweifarbtamarine, Lisztaffen). Verständigung neben einem vielfältigen Repertoire von Lauten auch durch zahlreiche Gesten, u.a. durch Präsentieren der Genitalien, womit eine visuelle Geschlechtsdemonstration erreicht und der ranghohe Sozialstatus dokumentiert wird. Eine besondere Rolle aber spielt der Geruchssinn. Wie im natürlichen Lebensraum, wo Krallenaffen ihr Territorium markieren, wird in Menschenobhut das gesamte Käfiginventar mit Harn sowie mit Sekret von Drüsen markiert, die sich beim Männchen an und neben dem Scrotum, beim Weibchen an den Schamlippen (Circumgenitaldrüsen) und bei beiden auf der Brust befinden.

Besonders intensiv markieren die Partner des erwachsenen, züchtenden Paares. Duftmarken dienen sowohl der Territorialkennzeichnung als auch der sozialen und sexuellen Dominanz des Vater- und Muttertieres. Oftmals markiert das verpaarte und damit gleichzeitig ranghöchste Weibchen erheblich öfter und intensiver als das dazugehörende Männchen und andere Artgenossen. Im Allgemeinen ist nur dieses Weibchen in der Gruppe fortpflanzungfähig. Seine Duftmarken und bestimmte Verhaltensweisen verhindern den Östrus bei den in der gleichen Gruppe lebenden Artgenossinnen, führen aber nicht zu einer dauerhaften „psychischen Sterilisation", die diese Tiere zeitlebens unfruchtbar macht. Der von den Duftmarken ausgehende, östrusverhindernde Stress entfällt nach dem Tod des ranghöchsten Weibchens, so dass ein nachrückendes Weibchen bald trächtig wird. Bei Löwenaffen gibt es keine Unterdrückung des Östrus anderer Weibchen durch solche dominantweiblichen Duftmarken. Die Östren aller Weibchen werden aber dadurch synchronisiert. Das ranghohe Weibchen kann dann durch sein Verhalten die anderen an der Fortpflanzung hindern. Bei Reinigungsarbeiten ist zu beachten, dass diese wichtigen Duftkennzeichen nicht zu stark beeinträchtigt werden. Verschmutzte Käfigeinrichtungen stets abschnittsweise an einigen aufeinander folgenden Tagen, nie an 1 Tag und im Ganzen reinigen. Verbrauchte Lauf- und Klettereinrichtungen ebenfalls nicht gleichzeitig, sondern an mehreren Tagen hintereinander auswechseln, und zwar möglichst so, dass neue Teile zwischen Abschnitte mit Duftmarken eingeschoben werden. Beim Einsatz von Desinfektionsmitteln ist außerdem darauf zu achten, dass keine Rückstände verbleiben, die Duftmarken überdecken oder bei häufigem Kontakt mit Hautflächen der Drüsenregionen Reizungen und Entzündungen hervorrufen können.

Fütterung. Krallenaffen weniger anspruchsvoll als manche Nahrungsspezialisten unter den anderen Neuweltaffen, dennoch möglichst vielfältiges Nahrungsangebot erforderlich. Wie bei den übrigen Arten wird heute kaum noch Obst gefüttert, da hieraus erhebliche gesundheitliche Schädigungen resultieren können. Im Bezug zum Körpergewicht benötigen Krallenaffen die 5- bis 6-fache Energiemenge eines Menschen, mithin etwa 650 kJ/kg/Tag. Außerdem haben sie einen viel höheren Eiweißbedarf als andere Primaten. Das Angebot von maximal 3–4 verschiedenen Gemüsesorten (roh) pro Tag, die täglich oder wöchentlich variiert werden, kann dazu beitragen, dass die Auswahl nicht einseitig ist und das Futter immer wieder neu, spannend und ernährungsphysiologisch angemessen ist. Bewährt hat sich ein System mit 3 Gemüsesorten, wobei alle Sorten innerhalb einer Gruppe austauschbar sind (A-Gemüse: Kohl, Chicorée, Grünkohl, Kopfsalat, Spinat, Mangold, Kohlrabi, Spargel, Rosenkohl; B-Gemüse: Brokkoli, Blumekohl, Sellerie, Mais, Gurke, Fenchel, Lauch, Pilze, Okraschoten, Erbsen, Zwiebeln, Paprika, Radieschen, Tomaten, grüne Bohnen, dicke Bohnen, Avocado, Artischocke; C-Gemüse: Kohlrübe, Kürbis, Süßkartoffeln, Steckrübe, Topinambur, Rote Bete, Karotte, Knollensellerie, Pastinake, Aubergine, Kartoffel). Tierisches Eiweiß in Form von Insekten und deren Larven (z. B. Mehl- u. a. Käfer, Mehlwürmer, Heuschrecken, Grillen, Schmetterlinge, Seidenraupen), gekochtem Eigelb (bei rohem Eigelb Gefahr von Salmonellose und Durchfall!) ergänzend anbieten. Wild lebende Kleinvögel (z. B. Sperlinge) oder Kleinsäuger als Nahrung bergen die Gefahr der Übertragung von Krankheiten, beispielsweise Toxoplasmose. Kohlenhydrate auch durch *Gummi arabicum* zuführen (ähnliche Gummisäfte bilden natürliche Hauptquelle an Kohlenhydraten und Kalzium, die daraus im vergrößerten Blinddarm aufgeschlossen und gewonnen werden) und durch speziell für Krallenaffen hergestellte Pellets (Marmoset Pellets). Besonders hoch scheint der Bedarf an tierischem Eiweiß bei Springtamarinen zu sein, bei denen die tierische Kost etwa die Hälfte der Tagesration (etwa 10 % des Köpergewichts) ausmachen soll, sowie bei Tamarinen und Löwenaffen. Gefährliche Durchfälle bei Defiziten an tierischem Eiweiß. Im Sommer im Freien gehaltene Krallenaffen fangen sich Insekten, meiden dabei in der Regel Wespen. Bei der Einführung neuer, den Tieren unbekannter Futtermittel, die oftmals nicht sofort angenommen werden, ist viel Geduld erforderlich. Neues Futter in kleinen, später steigenden Mengen unter bekanntes Futter mischen. Aus ökonomischen Gründen bei der Futterzubereitung darauf achten, dass die Hauptmenge der Nahrung in kleine Bröckchen „mundgerecht“ geschnitten wird. Größere Brocken werden oft nur angebissen und weggeworfen. Daneben aber auch ganzes oder grob geteiltes Gemüse zur Beschäftigung anbieten. Täglich mindestens 2 Hauptmahlzeiten, dazwischen kleinere Futtergaben reichen (siehe Kapuzineraffen). Für 1 Pärchen genügt 1 Futterplatz, sonst je nach Gruppengröße Futter an mehreren Stellen verteilt, möglichst im Klettergeäst anbieten. Trinkwasser oder Tee in Tränkfläschchen oder in Näpfen bereitstellen, die gegen Verschmutzung geschützt sind.

Vergesellschaftung. Paarweise oder in Familien lebende Krallenaffen sind gegen gleichgeschlechtliche Erwachsene anderer Gruppen der gleichen oder einer verwandten Art meist sehr aggressiv. Bei nebeneinander liegenden Unterkünften verschiedener Krallenaffenpaare oder -familien sollten die Trennwände möglichst undurchsichtig sein, da sich die Tiere sonst ständig gegenseitig aufregen, an Trenngittern bedrohen, bekämpfen und, wenn die Abstände dazwischen zu gering sind, gegenseitig verletzen. In Elternfamilien lebende Krallenaffen schließen einzelne Gruppenmitglieder durch aggressives Verhalten aus dem Familienverband aus. Die Eltern sind an solchen Aggressionen, die sich meist gegen die ältesten Nachkommen richten und von gleichgeschlechtlichen jüngeren Geschwistern ausgehen, nicht oder nur selten beteiligt. Obwohl geschlechtsreife unverwandte Weibchen untereinander höchst unverträglich sind, konnten als Ausnahme an der Universität Münster 2 geschlechtsreife weibliche Lisztaffen mit 1 Männchen zusammen gehalten werden. Gemeinsam zogen alle 3 Tiere später das Jungtier eines der beiden Weibchen auf. In genügend großen Anlagen können verschiedene Krallenaffen mit anderen Arten vergesellschaftet werden. Das gelingt aber nicht bei allen Arten und kann auch individualabhängig sein.

Unverzichtbar für Vergesellschaftungen sind geeignete bauliche Voraussetzungen, wie solche im Kölner Südamerikahaus entwickelt und realisiert wurden. An den Wänden des Hausinneren reihen sich konventionelle Käfige, welche durch Verbindungsschieber untereinander und teilweise mit zugeordneten Außenkäfigen verbunden sind. Sollen einander fremde Affengruppen vergesellschaftet werden, erhalten sie zunächst nach und nach Gelegenheit alle Laufwege sowie das Gangsystem, das auch Rundläufe gestatten sollte, kennenzulernen. Kleine, schwächere Arten (Krallenaffen) müssen die Möglichkeit haben, sich durch engere, niedrigere Durchgangsöffnungen vor größeren, stärkeren Arten (Kapuzinerartige) in Sicherheit zu bringen oder sich zum Ruhen und Schlafen in eigene, nur für sie zugängige Räume zurückzuziehen. Diese Refugien sollten auf allen Ebenen nutzbar sowie reich und vielfältig eingerichtet sein. Dort sollten die Bewohner auch getrennt von den übrigen Arten gefüttert werden können. Bei der Vergesellschaftung mehrerer Arten muss jeder Gruppe ein solcher Rückzugsraum zur Verfügung stehen.

Unkontrolliertes Fortpflanzungsgeschehen aller beteiligten Arten kann eine Vergesellschaftung scheitern lassen. Jungtiere lösen mit ihrer Geburt bei der Mutter und/oder allen Artgenossen aktive Verteidigungsbereitschaft aus, wenn sich artfremde Gruppenmitglieder dem Jungen nähern. Angriffe sonst verträglicher Einzeltiere oder Familienverbände auf solche Gruppenmitglieder führen dann zu Kämpfen mit oft fatalem Ausgang. Nach Kölner Erfahrungen empfiehlt es sich daher, aus verschiedenen Arten bestehende Gruppen so zusammenzusetzen, dass sich nur 1 oder 2 deutlich verschieden große Arten fortpflanzen können. So lebten 2,4 sich fortpflanzende Rote Brüllaffen mit 3 männlichen Blasskopfsakis, 4 männlichen Rothandtamarinen und einer neunköpfigen, Nachwuchs produzierenden Familie von Zwergseidenaffen problemlos zusammen. In einem anderen Fall aber kam es zwischen einer Gruppe von 6 Roten Brüllaffen und 10 Rotbauchtamarinen nicht zu Auseinandersetzungen, obwohl sich beide Arten regelmäßig fortpflanzten. Unter den anderen Neuweltprimaten konnten besonders Weißgesichtssakis erfolgreich mit Krallenaffen vergesellschaftet werden, Nachtaffen sind wegen ihrer anderen Aktivitätsphase dafür schlecht geeignet, Totenkopfaffen werden wegen der latenten Gefahr einer Herpes-Übertragung, die bei Krallenaffen fatale Folgen hat, nicht empfohlen. Verschiedenenorts auch Vergesellschaftung von Löwenaffen mit Kattas oder Varis. In verschiedenartigen Krallenaffengruppen tolerierten sich u. a. Löwenaffen mit Weißbüschelaffen, mit Weißgesichtsseidenaffen, mit Zwergseidenaffen, mit Silbermarmosetten, mit Rothandtamarinen und mit Springtamarinen. Lisztaffen und Zweifarbtamarine scheinen dafür vermutlich nicht geeignet zu sein. Problemlos lassen sich dagegen meist Einzeltiere verschiedener Krallenaffenarten vergesellschaften, doch kann es zwischen nahe verwandten Arten bei unterschiedlichem Geschlecht zu unerwünschten Kreuzungen kommen.

Zwischen friedlich zusammenlebenden Angehörigen verschiedener Neuweltaffenarten kann es zu unerwarteten Interaktionen kommen. So groomten in Köln die Zwergseidenaffen regelmäßig einen Rothandtamarin oder mehrere Brüllaffen, die sich wiederum auch von Rothandtamarinen groomen ließen. Brüllaffenweibchen trugen junge Krallenaffen zeitweilig auf dem Rücken und ein junger Brüllaffe forderte Rothandtamarine zu „Ringkämpfen" heraus. Fast stets unproblematisch ist die Vergesellschaftung mit Schildkröten oder Leguanen, Agutis oder Meerschweinchen, darunter auch Berg- oder Felsenmeerschweinchen, Faultieren, Gürteltieren u. a., wenn deren seuchenhygienische Unbedenklichkeit vorher abgeklärt worden ist.

Fortpflanzung und Zucht. Beim Aufbau einer neuen Familie erwachsene, geschlechtsreife Tiere paarweise halten. Zucht ganzjährig, nicht an bestimmte Jahreszeit gebunden, es gibt aber artspezifische saisonale Unterschiede im Wildleben und in Menschenobhut. Östruszyklus bei Springtamarinen um 22 Tage, bei allen anderen Krallenaffen schwanken die Angaben zwischen 15 und 25 Tagen (z.B. bei Löwenaffen 19–20, Tamarinen 16–24, Marmosetten 15–25 Tage). Vor der Paarung, die oft vom Weibchen angeregt und durch Aufreiten des Männchens rücklings auf das Weibchen vollzogen wird, kommt es zu vielfältigen Vorspielen, die von mimischen Gesten, z.B. schnelles Vorstrecken und Einziehen der Zunge, begleitet werden. Bei Marmosetten scheinen die Brustbeindrüsen und deren Absonderungen beim Paarungsvorspiel von Bedeutung zu sein. Weibliche Lisztaffen reiben im Paarungsvorspiel manchmal den Schwanz an den Drüsen der Genitalregion und vergrößern damit die duftverbreitende Fläche. Bei einigen Marmosetten zeigen sich leichte Brunstschwellung beim Weibchen.

Tragzeit: Springtamarin 150–165 Tage, Zwergseidenaffe 133–140 Tage, Goldgelber Löwenaffe 126–132 Tage, Weißbüschelaffe 145–148 Tage, Lisztaffe 148–165 (bis 170?) Tage, Rotbauchtamarin 140–150 Tage, Kaiserschnurrbarttamarin 140–145 Tage, Rothandtamarin 140–168 Tage, Braunrückentamarin 145–152 Tage. Bei Krallenaffen während der Trächtigkeit gelegentlich Scheinöstren, während der sich die Weibchen decken lassen. Daraus resultieren vereinzelte Literaturangaben mit kürzeren, aber falschen Tragzeitenangaben. Post-partum-Östrus bei Springtamarinen trotz normaler Laktation schon nach 4 Wochen, bei den übrigen Krallenaffen sogar bereits 1–11 Tage nach der Geburt (ein Weißbüschelaffe kam 10 Tage nach Kaiserschnittoperation in den Östrus und gebar 156 Tage nach dem Eingriff gesunde Junge). 2 Würfe im Jahr möglich. Nachgewiesene kürzeste Geburtsintervalle mit dazwischenliegender natürlicher Aufzucht bei Weißbüschelaffen 144 (Schwerpunkt: 160–200) Tage, bei Zwergseidenaffen 150 (Schwerpunkt: 160–180) Tage, bei Rotbauchtamarinen 165 Tage, bei Lisztaffen 163 (Schwerpunkt: 190–210) Tage, bei Goldgelben Löwenaffen 127 (Schwerpunkt: 130–140) Tage, bei Goldkopflöwenaffen 127 Tage und bei Springtamarinen 164 Tage. Nach Jungtierverlusten oder bei künstlicher Aufzucht sind die Partusintervalle nicht signifikant von denen bei mütterlicher Aufzucht verschieden.

Die Trächtigkeit ist besonders bei Mehrlingswürfen durch einen vergrößerten Bauchumfang erkennbar. Bei Lisztaffen und Löwenaffen wurde, noch bevor ein vergrößerter Leibesumfang die Trächtigkeit signalisierte, etwa 80 Tage vor der Geburt ein stark angestiegener Trinkwasserverbrauch des angehenden Muttertieres festgestellt, der etwa 50 Tage vor der Geburt mit der 3-fachen Wassermenge seinen Höhepunkt erreichte und bis zur Geburt wieder sank. Ähnliches Geschehen vermutet man auch bei anderen Arten. Bei Springtamarinen schwillt die normalerweise glatte, eng anliegende Haut zwischen Scheide und After 1 Woche vor der Geburt faltig an. Geburt meist abends, nachts oder in den frühen Morgenstunden. Dauer bei Weißbüschelaffen und Lisztaffen ab 1. sichtbarer Wehe 1 Stunde. Wehen werden bei Lisztaffen von pressenden, quetschenden Lauten begleitet. Wehenabstand in den ersten 20 Minuten durchschnittlich fast 3, dann etwa 2 Minuten und in den letzten 20 Minuten vor der Geburt etwa 80 Sekunden. Zwillinge bzw. Mehrlinge werden in Abständen von 2–5 Minuten, selten bis 20 Minuten ausgetrieben. Nachgeburt 15–30 Minuten später, wird vom Muttertier meist ganz oder teilweise gefressen. Bei Springtamarinen 1 Junges, bei den anderen Krallenaffen in der Regel Zwillinge, gelegentlich aber auch nur 1 Junges oder Drillinge, seltener sogar Vierlinge (bisher Fünflinge bei Lisztaffen im Primatenzentrum Göttingen und bei Weißbüschelaffen im Zoo Berlin). Meist werden nur 2 oder 1 Junges aufgezogen. Niedrige Überlebensrate, von Erstlingswürfen kamen oft weniger als die Hälfte über den 1. Monat (z.B. überlebten von 35 neugeborenen Weißbüschelaffen aus Erstlingswürfen nur 16). Bei allen Krallenaffen höchste Mortalität bei der Geburt oder in den ersten Lebenstagen (10–15 %). Bei Zwergseidenaffen überleben durchschnittlich 73 % den 1. Monat, 70 % die ersten 3 Monate und 67 % das 1. Jahr, bei Lisztaffen entsprechend 64, 59 und 55 %, bei Goldgelben Löwenaffen 65, 63 und 60 %. Neugeborene mit geöffneten Augen, die aber vermutlich in den ersten Lebenstagen nicht voll funktionstüchtig sind.

Geburtsgewichte: Springtamarine um 35 g, Zwergseidenaffen 14–16 g, Silbermarmosetten 26–28 g, Weißbüschelaffen 30–35 g, Weißgesichtsseidenaffen 26–30 g, Weißfußtamarine 47 g (Drillinge) bis 61 g (Zwillinge), Lisztaffen 38 g (Drillinge) bis 46 g (Zwillinge), Rotbauchtamarine 51-56 g, Rothandtamarine 42–50 g, Löwenaffen 53 g (Drillinge), 59 g (Zwillinge) und 68 g (Einlinge). Das arttypische Geburtsgewicht scheint das Tempo der arttypischen Gewichts- und Verhaltensentwicklung zu bestimmen. Jungtiere mit arttypisch höherem Geburtsgewicht entwickeln sich langsamer als solche mit arttypisch niedrigem Geburtsgewicht. So verläuft die Gewichts- und Jugendentwicklung bei Weißbüschelaffen deutlich schneller als bei Löwenaffen.

Bei allen Arten beteiligt sich der Vater an der Aufzucht durch Tragen und zumindest bei einigen Arten später durch Überlassen fester Nahrung aus dem Mund. Dessen ungeachtet waren bei Weißbüschelaffen und Schwarzpinselaffen auch vaterlose Aufzuchten erfolgreich. Bei Springtamarinen wird das Junge zunächst von der Mutter auf dem Rücken getragen, wobei es das Schwänzchen um deren Bauch wickelt. Eine Geschlechtserkennung ist nur durch den Nachweis einer Vagina möglich, da der Penis wegen seiner geringen Größe leicht übersehen wird. In der 3. Lebenswoche versucht das Muttertier das Junge loszuwerden, das dann zum Vater überwechselt und nur noch zum Säugen zur Mutter kommt. Auch Löwenaffen werden in den ersten 8–14 Lebenstagen von der Mutter meist auf dem Rücken getragen. Sind die Jungen an den Körperseiten oder am Bauch zu sehen, saugen sie meist an den achselständigen Zitzen. Danach wechseln die Jungen auch auf den Vater über. Die meisten Marmosetten und Tamarine werden mitunter noch am 1. Lebenstag vom Vatertier übernommen, bei Tamarinen aber in der Regel später als bei Marmosetten und Einzeljungtiere oft später als Zwillinge. Bei allen Arten beteiligen sich zunehmend auch jungerwachsene und erwachsene Geschwister am Tragen der Jungen, tun das aber meist weniger intensiv als die Eltern. Neben Artunterschieden auch hohe individuelle Unterschiede im Trageverhalten. Die Jungen werden normalerweise auf dem Rücken und im Nacken oder über den Hüften, hin und wieder auch an den Körperseiten oder in den Schenkelweichen reitend umhergeschleppt. Sie werden dabei nicht unterstützt und halten sich von der 1. Lebensminute an aus eigener Kraft im Fell des Alttieres fest. Ihre Übergabe an das Muttertier zum Säugen wird durch kindliche Aktivitäten ausgelöst, z.B. durch hohe, zwitschernde, schrille, oft rhythmische Schreie, Unruhe, ruckartiges Zusammenzucken. Manche Mütter (u.a. Weißbüschelaffen) kontrollieren vor der Übernahme der Jungen deren Mundgeruch, nehmen bei Zwillingen oftmals nur Junges, das an beiden Zitzen saugt. Meistens wechseln jedoch Zwillinge gleichzeitig auf die Mutter über, die besonders nach dem Säugen oftmals sehr ruppig mit den Jungen umgeht, weil sie diese wieder loswerden will. Während der Rückgabe zum Vater oder an ein Geschwistertier gibt es zwar sehr selten Abstürze, dennoch daher besonders in der ersten Zeit der Aufzucht Boden der Unterkunft polstern (Rindenmulch, Holzspäne oder -schnitzel, Knüllpapier, Heu, möglichst mit Tüchern bedecken). Mitunter werden aber abgestürzte Neugeborene von den Eltern nicht wieder aufgenommen (Kontrolle notwendig!).

Säugedauer 2–8 Minuten, Intervalle anfangs 15–20, nach einigen Tagen 30–50 Minuten. Erstmals feste Kost bei Marmosetten am 25.–30., Löwenaffen um 19., Tamarinen am 30.–35., Zwergseidenaffen am 24.–30., Springtamarinen am 30.–38. Tag. Zur gleichen Zeit oder vorher verlassen die Jungen erstmals für kurze Zeit den Körper der Eltern, laufen und klettern unbeholfen (Löwenaffen, Marmosetten und Zwergseidenäffchen um 20., Tamarine um 18. Tag). Regelmäßig feste Kost nehmen Marmosetten zwischen 35. und 50., Löwenaffen zwischen 30. und 50., Tamarine zwischen 45. und 60., Zwergseidenaffen zwischen 35. und 45. Tag auf. Gleichzeitig entfernen sie sich regelmäßig von den Eltern, laufen, klettern und springen gut. Junge Weißbüschelaffen, die am 35. Tag die Mutter verloren hatten, wuchsen komplikationslos beim Vater auf. Säugezeit bei Marmosetten 8–12, bei Löwenaffen 12–14, bei Tamarinen 10–12, bei Zwergseidenaffen 10–13 und bei Springtamarinen 10–12 Wochen. Dann ist bei allen der anfangs nackte Bauch voll behaart. Gebissentwicklung bei Weißbüschelaffen: innere Schneidezähne in der 1. Woche, äußere Schneidezähne in der 2. Woche; Eckzähne sowie 1. und 2. Molaren in der 3. Woche (Gebiss damit voll funktionsfähig), 3. Molaren in der 4. Woche. Bei Zwergseidenaffen Milchgebiss in der 5.–6. Woche vollständig. Zahnwechsel zu bleibendem Gebiss beginnt bei Weißbüschel- und Zwergseidenaffen im 3.–4. Monat. Bei Weißbüschelaffen zuerst Wechsel der 1. Molaren, im 4.–6. Monat Wechsel der 2. Molaren, im 7.–8. Monat Wechsel aller Schneidezähne und Durchbruch der 3. Prämolaren, im 8.–11. Monat Wechsel der Eckzähne und Durchbruch der 1. und 2. Prämolaren. Zahnwechsel abgeschlossen mit 11–12 Monaten. Zahnwechsel bei Zwergseidenaffen bereits im 9.–10. Monat abgeschlossen. Ähnliche Entwicklung bei anderen Krallenaffen. Bei Springtamarinen Beginn des Zahnwechsels mit 9 Monaten. Bei Marmosetten mit Ohrbüscheln entwickelt sich dieses Fellmerkmal im Alter von 6–9 Monaten. Bei männlichen Zwergseidenaffen treten die Hoden im 6.–8. Monat in das Scrotum und sind im 16.–18. Monat voll entwickelt. Männliche Marmosetten werden mit 13½–16½ Monaten, weibliche Marmosetten mit 13 Monaten, manchmal früher, geschlechtsreif. In Leipzig wurde ein weiblicher Weißbüschelaffe bereits mit 10½ Monaten erfolgreich gedeckt. Geschlechtsreife bei Tamarinen mit 18–22, bei Löwenaffen mit 12–18, bei Zwergseidenaffen mit 14–18 und bei Springtamarinen mit 12–18 Monaten. Geschlechtsreife nicht erkennbar, wenn Tiere in der Gruppe verbleiben, daher fälschlich Annahme einer verspäteten Pubertät. Einzeln in Menschenobhut gehaltene Individuen erreichen die Geschlechtsreife manchmal früher. Wachstumsprozess bei beiden Geschlechtern mit 15–24 Monaten abgeschlossen. Manchmal zunehmende Aggressivität der Alttiere gegen heranwachsenden Nachwuchs, dann Jungtiere absetzen. In Familiengruppen heranwachsende Jungtiere sind auch im Erwachsenenalter nicht permanent unfruchtbar, wie früher vermutet. Ihre Fertilität zeigt sich meist nach Vergesellschaftung mit anderen adulten Partnern. Langes Verbleiben in der Elternfamilie und Erfahrung in der Aufzucht von Geschwistern ist oft positiv für späteren eigenen Nachwuchs. Geschwister sowie blutsfremde Paare, die als noch nicht geschlechtsreife, halbwüchsige Tiere vergesellschaftet worden waren, sind untereinander nicht unfruchtbar, paaren sich aber in der Regel nicht. Abweichungen davon bei mehreren Arten in Familiengruppen auch nach Ausfall eines Elternteiles aus dem Wildleben und von künstlich aufgezogenen Pfleglingen bekannt. Fruchtbarkeit beider Geschlechter bis ins hohe Alter bzw. ans Lebensende nachgewiesen. Ein weibliches Zwergseidenaffen gebar noch im Alter von 12 Jahren und 2 Monaten, ein weiblicher Löwenaffe im nachgewiesenen Alter von 14 Jahren und 10 Monaten, ein anderer (Wildfang) im Alter von mindestens 15½ Jahren, ein weiblicher Lisztaffe im Alter von 16½ Jahren. Ein männlicher Rotbauchtamarin war mit über 17 Jahren noch zeugungsfähig, ein männlicher Lisztaffe mit fast 17 Jahren. Bei betagten Krallenaffen gelegentlich deutliche Alterserscheinungen, so Nachlassen oder Verlust der Sehkraft auf 1 oder beiden Augen, Gebissschäden und Zahnausfall, Glatzenbildung bei einem männlichen Lisztaffen zwischen 15. und 18. Lebensjahr oder gelbbräunliche bis gelborangefarbene Aufhellung ursprünglich schwarzer Behaarung durch abnehmende Melaninpigmente bei einem Goldkopflöwenaffen zwischen 13. und 15. Lebensjahr.

Künstliche Aufzucht bei vielen Arten gelungen. Umgebungstemperatur 24–28 °C, Inkubator nicht erforderlich. Als Nahrung sehr gut bewährt hat sich humanphysiologischer Muttermilchersatz (Säuglingsnahrung), zubereitet wie für Menschensäuglinge. Bei leichten Verstopfungen Wasseranteil geringfügig erhöhen. Milchzusammensetzung bei Krallenaffen in Tabelle 19.3. Weil die Angaben zweier Autoren für Weißohrseidenaffen und Goldgelben Löwenaffen besonders bei Fett erheblich differieren, werden dort ausnahmsweise die angegebenen Werte getrennt ausgewiesen.

In den ersten 7 Tagen 10–12 Mahlzeiten im Abstand von 2 Stunden, danach Intervalle tags

Tab. 19.3 Milchzusammensetzung von Neuweltaffen

Art	Trockensubstanz (%)	Fett (%)	Eiweiß (%)	Kohlenhydrate (%)	Asche (%)	Proben (Anzahl)
Weißohrseidenaffe		7,85	3,57	7,50		5
	14,0	3,6	2,7	7,4		46[4]
Lisztaffe	13,10	3,10	3,8[1]	5,80	0,40	3
Goldgelber Löwenaffe	19,40	10,20 (5,80)	3,00[2] (5,70)	6,80 (6,90)		4 (1)
	16,1	5,2	2,6	7,2		5[5]
Zwergseidenäffchen	13,7	3,7	2,9	7,8		6[6]
Totenkopfaffe	12,20	4,55 (1,90)	3,87[3] (6,70)	6,39 (4,50)	0,29 (0,06)	22 (4)
Roter Brüllaffe	11,30	1,10	1,90	6,60		7
Mantelbrüllaffe	11,70	1,60	2,20	6,70		7

Angaben in Klammern: Werte für Kolostrum
[1] Davon ca. 1,5 % Kasein, ca. 2,3 % Albumin und Globulin
[2] Davon ca. 1,2 % Kasein, ca. 1,8 % Albumin und Globulin
[3] Davon ca. 1,8 % Kasein, ca. 2,1 % Albumin und Globulin
[4] Proben von 10 Weibchen. Die Proben wurden zwischen dem 10. und 57. Laktationstag entnommen
[5] Proben von 3 Weibchen
[6] Proben von 1 Weibchen über 2 Laktationsperioden

von 2–3 Stunden mit Nachtpausen. Anfangs und besonders bei leichter Verstopfung Analmassage mit feuchtem oder ölgetränktem Läppchen. Erste feste Kost (zerdrückte Banane, gemuster frischer Apfel) ausnahmsweise bereits mit 14 Tagen. Im Normalfall beginnen Säuglinge im Alter von 3–4 Wochen von sich aus, sich für feste Nahrung zu interessieren, indem sie versuchen, dem Pfleger Nahrung aus dem Mund zu nehmen (wie bei natürlicher Aufzucht beim Vater). Ein Mischlingstamarin (*Saguinus mystax* x *S. midas*) erhielt anfangs 2-stündig verdünnte Kuhmilch, später auch Reisschleim und Bananenbrei. Das Jungtier klammerte sich tagsüber an ein Fellstück als Vaterersatz, ließ sich auch im Haar seiner Pflegerin tragen und wurde nachts von ihr mit ins Bett genommen. Bereits in der 2. Woche begann es zu klettern. Nach 1 Monat wurde es selbstständiger. Der Aufzuchterfolg wird mit zeitiger Umstellung auf pflanzliche und tierische Kost begründet, Ernährung aber sicher nicht optimal. Springtamarine und Tamarine (Lisztaffen, Rothandtamarine, Weißfußtamarine) verdoppeln ihr Geburtsgewicht nach etwa 4 Wochen und vervierfachen es mit etwa 10 Wochen.

Ähnlich wie bei anderen Primaten besteht bei künstlicher Aufzucht das eigentliche Problem darin, Verhaltensstörungen zu vermeiden. Lisztaffen wurden an der Universität Bielefeld bei künstlicher Aufzucht im Inkubator als Muttterersatz Webpelzrollen angeboten. Webpelzläppchen verhinderten beim Tränken den Kontakt zur menschlichen Haut, um eine spätere Reintegration nicht durch Fehlprägung auf den Menschen zu erschweren (Methode birgt aber Gefahr des Kaspar-Hauser-Effekts durch soziale Isolation). Dagegen gelang in Magdeburg bei der gleichen Art die Wiedervereinigung von halbwüchsigen Jungtieren mit dem Elternpaar, obwohl der Pfleger diese Jungen vorher den größten Teil des Tages auf einem Fellstück mit sich umher trug, das er sich am Unterarm festgebunden hatte, und obwohl die Jungtiere viel mit den Kindern des Betreuers spielten. Mit zunehmender Beweglichkeit bezogen die Jungtiere auch andere bekannte Personen in ihre Lauf- und Kletterspiele ein. Die Sozialisierung, bei künstlicher Aufzucht auch mit Artfremden (Mensch), wird als wesentlich für einen späteren Reintegrationserfolg betrachtet. Künstlich aufgezogene Junge müssen dennoch sehr zeitig zu ihren Artgenossen zurückkommen, spätestens dann, wenn sie regelmäßig feste Kost aufnehmen und weitgehend futterfest sind. Sie werden von kinderlosen Alttieren, auch von natürlich aufgewachsenen Halbwüchsigen akzeptiert. Erfolgt die Vergesellschaftung zu spät, anerkennt das künstlich aufgezogene Tier die anderen nicht als Artgenossen. Zur Kontaktaufnahme mit Artgenossen und Wiedereingliederung in die Gruppe wurden Lisztaffen am 39., Weißbüschelaffen am 50. und Silbermarmosette am 58. Lebenstag erstmals stundenweise in einem kleinen Eingewöhnungskäfig in die Unterkunft der Artgenossen verbracht. Nachdem sie später tagsüber unter Aufsicht in die Gruppen gelassen wurden, verbrachten Weißbüschelaffen am 59., Silbermarmosetten am 81. und Lisztaffen am 90. Lebenstag 1. Nacht in der Gruppe und waren damit in diese endgültig integriert. Mitunter ist auch die künstliche Aufzucht in einem solchen Eingewöhnungskäfig möglich (Dresden, Brookfield Chicago). Dabei bleiben die Jungtiere bis auf Trinkmahlzeiten ohne menschliche Kontakte, dafür aber in Sicht-, Hör- und Geruchskontakt zur Familiengruppe. Erfolgsaussichten dieser Methode sind vom Verhalten der übrigen Tiere abhängig. Nach Erkenntnissen in Los Angeles und andernorts über Lisztaffen und Löwenaffen sollen Krallenaffen, die als Halbwüchsige in der Gruppe keine Erfahrungen bei der Jungenaufzucht sammeln konnten, ähnlich wie Gorillas und Schimpansen später eigene Junge nicht annehmen. Dieser Feststellung wird von anderer Seite bei den gleichen und weiteren Arten widersprochen. Soziale Erfahrungen sind aber dessen ungeachtet für Heranwachsende sehr wichtig. Künstlich aufgezogene Krallenaffen sollten also möglichst in Familiengruppen gebracht werden, um natürliche Jungtieraufzuchten zu erleben. Ideal ist die Handaufzucht von Jungen in der Elternfamilie, wie das bei Zwillingen von Löwenaffen im Monkey Jungle von Goulds, Florida gelang. Bereits während der Trächtigkeit beschäftigte sich die Pflegerin viel mit den Eltern, die sich von ihr füttern und kraulen ließen. Die Jungen erhielten von der Mutter nach der Geburt keine Nahrung, doch ließ sich diese die Kinder bereitwillig von der Pflegerin zu den Mahlzeiten abnehmen und danach wieder ansetzen. Das weniger zahme Männchen wurde vorher abgesperrt. Als das Männchen später hinzu kam und die Jungen nicht zur Flaschenmahlzeit hergeben wollte, nahm das Weibchen die hungrigen Jungen zu sich und ließ sich diese von der Pflegerin abnehmen. Durchschnittliche tägliche Nahrungsaufnahme bei dieser Aufzucht selten mehr als 25 ml. In den ersten 4 Lebenswochen nur geringe Zunahmen von wöchentlich 4–6 g, danach ansteigend. Erste feste Kost am 14. Tag, Ende der Säugezeit und Abschluss der Umstellung auf normales Futter mit 56. Tag.

Fortpflanzung von Krallenaffen in Menschenobhut heute erfolgreicher als früher. Erstzucht des Springtamarins erst 1964 in Wiesbaden, züchten heute in vielen Zoos regelmäßig.

Zwergseidenaffen und alle in Menschenobhut gehaltenen Marmosetten-, Tamarin- und Löwenaffenarten pflanzen sich mehr oder weniger regelmäßig fort, viele davon seit mehreren Generationen (über 10. Generation). Inwieweit verschiedene Arten untereinander fruchtbar sind, ist noch ungeklärt. Kreuzungen zwischen den atlantischen Marmosetten immer experimentell möglich, kommen vereinzelt auch im Wildleben vor. Zwischen Tamarinen sind einzelne Kreuzungen bekannt, aber wohl häufig mit unfruchtbaren Nachkommen. Unter Löwenaffenarten Kreuzungen wahrscheinlich möglich. Kreuzungen zwischen amazonischen und atlantischen Marmosetten und zwischen verschiedenen Gattungen bisher unbekannt.

Höchstalter in Menschenobhut. Zwergseidenaffe über 20, Weißbüschelaffe 25, Schwarzpinselaffe 20, Weißschulterseidenaffe 15, Weißgesichtsseidenaffe 21, Silbermarmosette 16½, Rotbauchtamarin über 20, Braunrückentamarin fast 25, Rothandtamarin 23, Schnurrbarttamarin 20, Kaiserschnurrbarttamarin 22, Lisztaffe über 30, Goldgelber Löwenaffe über 33, Goldkopflöwenaffe 22, Schwarzer Löwenaffe über 17¾, Springtamarin über 25 Jahre.

Familie Kapuzinerartige (Cebidae)

Schädel verhältnismäßig klein, rund. Zahnformel: 2/2 1/1 3/3 3/3. Schnauze springt nur wenig vor, Nasenlöcher seitlich nach unten geöffnet. Körper schlank, langgestreckt. Vorder- und Hintergliedmaßen etwa gleich lang oder als Sprungbeine verlängert, nur bei hangelnden Arten Arme deutlich länger. An Fingern und Zehen entweder verdickte Nägel oder Krallen. Schwanz stets gut ausgebildet, oft als Greiforgan spezialisiert. Fell meist mit dichter Unterwolle und rauem Grannenhaar.

Seit 1980 wurden zahlreiche Arten und Unterarten erstmals wissenschaftlich beschrieben und die systematische Zuordnung vieler Vertreter der Kapuzinerartigen neu geregelt. Nacht-, Saki- und Klammeraffen erhielten einen eigenen Familienstatus.

Verbreitung. Tropisches und subtropisches Mittel- und Südamerika.

2 Unterfamilien, 3 Gattungen, 22 Arten.

Unterfamilie Totenkopfaffen (Saimiriinae)

1 Gattung, 7 Arten.

Totenkopfaffen (*Saimiri*): Kopf-Rumpf-Länge etwa 30 cm (Einzeltiere – „Gigantenindividuen“ – dagegen fast doppelt so groß. Ursache unklar). Fell dicht, kurzhaarig, braungelblich grün gefärbt. Im Gesicht totenkopfähnliche Zeichnung mit dunkler Mundpartie und dunklen Augen. Kopf verhältnismäßig groß, mit Interorbitalfenster (Loch zwischen den Augenhöhlen, einzigartiges Merkmal). Gehirn im Vergleich zum Körpergewicht größtes aller Primaten einschließlich des Menschen, Feinbau jedoch primitiv, lediglich Zentren für optische Wahrnehmung und Bewegungssteuerung stärker gefurcht. Ohrmuscheln groß. Eckzähne lang und spitz. Gliedmaßen lang, Fußwurzelknochen verlängert (wie bei manchen Lemuren!). Schwanz überkörperlang, am Ende quastenförmig verdickt, kein Greiforgan. Südliches Mittelamerika, nördliches und mittleres Südamerika vom Fuß der Anden bis zur Ostküste. **Totenkopfaffe** (*S. sciureus*), auch Gewöhnlicher Totenkopfaffe: Graugrüne bis -braune Kappe. 4 Unterarten. Nördliches Südamerika von Französisch-Guayana über Venezuela und Kolumbien bis Ostecuador und Nordostperu, in Brasilien bis südlich des Amazonas, im Westen vom nördlichen Einzugsgebiet des Jurua, im Osten nördlich des Iriri und Xingu bis ins Mündungsdelta, Insel Marajo. – **Rotrücken-Totenkopfaffe** (*S. oerstedii*), auch Mittelamerikanischer Totenkopfaffe: dunkle Kappe. 2 Unterarten. Costa Rica und Panama. – **Nacktohr-Totenkopfaffe** (*S. ustus*), auch Goldrücken- oder Gelbrücken-Totenkopfaffe: Brasilien, südliches Einzugsgebiet des Amazonas zwischen Rio Xingu im Os-

Abb. 19.17 Die maskenartige Gesichtszeichnung mit der dunklen Schnauze war namensgebend für den Totenkopfaffen (*Saimiri sciureus*).

ten sowie Rio und Lago Tefé im Westen. – **Schwarzkappen-Totenkopfaffe** (*S. boliviensis*): Männchen mit grauer, Weibchen mit schwarzer Kappe, weiße Bögen über den Augen rundlich. 2 Unterarten. Oberlauf des Amazonas in Peru, Südwestbrasilien, Osthälfte Boliviens. – **Dunkler Totenkopfaffe** (*S. vanzolinii*), auch Vanzolinis oder Schwarzkopf-Totenkopfaffe: schwarze Kappe. Brasilien zwischen dem nordwestlichen Einzugsgebiet des Amazonasoberlaufs und nördlich davon verlaufendem Rio Japura. – **Collins-Totenkopfaffe** (*S. collinsi*): gelbliche Kappe. Brasilien, im südöstlichen Amazonasbecken. – **Ecuador-Totenkopfaffe** (*S. macrodon*): graue Kappe. Ecuador, Peru, Kolumbien, Brasilien.

Gefährdungsstatus. Bestand im Verbreitungsgebiet weiträumig unübersichtlich. Graukappen-Totenkopfaffe (*S. oerstedii citrinellus*) und Dunkler Totenkopfaffe besonders gefährdet, Dunkler Totenkopfaffe gefährdet. EEP für den Totenkopfaffen in Bouillante, für den Schwarzkappen-Totenkopfaffen in Basel.

Lebensweise. Tagtiere, Baumkronenbewohner von Ur- und Sekundärwäldern, zur Nahrungssuche auch an Waldrändern, an Ufern von Flüssen und Strömen oder Seen, steigen bis in die den Regenwald begrenzenden dichten Vorhänge aus Schlingpflanzen hinab. Am Boden äußerst selten. Gewöhnlicher Totenkopfaffe ist nicht ortstreu, andere Arten besetzen Wohngebiete von 40–250 ha, wandern teils in kleinen Trupps, teils, aber nur zeitweise, in großen Horden (bis 550 Tiere) nahezu lautlos durch das Blätterdach der Urwälder. Gruppen stets aus mehreren Männchen und mehreren Weibchen. Gewöhnlicher Totenkopfaffe teilweise vergesellschaftet mit Kapuzineraffen oder Uakaris. Auf der Suche nach Nahrung wandert die letzte Gruppe, nachdem sie sich satt gefressen hat oder kein zusagendes Futter mehr findet, an der ganzen Herde vorbei und lässt sich vor der Spitzengruppe nieder, um weiter zu fressen oder zu ruhen. Wenig später folgt ehemals vorletzte, nun letzte Gruppe und setzt sich ihrerseits an die Spitze des Verbandes. Laufen vierfüßig, springen weit und zielsicher. Schwanz Balancier-, beim Sitzen Stützorgan. Artverschieden stark ausgebildetes Sozialverhalten. Im Fell verriebener Urin dient wahrscheinlich der geruchlichen Individualmarkierung. Als Imponierverhalten Präsentieren der Genitalien bei gleichzeitigem Aufrichten des Körpers.

Nahrung. Allesfresser, nehmen Früchte, Beeren, Nüsse (etwa 20 %), aber vor allem Kleintiere aller Art (etwa 80 %) wie Schnecken, Spinnen, Insekten, Baumfrösche, Reptilien, Vögel und deren Eier. Fliegende Beute wird oft im Sprung ergriffen (12 verschiedene Insektenarten nachgewiesen).

Haltung von Totenkopfaffen

In Zoos besonders Totenkopfaffe und Schwarzkappen-Totenkopfaffe häufig. Siehe Haltung von mittelgroßen und großen Neuweltaffen.

Unterfamilie Kapuzineraffen (Cebinae)

Vermutlich geistig am weitesten spezialisierte Neuweltaffen. Gehirn hoch entwickelt, stark gefurcht, leistungs- und lernfähig. Intraspezifische Verständigung nicht nur akkustisch, sondern auch durch ausdrucksvolle Mimik. Gehäuft ist Werkzeuggebrauch zu beobachten. Etwa rhesusaffengroß. Fell kurz, dicht, hell-, dunkel- oder graubraun, am Kopf meist dunkler, länger und Haarhauben, -hörner oder -kämme bildend. Kopf rundlich, Gesicht flach, wenig oder unbehaart. Männchen mit kräftigen Eckzähnen. Körper gedrungen, Gliedmaßen gleich lang. Daumen und Großzehe stehen den anderen Fingern bzw. Zehen als Klammerorgan gegenüber. Nägel kuppenförmig abgeflacht. Schwanz mittellang, kann als Greifschwanz Ankerfunktion übernehmen, ohne kahlen Greiffleck und wird meist leicht nach unten eingerollt. 2 Artengruppen, die jetzt als 2 Gattungen geführt werden. Südliches Zentral- und Südamerika von Costa Rica über nördliches Südamerika bis Südost-

Abb. 19.18 Dem gut sichtbaren Haarschopf verdankt der Gehaubte Kapuzineraffe (*Sapajus apella*) seinen Namen.

und Südwestbrasilien, Paraguay und Ostbolivien.

2 Gattungen, 22 Arten.

Gehaubte Kapuzineraffen (*Sapajus*): 8 Arten. Neben morphologisch-anatomischen Abweichungen von den *Cebus*-Arten treten Schöpfe (Hauben) und Bärte auf. **Gehaubter Kapuzineraffe** (*S. apella*): Haube auf dem Kopf aus schwarzen, aufrichtbaren Haaren. 6 Unterarten. Nördliches und westliches Südamerika von Kolumbien bis Venezuela südlich der Orinokomündung und weiter südlich über das Amazonasbecken bis in das mittlere Südamerika zwischen 5° und 10° südlicher Breite. – **Rückenstreifen-Kapuzineraffe** (*S. libidinosus*): 4 Unterarten. Mittleres Südamerika von Südbrasilien bis Paraguay und Bolivien sowie Nordwestbrasilien südlich des Amazonas. – **Schwarzer Kapuzineraffe** (*S. nigritus*), auch Gehörnter Kapuzineraffe: früher als Unterart des Gehaubten Kapuzineraffen geführt. 3 Unterarten. Mittlere und südliche Küstenregion Brasiliens von Minas Gerais bis Rio Grande do Sul. – **Gelbbrustkapuzineraffe** (*S. xanthosternos*): Restvorkommen in der Küstenregenwaldregion von Ostbrasilien zwischen Mündungen des Rio São Francisco und des Rio Jequitinhonha. – **Gelber Kapuzineraffe** (*S. flavius*), auch Blonder Kapuziner: 2006 mehrfach als neu bzw. wiederentdeckte Art beschrieben. Küstenstreifen Ostbrasiliens. – **Schopfkapuzineraffe** (*S. robustus*), auch Gehaubter Schwarzer Kapuzineraffe: Ostbrasilien. – **Azara-Kapuzineraffe** (*S. macrocephalus*): zuvor als Unterart des Gehaubten Kapuzineraffen geführt. Von Kolumbien, Brasilien, Ecuador, Peru bis Bolivien.

Ungehaubte Kapuzineraffen (*Cebus*): 14 Arten. Sichtbare Unterschiede zu *Sapajus*-Arten sind zierliches Erscheinungsbild und Fehlen von Haarschöpfen und Bärten. **Weißschulterkapuzineraffe** (*C. capucinus*), auch Weißkopfoder Weißgesichtskapuzineraffe: Westecuador bis Kolumbien. – Panama-Kapuzineraffe (*C. imitator*): Mittelamerika. – **Weißstirnkapuzineraffe** (*C. albifrons*): 6 Unterarten. Nördliches und nordöstliches Südamerika von Trinidad, Venezuela, Nordwestbrasilien bis Bolivien und über Kolumbien, Ecuador bis Nordperu. – **Spix-Kapuzineraffe** (*C. unicolor*): früher auch als Unterart des Weißstirnkapuzineraffen geführt. Südmazedonien. Dies trifft auch auf die Arten – **Kolumbien-Kapuzineraffe** (*C. versicolor*), – **Marañon-Kapuzineraffe** (*C. yuracus*), – **Santa-Marta-Kapuzineraffe** (*C. malitiosus*), – **Weißkopfkapuzineraffe** (*C. leucocephalus*), **Rio-Cesar-Kapuzineraffe** (*C. caesare*), – **Peru-Kapuzineraffe** (*C. cuscinus*), eventuell auch auf – **Ecuador-Kapuzineraffe** (*C. aequatorialis*) und – **Venezuela-Kapuzineraffe** (*C. brunneus*) zu. – **Brauner Kapuzineraffe** (*C. olivaceus*): früher unter *C. nigrivittatus* geführt. Nordwestliches Südamerika von Venezuela über Guyana, Suriname und Französisch-Guayana bis Nordbrasilien. – **Kaapori-Kapuziner-**

affe (*C. kaapori*): einstmals Unterart des Braunen Kapuzineraffen. Nordwestbrasilien zwischen Unterlauf und Mündung des Pindaré und dem Rio Gurupi.

Gefährdungsstatus. Bestandsgröße der meisten Arten im Verbreitungsgebiet unübersichtlich. Der Gelbbrustkapuzineraffe gehört zu den 25 am höchsten bedrohten Primatenarten. Auch Schopfkapuzineraffe, Margarita-Insel-Kapuzineraffe (*C. apella margaritae*) und Trinidad-Weißstirnkapuzineraffe extrem gefährdet, Weißschulterkapuzineraffe und Kaapori-Kapuzineraffe wie vermutlich zahlreiche andere Arten schutzbedürftig. EEP für Gelbbrustkapuzineraffe im Zoo Mulhouse, für Weißschulterkapuzineraffen in Romagne.

Lebensweise. Tagtiere, Baumbewohner teils feuchtheißer Urwälder, teils trockenkühler Bergwälder am Fuß der Anden bis in Höhen von über 2000 m, halten sich vorwiegend in Baumkronen auf, kommen nur zum Trinken auf den Boden oder um in menschlichen Siedlungen Feldfrüchte zu plündern. Laufen am Boden und auf Ästen vierfüßig, klettern geschickt und springen gut, wenngleich nicht sehr weit, können schwimmen.

Meist kleine Trupps bis 30 Tiere, in denen die in der Gruppe geborenen Weibchen zusammenbleiben, während die Männchen mit der Geschlechtsreife Anschluss an andere Gruppen suchen, ortstreu in festen Revieren mit urinmarkierten Wechseln. Harn wird auf Hand- und Fußflächen verrieben. Keine akustische Revierkennzeichnung. In den Gruppen oder Familien straffe Rangordnung, Spitzentier ist das erwachsene Männchen. Bei Wanderung zu Schlaf- oder Futterplätzen geschlossene Marschordnung, als Vorhut halberwachsene Tiere, dann erwachsene Männchen und Weibchen, zum Schluss Mütter mit Jungtieren. Auf Nahrungssuche zerstreuen sich die Gruppen über weite Flächen, Kontakterhaltung durch Laute. Zur innerartlichen Verständigung ausdrucksvolle, oft grimassenartige Mimik sowie zahlreiche Lautäußerungen von weinerlichem Winseln bis zu gellendem Geschrei. Gegenseitige Fellpflege häufig. Zur Individualmarkierung wird Urin im Fell verrieben. Darüber hinaus „Parfümieren" mit geruchsintensiven, nicht körpereigenen Substanzen. Ursache für dieses Verhalten bisher nicht eindeutig geklärt. Kapuziner meiden Kontakte zu verwandten Arten, dulden aber die Nähe von Krallenaffen, gelegentlich auch von Saki- oder Klammerschwanzaffen.

Nahrung. Früchte aller Art (50-90 %), Nüsse, Insekten, Schnecken, andere Kleintiere, Vögel, Eier.

Haltung von Kapuzineraffen

In Tiergärten einige Arten oft anzutreffen. Siehe Haltung von mittelgroßen und großen Neuweltaffen.

Familie Nachtaffen (*Aotidae*)

Neben den Koboldmakis einzige nächtlich lebende Affen.

Verbreitung. Von Südpanama über Kolumbien, Ecuador, Peru und Bolivien bis Paraguay und Nordargentinien und von Venezuela über fast ganz Brasilien mit dem gesamten Amazonasgebiet bis in den Gran Chaco.

1 Gattung, 11 Arten.

Nachtaffen (*Aotus*): Augen groß, eulenartig, nachts sehtüchtig. Eng stehende Nasenlöcher. Kurze breite Hände, schlanke schmale Füße, Schwanz lang, dicht behaart, kein Greiforgan. Fell dicht wollig, unscheinbar graubraun, Unterseite teils lebhaft orangebraun, einige mit kontrastreicher Gesichtszeichnung. Die Gattung bestand früher aus nur einer Art, umfasst heute aus vorwiegend genetischen Gründen mehrere, äußerlich oft schwer oder kaum voneinander zu trennende Arten. Im Aussehen unterscheiden sich lediglich die südlichen Rotkehl-Nachtaffen von den nördlichen Graukehl-Nachtaffen. Zur Verdeutlichung der engeren verwandtschaftlichen Beziehungen in 2 Arten-

Abb. 19.19 Nachtaffen, hier der Bolivianische Nachtaffe (*Aotus azarae boliviensis*), sind unter den höheren Primaten die einzigen nachtaktiven Tiere.

gruppen ohne taxonomische Wertigkeit untergliedert.

Südlicher Rotkehl-Nachtaffe (*A. azarae*): 3 Unterarten, Brasilianischer Nachtaffe (*A. a. infulatus*) manchmal mit eigenem Artstatus. Mittleres Westbrasilien, Bolivien, Paraguay, Nordargentinien. – **Anden-Nachtaffe** (*A. miconax*), auch Peru-Nachtaffe: kleines Gebiet in Mittelperu, zwischen Rio Ucayali und den Anden südlich des Rio Marañón. – **Nancy Mas' Nachtaffe** (*A. nancymaae*): Nordostperu, Nordwestbrasilien. – **Schwarzkopf-Nachtaffe** (*A. nigriceps*): Ostperu, Westbrasilien, Bolivien.

Brumback-Nachtaffe (*A. brumbacki*): Zentralkolumbien östlich der Ostkordillere im Einzugsbereich des Meta-Flusses. – **Kolumbianischer Nachtaffe** (*A. lemurinus*), auch Mittelamerikanischer Graukehl-Nachtaffe, Nördlicher Nachtaffe: 4 Unterarten. Kolumbien und Ecuador westlich der Ostkordillere. – **Dreistreifen-Nachtaffe** (*A. trivirgatus*), auch Östlicher Graukehl-Nachtaffe, Eulenaffe: Venezuela südlich des Orinoko bis in das nördliche Einzugsgebiet des Rio Negro und Amazonas. – **Spix-Nachtaffe** (*A. vociferans*): Kolumbien östlich der Ostkordillere bis Westbrasilien in Einzugsgebiete des Rio Negro und des Oberlaufs des Amazonas. – **Grauhand-Nachtaffe** (*A. griseimembra*): verschiedentlich als Unterart des Kolumbianischen Nachtaffen geführt. Nordkolumbien bis Westvenezuela. – **Hernández-Camacho-Nachtaffe** (*A. jorgehernandezi*): Kolumbien. – **Panama-Nachtaffe** (*A. zonalis*): Panama, Costa Rica, Kolumbien.

Gefährdungsstatus. Bestand im Verbreitungsgebiet durch nächtliche Lebensweise und weiträumige, oft unübersichtliche Verbreitungsgebiete unklar. Brumback-Nachtaffe und Grauhand-Nachtaffe gefährdet, Anden- und Graubauch-Nachtaffe (*A. l. lemurinus*) wie vermutlich weitere Arten/Unterarten schutzbedürftig. EEP für den Grauhand-Nachtaffen in Kerzers.

Lebensweise. Nachttiere, Baumbewohner tropischer Urwälder und Sekundärwälder des Flach-, Hügel- und Berglandes bis in 3000 m Höhe. Nachtaffen aus Gebirgsregionen oder dem Gran Chaco weniger kälteempfindlich als Arten aus feuchtwarmen Gebieten, vertragen im Wildleben bis –5 °C. Leben nicht in Horden, sondern paarweise mit meist nur 1 Jungen. Ältere Geschwister werden oft vor der nächsten Geburt oder danach mit zunehmendem Selbständigwerden abgebissen. Schlafen tagsüber paarweise oder als Familie in einer Baumhöhle, die immer wieder benutzt wird, oder in einer Astgabel mit dichtem Schlingpflanzengewirr. Sehen am Tage schlecht, nachts ausgezeichnet, klettern geschickt, springen sehr gut und weit, fangen springend sogar Insekten. Ortstreu in festen Revieren, benässen Hände und Füße mit Urin oder reiben Analregion an Ästen und hinterlassen so Duftmarken. In der Morgendämmerung laute Brüllgesänge, piepende, zwitschernde Kontaktlaute.

Nahrung. Allesfresser, neben Blüten, Nektar, Knospen, jungen Trieben (30 %) und Früchten (65 %) auch etwas tierische Nahrung (5 %) in Form von wirbellosen Tieren wie Insekten, Schnecken, nicht selten auch Baumfrösche, Eidechsen, Vogeleier und Jungvögel, sollen angeblich kaum trinken.

Haltung von Nachtaffen

In Zoos einige Vertreter der Gattung, besonders Grauhand-Nachtaffe nicht selten. Siehe Haltung von mittelgroßen und großen Neuweltaffen.

Familie Sakiaffen (Pitheciidae)

2 sehr verschiedene Unterfamilien, die sich bereits äußerlich hinsichtlich Größe, Fellfärbung und Fellbeschaffenheit sowie im Sozialverhalten deutlich voneinander unterscheiden.

Unterfamilie Springaffen (Callicebinae)

Auch Titis genannt. Den Krallenaffen ähnlich, etwa nachtaffengroß. Fell lang, weich, an Kopf und Nacken oft als Mähne, meist dunkel, aber im Gesicht und an anderen Kopfteilen „gedecktbunt", d.h. mit weißen, gelblichen, braunen, rötlichen oder grünlichen Partien, deren Zeichnung oft verwandtschaftstypischen Grundmustern folgt. Nägel an Händen und Füßen krallenartig. Zur Verdeutlichung der engeren verwandtschaftlichen Beziehungen in 5 Artengruppen, bisher ohne taxonomische Wertigkeit, untergliedert. 2016 erfolgte eine systematische Neuordnung, bei der die Vertreter der Torquatus-Gruppe zur Gattung *Cheracebus* und die Arten der Cupreus-, der Donacophilus- und der Moloch-Gruppe zur Gattung *Plecturocebus* zusammengefasst wurden. Die Personata-Gruppe wird weiterhin in der Gattung *Callicebus* geführt.

3 Gattungen, 33 Arten.

Graurücken-Springaffen (*Plecturocebus*): Kleine bis mittelgroße Springaffen, die meisten Arten mit grauem Rückenfell, verschiedentlich mit roten Backenhaaren, darunter auch die mit dem geringsten relativen Hirnvolumen aller neuweltlichen Primaten. **Weißohr-Springaffe** (*P. donacophilus*), auch Graubrauner Weißohrtiti: östliches Zentralbolivien und Südwestbrasilien östlich des Rio Beni und zwischen den Flusssystemen von Rio Blanco und Rio Marmoré. – **Rio-Beni-Titi** (*P. modestus*), auch Rötlichgrauer Weißohrtiti: Nordwestbolivien, Beni-Becken zwischen den Unterläufen von Rio Beni und Madre de Dios bis zu deren Zusammenfluss. – **Beni-Springaffe** (*P. olallae*), auch Olalla-Titi, Rötlichbrauner Weißohrtiti: Nordwestbolivien, südliches Beni-Becken westlich des Oberlaufes des Rio Beni in der gleichnamigen Provinz. – **Weißmantel-Springaffe** (*P. pallescens*), auch Weißer Springaffe: Südwestbrasilien (Gran Chaco, Mato Grosso do Sul, Pantanal) und Paraguay (westliches Einzugsgebiet des Rio Paraguay). – **Anden-Springaffe** (*P. oenanthe*), auch Andentiti: Nordperu östlich der Ostkordillere im Tropenwald von Alto Mayo im Rio-Mayo-Tal.

Morphologisch typische Springaffen, davon bei 3 Arten diploid 46 Chromosomen nachgewiesen. **Roter Springaffe** (*P. cupreus*), auch Kupfertiti: südliches Amazonastiefland zwischen Nordostperu (östliches Einzugsgebiet des Rio Ucayali) und Nordostbrasilien (Ostvorland des Rio Purús) – **Braunbauch-Springaffe** (*P. caligatus*): Zentralbrasilien südlich des Amazonas zwischen Rio Purús und Rio Madeira. – **Weißschwanz-Springaffe** (*P. discolor*): Oberlaufeinzugsgebiet des Amazonas von Peru zwischen Rio Ucayali und Rio Huallaga sowie nördlich des Rio Marañon bis Ecuador, Südwestkolumbien und bis in das nordwestliche Einzugsgebiet des Amazonas in Nordwestbrasilien. – **Weißstirn-Springaffe** (*P. ornatus*): Zentrakolumbien (Tiefland östlich der Kordillere) im Einzugsgebiet des oberen Rio Meta. – **Stephen Nashs Springaffe** (*P. stephennashi*): erst 2002 beschrieben. Relativ kleines Verbreitungsgebiet in Zentralbrasilien südlich des Amazonas auf der Westseite des oberen Mittellaufs des Rio Purus. – **Madidi-Springaffe** (*P.

aureipalatii): erst 2005 wissenschaftlich beschrieben, möglicherweise auch der folgenden Springaffen-Gruppe zuzurechnen. Madidi-Region mit Madidi-Nationalpark westlich des Rio Beni in Nordwestbolivien am Fuße der Anden. – **Toppini-Springaffe** (*P. toppini*): Südosten Perus, Nordbolivien, Brasilien. – **Brauner Urubamba-Springaffe** (*P. urubambensis*): Peru. – **Vieira-Springaffe** (*P. vieirai*): 2012 beschrieben. Mato-Grosso-Gebiet, Brasilien.

Typische Springaffen aus den Regenwäldern sonst trockener Hochebenen. Bei 2 Arten diploid 48 Chromosomen. **Grauer Springaffe** (*P. moloch*), auch Sumpfspringaffe, Rotbauch-Springaffe: von Mittelbrasilien, im Norden bis zum Amazonas, im Westen begrenzt von den Flüssen Tapajós und Juruena, südlich bis 10. und 12. südlichen Breitengrad. – **Dunkelgrauer Springaffe** (*P. cinerascens*): Südwestbrasilien beidseits des Oberlaufes des Rio Madeira und seiner Zuflüsse (Madeira-Becken). – **Brauner Springaffe** (*P. brunneus*): mittleres und oberes Rio-Madeira-Becken von Südwestbrasilien und Südostperu. – **Hoffmanns Springaffe** (*P. hoffmannsi*): westliches Zentralbrasilien vom Amazonas östlich bis zum Rio Tapaiós, im Westen bis zum Rio Canuma. – **Baptistasee-Springaffe** (*P. baptista*): kleines Verbreitungsgebiet im westlichen Zentralbrasilien entlang der südlichen Uferregion des Amazonas zwischen den Städten Manaus und Parintins, im Süden bis zum Parana do Uraria und Parana do Ramos. – **Prinz-Bernhard-Springaffe** (*P. bernhardi*): erst 2002 wissenschaftlich beschrieben. Zentralbrasilien im südlichen Einzugsgebiet des Amazonas zwischen Rio Madeira im Nordwesten, Rio Ji-Paranà im Südwesten, Rio Rooseveldt im Südosten und Rio Aripuaná im Osten und Nordosten. – **Caqueta-Springaffe** (*P. caquetensis*): Südkolumbien. – **Feuerschwänziger Springaffe** (*P. miltoni*): Westbrasilien.

Halsband-Springaffen (*Cheracebus*): Schädelskelett mit übereinstimmenden anatomischen Details. Mit nur 20 Chromosomen im diploiden Satz niedrigste Chromosomenzahl aller Primaten. (*C. torquatus*), auch Witwenaffe, Halsbandtiti: Nordwestkolumbien und Nordostbrasilien zwischen Rio Negro und Rio Uaupés bis zu Rio Japura und Amazonas – **Schwarzer Springaffe** (*C. lugens*): Brasilien, Nordostkolumbien östlich der Anden (im Norden des Rio Tomo) über Südvenezuela bis Nordwestbrasilien nördlich des Rio Negro, westlich bis zum Rio Branco. – **Lucifer-Springaffe** (*C. lucifer*), auch Lucifer-Titi: Nordperu, Ostecuador bis Nordwestbrasilien zwischen den in den oberen Amazonas mündenden Flusssystemen von Caqueta und Japura im Norden und dem Rio Napo im Süden. – **Rio-Purus-Springaffe** (*C. purinus*), auch Rio-Purus-Titi: südliches Amazonasbecken von Westbrasilien zwischen Rio Juruá im Westen und Rio Tapauá im Osten. – **Rotkopf-Springaffe** (*C. regulus*): nördliches Zentralbrasilien entlang des Amazonas vom Rio Juruá im Westen bis zum Rio Javari im Osten. – **Schwarzhand-Springaffe** (*C. medemi*): Einzugsgebiet der Nebenflüsse zum Oberlauf des Amazonas in Kolumbien.

Große Springaffen (*Callicebus*): größte Springaffenarten. Von den anderen Formen geografisch weit isolierte Bewohner von Küsten- und Binnenland-Regenwäldern im Osten Brasiliens. **Maskenspringaffe** (*C. personatus*), auch Maskentiti: Ostbrasilien, Region Espírito Santo, vielleicht bis zum Osten des Bundestaates Minas Gerais. – **Südbahia-Springaffe** (*C. melanochir*), auch Grauer Maskenspringaffe: Küste und anschließendes Binnenland Ostbrasiliens von der Mündung des Rio Itapicuru bis zur Mündung des Rio Mucuri. – **Schwarzstirn-Springaffe** (*C. nigrifrons*): Südostbrasilien in den Bundestaaten Minas Gerais, Rio de Janeiro und São Paulo. – **Nordbahia-Springaffe** (*C. barbarabrownae*), auch Barbara Browns Titi: Küste und anschließendes Binnenland Ostbrasiliens von der Mündung des Rio Itapicuru bei São Luís bis zur Mündung des Rio Paraguacu bei Salvador. – **Coimbra-Springaffe** (*C. coimbrai*): Küstenwälder Nordostbrasiliens zwischen Rio São Francisco und Rio Real und in der Region Sergipe.

Gefährdungsstatus. Bestand im Verbreitungsgebiet unklar, Nordbahia-Springaffe und Coimbra-Springaffe extrem gefährdet. Schwarzhand-

Springaffe, Grauer Springaffe, Schwarzstirn-Springaffe, Anden-Springaffe, Weißstirn-Springaffe und Maskenspringaffe wie vermutlich zahlreiche andere Arten schutzbedürftig. EEP für Roten Springaffen in Blackpool.

Lebensweise. Tagtiere, Baumbewohner unterholzreicher, tropischer Wälder meist an Flussufern, Maskenspringaffen auch in Sekundärwäldern und bis in 100 m Höhe. Leben paarweise oder in Familien mit 1 oder 2 Jungen verschiedenen Alters in kleinen Eigenterritorien, die gegen Artgenossen durch Drohgesten und Drohlaute verteidigt werden. Reviermarkierung durch heulende Brüllkonzerte besonders in den Morgenstunden und an sonnigen Tagen. Reviergröße verschieden (0,5–5 ha), örtlich bis 500 Individuen auf 1 km^2. Laufen meist ruhig auf Ästen und springen selten, können aber im Sprung große Weiten erreichen. Mehr als körperlanger Schwanz als Balance- und Steuerorgan. Schlafen in der Familie gemeinsam auf dicken Querästen, wo Epiphyten Sichtschutz bieten, ruhen hier auch am Tag etwa 40 % der Zeit. Dabei wickeln Familienmitglieder ihre Schwänze seilartig umeinander.

Nahrung. Allesfresser, aber überwiegend Pflanzenkost mit Früchten (50–65 %), Blättern (15–25 %), Blüten (2–20 %), Insekten (15–20 %). Maskenspringaffen nehmen über 80 % Früchte, aber wahrscheinlich keine Insekten.

Unterfamilie Sakiaffen (Pitheciinae)

Mittelgroße, überwiegend schlanke, meist langschwänzige Affen, darunter aber auch die einzige kurzschwänzige südamerikanische Affengattung.

3 Gattungen, 12 Arten.

Sakis (*Pithecia*)

Auch Schweifaffen. Etwa hauskatzengroß. Kopf groß, Gesicht nahezu nackt mit schwarzer oder brauner Haut, oft helle Haarstreifen seitlich der Nase und an den Lippen. Kehlkopf wirkungsvolles Resonanzorgan mit vergrößertem vorderen Schildknorpel. Zeigefinger und Daumen den übrigen Fingern gegenübergestellt. Haarkleid lang, dicht, grobe Grannen, leicht ölig. Schwanz kein Greiforgan, lang, buschig-schweifartig behaart. Kolumbien, Peru, Ecuador, mittleres Amazonasbecken Brasiliens, Guyana, Suriname, Venezuela.

Abb. 19.20 Beim Weißgesichtssaki (*Pithecia pithecia*) unterscheidet sich das Männchen (links) deutlich durch seine Fellfärbung vom Weibchen.

5 Arten.

Weißgesichtssaki (*P. pithecia*), auch Weißkopfsaki, Blasskopfsaki: Sexualdimorphismus bei der Fellfärbung, Männchen schwarz mit weißer Gesichtsbehaarung, Weibchen überwiegend braun. 2 Unterarten. Guyana, Französisch-Guayana, Suriname, Nordbrasilien, Südvenezuela. – **Mönchsaffe** (*P. monachus*), auch Zottelschweifaffe: 2 Unterarten. Nordwestbrasilien westlich der Flüsse Jurua und Japura-Caqueta, Kolumbien, Ecuador, Peru. – **Schwarzrückensaki** (*P. al-*

bicans) auch Blonder Mönchsaffe: in den Status einer eigenen Art erhobene frühere Unterart des Mönchsaffen. Brasilien, südliches Einzugsgebiet des Amazonas zwischen dem Unterlauf von Jurua und Purús. – **Nacktgesichtssaki** (*P. irrorata*): Südwestperu, Ostbolivien und südliches Einzugsgebiet des Amazonas in Südwestbrasilien. – **Äquatorialsaki** (*P. aequatorialis*): vom Rio Napo in Ecuador bis zum Rio Loreto in Peru. 2014 wurden in einer Revision der *Pitheca*-Systematik u.a. Auswertungen von Museumspräparaten weitere 11 Arten benannt.

Gefährdungsstatus. Bestand im Verbreitungsgebiet gebietsweise gefährdet (z.B. Millers Mönchsaffe, *P. monachus milleri*). EEP für Weißgesichtssaki im Zoo Overloon.

Lebensweise. Tagtiere, Baumbewohner feuchtheißer tropischer Urwälder, die gelegentlich auch den Boden aufsuchen, hier wie auch auf Bäumen mühelos weit und zielsicher springen. Laufen auf starken Ästen zweibeinig, ähnlich wie Gibbons mit den Armen balancierend, Weißgesichtssakis hüpfen dabei. Gesellig in kleinen Familienverbänden, gelegentlich auch in größeren, nur kurzzeitigen Vergesellschaftungen. Reiches Verständigungsrepertoire durch Gesten, Gebärden und Laute, verhalten sich meist aber fast lautlos.

Nahrung. Allesfresser, nehmen aber fast ausschließlich pflanzliche Kost; Früchte (33–60 %), Samen und Nüsse (33–46 %), Knospen, Schösslinge, zartes Grün (1–10 %), Blüten (3–7 %), Rinden (1–3 %), Insekten (0–2 %). Nur Weißgesichtssakis fressen etwas mehr tierische Kost wie Insekten, daneben auch Vögel und Fledermäuse. Im Wildleben kein Trinken beobachtet.

Bartsakis (*Chiropotes*)

Den Sakis sehr ähnlich, Schwanz mehr als körperlang. Am Oberkopf mützenartige Frisuren, Kopfseiten und Unterkiefer bartartig behaart, ihr dunkles Fell ist dichter und kürzer. Einzugsgebiet der Unterläufe von Amazonas und Orinokos. 5 Arten.

Satansaffe (*C. satanas*), auch Schwarzer Bartsaki: durchgehend dunkel gefärbt. Nordostbrasilien südlich der Amazonasmündung zwischen Rio Tocantins und Rio Gurupi. – **Rotrücken-Bartsaki** (*C. chiropotes*): ähnelt dem Satansaffen, wird gelegentlich noch als dessen Unterart geführt. Rückenfell rötlich. Guyana, Französisch-Guayana, Suriname, Brasilien östlich des Rio Branco. – **Uta-Hicks-Bartsaki** (*C. utahickae*): vereinzelt noch als Unterart des Satansaffen angesehen. Nordbrasilien südlich des Amazonas zwischen den Oberläufen von Rio Tocantins und Rio Xingu. – **Weißnasensaki** (*C. albinasus*): Fell schwärzlich, Nase und Oberlippe weiß behaart. Nördliches Zentralbrasilien. – **Guayana-Rotrückensaki** (*C. sagulatus*): schwarz mit rotbraunem Rücken. Nordosten Südamerikas von Guayana bis Brasilien.

Gefährdungsstatus. Bestand des Weißnasensakis und Satansaffen im Verbreitungsgebiet bedroht, Situation der übrigen Arten unübersichtlich, vermutlich schutzbedürftig.

Lebensweise. Wenig bekannt, ähnlich wie Sakis. Tagtiere in feuchtheißen Urwäldern, oft in Gewässernähe und in Überflutungsgebieten. Niemals am Boden beobachtet. Gesellig in Familien oder Gruppen mit mehreren Männchen mit bis zu 30 Tieren.

Nahrung. Früchte, vorzugsweise auch unreif (30–50 %), Samen (Bartsakis gelten als „Samenspezialisten“) und Nüsse (40–66 %), auch Blüten und Knospen (3 %). Verzehr von Insekten wahrscheinlich nur sehr selten, zwar in Menschenobhut, aber niemals im Wildleben beobachtet. Trinken selten, dann durch Fingereintauchen und Ablecken.

Uakaris (*Cacajao*)

Auch Kurzschwanzaffen. Fell zottig, dünn, langhaarig, rostrot, rotbraun, weißlich, braun oder braunschwarz. Kopf groß, menschenähnlich wirkendes, unbehaartes, kräftig rot oder schwarzbraun gefärbtes Gesicht. Oberkopf oft glatzenartig, Kopfrand und Hinterkopf mit zottiger Tonsurfrisur. Schneidezähne weisen nach vorn. Einzige Neuweltaffen mit kurzem Schwanz. Einzugsgebiet von Ober- und Mittellauf des Amazonas von Nordperu bis Nordostbrasilien.

2 Arten.

Kahlkopfuakari (*C. calvus*), auch Roter Uakari, Scharlachgesicht: 4 Unterarten. Nordwestbrasilien, Ostperu. – **Schwarzkopfuakari** (*C. melanocephalus*), auch Schwarzer Uakari: 2 Unterarten. Südwestvenezuela bis Nordwestbrasilien. – Umstritten ist noch der 2014 wieder als Art eingestufte **Spix-Schwarzkopfuakari** (*C. ouakary*): Kolumbien, Brasilien.

Gefährdungsstatus. Bestand im Verbreitungsgebiet beider Arten und aller Unterarten gefährdet.

Lebensweise. Tagtiere in den obersten Baumregionen tropischer, feuchtheißer Urwälder, besonders an Ufern von Gewässern, häufig in Überflutungsgebieten. Aufenthalt am Boden sehr selten, dort gelegentlich aufrechter Gang auf den Hinterbeinen. Im Geäst laufen, klettern, hangeln und springen sie sicher und schnell. Über das Sozialverhalten der in Gruppen von 10–50 Tieren lebenden Affen ist wenig bekannt.

Nahrung. Früchte und die darin enthaltenen Samen (60–85 %), Blätter, Triebe, Knospen, Blüten (10–35 %), auch Insekten und Schnecken, die aber nicht aktiv erbeutet, sondern mit den Früchten aufgenommen werden.

Haltung von Springaffen und Sakiaffen

Sakis in Zoos selten, nur Weißgesichtssaki heute etwas häufiger gehalten. Bartsakis in Tiergärten sehr selten, Uakaris selten gehalten. Siehe Haltung von mittelgroßen und großen Neuweltaffen.

Abb. 19.21 Rote Uakaris (*Cacajao calvus rubicundus*) gelten als heikle Pfleglinge und sind in ihren Ursprungsgebieten bestandsgefährdet.

Familie Klammerschwanzaffen (*Atelidae*)

Neuweltliche Affen mit langem Greifschwanz und teils gedrungenem, teils schlankem Körperbau.

2 Unterfamilien, 5 Gattungen, 24 Arten.

Unterfamilie Brüllaffen (Alouattinae)

Größte Neuweltaffen mit besonderem Brüllapparat aus vergrößertem Kehlkopf (Schildknorpel besonders groß), zu einer Knochentrommel aufgetriebenem Zungenbein und großem Kehlsackblasen zur Lauterzeugung. Zentral- und Südamerika von Mexiko bis Kolumbien, Venezuela, Guyana, Brasilien, Bolivien und Nordparaguay.

1 Gattung, 12 Arten.

Brüllaffen (*Alouatta*): Fell langhaarig, seidig, besonders an der Kehle lang und bartähnlich. Farbe je nach Alter, Geschlecht und Unterart wechselnd schwarzbraun, braun, rotbraun, rot, gelblich braun. Großer Schädel mit fliehender Stirn, weit vorspringende, kräftige Schnauze. Starkes Gebiss, besonders beim Männchen lange, große Eckzähne. Körper kräftig, gedrungen, Kopf-Rumpf-Länge etwa 60 cm. Gliedmaßen sehr muskulös. Daumen als Greiforgan den anderen Fingern gegenüberstehend. Schwanz mehr als körperlang, sehr muskulös, dient zum Festhalten und als „5. Hand". An der Unterseite der Spitze unbehaarter Greiffleck mit Tastpapillen. Die verwandtschaftlichen Verbindungen werden durch die Bildung von 3 Artengruppen sichtbar gemacht, ohne jedoch die taxonomischen Wertigkeiten zu berühren.

Mantelbrüllaffe (*A. palliata*): schwarzbraun mit langen, goldbraunen Fransen an den Flanken. 5 Unterarten, eine davon der Coiba-Brüllaffe (*A. p. coibensis*), der zwischenzeitlich Artstatus erhalten hatte. Westecuador über Kolumbien bis Südmexiko. – **Guatemala-Brüllaffe** (*A. pigra*): Mexiko von Yucatan und Chiapas über Belize bis Guatemala.

Roter Brüllaffe (*A. seniculus*): Fell rotbraun, kann altersbedingt unterschiedlich gefärbt sein. 3 Unterarten. Kolumbien bis Venezuela und Nordwestbrasilien. – **Bärenbrüllaffe** (*A. arctoidea*): dominierend ist bronzefarbene Fellfärbung. Venezuela, Trinidad. – **Guyana-Brüllaffe** (*A. macconnelli*): Trinidad, Guyana, Französisch-Guayana, Brasilien nördlich von Mittel- und Unterlauf des Amazonas. – **Bolivianischer Brüllaffe** (*A. sara*): ursprünglich als Unterart dem Roten Brüllaffen zugeordnet. Fell vorwiegend rötlich. Sara-Provinz Boliviens, Peru und Nordwestbrasilien bis zum Rio Negro. – **Rothandbrüllaffe** (*A. belzebul*): schwarzes Fell, rotbraune Hände, Füße und Schwanzspitze. Nordbrasilien östlich des Rio Madeira in der Pará-Provinz am Unterlauf des Amazonas. – **Spix-Brüllaffe** (*A. discolor*): früher Unterart des Rothandbrüllaffen. Brasilien im südöstlichen Amazonasgebiet. – **Maranhão-Brüllaffe** (*A. ululata*): Nordbrasilien. – **Schwarzer Amazonasbrüllaffe** (*A. nigerrima*): Nordbrasilien beidseits des Amazonas vom Rio Trombetas südwestlich zum Rio Tapajos. – **Brauner Brüllaffe** (*A. guariba*): Fell gelbbraun bis orangefarben. 2 Unterarten. Südöstliches und östliches Zentralbrasilien nördlich bis zum Rio São Francisco.

Schwarzer Brüllaffe (*A. caraya*): Männchen schwarz, Weibchen gelbbraun bis olivfarben. Nordargentinien bis Mato Grosso (Südwestbrasilien) und nordwestlich bis Bolivien.

Gefährdungsstatus. Bestand im Verbreitungsgebiet teilweise gefährdet, Brauner Brüllaffe vom Aussterben bedroht. EEP für Schwarzen Brüllaffen in Twycross.

Lebensweise. Tag- und Dämmerungstiere, Baumbewohner tropischer Urwälder, Sekundärwälder, Bergwälder oder sogar Trockenwälder, bevorzugen mittlere oder obere Astregionen, meiden Unterholz. Teilweise kälteunempfindlich, ertragen schwache Nachtfröste (z. B. Guatemala-Brüllaffe in feuchtkalten Bergwäldern bis in Höhen von 2500 m). Familien oder Gruppen von 2–45 Tieren, durchschnittlich etwa 6–20 Tiere, d. h. etwa 3 erwachsene Männchen, 8 erwachsene Weibchen, je 3–5 Halbwüchsige und Jungtiere. Erwachsene Männchen zeitweilig Einzelgänger. Vermutlich keine straffe Rangordnung. Unter Gruppenmitgliedern auffallend wenig Auseinandersetzungen. Brünstige Weibchen paaren sich mit jedem erwachsenen Männchen der Gruppe. Ortstreu in unklar umrissenem Territorium, in dem die Horde auf der Nahrungssuche nomadisiert. Territorialmarkierung durch Brüllkonzerte. Diese signalisieren außerdem benachbarten Gruppen Aufenthaltsort der Horde, sind vielleicht auch Ausdruck des Wohlbefindens. Brüllen wird häufig ausgelöst durch laute, niederfrequente Geräusche der Umgebung (Wind, Regen, Flugzeuge usw.). Meist rufen die alten Männchen, nicht selten stimmen Weibchen und jüngere Tiere in den Chor ein. Rufe kilometerweit hörbar. Auf Wanderungen fast lautlos durch Baumkronen kletternd, auf allen Vieren laufend, wobei der Schwanz vor jedem neuen Schritt einen Ast als zusätzlichen Halt umfasst. Bewegungsfolge erscheint träge, doch erreichen im Gezweig flüchtende Tiere höhere Geschwindigkeiten als ein auf der Erde laufender Mensch. Springen selten, höchstens 3–4 m weit. Am Boden nur ausnahmsweise, können aber schwimmen. Zur Nahrungsaufnahme wird der Schwanz häufig um einen Ast gewickelt, der Körper hängt frei nach unten. Ruhen oft bäuchlings auf Ästen liegend, lassen Arme und Beine herunterhängen, verankern sich aber fest mit dem Schwanz und verbringen so etwa 40 % der Tageszeit. Gegenseitige Fellpflege selten.

Nahrung. Vorwiegend Blätter (50–80 %), Knospen (1–10 %) und Blüten (5–18 %), daneben Früchte (2–43 %, Mantelbrüllaffe saisonal bis 95 %). Insekten (Käfer) werden höchstens beiläufig aufgenommen. Brauner Brüllaffe zu 85 % spezialisiert auf Blätter und Früchte einer Baumart. Brüllaffen sind die einzigen Neuweltaffen, die häufig auch ausgereifte Blätter aufnehmen. Außerdem Verzehr mineralischer Erde, wahrscheinlich um toxische Stoffe der Blätter zu adsorbieren und den Säuregrad des Magens zu puffern.

Haltung von Brüllaffen

In Tiergärten selten gezeigt, meist nur Schwarzer und Roter Brüllaffe, Brauner Brüllaffe lediglich in brasilianischen Zoos, Wiederansiedlungsprojekt aus Mitteln von Zoos und durch die Zoologische Gesellschaft für Arten- und Populationsschutz ZGAP.

Unterfamilie Klammerschwanzaffen (Atelinae)

4 Gattungen, 14 Arten.

Spinnenaffen (*Brachyteles*)

Wollaffengroß. Fell mit mittellangen Grannen, dichter Unterwolle, grau bis braun mit gelblicher Tönung. Kopf klein, rund, nacktes, bei jungen Tieren fleischfarbenes Gesicht mit steiler Stirn und mäßig vorspringender Schnauze. Nasenlöcher eng stehend. Rumpf schlank, fast schmächtig, Bauch oft kugelig aufgetrieben. Gliedmaßen sehr lang, Arme länger als Beine. Hand- und Fußflächen schlank, langgestreckt. Daumen fehlt oder ist als Stummel mit oder ohne Nagelrest erhalten. Übrige Finger und Zehen lang, Nägel verlängert, krallenartig. Schwanz bis 90 cm, mehr als körperlang, muskulös, Wickel- und Greiforgan. Wirbel oberseits mit Dornfortsätzen als Muskelansatzpunkte, unten flach. Großer nackter Greiffleck mit Tastpapillen und Schweißdrüsen. Südostbrasilien zwischen Bahia (São Salvador) und São Paulo in den Berg- und Hügelwäldern von Minas Gerais.

2 Arten mit unterschiedlicher Gesichtsfärbung, unterschiedlicher Sozialstruktur und genetischen Unterschieden.

Südlicher Spinnenaffe (*B. arachnoides*), auch Südlicher Muriqui: Daumen fehlt. Südostbrasilien. – **Nördlicher Spinnenaffe** (*B. hypoxanthus*), auch Nördlicher Muriqui: Daumen als Stummel. Ostbrasilien von Bahia bis Espiritu Santo.

Gefährdungsstatus. Bestand durch Landeskultivierung und Bejagung äußerst gefährdet, vom Aussterben bedroht. Der Nördliche Spinnenaffe gehört zu den 25 am höchsten bedrohten Primatenarten.

Lebensweise. Tagtiere in hohen tropischen und subtropischen Primär- und Sekundärwäldern des Tief- und Berglandes, echte Baumkronenbewohner, nie am Boden. Gesellig in Gruppen von 6–25 Individuen mit mehreren Männchen und Weibchen. Gruppen lose, in der Zusammensetzung wechselnd. Territoriale Auseinandersetzungen selten, auch innerhalb der Gruppen kaum Auseinandersetzungen, aber auch kaum gegenseitige Fellpflege.

Nahrung. Pflanzenteile aller Art: Blätter (56–66 %), Früchte (26–39 %), Blüten, Nektar, Nüs-

Abb. 19.22 Als Baumkronenbewohner nutzt der Schwarze Klammeraffe (*Ateles paniscus*) seinen Greifschwanz als fünfte Hand.

se, daneben vielleicht auch wenige Insekten. Neben Brüllaffen am meisten auf Blattnahrung spezialisiert (Zähne, Darmlänge).

Klammeraffen (*Ateles*)

Kleiner als Spinnenaffen, sonst sehr ähnlich. Fell ohne Unterwolle, Farbe innerhalb der Gattung sehr variabel, Schwarz, Braunschwarz oder Goldbraun. Manche Formen mit weißlichen oder hellen Zeichnungen an Kopf, Bauch und Gliedmaßeninnenseiten. Gesichtsprofil flacher. Nasenlöcher weit auseinander stehend. Nägel weniger krallenartig, sondern breit abgeflacht, Daumen vollständig zurückgebildet, Gehirn altweltaffenähnlich. Weibchen mit lang herabhängender Klitoris. Von Mexiko über Mittelamerika bis zum zentralen Südamerika im Einzugsgebiet des Orinoko, des oberen und unteren Amazonasbeckens bis 16° südlicher Breite.

7 Arten, verschiedene Auffassungen über Arten- und Unterartenstatus.

Schwarzer Klammeraffe (*A. paniscus*), auch Rotgesicht-Klammeraffe: auffälliges rotes Gesicht, schwarzes Fell. Nordöstliches Südamerika von Guyana bis Französisch-Guayana und Nordostbrasilien nördlich des Amazonas. – **Schwarzgesicht-Klammeraffe** (*A. chamek*): dem Schwarzen Klammeraffen ähnlich, aber Gesicht dunkel. Nordostperu, Ostbolivien und Brasilien westlich des Rio Juruá. – **Braunkopf-Klammeraffe** (*A. fusciceps*): Fell dunkel, Kopf braun bis schwarz. 2 Unterarten. Südostpanama bis Ecuador, Kolumbien bis zur Westkordillere in Paraguay. – **Geoffroy-Klammeraffe** (*A. geoffroyi*), auch Schwarzhand-Klammeraffe: Fell goldbraun bis rötlich. 5 Unterarten. Südmexiko bis Panama. – **Goldstirn-Klammeraffe** (*A. belzebuth*), auch Weißstirn-Klammeraffe: gelbbraunes Dreieck auf der Stirn. Nordwestliches Südamerika von Kolumbien und Venezuela bis Nordperu. – **Weißwangen-Klammeraffe** (*A. marginatus*): verschiedentlich als Unterart von *A. belzebuth* angesehen. Mittelbrasilien südlich des Amazonasunterlaufes zwischen den Flusssystemen von Tapajos und Tocantins. – **Brauner Klammeraffe** (*A. hybridus*): Nordkolumbien und Nordwestvenezuela.

Gefährdungsstatus. Bestand einiger Arten im Verbreitungsgebiet anscheinend noch nicht stark gefährdet, obwohl bevorzugte Beutetiere von Indianern, einige Arten vom Aussterben bedroht. EEP für Schwarzen Klammeraffen in Romagne, für Braunen Klammeraffen im Zoo Doué-la-Fontaine, für Braunkopf-Klammeraffen in Chester.

Lebensweise. Tagtiere, Baumkronenbewohner tropischer und subtropischer Regenwälder und Bergwälder, Geoffroy-Klammeraffen auch in teilweise laubabwerfenden Wäldern. Halten sich oft in den obersten Regionen der Bäume im dünnen Astwerk auf. Leben in Horden von bis zu 100 Tieren, die sich aber in Untergruppen von 4–25 Tiere gliedern. Geschlechtsverhältnis erwachsener Tiere etwa 1:1–1:2. Weibchen bleiben im Wohngebiet enger zusammen und nutzen nur dessen Kern, während Männchen darin mehr umherstreifen, daher oft der Eindruck, dass Weibchen in der Anzahl weit überwiegen.

Innerhalb der Horden vermutlich keine soziale Vorherrschaft männlicher Tiere. Weibchen mit Säuglingen bilden besonders feste Kleinverbände. Alle wandern in fest umrissenen Revieren auf bestimmten Wechseln. Reviergrenzen können sich aber sowohl überschneiden als auch verschieben. Reviergrößen hängen vor allem vom Nahrungsangebot ab, in nahrungsärmeren Hochlagen größere Wohngebiete. Auch mit Brüll- und Kapuzineraffen vergesellschaftet. Männchen verteidigen Reviere gegen Nachbargruppen. In wenig oder nicht bejagten Gebieten versuchen sie, menschliche Eindringlinge durch Geschrei (raue Belltöne, die in höchster Erregung in klirrendes Schnattern übergehen) zu vertreiben, bombardieren sie auch mit dürren Ästen und Zweigen, die mit den Gliedmaßen oder dem Schwanz abgebrochen und aus beträchtlicher Höhe abgeworfen werden. Verhalten vermutlich keine Revierverteidigung, sondern Feindbekämpfung (vielleicht auch beim Auftauchen eines Jaguars). Soziale Körperpflege gering, echte Fellpflege nur von Müttern bei ihren Kleinkindern, sonst ausgeprägte individuelle Körperpflege. Gruppenmitglieder und Untergruppen begrüßen sich aber bei Begegnung mit intensiven Schnatterlauten. Hangeln, indem sie nacheinander mit Armen, Schwanz, auch Beinen nach vorn greifen und den Körper in weiten (bis 10 m), rhythmischen Schwüngen vorwärts fliegen lassen. Hände und Schwanz dienen als Greifhaken, somit ist der Daumen überflüssig. Bei Mitbenutzung der Füße werden Äste mit Hilfe der 1. Zehe umfasst. Selten am Boden, laufen dort vierfüßig oder aufgerichtet auf den Hinterbeinen, wobei der Schwanz fast parallel zum Rücken nach oben gestreckt wird. Zur Beobachtung ihrer Umwelt richten sie sich im Geäst ebenfalls auf den Beinen auf. Wickelschwanz gibt festen Halt. Bei Nahrungsaufnahme und Ruhestellung ähnlich wie Wollaffen.

Nahrung. Fast ausschließlich Pflanzenkost wie Früchte, deren Samen und Nüsse (80–90 %), junge Triebe und Blätter (5–17 %), Blüten (1–10 %). Nur maximal 10 % andere Nahrung wie Honig, Insekten und deren Larven. Bei Goldstirn-Klammeraffen besteht etwa 10 % der Tagesfuttermenge aus morschem Holz. Schwarze Klammeraffen fressen zu geringem Anteil Rinde.

Wollaffen (*Lagothrix*) und Gelbschwanzwollaffen (*Oreonax*)

2 Gattungen, 5 Arten.

Wollaffen (*Lagothrix*): 4 Arten. Kopf-Rumpf-Länge knapp 60 cm. Fell kurz, dicht, wollig, je nach Art braunschwarz, braun, olivbraun oder graubraun. Runder Kopf, Schnauze bei Jungtieren flach, bei Alttieren vorspringend. Männchen mit kräftigen, langen Eckzähnen. Fliehende Stirn, Ohren teilweise im Kopffell verborgen. Körper gedrungen, gleich lange, kräftige Gliedmaßen. Hände und Füße schlank, gestreckt. Schwanz lang, muskulös, an der Unterseite kurz vor der Spitze nackter, mit Tastpapillen und Schweißdrüsen bedeckter Greiffleck. Mittleres und oberes Amazonasbecken, im Norden westlich vom Rio Negro, im Süden westlich vom Rio Tapajos, bis zum Fuß der Anden vom Quellgebiet des Orinoko im Norden bis zum Beginn des Rio Magdalena. **Brauner Wollaffe** (*L. lagotricha*): nördliches bis mittleres Südamerika. – **Grauer Wollaffe** (*L. cana*): 2 Unterarten. Brasilien südlich des Amazonas bis Peru, 1 isolierte Population in Bolivien. – **Kolumbianischer Wollaffe** (*L. lugens*): Kolumbien, Venezuela. – **Silberner Wollaffe** (*L. poeppigii*): Ostecuador, Nordperu, Nordwestbrasilien.

Gelbschwanz-Wollaffen (*Oreonax*): 1 Art. Früher zu Wollaffen gestellt. **Gelbschwanz-Wollaffe** (*O. flavicauda*): Fell bräunlich, Schnauze weißlich, namensgebend gelber Haarbüschel in der Genitalregion und gelber Streifen am Schwanz. Nordperu (Regionen San Martin und Mittelbrasilien (Amazonasbecken).

Gefährdungsstatus. Bestand im Verbreitungsgebiet unklar, Gelbschwanzwollaffe bedroht.

Lebensweise. Tagtiere, Baumbewohner der oberen Etagen des tropischen Regenwaldes von Sumpf und Überschwemmungsgebieten, Gelbschwanzwollaffe am Fuß der Anden auch in

Abb. 19.23 Wie bei seiner nächsten Verwandtschaft befindet sich beim Braunen Wollaffen (*Lagothrix lagotricha*) an der Unterseite vor der Schwanzspitze ein mit Tastpapillen und Schweißdrüsen bedeckter nackter Greiffleck.

Bergwäldern bis in 3000 m Höhe bei Tagestemperaturen zwischen 4 und 25 °C. Erwachsene Männchen manchmal Einzelgänger, sonst Gruppen von 4–50, meist 15–25 Tieren, bei Gelbschwanzwollaffen kaum mehr als 10. Oft vergesellschaftet mit Kapuziner-, Brüll-, Klammer- oder Mönchsaffen. Mit allen Vieren kletternd wandern sie langsam durch die Baumkronen, wobei der Schwanz stets als Anker um Zweige gewickelt wird. Bei der Nahrungssuche dient der Greifschwanz als 3. Hand. Hängen sich auch am Schwanz auf wie Brüllaffen. Ruhestellung aufrecht sitzend, schlafen bäuchlings oder in Seitenlage auf Ästen oder Astgabeln, wobei der Schwanz um den Körper gewickelt wird. Springen schlecht, lassen sich aber oft aus größerer Höhe ins Unterholz fallen, um von dort in die Krone eines entfernter stehenden Baumes zu klettern. Selten am Erdboden, können hier nicht nur vierfüßig, sondern aufrecht auf den Hinterbeinen laufen und rennen. Auf der Flucht weite Schwünge unter Zuhilfenahme der Hände und des Schwanzes. Territorialverhalten unklar, Wohngebiete benachbarter Gruppen oft überlappend. Auseinandersetzungen selten. Verständigung durch ausdrucksvolle mimische Gesten und viele Laute (leises Zwitschern bis gellender Wutschrei).

Nahrung. Vorwiegend Pflanzenkost mit Früchten (65–70 %), Blättern (10–15 %), Samen (5–8 %), Gummisäften (5–7 %), Blüten (2–4 %), daneben Kleintiere.

Haltung von Klammerschwanzaffen

Siehe Haltung von mittelgroßen und großen Neuweltaffen.

Haltung von mittelgroßen und großen Neuweltaffen

In Tiergärten Klammeraffen, außer Weißwangen-Klammeraffe, nicht selten gezeigt. Obwohl allgemein bekannt ist, dass manche dieser Affengruppe heikle, schwierige Pfleglinge sind, so Springaffen, Sakis, Uakaris und Brüllaffen, gelten andere größere, neuweltliche Arten weitgehend als leicht zu pflegende Affen. Doch auch bei diesen ist die Fortpflanzungsrate in Zoos oft unbefriedigend. Die Ursachen sind vielfältig und sicher bisher nur z. T bekannt, hängen in manchen Fällen wohl mit nicht optimaler Ernährung und klimabedingten Haltungserfordernissen zusammen.

Eingewöhnung. Quarantäne und Eingewöhnung von Angehörigen einer Art erfolgt gemeinsam in einem Käfig, da sie unter Alleinsein leiden, sich schwerer eingewöhnen und bei Isolierung weniger leicht mit transportbedingten oder anderen Erkrankungen fertig werden. Einzelunterbringung nur aus akuten seuchenhygienischen Gründen. Optische und akustische Kontakte ermöglichen. Neuankömmlinge sehr gut beobachten, besonders Futteraufnahme, Kotabsatz und Verträglichkeit. Das Verhalten jedes Einzeltiers gibt Auskunft über dessen physischen und psychischen Zustand. Bewegungsunlust, Apathie, glanzloses, gesträubtes Fell, „Zeitungsleserhaltung", d.h. Sitzen mit gekrümmtem Rücken und zwischen die leicht angewinkelten Knie gesenktem Kopf sind Alarmzeichen ebenso wie mangelnde Futteraufnahme, Durchfall, Husten und Schnupfen. Solche oder auch abgedrängte Tiere müssen isoliert werden. Nachtaffen möglichst nur einzeln oder paarweise und wie nächtlich lebende Lemuren und Loriartige quarantänieren, eingewöhnen und halten. Für Nachtaffen, Totenkopfaffen, Sakis und Bartsakis 1 oder mehrere Schlafkästen anbieten. Die Eingewöhnung von Kapuzineraffen ist heute weniger schwierig als früher, da, bis auf Ausnahmen, nur in Menschenobhut geborene Tiere von Zoo zu Zoo transferiert werden. Akklimatisierung entfällt daher zumindest bei Transporten innerhalb der gleichen klimatischen Region. Dennoch Eingewöhnung möglichst in Anlagen, die vom Besucher nicht einzusehen sind. Für genügend Luftzufuhr und Luftaustausch muss gesorgt werden. Feuchtwarme Klimakäfige mit einem Minimum an Zugluft und Staub benötigen vor allem Springaffen, Uakaris, Sakis und Bartsakis sowie Brüllaffen und Totenkopfaffen, wenn sie aus tropischen Klimaten importiert werden. Raumtemperatur in der Eingewöhnungszeit 25–30 °C, relative Luftfeuchtigkeit 55–90 %. Allerdings ist solches Mikroklima für die Larvenentwicklung von Eingeweideparasiten günstig. Hier den Kot möglichst sofort nach dem Absetzen entfernen und Stellen, wo Abgänge entfernt wurden, sofort desinfizieren. Tägliche Desinfektion und möglichst zweimalige gründliche Reinigung der Käfige mit peinlicher Sorgfalt durchführen. Eingewöhnung von Woll-, Klammer- und Kapuzineraffen in trockenwarmen, zugfreien Unterkünften. Bei den heute sehr seltenen Importen aus dem natürlichen Verbreitungsgebiet oder auch aus schlechteren Haltungen oft Schwierigkeiten durch hohen Parasitenbefall. In diesen Fällen sind Wurmkuren erforderlich. Da diese meist zu Beginn der Eingewöhnung erfolgen müssen, wenn die Tiere noch nicht futterfest sind und mitten in der Futterumstellung stehen, muss darauf geachtet werden, dass jedes Tier die ihm verordnete Menge des Medikaments aufnimmt (gegebenenfalls direkte orale Eingabe). Futterumstellung während der Eingewöhnungszeit oft schwierig, daher genaue Informationen über bisherige Fütterung aus voriger Haltung einholen. Ursache der kurzen Lebensdauer von Springaffen, Bartsakis und Uakaris ist meist die noch unzureichende oder in den Bestandteilen falsch dosierte Tiergartenkost. Die sonst lebhafte Gesichtsfarbe verblasst bei unpässlichen oder kranken Uakaris. Ernährungsstörungen haben Haut- und Fellschäden, Mattigkeit und Anfälligkeit gegen Erkrankungen zur Folge. Ursache von Haut- und Fellschäden sind auch Hauterkrankungen (Pilze, tierische Schmarotzer). Bei Erkältungskrankheiten sorgfältig nach den Ursachen forschen (ungünstiges Mikroklima, Zugluft, Temperaturschwankungen). Ungepflegtes, verschmutztes Fell ist Zeichen für Unwohlsein. Gesunde Tiere pflegen und reinigen ihr Fell häufig, kranke stellen oftmals noch vor der Futterverweigerung oder als Zeichen von Appetitlosigkeit die Fellpflege ein und verschmutzen so schnell. Tiere, die mehrere Tage nach der Ankunft noch immer ein unsauberes Fell haben, sind krank.

Unterkunft. Dauerunterkunft für alle Arten, außer Nachtaffen, in großen, geräumigen, hellen Innenanlagen mit Boden- oder Wandheizung, eventuell auch zusätzlichen Wärmestrahlern oder Räumen mit Klimaanlage. Wand- und Bodenbelag sowie Oberfläche von Käfigeinbauten müssen heute nicht mehr glatt und damit leicht und gründlich zu reinigen sein (Fliesen), sondern können strukturiert werden, da meist Hochdruckreiniger für eventuell notwendige Grundreinigungen zur Verfügung stehen. Nach Verwendung von Desinfektionsmitteln sind diese Substanzen durch reichliches Nachspülen mit klarem Wasser gewissenhaft zu beseitigen und die Unterkünfte stets zu trocknen, bevor die Tiere dort wieder Zugang erhalten. Besonders geräumige Unterkünfte benötigen die springfreudigen Sakis (besonders Zottelschweifaffe) und Brüllaffen sowie die schwinghangelnden Klammer- und Spinnenaffen. Gitter müssen hinsichtlich ihrer Stärke der physischen Kraft der Tiere entsprechen. Stabgitter oder punktgeschweißte Stahlgeflechte sind geeignet, an ihrer Stelle finden je nach Art Sicherheits- oder Panzerglasscheiben mehr und mehr Verwendung. Bei Gitterbegrenzung möglichst zwischen Tieren und Besuchern zusätzliche Glasscheibentrennung. Springaffen, Sakis, Bartsakis und Brüllaffen, die in unseren Breiten verhältnismäßig lange Zeit des Jahres in Warmhäusern leben müssen, benötigen feuchtwarme, klimatisierte Innenanlagen, in denen Zugluft ausgeschlossen und Temperaturschwankungen minimal sind. Bei diesen Arten und bei anderen im Winterhalbjahr den Mangel an Sonnenlicht durch UV-Bestrahlungen ausgleichen. Nachtaffen im Nachttierhaus halten mit „Mondlicht" während der Aktivitätsphase und Schlafboxen in einem lärmisolierten Raum. Raumtemperatur 20–25 °C, Luftfeuchtigkeit 50–75 %, Zugluft vermeiden.

Alle Arten (außer Nachtaffen) dürfen im Sommer an warmen Tagen in sonnige, windgeschützte Außenanlagen. Wollaffen, Kapuzineraffen, Totenkopfaffen, einige Brüllaffen und Klammeraffen können zumindest im Sommer, gut akklimatisierte Tiere auch bis fast 0 °C Außentemperatur ständig in die Außenanlagen gelassen werden, wenn sie die Möglichkeit haben, nach eigenem Ermessen den bei kühlem Wetter geheizten Innenraum aufzusuchen. Haltung der bewegungsfreudigen Klammeraffen auf Inseln, ähnlich wie bei Gibbons, günstig, wenn geeignete Hangeleinrichtungen vorhanden sind. In Denver ist solch eine Insel von einem 4 m breiten Wassergraben umgeben, dessen Sohle von der Insel nach der äußeren Grabenkante sanft abfällt und dort eine Tiefe von etwa 1,20 m aufweist. Hangeleinrichtungen müssen so beschaffen sein, dass die Tiere sich nicht über den Graben schwingen können. Bei zu geringer Wassertiefe (etwa 50 cm) können Klammeraffen, die nicht wasserscheu wie Gibbons sind, den Wassergraben (in New York 12 m breit) durchwaten und so ihre Anlage verlassen. Auch Totenkopfaffen und Wollaffen werden öfter auf Inseln gehalten, Totenkopfaffen wegen der relativen Ungefährlichkeit gegenüber Menschen in manchen Zoos auch völlig frei im Gelände vor ihrer Innenunterkunft. Die Tiere suchen abends freiwillig wieder ihre Innenräume auf. In Apenheul, Apeldoorn wurden weibliche Wollaffen und Jungtiere auf von den Besuchern begehbaren Inseln frei gehalten, doch die gefährlicheren Männchen abgesperrt. Nach mehrjährigen Erfahrungen ist diese Haltung aber wieder eingestellt, da die durch Besucher verursachten Kontakte zu eng wurden und es zu Komplikationen kam. Auch Brüllaffen werden über die Sommerzeit mitunter auf Inseln gehalten. In Rostock werden Kapuzineraffen in einem durch Elektrodraht (Weidezaungerät) gesicherten Gehege gehalten, das von einem etwa 2 m hohen Geflechtzaun umgeben und nach oben offen ist. Nach nur einer Erfahrung mit dem Elektrodraht akzeptieren die Kapuzineraffen die Absperrung. Die Einrichtung der Innen- und Außenanlagen soll den Bedürfnissen der Tiere angepasst und möglichst individuell gestaltet sein. Während früher hygienisch glatte Böden notwendig waren, werden heute oft Naturböden, im Innenraum auch Rindenmulch, Holzschredder, Torf und andere Materialien verwendet. Klettergerüste aus Stahl, Holz oder Plastik, heute möglichst aus natürlichen Ästen, Hängeleitern, Tauen, Kunstlianen, Schaukeln usw. besonders für Spinnen-, Klammer- und Wollaffen. Kapuziner- und Totenkopfaffen nehmen auch Laufbalken, Laufbretter und waagerechte dicke Äste gern an. Titis brauchen viel freien Raum, um springen zu können. Holzeinrichtungen oder Hanfseile in gewissen Abständen erneuern. In größeren Anlagen heute vielfach auch natürliche Einrichtung mit teilweise lebenden Pflanzen, dabei aber auf eventuelle Giftigkeit achten! Nahrung und Getränke möglichst nicht vom Boden, sondern in halber Höhe in der Nähe der Klettereinrichtungen reichen. Tiere steigen dann weniger in die Futterschalen hinein, lassen weniger Kot und Urin hineinfallen. Außerdem suchen sie auch in der Wildnis nur ungern den Boden auf. Allerdings konnte man in Chicago durch Fütterung vom Boden erreichen, dass Springaffen dabei lebhafter und aktiver wurden.

Umgang. Die Sicherheitsmaßnahmen im Umgang mit Neuweltaffen entsprechen denen bei gleich großen Altweltaffen. Zwar sind Neuweltaffen im Allgemeinen umgänglicher und friedfertiger, doch können vor allem erwachsene Männchen gefährlich werden. Drohende Sakimänner richten sich zu imponierender Größe auf, stampfen mit den Füßen, zeigen die Zähne und stoßen Pfeiflaute aus oder brüllen grollend. Uakarimännchen zeigen springendes Imponiergehabe. Ähnlich verhalten sich männliche Kapuzineraffen, die nach wütendem Kreischen den Gegner anspringen. Auch Wollaffen, die normalerweise sehr zahm und umgänglich werden, können im Alter bissig sein. Erwachsene männliche Klammeraffen sind teilweise auch im Umgang mit dem vertrauten Pfleger unberechenbar, greifen, wenn sie ihr Weibchen oder die Jungen bedroht sehen, ungestüm an. Angesichts ihrer langen Eckzähne ist es müßig, auf die Gefährlichkeit solcher Angriffe hinzuweisen. Die Reinigung von Anlagen in Anwesenheit von Tieren, vor allem der größeren Arten, darf nur nach Absperren zumindest der gefährlicheren Männchen erfolgen. Wie bei allen anderen Affen Käfige und Gehegetüren gut verschließen. In der Nähe der Käfige von Kapuziner-, Brüll-, Woll- und Klammeraffen keine Gegenstände herumliegen lassen, da die Tiere mit den Schwänzen eine enorme Reichweite haben und allerlei Dinge in den Käfig angeln können (Schlüsselbund des Tierpflegers!). Kapuzineraffen schlagen feste Gegenstände (Nüsse) auf harten Untergrund oder behämmern sie mit einem anderen Werkzeug (Steine!), zerstören so Brillen, Uhren usw. Aus arbeitsschutztechnischen Gründen sollten stark sehbehinderte Brillenträger nicht zur Pflege von Affen eingesetzt werden. Manche Arten reagieren sensibel auf Pflegerwechsel. Fast alle haben ein ausgezeichnetes Personengedächtnis, das teilweise über Jahre reicht (z.B. Kapuziner-, Klammeraffen). Tiere, die zu Untersuchungen, Behandlungen oder dem Transport gefangen werden sollen, müssen abgesperrt werden. Fang entweder durch Eintreiben in eine am Schieber zur Nachbar- oder Außenanlage angesetzte Kiste oder mit dem Kescher (möglichst kein Stammpfleger). Dabei möglichst dem Fänger mit dem Kescher einen weiteren Tierpfleger zur Seite stellen, der mit Besen, Fanggabel oder ähnlichem Gerät einen direkten Angriff des Tieres auf den weniger beweglichen Kescherträger abwehren kann. Der Fang von Klammer-, Woll- und Brüllaffen ist besonders schwierig, da sie sich, auch wenn sie schon im Netz sind, mit Händen, Füßen und Schwanz am Gitter oder anderem Käfiginventar festhalten. Es sollte sich auch außerhalb des Käfigs ein Tierpfleger bereithalten, um das gefangene Tier eventuell vom Gitter lösen zu können. Nach dem Fang in jedem Fall den Kescher mit einem Strick unterhalb des Bügels fest zubinden. Um Bissen bei der Untersuchung vorzubeugen, schiebt man dem um sich beißenden Tier einen kurzen Holzstock aus Weichholz, notfalls den Griff eines Handfegers durch die Netzmaschen vorsichtig quer ins Maul, bis die Untersuchung oder Behandlung abgeschlossen ist. Alternativ dazu Sedierung, Immobilisation oder Narkose mit Blasrohr, die den Fangstress und die Verletzungsgefahren beim Fang ersparen. Solche Maßnahmen sind zwar auch nicht ohne Risiko, weil manche Mittel bei geschwächten Tieren oder Überdosierungen tödlich sein können, aber sie sind bei notwendigen, längeren Manipulationen am Tier unerlässlich. Brüll-, Woll- und Klammeraffen können sich immobilisiert noch lange Zeit mit dem Schwanz an einem Ast festklammern. Es besteht dann die Gefahr des unkontrollierten Absturzes, daher vorher Boden stark abpolstern und möglichst rechtzeitig einschreiten oder Immobilisation in kleinen Käfigen durchführen. Transport in Affentransportkisten (siehe Band „Grundlagen"). Lediglich die Maße müssen auf die Größe der einzelnen Arten abgestimmt werden. Grundsätzlich sollten erwachsene Tiere einzeln transportiert werden. Mütter mit Säuglingen, die aber normalerweise von Zoo zu Zoo gar nicht versandt werden, muss man mit dem Jungtier einpacken. Gemeinsamer Versand von je nach Größe 2-5 jugendlichen oder halbwüchsigen Tieren beider Geschlechter ist möglich, weil diese während der für sie beängstigenden Prozedur des Verpackens und Reisens beieinander Schutz suchen und finden. Nur gleich große Individuen gemeinsam versenden, da sonst schwächere Tiere von den stärkeren erdrückt oder attackiert werden können. Auf kurzen Strecken Versand in klimatisiertem Auto, sonst Lufttransport. Die kälte- und zugempfindlichen Tiere sollten möglichst während der warmen Jahreszeit reisen. Bei ungünstiger Witterung müssen die Transportmittel beheizbar sein und die Transportkisten stets warm und zugfrei untergebracht werden.

Fütterung. Viele Arten stellen höchste Ansprüche. Es empfiehlt sich, regelmäßig die frei verfügbaren Haltungsempfehlungen der EAZA in Hinsicht auf die artspezifische Fütterung zu überprüfen, da diese regelmäßig aktualisiert werden. Bei allen Primaten wird heute die Fütterung von Früchten, Milchprodukten und anderen tierischen Produkten (schieres und gekochtes Fleisch, Küken, Mäuse usw.) weitestgehend vermieden. Eine ausreichende Kost ist nur durch ein vielfältiges Nahrungsangebot erreichbar. Generell sollte das Futter rohfaserreich und arm an löslichen Zuckern, Proteinen und Fetten sein. Deshalb weitgehend auf Milchprodukte verzichten und Obst reduzieren. Es sind fast ausschließlich Pflanzenfresser, darunter als Nahrungsspezialisten Spinnenaffen, Brüllaffen, Bartsakis und Sakis (Ausnahme: Weißgesichtssaki). Vorwiegend Pflanzenfresser sind Springaffen, Nachtaffen, Klammeraffen, Wollaffen und Uakaris. Einen höheren Anteil tierischer Kost (vorwiegend Insekten) brauchen Kapuzineraffen, aber vor allem Totenkopfaffen. Für Kapuziner- und Totenkopfaffen gut verträgliche, jedoch nur in geringster Menge anzubietende Früchte sind z.B. Banane, Apfel, Papaya, Birne, Kiwi, Avocado, Melone, Orange, Mango, Beeren, Traube, Ananas. Eine große Auswahl an Gemüse, darunter Karotten, Süßkartoffeln, Brokkoli, Salate, grüne Bohnen, Rüben, Erbsen, Mais, Sellerie, Auberginen, Zucchini, Blumenkohl, bieten Abwechslung und decken den Tagesbedarf ausreichend. Nüsse, Samen, Insekten, Eier und Fleisch sind ebenfalls wichtig, um den Rest des Nährstoffbedarfs zu decken. Kapuzineraffen benötigen, wie andere Neuweltprimaten auch, Vitamin D_3, das sie bei Sonneneinstrahlung (oder anderen UV-Quellen) aufbauen können. Da die Sonneneinstrahlung in den europäischen Ländern im Allgemeinen zu gering ist, um eine ausreichende Vitamin-D_3-Produktion zu gewährleisten, muss dieses Vitamin mit der Nahrung zugeführt werden, damit das Risiko eines Mangels minimiert wird. Trächtigen und säugenden Weibchen, jungen und sehr alten Tieren muss dabei besondere Aufmerksamkeit gewidmet werden, da diese einen höheren Bedarf an Vitamin D_3 haben. Früchte sollten nicht Teil der regulären Ernährung sein, da sie nichts Einzigartiges oder Notwendiges für die Tiere bieten, das nicht auf eine bessere und gesündere Weise durch die Bereitstellung von Gemüse gegeben werden kann. Dennoch können Früchte gelegentlich für das medizinische Training oder für die medizinische Behandlung verwendet werden. Sakis, Bartsakis und zu gewissem Anteil Uakaris sind Samenspezialisten, daher sollten verschiedene Arten von rohen, ungesalzenen Samen und Nüssen als regelmäßiger Bestandteil der Ernährung angeboten werden. Aufgrund der geringen körperlichen Aktivität in Tiergärten müssen die verabreichten Mengen an Samen und Nüssen streng überwacht und auf ein Maximum beschränkt werden. Ideal sind rohe Samen und Nüsse mit einer harten Hülle oder Schale, die täglich gefüttert werden können, z.B. Mandeln, Walnüsse, Palmnüsse und in geringerem Umfang auch Sonnenblumenkerne und Erdnüsse. Samen und Nüsse sollten nur maximal 10 % des täglichen Energiebedarfs decken. Insekten und deren Larven werden gerne genommen und bieten als Lebendfutter (Heuschrecken, Grillen) zudem Beschäftigung und Aktivierung. Gelegentliche Gabe von Gummi Arabicum, verteilt in Baumritzen oder Spalten, ist eine herausragende Nährstoffquelle, bietet weitere Abwechslung und stellt zudem eine besondere Herausforderung bei der Aufnahme dar. Marmoset- oder Tamarin-Gelee/Kuchen sind nicht notwendig, können aber verabreicht werden, da ihre Inhaltsstoffe den Pellets recht ähnlich sind. Nur vollständige Körner wie gekochter brauner Reis, Quinoa oder Bulgurweizen sind geeignet und können gelegentlich als Streufütterung angeboten werden. Sie liefern gleichzeitig Nähr- und Ballaststoffe. Alle anderen Getreidesorten oder verarbeitete Körner enthalten zu viele lösliche Kohlenhydrate und können frühzeitig ein Hungergefühl auslösen. In Köln nahm ein Zottelschweifaffe keine Insekten oder deren Larven an, dagegen fraßen Weißgesichtssakis, Satansaffen, Weißnasensakis gern Mehlwürmer und Heuschrecken. Mancherorts wird auch industriell hergestelltes Fertigfutter für Krallenaffen beigegeben. Brüllaffen und Spinnenaffen benötigen in der Hauptsache junges und ausgereiftes Laub, wobei Jungtiere möglichst schon an eine breite Palette gewöhnt und die Laubarten dabei ausprobiert werden müssen, daneben aber auch Früchte und in geringem Umfang tierische Kost. Springaffen erhielten in Chicago einen Brei aus Fleisch, zerkleinertem, gekochtem Ei sowie geraspeltem rohen Obst und teils rohes, teils gekochtes, fein zerkleinertes Gemüse. Generell scheinen die Tiere einen hohen Eiweißbedarf zu haben, der aber vor allem durch pflanzliches Protein (z.B. Soja) gedeckt werden sollte. Die früher häufig auf eine Unterernährung mit tierischem Eiweiß zurückgeführten Durchfälle mit Gewichtsverlust und Abgeschlagenheit, die nicht selten tödlich endeten, haben mit aller Wahrscheinlichkeit ihre Ursachen in psychischem Stress (siehe Vergesellschaftung). Manche Uakaris nehmen heißhungrig tierische Kost, besonders Eidechsen, andere verschmähen sie. Alle Kapuzineraffen benötigen zusätzliche Gaben von Vitaminen und Mineralstoffen, die Dosierung erfolgt je nach den erachteten Erfordernissen.

Für die täglichen Nahrungsmengen gibt es nur spärliche Anhaltspunkte. Futterreste bald nach der Fütterung entfernen. Mehrere Fütterungen am Tag sind notwendig. Ganztägig frische Äste und Blätter anbieten. Bei spezialisierten Blattfressern (z.B. Brüllaffen) 3 Fütterungen täglich mit Frischlaub, im Winter mit Trockenlauf oder Laub aus gefrostetem Bestand. Ein- oder zweimal täglich Tränke aus Kräutertee, zumeist aber sauberes Trinkwasser. Äußerste Sauberkeit ist bei der Futterzubereitung erforderlich. Verdorbene Nahrung ist Gift für die meist heiklen Fresser. Obst und Gemüse gut waschen und putzen, Faulstellen entfernen.

Vergesellschaftung. Mit anderen Arten nur begrenzt möglich. Einzelne Woll-, Klammer-, Kapuziner- und Brüllaffen konnten bei geräumigen Unterkünften in den Gruppen einer anderen geselligen Art gehalten werden. Vergesellschaftung von Angehörigen der gleichen Art nicht nach einheitlichem Muster möglich. Nachtaffen streng monogam, können nur paarweise gehalten werden. Beide Eltern versuchen herangewachsene Jungtiere abzudrängen. Daher rechtzeitig absetzen, sonst physische und psychische Schäden bis einschließlich Todesfolge. Die ebenfalls monogamen Springaffen sind gegenüber ihren Nachkommen tolerant und drängen sie nicht aktiv aus der Familie, Beißereien treten kaum auf. Nach dem vollständigen Erwachsenwerden mit etwa 3 Jahren sind die Nachkommen im Allgemeinen aber nicht mehr an sozialen Aktionen der Familie beteiligt und sollten herausgenommen werden (im Wildleben verlassen sie die Familie), da sie sich offenbar unwohl fühlen. Paar- und Familienbindung demonstrieren Springaffen durch enges Nebeneinandersitzen mit spiralig verschlungenen Schwänzen, die aneinander gerieben oder wechselseitig gedrückt werden. Mehr als 1 Paar mit Nachwuchs sollte bei Springaffen nicht im gleichen Raum gehalten werden. Mit sehr lauten morgendlichen Gesängen verteidigen Springaffen ihr Territorium. In unmittelbarer Nachbarschaft lebende, stimmlich unterlegene Artgenossen leiden unter dem Populationsdruck (meist helle und säuerlich riechende Durchfälle, auch Stresstod). Während die Zusammenstellung von kleinen Gruppen, in denen nur 1 erwachsenes Männchen vorhanden ist, bei Klammeraffen meist problemlos verläuft und Totenkopfaffen sogar in Gruppen vergesellschaftet werden können, in denen 2 oder mehr erwachsene Männchen vorhanden sind, ist bei den übrigen Arten der Aufbau von Gruppen am unkompliziertesten, wenn man ein Pärchen zur Fortpflanzung bringt und die Jungtiere heranwachsen lässt. Weißgesichtssakis konnten mit Krallenaffen vergesellschaftet werden, in Basel Wollaffen auf einer Freianlage mit Totenkopfaffen, die bald auch die Innenkäfige der Wollaffen aufsuchten, von diesen aber während der Fütterung getrennt werden mussten, weil sie den Wollaffen die besten Futterbestandteile stahlen. Im Zoo Halle Vergesellschaftung von Totenkopfaffen mit Grauflügel-Trompetervögeln (*Psophia crepitans*).

Fortpflanzung und Zucht. Geschlechtsunterscheidung für Unerfahrene bei Spinnen- und Klammeraffen nicht einfach, weil die lange, penisähnliche Klitoris einen Penis vortäuscht, während dieser beim nicht sexuell erregten Männchen klein und kurz ist. Bei näherer Betrachtung sind jedoch bei Penis und Klitoris Unterschiede sichtbar. Außerdem ist bei Männchen beider Gattungen das Scrotum zu sehen, das bei Spinnenaffen außergewöhnlich lang und farblich gepunktet ist. Auch Kapuzineraffen haben eine lange Klitoris, deren Männchen im Gegensatz zu anderen Arten einen Penisknochen. Übrige Arten zeigen deutliche Unterschiede der äußeren Sexualorgane. Fortpflanzung der meisten Arten an keine Jahreszeit gebunden, aber artspezifisch oft Geburtenhäufung in bestimmten Monaten. Weibchen polyöstrisch. Bei Springaffen in der Natur Geburtenhäufung von November bis März, bei Kapuzineraffen in Kassel im Juli/August. Länge der Östruszyklen individuell und artverschieden, z.B. bei Kapuzineraffen 16–33 (im Mittel 22–28), bei Totenkopfaffen um 18, bei Sakis etwa 16–18, bei Uakaris 16–48(!), bei Brüllaffen 13–24 (im Mittel 20), bei Klammeraffen 24–27, bei Wollaffen 21–28 Tage. Menstruationsblutungen 1–3 Tage, aber nicht immer erkennbar. Östrus setzt etwa 10 Tage nach Abschluss der Menstruation ein und dauert 1–4, bei Wollaffen bis 8(?) Tage. In dieser Zeit verfärben sich bei Weißnasen- und anderen Sakis die unbehaarte Genital- und Analregion rot. Weibliche Kapuzineraffen signalisieren Paarungsbereitschaft durch Laute und Mimik („Östrusgesicht"). Bei Klammeraffen spielen Brustbeindrüsen im Paarungsgeschehen eine Rolle. Brüllaffen beider Geschlechter rufen viel. Zur Paarung reitet das Männchen dem Weibchen rücklings auf. In größeren Gruppen gehaltene Weibchen (z.B. Brüll- und Kapuzineraffen) paaren sich mit mehreren Männchen. Tragzeiten: Nachtaffe 150–153, nach anderen Angaben 120–133, Springaffen 150–55, Weißgesichtssaki 163–176, Totenkopfaffen 155–170, Kapuzineraffen um 149–167 (zwischen letztem Menstruationstag und Geburtsdatum vergehen beim Gehaubten Kapuziner in der Regel 157 ± 4 Tage), Brüllaffen (ab 152?) 180–195, Wollaffen um 225, Klammeraffen 226–232, Spinnenaffen 210–255 Tage. Berechnung und Bestimmung der Tragzeit sind nicht immer einfach, da nicht selten Scheinöstren auftreten, während denen tragende Weibchen sich bereitwillig decken lassen. Geburtsintervalle nach natürlicher Aufzucht bei Springaffen 385 (±25), bei Gehaubten Kapuzinern im Mittel 650 Tage. Nach Totgeburten beträgt der Abstand zwischen den Geburten bei Springaffen nur 267 (±23), bei Gehaubten Kapuzinern nur etwa 350 (±70) Tage. Bei Nachtaffen wurden zwischen den Geburten Intervalle von 204–274 Tagen, bei Kapuziner- und Wollaffen von 1½–2 Jahren, bei Brüllaffen zwischen 7 Monaten und 2¼ Jahren, bei Uakaris von 2, bei Klammeraffen von 3 Jahren festgestellt.

Tragende Weibchen nicht aus den Gruppen entfernen, da Artgenossen in der Regel weder dem Muttertier noch dem Neugeborenen gefährlich werden, sondern im Gegenteil beide beschützen. In Oklahoma musste allerdings ein Zottelschweifaffenpaar getrennt werden, weil das Männchen das vorherige Junge gefressen hatte. Auch ältere Geschwister können bei Nachtaffen, Springaffen, Sakis und Bartsakis in der ersten Aufzuchtphase stören. In einer Gruppe Gelbbrustkapuziner in Magdeburg mit 1 Männchen und 2 Weibchen bekamen beide Weibchen im Abstand von 2 Monaten Nachwuchs. Nach der Geburt des 2. Jungtieres kam es zu Auseinandersetzungen, provoziert durch das Weibchen mit 1. Jungen. Es wurde daraufhin getrennt und zu einem anderen einzelnen Männchen gesetzt. Nach einigen Tagen einträchtigen Zusammenlebens tötete dieses Männchen das Jungtier (Infantizid).

Einlingsgeburten, Zwillinge nur bei Nachtaffen häufiger, sonst selten, nachgewiesen bei Kapuzineraffen, Klammeraffen und Totenkopfaffen. Geburtsgewichte: Nachtaffen 70–100 g (Durchschnittsgewicht von 13 Neugeborenen 92 g. Junge, die weniger als 80 g wiegen, sollen wenig Überlebenschancen haben), Springaffen um 70 g, Totenkopfaffen 90-115 g, Kapuzineraffen um 200 g, Klammeraffen zwischen 340 und 480 g und Brüllaffen um 600 g. Zur Geburt suchen Nachtaffen, Springaffen, Sakis und Bartsakis oft einen Schlafkasten auf, den Nachtaffen mit weichem Material (Heu, Lappen) auspolstern. Mütter von Springaffen übergeben das Jungtier kurz nach der Geburt dem Vater, der es in der darauf folgenden Zeit zu über 90 % trägt. Den Wechsel von einem Tragtier zum anderen muss das Junge im Gegensatz zu den anderen Arten selbst vollziehen. Es erhält von den erwachsenen Tieren außer körperlicher Annäherung keine Hilfe. Bei Nachtaffen wechselt das Junge erst mit etwa 1 Woche auf den Vater über. Bei den übrigen Arten wird das Junge ausschließlich oder vorwiegend von der Mutter getragen. Sakis und Bartsakis tragen die Jungen anfangs am Bauch oder in den Schenkelweichen, von dort wechseln die Jungen später auf den Rücken, z.B. Weißkopfsakis mit etwa 10, Weißnasensakis mit 24–28 Tagen. Dabei verankern sie sich mit dem Schwanz am Körper der Mutter. Dieser Reflex erlischt mit etwa 2 Monaten. Klammer- und Wollaffen werden am Unterbauch der Mutter getragen, verankern sich mit dem Greifschwanz zusätzlich an der Schwanzwurzel der Mutter und wechseln mit 5 Wochen oder früher (Wollaffe) oder erst mit 4–5 Monaten (Klammeraffen) auf den Rücken der Mutter über. Neugeborene Kapuzineraffen werden anfangs quer zur Körperachse auf dem Rücken der Mutter getragen, sitzen nach 2 Monaten dort in Längsrichtung. Nach der Geburt gut beobachten. Jungtiere, die vom Männchen, anderen Weibchen oder Geschwistern getragen werden, müssen in gewissen Abständen bei der Mutter gesehen werden, damit sie dort saugen können. Halbwüchsige oder erwachsene Weibchen ohne Säugling haben nicht selten einen überstarken Pflegetrieb und rauben schwächeren Weibchen die Jungen. In solchen Fällen diese Weibchen für einige Zeit aus der Gruppe entfernen. Häufiges Winseln der Jungtiere, Schwächezeichen wie schlaffe Kopf- und Schwanzhaltung (kraftloses Baumelnlassen) sind oftmals Anzeichen für unzureichende oder ausbleibende Ernährung oder Krankheit des Jungtieres. Mütter, deren Artgenossen sich an der Aufzucht der Jungen beteiligen, nehmen diese spätestens zum Saugen zu sich zurück, wenn die Jungen unruhig werden und wegen des Hungers zirpende oder schnurrende Laute hören lassen. Alle Weibchen mit 1 Paar meist achselständiger Milchdrüsen. Jugendentwicklung z.T erheblich langsamer als bei gleich großen Altweltaffen.

Erste feste Kost nehmen Weißgesichtssakis mit 4, Weißnasensakis mit reichlich 5, Woll- und Brüllaffen mit 6–7 und Kapuzineraffen mit 8 Wochen auf. Regelmäßige Aufnahme fester Nahrung bei Sakis und Bartsakis mit 10–12, Nachtaffen mit über 8, übrigen Arten mit 12–14 Wochen. Den schützenden Mutterkörper verlassen Sakis und Bartsakis mit 7–8, Kapuziner manchmal schon mit 4, meist aber wie die übrigen Arten mit 8–10 Wochen erstmals. Selbständig sind Nachtaffen mit etwa 8, Springaffen mit etwa 5, Kapuzineraffen mit 10–12, Totenkopfaffen mit 11, Weißgesichtssakis mit etwa 5, Uakaris erst mit 15, Brüllaffen etwa mit 20, Woll- und Klammeraffen mit 12–16 Monaten, Spinnenaffen sollen noch länger benötigen. Geschlechtsreife bei Springaffen mit 2–3 (Weibchen) und 2–3½ (Männchen), Nachtaffen und Sakis mit 2 (Weibchen) bis 3 (Männchen), Uakaris mit 3½ (Weibchen) bis 5½ (Männchen),

Totenkopfaffen mit 3 (Weibchen) bis 4 (Männchen), Kapuzineraffen mit 4½ (Weibchen) und 6–7 (Männchen), Brüllaffen mit 3–3½ (Weibchen) und 2–3 (Männchen), Wollaffen und Klammeraffen mit 4–5 (Weibchen) und 5–6 (Männchen) Jahren. Ein weiblicher Kahlkopfuakari brachte mit 11 Jahren noch ein gesundes Junges, ein männlicher Nachtaffe war im gleichen Alter noch zuchtfähig.

Künstliche Aufzucht bei zahlreichen Arten gelungen. Milchzusammensetzung bei einigen Neuweltaffen in Tabelle 19.3. Anstelle der früher als Nahrung oft verwendeten Frauenmilch wird heute mit Erfolg industriell gefertigte Säuglingsnahrung für Menschen eingesetzt. Bei temperaturempfindlichen Arten empfiehlt sich in den ersten Wochen die Aufzucht in einem Inkubator. Ein Zottelschweifaffe wurde in Oklahoma so bei 29 °C und relativer Luftfeuchtigkeit von 65–70 % aufgezogen. Mit 6 Wochen kam er in einen kleinen Käfig mit Temperaturen von 24–26 °C und relativer Luftfeuchtigkeit von 45–60 %. Er erhielt 3-stündig Säuglingsnahrung tropfenweise aus einer Spritze und nach 2 Wochen zusätzlich feste Kost in Form von gemusten Früchten und Gemüse sowie Kinderfertigkost. (Vorsicht bei Milchgaben aus einer Spritze oder Pipette, da hier Jungtier nicht saugen muss und sich bei Einspritzen der Nahrung leicht verschlucken kann. Flasche mit Gummisauger besser geeignet.) Mit 3½ Monaten setzten heftige Durchfälle ein, die nach dem Absetzen der Säuglingsnahrung aufhörten. Umstellung auf Erwachsenenkost mit 8 Monaten abgeschlossen. Ebenfalls in einem Inkubator bei 27 °C und 30–50 % relativer Luftfeuchtigkeit wurden in Chicago Nachtaffen aufgezogen, die täglich 6–7 Mahlzeiten im Abstand von 2½ Stunden bei einer Nachtpause von 23.00 bis 7.00 Uhr Säuglingsersatzmilch erhielten. Sie nahmen anfangs täglich 10–15 g, am Ende der 1. Woche 20 g auf. Während der 3. Woche wurde feste Kost in Form von geschabtem Apfel beigefüttert. Die täglich aufgenommene Milchmenge steigerte sich bis zur 8. Woche auf 90 g. Bereits ab der 4. Woche wurde das Angebot an fester Kost durch fein zerkleinerte Banane, grüne Bohnen, gekochte Süßkartoffeln und kleine Mengen von Spinat oder Salat erweitert. Umstellung auf Erwachsenenkost mit 5 Monaten abgeschlossen. Ein Gehaubter Kapuziner wurde in Magdeburg in einem Stoffbeutel, anfangs unter dem Hemd unmittelbar am Körper des Pflegers, später über dessen Kleidung getragen, weil dessen isolierte Aufzucht in einem Inkubator oder entsprechendem erwärmten Kasten aus Gründen der Sozialisierung des Jungtieres als ungünstig betrachtet wurde (reizarme und nicht reagierende Umwelt des Inkubators kann zu Kaspar-Hauser-Effekten führen). Trotz Gewöhnung an den menschlichen Pfleger gelingt spätere Eingliederung zu Artgenossen meist, wenn dafür möglichst früher Zeitpunkt gewählt wird. Der Kapuzinersäugling erhielt im 2-stündigen Abstand mit einer 6-stündigen Nachtpause täglich bis zum 15. Lebenstag 10 Mahlzeiten Säuglingsnahrung, wovon er um den 15. Lebenstag täglich etwa 100 g, bis zum 28. Lebenstag in nur noch 8 Mahlzeiten täglich 110 g aufnahm. In Leipzig mit Frauenmilch aufgezogene Kapuzineraffen nahmen täglich größere Milchmengen zu sich, blieben jedoch vergleichsweise in der Gewichtsentwicklung zurück. In Magdeburg erwies sich die Beifütterung von Kinderfertigkost bereits mit 4 Wochen als zu zeitig. Freiwillig wird feste Kost mit etwa 3 Monaten aufgenommen. Bis dahin scheint ausschließlich Flaschennahrung ausreichend zu sein. Schuppiges Schälen der Haut ab 4.–10. Lebenstag kann durch Einreibungen mit öligem Vitamin A oder Hautöl behoben werden. Durchfälle, Appetitlosigkeit und leichtes Fieber können durch die Zahnung hervorgerufen werden. Bei Zahndurchbruch auch unleidliches Verhalten mit zeternden oder fiependen Lauten und Speicheln.

Haltungsergebnisse von Kapuzineraffenartigen sind befriedigend und die durchschnittliche Lebenserwartung oft höher als in der Wildnis. Springaffen, Sakis, Bartsaki und Brüllaffen gelten noch immer als Problemtiere. Ursachen für die Kurzlebigkeit sind neben ungelösten Problemen in der Unterbringung und Fütterung vor allem wohl unerkannte soziale Stressprobleme. Diese können in der Gruppenstruktur, aber auch in der räumlichen Nähe zu anderen Gruppen und Arten bedingt sein. Außerdem scheinen die Tiere auch seelisch stark zu leiden, wenn sie einzeln gehalten werden, der Partner stirbt oder der vertraute Pfleger wechselt. Wollaffen und Totenkopfaffen werden häufig vielleicht zu harten klimatischen und mikroklimatischen Bedingungen unterworfen. Gegen Zug, Nässe und Kälte sind sie genauso empfindlich wie die meisten anderen Arten und wie diese von Erkrankungen der Atemwege und der Verdauungsorgane bedroht. Kapuzineraffen scheinen von allen Arten am widerstandsfähigsten zu sein, doch darf nicht vergessen werden, dass auch sie im Vergleich zu gleich großen Altweltaffen wesentlich empfindlicher sind.

Höchstalter in Menschenobhut. Bolivianischer Totenkopfaffe (*Saimiri boliviensis boliviensis*) 30¼, Rotrücken-Totenkopfaffe 15¾, Weißschulterkapuziner 53½, Gehaubter Kapuziner über 45, Weißstirnkapuziner fast 40½, Brauner Kapuziner 44¼, Schwarzer Kapuziner über 30, Gelbbrustkapuziner über 36, Azara-Nachtaffe (*Aotus azarae*) 33, Bolivianischer Nachtaffe (*A. a. boliviensis*) über 32, Dreistreifen-Nachtaffe über 30, Kolumbianischer Nachtaffe über 22, Grauer Springaffe über 26, Roter Springaffe fast 26½, Weißohrtiti 24¾, Mönchsaffe über 20½, Weißgesichtssaki über 36, Satansaffe fast 18, Kahlkopfuakari über 35¾, Schwarzer Uakari 18½, Mantelbrüllaffe über 15¼, Roter Brüllaffe 22¾, Schwarzer Brüllaffe 32¼, Spinnenaffe über 19½, Schwarzer Klammeraffe 44, Schwarzgesicht-Klammeraffe über 42¾, Geoffroy-Klammeraffe über 47, Goldstirn-Klammeraffe 35¼, Brauner Wollaffe über 29, Grauer Wollaffe über 29¼, Kolumbianischer Wollaffe über 30¾ und Silberner Wollaffe 24 Jahre.

Kleinordnung Altweltaffen – Schmalnasenaffen (Catarrhini)

Wichtigstes Kennzeichen ist die schmale Nasenscheidewand mit eng zusammenstehenden Nasenlöchern. Gebiss kräftig, Zahnformel: 2/2 1/1 2/2 3/3. Eckzähne meist deutlich vergrößert, obere bei Männchen stets verlängert, 3. Vorbackenzahn fehlt in beiden Kieferhälften, 3. Backenzahn („Weisheitszahn“) vorhanden. Schwanz ist kein Wickel- oder Greiforgan, bei manchen Arten nur stummelförmig, fehlt bei einigen Arten. Daumen bzw. Großzehe gut ausgebildet und opponierbar. Hand- und Fußflächen sohlenförmig.

Verbreitung. Afrika, Asien, 1 Art auch in Europa.

2 Überfamilien, 4 Familien, 29 Gattungen, 153 Arten.

Überfamilie Hundsaffen (Cercopithecoidea)

Familie Meerkatzenverwandte (Cercopithecidae)

Größe sehr unterschiedlich, durch Sexualdimorphismus auch innerhalb einer Art. Männchen meist größer als Weibchen, besonders bei vorwiegend bodenbewohnenden Arten. Kopf rund, Schnauze kann aber beträchtlich vorspringen. Gesicht meist nackt, teils fleischfarben, teils dunkel pigmentiert, nicht selten sehr bunt. Augen groß, Ohren meist nackt und menschenähnlich. Backentaschen meist vorhanden. Finger und Zehen mit Nägeln. Knöchernes Becken vor Druck- und Stoßverletzungen beim Sitzen mit aufgerichtetem Oberkörper durch bindegewebige, oberflächlich verhornte Sitzschwielen geschützt. Männchen mit Penisknochen. Fell meist schütterer als bei Neuweltaffen, vereinzelt mähnenartige Behänge an Kopf, Oberkörper und Schwanz. Fellfarbe teils unscheinbar bräunlich grau, teils bunt und kontrastreich. Systematik sowohl bezüglich der Gattungen als auch der Arten z.T umstritten.

2 Unterfamilien, 21 Gattungen, 132 Arten.

Unterfamilie Meerkatzenartige (Cercopithecinae)

Auch Backentaschenaffen. Körpergröße und Gestalt art- und gattungsabhängig verschieden, eichhörnchen- bis fast schimpansengroß, vorwiegend am Boden nahrungssuchende Arten meist gedrungen, kurz- bis stummelschwänzig, überwiegend baumlebende Arten leichter gebaut mit langen Schwänzen als Balancierorgan.

11 Gattungen, 73 Arten.

Makaken (*Macaca*)

Mittelgroß, Körper gedrungen. Schnauze springt mäßig vor, kräftiges Gebiss. Breite Überaugenwülste bei erwachsenen Männchen. Schwanz mittellang oder kurz. Große Teile des Gesichts kurz behaart, vereinzelt verlängertes Haupthaar oder Bärte. Fellfarbe bräunlich, graubraun, bei 2 Arten schwarz. Nordafrika, Gibraltar, Süd- und Ostasien.

Abb. 19.24 Der Bartaffe oder Wanderu (*Macaca silenus*) ist in seiner südwestindischen Heimat vom Aussterben bedroht.

Nach neueren systematischen Befunden 23 Arten in 5 Artengruppen, deren Angehörige untereinander näher verwandt sind als mit den anderen Makaken.

Javaneraffe (*M. fascicularis*), auch Langschwanzmakak oder Krabbenfresser: Fell gelblich grau, Schwanz lang, mitunter auf dem Scheitel Schopfbildung. 10 Unterarten. Myanmar und südliches Hinterindien bis Borneo und Timor, Philippinen, Nikobaren. – **Bärenmakak** (*M. arctoides*), auch Stumpfschwanzmakak: Fell braun bis rotbraun, Körper gedrungen, Schwanz kurzer Stummel, Gesicht im Alter rot oder rotfleckig. Assam, Südchina bis Hinterindien und nördliche Malaiische Halbinsel.

Rhesusaffe (*M. mulatta*): Schwanz mittellang, Vorderrumpf graubraun, Lendenbereich und Hinterbeine mit einem Anflug von Ocker. Ostafghanistan bis Nordostchina, Indien, Hinterindien, Hainan. – **Rotgesichtsmakak** (*M. fuscata*), auch Japanmakak, Schneeaffe: Fell graubraun, Gesicht gleichmäßig hellrot, Schwanz sehr kurz. 2 Unterarten. Japan ohne Hokkaido, aber einschließlich benachbarter Inseln (darunter Yakushima). – **Formosamakak** (*M. cyclopis*), auch Rundgesichtsmakak: Fell schieferbraun, an den Gliedmaßen dunkler. Taiwan.

Berberaffe (*M. sylvanus*), auch Magot: Schwanz fehlt, Fell dicht. Nordafrika, Gibraltar.

Südlicher Schweinsaffe (*M. nemestrina*): Fell braun, Körper gedrungen, Schwanz kurz und dünn. Südliches Thailand, Malaiische Halbinsel bis Sumatra, Borneo und Bangka. – **Nördlicher Schweinsaffe** (*M. leonina*): Fell oberseits olivbraun oder gräulich, Unterseite weißlich. Östliches Indien, Bangladesch, Myanmar, Südchina bis Nordthailand. – **Bartaffe** (*M. silenus*), auch Wanderu: Fell schwarz, schlanker Körper, Gesicht von grauem Bart umschlossen. Südwestindien. – **Schwarzer Schopfmakak** (*M. nigra*), auch Schopfaffe: vollständig schwarz, langer Haarschopf auf dem Scheitel, gelbliche Sitzschwielen. Nordöstlichstes Sulawesi. – **Gorontalo-Makak** (*M. nigrescens*), auch Grauer Schopfmakak: Rumpf dunkelbraun, sonst Fell schwarz, Sitzschwielen schwarz. Nordsulawesi. – **Hecks Makak** (*M. hecki*): Fell schwarz, Gliedmaßen braun bis grau. Nordwestsulawesi. – **Tonkeanmakak** (*M. tonkeana*): Fell schwarz, Rückseite der Hinterbeine und Backenbart grau. Zentralsulawesi. – **Mohrenmakak** (*M. maura*): Fell schwarzbraun. Südsulawesi. – **Grauarmmakak** (*M. ochreata*), auch Gestiefelter Celebes-Makak: Fell schwarz, Gliedmaßen und Backenbart grau. 2 Unterarten. Südöstliches Sulawesi und benachbarte Inseln. – **Mentawai-Makak** (*M. pagensis*), auch Pagai-Makak: Rücken und Hinterbeine dunkelbraun, Vorderbeine rötlich, Schulterbereich grau. Inseln Sipura, Nord- und Süd-Pagai (Mentawai-Inseln). – **Siberut-Makak** (*M. siberu*): gelegentlich auch als Unterart von *M. pagensis* geführt, jedoch Fellfarbe dunkler, weiße Wangen. Insel Siberut.

Ceylon-Hutaffe (*M. sinica*): kleinster Makak, Fell braun bis ockerfarben, „Huthaare" fallen in der Regel zur Seite, Ohren und Unterlippe schwarz. 2 Unterarten. Sri Lanka. – **Indischer Hutaffe** (*M. radiata*): Fell graubraun, auf dem Kopf längere Haare, die schopfartig abstehen oder zur Seite fallen, Schwanz mittellang. Südliches Indien. – **Tibet-Makak** (*M. thibetana*): größte Art (Männchen bis über 18 kg), stummelschwänzig. 4 Unterarten. Tibet, Sichuan bis Kwangtung (Südchina). – **Assam-Makak** (*M. assamensis*), auch Bartrhesus, Bergrhesus: Fell einheitlich graubraun, Schwanz mittellang. 2 Unterarten. Hügelland am Fuße des Himalaja von Nepal über Nordostindien, Nord- und Ostmyanmar, Südchina, nördliches Hinterindien (West- und Nordthailand, Laos, Nordvietnam), isolierte Population in Südwestbangladesch. – **Arunachal-Makak** (*M. munzala*): erst 2004 entdeckt und 2005 beschrieben. Sehr dunkles Gesicht, gedrungener Körperbau. Arunachal Pradesh, Tawang- und West-Kameng-District (Nordostindien). – **Weißwangenmakak** (*M. leucogenys*): 2015 beschrieben. Namensgebend ist ein weißer Kinn- und Wangenbart. Tibet und angrenzende Gebiete Indiens.

Abb. 19.25 Da bei den Schwarzen Schopfmakaken (*Macaca nigra*) geschlechtsreif werdende Männchen ihre Geburtsgruppe verlassen müssen, schließen sie sich zeitweise zu Junggesellentrupps zusammen.

Gefährdungsstatus. Bestand einzelner Arten oder Unterarten im Verbreitungsgebiet teils gesichert, teils schutzbedürftig (Assam-Makak, Nördlicher und Südlicher Schweinsaffe, Muna-Buton-Grauarmmakak, Magot, Arunachal-Makak), teils gefährdet (Bärenmakak, Formosa-Makak, Yakushima-Rotgesichtsmakak, *Macaca fuscata yakui*, Schwarzer Schopfmakak) oder vom Aussterben bedroht (Bartaffe, Mentawai-Makak, Siberut-Makak). Von dem in weiten Teilen seines einstigen nordafrikanischen Verbreitungsgebietes ausgerotteten Magot wurden 1986 erstmals 380 Tiere in Marokko ausgewildert, die in den Schaugehegen von Kintzheim und Rocamadour geboren und aufgewachsen waren. EEP für Bartaffen in Köln, für Schwarzen Schopfmakak in Paignton, für Berberaffen in Barcelona, für Südlichen Schweinsaffen in Gelsenkirchen.

Lebensweise. Tagtiere. Lebensraum alle Vegetationszonen im Verbreitungsgebiet: Mangrovendschungel, bewaldete Flussufer und Küsten (Rhesus- und Javaneraffe), Bergregenwälder (Bartaffe bis in 1500 m Höhe), dichte immergrüne Bergwälder (Grauarmmakaken, Ceylon-Hutaffe, Bärenmakak, Javaner- und Schweinsaffen, Assam-, Tibet-, Formosamakak), tropische Tieflandregenwälder (Schweinsaffen, Javaneraffe, Bärenmakak), laubabwerfende Wälder, lockeres Wald- und Buschland (Rhesus-, Schweinsaffen, Hutaffen, Formosa-, Japan-, Tibet-Makak, Magot), immergrüne Trockenwälder (Rhesus-, Hut-, Schweinsaffen, Bärenmakak). Javaner- und Rhesusaffe sehr anpassungsfähig. Rhesusaffe sogar in Halbwüsten und Hochgebirgen (Pakistan bis in 4000 m Höhe, im Winter liegt hier Schnee), auch Japan-Makak und Magot sind im Winter mit Schnee konfrontiert. Javaner-, Rhesus- und Hutaffen, Bären- und Mohrenmakak dringen örtlich in vom Menschen besiedelte Gebiete und Plantagen ein, Javaner- und Rhesusaffen bis in Städte. In Nordindien leben 46 % aller Rhesusaffen in Dörfern, 30 % in Städten, nur 12 % in Wäldern, der Rest an Straßen, in Tempeln usw. Horden von verstädterten Tieren sind kleiner als die von waldbewohnenden Rhesusaffen (etwa 15:50). Auch ein großer Teil der Magots auf Gibraltar hat jede Furcht vor dem Menschen verloren. Entweder vorwiegend Baumbewohner (Bart-, Javaner-, Hutaffen, Assam- und Gorontalo-Makak) oder vorwiegend Bodenbewohner (Magot, Schweinsaffen, Bären-, Tibet-, Formosamakak), übrige Arten ohne Bevorzugung bestimmter Aufenthaltsorte. Nachtruhe auf Schlafbäumen oder Felsklippen. Fortbewegung am Boden meist vierfüßig laufend, können aber auch Nahrung mit den Händen tragen und dann kürzere Strecken aufgerichtet auf den Hinterbeinen gehen. Klettern und springen geschickt, können schwimmen, Rhesusaffen, Javaneraffen und Formosamakak auch tauchen (gruppenbezogen weitergegebene Verhaltensweisen).

Gesellig in Gruppen von 10–70 Tieren, in der Regel Fortpflanzungsgemeinschaften aus miteinander verwandten Weibchengruppen (matrilineare Verwandtschaft) und 1 Männchen (Harem) oder mehreren Männchen. Daneben reine Junggesellengruppen oder männliche Einzelgänger. Kerne der Gruppen bestehen aus 1 oder mehreren beständigen Weibchenfamilien (sog. Matrilinien mit Mutter, Töchtern und weiteren Nachkommen). Innerhalb einer Weibchenfamilie klare soziale Rangordnung. Mütter dominieren ihre Töchter, unter den Schwestern ist die jüngere oft ranghöher als die ältere. Verwandte Weibchen einer Matrilinie errichten dauerhafte Bindungen und unterstützen sich gegenseitig. Unter verwandten Tieren nur vereinzelt heftige Auseinandersetzungen. Zwischen den verschiedenen Matrilinien lineare Dominanzhierarchie, welche den einzelnen Weibchenfamilien innerhalb der Gruppe die soziale Stellung zuordnet und straffer als die Rangordnung zwischen den Angehörigen einer Familie durchgesetzt wird. Je größer die Zahl der Weibchen einer Gruppe, desto mehr ranghohe Männchen im Zentrum des Verbandes, von denen 1 das Alpha-Tier aller Gruppenangehörigen darstellt. Männchen des Gruppenkerns schützen vorrangig ihren Nachwuchs und die Weibchen. Aufenthaltsdauer und Rang der Männchen in der Gruppe hängen wesentlich von individuellen Verbindungen zu Weibchen ab. Am Rande der Gruppe jungerwachsene und sozial schwächere erwachsene Männchen, Rangfolge hier eher altersabhängig, wird unter nachwachsenden Männchen durch Kampfspiele, selten durch Kämpfe festgelegt, wechselt bis zum 6. Lebensjahr, danach oft konstant. Auf Wanderungen bilden Männchen des äußeren Kreises Vor- und Nachhut, fungieren bei Rastaufenthalten als Wächter und Kundschafter. Geschlechtsreif gewordene Männchen des Gruppenrandes mit relativ hoher Rangstellung bilden Reservoir für neue männliche Tiere des Gruppenkerns. Weibchen kopulieren während der Brunst meist mit mehreren Männchen. Aggressivität zwischen den Männchen steigt generell während der Paarungszeit, jedoch relativ hohe Toleranz zwischen den Männchen von Magot, Hutaffen und Tibet-Makak. Bartaffen in relativ kleinen Gruppen mit oft nur 1 erwachsenen Männchen. Männliche Jungtiere verlassen die Geburtsgruppe freiwillig meist vor der Geschlechtsreife, Weibchen dagegen nur sehr selten. Makakengruppen wandern nomadisch in großem Streifgebiet, das sich mit dem der Nachbargruppe meist stark überlappt und dessen Größe saisonal schwankt. Bei Gruppenbegegnungen im Grenzgebiet zieht sich schwächere Gruppe meist zurück, so dass Auseinandersetzungen vermieden werden. Bei Rhesusaffen wurden allerdings während einer 85-tägigen Beobachtungsperiode 24 Kämpfe registriert, in die 4 verschiedene Horden verwickelt waren. Innerartliche Verständigung durch ausgeprägte mimische Signale, Körperhaltung und Laute. Drohen durch Hochziehen der Augenbrauen bei starrenden, weit geöffneten Augen, verbunden mit heiserem, fauchend-hustendem Laut. Gegenseitiges Fixieren mit den Augen wirkt als Aggressionsdrohung und kann Angriff eines Tieres auslösen. Unterlegene Tiere blicken deshalb ranghohen nicht in die Augen. Warnlaut meist laut und kurz bellend. Freundliche Kontaktaufnahme durch „Begrüßungsgesicht" mit Kopfanheben, Lippen vorstrecken, Brauen anheben und Lippenschmatzen oder Lippenschmatzen mit mehr oder weniger intensivem „Grinsen". Imponiergehabe mit Drohgähnen und straffer Körperhaltung, Schwanz wird, wenn vorhanden, steil nach oben gestellt. Als Demutsgeste Präsentieren der Anogenitalregion mit eingeknickten Beinen. Zusätzlich wird charakteristisches Demutsgesicht („Grinsen") rückwärts über die Schulter dem höheren Tier zugewendet, um die Wirkung der Unterlegenheitsgeste zu beobachten und zu intensivieren. Ranghohe Männchen reiten zur Demonstration ihrer Überlegenheit auf unterlegene auf und deuten symbolisch Paarungsvollzug an. Lautgebung kann innerhalb einer Art menschlichen Dialekten gleich regional verschieden sein. Vergleiche der Lautäußerungen von Yakushima-Rotgesichtsmakaken ergaben, dass das „Schnattern" der auf der südjapanischen Insel lebenden Tiere in wesentlich höheren Frequenzbereichen erfolgt als bei ehemaligen Angehörigen der gleichen Gruppe, die vor 30 Jahren von den übrigen Tieren getrennt wurden, inzwischen ständig auf dem Berg Ohira in Zentraljapan leben und nun niedere Frequenzen bevorzugen. Soziale Körperpflege („Lausen" bzw. „grooming") hat mit dem Absuchen von Ektoparasiten nichts zu tun, dient der Kontaktpflege und dem Abbau von Spannungen und Aggressionen. Innerhalb bestimmter Gruppen können sich wie bei Rotgesichtsmakaken neue Verhaltensweisen ausbilden. Einzeltiere „erfinden" Tätigkeiten, andere ahmen nach (z.B. das Waschen von Futter vor dem Verzehr, anfangs in Süßwasser, später in Meerwasser). Während alte, in ihrem Verhalten in eingefahrenen Bahnen lebende Tiere breit gestreute Weizenkörner mühsam aus dem Sand klaubten, hatten jüngere Tiere die Erfahrung gemacht, dass der Weizen schwimmt und leicht von der Wasseroberfläche abgelesen werden kann, wenn man die Getreidekörner mitsamt dem Sand ins Wasser wirft.

Nahrung. Allesfresser, vorwiegend Pflanzenkost, wie Früchte, Beeren, Nüsse, Wurzeln, Knollen, Sämereien, Feldfrüchte des Menschen (Obst, Gemüse, Mais, Reis u.a.), aber auch Kleintiere aller Art. Javaneraffen und Formosamakak tauchen nach Schnecken und Krebstieren. Rhesusaffen, Tibet- und Rotgesichtsmakaken fressen im Winter bei Schnee Knospen, Rinde, Triebe, trockene Kräuter.

Paviane (*Papio*, *Mandrillus* und *Theropithecus*)

Groß, beträchtlicher Größenunterschied zwischen Männchen und Weibchen. Teils gewaltig vorspringende Schnauze, bei Dschelada, Drill und Mandrill mit Wangenwülsten oder Furchen. Eckzähne, besonders beim Männchen, raubtierähnlich lang, Spitzen lagern bei geschlossenem Mund in Lücken der gegenüberliegenden Zahnreihe. Augen klein, starke Überaugenwülste. Körper gedrungen, muskulös. Gliedmaßen kräftig. Schwanz mittellang (bei Dschelada mit Quaste) oder kurz und stummelförmig (Drill, Mandrill). Fell mittellang, meist unscheinbar einfarbig grau oder braun. Manche Männchen mit mähnenartigen Behängen von Kopf bis zum Oberkörper (Mantelpavian, Dschelada) oder mit Bärten. Bei Weibchen führenden Mandrills besonders intensive Färbung im Gesicht, bei

Abb. 19.26 Neben Größe und Gewicht unterscheiden sich die Männchen der Mantelpaviane (*Papio hamadryas*) von den Weibchen durch den Besitz einer silberweißen Kopf-Schulter-Mähne.

Dscheladas stärker geröteter Hautfleck auf der Brust. Gesäßschwielen oft kräftigrot.

Verbreitung. Afrika südlich der Sahara.

3 Gattungen, 9 Arten.

Paviane (*Papio*), auch Savannenpaviane: 5 Arten. **Anubispavian** (*P. anubis*), auch Grüner Pavian: Männchen mit Schultermähne und Backenbart, dunkelgraugrün. Südlich der Sahara von Mali bis Zentraläthiopien, Ostafrika südlich bis Nordwesttansania. – **Gelber Pavian** (*P. cynocephalus*), auch Steppenpavian: gelblich braun bis gelblich grün, Körperunterseite und Backenbart weiß. 3 Unterarten. Somalia über Ostkenia und Osttansania bis zum Sambesi (Nordmosambik, nördliches Sambia, Ostangola). – **Kindapavian** (*P. kindae*): bisher Unterart es Gelben Pavians, aber kleiner und zierlicher, Neugeborene deutlich heller als übrige Pavianjunge. Angola, Demokratische Republik Kongo, Sambia, Tansania. – **Sphinxpavian** (*P. papio*), auch Guinea- oder Roter Pavian: rotbraun, Männchen mit Schultermähne. Westafrika von Senegal bis Guinea und von Guinea-Bissau bis Mauretanien und Mali. – **Bärenpavian** (*P. ursinus*), auch Chakma: größte Art, grünbraun bis schwarzgrün. 3 Unterarten. Südafrika südlich des Sambesi bis Südangola und Südwestsambia – **Mantelpavian** (*P. hamadryas*): Weibchen grau- bis olivbraun, Männchen mit starkem Backenbart und silbergrauer, starker Schultermähne. Lebensraum (felsige Wüstensteppen und Halbwüsten) und Sozialverhalten (zeitweilig Bildung großer Verbände, die je nach Organisationsniveau in kleiner werdende soziale Einheiten mit sinkenden Kopfzahlen untergliedert sind) unterscheiden sich deutlich von den übrigen Savannenpavianen. Küstenregion des Roten Meeres vom Sudan über Eritrea, Ostäthiopien, Nordsomalia, Südwestspitze von Arabien. In Ostäthiopien schmale Vermischungszone mit Anubispavian (Bastardgruppen).

Backenfurchenpaviane (*Mandrillus*), auch Mandrillartige, Waldpaviane: 2 Arten. **Mandrill** (*M. sphinx*): Größe der Männchen wie ausgewachsene männliche Bärenpaviane, Weibchen erreichen nur 1 Drittel des Gewichts der Männchen (extremster Geschlechtsdimorphismus unter allen Primaten), Fell gelblich grünbraun, seitlich der Nase hellblaue Wülste. Männchen mit gelbem Backen- und weißem Kinnbart, Nase und Lippen rot, weiße Hautflecke hinter den Ohren, abgeschwächtes gleiches Farbmuster auf dem Hinterteil. Gleiche Farbverteilung, nur schwächer, beim Weibchen. Westafrika von südlich des Sanaga-Flusses in Nordkamerun bis Gabun und Republik Kongo. – **Drill** (*M. leucophaeus*): Fell dunkelolivbraun, Gesicht schwarz, von weißem Fell eingerahmt. 2 Unterarten. Westafrika von Südostnigeria bis zum Sanaga-Fluss in Nordkamerun, Insel Bioko.

Blutbrustpaviane (*Theropithecus*): 1 Art. Systematische Stellung umstritten und wohl noch nicht endgültig geklärt. Helle Augenlider, Fell braun, Männchen mit langer Schultermähne, auf Brust und Hals beider Geschlechter sanduhrförmiger, nackter, gut durchbluteter, roter Hautbezirk, der sich in Brunstzeit und Östrus intensiviert. **Dschelada** (*T. gelada*), auch Blutbrustpavian: 2 Unterarten. Hochland von Nordäthiopien, Eritrea.

Abb. 19.27 Beim erwachsenen männlichen Mandrill (*Mandrillus sphinx*) sind Gesichts- und Gesäßregion grellbunt gefärbt.

Gefährdungsstatus. Bestand der *Papio*-Arten im Verbreitungsgebiet gesichert, Östlicher Dschelada (*T. gelada obscurus*) bedroht, Mandrill regional und beide Unterarten des Drill im gesamten Verbreitungsgebiet extrem gefährdet durch Holzeinschlag, Ausbreitung landwirtschaftlicher Nutzung und unkontrollierte Jagd als Buschfleisch (Restpopulation des Drill möglicherweise nur noch um 3500 Tiere). Durch weitgehende Ausrottung des Leoparden sind Paviane der Gattung *Papio* in manchen Gebieten zur Plage geworden. EEP für Sphinxpavian im Zoo Paris, für Mandrill in Budapest, für Drill in Hannover, für Dschelada in Rheine, für Mantelpavian in Malton.

Lebensweise. Tagtiere. Lebensraum Trockensavanne bis Trockenwald (Savannenpaviane), tropischer Regenwald (Mandrill, Drill), felsiges Hügel- und Bergland in Wüstensteppen und Halbwüsten (Mantelpavian bis in 2700 m Höhe im Semien-Gebirge, Anubispavian bis in 3300 m Höhe im Bale-Gebirge in Äthiopien), offene Grasfluren in 3000–4300 m Höhe in der Nähe felsiger Steilhänge als erforderliche Rückzugsräume (Dschelada). Steppen- und Mantelpaviane oft Kulturfolger. Überwiegend Bodenbewohner, die hier in der Regel vierfüßig mit angehobenen Hand- und Fußwurzelknochen auf Fingern und Zehen laufen, wenn Nahrung in den Händen transportiert wird, auch geschickt aufgerichtet zweifüßig auf den Hinterbeinen gehen. Nahrungssuche meist am Boden. Dscheladas verbringen 50–80 % der Tagesstunden mit der Futteraufnahme (Maximum unter allen Primaten) und führen im Sitzen mit großer Eile

Abb. 19.28 Das auffälligste Merkmal der Dscheladas (*Theropithecus gelada*) ist ein roter, haarloser Fleck auf der Brust, der bei Männchen knallrot sein kann und bei Weibchen während des Östrus von Bläschen umsäumt ist.

einzelne Grasspitzen und Samen zum Mund. Bei keiner anderen Primatenart (außer Menschen) lassen sich Daumen und andere Finger besser gegenüberstellen, um präzise zu greifen.

Alle Arten können schwimmen, tun das aber sehr ungern, klettern dagegen sicher und behände, wobei sich Drill und Mandrill auf Bäumen schneller und geschickter fortbewegen als andere Paviane. Wald- und Savannenpaviane zum Nahrungserwerb auch auf Bäumen. Schlafplätze auf Felswänden und Klippen (Dschelada, Mantelpavian, seltener Steppenpavian) oder auf Bäumen (Wald- und Savannenpaviane), dienen bei Gefahr auch als Rückzugsorte. Hauptfeind ist der Leopard, jedoch meist nur nachts gefährlich. Bei einem Aufeinandertreffen am Tag versuchen vor allem Savannenpaviane, das Raubtier durch Schütteln von Zweigen, Geschrei und Scheinangriffe zu vertreiben, nicht selten greifen mehrere erwachsene Männchen den Leoparden auch ernsthaft an und zwingen ihn durch ihre Überlegenheit zur Flucht. Geringere Verteidigungsbereitschaft bei Dscheladas, flüchten bei Gefahr in wenig zugängliche Felsschluchten. Savannenpaviane gehen Elefanten, Nashörnern und Warzenschweinen ohne Aufregung aus dem Weg, halten sich dagegen nicht selten am Rand von oder mitten in den Herden anderer afrikanischer Huftiere auf. Die Tiere scheinen gegenseitige Warnzeichen zu verstehen.

Dscheladas bilden Harems (1 Männchen, 2–5 erwachsene Weibchen), die sich zu Banden zusammenschließen (bis 300 Mitglieder), denen auch Junggesellengruppen angehören können und die sich das gleiche Streifgebiet teilen. Mehrere Banden können Herden von mehr als 500 Tieren bilden (größte regelmäßig auftretende Gruppen aller nichtmenschlichen Primaten). Während die Männchen wechseln, bleiben Weibchengruppen konstant.

Drill und Mandrill in Haremsgruppen und Weibchenfamilienhorden (mit bis zu 20 geschlechtsreifen Weibchen) mit mehreren Männchen. Saisonaler Zusammenschluss solcher Gruppen zu Herden von mehr als 400 Tieren. Savannenpaviane in Weibchenfamiliengruppen von 30–100 Tieren (auch kleiner) mit mehreren erwachsenen Männchen. Soziale Organisation dieser Gruppen (Mutterfamilien), soziale Beziehungen untereinander und Schutzverhalten ähnlich wie bei Makaken, wie bei diesen auch Abwanderung jungerwachsener Männchen aus der Geburtsgruppe. Unter Männchen oft Kämpfe um brünstige Weibchen. Zeitlich begrenzte Paarbindung, Weibchen werden nicht von bestimmten Männchen geschützt. Bei Mantelpavianen Fortpflanzungseinheiten aus Haremsgruppen, bestehend aus 1-4 nicht verwandten Weibchen und 1 Männchen. Mehrere Harems gehören zu einem Clan, dessen Männchen vermutlich untereinander verwandt sind und die ihren Weibchenbesitz gegenseitig respektieren. Mehrere Clans bilden eine Bande (50-80 Tiere), die wie bei Savannenpavianen von den starken, ranghöchsten Männchen dominiert wird. Den Clans oder Banden schließen sich sog. Mitläufer (jungerwachsene Männchen ohne Weibchen) an. Entwicklung von Matrilinien nicht möglich, weil unverpaarte Mitläufer aus den Harems jugendliche Weibchen entführen und aus den so entstehenden Initialpaaren durch die Einbeziehung weiterer fremder Weibchen neue Haremsgruppen bilden. Um Entführungen zu verhindern, aggressives Hüteverhalten der Männchen gegenüber ihren Weibchen durch Drohen und ritualisierten Nackenbiss. An Schlafplätzen Bildung von Herden aus mehreren Banden, deren Mitglieder aber nicht in eine andere Bande überwechseln, sondern ihren Sozialverband nicht verlassen.

Verständigung durch vielfältige Mimik, Gestik und Laute. Imponiergehabe, Drohverhalten und Demutsgesten makakenähnlich. Ranghohe Männchen imponieren anderen mit erigiertem Penis. Grunzende bis murmelnde Kontaktlaute, die dem Zusammenhalt der sich auf Nahrungssuche zerstreuenden Gruppen dienen, besonders wichtig für Mandrills und Drills in unübersichtlichem Wald. Beschwichtigung ranghöherer Tiere durch „Grinsen“ mit entblößten Zähnen verhindert wie bei Makaken Aggressionen. Abwehrendes „Grinsen“ wirkt bei Drill und Mandrill übersteigert, wird als freundliche Grußgeste noch ergänzt durch waagerechtes Kopfschwenken. Drohgeste bei beiden Arten abgehacktes, senkrechtes Kopfnicken. Sekret der Sternaldrüse dient bei Waldpavianen zur Duftmarkierung. Als typisches Signal der Dscheladas von meist freundlicher, beschwichtigender Bedeutung wird die Oberlippe nach oben über die Nase geklappt, wobei das Zahnfleisch und Zähne entblößt werden („lipflip“). Dscheladas besitzen mit mehr als 30 verschiedenen Lauten das komplexeste Lautsystem aller Altweltaffen (außer Menschenaffen).

Nahrung. Außer Dschelada Allesfresser. Savannenpaviane fressen Feigen und andere Früchte, Gras, Blüten, Akazienschoten und weitere Sämereien, Knospen, Schösslinge, Feldfrüchte des Menschen, in der Trockenzeit häufig auch Akazienblätter, Wurzeln, Zwiebeln, Rhizome. Außerdem Insekten, auch Muscheln, Krabben, Vögel, Eier und Säugetiere bis zur Größe junger Gazellen. Mandrills und Drills vor allem Früchte, aber auch Sämereien, Blätter, Wurzeln und Wirbellose. Dscheladas während der Vegetationszeit annähernd ausschließlich Blätter von Gräsern und deren Ähren, darüber hinaus Kräuter, Zwiebeln, Rhizome, sehr selten Insekten. Alle Arten suchen vor allem in der Trockenzeit täglich eine Wasserstelle auf.

Mangaben (*Cercocebus*, *Lophocebus*), Meerkatzen (*Allenopithecus*, *Cercopithecus*, *Chlorocebus*, *Miopithecus*) und Husarenaffen (*Erythrocebus*)

Größe sehr unterschiedlich, von 2 nur eichhörnchengroßen Arten zu solchen von bis zu 70 cm Körperlänge. Kopf rund, Schnauze weniger (Meerkatzen) oder mehr (Mangaben, Husarenaffen) vorspringend. Gebiss kräftig, mit langen, spitzen Eckzähnen. Mangaben mit Backenfurchen. Körper schlank, Schwanz lang. Haarkleid kurz und dicht, am Kopf vereinzelt als Schopf oder Backenbart verlängert, bei einigen Arten auffällig bunt gezeichnet. Nackte Hautflächen (Gesichter, Anogenitalregion, Geschlechtsorgane der Männchen) oft kontrastreich bunt, Augenoberlider von Mangaben oft leuchtend weiß (mimisches Verständigungsmittel). Systematik umstritten und je nach Auffassung zurzeit uneinheitlich. Besonders bei Grün- und Buntmeerkatzen scheint Artenbildung noch nicht abgeschlossen zu sein. Deren Evolution begann in den zentralafrikanischen Wäldern und ihre Angehörigen sind teilweise als sehr junge oder teilweise sogar noch in der Entstehung begriffene Arten aufzufassen. Deswegen verdeutlicht ähnlich wie bei Makaken auch bei Meerkatzen die Bildung von Artengruppen die engere Verwandtschaft zwischen einzelnen Arten, obwohl solche Gruppierungen in den Regeln der herkömmlichen Systematik nicht vorgesehen sind. Viele Arten zerfallen in mehrere Unterarten, von denen manche auch als eigenständige Arten angesehen werden.

Verbreitung. Afrika südlich der Sahara.

7 Gattungen, 44 Arten.

Mangaben

13 Arten. Sammelbegriff für die Angehörigen einander äußerlich ähnlicher Meerkatzenartiger der Gattungen Drillmangaben, Schwarzmangaben und Hochland-Mangaben.

Drillmangaben (*Cercocebus*), auch Weißlidmangaben: 6 Arten. Weiße Augenoberlider, Fell meist braun oder grau. **Olivmangabe** (*C. agilis*): Oberseite olivgrau, gelbbraun durchsetzt, spitz zulaufender Schwanz. Kamerun bis zur nordöstlichen Republik Kongo nördlich des Kongo-Flusses. – **Mohrenmangabe** (*C. atys*), auch Rauchgraue Mangabe, Rußmangabe: nach hinten gerichteter grauer Backenbart. 2 Unterarten. Ostghana bis Westguinea. – **Goldbauchmangabe** (*C. chrysogaster*): schwerste Mangabe (Gewicht bis 14 kg), Unterseite creme- bis orangefarben, Hinterteil nackt, blauviolett, Gesicht rosagrau. Südliches Kongobecken. – **Tana-Mangabe** (*C. galeritus*), auch Haubenmangabe: schwarzes Gesicht von langen Haaren umrahmt, leicht buschige, weiße Schwanzspitze. Äquatorialguinea, Gabun, Republik Kongo, Demokratische Republik Kongo. – **Sanje-Mangabe** (*C. sanjei*): verschiedentlich als Unterart der Tana-Mangabe angesehen. Tansania. – **Rotscheitelmangabe** (*C. torquatus*), auch Rotkopf- oder Halsbandmangabe: rostrote Kappe. Nigeria bis Gabun.

Schwarze Mangaben (*Lophocebus*), auch Schwarzmangaben: 6 Arten. Schwärzliches Fell, Männchen mit Luftsäcken im Kehlkopfbereich als Resonanzorgan. **Grauwangenmangabe** (*L. albigena*), auch Mantelmangabe: meist dunkelgrau, heller, mantelartiger Behang um die Schultern. Von Kamerun bis zum Tanganjika- und Victoria-See, nicht südlich des Kongo-Flusses. Ihre 3 Unterarten bekamen 2007 Artstatus als: – **Uganda-Mangabe** (*L. ugandae*), – **Osman-Hill-Mangabe** (*L. osmani*) und – **Johnston-Mangabe** (*L. johnstoni*). – **Schopfmangabe** (*L. aterrimus*), auch Nördliche Schwarze Mangabe: einfarbig schwarz, Haarschopf. Kongobecken bis Nordangola, nur südlich des Kongo-Flusses. – **Opdenbosch-Mangabe** (*L. opdenboschi*), auch Südliche Schwarze Mangabe: der Schopfmangabe ähnlich, früher als deren Unterart betrachtet. Demokratische Republik Kongo bis Angola.

Hochland-Mangaben (*Rungwecebus*): 1 Art. Erst 2005 entdeckt. Fell braun, Bauch und Schwanz cremefarben, Augenlider, Gesicht, Hände und Füße schwarz, auffällig langer Haarschopf auf dem Scheitel. **Hochland-Mangabe** (*R. kipunji*), auch Kipunji-Affe: 2 Populationen in den Regenwäldern des Berglands von Südtansania.

Meerkatzen

35 Arten. Sammelbegriff für die Angehörigen einander äußerlich ähnlicher Meerkatzenartiger der Gattungen Sumpfmeerkatzen (*Allenopithecus*), Grünmeerkatzen (*Chlorocebus*), Buntmeerkatzen (*Cercopithecus*), Zwergmeerkatzen (*Miopithecus*) und Husarenaffen (*Erythrocebus*).

Sumpfmeerkatzen (*Allenopithecus*): 1 Art. Körper gedrungen, Fell schwarzgrün, Backenbart mit schwarzem, äußerem Band, Männchen mit orangefarbenem Haarbüschel unter rotem Analfeld. **Sumpfmeerkatze** (*A. nigroviridis*), auch Schwarzgrüne Meerkatze: Zentrales Kongobecken.

Grünmeerkatzen (*Chlorocebus*), auch Grüne Meerkatzen oder Savannen-Meerkatzen: 6 Arten. Fell oberseits grünbraun bis gelbgrün, unterseits und an den Gliedmaßeninnenseiten weißlich. Nacktes Gesicht dunkel mit weißlichem oder gelblichem Backenbart und Stirnband. Penis der Männchen leuchtend rot oder pinkfarben, Scrotum blau bis bläulich. **Graugrüne Meerkatze** (*C. aethiops*), auch Graugünde Meerkatze: Schwanzspitze weiß, weiße Haarbüschel an der Schwanzbasis. Sudan, Eritrea, Äthiopien. – **Weißgrüne Meerkatze** (*C. cynosuros*), auch Malbrouck-Grünmeerkatze: früher als Unterart der Graugrünen Meerkatze eingeordnet. Demokratische Republik Kongo bis Nordnamibia und Sambia. – **Bale-Grünmeerkatze** (C. *djamdjamensis*): Fell dicht und lang, Schwanzspitze dunkel, rotbraune Haarbüschel an der Schwanzbasis. Hochland von Äthiopien, besonders Bale-Berge. – **Lalandesmeerkatze** (*C. pygerythrus*), auch Südliche Grünmeerkatze: Schwanzspitze schwarz, rötliche Haarbüschel an der Schwanzbasis. 5 Unterarten. Östlich des Rift Valley von Südäthiopien über Somalia bis Sambia und Südafrika. – **Gelbgrüne Meerkatze** (*C. sabaeus*), auch Westliche Grünmeerkatze: Schwanzspitze hellorange, Stirnband kaum sichtbar. Savannen von Ghana bis Senegal. – **Tantalus-Grünmeerkatze** (*C. tantalus*): Schwanzspitze hell, weiße Haarbüschel an der Schwanzbasis. Südlich der Sahelzone von Ghana bis Uganda.

Buntmeerkatzen (*Cercopithecus*), auch Waldmeerkatzen: 26 Arten. Fell artverschieden und meist kräftig gefärbt, zusätzlich oft lebhaft bunt gezeichnet, sowohl am Körper als auch am Kopf. Haut der Gesichter und anderer nackter oder dünn und kurz behaarter Körperteile (Scrotum der Männchen. Analregion) mit oft leuchtend bunter Färbung. Stammesgeschichtliche Verwandtschaft zwischen den einzelnen Arten dieser Gattung teils mehr lose, teils enger. Der Verdeutlichung dieser Beziehungen dient die Zuordnung der meisten Arten in untereinander verwandte Artengruppen, die allerdings taxonomisch ohne Bedeutung sind.

Vollbartmeerkatze (*C. lhoesti*), auch Östliche Vollbartmeerkatze: braunroter Sattel, Kehle und Backenbart weiß. Vom Osten der Demokra-

Abb. 19.29 Durch ausgedehnte Regenwaldrodungen in ihrem relativ kleinen Verbreitungsgebiet in Westafrika ist die Dianameerkatze (*Cercopithecus diana*) bestandsgefährdet.

Abb. 19.30 Auffällig ist die Gesichtszeichnung der Brazzameerkatze (*Cercopithecus neglectus*). Sie hat ein orangefarbenes Stirnband und eine helle Mundpartie mit weißem Kinnbart.

Abb. 19.31 Die Kronenmeerkatze (*Cercopithecus pogonias*) ist in Tiergärten selten anzutreffen.

tischen Republik Kongo, Uganda bis Burundi. – **Preuß-Meerkatze** (*C. preussi*), auch Westliche Vollbartmeerkatze: Rücken von der Schulter bis zur Schwanzwurzel rotbraun, nur Kehle weiß. 2 Unterarten. Zwischen dem Obudu-Plateau von Südnigeria und Mount Cameroon in Westkamerun und auf Bioko. – **Sonnenschwanzmeerkatze** (*C. solatus*): Rücken braun, Schwanzspitze hellorangefarben. Zentralgabun.

Diademmeerkatze (*C. mitis*): groß, Fellfärbung dunkelgrau bis blaugrau, Rücken teilweise rötlich, orangebräunlich oder grünlich getönt, manche Formen mit hell abgesetztem Stirnband oder weißen Überaugenstreifen, andere nur mit hellen Krausen an Kinn oder Kehle, auch weißlichen Backenbärten. 6 Unterarten. Mittel- und Ostafrika vom Kongobecken über Südsudan, Äthiopien bis Nordangola und Nordwestsambia. – **Weißkehlmeerkatze** (*C. albogularis*), auch Sykes-Meerkatze: Fell olivgrün bis -grau, Kinn und Kehlbereich weiß, Schwanz und Beine schwärzlich. 12 Unterarten: Von Südsomalia und Kenia bis Südafrika. – **Große Weißnasenmeerkatze** (*C. nictitans*): Fell bis auf weißen Nasenfleck im dunklen Gesicht einheitlich grau. 2 Unterarten: Liberia, Nigeria bis Äquatorialguinea sowie Zentralafrikanische Republik und Demokratische Republik Kongo. – **Silbermeerkatze** (*C. doggetti*): silbergrauer Mantel, übriges Fell meist blaugrau. Demokratische Republik Kongo bis Südburundi, Nordwest-Tansania, Ruanda, Süduganda. – **Goldmeerkatze** (*C. kandti*): Fell blaugrau mit goldgelber Behaarung an Schultern und Rücken. Bereich der Virunga-Vulkane der Demokratischen Republik Kongo, Ugandas und Ruandas.

Dryasmeerkatze (*C. dryas*), auch Salongo-Meerkatze oder Kongo-Dianameerkatze: klein, Gesicht und Gliedmaßen schwarz, scharf abgesetzte weiße Gesichtsumrahmung. Demokratische Republik Kongo, vermutlich nur Wamba-Distrikt.

Dianameerkatze (*C. diana*): schlank, Fell überwiegend schwarz, Hinterrücken und Innenseiten der Hinterbeine rostrot oder gelborange, Kehle und Kinnbart weiß. Von Sierra Leone und Südwestguinea bis zum Sassandra-Fluss der Elfenbeinküste. – **Roloway-Meerkatze** (*C. roloway*): Fell schwarz, Kehle weiß, ebenso die Innenseite der Arme, im Hüftbereich und Hinterteil orangefarben. Sassandra-Fluss an der östlichen Elfenbeinküste bis Nordwestghana.

Brazzameerkatze (*C. neglectus*): Gestalt etwas gedrungener, Rücken grau, Vordergliedmaßen, Hände und Füße, Bauch und Schwanz schwarz, orangefarbenes Stirnband, weißer Bart. Von Südostkamerun über Gabun bis Nordangola und östlich über Südsudan und Westkenia bis Südwestäthiopien.

Monameerkatze (*C. mona*): weißes Stirnband, beidseits der Schwanzwurzel je 1 weißes Oval. Ghana bis Kamerun. – **Kronenmeerkatze** (*C. pogonias*): gelbliche Haube mit dunklem Mittelstreif, Unterseite orange, gelb oder weiß. 4 Unterarten. Südostnigeria über Kamerun bis Westgabun, Republik Kongo und westliche Demokratische Republik Kongo. Die folgenden Arten wurden früher der Mona-Meerkatze als Unterarten zugerechnet. – **Campbell-Meerkatze** (*C. campbelli*): etwas größer als Kronenmeerkatze, sehr schmales, schwarzes Schläfenband, Kruppe dunkelgrau. Senegal bis ins Grenzgebiet von Liberia und Elfenbeinküste. – **Dents-Meerkatze** (*C. denti*): extremer Kontrast zwischen dunkler Oberseite und weißer Unterseite. Demokratische Republik Kongo östlich des Kongo-Flusses bis Ruanda, Westuganda und Zentralafrikanische Republik. – **Lowes Meerkatze** (*C. lowei*): gelbes, ovales Stirnband, breites Schläfenband. Elfenbeinküste bis Ghana. – **Wolfs Meerkatze** (*C. wolfi*): bunt, heller oder roter Flankenstreifen, rötliche, orangefarbene oder graue Hintergliedmaßen, schmales, helles Stirnband mit vorstehenden Haaren. 2 Unterarten. Demokratische Republik Kongo südlich des Kongo-Flusses bis Nordostangola.

Blaumaulmeerkatze (*C. cephus*), auch Schnurrbartmeerkatze: Oberlippe mit weißem Streifen, roter oder grauer Schwanz. 3 Unterarten. Nordwestangola, Republik Kongo, Gabun, Äquatorialguinea, Südkamerun bis zur südwestlichen Zentralafrikanischen Republik. – **Rotnasenmeerkatze** (*C. erythrotis*), auch Rotohrmeerkatze: Ohren rosarot, Nase, Schwanz und Teil der Kruppe rot. 2 Unterarten. Südostnigeria, Westkamerun, Bioko. – **Sclaters Meerkatze** (*C. sclateri*), auch Nigeria-Blaumaulmeerkatze: letztes Schwanzdrittel weiß, Schwanzwurzelunterseite rostrot, Nase weiß oder rot. Sehr kleines Verbreitungsgebiet östlich des Niger-Unterlaufes bis zum Cross River. – **Rotbauchmeerkatze** (*C. erythrogaster*): Bauch rostrot oder grau, Nase dunkel oder weiß, gelbgraues Dreieck auf schwarzem Scheitel. 2 Unterarten. Südnigeria beiderseits des Niger, Südbenin. – **Rotschwanz-Weißnasenmeerkatze** (*C. ascanius*), auch Kongo-Weißnasenmeerkatze: Gesicht einschließlich Oberlippe dunkelblau, Nase meist weiß, auch gelb oder schwarz, Schwanz vollständig oder z.T rot. 5 Unterarten. Westkenia, Uganda, Demokratische Republik Kongo, südlich bis Angola und Sambia, nördlich vereinzelt in der Zentralafrikanischen Republik. – **Kleine Weißnasenmeerkatze** (*C. petaurista*): Nasenfleck weiß, Gesicht schwarz, Kinn- und Backenbart weiß. 2 Unterarten. Gambia bis Togo.

Eulenkopfmeerkatze (*C. hamlyni*): Körper gedrungen, Fell dunkelolivgrün, unterseits und an den Gliedmaßen schwarz, Gesicht meist eulenartig durch senkrechten weißen Strich von der Stirn bis zur Oberlippe, Zeichnung kann auch fehlen, Gesicht dann einförmig schwarz, Gesäß mit blauer, nackter Haut. 2 Unterarten. Mittlere und östliche Teile der Demokratischen Republik Kongo und Ruanda. – **Lomami-Meerkatze** (*C. lomamiensis*): 2012 neu beschrieben. Weicht in der Fällfärbung von der Eulenkopfmeerkatze ab, vom hinteren Rücken zur Schwanzbasis auffälliger Mittelstreifen. Demokratische Republik Kongo.

Zwergmeerkatzen (*Miopithecus*): 2 Arten. Kleinste Meerkatzen. **Nördliche Zwergmeerkatze** (*M. ogouensis*), auch Ogoue- oder Gabun-Zwergmeerkatze: Kopf relativ groß, Gliedmaßen goldgelb, Ohren und Gesicht hell. Nordgabun über Mittelkamerun bis zur Zentralafrikanischen Republik. – **Südliche Zwergmeerkatze** (*M. talapoin*), auch Angola-Zwergmeerkatze: Gliedmaßen gelboliv, Gesicht und Ohren schwarz. Angola bis in den Südwesten der Demokratischen Republik Kongo.

Husarenaffen (*Erythrocebus*): 1 Art. Gewisse systematische Sonderstellung zu verwandtschaftlich nahe stehenden Meerkatzen und Mangaben. Überwiegend rotbraun mit weißen und schwarzen Abzeichen im Gesicht. **Husarenaffe** (*E. patas*): 3 Unterarten, 2017 wurde 1 davon als eigenständige Art *E. poliophaeus* ins Gespräch gebracht. Westafrika bis Sudan, Äthiopien, südlich bis Kenia und Tansania.

Gefährdungsstatus. Bestand der meisten Arten im Verbreitungsgebiet vorläufig vermutlich nicht gefährdet, dennoch in vielen Gebieten stark und weiter zunehmend durch „Buschfleisch"-Handel bedroht. Extrem gefährdet sind die beiden voneinander isolierten Populationen der Hochland-Mangabe (wegen ihren geringen Individuenzahlen, etwa 500 Tiere) und Tana-

Abb. 19.32 Bei tragenden und säugenden Husarenaffen (*Erythrocebus patas*) verfärben sich die dunklen Augenbrauen- und Schläfenstreifen sowie die dunkle Nase hell.

Mangabe (1500–1600 Tiere). Gefährdet sind auch Rotscheitelmangabe und die Unterarten der Mohrenmangabe. Von der Ausrottung bedroht ist die Roloway-Meerkatze, deren letzte Reste im Westen Ghanas vielleicht im Ankasa-Reservat erhalten werden können. Bedroht sind weiterhin Vollbartmeerkatze, Preuß'-Meerkatze, Sonnenschwanzmeerkatze, Samango-Weißkehlmeerkatze (*Cercopithecus albogularis labiatus*), Große Weißnasenmeerkatze, Goldmeerkatze, Dianameerkatze, Fernando-Po-Rotnasenmeerkatze (*C. erythrotis erythrotis*), Sclaters Meerkatze, Weißkehl-Rotbauchmeerkatze (*C. erythrogaster erythrogaster*) und Schwarzgesichts-Eulenkopfmeerkatze (*C. hamlyni kahuziensis*). EEP für Weißscheitel-Mohrenmangabe (*Cercocebus atys lunulatus*) und Rotscheitelmangabe in Barcelona, für Diana-Meerkatze in Amsterdam, für Vollbartmeerkatze und für Roloway-Meerkatze in Edinburgh, für Eulenkopfmeerkatze in Leipzig, für Brazzameerkatze in Yorkshire, für Schopfmangabe in Amsterdam, für Nördliche Zwergmeerkatze in Fuengirola, für Husarenaffen in Banham.

Lebensweise. Tagtiere. Lebensraum in der Regel immergrüne, tropische Wälder, auch dichte kühle Bergwälder (Vollbart-Meerkatzen bis in 2400 m, Bale-Grünmeerkatze bis in 3200 m, Eulenkopfmeerkatze bis in 4000 m, Mantelmangabe bis in 1600 m und Hochlandmangabe in den Udzungwa-Bergen in 1300–1750 m Höhe, im regenreichen südlichen Hochland bis in 2450 m Höhe mit Tiefsttemperaturen von –3 °C.), bevorzugt jedoch warme Tiefland-Regenwälder, auch Mangroven- und Galeriewälder (Mona- und Weißnasen-Meerkatzen und alle übrigen Mangaben), vorwiegend Fluss- und Sumpfwälder (Brazza-, Zwerg-, Sumpf- und Sclaters Meerkatze sowie Mangaben) oder Sekundärwälder mit Kulturpflanzungen (viele Arten). Einige Arten sind Kulturfolger, plündern dann nicht selten Plantagen. Besiedeln außerdem auch Wälder von Savannengebieten, vielfach Galeriewälder entlang von Flüssen, Uferwald von Seen, dort auch auf Inseln (Patta-Grünmeerkatze, Patta-Weißkehlmeerkatze) oder bevorzugt offenes Grasland mit Akazienbewuchs, oft entlang von Waldrändern und Flussläufen (Husarenaffe). Vorwiegend Baumbewohner, die nachts auf Bäumen schlafen und sich tagsüber z.T in allen Waldschichten aufhalten (Große Weißnasenmeerkatze, Vollbart- und Diademmeerkatzen) oder den mittleren Ast- und Kronenbereich (Dianameerkatzen, Mona- und Weißnasenmeerkatzen sowie Schwarze Mangaben und Husarenaffen), die mittlere Astregion oder die unteren Astschichten (Brazzameerkatze, Drillmangaben, Zwergmeerkatzen besonders in dichtem Unterholz) bevorzugen. Die in der mittleren bis untersten Baumregion lebenden Arten kommen zur Nahrungssuche oft auf den Erdboden (Savannenmeerkatzen, Zwerg-, Sumpf- und Eulenkopfmeerkatze, Vollbartmeerkatzen, Drillmangaben). Husarenaffe besonders häufig am Boden, auch auf baumlosen Flächen, guter Läufer, erreicht Fluchtgeschwindigkeit bis 55 km/h, schlägt dabei Haken wie Hasen. Nördliche Zwergmeerkatze springt bei Gefahr in Flusswasser, taucht auch unter. Auch alle anderen Arten können schwimmen, gehen aber nur ausnahmsweise freiwillig ins Wasser. Alle Arten klettern und springen geschickt, viele überqueren breite Zwischenräume, indem sie sich nach dem Absprung im bogenförmigen Fall an Ästen der mittleren und unteren Baumregion festhalten. Am Boden und auf Ästen laufen sie vierfüßig, richten sich zu Beobachtungszwecken auf die Hinterbeine auf. Feinde sind Leoparden, Greifvögel, Schlangen, für Husarenaffen außerdem Geparde und Wildhunde.

Gesellig in Trupps von 3–10 (Gruppe der Vollbartmeerkatzen, Eulenkopf-, Sumpf- und Brazzameerkatze), 10–30 (Mangaben, Mona- und Weißnasenmeerkatzen, Zwerg- und Dianameerkatze) und bis zu 70 Individuen (Savannenmeerkatzen, Zwerg- und Diademmeerkatze). Große Gruppen zerfallen während der Nahrungssuche in den sich mit Nachbarterritorien überlappenden Streifgebieten auch in Subgruppen. Soziale Organisation basiert auf Weibchenfamilien (Matrilinien mit Hierarchie wie bei Makaken), die von einem einzelnen, territorialen Männchen begleitet werden, das sich aber außerhalb der Kerngruppe aufhält. Fellfärbung und Rufe der Männchen, die potentielle Nebenbuhler verjagen, dienen den Weibchen ihrer Gruppe und fremden Gruppen als audiovisuelle Signale. Keine soziale Verteidigung gegen Feinde wie bei Makaken und Pavianen. Bei Gefahr schnelle Flucht. Weibchen verteidigen jedoch ihr Territorium selbst aktiv gegen andere Weibchen. Männchen verlassen ihre Geburtsgruppe freiwillig mit der Geschlechtsreife, leben sowohl als Einzelgänger als auch in Junggesellentrupps und schließen sich später während der Paarungssaison Weibchengruppen an. Verluste sind besonders unter einzelgängerischen Männchen durch Fressfeinde groß. Nur bei Sumpf- und Savannenmeerkatzen sowie bei Mangaben (auch hier Harems) ständig mehrere Männchen pro Weibchengruppe, aber anders als bei Makaken pflanzt sich hier nur das Alpha-Männchen fort. Brazzameerkatze mitunter monogam. Geschlechter der Zwergmeerkatzen leben außerhalb der Paarungssaison in getrennten Gruppen.

Verständigung durch meist grunzende Begrüßungs- und Kontaktlaute, oft zweisilbige, meist hoch krächzende oder rasselnde, bei Hochland-Mangaben laut bellende oder an Autohupen erinnernde Alarmrufe, Territorial- und Sammelrufe. Husarenaffen und Waldbewohner, die sich auf dem Boden aufhalten, sind lautarm, leise und besonders vorsichtig und wachsam. Gesichtsmimik ähnlich der von Makaken und Pavianen, bei Husarenaffen besonders ausdrucksvoll. Bei vielen Arten senkrechte oder horizontale Bewegungen von Kopf und Vorderkörper als Warn- und Drohsignale. Drillmangaben drohen mit ihren leuchtend weißen Augenlidern.

Nahrung. Ähnlich wie Makaken, hauptsächlich Früchte, auch Triebe, Beeren, Nüsse (besonders Mangaben), Sämereien (Husarenaffen besonders Samen, Blüten, Triebe, Hülsen von Akazien, auch Baumsäfte, außerdem die von Knotenameisen als Bauersatz und Brutstätten gebildeten Gallen der Flötenakazien), Zwiebeln (besonders Vollbart- und Grünmeerkatzen), Wurzeln, Feldfrüchte des Menschen, außerdem Wirbellose, darunter auch behaarte Raupen oder giftige Spinnen und schwärmende Termiten (besonders Husarenaffe, Diadem-, Zwerg- und Sumpfmeerkatze, Mona- und Weißnasenmeerkatzen).

Haltung von Meerkatzenartigen

In Tiergärten neben Krallenaffen häufigste Affen, außer einigen Celebes-Makaken werden alle Arten gezeigt. Meist wenig heikel, werden sehr alt, sicher älter als im natürlichen Verbreitungsgebiet, pflanzen sich oft gut fort. Obwohl recht häufig gehalten, sind einige Fragen des Sozialverhaltens von Meerkatzen noch offen.

Eingewöhnung. Störungsarme Quarantäneunterkunft ohne sozialen Stress. Bei zoogeborenen

Tieren meist wenig kompliziert, Einzeltiere reagieren aber oft auch empfindlich mit Durchfall und Depression auf die neue Umgebung. Vergesellschaftung mit einem 2., bereits eingewöhnten Affen kann beruhigend wirken. Dazu Beschäftigungsfutter, viele Kletter- und Versteckmöglichkeiten. Eingewöhnung, Hygiene und Parasitenbekämpfung im Übrigen nach den gleichen Richtlinien wie für Kapuzinerartige. Akklimatisation in begrenztem Rahmen möglich, bei Wind oder feuchtkalter Witterung aber nicht ins Freie lassen. Futterumstellung wenig problematisch, dennoch Kotbeschaffenheit täglich kontrollieren. Normaler Kot ist geformt und dunkel. Für Kotuntersuchungen muss frischer warmer Kot entnommen und unverzüglich in ein Speziallabor gebracht werden, wo neben bakteriologischen auch parasitologische Untersuchungen, darunter auch auf Amöben und andere Protozoen, durchgeführt werden können.

Unterkunft. Nicht akklimatisierbare Arten in großen, geräumigen, hellen Anlagen eines vom Publikum begehbaren Klimahauses, dem sich Außenanlagen mit Deckengitter oder Freianlagen anschließen, unterbringen. Verglaste Trennfläche im Haus zwischen Tierunterkunft und Besucherraum ermöglicht die Schaffung eines vom Besucherbereich unabhängigen Raumklimas, verhindert zugleich Krankheitsübertragung durch Besucher und das Hineinwerfen von Futter und Gegenständen in die Gehege. Bei vergitterten Unterkünften (meist punktgeschweißte Stahlgeflechte) sollten Besucher aus oben genannten Gründen an direktem Kontakt mit den Tieren durch ausreichend breite Absperrungen gehindert werden (1,7–2,0 m Abstand). Um sperrige Einbauten einfacher auszuwechseln, sind große Käfigöffnungen nötig, die vom Tierpfleger möglichst einfach zu betätigen sind. Als Bodenbelag kunstharzbeschichtete, beheizte Betonflächen oder Fließasphalt mit leichtem Gefälle, damit Wasser und Urin schnell ablaufen und der Boden durch die Eigenwärme schnell abtrocknen kann. Als Belag auf versiegelten Fußböden von Innenunterkünften kann zur Aufnahme von Flüssigkeiten aus Harn, Kot und Futterresten Holzwolle, Rindenmulch, trockenes Laub, Heu oder Stroh eingebracht werden. In dieser Einstreu kann, solange sie noch frisch und sauber ist, auch Futter (Sämereien, Nüsse oder klein geschnittene Gemüsestücke) versteckt werden, womit die Tiere zur Nahrungssuche veranlasst und damit beschäftigt werden. Gliederung der Innengehege durch Raumteiler (Wände, Felsen, Stammreihen u. Ä.), um besonders in kleineren Unterkünften bei Spannungen in der Gruppe Rückzug und Vermeidung von Sichtkontakt zu erleichtern und damit stressbedingte Aggressionen abbauen zu können. Als Grundeinrichtung auch mit Kunstharz überzogene Felsen- und Baumattrappen. Gehegeinventar für überwiegend baumbewohnende Arten Klettergerüste (aus Stahl, Holz oder Kunststoff), Kletterbäume, Laufbalken, bewegliche Einbauten wie künstliche Lianen, Seile, Taue, Strickleitern, Schaukeln (z. B. Jutesäcke), hängende Plattformen, Netze oder herabhängende Bündel von Zweigen, die den zur Verfügung stehenden Raum in mehreren Etagen ausfüllen. Unterschiedliche Aststärken anbieten. An Wänden waagerechte Stämme oder Lauf- und Sitzbretter in verschiedener Höhe, wandseitig mit einem wärmedämmenden Belag, z. B. „Nierenbrettern" als Nierenschutz, da die Affen sich zum Schlafen oder im Sitzen gern an die Wand lehnen. Auch Arten, die zur Nahrungssuche den Boden oder offenes Gelände aufsuchen (z. B. Grüne Meerkatzen, Vollbartmeerkatzen, Paviane, Husarenaffen), klettern gern und ziehen sich zur Beobachtung und zur Ruhe gern auf Äste oder in Nischen zurück. Dscheladas erklettern Stämme und Felsen, um Ausschau zu halten. Da der Schwanz von Mangaben beim Imponieren im Bogen über dem Rücken gehalten wird, sollte zwischen den obersten Einbauten und der Gehegedecke genügend Raum vorhanden sein. Gern angenommen werden Verstecke oder manipulierbare Objekte zur vorübergehenden Beschäftigung. Ein großer, verrottender Baumstamm kann für die Tiere über Monate immer wieder Gegenstand des Interesses sein. Auch geringfügige Veränderungen des Gehegeinventars bieten neue Reize. Beschäftigungsangebote müssen wechseln, verlieren sonst ihre aktivitätsauslösende Attraktivität.

Gruppen, die aus mehreren Harems bestehen (Dschelada, Mantelpavian), benötigen mehrere Innenräume, die bei Bedarf auch getrennt werden können. Nicht direkt aneinander grenzende Gehege sind oft auch durch Laufgänge miteinander verbunden, die möglichst hoch angebracht sein sollen, da Affen naturgemäß lieber hoch gelegene Wege für einen Ortwechsel wählen. Besonderes Augenmerk auf intensive Reinigung. Mit Hilfe von Klappenmechanismen werden Laufgänge auch erfolgreich zum Fang oder zur Fixierung von Einzeltieren (z.B. für medizinische Behandlungen) genutzt (siehe auch Haltungsabschnitt). Verbindung zwischen den Unterkünften meist durch vertikal verlaufende Schieber. Gut bewährt haben sich Schieber mit automatischer Sicherung, die sich nach dem Loslassen des Zugseils durch den Tierpfleger selbsttätig verriegelt. Sicherungseinrichtungen müssen die Betätigung von Schiebern durch die Affen ausschließen. Türen, durch die der Tierpfleger den Käfig betritt, müssen ebenfalls verschließbar (Türschnapper) und sowohl von außen als auch von innen vom Pfleger leicht zu öffnen sein. Um Zugluft bei geöffnetem Schieber zwischen Innen- und Außenkäfig zu vermeiden, an den Öffnungen des Außenkäfigs sog. Affenklappen (auch Landois-Klappen, da erstmalig im Zoo Münster vom damaligen Zoodirektor Prof. Dr. Landois eingesetzt) oder Lamellenvorhänge aus Weich-PVC anbringen, die von den Affen selbst geöffnet werden, sich aber durch ihr Eigengewicht sofort wieder schließen. So lange es die Witterung zulässt, den Tieren freie Wahl des Aufenthalts inner- oder außerhalb des Hauses erlauben. Dabei auf rangtiefe Affen achten, welche manchmal die warme Innenunterkunft verlassen, um Stress in der Gruppe zu vermeiden und dann bei Kälte draußen bleiben. Licht- und Geräuschpegel in den Unterkünften sollten einer 24-Stunden-Periodik folgen, d.h. nachts kein Lärm (durch „Nachtführungen", Maschinen, Aggregate) und Dunkelheit bzw. schwaches Dämmerlicht. Tagsüber an trüben Tagen zusätzlich zum natürlichen

Abb. 19.33 Rhesusaffen (*Macaca mulatta*) sind gegen Schnee, Eis und Temperaturen bis -15 °C unempfindlich, wenn sie die Möglichkeit haben, eine schwach beheizte Unterkunft aufzusuchen.

Licht (z.B. Dachfenster) Innenanlagen hell beleuchten, dazu eventuell auch Lampen mit UV-Anteil einsetzen.

Alle ganzjährig in Klimahäusern untergebrachten Mangaben, Mona- und Weißnasenmeerkatzen und andere Arten aus tropischen Waldgebieten sind besonders kälteempfindlich und haben höhere Ansprüche an Temperatur (20–25 °C, auf Dauer nicht unter 20 °C) und relative Luftfeuchtigkeit (mindestens 60–70 %) in der Innenunterkunft. Diese nicht winterharten Arten kann man aber nach vorsichtiger Akklimatisation im Winter an sonnigen Tagen auch bei schwachem Frost für kurze Zeit in ihre Außenanlagen lassen. Im Zoo Leipzig konnten früher alle in einem Warmhaus gehaltenen Meerkatzen unbeschadet Tag und Nacht das Außengehege aufsuchen, solange kein Frost herrschte. Bei Minustemperaturen erleiden Meerkatzen und Mangaben allerdings leicht Erfrierungen, vor allem an den Schwänzen.

Für winterharte Arten aus subtropischen Klimaten wie Rhesusaffe, Bären- und Formosamakak und Arten aus winterkalten, gelegentlich verschneiten Ursprungsgebieten wie Magot, Rotgesichts-, Tibet- und Assam-Makak sowie

Dschelada sind trockene, zugfreie Unterkünfte (z.B. Schutzhütten in Freianlagen) ausreichend, in denen die Temperatur nicht unter 10 °C abfällt. Vor Wind und Regen schützendes Vordach am Haus macht den Außenaufenthalt weniger wetterabhängig, besonders wenn hier auch mehrere Wärmelampen über den Ruheplätzen angebracht sind. Erhöht angebrachte Fenster mit Blick auf große Teile der Umgebung bieten in der kalten Jahreszeit eine wichtige Abwechslung für die Tiere und veranlassen sie zu häufigerem Aufenthalt auf der Außenanlage. Nicht zu ebener Erde, sondern ebenfalls erhöht angebrachte Schieber zwischen Innen- und Außenanlage steigern das Sicherheitsempfinden der Affen und verringern Schadnagerprobleme. Auf Freianlagen mit mehr oder minder beheizten Unterkünften, die beliebig aufgesucht werden können, lassen sich ganzjährig in unserem Klima die meisten Makaken, Savannenpaviane, viele Grünmeerkatzen und Husarenaffen halten. Kalt gehaltene Rhesusaffen haben einen größeren Nahrungsbedarf, zeigen eine Zunahme des Unterhautfettes und verstärktes Fellwachstum. Sie sind bei großer Kälte wenig bewegungsfreudig und sitzen, sich gegenseitig wärmend, oft dicht beieinander.

Große Freianlagen auf offenen, locker busch- und baumbestandenen Rasenflächen sind vor allem für bodenliebende Makaken, Husarenaffen, Grüne Meerkatzen und Paviane geeignet. Geräumige, stark gegliederte Anlagen sind besonders für Bartaffen wichtig, deren Weibchen außerhalb des Östrus eine größere Individualdistanz besonders Männchen gegenüber anstreben. Von nicht brünstigen Weibchen umgebene Männchen halten sich am liebsten am Rand und in größerer Entfernung von der Gruppe auf. Bäume müssen vor allmählicher Zerstörung geschützt werden, Rasen, harte hohe Gräser und schnell regenerierende Büsche wachsen gut nach. Haltung in großen Freianlagen mit Naturboden führt nicht automatisch zu stärkerem Parasitenbefall. Begrünter Naturboden bietet vielen Wirbellosen Lebensraum und lädt daher Affen immer wieder zur Nahrungssuche ein. Dscheladas graben 3–7 cm tief, können Rasenschäden verursachen, benötigen wegen der ritualisierten Verfolgungsjagden zwischen den Männchen große, grasbewachsene, mit Sichtblenden wie Felsen und Hügel unterteilte Anlagen, in denen gegenseitige Blickkontakte zwecks Abbau von Spannungen leicht unterbrochen werden können, ansonsten nur 1 adultes Männchen in der Gruppe belassen.

Als Gehegebegrenzung für Freianlagen Wassergräben, Mauern, Gitter und Panzerglaswände, die auch – sehr attraktiv für Besucher und Bewohner – abwechslungsreich miteinander kombiniert werden können. Zaungitter aus Maschendraht, punktgeschweißten Stahlgittermatten oder ähnlichen Stahlgeflechten 2,5–3,0 m hoch, oberster Streifen von etwa 50 cm Höhe meist 45 ° nach der Gehegeinnenseite abgewinkelt und zusätzlich mit Elektrodrähten gesichert. Auch bei Mauern, die den Tieren wind- und blickgeschützte Gehegebereiche bieten, sind Ausstiegshilfen erforderlich. Im Tierpark Rheine wurde oberes Ende der Umzäunung mit 70 cm hoher, senkrechter Manschette (Blech oder Kunststoff), die mit 50–60 cm Abstand vom Zaun in das Gehege hineinragt, versehen. In Ausnahmefällen entkommen heftig von Artgenossen verfolgte Tiere trotz elektrischer Zaunbegrenzung, weil sie Bisse mehr als elektrische Schläge fürchten. Für derart entwichene Tiere sind an mehreren Stellen außerhalb der Freianlage über das Gitter ragende Einsprunggalgen günstig, über die das geflohene Tier zu seinen Artgenossen zurückkehren kann. Sehr große Affenfreianlagen kann der Besucher mancherorts durch eine Schleuse betreten und auf festen Wegen begehen. Bei Wassergräben fällt die Grabensohle von der Innenseite der Anlage meist schräg zur äußeren Grabenwand ab, dort etwa 70–100 cm Wassertiefe. Äußere Grabeneinfassung oft mit Brüstungsmauer, deren dem Graben zugewandte Fläche glatt sein muss und deren Oberkante nicht weniger als 1,2 m über der Wasseroberfläche liegen sollte. Besucherseitige Ufer von Wassergräben können auch durch Elektrodrähte gegen Aussteigen gesichert werden. Besonders Makaken gehen gern ins Wasser und schwimmen auch gut, Paviane und

Meerkatzen meiden möglichst das Wasser. Grabenbreite 4–5 m, da die größeren Arten weit springen können. Mit Wassergraben begrenzte Freianlagen für die gut schwimmenden Drills und Mandrills brauchen hinsichtlich Wassertiefe und äußerer Grabenbegrenzung höhere Abmessungen. Im Winter muss Vereisung verhindert werden (schwache Beheizung, Belüftung, starker Zulauf durch Umwälzpumpen). Sicherheitshalber sollten Affen auf wasserumgebenen Freianlagen im Winter abends in den Innenunterkünften eingesperrt werden, damit sie nicht in der Morgendämmerung über eine sich nachts gebildete Eisschicht ihre Anlage verlassen. Zugang zu Innenunterkünften, die von der Außenanlage durch einen Wassergraben getrennt sind, über mindestens 2 Stege, damit die Tiere einander ausweichen können.

Umgang. Einhaltung von Sicherheitsmaßnahmen ist sehr wichtig. Fast alle Arten werden bei guter Betreuung schnell zahm, bleiben aber leicht reizbar und angriffslustig. Erwachsene Männchen verteidigen ihre Gruppe und das Territorium, wenn kleine Gehege bei ihrer Anwesenheit betreten werden. Männliche Meerkatzen greifen schnell ohne ersichtliche Warnung an, besonders wenn sich Säuglinge oder brünstige Weibchen in der Gruppe befinden. Drohgebärden (Anstarren des Gegners, Anheben der Augenbrauen, raues Husten oder Fauchen mit aufgerissenem Mund), zu denen auch Imponierverhalten gehört (z. B. Asträtteln, Auf-und-nieder-Hüpfen mit niedrig gestelltem Vorderkörper und hoch aufgerichtetem Hinterkörper), können in einen Angriff übergehen. Angreifende Meerkatzenmännchen sind plötzlich da, beißen zu, springen zurück, greifen erneut an. Ähnlich verhalten sich Mangaben und Husarenaffen. Während aber bei Meerkatzen, Mangaben und Husarenaffen meist nur mit dem Angriff eines Tieres zu rechnen ist, greifen Makaken und Paviane oft in der Gruppe an. Männliche Makaken drohen mit hochgestrecktem Hinterkörper, steiler Schwanzhaltung, geducktem Vorderkörper und hochgerissenen Augenbrauen, fixieren den Gegner, fletschen die Zähne und reißen dabei den Kopf ruckartig nach oben und unten. Aus dieser Haltung heraus kann, verbunden mit einem gellenden Schrei, ein Angriff erfolgen, an dem sich je nach Situation weitere Tiere beteiligen. Auch Paviane gehen mit Geschrei und Gekreisch zum Angriff über. Überfälle auf den Tierpfleger werden nicht selten durch falsches Verhalten des Menschen provoziert.

Beim Betreten von Gehegen zwecks Fütterung oder Reinigung in Anwesenheit von Affen bestimmt und sicher auftreten, aber nicht durch schnelle Bewegungen oder schnelle Annäherungen Angst oder Abwehr provozieren. Der Ablauf der Arbeiten im Gehege sollte immer der gleiche sein. In kleinen Unterkünften, generell aber größere Gruppen vor dem Betreten umsperren. Direktes Fixieren, der Blick Auge in Auge, wird vom Affen als Drohung aufgefasst und kann besonders von ranghohen Tieren mit einem Angriff beantwortet werden. Hüteverhalten ranghoher Männchen gegenüber östrischen Weibchen, auch steigende Spannungen und Angriffslust in der Paarungszeit bei Makaken einkalkulieren. Von der Horde abgesprengten Tieren, besonders wenn sie nicht ausweichen können, nicht zu nahe kommen. Hilfeschreie der sich bedrängt fühlenden Tiere lösen oft einen Verteidigungsangriff aus. Kleine Jungtiere nicht anfassen, da mit einer Reaktion der Mutter gerechnet werden muss, der Teile der Gruppe folgen. Direkte Bevorzugung rangtiefer Tiere mit Leckerbissen kann zu heftigem Einschreiten ranghöherer Tiere gegen den Empfänger und den Pfleger führen. Manche Gruppen bleiben am ruhigsten, wenn nur 1 vertraute Person die Anlage betritt, ansonsten Zwillingsarbeit. Oberster Grundsatz ist, Anlagen von Tieren, die als gefährlich gelten, gar nicht oder nie allein und ohne geeignete Abwehrmöglichkeit zu betreten. Dscheladas im Vergleich mit anderen Pavianen friedlicher, obwohl diese Art auffallend empfindlich auf ungewohnte Ereignisse und Veränderungen ihrer Umgebung reagiert (Stress-, Angstsymptomatik). Viele Meerkatzen (z. B. Brazza- und Eulenkopfmeerkatze, Husarenaffe) sowie der Drill sind besonders während der Jungenaufzucht scheu und störempfindlich.

Hygienemaßnahmen wie bei tagaktiven Feuchtnasenaffen oder Kapuzinerartigen. Kot, Urin und Futterreste täglich beseitigen, bei dicht besetzten, kleinen Anlagen vor jeder größeren Mahlzeit. Verschmutzte Bodenstreu in Innengehegen gewissenhaft punktuell entfernen und ergänzen sowie Einbauten reinigen. Je nach Größe des Geheges und Dichte der Besetzung turnusmäßige Totalreinigung mit vollständigem Wechsel eventuell eingebrachter Einstreu. Größte Vorsicht bei der Bekämpfung von Schädlingen mit Giften auch außerhalb der Tieranlagen. Gegen Schaben eingesetzte Insektizide, die Organophosphate enthielten, erwiesen sich für Affen als hochgiftig, wenn sie über die Insekten aufgenommen wurden.

Fang zu Untersuchungs-, Behandlungs- und Transportzwecken größenabhängig verschieden, stets im Innengehege (oder, wenn vorhanden, in einem Laufgang). Deshalb Affen, die auf Freianlagen übernachten, regelmäßig in den Innenunterkünften füttern. Fang mit der Hand nur bei kleinen Arten. Bei mittelgroßen Arten Kescher benutzen (Vorsicht vor Schwanzverletzungen), danach bei nicht sedierten Tieren Zwangsfixierung mit der Hand im Genick und „Polizeigriff" (Arme auf den Rücken), zusätzlich Beine festhalten. Bei großen Arten (vor allem Paviane) meist Immobilisation mit dem Blasrohr. Versand in typischen Affentransportkisten (siehe Band „Grundlagen"). Bei einem im Kescher gefangenen Tier zunächst Netzbeutel kurz unterhalb des Bügels abbinden, danach Netzbügel an die Kistenöffnung drücken. Dann wird die Schlinge so weit gelockert, dass der Affe hindurch passt, der Netzbeutel langsam in eine Richtung gedreht und damit das Tier in die Kiste gedrückt. Abschließend Kistenschieber sofort schließen und sichern. Erwachsene Paviane werden sicherer einzeln in Raubtierkisten transportiert. Die Kiste wird an eine Käfigöffnung (z. B. Durchgang zur Nachbarunterkunft) angesetzt und der Pavian in die Kiste getrieben. Transport prinzipiell wie Kapuzinerartige.

Fütterung. Allesfresser (Ausnahme: Dschelada), Ernährung wenig schwierig, gleicht vielfach der von Kapuzinerartigen. Vorwiegend Pflanzenkost, etwa nicht blähendes Blatt- und Wurzelgemüse, Kartoffeln, Sonnenblumenkerne, Nüsse, daneben tierische Kost, vorwiegend in Form von Mehlwürmern, Grillen, Heuschrecken, Affen- oder Blattfresserpellets. Pflanzliche Kost wird meist roh verabreicht, nur manches Gemüse gelegentlich blanchiert, gedämpft oder gekocht (Kartoffeln). Zur Bereicherung des Futterangebots für alle Arten auch Knospen, Blätter, Rinde und Blüten von Gehölzen, Kräuter, Getreideschösslinge, Gräser, blattreiche Futterpflanzen. Für Makaken häufiger als für andere Arten zarte Blätter und Kräuter (z. B. Klee), auch Eulenkopfmeerkatzen sind vermutlich auf einen größeren Anteil rohfaserreicher Kost angewiesen (Gräser, Schösslinge, Kräuter). Bei allen Arten Obst nur in äußerst geringen Mengen füttern. Brot, Nudeln und andere stärkehaltige Produkte wegen des geringen Nährwerts und hohen Kaloriengehalts vermeiden. Nüsse und Samen aufgrund ihres hohen Fettgehalts nur sparsam zur Beschäftigung verwenden. Primatenpellets morgens als erstes Futter zusammen mit grünem Gemüse füttern. Andere, oft bevorzugte Futtermittel wie Wurzelgemüse, wirbellose Tiere und Grünfutter separat füttern. Denn es ist wahrscheinlicher, dass das Pellet gefressen wird, wenn das Tier am hungrigsten ist. Meerkatzen verbringen einen Großteil des Tages mit der Nahrungssuche, weshalb kleine, häufige Mahlzeiten besser geeignet sind als ein einziges großes Mischfutter. Mangaben fressen zwar gern Früchte, verzehren daraus aber meist zuerst die Samen, deshalb sollen sie ebenfalls häufiger als Meerkatzen Triebe, Blüten, Sämereien und Nüsse erhalten. Wie auch bei anderen Primaten Obst aus dem Speiseplan entfernen und gegen Gemüse tauschen. Alle Sorten von Gemüse sind geeignet. Gemüse in folgende 3 Gruppen unterteilen und innerhalb der Gruppe täglich oder wöchentlich variieren: Blattgemüse (Salat, Grünkohl, Kohl usw.), wässriges Gemüse (Gurke, Brokkoli, Paprika, Erbsen, Bohnen, Blumenkohl, Aubergine usw.) und Wurzelgemüse (Karotte, Süßkartoffel, Kohlrabi, Rübe usw.). Grillen, Heuschrecken,

Mehlwürmer, Wachswürmer, Schnecken, Schaben usw., eine Handvoll pro Mangabe pro Tag, andere tierische Stoffe wie Fleisch und Milchprodukte sind ungeeignet. Für Streufütterung Nahrung in kleine, mundgerechte Stücke schneiden. Besonders begehrte Futtermittel lassen sich so breit verteilen und sind damit auch rangniederen Tieren zugänglich. Außerdem kann man mit Futterteilen von kleineren Abmessungen sparsamer füttern, weil die Affen von größeren Futterbrocken oft nur ein Stück abbeißen und den Rest fallen lassen, kleine Futterbrocken aber entweder ganz in den Mund schieben oder länger in der Hand behalten und nochmals einen Bissen davon nehmen. Für große Gruppen von Makaken und Pavianen wird mancherorts die Verabreichung ganzer Früchte bzw. großer Futterstücke (z.B. Kürbisse, Kokosnüsse) für günstiger gehalten, weil die Affen im Vergleich zu klein geschnittener Nahrung mehr Zeit für die Beschäftigung mit dem Futter aufwenden. Keinesfalls darf die Einsparung von Arbeitszeit darüber entscheiden, welche Fütterungstechnik zum Einsatz kommt. Neben der Gestaltung eines abwechslungsreichen Fütterungsregimes müssen Sparsamkeitsgrundsätze das Handeln des Tierpflegers bestimmen.

Mit Ausnahme von Sämereien, Nüssen und ähnlicher trockener Nahrung das Futter grundsätzlich in Futterschalen reichen. Es ist eine Unsitte, Futter einfach auf den Käfigboden auszuschütten, auch wenn dieser vorher gereinigt worden ist. Fütterung vom Boden ist nur akzeptabel, wenn trockene Futterbestandteile in frische, saubere (!) Einstreu eingebracht werden, um die Affen durch Nahrungssuche zu beschäftigen. Mehrere Futterplätze einrichten (entsprechend der Größe und Zusammensetzung der Gruppe), an denen gleichzeitig gefüttert wird, z.B. in mehreren Käfigen oder auf Freianlagen an Plätzen, die nicht gegenseitig eingesehen werden können. Oft genügt eine einfache Sichtblende zwischen 2 Futterstellen. Jede Futterstelle mit der gleichen Palette an Futtermitteln bestücken, um möglichst allen Tieren das gleiche Futter zukommen zu lassen.

Jungtiere und säugende Mütter haben einen höheren Bedarf an Energie, Vitaminen und Mineralstoffen.

Eine ausgewogene Ernährung sichert den Hauptteil der Versorgung mit Vitaminen und Mineralstoffen. Zusätzlich einige dieser Stoffe dem Futter gesondert beigeben (z.B. über die Morgenmahlzeit), um Mangelerscheinungen vorzubeugen. Mittlere Bedarfswerte (pro Tag und kg Körpergewicht): Vitamin A 40 IE, Vitamin D_3 2–5 IE (besonders im Winter wichtig bei mangelndem Sonnenlicht), Vitamin E_2 mg, Vitamin B_1 0,03 mg, Vitamin B_2 0,15 mg, Vitamin B_6 0,5 mg, Vitamin B_{12} 0,01–0,02 mg, Vitamin C 1 mg, Vitamin H 0,01 mg, Folsäure 0,04 mg, Calcium 10 mg. Nicht selten entsteht Eisenmangel. Auch bei reichlichem Angebot von Vitamin C, das für die Resorption von Eisen nötig ist, können nur etwa 10 % des aufgenommenen Eisens vom Körper genutzt werden. Dscheladas sind die einzige noch lebende grasfressende Primatenart, sie fermentieren Zellulose mithilfe von Bakterien in der Vormagenkammer. Als Nahrungsspezialisten erhalten sie anderes Futter als oben beschrieben: Hauptnahrung Weidegras und Grasheu, das immer zur Verfügung steht, Heupellets, verschiedene Knollen-, Wurzel- und Zwiebelgemüse (z.B. Sellerie, Fenchel, Möhre, Kohlrabi, Rote Bete, Porree), dazu wenig Körnergemisch aus vorwiegend stärkehaltigen Sämereien, wenig anderes Gemüse. Im Winter frisches Gras durch Grasheu ersetzen und mehr Ersatzfutter anbieten (auch Blattgemüse). Keine süßen Früchte oder stärkehaltigen Gemüse (Kartoffeln, Süßkartoffeln) füttern. Gemüsesorten mit mittlerem Stärke- oder Zuckergehalt (Karotten, Pastinaken usw.) nur in geringen Mengen anbieten und Saaten (Körnermischungen einschließlich Weizen und Hafer) mit Vorsicht und nur in sehr begrenztem Umfang füttern, da Geladas die Nährstoffe dieser Nahrungsmittel sehr (zu) gut verwerten und bei täglicher Fütterung leicht übergewichtig werden. Kein Brot füttern, Affenpellets nur sehr begrenzt (z.B. einmal pro Woche).

Vergesellschaftung. Bei allen Arten ist eine erfolgreiche Haltung nur in der Gruppe möglich, da deren soziale Umwelt, der Kontakt mit Artgenossen für das Individuum Grundvoraussetzung für dessen psychisches und physisches Wohlbefinden ist. Deswegen Einzelhaltung nur kurzzeitig oder aus medizinischen Gründen vertretbar. Auch eingewöhnte Tiere können bei Einzelhaltung schwere Verhaltensstörungen ausbilden, die sich z.B. durch stereotype Sprünge, anhaltendes Beißen in bestimmte Gegenstände, Selbstverstümmelung durch Bisse, Erbrechen, Kotfressen u.a. ausdrücken. Ähnliche Verhaltensstörungen sind auch bei in Gruppen gehaltenen Affen möglich, wenn sie unter Stress (z.B. ständiger Angst) leiden.

Vergesellschaftung von 2 Einzeltieren meist unkompliziert. Beim Aufbau von Gruppen muss die natürliche soziale Organisation zugrunde gelegt werden. Gruppenaufbau bei Harems bildenden Makaken und Pavianen beginnt meist mit mehreren Weibchen, die miteinander verwandt oder auch blutsfremd sein können und die mit 1 Männchen vereinigt werden. Unter den Weibchen bildet sich eine Rangordnung heraus, die artverschieden teils ohne, teils unter Mitwirkung des Männchen (Bevorzugung und Unterstützung eines „Lieblingsweibchens") entsteht.

Durch den Nachwuchs entwickeln sich innerhalb des Harems Mutterfamilien, die bei den meisten Makaken und Savannenpavianen auf großen Anlagen in mehreren Matrilinien zusammen gehalten werden können. In Gruppen von Mantelpavianen und Dscheladas können auch mehrere Männchen mit jeweils eigenem Harem zusammenleben. Zwischen Dscheluda-Männchen kommt es dann zu sehr kurzen, lautstarken, ritualisiert ablaufenden Verfolgungsjagden. Bei Mantelpavianen hatten sich in Köln auf einer geräumigen Felsanlage unter mehr als 30 geschlechtsreifen Männchen über 15 Harems herausgebildet. Auch in Zuchtgruppen von Savannenpavianen und Makaken können sich mehrere erwachsene Männchen tolerieren. Des ungeachtet auch bei diesen meist nur Haremsgruppen, da sonst besonders auf kleineren Anlagen heftige Rivalenkämpfe folgen. Männlicher Nachwuchs kann aber meist bis zum Eintritt der Geschlechtsreife in der Gruppe bleiben. Kommt es zur Verdrängung eines alten Alpha-Männchens (z.T Kämpfe mit schweren Bissverletzungen) durch ein stärkeres jüngeres Tier, muss einer der beiden Kontrahenten aus der Gruppe entfernt werden. Bei der Auswahl des verbleibenden Tieres sollte berücksichtigt werden, welches Männchen unter den Weibchen den größeren Anhang hat, um größere, nicht selten mit Kämpfen einhergehende soziale Umstrukturierungen zu vermeiden. Innerhalb einer Gruppe kann für ein Individuum die Unterstützung neuer ranghoher Gruppenmitglieder zur Verbesserung der eigenen sozialen Stellung beitragen. Unterbringung abgebissener Tiere ist oft schwierig. Anders als bei anderen Tiergruppen existieren über die Haltung reiner Männchen-Gruppen in Zoos kaum Erkenntnisse. Positive Erfahrungen bei der Haltung mehrerer erwachsener Männchen gibt es bei Rhesusaffen, Bärenmakaken und Zweiergruppen männlicher Dscheladas. Im Zweifelsfall wird man besonders jüngeren Tieren eine Partnerin zwecks Bildung einer neuen sozialen Einheit beigeben. Eingliederung eines neuen Männchens in eine bestehende Weibchengruppe kann Kindestötung durch das neue Männchen zur Folge haben (z.B. Mantelpavian, Dschelada, Bartaffe). Hohe soziale Toleranz bei beiden Geschlechtern herrscht in den Gruppen von Bären- und Mohrenmakaken. Bei den meisten Meerkatzen, Schopf- und Grauwangenmangaben ist eine Gruppenhaltung nur im Familienverband möglich. Deswegen bei diesen Arten grundsätzlich nur Paare als Gründertiere für den Aufbau von Familiengruppen zusammenstellen. Nur in Ausnahmefällen vertragen sich kleine Haremsgruppen nicht verwandter Tiere. Heranwachsende Söhne können mitunter länger in der Gruppe gehalten werden, einige verblieben bis zum 5. Lebensjahr in der Familie (Zoo Leipzig). Die meisten müssen aber spätestens vor dem Einsetzen der Geschlechtsreife wegen zunehmender Aggressivität des Vatertieres entfernt werden. In einer Zuchtgruppe von Goldbauchmangaben wurden dagegen die älteren Weibchen von nachwachsenden jüngeren aus der Gruppe gedrängt (Zoo Wuppertal). Weibliche Brazzameerkatzen gerieten mit Beginn der Geschlechtsreife unter Druck und mussten aus der Gruppe entfernt werden (Zoo Leipzig).

Sumpfmeerkatzen sind wie Grünmeerkatzen oder Rauchgraue Mangaben geselliger als andere Arten und können in größeren Gruppen gehalten werden, die aus mehreren Matrilinien bestehen und denen auch mehr als 1 erwachsenes Männchen angehören kann. In den Gruppen der Zwergmeerkatzen können eine größere Zahl von Männchen leben, denen die Weibchen aber überlegen sind und die von den Weibchen außerhalb der Paarungszeit verdrängt werden. Deshalb ist gesonderter Rückzugsbereich für die Männchengruppe nötig. Soziale Balance unter den Tieren gut beobachten.

In züchtenden Gruppen aller Arten treten meist Auseinandersetzungen auf, wenn Jungtiere geschlechtsreif werden und Verschiebungen in der sozialen Hierarchie verursachen. Oft sind Allianzen gegen junge Männchen gerichtet, die deshalb versuchen, die Gruppe zu verlassen (Mandrills etwa ab 5. Jahr). Als rangtiefste Gruppenmitglieder sind sie häufig Opfer umgelenkter Aggressionen, d.h. sie werden von rangniedrigen, jungerwachsenen Tieren angegriffen (meist junge Weibchen), die zuvor von Erwachsenen unter Druck geraten waren.

Vergesellschaftung Angehöriger verschiedener Arten ist unter Berücksichtigung dessen, was über die Gruppenhaltung und den Aufbau von Familien oder Gruppen der jeweiligen Arten gesagt wurde, möglich. Viele Meerkatzenarten leben im natürlichen Habitat gesellig mit anderen Affenarten (z.B. Dianameerkatzen mit Grünen Stummelaffen, Campbell's Meerkatzen oder Kleiner Weißnasenmeerkatze) und können auch gemeinsam gehalten werden. Einzelne Männchen einer Art können wahrscheinlich nur in die Gruppe einer anderen Art gewöhnt werden, wenn dort zur Zeit der Eingewöhnung kein geschlechtsreifes Männchen vorhanden ist. 2 Dschelada-Männchen wurden jedoch erfolgreich in eine intakte Zuchtgruppe Javaneraffen integriert (große Anlage). In Leipzig lebte ein Bärenmakak mit einem jungen männlichen und einigen weiblichen Rhesusaffen zusammen. Als der junge Rhesus heranwuchs, hatte er sich mit der führenden Rolle des Bärenmakaken abgefunden, zeugte Jungtiere und ordnete sich dem Bärenmakaken unter. Fruchtbare F2-Bastarde gab es zwischen Kongo-Weißnasenmeerkatze und Diademmeerkatze, bemerkenswerte Kreuzungen zwischen weiblichen Mandrills und männlichen Makaken, Mangaben und Männchen der Gattung *Papio*. Männliche Mandrills paarten sich nur selten fruchtbar mit anderen Affen. Dies ist zwar wissenschaftlich nicht uninteressant, aber tiergärtnerisch nicht erstrebenswert.

Bei der Vergesellschaftung von Angehörigen verschiedener Arten auf einer Anlage sind das Hüteverhalten einiger Männchen sowie abweichende Klima-Ansprüche zu berücksichtigen. Vergesellschaftung ist dann erfolgreich, wenn grundlegende Ansprüche jeder Art an Größe und Strukturierung des Geheges gewährleistet sind. Erfolgreich wurden u.a. vergesellschaftet: Mantelpaviane, Dscheladas oder Magots mit Mähnenspringern, wobei die Mantelpaviane zur Lammzeit der Mähnenspringer isoliert wurden, um Tötung von Lämmern zu vermeiden, Diademmeerkatzen mit Guerezas, Bartaffen mit Binturongs oder Orang-Utans, verschiedene Meerkatzenarten der Cephus-Gruppe und Weißkehlmeerkatzen jeweils mit Gorillas, Husarenaffen mit Bonobos oder Gorillas, auf einer Anlage Rauchgraue und Rotscheitelmangaben sowie Mandrills mit Zwergflusspferden (Melbourne) bzw. mit Zwergottern und einem Zwergflusspferd (Brookfield Zoo Chicago), Kontakte zwischen Afrikanischen Elefanten und einer Gruppe Mantelpavianen (Elefanten können in Beekse Bergen im trennenden Wassergraben bis an das unüberwindliche, steile Ufer der Pavian-Insel herantreten).

Fortpflanzung und Zucht. Geschlechtsunterscheidung leicht. Männchen mit deutlich sichtbarem Penis und oft auffällig gefärbtem Scrotum, Weibchen mit 1 deutlichen Paar brust- oder leicht achselständiger Zitzen (bei Dschelada-Weibchen auf dem Brustbein eng nebeneinander) und einfacher Vagina mit kleiner Klitoris, die nie einen Penis vortäuscht. Zitzen bei jungerwachsenen Weibchen meist im Fell verborgen. Bei Tieren, die schon Junge aufgezogen haben, können die Brüste locker, faltig und leicht hängend sein. Die bei jungen Tieren knopfförmige Brustwarze ist nach einigen Aufzuchten als Strichel deutlich sichtbar. Angaben zur Fortpflanzungsbiologie in Tabelle 19.4.

Bei Weibchen vieler Arten sichtbare Brunstanzeichen (Schwellung, Rötung) in der Umgebung der Genital- und Analöffnung, bei vielen Arten Brunstschwellung im Anogenitalbereich der Weibchen. Bei Pavianweibchen beginnt die Brunstschwellung kurz nach der Menstruation. Sehr auffällig sind die bis doppelt männerfaustgroßen, schwabbeligen, roten Schwellungen bei Savannenpavianen, die viele Zoobesucher für eine krebsartige Erkrankung halten und die nach der Ovulation plötzlich abschwellen. Sexualschwellung bei jungerwachsenen Mantelpavian-Weibchen von kürzerer Dauer als bei vollerwachsenen Tieren. Langsames Abschwellen oder anhaltende Schwellung deuten auf anovulatorischen Zyklus (Störung: Ausbleiben des Eisprungs) hin. Bei Dschelada-Weibchen während Östrus und Menstruation zunehmende Rötung der Brust- und Anogenitalhaut und leichtes Anschwellen der randständigen Bläschen am Brustfleck. Stärke der Rötung ist auch abhängig vom Gesundheitszustand und vom Vorhanden- oder Nichtvorhandensein eventuellen Sozialstresses.

Brunstzeichen bei Makaken verschieden. Weibliche Schweinsaffen und Bartaffen mit starken roten Schwellungen unter der Schwanzwurzel und in der Genitalregion, Javaneraffen und Magots mit dickem, graurotem Wulst unter der Schwanzwurzel, der den Schwanzansatz vom Körper wegdrückt. Nur leichte Schwellung, aber kräftige Rötung bei brünstigen Bärenmakaken, gelegentlich verbunden mit glasigem Scheidenausfluss. Andere Makaken ohne derartige Brunstschwellungen, dafür kann sich die Genitalregion wie bei Indischen und Ceylonesischen Hutaffen leuchtend bis purpurrot verfärben. Außerdem bei Hutaffen glasiger, übel riechender, schleimiger Scheidenausfluss. Bei jungen geschlechtsreifen Weibchen der Rhesusaffen und Rotgesichtsmakaken rötliche Verfärbung der Genitalregion, entfällt bei den älteren Tieren. Keine Brunstschwellungen oder Farbveränderungen im Scheidenbereich bei Husarenaffen und Meerkatzen mit Ausnahme der Sumpfmeerkatze und der Zwergmeerkatzen, bei denen die Hautfärbung des Analgebietes zyklischen Veränderungen unterliegt, sowie einigen Mangaben, bei denen auch Schwellungen auftreten (siehe auch Tabelle 19.4).

Länge des weiblichen Sexualzyklus bei Pavianen und Mangaben 30–40 Tage, bei anderen Arten Angaben von 28–36 Tagen. Zyklusverlängerung nicht selten. Ursache z.B. sozialer Stress oder ausbleibende Ovulation (siehe auch Tabelle 19.4). Östrus 2–4 Tage mit maximaler Schwellung, intensivsten Verfärbungen und größter Paarungshäufigkeit bei den entsprechenden Arten 12–15 Tage nach Beginn der 1–3 Tage anhaltenden Menstruation, die aber nicht immer durch Blutungen erkennbar ist. Während der Hochbrunst Ovulation. Dann oft stimulierend auf sexuelle Aktivitäten der Männchen wirkender Sexualgeruch. Zur Paarung reiten diese den Weibchen rücklings auf, besteigen dabei mit ihren Füßen die eingeknickten Unterschenkel der Weibchen. Lediglich Husarenaffen bleiben mit den Füßen am Boden. Paarung meist kurz, nur 5–15 Sekunden, bei Bärenmakaken 15 Minuten und länger, weil nach der Ejakulation die Partner durch eine Scheidenverengung „hängen". Ejakulat bildet nach der Paarung einen Vaginalpfropf. Masturbation von allen Gattungen bekannt. Oft sog. Orgasmusgesicht bei weiblichen Makaken und Meerkatzen während der Kopulation. Paarungen bei vielen Arten auch während der Tragzeit, ausgelöst vermutlich auch durch Scheinöstren.

Trächtigkeitszeichen sind Genitalschwellungen bei Mangaben, Rötung der Sexualhaut bei Dschelada und Waldpavianen, bei letzteren auch kleine Trächtigkeitsschwellung im Vaginalbereich, Rötung und gelegentlich leichte Schwellung der Zitzen, vermehrter Leibesumfang sowie gewisse Trägheit des Muttertiers in den letzten Trächtigkeitswochen. Bei tragenden und säugenden Husarenaffen verfärben sich die dunklen Augenbrauen- und Schläfenstreifen sowie die dunkle Nase hell.

Fortpflanzungsbiologische Besonderheiten bei Drillmangaben: Nach einer 3–4 Tage andauernden, jedoch nicht immer erkennbaren Menstruation folgt 12–15 Tage später eine Brunstschwellung im Vaginalbereich von etwa 14-tägiger Dauer. Etwa 3 Wochen nach diesem angenommenen Konzeptionszeitraum tritt eine 7–9 Tage anhaltende Implantationsblutung auf, der 17–30 Tage später eine 8–24 Tage andauernde sekundäre Genitalschwellung folgt. Etwa 100 Tage nach deren Abklingen kommt es zur Geburt. Schwarze Mangaben bilden während der Tragzeit in unregelmäßigen Abständen Genitalschwellungen aus, die auch nach der Geburt während der Laktation monatelang anhalten können.

Obwohl sich fast alle Arten in ihren Herkunftsgebieten saisonal fortpflanzen, sind die meisten in Menschenobhut in Mitteleuropa ganzjährig fortpflanzungsfähig. Mehrheitlich keine klar erkennbaren festliegenden Paarungs- und Wurfzeiten. Lediglich einige Makaken (Magot, Rhesus- und Javaneraffe, Rotgesichts- und Tibet-Makak), deren Zyklusgeschehen zwar ganzjährig verläuft, kommen erst im Herbst in ovulatorische Zyklen, so dass deren Würfe größtenteils zwischen März und Juni erfolgen. Geburten bei Hutaffen von Januar bis April oder auch Juni und Juli. Hodengewicht der Männchen saisonaler Arten verdoppelt sich bis zur Paarungssaison durch einsetzende Spermatogenese. Bei anderen Arten können Geburtenhäufungen im Winterhalbjahr auftreten (z. B. Mandrill).

Fast ausschließlich 1 Jungtier, doch sind auch von vielen Arten sehr vereinzelt Zwillingsgeburten bekannt, so z. B. bei einigen Makaken, Grünmeerkatzen, Dschelada, Mantelpavian und Mandrill. Geburt verläuft meist glatt, erfolgt im seitlichen Liegen oder in der Hockstellung wie bei der Paarung, findet im Allgemeinen in störungsfreier Zeit, also oft in Pausenzeiten oder nach Dienstschluss statt. Hinterendlagen (Steißgeburt) sind selten, ziehen sich oft lange Zeit hin, so dass das Jungtier im Geburtsweg erstickt. Sind die Hinterbeine zu sehen, müsste das Junge innerhalb von wenigen Minuten geboren werden, da durch die in dieser Phase abgequetschte Nabelschnur die Blutzufuhr gestört ist. Tierärztliche Hilfe ist in den meisten Fällen von Steißgeburt erforderlich.

Die Jungtiere sind weiter entwickelt als menschliche Neugeborene, meist mit besonderer Schutzfärbung (siehe Tabelle 19.5), die je nach Art verschieden lang erhalten bleibt. Sie klammern sich nach der Geburt sofort im Bauchfell der Mutter fest. Die Nachgeburt wird entweder von der Mutter gefressen oder aber seltener als „Teil des Jungen" so lange mit herumgeschleppt, bis die ausgetrocknete Nabelschnur bricht, und danach beiseite gelegt. Das Junge bedarf keiner besonderen Pflege durch den Menschen. Mitunter kann nach der Geburt ein bis 5 Tage anhaltender blutiger Lochialfluss (Sekret, das nach der Geburt aus der Scheide des Muttertiers abgesondert wird) beobachtet werden. Vor oder nach der Geburt ist es nicht erforderlich, das Weibchen zu isolieren. Die Männchen beteiligen sich zwar nicht direkt an der Aufzucht, sind aber meist an dem Jungtier interessiert und bewachen und schützen das Weibchen. Lediglich bei gestörtem Sozialverhalten innerhalb einer Gruppe kann es zu Aggressionen erwachsener Tiere gegenüber dem Neugeborenen kommen. Auch ranghohe Weibchen können einem Neugeborenen gefährlich werden, indem sie der Mutter den Säugling entreißen. Sie pflegen das Junge umfassend, können es aber nur in seltenen Ausnahmen stillen, z. B. bei noch vorhandener Laktation nach Verlust des eigenen Säuglings. Um Jungtierverluste zu verhindern, muss man solche meist ranghöheren Tiere isolieren, ihnen das Baby abnehmen und es der Mutter zurückgeben. Diese Rückgabe muss rasch erfolgen, da das Junge in den ersten Tagen alle 1–3 Stunden bei der Mutter trinkt. Meist ist schon einige Tage später der Kontakt zwischen Mutter und Kind so fest, bei der isolierten „Amme" das anormale Pflegebedürfnis abgeklungen, so dass jenes Weibchen wieder in die Gruppe zurückgelassen werden kann. Gele-

Tab. 19.4 Angaben zur Fortpflanzungsbiologie von Meerkatzenartigen

Gattung/Art	Zyklusdauer[1] (Tage)	Brunstanzeichen[2]	Tragzeit (Tage)	Geburtsintervalle[3] (Monate)
Rhesusaffe	24–31 (29)	Rötung	146–179 (165)	12–24 (meist 14–19½)
Javaneraffe	ca. 28	schwache Schwellung	153–175 (165)	12–24 (meist 15–20)
Rotgesichtsmakak	ca. 28	Rötung	170–180	24-36
Hutaffen	bis 31	farbloser Schleim	153–169 (163)	15-18
Bärenmakak	ca. 27	keine	etwa 178	12-24
Magot	ca. 28	Schwellung[4]	etwa 164	12–24 (meist 14–19)
Schweinsaffen	bis 31	Schwellung	162–186 (170)	12–24 (meist 15–20)
Bartaffe	bis 32	Schwellung	173–188 (177)	14–34 (meist um 24)
Schopfmakak		Schwellung	etwa 175	etwa 18
Gelber Pavian	30–40	Schwellung	154(?)–185 (175)	9½–31 (meist 13–18)
Mantelpavian	23–40 (30–32)	Schwellung	170–180 (173)	10–28 (meist 15–18)
Drill	32–38 (31)	Schwellung	174–183	13–36 (um 19)
Mandrill	22–38	Schwellung	172–183[5]	11–31[6] (um 15–16)
Dschelada	31–39	Rötung, Bläschen	171–192	13–25
Mohrenmangabe	ca. 34–38	Schwellung	164–175 (173)	13–19
Grauwangenmangabe	ca. 30–36	Schwellung	174–180	17–49 (vermutlich um 20)
Grüne Meerkatzen	28–32	Weiß wird zu Rosa, Schleim	163–170	8½–24 (meist um 12–18)
Monameerkatzen	28–30	keine	170–180	12–24 (meist um 21½)
Weißnasenmeerkatzen	ca. 30	keine	165–170	17-52 (meist um 21½)
Diademmeerkatze	29–32	keine		24–50 (meist 24–30)
Dianameerkatze	ca. 30	keine	170–185	18–24 (meist um 21½)
Brazzameerkatze	ca. 32	keine	168–187	12–27 (meist um 21½)
Eulenkopfmeerkatze	30–32	keine	169–183	18–24
Vollbartmeerkatze	ca. 30–32	keine		
Zwergmeerkatzen	33–35	Schwellung	158–166	12
Sumpfmeerkatze	28–32	Schwellung		
Husarenaffe	ca. 30	keine	160–170	12–24

Angaben in Klammern: rechnerischer Durchschnitt einer größeren Zahl von Beobachtungen
[1] In europäischen Zoos
[2] Gemeint sind sichtbare Veränderungen der weiblichen Ano-Genital-Region.
[3] Bei erfolgreicher Aufzucht (Angaben in Klammer: größte Häufigkeit)
[4] Nur während ovulatorischer Zyklen im Herbst wird eine Schwellung ausgebildet.
[5] Klärungsbedürftig, in London 5 Geburten nach 172–176 Tagen, nach Beobachtungen in Rostock nur 141–161 Tage, nach anderen Aussagen bis 183 Tage
[6] In Rostock nur 6½–9½ Monate

gentlich tragen ältere Jungtiere, meist weibliche Geschwister, sehr junge Säuglinge mit sich herum, lassen sich aber die Jungen ohne Widerstand von der leiblichen Mutter wieder abnehmen. Das trifft bei Magots auch auf Männchen zu. Wichtigste Aufgabe des Tierpflegers nach einer Affengeburt ist, zu beobachten, ob das Jungtier bei der wirklichen Mutter ist und dort auch trinkt. Daten zur Jugendentwicklung in Tabelle 19.5. Wenn eine Mutter ihr Neugeborenes nicht pflegt und Körperkontakt mit ihm meidet, kann eine vorübergehende, vollständige Trennung der Mutter mit Kind von der Gruppe erforderlich werden. Bei mangelndem Pflegetrieb kann die Isolierung der Mutter deren Kontaktaufnahme zum Kind fördern. Eine derartige totale Separation sollte nicht länger als 2–3 Stunden andauern. Die Entscheidung für einen solchen Eingriff ist immer schwierig zu treffen und oft erfolglos. Eine Abtrennung von Müttern, die von der Geburt zu stark geschwächt sind und kurzfristig aufbauende Nahrung oder Medikamente erhalten sollen und denen besonders intensive Pflege zuteil werden muss, darf nur im Notfall erfolgen und niemals vollständig sein. Akustische und visuelle Kontakte zur Gruppe müssen erhalten bleiben, weil bei Rückkehr anderenfalls eine Reintegration von Mutter und Kind sehr schwierig werden und mit anhaltendem sozialen Stress einhergehen kann.

Alle Jungtiere werden von der Mutter in den ersten Wochen am Bauch getragen. Sie halten sich zwar mit Händen und Füßen am Fell der Körperseiten des Weibchens fest, werden aber in den ersten Tagen von der Mutter beim Laufen mit einer Hand an den Körper gedrückt. Junge Meerkatzen haben das Greifvermögen des Schwanzes noch nicht ganz verloren und wickeln diesen um die Hüfte oder Schwanzwurzel der Mutter. Sie entwickeln sich rascher als Jungtiere anderer Arten, machen mit 4–7 Tagen die ersten Gehversuche, lösen sich mit etwa 30 Tagen erstmals von der Mutter, nehmen zwischen dem 29. und 36. Tag erste feste Kost auf, fressen mit 60 Tagen regelmäßig feste Nahrung und haben mit 80 Tagen das volle Milchgebiss. Ähnlich rasch entwickeln sich Mangaben, die sich schon zeitig von der Mutter lösen, und Husarenaffen, die auch später nicht auf dem Rücken der Mutter reiten. Jungtiere beginnen am 4. Tag zu krabbeln, machen am 8. Tag erste Kletterversuche, nehmen zwischen 12. und 17. Tag erste feste Kost auf, lösen sich ab 15. Tag vom Körper der Mutter, fressen etwa ab 7. Woche, Zwergmeerkatzen schon ab 6. Woche regelmäßig feste Kost. Die Zahnung beginnt anfangs der 2. Lebenswoche. Milchgebissentwicklung Ende der 9. oder anfangs der 10. Woche abgeschlossen.

Auch neugeborene Makaken werden am Bauch der Mutter getragen. Wahrscheinlich nehmen sie in den ersten Tagen ihre Umgebung visuell nur undeutlich wahr. Sie beginnen mit 2 Wochen unsicher vierfüßig zu laufen, entfernen sich mit 4 Wochen nur wenig weit von der Mutter, proben erste kleine Sprünge, spielen mit 5 Wochen, probieren mit 4-6 Wochen erste feste Kost, nehmen diese mit 10 Wochen öfter, mit 15 Wochen am Ende der Milchgebissentwicklung regelmäßig auf. Verlauf der Jugendentwicklung junger Paviane zeitlich ähnlich. Junge Mandrills verlassen mit 3 Wochen erstmals den Körper der Mutter und nehmen mit 5 Wochen erste feste Kost.

Zahnentwicklung beginnt am Ende der 1. Woche und ist mit Ausnahme der 2. Prämolaren, die viel später erscheinen, mit 11–12 Wochen abgeschlossen. Paviane und einige Makaken tragen ihre älteren Jungen auch auf dem Rücken, wenn weite Strecken zügig zurückgelegt werden (Savannenpaviane ab 5. Woche). Der Bauch der Mutter bleibt aber weiterhin Zufluchtsort bei Gefahr. Feste Mutter-Kind-Bindung bis etwa 6. Monat, danach Lockerung, nach 10–12 Monaten nur noch lose Bindung, die lange erhalten bleibt.

Dauer der Säugezeit schwer zu bestimmen, da auch Saughandlungen an den Zitzen erfolgen, wenn keine Milch mehr fließt (siehe Tabelle 19.5). Während der Säugezeit keine sexuellen Aktivitäten. Geburtsintervalle nach natürlicher Aufzucht bei Meerkatzen 9½–44, meist 21½ Monate (n = 18), bei Grünen Meerkatzen aber nur 8½–12 Monate, bei Makaken 9½–36, meist 14–19½ Monate, bei Pavianen 9½–31, meist 13–18 Monate (siehe Tabelle 19.5). 1. Östrus nach der Laktationsamenorrhoe (Ausbleiben der Menstruation während des Stillens) muss dabei nicht in jedem Fall zur Befruchtung führen.

Abschluss der körperlichen Entwicklung bei Männchen erst mit voller Länge der Eckzähne. Geschlechtsreife tritt früher ein, soziale Reife später, am spätesten bei Drill, Mandrill und Dschelada. Weibchen sind in der Regel früher geschlechtsreif als Männchen (siehe Tabelle 19.5). Im Zoo Halle brachte zwischen 1967 und 1982 ein weiblicher Mandrill 14 Würfe mit insgesamt 17 Jungen (3 Zwillingsgeburten). Bei ihrer letzten Geburt war die Äffin 22 Jahre alt. In Leipzig wurden in 25 Jahren 35 Meerkatzen von 8 Arten geboren. Eine Rhesusäffin war bis zum 25. Lebensjahr fruchtbar, eine Javaneräffin im 19. Lebensjahr, eine Eulenkopfmeerkatze mit 18¾ Jahren. Letzte Geburt bei einem Mandrill mit 24, bei einem Drill mit 23, bei einer Rauchgrauen Mangabe mit 27 Jahren. Mit 21½

Tab. 19.5 Angaben zur Jugendentwicklung bei Meerkatzenartigen

Gattung/Art	Geburtsgewicht (g)	Färbung der Neugeborenen	Säugezeit[1] (Monate)	erste feste Kost (Lebenstag)	Geschlechtsreife Weibchen[2] (im Jahr)	Geschlechtsreife Männchen[3] (im Jahr)
Rhesusaffe	330–600	dunkelbraun	7–10	30.–40.	2½–3½ (3½–5)	3½–4½ (5–7)[5]
Javaneraffe	230–470	schwarz	8–12		3½–4 (4)	4
Rotgesichtsmakak	450–550		5–10		3½–4 (5–6)	4½–5 (6)
Hutaffen	330–370	dunkelbraun	ca. 8		3–4	4–5
Bärenmakak	350–600	cremefarben	9–10		(3½-4)	
Magot	350–450	schwarz	4–6	28.–42.	3½–5 (4–5)	
Schweinsaffen	etwa 500		ca. 8		3 (3½–4)	
Bartaffe	350–700	schwarz, Gesicht hell	8–10	33.–40.	3–4 (4–6)	4½–5½ (6–7)
Schopfmakak	etwa 800	schwarz			4 (5)	5
Gelber Pavian	450–1050	schwarz	6–8	35.–42.	3½–4½ (5–6)	4–5 (7–9)
Mantelpavian	420–800	schwarz	6–8		3–4 (5–6)	4½–5½ (7–9)
Drill		schwarz	8–15	30.–35.	3–3½ (5–6)	4½–5 (7–9)
Mandrill	400–550 (470)	hellgrau, Scheitel schwarz	7–10	35.–40.	3–3½ (5–6)	5–6 (7–8)
Dschelada	400–740 (555)[4]		9–12		3½-4½	5½–7 (8–9)
Mohrenmangabe		dunkel	6–10	22.–25.	2½–3½ (4½–5)	4–5
Grauwangenmangabe		dunkel	6–10		3–4	5–7
Grüne Meerkatzen	300–400	dunkelbraun	ca. 6	27.–30.	2–2½ (4–5)	3 (5–5½)
Monameerkatzen	etwa 300	gelboliv, Gesicht hell			3–3½ (4–6)	4–5 (5–6)
Weißnasenmeerkatzen	etwa 230		ca. 6	ab 15.(?)	4–4½ (5–6)	5–6 (6–7)
Diademmeerkatze	etwa 400				4–5	5–5½
Dianameerkatze	330–410	schwarz, Gesicht hell		29.–36.	4 (5)	4–5 (5)
Brazzameerkatze	300–550	gelboliv, Gesicht hell			3½–4 (4½–5)	5–6 (6–8)
Eulenkopfmeerkatze	250–350	gelboliv, Gesich hell	ca. 6	30.–33.	3½–4 (5)	4–5 (5)
Vollbartmeerkatze		braun bis ocker			3-4	
Zwergmeerkatzen	150–175 (–230?)		4–5	ab 21.	4 (4½–5)	5½–6½
Sumpfmeerkatze				ab 35.		
Husarenaffe	420–500	braun	12–17		2½–3 (2½–4)	3½–4½ (5–6)

[1] Ob die Angaben über die Säugezeit mit der eigentlichen Laktationsperiode übereinstimmen, ist nicht sicher, da viele junge Affen noch an der Brust der Mutter saugen, auch wenn keine Milch mehr vorhanden ist.
[2] Angabe in Klammern: Alter bei der 1. Geburt
[3] Angabe in Klammern: Erreichen der sozialen Reife, die in etwa mit dem Abschluss der körperlichen Entwicklung übereinstimmt
[4] Mittelwert aus 10 Einzelgewichten
[5] Die Rhesus-Männchen einer Hochgebirgsform erreichten im Zoo Dresden erst im Laufe des 7. Lebensjahrs ihre volle Körpergröße und färbten erst jetzt ihre Anogenitalhaut von Beige zu Blassrot um.

Jahren zeugte eine männliche Brazzameerkatze ihr letztes Jungtier.

Eine Geburtenkontrolle ist mitunter bei Makaken und Pavianen erforderlich, doch sind die bisher angewandten Methoden nicht absolut zuverlässig und auch nicht ohne Nebenwirkungen. In Köln konnten Vasektomien bei Mantelpavianen die Nachzucht nicht völlig unterbinden, führten jedoch zu Veränderungen im Sexualverhalten der Weibchen. Andererseits gibt es bei einigen bedrohten Arten Versuche, biotechnologische Praktiken für die Reproduktion zu nutzen. Künstliche Besamung, Embryotransfer und In-vitro-Fertilisation wurden an Rhesusaffen unter

Tab. 19.6 Milchzusammensetzung von Meerkatzenartigen

Gattung/Art	Trockensubstanz (%)	Fett (%)	Eiweiß (%)	Kohlenhydrate (%)	Asche (%)	Proben (Anzahl)
Rhesusaffe	ca. 13,00	4,53[1] (2,49)	2,35[2]	5,93[3]	0,26	76 (4)
Rotgesichtsmakak	14,00	4,20	1,60	6,20		7
Javaneraffe	12,74	5,22	1,74	7,67	0,40	1
Mantelpavian	14,43 (14,60)	6,66 (6,25)	1,51 (2,30)	7,67 (6,80)	0,26	143 (7)
Sphinxpavian	ca. 14,20	5,00	1,60	7,30	0,30	1
Mangabe(?)		1,50	2,30	7,00	0,60	1
Graugrüne Meerkatze	16,40	4,00	3,10	10,20	0,60	1
Zwergmeerkatzen	14,09 (20,50)	3,83 (6,80)	2,28 (2,90)	7,72 (5,60)	0,20	14 (1)

Angaben in Klammern: Werte für Kolostrum
Erwähnenswerte Abweichungen bei Einzelproben: [1]3,90 %, [2]1,60 %, [3]7,00 %

Laborbedingungen erprobt. Kryopreservationstechniken sind zur Erhaltung von Embryonen im Einsatz.

Künstliche Aufzucht. Bei sozial intakten Gruppen nur selten erforderlich, grundsätzlich auch nicht wünschenswert, da meist nur in der Geburtsgruppe heranwachsende Tiere die soziale Kompetenz erreichen, die für den Aufbau und die Sicherung sich selbst erhaltender Primatenpopulationen in Zoos erforderlich ist. Künstliche Aufzuchten unterbrechen diesen Kreislauf und können auch nach gelungener Reintegration das soziale Gefüge einer Gruppe nachhaltig stören. Handaufzucht bei vielen Arten mehrfach gelungen, weniger kompliziert als bei Kapuzineraffenartigen, aber fast nach gleichen Aufzuchtsprinzipien. Inkubator nicht erforderlich. Als günstig erwies sich ein mit Mull ausgelegter und von unten schwach beheizter (Heizkissen, Oberfläche 38–40 °C) Korb oder Drahtkäfig.

Dem Säugling von Anfang an eine Fellattrappe (auch Webepelz) zum Festklammern anbieten. Milchzusammensetzung ähnlich wie beim Menschen, siehe Tabelle 19.6. Als Nahrung industriell gefertigter Muttermilchersatz für menschliche Säuglinge. Milch auf 39 °C erwärmen. Kleine Spezialsauger, Hundesauger oder für große Arten Babysauger verwenden. Anfangs Mahlzeitenfolge in 1½ bis 2½-stündigem Abstand mit 6 Stunden Nachtruhe. Zwischen 3. und 4. Lebenswoche kann die Zahl der Mahlzeiten reduziert und Nachtruhe auf 8 Stunden verlängert werden. Paviane trinken in den ersten Tagen etwa 20 ml pro Mahlzeit. Ab 2. Lebenswoche täglich Multivitamin- und Kalziumpräparat zusetzen.

Bei Durchfall Nahrung zunächst mit Wasser oder Fencheltee verdünnen oder nur dünnen Tee (eventuell mit Zusatz von Reisschleim und Elektrolyten) verabreichen, wirksam eventuell auch Kamillentee oder Reisschleim mit Boviserin (natives Rinderserum). Bleiben derartige diätetische Maßnahmen erfolglos, nicht mit weiteren zeitvergeudenden Therapieversuchen experimentieren, sondern frühzeitig tier- oder kinderärztliche Behandlung veranlassen.

Erste feste Kost zeitiger als bei Kapuzineraffenartigen in traditioneller Form von Banane, eingeweichtem Zwieback, Milchbrei, Kinderfertignahrung anbieten (25.–30. Tag). Wird diese Zukost regelmäßig aufgenommen und gut verdaut, kann Mahlzeitenfolge auf 5–6 Fütterungen reduziert und Nachtruhe auf 9–10 Stunden ausgedehnt werden. Mit 6–8 Wochen beginnen manche Tiere allein zu fressen, benötigen aber noch mindestens bis zum Ende des 3. Monats weiter nebenbei Flaschenkost. Zwischen 5. und 7. Monat Flasche absetzen.

Ebenso wichtig wie die Ernährung ist bei künstlicher Aufzucht die soziale Betreuung der Affenkinder. Sie entwickeln sich nur dann zu wirklich gesunden Tieren, wenn frühe soziale Erfahrungen nicht zu einer Verstümmelung ihres arttypischen Sozialverhaltens führen. Oft sind handaufgezogene Affen für die Zucht unbrauchbar, obwohl sie physiologisch fruchtbar sind.

Die mit der künstlichen Aufzucht verbundene Prägung des Jungtieres auf den Menschen erschwert zwar die Wiedereingliederung in die Gruppe der Artgenossen, doch lernt ein künstlich aufgezogenes Jungtier dank des angeborenen Ausdrucksverhaltens schnell dessen Einsatz im Umgang mit Artgenossen, und wenn die Reintegration rechtzeitig begonnen und fachkundig ausgeführt wird, ist sie in der Regel auch erfolgreich. Den Beweis dafür lieferte eine in Magdeburg handaufgezogene Husarenäffin, die erfolgreich zu den Artgenossen zurückgebracht worden war. Sie erwies sich später als zuverlässige Mutter, hatte aber auch als erwachsenes Tier noch immer ein vertrautes Verhältnis zum früheren Pfleger. Sie präsentierte diesem den Säugling und duldete Handkontakt des Pflegers mit ihrem Jungen, verhielt sich ihrem Ziehvater gegenüber so, wie sie sich nach natürlicher Aufzucht zur eigenen Mutter verhalten hätte.

Höchstalter in Menschenobhut. Rhesusaffe über 35, Assam-Makak fast 31½, Formosamakak 35, Rotgesichtsmakak 38½, Hecks Makak 21¼, Javaneraffe über 37, Mohrenmakak 30½, Nördlicher Schweinsaffe über 41, Südlicher Schweinsaffe 41, Bartaffe 38¾, Ceylon-Hutaffe 33, Schopfmakak 34, Mantelpavian 39, Anubispavian 39, Gelber Pavian über 30, Sphinx-Pavian 32, Bärenpavian 45, Mandrill 47, Drill 38¼, Dschelada 34, Grauwangenmangabe über 27, Schopfmangabe über 35, Mohrenmangabe 36, Olivmangabe über 24, Tana-Mangabe über 13½, Rotscheitelmangabe über 39, Graugrüne Meerkatze 37, Bale-Grünmeerkatze fast 26, Gelbgrüne Meerkatze 26¾, Dianameerkatze über 35, Monameerkatze 29¼, Blaumaulmeerkatze fast 32, Rotbauchmeerkatze fast 21½, Lowes Meerkatze 28¾, Diademmeerkatze 37¾, Brazzameerkatze über 34, Große Weißnasenmeerkatze 31, Kleine Weißnasenmeerkatze 28, Kronenmeerkatze 26¾, Roloway-Meerkatze 32, Campbells Meerkatze über 33, Eulenkopfmeerkatze 29, Sumpfmeerkatze 28, Südliche Zwergmeerkatze fast 27¾, Nördliche Zwergmeerkatze über 25, Husarenaffe über 28¼ Jahre.

Unterfamilie Schlankaffen und Stummelaffen (Colobinae)

Hauskatzen- bis knapp paviangroß, geschlechtsgebundene Größenunterschiede geringer als bei Meerkatzenartigen. Körper schlank, Vordergliedmaßen kürzer als Hintergliedmaßen. Daumen mehr oder weniger stark zurückgebildet. Kopf rund, Gesicht relativ flach. Keine Backentaschen. Zähne mit Querrinnen zum Zermahlen der fast ausschließlich vegetarischen Kost (Laub, Sämereien und ledrige Früchte). Ernährung und Verdauungsphysiologie unterscheiden sich wesentlich von Meerkatzenartigen. Magen vierteilig mit Anpassungen an Laub- und Samenverdauung. Beide vorderen Kammern fungieren ähnlich wie der Pansen der Wiederkäuer. Hier erfolgt die Vergärung der Nahrung sowie Spaltung der Zellulose mithilfe von Bakterien (keine Protozoen), wobei flüchtige Fettsäuren entstehen. Speichel der besonders großen Speicheldrüsen wirkt der Säuerung entgegen und unterstützt die Erhaltung des eher neutralen Milieus in den beiden Vormägen. Pflanzliche Toxine werden durch Speichel und Magen-Bakterien inaktiviert. Erst in den folgenden Magenabteilungen findet die enzymatische Verdauung statt.

Verbreitung. Afrika und Südostasien.

10 Gattungen, 60 Arten.

Languren (*Semnopithecus, Trachypithecus, Presbytis*)

Meist rhesusaffengroß. Gliedmaßen schlank, sehr lang, Schwanz mehr als körperlang. Kehlkopf vergrößert, Kehlsäcke als Resonanzorgan. Fell am Kopf zu Bärten oder Haarschöpfen verlängert. Süd- und Südostasien.

36 Arten.

Hanuman-Languren (*Semnopithecus*), auch Graue Languren, Hulmane: 9 Arten. Schlank, Fell oberseits grau, Unterseite weißlich oder orangegelb. Gesicht schwarz oder violett, haarlos, dunkel, von weißlichem Haarkranz umgeben, mit ausgeprägten Überaugenwülsten. Schwanz länger als der Körper. **Hulman** (*S. entellus*), auch Grauer Langur oder Bengal-Hanuman: überwiegend rauchgrau bis graubraun, Bauch weiß bis gelblich. Pakistan und Indien südlich des Ganges. – **Kaschmir-Hanuman** (*S. ajax*): Indien, Pakistan (Kaschmir). – **Dussumier-Hanuman** (*S. dussumieri*): Südwest- und südliches Zentralindien. – **Tarai-Hanuman** (*S. hector*): Indien (Kumaun) bis Nepal. – **Schwarzfußhanuman** (*S. hypoleucos*): Südwestindien. – **Südlicher Hanuman** (*S. priam*), auch Schopf- oder Ceylon-Hulman: Südindien, Sri Lanka. – **Berghulman** (*S. schistaceus*), auch Nepal-Hanuman: Südhang des Himalaja von Nepal über Sikkim, Bhutan bis Tibet. – **Weißbartlangur** (*S. vetulus*): schwarz bis graubraun, Kinn- und Backenbart weiß. 4 Unterarten. Süden von Sri Lanka. – **Nilgirilangur** (*S. johnii*): schwarz, Kopf braun. Südindien. Weißbart- und Nilgirilangur werden durch ihre Zwischenstellung auch in der Gattung der Haubenlanguren geführt.

Haubenlanguren (*Trachypithecus*), auch Lutungs: 19 Arten. Verschiedentlich als Untergattung von *Semnopithecus* geführt, deshalb auch Zuordnung einzelner Arten unterschiedlich. Fellfarbe variiert je nach Art von Schwarz über Grau bis Orangegelb. Oft Fellzeichnungen und hellere Unterseite, Haare auf dem Kopf oft zu einer Haube aufgerichtet. **Silberner Haubenlangur** (*T. cristatus*), auch Grauer Haubenlangur: mehr oder weniger silbrig schwarz, spitze Haube. 2 Unterarten. Westküste der Malaiischen Halbinsel, Sumatra, Borneo, Riau-Archipel, Bangka, Belitung, Natuna. – **Schwarzer Haubenlangur** (*T. auratus*), auch Lutung: Fell schwarz, bäuchlings teilweise bräunlich aufgehellt. 2 Unterarten. Innerhalb einer Unterart 2 Farbvarianten (Farbpolymorphismus), d. h. Fellfarbe einer kleinen Population auf Ostjava dunkelorange-goldbraun (als Goldener Haubenlangur namensgebend für die wissenschaftliche Artbezeichnung), Mehrzahl der Tiere im Osten der Insel und im übrigen Verbreitungsgebiet dagegen schwarz (früher als Mohrenlangur bezeichnet). Java, Bali, Lombok. – **Westlicher Haubenlangur** (*T. mauritius*): auch als Unterart des Schwarzen Haubenlangur geführt. Westjava. – **Annam-Langur** (*T. margarita*): 2010 Artstatus. Südvietnam, Laos, Kambodscha. – **Selangor-Langur** (*T. selangorensis*): Malaysia. – **Tenasserimlangur** (*T. barbei*), auch Tenasserim-Lutung: nordwestliche Malaiische Halbinsel (Myanmar) und Thailand. – **Germains Langur** (*T. germaini*): 2 Unterarten. Nordwestliche Malaiische Halbinsel (Myanmar und Thailand) über Kambodscha bis Vietnam. **Brillenlangur** (*T. obscurus*), auch Südlicher Brillenlangur: schwarz-silberfarben, Augen weiß umrandet, Lippen weiß. 6 Unterarten. Malaiische Halbinsel und umliegende Kleininseln. – **Phayres Brillenlangur** (*T. phayrei*): etwas heller als Brillenlangur, untere Gliedmaßenteile schwarz. 2 Unterarten. Nordhinterindien, Assam, Bangladesch, Yunnan sowie Ostmyanmar, Nordthailand und Nordlaos (Shan-Staaten, „Goldenes Dreieck“). – **Popa-Langur** (*T. popa*): 2020 als eigenständige Art beschrieben und umgehend als vom Aussterben bedroht klassifiziert. Rücken graubraun bis dunkelbraun, am Bauch weiß oder grau, Kinn und Innenseiten von Armen, Beinen, Händen und Füßen schwarz. Zentralmyanmar, insbesondere Mount Popa. – **Indochina-Brillenlangur** (*T. crepusculus*): Vietnam, Laos, Thailand, Myanmar, China. **Tonkin-Langur** (*T. francoisi*), auch Tonkin-Schwarzlangur: Fell schwarz mit weißen Abzeichen, weißer Backenbart, spitzer Haarschopf. Südwestchina, Nordvietnam und Zentrallaos. – **Indochinesischer Schwarzlangur** (*T. ebenus*): wurde bereits als ausgestorben geführt, aber 1998 in der an der Grenze zu Mittelvietnam gelegenen National Biodiversity Conservation Area Hin Namno von Laos wiederentdeckt. – **Hatinh-Langur** (*T. hatinhensis*): galt früher als Unterart des Tonkin-Langur. Vietnam (Provinz Quang Binh, besonders Nationalpark Phong Nha-Ke, und Huong Hoa District der Provinz Quang Tri). – **Delacours Langur** (*T. delacouri*): Vietnam, südlich des Roten Flusses. – **Südlicher Schwarzlangur** (*T. laotum*): Zentrallaos. – **Blonder Schwarzlangur** (*T. poliocephalus*),

Abb. 19.34 Der Delacours Langur (*Trachypithecus delacouri*) zählt zu den bedrohtesten Primaten, da sein Bestand im Verbreitungsgebiet sich aus vielen voneinander isolierten Populationen zusammensetzt.

auch Cat-Ba-Langur: 2 Unterarten. Nordvietnam (Insel Cat Ba) und Südchina (Provinz Guangxi). **Schopflangur** (*T. pileatus*), auch Kappenlangur: dunkler Rücken, Unterseite hellorange mit grauem Anflug, dunkle Haube. 4 Unterarten. Assam, Nordwestmyanmar, Ostbangladesch. – **Goldlangur** (*T. geei*): einfarbig gelborange. 2 Unterarten. Beidseits der Grenze von Bhutan von Assam zwischen den Flüssen Sankosh und Manas. – **Shortridges-Langur** (*T. shortridgei*): früher als Unterart des Schopflangurs geführt. Nordmyanmar, Südwestchina.

Mützenlanguren (*Presbytis*), auch Insellanguren oder Surilis: 17 Arten. Klein, schlank. Fell oberseits braun, grau oder schwarz, unterseits weißlich bis orangerot, bei manchen Arten mit Zeichnungen an Kopf oder Hüften. Kopfhaare bilden Schopf. Unterscheiden sich von anderen Languren durch Merkmale im Schädelbau (fehlende Überaugenwülste), im Gebiss und kleine Daumen. **Bindenlangur** (*P. femoralis*), auch Gebänderter Langur: Rücken und Haube dunkel, Färbung von Gesicht und Bart unterschiedlich, schwarzer Gesichtsstreifen. 3 Unterarten. Malaiische Halbinsel, Singapur, Nordostsumatra. – **Weißschenkellangur** (*P. siamensis*), auch Blassschenkellangur: dem Bindenlangur ähnlich und zeitweilig als dessen Unterart angesehen. 4 Unterarten. Malaiische Halbinsel außer dem Süden und Nordwesten, Ostsumatra, umliegende Inseln bis zum Riau-Archipel. – **Roter Langur** (*P. melalophos*), auch Brauner Langur, Sumatra-Langur: Färbung oberseits schwarz bis schwarzbraun, unterseits verschieden, grau bis rotorange, haubenartiger schwarzbrauner Haarschopf. Ehemals 4 Unterarten, 3 davon als – **Schwarzer Kammlangur** (*P. sumatrana*), – **Südlicher Kammlangur** (*P. mitrata*) bzw. – **Schwarzweißer Kammlangur** (*P. bicolor*) geführt. Sumatra. – **Thomas-Mützenlangur** (*P. thomasi*): Rücken grau, Bauch weißlich, Haube schwarz-weiß gestreift. Nordsumatra. – **Mentawai-Langur** (*P. potenziani*): oberseits schwarz, unterseits orangebraun, weiße Gesichtsumrandung. 2 Unterarten, 1 davon jetzt als – **Siberut-Langur** (P. siberu) geführt. Südliche Mentawai-Inseln und Insel Siberut vor Sumatra. – **Hoses Langur** (*P. hosei*), auch Borneo-Langur: Rücken grau, Hände und Füße schwarz, auffällige Wangenstreifen, 4 Unterarten, 2 davon als – **Kalimantan-Langur** (*P. canicrus*) bzw. – **Sabah-Langur** (*P. sabana*) geführt. Nord- und Ostborneo (größte Population im Nationalpark Kayan Mentarang), Nord-Sarawak, West-Sabah und Brunei. – **Weißstirnlangur** (*P. frontata*): schwarz bis graubraun, haubenartiger Haarschopf, Stirn nackt, weiß. Zentral- und Ostborneo bis zur Südküste. – **Maronenlangur** (*P. rubicunda*): je nach Unterart rötlich bis dunkelbraun, Gesicht blaugrau, Jungtiere reinweiß. 5 Unterarten. Borneo, Karimata-Insel. – **Sarawak-Langur** (*P. chrysomelas*): 2 Unterarten. Borneo. – **Natuna-Langur** (*P. natunae*): Natuna-Inseln zwischen der Malaiischen Halbinsel und Borneo. – **Java-Langur** (*P. comata*), auch Sunda-Langur: wissenschaftlicher Artname früher *aygula*. Oberseits schwarz- bis graubraun, unterseits weißlich oder gelblich grau, schwarzer, kurzer, mützenartiger Haarschopf. 2 Unterarten. West- und Zentraljava.

Gefährdungsstatus. Bestand im Verbreitungsgebiet bei einigen Arten bzw. Unterarten extrem bedroht. Nominatform des Hoses Langurs (*P. h. hosei*) vermutlich ausgerottet. Goldkopflangur (*T. p. poliocephalus*, nur noch etwa 35 Tiere in 7 voneinander isolierten Subpopulationen auf der Insel Cat Ba in Nordvietnam und in dem dortigen Nationalpark; größte Subpopulation auf einer als Schutzgebiet ausgewiesenen 24 km^2 großen Halbinsel), zuletzt leichte Verbesserung, dennoch mit Delacours Langur zu den 25 am höchsten bedrohten Primatenarten gehörig. Restbestand des Weißkopflangurs (*T. p. leucocephalus*) 250 Tiere und damit ebenfalls hochgradig gefährdet wie der Goldlangur, von dem nur noch knapp 6000 Tiere in etwa 100 verschiedenen, untereinander weitgehend isolierten Gruppen im westlichen Assam/Indien leben. Stark gefährdet sind Weißbart- und Schopflangur einschließlich ihrer Unterarten, beide Unterarten des Schwarzen Haubenlangurs sowie weitere Arten der Gattungen *Semnopithecus*, *Trachypithecus* und *Presbytis*. Nur der Hulman genießt in weiten Teilen seines Verbreitungsgebietes religiösen Schutz. EEP für Hulman in Hannover, für Tonkin-Langur in Belfast, für Östlichen Schwarzen Haubenlangur in Apenheul, Apeldoorn.

Lebensweise. Tagtiere. Lebensraum tropische Regenwälder (Binden-, Roter-, Maronenlangur und Phayres Brillenlangur), Dschungelgebiete von Niederungen und Flusstälern und Küstenwälder (Nilgiri-, Schopf-, Phayres Brillenlangur), Mangrovensümpfe der Küsten- und Flussniederungen (Mentawai-Langur), subtropische Wälder, immergrüne oder laubwerfende Wälder bis ins Hochland, wo die Temperaturen nachts bis auf 10 °C absinken können (Kaschmir-Hanuman, Berghulman, Nilgiri-, Weißbart-, Brillen- und Tonkin-Langur), Galerie- und trockene, lichte, laubwerfende Wälder (Gold- und Schopflangur), in höheren Lagen auch Nadel- und Rhododendronwälder (Hulman, Berghulman, Kaschmir-Hanuman), in trockenen Regionen vereinzelt bis in 4000 m Höhe in alpinen Strauchfluren mit Schnee (Hulman), Kultursteppe, Felder (Hulman häufig, Gold-, Nilgiri-, Weißbart- und Brillenlangur seltener), Tempelanlagen, menschliche Siedlungen (Hulman). Ausschließlich (Schopflangur) oder vorwiegend Baumbewohner. Klettern auf Bäumen sehr gewandt, springen zielsicher bis 10 m weit auf tiefer liegende Äste. Am Boden in der Regel nur, um Mineralstoffe und Wasser aufzunehmen. Tonkin-Languren sowohl Baum- als auch Bodenbewohner. Hulman in Waldgebieten reiner Baumbewohner, in trockenen Regionen und alpinen Strauchfluren zunehmend am Boden. Bergbewohner wandern zu Beginn der kühleren Jahreszeit in Täler.

Gesellig, meist in Haremsfamilien von 5–25 Mitgliedern unter Führung eines erwachsenen Männchen mit mehreren Weibchen und Jungtieren. Beim monogamen Mentawai-Langur bestehen Familien aus den beiden erwachsenen Alttieren und nicht geschlechtsreifem Nachwuchs unterschiedlichen Alters. Bei einigen Arten auch Viel-Männchen-Gruppen. Daneben männliche Einzelgänger oder reine Männchengruppen. Bei Hulmans vorübergehend große Gruppen aus mehreren Harems und Junggesellengruppen mit über 100 Tieren.

In der Nähe einer Haremsfamilie auftretende fremde Männchen werden vom männlichen Haremsbesitzer verjagt. Führendes Männchen verliert meist alle 2–3 Jahre seine Gruppe nach Kämpfen an fremdes Männchen. Dabei kommt es nicht selten zu Infantizid. Männchen verlassen in der Regel ihre Geburtsgruppe; seltener die Weibchen einiger Arten. Zwischen Weibchen besteht Dominanzhierarchie, ebenso in Männchengruppen. Hulman-Weibchen können mit mehreren Männchen während eines Östrus kopulieren. Vorübergehende Abgabe des auffällig gefärbten Jungen durch die Mutter an verwandte Weibchen (Jungtier-Transfer) ist üblich.

Meist ortstreu in miteinander überlappenden Streifgebieten. Kernterritorium wird verteidigt.

Abb. 19.35 Die in Mittelchina endemische Goldstumpfnase (*Rhinopithecus roxellana*) lebt in Misch- und Nadelwäldern höherer Gebirgslagen, die im Winter mehrere Monate verschneit sein können.

Abgrenzung meist durch Rufe und Imponierverhalten des Haremsführers, der die Gruppe zusammenhält und vor Fressfeinden sichert. Keine gemeinsame Feindabwehr, bei Gefahr flüchtet jedes Tier für sich. Tagsüber ausgedehnte Ruhepausen, die 40–65 % des hellen Tages einnehmen können und vor allem in den Mittagsstunden liegen. Die Tiere sitzen dann aufrecht mit angewinkelten Beinen ruhig im Geäst, um die in großen Mengen aufgenommene, wenig nährstoffreiche Nahrung zu verdauen.

Nahrung. Vorwiegend Blätter, Blüten, Knospen, Samen, Früchte, zarte Schösslinge, weiche Rinde. Junge Blätter werden vor älterem Laub, unreife Früchte vor reifen bevorzugt. Angehörige der Gattung *Presbytis* haben im Vergleich zu *Trachypithecus*-Arten einen relativ kleineren Magen und nehmen oft weniger als 40 % Laub (vor allem junge Blätter), dafür aber einen hohen Anteil an Samen und Früchten auf. Die schwereren Tiere der *Trachypithecus*-Arten fressen vorwiegend Laub und Blüten (etwa 50–90 %), der Anteil von Früchten und Samen beträgt meist nur 10–35 %. Saisonal nehmen aber beim Schopflangur Früchte bis 50 % der Tagesration ein, wovon dann der größte Teil aus Feigen besteht. Von großen Mengen reifer Feigen ernährt sich auch der Brillenlangur zeitweise. In der Trockenzeit bei allen Arten erhöhter Anteil von ausgereiftem Laub und reifen Samen. Bei den meisten Arten wurde regelmäßige Aufnahme von Mineralstoffen (Lehmklümpchen, Substrat von Termitenbauen) beobachtet, dagegen gezielter Verzehr von Wirbellosen (tierisches Eiweiß) nur sehr selten. Allerdings ist der Anteil unbemerkter Aufnahme von Kleinlebewesen beim Früchte- und Laubverzehr nicht zu unterschätzen und muss bei der Fütterung berücksichtigt werden. Hulman sehr flexibel, weniger vom Laub abhängig als die anderen Arten, nimmt örtlich regelmäßige Fütterung durch die Bevölkerung an, verzehrt mehr Insekten (bis zu 3 %) als jeder andere Schlankaffe.

Stumpfnasen (*Rhinopithecus, Simias, Pygathrix, Nasalis*)

Markanter Geschlechtsdimorphismus bei der Körpergröße. Nasen stupsnäsig aufgestülpt, mit nach vorn gerichteten Nasenlöchern (Ausnahme Kleideraffe), beim männlichen Nasenaffen jedoch Nase mehr oder minder gurkenförmig. Gliedmaßen fast gleich lang. China, Südostasien, Malaiischer Archipel.

10 Arten.

Stumpfnasenaffen (*Rhinopithecus*): 5 Arten. Kurze Stupsnase, Nasenlöcher nach vorne gerichtet. Relativ bunte Affen mit langem Fell, insbesondere an Schultern und Rücken. **Goldstumpfnase** (*R. roxellana*): Fell lang (bis 18 cm), oberseits grau- bis braunschwarz, unterseits goldgelb, Gesicht bläulich. 3 Unterarten. Gebirge Zentralchinas in den Provinzen Sichuan, dem Süden von Gansu und Shaanxi und im Westen von Hubei. – **Graue Stumpfnase** (*R. brelichi*), auch Weißmantel-Stumpfnase, Guizhou-Stumpfnase: Fell graubraun, weiße Rü-

Abb.19.36 Die Tonkin-Stumpfnase (*Rhinopithecus avunculus*) ist eine der gefährdetsten Tierarten Nordwestvietnams. Ihre Oberseite und Gliedmaßen sind schwarzbraun, unterseits ist sie hellgelblich, ihre Lippen sind auffällig rot.

ckenbehaarung, Bauch grau, Stirn orangefarben. China, Provinz Guizhou. – **Schwarze Stumpfnase** (*R. bieti*), auch Yunnan-Stumpfnase, Braune Stumpfnase: Stirn und Oberseite schwarz, sonst weißlich und grau, lange, gelbliche Schulterbehaarung. China (Südost-Tibet bis Norden der Provinz Yunnan). – **Tonkin-Stumpfnase** (*R. avunculus*): Oberseite und Gliedmaßen schwarzbraun, unterseits hellgelblich, Lippen auffällig rot. Nordwestvietnam. – **Burmesischer Stumpfnasenaffe** (*R. strykeri*): 2010 beschrieben. Schwarzes Fell, helles Gesicht mit weißem Kinnbart, weiße Ohrbüschel. Myanmar, Chinas Provinz Yunnan.

Kurzschwanz-Stumpfnasenaffen (*Simias*): 1 Art. Schwanz kurz und nackt, Fell meist dunkelbraun, selten beige bis ockerfarben. **Pageh-Stumpfnasenaffe** (*S. concolor*), auch Mentawai-Stumpfnase, Simakobu: verwandtschaftliche Nähe zu Nasenaffen. 2 nicht allenthalben anerkannte Unterarten. Siberut und südliche Mentawai-Inseln vor der Westküste Sumatras.

Nasenaffen (*Nasalis*): 1 Art. Starker Geschlechtsdimorphismus (Größe). Nase der großen Männchen bis 10 cm lang, gurkenförmig, pendelt locker über dem Mund, Weibchen kleiner, Nase kürzer, leicht aufgestülpt, Fell gelbrot bis rotbraun, an Hals und Schultern einen Kragen bildend. **Nasenaffe** (*N. larvatus*): Borneo.

Kleideraffen (*Pygathrix*): 3 Arten. Grauer Körper, weißer Backenbart und Schwanz, auffallend farbige männliche Geschlechtsorgane. Artunterschiede hinsichtlich der Färbung der Arme und Beine (Strumpffärbung). **Rotschenkel-Kleideraffe** (*P. nemaeus*): schwarze Oberschenkel, Unterschenkel mit rotbraunen „Strümpfen", Gesicht gelb gefärbt. Nord- und Zentralvietnam, Nordlaos. – **Schwarzschenkel-Kleideraffe** (*P. nigripes*): schwarze Beine, graue Arme, Gesicht schwarz. Mittel- und Südvietnam, Ostkambodscha. – **Grauschenkel-Kleideraffe** (*P. cinerea*): überwiegend grau gefärbt, Brust und Wangen weiß, Füße und Finger schwarz. Hochland von Zentralvietnam, Ostlaos.

Abb. 19.37 Signalwirkung bei adulten vitalen männlichen Nasenaffen (*Nasalis larvatus*) haben neben ihrem auffälligen Imponiergehabe die überdimensionale Nase und die weiße Gesäß-Schwanz-Partie.

Gefährdungsstatus. Bestand fast aller Arten im Verbreitungsgebiet hochgradig gefährdet. Tonkin-Stumpfnase (nur noch 3 Gruppen in den Naturreservaten Na Hang und Cham Chu), Pageh-Stumpfnase und Grauschenkel-Kleideraffe gehören zu den 25 am höchsten bedrohten Primatenarten. Graue Stumpfnase (nur noch eine Restpopulation im Fanjinshan-Reservat des Wuling-Gebirges) fast ausgerottet wie auch Yunnan-Stumpfnase (wenige, meist voneinander isolierte und ungeschützte Restpopulationen in den osttibetischen Yunling-Bergen und dem Bergland von Nordwest-Yunnan), befriedigend geschützt nur im Baimaxueshan-Naturreservat. Auch übrige Kleideraffen und Pageh-Stumpfnase hochgradig gefährdet. Populationsgröße beim Nasenaffen unübersichtlich, vom Aussterben bedroht bei Goldstumpfnasen noch unbedenklich, Verbreitungsgebiet aber teilweise unzusammenhängend inselartig.

Lebensweise. Tagtiere. Lebensraum der chinesischen Stumpfnasen in winterkalten, schwer zugänglichen Bergregionen der gemäßigten Klimazone, artverschieden in Höhen bis 4600 m (Yunnan-Stumpfnasen), mit Bambus-, Rhododendron-, Nadel-, Misch- oder reinem Laubwald mit laubabwerfenden oder immergrünen Gehölzen. Temperaturen im Winter bei oft metertiefen Schneelagen bis –5 °C, in den Wohngebieten der Goldstumpfnasen bis –30 °C. Selten bei extremen Witterungsverhältnissen auch in tiefer gelegenen Tälern und in Kulturland. Sommerklima ähnlich wie im europäischen Bergland, in den südlicheren Verbreitungsgebieten (Yunnan, Guizhou) subtropisch warm, regenreich und feucht. Chinesische Stumpfnasen teils im Geäst, teils am Boden aktiv, dabei lange Wanderungen in beträchtlich großen Streifgebieten. Wanderungsdauer und Streifgebietsgröße kann saisonal variabel sein.

Übrige Arten in tropischen Tieflandregenwäldern, z.B. Nasenaffen in Mangrovenwäldern, Sumpfwäldern, Küstenwäldern und Galeriewäldern an Ufern von Flüssen und Seen, andere teilweise auch in subtropischen Monsun- und Bergwäldern (Tonkin-Stumpfnase, Kleideraffen). Alle diese Arten Baumbewohner. Schlafbäume der Nasenaffen immer an Flüssen, schwimmen gut, flüchten ins Wasser.

Soziale Organisation in Harems, die sich zeitweise zu großen Gruppen vereinen und denen dann auch Junggesellengruppen angehören können. Bei Kleideraffen auch gemischtgeschlechtliche Gruppen mit mehreren Männchen. Jungtiertransfer wie bei Languren. Bei den chinesischen Stumpfnasenaffen Banden aus bis zu mehreren hundert Tieren. Diese setzen sich aus einer größeren Zahl von Haremsgruppen zusammen, welche jeweils von 1 adulten Männchen straff geführt werden, in denen aber unter den vermutlich miteinander verwandten Weibchen ein enger Zusammenhalt, notfalls auch gegen den Pascha, besteht. Auch unter den einzelnen Paschas Ranghierarchien. Dazu gehört meist auch eine ausschließlich aus Junggesellen oder zurückgedrängten Paschas bestehende Männchengruppe. Auf Wanderungen und bei der Futtersuche spalten sich diese Banden für 1 oder mehrere Tage gelegentlich in Fraktionen auf.

Nahrung. Vorwiegend Laub, bei den meisten Arten bis zu 50 % der täglichen Nahrungsmenge. Nasenaffen nehmen mehr Samen und stärkehaltige Früchte auf als andere Arten. Kleideraffen mit dem relativ größten Verdauungstrakt aller Schlankaffen fressen neben sehr großer Palette junger oder ausgereifter Blätter auch Früchte, Knospen, Schösslinge, Samen und Blüten. Nahrung der Stumpfnasen Chinas besteht zu mehr als der Hälfte aus Bambus, Laub, Blüten, Früchten, daneben auch Gras, im Sommer größerer Fruchtanteil, im Winter Samen, Rinde, Knospen, Kiefernzapfen, in nördlichen Verbreitungsgebieten auch Flechten (Yunnan-Stumpfnasen) der Gattungen *Bryoria* und *Usnea*.

Abb. 19.38 Grauschenkel-Kleideraffe (*Pygathrix cinerea*). Namensgebend für die Kleideraffen ist die „kleidungsartige" Fellzeichnung.

Stummelaffen (*Procolobus, Piliocolobus, Colobus*)

Gliedmaßen kräftig, Daumen fehlt oder nur als winziger Stummel vorhanden, Schwanz lang, teils buschig. Oft Schultermähnen oder Haarschöpfe. Mittleres Afrika und Sansibar.

22 Arten.

Grüne Stummelaffen (*Procolobus*): 1 Art. Zusammen mit fossilen Verwandten sehr ursprüngliche und wenig spezialisierte Formen. **Grüner Stummelaffe** (*P. verus*): kleinster Schlankaffe, sehr schlank, langschwänzig, oberseits olivgrün, unterseits grau, schmaler Haarschopf auf dem Kopf. Inselartig verbreitet von Sierra Leone und Guinea bis Togo.

Rote Stummelaffen (*Piliocolobus*): 16 Arten. Zahlreiche Zeichnungs- und Farbvarianten lassen erkennen, dass die Evolution innerhalb der Gruppe und eine eindeutige systematische Zuordnung noch längst nicht abgeschlossen ist. Durch langen Verdauungstrakt und mehrteiligen, funktionell typischen Pflanzenfressermagen höher spezialisiert als Grüner Stummelaffe. Rückenfell meist schwarz oder braun, Arme, Beine und Kopf rot oder gräulich. Bauchseite rötlich gelb bis grau oder weiß. Manche Arten mit weißem Haarkranz am Kopf. Daumen fehlt. **Westafrikanischer Roter Stummelaffe** (*P. badius*): oberseits schwarzbraun, Unterseite und Gliedmaßen rot bis orangefarben. 3 Unterarten, 1 davon 2013 in den Artstatus erhoben als – **Temminck-Stummelaffe** (*P. temminckii*): Senegal bis Ghana. – **Pennants Roter Stummel-**

Abb. 19.39 Bei der Haltung und Pflege des Guerezas (*Colobus guereza*) sind Besonderheiten wie rückgebildete Daumen und lange Behänge im Rücken- und Schwanzbereich zu beachten, die bei der Griffigkeit des Futters und im Angebot der Sitzplätze berücksichtigt werden müssen.

affe (*P. pennanti*): Vorderkörper schwärzlich, Kruppe und Hintergliedmaßen heller oder rötlich, weißer Backenbart, Färbung sehr variabel. 3 Unterarten, 2 davon jetzt als – **Bouvier-Stummelaffe** (*P. bouvieri*) bzw. als – **Nigerdelta-Stummelaffe** (*P. epieni*) geführt. Westafrika vom Nigerdelta und Bioko bis zum Kongo-Fluss, dazugehörig vielleicht auch Formen des Kongobeckens. – **Preuss' Roter Stummelaffe** (*P. preussi*): Kamerun (Yabassi-Distrikt) im Grenzgebiet zu Nigeria. – **Zentralafrikanischer Roter Stummelaffe** (*P. foai*), auch Luvua-Stummelaffe: Färbung sehr variabel, meist oberseits rötlich oder bräunlich, unterseits wie Hintergliedmaßen und Vorderbeininnenseiten grau. 5 Unterarten. Republik Kongo über den Norden der Demokratischen Republik Kongo, die Zentralafrikanische Republik bis zum Sudan. – **Roter Tshuapa-Stummelaffe** (*P. thollo-ni*), auch Thollon-Stummelaffe: kurze Kopfbehaarung, rote Kappe, schwarzes Stirnband. Nordosten der Demokratischen Republik Kongo. – **Roter Uganda-Stummelaffe** (*P. tephrosceles*): Uganda, Ruanda, Burundi, Westtansania. – **Roter Uzungwa-Stummelaffe** (*P. gordonorum*), auch Uhehe- oder Iringa-Stummelaffe: Vorderkörper schwarzbraun, weißliche Wangen, rote Kappe und Kruppe. Uzungwa-Berge in Südtansania. – **Roter Tana-Stummelaffe** (*P. rufomitratus*), auch Rotkopf- oder Tana-Stummelaffe: graubraun mit rotbrauner Kappe und weißlichen Wangen. 1 Unterart erhielt Artstatus als – **Lomami-Stummelaffe** (P. parmentieri). Unterlauf des Tana-Flusses, Nordkenia. – **Sansibar-Stummelaffe** (*P. kirkii*), auch Kirks Stummelaffe: abstehender weißer Haarkranz von der Stirn bis zu den Wangen. Sansibar, eingebürgert auf Pemba. – Weiterhin soll im Nordosten der Demokratischen Republik Kongo eine Hybridpopulation aus Individuen mit unterschiedlicher Fellfärbung existieren, durch Bastardisierung der Arten **Lualaba-Stummelaffe** (*P. langi*), **Oustalet-Stummelaffe** (*P. oustaleti*) und **Semliki-Stummelaffe** (*P. semlikiensis*).

Schwarze Stummelaffen (*Colobus*), auch Schwarzweiße Stummelaffen: 5 Arten. Anatomisch-physiologisch am höchsten auf Blätterkost spezialisiert, besonders hinsichtlich des Baues des Magens. Fell überwiegend schwarz, artverschieden mit weißen oder grauweißen Abzeichen oder Zeichnungen. **Guereza** (*C. guereza*), auch Mantelaffe, Nördlicher oder Abessinischer Guereza: Fell schwarz mit von der Schulter bis zur Kruppe verlaufendem U-förmigen, weißen Mantel, weißer Backen- und Kinnbart, weiße Schwanzquaste, bei östlichen Unterarten von der Schwanzspitze bis zur Schwanzmitte bzw. Schwanzwurzel verlängert. 7 Unterarten. Nigeria bis Äthiopien, Kenia, Uganda, Tansania. – **Geoffroy-Stummelaffe** (*C. vellerosus*), auch Weißschenkel-Stummelaffe: nächster Verwandter des Guerezas mit großem, weißem Fleck auf dem Oberschenkel. Elfenbeinküste bis Westnigeria. – **Weißbart-Stummelaffe** (*C. polykomos*), auch Südlicher Guereza oder Bärenstummelaffe: schwarz, Gesicht silbergrau gerahmt, Schwanz vollständig weiß, lange, weiße, auf den Oberarm fallende Schulterbehaarung. Eine in Waldreservaten und dem Marahoué Nationalpark zwischen den Flüssen Sassandra und Bandama (zentrale südliche Elfenbeinküste) lebende Form wird teilweise als eigene Unterart (*C. polykomos dollmani*) angesehen, ist möglicherweise aber nur ein Hybrid zwischen Weißbart- und Geoffroy-Stummelaffe. Gambia bis Elfenbeinküste. – **Angola-Stummelaffe** (*C. angolensis*): schwarz mit weißem Schulterbehang (Epauletten), weißer Bart. 6 Unterarten von großer Variabilität bezüglich der Ausbildung von Bärten und Behängen und weißer oder grauweißer Färbungsmuster. Kongo-Mündung bis Angola, Uganda, Kenia und Tansania. – **Schwarzer Stummelaffe** (*C. satanas*), auch Satansaffe: vollständig schwarz. 2 Unterarten. Kamerun bis Gabun, Bioko.

Gefährdungsstatus. Bestand im Verbreitungsgebiet bei allen Arten lokal gefährdet oder vom Aussterben bedroht einige Arten der Roten Stummelaffen, Geoffroy-Stummelaffe und Satansaffe, darunter Roter Tana-Stummelaffe und Pennants Roter Stummelaffe, die zu den 25 am höchsten bedrohten Primatenarten gehören. EEP für Weißbart-Stummelaffen im Zoo Duisburg. für Angola-Stummelaffe und Guereza in Belfast.

Lebensweise. Tagtiere. Lebensraum tropischer Regenwald und Sumpfwald (außer Uzungwa- und Tana-Stummelaffe), Galeriewälder (Tana-, Weißschenkel- und Bärenstummelaffe, Guereza), überwiegend akazienbestandene Buschwälder der Savannenregion mit ausgeprägter langer Trockenzeit (Guereza), Bergwälder mit erheblichen Tag-Nacht-Temperaturschwankungen (am Kilimandscharo tagsüber bis 40 °C, nachts 3 °C) oder ausnahmsweise auch feuchtkühle Nebelwälder bis zur Baumgrenze (nur Nordostafrikanischer Guereza, z.B. in Äthiopien bis in etwa 2900 m Höhe mit Temperaturen nahe dem Gefrierpunkt). Ausschließlich Baumbewohner, nur am Boden, um Mineralstoffe und Kräuter aufzunehmen. Gesellig in Harems (Guereza) mit 3–15 Mitgliedern; selten mehr als 1 Männchen. Übrige Arten oft in Gruppen mit mehreren Männchen, dann auch Konkurrenz um östrische Weibchen. Bei allen Arten eigene Rangordnungen unter Männchen und Weibchen. Weibchen der Gattung *Colobus* innerhalb der Harems in Mutterfamilien (Matrilinien), Männchen emigrieren meist aus der Geburtsgruppe. Bei allen Arten werden häufig männliche Einzelgänger beobachtet. Gruppen ortstreu in Streifgebieten mit häufig benutzten Wechseln zu Sonnen-, Futter- und Schlafbäumen. Männchen der Gattung *Colobus* grenzen Kernterritorium durch morgendliche und abendliche Rufe sowie Imponiersprünge ab (schwarz-weiße Behaarung als Signal). Soziale Organisation Roter und Grüner Stummelaffen meist in großen Horden von bis zu 100 Mitgliedern, denen auch Männchen aller Altersklassen angehören. Letztere verlassen ihre Geburtsgruppe nicht, Weibchen wechseln dagegen häufig, deshalb selten Matrilinien. Grüne Stummelaffen extrem scheu und versteckt. Alle klettern und springen vierfüßig. Vor dem Absprung werden oft federnde Äste zum Schwingen gebracht und damit große Weiten erzielt. Erwachsene verbringen viele Stunden des Tages ruhig sitzend, um zu verdauen. Hauptfeinde Leopard und Adler. Rote Stummelaffen werden von Schimpansen gejagt und gefressen.

Nahrung. Überwiegend Laubfresser, innerhalb der Arten jedoch starke regionale und saisonale Unterschiede bei der Aufnahme von ausgereiften oder jungen Blättern, Knospen, Samen, Hülsen, reifen und unreifen Früchten und Blüten. Überreife, weiche und auffällig gefärbte Früchte werden meist gemieden. Nahrungszusammensetzung besteht beim Grünen Stummelaffen etwa zu 75 % aus Laub (fast nur junge Blätter) und 20 % Blüten und Samen. Rote Stummelaffen sind sehr wählerisch, nehmen bis zu 70 % junge Blätter, Knospen, Blüten und Blattstiele, nur sehr wenig ausgereiftes Laub und bis zu 40 % reife und unreife Früchte sowie Samen. Nahrungsspektrum bei Colobus-Arten kleiner, verzehren auch altes Laub. Guereza mit bester Anpassung an Blattnahrung unter Stummelaffen. Nahrung besteht zu 60–85 % aus Blättern, dazu Knospen, Blüten, Samen, Früchte. Bevorzugt werden Leguminosen (Laub, Samen, Hülsen).

Haltung von Schlankaffen

In Tiergärten Hulman, Tonkin-Langur und Brillenlanguren gelegentlich, weitere Arten nur ausnahmsweise gezeigt. Stumpfnasen werden sehr selten, viele außerhalb ihres Verbreitungsgebiets noch nie, von den Stummelaffen nur einige Schwarze Stummelaffenarten (Guereza, Angola-Stummelaffe, sehr selten und vereinzelt Weißbartstummelaffe) und deren Unterarten gezeigt. Inzwischen können beinahe alle in Zoos gelangte Arten aufgrund fortgeschrittener Kenntnisse ihrer Biologie gehalten und auch gezüchtet werden. Dennoch macht sie ihre Nahrungsspezialisierung weiterhin zu etwas heiklen und schwierigen Pfleglingen. Kleider- und Nasenaffen werden in sehr wenigen Tiergärten erfolgreich gepflegt. Bei Languren nur wenige Arten regelmäßig, Guerezas und verwandte Colobusarten in Zoos aber häufig und mit guten Fortpflanzungsergebnissen gehalten und betreut.

Eingewöhnung. Nach Ankunft Quarantäne wie bei Kapuzineraffen und Meerkatzenartigen. Aus Ursprungsländern ankommende Tiere wie kälte- und zugempfindliche südamerikanische Arten behandeln, treffen vereinzelt fehlernährt und deshalb geschwächt und bereits geschädigt ein, sind außerdem gegen ansteckende Erkältungskrankheiten sehr empfindlich, weshalb besonders bei diesen Tieren nur völlig gesunde Pfleger arbeiten dürfen. Eingewöhnung von empfindlichen Languren, Nasenaffen, Roten und Grünem Stummelaffen in feuchtwarmen Klimakäfigen (22–28 °C). Raumtemperatur und Luftfeuchtigkeit nur allmählich auf die zukünftige Haltungstemperatur absenken. Tiere dabei genau beobachten. Besonders problematisch ist die Ernährung in den ersten Wochen, falls die Affen nicht die Futterumstellung schon hinter sich haben. Unzureichende Ernährung bis zum Eintreffen im Zoo kann das Gleichgewicht der Abläufe in den Gärkammern des Magens empfindlich stören. Zu wenig Rohfaser oder zu viele lösliche, leicht verdauliche Kohlenhydrate, aber auch ein übermäßiger Anteil an Stärke führen zur rapiden Zunahme von Säuren im Vormagen (Azidose), schädigen die Magen-Darm-Flora und machen den Magen anfällig für Infektionen, welche mit Fehlgärungen und akuten Blähungen einhergehen oder andere Magen-Darm-Erkrankungen nach sich ziehen und mit dem Tod enden können. Bewegungsmangel unterstützt die negativen Folgen der Blähung.

Anfangs verschiedene Laubsorten (siehe Abschnitt Fütterung), eventuell auch frischen Klee, Luzerne, Feldsalat und andere Kräuter anbieten und versuchen, an jene Laubarten zu gewöhnen, die in Zukunft ausreichend zur Verfügung stehen. Eingewöhnung von Importtieren möglichst im späten Frühjahr und Frühsommer, damit bis zum Herbst genügend Zeit für die Futterumstellung bleibt. Ersatzfuttermittel, die ebenfalls rohfaserreich sein sollten, erst nach und nach in größeren Mengen verabreichen. Futterumstellung kann auch bei Neuankömmlingen aus anderen Zoos Wochen und Monate dauern und erfordert ständig genaues Beobachten und viel Einfühlungsvermögen. Unterschiede in der Bevorzugung bestimmter Laubarten treten von Gruppe zu Gruppe innerhalb der gleichen Art auf.

Unterkunft. Wie für Meerkatzenartige. Fütterung durch Besucher muss absolut unmöglich sein (besucherseitig Glasscheiben). Languren und viele Stumpfnasen springen horizontal 3–5 m weit, benötigen daher sehr geräumige Unterkünfte mit viel Freiraum, der wie auch für die anderen Schlankaffen lange Laufstrecken bieten sollte. Auch Jungtiere und Halbwüchsige aller Arten brauchen Platz, um springen und spielen zu können. Ausreichend vielfältige Klettermöglichkeiten, Sitzbretter mit Nierenbrettern für ausgedehnte Verdauungs-/Ruhephasen. Weiche federnde Bodenbeläge erforderlich (Stroh, Torfmull, Rindenmulch usw.), um Schäden beim Absturz noch ungeschickter Jungtiere zu verhindern. Bei verschiedenen Arten (Nasenaffen) bei der Einrichtung der Unterkünfte auf berindete Äste und auf Hanfseile verzichten (Gefahr der Aufnahme trockener Zellulosefasern und Bildung von Phytobezoaren). Bei rein tropischen, schlecht akklimatisierbaren Arten besondere Achtsamkeit auf Temperaturschwankungen und Zugluft. Hohe relative Luftfeuchtigkeit (70–80 %) und Raumtemperaturen um 25 °C (besonders für die leicht frierenden Kleideraffen) erforderlich. Kältetolerante Arten können bei 12–14 °C gehalten werden. Als Außenanlagen nur zugfreie Unterkünfte anbieten, die manche Arten auch an sonnigen, weniger kalten Wintertagen aufsuchen dürfen (Hulman, Hauben-, Tonkin- und Schopflangur aus kühleren Klimaten und Guerezas). Schnelles Aufwärmen im Innengehege muss jederzeit möglich sein. Aus Sierra Leone stammende Weißbart-Stummelaffen hielten sich in Leipzig auch an sehr kalten Tagen oft lange im Außenkäfig auf und sonnten sich. Unterbringung von Guerezas in einigen Zoos im Sommer auch auf Freianlagen, z. B. auf baumbestandenen Inseln (Grabenbreite nicht unter 3,50 m), die im Zoo Münster mit Sträuchern, Kaukasischer Flügelnuss, Robinie und Gleditschie bepflanzt sind. Begrenzung auch durch ca. 2,70 m hohe Drahtgitterzäune, die gehegeseitig durch Elektrodraht-Überhänge (Drahtabstände nicht unter 10 cm) gegen Übersteigen gesichert sind. Hohe, alte Bäume auf solchen Anlagen scheinen ungeeignet zu sein. Im Sommer entkommene Guerezas, die längere Zeit frei im Tiergartengelände lebten, zeigten, dass das Astwerk der bei uns heimischen Baumarten nicht elastisch genug ist für die sich beim Sprung abfedernden Affen. Brechende Äste ließen die Tiere abstürzen. Guerezas können schwimmen, Jungtiere sind dennoch nicht vor dem Ertrinken sicher.

Umgang. Meist weniger temperamentvoll als Meerkatzenartige. Vorsichtsmaßnahmen beim Betreten des Geheges, im Umgang mit männlichen Tieren, mit Jungtieren, während des Östrus und nach Geburten wie bei Kapuzineraffen und Meerkatzenartigen (siehe dort). Besonders männliche Languren, Kleider- und Nasenaffen sind nach einer Geburt in der Gruppe plötzlich angriffslustig. Männchen imponieren mit kräftigen Sprüngen durchs Gehege, wobei versucht wird, Einbauten in Schwingung zu versetzen und Lärm zu verursachen. Imponierende Guereza-Männchen strecken sitzend ihre Beine mit erigiertem Penis und schnalzen hörbar. Languren drohen mit Zähneknirschen. Gewöhnung und Bindung an Pfleger sowie Reaktion auf tägliche Routine erfolgt gewöhnlich langsamer und weniger ausgeprägt als bei Kapuzineraffen und Meerkatzenartigen. Geräumige Unterkünfte von Stummelaffen und vielen Languren können vom Pfleger auch bei Anwesenheit der Gruppe betreten werden. Pfleger sollte stets Ruhe ausstrahlen, sein Verhalten für die Tiere berechenbar sein. Innerhalb der Gruppen meist weniger Sozialkontakte und geringere soziale Aktivitäten als bei Meerkatzenartigen. Kleideraffen und tropische Languren sind besonders stressempfindlich bezüglich ungewohnter Ereignisse in ihrer Umgebung, reagieren darauf oft mit Durchfall. Normaler Kot ist dunkel, fest und stark segmentiert.

Fang und Transport wie bei Kapuzineraffen oder Meerkatzenartigen. Möglichst keine Immobilisation durch Narkosemittel, damit eventuell nachfolgende, längere Appetitlosigkeit durch Verzögerung bei der Zelluloseverdauung vermieden wird.

Fütterung. Voraussetzung für eine erfolgreiche Haltung von Schlankaffen sind Einfühlungsvermögen und hoch qualifizierte tierpflegerische Arbeit bei der Fütterung sowie eine kluge Vorratswirtschaft. Die Tiere sind Nahrungsspezialisten, die alle einen mehr oder minder hohen Anteil pflanzlicher Rohfaser (Zellulose) in Form von Laub benötigen, z. B. aus heimischem Habitat Eberesche, Weide, Birke, Eiche, Rot- und Weißbuche, Linde, Ulme, Spitz- und Feldahorn, Erle, Apfel, Birne, Kirsche, Pflaume, Weißdorn, Haselnuss, Flieder, Falscher Jasmin, Forsythie, Rose, Knöterich, Himbeer-, Brombeer- und Maulbeerlaub. Robinie möglichst nicht einsetzen, enthält viel unverdauliches Lignin. Schwarze Haubenlanguren in Stuttgart bevorzugten Ahorn, Buche und Linde, Brillenlanguren in Wuppertal Hasel, Saalweide und Hainbuche. Nahrung mit niedrigem Zellulosegehalt hat oftmals weicheren Kot bis hin zur wässrigen Diarrhöe zur Folge. Schlankaffen müssen so zeitig wie möglich an eine große Palette Laubarten gewöhnt werden uns sind später auch abwechslungsreich mit Laub zu füttern.

Zur Bevorratung für den Zeitraum vom Spätherbst bis zum späten Frühling werden zu Beginn der Vegetationsperiode Zweige von einigen der genannten Gehölze geschnitten, bevor deren Blätter voll ausgereift sind. Der Schnitt darf nicht zu zeitig (zu wenig Rohfaser, zu viel Protein) und nicht zu spät (Blätter zu alt) erfolgen. Außerdem muss vorher sichergestellt werden, dass das Laub nicht mit einem Pflanzenschutzmittel behandelt wurde. Die Zweige werden zu täglichen Mindestrationen gebündelt (Bedarf pro Jahr und Affengruppe etwa 180-200 Rationen) und luftgetrocknet oder in Plastikbeutel eingeschweißt, vorgekühlt und bei -20 °C eingefrostet. Weichblättriges Laub ist für das Einfrosten ungeeignet, wird nach dem Auftauen leicht pappig und damit für die Tiere unattraktiv. Besonders empfohlen wird mancherorts Rosen- und Eichenlaub, doch haben sich auch andere Laubsorten bewährt. Beutel mit gefrorenem Laub vor der Verfütterung in kaltem Wasser langsam auftauen oder zuerst in einem Vorkühlraum oder Kühlschrank auf eine Temperatur von 3-5 °C bringen und erst dann auf Zimmertemperatur erwärmen. Getrocknete Zweige vor dem Verfüttern mehrere Stunden in Wasser legen, um sie elastisch und schmackhafter zu machen. Futterumstellung besonders beim Wechsel von trockenem auf frisches Laub langsam vornehmen. Auch im Winter nicht nur aus gefrosteten oder getrockneten Laubvorräten füttern, sondern frisch angetriebene Blätter, Knospen und das Laub wintergrüner Gehölze (z.B. Cotoneaster) anbieten. Frisches Laub wird stets getrocknetem oder aufgetautem vorgezogen. Besonders gern genommen werden im Winter frische Himbeer- und Brombeerblätter. Nicht weniger als 2 Laubmahlzeiten täglich. Einige Zoos füttern während der Vegetationszeit mindestens 1 Tag pro Woche nur Laub.

Ausschließliche Ernährung mit Blättern von Bäumen und Büschen ist meist nicht realisierbar. Deshalb die Tiere nach und nach an ein möglichst zellulose- und rohfaserreiches Ersatzfutter gewöhnen. Dabei sind neue Futtermittel in anfangs kleinen, später größer werdenden Mengen unter bekannte Futtermittel zu mischen. Ersatz- und Ergänzungsfutter besteht vor allem aus Gemüse oder anderer Pflanzenkost mit hohem Blatt- oder Stärkeanteil, z.B. Chicorée, Chinakohl, Rosenkohl, Fenchel, Zwiebelgemüse, Sellerie und anderes Wurzelgemüse (besonders Möhre, Schwarzwurzel), Gurke, Tomate, grüne Bohnen sowie deren Samen, Maiskolben, Paprika, Avocado, Feldsalat, Petersilie und andere Küchenkräuter, Luzerne, Klee, Hibiskusblüten, Bambusblätter und Weizenpflanzen mit Samenkorn (im Winter auch angetriebene Samen), Pellets, gekochtes Ei. Die Schalen von Zitrusfrüchten und anderem Obst werden von Nasenaffen gern gefressen. Gründlich waschen! Für alle Arten auch entsprechend ihren Ernährungsgewohnheiten im Freiland Sämereien und Samenkapseln, Kräuter und Blüten. Fett- (Nüsse aller Art, Sonnenblumenkerne) und kohlenhydratreiche Nahrungsmittel (gekochter Mais und Reis, gekochte Kartoffeln, Getreideprodukte, Bananen) vermeiden, ebenso keine Kondensmilch und kein Obst anbieten, da die Tiere auf Zucker (z.B. Saccharose, Fruktose, Laktose) empfindlich reagieren. Zusätzliche Verabreichung von Eiweiß (Kasein und Sojamehl) wird verschiedentlich als günstig erachtet, obwohl eine ausreichende Versorgung mit Proteinen durch die Magenflora gewährleistet sein müsste. Insekten werden von manchen Arten auch angenommen, ebenso gekochtes Fleisch, das jedoch nicht erforderlich ist. Brillenlanguren in Wuppertal fingen auch Vögel und fraßen diese anschließend.

Vitaminisierung wie Meerkatzenartige (siehe dort). Serum-Spiegel des Vitamins B_{12} ist jedoch höher als bei anderen Affen, da die Mikroben des Magens dieses und weitere B-Vitamine produzieren. Mineralstoffdefizite häufiger als bei Meerkatzenartigen, da Laub einen Mangel an verschiedenen Mineralien aufweist. Deshalb

Beifütterung einer Mineralstoffmischung in Rücksprache mit dem Veterinär. Aufnahme von Erde (Geophagie) im natürlichen Lebensraum dient Schlankaffen vermutlich zum Ausgleich des Mineralstoffmangels. Zusätzlich können aufgenommene Tonminerale pflanzliche Gifte (Alkaloide, Tannine) binden und zur Aufrechterhaltung des neutralen bis basischen pH-Wertes in den Gärkammern des Magens beitragen. Möglicherweise trägt eine regelmäßige Verabreichung tonhaltiger Bodensubstrate, die zuvor 30 Minuten bei 180 °C sterilisiert worden sind, zur Stabilität der Verdauung bei.

Für die Zubereitung des Futters gilt im Prinzip das Gleiche wie für Meerkatzenartige. Dabei berücksichtigen, dass von Stummelaffen in Ermangelung des Daumens kleine Futterbestandteile nur schwer gegriffen werden können. Futter deshalb nicht würfelig, sondern in Streifen oder dünne, blättrige Scheiben schneiden. Bei gleichzeitigem Angebot anderer Futtermittel wird gewöhnlich zu wenig Laub aufgenommen. Ersatzfutter nur nach ausreichender Blätteraufnahme und bei normalem Kot verabreichen. Laub wird besser gefressen, wenn es reichlich angeboten wird, so dass immer etwas übrig bleibt. Abhängig vom Alter der Blätter und von den betreffenden Affenarten werden entweder das gesamte Blatt oder nur Stiele oder Blattspitzen gefressen. Tränke wie für Meerkatzenartige. Im Gegensatz zu anderen Affen legen Schlankaffen zwischen den Nahrungsaufnahmen längere Ruhezeiten ein, in denen sie verdauen (deshalb sind die Portionen in großen Abständen zu verabreichen). Oft ist dann zu beobachten, wie im Magen entstandene Gase durch Rülpsen entweichen. Rohfaserreiches Futter (besonders Laub, auch Blattgemüse, Kräuter) muss täglich in ausreichender Menge aufgenommen werden. Ein Mangel führt zu weichem Kot oder Durchfall (siehe auch Eingewöhnung). Infolge Ballaststoffmangels kommt es bei den empfindlicheren Arten zu lebensbedrohlichen Darmentzündungen. Generell führen Erkrankungen mit Schmerzen und Fieber zu geminderter Futteraufnahme. Wichtig ist es, bei der Therapie sofort auch diese Symptome zu bekämpfen, damit Appetit wiederkehrt und weiterhin zellulosereiche Nahrung in den Magen gelangt.

Im Zoo Dresden wurden Guerezas seit Jahrzehnten mit folgendem Fütterungsregime erfolgreich gehalten und gezüchtet: Im Wechsel werden je 3 Blätter- und 3 Ersatzfuttermahlzeiten gegeben. 1. Mahlzeit besteht aus Laub. Je Laubmahlzeit 4–5, maximal 1 m lange Zweige pro Tier, die im oberen Gehegebereich befestigt werden. Für den Winter werden Zweige von Spitzahorn, Maul- und Himbeere, Eberesche und Roteiche geschnitten und getrocknet. Neben getrocknetem Laub im Winter auch frische Brombeerzweige. Im Winter frisst ein erwachsener Guereza pro Tag etwa 900–1000 g des angebotenen Futters (eingeschlossen etwa 150 g trockene und frische Blätter). Im Sommer wird mehr Blattnahrung aufgenommen, wobei der Anteil an frischem Laub etwa 40–50 % beträgt. Ein Tonkin-Langur im San Diego Zoo nahm täglich etwa 1,0–1,1 kg Ersatzfutter (zum größten Teil Blattgemüse, Kohl, Bohnen) auf und brauchte mindestens 350 g Laub.

Einige Arten (z. B. Rote und Grüne Stummelaffen, manche *Presbytis*-Arten) benötigen einen beträchtlichen Anteil junger, proteinreicher Blätter. Auch für Kleideraffen ist ein hoher Laubanteil erforderlich. Sie sind sehr wählerisch bei der Nahrungsaufnahme. Ihr Verdauungstrakt reagiert besonders empfindlich auf Temperaturabfall und auf ein Zuviel an Ersatzfutter. Im Zoo Köln erhielten sie im Winter aufgetaute Blätter, hauptsächlich von Weide und Wildrose, nahmen auch gern Rinde und dünne Zweige auf. Das Schälen und Verzehren von Rinde, das mancherorts als Mangel an Blattnahrung gedeutet wird, kann im Magen zur Bildung von Bezoaren aus Rindenfasern führen. Seitdem in Köln ein Nasenaffe an einem solchen Phytobezoar eingegangen war, wurden dort eine Zeit lang überwiegend lose Blätter ohne Zweige verfüttert, was auch bei Kleideraffen zu einer Minderung von Magen-Darm-Störungen führte. Kleideraffen sind besonders bei der Aufnahme von Laub sehr wählerisch. Bei Gehegehaltung im vietnamesischen Endangered Primate Rescue Center (EPRC) im Cuc Phuong Nationalpark setzt sich das Laubangebot für die Tiere aus 92 Pflanzenarten zusammen. Die daraus zusammengestellte, angebotene Nahrungsmenge beträgt am Tag pro Tier durchschnittlich knapp 3,7 kg. Davon nahmen die Tiere täglich eine individuelle Durchschnittsmenge von knapp 1,8 kg (knapp 49 % des Tagesangebots) auf.

Vergesellschaftung. Probleme bei Gruppenhaltung und mit herangewachsenen Jungtieren wie bei Meerkatzenartigen. Rangordnung beim Fressen erkennbar: Größere, ältere, ranghohe Tiere nehmen Unterlegenen oft Futter weg, was aber nur selten zum Streit führt. Haltung grundsätzlich in Harems. Bei Stummelaffen können erwachsene Söhne meist lange in der Gruppe bleiben. Dagegen geraten erwachsene und jungerwachsene Söhne in Languren- und Nasenaffengruppen, bei Kleideraffen auch Töchter, zunehmend unter sozialen Druck und müssen etwa im 3.–4. Lebensjahr aus der Gruppe entfernt werden. Positive Erfahrung bei der Haltung reiner Männchengruppen von Guerezas in Köln, von Hulmans in Apeldorn und bei 2 Brüdern von Brillenlanguren in Wuppertal. Weibchen innerhalb der Mutterfamilie (Matrilinie) gut verträglich. Guerezagruppen können über Jahrzehnte hinaus stabil bleiben, wenn als überzählige Tiere immer nur die Nachwuchstiere herausgenommen werden. Integration fremder, auch junger Tiere beiderlei Geschlechts ist dagegen im Allgemeinen nicht möglich und selbst bei Guerezas mit hohem Risiko verbunden (Größe und Struktur des Geheges und der Gruppe spielen dabei eine wichtige Rolle). Vergesellschaftung von 2 fremden Weibchen mit 1 Männchen unkomplizierter als bei Meerkatzenartigen.

Freilandbeobachtungen bei den meisten Langurenarten haben erwiesen, dass ein neuer Haremsführer die Kinder des Vorgängers bis zum Alter von 6–7 Monaten in vielen Fällen tötet (Infantizid). Damit verbundenes Ende der Laktation und bald folgender Östrus verkürzt das Geburtsintervall der betroffenen Mutter. Auch in menschlicher Obhut muss bei der Einführung eines neuen Zuchtmännchens in eine Gruppe mit Infantizid gerechnet werden.

Grundsätze zur Vergesellschaftung mit verschiedenen anderen Arten wie bei Meerkatzenartigen. Erfolgreiche Vergesellschaftung von Hulmans mit Barasinghas (Hannover), Guerezas mit Gorillas (z.B. Köln), Brillenlanguren mit Weißhandgibbons (Brookfield Zoo Chicago) bzw. mit Schabrackentapiren (Adelaide), Guerezas mit Diademmeerkatzen oder mit Erdwölfen (Cincinnati). Bei Vergesellschaftung von verschiedenen Langurenarten oder Guerezas kam es auch zu Mischlingen, so zwischen Phayre's Langur und Brillenlangur, Hauben- und Brillenlangur, Kleideraffe und Nasenaffe (Erfurt), was tiergärtnerisch eine Ausnahme bleiben sollte.

Fortpflanzung und Zucht. In Zoos der Nordhalbkugel an keine Jahreszeit gebunden. Kenntnisse fortpflanzungsbiologischer Daten sind noch immer spärlich. Zyklusdauer meist 27–30, bei Hulman 20–28 Tage, in Einzelfällen auch weniger, bei Kleideraffe durchschnittlich etwas über 28 Tage (Follikelphase 13,2 Tage, Lutealphase 11,7 Tage). Östrus 1–4 Tage, bei Brillenlanguren in Twycross in den ersten 3 Tagen nach einer Blutung, Menstruationsdauer 2–3 Tage. Bei Kleideraffen schwache Menstruationsblutung, starker Blutverlust allerdings beim Wiedereinsetzen der Menstruation ca. 9 Monate nach der Geburt. Fast ausnahmslos keine Brunstschwellungen oder andere Veränderungen der Genitalien während der Hitze, jedoch starke Brunstschwellungen bei weiblichen Roten und Grünen Stummelaffen.

Bei jungen rangtiefen Männchen der Roten Stummelaffen gleich bleibende, perianale Schwellung ähnlich wie Scheidenöffnung und Klitoris der Weibchen. Rötung der Anogenitalregion während der Brunst bei Kleideraffen bleibt nach der Konzeption während der Trächtigkeit erhalten. Weibchen fordern Männchen während des Östrus zur Kopulation auf, indem sie ihre Genitalregion präsentieren, dabei zeigen Langurenweibchen einiger Arten typisches Kopfschütteln, andere spitzen die Lippen, während sie über die Schulter nach hinten blicken. Bei Guerezas täglich 1–3, bei Kleideraffen durchschnittlich 6 Paa-

Tab. 19.7 Angaben zur Fortpflanzungsbiologie von Schlankaffen

Gattung/Art	Brunstanzeichen[1]	Tragzeit (Tage)	Geburtsintervalle[2] (Monate)
Hulman	keine	195–215	11–20 (10–13)
Weißbartlangur	keine	195–210	16–24
Schwarzer Haubenlangur	keine	170[3]	14–18
Brillenlangur	keine	200–210	24[3]
Tonkin-Langur	keine	195–215	12–23 (8–9 ½)
Nasenaffe			12–24
Rotschenkel-Kleideraffe	Rötung	190–210	13–38, meist um 24
Rote Stummelaffen	Schwellung	198[3]	15-25
Guereza	Schwellung der Klitoris(?)	198–202	11–18
Weißbart-Stummelaffe	Schwellung der Klitoris(?)	186–205	15–20 (12 ½)

[1] Gemeint sind sichtbare Veränderungen der weiblichen Ano-Genital-Region.
[2] Bei erfolgreicher Aufzucht, Angaben in Klammern: Intervalle nach Jungtierverlust
[3] Einzelwerte

rungen. Etwa zwischen 50. und 140. Trächtigkeitstag bei Guerezas, Languren und Kleideraffen so genannte Scheinöstren, in denen es zu Paarungen kommt. Daraus resultieren möglicherweise einige Angaben über Tragzeiten, die wahrscheinlich zu kurz und falsch sind (z.B. für Brillenlangur 140–152, Nasenaffe 166, Hulman 168 Tage). Angaben zur Fortpflanzungsbiologie in Tabelle 19.7. Keine feste Wurfzeit, Geburten über das ganze Jahr verteilt. Nach Totgeburten früher Post-partum-Östrus, bei einem Hulman 8 Tage nach dem Wurf. Eine Kleideräffin kam 3 Wochen nach einem Kaiserschnitt erstmals in Brunst, wurde 3 weitere Wochen später erfolgreich gedeckt. Ein Guereza gebar nach einem Geburtsintervall von 8½ Monaten das nächste Junge. Beide Kinder (auch das vor 8½ Monaten geborene) wurden problemlos aufgezogen. Die Konzeption erfolgte demnach um den 49. Laktationstag. Tierpflegerische Erfordernisse während Tragzeit, Geburt und Aufzucht sowie Mutter-Kind-Verhalten und Geburtenkontrolle wie bei Meerkatzenartigen. Selten Zwillinge, meist 1 Junges, das am Bauch der Mutter getragen wird. Junge Languren klammern sich dort schon wenige Stunden nach der Geburt so fest, dass die Mutter damit weite Sprünge machen kann. Junge Guerezas strecken dabei den Schwanz zwischen den Hinterbeinen der Mutter durch, ohne sich wie junge Meerkatzen damit zusätzlich zu verankern. Grüne Stummelaffenmütter tragen in den ersten Wochen ihre Jungen im Maul, ein für Affen höchst ungewöhnliches Verhalten. Junge werden nicht nur von der Mutter, sondern auch von anderen Gruppenmitgliedern getragen. Dabei handelt es sich nicht um Kidnapping wie bei Meerkatzenartigen (siehe dort), sondern um regulären Jungtiertransfer. Die auffällig gefärbten Neugeborenen erregen das Interesse aller Weibchen der Gruppe, aber besonders das der Tanten und Schwestern des Jungen. Vorübergehende Abgabe des Säuglings an diese Weibchen ist üblich (schon am 1. Tag nach der Geburt). Auch manche Väter tragen ihre Jungen. Spätestens wenn diese zu rufen oder zu schreien anfangen, nimmt die Mutter ihr Kind zurück. Dennoch regelmäßig kontrollieren, ob sich das Junge auch genügend lange bei der Mutter aufhält, damit es saugen kann.

Wie im Freiland führen auch im Zoo Jungtiertransfers mitunter zum Absturz der Säuglinge, deswegen vorbeugend Boden mit Holzwolle oder Heu auslegen. Bei vielen Languren-Arten ist ein sehr rauer Umgang der Tanten mit den Säuglingen nicht ungewöhnlich. Ernsthafte Verletzungen treten dabei nicht auf. Mit der Umfärbung lässt das Interesse der Schwestern und Tanten am Jungtier nach. Besonders enge Paarbindung bei Kleideraffen, bei denen das Männchen die Mutter mit Jungen schützt und ab 4.

Tab. 19.8 Angaben zur Jugendentwicklung von Schlankaffen

Gattung/Art	Geburtsgewicht (g)	Färbung der Neugeborenen	Säugezeit[1] (Monate)	erste feste Kost (Lebenstag)	Geschlechtsreife Weibchen (im Jahr)	Geschlechtsreife Männchen (im Jahr)
Hulman	etwa 500	schwarzbraun	10–12		2½–3½	6–7
Weißbartlangur	360	grau, weiße Wangen	8–10			
Schwarzer Haubenlangur	290–410	gelborange	12–15	20.–25	3–4	4
Brillenlangur	400–500	gelborange	7–9	14.	2½–3½	2½–3
Tonkin-Langur	400–550	orange	9–13 meist 11–12	30.–35. auch schon 15.	3–3½	4½–6
Nasenaffe	500–600	schwarzer Kopf			4	
Rotschenkel-Kleideraffe	etwa 400[2]	Rücken hellbraun mit schwarzem Band	10–13	7.–14.	4	5
Rote Stummelaffen		dunkelbraun	10–12		2½–3½	3–4
Guereza	365–590	weiß	9–12	30.–40.	4	6–7
Weißbart-Stummelaffe	400–530	weiß	9–12	38.–45.	2½–3½	

[1]Angaben zur Säugezeit schwanken stark, da viele junge Affen noch an der Brust der Mutter saugen, auch wenn keine Milch mehr vorhanden ist.
[2]Einzelgewichte: 324 g, 426 g, 482 g

Lebenswoche das Junge auch bei Gefahr an sich nimmt (zeigt dabei u.U. erhöhte Aggressivität gegenüber dem Personal). Jungtierentwicklung ähnlich wie bei Meerkatzenartigen.

Angaben zur Jugendentwicklung in Tabelle 19.8. Jungtiere entwickeln sich rasch, beginnen schon nach der 1. Lebenswoche erste Kletterversuche am Bauch der Mutter, entfernen sich nach etwa 7 (Kleideraffe), 10 (Languren) bis 20 Tagen (Stummelaffen) vom Körper der Mutter, beginnen mit 17–25 Tagen vierfüßig zu laufen, können mit 8 Wochen normal rennen und spielen dann mit Artgenossen. Milchgebissentwicklung bei Languren beginnt mit Durchbruch der oberen Schneide- und Eckzähne mit etwa 20 Tagen und endet mit Ausbildung der Vorbackenzähne mit etwa 4 Monaten. Zahnwechsel zum bleibenden Gebiss beginnt mit Ausfall der Schneidezähne etwa Ende des 2. Lebensjahres und ist mit Ausbildung des bleibenden Gebisses im Alter von 3½–4½ Jahren, in manchen Fällen auch erst mit 6–7 Jahren abgeschlossen. Erste feste Kost (Blätter), kenntlich auch durch zunehmend dunklere Färbung des ursprünglich gelben Milchkotes, bei Kleideraffen und Languren mit 1–2, Guerezas mit 5–6 Wochen, wird bereits mit 8–9 Wochen regelmäßig aufgenommen. Bis etwa zum 6. Monat besteht Hauptnahrung aus Muttermilch. Ende der Säugezeit mit etwa 9 Monaten. Mit 3–4 Monaten haben die Jungtiere der Guerezas annähernd vollständig umgefärbt (Beginn mit 4 Wochen, Ende mit 7 Monaten). Umfärbung der Languren beginnt mit 2–3 Wochen und ist je nach Art mit 7–20 Monaten abgeschlossen. Brillenartige Kopfzeichnung von Brillenlanguren schon mit etwa 3 Wochen angedeutet. Körperbehaarung färbt bei Kleideraffen zwischen 8. und 12. Monat um, Gesichtszeichnung erst mit etwa 20 Monaten. Geschlechtsreife bei Weibchen früher als bei Männchen (siehe Tabelle 19.8), bei Nasenaffen erst nach Abschluss der Zahnentwicklung. Manche Tiere können noch im hohen Alter fruchtbar sein, so ein männlicher Guereza mit über 20 Jahren, 2 weibliche Kleideraffen mit 26 Jahren. In Dresden zog ein weiblicher Guereza noch mit 27 Jahren erfolgreich sein Junges auf.

Künstliche Aufzucht wie bei Kapuziner- und Meerkatzenartigen, bei vielen Arten mehrfach gelungen. Die über den endgültigen Erfolg entscheidende kritische Phase ist die Zeit der Nahrungsumstellung von Milch auf feste Kost. Integration in den Sozialverband wie bei Meerkatzenartigen.

Erfolgreiche Aufzucht von Guerezas in Dresden mit Trinknahrung bis Ende 3. Woche mit folgender Zusammensetzung: Auf 100 ml Flüssigkeit (Wasser, verdünnter Kamillen-, auch Schwarztee) 14 g Milchersatzpulver für Säuglinge, 6 g Reismehl, 5 g Sojamehl, 2 g Kasein. Milchzuckeranteil ist gering zu halten. Ab 3. Woche wird Säuglingsersatznahrung (viel Milchzucker) durch Vollmilch sowie Reismehl durch das ballaststoffreichere Hafermehl ersetzt. Ab 6. Woche regelmäßige Aufnahme fester Nahrung (Blätter, Ersatzfutter), ab 9. Monat nur noch 2 Milchmahlzeiten täglich.

In Köln wurden Kleideraffen mit verdünnter Kuhmilch, später mit unverdünnter Kuhmilch und Zusätzen von Trockenmilch und Sahne aufgezogen. Nach jeder Mahlzeit Massage des Anogenitalbereichs zur Anregung von Harn- und Kotabgabe. Erste feste Kost (geriebener Apfel) ab 23., Aufnahme von Blättern ab 60. Tag. Erste Kontakte zu Gruppenmitgliedern ab 8. Lebenstag, gezielte Reintegrationsmaßnahmen ab 16. Tag, Eingewöhnung mit knapp 170 Tagen abgeschlossen.

Erfolgreiche Handaufzuchten bei Schlankaffen (Haubenlanguren und Kleideraffen) im EPRC Cuc Phuong mit Ersatzmilch aus 3 Teilen Kuhmilch und 1 Teil gekochtem, konzentriertem, abgestandenem Eichenrindentee (Teeinwirkung aufgehoben) per Flasche mit Sauger verabreicht. Alternativ auch Ziegenmilch und Schwarztee. Fütterung im 2-Stunden-Rhythmus rund um die Uhr in Portionen von ca. 8–15 ml, danach steigende Trinkmenge in größeren Abständen verabreichen. Jungtiere müssen selbst aktiv saugen, damit die Milch in den richtigen Teil des gekammerten Magens gelangt. Im Alter von 3 Wochen erstes Laubangebot (junges Laub in geringer Menge). Zur Verdauungsförderung auf Übertragung von Infusorien von älteren Schlankaffen achten. Von Anbeginn breites Spektrum an Laubarten anbieten.

Höchstalter in Menschenobhut. Hulman über 28, Südlicher Hanuman über 23¾, Schopflangur über 25, Brillenlangur über 33¾, Rotschenkel-Kleideraffe 25, Nasenaffe über 25, Goldstumpfnase über 23¾, Guereza 33½, Angola-Stummelaffe über 34¾, Weißbart-Stummelaffe fast 34, Geoffroy-Stummelaffe über 18 Jahre.

Überfamilie Menschenartige (*Hominoidea*)

Zu dieser Überfamilie gehören die Gibbons mit den Siamangs, die Menschenaffen und die Menschen.

Familie Gibbons (*Hylobatidae*)

Fossilfunde, die nähere Auskunft über die Vorfahren der Gibbons geben, sind spärlich und bisher wenig aussagefähig. Nach wie vor wird davon ausgegangen, dass sich die Gibbons vor rund 22 Millionen Jahren von der zu den Menschenaffen führenden Entwicklungslinie abgespalten haben. Ob diese zeitliche Einordnung nach der Entdeckung des *Pierolapithecus catalaunicus* aufrechterhalten werden kann, ist bisher nicht entschieden. Der 2004 bei Barcelona gefundene fossile Primat, ein Männchen mit etwa 35 kg Körpergewicht, lebte im mittleren Miozän (vor 16–11 Millionen Jahren). Sein Skelett soll 13 Millionen Jahre alt sein und wichtige Merkmale moderner Primaten aufweisen, welche Hinweise darauf geben, dass diese Art zu jener Entwicklungslinie gehört, die zu den *Ponginae* und *Homininae* führte. Er soll auf diesem Weg nahe der Bruchstelle anzusiedeln sein, an der die *Hylobatidae* eine eigene Entwicklungsrichtung einschlugen. Gegenüber diesem entfernten Verwandten sind die rezenten, reichlich meerkatzen- bis paviangroßen Gibbons aber erheblich schlanker und feingliedriger. Kopf kurzschnauzig, Umgebung von Augen, Nase und Mund nackt, dunkel pigmentiert, Eckzähne besonders bei Männchen oft verlängert. Gliedmaßen lang, Beine erreichen 1½-fache Körperlänge, Arme noch erheblich länger, Hände berühren beim aufrecht auf den Beinen stehenden Tier den Boden. Beckenknochen im Gegensatz zu Menschenaffen wie bei Makaken und Pavianen durch Gesäßschwielen geschützt. Schwanz fehlt. Fell dicht, wollig bis seidig, Haarstrich am Unterarm von Hand zum Ellenbogen verlaufend. Fellfärbung artverschieden, alters- und geschlechtsabhängig (Dichromatismus), aber auch individuelle oder regionale Variabilität mit helleren, dunkleren oder intermediären Phasen. Systematik, besonders Artdifferenzierung und gegebenenfalls Abgrenzung einzelner Unterarten wegen oft fließender Übergänge nicht endgültig geklärt.

Verbreitung. Südostasien von China sowie von Bangladesch und Assam über ganz Hinterindien, Malaiische Halbinsel, Sumatra, Java, Borneo und Mentawai-Inseln. Die Verbreitungsgebiete der Arten und Unterarten auf dem Festland und den großen Inseln werden meist durch Flüsse begrenzt, die von den Tieren nicht überwunden werden können.

Systematik und Zuordnung wurden in den letzten 3 Jahrzehnten mehrfach geändert, nach neueren Auffassungen 4 Gattungen, 20 Arten mit verschiedenen Chromosomenzahlen.

Hulocks (*Hoolock*), auch Weißbrauengibbons: 2 (3) Arten. 38 Chromosomen, etwas langhaariger als die übrigen Arten. **Hulock** (*H. hoolock*), auch Westlicher Weißbrauengibbon: Stirn bzw. Augenbrauen weiß (gehen ineinander über), erwachsene Männchen sonst schwarz, Weibchen braun oder graubraun, Kopfplatte oft heller, nicht selten weiße Augen-, Mund- und Nasenumrandung. Assam, Bangladesch, Myanmar und angrenzende chinesische Grenzgebiete von West-Yunnan. – **Östlicher Weißbrauengibbon** (*H. leuconedys*): ähnelt Hulock, aber weiße Augenbrauen voneinander getrennt, helleres Gesicht, Fell der Weibchen etwas heller, Bauchfell dunkler. Myanmar, Osten des indischen Bundesstaats Arunachal Pradesh, Nordwesten von Yunnan. 2017 wurde davon eine Population im Bereich der Flüsse Chindwin und Irrawaddy in China als neue Art *H. tianxing* beschrieben.

Echte Gibbons (*Hylobates*), auch Zwerggibbons, Kleine Gibbons: 9 Arten. 44 Chromoso-

Abb. 19.40 Beim Weißhandgibbon (*Hylobates lar*) variiert zwar die Fellfarbe, ohne dass es sich dabei um einen Sexualdimorphismus handelt. Hand- und Fußoberseiten sind jedoch immer weiß.

men, Gesicht oft von kranzförmig verlängerten Haaren umrahmt. Bei den Weibchen während der Brunst deutliche Genitalschwellung. **Weißhandgibbon** (*H. lar*), auch Lar: kein geschlechtsbedingter Färbungsunterschied, Fellfarbe variiert von Dunkelbraun bis Fahlbraun oder Fahlgelb mit leicht rötlichem Anflug, helles Stirnband, weiße Gesichtskrause, aber nicht immer vorhanden, Hand- und Fußoberseiten immer weiß. 5 Unterarten. Südwest-Yunnan, Thailand, Ost- und Südmyanmar, Malaiische Halbinsel, Nordsumatra. – **Schwarzhandgibbon** (*H. agilis*), auch Ungka, Schlankgibbon: galt früher gelegentlich nur als Unterart des Weißhandgibbons. Fellfarbe wie Weißhandgibbon, Augenbrauen weiß, beim Männchen oft auch die Wangen, Hände und Füße stets fellfarben. Verschiedentlich in 2 Unterarten: Bergungka (*H. agilis agilis*) und Tieflandungka (*H. agilis unko*). Sumatra außer Nordteil, Malaiische Halbinsel südlich des Grenzgebiets von Südthailand und Nordmalaysia zwischen den Flüssen Perak und Mudah. – **Weißbartgibbon** (*H. albibarbis*): verschiedentlich als Unterart von *H. lar*, *H. agilis* oder *H. muelleri* geführt. Südwestborneo. – **Silbergibbon** (*H. moloch*), auch Java-Gibbon: galt früher gelegentlich nur als Unterart des Weißhandgibbons. Beide Geschlechter silbergrau, Bauch oft dunkler, helles Stirnband, dunklere Kopfplatte. 2 bisher nicht anerkannte Unterarten. Westjava. – **Grauer Gibbon** (*H. muelleri*), auch Müller-Gibbon: beide Geschlechter mausgrau bis graubraun, Kopfplatte und Oberbauch dunkler. Borneo, außer Südwestteil südlich des Kapuas River und westlich des Barito River. – **Westlicher Borneo-Gibbon** (*H. abbotti*): Fell grau, nur Kopfoberseite und Bauch etwas dunkler. Westborneo, im indonesischen Kalimantan Barat und malaysischen Sarawak. – **Östlicher Borneo-Gibbon** (*H. funereus*): Fellfarbe variiert von Dunkelbraun bis Dunkelgrau, weiße Augenbrauen. Norden bis Mitte Borneos. – **Kappengibbon** (*H. pileatus*): erwachsene Männchen schwarz, mehrheitlich mit weißen Händen und Füßen, Weibchen an Rücken und Gliedmaßen aschblond bis hellbraun- oder graugelb, Brust

Abb. 19.41 Beim Schwarzhandgibbon (*Hylobates agilis*) variiert die Fellfarbe. Ihre Hand- und Fußoberseite ist dabei stets fellfarben.

dunkler, schwarze oder schwarzbraune Kopfplatte. Jungtiere ähnlich wie Weibchen gefärbt, aber deutlich heller. Südostthailand, Südwestlaos, West- und Mittelkambodscha. – **Mentawai-Gibbon** (*H. klossi*), auch Kloss-Gibbon, Biloh, früher fälschlich auch Zwergsiamang: kurzes, braunschwarzes bis schwarzes Fell bei beiden Geschlechtern, auf dem Oberkopf bei erwachsenen Tieren glatt anliegend, bei Jungtieren schopfartig verlängert, unbehaarter Kehlsack als Resonanzorgan. Mentawai-Inseln vor der Westküste Sumatras.

Schopfgibbons (*Nomascus*): 7 Arten. 52 Chromosomen, Kehlsack stets vorhanden, grau bis rötlich grau, auf dem Oberkopf oft konischer Haarschopf. **Westlicher Schwarzschopfgibbon** (*N. concolor*): mittelbraun, an Brust und Bauch schwarz oder schwarzbraun, dunkle Kopfplatte. 4 Unterarten. Östlich des Mekong von Süd- und Zentral-Yunnan über Nord- und Teile von Zentrallaos. – **Östlicher Schwarzschopfgibbon** (*N. nasutus*): Fell kurz, Haarschopf kurz, unauffällig, Männchen gänzlich schwarz oder mit leicht bräunlichem Anflug auf der Brust oder von der Kehle bis zum Bauch, Weibchen gelblich hellbraun bis blassgraugelb einschließlich Gliedmaßen (dort keine schwarzen Fellpartien), mit brei-

Abb. 19.42 Der geblähte Kehlsack dient dem Siamang (*Symphalangus syndactylus*) als Resonanzboden für seine lauten, weit hallenden Gesänge.

ter schwarzer Kopfplatte, die sich bis zum Nacken und als schmaler werdender Streifen zwischen die Brauen bis zur Nasenwurzel zieht, von dort umrahmt eine schwarze, schmale, am Kinn breiter werdende Zeichnung das Gesicht. Nordostvietnam östlich des Red River und chinesisches Grenzgebiet, Insel Hainan. – **Hainan-Schopfgibbon** (*N. hainanus*): ursprünglich als Unterart des Östlichen Schwarzschopfgibbons geführt. Männchen mit schwarzem, Weibchen mit gelbbraunem Fell mit schwarzem Scheitel. Hainan. – **Nördlicher Weißwangen-Schopfgibbon** (*N. leucogenys*): Männchen schwarz mit weißer Wangenbehaarung, Weibchen ockerfarben, fahlgelb, gelblich weiß oder grauweiß mit dunkler Kopfplatte und heller Gesichtsumrandung. Einst Südchina (Südwest-Yunnan) über westliches Nordvietnam und Mittelvietnam bis Laos. – **Südlicher Weißwangen-Schopfgibbon** (*N. siki*): Männchen mit schwarzem Fell mit weißem Wangenfleck, Weibchen mit gelbem bis gelborangenem Fell, schwarzem Scheitel, weißem Gesichtsfell, Fellfarbe der Jungtiere wie bei Männchen. Zentralvietnam und Südlaos. – **Nördlicher Gelbwangen-Schopfgibbon** (*N. annamensis*): 2010 mit Artstatus, da deutliche Gesangsunterschiede (wichtige Kriterien bei der Klassifikation von Gibbonarten) zum Südlichen Weißwangen-Schopfgibbon, dem er ansonsten sehr ähnelt. Südlaos, Zentralvietnam. – **Gelbwangen-Schopfgibbon** (*N. gabriellae*): ähnlich Weißwangen-Schopfgibbon, aber Fellfarbe der Männchen nicht Schwarz, sondern Schwarzbraun oder Dunkelbraun, Wangenbehaarung nicht weiß, sondern gelblich oder orangefarben, Weibchen hellbraun, hellorange- bis gelblich weiß oder hellweißgrau, dunkle Scheitelplatte. Zentral- bis Südvietnam, Südlaos, Ostkambodscha.

Siamangs (*Symphalangus*): 1 Art. 50 Chromosomen, größte Vertreter der Familie. Arme noch länger als bei Gibbons, Stirn niedriger und Augen tiefer liegend. Unbehaarter, rötlich grauer Kehlsack als Resonanzorgan, der aufgeblasen größer als der Kopf ist. 2. und 3. Finger im unteren Teil miteinander verwachsen. Fell weniger dicht als bei Gibbons, langhaariger, schwarz, um den Mund herum aufgehellt. **Siamang** (*S. syndactylus*): 2 nicht allseits anerkannte Unterarten. Zentrale und nordwestliche Malaiische Halbinsel und Sumatra.

Gefährdungsstatus. Bestand im Verbreitungsgebiet bei fast allen Arten mehr oder minder bedroht. Hochgradig gefährdet Yunnan-Weißhandgibbon (*H. l. yunnanensis*), Silbergibbon (durch zunehmende Besiedelung und Waldrodung), Hainan-Schopfgibbon (*N. n. hainanus*, im Naturreservat Bawangling von Südwest-Hainan in den ersten Jahren des neuen Jahrtausends nur noch ca. 15 Tiere, wahrscheinlich bedrohteste Primatenart), Nördlicher Weißwangen-Schopfgibbon (Bestand im südlichen Yunnan und in Nordvietnam fast ausgerottet, kleine Restpopulation in Laos), West-Yunnan-Schwarzschopfgibbon (*N. c. furvogaster*), Zentral-Yunnan-Schwarzschopfgibbon (*N. c. jing-*

dongensis) und Vietnamesischer Schwarzschopfgibbon (*N. n. nasutus*). Gefährdet durch Lebensraumzerstörung, Isolierung kleiner Populationen und Jagd sind beide Unterarten des Hulocks (Westlicher Hulock, *B. h. hoolock*, vermutlich nur noch 1700-2200 Exemplare), der Laotische (*N. c. lu*) und Tonkin-Schwarzschopfgibbon (*N. c. concolor*) und der Östliche Schwarzschopfgibbon. Schutzbedürftig sind in besonderem Maße Kappengibbon, Gelbwangen-Schopfgibbon, Mentawai-Gibbon (geringe Bestandsgröße) und der Siamang in Malaysia. EEP für Silbergibbon in Howletts, für Kappengibbon in Twycross, für Nördlichen Weißwangen-Schopfgibbon und Gelbwangen-Schopfgibbon in Mulhouse, für Siamang in München, für Weißhandgibbon in Emmen.

Lebensweise. Tagtiere. Lebensraum tropischer Regenwald von tief gelegenem Süßwasser-Sumpfwald über ausgedehnte Primärwälder des Flach- und Hügellandes, auch Wälder mit selektivem Holzeinschlag und Sekundärwälder, gelegentlich in der Nähe von Plantagen, seltener Monsun- und Bergwälder bis in 1500 m Höhe mit kurzfristigen Temperaturstürzen in die Nähe des Gefrierpunktes (Siamang). Hulocks von 50 m im tropischen Tiefland bis in 2600 m Höhe im Norden des Verbreitungsgebietes (Nagaland), hier außerhalb der Tropen mit Wintertemperaturen von 7–10 °C in immergrünen Mischwäldern oder auch in Trockenwäldern. Baumbewohner, einzige echte Schwinghangler unter den Menschenartigen, halten ihr gesamtes Körpergewicht mit der Hand eines Armes, um mit dem anderen Arm Schwung zu nehmen. Vorwärtsbewegung daher pendelnd, wobei ihnen die langen Arme als Hebel zu hoher Geschwindigkeit verhelfen. Das Tempo kann noch zusätzlich erhöht werden, wenn beim Schwinghangeln die Beine an den Körper angezogen und so störende Eigenbewegungen der Hintergliedmaßen verhindert werden. In einer ihnen auf Baumkronenwechseln gut bekannten Umgebung überwinden Gibbons durch Schwungsprünge mit hoher Geschwindigkeit 8–10 m breite Zwischenräume zwischen 2 benachbarten Bäumen. Derartige Fortbewegung mit so hohem Tempo sind nur durch ausgeprägte Koordinations- und Steuerungsfähigkeit des hoch entwickelten Gehirns möglich. Stürze werden meist durch sicheren Griff nach einem nahen Ast in der unteren Vegetation abgefangen, dennoch weisen Skelette auch verheilte Knochenbrüche auf. Siamangs bewegen sich weniger schnell und meist mehr hangelnd fort. Sie tendieren häufiger als Gibbons dazu, sich ähnlich wie Orang-Utans mit 3 Gliedmaßen gleichzeitig zu verankern. 10 % der Fortbewegung, also deutlich mehr als bei anderen Primaten, wird von Gibbons und Siamangs auf 2 Beinen (biped) zurückgelegt. Beim bipeden Laufen auf dem Boden oder auf den Bäumen werden die Arme balancierend meist waagerecht vom Körper weg oder über dem Kopf gehalten. Gibbons können nicht schwimmen.

Alle Arten mit territorialer Lebensweise. Ortstreu in festen Revieren, deren Größe von Dichte und Höhe des Baumbestandes bestimmt wird. Territorien sind umgeben von Streifgebieten, deren Ausdehnung abhängig vom jeweiligen Nahrungsangebot ist. Auf 1 km^2 können zwischen 2 und 4 artgleiche Gibbongruppen leben, die sich gegenseitig tolerieren. Kommen in einem Gebiet 2 verschiedene Gibbonarten vor (Sympatrie), so beansprucht in der Regel die Gruppe einer jeden Art etwa 1 km^2 für sich allein. Gelegentlich kann es zwischen verschiedenen sympatrischen Arten im Ursprungsgebiet auch Kreuzungen geben, so zwischen Weißhand- und Kappengibbon am Takhon River im Khao Yai Nationalpark Thailands etwa 120 km nordöstlich von Bangkok, zwischen Schwarzhand- und Weißhandgibbon auf der Malaiischen Halbinsel im Nordwesten Malaysias im Haupteinzugsgebiet des Muda-Rivers und zwischen Schwarzhandgibbon und Grauem Gibbon auf Borneo im Haupteinzugsgebiet des oberen Barito-Rivers. Dort lebt auf einer Fläche von 3500 km^2 eine stabile Mischlingspopulation, in der reinblütige Tiere nicht mehr angetroffen werden. Mit zunehmenden Kenntnissen über Kontaktzonen verschiedener Schopfgibbonarten sind auch dort Mischlingspopulationen zu erwarten wie bereits zwischen Südlichem Weißwangen- und Gelbwangengibbon in Zentralvietnam nachgewiesen.

Gibbons wandern innerhalb ihrer Streifgebiete täglich im Mittel 1500 m (Spanne 1300–1700 m), Siamangs durchschnittlich nur 850 m (Spanne 640–1313 m). Tägliche Aktivitätszeit je nach Verbreitungsgebiet der Art zwischen 8 und 10 Stunden. Davon entfallen 60 % auf die Nahrungsaufnahme, 30 % auf Ruhephasen und 10 % auf Wanderungen. Beginn der Nahrungsaufnahme bei Siamangs kurz nach Einsetzen der Morgendämmerung (6.00–7.00 Uhr). Nach Beendigung der 1. Nahrungsaufnahmeperiode wandern sie auf einem Netzwerk von bekannten Baumkronenwechseln durch die mittleren Etagen des Regenwalds (ca. 25–30 m Höhe) zur nächsten Nahrungsquelle. Während der Mittagszeit Rückzug in tiefer gelegene Bereiche des Waldes, um der Hitze auszuweichen und zu rasten. In den späten Nachmittagsstunden auf dem Weg zu Nachteinständen erneut ausgiebige Nahrungsaufnahme. Bei Einbruch der Dämmerung ziehen sie sich auf ihre Schlafbäume zurück, bauen aber im Unterschied zu den großen Menschenaffen keine Schlafnester. Feinde sind Leopard, andere kleine Raubtiere, Greifvögel und Schlangen.

Alle Arten mit artspezifischen und mit Ausnahme des Hulock auch geschlechtsspezifischen Gesängen, die bis zu 1 km weit zu hören sind. Auslöser häufig Gesang benachbarter Gruppen. Gesänge dienen wahrscheinlich der akustischen Territorialmarkierung. Beginn der Gesänge üblicherweise kurz vor Sonnenaufgang mit langen Soloserien der Männchen (Ausnahmen: Tonkin-Schwarzschopfgibbon, Hulock und Siamang). Nach der 1. Nahrungsaufnahme und später tagsüber, außer beim Mentawai-Gibbon, „Duettgesänge" der Paare. Jungtiere nehmen mit unterschiedlicher Häufigkeit und Intensität am Gesang der Eltern teil. Heranwachsende Männchen werden im Verlauf ihrer Entwicklung auch bezüglich des Gesangs zunehmend unabhängiger von den Eltern. Unverpaarte, einzeln lebende Weibchen singen nicht. Männliche Einzelgänger singen zeitlich versetzt zum Duett-Gesang der Paare. Durch ihre Sologesänge, die länger andauern als die der in Paarbindung lebenden Männchen, verkünden sie weiblichen Einzelgängern ihren Aufenthaltsort. Siamangs singen im Sitzen, während Gibbons oft in voller Bewegung rufen. Versuche haben ergeben, dass art- und geschlechtsspezifische Gesänge auf vererbtem Verhalten beruhen. Daneben laute Alarmschreie. Bei individuellen Kontakten ausdrucksvolle Mimik, z. B. Begrüßungsgesicht mit zurückgezogenen Mundwinkeln, wobei die geschlossenen Zahnreihen gezeigt werden, zwischen denen die Zungenspitze hervor geschoben werden kann. Als Drohgeste wiederholtes kurzes Gähnen, Zähneschnattern, Lippenschmatzen.

Sozialstruktur weitgehend monogam. Lebenslange Paarbindung ist die Regel, doch sind beim Weißhandgibbon und beim Siamang auch Kopulationen der verpaarten Weibchen mit fremden Männchen keine Seltenheit. Männchen und Weibchen verteidigen ihr Territorium gemeinsam gegen andere Gruppen. Vermutlich keine Dominanz eines Partners über den anderen.

Familien von Gibbons bestehen meist aus dem erwachsenen Paar und 2 Jungtieren unterschiedlichen Alters. Auch Siamangs monogam in Familiengruppen, im Unterschied zu anderen Gibbons jedoch neben den Eltern meist 3–4 Jungtiere verschiedenen Alters, deren ältestes schon fast erwachsen sein kann. Die männlichen Jungtiere von mehreren Gibbonarten sollen, solange sie in der Geburtsgruppe leben, zusammen mit dem Vatertier das Territorium gegen Artgenossen verteidigen. Im Vergleich zu anderen Primatenarten nur wenig gegenseitige Fellpflege. Auch ist Spielverhalten unter Jungtieren selten. Beim Siamang verbringen die Jungtiere etwa 1 % des Tages im Spiel, und zwar meistens mit dem ältesten, meist halberwachsenen Geschwister, sofern mehr als nur 1 weiteres Jungtier in der Gruppe lebt. Jungerwachsene Tiere beiderlei Geschlechts verlassen bei Gibbons die Geburtsgruppe kurz nach Eintreten der Geschlechtsreife zwischen dem 6. und 8. Lebensjahr. Grund dafür ist in vielen Fällen aggressives Verhalten eines Elternteils gegen das gleichgeschlechtliche Junge.

Nahrung. Überwiegend Pflanzenfresser mit hohem Anteil an reifen, zuckerhaltigen Früchten (durchschnittlich etwa 60 % der täglich aufgenommenen Nahrung, kann aber saisonal bedingt auf 90 % steigen oder bis auf 30 % absinken), daneben Blätter, Knospen, Blüten (durchschnittlich 30 %). Zusätzlich zu dieser vegetarischen Kost tierisches Protein in Form von Insekten und deren Larven, Schnecken, andere Wirbellose, wahrscheinlich auch nestjunge Vögel. Siamangs wurden beim Verzehr von Vogeleiern beobachtet. Umstritten ist, ob Siamangs mehr Blätter als Weißhandgibbons fressen oder Früchte bevorzugen. Flüssigkeitsbedarf wird vorwiegend aus der Nahrung gedeckt, daneben Regenwasser von Blättern. Gelegentlich begeben sie sich an Gewässern in uferüberragenden Pflanzenbewuchs, tauchen im Gezweig hängend eine Hand ins Wasser und saugen die Flüssigkeit vom Handrücken ab.

Haltung von Gibbons

In Tiergärten nur Weißhandgibbon und Siamang häufiger, gelegentlich Weiß- und Gelbwangen-Schopfgibbon, seltener Silber- und Kappengibbon gezeigt. Die Pflege von Gibbons und Siamangs ist zwar nicht völlig unkompliziert, aber dennoch meist unproblematischer als die der empfindlicheren Schlankaffen und mancher Neuweltaffen. Eingewöhnung und Quarantäne wie bei Kapuzineraffen und Meerkatzenartigen (siehe dort), erfordert bei Tieren aus den Ursprungsgebieten, die heute aber nur noch ausnahmsweise importiert werden, erhöhte Aufmerksamkeit und intensive gesundheitliche Überwachung. Importtiere wurden vor dem Versand meist länger von Landeseinwohnern an und in deren Behausungen gehalten, z.T falsch ernährt und leiden meist unter Parasitenbefall. In solchen Fällen stehen Ernährung und Parasitenbekämpfung im Vordergrund der Betreuung.

Unterkunft. Wie für Kapuziner- und Meerkatzenartige in großen, geräumigen, hellen Anlagen eines meist vom Publikum begehbaren Klimahauses, dem sich geschlossene, langgestreckte und möglichst über 3 m hohe Außengehege mit Deckengittern oder Freianlagen anschließen. Bauliche Details und Einrichtungen der Innenräume wie bei den oben genannten Affengruppen, aber anders als bei diesen Ausrüstung mit vielfältigen waagerechten Hangelmöglichkeiten, um artspezifische schwinghangelnde Fortbewegungsweise zu ermöglichen. Durchmesser der Hangeleinrichtungen zwischen 2,5 und 3,5 cm, zusätzlich bewegliche Elemente wie Taue, Schaukeln und federnde Stangen. Sitzgelegenheiten in verschiedenen Höhen, an Wänden empfehlenswert mit Nierenbrettern. Sichtblenden, Nischen und andere Rückzugs- und Ausweichgelegenheiten sowie geeignete Absperrmöglichkeiten und Sicherheitseinrichtungen wie für genannte Affengruppen.

Optimale Innenraumtemperaturen 18–20 °C. Zeitweilig werden auch Werte um 15 °C, von manchen Arten (Schopfgibbons, Schwarzhand-, Weißhandgibbon) auch solche um 10 °C toleriert, da die Tiere im Freiland manchmal niedrigen Temperaturen bis in die Nähe des Gefrierpunkts ausgesetzt sind. Zootierhaltung sollte sich aber nicht daran orientieren, welche Verhältnisse eine Art auszuhalten in der Lage ist, sondern danach, unter welchen Bedingungen das Wohlbefinden der Pfleglinge am größten ist. Infolge des breiten Temperaturspektrums, dem die Tiere in den Ursprungsgebieten ausgesetzt sind, werden die meisten Arten nach vorsichtiger Akklimatisation bedingt winterhart und können tagsüber bei kalter Witterung in die Außengehege gelassen werden, wenn sie sich jederzeit in die beheizten Innenanlagen zurückziehen können.

Freianlagen sind meist von Wassergräben begrenzte Inseln mit starren, federnden und schwingenden Kletter- und Hangeleinrichtungen sowie nicht übermäßig hohen lebenden und toten Bäumen. Hohe lebende Bäume der gemäßigten Klimazone bergen mit ihrem spröden, meist wenig elastischen Holz die Gefahr von Astbrüchen und damit erhöhte Absturzgefahr, zumal ein schwinghangelndes Tier nach Schwungsprüngen am Landeplatz mit großer Wucht auftrifft. In den Tropenwäldern federt der vom Tier dabei ergriffene Ast in der Regel die Aufprallgeschwindigkeit ab. Durch Astbrüche hervorgerufene Abstürze sind dort relativ selten. Gleiches gilt für Verletzungen, da das fallende Tier in den unteren Astregionen und im Unterholz meist viel Gelegenheit hat, den Sturz durch den Griff nach erreichbaren Ästen abzubrechen. Die spröden und z.T trockenen Äste in den lockeren Kronen der auf Zoofreianlagen stehenden hohen Bäume brechen schneller als das Astwerk von Tropengehölzen. Die im unteren Bereich kahlen Stämme sowie fehlendes hohes, dichtes Unterholz bieten einem hier nach Astbruch abstürzenden Tier meist keine Gelegenheit, die Folgen des freien Falls zu verhindern.

Grabenbreiten von 6 m meist ausreichend, können sogar auf 4 m Breite beschränkt werden, wenn sich am besucherseitigen Ufer ein 2–3 m breiter Grünstreifen aus dichten, niedrig bleibenden Gehölzen anschließt oder direkt an der Grabenkante hinter einem Wegebegrenzungsgitter die Besucherflächen beginnen. Gibbons überspringen solche Gräben nicht absichtlich. Für ihre weiten Schwünge benötigen Gibbons bodenferne, griffgerechte Landeplätze. Sie scheinen den Aufprall am Erdboden nach einem Sprung zu fürchten, denn sie springen auch innerhalb ihrer Anlage von Kletter- oder Hangeleinrichtungen nie in weitem Satz zu Boden, sondern steigen dorthin kletternd ab. Außerdem vermeiden sie wie viele andere Tiere Sprünge in bodendeckende Vegetation, wo die Landung unkalkulierbar ist und Feinde versteckt sein können. Schließlich scheinen Besucherflächen aus territorialen Gründen gemieden zu werden, wobei ein hüfthohes Wegebegrenzungsgitter, das übersprungen werden müsste, ein weiteres Hemmnis zu sein scheint. Sprünge über Wassergräben sind wohl nie absichtlich, sondern nur als Resultat zu rasanten Schwinghangelns bei spielerischen oder aggressiven Verfolgungsjagden und infolge Abrutschens vom letzten Griffobjekt zu deuten. Verlockend dagegen sind im Schwung erreichbare Äste von außerhalb der Anlage stehenden Bäumen und hohen Sträuchern, die von den Tieren gezielt angesprungen werden können, besonders wenn sie von außen über die Wasserfläche ragen. Solche Äste müssen so gekürzt werden, dass diese nicht aus schneller Vorwärtsbewegung mit einem Schwingsprung erreicht werden können.

Wassertiefe der Begrenzungsgräben am Inselufer um 15 cm, zur besucherseitigen Grabenkante auf etwa 40 cm abfallend. Größere Tiefe ist nicht erforderlich. Es gibt zwar keinen Hinweis darauf, dass sich Gibbons vor größeren Wasserflächen fürchten, doch freiwillig gehen oder springen sie nicht ins Wasser. Sie scheinen sogar in Panik zu verfallen, wenn sie zufällig dorthin gelangen, reagieren meist völlig unkontrolliert. Junge Gibbons, die ins Wasser fallen, erhalten auch im ufernahen Flachwasser von der Mutter keine Hilfe, wenn diese dazu ins Wasser steigen müsste. Siamangs wateten dagegen bei dem Versuch, an Nahrung zu gelangen, in Wassergräben hinein, deren Tiefe am besucherseitigen Ufer mindestens 60 cm betragen sollte und deren Kante hier oftmals auch zusätzlich durch einen Elektrodraht gesichert ist.

Für heiße Tage müssen auf Freianlagen genügend schattige Plätze zur Verfügung stehen. Als Bodenbelag am besten geeignet ist kurzer Naturrasen, der von den Affen nicht zerstört, sondern oft zum Sonnenbaden oder Spielen aufgesucht wird. Dabei liegen die Tiere gern mit ausgebreiteten Gliedmaßen auf dem Rücken und räkeln sich wohlig oder balgen sich spielerisch im Gras und laufen auch oft zweifüßig aufrecht. Nach bisherigen Erkenntnissen aus dem Wildleben sollen Gibbons dagegen nahezu nie am Erdboden anzutreffen sein.

Viele Freianlagen sind nicht direkt einem Klimahaus zugeordnet. Als Ruhe-, Schlaf- und Schlechtwetterunterkunft für die Tiere entweder kleine Schutzhütte oder anschließendes Tierhaus mit Innenkäfig. Gut akklimatisierte Gibbons sind wenig kälteempfindlich, werden bei Aufenthalt auf isoliert stehenden Freianlagen je nach Witterung Ende Oktober oder Anfang November in ein Warmhaus überführt und erst im folgenden Mai wieder auf die Freianlage zurückgebracht. Siamangs sollten wegen ihres zwar relativ langen, aber weniger dichten Felles kühler Witterung nicht so lange ausgesetzt sein.

Umgang. Als Jungtiere und Halbwüchsige sind Gibbons und Siamangs dem Pfleger gegenüber oft anschmiegsam und werden sehr zahm. Allerdings auch im Spiel recht derbe Bisse. Mit dem Einsetzen der Geschlechtsreife werden vor allem vormals zahme Tiere gefährlich. Besonders Männchen haben dann lange, dolchartige Eckzähne, für deren Aufnahme im gegenüber liegenden Kiefer bei geschlossenem Mund Zahnlücken vorhanden sind. Tiere, die den Menschen als Rivalen betrachten und vertreiben wollen, greifen lautlos und ohne Warnung an. Solche Angriffe werden wiederholt. Bissverletzungen sind zentimetertief und gleichen Schnittwunden. Gibbons können auch Personen, die vor dem Gitter stehen, mit blitzschnellem Zugriff erfassen und an sich heranziehen. Sie haben durch das Gitter oft beträchtliche Reichweite, deshalb keine Gegenstände (Schlüsselbund, zerbrechliche Dinge) in Gitternähe herumliegen lassen. Unterkünfte von halbwüchsigen Tieren sollten nur von vertrauten Pflegern, die von erwachsenen Tieren möglichst gar nicht bei deren Anwesenheit betreten werden. Arbeiten auf Gibbonfreianlagen entweder nur in Abwesenheit erwachsener Tiere oder mindestens zu zweit erledigen, damit eine Person die erforderlichen Arbeiten verrichten, die andere die Tiere im Auge behalten und Angriffe gegebenenfalls mit geeigneten Gegenständen (Netz, Besen) abwehren kann. Übrige Sicherheitsmaßnahmen wie bei Meerkatzenartigen. Für medizinische Eingriffe und zum Fang sind die Tiere medikamentös ruhigzustellen, transportiert werden sie einzeln (Mutter und Jungtiere gemeinsam) in Transportkisten, in denen sie sitzen und liegen können.

Fütterung. In Anlehnung an die im Verbreitungsgebiet überwiegend aus Früchten bestehende Kost wurde und wird eine breite Palette von Früchten und Beeren eingesetzt, die saisonalen Schwankungen unterworfen ist. Wie bei den übrigen Primaten zeigte sich jedoch, dass insbesondere wegen des hohen Gehalts an Zucker in kultivierten Früchten, Obst als Nahrungsbestandteil auf Dauer ungesund, mindestens aber ungeeignet ist. Durchfall, Diabetes und Karies können Folgen der Fehlernährung sein. Daher wird dringend empfohlen, die Futterpläne (behutsam) zugunsten von Gemüsemischungen mit geringem Kohlenhydratgehalt und Gibbonpellets (beispielsweise von DK Zoological) sowie Laubäste oder Laubsilage ad libitum umzustellen. Mindestens 3 Fütterungen täglich, morgens Gibbonpellets und zusätzlich wie auch mittags kohlenhydratarme Gemüsemischung (Artischocke, Cinakohl, Fenchel, Lauch, Mangold, Pak Choi, Paprika, Pastinake, Radiccio, Rettich, Radieschen, Schwarzwurzel, Sellerieknolle, Topinambur, Zucchini) grob zerkleinert. Abends eine etwas kohlenhydrathaltigere Gemüsemischung aus Chicorée, Karotte, gekochter Kartoffel, Kürbis, Meerettich, Salatgurke, Steckrübe, Tomate, Zwiebel. Einmal wöchentlich tierisches Eiweiß in Form von Heuschrecken, Schaben, Grillen oder Mehlwürmern (etwa 50 g) anbieten. Sonstige Fleisch- oder Milchprodukte werden entgegen älterer Praxis nicht benötigt. Gibbons fingen und verzehrten auf Freianlagen Kleinvögel, auf Inseln, in deren Umgebung Wassergeflügel gehalten wurde, erbeuteten sie sogar Enten. Das ist jedoch nicht als Folge einer Mangelerscheinung an tierischem Protein zu verstehen.

Als Belohnungsfutter sind Rosinen und Haferflocken in kleinsten Mengen geeignet. Zur Beschäftigung dienen eine Handvoll Haferflocken, Mangokerne oder die Schalen vom Granatapfel. Im Winterhalbjahr zusätzliche Vitamingaben, besonders Vitamin D_2. Vitamine und Mineralstoffe dürfen wie Medikamente oder andere Pharmaka nur in Rücksprache mit dem Tierarzt über das Futter gegeben werden. Wird die Aufnahme verweigert, entsprechende Präparate mit Honig mischen und auf den Handrücken der Gibbons streichen. Durch das Bedürfnis, sich zu reinigen, nehmen die Affen dann das Gemisch mit der Zunge auf.

Futtermittelhygiene, Futterzubereitung und Futterverabreichung prinzipiell wie bei übrigen Affengruppen. Aber anders als bei den übrigen, in der Wildnis häufig am Boden nach Futter suchenden Arten ist die Verteilung des Futters auf dem Gehegeboden nicht nur hygienisch bedenklich, sondern auch unbiologisch, da diese Baumbewohner im Freiland keine Nahrung am Boden suchen. Wird das Futter auf dem Gehegeboden verteilt, so halten sich die Tiere bis zu 41 % des Tages auf dem Boden auf und nehmen bei Nahrungsaufnahme und Verzehr außerdem eine untypische Körperstellung ein. Ihre charakteristische Körperhaltung während der Nahrungsaufnahme an einem Ast hängend, auf einem Ast sitzend oder stehend zeigen sie dann, wenn den Tieren das Futter an erhöhter Position, am besten unterhalb der oberen Gehegeabgrenzung angeboten wird. Das kann beispielsweise mittels eines an der Gehegedecke angebrachten engmaschigen Netzes geschehen, in das die Futterstücke hineingelegt werden, oder durch mehrere Plattformen, auf denen die Nahrung verteilt wird. Auch auf dem Deckengitter können Futterstücke angeboten werden, deren Durchmesser so bemessen sein sollte, dass sie von den Tieren mit wenig Aufwand durch das Gitter gezogen werden können. Um Aggressivität wegen Futterneids nicht aufkommen zu lassen, mehrere Futterplätze einrichten.

Mehrmals täglich mit kleineren Mengen füttern, um damit den Tagesablauf dem wild lebender Tiere anzugleichen, bei denen die Nahrungsaufnahme mehr oder weniger gleichmäßig auf den Tag verteilt ist. Strittig aber ist, ob die einzelnen Futtersorten unzerkleinert, also als ganze Frucht oder als ganzes Gemüse angeboten werden sollen, weil sich die Tiere dann länger mit der Nahrungsaufnahme beschäftigen. Dem widersprechen Sparsamkeitsprinzipien im ökonomischen Umgang mit Futtermitteln, hygienische Gründe (mehrfaches Anbeißen fallen gelassenen Futters) sowie die Tatsache, dass besonders begehrte Futtermittel nicht breit verteilt, sondern von den stärksten Gruppenmitgliedern schnell erkannt, herausgegriffen und für sich beansprucht werden können (siehe auch Meerkatzenartige). Für sehr junge und jugendliche Gruppenmitglieder muss mindestens ein Teil des Futters zerkleinert werden, soll aber nicht gewürfelt, sondern stäbchen-, stiftförmig oder in blattähnliche Scheiben geschnitten werden.

Vergesellschaftung. In möglichst enger Anlehnung an Gruppenstruktur und soziale Lebensweise in der Wildnis. Gruppengröße sollte daher der durchschnittlichen Mitgliederzahl im natürlichen Verbreitungsgebiet entsprechen. Bei Gibbons und Siamangs lassen sich größere Gruppen nur aus jungen oder halbwüchsigen Tieren zusammenstellen, unter denen aber mit dem Einsetzen der Geschlechtsreife Unverträglichkeiten beginnen, wenn sich 1 Paar gebildet hat. Dessen Männchen versucht alle männlichen Gruppengenossen, dessen Weibchen alle weiblichen Gruppenmitglieder zu vertreiben. Die unter diesen Spannungen leidenden Einzeltiere müssen dann von dem Paar getrennt werden. Aus den Paaren bilden sich im Laufe der Zeit Familien, die bei Gibbons später meist aus dem Paar mit 1 Jungtier und 1 halbwüchsigen Jungen (2–5 Jahre alt) bestehen. Bei Siamangs können Familien bis zu 6 Tiere umfassen, von denen die Hälfte den älteren Nachwuchs des Zuchtpaares bildet. In vielen Fällen können aber auch bei Gibbons die Jungen bis zum Einsetzen der Geschlechtsreife in der Familie verbleiben. Ein weiblicher Weißhandgibbon musste im Alter von 6 Jahren, 4 Monaten, sein männliches Geschwister später mit knapp 6 Jahren von den Eltern getrennt werden. In beiden Fällen waren Stress durch Unterkunftswechsel Auslöser für elterliche Unverträglichkeiten.

In eine etablierte Familiengruppe können zusätzlich keine fremden Tiere integriert werden. Als Jungtiere gemeinsam aufgewachsene Männchen gleicher oder verschiedener Artzugehörigkeit werden mit dem Einsetzen der Geschlechtsreife auch bei Abwesenheit weiblicher Tiere untereinander meist so unverträglich, dass sie getrennt werden müssen. Demgegenüber lebten ohne Anwesenheit eines männlichen Tieres je 1 weiblicher Weißhand- und Silbergibbon über 20 Jahre friedlich zusammen. Vergesellschaftung mit Orang-Utans mehrfach gelungen.

Fortpflanzung und Zucht. Geschlechtsunterscheidung im Allgemeinen leicht, oftmals Färbungsunterschiede. Außerdem bei allen geschlechtsreifen Männchen Hodensack vorhanden und auch sichtbar. Penis mit Penisknochen. Bei Siamangs auffälliges, bis 15 cm langes Fellbüschel um die Penisöffnung, das sich ab 2. Lebensjahr entwickelt. Weibchen mit knochengestützter Klitoris bäuchlings der Vaginalöffnung, erreicht bei Hulocks und Schopfgibbons Größe eines nicht erigierten Penis und täuscht männliches Geschlecht vor. Geschlechtsbestimmung eindeutig nur durch Nachweis der Scheidenöffnung, wobei bei jugendlichen Schopfgibbonweibchen, vielleicht aber auch bei anderen Gibbons, eine feine Hautmembran die Vagina vom Damm bis zum vorderen Teil der Klitoris überdeckt und so die Geschlechtsbestimmung erschwert. 1 Paar brustständige Zitzen.

Zyklusdauer bei Gibbons mit starken Abweichungen, schwankte bei 23 Beobachtungen zwischen 20 und 43 Tagen, betrug in der Mehrzahl der Zyklen 24–34, im Mittel wohl um 28 Tage. Keine Östrusschwellung. Feldforscher beschreiben beim Siamang und beim Weißhandgibbon farbliche Veränderungen der weiblichen Genitalien im Verlauf der Ovulation. Aus Zoobeobachtungen liegen hierfür bisher keine Bestätigungen vor. Dafür wurde bei Schopfgibbons während der Brunst eine leichte Schwellung der Schamlippen beobachtet. Dauer der Menstruationsblutungen 2–3 Tage. Für Siamangs diesbezüglich keine gesicherten Aussagen.

Kopulationen finden sowohl bei Gibbons als auch bei Siamangs ausschließlich in den Bäumen statt und sind daher im Freiland nur schwierig zu beobachten. In Menschenhand schmusen Gibbons vorher miteinander, umarmen sich auch. Weibchen wird vom Männchen rücklings begattet, wobei die Tiere an Klettereinrichtungen oder Ästen hängen und dabei teilweise die Füße auf eine untere Auflage abstützen. Die Tiere paaren sich während des gesamten Zyklus und auch während der Schwangerschaft. Die bei Schopfgibbons beobachtete Brunstschwellung der Schamlippen wiederholt sich auch noch einmal am Ende des 2. bzw. Anfang des 3. Schwangerschaftsmonats. Diese Tatsache sowie die Kopulationsbereitschaft tragender Weibchen erschweren die Trächtigkeitsdiagnose sowie die Ermittlung der Tragzeit. Beides ist aber ziemlich genau zu ermitteln, wenn die bisher regelmäßig erkannten und registrierten Menstruationsblutungen ausbleiben. Gegen Ende der Schwangerschaft erschlaffen die Schamlippen und die Scheide öffnet sich etwas. 3–4 Wochen vor der Geburt treten die Zitzenwarzen kräftigrosa gefärbt und vergrößert aus dem Fell deutlich hervor.

Ermittelte Tragzeiten schwankten bei Gibbons von 199–216 Tagen, im Mittel werden 210 Tage angegeben. Für Siamangs wurden in Zürich bei 3 Geburten Tragzeiten von 194, 199 und 219 Tage, in Milwaukee bei ebenfalls 3 Geburten 230, 231 und 235 Tage ermittelt.

Fortpflanzung an keine Jahreszeit gebunden. Beim Siamang fielen in San Francisco allerdings 7 Würfe in die Zeit von Anfang Januar bis Anfang April, in einen Zeitraum, der der Wurfzeit in der Wildnis entspricht. Geburten von Siamangs in Menschenobhut im Abstand von 10–20 Monaten, bei Gibbons im Abstand von 2 Jahren, im Verbreitungsgebiet meist von 3 Jahren. Nach frühem Jungtierverlust oder Totgeburt infolge rasch einsetzendem Post-partum-Östrus Verkürzung der Geburtsintervalle, z.B. bei Weißhandgibbon auf 266 bzw. 246 Tage, bei Siamang auf 313, 301 bzw. 265 Tage.

Geburt und Aufzucht können in Anwesenheit des Vatertieres und der übrigen Geschwister erfolgen. Sowohl bei Gibbons als auch bei Siamangs führte die vorsorgliche Entfernung eines älteren Geschwistertieres aus der Familie zu schweren Störungen des Aufzuchtgeschehens und zur Nichtannahme bzw. völligen Vernachlässigung des Neugeborenen. Geburtsverlauf und mögliche Komplikationen wie bei Meerkatzenartigen. Mütterliches Verhalten möglicherweise erfahrungsabhängig, teilweise recht verschieden. Nachgeburt wird teils ganz gefressen, teils nur angefressen oder auch nicht beachtet. Manche Mütter nabeln ab, andere nicht. In solchem Fall muss eingegriffen und die Nabelschnur durchtrennt werden. 1 Junges, sehr selten Zwillinge, bei Siamangs etwa 1,1 % aller Geburten.

Geburtsgewicht bei Gibbons zwischen 300 und 450 g, bei Siamangs 390–580 g. Neugeborene sind spärlich behaart, ihre Augen geöffnet. Sie sind sehr kälteempfindlich, werden am wenig behaarten, Körperwärme abgebenden Unterbauch der Mutter getragen, die in Ruhestellung durch das Anwinkeln ihrer Beine das Junge zwischen den Oberschenkeln wie in einer Tasche wärmt. Junge klammern sich vom 1. Tag an mit Händen und Füßen im mütterlichen Fell fest, so dass sie aufgrund dieses Klammerreflexes im Gegensatz zu den Menschenaffenarten nicht zusätzlich gestützt werden müssen. Sie bleiben die ersten Monate am Bauch der Mutter, halten sich auch noch im Alter von 3 Monaten stets mindestens mit 1 Hand an deren Fell fest, greifen dann aber schon nach Gegenständen. Sie lösen sich erstmals mit 3½–4 Monaten von ihr und beginnen, erste feste Kost aufzunehmen. Die Milchgebissentwicklung beginnt in der 2.–3. Lebenswoche mit dem Durchbruch der unteren Schneidezähne, gefolgt von den oberen, und ist mit 6 Monaten mit Ausnahme der letzten Molaren abgeschlossen. In diesem Alter nehmen die Jungen bereits regelmäßig feste Kost und beginnen mit dem zweibeinigen Laufen. Mit etwa 8 Monaten bewegen sie sich mit Ausnahme des vollendeten Schwinghangelns wie Erwachsene und beginnen mit dem älteren Geschwister oder dem Vater zu spielen, wobei das Bewegungsvermögen trainiert und vervollkommnet wird. Bei Gibbons verwenden die Väter mehr Zeit als die Mütter darauf, mit den Jungtieren zu spielen und ihnen das Fell zu pflegen. In der Folgezeit beginnende Lockerung der Bindung zwischen Mutter und Jungtier, das aber über die etwa 20-monatige Säugezeit hinaus bei vermeintlicher Gefahr die mütterliche Fürsorge in Anspruch nimmt. Mit 1¾–2 Jahren löst die Mutter endgültig die Bindung zum Jungen, das aber in der Regel bis zum 6. oder 7. Lebensjahr seine Jugendzeit in der Familie verbringt. 2–4 Monate nach Ende der Säugezeit setzt beim Muttertier der Zyklus wieder ein, doch vergehen meist 4–5 Östren, bevor es zur nächsten Konzeption kommt.

Bei Siamangs zeigen die Jungtiere bereits am 5. Tag nach der Geburt orientierte Kopfbewegungen in Richtung einer Reizquelle. Durchbruch der zentralen unteren Schneidezähne bereits nach 10 Tagen. Vollständige Behaarung im Alter von 2 Wochen. Mit etwa 4 Wochen wird dem älteren Geschwister in der Gruppe erlaubt, das Jungtier anzufassen und ihm das Fell zu pflegen. Mit etwa 2 Monaten erste feste Kost. Mit 12 Wochen bläht sich der Kehlsack beim Gesang der Eltern bereits leicht mit auf. Selbständige Fortbewegung der Jungen mit 15 Wochen, die sich mit 20 Wochen frei an nur 1 Arm hängend ohne Unterstützung festhalten, aber erst mit 10 Monaten biped laufen können. Mit etwa 8 Monaten, wenn die Jungen zum Schwinghangeln übergehen, übernimmt der Vater eine aktive Rolle bei der Aufzucht des Jungtiers, das von jetzt an tagsüber manchmal und ab dem 2. Lebensjahr nur noch vom Vater getragen wird. Der Vater macht den Nachwuchs mit den Nahrungsquellen vertraut, und das Jungtier lernt auf diese Weise von den Eltern unabhängig zu werden. Zur Mutter kehrt es nachts so lange zurück, bis diese ein weiteres Jungtier trägt. Erst ab diesem Zeitpunkt schläft das nun ältere Jungtier auch beim Vater. Anders als in der Wildnis beginnende Aggressivität der Elterntiere gegenüber männlichem Nachwuchs mit 4½, gegenüber weiblichem Nachwuchs mit 5 Jahren. Jungtiere daher bei ersten Anzeichen von beginnender Unverträglichkeit absetzen.

Geschlechtsreife mit etwa 5–7 Jahren, Männchen vielleicht auch erst mit 8–9 Jahren, wenn die Ausbildung des bleibenden Gebisses abgeschlossen ist. Allerdings färbte ein weiblicher Weißwangen-Schopfgibbon in Leipzig bereits mit 4½–5 Jahren um, ein weiblicher Weißhandgibbon hatte in Hongkong mit 4½ Jahren regelmäßiges Zyklusgeschehen und brachte mit knapp 7 Jahren von einem etwa gleichaltrigen Männchen das 1. Junge. Ein männlicher Weißwangen-Schopfgibbon erwies sich in Hannover bereits mit 4 Jahren als geschlechtsreif. In Zürich deckte ein Siamang mit 4½ Jahren erfolgreich. Gibbons sind bis ins hohe Alter fortpflanzungsfähig. In Adelaide züchtete ein Paar Weißhandgibbons noch mit 29 Jahren. Das Weibchen warf mit 10 Jahren erstmals, brachte in den folgenden 19 Jahren weitere 9 Junge, von denen das dritt- und vorletzte nicht aufkamen, während das letzte normal aufwuchs. In Nürnberg brachte ein weiblicher Weißhandgibbon mit 41

Jahren ein gesundes Jungtier und zog es auf. Verschiedengeschlechtliche Gibbons können mit einer anderen Gibbonart vergesellschaftet werden. Dann meist Paarbildung und in deren Folge Mischlingsgeburten, so z.B. Schwarzhandgibbon × Kappengibbon (Washington), Weißhand- × Silbergibbon (Zoo Berlin), Weißhandgibbon × Siamang (Atlanta).

Künstliche Aufzucht wie bei Menschenaffen, aber auch ähnlich wie bei Kapuziner- und Meerkatzenartigen (siehe dort). Bei verschiedenen Arten mehrfach gelungen, so bei Weißhandgibbons in St. Petersburg oder Siamangs in San Diego. Besonders zu beachten ist in den ersten Lebenswochen die Temperaturempfindlichkeit der Jungen. Konstante Umgebungstemperatur von über 30 °C im Inkubator oder durch direkten Hautkontakt garantieren. Milchzusammensetzung bis auf einen einzigen Eiweißwert (0,65 %) eines Silbergibbons ist nicht bekannt. Als Nahrung wurde früher für die ersten 2 Wochen pro Tag 55–65 g Frauenmilch empfohlen, gleichmäßig verteilt auf 8 Mahlzeiten in 24 Stunden. Danach Umstellung auf handelsübliches Säuglingsmilchpräparat, Einführung einer 5- bis 6-stündigen Nachtruhe und Fütterung bis zur Sättigung. Besonders in sonnenarmer Jahreszeit mit beginnender Aufnahme von fester Kost Rachitisprophylaxe.

Bei der heutigen Qualität hochwertiger Säuglingsersatznahrung ist Frauenmilch nicht mehr erforderlich. Außerdem schadet auch neugeborenen Gibbons eine 5- bis 6-stündige Nachtruhe ohne Nahrungsaufnahme schon ab 1. Lebenstag nicht. Nach künstlicher Aufzucht ist die spätere Umstellung auf das Zusammenleben mit Artgenossen ähnlich problematisch wie bei anderen Affen und ist daher grundsätzlich zu hinterfragen. Gelingt eine spätere Sozialisierung mit Artgenossen nicht, sind diese Tiere Zeit ihres Lebens auf sich allein gestellt, was bei sozialen Arten hochproblematisch ist. Erste Kontakte möglichst schon im Säuglingsalter.

Erste Zuchterfolge bei Gibbons 1923 und 1924 im Zoo Rangun. Europäische Erstzucht 1936 in Aarhus. Erst seit Beginn der 60er Jahre des vorigen Jahrhunderts wachsende Geburtenraten bei Weißhandgibbons, Siamangs und Schopfgibbons. Geburten und Aufzuchterfolge bei Gibbons und Siamangs typisches Beispiel für Erfolge neuer Haltungsmethoden aufgrund wissenschaftlicher Erkenntnisse in Pflege und Fütterung sowie Fortschritte auf dem Gebiet der Veterinärmedizin.

Höchstalter in Menschenobhut. Weißhandgibbon bis 60, Müllers Grauer Gibbon 54¾, Silbergibbon über 50, Mentawai-Gibbon über 35½, Kappengibbon 48, Weißbartgibbon 23, Schwarzhandgibbon 43, Hulock 32, Tonkin-Schwarzschopfgibbon fast 31¾, Gelbwangen-Schopfgibbon über 46, Weißwangen-Schopfgibbon fast 35¾, Südlicher Weißwangen-Schopfgibbon über 44, Siamang über 45 Jahre.

Familie Menschenaffen und Menschen (Hominidae)

Die Menschen und ihre Vorfahren werden aufgrund ihrer stammesgeschichtlichen Entwicklung zoologisch zusammen mit den Menschenaffen in die Familie Hominidae gestellt. Diese Familie gliedert sich in 2 Unterfamilien, von denen 1 die Asiatischen Menschenaffen (Ponginae) erfasst. Ihr gehören mit den Orang-Utans nur 3 Arten aus 1 Gattung (*Pongo*) an. Diese asiatischen Menschenaffen lösten sich vor etwa 15 Millionen Jahren als erste von der gemeinsamen Entwicklungslinie. Der anderen Unterfamilie, den Afrikanischen Menschenaffen und Menschen (Homininae), wird neben den beiden Menschenaffengattungen Gorillas (*Gorilla*) und Schimpansen (*Pan*) die Menschengattung *Homo* zugeordnet. Von deren gemeinsamer Stammlinie spaltete sich vor etwa 8 Millionen Jahren zuerst die zur Gattung *Gorilla* führende Tiergruppe ab. Ihr folgte die Gattung *Homo*, deren Vorfahren sich wahrscheinlich vor 6 Millionen Jahren von der zur Gattung *Pan* führenden Entwicklungslinie trennte. Somit sind die Menschenaffen, besonders die Schimpansen, die uns Menschen am nächsten verwandten Tiere. Den Beweis dafür liefert auch die DNA der Gattung

Pan, die zu 98,4 % identisch mit der der Menschengattung *Homo* ist.

Menschenaffen unterscheiden sich von Tieraffen durch eine beträchtlichere Größe und ein höheres Körpergewicht. Sie sind daher mit Ausnahme der Orang-Utans überwiegend Bodenbewohner, die auf Bäumen meist vierfüßig auf Ästen laufen oder klettern. Diese Fortbewegung entspricht der Anatomie ihrer nicht oder nur wenig verlängerten Vordergliedmaßen, deren Hände mit ihren kürzeren Fingern und dem tief ansetzenden Daumen der menschlichen Hand ähneln. Beim Laufen stützen sie sich nicht auf die Handfläche, sondern auf die mittleren Glieder der zur Handfläche hin nach hinten abgewinkelten Finger („Knöchelgang"). Gebiss kräftig, bei Männchen nicht selten große, die übrige Bezahnung überragende Eckzähne, für deren Aufnahme bei geschlossenem Mund Lücken in der gegenüber liegenden Bezahnung vorhanden sind. Zahnformel: 2/2 1/1 2/2 3/3. Lippen sehr beweglich, befähigen zusammen mit der übrigen Gesichtsmuskulatur zu ausdrucksvoller Mimik. Körper gedrungen, Wirbelsäule wie beim Menschen s-förmig gekrümmt, kein Schwanz. Gehirnvolumen in Relation zum Körpergewicht größer als bei Tieraffen, Oberfläche der Großhirnrinde noch stärker vergrößert und damit Sitz für ein hervorragendes Erinnerungs- und Lernvermögen. Volumen und Struktur des Gehirns sind Voraussetzungen für vielseitige geistige Fähigkeiten, welche die Tiere befähigen, Probleme verschiedenster Art durch Denkprozesse zu lösen und mittels ausgeprägter feinmotorischer Steuerung manipulative Handlungen erfolgreich abzuschließen.

Verbreitung. Zentralafrika, Südostasien (Sumatra, Borneo).

3 Menschenaffengattungen, 7 Arten.

Unterfamilie Asiatische Menschenaffen (Ponginae)

Stammesgeschichtlich älteste, vermutlich seit 15 Millionen Jahren existierende Menschenaffen, die ähnlich wie Gibbons fast ausschließlich auf Bäumen leben. Aufgrund der damit verbundenen Formen der Fortbewegung gab es in ihrer Stammesentwicklung keine nennenswerten Anreize für einen Übergang auch zum bipeden Laufen. Infolge ihrer überwiegend einzelgängerischen Lebensweise erhielt ihr Sozial- und Ausdrucksverhalten im Laufe ihrer Entwicklung auch weniger Kommunikationsimpulse als bei den geselligen afrikanischen Arten. Ob bei etwa vergleichbarem Gehirnvolumen und Strukturierung der Großhirnrinde das geistige Leistungsvermögen ein ähnliches Niveau erreicht wie bei ihren afrikanischen Verwandten, ist noch zu wenig erforscht und folglich noch nicht entschieden. Sicher ist lediglich, dass ihre Lernleistungen, ihr Erinnerungsvermögen sowie die Leistungsfähigkeit ihrer Gehirne bei der Planung und Steuerung feinmotorischer Manipulationen mit denen der afrikanischen Arten vergleichbar sind.

1 Gattung, 3 Arten.

Orang-Utans (*Pongo*): Körperbau unterscheidet sich von den anderen Menschenaffenarten durch mehrere Spezialisierungen im Bau des Skeletts und der Muskulatur, z.B. kugelförmiges Schultergelenk, verlängerte Vordergliedmaßen, lange Finger und kurzer, hoch angesetzter Daumen. Spannweite von Handspitze zu Handspitze bei erwachsenen Männchen bis 2,40 m, Vordergliedmaßen länger als Beine, Großzehe weit abspreizbar, Füße sind Greiforgane wie Hände. Stirn- und Augenpartie flach, Schnauze bei erwachsenen Tieren leicht vorspringend, Ohren klein. Fell länger als bei afrikanischen Menschenaffen, Farbe variiert von einem leuchtenden Orangerot bei Jungtieren bis Rot-, Gold- oder Kastanienbraun. Gesicht überwiegend nackt, bei erwachsenen Tieren dunkel pigmentiert, mit Kinn- und Kieferbärten. Stark ausgeprägter Geschlechtsdimorphismus: Männchen doppelt so schwer wie Weibchen, ausgewachsen mit unbehaarten, unterschiedlich stark ausgeprägten Backenwülsten, Kehlsack als Resonanzorgan. 2 morphologische Ausprägungen bei den Männchen: mit stark ausgeprägten Ba-

Abb.19.43 Sumatra-Orang-Utans (*Pongo abelii*) sind Einzelgänger oder leben in Mutterfamilie zusammen. Bei ihnen hält die Mutter-Kind-Beziehung ausgesprochen lange.

ckenwülsten oder ohne Backenwülste und insgesamt eher adulten Weibchen gleichend. Letztere wurden früher als subadulte Männchen interpretiert. Sie sind jedoch voll zeugungsfähig und weisen eine andere Fortpflanzungsstrategie auf. Die Wandlung zu großen Männchen mit Backenwülsten kann in jedem Lebensalter binnen Monaten erfolgen. **Sumatra-Orang-Utan** (*P. abelii*): helleres Fell lang, rot- bis kastanienbraun, Backenwülste der Männchen meist kleiner und flach anliegend. Nordsumatra. – **Borneo-Orang-Utan** (*P. pygmaeus*): Fell dichter und dunkler, kastanien- bis mittelbraun, kräftigere Gestalt, Backenwülste der Männchen breiter, Kehlsack größer, kürzerer Bart. 3 Unterarten, die sich im Schädelbau unterscheiden. Nord- und Nordwestborneo (Sabah und Sarawak, zu Malaysia) und Nordost-, Zentral- und Südborneo (Kalimantan, zu Indonesien), Verbreitungsgebiete nur noch inselartig. – **Tapanuli-Orang-Utan** (*P. tapanuliensis*): 2017 mit Artstatus. Ähnelt in der Fellfarbe dem Sumatra-Orang-Utan, weicht aber in der Schädelform und Fellstruktur davon ab, weitere Unterschiede anatomisch-morphologischer Art und im Genom. Batang-Toru-Waldgebiet im Norden Sumatras.

Gefährdungsstatus. Bestand im Verbreitungsgebiet aller Arten trotz Schutzmaßnahmen vom Aussterben bedroht, besonders außerhalb von Reservaten und Nationalparks. Aber auch hier Bestandsrückgänge. Starke Fragmentierung der Populationen. Sumatra-Orang-Utan gehört mit etwa 14000 Tieren zu den 25 höchstbedrohten Primaten, stärker gefährdet als Borneo-Orang-Utan. Angaben zur Populationsstärke schwanken zwischen 55000 und 104000 Individuen, basierend auf Angaben aus 2008. Hochrechnungen für 2025 gehen von ca. 47000 Individuen auf Borneo aus. Bestand des Tapanuli-Orang-Utans wird auf 800 Tiere geschätzt. EEP für Sumatra-Orang-Utan und Borneo-Orang-Utan in Münster.

Abb. 19.44 Die Backenwülste älterer Männchen des Sumatra-Orang-Utans (*Pongo abelii*) sind kleiner und liegen flacher am Kopf, der Bart ist länger und der Kehlsack kleiner als beim Borneo-Orang.

Lebensweise. Tagtiere. Lebensraum tropische Sumpf- und Überschwemmungswälder des Tieflands (Sumatra-Orang-Utan), tropischer Tieflandregenwald, Überschwemmungs- und Sumpfwälder, auch ältere Sekundärwälder mit Grasland und tropischen Heidegewächsen (Borneo-Orang-Utan) mit jährlich 2 Trocken- und 2 Regenzeiten und erheblichen jährlichen Niederschlägen (Mittelwerte zwischen 3500 mm und 4300 mm), der Tapanuli-Orang-Utan lebt in einem geschlossenen primären Regenwald in 300–1300 m Höhe. Baumbewohner, Fortbewegung meist gemächlich hangelnd, halten sich in der Regel mit 3 Extremitäten an Stamm oder Ästen fest, während die 4. nach einem neuen Halt sucht. Erst wenn dieser Halt gefunden wurde, verändern sie im Geäst ihre Position. Ortsveränderung langsam, vorsichtig. Geschwindigkeit bei Wanderungen durch Baumkronen des Regenwalds im Durchschnitt 0,35 km/h (Schimpansen 3–4 km/h). Voraussetzung für diese Art der Fortbewegung sind intakte Wälder mit geschlossenem Kronendach. Halbwüchsige schwinghangeln gelegentlich gibbonähnlich, aber viel langsamer und ohne Schwungsprünge. Weibchen und Jungtiere vorwiegend in den mittleren Baumetagen des Regenwaldes, meist in einer Höhe von 10-25 m, verlassen Bäume normalerweise nicht, halten sich durchschnittlich nur 3 Minuten am Tag auf dem Erdboden auf. Erwachsene männliche Tiere steigen dagegen zeitweise auf den Waldboden herunter, um hier vierfüßig laufend größere Strecken schneller zu überwinden, stützen dabei die Hände auf den Boden auf und ziehen den Körper mit den Beinen gleichzeitig nach vorne durch die Arme hindurch.

Relativ ortstreu in Streifgebieten, in denen sie pro Tag Strecken zwischen 50 und 1000 m zurücklegen. Größe der Areale bei Weibchen nach neueren Angaben 60–600 ha (durchschnittlich 150 ha), können sich mit denen benachbarter Weibchen überlappen. Streifgebiete männlicher Orang-Utans mit 500–700 ha größer, aber auf längere Sicht oft instabil. Vermutlich überlappen sich auch bei Männchen die Streifgebiete, die ein Einzeltier nicht exklusiv für sich allein beanspruchen kann. So halten sich oft mehrere erwachsene männliche Tiere innerhalb desselben Areals auf. Männchen mit art- und individualspezifischem, über eine Distanz von mehreren Kilometern hörbarem langen Ruf von 1–4 Minuten Dauer (durchschnittlich 2 Minuten), dient vermutlich zur Information weiblicher Tiere über den Standort des Männchens, damit paarungsbereite Weibchen das Männchen aktiv aufsuchen können. Möglicherweise aber auch Signal für andere Männchen über eigenen Aufenthaltsort, um sich aus dem Wege gehen zu können, damit es nicht bei zufälligen Begegnungen zu Kämpfen kommt.

Orang-Utans verbringen lokal verschieden von 11½ Stunden des Tages 46 % (bis 60 %) mit der Nahrungsaufnahme, 11 % (bis 19 %) mit Wanderungen zwischen den Nahrungsquellen und 39 % (oder nur bis 18 %) mit Ruhephasen. Nachtruhe vom Einbruch der Dunkelheit bis morgens 6.30 Uhr kurz vor Sonnenaufgang, meist allein in allabendlich neu aus zusammengedrückten, abgebrochenen Zweigen in 6–24 m Höhe errichteten einfachen Schlafnestern, die bei Regen und kühler Witterung von Mutterfamilien auch mehrere Tage gemeinsam benutzt und nicht mit Abgängen verunreinigt werden.

Erwachsene und halb- oder jungerwachsene Männchen sind fast stets wie jungerwachsene oder erwachsene kinderlose Weibchen Einzelgänger, die nur während der Brunst des Weibchens für 5–22 Tage paarweise leben. Übrige Tiere in Mutterfamilien aus 1 erwachsenen Weibchen mit 1 oder 2 unterschiedlich alten Jungen, denen sich für einen begrenzten Zeitraum halbwüchsige oder jungerwachsene, zumeist weibliche Tiere anschließen können. Bauen dann Schlafnester in Nestnähe des erwachsenen Weibchens. Auch halbwüchsige Tiere beiderlei Geschlechts in temporären Gruppen. Ausnahmsweise wandern auch 2 oder mehr Mutterfamilien für wenige Tage gemeinsam durch den Regenwald. Mit Ausnahme von Mutter-Tochter-Beziehungen keine engeren Bindungen zwischen erwachsenen Weibchen. An gemeinsamen Nahrungsquellen sind gelegentlich mehrere unterschiedlich zusammengesetzte Gruppen zeitlich begrenzt vergesellschaftet. Geschlechtsreife Männchen untereinander intolerant und aggressiv. Bei Kämpfen Bisse in Hände, Kopf und Schultern, vermeiden daher Kontakte untereinander. Halbwüchsige männliche Tiere, die von sich aus die Distanz zu dem älteren Männchen vergrößern und abwandern, werden toleriert.

Die vorwiegend solitäre Lebensweise der Orang-Utans ist untypisch für höhere Primaten, entwicklungsgeschichtlich ist sie in den ökologischen Bedingungen des Lebensraums begründet. Ein nicht überall, sondern nur an bestimmten Plätzen und zu bestimmten Zeiten vorhandenes Nahrungsangebot an Früchten deckt oft zwar den Bedarf eines Einzeltieres, ist aber für

Abb. 19.45 Der Borneo-Orang-Utan (*Pongo pygmaeus*) hat ein dichteres dunkleres Fell als der Sumatra-Orang-Utan. Alte Männchen besitzen breite, tellerförmige Backenwülste und einen großen Kehlsack.

Gruppen nur sehr selten ausreichend. Gemeinsam durch den Urwald wandernde Tiere müssen deshalb im Vergleich zu solitär lebenden Artgenossen täglich größere Strecken mit erhöhter Geschwindigkeit zurücklegen und mehr Zeit für die Nahrungssuche aufwenden. So bleibt weniger Zeit für die eigentliche Nahrungsaufnahme. Da aber Orang-Utans aufgrund ihres hohen Körpergewichts nicht nur auf eine große Nahrungsmenge, sondern auch auf nicht überall vorhandenes, energetisch hochwertiges Futter angewiesen sind, verbringen weibliche Orang-Utans zur Sicherung ihres Tagesfutterbedarfs zwischen 14,9 und 64,2 % ihrer Zeit als Einzelgänger, männliche Tiere zwischen 29,7 und 75,5 %. In der Nähe anderer Orang-Utans halten sich einzelne, ausnahmsweise auch mehrere erwachsene Männchen in 92,8 % der Fälle nur wegen der Anwesenheit eines geschlechtsreifen Weibchens auf.

Nahrung. Vorwiegend Pflanzenfresser, die reife Wildfrüchte bevorzugen. Breites Nahrungsspektrum, im Tanjung-Puting-Nationalpark (Südborneo) 229 Pflanzenarten, 4 Pilzarten und 5 Arten von Insekten, dazu gelegentlich Honig von Wildbienen. Von 169 Pflanzenarten werden vor allem die reifen Früchte gefressen, davon sind 83 % Baumfrüchte von 54 % aller vorhandenen Baumarten. Bei saisonal geringem Fruchtangebot nehmen Orang-Utans Blüten von 13 Pflanzenarten, junge Blätter von 45 Arten, Rinde von 55 Arten, dazu Schösslinge, Lianen, Epiphyten und Baumsäfte zu sich. Vogeleier, Termiten, deren Boden- und Baumnester mit den Händen und dem Gebiss zerstört werden, sowie Ameisen und Raupen werden ganzjährig aufgenommen. Dabei ist auch „Werkzeuggebrauch" zu beobachten. Sehr selten werden Wirbeltiere erbeutet und deren Fleisch gefressen.

Haltung von Orang-Utans

In Tiergärten werden Orang-Utans häufig gehalten. Obwohl früher Sumatra- und Borneo-Orang-Utans als 1 Art angesehen und daraus eine nicht unbedeutende Anzahl von Hybriden existiert, gibt es mittlerweile große arten- bzw. unterartenreine Bestände. Durch koordinierte Zuchtprogramme wird der Hybridenanteil in absehbarer Zeit in den Zoos auslaufen und weiterer Raum für die im Sinne der Artenschutzbemühungen zielgerichtete Zucht entstehen. Mehrheitlich werden Borneo-Orang-Utans gehalten, wobei hier wiederum Unterartenmischlinge vorkommen.

Das Wissen über die Biologie von Orang-Utans ist im Zusammenhang mit Feldstudien und im Ergebnis empirischer Erkenntnisse bei der Pflege dieser Tiere in Menschenobhut in den letzten Jahrzehnten stark gestiegen. Dieses größere Wissen über die artspezifischen Ansprüche erfordert und ermöglicht es, Haltungsbedingungen für Menschenaffen zu schaffen, die langfristig den Aufbau und Erhalt stabiler Populationen gewährleisten. Die in dieser Auflage erfolgte Aufteilung der Menschenaffenarten in eigene Abschnitte soll diesen neuen Erkenntnissen gerecht werden. Für Orang-Utans, wie auch für die übrigen Menschaffenarten, werden neue Haltungskonzepte angestrebt, um den Bedürfnissen nach heutigem Wissenstand besser zu entsprechen und die natürlichen Bedingungen exakter nachbilden zu können. Bauliche Maßnahmen sind extrem kostenintensiv und etwaige Umgewöhnungen von Orang-Utans sowie die Umstellung von sozialen Gruppen sind langwierig. Folglich finden sich heute unterschiedliche Haltungsformen in den Zoos. Für Informationen zur klassischen Orang-Utan-Haltung wird auf die vorhergehende Auflage verwiesen.

Die Haltungskonzepte berücksichtigen neben der körperlichen Gesundheit der Tiere vor allem auch deren psychisches Wohlbefinden, wozu die Pflege in stabilen sozialen Familiengruppen mit natürlichen Sozialstrukturen, ein Angebot an vielfältigen Beschäftigungsmöglichkeiten sowie die Angleichung der Lebensverhältnisse in Menschenobhut an die Lebensbedingungen im natürlichem Lebensraum entscheidend beitragen.

Eingewöhnung. Bei allen Menschaffenarten ähnlich. Heute stammen die Tiere nur noch aus Zoozuchten, daher sind sie grundsätzlich mit der Situation in Zoos und Menschen vertraut. Im Fall von Wildtieren oder anderen unklaren Haltungen ältere Auflagen konsultieren.

Quarantäne und Eingewöhnung nach den gleichen Prinzipien wie für übrige Primaten, d.h. mindestens Kotproben für bakteriologische Untersuchungen sofort nach Ankunft, bei Fellschäden eventuell auch Hautabstriche oder Haaruntersuchungen auf Hautparasiten oder Hautpilzerkrankungen. Ein enger Austausch mit vorheriger Institution, insbesondere zwischen den direkt mit der Pflege betrauten Personen ist essentiell, individuelle Charaktereigenschaften berücksichtigen. Das Pflegepersonal muss völlig gesund sein (auch das private Umfeld), da Menschenaffen äußerst empfänglich für humanpathogene Keime sind. Alle Anweisungen zur Betreuung der Tiere konsequent befolgen, besonders auf absolute Sauberkeit und Hygiene achten. Auch unwichtig erscheinende Details des Verhaltens und besonders Verhaltensänderungen, Art und Menge der Nahrungsaufnahme, Beschaffenheit und Häufigkeit von Harn- und Kotabsatz mit genauer Zeitangabe protokollieren. Bei Beginn der Eingewöhnung möglichst vollständig von anderen Tieren trennen. Zugang nur von einem kleinem, festgelegten Personenkreis mit viel Erfahrung im Umgang mit Orang-Utans. Erst wenn das Tier ruhig und entspannt wirkt, erste visuelle Kontakte mit Artgenossen anbieten. Danach Zugang zu den üblichen Aufenthaltsbereichen gewähren. Je nach Geschlecht und Gruppenstruktur gibt es unterschiedliche Methoden der Zusammenführung (siehe Vergesellschaftung).

Unterkunft. Bei Gruppenhaltung Gehegekomplex aus mindestens 4 oder mehr vollwertigen Einheiten, die miteinander verbunden sind, bei nichtzüchtenden Kleinstgruppen entsprechend kleiner. Die Fläche ist nur ein Aspekt der Qualität eines Geheges. Das deutsche Säugetiergutachten gibt eine Mindestfläche für Außengehege von 120 m^2 für bis 4 ausgewachsene Tiere und eine Mindesthöhe von 6 m an. Für die gleiche Gruppe 160 m^2 im Innenbereich. Der europäische Zooverband gibt keine konkrete Fläche vor, verweist jedoch auf Positivbeispiel die teils mehrere 1000 m^2 anbieten, verteilt auf mehrere Außen- und Innenbereiche. Hervorzuheben ist die Wichtigkeit der Höhe des Geheges, was dem natürlichen Fortbewegungsverhalten der Orang-Utans entgegenkommen soll. Durch die sich ergebenden Etagenstrukturen vervielfacht sich der Aktionsraum der Tiere. In den letzten Jahren hat sich die Tendenz durchgesetzt, große Gehege zu bauen, und die Vorteile werden nun in Bezug auf die Flexibilität der Haltung und den Zuchterfolg deutlich. Jede Einheit erfüllt Anforderung eines vollständigen Geheges mit Nachtquartier, Innen- und Außenbereich. Das ermöglicht zahlreiche Abtrennmöglichkeiten und Wahlmöglichkeiten gemäß dem „Fission-Fusion-Konzept“. Innenanlagen erfüllen mehrere Funktionen, daher sinnvollerweise Einheiten mit speziellen Anforderungen definieren (Eingewöhnung, Quarantäne) und entsprechend ausstatten. Kernfunktion ist die Unterbringung der Gruppe oder von Einzeltieren, wenn Außenanlagen wegen ungeeigneter Witterung und Baumaßnahmen nicht genutzt werden können. Ansonsten sollte stets die Wahlmöglichkeit zwischen der Nutzung der Innen- und der Außenanlagen bestehen. Empfohlen werden zwei direkte Zugänge von den Innenbereichen zu den Außenbereichen, ohne dass Tunnel erforderlich sind. Sind Tunnel notwendig, sollten sie mindestens 1 m breit und 1 m hoch, mindestens einseitig mit Gitter (oder Glasboden, wenn oberhalb der Besucher entlangführend) versehen, nicht länger als 5 m und für die Reinigung zugänglich sein, möglichst mit Tageslicht, mindestens aber gut beleuchtet. Die Innenbereiche werden bei harmonischen Gruppen oder auch von Einzeltieren nachts und tagsüber genutzt. Die Abtrennung von Tieren über Nacht ist nur im Einzelfall erforderlich oder sinnvoll (soziale Instabilität, Eingewöhnungsphase). Vielmehr sollten stets adäquate Ausweichmöglichkeiten zur Verfügung stehen und im sozialen Verband belassen werden. Neben klassischen Einrichtungsstrukturen in allen Bereichen Möglichkeiten für medizinisches und Beschäftigungstraining vorhalten. Einheiten mit jeweils 2 Zugängen zueinander, idealerweise so angeordnet, dass ein Rundlauf möglich ist. Dies verhindert, dass ein einzelnes Tier den Durchgang zwischen 2 Räumen blockiert oder ein anderes in eine Sackgasse jagen kann. Alle Einheiten sollten so angeordnet und miteinander verbunden sein, dass es jederzeit möglich ist, Orang-Utans zwischen 2 beliebigen Räumen hin- und herzubewegen, ohne die Nutzung der anderen Räume einzuschränken.

Einheiten für Quarantäne oder Separation: Neben akut medizinischen Gründen kann es erforderlich sein, Einzeltiere zu separieren oder für Transportvorbereitungen unter Quarantäne zu stellen, also mindestens eine physische Trennung von der Gruppe herbeizuführen. Für das psychische Wohlbefinden ist das Aufrechterhalten des visuellen und akustischen Kontakts äußerst wichtig. Das gilt es stets bei der Entscheidung zwischen einer vollständigen, wie sie für eine klinischen Quarantäne zwingend ist, und einer physischen Trennung zu berücksichtigen. Diese Einheit ermöglicht es, den Kontakt zur Gruppe zu halten (Kontaktgitter, Sichtachsen). Gleichzeitig sollte es möglich sein, den Sicht-, Geruchs- und Hörkontakt zwischen den Bewohnern des Separationsbereichs und denen des Haupthaltungsbereichs auf ein Minimum zu reduzieren, um den möglichen Stress durch die Anwesenheit eines Konkurrenten in der Nähe zu vermeiden. Der Bereich muss für eine Unterbringung über mehrere Wochen oder darüber hinaus geeignet sein, daher alle strukturellen und qualitativen Eigenschaften schaffen. Neben den Haupteinheiten sind kleinere, nicht öffentliche Bereiche für medizinische Versorgung, Tierkontrolle und Training erforderlich.

Wie alle festverbauten Materialien sollten auch Wände und Decken nicht saugfähig und leicht zu reinigen und zu desinfizieren sein. Die Decken sollten entweder für die Bewohner unerreichbar sein oder zumindest die gleichen Eigenschaften in Bezug auf Festigkeit, Feuchtigkeitsbeständigkeit und Waschbarkeit aufweisen wie die Wände. Eine zu bekletternde Maschendrahtdecke erweitert den Aktionsradius und bietet Möglichkeiten für die Fütterung von oben und den Wechsel von herabhängendem Beschäftigungsmaterial. Fenster erweitern die visuelle Umgebung des Orang-Utans erheblich durch Aussicht auf benachbarte Tiere, Pfleger, die Öffentlichkeit und die Umgebung, was sich stressreduzierend auswirkt.

Die Begrenzungen von Außenanlagen können vielfältig gestaltet sein. Aus gestalterischen Gründen kommen häufig Wassergräben zum Einsatz. Hier ist ein erhöhtes Risiko zu berücksichtigen, denn es kann trotz vielfältiger Vorkehrungen zu Unfällen und Todesfällen durch Ertrinken kommen. Wassergräben sollten mindestens 6m breit, besser noch breiter sein. Die Interaktion zwischen Besuchern und Orang-Utans ist häufig ursächlich für die Motivation eines Tieres, sich ins Wasser zu begeben. Größere Breiten reduzieren dieses Risiko und ermöglichen sanft abfallende Uferbereiche. Das gewährleistet überall Ausstiegsmöglichkeiten. Das Gefälle sollte nicht mehr als 25 cm/m betragen, Stufen ins Wasser sind gänzlich zu vermeiden, um ein Fallen ins Wasser zu verhindern. Bepflanzte Bereiche von einigen Metern Breite vergrößern den Abstand zwischen Besuchern und Orang-Utans zusätzlich und verringern die Interaktion weiter. Der Graben sollte Besucherseitig eine Mindesttiefe von 1,5 m erreichen. Brücken, die über Gräben führen, um etwa die Innenanlagen zu erreichen, können gefährlich werden, wenn sich Tiere vor verschlossener Türe drängen. U-förmige Trockengräben sind ungeeignet, da die Tiere hier abstürzen könnten. Solche Steilwände mit Netzen und Seilen bestücken, damit die Tiere wieder eigenständig herausklettern können. Besser geeignet sind Gräben mit tierseitig abfallendem Gelände, unter 45° Neigung, und senkrechter Wand auf der Besucherseite mit 4m Mindesthöhe. Auf diese Weise vergrößert sich der Aktionsraum der Tiere. Allerdings sind sie bei Aufenthalt im Graben für Besucher schlecht zu sehen. Die Wände müssen glatt sein und dürfen keine Ansatzpunkte zum Festhalten bieten. Türen und Fensterbänke, Scharniere und Schrauben sowie Muttern können kritische Punkte sein und eine Kletterhilfen bieten. Keine spitzen Winkel und nah gegenüberliegende Wände vermeiden, da solche Strukturen wie in einem Kamin erklettert werden können. Mauern benötigen wenig Platz und sind günstiger zu bauen als Gräben und Glaswände. Der Abstand von Kletterstrukturen zu den Wänden sollte mindestens 4 m betragen (einschließlich der Äste lebender Bäume), um ein Herausspringen zu verhindern. Kleine Haltungsbereiche daher besser mit Maschendraht nach oben verschließen. Orang-Utans nutzen Äste und ähnliches Material, um Ausstiegshilfen anzufertigen (durch Anlehnen an Wände). Daher darauf achten, dass lose, starke und lange Äste nicht im Gehege verfügbar sind. Vollständig geschlossene Wände stellen für Menschenaffen eine Stressbelastung dar, da sie zwar Geräusche wahrnehmen, nicht jedoch deren Ursache erkennen können. Daher ist es empfehlenswert, mehrere Fenster in die Wand zu integrieren. Ein weiterer Nachteil einer vollständig geschlossenen Wand besteht darin, dass der Wind das Gehege nicht abkühlen kann, wenn die Temperaturen sehr hoch sind. Glas wird ebenfalls häufig als Gehegeabgrenzung genutzt, da es nahe und visuell uneingeschränkte Kontakte ermöglicht. Zudem bietet es einen Schutz der Besucher vor Schmutz und Gegenständen, die die Affen werfen könnten. Genauso werden die Besucher davon abgehalten, Lebensmittel oder andere Materialien in das Gehege zu werfen. Auch die Übertragung von Infektionen zwischen den Tieren und den Besuchern lässt sich so verhindern. Die Interaktion mit den Besuchern kann das intraspezifische Verhalten einiger Individuen beeinträchtigen. Dieser Effekt kann durch die Anpflanzung eines Vegetationsgürtels zwischen den Besuchern und der Glaswand verringert werden. Glaswände sollten eine Mindesthöhe von 4 m haben. Bei der Planung sollte auch eine Austauschmöglichkeit berücksichtigt werden. Grundsätzlich muss bei der Verwendung von Glas das Zerstörungspotential der Orang-Utans bedacht werden. Sie verwenden Steine, Bolzen oder andere harte Gegenstände, um die Scheiben zu zerbrechen oder zu zerkratzen. Die tägliche Kontrolle des Geheges und die Entfernung solcher Gegenstände muss zur Routine der Tierpflege gehören. Es ist sinnvoll, die Tiere darauf zu trainieren, diese Gegenstände gegen Belohnung zu übergeben. Scheiben und Rahmen sollten nahtlos und bündig mit den umgebenden verbunden sein, selbst kleine Muttern und Schrauben, die aus der Oberfläche herausragen, sollten vermieden werden, da sie zum Erklimmen der Barriere verwendet werden können. Orang-Utans sind in der Lage, Schrauben und Muttern zu lösen, die normalerweise nur mit Hilfe von Werkzeugen abgeschraubt werden können.

Die Stärke der Glasscheiben variiert je nach Größe. Eine durchschnittliche Dicke von 42 mm bei gehärtetem Verbundglas für nicht selbsttragende Scheiben im Fensterformat scheint zuverlässig zu sein. Ein Bruch bleibt auf eine einzige Schicht beschränkt, die Verbindungsfolie hält das Glas. Glasscheiben können mit elektrischen Drähten kombiniert werden, die über der Oberseite der Scheiben verlaufen. Bei Zäunen in Abhängigkeit des Materials mögliche Verformung durch regelmäßiges Schlagen auf den Zaun mit dem vollen Gewicht eines erwachsenen Mannes berücksichtigen. Die Art des Zaunmaterials kann variieren. Die marktüblichen geschweißten Stahlzäune mit einer Masche von etwa 50 x 50 mm und einer Stärke von 6–10 mm sind nicht sehr widerstandsfähig. Schweißnähte können bei starken Schlägen brechen, insbesondere wenn sie großflächig eingesetzt werden. Parallel geführte massive Stahlstäbe mit einem Durchmesser von 15–16 mm in einem Abstand von 4–7 m sollten ausreichend sein, wenn sie mit dem erforderlichen schweren Rahmen versehen sind. Allerdings können Orang-Utans Stöcke durch den Zaun stecken und dann damit auf und ab schwingen, was für die Tierpfleger gefährlich ist. Ein Wellengitter mit einer Maschenweite von 5 x 5 cm bei einer Stärke von 6mm ist sehr gut geeignet, bestenfalls direkt im Rahmen eingeschweißt. Alternativ kann es zwischen Stahlprofilen verschraubt und verschweißt sein, allerdings besteht auch hier die Gefahr des Herausbiegens. Zudem entsteht ein Spalt zwischen den Profilen, der schnell verdreckt und schwer sauber zu halten ist. Edelstahlseilnetze sind sehr geeignet, jedoch auch preislich sehr anspruchsvoll. Die Maschenweite sollte je nach Verwendungsbereich 40–80 mm bei einer Seilstärke von 3 mm haben. Stahlseilnetze sind in 2 Ausführungen erhältlich. Entweder mit verwobenen oder geklemmten Maschen. Üblicher Maschendraht wird nicht empfohlen, da er für die manipulativen Fähigkeiten der Orang-Utans anfällig ist. Er kann jedoch durch Elektrozäune geschützt in etwas distanzierten Bereichen kostensenkend Verwendung finden.

Sind Maschenzäune nicht durch Elektrozäune geschützt, können sie gezielt als zusätzliche kletterbare Strukturen von Menschenaffen angeboten werden. Bei nach oben offenen Anlagen, müssen Zäune im oberen Bereich mit einer nicht kletterbaren Struktur abgegrenzt werden.

Hier kommen vor allem glatte Platten infrage, die nicht von ausgewachsenen Tieren übergriffen werden können. Diese können auch in halbrunder Ausführung als Überhang konstruiert sein. Entscheidend ist dabei das Fehlen von Haltepunkten.

Unabhängig von der Ausführung der Umfriedungen muss ein Mindestabstand von 4 m für alle Kletterstrukturen, Einrichtungsgegenstände, Bäume o.Ä. eingehalten werden.

Elektrozäune sind als Primärbarriere ungeeignet, können aber zur Abgrenzung von Vegetationsbereichen oder auf Oberkanten von Mauern und Zäunen gut eingesetzt werden. Einige Orang-Utans haben Methoden entwickelt, um Stromzäune, Stromgräser oder Stromlianen zu zerstören, sie mit Stöcken und anderen Materialien außer Funktion zu setzen oder zu überbrücken. Dieses erlernte Wissen wird auch an die übrige Gruppe weitergegeben.

Die manuellen Fähigkeiten von Orang-Utans können nicht genug herausgestellt werden und stellen gepaart mit der artspezifischen Kraft besondere Anforderungen an die baulichen Ausführungen, aber auch an Mitarbeitersicherheit. Türen sind möglichst in unterschiedlichen Höhen zu sichern und entsprechend robust auszuführen. Seile für Schieber, Kabel für Elektroinstallationen und sonstige Leitungen müssen außerhalb der Gehege und deutlich außerhalb der Reichweite der Tiere verlaufen.

Eine den kognitiven Fähigkeiten und der Bewegungsform entsprechende Gestaltung von Außen- und Innengehegen ist die Grundvoraussetzung für die Gesundheit und das Wohlbefinden der Menschenaffen. Außenanlagen sollten sonnige wie auch schattige Bereiche aufweisen. Zugängliche Altbäume und ähnliche künstliche Kletterstrukturen ermöglichen das natürliche Bewegungsverhalten. Sträucher, Büsche und Felsen bieten Rückzugsbereiche und einen Sichtschutz vor Artgenossen sowie Besuchern. Wie bei allen herbivoren Tieren sind Giftpflanzen regelmäßig aus den Gehegen zu entfernen. Als Bodensubstrat sollten unbedingt nur natürliche Substrate verwendet werden, von denen alle uneingeschränkt nutzbar sind. Eine Variation an unterschiedlichen Substraten wirkt sich sehr bereichernd auf das Aktivitätsmuster der Tiere aus. Holzwolle und ähnliche Materialien werden zudem gerne zum Nestbau und Spielen verwendet. Auch Wasserfälle und flache Teiche wirken sich positiv aus und sind gleichzeitig aus Besuchersicht attraktive Gestaltungselemente. Eine Wassertiefe von unter 50 cm kann als sicher angenommen werden. Um Reinigungsarbeiten in den Innenanlagen zu erleichtern, sollten Böden aus Beton oder Epoxidharz bestehen, mit einem Gefälle von 2–5 %. Abflüsse und Rinnen außerhalb des Geheges anlegen. Eine tiefe Einstreu aus Rinde schafft eine bequeme Bodenfläche für die Bewohner, trägt zur Erhöhung und Stabilisierung des Feuchtigkeitsniveaus im Gehege bei und bietet in Verbindung mit dem eingestreuten Futter eine Bereicherung. Außerdem verbessert sie die Luftqualität, indem schlechte Gerüche gebunden werden. Zufahrten für Maschinen berücksichtigen, da das Substrat, wenn auch nur gelegentlich, ausgetauscht werden muss. Einige Zoos verwenden Erde als Substrat in ihren Orang-Utan-Gehegen. Beispiele sind der Zoo Leipzig, der Zoo Frankfurt und der Zoo Chester. Orang-Utans sind baumlebende Tiere, deshalb sind Bäume oder adäquate, hohe und vielgestaltige Kletterstrukturen elementar. Auf unterschiedliche Durchmesser achten, um allen Altersgruppen gerecht zu werden. Höhe und Komplexität der Kletterstrukturen, die sowohl aus vertikalen als auch aus horizontalen Elementen bestehen, sind sehr wichtig. Je höher, desto komplexer kann die Struktur sein. Orang-Utans nutzen verschiedene Arten der Fortbewegung in den Baumkronen, die Kletterstruktur sollte dies ausreichend ermöglichen. Sie gehen vierfüßig über starke Äste, bewegen sich zweibeinig über dünnere Äste, hängen an Ästen, die dünn genug sind, um sie mit den Händen zu umgreifen, und schwingen auf flexiblen Ästen von einem Ort im Kronendach zu einem anderen. Fiber- oder Carbonfaserstangen wurden erfolgreich eingesetzt, um dieses Schwingen zu erleichtern. Die Reichweite kann angrenzende Kletterstrukturen oder durch an den Stangen befestigte Seile, Feuerwehrschläuche oder Gurtbänder eingeschränkt werden. Kletterstrukturen können aus Holzstangen, Baumstämmen, Seilen, Netzen und verbundenen Plattformen bestehen. Nestplätze in unterschiedlichen Höhen werden gerne angenommen. Dazu können Holzplattformen, Stahlrahmen, Hängematten aus Feuerwehrschläuchen, Gurtbänder oder ein dichtes Seilnetz dienen. Interindividuelle Abstände zwischen den Nistplätzen und die Auswahl der Nistplätze sind für alle Menschenaffen wichtig. Es sollten mehr Nistplätze als Individuen im Gehege vorhanden und einige der Nistplätze groß genug für gemeinsame Nester sein. Unterstände und Verstecke sind wichtig, um sich vor starkem Regen, Unwetter oder praller Sonne zu schützen. Verstecke bieten Privatsphäre vor anderen Individuen und vor der Öffentlichkeit. Diese sollten so anlegt werden, dass sie nicht nur von hochrangigen Tieren in Beschlag genommen werden können. Die Unterschlupfe sollten auf verschiedenen Höhen angebracht werden.

Bei Innenanlagen auf eine großzügige Ausleuchtung mit natürlichem Tageslicht achten. Künstliches Tageslicht dient der Verlängerung der Tageslänge in den Wintermonaten und sollte so die natürlichen Tag-Nacht-Zyklen berücksichtigen. Fenster, Oberlichter und Leuchtkörper schützen. In ihrem natürlichen Lebensraum sind Orang-Utans immer mit räumlichen Schwankungen der Lichtverhältnisse konfrontiert. Eine Auswahl zwischen verschiedenen Lichtstärken (durchschnittlich ca. 300 Lux oder mehr, zwischen 80 (schattige Plätze) und 500 Lux in Bodennähe) kann von Vorteil sein. Gegebenenfalls zusätzliche Beleuchtung als Arbeitslicht berücksichtigen, auch in Bereichen, die für die Orang-Utans normalerweise schattig gehalten werden. Die Farbe der Beleuchtung hat eine psychologische Wirkung auf die Orang-Utans. Eine Farbtemperatur von 5000–6000 K ist der Farbtemperatur des Sonnenlichts am ähnlichsten. Bei Leuchtstoffröhren wird Nr. 83 empfohlen. Die Lichtstärke sollte allmählich eingeschaltet und auch allmählich wieder gedimmt werden. Eine schwache Beleuchtung (max. 5 Lux auf dem Boden, Mondlicht) während der Nacht kann der Orientierung dienlich sein. Neben der Tatsache, dass die Orang-Utans in dieser Zeit etwas sehen können, ermöglicht dies auch eine visuelle Kontrolle der Anlage und ihrer Bewohner, ohne sie durch das Einschalten der Hauptbeleuchtung zu stören. Bei einer Kombination aus Tageslicht und künstlicher Beleuchtung sollte die Tageslichtdauer ganzjährig mindestens 10 Stunden betragen (die Tageslichtdauer hat im Allgemeinen hormonelle Auswirkungen auf die Laktation, den Zyklus usw.). Wenn die klimatischen Bedingungen nur einen sehr eingeschränkten Zugang zu den Außenbereichen zulassen, kann eine unzureichende UV-Exposition zu einem Mangel an Vitamin D_3 führen. Dies kann notfalls durch die Fütterung von Vitaminpräparaten ausgeglichen werden. Da Vitamin D_3 jedoch nicht durch die Laktation von der Mutter auf den Säugling übertragen wird, kann es dennoch in der Entwicklung des Kindes zu einem Mangel kommen. Die Exposition gegenüber UV-Licht ist für eine gute Gesundheit sehr wichtig, hat jedoch auch Nachteile. Die richtige Dosis zu verabreichen und gleichzeitig eine Überbelichtung mit ernsthaften Gesundheitsrisiken zu vermeiden, gestaltet sich aufgrund der Gehegefläche und Mobilität der Tiere als sehr schwierig. Der Aufenthalt im Außenbereich unter natürlichem Sonnenlicht hat aus diesem Grund immer Vorrang, auch wenn es nur für kurze Zeit am Tag ist. Materialien für Dachfenster in Betracht ziehen, die eine gute UV-Durchlässigkeit aufweisen. Alle Leuchten müssen gut geschützt sein, damit bei Bruch nicht Teile auf den Boden des Geheges fallen.

Im Innenbereich sollten in der Regel im gesamten Haltungsbereich 30 °C nicht überschritten werden. Die Berücksichtigung von unterschiedlich temperierten Bereichen bietet eine zusätzliche Wahlmöglichkeit. In der kalten Jahreszeit sollte eine Durchschnittstemperatur von 18–20 °C nicht unterschritten werden. Im Herbst und im Frühjahr, wenn die Außentemperatur gerade noch den freien Zugang zum Außenbereich erlaubt (mindestens 10 °C bei Regen und Bewölkung, mindestens 5–6 °C bei Sonnenschein und Windstille), kann die Innentemperatur ein paar Grad niedriger als normal gehalten werden, um den Temperaturunterschied zwischen Innen- und Außenbereich zu verringern. Bei regnerischen, windigen, bewölkten Tagen und Temperaturen unter 13 °C sollten sich Orang-Utans nicht über einen längeren Zeitraum im Freien aufhalten, dann Zugang zu den Innenbereichen anbieten. Die relative Luftfeuchtigkeit kann bei den empfohlenen Temperaturen in der kalten Jahreszeit zwischen 50 und 80 % liegen. Mit Sprinkleranlagen lassen sich die tiefe Einstreu feucht halten und die Luftfeuchtigkeit erhöhen. Eine ausreichende Belüftung der Innenräume ist wichtig, um die Temperatur im Sommer zu regulieren, einen adäquaten Luftaustausch herbeizuführen und das Risiko von Virusinfektionen und Atemwegserkrankungen zu verringern. Zugluft, Lärm und Reduktion der Luftfeuchtigkeit sind nachteilige Folgen der Belüftung, was bereits bei der Planung zu berücksichtigen ist.

Umgang. Aufgrund der großen Kraft von Orang-Utans ist der direkte Körperkontakt möglichst zu vermeiden und auf ausreichende Distanz zum Tier zu achten. Spätestens ab dem Alter von 3 Jahren sind sie körperlich dem Menschen überlegen. Menschenaffen lernen schnell, den Tierarzt und das Narkosegerät mit der unangenehmen Erfahrung der Narkose bzw. Behandlung zu verbinden. Seitdem die operante Konditionierung in Zoos Anwendung findet, erhält man durch ein Training für die Injektion von Hand eine viel stressfreiere Methode, die zu einer reibungsloseren Einleitung und Erholung aus der Narkose führt. Beim Einsatz von Blasrohren darauf achten, dass im Raum keine Materialien, die als Schutzschild verwendet werden können, vorhanden sind. Unabhängig von der Methode muss sichergestellt werden, dass der Orang-Utan nach der Betäubung nicht klettern und möglicherweise fallen kann, daher Böden für etwaige Stürze polstern. Ein betäubter Orang-Utan kann in einer Hängematte, Tragetüchern o.Ä. getragen werden.

Die eigene Hand auf keinen Fall in die Hand eines betäubten Orang-Utans legen, auch nicht zum Anheben, da Reflexe die Finger zum Zugreifen bringen können. Besser an Handgelenken, Unterarmen oder unter den Achseln fassen.

Die Transportkiste für einen erwachsenen männlichen Orang-Utan hat die Maße 120 cm x 100 cm x 160 cm (L x B x H). Achtung, auch im leeren Zustand hat sie bereits ein hohes Gewicht, daher Möglichkeiten zum Heben mit Wagenhebern und Gabelstaplern vorhalten.

Einem Orang-Utan beizubringen, eigenständig in eine Transportkiste zu steigen, ist die stressfreieste Methode der Unterbringung. Hierfür die Transportkiste gut befestigt an einer Tür eines separaten Raums anbringen und das Tier darauf konditionieren, Futter aus der Kiste zu holen bzw. andere Trainingsübungen darin durchzuführen. Sobald sich der Orang-Utan vollständig an die Kiste gewöhnt hat, kann das Schließen der Kiste geübt werden. Wird der Orang-Utan unruhig, umgehend die Kiste wieder öffnen. Dies fördert die Bereitschaft zur Wiederholung. Die Trainingseinheiten sollten kurz gehalten werden, um Stress aufgrund der Trennung von der sozialen Gruppe zu vermeiden. Mit dem Training sollte lange vor dem geplanten Transporttermin begonnen werden.

Fütterung. Wie alle Menschenaffen sind Orang-Utans bei der Wahl der Nahrung wählerisch und zeigen – ähnlich dem Menschen – eine Präferenz für hochkalorische und zuckerhaltig Lebensmittel. Wird eine Mischung aus verschiedenen Nahrungsmitteln angeboten, wird das Bevorzugte zuerst verzehrt, was als ein Verschmähen der übrigen Lebensmittel gedeutet werden kann. Orang-Utans testen die Geduld der Tierpfleger aus. Schließlich geben sie auf, fressen das ihnen angebotene Futter und suchen sich neue gesündere Lieblingsspeisen. Orang-Utans ernähren sich vorwiegend pflanzlich und nehmen im natürlichen Lebensraum vorzugsweise Früchte zu sich, wenn diese gerade Saison haben. Dawischen essen sie Blätter, Wurzeln, Rinde, Knollen und andere Pflanzenteile in größeren Mengen. Diese Ernährungsweise lässt sich in menschlicher Haltung nur schwer reproduzieren und Fettleibigkeit, Diabetes sowie Herz-Kreislauf-Erkrankungen sind in Zoos bekannte Risiken. Aus diesem Grund ist ein genaues Augenmerk auf die Ernährung zu richten. Eine frühe Gewöhnung an ein breites Nahrungsspektrum ist zudem wichtig, um bei einem Wechsel in andere Institutionen eine Eingewöhnung zu erleichtern.

Bei der Ableitung des Fressverhalten in der Wildnis für die Versorgung in Zoos ist größte Vorsicht geboten. Wild lebende Orang-Utans stehen unter völlig anderen Herausforderungen und haben einen deutlichen höheren Energiebedarf. Dem gegenüber besteht keine gesicherte Versorgung mit Nahrungsmitteln, zudem schwankt sie zwischen Überangebot (während der Fruchtzeit, Aufbau von Gewichtsspeichern) und Knappheit. In Zoos orientiert man sich eher an einem Überangebot, mit den oben genannten negativen Folgen. Ein geringer Obstanteil oder der gänzliche Verzicht bei sehr inaktiven Tieren sowie die Erhöhung faserhaltiger, weniger kalorienreicher Futtermittel verbessern nachweislich den allgemeinen Gesundheitszustand von Affen und erhöhen das Sättigungsgefühl. Dies kann durch die Verwendung von Primaten-Browser-Pellets mit geringem Stärkegehalt, den Ersatz von Obst durch Gemüse und die Erhöhung des Angebots an Luzerne oder Silage erreicht werden. Bei der Auswahl eines handelsüblichen Futters auf einen hohen Gehalt an pflanzlichen Ballaststoffen und niedrigen Fettgehalt (<7 % Gesamtfett) achten. Pellets lediglich zur Versorgung mit essentiellen Nährstoffen und nicht als Energielieferant einsetzen.

Der Hauptteil der Ernährung sollte aus Gemüse bestehen. Um Beschaffungskosten zu reduzieren und Abwechslung zu schaffen, lässt sich das Gemüse in 3 Gruppen einteilen und innerhalb der Gruppe austauschbar einsetzen. Dadurch lässt sich auch wählerisches Fressen reduzieren und gleichzeitig das Interesse der Tiere ganzjährig aufrechterhalten. Gruppe A: Kohl, Chicorée, Grünkohl, Kopfsalat, Frühlingsgemüse, Spinat, Mangold, Kohlrabi, Spargel, Rosenkohl; Gruppe B: Brokkoli, Blumenkohl, Sellerie, Mais, Gurke, Fenchel, Lauch, Pilze, Okraschoten, Erbse, Zwiebel, Paprika, Radieschen, Tomate, grüne Bohnen, dicke Bohnen, Artischocke; Gruppe C: Kohlrübe, Kürbis, Zucchini, Süßkartoffel, Steckrübe, Rote Bete, Topinambur, Möhre, Knollensellerie, Pastinake, Kohlrabi, Aubergine, Kartoffel. Laub und Grünfutter gehören zu den besten Nahrungsmitteln für Orang-Utans, sie liefern Mineralien, Vitamine und Ballaststoffe und sorgen für viel Beschäftigung.

Wenn Grünfutter verfügbar ist, sollte es anderen Nahrungsmitteln vorgezogen und ad libitum angeboten werden. Früchte, Fleisch und Milch vermeiden. Die Zusammensetzung von Wildfrüchten unterscheidet sich erheblich von kultivierten Früchten. Der Gehalt an löslichem Zucker ist in kultiviertem Obst erheblich höher als in Wildfrüchten, der Gehalt an Protein- und Ballaststoffen deutlich geringer. Die Zucker-, Eiweiß- und Ballaststoffgehalte von Wildfrüchten sind in etwa vergleichbar mit dem Gehalt in unseren Kulturgemüsesorten. Nur für Gruppen, die sehr aktiv sind und Probleme mit der Gewichtszunahme haben, werden einige Früchte empfohlen. In allen anderen Fällen ist Obst unnötig, bisweilen sogar schädlich.

Orang-Utans decken ihren relativ geringen Eiweißbedarf größtenteils aus Blättern und Sprossen und benötigen keine tierischen Produkte (Huhn, Rind, Eier, Joghurt, Käse, Milch usw.). Die durchschnittliche Ernährung wild lebender Orang-Utans enthält 4,9 % Fett aus pflanzlichen Quellen wie Samen. Tierische Produkte sind sehr fettreich und daher ungeeignet als Regelfutter. Insekten und Eier kann man als besondere Leckerei beim Training geben.

Nahrungsergänzungsmittel sind bei einer ausgewogenen Ernährung vollkommen unnötig, unter Umständen sogar schädlich. Eine Gabe sollte ausschließlich nach tierärztlicher Beurteilung erfolgen.

Bei der Futtermenge idealerweise berücksichtigen, ob es sich um körperlich aktive oder weniger aktive Tiere handelt. Eine aktive Gruppe besteht aus einem aktiven sozialen Gefüge und Mitgliedern unterschiedlichen Alters. Die Tiere sind im Allgemeinen schlank oder normalgewichtig und leben in einem großen komplexen Gehege. Für die Fütterung aktiver Orang-Utans wird eine tägliche Gesamtmenge von 5,0 % der Körpermasse angestrebt (als Frischfutter), die zu 90 % aus pflanzlichen Stoffen (35 % A-Gemüse, 20 % B-Gemüse, 15 % C-Gemüse, 15 % Grünfutter, 15 % Obst) und zu höchstens 10 % aus trockenen, ballaststoffreichen Primatenbrotpellets besteht. Bei untergewichtigen Tieren wird auch eine sehr geringe Menge an ganzen Samen oder Nüssen empfohlen (nur Samen mit Schale/Haut). Weniger aktive Orang-Utans sind in der Regel allein lebende Tiere oder mit Nachwuchs, bereits übergewichtig und in eher kleineren Gehegen untergebracht. Für diese Tiere wird eine tägliche Gesamtmenge von 4,5 % der idealen Körpermasse angestrebt (als Frischfutter), die zu 90 % aus pflanzlichen Stoffen (35 % A-Gemüse, 25 % B-Gemüse, 15 % C-Gemüse, 20 % Grünfutter) und zu nicht mehr als 10% aus trockenen, ballaststoffreichen Primaten-Browser-Pellets besteht. Für beide Gruppen gilt: Sind mehr Pellets erforderlich, um eine angemessene Spurenelementkonzentration zu erreichen, sollte nach einer geeigneteren Pelletsorte gesucht werden. Wenn Laub und Grünfutter verfügbar sind, sollten sie das A- und/oder B-Gemüse ersetzen oder sogar ad libitum gegeben werden.

Futter so anbieten und verteilen, dass möglichst viel Zeit für Futtersuche und -aufnahme aufgewendet wird. Mindestens 4 Fütterungen pro Tag werden empfohlen. Ganze oder in große Stücke zerteilte Futtermittel als Streufutter geben. Dies ermöglicht es den Orang-Utans, ihre arttypischen Verhaltensweisen bei der Nahrungsaufnahme auszuüben, z.B. das Hantieren mit der Nahrung, Schälen, Zerbrechen, Beißen und Kneten. Abwechslung ist wichtig und es sollte täglich ein vielfältiges Angebot gefüttert werden, allerdings kann eine zu große Auswahl dazu führen, dass die Tiere wählerisch werden und zu viel verschwendet wird. Orang-Utans nehmen in der Wildnis im Durchschnitt 6–9 verschiedene Futtermittel pro Tag zu sich. Entsprechend wird empfohlen, nicht mehr als 6 verschiedene Gemüsesorten (1–2 aus jeder Gemüsegruppe) täglich zu füttern, wobei jedoch im Laufe der Woche eine andere Auswahl an Gemüsesorten gegeben werden kann.

Immer sauberes Wasser ad libitum anbieten. Die kann durch Trinknippel oder einen natürlichen oder künstlichen Wasserlauf mit einem kleinen Becken erfolgen. Die Wasserschalen sollten aus sicheren und festen Materialien bestehen, die sich leicht reinigen lassen. Zusätzlich wird empfohlen, jeden Morgen und jeden Abend ein schwach aromatisiertes Getränk aus der Hand (Flasche) zu geben, z.B. Tee oder etwas Ähnliches. Das schafft Vertrauen und hilft bei etwaigen oralen Behandlungen bei sehr misstrauischen Tieren.

Trächtige Weibchen benötigen größere Mengen an Nahrung als nicht trächtige. Während des 3. Trimesters sollte der Gesamtenergiegehalt der Nahrung um 30–50 % erhöht werden, wobei hier bereits ein Puffer berücksichtig ist. Während der Stillzeit wird zusätzlich Energie benötigt, so dass die Futtermenge um weitere 15 % erhöht werden sollte. Ein leichter und sehr allmählicher Gewichtsverlust während dieses Zeitraums ist zu erwarten und stellt keinen Grund zur Besorgnis dar.

Vergesellschaftung. Orang-Utans sind vergleichsweise einzelgängerisch. Erwachsene Individuen verbringen die meiste Zeit und den größten Teil ihres Lebens allein. Gleichwohl lassen sich in Zoos gut funktionierende Sozialstrukturen, vermutlich bedingt durch das auskömmliche Angebot an Futtermitteln, etablieren. Als größte und schwerste baumlebende Säugetierart sind Orang-Utans nicht in der Lage, große Entfernungen in ihrem natürlichen Lebensraum zurückzulegen, und müssen gleichzeitig große Mengen an Nahrung zu sich nehmen. Daher wird die Bewegung in größeren sozialen Gruppen durch den Wettbewerb um Ressourcen weitgehend verhindert. Im Gegensatz zu Schimpansen und Gorillas leben Orang-Utans nicht in sozialen Gruppen. Sie haben dennoch eine komplexe lose Sozialstruktur, wobei die Sumatra-Orang-Utans sozialer sind als die Borneo-Orang-Utans. Orang-Utans weisen einen charakteristischen Geschlechtsdimorphismus auf: Ausgewachsene Männchen sind etwa 2- bis 2,3-fach schwerer als erwachsene Weibchen. Darüber hinaus haben Studien der vergangenen Jahre über die Existenz von 2 Formen geschlechtsreifer Männchen berichtet und unterscheiden zwischen adulten geflanschten Männchen und nicht geflanschten Männchen, wobei das Vorhandensein von Backenwülste oder Flansch genannt charakteristisch ist. Im natürlichen Lebensraum sind geflanschte Männchen meist einzelgängerisch, ihre Territorien überlappen sich mit Territorien mehrerer Weibchen und sie sind sexuell aktiv. Sie dulden keine anderen geflanschten Männchen, sind aber relativ tolerant gegenüber ungeflanschten Männchen in ihren Revieren. Ungeflanschte Männchen sind im Gegensatz dazu vergleichsweise sozial und tolerant gegenüber anderen Männchen und produzieren keine langen Rufe. Auf die Häufigkeit der Paarung scheint der Flansch keinen Einfluss zu haben. Die Weibchen suchen die Männchen aktiv und selektiv abhängig von der Phase ihres Menstruationszyklus aus. In der fruchtbaren Phase bevorzugen sie ausgewachsene Männchen und suchen die Gesellschaft geflanschter Männchen als Sexualpartner, während die Paarung mit nicht geflanschten Männchen meist außerhalb der fruchtbaren Phase stattfindet. Aufgrund der aktiven Wahl der Weibchen bietet es sich an, Haltungssysteme zu entwickeln, die die Haltung von 2 oder sogar mehr adulten Männchen ermöglicht.

Klassische Haltungen in Tiergärten umfassen pro Gehege je nach Raumgröße Gruppen aus 1 vollerwachsenem Männchen, 2 bis mehreren erwachsenen Weibchen mit ihrem abhängigen Nachwuchs sowie mehrere Halbwüchsige beiderlei Geschlechts. Unter den Gruppenmitgliedern bestehen häufige Sozialkontakte. Vollerwachsene männliche Orang-Utans dulden auch herangewachsene Söhne oder nicht verwandte, jungerwachsene Männchen ohne sekundäre Geschlechtsmerkmale über mehrere Jahre hinweg in der Gruppe. Zwischen diesen verschiedenen Männchen unterschiedlichen Alters gibt es freundliche Begegnungen und Spielverhalten. Auch unter den übrigen in Tiergärten locker vergesellschafteten, einander tolerierenden Orang-Utans kommt es im Laufe eines Tages zwischen 22 und 50 % der Zeit zu Kontakten aller Art. In der Folge hat das Einzeltier gegenüber fremden Artgenossen eine höhere soziale Kompetenz und lässt sich bei Bedarf leichter in den Aufbau einer neuen Orang-Utan-Gruppe eingewöhnen als ein bisher einzeln oder in Kleinstgruppen (Paare, Trios) gehaltener Artgenosse. Bei Orang-Utans sind trotz regelmäßiger Kontakte zwischen gesellig in Menschenobhut lebenden Tieren die individuellen Beziehungen eher loser Natur und basieren vor allem auf gegenseitiger Toleranz und Duldung. Weibchen müssen bei Vergesellschaftung mit weiblichen Artgenossen zunächst individuell an jedes einzelne Gruppenmitglied gewöhnt und dann nach und nach mit allen Tieren vereinigt werden. Erste direkte Begegnungen verlaufen meist unauffällig, wenn die Tiere genügend Zeit hatten, sich miteinander vertraut zu machen. Die Eingliederung halbwüchsiger Männchen, die dem Kindesalter entwachsen sind, scheitert nicht selten an ausufernden Ruppigkeiten des zur Gruppe gehörenden erwachsenen Männchens.

Eine Vergesellschaftung mit anderen Menschenaffenarten erfolgt in Zoos nur bei Jungtieren im Zusammenhang mit künstlicher Aufzucht, damit einzeln aufwachsende Junge als Ersatz für spielerische Kontakte mit Artgenossen wenigstens Umgang mit artverwandten Spielkumpanen erhalten. Solche interspezifischen Spielgruppen werden spätestens bei Rückführung der Jungen in den arteigenen Sozialverband und lange vor Einsetzen der Geschlechtsreife getrennt. Eine Vergesellschaftung von Orang-Utans mit Binturongs, Gibbons, Bartaffen und/oder Zwergottern, Flughunden und Schabrackentapiren ist gelungen.

Fortpflanzung und Zucht. Die Geschlechtsunterscheidung bei Erwachsenen ist durch den starken Geschlechtsdimorphismus und die typischen sekundären Geschlechtsmerkmalen in der Regel einfach. Bei Orang-Utans ist der Penis deutlich sichtbar, die Hoden wandern erst nach Abschluss der Milchgebissentwicklung in das Skrotum ein, werden danach noch einmal in den

Leistenkanal zurückgezogen und erst nach Ausbildung des bleibenden Gebisses in den Hodensack zurückverlagert. Die Vagina der Weibchen liegt in Afternähe, die Brustdrüsen sind mehr achselständig.

Die Dauer des Östruszyklus erwachsener Weibchen ist 23–33 (im Mittel 27,8) Tage, sie kann bei älteren Weibchen stärkeren Schwankungen (19–44 Tage) unterworfen sein. Die Östrusdauer liegt bei 2–8 (meist 3–4) Tagen. Wenn keine Befruchtung stattgefunden hat, beginnt die Menstruation wenig später, sie dauert 2–9 (im Mittel 3) Tage. Orang-Utans zeigen keine Brunstschwellungen. In Zoos wie im natürlichen Lebensraum ergreifen sowohl die Männchen wie auch die Weibchen die Initiative zur Paarung. Orang-Utans paaren sich in der Wildnis meist auf Bäumen, in Menschenobhut dagegen meist am Boden, wobei das Männchen hinter dem sich kauernden, auf dem Rücken oder Bauch liegenden Weibchen sitzt und ein abgehacktes, röhrendes Grunzen von sich gibt, während das Weibchen piepsend zirpt. Daneben gibt es auch lautlose Paarungen. Täglich finden 3–4 meist harmonische Kopulationen statt, es kommt aber auch zu regelrechten Vergewaltigungen, eventuell wegen fehlender Möglichkeiten, sich dem Männchen zu entziehen. Häufig wird das Weibchen durch das Männchen vor der Kopulation umhergejagt, schwere Aggressionen (Beißen, blutende Wunden) sind normalerweise nicht Teil dieses rituellen Verhaltens. Schwangere Weibchen wehren sich dagegen heftig und meist mit Erfolg. Fast alle Erstgebärenden benötigen, sofern sie nicht noch durch eine Postpubertätssterilität vom Fortpflanzungsgeschehen ausgeschlossen sind, mehrere Zyklen und Paarungsphasen, bevor sie erfolgreich befruchtet werden. Bei Mehrfachgebärenden reduzieren sich diese Zahlen. Die Weibchen haben keine Paarungsrufe und verhalten sich eher passiv, sobald eine Kopulation begonnen hat (z. B. oft kein Blickkontakt, oft keine aktiven Bewegungen). Eine Schwangerschaftsdiagnose ist zumindest im frühen Stadium schwierig, sie kann mit menschlichen Schwangerschaftstests bestätigt werden. Von allen nichtmenschlichen Menschenaffen ähnelt der Hormonspiegel im Urin schwangerer Orang-Utans jedoch am wenigsten dem des Menschen. Daher den Test nach einiger Zeit wiederholen, um falsch-negative Ergebnisse auszuschließen. Ausbleiben der Menstruation ist ein möglicher, aber kein wirklich verlässlicher Hinweis auf Trächtigkeit. Ein relativ sicheres Trächtigkeitsanzeichen ist ein individuell unterschiedlich ausgeprägtes Anschwellen der Schamlippen im 2. Schwangerschaftsmonat innerhalb von 1–2 Tagen. Die Schwellung geht einige Wochen später wieder zurück und tritt einige Monate vor der Geburt erneut auf. Außerdem tritt oft eine zunehmend dunklere Pigmentierung des oberen Gesichtsschädels unterhalb der Augenregion ohne Einbezug der Lider und Tränensäcke auf. Die Tragzeit dauert 227–301 (im Mittel 245) Tage.

Kurz vor der Geburt zeigt sich eine beginnende Unruhe mit einer häufigen Veränderung der Körperhaltung bzw. Körperstellung. Erste Wehen treten bis 150 Minuten vor Beginn der Austreibung auf. Nach der ersten Wehe erfolgt meist ein Schleimabgang. Die Geburt verläuft in der Regel unkompliziert, vielfach im seitlichem Liegen oder in Hockstellung, nicht selten wird der Kopf auf den Boden gelegt. Einige Tiere schlugen im Verlauf einer Wehe gegen die Gehegeeinrichtung. Beim Austritt von Fruchtwasser sind in der Regel nur geringe Mengen Blut sichtbar. Das Weibchen befühlt die Vagina in unregelmäßigen Abständen. Die Austreibungsphase dauert meist nur 10–25 Minuten und ist gelegentlich verzögert. Erfahrene Orang-Utan-Weibchen leisten sich selbst Geburtshilfe, sie bringen mit den Fingern die herausgequollene Fruchtblase zum Platzen, umfassen den austretenden Kopf, ausnahmsweise auch andere Körperteile der Frucht, und ziehen das Junge heraus. Der zweimaligen Geburtshilfe des Dresdener männlichen Orang-Utans „Buschi II" ging mit dem Einsetzen der Geburt zunächst eine starke sexuelle Erregung voraus, die mit Beginn der Austreibungsphase in Hilfeleistung umschlug. Das Tier nahm den sichtbar werdenden Kopf des Jungen zwischen die Lippen und saugte es förmlich aus dem Geburtsweg heraus.

Nicht selten erfolgten bei paarweiser Haltung Geburten in Anwesenheit des Vaters.

Findet die Geburt in Gegenwart anderer Gruppenmitglieder statt, so können deren Reaktionen auf das Ereignis sehr unterschiedlich ausfallen und hängen von mehreren Faktoren wie der Altersstruktur, dem Verwandtschafts- und dem Geschlechterverhältnis sowie der Stellung der Mutter in der Dominanzhierarchie der Gruppe ab. Die Gruppenmitglieder können Mutter und Kind vollständig ignorieren, ihnen neugierig begegnen oder sich ihnen gegenüber aggressiv verhalten. Gelegentlich trat auch Kindesraub auf.

Meist 1 Jungtier, Zwillinge sind sehr selten, erste Zwillinge bei Orang-Utans (Wahrscheinlichkeit 3,0 %) 1968 in Seattle, 1969 in München, später u.a. in Heidelberg, Philadelphia und Washington. Die Geburt erfolgt meist während der Nacht. Das Geburtsgewicht liegt bei 1,5–2,3 kg, siehe auch Tabelle 19.9.

Ob die Mütter sich gegenüber den Neugeborenen normal verhalten, ist fast ausschließlich von einem vorangegangenen Lernprozess im Umgang mit Jungtieren abhängig. Weibliche Orang-Utans werden nach der Geburt eines Geschwistertiers von der Mutter noch in deren Nähe geduldet und damit Zeugen der Aufzucht.

Oft halten oder tragen diese jungen Mütter ihre Jungtiere falsch, denen das unbequem ist und die deswegen laut schreien. Das Kreischen veranlasst dann die Mutter oft, das Kind so zu halten, dass es ruhig wird. Auf diese Weise spielt sich häufig die optimale Tragstellung von allein ein. Überforderte Erstgebärende oder übernervöse Tiere legen aber das schreiende Junge auch gelegentlich ab und reagieren nicht mehr auf dessen Lärmen und Wimmern. Sie haben Angst vor dem Jungen und lassen es achtlos liegen. Andere Mütter kümmern sich zwar um das Junge, verwehren ihm aber den Zugang zur Zitze. Bevor in solchen Fällen die Entscheidung für eine künstliche Aufzucht getroffen wird, sollten Mutter und Junges aus der Gruppe genommen, das Muttertier mit geeigneten Medikamenten ruhig gestellt und mit dem Jungen isoliert in einer leicht abgedunkelten Unterkunft untergebracht werden, wo vertrautes Pflegepersonal versuchen kann, ohne eigenes Risiko einzugehen, die Mutter an das Junge zu gewöhnen.

Vorbeugend kann bei solchen heranwachsenden Weibchen ein kontinuierlicher, intensiver Zähmungsprozess für eine spätere Jungenaufzucht nützlich sein. Vom Grad der Zahmheit zum Menschen und der Vertrautheit zu einer bestimmten Person des Pflegepersonals ist bei solchen Tieren oftmals der Erfolg einer Erstaufzucht abhängig. Bei allen Arten konnte gutes Pflegepersonal unerfahrene, aber zahme Mütter durch ständige Unterstützung und Hilfestellung dazu bringen, ihre Jungen selbst aufzuziehen. So ließen sich z.B. in Tokio, Leipzig und im Tierpark Berlin Orang-Utan-Mütter ihre Säuglinge an die Brust legen bzw. in die richtige Traghaltung bringen. Als Trainingsmethode ungeeignet erwiesen sich dagegen Filmvorführungen, die werdenden Affenmüttern den Umgang mit Neugeborenen zeigten. Mitunter ist auch die Beteiligung eines anderen Weibchens hilfreich. In Frankfurt adoptierte ein 14-jähriges Orang-Utan-Weibchen, welches selbst einen 7½ Monate alten Säugling betreute, das Neugeborene einer von der Geburt stark geschwächten Artgenossin und zog es auf. Nach 5 Monaten beteiligte sich die leibliche Mutter an der Aufzucht und ab 7. Monat betreuten beide Weibchen nur noch ihre eigenen Kinder.

Unmittelbar nach der Geburt säubern Menschenaffenmütter das Junge mit Händen und Lippen, sie lecken und saugen dabei besonders Fruchtwasser aus dem Fell des Jungen und nehmen dazu oft die Gliedmaßen des Jungen in den Mund. Der Abgang der Nachgeburt erfolgt gewöhnlich 10–75 Minuten nach Austritt der Frucht, der Umgang mit der Nachgeburt ist individuell verschieden. Manche, besonders erfahrene Mütter nabeln das Junge ab, indem sie die Nabelschnur mit den Zähnen durchtrennen. Andere tragen die Nachgeburt als Teil des Jungen mit sich herum und legen die Plazenta erst beiseite, wenn nach 1½–3 Tagen der austrocknende, spröde werdende Nabelstrang zerreißt und damit die Verbindung zwischen Jungtier und Nachgeburt unterbrochen wird (bei einem

Orang-Utan in Rom erst nach 12 Tagen). Manche Mütter ignorieren die Nachgeburt, andere fressen die Plazenta teilweise oder vollständig auf.

Neugeborene sind verhältnismäßig hilflos. Zwar ist bei ihnen ein deutlicher Klammerreflex vorhanden, d.h., die Jungtiere versuchen, sich mit Händen und Füßen im Fell der Mutter festzuhalten, doch muss diese in der ersten Zeit ihr Neugeborenes mit einer Hand an den Körper pressen, um das Baby nicht zu verlieren. Junge Orang-Utans, die an der hellen Gesichtshaut und den dunklen, von hellen Ringen umrandeten Augen erkennbar sind, halten sich in den ersten 8 Wochen nur mit den Händen im Fell fest, greifen erst danach mit den Füßen zu. Viele Jungtiere saugen nicht unmittelbar nach der Geburt, sondern erst mehrere Stunden später und außerdem in den ersten Tagen nur unregelmäßig. Unerfahrene Weibchen brauchen teilweise mehrere Tage, bis sie gelernt haben, ihr Jungtier erfolgreich zu stillen. Der Abgang von Darmpech (Mekonium), der manchmal durch die erste Milchaufnahme angeregt wird, erfolgt vielfach wenige Stunden nach der Geburt, bei Orang-Utans in Berlin in den ersten 3–18 Stunden.

In den ersten 6 Lebensmonaten besteht ein ständiger Körperkontakt zur Mutter, zunächst überwiegend am Bauch, wobei die Mutter das Junge besonders beim Laufen anfangs mit einer Hand unterstützt, bis es gelernt hat, sich selbst am Mutterkörper festzuhalten. In den ersten Wochen verschlafen die Neugeborenen fast den ganzen Tag, nach 1 Monat beginnen sie, ihre Umgebung durch fokussierendes Sehen wahrzunehmen und sich bewegende Gegenstände durch Drehen des Kopfes zu verfolgen. Erstes Lächeln und mimisches sowie akustisches Grüßen wird mit 6 Wochen gezeigt. Mit 3 Monaten schlafen Orang-Utans tagsüber nur noch selten, sie beginnen, sich intensiver mit der Umwelt zu beschäftigen, und verbringen zunehmend mehr Zeit mit Hangel- und Klettertraining. Mit 3–4 Monaten erstes gezieltes Greifen. In Menschenobhut beginnen Orang-Utans mit 6–9 Monaten zu laufen, in der Wildnis lernen sie dies infolge des fast ausschließlichen Baumlebens ihrer Mütter erst viel später.

Erste feste Kost nehmen die Jungtiere mit 6 Monaten auf, wobei sie anfangs von der Mutter mit vorgekautem Pflanzenbrei von Mund zu Mund gefüttert werden, in der 2. Hälfte des 1. Lebensjahrs lernen sie von ihr, welche Pflanzen essbar sind.

Das Geburtsgewicht wird mit 3–4 Monaten verdoppelt, mit 1 Jahr verdrei- bis vervierfacht. Mütter an die Kontrolle der Gewichtsentwicklung auch bei natürlicher Aufzucht gewöhnen. Eine kritische Phase der Jungtierentwicklung liegt zwischen 6. und 12. Lebensmonat. Die seit der Geburt etwa konstant bleibende mütterliche Milchmenge deckt dann nicht mehr den Nährstoffbedarf des wachsenden Jungen, deswegen gewinnt feste Kost für dessen Ernährung zunehmend an Bedeutung. Milchzusammensetzung von Menschenaffen und Menschen in Tabelle 19.11.

Die Säugezeit dauert bei Orang-Utans sicher bis in den 3. Lebensmonat. Jungtiere nehmen noch darüber hinaus die mütterliche Brustwarze in den Mund und nuckeln, obwohl der Milchfluss bereits versiegt sein sollte. Besonders einzeln gehaltene Orang-Utan-Weibchen können schon während der Laktation erneut brünstig und dann für das Junge gefährlich werden. In solchen Fällen ist meist ein vorzeitiges Absetzen des Jungen aufgrund der Gefahr von Kindesmisshandlung durch die Mutter erforderlich.

In der Wildnis setzt bei Orang-Utans im Normalfall das Zyklusgeschehen frühestens 3½, meist jedoch 5–7 Jahre nach einer vorausgegangenen Geburt ein. Zu einer erneuten Schwangerschaft kommt es erst nach mehreren Zyklen. In Menschenobhut liegen die Geburtsabstände nach erfolgreichen Aufzuchten in der Regel bei 4 Jahren. Nach Aborten, Tot- oder Fehlgeburten oder frühen Jungtierverlusten verkürzen sich die Geburtsabstände. Beim Orang-Utan betrug der Abstand zwischen 2 Geburten in Köln 478 Tage. Auch Handaufzuchten der Jungtiere können die Geburtsintervalle stark verringern und so die Geburtenzahl eines Muttertiers beträchtlich steigern. Der in dieser Hinsicht wohl fruchtbarste weibliche Orang-Utan war die auf Borneo geborene „Susi“ (Duisburg), die 17 Jungen gebar, von denen nicht alle aufkamen und die übrigen künstlich aufgezogen wurden.

Jungtiersterblichkeit wie bei allen Menschenaffen in der Wildnis hoch, im Zoo nur etwas niedriger. Wenn ein Jungtier zu Tode kommt, sollte der Mutter die Zeit gegeben werden, die Reglosigkeit und Reaktionslosigkeit des Kindes zu begreifen und sich von ihm allein zu lösen. Mutter mit totem Kind dazu notfalls für Besucher nicht einsehbar halten. Ältere weibliche Jungtiere halten sich bis zum Alter von 7–8 Jahren in der Nähe der Mutter auf. Männliche Junge brechen die Beziehung zur Mutter mit etwa 5 Jahren ab.

Der Zahnwechsel setzt erst am Ende des 5. Lebensjahrs ein, die Ausbildung des Gebisses ist mit dem vollständigen Durchbruch der 3. Backenzähne zwischen dem 12. und 15. Lebensjahr abgeschlossen. Milchgebissentwicklung von Menschenaffen in Tabelle 19.10.

Männliche Orang-Utans werden in Menschenobhut mit 6–7 Jahren geschlechtsreif (Spermiogenese-Nachweis in London bei 6½-, 7- und 7½-jährigen Tieren, erste fertile Deckakte dieser Tiere zwischen 6½ und knapp 8¼ Jahren). Die sekundären Geschlechtsmerkmale sind dann noch nicht voll ausgeprägt. Die Ausbildung von Backenwülsten, Kehlsack, Langhaarigkeit sowie die Zunahme von Größe und Gewicht beginnen oft mit 9 Jahren, verläuft aber aber individuell unterschiedlich und ist oftmals von der eventuellen Existenz eines weiteren vollausgewachsenen Männchens in räumlicher Nähe abhängig, das auf ihre Entwicklung der sekundären Geschlechtsmerkmale eine hemmende Wirkung haben kann. Die körperliche Entwicklung männlicher Orang-Utans in Menschenobhut ist in der Regel mit 10–12, manchmal auch erst mit 14–15 Jahren abgeschlossen, in der Wildnis ist mit 10 Jahren noch die jugendliche Gestalt erhalten. Weibchen werden mit etwa 8 Jahren geschlechtsreif. In menschlicher Obhut tritt die erste Menstruation als nach außen sichtbares Zeichen der Geschlechtsreife mit durchschnittlich 7 Jahren auf, in Einzelfällen auch früher (in einem Fall im Alter von 5 Jahren und 10 Monaten). Die erste Konzeption findet in der Regel aber erst zwischen dem 8. und 10. Lebensjahr statt.

Unterfamilie Afrikanische Menschenaffen und Menschen (Homininae)

Bedeutendes Gehirnvolumen und Strukturierung der Großhirnrinde bilden die Grundlage für hervorragendes Erinnerungs- und Lernvermögen aller Menschenaffen, deren geistige Leistungsfähigkeiten nach heutigem Kenntnisstand über denen der übrigen Säugetiere liegen. Die vielseitigen geistigen Potenzen der afrikanischen Menschenaffen werden nur noch von denen des Menschen übertroffen. Das hoch entwickelte Leistungsvermögen ihrer Gehirne kommt zunächst bei der Präzision feinmotorischer Steuerung manipulativer Handlungen zum Ausdruck. Es dient aber ebenso der Lösung von akuten Problemen verschiedenster Art durch zielorientierte Denkprozesse als Voraussetzung für logisch durchdachtes, rasches und der Situation angepasstes Handeln oder der strategischen Planung des eigenen Verhaltens zum eigenen Vorteil innerhalb des Sozialverbandes mit oft überraschenden Ergebnissen.

In die gleiche Unterfamilie gehört auch die Menschengattung *Homo*, die aber in diesem Rahmen nicht relevant ist und nur der systematischen Vollständigkeit wegen erwähnt wird. Von dieser Gattung existiert nur noch der Jetzt-Mensch. Die Anzahl und systematische Ein- und Zuordnung seiner ausgestorbenen Unterarten und der weiteren seiner Gattung angehörenden, fossilen Arten ist umstritten und wird auch heute noch häufig kontrovers diskutiert.

Afrikanische Menschenaffen

2 Gattungen, 4 Arten.

Gorillas (*Gorilla*): 2 Arten. Größte Menschenaffen mit starkem Geschlechtsdimorphismus, Gewicht bei Männchen 175–200 kg, maximal 270 kg, bei Weibchen 80 kg, maximal

110 kg. Auf dem Scheitel des Schädels der Männchen Knochenkamm als Ansatzfläche für die Muskulatur, die bei erwachsenen Tieren eine dicke Kopfhaube bildet. Gesicht nackt, schwarz pigmentiert. Augen unter starken Augenbrauenwülsten tief liegend, Nase von Wülsten umgeben, Ohren klein. Kehlsack vorhanden, aber weniger auffällig als bei Orang-Utans, dient besonders bei Männchen als Resonanzorgan beim Brusttrommeln. Körper gedrungen, Arme länger als Beine, Hände und Füße breit, Sohlen nackt. Fell dicht, kurz bis mittellang. Die heute als Unterarten klassifizierten Formen unterscheiden sich nicht nur nach Größe, Gewicht und Verbreitungsgebiet, sondern oft auch in anderen Merkmalen, die jedoch individuell variieren können. **Östlicher Gorilla** (*G. beringei*): Nasenscheidewand nicht bis zur Oberlippe reichend, Fell tiefschwarz, mittellang, dicht, ausgewachsene Männchen mit silbergrauer Rückenbehaarung („Silberrücken"). 2 Unterarten.

Abb. 19.46 Das weißlich graue Rückenfell des „Silberrückens" weist diesen Westlichen Flachlandgorilla (*Gorilla gorilla gorilla*) als erwachsenes Männchen aus.

Dabei ist die bisherige Artbezeichnung Berggorilla der Unterart *G. b. beringei* vorbehalten, deren Vertreter sich deutlich vom Östlichen Flachlandgorilla (*G. b. graueri*) unterscheiden. Bergland von Westuganda und Bwindi Forest, Ruanda und Demokratische Republik Kongo. – **Westlicher Gorilla** (*G. gorilla*), auch Flachlandgorilla: Nasenscheidewand reicht oft bis zur Oberlippe, Kopfplatte manchmal braun oder braunrot, Fell sonst bräunlich oder grau, kurz, dicht anliegend. Silbergraue Rückenbehaarung ausgewachsener Männchen zieht sich über die Hüften bis zu den Oberschenkeln. 2 Unterarten mit dem Westlichen Flachlandgorilla (*G. g. gorilla*) und dem Cross-River-Gorilla (*G. g. diehli*). Südostnigeria, Kamerun, Zentralafrikanische Republik, Republik Kongo, Demokratische Republik Kongo, Gabun.

Gefährdungsstatus. Bestand der Gorillas ist insgesamt stark vom Aussterben bedroht, in der Wildnis beim Cross-River-Flachlandgorilla vermutlich 250–300 Tiere, gehört zu den 25 am höchsten bedrohten Primatenarten. Reste der Berggorillapopulation zahlenmäßig gering, insgesamt knapp 700 Tiere in 2 inselartig voneinander isolierten Populationen (Gebiet der Virunga-Vulkane und Bwindi Impenetrable National Park in Uganda), hochgradig bedroht durch Wilderer, Waldrodung und Beweidung der Wälder (Rinder), auch in Schutzgebieten gefährdet, Östlicher Flachlandgorilla gilt mit etwa 6800 Tieren vom Aussterben bedroht. Westlicher Flachlandgorilla gebietsweise ausgerottet, regional durch Wilderei bedroht, aber in Schutzgebieten noch gesichert, solange dort keine Ebola-Infektionen auftreten (geschätzt 300000 Tiere). EEP für Westlichen Flachlandgorilla in Amsterdam.

Lebensweise. Tagtiere. Lebensraum artverschieden, Flachlandgorillas in feuchtheißem, tropischem, äquatorialem Tieflandregenwald, oft auf Lichtungen, an Randgebieten von stehenden und fließenden Gewässern, auch Sümpfen und Überflutungsgebieten. Berggorillas nur gebietsweise in Tieflandregenwald, meist im feuchtkühlen bis nasskalten Bergregenwald des afroalpinen Bereichs bis in 3000 m Höhe mit Tagestiefsttemperaturen von 3–5 °C (Karisoke-Forschungsgebiet im Dreiländereck von Uganda, Ruanda und Demokratischer Republik Kongo). Hohe, nasskalte Lagen sind im Grunde ein wenig geeigneter Lebensraum für Berggorillas, die vermutlich ihr ursprüngliches, tiefer gelegenes Verbreitungsgebiet aufgrund starker menschlicher Besiedelung verlassen haben und sich in höhere Lagen zurückziehen mussten.

Bodenbewohner, laufen meist vierfüßig, mit den Hintergliedmaßen auf der ganzen Fußsohle, mit den Vordergliedmaßen im „Knöchelgang", d.h. stützen sich auf die mittleren Glieder der zur Handfläche hin abgewinkelten Finger, deren Außenseiten durch kräftige Ballen gepolstert sind. Kleiner Finger gleich lang wie übrige Finger, mittleres Fingerglied trägt gemeinsam mit denen der anderen Finger die Last des Körpers. Laufen kurze Strecken auch zweibeinig aufrecht, können nicht schwimmen, durchwaten aber flache Gewässer, deren Tiefe sie (wie beobachtet) mit Stöcken vorher prüfen. Einzelne Populationen begeben sich am Mittellauf des Kongo in Mündungsgebieten der hier aus dem Norden kommenden Nebenflüsse aufrecht auf den Beinen gehend auch in tieferes Wasser, das ihnen dann bis zur Brust reicht, um an Sumpf- und Wasserpflanzen heranzukommen. Jungtiere und Halbwüchsige klettern im Spiel auf Bäume, erwachsene Weibchen nur, wenn dort Nahrung wächst bzw. mitunter zum Schlafen.

Relativ ortstreu in Streifgebieten, deren Fläche bei Flachlandgorillas zwischen 5,6 und 35 km^2 und bei Berggorillas zwischen 2,7 und 4,0 km^2 schwankt. Größe ist abhängig von Nahrungsdichte und Nahrungsart, kann im jeweiligen Verbreitungsgebiet variieren. Nahrungsangebot ist jedoch in den meisten Regionen hoch und unterliegt keiner Saisonalität. Tagesablauf mit Wechsel von Aktivitäts- und Ruhephasen. Bei Berggorillas 2 Nahrungsaufnahmephasen (ca. 6.00–8.00 Uhr sowie 15.00–17.00 Uhr) und 2 Ruhephasen (ca. 10.00–12.00 Uhr und 18.00–6.00 Uhr). Zwischen den Nahrungsaufnahme- und Ruhephasen oftmals Wanderungen auf Nahrungssuche, die bis zu 6,5 % der Tageszeit in Anspruch nehmen. Geringes Nahrungsangebot steigert den zeitlichen Anteil für Nahrungssuche und Nahrungsaufnahme. Dauer der Ruhephasen dann verkürzt und geringere Sozialkontakte, für die in der Regel ohnehin nur etwa 4 % der Tageszeit aufgewandt werden. Bei ausreichender Nahrungsverfügbarkeit keine Wanderungen, sondern lediglich lokale Ortswechsel.

Abb. 19.47 Weibchen eines Westlichen Flachlandgorillas (*Gorilla gorilla gorilla*) mit Jungtier. Bei Gorillas ist im Vergleich zu anderen Menschenaffen die Nachzucht in Tiergärten eher selten.

Kenntnisse über Gruppenstruktur und Sozialverhalten der geselligen Tiere basieren vor allem auf Freilandbeobachtungen an Berggorillas, doch zwischen diesen und Flachlandgorillas gibt es keine wesentlichen Unterschiede. Als Reproduktionseinheiten Haremsgruppen aus 1 vollerwachsenen Männchen („Silberrücken", meist über 13 Jahre), 1 bis mehreren erwachsenen Weibchen (über 10 Jahre) und deren Nachwuchs. Klare Rangordnung, Silberrücken ist das Spitzentier, jüngere Männchen folgen deutlich abgestuft. Unter den Weibchen nehmen Mütter mit Kleinkindern Höchststellung ein. Silberrücken sind Wächter, Verteidiger und Führer der Gruppe, bestimmen durch ihr Verhalten, wann gerastet oder zur Nahrungssuche aufgebrochen wird. Streitigkeiten unter den Tieren selten, solche unter Weibchen reguliert der Silberrücken. Rangniedere gehen ranghöheren aus dem Weg oder werden von ihnen mit Fingern, Händen oder dem ganzen Körper beiseite geschoben. Verständigung durch ausdrucksreiche Mimik und bis zu 22 verschiedene Laute. Imponiergehabe durch Aufstampfen, Ausreißen von Zweigen, Brusttrommeln. Als Drohgeste scharfes In-die-Augen-Sehen (Fixieren) und Stirnrunzeln. Zur Beschwichtigung Kopfnicken, Wegdrehen oder Schütteln des Kopfes oder, besonders in der Nähe imponierender Männchen, Hinlegen auf den Bauch, wobei Halbwüchsige und Weibchen oft einen Arm über den Nacken legen. Flucht löst Verfolgungsangriff eines ranghöheren Tieres aus. Täglich am Spätnachmittag vor Eintritt der Dunkelheit Bau neuer Schlafnester, oft am Boden (erwachsene männliche Tiere, mitunter alte Weibchen), aber auch auf Bäumen (Halbwüchsige, jungerwachsene Tiere und Weibchen). Bleiben dort nachts auch bei Regen, suchen dagegen tagsüber unter Bäumen in Stammnähe Schutz. Nester werden nur einmal benutzt, nachts dort auch Harn und Kot abgesetzt.

Mitgliederzahl der Haremsgruppen u.a. abhängig von der Nahrungsverfügbarkeit, kann daher stark variieren. Gruppengröße in Primärwäldern niedriger als in Sekundärwäldern (hier höherer Anteil von Nahrungspflanzen). Mittlere Gruppengröße bei Virunga-Berggorillas durch größere Anzahl der Weibchen höher als bei Westlichen Flachlandgorillas. Neben dem Haremsgruppenführer 1–4 weitere jungerwachsene Männchen (Schwarzrücken, 8–13 Jahre), meist Söhne des Silberrückens oder auf andere Weise mit ihm verwandt. Ältere Silberrücken sind den eigenen Söhnen gegenüber toleranter als junge Silberrücken, dulden deren Aufenthalt in der Gruppe eher. Söhne können die Führung der Gruppe übernehmen, wenn der Silberrücken stirbt. Nur in Ausnahmefällen wandern jungerwachsene Männchen in eine Haremsgruppen ein.

Geschlechtsreife junge Männchen schließen sich in der Regel etablierten Haremsgruppen nicht an. Mehrzahl der Gorillamännchen verlässt zwischen dem 6. und 9. Lebensjahr die Geburtsgruppe. Nur wenige leben danach einzelgängerisch (weniger als 10 % der Gesamtpopulation). Bei Berggorillas vergesellschaften sich die meisten ledigen Männchen in reinen Junggesellengruppen aus 1–2 Silberrücken, 1–3 Schwarzrücken und einigen jungerwachsenen (6–8 Jahre) bzw. halbwüchsigen (5–6 Jahre) Männchen, die nach dem Verlassen der Geburtsgruppe mit einem Alter von bis zu 10 Jahren in den Junggesellentrupp ein- und später wieder abwandern. Junggesellengruppen von Berggorillas können über mehrere Jahre bestehen. Beim Westlichen Flachlandgorilla wurden bisher keine Junggesellenverbände beobachtet. Gorillas gehören zu den wenigen Primatenarten, bei denen neben den Männchen auch die jungerwachsenen Weibchen (6–8 Jahre) aus der Geburtsgruppe auswandern. Sie schließen sich entweder anderen Haremsgruppen oder einzelgängerisch lebenden Männchen an. Einzelgängerisch lebende Weibchen wurden nicht beobachtet. Wechsel finden in der Regel bei Begegnungen von 2 Haremsgruppen statt. In mehreren Fällen wanderten gleichzeitig 2 Weibchen, vermutlich miteinander verwandte Tiere (Schwestern oder Halbschwestern), aus der Geburtsgruppe aus. Bei vielen Gorillaweibchen im Laufe des Lebens mehrfach Gruppenwechsel, bis zu sechsmal bei Berggorillas. Einige Weibchen schließen sich später auch wieder ihrer Geburtsgruppe an, wobei sie von den anderen Gruppenmitgliedern meist wiedererkannt und freundlich empfangen werden. Wechsel erfolgen freiwillig und können durch die Männchen nicht verhindert werden. Bei Gruppenbegegnungen und Mitgliederwechseln Haremsführer gegeneinander aggressiv. Weibchen bleiben von Auseinandersetzungen unberührt. Erfahrene Gorillaweibchen wechseln nur ohne abhängigen Nachwuchs in eine neue Gruppe. Bereits entwöhnte Jungtiere lassen sie im ursprünglichen Verband zurück, da Jungtiere eines anderen Vaters vom Haremsführer der neuen Gruppe oft getötet werden. Nach der Tötung des Jungtieres wird die Mutter schneller wieder paarungsbereit. In einem Ausnahmefall wechselte ein Weibchen mit ihrem noch nicht entwöhnten Sohn in eine andere Gruppe über. Der neue Haremsführer griff sowohl die Mutter als auch das Jungtier mehrfach an und verletzte beide. Dennoch überlebte das Jungtier. Nach der Entwöhnungsphase paarte sich das Weibchen mit dem Haremsführer. Obwohl dieser das fremde Jungtier weiter attackierte, wuchs es in dessen Gruppe zu einem Schwarzrücken heran. Kindstötungen (Infantizid) auch dann, wenn nach dem Tod eines Haremsgruppenführers die Gemeinschaft von einem fremden, mit dem ursprünglichen Haremsführer nicht verwandten Männchen übernommen wird. Infantizid bei Berggorillas mit 37 % die häufigste Todesursache Neugeborener.

Nahrung. Fast ausschließlich pflanzlich, vorwiegend Kräuter, wie Labkraut (*Galium*), wilder Sellerie, Pflanzenmark von Trieben und Schösslingen, besonders leicht bittere Pflanzen, Rinde, Gräser und Riedgräser, Baum- und Strauchlaub, Schlingpflanzen, Zwiebelgewächse, Beeren, Wildfrüchte. Großes Nahrungsangebot besonders in Sekundärwäldern oder Pflanzungen (Bananen, Zuckerrohr, grüner Mais). Flachlandgorillas nehmen mehr Früchte auf als Berggorillas, die vorwiegend zellulosereiche Pflanzenteile fressen. Täglich aufgenommene Nahrungsmenge erheblich, da Futterstoffe wenig nahrhaft. Gewicht der täglichen Kotmenge 1,0–1,5 kg. Im Kot bisher weder Chitinteile von Insekten, noch Vogelfedern gefunden. Allerdings wurden Gorillas bei der gezielten Aufnahme von Insekten und Insektenmaden beobachtet. Flüssigkeitsbedarf wird vermutlich über die Nahrung gedeckt, Mineralstoffbedarf über anhaftende Erde beim Verzehr u.a. von Wurzeln und durch gezielte Aufnahme mineralhaltigen sandigen Erdreichs. Wild lebende Berggorillas beider Geschlechter und aller Altersklassen nehmen gelegentlich ihren eigenen frischen Kot auf. Sie reinfizieren sich dabei mit pathogenen Protozoen und Kokzidien sowie mit Würmern, besonders mit parasitären Nematoden. Auch ältere, teilweise schon trockene Kotreste von Artgenossen werden gefressen. Die Bedeutung dieses Verhaltens ist nicht bekannt.

Haltung vom Gorillas

In Tiergärten werden heute fast ausschließlich Westliche Flachlandgorillas (*G. g. gorilla*) gehalten. Innerhalb des europäischen Zuchtprogramms scheint die Haltungskapazität erreicht, weswegen alternative Gruppenstrukturen oder auch drastische Managementmaßnahmen in Erwägung gezogen werden müssen, soll die Population in Zukunft demographisch stabil und die Zucht aufrechterhalten werden. Die Haltungskonzepte berücksichtigen neben der körperlichen Gesundheit der Tiere vor allem auch deren psychisches Wohlbefinden, wozu die Pflege in stabilen sozialen Familiengruppen mit natürlichen Sozialstrukturen, ein Angebot an vielfältigen Beschäftigungsmöglichkeiten sowie die Angleichung der Lebensverhältnisse in Menschenobhut an die natürlichen Lebensbedingungen in der Wildnis entscheidend beitragen, ohne dass Letztere formal kopiert werden.

Eingewöhnung. Bei allen Menschaffenarten ähnlich, siehe Haltung von Orang-Utans und Abschnitt Vergesellschaftung.

Unterkunft. Ähnlich wie für die übrigen Menschenaffen. Die Gehegegestaltung ist für das physische und das psychische Wohlbefinden der Tiere sowie für die Sicherheit der Besucher und Tierpfleger von entscheidender Bedeutung. Gorillas sind äußerst kräftig, trotz ihres Gewichts gute Kletterer, haben hohe kognitive Fähigkeiten und eine gute Beobachtungsgabe. Die komplexen Gruppenstrukturen machen eine große Flexibilität erforderlich, um bei Bedarf Einzeltiere oder Teilgruppen getrennt zu halten oder ihnen das eigenständige Rückziehen zu ermöglichen. Notwendig ist eine Kombination aus mehreren, miteinander verbundenen Innen- und Außengehegen, um den Verhaltensbedürfnissen und dem komplexen Sozialgefüge zu entsprechen. Gerade für die kalte Jahreszeit ist eine geräumige, gut strukturierte und vollwertige Innenanlage zwingend. Die Gehege müssen funktional für unterschiedliche Anforderungen sein: dem täglichen Leben in der aktiven Tagesphase, der Übernachtung, der Absonderung und Zusammenführung, der langfristige Trennung, zur medizinischen Versorgung und nicht zuletzt der Schau für die Besucher. Gehegebereiche sollten jeweils zwei Zugänge zu den Nachbaranlagen haben, um Rundläufe zu ermöglichen. Zwischen den benachbarten Bereichen Sichtkontakt und Versteckmöglichkeiten anbieten. Gorillas, die nicht zu einer Gruppe gehören, nicht in direkt nebeneinander liegenden Gehegen unterbringen. Abstand zu anderen Menschenaffen halten, und Sichtbarrieren schaffen. Die Schieber zwischen den Bereichen sind etwa 80 cm breit und 100 cm hoch, als Doppelschieber ausgeführt, mit Arretierungen in unterschiedlichen Höhen, um Tieren unterschiedlicher Größe den Durchgang zu ermöglichen bzw. diesen zu verhindern. Über den Zugangstüren 3m nicht bekletterbare Fläche vorsehen, in einer besonders robusten Ausführung, mit mehreren Schlössern und, wie für alle Gehegetüren üblich, nach innen öffnend. Innenbereiche möglichst mit natürlichem Substrat bedecken, Tiefstreu bis 60cm möglich und zur Regulierung der Luftfeuchtigkeit dienlich, Material möglichst variieren. Laub und Wurzeln regen zum Untersuchen und Stöbern an. Bei niedrigen Außentemperaturen sollte die Innentemperatur etwa 18–20 °C betragen, um den Temperaturunterschied zwischen innen und außen zu reduzieren, sonst etwa 3 °C wärmer. Allerdings 30 °C möglichst nicht dauerhaft überschreiten lassen, daher in den Sommermonaten für ausreichend Lüftung sorgen, um die Temperatur zu senken. Solange die klimatischen Bedingungen es zulassen, d.h. mindestens 7 °C bei Regen und Bewölkung und mindestens 3 °C bei Sonnenschein und Windstille, stets die Wahl zwischen Innen- und Außenbereich lassen. An regnerischen, windigen, bewölkten Tagen und Temperaturen unter 13 °C sollten Gorillas nicht über einen längeren Zeitraum draußen gelassen werden. Die relative Luftfeuchtigkeit sollte im Bereich 50–90 % liegen. Zusätzlich zum natürlichen Tageslicht ist der Einsatz von Vollspektrum-Hochfrequenz-Leuchtstofflampen oder Halogen-HQI-Lampen empfehlenswert, hierbei beleuchtete Bereiche mit mindestens 550 Lux und schattige Bereiche mit etwa 300 Lux auf Bodenhöhe, bei einem dem Sonnenlicht ähnlichen Farbspektrum von 5500–5600 K schaffen. Während der Zeiten mit eingeschränktem Zugang in die Außenbereiche zur Vitamin-D_3-Synthese UV-Röhren mit geringer Intensität zuschalten.

Außenanlagen großzügig gestalten und das Bewegen in der Gruppe als auch das Ausweichen von Einzeltieren ermöglichen. Ein Gehege mit einer topografisch abwechslungsreichen Struktur ermöglicht eine vielfältige Nutzung. Kleine Hügel mit oder ohne Felsvorsprüngen können Silberrücken Plätze zum Beobachten und Bewachen bieten oder auch als Sichtschutz vor anderen Gorillas und vor Besuchern fungieren. Zum Sitzen und Schlafen werden flache Areale bevorzugt. Sonnige und schattige Bereiche etablieren. Bei hohen Anforderung an die Sicherheit und die komplexen Bedürfnissen der Tiere ansprechende und gut einsehbare Gehege zu gestalten, stellt eine besondere Herausforderung in der Gehegeplanung dar. Insbesondere die äußeren Barrieren sind grundlegende Komponenten, die das Erscheinungsbild der Gehege maßgeblich beeinflussen und oft den größten Kostenfaktor darstellen. Der Einsatz verschiedener Barrieretypen wie Mauern, Gräben, Maschendraht und Glas hängt von den örtlichen Gegebenheiten, den Sichtmöglichkeiten und ästhetischen Präferenzen ab. Die psychologischen Auswirkungen von Barrieren auf Gorillas sind ein entscheidender Faktor, der berücksichtigt werden muss, da Gorillas eine ausgeprägte Raumwahrnehmung haben und ihnen die Möglichkeit, sich zurückziehen, gegeben werden muss. Gut platzierte Vegetationsbereiche sind strukturgebend und kaschieren störende, massive Elemente.

Gorillas können nicht schwimmen, daher sind Wassergräben als attraktive Barriere geeignet. Gleichwohl muss die Gefahr des Ertrinkens bei versehentlichem Fallen ins Wasser beachtet werden. Der Wassergraben sollte mindestens 6m breit und 2m tief sein und gehegeseitig einen flach abfallendem Uferbereich mit Maschendrahtgitter oder Seilnetz zum Aussteigen haben, Sumpfbereiche mit 1m Breite erschweren zusätzlich das Durchwaten. Gorillas trinken aus Wassergräben, daher geeignete Wasserqualität sicherstellen.

U-förmige Trockengräben haben sich wegen der hohen Unfallgefahr als ungeeignet erwiesen, zudem reduzieren sie die für die Tiere nutzbare Fläche erheblich. Bei Bestandsgräben kann ein geeigneter Bodengrund die Auswirkungen von Stürzen lindern oder den Graben nutzbar für Tiere machen, dann jedoch außerhalb des Sichtbereichs für Besucher. Bei V-förmigen Trockengräben die Mindesthöhe der Besucherseite berücksichtigen, auf der Gehegeseite flach und allmählich abfallend anlegen, um die Grabenfläche für die Tiere nutzbar zu machen.

Massive Wände benötigen weniger Platz, sie sind häufig kostengünstiger als Gräben oder Glas, allerdings für die Besucher wenig attraktiv. Diese durch Pflanzungen oder Kunstfelsstrukturen zu kaschieren, relativiert jedoch schnell den Kostenvorteil. Bei nicht überdachten Anlagen mindestens 4m Höhe und 4m Abstand zu den Kletterkonstruktionen einhalten. Gorillas verschaffen sich gerne einen Überblick über das Geschehen in der Umgebung. Vollständig geschlossene Wände können zu Stress führen, da die Tiere dann oft Geräusche hören, diese aber nicht zuordnen können. Daher sollte jede Wand mehrere Fenster aufweisen. Ein weiterer Nachteil komplett geschlossener Wände ist, dass der Wind bei hohen Temperaturen das Gehege nicht abkühlt. Wände oder andere senkrechte Barrieren nicht spitzwinkelig aufeinander zu laufen lassen, da die Tiere so wie in einem Kamin hochklettern könnten.

Glas in ausreichender Stärke, 3–5 mm, kann ebenfalls als Barriere genutzt werden und bringt Vorteile mit sich. Der direkte Kontakt zum Tier kann so bei gleichzeitig großer Nähe ausgeschlossen und das Füttern oder Werfen von Gegenständen in beide Richtungen verhindert werden. Allerdings kann die große Nähe für Gorillas, insbesondere für Silberrücken, eine Quelle von Stress sein, mit entsprechenden Verhaltensreaktionen. Rückzugsbereiche im Gehege und Vegetationstreifen und -inseln an den Glasfronten bieten Distanz und Ruhebereiche.

Je nach Alter und persönlichen Vorlieben klettern Gorillas gerne. So bieten Gitterstrukturen nicht nur eine kostengünstige Alternative, sondern auch eine akustisch, olfaktorisch und visuell transparente Barriere, die zudem auch beklettert werden kann. Netze und Gitterdecken werden ebenfalls beklettert und können für Beschäftigungsfütterungen und als Aufhängepunkte genutzt werden. Maschendraht wird nicht empfohlen, da die Tiere diesen zerstören können. Geeignete Materialen sind korrosionsbeständiges, geschweißtes feuerverzinktes Stahlgitter, Gitter aus Edelstahl- oder Chromstahlstäben und Gitter aus Edelstahlnetzen.

Elektrozäune sind zwar funktional, jedoch nur, um bestimmte Areale wie Vegetationsflächen auszugrenzen, oder an den Uferkanten von Wassergräben als Abschreckung, da diese leicht durch herumliegende oder zur Beschäftigung eingebrachte Äste zerstört werden können. In diesen Fällen ist es besser, den Elektrodraht oder den Zaun in der Mitte des Grabens oder auf der öffentlichen Seite anzubringen und nicht auf der Seite der Tiere. Sie könnten sonst aus Angst vor dem Stromzaun davor zurückschrecken, sich ans rettende Ufer zu begeben.

Überdachte Bereiche und Verstecke bieten Schatten und Schutz vor Witterungseinflüssen und gewähren eine Privatsphäre gegenüber anderen Gorillas und den Besuchern.

Außen- sowie Innenanlagen ausreichend mit stabilen und zugfesten Möglichkeiten zur sicheren Verankerung an Wänden, Böden, Decken und Kletterstrukturen versehen und Zufahrten für große Maschinen berücksichtigen. Für Gorillas ist die Komplexität der Umgebung wahrscheinlich der wichtigste Aspekt ihres Geheges. Das kann bei Innengehegen entweder durch die Verbindung mehrerer Räume oder durch Einrichtungsgegenstände wie Sichtschutzwände, Kletterstrukturen und verschiedene Ebenen zur Unterteilung des Hauptgeheges erreicht werden. Klettereinrichtungen wie hölzerne Stangenkonstruktionen, Seile, Netze und größere Plattformen schaffen Möglichkeiten, den gesamten verfügbaren Raum zu nutzen. Natürliche Materialien wie abgestorbenen Bäume,

Baumstümpfe und Baumstämme, umgedrehte alte Wurzeln und Felsen bereichern ebenfalls die Gehege und bieten viel Beschäftigungsmöglichkeiten. Zweige können nicht nur als wichtiges Futter dienen, sondern auch als sehr nützliche Einrichtungs- und Spielgegenstände. Alle Einrichtungsgegenstände müssen so gestaltet sein, dass sie die grundlegenden Bedürfnisse der verschiedenen Geschlechter und Altersgruppen erfüllen. Erwachsene Tiere zeigen ein höheres Maß an Imponiergehabe und Nestbauverhalten, während Jungtiere gerne und oft spielerisch herumtollen. Junge oder untergeordnete Tiere müssen die Möglichkeit haben, sich der Aufmerksamkeit der Erwachsenen zu entziehen.

Erwachsene Gorillas sind primär bodenlebend, neuere Forschungen haben jedoch gezeigt, dass westliche Flachlandgorillas auch auf Bäumen leben. Daher brauchen sie Bäume, auf die sie klettern können. Dies gilt insbesondere für junge Tiere. Aus diesem Grund sollte der Durchmesser einiger Kletterstrukturen auch an deren Bedürfnisse angepasst sein. Während Jungtiere oft hohe, vertikale Kletterstrukturen nutzen, bevorzugen erwachsene Tiere niedrigere und horizontaler Strukturen, insbesondere solche, die das Laufen auf den Fingerknöcheln ermöglichen, z.B. schwere Baumstämme mit großem Durchmesser. Klettervorrichtungen regelmäßig warten, da sich die Stränge lösen und ein Strangulationsrisiko für die Tiere darstellen können. Feuerwehrschläuche sind eine sicherere Alternative zu Seilen, da sie schwerer zu kauen sind und zu bequemen Hängematten verarbeitet werden können. Während Kletterstrukturen das Gehege für das Spiel der jüngeren Tiere bereichern, kann die tatsächliche Vergrößerung des Geheges für Adulte am besten durch die Bereitstellung von Plattformen erreicht werden. Einrichtung und Kletterstrukturen müssen stark und massiv, aber auch leicht zu ersetzen sein. Abgestorbene Bäume, verschiedene Holzkonstruktionen, Lianen und Seile eignen sich hervorragend zum Klettern, dazu gehören auch künstliche Bäume und Feuerwehrschläuche. Große Seilnetze und starke Leinensäcke sind gut zum Klettern und Nisten geeignet und können auch als Schattenspender dienen.

Eine Abwechslung bei der Einrichtung und den angebotenen Ausstattungsgegenständen erhöht das Verhaltensrepertoire. So lassen sich verschiedenen Bereichen und Plätzen unterschiedliche Funktionen zuweisen und es werden abwechselnde körperliche Aktivitäten ermöglicht. Eine Ecke zwischen Wänden mit weicher Einstreu, eine Plattform von ca. 1,5m² oder eine Hängematte können gute Plätze zum Ausruhen sein. Für Verfolgungsjagden, Brustklopfen usw. brauchen Gorillas einen offeneren Bereich. Sichtschutzwände, variable Barrieren usw. helfen dabei, soziale Spannungen abzubauen, indem sie Möglichkeiten zur schnellen Flucht oder zum Verstecken bieten.

Umgang. Gorillas benötigen ein komplexes soziales Umfeld. Dabei integrieren sie auch Tierpfleger und andere Personen, mit denen wiederholter Kontakt besteht, in das Sozialgefüge. Die Tiere reagieren negativ auf laute Geräusche und schnelle Bewegungen der Pfleger, was zu erhöhter Erregung und ungewolltem Verhalten führen kann. Sich auf die Höhe eines Gorillas zu knien, einen direkten Blick zu vermeiden und die leisen, zufriedenen „Grummel"-Geräusche des Gorillas nachzuahmen, wirkt auf die Tiere beruhigend.

Routinen, beispielsweise gleiche Abläufe bei der Reinigung, und gewohnte Verhaltensweisen unterstützen einen ruhigen und vertrauensvollen Umgang miteinander. Ruhe, Geduld, Mitgefühl und Fürsorge sind zwingend erforderlich, damit Gorillas Vertrauen aufbauen. Kontinuität und Beständigkeit unter den Tierpflegern sind dabei sehr wichtig und fördern die Entwicklung von stabilen Gorillagruppen. Vorsicht ist vor Vermenschlichung bei der Interpretation von Verhaltensweisen geboten, auch sehr erfahrene Tierpfleger sind hiervor nicht gefeit, selbst wenn sie eine hohe Kompetenz in der Interpretation von individuellen und arttypischen Verhaltensweisen besitzen. Darüber hinaus ist es unerlässlich, dass Gorillas ihr eigenes artspezifisches Verhalten zeigen können und so viel

Selbstbestimmung und Entscheidungsfreiheit haben, wie es in Zoos möglich ist. Gorillas sollten weder zu sehr von ihren Pflegern abhängig sein, noch von ihnen kontrolliert werden. Negative Verstärkung (Anschreien, Abspritzen usw.) durch den Tierpfleger kann zu sozialer Aggression, individuellen Verhaltensänderungen, Bewegungsverweigerung und Ressentiments gegenüber dem Tierpfleger führen. Auf diese Weise gestörte Beziehungen zwischen Tierpfleger und Gorilla sind dauerhaft geschädigt. Diese Methoden sollten nur in äußersten Notfällen eingesetzt werden. Starke Gerüche, etwa von Parfüm und scharfen Reinigungsmitteln, vermeiden. Die hygienischen Anforderungen aus vorgenanntem Grund, aber auch zur Vermeidung einer Krankheitsübertragung sind in der Menschenaffenpflege hoch. Das Pflegepersonal muss bei sich selbst größten Wert auf Hygiene und Sauberkeit legen. Innenanlage, Inventar und Absperrboxen einschließlich Gitter täglich in Abwesenheit der Tiere mit heißem Wasser gründlich reinigen, anschließend gut lüften und trocknen lassen. Bei Verwendung von Desinfektionsmitteln auch letzte Reste sicher entfernen. Kot und Urin möglichst zeitnah nach der Abgabe entfernen und verunreinigte Flächen mit Wasser und einem Lappen säubern. Außenunterkünfte und die Freianlage möglichst am Abend säubern, nachdem die Tiere wieder die Innenräume bezogen haben.

Zur Überwachung der körperlichen Entwicklung und zur allgemeinen Zustandskontrolle im Erwachsenenalter regelmäßige Gewichtskontrollen vornehmen. Hierfür frühzeitig ein Wagentraining etablieren.

Wichtig ist weiterhin die Gewöhnung junger Tiere an die regelmäßige Kontrolle der Analtemperatur oder an die Temperaturmessung im Ohrkanal. Individuen, die seit früher Jugend an solche Messungen gewöhnt sind, wehren sich oftmals später auch als Erwachsene dagegen nicht, wenn sie krank und apathisch sind. Wie alle Menschenaffen haben Gorillas keine oder nur wenig Widerstandskraft gegen die häufigsten Erkrankungen des Menschen. Husten, Schnupfen und grippale Infekte nicht auf die leichte Schulter nehmen. Da solche Krankheiten besonders durch den Menschen übertragen werden, dürfen Kontakte mit den Tieren außer dem Pflegepersonal nur einem streng begrenzten, genau festgelegten Personenkreis gestattet werden, der in Grippezeiten zudem stark eingeschränkt und aus dem Personen auch mit leichten Erkältungsanzeichen vorübergehend ausgeschlossen werden sollten.

Bei fieberhaften Erkrankungen kommt es oft zu starkem Flüssigkeitsverlust im Tierkörper. Die Haut verliert an Elastizität, das Nachlassen der Hautelastizität gilt als ernstes Gefahrenzeichen. Unter allen Umständen versuchen, dem Patienten, der in diesem Zustand die Nahrungsaufnahme verweigert, wenigstens reichlich Flüssigkeit einzuflößen, z.B. glukose- bzw. saccharosehaltige Elektrolytlösungen. Nach längeren Durchfällen können Verstopfungen auftreten, die durch geeignete ärztliche Maßnahmen schnell beseitigt werden müssen. Im Normalfall erfolgt der erste Kotabsatz spätestens 2–3 Tage nach dem Wiederbeginn der Futteraufnahme. Generell die Häufigkeit des Kotabsatzes und den Kotzustand regelmäßig kontrollieren.

Fütterung. Wie alle Affen gehen auch Gorillas bei der Wahl ihrer Nahrung sehr selektiv vor. Gorillas sind folivore, pflanzenfressende Primaten, greifen jedoch auch auf reife und energiereiche Früchte zurück, wenn diese gerade Saison haben. Den größten Teil des benötigten Proteins beziehen sie aus den gewählten Blättern. Eine adäquate Ernährung ist in Zoos besonders herausfordernd und erfordert ein gut auf die Art abgestimmtes Futterangebot. Gelegentlich treten ernährungsbedingte Gesundheitsprobleme auf, möglicherweise als Folge einer zu zuckerreichen und ballaststoffarmen Ernährung. Fettleibigkeit und Karies waren und sind gerade bei älteren Haltungen und Systemen noch weitverbreitete Probleme. Auch die noch immer häufig vorkommende Regurgitation, das Heraufwürgen und Wiederverschlucken von Nahrung, ist möglicherweise an das Futterangebot in den Zoos gekoppelt. Zwar führt es nach derzeitigem Kenntnisstand zu keinen Gesundheitsproblemen, es wurde jedoch bislang nicht im Wildbestand beobachtet und sollte auch aus ästhetischen Gründen verhindert werden. Die traditionelle Ernährungsweise in Tiergärten mit einem großen Anteil an Obst ist darauf zurückzuführen, dass Menschenaffen süße Leckereien bevorzugt und gerne fressen, dafür andere Futtermittel ausdauernd meiden und verschmähen, bis sich die Tierpfleger zur Fütterung von Obst hinreißen lassen. Auch wenn der heutige Kenntnisstand ein anderer ist, kommen noch unterschiedliche Fütterungsformen vor, zumal die Umstellung auf anderes, weniger attraktives Futter sehr langwierig sein kann. Die Ernährung in Zoos sollte in Anlehnung an die natürliche Ernährung erfolgen. Gorillas verzehren Blätter, Stängel, Triebe und Früchte. Die Aufnahme von Früchten scheint sehr unterschiedlich zu sein. Es gibt saisonale und lokale Unterschiede innerhalb und zwischen den Arten und Unterarten. Die von den Gorillas verzehrten Pflanzen sind besonders faserhaltig und nehmen eine wichtige Rolle für die Funktionalität des Verdauungssystem ein. In Tiergärten machen Obst und Gemüse etwa 50–90 % des gesamten Nahrungsangebots aus. Mittlerweile wird empfohlen, kultiviertes Obst gänzlich zu streichen und den Gemüseanteil entsprechend zu erhöhen. Die vermehrte Gabe von faserhaltigen, weniger kalorienreichen Lebensmitteln verbessert nachweislich die Gesundheit der Tiere und erhöht ihr Sättigungsgefühl. Auch Primaten-Browser-Pellets mit geringem Stärkegehalt sind geeignet. Frisches Laub und Zweige stets zur Verfügung stehen. Tierisches Eiweiß ist nicht erforderlich, zumal tierische Produkte unnötig fettreich sind. Als Richtwert für die Fütterung eines erwachsenen Gorillas gelten etwa 4,5 % des Körpergewichts. Diese Menge sollte zu 50 % aus Gemüse, zu 30 % aus Grünfutter und zu nicht mehr als 15 % aus trockenen, ballaststoffreichen Primatenpellets und bis zu 5 % aus Enrichment- und Trainingsfutter bestehen. Geeignete Laubarten sind: Weide, Pappel (nur junges Laub, keine Zweige im Herbst und Winter mit klebrigen Knospen!), Ahorn, Linde, Eiche, Hasel, Maul- und Himbeere, Cotoneaster, Forsythie, Bambus. Laub wird als inhaltsstoff- und rohfaserreiches Futtermittel für Menschenaffen vielfach unterschätzt und sollte allen Arten täglich angeboten werden. Zur Erhöhung des Angebots von pflanzlichem Protein im Sommer kann auch frische Luzerne gegeben werden. Gemüse abwechslungsreich einsetzen, geeignete Sorten sind: Kohl (alle Sorten), Brokkoli, Chicorée, Blumenkohl, Kürbis, Mangold, Sellerie, Kürbis, Grünkohl, Mais, Süßkartoffel, Salat (alle Sorten), Gurke, Rüben, Frühlingsgemüse, Fenchel, Artischocke, Spinat, Lauch, Pilze, Rote Bete, Kohlrabi, Okraschoten, Karotte, Spargel, Erbse, Knollensellerie, Rosenkohl, Zwiebeln, Pastinake, Paprika, Kohlrabi, Radieschen, Aubergine, Tomate, Kartoffel, grüne Bohnen, Saubohnen, Avocado. Zur Verfettung neigende ranghohe Tiere müssen u.U. einzeln gefüttert oder mit nährstoffarmem Futter vorab gesättigt werden, da sie sonst das bevorzugte (meist süßes und daher energiereiches) Futter für sich beanspruchen.

Bei der Fütterung sind grundsätzlich Faktoren wie Trächtigkeit, Alter, Krankheit, aber auch äußere Faktoren wie die Temperatur zu berücksichtigen. Bei älteren Menschenaffen kann eine fett-, natrium- und kalorienarme Ernährung Fettleibigkeit und damit verbundene Herz-Kreislauf-Erkrankungen reduzieren.

Wild lebende Gorillas verbringen einen Großteil ihrer Zeit mit der Nahrungssuche und deren Verwertung. Gruppenmitglieder suchen verstreut nach Nahrung, die in der Regel reichlich vorhanden ist, so dass es kaum zu Konkurrenz kommt. Das Fütterungsregime und die Verteilung des Futters unter Zoobedingungen sollten dies imitieren. Futter so verteilen, dass die Tiere möglichst viel Zeit für die Nahrungssuche und -verwertung aufwenden. 4 Fütterungen pro Tag und breit verstreut anbieten. Futter nicht zu klein zerteilen, da Gorillas dies dann oft ignorieren. Größere Stücke sorgen für Beschäftigung – durch die Handhabung, Zerteilen, Zerbrechen und Zerbeißen. Im Kölner Zoo wird das Futter überwiegend im Ganzen angeboten.

Vergesellschaftung. Gorillas sollten in Zoos in naturnahen sozialen Gruppen mit einer Vielzahl von Alters- und Geschlechtsklassen gehalten werden, um ein arttypisches Verhalten zu ermöglichen. Die empfohlene Gruppenzusammensetzung besteht aus 1 adulten Männchen mit 2 oder maximal 3 Zuchtweibchen sowie deren Nachwuchs. Auch Junggesellengruppen sind möglich, in denen die Männer einige Jahre lang bleiben, bis sie als Silberrücken in eine Zuchtgruppe aufgenommen werden oder ihr Leben lang diese Gruppen leiten. Diese Form wurde als Folge der erfolgreichen Zucht und dem entstandenen Überschuss an Männchen entwickelt. Weibchen bis zu einem Alter von 6–8 Jahren bleiben in ihrer Geburtsgruppe, hier erlernen sie durch Beobachtung die Aufzucht von Jungtieren. Männchen, die als Zuchtmänner geplant sind, bis zu einem Alter von 9–11 Jahren in ihrer Geburtsgruppe belassen, sofern es nicht zu ernsthaften Kämpfen kommt. Männchen, die sich einer Junggesellengruppe anschließen sollen, können die Gruppe bereits im Alter von 5–9 Jahren verlassen. Bei Gorillas ist der Verwandtschaftsgrad weiblicher Gruppenmitglieder in der Natur gering, da sie häufig von Trupp zu Trupp wechseln. Ihre Bindungen untereinander sind bedeutend schwächer als die zum Haremsführer. Intensive Beziehungen bestehen zwischen den Weibchen nur, wenn Mutter und Tochter über einen längeren Zeitraum in einer Gruppe leben. In Menschenobhut bleiben Mutter und Tochter, weibliche Geschwister oder nicht miteinander verwandte Weibchen oft über einen langen Zeitraum zusammen, unter diesen Umständen entstehen oft starke gegenseitige Bindungen. Allerdings ist eine negative Beeinflussung des Fortpflanzungsgeschehens nicht auszuschließen, wenn die Beziehungen zwischen den Weibchen stärker sind als deren Bindung zum Haremsführer. Enge Beziehungen zwischen den Weibchen einer Gruppe erschweren auch die Eingliederung fremder Weibchen, die dann ähnlich wie erwachsene weibliche Schimpansen zunächst mit dem Haremsführer zusammengewöhnt werden müssen und erst danach schrittweise in die Gruppe integriert werden können. Bei sich anbahnenden exklusiven Bindungen zwischen weiblichen Gruppenmitgliedern sind Eingriffe in die Gruppenstrukturen für den Aufbau und den Erhalt blutsfremder Zuchtgruppen zur Sicherung einer gesunden und stabilen Population von Gorillas in Menschenobhut unumgänglich. Die Integration neuer Tiere in eine bestehende Gruppe ist die risikoreichste Phase der Gorillahaltung und muss die unterschiedlichen Charaktere, sozialen Beziehungen und die gegenwärtige Situation berücksichtigen. Die Einführungsstrategien werden von Faktoren wie dem Alter, der Erfahrung und dem Temperament der beteiligten Tiere, dem Ort der Einführung und der Erfahrung des Personals beeinflusst. Die genaue Kenntnis der Individuen und die Erfahrung der Tierpfleger ist von größter Wichtigkeit. Die Einführung eines neuen Gruppenmitglieds erfolgt üblicherweise in 4 Schritten:

1. Gewöhnung des neuen Tieres an die neue Umgebung und erster Kontakt mit den neuen Tierpflegern. Günstigstenfalls begleitet ein vertrauter Tierpfleger den Gorilla in den neuen Zoo, neue Tierpfleger sprechen ruhig mit dem Tier und „freunden" sich mit ihm an. Dabei Anzahl der Kontaktpersonen minimal halten und so unnötigen Stress vermeiden. Lieblingsfutter und Wasser anbieten, ebenso reichlich Material wie Äste, Stroh und Holzwolle. Dies animiert zum Nestbau, zudem können die Tiere so auch weitere Verhaltensweisen ausleben. Gegebenenfalls, wenn vorhanden, mehrere Räume anbieten, alleine und ohne Druck in den Außenbereich und die Hauptanlagen einführen. Gorillas die noch keine Erfahrung mit Wassergräben und/oder elektrischen Zäunen gemacht haben, überwachen.
2. Gewöhnen an die neue Gruppe. Für alle Gorillas reichlich Material (z. B. Äste, Stroh, Holzwolle) bereitstellen, um zum Nestbau zu animieren und etwaige Übersprungshandlungen ausleben zu lassen. Vor der Einführung Sichtkontakt zueinander gewähren und beobachten, wie sich die Beziehung zwischen dem einzelnen Tier und den Gruppenmitgliedern entwickelt. Bei positivem Interesse kurzzeitig über Kontaktfläche (Lochbleche,

engmaschiges Gitter) Körperkontakt gestatten, Sichtbarriere oder Rückzugsbereich anbieten, falls sich die Tiere zurückziehen wollen. Der Prozess kann sich abhängig von den beteiligten Charakteren über wenige Stunden, aber auch über Tage hinweg ziehen.

3. Uneingeschränkter Kontakt zu erstem Gruppenmitglied. Ein Tier, das sich sehr positiv dem neuen Gruppenmitglied gegenüber zeigt, kann mit diesem vorsichtig zusammengeführt werden. Allerdings muss das Tier die Möglichkeit haben, sich wieder zur Gruppe zurückzuziehen, um den eigenen Rang und Status aufrechterhalten zu können. Gehen beide Tiere entspannt miteinander um, können weitere Gruppenmitglieder auf die gleiche Art eingeführt werden. Für neue Weibchen ist es wichtig, die Unterstützung des Männchens zu bekommen. Dafür das neue Weibchen dem Männchen allein vorstellen. Bei neuen Männchen hat es sich als erfolgreich erwiesen, dieses zunächst mit jedem Weibchen allein zu vergesellschaften, bis sich das Männchen entspannt verhält. Danach die Anzahl der Weibchen erhöhen, um eine mögliche Koalition der Weibchen gegen das Männchen zu vermeiden. Anfangs nur für eine begrenzte Zeit zusammen lassen: 1 bis wenige Stunden pro Tag. Erst wenn die Situation ruhig scheint, die Zeitspanne ausdehnen. Für Notfälle einen Wasserschlauch bereithalten. Den Gorillas in dieser Phase so viel Platz wie möglich bieten, damit erste Beziehungen aufgebaut werden können, was im Wesentlichen durch Beobachten, Annähern, Imponieren, Ausweichen und Verteidigen geschieht. Ein System miteinander verbundener Räume vorhalten, bei unterschiedlich großen Tieren mit Separationsschiebern arbeiten. Auch das Anbieten von kleinen zusätzlichen Futtermengen neben den normalen Fütterungszeiten kann den Prozess unterstützen und für Entspannung und Ablenkung sorgen.
4. Einführung der übrigen Gruppenmitglieder. Weitere Tiere aus der Gruppe werden in gleicher Weise an das neue Gruppenmitglied herangeführt. Hierbei genau beobachten, welche Verhaltensweise sie äußern. Immer mit dem Tier arbeiten, das sich positiv und zugewandt verhält. Eine Überforderung der Tiere sollte nicht durch eine übereilte Zusammenführung provoziert werden, da dies langfristige negative Folgen haben kann.

Die Vergesellschaftung mit anderen Arten gewinnt in den letzten Jahren an zunehmender Popularität. Gerade in großen Innengehege oder Tropenhallen sind frei fliegende Vögel und Fledermäuse häufige Nachbarn, die gelegentlich auch in die Gehege von Gorillas einfliegen. Erfolgreich war auch die Vergesellschaftung mit eine Ginsterkatze (Genetta spec.) zur Mäusejagd im Heidelberger Zoo. Der Zoo von Johannesburg hielt Ducker und Perlhühner zusammen mit einem Gorillapaar. In Apenheul teilt sich eine Junggesellenherde von Springböcken ein 2 Hektar großes Inselhabitat mit 2 Gorillagruppen. Weitaus häufiger ist die Gemeinschaftshaltung mit anderen Primaten, darunter: Zwergmeerkatzen, Guerezas, Weissscheitelmangabe, Rotschwanzmeerkatze, Drill, Diademmeerkatze, Kleine Weißnasenmeerkatze, Husarenaffe, Schopfmangaben und Brazzameerkatze.

Fortpflanzung und Zucht. Die Geschlechtsunterscheidung bei Erwachsenen ist aufgrund des starken Geschlechtsdimorphismus und der typischen sekundären Geschlechtsmerkmale einfach. Die Geschlechtsorgane sind oftmals im Fell verborgen und bei Jungtieren schwer zu unterscheiden, da Penis und Klitoris nur als kleine, stiftähnliche Gebilde am Unterbauch in Afternähe inmitten eines kahlen, runzligen, schwarzen Hautfelds erkennbar sind. Die Geschlechtsbestimmung erfolgt durch seitliches Dehnen der hinter der Klitoris bzw. des Penis gelegenen Haut, in der bei Weibchen die spaltenartige Scheidenöffnung sichtbar wird. Die später im gleichen Gebiet vorhandenen, relativ kleinen Hoden verbleiben bis zur Vollendung des Milchgebisses in der Leibeshöhle und wandern erst danach in den sich ausbildenden Hodensack. Gegen die zur Geschlechtsbestimmung erforderliche Fixierung wehren sich junge Gorillas vielfach heftig, deswegen meist weniger aufregende Untersuchungen wie Chromosomenuntersuchung oder Haarfollikelmethode („Olympiatest") anwenden.

Der Östruszyklus von erwachsenen Weibchen dauert bei Flachlandgorillas 26–32, bei Berggorillas durchschnittlich 28 Tage. Um den Ovulationstag herum kommt es zu einer Schwellung der Schamlippen, sie ist allerdings aufgrund ihrer dunklen Färbung und des geringen Schwellungsgrads weniger deutlich als bei Schimpansen und Bonobos zu erkennen. Die Fertilität ist zur Mitte des Zyklus bei einer Dauer von 1–4 Tagen am höchsten. Der Zyklus wie auch Schwangerschaften können durch gängige, möglichst sensitive Ovulations- und Schwangerschaftstests überwacht werden.

Schwangerschaftstests basieren auf dem Nachweis des humanen Choriongonadotropin (HCG) im Urin. Gorilla-Choriongonadotropin in seiner Struktur dem HCG ähnlich genug, um mit menschlichen Schwangerschaftstests zu funktionieren. 3–4 Wochen nach der Paarung sollte der Choriongonadotropinspiegel ausreichend erhöht sein, um den Nachweis zu erleichtern. Einige Weibchen zeigen während der Trächtigkeit spezifische Verhaltensweisen, die sie sonst nicht an den Tag legen (z.B. Verstecken oder veränderte Futtervorlieben). Trächtige Weibchen nehmen an Gewicht zu, was in der zweiten 2. Hälfte der Trächtigkeit deutlich zu erkennen ist. Ab 4.–5. Monat zeigen sich sichtbare Vergrößerung von Brüsten und Brustwarzen, ab 6. Monat ist auch ein Milchausstoß möglich. Die Tragzeit liegt bei 234–288 (im Mittel 255) Tagen. Es gibt keine feste Wurfzeit, die Fortpflanzung erfolgt ganzjährig.

Kurz vor der Geburt zeigt sich eine beginnende Unruhe mit einer häufigen Veränderung der Körperhaltung bzw. Körperstellung. Nach der ersten Wehe erfolgt meist ein Schleimabgang. Die Geburt verläuft in der Regel unkompliziert, vielfach im seitlichem Liegen oder in Hockstellung. Die Dauer ist individuell verschieden, ausnahmsweise erheblich verlängert (Schwergeburt beim Gorilla 3 Tage). Das gebärende Weibchen möglichst in der Gruppe belassen, jedoch Privatsphäre und Rückzugsmöglichkeiten anbieten.

Meist 1 Jungtier, Zwillinge sind sehr selten. Die erste Zwillingsgeburt (Wahrscheinlichkeit 0,6 %) gab es 1967 in Frankfurt, danach 1981 in Barcelona. Vater war hier der weiße Gorilla, der Mitte der 1960er Jahre aus Äquatorialguinea importiert worden war. Die Zwillinge waren wie ihr älterer Bruder normalfarben. Seither weitere Zwillingswürfe, deren letzter sich 2017 im Zoo Frankfurt ereignete. Geburtsgewicht 1,4–3 kg (2,2 kg im Durchschnitt). Geburtsgewichte von Menschenaffen in Tabelle 19.9.

Unmittelbar nach der Geburt säubern Menschenaffenmütter das Junge mit Händen und Lippen, sie lecken und saugen dabei besonders Fruchtwasser aus dem Fell des Jungen und nehmen dazu oft die Gliedmaßen des Jungen in den Mund. Der Abgang der Nachgeburt erfolgt gewöhnlich 10–75 Minuten nach Austritt der Frucht, der Umgang mit der Nachgeburt ist individuell verschieden. Manche, besonders erfahrene Mütter nabeln das Junge ab, indem sie die Nabelschnur mit den Zähnen durchtrennen. Andere tragen die Nachgeburt als Teil des Jungen mit sich herum und legen die Plazenta erst beiseite, wenn nach 1½–3 Tagen der austrocknende, spröde werdende Nabelstrang zerreißt und damit die Verbindung zwischen Jungtier und Nachgeburt unterbrochen wird.

Neugeborene sind verhältnismäßig hilflos. Zwar ist bei ihnen ein deutlicher Klammerreflex vorhanden, d.h., die Jungtiere versuchen, sich mit Händen und Füßen im Fell der Mutter festzuhalten, doch muss diese in der ersten Zeit ihr Neugeborenes mit einer Hand an den Körper pressen, um das Baby nicht zu verlieren. In den ersten Monaten trinken Gorillas etwa dreimal pro Stunde für jeweils 3–5 Minuten. Der Abgang von Darmpech (Mekonium), der manchmal durch die erste Milchaufnahme angeregt wird, erfolgt vielfach wenige Stunden nach der Geburt. Ein Gorilla in Chicago entleerte das Darmpech erst nach 5 Tagen.

Die Jungtiere entwickeln sich nahezu doppelt so schnell wie Menschensäuglinge. In den ersten 6 Lebensmonaten besteht ein ständiger Körperkontakt des Kindes zur Mutter, zunächst überwiegend am Bauch, wobei die Mutter es besonders beim Laufen anfangs mit einer Hand unterstützt, bis es gelernt hat, sich selbst am Mutterkörper festzuhalten. Später, wenn das Jungtier größer und schwerer wird, trägt die Mutter das Kind auf dem Rücken oder in einer Hand sitzend, wobei es sich am Arm der Mutter festhält. Erstes Lächeln und mimisches sowie akustisches Grüßen wird mit 6 Wochen gezeigt. Mit 3 Monaten schlafen Gorillas tagsüber nur noch selten, sie beginnen, sich intensiv mit der Umwelt zu beschäftigen, und krabbeln erstmals am Boden. Mit 3–4 Monaten kommt es zum ersten gezielten Greifen.

Der Durchbruch der Milchzähne erfolgt individuell sehr unterschiedlich, sowohl zeitlich als auch von der Reihenfolge her. Milchgebissentwicklung von Menschenaffen in Tabelle 19.10.

Erste feste Kost wird mit 4–6 Monaten aufgenommen, bereits mit 8 Monaten fressen die Jungtiere regelmäßig die Pflanzenkost, die die Mutter gerade frisst, und lernen dabei durch Imitation des mütterlichen Verhaltens, welche Pflanzenarten genießbar sind.

Das Geburtsgewicht wird mit 3–4 Monaten verdoppelt, mit 1 Jahr verdrei- bis vervierfacht. Der Tageszuwachs beträgt je nach Art im 1. Lebensjahr 7,5–10 g, im 2. Lebensjahr 12–15 g. Mütter an die Kontrolle der Gewichtsentwicklung auch bei natürlicher Aufzucht gewöhnen. Die Jungtiere werden üblicherweise im Alter von etwa 3 Jahren abgestillt. Es ist ein allmählicher Prozess, bei dem sich die Bindung zwischen Mutter und Kind lockert. Gelegentlich wurde ein gewaltsames Unterbinden des Saugens des Kindes im Alter von 6–12 Monaten beobachtet. Bei ausbleibender nachfolgender Trächtigkeit kann der Nachwuchs bis zu einem Alter von 4–5 Jahren weiter gesäugt werden. Milchzusammensetzung von Menschenaffen in Tabelle 19.11.

In der Wildnis wie auch in Menschenobhut liegen die Geburtsabstände nach erfolgreichen Aufzuchten bei 3½–4 Jahren. Nach Aborten, Tot- oder Fehlgeburten oder frühen Jungtierverlusten verkürzten sich die Geburtsabstände (früheste Post-partum-Intervalle nach 2–3½ Monaten) auf 1½–2 Jahre. In Los Angeles verging zwischen einem Kaiserschnitt und der nächsten Schnittentbindung nur 1 Jahr.

Die Jungtiersterblichkeit aller Arten ist in der Natur hoch, im Zoo nur etwas niedriger. Deren Ursachen sind vielseitig: häufig Infektionen, Unerfahrenheit erstgebärender Mütter oder äußere Einwirkung von Artgenossen (Kindstötung, Kindesentführung). Mit dem Tod eines Jungtiers oder eines erwachsenen Artgenossen werden im natürlichen Lebensumfeld im Verlauf ihres Lebens alle Menschenaffen konfrontiert. In Menschenobhut ist im Falle eines solchen Ereignisses behutsames Vorgehen angebracht. Wenn ein Jungtier zu Tode kommt, sollte der Mutter die Zeit gegeben werden, die Reglosigkeit und Reaktionslosigkeit des Kindes zu begreifen und sich von ihm allein zu lösen. Mutter mit totem Kind dazu gegebenenfalls für Besucher nicht einsehbar halten. Die intensive Pflegephase während der Jungenaufzucht endet mit etwa 1¼–1¾ Jahren. Die Bindung zur Mutter bleibt noch über längere Zeit erhalten, wird aber zunehmend lockerer.

Die Ausbildung des bleibenden Gebisses beginnt bei fast allen Menschenaffenarten im Alter von 3–4 Jahren mit dem Durchbruch des 1. Vorbackenzahns, dem im 5. Lebensjahr die Schneidezähne, im 6.–8. Jahr weitere Backenzähne (erst Prämolaren, dann Molaren) und etwa im 9. Jahr die Eckzähne folgen. Mit dem Durchbruch der 3. Backenzähne („Weisheitszähne") ist zwischen dem 10. und 12. Lebensjahr die Gebissentwicklung abgeschlossen.

Gorilla-Männchen paaren sich im natürlichen Umfeld mit 9–10 Jahren. Nach Beobachtungen in London ist der Beginn der Geschlechtsreife mit 6–7 Jahren in Menschenobhut nicht ungewöhnlich. Obwohl in der Natur bei Gorillaweibchen eine etwa 2-jährige Postpubertätssterilität vor dem 10. Lebensjahr eine Trächtigkeit verhindert, brachte in Seattle ein 6¾-jähriges Weibchen von einem bei der Zeugung etwa 6-jährigen Männchen ein gesundes Junges, vermutlich infolge Frühreife, da in Zoos erstgebärende Gorillas meist zwischen 9 und 11 Jahre alt sind, obwohl die Menstruation bei ihnen meist bereits mit 7½ und 8 Jahren einsetzt.

Schimpansen

Schimpansen (Pan): 2 Arten, sehr deutlich voneinander verschieden. Dem Menschen am nächsten stehende Menschenaffen. DNA der Gattung *Pan* ist zu 98,4 % identisch mit der der Gattung *Homo*. Trennung der Entwicklungslinien beider Gattungen möglicherweise erst vor 5–7 Millionen Jahren. Kleiner als Gorillas, Geschlechtsdimorphismus hinsichtlich Körpergröße und Gewicht nicht so erheblich wie bei vorigen Arten. Schädel ohne Knochenkamm, Gesicht nackt, bei Erwachsenen meist mehr oder minder dunkel pigmentiert, Augen unter starken Überaugenwülsten tief liegend, Ohren groß, leicht abstehend, teils fleischfarben, teils dunkel pigmentiert. Fell mittellang, grannig, glänzend schwarz bis schwarzbraun, ergraut bei älteren Tieren an Kopf und Rücken. Jungtiere mit weißem Schopf über dem After. West- und Äquatorialafrika. **Schimpanse** (*P. troglodytes*): Körper leicht gedrungen, Gesichtsfarbe meist mehr oder minder dunkel pigmentiert, bei Jungtieren und Halbwüchsigen hell, Lippen blass, Ohren nackt, bei Jungtieren meist fleischfarben, bei älteren Tieren schwach pigmentiert, aber sich meist heller von der dunklen Kopfbehaarung abhebend, Scheide der Weibchen mehr in Afternähe, Fell meist schwarz. Arttypische Lautgebung vornehmlich unter Verwendung der Vokale „u“ und „o“ (80 %) sowie „oa“ (7 %). 4 Unterarten: Zentralafrikanischer Schimpanse (*P. t. troglodytes*), auch Tschego: größte und schwerste Unterart, Gesicht fast immer dunkel pigmentiert. Nigeria-Schimpanse (*P. t. ellioti*), auch Ostnigeria-Westkamerun-Schimpanse: der Nominatform ähnlich. Westafrikanischer Schimpanse (*P. t. verus*): Gesichtshaut meist wenig pigmentiert, unterscheidet sich als einzige Unterart genetisch deutlich von den übrigen Tieren. Ostafrikanischer Schimpanse (*P. t. schweinfurthii*): nur wenig kleiner und leichter als westlichere Unterarten, Haarkleid länger und dichter. – **Bonobo** (*P. paniscus*), fälschlich auch Zwergschimpanse: kleiner und leichter als der Zentralafrikanische Schimpanse (Nominatform), jedoch keine nennenswerten Größen- und Gewichtsunterschiede zu übrigen Schimpansenunterarten. Gestalt schlanker, graziler, Gliedmaßen etwas länger, Gesicht schwärzlich, stark pigmentiert, auch bei Jungtieren, Ohren ebenfalls schwarz, Lippen rötlich fleischfarben, deutlicher Backenbart, bei Weibchen helle Gesäßschwellung, Scheide mehr bauchständig und weiter vom After entfernt als beim Schimpansen, Fell schwarz. Arttypische Lautgebung vornehmlich unter Verwendung der Vokale „a“ und „e“ (86 %), Zahl der „u“-Laute (10 %) deutlich geringer. Serumproteine sind denen des Menschen noch ähnlicher als die des Schimpansen und der übrigen Menschenaffen. Heutiges Verbreitungsgebiet von 200000 km^2 in der Demokratischen Republik Kongo nur wenig nördlich und südlich des Äquators, nach Norden und nach Westen vom Kongo, nach Osten und Süden von den Flüssen Lomami, Kassai, und San-

Abb.19.48 Weibliche Schimpansen (*Pan troglodytes*) werden dann gute Mütter, wenn sie im Familienverband aufwachsen und leben.

Abb. 19.49 Der Bonobo (*Pan paniscus*) ist schlanker und zierlicher als der Schimpanse. Auffällig sind seine fleischfarbenen Lippen.

kuru begrenzt, umfasst vermutlich nur noch die Hälfte des ursprünglichen Areals.

Gefährdungsstatus. Der Bestand ist unübersichtlich, im Verbreitungsgebiet bei Schimpansen (170000–300000 Tiere) regional durch Lebensraumzerstörung, Populationsisolierung durch Besiedelung, Buschfleisch-Handel und Abschuss als Ernteräuber bedroht, stark gefährdet oder – vor allem in Schutzgebieten – noch gesichert. Bonobos wegen des relativ kleinen Verbreitungsgebietes und der niedrigeren Bestandszahlen (15000–20000 Tiere) aus oben genannten Gründen stark gefährdet, regional bedroht und schutzbedürftig. EEP für Schimpansen in Ostrava und für Bonobo in Antwerpen.

Lebensweise. Tagtiere. Schimpansen kommen aufgrund ihres weiten Verbreitungsgebietes in sehr unterschiedlichen Lebensräumen vor: Tiefland- und Bergregenwälder, geschlossene und lichte Trockenwälder, Galeriewald, Baumsavanne mit Dickungen und Grasland, auch in der Nähe menschlicher Siedlungen und Kulturflächen. Jährliche Niederschlagsmenge, Luftfeuchtigkeit und mittlere Tagestemperaturen sind regional sehr verschieden, in Äquatornähe hohe Luftfeuchtigkeit und hohe Tagestemperaturen, jährliche Niederschlagsmenge zwischen 1500 und 1900 mm, in äquatorfernen Verbreitungsgebieten Wechsel von Regen- und Trockenzeiten mit Tageshöchsttemperaturen von 25–32 °C und Tagestiefsttemperaturen von 18,5–21 °C sowie Schwankungen der relativen Luftfeuchtigkeit von 60–100 %. Lebensraum des Bonobos primärer Tieflandregenwald mit hoher Baumdichte, geschlossenem Kronendach und geringem Unterbewuchs, in Flussnähe Sumpfwald mit stärkerem Unterholz, seltener in unterholzreichen Sekundärwäldern mit vorwiegend Pfeilwurz- und Ingwergewächsen. Klima feuchtheiß, mittlere Tagestemperaturen, Luftfeuchtigkeit und jährliche Niederschlagsmenge nur geringen Schwankungen unterworfen. Im Beobachtungsgebiet von Wamba (Nordosten der Demokratischen Republik Kongo) maximale Tagestemperaturen 32–36 °C und minimale Tagestemperaturen von 13–17 °C, 150 km nordöstlich, am Fluss Lomako mittlere Maximaltemperatur 27,3 °C und mittlere Minimaltemperatur 21,2 °C sowie jährliche Durchschnittsregenmenge etwa 2000 mm.

Teils vorwiegend Bodenbewohner (Schimpansen), die sich bei Ortsveränderungen auch auf kurzen Strecken fast stets vierfüßig am Boden fortbewegen, gut klettern und Bäume zur Nahrungssuche und während der Ruhezeiten aufsuchen. Aufenthaltsdauer auf Bäumen bei Männchen etwa 40 %, bei Weibchen etwa 60 % der Tageszeit. Bonobos überwiegend Baumbewohner, verbringen den größten Teil des Tages auf Bäumen, vielfach in 30 m Höhe, klettern vorzüglich, legen bei Ortsveränderungen von Baum zu Baum wechselnd Strecken von bis zu 1 km Länge zurück, ohne dabei den Boden aufzusuchen. Junge, halbwüchsige und jungerwachsene Bonobos laufen zweifüßig auf Ästen, erwachsene Weibchen vierfüßig. Erwachsene Männchen bewegen sich auch unter den Ästen hängend hangelnd fort. Auf dem Boden halten sich Bonobos nur etwa 5,4 % der Tageszeit auf, in der Regel nur zur Nahrungssuche oder auf der Flucht vor Feinden. Beide Arten laufen am Boden meist vierfüßig im Knöchelgang (siehe Gorillas), zweibeinig aufrecht nur während beidhändigem Transport von Nahrung oder beim Betreten oder Durchqueren flacher Gewässer. Bonobos begeben sich gelegentlich auch in tiefere Gewässer, um hier Sumpf- und Wasserpflanzen zu fressen.

Relativ ortstreu in Streifgebieten, die im Regenwald bei Schimpansen 5–40 km^2, bei Bonobos 20–58 km^2 groß sind. Streifgebiete können sich überlappen. In trockenen Gebieten (Savannenlandschaft, Grasland) mit geringem Nahrungsangebot Streifgebiete der Schimpansen über 500 km^2. Westafrikanische Schimpansen im Taï-Nationalpark verbringen, von geringen saisonalen Schwankungen abgesehen, im Mittel 45 % des Tages mit der Aufnahme von pflanzlicher Nahrung und zusätzlich etwa 9 % des Tages mit der Beschaffung von tierischer Kost (u.a. nach der meist erfolgreichen Jagd auf andere Primaten). Etwa 22 % des Tages ruhen die Tiere und weitere 22 % vergehen auf Wanderungen.

Bonobos erwachen morgens zwischen 5.00 und 6.00 Uhr, anschließend kurze Wanderung von etwa 2 km zu nahe gelegenen Futterplätzen. An besonders nassen Tagen werden Schlafnester erst einige Stunden später verlassen. Bonobos verbringen etwa 16 % der Zeit des Tages auf Wanderungen, etwa 40 % während der über den ganze Tag verteilten Nahrungsaufnahme, doch Hauptmahlzeiten in den frühen Morgen- und den frühen Nachmittagstunden (6.00–9.00 Uhr und 13.00–16.00 Uhr). Zeitlich unmittelbar danach 2 Hauptruhephasen (nach 9.00 Uhr und nach 16.00 Uhr), die 32 % des Tages in Anspruch nehmen. Verbleibende Zeit des Tages für Kontakte mit Gruppenmitgliedern. Tagesablauf im Primärwald als bevorzugtem Lebensraum der Bonobos gleicht nicht der zeitlichen Aufteilung von Nahrungsaufnahme- und Ruhephasen im Sekundärwald. Dort sind Ruhephasen kürzer, möglicherweise weil dortiges Pflanzenspektrum unzureichend für die Ernährung ist und für Nahrungssuche mehr Zeit benötigt wird. Einbruch der Dunkelheit im Verbreitungsgebiet etwa ab 17.00 Uhr, 2. Ruhephase des Tages geht daher unmittelbar in die Nachtruhe über. Zuvor bei beiden Arten Errichtung individueller Schlafnester, von denen solche für die 10–12 Nachtstunden in der Regel komfortabler gebaut sind als die, welche die Tiere für die kürzere Mittagsruhe anlegen. Nachtruhenester bestehen aus Zweigen von 2–6 verschiedenen Pflanzenarten, Tagesnester im Gegensatz dazu zu 96 % aus den Zweigen von nur 1 Pflanzenart. Bau eines Nachtnestes dauert bei Bonobos durchschnittlich 4 Minuten, Bau eines Tagnestes nur 1 Minute. Weibliche Tiere beginnen früher mit dem abendlichen Bau der Nester als die Männchen. Nester von älteren, oft männlichen Schimpansen oft am Boden, sonst auf Bäumen bis in 40 m Höhe, im Durchschnitt 13 m hoch. Bonobos errichten Nester in Regenzeiten bodenferner als in Zeiten mit geringerem Niederschlag. Pflanzenmaterial von Futterpflanzen wird in der Regel nur zum Bau von Tagesnestern verwendet, Nachtnester nur aus Pflanzen, die nicht als Nahrungsgrundlage dienen.

Gruppenstrukturen der geselligen Tiere weisen gewisse Ähnlichkeiten, im Sozialverhalten dagegen markante Unterschiede auf. Beide Arten kommen sowohl in kleinen Einheiten als Trupps und in größeren Einheiten als Horden innerhalb eines verteidigten Revieres vor. Trupps sind in ihrer Zusammensetzung instabile, zeitlich begrenzte kleine Gemeinschaften mehr oder weniger miteinander bekannter Tiere, die sich treffen, für eine bestimmte Zeit zusammenbleiben und sich wieder trennen.

Bei Schimpansen im Tagesverlauf ständige Veränderung von Größe und Zusammensetzung eines Trupps durch Zu- und Abwanderung. Zeitraum, in dem ein Trupp stabil ist, in dem kein Zu- oder Abgang erfolgt, schwankt im Mittel je nach Population zwischen 24 und 126 Minuten. Mitgliederstarke Trupps scheinen länger zu existieren als solche aus wenigen Exemplaren. Sie variieren nicht nur in der Individuenzahl (bis 20

Tiere), sondern auch bezüglich des Alters- und Geschlechterverhältnisses der Mitglieder stark. Am häufigsten (über 50 %) gemischtgeschlechtliche Gruppen aus erwachsenen Männchen und Weibchen sowie deren Nachwuchs, daneben auch Trupps aus mehreren Mutterfamilien, nur 1 Mutter mit deren verschieden altem Nachwuchs, 1 Paar oder einer Männchengruppe aus jungerwachsenen und erwachsenen Tieren. Mittlere Gruppengröße in Gombe bei 5,6 Individuen, im 130 km entfernten Mahale 6,1 und im Taï-Nationalpark 10,0 Individuen. Größe der Trupps scheint auch vom Nahrungsangebot und der Bedrohung durch Fressfeinde beeinflusst zu sein. Mehrere kleinere Einheiten (Trupps) bilden eine Horde aus 20–100 Individuen. Begegnungen zwischen benachbarten Horden sind selten friedlich. Kämpfe bezwecken nicht nur die Vertreibung der gegnerischen Gruppe, sondern führen zur systematischen Tötung von Artgenossen ungeachtet deren Alters und Geschlechts und enden mit der Vernichtung der unterlegenen Gemeinschaft, obwohl beide Gruppen ursprünglich aus einer gemeinsamen Horde hervorgegangen sein können. Bei Schimpansen dominieren in solchen Horden die Männchen.

Auch bei Bonobos variieren die Trupps hinsichtlich der Mitgliederzahl (2–20 Tiere), bestehen im Durchschnitt aus 6,7 Individuen. Nur etwa 4 % aller Gemeinschaften sind mitgliederstarke Horden mit mehr als 20–50 Individuen, spalten sich bald wieder in zeitlich begrenzte kleinere Trupps auf. Vermutlich saisonal abhängig vereinigen sich die kleineren Einheiten (Trupps) später, wenn auch in veränderter Zusammensetzung, wieder zu einer Großgruppe (Horde). Zusammensetzung und Größe der Gruppen sind auch abhängig von Umwelteinflüssen, wie beispielsweise saisonaler Nahrungsverfügbarkeit. Gemischtgeschlechtliche Trupps aus erwachsenen Männchen und Weibchen sowie deren Nachwuchs sind noch häufiger (etwa 70 %) als bei Schimpansen. In kleinen oder mittelgroßen Einheiten sind erwachsene Weibchen meist in der Überzahl. Daneben gibt es zeitweise einzelgängerische Tiere beiderlei Geschlechts, aber überwiegend männliche Tiere. Noch seltener reine Weibchengruppen mit unselbständigem Nachwuchs beiderlei Geschlechts. Nur ausnahmsweise reine Männchengruppen aus 2–3 Mitgliedern. Wie bei Schimpansen ist die Zusammensetzung der Gruppen ständiger Fluktuation unterworfen, Gruppenwechsel von Einzeltieren im Mittel alle 145 Minuten. Hier dominieren die Weibchen.

Kennzeichnend für das Sozialsystem beider Arten ist die Abwanderung jungerwachsener Weibchen aus ihrer Geburtsgruppe in eine andere Horde, in der sie wahrscheinlich bis zu ihrem Tod bleiben. Vollzug des Wechsels kann sich mehrere Monaten bis 2 Jahre hinziehen. Während dieser Zeit scheinen sich die Weibchen offenbar mit den Männchen verschiedener Horden zu paaren. In der neuen Horde mit ihrer patriarchalischen Rangordnung schließen sich Schimpansenweibchen zunächst hauptsächlich dem dort ansässigen dominanten Männchen oder anderen eingewanderten Weibchen an. Etablierte Weibchen sind ausgesprochen aggressiv gegen Zuwanderinnen. Eingewanderte Weibchen müssen sich deswegen anfangs zunächst hauptsächlich am Gruppenrand aufhalten, sind hier aber weniger sicher als im Zentrum der Gruppe und bei Gruppenbegegnungen eher das Ziel von Attacken durch fremde Tiere. Darüber hinaus fanden zeitlich eng begrenzte kurze Gruppenwechsel etablierter Weibchen in nahezu allen beobachteten Populationen statt. Meist östrische Weibchen nutzen aggressive Gruppenbegegnungen aus, um kurzfristig – manchmal nur für wenige Minuten – in eine benachbarte Gruppe einzuwandern und sich dort mit einem Männchen zu paaren. Männliche Schimpansen bleiben zeitlebens in der Horde, in der sie geboren wurden, und zeigen einerseits aggressives Konkurrenzverhalten um Weibchen und Nahrung, andererseits aber auch zwei- oder mehrseitige Koalitions- und Allianzbildung, oft unter verwandten Individuen, z. B. zwischen Vater und Sohn, Brüdern oder Halbbrüdern, die sich dann gegenseitig in Konfliktsituationen mit anderen männlichen Tieren unterstützen.

Klare Rangordnung unter erwachsenen Männchen. Auch unter Weibchen graduelle Unterschiede. Männliche Alpha-Tiere behalten in dem patriarchalischen Sozialgefüge mitunter ihre hohe Rangstellung bis ins Alter. Nach ihrem Beispiel und ihrem Vorbild beteiligen sich alle übrigen erwachsenen und halbwüchsigen Männchen bei Gefahr an der Verteidigung der Horde und sind sowohl als Einzeltiere, als auch besonders in der Gruppe gefährliche Gegner, die auch vor Leoparden nicht zurückschrecken. Ranghohe Männchen imponieren Artgenossen durch wilde Tänze, begleitet von trommelnden Schlägen auf Wurzeln und Stämme, Ausreißen und Beiseiteschleudern von Pflanzen und Geschrei. Artgenossen gehen dem tobenden Tier aus dem Wege. Ungeklärt ist die Bedeutung der „Regentänze", die ähnlich wie Imponiertänze ablaufen, die aber von den übrigen Gruppenmitgliedern mit Interesse beobachtet werden.

Soziale Kontakte und Verständigung unter Gruppenmitgliedern durch eine Vielzahl von Lauten, Gesten sowie eine ausdrucksvolle Mimik. Schimpansen sind nicht allein auf angeborene Verhaltensweisen angewiesen, entwickeln verschiedentlich in ihrer Gruppe gewisse Gewohnheiten und Bräuche, die von Jungtieren aufgenommen und erlernt und von Generation zu Generation weitergegeben werden (Soziales Lernen). Die Tiere verwenden Steine zum Zerschlagen von Nussschalen. Werkzeuggebrauch findet auch beim „Angeln" von Ameisen und Termiten mit entblätterten und eventuell zurecht gebissenen dünnen Zweigen oder beim „Speeren" von tagsüber in ihren Höhlen schlafenden Feuchtnasenaffen mit Hilfe schlanker, gerader Äste oder Sprosse statt, deren Ende mit den Zähnen speerähnlich angespitzt sind. Weitere Verhaltenstraditionen konnten beim Nestbau, bei der kollektiven Verteidigung, sowie der Verwendung von Knüppeln als Waffen gegen Fressfeinde und sogar gegen Artgenossen nachgewiesen werden. Selbst Pflege von Säuglingen lernen junge Weibchen in der Gruppe durch Beobachtung und durch gesammelte Erfahrungen im Umgang mit Jungtieren.

Im Unterschied zu Schimpansen erfolgt bei Bonobos Sicherung der matriarchalischen Struktur durch engen Zusammenhalt in der Gruppe. Starke soziale Beziehungen zwischen den Weibchen äußern sich durch gegenseitige Fellpflege, das Teilen von Nahrung und häufige sexuelle Kontakte unter weiblichen Tieren. Jungerwachsene Weibchen verlassen kurz nach Einsetzen der ersten Sexualschwellung ihre Geburtsgruppe, wandern in den darauf folgenden Jahren nacheinander in mehrere fremde Gruppen ein und verlassen diese wieder, wenn sie von den dort heimischen Weibchen nicht akzeptiert werden. Einwandernde weibliche Bonobos versuchen, zu fremden Weibchen der neuen Gruppe freundlichen Kontakt aufzunehmen, indem sie unter anderem einem residierenden Weibchen ständig folgen, einen Großteil der Zeit in dessen unmittelbarer Nähe verbringen und diesem Weibchen das Fell pflegen. Auch sexuelle Handlungen zwischen eingewanderten und residierenden Weibchen wie das gegenseitige Reiben der Genitalien in Bauch-zu-Bauch-Stellung fördern die Eingliederung des neu aufgenommenen Weibchens. Diese Kontakte zwischen dem alteingesessenen Weibchen und der Zuwanderin nehmen nach der Geburt von deren 1. Jungtier stark ab. Für Primaten ungewöhnlich ist die starke Bindung erwachsener Bonobo-Weibchen zu ihren Söhnen. Männliche Bonobos verbleiben bis ins Erwachsenenalter in der Geburtsgruppe. Mütter bevorzugen in ihrem Fellpflegeverhalten eindeutig ihre erwachsenen Söhne. Charakteristisch für das Zusammenleben der Bonobos sind sexuelle Handlungen zwischen Tieren beider Geschlechter und aller Altersklassen. Sex minimiert vermutlich Aggressionen innerhalb der Gruppe. Darüber hinaus soziale Kontakte und Verständigung durch eine ausdrucksvolle Mimik, durch Gesten und Laute, besonders helles, schrilles oder zwitscherndes Quieken.

Nahrung. Vorwiegend Pflanzenfresser mit artverschiedenen und regionalen Unterschieden in der Zusammensetzung der Nahrung. Bevorzugt werden reife Früchte, bei Schimpansen in Gombe 63 % der Gesamtnahrungsmenge (darunter besonders Feigen), bei Bonobos zwischen 50 und 80 %. Schimpansen nehmen daneben 19 %

Blätter und 18 % andere Pflanzenteile wie Samen (vor allem Nüsse), Blüten, Rinde von bis 58 Pflanzenarten (Budongo-Nationalpark) oder bis zu 141 Pflanzenarten (Gombe-Reservat) auf. Dabei werden wenige bestimmte Pflanzen bevorzugt.

Daneben auch tierische Kost, z. B. andere Primaten, besonders Stummelaffen (im Taï-Nationalpark 93 % der tierischen Beute), Meerkatzen, Mangaben, mancherorts auch Buschböcke, junge Buschschweine, Nagetiere und Vögel. An der Jagd beteiligen sich vor allem Männchen, die danach untereinander die Beute aufteilen und sich selbst fast die Hälfte vorbehalten, den Weibchen nur etwa 15 %, aber nicht allen anderen Gruppenmitgliedern davon etwas abgeben. In einer großen Population von knapp 1500 Tieren des Kibale-Regenwaldes im Südwesten Ugandas südlich des Albertsees und nahe der Grenze zur Demokratischen Republik Kongo sind in den ersten Jahren der Jahrtausendwende nach Angaben der staatlichen Wildschutzbehörde Uganda Wildlife Authority einzelne meist männliche Schimpansen dazu übergegangen, unbewachte Menschenbabys oder Kleinkinder als Beute zu betrachten und anzugreifen, um sie zu fressen. Ein gleichartiger Vorfall ereignete sich im Gombe-Reservat. Auch Kannibalismus innerhalb einer Horde ist von Schimpansen bekannt. Als Beikost nehmen Schimpansen täglich auch Wirbellose wie Ameisen, Termiten, stachellose Bienen (einschließlich Honig), Käfer und Raupen auf. Die tägliche Fleischration eines männlichen erwachsenen Schimpansen beträgt statistisch knapp 190 g. Vermutlich ist der Fleischverzehr bei weiblichen Schimpansen geringer. Allerdings wurden 2006 in der Fongoli-Region Schimpansenweibchen beobachtet, die mit selbst gefertigten, spitzen Stöcken kleine Feuchtnasenaffen, besonders Buschbabys, während des Tagesschlafs in deren Höhlen erstachen und dann verzehrten. Bei Bonobos besteht das Nahrungsspektrum aus bis zu 133 Pflanzenarten, vornehmlich Früchte, daneben junge Blätter, Stängel, Blattstiele, Schoten, Mark, Rinde und Blüten, davon 10 bevorzugte Arten für 80–90 % der täglichen Pflanzenkost, darunter Pfeilwurzgewächse (*Haumania librechtsiana*) als Lieferanten pflanzlicher Proteine und besonders Früchte von 3–4 Arten der Gattung *Dialium*. Anteil an tierischer Kost beträgt nur 1,5 % der Tagesmenge und betrifft vor allem Wirbellose wie Würmer, Insektenlarven, Käfer, Grillen, stachellose Bienen, Termiten, noch seltener Flughörnchen, Jungtiere von Duckern. Beide Arten fressen gelegentlich Erde oder auch Substrat von Termitenbauen. Der Flüssigkeitsbedarf wird meist aus der Nahrung gedeckt. Außerhalb von Regenwäldern lebende Schimpansen nehmen in Trockenzeiten Wasser direkt aus Fließgewässern auf. Besonders weibliche Schimpansen mit Jungtieren wurden dabei beobachtet, wie sie Pflanzen bzw. Pflanzenteile, die ansonsten nicht zu ihrer Nahrungspalette zählen, als Medizin, vor allem bei Verdauungsstörungen, aufnahmen bzw. betroffenen Jungen verabreichten.

Haltung von Schimpansen und Bonobos

In Tiergärten werden Schimpansen sehr häufig gehalten, bei dem überwiegenden Teil ist der Unterartstatus nicht klar. Bei den unterarteinen Haltungen wird vorwiegend der Westliche Schimpanse (*P. t. verus*) gezeigt, Bonobos werden selten gezeigt.

In den letzten Jahrzehnten hat sich das Verständnis der Biologie der Menschenaffen durch Feldstudien und empirische Erkenntnisse deutlich verbessert. Dieses umfassendere Wissen über ihre artspezifischen Bedürfnisse ermöglicht es, in menschlicher Obhut Haltungsbedingungen zu schaffen, die langfristig Aufbau und Erhalt stabiler Populationen gewährleisten.

Die Haltungskonzepte berücksichtigen nicht nur die körperliche Gesundheit der Tiere, sondern auch ihr psychisches Wohlbefinden. Dies wird durch die Pflege in stabilen sozialen Familiengruppen mit natürlichen Sozialstrukturen, ein vielfältiges Angebot an Beschäftigungsmöglichkeiten und die Angleichung der Lebensverhältnisse in Menschenobhut an die natürlichen Lebensbedingungen in der Wildnis erreicht, ohne dass Letztere formell kopiert werden müssen.

Eingewöhnung. Bei allen Menschenaffenarten ähnlich, siehe Orang-Utan sowie Abschnitt „Vergesellschaftung".

Unterkunft. Bedingt durch ihre hohen kognitiven Fähigkeiten, manuellen Kompetenzen und ihre komplexen Sozialstrukturen ist die Planung von Unterkünften für Schimpansen und Bonobos besonders anspruchsvoll. Um das Ausleben des gesamten Verhaltensrepertoires zu ermöglichen, sollten die Unterkünfte äußerst flexibel gestaltet sein. Mehrere Innen- und Außengehegen, zwischen denen sich die Tiere frei bewegen können, solange das Wetter es zulässt, können die typische soziale Dynamik ermöglichen, bei der Schimpansen und Bonobos die Gesellschaft des anderen suchen oder einander in wechselnden Kombinationen aus dem Weg gehen. Dieses System wird als Fission-Fusion bezeichnet. Um das System zu optimieren, sollten die den Schimpansen jederzeit zur Verfügung stehenden Räume so miteinander verbunden sein, dass die Tiere dazwischen zirkulieren können. Daher sollte jeder verfügbare Raum über je 1 funktionierende Eingangs- und Ausgangstür verfügen. Idealerweise sollten zwischen miteinander verbundenen Räumen 2 Türen vorhanden sein, die sowohl horizontal als auch in der Höhe möglichst weit voneinander entfernt und in der Durchlassgröße flexibel sind. Diese hohe Flexibilität ist auch notwendig, wenn neue Gruppenmitglieder eingeführt werden, was auf lange Sicht für alle Gruppen unvermeidlich ist.

Im Winter, bei schlechtem Wetter und bei Nacht meist getrennt von anderen Primaten in großen Klimahäusern, Tropenhallen oder Treibhäusern mit geräumigen Innenanlagen halten, eingebettet in üppige tropische Bepflanzung, daneben im Hintergrund untereinander sowie mit den Innenanlagen durch Schieber verbundene Absperrboxen, mancherorts auch als Nacht-

Abb. 19.50 bis 19.52 Besonders für die geistig hochstehenden Menschenaffen ist Abwechslung im Zooalltag durch vielfältige Beschäftigung wichtig, wie hier Schimpansen (*Pan troglodytes*) in Aktion.

unterkünfte für die Tiere, weitere Haustechnik sowie Arbeitsräume und Verbindungsgänge für Tierpfleger. Innentemperatur und Luftfeuchtigkeit (Versprühen oder Vernebelung von enthärtetem Wasser, Einsatz von Luftbefeuchtern) sollten weitgehend entsprechend den Verhältnissen im Ursprungsgebiet regulierbar sein. Tagsüber sollte eine natürliche Beleuchtung über eine gläserne Bedachung, die mancherorts teilweise auch geöffnet werden kann, oder UV-Licht-durchlässige Mehrschicht-Foliendächer erfolgen. Im Gegensatz zu Tropenhäusern, in denen sich die Besucher z. B. zwischen frei fliegenden Vögeln bewegen, ist hier eine sichere Trennung zwischen Besucherwegen und Lebensraum der Menschenaffen erforderlich. Zur Gehegebegrenzung sind sowohl Absperrgräben als auch Panzerglasscheiben möglich. Letztere werden oftmals bevorzugt, denn sie minimieren nicht wie Absperrgräben den für die Tiere nutzbaren Raum, schließen Unfälle an gehegeseitig steilen Trockengräben aus, verhindern auch unerwünschte gegenseitige Kontaktaufnahme zwischen Zoobesucher und Tier und verringern so vom Menschen ausgehende Infektionsgefahren. Als Fußböden in den Tieranlagen entweder gegossener Beton, zur gründlichen Reinigung und hygienischen Prophylaxe meist mit Kunstharz, Fliesen oder ähnlichen säure- und kratzfesten Beschichtungen und zumindest an manchen Stellen mit Bodenheizung, oder, bei entsprechender Größe, Sand- bzw. naturgewachsener Boden mit Bepflanzung unterschiedlicher Art. Natürliche Bodengründe wie tiefer Rindenmulch (30–60 cm), Erde und Sand ermöglichen den Bewohnern ein größeres Verhaltensrepertoire, hier aber die Schädlingsbekämpfung berücksichtigen.

Eine ausreichend große, strukturierte Gehegegrundfläche, die möglichst nicht eben, sondern in höher und tiefer gelegene Flächen gegliedert ist, ist notwendig, um zu unterschiedlichen Fortbewegungsarten anzuregen und bei Konflikten räumliche und visuelle Rückzugsmöglichkeiten zu bieten. Die Gestaltung und Einrichtung von Menschenaffenunterkünften sind mitentscheidend für die Nutzung des Geheges durch seine Bewohner. Naturalistisch gestaltete, eventuell im Hintergrund sogar mit Landschaftsbildern bemalte Tierunterkünfte, die vom unkritischen menschlichen Betrachter als naturnah empfunden werden sollen, bieten nicht zwangsläufig die besten Haltungsbedingungen. Illusionär wie Theaterkulissen vorwiegend nach einem nur emotional gesteuerten Publikumsgeschmack gestaltete Tieranlagen sind tiergartenbiologisch oft sehr fragwürdig. Notwendig sind optimale Kompromisse zwischen den hygienischen Anforderungen der Zootierhaltung und den natürlichen Bedürfnissen sowie den Anforderungen der jeweiligen Art an den Lebensraum.

Gehegeeinrichtung ähnlich wie für Meerkatzenartige und Gibbons, nur größer und stabiler aus unterschiedlichsten Materialien. Für hölzernes Inventar möglichst Hartholz einsetzen. Wichtig sind vor allem Kletterelemente, darunter Natur- oder Kunstbäume, Klettergerüste, Schaukeln, Hängeleitern oder künstliche Lianen, ermöglichen bodenferne kletternde oder hangelnde Fortbewegung. Vor kahle Gehegewände senkrecht abgehängtes Netzwerk aus starken Tauen macht auch steile, glatte Wände für die Tiere nutzbar. Hängende Netzbodenplattformen, waagerecht ausgespannte, aus Seilen geknüpfte starke Netze oder zu „Hängematten“ umfunktionierte Jutesäcke (Haltbarkeit lässt sich durch das Ineinanderlegen zweier Säcke erhöhen, die dann wie üblich an den 4 Enden aufgehängt werden) sind begehrte erhöhte Ruhe- und Schlafplätze und zugleich Nestersatz. Wie bei Orang-Utans für die sich gern an erhöhten Plätzen aufhaltenden Schimpansen Begrenzung der Innen- und Außenanlagen im Idealfall nach oben durch Gitterstruktur (Stahlnetze, Gittergeflechte), ermöglicht den Tieren die volle dreidimensionale Nutzung des Raumes. Dort können starre und bewegliche Kletterelemente sicher befestigt werden, mit deren Hilfe die Tiere sich wie in ihrem natürlichen Umfeld auch in großen Höhen bewegen können. Aufhängung von Schaukeln, Hängeleitern oder anderem beweglichen Inventar an beweglichen Rohren, Stahlstäben oder nicht zu langen Ketten oder Seilen, die besonders junge Tiere nicht zusammendrehen und sich dann darin verwickeln und strangulieren können. Minderung der Unfallgefahr bei Seilen auch durch darüber gezogene, dickwandige Hochdruckschläuche. Seile an den Enden verknoten. Naturmaterialien (Seile, Jutesäcke) regelmäßig auf Beschädigungen überprüfen, verwittern aufgrund der hohen Luftfeuchtigkeit stark. Alle Klettereinrichtungen sollten austauschbar sein, Attraktivität wird durch gelegentliches Auswechseln oder Ortswechsel sehr erhöht. Feste Verankerung aller Einrichtungsgegenstände am Boden, den Wänden oder der Deckenkonstruktion wegen der häufig stark unterschätzten physischen Kraft sowie der geistigen und manipulativen Fähigkeiten der Tiere. Durch häufige Erschütterungen, z.B. durch imponierende Tiere, können sich beispielsweise Verschraubungen lockern (gekonterte Muttern verwenden oder Gewinde von Schrauben durch Hammerschlag blockieren) und Schieberbleche oder Blechverkleidungen verziehen (Bleche, die größere Hohlräume überdecken, im freien Raum abstützen). Gehegetüren mit jeweils 2 Kastenschlössern (keine Vorhängeschlösser!) doppelt sichern. Türschnapper dürfen von den Tieren nicht aufgedrückt werden können. Für alle technischen Details höchste Sicherheitsansprüche, sowohl bei Konstruktion als auch bei Material und Verarbeitung.

Außenunterkünfte meist von Wasser- oder Trockengräben begrenzte, stellenweise auch durch Panzerglasflächen einsehbare Freianlagen mit unterschiedlich gestaltetem, in der Höhe wechselndem Bodenprofil, Naturrasen, Büschen, lebenden und abgestorbenen Bäumen, zusätzlichen Klettereinrichtungen und erhöhten Ruhe- oder Auslugplätzen. Hohe lebende Bäume als Schattenspender und Klettergelegenheit attraktiv, bergen jedoch Gefahr von Astbrüchen und damit von Abstürzen. Astwerk regelmäßig auf Bruchfestigkeit untersuchen, notfalls kürzen und ausschneiden, trocken werdende Äste restlos entfernen. Grasbewachsener Bodenbelag in Außenanlagen erlaubt den Tieren, Erde zu sammeln und zu fressen (Geophagie). Dabei wie auch im natürlichen Lebensraum wahrscheinlich Aufnahme lebenswichtiger Mineralien.

Trockengräben sind besucherseitig meist nicht einsehbar und besonders unattraktiv, wenn sich dort Affen aufhalten, welche hineingefallene oder von Besuchern absichtlich hineingeworfene Gegenstände begutachten und, falls genießbar, fressen. Um Absturzgefahr zu vermeiden sollten die Gräben nicht trogförmig mit zwei senkrechten Seiten gestaltet sein, sondern gehegeseitig eine mäßiges Gefälle aufweisen. Bei Wassergräben, besonders solche mit einer Tiefe, die die Tiere nicht durchlaufen können, besteht Gefahr des Ertrinkens der schwimmunfähigen Tiere. Halbwüchsige Gorillas und Schimpansen sind schon bei Wassertiefen von nur 0,90–1,00 m ertrunken, insbesondere, wenn sie mit dem Gesicht nach unten ins Wasser gefallen sind. Grund für den Tod durch Ertrinken meist vorhergehendes panisches Verhalten des betroffenen Tieres, das sich in manchen Fällen bloß aufrichten müsste, um zu überleben. Flachere Wassergräben ohne zusätzliche Sicherung garantieren keine Ausbruchssicherheit. Schimpansen haben sich an einen 4,5–6,0 m breiten, flachen Wassergraben mit höchster Wassertiefe von 60 cm gewöhnt und sind hindurchgewatet. Uferbereiche ggf. mit waagerecht liegenden Netzen als Ausstiegshilfe versehen.

Heute meist 4,0–6,0 m breite, flach vom gehegeseitigen Ufer zur besucherseitigen Grabenkante auf 60–80 cm Wassertiefe abfallende Gräben mit trittfester und rutschfreier Sohle, die meist in etwa 1,5–2,0 m vom Gehegeufer und außerdem an der besucherseitigen Grabenkante durch je einen zwischen 15–25 cm über dem Wasserspiegel gespannten Elektroweidezaundraht zusätzlich gesichert sind. Mindesthöhe von glatten Trennwänden zwischen 2 Freianlagen 3,5 m, Kunstfelsen meist höher. Bei oberseits offenen, also nicht mit Stahlnetzen überdachten Anlagen keine Wände errichten, die an den Berührungspunkten einen Winkel von etwa 90° bilden, da Schimpansen über eine solche „Kaminkonstruktion" ihr Gehege verlassen haben.

Schimpansen und Bonobos können nahezu das ganze Jahr über, außer bei nasskalter Witterung und Frost, in die Außenanlagen gelassen werden, sofern die Tiere jederzeit aus eigener

Entscheidung die Innenanlagen aufsuchen können. Letzteres gilt auch für Hochsommertage mit starker Sonneneinstrahlung, an denen die Tiere die Außengehege oft meiden oder sich von dort bald wieder in die Innenanlagen zurückziehen, selbst wenn draußen eine Vielzahl von schattenspendenden Bäumen stehen. In ihrem natürlichen Lebensraum ist das Blätterdach meist sehr dicht, daher sind Menschenaffen nicht an starke Sonneneinstrahlung angepasst und leiden ungeschützt in ihrem dunklen Fell unter längerer Sonneneinwirkung. Dagegen schadet gut akklimatisierten Tieren im Sommer ein Regenguss nicht.

Umgang. Schipansen und Bonobos gehören neben den übrigen Menschenaffenarten zu den geistig am höchsten entwickelten Säugetieren. Sie ahmen nicht nur Handlungen des Menschen nach (z.B. das Öffnen einer Tür mit einem bestimmten Schlüssel), sondern können auch ohne Vorbild aus eigener Überlegung Gegenstände und Gerätschaften erfolgreich zum Erreichen eines bestimmten Zieles nutzen. Ihr Gedächtnis ist bemerkenswert. Schimpansen (u.a. „Washoe", „Sarah" lernten, sich mit ihren Betreuern mithilfe der amerikanischen Gehörlosensprache (American Sign Language = ASL) zu verständigen und brachten es auf 130–250 Zeichen für Begriffe. In einem neueren Forschungsprojekt lernen Orang-Utans in amerikanischen Zoos, mit und auf Tablets zu kommunizieren. Erfolgreich sind dabei jungerwachsene Tiere. Der Bonobo „Kanzi" und seine Halbschwester „Panbanisha" sollen etwas gesprochenes Englisch verstanden haben und lernten, wie vor ihnen schon einige Schimpansen, sich mit über 250 „Lexigrammen" über eine computergestützte Tastatur mit ihren menschlichen Partnern zu verständigen. Über solche Geräte haben Schimpansen (u.a. „Sherman" und „Austin") auch untereinander kommuniziert. Bemerkenswert ist die erlernte Fähigkeit, in der Syntax Subjekt und Objekt richtig anzuwenden („Katze frisst Maus" und nicht „Maus frisst Katze") oder die Umschreibung eines Gegenstands, dessen Bezeichnung unbekannt ist, unter Zuhilfenahme bekannter, den Gegenstand charakterisierender Begriffe (Schimpansin „Lucy" erfand für die ihr unbekannte Bezeichnung der süßlich schmeckenden Wassermelone zunächst die Kombination „Bonbon-Trinken" und bezeichnete sie später wegen des hohen Flüssigkeitsanteils immer als „Trinken-Frucht"). Untersuchungen über das Sozialverhalten einer Schimpansengruppe im Zoo Arnheim bestätigten erstmals deren Vermögen zu logischem, zuweilen auch strategischem Denken und daraus resultierend im Umgang miteinander verblüffendes Handeln. Aufgrund ihrer hohen geistigen Leistungen sind menschliches Einfühlungsvermögen, Geschick und Zuverlässigkeit des Pflegepersonals und regelmäßige, variantenreiche Beschäftigung der Tiere Grundvoraussetzungen für die erfolgreiche Pflege von Menschenaffen. Diese Beispiele zeigen, wie umfangreich Menschenaffen in den Tiergärten beschäftigt werden müssen.

Mit dem Einsetzen der Geschlechtsreife bleiben ursprünglich zahme Weibchen oft gutartig und betrachten altvertraute Menschen als über ihnen stehende, ranghohe Gruppenmitglieder. Gegenüber fremden, nur ausnahmsweise auch vertrauten Pflegepersonen, die die Tiere erst später kennengelernt haben, können sie, besonders als werdende oder säugende Mütter, unberechenbar werden und ohne Vorwarnung angreifen. Als Jungtiere einst zahme, herangewachsene Männchen lassen es dagegen stets auf eine Kraftprobe mit dem Menschen ankommen und werden sehr gefährlich.

Die Aufrechterhaltung des natürlichen Tagesablaufs mit dem Wechsel von Aktivitäts- und Ruhephasen durch wohl überlegte Tageseinteilung im Zoo trägt zum Wohlbefinden der Menschenaffen in Menschenobhut bei. Der vormittäglichen Aktivitätsphase mit der 1. Hauptmahlzeit folgt eine etwa 2-stündige Ruhephase über Mittag. In dieser Zeit keine störenden Pflegemaßnahmen wie Reinigungs-, Fütterungs- oder Handwerkerarbeiten durchführen. Am frühen Nachmittag Beginn der 2. Aktivitätsphase, verbunden mit der 2. Hauptmahlzeit, die in die abendliche Ruhephase mit anschließender Nachtruhe übergeht. Die Ruhephasen werden in der im natürlichen Lebensraum in selbst gebauten Nestern auf Bäumen oder am Boden verbracht. Als Ersatz für Baumnester an der Deckenkonstruktion angebrachte Jutesäcke, aufgehängte Netzbodenplattformen oder gespannte, aus starken verknoteten Seilen bestehende Netzflächen. Zahl dieser „Nester" muss mindestens der Anzahl der Tiere entsprechen, da die Tiere natürlicherweise ihre selbst gebauten Schlafnester fast ausschließlich einzeln nutzen (Ausnahme: Mütter mit Säuglingen oder Kleinkindern). In Abhängigkeit von Alter und Körpergewicht auch Bodennester ermöglichen, für die im Zoo Naturmaterialien wie belaubte oder unbelaubte Zweige oder dünne Äste, Stroh, Heu, Holzwolle, Jutesäcke oder Tücher und Decken angeboten werden sollten. Auch bodenfern schlafende Tiere tragen solche Materialien in ihre „Nester" ein.

Die hygienischen Anforderungen sind in der Menschenaffenpflege hoch. Das Pflegepersonal muss bei sich selbst größten Wert auf peinliche Hygiene und Sauberkeit legen. Innenanlage, Inventar und Absperrboxen einschließlich Gitter täglich in Abwesenheit der Tiere mit heißem Wasser gründlich reinigen, anschließend gut lüften und trocknen lassen. Bei Verwendung von Desinfektionsmitteln auch letzte Reste sicher entfernen. Außenunterkünfte bzw. die Freianlage möglichst am Abend säubern, nachdem die Tiere wieder die Innenräume bezogen haben.

Zur Überwachung der körperlichen Entwicklung regelmäßige Gewichtskontrollen vornehmen. Hierfür bietet es sich an, frühzeitig ein Wagentraining zu etablieren, das auch bei Adulten weitergeführt werden sollte. Säuglinge in künstlicher Aufzucht und neu eingetroffene Jungtiere bis zu einem Alter von 6 Monaten täglich, später wöchentlich, ab 1. Lebensjahr bei normaler Entwicklung alle 2 Wochen wiegen.

Wichtig ist weiterhin die Gewöhnung junger Tiere an regelmäßige Kontrollen der Analtemperatur oder Temperaturmessung im Ohrkanal. Menschenaffen, die seit früher Jugend an solche Messungen gewöhnt sind, wehren sich oftmals später auch als Erwachsene dagegen nicht, wenn sie krank und apathisch sind. Menschenaffen haben keine oder nur wenig Widerstandskraft gegen die häufigsten Erkrankungen des Menschen. Husten, Schnupfen und grippale Infekte nicht auf die leichte Schulter nehmen. Da solche Krankheiten besonders durch den Menschen übertragen werden, dürfen Kontakte mit den Tieren außer dem Pflegepersonal nur einem streng begrenzten, genau festgelegten Personenkreis gestattet werden, der in Grippezeiten zudem stark eingeschränkt und aus dem Personen auch mit leichten Erkältungsanzeichen vorübergehend ausgeschlossen werden sollten.

Bei fieberhaften Erkrankungen kommt es oft zu starken Flüssigkeitsverlusten im Tierkörper. Die Haut verliert an Elastizität. Das Nachlassen der Hautelastizität ist ein ernstes Gefahrenzeichen. Unter allen Umständen versuchen, dem Patienten, der in diesem Zustand die Nahrungsaufnahme verweigert, wenigstens reichlich Flüssigkeit einzuflößen, z.B. glukose- bzw. saccharosehaltige Elektrolytlösungen (3,5 g NaCl, 1,5 g KCl, 2,5 g NaHCO3, 20 g Glukose bzw. Saccharose auf 1 l Wasser). Nach längeren Durchfällen können Verstopfungen auftreten, die durch geeignete ärztliche Maßnahmen schnell beseitigt werden müssen. Im Normalfall erfolgt der erste Kotabsatz spätestens 2–3 Tage nach dem Wiederbeginn der Futteraufnahme. Generell Häufigkeit des Kotabsatzes und Kotzustand regelmäßig kontrollieren.

Fütterung. Vorwiegend vegetarische Rohkost. Wie bei allen Primaten den Obstanteil aufgrund des hohen Zuckergehalts gering halten oder gänzlich auf kultiviertes Obst verzichten. Sollte Obst in geringen Mengen in den Speiseplan aufgenommen werden, dann ballaststoffreiche Arten anbieten, unbehandelt, ungeschält und am Stück. In den Schalen der Früchte findet sich meist der größte Teil an den wichtigen Ballaststoffen, zudem ist das Zerlegen und Zerteilen des Futters ein wichtiger Bestandteil der Beschäftigung mit dem Futter. Innerhalb der unten stehenden Futterklassen über die Woche variieren, statt bei einzelnen Fütterungen eine große Vielfalt zu bieten. Dadurch bleiben die Futtermittel über lange Zeit interessant und es entwickeln sich weniger Präferenzen, für die andere Futtersorten liegen gelassen werden.

Wann immer möglich beiden Arten frisches Laub ad libitum zusätzlich zum übrigen Futter anbieten. Geeignete Laubarten sind Weide, Pappel (nur junges Laub, keine Zweige im Herbst und Winter mit klebrigen Knospen!), Ahorn, Linde, Eiche, Hasel, Maul- und Himbeere, Cotoneaster, Forsythie, Bambus. Laub wird als inhaltsstoff- und rohfaserreiches Futtermittel für Menschenaffen vielfach unterschätzt und sollte allen Arten täglich angeboten werden. Zur Erhöhung des Angebots von pflanzlichem Protein im Sommer auch frische Luzerne geben.

Für ausgewachsene, gesunde Bonobos je nach Aktivitätsgrad etwa 2–4 kg Gesamtfuttermenge pro Tag, etwa 20–40 % Gemüse (Brokkoli, Rosenkohl, Grünkohl, Rotkohl, Blumenkohl, Sellerie, Mais, Gurken, Pilze, Paprika, Radieschen, Tomaten, Rote Bete, Karotten, Zwiebeln, Kartoffeln, alle Sorten Kürbis, Zucchini, Süßkartoffel, Rüben, Pastinaken), 10–25 % Blattgemüse (Mangold, Chicorée, Löwenzahn, Endivie, Grünkohl, Romanasalat, Petersilie, Spinat, Kohlrabi), 5–15 % stärkehaltiges Gemüse (Limabohnen, Zuckererbsen, Kidneybohnen, Kichererbsen, grüne Erbsen, Linsen), 10–20 % (maximal) Früchte (Apfel, Aprikosen, Banane, Süßkirsche, Preiselbeere, Trauben, Melone, Honigmelone, Papaya, Pfirsich, Birne, Ananas, Pflaume, Erdbeere), 5–10 % Primatenpellets, um zusätzliche Nährstoffe, Vitamine und Mineralien gesichert zuzuführen.

Für Schimpansen eine ähnliche Futterzusammensetzung, jedoch weitestgehend Verzicht auf Obst. Je gesundem und erwachsenem Tier etwa 6–8 kg Futter pro Tag zusätzlich zu Laub. Nachfolgende Angaben dienen der Orientierung, innerhalb der Futterkategorien sollte im Wochenverlauf variiert werden: Blattgemüse 50 %, Wurzelgemüse 15 %, sonstiges Gemüse 20 %, Primatenpellets 15 %, Fleisch und Insekten gelegentlich.

Wild lebende Schimpansen jagen andere Wirbeltiere und fressen diese auch, allerdings trifft dies nicht auf alle Schimpansen zu. Auch für Bonobos wird berichtet, dass sie in der Wildnis auch tierisches Eiweiß zu sich nehmen. Daher ist das Anbieten von tierischen Produkten (Joghurt, Quark, rohe oder hartgekochte Eier oder kleine Mengen an magerem Fleisch, Insekten) möglich, sollte aber auf eine gelegentliche Darreichung, etwa als Belohnung für Trainingszwecke beschränkt bleiben. Untersuchungen an Haarproben wild lebender Tiere zeigten ebenfalls, dass die Hauptproteinquelle aus pflanzlicher Nahrung stammt. Bei rohen tierischen Produkten besteht die Gefahr von bakteriell bedingten Magen-Darm-Infektionen (z.B. Salmonellen). Fleisch stets gut abwaschen, abtupfen und durchgegart anbieten. Nicht fermentierte Milchprodukte können bei erwachsenen Bonobos und Schimpansen zu Verdauungsproblemen, Magenschmerzen und Durchfall (Laktoseintoleranz) führen.

Futter auf 2–6 Fütterungen verteilt anbieten, Hauptfütterung am frühen Vormittag und am Nachmittag. Nahrungssuche und Nahrungsaufnahme beanspruchen den überwiegenden Teil der Aktivitätsphasen von Menschenaffen im natürlichen Lebensraum. Daher das Futtersuchverhalten stimulieren und die Zeit für die Futtersuche und die Fütterung hoch halten. In stabilen und entspannten Gruppen das Futter gemeinschaftlich anbieten, auf verschiedene Futterstellen oder im gesamten Gehege verteilt, gegebenenfalls im Rang niedrige Tiere separat füttern, sollte diesen von ranghöheren Tieren das Futter streitig gemacht werden. Um die Fütterungszeit zu verlängern, Bonobos und Schimpansen für ihr Futter „arbeiten“ lassen, indem sie beispielsweise Werkzeuge benutzen, Boxen oder Beutel öffnen müssen. Dies ist jedoch nicht bei kranken Tieren oder neuen Gruppenmitgliedern möglich. Allen Tieren ausreichend Platz zur Verfügung stellen, um für sich alleine fressen zu können. Die Änderung der Fütterungszeiten erhöht das Aktivitätsverhalten.

Frisches, möglichst fließenden Wasser muss jederzeit zur Verfügung stehen. Gerade trächtige und säugende Weibchen trinken auch nachts. Trinkmöglichkeiten an mehreren Stellen in jedem Gehege installieren. Schimpansen und Bonobos trinken aus Wassergräben und Tümpeln, daher die Wasserqualität geeignet halten und regelmäßig kontrollieren. Ungesüßter Früchtetee wird gerne genommen und eignet sich ebenfalls für den Aufbau von Vertrauen zum Tierpflegepersonal, wenn er von Hand verabreicht wird.

Vergesellschaftung. Wichtig für Vergesellschaftungen und förderlich für die Einführung neuer Mitglieder in bestehende Gruppenstrukturen ist das in der Wildnis praktizierte System des individuellen Wechsels von einer sozialen Gruppierung in eine andere. Besonders bei Arten, deren Angehörige sich zeitweilig abwechselnd in Gruppen zusammenfinden und dann wieder trennen, können solche in der Natur üblichen Transfers in Menschenhand beim Austausch von Individuen zwischen den einzelnen Institutionen nachvollzogen werden. Bei Schimpansen treten jedoch trotz der im natürlichen Lebensraum ständigen Zu- und Abwanderung von Einzeltieren in Menschenobhut häufig heftige Reaktionen gegenüber nicht vertrauten Tieren auf. Der Neuling muss zunächst die neue Unterkunft und Umgebung allein kennenlernen. Erst danach zunächst nur visuellen Kontakt mit den zukünftigen Gruppenmitgliedern ermöglichen. Zur Vermeidung von Bisswunden sollte die direkte Begegnung anfangs nur an einem trennenden Sichtgitter erfolgen. Erst wenn alle Gruppenmitglieder den Neuling am Trenngitter weitgehend zu akzeptieren scheinen, diesen nacheinander mit den anderen Gruppenmitgliedern stets einzeln zusammenlassen. Solche physischen Kontakte zunehmend auf einen längeren Zeitraum ausdehnen und möglicherweise mehrfach wiederholen, bis die Tiere einander akzeptieren oder respektieren. Erst nach Stabilisierung der bilateralen Beziehungen können inzwischen individuell miteinander bekannte Tiere zu mehreren vergesellschaftet werden. Ein aggressives, meist bei jedem Integrationsprozess von alteingesessenen Tieren ausgehendes Verhalten erfordert eine ausreichende Anzahl von Räumlichkeiten und geeignete Vorbereitungen für Eingriffe von außen. Junge Schimpansen, die einer bestehenden Gruppe zugeführt werden sollen, müssen vor den Angriffen erwachsener Tiere von vornherein geschützt werden. Zwischen erwachsenen und körperlich etwa gleich starken Tieren muss ein gewisses Maß an Aggression toleriert werden, mögliche Differenzen müssen untereinander ausgetragen werden können. Bevor jüngere, d.h. sehr junge, jugendliche, halbwüchsige oder jungerwachsene Tiere, mit anderen Tieren vereinigt oder vollständig in die Gruppe entlassen werden, müssen sie zu ihrem Schutz erst eine feste Bindung zu einem anderen, meist älteren und möglichst ranghohen Schimpansen aufgebaut haben. Wenn jungerwachsene Weibchen nach den ersten schwachen Östrusschwellungen in eine neue Gruppe integriert werden, betrachten etablierte, vollerwachsene Weibchen sie in diesem Alter noch nicht als Konkurrenz. Erwachsene, geschlechtsreife Weibchen zunächst während des Östrus nur allein mit dem Haremsbesitzer zusammenführen und erst nach dem Abklingen der Brunstschwellung auch mit den restlichen Weibchen der Gruppe vereinigen. Männliche Schimpansen können in der Regel nur bis zum Alter von 5–6 Jahren ohne größere Komplikationen in eine gemischtgeschlechtliche Gruppe integriert werden. Die endgültige Zusammenführung der gesamten Gruppe erfolgt meist Schritt für Schritt durch die Wiedervereinigung einer kleinen, um den Neuling gebildeten „Kerngruppe" mit den übrigen Tieren. Eine Vereinigung aller Tiere auf einmal geht zwar schneller, ist jedoch risikoreicher. Eine Vergesellschaftung kann noch Wochen und Monate später eine aufmerksame Beobachtung notwendig machen und erfordert hohe Flexibilität durch die menschlichen Betreuer. Der Integrationserfolg ist auch abhängig von Gehegegröße und Anzahl der Ausweichmöglichkeiten für die Tiere.

Bei Bonobos ist die Forderung nach einer möglichst engen Anlehnung von Größe und Struktur der Gruppen in Menschenhand an die Verhältnisse in der Wildnis einfacher zu erfüllen. Eine Gruppenzusammensetzung aus annähernd der gleichen Anzahl von Männchen und Weibchen ist im Gegensatz zu Schimpansen durch die ungewöhnliche Verträglichkeit der Männchen untereinander leicht zu realisieren. Da der männliche Nachwuchs in der Wildnis auch im Erwachsenenalter die Muttergruppe nicht verlässt, können auch im Zoo geborene männliche Bonobos weiter in der Geburtsgruppe bleiben. Der weibliche Nachwuchs sollte in Anlehnung an die natürliche Abwanderung aus der Geburtsgruppe mit dem Einsetzen der Geschlechtsreife (7.–9. Lebensjahr) in eine andere Zuchtgruppe überführt werden. Die Integration jungerwachsener, aber auch voll geschlechtsreifer Tiere in etablierte soziale Gruppen von Bonobos ist wesentlich komplikationsloser. Nur in Ausnahmefällen muss ein neues Gruppenmitglied individuell und stufenweise mit den übrigen Gruppenangehörigen vertraut gemacht werden. Meist kann das neue Tier direkt in die Gruppe gelassen werden. Neue jungerwachsene Weibchen nehmen zunächst mit allen alteingesessenen Weibchen Kontakt auf, schließen sich dann nahezu ausschließlich dem ältesten, dominanten Weibchen an und minimieren damit mögliche Konflikte mit anderen von vornherein. Die Neuzuführung eines einzelnen jungen Männchens in eine fremde Gruppe wird durch dort bereits lebende Altersgenossen als Spielkameraden erleichtert. Einzelne Männchen können schon bei zweifacher Überzahl von Weibchen durch diese unterdrückt werden. Unausgewogene soziale Beziehungen zwischen den Gruppenmitgliedern und gespannte Verhältnisse innerhalb der Gruppe können bei Bonobos in Menschenobhut zu einem Nachlassen der in der Regel häufigen sexuellen Kontakte und zu ausbleibender oder nur spärlicher Nachzucht führen. In solchen Fällen wird manchmal sogar eine Neuzusammensetzung der Gruppe erforderlich.

Über eine erfolgreiche Gemeinschaftshaltung von Schimpansen mit anderen Arten ist wenig bekannt. Es ist nicht auszuschließen, dass kleinere Tiere zu deren Beute werden. Bonobos wurden mit Husarenaffen zusammen gehalten.

Fortpflanzung und Zucht. Deutlicher Geschlechtsdimorphismus bei Erwachsenen und typische sekundäre Geschlechtsmerkmale, daher Geschlechtsunterscheidung einfach. Bei Schimpanse und Bonobo verhältnismäßig große Hoden deutlich sichtbar, Vagina der Weibchen in Afternähe, nur bei Bonobo mehr bauchständig. Brustdrüsen mitten auf den Brustseiten.

Zykluslänge bei Schimpansen 34–37 (im Mittel 36) Tage, mit Tendenz zu meist längeren Abweichungen, bei Bonobos 21–55 (im Mittel 34) Tage. Bei Schimpansen gibt es 4 unterschiedliche Abschnitte im Östruszyklus:

- 1. Phase: Beginn mit dem Einsetzen der Menstruation und ansteigende Östrogenkonzentration im Blut, Dauer durchschnittlich 7 Tage.
- 2. Phase: beginnende und zunehmende Schwellung der Perinealhaut, Brunstschwellung nimmt an Größe und Umfang zu (tumeszente Phase), Dauer 17–18 Tage.
- 3. Phase: Maximalschwellung, Dauer 6–7, vereinzelt in Menschenobhut bis 14 Tage. Die Ovulation erfolgt vermutlich an den beiden letzten Tagen, kenntlich ist dies auch durch Schließen der bisher geöffneten Schamlippen.
- 4. Phase: Östrusschwellung bildet sich innerhalb weniger Tage zurück (detumeszente Phase), damit einhergehend sinkende Östrogen- und steigende Progesteronkonzentration im Blut. Ende mit dem erneuten Einsetzen der Menstruation, Dauer 4–7 Tage. Der Zyklus wiederholt sich bis ins hohe Alter und konnte noch mit 45 Jahren beobachtet werden. Bei vollerwachsenen weiblichen Bonobos ist die hell gefärbte Östrusschwellung durch Vergrößerung der Vulva und der Afterregion (Anogenitalschwellung) ein externer Indikator für die zyklische Aktivität der Ovarien. Im Gegensatz zu den meisten anderen Altweltaffenarten, bei denen diese Schwellung lediglich zeitlich befristet während des Zyklus und meist in dessen Mitte auftritt, bleibt bei Bonobos die Sexualschwellung über den gesamten Zyklus erhalten, also weit über die eigentliche Ovulationsphase hinaus. Die Stärke der Schwellung ist graduell unterschiedlich, sie nimmt zyklisch zu- und später wieder ab, die Maximalschwellung ist in der Zyklusmitte erreicht, etwa 10–12 Tage danach setzt die Menstruation ein. Die

Schwellung fehlt Weibchen mit einem neugeborenen Jungtier oder jungerwachsenen Tieren zwischen dem 9. und 12. Lebensjahr. Im Verlauf des Einsetzens der Geschlechtsreife gibt es eine mehrjährige Phase, in der die Tiere in unregelmäßigen Abständen wiederkehrende und zurückgehende Östrusschwellungen verschiedener Größe ausbilden, jedoch aufgrund einer Postpubertätssterilität (zeitlich begrenzte Unfruchtbarkeit trotz bereits eingetretener Geschlechtsreife nach Abschluss der pubertären Phase) noch nicht tragend werden.

Aufgrund der während des gesamten Zyklus ausgebildeten Östrusschwellung ist die Bestimmung des Ovulationszeitpunkts ohne hormonelle Harnuntersuchung unsicher. Auch die steigende Zahl der Deckakte zum Zeitpunkt der Maximalschwellung ist wie bei anderen Affenarten kein eindeutiger Hinweis auf die fruchtbare Phase des weiblichen Zyklus, da Paarungen bei Bonobos nicht ausschließlich der Fortpflanzung dienen, sondern häufig als aggressionshemmende Handlung in das allgemeine Sozialverhalten einbezogen werden. Auch während der Schwangerschaft kommt es regelmäßig zu Kopulationen. Die Sexualschwellung bleibt auch während der Tragzeit bestehen. Paarungen meist am Boden beiderseits bäuchlings, wozu das auf dem Rücken liegende Weibchen durch Laute und Gestik auffordert, gelegentlich aber auch in Hockstellung oder an Ästen hängend. Ebenso bei Schimpansen Paarungen während des gesamten Zyklus, auch während des Rückgangs der Brunstschwellung (detumeszente Phase), während der Menstruation und im Verlauf der Schwangerschaft. Allerdings gibt es eine Häufung von Kopulationen in der Phase der Maximalschwellung. Die Initiative zur Paarung geht von beiden Geschlechtern aus, jedoch häufiger vom Männchen als vom Weibchen. Als Aufforderung zur Kopulation präsentieren Männchen den erigierten Penis mit leisem Brummen, Weibchen demonstrieren mit Blick über die Schulter auf das Männchen ihre Östrusschwellung. Vollerwachsene Weibchen scheinen für die Männchen weitaus attraktiver zu sein als jungerwachsene. Obwohl Letztere häufiger vor den Männchen präsentieren, ignorieren diese oftmals die damit verbundene Paarungsofferte.

In Menschenobhut geht bei jungerwachsenen Tieren die Paarungsaufforderung meist vom Weibchen aus, das dabei nicht selten die Potenz des etwa gleichaltrigen Partners überfordert. Im natürlichen Umfeld zeigen Schimpansenmännchen altersabhängig unterschiedliche Verhaltensmuster gegenüber brünstigen Weibchen. Jugendliche und jungerwachsene Männchen folgen zu mehreren einem paarungsbereiten Weibchen, ohne dass unter ihnen eine offene Konkurrenz um den Zugang zu dem Weibchen zu erkennen wäre. Vollerwachsene dominante Männchen beanspruchen brünstige Weibchen über Stunden oder Tage für sich und verwehren anderen Männchen durch aggressives Verhalten jede Annäherung an das Weibchen oder setzen sich in „temporärer Paarbildung" zusammen mit dem kopulationsbereiten Weibchen während eines begrenzten Zeitraums über eine größere räumliche Distanz von der Gruppe ab. Täglich erfolgen bis 6 Paarungen (bei jungerwachsenen Weibchen bis 10), meist am Boden durch Aufreiten des Männchens über den Rücken des in Hockstellung kauernden Weibchens, auch indem das Männchen sitzt und das Weibchen auf dem Bauch liegt und sich mit den Unterarmen abstützt. Am Ende des Aktes stößt das Weibchen oftmals einen hellen Schrei aus. Das Sexualverhalten aller Menschenaffen ist im Grundschema angeboren, reift während der Pubertät durch spielerisches sexuelles Verhalten und wird bei den geselligen Schimpansen und Bonobos auch durch Beobachtung gelernt und gefestigt. Lange Zeit einzeln oder nur in Gegenwart gleichgeschlechtlicher Tiere gehaltene Individuen masturbieren. Männchen haben oft ein atypisches Sexualverhalten. In Toledo zeigte ein 32-jähriger Schimpanse kein Interesse für ein ihm zugedachtes Weibchen, nahm dagegen eine von außen ans Gitter gehaltene, zur Spermagewinnung vorgesehene künstliche Vagina sofort an.

Fast alle Erstgebärenden benötigen, sofern sie nicht noch durch eine Postpubertätssterilität vom Fortpflanzungsgeschehen ausgeschlossen sind, mehrere Zyklen und Paarungsphasen, bevor sie erfolgreich befruchtet werden. Bei Mehrfachgebärenden reduzieren sich diese Zahlen. Die Schwangerschaftsdiagnose ist zumindest im frühen Stadium schwierig. Das Ausbleiben der Menstruation ist ein möglicher, aber kein wirklich verlässlicher Hinweis auf Trächtigkeit.

Bei Schimpansen treten trotz Schwangerschaft in den ersten Monaten der Trächtigkeit nicht selten Östrusschwellungen (Postkonzeptionsöstren) auf, die allerdings weniger regelmäßig und schwächer als bei nichttragenden Tieren sind. Männchen beachten schwangere Tiere mit Östrusschwellung im Gegensatz zu östrischen, nichtträchtigen Weibchen wenig. Bei Bonobos sind Trächtigkeitszeichen unregelmäßiger werdende zyklische Schwellungen und Ausfall der Menstruation.

Bei beiden Arten sind die Vergrößerung des Körperumfangs und der Brustwarzen ein Hinweis auf eine fortgeschrittene Schwangerschaft, in der Regel gibt es jedoch keine oder nur eine geringe Formveränderungen der Brust selbst. Während der Schwangerschaft ändert sich auch das Verhalten der Weibchen, etwa größeres Ruhebedürfnis, Bewegungsunlust, Desinteresse an Sozialspielen, geringere Aggressivität, unregelmäßiger, wechselhafter Appetit, bei erstgebärenden Schimpansen morgendliche Übelkeit. Tragende Schimpansen suchen die Nähe anderer Weibchen und ihres älteren Nachwuchses. Wenige Wochen vor der Geburt treten erneute Verhaltensänderungen auf. Weibchen werden zunehmend lethargisch. Beide Arten verringern die Nahrungsaufnahme und nehmen dafür mehr Flüssigkeit auf. Schimpansen manipulieren die Zitzen mit dem Mund oder den Händen, geben häufiger Urin ab, den sie mit den Fingern zur Nase führen und verreiben. Bonobos untersuchen ihre Vagina mit der Hand, um dann an den Fingern zu riechen. Die Milchbildung setzt meist 2–3 Wochen vor der Geburt ein. Aus den feinen Kanälen der Brustwarzen tritt anfangs eine seröse Flüssigkeit, später Kolostrum aus. Milchzusammensetzung von Menschenaffen und Menschen in Tabelle 19.11.

Tragzeiten: Schimpanse 203–244 (im Mittel 229), Bonobo 227–277 (im Mittel 245) Tage. Es gibt keine feste Wurfzeit, die Fortpflanzung erfolgt ganzjährig.

Kurz vor der Geburt werden die Tiere unruhig und verändern häufig ihre Körperhaltung bzw. -stellung, Bonobos bleiben steifbeinig über längere Zeit an einer Stelle stehen. Erste Wehen zwischen 120–60 Minuten (Bonobo) oder nur 40–30 (Schimpanse) vor Beginn der Austreibung. Nach der ersten Wehe erfolgt meist ein Schleimabgang. Die Geburt ist in der Regel unkompliziert, vielfach im seitlichen Liegen oder in Hockstellung. Die ist Dauer individuell verschieden, ausnahmsweise erheblich verlängert (bei Schimpansen sehr selten bis zu 8 Stunden). Während der Wehenkontraktionen schließen Schimpansenweibchen häufig die Augen, einige Tiere schlugen im Verlauf einer Wehe gegen Gehegeeinrichtungen. Beim Austritt von Fruchtwasser in der Regel nur geringe Mengen Blut. Die Weibchen befühlen die Vagina in unregelmäßigen Abständen. Die Austreibungsphase dauert meist nur 10–25 Minuten, gelegentlich ist sie verzögert. Erfahrene Schimpansen- und Bonobomütter leisten sich selbst Geburtshilfe, bringen mit den Fingern die herausgequollene Fruchtblase zum Platzen, umfassen den austretenden Kopf, ausnahmsweise auch andere Körperteile der Frucht, und ziehen das Junge heraus. Nicht selten erfolgten bei paarweiser Haltung Geburten in Anwesenheit des Vaters, ohne dass daraus Probleme entstanden.

Findet die Geburt in Gegenwart anderer Gruppenmitglieder statt, so können deren Reaktionen auf das Ereignis sehr unterschiedlich ausfallen und hängen von mehreren Faktoren wie der Altersstruktur, dem Verwandtschafts- und dem Geschlechterverhältnis sowie der Stellung der Mutter in der Dominanzhierarchie der Gruppe ab. Sie können Mutter und Kind vollständig ignorieren, ihnen neugierig begegnen oder sich ihnen gegenüber aggressiv verhalten. Gelegentlich kommt es auch zu Kindesraub.

Tab. 19.9 Geburtsgewichte von Menschenaffen

Gattung/Art	durchschnittliche Schwankungsbreite (kg)	Mittelwert (kg)	extreme Abweichungen (Einzeldaten) (kg)
Orang-Utan	1,5–2,3	1,7[1]	1,05–2,51
Flachlandgorilla	1,9–2,4	2,1[2]	1,396–3,058
Schimpanse	1,6–2,0	1,8	0,8–2,2[3]
Bonobo	1,4–1,9	1,6	1,06

[1] Männchen etwas schwerer, durchschnittlich 1,740 kg, Weibchen etwas leichter, durchschnittlich 1,694 kg
[2] Männchen etwas schwerer, durchschnittlich 2,285 kg, Weibchen etwas leichter, durchschnittlich 1,970 kg
[3] Die extrem niedrigen Geburtsgewichte stammen von männlichen Zwillingen (800 und 850 g) aus Kobe, doch wog dort ein Weibchen von der gleichen Mutter ebenfalls nur 980 g. In Magdeburg wurden in einem Zeitraum von 3 Jahren und 7 Monaten 5(!) Schimpansen im Abstand von dreimal etwa 10 und einmal 13 Monaten geboren. In der Reihenfolge ihrer Geburten ging das Geburtsgewicht von 1,53 kg bis auf 1,09 kg zurück.

Besonders Schimpansen zeigen Interesse an dem Neugeborenen und versuchen, es anzufassen oder zu tragen. Unerfahrenen Müttern mit weniger guten Beziehungen zu den Gruppenmitgliedern wird das Jungtier nicht selten abgenommen. Erfahrene Weibchen holen sich ihr Kind zurück, so dass der Abstand zwischen 2 Saugvorgängen nicht zu groß wird. Wenn vor der Geburt ein Wechsel in der Gruppenzusammensetzung stattgefunden hat, kann das Entführungsrisiko für das Neugeborene noch höher sein, da sich die Beziehungen der Gruppenmitglieder noch nicht stabilisiert haben. Zum Schutz des Jungen werden Menschenaffenmütter vielfach vor der Geburt isoliert. Auch in der Natur gebärende Weibchen halten sich meist abseits der Gruppe auf. Ob eine vor der Geburt isolierte Mutter mit dem Jungtier nach einigen Tagen mit den übrigen Artgenossen wieder vereint werden kann, hängt von der Vorgeschichte des Zusammenlebens der Tiere ab und muss von Fall zu Fall entschieden werden. Im Idealfall konnte während der Trennung der optische und akustische Kontakt zwischen den Tieren erhalten bleiben. War das nicht möglich, sollten sich sicherheitshalber die Tiere nach der Trennung unter ständiger Beobachtung erstmals an einem Sichtschieber wieder begegnen, um die Reaktion auf das Junge zu erkunden. Bei Schimpansen und Bonobos wird die weitere Jungtieraufzucht in der Regel in der Gruppe praktiziert, wobei sich die Väter bzw. Männchen neutral verhalten.

Meist wird 1 Jungtier geboren, Zwillinge sind selten, bei Schimpansen allerdings bereits mehrfach beschrieben und 1967 gab es sogar Drillinge im Yerkes Primatenzentrum Atlanta und 1986 im Zoo Veszprem. In München erfolgte der Nachweis einer Superfetation bei einer Schimpansin, bei der nach der Geburt eines voll ausgewachsenen, toten Jungen in den später abgegangenen Nachgeburtsteilen ein 4,5–5 cm langer Embryo gefunden wurde. Beim Bonobo gab es eine Zwillingsgeburt 2011 in Wuppertal.

Ein normales Verhalten der Mütter zu den Neugeborenen ist fast ausschließlich abhängig von einem vorangegangenen Lernprozess im Umgang mit Jungtieren. Gesellig in Gruppen lebende Schimpansen und Bonobos erlernen in der Natur diesen Umgang von ihren Müttern bei ihren jüngeren Geschwistern oder bei Jungtieren anderer Weibchen.

Als Jungtiere in Menschenhand gelangte Menschenaffenmütter haben diesen Lernprozess nicht durchgemacht und verhalten sich bei ihrem 1. Kind, nicht selten auch bei den folgenden, nicht normal. Oft halten oder tragen diese jungen Mütter ihre Jungtiere falsch, denen das unbequem ist und die deswegen laut schreien. Das der Mutter auf die Nerven gehende Kreischen veranlasst diese oft, das Kind so zu halten, dass es ruhig wird. Auf diese Weise spielt sich häufig die optimale Tragstellung von allein ein. Überforderte Erstgebärende oder übernervöse Tiere legen aber das schreiende Junge auch gelegentlich ab und reagieren nicht mehr auf dessen Lärmen und Wimmern. Sie haben Angst vor dem Jungen und lassen es achtlos liegen. Andere Mütter kümmern sich zwar um das Junge, verwehren ihm aber den Zugang zur Zitze. Bevor in solchen Fällen die Entscheidung für eine künstliche Aufzucht getroffen wird, sollten Mutter und Junges aus der Gruppe genommen, das Muttertier mit geeigneten Medikamenten ruhig gestellt und mit dem Jungen isoliert in einer leicht abgedunkelten Unterkunft untergebracht werden, wo vertrautes Pflegepersonal versuchen kann, ohne eigenes Risiko einzugehen, die Mutter an das Junge zu gewöhnen.

Vorbeugend kann bei solchen heranwachsenden Weibchen ein kontinuierlicher, intensiver Zähmungsprozess für eine spätere Jungenaufzucht nützlich sein. Vom Grad der Zahmheit zum Menschen und der Vertrautheit zu einer bestimmten Person des Pflegepersonals ist bei solchen Tieren oftmals der Erfolg einer Erstaufzucht abhängig. Bei allen Arten konnte gutes Pflegepersonal unerfahrene, aber zahme Mütter durch ständige Unterstützung und Hilfestellung dazu bringen, ihre Jungen selbst aufzuziehen. Mitunter ist auch die Beteiligung eines anderen Weibchens hilfreich. In Arnheim nahm eine Schimpansin, die eine tote Frühgeburt hatte, einen wenige Wochen alten, bisher künstlich aufgezogenen Säugling an. Dort konnte eine andere Schimpansin, deren Junge stets infolge Milchmangels eingegangen waren, 1979 dazu gebracht werden, einen 10 Wochen alten Schimpansen aus künstlicher Aufzucht anzunehmen und mit der Flasche zu ernähren. Auch als das Tier später Milch produzierte, die mehr als die Hälfte des Nahrungsbedarfs des Jungtiers deckte, gab sie zuverlässig weiter Flaschennahrung an das Adoptivkind.

Unmittelbar nach der Geburt säubern Menschenaffenmütter das Junge mit Händen und Lippen, lecken und saugen dabei besonders Fruchtwasser aus dem Fell des Jungen und nehmen dazu oft die Gliedmaßen des Jungen in den Mund. Der Abgang der Nachgeburt erfolgt gewöhnlich 10–75 Minuten nach Austritt der Frucht, der Umgang mit der Nachgeburt ist individuell verschieden. Manche, besonders erfahrene Mütter nabeln das Junge ab, indem sie die Nabelschnur mit den Zähnen durchtrennen. Andere tragen die Nachgeburt als Teil des Jungen mit sich herum und legen die Plazenta erst beiseite, wenn nach 1½–3 Tagen der austrocknende, spröde werdende Nabelstrang zerreißt und damit die Verbindung zwischen Jungtier und Nachgeburt unterbrochen wird. Einige Schimpansenweibchen ignorieren die Nachgeburt, andere fressen die Plazenta teilweise oder wie Bonobos vollständig auf.

Neugeborene sind verhältnismäßig hilflos. Zwar ist bei allen Arten (wie übrigens auch bei Menschen in den ersten Stunden) ein deutlicher Klammerreflex vorhanden, d.h., die Jungtiere versuchen, sich mit Händen und Füßen im Fell der Mutter festzuhalten, doch muss diese in der ersten Zeit ihr Neugeborenes mit der Hand an den Körper pressen, um das Baby nicht zu verlieren. Viele Jungtiere saugen nicht unmittelbar nach der Geburt, sondern erst mehrere Stunden später und außerdem in den ersten Tagen nur unregelmäßig. Unerfahrene Weibchen brauchen teilweise mehrere Tage, bis sie gelernt haben, ihr Jungtier erfolgreich zu stillen. Bei Bonobos erfolgt der erste Saugakt erst etwa 24 Stunden nach der Geburt, bei unerfahrenen Weibchen sogar später. Wenn der Allgemeinzustand des Jungen nicht dagegen spricht, kann bis zu 72 Stunden gewartet werden, bevor eingegriffen werden muss. In den ersten Monaten trinken Schimpansen etwa dreimal pro Stunde für jeweils 3–5 Minuten, Bonobos in den ersten Wochen zweimal pro Stunde, zwischen dem 1. und 6. Monat dreimal pro Stunde, allerdings für die Dauer von bis zu 15 Minuten. Der Abgang von Darmpech (Mekonium), der manchmal durch die erste Milchaufnahme angeregt wird, erfolgt vielfach wenige Stunden nach der Geburt.

Geburtsgewichte in Tabelle 19.9. Jungtiere entwickeln sich nahezu doppelt so schnell wie Menschensäuglinge, wobei die Entwicklung der Bonobos etwas schneller als bei den übrigen Arten verläuft. In den ersten Lebenswochen und -monaten hat das Junge ständig Körperkontakt zur Mutter, zunächst überwiegend am Bauch, wobei die Mutter es besonders beim Laufen anfangs mit einer Hand unterstützt, bis es gelernt hat, sich selbst am Mutterkörper festzuhalten. In den ersten Wochen verschlafen die Neugeborenen fast den ganzen Tag, Bonobos und Schimpansen sind am Ende des 1. Monats etwa die Hälfte des Tages wach, beginnen auch erst dann, ihre Umgebung durch fokussierendes Sehen wahrzunehmen und sich bewegende Gegenstände durch Drehen des Kopfes zu verfolgen. Erstes Lächeln und mimisches sowie akustisches Grüßen mit 6 Wochen. Mit 3 Monaten schlafen sie tagsüber nur noch selten und beginnen damit, sich intensiv mit der Umwelt zu beschäftigen. Mit 3–4 Monaten beginnen alle mit gezieltem Greifen. In den ersten 6 Lebensmonaten verhindern Schimpansen- und Bonobomütter Ausflüge der Jungen, lassen anfangs nur ein Entfernen der Jungen bis auf Armlänge zu und verwehren Artgenossen eine intensivere Beschäftigung mit dem Jungen. Mit 6–8 Monaten beginnen die Jungtiere zu klettern und mit 6–9 Monaten zu laufen.

Individuell gibt es große zeitliche Unterschiede beim Durchbruch der Milchzähne und nicht selten auch in der Reihenfolge der Zahnung. Milchgebissentwicklung von Menschenaffen in Tabelle 19.10.

Feste Kost wird erstmals mit 4–6 Monaten aufgenommen (handaufgezogene Bonobos mit reichlich 5 Monaten, handaufgezogene Schimpansen noch früher).

Das Geburtsgewicht wird mit 3–4 Monaten verdoppelt, mit 1 Jahr verdrei- bis vervierfacht. Der Tageszuwachs entspricht je nach Art im 1. Lebensjahr 7,5–10 g, im 2. Lebensjahr 12–15 g. Mütter an die Kontrolle der Gewichtsentwicklung auch bei natürlicher Aufzucht gewöhnen. Die kritische Phase der Jungtierentwicklung ist zwischen 6. und 12. Lebensmonat. Die seit der Geburt etwa konstant bleibende mütterliche Milchmenge deckt dann nicht mehr den Nährstoffbedarf des wachsenden Jungen, deswegen gewinnt feste Kost für dessen Ernährung zunehmend an Bedeutung.

Bei Schimpansen tritt die 1. Östrusschwellung zwischen 14 Monaten und 4 Jahren nach vorangegangener Geburt mit erfolgreicher Aufzucht, nach Jungtierverlusten bereits nach 6 Monaten auf. Bei Bonobos tritt die 1. zyklische Östrusschwellungen schon im 1. oder 2. Jahr nach der Geburt auf, doch verhindert eine natürliche postnatale Sterilität eine baldige neue Trächtigkeit. Die 1. Menstruation als Zeichen wieder einsetzender Fruchtbarkeit setzt zwischen dem 16. und 33. Monat nach der Geburt, nach frühzeitigem Jungtierverlust schon nach 56–119 Tagen ein.

Tab. 19.10 Milchgebissentwicklung bei Menschenaffen*

Zahn	Schimpanse (Lebenstag)	Gorilla (Lebenstag)	Orang-Utan (Lebenstag)
I_1 oben	65.–115.	45.–100.	110.–180.
I_1 unten	55.–85.	35.–60.	100.–150.
I_2 oben	115.–150.	55.–100.	155.–300.
I_2 unten	85.–135.	55.–150.	140.–225.
C oben	335.–338.	345.–420.	245.–480.
C unten	350.–395.	300.–480.	260.–510.
P_1 oben	150.–180.	135.–210.	170.–270.
P_1 unten	155.–190.	165.–220.	145.–255.
P_2 oben	265.–330.	310.–410.	285.–450.
P_2 unten	240.–300.	300.–365.	205.–480.

*Detaillierte Angaben zum Bonobo nicht möglich. Durchbruch der Schneidezähne mit etwa 3½ Monaten, der vorderen Backenzähne mit 5 Monaten. Milchgebissentwicklung mit 10 Monaten abgeschlossen

In Menschenobhut liegen die Geburtsabstände nach erfolgreichen Aufzuchten bei Schimpansen bei mindestens 3 Jahren. Nach Aborten, Tot- oder Fehlgeburten oder frühen Jungtierverlusten verkürzen sich die Geburtsabstände bei Schimpansen noch einmal auf durchschnittlich 1 Jahr, vereinzelt sind sie sogar noch kürzer. Nach vorausgegangenem Abort ereignete sich in Stuttgart beim Bonobo die folgende Geburt nach 241 Tagen. Auch Handaufzuchten der Jungtiere können die Geburtsintervalle beträchtlich verringern und so die Geburtenzahl eines Muttertiers beträchtlich steigern.

Die Jungtiersterblichkeit ist wie bei allen Menschenaffenarten in der Wildnis durch Infektionen, Unerfahrenheit erstgebärender Mütter oder äußere Einwirkung von Artgenossen

(Kindstötung, Kindsentführung) hoch, im Zoo nur etwas niedriger. Mit dem Tod von Gruppenmitgliedern und eigener Jungtiere werden im natürlichen Lebensraum alle Menschaffenaffen konfrontiert und nehmen diesen vermutlich bewusst wahr. Daher ist im Falle eines solchen Ereignisses ein behutsames Vorgehen angebracht. Wenn ein Jungtier zu Tode kommt, sollte der Mutter die Zeit gegeben werden, die Reglosigkeit und Reaktionslosigkeit des Kindes zu begreifen und sich von ihm allein zu lösen. Dazu sollte die Mutter mit dem toten Kind gegebenenfalls für Besucher nicht einsehbar gehalten werden. Die intensive Pflegephase während der Jungenaufzucht endet mit etwa 1¼–1¾ Jahren. Ähnlich wie bei Schimpansen, bei denen der ständige Mutter-Kind-Kontakt bis zum 2. Lebensjahr auf 30 % des Tages, bei 5-jährigen Jungen auf 10–25 % abgebaut wird, bleiben bei Bonobos zwar die Bindungen zur Mutter noch über längere Zeit erhalten, werden aber zunehmend lockerer. Schimpansenkinder bauen bereits mit 12–14 Monaten zwar instabile, aber eigene Tagesnester und mit 5 Jahren stabile Nachtnester, die sie aber nur selten nutzen, sondern lieber mit der Mutter in deren Nest schlafen. Erst wenn ein Geschwister geboren wurde, muss das ältere Jungtier in sein eigenes Nest umziehen. Wenn zwischen den Geburten der beiden Jungtiere weniger als 5 Jahren liegen, darf das ältere Junge noch ausnahmsweise gemeinsam mit der Mutter und deren Säugling das mütterliche Nest mitbenutzen.

Die Ausbildung des bleibenden Gebisses beginnt im Alter von 3–4 Jahren mit dem Durchbruch des 1. Vorbackenzahns, dem im 5. Lebensjahr die Schneidezähne, im 6.–8. Jahr weitere Backenzähne (erst Prämolaren, dann Molaren) und etwa im 9. Jahr die Eckzähne folgen. Mit dem Durchbruch der 3. Backenzähne („Weisheitszähne“) ist zwischen dem 10. und 12. Lebensjahr die Gebissentwicklung abgeschlossen.

Der Beginn der Geschlechtsreife bei jungen Schimpansenmännchen in menschlicher Obhut durch ist in Form einer Vergrößerung und Absenkung der Hoden zwischen dem 6. und 7. Lebensjahr äußerlich sichtbar. Bereits mit 7 Jahren sind sie potentiell zeugungsfähig, in der Natur wird die Zuchtreife etwa 3 Jahre später erlangt. Zeitgleich erfolgt über mehrere Jahre eine langsame Gewichtszunahme, die Männchen erreichen erst zwischen dem 16. und 17. (im Zoo zwischen 12. und 14.) Lebensjahr das Gewicht adulter Tiere und gelten auch erst dann als ausgewachsen. Die 1., schwach ausgebildete und in unregelmäßigen Abständen wiederkehrende Östrusschwellung setzt bei Weibchen in der Wildnis mit 8½–9½ Jahren ein, im Zoo bereits zwischen dem 6. und dem 7. Lebensjahr. Die Östrusschwellungen erreichen in der Regel nicht vor dem 9. Lebensjahr die volle Größe. Geschlechtsreife wird in der Natur erst ab dem 11. Lebensjahr, in Menschenobhut etwa 1–1½ Jahre nach dem Auftreten der 1. Schwellung erreicht, doch scheint eine Postpubertätssterilität frühzeitige Geburten vor dem 9. oder 10. Lebensjahr oft zu verhindern.

Männliche Bonobos in Menschenhand erreichen bereits im Alter von 7 Jahren die Geschlechtsreife, in der Wildnis wohl erst mit 9 Jahren, wie bei Schimpansen ist sie deutlich sichtbar durch die Absenkung und Vergrößerung der Hoden. Im natürlichen Lebensraum werden Weibchen im Mittel erst mit 11–12 Jahren schwanger. In Menschenobhut war ein Weibchen bei ihrer 1. Menstruation 6 Jahre alt. Mit 7 Jahren kopulierte ein gleichaltriges Pärchen, dessen Weibchen mit 8 Jahren abortierte und mit 9 Jahren ein normales Junges brachte. Andere Weibchen waren bei der Geburt des 1. Jungen etwa 10 Jahre alt.

Die Fruchtbarkeit hält bis ins hohe Alter an, doch gibt es für die Fertilitätsdauer bisher nur spärliche Anhaltspunkte. Eine 29-jährige Schimpansin brachte in London nach 19-jähriger Pause noch einmal ein Junges. In Pilsen trug die aus Arnheim stammende, sehr wahrscheinlich 1970 im natürlichen Verbreitungsgebiet geborene Schimpansin „Zwart“ mit mindestens 33 Jahren ein weibliches Junges aus und zog es auf. Es war ihr 9. Jungtier. Die Schimpansin „Tepel“, deren 1. Jungtier in Frankfurt geboren wurde, brachte in Arnheim, abgesehen von einer Früh-

Tab. 19.11 Milchzusammensetzung von Menschenaffen und Menschen

Gattung/Art	Trockensubstanz (%)	Fett (%)	Eiweiß (%)	Kohlenhydrate (%)	Asche (%)	Proben (Anzahl)
Orang-Utans	11,47	4,10	1,72	6,21	0,27	2
Gorilla	10,90	2,42	2,95	3,20	0,26	3
Schimpanse	10,77	3,00[1]	0,93[3]	7,10	0,19	3
Mensch	12,54 (13,30)	3,39[2] (2,57)	1,17[4] (5,26)	6,17[5] (5,40)	0,66[6] (0,42)	2963 (27)

Angaben in Klammern: Werte für Kolostrum
Erwähnenswerte Abweichungen bei Einzelproben:
[1] 2,30–3,70 %
[2] 4,80 %
[3] 0,60–1,20 %
[4] 1,50–1,60 %, davon Kasein 0,80–1,00 %, Albumin und Globulin 0,70–0,60 %
[5] 7,20 %
[6] 0,20–0,30 %

geburt, noch 8 weitere Junge zur Welt, ihr bisher letztes sogar erst mit einem Alter von 44 Jahren. Sie hat 9 eigene und dazu nach ihrer Frühgeburt zwischendurch noch 1 fremdes Jungtier aufgezogen. Ebenfalls im 44. Lebensjahr brachte „Fifi" ihr 9. Kind in Gombe zur Welt. Schließlich erbrachte 2007 die Schimpansin „Blacky" aus dem Walter-Zoo Gossau mit der Geburt eines männlichen Jungtiers mit etwa 49 Jahren den Nachweis einer erhaltenen Fertilität.

Erwachsene Artgenossen nehmen sich mutterloser Jungtiere an, wenn sie genug Zeit für die Kontaktaufnahme mit dem Jungen hatten und dieses sich nicht aus Furcht dagegen wehrt. In Arnhem nahm 1974 die Schimpansin „Tepel" nach einer Frühgeburt ein wenige Wochen altes Jungtier an, das bisher künstlich aufgezogen worden war. Dort gelang es 1979, der Schimpansin „Gorilla" (früher „Kuif", auch „Cribi") beizubringen, einen Schimpansensäugling mit der Milchflasche zu füttern, der vorher 10 Wochen lang von Menschenhand aufgezogen worden war. Das Jungtier nuckelte auch an den Zitzen von „Gorilla", die nach 1 Woche zu laktieren begann und ihren Teil zur Ernährung des Pfleglings beitrug. In Frankfurt nahm sich das über 50-jährige Bonoboweibchen „Margrit" eines mutterlosen Jungtiers an, das vom Pflegepersonal bei dessen Integration in die Gruppe ursprünglich einem jüngeren Weibchen zugedacht war. Die betagte Pflegemutter, die sich vorher introvertiert vom Leben in der Gruppe zurückgezogen hatte, fand unter dem Einfluss des Jungtiers zu ihrer früheren Lebhaftigkeit zurück und intensivierte ihre sozialen Kontakte wieder.

Die Handaufzucht von Jungtieren ist höchst komplex und birgt erhebliche Risiken für deren soziale Entwicklung. Daher eher unterstützend agieren, zur Not zufüttern und das Jungtier möglichst bei der Mutter und der Gruppe belassen. Nicht selten wird heute von beiden Formen abgesehen, auch wenn dies eine große emotionale Belastung sowohl für das Muttertier als auch für das Pflegepersonal bedeutet. Für weiterführende Methoden der Handaufzucht wird auf vorhergehende Ausgaben dieses Bandes verwiesen.

Höchstalter in Menschenobhut. Schimpanse 60, Bonobo 66, Östlicher Flachlandgorilla 40, Westlicher Flachlandgorilla „Fatou" (geb. 1957, lebt noch im Zoo Berlin) 68, Sumatra-Orang-Utan 63, Borneo-Orang-Utan 60 Jahre.

20
Ordnung Nagetiere (Rodentia)

Artenreichste Säugetiergruppe, die am Ende der Kreidezeit aus Insektenfressern entstand. Verwandtschaftsbeziehungen nur teilweise geklärt. 5 Unterordnungen: Hörnchenverwandte (Sciuromorpha), Biberverwandte (Castorimorpha), Mäuseverwandte (Myomorpha), Dornschwanzhörnchenverwandte (Anomaluromorpha) und Stachelschweinverwandte (Hystricomorpha). Die neuweltlichen Arten der Hystricomorpha werden verschiedentlich in einer Unterordnung Meerschweinchenverwandte (Caviomorpha) zusammengefasst. Die Ein- und Zuordnung einiger Familien ist ebenfalls strittig.

Einteilung der Unterordnungen nach dem Bau des Kauapparates. Charakteristisches Merkmal ist ein im Ober- und Unterkiefer wurzelloses, dauernd nachwachsendes Schneidezahnpaar. Eckzähne fehlen, zwischen Schneide- und Backenzähnen befindet sich eine große Lücke (Diastema). Zahnschmelz bei den Schneidezähnen nur auf der Vorderseite, wodurch die Hinterkante mehr und schneller abgenutzt wird. Zähne deshalb meißelförmig. Nahrung sehr verschieden, überwiegend rein pflanzlich, aber auch zusätzlich tierische Kost. Artverschieden beträchtliche Größenunterschiede, Körpergewicht der kleinsten Art 4 g, des größten Nagers bis 60 kg. Vielfältiger Körperbau.

Verbreitung. Gesamte Erde.

5 Unterordnungen, 34 Familien, etwa 533 Gattungen, 2676 Arten.

Unterordnung Hörnchenverwandte (Sciuromorpha)

Gemeinsames Kennzeichen ist der Besitz von Vorbackenzähnen.

Verbreitung. Weltweit, mit Ausnahme Australiens, Neuguineas, Madagaskars und der Antarktis.

3 Familien, 73 Gattungen, 346 Arten.

Familie Stummelschwanzhörnchen (Aplodontiidae)

Auch Biberhörnchen. Meerschweinchengroß, bis 40 cm Kopf-Rumpf-Länge, Gestalt biberähnlich, 2 cm langer Stummelschwanz, Ohren und Augen klein, im Gebiss oben 2, unten 1 Vorbackenzahn (Zeichen für Urtümlichkeit), Zahnformel: 1/1 0/0 2/1 3/3, Backenzähne wurzellos, dauerwachsend, Fell kurz, dicht, rötlich braun bis graubraun, Gewicht ca. 800 g, gelegentlich bis 1,5 kg, Geruchssinn gut, Sehvermögen mäßig.

Verbreitung. Westküste Nordamerikas von Südkanada/British Columbia bis Nordkalifornien und West-Nevada.

1 Gattung, 1 Art.

Biberhörnchen (*Aplodontia rufa*).

Gefährdungsstatus. Bestand im natürlichen Verbreitungsgebiet teilweise bedroht.

Lebensweise. Dämmerungstiere, die aber auch tagsüber und nachts aktiv sind. Lebensraum feuchtes Berg- und Küstenland. Ungesellige, als Einzelgänger lebende Bodenbewohner, die fast stets in Wassernähe ausgedehnte, tiefe unterirdische Baue in feuchtem Erdreich anlegen. Laufen und schwimmen gut, klettern geschickt. Halten keinen Winterschlaf, legen aber Vorräte in ihrem Gangsystem an.

Nahrung. Blätter, Knospen, dünne Zweige, auch von Nadelhölzern, Farne, saftige Kräuter, im Winter auch Rinde von Büschen und Bäumen.

Haltung von Stummelschwanzhörnchen

In Zoos sehr selten gezeigt. Obwohl winterhart, als Zootiere wenig geeignet, da sie sich vorwiegend in der Dämmerung zeigen.

Unterkunft. Ähnlich wie Murmeltiere, eventuell auch in Nachttierhausabteil. Badebecken erforderlich.

Fütterung. Obst (besonders Apfel), Salat, Möhre, junge Triebe von Laub- (Eiche) und Nadelbäumen, diverse Körner und Sämereien, Pflanzenfresserpellets. Normaler Kot etwa 1 cm lang-ovale Kügelchen, die an festen Kotplätzen abgesetzt werden.

Fortpflanzung und Zucht. Schwierig, auch in Menschenobhut unverträglich. Männchen töten Artgenossen. Geschlechtsunterscheidung nur aus der Nahdistanz möglich. Weibchen mit 6 Zitzen, Männchen mit Penisknochen, kein äußerlich sichtbarer Hodensack. Im Ursprungsgebiet 9–11 Wochen dauernde Brunstzeit ab Dezember. Tragzeit 28–30 Tage. Würfe von Anfang März bis Mitte April. 2–3, selten 4 kaum behaarte, blinde Junge, deren Augen vermutlich erst um den 50. Tag voll geöffnet sind. Geburtsgewicht 18-30 g. Säugezeit 8 Wochen, mit 10 Wochen endgültiges Verlassen des Wurfbaues, dann etwa halb ausgewachsen. Jugendfell grau. Geschlechtsreife gegen Ende des 1. Lebensjahres.

Höchstalter in Menschenobhut. Biberhörnchen 3½ Jahre.

Familie Hörnchen (Sciuridae)

Artenreiche Gruppe. Werden von der Lebensweise her verschiedentlich in Baum- und Erdhörnchen untergliedert. Gestalt oft eichhörnchenähnlich, maus- bis murmeltiergroß, Zahnformel: 1/1 0/0 1–2/1 3/3, voll behaarter, oft buschiger Schwanz.

Verbreitung. Weltweit, außer Antarktis, südliches Südamerika, Madagaskar und Australien.

Abb. 20.1 Graue Riesenhörnchen (*Ratufa macroura*) bewegen sich im Kronenbereich tropischer Regenwälder und springen mit 6 m weiten Sätzen durchs Geäst.

Abb. 20.2 Das Prevost-Schönhörnchen (*Callosciurus prevostii*) legt keine Nahrungsvorräte an, da in seiner Heimat das ganze Jahr über gemäßigte bzw. warme Temperaturen herrschen.

5 Unterfamilien, 63 Gattungen, 316 Arten.

Beispielvertreter

Riesenhörnchen (Ratufinae)

1 Gattung, 4 Arten. Mehr als mardergroß, Kopf-Rumpf-Länge 25-45 cm, Schwanz mehr als körperlang, Gewicht bis 2, maximal 3 kg. Arten farblich sehr unterschiedlich. Riesenhörnchen (*Ratufa*): Indien, Hinterindien, Hainan, Indonesien. **Graues Riesenhörnchen** (*R. macroura*), **Blasses Riesenhörnchen** (*R. affinis*).

Neuwelt-Kleinsthörnchen (Sciurillinae)

1 Gattung, 1 Art. Zweitkleinste Hörnchenart, Kopf-Rumpf-Länge 10 cm, Schwanzlänge 12 cm, Fell braun. Nordbrasilien, Nordostperu und Guyana. **Neuweltliches Kleinsthörnchen** (*Sciurillus pusillus*).

Schönhörnchen (Callosciurinae)

14 Gattungen, 73 Arten. Farben- und musterreiche Gruppe mit erheblichen Größen- und Gewichtsunterschieden. Nördliches Vorder- und Hinterindien, Große und Kleine Sunda-Inseln, Molukken, Philippinen.

Eigentliche Schönhörnchen (*Callosciurus*): 15 Arten. Eichhörnchenähnlich, oft sehr bunt. Hinterindien, Indomalaiisches Gebiet. **Prevost-Schönhörnchen** (*C. prevostii*), **Finlayson-Schönhörnchen** (*C. finlaysonii*).

Streifenpalmenhörnchen (*Funambulus*): 6 Arten. Teilweise lebhaft gezeichnet, auch gestreift, erhebliche Größenunterschiede. Südasien. **Nördliches Palmenhörnchen** (*F. pennantii*), **Indisches Palmenhörnchen** (*F. palmarum*).

Zwerghörnchen (*Nannosciurus*): 1 Art. **Braunes Zwerghörnchen** (*N. melanotis*): Südostasien.

Echte Hörnchen (Sciurinae)

25 Gattungen, 120 Arten. Artenreichste Vertreter der Hörnchen, die in 2 Zweige eingeteilt werden, die Echten Baumhörnchen (Sciurini) und die früher eine eigene Unterfamilie repräsentierenden Gleithörnchen (Pteromyini). Eurasien, Amerika.

Abb. 20.3 Nördliche Palmenhörnchen (*Funambulus pennantii*) ähneln den Streifenhörnchen, mit denen sie aber nicht nahe verwandt sind.

Echte Baumhörnchen (Sciurini)

Gestalt eichhörnchenartig, maus- bis mardergroß, Kopf eiförmig mit großen Ohren, meist Ohrpinsel, Schnauze mit langen Schnurrhaaren, keine Backentaschen, Vorderbeine kürzer als Hinterbeine, Schwanz lang, buschig behaart.

Eichhörnchen (*Sciurus*): 28 Arten. **Eichhörnchen** (*S. vulgaris*): Rückenfell variiert von rot bis braunschwarz, Bauch weiß oder cremefarben, Winterfell wesentlich dichter als Sommerfell, oft dunkler, kann graue Farbtöne annehmen, lange rotbraune Ohrpinsel (im Sommer klein oder nicht vorhanden), buschiger Schwanz. Europa und nördliches Asien. – **Kaukasisches Eichhörnchen** (*S. anomalus*): Kaukasus, Kleinasien, Palästina. – **Grauhörnchen** (*S. carolinenis*): östliches Nordamerika, eingeführt in Großbritannien, Irland, Italien und Südafrika. – **Bunthörnchen** (*S. variegatoides*): große Variabilität in Fellfarbe und -zeichnung. Mittelamerika.

Abb. 20.4 Schwarzrotes Bunthörnchen (*Sciurus variegatoides atrirufus*). Die Unterarten der Bunthörnchen unterscheiden sich in Größe und Fellfärbung teils erheblich.

Rothörnchen (*Tamiasciurus*): 3 Arten. Eichhörnchenähnlich, doch auch anatomische Merkmale von Streifenhörnchen, nicht rot, sondern variabel braun gefärbt, kein Penisknochen. Nordamerika. **Gemeines Rothörnchen** (*T. hudsonicus*).

Gleithörnchen (Pteromyini)

Eichhörnchenähnlich, Schwanz lang, buschig, dicht behaarte Gleitflughaut vom Handwurzel- bis zum Fußwurzelgelenk.

Riesengleithörnchen (*Petaurista*): 19 Arten. Große bis sehr große Vertreter, Fellfarbe variiert inner- und zwischenartlich stark. Asien. **Rotes Riesengleithörnchen** (*P. petaurista*), auch Taguan: Sri Lanka, Ostindien, Indonesien bis Südchina. – **Indisches Riesengleithörnchen** (*P. philippensis*): Indischer Subkontinent, Südchina, Indonesien.

Echte Gleithörnchen (*Pteromys*): 2 Arten. **Gewöhnliches Gleithörnchen** (*P. volans*), auch Europäisches Gleithörnchen: Finnland, westliches Russland bis Sibirien, Sachalin, Korea und Nordjapan (Hokkaido).

Zwerggleithörnchen (*Petinomys*): 8 Arten. Südasien. **Schnurrbart-Zwerggleithörnchen** (*P. genibarbis*), **Hagens-Zwerggleithörnchen** (*P. hageni*).

Neuweltliche Gleithörnchen (*Glaucomys*): 3 Arten. Den Echten Gleithörnchen ähnlich. **Assapan** (*G. volans*), auch Südliches Gleithörnchen: Südostkanada, östliche USA bis Mexiko und Honduras. – **Nördliches Gleithörnchen** (*G. sabrinus*): Alaska, Kanada, nördliche und westliche USA. – **Humboldt-Gleithörnchen** (*G. oregonensis*): zwischenzeitlich als Unterart des Nördlichen Gleithörnchens, seit 2017 wieder als Art geführt. British Columbia bis Kalifornien.

Gefährdungsstatus. Alle Riesenhörnchen-Arten gebietsweise bedroht. Bestand der übrigen Vertreter im Verbreitungsgebiet teils gesichert, teilweise durch Landkultivierung und Rodung gefährdet, einige Arten beziehungsweise Unterarten sind vom Aussterben bedroht.

Lebensweise. Bis auf die Gleithörnchen Tagtiere. Lebensraum Taiga, Tundra, Wälder (Neuwelt-Kleinsthörnchen bewohnt tropischen Regenwald), Urwälder, Sekundärwälder, Galerie- und Monsunwälder, Unterholz, Baumsteppen der Subtropen und Tropen, Park- und Kulturlandschaften sowie Bergland der gemäßigten Zone bis in 2200 m Höhe. Hervorragend kletternde und weit springende (Riesenhörnchen bis 6 m), stammabwärts mit dem Kopf nach unten laufende Baumbewohner. Oft auch am Boden, hüpfen und springen dort schnell, schwimmen meist gut. Schwanz dient beim Sprung als Steuer und Segel, beim Klettern als Balanceorgan, bei der Balz als Signal und beim Schlafen als Decke. Sehvermögen auch auf weite Entfernungen ausgezeichnet, Farbsehen gering. Lautäußerungen melodisches oder scharfes Keckern, Quieken, Knurren, Schnalzen. Ortstreue Einzelgänger in festen Revieren, die auch gegen Artgenossen des anderen Geschlechts verteidigt werden (Ausnahme: u.a. das paarweise und in Gruppen lebende Braune Zwerghörnchen). Bei Überbevölkerung oder Nahrungsmangel in Si-

Abb. 20.5 Das Gemeine Rothörnchen (*Tamiasciurus hudsonicus*) ist sowohl in Nadel- als auch Laub- und Mischwäldern Nordamerikas anzutreffen, wo es sich in Baumhöhlen anstelle von Kobeln zurückzieht.

Abb. 20.6 Die dichtbehaarte Gleitflughaut des Gewöhnlichen Gleithörnchens (*Pteromys volans*), die sich zwischen Handwurzel- und Fußwurzelgelenk erstreckt, ermöglicht den Tieren horizontal abfallende Gleitflüge und dient bei Kälte als wärmende Hülle.

birien und dem europäischen Teil Russlands weite Wanderungen (Eichhörnchen). Zum Schlafen und zur Jungenaufzucht kugelige, mit weichem Pflanzenmaterial ausgepolsterte Nester (Kobel) mit 2 Ausgängen, welche je nach Witterung verschlossen werden. Nester mancher Arten auch in Baumhöhlen oder in Vogelnistkästen (Eichhörnchen). Meist 1 Hauptnest und mehrere Nebennester. Mit Ausnahme nördlicher Rothörnchen kein Winterschlaf, aber bei kühlen Temperaturen wenig aktiv. Im Herbst werden Vorratskammern im Erdreich am Fuß von Bäumen, in Baumhöhlen und Vogelnestern angelegt, die im Winter mit dem Geruchssinn meist wieder gefunden werden. Bei Schönhörnchen und anderen tropischen Arten keine Wintervorräte. Einige Arten sind Trockenschläfer.

Gleithörnchen sind Dämmerungs- und Nachttiere. Lebensraum im Norden Nadelwälder, Nadel-Birken-Mischwälder und Laubmischwälder, in den Tropen Urwälder, Palmenhaine und Plantagenwälder. Teils Kulturflüchter, teils Kulturfolger. Baumbewohner, die je nach Absprunghöhe und Körpergröße im Gleitflug 30–60 m weit segeln, ihre Flugbahn mit dem Schwanz und durch Veränderung der Flughautspannung steuern und mit leichtem Aufwärtsschwung kopfoben senkrecht landen. Bremsen vorher mit dem Schwanz und den fallschirmartig gestellten Gleithäuten die Fluggeschwindigkeit ab. Klettern sehr gut, sind am Boden weniger gewandt. Gesichts- und Gehörsinn hoch entwickelt. Gesellig, meist paarweise, oft auch in Gruppen, spielen fliegend oder kletternd, benutzen gemeinsame Schlafplätze wie hohle Bäume, Spechthöhlen, Nistkästen, Vogelnester, zwischen Palmwedeln oder in leeren Kokosnüssen. Manche Arten bauen Baumnester (Durchmesser beim Roten Riesengleithörnchen 1 m). Kein Winterschlaf, im Winter aber wenig aktiv.

Nahrung. Nordische Arten fressen vorwiegend Nadelholzsamen, Knospen, Blüten, Blätter, Früchte, Beeren, Nüsse, Triebe, Rinde, auch Pilze, dazu Schnecken, Insekten und deren Larven, Vogeleier und Jungvögel. Tropische Arten bevorzugen vielseitige Pflanzenkost, aber auch Kleinsäuger. Manche Palmenhörnchen fangen fliegende Insekten.

Haltung von Riesenhörnchen, Neuwelt-Kleinsthörnchen, Schönhörnchen und Echten Hörnchen

In Tiergärten werden nur wenige Arten regelmäßig gezeigt. Es handelt sich dabei um sog. Baumhörnchen, Arten, deren Vertreter sich überwiegend auf Bäumen aufhalten.

Die Haltungsmethoden der einzelnen Arten sind verschieden und abhängig von deren Körpergröße, den klimatischen Verhältnissen im Ursprungsgebiet und dem Akklimatisationsvermögen der Tiere. Gleithörnchen werden selten gehalten, da sie als Nachttiere bei herkömmlicher Schaustellung wenig publikumswirksam sind.

Unterkunft. Für tropische Zwergformen ähnlich wie für Streifenhörnchen. Für nichtwinterharte, tropische und subtropische Arten an der Sichtfläche verdrahteter oder verglaster Warmhauskäfig mit anschließender Sommerunterkunft. Raumtemperatur 18–24 °C, Luftfeuchtigkeit 50–70 %. Für winterharte eurasische und nordamerikanische Arten teilüberdachte, windgeschützte Freivolieren. Keine hölzernen, sondern vorzugsweise Stahl-Maschendraht-Konstruktionen. Ausbruchssicherung der Pflegerzugänge durch vorgebaute Schleuse. Günstig ist eine Haltung in Volieren- bzw. Vitrinensystemen im Verbund. Zur Vermeidung von Bewegungsstereotypien gute Raumstrukturierung, vor allem mit Kletterästen (regelmäßig erneuern!), pro Tier mindestens 1 Schlafkasten mit kreisrundem Einschlupfloch oder mit halb offener Frontfläche (möglichst Hartholz verwenden). Als Bodenbelag der Unterkünfte trockenes Laub, Torfmull, Rindenmulch, feiner Sand, in Freivolieren auch gewachsenes Erdreich mit natürlicher Vegetation. Schlafkästen in regelmäßigen Abständen reinigen. Danach Heu, Holzwolle, dünne, biegsame Zweige anbieten, womit die Tiere den Schlafkasten selbst auspolstern. Für tropische Arten hat sich Kokosfaser als Nestmaterial bestens bewährt. Bei Reinigungsarbeiten auf vergrabene Futterreste achten, die manchmal schnell faulen.

Gleithörnchen in Nachttierhäusern, bei schwachem Blaulicht (Assapan) oder Rotlicht sehr lebhaft, nachts grelles Licht, das sie scheuen und dann schlafen. Gestaltung der Anlagen wie bei Baumhörnchen. Neben horizontalen Klettereinrichtungen auch reichlich vertikales Käfiginventar erforderlich, auf dem die Tiere nach dem Sprung gern landen. Die Unterkünfte müssen sehr geräumig sein, um dem Bewegungsbedürfnis der Tiere Rechnung zu tragen. Der Assapan verbringt zwar im Wildleben den hellen Tag über zu mehreren Tieren schlafend in Höhlen von Bäumen, doch benötigt auch diese Art wie die anderen reichlich Schlaf- und Nistkästen, wodurch sich Auseinandersetzungen vermeiden lassen. Kästen in regelmäßigen Abständen reinigen, da diese auch zum Speichern von Nahrung genutzt werden. Anschließend ebenfalls Polstermaterial anbieten. Vorsicht beim Hantieren in den Unterkünften, da diese Tiere sehr schnell sind.

Fütterung. Ratten- und Mäusepellets, ganze Getreidekörner, Sämereien (besonders Sonnenblumenkerne), hartschalige Nüsse, Eicheln, Obst und Gemüse, Rosinen, Hundekuchen, altbackenes Brot, getrocknete Pilze, rohes und gekochtes Ei, gelegentlich Kochfleisch, viel Zweige, Rinde, auch Geweihabwurfstangen und Knochen zum Nagen. Im Winter kein Futter, das gefrieren kann! Zusätzlich für kleine tropische Arten süße, weiche Früchte, Südfrüchte, Datteln, Feigen, gekochten Reis, Heuschrecken, Grillen, Mehlwürmer. Stets frisches Wasser aus einem kleinen Tränknapf oder besser zur Verhinderung von Verunreinigungen in einer Tropfflasche. Fütterung der Gleithörnchen ähnlich wie Ziesel, Streifenhörnchen usw., besonders auch Knospen, Blätter und Rinde von Birke (Gewöhnliches Gleithörnchen), Fichten- und Kiefernzapfen, frische Nadelholztriebe, Nüsse, Eicheln, Kastanien und tierische Kost. Obst, Gemüse und anderes Grünzeug wird teilweise verschmäht.

Vergesellschaftung. Einzeln oder paarweise halten, da fast ausnahmslos unverträglich gegen gleichgeschlechtliche Artgenossen. Vergesellschaftung von Schönhörnchen in Hongkong mit Stachelschweinen, von Eichhörnchen in verschiedenen europäischen Tiergärten mit Elstern, Dohlen, anderen mittelgroßen Vogelarten oder Wildkaninchen, von Gewöhnlichen Gleithörnchen mit Schneehasen. Künstlich aufgezogene Tiere werden zahm, prägen sich stark auf den Pfleger, können gegen Fremde bissig sein.

Fortpflanzung und Zucht. Selten, nur bei wenigen Arten gelungen. Weibchen mit 6–8 Zitzen. Würfe bei vielen tropischen Arten (Schönhörnchen, Palmenhörnchen) ganzjährig, doch gebietsweise Haupt- und Nebenpaarungs- bzw. -wurfzeiten, die Klimaeinflüssen (Regenzeiten) unterworfen sind. Dabei meist nur 2 oder 3 Würfe im Jahr. Auch Grauhörnchen, die in weiten Teilen ihrer Verbreitungsgebiete 2 Hauptwurfzeiten (Mitte Februar bis Mitte April, Juni bis September) haben, brachten in Louisiana ganzjährig Junge. Baumhörnchen aus der gemäßigten Klimazone haben im Jahr je 2 Haupt- und Nebenbrunst- bzw. -wurfzeiten (Frühjahr und Sommer). In der Regel liegen zwischen 2 Würfen 4–5 Monate, weil die Weibchen erst nach der Laktationsperiode und dem Selbstständigwerden der Jungen erneut brünstig werden. Gemeine Rothörnchen, die im Süden ihres Verbreitungsgebietes auch 2 Würfe im Jahr bringen, werfen in Kanada nur einmal. Östrus kurz, meist nur 1 Tag. Vergesellschaftung von Paaren rechtzeitig vor oder zu Beginn der Paarungszeit. Vor der Paarung heftiges Treiben. Nach der Paarung verlieren die Partner schnell das Interesse aneinander. Sozialverhalten beschränkt sich auf zeitlich begrenzte gegenseitige Duldung. Tragende Weibchen (besonders Riesen- und Rothörnchen) werden meist dem Männchen gegenüber sehr aggressiv, weshalb letztere rechtzeitig vor dem Werfen abgesperrt werden sollten. So sind auch die Aufzuchtserfolgsaussichten größer. Das gilt ebenfalls für Eich- und Grauhörnchen. Rechtzeitig vor dem Werfen mehrere(!) Wurfboxen anbieten, in denen die Weibchen

Wurfnester bauen. Bei Störung werden die Jungen im Maul in eine andere Wurfbox transportiert. Verschiedentlich wurden die Wurfboxen so angebracht, dass durch eine Glasscheibe an der Rückwand, die in der Regel abgedeckt war, das Aufwachsen der Jungen beobachtet werden konnte.

Neugeborene fast nackt, Augen und Gehörgänge geschlossen, Geburtsgewichte von Eichhörnchen 8–12 g, Grauhörnchen 12–17 g (weiter entwickelt als Eichhörnchen geboren), Prevost-Schönhörnchen 8–12 g, Rothörnchen um 7 g. Erstes Säugen bei Rothörnchen 12 Stunden nach der Geburt. Angaben zur Fortpflanzungsbiologie in Tabelle 20.1. Weitere artspezifische Angaben zur Jugendentwicklung: Öffnung der Gehörgänge am 18.–22. (Rothörnchen), 20.–24. (Grauhörnchen), 22.–24. Tag (Eichhörnchen), Durchbruch der unteren Schneidezähne am 17.–21. (Rothörnchen), 19.–21. (Grauhörnchen), um den 22. Tag (Eichhörnchen), Durchbruch der oberen Schneidezähne am 26.–29. (Rothörnchen), 28.–30. (Grauhörnchen), um den 35. Tag (Eichhörnchen); erste feste Kost am 37.–41. (Rothörnchen), 43.–51. (Grauhörnchen), 45.–55. Tag (Eichhörnchen). Junge, eventuell mit Ausnahme von manchen Palmenhörnchen, spätestens im Alter von 3 Monaten von den Eltern bzw. der Mutter trennen. Geschlechtsreife mit knapp 1 Jahr (etwa 10–11 Monate) oder mit knapp 2 Jahren, beim Prevost-Schönhörnchen Männchen frühestens mit 7 Monaten, Weibchen frühestens mit 9 Monaten geschlechtsreif. Während der 1. Wurfzeit des Jahres geborene weibliche Echte Baumhörnchen können jedoch bereits im 1. Lebensjahr mit 4½ Monaten (Grauhörnchen frühestens mit 124 Tagen) geschlechtsreif werden und gegen Ende der 2. Wurfzeit noch im gleichen Jahr Junge bringen. Weibliche Rothörnchen werden mit 13 Monaten geschlechtsreif und bringen reichlich 1 Jahr nach der Geburt ihre ersten Jungen, während männliche Rothörnchen zwar mit 15 Monaten geschlechtsreif sind, aber sich erst mit knapp 2 Jahren erstmals fortpflanzen.

Künstliche Aufzucht halbwüchsiger Säuglinge nicht schwierig. Bei Eich- und Grauhörnchen gelungen. Milchzusammensetzung beim Grauhörnchen (Mittelwerte von 4 Proben): Trockensubstanz 33,05 %, Fett 18,53 %, Eiweiß 9,1 %, Kohlenhydrate 3,45 %, Asche 1,18 %. Kuhmilch oder Babynahrung. Beginn der Umstellung auf feste Kost mit Erscheinen der oberen Schneidezähne (zuerst in Milch eingeweichter, ungesüßter Zwieback oder trockenes Weißbrot, später Banane, weiches Obst). Umgebungstemperatur je nach Fellausbildungsstand 30–36 °C. Bei etwa 1 Woche alten Eichhörnchen wurde anfangs Tag und Nacht alle 2 Stunden gefüttert, im Alter von etwa 2½ Wochen nachts pausiert. Milchmenge pro Mahlzeit am 6. Tag 0,9 ml, am 33. Tag 7,8 ml, Milchmenge pro Tag am 6. Tag 10,8 ml, am 33. Tag 39 ml.

Zucht von Gleithörnchen relativ selten, weil noch wenig gehalten, doch unkompliziert wie reichliche Nachzuchten beim Assapan in den USA und Kanada in Privathaltungen zeigen. In San Diego Nachzucht beim Roten Riesengleithörnchen. Gesellig, Weibchen fast stets, in geräumigen Unterkünften auch mehrere Männchen untereinander verträglich. Bei tropischen Arten ganzjährige Fortpflanzung, bei Tieren aus anderen Klimaten jahreszyklisch festliegende Brunst- und Wurfzeiten. Während der Paarungszeit sind Gewöhnliche Flughörnchen auch tagaktiv. Zur Paarung hüllt das Männchen sein Weibchen in seine Flughaut ein. Etwa 2 Wochen nach der Paarung wird es vom Weibchen aus der gemeinsamen Schlafbox vertrieben. Meist 2 (Assapan auch 3?) Würfe im Jahr. Geburten beim Gewöhnlichen Flughörnchen z.B. von März bis Anfang Mai und von Mitte Juni bis August, beim Assapan von Februar bis Mai und von Juli bis September, beim Nördlichen Gleithörnchen von Ende März bis Anfang Juli und von Ende August bis September. Angaben zur Fortpflanzungsbiologie in Tabelle 20.1 Neugeborene sind fast nackt, mit geschlossen Augen und Gehörgängen, wiegen beim Nördlichen Gleithörnchen 2–3 g. Im Gegensatz dazu ist das vermutlich einzige Jungtier des Schnurrbart-Zwerggleithörnchens das nach einer Tragzeit von 53 Tagen geboren wird, voll behaart und von Geburt an sehtüchtig. Es kann klettern und

Tab. 20.1 Angaben zur Fortpflanzungsbiologie von Baumhörnchen

Gattung/Art	Tragzeit (Tage)	Wurfgröße (Anzahl)	Augenöffnung (Tag)	Verlassen des Baus (Tag)	Säugezeit (Wochen)
Schwarzes Riesenhörnchen[4]	28–35(?)	1–2			
Eichhörnchen	38–39	3–5 (1–10)	30.–32.	um 45.	6-8
Grauhörnchen	44–45	3–4 (1–8)	28.–32.	um 42.	7
Fuchshörnchen[5]	44–45	3–4 (1–8)			7
Gemeines Rothörnchen	um 35	4–6 (1–8)	26.–36.	33.–34.	9–11
Gewöhnliches Gleithörnchen	40[1]	2–3 (1–5)	um 14.[2]	um 28.[3]	4–6
Assapan	28–30	2 (1–4)	um 25.	um 50.	6–8
Nördliches Gleithörnchen	37	4–5 (1–6)	um 25.		8–9
Indisches Riesengleithörnchen	45	1			
Zwerggleithörnchen	um 53	1–2 (–3)	am 1.		
Komplexzahn-Gleithörnchen[6]	74–89	3–4 (1–2)	20.–30.		
Streifenpalmhörnchen	40–45	3 (1–5)			8
Prevost-Schönhörnchen	42–48	2 (1–3)			8–9

Angaben in Klammern sind von der Norm abweichende, im natürlichen Schwankungsbereich liegende Werte.
[1] Möglicherweise nur 28 Tage
[2] Möglicherweise auch erst um den 25 Tag
[3] Möglicherweise erst um den 42. Tag
[4] auch Zweifarb-Riesenhörnchen (*Ratufa bicolor*)
[5] *Sciurus niger*
[6] *Trogopterus xanthipes*

nimmt bereits am 1. Lebenstag neben Milch auch feste Kost auf. Die Wurfgröße der übrigen Zwerggleithörnchen beträgt 1–2 oder 1–3, die der Pfeilschwanz-Gleithörnchen (*Hylopetes*) 2–3, wobei für Grauwangen-Gleithörnchen (*Hylopetes lepidus*) als Tragzeit etwa 40 Tage angegeben werden. Rotes Riesengleithörnchen 1 Junges, selten 2. Geschlechtsreife vermutlich mit knapp 2 Jahren, bei weiblichen Nördlichen Gleithörnchen schon mit 9 Monaten.

Höchstalter in Menschenobhut. Indisches Riesenhörnchen (*Ratufa indica*) 20, Zweifarb-Riesenhörnchen 17½, Kuhls Zwerghörnchen (*Sciurillus pygmaeus kuhlii*) 2, Indisches Palmenhörnchen 5½, Berdmores Palmenhörnchen (*Menetes berdmorei*) 6½, Prevost-Schönhörnchen 21, Pallas-Schönhörnchen (*Callosciurus erythraeus*) 17, Finlayson-Schönhörnchen fast 13, Dreistreifenhörnchen (*Lariscus insignis*) fast 7¼, Himalaja-Gelbbauchhörnchen (*Dremomys lokriah*) über 7, Grauhörnchen 23½, Eichhörnchen 15, Gemeines Rothörnchen über 9¾, Rot-Weißes Riesengleithörnchen (*Petaurista alborufus*) über 21, Hodgsons Riesengleithörnchen (*P. magnificus*) 11, Japanisches Riesengleithörnchen (*P. leucogenys*) über 19, Gewöhnliches Gleithörnchen über 11, Assapan 16¾, Phayres Gleithörnchen (*Hylopetes phayrei*) fast 8, Hagens Zwerggleithörnchen über 4½ Jahre.

Erdhörnchen (Xerinae)

25 Gattungen, 131 Arten. Meist bodenbewohnende Hörnchen, die in die 3 Gattungsgruppen Borstenhörnchen (Xerini), Afrikanische Palmenhörnchen (Protoxerini) und Echte Erdhörnchen (Marmotini) unterteilt werden. Nord- und Mittelamerika, Afrika, Eurasien.

Beispielvertreter

Borstenhörnchen (Xerini)

5 Gattungen, 6 Arten. Schwanz meist körperlang oder länger, Fell schütter, borstig, so dass

Abb. 20.7 Die Lautgebung der Arktischen Ziesel (*Spermophilus parryii*) dient, wie bei allen Zieseln, der Territorialmarkierung, dem Kontakt und als Warnung bei Gefahr.

mitunter die Haut durchscheint. Nord-, Nordwest-, West-, nördliches Zentral- und Südafrika, Mittelasien bis Iran.

Nordafrikanische Borstenhörnchen (*Atlantoxerus*): 1 Art. **Atlashörnchen** (*A. getulus*): Marokko, Algerien, auf Fuerteventura eingeführt.

Afrikanische Borstenhörnchen (*Xerus*): 1 Art. **Ungestreiftes Borstenhörnchen** (*X. rutilus*): Ostafrika.

Abb. 20.8 Der Burunduk (*Tamias sibiricus*) wird auch als Sibirisches Streifenhörnchen bezeichnet und kommt als einziger Vertreter der Streifenhörnchen nicht auf dem amerikanischen Kontinent vor.

Erdhörnchen (*Geosciurus*): 2 Arten. **Kap-Borstenhörnchen** (*G. inauris*): Südliches Afrika.

Gestreifte Borstenhörnchen (*Euxerus*): 1 Art. – **Gestreiftes Borstenhörnchen** (*E. erythropus*): West- und Zentralafrika.

Zieselmäuse (*Spermophilopsis*): 1 Art. **Zieselmaus** (*S. leptodactylus*): Norden Irans und Afghanistans, Teile Kasachstans, Usbekistans, Turkmenistans und Tadschikistans.

Afrikanische Palmenhörnchen (Protoxerini)

6 Gattungen, 30 Arten. Teilweise lebhaft gezeichnet, erhebliche Größenunterschiede, auch baumbewohnend. Afrika.

Afrikanische Zwerghörnchen (*Myosciurus*): 1 Art. **Afrikanisches Zwerghörnchen** (*M. pumilio*): kleinstes Hörnchen. Kamerun, Gabun, Republik Kongo, Äquatorialguinea.

Ölpalmenhörnchen (*Protoxerus*): 2 Arten. **Gemeines Ölpalmenhörnchen** (*P. stangeri*): West- und Zentralafrika.

Afrikanische Buschhörnchen (*Paraxerus*): 11 Arten. **Smiths Buschhörnchen** (*P. cepapi*): Ost- und Südafrika.

Rotschenkelhörnchen (*Funisciurus*) mit **Feuerfußhörnchen** (*F. pyrropus*), Sonnenhörnchen (*Heliosciurus*), Afrikanische Palmenhörnchen (*Epixerus*).

Echte Erdhörnchen (Marmotini)

14 Gattungen, 95 Arten. Schwanz kurz, Fell kurz und dicht. Eurasien, Nord- bis Mittelamerika.

Ziesel (*Spermophilus*): 15 Arten. Goldhamster- bis reichlich eichhörnchengroß, schlank, Ohren sehr klein, Backentaschen mittelgroß, Fell teils einfarbig, teils dunkel gestreift oder fein hell gepunktet. Osteuropa bis Ostasien. **Europäischer Ziesel** (*S. citellus*), **Perlziesel** (*S. suslicus*), **Gelbziesel** (*S. fulvus*).

Nördliche Ziesel (*Urocitellus*): 12 Arten. Mittelgroße bis große Ziesel, Nordamerika und Nordasien. **Arktischer Ziesel** (*U. parryii*).

Goldmantelziesel (*Callospermophilus*): 3 Arten. Mittelgroße Ziesel mit hellen Streifen am

Rücken. Nordamerika. **Goldmantelziesel** (*C. lateralis*).

Felsenziesel (*Otospermophilus*): 3 Arten. Große Ziesel mit großem Kopf und gesprenkelter Rückenfärbung. Westliches Nordamerika und Mexiko. **Felsenziesel** (*O. variegatus*).

Antilopenhörnchen (*Ammospermophilus*): 4 Arten. Streifenhörnchenähnlich, aber weniger kontrastreich gezeichnet, kennzeichnend ist nur je 1 weißer Längsstreifen an beiden Körperseiten. Westliches Nordamerika bis Mittelamerika. **Weißschwanz-Antilopenziesel** (*A. leucurus*), **Nelson-Antilopenziesel** (*A. nelsoni*).

Backenhörnchen (*Tamias*): 1 Art. Geringere Anzahl von Vorbackenzähnen als Streifenhörnchen. Östliches Nordamerika. **Streifen-Backenhörnchen** (*T. striatus*).

Asiatische Streifenhörnchen (*Eutamias*): 1 Art. Nordeuropa und Ostasien von Sibirien und der Mongolei über Nord- und Mittelchina bis Korea und Hokkaido (Nordjapan). **Burunduk** (*E. sibiricus*).

Streifenhörnchen (*Neotamias*), auch Chipmunks: 26 Arten. Schlanke, meist weniger als rattengroße Erdhörnchen mit langem, buschig behaartem Schwanz, sehr großen Backentaschen und charakteristischer Zeichnung, graubraunes bis rotbraunes Fell mit 5 schwarzen Längsstreifen über dem Rücken, unterbrochen von weißen oder grauen Zwischenstreifen. Nord- und Mittelamerika. **Felsen-Chipmunk** (*N. dorsalis*).

Murmeltiere (*Marmota*): 15 Arten. Größte Vertreter der Hörnchen. Kopf breit, Körper plump, Ohren deutlich sichtbar, Gliedmaßen kurz, kräftig bekrallt, 1. Finger stummelförmig, Fell meist mit Brauntönen, je nach Art unterschiedlich bis schwarz. Eurasien, Nordamerika. **Alpenmurmeltier** (*M. marmota*): mit 4-8 kg größte Art. Mitteleuropa. – **Steppenmurmeltier** (*M. bobak*), auch Bobak: Osteuropa bis Mittelasien. – **Waldmurmeltier** (*M. monax*): Nordamerika.

Präriehunde (*Cynomys*): 5 Arten. Reichlich eichhörnchengroß, ähneln dem Murmeltier, sind aber schlanker, 1. Finger mit langer Kralle, Fell graubraun, oberseits etwas dunkler als an der Unterseite. Westliche USA und Nordmexiko. **Schwarzschwanz-Präriehund** (*C. ludovicianus*), **Weißschwanz-Präriehund** (*C. leucurus*).

Abb. 20.9 Murmeltiere sind die größten Vertreter der Erdhörnchen. Das Steppenmurmeltier (*Marmota bobak*) kommt in Osteuropa bis Mittelasien vor.

Asiatische Felsenhörnchen (*Sciurotamias*), auch Chinesische Rothörnchen: 2 Arten. Baumhörnchenähnlich. China. **Pater-David-Felsenhörnchen** (*S. davidianus*).

Gefährdungsstatus. Bestand der meisten Arten im natürlichen Verbreitungsgebiet ungefährdet, Afrikanisches Zwerghörnchen gefährdet, mehrere Ziesel-Arten gefährdet oder bedroht, Nelson-Antilopenziesel bedroht, Menzbier-Murmeltier (*Marmota menzbieri*) gefährdet, Vancouver-Murmeltier (*M. vancouverensis*) bedroht, Präriehunde gebietsweise ausgerottet.

Abb. 20.10 Zu den Asiatischen Felsenhörnchen gehört das in China vorkommende Pater-David-Felsenhörnchen (*Sciurotamias davidianus*).

Lebensweise. Tagtiere. Lebensraum artverschieden Halbwüsten, Steppen, Wälder oder Kulturlandschaft, meist in der gemäßigten Zone. Alpenmurmeltiere in Höhen von 900–2200 m, meist oberhalb der Waldgrenze, nicht selten sogar auf Geröllflächen, auch manche Ziesel- oder Chipmunk-Arten in Höhen von 2500–3000 m. Meist gesellige Bodenbewohner. Afrikanische Zwerg-, Afrikanische Busch-, Ölpalmen-, Rotschenkel- und Sonnenhörnchen klettern auch ins Geäst und legen dort ihre Baumnester an. Die bodenbewohnenden Erdhörnchen leben in selbst gegrabenen, oft sehr verzweigten Erdbauen und vielfach in Kolonien. Winterbaue der Alpenmurmeltiere in tieferen Lagen an der Baumgrenze, Sommerbaue in der Almenregion. Gebirgsbewohner und Tiere der gemäßigten Zone halten Winterschlaf, wobei die Körpertemperatur auf 4,6–7,6 °C (Murmeltiere) bzw. auf 1,8–2 °C (Ziesel) sinkt. Dabei pro Minute 2–3 (Murmeltiere) bzw. 15 (Ziesel) Atemzüge. Streifenhörnchen schlafen paarweise, legen mehrere, reich gefüllte Vorratskammern an und unterbrechen den Schlaf von Zeit zu Zeit, um Nahrung aufzunehmen und in besonderen, blind endenden Gängen Kot und Urin abzusetzen. Murmeltiere schlafen in Familien (1 Paar und ihre Jungen der beiden letzten Zuchtjahre, zusammen bis zu 15 Tiere). Sie tragen im Herbst Heu in den Bau ein, das sie durch Abbeißen von Grashalmen selbst herstellen. Auch bei anderen winterschlafenden Arten Vorräte, die sie wie Murmeltiere nach dem Erwachen verzehren. Bei manchen Zieseln und Borstenhörnchen während der hochsommerlichen Dürreperiode Trockenschlaf. Vor dem Beginn der Schlafperioden werden Ausgänge der Höhle mit Erde, Steinen, Laub und Gras verstopft. Im Flachland Bauöffnungen von Bobaks, Präriehunden oder Zieseln inmitten kleiner Erdhügel oder von ringförmigen Erdwällen (Präriehunde) umgeben zum Schutz gegen Überflutung nach schweren Regenfällen. Besonders bei koloniebildenden Murmeltieren (Territorialmarkierung mit Wangendrüsensekret), Präriehunden und Zieseln feste Territorien mit Wechseln zu Futter- oder Auslugplätzen. Bei Gefahr Pfiffe (Murmeltiere, Ziesel) oder bellende Rufe, die z.B. beim Alpenmurmeltier von Gämsen richtig gedeutet werden. Laute dienen auch der Territorialmarkierung, der Kontakterhaltung und dem Paarungsgeschehen. Während Koloniemitglieder fressen, spielen oder ruhen, bewachen Einzeltiere, aufrecht auf den Hinterbeinen sitzend, die Umgebung. Gesichtssinn hochleistungsfähig, Gehör gut, Geruchssinn wenig entwickelt. Kletter- und Sprungvermögen gering, aber Waldmurmeltier, Streifenhörnchen, Präriehunde und Chipmunks sind gute Kletterer. Gesellige Arten, besonders Jungtiere und Halbwüchsige, spielfreudig. Besonders Bobak und Ziesel werden von Flöhen befallen, die Seuchen (z.B. Pest) übertragen können. Waldmurmeltier, manche Ziesel und Streifenhörnchen sind Einzelgänger.

Nahrung. Wurzeln, Gräser und Kräuter (Murmeltiere, Präriehunde), dazu Knollen, Zwiebeln, Pilze, Beeren, Sämereien (Ziesel, Streifenhörnchen), manche auch Insekten, Schnecken, andere Wirbellose (Graues Murmeltier, *Marmota baibacina*) Vogeleier, Kleinvögel, Kleinnager (Streifenhörnchen, Ziesel), kleinere Erdhörnchen (Olympisches Murmeltier, *M. olympus*). Schwarzhut-Murmeltier (*M. camchatica*) und Franklin-Ziesel (*Spermophilus franklinii*) fressen bis zu 1 Drittel, Graue Steppenmurmeltiere zeitweilig bis zu 50 % der Tagesration tierische Kost. Vereinzelt Kannibalismus, so beim Gelbbauch-Murmeltier (*M. flaviventris*) oder Zieseln (bei Nahrungsmangel oder Überbevölkerung).

Haltung von Erdhörnchen

In Tiergärten werden Kap-Borstenhörnchen regelmäßig, sonstige Arten gelegentlich oder selten gezeigt. Haltungsmethoden der einzelnen Arten verschieden und abhängig von deren Körpergröße, den klimatischen Verhältnissen im Ursprungsgebiet und ihrem Akklimatisationsvermögen. Haltung der kletternden Afrikanischen Zwerg-, Afrikanischen Busch-, Ölpalmen-, Rotschenkel- und Sonnenhörnchen wie Baumhörnchen.

Unterkunft. Für winterharte größere und mittelgroße Arten wie Murmeltiere, Präriehunde und Ziesel Freianlagen mit 1,8–2 m tief in den Erdboden reichenden Umfassungsmauern. Sohle der Anlagen durch Packlager aus größeren, sorgfältig schmalfugig verlegten Steinen (eventuell auch korrosionsfestes Metallgeflecht) gegen Unterwühlen und Ausbruch sichern. Eingebaute Sohle muss sehr wasserdurchlässig sein, damit Regenwasser über eine darunter liegende Drainage abfließen kann. Solche Freianlagen sind nur auf Böden möglich, in denen das Grundwasser besonders während der Schlaf- und Ruhezeiten auch unterste Teile der Erdbaue nicht erreicht (besonders günstig auf der Kuppe von natürlichen oder künstlichen Anhöhen). Schlafkessel der Ruhebaue werden in gemäßigten Klimaten meist weit unter der Bodenfrostgrenze (1,5–1,8 m tief) angelegt. Im subtropischen Texas sind die Baue von Präriehunden nur 1 m tief und die flachsten Nestkammern liegen nur 30 cm unter der Oberfläche. Als oberirdische Einfriedung der Anlagen glatte Mauer, die mancherorts kurz vor ihrem Abschluss in etwa 0,8–1,0 m Höhe über dem inneren Bodenbelag etwas nach innen vorspringt. Als Bodenmaterial reiner, leicht lehmiger Sand oder reichlich mit Sand vermischter Mutterboden. Die Tiere graben ihre eigenen Baue und überwintern auch hier. Nach Beginn der Winterruhe Oberfläche der Anlage mit einer Schicht Stroh oder Laub abdecken, um zu tiefes Durchfrieren des Bodens zu vermeiden. Ziesel und Präriehunde können notfalls vorübergehend auch ganzjährig in vor Regen geschützten, zugfreien Stallboxen wie für Hauskaninchen gehalten werden. Präriehunde haben in einer solchen Unterkunft von 1 m x 1 m Grundfläche sogar gezüchtet. Schlafkästen sind unbedingt erforderlich, müssen bei Zieseln in der warmen Jahreszeit regelmäßig gereinigt werden, da diese Futter und andere Gegenstände eintragen. Schlafkästen zu Beginn des Winterschlafs dick mit mehreren Lagen Stroh abdecken. Murmeltiere werden auch in speziellen Murmeltieranlagen (Innsbruck) mit gut entwässertem Bodenbelag aus zementverbundenen, teilweise auch mit Sand bedeckten Natursteinen und kleinem Schauhaus mit einsehbaren, verglasten Betonschlafboxen gehalten. Besucher im dunklen Schauraum kann Boxen kurzzeitig beleuchten, um Tiere zu beobachten. Begrenzung solcher Freianlagen durch innen glatte, bis 1,2 m hohe Mauern. Zwischen Anlage und Schlafboxen unterirdische, auf Teilstrecken kontrollierbare Tunnel. Das Schauhaus bleibt während des 6-monatigen Winterschlafes meist geschlossen. Murmeltiere schlafen zu mehreren gemeinsam in heugepolstertem Kessel, erwachen in 3- bis 4-wöchigem Abstand, um Harn und Kot abzusetzen und kleine Nahrungsmengen zu sich zu nehmen. Bei Präriehunden dauert der Winterschlaf im Süden des Verbreitungsgebietes kürzer als im Norden, in mitteleuropäischen Tiergärten 6–7 Monate. Weibchen sollen fast 2 Wochen länger als Männchen schlafen. Schlafdauer bei Zieseln 5–7 Monate.

Präriehunde und Ziesel tragen vor Winterschlafbeginn Heu in die Baue ein. Vermutlich ähnlich wie bei Murmeltieren kurze Unterbrechung des Schlafes zwecks Harn- und Kotabsatz sowie geringer Futteraufnahme. Für winterschlafende Tiere unbedingt Ruhe gewährleisten. Nicht stören! Rechtzeitig vor Beginn des Winterschlafes reichlich Heu geben, damit die Tiere ihre Baue auspolstern und Futtervorräte anlegen können. Die kleineren, meist nicht winterharten Streifen-, Antilopen-, Fels- und Borstenhörnchen werden in terrarienartigen Vitrinen wie für Kleinnager aus Beton, Stahl und Glas untergebracht. Auch Haltung in Außenkäfigen und gut gesicherten Außenfreianlagen möglich. Anstelle von Erdbauen Schlafkästen, hohle Baumstämme oder Kunstbaue. Bodenbelag meist trockenes Laub oder Torfmull. Sandbäder erforderlich. Angehörige von Arten aus winterkalten Heimatgebieten halten keinen Winterschlaf, wenn sie ganzjährig warm gehalten werden. Ob Ausfall des Winterschlafes zu gesundheitlicher Beeinträchtigung, Lebenszeitverkürzung und Fruchtbarkeitsstörungen führt, wie gelegentlich bei Zieseln und Präriehunden behauptet, ist besonders bei Arten mit Verwandtschaft in warmen oder heißen Klimaten wenig wahrscheinlich. Bei Borstenhörnchen, manchen mittelamerikanischen Streifenhörnchen und Weißschwanz-Präriehunden ist während der heißen Jahreszeit mehr oder minder lange Sommerschlafperioden möglich oder, wie beim Atlashörnchen, während der heißen Mittagszeit kurze Tagschlafphasen.

Fütterung. Murmeltiere und Präriehunde: gutes Heu (Gebirgsheu), Quetschhafer, Mais, Weizen, Pflanzenfresserpellets, Obst, Möhre und anderes Gemüse, auch Rüben, rohe Kartoffel, Hundekuchen, im Sommer frisches Gras, Klee, Luzerne, auch tierische Kost in Form von Fleisch jeglicher Art, besonders für Präriehunde und junge Murmeltiere. Ziesel, Streifenhörnchen usw.: Getreide, Sämereien (Sonnenblumenkerne, Hirse, Waldvogelfutter), Rosinen, Feigen, Vogelbeeren, Nüsse, rohes Obst und Gemüse, Pflanzenfresserpellets, trockenes, altbackenes Brot, im Sommer Löwenzahn, Klee, Luzerne, belaubte Zweige, im Winter, wenn warm gehalten, Rinde und Knospen. Daneben viel tierische Kost wie durchgedrehtes Fleisch, Jungvögel, Mäuse, Mehlwürmer, Insekten, Ei, frische Knochen, Geweihabwurfstangen zum Nagen. Für alle Arten reichlich frisches Trinkwasser. Säugende weibliche Burunduks nahmen auch Kolibrifutter und Kinderfertignahrung.

Vergesellschaftung. Murmeltiere und Präriehunde sind meist sehr verträglich, auf geeigneten großen Flächen auch mehrere Männchen untereinander. Dessen ungeachtet sollte die heranwachsende männliche Nachzucht vor dem Erreichen der Geschlechtsreife entfernt werden. Weibliche Präriehunde können unter größerem Populationsdruck untereinander unverträglich und bissig werden und versuchen, die Eingänge der Baue von unterlegenen Artgenossinnen mit Erde zu verschließen. Waldmurmeltiere, manche Ziesel und Borstenhörnchen vertragen sich in kleinen Gruppen gut, wenn genügend Raum zur Errichtung von Bauen bzw. eine ausreichende Anzahl von Schlafkästen vorhanden ist. Allerdings sind auch die verträglichsten Arten neuen Artgenossen gegenüber meist unverträglich. Neue Einzeltiere werden meist nicht akzeptiert. Alters- und Blutauffrischung alteingesessener Gruppen ist meist nur möglich, wenn ein Teil der älteren Tiere entfernt und gleichzeitig mehrere Neuzugänge mit dem Rest der Gruppe vergesellschaftet werden. Übrige Bodenhörnchen, vor allem Streifenhörnchen, sind meist sehr unverträglich, können außerhalb der Paarungszeit oft nicht einmal paarweise gehalten werden. Eine Paarhaltung ist noch am ehesten in etwa spiegelbildlich gestalteten, durch wenige Zugänge untereinander verbundenen Doppelunterkünften möglich, die für beide Partner eigene Territorien darstellen und sich nur während der Paarungszeit in Gemeinschaftsterritorien verwandeln. Zwischenartliche Vergesellschaftung von Alpenmurmeltieren mit Huftieren oder Geiern (Murmeltiere fraßen in Görlitz von dem für Geier bestimmten Fleisch), von Waldmurmeltieren in Schönebeck mit Rothörnchen und Schopfwachteln. Europäische Ziesel und Pater-Davids-Felsenhörnchen werden mit verschiedenen Vogelarten gemeinsam gehalten, Kap-Borstenhörnchen mit Klippschliefern, afrikanischen Vögeln und Spornschildkröten, Schwarzschwanz-Präriehunde mit Kaninchenkäuzen und Ursons.

Fortpflanzung und Zucht. Bei Murmeltieren, Präriehunden und Streifenhörnchen öfter, bei Zieseln nur vereinzelt erfolgreich, bei Borstenhörnchen sehr selten gelungen. Männchen mit Scrotum und Penisknochen. Penis und Klitoris gespalten oder unsymmetrisch. Weibchen mit 8–10 (bis 12?) Zitzen. Weibchen monöstrisch mit Ausnahme des Streifen-Backenhörnchens, das nach Paarungszeiten von Februar bis April und Juni bis August regelmäßig 2 Würfe im Jahr bringt, sowie einiger weiterer Streifenhörnchen, die nach Wurfverlust infolge eines raschen Postpartum-Östrus einen 2. Wurf bringen können, oder einiger Antilopenhörnchen, die vielleicht auch bis 2 Würfe im Jahr haben. Bei Afrikanischen Buschhörnchen wurden Partusintervalle von nur 60–63 Tagen beobachtet, d.h. der Postpartum-Östrus setzte bereits am 4.–5. Laktationstag ein. Beim Streifen-Backenhörnchen sind die während der 1. Wurfzeit im Jahr geborene

Tab. 20.2 Angaben zur Fortpflanzungsbiologie von Erdhörnchen

Gattung/Art	Tragzeit (Tage)	Wurfgröße (Anzahl)	Augenöffnung (Tag)	Verlassen d. Baus (Tag)	Säugezeit (Wochen)	Geschlechtsreife (Monate)
Afrikanische Borstenhörnchen	ca. 30	um 4 (2–6)	21.–28.		6–8	ca. 12
Afrikanische Buschhörnchen	56–58	2–3		um 21.	4–6	
Antilopenhörnchen	30–35	? (5–14)				
Präriehunde	28–32 (?33–37)	um 4 (2–10)		35.–42.		um 22[1]
Alpenmurmeltier	33–34	2–3 (2–7)	20.–26.	um 30.	7–8	um 22[2]
Waldmurmeltier	30–32	4–5 (1–9)	20.–25.	um 40.	8–10	um 22
Pater-David-Felsenhörnchen	um 30	2–3				
Europäischer Ziesel	25–26	3–6 (3–13)	um 21.	um 21.	5–6	um 11
Perlziesel	23–26	4–8 (1–11)		um 25.		um 11
übrige Ziesel	23–28	um 8 (5–14)			ca. 7	um 11
Streifen-Backenhörnchen	um 31	4–5 (1–9)		um 42.		10–11[3]
Burunduk	28–31	4–6 (2–10)	26.–29.	um 36.	6–7	10–11

Angaben in Klammern sind von der Norm abweichende, aber im natürlichen Schwankungsbereich liegende Werte.
[1]Weibliche Schwarzschwanz-Präriehunde werden oft schon mit knapp 1 Jahr geschlechtsreif.
[2]Einzeltiere können auch erst mit knapp 3 Jahren geschlechtsreif werden.
[3]Während der 1. Wurfzeit im Jahr geborenen Weibchen sind oft frühreif und bringen dann schon in der 2. Wurfzeit des Jahres selbst Junge.

Weibchen oft frühreif und bringen dann schon in der 2. Wurfzeit des Jahres selbst Junge. Paarungen bei Zieseln und Präriehunden unmittelbar nach Abschluss des Winterschlafs. Murmeltiere paaren sich 2–3 Wochen danach. Würfe im jährlichen Abstand, lediglich das im äußersten Nordwesten der USA beheimatete Olympische Murmeltier soll nur alle 2 Jahre werfen. Bei Präriehunden wird im National Zoological Park Washington durch die Selektion älterer Tiere eine Überalterung der Zuchtgruppen verhindert, Weibchen erreichen die höchste Reproduktionsrate mit 5 Jahren. Danach sinkt die Fruchtbarkeit rapide ab. Ältere Weibchen werden durch jüngere ersetzt und auch die Männchen alle 3–4 Jahre ausgetauscht. Günstigste Termine sind bei Weißschwanz-Präriehunden die Zeit von Mitte April (Verlassen der Baue) bis 3. Juniwoche (Beginn des Sommerschlafes), beim Schwarzschwanz-Präriehund die Sommerwochen, in denen man die älteren von den jungen Tieren noch unterscheiden kann. Voraussetzung für derartige Selektionsmaßnahmen ist die individuelle Kennzeichnung der Tiere, die sehr schwierig ist (Transponder). Eventuell können die individuell unterschiedlichen Pigmentierungen der Hand- und Fußunterseiten zur Individualerkennung herangezogen werden. In Magdeburg hat es sich dagegen bewährt, im Frühherbst wahllos ohne Rücksichtnahme auf Alter und Geschlecht eine etwa der Nachwuchsquote des fraglichen Jahres entsprechende Anzahl von Tieren aus der Gruppe herauszunehmen, um einer Überpopulation vorzubeugen. Die Wahrscheinlichkeit, dass mit dieser Methode bezüglich der Zusammensetzung der Gruppe alters- oder geschlechtsbezogene Disproportionen entstehen, ist fast auszuschließen. Das Einsetzen der Brunst bei weiblichen Streifenhörnchen erkennt man, besonders wenn die Tiere einzeln gehalten werden, an deren Rufen. Angaben zur Fortpflanzungsbiologie und Jugendentwicklung in Tabelle 20.2. Geschlechtsreif sind Borstenhörnchen, Ziesel und Streifenhörnchen mit knapp 1 Jahr, Murmeltiere mit etwa 22 Monaten, gelegentlich auch mit knapp 3 Jahren. Männliche Präriehunde erreichen die volle Geschlechtsreife mit ca. 22 Monaten, weibliche Schwarzschwanz-Präriehunde werden oft schon mit knapp 1 Jahr geschlechtsreif. Afrikanische Buschhörnchen sollen mit 6–10 Monaten geschlechtsreif sein. Neugeborene sind fast nackt und blind. Geburtsgewicht beim Alpenmurmel-

Abb. 20.11 Der Afrikanische Zwergschläfer (*Graphiurus parvus*) ist ein Vertreter der Pinselschwanzbilche, deren Schwanz am Ende büschelartig behaart ist.

tier 25–30 g, beim Gelbbauch-Murmeltier um 35 g, beim Bobak 30–40 g, beim Europäischen Ziesel um 6 g, beim Burunduk etwa 4 g. Details zur Jugendentwicklung nicht bekannt.

Künstliche Aufzucht vermutlich wie bei Baumhörnchen. Künstliche Aufzucht halbwüchsiger Säuglinge bei Rotschenkelhörnchen gelungen. Die etwa 1 Woche alten Tiere wurden anfangs Tag und Nacht alle 2 Stunden gefüttert, im Alter von etwa 2½ Wochen nachts pausiert. Milchmenge pro Mahlzeit am 6. Tag 0,9 ml, am 33. Tag 7,8 ml, Milchmenge pro Tag am 6. Tag 10,8 ml, am 33. Tag 39 ml.

Höchstalter in Menschenobhut. Kap-Borstenhörnchen 11½, Ungestreiftes Borstenhörnchen fast 8, Gestreiftes Borstenhörnchen über 10¼, Atlashörnchen 9, Smiths Buschhörnchen 9½, Gemeines Ölpalmenhörnchen 6, Weißfleckiges Rotschenkelhörnchen (*Funisciurus leucostigma*) 9½, Isabell-Sonnenhörnchen (*Heliosciurus rufobrachium isabellinus*) fast 9, Streifen-Backenhörnchen 9½, Felsen-Chipmunk über 12½, Alpenmurmeltier 17, Gelbbauch-Murmeltier (*Marmota flaviventris*) 21, Schwarzschwanzpräriehund 15, Weißschwanz-Antilopenziesel über 11, Goldmantelziesel über 10, Felsenziesel fast 11, Dreizehenstreifenziesel (*Spermophilus tridecemlineatus*) fast 8, Pater-David-Felsenhörnchen 6½ Jahre.

Familie Bilche (Gliridae)

Auch Schläfer, Schlafmäuse. Reste einer entwicklungsgeschichtlich alten, einst weit verbreiteten Nagergruppe. Gestalt hörnchen- oder mausartig, maus- bis eichhörnchengroß, Schwanz körperlang, stets behaart, meist buschig, Fell dicht weich, Augen groß, Ohren klein, rund, Zahnformel: 1/1 0/0 1/1 3/3, Blinddarm fehlt. Namengebend der bei vielen Arten vorkommende Winterschlaf.

Verbreitung. Eurasien, Afrika.

3 Unterfamilien, 9 Gattungen, 30 Arten.

Beispielvertreter

Afrikanische Bilche (Graphiurinae)

Auch Afrikaschläfer. 1 Gattung, 15 Arten. Schwanz meist nicht körperlang, am Ende büschelartig behaart. Afrika südlich der Sahara. Afrikanische Bilche (*Graphiurus*), auch Pinselschwanzbilche: Fell im typischen Färbungsmuster oberseits grau und unterseits weiß, oft mit schwarz-weißer Maskenzeichnung im Gesicht. **Savannenbilch** (*G. kelleni*), **Afrikanischer Waldbilch** (*G. murinus*).

Gefährdungsstatus. Bestand im natürlichen Verbreitungsgebiet nicht gefährdet.

Lebensweise. Wenig bekannt. Dämmerungs- und Nachttiere, in dunklen dichten Wäldern auch tagaktiv. Lebensraum alle baumbestandenen Gebiete vom Urwald bis zur trockenen, lichten Busch- und Baumsteppe, vereinzelt auch im trockenen, felsigen Hochland, im bewaldeten Bergland bis in 1900 m Höhe. Baumbewohner, Schlafplätze in Baumhöhlen oder selbst gebauten Nestern.

Nahrung. Sämereien, zartes Grün, Früchte, Insekten, Wirbellose, kleine Wirbeltiere, besonders Baumfrösche, Eidechsen, Vogeleier, Jungvögel.

Eigentliche Bilche (Glirinae) und Paläarktische Schläfer (Leithiinae)

Eigentliche Bilche (Glirinae): 2 Gattungen, 3 Arten. **Siebenschläfer** (*Glis glis*): eichhörnchengroß. Europa, Kleinasien. – **Japanschläfer** (*Glirulus japonicus*): haselmausgroß. Japan ohne Hokkaido.

Paläarktische Schläfer (Leithiinae): 6 Gattungen, 12 Arten. **Haselmaus** (*Muscardinus avellanarius*): mausgroß. Südengland und Südskandinavien, europäisches Festland außer Iberische Halbinsel. – **Baumschläfer** (*Dryomys nitedula*): Osteuropa bis Nordchina. – **Gartenschläfer** (*Eliomys quercinus*): West-, Mittel- und nördliches Osteuropa. – **Großohrgartenschläfer** (*E. melanurus*), auch Löffelbilch: Kleinasien, Nordafrika bis Nordarabien. – **Salzkrautbilch** (*Selevinia betpakdalensis*), auch Wüstenschläfer: Gestalt mausähnlich, gedrungen, Zentralasien.

Gefährdungsstatus. Bestand im natürlichen Verbreitungsgebiet meist nicht gefährdet, aber Siedlungsdichte mancher Arten gering. Gefährdet sind der Japanschläfer, der Chinesische Bilch (*Chaetocauda sichuanensis*) und der Salzkrautbilch, bedroht der Gartenschläfer und die Mausschläfer (*Myomimus*).

Lebensweise. Nachttiere. Lebensraum Laub- und Mischwälder, Waldsteppen, Obstplantagen, Park- und Gartenanlagen in Gebieten mit gemäßigtem oder subtropischem Klima vom Flachland bis in Höhen von 2000 m, ausnahmsweise sogar bis 3500 m. Fast nie in reinen Buchen- und Nadelwäldern (außer Gartenschläfer, jedoch auch in lockerem Fichtenstangenholz). Baumbewohner, die sich in jeder Astregion aufhalten, Haselmäuse bevorzugen aber Unterholz und Unterwuchs, wie Haselsträucher, Brombeerhecken, Holunderbüsche usw. Klettern mithilfe spitzer Krallen (vorn nur 4) und klebriger Sekrete von Drüsen an den fleischigen Sohlenballen gut, springen sicher und weit (Schwanz als Balanceorgan), Geruchs- und Gehörsinn hoch empfindlich, Gesichtssinn auch bei schwachem Dämmerlicht leistungsfähig. In völliger Dunkelheit Raumorientierung durch lange Schnurrhaare und zusätzliche Tastborsten an Kopf und Unterschenkeln. Bilche markieren ihre Reviere akustisch (Pfeifreihen, knurrende, murksende Laute) und durch Duftmarken. Mit feinem Gras, Laub oder Moos ausgepolsterte Ruheplätze in ausgefaulten Baumteilen, Specht- und Felshöhlen, Nistkästen, auch in Verstecken an Gebäuden oder in selbst gebauten Kugelnestern aus Gras, Blättern und Moos (Haselmaus z.B. in 1–2 m Höhe über dem Boden in Zweigen, Durchmesser von Einzeltiernestern 6–8 cm, von Brutnestern 12 cm). Winterschlaf (ab Ende September/Anfang Oktober bis Anfang Mai) oft zu mehreren (Weibchen mit ihren Jungen, eventuell auch Männchen) in ihren Schlupfwinkeln oder selbst gegrabenen Erdbauen (Körpertemperatur sinkt bis auf 1 °C ab) oder einfachen Erdhöhlen, wo Haselmäuse in schneearmen, kalten Wintern oft erfrieren. Kein Winterschlaf bei subtropischen Arten, doch können manche Afrikanische Bilche bei kalten Temperaturen in einen Energiesparschlaf (Torpor) fallen. Gesellig, meist paarweise, Männchen beteiligt sich oft an der Jungenaufzucht.

Über die Lebensweise des Salzkrautbilches ist wenig bekannt. Sein Lebensraum sind Halbwüsten und Wüstensteppen. In niedrigem Ge-

Tab. 20.3 Angaben zur Fortpflanzungsbiologie von Bilchen

Art	Tragzeit (Tage)	Wurfzeit (Monat)	Wurfgröße (Anzahl)	Würfe/Jahr (Anzahl)
Siebenschläfer	30–32	VI–VIII	4–6 (1–11)	1, selten 2
Haselmaus	22–24	VI–VIII	3–5 (1–9)	1–3
Gartenschläfer	21–23	Ende V–VIII	4–6 (1–9)	1–2
Afrikanischer Zwergschläfer	um 21	V–VIII	2–4 (1–6)	1–3

Tab. 20.4 Angaben zur Jugendentwicklung von Bilchen

Art	Augenöffnung (Tag)	Erste feste Kost (Tag)	Säugezeit (Tage)	Geschlechtsreife (Wochen) Männchen	Weibchen
Siebenschläfer	21.–23.	21.–23.	25–35		*
Haselmaus	um 16.	um 27.	28–35		28–40*
Gartenschläfer	um 18.	um 24.	28–34		*

*Nach dem 1. Winterschlaf

sträuch kletternder Einzelgänger, vagabundiert im Sommer, dann keine Nester oder andere feste Schlupfwinkel. Winterschlaf in Erdbauen.

Nahrung. Allesfresser, saisonbedingt unterschiedliche Kost. Im Frühjahr Sämereien, zarte Triebe, Knospen, am Boden liegende Waldfrüchte und zahlreiche Kleintiere. Im Sommer vorwiegend tierische Kost wie Schnecken, Insekten, auch Vogeleier und Jungvögel, daneben saftige Früchte, Obst (bei Massenauftreten Schaden in Plantagen und Weinbergen). Im Herbst Trockenfrüchte, ölhaltige Samen, Nüsse, Eicheln, Kastanien, Bucheckern, Wal- und Haselnüsse, Sonnenblumenkerne. Hauptnahrung des Salzkrautbilches Heuschrecken und andere Insekten, Blüten und Samen von Wüstenpflanzen.

Haltung von Bilchen

Von Afrikanischen Bilchen werden in Tiergärten meist Afrikanischer Waldbilch gehalten und gezüchtet, andere Arten vereinzelt gehalten, Vertreter der Eigentlichen Bilche und aus der Unterfamilie Leithiinae selten gezeigt. Siehe Haltung von Mäuseverwandten.

Fütterung. Nahrung besteht vorzugsweise aus Früchten, Gemüse, Kräutern, Blüten und Sämereien (z.B. Gemisch aus Wellensittich- und Hamsterfutter) und saisonal auch nicht zum geringen Anteil aus tierischer Nahrung (Insekten und deren Larven, Schnecken, Eier). Erdnüsse in geringem Maß können ebenfalls gefüttert werden. Die wenigen in Menschenhand gepflegten Salzkrautbilche wurden mit Insekten, Sämereien, kleinen Fruchtstücken und Quark gefüttert.

Fortpflanzung und Zucht. Angaben zur Fortpflanzungsbiologie in Tabelle 20.3 und zur Jugendentwicklung in Tabelle 20.4.

Höchstalter in Menschenobhut. Afrikanischer Waldbilch fast 7, Haselmaus über 5¼, Gartenschläfer 5½, Großohrgartenschläfer fast 6¼, Salzkrautbilch 2, Siebenschläfer 9, Japanschläfer 7 Jahre.

Unterordnung Biberverwandte (Castorimorpha)

Die Biber (Castoridae) wurden bisher zu den Hörnchenverwandten (Sciuromorpha) gezählt, die Taschenratten (Geomyidae) und Taschennager (Heteromyidae) gelegentlich auch zu den Mäuseverwandten (Myomorpha).

Verbreitung. Nord- und Mittelamerika, Eurasien.

3 Familien, 13 Gattungen, 113 Arten.

Familie Biber (Castoridae)

Gestalt kräftig, plump und gedrungen, mit Schwanz fast 1,3 m lang, Gewicht extrem schwankend (11–30 kg, in seltenen Ausnahmen bis zu 45,5 kg), Schädel gedrungen, Augen und Ohren klein, äußere Nasen- und Ohrenöffnungen verschließbar, Zahnformel: 1/1 0/0 1/1 3/3, alle Zähne wurzellos, dauerwachsend, 5 Zehen, Vorderbeine klein, Hinterbeine kräftig, mit Schwimmhäuten, Schwanz breit, flach, ruderblattartig, nackt, Fell dicht (23 000 Haare/cm^2)

in Brauntönen, das regelmäßig mit einem Sekret, dem Bibergeil (Castoreum) gefettet wird.

Verbreitung. Eurasien und Nordamerika.

1 Gattung, 2 Arten.

Biber (*Castor*): Unterschiedliche Chromosomenzahlen bei den Arten. **Eurasischer Biber** (*C. fiber*): 48 Chromosomen. Mittleres und nördliches Europa, nördliches Asien. Vorhandensein bzw. Anzahl von Unterarten umstritten. – **Amerikanischer Biber** (*C. canadensis*): 40 Chromosomen. Kanada, USA bis Nordmexiko. Unterarten umstritten.

Gefährdungsstatus. Bestand beider Arten in weiten Teilen der ursprünglichen Verbreitungsgebiete zwischenzeitlich ausgerottet, aber durch Auswilderung und Wiedereinwanderungen neu besiedelt. Eingeführt in Südamerika (Feuerland) und in Teilen Europas und Asiens.

Lebensweise. Tag- und Dämmerungstiere, in stark bejagten Gebieten oder bei häufiger Beunruhigung Dämmerungs- und Nachttiere. Lebensraum Seen, langsam fließende Bäche und Flüsse mit unterholzreichen Auwaldufern. Mäßig breite Gewässer (Bachläufe, kleine Flüsse, Zu- und Abflüsse von Seen) werden von ihnen angestaut. Dazu errichten sie Dämme aus starken Knüppeln und Ästen, die am Grund des Gewässers im Boden verankert und mit Schlamm, Lehm und Pflanzenstoffen abgedichtet werden. Dämme garantieren ständig gleich bleibend hohen Wasserstand, damit die unter der Wasseroberfläche liegenden Eingänge ihrer Burgen bei Niedrigwasser nicht freigelegt werden. Die Dämme werden ständig ausgebessert und oft über Generationen erhalten. An Gewässern mit stärkerer Strömung werden flussaufwärts Fangdämme angelegt. Besonders an Gewässern mit flachen Ufern bauen Biber ihre Burgen in den Damm ein, d.h., sie fressen Gänge und Kessel in das Holzgewirr, oftmals mehrere Etagen übereinander. An Strömen (Elbe) oder Gewässern mit steilen Ufern auch Erdbaue mit etwa 1,2 m breiten und bis 40 cm hohen Kesseln, Laufröhren und mehreren Unterwassereingängen. Kein Winterschlaf. Biber finden unter dem Eis am Ufer genügend Lufträume zum Atmen, sind deswegen im Winter selten zu sehen. An Land unbeholfen, schwimmen gut, tauchen bis zu 10 Minuten. Bei Gefahr warnen sie Artgenossen, indem sie mit der Kelle klatschend auf das Wasser schlagen. Gesellig, paarweise in Dauerehe. Junge der beiden letzten Würfe bleiben bis zur nächsten Wurfzeit im Elternbau, später werden jeweils die älteren vertrieben. Durch den sich in der Nachbarschaft ansiedelnden Nachwuchs entstehen Kolonien, doch zwischen den Familien wenig Kontakt.

Nahrung. Im Sommer Wasserpflanzen, Uferstauden, Wurzelstöcke von Seerosen und Wasserlilien, Beeren, Schilf, Feldfrüchte, vorwiegend aber und besonders im Winter Rinde, Triebe und grünes Holz von Weichholzbäumen (Weide, Pappel, Espe) und Sträuchern. Als Wintervorrat werden im Sommer Zweige und Äste mit bis zu 12 cm Durchmesser am Grund der Gewässer, meist am Fuß der Dämme befestigt. Um an Nahrung zu gelangen, fällen sie bis 200 m vom Ufer entfernt Bäume mit den Zähnen, zerschneiden Äste in transportable Teile und ziehen diese dann auf festen Wechseln oder flößen sie in Kanälen zum Wasser.

Haltung von Bibern

In Tiergärten nur schwer unter natürlichen Bedingungen, d.h. in einem Teich oder an einem Flusslauf zu halten, da nach kurzer Zeit durch den Dammbau der Wasserstand der Gewässer verändert wird. Kanadische Biber sind in der Regel pflegeleichter und einfacher zur Zucht zu bringen.

Unterkunft. Großräumige Freianlagen, deren Landabteile vorwiegend mit Gras- und Kräuterbewuchs bedeckt sind und in denen Gehölze durch Blechmanschetten oder Elektrodrähte vor Verbiss geschützt werden müssen, oder in speziellen Biberanlagen mit Schauhaus, in das vom Wasserbecken der Außenanlage Unterwassereingänge bzw. unterirdische Einschlupfgänge zu Schlaf- und Wurfboxen führen, die in der Regel im Dunklen gehalten, aber auch kurzzeitig beleuchtbar und durch Glasscheiben einsehbar sind. In natürlichen Biberbauen befindet sich vor dem Zugang zum Kessel (Schlafraum) ein erweitertes Gangstück, in dem sich die Tiere das Wasser aus dem Pelz schütteln und das nasse Fell putzen, um ihren Schlafplatz nicht einzunässen. Deswegen in Biberunterkünften vor der Schlaf- und Wurfbox ein kleiner Vorraum, damit sich die Bewohner hier soweit wie möglich trocknen können. Alle Innenunterkünfte müssen durch entsprechendes Gefälle oder Drainagen gut entwässert werden, um einen Nässestau zu vermeiden. Holzkisten müssen sowohl innen als auch außen mit Blech verkleidet sein. Das Wasserbecken der Außenanlage muss zu Reinigungszwecken durch einen mit Gitter gesicherten Grundablass leicht zu entwässern sein. Da die Tiere ins Wasser koten, möglichst Wassernutzung durch ein Kreislaufsystem mit zwischengeschalteten Filtereinrichtungen. Ein ständiger, im Idealfall leicht temperierter Wasserzulauf verhindert im Winter außerdem eine Vereisung. Möglichst breiter, glatter Überlauf für Oberflächenwasserabführung, den die Tiere nicht zubauen können. Biber werden oft sehr zahm, lassen sich anfassen, doch springen sie den Pfleger blitzschnell an und beißen zu, wenn sie gereizt sind, können dabei z.B. Finger glatt durchschneiden. Erregte Tiere lassen ein schnarchendes Schnarren hören, z.B. wenn man sie tagsüber aus der Wohnkammer treibt. Diese muss ständig trocken sein und je nach Verschmutzung oder Durchfeuchtung gereinigt werden, wobei feuchtes Lagermaterial entfernt und regelmäßig frisches Stroh, Holzwolle oder andere geeignete Einstreu zugegeben wird. Biber raspeln auch Äste im Bau zu Spänen als Unterlage. Für die Zahnabnutzung ständig möglichst Weichholz (Pappel, Erle, Weide) zur Verfügung stellen. Praktisch ist ein kurzes, senkrecht in den Beton eingelassenes Tonrohr von etwa 13–20 cm lichter Weite, in das man kurze, knapp meterlange Stammstücke stellen kann.

Fütterung. Neben Ästen und Zweigen ganze Getreidekörner und Mais, Pflanzenfresser-, Ratten- und Mäusepellets, Hundekuchen, Obst und Gemüse, besonders Wurzelgemüse wie Möhre, Schwarzwurzel, Futterrübe und Rote Bete, Kartoffel, auch Schilf und Maisstängel, Maiskolben.

Vergesellschaftung. Beide Arten können mit Gänse-, Enten, oder Sägerarten vergesellschaftet werden, Kanadische Biber in Gelsenkirchen auch mit Ursons.

Fortpflanzung und Zucht. Nur paarweise halten, da die in Einehe lebenden Tiere weiteren Artgenossen gegenüber (außer Jungtieren und Jungtieren des Vorjahres) unverträglich sind. Geschlechtsunterscheidung schwierig. Kein Scrotum vorhanden. Genitalöffnung bei Männchen und Weibchen an der gleichen Stelle. Männchen mit Penisknochen, den man aber infolge der bei beiden Geschlechtern vorhandenen, in der Nähe der Genitalöffnung am Unterbauch liegenden großen Geildrüsen von außen nur nach entsprechendem Training sicher ertasten kann. Nicht an den Menschen gewöhnte Frischfänge lassen diese Prozedur in einer Art Gefangenschaftslethargie meist ohne sich zu wehren über sich ergehen, menschenvertraute Zootiere dagegen müssen mit Gewalt daran gehindert werden, den Untersucher zu beißen. Günstiger daher Geschlechtsbestimmung röntgenologisch unter Narkose, weil einfacher, sicherer und für das Tier schonender. Penisknochen bereits bei 3 Monate alten Tieren deutlich ausgebildet. Zur dauernden Unterscheidung kann unmittelbar nach dem Befund am hinteren Kellenrand eine Kerbe angebracht werden. Paarungszeit Januar bis März. In dieser sondern Männchen durchdringend riechende Duftstoffe ab. Weibchen sind saisonal polyöstrisch mit Zykluslängen von etwa 2 Wochen und einer Östrusdauer von 10–12 Stunden. Paarung im Wasser, wobei das Männchen mit dem Bauch nach oben unter das Weibchen schwimmt. Tragzeit 105–107 (eventuell bis 110) Tage. Wurfzeit Ende April bis Juni, ausnahmsweise bis August. Obwohl in der Wildnis das Weibchen vor der

Abb. 20.12 Die großen Augen kennzeichnen die Merriams Känguruaratte (*Dipodomys merriami*) als Dämmerungs-/Nachttier. Bei der känguruartig hüpfenden Fortbewegung dient der lange Schwanz als Stabilisator.

Geburt das Männchen aus dem Wurfkessel vertreibt, ist dessen Abtrennung in Menschenobhut in der Regel nicht nötig. Männliche Biber hielten sich nachweislich mehrfach stets bei den Jungen auf und verteidigten diese bei Störungen. Wurfgröße beim Amerikanischen Biber 1–9 (im Mittel 4), beim Eurasischen Biber 1–7 (im Mittel 3) Junge. Geburtsgewicht zwischen 230–630 g (im Mittel um 450 g). Neugeborene sind gut behaart, seh- und lauftüchtig, mit sichtbaren Schneidezahnspitzen. Erste feste Kost mit 2–3 Wochen, Säugezeit etwas über 3 Monate. Bei Störungen tragen die Weibchen die Jungen auf den Händen in den Bau. Obwohl in der Wildnis 1- bis 1½-jährige Junge geduldet werden, vorjährige Junge rechtzeitig vor dem neuen Wurf absetzen, da Jungtiere dieses Alters durch Bisse bereits tödlich verletzt wurden. Geschlechtsreife mit 2 Jahren, 1. Wurf dagegen meist erst mit 3 Jahren. Künstliche Aufzucht wohl unkompliziert, Details aber nicht bekannt. Milchzusammensetzung beim Eurasischen Biber (Mittelwerte von 24 Proben): Trockensubstanz 33,12 %, Fett 18,21 %, Eiweiß 11,41 %, Kohlenhydrate 1,61 %, Asche 1,14 %. Vermutlich sehr zeitig erste Beifütterung von fester Kost möglich.

Höchstalter in Menschenobhut. Amerikanischer Biber 23¼, Eurasischer Biber 23 Jahre.

Familie Taschenmäuse (Heteromyidae)

Gestalt und Größe maus- bis rattenähnlich, aber kurze, schwache Vorder- und schmale, lange Hintergliedmaßen, Schwanz mehr als körperlang, oft am Ende quastenartig behaart, Augen groß, außen liegende Backentaschen wie bei Taschenratten, aber meist kleiner, Zahnformel: 1/1 0/0 1/1 3/3, im weichen Fell harte Borsten und Stacheln.

Verbreitung. Westliches Nordamerika, Mittelamerika, nördliches Südamerika.

3 Unterfamilien, 5 Gattungen, 69 Arten.

Beispielvertreter

Eigentliche Taschenmäuse (Perognathinae) mit mäuseähnlichen Seiden-Taschenmäusen (*Perognathus*) und Rauhaar-Taschenmäusen (*Chaetodipus*).

Stacheltaschenmäuse (Heteromyinae) mit Wald-Stacheltaschenmäusen (*Heteromys*).

Taschenspringer (Dipodomyinae) mit springmausähnlichen Kängurumäusen (*Microdipodops*) und Känguruatten (*Dipodomys*): **Merriams Känguruaratte** (*D. merriami*).

Gefährdungsstatus. Mehrere Kängurumaus- und Känguru« ratten-Arten bedroht oder gefährdet, Weißohr-Taschenmaus (*Perognathus alticola*), Riesenkänguruaratte (*Dipodomys ingens*), San-Jose-Kängururatte (*D. insularis*) und Margarita-Kängururatte (*D. margaritae*) stark bedroht, übrige Arten im Bestand gesichert.

Lebensweise. Dämmerungs- und Nachttiere. Lebensraum Grasland, sandige Prärien, Sandsteppen, Halbwüsten und Wüsten, ausnahmsweise auch auf härteren Böden im Nebelwald des Gebirges. Bodenbewohner. Legen Erdbaue mit mehreren Eingängen, Laufröhren, Vorrats- und Nestkammern unter schützenden Pflanzen an. Manche Arten auch in Erdbauen anderer Tiere oder in Baumhöhlen und Felsspalten. Einige klettern auf Sträucher und Bäume. Nachts leben sie oberirdisch, bleiben aber bei kaltem und regnerischem Wetter im Bau. Meist sehr gesellig, besonders außerhalb der Fortpflanzungszeit oft kleine Gruppen, sonst Paare. Fortbewegung känguruartig hüpfend. Schwanz bei Kängurumäusen und -ratten als Balancierorgan. Backentaschen zum Transport gesammelter Nahrung oder loser Erde aus den Bauen. Taschenmäuse sind zum Torpor fähig, während Kängurumäuse Winterschlaf halten. Als Fressfeinde gelten Eulen und nachtaktive Raubsäuger

Nahrung. Samen (z.B. von Opuntien und Sonnenblumen), Getreidekörner, Mais, Wurzeln und Grünpflanzen, auch Feldfrüchte. Wasserbedarf wird ausschließlich über die Nahrung gedeckt.

Haltung von Taschenmäusen

In europäischen Tiergärten nicht häufig, lediglich einige Taschenspringer (Merriams Kängururatte, Ord-Kängururatte, *Dipodomys ordii*) gelegentlich gezeigt und auch vermehrt.

Unterkunft. Wie Streifenhörnchen in wüstenterrarienähnlichen Schauräumen von Nachttierhäusern bei Rotlicht. Blaulicht soll von Taschenmäusen der Gattung *Perognathus* nicht gut vertragen werden, dann vermutlich erheblich kürzere Lebensdauer. Bei konventioneller Haltung nahm eine Fahnenschwanz-Kängururatte (*Dipodomys spectabilis*) auch tagsüber Nahrung auf. Schlafkästen anbieten, diese täglich säubern, da Nahrung dort gespeichert wird und schnell verdirbt.

Fütterung. Waldvogelfutter, Möhre, Salat, hin und wieder etwas tierisches Eiweiß, u.a. in Form von Insekten.

Vergesellschaftung. In geräumigen Unterkünften können z.B. Wüsten-Kängururatten (*Dipodomys deserti*) auch paarweise gehalten werden. Blasse Kängurumäuse (*Microdipodops pallidus*) schliefen während der Brunst sogar 1 oder 2 Nächte im gleichen Nistkasten.

Fortpflanzung und Zucht. In Menschenobhut oft sehr unverträglich, deshalb zur Zucht Männchen nur unter Aufsicht zum Weibchen lassen. Brünstige Weibchen lassen sich ohne Beißerei decken. Weibchen teilweise saisonal (Taschen- und Kängurumäuse von April bis September, auch Ord-Kängururatte), teilweise ganzjährig polyöstrisch (Merriams Kängururatte und Stacheltaschenmäuse). Tragzeiten: Great-Basin-Taschenmaus (*Perognathus parvus*) 21–25, Ord-Kängururatte 29–30, Panamint-Kängururatte (*Dipodomys panamintinus*) 29, Wüsten-Kängururatte 29–33, Fresno-Kängururatte (*D. nitratoides*) 32, Gemalte Stacheltaschenmaus (*Heteromys pictus*) 24–26, Costa-Rica-Stacheltaschenmaus (*H. salvini*) 27–28, Gaumers Waldstacheltaschenmaus (*H. gaumeri*) 27–28 Tage. Wurfgröße 1–7, im Durchschnitt 3–4 nackte, blinde Junge, die etwa 1–1,5 g (Kängurumäuse, Taschenmäuse), 2,5–3 g (Stacheltaschenmäuse) oder 3–8 g (Taschenspringer) wiegen. Säugezeit artverschieden 24–29 Tage, bei der Ord-Kängururatte vermutlich länger. Die Analysen von 11 Milchproben der Merriams Kängururatte ergab eine durchschnittliche Trockensubstanz von 49,6 % sowie einen Fettgehalt von 23,5 %. Geschlechtsreife unter günstigen klimatischen und ernährungsphysiologischen

Bedingungen bei der Ord-Känguruatte schon mit 2 Monaten. Auch bei anderen Taschenspringern, Känguru- und Taschenmäusen pflanzen sich frühzeitig im Jahr geborene Weibchen noch im selben Jahr fort. Stacheltaschenmäuse sollen mit 3 Monaten geschlechtsreif werden, sich aber erst im folgenden Jahr vermehren.

Höchstalter in Menschenobhut. San-Diego-Taschenmaus (*Chaetodipus fallax*) über 8¼, Kleine Taschenmaus (*Perognathus longimembris*) fast 5, Dunkle Kängurumaus (*Microdipodops megacephalus leucotis*) fast 5½, Richardsons Taschenspringer (*Dipodomys ordii richardsoni*) über 9¾, Merriams Känguruatte 9¾, Panama-Stacheltaschenmaus (*Heteromys adspersus*) 1½ Jahre.

Familie Taschenratten (Geomyidae)

Gestalt maulwurfsähnlich, plump, Kopf-Rumpf-Länge 9–30 cm, Schwanzlänge 4–14 cm, namengebende taschenförmige, innen mit Fell ausgekleidete Hautfalten von den Mundwinkeln bis zur Schulter, Augen und Ohrmuscheln klein, sehr große, frei liegende Nagezähne, Zahnformel: 1/1 0/0 1/1 3/3, kurze, besonders vorn lang bekrallte Gliedmaßen, Geruchs- und Tastsinn (lange Grannen über ganzen Körper verteilt, Schwanz mit sehr empfindlichem Tastsinn) sehr gut.

Verbreitung. Südwestkanada über USA, Mittelamerika bis zum nördlichen Südamerika.

7 Gattungen, 42 Arten.

Beispielvertreter

Flachland-Taschenratten (*Geomys*): 13 Arten. Südkanada bis Zentralmexiko. **Flachland-Taschenratte** (*G. bursarius*).

Gebirgs-Taschenratten (*Thomomys*): 12 Arten. Südkanada bis Nordmexiko. **Nördliche Taschenratte** (*T. talpoides*), **Zwergtaschenratte** (*T. umbrinus*), **Bottas Taschenratte** (*T. bottae*).

Riesentaschenratten (*Orthogeomys* und *Heterogeomys*), Gelbe und Zimtfarbene Taschenratten (*Pappogeomys*) und Michoacan-Taschenratten (*Zygogeomys*).

Gefährdungsstatus. Bestand im Verbreitungsgebiet teilweise gefährdet, ca. 10 Arten bedroht, Tamaulipas-Taschenratte (*Geomys tropicalis*) gilt als vom Aussterben bedroht.

Lebensweise. Dämmerungstiere. Lebensraum schwach feuchte, lichte Wälder, Parklandschaften, Busch- und Grassteppe und landwirtschaftliche Kulturen. Unverträgliche Einzelgänger. Bodenbewohner, wühlen meist dicht unter der Erdoberfläche, sind nur ausnahmsweise oberirdisch auf Nahrungssuche. In tieferen Schichten Wohn- und Vorratskammern. Laufen in ihren Bauen sowohl vor- als auch rückwärts mit gleicher Geschwindigkeit, Schwanz ermöglicht als Tastorgan die Raumorientierung. Kein Winterschlaf, aber teilweise kurzer Sommerschlaf. Transport von Futtervorräten in den äußeren Backentaschen. Als Fressfeinde gelten nachtaktive Raubsäuger und Schlangen.

Nahrung. Winterharte Kräuter, Gras, Wurzeln, Knollen, Kakteen, Zwiebeln, Nüsse, Samen, auch Getreidekörner und andere Feldfrüchte.

Haltung von Taschenratten

Da Taschenratten als Schautiere wenig geeignet sind, werden sie nur ausnahmsweise in Tiergärten gehalten. Lediglich Flachland-Taschenratte und Nördliche Taschenratte in nordamerikanischen Zoos gelegentlich gezeigt.

Unterkunft. Haltung in Unterkünften wie für kleine Erdhörnchen.

Fütterung. Festes Obst, nicht blähendes Gemüse, besonders Möhre, Kartoffel, Pflanzenfresser- und Nagerpellets, Mais, Hafer, Weizen, Zweige.

Fortpflanzung und Zucht. Schwierig, da extrem unverträglich. Nur kurz zur Fortpflanzungszeit zusammenlassen. Weibchen monöstrisch, nur 1 Wurf im Jahr, bei südlichen Arten vielleicht 2. Verpaarung nur während der Brunst des Weibchens möglich, die bei der Flachland-Taschenratte knapp 30 Stunden dauert und sich bei Nichtbefruchtung nach 7–9 Tagen wiederholt. Tragzeit 18–19 (17–21) Tage. Wurfgröße bei Flachland-Taschenratten 1–10 (im Mittel 3–7), bei Gebirgs-Taschenratten 1–8 (im Mittel 3–4). Bei Riesentaschenratten und Gelben und Zimtfarbenen Taschenratten nur 2–3 (1–4) Junge. Neugeborene wiegen 2,8–5 g, sind nackt und blind. Öffnung der Backentaschen mit 24, der Augen und Gehörgänge mit 22–26 Tagen. Säugezeit 2 Monate, selbständig mit 2½–3 Monaten. Geschlechtsreife bei Flachland-Taschenratten mit 6 Monaten, bei Gebirgs-Taschenratten mit knapp 1 Jahr.

Höchstalter in Menschenobhut. Flachland-Taschenratte 11, Zwergtaschenratte über 3, Bottas Taschenratten über 6 Jahre.

Unterordnung Mäuseverwandte (Myomorpha)

Verwandtschaftsbeziehungen nur z. T. geklärt. Gestalt hamster-, maus-, ratten-, auch maulwurfs- oder springmausähnlich.

Verbreitung. Weltweit.

9 Familien, 367 Gattungen, 1902 Arten.

Familie Springmäuse (Dipodidae)

Maus- bis rattengroß, Gestalt sehr känguruähnlich, stark verlängerte Hinterbeine, große Ohren und Augen, fast körperlange Schnurrhaare, in der Regel mehr als körperlanger Schwanz mit Endquaste.

Verbreitung. Nordafrika, Vorder- und Zentral- bis Ostasien. Vor allem in den zentralasiatischen Gebieten hohe Artendichte.

4 Unterfamilien, 14 Gattungen, 41 Arten.

Beispielvertreter

Pferdespringer (Allactaginae)

5 Gattungen, 19 Arten. **Großer Pferdespringer** (*Allactaga major*): westliches und Zentralrussland, Ukraine. – **Kleiner Pferdespringer** (*Scaturus elater*): West- und Zentralasien. – **Vierzehen-Springmaus** (*S. tetradactyla*): Ägypten, Libyen. – **Erdhäschen** (*Pygeretmus pumilio*): Zentralasien.

Wüstenspringmäuse (Dipodinae)

6 Gattungen, 14 Arten. **Kleine Wüstenspringmaus** (*Jaculus jaculus*): Nordafrika, Westasien bis Iran. – **Große Wüstenspringmaus** (*J. orientalis*): Nordafrika, Palästina. – **Raufuß-Springmaus** (*Dipus sagitta*): Zentralasien. – **Kammzehen-Springmaus** (*Paradipus ctenodactylus*).

Riesenohr-Springmäuse (Euchoreutinae)

1 Gattung, 1 Art. Ostasien. **Riesenohr-Springmaus** (*Euchoreutes naso*).

Zwergspringmäuse (Cardiocraniinae)

2 Gattungen, 7 Arten. Zentralasien. **Fünfzehen-Zwergspringmaus** (*Cardiocranius paradoxus*).

Gefährdungsstatus. Bestand im natürlichen Verbreitungsgebiet mit wenigen Ausnahmen nicht gefährdet, teils aber rückläufig. Riesenohr-Springmaus und Iranischer Pferdespringer (*Allactaga firouzi*) gelten als stark bedroht.

Lebensweise. Springmäuse (Pferdespringer, Wüstenspringmäuse) sind Dämmerungs- und Nachttiere. Lebensraum sind Wüsten, Halbwüsten und Wüstensteppen, dort oft in Flugsanddünen. Laufen zweibeinig aufgerichtet oder springen känguruartig. Gesellig, nur säugende Weibchen sondern sich von den anderen Tieren ab. Schlaf- und Ruheplätze in mit den Vorderbeinen und Zähnen gegrabenen Bauen, deren Öffnung oft vom Wind zugeweht wird. Bei asiatischen Arten ab September in gepolsterten Kesseln in 2 m Tiefe Winterschlaf. Sehr kälte- und hitzeempfindlich (heiße Tagestemperaturen der Wüsten sinken nachts erheblich). Hoch entwickelter Geruchssinn zum Aufsuchen der Nahrung und des Partners, feines Gehör zur Feindvermeidung und Kontakterhaltung mit Artgenossen, hochleistungsfähige Nachtaugen. Für Orientierung lange Schnurrhaare.

Nahrung. Beeren, Blätter, Blüten, Samen, darunter viel Grassamen, Früchte von Wüstensträuchern, daneben Insekten und andere Kleintiere. Der tierische Anteil der Nahrung ist vor allem bei den kleineren Arten relativ hoch. Außerdem schwankt der Anteil nach jahreszeitlichem Angebot.

Haltung von Springmäusen

In Tiergärten besonders Wüstenspringmäuse und Pferdespringer häufiger, einige weitere Arten selten gezeigt. Siehe Haltung von Mäuseverwandten. Zucht einiger zentralasiatischer Arten nur nach verbrachtem Winterschlaf gelungen.

Höchstalter in Menschenobhut. Kleine Wüstenspringmaus 7¼, Euphrat-Pferdespringer (*Allactaga euphratica*) fast 4¼, Kleiner Pferdespringer über 5, Großer Pferdespringer über 5½ Jahre.

Familie Birkenmäuse (Sminthidae)

Mausgroß mit langem Schwanz, Kopf-Rumpf-Länge bis 9 cm, keine verlängerten Hinterbeine.

Verbreitung. Mittel- und Nordeuropa bis Zentralasien, Sibirien und China.

Abb. 20.13 Die Vierzehen-Springmaus (*Allactaga tetradactyla*) lebt als einzige Art der Pferdespringer in Nordafrika. Die hochleistungsfähigen Augen, langen Tasthaare und großen Ohren sind deutliche Merkmale ihrer nachtaktiven Lebensweise.

1 Gattung, 19 Arten. **Waldbirkenmaus** (*Sicista betulina*), auch Streifenhüpfmaus: Nord-, Mitteleuropa bis Ostsibirien. – **Steppenbirkenmaus** (*S. subtilis*): Osteuropa und Asien. – **Ungarische Birkenmaus** (*S. trizona*): Ungarn und Rumänien.

Gefährdungsstatus. Bestand im natürlichen Verbreitungsgebiet bei den meisten Arten nicht oder nur gering bedroht. Armenische Birkenmaus (*S. armenia*) ist vom Aussterben bedroht.

Lebensweise. Birkenmäuse sind nachtaktiv und bewohnen artverschiedene Lebensräume, u.a. Grassteppen der Ebenen, Ufergestrüpp von Bach- und Flussläufen, kühle Nadel- und Laubwälder, besonders Birken- oder Birkenmischwälder (Taiga), auch Moore und sumpfige Wiesen bis in niedrige Gebirgslagen. Klettern gut an Halmen oder Ästen mithilfe des um Pflanzenteile gewickelten Schwanzes. Laufen vierfüßig, flüchten bei Gefahr auf den Hinterbeinen hüpfend. Schlaf- und Ruheplätze am Boden oder zwischen bodennahen Zweigen in kugeligen Grasnestern. 6–8 Monate Winterschlaf in 30–65 cm tief im

Erdboden liegenden gepolsterten, kugelförmigen Kesseln. Zehren dabei in Schlechtwetterperioden von Fettreserven unter der Haut. Als Fressfeinde gelten Raubsäuger, Greifvögel und Eulen.

Nahrung. Beeren, Grassamen und Früchte sowie Insekten.

Haltung von Birkenmäusen

In Tiergärten gibt es nur sehr selten Haltungen. Erstzucht der Ungarischen Birkenmaus 2021 in Budapest. Haltung siehe Mäuseverwandte.

Höchstalter in Menschenobhut. Waldbirkenmaus 3¼ Jahre.

Familie Hüpfmäuse (Zapodidae)

Mausgroß, Schwanz länger als Kopf-Rumpf-Länge, verlängerte Hinterbeine. Rötliche bis gelbliche Fellfarbe mit breitem, dunklem Aalstrich. Weibchen sind größer als Männchen.

Verbreitung. Nordamerika und China.

3 Gattungen, 11 Arten. **Wiesenhüpfmaus** (*Zapus hudsonicus*): Nordamerika, außer Südwesten der USA. – **Chinesische Hüpfmaus** (*Eozapus setchuanus*): China. – **Waldhüpfmaus** (*Napaeozapus insignis*): Kanada und USA.

Gefährdungsstatus. Obwohl stellenweise Bestandsrückgänge bekannt sind, gelten die Arten als nicht gefährdet.

Lebensweise. Hüpfmäuse sind vorwiegend nachtaktiv, gelegentlich aber auch am Tag. Solitär lebend, Geschlechter kommen nur zur Paarung zusammen. Hüpfmäuse bewohnen Graslandschaften, Wälder, Sümpfe und Steppen. Die Chinesische Hüpfmaus kommt sogar auf Bergwiesen bin in 4000 m Höhe vor. Alle Arten halten Winterschlaf. Nester werden im Erdboden, in hoch stehenden Gräsern und im Erdboden errichtet.

Haltung von Hüpfmäusen

Haltungen derzeit nur in amerikanischen Forschungsinstituten, dort auch Zuchten. Siehe Haltung von Mauseverwandten.

Höchstalter in Menschenobhut. Wiesenhüpfmaus über 5½ Jahre.

Familie Stachelbilche (Platacanthomyidae)

Verwandtschaftlich auch in der Nähe der Bilche (*Gliridae*) eingeordnet. Gestalt mausähnlich, Schwanz mit Endquaste, im weichen Fell harte Borsten.

Verbreitung. Westliches Südindien, Südostchina und nordöstliches Hinterindien.

2 Gattungen, 7 Arten.

Beispielvertreter

Südindischer Stachelbilch (*Platacanthomys lasiurus*): Indien. – **Chinesischer Zwergbilch** (*Typhlomys cinereus*): Südöstliches China.

Gefährdungsstatus. Bestand im natürlichen Verbreitungsgebiet wohl gesichert.

Lebensweise. Kaum bekannt. Vermutlich ähnlich wie afrikanische Bilche.

Haltung von Stachelbilchen

In Tiergärten äußerst selten gezeigt. Einzelheiten nicht bekannt.

Familie Blindmäuse (Spalacidae)

Blindmäuse erreichen eine Kopf-Rumpf-Länge von 15–30 cm und ein Gewicht von 130–500 g. Kopf und Rumpf sind walzenförmig, Augen zurückgebildet und im Fell verborgen, weitgehend funktionslos, auf der Kopfseite Streifen aus Borstenhaaren, fungiert als Tastorgan, Ohren klein, äußerlich nicht sichtbar, die sehr großen Nagezähne werden beim Wühlen mit genutzt. Vorwiegend unterirdisch lebende Nager.

Verbreitung. Südosteuropa, Asien, Nord- und Ostafrika.

4 Unterfamilien, 7 Gattungen, 38 Arten.

Abb. 20.14 Bei der Ehrenbergs Blindmaus (*Spalax ehrenbergi*), sind die Augen nur als Anlagen unter der Haut vorhanden, Ohren und Schwanz sind rückgebildet.

Beispielvertreter

Blindmulle (Myospalacinae)

Auch Asiatische Maulwurfratten oder Zokors. 2 Gattungen (*Myospalax, Eospalax*), 12 Arten. Gestalt maulwurfsähnlich, Hände mit langen Grabkrallen am 2.–4. Finger, Schwanz mittellang, können schlecht, aber doch Licht wahrnehmen. Transuralien bis Ostsibirien, Nord- und Mittelostchina.

Gefährdungsstatus. Bis auf 1 Art ungefährdet.

Lebensweise. Tagtiere. Lebensraum Grasland, lockere Wälder und Buschwälder, Kulturlandschaft, Täler im Hügel- und Bergland bis in 2100 m Höhe. Wühlen maulwurfsartig unterirdische Baue in 2 m Tiefe mit je einer Vorrats- und Schlafkammer und 1 Kotplatz. Dazu 1–4, etwa 50–100 m lange Futtergänge 20–30 cm unter der Erdoberfläche. Gelockertes Erdreich wird in maulwurfsartigen Hügeln an der Erdoberfläche abgelagert. Kein Winterschlaf.

Nahrung. Oberirdische Pflanzen, die sie in die Futtergänge ziehen, Wurzeln, Knollen, Zwiebeln.

Wurzelratten (Rhizomyinae)

Auch Bambusratten. 2 Gattungen, 4 Arten. Kopf verhältnismäßig groß, lange Schneidezähne zum Graben, Gliedmaßen und Schwanz kurz. Ost- und Südasien. **Sumatra-Bambusratte** (*Rhizomys sumatrensis*), **Kleine Bambusratte** (*Cannomys badius*).

Gefährdungsstatus. Bestand im natürlichen Verbreitungsgebiet wohl ungefährdet.

Lebensweise. Dämmerungs- und Nachttiere. Lebensraum Bambusdschungel und Urwaldunterholz in 1000–4000 m Höhe. Wurzelratten halten sich in den Aktivitätszeiten auch oberirdisch auf, am Tage ruhen sie in selbst gegrabenen Bauen.

Nahrung. Bambuswurzeln und -schösslinge, Samen, Wildfrüchte.

Maulwurfsratten (Tachyoryctinae)

Auch Afrikanische Mauswurfsratten. 2 Gattungen, 2 Arten. Ähneln Wurzelratten, sind aber deutlich kleiner. Ostafrika. **Nordostafrikanische Maulwurfsratte** (*Tachyoryctes splendens*).

Gefährdungsstatus. Bis auf wenige Arten nicht gefährdet.

Lebensweise. Überwiegend nachtaktiv. Lebensraum sind Savannen, Steppenränder und Weideland in 1000–3700 m Höhe, auch Feuchtwälder. Unterirdisch lebende Bodenwühler, verlassen das Erdreich nur, um bei Übervölkerung nachts zu wandern. Gänge teils dicht unter der Oberfläche, teils bis in 2 m Tiefe zu grasgepolsterten Kesseln.

Nahrung. Gras- und Kräuterwurzeln, Knollen, als Feldschädlinge Maniok, Süßkartoffel, Wurzeln von Kaffeebäumen und Teesträuchern.

Blindmäuse (Spalacinae)

2 Gattungen, 20 Arten. Die Feingliederung innerhalb der Unterfamilie wird derzeit unterschiedlich gehandhabt, was u.a. mit festgestellten beträchtlichen chromosomalen Unterschieden begründet wird. Gestalt walzenförmig, Kopf nicht vom Rumpf abgesetzt, Augen nur als Anlagen unter der Haut, Ohren und Schwanz rückgebildet, große Nagezähne zum Lockern der Erde, Gliedmaßen sehr kurz, Pelz samtartig. Libyen bis Vorderasien, Kleinasien, südliches Russland, Ukraine, Balkan. **Ost-Blindmaus** (*Spalax microphthalmus*), **West-Blindmaus** (*Nannospalax leucodon*), **Ehrenbergs Blindmaus** (*N. ehrenbergi*).

Gefährdungsstatus. Bestand von 5 Arten gefährdet.

Lebensweise. Dämmerungs- und Nachttiere. Lebensraum nicht zu trockene Steppen und Kulturlandschaft der Ebenen, des Hügel- und Berglandes bis in 2600 m Höhe. Einzelgänger in ausgedehnten, nach Jahreszeit und Geschlecht unterschiedlich großen Erdbauen aus zahlreichen oberflächennahen Futtergängen und tief liegenden (2–4 m) Vorrats-, Nest- und Kotkammern. Oberirdisch charakteristische Hügel ausgeworfener Erde. Jungenaufzucht in solchen besonders großen, festen Erdhügeln mit Nestkammer.

Nahrung. Pflanzenwurzeln, Knollen, Zwiebeln, Stängel, Blätter und Früchte.

Haltung von Blindmäusen

In Tiergärten selten gezeigt, vor allem Kleine Bambusratte, Sumatra-Bambusratte, Ehrenbergs Blindmaus.

Einzelheiten zur Haltung von Blindmullen nicht bekannt, zur Haltung von Wurzel-, Maulwurfsratten und Blindmäusen bisher wenig bekannt. Außerhalb der Paarungszeit streng einzeln lebend. Haltungssystem mit Erdgrund oder mit künstlichen Gängen, Nest-, Schlaf- und Vorratsboxen ähnlich Maulwürfen, Nacktmullen und anderen unterirdisch lebenden Kleinsäugern. Ansonsten siehe Haltung von Mäuseverwandten.

Fütterung. Kartoffeln, Süßkartoffeln, Zwiebeln, Blatt- und Knollengemüse, Karotten, Nagetierpellets, für Blindmäuse und Wurzelratten auch Obst in Maßen.

Höchstalter in Menschenobhut. Ost-Blindmaus 2, West-Blindmaus über 4½, Ehrenbergs Blindmaus 13½, Kenia-Maulwurfsratte (*Tachyoryctes splendens ibeanus*) über 3¾, Sumatra-Bambusratte 3½, Kleine Bambusratte 9 Jahre.

Familie Maushamster (Calomyscidae)

Klein, mäuseähnlich, Kopf-Rumpf-Länge 7–9 cm, auffällig große Ohren, keine Backentaschen, Schwanzlänge 8–10 cm, kurz behaart mit kleiner, dunklerer Quaste.

Verbreitung. Inselartig in Vorder- und Zentralasien.

1 Gattung, 10 Arten.
Maushamster (*Calomyscus*): **Turkmenischer Maushamster** (*C. mystax*), auch Afghanischer Maushamster: Turkmenistan, Iran, Afghanistan.

Gefährdungsstatus. Bis auf 1 Art nicht gefährdet.

Lebensweise. Vorwiegend nachtaktiv. Bewohnen Halbwüsten, Steppen und auch lichte Wälder mit Felsspalten und Geröll, nicht in der Ebene, bis in 3500 m Höhe. Nutzen Verstecke und verlassene Baue anderer Tiere, da sie nicht selbst graben. Klettern und springen gut. Kein Winterschlaf.

Nahrung. Vorwiegend Sämereien, Beeren, grüne Pflanzenteile, sollen auch Vorräte anlegen.

Haltung von Maushamstern

In Tiergärten Turkmenischer Maushamster gelegentlich gehalten. Bei längerer Haltung auch Zucht. Siehe Haltung von Mäuseverwandten.

Höchstalter in Menschenobhut. Zagros-Maushamster (*Calomyscus bailwardi*) 9(?), Turkmenischer Maushamster über 5½ Jahre.

Familie Afrika-Mäuse (Nesomyidae)

Neu aufgestellte Familie mit afrikanischen und madagassischen Mäuseverwandten im Ergebnis molekulargenetischer Analysen unter Hinzuziehung von Zahnmustern. Der Körperbau variiert in Wechselwirkung mit der Lebensweise (baum-, bodenbewohnende und unterirdisch grabende Vertreter).

Verbreitung. Afrika südlich der Sahara und Madagaskar.

6 Unterfamilien, 21 Gattungen, 68 Arten.

Beispielvertreter

Hamsterratten (Cricetomyinae)

3 Gattungen, 9 Arten. Gestalt ratten- oder hamsterartig, mit Backentaschen. Afrika südlich der Sahara.

Gambia-Riesenhamsterratte (*Cricetomys gambianus*), **Emin-Riesenhamsterratte** (*C. emini*). **Kurzschwanz-Hamsterratte** (*Saccostomus campestris*).

Gefährdungsstatus. Bestand im natürlichen Verbreitungsgebiet wohl ungefährdet.

Lebensweise. Nachtaktive Einzelgänger in festen Revieren mit regelmäßig begangenen Wechseln und tiefen Erdbauen mit Wohn-, Nest- und Vorratskesseln. Klettern meist gut. Hauptsinne sind Geruch und Gehör. Lebensraum artverschieden, tropischer Regenwald, Trockenwald, Buschsavannen oder Grassteppen, auch Kulturland.

Nahrung. Ölreiche Sämereien, Nüsse, Getreidekörner, Grünzeug, Beeren und Früchte, auch wirbellose Kleintiere wie Termiten, Ameisen und andere Insekten.

Baummäuse (Dendromurinae), Afrikanische Felsenmäuse (Petromyscinae), Sumpfklettermäuse (Delanymyinae)

8 Gattungen (darunter *Dendromus*, *Malacothrix*, *Steatomys*, *Petromyscus*, *Delanymys*), 30 Arten. Gestalt und Größe wühlmaus-, maus- oder rattenartig, dabei teilweise äußerlich stark voneinander abweichend. Süd- und Ostafrika.

Gefährdungsstatus. Bestand im natürlichen Verbreitungsgebiet wahrscheinlich gesichert.

Lebensweise. Wenig bekannt. Vorwiegend Nachttiere. Lebensraum gattungsverschieden, buschreiche Savannen bis in 4000 m Höhe oder felsige Trockensteppe bzw. Regenwald. Savannenbewohner wie *Dendromus*- und *Delanymys*-Arten klettern meist an stängelartigen Halmen oder im Geäst von Büschen und Bäumen, wo einige Arten Kugelnester aus feinen Pflanzenfasern bauen. Andere legen einfache Erdbaue an. Trockensteppenbewohner speichern in selbst gegrabenen tiefen Erdbauen in der Nestkammer Nahrung, halten während der Dürrezeit Trockenschlaf. Afrikanische Felsenmäuse (*Petromyscus*) bewohnen im südlichen Afrika Felsgebiete, die Delanys Sumpfklettermaus (*Delanymys brooksi*) lebt in Sumpfgebieten Ostafrikas.

Nahrung. Sämereien, Knospen, Gräser, Beeren, auch vereinzelt Insekten und Vogeleier. Bei der Kongo-Waldmaus, auch Insektenfressende Waldmaus, beträgt der Anteil an tierischer Kost (Termiten, daneben Ameisen, andere Insekten und deren Larven, kleine Wirbeltiere) 70–80 %, der Rest sind saftige Baumfrüchte und Blätter.

Afrikanische Hamster (Mystromyinae)

1 Gattung, 1 Art. Eher rattenartige Gestalt mit 15 cm Kopf-Rumpf-Länge und 7 cm langem Schwanz, deswegen auch Weißschwanzratte genannt. Südafrika, Lesotho. **Afrikanischer Hamster** (*Mystromys albicaudatus*), auch Afrikahamster.

Gefährdungsstatus. Durch Weidelandgewinnung starker Bestandsrückgang.

Lebensweise. Nachtaktiv, tagsüber in Verstecken oder in Bauen anderer Tiere. Bewohnt Halbwüsten, Trockensteppen und Grassavannen bis in 2000 m Höhe.

Nahrung. Vorwiegend Grünpflanzen, Sämereien, Beeren, gelegentlich auch Insekten und anderes Kleingetier.

Abb. 20.15 Die größte Art unter den Madagaskar-Ratten ist die Madagaskar-Riesenratte (*Hypogeomys antimena*). Sie ist nachtaktiv, lebt monogam und bringt nur 1 Jungtier im Jahr zu Beginn der Regenzeit zur Welt.

Madagaskar-Ratten (Nesomyinae)

9 Gattungen, 28 Arten. Gestalt und Größe maus-, ratten-, springmaus- und bilchartig, Kopf-Rumpf-Länge 9–35 cm, Gewicht zwischen 25 g und 1,5 kg, Zahnformel 1/1 0/0 0/0 3/3, Schwanz oft mehr als körperlang, bei 1 Gattung buschig, sonst spärlich behaart. Madagaskar.

Madagaskar-Großfußmäuse (*Macrotarsomys*). Madagaskar-Kurzschwanzratten (*Brachyuromys*). Inselratten (*Nesomys*). Bilchschwänze (*Eliurus*). **Madagaskar-Riesenratte** (*Hypogeomys antimena*), auch Votsotsa.

Gefährdungsstatus. Bestand im natürlichen Lebensraum durch Abholzung und Verkarstung teilweise bedroht. Große Großfußmaus gilt mittlerweile als stark bedroht. Internationales Zuchtbuch für Madagaskar-Riesenratte im Jersey Zoo.

Lebensweise. Wenig bekannt. Teils Tag-, teils Nachttiere. Lebensraum artverschieden Urwald, Waldränder, buschbestandene Felsgebiete. Einzeln oder paarweise lebende Bodenbewohner, manchmal auch lockere Kolonien. Ruheplätze in selbst gegrabenen Erdbauen, Baumhöhlen, Felsspalten oder unter Wurzeln. Madagaskar-Riesenratte nachtaktiv, monogam. Nur 1 Junges pro Jahr zu Beginn der Regenzeit (Ende November).

Nahrung. Pflanzenfresser, u.a. Fallobst, Blätter, Schoten und Grobsämereien.

Haltung von Afrika-Mäusen

In Tiergärten selten gezeigt. Gelegentlich werden Gambia-Riesenhamsterratte, Wald- oder Emin-Hamsterratte, Kurzschwanz-Hamsterratte, Afrikanische Großohrmaus (*Malacothrix typica*), Grandidiers Bilchschwanz (*Eliurus grandidieri*), Madagaskar-Weißschwanzratte (*Brachytarsomys albicauda*) und vor allem die Madagaskar-Riesenratte gehalten. Madagaskar-Riesenratten mit Dauerunterkunft in Nachttierhaus mit 12-stündigem Wechsel von Licht (in

Jersey bei Madagaskar-Riesenratte 8.00–20.00 Uhr) und Dunkelheit. Temperatur zwischen 20 und 23 °C, Luftfeuchtigkeit um 50–60 %. Bodengrund für die Madagaskar-Riesenratte vielfältig (z.B. Erde, Sand, Borke, Mulch, Heu, Stroh), als Ersatz für Erdbaue Baumhöhlen, Rohre und Wurfkästen. Bei der Madagaskar-Riesenratte im Gegensatz zu Freilandbeobachtungen 1–2, selten auch 3 Junge je Wurf und bei Wurfabständen zwischen 4 und 5 Wochen mehrere Würfe pro Jahr. Männchen beteiligen sich an der Aufzucht. Mit dem Jungtier des Vorjahres oft Familiengruppen aus 4 Mitgliedern.

Übrige Vertreter: siehe Haltung von Mäuseverwandten.

Vergesellschaftung. Gambia-Riesenhamsterratten werden gemeinsam mit Flughunden gehalten, Madagaskar-Riesenratten mit Schwarzweißen Varis, Rotbauch- und Halsbandmakis, Senegalgalagos sowie Mausmakis, Madagaskar-Weißschwanzratten mit Igel-Tanreks.

Höchstalter in Menschenobhut. Gambia-Riesenhamsterratte über 8¼, Kurzschwanz-Hamsterratte 4½, Graue Aalstrich-Baummaus (*Dendromus melanotis*) über 4, Südafrikanische Fettmaus (*Steatomys pratensis*) 3¾, Afrikanischer Hamster 6¼, Madagaskar-Riesenratte über 12½ Jahre.

Familie Wühler (Cricetidae)

Unterscheiden sich von den Muridae durch Form und Struktur der Backenzähne.

Verbreitung. Eurasien, Amerika.
5 Unterfamilien, 156 Gattungen, 856 Arten.

Wühlmäuse (Arvicolinae)

11 Gattungsgruppen, 28 Gattungen, 151 Arten. Maus- bis reichlich rattengroß, Gestalt meist mausähnlich, Kopf-Rumpf-Länge 7-23 cm, Gewicht meist unter 100 g, Bisamratte bis ca. 2 kg, Ohren klein, Schwanz oft kurz. Eurasien, Nord- und Mittelamerika.

Abb. 20.16 Der bunte Berglemming (*Lemmus lemmus*) gehört zu den Nagern, die bei Nahrungsmangel und Populationsdruck Massenwanderungen unternehmen.

Beispielvertreter

Halsbandlemminge (*Dicrostonyx*): dunkles Sommer- und weißes Winterkleid (sehr selten bei Nagetieren!). **Echter Halsbandlemming** (*D. torquatus*), **Nördlicher Halsbandlemming** (*D. groenlandicus*). Lemmingmäuse (*Synaptomys*). Echte Lemminge (*Lemmus*): Gestalt walzenförmig, Gliedmaßen und Schwanz kurz. Norden von Eurasien und Amerika, Grönland. **Berglemming** (*L. lemmus*). Mull-Lemminge (*Ellobius*): 5 Arten. Gestalt sehr walzenförmig, große Schneidezähne nach vorn stehend als Graborgane, Vorder-, Klein- und Mittelasien. **Östlicher Mull-Lemming** (*E. tancrei*). Rötelmäuse (*Myodes*, früher *Clethrionomys*). Schermäuse (*Arvicola*): **Ost-Schermaus** (*A. amphibius*). **Bisamratte** (*Ondatra zibethicus*). Echte Wühlmäuse (*Microtus*): **Feldmaus** (*M. arvalis*), **Erdmaus** (*M. agrestis*), **Schilfmaus** (*M. fortis*), **Bayerische Kurzohrmaus** (*M. bavaricus*). Steppenwühlmäuse (*Lasiopodomys*). Bergwühlmäuse (*Alticola*). Schneemäuse (*Chionomys*). Steppenlemminge (*Lagurus*, *Eolagurus*): Gestalt mausartig, aber gedrungener, Schwanz kurz, Augen und Ohren klein, Gemäßigte Zone Eurasiens und Nordamerikas. **Graulemming** (*Lagurus lagurus*), auch Steppenlemming.

Abb. 20.17 Graulemminge (*Lagurus lagurus*) bewohnen trockene Halbwüsten und Steppen mit spärlicher Baum- und Strauchvegetation von der Ukraine bis Nordwestchina.

Gefährdungsstatus. Bestand im natürlichen Lebensraum wohl überwiegend ungefährdet. Bayerische Kurzohrmaus gilt als vom Aussterben bedroht, daher Erhaltungszucht im Alpenzoo Innsbruck.

Lebensweise. Vorwiegend Dämmerungs- und Nachttiere (z.B. Lemminge, Rötelmäuse, Schermäuse, Bisamratte, kleine Wühlmäuse), doch alle auch tagaktiv, z.B. an trüben Tagen, im Winter (kein Winterschlaf!) oder auf Wanderungen (Lemminge). Steppenwühlmäuse auch sonnenbadend. Bei Feldmäusen unabhängig von der Tageszeit abwechselnd 2- bis 3-stündige Ruhe- und ebenso lange Aktivitätsphasen. Lebensraum artverschieden vom Polarkreis bis in die Subtropen unterholzreicher Wald, Waldränder und Ufergebüsch (Rötelmäuse, kleine Wühlmäuse) oder offenes Kulturland, Felder, Wiesen, Ödland, auch Almenwiesen und lichter, trockener Wald, daneben Moore und Hochmoore (Lemminge), feuchtes Gelände (Schermäuse) oder Gewässerufer (Bisamratten), arktische Tundra (Lemminge), sommerheiße, baumlose Steppen und Halbwüsten (Steppenlemminge, Mull-Lemminge) oder felsige Hochgebirge bis in 4000 m (Schneemaus) bzw. bis in 5800 m Höhe (Bergwühlmäuse). Bodenbewohner, die mit Ausnahme der Lemminge und einiger Arten, welche Felsspalten (Schneemaus) oder Baumhöhlen bewohnen (manche Rötelmäuse), selbst gegrabene Erdbaue anlegen mit teils dicht unter der Oberfläche verlaufenden (Schermaus, kleine Wühlmäuse), teils in 20–30 cm Tiefe (Mull-Lemminge) oder tiefer liegenden, oft vielfach verzweigten Gangsystemen mit zahlreichen Ausgängen, die 1 oder mehrere Nest- und mehrere Vorratskammern haben (z.B. Feldmaus). Baue der Bisamratte an steilen Ufern mit Unterwassereingängen, Luftschächten, Vorrats- und Wohnkesseln, auch Burgen aus Pflanzenmaterial. Bei Lemmingen im Sommer einfache, blind in einem Kessel endende Erdbaue unter Steinen und Wurzeln, im Winter oberirdische Pflanzennester. Oberirdische Wechsel zwischen Ausgängen der Baue und oft besuchten Futterplätzen. Wechsel offen (Feldmaus, Bisamratte, Steppenlemminge) oder unter Moos (Lemming) bzw. Laub und Gras (kleine Wühlmäuse), im Winter fast stets unter dem Schnee. Ortstreu in festen Revieren, teils einzeln, teils in Großfamilien (Erdmaus) oder lockeren Kolonien (Feldmaus). Heranwachsende Junge siedeln sich nach mehr oder weniger langer Wanderung in einem von Artgenossen unbesetzten Gebiet an und tragen so zur Verbreitung der Art und zur Erschließung neuen Lebensraumes bei (Bisamratte ursprünglich in Nordamerika heimisch, 1905 südwestlich von Prag 2 Männchen und 3 Weibchen ausgesetzt, heute in weiten Teilen Europas verbrei-

Abb. 20.18 Auffällig sind beim Östlichen Mull-Lemming (*Ellobius tancrei*) seine großen Schneidezähne, die er auch zum Graben seiner Erdbaue einsetzt.

tet). Viele Lemminge sind nicht ortstreu, bevorzugen im Sommer offene Tundra (oft Moore, Bruchmoore), unternehmen im Herbst große Wanderung in moosreiche Wälder und kehren nach der Schneeschmelze in die Sommereinstände zurück. Nach Bevölkerungsexplosionen während des Sommers (Berglemming) in „Lemmingjahren" Massenwanderungen auf der Suche nach Winterquartieren, die frei von Artgenossen sind, enden oft mit dem Tod unzähliger Tiere. Alle Arten laufen schnell vierfüßig am Boden, Rötelmäuse klettern gut, alle können schwimmen, besonders Bisamratten, Schermäuse und Lemminge. Halsbandlemmingen wachsen im Herbst am 3. und 4. Finger lange Doppelkrallen, die im Frühjahr abfallen (Bodengräber in vereisten Gebieten!).

Nahrung. Wurzeln, Zwiebeln, Knollen, Gräser, Kräuter und Sämereien (darunter Getreide, Mais), Feldgemüse, Fallobst. Nordische Wühlmaus (*Microtus oeconomus*) empfindlich gegen Hahnenfußgewächse. Bisamratten fressen auch Weidentriebe, auch im und am Wasser lebende Pflanzen, Rötelmäuse und wirbellose Kleintiere. Feld-, Schermäuse und andere Arten sind landwirtschaftliche Schädlinge. Mit Ausnahme der wandernden Lemminge legen alle Arten in ihren Bauen Wintervorräte an.

Hamster (Cricetinae)

9 Gattungen, 18 Arten. Gedrungener Körper, fast immer Backentaschen, Schwanz meist kurz und stummelförmig, nur Rattenartiger Hamster mit langem Schwanz. Mittel- und Südeuropa, Vorder- und Zentralasien, Sibirien, Nordchina.

Beispielvertreter

Kurzschwanz-Zwerghamster (*Phodopus*): **Roborowski-Zwerghamster** (*P. roborovskii*), **Dsungarischer Zwerghamster** (*P. sungorus*). Graue Zwerghamster (*Cricetulus*). Tibetische Zwerghamster (*Urocricetus*). Armenische Zwerghamster (*Nothocricetus*). Mittelgroße Zwerghamster (*Allocricetulus*). Gansu-Zwerghamster (*Cansumys*). Großhamster (*Cricetus*): **Feldhamster** (*C. cricetus*). Mittelhamster (*Mesocricetus*): **Goldhamster** (*M. auratus*). Rattenartige Zwerghamster (*Tscherskia*): **Rattenartiger Zwerghamster** (*T. triton*).

Gefährdungsstatus. Bestand im natürlichen Verbreitungsgebiet vermutlich weitgehend ungefährdet, jedoch Feldhamster und 2 Mittelhamsterarten bedroht. Mehrere kleine Zuchtprogramme und Wiederansiedlungen des Feldhamsters in Deutschland und den Niederlanden.

Lebensweise. Teils Dämmerungs- und Nachttiere (Zwerg- und Mittelhamster), teils Tagtiere (Feldhamster). Zwerghamster bei trübem Wetter und im Winter auch Tagtiere. Lebensraum halbtrockenes Flachland (Steppe, Felder, Halbwüsten), daneben hügelige Gebiete. Feldhamster nicht über 450 m Höhe, einige Zwerghamster dagegen echte Gebirgstiere. Hamster nur auf trockenen Böden, nicht in der Nähe von Sümpfen und Gewässern (Ausnahme: Rattenartiger Zwerghamster). Im Kulturland lebende Arten überwiegend in der Nähe von Getreide-, Hirse-, Mais- und Sonnenblumenfeldern. Baue des Feldhamsters liegen jedoch fast stets in Klee- oder Luzernefeldern, die ihm mehr Deckung und vom Frühjahr bis zum Herbst frisches Grün bieten. Viele Zwerghamster graben keine eigenen Baue, wohnen in natürlichen Erdhöhlen und Felsspalten oder in verlassenen Bauen anderer Tiere. Bei manchen Arten einfache Sommerbaue dicht unter der Erdoberfläche mit einer Zugangsröhre zum Kessel und bis zu 2 m tiefe Winterbaue mit Vorratskammern. Wintervorrat von Zwerghamstern meist nicht viel mehr als 200–500 g, kann auch vereinzelt abseits von Hauptbauen eingelagert werden. Baue des Feldhamsters je nach Alter (Jungtierbaue), Geschlecht (Wurfbaue der Weibchen) und Jahreszeit (Sommer-, Herbst-, Winterbaue) verschieden. Meist 2 m tiefe Gangsysteme mit Vorratskammern, Nestkesseln und einem blind endenden Kotgang sowie etwa 4–8 schräg nach oben laufenden Ausgangsröhren und einer senkrecht in die Tiefe führenden Fallröhre.

Ortstreu in festen Revieren mit bei Feldhamstern bis zu 15 cm breiten Wechseln. Bei Nahrungsmangel gelegentlich weite Massenwanderungen. Unverträgliche Einzelgänger (Ausnahme: manche Zwerghamster leben paarweise). Reviere werden mit Duftdrüsen markiert und gegen Artgenossen verteidigt. Nur zur Paarungszeit darf das Männchen sich kurzzeitig im Revier und Bau des Weibchens aufhalten. Feldhamster halten Winterschlaf, dabei sinkt die Körpertemperatur auf 4 °C ab, wachen jedoch im Abstand von 5–7 Tagen auf, um zu fressen und Kot und Harn abzusetzen.

Nahrung. Feldhamster: im Frühjahr und Sommer frisches Grün (Klee und Luzerne), Kräuter, Feldgemüse, im Spätherbst und im Winter Getreidekörner, Hirse, Mais, Bohnen, Sonnenblumenkerne (klettern an Stängeln hoch) und andere Sämereien, dazu (außer im Winter) Würmer, andere Wirbellose, kleine Wirbeltiere (besonders Mäuse). Zwerghamster und Mittelhamster: neben Getreidekörnern usw. Samen von Gräsern und Sträuchern sowie viel Würmer, Schnecken und Insekten, selten frisches Grünzeug. Wintervorräte werden entweder als Körner in den Backentaschen oder mit den Ähren eingetragen. Wintervorräte der Feldhamster bis 50 kg.

Abb. 20.19 Die Nahrungspalette der Nördlichen Grashüpfermaus (*Onychomys leucogaster*) besteht ausschließlich aus Kleintieren, wie Grashüpfer, Käfer, Skorpione und kleine Wirbeltiere.

Buschrattenverwandte (Neotominae), Neuweltmäuse (Sigmodontinae), Kletterratten (Tylomyinae)

121 Gattungen, 689 Arten. Verschiedentlich werden diese 3 Unterfamilien in 1 Unterfamilie Neuweltmäuse und -ratten (Hesperomyinae) zusammengefasst. Meist klein, maus- bis rattengroß, kleinste Vertreter: Amerikanische Zwergmäuse (*Baiomys*) mit 5–8 cm Kopf-Rumpf-Länge und 7 g Gewicht, größte Vertreter: Südamerikanische Riesenwasserratten (*Kunsia*) mit 16–28 cm Kopf-Rumpf-Länge und ca. 700 g Gewicht. Nord-, Mittel- und Südamerika und benachbarte Inseln.

Beispielvertreter

Eigentliche Fischratten (*Ichthyomys*). Weißfuß- oder Hirschmäuse (*Peromyscus*): **Weißfußmaus** (*P. leucopus*). Grashüpfermäuse (*Onychomys*): **Nördliche Grashüpfermaus** (*O. leucogaster*). Goldmäuse (*Ochrotomys*). Reisratten (*Oryzomys*). Amerikanische Stachelmäuse (*Scolomys*). Amerikanische Buschratten (*Neotoma*). Südamerikanische Feldmäuse (*Akodon*). Baumwollratten (*Sigmodon*): **Stachlige Baumwollratte** (*S. hispidus*). Blattohrmäuse (*Phyllotis* und *Graomys*): **Darwin-Blattohrmaus** (*Phyllotis darwini*).

Gefährdungsstatus. Bestand der meisten Arten gesichert, einige jedoch infolge eines kleinen Verbreitungsgebiets durch Lebensraumzerstörung bedroht.

Lebensweise. Wie altweltliche Mäuse und Ratten. Nacht- (Hirschmäuse) und Dämmerungstiere (Reisratten auch tagsüber aktiv). Lebensraum artverschieden von Küstenniederungen bis in Gebirge und vom tropischen Regenwald bis zu Halbwüsten. Meist Bodenbewohner mit Schlaf- und Wurfplätzen in Erdbauen, kugeligen Grasnestern, Felsspalten oder verlassenen Bauen anderer Tiere, seltener auch Baumbewohner, die auf Bäumen Kugelnester bauen oder in Baumhöhlen schlafen. Oft ortstreu, manche Arten vagabundieren wie Weißfußmaus. Teilweise Winterschläfer, doch viele kälte- und nässeempfindlich, gehen, wie z.B. Baumwollratten, in strengen Wintern massenweise zugrunde. Reisratten schwimmen und tauchen gut.

Nahrung. Allesfresser, die aber mehr tierische Kost aufnehmen als Altweltmäuse und -ratten. Hirschmäuse sind als Insektenvertilger geschätzt. Grashüpfermäuse leben fast ausschließlich von Kleintieren (vorwiegend Insekten, aber auch kleine Nagetiere), Fischratten erbeuten wie die auch Gräser, Samen und Früchte fressenden Reisratten vorwiegend Fische und Wirbellose. Flur- und Ernteschäden vor allem durch die alles fressenden Baumwoll- und Amerikanischen Buschratten.

Abb. 20.20 Die Stachlige Baumwollratte (*Sigmodon hispidus*) bringt weit entwickelte, bei der Geburt schon behaarte Jungtiere zur Welt, die nur noch 2 Wochen gesäugt werden.

Haltung von Wühlern

In Tiergärten werden vor allem Goldhamster und einige Zwerghamster öfter, einige Arten der Wühlmäuse vereinzelt, Feldhamster selten gezeigt. Neuweltmäuse und Neuweltratten sind vermutlich anfälliger als Mäuse gegenüber Inzuchtdepressionen. Unterkunft und Pflege von Bisamratten siehe Haltung von Biberratten, für die übrigen Wühler siehe Haltung von Mäuseverwandten.

Höchstalter in Menschenobhut. Rötelmaus (*Myodes glareolus*) fast 5, Ost-Schermaus fast 2½, Bisamratte über 5¾, Mittelmeer-Feldmaus (*Microtus guentheri*) fast 4, Silbergraue Bergwühlmaus (*Alticola semicanus alleni*) über 3¾, Balkan-Schneemaus (*Dinaromys bogdanovi*) 7½, Brandts Steppenwühlmaus (*Lasiopodomys brandtii*) über 4, Dsungarischer Zwerghamster über 3¼, Roborowski-Zwerghamster 4¾, Sibirischer Streifenhamster (*Cricetulus barabensis*) 5¼, Feldhamster 3½, Goldhamster fast 4, Südliche Grashüpfermaus (*Onychomys torridus*) über 4½, Baumwollratte (*Sigmodon hispidus*) fast 5¼, Weißkehl-Buschratte (*Neotoma albigula*) fast 9, Kaktusmaus (*Peromyscus eremicus*) fast 7½ Jahre.

Familie Langschwanzmäuse (Muridae)

Gestalt und Größe sehr unterschiedlich, Kopf-Rumpf-Länge 4,5 cm (Afrikanische Knirpsmaus) bis 48 cm (Südliche Riesenborkenratte), Gewicht 5 g bis 2 kg, Fell meist kurz, weich, teilweise aber auch stachelig, keine Vorbackenzähne, Zahnformel: 1/1 0/0 0/0 3/3.

Verbreitung. Weltweit, ursprünglich in Eurasien, Afrika und Australien, in vielen Gebieten als Folge menschlicher Einwanderung und Besiedelung meist unabsichtlich eingeführt und ausgebreitet.

4 Unterfamilien, 162 Gattungen, 852 Arten.

Stachelmausverwandte (Deomyinae)

4 Gattungen, 57 Arten. Mäuseähnlich, Kopf-Rumpf-Länge 7–18 cm, Fell dicht, z.T. mit Rückenstacheln. Afrika, Vorderasien bis Pakistan, Zypern, Kreta und Südtürkei.

Beispielvertreter

Kongo-Waldmaus (*Deomys ferrugineus*). Stachelmäuse (*Acomys*): **Ägyptische Stachelmaus** (*A. cahirinus*), **Helle Orient-Stachelmaus** (*A. dimidiatus*), **Goldstachelmaus** (*A. russatus*), **Zwergstachelmaus** (*A. spinosissimus*). Bürstenhaarmäuse (*Lophuromys*): **Gelbflecken-Bürstenhaarmaus** (*L. flavopunctatus*). **Weißbauch-Bürstenhaarmaus** (*Uranomys ruddi*).

Gefährdungsstatus. Bis auf 2 Vertreter Bestand nicht gefährdet.

Lebensweise. Tag-, dämmerungs- oder nachtaktiv. Lebensraum variabel von Wüsten bis Wälder. Meist Bodenbewohner. Bei Stachelmäusen gut entwickeltes Sozialleben. Jungtiere kommen weit entwickelt zur Welt.

Nahrung. Krautige Pflanzen und deren Samen, aber auch großer tierischer Anteil wie Insekten, Spinnen, Schnecken, andere Wirbellose und kleine Wirbeltiere.

Rennmäuse (*Gerbillinae*)

14 Gattungen, 102 Arten. Gestalt und Größe maus- bis rattenartig, Ohren groß, Hinterbeine länger als Vorderbeine, Schwanz behaart, bei 1 Art als Fettspeicher. Rennmäuse schwitzen nicht und entziehen Kot und Urin Wasser. Afrika, Vorder- und Mittelasien, Indien.

Abb. 20.21 Helle Orient-Stachelmaus (*Acomys dimidiatus*). Junge Stachelmäuse sind Nestflüchter, die voll behaart, einschließlich der Borstenhaare und mit Schneidezähnen zur Welt kommen.

Abb. 20.22 Die Fettschwanz-Rennmaus (*Pachyuromys duprasi*) speichert in ihrem Schwanz Fett für nahrungsarme Zeiten.

Beispielvertreter

Eigentliche Rennmäuse (*Gerbillus*): **Große Ägyptische Rennmaus** (*G. pyramidum*). Rennratten, Sand-, Wüstenrenn- oder Wüstenmäuse (*Meriones*): **Persische Rennmaus** (*M. persicus*), **Mongolische Rennmaus** (*M. unguiculatus*). **Buschschwanz-Rennmaus** (*Sekeetamys calurus*). **Fettschwanz-Rennmaus** (*Pachyuromys duprasi*). Sandratten (*Psammomys*). Nacktsohlen-Rennmäuse (*Gerbilliscus*). Kleine Nacktsohlen-Rennmäuse (*Taterillus*).

Gefährdungsstatus. Bestand im natürlichen Verbreitungsgebiet meist ungefährdet, einige Arten gefährdet. Flowers Rennmaus (*Gerbillus floweri*) gilt als vom Aussterben bedroht.

Lebensweise. Vorwiegend Nacht-, einige Arten echte Tagtiere. Lebensraum Halbwüsten, Wüsten und Wüstensteppen. Bodenbewohner, Schlaf- und Ruheplätze in verzweigten Erdbauen mit teilweise über 1 m tiefen Gangsystemen, oft über mehrere Etagen und Wohn- und Vorratskesseln. Mutterbaue oft komplizierter als die von Männchen. Meist Einzelgänger in festen Territorien, oft lockere Kolonien. Laufen vierfüßig, flüchten bei Gefahr auch känguruartig hüpfend auf den Hinterbeinen.

Nahrung. Samen, Schösslinge, Wurzeln, Gräser, Nüsse, Insekten, andere Wirbellose, kleine Wirbeltiere.

Altweltmäuse (Murinae)

Auch Echte Mäuse. 143 Gattungen, 692 Arten. Entwicklungsgeschichtlich wahrscheinlich jüngste Säugetiergruppe mit vermutlich hamsterartigen Vorfahren. Maus- bis reichlich rattengroß, Kopf-Rumpf-Länge etwa 5–50 cm, Schwanz oft mehr als körperlang, meist nur wenig behaart. Afrika, Eurasien, Australien, einige Arten durch den Menschen weltweit verbreitet.

Beispielvertreter

Australische Kaninchenratten (*Conilurus*). Australische Häschenratten (*Leporillus*), auch Zweignestratten. Australische Dickschwanzratten (*Zyzomys*). Mosaikschwanz-Riesenratten (*Uromys*). Mosaikschwanzratten (*Melomys*). Scheinmäuse (*Pseudomys*). Australische Hüpfmäuse (*Notomys*). Bandikutratten (*Bandicota*). Pestratten (*Nesokia*). Echte Ratten (*Rattus*): **Wanderratte** (*R. norvegicus*), Stammform der auch als „Weiße Ratte" bezeichneten Laborratte (*R. norvegicus f. domesticus*), die in Albino- oder Farbrattenrassen gezüchtet wird, **Hausratte** (*R. rattus*). Echte Mäuse (*Mus*): **Hausmaus** (*M. musculus*), **Afrikanische Knirpsmaus** (*M. minutoides*). Waldmäuse (*Apodemus*): **Brandmaus** (*A. agrarius*), **Gelbhalsmaus** (*A. flavicollis*), **Waldmaus** (*A. sylvaticus*). **Eurasische Zwergmaus** (*Micromys minutus*). Streifengrasmäuse (*Lemniscomys*): **Algerien-Streifengrasmaus** (*L. barbarus*). **Striemengrasmaus** (*Rhabdomys pumilio*). Grasratten (*Arvicanthis*) auch Kusuratten. Vielzitzenmäuse (*Mastomys*). Langschwanz-Klettermäuse (*Vandeleuria*), Pinselschwanz-Baummäuse (*Chiropodomys*). Riesenborkenratten (*Phloeomys*): **Gescheckte Riesenborkenratte** (*P. cumingi*): größter Vertreter der Unterordnung Mäuseverwandte. Borkenratten (*Crateromys*). Nasenratten (*Rhynchomys*). Schwimmratten (*Hydromys*): **Goldbauch-Schwimmratte** (*H. chrysogaster*). Lamellenzahnratten (*Otomys*).

Abb. 20.23 Afrikanische Knirpsmäuse (*Mus minutoides*) sind Gruppentiere, die Gemeinschaftsnester anlegen und auch gemeinsam ihre Jungen aufziehen.

Gefährdungsstatus. Bestand im Verbreitungsgebiet nur gering gefährdet, vor allem Inselformen und Arten mit sehr kleinem Verbreitungsgebiet durch Bejagung (Felle!) teilweise gefährdet oder durch Lebensraumvernichtung bedroht, z.B. Kleine Zweignestratte (*Leporillus apicalis*) vermutlich ausgestorben, von der Großen Zweignestratte (*L. conditor*) nur noch Reste auf der Franklin-Insel vor Südostaustralien, einige Arten örtlich geschützt. Zuchtprogramm für die Panay-Borkenratte (*Crateromys heaneyi*) auf den Philippinen. ESB für Riesenborkenratten (*P. cumingi* und *P. pallidus*) im Zoo Prag.

Abb. 20.24 Die Algerien-Streifengrasmaus (*Lemniscomys barbarus*) ernährt sich von Sämereien und Insekten. Ihre Heimat sind Trocken-, Gras- und Buschsteppen Afrikas.

Abb. 20.25 Nordluzon-Riesenborkenratten (*Phloeomys pallidus*) sind auf den Philippinen endemisch, sie bewohnen die Insel Luzon. Über ihre Lebensweise ist wenig bekannt.

Lebensweise. Überwiegend Dämmerungs- und Nachttiere, doch zahlreiche Arten (z.B. Afrikanische Streifengrasmäuse, Eurasische Zwergmaus) auch echte Tagtiere oder sowohl tags als auch nachts aktiv wie Hausmäuse. Lebensraum verschieden. Manche Arten nur in bestimmten Gebieten, z.B. felsige Halbwüsten, Trocken-, Gras- und Buschsteppe (Zweignestratten, Bandikutratten, Streifengrasmäuse, Vielzitzenmäuse u.a.) andere äußerst anpassungsfähig, besiedeln die gleichen Gebiete wie der Mensch und halten sich sogar teils ganzjährig (manche Hausmäuse, Haus- und Wanderratten), teils nur während der kalten Jahreszeit (Waldmäuse, Hausmäuse, Haus- und Wanderratten) oder in Abwesenheit von überlegenen Nahrungskonkurrenten und Feinden in bewohnten oder unbewohnten menschlichen Wohnstätten auf (Vielzitzenmäuse weichen Hausratten aus, spielen sonst in den Hütten der Afrikaner die Rolle der Hausmäuse), Hausmäuse vom Keller bis zum Dach, Wanderratten in Kellern, Schleusen, unterirdischen Hohlräumen, Ställen, auch auf Schuttabladeplätzen, Hausratten vorwiegend unter Dachböden. Manche Unterarten der Hausmäuse leben ganzjährig auf Wiesen, Feldern, an Waldrändern, wie viele Haus- (Obstplantagen) und Wanderratten. Manche Arten bevorzugen offenes Grasland (z.B. manche Waldmäuse wie Gelbhalsmaus), andere Wassernähe oder sind auf Wasser angewiesen (Bandikutratten, manche Waldmäuse, und Lamellenzahnratten, Wanderratten). Stachelmäuse in Höhen bis 1500 m, Vielzitzenmäuse bis 500 m, Wanderratten teils in noch höheren Lagen.

Meist Bodenbewohner. Schlupfwinkel in Erdhöhlen anderer Tiere, Felsspalten und unter Wurzeln und Steinen (z.B. manche Waldmäuse, Vielzitzenmäuse), in mehr oder minder verzweigten, selbst gegrabenen Erdbauen mit gepolsterten Nest- und Vorratskammern (Bandikut-, Wander-, vereinzelt auch Hausratten, nicht in menschlichen Bauten lebende Hausmäuse, Waldmäuse), in überirdischen Bodennestern aus Pflanzenmaterial (Zweignestratten) oder meist kugeligen Nestern zwischen Halmen oder Ästen von Bäumen oder Büschen (Hausratte, Zwergmaus, baumbewohnende tropische Arten). Teils als Einzelgänger in lockeren Kolonien (z.B. Waldmaus, Zweignestratten, Bandikuts) oder gesellig in Großfamilien mit eigener (Hausmäuse) oder gemeinschaftlich benutzter Schlaf- und Nestkammer (Wanderratte). Pinselschwanz-Baummäuse gesellig im Inneren von Bambushalmen. Gesellige Arten in festen Revieren mit regelmäßig benutzten Wechseln, gemeinsamen Futter- und Rastplätzen, erkennen einander am Geruch und verteidigen die Reviere gegen fremde Artgenossen (Haus- und Wanderratte). Abgesehen von baumlebenden Arten (dazu auch Hausratte) oder Röhrichtkletterern (Zwergmaus) klettern auch Bodentiere gut, flüchten in schnellem Galopp, können notfalls schwimmen, Wanderratten und Bandikutratten schwimmen und tauchen besonders gut. Kulturfolgende Arten verursachen große Ernte- und Vorratsschäden und verbreiten viele gefährliche Krankheiten wie Pest, Leptospirose, murine Gelbsucht, Tularaemie, Salmonellose, murinen Flecktyphus. Übertragung durch Speichel, Harn, Kot und Fellparasiten.

Lebensweise der Borkenratten wenig bekannt. Riesenborkenratten baum- und bodenbewohnende Nachttiere, tags in ausgepolsterten Baumhöhlen. Möglicherweise lebenslang paarweise oder zusammen mit Jungen. Geschlechtsunterscheidung sehr schwierig. Wahrscheinlich ganzjährig fortpflanzungsfähig, je Wurf nur 1–2 Junge. Nasenratten nachtaktiv, leben im unterholzreichen feuchten Bergwald. Schwimmratten sind Dämmerungs- und Nachttiere. Lebensraum Ufer von tropisch-subtropischen Seen, Teichen, Flüssen und Meeresbuchten. Tagsüber in mehrröhrigen Bauen mit Wohn- und Vorratskessel. Schwimmen und tauchen gut.

Nahrung. Kleine Arten (Mäuse usw.): Gräser, Kräuter, Sämereien, besonders Getreide, Hirse, Mais, Beeren, Früchte, kleine Wirbellose. Größere Arten (Ratten usw.): Allesfresser, vorwiegend (Wanderratte) oder teilweise (Hausratte, Bandikutratten) neben obiger Pflanzenkost und anderen genießbaren Futterstoffen tierische Nahrung (Wirbellose, Fische, Amphibien, Eidechsen, Kleinvögel, Hausgeflügel, Eier, Mäuse), Pinselschwanz-Baummäuse auch Insekten. Borkenratten fressen vor allem Früchte und Knospen, jedoch kaum Rinde und Zweige wie bisher angenommen (Name!). Nasenratten fressen hauptsächlich Gliedertiere, deren Larven und Würmer, weniger Pflanzliches (u.a. weiche Früchte). Nahrung der Schwimmratten vorwiegend tierisch, wirbellose Wassertiere und bis fast entengroße Wirbeltiere, Vogeleier, daneben Pflanzenkost.

Mähnenratten (Lophiomyinae)

1 Gattung, 1 Art. Auffällig schwarz-weiß gezeichneter Nager mit langem, buschigem Schwanz und mähnenartiger Behaarung an Rücken und Körperseiten. Kopf-Rumpf-Länge ca. 30 cm, Schwanzlänge 18 cm, Gewicht etwa 750 g. Ostafrika von Südsudan und Äthiopien bis Kenia. **Mähnenratte** (*Lophiomys imhausi*).

Gefährdungsstatus. Bestand im Verbreitungsgebiet nicht gefährdet.

Lebensweise. Nachttier, Einzelgänger in dicht bewaldetem Bergland bis in 3300 m Höhe. Langsam laufender, gut kletternder Felsspaltenbewohner.

Nahrung. Blätter und zarte Schösslinge.

Haltung von Mäuseverwandten

In europäischen Tiergärten Rennmäuse, Stachelmäuse (u.a. Ägyptische Stachelmaus, Goldstachelmaus, Orient-Stachelmaus, *Acomys dimidiatus*) und einige Altweltmäuse häufiger, andere nur gelegentlich gehalten, weil häufig als Nachttiere tagsüber schlafend. Seit der Einrichtung von Nachttierhäusern oder Nachttierabteilungen in Klimahäusern für Großsäuger oder speziellen Kleinsäugerhäusern hat das Interesse an dieser arten- und formenreichen Tiergruppe zugenommen.

Unterkunft. Dioramenartig gestaltete, besucherseitig verglaste Schauvitrinen in Nacht- oder Kleintierhäusern, deren Größe sich nach dem Bewegungsbedürfnis und der Anzahl der Bewohner richtet, oder in Terrarien mit Leichtmetallrahmenkonstruktion oder geklebten Glasscheiben mit oberer Abdeckung meist als Drahtgazedeckel. Ausschließlich nachtaktive Arten (viele Neuweltmäuse, Zwerg- und Mittelhamster, manche Wühlmäuse, manche Rennmäuse, viele Altweltmäuse, Bilche) sind nur in Nachttierhäusern bzw. -abteilungen attraktiv untergebracht. Tagesbeleuchtung meist mit Rotlicht, für Grashüpfermäuse und Springmäuse ist Blaulicht ebenfalls günstig. Farbiges Licht verfälscht das Färbungsmuster der Tiere, deshalb wird, wo möglich, weißes Licht (Tageslicht aus Leuchtstoffröhren) eingesetzt, wobei die Lichtquelle selbst verdeckt wird, so dass nur reflektiertes Licht eine Art Mondlichtstimmung erzeugt. Neben tagaktiven Arten (z.B. Reisratten, Feldhamster, Lemminge und manche weiteren Wühlmäuse, manche Rennmäuse, manche Altweltmäuse wie Streifengrasmäuse, manche Springmäuse) gibt es zahlreiche Kleinnagerarten, die sowohl tag- als auch nachtaktiv sind, wobei Ruhe- und Aktivitätsphasen in fast regelmäßigen Abständen wechseln, bei der Hausmaus z.B. in 24 Stunden 20 Wechsel. Tag- und nachtaktive Arten mit schnellem Wechsel der Aktivitätsphasen können wie tagaktive Formen in herkömmlichen Kleinsäugerhäusern zur Schau gestellt werden, auch wenn sie Teile des Tages verschlafen, wobei bei geselligen Arten, die in mehreren Exemplaren gehalten werden können, fast zu jeder Zeit Einzeltiere mobil sind.

Raumtemperatur um 20 °C, für tropische Formen auch höher, z.B. für Stachelmäuse 28-30 °C. Für manche Arten Wechsel zwischen Tag- und Nachttemperatur, so z.B. für die in Kälteschlafstarre verfallenden Wüstenspringmäuse tags 25 °C, nachts 10 °C. Lediglich wenn Junge vorhanden sind, hohe Tagestemperaturen auch nachts beibehalten. Im natürlichen Lebensraum winterschlafende Arten aus gemäßigten oder subarktischen Klimaregionen halten keinen Winterschlaf, wenn sie ganzjährig warm gehalten werden. Nordische Bilche (Haselmaus, Sieben- oder Gartenschläfer) sollten dagegen Winterschlafmöglichkeiten haben. Bei nordischen und zentralasiatischen Springmäusen scheint ein normaler Winterschlaf die Voraussetzung für Zuchterfolge zu sein. Schlafbeginn von vielen Arten bei Temperaturen um 15 °C. Überwinterung mindestens 2 Monate in frostfreiem Raum bei Temperaturen nicht über 8 °C und hoher relativer Luftfeuchtigkeit. Stets frisches Obst als wasserhaltiges Futter bei Schlafunterbrechungen zur Nahrungs- und Flüssigkeitsaufnahme bereitlegen. Im Zoo Dresden überwinterten Bergwühlmäuse, Roborowski-Zwerghamster, Graulemminge und Eurasische Zwergmäuse im Freilandterrarium. Bei warmer Überwinterung nicht zu fett werden lassen, Obst und Gemüseanteil der Nahrung erhöhen. Luftfeuchtigkeit nach Herkunftsgebieten regeln. Auch für Wüstentiere ständig etwas Frischwasser in Tropfflaschen bereitstellen. Trinknäpfchen oder -schälchen werden oft umgeworfen, mit Kot und Urin verunreinigt, verdunsten auch zu viel Wasser, wenn geringe Luftfeuchtigkeit erwünscht ist. Je nach Anzahl und Verträglichkeit sind 1 oder mehrere Schlafkästen am Boden oder in halber Höhe erforderlich. Daneben andere Verstecke aus Steinen und Wurzelstücken. Schlafkästen regelmäßig reinigen, da nicht wenige Arten dort Futtervorräte eintragen, die faulen können (viele Hamster, Wühlmäuse, Altweltmäuse). Dagegen werden in die von den Tieren selbst gebauten, freistehenden Nester (Neuweltmäuse, Neuweltratten, Zweignestratten, Zwergmaus, baumbewohnende tropische Altweltmäuse, Bilche, manche Hüpfmäuse) keine Nahrungsvorräte eingetragen. Regelmäßig Nistmaterial (Heu, kurzes Stroh, Holzwolle, Zellstoff, Papier, Stoffreste, Moos) reichen. Einrichtung und Dekoration der Unterkünfte lebensraumähnlich. Als Einstreu für Wüstenbewohner feiner Sand, für übrige Arten auch Laub, Rindenmulch, Torfmull, Sägemehl, Hobelspäne, seltener Gartenerde, meist nur 1-2 cm stark, bei gern wühlenden Arten (besonders Schermaus, andere Echte Wühlmäuse, Zwerghamster, Rennmäuse) mindestens 20 cm hoch. Einstreu regelmäßig auswechseln und erneuern. Für kletternde Arten reichlich schräge und horizontale Kletteräste, für Zwergmäuse und Bilche vertikal stehende Bambus- oder Schilfstängel in Turmterrarien. Einbauten, besonders solche, die sich schlecht reinigen lassen, in nicht zu langen Abständen auswechseln.

Umgang. Bei Kleinnagern, besonders bei Frischfängen, vor Bissen hüten. Folge sind nicht nur tiefe, schmerzhafte Wunden, sondern möglicherweise Infektionskrankheiten, die besonders Wildfänge übertragen können (Schermaus z.B. Tularaemie). Infektionen mit Leptospirose auch über tote Wanderratten möglich. Kadaver, besonders nach Vergiftungsaktionen, nicht mit bloßen Händen anfassen. Lebende Tiere lassen sich leicht von einem Käfig in den anderen umsetzen, indem man sie am Schwanz ergreift. Manche Arten sind dabei hilflos, aber einige schnellen den Oberkörper ruckartig nach oben oder klettern schnell an sich selbst empor und beißen in die haltende Hand. Deshalb mit festem Lederhandschuh oder Greifzange arbeiten. Bilche, Hirsch-, Wüstenmäuse nicht am Schwanz greifen, Haut reißt leicht, streift sich auch ab. Einige Arten wehren sich nur selten oder gar nicht durch Bisse (Rattenhamster und andere Zwerghamster, manche Hüpf- und Springmäuse), können vorsichtig in die hohle

Hand aufgenommen werden. Transport einzeln, selten paarweise, nur bei extrem geselligen Arten zu mehreren Tieren. Transportbehälter aus stabilem Kunststoff, Leichtmetall oder leichte, mit Blech ausgeschlagene Holzkisten, gelegentlich auch Glasbehälter mit ausreichender Belüftung durch perforierte Seiten- oder Deckelteile oder mit feinem Draht gesicherte Fenster. Transportgefäße reichlich mit Heu polstern, das als Versteck und Nahrungsmittel dient.

Fütterung. Pflanzen- oder Allesfresser, seltener vorwiegend Fleischfresser. Zahlreiche Arten lassen sich vollwertig mit industriellem Fertigfutter für Labor- oder Haustiere ernähren, z.B. Hamster-, Mäuse- oder Rattenalleinfutter (letzteres wegen des meist hohen Fischmehlanteils nur an Laborratten), Geflügelstarterpellets. Für Wildtiere aber meist vielseitig zusammengesetzte Spezialfuttermischungen, die u.a. ganzen Weizen, Hafer, Gerste, Bruchmais, Hühnermischfutter, Haferflocken, Weizenkeime enthalten können, für sehr kleine Pflanzenfresser außerdem Waldvogelmischfutter, Sonnenblumenkerne, Hirse, Hanf-, Lein- und Kanariensaat, dazu in geringen Mengen Erd-, Hasel- und Walnüsse, Eicheln und Bucheckern. Pflanzen- und Allesfresserkost wird ergänzt durch Obst, besonders Kernobst, Vogel- und andere Wildbeeren (auch getrocknet!), Rosinen sowie Gemüse wie Möhre, Kartoffel, Salat und anderes Grünzeug, halb reifes Getreide; bei bodenbewohnenden Arten auf die Obstfütterung verzichten; für Bilche, Lemminge und Birkenmaus auch Moos, Baumrinde, getrocknete Pilze. Tierisches Eiweiß, das in verschiedener Form in Pellets enthalten ist, wird ergänzt durch mageres Fleisch (meist gekocht) und rohes oder gekochtes Ei sowie Futtertiere wie Garnelen, Insekten und deren Larven (vor allem Mehlwürmer), Asseln, Gehäuseschnecken, Regenwürmer, Fisch, andere niedere Wirbeltiere, Küken, junge und erwachsene Labormäuse.

Besonders reichliche Kost von tierischem Eiweiß benötigen Gold- und Zwerghamster, Hirsch- und Grashüpfermäuse, Renn-, Wüsten-, Hüpf- und Springmäuse, Brandmaus und Bisamratte. Fisch wird bevorzugt von Fisch-, Schwimm- und Reisratten genommen. Langschwanzmäuse benötigen im Gegensatz zu den meist mehr vegetarisch lebenden Wühlern im weiteren Sinne einen höheren Anteil tierischer Nahrung, vor allem die kleinen Arten. Bürstenhaarmäuse magern ab und gehen zugrunde, wenn sie zu wenig tierische Nahrung erhalten. Als Tiere der Trockengebiete stillen Rennmäuse auch in Menschenobhut ihren Wasserbedarf hauptsächlich über die Nahrung. Degus und Sandratten der Gattung *Psammomys* neigen zu spontaner Zuckerkrankheit (Diabetes), deswegen äußerst kalorienarm und ohne Obst und zuckerhaltige Gemüse ernähren. Beste Erfahrungen bei ihnen mit Kopfsalat, Grün- und Chinakohl. Durch Verfütterung vorwiegend trockenen Futters kann man bei Labormäusen und -ratten den durchdringenden Uringeruch mindern. Bei zu weicher Futterkonsistenz kommt es zu Zahnmissbildungen, vor allem überlangen Schneidezähnen. Vorbeugend dagegen hartes Brot, Kalbsknochen, Zweige, Muschelschalen reichen. Mit Ausnahme der Trockenlandbewohner (u.a. Wüstenhamster, Rennmäuse) ständig Wasser anbieten, am besten in Tränkflaschen, da Wassernäpfe schnell verunreinigt werden.

Vergesellschaftung. In Abhängigkeit vom Sozialverhalten teils unkompliziert, teils problematisch. Verträgliche oder gesellige Arten züchten ohne nennenswerten pflegerischen Aufwand, z.B. Hirschmäuse, Baumwollratten, fast alle Feldmausarten. (Vorsicht, bei zu großer Kopfzahl Stresstod durch hypoglykämischen Schock!) In großen gemischtgeschlechtlichen Gruppen können Rennmäuse, Sandmäuse, Nacktsohlen-Rennmäuse, Eigentliche Ratten, Hausmaus-Verwandte, fast alle Waldmäuse, Stachelmäuse (in Gruppen auch mit mehr als 1 Männchen) und Vielzitzenmäuse gehalten werden. Bei diesen Formen können sowohl Paare als auch kleinere oder größere Haremsgruppen auf Dauer friedlich zusammenleben. Auch die Afrikanischen Knirpsmäuse sind Gruppentiere, die Gemeinschaftsnester anlegen und gemeinsam ihre Jungen aufziehen. Mäßig gesellige Ar-

Tab. 20.5 Angaben zur Fortpflanzungsbiologie von Mäuseverwandten

Gattung/Art	Zykluslänge (Tage)	Tragzeit (Tage)	Wurfzeit (Monat)	Wurfgröße (Anzahl)	Würfe/Jahr (Anzahl)
Springmäuse (Dipodidae)					
Pferdespringer			III–X	3–5 (1–8)	3
Wüstenspringmäuse[21]		um 25	I–XII	2–5 (1–10)	3–4
Raufuß-Springmaus		25–30	III–V, X	3–4 (1–8)	1–3
Birkenmäuse		20–24 (28–35)	V–VIII	4–6 (1–11)	1, selten 2
Feldhüpfmäuse[22]		17–23	IV–IX	4–6 (1–9)	1–3
Blindmäuse (Spalacinae), Maushamster (Calomyscidae), Afrika-Mäuse (Nesomyidae)					
Kleine Bambusratte		40–43		1–2 (–3)	2
Maulwurfsratten		42–48	I–XII	1–3	2
West-Blindmaus		ca. 28	III	2–4	1
Ehrenbergs Blindmaus		34	II–III	2	
Maushamster			IV–VI	2–5	2–3
Riesenhamsterratten[23]		28–32[1]	I–XII	3–4 (1–5)	bis 10
Kurzschwanz-Hamsterratte		20–21	I–IV[2]	3–4 (2–10)	
Aalstrich-Baummäuse[24]		23–27	I–XII	4–6 (1–8)	
Großohrmaus		23–27	VIII–III	4 (1–6)	
Afrikahamster		um 37	vermutlich I–XII	4–5	
Wühler (Cricetidae)					
Halsbandlemminge	9–10	19–21[3]	IV–IX	3–4 (1–11)	bis 5
Echte Lemminge		16–21	I–XII	7–8 (2–12)	3–9[4]
Mull-Lemming[25]		um 26	IV–X	2–4 (1–7)	6–7
Steppenlemminge[26]	um 20	24–25	I–XII	5–8 (1–12)	bis 14[5]
Lemmingmäuse		um 23	IV–IX	3–4 (1–8)	über 6
Schermäuse		20–23	I–XII	4–6 (2–8)	bis 13
Rötelmäuse		17–21	IV–X	4–6 (2–10)	3–4
Bisamratte	6–7	28–30	I–XII	3–7 (1–14)	5–6
Echte Wühlmäuse		16–25	I–XII	4–6 (1–12)	bis 17
Feldmaus		16–24	I–XII	6–8 (4–12)	bis 12
Erdmaus		20–22	I–XII	4–5 (2–7)	bis 7
Nordische Wühlmaus		20–22	I–XII	3–4 (2–7)	bis 9
Kurzohrmaus		um 21		3 (1–5)	
Wiesenmaus[27]		um 21		4–6 (1–11)	
Kiefernwühlmaus[28]		20–24		1–6	
Schneemaus	4–5	20–22	V–VIII	2–3 (1–7)	2–3
Bergwühlmäuse		ca. 20		4–5 (1–10)	2–3[6]
Wüstenzwerghamster		19–21	I–XII	4–5 (2–10)	bis 12
Streifenhamster		20–22	I–XII	5–6 (2–11)	4–7
Feldhamster	4–5	18–21[7]	V–VIII	6–8 (2–12)	2–4
Mittelhamster	4–7	16–18	I–XII	6–8 (2–16)	bis 8
Weißfußmäuse	5–7	23–24, 21–27[8]	I–XII	2–3 (1–11)	bis 14
Grashüpfermäuse	5–7	26–37[9]	I–XII	1–6	bis 12
Reisratten		25–28	I–XII	1–7	über 6
Amerikanische Buschratten		30–40	I–XII	2–4	bis 5
Baumwollratten	7–9	26–28	I–XII	5–7 (1–12)	

Gattung/Art	Zykluslänge (Tage)	Tragzeit (Tage)	Wurfzeit (Monat)	Wurfgröße (Anzahl)	Würfe/Jahr (Anzahl)
		Langschwanzmäuse (Muridae)			
Stachelmäuse		34–38	I–XII	2–3 (1–5)[10]	bis 10
Eigentliche Rennmäuse		20–23	I–XII	3–7 (3–18)	bis 3
Sandmäuse	4–6	19–24[11]	I–XII	3–6 (1–12)	3–4
Fettschwanz-Rennmaus		20–22	I–XII	2–5 (1–8)	2–3
Nacktsohlen-Rennmäuse	4–5	26–30	I–XII	3–4 (1–13)	3–4
Zweignestratten		bis 44		1–2	
Mosaikschwanzratten		bis 36		2–3	
Scheinmäuse	6–9	31-32 (29–33)[12]	I–XII	3–4 (1–6)	4–12[13]
Australische Hüpfmäuse	7–8	32 (30–34)[14]	I–XII	4 (1-9)	
Bandikutratten	5		I–XII	7–8 (1–14)	
Hausratte		21–22[15]	I–XII	6–8 (1–11)	bis 12
Wanderratte	4–6	21–22[16]	I–XII	8–9 (2–22)	bis 12
Hausmaus	4–6	19–21[17]	I–XII	6–8 (1–22)	bis 14
Afrikanische Knirpsmaus		18–19	Sommer	3–5 (1–8)	bis 5
Waldmäuse		21–23[18]	I–XII	5 (1–10)	3–6
Brandmaus		21–23	III–IX	6 (4–8)	3–4
Gelbhalsmaus		um 23	III–IX	6 (2–9)	3–4
Waldmaus		um 23	III–IX	6 (2–9)	3–4
Felsenmaus[29]		um 23		4 (1–9)	
Eurasische Zwergmaus		17–18	III–IX	5–7 (1–13)	5–9
Streifengrasmäuse	3–5	um 21[19]	I–XII	3–5 (1–12)	bis 14
Vielzitzenmäuse		21–23[20]	I–XII	4–6 (1–22)	bis 12
Pinselschwanz-Baummäuse	7–?	19–21	I–XII	1–4	bis 5
Goldbauch-Schwimmratte	10	ca. 34	IX–III	3–4 (1–7)	2–3

Angaben in Klammern sind von der Norm abweichende, aber im natürlichen Schwankungsbereich liegende Werte.
[1–14] Infolge eines frühen Post-partum-Östrus mit Keimlingsruhe und verlängerter Tragzeit während der Laktation treffen diese Zahlenangaben nur auf den 1. Wurf des jeweiligen Muttertiers bzw. bei saisonal fixiertem Fortpflanzungsgeschehen auf dessen 1. Wurf im Jahr zu.
Im Einzelnen bedeuten: [1] bis 36 Tage, [2] bis 31 Tage, [3] bis 37 Tage, [4] bis 40 Tage, [5] bis 32–47 Tage, [6] bis 24–30 Tage, [7] bis 37 Tage, [8] bis 41–45 Tage, [9] bis 23–29 Tage, [10] bis 26–34 Tage, [11] 1. Post-partum-Östrus 12–18 Stunden nach der Geburt, bei Nichtbefruchtung folgen auch während der Laktation Östren im 4–6-Tage-Abstand; daraus resultieren Tragzeitverlängerungen von 6–16, manchmal auch nur 1–2 Tagen, [12] bis 31 Tage, [13] bis 25–28 Tage, [14] bis 30, vielleicht sogar 37 Tage
[15] In Natal X–II
[16] Kleinere Würfe von jungen, größere Würfe von älteren Weibchen
[17] Von einem Weibchen 8 Würfe in 167 Tagen
[18] In 14 Würfen 80 Junge
[19] Bei der Silbergrauen Bergwühlmaus in Menschenobhut bis 8 Würfe im Jahr
[20] Wurfintervalle zwischen 30 und 100 Tagen
[21] *Jaculus* [22] *Zapus* [23] *Cricetomys* [24] *Dendromus* [25] *Ellobius talpinus* [26] *Lagurus* [27] *Microtus pennsylvanicus* [28] *Microtus pinetorum* [29] *Apodemus mystacinus*

ten können ständig oder wenigstens bis kurz vor dem Werfen in Paaren gehalten werden, so die meisten Bilche, viele Hüpf- und Springmäuse, Schermäuse, Rötelmäuse, Lemminge, Lamellenzahnratten und jung zusammengewöhnte Feldhamster. Lemminge können bis kurz vor der Geburt, in Einzelfällen wie Gartenschläfer auch während der Aufzucht, zusammenbleiben. Bei der Vergesellschaftung von Bilchen und anderen dämmerungs- und nachtaktiven Arten sollten die Partner anfangs nur tagsüber zusammenbleiben, bis die Verträglichkeit durch gemeinsame Benutzung von Schlafplätzen sichtbar wird. Sehr unverträglich sind Wurzelratten, die nur während des Östrus und auch dann nur unter Aufsicht zusammenbleiben sollten, sowie

Mittel- und Zwerghamster. Bei letzteren sind die Weibchen von Streifenhamstern (*Cricetulus*) sehr aggressiv gegen Männchen, untereinander aber so verträglich, dass sie ihre Jungen in einem gemeinsamen Nest aufziehen, während weibliche Kurzschwanz-Zwerghamster in Einzelfällen das Männchen duldeten, wenn dieses die Möglichkeit hatte, sich in ein eigenes Schlafversteck zurückzuziehen.

Zwischenartliche Vergesellschaftungen sind eher selten, z.B. Nördliche Riesenborkenratten mit Bürstenschwanz-Rattenkängurus, Palawan-Stachelschweinen und Tupajas, Ägyptische Buschschwanz-Rennmäuse mit Buschhörnchen. Gemeinsame Haltungen mit Echsen oder Schildkröten sollten gut überdacht und überwacht werden, da zoophage Echsen Jungtiere von Mäuseartigen fressen. Zudem können wenig aktive Echsen und Schildkröten von sehr aktiven Mäuseartigen in ihren Ruhephasen empfindlich gestört werden.

Fortpflanzung und Zucht. Das Aneinandergewöhnen von Geschlechtspartnern bei wenig geselligen oder ungeselligen Arten kann in Doppelkäfigen mit Drahtgazetrennwand oder den Tieren unbekannten, neutralen Unterkünften erfolgen, wobei es oft hilfreich ist, wenn dem Männchen Nistmaterial des Weibchens gegeben wird, damit es dessen Geruch etwas annimmt. Fremde Tiere kann man auch anfangs in einem kleinen Drahtkäfig in die neue Umgebung eingewöhnen, wobei auch hier Nistmaterial des eingesessenen Tieres geruchliche Schranken abbauen kann. Viele Arten züchten unter gleich bleibenden Lebensbedingungen in Menschenobhut ganzjährig. Voraussetzung ist u.a. im Winter eine Tageslichtverlängerung. Deckakte meist kurz, lediglich bei Kleiner Bambusratte 30–45 Minuten lange Paarung, der eine Serie von erfolglosen Aufreitversuchen von 3–22 Sekunden Dauer vorausgeht. Nach erfolgreicher Begattung bildet sich bei den Weibchen vieler Arten wenige Stunden nach der Paarung ein gallertiger Vaginalpfropf, der die Scheide verschließt. In der Folgezeit gut beobachten und bei beginnenden Unverträglichkeiten Männchen entfernen. Von Ausnahmen abgesehen, werden die Jungen in einem Wurfnest geboren, deshalb rechtzeitig weiches Nistmaterial (Heu, Laub, Moos, Tierhaare wie Schaf- oder Kamelwolle, Federn, Wollfäden, Stoffreste) anbieten, das von den Arten, die keine freistehenden Nester errichten, in Verstecke eingetragen wird. In solchen Fällen bei Paarhaltung mindestens 2 Nistkästen, bei Gruppenhaltung eine größere Zahl von Verstecken anbieten. Angaben zur Fortpflanzungsbiologie von Mäuseverwandten in Tabelle 20.5. Neugeborene sind meist fast nackt mit rosa-fleischfarbener Haut, Augen und Gehörgänge sind geschlossen. Geburtsgewichte: Hirschmäuse um 2,2 g, Grashüpfermäuse um 2,6 g, Amerikanische Buschratten 12–14 g, Baumwollratten 6,5–8 g, Kurzschwanz-Zwerghamster 1 g, Streifenhamster 1,5 g, Goldhamster 2 g, Feldhamster 5–8 g, Afrikanischer Hamster ca. 6,5 g, Halsbandlemminge knapp 4 g, Lemmingmäuse um 3,7 g, Echte Lemminge 3,3–4 g, Rötelmäuse 1,9–2 g, Schermäuse je nach Wurfgröße 3,2–7,8 g, Bisamratten 20-22 g, Kurzohrmaus (*Microtus subterraneus*) knapp 2 g, Feldmäuse 1–3,2 g, Erdmäuse 2–3 g, Schneemäuse 3,3–4,2 g, Zwergmäuse 1 g, Steppenlemminge 1,5 g, Sandmäuse 2,5–5,5 g, Kurzschwanz-Hamsterratten 2,8 g, Scheinmäuse 2 g, Australische Hüpfmäuse 2–4 g, Bandikutratten um 3,5 g, Echte Ratten 4,5-6 g, Echtmäuse 1 g, Waldmäuse um 2,5 g, Stachelmäuse 6–7 g, Streifengrasmäuse um 3 g, Vielzitzenmäuse 1,8–2,2 g, Goldbauch-Schwimmratten ca. 25 g, Lamellenzahnratten um 12,5 g. Während die meisten Neugeborenen als Lagerjunge in den Nestern bleiben, saugen sich manche Jungen an den mütterlichen Zitzen fest und werden so bei Ortsveränderungen mitgeschleppt (z.B. Zweignestratten, alle Waldmäuse, Schein- und Australische Hüpfmäuse, manche Borkenratten). Stachelmäuse bauen keine Nester. Geburten bei ihnen meist in den Morgenstunden im Stehen mit hochgerecktem Hinterkörper. Andere Weibchen lecken die weit entwickelten, relativ schweren, gut behaarten, lauf- und sehtüchtigen (Augen bei der Geburt oder spätestens bis Ende des 2. Lebenstages voll geöffnet) Neugeborenen tro-

Tab. 20.6 Angaben zur Jugendentwicklung von Mäuseverwandten

Gattung/Art	Augenöffnung (Tag)	Voll behaart (Tag)	Erste feste Kost (Tag)	Säugezeit (Tage)	Geschlechtsreife Männchen (Wochen)	Geschlechtsreife Weibchen (Wochen)
			Blindmäuse (Spalacidae) Afrika-Mäuse (Nesomyidae)			
Kleine Bambusratte	um 21.	20.–22.	17.–18.	45–60		
Maulwurfsratten	20.–25.		30.–35.	28–42		24
Ehrenbergs Blindmaus		14.	21.			
Afrikahamster	16.–20.			38		
			Wühler (Cricetidae)			
Halsbandlemming[8]	12.–14.			15–20	12–14	7–8
Echte Lemminge	11.	12.		14–16	7	3[1]
Schermaus	7.	14.	11.	12–16	6	9–10
Rötelmäuse	12.–13.	12.	14.	21–28	6	8
Bisamratte	10.–14.		10.	18	12–20	12–20
Feldmaus	7.–11.	10.		17–20	4	2[2]
Erdmaus	9.–10.		11.	12–14	4–7	3[3]
Nordische Wühlmaus	10.			17–20		2[2]
Kurzohrmaus	11.–14.			15–17	8–12	8–12
Sandmäuse[9]	16.–17.	15.	15.	20	4–5	4–5
Streifenhamster	13.–15.	13.	9.–11.	15–18	20–27	20–27
Goldhamster	11.–13.	10.–11.	9.–11.	15–21	4–5	4–5
Feldhamster	14.–15.	12.	6.	18	10–12	10–12
Weißfußmäuse	15.–16.		15.	20–30	bis 9	5–7
Grashüpfermäuse	14.			21	bis 12	
			Langschwanzmäuse (Muridae)			
Stachelmäuse	0.–2.	4.–8.	5.–7.	bis 20	8–12	8–12[6]
Hausratte	13.–16.	14.	15.	um 21	12	12
Wanderratte	10.–17.	18.	14.	um 28	9	5[4]
Hausmaus	12.–14.	8.–10.	12.–14.	um 28	6	4
Gelbhalsmaus	13.–15.		16.–18.	20–22	8–12	7–8
Waldmaus	12.–16.			um 21	8	8
Brandmaus	8.–12.		9.–10.	14–15		7–8
Eurasische Zwergmaus	10.–13.	18.	um 17.	18–20		5–7
Streifengrasmäuse	6.–8.		10.–14.	21–25	10–12	um 20[5]
Vielzitzenmäuse	um 16		um 14.	21–23		5–7

[1] Weibchen werden im Alter von 19–21 Tagen gedeckt.
[2] Weibchen werden im Alter von 11–13 Tagen mit einem Gewicht von nur 7–9 g noch im Nest(!) gedeckt.
[3] Weibchen werden im Alter von 20 Tagen gedeckt.
[4] Ovulationsbeginn 33.–45. Tag
[5] Fortpflanzungsfähigkeit der Weibchen liegt zwischen 5 und 14 Monaten
[6] Früheste Termine für fruchtbar gedeckte Weibchen 39 und 50 Tage
[7] Nach dem 1. Winterschlaf
[8] *Dicrostonyx torquatus* [9] *Meriones*

cken, streiten sich dabei um abgehende Nachgeburten. Junge Stachelmäuse laufen bereits mit 3 Tagen sicher wie Erwachsene, werden mit Schneidezähnen geboren und nehmen mit 6–7 Tagen regelmäßig feste Kost, obwohl sie 19–20 Tage gesäugt werden. Umfärbung zum Erwachsenenkleid mit voller Bestachelung nach 6–8 Wochen abgeschlossen. Auch das einzige Junge der Lamellenzahnratten ist relativ schwer, voll behaart, lauf- und sehtüchtig, wie auch junge Baumwollratten, deren Augenöffnung am 1. Lebenstag abgeschlossen ist und die nur 5 Tage

Tab. 20.7 Milchzusammensetzung bei einigen Mäuseverwandten

Art	Trockensubstanz (%)	Fett (%)	Eiweiß (%)	Kohlenhydrate (%)	Asche (%)	Proben (Anzahl)
Japanische Wühlmaus[8]	23,70	11,80	9,95	1,57	1,67	1
Goldhamster	23,29	12,60	9,00	4,69	1,40	7
Kakteenmaus[1]		18,50	12,90	1,70		2
Kalifornia-Maus[2]		18,80	7,70	1,50		1
Weißfußmaus		17,00	10,10	1,80		2
Strandmaus[3]			8,60	2,00		1
Canyon-Maus[4]		13,50	9,20	2,00		2
Florida-Maus[5]		6,90	14,40	1,50		1
Plateau-Maus[6]		8,10	10,20	2,40		1
Hirschmaus[7]	32,00	18,75	9,90	1,95		4
Südliche Scheinmaus	26,48	14,72	6,15	3,43		8
Australische Hüpfmaus[9]	28,61	18,33	5,79	2,44	1,50	13
Mitchell's Hüpfmaus[10]	33,30	7,50	6,50	2,70		2
Rehbraune Australische Hüpfmaus[11]	32,49	15,67	5,60	2,59		7
Ägyptische Stachelmaus	40,52	20,99	12,26	2,87		22
Gescheckte Riesenborkenratte		21,20	11,20	5,50	1,10	1

[1] *Peromyscus eremicus* [2] *P. californicus* [3] *P. polionotus* [4] *P. crinitus* [5] *P. flori danus* [6] *P. melanophrys* [7] *P. maniculatus* [8] *Microtus montebelli* [9] *Notomys alexis* [10] *N. mitchelli* [11] *N. cervinus*.

gesäugt werden. Beispiele für die Jugendentwicklung der übrigen Mäuseverwandten in Tabelle 20.6. Jungtiere von Echten Mäusen, Feld- und Waldmäusen sowie der Zwergmaus springen ab 14.–16. Lebenstag bei der geringsten Störung seitlich nach oben weg („Flohalter der Maus"). In dieser Zeit besonders vorsichtig hantieren. Sobald die Jungen selbständiger werden, vertreiben die Eltern sie meist selbst. Deshalb rechtzeitig aus dem Käfig nehmen. Auch wenn Junge toleriert werden, Tiere nicht zu dicht auf engem Raum halten, da besonders bei Echten Mäusen und manchen Waldmäusen bei Übervölkerung eine Geburtenregelung durch das Heranwachsen unfruchtbarer Weibchen erfolgt. Solche Gruppen züchten dann nicht mehr. Fell junger Tiere gleicht fast ausnahmslos dem der Eltern. Bei Berglemmingen dagegen ab 12. Tag Säuglings-, ab 20. Tag Jugend- und erst ab 34. Tag Alterskleid. Bei vielen Arten tritt, auch wenn in Tabelle 20.5 nicht extra erwähnt, wenige Stunden, bei der Hausmaus z.B. 10–18, bei der Wanderratte 15–24 Stunden nach der Geburt ein Post-partum-Östrus ein, während dem es bei Anwesenheit des Männchens zur erneuten Befruchtung kommt. Bleibt diese aus, tritt der nächste Östrus in der Regel 2–4 Tage nach Ende der Laktationsperiode ein und wiederholt sich bis zur nächsten Befruchtung entsprechend dem arteigenen Östruszyklus, dessen Dauer meist zwischen 5–10 Tage beträgt. Die Östrusdauer der überwiegend polyöstrischen Weibchen erstreckt sich auf wenige Stunden (Wanderratte 6 Stunden, in dieser Zeit bis zu 500 Paarungen, auch mit verschiedenen Männchen) bis 1 Tag (Hausmaus). Bei der Erdmaus und deren Verwandten kann der Eisprung auch durch bloße Anwesenheit des Männchens oder eine Paarung ausgelöst werden. Künstliche Aufzucht unbekannt. Milchzusammensetzung einiger Arten in Tabelle 20.7. Nach Berichten aus Aberdeen konnten Lemminge an Laborratten aufgezogen werden, denen 1–2 eigene Junge belassen worden waren. Im Tierpark Berlin zog eine Silbergraue Bergwühlmaus junge Steppenwühlmäuse auf. In Privathand wurden Feldhamster von Farbratten aufgezogen.

Höchstalter in Menschenobhut. Ägyptische Stachelmaus 7½, Goldstachelmaus 3¾, Kap-

Kurzschwanzrennmaus (*Desmodillus auricularis*) über 6, Feldrennmaus (*Dipodillus campestris*) über 7½, Große Ägyptische Rennmaus fast 8¼, Mittags-Rennmaus (*Meriones meridianus*) 6¾, Fettschwanz-Rennmaus über 8¼, Buschschwanz-Rennmaus 7¼, Ostafrikanische Mähnenratte (*Lophiomys imhausi ibeanus*) 7½ Waldmaus fast 6, Nilgrasratte (*Arvicanthis niloticus*) fast 6¾, Zwergmaus 3¾, Afrikanische Knirpsmaus 4¼, Ährenmaus (*Mus spicilegus*) 3½, Echte Streifengrasmaus (*Lemniscomys striatus*) über 4¾, Striemengrasmaus 4, Braune Hüpfmaus (*Notomys alexis*) fast 6½, Südliche Scheinmaus (*Pseudomys australis*) fast 8, Wanderratte 4¼, Nordluzon-Riesenborkenratte (*Phloeomys pallidus*) über 13½, Panay-Borkenratte über 8¾, Goldbauch-Schwimmratte 7¼, Ohrenratte (*Otomys unisulcatus*) über 2 Jahre.

Unterordnung Dornschwanzhörnchenverwandte (Anomaluromorpha)

Äußerlich sehr unterschiedliche Vertreter, deren Verwandtschaft sich aus anatomischen Gemeinsamkeiten herleitet und durch Ergebnisse von molekulargenetischen Untersuchungen als gesichert gilt. Möglicherweise gehört die erst 2005 beschriebene Laos-Felsenratte (*Laonastes enigmamus*) auch zu dieser Unterordnung.

Verbreitung. Afrika südlich der Sahara.

3 Familien, 4 Gattungen, 9 Arten.

Familie Dornschwanzhörnchen (Anomaluridae)

Gestalt gleithörnchenähnlich, Körpergröße artverschieden variabel (6,5–45 cm), Schwanz etwa körperlang, nicht buschig, sondern kurz oder locker borstig behaart oder mit Endquaste und an der Unterseite des 1. Schwanzdrittels artunterschiedlich 12–18 spitze, scharfkantige Hornschuppen (Kletterhilfe), mit Gleithaut, die sich vom Nacken- zum Handwurzelgelenk, von dort zur Spitze einer stützenden, vom Ellbogen abgehenden Knorpelspange, weiter zur Fußwurzel und von dort zur Schwanzbasis bzw. zum unteren Schwanzviertel erstreckt, Zahnformel: 1/1 0/0 1/1 3/3.

Verbreitung. Ost-, West- und Zentralafrika südlich der Sahara.

2 Unterfamilien, 2 Gattungen, 6 Arten.

Beispielvertreter

Echte Dornschwanzhörnchen (*Anomalurus*): 4 Arten. – Gleitbilche (*Idiurus*): 2 Arten.

Gefährdungsstatus. Echte Dornschwanzhörnchen im Verbreitungsgebiet gefährdet, zunehmend durch Waldrodung bedroht. Andere Arten noch häufig.

Lebensweise. Dämmerungs- und Nachttiere. Lebensraum teils tropischer Regen- und Sekundärwald, teils Baumsavannen. Baumbewohner, klettern mithilfe der spitzen Krallen und der Hornschuppen des Schwanzes (Stützorgan) gut an senkrechten Stämmen, hüpfen känguruartig auf Ästen. Selten am Boden, hier recht unbeholfen. Gleitflüge je nach Absprunghöhe von 30–50 m (maximal bis 100 m) Länge. Ruheplätze in Baumhöhlen, hohlen, abgebrochenen Stämmen, schlafen auch an Baumstämmen angeklammert. Gleitbilche gesellig, bilden Schlafgemeinschaften bis zu 100 Tieren, Dornschwanzhörnchen leben einzeln oder paarweise.

Nahrung. Weitgehend unbekannt. Palmnüsse, Rinde, Pflanzenmark, Blätter, Blüten, Wildfrüchte, gelegentlich auch Insekten und andere Wirbellose.

Haltung von Dornschwanzhörnchen

Sehr selten gehalten und meist wenig erfolgreich.

Unterkunft. Da tagsüber inaktiv, möglichst in Nachttierhaus. Inventar ähnlich wie für Gleithörnchen. Schlafkästen erforderlich. Temperaturen nicht unter 18 °C (optimal bis 25 °C), sehr hohe relative Luftfeuchtigkeit (über 80 %) notwendig.

Fütterung. Ein im Kongo gehaltenes junges Jackson-Dornschwanzhörnchen (*Anomalurus jacksoni*) erhielt ein Gemisch aus 50 % gekochtem Reis, je 10 % Hafer-, Maismehl und Milchpulver, dazu etwas Hefe und Mineralstoffe, zusätzlich gekochtes, gemahlenes Fleisch und Bananen. Mit diesem Futter war der Kot fest und ähnlich geformt wie der von Ratten. Die Nahrungsaufnahme des unter natürlichen äußeren Bedingungen lebenden, den Tag meist verschlafenden Tieres erfolgte vorwiegend nachts. Ausschließlich mit Bananen gefütterte Tiere trafen in New York geschwächt ein, erhielten dort zusätzlich rohes durchgedrehtes Fleisch, Knochenmehl, Mehlwürmer und etwas Lebertran. Sie hatten ständig dünnen Kot und lebten nicht länger als 6 Wochen.

Fortpflanzung und Zucht. Zucht noch nicht gelungen. Weibchen mit 2 bruständigen Zitzen. In der Regel nur 1 vollständig behaartes, weit entwickeltes Junges, das sehr bald die Augen öffnet, aber lange im Wurfnest bleibt.

Höchstalter in Menschenobhut. Jackson-Dornschwanzhörnchen über 1½ Jahre.

Familie Dornschwanzbilche (Zenkerellidae)

Gestalt hörnchenähnlich, eichhörnchengroß. Fast körperlanger, an der Basis dünner Schwanz, der an der Unterseite dornenbesetzte Schuppen trägt, die wahrscheinlich beim Klettern eine Hilfe sind. Oberseite des Fells dunkelgraubraun, Unterseite hellgrau, Vorderfüße hellbraun. Keine Flughaut.

Verbreitung. Westliches Zentralafrika.

1 Gattung, 1 Art.

Dornschwanzbilch (*Zenkerella insignis*): gilt als lebendes Fossil.

Gefährdungsstatus. Gilt aufgrund des großen Verbreitungsgebiets als nicht gefährdet.

Lebensweise. Baumbewohner der Tieflandregenwälder.

Nahrung. Weitgehend unbekannt.

Haltung von Dornschwanzbilchen

Es liegen keine Haltungserfahrungen vor.

Familie Springhasen (Pedetidae)

Gestalt känguruartig, hasengroß, Augen und Ohren groß, sehr kurze Vorder- und lange Hinterbeine, Schwanz lang (ca. 45 cm), buschig, behaart, Zahnformel: 1/1 0/0 1/1 3/3.

Verbreitung. Ost- und Südafrika.

1 Gattung, 2 Arten.

Springhasen (*Pedetes*): früher als 1 Art Springhase, *P. capensis*, geführt. **Südafrika-Springhase** (*P. capensis*), **Ostafrika-Springhase** (*P. surdaster*).

Gefährdungsstatus. Bestand im natürlichen Verbreitungsgebiet nicht bedroht. Internationales Zuchtbuch im Brookfield Zoo Chicago.

Lebensweise. Nacht- und Dämmerungstiere. Teils als Einzelgänger, teils in lockeren Kolonien. Paarweise, oft auch gesellig in lockeren Gruppen lebende Tiere beanspruchen für sich im natürlichen Lebensraum einen eigenen Bau, in dem fremde Artgenossen nicht geduldet werden. Lebensraum Wüstensteppen und Trockensavannen. Bodenbewohner, laufen vierfüßig oder hüpfen känguruartig 1–2 m weit, machen

Abb. 20.26 Der Südafrika-Springhase (*Pedetes capensis*) kann sowohl vierfüßig laufen, als auch mit den kräftigen Hinterbeinen 1–2 m hüpfen und bei Flucht über 6 m lange Sätze machen.

auf der Flucht 6–10 m lange Sätze. Schlaf- und Ruheplätze in selbst gegrabenen, tiefen Erdbauen mit vielen Gängen.

Nahrung. Knollen, Wurzeln, Samen, grüne Triebe, bevorzugt proteinreiches Grüngras, gelegentlich auch Insekten. Nur bei massenhaftem Auftreten Ernteschäden in Pflanzungen.

Haltung von Springhasen

Relativ selten gehalten, daher wenig praktische Erfahrungen.

Unterkunft. Tagsüber bei 12 Stunden Rotlicht in geräumiger, besucherseitig meist glasbegrenzter Anlage im Nachttierhaus, die nachts hell erleuchtet wird. Bodenbelag Sand, Rindenmulch oder Sägemehl. Kunstbau und andere Verstecke erforderlich. Leicht zu reinigende und verandernde Heu- und Strohhaufen haben sich sehr gut als Verstecke, auch für Mutter und Kind, bewährt. In Menschenobhut vertragen sich kleine Gruppen aus 1 (selten mehr) Männchen und 2–4 (oder mehr) Weibchen, allerdings ohne dass eine größere Anzahl individueller Schlafplätze oder Kunstbaue benötigt werden.

Fütterung. Quetschhafer, anderes Getreide und Maiskörner, Hirse, Knäckebrot, ungesüßter Zwieback, Pflanzenfresser-, Ratten- und Mäusepellets, Obst und Gemüse, Mineralstoffpräparate.

Vergesellschaftung. Mit Artgenossen und mit anderen Arten, z.B. Galagos und Erdferkeln, möglich.

Fortpflanzung und Zucht. Keine feste Paarungs- und Wurfzeit, ganzjährig fortpflanzungsfähig. Im natürlichen Lebensraum 3–4 Würfe im Jahr, Geburtsintervalle um 100 Tage. Tragzeit 77–82 Tage. Meist 1, sehr selten 2 voll entwickelte, hörfähige, lauftüchtige, gut behaarte, teilbezahnte, 230–320 g schwere Laufjunge, die bereits frühzeitig feste Kost aufnehmen und vermutlich etwa 45 Tage gesäugt werden. Augenöffnung zwischen 4. und 6. Tag. Geschlechtsreife mit 2¾ Jahren bei Weibchen, mit 2¼ Jahren bei Männchen. 1985 Zwillingsgeburt

(Weibchen) im Zoo Berlin (Geburtsgewicht je 250 g). Erstzucht 1949 im Zoo Basel, mehrfach Nachzuchten, z.B. im Zoo Berlin. Zucht in Menschenobhut noch immer problematisch, weil Junge von den Müttern oft nicht angenommen werden, möglicherweise durch unterschiedliche Aktivitätszeiten der Mütter und Jungtiere in Nachttierhäusern. Künstliche Aufzucht mehrfach gelungen, so 1972 in Chicago und 1974 in Rochester. Aufzuchtstemperatur in Inkubator 25 bzw. 32 °C. Als Nahrung erwies sich sowohl verdünnte Kondensmilch als auch Katzenmilchaustauscher oder Säuglingsmilchnahrung (Zoo Berlin) als geeignet. In Chicago wurden in 24 Stunden 6 Mahlzeiten gegeben, wobei das Jungtier zwischen 3,5–14 g, im Mittel 9 g Milch aufnahm. Ab 6. bzw. 8. Tag erhielten die Tiere zusätzlich feste Kost, wie Banane und Apfel, später anderes Obst, Gemüse, Getreidekörner und Pellets. Umstellung nach 2–3 Wochen im Zoo Berlin auf Zwiebackbrei. Zusätzlich Kalziumpräparate. Umstellung auf Erwachsenen-Normalkost in Rochester mit 4 Wochen abgeschlossen.

Höchstalter in Menschenobhut. 20 Jahre.

Unterordnung Stachelschweinverwandte (Hystricomorpha)

Die Zuordnung erfolgt nach dem Bau des Unterkiefers, speziell der Kaumuskelansätze und der Jochbeinausformung. Charakteristisch für alle Arten sind in der Regel bei der Geburt bereits weit entwickelte Junge. Verschiedentlich werden die altweltlichen und neuweltlichen Vertreter in 2 eigenständige Unterordnungen nach ihrer geographischen Verbreitung und nach morphologischen und molekulargenetischen Eigenheiten eingeteilt.

Verbreitung. Vorwiegend Afrika, Südeuropa und Südasien, Mittel- und Südamerika und umliegende Inseln.

16 Familien, 76 Gattungen, 305 Arten.

Familie Laotische Felsenratten (Diatomyidae)

Systematische Stellung noch nicht völlig geklärt. Hörnchenähnlich, mit dichtem Schwanz, Kopf-Rumpf-Länge ca. 25 cm, Schwanzlänge ca. 15 cm, Gewicht etwa 400 g, Fell dunkelgrau bis schwarz, auffällig großer Kopf.
Verbreitung. Südlaos, Vietnam (Phong-Hha-Ke-Bang NP).

1 Gattung, 1 Art.
Laotische Felsenratte (*Laonastes aenigmamus*): erst 2005 entdeckt.

Lebensweise. Nur wenig bekannt. Vermutlich nachtaktiv und einzeln lebend. Kommt in Karstgebieten vor.

Gefährdungsstatus. Widersprüchliche Aussagen, da mangelnde Faktenlage.

Nahrung. Fast ausschließlich Pflanzen, Gräser, Sämereien, Blätter und Rinde, wahrscheinlich auch gelegentlich Insekten und andere Wirbellose.

Haltung von Laotischen Felsenratten

Nichts bekannt.

Familie Kammfinger (Ctenodactylidae)

Auch Gundis. Gestalt und Größe meerschweinchenähnlich, Kopf gedrungener, Augen größer, lange, borstige Schnurrhaare, harte, kammähnliche Borsten über den Krallen der Hinterfüße, Schwanz kurz bis mittellang, langborstig, Backenzähne dauerwachsend.

Verbreitung. Nördliches und östliches Afrika.

4 Gattungen, 5 Arten.

Beispielvertreter

Gewöhnlicher Gundi (*Ctenodactylus gundi*): Marokko bis nordwestliches Libyen. – **Langhaar-Gundi** (*Massoutiera mzabi*): Zentral-Sahara. – **Buschschwanz-Gundi** (*Pectinator spekei*), auch Speke-Kammfinger: Somalia, Eritrea.

Gefährdungsstatus. Bestand im Verbreitungsgebiet nicht bekannt. ESB für Gundis (*C. gundi*, *C. vali*) im Aquazoo Düsseldorf.

Lebensweise. Tagtiere, Lebensraum steinige, felsige Trocken- und Wüstensteppen, Halbwüsten und heiße Felsgebirge. Gesellig in Familienverbänden mit Ruheplätzen in Felsspalten und -höhlen. Graben keine Baue, bauen keine Nester, nutzen Felsspalten. Klettern geschickt, rennen schnell, warnen einander durch Alarmpfiffe. Während der heißen Mittagszeit, bei Regen und Kälte inaktiv. Können durch Stress in Schreckstarre verfallen. Feste Kotplätze.

Nahrung. Rein pflanzlich: Wüstenpflanzen, deren Schösslinge, Blätter und Samen, Gras, Kräuter, Blüten.

Haltung von Kammfingern

In Tiergärten selten gezeigt.

Unterkunft. In wüstenterrarienartig eingerichteten, verglasten Schauanlagen von Warmhäusern. Als Inventar Felsaufbauten, Klettermöglichkeiten, Schlafkästen und andere Verstecke. Bodengrund aus Lehm mit einer dünnen Sandschicht. Nässeempfindlich, wärmeliebend, benötigen Plätze zum Sonnen.

Fütterung. Trockenfuttermischung (wie Erdnüsse, Sonnenblumenkerne, Hanf, Reis, Haferflocken), dazu Grüngemüse, je nach Angebot Salat, Chinakohl, Möhre, rohe Kartoffel sowie gelegentlich Weidenäste und Kräuter (z. B. Thymian). Heu und Stroh muss ständig als Futter und Nestmaterial verfügbar sein. Obwohl in der Wildnis der Wasserbedarf ausschließlich mit der Nahrung gedeckt wird, sollte wie in ähnlichen Fällen Trinkwasser angeboten werden. Jungtiere neigen bei ausschließlicher oder zu reichlicher Fütterung mit Möhren und Salaten zu Durchfall.

Abb. 20.27 Der Gewöhnliche Gundi (*Ctenodactylus gundi*) gehört zu den Kammfingern. Diese haben an den beiden mittleren Zehen der Hinterfüße einen Borstenkamm, der den Tieren zu ihrem Namen verholfen hat.

Vergesellschaftung. Zusammenstellung neuer Zuchtpaare oder -gruppen beim Gewöhnlichen Gundi schwierig aufgrund der hohen innerartlichen Aggression gegen fremde Artgenossen. Haltung in größeren Gruppen sowie Vergesellschaftung mit anderen Arten, u. a. mit Rüsselspringern, Schildkröten und Echsen.

Fortpflanzung und Zucht. Weibchen saisonal polyöstrisch. Zyklusdauer artverschieden 23–29 Tage. In Abhängigkeit von den verschiedenen Phasen des Östruszyklus öffnet und schließt sich die Vagina. Öffnungsdauer beim Gundi etwa 7½ Tage in der Zyklusmitte. Tragzeit um 55, beim Gundi im Falle eines Prä-partum-Östrus 67–79 Tage. Wurfzeit artverschieden von Februar/ März bis Mai/Juni (seltener bis Ende August/ Anfang September). Vermutlich 1 Wurf im Jahr, beim Gewöhnlichen Gundi allerdings 2 Würfe (ganzjährig mit Häufungen von Februar bis

Abb. 20.28 Ansells Graumulle (*Cryptomys anselli*) leben in Tunnelsystemen, die sie mithilfe ihrer kräftigen Nagezähne graben. Sie ernähren sich vegetarisch von unterirdischen Wurzelknollen.

Mai). Weibchen mit 2 Zitzenpaaren, eines seitlich brustständig, das andere im Scheidenbereich. 1–2, selten 3 voll entwickelte, seh- und lauftüchtige, voll behaarte, 18–21 g (beim Gundi bis 40 g) schwere Junge, die bereits nach einigen Tagen erste feste Kost aufnehmen und nur wenige Wochen gesäugt werden. Beim Gewöhnlichen Gundi weibliche Tiere bis zum 6. Lebensjahr fertil.

Geschlechtsreife mit etwa 1 Jahr, manchmal früher zu Beginn der im folgenden Jahr einsetzenden Brunstzeit.

Abb. 20.29 Beim Nacktmull (*Heterocephalus glaber*) bringt innerhalb der Kolonie nur das ranghöchste Weibchen Junge zur Welt. In Menschenobhut wurden Würfe von bis zu 27 Jungtieren registriert.

Höchstalter in Menschenobhut. Gewöhnlicher Gundi fast 10, Vali (*Ctenodactylus vali*) 5, Buschschwanz-Gundi 4 Jahre.

Familie Sandgräber (Bathyergidae)

Gestalt plump und gedrungen, meerschweinchenartig, maus- bis reichlich kaninchengroß, kurzfellig, 1 Art unbehaart, Augen und Ohren klein, Zahnformel: 1/1 0/0 2–3/2–3 0–3/0–3, Schneidezähne auffällig groß, Schwanz kurz.

Verbreitung. Afrika südlich der Sahara.

2 Unterfamilien, 5 Gattungen, 25 Arten.

Beispielvertreter

Dünenmulle (*Bathyergus*): **Kap-Strandgräber** (*B. suillus*): größte Art der Familie, Gewicht 1,8 kg. Nördliche Graumulle (*Fukomys*): **Ansells Graumull** (*F. anselli*), **Riesengraumull** (*F. mechowi*). **Kap-Blessmull** (*Georychus capensis*). **Silbergrauer Erdbohrer** (*Heliophobius argentocinereus*). **Nacktmull** (*Heterocephalus glaber*): neuerdings mit Status einer eigenen Familie (Heterocephalidae).

Gefährdungsstatus. Bestand im Verbreitungsgebiet wohl gesichert.

Lebensweise. Tagtiere. Lebensraum sind trockene Steppen und Savannen mit sandigen Böden (nie im Regenwald). Unterirdische Bodenwühler, halten sich nachts und am Tag vereinzelt auch oberirdisch auf. Graumulle sonnen sich gern. Baue aus oberflächennahen (10–50 cm tief) Laufröhrensystemen (bis 50 m Länge) mit Nest- und Vorratskammern. Einzelgänger, doch nicht selten Kolonien, in denen bei Grau- und Nacktmullen in einer Gruppe von genetisch eng verwandten Tieren mit einer fruchtbaren „Königin“, wenigen befruchtenden Männchen sowie einer großen Anzahl von Arbeitern nur dieses ranghöchste Weibchen Junge zur Welt bringt.

Tab. 20.8 Angaben zur Fortpflanzungsbiologie von Sandgräbern

Art	Tragzeit (Tage)	Wurfzeit (Monate)	Wurfgröße (Anzahl)	Würfe/Jahr (Anzahl)
Dünenmulle	ca. 52	VII–X	2–4 (1–7)	1–2
Kap-Blessmull	44–48	VIII–XII[1]	5–6 (4–10)	1–2
Erdbohrer	ca. 87	IV–VI	2–4	
Damara-Graumull	78–92[2]	I–XII	3–4 (1–6)	1–4
Afrikanischer Graumull	59–66[1]	I–XII	3–4 (1–6)	1–4
Nacktmull	66–74	I–XII	4–15[2]	4–5

Angaben in Klammern sind von der Norm abweichende, aber im natürlichen Schwankungsbereich liegende Werte.
[1] Im Ursprungsgebiet Frühjahr, Sommer
[2] Wurfgröße in der Wildnis, in Menschenobhut wurden Würfe von bis 27 Jungtieren registriert

Gruppenstärke in der Wildnis mitunter über 100 Tiere.

Nahrung. Wurzeln, Knollen, Zwiebeln, Röhricht, Kräuter, Gras und Graswurzeln, bei Riesengraumullen auch Insekten und Reptilien.

Haltung von Sandgräbern

Graumulle und Nacktmull häufiger, andere Arten sehr selten gehalten.

Unterkunft. Sowohl im Nachtierhaus als auch bei Tageslicht im konventionellen Kleintierhaus. Für Nacktmulle Anlagen mit schräg-vertikal oder horizontal verlaufenden durchsichtigen Röhrensystemen (Durchmesser der Röhren ca. 4 cm x 4 cm) als Schaueinrichtung. Mehrere Kammern, darunter Nestkammer mit 2 Eingängen, Toilettenkammer mit 1 Eingang. Als Einstreu Hobelspäne oder Torf, für Zuchtanlagen Hobelspäne und gutes, weiches Stroh. Das Einstreu sollte regelmäßig (mindestens einmal pro Monat) gewechselt werden. Temperatur zwischen 25 und 30 °C (bzw. 28–31 °C). Temperaturen von 39 °C und darüber sind tödlich. Die Luftfeuchtigkeit soll nicht gesättigt sein, 80–90 %, nach anderen Angaben 60–70 %, am besten 50 %, betragen, weil dadurch das Futter nicht so schnell verdirbt. Graumulle wurden erfolgreich in einem tiefen Mulch-Erde-Gemisch zum Bauen ihres Gangsystems gehalten. Die Unterkunft enthielt außerdem Wurzeln, Steine und andere dekorative Gegenstände.

Umgang. Sandgräber können sehr bissig sein. Man fängt sie, indem man sie mit der Haut etwa in Höhe des Beckens hochhebt. Zum kurzzeitigen Transport kann man die Tiere in eine Röhre kriechen lassen und diese an beiden Seiten verschließen. Nach mehreren Berührungen können Graumulle auch sehr zahm werden.

Fütterung. Sandgräber decken ihren Wasserbedarf nur über die Nahrung. Für Ansells Graumulle im Zoo Basel Gemüse (Mais, Möhre, Salat, Zucht-Löwenzahn), Fein- und Großsämereien, Nagerpellets, Kartoffel und Süßkartoffel. Gurke und andere sehr wasserhaltige Futtermittel sollen möglichst nicht gegeben oder nach kurzer Zeit wieder entfernt werden, verderben zu schnell. Futter wird nur geschält und in Streifen geschnitten verabreicht. Andere Tiergärten füttern an Grau- und Nacktmulle außerdem Petersilienwurzeln, Rote Bete, Hafer, Haferflocken, Mäusepellets und Nagermineralien. Bei Birne oder Apfel besteht Durchfallgefahr. Riesengraumulle nehmen auch Hühnerfleisch und Labormäuse.

Vergesellschaftung. Beim Zusammensetzen fremder Tiere diese längere Zeit überwachen, da es zu Aggressionen mit starken Bissverletzungen kommen kann. In Frankfurt werden Nacktmulle gemeinsam mit Kongo-Rosenkäfern gehalten.

Fortpflanzung und Zucht. Angaben zur Fortpflanzungsbiologie in Tabelle 20.8. Eine Nacktmull-Zuchtgruppe in München mit 2,2 Alttieren brachte Würfe zwischen 2 und 6, in der Schauanlage sogar 7 Junge. Bei Graumullen ähnliche Fortpflanzungsverhältnisse wie beim Nacktmull. Andere Arten sind Einzelgänger, Paarung am besten unter Aufsicht. Geburtsgewicht beim Nacktmull 1,8 g, bei Graumullen 8–10 g, bei Dünenmullen 15–34 g. Augenöffnung beim Nacktmull mit 30, bei den übrigen Arten mit 9–18 Tagen. Erstes festes Futter bei allen Arten zwischen 6 und 14 Tagen. Aufzucht in Schauanlagen problematisch, da die Tiere sehr erschütterungs- und geräuschempfindlich sind.

Höchstalter in Menschenobhut. Kap-Blessmull über 11, Afrikanischer Graumull (*Cryptomys hottentotus*) 11, Damara-Graumull (*Fukomys damarensis*) fast 12, Darlings Graumull (*F. darlingi*) 18, Silbergrauer Erdbohrer fast 15, Ansell-Graumull 22, Riesengraumull 26, Nacktmull über 30 Jahre.

Familie Stachelschweine (Hystricidae)

Mit den neuweltlichen Baumstachlern (Erethizontidae) nicht unmittelbar verwandte stacheltragende Nagetiere. Gestalt plump, hauskatzen- bis dachsgroß (Kopf-Rumpf-Länge 35–85 cm), Augen und Ohren klein, Zahnformel: 1/1 0/0 1/1 3/3, nur Schneidezähne dauerwachsend, Haut mit verhornten, mittellangen hartspitzigen Spießen, bis 40 cm langen Stacheln, Borstenstacheln oder langen Borsten (vereinzelt auch feinen Wollhaaren), Borsten am Nacken langborstig, am Hinterkörper ab Rückenmitte langstachelig mähnenartig, Fußsohlen nackt, Schwanz unterschiedlich lang, Gesichtssinn schlecht, Hör- und Riechvermögen sehr gut, dazu leistungsfähige Tastsinnesorgane am Grunde langer Tastborsten. Lautäußerungen schnurrend, brummend und fauchend.

Abb. 20.30 Die rattenähnliche Gestalt weist den Afrikanischen Quastenstachler (*Atherurus africanus*) als sehr ursprünglichen Vertreter der Stachelschweine aus.

Verbreitung. Afrika, Süditalien, Osteuropa, Vorderer Orient, Süd- und Südostasien einschließlich Sunda-Inseln.

3 Gattungen mit 11 Arten.

Beispielvertreter

Pinselstachler (*Trichys*): 1 Art. Gestalt rattenähnlich, Stacheln kurz, im Fell aus Borsten- und Wollhaaren verborgen. Schwanz lang mit pinselartigem Ende. **Pinselstachler** (*T. fasciculata*): Borneo, Sumatra, südliche Malaiische Halbinsel.

Quastenstachler (*Atherurus*): 2 Arten. Dem Pinselstachler ähnlich, Rückenstacheln etwas länger, Schwanzspitze mit langer Stachelquaste. Myanmar bis Südchina, ganz Hinterindien, inselartig in Ostafrika sowie in West- und Zentralafrika. **Afrikanischer Quastenstachler** (*A. africanus*).

Eigentliche Stachelschweine (*Hystrix*): 8 Arten, die verschiedentlich in 3 Untergattungen gestellt werden. Besitzen als gemeinsames Kennzeichen einen kurzen mit Stacheln besetzten Schwanz mit einem endständigen Büschel von hohlen Hornrasselbechern, die auf dünnen Stielen sitzen. Der Rumpf ist durch schwarzweiße Stacheln geschützt, die bei den Arten in der Länge variieren, ebenso die Rückenmähne. Der restliche Körper ist mit einem borstigen Fell bedeckt. Kommen im gesamten Verbreitungsgebiet der Familie vor. **Gewöhnliches Stachel-**

Abb. 20.31 Junge Weißschwanzstachelschweine (*Hystrix indica*) werden lauf- und sehtüchtig mit weichem Stachel- und Wollkleid geboren. Sie wachsen in der Gruppe auf.

schwein (*H. cristata*), auch Eurafrikanisches Stachelschwein: Süditalien, Afrika. – **Weißschwanzstachelschwein** (*H. indica*): Südosteuropa, Naher Osten, Indischer Subkontinent. – **Südafrikanisches Stachelschwein** (*H. africaeaustralis*): südliches Afrika.

Gefährdungsstatus. Bestand im Verbreitungsgebiet wohl ungefährdet, nur das Philippinen-Stachelschwein (*H. pumila*) gilt als bedroht. In England entwichene Kurzschwanzstachelschweine (*H. brachyura*) akklimatisieren sich dort.

Lebensweise. Vorwiegend dämmerungs- bis nachtaktiv, besonders in den frühen Morgen- und zeitigen Abendstunden rege, meiden größte Tageshelligkeit vom späten Vormittag bis frühen Nachmittag. Lebensraum artverschieden teils tropische Regen- und Bergwälder bis in 3000 m Höhe, Sekundär- und Galeriewald, Waldinseln (Pinsel-, Quastenstachler), teils lichte, trockene Wälder, Steppe, Kulturlandschaft und Plantagen (Kurzschwanz- und Gewöhnliche Stachelschweine). Bodenbewohner, können springen oder wie ein Ball hüpfen und gut schwimmen. Pinsel- und Quastenstachler klettern gut in Kronen von Bäumen und Büschen. Einzelgänger, paarweise oder in Kleingruppen (verwandte Tiere). Ruheplätze in Felsspalten und -höhlen, Erdbauen anderer Tiere, Baumhöhlen (kletternde Arten) oder in selbst gegrabenen Erdhöhlen (Kurzschwanz- und Gewöhnliche Stachelschweine), in denen sich z. B. Gewöhnliche Stachelschweine während kühler Tage im Winter die meiste Zeit aufhalten. Kein Winterschlaf. Kulturfolger, Schäden in Pflanzungen durch Entrinden von Bäumen und Büschen, durch Ausgraben von Bodenfrüchten (Maniok, Bataten).

Nahrung. Knollen, Wurzeln, Baumrinde, Blätter, Kräuter, Bambus- und Zuckerrohrtriebe, junge Palmen, Wildfrüchte, Obst und Feldfrüchte, auch Insekten und andere Kleintiere, benagen Knochen.

Haltung von Stachelschweinen

In Tiergärten Eigentliche Stachelschweine häufig, Quastenstachler selten, Pinselstachler sehr selten gezeigt. Von 1 Ausnahme abgesehen

Abb. 20.32 Das weibliche Weißschwanzstachelschwein (*Hystrix indica*) legt zur Paarung den bestachelten Schwanz nach oben auf den Rücken.

nicht winterhart und nur teilakklimatisationsfähig, daher herkunftsabhängig unterschiedliche Ansprüche an die Haltungssysteme.

Unterkunft. Temperaturempfindliche, dämmerungs- und nachtaktive Tropentiere Afrikas und Südostasiens im Nachttierhausabteil oder Klimahaus für kleine und mittelgroße Säugetiere, meist hinter Glas. Bodenbelag Sand, als Einbauten Schlafverstecke und für kletternde Quasten- und Pinselstachler Kletteräste. Günstig ist eine Kombination mit Außenanlagen, die bei entsprechender Witterung aufgesucht werden können. Eigentliche Stachelschweine sind zwar auch nicht winterhart (Ausnahme: *H. indica*), aber weniger temperaturempfindlich. Bei günstiger Witterung von Spätfrühling bis Frühherbst in ummauerten oder von Glaswänden begrenzten Freianlagen mit betoniertem, teilweise sandbeschichtetem Untergrund, dekorativ gestalteten Aufbauten und angeschlossener, beheizbarer Winterunterkunft in Massivbauweise. An deren Stelle im Außengehege auch mobile, meist hölzerne, mit Blech verkleidete, verschließbare Schlafunterkunft mit Heu- und Strohlager. Zugänge zu Nachtunterkünften tagsüber bei zumutbarer Witterung sperren, da die Tiere in Menschenobhut tagaktiv werden, ein Verhalten, das durch mehrere Fütterungen am Tag gefördert werden kann.

Umgang. Kotplatz täglich reinigen, da manche Tiere zum Kotfressen neigen. Normaler Kot walzen- bis spindelförmig, wird von allen Tieren an der gleichen Stelle abgesetzt. Stachelschweine werden zahm, doch sollte man auf persönlichen Kontakt verzichten. Die Tiere sind schreckhaft (plötzlichen Lärm und schnelle Bewegung vermeiden!), erschrockene Tiere sind sofort verteidigungsbereit. Beim Angriff rennen oder springen sie mit gesträubtem Stachelkleid seit- oder rückwärts auf den Menschen los und stoßen ihm die Stacheln in die Beine, ziehen sich ebenso schnell wieder zurück. Die Folge sind tiefe, schlecht heilende, schmerzhafte Stichwunden. Angriffe meist nur dann, wenn sich die Tiere direkt bedroht oder in die Enge getrieben fühlen (z.B. beim Umsetzen vom Winter- ins Sommerquartier usw.). Bei solchen Aktionen leichte Holzplanken als Schutzschild vor sich her tragen und die Tiere mit Reisigbesen dirigieren bzw. von sich abhalten. Aufgeregte, wütende Tiere drohen fauchend, schlagen klatschend mit den Hinterfüßen auf den Boden, rasseln mit den Rasselbechern und schütteln den Stachelpanzer. Dabei lösen sich gelegentlich einzelne lose sitzende Stacheln, die aber nicht, wie gelegentlich behauptet, auf den Gegner „gezielt abgeschossen" werden. Transport in blechausgeschlagenen Großnagerkisten.

Fütterung. Kartoffel, Möhre, Rote Bete, Kohlrabi, Futterrüben, Obst (in Maßen) und Gemüse je nach Jahreszeit, trockener Mais, ganze Getreidekörner, Mäuse- und Allesfresserpellets, etwas Kochfleisch, Knochen und Geweihabwurfstangen, vor allem aber häufig frisches Holz, junge Stämme, starke Äste zum Nagen anbieten. Bei Quastenstachlern kein Obst verfüttern, da sie empfindlich auf Zucker reagieren. Ständig frisches Wasser.

Vergesellschaftung. Quastenstachler meist paarweise verträglich. Eigentliche Stachelschweine haben häufig großes Berührungsbedürfnis, liegen oft eng beieinander, sonnen sich auch so, belecken sich gegenseitig gern, leben so meist unproblematisch in kleinen Haremsfamilien mit 1 Männchen zusammen. Zwischenartliche Vergesellschaftungen von Afrikanischen Quastenstachlern mit Guerezas, Senegal-Galagos, Zwergmeerkatzen und Flughunden, Philippinen-Stachelschweinen mit Tupaias und Riesenborkenratten, Südafrikanischen Stachelschweinen mit Erdmännchen und Löffelhunden, Weißschwanz-Stachelschweinen mit Trampeltieren, Gänsegeiern, Erdmännchen und Marabus.

Fortpflanzung und Zucht. Weibchen ganzjährig polyöstrisch, doch Mehrzahl der Würfe von Spätfrühling bis Frühherbst. 2–3 Würfe im Jahr möglich. Zur Paarung legen die Weibchen der Eigentlichen Stachelschweine den Schwanz und die Stacheln des Hinterleibs nach oben, Richtung Rücken. Tragzeiten noch nicht sicher ermittelt, bei den *Hystrix*-Arten 93–105, vielleicht bis 112, bei Quastenstachlern 100–110 Tage. Männchen von *Hystrix*-Arten brauchen vor dem Wurf nicht abgesperrt zu werden, sie kümmern sich um die Jungen und beschützen sie. 1–4, meist 1–2 gut entwickelte, bei Quastenstachlern 100–175 g, bei Südafrikanischen Stachelschweinen 400–500 g, beim Weißschwanzstachelschwein 450–550 g schwere, lauf- und sehtüchtige Junge, die mit Schneidezähnen und einem weichen Stachel- und Wollkleid geboren werden. Neugeborene mit dunklem Aalstrich, an Rücken und Flanken mit je 5 hellen Längsstreifen. Streifung verschwindet bei den meisten Eigentlichen Stachelschweinen nach der 5. Woche, kann aber bei Kurzschwanzstachelschweinen und Quastenstachlern lange erhalten bleiben. Weiche Babystacheln sind am 10. Tag durchgehärtet und wachsen schnell. Erste feste Kost mit etwa 2 Wochen. Säugezeit 2 Monate. Geschlechtsreife spätestens mit 2 Jahren. Bei Kurzschwanzstachelschweinen meist nur 1, zwischen 157–345 g, im Durchschnitt 260 g schweres Jungtier, das wie bei den anderen Arten mit 2–3 Wochen erste feste Kost nimmt. Details über eine künstliche Aufzucht nicht bekannt. Milchzusammensetzung beim Gewöhnlichen Stachelschwein (1 Probe): Trockensubstanz 28,8 %, Fett 13,2 %, Eiweiß 12,4 %, Kohlenhydrate 1,8 %, Asche 2,3 %.

Höchstalter in Menschenobhut. Pinselstachler über 11¾, Afrikanischer Quastenstachler fast 23, Palawan-Stachelschwein (*Hystrix pumila*) 9½, Sumatra-Stachelschwein (*H. sumatrae*) 13¼, Kurzschwanzstachelschwein 27¼, Gewöhnliches Stachelschwein 28, Südafrikanisches Stachelschwein über 23, Weißschwanzstachelschwein fast 30 Jahre.

Familie Afrika-Felsenratten (Petromuridae)

Gestalt rattenartig, doch kurzköpfiger, stumpfschnäuziger, kleinohriger, Kopf-Rumpf-Länge 14–18 cm, Schwanz 13–18 cm lang, kurz behaart.

Verbreitung. Südliches Afrika.

1 Gattung, 1 Art.
Felsenratten (*Petromus*): **Afrika-Felsenratte** (*P. typicus*).

Gefährdungsstatus. Bestand im Verbreitungsgebiet ungefährdet.

Lebensweise. Tag- und Dämmerungstiere. Einzelgänger oder paarweise. Felsenhöhlen- und Felsspaltenbewohner steiniger Halbwüsten. Gute Kletterer.

Nahrung. Hauptsächlich faserreiche Wüsten- und Steppengräser und -kräuter, saisonal deren Schösslinge, Blüten, Samen, Beeren und andere Früchte.

Haltung von Afrika-Felsenratten

In Tiergärten sehr selten gezeigt. Wie tropische, überwiegend vegetarische Mäuseverwandte. Unterkunft mit Klettermöglichkeiten und höher gelegenen Ruheplätzen. Temperatur 18–25 °C, relative Luftfeuchtigkeit ca. 50 %.

Fütterung. Ständig Heu und Wasser, wenig Obst (Apfel), Möhre, Blattgemüse (Kopfsalat, Chinakohl, Löwenzahn), dazu Heupellets. Einmal wöchentlich in geringer Menge trockene Brotstücke, Waldvogelfutter, Sonnenblumenkerne und Sämereien, dazu etwas Futterkalk.

Fortpflanzung und Zucht. Zur Zusammenstellung von Paaren werden meist jungerwachsene Tiere im Alter von einem Jahr zuerst am Sichtgitter, später 1 Woche unter Aufsicht aneinander gewöhnt. Nur wenn keine gegenseitigen Aggressionen auftreten, bleiben die Tiere zusammen. 1–2 Junge nach einer Tragzeit von ca. 3 Monaten. Die 3 Zitzenpaare liegen hoch an den Seiten in Schulterblattnähe, dies ermöglicht das Säugen in engen Gesteinsspalten. Geschlechtsreife ungefähr mit 9 Monaten. In der Regel entstehen stabile Familiengruppen aus dem Elternpaar und den Jungtieren verschiedener Würfe.

Höchstalter in Menschenobhut. Über 7 Jahre.

Familie Rohrratten (Thryonomyidae)

Auch Grasnager. Größe und Gestalt sumpfbiberartig, gedrungener, Kopf-Rumpf-Länge 35–61 cm, Schwanzlänge 7–26 cm, jeder Fuß mit 3 kräftigen Zehen mit zum Graben geeigneten Krallen, 1. und 5. Zehe fehlen oder sehr klein.

Verbreitung. Afrika südlich der Sahara.

1 Gattung, 2 Arten.
Rohrratten (*Thryonomys*): **Große Rohrratte** (*T. swinderianus*), **Kleine Rohrratte** (*T. gregorianus*).

Gefährdungsstatus. Trotz starker Bejagung Bestand im Verbreitungsgebiet nicht bedroht.

Lebensweise. Tag- und Dämmerungstiere, bei starker Bejagung nachtaktiv. Leben mitunter in Gruppen von 1 Männchen und mehreren Weibchen, Männchen zeitweise auch separat. Lebensraum versumpfte, schilf- und rohrbestandene Ufer von Seen und Flüssen, Zuckerrohrplantagen und Feuchtsavanne. Ausgezeichnete Schwimmer. Ruheplätze in geräumigen, weich gepolsterten Nestern aus Schilf und Rohr im Dickicht, einfachen selbst gegrabenen Erdbauen oder Erdbauen anderer Tiere.

Nahrung. Schösslinge von Gräsern, Schilf und Sträuchern, Sämereien, Nüsse, Rinde.

Haltung von Rohrratten

In Tiergärten selten gezeigt. Wie tropische, überwiegend vegetarische Mäuseverwandte (siehe dort).

Fütterung. Weiche Stängelteile, Gräser (auch mit Wurzeln), Wurzelgemüse, Kartoffel, Gemüse, etwas Obst, Heu und Stroh.

Fortpflanzung und Zucht. Paarweise verträglich, auch Familiengruppen mit 1 Männchen. Weibchen ganzjährig polyöstrisch. Bei der Großen Rohrratte Tragzeit um 155 (137–172) Tage. 1–8, meist 3–4 gut behaarte, seh- und lauftüchtige Junge, die um 130 g wiegen. Geschlechtsreife mit 1 Jahr.

Höchstalter in Menschenobhut. Große Rohrratte über 5¼ Jahre.

Familie Baumstachler (*Erethizontidae*)

Auch Neuwelt-Stachelschweine. Ähnlichkeiten mit Altwelt-Stachelschweinen sind Konvergenzerscheinungen. Gestalt gedrungen, kaninchen- bis hasengroß, Kopf rundlich, Schnauze stumpf, Ohren klein, Gliedmaßen kurz, vierzehig, stark bekrallt, Sohlen unbehaart, Haut feinwarzig, Fell vorwiegend am Rücken und an den Flanken kurz bestachelt, Stacheln häufig mit feinen Widerhaken, Bauch und Beininnenseiten fein behaart, Schwanz mittellang, rundlich und wenig oder unbehaart, dann Greifschwanz, oder kurz behaart und bestachelt.

Verbreitung. Mittel- und Südamerika, 1 Art in Nordamerika.

3 Gattungen mit 18 Arten.

Beispielvertreter

Urson (*Erethizon dorsatum*), auch Baumstachelschwein: größte Art. Dicke, spitze, Widerhaken tragende Stacheln am Vorderkörper und an den Seiten im langborstigen Fell, dichte Unterwolle, Schwanz kurz, dicht bestachelt. Nordamerika.

Greifstachler (*Coendou*): 16 Arten. Stacheln sehr kräftig, kurz, den Igelborsten ähnlich, aber mit Widerhaken, sehr locker in der Haut sitzend, bei einigen Arten im Fell verborgen. Greifschwanz. Mittel- und Südamerika. **Eigentlicher Greifstachler** (*C. prehensilis*). – **Mexikanischer Baumstachler** (*C. mexicanus*), auch Mittelamerikanischer Baumstachler.

Abb. 20.33 Auf dem Rücken und am Schwanz stehen beim Urson (*Erethizon dorsatum*) zahlreiche Stacheln, die mit kleinen Widerhaken versehen sind, was beim Umgang mit diesen Tieren besonders beachtet werden muss.

Südamerikanische Baumstachler (*Sphiggurus*): Fell oberseits mit längeren Stacheln, Kopf mit breiter Stupsnase, langer Greifschwanz. Ostmexiko bis Südostbrasilien und Nordargentinien.

Borstenbaumstachler (*Chaetomys subspinosus*): Schwanz lang, nackt, schwache, mehr borstenartige Stacheln im Woll- und Grannenfell, Südostbrasilien.

Gefährdungsstatus. Bestand im Verbreitungsgebiet teils gefährdet (Borstenbaumstachler), teils gebietsweise durch Umweltveränderung bedroht, andernorts gesichert. ESB für Eigentlichen Greifstachler im Papiliorama Kerzers.

Lebensweise. Dämmerungs- und Nachttiere. Lebensraum tropischer Urwald oder Bergwald (südamerikanische Arten) oder Misch- und Nadelwald der gemäßigten und subarktischen Zone. Baumbewohner, ruhen tagsüber in dichtem Laub der Baumkronen, in Baum-, Erd- und Felshöhlen oder -spalten, klettern fast faultierhaft langsam, aber geschickt und sicher. Greif- und Südamerikanische Baumstachler wickeln dabei den Schwanz mit der Oberseite um Äste. Nicht selten auch am Boden, z.B. zum Überwechseln auf einen anderen Baum, beim Gang

Abb. 20.34 Eigentlicher Greifstachler (*Coendou prehensilis*). Sein Greifschwanz unterstützt und sichert ihn beim Klettern, indem er ihn mit der Oberseite um die Äste wickelt.

zum Schlafplatz usw. Einzelgänger oder paarweise, bei Begegnungen auch Kämpfe. Vor Paarungen lange Vorspiele. Nur Ursons verträglicher, wurden sogar zu mehreren gemeinsam schlafend (kein Winterschlaf) angetroffen.

Nahrung. Knospen, Blätter, zarte Zweige, Rinde, Wildfrüchte, Beeren, Nüsse, Sämereien, Wurzeln. Urson frisst im Winter Nadeln, Rinde von Nadelbäumen. Greifstachler sollen gelegentlich auch tierische Kost zu sich nehmen.

Haltung von Baumstachlern

In Tiergärten Urson und einige Greifstachler gelegentlich gezeigt.

Unterkunft. Anlagen für oftmals kälteempfindliche, nicht winterharte süd- und mittelamerikanische Greifstachler im Warm- oder besser Nachttierhaus, da bei Tageslicht fast ständig schlafend und nur vereinzelt kleine Ortswechsel zu anderem Schlafplatz. Sichtfläche der Anlagen oft verglast oder mit stabilen Drahtgeflechten bespannt. Betonierte Bodenbeläge meist mit Kunstharz beschichtet und mit einer dünnen Schicht aus Sägemehl, Sand oder Torfmull bedeckt. Unerlässlich sind abwechslungsreiche Klettereinrichtungen mit vom Boden schräg nach oben führenden und horizontalen, möglichst auch gegabelten (Schlafplätze!), starken Ästen, auf denen kurze, horizontal aufgenagelte Eichenbretter als zusätzliche Schlafplätze angebracht werden können. Bei der möglichen Vergesellschaftung mehrerer Tiere müssen die Klettereinrichtungen allerorts Ausweich- oder Rückzugsmöglichkeiten bieten, damit schwächere Tiere stärkeren ausweichen können. Bei konventioneller Haltung sind Greifstachler, vorwiegend in der Abenddämmerung und 1. Nachthälfte mit 4–5 Hauptaktivitätsphasen munter, klettern zu Boden, wo sie an einem festen Kotplatz Harn und Kot absetzen und unbeholfen und plump laufend, Futterplätze aufsuchen. Kotabsatz gelegentlich auch von den Klettereinrichtungen auf den Boden. In Nachttierhäusern können Aktivitätsphasen während der Kunstnacht durch ein geeignetes Futterregime (bis 5 kleine Mahlzeiten während der Besuchszeit) beeinflusst und auf den ganzen Tag verteilt werden. Dauerunterkunft für winterharte Ursons ganzjährig im Freien möglich. Im Winter ist ein trockener, vor Wind und Zugluft geschützter Schlafplatz erforderlich, der aber nur selten verlassen wird. Bei Überwinterung in einem schwach temperierten Haus tagsüber lebhafter. Freianlagen, die Ursons gelegentlich auch mit Stachelschweinen teilen können, ohne zwischenartlichen Kontakt aufzunehmen, sind mit einer von innen glatten, etwa 1,2 m hohen Betonmauer, gleich hohen Glasscheibe oder einem Trockengraben begrenzt. Reichlich stabile, schräg und horizontal verlaufende Klettereinrichtungen aus starken Ästen (Hartholz wie Apfel, Kirsche, Ahorn, Rotbuche, Eiche, Robinie). Holzkonstruktionen in den Unterkünften (z.B. Türen einschließlich Rahmen und Schwellen), müssen mit Blech beschlagen sein. Keine Käfigbegrenzungen aus Draht, da selbst starker Maschendraht glatt durchbissen wird. Horizontal auf den Klettereinrichtungen angebrachte Liegeflächen aus Hartholzbrettern werden gern als Schlafplätze angenommen.

Umgang. Greifstachler werden zahm, dennoch keinen ungeschützten Kontakt pflegen! Ursons nicht am Schwanz berühren, schlagen mit großer Wucht zu. Stacheln lösen sich ganz leicht, werden in die Haut und Muskulatur geschlagen und bohren sich durch die Widerhaken bei jeder Muskelbewegung tiefer ein, können sogar tödlich sein, wenn sie ein Organ erreichen.

Fütterung. Für Ursons Quetschhafer, ganze Getreidekörner, Mais, Nagerpellets, Brot, Obst (vor allem Apfel, Banane), Gemüse (Möhre, Zwiebel, Kartoffel), Hasel- und Walnüsse, frische belaubte Äste und Nadelholzzweige, etwas Kochsalz, abgekochte Knochen und Geweihabwurfstangen. Für Greifstachler ähnlich, nur harte Futtermittel durch ähnliche mit etwas weicherer Konsistenz ersetzen, z.B. Haferflocken, Kleie, Keimgetreide, Affen- und Kälberpellets, Sonnenblumenkerne, angebrochene Nüsse, etwas Kochfleisch, Obst (Apfel, Birne, Banane, Zitrusfrüchte, Weintrauben), Gemüse (Salat, Möhre, Kartoffel, Zwiebel, Tomate), Grünmais, Blätter und Rinde, Blüten und Knospen. Die Anzahl der Futterplätze muss der Anzahl der Tiere entsprechen, da diese bei der meist nächtlichen Nahrungsaufnahme unverträglich und Beißereien sonst verträglicher Tiere dort möglich sind.

Vergesellschaftung. Paarweise, in geräumigen Unterkünften mit viel Ausweichmöglichkeiten auch in kleinen Haremsgruppen aus 1 Männchen und 2–3 Weibchen verträglich. In entsprechenden Unterkünften sollen sich bei Ursons außerhalb der Paarungszeit sogar 2 und mehr Männchen tolerieren. Zwischenartliche Vergesellschaftungen beim Urson mit Präriehunden, Fleckenskunks, Nordopposums und Bibern, beim Greifstachler mit südamerikanischen Primatenarten.

Fortpflanzung und Zucht. Fortpflanzungsbiologie von Greifstachlern nur wenig, von Borstenbaumstachlern und Bergstachlern weitgehend unbekannt. Beim Urson Paarungszeit im Spätherbst/Frühwinter. Weibchen mit je 1 bruständigen und bauchständigen Zitzenpaar, saisonal polyöstrisch. Zykluslänge 25–30 Tage, Östrusdauer 8–12 Stunden. Wurfzeit April bis Juni. Tragzeit 205–217, bei Greifstachlern um 120 (nach anderen Angaben 185), nach einer Angabe beim Mexikanischen Baumstachler nur 60–70(?) Tage. Geburtenabstände beim Eigentlichen Greifstachler betragen durchschnittlich 208 Tage. Bei Ursons vor dem Wurf kein Nestbau. Geburt meist auf Schlaf- und Ruheplätzen in Klettereinrichtungen, im Tierpark Berlin auch am Boden erfolgt. Fast stets 1 Junges, nur in seltenen Ausnahmen Zwillinge. Neugeborene hoch entwickelt, seh- und lauftüchtig, mit langem schwarzen (Urson) oder rötlich braunem (Greifstachler) Fell, in dem kurze, anfangs weiche, nach etwa 1 Woche durchgehärtete Stacheln verborgen sind. Geburtsgewicht bei Urson 340–640 g, bei Greifstachlern 250–400 g. Greifstachler werden meist in einem Schlafversteck (Kiste) geboren und in den ersten Lebenstagen von der Mutter nur zum Säugen aufgesucht, lernen aber bald zu klettern und folgen ihr dann. Obwohl die Säugezeit einige Monate betragen soll, nehmen junge Ursons wie Greifstachler schon in den ersten Lebenstagen auch feste Kost zu sich, sind ab Ende der 2. Lebenswoche auch ohne Muttermilch und mit Erwachsenenkost überlebensfähig. Die Umfärbung junger Greifstachler beginnt mit dem 3. Monat und ist im 7. oder 8. Monat abgeschlossen. Geschlechtsreife mit 2–2½ Jahren. Ein männlicher Urson war schon mit 16 Monaten zeugungsfähig. Künstliche Aufzucht bei Ursons und Greifstachlern gelungen. Beim Eigentlichen Greifstachler wurde in Osnabrück 7,5 % fetthaltige, ungezuckerte Kondensmilch durch Sahnezugabe auf einen Fettgehalt von 10–13 % angereichert und dazu auf 10 ml Milchmischung 1 g handelsüblicher Karottenbrei für Kleinkinder beigegeben. Von dieser Mischung nahmen 3 Jungtiere am 1. Tag 5 Mahlzeiten von 2–10 ml alle 2-3 Stunden, am 3. Tag 5 Mahlzeiten von 5–10 ml alle 3–5 Stunden, am 10. Tag 4 Mahlzeiten von 8–15 ml alle 4–6 Stunden, am 20. Tag 3 Mahlzeiten von 6–22 ml alle 5–8 Stunden, am 30. Tag 3 Mahlzeiten von 20–26 ml alle 5–8 Stunden. Vom 1. Tag an wurde feste Kost aus der Hand in Form von Apfel und Möhre, etwas später Banane, gekochte Birne, Feigen, Erdnüsse, Kekse und Brot angeboten und aufgenommen. Mit 4 Wochen konnte das Geburtsgewicht verdoppelt, mit 8 Wochen fast verdreifacht werden. Mit 4 Monaten wurden die Jungen mit den Eltern zusammengewöhnt. Zucht nur beim Urson gelegentlich und bei wenigen Greifstachlern selten gelungen. Ursache weniger haltungstechnisch oder fortpflanzungsbiologisch, sondern durch die geringe Individuenzahl begründet.

Höchstalter in Menschenobhut. Urson 23, Eigentlicher Greifstachler über 26½, Mexikanischer Baumstachler fast 16¾ Jahre.

Familie Chinchillas (Chinchillidae)

Ratten- bis sumpfbibergroß, Kopf groß, stumpfschnäuzig mit großen Augen und großen runden Ohren, Gestalt gedrungen, Vordergliedmaßen kurz und klein, Hintergliedmaßen lang und kräftig, weiches, dichtes Fell, langer, buschiger Schwanz.

Verbreitung. Mittleres Südamerika.

3 Gattungen, 7 Arten.

Beispielvertreter

Viscachas (*Lagostomus*): 1 Art. 2 auffällige schwarze Querstreifen am Kopf, deutlicher Sexualdimorphismus bezüglich Körpergröße und

Abb. 20.35 Die Nage- und Backenzähne der Flachland-Viscachas (*Lagostomus maximus*) sind wie bei allen Chinchillas wurzellos und dauerwachsend.

Intensität der Gesichtszeichnung. **Flachland-Viscacha** (*L. maximus*): Südbolivien bis Mittelargentinien.

Hasenmäuse (*Lagidium*), auch Bergviscachas: 4 Arten. Ähneln langschwänzigen Kaninchen mit relativ großen Ohren. Westliches Südamerika von Peru bis Südchile und Südargentinien, Südecuador. **Peruanische Hasenmaus** (*L. peruanum*): wird auch *L. viscacia* zugerechnet, **Cuvier-Hasenmaus** (*L. viscacia*), **Südliche Hasenmaus** (*L. wolffsohni*), **Ecuador-Bergviscacha** (*L. ahuacaense*).

Eigentliche Chinchillas (Chinchilla): 2 Arten. Weibchen größer und schwerer als Männchen, sehr dichtes Fell aus dünnen Haaren, alle Zähne wurzellos. Andenregion im westlichen Südamerika: Peru, Westbolivien, Nordwestargentinien, Nordchile. **Kurzschwanz-Chinchilla** (*C. chinchilla*), **Langschwanz-Chinchilla** (*C. lanigera*).

Gefährdungsstatus. Bestand außer bei Hasenmäusen im Verbreitungsgebiet gebietsweise bedroht, Langschwanz-Chinchilla stark gefährdet, Ecuador-Bergviscacha vermutlich, Kurzschwanz-Chinchilla vom Aussterben bedroht.

Lebensweise. Tagtiere (Hasenmäuse) oder Dämmerungs- und Nachttiere (Viscacha und Chinchillas, doch letztere auch tagsüber rege). Lebensraum trockene Ebenen mit spärlichem Busch- und Baumbestand (Viscacha) oder trockene, steinige Berghänge und Geröllhalden in 900–5000 m Höhe. Gesellig in Kolonien. Schlaf- und Ruheplätze in selbst gegrabenen, von mehreren gemeinschaftlich benutzten Erdbauen mit zahlreichen Ausgängen (Viscacha) oder in Felsspalten oder -höhlen (Hasenmäuse, Chinchillas).

Nahrung. Gräser, Kräuter, Wurzeln (Viscachas), auch Moose, Flechten (Hasenmäuse, Chinchillas).

Haltung von Chinchillas

In Tiergärten mit Ausnahme der halbdomestizierten Zuchtformen sehr selten und nur vereinzelt gezeigt und gezüchtet. Weltbestand von Langschwanz-Chinchillas in menschlicher Pflege geht vorwiegend auf 11 Tiere zurück, die 1923 in die USA importiert wurden.

Haltungssysteme, Pflege und Fütterung ähnlich wie für tropische oder subtropische, vegetarische Mäuseverwandte (siehe auch dort).

Unterkunft. Für nachtaktive Viscachas günstig im Nachttierhaus, für übrige Arten geräumige, trockene, besucherseitig verglaste Innenkäfige eines Klimahauses mit Sandbodenbelag, Stein- und Wurzelverstecken und heugepolsterten Schlafkästen sowie möglichst mit angeschlossenen sonnigen, trockenen Außenkäfigen für das Sommerhalbjahr. Sehr empfindlich gegen Nasskälte. Raumtemperatur 18–25 °C.

Umgang. Meist sehr schreckhaft, bei Arbeiten in der Unterkunft vorsichtig hantieren, Langschwanz-Chinchillas haben schrille Warnrufe, spritzen bei Störungen mit Harn, verlieren bei Schreck büschelweise Haare. Fang durch rasches Ergreifen und Anheben an der Schwanzwurzel, Tiere werden dann fast unbeweglich. Normaler Kot reisförmig, frisch etwas feucht, aber fest.

Fütterung. Getreidekörner (Weizen, Hafer), Mais, Nagetierpellets, Obst (in Maßen, Chinchillas kein Obst), zartes Gemüse, auch Möhre, gutes Wiesen- oder Bergheu, frisches Gras, Blüten, belaubte Zweige (Apfel-, Birnbaum, Erle, Hasel, Weide, Linde). Nur wenig ölhaltige Sämereien, Gesamtfett im Futter nicht über 4 %.

Abb. 20.36 Die Peruanische Hasenmaus (*Lagidium peruanum*) ist überwiegend tagaktiv und lebt in kleinen Familien, die sich zu größeren Verbänden zusammenschließen können.

Vergesellschaftung. Mit Ausnahme der meist paarweise lebenden Viscachas gesellig, in kleinen Haremsfamilien verträglich. Viscachas werden mit Sonnensittichen, Gebirgsaras und Magellanzeisigen gemeinsam gehalten.

Fortpflanzung und Zucht. Ganzjährig fortpflanzungsfähig. 2, bei Hasenmäusen vielleicht auch 3 Würfe im Jahr. Weibchen polyöstrisch, Brunstauslösung oftmals durch eine brünstige Geschlechtsgenossin in der Nachbarschaft (Brunstsynchronisation) oder anwesendes Männ-

Tab. 20.9 Angaben zur Fortpflanzungsbiologie von Chinchillas

Gattung/Art	Zyklusdauer (Tage)	Tragzeit (Tage)	Wurfgröße (Anzahl)	Säugezeit (Wochen)	Geschlechtsreife (Monate)
Viscachas	um 45	145–154	2 (1–4)[1]	3 (–8?)	5–6[2]
Hasenmäuse	bis 57	um 140	1	6-8	5½[3]
Langschwanz-Chinchilla	28–35	108–122[4]	1–6 (2–3)	5-6	3–5
Kurzschwanz-Chinchilla	28–35	120–128	1–4 (2)	5-6	3–5

[1] Pro Wurf werden bis zu 7 Embryonen angelegt, die sich bis zum 30. Tag gleichmäßig entwickeln, bis zum 90. Tag aber meist bis auf 2 Föten resorbiert werden.
[2] Vielleicht Männchen mit 8–9 Monaten, Weibchen erst mit 15 Monaten
[3] Vielleicht auch erst mit 8 Monaten
[4] Um 111 Tage

Tab. 20.10 Milchzusammensetzung von Chinchillas

Art	Trockensubstanz (%)	Fett (%)	Eiweiß (%)	Kohlenhydrate (%)	Asche (%)	Proben (Anzahl)
Viscachas		15,4(?)	10,00	3,13		3
Kurzschwanz-Chinchilla		11,53	7,67	1,70	0,99	60

chen. Östrusdauer 3–4 Tage. Bei Chinchillas vor der Paarung oft heftiges Treiben, dabei kommt es nicht selten zu Fellschäden auf dem Rücken und im Flankenbereich. Brünstige Weibchen unruhig, mit geöffneter, rötlich schimmernder Scheide. Vor der nächtlichen Paarung wird ein scharf riechender, schleimiger Brunstpfropfen ausgeschieden. Nach der Paarung Scheidenverschluss durch Vaginalpfropf aus Spermaresten und Scheidensekreten. Angaben zur Fortpflanzungsbiologie in Tabelle 20.9. Vor der Geburt, besonders bei Viscachas und Hasenmäusen, vom Weibchen ausgehende Unverträglichkeit mit Attacken gegen das Männchen, das dann entfernt werden sollte. Vor dem Wurf kein Nestbau. Bevorstehende Geburt soll bei Chinchillas durch Feuchtwerden von Nase und Füßen angezeigt werden. Geburten oft in den Morgenstunden, dabei sind Schmerzlaute nicht ungewöhnlich. Bereits 2–3 Tage nach der Geburt bei Chinchillas und Hasenmäusen Postpartum-Östrus, bei Viscachas neue Brunst erst nach dem Laktationsende. Neugeborene voll behaart, seh- und lauftüchtig, teilbezahnt. Geburtsgewicht beim Viscacha um 200 g, bei der Peruanischen Hasenmaus um 180 g, bei der Cuvier-Hasenmaus um 260 g, bei Chinchillas 25–65 g, im Mittel 35 g. Junge verlassen den Geburtsort nach wenigen Stunden und nehmen am 1. Lebenstag (Hasenmäuse) oder in den ersten 5 Lebenstagen (Chinchillas) erstmals feste Kost. Jungtiere gegen Ende der Säugezeit (sehr verschiedene Angaben beim Viscacha) absetzen. Künstliche Aufzucht u.a. beim Viscacha gelungen. Milchzusammensetzung in Tabelle 20.10. Umgebungstemperatur von 37 °C (Inkubator) nach 24 Stunden auf 30 °C, später weiter abgesenkt. In der 1. Woche zwischen 8.00 und 21.00 Uhr in 2-stündigem Abstand Flaschenmahlzeiten aus Kuhmilch, ab 4. Tag feste Kost, anfangs Biskuit und Cornflakes, wenig später Apfel, Möhre, frisches Heu und Zweige sowie Milch aus einem Trinknäpfchen. Milchentwöhnung ab 30. Tag. Zucht bei allen Arten gelungen, bei Hasenmäusen aber sehr selten.

Höchstalter in Menschenobhut. Flachland-Viscacha 10¾, Cuvier-Hasenmaus 19½, Langschwanz-Chinchilla über 20 Jahre (Weibchen züchteten noch mit 15 Jahren).

Familie Pakaranas (Dinomyidae)

Gestalt murmeltierähnlich. Kopf-Rumpf-Länge 75–80 cm. Behaarter Schwanz mittellang, ca. 20 cm, Gewicht 10–15 kg. Nach dem Wasserschwein zweitgrößtes Nagetier Südamerikas. Gelblich graubraunes Fell mit verwaschenen gelblichen Fleckenreihen. Fast schnauzbartartige, lange Schnurrhaare.

Verbreitung. Inselartig in den Ostanden von Kolumbien, Venezuela bis Bolivien und Nordargentinien.

1 Gattung, 1 Art.

Pakarana (*Dinomys branickii*): Einziger überlebender Vertreter einer einst sehr artenreichen, auch auf den Antillen und in Mittelamerika lebenden Nagergruppe.

Gefährdungsstatus. Bestand im Verbreitungsgebiet gefährdet.

Lebensweise. Wenig bekannt. Dämmerungs- und Nachttier. Lebensraum tropische Regenwälder in Tälern und an Berghängen in 240–2000 m Höhe. Einzeln oder paarweise lebender Bodenbewohner, der zwar klettern kann, verbringt den

Tag aber in natürlichen Höhlen oder Erdbauen anderer Tiere.

Nahrung. Früchte, Blätter, auch Maisblätter, Gras, weiche Schösslinge.

Haltung von Pakaranas

In Tiergärten sehr selten gezeigt. Pakaranas schlafen bei konventioneller Haltung im klimatisierten Kleintierhaus tagsüber außerhalb der Fütterungszeiten meist, deshalb besser Dauerunterkunft im Nachttierhaus. Auf betoniertem oder kunststoffbeschichtetem Boden dünne Einstreu aus Sand, Torf, Rindenmulch, trockenem Laub oder Sägemehl, dazu dekorative Stein- und Wurzelverstecke, Klettereinrichtungen und besonders halbhoch gelegene hölzerne Schlaf- und Ruheplattformen mit rampenähnlichen Zugängen. Fester Kotplatz. Gelten als friedfertige Tiere.

Fütterung. Haferflocken, gequollener Mais, gekochter Reis, Samen, Getreidekörner-Mischung, Pellets, Brot, viel rohes Obst und Gemüse, besonders Banane, Apfelsine, Apfel, Möhre, milchige Maiskolben, Grünfutter, Heu.

Fortpflanzung und Zucht. In zu kleinen Unterkünften unverträglich, in geräumigen, durch Einbauten strukturierten, klimatisierten Räumen paarweise oder in Familiengruppen problemlos. Nicht züchtende Paare wurden in Einzelfällen durch zeitweilige Trennung stimuliert. Vergesellschaftung nach Aufenthalt am Sichtgitter anfangs nur stündlich und unter Aufsicht. Östruszyklus etwa 4–6 Wochen, Östrus nur 1 Tag, dann bis 22 Paarungen von höchstens 20 Sekunden Dauer. Tragzeit 223–283 Tage, damit längste Tragzeit eines Nagetieres. Tragende Weibchen sind besonders vor der Geburt aggressiv zum Männchen, welches bei vermuteter Trächtigkeit bereits nach ersten Auseinandersetzungen entfernt werden sollte. 1, meist 2 seh- und lauftüchtige, voll behaarte Junge, die um 900 g wiegen und mit weit entwickelten Schneidezähnen im Ober- und Unterkiefer geboren werden. Pakaranas werden selten gezüchtet.

Abb. 20.37 Pakaranas (*Dinomys branickii*) kommunizieren u.a. durch Trampeln mit den Füßen und Zähneklappern.

Höchstalter in Menschenobhut. Pakarana 13 Jahre.

Familie Meerschweinchen (Caviidae)

Gestalt gedrungen. Kopf verhältnismäßig groß, Gliedmaßen teils kurz, teils lang.

Verbreitung. Südamerika.

3 Unterfamilien, 6 Gattungen, 23 Arten.

Eigentliche Meerschweinchen (Caviinae)

3 Gattungen, 17 Arten. Kurzbeinig, kleinohrig, Schwanz fehlt, Zahnfärbung variiert innerhalb der Gattungen. Südamerika, außer Zentralbrasilien, Südargentinien und Südchile.

Beispielvertreter

Gelbzahnmeerschweinchen (*Galea*): 5 Arten. Südperu und Brasilien bis Argentinien. **Wieselmeerschweinchen** (*G. musteloides*).

Abb. 20.38 Größe und Gestalt des Bergmeerschweinchens (*Kerodon rupestris*) lassen nicht vermuten, dass es der nächste Verwandte der Capybaras ist.

Zwergmeerschweinchen (*Microcavia*): 6 Arten. Kleinste Vertreter der Familie. Weiße Zähne, weiße Augenringe. Bolivien, Westargentinien und Chile bis etwa zum 45. Südlichen Breitengrad. **Südliches Zwergmeerschweinchen** (*M. australis*).

Echte Meerschweinchen (*Cavia*): 6 Arten. Fell relativ rau, gräulich oder braun, Zähne weiß. Guyana, Venezuela, Kolumbien, Peru, Bolivien, Paraguay, Südbrasilien, Uruguay, Nordostargentinien. **Aperea-Wildmeerschweinchen** (*C. aperea*), auch Aperea: Stammform des Hausmeerschweinchens. Als dessen Stammform wird auch verschiedentlich das **Tschudi-Meerschweinchen** (*C. tschudii*) angesehen.

Gefährdungsstatus. Bestand im Verbreitungsgebiet meist ungefährdet. Santa-Catarina-Meerschweinchen (*Cavia intermedia*) gilt als vom Aussterben bedroht.

Lebensweise. Tagtiere. Lebensraum locker buschbestandene Grassteppen des Flach- und Hügellands, nur vereinzelt im Bergland bis in 4200 m Höhe (Wildmeerschweinchen). Gesellig in kleinen Gruppen. Schlaf- und Ruheplätze selten in selbst gegrabenen Erdbauen, meist in verlassenen Höhlen anderer Tiere, unter Steinen, Felsen oder in Felsspalten. Ortstreu, Territorien mit festen Wechseln.

Nahrung. Gräser, Kräuter, Blätter, Rinde.

Hausmeerschweinchen (*Cavia aperea f. porcellus*)

Wildmeerschweinchen werden vermutlich schon seit 3000 Jahren von den Ureinwohnern weiter Teile des nördlichen, westlichen und mittleren Südamerikas halbwild als Fleischlieferanten gehalten. Abweichend von der Wildform gezeichnete und gefärbte Meerschweinchen fanden Archäologen als Grabbeigaben, die als Wegzehrung für die Toten dienen sollten, und die belegen, dass die Inkas seit der Gründung ihres Reiches etwa um 1200 in Peru durch gezielte Zucht und Selektion entscheidend zur Entstehung eines neuen Haustieres beitrugen, bei dem allerdings in dieser frühen Zeit der Haustierwerdung die Fellfarbe schwarz noch nicht vorhanden war. Die Entdecker und Eroberer Amerikas fanden also vor über 500 Jahren bereits ein domestiziertes Haustier vor, welches im 16. Jahrhundert von holländischen Seefahrern nach Europa gebracht wurde. Hier wurden, wie später auch andernorts, im Laufe der weiteren Domestikation zahlreiche Farbschläge mit verschiedenen Zeichnungsmustern und veränderten Fellstrukturen herausgezüchtet, darunter die heute ein- bis dreifarbigen, weit verbreiteten lang-, kurz- oder rosettenhaarigen Schläge. Hausmeerschweinchen leben zur Fleischgewinnung noch heute in Indianersiedlungen von Ecuador, Peru und Bolivien und sind weltweit vor allem in Amerika, Europa, Asien und Australien als Heim-, aber auch als Labortiere verbreitet.

Maras (Dolichotinae)

Auch Pampashasen. 1 Gattung, 2 Arten. Gestalt hasenähnlich, schlank, hochbeinig (daher der Name „Pampashase"), Ohren zwar groß, aber kürzer als bei Hasen, Schwanz stummelförmig. Mittleres und südliches Südamerika. Pampashasen (*Dolichotis*): **Großer Mara** (*D. patagonum*): reichlich hasengroß, weiße Fellfärbung am Hinterteil. Zentral- und Südargentinien. – **Kleiner Mara** (*D. salinicola*): ohne weiße Fellfärbung am Hinterteil. Bolivien, Paraguay, Nordargentinien.

Gefährdungsstatus. Bestand im Verbreitungsgebiet gebietsweise gefährdet.

Lebensweise. Tagtiere. Lebensraum locker mit Büschen bestandene Grassteppe oder grasarme, dichte Buschsteppe. Gesellig in kleinen Trupps. Schlaf- und Ruheplätze in dichter Bodenvegetation oder in Bauen anderer Tiere, Jungenaufzucht in selbst gegrabenen Erdhöhlen. Passgänger, auf der Flucht schneller Galopp und bis zu 2 m weite Sätze. Lebensweise von Kleinen Maras weitgehend unbekannt.

Nahrung. Gräser, Kräuter, Strauchtriebe, Blätter, Knospen. Maras praktizieren die Caecotrophie, das nochmalige Verzehren des Blinddarmkotes.

Wasserschweine (Hydrochoerinae)

2 Gattungen, 4 Arten. Trotz deutlicher Unterschiede in Größe und Lebensweise sprechen die Ergebnisse genetischer Untersuchungen für eine enge Verwandtschaft zwischen Wasserschweinen und Bergmeerschweinchen.

Wasserschweine (*Hydrochoerus*), auch Capybara: 2 Arten. Gestalt plump und gedrungen, Kopf groß, meerschweinchenähnlich, aber hochbeiniger, Männchen mit deutlichem Drüsenfeld auf dem Nasenrücken, Rumpf kurz, kompakt, Gliedmaßen mittellang, vorn vier-, hinten dreizehig, mit kleinen Schwimmhäuten, Schwanz stummelförmig, Fell schütter. Südliches Mittelamerika bis mittleres Südamerika. **Capybara** (*H. hydrochaeris*), auch Wasserschwein: größtes Nagetier, Schulterhöhe etwa 50 cm, Kopf-Rumpf-Länge bis 1,3 m. Panama über Venezuela und Kolumbien, Brasilien und Bolivien bis Uruguay und Nordwestargentinien. – **Kleine Capybara** (*H. isthmius*), auch Panama-Wasserschwein: bedeutend kleiner und leichter als Capybara. Panama.

Bergmeerschweinchen (*Kerodon*), auch Felsenmeerschweinchen: 2 Arten. Größe wie Hausmeerschweinchen, aber hochbeiniger. **Bergmeerschweinchen** (*K. rupestris*), auch Felsenmeerschweinchen oder Moko.

Gefährdungsstatus. Bestand der Wasserschweine im Verbreitungsgebiet trotz starker Bejagung noch nicht gefährdet, in Venezuela auf einigen Farmen Bewirtschaftungsgehege.

Lebensweise. Tag- und Dämmerungstiere, bei starker Bejagung Nachttiere. Lebensraum unterholzreicher Wald in Wasser- und Sumpfnähe, Röhrichte und langgrasige Wiesen (Wasserschweine), felsige Gebirge (Bergmeerschweinchen). Gesellig in Familien oder kleinen Horden. Sassenartige Ruheplätze im Schutz von Pflanzen (Wasserschweine) bzw. in Felsspalten (Bergmeerschweinchen). Wasserschweine schwimmen und tauchen gut, flüchten bei Gefahr mit Galoppsprüngen ins Wasser. Bergmeerschweinchen klettern und springen geschickt in steilen Felsen und klettern auch auf Bäume in ihrer Umgebung.

Nahrung. Wasserschweine fressen Wasserpflanzen, Gras, Kräuter, Sumpfpflanzen, zarte Rinde, in Plantagen Reis, Zuckerrohr, Mais und Wassermelonen, vielleicht auch Kleintiere und Aas, Bergmeerschweinchen nehmen neben Gräsern und Kräutern vor allem junge Triebe von Büschen und Bäumen, frische Blätter, Sämereien und Früchte auf.

Haltung von Meerschweinchen, Maras und Wasserschweinen

In Tiergärten werden Hausmeerschweinchen und Großer Mara häufig, Capybara relativ oft, Wildmeerschweinchen, Wieselmeerschweinchen und Bergmeerschweinchen gelegentlich, Panama-Wasserschwein selten und Kleiner Mara sehr selten gezeigt. Zur Haltung von Hausmeerschweinchen siehe Spezialliteratur.

Unterkunft. Unterbringung der Meerschweinchen wie für Wildformen tropischer oder subtropischer, vegetarischer, tagaktiver Erdhörnchen (siehe dort) oder Mäuseverwandte (siehe dort). Während der warmen Jahreszeit auch in trockenen, sonnigen kleinen Freianlagen mit regengeschützten Schlaf- und Ruheplätzen, da meist nässe- und kälteempfindlich. Bei Aperea-Wildmeerschweinchen auch ganzjährige Außenhaltung möglich. Bergmeerschweinchen werden wie Meerschweinchen gehalten. Da sie sehr sprunggewaltig sind, keine Unterbringung in Freisichtanlagen, sondern im geschlossenen Käfig bzw. in Vitrinen. Sie sind nicht winterhart, daher jahreszeitlich bedingt wechselnde Haltungs- und Pflegeansprüche.

Maras meist auf geräumigen Freianlagen, sogar frei auf dem Gelände des Tiergartens. Als Gehegebegrenzung ein etwa 1–1,8 m hohes Gittergeflecht oder eine Glasscheibe, darunter tiefes Betonfundament. Gräben von 2 m Breite werden mühelos übersprungen. Um zu verhindern, dass die Tiere tiefe Baue anlegen, je nach Anzahl mehrere zugfreie, trockene Schutzunterkünfte (kleine, gut gegen Durchfeuchtung geschützte Holzhütten) anbieten, die im Winter mit Infrarotstrahlern schwach beheizt werden können. Obwohl winterhart und auch bei Temperaturen von bis zu –18 °C im Freien, dient eine temperierte Schutzunterkunft dem besonderen Wohlbefinden. Nässeempfindlich, deshalb dichtes Heu- oder Strohlager häufig wechseln oder ergänzen. Auch Futterplätze im Winter durch Wärmestrahler gegen Frost schützen. Schreckhaft, daher ruhiges, besonnenes, umsichtiges Hantieren bei Pflegearbeiten erforderlich. Manche Individuen werden handzahm, nehmen Futter aus der Hand, andere können aggressiv sein.

Wasserschweine bei Lufttemperaturen um 10 °C zumindest während der warmen Jahreszeit tagsüber in möglichst geräumiger, grasbewachsener, auch mit Bäumen und Büschen bestandener Freianlage mit einem Badebecken, dessen Wasser auf 10–15 °C erwärmt werden kann. Begrenzung mit Drahtgittern, Trockengräben oder besucherseitig von Mauern umschlossenen Wassergräben. Bei Schlechtwetter und starker Temperaturabkühlung, vor kühlen Nächten wie während der gesamten Herbst-, Winter- und Frühjahrsmonate Unterbringung im Warmhaus, da die Tiere kälteempfindlich sind. In nicht strukturierten Innenunterkünften fast stets Einzelunterbringung, da auf engem Raum auch Paare unverträglich sind, ansonsten Gruppenhaltung von Familien möglich. Im Zoo Schwerin stand in der Innenunterkunft einem erwachsenen Paar und den Jungen zweier Würfe eine mehrkammerige, mit abnehmbaren Deckeln abgeschlossene Kiste als Schlafplatz sowie dem Muttertier als Wurfversteck zur Verfügung, wobei über Jahre keine ernsthaften interindividuellen Aggressionen auftraten. Separierungsboxen sollten vorhanden sein. Badebecken zwar nicht erforderlich, aber eine Bademöglichkeit ist wünschenswert, da bei zu langer Trockenhaltung das Fell brüchig und stumpf wird. Als Einstreu in den Boxen wird meist Heu verwendet, das sowohl als Lager als auch als Futter dient.

Fütterung. Meerschweinchen und Bergmeerschweinchen erhalten Quetschhafer, Haferflocken, anderes Getreide, Graupen, Möhre und anderes rohes Gemüse, Apfel und anderes rohes Obst, im Sommer frisches Wiesengras, Klee, Löwenzahn, ganzjährig Heu. Hoher Vitaminbedarf (auf 100 g Körpermasse 2–6 mg), wird bei einem 400 g schweren, adulten Tier durch Tagesrationen von 80–200 g Salat, 40–60 g Spinat oder 4 Hagebutten gedeckt.

Maras werden mit Quetschhafer, Pellets, Gemüse, besonders Möhre, auch Kartoffel, Obst, vor allem Apfel, im Sommer Luzerne und Klee gefüttert. Stets reichlich Heu, Salzleckstein und regelmäßig Trinkwasser anbieten. Normaler Kot walzenförmig, an den Enden kegelartig zugespitzt.

Die Futterpalette der Wasserschweine beinhaltet Gräser, Kräuter, Quetschhafer, Haferflocken, Nagerpellets, reichlich Grünfutter, Obst und Gemüse (vorwiegend Apfel und Möhre), ab Spätfrühling und im Sommer zur Steigerung der Fruchtbarkeit zusätzlich tierisches Eiweiß, z.B. durchgedrehtes Fleisch, klein gehacktes mageres Fischfilet, Weichfresser-Vogelfutter, proteinreiche Kindernahrung, Geflügelstarterpellets sowie Weizenkeime. Ständig im Futterangebot Salzleckstein und Heu sowie Trinkwasser, das besonders im Stall aus einer Tropfflasche oder einem

Tab. 20.11 Angaben zur Fortpflanzungsbiologie von Meerschweinchen und Bergmeerschweinchen

Art	Zyklusdauer (Tage)	Tragzeit[1] (Tage)	Wurfgröße (Anzahl)	Würfe/Jahr (Anzahl)	Geschlechtsreife (Monate) Männchen	Weibchen
Zwergmeerschweinchen	um 15	etwa 50–54	2–3 (1–5)	4–5		knapp 3[5]
Wieselmeerschweinchen	um 22	49–60[2]	2–3 (1–7)	4–7	2–3	2[6]
Echte Meerschweinchen	um 20	60–70	2–3 (1–5)	4–5	2–3	1–2
Hausmeerschweinchen	14–18	58–72[3]	2–4 (1–7)	4–5	3[4]	2[7]
Bergmeerschweinchen	25–30	75–77	1–2 (–3)	2–3	4	4[8]

Angaben in Klammern sind von der Norm abweichende, aber im natürlichen Schwankungsbereich liegende Werte.
[1] Tragzeit abhängig von der Wurfgröße, bei kleineren Würfen kürzer als bei größeren
[2] 1. Östrus mit 40-50 Tagen, Konzeption nicht unter 80 Tagen
[3] Um 53 Tage
[4] Bei manchen Weibchen erheblich früher, in einem Ausnahmefall Konzeption im Alter von 9 Tagen. Bisher einmalig bei Säugetieren
[5] Um 68 Tage
[6] Nach manchen Autoren schon mit 60 Tagen.
[7] Nicht selten schon mit 30–35 Tagen, ausnahmsweise auch schon mit 21 Tagen
[8] Eine Konzeption wurde mit 55 Tagen festgestellt (Vater × Tochter).

nur mit dem Maul zugänglichen Gefäß gereicht werden sollte, da die Tiere sonst hineinkoten.

Allen müssen zum Nagen ständig Äste bzw. Zweige von Weiden-, Obst- oder anderen Bäumen zur Verfügung stehen.

Vergesellschaftung. Wildmeerschweinchen und Bergmeerschweinchen sind paarweise oder in kleinen Haremsgruppen verträglich, erwachsene Männchen untereinander bissig. Männliche Wieselmeerschweinchen vertragen sich auch zu mehreren in gemischtgeschlechtlichen Gruppen. Reine Männchengruppen etwa gleichen Alters bei Wildmeerschweinchen möglich. Maras nur in sehr weitläufigen Anlagen oder bei frei im Zoo laufenden Tieren in kleinen Trupps aus mehreren Männchen und Weibchen bedingt verträglich, dennoch gelegentlich Kämpfe unter den Männchen. Im Bronx Zoo New York gab es in einem Gehege von 20 m x 45 m bei gleichzeitiger Anwesenheit mehrerer Männchen nicht nur eine hohe Jungtiersterblichkeit, sondern auch unter erwachsenen Tieren eine hohe Mortalität durch Stress und daraus resultierende Unfälle und Erkrankungen. Deshalb werden Maras meist in kleinen Haremsfamilien aus 1 Männchen und 3–5 Weibchen, in kleinen Unterkünften auch nur paarweise gehalten, dort sind sie sogar monogam. Maras sind anderen Arten gegenüber sehr verträglich, eine Vergesellschaftung mit vielen südamerikanischen Säugtieren (z.B. mit allen Neuweltkamelen, Tapiren, Großen Ameisenbären, Wasserschweinen) und Vögeln (z.B. Nandus, Tschajas usw.) ist unproblematisch. Capybaras sind oft nur paarweise oder in geräumigen Ausläufen in kleinen Haremsgruppen aus 1 Männchen und 2–3 Weibchen bedingt verträglich, aber oft auch Weibchen untereinander unduldsam. Vergesellschaftungen wurden mit Flachlandtapiren, mit Maras und anderen südamerikanischen Säugetier- und Vogelarten auf geräumigen Freianlagen erfolgreich praktiziert. Fremde Artgenossen dürfen nur mit äußerster Vorsicht nach langem Kennenlernen und nur unter Aufsicht mit alteingesessenen Tieren zusammengewöhnt werden, da letztere die Neulinge oftmals nicht akzeptieren.

Fortpflanzung und Zucht. Weibchen der Meer- und Bergmeerschweinchen ganzjährig polyöstrisch, doch Hauptwurfzeit von Zwerg-, Wiesel- und Bergmeerschweinchen von Frühjahr bis Herbst. Östrusdauer bei den Wildformen, z.B. Wildmeerschweinchen unter 12, Wieselmeerschweinchen 2–3 Stunden, kann durch anwesendes Männchen stimuliert werden. Angaben zur Fortpflanzungsbiologie in Tabelle 20.11. Bei allen Arten früher Post-partum-Östrus, meist

Tab. 20.12 Milchzusammensetzung von Meerschweinchen und Bergmeerschweinchen

Art	Trockensubstanz (%)	Fett (%)	Eiweiß (%)	Kohlenhydrate (%)	Asche (%)	Proben (Anzahl)
Hausmeerschweinchen	19,62	5,63	8,38	3,59	1,14	441
Bergmeerschweinchen	19,50	6,87	6,63	5,26		26

schon am Tag der Geburt oder 1–2 Tage später. Zu diesem Zeitpunkt gezeugte Junge sind nur selten schwächlicher als nach der Laktationsperiode gezeugte Junge. Wurde das Männchen vor dem Wurf entfernt, erfolgt die Wiedervergesellschaftung der Geschlechtspartner meist etwa 2 Wochen nach der Geburt. Neugeborene sind voll behaart, seh- und lauftüchtig, teilbezahnt. Geburtsgewichte: Zwergmeerschweinchen um 30 g, Wieselmeerschweinchen um 35–40 g, Wildmeerschweinchen um 60 g, Hausmeerschweinchen durchschnittlich knapp 70 g (Extremgewichtsspanne 35–115 g, Junge aus großen Würfen leichter als solche aus kleinen) und Bergmeerschweinchen um 85 g. Wieselmeerschweinchen mit 2 Zitzenpaaren, andere Meerschweinchen mit 1 Zitzenpaar. Erste feste Kost oft schon am Tag der Geburt, sonst 1–2 Tage später. Ebenfalls am 1. Lebenstag nehmen die meisten Jungen Blinddarmkot der Mutter als Vitaminträger und zum raschen Aufbau der Darmflora auf. Säugezeit etwa 3 Wochen, doch können kräftige junge Meerschweinchen ab 5. Lebenstag ohne Milch überleben. Weibliche Zwergmeerschweinchen sollen auch fremde Junge saugen lassen. Jungtiere im Alter von 3 Wochen absetzen. Milchzusammensetzung in Tabelle 20.12. Künstliche Aufzucht auch mit „Humana Heilnahrung" für Menschenbabys gelungen.

Maraweibchen sind polyöstrisch. Kleine Maras mit 1, Große Maras mit 2 seitlich am Körper sehr hoch liegenden achsel- und weichenständigen Zitzenpaaren. Würfe ganzjährig möglich. Brünstige Weibchen werden vom Männchen mit fein zerstäubendem Harnstrahl markiert. Tragzeit beim Großen Mara 90–92, beim Kleinen Mara um 77 Tage. Nach frühzeitigem Jungtierverlust Post-partum-Östrus und dann 3–4 Würfe im Jahr in Abständen von 3-3½ Monaten möglich. In Zoos gruben tragende Weibchen trotz vorhandener Schutzhütten vor dem Werfen Baue. Geburten erfolgten außerhalb derselben, Junge begaben sich nach der Geburt allein in den Bau, verließen diesen anfangs nur drei- bis viermal am Tag, wenn sie von der Mutter zum Säugen herausgerufen wurden. 1–3, meist 2 Junge, bei Kleinen Maras in der Regel nur 1 Jungtier. Neugeborene sind voll behaart, seh- und lauftüchtig, Geburtsgewicht in 6 Fällen beim Großen Mara zwischen 380 und 680 g. Säugezeit 10–11 Wochen, erste feste Kost ab 2. oder 3. Woche. Jungtiere bleiben bis 9 Monate bei der Mutter, die sich mit den Jungen etwas von der Gruppe absondert und später den Nachwuchs vor dem nächsten Wurf vertreibt. Geschlechtsreife bei Weibchen mit 5–6 Monaten, 1. Wurf meist mit 8 Monaten. Gute Zuchterfolge bei Großem Mara, bei Kleinem Mara bisher noch selten. Künstliche Aufzucht in Chicago mit verdünnter Kondensmilch und 4–5 Mahlzeiten am Tag. Anfangs Flaschenaufzucht, nach 1 Monat Milch aus Tränknäpfen. Erste feste Kost in Form von geriebenem Apfel mit 2–3 Wochen, ausschließlich Normalkost ab 5. und 6. Woche.

Würfe bei Wasserschweinen ganzjährig möglich. Weibchen mit 5 Zitzenpaaren, polyöstrisch. Wenn die Tiere im Außengehege zusammengelassen werden, Paarungen bald nach erfolgter Vergesellschaftung und, wenn vorhanden, im Wasser. Während eines Östrus bis zu 22 Paarungen von 5–10 Sekunden Dauer. Bei fehlendem Wasserbecken Paarungen auch an Land, z.B. bei Paarhaltung im Winterquartier. Tragzeit 5 Monate (in 3 Fällen 149, 156 und 161 Tage). Früher Post-partum-Östrus um den 3. Laktationstag. In Schwerin zwischen 4 Geburten 3 Partusintervalle von exakt 165 Tagen. Eine Angabe für das Panama-Wasserschwein von

104–111 Tagen bedarf der Bestätigung. Vatertiere sind meist ungefährlich für die Jungen, beschützen diese teilweise sogar. Bei Gruppenhaltung in wenig strukturierten Anlagen tragende Weibchen isolieren oder erwachsene Weibchen entfernen, da letztere die fremden Jungen töten könnten. 1-8, im Mittel 3-4 seh- und lauftüchtige, gut behaarte, teilbezahnte Junge, die bei vorhandener Bademöglichkeit schon am 1. Tag ins Wasser gehen und sich hier schwimmend geschickt fortbewegen (flache Ausstiege erforderlich!). Geburtsgewicht durchschnittlich 1,75 kg (1,30–2,26 kg). Junge nehmen bereits am 1.–3. Lebenstag erste feste Kost zu sich, werden aber bis zu 16 Wochen gesäugt und bis zum Einsetzen der Geschlechtsreife mit etwa 15 Monaten (Männchen auch erst mit 1½ Jahren, Weibchen schon mit 1 Jahr) von der Mutter in deren Nähe geduldet, auch wenn diese inzwischen den nächsten Wurf aufzieht. Meist werden jedoch die im Sommer auf den Gemeinschaftsanlagen gezeugten Jungen im Dezember und Januar geboren und 5–6 Monate später, wenn die Mutter wieder auf die Freianlage überführt wird, abgesetzt. Geschlechtsunterscheidung einfach, wie bei Meerschweinchen durch Herausdrücken des Penis. Ab 8. Woche markiert sich das für die Männchen charakteristische helle Drüsenfeld auf dem Nasenrücken.

Höchstalter in Menschenobhut. Tschudi-Meerschweinchen 6¾, Hausmeerschweinchen 9½, Wieselmeerschweinchen über 4, Spix-Wieselmeerschweinchen (*Galea spixii*) über 4½, Südliches Zwergmeerschweinchen 8, Großer Mara über 14¼, Bergmeerschweinchen fast 13, Wasserschwein über 15 Jahre.

Familie Agutis (Dasyproctidae)

Kopf-Rumpf-Länge 40–60 cm, Körperbau entspricht dem hinten überbauten Buschschlüpfertyp. Gestalt wasserschweinähnlich, aber kleiner und erheblich zierlicher, Hals länger, Rumpf schlanker, Beine sehr schlank, vorn mit je 4, Hinterfüße mit je 3 Zehen, Krallen hufähnlich, Schwanz stummelförmig oder kurz, Gewicht 1,5–4 kg. Fell ungefleckt, glänzend.

Verbreitung. Mittelamerika, nördliches und mittleres Südamerika, Kleine Antillen.

2 Gattungen, 15 Arten.

Beispielvertreter

Agutis (*Dasyprocta*): 13 Arten. Hauskatzengroß, Schwanzstummel im Fell verborgen, Arten gleichen sich im Körperbau und unterscheiden sich vor allem in der Fellfärbung. Mittelamerika von Mexiko bis zum mittleren Südamerika (Südbrasilien, Paraguay). **Goldrückenaguti** (*D. leporina*): früher unter *D. aguti* geführt, **Mittelamerikanisches Aguti** (*D. punctata*), **Azara-Aguti** (*D. azarae*), **Mohrenaguti** (*D. fuliginosa*).

Acouchis (*Myoprocta*), auch Zwergagutis: 2 Arten. Kleiner als Agutis, Kopf-Rumpf-Länge 32–38 cm, Schwanz kurz (4–7 cm), dünn, Gewicht 0,5–1,3 kg. Nördliches und mittleres Südamerika. **Grünes Acouchi** (*M. pratti*), **Rotes Acouchi** (*M. acouchy*).

Gefährdungsstatus. Bestand im Verbreitungsgebiet bei den meisten Arten vermutlich nicht gefährdet, mit Ausnahme von Azara-Aguti, Coiba-Aguti (*Dasyprocta coibae*) und Roatán-Aguti (*D. ruatanica*). Mexikanisches Aguti (*D. mexicana*) gilt als vom Aussterben bedroht. ESB für Azara-Aguti wird in Newquay geführt.

Lebensweise. Tagtiere. Lebensraum alle Landschaften Südamerikas. Einzelgänger oder paarweise, selten auch in lockeren Kolonien. Ortstreu in Revieren mit festen Wechseln und selten selbst gegrabenen Erdbauen. Ruheplätze oft in Erdhöhlen anderer Tiere. Bei Gefahr ducken sie sich und flüchten nur im Notfall hasenschnell hakenschlagend.

Nahrung. Gräser, Kräuter, Blätter, Stängel, Wurzeln, Nüsse, Früchte, gelegentlich Krabben und andere kleine Wirbellose. In der Regenzeit graben sie Vorratslager.

Haltung von Agutis

In Tiergärten nicht selten gezeigt, vor allem Goldrückenaguti, Mohrenaguti, Azara-Aguti und beide Acouchis. Nicht winterhart und wenig akklimatisierbar, da sehr temperaturempfindlich.

Unterkunft. Auf Dauer meist in besucherseitig verglaster oder drahtbegrenzter, temperierter, geräumiger Kleintierhausanlage mit möglichst zugeordnetem sonnigem Außenkäfig für den Freilandaufenthalt im Sommer. Bodenbelag Sand, Torfmull, trockenes Laub, innen auch Rindenmulch, Hobel- oder Sägespäne, dazu Verstecke aus Wurzeln, Steinen o. Ä., wo heugepolsterte Liegeplätze gern angenommen werden. Kunstbau nicht erforderlich, auch halb offene oder geschlossene Schlafkisten werden nicht in allen Fällen bezogen. Agutis sind schreckhaft, hastige Bewegungen und Lärm vermeiden, bei Pflegearbeiten ruhig und besonnen hantieren. Erschreckte Agutis springen aus dem Stand 2 m hoch.

Fütterung. Haferflocken, Quetschhafer, gequollener Mais, gekochter Reis, Pellets, viel Gemüse, Obst, Grünfutter, Heu, gelegentlich einige Mehlwürmer oder tierisches Eiweiß in anderer Form. Fraßholz anbieten.

Vergesellschaftung. Agutis sind paarweise verträglich, leben im natürlichen Lebensraum vermutlich in Dauerehe, sind gegen erwachsene, gleichgeschlechtliche Artgenossen aggressiv. Azara-Agutis können auch in reinen Weibchen- oder Männchengruppen gehalten werden, wenn die Gehege groß genug sind und die Individuen sich aus dem Weg gehen können. Im Sommer unter klimatisch günstigen Bedingungen ähnlich wie bei Wasserschweinen auch Vergesellschaftung mit anderen Säugetieren und Vögeln in großen Freigehegen möglich. Acouchis sind vermutlich etwas geselliger als Agutis, konnten auch in kleinen Haremsgruppen gehalten werden.

Fortpflanzung und Zucht. Weibchen polyöstrisch. 2 Würfe im Jahr. Zucht ganzjährig möglich, doch Würfe gehäuft in den Sommermonaten. Zyklusdauer bei Agutis um 34, bei Acouchis um 42 Tage. Männchen treiben die Weibchen vor der Paarung. Tragzeit bei Agutis 104–120, bei Acouchis wahrscheinlich um 99 Tage. Männchen braucht nicht isoliert zu werden, verhält sich gegenüber dem Jungen neutral. Post-partum-Östrus nur nach frühzeitigem Jungtierverlust, Wiedereinsetzen des Zyklusgeschehens bei natürlicher Aufzucht am Ende der Laktationsperiode. 1–3, selten bis 4, meist 1–2 gut behaarte, seh- und lauftüchtige, teilbezahnte Junge. Geburtsgewicht bei Agutis 150–250 g, bei Acouchis um 100 g. Junge laufen und springen bereits 1 Stunde nach der Geburt sicher und nehmen schon in den ersten Lebenstagen feste Kost zu sich. Ein nach Kaiserschnitt geborenes Grünes Acouchi nahm mit 6 Tagen regelmäßig feste Kost und überlebte damit, nachdem bei der operierten Mutter die Laktation am 10. Tag aussetzte. Als Säugezeit für Agutis werden 20 Wochen angegeben, sie ist vermutlich kürzer. Jungtiere nach Abschluss der Säugezeit mit zunehmender Selbständigkeit vor Eintritt der Geschlechtsreife absetzen, da sie dann je nach Geschlecht von 1 der beiden Alttiere als Rivalen behandelt und bekämpft werden. Geschlechtsreife mit 8–12 Monaten. Zucht bei mehreren Agutiarten, besonders häufig beim Goldaguti, Mittelamerikanischen Aguti und bei beiden Acouchi-Arten. Künstliche Aufzucht des Grünen Acouchi u. a. im Aquazoo Düsseldorf mit Katzenmilchpulver, Kondensmilch, Vitamin- und Mineralstofflösungen gelungen. Milchzusammensetzung beim Roten Acouchi (Mittelwerte von 2 Proben): Trockensubstanz 30,8 %, Fett 19,3 %, Eiweiß 4,7 %, Kohlenhydrate 1,8 %, Asche 1,3 %.

Höchstalter in Menschenobhut. Azara-Aguti fast 12, Roatán-Aguti 13¾, Mohrenaguti 17½, Goldaguti 17¾, Grünes Acouchi 14¾ Jahre.

Familie Pakas (Cuniculidae)

Gestalt wasserschweinähnlich, etwa halb so groß, Kopf-Rumpf-Länge 60–80 cm, Schwanz verkümmert, 4 Vorderzehen, 5 Hinterzehen, 2 davon verkümmert, lange Tasthaare an der Schnauzenspitze und hinter dem Auge, Fell stumpf, braun, gelblich weiß gefleckt.

Verbreitung. Nördliches und mittleres Südamerika.

1 Gattung, 2 Arten.

Pakas (*Cuniculus*): Venezuela, Kolumbien und Ecuador über Ostperu und Bolivien, Brasilien bis Nordargentinien und Uruguay. **Flachlandpaka** (*C. paca*), **Bergpaka** (*C. taczanowskii*).

Gefährdungsstatus. Bestand im Verbreitungsgebiet nicht gefährdet.

Lebensweise. Nachttiere. Lebensraum unterholzreicher Wald am Ufer von Gewässern des Flach- und Hügellandes (Flachlandpaka) oder unterer Gebirgslagen (Bergpaka). Ruheplätze in selbst gegrabenen Erdbauen oder Bauen anderer Tiere, deren Eingänge oft mit Laub zugestopft werden. Einzelgänger, ortstreu in Revieren mit festen Wechseln. Springen und schwimmen gut, flüchten bei Gefahr ins Wasser.

Nahrung. Blätter, Triebe, Stängel, Wurzeln, Früchte. Richten mitunter Schäden in Pflanzungen an.

Haltung von Pakas

In Tiergärten werden Flachlandpakas selten, Bergpakas noch seltener gehalten und gezüchtet. Bei konventioneller Haltung im klimatisierten Kleintierhaus (kälteempfindlich!) wenig attraktiv, da sie tagsüber außer zu den Fütterungszeiten meist schlafen. Dauerunterkunft daher meist im Nachttierhaus, vielfach bei Rotlicht, dann tagsüber in der Kunstnacht lebhaft und spielfreudig. Bei natürlichem Licht meist während der Morgen- und Abendstunden aktiv. Bodenbelag Sand, Torfmull, Rindenmulch oder trockenes Laub, dazu Stein- und Wurzelverstecke, Kunstbau, möglichst ein Badebecken.

Abb. 20.39 Bergpakas (*Cuniculus taczanowskii*) sind nachtaktive Bodenbewohner, die gut schwimmen und tauchen können und vor Fressfeinden oft ins Wasser flüchten.

Fütterung. Haferflocken, gequollener Mais, gekochter Reis, Pflanzenfresser-, Nagetier- oder auch Geflügelpellets, Kräuter, Erd- sowie Walnüsse und Sonnenblumenkerne in Maßen, belaubte Äste (Weide, Ahorn, Buche), rohes Obst und Gemüse, Heu.

Vergesellschaftung. In der Regel Einzelgänger, aber Vergesellschaftung nach vorheriger Begegnung am Sichtgitter möglich oder die Tiere beim Zusammengewöhnen nach einem Transport in ein für beide fremdes Umfeld mit neuer Einrichtung und Einstreu bringen. Einander unbekannte Partner bespritzen sich in der Konfliktsituation des Kennenlernens auf den Hinterbeinen stehend mit Harn, wie das auch bei Auseinandersetzungen üblich ist. Bei harmonierenden Paaren streicht das Männchen mit seiner Kehle den Rücken des Weibchens entlang. Haltung von Paaren und kleinen Familiengruppen möglich ebenso Vergesellschaftung mit Krallenaffen.

Fortpflanzung und Zucht. Weibchen polyöstrisch, Würfe ganzjährig möglich, dann im Abstand von etwa 6 Monaten. Tragzeit um 120 (nachweislich in einem Fall 118) Tage. 1, selten 2 hoch entwickelte, voll behaarte, seh- und lauftüchtige, teilbezahnte Junge, die schon in den ersten Tagen feste Kost aufnehmen. Geburtsgewicht bei Pakas 500–700 g.

Höchstalter in Menschenobhut. Flachlandpaka 16¼, Bergpaka fast 19 Jahre.

Familie Kammratten (Ctenomyidae)

Von Gestalt und Größe meerschweinchenähnlich, Kopf-Rumpf-Länge 15–25 cm, Schwanzlänge 6–11 cm, wenig behaart, große, frei liegende Schneidezähne, Gliedmaßen mit kräftigen Krallen und Haarbürsten, große, im Gegensatz zu anderen unterirdisch lebenden Tieren hoch am Kopf sitzende Augen.

Verbreitung. Bolivien, Chile, Argentinien, inselartig in Südbrasilien.

1 Gattung, 68 Arten.

Beispielvertreter

Kammratten (*Ctenomys*), auch Tukotukos: **Peru-Kammratte** (*C. peruanus*), **Halsband-Kammratte** (*C. torquatus*), **Talas Kammratte** (*C. talarum*).

Gefährdungsstatus. Bestand im Lebensraum vermutlich nicht gefährdet.

Lebensweise. Tagtiere, die in hoch gelegenen Wüstensteppen als Bodenwühler dicht unter der Erdoberfläche verzweigte Baue (Haupttunnel bis 14 m lang) anlegen, in lockeren Kolonien leben und Vorräte sammeln. Geburten in der Regenzeit, dann bestes Nahrungsangebot.

Nahrung. Wurzeln, Knollen, Stängel, Gräser, oberirdische Pflanzenteile.

Haltung von Kammratten

In Tiergärten äußerst selten gezeigt, deshalb sind Einzelheiten unbekannt. Weibchen vermutlich monöstrisch und nur 1 Wurf im Jahr. Tragzeitangaben für Peru-Kammratte 120, für Halsband-Kammratte um 107 und für Talas Kammratte um 162 Tage. Artverschieden 1–7 Junge, die bei der Peru-Kammratte gut behaart, seh- und lauftüchtig, bei der Talas Kammratte dagegen trotz der längeren Tragzeit schwach behaart und in den ersten Tagen blind sein sollen. Geburtsgewicht um 8 g. Erste feste Kost noch in 1. Lebenswoche. Säugezeit etwa 5 Wochen. Geschlechtsreif mit 8 Monaten.

Höchstalter in Menschenobhut. Talas Kammratte fast 2¼ Jahre.

Familie Trugratten (Octodontidae)

Größe und Gestalt rattenähnlich, aber gedrungener und mit stumpferem Kopfprofil, Kopf-Rumpf-Länge 12–31 cm, Ohren groß und rund bei oberirdisch lebenden Arten, klein bei in der Erde lebenden Formen (Cururo), Schwanz lang und buschig bei an der Oberfläche lebenden, kurz und nackt bei grabenden Tieren, lange Schnurrhaare.

Verbreitung. Westen des mittleren und südlichen Südamerikas.

7 Gattungen mit 15 Arten.

Beispielvertreter

Strauchratten (*Octodon*): 5 Arten. **Degu** (*O. degus*), auch Strauchratte: Nord- und Mittelchile.

Cururo (*Spalacopus cyanus*): Küste von Mittelchile bis zu den Anden.

Pinselschwanzratte (*Octodontomys gliroides*), auch Chozchoz, Bori: Bolivien, Chile, Argentinien.

Gefährdungsstatus. Bestand im Verbreitungsgebiet meist nicht gefährdet. Kirchner-Viscacharatte (*Tympanoctomys kirchnerorum*) gilt als bedroht, Pazifikdegu (*Octodon pacificus*) als stark gefährdet, Chalchaleros-Viscacharatte (*T.*

loschalchalerosorum) als vom Aussterben bedroht.

Lebensweise. Wenig bekannt. Teils Tag-, teils Dämmerungs- oder Nachttiere, die im Küstengebiet, im Vor- und Hochgebirge der Anden sowohl Kulturland als auch öde, steinige, unfruchtbare Gebiete besiedeln und als koloniebildende Bodenbewohner weit verzweigte Erdbaue anlegen, in denen Nahrungsvorräte gesammelt werden. Einige Arten klettern zur Nahrungssuche auch auf Sträucher oder Bäume. Die erst 2000 beschriebenen Goldene Viscacharatte (*Pipanacoctomys aureus*) und die Chalchaleros-Viscacharatte sind spezialisierte Bewohner der Salzwüsten.

Nahrung. Knollen, Zwiebeln, Gräser, Samen, Beeren, Wurzeln, Früchte, Zweige.

Haltung von Trugratten

In Tiergärten wird lediglich der Degu häufiger und der Cururo vereinzelt gezeigt, deshalb sind nur Einzelheiten von diesen bekannt. Pflege und Unterkunft des Degus wie überwiegend vegetarische Mäuseverwandte (siehe dort) oder Erdhörnchen (siehe dort), aber als Tagtiere Unterbringung in einem Nachttierhaus nicht erforderlich. Außerdem wenig temperaturempfindlich, daher in der warmen Jahreszeit oder auch ganzjährig in Freianlagen wie für Präriehunde. Auch volierenartige Unterkünfte mit Ästen, Felsenaufbauten und anderen Klettermöglichkeiten (Degus nutzen gern die Höhe der Anlage aus). Überwinterung in frostfreien Schutzmöglichkeiten mit reichlich Heu und Stroh. Zum Fang nicht am Schwanz greifen, Haut wird wie bei Bilchen abgestreift.

Für die unterirdisch lebenden Cururos Terrarien mit tiefer Einstreu (Rindenmulch, Heu, Stroh), untere Lage aus Hohlziegeln und Ästen. Degus und Cururos nagen extrem, sogar Aluminiumrahmen von Terrarien wurden zerstört.

Fütterung. Rein pflanzlich, je nach Lebensweise Zweige, Wurzeln, Früchte, Gemüse, Heu, Kräuter. Degus sollen bei reichlicher Fütterung mit zuckerhaltigen Obst- und Gemüsesorten (z.B. Apfel, Möhre) an Diabetes bzw. Grauem Star erkranken.

Vergesellschaftung. Degus sind in geräumigen Anlagen auch in größeren Gruppen bis 50 Tieren beiderlei Geschlechts verträglich. Cururos leben in Kleinkolonien von bis zu 15 Mitgliedern (mit mehreren geschlechtsreifen Männchen).

Fortpflanzung und Zucht. Deguweibchen mit 4 Zitzenpaaren, ganzjährig polyöstrisch, mindestens 2 Würfe im Jahr möglich. Bei nicht tragenden Weibchen wird der Eisprung vermutlich durch die Anwesenheit des Männchens ausgelöst. Tragzeit um 90 Tage. 1–10, meist 5–6 voll behaarte, lauf- und meist sehtüchtige (Augenöffnung gelegentlich auch erst am 2. oder 3. Lebenstag), 12–15 g schwere Junge, die im gepolsterten Wurfnest eines Schlafverstecks (Schlafkasten) geboren werden und mit 1–2 Wochen erste feste Kost aufnehmen. Säugezeit 4 Wochen. Geschlechtsreif mit 6 Monaten, Weibchen nach einer Angabe auch schon mit 45 Tagen. Bei der Pinselschwanzratte nach etwa 99 Tagen Tragzeit 1–3 zwischen 15 und 20 g schwere Junge, die etwa 5 Wochen gesäugt werden und mit 3–4 Monaten geschlechtsreif sind. Tragzeit bei Cururos um 77 Tage, Wurfabstand etwa 3 Monate. Jungenzahl 2–4. Junge weit entwickelt, öffnen während der ersten beiden Tage die Augen. Geburtsgewicht 9 g, Kopf-Rumpf-Länge der Neugeborenen 5,5–6 cm. Obwohl schon zeitig Aufnahme von Heu und festem Futter, Säugezeit mindestens 6 Wochen. Mit ca. 6 Monaten wurde das Erwachsenengewicht von etwa 100 g erreicht.

Höchstalter in Menschenobhut. Degu 14, Cururo über 10¾, Pinselschwanzratte über 7½ Jahre.

Familie Chinchillaratten (Abrocomidae)

Gestalt ist rattenähnlich, Kopf-Rumpf-Länge 15–25 cm, aber Schwanz kürzer (6–18 cm), fein und dicht behaart, Augen und Ohren groß, Schnauze spitz.

Verbreitung. Mittelchile und östlich der Anden von Peru bis Mittelargentinien.

2 Gattungen, 10 Arten.

Beispielvertreter

Chinchillaratten (*Abrocoma*): 8 Arten. **Anden-Chinchillaratte** (*A. cinerea*), **Bennett-Chinchillaratte** (*A. bennetti*).

Lebensweise. Wenig bekannt. Tag- oder Dämmerungstiere, die gras- und buschbestandene, felsige Gebiete im Andenvorgebirge bis in 1200 m Höhe oder in den Anden in 3700–5000 m Höhe bewohnen und gesellig in Kolonien in selbst gegrabenen, verzweigten Erdbauen leben, deren Eingänge unter Büschen oder Felsen liegen. Bodenbewohner, die zur Nahrungssuche auch auf Büsche klettern.

Nahrung. Vorwiegend Früchte, Sämereien und Nüsse, auch andere oberirdische Pflanzenteile, Wurzeln und Knollen.

Haltung von Chinchillaratten

In Tiergärten sehr selten, Einzelheiten unbekannt. Unterkunft, Pflege und Fütterung vermutlich wie vegetarische Mäuseverwandte (siehe dort) aus gemäßigten Klimazonen. Tragzeit bei der Anden-Chinchillaratte 115–118 Tage. 1–3, meist 2 weit entwickelte, 15–18 g schwere Junge, bei der Bennett-Chinchillaratte bis 6 Junge.

Höchstalter in Menschenobhut. Bennett-Chinchillaratte über 2¼ Jahre.

Familie Stachelratten (Echimyidae)

Gestalt und Größe ratten- bis hasenähnlich, Kopf-Rumpf-Länge sehr unterschiedlich, 8–65 cm, Fell borstig mit Stacheln untermischt oder wollig unbestachelt. Körperform teilweise schlank, aber auch plump. Schwanz unterschiedlich lang, teilweise bis 45 cm.

Verbreitung. Nördliches und mittleres Südamerika von Honduras bis Peru, Paraguay und südöstliches Brasilien, Kleine und Große Antillen.

5 Unterfamilien, 35 Gattungen, 101 Arten.

Beispielvertreter

Igelratten (*Proechimys*): 25 Arten. **Nordvenezolanische Igelratte** (*P. guairae*), **Tomes Igelratte** (*P. semispinosus*), **Cayenne-Igelratte** (*P. guyannensis*) **Stummelschwanz-Igelratte** (*P. brevicauda*).

Fingerratten (*Thrichomys*): 3 Arten. **Punare** (*T. apereoides*). Kammstachelratten (*Echimys*).

Biberratte (*Myocastor coypus*), auch Sumpfbiber, Nutria (Kürschner- und Handelsname): Die außerhalb ihrer Ursprungsgebiete zur Fell- und Fleischgewinnung in Pelztierfarmen und anderen industriemäßigen Tierproduktionseinrichtungen gehaltenen Tiere zeigen erste Merkmale von Domestikation, z.B. erhebliche Gewichtsunterschiede bei Wild- (8–9 kg) und Farmtieren (12–14 kg), verschiedene Farbschläge, Scheckung. Mittleres und südliches Südamerika, östlich und westlich der Anden, ausgewilderte Bestände in Nordamerika, Europa, Afrika, im Mittleren Osten und Japan.

Kuba-Baumratte (*Capromys pilorides*), auch Hutiaconga. **Jamaika-Ferkelratte** (*Geocapromys brownii*), **Bahama-Ferkelratte** (*G. ingrahami*). **Zaguti** (*Plagiodontia aedium*). **Zwergbaumratte** (*Mesocapromys nana*). **Langschwanz-Baumratte** (*Mysateles prehensilis*) auch Hutiasata.

Gefährdungsstatus. Bestand im natürlichen Lebensraum meist nicht gefährdet. Zaguti, Jamaika-Ferkelratte und Bahama-Ferkelratte gelten als stark gefährdet, die 4 Baumratten-Arten der Gattung *Mysateles* sowie die Rotschopf-

Abb. 20.40 Kuba-Baumratten (*Capromys pilorides*) sind noch relativ häufig und können mitunter zu Feld- und Plantagenschädlingen werden.

Baumratte (*Santamartamys rofodorsalis*) und die Einfarb-Küstenbaumratte (*Phyllomys unicolor*) als vom Aussterben bedroht.

Lebensweise. Weitgehend unbekannt. Überwiegend boden- oder baumlebende, aber auch aquatische Dämmerungs- und Nachttiere, die einzeln, paarweise oder in kleinen Gruppen feuchtwarme Wälder und Waldlichtungen in Gewässernähe sowie verschilfte Ufer von Flüssen, Seen und Flussmündungen oder küstennahe Lagunen bis in felsiges Hügel- und Bergland bewohnen, tagsüber in Erd- oder Baumhöhlen schlafen, gut klettern und schwimmen. Nutrias nutzen Schlaf- und Ruheplätze in selbst gebauten Schilfnestern im Flachwasser, am flachen Ufer oder in einfachen, in einem Kessel endenden Bauen mit Zugang oberhalb der Wasseroberfläche an Steilufern. Baumratten klettern teilweise gut und geschickt in Bäumen, laufen am Boden vierfüßig, flüchten galoppierend oder in kurzen Sprüngen. Einzelgänger, zeitweilig paarweise. Ruheplätze in Erd- und Baumhöhlen, Felsspalten, unter Felsen oder Baumwurzeln.

Nahrung. Gras, Wurzeln, Zuckerrohr, Bambus, Früchte, Nüsse, bei Baumratten zudem zarte Schösslinge, Blätter und Kleintiere aller Art, bei Nutrias zusätzlich Wasserpflanzen, Knollen, Schilf, Uferkräuter, auch kleine wirbellose Wassertiere.

Haltung von Stachelratten

Stachel- und Igelratten in Zoos sehr selten gezeigt. Unterkunft und Pflege wie tropische, nachtaktive Mäuseverwandte (siehe dort), möglichst in Nachttierhausanlage. Hell-Dunkel-Wechsel alle 12 Stunden. Empfindlich gegen Hitze und Trockenheit. Temperatur 18–25 °C, relative Luftfeuchtigkeit 70–90 %. Schlaf- und Nestbox regelmäßig reinigen, tragen Futter ein. Für einen Ortswechsel nicht am Schwanz anfassen, er bricht leicht nahe am Ansatz, meist in der Mitte des 5. Wirbels, ab. Tiere im Ganzen hochheben, beißen bei vorsichtiger Behandlung nicht.

Biberratten werden in Zoos häufig gehalten. Dauerunterkunft im Freigehegen mit betoniertem, teils sandbeschichtetem Auslauf und Wasserbecken mit Bodenablass, Zu- und Überlauf. Als Schlaf- und Ruheplatz gemauerte oder blechverkleidete, hölzerne, trockene Unterkunft, zu deren Eingang eine kurze Laufröhre führt. Gehegeeinfriedung mit starkem Maschendraht oder Stahlgeflechtzäunen, besser eine etwa 70–90 cm hohe, glatte Mauer, Glasscheibe oder auch ein Trockengraben. Gute Schaustellung in gefiltertem Wasser von Becken, die seitlich durch eine Glasscheibe einsehbar sind und eine Beobachtung des Schwimmens und Tauchens ermöglichen, oder in Freianlagen mit Naturboden und kleinem Teich.

Einfriedungen müssen durch etwa 0,90–1,2 m tiefe Fundamente gegen ein Untergraben gesichert, Bäume und Sträucher gegen Verbiss geschützt sein. Biberratten sind winterhart, können in ungeheizten Unterkünften mit Heu- oder Strohlager überwintern und dürfen nach Belieben ihre Freigehege aufsuchen. Die Betonböden solcher Unterkünfte müssen mit trockenem Stroh, Rindenmulch, Holzwolle oder Laub bedeckt sein, um Erfrierungen der Schwänze und Zehen zu vermeiden. Biberratten wurden bis zu Temperaturen von –22 °C ohne Schaden kalt gehalten. Im Umgang vor Bissen hüten, Biberratten am Schwanz greifen, aber weit vom Körper halten!

Baumratten in Tiergärten selten gezeigt, nur Kuba-Baumratte häufiger und Jamaika-Ferkelratte gelegentlich gehalten. Unterkunft artverschieden. Für Dämmerungs- und Nachttiere wie Bahama-Ferkelratte, Jamaika-Ferkelratte und Zaguti geräumiges Nachttierhausabteil hinter Glas mit 12-stündigem Lichtwechselregime, tagsüber schwaches, indirektes farbloses Licht aus einer Leuchtstoffröhre (kein Rotlicht!). Tagtiere wie Hutiaconga und andere Hutias im konventionellen Klimahaus für kleine und mittelgroße Säugetiere. Hutiaconga auch auf Freisichtanlagen. Als Käfiginventar Kletteräste und für jedes Einzeltier mindestens 1 eigenes Schlafversteck (Schlafkasten), für Zagutis an erhöhtem Standort. Übrige Einrichtung und Pflege wie bei Mäuseverwandten (siehe dort). Baumratten werden Menschen gegenüber oft sehr zahm.

Fütterung. Für Igel- und Stachelratten Gemüse, besonders Möhre, Rüben, Kartoffel, Obst, vor allem Banane, Apfelsine, Pampelmuse, Apfel, Getreidemischung aus ganzem Roggen, Weizen, Quetschhafer, Sonnenblumenkerne, dazu tierisches Eiweiß in Hundekuchen oder ähnlichen Mischungen, gelegentlich Mehlwürmer, Grillen, Regenwürmer. Weichfresserfutter für Vögel.

Biberratten bekommen Getreidekörner, Mais, Pellets, trockenes Brot, Kartoffeln, Rüben, Möhre, saisonbedingt preiswertes Obst und Gemüse, im Sommer Grünfutter, Heu. Reichlich frische, starke Äste zum Nagen, auch Knochen, Geweihabwurfstangen. Biberratten brauchen viel zellulosereiche Nahrung, aber auch etwas Kochfleisch. hin und wieder Muscheln, Schnecken, Regenwürmer.

Für Baumratten weiches Obst, zartes Gemüse, Süßkartoffel, Kartoffel, Klee, Hamster-, Mäuse- oder Allesfresserpellets, Nüsse, Sonnenblumenkerne, andere Sämereien, Getreidekörner, frisches Laub, gelegentlich Insekten und andere Kleintiere.

Vergesellschaftung. Stachel- und Igelratten sind wenig verträglich, daher einzeln halten und nur zur Paarung zusammenbringen. Biberratten sind paarweise oder in kleinen Harems (1 Männchen, 3–4 Weibchen) verträglich, auf größeren Anlagen mit zahlreichen Schutzunterkünften tolerieren sich auch mehrere Männchen. Baumratten in größeren Gruppen nur zeitweilig verträglich (Bahama-Ferkelratte), dagegen paarweise zumindest bis kurz vor der Geburt gesellig, mit Ausnahme der oft untereinander aggressiven Zagutis. Zwischenartlich lassen sich Kuba-Baumratten mit verschiedenen süd- und mittelamerikanischen Sittichen und Papageien sowie Azara-Agutis vergesellschaften.

Fortpflanzung und Zucht. Weibchen von Stachel- und Igelratten ganzjährig polyöstrisch. Östrusdauer meist nur 1 Tag, Östruszyklus bei der Nordvenezolanischen Igelratte um 23 Tage. Nach der Paarung, bei gemeinsam aufgewachsenen jungen Tieren spätestens vor der Geburt, Kämpfe, weil das Weibchen versucht, das Männchen abzubeißen. Tragzeit bei Igelratten artverschieden 62–64 oder 63–66 (bei der Tomes

Igelratte 65), bei der Punare um 89 Tage. 1–7, in der Regel 3 voll behaarte, seh- und lauftüchtige, bereits bezahnte Neugeborene. Geburtsgewicht bei der Punare um 30 g, bei der Nordvenezolanischen Igelratte um 22 g. Erste feste Kost nehmen Igelratten bereits am 1. Lebenstag, andere bis spätestens 11. Tag auf. Säugezeit bei der Cayenne-Igelratte 21–35, bei anderen Igelratten bis 40 Tage. Wechsel vom Jugend- zum Alterskleid ab 70. Tag. Geschlechtsreife bei Weibchen mit 2, bei Männchen mit 3 Monaten, bei manchen Igelratten auch später, z.B. Weibchen von Tomes Igelratten frühestens mit 100, von Cayenne-Igelratten mit 146 Tagen. Über eine künstliche Aufzucht liegen keine Angaben vor. Milchzusammensetzung bei der Punare (Mittelwerte von 16 Proben): Trockensubstanz 37 %, Fett 20,8 %, Eiweiß 11,9 %, Kohlenhydrate 4,3 %.

Biberratten haben 4–6 Paar Zitzen hoch an den Körperseiten. Weibchen ganzjährig polyöstrisch. 2–3 Würfe im Jahr. Östruszyklus individuell und auch in Abhängigkeit vom Jahreszyklus 14–60, im Mittel 24–30 Tage. Östrusdauer 1–4 Tage, der Eisprung wird durch Kopulation ausgelöst. Tragzeit 128–130 Tage (schwankt zwischen 110 und 150 Tagen). 1–2 Tage nach dem Wurf Post-partum-Östrus. 1–13, in der Regel 3–6 voll behaarte, seh- und lauftüchtige, teilbezahnte, 175–335 g, im Mittel 225 g schwere Junge, die bereits am 1. oder 2. Lebenstag beginnen, feste Kost zu sich zu nehmen. Säugezeit 10 Wochen, doch erwiesen sich Jungtiere nach nur 5-tägiger Säugedauer mit fester Kost überlebensfähig. Junge nach dem Selbstständigwerden absetzen, um eine weitere Zucht zu gewährleisten. Geschlechtsreife bei im Frühjahr oder Frühsommer geborenen Tieren mit 3–4 Monaten, bei Herbstwürfen mit 6–8 Monaten.

Über eine künstliche Aufzucht sind keine Details bekannt. Milchzusammensetzung bei der Biberratte (Mittelwert aus 25 Proben): Trockensubstanz 38,46 %, Fett 23,25 %, Eiweiß 11,79 %, Kohlenhydrate 3,46 %, Asche 1,34 %.

Bei den Baumratten sind die Weibchen vermutlich ganzjährig fruchtbar, bei der Jamaika-Ferkelratte 2, sonst aber meist nur 1 Wurf pro Jahr. Östruszyklus bei Bahama-Ferkelratte 9–11, Hutiaconga 13–19 Tage. Tragzeiten: Hutiaconga 120–125, Hutiasata bis 140, Bahama-Ferkelratte 120–126 (bis 156?), Zaguti um 119 Tage. Wurfgröße bei Bahama-Ferkelratte, Zwergbaumratte und Zaguti 1 Junges, bei Hutiaconga und Jamaika-Ferkelratte 1–4, meist 2 bzw. 3 Junge, die bei Hutiaconga 150-250 g, bei Bahama-Ferkelratten 70–80 g, bei Zagutis um 100 g wiegen. Neugeborene voll behaart, seh- und lauftüchtig, teilbezahnt. Erste feste Kost zwischen 3. und 10. Tag, Säugezeit bei Hutiaconga 5 Monate, geschlechtsreif mit 10 Monaten, Männchen vielleicht etwas früher.

Höchstalter in Menschenobhut. Biberratte 19, Stummelschwanz-Igelratte fast 7, Guyana-Kammstachelratte (*Makalata didelphoides*) über 3, Hutiaconga über 13¾, Jamaika-Ferkelratte 13¼, Zaguti fast 16 Jahre.

21
Ordnung Hasenverwandte (Lagomorpha)

Auch Hasenartige. Entwicklungsgeschichtlich junge Ordnung, deren kreidezeitliche Vorfahren mit den Ahnen der Nagetiere nicht verwandt sind. Im Gegensatz zu den Nagern besitzen sie im Oberkiefer hinter den beiden dauerwachsenden, allseitig mit Zahnschmelz überzogenen Schneidezähnen ein kleines, stumpfes, funktionsloses Schneidezahnpaar. Eckzähne fehlen. Backen- und Schneidezähne dauerwachsend, wurzellos. Oberlippe gespalten. Nasenlöcher werden in kurzen Abständen von rhythmisch zuckender, behaarter Hautklappe geöffnet. Schwanz kurz. Blinddarm lang, bildet weichen Blinddarmkot, der nach dem Absetzen sofort wieder aufgenommen und abgeschluckt wird (bessere Ausnutzung der aufgenommenen Nahrung durch Aufschluss von Nährstoffen im Blinddarm, Regelung und Steuerung der Vitaminzufuhr, besonders von Vitamin B). Einige Vertreter mit saisonalem Farbwechsel des Felles.

Abb. 21.1 Der Mongolische Pfeifhase (*Ochotona pallasi*) kommt in der Westmongolei, Westchina und Ostkasachstan vor. Ihren Namen verdanken Pfeifhasen den hohen Warn- und Kommunikationslauten.

Verbreitung. Weltweit, außer Madagaskar, Antarktis und südliches Südamerika; in Australien und Neuseeland eingebürgert.

2 Familien, 12 Gattungen, 92 Arten.

Familie Pfeifhasen (Ochotonidae)

Auch Pikas. Ursprüngliche, im Neogen artenreiche und weit verbreitete, mit den eigentlichen Hasen wenig verwandte Familie. Meerschweinchengroß, Ohren groß aber im Vergleich zu Hasen kurz, rundlich. Zahnformel: 2/1 0/0 3/2 2/3. Rumpf gedrungen, Hinterbeine wenig verlängert, Schwanz sehr kurz und im weichen, rötlich braunen oder graubraunen kurzen Fell verborgen. Die systematische Einordnung einzelner Vertreter dieser Familie unterliegt derzeit mehrfachen Veränderungen.

Verbreitung. Vorder-, Zentral- und Ostasien, westliches Nordamerika.

1 Gattung, 31 Arten.

Pfeifhasen (*Ochotona*): **Altai-Pfeifhase** (*O. alpina*): 4 Unterarten. Von Westsibirien über die Mongolei, Mandschurei bis Sachalin, Hokkaido und Nordkorea. – **Silberner Pfeifhase** (*O. argentata*): Autonomes Gebiet Ningxia. – **Gansu-Pfeifhase** (*O. cansus*): 4 Unterarten. Zentralchina (Provinzen Gansu, Quinghai, Sichuan) sowie je 1 isolierte Population in 2 weiteren Provinzen. – **Koreanischer Pfeifhase** (*O. coreana*): Changbai-Gebirge in Nordkorea und angrenzendes Grenzgebiet in China. – **Schwarzlip-**

penpfeifhase (*O. curzoniae*): Tibet und angrenzende chinesische Provinzen bis Nepal und Sikkim. – **Daurischer Pfeifhase** (*O. dauurica*): 4 Unterarten. Südöstliches Sibirien, Mongolei, nördliches China, im Süden bis Quinghai. – **Chinesischer Roter Pfeifhase** (*O. erythrotis*), auch Rotohr-Pfeifhase: chinesische Provinzen Ost-Quinghai, West-Gansu, Nord-Sichuan und Tibet. – **Forrests Pfeifhase** (*O. forresti*): von China (Nordwest-Yunnan, Südost-Tibet) über Nordmyanmar bis Bhutan und Indien (Assam, Sikkim). – **Glovers Pfeifhase** (*O. gloveri*): 3 Unterarten. Südwest-Quinghai, Nordost-Tibet, Nordwest-Yunnan und West-Sichuan. – **Himalaja-Pfeifhase** (*O. himalayana*): Mount-Everest-Massiv von China und angrenzendes Nepal. – **Hoffmanns Pfeifhase** (*O. hoffmanni*): Mongolei und anschließende Gebiete Russlands. – **Tsing-Ling-Pfeifhase** (*O. huangensis*, auch als *O. syrinx* geführt): Zentralchina (Provinzen Shaanxi, Gansu, Quinghai und Sichuan). – **Nördlicher Pfeifhase** (*O. hyperborea*): 9 Unterarten. Weit verbreitet in Sibirien vom Ural bis zur Lena und weiter östlich bis Kamtschatka sowie vom Oberlauf des Jenissei durch Transbaikalien über das Amurgebiet bis Sachalin, Hokkaido, die nördliche Mongolei, Nordostchina und Nordkorea. – **Ili-Pfeifhase** (*O. iliensis*): chinesischer Teil des Tienschan-Berglandes. – **Koslows Pfeifhase** (*O. koslowi*): Kulunberge bis zur Südküste des Aru-Tso-Sees (China). – **Ladak-Pfeifhase** (*O. ladacensis*): Pakistan über den indischen Teil von Kaschmir und Ost-Tibet bis in die chinesischen Provinzen Quinghai und Xinjiang. – **Großohrpfeifhase** (*O. macrotis*): 5 Unterarten. Hochgebirge Bhutans, Nepals, Kaschmirs bis zum westlichen Tienschan in Tadschikistan. – **Mandschurischer Pfeifhase** (*O. mantschurica*): Mongolei und Provinz Heilongjiang in China. – **Muli-Pfeifhase** (*O. muliensis*): endemisch im Bergland des südöstlichen Muli-Distrikts (Sichuan). – **Nubra-Pfeifhase** (*O. nubrica*): 2 Unterarten. Vom Ladakh über Nepal bis Tibet. – **Kasachstan-Pfeifhase** (*O. opaca*): Halbwüstengebiete in Kasachstan. – **Mongolischer Pfeifhase** (*O. pallasi*), auch Pallas-Pfeifhase: 4 Unterarten. Westmongolei, Westchina (Xinjiang Uygur) und Ostkasachstan. – **Steppenpfeifhase** (*O. pusilla*), auch Zwergpfeifhase: 2 Unterarten. Südliche Ukraine und Südrussland über das mittlere Kasachstan bis Westsibirien zum Oberlauf des Irtysch. – **Royles Pfeifhase** (*O. roylei*): 2 Unterarten. Zentralasiatisches Hochgebirge von Kirgisistan über Kaschmir bis Myanmar. – **Rötlicher Pfeifhase** (*O. rufescens*), auch Afghanischer Pfeifhase: 3 Unterarten. Südturkmenistan, Iran, Afghanistan, Pakistan. – **Turkmenischer Roter Pfeifhase** (*O. rutila*): Hochgebirge Zentralasiens vom Tienschan, Pamir bis zum Hindukusch (Turkmenistan, Usbekistan, Kasachstan, Kirgisistan, nördliches Afghanistan, Tadschikistan bis Ost-Xinjiang). – **Moupin-Pfeifhase** (*O. thibetana*): 5 Unterarten. Südchina, Nordmyanmar, Sikkim und weitere angrenzende Teile von Indien sowie Bhutan. – **Thomas-Pfeifhase** (*O. thomasi*): chinesische Provinzen Nordost-Quinghai, Gansu und Sichuan. – **Turuchan-Pfeifhase** (*O. turuchanensis*): vom unteren Jenissei bis zum Mittellauf der Lena und zum Baikalsee. – **Halsband-Pfeifhase** (*O. collaris*), auch Alaska-Pfeifhase: östliches Alaska, Nordwestkanada. – **Nordamerikanischer Pfeifhase** (*O. princeps*): 5 Unterarten. Westliches Nordamerika von Süd-Alaska bis zum Mittelwesten der USA.

Gefährdungsstatus. Bestand der meisten Arten im natürlichen Verbreitungsgebiet vermutlich gesichert, jedoch Silberner Pfeifhase und je 1 isolierte Unterart des Mongolischen Pfeifhasen (*O. pallasi hamica*) und des Moupin-Pfeifhasen (*O. thibetana sikimara*) hochgradig bedroht. Tsing-Ling-Pfeifhase, Koslows Pfeifhase, vermutlich auch Ili-Pfeifhase bedroht, weitere Populationen von Unterarten des Mongolischen Pfeifhasen (*O. pallasi sunidica*), des Altaipfeifhasen in der Mongolei, des Gansu-Pfeifhasen (*O. cansus sorella*), gefährdet. Schwarzlippenpfeifhase lokal ausgerottet, Hoffmanns Pfeifhase generell, Steppenpfeifhase (*O. pusilla pusilla*) regional, Hokkaido-Pfeifhase (*O. hyperborea yesoensis*) wegen seiner Seltenheit schutzbedürftig.

Lebensweise. Tag- und Dämmerungstiere, artverschieden auch in hellen Nächten aktiv. In Abhängigkeit vom Lebensraum unterschiedliches Territorial-, Sozial- und Fortpflanzungsverhalten. Wenige Arten (z.B. Steppenpfeifhase, Rötlicher Pfeifhase, Mongolischer Pfeifhase, Daurischer Pfeifhase, Schwarzlippenpfeifhase) Bewohner von Steppen und Halbwüsten des Flach-, Hügel- oder Hochlandes (Schwarzlippenpfeifhase bis in 3000 m Höhe). Gesellig, meist große Kolonien aus vielen kleinen, gegen Artgenossen mehr oder minder abgegrenzten und verteidigten Revieren, in denen in den meisten Fällen Männchen außerhalb der Brunst bzw. Jungtiere nach dem Selbstständigwerden nicht geduldet werden. Schlaf-, Ruhe- und Wurfverstecke in selbst gegrabenen, meist einfachen Erdbauen (kaum tiefer als 40 cm) mit heugepolsterter Nestkammer, blind endenden Kotgängen, selten mehr als 2 Ausgängen sowie mit Wechseln zwischen Futterplätzen und den Eingangslöchern. Als Ausnahme errichten Mongolische Pfeifhasen Erdbaue mit zahlreichen Ausgängen, mehreren Nestkammern und 4–10 m langen Gangsystemen. In den dicht besiedelten Kolonien oftmals große Populationsstärke durch hohe Fortpflanzungsrate, aber auch extreme Bestandsschwankungen. Übrige Arten sind Bewohner von Geröllflächen des bewaldeten Hügellandes der Taiga (Altai-Pfeifhasen) oder von felsigen Gebirgshängen, Geröllhalden im Bergland oder Hochtälern, steinigem Bergland oberhalb des geschlossenen Waldes in 3000–4000 m Höhe (Forrests-, Ladak-, Muli-, Himalaja-, Royles-, Großohrpfeifhase), selten bis in 5000 m Höhe. Diese Pfeifhasen graben keine Baue, sondern nutzen als Schlaf-, Wurf- und Ruheverstecke natürliche Höhlen (Felsspalten, unter Geröll liegende Hohlräume, seltener unter Baumwurzeln) oder Erdbaue anderer Tiere. Territorien größer und weiter voneinander entfernt als bei Steppenbewohnern, werden von den monogamen Tieren paarweise oder in Familien, nicht selten sogar von Großfamilien mit erwachsenen Jungen beansprucht. Außerhalb der Familien ungesellig, soziale Kontakte zu Reviernachbarn geringer als bei den in Steppen lebenden Arten. Innerhalb eines Siedlungsraumes werden verwandte Tiere in der Nachbarschaft eher geduldet als Fremdzuwanderer. Hohe Inzuchtrate mit nachgewiesen geringer genetischer Variabilität. Erwachsene Angehörige beider amerikanischen Arten sollen individuell eigene Reviere beanspruchen. Fortpflanzungsrate, Siedlungs- und Populationsdichte, jedoch auch Bestandsschwankungen geringer als bei Arten aus Steppengebieten, Lebenserwartung aber höher.

Fortbewegung über längere Strecken meist laufend, können bei Gefahr oder der Verfolgung von Artgenossen auch schnell rennen, bewegen sich seltener hüpfend oder hoppelnd und meist nur über kürzere Distanzen. Gebirgsbewohner klettern geschickt im Gestein. Verständigung durch eine Vielzahl von kürzeren Rufen oder Trillern und längeren Rufserien mit unterschiedlicher Bedeutung, von denen mehr als die Hälfte an bestimmten Plätzen („Singwarten"), z.B. auf Steinen, vor der Bauöffnung oder anderen markanten Orten abgegeben werden und u.a. der Territorialmarkierung dienen. Lautäußerungen können sowohl arttypisch als auch individuell charakteristisch sein oder in Verbindung mit bestimmten Verhaltensweisen stehen. Daneben gellende Warnpfiffe.

Pfeifhasen halten keinen Winterschlaf, ernähren sich in dieser Zeit von Nahrungsvorräten aus Gräsern, Kräutern und Halbsträuchern, die im Hoch- und Spätsommer abgebissen, gesammelt und in der Sonne getrocknet werden. Gebirgsbewohner lagern Nahrungsvorräte mehrfach im Laufe des Tages um, wenn durch Veränderung des Sonnenstandes der jeweils benutzte Trockenplatz in den Schatten gerät. Vor Regenfällen wird das Heu unter schützende Felsvorsprünge oder in die Baue eingetragen. Selten völlig im Freien, dann meist unter Steinen, in Felsspalten oder unter Felsen, werden nach und nach aus sorgfältig getrockneten Pflanzenteilen regelrechte Heustapel angelegt. Menge je nach Geselligkeit der Art zwischen 8 kg (Einzeltiere, kleine Familien) bis 20 kg (Großfamilien, kleine Gruppen). Mongolische Pfeifhasen beschweren ihre Heustapel gegen Windverwehung mit Steinen, errichten als Windschutz auch Mauern aus zusammengetragenen Steinen. Keine Futterbevorratung bei Arten, die in schneefreien bzw. -armen Gebieten mit jahreszyklisch fast gleich bleibendem Nahrungsangebot leben (Hochsteppen, hoch gelegene Halbwüsten in zentralen Teilen des asiatischen Hochgebirgsmassivs). Als Fressfeinde gelten Raubtiere und Greifvögel.

Nahrung. Im Frühjahr und Sommer zarte Gräser, Kräuter, Blüten, Knospen, Blätter, im Herbst und Winter in schneefreien Gebieten dürre Pflanzen, sonst mehrheitlich im Winter Heu.

Haltung von Pfeifhasen

Obwohl seit längerem Pfeifhasen weltweit in verschiedenen Labors gehalten werden, so z.B. Schwarzlippenpfeifhase, Rötliche Pfeifhasen und Daurische Pfeifhasen, wurden deren Vertreter in Tiergärten bisher wenig gezeigt. Erste tiergärtnerische Erfahrungen mit Colorado-Pfeifhasen (*O. princeps saxatilis*) 1972 in Denver, 1974 mit Steppenpfeifhasen im damaligen Leningrad (St. Petersburg), in den 1980er und 90er Jahren mit Nordamerikanischen Pfeifhasen in Washington und Tacoma, mit Mongolischen Pfeifhasen im Tierpark Berlin, mit Rötlichen Pfeifhasen in Moskau und Cincinnati, mit Daurischen Pfeifhasen im Zoo und Tierpark Berlin sowie in Görlitz und Riga, mit Altai-Pfeifhasen in Chester und Schwarzlippenpfeifhasen im Tierpark Berlin und in Görlitz. Nach der Jahrtausendwende wurden u.a. Nördliche Pfeifhasen im Tama Zoo Tokio gepflegt. Gegenwärtig wird in Europa nur noch der Daurische Pfeifhase im Tierpark Berlin gehalten.

Unterkunft. Glas- oder gitterbegrenzte Freigehege mit überirdischen Felsverstecken und unterirdischen Kunstbauen in bis zu 70 cm Tiefe mit Tunneln zu Futterlager, unterirdischem Kotplatz, Schlaf- und Nestteil. Pfeifhasen nahmen auch oberirdische, in der Mitte durch eine Trennwand mit Durchgangsöffnung geteilte Boxen (30 cm x 20 cm x 15 cm) mit 2 seitlichen Eingängen (Durchmesser: 8 cm) an, benutzten sie als Kotplätze (ideale Reinigungsmöglichkeit) und als Wurfboxen. Bodenoberfläche kann mit Grassoden bedeckt werden. Vermutlich kann ab 30 m^2 Grundfläche pro Paar eine Grasnarbe gut überdauern. In Freianlagen, die unterirdisch von 0,8–1,0 m tiefen Fundamentmauern begrenzt werden, unter der gesamten Anlagefläche zur Sicherung gegen Untergraben und als untere Drainage gut durchlässiger, grober Schotter, darüber bis 1,0 m starke Schicht aus Lösslehm, in dem die Tiere graben können. Daurische Pfeifhasen legten hier bis zu 35 cm tiefe Baue an. In Anlagen, in denen die Einsicht nicht von oben, sondern von der Seite erfolgt, scheinen sich die Tiere sicherer zu fühlen. Deswegen sind auch Gehege empfehlenswert, die oberirdisch von Mauern umschlossen werden und deren Innenraum über einer unteren Drainageschicht aus Schotter mit Lösslehm als Grabungssubstrat bis zur Maueroberkante aufgefüllt ist. Ihre innere, seitlich von Glasscheiben begrenzte Bodenoberfläche wird damit deutlich über das Höhenniveau des umgebenden Terrains angehoben, so dass sich die Tiere in Augenhöhe der Betrachter oder nur wenig darunter präsentieren. Sehr wichtig für ihr Wohlbefinden sind auch viele warme trockene Plätze, weshalb überdachte und an den Seiten teilweise mit gläsernen Wind- und Regenschutzwänden versehene Anlagen von vielen Haltern als optimal angesehen werden. Die Tiere klettern an Einzäunungen kaum, Unterkünfte müssen aber gegen das Eindringen von Fressfeinden (durch Untergraben der Anlage von außen bzw. Überklettern der Gehegebegrenzung) gesichert sein. Verluste auch durch Greifvögel oder Eulen.

Temperaturoptimum artverschieden sehr unterschiedlich, meist um 20 °C, doch schienen sich Colorado-Pfeifhasen in Denver bei Temperaturen zwischen 10 und 21 °C besonders wohl zu fühlen. An warmen Tagen beendeten Außentemperaturen ab 27–29 °C ihre oberirdischen Aktivitäten. Sie zogen sich dann in ihre feuchtkühlen Erdbaue zurück, wo sie zwischen 10 und 14 Uhr oft auch bei Optimaltemperaturen Ruhepausen einlegten. Im Sommer wurden an heißen Tagen (bis 38 °C) Rasensprenger zur allgemei-

Tab. 21.1 Angaben zur Fortpflanzungsbiologie von Pfeifhasen

Art	Tragzeit (Tage)	Wurfgröße (Anzahl)	Würfe pro Jahr (Anzah)
Schwarzlippenpfeifhase[1]	22–23	3–6	2–5
Daurischer Pfeifhase	25	6–12	2–5
Steppenpfeifhase	20–24	1–13[2]	3–5
Mongolischer Pfeifhase	25	1–12[3]	2–3
Altai-Pfeifhase	30	2–6[4]	2–3
Nordamerikanischer Pfeifhase	30–32	2–6	2–3

[1] Großteil der Würfe in den ersten beiden Lebensjahren
[2] 1. Wurf im Jahr 7–10 Junge, 2. Wurf etwa 10–12 Junge, weitere Würfe 3–8 Junge
[3] Ähnlich wie Schwarzlippenpfeifhase, 1. Wurf in der Regel kleiner als Folgewürfe
[4] 1. Wurf 2–4 Junge, 2. Wurf 3–6 Junge. Nur ca. 10 % der Weibchen produzieren einen 3. Wurf

nen Abkühlung von Luft und Umgebung eingesetzt und um die kühlende Feuchtigkeit in den Rückzugsverstecken zu erhöhen. Im Gegensatz zu den asiatischen Arten aus Trockengebieten scheinen Nordamerikanische Pfeifhasen nicht sonderlich empfindlich gegen Feuchtigkeit oder Nässe zu sein. Die allen Arten gemeinsame, besondere Hitzeanfälligkeit ist in ihrer ungewöhnlich hohen durchschnittlichen Körpertemperatur von 40,1 °C begründet.

Von den in der Wildbahn wenig geselligen Colorado-Pfeifhasen konnten in Denver ein Männchen und 2–3 Weibchen mit einem Wurf Jungtieren in einem 230 m^2 großen Freigehege zusammen gehalten werden. Die Tiere beanspruchten individuelle Kleinstterritorien von 25–35 m^2 Größe mit Auslugplatz und eigenen Wiesenstücken. Transport in heugepolsterter, dunkler, geschlossener Kiste, da sehr schockanfällig.

Fütterung. Frischfänge von Colorado-Pfeifhasen nahmen Löwenzahnblätter und getrocknete Apfelscheiben an, konnten später mit frischer Luzerne, Salat, kleinen Mengen von geschnittenem Apfel, Kaninchenpellets und Vitaminpräparaten problemlos ernährt werden. Futterfeste Tiere erhielten während der Vegetationsperiode frische Gräser und Kräuter (Fuchsbohne, Beifuß, Tragant, Fingerkraut, Labkraut, Kuhschelle, Spitzkiel), sonst kräuterreiches Heu, dazu Möhre und Kaninchenpellets. In Görlitz wurden für Schwarzlippenpfeifhasen in Auswertung von Freilanduntersuchungen über das Nahrungsspektrum dieser Pfeifhasen neben dem Gehege der Tiere auf einer Grünfläche Futterpflanzen (vor allem Gräser und Kräuter) angebaut.

Futter sollte generell rohfaserreich und kohlenhydratarm sein, deswegen wurden in Görlitz Kaninchenpellets durch Hasenpellets mit 70 % Rohfaseranteil ersetzt. Kein wasserreiches Obst oder Gemüse und kein Brot geben, auch Gras und Kräuter nicht feucht verfüttern. Täglich 2 Mahlzeiten, morgens und abends. Wasser ist nicht unbedingt nötig, wird aber angenommen. In den Sommermonaten reichlich Heu anbieten, das in die Baue eingetragen wird.

Fortpflanzung und Zucht. Bei den in Tiergärten gehaltenen Arten nur ausnahmsweise gelungen. Geschlechtsunterscheidung schwierig, da Anal- und Urogenitalöffnung in kloakenähnliche Hauttasche (sekundäre Kloake) münden. Zur Geschlechtsbestimmung können Penis und Klitoris vorsichtig mit den Fingern aus dieser Hauttasche herausgedrückt werden. Hoden der Männchen während der Paarungszeit geschwollen und dann gut sichtbar. Während der Säugezeit Weibchen durch Schwellung der Milchleiste und der dabei aus dem Fell hervortretenden 2–3 Zitzenpaare kenntlich. Paarungszeit bei Nordamerikanischen Pfeifhasen Mitte April bis Ende Juni, beim Schwarzlippenpfeifhasen Mai bis Oktober, Weibchen saisonal polyöstrisch. Während der Paarungszeit auffällige Lautäußerungen der Männchen in bis zu 20 Sekunden langen Rufreihen.

Angaben zur Fortpflanzungsbiologie von Pfeifhasen in Tabelle 21.1. Neugeborene Nordamerikanische Pfeifhasen fast nackt mit dunkel pigmentierter Haut, blind, Geburtsgewicht 7–9 g. Geburt in heugepolstertem, unterirdischem Wurfnest. Weibchen säugen vermutlich nur nachts. Beginn der Fellbildung ab 2. Lebenstag. Augenöffnung, Abschluss der Fellbildung und erstes Verlassen des Nestes am 7.–10. Lebenstag. Regelmäßig kurze Ausflüge vom Nest und erste feste Kost am 15.–20. Lebenstag. Säugezeit 4 Wochen, selbstständig mit 5–7 Wochen. Ähnliche Daten auch beim Daurischen Pfeifhasen.

Große fortpflanzungsbiologische Unterschiede zwischen den in Steppen lebenden Arten und geröllbewohnenden Pfeifhasen. Letztere mit niedrigeren Nachwuchsraten, sind aber dafür langlebiger. Geschlechtsreife setzt erst zu Beginn der Paarungszeit im Folgejahr ein. Alljährlich nur 1–3, durchschnittlich 2 Würfe, mit jeweils 1-8 Jungen, Lebenserwartung vielleicht bis zu 7 Jahre. Steppenbewohner erreichen hohe Nachwuchszahlen. Bei Steppenpfeifhasen jährlich 3–5 Würfe von bis zu 13, durchschnittlich 8–9 Jungen. Die in diesen Würfen geborenen Weibchen können noch im 1. Lebensjahr bis Ende der Wurfzeit im August selbst 1–3 Würfe produzieren. Mit 5 Wochen sind weibliche Rötliche Pfeifhasen fertil, weibliche Mongolische Pfeifhasen werden noch während des 1. Sommers ihres Lebens geschlechtsreif. Daurische Pfeifhasen werfen bis 12 Junge, Weibchen sollen schon mit 21 Tagen (!) geschlechtsreif sein, leben jedoch nur bis zu 15 Monate.

Höchstalter in Menschenobhut. Steppenpfeifhase bis 4, Hokkaido-Pfeifhase fast 9½, Schwarzlippenpfeifhase über 3¾, Himalaja-Pfeifhase über 2, Daurischer Pfeifhase knapp 1¼, Turkmenischer Roter Pfeifhase über 2½, Halsband-Pfeifhase bis 6, Nordamerikanischer Pfeifhase 7 Jahre.

Familie Hasen (Leporidae)

Ohren mittelgroß bis groß, langgestreckt bis langoval. Zahnformel: 2/1 0/0 3/2 2-3/3. Rumpf gestreckt, Gliedmaßen lang, hintere als Sprungbeine länger als vordere. Schwanz kurz, buschig, deutlich sichtbar. Fell kurz bis mittellang, weichgrannig mit Unterwolle, rötlich braun bis graubraun, unterseits heller, vereinzelt weiß.

Verbreitung. Weltweit, außer Antarktis; vom Menschen eingebürgert in Südamerika, Australien, Neuseeland, Java sowie auf zahlreichen ozeanischen Inseln.

11 Gattungen, 61 Arten.

Echte Hasen (*Lepus*): 32 Arten, mit über 100 Unterarten. Ohren sehr lang, Spitze der Innenseite meist mit dunkler Zeichnung, oft hochbeinig. Eurasien, Afrika, Nord- und Mittelamerika.

Eurasische Arten: **Europäischer Feldhase** (*L. europaeus*): bekannteste Art mit vielen gattungstypischen Körpermerkmalen. 16 Unterarten. Europa, Kleinasien, Nordafrika, eingebürgert in Irland, Skandinavien, Teilen Nord- und Südamerikas, Ostasien, Australien und Neuseeland. – **Iberischer Hase** (*L. granatensis*): schlanker als Feldhase, Grundfärbung ähnlich, aber kontrastreicher. 3 Unterarten. Iberische Halbinsel, Mallorca, eingebürgert in Südfrankreich. – **Ginsterhase** (*L. castroviejoi*): deutlich kleiner als Feldhase. Kantabrisches Bergland in Nordspanien. – **Korsischer Hase** (*L. corsicanus*), auch Apenninhase: Süditalien von den Abruzzen bis einschließlich Sizilien. – **Schneehase** (*L. timidus*): jahreszyklischer Fellwechsel: weißes Winter- und braunes Sommerfell, in Irland ganzjährig braun. 15 Unterarten. Nördliches Eurasien vom Atlantik bis zum Pazifik. – **Tolaihase** (*L. tolai*): früher dem Europäischen Feldhasen, gelegentlich auch dem Tibethase zugerechnet. 8 Unterarten. Von Ostiran und dem Kaspischen Meer östlich über Afghanistan, Kasachstan bis zur Mongolei und weite Teile Chinas. – **Chinesischer Hase** (*L. sinensis*): kurzohriger, Fell rotbraun. 3 Unterarten. Südostchina, Taiwan und Nordostvietnam. – **Yarkandhase** (*L. yarkandensis*):

langohriger Wüstenhase mit blassrötlichem Fell. Randgebiete der Wüste Taklamakan, Steppen des Tarimbeckens (Xinjiang). – **Tibetanischer Wollhase** (*L. oiostolus*): Fell wollig, langhaarig, vermutlich jährlich nur 1 Wechsel. 4 Unterarten. Tibetanisches Plateau von Ladakh bis Sikkim, östlich bis Xizang, Quinghai, Gansu und Sichuan. – **Tibethase** (*L. tibetanus*), auch Wüstenhase: 5 Unterarten. Afghanistan, Nordpakistan, Kaschmir, östliches Pamirgebiet bis ins Altaibergland, die Südmongolei und angrenzende Teile Chinas. – **Yunnanhase** (*L. comus*): Provinzen Yunnan und West-Guizhou. – **Mandschurischer Hase** (*L. mandshuricus*): Ostsibirien (Ussurigebiet), Nordostchina, Norden Koreas. – **Koreahase** (*L. coreanus*): Korea und Teile der Mandschurei. – **Japanischer Hase** (*L. brachyurus*), auch Kurzschwanzhase: in höheren Gebirgslagen im Winter mit weißem Fell. 4 Unterarten. Japan mit Oki- und Sado-Inseln ohne Hokkaido. – **Hainanhase** (*L. hainanus*): Insel Hainan im südchinesischen Meer. – **Schwarznackenhase** (*L. nigricollis*): 7 Unterarten. Pakistan über Indien bis Bangladesch und Sri Lanka, eingebürgert auf mehreren Inseln, darunter auf Java, Mauritius und Réunion. – **Hinterindischer Hase** (*L. peguensis*), auch Burmesischer Hase: 2 Unterarten. Von Zentral- und Südmyanmar über Thailand, Kambodscha, den Süden von Laos und Vietnam bis auf die Malaiische Halbinsel.

Afrikanische Arten: **Savannenhase** (*L. microtis*): nicht selten unter den Synonymen *crawshayi* oder *victoriae* geführt. 4 Unterarten. Afrika südlich der Sahara von Mauretanien und Senegal bis Sudan und Westäthiopien, in Ostafrika nach Süden bis nördliches Südafrika, in Westafrika nördlich bis Botsuana, und Namibia. – **Abessinischer Hase** (*L. habessinicus*): Größe und Färbung je nach Ursprungsgebiet variabel. Nordostafrikanischer Küstenstreifen von Djibouti, Äthiopien und Somalia. – **Äthiopischer Hase** (*L. fagani*): Nord- und Westäthiopien sowie angrenzende Teile Südostsudans und Nordwestkenias. – **Äthiopischer Hochlandhase** (*L. starcki*): Zentraläthiopisches Hochland. – **Buschhase** (*L. saxatilis*): einfarbig dunkelgrau, Ohren und Schwanz auffällig lang. 2 Unterarten.

Abb. 21.2 Der Schneehase (*Lepus timidus*) ist im Winterfell bis auf die schwarzen Ohrspitzen weiß.

Abb. 21.3 Im Sommer hat der Schneehase (*Lepus timidus*) ein braunes Fell. Hier ein Schneehase im Fellwechsel.

Südliches und südwestliches Südafrika bis Namibia. – **Kaphase** (*L. capensis*), auch Wüstenhase: mit dem Feldhasen verwandt und diesem sehr ähnlich. 12 Unterarten. Afrika ohne zentrale Urwaldgebiete, Arabien und Vorderasien.

Neuweltliche Hasen: **Alaskahase** (*L. othus*): mit dem Schneehasen verwandt. Südwest- und Westalaska sowie Tschuktschen-Halbinsel im äußersten Nordosten Asiens. – **Polarhase** (*L. arcticus*): jahreszyklischer Fellwechsel, nördliche Populationen ganzjährig weiß, südliche Tundrabewohner im Sommer blaugrau bis braun. 4 Unterarten. Kanada von der Hudson Bay bis zur Küste der Labradorsee sowie der Baffin Bay bis zu den hocharktischen Queen-Elizabeth-Inseln, dazu Westküste Grönlands, isolierte Tundrapopulationen in Nord-Quebec und Labrador sowie auf Neufundland. – **Schneeschuhhase** (*L. americanus*): kleiner, stark behaarte Hinterläufe, breite Pfoten, jahreszyklischer Fellwechsel. Sommerfell braun, Winterfell weiß. 15 Unterarten. Alaska, Kanada von der Hudson Bay bis Neufundland, von den maritimen Neuengland-Staaten im Nordosten der USA bis zu den südlichen Appalachen, nördliche und mittlere USA bis Nord-Dakota, südlich bis Neumexiko und Kalifornien. – **Präriehase** (*L. townsendii*), auch Weißschwanz-Jackrabbit: 2 Unterarten. Mittlere und westliche USA, südliches Kanada. – **Eselshase** (*L. californicus*), auch Kalifornischer Jackrabbit: sehr langohrig. 5 Unterarten. Nördliches Mittelamerika bis mittelwestliche und südwestliche USA. – **Antilopenhase** (*L. alleni*): auffällig lange Ohren mit großer Gesamtoberfläche für Abgabe überschüssiger Körperwärme, verlängerte Hinterfüße. 2 Unterarten. Südliches Arizona bis südlich des nördlichen Wendekreises im nordwestlichen Mexiko, Insel Tiburon im Golf von Kalifornien. – **Schwarzer Jackrabbit** (*L. insularis*), auch Espiritu-Santo-Hase: teilweise auch als Unterart des Eselshasen geführt. Insel Espiritu Santo im südlichen Golf von Kalifornien. – **Weißflanken-Jackrabbit** (*L. callotis*): 2 Unterarten. Südwestliches Neumexiko bis Nordmexiko. – **Tehuantepec-Jackrabbit** (*L. flavigularis*): Südmexiko am Isthmus von Tehuantepec.

Altweltliche Kaninchen (*Oryctolagus*): 1 Art. Kleiner als die meisten Hasen, Gliedmaßen und Ohren kürzer, durchgängig einheitlich gefärbt. **Wildkaninchen** (*O. cuniculus*): 6 nicht unumstrittene Unterarten. Ursprünglich nur in Nordwestafrika und auf der Iberischen Halbinsel verbreitet, vom Menschen auf zahlreichen Mittelmeerinseln und den Azoren, in Südskandinavien und fast ganz Europa, Australien, Tasmanien, Neuseeland sowie weiteren Teilen der Erde mit Ausnahme Asiens und der Antarktis eingebürgert. Stammform des Hauskaninchens. – **Hauskaninchen** (*Oryctolagus cuniculus f. domestica*): vom Wildkaninchen abstammendes Haustier. Wildkaninchen sowie deren Neugeborene und Föten wurden im alten Rom als Delikatessen geschätzt, junge und erwachsene Tiere als lebende Fleischreserve wie Hasen in eigens für deren Aufbewahrung entwickelten Leporarien gehalten. Während des Mittelalters begann ihre Domestikation in mitteleuropäischen Klöstern, wo sie bei den Mönchen als erlaubte Fastenspeise galten. Besonders in Frankreich bemühte man sich um die Zucht zahmer Kaninchen und bereits im 16. Jahrhundert traten dort als Zeichen beginnender Haustierwerdung erste Farbschläge auf. In den folgenden Jahrhunderten entstand eine Vielzahl von Rassen, die als Fleisch-, Leder- und Pelzlieferanten von unterschiedlicher Größe, Färbung und Fellbeschaffenheit gezüchtet wurden. Heute kennt man etwa 80 Rassen, die nach Größe und Fellbeschaffenheit eingruppiert werden. Den großen Rassen gehören Deutsche und Belgische Riesen, Deutsche Riesenschecken und Deutsche und Belgische Widder an. Bei letzteren führte ein genetischer Defekt zu hängenden Schlappohren, die durch Selektion und gezielte Zucht zum Rassemerkmal wurden. Mittelgroße Rassen sind u.a. Großchinchilla, Weiße und Blaue Wiener, Deutsche Großsilber, Japaner sowie langohrige Hasenkaninchen. Zu den kleinen Rassen zählen Kleinsilber, Loh- und Russenkaninchen, Holländer und Englische Schecken. Besonders kleine Rassen wie das rotäugige, weiße Hermelinkaninchen nennt man Zwergkaninchen, die neben Angehörigen anderer kleiner

Rassen seit vielen Jahrzehnten in der vor allem medizinischen und pharmazeutischen Forschung als Labortiere („Versuchskaninchen") Verwendung finden. Bekannteste Langhaarrasse ist das vielfach büschelohrige Angorakaninchen, dessen feines weiches Haarkleid regelmäßig geschoren und zu Angorawolle verarbeitet wird. Keine wirtschaftliche Bedeutung dagegen hat das samtartige Fell der Kurzhaarrassen, die aber zusammen mit allen anderen mittelschweren und schweren Rassen vor allem wegen ihres Fleisches gezüchtet werden. Darüber hinaus gewinnt man aus der Haut aller Rassen feines, weiches Leder und aus naturfarbenen Pelzen modische Kürschnerprodukte. Aus Haaren entsteht schließlich noch weicher Filz.

Baumwollschwanzkaninchen (*Sylvilagus*): 16 Arten mit über 80 Unterarten. Neuweltliche, kaninchenähnliche Hasengattung, deren Angehörige Körpergröße und Gewicht von Wildkaninchen nur geringfügig überschreiten. Ihre an Baumwolle erinnernde, als Signalgeber dienende Unterschwanzseite ist bei vielen, aber nicht bei allen Arten leuchtend weiß. Weibchen oftmals etwas größer und schwerer als Männchen. **Östliches Baumwollschwanzkaninchen** (*S. floridanus*), auch Florida-Waldkaninchen: kein nennenswerter Sexualdimorphismus hinsichtlich Größe und Gewicht. In einem weiten Verbreitungsgebiet. 18 Unterarten. Vom Süden Zentral- und Ostkanadas über gesamte östliche und mittlere USA von Dakota bis Massachusetts entlang der Atlantikküste südlich bis zum Golf von Mexiko, im Südwesten der USA von Kalifornien und Arizona über Teile Mexikos und des südlichen Mittelamerikas bis Venezuela und das angrenzende Kolumbien. – **Nuttalls Baumwollschwanzkaninchen** (*S. nuttallii*): 3 Unterarten. Südwestliches Kanada und angrenzende Gebiete der USA im Westen südlich bis Kalifornien, Nevada und Arizona sowie Nordwestmexiko. – **Strauchkaninchen** (*S. bachmani*): 13 Unterarten. Pazifikküste der westlichen USA (Oregon und Kalifornien) und Nordmexiko sowie bis zur Südspitze von Baja California. – **Neuengland-Baumwollschwanzkaninchen** (*S. transitionalis*): Nordosten der USA von Maine bis New York. – **Appalachen-Baumwollschwanzkaninchen** (*S. obscurus*): östliche USA von Pennsylvania westlich und südlich entlang des Appalachengebirges bis Nord-Alabama. – **Wasserkaninchen** (*S. aquaticus*): größte Art, beide Geschlechter gleich groß. 2 Unterarten. Südstaaten der USA zwischen Ost-Texas und Carolina sowie nördlich bis Kansas, Missouri, Indiana und Illinois. – **Sumpfkaninchen** (*S. palustris*), auch Marschkaninchen: 3 Unterarten. Südöstliche USA von Virginia bis Florida. – **Wüstenbaumwollschwanzkaninchen** (*S. audubonii*): 7 Unterarten. Südwesten der USA von Nordmexiko und Baja California über Kalifornien, Nevada, Utah, Idaho bis Montana und North Dakota. – **Robustes Baumwollschwanzkaninchen** (*S. robustus*), auch Texas-Baumwollschwanzkaninchen: Berglandschaften von Texas und New Mexiko. – **Mexikanisches Baumwollschwanzkaninchen** (*S. cunicularius*): 2 Unterarten. Süden und südlicher Westen von Mexiko. – **Omilteme-Baumwollschwanzkaninchen** (*S. insonus*): Südmexiko (nur Bundesstaat Guerrrero), endemisch in der Sierra Madre del Sur. – **Tres-Marias-Baumwollschwanzkaninchen** (*S. graysoni*): endemisch auf den Tres Islas Marias im Pazifik vor der mexikanischen Südwestküste. – **San-Jose-Baumwollschwanzkaninchen** (*S. mansueteus*): endemisch auf der Insel San Jose im Golf von Kalifornien. – **Dices Baumwollschwanzkaninchen** (*S. dicei*): südöstliches Costa Rica bis nordwestliches Panama. – **Tapeti** (*S. brasiliensis*), auch Brasilianisches Baumwollschwanzkaninchen: 21 Unterarten. Ostmexiko südlich über Mittelamerika und Südamerika, im Westen südlich bis Peru, Bolivien und Nordargentinien, östlich davon bis Südbrasilien. – **Venezolanisches Tieflandkaninchen** (*S. varynaensis*): nördliches Venezuela.

Rotkaninchen (*Pronolagus*), auch Wollschwanzhasen: 4 Arten. Afrikanische Hasengattung mit kaninchenähnlichem Schädelbau, bemerkenswert großem Schwanz und dichtem Pelz mit roter Unterwolle. **Natalwollschwanzhase** (*P. crassicaudatus*): 2 Unterarten. Südöstliches Südafrika, nördlich bis Südmosambik. – **Jamesons Rotkaninchen** (*P. randensis*), auch

Rand-Wollschwanzhase: 3 Unterarten. Nordöstliches Südafrika, Ostbotsuana, Simbabwe und Südmosambik sowie Westnamibia und möglicherweise auch Südwestangola. – **Schmidts Rothase** (*P. rupestris*), auch Schmidts Rotkaninchen: 5 Unterarten. Südliches und zentrales Südafrika mit Namibia und Ostafrika von Malawi und Ostsambia über Tansania bis Kenia. – **Hewitt-Wollschwanzhase** (*P. saundersiae*): felsige Lebensräume in 2600–3700 m Höhe in der Kapregion Südafrikas.

Indochinesische Streifenkaninchen (*Nesolagus*): 2 Arten. Auffällige Fellzeichnung in Form von hellen und dunklen Streifen an Kopf, Rücken, Flanken und Gliedmaßen. **Sumatra-Kaninchen** (*N. netscheri*): kurzohrig, breite braune Streifen an Kopf, Rumpf und Beinen. Hochland von Südwest-Sumatra. – **Annam-Streifenkaninchen** (*N. timminsi*): 2000 erstmals beschrieben, ebenfalls gestreifte Fellzeichnung. Trung-Phan-Bergland von Laos und Vietnam.

Weitere 6 Gattungen werden nur durch jeweils 1 Art repräsentiert:

Buschmannhase (*Bunolagus monticularis*): langohrig, den echten Hasen wenig verwandt. Zentrale und obere Karoo-Wüste in Südafrika.

Zentralafrikanisches Buschkaninchen (*Poelagus marjorita*): Fell mit kräftigen Grannen, aber nicht so borstig wie bei folgender Art. Südsudan, Uganda, Ruanda, Burundi, nordöstliche Teile der Demokratischen Republik Kongo, Zentralafrikanische Republik, und südlicher Tschad.

Borstenkaninchen (*Caprolagus hispidus*): dem Riu-Kiu-Kaninchen ähnlich, aber Fell rau und borstig. Einst Asien südlich des Himalajas von Uttar Pradesh bis Assam, heute nur noch vom Dudwa Nationalpark (Uttar Pradesh) bis zum Jaldapara Wildlife Sanctuary (Bangladesch).

Riu-Kiu-Kaninchen (*Pentalagus furnessi*), auch Amami-Kaninchen: kleine, kurzohrige, kaninchenähnliche Art. Nur auf den südjapanischen Inseln Amami-Ōshima und Tokunoshima der Amami-Inselgruppe.

Amerikanisches Zwergkaninchen (*Brachylagus idahoensis*): verschiedentlich zu den Baumwollschwanzkaninchen gestellt. Nordwestliche USA.

Vulkankaninchen (*Romerolagus diazi*): kurzohrig, kaninchenähnlich. Endemisch an den Hängen der Vulkane Pelado, Tlaloc, Popocatépetl und Iztaccíhuatl in einem nicht zusammenhängenden Verbreitungsgebiet von Zentralmexiko.

Gefährdungsstatus. Bestand der meisten Arten im Verbreitungsgebiet vermutlich nicht bedroht, jedoch einige Arten mehr oder minder stark gefährdet. Besonders erwähnenswert Borstenkaninchen (schon Mitte der 1950er Jahre extrem selten, schien in seinem weiten Verbreitungsgebiet der Ausrottung entgegen zu gehen, dann 1971 Wiederentdeckung eines Einzelstückes in Nord-Assam und um die Jahrtausendwende 25–30 Tiere im Jaldapara Sanctuary von Bangladesch, 2018 1 Jungtier in Nepal in Fotofalle aufgenommen) sowie Buschmannhase (nach derzeitigen Schätzungen nur noch weniger als 250 Tiere, Schutz vor allem auf privaten Ländereien). Hochgradig bis extrem gefährdet und teilweise von der Ausrottung bedroht sind außerdem Tehuantepec-Jackrabbit, Omilteme-Baumwollschwanzkaninchen (sehr kleine Population, nur wenig Beobachtungsnachweise), Vulkankaninchen und Sumatra-Kaninchen sowie Robustes Baumwollschwanzkaninchen (letzte Sichtung 1997). Im Artbestand gefährdet sind Tres-Marias-Baumwollschwanzkaninchen und Riu-Kiu-Kaninchen, Mexikanisches sowie Dices Baumwollschwanzkaninchen (kleine Populationen von Inselformen bzw. Festlandsarten mit begrenztem natürlichen Verbreitungsgebiet bei ständig schrumpfendem Lebensraum). Beim Sumpfkaninchen ist die Unterart *S. palustris hefneri* und beim Strauchkaninchen die teilweise noch unter *S. bachmani riparius* geführte Nominatform sowie beim Amerikanischen Zwergkaninchen eine isolierte Population am Columbia-River im US-Staat Washington gefährdet. Schutzbedürftig sind Korsika-, Ginster- und Hainanhase, Appalachen-Baumwollschwanzkaninchen (Lebensraumzerstörung und -zerstückelung durch Waldrodungen) Annam-Streifenkaninchen und eine isolierte Population des afrikanischen Savannenhasen in Algerien, schützenswert auch Neuengland- und Robustes Baumwollschwanzkaninchen. Der regionale Bestandsrückgang des Europäischen Feldhasen muss beobachtet und ursächlich aufgeklärt werden. Regionale Zuchtprogramme für das Vulkankaninchen am Chapultepec Zoo, Mexiko City, und für das Zwergkaninchen am Oregon Zoo, USA.

Lebensweise. Vorwiegend in den frühen Morgen- und Abendstunden, auch in der Dämmerung und nachts, Wildkaninchen auch am Tag aktiv. Lebensraum sehr unterschiedlich, artverschieden in nahezu allen Klimazonen der Erde von arktischen Gebieten über alle Landschaften der gemäßigten Zone bis in die Subtropen und Tropen sowie allen Vegetationsformen von winterkalten oder tropisch heißen Wüsten und Wüstensteppen (Polar-, Yarkandhase, Kaphase, Wüstenbaumwollschwanzkaninchen), Taiga, Tundra (Schneeschuh-, Alaska-, Schneehase), Gras-, Busch- und Baumsteppen auf trockenen Böden (Feld-, Kap-, Esels-, Savannen-, Busch-, Präriehase, Wildkaninchen, Strauchkaninchen, Rotkaninchen), deckungsreiches Gelände mit Unterwuchs wie dichte Waldränder, aber auch Lichtungen von Mischwäldern der gemäßigten Zone, von subtropischen laubabwerfenden oder immergrünen Wäldern oder tropischen Regenwäldern (Tolai-, Mandschurischer und Schwarznackenhase, Tapeti und andere Baumwollschwanzkaninchen, Indonesische Streifenkaninchen, Zentralafrikanisches Buschkaninchen), Sumpfgebiete, Flussmündungen (Wasser- und Sumpfkaninchen) oder ausschließlich in dicht bewachsener Ufervegetation saisonal Wasser führender Flüsse von Wüstengebieten (Buschmannhase). Vorwiegend Flach- und Tieflandbewohner, aber Wildkaninchen nicht über 600 m, Äthiopischer Hase über 1200 m, Ginsterhase bis 1500 m, Omilteme-Baumwollschwanzkaninchen über 1600 m, Feldhasen nicht über 2400 m Höhe, Abessinischer Hochlandhase über 2700 m, Schneehasen in den Alpen zwischen 1300 und 3400 m, manche Unterarten des Tapetis bis in 4500 m Höhe. Einige Arten Kulturfolger in offenen Park- und Kulturlandschaften, so Feldhase in landwirtschaftlich genutzten Gebieten, europäisches Wild- und Florida-Waldkaninchen in Gärten am Stadtrand oder sogar in Grün- und Parkanlagen inmitten von Städten. Andere sind Kulturflüchter wie Schneeschuhhase oder Vulkankaninchen.

Ungesellig, meist Einzelgänger (viele Echte Hasen, z.B. Feldhase), treffen sich nur selten in größerer Zahl (z.B. versammeln sich Arktische Hasen im Sommer in größeren Gruppen). Europäisches Wildkaninchen gesellig, in Kolonien lebend. Sehr selten Massenwanderungen (Feldhase) nach Naturkatastrophen wie Futtermangel, während Dürreperioden oder Tiefschnee, Heimfindevermögen sehr gering. Sonst ortstreu in Revieren mit festen Wechseln zu Futter-, Kot-, Ruhe- und Schlafplätzen, auch bei gravierenden Veränderungen im Biotop („Stadthasen" in Neubaugebieten). Territorien werden gegen Artgenossen verteidigt (bei Florida-Waldkaninchen werden mehrere, aneinander grenzende Weibchenterritorien von einem großen Männchenterritorium überdeckt) und in vielen Fällen mit Duftstoffen gekennzeichnet. Feldhasen verreiben Backendrüsensekret mit Vorderbeinen im Fell, übertragen dann Duftmarken mit Vorderfüßen auf Wechsel oder markieren beim Sitzen den Boden mit Analdrüsensekret. Auch gezielte Territorialmarkierung an Zweigen und Halmen durch Sekret der auf der Nase befindlichen Pigmentdrüse. Als Ruheplätze oberirdische, flache, meist gepolsterte, vielfach durch Pflanzen getarnte Erdmulden (Sassen), im Sommer meist an schattigen, im Winter an sonnigen Plätzen. Schneehasen lassen sich im Winter einschneien bzw. graben Schneehöhlen, schottische Schneehasen suchen zur Geburt im Gegensatz zu anderen Echten Hasen Erdhöhlen auf oder graben bis 2 m lange, in einem Wurfkessel blind endende Röhre. Nur Wildkaninchen leben ganzjährig in selbst gegrabenen Erdbauen, die bevorzugt auf leicht hügeligem, locker baum- oder buschbestandenem Gelände in sandigen, trockenen Böden gemeinsam angelegt und genutzt werden. Baue aus zahlreichen Haupt- und Nebenröhren bis in 3 m Tiefe mit ungepolsterten Wohn- und gepolsterten Wurfkesseln, blind endenden Kotröhren, Haupt- und Nebeneingängen. Länge des Gangsystems bis 45 m. Innerhalb der Kolonie mehrere erwachsene Männchen mit kleinen Revieren. Ranghohe Weibchen werfen im Gemeinschaftsbau, rangniedere abseits davon in einfachem Röhrenbau mit gepolstertem Endkessel. Fortbewegung hoppelnd, wobei Vorder- und Hinterbeine im Wechsel gleichzeitig benutzt werden. Bei Gefahr flüchten Hasen und Baumwollschwanzkaninchen oft in Erdbaue anderer Tiere (z.B. verlassene Fuchs- und Murmeltierbaue). Manche Baumwollschwanzkaninchen benutzen solche auch als Wohnbaue oder Dauerverstecke.

Fluchtdistanz bei vielen Hasen gering, drücken sich in die Sasse und fliehen spät. (Feldhase macht Sätze von 2,7 m Länge und 2 m Höhe, Höchstgeschwindigkeit 55–75 km/h, verfolgender Gegner wird durch Hakenschlagen und durch Verlegen der Spur, d.h. Zurücklaufen auf der eigenen Spur, danach weiter Sprung zur Seite, irritiert.) Fluchtgeschwindigkeit von Wildkaninchen 30 km/h, flüchten in Baue. Wasserkaninchen fliehen meist ins Wasser, verbergen sich dort bewegungslos unter der Oberfläche, aus der nur die Nasenspitze herausragt, suchen im Wasser auch Deckung unter Pflanzenteilen. Sumpfkaninchen flüchten gleichfalls bei Gefahr ins Wasser. Alle schwimmen gut. Strauchkaninchen klettern auf Büsche, um dort Blätter zu fressen oder Ausschau zu halten. Gehör hochempfindlich, Geruch meist leistungsfähig, Sehvermögen auf Dämmerungs- und Bewegungssehen spezialisiert. Wenig stimmfreudig, lauter, quäkender Klagelaut, knackende Warnlaute. Wildkaninchen warnen einander, indem sie mit den Hinterbeinen auf den Boden trommeln. Als Fressfeinde gelten Raubtiere, Greifvögel, Eulen und Schlangen.

Nahrung. Im Frühjahr und Sommer zartes Grün, Gräser, Kräuter, junge Triebe und Schösslinge, besonders Schmetterlings-, daneben Kreuz- und Korbblütler, auch landwirtschaftliche Futter- (Klee, Luzerne) oder Nutzpflanzen (Getreide, Ölsaaten). Während der übrigen Jahreszeit Weichholztriebe, Rinde, Knospen, auch Pilze, Beeren, Samen, Seggen, Binsen, Nadelholztriebe und Rinde von Nadelbäumen.

Haltung von Hasen

Hauskaninchen in zahlreichen Rassen häufig gezeigt. Zur Haltung von Hauskaninchen siehe Spezialliteratur.

Wildformen in Tiergärten selten gezeigt. Haltung problematisch, da äußerst schreckhaft und sensibel. Erwachsene Tiere gewöhnen sich oft nicht ein, deswegen sind für die Zootierhaltung vielfach nur künstlich aufgezogene Tiere geeignet, die als Jungtiere mehr oder minder zufällig in Menschenhand kamen.

Unterkunft. Sehr verschieden. Erfolgreiche Haltungen jetzt in mauerumfriedeten Freianlagen ähnlich wie für Präriehunde oder in größeren, von Drahtgewebegittern begrenzten Freigehegen mit Vorpflanzung als optisches Barrieresignal (besonders Echte Hasen). Wichtige Gehegeeinrichtung ist eine Durchlaufbox mit Ein- und Ausgang zur Minderung von Stress bei der Gehegereinigung (z.B. für Schneehasen in Innsbruck), dient der Häsin auch als Schutzversteck vor dem Rammler. Besonders während der Eingewöhnung neuer Tiere in solche Unterkünfte ist zu bedenken, dass Feldhasen bis 2,0 m hoch und bis 2,7 m weit springen und eventuell vorhandene Wassergräben gut schwimmend überwinden können. Auch andere Echte Hasen springen weit und hoch. Ausläufe jeglicher Art mit Naturboden müssen bei grabenden, Erdhöhlen anlegenden Arten (Baumwollschwanzkaninchen und Verwandte, Wildkaninchen, Vulkankaninchen, Amerikanisches Zwergkaninchen) an den Begrenzungen durch entsprechend tiefe Fundamente gegen Untergraben gesichert sein. Bei kleineren Ausläufen kann auch deren Sohle in Begrenzungsfundamenttiefe durch das Auslegen mit nicht rostenden Stahldrahtgewebsmatten oder Beton-Rasengitterelementen, durch den Einbau einer Schotterschicht oder schwerer, mit lichten Fugen locker auf Kiesbett verlegter Felssteine gegen Untergrabungen oder das Anlegen tiefer, für den Pfleger nicht zugänglicher Erdbaue geschützt werden. Bei vielen Echten Hasen (z.B. Schnee- bzw. Feldhasen) ist ein Schutz gegen Untergraben nicht nötig. Mit Steinen bedeckter Bodenbelag oder Sand vermindert das Risiko der Parasitierung. Holzscheiben werden gerne als Aufenthaltsplätze angenommen. Reichliche Versteckmöglichkeiten in Form über- oder unterirdischer Kunstbaue, Schlafkästen, Fels-, Stein- oder Holzhaufen erforderlich. Keine Haltung auf Gitterrost! Grundsätzlich muss hervorgehoben werden, dass durch die Haltung in kleineren Anlagen bei schreckhaftem Fluchtverhalten die Gefahr des „Totrennens“ in der Gehegeumfriedung (Genickbrüche, andere tödliche Verletzungen nach Aufprall) gemindert wird.

Viele Arten sind winterhart, aber empfindlich gegen Zugluft, Nässe, Nasskälte und große Hitze, Außenanlagen deswegen möglichst teilüberdacht und windgeschützt. Schlupfwinkel müssen absolut trocken sein. Sehr empfindlich gegen Parasiten (Kokzidien).

Umgang. Extrem schreckhaft. Verängstigte Tiere erstarren in Bewegungslosigkeit, um bei Unterschreitung der kritischen Distanz oder einer als Bedrohung empfundenen Handlung des Pflegers fast explosiv mit einem Fluchtversuch zu reagieren. Beim Hantieren in Anwesenheit eines Tieres alle Bewegungen langsam, fast zeitlupenhaft ausführen. Dabei leise sprechen oder anderweitig beruhigende Töne von sich geben, weil lautloses Handeln ebenfalls panische Angstreaktionen auslösen kann.

Beim Ergreifen vor Bissen hüten. Nach dem Genickgriff sofort Hinterbeine erfassen und festhalten, da die Hasen damit gegen die Fanghand schlagen und die Krallen dabei Wunden reißen können (unterarmlange Lederhandschuhe verwenden!). Wenn möglich auf Ergreifen verzichten, da ein Fang aufgrund der Stressanfälligkeit auch zum Tod führen kann. Transport in heugepolsterten, dunklen, weitgehend geschlossenen, mit Blech ausgeschlagenen Kisten. Künstlich aufgezogene Hasen und manche Baumwollschwanzkaninchen werden vertrauten Pflegern gegenüber zahm.

Fütterung. Für Wildtiere Quetschhafer, Haferflocken oder ganzen Hafer, trockenen Mais, Pflanzenfresser-, Chinchilla- oder Kaninchenpellets (pro kg Körpergewicht täglich 5–15 g Kraftfutter), Möhre, anderes zartes Gemüse, rohe Kartoffel, trockene Obstschalen, frisches, kräuterreiches Gras, frischen Klee und Luzerne, Zweige von Weide, Birke oder Hasel, eventuell Kalksteine oder Geweihabwurfstangen. Hoher Rohfasergehalt in der Nahrung besonders für Feldhasen wichtig, vermutlich auch für übrige Arten. Stets gutes, blattreiches Wiesenheu, eventuell auch Luzerneheu und immer frisches Wasser, möglichst aus Tränkflasche (manche Baumwollschwanzkaninchen sterben bei Wassermangel, auch wenn reichlich frisches, saftiges Grün vorhanden ist). Hauskaninchen bekommen Quetschhafer, gekochte Kartoffel mit Kleie, rohe Kartoffel, Futterrübe, Möhre, rote Rübe, im Sommer Löwenzahn, Klee und frische Luzerne, Wiesenheu. Für Vulkankaninchen Obst (Apfel, Birne, Banane) und zartes, nicht blähendes Gemüse (Möhre, Chicorée), Weiden- und Weißdornzweige, dazu Quetschhafer, Kleie.

Normaler Kot schwarzbraune, leicht glänzende, ovale Bohnen. Linsenförmige, leicht grünliche weiche Pillen stammen aus dem Blinddarm, sind sehr vitaminhaltig und werden von den Tieren aufgenommen, was nicht mit Kotfressen zu verwechseln ist. Die Tiere müssen die Möglichkeit zur Aufnahme der sog. Blinddarmexkremente haben, da sonst Mangelerscheinungen auftreten können.

Vergesellschaftung. Schneehasen wurden in Salzburg mit Rentieren, in Goldau mit Bartgeiern, in Innsbruck mit Sperlingskäuzen (zur natürlichen Mäusebekämpfung), Baumwollschwanzkaninchen im Moonridge Animal Park von Big Bear Lake in Kalifornien mit Buntfalken vergesellschaftet.

Fortpflanzung und Zucht. Bei vielen Arten noch nicht, bei anderen selten oder ausnahmsweise gelungen, z.B. bei Japanischem Hase, Feld- und Schneehase (über 150 Nachzuchten im

Abb. 21.2 Angaben zur Fortpflanzungsbiologie von Hasen

Art	Tragzeit (Tage)	Wurfgröße (Anzahl)	Würfe pro Jahr (Anzahl)
Feldhase	um 42	1–6[1]	3–5
Schneehase	44–55	1–7	1–9
Kaphase	42–45	1–2	2–8
Polarhase	um 50	1–8	1
Schneeschuhhase	34–40	1–10	2–4
Eselshase	39–47	1–6[2]	3–7
Schwarzer Jackrabbit	um 42	1–6	
Präriehase	um 42	1–8	2–4
Amerikanisches Zwergkaninchen	26–28	5–8	1–3
Wildkaninchen	28–31	1–14[3]	5–7[4]
Vulkankaninchen	38–40	1–4	4–5
Wasserkaninchen	39–40	1–6	2–5
Wüstenbaumwollschwanzkaninchen	30–37	2–6	2–4
Strauchkaninchen	27–30	1–7	2–6
Tapeti	28–44	3–8	1–3
Nuttalls Baumwollschwanzkaninchen	28–30	1–8	2–5

[1] Alte und sehr junge Weibchen meist nur 1–2 Junge. 1. Wurf im Jahr auch bei voll fortpflanzungsfähigen Tieren 1–2, später im Sommer dann meist 2-5 Junge

[2] 1. Wurf 2 Junge, späte Würfe durchschnittlich 4 bis ausnahmsweise maximal 8 Junge

[3] Erste Würfe durchschnittlich 4, späte durchschnittlich 6 Junge

[4] Post-partum-Östrus wenige Stunden nach der Geburt. In 1 Jahr bis zu 30 Föten je Weibchen, aber hohe Resorptions- und Abortusquote, daher in der Regel nur 10–12 Junge je Weibchen und Jahr

Alpenzoo Innsbruck), Östlichen Baumwollschwanzkaninchen, Vulkan- und Wildkaninchen.

Die meisten Arten werden einzeln gehalten, die Geschlechter nur zwecks Paarung zusammengelassen und nach dem Decken wieder getrennt. Manche Echte Hasen, Amerikanische Zwergkaninchen und Baumwollschwanzkaninchen paarweise sehr unverträglich. Bei einigen Arten ist auch eine permanente Haltung als Paar möglich. Wildkaninchen können in geräumigen Ausläufen bei genügend individuellen Versteckmöglichkeiten in kleinen Haremsfamilien gepflegt werden.

Tropische Arten oft ganzjährig fortpflanzungsfähig, Fortpflanzungsperiode bei außertropischen Arten je nach Klima vom Spätwinter bis Spätsommer. Vor der Paarung oft heftiges Treiben der Männchen. Brünstige Weibchen schnellen den Schwanz hoch und verbreiten Duft der Analdrüsen. Weibchen werden meist wenige Stunden nach der Geburt oder am Tag darauf erneut gedeckt. Beim Feldhasen Doppelträchtigkeit nachgewiesen, d.h. wenige Tage vor der Geburt erneute Brunst. Während sich die noch ungeborenen Jungen in einem der beiden Uterushörner entwickeln, betten sich befruchtete Eier (Ovulation wird durch Paarung ausgelöst, Eisprung etwa 6–12 Stunden später) in das andere Horn ein. Damit können sich 2 Tragzeiten überschneiden (Superfötation) und die Intervalle zwischen 2 Geburten kürzer als die eigentliche Tragzeit (durchschnittlich 38 Tage) sein. Bei rangniederen Wildkaninchen können die Keimlinge infolge Überpopulation und Nahrungsmangel zwischen 12. und 14. Entwicklungstag absterben und werden dann vom mütterlichen Organismus resorbiert. Angaben zur Fortpflanzungsbiologie in Tabelle 21.2.

Neugeborene von sehr unterschiedlichem Entwicklungszustand. Junge von Echten Hasen dicht

Tab. 21.3 Angaben zur Jugendentwicklung von Kaninchen

Art	Augenöffnung (Tag)	erstes Verlassen des Baus (Tag)	erste feste Kost (Tag)	Ende der Säugezeit (Tag)	Beginn des Selbständigwerdens (Tag)
Östliches Baumwollschwanzkaninchen	4.–7.	13.–14.	14.–16.	um 25.	28.–35.
Vulkankaninchen	5.–6.		15.–16.	um 25.	25.–30.
Wildkaninchen	um 10.	um 21.	19.–21.	um 28.	28.–32.

behaart, seh- und lauftüchtig; werden in einer Sasse (flache, vom Muttertier selbst gescharrte, mit Pflanzenteilen und artverschieden teilweise auch mit Haaren gepolsterte, von dichtem Pflanzenwuchs umgebene Erdmulde) geboren und drücken sich einzeln in der Nähe des Geburtsortes. Geburtsgewichte: Feldhasen 105–170 g, Schneehasen 70–158 g, Kaphase in einem Fall 97 g, Präriehasen 94–170 g, Schneeschuhhasen 40–67 g, Schwarze Jackrabbits um 100 g, Östliche Baumwollschwanzkaninchen 35–40 g, Wildkaninchen 30–40 g, Vulkankaninchen um 50 g, Amerikanische Zwergkaninchen 14–19 g. Die Brutpflege des Muttertiers beschränkt sich im Wesentlichen auf das Säugen der Jungen, deren Augen von Geburt an geöffnet sind. Rammler spätestens nach der Geburt abtrennen, damit das Weibchen mit den Junghasen durch neuerliche Deckversuche nicht beunruhigt wird. Erste feste Kost mit 7–9 Tagen, Säugezeit 14–21 Tage. Selbständig mit etwa 5 Wochen. Geschlechtsreife bei Männchen mit 5–7, bei Weibchen mit 7–8 Monaten.

Neugeborene Baumwollschwanz-, Wild-, Vulkan- und andere Kaninchen fast nackt, blind, werden mit geschlossenen Gehörgängen in gepolsterten Erdhöhlen (Vulkan- und Wildkaninchen) oder gepolsterten Sassen (Baumwollschwanzkaninchen) geboren und sorgfältig mit Polstermaterial und ausgezupften Haaren des mütterlichen Bauchfells zugedeckt. Wildkaninchen legen abseits von den Koloniebauen Wurfbaue an, die als einfache 0,5–3,0 m lange Röhre zu bis 1,0 m tiefem Kessel führen und deren Öffnung nach jedem Besuch durch das Muttertier sorgfältig zugescharrt wird. In Australien werfen ranghohe Weibchen auch in der Kolonie. Weibliche Wildkaninchen säugen in 24 Stunden vermutlich nur einmal in der Nacht, auch bei anderen Arten meist nur 2–3 Saugakte, vorwiegend nachts oder in der Dämmerung. Mütter halten sich jedoch fast ständig in der Nähe des Wurfplatzes auf. Junge nässe- und kälteempfindlich. Angaben zur Jugendentwicklung in Tabelle 21.3.

Geschlechtsreife beim Wüstenbaumwollschwanzkaninchen mit etwa 80 Tagen, beim Amerikanischen Zwergkaninchen während der nächstjährigen Paarungszeit, bei den übrigen Verwandten meist mit 1 Jahr. Im Frühjahr geborene Weibchen des Wildkaninchens werfen oft noch im gleichen Jahr. Jungtiere mit Beginn des Selbständigwerdens von der Mutter absetzen. Wenn Weibchen nach dem Wurf unruhig ist und eventuell die Jungen gefährdet, versuchsweise unter Aufsicht zum Männchen lassen. Kurz nach der Geburt brünstig werdende Weibchen kümmern sich oft nicht um die Jungen, solange sie nicht erneut belegt werden.

Keine Kreuzungen zwischen Echten Hasen und Kaninchen. Fruchtbarkeit zwischen Feld- und Alpenschneehase nachgewiesen. Mischlinge sehr anfällig, unfruchtbar oder nur im männlichen Geschlecht fortpflanzungsfähig.

Künstliche Aufzucht. Unterkunft in den ersten 3–4 Lebenswochen in handelsüblichem Kaninchenkäfig. Nesttemperatur etwa 38–39 °C, Heizkissen als Unterlage. Jungtiere mit Zellstoffschnipseln bedecken, die sie beiseite schieben können, wenn es ihnen zu warm wird. Bei unbeheizter Unterlage wird mit Rotlicht bestrahlte Käfigecke besonders in Ruhezeiten gern angenommen. Frühzeitig größeren Auslauf (Rasenfläche) anbieten. Umzäunung nicht unter 1,5 m Höhe, wird sonst übersprungen. Aufzuchten gelangen mit den verschiedensten Nahrungsmitteln. Milch-

Tab. 21.4 Milchzusammensetzung von Hasen

Art	Trockensubstanz (%)	Fett (%)	Eiweiß (%)	Kohlenhydrate (%)	Asche (%)	Proben (Anzahl)
Feldhase	32,50 (30,60)	15,60 (16,70)	10,00 (8,60)	1,50		57 (3)
Schneehase		21,45	19,50			2
Schneeschuhhase	26,30	11,20	11,30	1,20	2,28	1
Präriehase	40,80	13,90	23,70[1]	1,70 (1,30)	1,50 (0,22)	5 (1)
Hauskaninchen	34,08 (33,05)	18,25 (18,34)	12,92[2] (12,91)	1,18 (1,62)	2,22 (1,90)	284 (43)
Östliches Baumwoll-schwanzkaninchen	35,50	15,57	15,80	2,11	2,05	6

Angaben in Klammern: Werte für Kolostrum
[1] Davon 19,70 % Kasein und 4,00 % Albumin und Globulin
[2] Eine Einzelprobe von 12,0 % Eiweiß enthielt 9,20 % Kasein und 2,80 % Albumin und Globulin.

zusammensetzung siehe Tabelle 21.4. Muttermilch sehr fett- und eiweißreich, wird aber in dieser Konzentration bei Kuhmilch nicht immer vertragen. Für Kaninchen etwas fettärmere Milch als für Feldhasen, gegebenenfalls verdünnte Kuh- oder Ziegenmilch, auch Milchpulverlösungen (eventuell Zugabe von Serumeiweiß oder rohem Eigelb). Von Feldhasen soll eine Mischung aus Haferschleim mit Zusätzen von Traubenzucker, schwarzem Tee, Kalzium und Vitaminen besser vertragen werden als handelsübliche Aufzuchtpräparate. Verabreichung aus Tränkschälchen (Feldhase in Stendal), Tierkindermilchflasche mit extrakleinem Sauger (Tapitis in Rio de Janeiro), mit Pipette oder Pipettenfläschchen. Nahrung in vierstündigen Intervallen anbieten. Frühzeitig feste Kost, bereits ab 1. Lebenstag Heu und Stroh, ab 2. Woche frisches Grünfutter, nach der Entwöhnung mit 6 Wochen Haferflocken und anderes Trockenfutter. Tägliche Gewichtszunahme bei Feldhasen in den ersten Wochen 25–30 g. Wiederauswilderung soll im Alter von 8–10 Wochen am frühen Morgen ohne besondere Vorbereitung in geeignetem Habitat möglich sein.

Höchstalter in Menschenobhut. Feldhase 12, Schneehase 11¼, Kaphase fast 9, Japanischer Hase 13, Schneeschuhhase 8, Kalifornischer Eselshase über 11¼, Wildkaninchen 13, Nutalls Baumwollschwanzkaninchen über 7, Wüstenbaumwolllschwanzkaninchen 7½, Östliches Baumwolllschwanzkaninchen fast 8½, Neuengland-Baumwollschwanzkaninchen 9¼, Amerikanisches Zwergkaninchen 5½, Buschmannhase 4½, Riu-Kiu-Kaninchen 12½, Vulkankaninchen fast 9¼ Jahre.

22 Ordnung Igelartige (Erinaceomorpha)

Systematische Stellung umstritten. Wurden und werden in mancher Literatur auch wieder zur Ordnung Insektenfresser (Insectivora) oder zusammen mit den Spitzmausverwandten zu den nördlichen Insektenfressern (Eulipotyphla) zusammengefasst.

Verbreitung. Europa, Afrika und Teile Asiens.

1 Familie, 2 Unterfamilien, 10 Gattungen, 26 Arten.

Familie Igel (Erinaceidae)

Gestalt typisch igelähnlich mit bestachelter Haut oder rattenähnlich mit Haarkleid, klein bis mittelgroß, Sohlengänger.

Unterfamilie Stacheligel (Erinaceinae)

Körper gedrungen, kann durch eine Muskelkappe, die vom Kopf bis zum Schwanzansatz verläuft, oval-kugelförmig zusammengerollt werden. Schwanz kurz, dünn, wenig oder nicht behaart, Nacken, Rücken und Flanken mit bis zu 8000 spitzen Stacheln, Gesicht, Bauch und Gliedmaßen mit Haaren bedeckt. Zahnformel: 3/2 1/1 3/2 3/3, mittlere Schneidezähne lang und spitz.

Verbreitung. Europa, Afrika, Asien, eingebürgert in Japan und Neuseeland.

5 Gattungen, 18 Arten.

Kleinohrigel (*Erinaceus*): 4 Arten. Ohren nur wenig mehr als stachellang. **Braunbrustigel** (*E. europaeus*): West-, Zentral- und Nordeuropa, Großbritannien, eingebürgert in Neuseeland. – **Nördlicher Weißbrustigel** (*E. roumanicus*): 4 Unterarten. Osteuropa und Griechenland über Vorder- und Mittelasien bis Mittelsibirien. – **Südlicher Weißbrustigel** (*E. concolor*): 2 Unterarten. Kleinasien bis Israel, Syrien, Libanon, Irak, Iran, Südkaukasus. – **Amurigel** (*E. amurensis*), auch Chinesischer Igel: China (vom Jangtsekiang nördlich bis in die Mandschurei), Russland (Mündungsbereich des Amur), Koreanische Halbinsel.

Afrikanische Igel (*Atelerix*): 4 Arten. Hinterfüße mit nur 4 Zehen. **Weißbauchigel** (*A. albiventris*), auch Afrikanischer Zwergigel: mittleres Afrika (Senegal, Sudan bis Sambia). – **Kapigel** (*A. frontalis*): 2 Unterarten. Südliches Afrika (von Angola und Simbabwe bis Südafrika). – **Algerischer Igel** (*A. algirus*), auch Nordafrikanischer Igel: 2 Unterarten. Nördliches Afrika (Marokko bis Libyen) und Mittelmeerküste Spaniens, eingeführt in Südfrankreich und auf den Kanaren. – **Somalischer Igel** (*A. sclateri*): Norden Somalias.

Langohrigel (*Hemiechinus*): 2 Arten. Große bewegliche Ohren. **Langohrigel** (*H. auritus*): 4 Unterarten. Libyen, Ägypten, Kleinasien, Arabien bis Zentralasien und Mongolei (Wüste Gobi). – **Indischer Langohrigel** (*H. collaris*): Pakistan, Nordwestindien.

Wüstenigel (*Paraechinus*): 4 Arten. Ohren kleiner, aber sehr beweglich. **Äthiopischer Igel** (*P. aethiopicus*): 4 Unterarten. Marokko und Mauretanien bis Somalia, Arabische Halbinsel. – **Indischer Igel** (*P. micropus*): Pakistan, Nordwestindien. – **Brandts Igel** (*P. hypomelas*): 4 Unterarten. Iran, Zentralasien (im Gebiet des Aralsees), Arabische Halbinsel. – **Nacktbauch-**

Abb. 22.1 Die großen sehr beweglichen Ohren des Ägyptischen Langohrigels (*Hemiechinus auritus aegyptius*) ermöglichen dem Tier gezieltes Richtungshören.

igel (*P. nudiventris*): Indien (Kerala, Tamil Nadu).

Steppenigel (*Mesechinus*): 4 Arten. Wie andere Stacheligel Rücken mit Stacheln, Fellfarbe variiert von Weißlich bis Braun. **Daurischer Igel** (*M. dauuricus*): Mongolei (Wüste Gobi), Südosten Russlands (Transbaikalien), Nordchina (Innere Mongolei, westliche Mandschurei). – **Hughs Igel** (*M. hughii*): Nordchina (Shaanxi und Shanxi). – **Gaolingong-Igel** (*M. wangi*): Südchina, Berge in 2100–2700 m Höhe. Einzige Igelart mit 4. oberem Molar. – **Kleinzahniger Waldigel** (*M. miodon*): Halbwüstengebiet in Nordchina.

Gefährdungsstatus. Bestand im Verbreitungsgebiet meist nicht gefährdet, außer Nacktbauchigel und Hughs Igel.

Lebensweise. Vorwiegend Dämmerungs- und Nachttiere, vereinzelt aber auch am Tag aktiv. Lebensraum unterholzreiche Waldränder, Heide, als Kulturfolger auch Kulturlandschaft, aber auch Baum- und Buschsteppen, felsig-steinige Gebiete, Wüstensteppen und Wüsten (tropische Arten), im Bergland bis in 3000 m Höhe. Einzelgänger, zur Fortpflanzungszeit paarweise oder später in Mutterfamilien ortstreu in begrenzten Territorien (Braunbrustigel in einem Areal von 400–600 m im Durchmesser) mit festen Wechseln zu ihren mit trockenem Gras, Laub und Moos gepolsterten Schlaf- und Ruheplätzen in Felsspalten, Höhlen, unter Baumwurzeln und im Dorndickicht, unter Laub- und Reisighaufen, in Erdbauen anderer Tiere oder unter Stall- und Scheunenböden. Kurzohrigel graben auch selbst in weichem Boden Baue mit 2 Eingängen, von denen je nach Windrichtung einer mit Pflanzenmaterial verschlossen wird. Igel sind wärmeliebend, sonnen sich gern, können notfalls schwimmen, sich durch enge Spalten zwängen, klettern ungeschickt. Hoch empfindlicher Geruchs- und Gehörsinn, außer Hell-Dunkel-, auch Farbsehen. Stimmfreudig, besonders zur Paarungszeit. Lautäußerungen schnüffelnd, schnaufend, niesend, prustend, bei Gefahr fauchend, in Erregung keckernd, gellender Angst- und Schmerzschrei. In der gemäßigten Zone während der kühlen Jahreszeit Winterschlaf, in den Subtropen und Tropen während der nahrungsarmen Trockenzeit Sommerschläfer. Schlaf wird durch ein Hypophysenhormon ausgelöst, welches die Bauchspeicheldrüse zu verstärkter Insulinabgabe anregt, wobei Blutzucker als Glykogen in der Leber gespeichert wird durch gerinnungshemmendes Heparin aufrecht erhalten. Die Körperwärmeregulation lässt ein Absinken der Körpertemperatur bis auf 6 °C, vereinzelt sogar bis auf 0,5 °C zu. Ein weiteres Absinken wird durch Eigenwärmeerzeugung mittels Fettverbrennung verhindert. Das Erwachen wird durch Adrenalinausschüttung gesteuert. Igel sind verhältnismäßig giftfest und vertragen hohe Dosen tödlicher Gifte (Kantharidin, Bienengift, Blausäure, Tetanusgift), allerdings können Kreuzotterbisse tödlich sein. Feinde sind große Eulen und Greifvögel, kleine Raubtiere.

Nahrung. Insekten, deren Larven, Würmer, Spinnen, Asseln, Schnecken, auch Landamphibien, Eidechsen, Schlangen, nestjunge Kleinvögel, Eier von Bodenbrütern, Kleinsäuger (erwachsene, gesunde Mäuse werden wegen ihrer Schnelligkeit nicht erbeutet, deshalb sind Igel zur Mäusebekämpfung wenig geeignet), auch Aas. Nahrung wird mithilfe des Geruchs- und Gehörsinnes aufgesucht (wobei Riechschleimhaut durch flüssiges Nasensekret feucht gehalten wird) und mit der Nase oder den Krallen aus ihren Verstecken gewühlt.

Haltung von Stacheligeln

In Tiergärten Braunbrustigel häufiger gehalten, Ohren- und Afrikanische Igel gelegentlich gezeigt. Weißbauchigel häufigste Art in Liebhaberhand, oft auch schon Farbvarietäten gezüchtet.

Zur Pflege überbrachte Fundtiere (Braunbrustigel) z.T. stark parasitenverseucht (Flöhe, Milben, besonders in Ohrnähe Zecken, auch Eingeweidewürmer). Bei Neuzugängen daher Ekto- und Endoparasitenbekämpfung vorrangig vornehmen.

Unterkunft. Im Sommer kleine, sonnige Außengehege, die von 30–40 cm hohen, glatten Mauern umgeben sind. Bodenbelag Sand oder kurzer Naturrasen, als Verstecke hohle Baumstämme, Kunstbauten, Steine, Wurzelstöcke usw. Auslauf und Schlafhöhle müssen unbedingt trocken sein. Überwinterung in verglasten Vitrinen oder verdrahteten Käfigen von Nachttier- oder Kleinsäugerhäusern, gegebenenfalls auch in anderen warmen Räumen bei Zimmertemperatur. Winterschlaf nicht erforderlich, setzt auch in warmer Umgebung nicht ein. In kleinen Ausläufen oder Unterkünften einzeln halten. Bei Haltung mehrerer Tiere Kämpfe, die zur Herausbildung einer Rangordnung, unter Umständen aber auch zu Abmagerung und zum Tod abgedrängter Tiere führen. Igel werden in Menschenobhut sehr zahm, reagieren auf Rufe und Pfiffe, lassen sich hochheben, beißen nur ganz selten.

Fütterung. Mageres Schabefleisch, gekochtes Ei, Quark, Fisch, tote Mäuse, Küken, Insekten (Mehlwürmer, Schaben, Grillen), Regenwürmer, Schnecken. Im Winterhalbjahr Vitaminzugaben. Tagesration besonders junger, wachsender oder ausgehungerter erwachsener Tiere bis zu 25 % des Körpergewichtes. Gut ernährte erwachsene Tiere des Braunbrustigels werden bis 1,9 kg schwer. Bei einseitiger, vor allem an tierischem Eiweiß armer Kost Muskelschwäche und Lähmungen, außerdem Rachitis, andere Mangelerscheinungen, Magen-Darm-Störungen. Futter in kleinen Portionen, dafür aber mehrmals täglich geben. Als Tränke Tee, Wasser. Unverdünnte Milch kann zu Verdauungsstörungen führen, da Igel nicht das Milchzucker spaltende Ferment Laktose produzieren. Hunde- und Katzenfertigfutter sollten nicht verfüttert werden, da es oft zuckerhaltig ist und zu Durchfällen führt.

Vergesellschaftung. Stacheligel sind Einzelgänger und sollten vorwiegend einzeln gehalten werden. Nur für Zuchtversuche sollten die Geschlechter zusammengesetzt werden. Weißbauchigel können innerartlich sehr aggressiv werden, allerdings ist die Vergesellschaftung mit Kurzkopfgleitbeutlern gelungen.

Fortpflanzung und Zucht. Zucht in Menschenobhut selten, aber nicht schwierig, dennoch bisherige Haltungs- und Zuchterfolge unbefriedigend. Weibchen mit 5 Zitzenpaaren, Genitalöffnung direkt unter dem After, beim Männchen mehr bauchständig. Bei europäischen Igeln Paarungszeit April bis August. Männchen treibt brünstiges Weibchen oft im Kreis. Zur Paarung legt das Weibchen seine Stacheln an, hebt Körperende mit den Hinterbeinen aus. Männchen reitet rücklings auf. Die Tiere leben bis kurz vor Geburt paarweise, dann vertreibt das Weibchen das Männchen. Zur Sicherheit für die Jungtiere das Männchen vor der Geburt vom Weibchen trennen. Tragzeit 31–35, ähnlich beim Langohrigel 30–32 Tage, beim Weißbauchigel 37–38, beim Wanderigel (*Atelerix algirus vagans*) 40–48 Tage. Bei Igeln aus gemäßigten Gebieten 2, aus tropischen Gebieten 3 Würfe pro Jahr möglich. Geburt im seitlichen Liegen. Nachgeburten und Fruchthüllen werden sofort gefressen. Durchschnittlich 4–7 (1–10) Junge, beim Europäischen Igel bis 9 cm lang, 12–25 g schwer, oberseits grau, unterseits rosafarben. Augen und Ohren geschlossen. Neugeborene mit weißen Jugendstacheln, die bei der Geburt in die stark wasserhaltige Haut gedrückt werden und am 2. Lebenstag 6 mm lang sind. Spitzen des Altersstachelkleides erscheinen 36–60 Stunden nach der Geburt, es ist in der 3. Woche fertig ausgebildet. Augenöffnung 14.–18. Tag. Jugendstacheln fallen nach 6 Wochen aus. Milchzusammensetzung beim Braunbrustigel (Mittelwerte von 3 Proben): Trockensubstanz 32,20 %, Fett 12,63 %, Eiweiß 7,20 %, Kohlenhydrate 0,70 %, Asche 2,30 %. Erste feste Kost ab Ende 3. Woche. Geschlechtsreife mit 9–11 Monaten. Jugendentwicklung von Langohrigeln schneller, von Wüstenigeln langsamer (Augenöffnung 22., erste feste Kost 44. Tag, Säugezeit 2 Monate). Bei tropischen Igeln wurde Stachelwechsel in Gefangenschaft beobachtet. Im Zoo Hannover ergaben Zuchtversuche mit normalfarbenen und albinotischen Braunbrustigeln, dass sich die weiße Mutante gegenüber der Normalfarbe rezessiv verhält. Die albinotischen und mischerbigen Tiere erwiesen sich genauso lebenstüchtig wie normalfarbene Igel.

Höchstalter in Menschenobhut. Braunbrustigel fast 12, Weißbrustigel 8, Amurigel fast 7¼, Langohrigel über 7½, Weißbauchigel 11½, Nordafrikanischer Wüstenigel über 9, Brandts Igel etwas über 7 Jahre.

Unterfamilie Haarigel (Galericinae)

Auch Rattenigel. Gestalt rattenähnlich, Körper dicht behaart, ohne Stacheln, Fell weich, meist graubraun oder schwarz, Kopf spitzkegelig mit langen Tasthaaren, Zahnformel: 2–3/3 1/1 3–4/2–4 3/3, kurzer bis langer nackter oder wenig behaarter Schwanz.

Verbreitung. Südostasien von Südchina über Hinterindien, Sumatra, Java, Borneo bis Mindanao.

5 Gattungen, 8 Arten.

Große Haarigel (*Echinosorex*): 1 Art. Körperlänge bis 46 cm, Schwanzlänge bis 30 cm, Gewicht bis fast 2 kg. **Großer Haarigel** (*E. gymnura*): größte Art. Malaiische Halbinsel, Sumatra, Borneo.

Kleine Haarigel (*Hylomys*): 3 Arten. Wesentlich kleiner (Körperlänge 9–15 cm), kurzer Schwanz, erinnern äußerlich an Spitzmäuse oder Mäuse. Südostasien von Myanmar und Yunnan bis zur Malaiischen Halbinsel, Sumatra, Borneo und Java. **Zwerghaarigel** (*H. parvus*), – **Langohr-Haarigel** (*H. megalotis*), – **Kurzschwanzhaarigel** (*H. suillus*): Alle Arten erst 2003 wissenschaftlich beschrieben.

Hainan-Haarigel (*Neohylomys*): 1 Art. **Hainan-Haarigel** (*N. hainanensis*): ähnelt Kleinen Haarigeln, wird allerdings größer, mit deutlich längerem Schwanz. Insel Hainan vor der chinesischen Küste.

Spitzmausigel (*Neotetracus*): 1 Art. **Spitzmausigel** (*N. sinensis*): kleinster Igel. Südchina, Myanmar, Nordvietnam.

Philippinen-Rattenigel (*Podogymnura*): 2 Arten. Mit stachelartigen Haaren. **Mindanao-Rattenigel** (*P. truei*): Mindanao. – **Dinagat-Rattenigel** (*P. aureospinula*): endemisch auf der Insel Dinagat (Philippinen).

Gefährdungsstatus. Hainan-Haarigel, Mindanao-Rattenigel und Dinagat-Rattenigel bedroht, Zwerghaarigel stark bedroht.

Nahrung. Wirbellose, besonders Würmer, Schnecken und Gliederfüßler sowie kleine Wirbeltiere, auch Aas, vereinzelt auch nebenbei Pflanzenkost, u.a. Früchte, Baumrinde.

Haltung von Haarigeln

Wie Schlitzrüssler und Tenreks. Spezielle Einzelheiten wenig bekannt. Schaustellung hinter Glas, da die paarige Analdrüse ein Sekret ausscheidet, das nach Schweiß, Knoblauch und verfaulten Zwiebeln riecht.

Fortpflanzung und Zucht. Weibchen des Großen Haarigels und des Zwerghaarigels mit je 1 brust- und leistenständigen Zitzenpaar, 1 weitere Art mit 3, Spitzmausigel mit 4 Zitzenpaaren. Tragzeit beim Großen Haarigel 35–40 Tage, 2 Junge, Geburtsgewicht 14–15 g. Tragzeit bei Zwerghaarigel 30–35 Tage, 2–3 Junge.

Höchstalter in Menschenobhut. Großer Haarigel 5 Jahre.

23
Ordnung Spitzmausartige (Soricomorpha)

Die Spitzmausartigen spielen in der Zootierhaltung aufgrund von Haltungs- und Fütterungsproblemen und geringer Attraktivität für die Zoobesucher eine untergeordnete Rolle. Deshalb werden aus der Vielzahl ihrer Arten zur Charakterisierung der Ordnung nur ausgewählte Vertreter benannt.

Bisher zu den Insektenfressern gestellt, bilden sie jetzt eine eigene Ordnung. Meist spitzmausähnliche Tiere mit beachtlichen Größenunterschieden und immens hohem Stoffwechsel.

Verbreitung. Weltweit, außer Polargebiete und Australien, mit Schwerpunkt auf der Nordhalbkugel.

3 Familien, 46 Gattungen, 431 Arten.

Familie Schlitzrüssler (Solenodontidae)

Gestalt spitzmausartig mit rüsselartiger, das Maul überragender Nase und nacktem, schuppigem Schwanz. Körperlänge 25–33 cm, Schwanz etwas kürzer. Zahnformel: 3/3 1/1 3/3 3/3, Rückwand des unteren 2. Schneidezahns mit einer Rille, in welche eine giftige Unterkieferdrüse mündet.

Verbreitung. Große Antillen.

2 Gattungen, 2 Arten.

Schlitzrüssler (*Solenodon* und *Atopogale*): größte Vertreter der Ordnung. **Haiti-Schlitzrüssler** (*S. paradoxus*), auch Dominikanischer Schlitzrüssler: 0,6–1,0 kg. Inselartig auf Hispaniola (Haiti, Dominikanische Republik). – **Kuba-Schlitzrüssler** (*Atopogale cubanus*), auch Almiqui: nur unwesentlich kleiner und leichter. Östliche Provinzen von Kuba.

Gefährdungsstatus. Bestand im Verbreitungsgebiet durch eingeführte Mungos, Hauskatzen und Hunde äußerst gefährdet.

Lebensweise. Dämmerungs- und Nachttiere. Lebensraum tropische Gebirgswälder. Gut kletternde Bodenbewohner, vorn Sohlen-, hinten Zehengänger. Hauptsinnesorgane Gehör und Geruch. Gesellig in Familien oder paarweise, schlafen oft zu mehreren in Gesteinsspalten. Verständigung durch zahlreiche quiekende, zwitschernde, miauende, grunzende und schnaufende Laute.

Nahrung. Insekten, Tausendfüßler, Regenwürmer, Schnecken und andere bodenbewohnende Kleintiere, die mit den Vordergliedmaßen ausgegraben werden.

Haltung von Schlitzrüsslern

In Tiergärten sehr selten gezeigt. Haltung ähnlich wie Beutelratten. Eingewöhnung von Wildfängen schwierig, hohe Sterblichkeit.

Unterkunft. Lichtempfindlich, in Kleintierhäusern mit Normalbeleuchtung nur spät nachmittags munter. Dauerunterkunft günstiger in einer Nachttierhausvitrine. Relative Luftfeuchtigkeit 50 %. Wärmeregulierung unvollkommen, optimale Umgebungstemperatur 24–26 °C, dann Körpertemperatur 30,5–33,7 °C, aber auch noch bei Außentemperaturen von 20–23 °C lebhaft. Bodenbelag leicht feuchter Torfmull, um Fellschäden und kleine, sich rasch infizierende Fuß- und Schwanzverletzungen zu vermeiden. Einbauten wie Stämme, Wurzeln und Steine gut verankern, ohne breite Fugen verlegen, spitze Winkel vermeiden, verklemmen sich dort sonst mit dem Schwanz und den Füßen, stecken ihre Nase auch in enge Ritzen und können sich oftmals nicht befreien. Glatte senkrechte Käfigwände, sonst bei Kletterversuchen Absturz. Keine Kletteräste! Als Wurf-, Schlaf- und Ruheplatz hölzerne Schlafkisten (50 cm x 50 cm x 30 cm) mit einer etwa 30 cm langen Eingangsröhre (20 cm x 15 cm). Hygiene schwierig, fressen und verschmieren Kot. Einstreu täglich erneuern. Werden Menschen gegenüber zahm, lassen sich anfassen und hochheben.

Fütterung. Mageres, durchgedrehtes Fleisch (Pferd, Rind), untermischt mit Magermilchpulver, Knochenmehl, Vitaminen und etwas jodiertem Salz. Dazu rohes Eigelb, gekochtes Ei, Regenwürmer, Heuschrecken, Mehlwürmer, Schnecken, nackte junge oder abgezogene, geköpfte Mäuse. Banane, weiches Obst, vor allem Bitterorange und Salat werden individuell angenommen. Wasser ständig anbieten.

Vergesellschaftung. Vergesellschaftung ohne nennenswerte Schwierigkeiten. Anfängliche Auseinandersetzungen legen sich bald. Verträglich in kleinen Gruppen, denen auch mehrere Männchen angehören können, dann aber Zuchtaussichten gering. Daher meist Paarhaltung, hierbei kurzfristige Trennung der Partner wegen Unverträglichkeit nur selten erforderlich.

Fortpflanzung und Zucht. Erst in den letzten Jahren gelungen. Ganzjährig fortpflanzungsfähig. Bei geschlechtsreifen Männchen sondern die Seitendrüsen ein grünes, öliges Sekret auf die Bauchfläche ab. Weibchen mit einem leistenständigen Zitzenpaar. Brunst der Weibchen kürzer als 1 Tag. Östruszyklus 9–13 Tage. Paarung mit Nackenbiss, vorher ständig Kontaktlaute. Tragzeit etwa 84 Tage. 1, selten 2 nackte, blinde, etwa 40–55 g schwere und 15–16 cm lange Lagerjunge, die bei einem Ortswechsel (gelegentliches Überwechseln in einen anderen Schlafkasten, von denen während der Aufzucht mehrere zugänglich sein sollten) von der Mutter im Maul transportiert, etwa ab 7. Woche an den nun auf 2 cm verlängerten Zitzen hängend von der Mutter umhergetragen werden. Fellbildung mit 2 Wochen abgeschlossen.

Säugezeit etwa 75 Tage. Erste feste Nahrung zwischen 10. und 13. Lebenswoche. Jungtiere werden mit 2½ Monaten selbständig, können aber auch dann noch bei den Eltern bleiben. 2 Würfe im Jahr möglich.

Höchstalter in Menschenobhut. Haiti-Schlitzrüssler 12, Kuba-Schlitzrüssler 8 Jahre.

Familie Spitzmäuse (Soricidae)

Kleine, mäuseähnliche Tiere mit langer, spitzer, oft rüsselartiger Schnauze und langem Kopf. Augen und Ohren klein, oft im Fell verborgen. Zahnzahl uneinheitlich, kein Milchgebiss. Rumpf gestreckt, walzenförmig, Gliedmaßen kurz, fünfzehig, Schwanz meist lang, nicht oder spärlich behaart, an den Körperseiten Moschusdrüsen. Fell kurz, dicht, samtartig.

Verbreitung. Ganze Erde, außer Nordostkanada und benachbarte arktische Inseln, Grönland, Island, Australien, Neuseeland, manchen Pazifik-Inseln und weiten Teilen Südamerikas.

3 Unterfamilien, 26 Gattungen, 376 Arten.

Unterfamilie Weißzahnspitzmäuse (Crocidurinae)

Auch Wimpernspitzmäuse. Zahnspitzen weiß. Wimpern am Schwanz und am hinteren Teil des Körpers.

Verbreitung. Vorwiegend äthiopisch-orientalisch, Europa, Asien, pazifische Inseln, Afrika.

Abb. 23.1 Bevorzugte Nahrung der Gescheckten Wüstenspitzmaus (*Diplomesodon pulchellum*) sind wie bei allen Spitzmäusen Insekten und deren Larven.

9 Gattungen mit über 200 Arten.

Beispielvertreter

Wimpernspitzmäuse (*Crocidura*): 172 Arten. Schnauze mit langen Borsten oder Wimperhaaren. Afrika, Südostasien, Europa. **Feldspitzmaus** (*C. leucodon*), **Hausspitzmaus** (*C. russula*) und **Gartenspitzmaus** (*C. suaveolens*).

Dickschwanzspitzmäuse (*Suncus*): 18 Arten. Eng verwandt mit den Wimpernspitzmäusen. Charakterisiert durch leicht buschige Schwänze. Afrika, Südeuropa, Süd- und Südostasien. **Moschusspitzmaus** (*S. murinus*): größte Art, Körperlänge 15 cm, Gewicht 100 g. Nördliches Ostafrika von Tansania, Sansibar, den Komoren und Madagaskar bis Ägypten und über die Arabische Halbinsel bis Japan, Taiwan, Philippinen bis Sri Lanka. – **Etruskerspitzmaus** (*S. etruscus*): galt lange als kleinstes Säugetier der Welt, Gewicht knapp 2 g. Südeuropa, Nord- und Ostafrika, Madagaskar, Südasien, Borneo.

Gescheckte Spitzmäuse (*Diplomesodon*): 1 Art. **Gescheckte Wüstenspitzmaus** (*D. pulchellum*): Füße seitlich mit steifen Borsten behaart, die das Laufen auf lockerem Sand erleichtern. Südliches Mittelasien von der Wolga bis zum Balchaschsee in Kasachstan.

Schildspitzmäuse (*Scutisorex*): 1 Art. **Schildspitzmaus** (*S. somereni*), auch Panzerspitzmaus: Wirbelsäule mit nahezu doppelter Rückenwirbelzahl, sehr kräftig und von vielen langen, miteinander verbundenen, nach oben, den Seiten und sogar ins Körperinnere ragenden Dornfortsätzen gestützt, so dass die Tiere auch vom Gewicht eines erwachsenen Menschen nicht zerquetscht werden. Demokratische Republik Kongo, Ruanda und Uganda.

Gefährdungsstatus. Bestand in der Wildbahn gebietsweise bedroht, 125 Arten schutzbedürftig.

Unterfamilie Afrikanische Waldspitzmäuse (Myosoricinae)

Früher zu den Weißzahnspitzmäusen gestellt, aber Unterschiede in Schädel- und Zahnbau.

Verbreitung. Afrika.

3 Gattungen mit 22 Arten.

Beispielvertreter

Afrikanische Waldspitzmäuse (*Myosorex*): 16 Arten. Fell weich und seidig, seine Färbung erscheint gesprenkelt. In feuchten Wäldern Zentral- und Südafrikas.

Maulwurfspitzmäuse (*Surdisorex*): 3 Arten. Mit auffällig kurzem Schwanz. Bergregionen Kenias.

Kongospitzmäuse (*Congosorex*): 3 Arten. Bräunliches Fell. Regenwälder Zentralafrikas.

Gefährdungsstatus. Die meisten Arten sind gefährdet oder vom Aussterben bedroht.

Unterfamilie Rotzahnspitzmäuse (Soricinae)

Zahnspitzen rot oder gelb, mehr Zähne (30 oder 32) als die anderen Unterfamilien, Wimperhaare fehlen am Schwanz und am hinteren Körper. Einige Arten mit Drüsen im Unterkiefer, die ein hämolytisches Gift produzieren.

Verbreitung. Eurasien (20 Arten in Europa), Mittel- und Nordamerika, Nordwesten Südamerikas.

14 Gattungen, fast 180 Arten.

Beispielvertreter

Rotzahnspitzmäuse (*Sorex*): ca. 86 Arten. Lange Schwänze und kleine Ohren. Eurasien, Nordamerika. **Waldspitzmaus** (*S. araneus*), **Zwergspitzmaus** (*S. minutus*), **Alpenspitzmaus** (*S. alpinus*).

Wasserspitzmäuse (*Neomys*): 4 Arten. Durch Haarsäume an den Füßen an das Wasserleben angepasst. Europa, Westasien. **Wasserspitzmaus** (*N. fodiens*), **Sumpfspitzmaus** (*N. anomalus*).

Amerikanische Kurzschwanzspitzmäuse (*Blarina*): 5 Arten. Schnauze kürzer und dicker als bei anderen Spitzmausarten, kurzer Schwanz. Südkanada, USA. **Große Kurzschwanzspitzmaus** (*B. brevicaudata*): produziert giftigen Speichel.

Kleinohrspitzmäuse (*Cryptotis*): 30 Arten. Ohren sehr klein, ragen kaum aus dem Fell. Gelten als sozialer als andere Spitzmäuse. Südliche USA, Mittelamerika, nördliches Südamerika. **Nordamerikanische Kleinohrspitzmaus** (*C. parva*), auch Kleine Kurzschwanzspitzmaus: einzige nördlich von Mexiko verbreitete Art.

Graue Wüstenspitzmäuse (*Notiosorex*): 4 Arten. Für Spitzmäuse relativ große Ohren und weitere Anpassungserscheinungen an trockene Lebensräume. Südliche USA, nördliches und mittleres Texas. **Cockrums Graue Wüstenspitzmaus** (*N. cockrumi*): erst 2004 wissenschaftlich beschrieben. Arizona.

Gefährdungsstatus. Bedroht sind vor allem auf Inseln vorkommende Arten.

Lebensweise. Dämmerungs- und Nachttiere, teilweise auch am Tag aktiv, vereinzelt echte Tagtiere wie Wasserspitzmaus. Lebensraum artverschieden, unterholzreicher Wald, Buschwald, Park- und Kulturlandschaft, Grasland, Taiga und Tundra, oft in feuchten Gebieten, so auch in Sümpfen, am und im Wasser. Einige Arten im felsigen Gebirge bis in 2500 m, in den Tropen bis in 3000 m Höhe, wenige in Wüstensteppen, Halbwüsten und Wüsten (Wüstenspitzmäuse). Oft Kulturfolger, überwintern dann sogar in Häusern. Abgesehen von wenigen geselligen Arten unverträgliche Einzelgänger, ortstreu in festen Revieren. Schlaf- und Ruheplätze unter Steinen, Wurzeln, Gebüsch, Laub, in bodennahen Baumhöhlen, Erdbauen anderer Tiere (Mäuse, Maulwürfe), einige in selbst gegrabenen Bauen. Halten keinen Winterschlaf, bei einigen Arten kann schwacher Torpor auftreten. Bodentiere, die schnell rennen, springen, kaum klettern, auch Wasserbewohner, die mithilfe von Schwimmborsten an den Füßen, mit dem Schwanz oder den Schwimmhäuten gut schwimmen und tauchen (bis 20 Sekunden). Geruchs-, Gehör- und Tastsinnesorgan überaus empfindlich und hochleistungsfähig. Lautäußerungen zirpend, zwitschernd, z. T. im Ultraschallbereich liegend, dienen bei einigen Arten der Echolotpeilung von Beute. Die Bisse der amerikanischen Großen Kurzschwanzspitzmaus, der Nordamerikanischen Kleinohrspitzmaus und der heimischen Wasserspitzmaus führen wegen des giftigen Speichels beim Menschen zu heftigen, tagelangen Schmerzen. Der moschusartig strenge Körpergeruch dient der Territorialmarkierung, der Partnerwerbung und der Feindabwehr (Spitzmäuse werden nur von wenigen Raubtieren, Eulen und Greifvögeln gefressen).

Nahrung. Fleischfresser, verzehren vorwiegend Insekten und deren Larven, Spinnen, Asseln, Tausendfüßler, Würmer, Schnecken, kleine Wirbeltiere wie Eidechsen, Vögel, Kleinsäuger (Mäuse, sogar kleinere Spitzmausarten!). Wasserbewohner fressen zusätzlich Krebse, Laich, Fische, Molche und Frösche. Große Arten fressen auch Pflanzliches, u.a. Sämereien, Nüsse, Obst.

Haltung von Spitzmäusen

Selten in Tiergärten zur Schau gestellt, stellen hohe Fütterungsansprüche, von Natur aus kurzlebig. Gegenwärtig wird nur die Etruskerspitzmaus in einigen Tiergärten gezeigt, dabei regelmäßige Zuchten, u. a. in Dresden, Karlsruhe und Pilsen.

Unterkunft. In verglasten oder fein verdrahteten, aquarien- oder terrarienartigen, gut verschlossenen Vitrinen oder Volieren. Luftfeuchtigkeit und Temperatur je nach Herkunft variieren, für Hausspitzmaus Temperatur 13–18 °C bei 60–65 % relativer Luftfeuchtigkeit. Verstecke, z. B. leerer Blumentopf, Klettereinrichtungen minimal, aber manchmal auch Badebecken erforderlich. Schlafplätze und Verstecke regelmäßig reinigen, werden nicht selten zur Futterbevorratung benutzt (eingetragene Nahrung geht schnell in Fäulnis über). Als Bodenbelag Sand, Erde, Moos, trockenes Laub. Ein Höchstmaß an Hygiene, besonders in Käfigecken, wo meist Kot abgesetzt wird, Einstreu öfter vollständig auswechseln. Eigengeruch, z. B. bei Moschusspitzmaus, kann durch Verwenden von saugfähigem Bodengrund (u. a. Hobelspäne) gemindert werden. Einzeln halten, da besonders auf engem Raum sehr unverträglich. Kannibalismus möglich. Zu mehreren oder zumindest ohne Komplikationen paarweise gepflegt werden können Große Kurzschwanzspitzmaus, die gesellige Nordamerikanische Kleinohrspitzmaus, welche sogar zu mehreren in einem Schlafkasten schläft, und manche Wimpernspitzmäuse, wie z. B. die Feldspitzmaus oder die Hausspitzmaus, die gleichfalls familienweise eine Schlafkiste und feste Kotplätze benutzen.

Umgang. Besondere Vorsorge gegen Entweichen. Gut schließende Deckel der Vitrinen oder Becken. Laute plötzliche Geräusche vermeiden, Gefahr des Schocktodes. Kurzschwanz-Spitzmäuse, Wasser- und Waldspitzmäuse aufgrund der Giftigkeit nicht mit der bloßen Hand fangen.

Fütterung. Fein gehacktes, mageres Fleisch mit Knochenmehl und Vitaminzusätzen, Kleinsäuger, Kleinvögel, Eidechsen, Gehirn, Blut oder Blutkuchen, Wachs- und Fliegenmaden, Mehlwürmer, Seidenraupen, Fliegen, andere Insekten und deren Larven, Regenwürmer, Enchyträen, hart gekochtes Ei in Stücken, Quark, Weichfutter für Vögel. Gut züchtende Hausspitzmäuse erhielten täglich 2 Mahlzeiten, morgens Fliegenlarven bis zur Sättigung, nachmittags geschabtes Rind- oder Geflügelfleisch, unter das fein zerkleinertes, gekochtes Ei, verschiedene Getreidemehle, Fischmehl, Vitamine und Mineralstoffe gemischt wurden. Für Wasserspitzmäuse zusätzlich kleine Krebse, Insektenlarven, Wasserinsekten, Fisch, Kaulquappen, Froschfleisch, Laich, junge Mäuse. Für alle Arten klein geschnittenes weiches Obst und Gemüse, Große Kurzschwanzspitzmaus auch Sämereien, Nüsse, Haferflocken. Tagesration wie Tiergewicht oder mehr, säugende Weibchen nehmen täglich Nahrungsmenge bis zum doppelten Körpergewicht auf. Nahrung soll viel Wasser, aber nicht zu viele Kalorien enthalten. In sehr warmen Unterkünften drei- bis viermal, sonst täglich zweimal füttern. Hauptmahlzeit abends. Vor allem Rotzahnspitzmäusen sollte ständig Futter angeboten werden, sonst zeigen die Tiere Körperzittern, Apathie.

Fortpflanzung und Zucht. Zucht bei unverträglichen Arten schwierig (Unterkunft durch

Tab. 23.1 Milchzusammensetzung von Spitzmäusen

Art	Trockensubstanz [%]	Fett [%]	Eiweiß [%]	Kohlenhydrate [%]	Asche [%]	Proben [Anzahl]
Wasserspitzmaus	35,00	20,00	10,00	0,10	0,75	1
Große Kurzschwanzspitzmaus	19,19	6,50	11,00	3,20	0,75	1
Gartenspitzmaus	51,20	35,90	9,40	4,17	2,60	30
Moschusspitzmaus	37,50	17,50	10,70	0,81	1,88	2

ein Drahtgitter teilen, kurzzeitig entfernen, wenn sich beide Tiere häufig dort aufhalten, ohne sich anzudrohen). Fortpflanzung in den Tropen und in Menschenobhut ganzjährig möglich, sonst in der gemäßigten Zone 3–4 Würfe im Jahr. Tragzeit 3–4 Wochen (Große Kurzschwanzspitzmaus 21–22, Wasserspitzmaus 21, Hausspitzmaus 28–29, Feldspitzmaus 31, Moschusspitzmaus 29–31, Waldspitzmaus 42 Tage). Bei Hausspitzmäusen beginnt das Weibchen ab 9. oder 10. Tag vor der Geburt, mit großer Intensität 1–2 Tage davor, Nistmaterial einzutragen. Das Männchen braucht nicht entfernt zu werden, benötigt aber eine eigene Schlafbox, da das Weibchen zunehmend aggressiv wird. 3–5 Zitzenpaare. 5–10 nackte, blinde Lagerjunge (bei Nordamerikanischer Kleinohrspitzmaus Wurfgröße durchschnittlich 4–5 Junge, bei Hausspitzmaus 1–7 etwa 0,8 g schwere Junge). Milch sehr fett- und eiweißreich, Milchzusammensetzung von Spitzmäusen in Tabelle 23.1. Junge wachsen rasch, wiegen am 3. Tag das Doppelte, am Ende der Säugezeit das 9- bis 10-Fache von Neugeborenen. Bei Feldspitzmaus beginnt Fellbildung mit 3 Tagen. Augenöffnung bei Hausspitzmaus mit 10, bei Feldspitzmaus mit 13 Tagen. Erste feste Kost und Verlassen des Nestes bei Hausspitzmaus mit 14, bei Feldspitzmaus mit 16 Tagen. Ende der Säugezeit bei Nordamerikanischer Kleinohrspitzmaus mit 18–19, Hausspitzmaus mit 22–24, bei Feldspitzmaus mit 26 Tagen. Anschließend sofort Junge absetzen, sonst Kannibalismus. Geschlechtsreife mit 2½–3 Monaten, obwohl in Einzelfällen weibliche Hausspitzmäuse schon mit 45 und 48–50 Tagen trächtig wurden. Bei Nordamerikanischen Kleinohrspitzmäusen früheste Geschlechtsreife bei Weibchen mit 31, bei Männchen mit 36 Tagen. Züchtende Tiere paaren sich bereits am 5.–6. oder zwischen dem 15. und 25. Tag nach der Geburt der Jungen, Nordamerikanische Kleinohrspitzmäuse schon 1–4 Tage post partum, bei manchen Arten auch erst am Ende der Säugezeit. Die Ovulation erfolgt nach der Paarung, hängt vermutlich von deren Intensität ab. Bei Nordamerikanischer Kleinohrspitzmaus soll der Östrus 24–48 Stunden nach dem Zusammenlassen mit einem Männchen einsetzen. Rückgang der Fruchtbarkeit ab 18. Lebensmonat. Ende der Fortpflanzungsfähigkeit bei Hausspitzmäusen mit 2¾ Jahren. Ein Paar Nordamerikanische Kleinohrspitzmäuse brachte in knapp einem Jahr 66 Junge und zog alle auf. Bei Moschusspitzmaus nur 1–3 Junge (gelegentlich 4), 2–3 Würfe im Jahr. Zuchtreife beim Weibchen mit 30, beim Männchen mit ca. 50 Tagen. Junge wachsen schnell, können nach 20 Tagen abgesetzt werden.

Höchstalter in Menschenobhut. Feldspitzmaus fast 3½, Hausspitzmaus fast 3¼, Wasserspitzmaus über 3, Große Kurzschwanzspitzmaus 2¼, Nordamerikanische Kleinohrspitzmaus über 2½, Etruskerspitzmaus 4½, Moschusspitzmaus 4 Jahre. Derartige Haltungserfolge sehr gut, da in der Wildbahn sicher kurzlebiger.

Familie Maulwürfe (Talpidae)

Gestalt uneinheitlich, maulwurfs- bis spitzmausähnlich, Körperlänge von 2,5–7,5 cm (Ohrenspitzmaus-Maulwürfe) bis 21 cm (Desman), Gewicht bei denselben Arten 10 g bis ca. 550 g. Kopf spitzkegelig, rüsselartige Nase, Ohrmuscheln klein oder fehlend, Augen klein oder rückgebildet unter der Haut. Rumpf walzenförmig, Gliedmaßen kurz, fünfzehig, Hand bei grabenden Arten als Graborgan verbreitert und durch ein Sesambein verstärkt, Schwanz meist kurz.

Verbreitung. Eurasien, Nordamerika.

3 Unterfamilien, 18 Gattungen, 53 Arten.

Unterfamilie Neuweltmaulwürfe (Scalopinae)

Gestalt maulwurfsähnlich, Grabhand mehr oder minder gut ausgebildet.

Verbreitung. Nordamerika.

5 Gattungen, 9 Arten.

Beispielvertreter

Sternmulle (*Condylura*): 1 Art. **Sternmull** (*C. cristata*): Nasenspitze mit 22 kreisförmig angeordneten, nackten, fingerartigen Auswüchsen. Östliches Nordamerika.

Westamerikanische Maulwürfe (*Scapanus*): 5 Arten. Pazifikküste Nordamerikas vom südlichen British Columbia bis zum nördlichen Niederkalifornien, ostwärts bis Idaho.

Gansu-Maulwürfe (*Scapanulus*): 1 Art. **Gansu-Maulwurf** (*S. oweni*): einzige asiatische Art. Zentralchina.

Unterfamilie Altweltmaulwürfe (Talpinae)

Vielgestaltige Gruppe, in der die eigentlichen Maulwürfe mit „maulwurfstypischem Körperbau" perfekt an die unterirdisch grabende Lebensweise angepasst sind, die Desmane zeigen Anpassungserscheinungen an das Wasserleben und die eher oberirdisch lebenden Spitzmulle weisen Ähnlichkeiten mit den Spitzmäusen auf.

Verbreitung. Eurasien, Nordamerika.

12 Gattungen, 36 Arten.

Beispielvertreter

Desmane (*Desmana*): 1 Art. **Desman** (*D. moschata*), auch Bisamrüssler, Russischer Desman: Gestalt spitzmausähnlich, mit langem, abgeplattetem Schwanz und langer, beweglicher, aus 2 knorpeligen Röhren zusammengesetzter Rüsselnase mit verschließbaren Öffnungen, insbesondere Hinterbeine mit Schwimmhäuten. Südrussland und Westkasachstan, Einzugsgebiete von Wolga, Don und Ural, angesiedelt am Dnjepr und Oberlauf des Ob.

Pyrenäendesmane (*Galemys*): 1 Art. **Pyrenäen-Desman** (*G. pyrenaicus*), auch Almizilero: ähnelt stark dem Desman. Nordspanien von Katalonien über die Pyrenäen und das Baskenland zum Kantabrischen Gebirge bis Nordportugal.

Eurasische Maulwürfe (*Talpa*), auch Echte Maulwürfe: 14 Arten. Einheitliches Erscheinungsbild, deshalb schwierig zu unterscheidende Arten. Europa, Asien. **Europäischer Maulwurf** (*T. europaea*).

Spitzmulle (*Neurotrichus*, *Dymecodon*, *Urotrichus*): 3 Arten. Kleine, spitzmausähnliche Maulwürfe. Nordamerika, Japan. **Amerikanischer Spitzmull** (*N. gibbsii*).

Gefährdungsstatus. Bestand im Verbreitungsgebiet weitgehend ungefährdet, einige Arten, darunter Pyrenäen-Desman, hochgradig bedroht, weitere 10 Arten schutzbedürftig.

Unterfamilie Ohrenspitzmaus-Maulwürfe (Uropsilinae)

Gestalt spitzmausähnlich, mit deutlich sichtbaren Ohrmuscheln (einzigartig bei Maulwürfen) und fast körperlangem Schwanz.

Verbreitung. Südostasien.

1 Gattung, 8 Arten.

Spitzmausmaulwürfe (*Uropsilus*): 8 Arten. Provinzen Sichuan und Yunnan (China), Nordmyanmar. **Chinesischer Spitzmausmaulwurf** (*U. gracilis*).

Gefährdungsstatus. Die Arten *Uropsilus investigator* und *U. soricipes* gelten als stark gefährdet.

Lebensweise. Teils Dämmerungs- und Nachttiere, teils aber auch tagsüber aktiv (Sternmulle, manche Eurasische und asiatisch-amerikanische Maulwürfe). Lebensraum lockere Laubwälder, Busch- oder Graslandschaften aller Art, auch Kulturland mit lockerem, fruchtbarem, gut gewachsenem Boden von Wiesen und Weiden (Eurasische Maulwürfe), Prärien und Grassteppen oder mehr wasserdurchlässige Böden (Neuweltmaulwürfe), sogar Sumpfgebiete (Sternmulle) und Flusslandschaften (Desmane). Ohrenspitzmaus-Maulwürfe und asiatische Maulwürfe in Gebirgen bis in 4500 m Höhe. Überwiegend Bodengräber in unterirdischen, selbst errichteten Röhrensystemen mit bis zu 30 m Durchmesser umfassenden Gangsystemen aus Haupt- und Ausweichnestern, Verbindungs- und Jagdgängen, die im Sommer dichter unter dem Erdboden als im Winter angelegt werden. Desmane sind dagegen überirdische Wasserbewohner, die in ruhigen Buchten stehender oder fließender Gewässer, auch von Gebirgsbächen, tauchend nach Nahrung suchen, sich tagsüber sonnen, in selbst errichteten Erdbauen schlafen, die eisfreie Unterwassereingänge haben und zu deren Kessel bis 6 m lange Röhren führen. Auch Sternmulle jagen schwimmend und tauchend, kommen oft an die Erdoberfläche, was Eurasische und Neuweltmaulwürfe weniger und dann oft zu bestimmten Jahreszeiten tun. Der Japanische Spitzmull (*Urotrichus talpoides*) klettert sogar auf niedrige Zweige von Büschen und Bäumen. Außer den während der Paarungszeit und Jungenaufzucht geselligen Desmanen unverträgliche, oft kannibalische Einzelgänger mit hervorragendem Erschütterungs-, Tast- und Gehörsinn. Sternmulle und Desmane jagen wie Spitzmäuse Wassertiere, erbeuten aber nur in seltenen Fällen Fische. Maulwürfe legen für den Winter Vorratskammern an, die sie mit Engerlingen und Regenwürmern (bis 2 kg) füllen, welche durch Bisse bewegungsunfähig gemacht wurden.

Nahrung. Bodenbewohnende Wirbellose, Würmer, Insekten und deren Larven, Spinnen, Asseln, Tausendfüßler, Schnecken, auch Kleinsäuger (Mäuse, Spitzmäuse), Jungtiere bodenbrütender Vögel usw., für Desmane außerdem Süßwassergarnelen, Amphibien, seltener kleine Fische. Manche amerikanischen Arten fressen auch nebenbei Pflanzenkost, Wurzeln, Zwiebeln.

Haltung von Maulwürfen

Zurzeit gibt es keine aktuellen Haltungen, auch früher sehr selten gehalten, u.a. Europäischer Maulwurf, Japanischer Maulwurf (*Mogera wogura*) und Desman. Extrem komplizierte Ansprüche an Haltungssysteme und Ernährung.

Unterkunft. Für Maulwürfe in speziell konstruierter Anlage, sog. Talparium nach einem Modell der Universität Kassel. Hauptbestandteile ein hinter Glas liegendes Laufgangsystem aus Kunststoffröhren, kombiniert mit dünnen gläsernen Grab- und Wühlelementen (ca. 65 cm x 65 cm große Glasscheiben als Vorder- und Rückseiten, dazwischen eine 3,8 cm starke Wühlschicht aus gedämpfter Gartenerde). Schlafkäfige in einer anschließenden Klimakammer mit trockenem Eichen- oder Buchenlaub als Einstreu. Temperaturen dort 8–15 °C und ständige relative Luftfeuchtigkeit über 90 %. Zur Fellpflege dient zusätzlich ein 5-l-Gefäß mit gedämpfter Gartenerde, die gut feucht gehalten werden muss. Höchstmaß an Hygiene. Kot und Urin meist an festen Plätzen in den Kunstgängen nahe der Schlafkammer. Das Kunststoffröhrensystem wird täglich mit Wasser ausgespritzt und desinfiziert, die Schlafkammer wöchentlich gereinigt, Erde enthaltende Behälter wöchentlich mit neuer Erde beschickt. Desmane im Zoo Moskau bewohnten gemeinsam einen kleinen Teich mit Unterwasserzugang zu den Innenanlagen. Jedes Tier mit eigenem Boxensystem (Schlaf-, Kot-, Fressteil).

Fütterung. Als Grundfutter für Maulwürfe im täglichen Wechsel in kleine Würfel geschnittenes Rinderherz oder -niere, zur Ballaststoffaufnahme auch alle 2 Tage Eintagsküken ohne Kopf (zu reichliche Kükenfütterung führt wegen der Knochen zu Zahnschäden), dazu täglich Regenwürmer, Insekten und Insektenlarven (Heimchen, Mehlwürmer), die bei reichlichem Angebot die Kükenfütterung überflüssig machen. Außerdem täglich 2 g eines Igelfertigfutters, dazu reichlich Mineralstoffe und Vitamine, Gesamttagesmenge 20–25 g pro Tier. Desmane fraßen Schabefleisch mit Mineral- und Vitaminzusatz, außerdem Wasserkleingetier und Wasserpflanzenteile. Einseitige Ernährung mit Fisch sehr problematisch.

Fortpflanzung und Zucht. Zucht in Menschenobhut bisher wohl nur beim Japanischen Maulwurf gelungen. Fortpflanzungsbiologische Daten gering. 3–4 Zitzenpaare, z.B. Neuweltmaulwürfe 3 Paare, Desman, Eurasische Maulwürfe und Sternmulle 4 Paare. Europäischer Maulwurf: Tragzeit 30 Tage, 4–5 (9) Junge, Augenöffnung nach 3 Wochen, selbständig mit 2 Monaten, geschlechtsreif mit 1 Jahr. Nacktschwanz-Maulwurf (*Scalopus aquaticus*): Tragzeit 42 Tage.

Höchstalter in Menschenobhut. Nacktschwanz-Maulwurf fast 4, Europäischer Maulwurf 5, Japanischer Maulwurf 3¼, Haarschwanz-Maulwurf (*Parascalops breweri*) etwa 5, Sternmull 2½, Desman 4 Jahre.

24
Ordnung Fledertiere (Chiroptera)

Artenreiche Ordnung aktiv fliegender Säugetiere, von der nachfolgend nur tiergärtnerisch relevante Familien, Gattungen und Arten abgehandelt bzw. erwähnt werden.

Die Systematik, auch bezüglich der Unterordnungen, bisher Flughunde (Megachiroptera) und Fledermäuse (Microchiroptera), wird immer noch kontrovers diskutiert. Während einige Merkmale auf eine konvergente Evolution beider Gruppen hindeuten sollen, sprechen die meisten Forschungsergebnisse für die Monophylie beider Gruppen, d.h. für einen gemeinsamen Vorfahren.

Unterarm, besonders 2.–5. Mittelhand- und Fingerknochen der Strahlen 2–5 stark verlängert. Elastische, von feinen Muskelfasern, Blutgefäßen und Nerven durchzogene, nackte oder wenig behaarte Flughaut spannt sich vom Hals zum Daumen (Vorderflughaut), vom Daumen über die Fingerspitzen (Fingerflughaut), vom 5. Finger zum Fußgelenk (Armflughaut) und unter völliger bzw. teilweiser Einbeziehung des Schwanzes von Fußgelenk zu Fußgelenk (Schwanzflughaut), wird dort meist durch einen Sporn gestützt, der am Fußgelenk ansitzt. Daumen und Zehen kurz, scharf bekrallt. Beckengürtel schwach, Hintergliedmaßen kurz. Rumpf schlank, mit mächtiger Flugmuskulatur am Brustkorb, besonders am Brustbein. Fell kurz, seidig, dicht.

Verbreitung. Ganze Erde außer Polarzonen.

21 Familien, 236 Gattungen, über 1400 Arten.

Familie Flughunde (Pteropodidae)

Überwiegend große, 40 cm lange, 10 g–1,6 kg schwere Fledertiere, zu denen aber auch kleinere Arten (6 cm lang) zählen. Rumpf schlank, Kopf meist spitz, hunde- oder fuchsähnlich, Augen groß, kein Farbsehen. Zahnformel: 2/2 1/1 3/3 2/3, bei einigen Gattungen geringere Zahnzahlen, Molaren sind breite Mahlzähne, 2. Finger meist dreigliedrig und mit Kralle, Schwanz fehlt meist, dann Schwanzflughaut rückgebildet. Magen groß, Darm lang (Pflanzenfresser). Fell kurz, dicht, bei manchen Arten Männchen mit Haarbüscheln im Kopf- und Schulterbereich.

Verbreitung. Tropen und Subtropen der alten Welt, nördlich bis zur Türkei, Zypern und Pakistan, Afrika südlich und östlich der Sahara, Südarabien, Madagaskar, Indien, Hinterindien, Große und Kleine Sunda-Inseln, Philippinen, Molukken, Neuguinea, Nord- und Ostaustralien.

46 Gattungen, 191 Arten.

Beispielvertreter

Palmenflughunde (*Eidolon*): 2 Arten. **Palmenflughund** (*E. helvum*): Afrika südlich der Sahara, Südarabien, Madagaskar.

Höhlenflughunde (*Rousettus*): 10 Arten. **Ägyptischer Höhlenflughund** (*R. aegyptiacus*), auch Nilflughund: Türkei und Zypern bis Pakistan, Arabische Halbinsel, Ägypten, fast ganz Afrika südlich der Sahara. Übrige Arten außerdem auf Madagaskar und von Südarabien über den Vorderen Orient bis Indien, Hinterindien und Indonesien bis Neuguinea verbreitet.

Kragenflughunde (*Myonycteris*): 5 Arten. **Schmalkragenflughund** (*M. torquata*). Männchen mit kragenähnlicher Halsbehaarung. Westafrika von Sierra Leone bis Nordangola und Sambia, Ostafrika von Kenia bis Tansania.

Flugfüchse (*Pteropus*), auch Eigentliche Flughunde: über 60 Arten. **Indischer Flug-**

fuchs (*P. giganteus*): von den Hängen des Himalaja über Vorderindien bis Sri Lanka, Malediven. – **Kalong** (*P. vampyrus*): von der Malaiischen Halbinsel über die Großen und Kleinen Sunda-Inseln bis zu den Philippinen. – **Graukopfflughund** (*P. poliocephalus*): nördliche und östliche Küstengebiete Australiens. – **Roter Flughund** (*P. rufus*): endemisch auf Madagaskar. **Rodriguez-Flughund** (*P. rodricensis*): Rodriguez (Maskarenen).

Spitzzahnflughunde (*Harpyionycteris*): 2 Arten. Philippinen und Sulawesi.

Hammerköpfe (*Hypsignathus*): 1 Art. **Hammerkopf-Flughund** (*H. monstrosus*): Gambia bis Äthiopien und südwärts bis zum nordöstlichen Angola.

Epaulettenflughunde (*Epomophorus, Epomops, Micropteropus*): 13 Arten. Afrika südlich der Sahara.

Kurznasenflughunde (*Cynopterus*): 7 Arten. Von Vorderindien, Sri Lanka über Hinterindien bis zur Malaiischen Inselwelt.

Röhrennasenflughunde (*Nyctimene*): 15 Arten. Indo-malaiischer Raum.

Langzungenflughunde (*Macroglossus*): 2 Arten. Kleine bis sehr kleine Tiere. Indien bis Australien. **Zwerg-Langzungenflughund** (*M. minimus*): kleinster Flughund, Körperlänge nur 6,3 cm. Malaysia über Borneo, Sulawesi, Philippinen bis Neuguinea.

Gefährdungsstatus. Bestand vieler Arten im Verbreitungsgebiet gefährdet oder stark gefährdet. Für den Rodriguez-Flughund Internationales Zuchtbuch im Durrell Wildlife Conservation Trust, Jersey, EEP im Zoo Chester und ESB für Livingstones Flughund (*Pteropus livingstonei*) in Jersey.

Lebensweise. Dämmerungs- und Nachttiere, die tagsüber meist nicht fest, nie lethargisch (siehe Fledermäuse) schlafen. Tropentiere, kein Winterschlaf. Lebensraum artverschieden, zentraler Urwald, Urwaldränder, Galeriewälder in Wassernähe (manche Epaulettenflughunde), vorwiegend aber lockere Park- und Kulturlandschaft, als Kulturfolger (Palmenflughund) sogar in Städten. In Höhen zwischen 1600 und 2000 m kommen Nilflughund, bis 2000 m manche Epaulettenflughunde, manche Flugfüchse sogar in den unteren Hängen des Himalaja vor. Tagschlaf einzeln oder in kleinen Gruppen in belaubten Bäumen oder Büschen (Epaulettenflughunde), Zwerg-Langzungenflughund stets einzeln, nicht selten in zusammengerollten Blättern, Indischer Flugfuchs und Nilflughund in gewaltigen Schlafgesellschaften an festen Schlafplätzen auf kahlen, trockenen Ästen oder im Geäst belaubter Bäume, bei Palmenflughunden an der Elfenbeinküste Kolonie von über 250000 Tieren, in Felshöhlen, Tempeln, Höhlenflughunde ruhen in verlassenen Bergwerken oder, wie auch Langzungenflughunde, in Baumhöhlen. Sie krallen sich dabei mit den Fü-

Abb. 24.1 Der Große Langzungenflughund (*Macroglossus sobrinus*) ist auf Pollen und Nektar spezialisiert und spielt dabei eine wichtige Rolle bei der Bestäubung seiner Futterpflanzen.

ßen an Ästen, Felsvorsprüngen o. Ä. fest und hängen mit dem Kopf nach unten, wobei sie sich in die Flughäute wie in einen wärmenden Mantel einwickeln. Die Körperwärmeregulation bleibt erhalten, die Körpertemperatur sinkt nicht ab. Bei Hitze bewegen sie die Flughäute fächelnd hin und her, um die großen, stark durchbluteten Flächen im Luftzug abzukühlen. Bei großer Hitze speicheln sich die Tiere Hals und Oberkörper ein, um zusätzliche Verdunstungskühlung zu erreichen. Am Boden laufen viele Arten unerwartet geschickt vierfüßig, wobei wie beim Klettern das Kniegelenk nach außen gestellt ist. Im Geäst klettern sie hangelnd, dabei dienen die große Kralle des Daumens als vorderer, die bekrallten Füße als hinterer Anker. Mithilfe der Daumenkralle können sie sich auch an rauen, senkrechten Flächen laufend fortbewegen. Vor dem Abflug flattern sich manche Arten in waagerechte Lage und lassen erst dann mit den Füßen die Unterlage los, andere starten mit einem kurzen Sturzflug. Der Flügelschlag verläuft auf einer von hinten oben nach vorn unten gerichteten elliptischen Bahn. Sie fliegen meist im Ruderflug, der von zeitweiligen Segelflugphasen unterbrochen sein kann. Einige große Arten können im Aufwind segeln, die kleinen Langzungenflughunde im Rüttelflug für kurze Zeit in der Luft „stehen". Flughunde fliegen in einer Nacht bis 30 km weit zu ihren Futterplätzen. Während des Flugs orientieren sich die meisten Arten mit den großen Nachtaugen und lassen sich von ihrem feinen Geruchssinn zu Nahrungsplätzen leiten, erkennen damit auch an den Sekreten von Duftdrüsen Artgenossen oder Geschlechtspartner.

Bei tiefer Dunkelheit finden sich Höhlenflughunde in ihren Schlafplätzen auch mittels Echolot-Ultraschall-Knallfolgen (siehe Fledermäuse) zurecht, die aber im Gegensatz zu Fledermäusen nicht im Kehlkopf, sondern mit der Zunge erzeugt werden.

Nahrung. Früchte bzw. Fruchtsäfte (manche Arten speien das ausgekaute, faserreiche Fruchtfleisch aus), Blüten, Nektar, Pollen. Langzungenflughunde sind ausschließlich Blütenbesucher, nehmen nur Nektar und Pollen mit der langen Zunge auf. Manche Langnasenflughunde, z. B. Palmen-, Nilflughunde, Indischer Flughund, Kalong und der australische Graukopfflughund, sowie Kurznasenflughunde richten in Obstplantagen nicht selten Schäden an, fressen Früchte, zerstören Blüten und Blütenblätter, um Nektar und Pollen aufzunehmen. Einige Fruchtfresser, die gelegentlich Nektar trinken, übernehmen dabei die Bestäubung von Blüten, besonders Langzungenflughunde, welche stark duftende, große, feste, nektarreiche Blüten aufsuchen. Wasser wird nicht selten im Tiefflug über der Wasseroberfläche aufgenommen, viele Arten klettern auch an überhängenden Uferpflanzen herab und trinken in Ruhestellung hängend. Manche Arten nehmen bei saftiger Nahrung kein Wasser auf.

Haltung von Flughunden

Nur bei den großen und fruchtfressenden Arten langjährige und erfolgreiche Haltung, aber auch bei diesen tiergärtnerische Erfahrungen und fortpflanzungsbiologische Details in unzureichendem Umfang bekannt. Ägyptischer Höhlenflughund und Lyle-Flughund (*Pteropus lylei*) werden in vielen Tiergärten gehalten, Indischer Flughund, Kalong-Flughund (*P. vampyrus*), Rodriguez-Flughund nur in einigen Zoos, Livingstones Flughund und Inselflughund (*P. hypomelanus*) nur sehr selten.

Unterkunft. Meist in großen Tropenhallen mit natürlicher Vegetation bei normalen Lichtverhältnissen. Die Tiere fliegen dann tagsüber zwar selten, meist nur im Winterhalbjahr an trüben Tagen in den Nachmittagsstunden, sind aber auch sonst über viele Stunden am Tag munter, putzen sich Fell und Flughäute, klettern in Zweigen, streiten untereinander und nehmen Nahrung zu sich. Sie richten dort u. U. durch Verbiss und Abbrechen von Dekorationspflanzen gewissen Schaden an, der sich jedoch in Grenzen hält, wenn die Zahl der Tiere nicht zu groß wird. In geräumigen Abteilen eines Nachttierhauses untergebrachte Tiere fliegen tagsüber viel und sind

Abb. 24.2 Wichtig für die Haltung von Flughunden ist, dass sie Raumstrukturen vorfinden, um ihre Flughäute voll spreizen zu können, wie hier der Gambia-Epaulettenflughund (*Epomophorus gambianus*).

für den Betrachter deshalb interessant. Als Schlaf- und Ruheplätze werden reichlich trockene Äste benötigt, damit jedes Tier eine Stelle mit optimalem Astumfang für bequemes Umgreifen und in genügender Entfernung vom Nachbartier vorfindet, da sonst ständig Auseinandersetzungen um die besten Schlafplätze oder genügend Individualdistanz geführt werden. Für Höhlenbewohner mehrere halbschattige, vorn offene Schlafkästchen mit leistenartigen Vorsprüngen an den Wänden oder Schlafstangen dicht unterhalb des Kistendaches, eventuell Felsnischen in der rückwärtigen Käfigdekoration bzw. hohle Baumstämme einbringen. Optimaltemperatur für frei hängende Baumschläfer 23–26 °C (18–30 °C) und hohe Luftfeuchtigkeit (55–85 %). Im Gegensatz zu Fledermäusen haben Flughunde im Wach- wie im Ruhezustand eine gleich bleibende, auf gleicher Höhe geregelte Körpertemperatur, können diese sinkenden Außentemperaturen nicht anpassen, müssen folglich stets warm gehalten werden.

Umgang. Flughunde werden relativ zahm, lassen sich durch Arbeiten in ihrer Unterkunft nicht stören, solange eine gewisse Distanz eingehalten wird. Auf deren Unterschreitung reagieren sie mit Unruhe, versuchen auch fliegend zu fliehen, dabei sind Unfälle durch Aufprallen möglich, besonders auf Glasscheiben. Fang zu Transport- und Behandlungszwecken Vorsicht mit dem Kescher (Finger- und Armbrüche bei den Tieren, Flughautverletzungen), besser mit leichten Netzen oder lederhandschuhgeschützter Hand. Augen vor Daumenkrallenverletzungen schützen! Transport einzeln, da streitende Tiere sich mit den Daumenkrallen schlagen und dabei die Flughäute beschädigen. Neuankömmlinge auf Hautparasiten (Wanzen, Zecken, Milben, flügellose Fledermausfliegen) untersuchen und notfalls behandeln, in eingewöhnten Beständen gelegentlich stichprobenartige Kontrolluntersuchungen bei wahllos herausgegriffenen Einzeltieren oder solchen mit auffälligem Verhalten (übertriebene Körperpflege, häufiges Kratzen und Putzen) vornehmen.

Vor Bissen schützen! Nicht nur Fledermäuse, auch Flughunde können latent mit einer speziellen Form des Lyssa-Virus (Tollwut) infiziert sein. Sehr selten auch Krankheitsausbrüche, so 1998 in einer Gruppe von Ägyptischen Höhlenflughunden im Zoo Rotterdam. Tierpfleger wurden nicht angesteckt. Manche Flughundarten, wie z.B. der Hammerkopf-Flughund, können vermutlich ein Reservoir für das Ebola-Virus sein. Einige asiatische Arten sind Träger verschiedener Varianten des Corona-Virus.

Fütterung. Weiches Kern- und Steinobst (Apfel, Birne, Pflaume, Süßkirsche), fruchtsäurearme Beeren, besonders Weinbeeren, Rosinen, Südfrüchte (süße Apfelsine, Feige, Dattel, Banane), Gemüse, gesüßten Reis, Babybrei, gesüßtes Eigelb, eventuell feines Schabefleisch. Auf weniger arbeitsintensives Fertigfutter verzichten, sondern zum Kauen anregende, natürliche Nahrung sauber zubereiten und in mundgerechte Bröckchen schneiden. Für Langzungenflughunde Spezialmischungen, Kolibriflüssignahrung, Honigwasser mit Insekten, weiches, süßes Obst, Altweltaffen-Pellets. Futter nie auf dem Boden anbieten, sondern in Futterschalen oder Körben, die in der Nähe von Ruheplätzen angehängt werden, gleichmäßig verteilen. 2 Fütterungen am Tag, Hauptmahlzeit spät nachmittags oder abends. Futtermenge 50–100 % des Körpergewichts täglich. Obwohl das Futter viel Wasser enthält, sollte solches immer frisch und reichlich angeboten werden.

Vergesellschaftung. Innerartlich in ausreichend großen Räumen mit geeigneten Ruheplätzen von Tieren beider Geschlechter in größerer Anzahl möglich. Streitigkeiten zwischen Männchen um brünstige Weibchen meist ohne ernsthafte Beschädigung der Kontrahenten. Vergesellschaftung mit anderen Flughunden oft möglich, mit Vögeln aller Art und bodenbewohnenden Säugetieren, besonders in geräumigen Tropenhallen unproblematisch. In kleinen Unterkünften sollten Bodenbewohner nicht mit Flughunden vergesellschaftet werden, da sie von deren herabfallenden Kot beschmutzt werden.

Fortpflanzung und Zucht. Zucht, besonders von großen Arten, speziell des Indischen Flugfuchses und verwandter Arten sowie des Ägyptischen und Palmenflughundes nicht selten gelungen. Meist keine feste Paarungs- und Wurfzeit, Geburten ganzjährig. Tragzeit etwa 180 Tage mit Keimlingsruhe, bei Livingstones Flughund 150 Tage. Meist 1 Wurf pro Jahr, beim Hammerkopf in New York dagegen 2 Würfe im Jahr von Dezember bis Februar und danach von Juni bis August, dazwischen 2- bis 3-monatige Balz- und Paarungszeiten. Männchen in Gegenwart brünstiger Weibchen sehr lebhaft und stimmfreudig (Brunstrufe). In Glasgow beim Indischen Flughund Paarungen vorwiegend im Januar/Februar, Würfe im März/April. Tragzeit weniger als 3 Monate(!). Männchen wurden dort vor dem Werfen aus der Gruppe genommen. Geburtenabstände beim Rodriguez-Flughund durchschnittlich 260 Tage.

Weibchen mit 2 brustständigen Zitzen. 1 teilweise behaartes Jungtier, das mit verhältnismäßig kleiner Flughaut geboren wird und sich mit Daumen und Zehen im Fell der Mutter festkrallt.

Milchzusammensetzung einer Probe beim Wahlberg-Epaulettenflughund (*Epomophorus wahlbergi*): Trockenmasse 12 %, Fett 3,5 %, Eiweiß 4,2 %, Kohlenhydrate 4 %. Erste feste Kost beim Hammerkopf mit etwa 1 Monat, beim Malaiischen Kurznasenflughund (*Cynopterus brachyotis*) mit 3 Monaten. Erstes Fliegen mit 3½–4 Monaten, ausgewachsen mit 1 Jahr.

Höchstalter in Menschenobhut. Indischer Flugfuchs über 39, Insel-Flugfuchs 20¼, Rodriguez-Flughund über 25½, Ägyptischer Flughund fast 23, Palmenflughund über 21¾, Malaiischer Kurznasenflughund über 10, Hammerkopf-Flughund über 10¼ Jahre.

Familien der Fledermäuse

Die nachfolgend abgehandelten systematischen Einheiten wurden der bisherigen Unterordnung Fledermäuse (Microchiroptera) zugeordnet. Neuere Untersuchungen lieferten Hinweise für eine enge Verwandtschaft der Flughunde mit hufeisennasenartigen Fledermäusen, die den restlichen Fledertieren gegenübergestellt werden. Fledermäuse sind überwiegend kleine, 3–18 cm lange, 2–80 g schwere Fledertiere von unterschiedlicher Kopfgestalt und mit besonders gestalteten, häutigen Ohranhängen und Nasenaufsätzen, Zahnformel: 2/3 1/1 3/3 3/3, 2. Finger ohne Kralle und meist nur 1 Fingerglied, Schwanz überwiegend gut ausgebildet und teilweise oder völlig in die Schwanzflughaut einbezogen, Magen nicht vergrößert, Darm kurz. Fell kurz und dicht, Einzelhaar schuppig.

Verbreitung. Ganze Erde, außer Polargebiete, vorwiegend in den Tropen und Subtropen.

20 Familien mit etwa 190 Gattungen und über 1200 Arten.

Beispielvertreter

Hufeisennasen (*Rhinolophidae*): 1 Gattung, 108 Arten. Europa, Asien, Afrika. **Große Hufeisennase** (*Rhinolophus ferrumequinum*): Mittel- und Westeuropa. – **Kleine Hufeisennase** (*Rh. hipposideros*).

Rundblattnasen (*Hipposideridae*): 7 Gattungen, 91 Arten. Tropen und Subtropen Afrikas, Asiens, Australiens sowie in Neuguinea und auf den Salomonen.

Großblattnasen (*Megadermatidae*): 6 Gattungen, 6 Arten. Tropen Afrikas, Asiens und Australiens. **Australische Gespenstfledermaus** (*Macroderma gigas*). – Falsche Vampire (*Megaderma*).

Mausschwanzfledermäuse (*Rhinopomatidae*): 1 Gattung, 6 Arten. Nördliches Afrika und südliches Asien.

Schweinsnasenfledermäuse (*Craseonycteridae*): 1 Gattung, 1 Art. **Schweinsnasenfledermaus** (*Craseonycteris thonglongyai*), auch Hummelfledermaus: kleinstes Säugetier der Welt, Körperlänge 29–33 mm, Gewicht 2 g, erst 1973 entdeckt. Westthailand.

Glattnasen-Freischwänze (*Emballonuridae*): 14 Gattungen, 55 Arten. Tropisches Amerika, Afrika, Madagaskar, Südasien, Sunda-Inseln, Australien, pazifische Inseln. Taschenfledermäuse (*Saccopteryx*) und Grabfledermäuse (*Taphozous*).

Schlitznasen (*Nycteridae*): 1 Gattung, 14 Arten. Afrika, Ostasien. **Ägyptische Schlitznase** (*Nycteris thebaica*), auch Geoffroy-Schlitznase: Afrika, Arabische Halbinsel.

Blattnasen (*Phyllostomidae*): 62 Gattungen, 226 Arten. Mittel- und Südamerika. **Große Spießblattnase** (*Vampyrum spectrum*): frisst Vögel und Kleinsäuger. – **Spitzmaus-Langzüngler** (*Glossophaga soricina*): ernährt sich von Pollen und Nektar. – **Brillen-Blattnase** (*Carollia perspicillata*): lebt ausschließlich von Früchten. – **Zwerg-Fruchtfledermaus** (*Artibeus phaeotis*). – **Gemeiner Vampir** (*Desmodus rotundus*): bluttrinkend. – **Weißflügelvampir** (*Diaemus youngi*): bluttrinkend. – **Kleiner Blutsauger** (*Diphylla ecaudata*), auch Kammzahnvampir: bluttrinkend.

Hasenmaul-Fledermäuse (*Noctilionidae*): 1 Gattung, 2 Arten. **Großes Hasenmaul** (*Noctilio leporinus*), auch Fischerfledermaus: ernährt sich hauptsächlich von Fischen. Tropisches Amerika.

Bulldogg-Fledermäuse (*Molossidae*): 21 Gattungen, 131 Arten. Nahezu weltweit, vorwiegend in den Tropen und Subtropen. **Guano-Fledermaus** (*Tadarida brasiliensis*).

Glattnasen (*Vespertilionidae*): 59 Gattungen, 523 Arten. Weltweit, außer Polargebiete, zahlreiche Arten sind in Mitteleuropa heimisch, wie z.B. **Großes Mausohr** (*Myotis myotis*), **Bechstein-Fledermaus** (*M. bechsteinii*), **Teichfledermaus** (*M. dasycneme*), **Wasserfledermaus** (*M. daubentonii*), **Fransenfledermaus** (*M. nattereri*), **Bartfledermaus** (*M. mystacinus*) sowie **Zwergfledermaus** (*Pipistrellus pipistrellus*), **Großer Abendsegler** (*Nyctalus noctula*), **Breitflügelfledermaus** (*Eptesicus serotinus*), auch Spätfliegende Fledermaus, **Mopsfledermaus** (*Barbastella barbastellus*) und **Braunes Langohr** (*Plecotus auritus*). – **Blasse Wüstenfledermaus** (*Antrozous pallidus*): weite Teile Nord- und Mittelamerikas.

Gefährdungsstatus. Bestand im Verbreitungsgebiet nur bei wenigen Arten ungefährdet, sonst artabhängig und regional verschieden, besonders in den Industrieländern, aber auch in Entwicklungsländern gefährdet oder durch Habitatveränderungen wie Lebensraumeinschränkung, Landbesiedelung und Urbanisierung oder Pestizide, Parasiten, Fressfeinde und menschliche Verfolgung bedroht. Zahl der Schweinsnasen-Fledermaus äußerst gering.

Lebensweise. Dämmerungs- und Nachttiere, vorwiegend in den Tropen und Subtropen, nur wenige Arten in der gemäßigten Zone bis in subpolare Gebiete. Lebensraum außer Wüsten und Hochgebirgen artverschieden alle Landschaften, auch in menschlichen Siedlungen.

Grabfledermäuse sind teilweise tagaktiv. Meist schlafen und ruhen Fledermäuse tagsüber in belaubten Bäumen, Baumhöhlen, in Kulturpflanzen, besonders Bananen, wo sich unter den herabhängenden Blättern mehrere Arten zum Tageseinstand einfinden, oder sie schlafen in den noch tütenartig eingerollten Blatttrieben, z.B. Bananen-Zwergfledermaus (*Pipistrellus nanus*). Schlafplätze finden sich auch in menschlichen Bauwerken, besonders Dachböden, Ruinen, Kellern, Grabkammern, verlassenen Bergwerken oder Felshöhlen.

Während in der gemäßigten Klimazone Felshöhlen mit ihrem feuchtkühlen, aber frostfreien Klima während des Winterschlafs genutzt werden, dienen unterirdische Quartiere in den Tropen nicht selten als Tagesschlafquartiere für Hunderttausende, ja Millionen von Fledermäusen, die diese seit vielen Generationen nutzen, so dass die angesammelten Abgänge der Tiere industriell zur Düngemittelproduktion abgebaut werden können, z.B. von der Guano-Fledermaus in Mexiko und den südlichen USA. Temperatur in solchen Höhlen hoch, bei Nacktrücken-Fledermäusen in Mittel- und im nördlichen Südamerika im Extrem bis 38 °C. Nahezu alle sind ortstreu, benutzen in den Tropen generationenlang die gleichen Schlafplätze als Tageseinstände, in der gemäßigten Zone die gleichen unterirdischen Winter- und überirdischen Sommerschlafplätze, die bis zu 300 km auseinander liegen können, z.B. bei der Teichfledermaus in Holland. Andere Arten, die ganzjährig in Baumhöhlen leben, ziehen im Herbst in wärmere Gebiete, so z.B. in Nordamerika Rote Fledermaus (*Lasiurus borealis*), in Europa der Abendsegler bis über 1000 km oder Rauhautfledermaus (*Myotis nathusii*) von Mittel- und Osteuropa bis an das Rhonedelta.

Dem Winterschlaf in der gemäßigten Zone entspricht während nahrungsarmer Zeiten in den Tropen und Subtropen ein Trockenschlaf, während dem Mausschwanzfledermäuse von Fettspeichern unter der Haut und an der Schwanzwurzel zehren. Winterschlafende Tiere erwachen zeitweilig in milden Witterungsperioden. Besonders in der gemäßigten Zone, aber auch in den Tropen sinkt bei niedrigeren Umgebungstemperaturen meist während des Tagesschlafs die Körpertemperatur der Tiere auf die Umgebungstemperatur ab. Sie verfallen in eine Tagesschlaflethargie, aus der sie erst nach dem am Nachmittag beginnenden Anstieg der Körpertemperatur erwachen. Schlafstellung oft kopfunter, wobei sie meist nicht wie Flughunde frei hängen, sondern mit dem Körper auf einer festen Unterlage aufliegen. Beginn des Ausflugs am Abend abhängig von der Lichtintensität. Tropentiere fliegen wegen der nahezu zur gleichen Zeit einsetzenden Dämmerung täglich fast zur gleichen Uhrzeit, Tiere der gemäßigten Zonen im Frühjahr und Herbst früher, im Sommer später aus.

Gesichtssinn schwach, Geruchssinn und Gehör höchstentwickelt. Raumorientierung mittels Ultraschall-Echopeilung entweder mit frequenzmodulierten oder mit konstantfrequenten oder mit aus beiden Lautreihen zusammengesetzten Rufkombinationen. Glattnasen und andere stoßen Serien von je etwa 1 Millisekunde langen, frequenzmodulierten Ultraschallknallen aus, erzeugen im Zielanflug bis zu 170 solcher Töne pro Sekunde mit dem Kehlkopf und erkennen mit dem Gehör aus der Zeitdifferenz und dem Frequenzspektrum des Echos ein Raumbild, mit dem sie Position, Form und Oberflächenbeschaffenheit auch kleinster Körper erfassen. Hufeisennasen und verwandte Arten senden aus der Nase lang anhaltende, gleich bleibend konstantfrequente Ultraschalltöne, die, ähnlich wie bei einem Sprachrohr, von den blattartigen Nasenaufsätzen zu einem Schallkegel gebündelt bzw. auf ein interessierendes Objekt gerichtet werden können. Die von einander unabhängig arbeitenden Ohren ermöglichen ein noch feineres Bildhören und dank der Fähigkeit zur vergleichenden Erkennung und Auswertung von Dopplereffekten, die von sich bewegenden Objekten ausgehen, werden speziell Bewegungen von Beutetieren räumlich erfasst und wahrgenommen. Beide Ortungssysteme sind so leistungsfähig, dass es auch zwischen den oft zu Tausenden ausschwärmenden Höhlenbewohnern nicht zu Zusammenstößen kommt. Außerdem haben die ortstreuen Tiere in ihrer sich wenig verändernden Umwelt ein starkes Ort-Raum-Gedächtnis entwickelt, so dass sie in gewohnter Umgebung vielfach mit ihrem Raumerinnerungsvermögen fliegen. Untereinander verständigen sie sich durch weitere, im menschlichen Hörbereich liegende Laute und erkennen einander am Individualgeruch (Artgenossen und Geschlechtspartner an Art- bzw. Geschlechtsgerüchen, die von Duftdrüsen besonders an Kopf, Körper und der Analregion erzeugt werden).

Außerhalb der Ruhezeiten Einzelgänger, die vorwiegend im Flug Beute jagen, wobei die Flughäute in den Fangvorgang einbezogen werden, indem z.B. die Schwanzflughaut als eine

Art Kescher benutzt wird, aus der Beutetiere mit dem Maul ergriffen werden. Mit Finger- und Armflughäuten kann fliegende Beute auch in Richtung Maul geworfen werden. Flugarten siehe Flughunde. Manche Arten, so z.B. Spitzmaus-Langzüngler, können im Schwirr- oder Rüttelflug am Ort „stehen". Flugtechnik besser als bei Flughunden, wendiger, Flugbahn kann abrupt geändert werden, weshalb Flug manchmal taumelnd erscheint. Höchstgeschwindigkeiten erreichen besonders die schmalflügeligen Arten, z.B. 75 km/h die nordamerikanische Große Braune Fledermaus (*Eptesicus fuscus*) und 70 km/h die in Südeuropa heimische Langflügelfledermaus (*Miniopterus schreibersi*) oder 50 km/h der Abendsegler. Sie fliegen in höheren, freien Regionen meist oberhalb der Baumkronen, während breitflügelige Arten nicht höher als bis zu den Baumkronenspitzen steigen. Fortbewegung auf fester Unterlage laufend oder kletternd und meist äußerst behände.

Nahrung. Vorwiegend Insektenfresser, die meist fliegende Beute, besonders Zweiflügler, Nachtschmetterlinge und Käfer fangen, aber auch Raupen, flugunfähige Insekten oder am Boden kriechende Käfer fressen. Zusätzlich verzehren südwestafrikanische Geoffroy-Schlitznasen Skorpione. Einige Blattnasen, so z.B. die Vampirfledermäuse oder Angehörige der Lanzennasen, nehmen zusätzlich auch kleine Wirbeltiere und Früchte, Großblattnasen, wie die Australische Gespenstfledermaus, erbeuten außerdem kleine Fledermäuse, Kleinvögel, Geckos, Frösche, Fische. Blattnasen, besonders Fruchtvampire, sind Fruchtfresser, Langzungenfledermäuse Insekten- und Blütenfresser, kleine Arten nehmen Pollen und Nektar und bestäuben dabei die Futterblüten.

Die meisten Arten haben einen hohen Flüssigkeitsbedarf und nehmen Wasser, über die Oberfläche von Gewässern fliegend, schöpfend mit dem Maul auf.

Vampirfledermäuse ernähren sich mit Blut von Wirbeltieren (auch von Haustieren wie Pferden, Kühen, Schweinen, Ziegen, sogar von Geflügel oder von Menschen). Dabei schlagen sie ihren schlafenden Opfern, welche dabei meist nicht erwachen, mit messerscharfen Schneidezähnen Wunden. Austretendes Blut lecken sie mit der Zunge auf, füllen damit ihren langen, schlauchartigen, dehnbaren Magen-Darm-Kanal und brauchen meist mehrere Tage, um die aufgenommene Nahrung zu verdauen.

Haltung von Fledermäusen

In Tiergärten nur wenige Arten und generell selten gezeigt, mit Ausnahme der Brillenblattnase, die in zahlreichen Institutionen gehalten und gezüchtet wird. Haltung problematisch, da sie in herkömmlichen Unterkünften tagsüber im Gegensatz zu Flughunden fest schlafen, wozu sich außerdem die meisten Arten in Verstecke verkriechen. Ausschließlich Insekten fressende Arten sind außerdem schwer zu ernähren, da Bereitstellung großer Mengen Lebendfutters problematisch ist. In Tiergärten werden deshalb Insekten fressende Fledermäuse so gut wie nicht gehalten. Ausnahmen sind Einzeltiere einheimischer Arten, die als Notfälle von der Bevölkerung abgeliefert werden. Solche meist erschöpfte oder verletzte Individuen werden nur zeitlich befristet bis zu ihrer Rekonvaleszenz gepflegt und danach wieder freigelassen.

Unterkunft. Für einheimische pflegebedürftige, Insekten fressende Arten anfangs kleine Eingewöhnungskäfige, in denen die Umstellung der Nahrungsaufnahme durch Fütterung aus der Hand bzw. mit Pinzette erfolgt. Später nachts vorübergehend in größere Räumlichkeiten überführen, die nächtliche Flugübungen zulassen. Für nachtaktive, vegetarische und allesfressende Arten sowie für Vampirfledermäuse Dauerunterkunft mit effektvoller Schaustellung nur in Nachttierhäusern. Ausgestaltung der Unterkünfte wie für Flughunde, darüber hinaus Schlafverstecke erforderlich. In amerikanischen Tiergärten wird die künstliche Nacht während der Besuchszeit durch schwach blaues oder kaltes, mondähnlich farbloses Licht leicht erhellt. Besonders tropische Arten benötigen eine hohe relative Luftfeuchtigkeit (70–85 %). Temperatur 23–26 °C, für Tropentiere eventuell höher. Tiere aus Regionen mit gemäßigtem Klima verfallen bei gleich bleibend warmer Temperatur nicht in den Winterschlaf. Nachteilige Folgen sind nicht bekannt.

Umgang. Siehe Flughunde. Vorsicht im Umgang mit einheimischen Arten, die als geschwächte Tiere zur Pflege abgegeben werden. Vor Bissen hüten, möglichst Schutzhandschuhe tragen. Medizinische Versorgung und Betreuung im Falle eines Bisses ist unerlässlich. Fragliches Tier sowie alle Kadaver gestorbener Pfleglinge, die aus der Wildbahn stammen, auf Tollwut untersuchen lassen. Fledermäuse sind als Überträger von Wundstarrkrampf (Tetanus), der Amerikanischen Pferdeseuche und der Tollwut gefürchtet. Auch Insekten fressende und/oder Früchte fressende Fledermäuse können Tollwut übertragen, die regional unterschiedlich in 4 bzw. 5 Serotypen von verschiedener Pathogenität auftritt. Gefährlichster Serotyp ist der CVS (Challenge Virus Strain), der vermutlich weltweit verbreitet ist, in Wild- und Haustierbeständen sowie unter Blut leckenden und Insekten fressenden Fledermäusen auftritt. In Amerika vor allem durch Blutfresser übertragen, fallen ihm pro Jahr etwa 500000 Rinder zum Opfer. Auch unter Menschen alljährlich Todesfälle. 3 weitere Serotypen treten in verschieden Gebieten Afrikas unter fruchtfressenden Fledermäusen und einigen weiteren Säugetieren auf. Tollwut wurde in Europa in den vergangenen 20 Jahren bei verschiedenen Arten vereinzelt nachgewiesen, mehrheitlich bei der Breitflügelfledermaus im Raum Skandinavien, Norddeutschland, Niederlande und auf dem Balkan, 1996 erstmals auch in Großbritannien bei einer Wasserfledermaus. Es soll sich dabei meist um den modifizierten Erreger European Bat Lyssa-Virus (Serotypen EBL 1/EBL 2) gehandelt haben, mit dem Fledermäuse latent infiziert sein können und der nicht auf andere Tiere übergreifen soll. 1977 starb in der Ukraine 5 Wochen nach einem Fledermausbiss ein Mädchen an Tollwut, 1986 ein junger Mann in Finnland, der von einer Fledermaus gebissen worden war, sich allerdings auch auf anderem Wege mit Tollwut infiziert haben könnte.

Fütterung. Insekten fressende Arten während des zeitlich befristeten Verbleibs in menschlicher Pflege: Nachtschmetterlinge (im Sommer mit Lichtfallen fangen!), Käfer, unbehaarte Raupen (von Wachs- und Mehlmotte, Seidenraupen), Mehlwürmer, Schmeißfliegenlarven und -puppen, Stab- und andere Heuschrecken, Grillen, Schaben. Als Zusatzfutter geriebenes, gekochtes Ei, Quark, Sahne, Milch, Ei- und Milchpulver, feines Mahlfleisch, Banane. Zwergfledermäuse wurden erfolgreich mit 2 Drittel Mehlwürmern und 1 Drittel Fliegen unter Zusatz eines Vitaminpräparats ernährt, erhielten außerdem ein- bis zweimal wöchentlich 0,5–1 ml Kondensmilch mit Vitaminzusätzen. Generell sollte mindestens 1 Drittel der Nahrung aus Insekten bestehen, da vermutlich die Chitinverdauung unentbehrlich ist. Tägliche Futtermenge 20–25 % des Körpergewichts in mehreren Mahlzeiten (empfohlen wurden 5–7 Fütterungen). Gelegentliche Gewichtskontrollen sollen einer Verfettung vorbeugen. Fleisch- und allesfressende Arten wie Echte Blattnasen, Großblattnasen: klein geschnittenes Fleisch, frischtote Mäuse, Goldhamster, Kleinvögel, Tauben, Küken, Eidechsen, Frösche, Molche, eventuell Fisch sowie Früchte und zartes Gemüse wie für Flughunde. Flüssigkeitsbedarf bei einigen Arten groß, deshalb ständig frisches Trinkwasser anbieten.

Fruchtfressende Arten, z.B. Fruchtvampire (Gattungen *Ectophylla*, *Artibeus*, *Uroderma*, *Centurio*): grundsätzlich wie Flughunde füttern. Futtermenge unbegrenzt, d.h. es wird nachgereicht, solange gefressen wird. Gute Haltungserfolge erzielte der Zoo Frankfurt bei Brillenblattnasen mit einem täglich verfütterten Gemisch aus Banane, Apfelsine, Ananas, Honig- und Wassermelone, verschiedenen weiteren saisonalen Obstsorten, Honig, rohem und gekochtem Ei, Magerquark, tierischem und pflanzlichem Eiweißkonzentrat, Traubenzucker, Futterkalkmischung, Rovimix-Mischung, Nähr- oder Bierhefe. Wöchentlich einmal zusätzlich Herzhackfleisch oder mageres Rinderhackfleisch, Insekten (Heuschrecken, Grillen, Mehlwürmer). Alle 2 Tage Vitaminzusätze verschiedener Präparate sowie zweimal wöchentlich oral Vitamin-B-Komplex (Injektionslösung).

Blüten-, Pollen und Nektar fressende Arten, z.B. die zu den Blattnasen gehörenden Langzungenfledermäuse (*Glossophaginae*), Blütenfledermäuse (*Phyllonycterinae*), Kurzschwanzblattnasen (*Carolliinae*): eiweiß- und kohlenhydratreiche Spezialmischungen in halbfester oder flüssiger Form, Kolibriflüssignahrung, Honigwasser mit Insekten, weiches, süßes Obst. Spitzmaus-Langzüngler erhielten in Krefeld jede Nacht 4 verschiedene Futterlösungen, wobei 17%iges Honigwasser die Grundlösung bildet (einmal pur, einmal mit Pollen, einmal mit Nutricomp-Flüssignahrung und einmal mit Nektar Plus). Letzterer Mischung wird einmal wöchentlich zusätzlich Osspulvit beigegeben.

Bluttrinkende Arten, z.B. Gemeiner Vampir: pro Tier und Tag 20 ml Rinderblut, das durch Zusatz eines Antigerinnungsmittels (11 g Natriumcitrat, 4,0 g Zitronensäure, 12,5 g Dextrose in 500 ml destilliertem Wasser lösen und unter 3,7 l frisches Rinderblut rühren) flüssig gehalten wird. Mischung kann im Kühlschrank bei 4 °C über 14 Tage aufbewahrt werden. Blut kann auch nach der Entnahme sofort kräftig gerührt werden, damit das Fibrin gerinnt, ohne sich mit den Blutzellen zu Blutkuchen zusammenzuschließen. Ist danach das Fibrin völlig entfernt, bleiben die Blutzellen im Serum flüssig. Durch das fehlende Fibrin ist so behandeltes Blut nährstoffärmer als obige Mischung. Im Kühlschrank 1 Woche haltbar.

Vergesellschaftung. Innerartliche Gemeinschaftshaltung gemischtgeschlechtlicher Gruppen bei manchen Familien meist nur außerhalb der Brunstzeit möglich. In Anwesenheit brünstiger Weibchen werden Männchen untereinander sehr aggressiv, so dass in den Gruppen meist nur 1 Männchen gehalten werden kann. Verschiedentlich wird sogar empfohlen, das Männchen auch während der Schwangerschafts- und Säugezeit zu entfernen. Vertreter anderer Familien, z.B. Blattnasen, können in größeren Gruppen gehalten werden, da deren Männchen untereinander verträglicher sind. Vergesellschaftung mit anderen Arten nicht immer möglich. Unter den Bedingungen der Rekonvaleszenzpflege vertrugen sich z.B. Abendsegler und Zwergfledermäuse, während beide Arten mit Braunen Langohren unverträglich waren.

Fortpflanzung und Zucht. Zuchterfolge bei den gehaltenen Arten unterschiedlich. Fortpflanzung in der gemäßigten Zone stark vom klimatischen Jahreszyklus geprägt. Männchen von Herbst bis Frühjahr fortpflanzungsfähig. Hauptpaarungszeit im Herbst. Paarungen aber auch noch im Winter und im Frühjahr in den Winter- bzw. Tagesquartieren möglich. Da bei den meisten Arten die Eireifung erst im Frühjahr erfolgt und die Befruchtung auch erst dann möglich ist, bleibt das Sperma im Uterus oft monatelang lebens- und befruchtungsfähig. Seltener tritt die Eireifung und damit Befruchtung früher ein. In solchen Fällen wird die Keimesentwicklung in einem frühen Stadium unterbrochen und erst in Form einer verlängerten Tragzeit im Frühjahr fortgesetzt (Nachweis bei der Langflügelfledermaus). Daneben, aber seltener, erfolgen Paarung und Eisprung etwa zum gleichen Zeitpunkt im Frühjahr. Dann setzt sofort eine kontinuierliche Keimesentwicklung ein. Werden Arten der gemäßigten Zone unter Tiergartenbedingungen ganzjährig warm gehalten, kommt es nach der Befruchtung der Eizelle ebenfalls zu einer unverzögerten Schwangerschaftsentwicklung. Beeinflusst wird die Länge der Tragzeit von Fledermäusen der gemäßigten Zone außerdem von der Wetterentwicklung während der eigentlichen Tragzeit im Frühjahr. Nasskaltes Wetter hat eine Aktivitäts- und Stoffwechseldrosselung und damit eine Verlangsamung der Keimesentwicklung zur Folge, was sich ebenfalls tragzeitverlängernd auswirkt. Auch bei den meisten Arten der Tropen ist das Fortpflanzungsgeschehen jahreszyklisch fixiert. Sie werfen gleichfalls nur einmal, seltener zweimal (Schlitznasen, manche Blattnasen, Glattnasen-Freischwänze und manche Bulldogg-Fle-

Tab. 24.1 Milchzusammensetzung bei Fledermäusen

Art	Trockensubstanz (%)	Fett (%)	Eiweiß (%)	Kohlenhydrate (%)	Asche (%)	Proben (Anzahl)
Spitzmaus-Langzüngler		5,20	1,85	3,90		2
Brillen-Blattnase			7,00	4,10		1
Großes Streifengesicht[1]		29,00	3,13			2
Jamaika-Fruchtvampir[2]	17,80	9,83	3,60	6,20		23
Grauer Fruchtvampir[3]		23,00	3,97	3,80		1
Curacao-Langnasenfledermaus[4]	12,10	18,50	4,37	5,10	0,63	4
Guano-Fledermaus	33,50	22,98	9,04	3,37	0,73	48
Große Braune Fledermaus		16,42	6,17	2,52		12
Kleine Braune Fledermaus[5]	27,43	13,25	7,58	3,39		39
Höhlenmausohr[6]	30,25	17,28	10,12	4,23		5
Fransenmausohr[7]	40,50	17,90	12,90	3,40		1

Blattnasen (*Phyllostomidae*):
[1] *Vampyrodes caraccioli*
[2] *Artibeus jamaicensis*
[3] *Artibeus cinereus*
[4] *Leptonycteris curasoae*

Glattnasen (*Vespertilionidae*):
[5] *Myotis lucifugus*
[6] *Myotis velifer*
[7] *Myotis thysanodes*

dermäuse) im Jahr. Im Äquatorgebiet lebende Arten pflanzen sich auch mehrmals im Jahr fort. Nur wenige außerhalb des Äquatorbereiches lebende Arten, z.B. echte Vampire, sind in ihrer Fortpflanzung nicht jahreszyklisch fixiert.

In Menschenobhut gehaltene Angehörige der Familie Blattnasen wie Bunte Lanzennase (*Phyllostomus discolor*), Spitzmaus-Langzüngler, Kurzschwanz-Blattnasen (*Carollia*) oder Großer Fruchtvampir (*Artibeus lituratus*) züchteten dann besonders gut, wenn zunächst Männchen und Weibchen getrennt gehalten und dann 1–3 Männchen zu 10–20 Weibchen gesetzt wurden.

Dauer einer Östrusperiode 22–26 Tage. Zahl der Paarungen bis zum 24. Tag nach dem Zusammenlassen steigend, um 24. Tag Paarungshäufigkeit am größten, danach abfallend. Paarungsdauer artverschieden, 3–4 Minuten bis mehrere Stunden. Stattgefundene Paarung oftmals durch nassen Fellfleck im Genick des Weibchens vom Nackenbiss erkennbar. Eigentliche Tragzeit (Zeitraum kontinuierlicher Keimesentwicklung von der Befruchtung bis zur Geburt) bei kleinen Arten, z.B. Zwergfledermaus und Verwandten etwa 45 Tage, bei größeren Arten, z.B. Mausohr und Verwandten 55–65 Tage, Abendsegler 70–80 Tage, Kleiner Blutsauger 140 Tage, Gemeiner Vampir 205–220 Tage (nach anderen Angaben durchschnittlich 150 Tage).

Meist 1 Junges, bei Zwergfledermäusen und weiteren Gattungsangehörigen sowie beim Abendsegler Zwillinge häufig, bei einer anderen Glattnasengattung (*Lasiurus*) bis 4 Junge. Zum Werfen versammeln sich die Weibchen oft in kolonieartigen Wochenstubenquartieren. Während der Geburt, die bis 1 Stunde dauern kann, hängt sich das Weibchen mit Kopf und Körper schräg nach oben an Wandvorsprüngen auf. Wenn eine Schwanzhaut vorhanden ist, wird das Junge dort aufgefangen. Es krallt sich danach mit Daumen und Zehenkrallen im Fell der Mutter fest.

2 brustseitenständige Zitzen, bei Hufeisennasen in Scheidennähe zusätzlich 2 Afterzitzen, die der Verankerung des Jungen dienen, aber keine Milch geben (auch bei den Männchen einiger Arten dieser Familie vorhanden, genaue Funktion unbekannt).

Neugeborene Fledermäuse nackt, meist blind. Eigenwärmeerzeugung nicht ausreichend, werden deshalb vom Weibchen unter der Flughaut gewärmt. Augenöffnung und Beginn der Fellbildung wenige Tage nach der Geburt. Neugeborene oft mit vollentwickeltem Milchgebiss, das zusätzlich Halt am mütterlichen Körper ermöglicht. Es fällt in den ersten Lebenswochen aus, um dem bleibenden Gebiss Platz zu machen, welches mit 30–35 Tagen vollständig ist.

Die Milch ist sehr konzentriert und nährstoffreich mit besonders hohem Fettgehalt und teilweise auch bemerkenswert hohem Eiweißanteil. Milchzusammensetzung von Fledermäusen in Tabelle 24.1.

Während des Beutefluges der Mutter bleiben die Jungen allein, wärmen sich oft gegenseitig, indem sie zu einer Gruppe zusammenrücken, in der sie von den heimkehrenden Müttern individuell erkannt werden. Nur ausnahmsweise und nur bei den riesige Brutkolonien bildenden Arten, z. B. Guano-Fledermaus, gibt es keine individuelle Mutter-Kind-Beziehung, der Nachwuchs wird von den Müttern gemeinsam aufgezogen. Nach Abschluss der Fellbildung mit 2–3 Wochen löst sich das Junge von der Mutter, schläft tagsüber allein neben ihr hängend und trainiert durch Flatterversuche die Flugmuskulatur. Mit 4–6 Wochen fliegt das Junge erstmals zur Jagd aus, begleitet anfangs meist die Mutter oder andere Koloniemitglieder auf Beuteflügen, bis es die Raumorientierung selbständig beherrscht.

Säugezeit 1–2 Monate, bei echten Vampiren mit erheblich langsamerer Jugendentwicklung bis 9 Monate, wobei ab Beginn des 3. Monats Blut beigefüttert wird. Erstes selbständiges Fliegen bei echten Vampiren mit 5 Monaten. Geschlechtsreife allgemein mit 1 Jahr. Weibchen mancher Arten werden schon im Alter von 3 Monaten gedeckt, z. B. Abendsegler, Bulldogg-Fledermäuse, und gebären erstmals mit 1 Jahr. Männchen mit 15 Monaten geschlechtsreif.

Höchstalter in Menschenobhut. Braunes Langohr 2, Guano-Fledermaus 4½, Blasse Wüstenfledermaus über 14, Spitzmaus-Langzüngler 10, Jamaika-Fruchtvampir über 19¼, Geoffroys Langnasen-Fledermaus (*Anoura geoffroy*) 10, Weißstreifen-Blattnase (*Vampyrops lineatus*) fast 10¼, Großes Hasenmaul 11½, Gelbschulter-Blattnase (*Sturnira lilium*) 12, Brillenblattnase 17, Mexikanischer Vampir (*Desmodus rotundus murinus*) über 29 Jahre.

25 Ordnung Schuppentiere (Pholidota)

Auch Tannenzapfentiere oder Pangoline. Stammesgeschichtliche Wurzeln und systematische Einordnung noch immer fraglich. Bezugnehmend auf Ergebnisse genetischer Untersuchungen werden die 8 Arten der Schuppentiere verschiedentlich 3 Gattungen (*Manis*, *Smutsia*, *Phataginus*) zugeordnet. Asiatische Vertreter ursprünglicher als die afrikanischen Formen. Körper mit Ausnahme der Halsunterseite, des Bauches und der Gliedmaßeninnenseiten von dachziegelartig übereinander liegenden Hornschuppen bedeckt, daher auch der Name Tannenzapfentiere. Schuppen sind flache, beiderseits mit verhornter Oberhaut überzogene Lederhautlappen, nutzen sich gegenseitig ab und wachsen ständig nach. Anzahl und Anordnung artverschieden, ebenso Form und Größe, beides aber auch von der Stellung am Körper abhängig. Bei asiatischen Vertretern kurze Haaransätze zwischen den Schuppen. Schnauze von lederartiger, übrige unbeschuppte Körperteile von weicher, weißlicher, borstig behaarter Haut bedeckt. Neben weiteren primitiven Merkmalen (z.B. Gehirn gering differenziert, allerdings großes, leistungsfähiges Riechhirn) Körperwärmeregulierung unvollkommen, Körpertemperatur niedriger als bei den meisten Säugern (durchschnittlich 32,2 °C) und in Abhängigkeit von der Umgebungstemperatur zwischen 30 und 35 °C schwankend.

Verbreitung. Afrika, Südostasien von Indien und Sri Lanka über Nepal, Südchina einschließlich Taiwan und Hainan bis Hinterindien, Sumatra, Java, Borneo und nördliche Philippinen.

1 Familie, 1 Gattung, 8 Arten.

Familie Schuppentiere (Manidae)

Gestalt eidechsenähnlich, Kopf-Rumpf-Länge 30–80 cm, Schwanzlänge 35–70 cm (Langschwanzschuppentier hat mit 46 oder 47 Schwanzwirbeln höchste Schwanzwirbelzahl bei Säugern). Gewicht von 1,8–2,5 kg (Langschwanzschuppentier) bis 33 kg (Riesenschuppentier), Männchen schwerer als Weibchen. Schlanker, spitz zulaufender, flacher Kopf mit kleiner Mundöffnung. Keine Zähne, doch embryonal kleine Zahnanlagen. Zunge sehr lang, wurmförmig rund, liegt in einer Knorpeltasche, die sich vom Schlund entlang dem verlängerten Brustbeinfortsatz bis unter die Bauch- und in die Nierenregion hinziehen kann. Sehr große Speicheldrüsen. Zerkleinerung der unzerkaut geschluckten Nahrung durch den innen verhornten Muskelmagen, an dessen Ende sich eine Doppelsäge aus Hornzähnen befindet. Rumpf schlank mit achselständigen Zitzen, leistenständigen Hoden und Afterdrüsen. Gliedmaßen kurz, stämmig, fünfzehig, vordere mit Grabklauen. Füße mit kurzen, kräftigen Krallen.

Schuppentiere (*Manis*): **Weißbauchschuppentier** (*M. [Phataginus] tricuspis*): 2 umstrittene Unterarten. Afrika südlich der Sahara von Senegal bis Westkenia, in Westafrika bis Nordangola, in Ostafrika bis Nordwestsambia und eventuell Nordmosambik. – **Langschwanzschuppentier** (*M. [Phataginus] tetradactyla*): Senegal bis Uganda und Angola. – **Riesenschuppentier** (*M. [Smutsia] gigantea*): Senegal bis Uganda und Angola. – **Steppenschuppentier** (*M. [Smutsia] temmincki*): Ostafrika vom mittleren

Abb. 25.1 Das Weißbauchschuppentier (*Manis tricuspis*) ist ein Baumbewohner und kommt bevorzugt in Regenwäldern Afrikas, von Senegal bis Westkenia und südlich bis Angola und Mosambik vor.

Westsudan und Äthiopien bis Südafrika und Namibia. – **Indisches Schuppentier** (*M. crassicaudata*): Indien, Sri Lanka. – **Ohrenschuppentier** (*M. pentadactyla*), auch Chinesisches Schuppentier: kleine Ohrmuschel. 3 Unterarten. Nepal, Südchina, Hainan, Taiwan, Hinterindien. – **Malaiisches Schuppentier** (*M. javanica*), auch Javanisches Schuppentier: Myanmar, Hinterindien, Sumatra, Java, Borneo, nördliche Philippinen. – **Philippinen-Schuppentier** (*M. culionensis*), auch Palawan-Schuppentier: Palawan und anliegende Inseln, Philippinen.

Gefährdungsstatus. Bestand im Verbreitungsgebiet vor allem bei asiatischen Schuppentieren und Steppenschuppentier wegen des Fleisches und angeblich medikamentöser Wirkung bestimmter Körperteile und Organe durch Bejagung gefährdet. Afrikanische Arten gelten als gefährdet, Indisches und Philippinen-Schuppentier als stark gefährdet, Ohren- und Malaiisches Schuppentier als vom Aussterben bedroht.

Lebensweise. Vorwiegend Nachttiere, doch Langschwanzschuppentier auch tagsüber aktiv. Lebensraum tropischer Regenwald (Weißbauch-, Langschwanz-, Riesen-, Malaiisches, Indisches und Ohrenschuppentier), Monsunwälder (Indisches Schuppentier), Galeriewälder in der Savanne (Riesen-, Weißbauchschuppentier), Savanne und Steppe (Steppenschuppentier). Baum- (Weißbauch-, Langschwanzschuppentier) oder Bodenbewohner (Riesen-, Steppen-, Indisches Schuppentier) oder auf Bäumen und am Boden anzutreffen. Sohlengänger, die beim Laufen die Vorderkrallen nach hinten einschlagen und dann auf Knöcheln und der Fingeroberseite gemächlich schlendernd gehen, bei Gefahr auf den Hinterbeinen aufgerichtet zweifüßig wegrennen, wobei der Schwanz als Balanceorgan dient. Um Ausschau zu halten, setzen sie sich känguruartig auf Schwanz und Hinterbeine. Philippinen-Schuppentier und Malaiisches Schuppentier klettern gut unter Zuhilfenahme des Schwanzes als Stütze oder Greiforgan, an senkrechten Stämmen abwärts sogar mit dem Kopf voran. Unterseite der Schwanzspitze mit nacktem, tastempfindlichem Hautpolster. Teilweise auch gute Schwimmer. Weißbauchschuppentier soll dazu zeitweise seinen Magen-Darm-Trakt mit Luft füllen können. Bei Gefahr und zum Schlafen rollen sich alle Arten zu einer Kugel zusammen, die mit Menschenkraft nur bei den afrikanischen Baumtieren geöffnet werden kann. Zum Graben oder Aufbrechen von Termitenbauen (nur Riesenschuppentiere öffnen steinharte Baue von Bodentermiten) benutzen sie die Vordergliedmaßen, stützen sich dabei auf den Schwanz, den Baumbewohner um einen Ast wickeln. Bodenbewohnende Arten besitzen neben großer Grabklaue weitere Klauen an den Vorderfüßen sowie breite Sohlenpolster und stumpfe Krallen an den Hinterbeinen. Baumbewohnende Arten mit schmalen Gliedmaßen und längeren Krallen. Neben feinem Gehör Geruchssinn sehr gut entwickelt, wichtig für Nahrungssuche und innerartliche Verständigung, zumal hierfür Mimik fehlt. Territorialverhalten noch weitgehend unbekannt. Männchenreviere überlappen mehrere Weibchenreviere. Markierung des Wohngebietes mit Afterdrüsensekret und Urin, bei Bodenbewohnern auch mit Kot. Zielgerichtetes Harnspritzen wird auch zur Verteidigung genutzt. Ruheplätze in selbst ge-

Abb. 25.2 Das asiatische Ohrenschuppentier (*Manis pentadactyla*) ist wie alle Schuppentiere ein Nahrungsspezialist und als heikler Pflegling in Tiergärten außerhalb seiner Heimat selten anzutreffen.

grabenen Erdhöhlen (Steppen-, Riesen- und Indisches Schuppentier), Baumhöhlen oder Astgabeln (Malaiisches Schuppentier und beide afrikanischen Baumbewohner). Chinesisches Schuppentier gräbt bis 3 m langen Gang, der in einer unterirdischen Wohnkammer endet. Meist ungesellige Einzelgänger, gelegentlich auch paarweise. Aus einer Höhle hat man ein Paar Riesenschuppentiere ausgegraben, welches ein Jungtier bei sich hatte. Gleiches ist vom Indischen Schuppentier bekannt.

Nahrung. Ameisen und Termiten, Baumbewohner vor allem Baumtermiten, Langschwanzschuppentier Ameisen, Bodentiere fressen Ameisen (Steppenschuppentier sogar Treiberameisen!) und solche Termitenarten, deren Baue sie aufbrechen können, größere Arten eventuell auch andere Insekten. Nahrungsmenge nicht unerheblich, Weißbauchschuppentiere fressen täglich 150–200 g Insekten. Nehmen Sand und kleine Steinchen auf, die das Zerkleinern der Nahrung unterstützen. Trinken regelmäßig, lecken Wasser mit der Zunge.

Haltung von Schuppentieren

In Tiergärten sehr selten gezeigt. Haltung ähnlich wie Ameisenbären, doch bisher weniger erfolgreich, da die Umstellung auf Ersatzfutter häufig problembehaftet ist. Günstigste Pflegeergebnisse bei asiatischen Arten, dem Riesen- und Steppenschuppentier, während afrikanische Baumbewohner empfindlich und hinfällig sind. Empfehlenswert ist ein Einstellen des Aktivitätsrhythmus auf Tagaktivität, da Schuppentiere auf Pflegemaßnahmen in der Ruhephase mit Stress reagieren.

Unterkunft. Besucherseitig verglaste, klimatisierte Innenanlagen, oft in Nachttierhäusern und schattigen Tropenhäusern. Anlagen für Gemeinschaftshaltungen müssen so konstruiert sein, dass Einzelindividuen ausweichen, bei Bedarf isoliert untergebracht werden können. Ruheplätze und Verstecke und Schlafkisten (als Wechselmöglichkeit) zur Verfügung stellen, je nach Art ausreichende und stabile Klettermöglichkeiten. Äste mit unterschiedlichem Durchmesser anbieten. Solide Böden! Substrataufschüttung als Grabmöglichkeit. Keine feinfaserige Einstreu (z.B. Kokosfasern) verwenden, da Bezoar-Bildung möglich! Spalten und Ritzen in der Anlage vermeiden, um ein Einklemmen und Abreißen der Krallen zu verhindern. Riesenschuppentiere baden gern bzw. lassen sich mit warmem Wasser duschen. Raumtemperaturen nicht unter 25 °C, da Thermoregulierung bei Schuppentieren nur unvollkommen ist und von Umgebungstemperatur beeinflusst wird. Bei optimalen Temperaturen schlafen sie mit offener Bauchseite. Zusätzlich zur Raumheizung werden „Sonnenplätze“ empfohlen, an denen die Tiere unter Infrarot- Hellstrahlern Sonnenbäder nehmen können. Relative Luftfeuchtigkeit 70–80 %. Vorsicht vor Überhitzung, Unterkühlung und zu großer Feuchtigkeit. Hygiene von größter Bedeutung, da Schuppentiere anfällig gegen Ekto- und Endoparasiten sind.

Fütterung. Problematisch. Ähnlich wie Ameisenbären, mit unterschiedlichen Erfahrungen. Schuppentiere sind nicht nur Nahrungsspezialisten, sie scheinen auch ihre Vorlieben für Futtermittel kurzfristig und -zeitig zu ändern.

Beispiele der Futterzusammensetzung für afrikanische Arten (Menge pro Tier):

- 25 g Maisflocken, 100 g ungesüßte Kondensmilch, 100 g Wasser, 150 g feines Schabefleisch, 15 g Ameisenpuppen, 1 EL Weizenkeimöl, 1 Tropfen 15%ige Ameisensäure.
- 2 Tassen fein geschabtes Rinderherz, 2 Tassen Babyfertignahrung, 2 Tassen Milch (aus Vollmilchpulver), 1 Tasse warmes Wasser, ½ Tasse Ameisenpuppen, hin und wieder rohes Eigelb und Weizenkeime.
- 25 g Cornflakes in 100 g abgekochtem warmem Wasser, dazu 150 g durchgedrehtes Fleisch, ½ TL Weizenkeimöl, 1 Tropfen Ameisensäure.
- Steppenschuppentiere: gehackte Mehlwürmer, gebrühte Schaben, Pferdeherz, frische Eier, trockene Haferflocken.
- Weißbauchschuppentiere: 250 g durchgedrehtes Fleisch (teilweise durch Hundedosenfutter ergänzt bzw. ersetzt), 1 TL Carmix (Vitamin-Mineralstoff-Mischung für Raubtiere), 1-2 EL Protifar (Eiweiß- und Milchpräparat), 1 EL Bambix (Getreide- und Sämereien-Mischung), 1 EL Dextropur. Alle Bestandteile mit Wasser angefeuchtet (nicht nass!).

Beispiele der Futterzusammensetzung für asiatische Arten (Menge pro Tier):

- Indische Schuppentiere: 2 Tassen fein geschabtes Rinderherz, 2 Tassen Babyfertignahrung, 2 Tassen Milch (aus Vollmilchpulver), 1 Tasse warmes Wasser, ½ Tasse Ameisenpuppen, zusätzlich Eigelb und Vitamine.
- Ohrenschuppentiere: Gesamtmenge ca. 200 g, bestehend aus ½ Dose Katzenfutter (Geflügel), 1 EL laktosefreies Milchpulver, 1 gekochter Eidotter, 100 g gekochter Reis, 1 EL Heilerde, dazu Fliegenpuppen und Heimchen, deren Menge vom Katzenfutter abgezogen werden muss. Im Zoo Leipzig erhalten Ohrenschuppentiere nach einer Rezeptur vom Zoo Taipei einen Brei (280 g) mit folgender Zusammensetzung: 100 g Bienenlarven, 22,5 g Mehlwürmer, 7,5 g Mazuri Pellets, 10 g rohes Eigelb, 5 g Mischpulver (2,7 g Hefepulver, 1,4 g Kokospulver, 0,9 g $CaCO_3$-Pulver), 65 g Apfel und 60 g Wasser, alles gegart, dazu 10 g Chitinpulver plus Vitamine (1,5 g Vitaminpulver, 1 Tablette Vitamin K) unter Zugabe von Fettsäuren.

Für alle Arten erfolgversprechend soll eine Mischung aus einem kommerziellen Fertigfutter für Insekten fressende Vögel (Aleckwa), durchgedrehtem Fleisch, einer Getreidemehlmischung und Vitamin E sein. Ob Ameisensäure als Appetitanreger erforderlich oder günstig ist, ist umstritten. Dem Futter morsches geriebenes Holz, Holzkohle, Sand oder Lehm beimengen, um das Zerreiben der Nahrung zu erleichtern. Unterschiedliche Fütterungstechniken. Fütterung vorwiegend nachtaktiver Tiere ein- bis zweimal täglich aus flacher, gemauerter Futterschale, frühmorgens bzw. am Spätnachmittag oder Abend. Vorwiegend auf Tagaktivität eingestellte Tiere über den Tag verteilt kleine Portionen, eventuell in unterschiedlichen Behältnissen in der Unterkunft verteilt, anbieten. Dadurch werden die Tiere beschäftigt, Erbrechen durch hastige, übermäßige Nahrungsaufnahme und Auftreten von Stereotypien werden minimiert. Dazu kann die Tagesration gegart und portioniert kühl aufbewahrt werden. Auf akribische Futter- und Futterplatzhygiene achten, sonst Gefahr von Verdauungsstörungen mit oft chronischem Verlauf. Normaler Kot trocken, wurstförmig.

Vergesellschaftung. In Leipzig werden Ohrenschuppentiere mit Plumploris gemeinsam gehalten.

Fortpflanzung und Zucht. Über die Zucht ist wenig bekannt. Bisher nur vereinzelt gelungen bei Weißbauch-, Ohren- (Taipei, Tokio, Prag), Malaiischem (Washington), Steppen- (Basel, Bloemfontain) und Indischem Schuppentier (Antwerpen, Oklahoma, Orissa). Malaiisches Schupptentier wird im Guanxi Wildlife Rescue Center, China, mittlerweile in der F_3-Generation gehalten. Paare sind meist verträglich. Weißbauchschuppentiere paaren sich bäuchlings. Keine feste Paarungszeit. Geburten sind ganzjährig möglich. Keine Trächtigkeitsanzeichen. Tragzeit etwa 5 Monate (ca. 140–150 Tage), in 1 Fall bei Steppenschuppentier 139 Tage, bei Weißbauchschuppentier 150 Tage, bei Malaiischem Schuppentier 176–188 Tage, nach anderen Angaben 154–203 Tage, mit einem Mittel von 285 Tagen, aber Indisches Schuppentier eventuell nur 65–70 Tage! 1 gut entwickeltes Jungtier, das mit offenen Augen geboren wird (Ausnahme: neugeborene Ohrenschuppentiere sind taub und blind. Augenöffnung um den 9., Gehörgangsöffnung um den 20. Tag). Bisher bei afrikanischen Vertretern nur 1 Zwillingsgeburt in Südafrika beim Steppenschuppentier bekannt, bei asiatischen Arten selten auch 2 Junge. Geburtsgewichte: Ohrenschuppentier 90–95 g, Weißbauchschuppentier 90–150 g, Malaiisches Schuppentier 110–130 g, Langschwanzschuppentier 100–150 g, Indisches Schuppentier um 240 g, Steppenschuppentier 300–400 g, Riesenschuppentier 400–500 g. Jungtiere kälteempfindlich, Temperatur 25–30 °C, beim Malaiischen Schuppentier 29–32 °C. Bodentiere gebären ihre Jungen in einer Höhle, daher Wurfboxen günstig. Zum Schlafen nehmen die Mütter ihre Jungen an den Bauch und kugeln sich mit ihnen leicht ein, sie säugen die Jungen halb eingekugelt im Liegen. Die Mutter verlässt das Junge nur zur Nahrungsaufnahme. Während beim Ohrenschuppentier nur gelegentlich beobachtet wurde, dass die Jungen auf dem Rücken der Mutter reiten, nahm ein weibliches Steppenschuppentier sein Junges ab 4. Woche so auf Ausflügen mit. Beim Weißbauchschuppentier klettert das Neugeborene gleich auf die Mutter, kann sich schon mit den Vorderfüßen festhalten, vermutlich bei den anderen baumbewohnenden Schuppentieren ebenfalls. Handaufzucht schon gelungen, z.B. wurde ein etwa 4 Wochen altes Javanisches Schuppentier im ACCB (Angkor Centre for Conservation of Biodiversity) in Handaufzucht genommen und mit einer Mischung aus angerührtem Vollmilchpulver, Eidotter und Lachsöl getränkt. Bei täglich mehrmaligen Flaschenmahlzeiten musste das Jungtier geweckt werden und zeigte dabei Anzeichen von Stress. Dagegen trank es bei nur 2 täglichen Fütterungen reichlich und nahm gut zu. Regelmäßig wurde dabei die Körpertemperatur des Jungtiers gemessen. Bei Temperaturen über 33,8 °C stellte das Schuppentier die Nahrungsaufnahme ein und versuchte sich im Wasser abzukühlen, bei ca. 32 °C zeigte es erhöhte Bewegungs- und Fressaktivität. Kotabsatz erfolgte durchschnittlich jeden 2. Tag. Der Appetit auf verschiedene Futtermittel änderte sich häufig sprunghaft. Nach 70 Tagen wurde eine Futterumstellung nötig, da die Milchmischung nun abgelehnt wurde. Ersatznahrung wie die „Taipei-Mischung – Seidenraupenmehl“, eingeweichtes Hundetrockenfutter oder Bienenlarven wurden verweigert. Zugabe von Ameisensäure blieb ohne große Wirkung. So musste ausschließlich auf Ameisen zurückgegriffen werden. Mit gutem Erfolg kommt jetzt KMR-Katzenmilch (Kitten Milk Replacer) mit hohem Proteinanteil, gegebenenfalls mit Eidotterbeimischung, zum Einsatz.

Erste feste Kost bei Steppenschuppentier mit 35 Tagen (Termiten), bei Weißbauchschuppentier mit 5 Wochen (durch Unterkühlung immobilisierte Ameisen). Ein Ohrenschuppentier wurde aufgrund Milchmangels der Mutter zwischen 89. und 91. Tag auf Zoofutter umgestellt, ein Steppenschuppentier bereits mit 35 Tagen. Entwöhnung mit ca. 3 Monaten, mit ca. 5 Monaten verlässt das Junge die Mutter. Geschlechtsreife mit 1 Jahr (Ohrenschuppentier), beim Malaiischen Schuppentier sogar mit 7 Monaten.

Höchstalter in Menschenobhut. Indisches Schuppentier fast 20, Steppenschuppentier ca. 3½, Riesenschuppentier 4½, Jahre (wurde in Nigeria eingewöhnt, entwurmt und auf Ersatzfutter umgestellt), ein Weißbauchschuppentier lebte über 4 Jahre im Zoo Arnheim, kam als erwachsenes Tier, Malaiisches Schuppentier über 5½, Ohrenschuppentier über 23, Langschwanzschuppentier über 5¼ Jahre.

26 Ordnung Raubtiere (Carnivora)

Arten- und formenreiche Ordnung unterschiedlich großer Land- und Wasserraubtiere von sehr verschiedenem Körperbau, deren systematische Zuordnung im Ergebnis von meist genetisch-molekularbiologischer Untersuchungen weitgehend neu erfolgt ist. Die einstige Gliederung in die Unterordnungen Landraubtiere (Fissipedia) und Robben (Pinnipedia) wurde nach neueren Erkenntnissen über die verwandtschaftlichen Beziehungen zwischen den einzelnen Familien zugunsten der Unterordnungen Katzenverwandte (Feliformia) und Hundeverwandte (Caniformia) umgestellt.

Alle Angehörigen der Ordnung sind hoch entwickelte Säuger mit einer Vielzahl von Anpassungserscheinungen, vorwiegend Fleischfresser. Als gemeinsame Merkmale in jeder Kieferhälfte meist 3 klein bleibende Schneidezähne und ein großer, dolchartiger Eckzahn. Vorbackenzähne häufig vollzählig vorhanden, vordere meist kleiner, letzter im Oberkiefer groß, bildet oft zusammen mit dem 1. Backenzahn des Unterkiefers das so genannte Reißzahnpaar. Die Reißzähne arbeiten wie eine Brechschere („Brechscherengebiss"), Grat der im Querschnitt meißelförmigen Zähne mit zackigen Spitzen, ähnlich einem scharfen, schartigen Messer. Beide Reißzähne gleiten dicht aneinander vorbei. Bei geschlossenen Kiefern ist die Brechschere völlig geschlossen, weil die Spitzen des einen Reißzahnes von Vertiefungen im gegenüberliegenden Zahn aufgenommen werden. Hintere Backenzähne bei Bären und Hunden teilweise vollständig erhalten, Zahl nimmt bei übrigen Familien ab (bei Katzen nur 1. Backenzahn erhalten). Gebiss der Robben unterscheidet sich deutlich von dem der landlebenden Raubtiere, ist spezialisiert Fische festzuhalten und besteht aus 1 oder 2 Paaren unterer Schneidezähne, relativ unauffälligen Eckzähnen und 12–24 kegelförmigen Backenzähnen. Extreme Abwandlungen sind die Stoßzähne des Walrosses oder die modifizierten Backenzähne der Krabbenfresser. Skelett kräftig. Schädel oft mit Knochenkamm als Ansatzpunkt für die Kiefermuskulatur. Unterkieferbewegung nur schneidend-quetschend, nicht mahlend. Schlüsselbeine zurückgebildet oder fehlen. Gliedmaßen mittellang, vorn 5, hinten 4 bekrallte Zehen (Ausnahmen bei Mardern, Bären, Hyänen). Zehengänger, nur Bären und Marder Sohlengänger. Bei Robben „Flossenbildung". Schwanz lang oder mittellang, bei Bären und Robben stummelförmig. Magen einhöhlig, Darm kurz. Gebärmutter zweihörnig. Mutterkuchen umschließt Fruchtblase ringförmig (Gürtelplazenta). Männchen mit Penisknochen (Ausnahme Hyänen). Hoch entwickeltes, stark gefurchtes Gehirn. Hochleistungsfähige Sinnesorgane, bei den einzelnen Familien unterschiedlich stark spezialisiert.

Verbreitung. Weltweit.

2 Unterordnungen, 16 Familien, 128 Gattungen, 281 Arten.

Unterordnung Katzenverwandte (Feliformia)

Charakteristische und damit namensgebende Tiergruppe dieser Unterordnung ist die Familie der Katzen (Felidae), in deren enger Verwandtschaft die Familie der Schleichkatzen (Viverridae) steht. Aus den Schleichkatzen wurden als wiederum eigenständige katzenverwandte Familien die Madagassischen Raubtiere (Eupleridae), die Pardelroller (Nandiniidae) und die Mangusten (Herpestidae) und in jüngster Zeit auch die Linsangs (Prionodontidae) herausgelöst. Schließlich gehören aufgrund ihrer nachweislichen Abstammung von schleichkatzenähnlichen Vorfahren auch die Hyänen (Hyaenidae) trotz ihres hundeähnlichen Erscheinungsbildes in diese Unterordnung.

Viele Arten mit Krallenscheiden und der Fähigkeit, die Krallen mehr oder weniger einzuziehen. Großteil der Vertreter mit gut ausgebildetem Brechscherengebiss.

Verbreitung. Außer Australien und Polargebiete weltweit.

7 Familien, 56 Gattungen, 120 Arten.

Abb. 26.1 Die Oman-Falbkatze (*Felis silvestris gordoni*) ist mit der Stammform der Hauskatze eng verwandt.

Familie Katzen (Felidae)

Artenreiche, entwicklungsgeschichtlich junge, aber hoch entwickelte, morphologisch und im Hinblick auf ihr Verhalten sehr einheitliche Raubtierfamilie. Erste Vorfahren ursprünglich in Asien, breiteten sich von dort nach Nordamerika aus, erreichten Südamerika erst während der Eiszeit.

Größe sehr unterschiedlich, Männchen meist größer als Weibchen. Schädel rund mit kurzen Kiefern. Zahnformel: 3/3 1/1 3–2/2 1/1, Schneidezähne klein, Eckzähne groß und dolchartig. Im Oberkiefer zwischen Schneidezähnen und Eckzähnen, im Unterkiefer zwischen Eckzähnen und Vorbackenzähnen außer beim Geparden große Lücken (Diastema) im Kiefer zur Aufnahme der gegenüberliegenden Eckzähne bei geschlossener Schnauze. Brechscherengebiss gut entwickelt, oberer Backenzahn klein. Zunge mit feinen, schmalen, spitz nach hinten gerichteten Hornzähnchen. Rumpf schlank. Haut drüsenarm, paarige Analbeutel mit Talgdrüsen, die mit je einem Ausfuhrgang beiderseits in den After münden und bei Männchen gut ausgebildet sind. Fell mit Deckhaaren und Unterwolle. Melanismus bei manchen Arten nicht selten. Gliedmaßen mittellang, kräftig, vorn fünf-, hinten vierzehig, scharf und spitz bekrallt. In Ruhestellung liegen die Krallen in einer als Krallenscheide fungierenden, taschenartigen Hautfalte. Beim Klettern und zum Prankenschlag werden Zehen gespreizt, wobei im Zusammenspiel der für die Streckung und Beugung des letzten Zehengliedes dienenden Muskeln und Sehnen die Kralle aus der schützenden Tasche austritt. Zehengänger mit verhornten Zehenballen. Schwanz meist lang. Hoch spezialisiertes Sehvermögen, Farb- und Dämmerungssehen. Gehör hoch empfindlich. Geruchssinn gut, leistungsfähiges Gleichgewichts- und Tastempfinden (Schnurrhaare oder Vibrissen). Systematik nicht restlos geklärt und umstritten. So wird jetzt der Gepard der Unterfamilie der Kleinkatzen zugeordnet und der Nebelparder zu den Großkatzen gestellt.

Verbreitung. Fast ganze Erde (außer Antarktis, Australien, Sulawesi und davon östlich gelegene Inseln, Japan, Madagaskar und Karibische Inseln).

2 Unterfamilien, 14 Gattungen, 37 Arten.

Unterfamilie Kleinkatzen (Felinae)

Taxonomie ebenfalls umstritten und im Grunde ungeklärt. Zwischenast des Zungenbeins völlig verknöchert, Tiere können nicht oder nicht laut (Schwarzfußkatze) brüllen. Verengte Pupille senkrecht-schlitzförmig. Nackter Nasenspiegel zieht sich bis auf den Nasenrücken.

11 Gattungen, 30 Arten.

Eigentliche Kleinkatzen (*Felis*)

5 Arten. Hauskatzen- bis hasengroß, Gestalt hauskatzenähnlich. **Wildkatze** (*F. silvestris*): Größe und Farbe unterartlich verschieden, daher früher auch nach äußeren Merkmalen in 3 Gruppen eingeordnet. Derzeit 22 Unterarten. Europa, Asien bis China und Indien, vorderer Orient, Arabische Halbinsel und Afrika (außer Sahara und äquatorialafrikanischem Regenwald). – **Sandkatze** (*F. margarita*), auch Wüstenkatze oder Sanddünenkatze: klein, breites Gesicht, große, seitlich am Kopf angesetzte Ohren mit vergrößertem Gehörgang und auffallend großer Ohrkapsel, Fußsohlen behaart, Fell kurz, hellgelbgrau, dunkle Querstreifen an Schwanzende und Beinen. Westliche Vertreter mit schmalerem Kopf, heller, kontrastreichere Zeichnung, Pfoten gelbbraun, 2–6 Schwanzringe, östliche Vertreter mit sehr hellen Pfoten und 5–7 Schwanzringen. 6 Unterarten. Nordafrika, Arabische Halbinsel, Westasien östlich des Kaspischen Meeres bis zum Aralsee und südlich bis Pakistan. – **Graukatze** (*F. bieti*), auch Gobikatze oder Chinesische Bergkatze: graugelb, unterseits weißlich grau, Flanken, Beine und Schwanz unscharf dunkel quer gestreift, Schwanz kurz, Ohrpinsel. Nördlicher und nordöstlicher Rand des Hochlandes von Tibet (Takla-Makan-Wüste im Tarimbecken) über Zentralchina bis zur südlichen Mongolei. – **Schwarzfußkatze** (*F. nigripes*): kleinste Art, etwa wildkaninchengroß, Fell hellockerfarben bis graugelb, braunschwarz gefleckt, Beine und Schwanz quer gestreift, Fußsohlen braunschwarz. 2 Unterarten. Namibia und Botsuana

Abb. 26.2 Der Lebensraum der Arabischen Sandkatze (*Felis margarita harrisoni*) sind Sand-, Stein- und Halbwüsten.

Abb. 26.3 Die Schwarzfußkatze (*Felis nigripes*) ist der kleinste Vertreter der Katzen.

Abb. 26.4 Für den hitzeempfindlichen Manul (*Otocolobus manul*) sind im Sommer schattige, kühle Anlagen erforderlich.

bis Südafrika. – **Rohrkatze** (*F. chaus*), auch Sumpfluchs: hochbeiniger als vorige Arten, kurzschwänzig, graugelb bis rotbraun, Unterschenkel und Schwanz dunkel gestreift, Ohr mit kleinem Pinsel. Auch Schwärzlinge. 10 Unterarten. Ägypten, Klein-, Vorder-, Zentral- und Südasien bis Vietnam einschließlich Sri Lanka.

Manule (*Otocolobus*)

1 Art. **Manul** (*O. manul*), auch Pallas-Katze: Gestalt gedrungen, etwa hauskatzengroß, Kopf breit, Ohren tief ansetzend und rund, Schnauze flach, Zahnformel: 3/3 1/1 2/2 1/1, Schwanz endet stumpf, Fell lang, dicht, weichwollig, oberseits gelblich bis rötlich grau, unterseits grauweiß, weißer Kehlfleck, Rücken, Flanken und Schwanz locker gestreift, Winterfell grauer, Streifung dann undeutlicher. 3 Unterarten. Ost- und Südostiran, Kaukasus, östlich des Kaspischen Meeres von Turkmenistan und Südwesten Kasachstans über mittel- und zentralasiatische Hochebenen und Gebirge (im Süden bis Himalaja und Hindukusch, im Norden vom Tienschan bis zum Altai) bis zur Mongolei.

Gefährdungsstatus. Bestand in der Wildnis artverschieden und regional unterschiedlich vorläufig nicht oder nur gebietsweise bedroht (Schottische Wildkatze, Pakistanische Sandkatze, Manul), aber mancherorts auch ausgerottet. Grau- und Schwarzfußkatze gefährdet. Auch Rohrkatze und Wildkatze regional ausgerottet, dennoch auch sichere oder infolge von Schutzmaßnahmen gesicherte Bestände in Teilen der Ursprungsgebiete (Waldwildkatze in Deutschland besonders im Harz, daneben im Hunsrück und der Eifel, erfolgreiche Wiedereinbürgerung im Bayerischen Wald, Fränkischen Jura, Steigerwald, Spessart). Internationales Zuchtbuch und EEP für Oman-Falbkatze in Köln, für Schwarzfußkatze in Lory Park, Südafrika, für Sandkatze in Nesles und für Manul in Kingussie, Schottland.

Lebensweise. Nacht- und Dämmerungstiere, Wüstenbewohner vorwiegend Nachttiere, Rohrkatze auch tagaktiv. Lebensraum sehr unterschiedlich: Sand-, Stein- und Halbwüsten (Falb-, Sand-, Grau- und Schwarzfußkatze), Gras-, Busch- und Baumsteppe (Indische und weitere Steppenkatzen, d.h. Unterarten der Wildkatze, Falb-, Grau- und Rohrkatze), tropische und subtropische Trockenwälder (Rohr- und Indische Steppenkatze), feuchtes Grasland, Dschungel- und Rohrdickichte (Rohrkatze), unterholzreicher Mischwald mit Lichtungen der gemäßigten Zone, auch am Rande busch- und baumbestandener Kulturlandschaft (Waldwildkatze), grasbewachsene, trockene oder steinig-felsige Hochsteppen und Südhänge von Hochgebirgen bis in 4800 m Höhe unter Vermeidung von Tiefschneelagen (Manul). Meist jedoch im Flach- und Hügelland, Rohrkatze bis 2500 m, Steppen- und Falbkatzen (Unterarten der Wildkatze) im Gebirge bis in über 3200 m, Graukatze bis in 4100 m Höhe, nicht in schneereichen, kalten Gebieten. Alle Arten (außer Manul) wärmeliebend, auch an feucht-kühles Klima angepasste Waldwildkatze, die in ihrem nördlichen Verbreitungsgebiet Tiefebenen und Gebiete mit langen, frostigen und schneereichen Wintern meidet und bevorzugt Süd- und Südwesthänge von Mittelgebirgen mit vegetationsfreien oder bewuchsarmen Sonnplätzen besiedelt. Bodenbewohner, die lautlos schleichend laufen, schnell traben, im Galopp und auch aus dem Stand gut springen und im felsig-steilen Gelände oder auf Bäumen gut klettern. Mit Ausnahme der Rohrkatze, die gut schwimmt und sogar nach Fischen taucht, wasserscheu. Die meisten Arten können aber schwimmen und dabei mäßig breite Gewässer durchqueren (Waldwildkatzen durchschwammen im Bayerischen Wald den Fluss Regen). Bei Gefahr Flucht auf Bäume (Rohrkatze, Wildkatze) oder in Deckung bietende Verstecke am Boden (Sandkatze, Schwarzfußkatze, Manul). Ortstreue Einzelgänger in Individualterritorien mit festen Wechseln zu Kot- und Markierungsplätzen, Wasserstellen und Sonnplätzen mit ausgepolsterten Ruhe- und Schlafverstecken sowie Wurfplätzen in Pflanzendickungen, Felsspalten, Baumhöhlen oder Erdbauen anderer Tiere. Territorialmarkierung mit Urin, Kot und Drüsensekreten (Analdrüsen, Schweißdrüsensekret der Fußsohlen bei Waldwildkatzen), in baum- oder buschbestandenem Gelände auch helle Kratzmarken durch Beschädigung der Rinde von Bäumen und Büschen.

Territorial- und Sozialsystem bei allen Gattungen von geringen Abweichungen abgesehen gleich. Reviere der Männchen größer als Reviere der Weibchen. Streifgebiet eines Männchens überlappt die Territorien von mehreren ihm bekannten Weibchen (territoriale Polygynie). Deren Reviere können wiederum bis in die Randzonen benachbarter Männchenterritorien reichen. Wohn- und Streifgebiete gleichgeschlechtlicher Tiere überlappen einander dagegen nur ausnahmsweise. Größe der Territorien vor allem abhängig von Menge und Art der Beute. Abgrenzung der Reviere mithilfe von Duftsignalen, die auch der individuellen Verständigung über den Aufenthalt der Bewohner im Rahmen des Raum-Zeit-Systems dienen. Kommunikation mit Düften basiert auf ursprünglicher Bindung von Individualterritorien an Waldhabitate. Bei Schwarzfußkatzen als Bewohnern offener Landschaften darüber hinaus als Mittel der Kommunikation laute, tiefe Rufe (hinsichtlich ihrer Bedeutung vergleichbar dem Brüllen des Löwen). Gemeinsam beanspruchte Areale werden in der Regel zwecks Vermeidung von Begegnungen durch die Anwohner nicht gleichzeitig, sondern nacheinander betreten. Zur Paarungszeit verlassen jedoch sowohl Männchen als auch Weibchen ihre Territorien, um einander aufzusuchen. In dieser Zeit laute, jaulende, auch an Kinderweinen erinnernde Ranzschreie. Weibchen außerhalb der Paarungszeit Männchen gegenüber unverträglich, vertreiben diese bei Begegnungen aus dem Revier, besonders während der Aufzuchtsphase. Lediglich bei Rohrkatzen Aufzucht auch in Anwesenheit des Katers.

Beuteerwerb durch Auflauern oder Anschleichen bis auf Sprungweite, dann überfallartiger Fangsprung. Beute wird bei ausgefahrenen Krallen mit den Vorderpfoten zu Boden gedrückt, festgehalten bzw. fluchtunfähig und wehrlos gemacht und durch Biss (oftmals Genickbiss) getötet. Kein Nachsetzen, wenn Beute beim 1. Angriff entkommen konnte. Sandkatzen graben auch nach Beute. Nahrung wird mit dem Brechscherengebiss in Brocken zerteilt und unzerkaut abgeschlungen. Hauptsinnesorgane Gesichtssinn und Gehör.

Nahrung. Kleinsäuger, vorwiegend Nagetiere, Vögel, Eidechsen, Schlangen (Sandkatze), große Kerbtiere, darunter auch Heuschrecken (besonders Wüsten- und Steppenbewohner), Spinnentiere (Sandkatze), selten Fische, Frösche (Waldwildkatze, Rohrkatze). Schwarzfußkatzen überwältigen auch relativ große Beute (Kaphase). Manule ernähren sich hauptsächlich von Nagetieren, Pfeifhasen, Steppenhühnern und anderen Vögeln.

Hauskatzen (*Felis silvestris f. catus*)

1. Katzenhaltung bereits vor 9000 Jahren in Jericho, wahrscheinlich nur gezähmte Wildtiere. Stammformen der Hauskatze sind Falbkatzen, darunter mit ziemlicher Sicherheit maßgeblich Nubische Falbkatzen. Beginn der Domestikation vermutlich vor 6000 Jahren in Nordafrika, nachgewiesen seit ca. 3560 Jahren im „Neuen Reich“ des Alten Ägypten. Von dort erste Hauskatzen vor etwa 2500 Jahren nach Griechenland und Italien, in Mitteleuropa erst seit spätem Mittelalter häufig gehaltenes Haustier. Während der Domestikation nur geringe Veränderung des äußeren Erscheinungsbildes. Kaum gezielte,

Abb. 26.5 Der Serval (*Leptailurus serval*) erschließt sich mit seinem guten Gehör und seiner Hochbeinigkeit eine breite Nahrungspalette, die von kleinen Säugetieren über Vögel bis zu Fischen reicht.

geplante Zucht. Äußerlich oft noch sehr ursprüngliche Hauskatzen vielfach in den Entwicklungsländern anzutreffen, so in Ostafrika auffällig spitzköpfige Formen häufig mit weniger rundem Schädel, die im Habitus sehr an Katzendarstellungen aus dem alten Ägypten erinnern. Neben Mutationen, die besonders Färbung und Zeichnung der gewöhnlichen Hauskatze veränderten (schwarz, braun, rötlich braun oder rötlich gelb, weiß, einfarbig, einfarbig mit weißen Abzeichen, zwei- oder dreifarbig, gestreift, gestromt, gescheckt oder Marmormuster) oder mit teilweisem oder totalem Fellverlust einhergingen (Nacktkatze), führten Mischlinge zwischen Hauskatzen und Waldwildkatzen sowie Einkreuzung von Steppenkatzen, besonders von Kleinasiatischen Wildkatzen, wahrscheinlich auch Indischen Steppenkatzen, zu größeren, langhaarigen Formen. Eigentliche Edelkatzenzucht erst seit etwa 100 Jahren, deswegen Formenzahl der sog. Rassekatzen noch klein. Durch gezielte Zucht entstanden neben den gewöhnlichen Hauskatzen Edelkatzen wie Langhaarkatzen (dazu 15 verschieden gefärbte Perserkatzentypen, Birmakatzen, Khmerkatze), europäische Kurzhaarkatzen (dazu Karthäuser Katze, die schwanzlose Man-Katze) und außereuropäische Kurzhaarkatzen (dazu Abessinier-Katze, Siamkatze, Burmakatze, Havannakatze).

Servale (*Leptailurus*)

1 Art. Schlank, sehr hochbeinig. Schulterhöhe 50–64 cm, Schwanz mittellang. Ohren groß, tütenförmig. Fell kurz, dicht, Grundfarbe meist ein gelbliches Grau bis Gelbrot, unterseits von der Kehle bis zum Bauch hellsandfarben bis weiß. Zeichnung lebhaft, an Stirn und Wangen fein getupft, Ohraußenseite schwarz mit hellem Signalfleck, vom Hinterkopf über den Nacken bis zur Schulter dunkel gestreift, sonst schwarzbraune Fleckung und Bänderung, dunkle Zeichnung kann aber auch bis auf einen Rest fehlen. Selten Schwärzlinge. **Serval** (*L. serval*): 18 Unterarten. Westliches Nordafrika (Vorkommen in Tunesien und Algerien möglicherweise erloschen), übriges Afrika südlich der Sahara.

Gefährdungsstatus. Bestand in der Wildnis teilweise ausgerottet, regional bedroht wie Berberserval (*L. s. constantinus*), aber in weiten Teilen des Verbreitungsgebiets, besonders in Wildschutzreservaten und Nationalparks, noch ungefährdet.

Lebensweise. Dämmerungstier, daneben in den frühen Vormittags- und späten Nachmittagsstunden aktiv. Lebensraum alle Landschaften des Verbreitungsgebiets, ursprünglich nicht im geschlossenen Regenwald, nunmehr aber entlang von Straßen auch dort heimisch. Bevorzugte Habitate Hochgrassavanne in Gewässernähe, buschreiche Feuchtsavanne, Ried- und Schilfdickichte, Urwaldlichtungen, gemischtes Busch- und Waldland, auch alpine Grasländer bis in 3800 m Höhe. Bodenbewohner, kein schneller Läufer. Klettert gut, bei Gefahr auf Bäume. Nicht wasserscheu und guter Schwimmer. Katzentypisches Territorial- und Sozialsystem (siehe *Felis*). Wurfplätze in Erdbauen anderer Tiere (Stachelschweine, Erdferkel) oder in Pflanzendickungen. Körperbau an Beuteerwerb von Kleinnagern im hohen Gras angepasst (z.B. große Ohren zur Ortung der Beute). Jagd durch Anschleichen und überfallartigen Fangsprung wie bei Kleinkatzen, angelt auch Kleintiere mithilfe der langen Vorderbeine aus Erdbauen oder Fische aus dem Wasser und fängt auf- oder niedrig fliegende Vögel in der Luft.

Nahrung. Nager, Vögel, andere Kleintiere, besonders Eidechsen, Insekten, daneben Fische, nur selten größere Tiere (Hasen, Ducker).

Luchse (*Lynx*)

4 Arten. Gestalt kräftig, Schulterhöhe bis 75 cm, hochbeinig, kurzschwänzig. Zahnformel: 3/3 1/1 2/2 1/1. Charakteristisch sind kleine oder größere Ohrpinsel, Backenbart bis zur Kehle. Europa, Asien, Nordamerika. **Eurasischer Luchs** (*L. lynx*), auch Nordluchs: größte Art, Weibchen deutlich kleiner und leichter, Pfotenrand und Ballenzwischenräume dicht behaart, Fell meist gelbgrau, mehr oder minder dunkel gefleckt, gepunktet oder ungefleckt, Schwanzspitze schwarz. 5 gesicherte Unterarten. Iberische Halbinsel, Sardinien, Nord-, Südost- und Osteuropa bis Westsibirien; Kleinasien, Kaukasus, Nord- und Ostiran, Turkmenien bis Afghanistan; Altai und Tienschan bis Tibet und Kaschmir; Nord- und Ostsibirien östlich des Jenissei, unteres Amurgebiet Russlands und Nordchinas bis Korea. – **Pardelluchs** (*L. pardinus*), auch Iberischer Luchs: kleiner als Eurasischer Luchs, oberseits gelbrot mit kräftigen dunklen Flecken. Iberische Halbinsel. – **Kanadaluchs** (*L. canadensis*): kleiner und leichter als Europäischer Luchs, hinten stark überbaut (relativ lange Hinterbeine), oberseits gelbgrau mit Silberschimmer, meist mit schwachen dunklen Flecken, Schwanzspitze schwarz. 3 Unterarten. Alaska, Kanada, USA (Rocky Mountains). – **Rotluchs** (*L. rufus*), auch Bobcat: ähnelt Kanadaluchs, etwas kleiner, kürzere Ohrpinsel, Fell blassbraun bis blassrötlich mit dunklen Punkten, Schwanzspitze oberseits schwarz, unterseits weiß, in Florida auch Schwärzlinge. 12 Unterarten. Äußerster Süden Kanadas, USA, Nord- und Mittelmexiko.

Abb. 26.6 Nachdem der Eurasische Luchs (*Lynx lynx*) aus Westeuropa verschwunden war, wanderte er in den letzten Jahrzehnten aus angrenzenden Siedlungsgebieten wieder ein und wurde außerdem gezielt wieder eingebürgert.

Gefährdungsstatus. Bestand in der Wildnis in großen Teilen Nordamerikas und Asiens und den verbliebenen Lebensräumen in Europa jedoch weitgehend gesichert. Europäischer Luchs gebietsweise ausgerottet, auch regional bedroht. Pardelluchs extrem gefährdet. Sein Bestand hat sich derzeit auf niedrigem Niveau stabilisiert. EEP für Eurasische Luchse in Schwerin.

Lebensweise. Dämmerungstiere, die tagsüber nur in den frühen Vormittags- und späten Nachmittagsstunden, gelegentlich auch nachts aktiv sind. Lebensraum alte Mischwälder mit Unterbewuchs, bevorzugt im Hügel- und Bergland sowie bis ins Hochgebirge unterhalb der Baumgrenze (Europäischer Luchs wandert im Winter mit dem Wild in tiefere Lagen), aber auch in offenen Landschaften (Eurasischer Luchs, Kanadaluchs, Rotluchs), auch Sumpfwald, subtropisches Buschland und Halbwüsten (Rotluchs), mediterrane, gemischte Buschwälder und Wälder (Pardelluchs). Mehrheitlich Kulturflüchter, die landwirtschaftlich genutzte Flächen und menschliche Siedlungen meiden, lediglich Rotluchs auch in der Nähe von Großstädten.

Abb. 26.7 Der Karakal (*Caracal caracal*), früher auch als Wüstenluchs bezeichnet, hat seinen Lebensraum in Halbwüsten, Steppen und Trockenwäldern.

Einzelgänger mit katzentypischem Territorial- und Sozialsystem (siehe *Felis*). Anders als bei Eigentlichen Kleinkatzen Reviermarkierung durch Kot auch an Treffplätzen im Grenzbereich und außerhalb des Reviers im Niemandsland auf markanten, sichtbaren Stellen wie Baumstubben und Steinen. Reviergröße schwankt je nach Wildreichtum (Eurasischer Luchs: 1000–10000 ha). Im Territorium meist nur 1 fester Kotplatz, wo Hauptmenge des Kotes abgesetzt und verscharrt wird. Wind- und regengeschützte Wohnplätze in Felsspalten, unter Felsüberhängen, in Baumhöhlen, unter Wurzeln oder gestürzten Bäumen, in Erdbauen anderer Tiere (Eurasischer Luchs z.B. in Dachsbauen). Zur Paarungszeit Kämpfe unter den Männchen möglich.

Lautlos schlendernd laufende Bodenbewohner, die weit und sicher springen, sehr gut klettern, bei Gefahr auf Bäume flüchten, schwimmen können, aber in der Regel nicht freiwillig ins Wasser gehen. Hoch spezialisiertes Gehör, Sehvermögen ausgezeichnet. Beuteerwerb durch Anschleichen, überfallartiges Aufspringen, bei größeren Opfern Genickbiss, töten auch kleine Raubtiere (z.B. Wildkatzen) als Nahrungskonkurrenten.

Nahrung. Kleine Huftiere wie Rehe und Moschustiere sowie Kälber größerer Arten, z.B. von Hirschen (als charakteristischer Riss des Eurasischen Luchses: vom Körper abgetrennter Kopf bei getöteten kleinen Paarhufern), Hasen (Vorzugsbeute beim Kanadaluchs), Kaninchen (Vorzugsbeute beim Pardelluchs), amerikanische Hasen- und Nagetiere (Rotluchs). Daneben bei allen Arten auch andere Kleinsäuger, Vögel, Lurche, Insekten.

Karakale (*Caracal*), Afrikanische Goldkatzen (*Profelis*) und Asiatische Goldkatzen (*Catopuma*)

Karakale (*Caracal*): 1 Art. Früher aufgrund morphologisch-anatomischer Merkmale den Luchsen bzw. Goldkatzen zugeordnet. Gestalt schlank, hochbeinig. Backenbart fehlt, aber bis 7 cm lange Ohrpinsel. Schwanz kurz mit dünnem Aalstrich. Fell kurzhaarig, oberseits einfarbig, je nach Region von ockergelber, grauer oder rötlicher Farbe, unterseits schwach gefleckt. **Karakal** (*C. caracal*), auch Wüstenluchs: 8 Unterarten. Afrika, Arabische Halbinsel, Westasien bis Nordindien.

Afrikanische Goldkatzen (*Profelis*): 1 Art. Gestalt sehr schlank, Kopf leicht gestreckt, etwas hochbeinig. Fast luchsgroß, Schwanzende spitz. Fell mittellang. 2 vorherrschende Farbvarianten: Rotbraun und Silbergrau, darunter auch Zwischentöne, alle mehr oder weniger gefleckt,

Unterseite deutlich heller, auch Schwärzlinge. **Afrikanische Goldkatze** (*P. aurata*): 2 Unterarten in weit voneinander getrennten Populationen, deren Angehörige sich aber wenig voneinander unterscheiden. Zentralafrika vom Kongobecken bis zum Victoriasee sowie Südkenia und Westafrika von Senegal bis Nordangola.

Asiatische Goldkatzen (*Catopuma*): 2 Arten. Früher in einer Gattung mit Afrikanischen Goldkatzen wegen äußerlicher Ähnlichkeiten, heute deutlich getrennt. **Temmincks Goldkatze** (*C. temminckii*): größere von beiden Arten, obwohl innerhalb des Verbreitungsgebietes starke Größenunterschiede, oberseits fast ungefleckt, Schwanzunterseite im letzten Drittel weiß. 3 Unterarten. Sumatra, Malaiische Halbinsel bis Myanmar und Assam, von hier entlang des Himalaja-Südrandes bis Nordpakistan und den Südwesten Chinas (Sichuan) sowie Tibet. – **Borneo-Goldkatze** (*C. badia*): der Temmincks Goldkatze sehr ähnlich (verzwergte Inselform?), wie diese vor allem oberseits ungefleckt, aber kleiner und langschwänziger, 2 Farbmorphen, die häufigere rötlich braun, die andere grau, Unterseite stets heller, schwache Tüpfelung erkennbar, auf dem Oberkopf von den Augenwinkeln bis über den Scheitel je 1 dunkler Streifen, daneben und dazwischen feine, schwarze Punktreihen, im Unterschied zu allen anderen Katzen 1. oberer Prämolar kleiner, abgerundeter, mit nur 1 Wurzel. 1998 1. Foto eines lebenden Exemplares. Borneo.

Gefährdungsstatus. Bestand in der Wildnis bei Karakal außerhalb von Schutzgebieten und besonders bei der asiatischen Unterart wegen rücksichtsloser Bejagung durch Schafzüchter und Geflügelhalter fast überall bedroht. Borneo-Goldkatze stark gefährdet, auch Temminck-Goldkatze zumindest regional bedroht, beide Unterarten der Afrikanischen Goldkatze gefährdet. Internationales Zuchtbuch für den Karakal in Washington D. C., USA, EEP für Asiatische Goldkatzen in Heidelberg.

Lebensweise. Wenig bekannt. Dämmerungstiere, die in den frühen Morgen- und späten Nachmittagstunden (Karakal) oder außerdem nachts (Afrikanische und Asiatische Goldkatze) aktiv sind. Borneo-Goldkatze bodenbewohnender Nachtjäger. Seltener auch tagsüber rege sind Karakal und Afrikanische Goldkatze. Lebensraum feuchte, tropische, immergrüne Tiefland- und Bergwälder (Afrikanische, Asiatische Goldkatze), felsiges, dicht buschbewachsenes tropisches Hügel- und Bergland (Borneo-Goldkatze) und Trockenwälder (Asiatische Goldkatze) oder steinige, trockene und spärlich bewachsene Gras- und Buschsavanne, Halbwüsten, im Bale-Gebirge in Äthiopien in über 3200 m Höhe (Karakal). Bodenbewohner, die klettern können, aber Auslugplätze auf Astgabeln oder starken Ästen nur in den untersten Etagen von Bäumen aufsuchen und bei Gefahr nicht auf Bäume flüchten. Katzentypisches Territorial- und Sozialsystem (siehe *Felis*).

Nahrung. Vorwiegend Säugetiere von Maus- bis Rehgröße, vor allem Nager, aber auch Affen, Vögel, Reptilien. Karakale ergreifen auffliegende Vögel im Sprung.

Bengalkatzen (*Prionailurus*)

4 Arten. Vermutlich sehr ursprüngliche Kleinkatzen. Gestalt typisch katzenartig, etwa hauskatzengroß. Fell kurz, dicht, bei nördlichen Formen im Winter länger und mit dichter Unterwolle. Grundfarbe gelbliches Bräunlich, unterseits Weißlich. Häufig dunkel gefleckt, gepunktet, gestrichelt oder mit unscharfen Rosetten. Nordost-, Ost-, Südost- und Südasien. **Leopardkatze** (*P. bengalensis*), auch irreführend Bengalkatze unter Bezugnahme auf den wissenschaftlichen Artnamen: oberseits silbergrau bis blassockerfarben (Gebirgstiere, nordische Unterarten) bis rötlich gelb (südliche Waldbewohner), Zeichnung wechselhaft, Ohrrückseiten schwarz, in der Mitte leuchtend weißer Fleck, je 1 weißer Streifen im Gesicht von den Augen zur Stirn, von dort 4 über den Nacken laufende dunkle Bänder, die sich in Reihen von länglichen Flecken auflösen. 2 Unterarten in einem riesigen Verbreitungsgebiet. Indien, Hinterindien, Malaiische Halbinsel, Große Sunda-Inseln und Teile der Kleinen Sunda-Inseln bis zu den

Abb. 26.8 Die Fischkatze (*Prionailurus viverrinus*) besiedelt vegetationsreiche Ufer tropischer Gewässer von Meeresküsten bis ins Hochland. Im Flachwasser jagt sie Fische, Lurche, Krebse und Weichtiere.

westlichen und zentralen Inseln der Philippinen (Palawan, Negros, Cebos, Panay), nördlich von Afghanistan und Pakistan über Süd- und Ostchina, Taiwan, Hainan, Nordkorea, Südostsibirien nördlich von Amur und Ussuri. – **Rostkatze** (*P. rubiginosus*): eine der kleinsten Katzenarten, Fell kurz, graubraun, oberseits mit rostfarbener Fleckung und Streifung, unterseits große schwarze Fleckung. 2 Unterarten. Sri Lanka, Südindien. – **Fischkatze** (*P. viverrinus*): größte Art der Gattung, Gestalt gedrungen, Schwanz kurz, Fell graubraun- bis braunolivfarben, besonders dicht und wasserundurchlässig, am Körper in Längsreihen dunkel gepunktet, Kopf mit Streifenzeichnung, kleine Schwimmhäute zwischen den Zehen, Krallen nicht völlig einziehbar. 2 Unterarten. Südostasien von Pakistan bis Nepal und Bhutan sowie von Indien und Sri Lanka bis ganz Hinterindien einschließlich Malaiische Halbinsel mit Sumatra und Java. – **Flachkopfkatze** (*P. planiceps*): Gestalt gedrungen, Kopf mit flachem Schädeldach, relativ lange Schnauze, etwas aufgeworfene Nase, Ohren klein, Zähne sehr spitz, Gliedmaßen kurz, Krallenspitzen stets sichtbar, da Krallenscheiden kurz, Schwanz kurz. Thailand und Myanmar, Malayische Halbinsel, Sumatra, Borneo.

Gefährdungsstatus. Flachkopfkatze ist stark gefährdet, Fischkatze gefährdet und Rostkatze regional schutzbedürftig. Internationales Zuchtbuch und EEP für die Ceylonesische Rostkatze (*P. rubiginosus phillipsi*) in Frankfurt, EEP für Fischkatze in Agrate Conturbia, Italien.

Lebensweise. Wenig bekannt. Vermutlich Dämmerungs- und Nachttiere, Leopard- und Fischkatze auch häufig tagaktiv. Lebensraum artverschieden, aber auch regional unterschiedlich (Leopardkatze!), bewaldete oder buschbestandene Ufer von Binnengewässern (Flachkopf- und Fischkatze), auch Mangrovenküsten oder Gewässer im Hochland (Fischkatze, z.B. in Assam), busch- und baumbestandene Niederungen mit Fluss- und Bachtälern (Iriomotekatze), Bambusdschungel, tropische und subtropische Wälder des Flach- und Hügellandes (Rostkatze, wird aber oft aus optimalen Habitaten von anderen Katzenarten in offenes Gelände verdrängt), Trockenwälder und Plantagen (Flachkopfkatze), tropische, subtropische und gemäßigte winterkalte Wald-, Busch- und Graslandschaften des Flach-, Hügel- und Berglandes, oft an Gewässerrändern feuchter Wälder, auch lichtes, trockenes Buschland (Pakistan) bis in 3000 m Höhe im Himalaja, nicht in Gebieten mit starkem Schneefall, die im Norden die Verbreitungsgrenze bilden (Leopardkatze). Bodenbewohner, die teils ausgezeichnet klettern und springen, sich auch gern auf Bäumen aufhalten, bei Gefahr aber am Boden fliehen (Rost- und Leopardkatze). Fisch- und Flachkopfkatze wenig kletterfreudig, selten auf Bäumen. Alle Arten schwimmen gut, gehen oft und gern ins Wasser. Hoch entwickeltes Sehvermögen mit leistungsfähigem Dämmerungssehen, ausgezeichnetes Gehör. Einzelgänger, Territorial- und Sozialsystem noch weitgehend unbekannt, vermutlich katzentypisch (siehe *Felis*). Beuteerwerb im Allgemeinen am Boden, bei Leopardkatze vermutlich auf Bäumen. Jagdverhalten von Fisch- und Flachkopfkatze auf Fische spezialisiert.

Nahrung. Kleinsäuger aller Art, besonders Nagetiere, Vögel, ungiftige Schlangen, Echsen, Kerbtiere; Leopardkatzen auch kleine Huftiere und Fische; Flachkopf- und Fischkatzen Fische, Frösche, Krebse, Weichtiere, auch Kleinsäuger.

Abb. 26.9 Langschwanzkatzen (*Leopardus wiedii*) sind ausgezeichnete Kletterer, die sich vorwiegend auf Bäumen aufhalten. Daher rührt auch der Name Baumozelot.

Marmorkatzen (*Pardofelis*)

1 Art. Verwandtschaftliche Stellung zu anderen Katzen nicht geklärt. DNA-Analysen lassen eine Nähe zu Luchsen vermuten bzw. ein Bindeglied zu den Großkatzen. Hauskatzengroß, Fell kurz, Färbung ocker- bis graubraun oder gelblich grau, ähnlich Nebelparder lebhaft dunkel gezeichnet (Punkt- oder Strichflecke, beiderseits der Wirbelsäule offene Rosettenreihe, Flanken großzügig marmoriert. Kopf, Kehle, Brust, Bauch, Beine, Schwanz eng getüpfelt). **Marmorkatze** (*P. marmorata*): 2 Unterarten. Indien über Südchina bis Hinterindien, Malaiische Halbinsel, Sumatra und Borneo sowie Nepal.

Gefährdungsstatus. Bestand in der Wildnis gefährdet.

Lebensweise. Wenig bekannt. Dämmerungs- und Nachttier. Lebensraum Regenwald und gemischte immergrüne Wälder. Gut kletternder Bodenbewohner, doch auch sehr viel auf Bäumen. Einzelgänger, Territorial- und Sozialsystem vermutlich katzentypisch (siehe *Felis*).

Nahrung. Kleinsäuger, besonders Nagetiere, Vögel.

Pardelkatzen (*Leopardus*)

7 Arten. Bis doppelt hauskatzengroß, meist kleiner. Artunterscheidung z. T. schwierig, Grundfarbe gelbliches Graubraun, seltener grau oder rotfarben, meist mehr oder minder stark getüpfelt, gepunktet oder mit Ringflecken gezeichnet. Südliche USA, Mittelamerika, Südamerika. **Ozelot** (*L. pardalis*): größte Art, Fell dicht anliegend, oberseits ocker- bis blassgraugelb mit meist nicht geschlossenen Rosettenfleckenreihen. 10 Unterarten. Südosten Texas, Mittelamerika, nördliches Südamerika, im Osten bis Uruguay, im Westen bis Nordargentinien, nicht in Chile. – **Langschwanzkatze** (*L. wiedii*), auch Margay, Berg-, Baumozelot oder Peludo: kleiner, Fell weniger anliegend, Rosetten kleiner und weniger in Streifen gezogen, Schwanz länger, sonst täuschend ozelotähnlich und mit diesem und der Tigerkatze leicht zu verwechseln. 8 Unterarten. Mexiko bis Uruguay, Bolivien und Nordargentinien, nicht in Chile. – **Tigerkatze** (*L. tigrinus*), auch Ozelotkatze: etwas kleiner als Margay, leicht mit ihr zu verwechseln, Rosettenmuster meist weniger dunkel gefüllt, kleiner, in kleine Punkte aufgelöst, auch Schwärzlinge. 4 Unterarten. Costa Rica bis Westecuador, bis Südbrasilien und Nordargentinien. – **Kleinfleckkatze** (*L. geoffroyi*), auch Geoffroys Katze:

Abb. 26.10 Bei Kleinfleckkatzen (*Leopardus geoffroyi*) kommen relativ häufig Schwärzlinge vor.

gelbbraun (im Norden) bis silbergrau (im Süden), oberseits fein schwarz getüpfelt, Melanismus häufig. 4 Unterarten, darunter auch Salzkatze (*L. g. salinarum*). Südliches Südamerika von Bolivien und Südbrasilien östlich der Anden über Argentinien bis Patagonien. – **Chilenische Waldkatze** (*L. guigna*), auch Nachtkatze oder Kodkod: kleinste Neuweltkatze, die der Kleinfleckkatze verwandtschaftlich sehr nahe steht (manche halten sie für eine Unterart von dieser), im Gebiss meist nur 2 Vorbackenzähne, Fell gelbbraun, dicht schwarz getüpfelt, Schwanz dicker als bei Kleinfleckkatze, auch Schwärzlinge. 2 Unterarten. Chile und vorgelagerte Inseln, Argentinien. – **Andenkatze** (*L. jacobitus*), auch Bergkatze: verwandtschaftliche Stellung wird kontrovers interpretiert. Größer und schwerer als Waldkatze, kräftig gebaut, langes, graues Fell mit unscharfen, großen, rotbraunen Flecken, auf Rumpf und Beinen Querbänder, Schwanz sehr lang, buschig mit Querringen. Bisherige Beschreibungen nur anhand von Museumsmaterial, sehr wenige Feldbeobachtungen. Hochanden (oberhalb 3000 m Höhe) von Peru, Bolivien, Chile, Argentinien. – **Pampaskatze** (*L. colocolo*): im Gegensatz zu anderen südamerikanischen Katzen hauskatzenähnlich spitze Ohren, Fell besonders am Rücken langhaarig, mehr oder minder rötlich braun gefleckt und gestreift, Färbung, Musterung und Zeichnung sehr variabel. 8 Unterarten. Im größten Teil Argentiniens und Uruguays verbreitet, darüber hinaus in den Trockenwäldern (Chaco, Cerrado) Boliviens, Paraguays und Brasiliens sowie nördlich der Anden in Ecuador und möglicherweise am Rande im Südwesten Kolumbiens. – **Pantanalkatze** (*L. braccatus*): wurde früher als Unterart der Pampaskatze betrachtet, inzwischen aber in den Artstatus überführt, ähnelt Pampaskatze, ist aber kleiner. 2 Unterarten. Brasilien, Paraguay, Uruguay.

Gefährdungsstatus. Bestand in der Wildnis bei vielen Arten generell oder regional bedroht, z. B. Texanischer Ozelot sehr gefährdet, mehrere Populationen der Langschwanzkatze in Mexiko und weiter südlich gefährdet, Colocolo sowie Unterarten der Tiger- und Kleinfleckkatze bedroht, regional teilweise ausgerottet. EEP für die Langschwanzkatze in Chester, für die Kleinfleckkatze in Jihlava, ESB für die Tigerkatze in Prag.

Lebensweise. Sehr wenig, bei einigen Arten fast nichts bekannt. Dämmerungstiere, die teils vermutlich streng nachtaktiv (Ozelot, Kleinfleck- und Langschwanzkatze), die übrigen, darunter die Waldkatze, auch tagaktiv sind. Lebensraum tropische Wälder jeglicher Art (Ozelot, Langschwanzkatze), Bergnebelwald bis in 4500 m Höhe (Tigerkatze), feuchter, temperierter Mischwald (Waldkatze), feuchtwarme Grasländer (Pantanalkatze), Savannen und lichtes Busch- und Waldland, (Ozelot, Kleinfleckkatze, auch Waldkatze!), seltener Dornbuschdickichte (Tigerkatze), Pampas und Chaco-Buschland, alpine Halbwüsten (bis in 3300 m Höhe) mit Zwergstrauchvegetation (Kleinfleckkatze, Pampaskatze), steinig-felsige Hochgebirge oberhalb der Baumgrenze (Andenkatze), Bergwälder und Marschen des Pantanal, kalte Halbwüsten Patagoniens, Hochlandsteppen bis in 5000 m Höhe (Pampaskatze). Bodenbewohner, doch klettern alle Arten gut. Langschwanzkatze durch extrem bewegliche Mittelfußknochen besonders stark an das Baumleben angepasst, auch für Katzen ungewöhnlich artistisch schnelles und sicheres Klettervermögen, windet sich oft förmlich um Äste und Zweige, indem die nach hinten gestreckten breiten Hinterfüße nach innen gedreht werden, klettert stammabwärts auch an schwingenden Lianen mit dem Kopf voran, läuft stammaufwärts wie andere Katzen am Boden, springt auch aus größten Höhen zu Boden. Alle anderen Arten eher Bodenbewohner, doch bei Gefahr Flucht auf Bäume, hier oftmals Schlaf- und Ruheplätze auf Ästen und Astgabeln (Ozelot, Langschwanz-, Tiger-, Kleinfleckkatze). Nicht wasserscheu, alle schwimmen gut (besonders Kleinfleckkatze). Territorial- und Sozialsystem katzentypisch (siehe *Felis*). Beuteerwerb meist am Boden, doch Langschwanzkatze fast ausschließlich, Ozelot und Tigerkatze nicht selten im Geäst. Im Gegensatz zu allen übrigen Katzen bleiben Langschwanzkatzen beim Angriff auf größere Beutetiere nicht mit den Hinterbeinen am Boden, sondern lassen sich von oben auf diese herabfallen und krallen sich auf ihnen fest, bis sie zusammenbrechen.

Nahrung. Überwiegend nachtaktive Bodennager (z.B. Reisratten, Stachelratten), Hörnchen, Meerschweinchen, Agutis, Chinchillas, Bergviscachas (besonders Andenkatze), Gürteltiere, Opossums, Vögel, Kerbtiere. Ozelots auch Maras, Faultiere, Brüllaffen, kleine Hirsche, sogar Hausrindkälber, auch Schildkröten. Langschwanzkatze vor allem baumlebende Nager, Opossums, Krallenaffen, Vögel, seltener Baumstachler. Kleinfleckkatze oft Fische, Amphibien, Reptilien. Fast alle Arten Hausgeflügel, Pampaskatze auch junge Pinguine.

Pumakatzen (*Puma*)

2 Arten. Gestalt und Größe unterschiedlich, aber durch fehlende Fleckung bei den Erwachsenen in der Fellfärbung ähnlich. Der Gepard soll nach DNA-Untersuchungen nächster Verwandter sein. **Jaguarundi** (*P. yagouaroundi*), auch Wieselkatze oder Eyra: Zahl und Form der Chromosomen abweichend von denen der übrigen südamerikanischen Katzen, jedoch offene Fragen bei der systematischen Einordnung. Gestalt marderähnlich, Rumpf gestreckt, Schwanz lang, Fell kurz, glatt, schwarz, graubraun oder rötlich, ungefleckt, nur weiße Abzeichen im Gesicht. Je 1 graue und rote Farbvariante, früher hielt man diese Morphen für verschiedene Arten und bezeichnete die graue Morphe als Jaguarundi, die rote Morphe als Eyra. Morphen kommen im gleichen Verbreitungsgebiet vor und paaren sich uneingeschränkt untereinander. 8 Unterarten. Südliche USA über Mittelamerika bis Uruguay und Mittelargentinien ohne Chile. – **Puma** (*P. concolor*), auch Silberlöwe oder Kuguar: größte Kleinkatze, Schulterhöhe bis 85 cm, damit leopardengroß, Kopf relativ klein, Körper schlank, Hinterbeine lang, proportional länger als bei anderen Katzen, Fell kurz, dicht, im Winter bei extrem nördlichen und südlichen sowie bei Gebirgsformen mit Unterwolle, Färbung von Silbergrau über Ocker bis rötliches Braun, starke Farbvariation auch zwischen Geschwistern, Schwärzlinge selten. Größte Formen im nördlichsten (Westkanada, nordwestliche USA) und südlichsten (Patagonien) Teil des Verbreitungsgebiets. Innere Systematik unklar und dringend revisionsbedürftig, variiert zwischen 6 und 32 Unterarten. Von Kanada über die USA, Mittel- und Südamerika bis zur Südspitze Chiles verbreitet.

Gefährdungsstatus. Bestand des Pumas in der Wildnis nur noch in Schutzgebieten gesichert, außerhalb derselben überall von Viehzüchtern und Farmern bedroht, gebietsweise großflächig ausgerottet.

Lebensweise. Tag- und Dämmerungstiere, in stark bejagten Gebieten Nachttiere. Lebensraum fast alle Landschaften Nord-, Mittel- und Südamerikas, tropische Regenwälder über Busch- und Trockenwälder bis Halbwüsten, Mangrovenküsten, Sumpfniederungen, auch Randzonen von Binnengewässern, Kulturlandschaft (Jaguarundi), Laub- und Nadelwälder des Flach- und Hügellandes bis in feuchtkühle Bergwälder, offene Landschaften ebenso wie busch- und baumbestandene Grassteppen des Tieflandes, steinige, nachtkalte Hochsteppen, Hochgebirge bis oberhalb der Baumgrenze (5800 m Höhe). Bo-

Abb.26.11 Als größter Vertreter der Kleinkatzen ist der Puma (*Puma concolor*) in Tiergärten heute nur noch selten anzutreffen.

denbewohner, klettern gut, springen ausgezeichnet zielsicher weit und hoch (aus dem Stand 6–7 m weit, bis 5,5 m hoch), Flucht auf Bäume. Wasserscheu, schwimmen aber gut. Einzelgänger mit katzentypischem Territorial- und Sozialsystem (siehe *Felis*). Reviergröße 5–50 km^2. Ortstreu, lediglich Gebirgstiere folgen im Winter talwärts wandernder Beute. Größe des Jagdreviers der Weibchen wächst mit dem Heranwachsen der Jungtiere, die bis knapp 2 Jahre bei der Mutter bleiben. Beuteerwerb durch Auflauern oder Anschleichen, gelegentlich auch nach Kurzstreckensprint.

Nahrung. Säugetiere von Maus- bis Elchgröße, vornehmlich Hirsche, aber auch andere Raubtiere, z.B. junge Bären, junge oder einzelne Altwölfe, Kojoten, Luchse usw. (Puma), Nager und Hasen, Vögel und Wirbellose, besonders Insekten, Jaguarundi daneben oft Fische, Amphibien und ungiftige Reptilien, in der Nähe menschlicher Siedlungen auch Haustiere, z.B. Schafe, Ziegen, Kälber (Puma), Geflügel (beide).

Geparden (*Acinonyx*)

1 Art. Lange als Unterfamilie der Großkatzen geführt bzw. mit Sonderstatus in der Katzensystematik versehen. Extrem an steppenartige Lebensräume angepasste Katzen, die während des Pliozäns in mehreren Arten Eurasien und Afrika bewohnten und aus denen während der späten Eiszeit die einzige heute noch lebende Art hervor gegangen ist. Äußerlich besonders im Bau der Gliedmaßen ähnliche Katzen aus dem Pliozän Nordamerikas haben sich als enge Verwandte des Pumas erwiesen. Die anatomischen Sonderbildungen können einerseits Anpassungen an eine übereinstimmende Lebensweise in einem gleichartigen Lebensraum sein, andererseits weisen DNA-Analysen auf eine vermutlich relativ enge Verwandtschaft zur Gattung Puma hin. Auffällig bei den heute lebenden Geparden ist ihre sehr niedrige genetische Variation, deren Ursache ein extremer Populationseinbruch vor etwa 10000 Jahren gewesen sein soll (Flaschenhalseffekt). Größe wechselhaft, Schulterhöhe von 60 (Sahara) bis 94 cm (Serengeti). Gestalt sehr schlank, Kopf klein, rund, Kiefer kurz mit relativ kleinen Eckzähnen, deren kurze Wurzeln im Oberkiefer einem vergrößerten Nasenraum Platz machen (maximales Einatmen nach den langen Sprints). Zungenbein völlig verknöchert. Hochbeinig, Pfoten klein, bei erwachsenen Tieren ohne ausgeprägte Krallenscheide. Krallen

stumpf, nicht voll rückziehbar (*Acinonyx* kommt aus dem Griechischen und besteht aus den Wortteilen „akin“ = „nicht beweglich“ und „onyx“ = „Kralle“), extrem harte Finger- und Mittelhandpolster. Fell kurz, rau, vom Nacken bis Widerrist verlängert, oberseits ockergelb bis hellgraugelb, am Kopf fein getüpfelt, dazu schwarzes Band vom inneren Augenwinkel über den Nasenrand bis zum Mundwinkel, übriger Körper mit kleinen runden Punkten gezeichnet, Schwanzende mit mehreren schwarzen Ringen. Vereinzelt als „Königsgepard“ bezeichnete, rezessiv vererbende Farbvariante mit größeren, verschmolzenen Flecken (keine Unterart). **Gepard** (*A. jubatus*): 5 Unterarten. Afrika außer zentralafrikanischem Regenwald, nördlich der Sahara in Nordwestafrika, südlich der Sahara im nördlichen Zentralafrika von Westafrika bis Somalia, Ostafrika bis Südafrika und im südlichen Westafrika über Namibia bis Angola. Einst auch von Arabien über Vorder- und Mittelasien bis Indien.

Abb. 26.12 Der Gepard (*Acinonyx jubatus*) ist extrem an steppenartige Lebensräume angepasst. Seine Krallen sind nicht vollständig rückziehbar und dienen als Spikes beim Jagdsprint auf Beute.

Gefährdungsstatus. Bestand in der Wildnis außerhalb von Schutzgebieten fast überall gefährdet, gebietsweise vom Aussterben bedroht, nur in Schutzgebieten vorläufig gesichert. In Indien wurden die Asiatischen Geparden schon Mitte vorigen Jahrhunderts ausgerottet und auch deren unwiderruflich letztes Vorkommen im Iran ist fast vernichtet. 2005 wurden in der nordiranischen Kaviwüste nur noch 2 kleine Gruppen gesichtet. Der Gesamtbestand dort wird derzeit auf unter 50 Tiere geschätzt. Widersprüchliche Angaben zur Existenz des Nordwestafrikanischen Geparden aus dem südöstlichen Algerien (Hoggar- und Tassili-Region), Libyen, Südmarokko und angrenzenden Gebieten in Mali und Niger. EEP für den Südafrikanischen Geparden in Hilvarenbeek, für den Sudan-Geparden in Fota Wildlife Park.

Lebensweise. Tagtier, in Sahara-Randgebieten auch dämmerungs- und nachtaktiv. Lebensraum Gras-, Busch- und Baumsavanne, offene Steppe bis Halbwüste, in Äthiopien bis in 1500 m Höhe, im Iran in Gebieten mit winterlichem Schneefall. Sozialverhalten, abgesehen vom Löwen, stärker entwickelt als bei allen anderen Katzen. Territorialverhalten nicht einheitlich. Weibchen als Einzelgänger oder in Mutterfamilien meist halbnomadisch in großen, einander stark überlappenden Streifgebieten, an deren Rändern einzelne Männchen kleinere Reviere beanspruchen. Außerdem nicht lokal gebundene, großräumig vagabundierende, einzelgängerische Männchen oder Wurfbrüdergruppen und Weibchen. Bewohner aneinander grenzender Streifgebiete stehen unter Wahrung von zeitlicher und räumlicher Distanz untereinander in Kontakt durch Duftsignale an exponierten Markierungs- oder gemeinsam benutzten Kotplätzen. Ruheplätze unter Bäumen, auf hügelartigen Anhöhen, anderen Erhebungen (Felsen, Steine, Erdtermitenbaue) oder wie Wurfplätze unter dichtem Gebüsch, in hohem Gras oder Dornendickicht. Jungtiere lernen ab 2. Monat das Jagdverhalten von der Mutter, werden erst zwischen 13. und 20. Monat selbständig, bleiben anschließend zunächst noch etwa ½ Jahr zusam-

Abb. 26.13 Der Königsgepard ist eine Farbvariante des Geparden (*Acinonyx jubatus*) mit größerer dunkler Fleckung.

men, bevor junge Weibchen zu Einzelgängern werden und oft in unmittelbarer Nachbarschaft des Streifgebietes der Mutter leben oder in dem gleichen Areal eigene Reviere errichten. Männliche Wurfgeschwister bleiben beieinander, beanspruchen gemeinsam bewohntes Areal als Revier, dulden auch den Anschluss fremder Männchen. In solchen Koalitionen nur wenig Konkurrenz um östrische Weibchen, dagegen z.T. heftige Kämpfe mit anderen Männchen um fremde Reviere und Weibchen. Bodenbewohner, klettern schlecht (nur auf schräg stehende Bäume), springen aber bis 4,50 m hoch auf waagerechte Äste (Auslugplätze). Feinde sind Löwen, Leoparden und Tüpfelhyänen. Geparden attackieren und töten Servale.

Hoch entwickelter Gesichtssinn, Riech- und Hörvermögen ausgezeichnet. Schnellstes Landsäugetier, Kurzstreckensprinter, der auf der Jagd Geschwindigkeiten bis 90 km/h (gemessene Spitzengeschwindigkeit 112 km/h) erreicht, allerdings dabei schnell ermüdet und meist nicht weiter als 300–500 m läuft. Beuteerwerb durch Anpirschen bis auf 20–100 m, Überfall auf ein bestimmtes, vorher ausgesuchtes Beutetier mit rasendem Sprint. Opfer wird mit den Vorderpfoten durch Wegschlagen der Beine zu Fall gebracht, anschließend Kehlbiss.

Nahrung. Kleine Antilopen (Impalas, Gazellen und deren Junge), auch Jungtiere größerer Arten (Gnus, Kuhantilopen), selten junge Zebras, im Iran Kropfgazellen und Hasen. Aas nur äußerst selten in Hungerzeiten.

Haltung von Kleinkatzen

In Tiergärten werden Waldwildkatze und Rohrkatze häufig gehalten, neuerdings nicht mehr selten auch die im Ursprungsgebiet ernsthaft bedrohte Oman-Falbkatze (*F. silvestris gordoni*), dagegen Schwarzfußkatze, Sandkatze und Manul selten. Servale häufig gezeigt ebenso Eurasischer Luchs und Rotluchs, Kanadischer Luchs in Europa seltener. Karakal wird häufiger, Asiatische Goldkatzen selten, Afrikanische Goldkatze extrem selten, dagegen Indische Leopardkatze, Amurkatze (*Prionailurus bengalensis euptilurus*) und Fischkatze häufiger, Rostkatze selten, Marmorkatze sehr selten, Iriomote- und Flachkopfkatze in Europa nicht gezeigt. Häufiger wird der Ozelot gehalten, ebenso der Puma, dieser jedoch selten in reinblütigen Unterarten gezeigt. Sehr selten ist auch der Jaguarundi in Tierbeständen anzutreffen.

Da für Pumas Haltungsanforderungen wie für Großkatzen gelten, siehe dort. Angaben zur Gepardenhaltung erfolgen hier im Nachgang der Kleinkatzenhaltung. Haltung von Hauskatzen siehe Spezialliteratur.

Für Zoobesucher sind Kleinkatzen meist weniger attraktiv, da als vorwiegend dämmerungs- und nachtaktive Tiere in herkömmlichen Haltungssystemen tagsüber viel schlafend. Trotzdem sollten Anlagen für Kleinkatzen geräumig und gut strukturiert sein, da ihre Bewegungsaktivität oft unterschätzt wird.

Eingewöhnung. Von erwachsenen Wildfängen sehr schwierig, bleiben auch später meist scheu und wild. Ruhiges, vor Lärm geschütztes, für Besucher nicht zugängliches, leicht abgedunkeltes Gehege mit Schlafkasten, dessen Öffnung nicht dem vorderen Gitter, sondern einer Käfigseitenwand zugewandt sein sollte. Futteraufnahme meist nachts, deshalb abends füttern. Bei anfänglicher Nahrungsverweigerung zur Stimulation der Futteraufnahme frischtote, am Bauch geöffnete Futtertiere. Auch für neu eintreffende zoogeborene Tiere stressarme Unterkunft. Weigern sich Neuankömmlinge, die schützende Transportkiste zu verlassen, sollte diese im Gehege bleiben, bis die vorgesehene Schlafbox angenommen worden ist. Kot in den ersten Tagen nicht vollständig entfernen, dient der Orientierung und Markierung des neuen Territoriums. Mit Ausnahme der winterharten Arten mehr oder minder temperierte, trockene, zugfreie, aber gut belüftete Unterkünfte, für besonders empfindliche Tropentiere auch klimatisierte, von der übrigen Umgebung getrennte, an der Sichtfläche verglaste Eingewöhnungskäfige. Stets zunächst einzeln halten. Infolge Transportstresses oft Schwächung der Immunabwehr, deswegen während der Quarantäne nicht nur alle allgemeinen und speziell angewiesenen Hygienemaßnahmen strikt einhalten, sondern körperlichen Zustand und Gesamtverhalten der Tiere kontinuierlich beobachten. Erkrankungen während der Eingewöhnungszeit enden oft tödlich. Beschaffenheit des Kotes ist ein wichtiger Indikator für den Gesundheitszustand, im Normalfall braunschwarz, wurstförmig bis festbreiig.

Unterkunft. Möglichst fernab von Großkatzenhaltungen. In der Nähe ihrer natürlichen Feinde (z.B. in Raubtierhäusern oder deren Nachbarschaft) untergebrachte Kleinkatzen stehen unter dem Zwang zu permanenter, hochgradiger Wachsamkeit und Fluchtbereitschaft. Weil sie Einzelgänger sind, können sie sich wie auch in der Wildnis nicht bei Gefahr zeitweilig auf die Warnung von Artgenossen verlassen, sondern müssen selbst ununterbrochen auf ihre Sicherheit achten. In Menschenobhut verursacht die Nähe von Großkatzen bei ihnen vermutlich andauernde nervöse Spannung und starken angstbetonten Dauerstress. Die daraus resultierende erhebliche Beeinträchtigung des Wohlbefindens und des allgemeinen Gesundheitszustandes hat bei Weibchen außerdem negative Einflüsse auf den ovarialen Zyklus und den Aufzuchtserfolg. Dauerunterkunft in Abhängigkeit von der Akklimatisationsfähigkeit sehr verschieden. Winterharte und überwiegend tagaktive Arten (Luchse, Europäische Waldwildkatze, nördliche Leopard- und Steppenkatzen, Manul, Rohrkatzen aus Klein-, Vorder- und Zentralasien, Turkmenischer Karakal) können ganzjährig im Freien gehalten werden. Dauerquartier meist allseitig mit Draht- oder Stahlgittergeflechten umschlossene, zwecks Regen- und Sonnenschutz teilüberdachte, zu etwa gleichen Teilen sonnige und schattige volierenartige Gehege, meist mit massiver Rückwand und teilweise seitlichem Windschutz. Katzen graben nicht, tiefe Fundamente unter Gehegebegrenzungen nicht erforderlich. Zwischen Gehegegitter und Besucherweg 1–2 m breite, direkte Kontakte am Gitter verhindernde Vorpflanzung. Nordische Luchse und Manule hitzeempfindlich, im Sommer schattige, kühle Anlagen erforderlich. Für alle Arten trockene, zugfreie, ungeheizte Schutzunterkünfte als Schlaf- und Ruheplätze, deren Zugänge durch von außen zu bedienende Schieber (Sicht- bzw. Kontakt- und Vollschieber) z.B. bei Reinigungsarbeiten verschlossen werden können. Besonders für größere Arten zusätzlich Absperrkäfige, die auch als ungestörter Fressplatz dienen können, bei kleinen Arten Schleusen an den Außengehegen. Häufiges

Standardmaß der Gitter- oder Maschenweite bei 2 mm Stahldrahtstärke für alle Arten 24 mm x 48 mm (auch ausbruchsicher für Jungtiere), doch aus optisch-ästhetischen Gründen nicht selten Drahtabstände auch größer. Wegen des langhaarigen, dichten Fells wird die Körpergröße von Manulen oft überschätzt und für erwachsene Tiere eine zu große Maschenweite gewählt (im Tierpark Berlin zwängte sich ein erwachsenes Weibchen durch eine Maschenweite von 14 cm x 7 cm). Seltener große, oberseits offene, von Drahtgeflechten oder Drahtnetzen nur seitlich umschlossene Freianlagen, deren Außenbegrenzung an der Oberkante 40–50 cm nach innen überkragt und dort zusätzlich mit 3–4 Elektro-Weidezaun-Drähten gegen Ausbrüche gesichert ist. Kletterversuche an der Gitterinnenseite können gehegeseitig durch zusätzliche Weidezaun-Drähte unterbunden werden, deren erster in etwa 30 cm Bodenabstand, 2 oder 3 weitere in 2 m (für kleine Arten) bzw. 3 m Höhe (für größere Arten wie Goldkatzen und Luchse) angebracht werden. Anstelle von Gehegegittern besucherseitig zur Verbesserung der Einsichtsmöglichkeiten oftmals auch Sicherheits- oder Panzerglasscheiben. Selten Wassergräben, da deren erforderliche Breite eine große Distanz zum Besucher verursacht (bei mittelgroßen Tieren muss eine waagerechte Sprungweite von 4–5 m berücksichtigt werden). Oberseits nicht geschlossene Anlagen sind für perfekte Kletterer wie Langschwanzkatze und Wieselkatze nicht zu empfehlen. Gehegeböden in kleineren Unterkünften vorwiegend besandet, in großen Gehegen Naturboden mit natürlichem Bewuchs. Die Gehegeeinrichtung sollte auch für Arten aus offenen Landschaften ausreichend Deckung geben und genügend Rückzugsmöglichkeiten bieten, ohne die Besuchersicht zu sehr einzuschränken. Als Verstecke, Ruheplätze sowie für die Jungenaufzucht zugfrei und vor Regen geschützt aufgestellte, trockene Schlafkisten oder Schutzhütten mit guter Isolierung gegen Wärmeverluste und Nässe und mit weichem Heulager. Größe und Zugangsöffnung der Kiste darf nicht überdimensioniert sein, damit abgegebene Körperwärme in der Umgebungsluft des Innenraums erhalten bleibt. Boxen für nicht oder nur bedingt winterharte Arten sollten für sommerliche Schlechtwetterperioden gut isoliert und auch beheizbar sein. Anzahl der Schutz- und Ruhehütten bzw. -kisten stets größer als Zahl der Gehegebewohner, um individuellen Versteckwechsel zu ermöglichen und bei Unverträglichkeiten auch schwächeren Tieren Wahl der Rückzugsmöglichkeit offen zu halten. Als Gehegeinventar reichlich hölzerne Klettereinrichtungen wie Baumstämme und starke Äste mit waagerecht verlaufenden Abschnitten, die zum Beobachten und Schlafen, aber auch zur Krallenpflege genutzt werden. Große flache, trockene und besonnte Stammscheiben am Boden sowie erhöhte Ruhe- und Auslugplätze (waagerechte Liegebretter auf Stämmen oder an Wänden mit Nierenschutzbrett) mit der Möglichkeit zur Beobachtung der gesamten Umgebung einschließlich anderer Tiere und der Besucher werden gern aufgesucht, sollten aber auch für Besucher einsehbar sein. Wärmelampen oder Heizplatten erhöhen die Attraktivität solcher Ruheplätze. Fast alle Arten fühlen sich im oberen Bereich des Geheges sicherer als am Boden. Luchse zogen sich in ihrem oben offenem Freigehege des Tiergartens Salzburg zur Ruhe auf große im Gehege stehende Bäume zurück und schliefen dort hoch über dem Boden auf starken Ästen. In allseits geschlossenen Unterkünften den zur Verfügung stehenden Raum bis unter die Gehegedecke gestalten und für die Bewohner nutzbar machen. Gehegeeinrichtungen sollten sich primär am Komfortbedürfnis der Tiere und erst in 2. Linie, z.B. durch dekorative Steinaufbauten und Wurzeln, am ästhetischen Empfinden der Besucher orientieren.

Bei den meisten Arten Akklimatisation an mitteleuropäische Winter nicht oder nur bedingt möglich. Dauerunterkunft in geräumiger, an der Sichtfläche mit Drahtgeflecht, Stahlnetz oder Sicherheitsglas abgeschlossener und gut belüfteter Innenanlage mit zugeordneten Absperreinrichtungen eines Warmhauses. Direkt daran angeschlossen teilüberdachtes, mit Drahtgittern begrenztes, an der Sichtfläche auch verglastes Außengehege. Panzer- oder Sicherheitsglas in räumlich begrenzen Unterkünften als Trennmaterial zwischen Besucher und Tieren besonders geeignet, da Katzen so vor Störungen gut geschützt sind und außerdem in Wahrnehmung der für sie sicheren Barriere sich während Aktivitätsphasen oft direkt hinter der Glasscheibe zeigen. Mehrzahl aller Arten, vor allem Wüstenformen der Wildkatze, Sand-, Grau- und Schwarzfußkatze, Goldkatzen, manche Formen der Leopardkatze, Rostkatze und viele südamerikanische Kleinkatzen Dämmerungs- und Nachttiere, schlafen oder dösen tagsüber während der Zooöffnungszeit. Unterbringung in Nachttierabteilungen wenig effektiv, da nachtaktive Kleinkatzen größtenteils auch in Nachttierhäusern die tagsüber erzeugte Kunstnacht verschlafen. Dämmerungs- und nachtaktive Kleinkatzen zeigen bei normalem Tag-Nacht-Belichtungsregime in nicht zu grell ausgeleuchteten, sondern mit gedämpfter, indirekter Beleuchtung mäßig aufgehellten Unterkünften im Zusammenhang mit tierpflegerischen Routinearbeiten und dem dabei nicht zu verhindernden Geräuschpegel tagsüber oftmals mehrere Aktivitätsphasen. Bodenbelag in Kleinkatzenunterkünften von festen Baukörpern vielfach mit Kunstharz, Gummiprodukten oder säurefestem Asphalt beschichteter, in Teilflächen beheizter Beton, der zumindest teilweise mit Sand, Hobelspänen oder Rindenmulch abgedeckt wird. Gehegeeinrichtungen und Gehegeinventar für Innen- und Außenunterkünfte wie für Anlagen von winterharten Kleinkatzen (siehe oben). Ausreichende Zahl hölzerner Schlafkisten als Ruhe-, Versteck- und Wurfplätze auch im Warmhaus unverzichtbar. Eingangsöffnung kann bei zahmen, ruhigen Tieren dem Besucher zugewandt, soll bei nervösen Exemplaren von vorn nicht einsehbar sein. Für sehr ruhige, menschenvertraute Tiere reichen auch nur dreiseitig geschlossene, nicht überdachte, zum Besucher hin offene Schlafkästen oder erhöht angebrachte Schlafbretter. Attraktiv u.a. für alle Bengalkatzen, Rohrkatze, Ozelot, Salzkatze und Wieselkatze ist ein Wasserbecken in der Innenanlage mit flachem Einstieg, das beim Spielen mit leichten, im Wasser schwimmendem Gegenständen (kein Kinderspielzeug!) oder auch beim Fressen genutzt wird.

Trennung von Innenanlage, Absperr- und Außengehege durch Vollschieber, zwischen Innenanlage und Nachbarunterkunft oder Absperrgehege zusätzlich Sicht- bzw. Kontaktschieber mit sehr enger Vergitterung, durch die auch ein Jungtier keine Gliedmaßen hindurchstecken kann. Bei geöffnetem Schieber zwischen Innen- und Außenkäfig Minimierung der Wärmeverluste durch transparente Klappen aus Weich-PVC, die von den Katzen passiert werden können und mit deren Hilfe auch tropische Arten bis in den Winter die freie Wahl zwischen Innen- und Außengehege erhalten. Karakal, Serval, Rohrkatze, Gebirgsformen von Tigerkatze, Pampaskatze und Salzkatze vertragen zwar kühles Wetter relativ gut, sollten aber im Frühjahr nicht zu zeitig wahlweisen Aufenthalt in den Außenanlagen erhalten. Alle anderen Arten, auch tropische Formen, können für den Sommer allmählich an einen zeitweiligen Aufenthalt im Freien gewöhnt werden, doch muss für die Tiere jederzeit der Rückzug in eine warme Unterkunft möglich sein. Raumtemperaturen für die meisten nichtwinterharten Formen in der Regel 21–24 °C, für Schwarzfußkatzen bis 26 °C, für Sandkatzen Bodentemperaturen 28–32 °C, während der Aufzuchtphase bei Lufttemperaturen von 21–24 °C sogar 38–40 °C. Sandkatzen sind sehr heikel und kälteempfindlich. Für kleine tropische Tieflandformen soll aber andererseits im Winter eine Lufttemperatur von 15–20 °C ausreichen, wenn in einem zugfreien, trockenen Gehege mit partieller Bodenheizung Wärmeplätze vorhanden sind, die bei Inaktivität aufgesucht werden können. Ozelots wurden in Oklahoma sogar ganzjährig kalt gehalten, wobei den Tieren dicht strohgefüllte, trockene hölzerne Schutzhütten zur Verfügung standen. Wüstenkatzen und Manule vertragen unser teilweise feuchtkühles Klima oft schlecht.

Umgang. Vorsichts- und Sicherheitsmaßnahmen bei Luchsen und Ozelots wie bei Großkatzen. Auch bei zahmen Exemplaren Unterkünfte in Anwesenheit erwachsener Tiere nicht betreten, bei den kleineren Arten nur, wenn die eindringende Person toleriert wird. Auch bei zahmen Tieren stets Abwehrgegenstand mitnehmen. Toleranz oder Aggressivität gegenüber Menschen ist weniger abhängig von der Art, als vom Individuum und dessen Geschlecht, von der Situation und von der Person. Tiere ständig beobachten. Viele erwachsene Karakale und Fischkatzen, außerdem Mütter mit Jungen oder manche Kater verteidigen sich und ihr Revier mutig und greifen eher an als andere Katzen. Ängstliche Tiere sollten Fluchtmöglichkeit haben. Handlungen des Pflegers müssen für die Tiere voraussehbar sein. Plötzliches, unangekündigtes Betreten des Geheges vermeiden, mit leisem Sprechen eigene Anwesenheit anzeigen. Wenn technisch möglich, grundsätzlich alle Tiere vor Reinigungs- und Fütterungsarbeiten in Absperrkäfige oder andere Abtrenneinrichtungen überführen. In regelmäßig von Menschen bei Anwesenheit der Tiere betretenen Unterkünften, bei häufigem Lärm und ungewohnten Störungen leiden Kleinkatzen meist unter Verängstigung, Scheu und Dauernervosität. Das Geborgenheitsgefühl von Tieren wird in besonderem Maße beeinträchtigt, wenn diese bei Routine- und Reinigungsarbeiten häufig aus Verstecken, Schlaf- und Wurfplätzen vertrieben werden.

Zucht- und Aufzuchterfolge sind besonders dort zu erwarten, wo direkte Kontakte zu menschlichen Betreuern auf wenige und unbedingt vertraute Pfleger beschränkt bleiben und ein von alltäglicher Routine gekennzeichneter, zeitlich fixierter Arbeitsablauf konsequent eingehalten wird. Tägliche, kurze Beschäftigung mit den Tieren durch ruhige Kontaktaufnahme von außen (Fang- und Raschelspiele mit Zweigen und dünnen Ästen, Fütterung kleiner Leckerbissen aus der Hand, beruhigendes Sprechen) dient dem Aufbau von Vertrauen zu bestimmten Personen und deren Akzeptanz, besonders auch bei Jungtieren etwa ab 7. Lebenswoche mit dem Ziel der Sozialisierung mit dem Menschen (nicht Prägung auf den Menschen!). Verhältnis zum vertrauten Pfleger darf nicht durch angstauslösende Eingriffe (z.B. dessen Teilnahme an Fangaktionen) gestört werden. Zur Steigerung des Wohlbefindens sollten den Tieren zusätzlich verhaltensaktivierende Anreize zur Beschäftigung mit nicht alltäglichen Gegenständen oder Ereignissen offeriert werden, z.B. pendelnd an wechselnden Befestigungsplätzen aufgehängte Futterportionen, verstecktes Futter, auch Ganzkörper mit Fell oder Federn oder für kleine Arten auch Grillen als Lebendfutter (nur in allseits geschlossenen Unterkünften möglich), Einbringen von Duftstoffen, die zum Parfümieren des Fells anregen (z.B. frisches Heu, grünes Fichtenreisig, in kleine Säcke gefüllte Hobelspäne mit Beigaben von duftenden Küchenkräutern, Knoblauch, Gewürznelken, ätherischen Ölen oder trockenem Stallmist) oder durch Angebot von „Spielzeug“ (wie Tennisbälle, Papierknäuel, Habersträuße, kleine Fellstücke, z.B. Kaninchenschwänze). Beschäftigungsreize müssen oft wechseln, dürfen nicht zu häufig eingesetzt werden, verlieren sonst schnell an Attraktivität, besonders bei nicht fressbaren Substanzen.

Höchstmaß an Hygiene ist erforderlich. Bodenbeläge und Einbauten von Unterkünften in Warmhäusern (rasche Vermehrung von infektiösen Keimen, leichtes Entstehen von Erregerhospitalismus) nach restloser Entfernung von Einstreu in kurzen Abständen (je nach Verschmutzungsgrad und Raumgröße einmal täglich bis zweimal wöchentlich) mit Hochdruckreiniger ausspritzen oder scheuern. Keine der für Katzen hochgiftigen phenol- oder kresolhaltigen Desinfektionsmittel oder in ihrer Zusammensetzung unbekannte Reinigungspräparate verwenden. Ungefährlicher im Alltag heißes Seifen- oder Sodawasser. Nach Verwendung von Reinigungs- und Desinfektionsmitteln stets gut nachspülen. Fast alle Arten sind nässeempfindlich. Nach Reinigungsarbeiten nur in ausgetrocknete, gut gelüftete Käfige lassen und keine feuchte Einstreu verwenden. Schlafkisten möglichst trocken reinigen. Zwischen den Grundreinigungen tägliche Verschmutzungen punktuell trocken entfernen oder mit feuchtem Lappen bereinigen, eventuelle vorhandene Bodeneinstreu täglich auswechseln oder zumindest auffrischen. Außenanlagen von Warmhäusern sowie hart befestigte Flächen (Beton, Pflaster, vermauerte Natursteine) in Gehegen von winterharten Arten während der kühlen Jahreszeit nicht oder nur selten nass reinigen. Verunreinigungen täglich beseitigen, d.h. Futterreste (Hautfetzen, Federn, Knochen) absammeln, abkehren, Kot entfernen und gleichzeitig verunreinigte Einstreu, Sand oder Mutterboden beräumen und anschließend durch frisches Material ersetzen. Totalreinigung nur in größeren Abständen oder Ausnahmefällen, z.B. bei Krankheit, vor Neubesetzung. Tränknapf wird oft als Kotplatz benutzt (fast alle Arten, aber selten von Katzen aus Trockengebieten), diesen dicht unter eine überhängende Gehegeeinrichtung platzieren, sodass für die Wasseraufnahme genügend Platz ist, der ganze Körper aber zum Kotabsatz nicht in den Zwischenraum passt. Zur Vorbeugung der Weiterverbreitung von Infektionen für jede Anlage eigene Reinigungswerkzeuge benutzen. Futterzubereitungsgeräte täglich gründlich reinigen, eventuell desinfizieren oder durch Erhitzen entkeimen. Verhalten gut beobachten. Geringe Veränderungen der Aktivität können einziges äußeres Anzeichen einer Erkrankung sein. Infektiöses Geschehen oft mit Fieber verbunden (Normaltemperatur bei allen Arten zwischen 38 und 39 °C). Als Gesundheitsprophylaxe mindestens zweimal jährlich Kotproben zur routinemäßigen Parasitenuntersuchung nehmen. Rindenmulch im Außengehege soll Gefahr von Wurmbefall verringern. Bei Juckreiz (gehäuftes Kratzen) oder schlechtem Fell- und Hautzustand Verdacht auf Außenparasiten (Pilzbefall, Ohrmilben, Flöhe). Ein ernstzunehmendes Problem der Haltungshygiene sind frei laufende Hauskatzen. Sie müssen von Wildkatzenbeständen unbedingt ferngehalten werden, da oftmals Krankheitsüberträger, besonders bei seuchenhaft unter Hauskatzen verlaufenden Infektionen. Vernünftige Wildkatzenpfleger verzichten auf die Pflege einer eigenen Hauskatze.

Fangmethoden verschieden, per Hand mit unterarmlangem Lederhandschuh (nur bei kleinsten Arten oder halbwüchsigen Jungtieren, wenn diese schnell wieder losgelassen werden können, z.B. für einzelne Injektionen bei Impfungen), mit Kescher, der in den Fluchtweg der Katze gehalten oder über diese gestülpt wird, mit dem Blasrohr zur schonenden Sedierung oder Distanznarkose für länger dauernde Manipulationen am Tier. Transport in leichter, an einer Stirnseite vergitterter Kiste, eventuell vorher zur Gewöhnung und eventuellen Annahme als neues Versteck ins Gehege stellen. Manule nicht während der heißen Monate versenden. Die Wirkung zwecks Fangs vor dem Versand eingesetzter Narkosemittel muss vor dem Transportbeginn völlig abgeklungen sein (Körpertemperatur steigt nach Anwendung von Narkosemitteln um bis zu 1,5 °C).

Kleinkatzen sind nicht lebenslang zähmbar, auch künstlich aufgezogene Tiere werden als Erwachsene unberechenbar (zahlreiche Unfälle mit Ozelots, die in Privathaushalten gepflegt wurden). Alle, auch kleinere Arten eignen sich aufgrund ihrer Wehrhaftigkeit, wegen ihres strengen Körpergeruchs und ihres Markierungsverhaltens (Harnspritzen, Zerkratzen von Mobiliar und anderen Gegenständen) nicht als Heimtiere.

Fütterung. Grundlegende ernährungsphysiologische Erkenntnisse bei Katzen beachten. Höchster Eiweißbedarf von allen Landraubtieren. Wachsende Jungtiere benötigen die doppelte Proteinmenge wie gleich alte Caniden. Dabei müssen als Grundbausteine der Eiweiße (Proteine) bestimmte essentielle Aminosäuren (Eiweißverbindungen, die vom Katzenorganismus nicht selbst gebildet werden können) durch eine vollwertige Ernährung von außen zugeführt werden. Die meisten essentiellen Aminosäuren sind in gutem Muskelfleisch, Innereien und Knochenmark oder auch in Ganzkörpern enthalten. Es ist darauf zu achten, dass im Fettanteil der Nahrung nicht zu viel Fette aus gesättigten Fettsäuren (sog. feste Fette) enthalten sind, da diese die wichtige physiologische Wirkung der ungesättigten Fettsäuren (sog. flüssig-feste Fette) beeinträchtigen oder mindern. Von den ungesättigten Fettsäuren können die einfach un gesättigten noch von manchen Säugetiergruppen selbst gebildet werden, nicht aber von Katzen, während die essentiellen mehrfach ungesättigten Fettsäuren bei allen Säugetieren dem Organismus mit der Nahrung zugeführt werden müssen. Säugetiere sind nicht imstande, diese Substanzen selbst zu synthetisieren. Ein hoher Fettanteil im Futterfleisch mindert die physiologische Wirkung ungesättigter Fettsäuren und kann auch zu Mängeln bei der Deckung des Vitamin-B_2-Bedarfs führen. Bei nahezu ausschließlicher Verfütterung von Muskelfleisch können Defizite in der Versorgung mit vielen Mineralstoffen und mehreren Vitaminen entstehen. Bei zu langer Lagerung von Muskelfleisch oder Ganzkörpern in tiefgefrorenem Zustand wird das Vitamin B_1 (Thiamin) allein während des Lagerprozesses zerstört, hinzu kommt ein rascher Abbau des Thiamins beim Auftauen des Fleisches unter dem Einfluss von Thiaminase. Niazin- und Vitamin-B_1-Mängel entstehen auch bei übermäßiger Verfütterung von aufgetautem tiefgefrorenem Fisch. Bestimmte Fischarten, besonders Hering, enthalten größere Mengen von Thiaminase und führen zu Defiziten im Vitaminhaushalt bei Vitamin E und bei Selen. Anderseits enthalten Eintagsküken und Innereien (Leber!) oft beträchtliche Mengen an Vitamin A und dürfen daher nicht in großen Mengen, sondern nur zur Beifütterung eingesetzt werden.

Als Futtermittel optimal sind frischtote, noch blutwarme Kleintiere (Meerschweinchen, Kaninchen, Ratten, Mäuse, Tauben, Hühner, Küken) mit Haut, Haaren und Federn. Ernährungsphysiologisch fast gleichwertig sind auch tiefgefrorene Ganzkörper, die in kühler Temperatur bis in den Körperkern aufgetaut und danach auf mindestens Zimmertemperatur angewärmt werden. Eine Ganzkörperfütterung sichert die Versorgung mit allen notwendigen Nähr- und Zusatzstoffen in ausbalancierter Form, stimuliert das natürliche Fressverhalten, ist durch den Knochenanteil wichtig für die Mineralstoffversorgung sowie für die Gesunderhaltung von Zähnen und Zahnfleisch und trägt den verdauungsphysiologischen Erfordernissen durch die Aufnahme von Ballaststoffen (Haut, Haare, Federn) Rechnung. Zur Deckung des Grundnährstoffbedarfs ersatzweise auch Muskelfleisch (Kalbs-, Rind-, Schaf- und Ziegenfleisch), zur Abwechslung Innereien (Herz, Lunge, Leber), gekochtes Geflügelfleisch und Fisch (vorwiegend Süßwasserfische). Einmal wöchentlich Gras oder 10–15 cm hohe Getreideschösslinge (Weizen, Hafer) erleichtern das Hervorwürgen und Erbrechen von eventuell im Magen verbliebenen Haaren (Resultat der Fellpflege) und verhindern hier die Bildung von Haarballen (Trichobezoare).

Fett jeder Art bei der Zubereitung von größeren Muskelfleischportionen entfernen. Auch wenn praktisch kein Fett mehr sichtbar ist, enthält das Fleisch dennoch erfahrungsgemäß bis zu 10 % Fett. Schweinefleisch darf wegen der damit übertragbaren Aujetzkischen Krankheit nicht roh verfüttert werden. Muskelfleisch versetzt mit Vitaminen und Mineralstoffen entweder würfelig schneiden oder im ganzen Stück verabreichen, für schwächere Arten mit schachbrettartigen Oberflächeneinschnitten zwecks einer Erleichterung der Nahrungsaufnahme.

Für Jungtiere in der Umstellung auf feste Nahrung oder rekonvaleszente Tiere auch durchgedrehtes Fleisch mit Eigelb. Bei reiner Fleischfütterung besonders Kalzium-Zufuhr mit ca. 100 mg Kalziumkarbonat pro Tag und Kilogramm Körpermasse absichern (1 TL auf 1 kg schieres Fleisch), außerdem auch weitere Mineralstoffe wie Mangan, Eisen und andere Spurenelemente und Vitamine (A, D_3, E) beifüttern. Industriell gefertigtes, kommerzielles Katzenfutter hat oft zu hohen Fettanteil, ist zu weich, führt auf Dauer zu Zahnsteinbildung und Krankheiten an Gebiss, Zahnfleisch und Mundhöhle. Alternativ dazu und zum Ausgleich o.g. Defizite kommen u.a. Carnivore Meat Feline, Carnivore Supplement und Feline Katzenfutter zum Einsatz. Vorsicht mit Milch bei erwachsenen Tieren, wird durch Magensäure sofort zum Gerinnen gebracht. Milcheiweiß bleibt dann als schwer verdaulicher Kloß lange im Magen, enthaltener Milchzucker führt oft zu Durchfällen. Bei Durchfall und gleichzeitig sonstiger Unauffälligkeit zunächst fasten oder nur wenige, kleine Ganzkörper, wahlweise gekochte Leber füttern. Erbrechen bei normalem Kotzustand muss kein Anzeichen für eine beginnende Erkrankung sein, sondern kann auch durch hastiges Fressen einer großen Futtermenge, Stress, zu kaltes oder verdorbenes Futter verursacht werden. Mindestens 1 (bis 3) Fütterungen täglich. Futterbedarf nur begrenzt in Relation zur Körpergröße kalkulierbar.

Beispiele für Tagesfutterrationen: Amurkatze 200–250 g Rindfleisch oder 12 Mäuse, Ozelot 500–900 g Rindfleisch oder 2 große Ratten, Sandkatze 1–2 juvenile Ratten, ¼ Huhn oder 200–300 g Fleisch. Bei einigen Arten saisonale Ernährung mit Mastzeit im September/Oktober und bis zu doppeltem Futterbedarf (z. B. Waldwildkatze, Amurkatze, Manul, etwas weniger ausgeprägt Sandkatze). Saisonale Gewichtsschwankungen bei männlichen Waldwildkatzen bis 2,5 kg. Wechsel vom Warmhaus in die Freianlage erfordert nach dem Winter etwa eine Verdoppelung der Ration. Säugende Mütter benötigen die 2- bis 3-fache Energiemenge von nichtreproduktiven Katzen. Wachsende Jungtiere dreimal täglich füttern. Ernährungsphysiologisch begründeter Fasttag auch bei erwachsenen Tieren nicht erforderlich. Zur Gewichtsreduzierung bei feisten Katzen (nach Beobachtungen an Sandkatzen tendieren eher Kater zu Übergewicht) täglich 1 kleine Mahlzeit (besser als Fasten) mit viel Ballaststoffen (Ganzkörperfutter ohne Innereien, Knochen mit Fleischresten). Wüsten- und Wüstensteppenbewohner trinken wenig, dennoch alle Tiere ein- bis zweimal täglich je nach Bedarf mit abgestandenem Wasser tränken. Viele Katzen lassen sich nicht gern beim Fressen beobachten. Nahrungsaufnahme erfolgt oft erst, nachdem der Pfleger gegangen ist. Konsequente Nachtfresser erst am Nachmittag füttern. Auch verträgliche Paare bei Anzeichen von Futterneid während der Fütterung trennen, zuvor mit getrennten Futterplätzen versuchen. Regelmäßige, anfangs nur leichte Aggressionen beim Fressen können sich schnell verstärken und auch andere, zuvor friedliche Verhaltensbereiche erfassen. Nicht in den Schlafboxen füttern, die ausschließlich als Versteck-, Ruhe-, Schlaf- und Aufzuchtsplätze dienen sollen, in die auch die Bewohner selbst nur ausnahmsweise Nahrung eintragen.

Vergesellschaftung. Einzelgänger, die entweder nur während der Brunst oder auch in den Wochen davor und danach, ausnahmsweise aber auch ganzjährig (allerdings meist nicht während der Jungenaufzucht) paarweise gehalten werden können. Verträglichkeit generell vermutlich weniger artabhängig, sondern mehr individuell begründet, kann bei vielen Arten zu lebenslanger erfolgreicher Paarhaltung, teilweise sogar gemeinsamer Jungtieraufzucht führen und manifestiert sich bei gut harmonierenden Paaren oft durch Kontaktliegen und soziale Körperpflege (Paarbindungsverhalten). Nach Partnerverlust mitunter Antriebs- und Appetitlosigkeit. Dennoch auch bei solchen Paaren Verhalten der Tiere zueinander gut beobachten und morgens bei erster Inspektion der Unterkunft auf eventuelle Spuren nächtlicher Auseinandersetzungen achten. Gelegentlich nämlich auch scheinbar spontan einsetzende Kämpfe zwischen Tieren, die vorher jahrelang friedlich zusammenlebten. Für Weibchen, die in alltäglichen Konkurrenzsituationen gegenüber dem physisch stärkeren Kater gutes Durchsetzungsvermögen bewiesen haben, ist die Gefahr von schweren Verletzungen oder tödlichem Ausgang während meist nächtlicher Kämpfe geringer als bei ständig verängstigten Tieren. Bei Auseinandersetzungen zwischen diesen Einzelgängern mindert oder verhindert weder eine Rangordnung gefährlich aggressives Verhalten gegen schwächere Tiere, noch lösen Unterlegenheits- oder Beschwichtigungsgesten wie bei gesellig lebenden Arten Aggressions- oder Tötungshemmungen aus. Erblich bedingtes Sozialverhalten dient, abgesehen von der Jungenaufzucht, nicht der Erhaltung einer Gruppe, sondern der zeitlich begrenzten Bindung eines Paares, dessen beiderseitige Kommunikation sich differenziert und vielseitig über Gesichtsmimik, Ohrstellung, Schwanz- und Körperhaltung, Lautgebung und Düfte artikuliert. Zur Kennzeichnung agonistischen Verhal tens dienen besonders deutliche Signale. Bei Drohhaltung Ohren zur Seite gedreht, verengte

Pupillen, leicht zur Kruppe ansteigender Rücken durch gestraffte Haltung der Hinterbeine, Kopf oft leicht gesenkt, gesträubtes Nacken- und Rückenfell, abgestellter nach unten abgewinkelter Schwanz mit zuckender Spitze, eventuell Knurren, drohendes Jaulen. Bei abwehrender Kampfbereitschaft Katzbuckeln mit seitlich gedrehtem Kopf, geweitete Pupillen, Ohren zur Seite (oder nach hinten) gestellt, eventuell erhobene Vorderpfote, gesträubte Haare, spuckendes Fauchen, oft verbunden mit auf- und abschwellendem Jaulen. Bei Unsicherheit und in Angriffserwartung mit Fluchtbereitschaft Einknicken der Hinterbeine, geduckter Körper halbseitlich, Kopf schräg nach hinten beobachtend zum Gegner gedreht, bei Verteidigungsbereitschaft Rollen auf die Körperseite mit zum Schlag erhobener Vorderpfote oder auf den Rücken mit schlagbereit gespreizten, erhobenen Vorderpfoten. Äußere Ursachen von Angriffen sind z. B. individuelle Fremdheit, Territorialverteidigung, Futterneid, fehlende oder nicht ausreichende Ausweichmöglichkeiten durch zu geringe Raumgröße oder mangelhafte Käfigstrukturierung (zu wenig Sichtschutz, zu geringe Zahl von Verstecken oder Schlafhütten). Gefahrenanzeichen für möglicherweise bevorstehende Auseinandersetzungen am Verhalten der Tiere erkennbar, z.B. individuelle Antipathien (gelegentlich bei Katern gegenüber Katzen), häufige Futterkonkurrenz, gespanntes, verkrampftes Verhalten während gemeinsamer Aktivität, Vermeidung von Körperkontakt und fehlendes Paarbindungsverhalten. Erstes Zusammenführen nach längeren visuellen, olfaktorischen und akustischen Kontakten auch bei nächtlichem Aufenthalt am engen Sichtgitter, wenn bei den Begegnungen keinerlei aggressives Verhalten sichtbar wird. Purr-Laute des Katers in Richtung des Weibchens sind ein Hinweis auf eine entspannte Situation.

Vor der Vergesellschaftung geeignetes Gerät (z. B. Wasserschlauch, durch das Gitter passende Holzstangen, Bretter) bereitlegen, um kämpfende Tiere trennen zu können. Bei deutlichem gegenseitigem Interesse Tiere zunächst satt füttern und danach stundenweise unter Aufsicht zusammenlassen. Erste Kontakte meist in Form von Nasen-, Flanken- oder Analkontrolle. Freundlich gesinnte Luchse begrüßen einander, indem sie sich gegenseitig bereits am Sichtgitter mit gesenktem Kopf die Stirn reiben. Bei beiderseitig friedlichem Interesse der Tiere aneinander im Verlauf der nächsten Tage und eventuell den folgenden Wochen unter ständiger Aufsicht Dauer der Vergesellschaftung ausdehnen. Nachtaktive Tiere, die tagsüber passive Friedfertigkeit zeigen, nicht pauschal als verträgliches Paar einstufen, wenn das Verhalten nachts während der eigentlichen Aktivitätszeit unbekannt ist. Erst wenn auch nachts keine Spannung erkennbar ist, können die Tiere anfangs am Tag, später auch nachts ohne Aufsicht zusammenbleiben. Im Falle neu- oder wieder beginnender Aggressionen trennen, aber Sichtgitter beibehalten. Manche Paare können nur während des Östrus zusammen gelassen werden, doch ist auch die Hitze der Katze keine Garantie für einen friedlichen Verlauf des Verpaarungsversuches. Um Nachwuchs zu erzielen, kann manchmal nur ein periodisch wiederholtes Zusammenlassen ausschließlich zum Zwecke der Begattung mit anschließend sofortiger zeitweiliger Trennung erforderlich werden. Als wenig verträglich, von individuellen Ausnahmen abgesehen, gelten manche männlichen Sand-, Schwarzfuß- und Goldkatzen, Ozelot, Tiger- und andere südamerikanische Kleinkatzen. Untereinander besonders friedfertig sind die meisten Luchse, manche Wildkatzen, Serval, Karakal, Rohr-, Leopard- und Rostkatze. So konnten in einzelnen Fällen bei Amurkatze und Eurasischem Luchs über mehrere Jahre Kater, sogar untereinander nicht verwandte Tiere, zusammen gehalten werden, bei Eurasischem Luchs und Rotluchsen auch 1 Männchen mit bis zu 3 Weibchen, bei Waldwildkatzen und Servalen 1 Männchen und 2 Weibchen. In Al Wabra Wildlife Preservation (AWWP), Katar werden überzählige Sandkatzen gleichen Geschlechts als Gruppe gehalten und schlafen oft gemeinsam in einer Schlafbox, obwohl mehrere davon zur Verfügung stehen. Beschädigungskämpfe zwischen den Tieren wurden dort nie beobachtet. Vergesellschaftung mit anderen Arten wenig erfolgreich, aber z.B. Europäische Luchse mit Braunbären.

Fortpflanzung und Zucht. Männchen mit deutlich sichtbarem Scrotum, Präputialöffnung afternah, nicht erigierte Penisspitze nach hinten gerichtet (Harnstrahl nach hinten). Genitalöffnung der Weibchen schlitzförmig. Salzkatze 2, Schwarzfußkatze, Eurasischer Luchs, Serval, Asiatische Goldkatze, Karakal, Amurkatze und Leopardkatze 3, Haus- und Wildkatze 4 Zitzenpaare. Fortpflanzung artverschieden, je nach Ursprungsgebieten ganzjährig (Gebiete mit nahezu gleich bleibenden klimatischen Bedingungen und unbedeutender Veränderung der Tageslichtlänge) oder saisonal di- bzw. polyöstrisch (Gebiete mit jahreszyklischen Klimaveränderungen und deutlich wechselnder Tageslichtlänge, z.B. Arten aus gemäßigten Klimaten). Angaben zur Fortpflanzungsbiologie von kleinen Katzen in Tabelle 26.1. Bei zusammenlebenden Paaren umwirbt der Kater schon im Voröstrus die Katze, die anfangs mit „Kokettierflucht" und Abschlagen des Partners reagiert. Nur ausnahmsweise entstehen daraus resultierend ernsthafte Auseinandersetzungen. Beginnende Brunst durch Zunahme bestimmter Verhaltensweisen erkennbar. Brünstige Weibchen werden bewegungsfreudiger, auch unruhiger, harnen viel, reiben die Wangenregion an Gegenständen, schärfen häufiger die Krallen, suchen die Nähe des Katers, der sich bei getrennten Tieren ständig in der Nähe des Sichtgitterschiebers aufhält, bei zusammenlebenden Tieren der Katze folgt, deren Harnstellen beriecht und öfter flehmt. Laute, jaulend-maunzende Kontakt- und Brunstrufe von beiden Geschlechtern, besonders bei getrennten Tieren und von hochbrünstigen Weibchen, die den Kater auch durch ihre Körperhaltung zur Begattung auffordern. Paarungsbereites Weibchen duckt sich vorn, hebt den Hinterkörper aus, wodurch hohler Rücken entsteht (Lordosehaltung), und stellt den Schwanz ab. Paarung meist ohne längeres Vorspiel. Kater reitet nach kurzem Belecken des Rückenfells meist überfallartig auf das Weibchen auf, hält es mit den Zähnen im Nackenfell fest und vollzieht die kurze Begattung. Dauer der Kopulation 15 Sekunden bis selten mehrere Minuten. Paarung artverschieden lautlos oder von kreischenden, keckernden Rufen während der Ejakulation begleitet. Nach dem Absteigen des Katers rollt sich das Weibchen auf den Rücken, faucht und schlägt dabei nicht selten mit den Vorderpfoten nach dem Partner. Während des Östrus täglich mehrere Paarungen (5-10 bei Schwarzfußkatze, Ozelot, Rotluchs). Ovulation wird meist erst durch wiederholte Begattungen ausgelöst. Nach Abschluss der Paarungszeit besonders gut beobachten. Mitunter versucht das Weibchen, den Kater zu vertreiben. Eine Manulkatze in Prag tötete in der Nacht vor dem Wurf ihren Kater. Bei aufkommender Unverträglichkeit trennen, sonst etwa 2–3 Wochen vor erwartetem Wurftermin Kater absetzen. Bei wenig verträglichen Paaren geht von der Anwesenheit des Katers in räumlicher Nähe für die Katze eine beunruhigende, unter Umständen sogar die Jungenaufzucht gefährdende Wirkung aus. Weibchen von gut harmonierenden Paaren zeigen sich dagegen von dem in Nachbargehege mit Geruchs-, Gehörs- und Sichtkontakt lebenden Partner zumindest unbeeindruckt, sind in der Nähe des vertrauten Katers manchmal sogar weniger scheu und schreckhaft.

Trennung von einzelnen Paaren unabhängig von der Artzugehörigkeit besonders in geräumigen Unterkünften mit 2 oder mehr Schlafkisten nicht immer erforderlich. Bei vertrauten Paaren beteiligen sich Männchen an der Aufzucht, werden in Einzelfällen sogar vom Weibchen in der Mutterstube geduldet oder halten sich wachend viel davor auf (z.B. Wildkatze, Manul, Rotluchs). Eine weibliche Rohrkatze vertrieb anfangs das Männchen, ließ es später an der Aufzucht teilhaben. Eine männliche Asiatische Goldkatze durfte in der Wochenstube bleiben, pflegte die Jungtiere durch Belecken, verteidigte sie auch. Ähnliche Verhaltensbeobachtungen bei Leopard- und Fischkatze. Im Gegensatz zu manchen Hundeartigen ist aber bei allen Arten die Anwesenheit des Männchens nicht prinzipiell Voraussetzung für ein normales Pflegeverhalten der Mutter.

Tab. 26.1 Angaben zur Fortpflanzungsbiologie von kleinen Katzen

Art	Paarungszeit (Monate)	Dauer der Hitze (Tage)	Tragzeit (Tage)	Wurfzeit (Monate)	Wurfgröße (Anzahl)
Schwarzfußkatze	I–XII	1–3	63–68, i.M. 67	I–XII	2 (1–4)
Sandkatze	I–XII[1]	4–6	(59–) 69	I–XII[1]	2–4 (1–8)[2]
Europäische Wildkatze	I–II (IV), (V–VII)[3]	2–8	65–69, i.M. 68	III–V (VI), (VI–IX)[3]	2–4 (1–8)[4], i.M. 3
Rohrkatze	I–XII[1]	5	64–73, i.M. 67	I–XII[1]	3–4 (1–6)
Manul	I–II (–III)	2–8	(59–) 65–69, i.M. 67	(III–) IV (–V)	4–6 (–8)
Serval	I–XII	1–4	67–79, i.M. 76	I–XII	2–4 (1–5)
Eurasischer Luchs	II–III (I–V)	2–4 (–10)	68–74 (–79), i.M. 72	IV–VI (–VII)	2–3 (1–6)
Kanadaluchs	II–IV		63-70	V–VI (–VII)	2–5 (1–8)
Rotluchs	II–III (I–XII)	5–10	62–67 (60–70), i.M. 65	IV–V (I–XII)	2–3 (1–8)
Asiatische Goldkatzen	I–XII	5–7	etwa 80	I–XII	1 (2–3)
Afrikanische Goldkatze	I–XII		etwa 75	I–XII	1 (2–3)
Karakal	I–XII[1]	1–3 (–6)	75–83, i.M. 78	I–XII[1]	2–3 (1–6)
Leopardkatze	I–XII	4–7	63–70 (56–72), i.M. 66	I–XII	2–3 (1–4)
Amurkatze	II–V, VI–VII[5]	3–9	67–70 (63–73)	IV–VII, VIII–IX[5]	2–4 (–8?)
Fischkatze	I–XII[1]	2–5	71–74	I–XII[1]	1–2 (–4)
Marmorkatze	I–XII		etwa 80	I–XII	1–2 (–4)
Ozelot	I–XII	2–7 (–10)	75–85, i.M. 79–80	I–XII	1–2 (–3)
Langschwanzkatze	I–XII	4–10	76–81 (–84)	I–XII	1 (–2)
Tigerkatze	I–XII	3–9	74–78	I–XII	2–3 (1–4)
Salzkatze[6]	I–XII, X–III[7]	2–3	72–78	I–XII, XII–V[7]	2–3[8]
Pampaskatze	I–IV[9]		81–84	IV–VII[9]	1–2 (–3)
Wieselkatze	I–XII[1]	2–4	70–75	I–XII	1–3 (–4)
Nebelparder	I–XII, XI–I[9]	etwa 6	88–92 (86–99)	I–XII, II–IV[9]	2–3 (1–5)

Angaben in Klammern sind von der Norm abweichende, im natürlichen Schwankungsbereich liegende Werte.
i.M.: im Mittel
[1] In der Wildnis gebietsweise saisonal
[2] Bei großen Würfen mit über 4 Jungen wird empfohlen, nur 4 Junge bei der Mutter zu belassen und die übrigen künstlich aufzuziehen, da sonst die Aufzucht aller Jungen gefährdet sein soll.
[3] Ein Spätfrühlings- bis Hochsommeröstrus und ein Spätsommer- bis Herbstwurf nach erfolgreicher Aufzucht im Frühjahr kann ausnahmsweise nach zu frühem Absetzen der Jungen erfolgen, legt aber meist den Verdacht nahe, dass das Weibchen hauskatzenblütig ist
[4] Würfe von mehr als 4–5 Jungen legen den Verdacht nahe, dass die Mutter hauskatzenblütig ist.
[5] Auch bei erfolgreicher Aufzucht kann ein Sommeröstrus und ein 2. Wurf im Herbst erfolgen.
[6] *Leopardus geoffroyi salinarum*
[7] In der Wildnis
[8] In Dvur Kralove brachte ein Salzkatze 2 lebende Junge im Abstand von 5 Tagen zur Welt (Superfetation), die sie beide aufzog.
[9] In Zoos der Nordhemisphäre

Vor der Geburt und während der Aufzucht noch konsequenter als in der übrigen Zeit des Jahres durch möglichst wenige und unbedingt vertraute Pfleger festes Zeitregime einhalten (siehe auch Umgang). Spätestens 14 Tage vor der Geburt keine Veränderungen mehr im Arbeitsrhythmus, Gehege und Umfeld. Bei allen Handlungen auch außerhalb des Geheges auf Störungsfreiheit achten. Wenn für Geburt und Aufzucht nicht die vorhandenen Schlafkisten Verwendung finden sollen, müssen spätestens zu diesem Zeitpunkt Wurfboxen bereit stehen (regensicher, doppelwandig für Wärmeisolierung, zur Verhinderung von Wärmeverlusten und Minderung des Lichteinfalls Trennwand im Vorraumbereich mit versetzter innerer Zugangsöffnung, die zum Aussperren der Mutter von außen durch einen Schieber verschließbar sein sollte, um Junge über eine Kontrollöffnung inspizieren zu können). Die Eingangsöffnung soll vom Besucher abgewandt sein und von den Tieren sichtgeschützt aufgesucht werden können. Bei Manulen gute Aufzuchtserfolge in einer dreikammerigen Kiste mit Laufgang zum Vorraum vor dem Wurfabteil. In den Wurfboxen Lager mit Heu, sauberem Tuch oder anderes weiches Material einbringen. Manche Katzen entfernen aber auch Lagermaterial (Schwarzfußkatzen scharren Sand aus Wurfverstecken beiseite), werfen auf blanken Boden, daher stets Holzbelag. Sicherheitshalber nicht nur 1 Wurfbox anbieten, da manche Weibchen ihre Jungen von Versteck zu Versteck tragen. Wurfbox während der Aufzucht nicht reinigen, wird vom Weibchen in der Regel nicht verschmutzt, beseitigt später auch Milchkot und Harn der Jungen. Wenn jedoch in der Anlage wenig oder kein Kot des Muttertieres gefunden wird, Kontrolle der Wurfbox erforderlich. Manulweibchen setzen nicht selten dort Kot ab und deponieren hier Futterreste. Sollen Geburt und Aufzucht nicht im Schaugehege erfolgen, angehendes Muttertier spätestens etwa 14 Tage vor der Geburt in halbdunkle, störungsfreie Mutterstube überführen. Bei Würfen von sehr nervösen Tieren Unterkünfte notfalls besucherseitig abschirmen oder Umgebung zeitweilig für Besucherverkehr sperren.

Trächtigkeitsanzeichen nicht immer bemerkbar, vermehrter Leibesumfang, Anschwellen und Hervortreten der Zitzen. Unmittelbar vor und nach der Geburt keine Nahrungsaufnahme. Geburtsdauer 1½–2 Stunden, vereinzelt weitere Geburten nach mehreren Tagen Abstand. Verzögerung nicht in jedem Fall Superfetation. Nach dem Wurf Kontrolle der Jungtiere nur bei sehr ruhigen Weibchen durch vertrauten Pfleger und stets nur in Abwesenheit der Mutter, wenn diese freiwillig die Wurfbox verlassen hat. Im Zweifelsfall nicht die geringste Störung und auf jegliche Kontrolle in den ersten Tagen nach der Geburt verzichten. Vor dem Berühren der Jungen Hände gründlich nur unter fließendem Wasser mit einer Bürste reinigen und mit Einstreu abreiben, um menschlichen Geruch zu überdecken. Vor dem Zurücksetzen Urinabgabe der Jungen durch Streicheln der Analregion mit feuchtem Lappen provozieren und damit Fell der Jungen einreiben. Harnverunreinigung wird später von der Mutter wahrgenommen und zusammen mit anderen eventuell verbliebenen Geruchstoffen mit der Zunge beseitigt. Gesamte Jungtierkontrolle darf nicht länger dauern, als die Mutter durch Fressen abgelenkt ist. Manche Mütter verlassen ihre Jungen zur Nahrungs- und Flüssigkeitsaufnahme, zum Harn- und Kotabsatz in den ersten Tagen nur nachts. Langes Verbleiben der Mutter in der Wurfbox ist ein gutes Zeichen für normal verlaufende Aufzucht, feuchtes Fell in der Zitzenumgebung bezeugt Saugaktivität der Jungen, deren Stimmen nur bei Nahrungsmangel und gestörtem Wohlbefinden oft und in kurzen Abständen zu hören sind. In der Regel erfolgen Geburt und Aufzucht an dem vom Muttertier ursprünglich ausgewähltem Ort. Gelegentlich verlegt aber die Katze ihre Jungen auch in eine andere Wurfbox. Transport einzeln im Maul der Mutter durch einen Griff mit den Zähnen im Genick bei völliger Tragestarre des Jungtiers (Vorderbeine nach schräg unten gestreckt, Hinterbeine angezogen). Häufiges oder anhaltendes Schleppen der Jungen deutet stets auf mangelnde Geborgenheit im Wurfversteck infolge von Störung in der Umgebung oder auf Unzulänglichkeiten des Geheges hin. Bei Störungen am Tag bleiben Weibchen oft im Versteck und versuchen erst nachts das Gehege mit den Jungen zu verlassen. Bei versuchten Ortswechseln werden die Jungen nicht selten geschwächt, verletzt, von der Mutter getötet oder gefressen. Aufgrund einer Störung länger als normal verlassene Welpen werden von der Mutter nach Unterkühlung und wegen daraus resultierender Lethargie der Jungtiere manchmal nicht mehr angenommen. Bei Misserfolgen im Aufzuchtsgeschehen von verhaltensnormalen, gesunden weiblichen Katzen nach Störungen im Umfeld suchen und diese beseitigen. Gelegentlich aber auch Jungtierverluste durch Infektionskrankheiten (besonders häufig bei Manulen, Sand- und Schwarzfußkatzen). Bei frühem Verlust der Jungen durch Tod oder künstliche Auf-

Tab. 26.2 Angaben zur Jugendentwicklung von kleinen Katzen

Art	Geburtsgewicht (g)	erstes Verlassen der Wurfbox (Lebenstag)	erste feste Kost (Lebenstag)	Säugezeit[1] (Wochen)	Geschlechtsreife (Monate)
Waldwildkatze	80–165, i.M. 135[2]	20.–25.	35.–40.	8–12	M 22 (10)[3], W 10 (22)[3]
Sandkatze	55–70	18.–21.	36.–38.	9–11	9–14
Schwarzfußkatze	60–90	14.–17.	31.–35.	8–10	M 12–14, W 10 (–21)
Rohrkatze	110–210			12–16	M 22–24, W 20–22
Manul	70–100	36.–40.	22.–32.	9–11	W 24
Serval	170–290	21.–28.	40.–45.	9–14	M 22 (–33), W 22
Eurasischer Luchs	360–430[4]	28.–35.	42.–50.	13–18	M 24–34, W 21–22
Kanadaluchs	etwa 250		etwa 30.–40.		M 20 (–33). W 10–21
Rotluchs	120–370	30.–35.		11–15	M 21–24, W 18–22
Asiatische Goldkatzen	etwa 250	16.–22.	28.–30.		M 24, W 18–24
Afrikanische Goldkatze	185–235	16.–20.	etwa 40.	13–15	M 18–22, W 10–22
Karakal	etwa 200	22.–24. (21.–28.)	(33.–) 40.–45.	14–17	M 18–24, W 12–18
Leopardkatze	75–120	27.–30.	(30.–) 35.–45. (–54.?)	9–12	M 18–24, W 18–24
Amurkatze	145–155	etwa 28.		12–17	M 18–22, W 10–18
Fischkatze	110–170	24.–30.	39.–45. (–59.?)	13–17	
Marmorkatze	70–100				W um 21
Ozelot	140–340		35.–45.	10–12	M 24–36, W 18–22
Langschwanzkatze	etwa 170		52.–57.		W 10
Tigerkatze	60–100		etwa 55.		
Salzkatze	60–123	35.–42.		8–10	M 24, W 18
Wieselkatze			33.–40.		M 24–36, W 18–30
Nebelparder	170–300	20.–30.	40.–50.	18–21	M 20–27[5], W 18–24[5]

Angaben in Klammern sind von der Norm abweichende, im natürlichen Schwankungsbereich liegende Werte.
M: Männchen, W: Weibchen, i.M.: im Mittel
[1] Vermutete Laktationsdauer, gelegentliches Säugen findet über die angegebene Zeitspanne hinaus statt
[2] Rechnerisches Durchschnittsgewicht von 25 neugeborenen Waldwildkatzen
[3] Weibliche Waldwildkatzen werden meist 2 Monate vor Vollendung des 1. Lebensjahres brünstig, männliche Waldwildkatzen decken selten schon mit einem Jahr erfolgreich.
[4] Bei einigen Formen aus dem Süden des Verbreitungsgebiets niedriger, 200–300 g
[5] Männchen in Nashville schon mit 16½, Weibchen in Prag schon mit 13 Monaten

zucht wenige Tage nach der Geburt neue Brunst beim Weibchen. Bei Arten mit normalerweise 1 Wurf pro Jahr und saisonal fixiertem Fortpflanzungsgeschehen unter diesen Umständen 2 Würfe im Jahr möglich. Bei ganzjährig fortpflanzungsfähigen Arten (meisten Kleinkatzen), die auch bei natürlicher Aufzucht jährlich 2 Würfe bringen, dann sogar 3 Würfe im Jahr möglich. Wurfintervalle nach Wurfverlusten bei Schwarzfußkatzen 82–90, bei Wildkatzen 71-85, bei Ozelots 90–100 Tage.

Kürzeste Wurfintervalle nach natürlichen Aufzuchten bei Amurkatze 4½, bei Europäischer Wildkatze 5, bei Serval, Salz-, Bengal-, Fisch-, Sand- und Schwarzfußkatze 6, bei Wieselkatzen 6½ Monate. Halbjährige Wurfintervalle erklären besonders hohe Wurf- und Nachwuchszahlen einzelner Individuen, so z.B. brachte ein Serval in Frankfurt im Zeitraum von 5 Jahren in 10 Würfen 24 Junge, eine Leopardkatze im Tierpark Berlin in 8 Jahren in 13 Würfen 32 Junge. Länge der Wurfintervalle kann auch durch menschliche Eingriffe beeinflusst werden, so 6 Monate bei Ozelot, dessen Junge mit 50 Tagen abgesetzt wurden, bzw. 9 Monate (Junge wurden mit 90 Tagen abgesetzt).

Neugeborene kurz und dicht behaart. Fellzeichnung meist elternähnlich, manchmal etwas heller, teils auch dunkler. Angaben zur Jugendentwicklung von kleinen Katzen in Tabelle

26.2. Augenöffnung altweltlicher Kleinkatzen möglicherweise davon abhängig, ob artspezifische Tragzeit einige Tage unter- oder überschritten wurde. Beginn der Augenöffnung bei Tragzeitüberschreitung in den ersten Lebenstagen, Abschluss mit 1–1½ Wochen, Beginn bei Tragzeitunterschreitung bei den meisten Arten Anfang der 2. Woche, Abschluss Ende der 2. bis Anfang der 3. Woche, bei Manul wohl generell erst in der 3. Woche abgeschlossen. Beginn der Augenöffnung von südamerikanischen Kleinkatzen (Ozelot, Tiger- und Salzkatze) auch erst in der 2.Woche und Abschluss im Laufe der 3. Woche. Bei den meisten Arten öffnet sich der Gehörgang in der 2. Woche, gleichzeitig beginnen die Jungen Geräusche wahrzunehmen. Erst ab 3. Lebenswoche kann das Absinken der Körpertemperatur bei längerer Abwesenheit der Mutter durch eigene Wärmeproduktion verzögert werden.

Während den ersten beiden Wochen verhältnismäßig langsame Entwicklung, tägliche durchschnittliche Gewichtszunahme bei Schwarzfußkatzen 8 g, Manulen und Leopardkatzen 11 g, Wildkatzen 13 g und Ozelots 30 g. Rasches Wachstum erst mit Beginn der Fleischaufnahme (bei Wildkatzen bis 300 g/Woche), dann mit 5–7 Wochen auch erstmals selbständiger Harn- und Kotabsatz. Während der Übergangszeit zur Fleischernährung wird oft Unverdauliches (Einstreu, Pflanzenmaterial) aufgenommen. Bei größeren Arten (Nordluchs, Rotluchs, Ozelot) verläuft die Jugendentwicklung langsamer als bei kleineren Arten (Schwarzfuß-, Sand-, Leopardkatze). Junge Schwarzfußkatzen entwickeln sich schneller als junge Wildkatzen, junge Tigerkatzen langsamer. Milchgebissentwicklung beginnt zwischen 12. und 30. Tag und ist mit 40–60 Tagen abgeschlossen (Molaren brechen zuletzt durch). Ausbildung des bleibenden Gebisses etwa mit 21 (Schwarzfußkatze), 24 (Wildkatze), 27 (Serval), 30–32 (Ozelot, Fischkatze) oder 33–35 Wochen (Eurasischer Luchs) abgeschlossen. Impfung und Entwurmung wie bei Großkatzen (siehe dort).

Verhalten von Kleinkatzenmüttern zu heranwachsenden Jungen individuell verschieden, deswegen gut beobachten. Manche Mütter versuchen, besonders in wenig geräumigen Unterkünften, ihre Jungen zu vertreiben. In solchen Fällen Jungtiere vorsichtshalber schon am Ende der Säugezeit absetzen, da manche Mütter ihre Jungen später töteten (Wildkatze). Andererseits wurden auch durch die Jungenaufzucht geschwächte Muttertiere von den kräftigeren Söhnen (Wild-, Bengal-, Salzkatze) bei Auseinandersetzungen umgebracht. Nur in Ausnahmefällen ist der wünschenswerte Verbleib der Jungen bei der Mutter bis nach dem Zahnwechsel möglich. Die damit verbundene Sozialisation durch die Mutter wirkt sich positiv auf die physische und psychische Entwicklung der Jungen aus, die dann allerdings, auch wenn sie zuvor zahm und menschenvertraut waren, nach der Trennung von der Mutter zunächst extrem scheu und angriffslustig reagieren. Nach einer gewissen Eingewöhnungszeit und ruhigem Umgang geht diese Nervosität wieder zurück. Für eine längere Haltung des Nachwuchses im Familienverband gilt das unter „Vergesellschaftung“ Gesagte. Obwohl manche Kater individuell gute Väter sein können und sich auch an der Jungenaufzucht beteiligen, sind heranwachsende Söhne durch ihre Väter besonders gefährdet, da sie als Rivalen betrachtet werden. Spätestens vor der nächsten Geburt muss der Nachwuchs abgesetzt sein, da er eine ernsthafte Bedrohung für den Folgewurf darstellt. In Krefeld gelang jedoch die Aufzucht von Jaguarundis in Anwesenheit der 6–7 Monate alten Jungen des vorherigen Wurfes.

Bei künstlicher Aufzucht größte Erfolgsaussichten mit einer Katzenamme. Sonst schwierig, Methoden und praktische Durchführung wie bei Bären und Großkatzen (siehe dort). Jungtiere meist stark unterkühlt und ausgetrocknet. Zunächst aufwärmen und nach dem Wiedererwachen allgemeiner Lebensfunktionen 2–5 ml 5–10%ige Glukoselösung verabreichen. Umgebungstemperatur anfangs 28–33 °C, mit zunehmender Fellbildung bei tropischen Arten zwischen 2. und 3. Woche, bei Waldwildkatzen ab Ende der 1. Woche auf 25 °C, nach 2 Wochen auf Zimmertemperatur senken. Milchzusammensetzung von Kleinkatzen in Tabelle 26.3.

Tab. 26.3 Milchzusammensetzung von Kleinkatzen

Art	Trockensubstanz (%)	Fett (%)	Eiweiß (%)	Kohlenhydrate (%)	Asche (%)	Proben (Anzahl)
Hauskatze	18,40	6,26[1] (17,90)	10,13[2] (13,10)	3,94[3] (3,11)	0,95[4]	102 (8)
Eurasischer Luchs	18,50	6,20	10,20	4,50	0,75	1
Ozelot		12,90	8,70	4,60		1

Angaben in Klammern: Werte für Kolostrum
Erwähnenswerte Abweichungen von Einzelproben:
[1] 3,30 %
[2] 3 Einzelproben mit einem Gesamteiweißanteil von 7,00–9,10 % enthielten 3,10–3,70 % Kasein und 3,30–6,00 % Albumin und Globulin.
[3] 5,00 %
[4] 0,58 %

Fütterung erfolgversprechend mit KMR-Milchaustauscher für Katzen oder anderem taurinhaltigen Muttermilchersatz. Erfolgreiche Aufzuchten gelangen auch mit selbst hergestelltem Milchersatz aus 24 % Magerquark, 68 % Magermilch, 3 % Eigelb, 3 % Speiseöl und Vitamin-Mineralstoff-Beigabe, mit Säuglingsmilchpräparaten, auch ungezuckerter Kondensmilch mit Zusatz von Kamillentee, Reisschleim und „Boviserin" (natives Rinderserum) als Proteinzusatz. Rindervollmilch enthält zu viel schwer verdauliches Fett und zu wenig Protein. Zur Verabreichung der Aufzuchtgemische spezielle Sauger für Katzenwelpen verwenden. Fütterung in 2- bis 2½-stündigem Rhythmus, in 1. Woche auch nachts, dann nach und nach Nachtruhe verlängern. Ab etwa 2. Woche Lebermus (siehe Großkatzen) zutränken, ab 3. und 4. Woche mageres, zartes, mit dem Messer geschabtes Fleisch (Kaninchen, Kalb) anbieten, auch Herz, mageres Geflügelfleisch, nackte junge Mäuse und Ratten, Vitamin- und Mineralstoffzusätze. Übergangsweise kann eine Beifütterung mit High Fat Milk Replacer erfolgen. Zu Verdauungsstörungen, Handhabung des Tränkens, Hygiene usw. siehe Großkatzen.

Künstliche Aufzucht ist inzwischen bei fast allen Arten gelungen. Interspezifische (zwischenartliche) Kreuzungen mit Hauskatzen sind bekannt von Wildkatze, Rohrkatze und Schwarzfußkatze, intergenerische (gattungsübergreifende) Bastarde von Hauskatze mit Leopardkatze und Tigerkatze sowie in Moskau mit Karakal („Karakot") dazu in Magdeburg Serval × Waldwildkatze („Serka"). Außerdem sind Hybriden zwischen Ozelot und Langschwanzkatze, Tigerkatze, Kleinfleckkatze und Chilenischer Waldkatze bekannt. Zucht nur bei den überwiegend tagaktiven, öfter gehaltenen Arten häufig, bei den übrigen Arten seltener oder nur sehr vereinzelt gelungen.

Höchstalter in Menschenobhut. Wildkatze 17¾, Hauskatze 36, Schwarzfußkatze über 15½, Sandkatze über 13¾, Rohrkatze 20, Manul über 15¾, Serval über 23¼ (letzter Wurf eines Weibchens in Cottbus mit 17, in Gelsenkirchen mit über 17½ Jahren), Eurasischer Luchs 24, Kanadaluchs 26¾, Rotluchs über 32¼, Asiatische Goldkatze 21, Afrikanische Goldkatze 18¾, Karakal 21, Leopardkatze fast 16¾, Flachkopfkatze 13¼, Fischkatze fast 17¼, Marmorkatze 12, Ozelot fast 28¼, Langschwanzkatze fast 22¾, Tigerkatze über 21¾, Salzkatze 22½, Pampaskatze über 18½, Kleinfleckkatze fast 23¼, Jaguarundi 18½, Puma 23¾ Jahre.

Haltung von Geparden

Wie bei Großkatzen erste Haltungs- und Pflegemethoden schon im Altertum, zwar zu anderen Zwecken, aber dennoch ähnlich. Bereits vor 5000 Jahren in Indien, später auch in Vorderasien und ägyptischen Hochkulturen Abrichtung junger und auch erwachsener Wildfänge zur Jagd, wobei die Tiere wie Beizvögel während des An-

und Abtransportes eine Lederkappe trugen, die erst im Jagdeinsatzgebiet angesichts von Beutetieren abgenommen wurde. Geparden in Tiergärten nicht selten gezeigt. Erstgeburt eines „Königsgeparden" in Europa 2000 im Tiergarten Nürnberg, Muttertier stammte aus Pretoria.

Eingewöhnung. Teils wie Kleinkatzen, teils ähnlich wie Großkatzen, dazu einige artspezifische Besonderheiten. Neulinge, auch zoogeborene, an Menschen gewöhnte Tiere anfangs scheu, leicht erregbar. Ruhige, lärmgeschützte, für die Öffentlichkeit nicht zugängliche und von Großkatzen räumlich deutlich getrennte Unterkunft. Transport, Ortswechsel und Eingewöhnung in neue Umgebung stets verbunden mit starker physischer und psychischer Belastung, die in der Eingewöhnung bei Störungen durch Lärm, andere Raubtiere, aber auch durch Artgenossen, fremdes Personal oder Besucher verstärkt wird. Damit verbunden erhöhte Anfälligkeit gegen Erkrankungen (nicht geimpfte Tiere bei Ankunft sofort immunisieren).

Unterkunft. Wie Kleinkatzen nicht im konventionellen Raubtierhaus, sondern fernab von Großkatzenhaltungen. In der Nähe von Großkatzen untergebrachte Geparden leiden psychisch sehr unter der Nähe ihrer natürlichen Feinde, stehen ständig unter nervöser Spannung und starkem angstbetontem Dauerstress. Die durch ununterbrochene Wachsamkeit und Fluchtbereitschaft erzeugte Dauernervosität führt zu erheblicher Beeinträchtigung des Wohlbefindens und der allgemeinen Gesundheit der Tiere und hat bei Weibchen negative Einflüsse auf die Reproduktion und den Aufzuchterfolg. Akklimatisation ohne Schwierigkeiten möglich, danach bedingt winterhart. Dauerunterkunft in möglichst mehrteiligem, trockenem, gut drainiertem, sonnigem Freigehege, bestehend aus einem größeren Gemeinschaftsauslauf und kleineren, meist räumlich und optisch durch dazwischen liegende Grünstreifen getrennten Nebengehegen (u. a. für Einzeltiere), die untereinander mit Gangen verbunden sind. Zur Jungenaufzucht vorgesehene Nebengehege komplett außerhalb des Besucherbereichs und ohne direkten Kontakt zu anderen Geparden. Bei Gehegen für Männchengruppen bzw. nicht züchtende Einzeltiere Abschirmung vor Besuchern nicht erforderlich. Einfriedung durch mindestens 2,50 m hohen, an der oberen Kante nach innen auf 45° abgewinkelten Stahlgeflecht- oder Maschendrahtzaun, 30–40 cm tief senkrecht in den Boden vergraben, an Einsichtflächen für Besucher auch Sicherheits- bzw. Panzerglas. Gehegefläche grasbewachsener, baum- und buschbestandener Naturboden mit sonnigen Sandliegeplätzen, kleinen Hügeln, Baumstümpfen, schräg liegenden Stämmen und Ästen als Beobachtungs- und Kotmarkierungsplätze. Jungtiere können im Gehege stehende Bäume erklettern, deshalb Kletterschutzvorrichtungen am Stamm unterhalb des Kronenbereichs.

Hochgradig empfindlich gegen Nasskälte. Zum Schutz vor Regen und Wind vorn offene, überdachte, eventuell bodenbeheizte oder mit Holzliegebrettern ausgestattete Schlechtwettereinstände mit günstigen Sichtmöglichkeiten über weite Teile des Auslaufs. Als Schlafplätze für die Nacht und als Ruhe- und Aufwärmorte bei kühler oder kalter Witterung gut belüftete, trockene, schwach beheizte (Fußbodenheizung, geschützte Wärmestrahler) oder durch Eigenwärme temperierbare Schutzhütten oder Schlafkisten mit dichtem Heulager, für länger dauernden geschützten Aufenthalt während der Frostperiode heizbare Innenkäfige in einem zugehörigen, massiven Baukörper. Für jedes Tier separate Innenunterkunft, in der täglich gefüttert wird, um die Tiere an regelmäßiges Umsperren und visuelle Kontrolle aus der Nähe zu gewöhnen. Bei starkem Frost nachts einsperren, sonst freie Wahl des Aufenthalts. Für Weibchen hölzerne Wurfkisten (Grundfläche 1,60 (–2,00) m x 2,00 m, Höhe 1,50 m, Eingangsöffnung 60 cm x 70 cm) mit lichtundurchlässigen Lüftungsschlitzen unter dem als Deckel ausgebildeten Dach. Keine Zwischenwand mit Vorraum, Fußboden soll auf 20–25 °C beheizbar sein. Auf der Freianlage stehende Schlaf- und Wurfkisten auch unter Erdhügeln oder umgeben von Steinwällen.

Umgang. Das Pflegepersonal muss bei den Tieren ein vertrauensvolles Verhältnis zum Menschen aufbauen, das bei den von Menschen ausgehenden, unvermeidbaren Störungen den Tieren gegenüber größere Toleranz entstehen lässt und sie so vor übermäßigem Stress und schwerwiegenden psychischen Belastungen schützt. Geparden können sehr zahm werden. Menschenvertrautheit aber nur auf kleinen Personenkreis bezogen. Diesem Personenkreis gegenüber wenig aggressiv. Drohverhalten durch Aufschlagen beider Vorderpfoten auf den Boden unter gleichzeitigem spuckendem Fauchen. Ernsthafte Angriffe unbekannt, dennoch langstieliges Werkzeug zur Abwehr mitnehmen. Hygiene siehe Haltung von kleinen und von großen Katzen. Nach dem Scheuern nicht in nasse oder feuchte Käfige umsperren. Betreten größerer Gehege ist bei Anwesenheit psychisch ausgeglichener Tiere möglich (z.B. Reinigung). Transport in leichter an den Stirnseiten eng verdrahteter Raubtierkiste (keine Stabstahlgitter, Gefahr von Beinbrüchen nach dem Durchschlagen).

Fütterung. Grundlegende ernährungsphysiologische Erkenntnisse und daraus resultierende Schlussfolgerungen für die Fütterung von Katzen (siehe Kleinkatzen) berücksichtigen. Hauptfuttermittel frisches Rind- oder Pferdefleisch, auch Kalb-, Schaf- oder Ziegenfleisch (Tagesration 1,5–2,5 kg), mindestens einmal wöchentlich, möglichst öfter Ganzkörper wie frischtote Kaninchen, Meerschweinchen, Hühner, Küken u.a. Kleintiere. Zur Abwechslung auch Leber, Nieren, Herz. Nur erstklassige Ware verfüttern, schon leicht schmieriges Fleisch kann zu Erkrankungen von Verdauungstrakt, Leber und Nieren, teilweise sogar mit Todesfolge, führen. Bei wachsenden Tieren und säugenden Müttern auf Zusätze von Kupfer und Spurenelementen, ein ausgeglichenes Kalzium-Phosphor-Verhältnis (etwa 1 : 1) und eine ausreichende Menge an Vitaminen achten. Keine kommerziellen Futtermittel einsetzen, die Soja-Proteine enthalten (Phyto-Östrogene können Fruchtbarkeit senken) oder zu hohen Fett- und Vitamin-A-Gehalt aufweisen. Fleischportionen werden verschiedentlich über technische Vorrichtungen verabreicht, die Geparden zur „Beutejagd" animieren sollen.

Vergesellschaftung. Zusammenführung nach gegenseitigem Kennenlernen wie bei großen und kleinen Katzen, fast stets komplikationslos. Verträglich in gemischten Gruppen, denen im Gegensatz zu anderen Katzen auch 2 oder mehr Männchen angehören dürfen. Bei Auseinandersetzungen selten Bisse, meist Schläge mit den Vorderpfoten ohne nennenswerte Verletzungen. Jedoch nur vereinzelt Zuchterfolge in größeren, ständig zusammenlebenden gemischtgeschlechtlichen Gruppen (Beekse Bergen) oder in Kleingruppen wie z.B. aus Trios von 1 Männchen und 2 Weibchen (Montpellier) oder von 2 Männchen und 1 Weibchen (in einigen Zoos). Daher sind heute derartige Vergesellschaftungen nicht mehr üblich. Gleiches gilt für dauernde Paarhaltung. Gruppenhaltung von Männchen meist unproblematisch, unter denen in der Nachbarschaft lebende Weibchen jedoch Aggressionen verursachen können. Vergesellschaftungen mit anderen Arten sind selten, so z.B. mit Breitmaul- oder Spitzmaulnashörnern und Husarenaffen (problembehaftet). Rückzugsmöglichkeiten für die Geparden hinter Felsbrocken, die von den Nashörnern nicht passiert werden konnten. Keine Vergesellschaftung mit anderen Katzen, folglich auch keine Kreuzungsprodukte.

Fortpflanzung und Zucht. Polyöstrisch, in der Wildnis Würfe gebietsweise saisonal gehäuft, in Menschenobhut ganzjährig fortpflanzungsfähig. Zucht und Aufzucht fast ausnahmslos nur bei Einhaltung artspezifischer, in der Praxis erprobter Haltungsmethoden erfolgreich. Für die Zucht vorgesehene Weibchen einzeln halten. Auch Paare mit starker individueller Bindung möglichst längere Zeit vor dem beabsichtigten Decktermin trennen. Östrus setzt in der Regel nur bei isolierten Weibchen ein, die durch akustische und olfaktorische Kontakte oder visuelle Begegnungen am Gehegezaun mit 1 oder mehreren, in benachbarten Gehegen lebenden Männchen stimuliert werden. Wechselseitiges Betreten eines Geheges durch die Tiere ohne direkte Begegnung führt zu noch intensiverer gegenseitiger olfaktorischer Stimulation. Wichtige Voraussetzung für Östrusstimulierung und erfolgreiche Begattung ist die bilaterale Sympathie zwischen den Tieren, die, obwohl manche Weibchen durchaus auch mehrere Männchen akzeptieren, vielfach zu strenger Partnerwahl mit einerseits fester Paarbindung, andererseits zu anhaltendem Desinteresse an anderen potentiellen Geschlechtspartnern oder Aggression gegenüber diesen führen kann. Der von solchen unerwünschten Männchen ausgehende soziale Stress kann bei Weibchen Zyklusunterdrückung auslösen. Der Sexualzyklus kann anhand der in Kotproben nachweisbaren Hormonrückstände labortechnisch überprüft werden.

Erstmals zu verpaarende Weibchen sollten nicht älter als 4 Jahre, möglicherweise sogar unter 3 Jahren sein. Bestes Fortpflanzungsalter für Männchen zwischen 3. und 10. Lebensjahr. Zusammenführung, sobald eines der Tiere durch Rufe Interesse am Partner signalisiert. Sexuelle Erregung des Männchens zeigt sich durch häufige Witterungsaufnahme zum Weibchen, Unruhe, Penis-Erektion und charakteristische Rufe (hohe, kurze, pfeifende „Yipp“-Rufe und „Purr“-ähnliche sog. Stotter-Rufe). Östrusanzeichen variieren bei Weibchen individuell. Im Proöstrus schwer erkennbarer Scheidenausfluss, mit Beginn des Östrus Zunahme der Häufigkeit von östrustypischen Verhaltensweisen wie Witterungsaufnahme zum Männchen, Rollen, Wangen- und Körperreiben an toten Gegenständen (später am Partner), Harnspritzen, seitliches Schwanzschlagen, ähnlich klingende Rufe wie beim Männchen. Keine „stille“ Brunst. Zur Vergesellschaftung wird vor oder bei Beginn des Östrus das Männchen anfangs für etwa 1 Stunde in das Gehege des Weibchens gelassen und die Dauer des Zusammenseins je nach Verhalten der Tiere bis zum ständigen Zusammenbleiben ausgedehnt. Nervöse, ängstliche Weibchen zur Zucht oft ungeeignet. Männchen stimuliert sich durch Anogenital-Inspektion, folgt dabei ständig dem Weibchen, dessen anfängliche schwache Ablehnung mit zunehmender Paarbindung in Kopulationsbereitschaft umschlägt. Östrusdauer 5–10 Tage, täglich nur 3–5 Kopulationen. Spermaqualität allgemein schlecht bis hin zu individueller Unfruchtbarkeit. Konkurrenz zwischen den Männchen kann jedoch erfolgreiche Begattung begünstigen. Nach Östrusende bei harmonierenden Tieren Fortführung der Paarhaltung für mindestens 3 Wochen, um bei eventuell erneut einsetzendem Östrus neues Paarungsgeschehen ohne Verzug und ohne Einwirkung von außen zu gewährleisten. Vergesellschaftung von einander bekannten Paaren auch außerhalb der Brunst möglich und erfolgreich. Östrus tritt dann bei länger einzeln gehaltenen Weibchen oft 1–2 Wochen nach dem Zusammenlassen ein.

Etwa 30–35 Tage nach Abschluss der letzten Deckperiode Weibchen in Aufzuchtgehege überführen und dort allein halten. Mehrere, mindestens jedoch 2 Wurfkisten im Außengehege oder im Innenkäfig zur Verfügung stellen. Weibchen soll Wurf- und Aufzuchtsort selbst wählen bzw. mit den Jungen auch umziehen können (in der Wildnis verlegen Gepardenmütter ihre Aufzuchtplätze ebenfalls mehrmals). Versorgung während der Tragzeit wie auch während der Jungenaufzucht durch möglichst wenige, unbedingt vertraute Pfleger. Tragzeit 91–95, meist 93–94 Tage. 10 Tage vor dem Wurf treten die 4 Zitzenpaare deutlich hervor. Geburtsdauer 1½–2½, im Extremfall bis 11 Stunden. 1–8, meist 3–4 blinde, langhaarige, fein unscharf getüpfelte Junge, deren Krallen noch in Krallenscheiden einziehbar sind und die als Kontaktlaute ein vogelähnliches Trillern von sich geben. Geburtsgewicht durchschnittlich 450 g (250–700 g, abhängig von der Wurfgröße). Keine Störung nach dem Wurf! Junge Geparden sind in der Wildnis von vielen Feinden bedroht, weshalb Weibchen auch auf geringste Störungen mit großer Nervosität reagieren. Keine Artgenossen in unmittelbarer Nähe, sozialer Stress gefährdet Nachzuchterfolg. Muttertier muss ständigen Zugang zum Außengehege erhalten, um sich während der Aufzucht zeitweilig von den Jungen zurückziehen zu können. Rasche Jugendentwicklung. Augenöffnung am 2.–14. Tag, deutliche Pupillenreflexe und voll funktionsfähiges Sehvermögen am 16.–20. Tag. Junge sehr lebhaft, krabbeln mit 3 Tagen, stehen mit 12 Tagen, laufen mit 16 Tagen, verlassen den Wurfplatz mit 20–25 Tagen, spielen miteinander mit 25 Tagen. Mit 1 Monat können die Jungen klettern, verlieren diese Fähigkeit um den 4. Monat, dann auch Krallenscheiden weitgehend rückgebildet. Milchgebissentwicklung beginnt mit Durchbruch der Schneidezähne am 16.–18. Tag, der Eckzähne um den 25., der Prämolaren um den 31. Tag. Erste feste Kost mit 1 Monat, regelmäßige Aufnahme ab 45.–50., vereinzelt erst ab 60. Tag. Gewicht im Alter von 4 Wochen etwa 1,8–2,0 kg, im Alter von 8 Wochen 3,8–4,2 kg. Ausbildung der Scheitel-, Nacken- und Rückenmähne ab 20. Tag, Rückbildung auf dem Rücken im 5.–6. Monat, bleibt im Nacken bis 12. Monat. Säugezeit über 3, meist 4–6 Monate. Mutter duldet Verbleib der Jungen in ihrer Nähe meist knapp 1 Jahr. Intervalle zwischen Geburt und nächstem Östrus bei natürlicher Aufzucht 9–10 Monate (in Rom einmal nur 4 Monate). Post-partum-Östrus nach Wurfverlust bei älteren Weibchen manchmal schon etwa 2 Wochen, bei jüngeren Weibchen bis 3 Monate nach der Geburt.

Geschlechtsreif mit reichlich 1–2½ Jahren (einzelne Weibchen schon ab 14.–16. Monat, Männchen mit knapp 2 Jahren). Erste Reproduktion bei Weibchen oft mit weniger als 2–2½ Jahren.

Künstliche Aufzucht wie bei Großkatzen. Bei der Geburt von Einzeltieren nicht selten erforderlich, da die Muttermilch mangels Leistungsbeanspruchung in der Regel bald versiegt, so dass spätestens ab etwa 5. Tag eine Ernährung durch die Mutter nicht mehr ausreichend ist. Vereinzelt auch erforderlich bei Vernachlässigung des ganzen Wurfes durch die Mutter infolge äußerer Störungseinflüsse. Milchzusammensetzung (Einzelprobe): Trockensubstanz 23,20 %, Fett 9,50 %, Eiweiß 9,40 %, Kohlenhydrate 3,50 %, Asche 1,30 %. Durchschnittliche tägliche Gewichtszunahme bei einer Ammenaufzucht von 5 Jungtieren an einer Hauskatze in Krefeld 40–50 g. Auch hier erfolgreicher Einsatz von KMR-Milchaustauscher für Katzen.

Erstgeburt in der Tiergärtnerei 1956 in Philadelphia. 1. Aufzucht 1960 in Krefeld (1 Junges sofort getötet, 1 weiteres nach 2 Tagen, 2 Junge künstlich an Katzenamme aufgezogen). 1. natürliche Aufzucht 1965 in Rom durch handzahmes Weibchen bei einem Privathalter. Heute in vielen Tiergärten regelmäßig erfolgreiche Aufzuchten. Jungtiersterblichkeit (30–35 %) nicht viel höher als bei anderen Katzenarten, häufige Ursache Corona-Viren in Verbindung mit Kupfermangel.

Höchstalter in Menschenobhut. 25 Jahre.

Unterfamilie Großkatzen (Pantherinae)

Gestalt typisch katzenartig, mittel- bis sehr groß. Oberer und unterer Teil des Zungenbeins (Hyoid) meist durch elastisches Band verbunden, d.h., der Zwischenast ist in der Regel nicht verknöchert. Bau des Kehlkopfs (außer bei Schneeleopard und Nebelpardern) ermöglicht ein Brüllen durch sehr lange Stimmfalten, denen ein dickes Polster elastischen Gewebes aufliegt. Fähigkeit zum Schnurren auf 1 Art beschränkt und nur beim Ausatmen möglich. Verengte Pupille kreisrund-punktförmig. Nasenrücken bis zum Nasenspiegelrand behaart.

Verbreitung. Afrika, Asien, Amerika.

3 Gattungen, 7 Arten.

Nebelparder (*Neofelis*)

2 Arten. Bisher meist den Kleinkatzen zugeordnet. Kleinster Vertreter der Großkatzen. Kleinkatzenmerkmal ist verknöcherter Zungenbeinzwischenast, typische Großkatzenmerkmale in Schädelbau und Bezahnung, nimmt daher gewisse systematische Sonderstellung ein. Schnurrkatze, doch Lautgebung auch tigerähnlich. Im Oberkiefer proportional längste Eck-

zähne aller Katzen. **Nebelparder** (*N. nebulosa*): Körper gedrungen, Schwanz meist fast körperlang, Fell bei tropischen Formen kurz, dicht anliegend, bei nördlichen und Bergbewohnern mit Unterwolle, graugelb bis gelbocker, mit großflächiger, z. T. rhombenförmiger, etwas dunkler als der übrige Körper getönter, schwarzgeränderter Zeichnung, Gliedmaßen mit schwarzen Flecken, Schwanz dunkel gepunktet und quer geringelt, vereinzelt Schwärzlinge. 2 Unterarten. Nepal, Assam bis Süd- und Ostchina (einschließlich Taiwan, Hainan), südwärts über ganz Hinterindien und Malaiische Halbinsel. – **Sunda-Nebelparder** (*N. diardi*), auch Borneo-Nebelparder: bisher als Unterart des Nebelparders geführt, seit 2007 mit Artstatus, dunklere Grundfarbe und dunklere, abweichende Musterung von der Festlandform. Längere Eck- und kräftigere Reißzähne als der Nebelparder. DNA beider Arten unterscheiden sich in etwa 40 Details. Vermutlich 2 Unterarten. Sumatra und Borneo.

Gefährdungsstatus. Bestand in der Wildnis stark bedroht (Pelzjäger), 2 der 3 Unterarten des Nebelparders gefährdet, Taiwan-Nebelparder (*N. n. brachyura*), bereits ausgerottet oder extrem gefährdet, Sunda-Nebelparder gefährdet. Internationales Zuchtbuch für Nebelparder in Wst Orange, New Jersey, EEP in Bekesbourne.

Lebensweise. Wenig bekannt. Tag- und Dämmerungstiere, in Wohngebieten von Tigern auch nachtaktiv. Lebensraum hauptsächlich immergrüner, tropischer Regenwald, auch Buschland, Trockenwald, Bergwälder (im Himalaja bis in 1500 m Höhe). Vorwiegend Einzelgänger. Heimlich und zurückgezogen lebende, schwer in ihrer Umgebung auffindbare Baumbewohner, die sich aber auch nicht selten am Boden aufhalten. Klettern hervorragend, schnell und sicher, stammabwärts mit dem Kopf nach unten, hangeln an waagerechten Ästen, können sich dort auch nur mit den Hinterbeinen kopfunter baumelnd festhalten, springen weit und zielsicher, schwimmen gut. Beuteerwerb im Geäst und am Boden, krallen sich am Körper von größerer Beute mit Vorder- und Hintergliedmaßen fest (keine Bodenberührung mit Hinterbeinen) und töten durch Kehl- oder Genickbiss.

Nahrung. Vorwiegend mittelgroße Vögel, Huftiere (kleine und junge Hirsche, Bartschweine), Affen (sogar Orang-Utans), Nager, auch andere Kleinsäuger.

Pantherkatzen (*Panthera*)

5 Arten. Teile des Zungenbeins stets durch ein elastisches Band verbunden, Zwischenast nicht verknöchert. Bau des Kehlkopfes ermöglicht Brüllen.

Schneeleopard (*P. uncia*), auch Irbis: Morphologie des Kehlkopfs abweichend von *Panthera*-Arten und Nahrungsaufnahme nicht wie diese im Liegen, sondern in Hockstellung. Mittelgroße, gedrungen wirkende Großkatze mit rundem Kopf, verhältnismäßig kurzen Gliedmaßen und breiten, an den Sohlen behaarten Pfoten sowie langem, vereinzelt mit endständigem Hornstachel versehenem Schwanz. Fell dicht mit gut entwickelter Unterwolle, Grundfarbe Hellgrau bis Gelbgrau. Kopf meist in Reihen fein schwarz getüpfelt, an Rumpf und oberem Schwanzdrittel schwarzgraue Ringe oder Rosetten, die meist schwarze Punkte einschließen. 2 Unterarten. Zentralasiatisches Hoch- und Bergland von Afghanistan über Indien bis Osttibet; nördlich bis zum Baikalsee.

Gefährdungsstatus. Bestand in der Wildnis durch Pelzjagd und dünne lückenhafte Besiedlung des gesamten Lebensraums äußerst gefährdet. Internationales Zuchtbuch und EEP in Hunnebostrand.

Lebensweise. Tagtiere, meist am frühen Morgen und am späten Nachmittag aktiv. Lebensraum steile, felsige Gebirgshänge, Schluchten und Hochebenen mit Rhododendronwäldern, alpinen Wiesen oder trockenem Buschland in 2500–5500 m Höhe bis in die Latschenregion. Folgt von hier im Winter dem Wild bis in die tiefer gelegene Waldzone, in russischen Gebirgen

Abb. 26.14 Der Schneeleopard (*Panthera uncia*) ist in seinem Bestand stark gefährdet. Deshalb gibt es in den Tiergärten intensive Zuchtbestrebungen.

auch in offenen Nadelwald. Zentralasiatische Plateaus und Trockengebiete sowie dichter Wald werden gemieden. Bodenbewohnender Weitspringer, erreicht erhöhte Ruhe- und Sonnplätze auf Felsvorsprüngen, starken Ästen und Stämmen mit 6–15 m weiten Sprüngen. Ortstreue Einzelgänger mit katzentypischem Territorial- und Sozialsystem (siehe Gattung *Felis*), aber ähnlich dem Tiger (siehe auch dort) mit gelegentlichen Sozialkontakten. Wurfplätze in Felsspalten und -höhlen sowie unter Steinen, meist mit Gras, Moos und Bauchwolle der Mutter gepolstert. Junge begleiten Mutter ab Ende 3. Monats auf Beutejagd, bleiben meist den 1. Winter bis zum folgenden Herbst (knapp 1¼ Jahre) oder auch den 2. Winter bis zur nächsten Brunstzeit (knapp 1¾ Jahre) bei ihr. Jungtiere durch fremde Männchen gefährdet (Infantizid). Beuteerwerb durch Auflauern oder Anschleichen. Überfallartiger Fangsprung, wobei die Vorderbeine das Opfer festhalten und die Hinterbeine auf dem Boden bleiben. Genick- oder bei großer Beute Kehlbiss.

Nahrung. Wildschafe und Wildziegen, auch Hirsche und Wildschweine, Beutegröße bis zum Dreifachen des Körpergewichts. Anpassungsfähig, nimmt auch Pfeifhasen, Murmeltiere, Nager bis Mausgröße, Vögel, besonders Hühnervögel.

Leopard (*P. pardus*): Gestalt typisch katzenartig, Größe unterartlich sehr verschieden. Fell oberseits hellsandgelb bis braunocker, unterseits weiß bis weißlich gelb, Kopf, Kehle, Brust, vordere Schulter, untere Gliedmaßen schwarzbraun getüpfelt oder einzeln gepunktet, Rumpfoberseite mit offenen oder ringförmigen geschlossenen, aus dunklen Punkten gebildeten und je nach Körperteil und Unterart sehr unterschiedlich großen Rosetten ohne dunkle Zentralflecke, untere Schwanzhälfte oberseits quer gestreift, unterseits weiß. Schwärzlinge besonders häufig in tropischen, feuchten Waldgebieten, Flecken- und Rosettenzeichnung unter günstigem Lichteinfall im schwarzen Fell sichtbar.

Neuere morphologische und genetische Analysen sehen eine Gruppierung aller afrikanischen Unterarten in *P. pardus*, die des indischen Subkontinents in *P. fusca* und die zentralasiatischen Varianten in *P. saxicolor*. Derzeit 24 vorwiegend im afrikanisch-arabisch-kleinasiatischen Raum beschriebene Unterarten, darunter 1 afrikanische: Sudan-Leopard (*P. p. pardus*), und 8 asiatische: Indischer Leopard (*P. p. fusca*), Hinterindischer Leopard (*P. p. delacouri*), auch Indochinaleopard, Nordchinesischer Leopard (*P. p. japonensis*), auch Chinesischer Leopard, Amurleopard (*P. p. orientalis*), Arabischer Leopard (*P. p. nimr*), Nordpersischer Leopard (*P. p. saxicolor*), Javaleopard (*P. p. melas*), Ceylonleopard (*P. p. kotiya*). Größtes Verbreitungsgebiet aller Katzenarten: Nordwestafrika, übriges Afrika südlich der Sahara, Sinai, Arabische Halbinsel, Kleinasien, West-, Süd-, Ost- und Nordostasien, dazu Sri Lanka und Java.

Gefährdungsstatus. Bestand in der Wildnis in weiten Teilen des Verbreitungsgebietes ausgerottet, vom Aussterben bedroht oder gefährdet, z.B. ergaben Zählungen 2007, dass vom Amurleoparden in der Wildnis höchstens 34 Tiere lebten. Im Ergebnis von Schutzmaßnahmen hat sich der Bestand im Zeitraum von 10 Jahren

Abb. 26.15 Der Nordpersische Leopard (*Panthera pardus saxicolor*) ist weitgehend winterhart und benötigt nur zugfreie, trockene Schlaf- und Ruheplätze.

verdoppelt. Genauere Bestandangaben zu weiteren Unterarten fehlen oder sind widersprüchlich. Internationales Zuchtbuch für seltene Unterarten im Riverbanks Zoological Park Columbia, EEP für Ceylonleopard in Lisieux, für Amurleopard im Zoo Berlin, für Persischen Leopard im Lisboa Zoo, für Nordchinesischen Leopard in Hamburg.

Lebensweise. Dämmerungs- und Nachttiere, vor allem in den späten Nachmittags- und frühen Abendstunden aktiv. Schlafen und ruhen während der hellen Tagesstunden im Schatten auf Ästen, Astgabeln, im Dickicht oder hohen Gras. Lebensraum alle Landschaften des Verbreitungsgebietes von Mangrovendickichten an Küsten und Flussmündungen über tropischen Regenwald, lichte Trockenwälder, nordische Taiga, buschiges, teils offenes Grasland entlang von Flussläufen oder stehenden Binnengewässern im Flach-, Hügel- und im Bergland bis zur Baumgrenze und örtlich darüber, auch trockene Busch- und Baumsavanne, kalte oder heiße Halbwüsten und Wüsten des Tieflandes oder von Hochebenen mit mindestens 50 mm Jahresniederschlag.

Abb. 26.16 Der Amurleopard (*Panthera pardus orientalis*) ist die nördlichste Unterart des Leoparden. Er ist extrem vom Aussterben bedroht.

Bodenbewohner, klettert geschickt auf Bäumen und Felsen, springt weit und zielsicher (bis 3 m hoch, bis 6 m weit, sprintet bis auf eine Geschwindigkeit von 60 km/h), kann schwimmen, ist aber wasserscheu. Einzelgänger mit katzentypischem Territorial- und Sozialsystem (siehe Gattung *Felis*), doch nach Einzelbeobachtungen auch festere Bindung zwischen Männchen und Weibchen nach der Paarung und während der Aufzucht. Begrüßungslaut niesendes „Pft-pft". Fremde Männchen töten Jungtiere (Infantizid). Bodenjäger, Beuteerwerb wie Schneeleopard. Beute oder deren Reste (Magen-Darm-Trakt wird nicht gefressen, sondern beiseite gezerrt) werden oft auf Bäume geschleppt, um sie vor nicht kletternden Konkurrenten zu sichern.

Nahrung. Säugetiere von Maus- bis Hausrindgröße, in optimalen afrikanischen Habitaten Huftiere von 20–60 kg, in Asien Wildschweine, Hirsche, Antilopen, Wildschafe und -ziegen. Sehr anpassungsfähig, bevorzugt auch Affen, daneben kleinere Raubtiere, Aas, Vögel, Eidechsen, Fische, sogar Insekten. Neben Generalisten seltener auch individuelle Nahrungsspezialisten, darunter auch Menschenfresser und Viehtöter (Rinder, Schafe, Ziegen, Haushunde).

Jaguar (*P. onca*): Größe, Färbung und Zeichnung leopardenähnlich, Gestalt aber gedrungener, Beine proportional kürzer, Kopf breiter und Schwanz relativ kürzer. Rosetten größer, schließen auf Schulter, Rücken und Flanken dunkle Zentralflecken ein, Schwärzlinge seltener. Tiere aus offenen Landschaften unabhängig vom Klima größer und schwerer als Waldbewohner. 9 Unterarten. Südliche USA und Mexiko über Mittelamerika und Südamerika bis Nordargentinien und Südbrasilien sind traditionell beschrieben. Neuere mtDNA- und Mikrosatellitenanalysen weisen hingegen 2 phylogenetische Gruppen aus, die auf eine Abgrenzung von 2 Unterarten nördlich und südlich des Amazonas hindeuten.

Gefährdungsstatus. Bestand in der Wildnis zum großen Teil gefährdet, lediglich im Amazonasbecken und auf Yukatan gesichert, in den südlichen USA, El Salvador und Uruguay in jüngster Vergangenheit ausgerottet, in Nordmexiko und Teilen Argentiniens sehr gefährdet. EEP in Randers, Dänemark.

Lebensweise. Dämmerungs- und Tagtier, häufig aber auch nachts rege. Lebensraum fast ausschließlich in Wassernähe, Regenwald, saisonales Überschwemmungsland (Llanos, Pantanal), Pampas, halboffenes Busch- und Waldland (z.B. Chaco), Trockenwald, steiniges, buscharmes Hochland, nicht in wasserarmen Trockengebieten. Gut kletternder Bodenjäger, der sehr gut schwimmt, oft und gern ins Wasser geht, hier auch jagt. Ortstreuer Einzelgänger mit katzentypischem Territorial- und Sozialsystem (siehe Gattung *Felis*). Infantizid durch fremde Männchen.

Nahrung. Bevorzugt Wasserschweine und Pekaris, auch Tapire, Hirsche, Affen, Faultiere, Pakas, Agutis und kleinere Nagetiere sowie Vögel, Schildkröten, kleinere Krokodile (Kaimane) und Fische, Haustiere.

Tiger (*P. tigris*): größte Katze, doch innerartlich starke Größenunterschiede, Schulterhöhe bis 1,24 m. Fell kurz, glatt, bei nördlichen Formen lang, dicht, mit weicher grauer Unterwolle. Männchen meist mit Backenbart und schwacher Nackenmähne. Oberseits rötlich braungelb bis rostfarben, unterseits weiß, Rumpf und Beine schwarzbraun quer gestreift, Schwanz quer geringelt, Ohren braunschwarz mit leuchtend weißen Abzeichen. Vereinzelt Tiere mit weißlich gelber Grundfärbung, braunen Streifen und blauen Augen („weiße Tiger") oder Schwärzlinge mit braunschwarzem Kopf und braunschwarzer Rumpfoberseite („schwarze Tiger", kein echter Melanismus). 5 Unterarten. Bengaltiger (*P. t. tigris*), auch Königstiger, Amurtiger (*P. t. altaica*), auch Sibirischer oder Ussurtiger, Südchinesischer Tiger (*P. t. amoyensis*), Hinterindischen Tiger (*P. t. corbetti*), auch Indochinesischer Tiger, Sumatratiger (*P. t. sumatrae*). Einst vom Kaspischen Meer und Iran über Mittelasi-

Abb. 26.17 Der Bengal- oder Königstiger (*Panthera tigris tigris*) ist die Unterart mit der größten Bestandszahl unter den Tigern.

en, Indien, Hinterindien bis Sumatra, Java und Bali, im Norden von Südchina bis zur Mandschurei und Ostsibirien verbreitet, heute in weiten Teilen dieses Gebiets ausgerottet (z. B. Balitiger, Javatiger) oder extrem gefährdet. Die systematische Einordnung des Tigers und seiner Unterarten wird nach wie vor kontrovers diskutiert.

Gefährdungsstatus. Bestand in der Wildnis im gesamten Verbreitungsgebiet besorgniserregend. Ausgerottet wurden Bali- und Javatiger sowie der ehemals von Anatolien über den Iran, Mittel- und Zentralasien bis in die Mongolei verbreitete Kaspische Tiger, von dem das wohl letzte frei lebende Exemplar 1964 im Grenzbereich zwischen der damaligen UdSSR und dem Iran gesichtet, das vermutlich letzte Tier aus dem Iran 1959 im Nordostiran geschossen wurde und dessen letzter Vertreter in Menschenobhut 1960 in Hagenbecks Tierpark starb. Intensive Suche von Biologen nach Hinweisen auf das Überleben einzelner Tiere blieben erfolglos, daher sind Meldungen über Abschüsse von Einzeltieren Anfang der 1970er Jahre im Grenzgebiet zwischen dem Irak und der Türkei und 1997 eines weiteren Tieres in Afghanistan fragwürdig. Nahezu lautlos verschwand der Südchinesische Tiger in seinen Ursprungsgebieten. Seit Beginn der 1970er Jahre ergebnislose Nachsuche auf Überlebensspuren. Nachzuchten aus Restbeständen dieser Unterart in tiergärtnerischen Einrichtungen Chinas und in einem südafrikanischen Reservat sollen im Ursprungsgebiet ausgewildert und perspektivisch eine Population wieder aufgebaut werden. Seit den 1950er und 1960er Jahren wurde also die Hälfte aller Tigerunterarten ausgerottet. Die übrigen Unterarten, Amur-, Bengal-, Sumatra- und Hinterindischer Tiger gehören zu den am stärksten bedrohten Katzen der Erde.

Internationales Zuchtbuch für alle Unterarten in Leipzig, EEP für Amurtiger im Tierpark Berlin, für Sumatratiger im Regents Park London.

Lebensweise. Tag- und Dämmerungstiere, in stark bejagten Gebieten auch nachts aktiv. Schlafen oder ruhen während der hellen und meist heißen Tagesstunden im Schatten von Bäumen, Büschen oder Hochgras. Lebensraum, bevorzugt mit dichter Vegetation und in Gewässernähe, Taiga, Laub- und Trockenwälder, Hochgrasdschungel, tropischer Regenwald, immergrüne Wälder, Buschdickichte, Mangroven-, Bambus- und Schilfdschungel, besonders entlang von Flussläufen, in den Tälern des Hi-

Abb. 26.18 Der Amurtiger (*Panthera tigris altaica*) ist die größte Katze der Welt und im Amur-Ussuri-Gebiet beheimatet.

malajas bis in 3000 m Höhe. Schlecht kletternder Bodenbewohner, daher selten auf Bäumen. Großes Sprungvermögen (5–6 m weit, bergab bis 10 m), guter Schwimmer, überquert schwimmend auch Flüsse oder Meeresarme, nehmen bevorzugt bei Hitze Bad im Wasser. Amurtiger wenig schnee- und kälteempfindlich (dichte Unterwolle, bis 5 cm Unterhautfett an Bauch und Flanken).

Meist reviertreue Einzelgänger mit ähnlichem Territorial- und Sozialsystem wie meisten Kleinkatzen (siehe Gattung *Felis*), aber auch gemeinsame Nutzung eines Revieres, wobei Begegnungen in der Regel vermieden werden. Reviergröße im wildarmen Norden größer als im wildreichen Süden. In wildarmen Gebieten (besonders Amurtiger) auch weite Wanderungen. Untereinander toleranter als die meisten anderen Katzenarten. Einzelbeobachtungen von gemeinsam wandernden gemischtgeschlechtlichen Gruppen aus bis zu 5 erwachsenen, vermutlich verwandten Tieren und von löwentypischer Rudeljagd mit bis zu 5 Tieren. Kater wurden gelegentlich mit Junge führenden Weibchen am Riss oder gemeinsam ruhend gesichtet. Während der Brunstzeit und Wochen danach leben Tiger auch paarweise. Jungtiere begleiten die Mutter ab 5.–6. Lebensmonat auf Jagd, erlegen mit 11–15 Monaten erstmals selbständig größere Beute, bleiben 2–3 Jahre, mitunter länger bei der Mutter, sind aber durch fremde Männchen durch Infantizid gefährdet. Deshalb geringe Fortpflanzungsrate und Würfe nur im Abstand von 2–4 Jahren. Begrüßungs- und Kontaktlaut beim Ausatmen kurzes, prustendes Schnurren. Beuteerwerb durch Auflauern (besonders an Wasserlöchern), Anschleichen bis auf 2–15 m und einen oder mehrere Angriffssprünge. Entkommene Beute wird nur wenige Meter verfolgt. Kleinere Tier werden durch Nackenbiss getötet, größere durch Kehlbiss niedergerissen, stranguliert und bis zum Tode festgehalten. Beute wird in möglichst wassernahes Versteck gebracht und dort gefressen. Reste werden mit Pflanzenmaterial bedeckt, bewacht und später verzehrt. Kater können bis zu 40 kg Fleisch auf einmal aufnehmen. Durchschnittlicher Nahrungsbedarf etwa 7–9 kg Fleisch/Tag.

Nahrung. Vorwiegend reh- bis rindergroße Säugetiere, je nach Verbreitungsgebiet Wildschweine, Hirsche, Antilopen, Rinder, vereinzelt Jungelefanten, auch Raubtiere wie kleinere Katzen, Dachse, Bären und Hundeartige, daneben Hasen, Affen, rattengroße Nagetiere, Hühnervögel, Fische (Amurtiger schlagen, im Was-

Abb. 26.19 Löwen, wie diese Berberlöwen (*Panthera leo leo*), zeigen den ausgeprägtesten Sexualdimorphismus unter den Katzen.

ser stehend, ziehende Lachse auf das Ufer), auch Haustiere, in tropischen Gebieten gelegentlich Menschenfresser (Bengaltiger).

Löwe (*P. leo*): zweitgrößte Katze, Schulterhöhe 1,07–1,23 m. Männchen bedeutend schwerer als Weibchen, mit verschieden starker, teilweise dunkler Kopf-, Hals-, Brust-, Schulter-, teilweise auch Bauchmähne, Ellenbogenbüschel. Färbung und Verteilung der Mähne genetisch bedingt. Mähne wird auch durch Kondition und klimatische Faktoren beeinflusst. Schwanz bei Männchen und Weibchen mit Quaste und stachelartiger Hornspitze. Fell sonst kurz, glatt, bei älteren Weibchen an der Brust etwas verlängert. Oberseits gelbgrau bis dunkelockerfarben, unterseits heller. Albinos oder Schwärzlinge im Freiland nie beobachtet, weiß geborene Welpen färben während der Jugendentwicklung um. 6 Unterarten, deren Status allerdings umstritten ist. Molekulargenetische Untersuchungen legen nahe, dass die heutigen afrikanischen Löwen südlich der Sahara alle zu einer Unterart zu rechnen sind. Allenfalls wären 2 Grundtypen zu unterscheiden, 1 Form westlich und 1 östlich des Großen Grabens. Die in Indien vorkommenden Asiatischen Löwen (*P. l. persica*) wurden verschiedentlich als Indische Löwen (*P. l. goojratensis*) geführt. Neben genetischen Abweichungen unterscheidet er sich von seinen afrikanischen Verwandten durch geringere Mähnenneubildung und eine deutliche längs verlaufende Hautflate am Bauch. Afrika südlich der Sahara außer west- und zentralafrikanischen Waldgebieten und südlichstem Afrika, Reste der einst von Kleinasien bis Indien verbreiteten asiatischen Population nur noch in Nordwestindien.

Gefährdungsstatus. Bestand in der Wildnis überall gefährdet, gebietsweise stark bedroht, außerhalb von Schutzgebieten zunehmend seltener, in Ostafrika in der Vergangenheit auch in Schutzgebieten durch Hundestaupe dezimiert. Durch rücksichtslose Bejagung ausgerottet wurden vermutlich die Unterarten Kap- und Berberlöwe (Atlaslöwe). Ob die damaligen Löwen des Temara-Zoo Rabat die letzten reinblütigen überlebenden Exemplare des Berberlöwen waren, ist umstritten, da eine Einkreuzung von mindestens 1 ostafrikanischen Löwin stattgefunden hat. Überlegungen einer Verdrängungszucht wurden fallengelassen. Es existiert kein wissenschaftliches Erhaltungszuchtprogramm, dennoch gibt es Bestände mit Nachzuchten in einigen Zoos. Besonders bedroht sind die Unterarten Senegal- und Katanga-Löwe (Angola-Löwe). Reste des in Westasien in historischer Zeit ausgerotteten Asiatischen Löwen leben im Gir-Reservat auf der Halbinsel Kathiawar (etwa 350 Tiere) im Unionsstaat Gujarat in Nordwestindien. Dauerhafter Fortbestand trotz Schutzstatus ist hier nicht gesichert, da einerseits der geringe Ausgangsbestand von etwa 20 Tieren den sog. Flaschenhalseffekt (Bottleneck), d.h. eine geringe genetische Vielfalt mit sich bringt und andererseits Krankheitseinbrüchen den kleinen Bestand auf engem Gebiet gefährden. Geplant ist, einem weiteren Bestand in einem 2. Gebiet aufzubauen. Reinblütigkeit einiger indischer Zoobestände und ihrer außerhalb Indiens geborenen Abkömmlinge wird angezweifelt, da vor Jahrzehnten in Indien in manche Zuchten Zoolöwen eingekreuzt worden sein sollen. EEP für Asiatischen Löwen in Rotterdam, für die übrigen in Givskud.

Lebensweise. Tag- und Dämmerungstiere, häufig auch nachts aktiv. Schlafen oder ruhen nicht nur während der hellen und meist heißen Tagesstunden im Schatten von Dickicht oder hohem Gras, sondern etwa 20–21 Stunden am Tag. Streifzüge meist nachts mit durchschnittlichen Wegstrecken zwischen 0,5 bis reichlich 11 km. Lebensraum Steppe, lichte Trockenwälder, Dornbusch, immergrüner Bergwald, steinige Halbwüsten, im Bale-Gebirge in Äthiopien bis 4000 m hoch. Bodenbewohner, können zwar auf Bäume klettern, ruhen in manchen Gebieten (z.B. im Manyara-Nationalpark) sogar auf starken Ästen von Bäumen, verfolgen aber flüchtende Beute meist nicht dorthin. Springen sehr gut, im Normalfall 4–5 m weit (Einzelsprünge von bis zu 11 m nachgewiesen). Laufgeschwindigkeit kurzzeitig 50–60 km/h. Können schwimmen, doch machen besonders Mähnenlöwen davon kaum Gebrauch (Gefahr des Ertrinkens durch die sich mit Wasser vollsaugende Mähne). Weibchen und schwach bemähnte junge Männchen haben vereinzelt Flüsse überquert oder ufernahe Inseln schwimmend erreicht. Wenig Feinde. Territorialverhalten gekennzeichnet durch gemeinsam von den Mitgliedern eines Rudels beanspruchte Jagdterritorien, die verteidigt und mit Urin und Kot sowie akustisch durch 5 km weit hörbares Brüllen markiert werden. Brüllen dient häufig darüber hinaus nach Einbruch der Dunkelheit vermutlich auch der Standortmarkierung von Rudeln oder Einzeltieren. Zeitlich begrenzte Aufsplittung der Rudel in kleinere Gruppen möglich, örtlich auch saisonales Nomadisieren der Rudel mit dann einander sehr stark überlappenden Revieren oder Aufgabe jeglicher Territorialität. Sozialstruktur variabel, meist in Rudeln, bestehend aus 2–20 erwachsenen Weibchen, 1–3 (selten bis 5) erwachsenen Männchen und Jungtieren verschiedenen Alters. Innerhalb eines Rudels besonders unter den gewöhnlich miteinander verwandten Weibchen fester Zusammenhalt, ernähren die Rudelmitglieder in der Regel durch Gruppenjagd, schützen gruppenzugehörige alternde oder kranke Weibchen, bekämpfen fremde Artgenossinnen, säugen oft gemeinsam alle Jungen, verteidigen Jungtiere gegen Feinde und Beute gegen Nahrungskonkurrenten. Unter den Weibchen lockere Rangordnung, aber selbst stärkstes Weibchen ist schwächstem Männchen unterlegen. Die dem Rudel angehörenden Männchen sind bestrebt, ihren Besitzanspruch auf das Rudel und damit ihr Fortpflanzungsprivileg zu sichern, übernehmen die Revierverteidigung und bekämpfen und töten Nahrungskonkurrenten (vor allem Geparden, Tüpfelhyänen), ernähren sich zu 75 % von der Beute, die von Weibchen getötet wurde, schlagen nur reichlich 12 % ihrer Nahrung selbst.

Nicht in Rudeln integrierte männliche Einzeltiere oder Junggesellentrupps leben meist nomadisch, vagabundieren weit umher, erkämpfen einzeln oder in Koalitionen mit Kumpanen ab 5.–6. Lebensjahr Weibchenrudel von alternden Männchen. Bei Kämpfen oft tödliche Verletzungen. Abgeschlagene Altlöwen meist Einzelgänger. Nach der Rudelübernahme töten neue Männchen die im Rudel lebenden Jungen bis zum Alter von 6 Monaten (Infantizid), sind später ungefährlich und friedlich gegenüber den eigenen Jungen, vertreiben aber oftmals männlichen Nachwuchs ab 1½–2 Jahren mit Beginn der Mähnenbildung. Im Rudel geduldete Männchen verlassen die Gruppe spätestens als 2- bis 4-jährige Tiere mit heller, teilweise schütterer Mähne, sind mit 5–6 Jahren voll ausgewachsen, dann auch Ausbildung und, soweit genetisch programmiert, Dunkelfärbung der Mähne abgeschlossen. Weibchen werden ab 3. Lebensjahr unabhängig, von Rivalinnen manchmal aber auch schon als 1- bis 2-jährige Tiere verjagt. Manche Weibchen wandern auch ohne vertrieben zu werden allein oder zu mehreren ab, manchmal gemeinsam mit jungen Männchen, oder verlieren nach dem 1. Wurf Anschluss an eigenes Rudel und schließen sich mit anderen einzelnen Weibchen als Kern eines neuen Rudels zusammen. Ganzjährig fortpflanzungsfähig. Kurz vor der Geburt sondern sich tragende Tiere von den Artgenossen ab. Wurfplätze nässe-, hitze- und zuggeschützt in wenig zugänglichem Gelände, wo die Jungen gelegentlich bis zu 48 Stunden allein bleiben, während die Mutter auf Einzeljagd geht. Erst 6–8 Wochen nach der Geburt Anschluss an das Rudel. Hohe Jungtiersterblichkeit, insbesondere in beutearmen Zeiten oder wildleeren Gebieten.

Beuteerwerb selten im Alleingang durch Anschleichen, meist in Gruppen von erwachsenen Weibchen, von denen ein Teil die Beutetiere auf die im Hinterhalt liegenden übrigen Rudelgenossinnen zutreibt. Zudem wird nach einem Angriff flüchtende Beute über längere Strecken (50–100 m und mehr) verfolgt, wenn Aussicht auf Erfolg besteht. Nur etwa 16 % aller Beuteerwerbsversuche erfolgreich. Jagd- und Tötungsverhalten muss von jüngeren Tieren im Detail erlernt werden, besonders Tötung durch Genick- oder Kehlbiss bzw. Biss in die Nase (Tod durch Ersticken) bei großer Beute. Schwere oder tödliche Verletzungen bei Angriffen auf wehrhaftes Wild (Büffel, Giraffen) nicht selten.

Nahrung. Vorwiegend Huftiere zwischen 50 und 250 kg (Zebras, Wildrinder, Gnus, andere Antilopen, Busch- und Warzenschweine, in Indien auch Hirsche), daneben Hasen, andere Raubtiere, Vögel, selten junge Nashörner, Giraffen, Flusspferde und Elefanten, in manchen Gebieten auch Haustiere. Alternde, geschwächte oder verletzte Tiere werden mitunter zu Menschenfressern und bringen diese Art des Beuteerwerbs ihren Nachkommen bei.

Haltung von Großkatzen

Nebelparder nicht häufig, Schneeleopard selten gehalten. Bei Leoparden mehrere Unterarten häufig, andere seltener oder gegenwärtig nicht gezeigt. Jaguar häufig vertreten, darunter auch Schwärzlinge, aber Exemplare klarer geografischer Herkunft sehr selten. Bengal-, Amur- und Sumatratiger oder Unterartenkreuzungen häufiger, Südchinesischer und Hinterindischer Tiger äußerst selten gezeigt. In überwiegend chinesischen Tiergärten zu Beginn des Jahrtausends weniger als 60 Südchinesische Tiger, die von 2 männlichen und 4 weiblichen Wildfängen aus den 1950er und 1960er Jahren abstammen. Viele der in Menschenobhut lebende weiße Tiger gehen auf 1 weißes Männchen und eine normalfarbige Tigerin des Maharadschas von Rewa zurück, deren Junge normalfarbig waren. Aus der Verpaarung des weiblichen Nachwuchses mit dem Vatertier entstanden weiße Tiger, die wiederum untereinander verpaart wurden. Der Löwe ist die häufigste Großkatze, doch reinblütige Unterarten sehr selten.

Haltungs- und Pflegemethoden bei wenigen Wildtieren so lange bekannt und praktiziert wie bei Großkatzen. Erste Erfahrungen bereits während des Altertums in China, Indien, Ägypten und im antiken Rom, in Europa seit dem Ausgang des Mittelalters an Fürstenhöfen und besonders seit den gezielten und erfolgreichen Zuchten in den Tiergärten ab dem Ende des 19. Jahrhunderts.

Eingewöhnung. Erstunterkunft von neu eingetroffenen Wildfängen oder anderen nervösen Tieren an möglichst ruhigem, lärmgeschütztem, für die Öffentlichkeit nicht zugänglichem Ort. Gegen Katzenseuche nicht immunisierte Tiere möglichst nicht in der Nähe des übrigen Katzenbestandes unterbringen und sofort nach der Ankunft impfen. Sichtflächen des Käfigs werden durch Vorsatzplanken gänzlich oder teilweise geschlossen. Schutzhütte oder Schlafkasten, der nicht von außen bedient werden kann, ist ungeeignet, da sich Neuankömmlinge hier verstecken und ihn tagsüber nicht verlassen, so dass ein Umsperren zu Reinigungszwecken unmöglich wird. Eventuell stattdessen flache, oben offene Kiste mit ca. 20 cm hohen Seitenwänden und Stroh- oder Heulager. Fütterungsregime bei Nahrungsverweigerung wie bei Kleinkatzen. Bei ausschließlich nächtlicher Futteraufnahme abends füttern. Akklimatisationsvermögen oft innerhalb einer Art sehr unterschiedlich und abhängig vom Ursprungsgebiet der fraglichen Unterart bzw. geografischen Form. Großkatzen aus äquatornahem, tropischem Tiefland (feuchtheiße Regenwälder, Niederungen von Küsten, Flussmündungen, Binnengewässern) mit maritim beeinflusstem Klima sowie aus Gebieten mit tropischem Festlandsklima und geringen jährlichen Temperaturschwankungen (Regen- und immergrüne Wälder, Buschwälder, offene Graslandschaften des Flach- und Hügellandes bis in mittlere Höhenlagen) werden in Menschenobhut nicht winterhart. Nur bedingt winterhart werden Großkatzen aus nicht äquatornahen tropischen oder subtropischen, nachts oder im Winter kühlen oder kalten, offenen Landschaften (Halbwüsten, Steppen, Savannen), aus mittleren Höhenlagen von Bergland, Hochebenen oder Hochgebirgen oder aus immergrünen Wäldern, Trockenwäldern, Trockensteppen, Wüsten und Halbwüsten des Tieflandes mit tropischem oder subtropischem Festlandsklima. Winterhart sind Großkatzen aus offenen Graslandschaften, Buschwäldern, lichten Laub- und Nadelwäldern, Taiga oder steinig-felsigen Landschaften hochnordischer oder tiefsüdlicher äquatorferner Regionen oder aus Tälern, Schluchten und Berghängen von Hügelland, steinig-trockenen Hochebenen oder Gebirgen bis zur Latschenregion oder Baumgrenze aus Gebieten mit gemäßigtem oder subpolarem Festlandsklima.

Bei winterharten Formen Heizung der Eingewöhnungsunterkünfte auch bei Kälte nicht erforderlich. An heißen schwülen Sommertagen für Kühlung und reichliche Belüftung sorgen. Schneeleoparden sind hitzeempfindlich, im Sommer oft tagsüber bei Hitze schläfrig und häufig erst nachts rege. An sehr heißen Tagen Tod durch Hitzschlag nicht ausgeschlossen, obwohl andererseits in Dallas bei extrem trockener Luft Temperaturen bis 42 °C vertragen wurden. Eingewöhnung von nicht oder nur bedingt winterharten Formen auch im Sommerhalbjahr im Warmhaus, müssen erst allmählich bei ständiger Rückzugsmöglichkeit in die warme Unterkunft während kühler Tagen oder der kühlen Jahreszeit an zeitweiligen Aufenthalt im Freien gewöhnt werden. Bedingt winterharte Formen können nach 1 oder 2 Akklimatisationsjahren (Aufenthalt im Freien ab Spätfrühling bis Spätherbst bzw. Frühwinter) kalt gehalten werden, wenn ihnen eine trockene, zugfreie Schutzunterkunft mit reichlichem Stroh- oder Heulager zur Verfügung steht, die entweder schwach beheizt ist oder deren Größe und Öffnung so gestaltet sind, dass abgegebene Körperwärme in der Raumluft erhalten bleibt. Bengaltiger, die vielfach als bedingt winterhart angesehen werden, sollten besser im Warmhaus überwintert werden (Darmstörungen bei längerem Abliegen auf kalten Böden nach der Nahrungsaufnahme). Nicht winterharte Tiere dürfen nach Abschluss der Eingewöhnung ab Frühsommer an warmen Tagen in die Außenunterkünfte, müssen aber nachts zurück in beheizbare Innenräume, können nur im Sommer während lang anhaltender Schönwetterperioden auch nachts im Freien bleiben. Überwinterung grundsätzlich im Warmhaus.

Unterkunft. Abhängig vom Grad der Akklimatisationsfähigkeit. Dauerunterkunft für nicht winterharte oder noch nicht akklimatisierte bedingt winterharte Formen im Warmhaus. Meist für Besucher begehbares, konventionelles Raubtierhaus mit großen, hellen, der Schaustellung dienenden Innenanlagen und sehr geräumigen, allseits geschlossenen Außenkäfigen (oft oberseits mit Drahtnetz, seitlich mit senkrechtem Stahlgeflecht oder Stahlnetz bespannte Stahlkonstruktionen, Maschenweiten 60 mm x 60 mm oder 50 mm x 100 mm, Drahtstärke 3,5 mm). Begrenzung der Unterkünfte im Schaubereich an der Sichtfläche teils mit Panzer- oder Sicherheitsglas, teils mit filigran wirkenden Stahlgeflechtgittern oder Stahlnetzen mit Futterklappe bzw. Futteröffnung. Früher hier verwendete Stabstahlgitter heute aus haltungsästhetischen Gründen verpönt, können aber aus praktischen Gründen (siehe Vergesellschaftung) zur Begrenzung rückwärtiger Unterkünfte nach wie vor Verwendung finden. Zusätzlich außerhalb des Schaubereiches Absperrkäfige, in welche die Tiere während der Arbeiten in den inneren Tagesunterkünften überführt werden und die gegebenenfalls auch der Verpaarung, der Isolierung z.B. eines Männchens bzw. der Fütterung eines säugenden Muttertiers dienen, dazu akustisch weitgehend isolierte Mutterstubenkäfige mit sehr engmaschiger Gitterbegrenzung.

Alle Verbindungen zwischen den Tierunterkünften mit automatisch einrastenden oder von außen durch Stabstahl-Stecksicherungen ausgerüsteten Doppelschiebern (ein Vollschieber aus Blech oder hartem Acryl und zusätzlich ein Gitterschieber zur Kontaktaufnahme, daher auch als Sicht- oder Schnüffelschieber bezeichnet). Zugang für Personal möglichst über Schleusen. Käfigzugang im nichtöffentlichen Bereich bei Stabstahlgittern auch durch wenig auffälligen, eingearbeiteten Gitterschieber, bei Stahlgeflechtgittern durch eingebaute Türen. Ein aus hygienischen und Korrosionsschutzgründen vorhandener Spalt zwischen Gitterunterkante und Bodenbelag kann zu Schwanzverletzungen führen, wenn die ruhende Katze den Schwanz durch den Spalt aus dem Käfig hängen lässt und plötzlich aufspringt. Zur Vermeidung solcher Verletzungen Abdeckung des Spalts durch „Schwanzklappe“ (nach innen im Winkel von etwa 45° auf dem Boden aufliegender, mit Scharnieren am Gitter befestigter Eisenblechstreifen).

Bodenbelag der Innenunterkünfte und kleinerer Außenanlagen bisher nicht optimal gelöst, soll kratzfest, warm, wasserabweisend, durch Wasser und Urin nicht zerstörbar, bei Nässe nicht schlüpfrig sein. Holzboden aus Eiche oder anderem Hartholz zwar günstig bei fehlender Fußbodenheizung, ist aber fäulnisanfällig und bei längerer Nutzung geruchintensiv (Urin). Asphalt- oder kunststoffbeschichteter Betonboden mit Fußbodenheizung sehr widerstandsfähig und schnell trocknend, führt bei springenden Großkatzen aber manchmal zu Gelenkschäden an den Gliedmaßen, deshalb zum Verlassen erhöhter Einbauten bei harten Böden Gehegestruktur stufenartig mit geringen Höhenunterschieden. An den Wänden, vor allem an Außenwänden, dicht über dem Boden beginnend kälteisolierende, 30–50 cm hohe Holzverkleidung, damit an der Wand schlafende Tiere speziell vor Unterkühlungen im Bereich des unteren Rückens geschützt werden (Nierenbretter). Bei fehlender oder abgestellter Fußbodenheizung Stroh- oder Heulager erforderlich, damit insbesondere bedingt winterharte Arten sich nach der Nahrungsaufnahme nicht auf kaltem Boden ablegen.

Gehegeinventar aus dicken, am Boden liegenden, senkrecht aufgestellten oder erhöht quer liegenden (auch schrägen) Baumstämmen zum Klettern, Ruhen, zur Krallenpflege und Territorialmarkierung (Kratzbäume). In allseits geschlossenen Unterkünften den zur Verfügung stehenden Raum bis unter die Gehegedecke gestalten und für die Bewohner nutzbar machen. Besonders Nebelparder fühlen sich im oberen Bereich des Geheges sicherer als am Boden. Auch hier zusätzlich verhaltensaktivierende Anreize zur Beschäftigung anbieten (siehe kleine Katzen). Zwischen Rück- und Seitenwänden Eckenpodeste mit Nierenschutzbrettern als erhöhte Ruhe- und Beobachtungsplätze. Außenkäfige von Warmhäusern ähnlich eingerichtet. Bodenbelag hier teilweise auch mit Sand oder

Rindenmulch beschichtet. Für winterharte oder bedingt winterharte Formen als Dauerunterkunft oder für den saisonalen Aufenthalt von Frühjahr bis Spätherbst auch oberseits offene, an der Rückfront sowie seitlich mit Mauern oder Stahlgeflechtgittern begrenzte Freianlagen oder andere Großgehege, ebenso für gut kletternde und springende Arten (erstmals für Jaguare in Rio de Janeiro, für Schneeleoparden in Port Lympne, 4,4 m hoch einschließlich 1,4 m Überkragung). Oberseits nicht geschlossene Anlagen sind jedoch mit Risiken behaftet und für perfekte Kletterer wie Nebelparder nicht zu empfehlen. Höhe der Begrenzungsgitter bzw. der rückwärtigen Umfassungsmauer 4–5 m einschließlich eines 0,8–1,0 m nach innen kragenden Abweisers aus Stahlgitter. Zusatzsicherung durch mehrere Elektrodrähte zur Verhinderung des Überkletterns ähnlich wie bei Kleinkatzen.

Begrenzung an der Schauseite mit Trocken- oder Wassergräben (für Löwen- und Tigerfreianlagen schon seit Anfang des vorigen Jahrhunderts), mit Panzer- oder Sicherheitsglas (für Schneeleoparden, Jaguare, Leoparden und Pumas seit etwa 50 Jahren).Wasser- oder (nur noch selten und dann meist im Hintergrund) Trockengräben für Löwen mindestens 6 m, für Tiger 7–8 m breit. Grabenbreite kann verringert werden, wenn der Boden zum Graben abschüssig oder terrassenartig verläuft (Behinderung beim Absprung). Wassertiefe etwa 2,5 m. Wassergräben mit steilen Grabenwänden erfordern entlang der gesamten inneren Grabenkante Ausstiegsmöglichkeiten (z.B. im Winkel von 45° unter der Wasseroberfläche angebrachte Gitter oder Leitern), um hineingefallenen Tieren, vor allem den schlecht schwimmenden Mähnenlöwen, das Verlassen des Wassers zu ermöglichen. Bei Wassergräben mit besucherseitiger äußerer Umfassungsmauer Maueroberkante mindestens 1,50 m über der Wasseroberfläche, da eine Tigerin im Zoo Leipzig ohne mit den Beinen den Grund zu berühren, aus dem Wasser springend mit den Vorderpranken eine Höhe von 1,40 m erreichte. Tiger schwimmen gern, weshalb Umfassungsmauern von Wassergräben oftmals mit zusätzlichen Stabstahl-Stachelkränzen oder nach innen überkragendem Gitter ausgerüstet sind. Grabentrenngitter, Grabenmauer und besonders besucherseitig nicht durch eine Mauer geschützte Gräben werden meist mit Elektrodraht über der Wasseroberfläche und besonders im Uferbereich gesichert. Bei Trockengräben mindestens 1 gehegeseitigen, möglichst steilen Ausstieg, damit Verlassen des Grabens zwar ermöglicht, ein freiwilliges Aufsuchen der Grabensohle aber erschwert wird.

Jedem Großgehege zugeordnet mindestens 1 Absperreinrichtung. Im Hintergrund von Freianlagen meist unauffällig integrierte, massive, heizbare Tieranlage mit Fütterungs-, Absperr- und Nachtunterkünften, für bedingt winterharte Formen mit Boden- und Raumheizung. Hier außerdem von der Öffentlichkeit nicht einsehbare Absperrkäfige (auch für Männchen!) und Mutterstubenboxen mit Verbindung zum Haupt- oder weiterem Schau- bzw. Absperrgehege. Schutzunterkünfte besonders in der kalten Jahreszeit zur ständigen Benutzung freigeben. Bewohner auch im Sommer, besonders an heißen Tagen, nicht aussperren! Für Schneeleoparden sind Schatten und kühler Innenstall im Sommer manchmal lebenswichtig.

In Freianlagen ohne angeschlossenen festen Baukörper (z.B. für Schneeleoparden, Amurtiger, nördliche Leopardenunterarten) pro erwachsenem Tier mindestens 1 Schlaf- bzw. Wurfbox in massiv gemauerter, gedämmter und zugfreier Unterkunft bzw. entsprechend dimensionierte Schutzhütte ähnlich wie für Kleinkatzen. Bei Bereitstellung eigener Innenunterkünfte bzw. Schlafboxen für heranwachsende Jungtiere sowie getrennten Futterplätzen und ausreichenden Absperreinrichtungen besonders bei Schneeleoparden längeres Verbleiben des Nachwuchses auf der elterlichen Anlage möglich.

Als Bodenbelag in großen, mit Hügeln, Höhlungen und Unterständen strukturierten Anlagen (ab 300 m^2) Naturboden, Fels, Rasen mit natürlichem Bewuchs von hohen Gräsern, Bambus, Büschen und Bäumen, in kleineren Anlagen Sand. Rinde lebender Bäume gegen Kratzmarkierung schützen, zur Verhinderung des Er-

kletterns der Bäume unterhalb der Baumkrone am Stamm große Stabstahl-Kranzabweiser oder Weidezaundrähte. In Freianlagen ohne Wassergrabenbegrenzung für Tiger und Jaguare natürlich gestaltete Wasserbecken mit flachem Einstieg. Wichtig für die Tiere überdachte, regen- und zuggeschützte Beobachtungs-, Ruhe- und Schlafplätze am Boden oder in 1,5–4 m Höhe, die aber auch vom Besucher einsehbar sein sollen. Trockene, beheizte Liegeflächen auch für winterharte Arten als wünschenswerter Komfort, besonders für ältere Tiere. Auf großen Freianlagen suchen sich die Tiere oft versteckte Ruheplätze und sind dann für die Besucher und oft auch für die Pfleger nicht zu sehen. Durch das Einbringen einer Schicht aus groben, großen Kieselsteinen werden diese Liegeflächen zu unkomfortablen Plätzen und deshalb gemieden.
Neben Freianlagen besonders für gut kletternde und springende Leoparden, Jaguare, Schneeleoparden und Pumas auch volierenartige, große und hohe, allseits mit Stahlgeflechtbespannung oder Stahlnetzen umschlossene Stahlkonstruktionen mit Flach-, Tonnen- oder Zeltdach (meist Stahldrahtnetze) auf etwa 60 cm tiefen Fundamenten. Katzen graben nicht, deshalb aufwendige bauliche Sicherung gegen Unterwühlen nicht erforderlich. Bodenbelag der leichteren Reinigung wegen meist Sand mit darunter liegender Drainage, bei sehr großen Grundflächen auch Naturboden mit entsprechendem Bewuchs. Inventar wie für Freianlagen.

Umgang. Alle Gehege täglich reinigen, aber nur in Abwesenheit der Tiere. Vor dem Betreten der Tierunterkünfte stets überprüfen, ob Zugänge sorgfältig verschlossen und alle Tiere abgesperrt sind. Käfige nicht betreten, wenn besetzter Nachbarkäfig nur durch den Gitterschieber gesichert ist. Vollschieber schließen! Vor dem Umsperren überprüfen, ob neue Unterkunft wirklich frei ist. Beim Verlassen einer Anlage stets, auch wenn die Arbeit wenig später fortgesetzt wird, alle Schieber und Türen schließen. Auch leere Käfige dürfen nie offen stehen. Sicherungen stets aktivieren. Zur Reinigung Kot entfernen, Rindenmulch und Sand regelmäßig auffrischen. Beton- und Steinflächen, Schieber, Gitter und Liegeplätze der Innengehege täglich scheuern oder abspritzen, dabei von Zeit zu Zeit heißes Wasser mit Reinigungszusätzen verwenden. Vorsichtsmaßnahmen dazu siehe Kleinkatzen. Stets gut nachspülen und Käfige hinterher völlig austrocknen lassen. Warmhausbewohner bei Frost oder nasskalter Witterung zur Reinigung von Innenunterkünften nur kurzzeitig in die Außenanlage verbringen (Erkrankungsgefahr).

Im Umgang auch bei zahmen Tieren größte Vorsicht. Männliche Löwen betrachten in Anwesenheit einer heißen Löwin auch vertraute Pfleger als Rivalen und schlagen durch das Gitter. Zahmheit gilt nur vertrautem Pfleger. Fremde werden bei geringster Erregung auch von sonst menschenfreundlichen Tieren angegriffen. Sicherheitsabstand zum Gitter einhalten. Nie mit dem Rücken zum Gitter stellen! Unterkünfte auch von zahmen Tieren nicht betreten. Schieber bei Betätigung niemals fallen, sondern ruhig gleiten lassen und erst schließen, nachdem das Tier die Öffnung völlig passiert hat. (Unkontrolliertes Schließen häufige Ursache von Schwanzverstümmelungen!)

Zeitgeber für Tagesperiodik bzw. Aktivität der Großkatze ist nicht wie bei Kleinkatzen der Wechsel der Tageszeiten, sondern neben der Fütterung das Auftreten des Pflegepersonals und dessen Arbeitsablauf. Kontaktaufnahme zum Tier, vertrauensbildende Maßnahmen und deren Bedeutung für die erfolgreiche Pflege sowie für das Wohlbefinden der Tiere siehe Kleinkatzen. Im Gegensatz zu den Kleinkatzen basiert aber das Vertrauensverhältnis zwischen Großkatze und Pflegepersonal nicht aus einer Überwindung von Furcht und Scheu des Tieres vor dem Menschen, sondern einer gewissen Sozialisierung der wehrhaften Tiere mit dem Menschen. Das Vertrauen von vor allem weiblichen Großkatzen dem Pflegerpersonal gegenüber kann beträchtlich und dann besonders hilfreich bei der Aufzucht und Mutterstubenbetreuung sein. Kontaktaufnahme stets unter Berücksichtigung aller erforderlichen Vorsichtsmaßnahmen, günstig an Gitterabschnitten, an denen die Pfo-

Tab. 26.4 Durchschnittliche Tagesrationen für erwachsene große Katzen

Art	Männchen (kg)	Weibchen (kg)
Löwe	5,0–6,0	4,0–5,0
Amurtiger	6,5–7,5	4,5–6,0
Sumatratiger	3,5–5,0	3,0–4,5
Leopard	1,5–2,5	1,2–2,0
Jaguar	2,0–3,0	1,5–2,5
Schneeleopard	1,5–2,0	1,0–2,0
Puma	1,5–2,5	1,5–2,0

Mengenangaben für Fleisch beinhalten etwa 1 Drittel Knochenanteil

ten nicht durchgesteckt werden können. An solchen Gitterteilen sind bei trainierten Tieren auch Untersuchungen, Injektionen und orale Medikamentengaben möglich. Wichtiges Kommunikationsmittel zur Beschwichtigung und Beruhigung bei Katzen ist der arteigene Begrüßungslaut, den erfolgreiches und erfahrenes Pflegepersonal täuschend ähnlich bei der Annäherung an das Tier nachahmt.

Transport in typischen Raubtierkisten aus Hartholz mit Gitter und Vorsatzschiebern an den Stirnseiten (siehe Band „Grundlagen"). Beim Umsetzen von Einzeltieren Transportkisten gut verankern und sichern. Zwischen Schieberöffnung und Kiste darf kein Spalt sein, durch den die Katze schlagen kann. Zum Zweck von Behandlungen wurden früher Zwangskäfige verwendet, in denen die Katzen durch eine bewegliche Wand so eingeengt wurden, dass sie sich nicht bewegen konnten. Schonender ist der heute übliche Einsatz von Distanz-Narkosegeräten (Blasrohr, Gewehr, Pistole). Jungtiere werden im Kescher gefangen oder in armlangen Lederhandschuhen mit der Hand gegriffen.

Fütterung. Ernährungsphysiologische Grundlagen ähnlich wie bei Kleinkatzen (siehe dort). Hauptnahrung für Löwen und Tiger mageres Rind- oder Pferdefleisch mit Knochen, für übrige Arten weniger oder kein Pferdefleisch, meist Rindfleisch, auch Kalb-, Ziegen- und Schaffleisch. Tagesmengen in Tabelle 26.4. Für tragende und säugende Weibchen sowie Kater während der Deckperioden Rationen erhöhen und bis zur Sättigung füttern.

Die Ganzkörperfütterung von frischtoten Klein- und Huftieren sowie Straußenvögeln mit Innereien, Fell und Federn ist für alle Arten zu empfehlen, da dies sehr zur Beschäftigung sowie zum körperlichen Training beiträgt und zudem ein breites Spektrum an Nährstoffen bietet. Mancherorts wird nur schieres Fleisch verfüttert, um Verletzungen durch Knochensplitter in Maul, Schlund und Magen-Darm-Kanal zu vermeiden, und als Ersatz Knochenmehl beigegeben. Derartige Verletzungen sind aber so selten und, wenn eingetreten, so geringfügig und ungefährlich, dass in fast allen Zoos Fleisch mit Knochen verfüttert wird. Röhrenknochen nicht hacken! Fett aller Art entfernen. Aufgrund des Kalzium-Phosphor-Verhältnisses im Muskelfleisch muss Kalziumkarbonat (täglich 100 mg/kg Körpergewicht) und/oder Knochenmehl zugesetzt werden. In Tiergärten kommen dafür u.a. auch die Präparate Carnivore Supplement, Feline Supplement oder Feline High Vit A zum Einsatz. Möglichst einmal pro Woche zusätzlich vor der Hauptportion durchgedrehtes oder Schnittfleisch geben, damit Tiere an dessen Aufnahme gewöhnt sind, wenn darin untergemischt zusätzlich Ei, Vitamine, Mineralstoffe und Medikamente verabreicht werden sollen. Vitamine und Mineralstoffe werden häufig auch täglich mit den Futterportionen verabreicht, versteckt oder verrieben in Fleischtaschen oder Oberflächeneinschnitten. Eine Fütterung täglich, danach reichlich mit Wasser tränken, an heißen Tagen auch mehrmals.

Optional wöchentlich 1 Fasttag. Fasttage dienen nicht der Gewichtsreduzierung, sondern sollen in Anlehnung an die Verhältnisse in der Wildnis, wo die Tiere auch nicht täglich Beute machen, der weitgehenden Entleerung und Entschlackung des Magen-Darm-Trakts und der motorischen Aktivitätssteigerung dienen. Fasttage vereinfachen die orale Verabreichung von schlecht schmeckenden Medikamenten. Allerdings wird der Nutzen von Fasttagen derzeit infrage gestellt. Grundsätzlich entfallen die Fasttage bei hochtragenden Weibchen und säugenden Müttern, die auch größere Rationen oder wie heranwachsende Jungtiere 2 tägliche Mahlzeiten erhalten. Für kranke oder schlecht fressende Tiere täglich 2–3 kleinere Futtermengen. Im Winterhalbjahr kalt zu haltende Tiere werden ab Herbst etwas reichlicher gefüttert, dürfen auch etwas Fett ansetzen, damit bei Kälte erhöhter Energiebedarf (50–100 % mehr als im Sommer) aus Körperreserven und erhöhtem Nahrungsangebot gedeckt wird. Erwachsene Paare oder Gruppen möglichst zur Fütterung trennen, um Auseinandersetzungen, Unterernährung schwächerer (z. B. Weibchen) oder rangniederer bzw. Verfettung dominanter Tiere zu vermeiden. Bei der Gemeinschaftsfütterung von Löwen müssen zumindest die erwachsenen Männchen isoliert werden. Auf Schaufütterung eines Löwenrudels im Zoo am Ganzkörper eines frischtoten Großtieres auf der Freianlage müssen sowohl die Tiere als auch die Besucher vorbereitet und eingestimmt werden. Neben den Futterrationen wird in zunehmendem Maße „Beschäftigungsfutter" gereicht.

Vergesellschaftung. Einzelgänger, die mit Ausnahme des Löwen als erwachsene Tiere überwiegend einzeln gehalten werden, da nur zeitweilig auch paarweise kompatibel. Löwen auf Freianlagen oder in geräumigen Ausläufen auch in größeren Gruppen verträglich, entweder natürlich zusammengesetzte Rudel (1 erwachsenes Männchen mit erwachsenen, möglichst untereinander verwandten Weibchen und deren Jungen, eventuell auch 2 oder mehrere untereinander verwandte männliche Tiere mit Weibchen) oder reine Weibchen- oder Männchengruppen. Vereinzelt schließen sich in reinen Männchenrudeln 2 Tiere enger als „Scheinpaar" zusammen und unterdrücken die übrigen Tiere. Bei größeren Schwierigkeiten muss ein Partner des Scheinpaares entfernt werden. Eingewöhnung von Einzeltieren in bestehende Gruppen schwierig. Neulinge werden manchmal nicht aufgenommen. Zwecks späterer Rudel- (Löwen) oder Paarbildung (alle übrigen Arten) möglichst als Jungtiere oder Halbwüchsige zusammengewöhnen und gemeinsam aufwachsen lassen. Ursprüngliche Verträglichkeit kann sich jedoch mit Einsetzen der Geschlechtsreife nachteilig ändern. Verpaarung oder Vergesellschaftung wie bei Kleinkatzen gut vorbereiten (siehe dort). Besonders Angehörige einzelgängerischer Arten brauchen genügend Zeit, um sich kennenzulernen und die Furcht voreinander bzw. Aggressivität gegeneinander abzubauen, sie werden meist nur während des Östrus des Weibchens zum Zweck der Verpaarung zusammengelassen und bald danach bei ersten beginnenden Unverträglichkeiten wieder getrennt. Über die Brunstzeit hinaus gut miteinander harmonierende Paare sind selten. Dagegen können neben Löwen auch Schneeleoparden und Tiger unabhängig vom Fortpflanzungsgeschehen und außerhalb des Östrus zusammengelassen werden und in der Folgezeit meist problemlos zusammenbleiben. Nebelparder gelten, von individuellen Ausnahmen abgesehen, als wenig verträglich.

1. direkte Begegnung (auch von Löwen!) nicht auf der Freianlage, sondern unter Aufsicht und in Anwesenheit einer ausreichenden Zahl von gut eingewiesenen, sich sehr ruhig verhaltenden Tierpflegern in nicht zu großem, gut überschaubarem, störungsfreiem Käfig abseits von den Besucherbereichen. 1. Aufeinandertreffen sollte aus territorialen Gründen in der bisherigen Unterkunft des Weibchens oder in einer beiden Tieren fremden Umgebung stattfinden. Frontbegrenzung von Käfigen, die zur Vergesellschaftung oder Verpaarung von Großkatzen vorgesehen sind, möglichst stets aus engen Stabstahlgittern, zwischen deren Gitterstäben bei Auseinandersetzungen lange Weichholzbretter in das Käfiginnere geschoben werden können, mit denen sich von außen in nicht überdimensioniert großen Unterkünften fast alle Teile des Innenraumes erreichen lassen, um kämpfende Tiere voneinander abzulenken und auseinander zu treiben. Um Verletzungen beim Hantieren zu vermeiden, sollten die Bretter gehobelt sein und Schutzhandschuhe getragen werden. Auch Weichholzstangen kommen zum Einsatz. Notfalls zusätzlich kalten Hochdruck-

wasserstrahl einsetzen. Bei Vergesellschaftung oder Verpaarungen stets Nachbarboxen freilassen und Bedienung der Schieber zwecks rascher Trennung der Tiere personell absichern. Anstelle von Stabstahlgittern verwendete Gittergeflechte lassen bei Kämpfen notwendig werdende Eingriffe von außen meist nicht in ausreichendem Maße zu oder machen derartige Versuche wirkungslos.

Bei Löwen neue Einzeltiere nie gleichzeitig mit allen Tieren einer Gruppe, sondern nach und nach mit den einzelnen Gruppenmitgliedern zusammengewöhnen. Beim Zusammenstellen von Löwenharemsgruppen erst Weibchen miteinander vereinigen, danach Männchen nacheinander mit den inzwischen zusammengewöhnten Weibchen zusammenlassen. Verhalten der Tiere danach weiter gut beobachten.

Droh- und Abwehrverhalten ähnlich wie bei Kleinkatzen. Aggressive Drohhaltung: leicht gesenkter Kopf, aufgestellte Ohren, gesträubte Nacken- und Schulterhaare, senkrecht hängender, mit der Spitze zuckender Schwanz, Knurren oder Fauchen im Stand. Drohende Abwehrbereitschaft: Knurren oder Fauchen in geduckter, sprungbereiter Haltung, im seitlichen Liegen oder Rückenlage mit abwehrbereit gespreizten Gliedmaßen. Beim Angriff überfallartiger kurzer Sprung mit Prankenschlag oder Zubeißen, Abwehr auf den Hinterbeinen stehend oder in Rückenlage durch Prankenschläge und Bisse. Einzeln gehaltene Löwen freunden sich als Jungtiere auch mit andersartigen Jugendspielgefährten (z.B. Haushund, Dingo) an und leben mit diesen auch als Erwachsene friedlich zusammen. Vergesellschaftung von Löwen mit anderen Wildtieren selten, meist kleine, flinke Bodenbewohner, denen ausreichend Fluchtmöglichkeiten und geschützte Plätze angeboten werden müssen, z.B. in Basel mit Fuchsmangusten.

Fortpflanzung und Zucht. Geschlechtsbestimmung wie bei Kleinkatzen. Männchen meist größer. Zucht bei allen Arten erfolgreich.

Vor dem Zusammenlassen während der Brunst streichen Weibchen am Sichtgitter und dem sich dort zeigenden Partner und am Gehegegitter entlang, wälzen sich, rollen sich am Boden über den Rücken, schnurren grollend, reißen den Schwanz ruckartig nach oben oder zur Seite. Bei hochbrünstigen Löwinnen und Tigerinnen zuckendes Öffnen und Schließen der Vulva. Verpaarung mit größter Vorsicht und anfangs unter ständiger Aufsicht, besonders bei Leoparden, Jaguaren und Pumas, bei denen es, wie manchmal auch bei Löwen und Tigern, überraschend schnell zu Kämpfen kommen kann.

Wenn Größe und konstruktive Details des Verpaarungskäfigs wirksame Eingriffe von außen zulassen, tödlicher Ausgang oder schwere Verletzungen sehr selten. Besondere Vorsicht, Aufmerksamkeit und Überwachung bei erwachsenen Individuen, die noch nicht zusammen waren oder bei geschlechtlich unerfahrenen Tieren. Bei Tigern und Löwen nachweislich auch durch individuelle Antipathien der Geschlechtspartner Schwierigkeiten bei Verpaarungen. Löwenmännchen, die sich vor und nach der Paarung ihren vertrauten Weibchen gegenüber stets friedfertig verhalten, können anderen Weibchen gegenüber ruppig und aggressiv sein. Werbe- und Paarungsverhalten ähnlich wie bei Kleinkatzen (siehe auch dort). Weibchen nähert sich während der ersten Paarungen nur zögernd, mit zunehmender Zahl immer aufdringlicher, um ihren Kopf an dem des Männchens zu reiben, an ihm entlang zu streichen und sich dann vor ihm niederzukauern, wobei es den Hinterkörper etwas aushebt, den Schwanz leicht nach oben oder seitwärts hält. Nach kurzem Belecken des Kruppen-, Rücken- und Nackenfells reitet der Kater auf. Tiger und Jaguare halten mitunter das Weibchen mit den Zähnen am Nackenfell fest. Während des Samenergusses ritualisierter Nackenbiss des Katers. Dauer der Paarung durchschnittlich 5–8 Sekunden, täglich zahlreiche Deckakte, bei Löwen 30–50 (ausnahmsweise auch bis 100), bei den übrigen Arten etwas weniger, z.B. bei Schneeleoparden vielleicht nur 5–20. Saisonal (Schneeleopard) oder ganzjährig polyöstrisch (übrige Arten). Intervalle zwischen den Brunstperioden nach ausgebliebener Befruchtung im Durchschnitt 28-35 Tage, manchmal kürzer wie beim Löwen 16 oder beim Puma

Tab. 26.5 Angaben zur Fortpflanzungsbiologie von großen Katzen

Art	Paarungszeit (Monate)	Dauer der Hitze (Tage)	Tragzeit (Tage)	Wurfzeit (Monate)	Wurfgröße (Anzahl)
Löwe	I–XII	4–5 (3–10)	108–115[1] (100–119)	I–XII	3–4 (1–8)[2]
Tiger	I–XII (I–V)[3]	3–5 (–8)	108–111 (102–115)	I–XII (IV–VIII)[3]	2–3 (1–6)
Jaguar	I–XII	4–6 (–17?)	105–109 (93–111)	I–XII	2 (1–4)
Leopard	I–XII (XII–II)[3]	3–5 (–9)	92–100 (90–105)	I–XII (IV–VI)[3]	2–3 (1–6)
Schneeleopard	II (I–V)[4]	2–5 (–12)	98–104 (96–105)	V (IV–VIII)[4]	2–3 (1–7?)
Puma	I–XII	3–5 (–10)	90–96 (–102)	I–XII	2–3 (1–6)

Zahlenangaben in Klammern sind von der Norm abweichende, meist im natürlichen Schwankungsbereich liegende Werte und enthalten gelegentlich auch seltene, z.T. extreme Angaben.
[1] 419 Würfe in Leipzig, im Durchschnitt 112 Tage
[2] Unter 2126 Würfen in Leipzig ein Achtlingswurf. Die Leipziger Löwin „Ollo" brachte in 11 Würfen 46 Junge (durchschnittliche Wurfgröße 4,18), ihre Schwester „Julia" als fruchtbarste Großkatze der Welt in 17 Würfen 69 Junge (durchschnittliche Wurfgröße 4,06).
[3] Bei Amurtigern tritt die Brunst von Januar bis März und bei nordischen Leoparden von Dezember bis Februar besonders gehäuft und intensiv auf. Entsprechende Geburtenhäufungen 13–15 Wochen später, bei Amurtigern vorwiegend im Mai.
[4] Hauptpaarungszeit im Februar, Paarungen auch früher, seltener im Spätfrühjahr. Über die Hälfte aller Würfe im Mai, 17 % aller Würfe im April oder Juli/August

23 oder auch länger wie beim Jaguar bis 40, beim Leoparden bis 46, beim Tiger 40–55 Tage. Schwankungsbreite der Brunstintervalle beim Schneeleopard 23–70 Tage. Weitere Angaben zur Fortpflanzungsbiologie von großen Katzen in Tabelle 26.5.

Nach den ersten vollzogenen Paarungen sinkt die Gefahr von gegenseitigen Angriffen rapide. Dennoch frisch verpaarte Tiere, besonders Jaguare, Pumas und Leoparden sowie erwachsene Tiere aller Arten, die erstmals zusammentreffen, oder geschlechtlich unerfahrene Partner in den ersten Tagen oder auch während der gesamten Paarungszeit nachts und während Pausenzeiten trennen, wenn das Verhalten nicht deutlich auf eine Verträglichkeit schließen lässt. Lediglich besonders scheue Tiere, die sich tags und unter Beaufsichtigung trotz Hitze der Katze nicht paaren, werden dann nachts manchmal ungeachtet des Risikos nicht getrennt.

Gegen Ende der Brunst bei Leoparden, Jaguaren und Pumas oftmals zunehmende Unverträglichkeit, sicherheitshalber bereits nach Abschluss der Deckperiode trennen. Trennung von Löwen-, Tiger- und Schneeleopardenpaaren in der Regel erst etwa 3–4 Wochen vor dem errechneten Wurftermin. Gut harmonierende Schneeleoparden- und Löwenpaare können in geräumigen Unterkünften auch während der Wurf- und Aufzuchtperiode zusammenbleiben. Löwin hält zwar in den ersten Tagen Männchen von den Neugeborenen fern, doch dulden die meisten Männchen wenig später ihren Nachwuchs nicht nur, sondern verteidigen ihn sogar. Männliche Schneeleoparden scheinen sich ähnlich wie Luchse auch in der Wildnis an der Aufzucht aktiv zu beteiligen, sodass in geräumigen Anlagen mit geschützter Wurfbox der Verbleib des Männchens beim Weibchen gerechtfertigt, mitunter für den Aufzuchterfolg sogar ausschlaggebend ist. In Einzelfällen brachten auch Tigerinnen oder Leopardinnen Würfe in Anwesenheit der Männchen hoch. So zog eine Bengaltigerin in zahlreichen Würfen insgesamt 37 Junge in Gegenwart von 2 verschiedenen Vatertieren auf. Eine schwarze Leopardin ließ nach der Geburt ihrer Jungen den anwesenden Kater nicht mehr in die vorher gemeinsam benutzte Schlafbox und verhinderte anfangs den Kontakt mit dem Vater, als die Jungen die Wurfbox verließen. Später spielte das Männchen mit den Jungen, die erst im 9. Monat wegen zunehmender Unverträglichkeit von den Eltern getrennt wurden. In München gelang die Aufzucht von Jaguaren in Anwesenheit des Vaters. Nebelparderpaare können so miteinander vertraut sein, dass die Aufzucht in Anwesenheit des Katers gelingt, wenn jedes Tier eine eigene Schlafkiste besitzt und das Weibchen seine Schlafkiste gleichzeitig als Wurfbox benutzen kann. Ein männlicher Nebelparder gestattete seinen reichlich 1 Monat alten Jungen den Aufenthalt in seiner Schlafbox. In Dresden war die Bindung eines Nebelparderpaares so eng, dass die zur Absicherung von Geburt und Aufzucht erfolgte Trennung der Tiere sehr schnell rückgängig gemacht werden musste.

Bei Trächtigkeit Ausbleiben der Hitze, Anschwellen der Milchleiste, vereinzelt Hervortreten der Zitzen, selten sichtbare Vergrößerung des Leibesumfangs. Spätestens 14 Tage vor dem errechneten Wurftermin, bei nervösen Weibchen noch früher, Einrichtung einer oder Überführung in eine Wochenstube, d.h. in halbdunkle, störungsfreie Wurfbox mit kurzhalmigem Stroh- bzw. Heulager. Bei Nichtvorhandensein einer eigens dafür bestimmten Wurfbox kann ein normaler, möglichst kleiner Innenkäfig als Mutterstube eingerichtet werden. Frontbegrenzungsgitter mit hölzernen Sichtblenden (Mutterstubenplanken) abdecken, potentielle Unfallgefahren für Jungtiere beseitigen (z.B. Einbauten, hinter denen sich die Jungen verklemmen oder von denen sie später abstürzen können) und eventuell erhöhte Ruheplätze als Rückzugsplätze für solche Mütter entfernen, die ihre Jungen nicht ausreichend versorgen. Bei besonders scheuen Müttern auch Einbau einer Wurfkiste in die Mutterstube sinnvoll. Reinigung der Mutterstube während der Fütterung des Weibchens im Nachbarkäfig. Nicht in der Mutterstube füttern, da daran gewöhnte Tiere diese später schlecht verlassen. Außerdem wird das hier erforderliche Geborgenheitsgefühl durch die unnatürliche Nahrungsaufnahme unmittelbar neben dem Jungtierversteck beeinträchtigt. Eine auf ein bestimmtes Raum-Zeit-Verhalten eingestellte Großkatze verlässt zur gewohnten Fütterungszeit auch nach dem Wurf die Jungen für kurze Zeit regelmäßig ohne Aufregung, um zu fressen. Deshalb in der Mutterstubenbetreuung Pünktlichkeit bei Routinearbeiten.

Meist 1–3 Tage vor der Geburt häufiges Belecken der 2 (Tiger, Leopard, Jaguar, Schneeleopard, Löwe, bei letzterem ausnahmsweise auch 3) bis 3 Zitzenpaare (Puma) und nachlassende Fresslust bzw. Nahrungsverweigerung. Auch unmittelbar nach der Geburt oft keine Nahrungsaufnahme. Während der Geburt nicht stören! Vorsichtige Beobachtung des Muttertieres nur durch absolut vertrauten Pfleger bzw. über Kamera/Monitor, wenn Komplikationen zu befürchten sind (häufiges Aufstehen und Herumlaufen, Krämpfe, Zittern). Geburtsdauer etwa 4-6 Stunden, vereinzelt verzögerte Geburten. Bei Löwen wurde das letzte Jungtier bis zu 3 Tage nach dem 1. geboren, bei Jaguaren 2 Tage später. Darüber hinaus bei Löwen auch Beispiele für Superfetation. Jungtiere wurden im Abstand von 6, 11 bzw. 14 Tagen geboren.

Wurfintervalle nach Wurfverlust bei Löwen und Tigern 5–8 Monate, bei den übrigen Arten 4½–7 Monate. Geburtenabstand nach natürlichen Aufzuchten oftmals abhängig vom Alter, in dem die Jungen abgesetzt wurden (wenn die Laktation durch vorzeitige Wegnahme der Jungen unterbrochen wurde, zwischen 10 und 16 Monate, wenn die Jungen bis zum Ende der Säugezeit oder länger bei der Mutter blieben, zwischen 16 und 24 Monate).

Über Mutterstubenbetreuung und Wurfkontrolle gibt es sehr unterschiedliche Auffassungen. In vielen Tiergärten ist es verboten, in den ersten Tagen oder Wochen die Jungen zu kontrollieren, um den Wurf nicht zu gefährden. In anderen Zoos gilt das nur für nervöse Mütter. In Leipzig wurde, solange dort noch eine florierende Großkatzenzucht bestand, beginnend schon Mitte der 1920er Jahre, anfangs bei Löwinnen, später auch bei allen anderen Großkatzenarten, das Geburtsgewicht der Jungen und deren Jugendentwicklung regelmäßig registriert. Auf diesen Erfahrungen aufbauend wird inzwischen seit Jahrzehnten auch in anderen Zoos, wenn morgens feststeht, dass die Katze geworfen hat, die Mutterstubenbetreuung wie vor dem Wurf fortgesetzt, d.h. das Tier zur gewohnten Fütterungs- und Reinigungszeit durch Hochziehen des Schiebers zum Nachbarkäfig und mit dem vertrauten Ruf des Pflegers zum Verlassen der Mutterstube aufgefordert. Die Katze verlässt bereits meist am 1., seltener erst am 2. Tag ohne

Aufregung die Jungen, um nebenan zu fressen. Frei geleckte Zitzen und feuchtes Fell in deren Umgebung sind sichtbares Zeichen, dass die Jungen gesäugt werden. Vorsichtige und scheue Mütter, z.B. manche Schneeleoparden, verlassen die Jungen in den Wurfkisten tagsüber oft tage- oder wochenlang nicht, fressen nur nachts. Jungtierkontrolle dann nicht möglich. Verhalten bei Wurfkontrolle, insbesondere Vermeidung von Fremdgerüchen, wie bei Kleinkatzen (siehe dort). Überführung der Jungen in einem geeigneten Behältnis (Korb, Tasche usw.) zusammen mit geruchsimprägnierter Einstreu aus der Mutterstube zwecks Untersuchung und Gewichtskontrolle an einen entfernten, möglichst abgeschlossenen Kontrollort, damit die Rufe der Jungen von der Mutter möglichst nicht gehört werden. Hier Geschlechtsbestimmung, Kennzeichnung gleichgeschlechtlicher Tiere (mit Schere an Scheitel, Nacken, Rücken oder Kruppe etwas Fell abschneiden, Kennzeichnung später mit zunehmendem Fellwachstum wiederholen bzw. Chip), Gewichtskontrolle (sauberen Zellstoff als Unterlage in der Waagschale), in den ersten Tagen auch Kontrolle des Nabelzustandes. Vor der Rückführung in die Wochenstube Jungtiere mit ihrem eigenen Urin abreiben. Bei Massage zwecks Urinabgabe auch oft Kotabsatz (Kot wird nicht ins Fell gerieben!). Tiefschwarzer, zäher Kot der Jungen am 1. oder 2. Tag ist Darmpech (Exkremente, die sich vor der Geburt angesammelt haben), gelber, leicht perlig geformter Kot ist Milchkot (Zeichen, dass Jungtiere ernährt werden). Anfängliche Gewichtsverluste in den ersten 1–3 Tagen bis etwa 10 % des Geburtsgewichts normal, danach bei weiteren leichten Abnahmen oder Ausbleiben von Zunahmen ab 4. Tag bei allen oder einzelnen Jungen des Wurfes Zutränken (wie bei künstlicher Aufzucht) ratsam. Differieren die Zunahmen der einzelnen Jungen erheblich, kann man versuchen, den stärker zunehmenden Jungen, von denen angenommen werden kann, dass sie Wurfgeschwister verdrängen, etwas zuzufüttern, damit sie beim nächsten Saugakt satt sind und die schwächeren Tiere besser zum Zuge kommen. Gesamte Jungtierkontrolle darf möglichst nicht länger dauern, als Weibchen durch Fressen abgelenkt ist. Jungtierkontrollen nur bei ruhigen, völlig mit dem Pfleger vertrauten Müttern möglich. Bei Nichtannahme der Jungen durch die Mutter oder Milchmangel verschiedentlich noch Ammenaufzucht. Kleine Arten an säugende Hündin oder Hauskatze anlegen. Sehr zahmen, zuverlässigen Löwen- oder Tigermüttern können etwa gleichaltrige fremde Junge untergeschoben werden, nachdem diese mit dem Urin von deren eigenen Jungen parfümiert wurden. Tigerinnen konnten Löwenjunge, Löwinnen Tigerjunge anvertraut werden, wenn der Abstand zwischen den Würfen nur wenige Tage betrug. Gewarnt wird vor der gelegentlichen Empfehlung, Jungtiere künstlich aufzuziehen, um später ruhige und vertraute Mütter zu erhalten. Mit der künstlichen Aufzucht sind nicht selten Verhaltensanomalien verbunden. Zu stark auf den Menschen geprägte Tiere lassen sich oft schlecht verpaaren, vermissen in der Abgeschiedenheit der Mutterstube den Kontakt zum Menschen und vernachlässigen in solchen Fällen oft die Jungen. Menschenvertraute erwachsene Großkatzen entwickeln sich bei natürlicher Aufzucht besonders aus Jungtieren ruhiger Mütter, mit denen sich das Pflegepersonal schon vor dem Absetzen (etwa ab 7. Woche) viel beschäftigt hat (ansprechen, streicheln, spielen). Ein Höchstmaß an Menschenvertrautheit und Zahmheit zeigten z.B. eine Löwin in Leipzig und eine Bengaltigerin in New York, die auf Zuruf der Pfleger diesen die Jungen im Maul zutrugen und vor ihnen am Gitter ablegten.

Angaben zur Jugendentwicklung von großen Katzen in Tabelle 26.6. Junge Löwen und Pumas sind gefleckt, alle anderen ähnlich wie die Alttiere gefärbt. Junge Leoparden schwarzer Eltern fast immer schwarz, gefleckter Eltern fast immer gefleckt. Bei gemischtfarbigen Eltern sowohl schwarze als auch gefleckte Junge, auch in 1 Wurf. Neugeborenenfell länger als bei Hundeartigen, weich, plüschartig, wollig. Augenöffnung bei Löwe, Tiger und Leopard schon ab 1. oder 2. Tag möglich, gewöhnlich wie bei anderen Großkatzen im Verlauf der 1. und Anfang der 2. Wo-

Tab. 26.6 Angaben zur Jugendentwicklung von großen Katzen

Art	Geburtsgewicht (g)	Erstes Verlassen der Wurfbox[4] (Lebenstag)	Erste feste Kost (Lebenstag)	Säugezeit (Monate)	Geschlechtsreife mit (Jahre)	Voll ausgewachsen mit (Jahre)
Löwe	1250–1350[2] (1003–1513)	um 30.	um 35.	5–7	M 2 (1¾–3)[3] W 1¾–2½ (–3)[4]	M 5–6½ W 3–4
Tiger	900–1400[5] (780–1600)	40.–45.	55.–60.	5–6	M 3½–5[6] W 2½–4	M 5–6½ W 3–4
Jaguar	700–800 (500–1000)[7]	40.–50.	48.–50. (55.–70.)	5–6	M 3–4 W 2½–3	M 4–5 W 3
Leopard	400–600	um 35.	40.–45.	4–5 (3–7)	M 2½ (1½–3)[8] W 3 (2½–3½)	M 4–5 W 3
Schneeleopard	450–650	35.-42.	45.–60.	4–5	M 2–3½ W 2½–3½[9]	M 4–5 W 2–3
Puma	250–450 (230–500)	um 35.	42.–45.	4–5 (3–6)	M 2–3 W 2–2½	M 4 W 2–3

Zahlenangaben in Klammern sind von der Norm abweichende, im natürlichen Schwankungsbereich liegende Werte.
M: Männchen, W: Weibchen
[1] Als Termin für das erste Verlassen der Wurfbox gilt der Zeitpunkt, zu dem die Jungen zwar wackelig, aber richtig laufend öfter tagsüber aus der Wurfbox herauskommen.
[2] Durchschnittsgewicht von 1173 Neugeborenen 1,306 kg, von 601 männlichen Jungen 1,345 kg, von 571 Weibchen 1,266 kg
[3] In Leipzig deckte ein Männchen schon mit 17 Monaten erfolgreich. Die Altlöwen „Harras“ und „Caesar“ waren noch mit 16¾ bzw. 16½ Jahren zeugungsfähig. Sie hinterließen 176 bzw. 215 Junge.
[4] Das Leipziger Weibchen „Julia“ züchtete letztmalig mit 18 Jahren.
[5] Angaben schwanken je nach Unterart, z.B. Sumatratiger 800–1000 g, Bengaltiger 1,00–1,50 kg Amurtiger 1,45–1,55 kg (Durchschnitt von 128 Neugeborenen 1,496 kg, darunter 58 Männchen mit 1,45–1,55 kg und 70 Weibchen mit 1,40–1,50 kg).
[6] Ein Amurtiger deckte in Leipzig mit 24 Monaten erfolgreich.
[7] Als Maximalgewicht werden auch 1400 g genannt.
[8] Ein Männchen in Leipzig deckte mit 18 Monaten erfolgreich.
[9] Ein Weibchen züchtete noch mit15 Jahren.

che. Nach der Augenöffnung nur Hell-Dunkel-Sehen. Iris trübblaugrau. Volles Sehvermögen erst 16–21 Tage nach der Augenöffnung. Die Entwicklung des Milchgebisses beginnt mit dem Durchbruch der inneren Schneidezähne ab dem 12.–20. Lebenstag und ist mit 2–3 Monaten abgeschlossen. Durchbruch des bleibenden Gebisses bei Puma ab 6. Monat, bei Jaguar und Leopard ab 7. Monat, bei Löwe und Tiger ab 10. Monat. Gebissentwicklung abgeschlossen bei Puma mit 9–11 Monaten, bei Leoparden und Jaguaren mit 10–13 Monaten, bei Löwen und Tigern mit 12–15 Monaten. Der Zahnwechsel ist manchmal mit Fieber, vermutlich Schmerzen, Appetitlosigkeit und Krankheitsanfälligkeit, auch relativ hoher Jungtiersterblichkeit verbunden. 1. Impfungen gegen Katzenseuche mit ansteigenden Dosen meist ab 4. Woche, in einigen Tiergärten bereits mit wenigen Tagen. Die Impfung bietet nicht immer ausreichend Infektionsschutz. Mütter sind nur selten wurmfrei. Jungtiere werden meist ab 8.–12. Woche erstmals entwurmt, da Infektion schon im Uterus und beim Säugen erfolgen kann.

Ab 10.–12. Woche beginnen die Jungen, die Mutter im Spiel zu strapazieren. Dann der Mutter einen erhöhten bzw. für Junge unzugänglichen Liegeplatz zur Verfügung stellen (etwa hinter 90 cm hoher Trennwand), wo die Mutter vor den Jungen Ruhe hat. Junge möglichst nicht früher als im Alter von 3½–4½ Monaten (Ausbildung des Milchgebisses abgeschlossen), besser später absetzen. Vorzeitige Trennung von Mutter und Jungen manchmal notwendig, wenn Weibchen während der Aufzucht brünstig und zu den Jungen unleidlich wird. Junge sind in den ersten Tagen oder Wochen nach der Trennung von der Mutter oft wie Wildfänge scheu, ängstlich, auch angriffslustig. Anfangs so weit wie möglich in Ruhe lassen, erst nach und nach Kontakt suchen und durch Spiel und Beschäftigung mit dem Menschen vertraut machen. Besonders Halbwüchsige gehen mangels erwach-

Tab. 26.7 Milchzusammensetzung von großen Katzen

Art	Trockensubstanz (%)	Fett (%)	Eiweiß (%)	Kohlenhydrate (%)	Asche (%)	Proben (Anzahl)
Löwe	28,13	10,16[1]	11,90[2]	3,20[3]	1,40	7
Leopard	19,40	6,50	11,10	4,20	0,75	1
Puma	35,00	18,60	12,00	3,90	1,00	1

Erwähnenswerte Abweichungen von Einzelproben:
[1] 17,50–18,90 %
[2] 9,30–12,50 % (1 Einzelprobe mit einem Gesamteiweißanteil von 9,30 % enthielt 5,70 % Kasein und 3,60 % Albumin und Globulin)
[3] 2,70–3,40 %

sener Rudelgenossen oft enge Bindungen zu bekannten Personen ein, die sich erst mit dem Einsetzen der Geschlechtsreife lockern. Wachstum und Gewichtsentwicklung erst einige Zeit nach dem Erreichen der Geschlechtsreife abgeschlossen.

Hohe Aufzuchtsraten bei geringer Jungtiersterblichkeit sowie von Zuchtbuchführern genetisch begründete Forderungen nach Verkleinerung bestimmter Verwandtschaftslinien machen oftmals eine Geburtenkontrolle oder Zuchteinschränkungen erforderlich. Kastration ist mit erheblichen physischen und psychischen, das Tier in seiner Gesamtheit deformierenden Veränderungen verbunden (Verfettung, Zunahme maskuliner Merkmale beim Weibchen, femininer Merkmale beim Männchen, bei männlichen Löwen völliger Ausfall der Mähne innerhalb von 7 Monaten), daher meist Sterilisation durch Unterbrechung oder Entfernung von Ei- bzw. Samenleitern (nur geringe Auswirkung auf Sexual- und Sozialverhalten). Beide Eingriffe machen jedoch betroffene Tiere irreversibel wertlos für die Zucht. Hormonbehandlungen (z.B. mit Implantaten) oder Immunkontrazeption von Weibchen unterbrechen in der Regel die Zuchtfähigkeit nur vorübergehend, wirken aber nicht immer oder nicht immer zuverlässig, lassen sich auch in Einzelfällen nicht wieder rückgängig machen und stehen teilweise im Verdacht, krebsauslösend zu sein. Bei Weibchen, bei denen die Fortpflanzung dauerhaft unterbunden wird, treten gehäuft auch Mammakarzinome und Pyometra auf.

Künstliche Aufzuchten von Großkatzen sollten Ausnahmen bleiben. Methoden und praktische Durchführung von künstlicher Aufzucht wie bei Bären und Kleinkatzen (siehe dort). Aufzuchtkästen oder -körbe mit ausreichender Luftzirkulation erforderlich. Bei jungen Katzen in den ersten 2–3 Wochen Eigenwärmeproduktion zwecks Aufrechterhaltung der erforderlichen Körpertemperatur noch unzureichend. Anfangs Umgebungstemperatur 30–35 °C (Heizkissen, darüber Wolltuch, Zellstoff o.Ä., in warmen Räumen auch ohne zusätzliche Heizung, wenn die Jungtiere gut zugedeckt werden). Mit zunehmender Fellbildung Umgebungstemperatur nach 2 Wochen auf 25 °C, nach 3–4 Wochen auf Zimmertemperatur senken. Zugluft vermeiden. Erste Nahrung 4–8 Stunden nach der Geburt anbieten (nach anderer Auffassung frühestens nach 12 Stunden). Gewichtsverlust von bis zu 10 % während des 1. und 2. Lebenstages, manchmal auch noch am 3. Tag nach der Geburt nicht beunruhigend und nicht ungewöhnlich.

Milchzusammensetzung von Großkatzen in Tabelle 26.7. Aufzuchtnahrung örtlich sehr verschieden, hoher Eiweißgehalt erforderlich. Meist Katzenmilchaustauscher (KMR für Katzen) oder andere taurinhaltige Ersatzmilch, deren Konzentration schrittweise bis zur empfohlenen Mixtur gesteigert wird. Früher kam auch fette Kuhmilch oder durch Sahne angereicherte Vollmilch (Fettgehalt auf 6–9 %) mit Zusatz von nativem Serumeiweiß (z.B. „Boviserin"), auch ungezuckerte Kondensmilch oder Vollmilchpul-

Tab. 26.8 Beispiele normaler Entwicklung bei künstlicher Aufzucht von großen Katzen

Art	Geburtsgewicht	1. Woche			2. Woche			3. Woche			4. Woche		
		A	B	C	A	B	C	A	B	C	A	B	C
	(g)		(g)			(g)			(g)			(g)	
Löwe	1410	55	350	60	65	405	70	80	490	80	100	605	95
Amurtiger	1500	50	320	45	75	455	70	85	525	85	95	570	95
Leopard	355	35	180	35	40	270	40	55	300	50	60	325	60
Jaguar	710	40	205	45	60	330	60	75	375	65	85	415	75

A: durchschnittliche Nahrungsaufnahme je Mahlzeit
B: durchschnittliche Nahrungsaufnahme je Tag
C: durchschnittliche Gewichtszunahme je Tag

ver bzw. Vollmilchkindernahrung zum Einsatz. Instant-Pulvermischungen mit abgekochtem Wasser oder, besonders bei Durchfällen, mit dünnem Kamillentee auflösen. Keine Reis-, Lein- oder Haferschleimzugabe, da Schleimanteil den Nährstoffgehalt der Nahrung absenkt, nur bei Durchfällen kurzfristig als Diätfütterung gerechtfertigt. Bei Verabreichung eigener Rezepturen ab Ende der l. Woche täglich l Tropfen eines konzentrierten Multivitaminpräparates zusetzen. Zusätzliche Kalzium- und Vitamin-D_2-Beigaben nicht vor dem 60.–70. Tag. Keine Zusätze erforderlich beim Einsatz spezieller Katzen-Milchaustauscher.

In Leipzig wurde seit Anfang der 1970er Jahre ab Ende der 1. Lebenswoche, vereinzelt auch etwas später, mit Erfolg „Lebermilch" eingesetzt, d.h. ein Gemisch aus 2 Teilen Vollmilch (Fettgehalt 3,5 %) und 1 Teil Lebermus. Dazu wird rohe Rindsleber gehäutet, von derben Gefäßwänden und Gallengängen befreit und in kleine Stücke geschnitten, die mit einem Küchenmixgerät mit dem Messerstern sehr fein gemust werden. Anschließend wird der Leberbrei durch ein feines Sieb passiert und danach als Lebermus bezeichnet. Lebermilch sollte morgens zeitig für den ganzen Tag zubereitet werden und ist im Kühlschrank über 12 Stunden haltbar. Nur das zur Verfütterung vorgesehene Quantum wird kurz vor der Verabreichung im Wasserbad erwärmt. In der 1.–2. Woche 8 Milchmahlzeiten in 2- bis 2½-stündigem Abstand mit 4–6 Stunden Nachtpause, ab Ende der 2. bis zur 4. Woche bei guter Entwicklung auf 7 Mahlzeiten, ab 4. Woche auf 6 Mahlzeiten reduzieren. Tagesnahrungsmenge etwa 20–30 % des Körpergewichts (große individuelle Schwankungen). Ab 6.–7. Woche mageres, anfangs geschabtes, später durchgedrehtes Fleisch. Beginn mit täglich zweimal ½ TL, Steigerung bis Ende der 10. Woche auf 2 Fütterungen bis zur Sättigung. Ab Ende der 8. bis Anfang der 10. Woche auch ein- bis zweimal wöchentlich 1 rohes Eigelb in Milch oder Fleisch verabreichen. Verdoppelung des Geburtsgewichts bei normaler Entwicklung bei Löwen und Tigern nach 12–19 Tagen, Verdreifachung nach 26–37 Tagen, bei den übrigen Arten geringfügig kürzer. Beispiele zur Entwicklung bei künstlicher Aufzucht in Tabelle 26.8.

Vor der Nahrungszubereitung und dem Tränken Hände waschen. Bei der Fütterung auf natürliche Lage des Säuglings mit dem Bauch nach unten achten. Überfütterung vermeiden. Nahrung körperwarm (35–37 °C) verabreichen. Bei Saugpausen schlecht trinkender Jungen auf die Temperatur der Nahrungsflüssigkeit achten, im Wasserbad warm halten oder wieder erwärmen. Loch im Sauger darf nur klein sein, wenn nicht schon vorhanden, mit glühender Nadel einbrennen. Bei zu großer Saugöffnung kann Nahrung in die Lunge gelangen und dort Entzündungen (Schluckpneumonien) hervorrufen. In den Sauger eventuell in der Nähe des Flaschenhalses 2. Loch zum Unterdruckausgleich beim Trinken einstechen, das während des Tränkens mit dem Daumen verschlossen und nur bei Bedarf geöffnet wird. Eine sichere Methode gegen Verschlucken ist der Kreuzschnitt auf der Kuppe des Saugers, der mit einem scharfen Messer oder einer Rasierklinge gesetzt wird. Die Schnittstellen verschieben sich bei starkem Saugen gegeneinander, wodurch sich der Milchfluss erhöht, bei nachlassender Saugstärke verringert sich auch der Milchfluss. Flasche stets so halten, dass ausschließlich Nahrung, nicht aber Luft abgeschluckt wird. (Gummisauger muss stets mit Milch gefüllt sein!) Ab 5.–6. Woche Flaschenentwöhnung und auf Futter aus Näpfen übergehen. Nach dem Tränken bzw. der Fütterung Hautmassage durch Bürsten mit weicher Babybürste, feuchtwarmem Schwamm oder Läppchen, auf das einige Tropfen öliges Vitamin A aufgebracht werden können. Alle Futterzubereitungs- und Fütterungsgeräte nach jeder Mahlzeit sterilisieren und gleiche Hygienemaßnahmen beim Umgang mit Nahrungsmitteln wie bei Bären (siehe dort).

Junge Großkatzen sind bis zur 5.–6. Woche nicht in der Lage, Harn und Kot ohne Unterstützung abzusetzen. Massage zur Harn- und Kotabgabe (Kotabgang erfolgt nicht bei jeder Analmassage) wie bei Bären vor den Mahlzeiten. Normaler Milchkot hell- bis bräunlich gelb, dickbreiig, schwach kugelig bis linsenförmig geformt und zusammenhängend, nach Verfütterung von Lebermus oder Fleisch braun bis schwarzbraun. Starker Darmgasabgang beim Koten oder Verflüssigung des Kotes deuten auf eine beginnende oder bereits bestehende Verdauungsstörung hin. Blähungen auch nach hastigem Trinken, wobei aus zu großer Saugeröffnung Luft abgeschluckt wurde. Bei Durchfall zunächst Milch um 50–100 % mit abgekochtem Wasser verdünnen, Gesamtmenge aber nicht steigern. Eventuell zusätzlich dünnen Kamillen- oder Fencheltee und Reisschleim mit Zusatz eines Elektrolyts (z.B. Oralpädon) verabreichen. Hilfreich mitunter die vorübergehende Zufütterung von dünnem Kamillentee mit „Boviserin“ (natives Rinderserum) und Reisschleim. Kotprobe zur Laboruntersuchung, um bakterielle Darminfektion auszuschließen.

Jungtiere unter künstlicher Aufzucht sind empfindlicher und krankheitsanfälliger als bei der Mutter aufwachsende Junge. Besonders in den ersten 4–8 Wochen fehlt der Antikörperschutz, da keine Kolostralmilch aufgenommen wurde. Häufige Aufzuchtsstörungen sind infektiöse Magen-Darm-Erkrankungen, verbunden mit schleimigen, nicht selten blutigen Durchfällen und Krämpfen, oft tödlich, häufig in den ersten 14 Tagen. Während des Zahnens Fressunlust, Apathie, auch Durchfälle. Mundhöhle auf durchscheinende Zähne untersuchen, leichte Kiefermassage, keine Behandlung erforderlich. Nicht selten Augentrübungen (Katarakte) bis Erblindungen, vermutlich als Folge einer Galaktose-Unverträglichkeit nach Verfütterung von Kuhmilch. Unabhängig davon oder parallel dazu ab 8.–14. Tag nicht selten Haarausfall, meist beginnend an den Ohrrückseiten, übergreifend auf Stirn, Scheitel, Nacken und später den Körper. Ursache vermutlich Mangelerscheinungen, da bei Einsatz von Katzenmilchaustauschern oder konsequenter Lebermilch-Fütterung nicht beobachtet. Fell wächst später wieder nach, aber keine Selbstheilung von eingetretenen Augenschäden, die oft medikamentös nicht reparabel sind und nur operativ gelindert werden können.

Künstlich aufgezogene Tiere der meisten Arten bleiben oft länger zahm, während besonders älter werdende Jaguare, manchmal auch Pumas, unfreundlich und angrifflustig werden. Generell ist aber Vorsicht beim Umgang künstlich aufgezogener Großkatzen geboten! Von der Mutter abgesetzte oder künstlich aufgezogene, etwa gleich große vergesellschaftete Tiere auch verschiedener Arten vertragen sich gut, können lebenslang friedlich zusammenleben und sogar Nachwuchs bringen. Bisher erfolgte Kreuzungen: Löwe × Tigerin (Liger), Tiger × Löwin (Tigeon), Leopard × Löwin (Leopon), Jaguar × Leopardin (Jagupard), Löwe × Jagupardin, Löwe × Ligerin, Jaguar × Löwin, Leopard × Puma.

Zucht im Allgemeinen unproblematisch und bei allen Arten weltweit erfolgreich, doch vereinzelt unerklärliches Ausbleiben von Würfen oder Umrollen (nach normaler Deckperiode neue Brunst) des Weibchens. Erstzucht von Nebelpardern relativ spät (1963 in Frankfurt) gelungen.

Höchstalter in Menschenobhut. Löwe 26, Amurtiger fast 22¼, Bengaltiger 26¼, Sumatratiger über 22¼, Leopard über 27¼, Jaguar fast 26½, Schneeleopard über 21¾, Nebelparder 19¾ Jahre.

Familie Schleichkatzen (Viverridae)

Artenreiche, ursprüngliche und entwicklungsgeschichtlich alte, bereits aus dem Paläogen bekannte Raubtierfamilie. Möglicherweise keine einheitliche Abstammung, sondern verschiedene, miteinander weniger verwandte Ahnenformen. Derzeit Veränderungen in der systematischen Zuordnung ihrer Vertreter. Gestalt marder- oder katzenähnlich, ratten- bis fuchsgroß. Kopf spitzschnäuzig. Zahnformel: meist 3/3 1/1 4/4 2/2. Rumpf schlank, Gliedmaßen kurz, Schwanz lang, oft buschig. Duftdrüsen, z. T. mit Drüsenbeutel im Anus, oft auch Drüsen zwischen Analöffnung und Scrotum bzw. Scheidenöffnung.

Verbreitung. Südwesteuropa, Afrika, Madagaskar, Südasien einschließlich Sunda-Inseln, Philippinen und Molukken, hauptsächlich in den Wäldern Afrikas und dem tropischen Asien.

4 Unterfamilien, 14 Gattungen, 34 Arten.

Unterfamilie Palmenroller (Paradoxurinae)

Etwa hauskatzengroß, Gestalt zibetkatzenähnlich, aber plumper. Spitzköpfig, Eckzähne lang, übrige klein. 5 Finger und Zehen, zur Verbesserung des Greifvermögens teilweise miteinander verwachsen. Krallen teilweise rückziehbar. Schlitzartige Drüsentasche unter der Afteröffnung.

Verbreitung. Ursprünglich nur Süd- und Südostasien, in Westafrika eingeführt.

5 Gattungen, 7 Arten.

Streifenroller (*Arctogalidia*): 1 Art. Graubraun mit undeutlichen dunkleren Rückenstreifen, weißer Streifen von der Schnauze bis zur Stirn, Schwanz mehr als körperlang. **Streifenroller** (*A. trivirgata*): 3 Unterarten. Bangladesch und Myanmar bis Südchina, Hinterindien, Indonesien, Malaysia, Sumatra, Borneo und umliegende Kleininseln.

Musangs (*Paradoxurus*), auch Eigentliche Palmenroller: 3 Arten. Fell kurz, dicht, bräunlich, Schwanz und Gliedmaßen dunkler, helle Gesichtsabzeichen. Himalaja, Indien, Sri Lanka, Hinterindien, Große und Kleine Sunda-Inseln, Molukken, Philippinen. **Fleckenmusang** (*P. hermaphroditus*), auch Palmenroller: Fell grau, schwarze Längsstreifen am Rücken, an den Schultern und Seiten schwarze, längs gereihte Flecken, Füße, Ohren und Schnauze ebenfalls schwarz, Gesicht mit schwarz-weißer Maskenzeichnung. 30 Unterarten (davon werden *P. h. musangus* und *P. h. philippinensis* auch als eigene Arten geführt). Verbreitung wie die Gattung, auch auf Madagaskar eingeführt. – **Jerdons Musang** (*P. jerdoni*): Fell dunkel- bis schwarzbraun mit grauen Tupfen, Haarkranz um Nacken und Kehle. 2 Unterarten. Kerala (Südwestindien). – **Goldmusang** (*P. zeylonensis*): Fell in verschiedenen Brauntönen, undeutliche Streifen und Flecken, verlängerte Haare im Nacken-Kehl-Bereich. Endemisch auf Sri Lanka.

Larvenroller (*Paguma*): 1 Art. Fell mittellang, je nach Unterart kastanienbraun bis weißlich graubraun, kontrastreiche, maskenartige Kopfzeichnung schwarz-weiß. Angeblich Überträger des SARS-Virus auf den Menschen. **Larvenroller** (*P. larvata*): 16 Unterarten. Borneo, Hinterindien und besonders westlich vorgelagerte Kleininseln, Japan, Südchina mit Hainan und Taiwan, Ost-Tibet, Nordindien bis Kaschmir, seit 1993 auf Java.

Sulawesi-Roller (*Macrogalidia*): 1 Art. Fuchsgroß, oberseits und an den Seiten braun, unterseits weißlich, langer Schwanz mit unscharfer heller und dunkler Ringelung. **Celebes-Roller** (*M. musschenbroekii*), auch Sulawe-

Abb. 26.20 Der Binturong (*Arctictis binturong*) ist die größte Schleichkatze. Er zeichnet sich durch einen Wickelschwanz aus.

si-Roller: galt als ausgestorben, 1978 wiederentdeckt. Endemisch im Nordosten Sulawesis.

Marderbären (*Arctictis*): 1 Art. Körperlänge fast 1 m. Kopf oft gräulich, lange weiße Tasthaare, lange Ohrbüschel, echter Wickelschwanz. Fell zottig, rau, grauschwarz. **Binturong** (*A. binturong*), auch Marderbär: 9 Unterarten. Nepal, Assam, Myanmar bis Nordvietnam und Südchina, südliches Hinterindien (Südvietnam, Kambodscha), Malaiische Halbinsel, Große Sunda-Inseln, Palawan.

Gefährdungsstatus. Bestand in der Wildnis wohl nicht gefährdet, allerdings Java-Streifenroller (*Arctogalidia trivirgata trilineata*) bedroht, Celebes-Roller, Mentawai-Fleckenmusang (*Paradoxurus hermaphroditus lignicolor*), Jerdons Musang, Binturong gefährdet. ESB für Binturong in Paris Jardin.

Lebensweise. Dämmerungs- und Nachttiere, Binturongs auch tagaktiv. Lebensraum tropische Wälder, Waldränder, Galeriewald, Buschwälder, Musangs auch in Pflanzungen, Park- und Gartenanlagen, Fleckenmusang als echter Kulturfolger gleichfalls auf Dachböden, in Scheunen, Ställen. Einzeln oder paarweise lebende Baumbewohner, die auch den Boden aufsuchen (Musangs, Larvenroller, Binturong). Ruheplätze auf starken Ästen, in Astgabeln, Streifenroller auch in Nestern der Riesenhörnchen oder in Baumhöhlen. Springen gut, klettern vorzüglich mithilfe scharfer Krallen. Binturongs benutzen dabei ihren Wickelschwanz als Ankerorgan.

Gehör- und Geruchssinn hoch entwickelt, Dämmerungssehen leistungsfähig. Lautäußerungen quiekend, knurrend, murksend, melodische „Kuk-kuk"-Rufreihen bei Musangs. Larvenroller spritzen bei Gefahr Analsekret meterweit gegen Feinde. Kontrastreiche Kopfzeichnung ist Warn- und Tarnfärbung. Jagdtrieb wird vorwiegend von beweglicher Beute ausgelöst, kein Kopf- und Genickbiss, sondern Tötung durch wahlloses Zubeißen. Fleckenmusangs und Binturongs werden von Landeseinwohnern gejagt und gegessen, Larvenroller in China wegen des Analdrüsensekrets auch in Farmen gehalten.

Nahrung. Allesfresser, die Kleinsäuger und Vögel, Eier, niedere Wirbeltiere (Lurche werden teilweise verschmäht, Binturongs fressen auch Fische), Insekten, Würmer erbeuten, daneben viel Früchte, Beeren (Musangs fressen gern Kaffeebeeren, Ananasfruchtfleisch, vom Fleckenmusang gefressene Kaffeebohnen werden nach der Darmpassage zum Kopi-Luwak-Kaffee verarbeitet, der als Spitzensorte gehandelt wird), zarte Schösslinge (Binturongs) zu sich nehmen. Binturongs bevorzugen Feigen, sind oft in Gegenwart von Gibbons auf Bäumen mit reifen Früchten zu sehen.

Abb. 26.21 Der eigentliche Lebensraum des Fleckenrollers (*Chrotogale owstoni*) sind flussnahe Wälder. In seinem Heimatgebiet ist er auch im Umfeld menschlicher Siedlungen auf der Suche nach Abfällen anzutreffen.

Unterfamilie Bänder- und Otterzivetten (Hemigalinae)

Systematisch uneinheitliche Gruppe verschiedenartiger Schleichkatzen. Krallen teilweise rückziehbar, Backenzähne mit kräftigen Höckern.

Verbreitung. Südostasien.

4 Gattungen, 4 Arten.

Bänderroller (*Hemigalus*): 1 Art. Gelblich grau mit braunschwarzer, auf dem Rücken breiter, an den Flanken und Gliedmaßen sich in Punktreihen auflösender Querstreifung. **Bänderroller** (*H. derbyanus*): 3 Unterarten. Südmyanmar, Südmalaysia, Küsten und nahe liegende Kleininseln von Sumatra, Borneo.

Schlichtroller (*Diplogale*): 1 Art. Ähnelt Bänderroller, Fell aber einfarbig braun, Unterseite heller, meist gelbgrau oder rötlich, Füße und Schwanz schwarz. Körper schlank, langgestreckt, spitze Schnauze. **Hoses Schlichtroller** (*D. hosei*): Borneo (Sabah, Sarawak).

Fleckenroller (*Chrotogale*): 1 Art. Braun mit dunklen Querbändern am Rücken, 2 schwarze Längsbänder an der Schulter, Schwanz anfangs gefleckt. **Fleckenroller** (*C. owstoni*): Laos, Vietnam, Südchina.

Otterzivetten (*Cynogale*): 1 Art. Schnauze viel flacher und breiter als bei anderen Schleichkatzen, mit stark verlängerten, weißen Tasthaaren. In Anpassung an das Wasserleben liegen die Nasenlöcher an der Oberseite der Schnauze, sind wie die Ohröffnungen verschließbar. Fell einfarbig gelblich graubraun, Unterseite aufgehellt. Körper gedrungen, Gliedmaßen kurz, kurzer Schwanz, kleine Schwimmhäute nur zwischen den Zehen der Hinterfüße. **Bennetts Otterzivette** (*C. bennetti*), auch Mampalon: 2 Unterarten. Malaysia, Sumatra und Borneo, östliches Hinterindien (Vietnam, Thailand).

Gefährdungsstatus. Bestand in der Wildnis unklar. Hinterindische Otterzivette (*Cynogale bennetti lowei*) gefährdet, besonders die vietnamesische Population. Owstones Fleckenroller und Hoses Schlichtroller gefährdet. EEP für Owstones Fleckenroller im Paignton Zoo.

Lebensweise. Dämmerungs- und Nachttiere. Lebensraum tropische Wälder, Waldränder, Lichtungen. Teils vorwiegend Baum-, teils Bodenbewohner, Otterzivette gut tauchender und schwimmender, daneben auch kletternder Wasserbewohner. Beuteerwerb teils durch Auflauern, Anschleichen, Überfalljagd, teils durch

Ausgraben von Erdbauen. Bänderroller durchwühlt mit rüsselartiger Schnauze den Boden.

Nahrung. Kerbtiere, Würmer, Muscheln, Krebse, Fische (Otterzivette) und andere kleine Wirbeltiere, nur vereinzelt Früchte (Otterzivette, Fleckenroller).

Unterfamilie Zibetkatzen (Viverrinae)

Gestalt katzenähnlich, nur klein- und spitzköpfiger. Hochbeinig, 5 Finger und Zehen, Krallen scharf, spitz, teilweise rückziehbar. Fell kurz, leicht wollig, braun oder grau, dunkel gepunktet oder gestreift, auch weiße Abzeichen.

Verbreitung. Südwesteuropa, Afrika ohne Sahara, Südasien.

3 Gattungen, 6 Arten.

Echte Zibetkatzen (*Viverra*), auch Asiatische Zibetkatzen: 4 Arten. Fell grau mit schwarzen Flecken, lang und weich, längere Haare auf dem Rücken. Rückenkamm und Beine schwarz, Kehle mit schwarz-weißen Streifen, Schwanz schwarz-weiß geringelt. **Große Zibetkatze** (*V. zibetha*), auch Zibete: Fell schwach gefleckt, dunkle Streifung kontrastärmer, weißer Schwanz und 2 weiße Halsringe. 6 Unterarten. Assam bis Ostchina und Hinterindien. – **Kleinfleck-Zibetkatze** (*V. tangalunga*), auch Tangalunga oder Malaiische Zibetkatze: Fell mit kleinen schwarzen Flecken. 2 Unterarten. Kambodscha, Thailand, Malaiische Halbinsel, Sumatra, Borneo, Malaysia, Indonesien und südliche Philippinen. Zur Zibetgewinnung (heute kaum noch praktiziert) auf mehreren südostasiatischen Inseln eingebürgert. – **Großfleck-Zibetkatze** (*V. megaspila*): meist größere, deutlichere Fleckung als die anderen Arten. Hinterindien von Myanmar bis Vietnam und südlich bis Westmalaysia. – **Malabar-Zibetkatze** (*V. civettina*): systematische Stellung umstritten. Südindien.

Afrikanische Zibetkatzen (*Civettictis*): 1 Art. Hauskatzengroß, grau, Rumpf und Schwanz mit schwarzen Querstreifen bzw. Punktreihen, lange, aufstellbare Rückenmähne. **Afrika-Zibetkatze** (*C. civetta*): 6 Unterarten. Afrika südlich der Sahara vom Senegal östlich bis Dschibuti, von Äthiopien im Osten bis zum nördlichen Südafrika, Westafrika von Guinea über Kamerun und die Demokratische Republik Kongo bis Namibia und westliches Südafrika.

Kleinzibetkatzen (*Viverricula*): 1 Art. Gelblich graubraun, dunkle, längs verlaufende Fleckenreihen von der Schulter bis zum Schwanzansatz, keine Rückenmähne, Schwanz kräftig weiß quer geringelt. **Kleine Indische Zibetkatze** (*V. indica*), auch Kleine Zibetkatze: 11 Unterarten. Indien, Süd- bis Ostchina, Taiwan, Hainan, Hinterindien mit Sumatra, Java, Kleine Sunda-Inseln, eingeführt auf Madagaskar, Sansibar und anderen Inseln.

Unterfamilie Ginsterkatzen und Pojanas (Genettinae)

Boden- und baumbewohnende, langgestreckte Schleichkatzen von 65–114 cm Körperlänge. Krallen scharf, spitz, teilweise rückziehbar, bei Afrikanischen Lisangs komplett rückziehbar. Fell kurz, leicht wollig, braun oder grau, dunkel gepunktet bzw. mit unterbrochenem Streifenmuster, auch weiße Abzeichen. Schwanz geringelt.

Verbreitung. Afrika und Vorderasien, 1 Art (Kleinfleck-Ginsterkatze) in Europa eingeführt.

2 Gattungen, 16 Arten.

Ginsterkatzen (*Genetta*): 14 Arten, Taxonomie jedoch unklar. Knapp hauskatzengroß, auf bräunlich hellem Grund auffällig schwarzes Fleckenmuster von der Schulter bis zum Schwanzansatz, Schwanz braunschwarz-weiß quer geringelt. Südfrankreich, Spanien, Israel, Syrien, Nordafrika, Südarabien, Afrika südlich der Sahara. **Kleinfleck-Ginsterkatze** (*G. genetta*), auch Europäische Genette: 5 Unterarten. Mittelmeeranrainerstaaten, weite Gebiete Afrikas, Jemen, Oman. – **Großfleck-Ginsterkatze** (*G. tigrina*): 2 Unterarten. Südafrika, Lesotho. –

Abb. 26.22 Die im südlichen Afrika lebende Großfleck-Ginsterkatze (*Genetta tigrina*) ist ein ausgesprochen nachtaktiver Einzelgänger.

Pantherginsterkatze (*G. maculata*): ähnelt der Großfleck-Ginsterkatze. Afrika südlich der Sahara. – **Westafrikanische Ginsterkatze** (*G. pardina*), auch Pardelgenette: Westafrika. – **Riesenginsterkatze** (*G. victoriae*): Osten der Demokratischen Republik Kongo, Uganda. – **Servalginsterkatze** (*G. servalina*), auch Waldginsterkatze: 5 Unterarten. Nigeria bis Kenia. – **Angola-Ginsterkatze** (*G. angolensis*): Angola bis Mosambik. – **Haubenginsterkatze** (*G. cristata*): Nigeria, Kamerun. – **Äthiopische Ginsterkatze** (*G. abyssinica*), auch Sennar-Ginsterkatze: Äthiopien, Somalia, Sudan. – **Haussa-Ginsterkatze** (*G. thierryi*): Senegal bis zum Tschadsee. – **Johnstons Ginsterkatze** (*G. johnstoni*), auch Liberia-Genette: Guinea bis Ghana. – **Bourlons Ginsterkatze** (*G. bourloni*): Guinea, Liberia, Sierra Leone. – **Königsginsterkatze** (*G. poensis*): Liberia bis Republik Kongo und Bioko. – **Wasserzivette** (*G. piscivora*): wegen mehrerer anatomischer Besonderheiten bisher in eine eigene Gattung *Osbornictis* gestellt, Zehen mit Schwimmhäuten, Kopf waschbärenähnlich weiß gezeichnet, Beine und Schwanz schwarzbraun, sonst kastanienbraun. Nordöstliches Kongobecken.

Pojanas (*Poiana*), auch Afrikanische Linsangs: 2 Arten. Fell dunkelgelb bis graubraun mit streifenförmigen, schwarzen Punkten, Unterseite heller. Schwanz mit schwarzen Ringeln. Perianaldrüsen vorhanden, die moschusartiges Sekret absondern. **Afrikanischer Linsang** (*P. richardsoni*), auch Pojana, Zentralafrikanischer Linsang: kräftige Körperfleckung, Schwanz mehr als körperlang. West- und Äquatorialafrika (Kamerun bis Demokratische Republik Kongo). – **Leightons Linsang** (*P. leightoni*), auch Westafrikanischer Linsang: Sierra Leone bis Elfenbeinküste.

Gefährdungsstatus. Bestand in der Wildnis weitgehend noch gesichert, regional und artverschieden aber auch gefährdet. Vom Aussterben bedroht ist die Malabar-Zibetkatze, zählt zu den bedrohtesten Säugetierarten, Haubenginsterkatze in einem kleinen Verbreitungsgebiet in der Grenzregion zwischen Kamerun und Nigeria gefährdet. Mediterrane Kleinfleck-Ginsterkatze regional schutzbedürftig, so auf Ibiza.

Lebensweise. Dämmerungs- und Nachttiere (außer Kleine Zibetkatze). Lebensraum tropischer Regenwald, Waldränder mit dichtem Unterwuchs (Pojana, Wasserzivette, manche Ginsterkatzen) oder Gras- und Trockensavannen mit Gesteinsformationen (Kleinfleck-Ginsterkatze), manche Arten bis ins Hochgebirge (Uganda-Bergland-Servalginsterkatze, *Genetta servalina bettoni*). Hell getönte, locker gefleckte Arten meist Savannen-, dunkel getönte, dicht gefleckte Arten meist Urwaldbewohner. Ruheplätze in Baum- und Erdhöhlen, Pflanzendickungen, hohem Gras (Zibetkatzen, Ginsterkatzen), waldbewohnende Ginsterkatzen auch auf Ästen. Nicht grabende Bodenbewohner, die teilweise sehr gut stammabwärts mit dem Kopf voran klettern (Kleine Zibetkatze, Genetten). Hoch empfindlicher Geruchs-, Gehör- und Gesichtssinn (Nacht- und Dämmerungssehen, Teilfarbsehen). Kontaktlaute meckernd, Warnlaute knurrend, fauchend, katzenartiges „Spucken“. Einzelgänger, vermutlich sehr reviertreu, da in Menschenobhut ausgeprägtes Markierungsverhalten. Duftmarken meist mit Drüsensekret, das in den Analdrüsen gespeichert wird, war seit dem Altertum wertvoller Parfümrohstoff. Afrika-Zibetkatzen und andere Arten wurden seit Jahrhunderten, mitunter auch heute noch, zur Gewinnung des moschusartigen Zibets in Gefangenschaft gehalten. Revierkennzeichnung teilweise auch an festen Plätzen durch Kotabsatz („Civetrinen"). Beuteerwerb durch Anschleichen. Beute wird nicht mit Nacken- oder Kopfbiss getötet, sondern an beliebiger Stelle erfasst und durch viele Bisse getötet.

Nahrung. Kleinsäuger, Vögel (Zibetkatzen rupfen nicht), andere kleine Wirbeltiere, Insekten und Würmer. Wasserzivetten jagen Fische und andere Wassertiere, Afrika-Zibetkatzen erbeuten auch junge Antilopen, Ginsterkatzen mitunter Hausgeflügel und -kaninchen. Zusätzlich meist auch Pflanzenkost, besonders Früchte. Pflanzensamen wird mit dem Kot ausgeschieden, dabei Verbreitung von Pflanzenarten (Zoochorie).

Haltung von Schleichkatzen

Siehe Haltung von Schleichkatzen, Madagassischen Raubtieren und Pardelrollern.

Familie Linsangs (Prionodontidae)

Wurden bisher als Unterfamilie der Schleichkatzen geführt. Aufgrund von Ergebnissen molekulargenetischer Untersuchungen mit eigenem Familienstatus. Gestalt schlank, Körper langgestreckt, Gliedmaßen kurz, Krallen katzenartig einziehbar.

Verbreitung. Südostasien.

1 Gattung, 2 Arten.

Asiatische Linsangs (*Prionodon*): Schnauze lang, spitz, oberer M2 fehlt, langer Schwanz, keine Duftdrüsen, markieren mit Harn. **Bänderlinsang** (*P. linsang*): größere Art, Fell variiert von weißgrau bis graubraun, 4–5 dunkle Bänder auf dem Rücken, Flanken und Beine gepunktet. 3 Unterarten. Westthailand, Malaiische Halbinsel, Inseln Indonesiens (Sumatra, Borneo, Java). – **Fleckenlinsang** (*P. pardicolor*): Fell orangebraun mit streifenförmig angeordneten schwarzen Flecken. 2 Unterarten. Südliches Himalajavorland von Nordostindien bis Bhutan und Myanamar, Südchina und nördliches Hinterindien mit Vietnam, Laos und Thailand.

Gefährdungsstatus. Bestand in der Wildnis unübersichtlich. Fleckenlinsang in Sikkim nie häufig, im übrigen Südhimalajaraum gefährdet, Bänderlinsang möglicherweise wie Vietnam-Fleckenlinsang (*P. p. presina*) regional schutzbedürftig.

Lebensweise. Dämmerungs- und Nachttiere. Lebensraum tropische Regenwälder bis ins Hochgebirge. Baumbewohner, die teilweise sehr gut stammabwärts mit dem Kopf voran klettern, als Ruheplätze Vogelnester, Kobel, selbst gebaute Nester oder Baumhöhlen nutzen, aber zur Nahrungssuche regelmäßig auf den Boden kommen. Einzelgänger, über Lebensweise wenig bekannt, da sehr scheu und versteckt lebend.

Nahrung. Kleine Säugetiere, Vögel, Echsen, Frösche, Eier, Aas, auch pflanzliches Material wie Früchte.

Haltung von Linsangs

Siehe Haltung von Schleichkatzen, Madagassischen Raubieren und Pardelrollern.

Familie Madagassische Raubtiere (Eupleridae)

In dieser Familie werden alle ursprünglich auf Madagaskar vorkommenden Raubtiere zusammengefasst. Zusammengehörigkeit wurde erst in jüngster Zeit aufgrund von genetischen Untersuchungen festgestellt. Wurden verschiedentlich den Schleichkatzen, Mangusten und Katzen zugeordnet.

Abb. 26.23 Die Fossa (*Cryptoprocta ferox*) ist das größte Raubtier Madagaskars und in ihrem Bestand stark gefährdet.

Verbreitung. Endemisch auf Madagaskar.

2 Unterfamilien, 7 Gattungen, 8 Arten.

Unterfamilie Ameisenschleichkatzen (Euplerinae)

Große Vertreter der Familie von unterschiedlicher Gestalt mit ursprünglichen Merkmalen.

3 Gattungen, 3 Arten.

Ameisenschleichkatzen (*Eupleres*): 1 Art. Spitzköpfig, Schnauze lang, Vorbacken- und Eckzähne kurz und nach hinten gebogen, Gliedmaßen mit starken Krallen, Anal- und Dammdrüsen fehlen, Schwanzwurzel als Fettspeicher. Fell variiert von hell- bis mittelbraun, unterseits heller. **Falanuk** (*E. goudoti*), auch Ameisenschleichkatze: 2 Unterarten. Ost-, Nordwest-, West-, Zentralmadagaskar.

Frettkatzen (*Cryptoprocta*): 1 Art. Gestalt katzenähnlich, reichlich fuchsgroß. Kopf klein, mit seinem kurzen Gesichtsschädel katzenähnlich. Zahnformel: 3/3 1/1 3/3 1/1, ausgeprägte Brechschere. Rumpf lang und schlank, Gliedmaßen mittellang, Krallen voll einziehbar, Schwanz knapp körperlang. Fell kurz, dicht, rostrot. Besonderes Merkmal ist der Bau der äußeren Geschlechtsorgane: sehr langer Penis mit großem Penisknochen (*Baculum*), Eichel (*Glans*) halb penislang, an der Spitze mit Stacheln, Klitoris heranwachsender Weibchen auffallend lang, penisähnlich und durch eine knöcherne Struktur (*Os clitoridis*) gestützt, ebenfalls bestachelt. Später bei ausgewachsenen Weibchen Verkleinerung des Organs auf Normalmaß. **Fossa** (*C. ferox*): Artname irreführend, da gleiche Bezeichnung als Gattungsname für Fanaloka gültig ist. Madagaskar.

Fanaloka (*Fossa*): 1 Art. Gestalt ginsterkatzenähnlich, grau mit rötlichem Einschlag, Längsstreifen auf dem Rücken, Schwanz dunkel quer gefleckt, charakteristischer weißer Fleck hinter den Augen. Krallen voll rückziehbar. Dammdrüsen fehlen. Schwanzwurzel als Fettspeicher. **Fanaloka** (*F. fossana*): Gattungsname irreführend (siehe Frettkatzen). Nord-, Nordwest- und Ostmadagaskar.

Gefährdungsstatus. Bestand in der Wildnis vor allem durch Waldrodung und Bejagung (alle werden ihres Fleisches wegen und als „Hühnerdiebe" von Landeseinwohnern gejagt) gefährdet, besonders beide Unterarten der Falanuk sowie Fossa. Internationales Zuchtbuch und EEP für Fossa im Zoo Leipzig.

Lebensweise. Nachttiere, die auch dämmerungs- (Fanaloka) und tagaktiv (Fossa) sein können. Lebensraum sind Wälder, meiden jedoch gerodete Zonen. Gut kletternde, weit springende, einzeln oder paarweise lebende Baumbewohner, die auch am Boden geschickt laufen und springen, wahrscheinlich grabend im Erdboden nach Nahrung suchen. Fanaloka vorwiegend Bodenbewohner. Ruheplätze in Baumstämmen und Felsspalten.

Nahrung. Falanuk: Insekten, Würmer, Schnecken, Lurche. Fanaloka: Kleinsäuger, Reptilien, Lurche, Wirbellose (auch wasserbewohnende), angeblich auch Obst. Fossa: kleine und mittelgroße Säugetiere (darunter Halbaffen, junge Haustiere) Vögel (bis Truthahngröße, auch Hausgeflügel), kleinere Wirbeltiere und Wirbellose.

Abb. 26.24 Die Nahrungspalette der Fanaloka (*Fossa fossana*) besteht überwiegend aus Krebstieren, Würmern, Insekten, Fröschen und Kleinsäugern. Ihr Schwanz dient als Fettspeicher.

Unterfamilie Madagaskar-Mungos (*Galidiinae*)

Entwicklungsgeschichtlich alte, ursprüngliche Schleichkatzengruppe. Gestalt und Größe mungoartig. Krallen nicht einziehbar. Fell kurz, körperlanger Schwanz buschig, einfarbig und quer geringelt, Rücken- und Körperseiten oft mit dunklen Längsstreifen.

Verbreitung. Madagaskar.

4 Gattungen, 5 Arten.

Ringelschwanzmungos (*Galidia*): 1 Art. Fell rötlich braun, Kopf hellbraun, Beine und Bauch schwarz, dunkel geringelter, etwa körperlanger Schwanz. Zehen mit kleinen Schwimmhäuten, Fußsohlen behaart. **Ringelschwanzmungo** (*G. elegans*), auch Ringelmungo: 3 Unterarten. Nord-, Ost-, Zentralmadagaskar.

Breitstreifenmungos (*Galidictis*): 2 Arten. **Bändermungo** (*G. fasciata*), auch Breitstreifenmungo: hellgraubraun mit 6–8 braunen Längsstreifen oberseits, Schwanz hellgrau. 2 Unterarten. Ostmadagaskar. – **Riesen-Streifenmungo** (*G. grandidieri*), auch Grandidiers Mungo, Großer Breitstreifenmungo: Wüstenregion im Südwesten Madagaskars (Mahafaly-Plateau).

Schmalstreifenmungos (*Mungotictis*): 1 Art. Braungrau mit 10–12 braunen Längsstreifen, seitlich getupft, zwischen den Zehen Schwimmhäute angedeutet. **Schmalstreifenmungo** (*M. decemlineata*): West- und Südwestmadagaskar.

Schlichtmungos (*Salanoia*): 1 Art. Fell bräunlich, manchmal mit hellen oder dunklen Flecken. **Schlichtmungo** (*S. concolor*): Nordostmadagaskar. – 2010 wurde als wahrscheinlich neue Art *S. durrelli* wissenschaftlich beschrieben, da zuvor erstmals entdeckte Tiere sich morphologisch und anatomisch von *S. concolor* unterschieden.

Gefährdungsstatus. Bestand in der Wildnis regional unklar, dennoch mehr oder minder durch Waldrodung und Bejagung gefährdet wie beide Breitstreifenmungos und Schmalstreifenmungo oder zumindest schutzbedürftig wie Ringel- und Schlichtmungo.

Lebensweise. Nachttiere, Ringelschwanzmungo und Schlichtmungo auch tagsüber aktiv, verbergen sich nachts in Baumhöhlen oder Erdbauen. Dort verbringen Schmalstreifenmungos überwiegend auch den Winter. Lebensraum unterholzreiche, dichte Wälder. Bodenbewohner, Ringelschwanz- und Bändermungos auch im Unterholz kletternd. Ringel- und Schmalstreifenmungos gute Schwimmer. Überwiegend Einzelgänger oder paarweise, Breitstreifenmungos und Riesen-Streifenmungos auch in kleinen Familiengruppen, Schlichtmungo in Familienverbänden.

Nahrung. Insekten und andere Wirbellose, kleine Wirbeltiere wie Fische, Amphibien und Reptilien (Ringelschwanz-, Breitstreifenmungos), Vögel und deren Eier, Kleinsäuger wie Nagetiere, auch Halbaffen, gelegentlich Früchte (Ringelschwanz-, Schlichtmungos).

Haltung von Madagassischen Raubtieren

Siehe Haltung von Schleichkatzen, Madagassischen Raubtieren und Pardelrollern.

Familie Pardelroller (Nandiniidae)

Genetische Untersuchungsergebnisse widerlegten frühere Zuordnung zu den Schleichkatzen (Viverridae) als vermutete Verwandte der Palmenroller.

Verbreitung. Afrika.

1 Gattung, 1 Art.

Pardelroller (*Nandinia*): 1 Art. Fell lang, dicht, oberseits braun, dunkel gepunktet, Nacken dunkel längs gestreift, Schwanz quer gestreift, unterseits heller, ungefleckt. **Pardelroller** (*N. binotata*), auch Zweiflecken-Palmenroller: 4 Unterarten. Afrika südlich der Sahara bis nördliches Südostafrika.

Gefährdungsstatus. Bestand in der Wildnis unübersichtlich, vermutlich wenig gefährdet.

Lebensweise. Nachtaktive Baumbewohner. Nahrungssuche überwiegend im Geäst, selten am Boden. Ergreifen ihre Beute mit den Vorderpfoten. Vögel werden meist nicht gerupft. Einzelgänger, nur zur Paarung kurzzeitig zusammen.

Nahrung. Vorwiegend Früchte, daneben Insekten, Nagetiere, Aas und andere tierische Kost.

Haltung von Pardelrollern

Siehe Haltung von Schleichkatzen, Madagassischen Raubtieren und Pardelrollern.

Haltung von Schleichkatzen, Madagassischen Raubtieren und Pardelrollern

Von Palmenrollern (*Paradoxurinae*) wenige Arten vereinzelt, Binturongs häufiger, Vertreter der Bänder- und Otterzivetten (*Hemigalinae*) selten, der Linsangs (*Prionodontinae*) und Zibetkatzen (*Viverrinae*) vereinzelt gezeigt. Fossa selten, Fanaloka sehr selten und Falanuk nicht gehalten. Bändermungo erstmals 1995 in Antananarivo, Ringelschwanzmungo und Schmalstreifenmungo im Zoo Berlin und anderen Zoos gezeigt.

Artverschieden gegensätzliche Aktivitätszeiten machen verschiedenartige Haltungssysteme und Haltungsmethoden erforderlich.

Unterkunft. Überwiegend nicht winterharte, dämmerungs- und nachtaktive Tropentiere (z.B. Bänder- und Otterzivetten, manche Palmenroller und Zibetkatzen) möglichst im Nachttierhaus halten, da sie sonst tagsüber oft sehr träge sind und viel schlafen. Raumtemperaturen generell etwa 20–25 °C. Übrige Arten in konventionellem Klimahaus mit natürlicher Tageslichtperiodik, da sich viele vorwiegend dämmerungsaktive Arten u.a. durch Fütterung problemlos auf eine Tagaktivität umstellen lassen (z.B. Binturongs in Darmstadt und Epe oder Fleckenmusangs in Budapest und Neunkirchen, Fossa in Duisburg). In San Diego dient dazu außerdem ein umfangreiches Beschäftigungsprogramm einschließlich Zieltraining. Gehegeeinrichtung mit Kletterästen, Kratzsteinen und Kratzbäumen wie sie auch für Hauskatzen benutzt werden, erhöht angebrachten Schlaf- und Versteckplätzen in Form von Boxen mit runder Eingangsöffnung. An manchen Boxen kann der Boden fehlen (z.B. praktiziert beim Bänderroller). Vorteil: leichte Reinigung durch Abheben vom Boden, Bewohner braucht nicht mit Nachdruck aus geschlossenem Kasten vertrieben zu werden. Für Ginsterkatzen sind pro Tier 2 Schlafkästen wünschenswert. Zum Schlafen besonders in herkömmlichen Kleintierhäusern der besseren Präsentation wegen in lichtgeschütztem Käfigteil meist auch nur ein flaches Schlafbrett, günstiger für die Tiere ist aber eine vorn halb offene oder geschlossene Schlafkiste mit rundem Schlupfloch (zur Zucht unbedingt erforderlich), Tiere sind dann allerdings tagsüber oft nicht zu sehen. Bodenbelag bei Bodenbewohnern auf im Winter schwach beheizten Betonböden feinkörniges Sand-Torfmull-Gemisch, Torfmull, Rindenmulch, trockenes Laub oder Sägespäne. Auf blanken, auch kunststoffbeschichteten Böden gelegentliches Wundlaufen (Streifenroller). Einstreu bzw. Bodenbeläge müssen absolut trocken gehalten werden, regelmäßig erneuern. Für kletterfreudige Arten (Zibetkatzen, viele Palmenroller, Fossa, Bänder- und Otterzivetten) als Bodenbelag auch blanker Beton mit oder ohne Kunststoffbeschichtung geeignet, dann aber als Kotplatz flache Kiste mit Einstreu bereitstellen. Fleckenroller und andere Vertreter koten in Wasserschalen. Für Wasser- und Otterzivetten Schwimmbecken erforderlich. Fast alle Arten neigen bei unzureichender Größe und Ausstattung der Gehege zu Bewegungsstereotypien oder auch Verfettung. Den Innenunterkünften zugeordnet sind für teilakklimatisierbare Arten Außenanlagen. meist mit Drahtbegrenzung und -überdachung. Da viele vorzüglich klettern und springen, sind seitliche Begrenzung und Überdachung der Innen- und angeschlossenen Außenunterkünfte meist aus Maschendraht oder kleinmaschigen Drahtgeweben, an den Sichtseiten auch Glas erforderlich. Unterkünfte für Paare sollten zur leichteren Trennung der Partner ohne großen technischen Aufwand teilbar sein, von denen eine dem isolierten Weibchen zum ungestörten Werfen und zur Jungenaufzucht dienen kann. Afrika-Zibetkatzen suchen auch an milden Wintertagen gern kurzfristig die Außenanlage auf wie auch Kleine Zibetkatzen, Ginsterkatzen, Fleckenmusangs, Larvenroller und Binturongs, die sogar teilweise ganzjährig im Freien gehalten werden können, wenn ihnen beheizte Schutzräume oder bodenbeheizte geschützte Rückzugsflächen zur Verfügung stehen. Sie tolerieren nach entsprechender Akklimatisation mäßige Kältegrade bei trockener Luft, bleiben aber empfindlich gegen Nasskälte. Kletternde und gut springende Arten (z.B. Zibetkatzen, Palmenroller) können dann in windgeschützten Volieren, vorwiegend bodenbewohnende Arten, aber auch Binturongs in offenen Anlagen mit entsprechend gestalteten Umfassungsgräben oder Freianlagen mit innen glatter, etwa 1,20 m hoher Umfassungsmauer untergebracht werden. Binturongs und Kleine Zibetkatzen haben sich als Ausbruchskünstler erwiesen. Reichhaltige Bepflanzung der Außenanlage bietet Versteckmöglichkeiten und lockt Insekten, die dann als willkommene Beschäftigung gejagt werden. Am Boden als Spiel-, Versteck- und Auslugplätze schwere Wurzelstöcke, Lauftunnel, Steine und kleine Plattformen, über die auch in Freianlagen künstliche Sonnen (Infrarot- oder andere Wärmelampen) gehängt werden können. Auch auf Außenanlagen ausreichende Klettermöglichkeiten und für alle Arten erhöht angebrachte Schlafplätze.

Umgang. Wie mit Mardern. Viele Arten werden sehr zahm, besonders als Jungtiere aufgezogene Afrikanische und Indische Zibetkatzen, Ginsterkatzen, Linsangs, Musangs, Larven- und Palmenroller, Fossas, Binturongs. Ginsterkatzen sind schreckhaft, greifen unvermittelt an. Fang mit Kescher oder beköderten Käfigfallen, Genick- und andere Haltegriffe (Krallen!) nur mit Lederhandschuh. Transport wie Marder. Vorsicht, viele Arten sind kälteempfindlich. Eingewöhnung erwachsener Tiere schwierig, bleiben meist scheu und wild.

Fütterung. Allesfresser, deren Futterzusammensetzung davon abhängt, ob die fraglichen

Arten in der Wildnis teils mehr tierische, teils mehr pflanzliche Kost bevorzugen.

Tierische Futtermittel: frischtote ganze Mäuse, Ratten, Meerschweinchen, Eintagsküken, Geflügel- oder Kaninchenfleisch, Taube, als Leckerbissen Heuschrecken, Schaben, Grillen, gegebenenfalls Hunde- oder Katzenfertigfutter, mageres, durchgedrehtes Fleisch, Leber, Herz, Eigelb, hart gekochtes Ei, Quark. Für Wasserzivetten, Larvenroller, Musangs, Binturongs und Schlichtroller auch See- oder Süßwasserfisch, Krebse, Würmer. Falanuk, Bänderroller und Fleckenroller bevorzugen Würmer und Insekten. Zusätzlich werden Fleckenroller mit einer Mischung aus 1 Drittel Fleisch und 2 Drittel Obst gefüttert (Hanoi). Bänderlinsangs fressen Vögel ohne Schwungfedern und Magen, Pardelroller Geflügelfleisch auch mit Knochen.

Pflanzliche Futtermittel: Obst, besonders Banane, Apfel, Apfelsine, Weintrauben und andere süße Beeren, Feigen, gekochter Reis. Als Tränke Wasser, Tee. Bei überwiegend fleischfressenden Arten wie Ginsterkatzen wird vor zucker- oder karamelhaltiger Kost (auch bei Fertigfutter!) wegen der damit verbundenen Diabetesgefahr bzw. Zahnschäden gewarnt. Zweimal täglich füttern. Eigenen Futterplatz für jedes Tier bei wenig geselligen Arten, um Streit infolge Futterneids zu verhindern. Gelegentlich Neigung zur Verfettung (Binturong, Larvenroller, Fleckenmusang), deshalb notfalls wöchentlich 1 Fasttag, dann aber wegen möglicher Beißereien Tiere gut beobachten, gegebenenfalls am Fasttag trennen.

Vergesellschaftung. Die meisten Arten können als Paar gehalten werden, manche sind aber oft individuell so unverträglich, dass zeitweise Einzelhaltung erforderlich wird (manche Zibet- und Ginsterkatzen). Nicht selten nachts Streitereien von Paaren, die tagsüber sogar in einer Schlafbox schliefen. Normalerweise benötigt jedes Tier eine eigene Schlafbox. Binturongs können auch in Gruppen gehalten werden (Darmstadt), Fleckenroller zumindest als Jungtiergruppen (Hanoi). Fossas individuell außerhalb der Paarungszeit oft unverträglich, dann dauerhafte Einzelhaltung. Verträgliche Paare können aber auch in großen, gut strukturierten Anlagen mit ausreichend Schlaf- und Wurfboxen permanent zusammen gehalten werden, wobei sich beim Weibchen ein Dauerröstrus entwickeln kann (Duisburg). Vergesellschaftung von Binturongs mit Zwergkrallenottern in Melbourne geglückt.

Fortpflanzung und Zucht. Geschlechtsunterscheidung einfach. Bei langfelligen Arten aber nur durch genaue Untersuchung möglich. Bei Palmenrollern schlitzartige Drüsentasche unter dem Anus nicht mit der Vagina verwechseln. Verpaarung einzeln gehaltener Tiere wie bei Mardern. Paarung oft verbunden mit katzenartigem Miauen (Ginsterkatzen, Fossa), manchmal mit Kreischen oder Keckern, nicht selten aber auch lautlos. Vorher oft Vorspiele, besonders Treiben, aber nicht bei allen Arten. Zur Begattung reitet das Männchen dem Weibchen rücklings auf, umfasst Brust oder Bauch mit den Vorderbeinen. Nackenbiss bei manchen Arten stets (Fossa), bei anderen nur angedeutet (Ginsterkatzen). Paarung häufig nachts und meist kurz, bei Ginsterkatzen 2–5, bei Fleckenmusang 2½, bei Fleckenroller 2–3 Minuten, bei Fossa dagegen 1–1½ Stunden. Brunstdauer meist kurz (Hochbrunst bei der Großen Zibetkatze 2 Tage), bei sehr ungeselligen Arten länger (Fossa 1–2 Wochen). Während der Brunst täglich mehrere Paarungen. Würfe meist ganzjährig möglich, oft Häufung im Frühjahr und Herbst oder in den Sommermonaten (14 Würfe der Großfleck-Ginsterkatze von März bis September, davon 5 im Mai), auch in den Hochsommer- und Hochwintermonaten (Juni/Juli und Dezember/Januar) wie beim Binturong. Meist 2, seltener mehr Würfe im Jahr, bei Fleckenroller nur 1 Wurf. Wurfintervalle bei Afrika-Zibetkatze 193–258, nach Wurfverlust sogar nur 98 Tage (Post-partum-Östrus nach 2–3 Wochen), bei Binturong nach Wurfverlust Geburtsintervall 131 Tage (Post-partum-Östrus nach 1–1½ Monaten). Trächtigkeitszeichen nicht immer deutlich erkennbar, gelegentlich Vergrößerung des Leibesumfangs und sichtbare Vergrößerung der Zitzen

Tab. 26.9 Angaben zur Jugendentwicklung von Schleichkatzen und Madagassischen Raubtieren

Art	Augenöffnung (Tag)	erstes Verlassen des Nests (Tag)	erste feste Kost (Tag)	Säugezeit (Monate)	Geschlechtsreife (Jahre)
Große Zibetkatze	8.–10.	16.–20.		2	
Afrika-Zibetkatze	0.–2.	17.–26.	21.–23	2	1
Ginsterkatzen	8.–12.	18.–21.	ca. 50.	2	2
Streifenroller	11.–13.	14.–18.	21.–24.	2	1
Fleckenmusang	ca. 10.		ca. 28.		1[1]
Binturong	2.–10.	26.–29	36.–56.	3	2[2]
Bänderroller	8.–12.	18.–20.			
Fleckenroller	4.–15.	10.–14.	56.–70.	3–5	2
Fossa	offen	12.–15.	12.–15.	1½	2[3]
Fanaloka	offen	5.(?)			3

[1] Weibchen schon mit etwa 9 Monaten
[2] Weibchen schon mit 1 Jahr
[3] Weibchen erst mit 3 Jahren

(Zibetkatzen, Bänderlinsang). Weibchen ungeselliger Arten, besonders bei auch sonst wenig harmonierenden Paaren, werden zunehmend unverträglicher (Zibetkatzen, Palmenroller, Fossa, Bänder- und Otterzivetten), doch machen z.B. Binturongs deutlich, dass es große individuelle Unterschiede gibt. (In Washington äußerst unverträglich, Kämpfe. In Dresden durfte das Männchen am 4. Tag nach der Geburt die Jungen in der Wurfkiste aufsuchen und half diese zu betreuen. Auch in Halle wurde das Männchen bei Mutter und Jungen gelassen.) Dessen ungeachtet sicherheitshalber bei vermuteter Trächtigkeit Männchen spätestens 2 Wochen vor dem erwarteten Geburtstermin abtrennen, bei Auseinandersetzungen sofort. Wenn nicht zum Käfiginventar gehörend, heugepolsterte Wurfkiste für Baumbewohner in Kletterästen oder erhöht an der Käfigwand einbringen. Für Bodentiere möglichst mehrere Wurfplätze, da bei geringsten Störungen, deren Ursache oft unerkannt bleibt, Jungtiere an einen anderen Ort verlegt werden.

Tragzeit: Afrika-Zibetkatze 60–81, Ginsterkatze 56–77, Fleckenmusang 64–91, Streifenroller 45, Binturong 84–98 (vielfach 92–93), Fossa 53–60, Fanaloka 80–89, Fleckenroller 75–87 Tage. Wurfgröße bei Falanuk und Fanaloka 1, Bänderlinsang, Bänderroller 2, Ginsterkatze, Afrika-Zibetkatze, Indien-Zibetkatze, Fleckenmusang, Streifenroller, Binturong, Fossa 1–4 (meist 2–3) Junge. 2–6, meist 4 Zitzen.

Neugeborene meist nackt oder wenig behaart, bei einigen Arten mit mehr (Binturong, Fossa) oder weniger gut entwickeltem Fell (Streifenroller), das auch erste Zeichnungsmuster (Streifenroller, Ginsterkatzen) erkennen lässt. Geburtsgewicht bei Ginsterkatzen 77–100 g, Bänderlinsangs 40 g, Fleckenmusangs um 100 g, Binturongs 270–350 g, Fossas 80–90 g, Fanalokas 70 g, Bänderroller 125 g, Fleckenroller 80–135 g. Angaben zur Jugendentwicklung von Schleichkatzen in Tabelle 26.9. Erfolgreiche Aufzucht nur unter störungsfreien Bedingungen. Mütter mit Neugeborenen verweigern in den ersten 1–2 Tagen, manchmal auch länger, die Nahrungsaufnahme. Bei dämmerungs- und nachtaktiven Tieren abends füttern, damit nachts aufgenommenes Futter frisch ist. Säugende Weibchen reichlich füttern. In warmen Unterkünften nur solche Futtermittel anbieten, die nicht säuern, sonst besser Anzahl der Mahlzeiten während der Säugezeit steigern.

Künstliche Aufzucht wie bei Bären und Marder. Bei mehreren Arten gelungen, z.B. Europäische Ginsterkatze (Tucson, Dvur Kralove, Warschau), Fleckenmusang (Dvur Kralove), Binturong (Warschau, Glasgow) und Fossa (Washington). Der Milch (Katzenmilchaustauscher, Vollmilchpulver) kann zeitig (11.–14. Tag) Bananenbrei beigemischt werden.

Nachzuchten von Fleckenmusangs, Ginsterkatzen und Binturongs regelmäßig. Erstnachzuchten seltener Arten: Bänderlinsang 1968 in Wassenaar, Fossa 1980 in Duisburg, Fleckenroller 1997 in Hanoi, Fleckenlinsang 1990 in Bangkok. Einige Arten selten in Zoologischen Gärten. Fleckenroller erst seit Anfang der 1990er Jahre in Hanoi, Otterzivetten zuletzt um 1990 in Bangkok, Jerdons Musang nur 1992 in Pune, Malabar-Zibetkatze nur in Thiruvananthapuram. In Coimbatore wurde versucht, die Erfahrungen aus der Haltung von Zibetkatzen zur Zibetgewinnung mit Erkenntnissen der modernen Tiergartenbiologie zu vereinen und so ein neues Verständnis auch für die immer noch praktizierte Batteriehaltung von Zibetkatzen zu erreichen.

Höchstalter in Menschenobhut. Kleinfleck-Ginsterkatze über 23, Westafrikanische Ginsterkatze 18, Afrika-Zibetkatze 28, Binturong 26¼, Fossa 24, Pardelroller 19¼, Larvenroller 29, Streifenroller 16, Indien-Zibetkatze fast 21¾, Fleckenmusang fast 24½, Bänderroller fast 15½, Fanaloka fast 21½, Bänderlinsang fast 10¾, Kleinfleck-Zibetkatze 12¼, Kleine Indische Zibetkatze fast 12¾, Schlichtmungo 4¾, Pojana fast 5¾ Jahre.

Abb. 26.25 Der Indische Mungo (*Herpestes edwardsi*) wurde außerhalb seines Herkunftsgebietes zur Schädlingsbekämpfung (Ratten, Schlangen, Schadinsekten) mehrfach ausgewildert – nicht immer mit den gewünschten Ergebnissen.

Familie Mangusten (Herpestidae)

Fossil aus dem Miozän bekannt (*Herpestes*) und bisher als Verwandte der Schleichkatzen betrachtet, vermutlich aber entwicklungsgeschichtlich den Hyänen und Madagassischen Raubtieren nahestehend.

Auch Ichneumons oder Mungos genannt. Gestalt und Größe marderartig, Fell kurz, teilweise mit langen Deckgrannen, meist grau oder braun, eher einfarbig, unterseits oft dunkler, mitunter mit Sprenkelungen oder quer gebändert, nie gefleckt. Gesicht und Körper langgestreckt. Kopf relativ klein, spitzschnäuzig, typisches Raubtiergebiss, Zahnformel vielfach 3/3 1/1 3–4/3–4 2/2. Ohren rundlich, Gehörgang durch Verstellung der Ohrmuschel und deckelartige Knorpellappen verschließbar, Gliedmaßen kurz, Krallen nicht einziehbar, Schwanz nicht länger als der Rumpf, oft leicht buschig. Duftdrüsen als große Analtasche mit 2 Öffnungen.

Verbreitung. Südwesteuropa, Afrika, Südasien, einschließlich Sunda-Inseln, Philippinen und Molukken.

15 Gattungen, 34 Arten.

Echte Mangusten (*Herpestes*), auch Echte Mungos: 10 Arten. Fellfarbe variiert von Gelblich über Grau bis Bräunlich, Flanken und Unterseite meist heller, Schwanz relativ lang, alle Pfoten mit 5 Zehen. **Indischer Mungo** (*H. edwardsi*), auch Grauer Mungo: Fell silbergrau, Beine etwas dunkler, Schwanzspitze dunkelrot, Kopf mit leichtem Rotstich. 5 Unterarten. Süd- und Ostarabien, Vorderasien, Pakistan und Afghanistan, Indien (mit Sri Lanka), ausgesetzt in Japan, Mittelamerika (Antillen, Kuba usw.), auf Mauritius und auf den malaiischen Inseln. – **Kleiner Mungo** (*H. javanicus*): grau mit goldgelben Pünktchen, Bauchseite leicht heller. 3 Unterarten, Taxonomie jedoch uneindeutig. Afghanistan und Pakistan bis Indien, Hinterindien und China, Malaiische Halbinsel, Malaysia und Indonesien, ausgesetzt auf Fidschi, Hawaii, Puerto Rico, in vielen anderen tropisch-subtropischen Gebieten und auf dem Balkan. – **Ichneumon** (*H. ichneumon*), auch Afrikanischer Mungo: Fell gelblich grau, schwach braun gesprenkelt. 10 Unterarten, taxonomische Überarbeitung notwendig. Iberische Halbinsel, Nordafrika, Kleinasien mit Israel und Palästina, Afrika südlich der Sahara (nicht in geschlossenem Urwald und Wüstengebieten), angesiedelt in Italien und auf Madagaskar. – **Krabbenmanguste** (*H. urva*): Fell grau, helle Streifen von der Schnauze bis zum Nacken. 4 Unterarten. Nepal bis Südostchina einschließlich Taiwan und Hainan sowie Hinterindien mit Thailand, Laos, Vietnam und Malaysia. – **Indische Rotmanguste** (*H. smithii*), auch Indischer Rotmungo: dem Indischen Mungo ähnlich, aber etwas größer, Fell dunkelbraun, oft leicht rötlich. 3 Unterarten. Indien und Sri Lanka. – **Halsstreifenmanguste** (*H. vitticollis*): größte asiatische Mangustenart, Fell rötlich braun bis graubraun, beidseits des Nackens schwarze Streifen. 2 Unterarten. Südindien, Sri Lanka. – **Halsbandmanguste** (*H. semitorquatus*): Fell kurzhaarig, glatt, weich, rotbraun, leicht hell gesprenkelt, Bauchseite gelbrot bis rotbraun, gelber Streifen vom Mundwinkeln bis zu den Schultern. 2 Unterarten. Sumatra, Borneo. – **Kurzschwanzmanguste** (*H. brachyurus*): Fell graubraun, dunkel gesprenkelt, relativ kurzer, dicker Schwanz. 4 Unterarten. Vietnam, Malaiische Halbinsel, Sumatra, Borneo, Java und Palawan. – **Braune Manguste** (*H. fuscus*), auch Indische Kurzschwanzmanguste: ähnelt der Kurzschwanzmanguste und wird verschiedentlich als deren Unterart angesehen. 5 Unterarten. Südwestindien, Sri Lanka.

Langnasenmangusten (*Xenogale*): 1 Art. Fell dunkelbraun, hell gesprenkelt, spitzere Schnauze als Arten der Gattung *Herpestes*. **Langnasenmanguste** (*X. naso*), auch Kongomanguste: Nigeria bis zur Demokratischen Republik Kongo.

Mungos (*Mungos*): 2 Arten. **Zebramanguste** (*M. mungo*), auch Bändermanguste: lichtgraubraun, Nacken und Rücken dunkel bzw. hell quer gestreift, Füße und Schwanzspitze schwarz, Füße bis zum Knöchel unbehaart, gebogene Krallen, zum Graben geeignet. 16 Unterarten. Afrika südlich der Sahara, von Gambia bis Nordostäthiopien und südlich bis Südafrika. – **Gambia-Manguste** (*M. gambianus*): Fell graubraun, dunkler Streifen entlang des helleren Nackens. Senegal und Gambia bis Nigeria.

Abb. 26.26 Säugende Zebramanguste (*Mungos mungo*). Die Jungen dieser in sozialen Familienverbänden lebenden Mungos werden in Höhlen geboren und später auch im Freien gesäugt.

Schlankmangusten (*Galerella*): 4 Arten. Etwas kleiner als Echte Mangusten, mit Unterschieden im Schädel- und Zahnbau. Fell variiert von gelblich bis graubraun, Unterseite meist heller. **Schlankmanguste** (*G. sanguinea*), auch Rotichneumon: Fell rötlich über gelblich bis grau. 26 Unterarten. Savannen und Wüsten Afrikas südlich der Sahara. – **Somali-Manguste** (*G. ochracea*): wird auch als Unterart der Schlankmanguste geführt. Endemisch in Somalia. – **Schwarze Schlankmanguste** (*G. flavescens*), auch Kaokoveld-Schlankmanguste: im Erscheinungsbild Schlankmanguste ähnlich, Fell dunkler. Angola, Namibia. – **Kapmanguste** (*G. pulverulenta*), auch Kleinmanguste: Fell dunkelgrau (auch schwarze und rote Spielart), sonst der Schwarzen Schlankmanguste ähnlich. 3 Unterarten. Südafrika, Lesotho.

Weißschwanzmangusten (*Ichneumia*): 1 Art. Hellgrau bis schwarz, hintere Hälfte des buschigen Schwanzes weiß, bei einzelnen Tieren aber

Abb. 26.27 Fuchsmangusten (*Cynictis penicillata*) sind tagaktiv und verbringen die Nacht in Bauen. Sie sind nicht selten in Gesellschaft von Erdmännchen anzutreffen.

auch schwarz. **Weißschwanzmanguste** (*I. albicauda*), auch Weißschwanzichneumon: 6 Unterarten, Taxonomie überprüfungswürdig. Arabische Halbinsel und Afrika südlich der Sahara.

Sumpfmangusten (*Atilax*): 1 Art. Dunkelrotbraun mit dunklen Sprenkeln, kurze Schnauze, Schwimmhäute. **Sumpfmanguste** (*A. paludinosus*), auch Sumpfichneumon, Wassermanguste: 10 Unterarten. Afrika südlich der Sahara von Guinea-Bissau bis Äthiopien und südlich bis Südafrika.

Zwergmangusten (*Helogale*): 2 Arten. **Östliche Zwergmanguste** (*H. hirtula*), auch Äthiopische Zwergmanguste: kleinste Manguste, Fell meist rot- bis graubraun, Bauchseite heller, Kehle hell, selten Schwärzlinge. 5 Unterarten. Auf kleinem Raum in Äthiopien, Somalia, Kenia. – **Südliche Zwergmanguste** (*H. parvula*): der Östlichen Zwergmanguste ähnlich, Beine und Schwanz oft dunkler. 7 Unterarten. Äthiopien und Somalia bis Südafrika und über Botsuana und Namibia ins westliche Kongobecken bis Westafrika.

Fuchsmangusten (*Cynictis*): 1 Art. Fellfarbe wechselt mit dem Verbreitungsgebiet, südliche Unterarten fuchsbraun, nördliche gelbgraues, Bauch hell, buschiger Schwanz, Schwanzspitze weiß. **Fuchsmanguste** (*C. penicillata*): 3 Unterarten. Südafrika.

Erdmännchen (*Suricata*): 1 Art. Braungelb bis grau, Augenumrandung, Ohren und Schwanzspitze schwarz, Hinterrücken dunkel quer gestreift, Bauch weiß, an den Vorderbeinen Krallen verlängert. **Erdmännchen** (*S. suricatta*), auch Surikate: 3 Unterarten. Zentrale Republik Südafrika, südliches Botsuana, Südost- und Westnamibia bis Südwestangola.

Kusimansen (*Crossarchus*): 4 Arten. Fell relativ rau und lang, gelb- bis graubraun, oft gesprenkelt, Kopf heller, Gliedmaßen dunkler. **Dunkelkusimanse** (*C. obscurus*): Sierra Leone bis Ghana. – **Flachkopf-Kusimanse** (*C. platycephalus*), auch Kamerun-Kusimanse: auch als Unterart der Dunkelkusimanse eingestuft. Benin bis Südostkamerun. – **Angola-Kusimanse** (*C. ansorgei*): 2 Unterarten. Demokratische Republik Kongo, Nordangola. – **Kongo-Kusimanse** (*C. alexandri*), auch Alexanders Kusimanse: Zentralafrikanische Republik, östliche Demokratische Republik Kongo, Uganda, Sambia.

Liberia-Mangusten (*Liberiictis*): 1 Art. Erst 1958 entdeckt. Fell vorwiegend dunkelbraun, am Nacken dunkler, hell begrenzter Streifen, helle Kehle, Gliedmaßen dunkel, Grabkrallen an den Füßen, Ohren relativ lang. **Liberia-Manguste** (*L. kuhni*): Liberia, Elfenbeinküste.

Schwarzfußmangusten (*Bdeogale*), auch Hundemangusten: 3 Arten. Fell graubraun vari-

Abb. 26.28 Die Erdmännchen (*Suricata suricatta*) leben in Familienclans mit vielen Interaktionen zwischen den Tieren.

ierend, schwarze Gliedmaßen. **Buschschwanzmanguste** (*B. crassicaudata*), auch Dickschwanz-Hundemanguste: Fell dunkelbraun bis schwarz, buschiger Schwanz. 5 Unterarten. Ostafrika von Südkenia bis Mosambik. – **Schwarzfußmanguste** (*B. nigripes*), auch Schwarzfüßige Hundemanguste: Fell hellgrau bis braun, gelblich weißes Deckhaar, Bauchseite und Schwanz hell, Brust und Beine schwarz. Südostnigeria bis Nordangola. – **Jacksons Manguste** (*B. jacksoni*), auch Jackson-Hundemanguste: ähnelt Schwarzfußmanguste, wird verschiedentlich als deren Unterart angesehen, Kehle und Halsseiten gelb. Weitgehend unerforscht. Südostuganda, mittleres Kenia.

Listige Mangusten (*Dologale*): 1 Art. Fell dunkelbraun, braun gefleckt, Gliedmaßen schwarz. **Listige Manguste** (*D. dybowskii*), auch Dybowskis Manguste: Südsudan, Zentralafrikanische Republik, Nordosten der Demokratischen Republik Kongo, Westuganda. Seit längerer Zeit ohne Bestandsnachweis.

Langschnauzenmangusten (*Rhynchogale*): 1 Art. Fell graubraun, Kopf und Bauch heller, Füße dunkler, Fußsohlen der Hinterbeine behaart. **Mellers Manguste** (*R. melleri*), auch Maushund: 2 Unterarten. Vom Süden der Demokratischen Republik Kongo und Tansania bis zum östlichen Südafrika.

Trugmangusten (*Paracynictis*): 1 Art. Ähnelt der Fuchsmanguste, aber deutlich größer. Fell grau, Füße schwarz, 4 Zehen mit langen Krallen, weiße Schwanzspitze. **Trugmanguste** (*P. selousi*), auch Selous' Manguste: 4 Unterarten. Angola und Sambia bis Mosambik und östliches Südafrika.

Gefährdungsstatus. Bestand in der Wildnis weitgehend noch gesichert, regional gefährdet, in besonderem Maße Liberia-Manguste und die Unterarten des Kleinen Mungo, Java-Mungo, Kleiner Bengal-Mungo, Sokoke-Manguste und regional Goldstaubmanguste. Schutzbedürftig sind Jacksons Manguste und Braune Manguste. Insgesamt jedoch sehr widerstandsfähige Gruppe, lediglich 2 Taxa (*Bdeogale crassicaudata omnivora* und Liberia-Manguste) gefährdet, seit 1600 keine ausgestorben.

Lebensweise. Tagtiere, teils auch in hellen Mondnächten rege. Wenige Arten Nachttiere, z.B. Weißschwanzmanguste. Lebensraum lichter Trockenwald, lichte Busch- und Grassteppen, trockene, sandige oder felsige Geröllflächen (z.B. Zebramanguste, Ichneumons, Zwergmangusten, Fuchsmanguste, Erdmännchen), selten Urwald, Dschungelränder (Weißschwanzmanguste, manche Kusimansen) oder Gewässerufer und Sumpfgebiete (Krabbenmanguste, Sumpfmanguste). Bodenbewohner, die gut und schnell trippelnd laufen. Auf der Flucht schnelle kurze Sätze, schlagen dabei auch Haken. Manche klettern in steilen, felsigen Gebieten oder auf Ästen von Büschen und Bäumen (Indischer Mungo, Schlankmanguste, Sumpfmanguste u.a.). Krabbenmanguste und Sumpfmanguste schwimmen und tauchen gut. Zur Erkundung der Umwelt machen viele auf den Hinterbeinen stehend „Männchen" (besonders häufig bei Indischen und Afrikanischen Mungos, Zwergmangusten, Zebra- und Fuchsmanguste), Erdmännchen stellen sich sogar auf die Zehenspitzen der Hinterfüße, stützen sich auf die Schwanzspitze.

Selten Einzelgänger oder paarweise lebend (manche Indischen und Afrikanischen Mungos, diese oft auch in Elternfamilien wie Schlankmanguste und Weißschwanzichneumon). Meist gesellig in Familien oder mehr oder minder großen Familienverbänden (Erdmännchen, Fuchsmangusten, Zwergmangusten) mit einem Alpha-Paar an der Spitze, in dem wiederum das Weibchen („Königin") dominant ist. Erdmännchen in Familienclans mit ausgeglichenem Geschlechterverhältnis von bis zu 40 Tieren, die fast alle von 1 dominanten Paar abstammen, denen aber auch männliche, seltener weibliche Zuwanderer angehören können. Gruppengröße oftmals entscheidend für das Überleben des ganzen Clans. Je höher die Mitgliederzahl, desto mehr Individuen stehen für arttypisch arbeitsteilige soziale Aufgaben zur Verfügung und desto mehr Tiere können sich an Kämpfen mit Fressfeinden oder Auseinandersetzungen mit artgleichen Eindringlingen in das Wohngebiet beteiligen. Dreijährige Töchter werden vom hochträchtigen Alphaweibchen (ihrer Mutter) zwischenzeitlich aus dem Clan vertrieben, später aber wieder integriert und zur Betreuung des Nachwuchses eingesetzt.

Zufluchts-, Schlaf- und Wurfplätze von Mangusten in Felshöhlen oder -spalten, Erdhöhlen oder einfachen selbst gegrabenen Erdbauen (Indischer Mungo, Zebra-, Zwergmangusten), Baumhöhlen (Schlankmanguste), verlassenen Termitenbauen (nur Zwergmangusten), Erdbauen anderer Tiere, z.B. von Springhasen, Stachelschweinen, Kaninchen oder Erdhörnchen, deren Baue sie auch erweitern und gemeinsam mit deren Erbauern bewohnen (Fuchsmangusten und Erdmännchen mit Borstenhörnchen). Kusimansen sowie Fuchsmangusten graben in lehmhaltigen Böden auch eigene, verzweigte, ausgedehnte Erdbaue, bei Erdmännchen bis in 1,5 m Tiefe mit zahlreichen Röhren, Kesseln und Ausgängen.

Selten ortstreu (Fuchsmangusten wandern oft auf Nahrungssuche einzeln, paarweise oder in Familientrupps kilometerweit vom Bau weg), meist vagabundierend, halten sich teils nur tage-, teils wenige Wochen lang an einem Ort auf, wandern dann weiter, können aber von Zeit zu Zeit wieder in bestimmte Gebiete zurückkehren. Familien von Ichneumons wandern im Gänsemarsch, voran das Paar, danach die Jungen. Bedeutung der Markierung von Gegenständen bei vagabundierenden Arten (bei ortstreuen Formen werden Wechsel gekennzeichnet) unklar, meist Duftmarken mittels Sekreten der Wangen-, Kinn- oder Analbeuteldrüsen. Manche Arten (z.B. Zwergmangusten, Sumpfmanguste) markieren im Handstand auf den Vorderbeinen stehend die Unterseite von Ästen mit Analdrüsensekret, Zebramangusten setzen hockend Duftmarken auf Futter- bzw. Beutereste und markieren Mitglieder der Gruppe, besonders Jungtiere mit Urin.

Erdmännchen territorial in 5–15 km^2 großen, gegen Artgenossen heftig verteidigten Wohn- bzw. Streifgebieten mit mindestens 1, meist mehreren Wohnbauen, in die sich je nach aktuellem Aufenthaltsort alle Tiere des umherstreifenden Clans zur Nachtruhe zurückziehen. Sie verlassen die Schlafbaue morgens nach Sonnenaufgang, wärmen sich zunächst an den ersten Sonnenstrahlen und tauschen Sozialkontakte aus, bevor sie sich auf Nahrungssuche begeben.

In deckungsarmen Gebieten mit fehlenden Felshöhlen oder karger Vegetation ohne Versteckmöglichkeiten dienen viele selbst gegrabene flache Erdlöcher als Rettungsverstecke, die im Höchstfall 60 m voneinander entfernt sind. Während der heißen Mittagszeit Ruhephase, dann gelegentlich auch Spiele mit Artgenossen. Nachmittags verbunden mit erneuter Futtersuche Rückwanderung, in kleineren Revieren zu dem einzigen, in größeren Revieren zu einem der Hauptbaue. Dort nach Ankunft vor der Nachtruhe Reinigungs- und Instandhaltungsarbeiten am Bau. Sozialverhalten der geselligen Arten hoch entwickelt. Auf Futtersuche oder Wanderungen trillernde, zwitschernde Kontaktlaute, bei Feindwahrnehmung gellende Warnpfiffe oder langes, kläffendes Bellen, das von Kolonie zu Kolonie weitergegeben wird. Dabei oft unterschiedliche situationsbezogene Warnlaute. Besonders hoch spezialisiert ist das Sozialwarnsystem bei Erdmännchen. Stets überwacht 1 Tier auf erhöhtem Aussichtspunkt (auf Steinen, Termitenbauen, Gehölzen) sitzend oder stehend weithin das Gelände und den Luftraum und hält dabei mit der Gruppe durch regelmäßige, beruhigende Laute Kontakt. Bei Gefahr lauter Warnruf, der differenziert die Annäherung und Entfernung eines Fressfeindes am Boden oder aus der Luft signalisiert. Alle Angehörige des Clans können die Wächterfunktion übernehmen. In der Mehrzahl sind es aber Männchen und unter diesen meist die älteren und schwereren Tiere, die während der anstrengenden Wache bei hoher psychischer Konzentration das Fasten und damit Gewichtsverluste von bis zu 2 % leichter ertragen als schneller hungrig werdende, leichtere, jüngere Artgenossen. Verluste unter Wächtern sind geringer als unter übrigen Gruppenmitgliedern, da sich deren exponierte Auslugplätze meist in Baunähe befinden, Wächter als erste die Gefahr erkennen und somit als erste in den schützenden Bau fliehen.

Junge und Erwachsene spielfreudig, Kampf- und Verfolgungsspiele. Hoch entwickelter Gesichtssinn, bei Tagtieren Farbsehen. Leistungsfähiger Geruchssinn zur Nahrungssuche. Gehör gut. Empfindliche Tastsinnesorgane an den Vorderbeinen von Krabbenmangusten ermöglichen Nahrungsauffindung im Schlamm und Schlick. Sehr erkundungsfreudig, „neugierig“, Umweltveränderungen werden interessiert beobachtet. Beim Beuteerwerb lebhafte Suche nach Kleintieren durch Scharren, Graben und Umwälzen von Steinen. Zebra- und Zwergmangusten suchen Erdoberfläche in Frontlinie vorgehend ab. Größere bewegliche Beute wird angeschlichen und oft in Hetzjagd verfolgt und durch Genickbiss und anschließendes Abschütteln getötet (Mungos, viele andere), seltener mit den Krallen der Vorderbeine bearbeitet, zu Boden gedrückt und dann mit der Schnauze zerrissen (Erdmännchen). Indische und Afrikanische Mungos u. a. erbeuten auch hochgiftige Schlangen (Kobras). Während des Kampfes begeben sie sich mehrfach in den Schlagbereich des Reptils, springen zur Seite, wenn dieses zustößt, und ermüden so den Gegner. Während die Schlange nach einem neuerlichen Zustoßen den Kopf zurückziehen will, plötzlicher Kopf- und Nackenbiss. Nicht immun gegen Schlangengift, vertragen jedoch die 6-fache Menge, die für Kaninchen tödlich ist. Sumpfmangusten, Ringelschwanzmungos, Krabbenmangusten, Zebramangusten und Kusimansen knacken hartschalige Beute (z. B. Eier), indem sie diese springend mit den Vorderbeinen zwischen den Hinterbeinen hindurch auf den Erdboden oder einen Stein schmettern. Einige Arten werden als Haustiere gehalten, z. T. auch ihres Felles (Krabbenmangusten) oder ihres Fleisches wegen (Liberia-Mangusten, Sumpfmanguste) gejagt. Hauptfeinde sind aber Greifvögel, in Afrika vor allem Raub- und Kampfadler, und kleine Raubtiere (Schakale, Kleinkatzen). Während Erdmännchen gegen Greifvögel hilflos sind, können sie sich in größerer Zahl gemeinsam gegenüber Schlangen und Schabrackenschakalen erfolgreich zur Wehr setzen, umzingeln diese, beißen blitzschnell zu, um anschließend sofort außer Reichweite des Gegners zu springen und traktieren diesen so lange, bis er sich entfernt. Weißschwanzmangusten spritzen Stinkdrüsensaft meterweit auf Feinde.

Nahrung. Fast ausnahmslos Wirbellose wie Ameisen und Termiten (Buschschwanzmanguste), Heuschrecken, Käfer, andere Insekten und deren Larven, Spinnentiere wie Walzenspinnen, Skorpione, Würmer, Asseln, Schnecken, auch Krebse, Fische (Sumpf- und Krabbenmangusten), darüber hinaus Kriechtiere, Eier und Nestjunge bodenbrütender Vögel, Säugetiere, besonders Nager, aber auch andere bis hasengroße Arten (Ichneumon, Weißschwanzmanguste), Aas (Schwarzfußmanguste), daneben in kleinen Mengen Früchte, Beeren, Melone, Kürbis, Wurzeln, Zwiebeln, Knollen. Bei fast allen Arten besteht die tägliche Nahrungsmenge zu 90 % und mehr aus tierischer Kost, lediglich bei Goldstaubmangusten auf dem Balkan wurde ein überraschend hoher Prozentsatz an vegetarischen Nahrungsbestandteilen nachgewiesen.

Haltung von Mangusten

Besonders werden einige afrikanische Arten, wie Zebra- und Fuchsmanguste und Erdmännchen gezeigt. Anders als bei Schleichkatzen sind sie nur ausnahmsweise nachtaktiv, aber wie diese überwiegend nicht winterharte Tropentiere, die nicht vollständig akklimatisierbar sind.

Unterkunft. Mehrheitlich in Innenräumen eines Klimahauses mit normaler Tageslichtperiodik und daran angeschlossenen Außenanlagen. Meist Bodenbewohner, als Bodenbelag auf im Winter schwach beheizten Betonböden feinkörniger Sand, bei waldbewohnenden Arten (Kusimansen) Rindenmulch, auch trockenes Laub und Sand-Torf-Gemische. Sand für Mungos zur Abnutzung der schnell wachsenden Vorderfußkrallen beim Graben unbedingt erforderlich.

Einstreu bzw. Bodenbeläge müssen absolut trocken gehalten werden. In den Innenräumen am Boden als Spiel-, Versteck- und Auslugplätze schwere Wurzelstöcke, Lauftunnel, Steine und kleine Auslugplattformen. Als Schlaf-, Ruhe- und Wurfplätze Kunstbaue oder mehrere Schlaf- und Ruhekisten zu ebener Erde mit runder Eingangsöffnung, die bei manchen Arten ohne Boden sein können. Solche Boxen lassen sich durch Abheben vom Untergrund leicht reinigen und die Bewohner brauchen nicht mit Nachdruck aus einem geschlossenen Unterschlupf vertrieben zu werden. Für Krabbenmanguste und Sumpfmanguste kleines Wasserbassin installieren, in das Futter nach Waschbärenart eingetaucht bzw. aus dem Lebendfutter gefangen wird, baden selbst nicht gern. Dämmerungs- und nachtaktive Arten (z.B. Weißschwanzmangusten) möglichst in Nachttierhaus unterbringen, da sonst tagsüber kaum zu sehen. Gehegeeinrichtung wie für tagaktive Arten. Einige Arten (Erdmännchen, Zebra-, Fuchs- und Zwergmangusten, mit Einschränkung Indischer und Afrikanischer Mungo, Schlankmanguste und Goldstaubmanguste) können, obwohl nicht völlig winterhart, ganzjährig im Freien gehalten werden, wobei zumindest für die letztgenannten Arten ständig Zugang zu beheizten Innenräumen oder temperierten Kunsthöhlen bestehen muss. Afrikanische Arten aus äquatorfernen Steppen- oder Halbwüstengebieten, in welchen im Winterhalbjahr Nachtfröste nicht ungewöhnlich sind, können ganzjährig in ihren Anlagen bleiben, wenn ihnen für die Nacht frostfreie Erdhöhlen (Temperaturen dort möglichst nicht unter 10 °C) und tagsüber geeignete überirdische Wärmespender zur Verfügung stehen. Freianlagen oberseits nur selten durch Gitter o. Ä. überdeckt. Gehegesohle meist gut drainierte Schotterschicht, die wie auch die Fundamente der seitlichen Gehegebegrenzung durch ein stabiles Gittergeflecht gegen Untergraben gesichert ist. Darüber Bodenbelag aus etwa 1,0–1,2 m starker Schicht wasserdurchlässigen, lehmhaltigen Sandes, in dem das Anlegen von standfesten Erdbauen möglich ist. Die meisten Arten springen und klettern schlecht. Gehegebegrenzung aus innen glatten Mauern oder Glasscheiben, Oberkante 0,9–1,2 m über dem Gehegebodenbelag. Schautechnisch attraktiv sind Gehege, bei denen Teile des Besucherweges vor Glasscheiben auf 1,0–1,3 m unter die Gehegebodenoberfläche abgesenkt sind und so die Tiere in Augenhöhe beobachtet werden können. Gehegeinventar ähnlich dem der Innenräume. Einbauten (Steinhaufen, Holzstapel, Wurzelstöcke, Stammstücke von Bäumen) müssen gut gesichert sein, da die Tiere sich ständig damit beschäftigen und von einstürzenden Einbauteilen erschlagen werden können. Von besonders großer Bedeutung sind mehrere, wind-, schnee- und regengeschützte Plattformen mit freier Rundumsicht, über die künstliche Sonnen (Infrarot- oder andere Wärmelampen) gehängt werden können. Die Energiequelle soll zwar die darunter liegenden Sitz- oder Liegeflächen der Tiere erwärmen, muss aber auch weit genug davon entfernt sein, um Verbrennungen von sich dort aufhaltenden Tieren auszuschließen. Neben künstlich besonnten Plätzen zusätzlich auch Gebrauch von Bodenheizungen, ausnahmsweise auch Beheizung von unterirdischen Kunstbauen.

Besonders kälteunempfindlich sind Erdmännchen, denen auch frostige Außentemperaturen nicht schaden, wenn sie sich rechtzeitig an einer Wärmequelle wieder aufwärmen können. Ihre Haltung auf Dauer in Freianlagen empfiehlt sich auch deshalb, weil sie in Häusern eine angeborene Verhaltensweise, nämlich das Absuchen des freien Himmels nach Greifvögeln, nicht ausleben können. Bei Daueraufenthalt in geschlossenen Räumen (z.B. in Überwinterungsquartieren) kann aus diesem Grunde das Wohlbefinden der Tiere erheblich beeinträchtigt werden. Gewächshäuser können hier eine geeignete Alternative darstellen.

Umgang. Wie mit Schleichkatzen und Mardern.

Fütterung. Vorwiegend Fleisch- und Insektenfresser mit geringem Anteil an Gemüse. Das Verfüttern von Früchten bzw. Obst ist weit verbreitet, entspricht jedoch nicht dem natürlichen Nahrungsangebot und sollte vermieden werden. Möglich sind Hunde- oder Katzenfertigfutter, Hackfleisch mit Vitamin- und Mineralstoffzusätzen, das aber von einigen Arten abgelehnt wird (Weißschwanzmanguste, Kapmanguste), Rindfleischstückchen, Innereien von Schlachttieren (geschnittenes Herz, Leberstückchen, Pansen), Ganzkörper von Ratten, Mäuse, Fisch (vor allem Sumpfmanguste, Krabbenmanguste), Innereien von Geflügel und Kaninchen (nur aus kontrollierter Futtertierzucht), Ei. Für Sumpf- und Krabbenmangusten auch Trockengarnelen, Schnecken, Muscheln. Für einige Arten (Goldstaubmanguste, Erdmännchen) als tägliche Leckerbissen Insekten (Heuschrecken, Grillen, Mehlwürmer). Bei der Aufzucht von Sumpfmangusten wurde im Zoo Berlin eine „Suppe" aus 50 % Milch und 50 % Wasser mit zerdrücktem Zwieback und Innereien angeboten. Erdmännchen ernähren sich in der Natur überwiegend von Wirbellosen (ca. 94 %), daneben werden kleine Wirbeltiere und Eier verzehrt. Zu seinem sehr geringen bis gar keinem Anteil (je nach Verbreitungsgebiet) stehen Pflanzenbestandteile auf dem Speiseplan. Eine ausgewogene Tagesration, verteilt auf mehrere Fütterungen, für ein adultes Tier entspricht etwa 35–40 g Wirbellose (z.B. Mehlwürmer, Soldatenfliegenmaden, Heimchen, Rosenkäfer, Letztere sind jedoch sehr fettreich), 10–15 g Insektenfresserpellets (z.B. von Granovit) als Streufutter und einer kohlenhydratarmen Gemüsemischung (Gurke, Karotte, Kürbis, Paprika). Einmal wöchentlich frischtote Maus.

Vergesellschaftung. Bei wenigen Arten Einzelhaltung erforderlich (Sumpfmanguste), sonst gesellig, verträglich in Familien (Zwergmangusten, Erdmännchen, *Herpestes*-Arten) oder kleinen Gruppen (Zebramangusten, Kusimansen, Fuchsmanguste, Erdmännchen), denen bei letzteren sogar mehrere Männchen angehören können. Selbst ursprünglich einzeln lebende Arten schlafen oft gemeinsam in einer Box (Weißschwanzmanguste). Erdmännchen sollten in Gruppen gehalten werden, zu denen auch mehrere Männchen gehören. Nur paarweise gehaltene Erdmännchen pflanzen sich entweder gar nicht fort oder versagen meist bei der Jungenaufzucht. Vereinzelte erfolgreiche Aufzuchten durch Paare begründen sich meist in einer sehr reichlichen, reichhaltigen und abwechslungsreichen Fütterung als Voraussetzung dafür, dass sich das Muttertier zur Nahrungsaufnahme nur kurzzeitig von den Jungen zu entfernen brauchte und die Jungen in einem gut temperierten Wurfversteck aufwuchsen.

Vergesellschaftung mit anderen Arten selten. Erdmännchen wurden erfolgreich mit Fuchsmangusten zusammen gehalten, in Dresden Zebramangusten mit Mandrills, in Magdeburg Südliche Zwergmangusten mit Kap-Borstenhörnchen (*Xerus inauris*). Beide Arten zogen erfolgreich Junge auf, die wie auch die erwachsenen Tiere unter einer Wärmelampe mit gegenseitigem Körperkontakt gemeinsam schliefen. In Kronberg/Taunus gelang auf einer 55 m^2 großen Anlage die Vergesellschaftung von Erdmännchen mit Stachelschweinen, denen aber der Zugang zur Unterkunft der Erdmännchen verwehrt wird. In einigen Zoos wurden Fuchsmangusten und Erdmännchen mit unterschiedlichen Ergebnissen mit Löwen vergesellschaftet.

Fortpflanzung und Zucht. Geschlechtsunterscheidung einfach. Paarung meist verbunden mit kreischenden oder zischenden Lauten. Vorher oft Vorspiele, besonders Treiben. Männchen reitet dem Weibchen bei der Begattung auf. Nackenbiss nur bei wenig paarungsbereiten Weibchen (Erdmännchen). Paarung meist kurz, vorwiegend tagsüber. Zuweilen rasche Folge mehrerer Paarungen (Ringelschwanzmungo 8–12 Paarungen in 30–80 Minuten, Erdmännchen 4 Paarungen in 15 Minuten). Würfe ganzjährig möglich. Meist 2, seltener mehr Würfe im Jahr wie bei Südlicher Zwergmanguste, bei der ein Weibchen in weniger als 14 Monaten 6 Würfe mit 2–6 Jungen brachte (Kürzestes Intervall zwischen 2 Würfen 9 Wochen, bei Erdmännchen nach Wurfverlust 73 Tage). Bei Zwergmangusten und Fuchsmangusten sind Paarungen noch während der Säugezeit möglich. Ähnlich wie bei manchen Krallenaffen oder geselligen Raubtieren (Wolf) pflanzt sich bei Erdmännchen von den erwachsenen Weibchen einer Gruppe in der Regel nur das ranghöchste Tier fort. Ausnahmsweise werfen aber auch untergeordnete Weibchen, deren Junge jedoch nur dann eine Überlebenschance haben, wenn sie gleichzeitig oder wenig später wie der Nachwuchs des ranghöchsten Weibchens geboren werden. Würfe rangniederer Mütter, die vor dem Wurf des herrschenden Weibchens geboren werden, werden von dem dann noch tragenden ranghöchsten Tier getötet. Ausnahmsweise töten aber auch trächtige oder nicht trächtige untergeordnete Weibchen den Wurf des ranghöchsten Tieres, wenn dieser unbeaufsichtigt ist. Die Jungen werden meist nicht im Bau umgebracht, sondern vorher herausgeschleppt. Aus Gruppen mit häufigem Infantizid, für den es auch bis jetzt noch keine befriedigende Erklärung gibt, sollten junge Weibchen, die später züchten sollen, vor dem Einsetzen der Geschlechtsreife (mit 1 Jahr) entfernt werden. In Zebramangusten-Gruppen werden die Weibchen zur gleichen Zeit gedeckt, so dass auch die Geburten synchronisiert erfolgen.

Weibchen ungeselliger Arten, besonders bei auch sonst wenig harmonierenden Paaren, werden vor dem Werfen zunehmend unverträglicher (einige Mungos). Zur Stressminderung und Sicherung der Aufzucht Männchen entfernen. Bei Erdmännchen attackiert gelegentlich das ranghöchste Weibchen mit Beginn der 2. Schwangerschaftshälfte 2- bis 3-jährige junge Weibchen, die dann auch von anderen Gruppenmitgliedern angegriffen werden. Solche Tiere müssen aus der Gruppe entfernt, können ihr aber in vielen Fällen etwa 4 Wochen nach der Geburt der Jungen wieder zugeführt werden. Wenn keine Wurfhöhlen angelegt werden, stets mehrere Wurfplätze anbieten, da bei geringsten Störungen, deren Ursache oft unerkannt bleibt, Jungtiere an einen anderen Ort verlegt werden. Trächtigkeit im fortgeschrittenen Stadium durch Umfangsvermehrung des Bauches und Heraustreten der angeschwollenen Zitzen aus dem Fell erkennbar. Bei Erdmännchen nehmen Bauch und Unterbauch tragender Weibchen die Form einer hängenden Birne an.

Tragzeit: Echte Mungos 56–63, Zwergmangusten 50–54, Fuchsmangusten 60–62, Erdmännchen etwa 77, Ringelschwanzmungos 74–92 Tage. Wurfgröße bei Madagaskar-Mungos 1, Erdmännchen 1–6, Echte Mangusten und Zwergmangusten 2–4, Sumpfmanguste 3, Fuchs- und Zebramangusten 3–6 Junge.

Tab. 26.10 Angaben zur Jugendentwicklung von Mangusten

Art	Augenöffnung (Tag)	erstes Verlassen des Nests (Tag)	erste feste Kost (Tag)	Säugezeit (Monate)	Geschlechtsreife (Jahre)
Ringelschwanzmungo	4.–6.	14.–16.	ca. 20.	2–3	2
Mangusten[1]	8.–12.		18.–22.	2½	1
Sumpfichneumon	9.–14.	20.–28.	um 25.	1½–2	
Erdmännchen	10.–14.	21.–25.	28.–42.	2	1

[1] *Herpestes* spec.

Neugeborene mit geschlossenen Augen und Ohren, meist nackt oder wenig behaart, zuweilen schon gut entwickeltes Fell (Ringelmungo). Geburtsgewicht bei Schmalstreifenmungo 50 g, Ringelmungo 40–50 g, Zwergmangusten 20 g, Erdmännchen 25–40 g, Zebramangusten 60–96 g, Sumpfichneumons 200 g. Über die Jugendentwicklung ist wenig bekannt. Angaben dazu in Tabelle 26.10. Erfolgreiche Aufzucht nur unter störungsfreien Bedingungen.

Jungenaufzucht obliegt wie bei den meisten anderen Säugern dem Muttertier, das artverschieden den Nachwuchs entweder allein aufzieht oder dabei vom Vatertier unterstützt wird (Bewachung des Wurfes und dessen Umgebung, Verleitung von Feinden, Herbeischaffen von Futter, später Beaufsichtigung und Spielen mit den Jungen). Bei Erdmännchen sind nahezu alle Clanmitglieder an der Aufzucht der Jungen des ranghöchsten Weibchens beteiligt. Da die Milchversorgung der Jungen zunächst vom Ernährungszustand des Muttertieres abhängt, muss diese in der Wildnis viel Zeit zur Nahrungssuche aufwenden und dabei auch die fast nackten, blinden Jungen oft für längere Zeit allein im kühlen Bau lassen. Deren Überleben hängt dann, abgesehen von der Milchversorgung, größtenteils davon ab, ob sie während dieser Zeit gewärmt, behütet und beschützt werden. Inspiriert durch die zirpenden Kontaktlaute der Jungen bieten sich als „Babysitter" halbwüchsige, jungerwachsene und erwachsene Familienmitglieder beider Geschlechter an. In der Praxis sind es aber überwiegend Weibchen, die sich intensiv um Pflege und Betreuung der Jungen kümmern und bei denen nicht selten Milchfluss einsetzt (Allolaktation), wenn sie älter als 1 Jahr sind, so dass sie dann sogar am Säugen der Jungen beteiligt sind. Dabei vernachlässigen sie oftmals ihre eigene Ernährung und erleiden durch Hunger und Laktation Gewichtsverluste von bis zu 11 %. Wenn die Jungen beginnen, den Bau zu verlassen, werden sie von älteren Tieren, die bei ihnen bleiben und auch viel mit ihnen spielen, beaufsichtigt, bei Gefahr in den Bau verbracht und notfalls gegen Feinde verteidigt. Mit etwa 5–6 Wochen folgen in der Wildnis die Jungen der Gruppe auf Streifzüge zum Beuteerwerb, den sie mühsam erlernen müssen, denn wenn sie etwa 8 Wochen alt sind, versiegt der Milchfluss. Bis sie sich selbst ausreichend ernähren können, sind sie weiter auf ihre Beschützer angewiesen, die wegen der lauten Bettelrufe ihrer Pfleglinge auf einen Teil ihrer Beute verzichten. Mit 3 Monaten beginnen sie selbständig zu werden und ordnen sich in das Leben der Gruppe ein. Schon im Alter von ½ Jahr versuchen sie, Wächterfunktion zu übernehmen und bieten mit 1 Jahr ihre Dienste als „Babysitter" an. Das trifft sinngemäß u.a. auch auf Fuchsmangusten zu.

In Menschenobhut Erdmännchen während der Aufzucht zunächst reichlich füttern, damit Gewichtsverluste vermieden werden. Spätestens 4 Wochen nach dem Wurf besonders vielseitige Tagesrationen, um die Jungen an ein möglichst breites Futterspektrum zu gewöhnen. Erste feste Kost wird nämlich von der Mutter und anderen Weibchen zugetragen. Junge fressen nach dem Selbständigwerden nur die Futtermittel, auf die sie durch die Mutter und ihre Betreuerinnen geprägt wurden. Bei der Aufzucht von Weißschwanzmangusten wurden Eier, Fleisch, Eidechsen, Insekten und Brot verwendet (Bahrain).

Abb. 26.29 Der Erdwolf (*Proteles cristata*) ähnelt in der Fellzeichnung der Streifenhyäne, unterscheidet sich von ihr ansonsten in mehreren Körpermerkmalen. Besonders wegen seiner speziellen Nahrungsansprüche ist er ein schwieriger Pflegling.

Künstliche Aufzucht wie bei Wieselartigen, z.B. von Ringelschwanzmungos in Washington gelungen. Milchzusammensetzung (2 Proben) beim Kleinen Mungo: Trockensubstanz 24,30 %, Fett 12,00 %, Eiweiß 8,9 %, Kohlenhydrate 2,40 %, Asche 1,10 %.

Höchstalter in Menschenobhut. Sumpfmanguste 20¾, Schlankmanguste 17, Schwarzfußmanguste 15¾, Fuchsmanguste 17, Erdmännchen 20½, Ringelschwanzmungo 24½, Krabbenmanguste 13¼, Ichneumon 12¾, Zebramanguste fast 17½, Südliche Zwergmanguste 17¼, Weißschwanzmanguste 14½, Dunkelkusimanse 13¼, Kleiner Mungo 9½, Goldstaubmanguste 16½ Jahre.

Familie Hyänen (Hyaenidae)

Stellung der Hyänen im System der Raubtiere und innerhalb der Familie, insbesondere der Erdwolf bis in die jüngste Zeit hinein noch kontrovers diskutiert. Trotz ihrer oberflächlichen Ähnlichkeit mit Hunden sind Hyänen katzenartige Raubtiere, die den Mangusten und Madagassischen Raubtieren nahe stehen. Artenarme, entwicklungsgeschichtlich junge Raubtiergruppe. Rücken zur Kruppe abfallend, Krallen nicht einziehbar, Penis ohne Penisknochen, stark sekretierende Afterdrüsen.

Verbreitung. Afrika, Vorder- und Südasien bis Indien.

2 Unterfamilien, 4 Gattungen, 4 Arten.

Unterfamilie Erdwölfe (Protelinae)

Verbreitung. Ost- und Südafrika.

1 Gattung, 1 Art. Wegen schleichkatzen- und hyänenähnlicher Merkmale verschiedentlich auch als eigene Familie geführt. Vermutlich bereits im Miozän Abspaltung von der Entwicklungslinie der übrigen Familienangehörigen. Milchgebiss dem der Schleichkatzen ähnlich, vielzähnig, im bleibenden Gebiss großer Teil der Vorbacken- und Backenzähne verkümmert oder völlig fehlend. Gebiss und gesamter Kauapparat schwächer als bei Hyänen.

Erdwölfe (*Proteles*): Gestalt schlank, der Streifenhyäne äußerlich ähnlich, aber deutlich kleiner, Weibchen etwas größer als Männchen. Fell wollig, grannenbedeckt, dunkle Rücken-

Abb. 26.30 Neugeborene der Tüpfelhyänen (*Crocuta crocuta*) besitzen im Gegensatz zum gefleckten Fell der Alttiere ein schwarzes Babyfell.

mähne. Farbe bräunlich, Gesicht aufgehellt mit dunkler Schnauzenmaske, Rumpf und obere Gliedmaßen dunkel quer gestreift. Kopf verhältnismäßig klein. Gliedmaßen mittellang, vordere etwas länger als hintere, vorn fünf-, hinten vierzehig mit kurzen, stumpfen, kaum zum Graben geeigneten Krallen. Schwanz mittellang, buschig. **Erdwolf** (*P. cristata*), auch Zibethyäne: 2 Unterarten. Nördliches sowie mittleres Ostafrika und Südafrika.

Gefährdungsstatus. Bestand in der Wildnis wenig dicht, wird nicht als gefährdet geführt.

Lebensweise. Dämmerungstier, teilweise tagsüber rege. Überwiegend Einzelgänger, daneben auch paarweise. Lebensraum offene Steppen und Savannen, nicht in dicht bewachsenem Gelände. Ruheplätze in verlassenen Erdferkelbauen, selten eigene Erdbaue (nur in locker sandigem Boden). Territorialverhalten unklar. Feste Kotplätze in Baunähe. Schnelle Läufer, die Feinden durch Hakenschlagen zu entkommen suchen.

Nahrung. Fast ausschließlich Grasschneidertermiten: im Sommer nachts die nachtaktive, unpigmentierte *Trinervitermes trinervoides*, im Winter tagsüber die tagaktive, pigmentierte *Hodotermes mossambicus*. Im Winter Nahrungsmangel, Gewichtsverluste bis 20 % und hohe Jungtiersterblichkeit. Verbreitung des Erdwolfes vermutlich abhängig von der Verbreitung beider Termitenarten. Als Gelegenheitskost Eier, Nestjunge bodenbrütender Vögel, andere Kerbtiere, vielleicht auch Kleinnager.

Unterfamilie Eigentliche Hyänen (Hyaeninae)

Verbreitung. Afrika, westliches und südliches Asien.

3 Gattungen, 3 Arten.

Fleckenhyänen (*Crocuta*)

1 Art. Größte und massigste Hyänen. Gestalt plump, hundeartig, schäferhundgroß, Schulterhöhe 75–90 cm, Weibchen größer und bis zu

Abb. 26.31 Eine Streifenhyäne (*Hyaena hyaena*) beim Transport ihres Jungtiers mit dem typischen Tragegriff.

20 % schwerer als Männchen. Kopf groß, gedrungen, runde Ohren, mächtige Kiefer. Gebiss extrem spezialisiert zum Zerbeißen auch starker Röhrenknochen. Zähne groß und hart, besonders vergrößert oberer und unterer P3, Zahnformel: 3/3 1/1 3–4/3 1/1. Brechscherengebiss gut entwickelt, starke Kaumuskulatur. Rumpf gedrungen, Vordergliedmaßen verlängert, vorn und hinten vierzehig, Krallen stumpf, Schwanz kurz bis mittellang. Paarige Drüsentaschen münden in den After. Geschlechtsunterscheidung schwierig. Präputium nicht wie bei den übrigen Arten in die Bauchwand integriert, sondern Penis frei hängend (Penis pendulans). Bei Weibchen täuschen paarige Schwellungen die Hoden und ein frei hängender, erigierbarer Scheinpenis aus den verlängerten und mit der großen Klitoris verwachsenen Schamlippen ein männliches Glied vor. Fell kurz bis mittellang, rau, grannig, an Nacken und Schulter schwach verlängert, gelblich oder braunrötlich grau mit schwarzbraunen oder schwarzen Flecken. **Tüpfelhyäne** (*C. crocuta*), auch Fleckenhyäne: Afrika südlich der Sahara (nicht im geschlossenen Urwald).

Gefährdungsstatus. Bestand in der Wildnis nicht gefährdet. EEP im Zoo Amersfoort.

Lebensweise. Dämmerungs- und Nachttiere, gelegentlich auch tags auf Nahrungssuche. Lebensraum offene Steppen. Gesellig in Gruppen von bis zu 60 oder mehr Tieren, bestehend aus mehreren Mutter-Töchter-Clans und zugewanderten Männchen. Töchter bleiben im Geburtsclan. Weibchen ranghöher als Männchen, Mütter mit höchster Dominanz. Geschlechtsreife Söhne verlassen den Clan. Brünstige Weibchen werden meist vom ranghöchsten Männchen begattet. Bei Mehrlingsgeburten überlebt mitunter nur 1 Jungtier. Gruppenterritorien mit gemeinsamen Harnplätzen. Bei der Verfolgung wandernder Beuteherden (Gnus) überschreiten die Tiere ihr Territorium. Nicht selten kommt es dabei zu ernsthaften Kämpfen zwischen benachbarten Rudeln und den Eindringlingen. Meist werden letztere vertrieben oder ziehen sich beim Herannahen der Revierbesitzer von selbst zurück. Ruhe- und Wurfplätze in unterirdischen Bauen mit zahlreichen Gängen, Kesseln und Eingängen, in denen die Jungtiere verbleiben, während die übrigen Rudelmitglieder außerhalb ruhen oder auf Jagd sind. Oft werden Erdbaue anderer Arten (Erdferkel, Warzenschweine) annektiert und erweitert.

Gesichts-, Geruchs- und Gehörsinn gut entwickelt. Verständigung durch zahlreiche Laute,

z. B. kurzer brummender oder heulender Kontaktlaut, gellende, gelächterartige Rufserien an der Beute, bei Kämpfen usw. Innerhalb eines Rudels verträglich, Streitigkeiten nur an der Beute beim Fraß. Gegenüber Feinden oft kollektive Verteidigung. Laufen meist in gemächlichem Trab, bei der Verfolgung flüchtiger Beute in rasendem Galopp (Geschwindigkeiten bis zu 65 km/h). Einzeltiere versuchen oft tagsüber neugeborene Paarhufer und Kleintiere zu erbeuten. Häufiger, weil erfolgreicher, ist nächtliche Rudel- oder Gruppenjagd auf flüchtige Paarhufer oder Zebras. Beute wird an Beinen und Flanke gepackt (verbissene Tiere lassen sich mitschleifen) und ohne eigentlichen Tötungsbiss lebendig zerrissen, nachdem sie zu Boden gegangen ist. Oft werden Tüpfelhyänen von Löwen am Riss vertrieben, dabei nicht selten auch getötet, töten aber gelegentlich auch einzelgängerische Löwen.

Nahrung. Säugetiere, vor allem größere Arten von Hasen- bis Pferdegröße, besonders Zebras, Antilopen (Gnus, Gazellen), neugeborene Huftiere usw., seltener Vögel, Kleintiere, daneben Aas (etwa 15–20 % der Gesamtnahrung) oder Beute anderer Raubtiere.

Hyänen (*Hyaena*)

2 Arten. Gestalt schlanker als Tüpfelhyänen, Schulterhöhe bis 75 cm, Schädel weniger kompakt, Ohren länger, spitz zulaufend, Gebiss, Bezahnung und Kaumuskulatur weniger robust. Geschlechtsunterscheidung einfach, Clitoris der Weibchen klein und unscheinbar, Präputium mit der Bauchwand verbunden, Öffnung für den Penis nach vorn gerichtet und nahe der Bauchmitte. Fell auf Nacken und Rücken bis 30 cm mähnenartig verlängert, grobe Grannen. Rückenmähne kann in der Erregung gesträubt werden. Schwanz etwas länger, buschig behaart. **Streifenhyäne** (*H. hyaena*): Fell kurzhaarig, außer Nacken- und Rückenmähne, grau bis hellbräunlich grau, mit dunkler Querstreifung und Kehlfleck, Mähne hell. Nord-, Nordwest-, nördliches Mittelafrika, Ostafrika (südlich bis Kenia und Tansania), Arabien, Klein- und Vorderasien bis zum westlichen Vorderindien.

Abb. 26.32 Braune Hyänen (*Hyaena brunnea*) ernähren sich hauptsächlich von Beuteresten anderer Tiere. Diese Nahrung wird durch Insekten, Eier und Früchte, an der Küste mit toten Fischen, Muscheln und Kadavern angespülter Meeressäuger ergänzt.

Schabrackenhyänen (*Parahyaena*)

1 Art. Etwas gedrungener als Tüpfelhyäne, Fell langhaarig, braun, Mähne vom Nacken bis zu den Schultern und Rücken heller, Kopf und Schultermähne sowie Beinstreifung blassrötlich grau. Schulterhöhe 74–79 cm, männliche Tiere etwas größer und kräftiger als Weibchen. Geringer Sexualdimorphismus. **Braune Hyäne** (*P. brunnea*), auch Strandwolf oder Schabrackenhyäne: Südwestafrika, Südostafrika (Simbabwe und Mosambik), Südafrika (Botsuana, Namibia).

Gefährdungsstatus. Bestand der Braunen Hyäne gilt als potentiell gefährdet, der Streifenhyäne aber als regional nicht gefährdet. EEP für die Streifenhyäne im Zoo Lisieux.

Lebensweise. Scheue Dämmerung- und Nachttiere. Lebensraum offene Steppe des Flach- und Hügellandes. Braune Hyäne auch an Meeresküsten. Einzelgänger, paarweise oder in Familiengruppen (sog. Familienclans) von 3–7 (Braune Hyäne bis 15) Tieren mit territorialem Besitzanspruch. Streifenhyänen können ausnahmsweise in Ostafrika ihre Reviere auch mit Tüpfelhyänen teilen, vermeiden aber direkte Kontakte. Ruheplätze in natürlichen Höhlen, Erdbauen anderer

Tiere (Braune Hyänen in Erdferkelhöhlen) oder selbst gegrabenen Höhlen. Wenig stimmfreudig, bei Kämpfen fauchendes Kreischen. Beuteerwerb durch nächtliche Schleichjagd, Absuchen des Bodens mit der Nase.

Nahrung. Aas, Kleinsäuger, Eier und Jungvögel von Bodenbrütern, Reptilien, Heuschrecken, Früchte, Abfälle in menschlichen Siedlungen. Streifenhyänen erbeuten in Asien mittelgroße Pflanzenfresser, in Afrika auch Schafe und Ziegen. Braune Hyänen ernähren sich im Strandbereich von angespülten toten Fischen, von Muscheln und von Kadavern angespülter Seehunde und Wale, töten bei Gelegenheit junge Robben, erbeuten nachweislich Hasen und Klippschliefer.

Haltung von Hyänen

Erdwolf in Tiergärten sehr selten gezeigt. Erstzucht 1968 in Pretoria, in Europa 1983 in Krefeld. Tüpfelhyäne wieder häufiger, Braune Hyäne selten gehalten. Streifenhyäne in Tiergärten früher häufig, heute relativ selten gezeigt. Eingewöhnung unkompliziert. Importtiere nicht sofort kalt halten, sondern beim Eintreffen zwischen Spätherbst und Frühjahr in beheiztem Haus unterbringen, Akklimatisation ab spätem Frühling. Tüpfel- und Braune Hyänen gut akklimatisierbar, Streifenhyänen manchmal anfangs und Erdwölfe meist kälteempfindlich. Dennoch sind alle Arten nach Akklimatisation mehr oder minder winterhart. Beim Vorhandensein geeigneter Rückzugsmöglichkeiten in kälteisolierte Ruheplätze werden von Hyänen Außentemperaturen bis –20 °C gut vertragen.

Unterkunft. Für Erdwölfe Freianlage mit Maschendraht- oder Stahlgewebeeinzäunung auf etwa 80 cm tiefem Fundament. Alternativ Wasser- oder Trockengraben. Als Gehegeboden z. T. sonnige Sandfläche, sonst überwiegend gut wasserdurchlässiger Naturboden mit Gras, Kräutern und Sträuchern. Dichte Vegetation dient den scheuen Tieren als Sichtschutz. Ist der Abstand zum Besucher groß genug, verzichten sie auch auf Deckung und liegen gern besonders vormittags zum Sonnen auf trockenen Sandflächen. Graben auf gewachsenen Böden nicht, wenn geeignete, störungsfreie Schutzunterkunft als Rückzugsmöglichkeit vorhanden ist. Bedingt winterhart, d. h., bei Dauertemperaturen unter 10 °C muss ein freier Zugang zur Innenunterkunft bzw. Schutzhütte gewährleistet sein. Sie dienen auch als Wurfbox. Die Schutzhütte kann frei im Gehege stehen, um Störungen auszuschließen. Hütte gut isoliert, leicht temperiert, möglichst mit Bodenheizung. In Prag wurde eine zu Reinigungs- und Kontrollzwecken von oben zu öffnende, gut isolierte Holzkiste als Schlaf- und Wurfbox in den Gehegeboden eingegraben. Als Winterunterkunft in der kalten Jahreszeit den Warmhauskäfig mit abgedunkelter Schutzhütte anbieten.

Hyänenhaltung erfolgt in Innenunterkünften mit angrenzenden Außenanlagen. Ihrem Bewegungsdrang entsprechend sollen das möglichst weiträumige Freianlagen mit Ausweich- bzw. Absperrgehegen sein. Einfriedung etwa 2 m hohe Stahlgewebs- oder Stabstahlgitter mit mindestens 80 cm tiefem Betonfundament, besucherseitig auch Trocken- oder Wassergraben mit Brüstungsmauer, partiell Panzerglas. Als Gehegeboden wasserdurchlässiges Erdreich mit Sandflächen, grassteppenartiger Bepflanzung mit Buschinseln. Freianlagen sollten nur von einer Seite für Besucher einsehbar sein und den Tieren Rückzugsmöglichkeiten bieten. Hyänen graben selten, wenn eine geeignete Unterkunft vorhanden ist. Trotzdem ist es empfehlenswert, ihnen eine eingebaute Höhle bzw. die Möglichkeit zum Graben einer Höhle anzubieten. Hyänen klettern nicht, springen schlecht und nur wenig weit, nutzen aber gerne unterschiedliche Gehegestrukturen und Gegenstände wie Baumstämme, Felsen, Badebecken (wichtig für Tüpfelhyänen), um zu ruhen, sich aus dem Weg zu gehen, zu baden oder zu markieren. Alle baulichen Einrichtungen müssen sehr stabil sein. Als Kälteschutz und gleichzeitig als Schlaf- und Wurfboxen von außen verschließ- und kontrollierbare, zugfreie, beheizbare Innenunterkünfte oder gut gegen Kälte und Nässe isolierte, stroh-

und heugepolsterte, möglichst doppelwandige Schutzhütten aus Hartholz. In den Nacht-, Überwinterungs-, Absperr- und Wurfunterkünften der massiven Innenanlage sind die unteren Wandteile der Käfigboxen mit gut isolierenden, meist hölzernen Nierenbrettern zu verkleiden. Hyänen schlafen gern und viel und legen sich dabei in Käfigecken meist direkt an die Wand. Alle hölzernen Ecken und Kanten sowie Eingangsöffnungen von Schutzhütten mit Blech beschlagen bzw. mit Winkeleisen bedecken, damit die Tiere mit ihrem starken Gebiss am Holz keinen Schaden anrichten können.

Umgang. Bei Erdwölfen sind manche Individuen scheu, dann tagsüber nur in besucherarmen Zeiten oder vor der Fütterung aktiv. Bei Annäherung des Menschen an kritische Distanz brummender Drohlaut und Aufstellung der Rückenmähne. Bei den übrigen Arten, besonders Tüpfelhyänen, Tierunterkünfte in Anwesenheit auch zahmer Tiere nicht betreten. Beißangriffe führen zu schweren Verletzungen bis hin zur Todesfolge. Vor der Arbeitsaufnahme in Tierunterkünften alle Bewohner sicher absperren. Hyänen sind gegen fremde Gerüche oft sehr empfindlich und reagieren dann reizbar und nervös. Bei notwendigen Zwangsmaßnahmen um sich schnappende Tiere in weiche Beißholzknüppel beißen lassen, damit sie sich nicht die Zähne an Metallgegenständen zersplittern. Jung zusammengewöhnte Hyänen vertragen sich gut, können aber kurz vor dem Einsetzen der Geschlechtsreife unverträglich werden. Transport von Erdwölfen in einfachen Hundetransportkisten, von Hyänen in blechausgeschlagenen Raubtierkisten.

Künstlich aufgezogene Tiere werden sehr zahm (besonders Tüpfelhyänen), bleiben es auch als Erwachsene und suchen an der Gehegebegrenzung gern Kontakt zu ihrer Bezugsperson (Vorsicht).

Fütterung. Als Nahrungsspezialisten erhielten Erdwölfe als Ersatzfutter mageres Hackfleisch (Herz), Obst (Banane, Apfel, Birne, Weintrauben u.a.), Möhre, Garnelen, Quark, Ei, Honig, Babynahrung, Hundekuchen, Magerfisch einmal in der Woche, kleine nackte Mäuse, Vitamin-Mineralmischung. Das Futter wird im Cutter gut zerkleinert. Futterrezeptur des Frankfurter Zoos für 1 Erdwolfpaar: 100 g gemahlene Affenpellets, 100 g Traubenzucker, 20 g Nährhefe, 50 g Rovimix (Vitaminmischung in Pulverform), 180 g Futterkalk, 70 g Fresenius Sonana (Proteinmischung aus pflanzlichem und tierischem Eiweiß), 100 g Brei (Mischung aus: 100 g Honig, 500 g Magerquark, 500 g geschälte Garnelen, 120 g Torf, 4–5 l mageres Hackfleisch (Rinderherz), 500 g Möhren, 1 Apfel, 1 Banane, etwas Salat, Honigmelone, Tomate, Birne etc. Alles mit Wasser in einem Mixer zu einem zähflüssigen Brei verrührt). Gut angenommen und vertragen wird die im Zoo Halle verabreichte Futterpalette, bestehend aus: Termant (Ameisenbärenfutter), Fettfutter von Aleckwa, als Beimischung Torf, alles dünnflüssig angerührt und verabreicht, dazu Grillen, weitere Insekten, 1 Maus pro Tier und Woche, Ei.

Tüpfelhyänen: rohes Rind- oder Pferdefleisch, auch mit starken Knochen (Wirbelsäule, Becken, besonders aber Rippenstücke), auch schlecht abgefressene Großkatzenportionen. Als Beschäftigungsfutter Ganzkörper großer Schlachttiere. Knochen werden mitgefressen. Menge je nach Knochenanteil und Alter des Tieres 3–5 kg. Eine Ganzkörperfütterung von kleinen Wirbeltieren (400–2000 g) wird empfohlen.

Streifen- und Braune Hyäne: ähnlich wie Tüpfelhyäne, können aber stärkere Knochen nicht zerbeißen. Mehr schieres Fleisch, dazu ein- bis zweimal wöchentlich Kleintiere mit Fell oder Federn, hin und wieder etwas weiches Obst, Hundekuchen. Mangokerne eignen sich als Beschäftigungsfutter.

Fütterung einmal täglich, wöchentlich 1 Fasttag (außer Erdwolf), an dem Obst angeboten werden kann. Wenig oder unverträgliche Tiere einzeln füttern. In großen Freigehegen kann auf eine Einzelfütterung verzichtet werden. Die Futterportionen sollten dann aber an verschiedenen Plätzen ausgelegt werden. Möglichst aber in den Innenboxen füttern, damit die Tiere, wenn erforderlich, abgeschmettert werden können. Normaler Kot nach reichlicher Knochenfütterung harte, kastaniengroße, gelblich weiße, trockene, an den Polen etwas abgeflachte Kugeln, bei überwiegender Fleischfütterung hell- bis schwarzbraun geformt.

Vergesellschaftung. Erdwölfe paarweise oder im kleinen Familienverband verträglich. Braune und Streifenhyäne wenn möglich paarweise halten, sind aber oft sehr unverträglich. Bei zunehmender Streitlust trennen, da Verletzungen nach Beißereien, besonders nachts, wenn unbeaufsichtigt, nicht ausgeschlossen sind. Paarweise gehaltene Tüpfelhyänen verträglicher. Gruppenhaltung zusammengewöhnter Männchen möglich, ebenso von mehreren Weibchen mit meist nur 1 Männchen, die untereinander eine straffe Rangordnung ermitteln. Voraussetzung sind großzügige Freigehege, obwohl auch hier Beschädigungskämpfe stattfinden, in die in der Regel Jungtiere bis zu einem Alter von 8 Monaten nicht einbezogen werden. Beißereien nur bei gemeinsamer Fütterung oder, wie auch bei den anderen Arten, infolge beginnender Unverträglichkeit von hochtragenden Weibchen.

Bei allen Arten jede neue Vergesellschaftung gut vorbereiten, die Tiere längere Zeit, auch nachts, am Sicht- bzw. Schnüffelgitter miteinander vertraut werden lassen. Stababstand so eng wählen, dass Durchstecken von Beinen unmöglich (etwa 15 mm). 1. Begegnung nicht auf der Freianlage, sondern in kleineren Unterkünften (Trennung kämpfender Tiere durch Auseinandertreiben sonst unmöglich). Vorher geeignetes Gerät (Bretter, Holzstangen, laufender Wasserschlauch u. Ä.) bereitlegen. Nachbarboxen als Ausweichquartiere frei lassen. Keine Hütten oder Schlafkästen in Unterkünften zur Vergesellschaftung belassen, werden von verunsicherten Tieren als Schutzunterkunft aufgesucht und bei Annäherung von Artgenossen gegen diese verteidigt. Bei Tüpfelhyänen Neuzuführung von Einzeltieren in die Gruppe nie gleichzeitig in Gegenwart aller Tiere, sondern Gruppenmitglieder nach und nach mit dem Neuling zusammengewöhnen und vereinigen.

Tüpfelhyänen begrüßen sich, indem sie sich gegenseitig unter den Schenkelweichen und an den Genitalien beschnüffeln, dabei wird das Hinterbein der vom Partner untersuchten Seite angehoben. Kampfspiele oder leichte Rangordnungskämpfe, die aber in ernsthafte Auseinandersetzungen übergehen können, durch gegenseitige Versuche, sich in die Vorderbeine zu beißen. Die Tiere lassen sich dabei mit nach hinten eingeschlagenen Vorderbeinen auf die Ellbogen nieder, umkreisen einander mit typischem Hyänengelächter. Werbende Männchen nähern sich dem Weibchen mit ruckartigem Kopfnicken, senken dabei den Kopf tief zwischen die Vorderbeine bzw. vor diesen bis fast zum Boden. Beide lassen auf- und abschwellendes Brummen hören. Braune und Streifenhyänen sträuben bei Erregung die Nacken- und Rückenmähne, stellen die Beine leicht unter den Körper, fauchen, quäken und kreischen einander mit geöffnetem Maul an, verbeißen sich beim Kampf in Nacken-, Hals- und Schulterregion und reißen dabei den Kopf schüttelnd hin und her.

Vergesellschaftung von Hyänen mit anderen Arten sind nicht bekannt, außer von Erdwölfen mit Erdferkeln oder mit Erdmännchen.

Fortpflanzung und Zucht. Geschlechtsunterscheidung per Distanz meist nicht einfach oder unmöglich (langes Fell der Braunen, Drüsentasche unter dem Schwanz der Gestreiften Hyäne). Beide Arten beim Harnen beobachten, Harnstrahl der Weibchen trifft hinter den Hinterbeinen, der Männchen zwischen Hinter- und Vorderbeinen auf den Boden. Exakte Bestimmung durch direkte Untersuchung, dazu Fang und Fixieren erforderlich. Bei Tüpfelhyäne Geschlechtsunterscheidung sehr schwierig. Bei genauer Besichtigung der Genitalien am narkotisierten Tier unterscheiden sich Männchen und Weibchen durch die Form der Genitalöffnung, die bei Männchen rund ist und auf der Spitze des Penis liegt, bei Weibchen oval-schlitzförmig und an der Rückseite des Scheinpenis zu finden ist. Sicherung der Geschlechtsdiagnose im Zweifelsfall durch labordiagnostische Verfahren. Tüpfelhyänen mit 2 weichenständigen,

Tab. 26.11 Angaben zur Fortpflanzungsbiologie von Hyänen

Art	Paarungszeit (Monate)	Tragzeit (Tage)	Wurfzeit (Monate)[1]	Wurfgröße (Anzahl)	Geschlechstreife (Jahre)[2]
Tüpfelhyäne	I–XII	110–125	I–XII	1–4 (1–2)	2–3
Streifenhyäne	I–XII	90–94	I–XII	1–5 (2–3)	1½–2½
Braune Hyäne	I–XII	95–97	I–XII	1–6 (2–3)	1½–2½

Zahlenangaben in Klammern: Durchschnittswerte
[1] Geburtenhäufung in manchen Zoos von Früh- bis Spätsommer, vermutlich aus zuchthygienischen Gründen, um während günstiger Witterungsverhältnisse bessere Aufzuchtergebnisse zu erzielen. Auch lassen mancherorts räumliche Gegebenheiten während der kalten Jahreszeit die Vergesellschaftung von 2 oder mehr Tieren nicht zu, sodass es dort in dieser Zeit nicht zu Paarungen kommen kann.
[2] Männchen bei Tüpfelhyänen früher geschlechtsreif als Weibchen, die bis zum 17. Lebensjahr fortpflanzungsfähig sind. Früheste Würfe bei Streifenhyänen mit 18 Monaten (Weibchen in Tel Aviv) oder 23 Monaten (Paar in Amsterdam), bei einem Paar Brauner Hyänen in Okahandja mit 16(!) Monaten

Streifen- und Braune Hyäne mit 4 bauchständigen Zitzen. Verpaarung oder Vergesellschaftung von Tieren, die sich früher gut vertrugen und kennen, meist ohne Schwierigkeiten, bei einander völlig fremden Tieren nicht selten Auseinandersetzungen und erst nach mehrfachen Versuchen erfolgreich. Brünstige Weibchen laufen wenig, stehen anscheinend teilnahmslos herum, Tüpfelhyänen oft gähnend und schwanzwedelnd, harnen öfter. Brunstintervalle bei Streifenhyänen etwa 60, bei Braunen Hyänen 35–58 (Mittelwert 47–48) Tage. Wenn bei Streifenhyänen keine Aufzucht erfolgt (Totgeburten oder künstliche Aufzucht), kann 1. neue Brunst (Post-partum-Östrus) 20–21 Tage nach der Geburt eintreten. Ähnlich Braune Hyänen, bei denen nächste Geburten nach Wegnahme der Neugeborenen im Abstand von 119 bzw. 113 Tagen stattfanden. Zur Paarung reitet Männchen rücklings auf. Kein Nackenbiss, Kopf wird auf den Rücken des Weibchens aufgelegt. Kopulationsdauer teils kurz, nur wenige Minuten, teils länger, 15–45 Minuten. Paarungsintervalle zwischen 20 Minuten und 2 oder mehr Stunden. Weitere Angaben zur Fortpflanzungsbiologie in Tabelle 26.11.

Trächtigkeitsanzeichen: Zunahme des Leibesumfangs, bei Streifen- und Braunen Hyänen Hervortreten der Zitzen, bei Tüpfelhyänen, die mehrfach geworfen haben, deutlich sichtbare Vergrößerung des Gesäuges. Nicht unumstritten ist die Wurf- und Aufzuchtsvorbereitung und -betreuung. Da in der Wildnis bei Erdwölfen Jungenaufzucht durch beide Eltern erfolgt, wurde in Krefeld der Vater auch nicht abgetrennt. Weibliche Tüpfelhyänen werden vielfach 4 Wochen vor der errechneten Geburt, weibliche Braune und Streifenhyänen 2–3 Wochen nach der Paarung vom Männchen oder anderen Artgenossen getrennt. Tragende Weibchen werden nun täglich zur gleichen Zeit zwecks Reinigung der Wurfbox in der Nachbarunterkunft gefüttert, damit sie sich an diesen Wechsel gewöhnen und später eine Kontrolle der Jungen oder die Reinigung der Mutterstube ohne Aufregung hinnehmen. Nach anderer Auffassung soll bei harmonisch zusammenlebenden Paaren oder bei einer Gruppe von Streifenhyänen aus mehreren Weibchen mit 1 Männchen vor der Geburt jede Veränderung in Raum und Zusammenleben vermieden werden. Sie kann zur Beunruhigung der Gebärenden führen und damit die natürliche Aufzucht gefährden. Voraussetzung für diese Methode ist ein entsprechend großes Gehege mit verschiedenen voneinander getrennten, störungsfreien Wurfboxen bzw. Schutzhütten bzw. von den Tieren gegrabenen Erdhöhlen, in denen allerdings Juntierkontrollen kaum möglich sind. In den ersten Tagen nach der Geburt die Tiere lediglich mit Wasser und Futter versorgen, keine Reinigungsarbeiten. Während der Wurfzeit und zu Beginn der Aufzuchtperiode kein Pflegerwechsel. Hyänen kennen ihre Betreuer und reagieren auf nicht vertraute Personen mit großer Nervosität. Geburt meist nachts oder in den frühen Morgenstunden. Weibchen nabelt Junge

Tab. 26.12 Angaben zur Jugendentwicklung von Hyänen

Art	Geburtsgewicht (g)	Augenöffnung (Tag)	erste Gehversuche außerhalb des Nests (Tag)	erste feste Kost (Tag)
Tüpfelhyäne	1000–1200[1]	0.–5.[2]	2.–4.	ca. 4.
Streifenhyäne	500–750	7.–9.[3]	10.–14.	ca. 8.
Braune Hyäne	630–820[4]	5.–7.[3]	9.–12.	ca. 8.

[1] 3 Tüpfelhyänen sollen in Ibadan Geburtsgewichte von zweimal 1,60 kg und einmal 1,30 kg gehabt haben.
[2] Beginn bereits kurz vor der Geburt, in der Regel am 5. Tag abgeschlossen, kann sich aber in Ausnahmefällen bis zum 14. Tag hinziehen
[3] Mit reichlich 2 Wochen vollendet
[4] Das Durchschnittsgewicht von 13 neugeborenen Braunen Hyänen betrug 682 g.

selbst ab, leckt sie trocken, frisst Nachgeburt und Fruchthüllen. Neugeborene Tüpfelhyänen schwarz, teilweise schon sehtüchtig, können bereits gut krabbeln, wenige Tage nach der Geburt laufen. Sie werden mit wohl entwickelten Eck-, meist auch mit Schneidezähnen geboren. Neugeborene Braune und Streifenhyänen sind blind und unbezahnt, haben kurzes, weiches Fell. Färbung und Zeichnung wie bei Erwachsenen, lediglich etwas heller. Junge lagern dicht am Körper des Weibchens, das sich im seitlichen Liegen oft etwas einrollt. Angaben zur Jugendentwicklung von Hyänen in Tabelle 26.12.

Bei Zwillings- oder Drillingswürfen von Tüpfelhyänen fallen mitunter die Jungen nach einigen Tagen, oft schon wenige Stunden nach der Geburt, übereinander her, beißen sich und fügen sich dabei auch schwere Verletzungen zu. Häufig muss dann das stärker verletzte Junge abgesetzt und künstlich aufgezogen werden. Die Wunden heilen gut und schnell. Erfahrene Mütter legen sich zwischen die Jungen und verhindern so, dass diese zusammenkommen, oder trennen kämpfende Junge. Nach einigen Tagen erlischt der Kampftrieb und die Jungen vertragen sich später gut.

Bei Streifenhyänen und Braunen Hyänen Zahnungsbeginn ab 3. Woche. Milchgebissentwicklung am Ende des 3., Anfang des 4. Monats abgeschlossen. Fellwachstum bei Braunen und Streifenhyänen beginnt in den ersten Tagen nach der Geburt. Mit 3–4 Wochen eigenständige Wärmeisolierung des Körpers, Tüpfelhyänen färben mit 1½ Monaten vom Kopf beginnend um und haben mit 9 Monaten das Erwachsenenkleid. Säugezeit in der Wildnis bis 18 Monate, obwohl die Jungen schon mit etwa 2 Monaten, z.T. auch früher, feste Kost zu sich nehmen. In manchen Tiergärten werden die Jungen bereits mit 4–5 Monaten abgesetzt, um alljährlich Würfe zu erzielen. Andernorts trennt man Mütter und Junge von Braunen und Streifenhyänen mit beginnender Unverträglichkeit. Der Natur entsprechend sollte man bei den Tüpfelhyänen zunächst nur die vor der Geschlechtsreife stehenden Söhne von der Mutter trennen und mit den Töchtern einen Mutter/Männchen-Clan aufbauen.

Hohe Jungtiersterblichkeit bei erstgebärenden Weibchen. Sehr häufig fressen Hyänen ihre Jungen oder nehmen sie nicht an. Ursache dafür ist besonders bei Streifen- und Braunen Hyänen Unruhe in der Umgebung, Nähe anderer Artgenossen, Erregung durch zu geringe Fluchtdistanz (z.B. bei Haltung in herkömmlichen Raubtierkäfigen), ungenügende Vertrautheit mit dem Pfleger, gestörte Raum-Zeit-Gewohnheiten oder falsches Verhalten des Pflegers, ähnlich wie bei Bären. Im Gegensatz zu anderen menschengeprägten Raubtieren ziehen zahme, künstlich aufgezogene Hyänen ihre Jungen oft besser auf als andere Artgenossen.

Künstliche Aufzucht bei allen Arten gelungen, weniger aufwändig und kompliziert als bei anderen Raubtieren. Zimmertemperatur ist ausreichend, wenn Jungtiere auf weicher wärmeisolierender Unterlage liegen und mit Tüchern oder leichten Kissen zugedeckt sind. Als Nah-

Tab. 26.13 Einzelbeispiele normaler Entwicklung bei künstlicher Aufzucht von Hyänen im Zoo Leipzig

Art	Geburtsgewicht	1. Woche			2. Woche			3. Woche			4. Woche		
		A	B	C	A	B	C	A	B	C	A	B	C
	(g)		(g)			(g)			(g)			(g)	
Tüpfelhyäne	1170	45	315	50	50	410	55	75	460	60	80	550	75
Streifenhyäne	*	*			*			35	200	45	40	250	45
Braune Hyäne	820	30	190	40	40	265	50	50	370	55	65	425	60

*Am 10. Lebenstag mit einem Gewicht von 620 g von der Mutter abgesetzt
A: durchschnittliche Nahrungsaufnahme je Mahlzeit
B: durchschnittliche Nahrungsaufnahme je Tag
C: durchschnittliche Gewichtszunahme je Tag

rung fette Kuh- oder Ziegenmilch, eventuell Zugabe von Serumeiweiß, auch Einsatz von Hunde- oder Katzenmilchaustauschern als ausschließliche Nahrung. Über Zugabe von Reis- oder Haferschleim, Tränktechnik, Gewichts- und Nahrungsaufnahmekontrolle siehe Bären und Großkatzen.

Anfangs täglich in 16 Stunden von 6.00–22.00 Uhr 6–7 Mahlzeiten im Abstand von 2½–3 Stunden. 8-stündige Nachtruhe nicht nachteilig. Ab 3. Woche anfangs kleine, später steigende Mengen Lebermus wie bei Großkatzen, ab 4. Woche mageres Schabefleisch, geschabtes Herz, Knochenmark, später durchgedrehtes Fleisch, nach und nach auf größere Mengen fester Kost umstellen. Normaler Milchkot, Analmassage, Körperpflege wie bei Bären. Aufzuchtstörungen und Erkrankungen verhältnismäßig selten. Vorbeuge gegen Magen-Darm-Erkrankungen durch Keime oder leicht verdorbene Nahrung wie bei Bären. Augentrübungen selten, häufig dagegen wie bei Großkatzen Haarausfall, der an den Ohren beginnt, auf den Kopf und von da auf Nacken und Rumpf übergreift. Ursache unklar. Vitamin-A-Gehalt der Nahrung steigern (u.a. Einsatz von Feline High Vit A), intensive Hautpflege, Vitamin-A-Einreibungen. Selten Beschwerden beim Zahnen. Jungtiere sind ausgesprochen spielfreudig. Angaben zur Jugendentwicklung von Hyänen in Tabelle 26.13.

Zucht von Hyänen in vielen Tiergärten gelungen, doch sind weltweit die Zucht-, besonders aber die Aufzuchtergebnisse nicht befriedigend, 1. natürliche Aufzucht der Braunen Hyäne 1998 in Prag.

Höchstalter in Menschenobhut. Erdwolf 20, Tüpfelhyäne über 41, Streifenhyäne über 25, Braune Hyäne bis zu 31½ Jahre.

Unterordnung Hundeverwandte (Caniformia)

Namensgebende Tiergruppe ist die Familie der Hunde (Canidae), die sich aber von den übrigen Familien etwas abgrenzt. Obwohl erheblich artenärmer, bildet die Familie der Bären (Ursidae) ein ebenso bedeutendes entwicklungsgeschichtliches Schwergewicht. Auf Verwandte von deren Stammformen sind die Familien der Ohrenrobben (Otariidae), der Walrosse (Odobenidae) und der Hundsrobben (Phocidae) zurückzuführen und deshalb hier systematisch eingeordnet. Aufgrund ihrer Abstammung von bärenverwandten Raubtieren gehören die Familie der Marder (Mustelidae), der Stinktiere (Mephitidae), der Kleinbären (Procyonidae) und der Kleinen Pandas (Ailuridae) ebenso dazu. Häufiges Merkmal ist eine spitze Schnauze. Oft Zehengänger, deren Krallen sich nicht einziehen lassen.

Verbreitung. Weltweit.

9 Familien, 72 Gattungen, 161 Arten.

Familie Hunde (Canidae)

Artenreiche, entwicklungsgeschichtlich junge Raubtiergruppe. Taxonomie umstritten, je nachdem ob der Schwerpunkt der Einordnung auf

Abb. 26.33 Europäischer Wolf (*Canis lupus lupus*). Der Wolf ist die Stammform unserer Haushunde.

phänotypischen Merkmalen oder auf Ergebnissen molekulargenetischer Untersuchungen liegt. Erste Vorfahren traten am Ende des Paläogens in Nordamerika auf, wanderten über die im Neogän noch bestehende amerikanisch-asiatische Landbrücke nach Ostasien ein und breiteten sich von dort in vielgestaltiger Artenfülle in der Alten Welt aus. Vertreter der neuen Arten wanderten nach Nordamerika zurück und breiteten sich von hier nach Süden aus. Die heutigen südamerikanischen Arten stammen von fuchsähnlichen Urhunden ab.

Gestalt typisch hunde- oder fuchsartig, kaninchen- bis reichlich schäferhundgroß. Kopf lang, mit schlanker, spitzer Schnauze. Zahnformel: 3/3 1/1 4/4 3/2, Brechscherengebiss gut ausgebildet, übrige Backenzähne sind breitkronige Mahlzähne. Rumpf schlank, Schwanz mittellang. Gliedmaßenlänge verschieden, vorn fünf-, hinten vierzehig mit stumpfen, nicht einziehbaren Krallen (5. Zehe manchmal in Gestalt der „Wolfskralle" ausgebildet). Geruchssinn hoch spezialisiert, Gehör ausgezeichnet, Sehvermögen geringer.

Verbreitung. Ganze Erde außer Antarktis, Australien und umliegende Inseln, dort aber teilweise vom Menschen eingeführt, wie auch auf Madagaskar und anderen Inseln.

13 Gattungen, 35 Arten.

Wolfs- und Schakalartige (*Canis*)

6 Arten. Gestalt typisch hundeartig, Gliedmaßen relativ lang. Nord- und Mittelamerika, Eurasien, Afrika, in Australien, benachbarten Inseln und auf Neuguinea vom Menschen eingeführt.

Wolf (*C. lupus*)

Auch Grauwolf oder Europäischer Wolf: Größter Vertreter der Caniden. Schulterhöhe je nach Unterart 60–90 cm, Männchen größer als Weibchen, ähnelt Schäferhunden. Verglichen mit diesen haben Wölfe jedoch einen längeren Rumpf und einen höheren, aber schmaleren Brustkorb. Kopf relativ groß, Stirn breit, Augen setzen schräg an, Ohren eher kurz. Buschiger Schwanz von etwa 1 Drittel der Körperlänge. Färbung unterartlich, aber auch innerhalb der Populationen mitunter verschieden, unterseits stets aufgehellt. Stammform des Haushundes, mit großer Wahrscheinlichkeit auch der Dingos. 11 Unterarten. Eurasien, Nord- und Mittelamerika.

Rotwolf (*C. rufus*)

In der Größe zwischen Grauwolf und Kojoten, 25–35 kg, relativ langbeinig und überproportional große Ohren. Fell bräunlich bis zimtfarben, mit grauen und schwarzen Schattierungen auf Rücken und Schwanz. Wurde als Hybrid von Wolf und Kojote betrachtet und als Unterart von C. lupus geführt, basierend auf genetischen und morphologischen Untersuchungen nun Artstatus. Nach Wiederansiedlung gibt es eine kleine Population an der Ostküste der USA.

Gefährdungsstatus. Bestand in der Wildnis nur in menschenarmen, unkultivierten Gebieten vorerst gesichert, sonst überall mehr oder weniger gefährdet. Von der Ausrottung bedroht sind Rotwolf, Indischer (*C. l. pallipes*) und Mexikanischer Wolf (*C. l. baileyi*). Wiederansiedelung von Rotwölfen seit Mitte der 1990er Jahre in ehemaligem Habitat zwar anfangs erfolgreich, aber 10 Jahre später durch Bastardierung mit Kojoten (20 % des Bestandes) infrage gestellt. 2003 im Rahmen eines In-situ-Zuchtprogramms wurden knapp 50 Mexikanische Wölfe ausgewildert, deren Hauptpopulation sich inzwischen auf einem Truppenübungsplatz in Arizona angesiedelt hat. Aus Polen nach Deutschland eingewanderte Europäische Wölfe haben inzwischen die einzigen, relativ stabil etablierten Populationen im westlichen Mitteleuropa gebildet. Besonders im Nordosten Deutschlands sind sporadisch sog. Wechselwölfe anzutreffen, meist einzelne jungerwachsene Rüden auf den alten „Wolfsstraßen" unterwegs nach Westen. Im Wolfsmonitoringjahr 2021/22 wurden in Deutschland ein Bestand von 161 Wolfsrudeln plus 43 neue Paare und 21 Einzelwölfe erfasst.

EEP für den nicht als eigene Unterart bestätigten Iberischen Wolf (*C. l. signatus*) im Zoo Barcelona, für die Art im Manor House Wildlife Park, England, Internationales Zuchtbuch für den Mexikanischen Wolf in Palm Desert Museum, Kalifornien.

Lebensweise. Dämmerungs- und Tagtiere, in besiedelten Gebieten mit starker Bejagung auch Nachttiere. Lebensraum alle Gebiete der Nordhalbkugel, von der winterkalten, baum- und straucharmen hochnordischen Tundra über Taiga, Nadel-, Laub- und Mischwälder, Baum-, Busch- und Grassteppe bis in trockene subtropische oder tropische Wüstensteppen und Halbwüsten. Mit Ausnahme des nur paarweise oder in Elternfamilien lebenden Indischen Wolfes gesellig in großen Jagdterritorien, die mit Harn, Analdrüsensekret und Kot markiert werden (wandern auf Jagdzügen täglich bis 60 km). Reviergröße vom Wildreichtum abhängig. Rudelgröße hängt von der Größe der bevorzugten Beute ab, d.h., je größer und wehrhafter die Beute, desto größer die Rudel, deren Angehörige meist verwandt sind. Sozialstruktur und Sozialverhalten in der Wildnis lebender Rudel weichen, wie Freilandbeobachtungen ergeben haben, von denen in tiergärtnerischen Einrichtungen gehaltenen Wölfen ab. Während sich in der Zootierhaltung unter den Wölfen eine strenge hierarchische Struktur, nicht selten mit einem Omega-Wolf am Ende der Rangordnung, herauskristallisiert, an dem häufig aufgestaute Spannungen und Aggressionen der übrigen Wölfe abreagiert werden, bestehen Wolfsrudel in der Wildnis aus einem Familienverband, also einem Elternpaar und dessen unterschiedlich alten Nachkommen. Seltener sind Paare als potentielle Rudelgründer oder Einzeltiere (abgewanderte Jungrüden) anzutreffen. Das Elternpaar dominiert das Rudel. Eine ausgeprägte Rangordnung zwischen den Nachwuchstieren bildet sich nicht heraus. Konflikte werden durch soziale Interaktionen ausgetragen. Dazu steht Wölfen eine Vielzahl akustischer und optischer Signale zur Verfügung. Dabei kommt es selten zu Verletzungen, Bisse von Gebiss zu Gebiss. Unterlegene, zurückgedrängte Tiere werfen sich mitunter auf den Rücken und zeigen Kehle und Bauch in Demutshaltung und lösen damit die Beißhemmung aus. Im Rudel pflanzt sich in der Regel nur das Elternpaar fort. Das Weibchen gräbt Wurfhöhlen unter Bäumen oder Büschen, vergrößert auch Fuchs- und andere Erdbaue. An der Aufzucht beteiligen sich neben dem Männchen oft auch ältere Geschwister. Jüngere Weibchen bewachen die Jungtiere, während die Mutter auf Beutejagd ist. Eltern und Rudelangehörige tragen, wenn die Jungen größer sind, ihre Beute im Maul herbei oder erbrechen verschlungene Nahrung.

Verständigung durch zahlreiche Laute. Typisches helles, melodisches Heulen dient der Kontakterhaltung von Einzeltieren bzw. Rudelangehörigen oder zwischen verschiedenen Rudeln. Daneben fiepende, winselnde (oftmals Bettel-), knurrende (oftmals Droh-) Laute und Bellen. Gehör-, Geruchs- und Gesichtssinn gleichermaßen hoch spezialisiert. Erwachsene Tiere können bis 10 kg Fleisch auf einmal fressen. Einzeltiere jagen Kleintiere, z.B. Lemminge, fangen ähnlich wie Füchse Mäuse, ernähren sich zumindest zeitweise auch von Käfern und Früchten, meist aber Rudel- oder Familienjagd auf größere Tiere durch Anpirschen und kurze Hetz- (besonders im Sommer) oder Treibjagd. Ausdauernd laufende Beute wird auf Rudelangehörige, die im Hinterhalt liegen, zu getrieben. Als Beute ausgewählt werden meist junge, kranke oder geschwächte Tiere.

Nahrung. Vorwiegend wilde Huftiere wie Elche, Rener, andere Hirsche, Wildschafe, Wildschweine, auch Haustiere, daneben kleinere Säuger, Biber, Hasen, Kaninchen, Lemminge, andere Nagetiere, bodenbrütende Vögel, Insekten, Aas, auch Früchte.

Haltung von Wölfen

Europäischer, Timber- und Tundrawolf in Tiergärten der Herkunftsländer häufig, Rotwolf in US-Zoos gelegentlich, übrige Unterarten sehr selten oder nicht gezeigt. Eingewöhnung meist unkompliziert. Nördliche Formen winterhart, Akklimatisation nicht erforderlich. Südliche Unterarten bedürfen zur kalten Jahreszeit eines ständigen Zugangs zu einer leicht klimatisierten Schutzhütte.

Unterkunft. Ihrem großen Laufbedürfnis entsprechend (durchschnittlich tägliche Wanderung 15–20 km) bedürfen sie eines weiträumigen Freigeheges mit mehreren unbeheizten bzw. für Tiere aus warmen Klimazonen leicht temperierten, gut isolierten, stabilen Schlaf- und Wurfboxen sowie Absperreinrichtungen. Einfriedung mit 4–6 m breitem Wassergraben (Wassertiefe 1,20–1,50 m), äußere Mauerkrone 1,20–1,50 m über dem Wasserspiegel. Wasser wird im Winter entweder durch ständigen Zufluss offen gehalten oder abgelassen. Auch 4–6 m breiter, 2,80 m tiefer Trockengraben ausbruchsicher. Abgrenzung mit etwa 2,10 m hohem Stahlgeflechtgitter möglich, oben auf etwa 60 cm Länge im Winkel von 35–45 ° gehegeseitig abgekippt. Maschenweite so eng, dass halbwüchsige Junge nicht den Kopf durchstecken können. Wegen ihrer Grabfreudigkeit Umfassungsfundament von mindestens 1,80 m Tiefe erforderlich. Im Tierpark Berlin wurde von den Tieren beim Bau einer Wurfhöhle das Betonfundament des Außenzaunes in 1,70 m Tiefe untergraben. Gehegeboden gewachsenes Erdreich mit sonnigen Sandflächen, Gras- und Buschbepflanzung. Als dekorative Raumteiler, hinter denen sich die Tiere aus dem Weg gehen können, Findlinge, andere Felsbrocken, Wurzelscheiben, Baumstämme, gut zu reinigende Flachwasserbecken in Gestalt von Tümpeln. Feste Kotplätze regelmäßig säubern, dabei auch verunreinigte Bodenbeläge entfernen und durch frisches Material ersetzen.

Die soziale Struktur ist bei den einzelnen Unterarten nicht einheitlich. So leben z.B. die Kleinformen wie der Arabische Wolf (*C. l. arabs*) paarweise, der Iberische Wolf als Elternfamilie mit Jungen (letztere vor der nächsten Geburt abtrennen). In den Rudeln des Europäischen Wolfs bringt nur das Alpha-Weibchen Junge. Dessen Familien bestehen aus ca. 12 Tieren, darunter meist 2 Generationen von Jungtieren. Beim Tundrawolf oft Großrudel von gelegentlich über 50 Tieren. Bei diesen bleiben die Jungwölfe über mehrere Jahre im Rudel, wobei neben dem Alpha-Weibchen auch Töchter zur Zucht kommen.

Für Omega-Tiere in Wolfsrudeln muss entweder ein Ausweichgehege oder eine stärkere Gliederung des Freigeheges mit vielen Versteck- und Fluchtmöglichkeiten vorhanden ist. Keinesfalls soll man aus einer Gruppe in Menschenobhut lebender Wölfe das Omega-Tier entfernen. Durch diesen Eingriff kann die Sozialstruktur des Rudels zerstört werden. Folge davon sind zwischen allen Gruppenmitgliedern lang andauernde Beißkämpfe mit Verletzungen bis zur Todesfolge von Einzeltieren aus allen Rangordnungsebenen und der Zerfall des Rudels, von dem oftmals nur noch 1 Paar übrig bleibt. Auf ähnliche Weise kann die feste Rangordnung innerhalb der Großfamilien oder Rudel durch den Tod ranghoher Einzeltiere auseinander fallen. Dann bildet sich, meist im Winterhalbjahr, ein neues Paar, das mitunter die übrigen Tiere abzubeißen und zu vertreiben sucht.

Umgang. Sicherheitsmaßnahmen wie bei Hyänen. Insbesondere Tierunterkünfte nicht in Anwesenheit der Tiere zu Reinigungsarbeiten, Fütterungszwecken o.Ä. betreten. Diese müssen vorher sicher abgesperrt, können gegebenenfalls mit Futter in Absperrkäfige gelockt werden. Alle Hundeartigen sind Nasentiere, deswegen besondere Vorsicht beim Umgang mit fremd riechenden Stoffen. Haften dem Pfleger unbekannte Gerüche an, können diese einen

Angriff auf ihn auslösen. Transport von Wölfen in vergitterten Raubtierkisten aus Hartholz (siehe Band „Grundlagen“).

Fütterung. Rohes Fleisch mit Knochen, Rippenstücke. Tagesration etwa 2 kg schieres Fleisch, wöchentlich ein Fasttag, hin und wieder ganze Kleintiere und Geflügel, Hundezerealienfutter, Canine D_3. Mineralstoff- und Vitaminzusätze unter durchgedrehtes Muskelfleisch mischen. Möglichst kein Schweinefleisch, wenn dann nur in gekochtem Zustand (Gefahr der Aujetzki'schen Krankheit).

Vergesellschaftung. Aufbau eines Wolfsrudels grundsätzlich jeweils nur mit einem fremdblütigen Paar beginnen. Zuführung neuer Tiere in bestehende Rudel zwecks Blutauffrischung stößt auf große Schwierigkeiten. Wenn, dann Neulinge nie auf einmal mit der gesamten Gruppe, sondern nacheinander mit den Einzeltieren zusammengewöhnen. In solchen Sammelgruppen meist auch später vermehrt Aggressionen. Wenn Nachwuchs unerwünscht ist, können Gruppen gleichgeschlechtlicher Tiere zusammengestellt werden, vertragen sich gut. Vor der Vergesellschaftung auch nachts längere Zeit an engem Sicht- bzw. Schnüffelgitter halten, Stababstand etwa 15 mm, damit Beine oder Schwanz nicht durchgesteckt werden können. Zusammenlassen nicht auf der Freianlage, nur in überschaubarem, kleinem Ausweich- oder Absperrgehege ohne Schutzhütte oder ähnlichem Versteck, in dem von außen Manipulationen zur Trennung kämpfender Tiere möglich sind. Dazu freies Nachbargehege erforderlich. Unter Druck stehenden Wasserschlauch bereitlegen. Anfangs oft kleine Rempeleien, Beißkämpfe zur Festlegung der Rangordnung. Gut beobachten, bei Beißereien oder heftiger Verfolgung des Unterlegenen die Tiere trennen. Augenmerk auf Omega-Wölfe richten, die besonders in Konfliktsituationen im Rudel gefährdet sind. Künstlich aufgezogene Tiere werden zahm, vor allem männliche versuchen aber als Halbwüchsige oder Jungerwachsene Rangordnung zum bisher überlegenen Pfleger zu ihren Gunsten zu verändern.

In großräumigen, gut strukturierten Anlagen mit ausreichend Rückzugmöglichkeiten werden Wölfe mit Braunbären vergesellschaftet (Europäische Wölfe mit Braunbären, Timberwölfe mit Kodiak-Bären).

Fortpflanzung und Zucht. Vielfach gelungen. 7–9 Tage vor Brunstbeginn beim Weibchen schleimig-blutiger Scheidenausfluss, der einige Tage vor dem Einsetzen der Hitze meist verschwindet. Brunstzeit selten Januar, meist Februar/März. Weibchen monöstrisch. Brunstdauer 5–7, auch 10–14 Tage. 2–3, manchmal auch mehr Paarungen täglich. Wie bei allen Hundeartigen Vollschwellung des Penis erst nach Einführung, hält nach Samenerguss noch für mehr oder minder kurze Zeit an, so dass sich die Tiere nicht sofort lösen können (sog. „Hängen“, bei Haushunden bis 20 Minuten, Tiere versuchen dann in entgegengesetzter Richtung auseinander zu streben). Tragzeit 61–64, beim Indischen Wolf vom letzten Decktag gerechnet 68 Tage. Bei kleinen Würfen keine Schwangerschaftsanzeichen, sonst Vermehrung des Leibesumfangs. Wurfzeit April/Mai, beim Indischen Wolf im November. 3–13, im Durchschnitt 4–5 blinde, 300–500 g schwere, braune kurz behaarte Junge. Augenöffnung zwischen dem 8. und 14. Tag. Rohes Fleisch wird zwischen 6. und 7. Woche regelmäßig aufgenommen. Säugezeit 8–10 Wochen. Mit 3½–4½ Wochen verlassen die Jungen erstmals die Wochenstube, um die nähere Umgebung zu erkunden. In Freianlagen mit Naturboden graben Wölfe oft eigene Baue, in denen die Geburt stattfindet. Kurz vor der Geburt und während der Jungenaufzucht Wurfboxen bzw. Höhlen ungestört lassen. Männchen oder gegebenenfalls Töchter verhalten sich den Jungen gegenüber entweder indifferent oder beteiligen sich an der Aufzucht, indem sie Futter vor die Wochenstube bzw. später vor die Jungen tragen oder hier aufgenommenes Fleisch erbrechen. Junge mit etwa 1 Jahr ausgewachsen. Geschlechtsreife mit etwa 2¾ Jahren, gelegentlich früher (21–22 Monate).

Künstliche Aufzucht möglichst mit Hundeamme. Milchzusammensetzung von Wölfen

Tab. 26.14 Milchzusammensetzung von Hunden

Art	Trockensubstanz (%)	Fett (%)	Eiweiß (%)	Kohlenhydrate (%)	Asche (%)	Proben (Anzahl)
Wolf	23,30	8,10[1]	10,80[2]	3,18[3]	1,28	2
Haushund	22,85 (23,73)	10,23[4]	8,12[5]	8,84[6]	1,09 (1,05)	217 (14)

Angaben in Klammern: Werte für Kolostrum
Erwähnenswerte Abweichungen von Einzelproben:
[1] 9,6 % [2] 9,2 % [3] 6,4 % [4] 11,80 % [5] 7,40 % [6] 1,30 %

und Haushunden in Tabelle 26.14. Wird eine Flaschenaufzucht erforderlich, Ernährung mit Hundemilchaustauschern (z.B. KMR, ZiMic Welpenmilch). Säuglingsbetreuung, insbesondere allgemeine und Futtermittelhygiene, Unterstützung für Kot- und Harnabsatz, Gewichtskontrollen usw. wie bei Bären (siehe dort), bei guter Entwicklung ab Ende der 1. Woche nachts 6- bis 8-stündige Tränkpause.

Höchstalter in Menschenobhut. Über 20 Jahre.

Haushund (*C. lupus f. familiaris*)

Von mittelsteinzeitlichen Menschen vor etwa 14000–9500 Jahren in Europa erstmals domestiziert. Beginn der Domestikation in Südwestasien vor 8600–7500 Jahren, in Ostasien vor 6800 Jahren und in Südamerika vor 5000 Jahren. Stammform ist ausschließlich der Wolf, auch für die präkolumbianischen Haushunde Südamerikas oder die Vorfahren von Dingo und Hallström-Hund und natürlich gleichermaßen für die heutigen Rassen, sowohl für den großen Neufundländer als auch für den kleinen Chihuahua. Der Goldschakal ist nicht, wie zeitweilig angenommen, am Entstehen des Haushundes beteiligt.

Bereits im Altertum gab es verschiedene Hunderassen, so windhundähnliche Hetzjäger, doggen- oder neufundländerähnliche Kriegs- und Kampfhunde, dackel- bzw. terrierähnliche Jagd- und Spürhunde. Mit dem Zerfall der alten Kulturen erloschen diese Hunderassen, die deshalb nicht direkte Vorfahren äußerlich ähnlicher Tiere unter den heute lebenden etwa 400 Haushunderassen sind. Viele der heutigen Rassen zeigen durch Größe, Kraft, Ausdauer, Schärfe, Zuverlässigkeit und besonders charakterliche Eigenschaften, zu welchen Verwendungszwecken dieses Haustier gehalten und gezüchtet wurde. So entstanden Schutz-, Kampf-, Jagd-, Hirten-, Wach- und Zughundrassen, aber auch zahlreiche Luxus- und Modehunde. Vielfach auch Mischlinge unterschiedlichster Größe, Gestalt und Färbung, die in manchen Gebieten der Erde als verwilderte, herrenlose Pariahunde in menschlichen Siedlungen und an deren Rändern zufrieden sind. In tropischen Ländern verschiedener Erdteile gab es unter den Pariahunden vereinzelt Individuen, die durch Veränderungen des Erbgutes ganz oder teilweise haarlos waren. Diese auffälligen Tiere wurden weitergezüchtet, daher entsanden mehrere Nackthunderassen.

Dingos

Dingo (*C. lupus f. dingo*): Schulterhöhe 30–35 cm, kurzes, meist rotbraunes, selten dunkelbraunes oder schwarzes Fell, gelegentlich auch mit weißlichen Abzeichen oder Flecken. Wie auch die nachfolgende Variation vermutlich von australischen und neuguineischen Ureinwohnern bei einer der späteren Einwanderungswellen vor 4000–3500 Jahren als damals primitive Haushunde eingeführt und in der Folgezeit völlig verwildert. Australien. – **Hallström-Hund** (*C. lupus f. hallstromi*), auch Urwalddingo: Fellfärbung ähnlich wie Dingo, aber meist dunkler rotbraun. Neuguinea.

Gefährdungsstatus. Bestand in der Wildnis nicht gefährdet.

Lebensweise. Tag- und dämmerungsaktiv, Ruhe- und Schlafzeiten während der heißen Mittagsstunden und während Neumondphasen in der dunklen Mitternachtsphase. Lebensraum sind trockene lichte Wälder, Baum-, Busch-, Gras- und Wüstensteppen des Flach- und Hügellandes. Ortstreu in Revieren mit gemeinsam benutzten, häufig selbst errichteten Erdbauen oder Höhlen anderer Tiere, aber auch frei in Dickichten. Meist paarweise oder in Familien, selten Einzelgänger (unverpaarte, halbwüchsige Tiere oder beutesuchende Männchen, deren Weibchen Junge aufziehen). Paarbildung oft lebenslang stabil. Männchen beteiligt sich an Jungenaufzucht, trägt Futter heran, führt und verteidigt später gemeinsam mit dem Weibchen die Jungen, welche mit erreichter Selbständigkeit abgebissen werden. Größe des Jagdterritoriums vom Wildbestand abhängig. Paare jagen gemeinsam oder in kleinen Familienrudeln größere Beute, vorwiegend Kängurus, reißen aber auch Schafe. Daneben Einzeljagd auf Kleintiere aller Art. Gut entwickeltes Sehvermögen (Entfernungssehen!), Gehör und Geruchssinn ausgezeichnet. Verständigung durch Kontaktlaute, meist wenig stimmfreudig.

Abb. 26.34 Das dunkle, hell gefleckte Rückenfell war für den Schabrackenschakal (*Canis mesomelas*) namensgebend.

Kojoten und Schakale

Kojote (*C. latrans*), auch Coyote, Präriewolf, Heulwolf: Schulterhöhe 45–55 cm, Gestalt wolfsähnlich, aber schlanker, schmalere Schnauze, größere Ohren und kürzere Beine, Fell rau, zottig, oberseits graugelb, unterseits weißlich grau, langer, buschiger Schwanz. 19 Unterarten. Norden Kanadas und Alaskas über die gesamte USA und Mexiko bis Costa Rica.

Goldschakal (*C. aureus*): kleiner als Kojote, Schulterhöhe 40–50 cm, Gestalt fuchsähnlich, aber hochbeiniger, Fell dicht, grob, oberseits gold- bis graubraun, Rücken und Flanken etwas dunkler, unterseits weißlich grau. 13 Unterarten. Nord- und Ostafrika, Klein-, Vorder-, Mittel- und Südasien bis zum nördlichen Südostasien, Südosteuropa mit Ausbreitung Richtung Mitteleuropa. Seit 2021 Reproduktionsnachweise in Deutschland. – **Streifenschakal** (*C. adustus*): Größe und Gestalt wie Goldschakal, etwas hochbeiniger, oberseits braungrau, unten braunschwarz oder schwarz abgesetzter Flankenstreifen. 6 Unterarten. Ostafrika von Südsudan und Äthiopien bis zum nördlichen Südafrika. – **Schabrackenschakal** (*C. mesomelas*): Größe und Gestalt wie Goldschakal, Nacken, Rücken und Flanken oberseits bis zum Schwanzansatz grauschwarz („Schabracke“) sonst rotbraun, Schwanz schwarzbraun, unterseits etwas heller. 2 Unterarten. Südafrika bis Sambesi, Ostafrika bis Nordsudan.

Äthiopischer Wolf (*C. simensis*), auch Abessinischer Fuchs, Äthiopischer Schakal: Gestalt und Größe fuchsähnlich, hochbeiniger, Schwanz kürzer, buschig, Fell goldbraun, Kinn und Kehle unterseits weißlich. Genetische Untersuchungsergebnisse weisen auf eine enge Verwandtschaft zum Wolf hin. 2 Unterarten. Hochland von Äthiopien.

Gefährdungsstatus. Bestand des Äthiopischen Wolfes in der Wildnis hochgradig gefährdet. Bestandsrückgang konnte teilweise gestoppt werden durch veränderte Bewirtschaftungsform der Bodennutzung, Sterilisation der Haushunde zur Vermeidung von Bastarden und Impfung der Haushunde gegen Infektionskrankheiten, die sie bisher auf die Äthiopischen Wölfe übertragen haben. 7 Einzelverbreitungsgebiete, in denen in den letzten Jahren etwa 500 Tiere in über 80 Rudeln lebten. Reichlich 100 gehören der Nominatform an und leben nördlich des Rift Valley im Simenbergland, der Rest verteilt sich südöstlich des Rift Valley im 800 km entfernten Bale-Mountain-Nationalpark. Bestand von Kojoten und Schakalen in der Wildnis nicht gefährdet.

Lebensweise. Tag- und Nachttiere. Ruhezeiten während der Mittags- und Mitternachtsstunden. Lebensraum verschieden. Kojote: besiedelt wie der Wolf alle Landschaftstypen Nord- und Mittelamerikas, verstärkte Ansiedlung und Vermehrung in allen Gebieten, in denen der Wolf ausgerottet wurde. Goldschakal: alle offenen Lebensräume bis in 1000 m Höhe, wie z.B. Oasen, Wüsten, Steppen, gern in der Nähe von Gewässern mit dicht bestandenen Ufern und Dornendickichten, auch Meeresküsten, felsige, bewachsene Gebirgsschluchten, nicht im geschlossenen Wald. Schabrackenschakal: ähnlich, besonders Buschsteppen, auch steinige Halbwüsten, nicht in Gebirgen. Streifenschakal: in lichten Wäldern des Flach- und Hügellandes. Kojote, Gold- und Schabrackenschakal auch oft in der Nähe menschlicher Siedlungen. Kojoten paaren sich hier ähnlich wie Äthiopischer Wolf mit streunenden Haushunden (Coydogs), treten sogar am Rande von Großstädten auf. Streifenschakale sind scheuer.

Gesellig, selten Einzelgänger (meist unverpaarte, halbwüchsige Tiere oder beutesuchende Männchen, deren Weibchen Junge aufziehen). Meist paarweise oder in Familien, öfter auch in kleinen Rudeln (Schabrackenschakale an nahrungsreichen Orten, Goldschakal im Norden des Verbreitungsgebietes oft im Herbst). Vermutlich lebenslange Einehe. Ortstreu in Revieren mit gemeinsam benutzten, häufig selbst errichteten Erdbauen (Kojoten vielfach im Wald, unter Wurzeln und am Fuß von Bäumen, in erweiterten Fuchs- und Dachsbauen). Selbst gegrabene Goldschakalbaue einfach, bis 3 m lange Zugangsröhre zu gepolstertem Endkessel, oft auch in Erdhöhlen anderer Tiere, in Felsspalten, unter Steinblöcken. Das Revier wird vom Männchen und Weibchen an gleichen Stellen mit Harn, Kot und Analdrüsensekret markiert, ist von einem, auch von benachbarten Gruppen mitbenutzten Jagdterritorium umgeben. Größe des Jagdterritoriums vom Wildbestand abhängig. Einzeljagd auf Kleintiere aller Art. Paare jagen gemeinsam, z.B. junge Huftiere, indem 1 Tier die Mutter ablenkt, das andere deren Jungtier erbeutet. Rudel umstellen kleinere Beute, treiben sich diese gegenseitig zu oder reißen, mit Ausnahme von Äthiopischem Wolf und Streifenschakal, gemeinsam Tiere. Zwischen den Paarpartnern fester Zusammenhalt, verteidigen gemeinsam Revier gegen eindringende Artgenossen oder artfremde Nahrungskonkurrenten, z.B. Goldschakale gegen Hyänen. Das Männchen beteiligt sich an der Jungenaufzucht, verlässt zwar den Wurfbau, trägt aber Futter heran, führt und verteidigt später gemeinsam mit dem Weibchen die Jungen, die mit 3–5 Monaten abgebissen werden. Fortbewegung schlenkernder Kreuzgang, fördernder Trab. Verständigung durch heulende Kontakt- und Jagdlaute, kläffendes Kreischen, Bellen, verschiedene Warnlaute. Streifenschakal wenig stimmfreudig. Hoch entwickeltes Sehvermögen (Entfernungssehen!), Gehör und Geruchssinn ausgezeichnet. Äthiopischer Wolf inselartig in Bergregionen und auf Hochebenen bis in 4000 m Höhe. Nachttemperaturen sinken hier bis auf –10 °C. Rudelbildung, in denen sich nur das Alpha-Weibchen fortpflanzt. Junge werden in selbst gegrabenen Erdhöhlen geboren, wo sie später auch die kalten Nächte verbringen. Nachzucht des Vorjahres hilft bei Jungtierbetreuung und Aufzucht. Jagd als Einzelgänger, fuchsähnlich „mäuselnd“ (siehe Füchse), Beute vorrangig afrikanische Grasratten (*Arvicanthis*) und Maulwurfsratten (*Tachyoryctes*).

Nahrung. Kerbtiere, Eidechsen und Schlangen, Eier, Jungvögel, Bodenbrüter, Aas, Kleinsäuger

(Streifenschakal keine größere Beute), darunter Nager (Äthiopischer Wolf wahrscheinlich ausschließlich), auch Früchte (Streifenschakale z.B. nicht selten Fruchtfleisch von Ölpalmenfrüchten), zarte Triebe, milchigen Mais, Honig. Zusätzlich Krebse, Fische, Frösche, menschliche Nahrungsabfälle, mittelgroße Säuger wie Hasen, Kaninchen, Baumstachler(?) und Biber (Kojote). Daneben Frischfleisch und Aas von großen Säugetieren an Großkatzenrissen, Nachgeburten von Antilopen, neugeborene Antilopen (Gold- und Schabrackenschakal), Hausgeflügel und Jungvieh (Dingo, Kojote, Gold- und Schabrackenschakal).

Marderhunde (*Nyctereutes*)

Vertreter einer Entwicklungslinie, die infolge der frühen Trennung eine Sonderstellung einnimmt. Wildhund, dessen Vorfahren im Neogän über die Beringbrücke nach Nordostasien einwanderten. 1 Art. **Marderhund** (*N. procyonoides*), auch Enok, Tanuki: Schulterhöhe ca. 22 cm, Gestalt, Größe und Färbung waschbärenähnlich, jahreszeitlich bedingter deutlicher Fellwechsel. 4 Unterarten. Ursprünglich Nordost- und Ostasien einschließlich Japan. Auf dem Gebiet der Ukraine ausgesetzte Tiere breiteten sich nach Süden bis ins Donaudelta sowie in nördlicher und westlicher Richtung aus und erreichten Ende der 1950er Jahre den Osten Deutschlands, jetzt sind sie auch in Mittel- und Westeuropa anzutreffen.

Gefährdungsstatus. Bestand in der Wildnis ungefährdet.

Lebensweise. Dämmerungs- und Nachttier. Lebensraum Tundra, Moore, Taiga, Wälder, Gewässerufer, Park- und Kulturlandschaft. Schlaf- und Wurfplätze in Felsspalten, bodennahen Baumhöhlen, selbst gegrabenen Erdbauen oder solchen anderer Tiere. Einzelgänger, zur Paarungszeit paarweise, später im losen Familienverband. Hält als einziger Canide in der kalten Jahreszeit Winterruhe. In höheren Lagen lebende Tiere wandern vorher in Täler. Herbstmast mit starker Gewichtszunahme durch Bildung großer Fettreserven wie bei Bären. Keine schnellen Läufer, schwimmen und tauchen gut, können nicht klettern wie andere ursprüngliche Verwandte, bellen auch nicht. Geruchssinn hoch spezialisiert, Gehör und Sehvermögen sehr gut.

Nahrung. Allesfresser, vor allem Kleinsäuger, besonders Nagetiere, auch Maulwürfe und Spitzmäuse, Eier, Jungvögel von Bodenbrütern (gefährlicher Eingriff in die heimische Fauna), Lurche, darunter auch Kröten(!), Fische, Wirbellose, Früchte, Beeren, Eicheln, in besiedelten Gebieten Einbrüche in Hausgeflügelställe.

Haltung von Kojoten, Schakalen, Dingos und Marderhunden

Dingos in Zoos nicht selten, Kojote, Gold-, Schabrackenschakal und Marderhund häufig gezeigt.

Über den Äthiopischen Wolf liegen keine Pflegeerkenntnisse und Haltungserfahrungen vor, daher diesbezügliche Angaben nicht möglich. Zur Haltung von Haushunden siehe Spezialliteratur.

Unterkunft. Vielfach noch in volierenartigen Ausläufen. Als Einfriedung Maschendraht oder Stahlgewebe. Besser für die lauffreudigen, gut kletternden und springenden Tiere sind größere Freianlagen mit Naturboden. Wegen ihrer Lust am Graben etwa 1,2 m tiefes Randfundament. Untergrund der Freifläche mit wasserdurchlässiger, grober Schotterschicht versehen, durch die sich die Tiere nicht durchgraben können. Begrenzung mit 2 m hohem Drahtgeflecht, oftmals nach innen im Winkel von etwa 45 ° mit einem Überhang von 50–60 cm. Um Kletterversuche am Begrenzungsgitter und dabei eventuell dessen Übersteigen zu verhindern, von der Oberkante des Gitters innen waagerechte, dünne Elektrodrähte im Abstand von 50–60 cm bis in eine Höhe von 80 cm über dem Boden anbringen. Für Marderhunde niedrigere Gehegeeinfassungen ausreichend und Verzicht auf Elektrosicherung gerechtfertigt. Alternativ ein 3 m breiter Wasser- oder Trockengraben. Auch hier besucherseitiges Ufer bzw. Brüstungsmauer mit

Tab. 26.15 Angaben zur Fortpflanzungsbiologie bei Dingos, Kojoten und Schakalen

Art	Paarungszeit (Monate)	Tragzeit (Tage)	Wurfzeit (Monate)	Wurfgröße (Anzahl)	Säugezeit (Wochen)	Geschlechstreife (Monate)
Dingo	XII–I[1]	60–63	II–III[2]	4–5 (2–10)	8	10–11
Kojote	(I–) II–III	60–65	(III–) IV–V	3–7 (–10)	8–10	21–22 (10–11)
Goldschakal	I–II[3]	62–63	III–V	3–6 (–8)	6–8	10–11 (21–22)
Streifenschakal	I–II (–V)	57–63	III–IV (–VII)	3–4 (–7)	6–8	[4]
Schabrackenschakal	I–II (–V)	57–62	II–IV–VII	3–5 (10)	8–10	[4]

Zahlenangaben in Klammern: von der Norm abweichende, im natürlichen Schwankungsbereich liegende Beobachtungsergebnisse
[1] Hauptpaarungszeit, Paarungen auch in allen anderen Monaten möglich
[2] Hauptwurfzeit, Geburten auch in allen anderen Monaten möglich
[3] Hitze der Weibchen 6-8 Tage
[4] Vermutlich wie Goldschakal

Elektrodraht sichern. Zugang für Tierpfleger durch doppeltürige Schleuse. 2–3 gut isolierte Schutzhütten als Schlaf- und Wurfboxen, die für die winterharten Kojoten unbeheizt sein können. Sie haben so Temperaturen von –25 °C ohne Komplikationen vertragen. Schakale und Dingos sind weitgehend winterhart, benötigen aber einen ständigen Zugang zu leicht temperierten Schutzunterkünften. Urwalddingos sind kälteempfindlicher. Kalt gehaltene Goldschakale wechseln zweimal im Jahr das Fell, und zwar im September/Oktober und März bis Mai.

Fütterung. Schieres und Fleisch mit Knochen (ungekocht nicht vom Schwein), mit Vitamin- und Mineralzusätzen, Eier, Kleinsäuger, Küken, weiches Obst, Beeren, Insekten, Fisch (Kojote), Hundekuchen und eventuell handelsübliches Fertigfutter, gelegentlich Leber. Vitamine und Mineralstoffe werden meist unter durchgedrehtes Fleisch gemischt.

Vergesellschaftung. Die Tiere werden in der Regel paarweise, Kojoten und Dingos in großen Anlagen auch in kleinen Meuten gehalten. Junge von Kojoten nach 5 Monaten abtrennen. Goldschakale im Familienverband in Gruppen von 6–8 Tieren verträglich. Väter beteiligen sich an der Aufzucht. Vergesellschaftung wie bei Wölfen, mit geringsten Komplikationen kurz vor der Brunstzeit. Sicherheitsmaßnahmen ähnlich wie bei Wölfen und Hyänen, doch können die Gehege auch in Anwesenheit der Tiere betreten werden. Im Zoo Münster wurden Schabrackenschakale mit Breitmaulnashörnern zusammen gehalten.

Fortpflanzung und Zucht. Wildformen monöstrisch mit jahreszyklisch fixierten Paarungs- und Wurfzeiten. Beim Dingo 2 Würfe jährlich möglich. Östrusdauer 2–10 Tage. Wie bei Wölfen 8–10 Tage vorher einsetzende Abgänge von blutigem Schleim, doch bei Schakalen nicht immer sichtbar. Während der Paarung Vollschwellung des Penis. Schakale „hängen" bis zu 45 Minuten. Mutterstubenvorbereitung und -betreuung ähnlich wie bei Hyänen. Tragende Weibchen beziehen oft hölzerne Wurfhütte, in die sie Artgenossen nicht hineinlassen, oder vertreiben das Männchen aus der bisher gemeinsam genutzten Schlafbox. Deshalb für Männchen und andere Rudelangehörige rechtzeitig ähnliche zusätzliche Schlafunterkünfte bereitstellen. Ob bei Marderhunden Paare getrennt werden müssen, hängt von deren individueller Verträglichkeit ab. Weitere Angaben zur Fortpflanzungsbiologie in Tabelle 26.15. Kontrolle der Jungen nur dann, wenn Weibchen freiwillig die Mutterstube verlässt. Geburt meist nachts. Weibchen nabelt Junge selbst ab, frisst Fruchthüllen und Nachgeburt. Neugeborene blind, kurz behaart. Fell weich, schwarzbraun (Marderhund), braun (Kojote), gelblich graubraun (Schakale), blassrötlich braun (Dingo). Geburtsgewicht: Marderhund 60–90 g, Dingo 150–250 g, Kojote 200–350 g, Schakale 80–200 g.

Tab. 26.16 Milchzusammensetzung von Kojoten und Schakalen

Art	Trockensubstanz (%)	Fett (%)	Eiweiß (%)	Kohlenhydrate (%)	Asche (%)	Proben (Anzahl)
Kojote	22,00	10,50	10,00	3,00	1,20	1
Goldschakal	22,10	10,70	9,90	3,00	0,92	1

Jugendentwicklung beim Dingo langsamer als bei den anderen Arten: Augen- und Gehörgangsöffnung 12.–13. Tag (selten schon 10.), Sinnesorgane weitgehend leistungsfähig ab 21. Tag. Erste feste Kost (hervorgewürgter, stark angedauter Futterbrei) am 16.–17. Tag, erstes Verlassen der Wurfbox ab 21. Tag. Prägungsphase zwischen 20. und 50. Tag, Ende der Säugezeit und beginnende Lösung der Mutter-Kind-Bindung mit 2–3 Monaten. Junge Schabrackenschakale ohne schwarze Rückenzeichnung, Streifenschakale ohne Flankenstreifen. Jugendentwicklung wenig bekannt. Augenöffnung beginnt zwischen 5. und 8. Lebenstag und ist wie bei Marderhunden am 10.–14. Tag abgeschlossen. Zwischen dem 14. und 21. Tag nehmen junge Schakale, ab 21. Tag auch Kojoten erste feste Kost in Form von vorverdautem Fleisch auf, das die Alttiere erbrechen. Regelmäßige Fleischaufnahme nach 4. Woche. Erster kurzer Aufenthalt außerhalb der Wurfbox zwischen 15. und 20. Tag. Umfärbung mit 2½–3 Monaten abgeschlossen.

Künstliche Aufzucht wie Wölfe. Milchzusammensetzung von Kojoten und Schakalen in Tabelle 26.16. Jungtiere werden sehr zahm, wenig bissig, später als Erwachsene nur zu vertrautem Pfleger zutraulich, sonst meist menschenscheu, auch bissig.

Höchstalter in Menschenobhut. Kojote über 21¾, Goldschakal bis zu 25, Streifenschakal fast 13¾, Schabrackenschakal über 18, Dingo 16, Marderhund über 16½ Jahre.

Afrikanische Wildhunde (*Lycaon*) und Rothunde (*Coun*)

Afrikanische Wildhunde (*Lycaon*): 1 Art. Wolfsgroß, Schulterhöhe 60–80 cm. Gestalt hundeartig, Kopf gedrungen, Schnauze kurz, aber kräftig, Ohren groß, Gliedmaßen vierzehig, Fell kurz, drahtig, unregelmäßig und auffällig schwarz-gelb-braunweiß gefleckt. Schwanzspitze stets weiß. **Afrikanischer Wildhund** (*L. pictus*), auch Hyänenhund: 5 Unterarten. Afrika südlich der Sahara.

Rothunde (*Cuon*): 1 Art. Etwas kleiner als Afrikanischer Wildhund, Schulterhöhe 40–50 cm. Schädel breit, ebenfalls relativ kurzschnauzig. Fellfärbung dingoähnlich, aber oberseits vorwiegend rötlich braun bis gelbgrau, unterseits gelbrötlich bis grauweiß, Schwanz dunkler und länger behaart als der Körper, Spitze schwarz. **Rothund** (*C. alpinus*), auch Asiatischer Wildhund oder Dhole: 7 Unterarten. Südliches West- und Mittelsibirien, China, Mittel- und Südasien, Sumatra, Java.

Gefährdungsstatus. Bestand in der Wildnis von beiden Arten stark gefährdet, gebietsweise ausgerottet oder regional hochgradig bedroht, u. a. auch durch enge, vielfältige Sozialkontakte im Rudel (Krankheitsübertragung). Afrikanischer Wildhund teilweise nur noch in Nationalparks, Reservaten, Wildschutzgebieten usw. gesichert. Internationales Zuchtbuch für den Afrikanischen Wildhund im Brookfield Zoo Chicago, EEP in Lympne, EEP für den Rothund in Obterre, Frankreich.

Lebensweise. Tag- und Dämmerungstiere. Lebensraum Steppe (Afrikanischer Wildhund), lichte Wälder, Bergwald, waldige Schluchten, vereinzelt dichter Wald (Rothund) bis in 3000 m (Afrikanischer Wildhund) bzw. 4000 m Höhe (Rothund). Beide Arten leben in größeren Meuten, deren Stabilität durch ein zweckmäßiges Sozialverhalten abgesichert wird. An der Jagd auf Beute beteiligen sich fast alle Rudelangehörigen. Darüber hinaus gibt es aber körperliche und

Abb. 26.35 Der Afrikanische Wildhund (*Lycaon pictus*) ist ein im Rudel jagender Hetzjäger.

auch verhaltensorientierte Unterschiede zwischen den Vertretern beider Gattungen, deren Entwicklungswege in Afrika und in Asien unabhängig voneinander und ohne gegenseitige Beeinflussung verlaufen sind. Des Lebensweise des Rothundes ist wenig erforscht. Rudel bestehen aus 5–20 Tieren ohne fest gefügte Rangordnung, vermutlich Familienverbände. Rudelführung durch ältere, erfahrene Tiere. Verständigung durch verschiedenartige Laute, aber allgemein wenig stimmfreudig, besonders während der Verfolgung von Beute völlig stumm. Keine festen Reviere. Ausgedehnte Jagdterritorien, vielfach auch vagabundierend. Ausdauernde mäßig schnelle Hetzjäger, die sich im Rudel gegenseitig wie Wölfe bei der Verfolgung des Wildes ablösen, dieses auf Hinterhalte zu zu treiben suchen, vereinzelt auch in Abgründe jagen. Geburten in selbst gegrabenen oder erweiterten Höhlen anderer Arten. Gemeinsame Aufzucht der Jungen durch die Eltern. Bei Afrikanischen Wildhunden innerhalb der Rudel von 20–40 Tieren besondere Sozialstrukturen und intensive Sozialkontakte, die zu engem Zusammenhalt führen, aber die Rangordnung wenig deutlich werden lassen. Zusammensetzung der Rudel gleichermaßen aus miteinander verwandten adulten Tieren beider Geschlechter als auch aus inzwischen erwachsen gewordenen, einstigen Zuwanderern untereinander nicht verwandter männlicher und weiblicher Tiere (in der Regel bleiben Männchen im Rudel und Weibchen wandern ab). Fortpflanzung vermutlich ausschließlich durch „Alpha-Paar“ dessen Junge sowohl von anderen Männchen als auch von Weibchen an den Wurfhöhlen bei Abwesenheit der Eltern bewacht werden. Kontakterhaltung durch Demuts- und Bettelgesten, Drohverhalten gegenüber Artgenossen gering. Brünstige Weibchen markieren Grasbüschel mit Urin. Angepaarte Männchen signalisieren Besitzanspruch auf harnendes Weibchen, indem sie im Handstand gleichzeitig dasselbe Grasbüschel mit Urin markieren. Kurzstreckenhetzjäger (Galopp bis 55 km/h), orientieren sich vorwiegend mit den Augen. Auch Geruchs- und Gehörsinn hoch entwickelt. Stimmfreudig, melodisches Jagd-, Hetz- und Suchbellen und -jaulen, wütende Tiere knurren, winselnde Bettellaute. Initiatoren oder Auslöser für die Jagd sind sowohl männliche wie weibliche erwachsene Einzeltiere, die plötzlich in Richtung Beute starten und damit die Gruppe mitreißen. Flüchtende Beute wird nach kurzer Jagd eingeholt, an Hinterbeinen und Flanken erfasst und sofort zerrissen. Ins Wasser geflüchtete Beute wird nicht weiter verfolgt, obwohl Afrikanische Wildhunde schwimmen können. Beim Fressen beißen alte, schwache und halbwüchsige Tiere stärkere oft ungestraft ab. Heimkehrende Tiere brechen für säugende Mütter oder Rudelgenossen, die als Wächter am Bau geblieben waren, Fleischteile aus.

Nahrung. Je nach Vorkommen vorwiegend größere Paarhufer, so Rothunde vor allem Hirsche, Steinböcke, Wildschafe, Rothunde brechen Bauchpanzer von Meeresschildkröten auf. Afrikanische Wildhunde erbeuten halbwüchsige und erwachsene Antilopen, Gazellen und deren Jungtiere, Warzenschweine, seltener Zebras, nie Aas.

Haltung von Afrikanischen Wildhunden und Rothunden

Afrikanische Wildhunde und Rothunde in Tiergärten gelegentlich gezeigt. Wie Wölfe oder Hyänen in großräumigen Freigehegen mit erhöhten Aussichtspunkten bzw. Hügeln. Bei der Einzäunung von Gehegen für Rothunde ist das große Sprung- und Klettervermögen der Tiere zu berücksichtigen (aus dem Stand 3 m, aus dem Lauf 6 m weit und 3,5 m hoch). Zäune aus grobmaschigem Stahlgewebe, Maschendraht ungeeignet, können daran hochklettern. Zaunhöhe 2,5 m mit 60 cm Überhang, zusätzlich 60 cm über dem Boden und am Überhang ein Elektrodraht. Rothunde aus Ost- und Mittelasien sind völlig winterhart, unempfindlich gegen extrem niedrige Temperaturen (bis unter –40 °C) aufgrund ihres dichten Winterfells. Fellwechsel April bis Mai. Afrikanische Wildhunde können nach Akklimatisation im Winter in schwach beheizter Schutzunterkunft mit ständigem Zugang zum Außengehege bleiben. Geburten auf der Nordhalbkugel bei beiden Arten meist im Winter, daher für Rothunde gut isolierte, dick mit Stroh ausgepolsterte Wurfkisten erforderlich. Wurfbox mit Vorraum als Lichtschutz und Windfang mit Verbindungsöffnung (40 cm breit) zum Wurfabteil nach Mustern aus Amsterdam oder Beekse Bergen mit wärmegedämmtem Boden, Nierenbrettern sowie Kontrollklappe und Tür zu Reinigungszwecken sind praktikabel. Junge Afrikanische Wildhunde sind kälteempfindlich, Wurfboxen meist in temperierter Schutzunterkunft, bei ausreichender Raumtemperatur ohne Zusatzheizung, sind nur bei im Freien stehenden Wurfboxen erforderlich, dann möglichst mit zusätzlicher Bodenheizung.

Fütterung. Rothunde etwa 1,5 kg, oder deutlich mehr bei wöchentlicher Fütterung, schieres, mageres Pferde-, Rind- oder Kalbfleisch mit Knochen, die teilweise gefressen werden. Wie bei den meisten Arten empfiehlt sich auch bei Rothunden eine Ganzkörperfütterung von Futtertieren entsprechender Größe (Kaninchen, Nager, Schafe, Ziegen). Auch Pansen wird gut gefressen. Im Zoo Schwerin wurde bereits ein Flachlandtapir verfüttert. Die Verfütterung von großen Tieren ist ein bereicherndes Element, das die Tiere sowohl in ihrer Sozialstruktur als auch physisch fordert. Die Karkassen können über mehrere Tage im Gehege verbleiben und werden immer wieder untersucht. Allgemein gilt, je größer die Futtermenge, desteo häufiger sollten Fasttage eingelegt werden. Vitamine als Ergänzung (z.B. Nekton Dog-VM, Nekton Dog Natuaral plus, VMP Vitamintabletten), die in das Fleisch des Futtertiers gegeben werden. Für laktierende Weibchen und für Welpen auch Eier.

Afrikanische Wildhunde: ähnlich wie Rothunde. Fleisch mit Knochen, ganze Beutetiere (Kaninchen, Küken, Ratten), gelegentlich gekochtes Ei, Vitamin- und Mineralstoffzusätze. Die Menges des Futters (Fleisch mit Knochen oder ganze Mahlzeiten) reicht von 0,75–3,5 kg. Trächtige Hündinnen bekommen etwas mehr Futter mit Zusatznahrung oder haben keine Fasttage. Im Allgemeinen gibt es in Zoos keine wesentlichen Unterschiede in der Ernährung von Weibchen, die Welpen aufziehen, und solchen, die keine Jungen aufziehen. Dies deutet darauf hin, dass die Ernährungsformel keinen großen Einfluss auf die Welpenaufzucht hat, solange die Tiere gesund und in guter Kondition bleiben.

Vergesellschaftung. Afrikanische Wildhunde und Rothunde können im Rudel, bestehend aus mehreren Männchen und Weibchen, auch mit Überzahl von Männchen, gehalten werden bei deren Aufbau am besten männliche Wurfgeschwister (eventuell auch mit dem dazu gehörenden Vatertier) mit blutsfremden weiblichen Wurfgeschwistern (eventuell auch mit dem dazu gehörendem Muttertier) vereinigt werden. Neuaufbau von Zuchtgruppen möglichst mit Tieren, die vorher schon Geburten und Aufzuchten miterlebt haben.

Fortpflanzung und Zucht. Rothund: Paarungszeit nördlicher Unterarten im Februar, in Indien Fortpflanzung ganzjährig. Paarungen meist nachts, auch bei strengem Frost von –16 bis –30 °C. Dauer der Paarung 15–30 Minuten. Tragzeit 60–62, in Einzelfällen auch 63–70 Tage. Wurfzeit März/April, je nach Unterart aber auch in anderen Monaten. Weibchen nur bei deutlicher Unverträglichkeit von dem bzw. den Männchen isolieren. In der Regel Aufzucht in Anwesenheit des bzw. der Männchen, die sich an der Körperpflege und Aufzucht der Jungen beteiligen. 2–9, durchschnittlich 4–5 kurz dunkelbraun behaarte, blinde Junge. Mutter verlässt am 1. und 2. Lebenstag die Jungen nicht, nimmt auch keine Nahrung zu sich. Geburtsgewicht 200–350 g, wird schon 10–12 Tage später verdoppelt. Augenöffnung zwischen 13. und 15. Tag. Junge verlassen die Wurfkiste um 30. Tag, können dann ungeschickt laufen und probieren erste feste Kost, beginnen ab 40. Tag miteinander zu spielen, zwischen 42. und 45. Tag erste feste Kost aufzunehmen und fressen mit 2 Monaten täglich regelmäßig 250–300 g Fleisch. Durchbruch der Schneidezähne zwischen 15. und 21., der Eckzähne bis 25., der Vorbackenzähne bis 30., der Backenzähne bis 35. Tag. Jungtiere können schon mit 3 Monaten, müssen spätestens vor Eintritt der Geschlechtsreife mit knapp 1 Jahr abgesetzt werden.

Afrikanischer Wildhund: Erstzucht 1930 in Breslau. Keine feste Brunst- und Wurfzeit, ganzjährig fortpflanzungsfähig, aber Hauptwurfzeit in Pretoria Mai bis Juli und August bis November, in Europa Hauptwurfzeit im Januar/Februar, daneben einzelne Würfe in anderen Monaten. 2 Würfe im Jahr möglich, wenn Jungtiere vor der 6. Lebenswoche sterben oder abgesetzt werden müssen. Hochbrunst nur 3 Tage. Etwa 4 Wochen nach erfolgreicher Paarung vergrößern sich die 12 Zitzen. Tragzeit 69–72 Tage. Hochtragende Weibchen schreien kurz vor der Geburt viel, scharren und wälzen sich oft. 6–8 (ausnahmsweise bis 16) schwarz-weiß gefleckte Junge. Geburtsgewicht 350–380 g. Gesamte Gruppe, insbesondere dominantes und subdominantes Männchen beteiligen sich an der Aufzucht der Jungen. Bei der Geburt ist oft ein Männchen dabei, das die Neugeborenen trocken leckt. Ab dem 23. Tag bringen die Männchen und andere Gruppenmitglieder den Jungen Futter in Form von unverdautem erbrochenen Fleisch. Von diesem Zeitpunkt an muss die Gruppe täglich mindestens zweimal gefüttert werden. Die Intensität, mit der sich die Gruppenmitglieder an der Aufzucht beteiligen, zeigt sich auch darin, dass die Jungen häufig von älteren Tieren beider Geschlechter herumgeschleppt werden. Jungtiere sind sehr kälteempfindlich. Augenöffnung am 10.–14. Tag, Zahnung ab 3. Woche, erste feste Kost um den 23. Tag. Erstes Verlassen der Wurfbox mit 4 Wochen. Säugezeit 8–12 Wochen. In der Wildnis hohe Jungtiersterblichkeit, auch in Menschenobhut nicht immer befriedigende Aufzuchtquote. Da die Jungen sehr durch Endoparasiten gefährdet sind, frühe Wurmkuren (z.B. ab 17. Lebenstag dreimal im Abstand von 10 Tagen). Besonders bei großen Würfen müssen in der späten Aufzuchtphase die erwachsenen Tiere der Gruppe Ausweichmöglichkeiten haben. Im Zoo Halle wurde in den 1970er Jahren das Vatertier nach ergebnislosem Futterbetteln der jungerwachsenen Wurfgeschwister so attackiert, dass er nur durch Einschreiten gerettet werden konnte.

Künstliche Aufzucht von Afrikanischen Wildhunden mehrfach, u.a. in Köln, Krefeld, Dortmund und Rotterdam gelungen. Wie Wölfe. Am leichtesten mit Hundeammen. Milchzusammensetzung einer Einzelprobe beim Afrikanischen Wildhund: Trockensubstanz 23,10 %, Fett 9,50 %, Eiweiß 9,30 %, Kohlenhydrate 3,50 %, Asche 1,30 %. Umgebungstemperatur nicht unter 29–30 °C. Handaufzuchten bleiben zahm, aber stark personengebunden. Störend ist ihr äußerst starker Körpergeruch.

Höchstalter in Menschenobhut. Rothund über 16, Afrikanischer Wildhund 17 Jahre.

Löffelhunde (*Otocyon*)

1 Art. Vertreter altweltlich-afrikanischer Hunde, die mit Füchsen und Graufüchsen auf gemeinsame altpleistozäne Vorfahren zurückgehen. Weich in Bau und Zusammensetzung des Gebisses von den übrigen Hunden extrem ab, keine Brechschere mehr vorhanden, aber eine auf 45–50 vergrößerte Zahl (Polydontie) kleiner, spitzhöckeriger, insektenfresserähnlicher Zähne. Zahnformel: 3/3 1/1 4/4 3–4/4–5. Ernährungstechnisch ermöglicht diese hohe Spezialisierung die ausreichende Aufnahme und Zerkleinerung von überwiegend Insektennahrung. Knapp fuchsgroß, Schulterhöhe ca. 30 cm. Gestalt fuchsähnlich, hochbeiniger. Auffallend große, tütenförmige Ohren, Fell kurzwollig, locker, mit dunklen, stichelhaarigen

Abb. 26.36 Der in Süd- und Ostafrika beheimatete Löffelhund (*Otocyon megalotis*) verträgt in gemäßigten Zonen milde Winter, wenn ihm ein warmer Innenraum zur Verfügung steht.

Grannen durchsetzt. Farbe graubraun, unterseits heller, Ohraußenseite, Gesichtsmaske, Beine und Schwanzende schwarzbraun. Schwanz buschig. **Löffelhund** (*O. megalotis*), auch Löffelfuchs, Großohrfuchs: 2 Unterarten. Südafrika, im Westen nördlich bis Angola, zentral bis Botsuana und Sambia, und im Osten bis Mosambik und Simbabwe, dazu Ostafrika von Äthiopien und Somalia bis Uganda und Tansania.

Gefährdungsstatus. Bestand in der Wildnis nicht gefährdet.

Lebensweise. Dämmerungs- und Nachttier, tagsüber vereinzelt aktiv. Der Lebensraum sind Buschsteppen, Gras- und Dornbuschsavannen, steinige Halbwüsten. Territorialverhalten wenig bekannt. Teils ortstreu, teils vagabundierend. Wenig menschenscheu. Vermutlich lebenslange Paarbindung. Adulte Tiere stets paarweise, in einer Familiengruppe zusätzlich mit meist 4 (bis zu 6) noch unselbständigen, in der Regel weiblichen Jungtieren zu beobachten. Ruheplätze unter Büschen, zwischen Steinbrocken, im hohen Gras oder wie Wurfplätze in selbst gegrabenen Erdbauen mit mehreren Ausgängen, auch in Erdferkelbauen.

Nahrung. Bevorzugt bestimmte Termiten, daneben Heuschrecken, andere Insekten, Kleinsäuger, besonders Nager, Kleinvögel, vor allem kleine Bodenbrüter. Auch Vogeleier, Eidechsen, dazu Früchte und Beeren.

Haltung von Löffelhunden

Löffelhunde in Tiergärten selten gezeigt. Während der Eingewöhnung sind erwachsene Importtiere zwar weniger temperaturempfindlich als tropische Waldbewohner, aber krankheitsanfällig bei hoher Luftfeuchtigkeit, kühlen Temperaturen und Nasskälte.

Unterkunft. Oft als nicht winterhart angesehen, daher Dauerunterkunft in Warmhauskäfig mit Wurf- und Schlafboxen und zugehörigem Außenkäfig für die warme Jahreszeit. Sichtflächenbegrenzung aus Glas oder filigranen Stahlgeflechten. Gut und längerfristig akklimatisierte, gesunde Tiere können aber auch ganzjährig auf Freianlagen kalt gehalten werden, wenn ihnen als Schlaf- oder Rückzugsplätze strohgepolsterte, zuggeschützte, rundum thermoisolierte Holzhütten oder Innenboxen im Haus zur Verfügung stehen, deren Innentemperatur bei kalter Witterung die Außentemperatur, gegebenenfalls durch eine Zusatzheizung, deutlich überschreitet. Bei von Besuchern einsehbaren Innenunterkünften hat sich das Einbringen einer Doppelbox bewährt, in die sich die Tiere zurückziehen können. Sie zeigen sich dann außerhalb derselben stressfrei. Gehegebegrenzung mit mindestens 1,20 m tiefen Fundamenten auf einer die gesamte Gehegefläche unterirdisch überziehenden, schweren Grobschotterschicht, die ein Untergraben durch die Tiere und die Bildung von Staunässe verhindert. Begrenzungsgitter aus Maschendraht oder Stahlgeflechten bis mindestens 1,80 m Höhe und im Oberteil innen abgewinkelt. Gehegeboden möglichst leicht, sandig, locker mit Gräsern und niedrig bleibenden Gehölzen bepflanzt, zwischen denen sich die Tiere deckungsuchend bewegen können. Dazu als Verstecke Steine, Baumstämme, Wurzeln sowie für Sonnenbäder unbeschattete Sandflächen.

Fütterung. Eindeutig bevorzugt wird von den Tieren Insektenkost aller Art (Heimchen, Wander- und Stabheuschrecken, Mehlwürmer, Mehlkäfer, Seidenraupen, Ameisenpuppen, männliche Bienenbrut, zusätzlich fein geschnittenes oder durchgedrehtes, mageres Fleisch (Pferd, Kalb, Kaninchen), Kleintiere wie Mäuse und Küken, ganz frischen, mageren Süßwasserfisch, rohe und gekochte Eier, Lebermus, dazu Hunde- und Katzenfertigfutter, Futtermischungen (z.B. Aleckwa) für Insekten bevorzugende Nahrungsspezialisten aus anderen Tiergruppen (Insektenfresser, Schuppentiere, Ameisenbären), weiches, süßes, fruchtsäurearmes Obst, Vitamin- und Mineralstoffzusätze.

Vergesellschaftung. Innerartlich, besonders bei verschiedengeschlechtlichen Tieren unproblematisch, da besonders paarweise sehr verträglich. Mit heranwachsendem Nachwuchs zeitweilig auch Gruppenhaltung möglich. Vergesellschaftung z.B. mit Straußen (Opel-Zoo), mit Erdmännchen bzw. mit Walzenschweinen und Hornraben (San Diego).

Fortpflanzung und Zucht. Mehrfach gelungen. Paarungsverhalten hundeähnlich, aber ohne „Hängen". Vor dem Wurf Elternpaar nicht trennen! Männchen und Weibchen markieren vor der Geburt intensiv die Wurfbox und deren Umfeld. Das Männchen beteiligt sich an der Jungenaufzucht, bewacht und verteidigt den Zugang zur „Wurfhöhle". Paarungszeit Februar/März, Tragzeit 63–65 Tage, nach älteren Angaben auch bis 75 Tagen. Wurfzeit April/Mai. 2–5 (–6) blinde, 120–160 g schwere, schütter behaarte, kälteempfindliche Junge, daher ist eine beheizbare Wurfbox erforderlich. Augenöffnung der Jungen um 6.–8. Lebenstag abgeschlossen. Erstes Verlassen der Wurfbox und beginnende Umgebungserkundung um 13.Tag, erste feste Kost (Schabefleisch, Heimchen, Heuschrecken) ab 17. Tag. Mit 1 Monat töten sie bereits junge, behaarte Mäuse und Eintagsküken durch Kopfbiss (s.a. die Tabellen 26.19 und 26.20).

Künstliche Aufzucht schwierig wie bei anderen Caniden. In Prag gelang die Aufzucht junger Löffelhunde an Katzenammen, denen man nur je 1 eigenes Jungtier belassen hatte. In Krefeld erfolgte die Ernährung Neugeborener mit Esbilac, ab 10. Tag zusätzlich mit Schabefleisch und Mineralstoff- und Vitaminzusätzen, dazu Insekten aller Art und Drohnenbrut. Die bei vielen anderen Hundewelpen während der Aufzucht praktizierte Hundestaupe-Impfung mit Lebendvakzine wirkt bei Löffelhunden tödlich! Künstlich aufgezogene Tiere bleiben gegenüber ihren Betreuern auch als erwachsenes Tier zahm.

Höchstalter. 17 Jahre.

Füchse (*Vulpes*)

12 Arten. Kopf sehr spitzschnäuzig. Rumpf gestreckt, Gliedmaßen kurz, Schwanz fast halb

Abb. 26.37 Der Polarfuchs (*Vulpes lagopus*) ist der einzige Wildhund, der die Farbe seines Pelzes den Jahreszeiten entsprechend wechselt und dadurch hervorragend an seinen Lebensraum angepasst ist.

körperlang, buschig. Eurasien, Afrika, Nordamerika. **Polarfuchs** (*V. lagopus*), auch Eisfuchs: gelegentlich in einer eigenen Gattung (*Alopex*) geführt. Einziger Fuchs, der die Fellfarbe jahreszeitlich wechselt: Sommerfell hellbraun, weiß stichelhaarig, unterseits weißlich, Winterfell entweder weiß („Weißfuchs") oder hellbraun, hellgrau, blaugrau, blauschwarz („Blaufuchs"). 4 Unterarten. Nördliche Polargebiete Eurasiens und Nordamerikas, Grönland. – **Steppenfuchs** (*V. corsac*), auch Korsak: früher ebenfalls der Gattung *Alopex* zugehörig. Schulterhöhe 30 cm, Gestalt polarfuchsähnlich, Sommerfell rötlich sandfarben, Winterfell weißlich grau. 4 Unterarten. Südöstliches Osteuropa, Mittel- und Ostasien. – **Rotfuchs** (*V. vulpes*): Schulterhöhe 35–45 cm, Oberseite kupferrot, Ohraußenseiten und Unterschenkel braunschwarz, Schwanzspitze und Abzeichen am Kopf weiß, unterseits weißlich. Daneben abweichende Farbvarianten, z.B. Kreuzfuchs mit schwarzem Streifen auf dem Rücken, Silberfuchs mit dunkelgrauer bis schwarzer Färbung, Brandfuchs mit dunkler Kehle, Bauchseite und Schulterpartie, noch dunklerer Kohlfuchs und besonders heller Birkfuchs. 45 Unterarten. Europa, Nord- und Mittelasien, Nordamerika, in Australien eingeführt. – **Bengalfuchs** (*V. bengalensis*): Fell kurzhaarig, sandfarben-rotbraun, unterseits etwas heller, schwarze Schwanzspitze. Südnepal, Pakistan, Indien, Bangladesch. – **Afghanischer Fuchs** (*V. cana*), auch Canafuchs: neben dem Fennek kleinster Fuchs, Fell weich, Oberseite graubraun, Unterseite weiß, schwarzer Rückenstreifen, Hinterbeine mitunter schwarz, große Ohren, schlanke, kurze Schnauze, Schwanz sehr buschig, mit schwarzer Spitze. Afghanistan, Nordostiran, Turkmenistan, Belutschistan, Israel, Sinai-Halbinsel, Oman, Saudi-Arabien, Jordanien. – **Tibetfuchs** (*V. ferrilata*): Fell dicht, buschig, blassgräulich bis sandfarben, mit gelbbraunem Rückenstreifen, Bauchseite heller, Vorderseite der Beine gelblich, weiße Schwanzspitze. Hochebenen von Tibet, Nepal und China. – **Swiftfuchs** (*V. velox*): bisher als Kitfuchs bezeichnet, wird häufig für dessen Unterart gehalten. Schulterhöhe 25–30 cm, rotfuchsähnlich, Färbung blasser, große Ohren. In Prärien von Südwestkanada, über die westlichen USA bis Nordmexiko. – **Kitfuchs** (*V. macrotis*), auch Großohr-Kitfuchs: häufig nur im Status einer Unterart (siehe Swiftfuchs). Ähnelt äußerlich dem Swiftfuchs, Ohren größer und enger zusammenstehend, Kopf wirkt eckiger, Fellfärbung von hellgraubraun bis mittelgrau oder dunkelgraubraun. Wüstengebiete von Südwestkanada bis Nordmexiko. – **Kapfuchs** (*V. chama*), auch Kamafuchs, Silberrückenfuchs: Schulterhöhe 28–33 cm, dem Kitfuchs ähnlich, oberseits silbergrau, Kopf, Beine

Abb. 26.38 Der Fennek (*Vulpes zerda*) ist ein Dämmerungs- und Nachttier, dessen große Ohren Ausdruck seines hoch spezialisierten Gehörs sind, mit dem er im Dunkeln seine Beute orten kann.

und Bauch sandgelb oder weißlich gelb. Südafrika. – **Blassfuchs** (*V. pallida*): Fell blassbeige, Beine und mitunter Rücken rötlich braun, schwarze Schwanzspitze, Gesicht und Bauchseite heller. 5 Unterarten. Nordafrika vom Roten Meer bis zum Atlantik, Senegal bis Sudan und Somalia. – **Rueppellfuchs** (*V. rueppellii*), auch Sandfuchs: Fell blasssandfarben, schwarze Abzeichen an Schnauze, weiße Schwanzspitze. 6 Unterarten. Westsahara über Nordafrika bis Ägypten und Sudan, östlich über die Arabische Halbinsel bis Afghanistan, Pakistan und Iran. – **Fennek** (*V. zerda*), auch Wüstenfuchs: bisher als eigene Gattung (*Fennecus*) geführt. Reichlich kaninchengroß, Schulterhöhe 18–22 cm, sehr zierlich, Augen groß, Ohren lang, tütenförmig, Fell weich, langhaarig, oberseits gelblich sandfarben, unterseits weiß, braunweiße Gesichtszeichnung, Schwanz fast körperlang, buschig, Schwanzspitze dunkelbraun. Nordafrika von Marokko bis Ägypten, östlich bis Arabien, südlich bis Nordsudan.

Gefährdungsstatus. Bestand in der Wildnis noch weitgehend gesichert, dennoch gebietsweise bestimmte Unterarten des Rotfuchses (Himalaja-, Punjab- und Afghanischer Rotfuchs) gefährdet, Kit-und Swiftfuchs in Teilgebieten seiner Verbreitung bedroht. Intensive Bekämpfung des Rotfuchses als Tollwutverbreiter und -überträger in einigen Ländern wie früher in fast ganz Europa, darunter auch Einsatz von Gift und Vergasung von Bauen, doch neuerdings in vielen Ländern Immunisierung der Wildpopulation durch großflächiges Auslegen von Ködern mit oral wirkendem Impfstoff. Eisfuchs als Pelzwild gejagt. EEP für den Fennek im EAZA-Büro in Amsterdam.

Lebensweise. Teils Tag- und Dämmerungstiere (Polar-, Steppen- und Rotfuchs), Dämmerungs- und Nachttiere (Fennek), teils Nachttiere (Kama-, Kitfuchs). Lebensraum sehr unterschiedlich. Sandig-steinige Wüsten und Halbwüsten (Fennek), steinige Wüstensteppen, Trockensteppen (Kama- und andere afrikanische Großohrfüchse, Kitfuchs, Steppenfüchse), öde baumlose steinige Tundra und arktische Inseln, Eisflächen (Polarfuchs) oder sehr verschiedene Gebiete, z.B. Tundra, Taiga, Wälder, Park- und Kulturlandschaft bis in 1800 m (Rotfuchs, Kitfuchs), in Tibet bis in 4000 m Höhe. Meist Einzelgänger, nur zur Fortpflanzungszeit paarweise. Polarfüchse geselliger, besonders an nahrungsreichen Plätzen. Oft leben in großen Baukomplexen gleichzeitig mehrere Fähen mit ihren Jungen. Rotfüchse gebietsweise gesellig, 1 Männchen mit mehreren Weibchen (Mutter und Töchter), wobei es zur gemeinsamen Aufzucht der Jungen von Mutter und Tochter in einem Bau kommen kann. Fennek gesellig im Familienverband von bis zu 10 Tieren, aber auch zeitweilig vorsichtig schleichender Einzelgänger. Ortstreu (nur Polar- und Steppenfüchse vagabundieren viel, sind zeitweilig oder in nahrungsreichen Gebieten auch ortstreu) in Territorien mit regelmäßig begangenen Wechseln. Ruhe-, Schlaf- und Wurfplätze in Felsspalten und unter Steinen (Polarfuchs, Kamafuchs), Erdbauen anderer Tiere (Steppenfuchs z.B. in Bobakbauen), selbst erweiterten oder vergrößerten Fremdbauen (Rotfuchs z.B. in Dachs-

und Kaninchenhöhlen, Kitfuchs in Silberdachs- und Präriehundebauen), selbst gegrabenen Erdbauen, die bevorzugt auf lockeren, sandigen Böden (Polar-, Rot-, Kitfuchs, Fennek), in Dünen, gern auf Hügeln oder in Böschungen, nicht aber in Dickungen und dichtem Hochwald angelegt werden. Ortstreue Arten benutzen Baue oft generationenlang; Polar-, Rot- und Kitfüchse graben dort für jeden Wurf einen neuen Kessel, daher vielröhrige, weit verzweigte Baue mit bis zu 15 Ausgängen. In Außenbezirken solcher Baue „Burgfrieden" mit Artgenossen (Polar- und Rotfüchse) oder anderen Tierarten (bei Rotfüchsen besonders Dachs, Iltis, eventuell auch Wildkatze, Fischotter, Kaninchen und im Dünenland Brandgänse). Innerhalb des Territoriums auch Not- oder Ausweichbaue. Vor Eingängen oft Sonnenplätze.

An der Jungtieraufzucht beteiligen sich Männchen mehr oder minder intensiv. Männliche Polar- und Steppenfüchse bewachen den Bau, lenken Feinde durch Bellen auf sich und vom Bau ab, tragen Futter zu. Rotfuchsrüden versorgen säugendes Weibchen, tragen Futter aber nicht zum Bau, sondern übergeben es abseits davon, helfen später, Junge zu versorgen und führen diese gemeinsam mit dem Weibchen in den ersten Wochen des Selbständigwerdens. Beim Verlust des Weibchens werden ältere Junge, die bereits feste Kost zu sich nehmen, vom Männchen aufgezogen. Junge meist vor Herbstanfang selbständig. Fortbewegung schlendernder Trab. Beim so genannten „Schnüren" auf Nahrungssuche setzen sie alle Füße genau voreinander. Spur aus Trittsiegeln scheint wie auf einer geraden Schnur aufgereiht zu sein. Auf der Flucht schneller Galopp, Kitfuchs sogar im Zick-Zack-Lauf. Alle können schwimmen, Steppenfuchs sogar klettern. Verständigung durch heulendes Such- und Verlassenheitsbellen, Kläffen, Knurren, Winseln, bei Kampf oder Gefahr keckernde Laute, Polarfuchs besonders lautfreudig. Gehör, Riech- und Sehvermögen ausgezeichnet. Einzeljagd durch Anschleichen oder Auflauern und anschließend überfallartigen, kurzen Steilsprung, bei dem Kleinsäuger mit den Vorderpfoten zu Boden gedrückt und durch nachfolgenden Biss getötet werden. Dieses Verhalten wird als „Mäuseln" bezeichnet. Rotfüchse stellen sich tot, versuchen so Vögel anzulocken und zu greifen.

Nahrung. Außer Aas und Abfällen (besonders Rotfüchse an Stadträndern, Polarfuchs in der Nähe menschlicher Siedlungen, Expeditionslagern) Tiere aller Art von Käfer- bis reichlich Hasengröße wie Würmer, Schnecken, Fische, Frösche, Eidechsen, Eier, nestjunge und erwachsene Vögel, darunter z.B. Enten, Fasane, Rebhühner, Säuger, sogar erwachsene geschwächte Rehe. Hauptnahrung sind jedoch Kleinnager, z.B. beim Rotfuchs Ratten, Mäuse, besonders Wühlmäuse, beim Polarfuchs Lemminge, beim Kitfuchs Grashüpfer- und andere Neuweltmäuse, beim Kamafuchs Rennmäuse. Daneben Pflanzenkost, besonders Beeren. Fenneks fressen vorwiegend Heuschrecken und andere Kerbtiere, auch Eidechsen, Vögel, Nagetiere (Spring- und Rennmäuse), oft Beeren, andere Früchte, Wurzeln und Blätter. Wasserbedarf kann lange aus der Nahrung gedeckt werden.

Haltung von Füchsen

In Tiergärten werden besonders Rot- und Polarfuchs häufig, Steppenfuchs und Fennek vereinzelt gezeigt. Zucht von Polarfüchsen und Farbmutanten des Rotfuchses (Silberfuchs, Platinfuchs) auch in Pelztierfarmen. Haltung von Fenneks siehe Haltung von vorwiegend kleinen tropischen Caniden.

Haltung von Füchsen ähnlich wie Schakale. Rotfüchse, verwandte asiatische Arten, Kit-, Polar- und Steppenfuchs winterhart. Kamafuchs und verwandte afrikanische Arten benötigen temperierte Schutzunterkünfte bzw. Wurfboxen, eventuell mit Bodenheizung. Polarfuchs gegen hochsommerliche Hitze empfindlich, zwischen Juni und August häufig Todesfälle.

Unterkünfte möglichst geräumig auslegen. Gehegeauslauf entweder als strukturiertes Gelände mit Grasnarbe und integrierten sandbeschichteten Kotplätzen oder sandbeschichteter Mutterboden, der des Öfteren ausgewechselt werden muss, um Geruchsbelästigungen zu ver-

Tab. 26.17 Angaben zur Fortpflanzungsbiologie bei Füchsen

Art	Paarungszeit (Monate)	Tragzeit (Tage)	Wurfzeit (Monate)	Wurfgröße (Anzahl)	Säugezeit (Wochen)	Geschlechstreife (Monate)
Polarfuchs	II–V	51–52[1]	IV–VI	3–5 (–18[2])	8–10	10–11
Steppenfuchs	I–III	49–51	III–V	3–6 (–11[2])	10	34[3]
Rotfuchs	I–II	51–52	III–V	4–5 (–13[2])	8–10[4]	10–11 (22–23)
Kitfuchs	II–III	49–52	III–V	4–5 (–7)	10	
Kamafuchs	[5]	49–56	[5]	3–5		

[1] Es werden auch Tragzeiten von 49–57 Tagen angegeben.
[2] Die Angaben über beträchtliche Wurfgrößen stammen wohl aus dem Freileben. Dazu ist anzumerken, dass gelegentlich Mutter und Tochter ihre Würfe gemeinsam in der Höhle der Mutter aufziehen.
[3] Weibchen im Tierpark Berlin, ungewöhnlich spät. Weitere Beobachtungen nicht bekannt. Vielleicht ähnlich wie beim Rotfuchs
[4] Obwohl sie schon selbstständig waren, säugten Japanische Rotfüchse bis zum 3. und 4. Lebensmonat, ein Einzeltier sogar noch mit 6 Monaten.
[5] Vermutlich ganzjährig

meiden. Früher aus diesem Grunde Betonausläufe, die täglich abgespritzt werden konnten. Unter der Gehegeeinfriedung tiefe Betonfundamente, um ein Untergraben zu verhindern. Stehen den Tieren versteckte, ruhige Schutzhütten aus Holz oder auch gemauerte oder betonierte Kunstbaue mit darin enthaltenen hölzernen Ruhe- und Wurfplätzen zur Verfügung, haben sie keine Veranlassung zur Errichtung eines Erdbaues und graben nicht oder nur mit geringer Intensität. Flachwasserbecken im Gehege sind empfehlenswert, stehende Nässe ist zu vermeiden.

Fütterung. Wie Schakale, aber mehr tierische Kost, Polarfüchse auch Fisch. Tagesfuttermenge im Sommer und Herbst 500–600 g, im Winter etwas weniger. Zu einseitige Fütterung mit Fisch ohne Zugaben von Vitamin B führt zu Vitamin-B_1-Mangelerkrankung.

Vergesellschaftung. Japanische Rotfüchse, die trotzdem regelmäßig züchteten, erstmals wohl im Tama Zoo Tokio mit Yeso-Braunbären oder Japanischen Kragenbären. Voraussetzung: Schlupfwinkel, die für die Bären nicht zugänglich sind. Beispiele weiterer Gemeinschaftshaltungen: Europäischer Rotfuchs mit Europäischem Braunbär, Korsak mit Syrischem Braunbär, Kitfuchs mit Katzenfrett, Eisbär mit Polarfuchs, außerhalb der Brutzeit Polarfuchs mit Schnee-Eule.

Zur Zucht paarweise halten. In geräumigen, vorwiegend der Schaustellung dienenden Anlagen auch in größeren Gruppen verträglich, wenn für jedes Tier ein geschütztes Schlafversteck vorhanden ist. Gemeinschaftshaltung wie bei Wölfen. Selten Komplikationen. Sicherheitsmaßnahmen wie bei Schakalen.

Fortpflanzung und Zucht. Paarung wie Wölfe und Schakale. Mutterstubenvorbereitung und -betreuung wie bei Schakalen. Weitere Angaben zur Fortpflanzungsbiologie in Tabelle 26.17. Zucht bei Gruppenhaltung (1 Männchen mit Mutter und Töchtern) oft schwieriger. Rüde bleibt beim Weibchen, beteiligt sich durch Bewachung, Verteidigung, später auch Fütterung an der Aufzucht. Bei Gruppenhaltung beteiligen sich häufig auch die Töchter an der Aufzucht. Zucht bisher nur bei Polar-, Steppen- und Rotfuchs häufiger, sehr selten beim Kitfuchs gelungen. Bei Polarfüchsen in Abhängigkeit von der Futtermenge oft große Würfe (Jungenzahl größer als Zitzenzahl), aber hohe Jungtiersterblichkeit. Vor der Geburt deutliches Anschwellen der Milchleiste. Polar- und Steppenfuchs 8, Rotfuchs und übrige Füchse 6 Zitzen, die kurz vor der Geburt anschwellen und rötlich gefärbt sind. Mit Beginn der Säugeperiode verfärben sich die Spitzen der Zitzen gelblich. Neugeborene sind blind. Geburtsgewicht: Rotfuchs 80–150 g, Polarfuchs 50–130 g, übrige Arten 50–80 g (bis 100 g). Fell kurz, flaumig, meist graubraun.

Tab. 26.18 Milchzusammensetzung bei Füchsen

Art	Trockensubstanz (%)	Fett (%)	Eiweiß (%)	Kohlenhydrate (%)	Asche (%)	Proben (Anzahl)
Rotfuchs	18,13 (29,45)	5,86 (11,93)	6,02 (17,04)	4,84 (2,56)	0,93 (1,30)	3 (2)
Polarfuchs	28,58 (29,90)	11,10 (10,00)	13,45 (15,07)	3,03* (3,59)	1,00 (0,94)	20 (20)

Angaben in Klammern: Werte für Kolostrum
*Erwähnenswerte Abweichung einer Einzelprobe: 5,40 %

Rotfüchse mit gelbweißer Stirnbinde, Kehlfleck und Schwanzspitze weiß, sind mit 4 Wochen umgefärbt. Augenöffnung am 12.–14. Tag, erste feste Kost (von den Eltern vorverdaute, ausgebrochene Nahrung) und Durchbruch der Eckzähne mit 15–20 Tagen. Junge verlassen mit 4 Wochen erstmals für kurze Zeit das Wurfversteck, folgen der Mutter mit 1½–2 Monaten regelmäßig. Können bis kurz vor der nächsten Brunstzeit bei den Eltern bleiben, werden aber meist mit 3–4 Monaten abgesetzt.

Künstliche Aufzucht wie Wölfe. Milchzusammensetzung in Tabelle 26.18. Flaschenkinder sehr zahm und anhänglich, auch als Erwachsene weniger bissig als Wölfe und übrige Angehörige der Gattung *Canis*. Als Heimtiere wegen des strengen Fuchsgeruches wenig geeignet.

Höchstalter in Menschenobhut. Polarfuchs 15, Steppenfuchs über 15, Rotfuchs 19, Swiftfuchs 15½, Kitfuchs über 20, Blassfuchs 16, Rueppellfuchs 14¼, Kamafuchs fast 10¾, Fennek 16¼ Jahre.

Graufüchse (*Urocyon*)

2 Arten. Einzige, mit den echten Füchsen verwandte, neuweltliche Fuchsgattung. Gestalt und Größe fuchsähnlich, etwas langbeiniger. Schulterhöhe 30 cm. Rücken grau mit schwarzem Aalstrich bis zur Schwanzspitze. Halsseiten, Flanken und Beine rötlich gelb, unterseits weiß, **Graufuchs** (*U. cinereoargenteus*), auch Festlandgraufuchs: Rückenfell grau, Flanken, Hals und Beine gelbbraun, Bauchseite weiß, schwarzer Streifen über Rücken und Schwanz, Schwanzspitze schwarz. 16 Unterarten. Südliches Südkanada, USA (ohne die Nordweststaaten Washington, Montana, Idaho und Wyoming) über Mittelamerika bis Kolumbien und Venezuela. – **Inselgraufuchs** (*U. littoralis*), auch Kalifornischer Inselgraufuchs: kleiner, Fell insgesamt dunkler, Körperseiten rostrot. 6 Unterarten. Endemisch auf 6 Kanalinseln vor der Küste Kaliforniens.

Gefährdungsstatus. Bestand des Ggraufuchses in der Wildnis wohl nicht bedroht, beim Inselgraufuchs gelten dagegen die Unterarten San-Miguel-, Santa-Catalina-, Santa-Cruz- und Santa-Rosa-Inselgraufuchs als gefährdet.

Lebensweise. Dämmerungs- und Nachttiere. Lebensraum alle busch- und baumbestandenen Landschaften des Verbreitungsgebietes von felsigen Trockengebieten bis in den Urwald. Einzelgänger. Einzige Füchse, die regelmäßig Bäume erklimmen, gut und sicher im Geäst von Bäumen klettern, als Ruhe- oder Wurfplätze auch hoch gelegene Baumhöhlen, sonst Felsspalten, Erdhöhlen oder Pflanzendickungen benutzen. Über Lebensweise wenig bekannt, da sehr scheu. Dennoch nicht selten auch in Parkanlagen.

Nahrung. Allesfresser, viel Pflanzenkost (Früchte, Beeren, zartes Grün) sowie Kleintiere, besonders Nager, Vögel, Eidechsen und Insekten.

Haltung von Graufüchsen

Graufüchse in europäischen Tiergärten äußerst selten. Haltung wie Füchse. Einfriedung so hoch und zusätzlich elektrisch abgesichert wie für Kojoten und Schakale, springen und klettern gern und gut, daher oftmals auch in drahtüberdachten Unterkünften gehalten.

Fütterung. Wie Füchse.

Fortpflanzung und Zucht. Paarungszeit Februar/März. Tragzeit 51–63 Tage, Wurfzeit April/Mai. 1–10, durchschnittlich 4 braunschwarze, etwa 100 g schwere Junge. Zucht häufig gelungen. Jungtiere werden sehr zahm.

Höchstalter in Menschenobhut. Graufuchs fast 18, Inselgraufuchs 10½ Jahre.

Waldfüchse (*Cerdocyon*), Kampfüchse (*Lycalopex*) und Kurzohrfüchse (*Atelocynus*)

Waldfüchse (*Cerdocyon*), auch Maikongs: 1 Art. Fell kurz und dicht, überwiegend graubraun, Beinbereich mitunter leicht rotbraun, Kehle, Beininnenseiten und Bauchseite cremefarben bis fast weißlich, Ohr- und Schwanzspitze sowie die unteren Teile der Extremitäten meist schwarzbraun. **Waldfuchs** (*C. thous*), auch Krabbenfuchs: 6 Unterarten. Östliches Südamerika von Venezuela und Kolumbien bis Nordargentinien und Uruguay.

Kampfüchse (*Lycalopex*): 5 Arten. Verschiedentlich auch als *Pseudalopex* geführt. Gestalt und Größe fuchsähnlich. Fell kurz, dicht, gelblich graubraun, unterseits aufgehellt. **Andenfuchs** (*L. culpaeus*), auch Feuerlandfuchs, Magellanfuchs: fast schäferhundgroß, Fell grau, schwach dunklerer Rückenstreifen, weißes Kinn und rötlich braune Beinseiten. 6 Unterarten. Westliches Südamerika von Ecuador, Westperu, Westbolivien, Chile, Westargentinien bis Feuerland. – **Pampasfuchs** (*L. gymnocercus*), auch Azarafuchs: verschiedentlich dem Andenfuchs zugeordnet, Fell einfarbig grau meliert. 3 Unterarten. Südliches Südamerika von Nordargentinien über Ostbolivien, Südbrasilien, Paraguay bis Uruguay. – **Brasilianischer Kampfuchs** (*L. vetulus*): Fell kurz, oberseits gelblich schwarz gesprenkelt, Ohren und Beinaußenseiten rötlich bis gelbbraun, dunkler Streifen auf der Schwanzoberseite. Brasilien (Mato Grosso, Goias, Minas Gerais und Sao Paulo). – **Sechurafuchs** (*L. sechurae*), auch Küstenfuchs, Peruanischer Kampfuchs: Fell hellagutifarben, schwarze Schwanzspitze. Küstennahe Wüsten Nordwestperus und Südwestecuadors. – **Argentinischer Kampfuchs** (*L. griseus*), auch Patagonischer Fuchs: Fell überwiegend grau, Extremitäten und Kopf leicht rotbraun, Kehle, vorderer Halsteil und Bauchseite weißlich bis gräulich, Schwanz oberseits grau, unterseits rotbraun. Südliches Argentinien und Chile, auf den Falkland-Inseln eingeführt. – **Darwin-Fuchs** (*L. fulvipes*): kleiner und dunkler als übrige Kampfüchse, Fell dunkelbraun mit rötlichen Bereichen an Kopf und Gesicht. Insel Chiloé und Nahuelbuta-Nationalpark, Chile.

Kurzohrfüchse (*Atelocynus*): 1 Art. **Kurzohrfuchs** (*A. microtis*): schlanker Körperbau, runde, kurze Ohren, Fell oberseits dunkelgrau bis schwarz, unterseits rötlich mit grauschwarzen Tönen. Amazonasbecken von Kolumbien, Ecuador und Peru über Mittelbrasilien bis Bolivien.

Gefährdungsstatus. Bestand von Wald- und Kampfüchsen in der Wildnis noch weitgehend gesichert, einzelne Unterarten regional bedroht, Darwin-Fuchs vom Aussterben bedroht, Bestand des Kurzohrfuchses unklar, vermutlich gefährdet.

Lebensweise. Wenig bekannt. Meist Nacht- und Dämmerungstiere (Brasilianischer Kampfuchs tagaktiv). Lebensraum offene Landschaften, z. B. lockerer Wald (Anden-, Pampasfuchs), bevorzugt in Gewässernähe (Andenfuchs), Savannen mit Busch- und Bauminseln (Brasilianischer Kampfuchs), Grassteppen, Halbwüsten, Wüsten (Pampasfuchs), buschbestandene Geröllhalden, Berg- und Krüppelwälder bis in 4000 m Höhe (Anden- und Pampasfuchs), auch dichter tropischer Regenwald, besonders in Flussniederungen (Kurzohrfuchs) an Lichtungen, Waldrändern und Galeriewald. Einzelgänger, die auch paarweise zusammenleben. Ruheplätze in Dickungen, verlassenen Erdhöhlen anderer Tiere und in Felsspalten. Anden- und Pampasfuchs graben auch selbst Baue, meist unter Büschen, am Fuß von Bäumen, zwischen Felsblöcken. Wenig schnelle Läufer, kaum menschenscheu.

Nahrung. Kleinsäuger, besonders Meerschweinchen, Ratten, Mäuse, andere Nagetiere. Andenfüchse reißen Schaflämmer, Kampfüchse dringen in Geflügelställe ein, beide fressen Aas, alle außerdem Vögel, Eier, Eidechsen, manchmal Fische, Kerbtiere, auch andere Wirbellose, häufig Früchte und Beeren, Kurzohrfuchs auch Schildkröteneier.

Waldhunde (*Speothos*)

1 Art. Mit den Kurzohrfüchsen locker verwandt. Spezialisierung zum Buschschlüpfer in dichtem Wald. Gestalt gedrungen, dachsähnlich, kräftiges Skelett, Schulterhöhe ca. 25 cm. Kurzbeinig, Ohren klein und rundlich, Schwanz kurz. Kleinköpfig, im Gebiss oben nur 1 Molar, unten nur 2 Molaren. Fell kurz und dicht, rötlich braun, an Kopf und Hals heller, Beine und Schwanz dunkler. **Waldhund** (*S. venaticus*), auch Buschhund: 3 Unterarten. Panama, nördliches und mittleres Südamerika.

Gefährdungsstatus. Bestand in der Wildnis schutzbedürftig, regional bedroht. Internationales Zuchtbuch und EEP in Lympne.

Lebensweise. Dämmerungs- und Nachttiere, auch tagsüber zeitweilig aktiv. Lebensraum lockere Wälder, Buschwälder, Baum- und Buschsteppe, oft in Wassernähe. Gesellig, paarweise oder in kleinen Rudeln (vermutlich Familienverband) in Gruppenterritorien, die mit Harn und Analsekret (Weibchen machen vor senkrechten Flächen Handstand und markieren mit Urin, vermutlich auch Analdrüsensekret) gekennzeichnet werden. Jagen gemeinsam Beute, verfolgen sie auch ins Wasser und stellen sie dort, schwimmen und tauchen gut. Männchen beteiligen sich intensiv an der Aufzucht der Jungen. Ruhe- und Wurfplätze in Erdbauen anderer Tiere, z.B. von Gürteltieren. Kontaktlaute rhythmisches Fiepen, bei Abwehr Fauchen und Knurren.

Nahrung. Kleintiere, besonders Nager bis Hasengröße, Fische.

Haltung von Waldfüchsen, Kampfüchsen, Kurzohrfüchsen und Waldhunden

Kampfüchse werden in Tiergärten selten, Kurzohrfuchs sehr selten, Waldhund früher relativ selten, gegenwärtig aber gelegentlich gehalten. Bei Importtieren während der Eingewöhnungszeit oft hohe Verluste. Tropische Waldbewohner, auch manche Kampfüchse, sind empfindlich gegen niedrige Umgebungstemperaturen. Erwachsen gefangene Fenneks, Kampfüchse, Waldhunde und Waldfüchse gewöhnen sich sehr schlecht ein, bleiben scheu, ängstlich und wild. Südamerikanische Arten werden oft von Indianerinnen aufgezogen und treffen zahm und menschenvertraut ein.

Unterkunft. Gelegentlich noch im Warmhauskäfig mit Wurf- und Schlafboxen sowie Glas- oder Gitterbegrenzung an der Sichtfläche. Afrikanische Füchse, Fennek, Waldfüchse, Waldhund sowie Kampfüchse werden oft als nicht winterhart angesehen und zumindest in Warmhäusern überwintert, obwohl Wüsten- und Gebirgsbewohner oder Arten aus dem Süden Afrikas oder Südamerikas in ihren Ursprungsgebieten nachts bzw. während bestimmter Jahreszeiten oft recht niedrigen Temperaturen ausgesetzt sind, z.B. Fennek, Kamafuchs, Anden- und Pampasfuchs. Dass nach erfolgreicher Akklimatisation gesunde Tiere kalt gehalten werden können, zeigten z.B. im Freien gehaltene Fenneks, die sich auch von niederen Temperaturen unbeeindruckt zeigten. Ihnen standen als Ruhe- und Wurfplatz temperierte strohgepolsterte, zuggeschützte Holzkisten zur Verfügung, deren Innentemperatur durch abgegebene Körperwärme deutlich über der Außentemperatur lag. In Außenanlagen gehaltene Waldhunde benötigen einen ständigen Zugang zu einem geheizten Innenraum bzw. einer geheizten Schutzhütte mit einer Raumtemperatur von 15–20 °C. Für alle Arten müssen Schutzunterkünfte, Schlaf- und Wurfkisten die Bedeutung eines Heimes 1. Ordnung haben, damit sie diese bei ungünstiger Witterung freiwillig aufsuchen.

Dauerunterkunft zunehmend häufiger in Freianlagen ähnlich wie für Füchse, Kojoten und Schakale mit ständigem Zugang zu bis zu 22 °C warmem, möglichst bodenbeheiztem Innenkäfig bzw. geräumiger und beheizter Schutzhütte. Dazu gut isolierte, bodenbeheizte Wurfboxen in

Tab. 26.19 Angaben zur Fortpflanzungsbiologie von kleinen tropischen Caniden auf der Nordhalbkugel

Art	Paarungszeit (Monate)	Tragzeit (Tage)	Wurfzeit (Monate)	Wurfgröße (Anzahl)
Fennek	(II–) III–IV	49–51	(IV–) V–VI[1]	2–4 (–6)
Waldfuchs	X–XII (–I)[2]	52–59	X–I (–II)[2]	2–6
Waldhund	I–XII[3]	65–67[4]	I–XII[3]	2–6
Löffelhund	II–III	63–64[4]	IV–V	2–5 (–6)

[2]Vorstehende Angaben betreffen Monate mit größter Paarungs- bzw. Wurfhäufigkeit. Erfolgreiche Paarungen und Würfe auch in anderen Monaten. Bei Waldfuchs und Waldhund vereinzelt auch 2 Würfe im Jahr
[3]Häufungen von Paarungen im November/Dezember, von Würfen im Februar/März
[4]Ältere Literaturangaben nennen für den Waldhund 67–70 bzw. 76–83 Tage, für den Löffelhund etwa 75 Tage
[1]Größte Wurfhäufigkeit im Mai. Nach frühem Jungtierverlust 2. Wurf bis August möglich

störungsfreier Lage (empfohlen wird dabei oft die Gehegemitte, doch sind hier Kontrollen erschwert). Gehegebegrenzung mit mindestens 80 cm tiefen Fundamenten, da viele Arten wie Fennek gern graben. Darüber Maschendraht- oder Stahlgeflechtumzäunungen (Maschenweite unter 5 cm, damit sich kleinere Arten nicht durchzwängen können) von mindestens 2 m Höhe, oben auf etwa 50 cm Länge im Winkel von 45° gehegeseitig abgekippt. Zusätzlich als Ausbruchssicherung 60–80 cm über dem Boden und an der Zaunoberkante Elektrodraht. Fennek, Waldhund und Waldfuchs klettern nämlich an senkrechtem Maschendraht empor. Fenneks können aus dem Lauf 1,80 m hoch, aus dem Stand 70 cm hoch und 1,20 m weit springen. Deswegen als Außenunterkünfte in manchen Zoos auch drahtüberdachte Volieren oder als Gehegebegrenzung ca. 1,60 m hohe glatte Betonwände und Glasscheiben (Waldhund). Naturbodenbelag in Außenanlagen durch Unterbau einer nicht zu dünnen Schotterschicht gegen Unterwühlen und Staunässe sichern. Besonders Fenneks versuchen auch in festem Naturboden Baue anzulegen, auch Waldhunde untergraben schlecht gesicherte Naturböden. Freianlagen sollten mit Gräsern, Stauden und niedrig bleibenden Gehölzen bepflanzt, mit großen Steinen, Stämmen und Wurzelscheiben als Versteck- und Ausweichplätze dekoriert sowie mit unbeschatteten Sandflächen zum Sonnenbaden ausgestattet sein. Manche Arten, z.B. Waldhund, gehen gern ins Wasser und nehmen einen möglichst temperierten Teich mit Flachwasserzone in der warmen Jahreszeit gern zum Baden an. Wassergräben als Gehegebegrenzung müssen besucherseitig durch eine 80 cm hohe Brüstungsmauer oder Elektrodrähte über der Wasseroberfläche gegen Durchschwimmen gesichert sein. Einige Arten werden wegen ihrer dämmerungsaktiven Lebensweise auch in Nachttierhäusern gehalten.

Fütterung. Küken, Geflügel, besonders Tauben, Eintagsküken, kleine Nagetiere, etwas Fisch, Insekten, z.B. Heimchen, Heuschrecken, rohes und gekochtes Ei, durchgedrehtes oder klein geschnittenes Fleisch mit Vitamin- und Mineralstoffzusätzen, Hundefertignahrung, zartes Gemüse.

Vergesellschaftung. Paarweise sehr verträglich, Waldhunde auch in Kleingruppe, zwischen deren Männchen es allerdings während des Östrus der Weibchen zu geringfügigen Aggressionen untereinander kommt. Fenneks vertragen sich genauso in kleinem Trupp, dem mehrere Männchen angehören können. Sonst gleichgeschlechtliche Tiere bei Anwesenheit eines Partners unverträglich. Meist lebenslange Einehe. Paarhaltung kann zeitweise durch heranwachsenden Nachwuchs in Gruppenhaltung übergehen, die je nach Gehegegröße bei Waldhunden bisher mit Erfolg auf 14 Tiere anwachsen konnte. Fenneks wurden erfolgreich gemeinsam mit Erdferkeln (Zoo Pittsburgh) und vergesellschaftet mit Rothandtamarinen (Skaerup Zoo Boerkop) gehalten.

Fortpflanzung und Zucht. Bei einigen Arten noch nicht gelungen, bei anderen selten oder nur vereinzelt. Angaben zur Fortpflanzungsbiologie

Tab. 26.20 Angaben zur Jugendentwicklung kleiner tropischer Caniden

Art	Geburtsgewicht (g)	Augenöffnung (Tag)	erste feste Kost (Tag)	erstes Nestverlassen (Tag)	Säugezeit (Monate)	Geschlechtsreife (Monate)
Fennek	45–60	8.–12.	17.–19.	14.–16.	2½–3	9–10
Waldfuchs	120–160	etwa 14.	etwa 20.	26.–28.	3	8–9
Waldhund	140–190	12.–14.	22.–24..	etwa 24.	3–4	etwa 10
Löffelhund	120–160	6.–8.	ab 17.	ab 13.		etwa 10

sind nur für wenige Arten möglich, siehe Tabelle 26.19. Brunstdauer 3 Tage, bei weiblichen Waldhunden wenige Tage vorher Scheidenschwellung, bei übrigen Arten keine Veränderungen. Paarung hundeartig mit „Hängen", wobei Waldhunde nie entgegengesetzt auseinander streben. Vor dem Wurf Paare nicht trennen, Anwesenheit des Männchens oft für Aufzuchterfolg erforderlich. Männchen schlafen sogar teilweise vor oder mit in der Wurfbox (Fennek) oder in benachbarter eigener Schutzhütte (Fennek, Waldhund, Waldfuchs), die rechtzeitig zum Kennenlernen bereitgestellt werden muss. Später beteiligt sich das Männchen an der Aufzucht der Jungen und verteidigt den Eingang zur Wurfbox. Im Gehege lebende Artgenossen werden abgebissen und weiträumig verjagt. Auch andere Väter nehmen an der Jungenaufzucht durch Belecken der Welpen und Aufnahme von deren Exkrementen teil, tragen später Futter zu, erbrechen Nahrung für die Jungen und spielen mit ihnen. Lediglich bei Gruppenhaltung von Fenneks sollten tragende Weibchen rechtzeitig isoliert, aber so untergebracht werden, dass Sicht-, Hör- und Geruchskontakte zu den Artgenossen erhalten bleiben. Fortpflanzungsgeschehen bei Fenneks vom Wechsel der Tageslichtlänge im Jahresgang abhängig. In London im Nachttierhaus gehaltene Tiere züchteten bei gleicher Tag-Nacht-Länge nicht. Als unter Berücksichtigung der Öffnungszeiten und pflegerischen Erfordernisse die Tiere im Sommer tagsüber einer langen Dämmerlichtphase und nachts einer relativ kurzen Tagbeleuchtung, im Winter dagegen tagsüber einer kurzen Dämmerlichtzeit, dafür nachts einer langen Tagbeleuchtung ausgesetzt wurden, stellten sie sich auf diesen für die Südhalbkugel der Erde typischen Wechsel der Tag-Nacht-Länge ein und warfen in den südlichen Frühjahrsmonaten Oktober/November.

Erfolgsaussichten für die Zucht nur mit ruhigen, möglichst zahmen Müttern. Wochenstube muss absolut störungsfrei sein. In der ersten Zeit nach dem Wurf auf Reinigungsarbeiten verzichten oder diese auf das Notwendige beschränken. Neugeborene sind kälteempfindlich. Bei Aufzucht außerhalb eines Warmhauses Zusatzheizung für die Wurfbox. Neugeborene mit feinem, spärlichem, bei Fenneks silbergrau-sandfarbenem, bei Waldfüchsen dunkelgrauem, bei Waldhunden schwarzgrauem Fell. Weibchen mit 8 Zitzen. Angaben zur Jugendentwicklung kleiner tropischer Caniden in Tabelle 26.20.

Zahnung beginnt mit dem Durchbruch der Eckzähne, bei Fenneks bereits zwischen 12. und 15., bei Waldfüchsen zwischen 20. und 25., bei Waldhunden zwischen 23. und 29. Tag. Milchgebissentwicklung mit 45–60 Tagen abgeschlossen, bei Fenneks vielleicht früher. Zahnwechsel beim Waldhund in 23.–27. Woche. Jungtiere (Fenneks!) oft frühzeitig stark verwurmt, deshalb bereits mit 6 Wochen 1. Wurmkur. Junge mit spätestens 5 Monaten absetzen, gefährden sonst nächsten Wurf; werden auch, bei Fenneks zwar nicht immer, mit dem Einsetzen der Geschlechtsreife von den Eltern abgebissen. Beginnende Geschlechtsreife bei Weibchen durch die 1. Brunst, bei Männchen durch Aufreitversuche (eventuell auch auf das wieder brünstig werdende Muttertier), bei Waldfüchsen in beiden Geschlechtern auch durch Anheben eines der Hinterbeine beim Urinieren kenntlich.

Künstliche Aufzucht schwierig, ähnlich wie bei Bären und Mardern. Umgebungstemperatur bei Fenneks 27–30 °C, bei den übrigen Arten anfangs sogar 30–32 °C. Erfolgreich sowohl mit

Abb. 26.39 Mähnenwölfe (*Chrysocyon brachyurus*) bilden keine Rudel. Als monogames Paar bewohnen sie gemeinsam ein Territorium, gehen aber getrennte Wege und halten dabei Lautkontakt.

Hundeamme als auch mit Hundemilchaustauschern, eiweißangereicherter (Eigelb, Rinderserum) Vollmilch oder ungezuckerter Kondensmilch. Täglich ca. 10 Mahlzeiten in 2-stündigem, nachts etwas längerem Abstand. Ab 7.–10. Tag nachts größere Pausen, tagsüber in 3-stündigem Abstand. Nachtfütterung kann bei guter Entwicklung ab 16.–21. Tag entfallen. Möglichst frühzeitig (etwa ab 20. Tag), mageres, fein geschabtes Rindfleisch und Lebermus beifüttern und im Alter von 6 Wochen auf die Fütterung aus dem Napf umstellen. Bei Flaschenaufzucht sehr enges Loch oder Kreuzschnitt im Sauger, Welpen verschlucken sich leicht. Höchstmaß an Hygiene, sonst schnell Durchfälle.

Künstlich aufgezogene Tiere sind oft lebenslang zahm, aber meist sehr personengeprägt und nicht selten bissig gegen Fremde. Obwohl handaufgezogene Wildhunde gegenüber ihren Pflegeeltern auch als Erwachsene zahm bleiben, verlieren sie ihre Schreckhaftigkeit und allgemeine Scheu nicht, sind besonders Fremden gegenüber misstrauisch.

Höchstalter in Menschenobhut. Waldfuchs fast 12¾, Kurzohrfuchs über 11¾, Waldhund über 14, Pampasfuchs 14, Andenfuchs über 13, Argentinischer Graufuchs fast 11, Brasilianischer Kampfuchs über 12½ Jahre.

Mähnenwölfe (*Chrysocyon*)

1 Art. Schäferhundgroß, Schulterhöhe 85–90 cm. Gestalt hundeähnlich, sehr schlank, hochbeinig, fuchsköpfig. Fell weich, mittellang, kupferrot bis rötlich braun oder gelblich braun. Eine bei Hunden seltene anatomische Besonderheit ist der nicht gewundene, kurze Blinddarm. Kehle und Schwanzspitze weiß, Rückenmähne und stiefelartig gezeichnete Beine schwarz. **Mähnenwolf** (*C. brachyurus*): Ostbolivien, Mittel- und südliches Westbrasilien, südlich bis Paraguay und Nordargentinien.

Gefährdungsstatus. Bestand in der Wildnis im gesamten Verbreitungsgebiet gefährdet. Internationales Zuchtbuch und EEP im Zoo Leipzig.

Lebensweise. Tag- und Dämmerungstier. Lebensraum Grassavannen, trockene, lichte Baum- und Buschsteppe mit eingesprengten sumpfig-moorigen Waldinseln oder Galeriewäldern. Kulturflüchter, lebt als monogames Paar in einem Gemeinschaftsterritorium, in dem die Tiere als Einzelgänger auf ausgetretenen Pfaden in 24 Stunden oft über 20 km zurücklegen. Kontakterhalt der Paare akustisch, rufen sich gegenseitig und verbellen den eigenen Standort. Auf Nahrungssuche schaukelnd schlendernder Passgang durch hohes Gras, bei Gefahr schneller Kurzstreckenläufer, der bei hoher Geschwindigkeit Hindernisse mit Hoch- und Weitsprüngen überwindet. Ausgezeichnetes Gehör, hoch entwickelter Geruchssinn, Sehvermögen gut.

Nahrung. Kleinnager, besonders Wildmeerschweinchen, Mäuse, Ratten, bodenbrütende Kleinvögel, Eidechsen, Frösche, Heuschrecken und andere Kerbtiere, zarte, saftige Pflanzen, Wildfrüchte, Beeren. Kleinere Beute wird unzerkaut mit Fell oder Federn abgeschluckt.

Haltung von Mähnenwölfen

Mähnenwolf in Tiergärten gelegentlich gezeigt und ähnlich wie Wölfe und Kojoten gehalten (siehe auch dort).

Unterkunft. Weiträumige Außengehege mit Naturrasen, hohen Gräsern, sonnigen Sandflächen und schattenspendenden Bäumen. Unterkunft und Gehegeeinrichtungen wie Steine, Pflanzen, Baumstämme usw. werden mit Harn, Kot und Analdrüsensekret markiert. Hauptaktivitätszeiten morgens und abends. Als Einzäunung 2,0–2,5 m hohe Gitter aus Maschendraht oder Stahlgewebe. Bedingt winterhart, ständiger Zugang zu 16–20 °C warmen, möglichst bodenbeheizten Innenkäfigen bzw. geräumigen Schutzhütten unbedingt erforderlich, wo sie sich bei kaltem Wetter auch viel aufhalten. Nach Akklimatisation entwickeln sie im Winter ein sehr dichtes Haarkleid.

Umgang. Im Vergleich zu Wölfen, Afrikanischen Wild- und Rothunden wenig gefährlich. Sehr selten aggressiv, eher scheu und schreckhaft. Zu Fütterungs- und Reinigungszwecken können vertraute Personen in der Regel Unterkünfte gefahrlos betreten, doch sollte das niemals ohne Abwehrgerät (Besen, Schaufel, längerer Stock) geschehen.

Fütterung. Frischtote(!), blutwarme Kleintiere (Mäuse, Ratten, Goldhamster, Meerschweinchen, Kaninchen, Tauben, Küken, Hühner), dazu weiches Obst, mürber Apfel, Banane, Ei, gelegentlich Leber, von Zeit zu Zeit garantiert frischen Süßwasserfisch.

Vergesellschaftung. Einzeltiere oder Neuankömmlinge möglichst auf einem für alle Tiere fremden Territorium vergesellschaften. Paarweise auch außerhalb des Östrus oft sehr verträglich. Gut harmonierende Paare begrüßen und belecken sich gegenseitig und ruhen oft mit direktem Körperkontakt, dennoch für jedes Tier eigenen Schlaf- oder Ruheplatz vorsehen. Individuell können aber Einzeltiere beider Geschlechter nicht selten auch unverträglich sein, drohen sich bei Begegnungen mit angelegten Ohren und gefletschten Zähnen fauchend-schnarchend an, gehen sich aus dem Weg und suchen keinen Kontakt zueinander. In solchen Fällen getrennt füttern, auf geräumigen Anlagen an möglichst weit voneinander entfernten Stellen. Unverträgliche Tiere drehen einander beim Fressen die Hinterfront zu und suchen sich aus dem Wege zu gehen. Gemeinschaftshaltung im Zoo Osnabrück mit Großem Ameisenbären.

Fortpflanzung und Zucht. Jahreszyklisch fixiert. Brunstzeit September bis November, Höhepunkt im Oktober (auf der Südhalbkugel April). Beginnende Brunst erkennbar durch zunehmendes Markieren mit Harn und Intensivierung der scharfen Ausdünstungen. Männchen leckt Urin des Weibchens, Flehmen, beschnüffelt etwa 2 Wochen vor der eigentlichen Brunst häufiger die Analregion des Weibchens, dessen Scheide dann anschwillt und gerötet ist. Über 4–5 Tage mehrmals täglich Paarungen, danach gelegentlich kurzzeitiges „Hängen“. Trächtigkeitsanzeichen: tragende Weibchen belecken häufig ihre Anogenitalregion, Umfangsvermehrung des Leibes, zunehmendes Ruhebedürfnis, Anschwellen des Gesäuges verbunden mit Haarausfall an den Zitzenhöfen, oftmals etwa 1 Woche vor der Geburt beginnende Aggressivität gegenüber dem Pfleger. Nach Erkenntnissen in Krefeld und Dortmund, wo seit 1981 Männchen und Weibchen vor der Geburt nicht mehr getrennt werden, beteiligt sich das Männchen (vermutlich auch in der Wildnis) an der Aufzucht, leckt die neugeborenen Jungen trocken, bewacht bei Abwesenheit der Mutter den Wurf, schläft mit bei den Jungen, regt diese durch Belecken zum Harn- und Kotabsatz an und verzehrt die Exkremente, trägt dem Weibchen Futter in die Wochenstube und erbricht später für bettelnde Junge Fleisch. Voraussetzung für die Aufzucht bei Anwesenheit des Männchens sind mindestens 2, besser 3 gleichwertige, zur Jungenaufzucht geeignete, störungsfreie Wurfboxen, von denen 1 dem Männchen zur Verfügung stehen kann, wenn es sich von dem Wurf zurückziehen möchte, die aber auch für eine Umlagerung der Jungen durch die Mutter geeignet sind. Später kann 1 von ihnen als Fütterungsraum für die Jungen dienen.

Tragzeit 56–66, durchschnittlich 65 Tage. Geburt in Hockstellung wie bei Kotabsatz oder auf der Seite liegend. Vorher Unruhe und erkennbare Wehen, anfangs im Abstand von 8–10 Minuten (etwa 2 Stunden vor der Geburt), später alle 2–4 Minuten (etwa 1 Stunde vorher). Austreibungsphase ist kurz. Bei Mehrlingswürfen Intervalle zwischen den Geburten der einzelnen Jungen selten bis zu 4 Stunden, in der Regel aber kürzer. 1–5, meist 2–3 gut behaarte, schwarzbraune bis schwarze, kurzbeinige, blinde, etwa 330–360 g schwere Junge mit weißer Schwanzspitze und weißem Brustlatz, die im 1. Lebensmonat im Abstand von 2–3 Stunden gesäugt werden. Durchschnittliche tägliche Gewichtszunahme im 1. Monat 57 g, im 2. Monat 82 , im 3. Monat 128 g. Augenöffnung 8.–10. Tag, erstmaliges Verlassen der Wurfbox mit 21.–25. Tag, erste feste Kost mit 28.–35. Tag. Zahnung beginnt mit dem Durchbruch der Schneide- und Eckzähne am 14. Tag und endet mit Erscheinen der letzten Prämolaren um den 30. Tag. Volle Ausbildung des Milchgebisses um 45. Tag. Zahnwechsel beginnt Ende des 5. Monats und ist im 7. Monat abgeschlossen. Umfärbung zum Erwachsenenkleid beginnt Anfang der 2. Woche und ist nach 3 Monaten beendet. Säugezeit 4 Monate. Säugende Weibchen sehr empfindlich gegen Störungen in der Wochenstube, brauchen absolute Ruhe, halten sich bis zur 4. Woche fast ausschließlich bei den Jungen auf. Jungtiere vor der neuen Brunstzeit der Eltern abtrennen, bei Unverträglichkeiten, z.B. während der Fütterung, früher.

Künstliche Aufzucht mehrfach mit Hundemilchaustauschern oder Babynahrung unter Zugabe von Serumeiweiß gelungen. Anfangs auch nachts Mahlzeitenfolge im Abstand von 2–3 Stunden wie bei Großkatzen oder Bären. Bereits mit 18–20 Tagen Eigelb, Lebermus und fein geschabtes Fleisch beifüttern. Wenigste Komplikationen mit einer Hundeamme. Handaufzuchten werden auf die sie pflegenden Personen geprägt und diesen gegenüber handzahm, Fremden gegenüber bleiben sie misstrauisch und scheu.

Höchstalter in Menschenobhut. Über 17 Jahre.

Familie Bären (*Ursidae*)

Auch als Großbären oder Echte Bären bezeichnet. Nachfahren einer im Paläogen artenreichen, vielgestaltigen, über Eurasien, Amerika und Afrika verbreiteten Urbärengruppe (Gattung *Cephalogale*). Stammform der heutigen Bären vermutlich Gattung *Ursavus* aus dem Neogen. Unter den Bären größte lebende Landraubtiere (Gewicht fast 600 kg, Körperlänge bis 3 m und Schulterhöhe bis 1,20 m). Männchen oft beträchtlich mächtiger als Weibchen. Zahnformel: 3/3 1/1 4/4 2/3, kein oder nur wenig ausgebildetes Brechscherengebiss, Backenzähne breitkronig. Ohren rund, Augen klein. Rumpf gedrungen. Gliedmaßen kräftig, fünfzehig, mit sehr starken, langen Krallen. Schwanz stummelförmig. Fell meist lang und dicht. Stark minimierte Mimik.

Verbreitung. Eurasien, Amerika.

5 Gattungen, 8 Arten.

Große Pandas (*Ailuropoda*)

1 Art. Systematische Zuordnung war lange umstritten, früher als eigene Ordnung oder zusammen mit den Katzenbären in einer Ordnung geführt, heute oft als Unterfamilie der Großbären eingestuft. Bereits während des frühen Pleistozäns in China, Vietnam und Myanmar 4 verschiedene, später ausgestorbene Arten. Massiver Schädel mit großen Eckzähnen, Brechscherengebiss nur noch andeutungsweise vorhanden, dafür Prämolare und Molare größer als bei den übrigen Großbären. Backenzahnkronen breit, vielhöckrig. Zahnbau und „Falscher Daumen" (verlängertes Sesambein) sowie ein weiterer vergrößerter und mit der Elle direkt verbundener Handwurzelknochen (Erbsenbein), die als Gegenspieler zu den Krallen mit diesen ein wirksames Greiforgan bilden, werden als Anpassung an die Bambusnahrung gedeutet. Gestalt und Größe bärenähnlich. Kopf rund, kurzschnäuzig. Ohren rund, vom Kopf abstehend. Pupillen senkrecht. Sohlen stark behaart, Schwanz stummelförmig. Fell dicht, grannig,

Abb. 26.40 Der Große Panda (*Ailuropoda melanoleuca*) wird auch Bambusbär genannt. Er gehört zu den seltensten Zootieren und wird nur ausgewählten Tiergärten als Leihgabe überlassen.

zottig. Der Verdauungstrakt weist Besonderheiten auf, die mit der Ernährung zusammenhängen. **Großer Panda** (*A. melanoleuca*), auch Bambusbär, Riesenpanda: Fell weiß, Ohren, Augenumgebung, Vordergliedmaßen bis zum Widerrist, Hals, Brust, untere Hintergliedmaßen braunschwarz, bei dem bis zu seinem Tode im Jahr 2000 im Zoo Xian gehaltenen „goldenen" Panda ausnahmsweise braun. Südwestchina (inselartig verbreitet von den Qinling-Bergen bei Xi'an in der Provinz Shaanxi über das Minshan-Bergland in Gansu und Sichuan, die Qionglai- und Xiangling-Berge westlich von Chengdu bis zum Großen und Kleinen Lianshan im Süden von Sichuan).

Gefährdungsstatus. Bestand in der Wildnis gefährdet, derzeit etwa 2000 Tiere. Davon leben ca. 2 Drittel in für die Pandas betriebenen Schutzgebieten. Diese sind aber teilweise voneinander isoliert, weshalb zwischen den Reservaten Korridore eingerichtet werden sollen, um Wanderungen zwischen diesen zu ermöglichen (Genaustausch, Sicherung der Ernährung mit Bambus). Der als Futterpflanze dienende Bambus beginnt in Abständen von mehreren Jahrzehnten in weiten Gebieten gleichzeitig zu blühen und stirbt danach ab. Vor allem alte und schwache Tiere verhungern dann oft. Während einer solchen Periode wurden z.B. 1975/1976 insgesamt 138 Tiere tot aufgefunden. Internationales Zuchtbuch im Zoo Peking gemeinsam mit dem Zoo London.

Lebensweise. Tag- und Dämmerungstiere. Lebensraum neblige, feuchtkühle, nadel- bzw. mischwald- und vor allem bambusbestandene Berghänge und wasserreiche Hochtäler in 2000–3500 m Höhe, im Winter in tieferen, im Sommer in höheren Lagen. Bevölkerungswachstum und Abholzung der Lebensräume verschieben diese Rückzugsgebiete jedoch in immer höhere Lagen. Klima der bisherigen Wohngebiete gekennzeichnet durch milde Winter, Temperaturen nicht unter –10 °C (mittlere Januartemperatur –5 °C), und kühle Sommer (18–20 °C). Ortstreue Einzelgänger in Revieren mit festen Wechseln. Reviere werden mit einer Duftdrüse in der Aftergegend und moschusartig riechendem Urin markiert, kleine Kerngebiete jedoch nur von den Weibchen verteidigt. Für die aufwendige Verteidigung größerer Territorien gibt es keine Veranlassung (Bambus ist als Nahrung genügend vorhanden), außerdem fehlt dafür die Zeit, da die Tiere große Mengen Bambus fressen und verdauen müssen. Bodenbewohner, die in schlenderndem Passgang laufen oder traben, gut schwimmen, auch klettern können und in pflanzengeschützten Schlafkesseln ruhen. Wenig stimmfreudig, aber während der Paarungszeit zwischen erwachsenen Tieren und bei Junge führenden Müttern dennoch insgesamt 11 verschiedene Kontaktlaute, beim Angriff lautes Brüllen, bei Gefahr Flucht auf Bäume. Erwachsene Tiere ohne Feinde, nur selten sind Einzeltiere Beute von Rothunden.

Nahrung. Fast ausschließlich Stängel und Blätter von 20 Bambusarten, besonders Schösslinge des Pfeilbambus (*Bashania fangiana*), des süßlich schmeckenden Schwertbambus (*Sinarundinaria nitida*) und verwandter Arten (*S. chungii*, *S. ferax*) oder nahe stehender Gattungen (z.B. *Fargesia spathacea*, *Phyllostacus heteroclada* und *Ph. nidularia*) mit einem Proteingehalt von 7–20% (Tagesmenge 15–20kg, bei zarten Schösslingen sogar 38kg, Fressdauer bis zu 16 Stunden), daneben Kräuter, Gräser sowie tierische Kost wie Schlangen, Vögel, Vogeleier, Bambusratten. Beute wird nicht gezielt gejagt, sondern beiläufig getötet und gefressen.

Haltung von Großen Pandas

In Tiergärten außerhalb Chinas weltweit äußerst selten gezeigt. Weniger als 30 chinesischen Zoos pflegen Große Pandas. Die größte Population in Menschenhand mit ca. 120 Tieren befindet sich in der Auffang- und Zuchtstation Chengdu Research Base of Giant Panda Bering in der Stadt Sichuan. Haltung und Zucht von Bambusbären sind noch immer problematisch.

Unterkunft. Ähnlich wie für Bären in Freianlagen mit anschließenden Innenkäfigen. Bodenbelag der Ausläufe früher glatter Beton oder besandete Flächen mit Kletter- und Spieleinrichtungen sowie leicht erhöhten, hölzernen Liegeflächen. Heute meist wie in Wien rasenbedeckte Freianlagen mit z.T. dichtem Gehölzbewuchs, abwechslungsreichem Inventar zur Beschäftigung, verschiedenartigen Rückzugsmöglichkeiten zu meist erhöhten Schlaf-, Ruhe- und Auslugplätzen und Badebecken, das, wenn vorhanden, in der warmen Jahreszeit gern und oft genutzt wird. Lebende Bäume innerhalb und außerhalb des Geheges sind als Schattenspender unerlässlich. Einfriedung mit Trockengräben (Grabentiefe etwa 2,40m) oder Wassergräben wie für Bären, noch besser mit Panzerglas, um eine Besucherfütterung auszuschließen. Begrenzung von Innenkäfigen in Schauräumen ebenfalls aus Panzerglasscheiben. Neben einem Innenraum für den Gemeinschaftsaufenthalt benötigt jedes Tier eine eigene Schlafbox. Innenunterkünfte müssen trocken sein. Temperatur im Sommer nicht über 18°C, im Winter möglichst nicht unter 12°C, obwohl Dauertemperaturen in den Innenkäfigen im Winter bis 5°C toleriert wurden. Winterhart, aber kein Daueraufenthalt im Freien bei Temperaturen unter –7 bis –10°C, dann nur für 1–1½ Stunden ins Außengehege.

Hitzeempfindlich, direkte Sonneneinstrahlung im Sommer ungünstig. Optimaltemperaturen im Freien zwischen 15–23°C, bei höheren Außentemperaturen (maximal 25°C und 60% relative Luftfeuchtigkeit) Kühlung durch künstlichen Sprühregen, auch Roheisstangen, oder Zugang zu Innenkäfigen öffnen. Während längerer Hitzeperioden Daueraufenthalt in den Innenunterkünften. Für Pflegerzugänge zu den Unterkünften und Durchgangsöffnungen für die Tiere gleiche Sicherheitsmaßnahmen wie bei Bären.

Umgang. Tierpflegerischer Umgang wie bei Bären. Reinigungsarbeiten nur in Abwesenheit der Tiere durchführen. Ein Höchstmaß an Hygiene ist erforderlich. Kotabsatz meist in den Morgenstunden. Auf die Kotbeschaffenheit achten. Normaler Kot ist fest, trocken, geformt, grünlich braun, es sind Bambusreste erkennbar. Getrennt vom Kot wird in manchen Haltungen von den Tieren in unregelmäßigen Abständen ein geleeartiger, gelblich klarer Schleim entleert, den die Tiere oft sofort fressen. Sie sind vorher unruhig, unpässlich oder teilweise auffällig ruhig und schläfrig. Ursache und Bedeutung sind unbekannt.

Fütterung. Zwei- bis dreimal täglich breiige Spezialfuttermischungen mit möglichst reichhaltiger Zusammensetzung. Rezepturen je nach Erfahrungen der einzelnen Zoos verschieden. Beispiele:

- 250 g Affenpellets in 1,7 l Milch, dazu Vitaminfutter und etwas Lebertran
- gekochter Reis, gemahlener Sojakuchen, Maismehl in abgekochter Milch, dazu 1–2 Hühnereier, gekochtes Hackfleisch vom Rind, gemuster Apfel und Pfirsich, geriebene Möhre, etwas Zucker, Hefe, Kochsalz, Vitamine und Mineralstoffe (Peking)
- 250 g Reis in Wasser gekocht, dazu 250 g Affenpellets, 100 g gekochtes Hackfleisch, 3 weich gekochte Eier, 2–3 TL Honig und Vitamine in 1 l Wasser verquirlt als Hauptmahlzeit, morgens Affenpellets (London)
- Grundsuppe aus gekochtem Reis, Mais- und Sojamehl, darunter morgens Zwieback und Bananenmus, mittags im Mixer fein zerkleinertes gedünstetes oder rohes Gemüse und gekochtes Hackfleisch von Ziege, Schaf oder Huhn, im Wechsel mit Fleisch auch Milchpulver, Quark oder Vollmilch. Kurz vor der Fütterung werden untergerührt: kleine Mengen von Haferschleimpulver, Honig, Kochsalz, Kalziumkaseinat, 2 Eier, Vitamine und Mineralstoffe (Zoo Berlin)
- „Pandabrot" aus verschiedenen Getreideprodukten (z.B. Mais, Soja, Gerste, Weizenkleie, Mehl) vermischt mit Knochenmehl, Reis, Salz und Eiern. Dazu Milch, und einbis zweimal die Woche Rind- oder Schaffleisch (verschiedene Tiergärten in China).

Der Eiweißgehalt dieser Mischungen darf nicht zu hoch sein. Durch zu hohen Sojamehlanteil traten in Berlin Eiweißvergiftung mit schweren Störungen auf, in London Eierallergie mit massiver Gewichtsabnahme und Magenbluten. Bei Brei wöchentlich 1 Fasttag. Neben diesen Mischungen Apfel, Birne, Möhre, anderes Gemüse, Zuckerrohr, in Peking auch Schilf, aber vor allem zwei- bis dreimal täglich Bambus verschiedener Gattungen, z.B. *Phyllostachys spec.* und *Pseudosasa japonica* in Washington, *Sinobambusa* in Peking, *Sasa senanensis* und *Sasa chrysantha* in Tokio und natürlich *Sinarundinaria nitida*, der wie auch *Pseudosasa japonica* gut im gemäßigten Klima gedeiht, wenn er im März und Juni reichlich mit Mist gedüngt wird. Bambusbeschaffung ist auch aus geeigneten botanischen Gärten möglich. Für den Zoo Berlin wird Bambus in Südfrankreich bei –30 bis –35 °C schockgefrostet, als Tagesrationen in große Plastiktüten verpackt, mit dem Kühlwagen nach Berlin transportiert und hier bei –24 °C gelagert. Kleinblättrige Arten werden lieber als großblättrige, frischer Bambus lieber als gefrosteter gefressen. Von harten Bambusstängeln ziehen die Tiere mit den Zähnen die grüne Rinde ab und fressen meist nur das Mark. Gefrosteten Bambus nicht an der Luft (Austrocknung) oder im Wasser (Chlorophyllverluste), sondern durch Besprühen mit Leitungswasser auftauen. Tiefgefrorener Bambus darf nicht zu lange lagern, wird sonst nicht mehr gern gefressen. Keine tropischen Bambusarten verfüttern, Sprosse manchmal blausäurehaltig. Tagesbedarf für erwachsene Tiere 6–9 kg. Besonders weniger verträgliche Tiere getrennt füttern, um zu verhindern, dass schwächeres Tier vom Futter verdrängt wird und um die individuell aufgenommene Nahrungsmenge kontrollieren zu können.

Vergesellschaftung. Da extreme Einzelgänger, können Paare untereinander sehr unverträglich sein, besonders ausgewachsene Pandas harmonieren nicht immer, leben nur unter gegenseitiger Duldung zusammen. Bei Beißereien können längere Trennungen erforderlich werden. Dann Kontakt durch Sichtgitter aufrechterhalten. Wiedervereinigung längere Zeit getrennter Paare wie bei Bären. Als Halbwüchsige zusammen gewöhnte Tiere sind dagegen auch jung erwachsen oft sehr verträglich, spielen miteinander, sind gegenseitig sehr anhänglich, suchen die Begegnung und den Kontakt mit dem Partner und fressen oft einträglich nebeneinander.

Fortpflanzung und Zucht. Welterstzucht 1963 in Peking. Seither in China, besonders in den Zuchtzentren von Chengdu und Wolong und im Zoo Peking gute Fortpflanzungsergebnisse. 1. Zuchterfolg außerhalb Chinas 1981 im Chapultepec Zoo von Mexiko-Stadt. Ein vorher dort

1980 geborenes Jungtier war am 8. Lebenstag von der Mutter erdrückt worden. Erstzucht in Europa 1982 in Madrid. Geschlechter bei erwachsenen Tieren nur durch deutlich sichtbare Hoden der Männchen erkennbar, Vaginalöffnung der Weibchen oft im Fell verborgen. Brunst jahreszeitlich fixiert, in der Wildnis März bis Mai, in Tiergärten von Ende April bis Mai, in einzelnen Fällen auch in anderen Monaten, in Menschenobhut aber aus unerklärlichen Gründen bei Männchen und Weibchen selten synchron. Monöstrisch, Zykluslänge 12–25 Tage. Brunstzeichen beim Weibchen nachlassende Fresslust, erhöhte Aktivität, rötliche Verfärbung und gleichzeitige Schwellung der Scheide, Rückwärtsgehen, Reiben der Scheide an harten Gegenständen, spielerisches Aufreiten auf das Männchen. Beim Männchen vergrößerte Hoden und häufiges Urinieren. Keckernde Laute. Meist Umkehr des Dominanzverhältnisses, d.h. außerhalb der Brunst ist das Weibchen dominant, während dieser Phase das Männchen. Hochbrunst kurz vor Ende der Brunstzeit etwa 3 Tage. Getrennt lebende Paare werden in dieser Zeit zusammengelassen. Die Verpaarung muss so vorbereitet sein, dass eine Trennung bei Beißereien leicht möglich ist. Zur Paarung reitet das Männchen dem Weibchen rückwärts auf, legt die Vorderpfoten auf dessen Rückenmitte und paart sich in halb sitzender Stellung. Paarungsdauer ½–2½ Minuten, seltener bis 40 Minuten, ausnahmsweise in Tokio 1½ Stunden.

Tragzeit mit großer Schwankungsbreite, im Mittel 135 Tage (n=19), verlängert durch verzögerte Implantation und Keimlingsruhe. Eigentliche Tragzeit nur 45–60 Tage. Trächtigkeitszeichen nicht erkennbar, lediglich 2 Wochen vor der Geburt setzt eine Scheidenschwellung und -vergrößerung sowie anschließend Rotfärbung (während der Brunst gleichzeitig) ein. Scheide öffnet sich, unmittelbar vor der Geburt starkes Schleimen. Gleichzeitig rötliche Verfärbung sowie Anschwellen des achselständigen Zitzenpaares. Wurfzeit September bis Anfang November, vereinzelte Würfe im Juli und August. 1–2, selten 3 etwa 10–15 cm lange, hellrotfleischfarbene Junge, die von einem feinen, 2 mm langen, flaumartigen Fell bedeckt sind. Augen und Gehörgänge geschlossen, Ohrmuscheln als Hautlappen am Kopf angelegt. Geburtsgewicht 90-150 g (ein nur 75 g schweres Jungtier in Madrid war wohl untergewichtig, versuchte künstliche Aufzucht blieb erfolglos, ein 88 g schwerer Zwilling wurde in Wien tot aufgefunden). Ausnahmsweise wurde auch ein Geburtsgewicht von 180 g (das überlebende Weibchen eines Zwillingswurfes 2005 im Tierpark Adventure World von Shirahama) und im Extremfall von 218 g ermittelt (2006 Lebendgeburt eines 6-jährigen Muttertieres nach einer Geburtsdauer von 34 Stunden im Zuchtzentrum von Wolong). Hohe Geburtsgewichte, vielleicht durch zu energiereiches Futter, können Komplikationen bei der Geburt bewirken. Bei Zwillingen beträgt das Geburtsintervall 20–30 Minuten, kann aber auch mehrere Stunden dauern. Zwillingsgeburten aus verschiedenen chinesischen Zoos, u.a. auch aus Madrid und Wien bekannt. In der Regel überlebte, wenn überhaupt, wie wahrscheinlich auch in der Wildnis nur 1 Jungtier.

Bis 2 Wochen nach der Geburt beim Muttertier rötlicher Scheidenausfluss. Nach der Geburt erfasst das Weibchen das Junge mit dem Maul legt es sich auf den Arm und drückt es damit an die Zitze. Milchzusammensetzung beim Großen Panda (2 Proben): Trockensubstanz 34,10 %, Fett 15,55 %, Eiweiß 8,68 %, Kohlenhydrate 0,16 %, Asche 0,93 %. Kohlenhydratwert auffällig niedrig. Neugeborene saugen täglich sechs- bis zwölfmal mit einer Dauer von 0,5–15 (maximal 30) Minuten, nach 3–4 Monaten nur noch drei- bis viermal täglich, dann Zufütterung von Kuhmilch. Erhöhter Nahrungsbedarf des Weibchens während der 5- bis 6-monatigen Säugezeit. Fellbildung des Jungen beginnt am 6. Tag, Umfärbung zum Erwachsenenkleid ab 11. Tag, am 50. Tag abgeschlossen. Augenöffnung zwischen 35.–48. Tag. Mit 2½ Monaten beginnende Bezahnung, nun Beifütterung von Kalzium. Junge wiegen dann etwa 5½ kg, fangen an zu stehen, sind mit 4–5 Monaten lauffähig und klettern auf den Rücken der Mutter, der sie allerdings erst mit 7 Monaten, wenn sie 14–17 kg wiegen, folgen können. Bereits mit 6 Monaten

Milchgebissentwicklung abgeschlossen und häufige Aufnahme von fester Kost. In diesem Alter werden Jungtiere aus ernährungsphysiologischen Gründen von der Mutter abgesetzt und erhalten täglich 3 Mahlzeiten von insgesamt 750 g Kuhmilch, die nach und nach durch Erwachsenenkost ersetzt wird. Hohe Jungensterblichkeit in den ersten Monaten.

1. gelungene künstliche Aufzucht 1982 in Shanghai mit 120 g schwerem Jungen, dessen Mutter 2 Wochen nach der Geburt an einer Lungenerkrankung eingegangen war. Da sich aus bisher unbekannten Gründen geschlechtsreife Partner oft nicht paaren, seit 1978 in China (erstmals in Peking) künstliche Besamung. Ovulation wird durch Bestimmen der N-Acetyl-Beta-D-Aminoglukosidase- und Östrogen-Werte des Urins ermittelt. Zur künstlichen Besamung werden Männchen und Weibchen narkotisiert. Samengewinnung durch Elektroejakulation. Ein Teil des Spermas wird sofort in das Weibchen übertragen, der Rest tiefgefroren und noch mehrmals im Abstand von 2 Tagen eingebracht. In der Zuchtstation Wolong wurde eine Zwillingsgeburt (bei „Ye Ye“) auch dadurch erreicht, dass 1 Ei durch Kopulation und ein 2. durch künstliche Besamung befruchtet wurde (2 Väter). Da natürliche Aufzucht von Zwillingen meist nicht gelingt, wurde nur 1 Junges bei Mutter belassen und das 2. kam in künstliche Aufzucht, allerdings erfolgte in regelmäßigen Abständen ein Zwillingstausch. Mit etwa 5 Monaten ließ man beide Jungtiere kurzzeitig gleichzeitig von der Mutter betreuen, setzte sie aber danach ab, um beim Weibchen eine erneute Brunst auszulösen. Voraussetzung für diese optimierte Zucht ist ein starkes Vertrauensverhältnis zwischen Tieren und Betreuern.

Außerhalb Chinas 1. Versuch künstlicher Besamung mit tiefgefrorenem Sperma 1981 in Washington erfolglos. Nachdem 1983 das 12-jährige Washingtoner Paar nur 1 Tag gedeckt hatte, wurde aus London eingeflogenes Sperma übertragen. Geburt erfolgte im Juli des gleichen Jahres, doch ist nicht sicher, ob diese auf die künstliche Besamung zurückzuführen ist. Jungtier wurde nach 3 Stunden erdrückt. Dagegen wurde 1983 in Madrid ein 7-jähriges Weibchen mit Sperma aus London erfolgreich künstlich besamt und brachte im September des gleichen Jahres Zwillinge, von denen 1 Junges aufwuchs. In Washington wurde das Weibchen „Mei Xiang“ im März 2005 mit Sperma des dortigen Männchens „Tian Tian“ künstlich befruchtet und brachte Anfang Juli 2005 1 Junges.

Geschlechtsreife bei Männchen mit 6–7 Jahren, ein Weibchen in Peking wurde mit 6½ Jahren erstmals brünstig. Das Weibchen in Mexiko brachte mit 6 Jahren ihr 1. Jungtier. In Washington dagegen zeigte ein nur 2½-jähriges Weibchen 1973 erstmals im April wie in den folgenden Jahren Brunstzeichen. Vermutlich große individuelle Schwankungen, aber Weibchen wahrscheinlich im Durchschnitt mit 3–4 Jahren fertil.

Haltung und Zucht von Bambusbären noch immer problematisch. Erstmals in Tiergärten ein Männchen, das 1936 in New York eintraf und ab 1937 in Chicago lebte. Zwischen 1936 und 1941 kamen 8 Tiere in die USA, darunter das Männchen „Happy“, das in mehreren deutschen Zoos gezeigt wurde, bevor es nach St. Louis kam. In London lebten seit Ende der 1930er Jahre mehrere Bambusbären, darunter „Chi-Chi“, die im September 1958 aus China kommend zunächst im Tierpark Berlin, dann befristet in den Zoos von Frankfurt und Kopenhagen gezeigt worden war. Von den beiden zwischen 1955 und 1971 in Moskau gehaltenen Bambusbären wurde das Männchen „An-An“ bekannt, weil Verpaarungsversuche mit ihm und dem Londoner Weibchen „Chi-Chi“ ohne Erfolg blieben. Als Repräsentationsgeschenke der Chinesischen Regierung gingen seit 1972 Große Pandas an hauptstädtische Zoos nach Washington, Tokio, Paris, London, Berlin, Mexiko-Stadt und Madrid. Seit Mitte der 90er Jahre untersagt ein chinesisches Gesetz die Vergabe der Tiere als Staatsgeschenke. Als Leihgaben zu Forschungs- und Zuchtzwecken erhielten einige nordamerikanische Städte, z.B. Atlanta, Memphis, San Diego sowie Wien und Chiang Mai Große Pandas. Zuchterfolge außerhalb Chinas gab es in Mexiko-Stadt, Washington, Madrid,

Abb. 26.41 Seinen Namen verdankt der Kragenbär (*Ursus thibetanus*) den stark verlängerten Haaren im Halsbereich. Auffällig ist außerdem eine v-förmige weiße Fellfärbung auf der Brust.

Tokio, San Diego und Wien. Obwohl in den letzten Jahren viele neue haltungstechnische Erkenntnisse über diese Tierart gesammelt werden konnten, sind manche tiergartenbiologischen Fragen, insbesondere bezüglich der Zucht, noch nicht befriedigend gelöst.

Höchstalter in Menschenobhut. 37 Jahre (Weibchen „Du Du" im Zoo Wuhan) bzw. 36 Jahre (Weibchen „Mei Mei" im Zoo Guilin).

Echte Bären (*Ursus*)

4 Arten. Zu den Angehörigen dieser Gattung gehören die größten Vertreter der Familie, darunter mit dem Kodiakbären auch das größte rezente Landraubtier. Innerartlich variieren Körpergröße und Fellfarbe oft erheblich. **Braunbär** (*U. arctos*): Größe und Färbung unterartlich verschieden, meist bräunlich, oft mit hellem Halsband oder Brustzeichnung, auch isabellfarben, silbergraubraun, schwarzbraun, muskulöse Buckel über den Schultern. 14 Unterarten, darunter Europäischer Braunbär (*U. a. arctos*), Kamtschatka-Bär (*U. a. beringianus*), Kodiak-Bär (*U. a. middendorffi*), Grizzlybär (*U. a. horribilis*). Weite Teile Nordamerikas und Eurasiens. – **Eisbär** (*U. maritimus*), auch Polarbär: nach Kodiak- und Kamtschatka-Bären zweitgrößte Art, die in der Vergangenheit einer eigenen Gattung (*Thalarctos*) zugeordnet wurde, sich nach Ergebnissen genetischer Untersuchungen aber vom Braunbären ableitet, Gestalt schlanker, hinten überbaut, Kopf schlank, Hals lang, Ohren klein, Schwimmhäute zwischen den Zehen, Zehen außer Ballen und Mittelteil der Fußsohle behaart, Fell gelblich weiß mit besonderer Haarstruktur, Körperhaut schwarz, darunter dickes Unterhautfettgewebe, Leber ist ein großer Vitamin-A-Speicher. Keine Unterarten. Inseln, Küsten und Eisfeldränder des zirkumpolaren nördlichen Eismeeres. – **Baribal** (*U. americanus*), auch Schwarzbär, Amerikanischer Schwarzbär: kleiner, Schulterhöhe knapp 1 m, Mittelteil der Fußsohle (anders als bei den übrigen Arten mit nackten Sohlen!) ähnlich wie beim Eisbär behaart, nicht alle Schwarzbären sind schwarz gefärbt, auch weißliche (Kermodes-Baribal), silbergraue mit bläulichem Anflug (Inselbaribal), graue, rötlich braune (Zimtbär) und schwarzbraune (Östlicher Baribal) Varianten. 16 Unterarten. Kanada, USA mit Alaska, Mexiko. – **Kragenbär** (*U. thibetanus*), auch Asiatischer Schwarzbär, Mondbär: kleiner, Schulterhöhe etwa 80 cm, schwarz, langhaariger Fellkragen vom Nacken über die Schultern bis zu den Halsseiten, Fell sonst kürzer, am Bauch im Sommer schütter, Y-förmiges weißes Brustabzeichen. 7 Unterarten. Südwesten Irans, Afghanistan, über Indien bis nördliches Hinterindien, große Teile Chinas, Hainan, Taiwan, Korea, Japan und Südosten Sibiriens.

Gefährdungsstatus. Bestand besonders in Schutzgebieten in der Wildnis noch gesichert, aber sonst gebietsweise gefährdet. Kragenbär gefährdet, einige Unterarten wie der Belutschistan-Kragenbär (*U. thibetanus gedrosianus*) vom

Aussterben bedroht, Europäischer Braunbär in Zentraleuropa mit Ausnahme geringer Bestände in den Pyrenäen, Abruzzen, Alpen und Karpaten ausgerottet. Gefährdet sind auch Isabell- und Tibet-Braunbär. Bestand des Eisbären in der Wildnis unklar, zwischen 7000 und 20000 Tiere, durch unkontrollierte Jagd (in einigen Ländern verboten!) gebietsweise und durch Umweltbelastungen flächendeckend gefährdet. Internationales Zuchtbuch für den Eisbären in Rostock, EEP im Zoo Berlin. EEP für die Braunbär-Unterarten Europäischer Braunbär, Kamtschatka-Bär, Kodiak-Bär, Grizzlybär, Syrischer und Isabell-Braunbär in Rhenen, für den Kragenbären in Warschau, für den Lippenbären in Münster, für den Andenbären in Berlin.

Lebensweise. Eisbär ist ein Tagtier, die übrigen Arten Dämmerungs- und Tagtiere, in bewohnten und stark bejagten Gebieten auch scheue Nachttiere. Lebensraum Wald bis in 4000 m Höhe (Kragenbär), nordische Wälder, bewaldete Schluchten, Walddickichte (Europäischer Braunbär), Taiga, Tundra, oft in der Nähe stehender oder fließender Gewässer, auch in Sumpfgebieten, spärlich bewachsenen Küstenregionen oder steinigen, baumarmen Hochsteppen und felsigen Halbwüsten (Syrischer Braunbär), Lebensraum des Eisbären sind hügelige arktische Inseln, Küsten, Eisfelder und Packeis, meist in der Nähe offenen Wassers. Vermutlich 5 regionale, in sich fast geschlossene Populationen rund um den Polarkreis, deren Weibchen zum Werfen und zur Überwinterung nach langen Wanderungen fast stets die gleichen Wintereinstände aufsuchen (z.B. die Wrangel-Insel durch einen Teil der im westlichen Alaska und der russischen Arktis lebenden Tiere). Einzelgänger, nur zur Brunstzeit kurzfristig paarweise. Weibliche Eisbären mit Jungen untereinander an Futterplätzen (z.B. gestrandeten Walen) oft verträglich. Braun-, Kragenbär und Baribal leben ortstreu in großen Revieren mit festen Wechseln und regelmäßig benutzten Scheuerbäumen, deren Rinde bis auf das blanke Holz abgerieben sein kann (Territorialmarkierung). In nahrungsarmen Gebieten zeitweise auch weite Wanderungen (Braunbär). Als Tagesruheplätze natürliche Bodensenken oder flache selbst gegrabene Mulden in dichter Vegetation, die meist mit Pflanzenmaterial gepolstert werden. Ab Mitte November, in hochnordischen Gebieten bereits ab Oktober (Eisbär erst ab November) bei gesenkter Pulsfrequenz und gedrosseltem Stoffwechsel Winterruhe, aus der sie aber anders als echte Winterschläfer bei Störungen rascher erwachen. Auch fallen sie nicht temperaturunabhängig in Tiefschlaf. Andererseits können sie über 4 Monate ohne Trinkwasser und Nahrungsaufnahme auskommen und setzen in dieser Zeit weder Kot noch Urin ab. Weil bei Grizzly und Baribal in dieser Phase die Pulsfrequenz halbiert wird, hat eine kontroverse Diskussion begonnen, ob diese Situation als Winterruhe oder als Winterschlaf zu definieren ist.

Als Ruheplätze im Winter wählen Braun-, Kragenbären und Baribals pflanzengepolsterte Lager in Felshöhlen, selbst gegrabenen Erdhöhlen an steilen Böschungen von Südhängen, unter Wurzelscheiben umgestürzter Bäume oder unter dem Holz von Windbruch. Weibchen werfen hier ihre Jungen, verbringen dort den folgenden Winter mit ihrem letzten Nachwuchs, der auch den nächsten Winter noch bei ihnen bleiben darf, wenn sie im Sommer vorher nicht gedeckt wurden. Winterverstecke werden oft vom gleichen Tier jahrelang wieder benutzt. In Gebieten ohne kalten, schneereichen Winter erfolgt keine Winterruhe. Nacht- bzw. Tagesruheplätze auch in flachen, gepolsterten Lagern im Dickicht. Ruheplätze des Eisbären auf dem Festland oder vorgelagerten Inseln, bei manchen Tieren in regelmäßig benutzten Fels- oder Erdhöhlen, sonst in selbst gegrabenen, auf der windabgewandten Seite von küstennahen Schneewehen angelegten Höhlen, lassen sich hier auch oft einschneien. Von der Eingangsöffnung führt ein 2–3 m, selten bis zu 6 m langer Gang zu einem 2,5 m langen, etwa 1,5 m breiten und ebenso hohen Kessel, an dessen Beginn meist eine halbhohe Schneemauer den hinteren Teil der Höhle vor eindringender Kälte schützt. Hier auch Geburt der Jungen, die gemeinsam mit der Mutter im April/Mai mit 4–5 Monaten

Abb. 26.42 Der Malaienbär (*Helarctos malayanus*) lebt in tropischen Regenwäldern Südostasiens. Die klimatischen Bedingungen sind Ursache für sein kurzhaariges Fell und dass bei ihm, im Gegensatz zu den übrigen Großbären, keine Keimlingsruhe auftritt.

die Höhle verlassen, ihr auf Wanderungen folgen und mit ihr den nächsten, bzw. auch den übernächsten Winter in Höhlen verbringen. Erwachsene Männchen und Weibchen mit 2-jährigen Jungen halten in manchen Gebieten ebenfalls keine Winterruhe.

Ausdauernde Passgänger, auf kurzen Strecken schneller Galopp. Schwimmen sicher und ausdauernd (Eis- und Braunbär auch über breite Ströme und Meeresarme), Eisbären tauchen (bis 2 Minuten) gewandt, Bären, außer Eisbär, klettern gut (Kragenbär viel auf Bäumen), springen schlecht. Geruchsvermögen hoch entwickelt (Beute wird vom Eisbären auch unter einer 1,5 m starken Schneedecke gewittert), Gehör sehr gut (Kragenbär! Eisbär), Sehvermögen beim Eisbären gut. Lautäußerungen schniefend, schnaufend, brummend, schmatzende Drohgeste, lautes raues Wut- und Angriffsbrüllen. Meist menschenscheu, aber besonders Eisbär unbekannten Erscheinungen, darunter auch dem Menschen, gegenüber neugierig. Überfälle auf Menschen selten, doch können frei lebende Bären auch sehr angriffslustig sein, meist sind die Ursachen Verteidigung von Jungtieren, Gegenangriff nach Schussverletzung, Störung während der Winterruhe oder unvorsichtiges Verhalten von Nationalparkbesuchern (Fütterung der Bären, leichtsinnige Annäherung an Jungtiere oder Erwachsene mit Unterschreitung der kritischen Distanz). In Sibirien greifen Bären in nahrungsarmen Zeiten Menschen auch als Beute an. Wenig Feinde, besonders Wölfe und in Sibirien Tiger (Kragenbären, junge und halbwüchsige Braunbären).

Nahrung. Allesfresser, vorwiegend Pflanzenkost (außer Eisbär) wie Kräuter, Knospen, Pilze, Beeren, Wildfrüchte, Sämereien (Bucheckern, Eicheln, Nüsse), daneben Honig, Aas, Nager, Eier und Jungvögel von Bodenbrütern, Fische (Kodiak-Bären jagen zur Laichzeit im Frühjahr Lachse), seltener Haus- (besonders Schafe, Rentiere) oder wildlebende Huftiere. Einzeltiere, sog. Schlagbären, spezialisieren sich auf Haustiere und Wild. Gelegentlich auch Kannibalismus. Große Braunbären Sibiriens töten gelegentlich Kragenbären, Grizzlybären auch Baribals. Die Beute wird meist durch einen Prankenhieb erschlagen.

Eisbär frisst Robben, nach der Winterruhe meist Neugeborene, besonders Ringelrobben, später Altrobben im Haarwechsel oder in Atemlöchern auftauchende Tiere (Fang stets an Land), daneben gestrandete Wale, jüngere oder tote Walrosse, anderes Aas und menschliche Abfälle, im Sommer auch Kleintiere (z.B. Lemminge), Bodenbrüter, deren Eier und Jungvögel, selten Grünzeug und Beeren.

Lippenbären (*Melursus*)

1 Art. Schulterhöhe etwa 70 cm. Kopf groß, Schnauze lang, schwach rüsselförmig, mit unbehaarten, verlängerten, sehr beweglichen Lippen, lange, schmale Zunge, obere mittlere Schneidezähne fehlen, wodurch eine Lücke entsteht, Backenzähne außergewöhnlich breit und flach. Gliedmaßen kurz, mit langen, sichelförmigen Krallen (erinnern an Faultierkrallen). Fell langhaarig, schwarz, selten auch rotbraun, helles V-förmiges Brustabzeichen. **Lippenbär** (*M. ursinus*): 2 Unterarten. Vorderindien, Sri Lanka.

Gefährdungsstatus. Bestand gefährdet, in der Wildnis vor allem durch Waldrodung stark zurückgegangen, gebietsweise ausgerottet, Bestandsdichte andernorts unklar. Internationales Zuchtbuch in Rhenen, EEP Münster.

Lebensweise. Tag- und Dämmerungstier. Lebensraum tropische und subtropische Wälder des Flachlandes, auch Waldränder. Als Einzelgänger ortstreu in festen Revieren. Keine Winterruhe. Schlafplätze in natürlichen oder selbst gegrabenen Höhlen, besonders an Flussufern, auch frei in Pflanzendickungen. Klettert gut, auch auf hohe Bäume, sogar auf Palmen. Lautäußerungen schniefendes Wutschnauben, blökender Angst- und Wutschrei. Feinde sind Tiger, Leoparden, Rothunde. Unfälle mit Lippenbären häufiger als mit übrigen Arten, besonders durch Tiere, die während des Tagschlafs oder bei der Nahrungssuche gestört und erschreckt werden. Bisse und Prankenschläge gegen Kopf bzw. Gesicht des Menschen.

Nahrung. Kerbtiere, darunter besonders Ameisen und Termiten, deren Baue mit Klauen aufgerissen werden, Käfer, Wildbienenlarven und Honig. Beute wird durch schlürfenden Luftzug eingesogen, nachdem vorher Staub durch pustendes Ausatmen weggeblasen wurde. Daneben Früchte und Beeren, auch Feldfrüchte des Menschen, Zuckerrohr, anderes Grünzeug, gelegentlich Aas, seltener Wirbeltiere.

Malaienbären (*Helarctos*)

1 Art. Kleinste Bärenart, Schulterhöhe selten bis 60 cm. Kopf groß, breit, Zunge lang, schmal, Rumpf walzenförmig, Gliedmaßen kurz, lang bekrallt, Fell kurz, schwarz, blassorangegelbe U-förmige Brustzeichnung, kurze Schnauze mit heller Färbung, oft bis über die Augen hinaus. **Malaienbär** (*H. malayanus*), auch Sonnenbär: 2 Unterarten. Nordostindien, Südchina über Hinterindien bis Sumatra und Borneo.

Gefährdungsstatus. Bestand in der Wildnis unklar, gefährdet. EEP in Colchester.

Lebensweise. Tag- und Dämmerungstier. Lebensraum Randzonen und Lichtungen tropischer und subtropischer Urwälder, auch in der Nähe menschlicher Siedlungen. Einzelgänger, Boden- und Baumbewohner, klettert sehr gut. Ruheplätze in Baumhöhlen oder selbst gebauten Schlafnestern in Bodenverstecken. Als Lautäußerungen keckerndes Bellen.

Nahrung. Vorwiegend Früchte, Beeren, zarte saftige Schösslinge, auch Feldfrüchte, daneben Honig, Insekten und deren Larven, Eier, kleine Wirbeltiere.

Brillenbären (*Tremarctos*)

1 Art. Gattung eiszeitlicher Neuweltbären, die einer eigenen Unterfamilie (Kurzschnauzenbären, *Tremarctinae*) zugeordnet wurden. Schulterhöhe bis 80 cm, Weibchen viel kleiner. Fell dicht, schwarz, selten auch braun, mit weißer, oft brillenartiger Gesichtszeichnung, kann bei bolivianischen Formen fast völlig fehlen. Besitzt „falschen Daumen" (Sesambein), der aber kleiner als beim Großen Panda ist. **Brillenbär** (*T. ornatus*), auch Andenbär: nördliches und nordwestliches Südamerika.

Abb. 26.43 Die Augen des Brillenbären (*Tremarctos ornatus*) sind von weißen Zeichnungen umrandet, die einer Brille ähneln. Diese Muster sind bei jedem Tier unterschiedlich, bei einzelnen Individuen, insbesondere bei seiner bolivianischen Unterart, können sie auch gänzlich fehlen.

Gefährdungsstatus. Bestand in der Wildnis gefährdet, gebietsweise bedroht, in Venezuela selten, in Kolumbien und Peru stark bejagt, in Ecuador und Bolivien wohl noch gesichert. Internationales Zuchtbuch im Jersey Zoo, EEP im Zoo Berlin.

Lebensweise. Dämmerungs- und Tagtier. Lebensraum tropisch-subtropische Regenwälder im Gebirge in 1000–3000 m Höhe. Einzelgänger oder in Mutterfamilien, ohne ausgeprägtes Territorialverhalten. Klettert gut, schläft in selbst errichteten plattformähnlichen Baum- oder Bodennestern zwischen Wurzeln, unter Felsen und in Höhlen von Dornwäldern, die auch dem Tagesschlaf dienen. Hält keine Winterruhe. Als Lautäußerung trillernder Kontaktruf.

Nahrung. Feigen, andere Früchte, Beeren, zarte Triebe, Bromelien und Kakteen, Palmschösslinge, mancherorts Maispflanzen, daneben Kleintiere aller Art, besonders Nagetiere, Vögel, Eier und Insekten, sehr selten wildlebende Huf- oder Haustiere (Kälber, Ziegen, Schafe).

Haltung von Bären

Große Pandas werden aufgrund besonderer Haltungsanforderungen gesondert abgehandelt.

Bereits zur Steinzeit sollen jung gefangene Höhlenbären (*Ursus spelaeus*) als lebende Fleischreserve in Erdgruben gehalten worden sein.

Braunbären und Eisbären in Tiergärten häufig, Baribals und Kragenbären seltener, Malaienbären weniger oft, Brillenbären früher selten, nun häufiger gehalten. Lippenbären in Tiergärten seltenste Bärenart. Die heute in Tiergärten lebenden Bären wurden in Menschenobhut geboren. Eingewöhnung daher unkompliziert. Importtiere aus den Tropen dürfen anfangs nicht kalt gehalten werden, sondern sind beim Eintreffen zwischen Spätherbst und Frühling in einem beheizten Haus unterzubringen. Akklimatisation ab spätem Frühjahr. Auch tropische Arten sind gut akklimatisierbar und werden winterhart, sollten aber nicht extremer Kälte ausgesetzt werden, müssen dann Zugang zu temperierten Innenräumen haben (für Malaienbären 18 °C, für Lippenbären 15 °C). Möglicherweise züchten Malaienbären nur, wenn sie über Winter warm (nicht unter 10 °C) gehalten werden.

Unterkunft. Meist Freianlagen mit angeschlossenen Innenboxen, umgeben von Trocken- oder Wassergräben, an besucherfernen Stellen auch von Mauern oder oberseits mit Elektrodrähten gesicherten, durch tiefe Fundamente oder anderweitig gegen Untergraben geschützten Gitter- oder Stahlgeflechtzäunen. Als Bodenbelag besonders in kleineren Anlagen Felsflächen, vermauerte Natursteine oder Beton. Sand- oder Naturboden nur in großen Freianlagen geeignet, wird sonst umgepflügt und mit Kot vermischt. Auf sehr großen Anlagen mit Naturboden halten sich besonders bei Brillenbären, aber auch bei Baribals, Braun- und Kragenbären zumindest stellenweise Grasbeläge, Kräuter und Büsche. Lippen- und Malaienbären lassen von eventuellem Grün in ihren Anlagen nur wenig übrig. Zur Bedeckung betonierter, freier Flächen zwischen großen Felsblöcken in Köln bei Brillenbären auch Rindenmulch. Günstig erweisen sich strukturierte Anlagen mit Bodenerhebungen, eingestreuten Felsblöcken, liegenden Baumstämmen, Wurzelscheiben, künstlichen Bachläufen, Wasserbecken usw. Wichtig sind schattige, zugluft- und regengeschützte Ruheplätze. Als Einfriedung besucherseitig Trockengräben (etwa 4,20 m breit, 4,20 m tief; ein halbwüchsiger Braunbär hat einen 3,20 m breiten Graben übersprungen, obwohl Bären sonst schlecht springen!) oder Wassergräben (etwa 3,50 m tief, für Malaienbären flacher, sollen nicht schwimmen können) mit gehegeseitig flachen Ein- und Ausstiegen. Höhe der besucherseitigen Brüstungsmauer über der Wasseroberfläche mindestens 1,50 m. Früher meist zusätzliche Ausbruchssicherung durch im Winkel von 45° von der Mauer zum Wasser gerichtete, starke, spitze Eisenstäbe, heute besser reißfeste Drähte für Elektroweidezaunanlagen. Bei Eisbären Brüstungsmaueroberkante mindestens 2,50 m über der Wasseroberfläche und zusätzliche Sicherung durch oben genannten Stahlstababweiser oder stabile Elektrodrähte (ein Eisbär hat, ohne mit den Hinterbeinen den Grabengrund zu berühren, aus dem Wasser springend mit der Schnauze eine Höhe von 2,60 m erreicht). Besucherseitig müssen Mauern, die Freianlagen umgeben, oberseits so gestaltet sein, dass sich Personen nicht darauf setzen oder stellen können. Sehr sicher zur Trennung von Menschen und Bären sind ausreichend hohe Panzerglas- oder Acrylscheiben, die bei Eisbären auch als Unterwasser-Schaufenster verwendet werden. Bei Wassergräben Bären im Winter nachts bei strengem Frost nicht in den Außenanlagen lassen, da bei Eisbildung eventuell Ausbruchsgefahr. Der Vereisung der Gräben kann durch ständigen Wasserzulauf vorgebeugt werden. Freianlagen mit Trockengräben sollten möglichst Badebecken enthalten. Für kletterfreudige Arten (Brillen-, Malaien-, Lippen- und Kragenbär) sowie Jungtiere von Braunbären und Baribals stabil verankerte Kletterstämme oder andere Klettereinrichtungen, die auch als Auslugplätze dienen, mit mindestens 2 Auf- bzw. Abstiegsmöglichkeiten als eventuelle Fluchtwege. In Köln nahmen Brillenbären erhöht angebrachte Nestkörbe als Ruheplätze an. Rinde von lebenden Bäumen, die im Gehege stehen, muss gegen Beschädigung geschützt sein, das Erklettern solcher Bäume verhindert werden. Zur Befriedigung des Spieltriebes starke Aststücke, kräftige Zweige und andere Gegenstände anbieten, die aber nicht als Grabenüberbrückung genutzt werden können (ansonsten Verankerung auf der Anlage). Innenräume dienen als Absperr-, Fütterungs-, Schlaf- oder Wurfboxen und sind nachtsüber die sicherste Unterkunft der Bären zur Vermeidung von Ausbrüchen. Grundfläche etwa 3,50 m x 2,50 m, Höhe etwa 3 m, damit erwachsene Tiere sich aufrichten können. Bodenbelag glatter Beton, Ziegelpflaster o. Ä. mit integrierten wärmedämmenden Liegeflächen aus Holz, Kunststoff und dergleichen. An den Seitenwänden in Bodennähe sog. Nierenbretter aus Hartholz oder wärmeisolierenden Kunststoffplatten zum Schutz gegen Unterkühlung bestimmter Körperpartien (Rücken, Becken), mit denen sich ruhende Tiere gern an die Wände legen. Pflegerseitige Käfigbegrenzung sind meist durch Gitter aus 20–22 mm starkem Stabstahl, die gegen Verbiegen durch Stahlquergurte gesichert sind. Innenräume untereinander und mit der Freianlage durch starke Stahlblechschieber (Vollschieber) verbunden, zusätzlich Gitterschieber (Schnüffel- bzw. Sichtgitter). Alle Schieber mit zuverlässigen Sicherungen (Stecksicherungen oder automatische Sicherungen) schützen. Bären heben auch schwere, ungesicherte Vertikalschieber mit Leichtigkeit an. Türen zu Käfigen oder Freianlagen aus Stabstahl oder starkem Stahlblech mit Guckloch und stets mit doppelter Verschlusssicherung. Außer für tropische Arten, für werfende Weibchen oder solche mit sehr kleinen Jungen brauchen Innenquartiere im Winter nicht beheizt zu werden, müssen aber zugsicher gut belüftet sein. Strohlager anbieten, aus dem sich die Tiere meist ein Schlafnest bauen. Tropische Arten im Winter trotz Fußbodenheizung nicht ohne Lager auf blanken Böden schlafen lassen. Kragen-, Brillen- und Malaienbären nehmen gern an den Wänden befestigte Liegebretter oder Schlafplattformen, Schlafkisten oder erhöht angebrachte Nestkörbe an, in die sie teilweise Polster aus Stroh oder Zweigen eintragen.

Umgang. Bei Bären sind Vorsicht, Umsichtigkeit und Gewissenhaftigkeit lebenswichtig. Das Betreten von Käfigen oder Freianlagen, in denen sich Bären befinden, ist lebensgefährlicher Leichtsinn und hat mehrfach zu Todesfällen geführt. Stets den notwendigen Sicherheitsabstand zum Gitter wahren und nicht mit dem Rücken zum Gitter arbeiten. Bären können weit zwischen den Stäben hindurch schlagen, wenn deren Abstand nicht sehr eng ist, dabei mit den beweglichen Krallen auch Personen ergreifen und zu sich heranziehen. Vor Arbeiten in Käfigen oder Freianlagen vergewissern, ob Schieber oder Türen zu den Nachbarkäfigen ordnungsgemäß gesichert bzw. verschlossen sind. Tägliche Reinigung von Freianlagen und Innenkäfigen nur in Abwesenheit der Tiere durchführen, auch bei Baribals, die als weniger angriffslustig gelten. Nach dem Verlassen von Bärenunterkünften Türen und Schieber gewissenhaft sichern, verschließen und abschließend alle Verschlüsse auf einem zusätzlichen Kontrollgang noch einmal überprüfen. Empfehlenswert ist, die Schließeinrichtungen mit Signalfarben zu versehen. Bei allen Arbeiten, auch wenn sie zur Routine geworden sind, stets an die Gefährlichkeit der Tiere denken, denen man Angriffsabsichten aufgrund ihres geringen Ausdrucksvermögens nicht ansieht. Beim Umsetzen oder vor Transporten die stabilen, mit Stahlblech ausgeschlagenen Kisten mit starken Tauen am Käfiggitter oder an Ankereinrichtungen festbinden, zusätzlich versteifen und verkeilen. Zwischen Kiste und Schieberöffnung dürfen keine Spalten sein, zwischen die der Bär Nase, Kiefer oder Pfoten schieben kann, da er sonst auch eine gut befestigte Kiste auf diese Weise beiseite drückt.

Von ausschlaggebender Bedeutung für die erfolgreiche Bärenpflege und -zucht, das gilt für viele Zootiere, in besonderem Maße aber für Bären, ist die Rücksichtnahme auf Raum-Zeit-Gewohnheiten der Tiere. Die Routinebetreuung des täglichen Arbeitablaufs muss immer nach dem gleichen Schema und zu den gleichen Zeiten (Wechsel des Aufenthaltsorts, Fütterung, arbeitsbedingte Geräusche) erfolgen. Bären reagieren oft mit Nervosität und Gereiztheit auch auf kleine Veränderungen in ihrem gewohnten Lebensrhythmus, was besonders in der Zucht- und Aufzuchtperiode ausschlaggebend für Erfolg und Misserfolg sein kann (Bärinnen deshalb so zeitig in Mutterstuben überführen, dass Mutterstubenbetreuung zur neuen Raum-Zeit-Gewohnheit geworden ist, bevor die Jungen geboren werden). Ebenso wichtig ist ein ruhiges und ausgeglichenes Verhalten des Pflegers. Bären sind sehr empfindsam und schreckhaft (Lärm vermeiden, ruhende oder dösende Tiere nicht plötzlich wecken, keine hastigen Bewegungen, beruhigend auf Tiere einreden). Plötzliches Erschrecken schlägt bei den meisten erwachsenen Tieren in Aggressivität um. Falsch behandelte Bären drohen dem Pfleger ständig mit Schmatzen und Wutschnauben, versuchen durch das Gitter zu schlagen. Bei richtigem Pflegeverhalten sind sie vertrauten Personen gegenüber ruhig und ausgeglichen. Aber auch gegenüber friedlichen Tieren ist leichtsinniger Umgang äußerst gefährlich.

Fütterung. Allesfresser, die teils tierische (Eisbär), teils pflanzliche (Brillenbär), teils gemischte Kost (Braunbär, Baribal, Kragenbär) bevorzugen. Gebräuchliche tierische Futtermittel: rohes, manchmal auch gekochtes Fleisch (kein rohes Schweinefleisch!), tierisches Fett

(Eisbär), pflanzliche Fette und Öle, Ganzkörper von Kaninchen, Meerschweinchen und Geflügel, See- und Süßwasserfisch, Quark. Gebräuchliche pflanzliche Futtermittel: Obst, besonders Apfel, anderes Kernobst, Banane, Zitrusfrüchte und Melone, rohes Gemüse, vor allem Möhre, Sellerie, anderes Wurzelgemüse, Porree, weiteres Blattgemüse, Gras, belaubte Zweige, frische Luzerne oder Klee, gekochte Kartoffeln, gequollener Mais, Wildfrüchte wie Nüsse, Bucheckern und Eicheln, daneben Brot, Pellets, Honig und Sirup.

Brillenbären verweigern vereinzelt Fleisch, sind aber, obwohl überwiegend Vegetarier, auf tierisches Eiweiß angewiesen. Für Malaien- und Lippenbären möglichst zusätzlich reichlich Insekten (tote Grillen, Heuschrecken, lebende Mehlwürmer). Die zur Verfettung und daraus resultierend zu Lebererkrankungen, darunter auch zu Gallengangskarzinomen neigenden Lippenbären erhalten im Zoo Berlin Futtermischungen ähnlich wie Ameisenbären. Der Selen- und Mangangehalt des Futters sollte überwacht und erforderlichenfalls erhöht werden, der Futterplan sollte mit Honig und Ameisensäure angereichert werden. Für Bärinnen aller Arten während der Jungtieraufzucht und für Jungbären zusätzlich schwach gesüßte, mit Vitaminen und Mineralstoffen angereicherte Milch- und Mehlsuppen. Zur Vitamin- und Mineralstoffabsicherung speziell für Eisbären Polar Bear Supplement.

Täglich aufgenommene Futtermenge artbezogen, alters- und geschlechtsbedingt, individuell und jahreszeitlich verschieden. Besonders Baribals, Braun-, Kragen-, Lippen- und Eisbären zeigen während der kalten Jahreszeit eine deutliche Wintermüdigkeit, schlafen viel und nehmen während der Wintermonate weniger Futter auf. Ihr Appetit beginnt im Frühjahr zu steigen und erreicht im Hoch- und Spätsommer sowie im Frühherbst seinen Höhepunkt (3- bis 4-fache Futtermenge als im Winter), um Fettreserven zu bilden. Die tropischen Malaien- und Brillenbären neigen weniger zu Wintermüdigkeit, Nahrungsmenge jahreszyklisch weniger schwankend.

Einzeln füttern, das gilt besonders für gefräßige, körperlich den anderen Tieren überlegene Männchen oder unterdrückte Tiere. Hauptfütterung meist abends und grundsätzlich in den Innenboxen, da hier eine bessere Dosierung des Futters und eine Kontrolle über die Futteraufnahme möglich ist. Als nahezu ganztägig aktive Futtersammler ist es jedoch unbedingt angeraten, Bären über den Tag verteilt und unter Berücksichtigung von Ruhephasen zu wechselnden Zeiten zusätzliche kleinere Futterrationen anzubieten (z.B. Obst, Gemüse, gequollener Mais, Eicheln, kleinwürfelig geschnittenes gekochtes Fleisch, Grasfresser- oder Hundepellets), die möglichst über eine weite Fläche verstreut, in Verstecken deponiert oder aus speziellen Automaten freigegeben werden. Das reduziert das Risiko von Stereotypien erheblich und motiviert die Tiere zudem zu einem aktiveren Verhalten auf den Außenanlagen.

Bei den nördlichen Arten (Braunbär, Schwarzbär, Kragenbär) sollte die Saisonalität des natürlichen Nahrungsangebots besondere Berücksichtigung finden. Nach der Winterruhe bevorzugen Braunbären eine pflanzliche Kost (Grünfutter, gekeimter Weizen, Wildkräuter wie auch Löwenzahn mit Wurzeln sowie Gemüse), ergänzt um Hunde- und Grasfresserpellets. Die Frühjahrsdiät wird mit einer kleineren Menge Eintagsküken, Fisch, Rind- oder Pferdefleisch angereichert. Zum Sommer hin wird ein Teil des Gemüses langsam gegen nährstoffreicheres Obst (Apfel, Beeren, Melone, Pflaume, Weintraube) ausgetauscht. Zur Vorbereitung auf die Winterruhe wird auch die Diät auf proteinreiche, tierische Kost umgestellt und der pflanzliche Anteil deutlich reduziert (Obst) bzw. überhaupt nicht mehr angeboten (Gemüse, Grünfutter). Während des Winters sind trotz der Winterruhe kleinere Mengen, etwa 1 10-l-Eimer, mit Gemüse (Gurke, Tomate, Paprika, gegebenenfalls etwas Weintraube) und tierische Kost (Eintagsküken, Fisch, Rind- oder Pferdefleisch) im Verhältnis 30 : 40 % anzubieten. Winterruhe und Winterschlaf sind während der heute eher milden Winter deutlich weniger ausgeprägt und die Tiere zeigen häufigere Unter-

Abb. 26.44 Vergesellschaftungen von Tierarten in den Zoos, wie hier zwischen Lippenbären (*Melursus ursinus*) und Rhesusaffen (*Macaca mulatta*), können für diese Tiere und für Zoobesucher eine Bereicherung sein.

brechungen, was mit einem erhöhten Energieverbrauch einhergeht.

Auch bei Eisbären liegt eine saisonale Veränderung des Appetits und Bedarfs vor. Im Spätwinter und Frühjahr nimmt der Appetit zu, daher sollte ihre Ernährung hauptsächlich aus fettem Fleisch bestehen, ergänzt durch Fisch und Öl, das reich an mehrfach ungesättigten Fettsäuren ist. Der Kölner Zoo hat festgestellt, dass Eisbären fettes Pferdefleisch fettem Rindfleisch vorziehen, wahrscheinlich weil das Fett von geweideten Pferden einen höheren Anteil an ungesättigten Fettsäuren enthält als Rindfleisch. Grünfutter wie Luzerne, Salat und Weizensprossen sollten als Ergänzung angeboten werden. Im Sommer sollte eine Umstellung auf eine eher vegetarische Ernährung mit Obst und Gemüse erfolgen. Wenn Eisbären im Frühjahr an Gewicht zulegen und Fett ansetzen konnten, reduzieren sie normalerweise ihre Nahrungsaufnahme oder stellen sie im Spätsommer oder Herbst sogar ein.

Als Beschäftigung für Bären Obst, Gemüse, Fleisch und Fisch in einem Eimer mit Wasser gefroren und der entstandene Eisklumpen ins Schwimmbecken geben, Fisch wird mancherorts auch maschinell oder von Hand in unregelmäßigem zeitlichen Wechsel von Standorten, die für die Bären nicht einsehbar sind, ins Wasser geworfen. Futter nie besucherseitig zuwerfen (animiert zu Bettelverhalten und unerwünschtem Füttern durch Besucher). Bei der Fütterung ist auf die Futteraufnahme zu achten, da besonders ältere Bären unter Zahnproblemen leiden können.

Normaler Kot ist wurstartig geformt, bei Möhrenfütterung oft mit Resten schlecht gekauter, unverdauter Möhre durchsetzt.

Vergesellschaftung. Obwohl Einzelgänger, kann auf entsprechend großen und gut strukturierten Anlagen bei allen Arten, oft mit Ausnahme der in größeren Gruppen weniger verträglichen Malaienbären, 1 (seltener 2 oder mehr)

Männchen mit 1 oder mehreren Weibchen zusammen gehalten werden. Anders als bei den übrigen Arten bei Malaienbären besonders innige Paarbildung, aus der dann später harmonierende Familiengruppen hervorgehen können. In Haremshaltungen von Malaienbären Beißereien unter den Weibchen und deutlich geringere Nachzuchts- und Aufzuchtsraten. Erstmaliges Zusammenlassen gut vorbereiten, d.h. Tiere vorher tagsüber länger am Sichtgitter halten und Verhalten gut beobachten. Geeignetes Gerät bereitlegen, um bei kämpfenden Tieren eingreifen zu können. Anfangs nach erfolgreicher Vergesellschaftung nachts und während der unbeaufsichtigten Zeiten zunächst auch noch tagsüber vorübergehend separieren. Verhalten der männlichen Tiere gut beobachten. Eis-, Kragen- und Braunbärenmännchen haben nachgewiesenermaßen Weibchen oder halbwüchsige Junge getötet. Andere sind dagegen sehr friedlich, so dass nach entsprechender Vorbereitungszeit am Sichtgitter sogar 1¼-jährige weibliche Junge mit ihren Vätern zusammengebracht werden konnten (in Leipzig beim Baribal, Lippenbär, Eisbär). Ein 13-jähriger Eisbär, der in Köln mit einem seiner Weibchen und dessen 1¼-jährigem Sohn vergesellschaftet wurde, verhielt sich friedlich und spielte später mit dem halbwüchsigen Jungtier. In Leipzig wurden 2 junge Brillenbären im Alter von 9 Monaten in eine aus 2 erwachsenen Männchen und mehreren Weibchen bestehende Gruppe problemlos integriert, in Köln konnte ein männlicher Malaienbär mit seinem Weibchen und dessen 7½ Monate altem Jungen vereint werden. Erwachsene Einzeltiere nie gleichzeitig allen Tieren einer Gruppe zuführen, sondern Gruppenmitglieder einzeln nach und nach mit dem Neuling, der zuvor das Gehege kennenlernen muss, zusammengewöhnen und vereinigen. Auch Weibchen, die jahrelang in einer Gruppe lebten und nach der Aufzuchtperiode wieder eingegliedert werden sollen, nicht gleichzeitig mit allen Gruppenmitgliedern zusammenlassen. Günstigster Zeitraum zur Vergesellschaftung erwachsener Weibchen ist die Paarungszeit, für Mütter mit Jungen und jugendliche Weibchen sind es die

Abb. 26.45 Voraussetzungen für die erfolgreiche Zucht und Aufzucht von Eisbären (*Ursus maritimus*) sind temperierte Wurfboxen und jegliche Vermeidung von Störfaktoren.

Monate danach. Auf großen, reich gegliederten Freianlagen mit zahlreichen Rückzugsmöglichkeiten für schwächere Bewohner können Bären auch mit anderen, kleineren und schnelleren Säugetieren, z.B. Luchsen, Wölfen, Kojoten oder verschiedenen Füchsen (Korsaks, Polar-, Rot- und Graufüchse), Rhesusaffen (in Leipzig mit Lippenbären), in einigen Safariparks sogar mit Hirschen zusammen gehalten werden. In Salzburg verschafften sich Vielfraße durch Untergraben der Gehegebegrenzung den Zugang zu einer von Braunbären und Luchsen bewohnten Anlage und suchten diese auch bei Anwesenheit der Bewohner gelegentlich auf. Solche Gemeinschaftshaltungen sind besucherattraktiv und bieten den Tieren der beteiligten Arten Abwechslung und Beschäftigung.

Fortpflanzung und Zucht. Geschlechtsunterscheidung bei einigen Arten infolge des langen

Fells schwierig. Beim aufgerichteten Männchen ist ein langes Büschel von Präputialhaaren wahrnehmbar. Weibchen mit 2–3 Zitzenpaaren. Angaben zur Fortpflanzungsbiologie in Tabelle 26.21 Brunstzeichen wenig deutlich. Bei Brillen-, Lippen- und Malaienbären Schwellung der äußeren Schamlippen gut sichtbar. Außer bei den sich ganzjährig fortpflanzenden Malaienbären (signifikante Häufung von Würfen in bestimmten Monaten oder Jahreszeiten nicht erkennbar) jahreszeitlich feststehende Paarungs- und Wurfzeiten, die in Zoos der Südhalbkugel um 6 Monate verschoben sind (nachgewiesen bei Braunbär, Baribal, Eisbär, Lippenbär, Brillenbär). Weibchen können, wenn sie nicht erfolgreich gedeckt wurden, während einer Paarungszeit mehrmals in die Brunst kommen.

Zur Paarung reitet das Männchen dem Weibchen rücklings auf und hält es mit um den Bauch geklammerten Vorderbeinen fest (kein Nackenbiss). Paarungen meist über 2–5, beim Malaienbären 1–7 Tage. Pro Tag 3–30, durchschnittlich 5–12 Deckakte. Außer beim Malaienbären verlängerte Tragzeit mit Keimlingsruhe während der Vortragezeit (Intervall zwischen Befruchtung der Eizelle und Implantation der Blastozyste in die Uterusschleimhaut). Die Gesamttragzeit konnte experimentell in Leipzig beim Eisbären auf eine Dauer von 151–153 Tagen, beim Braunbären in Zürich auf 156 Tage verkürzt werden, indem die Männchen erst gegen Ende der Brunstperiode zu den Weibchen gelassen wurden. Anatomischer Nachweis der verlängerten Tragzeit gelang in Leipzig beim Kragenbären (1958), Braunbären (1960), Baribal (1964) und Lippenbären (1976), in Berlin beim Brillenbären (2001), bei denen nach Paarungen während des Frühsommers im Spätherbst frei im Uterus liegende, noch nicht eingepflanzte Keimbläschen von reichlich Stecknadelkopfgröße gefunden wurden. Eigentliche Tragzeit (Keimesentwicklung nach Einbettung in den Uterus) noch nicht endgültig geklärt. Vermutung von 3 Monaten wahrscheinlich zu lang, möglicherweise nur (6–) 8–10 Wochen, da zwischen dem anatomisch nachgewiesenem Datum beginnender Implantation und dem Zeitraum von 7 Würfen der betreffenden Braunbärin in den Jahren zuvor etwa 7½ Wochen, in einem anderen Fall bei 3 vorherigen Würfen nur 6 Wochen lagen. Aufgrund der kurzen Tragzeit keine äußeren Trächtigkeitsanzeichen und nur sehr kleine, wenig entwickelte Junge.

Trächtigkeit kann nach beobachteten Deckakten nur vermutet werden, welche die Pfleger bei ständig zusammenlebenden Malaienbären allerdings oft nicht bemerken. Als Hinweise auf Zeiten verstärkter sexueller Aktivität, in denen unbeobachtete Paarungen angenommen werden können, gelten beim Malaienbären auffällig intensive Körperkontakte, Beißspiele, Aufreitversuche, Belecken der geschwollenen weiblichen Genitalien. 6–8 Wochen nach solchen Beobachtungen oder registrierten Deckakten Malaienbären anfangs nachts, dann rechtzeitig vor vermutetem Geburtstermin ständig trennen. Unterkunft für Weibchen mit strohgepolsterter Schlaf-/Wurfkiste einrichten. Anfängliche Unruhe legt sich bei wirklich tragenden Weibchen meist bald. Übrige Arten 4–6 Wochen vor Beginn der Wurfzeit (nervöse Tiere früher, notfalls bereits im September) in Wochenstubenkäfige überführen, d.h. von Artgenossen trennen und im störungsgeschützten, schwach heizbaren Innenkäfig unterbringen. Vorher müssen alle baulichen Einrichtungen auf eventuell erforderliche Reparaturen überprüft und diese durchgeführt werden.

Handwerkerarbeiten während der Wurfperiode gefährden die Jungenaufzucht. Gitterflächen der Käfige werden mit Holzplanken abgedeckt, um den Lichteinfall zu mindern, Sichtschutz zu bieten und der Bärin das Gefühl der Geborgenheit zu vermitteln. Täglich etwas frisches, kurzes Stroh zugeben, aus dem sich die Bärin nach und nach ein Nest baut. Schmutz, nasses und verfaultes Stroh von außen entfernen. Raumtemperatur 8–12 °C (für Eisbären eher etwas niedriger, für Malaienbären eher höher). Alle Käfigöffnungen zur Außenwelt sorgfältig zugsicher abdichten. Männchen nicht im Nachbarabteil unterbringen, stört oft durch Kratzen am Schieber. Brillenbärinnen nehmen wie Malaienbärinnen zum Werfen und zur Jungenaufzucht

Tab. 26.21 Angaben zur Fortpflanzungsbiologie von Bären in Tiergärten der nördlichen Hemisphäre

Art	Paarungszeit (Monate)	Tragzeit (Monate/*Tage)	Wurfzeit (Monate)	Wurfgröße (Jungenzahl)	Geschlechtsreife (Alter in Jahren)
Braunbär	(V) VI–VII (VIII)	7–7½	(XI) XII–I (II)[1]	2–3 (1–6)[2]	2½[3]
Baribal	VI–VII	6¾–7½	I–II	2–3 (1–4)	2½
Kragenbär	VI–VII	6¾–8	I–II (III)	2 (1–4)	2½
Eisbär	(III) IV–V (VIII)	7¾–8¼	XI–XII (I)	2 (1–3)	3¾–4¾
Lippenbär	VI (VII)	6¾–7½	(XI) XII–I	1–2 (–3?)[4]	2½–3½
Malaienbär	I–XII	*96–107	I–XII	1 (–2)	3¼–5
Brillenbär	(V) VI–VII (VIII)	6½–8½	XII–I (II)[5]	1–2 (–3)	3¼

Daten und Zahlen in Klammern sind im natürlichen Schwankungsbereich liegende, von der Norm abweichende Fakten.
[1] Ungewöhnlich zeitig fiel am 31.10.88 der Wurf einer Braunbärin im Tiergarten Aschersleben, die bereits zu Beginn des gleichen Jahres am 16.01.88 geworfen und die Jungen bis Ende März aufgezogen hatte.
[2] Im Leipziger Zoo warf eine Braunbärin 1964 Sechslinge, eine andere im Zoo Berlin 1960 Fünflinge. Die Leipziger Bärin wurde fast 39½ Jahre alt, brachte im 25. Lebensjahr den letzten von 18 Würfen, in denen sie insgesamt 54 Junge gebar, die ausnahmslos aufwuchsen.
[3] Ausgesprochen frühreif erwiesen sich Braunbären im Zoo Leipzig. Beide Partner waren 1958 bei der Paarung 1½ Jahre alt. Das Weibchen gebar mit 2 Jahren 2 gut entwickelte Junge.
[4] Eine Lippenbärin, die in Leipzig ein Alter von 19 Jahren erreichte, brachte ab vollendetem 3. Lebensjahr in 13 Würfen insgesamt 20 Junge.
[5] Bei Brillenbären ereigneten sich in nordamerikanischen und europäischen Zoos auch sehr vereinzelt Würfe zwischen September und November (6 %) oder im April und Mai (3 %).

auch gern hölzerne Wurfkisten (ca. 1–1,5 m x 1 m x 1 m) mit stirnseitiger rechteckiger Eingangsöffnung (75 cm x 50 cm) an. In modernen Bärenunterkünften sind gut isolierte, allen anderen Ansprüchen genügende Wurfboxen vorhanden, die entsprechend den Wurfhöhlen in der Wildnis kleiner als die üblichen Innenkäfige sind und in denen störende Einflüsse, auch durch andere Artgenossen, minimiert werden. Bärinnen zeigen mit fortschreitender Zeit eine zunehmende Wintermüdigkeit, schlafen und dösen viel, werden appetitlos. Fütterung dann vornehmlich aus einem Tränktiegel mit leicht gesüßter, mit Mineralstoffen und Vitaminen versetzter „Bärensuppe" aus Milch und Weizenmehl, auch Weizenschrot oder 6-Korn-Mehl, eventuell verquirlt mit rohen Eiern, Honig oder Sirup. Verlässt die Bärin das Nest nicht mehr, unter Umständen den Tränktiegel an einer langen Stange befestigen und vorsichtig bis an den Nestrand schieben. Meist 3–4, seltener schon 14 Tage vor der Geburt Intensivierung des Nestbaus und Verweigerung der Nahrung. Spätestens dann erstgebärende Mütter, unruhige oder nervöse Tiere nicht mehr füttern, keine Störung, absolute Ruhe. Besonders empfindlich sind Eisbären, die bei den geringsten Störungen oder Veränderungen ihre Jungen vernachlässigen. Die Geburt erfolgt aufrecht auf dem Hinterrücken sitzend. Dabei stöhnen manchmal die gebärenden Weibchen laut (Eis-, Kragenbär, Baribal, Brillen-, Lippenbär), sind auch recht unruhig. Fand die Geburt im Laufe der Nacht statt, erkennt man das Vorhandensein von Jungtieren durch deren leises Quäken. Nach der Geburt Störungen vermeiden. Die Planken bleiben geschlossen. Möglichst kein Pflegerwechsel, Betreuung nur durch vertraute Personen. Fremde dürfen die Räume, in denen sich Bärenwochenstuben befinden, in den ersten Tagen oder Wochen nach der Geburt nicht betreten. Bären hören nicht nur gut und unterscheiden vertraute von fremden Lauten, sie wittern auch ausgezeichnet. Das Pflegepersonal sollte zumindest während der Wurfzeit auf die Verwendung parfümierter Körperpflegemittel oder stark rie chender Kosmetika verzichten.

Nach der Geburt Lautäußerungen der Jungen genau beobachten, notieren (Anzahl der Stimmen, Intensität). Bei störungsempfindlichen Tieren kann in oder an der Mutterstube ein Mikrofon („Babywächter") angebracht werden,

Tab. 26.22 Angaben zur Jugendentwicklung von Bären

Art	Geburtsgewicht (g)	Gehörgangsöffnung[1] (Lebenstag)	Beginn der Augenöffnung[1] (Lebenstag)	erste Gehversuche (Lebenstag)	erste feste Kost[2] (Lebenstag)
Braunbär	265–420 (–625[3])	17.–28.	29.–35.	40.–48.	75.–90.
Baribal[4]	250–400	21.–29.	28.–38.	55.–70.	85.–110.
Kragenbär	290–380		24.–34.	48.–60.	85.–90.
Eisbär	410–840	18.–26.	21.–34.	45.–60.	115.–135.
Lippenbär	400–540	24.–32.	29.–35.	48.–52.	64.–68.
Malaienbär	255–325		30.–40.[5]	53.[5]	60.–70.[5]
Brillenbär	280–340	etwa 21.	22.–40.	61.–65.	85.–95.

[1] Die Öffnung der Lidspalten und der Gehörgänge unterliegt starken individuellen Schwankungen. Auch öffnen sich diese Sinnesorgane rechts und links nicht immer gleichzeitig, sondern nicht selten im Abstand von 1 bis mehreren Tagen.
Je früher sich die Lidspalten öffnen, desto länger dauert es, bis die Augen völlig geöffnet sind. Bei einem jungen Malaienbär, dessen Lidspalten sich am 30. Lebenstag zu öffnen begannen, war die volle Augenöffnung erst 12 Tage später erreicht. Ein anderer begann erst am 40. Lebenstag mit der Lidspaltenöffnung, hatte aber bereits 3 Tage später völlig geöffnete Augen.
[2] Als Zeitpunkt der Aufnahme erster fester Kost gilt der Tag, an dem die Jungbären beginnen, aus eigenem Antrieb weiche Nahrung (Suppe, Banane, Weißbrot) zu fressen.
[3] Je nach Größe der Unterart variieren auch die Geburtsgewichte: Europäischer Braunbär durchschnittlich 300–400 g, Kodiak- und Kamtschatka-Bär durchschnittlich 400–575 g.
[4] Vom Baribal wird gesagt, seine Jugendentwicklung verlaufe rascher als beim Braunbären. Eigene Beobachtungen an beiden Arten in Leipzig sind gegenteiliger Art.
[5] Bisher unveröffentlichte Beobachtungen an 4 Jungtieren, die der Tierpark Berlin freundlicherweise zur Verfügung stellte.

über das mit einem Lautsprecher aus größerer Entfernung das akustische Geschehen verfolgt werden kann. Visuelle Beobachtung der Mutterstube auch über eine Videokamera mit Tonaufzeichnung. Verstärkung, dann Schwächerwerden der Quäklaute, Winsel- und Wimmertöne sind Anzeichen für mangelhafte Pflege durch die Mutter, Milchmangel oder Kälte. Kritisch sind vor allem die ersten 4 Lebenstage. Sauglaute beginnen meist mit dem sog. Nuckern (von den Jungtieren erzeugte, surrende, in der Lautstärke oft vor dem eigentlichen Saugakt zunehmende, pro Sekunde vier- bis sechsmal ausgestoßene „m"-Laute, die dann oft plötzlich abbrechen). Danach meist Schmatzen (typisches Sauggeräusch) hörbar, anschließend wieder „Nuckern". Intervalle zwischen Saugakten anfangs 2–3 Stunden.

Neugeborene Bären sind fast nackt oder nur schwach behaart, blind, taub oder zumindest schwerhörig (reagieren auf Geräusche durch Zusammenzucken erst zwischen 12. und 28. Tag). Nach der Geburt legt sich das Weibchen seitlich zusammengerollt in das Nest, die Jungen liegen in den Schenkel- oder Achselweichen bzw. zwischen den Vorderbeinen. Oft steckt die Mutter den Kopf zwischen die Vordergliedmaßen, so dass die Jungen zusätzlich durch den Atem gewärmt werden. Manche Mütter (Lippen-, Braunbären) sitzen auch kugelig zusammengekrümmt im Nest, den Kopf tief zwischen die Vorderbeine gesenkt. Die meisten Bärenmütter nehmen nach der Geburt keine Nahrung zu sich und verlassen das Nest nicht. Nach 1–3 Wochen wird die Bärin, wenn sie sich ruhig verhält, wieder so versorgt, wie sie es vor dem Wurf gewöhnt war. Dabei stets die gleichen Zeiten einhalten und vorsichtig versuchen, wieder regelmäßig Suppe anzubieten, nasses verschmutztes Stroh zu entfernen und durch frisches Stroh zu ersetzen, dabei beruhigend auf das Tier einreden.

Die Entwicklung der Jungen geht verhältnismäßig langsam voran. Angaben zur Jugendentwicklung in Tabelle 26.22. Bereits mit 3–5 Tagen setzt die Fellbildung ein, ist jedoch artverschieden erst mit 2¼–4 Monaten völlig abgeschlossen. Zahnentwicklung lediglich beim Braunbären und Eisbären genauer untersucht. Bei den übrigen Arten ist darüber wenig be-

Tab. 26.23 Milchzusammensetzungen bei Bären

Art	Trockensubstanz (%)	Fett (%)	Eiweiß (%)	Kohlenhydrate[1] (%)	Asche (%)	Proben (Anzahl)
Braunbär	30,48	15,76[2]	12,27[2]	1,81[2]	1,48	18
Baribal	38,82 (24,45)	23,97 (11,79)	10,27 (8,75)	0,70 (0,84)	1,64	27
Eisbär	44,72	29,28[3]	10,95[3]	2,35[3]	0,96	125
Malaienbär	27,20	10,80	8,40	3,20	1,50	1

Angaben in Klammern: Werte für Kolostrum
[1]Erfahrungen haben gezeigt, dass zu hohe Milchzuckerwerte bei sehr jungen Bärensäuglingen zu Durchfall führen können.
Erwähnenswerte Abweichungen von Einzelproben:
[2]Diese Angaben sind rechnerische Mittelwerte, die Einzelproben differieren stark, so Fett 3,00–22,30 %, Eiweiß 7,4–15 %, Kohlenhydrate 0,40–2,40 %.
[3]Diese Angaben sind rechnerische Mittelwerte, die Einzelproben differieren stark, so Fett 9,50–33,10 % (mit zunehmender Laktationsdauer ansteigend), Eiweiß 9,60–12,60 %, Kohlenhydrate 0,30–3,00 %.

kannt. Mit etwa 4½–6 Wochen (bei einem Lippenbär allerdings schon am 20., einem Eisbär am 32. Tag) brechen 1. Zähne durch (häufige Reihenfolge I2, C, P4), Mitte bis Ende des 3. Monats ist die Ausbildung des Milchgebisses abgeschlossen. Erstes Schreck- und Abwehrblaffen und -bellen am 45.–50. Tag. Lippenbären klettern bei Schreck ab 55.–65. Tag von hinten oder den Seiten auf den Rücken der Mutter, halten sich im Fell, besonders dem langen Schulterbüschel fest, reiten förmlich auf ihr. Anfangs erschrickt das Weibchen, sucht die Jungen im Käfig und versucht sie abzuschütteln. Junge verkrallen sich so fest im Fell, dass sie nicht abgeworfen werden. Etwa 1 Woche später hat sich das Weibchen an das Aufreiten gewöhnt, wehrt sich nicht mehr. Ende der Aufreitphase mit etwa 14–16 Wochen.

Weibliche Malaienbären transportieren wie andere Bären junge Säuglinge gewöhnlich im Maul, ergreifen aber ab 71.–76. Lebenstag oder vielleicht sogar früher ältere Junge, welche die Wurfbox verlassen oder sich zu weit von der Mutter entfernt haben, mit einem oder beiden Vorderbeinen, pressen sie an sich und bringen sie aufgerichtet auf den Hinterbeinen laufend in Sicherheit. Dabei wird von der Mutter manchmal zusätzlich ein Bein des Jungen im Maul festgehalten. Brillenbären pressen ihre Jungen gelegentlich mit einer Vordergliedmaße an den Körper und transportieren sie so dreibeinig laufend, halten sie hin und wieder zusätzlich mit der Schnauze fest.

Säugezeit in der Wildnis 12–16 Monate oder länger. In Tiergärten können die Jungen mit etwa 4–5 Monaten abgesetzt werden. Meist aber werden sie länger bei der Mutter belassen. Bei Malaienbären kann eine vorzeitige Trennung von Weibchen und Jungtieren erforderlich werden, wenn das Muttertier ausnahmsweise trotz fortbestehender Laktation einige Wochen nach der Geburt erneut brünstig wird. Paarungen während der Säugezeit führen aber meist nicht zu erneuter Trächtigkeit. Im Regelfall setzt bei Malaienbären die nächste Brunst unabhängig von der Jahreszeit erst nach dem Ende der maximal 2 Jahre andauernden Säugezeit ein. Nach frühen Jungtierverlusten können sie allerdings 15–40 Tage später erneut brünstig werden. Die kürzesten Geburtsintervalle betrugen etwa 126 (+9) Tage. Die übrigen Arten, die in der Wildnis nur im Abstand von 2 Jahren, Eisbären nicht selten sogar von 3 Jahren werfen, kommen nach Jungtierverlusten oder zeitiger Trennung von den Jungtieren frühestens zur nächsten Brunstzeit wieder in den Östrus und können so jährlich höchstens einmal Junge bringen. Bärinnen sind artverschieden etwa bis zu einem Alter von 23–25 Jahren fruchtbar. Eine Malaienbärin brachte mit vermutlich 24 Jahren, einzelne Braunbärinnen mit 26, 27 bzw. 28 Jahren, Eisbärinnen in Detroit sogar noch mit 36 bzw. 37 Jahren letztmalig Nachzucht.

Von der Mutter abgesetzte und künstlich aufgezogene Jungtiere können auch mit Jungtieren anderer Bärenarten vergesellschaftet werden und vertragen sich meist von Anfang an gut. Sie

Tab. 26.24 Beispiele normaler Entwicklung junger Bären bei künstlicher Aufzucht in den ersten 4 Wochen

Art	Geburtsgewicht (g)	1. Woche			2. Woche			3. Woche			4. Woche		
		A	B (g)	C	A	B (g)	C	A	B (g)	C	A	B (g)	C
Braunbär[1]	450	33	240	33	55	310	70	70	490	90	85	590	100
Baribal[1]	400	31	210	32	49	280	60	60	420	80	75	525	90
Kragenbär[1]	350	30	190	30	40	255	50	50	350	75	60	460	80
Eisbär[1]	750	41	280	42	55	440	83	75	600	97	85	680	105
Lippenbär[1]	480	35	240	75	52	315	60	85	500	100	125	630	105
Malaienbär[2]	255	14	170	36							56	450	ca. 65
Brillenbär[3]	330	ca. 15	150	27	ca. 30	190	43	ca. 35	240	50	ca. 40	250	55

[1] Aufzucht im Zoo Leipzig
[2] Aufzucht im Zoo Melbourne
[3] Aufzucht im Tierpark Berlin

Erläuterungen:
A: durchschnittliche Nahrungsmenge pro Mahlzeit
B: durchschnittliche Nahrungsmenge pro Tag
C: durchschnittliche Gewichtszunahme pro Tag

können lebenslang friedlich zusammenleben. Bei einigen Arten gab es Mischlinge, so Eisbär × Braunbär, Baribal × Eisbär, Baribal × Braunbär, Braunbär × Lippenbär, Lippenbär × Malaienbär, Braunbär × Baribal, Eisbär × Kragenbär.

Jungbären klettern noch besser als ihre Eltern, werden deshalb meist in Käfigen mit vergittertem Dach untergebracht. In Leipzig erwies sich ein Elektroweidezaundraht am oberen Ende eines nicht überdachten Außenkäfigs als ausreichende Ausbruchssicherung.

Aus ungeklärten Gründen nehmen manche Bärinnen ihre Jungen nicht an, auch wenn sie in gleicher Weise untergebracht sind und versorgt werden wie andere, die ihren Mutterpflichten komplikationslos nachkommen. Diese Jungtiere absetzen. Wie dabei zu verfahren ist, wird je nach örtlichen Gegebenheiten und dem Verhalten des Muttertiers entschieden. Ruhig und vorsichtig arbeiten, um Aufzuchtgeschehen in anderen Wochenstuben nicht zu stören bzw. Jungtiere nicht zu gefährden. (Wenn die Bärin daran gewöhnt ist, den Tränktiegel an einer langen Stange vor das Nest gehalten zu bekommen, kann man diesen vorsichtig umdrehen, über das Junge decken und es so geschützt ans Gitter ziehen). Wird bei Routinearbeiten ein Jungtier außerhalb des Nestes entdeckt, das sich nicht mehr oder kaum noch rührt, sollte versucht werden, es vorsichtig herauszuholen. Zeigt es, obwohl unterkühlt, noch schwache Lebenszeichen, sofort wärmen, möglichst auf der nackten Körperhaut innerhalb der Kleidung. Oft kommen kalte, fast leblose Junge in der Wärme wieder zu sich und können mit der Flasche aufgezogen werden. Manche Bärinnen pflegen zwar ihre Jungen normal, dennoch sterben diese nach 1–4 Tagen, verhungern oft infolge Milchmangels. In Ausnahmefällen können Junge, die von der Mutter nicht angenommen werden, einer anderen Bärin, die etwa zur gleichen Zeit geworfen hat, untergeschoben werden (1972 in Leipzig bei Baribals erfolgreich).

Künstliche Aufzucht von neugeborenen Jungtieren aller Arten gelungen, besonders oft bei Eisbären erforderlich. Umgebungstemperatur in Inkubator, Körbchen oder kleiner Kiste 30–36 °C (Heizkissen, darüber Wolllappen, Zellstoff o. Ä.). Zugluft vermeiden, aber Luftzirkulation gewährleisten und bei lufttrockenen Standorten durch seitliches Einhängen nasser Tücher Luftfeuchtigkeit in der Aufzuchtkiste erhöhen. Mit zunehmender Fellbildung (35.–50. Tag) Temperatur nach und nach senken bzw. in größerem Aufzuchtbehältnis Bodenlager nur noch zur Hälfte beheizen. Mit steigendem Laufvermögen und -bedürfnis (45.–70. Tag) an Zimmertemperatur gewöhnen.

Muttermilch von Bären in der Regel sehr fett- und eiweißreich sowie kohlenhydratarm. Ergebnisse von Milchanalysen in Tabelle 26.23. Fütterung mit industriell hergestellter Hundemilchersatznahrung, fetter Kuhmilch (Fettgehalt 7–9 %) oder Vollmilch mit Sahnezusatz (bis 15 % Fettgehalt), beide angereichert mit Serumeiweiß. Zugabe von Reis-, Hafer- oder Leinschleim senkt den Nährstoffgehalt der Nahrung, wirkt sich nicht selten auf die Gesamtentwicklung nachteilig aus. Nur als Diätfütterung bei Verdauungsstörungen einsetzen. Bei gehaltvoller Ernährung ist die Zusammensetzung der Nahrung im Detail von untergeordneter Bedeutung. Verschiedenste Gemische wurden mit Erfolg eingesetzt. Zusätzlich stets Multivitaminpräparat oder Vitamin A verabreichen. Äußerste Vorsicht mit der Beigabe von Kalzium und Vitamin D, nicht vor dem 80.–90. Tag (Todesfälle bei Eisbären und einem Brillenbär infolge starker Kalziumeinlagerung in den Organen). Regelmäßige Gewichtskontrolle. Fütterung anfangs aus einer kleinen Spezial-, später normalen Babyflasche. Saugeröffnung sehr klein halten bzw. als Kreuzschnitt auf der Saugerspitze. Vorsicht, Milch darf nicht in die Lunge gelangen (tödliche Schluckpneumonien). Anfangs 8–10 Mahlzeiten im Abstand von etwa 2½ Stunden, auch nachts regelmäßig tränken.

Aufgenommene Nahrungsmenge jeder Mahlzeit und alle Beobachtungen exakt dokumentieren. Beispiele normaler Entwicklung bei künstlicher Aufzucht in Tabelle 26.24 Bei guter Entwicklung Intervalle tagsüber auf 3, ab 3. Woche nachts auf 4–5 Stunden ausdehnen. Ab Ende des 2. Monats ungefähr 8-stündige Nachtruhe zwischen 22 und 6 Uhr, tagsüber 7 Mahlzeiten. Mit etwa 2–2½ Monaten rohes Lebermus, Eigelb und zerquetschte Banane beifüttern und nach und nach bis zum 4.–5. Monat unter Verringerung der Milchmahlzeiten mit Gemüse und Obst (gekochte Möhre, Kartoffel- und Obstbrei) sowie schwach gesüßter Milch-Mehlsuppe mit Eigelb auf feste Kost umstellen. Abweichend davon erfolgt die Umstellung auf feste Kost bei Eisbären. Normaler Milchkot ist fest-kugelig bis linsenförmig, wurstartig zusammenhängend, hell- bis bräunlich gelb oder grünlich gelb. Flüssige Stühle sind Durchfall. Junge Bären sind nicht in der Lage, von allein Kot und Urin abzugeben, gehen ohne gezielte Massageunterstützung ein. Deshalb vor jeder Mahlzeit mit der einen Hand hinter den Vorderbeinen um den Brustkorb greifen, das Hinterteil frei hängen lassen und die Analregion mit einem angefeuchteten, weichen Mullläppchen oder Zellstoff in der anderen Hand vorsichtig betupfen bzw. Unterbauch leicht massieren. Nur bei äußerst hartnäckiger Verstopfung öliges Klistier, aber kein Abführmittel mit der Nahrung verabreichen. Nach der Mahlzeit Hautmassage durch Bürsten mit einer weichen Babybürste, einmal täglich mit öligem Vitamin A anfetten. Den Körper oft mit einem feuchtwarmen Schwämmchen oder Läppchen abreiben. Um infektiöse Erkrankungen zu vermeiden, hygienische Pflege. Händewaschen nach „Ausputzen" und vor Zubereitung der Mahlzeiten. Im Kühlschrank Frischmilch höchstens 24 Stunden, geöffnete Kondensmilch höchstens 4–5 Tage, Serumeiweiß nach dem Öffnen der Flasche höchstens 24–36 Stunden haltbar. Verfallsdaten des Herstellers beachten. Sonst Verdauungsstörungen infolge verdorbener Nahrung. Zahnbeschwerden ab 30. Tag, verbunden mit schlechter Milchaufnahme, Apathie, auch Durchfällen, sogar Krämpfen. Mundhöhle auf durchscheinende Zähne untersuchen. Den Kiefer mit einem Finger leicht massieren. Beschwerden verlieren sich meist ohne Behandlung.

Künstlich aufgezogene Bären prägen sich nicht so stark wie manche andere Säugetiere auf den Menschen, werden später oft mit gleichaltrigen anderen Bärenjungen vergesellschaftet, lernen so früh Artgenossen oder verwandte Arten kennen und unterscheiden sich als Erwachsene im Verhalten meist nicht von Tieren, die bei der Mutter groß geworden sind.

Zucht von Braunbären und Baribals häufig, von Kragenbären nicht selten gelungen. Eisbären dagegen züchten nicht so oft (Erstzucht 1919 in Milwaukee), Brillenbären in letzter Zeit häufiger (Erstzucht 1947 in Buenos Aires, in Europa 1953 erstmals in Basel), Lippenbären

(Erstzucht 1958 in San Diego, in Europa erstmals 1963 in Leipzig. Seither hier über 50 Junge, damit außerhalb Indiens erfolgreichste Zuchtstätte) und Malaienbären (erfolglose Erstzucht 1940 in Aarhus, 1. erfolgreiche Aufzucht 1942 in San Diego, erstmals Zucht in 3. Generation 1992 im Tierpark Berlin) äußerst selten.

Höchstalter in Menschenobhut. Braunbär 47, Baribal über 33¾, Kragenbär 39¼, Eisbär über 42¾, Lippenbär 32¾, Malaienbär fast 36, Brillenbär über 38¼ Jahre.

Familie Ohrenrobben (Otariidae)

Kleine äußere Ohren vorhanden. Oberlippe mit borstigen Schnurrhaaren. Zahnformel: 3/3 1/1 4/4 1–3/1, Zähne spitz. Eckzähne der Männchen hauerartig. Vordergliedmaßen lang, beweglich, lange Finger ohne Krallen. Hintergliedmaßen kürzer, Mittelzehen bekrallt. Gliedmaßen können unter den Körper gestellt werden und diesen vom Boden abheben, dadurch schnell hopsendes Laufen und Klettern möglich. Hoden liegen außerhalb der Leibeshöhle im Scrotum.

Verbreitung. Vorwiegend kalte Meere der Erde.

2 Unterfamilien, 7 Gattungen, 15 Arten.

Unterfamilie Pelzrobben (Arctocephalinae)

Dichtes, feinhaariges, wolliges und wasserabweisendes Haarkleid unter längerem Deckhaar.

2 Gattungen, 9 Arten.

Südliche Seebären (*Arctocephalus*): 7 Arten. Fell mit dichter Unterwolle, beim Männchen am Hals und Teilen des Vorderkörpers verlängertes, mähnenähnliches Deckhaar. Meere der Südhalbkugel. **Südamerikanischer Seebär** (*A. australis*): Fell beim Männchen schwarzgrau mit auffälliger Halsmähne, beim Weibchen hellbraun. Mittlere und südliche Westküste und Teile der südlichen Ostküste von Südamerika und Falkland-Inseln. – **Galapagos-Seebär** (*A. galapagoensis*): vergleichsweise klein, Fell überwiegend graubraun, Bauch hellbraun, keine dicke Speckschicht. Galapagosinseln. – **Juan-Fernandez-Seebär** (*A. philippii*): Schädel wirkt lang und schlank durch auffällig verlängerte Nasenpartie, Männchen schwarzbraun mit silbergrauen Haarspitzen der Mähne, Weibchen grau- bis dunkelbraun. Chile (Juan-Fernández-Inseln, San-Felix-Insel), Peru. – **Guadalupe-Seebär** (*A. townsendi*): relativ klein (Männchen unter 2 m), gelegentlich als Unterart des Juan-Fernandez-Seebären angesehen, u.a. auch, weil Gesichtsschädel ebenfalls durch verlängerten Nasenteil schlanker wirkt. Pazifikinseln Guadeloupe und Santa Barbara sowie gelegentlich an der Westküste Kaliforniens und im Golf von Kalifornien. – **Neuseeland-Seebär** (*A. forsteri*), auch Australischer Seebär: relativ klein, Bullen mit schwarzer Halsmähne. Küsten Südaustraliens, Neuseelands und der subantarktischen Inseln südlich Neuseelands. – **Südafrikanischer Seebär** (*A. pusillus*), auch Zwergseebär: irreführende deutschsprachige Namen, da größter Vertreter der Gattung und außerdem auch an der Küste Australiens beheimatet. 2 Unterarten. Südliche und westliche Küsten Südafrikas von Angola bis Südafrika und vor Südwestaustralien und Tasmanien. – **Kerguelen-Seebär** (*A. gazella*), auch Antarktischer Seebär, Antarktische Pelzrobbe: Fell beim Männchen dunkelgraubraun, Mähne mit hellem Schimmer, Weibchen mittelgrau mit hellem Gesicht und hellen Flanken, selten gelbliche oder cremefarbene Tiere, mit langen Vibrissen im Gesichtsbereich. Subantarktische Inseln (von den südlichen Orkney- und Sandwich-Inseln, über Südgeorgia bis zu den Kerguelen). – **Subantarktischer Seebär** (*A. tropicalis*): Fell oberseits graubraun, Brust und Gesicht weiß, Männchen mit schwarzem Haarbüschel auf der Stirn. Inseln rund um die Antarktis, größter Bestand auf Gough Island.

Nördliche Seebären (*Callorhinus*): 1 Art. Sehr dichte, feine, wasserabweisende Unterwolle, darüber langes, granniges Deckhaar, beim Männchen an Hals und Vorderköper mähnenartig verlängert. – **Nördlicher Seebär** (*C. ursinus*), auch Nördliche Bärenrobbe: Männchen über 2 m lang, Kopfform unterscheidet sich durch verkürzte Schnauzenpartie deutlich von Südlichen Seebären, Flossen weitgehend nackt, Hinterflossen verlängert, Fell beim Männchen dunkel-, beim Weibchen graubraun, unterseits rotbraun, im nassen Zustand schwarz wirkend. 2 getrennte Bestände, deren Sommereinstände entweder auf den Pribylow-Inseln vor Alaska oder auf den Kommandeurinseln vor Kamtschatka liegen. Erstere überwintern entlang der Westküste Nordamerikas südlich bis Kalifornien, Letztere auf Inseln entlang der ostasiatischen Küste, u.a. auf den Kurilen, südlich bis Mitteljapan.

Gefährdungsstatus. Bestand in der Wildnis beim Nördlichen Seebären gefährdet, Bestandsgefährdung bei den übrigen Arten meist durch rücksichtslose Pelzjagd und Verfolgung durch Fischer, die Schmälerung ihrer Fänge fürchten. So schrumpfte der Bestand beim gefährdeten Juan-Fernandez-Seebär auf nur noch einige 1000 Tiere, braucht der stark gefährdete Galapagos-Seebär ständige Überwachung oder überlebten vom gefährdeten Guadeloupe-Seebären nur noch Restbestände auf den Pazifikinseln Guadeloupe und Santa Barbara. Im ehemaligen Verbreitungsgebiet werden nur noch gelegentlich an der Westküste Kaliforniens und im Golf von Kalifornien kleine Gruppen beobachtet. EEP für Südamerikanischen Seebär in Dortmund.

Lebensweise. Tagtiere. Lebensraum offenes Meer, felsige Inseln, Küsten, stille Buchten. Hervorragende, schnelle, wendige Schwimmer (bis 4 m/s), können delfinartig aus dem Wasser springen, tauchen 25–30 m tief, schlafen oder ruhen schwimmend auf offener See. An Land nicht unbeholfen, watschelnder Kreuzgang, auch schneller Galopp, können sehr gut klettern, z.T. auch an steilen Felswänden. Hoch empfindliches Gehör, exaktes Bewegungssehen. Gesellig in großen gemischtgeschlechtlichen Herden oder Junggesellenrudeln. Nördliche Seebären vagabundieren zwischen weit voneinander entfernten Wurfplätzen und Winterquartieren. Südliche Seebären sind mehr ortstreu, entfernen sich aber auch oft von ihren Standquartieren. Brunst- und Wurfzeit miteinander verbunden. Traditionell benutzte Wurf- und Paarungsplätze werden zuerst von einigen Männchen inspiziert, wenig später im April/Mai (Nördlicher Seebär) bzw. Oktober/November (Südliche Seebären) von voll erwachsenen, starken, nicht unter 5 Jahre alten Männchen besetzt. Heftige Beißkämpfe um möglichst küstennahe, nur wenige Quadratmeter große Territorien. Im Juni (Nördlicher Seebär) bzw. Ende November/Dezember treffen die hochtragenden, später die erstmals geschlechtsreif werdenden Weibchen ein. Sie werden von den Besitzern strandnaher Territorien abgefangen und in ihr Territorium getrieben oder nach Haltebiss ins Fell dorthin geschleift. Währenddessen rauben oft küstenferner sitzende Männchen Weibchen aus dem Harem des Vordermanns. Auf diese Weise nimmt die Zahl der Weibchen pro Harem landeinwärts von 10–15 auf 4–5 ab. Während der Fortpflanzungsperiode bleiben die Männchen an ihren Standorten, fasten, paaren sich mit den bald nach der Geburt der Jungen brünstig werdenden Weibchen und verlassen als Erste abgekämpft und abgemagert die Kolonie. Jüngere Männchen (4–5 Jahre) und abgeschlagene Altbullen bilden am Rande der Wurfplätze meist getrennte, kleinere Kolonien. Ab September wandern weibliche Nördliche Seebären nach Süden in die Winterquartiere. Weibchen und Junge der südlichen Arten bleiben bis Mai/Juni in den Kolonien und zerstreuen sich später in den umliegenden Gewässern. Feinde sind Schwertwal, Haie. Hohe Jungtiersterblichkeit durch Eingeweideparasiten und starken Seegang.

Nahrung. Kleinfische wie Heringe usw., Kopffüßer („Tintenfische"), Krebse, insbesondere Krill. Vereinzelt wird die Nahrungspalette um Pinguine und andere Vögel und junge Robben ergänzt.

Abb. 26.46 Kalifornische Seelöwen (*Zalophus californianus*) gelten als die elegantesten und schnellsten Robben.

Unterfamilie Haarrobben (Otariinae)

Meist größer als Seebären. Gestalt oft gedrungen, häufig beträchtlicher Größenunterschied bei Männchen und Weibchen (Geschlechtsdimorphismus). Dichtes, kurzhaariges, eng anliegendes Fell ohne Unterwolle, einfarbig braun, im nassen Zustand oft schwarz wirkend, bei erwachsenen Männchen oft an Hals und Schultern mähnenartig verlängert.

5 Gattungen, 7 Arten.

Kalifornische Seelöwen (*Zalophus*): 2 Arten. **Kalifornischer Seelöwe** (*Z. californianus*): schlanker als Galapagos- und Japanischer Seelöwe. Westküste von Nord- bis Mittelamerika (südliches Westkanada bis mittleres Westmexiko). – **Galapagos-Seelöwe** (*Z. wollebaeki*): Männchen dunkelbraun, ohne Mähne, Weibchen deutlich heller. Galapagosinseln, vagabundierende Populationen bis in Küstengebiete von Ecuador und Kolumbien.

Die anschließenden 4 Arten sind nur lose miteinander verwandt und stehen jeweils in eigenen Gattungen.

Stellers Seelöwen (*Eumetopias*): 1 Art. Größte Art, Männchen bis 3,5 m, Weibchen bis 2,7 m lang. Bis auf die Mähne fast nackt. **Stellers Seelöwe** (*E. jubatus*), auch Steller'scher Seelöwe: Westküste Nordamerikas, von Alaska und den Inseln der Beringstraße bis Mittelkalifornien.

Neuseeländische Seelöwen (*Phocarctos*): 1 Art. Männchen schwarzbraun, mit Schultermähne, Weibchen hellbraun, viel zierlicher, Junge wie Pelzrobben noch mit Unterwolle, die nach dem Fellwechsel verschwindet. **Hookers Seelöwe** (*P. hookeri*), auch Neuseeländischer Seelöwe: Ostneuseeland und südlich vorgelagerte Inseln (Auckland-Inseln, Snares-Inseln, Campbell-Insel).

Australische Seelöwen (*Neophoca*): 1 Art. Alte Männchen dunkelbraun mit kurzer, gelblicher Mähne, Weibchen silbergrau oder hellbraun mit hellerer Bauchseite. **Australischer Seelöwe** (*N. cinerea*): Süd- und Südwestaustralien.

Mähnenrobben (*Otaria*): 1 Art. Schnauze stumpf, erwachsenes Männchen mit Kopf- und Schultermähne, braun bis gelblich braun. **Mähnenrobbe** (*O. flavescens*), gelegentlich auch Südamerikanischer Seelöwe: geänderte Artbezeichnung, bisher als *O. byronia* geführt. Pazifikküste Südamerikas von Peru bis Feuerland, entlang der Atlantikküste bis Südbrasilien, Kolonie auf den Falklandinseln.

Gefährdungsstatus. Bestand in der Wildnis beim Kalifornischen Seelöwen noch gesichert, hochgradig bedroht dagegen Stellers Seelöwe, Australischer Seelöwe wegen seiner kleinen Population teilweise gefährdet. Bestandsgefährdung bei den übrigen Arten meist durch rücksichtslose Pelzjagd und Verfolgung durch Fischer. Deswegen ständige Überwachung für den geschützten Galapagos-Seelöwen und Hookers Seelöwen. EEP für Mähnenrobbe in Twycross, für Kalifornischen Seelöwen in Rhenen.

Lebensweise. Ähnlich wie Seebären. Tagtiere, Lebensraum Gewässer um felsige Küsten, Inseln im offenen Meer oder in Küstennähe. Gewandte Schwimmer, stürzen sich von hohen Klippen ins Wasser, rutschen auf glitschigen Felsen der Brandungszone ins Meer. Kalifornische Seelöwen tauchen bis 15 Minuten und bis

100 m tief. Gesellig in großen gemischtgeschlechtlichen Herden oder Junggesellentrupps. Relativ ortstreu, zur Fortpflanzungszeit regelmäßig auf bestimmten Wurfplätzen, bleiben dort lange beisammen. Weibchen und Junge sehr spielfreudig. Australische Seelöwen absolut ortstreu, ganzjährig an angestammten Wurfplätzen, Männchen kämpfen weniger heftig um Weibchen, leben paarweise oder bilden nur Kleinstharems aus 2–4 Weibchen, fasten während der Paarungszeit nicht. Verhalten der übrigen Arten während der Fortpflanzungszeit ähnlich wie Seebären. Heftige Kämpfe zwischen den Männchen um Harems von 5–25 Weibchen. Weibchen werden weniger ruppig als bei Seebären behandelt, meist unter lautem, brüllendem Bellen bei Entfernung vom Haremsterritorium zurückgetrieben. Männchen fasten während der Fortpflanzungszeit, doch bleiben Stellers Seelöwen stets in nächster Nähe des Wassers, baden zur Abkühlung viel, flüchten bei Gefahr ins Wasser und verteidigen Junge nicht. Bei Mähnenrobben Nachlassen der Kämpfe nach Ende der Paarungszeit, Männchen helfen Jungtiere bewachen. Kolonien der Kalifornischen Seelöwen lockerer, verstreuter als bei übrigen Arten. Feinde sind Haie und große Zahnwale (Schwertwal).

Nahrung. Fische (auch größere Arten, z.B. Lachse), Kopffüßer („Tintenfische"), Krebse. Australische Seelöwen fressen vor allem Pinguine.

Haltung von Ohrenrobben

Siehe Haltung von Robben.

Familie Walrosse (Odobenidae)

Mit den Ohrenrobben aus gemeinsamer Wurzel hervorgegangen. Zweitgrößte Robbe, Körperlänge beim Männchen bis 3,75 m, beim Weibchen bis 3,40 m. Gestalt plump, gedrungen. Kopf klein, Zahnformel: 3/3 1/1 3/3 2/1, obere

Abb. 26.47 Walrosse (*Odobenus rosmarus*) besitzen hauerartige, dauerwachsende Eckzähne im Oberkiefer.

Eckzähne bis 75 cm lang, dauerwachsend, hauerartig, werden neben anderen Funktionen als Waffen gegen Feinde und bei Rivalenkämpfen eingesetzt. Schneidezähne fehlen bei erwachsenen Tieren, Vorbacken- und Backenzähne einheitlich kurz, breitkronig, Oberlippe mit halblangem bis kurzborstigem, dichtem Schnauzbart. Im Rachenbereich Schlundtaschen, die sich durch die Halsmuskulatur bis in den Schulterbereich ziehen, bis zu 50 l Luft aufnehmen können, beim Schwimmen und Tauchen Auftrieb geben und der Lauterzeugung dienen. Vordergliedmaßen sind bewegliche Stützorgane. Haut sehr dick, faltig oder runzelig, von wenigen borstigen Tasthaaren abgesehen, nackt, hell- bis mittelrötlich braun, dickes Unterhautfettgewebe.

Verbreitung. Meere der nördlichen Nordhalbkugel.

1 Gattung, 1 Art.

Walrosse (*Odobenus*). **Walross** (*O. rosmarus*): 2 Unterarten.

Gefährdungsstatus. Bestand in vielen Teilen des Verbreitungsgebietes bereits ausgerottet, gebietsweise vom Aussterben bedroht, gebietsweise noch gesichert, gilt insgesamt als gefährdet.

Lebensweise. Vorwiegend Tagtiere, aber auch nachts aktiv. Lebensraum wenig felsige, flache arktische Küsten und Inseln, im Winter mit Ausbreitung der Eisdecke am Rand der Eisfelder, dann weitere Verbreitung als im Sommer, vermutlich auch Wanderungen. An Land unbeholfen, plump. Gliedmaßen können unter den Körper gestellt werden, ermöglichen watschelnden Gang mit am Boden schleifendem Bauch. Gute Schwimmer, tauchen sehr tief (bis zum Meeresgrund), schlafen aber an Land oder auf dem Eis. Hauptantrieb im Wasser durch hintere Flossen. Gesellig in Haremsfamilien aus 1–4 Weibchen und deren bis 4 oder 5 Jahre alten Jungen unter Führung eines alten Bullen. Außerhalb der Paarungszeit auch größere Familienherden. Überzählige Männchen in Bullenherden abseits von Familienverbänden, oft auf Treibeisschollen. Abgeschlagene Altbullen auch Einzelgänger. Zur Paarungszeit (April bis Juni) Kämpfe zwischen den Männchen um Haremsbesitz. Paarung im Gegensatz zu Ohrenrobben im Wasser. Geburt an Land. Jungtiere, die noch nicht selbständig ausdauernd schwimmen können, werden von der auf dem Rücken schwimmenden Mutter mit einer oder beiden Vorderflossen an die Brust gedrückt und festgehalten. Jungtiere werden bei Angriffen von Fressfeinden heftig verteidigt, beim Tod der Mutter von jungtierlosen Weibchen adoptiert.

Nahrung. Muscheln, Schnecken, Kopffüßer, auch Krebse und Manteltiere. Panzer von Nahrungstieren werden mit Backen- und Vorbackenzähnen geknackt, Inhalt abgeschluckt, Schalen ausgespien. Gelegentlich werden Hundsrobben (Fang an Land), besonders deren Speck, auch Speck toter Wale gefressen. Bei alten, einzelgängerischen Bullen auch Kannibalismus (Jungtiere).

Haltung von Walrossen

Siehe Haltung von Robben.

Familie Hundsrobben (Phocidae)

Mit den Ohrenrobben und den Walrossen wenig verwandte Robbenfamilie, verschiedentlich in 3 Unterfamilien gegliedert. Im Laufe ihrer Entwicklung erreichten die Hundsrobben unter den Robben den höchsten maritimen Spezialisierungsgrad.

Bis auf See-Elefanten und Klappmütze sind die Geschlechter gleich groß, Weibchen mitunter sogar leicht größer. Gemeinsame Merkmale sind das Fehlen von äußeren Ohren, Oberlippe mit langborstigen Schnurrhaaren, Zahnformel: 2–3/1–2 1/1 4/4 0–2/0–2, Backenzähne spitz, oft vor und hinter der Hauptspitze kleine Nebenspitzen, Vordergliedmaßen kurz, bei manchen Arten kaum bodenberührend, Hintergliedmaßen nach hinten gerichtet, können nicht unter den Körper gestellt werden, daher vierfüßiges Laufen unmöglich. Fortbewegung an Land durch Rutschen oder „Robben“, d.h. Vordergliedmaßen werden seitlich an den Boden gedrückt, Hinterkörper raupenartig angezogen und Hintergliedmaßen an den Boden gepresst, anschließend Vorwärtsschub durch Strecken des Rumpfes unter gleichzeitigem leichtem Ausheben des Vorderkörpers mit den rückwärts geführten Vordergliedmaßen, schnelle Fortbewegung oft ohne jegliche Beteiligung der Extremitäten nur durch Körperbewegungen. Fell kurz, glatt, wenig Unterwolle, Färbung und Zeichnung artverschieden, individuell oft variierend, selten einfarbig.

Verbreitung. Alle Meere der Erde.

13 Gattungen, 18 Arten.

Unterfamilie Seehunde (Phocinae)

Gestalt und Lebensweise familientypisch, allerdings einige Vertreter nicht ausschließlich maritim, sondern Süßwasserbewohner von Binnengewässern.

6 Gattungen, 9 Arten.

Abb. 26.48 Mit seinem rundlichen Kopf unterscheidet sich der Seehund (*Phoca vitulina*) deutlich von der Kegelrobbe.

Seehunde (*Phoca*), auch Echte Hundsrobben: 2 Arten. Typischste Hundsrobben. **Seehund** (*P. vitulina*): Kopf rundlich, Fellfärbung regional sehr variabel, graubraun bis silbrig weißgrau, runde oder ovale, zur Grundfarbe kontrastierende Flecken- oder Rosettenzeichnung, Vorder- und Hintergliedmaßen bekrallt. 4 Unterarten. Küsten der nördlichen Weltmeere (nicht im Eismeer), im Nordatlantik südlich bis South Carolina (ca. 35 ° nördlicher Breite), Ostsee und Gibraltar und im Nordpazifik südlich bis Hokkaido und Niederkalifornien. Seal-Lake-Seehund: eine süßwasserbewohnende Unterart im Lower-Seal-See und angrenzenden Gewässern in Ostkanada (Entfernung zur Küste: 150 km). – **Largha-Seehund** (*P. largha*), auch Largha-Robbe: dem Seehund sehr ähnlich, aber etwas größer, Fell grau mit kleinen braunen Flecken. Nordostsibirische Tschuktschensee, Beringmeer und nordwestlicher Pazifik von Yukon über das Nordchinesische, Japanische und Gelbe bis zum Südchinesischen Meer.

Ringelrobben (*Pusa*): 3 Arten. Den Seehunden sehr ähnliche Hundsrobben, mit denen sie früher der gleichen Gattung *Phoca* zugeordnet wurden. **Ringelrobbe** (*P. hispida*): Körperlänge bis 1,40 m, Fellfärbung variabel, braunschwarz bis silberolivgrau, unregelmäßige, oft ovale gelblich weiße Rosetten mit dunklem Kern. 5 Unterarten. Nördliches Eismeer und angrenzende Meere wie Bering- und Ochotskisches Meer und Nordostküste der USA, südlich bis zum Japanischen und Ostchinesischen Meer, Nord- und Ostsee, hier auch in Binnengewässern. – **Baikalrobbe** (*P. sibirica*): klein, Körperlänge ca. 1,30 m, Fell dunkelgrau, Unterseite etwas heller, manchmal mit undeutlicher Fleckenzeichnung. Baikalsee. – **Kaspirobbe** (*P. caspica*): bis 1,50 m lang, Fell dunkelgrau bis gelblich grau, Männchen mit dunklem Fleckenmuster, Weibchen mit hellerer, schwacher Fleckenzeichnung auf dem Rücken. Kaspisches Meer.

Sattelrobben (*Pagophilus*): 1 Art. Körperlänge bis 1,80 m. Männchen charakteristisch und unverwechselbar gefärbt, silbergrau mit schwarzem Kopf und schwarzer, von den Schultern über beide Flanken reichender sattel- bzw. hufeisenförmiger oder harfenähnlicher Zeichnung. Weibchen ähnlich gezeichnet, aber viel blasser, manchmal nur als Fleckung angedeutet. **Sattelrobbe** (*P. groenlandicus*): Nordpazifik von Nowaja Semlja über Spitzbergen, Ost-, Süd- und Westgrönland bis zur Hudson Bay und Baffin Bay sowie den kanadischen Eismeerinseln.

Bandrobben (*Histriophoca*): 1 Art. Früher der Gattung *Phoca* zugeordnet. Körperlänge etwa 1,50 m. Fell dunkelbraun mit gelblich weißen, bänderähnlichen Streifen um den Hals, um das Körperende, und je 1 kreisförmige Zeichnung auf den Körperseiten, die die Vorderflossen umschließt. Bei Weibchen weniger kontrastreich.

Abb. 26.49 Kegelrobbe (*Halichoerus grypus*) säugt Zwillinge. Diese tragen noch das weiße Babyfell (Lanugo).

Bandrobbe (*H. fasciata*): Beringmeer und Ochotskisches Meer.

Bartrobben (*Erignathus*): 1 Art. Ursprünglich der Gattung *Phoca* zugeordnet. Körperlänge bis 2,50 m. Fell graubraun bis gelbbraun, unterseits aufgehellt. Sehr lange, borstige Oberlippenbarthaare. Im Winter sehr dickes Unterhautfettgewebe. **Bartrobbe** (*E. barbatus*): 2 Unterarten. Südlich bis zur Treibeisgrenze circumpolar verbreitet im Nordatlantik und Nordpazifik.

Kegelrobben (*Halichoerus*): 1 Art. Kopf erwachsener Tiere durch langgestreckte Schnauze kegelförmig wirkend. Körperlänge beim Männchen bis 2,30 m, beim Weibchen bis 2,00 m, damit deutlich größer und schwerer als der Seehund. Dunkelgraubraune Männchen hell, silbergraue Weibchen dunkelgrau gefleckt, Bauch weißlich grau oder weißlich gelb. **Kegelrobbe** (*H. grypus*): 3 Unterarten. Subpolarer und gemäßigter östlicher Nordatlantik, im Süden bis Nordfrankreich und zur Ostsee, isolierter Bestand bei Neufundland und Labrador.

Gefährdungsstatus. Bestand in der Wildnis noch oder wieder gesichert, Bestandsminderung gebietsweise aber noch immer durch Pelzjagd, Wasserverschmutzung an den Küsten von Industrieländern, verbunden mit Nahrungsmangel und Störung an Wurfplätzen. Gefährdet durch Bestandsrückgänge ist die Ostsee-Kegelrobbe (*Halichoerus grypus balticus*) und die Saimaa-Ringelrobbe (*Phoca hispida saimensis*), schutzbedürftig auch die Ostsee- (*P. h. botnica*) und Ladoga-Ringelrobbe (*P. h. ladogensis*), die Kaspirobbe und der Seal-Lake-Seehund (*P. vitulina mellonae*). Geschützte Bestände der Kegelrobben und Seehunde an Europas Küsten inzwischen durch Überpopulation und damit verbundenem Stress sowie daraus resultierender Krankheitsanfälligkeit (bei Seehunden vor allem eine der Hundestaupe ähnliche, robbenspezifische Viruserkrankung) zeitweise wieder stark dezimiert. In Deutschland seit 1970 Jagdverbot. EEP für Kegelrobbe im Zoo Warschau.

Lebensweise. Lebensraum unterschiedlich. Offenes Meer (Sattel- und Bandrobbe), geschlossene Eisfelder, Treibeis (Sattel-, Band-, Bart-, halbwüchsige Ringelrobben, Largha-Seehund), Insel- und Festlandsküsten von der polaren bis zur gemäßigten Zone (Ringel-, Bart-, Band-, Kegelrobbe, Seehund), salzhaltige Binnenseen (Ringelrobbe), Süßwasserseen (Baikalrobbe, Seal-Lake-Seehund). Küstenbewohner, bevorzugen mäßig tiefes Wasser zwischen 15–20 m, höchstens 30–35 m Tiefe, Seehunde flach auslaufende Strände, Sandbänke, Schlickwatt, aber auch Felswatt.

Vorwiegend Einzelgänger (Ringel-, Bart- und Kegelrobbe), seltener in kleinen Trupps (Seehund, Bart-, Band-, wandernde Sattel- und nicht geschlechtsreife Ringelrobben). Einige Arten (Seehund, Sattel-, Band- und Kegelrobbe) zur Fortpflanzungszeit mehr gesellig, beim Largha-Seehund für einige Wochen Paarbildung. Teils ortstreu (erwachsene Ringel-, Bartrobben), teils mehr oder weniger weit vagabundierend (nicht geschlechtsreife Ringel- und Bartrobben, Kegelrobben und Seehunde auch landeinwärts in Binnengewässer) oder alljährlich sehr weit zu Wurfplätzen und hinter ziehenden Fischschwärmen umherwandernd (Sattel- und Bandrobben). Ringelrobben bleiben auch im Winter mit dem Vorrücken des Eises an der Küste, halten sich ab Herbst zahlreiche Atemlöcher sowie 1 Hauptausstieg offen, von dem unter dem Schnee ein kurzer Gang zu einem Schlafkessel führt. Vor dem Werfen graben sie vom Schlafkessel einen 4–5 m langen Gang, an dessen Ende in einem Wurfkessel das Junge geboren wird. Kurz nach der Geburt Brunst und neue Paarung. Das schwimmunfähige Jungtier wird dann nur noch einmal pro Tag gesäugt, wechselt mit etwa 4 Wochen das Fell, geht danach ins Wasser und ernährt sich selbständig, bleibt aber noch etwa 3 Monate in der Nähe der Mutter und benutzt deren Atemlöcher und Schlafkessel. Später bilden Jungtiere größere Trupps von 50 und mehr Tieren und vagabundieren bis zum Einsetzen der Geschlechtsreife im Treibeis, nie auf offener See. Ähnlich Bartrobbe, aber im Winter meist mehr am Rand des Eisfeldes, nicht in Küstennähe, Largha-Seehund fast stets im Packeis, wo auch die Jungen mit hellem Embryonalhaarkleid geboren werden. Vergleichbar auch Seehund, doch Geburten stets im Sommer im eisfreien Gebiet, meist an flachen Stränden, im Watt, auf Sandbänken. Junge Seehunde sehr weit entwickelt, lebhaft, folgen der voran schwimmenden Mutter, wenn diese durch Rufe lockt. So können auch Zwillinge (Wurfhäufigkeit 10 %) aufwachsen. Vereinsamte Junge, welche die Mutter bei Unwetter, in stark strömenden Prielen oder durch Abschuss verloren haben, stoßen klagende Heulrufe aus, um akustischen Kontakt zur Mutter wieder herzustellen („Heuler"). Mutterlose Junge verhungern meist. Im Normalfall wird Junges von der Mutter nicht aus den Augen gelassen, Weibchen zieht sich nur bei Störungen zurück. Kegelrobbe ist außerhalb der Fortpflanzungszeit meist Einzelgänger, an Wurfplätzen gesellig in Haremsverbänden, um die es zwischen Männchen heftige Kämpfe gibt. Fortpflanzungszeiten der 3 Unterarten verschieden. Wurfplätze an felsigen Küsten, auf Riffen, die Ostsee-Kegelrobbe dagegen auf Eisflächen. Bei Sattelrobben 3 Populationen, die im Frühjahr verschiedene Wurfplätze aufsuchen und sich nicht begegnen oder mischen (Westpopulation, sog. Golfherde im St.-Lorenz-Strom und sog. Frontherde auf Neufundland und Labrador; Zentralpopulation, sog. Grönlandherde, Eisfelder nördlich der Insel Jan Mayen; Ostpopulation, sog. Ostherde, Eisfelder des Weißen Meeres). Wanderungen entlang des Treibeises in kleinen Gruppen. Wurfplatz frei auf Eisfeldern, oft weit vom Rand entfernt. Kurz darauf Paarung ohne Haremsbildung. Danach im Treibeisgebiet hinter Fischschwärmen einzeln oder in kleinen Trupps vagabundierend. Seh- (Unterwassersehen) und Hörvermögen sehr gut, hoch entwickelter Tast- und Strömungssinn. Geruchssinn schwach.

Fressfeinde sind große Zahnwale (Schwertwal) und Eisbär.

Nahrung. Fische, auch Krebse, Mollusken und andere grundlebende Wirbellose (bevorzugt von Bartrobben).

Unterfamilie Mönchsrobben (Monachinae)

Auch Südrobben. Gestalt und Lebensweise uneinheitlich. Vermutlich ursprüngliche Tiere, die europäischen und nordamerikanischen Vorfahren atlantischer Hundsrobben aus dem Miozän noch nahe stehen.

6 Gattungen, 7 Arten.

Mönchsrobben (*Monachus*): 2 Arten. Männchen etwas kleiner und leichter als Weibchen. Im Halsbereich deutlich sichtbare Hautfalten, erinnern an die Halskrause eines Mönches. Fell braun, unterseits aufgehellt, gelblich weiß fleckig. Vordergliedmaßen mit kräftigen, flachen Krallen, Hintergliedmaßen mit schwachen Nägeln. **Mittelmeer-Mönchsrobbe** (*M. monachus*): etwa 2,40 m lang, Fellfarbe variabel, von Hellgrau bis Schwarzbraun. Mittelmeerküsten von Türkei und Griechenland, sowie von Inseln im Ägäischen Meer, dazu Atlantikküste Nordwestafrikas von Marokko bis zur Westsahara und Madeira. – **Hawaii-Mönchsrobbe** (*M. schauinslandi*), auch Laysan-Mönchsrobbe: Bis 2,10 m lang, Fell gräulich, an den Flanken heller, weißer Bauchfleck fehlt. Im Oberkiefer zwischen Eckzahn und Vorbackenzahn eine deutliche Lücke (Diastema). Hawaii-Inseln.

Krabbenfresser (*Lobodon*): 1 Art. Bis 2,60 m lang, Vordergliedmaßen mit kräftigen Krallen, Prämolaren und Molaren klein, aber hoch, mit meist 5 langen Spitzen (Seihapparat zur Anpassung an die Ernährung). Sommerfell gelblich weiß, im Winter graubraun mit dunkler Fleckung. **Krabbenfresser** (*L. carcinophaga*): Antarktische Meere bis zum Südpazifik, nördlich bis zu den Südküsten Südamerikas, Neuseelands und Australiens.

Rossrobben (*Ommatophoca*): 1 Art. Kleinste Südrobbe, maximal 2,30 m lang. Vordergliedmaßen mit kräftigen, flachen Krallen, Zähne klein. Oberseits grünlich gelb- oder graubraun mit hellen Flecken und Streifen, unterseits aufgehellt. **Rossrobbe** (*O. rossi*): Treibeismeere rund um die Antarktis.

Seeleoparden (*Hydrurga*): 1 Art. Weibchen größer als Männchen, bis 4 m lang, schlanker als übrige Arten, verlängerte „Vorderflossen" mit kräftigen Krallen, Kopf stark abgeflacht, Bezahnung sehr kräftig, lange Eckzähne. Hals lang und beweglich. Färbung uneinheitlich, oberseits meist dunkelgrau, unterseits silbrig weiß mit grauen Flecken an Kopf und Flanken. **Seeleopard** (*H. leptonyx*): Randgebiete der südlichen, circumpolaren Treibeiszone, häufig im südlichen Indischen Ozean im Gebiet der Kerguelen und benachbarter Inseln.

Weddellrobben (*Leptonychotes*): 1 Art. Etwa 2,50 m, selten bis 3 m lang. Kopf auffallend klein, Vordergliedmaßen mit kräftigen Krallen. Fell grau mit gelblicher Fleckung, Junge unterseits gelblich weiß. **Weddellrobbe** (*L. weddellii*): Antarktische Meere.

Gefährdungsstatus. Bestand von Mönchsrobben trotz gesetzlichen Schutzes vom Aussterben bedroht. Mittelmeer-Mönchsrobbe meistbedrohte Säugerart Europas, vermutlich größte Restpopulation (ca. 150 Tiere) bei Cap Blanc an der Atlantikküste vor der Westsahara, dazu 2 Kleingruppen von 20–35 Tieren im Mittelmeer an der türkischen Südküste bei Kap Anamur und an der Kykladeninsel Milos sowie 1 weitere im Atlantik vor Madeira. Hawaii-Mönchsrobbe einer der weltweit am stärksten bedrohten Meeressäuger mit jährlich sinkender Bestandszahl, Gefährdung durch Haie und Ersticken in Fischernetzen, wohl weniger als 1000 Tiere. Karibische Mönchsrobbe vermutlich ausgestorben. Bei Südrobben Bestand in der Wildnis vorläufig gesichert.

Lebensweise. Mönchsrobben ähnlich wie Seehunde, aber sesshaft. Daueraufenthalt in kleinen Kolonien an felsigen Insel- und Festlandküsten. Tauchtiefe im Atlantik bis 100 m. Jungenaufzucht auf Stränden am Fuße von Steilküsten oder leicht erhöhten Plateaus, auf der Mittelmeerinsel Milos in Höhlen der Uferfelsen. Lebensraum von Südrobben Packeis, felsige Küsten. Meist Einzelgänger, nur zur Paarungszeit in kleinen Trupps (Krabbenfresser, Seeleopard) oder paarweise (Seeleopard), weniger häufig koloniebildende Haremsfamilien, Weddellrobbe in großen Fortpflanzungsgemeinschaften. Paarungszeit fällt nicht mit Wurfzeit zusammen, meist 3–4 Monate später. Junge werden auf Eis geboren. An Land unbeholfen, lediglich Krabbenfresser schnellt sich mithilfe der Gliedmaßen und des Hinterkörpers schlitternd über vereiste Flächen (bis 24 km/h). Weddellrobben leben oft (ähnlich wie Ringelrobben) unter einer festen Eisdecke mit Atemlöchern, tauchen wie Rossrobbe sehr tief und orientieren sich wie Wale und Fledermäuse mit Ultraschall-Echolot. Auf Festland oder Eis keine Feinde, daher furchtlos, Menschen gegenüber zahm, neugierig. Hauptfeind ist der Schwertwal.

Nahrung. Artverschieden, Mönchsrobben vorwiegend Fisch, auch Kopffüßer, Weddell- und Rossrobbe weichschalige, wirbellose Meeresbodenbewohner, auch Kopffüßer und Tang, Krabbenfresser Kleinkrebse (besonders Gattung *Euphausia*, sog. Krill), Seeleopard Pinguine, junge Robben, Walfleisch, Abfälle an Walfangschiffen.

Unterfamilie Rüsselrobben (Cystophorinae)

2 Gattungen, 3 Arten.

See-Elefanten (*Mirounga*): 2 Arten. Größte Robben, Schneidezähne winzig oder fehlend, kleine Backenzähne ohne Nebenspitzen, Eckzähne beim Bullen groß, Außenzehen der Hintergliedmaßen länger als mittlere, beim Männchen aufblasbarer Rüssel, deutlicher Sexualdimorphismus. **Südlicher See-Elefant** (*M. leonina*): Männchen bis 6,50 m, Weibchen bis 3,50 m lang, oberseits bläulich graubraun bis braun, Bauch heller. Männchen mit breitem Kopf und kurzem, breitem, aufblasbarem Rüssel. Subantarktische Inseln und Küsten zwischen 40° und 60° südlicher Breite, vereinzelt nördlicher. – **Nördlicher See-Elefant** (*M. angustirostris*): sehr ähnlich, aber kleiner, hell- bis graubraun, Kopf schmaler, Rüssel länger, bei alten Männchen seitlich herabhängend. Inseln und Küsten des Pazifiks von Alaska bis zum mittleren Südamerika einschließlich Galapagos.

Klappmützen (*Cystophora*): 1 Art. Etwa 2,50 m lang, Weibchen etwas kleiner. Typisch ist die elastische Nasenscheidewand, die als Hautausstülpung („Mütze") nach außen aufgeblasen werden kann. Mütze der Männchen kann zu solcher Größe aufgeblasen werden, dass die Kopfgröße scheinbar verdoppelt wird. Erwachsene silbergrau bis gelblich weiß mit dunklen, unregelmäßigen Flecken, Kopf deutlich dunkler als übriger Körper und ungefleckt. Halbwüchsige und jungerwachsene, bis 5 Jahre alte Individuen einheitlich graublau (sog. Blaumänner). **Klappmütze** (*C. cristata*), auch Mützenrobbe: Nordatlantik und Eismeer, vereinzelt südlicher.

Gefährdungsstatus. Bestand des Nördlichen See-Elefanten in weiten Teilen seines Verbreitungsgebietes ausgerottet, Gesamtpopulation etwa 55000 Tiere, in der Wildnis durch Schutzgebiete nicht mehr gefährdet. Bei Klappmütze und Südlichem See-Elefanten Artbestand noch gesichert.

Lebensweise. Dämmerungs- und Nachttiere (See-Elefanten), während der Fortpflanzungszeit auch tagsüber sehr rege. Lebensraum offenes Meer, flacher Strand von Insel- oder Festlandküsten (See-Elefanten), Treibeis, Ränder von Eisfeldern (Klappmütze). Meist gesellig, doch teilweise während weiter Wanderungen zu Nahrungs-, Liege- und Fortpflanzungsplätzen auch Einzelgänger. Fortpflanzungszeit im Frühjahr (Südliche See-Elefanten August/September). Dann ortstreu auf generationenlang benutzten Wurf- und Paarungsplätzen. Klappmützen in losen Kolonien aus Einzelfamilien (keine Harems), See-Elefanten in dicht besiedelten Kolonien mit Haremsbildung. Wie bei Ohrenrobben treffen zuerst Männchen ein. Rangordnungs- und Territorialkämpfe, dabei wird der Rüssel aufgeblasen (Imponierverhalten). Abgeschlagene und jüngere Männchen halten sich am Rand der Kolonie auf, bleiben auch streitlustig. Kämpfende Bullen richten den Vorderkörper auf und schlagen mit lautem Gebrüll bei geöffnetem Maul mit den oberen Eckzähnen auf den Gegner ein. Auch bei Klappmützen Kämpfe um die Weibchen. Die weiblichen See-Elefanten werden unter erneuten Kämpfen zwischen den Männchen zu Gruppen von 10–12, selten von 30–40 zusammengetrieben. Geburt Ende März/Anfang April (Südliche See-Elefanten Ende September). Einsetzen der Brunst 3 Wochen später, bei Klappmützen oft schon nach 1 Woche. Nach der Paarungszeit verlassen die abgemagerten Alttiere mit Jungen die Wurfplätze für etwa 1 Monat und suchen diese oder traditionelle Liegeplätze (Klappmütze im Treibeis der Dänemark-Straße zwischen Ostgrönland und Island) gemeinsam während des Haarwechsels auf (nördliche Arten im Juni, Südlicher See-Elefant im Dezember). Haarwechsel ist eine starke körperliche Belastung. Infolge der Fastenzeit erneute Abmagerung. Danach Zerstreuung der Gruppen, meist als Einzelgänger auf offenem Meer, schlafen aber am flachen Strand oder auf Treibeisschollen (Klappmütze). Im Spätsommer und Herbst verstärkte Nahrungsaufnahme, Bildung von Fettreserven vor Winterbeginn. See-Elefanten, vermutlich auch Klappmützen, tauchen tief (nach bisherigen Angaben 100–250 m), beim Nördlichen See-Elefanten mit Tauchdauer von bis zu 2 Stunden nachweislich bis 1600 m tief.

Nahrung. Fische, z.B. Heringe, Makrelen, Dorsche, auch Grundfische (Plattfische), außerdem Muscheln, Kopffüßer, wenig Tang.

Haltung von Robben

Robben gehören zu den attraktivsten, gleichzeitig auch zu den biologisch interessanten Säugetieren, die durch ihren Körperbau und ihr Verhalten den Zoobesucher unaufdringlich bilden und ihm Erkenntnisse über wasserlebende Säugetiere nahe bringen.

In Tiergärten werden Südafrikanische Seebären und Kalifornische Seelöwen häufiger, Südamerikanische Seebären, Nördliche Seebären und Mähnenrobben seltener, Walrosse selten und Stellers Seelöwe sehr selten gezeigt, die meisten Südrobben nicht, Seeleopard nur ausnahmsweise, See-Elefanten vereinzelt, Klappmützen äußerst selten. An Hundsrobben werden weiterhin verschiedentlich Seehunde, Ringel- und Kegelrobben, selten Baikalrobben gehalten.

Eingewöhnung. Bei zoogeborenen Tieren meist ohne Schwierigkeiten, allerdings bei manchen Arten, besonders bei Tieren aus der Wildnis, problematisch, z.B. bei Stellers Seelöwe, manchen Seebären, Mönchsrobben, Seeleopard, Klappmütze, Sattelrobbe, besonders aber bei Walrossen, die als Jungtiere gefangen werden, da aufgrund der langen Säugezeit eine Spezialfütterung erforderlich ist. Bei einigen anderen Arten wie Südrobben (außer Seeleopard, Bart- und Bandrobben) Eingewöhnung vermutlich unmöglich. Ursachen sind fehlende oder geringe Krankheitsresistenz, fehlende Tauchmöglichkeit, einseitige, unzureichende Ersatznahrung (Wirbellosenfresser), im Sommer Wärmeempfindlichkeit. Sehr oft hochgradige Verwurmung, besonders bei Wildfängen. Parasiten, deren Kreislauf auf Zwischenwirte angewiesen ist, sterben nach und nach aus, andere, so der in der Lunge parasitierende Fadenwurm *Otostrongylus circumlitis* und weitere Arten, machen keinen Wirtswechsel durch und müssen bekämpft werden. Vereinzelt treten auch Ektoparasiten auf, z.B. beim Seehund die Seehundslaus (*Echinophthirius horridus*) oder bei Walrossen die Robbenlaus (*Antarctophthirus trichechi*). Aufgrund schneller Entwicklungen im Bereich der Tierarzneimittel zur Behandlung unbedingt den Tierarzt konsultieren. Bei Neuankömmlingen ist Futterverweigerung nicht selten, bei gesunden Tieren unproblematisch, schwache oder junge Tiere werden entweder mit ganzen Fischen gestopft oder mit Fischbrei über eine Schlundsonde ernährt.

Unterkunft. Meist betonierte, geflieste oder mit dunklem Schutzanstrich versehene (mindert die Belastung der empfindlichen Robbenaugen durch UV-Strahlen), auch mit Kunstharz ausgekleidete, für mittelgroße Arten 1–3 m, für See-Elefanten bis 4 m tiefe, große Becken mit vergittertem Grundablass, breitem Überlauf und angeschlossenen geräumigen Unterkünften. Becken müssen so groß sein, dass die Tiere ausreichend schwimmen können. Beckenform von untergeordneter Bedeutung, aber spitze Winkel und strömungstechnisch tote Ecken müssen vermieden werden. Bei modernen Anlagen Unterwassereinblick durch Glasscheiben. Art und Höhe der Beckenbegrenzung ist vom Sprung- und Klimmvermögen abhängig. Breiter Überlauf, damit Laub und schnell verderbliche, schwimmende Futterreste abgespült werden können. Abfließen kann hier auch ein dünner Fettfilm, der sich bei der Fütterung auf der Wasseroberfläche bildet oder durch unverdaute Fettreste entsteht, die aus dem ins Wasser abgegebenen Kot frei werden. In modernen, großen

Beckenanlagen auch Wellen- und Wogenerzeugungsanlagen, die für eine starke Bewegung der Wasseroberfläche sorgen. Besonders Ohrenrobben nutzen das bewegte Wasser für spielerisches Schwimmverhalten. Ideale Verbindung von gitterfreier Einsicht und höchstmöglicher Überlauffläche sind Becken, deren Umfassungsmauer nicht höher als der Wasserspiegel ist und die von einem etwa 1–1,5 m tiefen, mit zahlreichen Schleusen versehenen, 1,5–2 m breiten Trockengraben umgeben sind. Höhe der Außenmauer von der Grabensohle bis zur Maueroberkante 1,8–2 m. Landabteile teils betoniert, teils mit feinkörnigem Kies, Sand und/oder Naturboden bedeckt, müssen hinsichtlich ihrer Größe allen Tieren genügend Liegefläche und Individualabstand gewähren und, wenn nicht mehrere Außenanlagen vorhanden sind, unterteilbar sein. Bei Vergesellschaftung verschiedener Arten größere Trockenfläche erforderlich, als bei Haltung von nur 1 Art auf der Anlage. Ausstiege können für gut springende Seelöwen teilweise steilwandig sein, müssen für Hundsrobben, See-Elefanten, aber auch für Ohrenrobben möglichst an mehreren Stellen des Landabteils flach oder etwas abgetreppt auslaufen. Besonders Seehunde halten sich viel in der Flachwasserzone mit 15–20 cm Wasserstand auf. Hundsrobben nehmen gern schollenartige Inseln oder Halbinseln aus Beton oder Kunststoff mit atemlochähnlichen Ausstiegen an, um das Wasser zu verlassen. Für spielfreudige Seelöwen und Seebären dem Becken zugewandte schräge Rutschflächen und plateauartig erhöhte Sprungplätze anbieten. Im Anschluss an die Landabteile Unterkünfte mit Absperrboxen. Als Bodenbelag glatter Beton mit hölzernen Liegerosten oder besser rutschfester Fliesenbelag mit Fußbodenheizung. Keine Einstreu erforderlich, aber Unterkünfte müssen trocken und zugfrei sein. In nasskalten Innenkäfigen besteht im Winter bei tropischen Arten, aber auch bei Kalifornischen Seelöwen und Mönchsrobben Gefahr von Erkältungskrankheiten. Außer Mönchsrobben sind fast alle nicht tropischen Arten winterhart, Nördliche See-Elefanten auch bis –15 °C, wenn offenes Wasser vorhanden. Bei niedrigen Temperaturen suchen die Tiere viel das Wasser auf. Walrosse, See-Elefanten und Seehundverwandte halten Atemlöcher offen, welche jedoch im Süßwasser schneller als im Salzwasser zufrieren. Deshalb regelmäßig kontrollieren, wenn Vereisung des Wassers nicht mit anderen Mitteln (z. B. Einsatz von Strömungspumpen, ständiger Zulauf von möglichst vorgewärmtem Wasser, Sole) verhindert wird. Gegen Vereisung im Winter auch starke Belüftung mittels Kompressor oder über eine auch für die Filterung wichtige Strömungsführung. Ohrenrobben meiden vereiste Flächen, schlafen auch nicht gern im kalten Wasser, sondern suchen Schlafkäfige auf. Bei strengem Frost subtropische Arten, u. a. auch Kalifornische Seelöwen, nachts in eine frostfreie Unterkunft überführen bzw. diese den Tieren für freie Wahl zugänglich machen. Im Sommer extrem nördliche und südliche Arten hitzeempfindlich, Beckenwassertemperatur für empfindliche Arten durch geeignete Kühleinrichtungen möglichst nicht über 15–16 °C ansteigen lassen. Walrosse und andere Arten sonnen sich aber auch gern, gehen nach dem Sonnenbad zur Abkühlung ins Wasser. Zur Beckenfüllung wird bisher noch wie früher meist Süßwasser verwendet, häufig Trinkwasser, aber auch Brauchwasser aus Brunnen, seltener Quellen. Mineralische Beimengungen, z.B. Härtebildner, sind unschädlich. Je nach Beckengröße, Zahl der Insassen und Verschmutzungsgrad Beckenreinigung täglich bis einmal wöchentlich vornehmen.

Besonders Ohrenrobben vor dem Ablassen des Beckenwassers in Unterkünfte überführen, da die Gefahr besteht, dass sie in das leere Becken springen. Bei reiner Süßwasserhaltung mehr oder minder starker ständiger Frischwasserzulauf zum Abspülen schwimmender Schmutzstoffe, im Sommer zur Wasserkühlung, im Winter, um eine Vereisung wenigstens teilweise zu verhindern, vornehmen. In vielen Anlagen wird dazu das Überlaufwasser gefiltert, manchmal auch gechlort, im Sommer gekühlt, im Winter leicht erwärmt (Kreislaufnutzung besonders bei trinkwassergespeisten Becken). Zur Beckenfüllung sollte heute Salzwasser bevorzugt werden, welches meist als gesättigte Lösung dem Süßwasser beigemischt wird. Eine komplette Filterung garantiert bei gleichzeitig hohen Standzeiten die nötige Reinheit und Durchsichtigkeit des Wassers. Salzwasserreinigung erfolgt über Vorfilter, mechanischen Filter, Eiweißabschäumer, Ozonisator und UV-Klärer mit einem stündlichen Durchlauf des gesamten Beckenwassers. Vergleichbar effektive Filterungen für Süßwasser gibt es nicht. Chlorung und andere chemischen Zusätze sind bei Salzwasser und entsprechender Filterung nicht nötig.

Becken täglich auf Fremdkörper kontrollieren. In Tiergärten spielen Robben mit Gegenständen, die ins Wasser fallen, schlucken diese absichtlich oder unabsichtlich ab. Dazu gehören vor allem Steine, Kastanien, Laub, Plastikspielzeug. Die Gefahr durch Fremdkörper wurde früher oft überbewertet. Außer von Metallen (Geld) und Plastikkörpern geht von natürlichen Gegenständen weniger Gefahr aus, als oft befürchtet. Dennoch Robbenanlagen regelmäßig und häufig von Fremdkörpern reinigen. Laub ist zwar weniger gefährlich, als früher oft angenommen, trotzdem Blätter wegen der Wasserverschmutzung regelmäßig von den Wasserflächen abfischen. Die Gefährlichkeit des Verschluckens von Steinen ist umstritten. Auch bei in der Wildnis gefangenen Robben hat man regelmäßig Steine im Magen gefunden, die bei Seebären bis 3 cm lang waren und insgesamt 200–300 g wogen. Möglicherweise erfüllen Steine im Magen verdauungsrelevante Funktionen, wenn sie in mäßiger Zahl aufgenommen werden. Größere Mengen Steine können aber auch zum Tod führen wie in Leipzig bei einem Seelöwen, der 728 Steine von zusammen etwa 30 kg Gewicht im Magen hatte. Steinfüllungen im Magen wurden hin und wieder auch im Freiland in toten Robben gefunden, jedoch bezogen auf die Gesamtpopulation in verschwindend geringer Zahl. Besonders Seebären benutzen Steine im Zoo aber auch oft als gefährliche Wurfgeschosse, beschädigten damit in Leipzig sogar Scheiben aus Sicherheitsglas. Kleine Bälle oder anderes schwimmendes Spielzeug, das von unwissenden Besuchern z.T. in guter Absicht in das Becken geworfen wird, sind ebenso gefährlich wie alle glitzernden Dinge (Glasscherben, Nägel, metallische Flaschenverschlüsse und dergleichen). Aufgenommene Fremdkörper können oft den sehr engen Magenausgang nicht passieren, verbleiben dort und führen meist zum Tod, wie z.B. 505 Geldstücke von fast 2 kg Gewicht bei einem Seehund im Lincoln Park Chicago. Die Ränder abgeschluckter Münzen werden durch die Magenbewegungen und durch das Aneinanderschleifen außerdem nicht selten rasiermesserscharf und zerschneiden die Magen- und Darmwände. Besonders junge Walrosse sind extrem durch Fremdgegenstände jeder Art gefährdet.

Umgang. Robben werden meist sehr zahm, lernen schnell, aus der Hand zu fressen, und sind leicht dressierbar, besonders im Zusammenhang mit der Fütterung. Walrosse werden sogar sehr anhänglich, folgen dem Pfleger gern auch in unbekanntes Gelände, z.B. monatlich zur Waage. Bei Robben breit gefächertes Zieltraining („Target"), sowohl zur Beschäftigung und Konditionierung als auch zur Gesundheitskontrolle und für medizinische Maßnahmen. Pazifische Walrosse sollen sich leichter halten lassen als atlantische. Jungtiere und Erwachsene sind Publikumslieblinge, denen nur selten verargt wird, dass sie mit dem Maul zielsicher Wasser unter die Besucher spritzen. Auch erwachsene männliche See-Elefanten bleiben zahm, doch sind sie oft während der Brunstzeit unberechenbar, manche sogar aggressiv. Drohende Tiere richten den Oberkörper auf, betrachten deshalb den aufrecht gehenden Menschen als provozierenden Nebenbuhler und bringen ihn in eine lebensgefährliche Situation, wenn sie den Tierpfleger unter sich „begraben". Zahme Robben nicht am Oberkopf oder Genick streicheln, sind dort sehr empfindlich und beißen blitzschnell zu. Während des Fellwechsels gehen die Tiere nicht oder nur widerwillig ins Wasser. Wegen der Gefahr von Hautinfektionen nicht ins Wasser treiben. Haarwechsel erfolgt bei Seebären in flächigen Fetzen. Bei See-Elefanten löst sich zusätzlich die Oberhaut, wird anfangs spröde, rissig und brüchig, hebt sich dann, an den Rissrändern leicht nach oben eingerollt, borkig ab. Haarwechsel meist im Mai/Juni, bei Seelöwen, den meisten Hundsrobben im April/Mai, bei Südlichen See-Elefanten im April bis Juni, vereinzelt auch bis August, bei Nördlichen See-Elefanten im Juni/Juli, bei Klappmützen im Juli. In der Wildnis suhlen See-Elefanten während dieser Zeit viel.

Transport in Spezialkisten (siehe Band „Grundlagen“) mit guter Luftzirkulation, in denen die Tiere bei Bedarf mit Wasser begossen werden können. Bei allen Arten Überhitzung vermeiden. Während der Reise nicht selten Nahrungsverweigerung, bei Südlichen See-Elefanten oft wochenlang. Erwachsene Individuen vertragen längere Fastenzeiten meist komplikationslos, Jungtiere müssen zwangsernährt werden wie bei künstlicher Aufzucht.

Fütterung. Seefische, besonders mittelfette Heringe, daneben Makrelen, Dorsch, Wittling, Sardinen, in den USA auch Stinte. Wichtige Zusatznahrung sind Kopffüßler (Kalmar). Gräten und Schuppen von Süßwasserfischen werden von manchen rein maritim lebenden Arten nicht verdaut, können im Magen zu klumpenförmigen Fremdkörpern verfilzen, deshalb Süßwasserfische nur in Ausnahmefällen und dann nur kurzzeitig verfüttern. Großschuppige Arten nicht oder nur vorher abgeschuppt einsetzen. Lediglich zur Eingewöhnungsfütterung bei schlecht fressenden Neuankömmlingen lebende Forellen anbieten. Arten, die gelegentlich zu Kurzaufenthalten flussaufwärts wandern, z.B. Seehund, Kegelrobbe, Ringelrobbe, oder im Süßwasser leben wie Seal-Lake-Seehund, Baikal-, Kaspi- und Ladogarobbe können zur Abwechslung von Zeit zu Zeit kleine bis mittelgroße Süßwasserfische, z.B. Plötze, Rotfeder, Döbel angeboten werden. Walrosse erhalten in Hagenbecks Tierpark am Tag 1 Fütterung mit Tintenfisch und Sprotten und 1 weitere mit einem Futterbrei aus Seefisch, Wasser, Lebertran, Maiskeimöl, Sahne, verschiedenen Vegetabilien (Rote Bete, Apfel, Möhre, Zitrone), Salz, Ei, Kalk, Weizenkleie, Kalbs- oder Rinderhackfleisch und Naturreis vermengt mit diversen Vitamin- und Mineral-Spurenelement-Zugaben.

Seit Jahrzehnten bewährt hat sich für alle Arten die Beifütterung von Vitaminen und Mineralstoffen, in Kapseln oder Drageeform im Fisch versteckt, auch frischer Lebertran. Wegen der thiaminasehaltigen Kost (Heringe) ist die Beifütterung von Thiamin (Vitamin B_1) lebensnotwendig. Empfohlen wurde, einmal täglich 2 Stunden vor der Fütterung pro 100 kg Körpermasse 35 mg Thiamin zu verabreichen. Heute kann der komplette Bedarf an Vitaminen und Mineralstoffen durch die Zugabe von Fischfresser-Tabletten gedeckt werden. Bei Haltung im Süßwasser wird die Beifütterung von Kochsalz (täglich artverschieden und größenabhängig 4–10 g) in Form von Salztabletten notwendig, die hinter die Kiemendeckel der Futterfische geschoben werden. Im Zusammenhang mit der Fütterung werden bei Süßwasserhaltung die dabei nicht selten und besonders in der warmen Jahreszeit auftretenden Augenentzündungen oder Augentrübungen erfolgreich behandelt, indem Futterfische in Gefäße mit Salzwasser gelegt werden. Bei der selbständigen Entnahme der Nahrung baden die Tiere ihre Augen in Salzwasser, wenn diese Gefäße die erforderliche Tiefe besitzen. Nach neueren Erkenntnissen kann die Hornhauttrübung auch andere Ursachen haben, neben Süßwasserhaltung z.B. auch die starke Reflexion der Sonnenstrahlen von hellen Beckenböden, denn die Erkrankung tritt im Sommer besonders häufig auf.

Seeleoparden halten sich schlecht. Ernährung mit Fleisch, Geflügel und Kleintieren mit Fell, zusätzlich Seefisch und Krill oder Garnelen. Tagesrationen in Tabelle 26.25. Täglich 2–3 Fütterungen, da rasche Verdauung. Bei schlecht fressenden Tieren, besonders in der Eingewöhnungszeit, nach dem Absetzen von der Mutter oder bei Findlingen sind oft bis zu 8 Mahlzeiten erforderlich, mitunter auch als Zwangsfütterung verabreicht.

Keinen frischen Seefisch, sondern nur zuvor tiefgefrorenen Fisch aufgetaut füttern, da Robbenparasiten, die in Fischen als Zwischenwirte leben, erst bei Frosttemperaturen absterben. Tiefgefrorener Fisch sollte in kaltem, fließen-

Tab. 26.25 Tagesfutterrationen für Robben

Art	Anmerkung	Tagesmenge (kg)
Kalifornischer Seelöwe	männlich, Sommer	7,5–10
	männlich, Winter	12–19
	weiblich, Sommer	5
	weiblich	6
Südafrikanischer Seebär		8–10
Mähnenrobbe	männlich	12–15
	weiblich	8–10
Walross	6-jährig	25
See-Elefant	erwachsen	40–50
Klappmütze		15–30
Seehund	halbwüchsig	2–3
	erwachsen	5–6
Kegelrobbe		6–10
Ringelrobbe		6–8

dem Wasser aufgetaut werden, doch werden dabei neben Meeressalzen auch andere Inhaltsstoffe ausgeschwemmt, die mit Fischfresser-Tabletten ausgeglichen werden müssen. Vielerorts erfolgt das Auftauen an der Luft in gut belüfteten Räumen auf Rosten, eventuell auch in Kühlräumen bei Temperaturen zwischen 5 und 8 °C. In jedem Fall tiefgefrorenen Fisch langsam auftauen und sich vor der Fütterung überzeugen, dass der Auftauvorgang abgeschlossen ist. Körperinneres des Futterfisches prüfen! Größere Fische (z.B. Dorsch) entgräten, stets spitze, dornige Flossen und Stacheln entfernen. Auf einwandfreie Qualität der Fische achten (siehe Band „Grundlagen"). Möglichst aus der Hand füttern, damit wenig Fische ins Becken gelangen, die dort später verdorben aufgenommen werden können bzw. das Wasser belasten. Ausnahme davon machen u.a. Klappmütze und manche Hundsrobben, die die Futterfische vom Bodengrund nehmen. Bei Handfütterung erhält außerdem jedes Tier die zugemessene Ration, sonst verdrängen stärkere Individuen die schwächeren oder kommen ihnen zuvor, weil sie schneller sind. Darüber hinaus ist bei Handfütterung die individuelle Beifütterung von Zusatzstoffen leichter. Besonders bei Ohrenrobben, aber auch Seehunden, sollte die Fütterung mit einfachen Dressuren verbunden werden, um dem Besucher deren Beweglichkeit, Sprungvermögen, Fangsicherheit, Menschenvertrautheit usw. zu demonstrieren.

In der warmen Jahreszeit geringere Futteraufnahme, bei See-Elefanten bis zur Hälfte weniger als im Winter. Viele Arten (Hundsrobben, See-Elefanten) neigen infolge übermäßiger Futteraufnahme und mangelnder Bewegung zur Verfettung. Hundsrobben können sich dann nicht mehr robbend fortbewegen, sondern rollen sich an Land. Rationen kürzen! Nahrungsaufnahme während des Fellwechsels nur sporadisch oder wird völlig eingestellt.

Vergesellschaftung. Auch Einzelgänger paarweise oder zu mehreren verträglich. Die meisten Arten jedoch gesellig. In der Regel kann in Gruppen, besonders bei haremsbildenden Arten, aber nur 1 Männchen gehalten werden. Jedoch wurden im Zoo Warschau ganzjährig bis zu 3 geschlechtsreife männliche Kegelrobben zusammen mit mehreren Weibchen auf einer Anlage gehalten. Auch männliche Seehunde sind in gemischtgeschlechtlichen Gruppen untereinander verträglich.

In größeren Anlagen ist eine Vergesellschaftung verschiedener Arten möglich. Dann sind auch erwachsene Männchen untereinander verträglich, wenn keine zu enge systematische Verwandtschaft besteht. Dagegen mussten z.B. erwachsene männliche Kegelrobben und Seehunde wegen zunehmender Unverträglichkeit der Kegelrobben getrennt werden. Vereinzelt Kreuzungen beim Fehlen artgleicher Geschlechtspartner, so z.B. Afrikanischer Seebär × Seelöwe, Kegelrobbe × Ringelrobbe. Seehunde, junge Ringel- und erwachsene Baikalrobben vertragen sich gut mit Humboldt- und Brillenpinguinen, doch ist eine solche Vergesellschaftung aus tiergeografischen und didaktischen Gründen abzulehnen. Kegelrobben, aber vereinzelt auch Seehunde, haben Enten gefressen bzw. getötet.

Fortpflanzung und Zucht. Nur bei wenigen Arten gelungen und im Vergleich zur Zahl der gehaltenen Tiere relativ selten. Außerdem noch immer hohe Zahl von Totgeburten, was nur bei

Erstgeburten als normal angesehen wird. Geschlechtsunterscheidung bei Jungtieren nicht ganz einfach, zumindest bei Männchen ohne Scrotum, Hoden unter der Haut und meist nicht sichtbar. Vagina in Afternähe, Penisöffnung weiter davon entfernt. Bei erwachsenen Tieren auffällige Größenunterschiede und verschiedene sekundäre Geschlechtsmerkmale der Männchen, Ohrenrobben z. B. mit beulenartigem Fettpolster auf dem Oberkopf, Mähnenrobben mit Kopf-Schulter-Mähne, See-Elefanten mit Rüssel, Walrosse mit stärkeren Stoßzähnen. Eckzähne der Männchen meist verlängert, Schädel schwerer und gedrungener als von Weibchen.

Östrus kurz, meist nur 2–3 Tage, setzt bei multiparen Tieren (mit mehreren Jungen pro Geburtsvorgang) meist 2½–3½ Wochen nach der Geburt ein. Paarung bei Ohrenrobben vielfach an Land, bei Walross und Hundsrobben normalerweise im Wasser (Kegelrobben und See-Elefanten an Land), oft nachts. Bei manchen Arten (Afrikanischer Seebär) hängen die Partner, ähnlich wie paarende Hunde, für kurze Zeit aneinander. Männliche Ohrenrobben und See-Elefanten brüllen während der Paarungszeit viel. Seehundmännchen lassen untergetaucht blubbernd Luft entweichen. Männliche See-Elefanten, die nur paarweise, nicht in Haremsgruppen gehalten werden, sind in Menschenhand während der Paarungszeit oft übererregt, reagieren aufgestauten Kampftrieb durch Ruppigkeit am Weibchen ab. Bei Weibchen häufig Verletzungen im Nacken durch die oberen Eckzähne des Männchens. Aggressivität einzelner männlicher See-Elefanten kann so übersteigert sein, dass erwachsene Tiere nur während des Östrus des Weibchens zusammen gehalten werden können und die Tiere die übrige Zeit des Jahres getrennt leben müssen. Je größer, also naturgemäßer der Harem ist, desto mehr verringert sich die Aggressivität des Männchens gegen weibliche Tiere.

Tragzeit bei Seeleopard und Krabbenfresser 8–9, übrige Arten 11–11½ und 12 Monate (z. B. Kalifornischer Seelöwe 342–365 Tage), Südafrikanische Seebären in Toronto sogar bis 13½ Monate (Tragzeiten bei 10 Geburten 352–421, im Durchschnitt 388 Tage), Walross 14 Monate. Verlängerte Tragzeit (nicht bei Seeleopard, Krabbenfresser, vermutlich auch nicht bei übrigen Südrobben), nachgewiesen beim Südafrikanischen Seebären und Kalifornischen Seelöwen (Implantation 3–4 Monate nach der Paarung, eigentliche Tragzeit 8–9 Monate). Trächtigkeitsanzeichen nicht immer deutlich. Häufig Vergrößerung des Leibesumfangs (Seelöwen, Seebären, Kegelrobbe, Seehund). Kurz vor der Geburt Jungtierbewegungen sichtbar (Südafrikanischer Seebär) und Hervortreten der sonst in Hauttaschen verborgenen 4 Zitzen. 1–2 Tage vor der Geburt halten sich die Weibchen viel oder ausschließlich auf dem Land auf, ziehen sich auch von Artgenossen zurück (Hundsrobben). Auch deshalb benötigen Robbenanlagen ausreichend große, gut strukturierte Landteile und Absperrmöglichkeiten. Kurz vor dem Wurf meist Nahrungsverweigerung. Hochtragende Weibchen möglichst nur unter Aufsicht ins Wasser lassen, da Neugeborene nach unbeobachtetem Wurf (Geburt) an Land ins Wasser gelangen und ertrinken können. Mancherorts vor der Geburt zum Schutz des Jungen anfänglich ganztägige Isolierung des Weibchens, das nachts stets abgesperrt werden sollte. Entscheidung zur Abtrennung hochtragender Weibchen von der Gruppe maßgeblich von Sozialstruktur und Verhalten besonders der anderen Weibchen in der Gruppe abhängig machen, ist nicht immer erforderlich. Seelöwen und Seebären können oft mit den Müttern in der Gruppe bleiben.

Wurfzeiten in Menschenobhut: Südafrikanischer Seebär Mai/Juni, Kalifornischer Seelöwe Mitte Mai bis 2. Hälfte Juni (Würfe im April bis Anfang Mai meist Frühgeburten, Würfe Ende Juni bis Anfang Juli meist übertragen), Walross März bis Mai, See-Elefanten Mai/Juni, Ringelrobbe März/April, Kegelrobbe Mitte Februar bis Ende März, Seehund Mitte Juni bis Mitte Juli. Kreißende und gebärende Weibchen lassen oft laute Rufe, Schreien oder Bellen hören. Austreibungsphase bei der Geburt manchmal nur wenige Minuten.

Bei Kalifornischen Seelöwen 2 Stunden vor der Geburt unregelmäßige, 1 Stunde vorher regelmäßige Wehen. Einleitung der Geburt durch Fruchtwasserabgang, danach Fruchtblase sichtbar. Mehr als die Hälfte aller Jungen werden mit dem Kopf voran geboren, aber Hinterendlagen ebenso wenig ungewöhnlich. Geburtsdauer bei Kopflage 6–20 Minuten, bei Hinterendlage oft länger. Bei einem Zwillingswurf in Wuppertal wurden die Jungen im Abstand von 2 aufeinander folgenden Tagen geboren. Geburtsdauer bei Südafrikanischen Seebären dagegen nicht selten 1–2 Stunden. Nachgeburt geht etwa 45 Minuten nach der Frucht ab, manchmal aber auch Stunden später, wird gelegentlich gefressen.

1 Junges, Zwillinge selten (Südafrikanischer und Nördlicher Seebär, Mähnenrobbe, Kalifornischer Seelöwe, Seehund). Zwillingswürfe kommen selten auf. Bisher in Europa bei Kalifornischen Seelöwen mehrmals Zwillinge, von denen je 1 Wurf in Karlsruhe und in Wuppertal aufkamen. Seelöwenzwillinge wurden außerdem in Inuyama zweimal erfolgreich aufgezogen. Dort auch erstmals Drillinge (2 mumifizierte und 1 normal entwickeltes, totes Jungtier).

Geburtsgewichte und Körperlängen der Neugeborenen: Nördlicher Seebär 4–6 kg/70 cm, Südafrikanischer Seebär 3,5–5,5 kg/70 cm, Südamerikanischer Seebär um 5 kg, Australischer Seelöwe 6–7 kg, Kalifornischer Seelöwe 5,2–7,5 kg/60–70 cm, (Neugeborene wogen zwischen 4,2 und 9,9 kg. Junge um 4,2 kg sind wahrscheinlich frühgeboren und oft lebensschwach, Junge über 7,5 kg sind meist übertragen und nicht selten Totgeburten), Stellers Seelöwe um 20 kg, Mähnenrobbe 11–14 kg, Walross etwa 45 kg, Mittelmeer-Mönchsrobbe um 20 kg, Hawaii-Mönchsrobbe 16–17 kg, Nördlicher See-Elefant über 30 kg, Südlicher See-Elefant 26,5–35 kg/100–120 cm (eine Totgeburt mit 41,8 kg war vermutlich übertragen), Klappmütze 28–32 kg, Kegelrobbe 9–14 kg/90–100 cm, Bandrobbe bis 10 kg, Ringelrobbe 4–5 kg, Kaspi-Ringelrobbe um 5 kg, Baikal-Ringelrobbe um 3 kg, Sattelrobbe rund 18 kg/90 cm, Seehund etwa 15 kg/80 cm.

Junge Ohrenrobben und Walrosse beginnen bald nach der Geburt nach den mütterlichen Zitzen zu suchen, manche weiblichen Südamerikanischen Seebären unterstützen das Junge dabei. 1. Saugen nach wenigen Stunden, danach Saugakte von mindestens 10-minütiger Dauer im Abstand von 1–2 Stunden. Größere Saugpausen ab 5.–10. Tag bei Ohrenrobben, die mit 4 Wochen täglich tagsüber nur noch 3–5 Saugakte vollziehen. Kalifornische Seelöwen wechseln während eines Saugaktes oftmals die Zitzen, besaugen dabei jedoch nicht alle 4 Zitzen. Während des Saugaktes schmatzen die Jungen in Abständen laut. In dieser Zeit erfolgt keine Milchaufnahme, dient vermutlich der Zitzenmassage oder als akustische Stimulanz für die Mutter. In den Schmatzpausen dann Saugakte mit deutlichen Schluckbewegungen. In diesen Phasen oftmals Milchsekretion an nicht besaugten Zitzen.

Bei Hundsrobben Anzahl der täglichen Saugakte erheblich geringer als bei Ohrenrobben. Viele Hundsrobben legen ihre Jungen an geschützten Plätzen ab, suchen diese nur zum Säugen auf. Erstmalige Milchaufnahme bei Kegelrobben erst am 2. oder 3. Tag. Intervalle zwischen den Saugakten anfangs 1½–2, später 3–4 Stunden. Bei Ringelrobben täglich nur 1–2 Saugakte. Dennoch rasche Zunahmen, da Robbenmilch sehr eiweißreich und viel fetter als Kuhmilch ist. Das Geburtsgewicht junger Hundsrobben wird nach 7–10 Tagen verdoppelt, nach 3 Wochen verdreifacht. Während der Säugezeit kein oder nur geringes Längenwachstum, sondern infolge Ausbildung eines Speckmantels kräftige Umfangsvermehrung. Junge Ohrenrobben nehmen etwas langsamer zu, Seelöwen verdoppeln nach 1 Monat das Geburtsgewicht. Bei Ohrenrobben verlaufen Umfangsvermehrung und Längenwachstum gleichzeitig.

Die meisten neugeborenen Robben tragen ein dichtes, weichwolliges sog. Embryonalhaarkleid (Lanugo), auch als Natal- oder Geburtsfell bezeichnet. Dieses Babyfell ist ein idealer Kälteschutz, jedoch nicht wasserabweisend. Im Wasser durchnässt es bis auf die Haut, was zur Unterkühlung des Jungen führt, welches außerdem meist noch nicht schwimmen kann. Robbenmütter achten darauf, dass ihre Jungen anfangs nicht

Tab. 26.26 Milchzusammensetzung bei Robben

Art	Trockensubstanz [%]	Fett [%]	Eiweiß [%]	Kohlenhydrate [%]	Asche [%]	Proben [Anzahl]
Nördlicher Seebär	62,88 (71,10)	49,88[1] (58,20)	10,65[2] (8,70)	0,11 (0,14)	0,55 (0,40)	6 (1)
Südamerikanischer Seebär	67,90	55,20	11,60	0,0		5
Subantarktischer Seebär	48,60	26,40	22,40		0,60	1
Kerguelen-Seebär	58,64	42,35	11,44	0,13	0,68	87
Galapagos-Seebär		25,10	11,91			20
Südafrikanischer Seebär		49,00	12,00 (12,40)			1 (1)
Kalifornischer Seelöwe	54,17	40,48[3]	9,83[4]	0,60	0,75	24
Australischer Seelöwe	37,60	25,40	10,50		0,90	38
Walross	40,10	24,10	7,80		0,59	1
Seehund	54,20	45,00	9,00			1
Sattelrobbe	62,57 (48,60)	52,47[5] (37,63)	7,78[6] (8,88)	0,54 (0,79)	0,54 (0,60)	30 (12)
Kegelrobbe	66,91 (52,95)	53,56 (39,89)	11,62 (10,89)	0,82 (0,60)	0,77 (1,00)	76 (14)
Bartrobbe	56,58	48,56	8,84	0,05	0,60	5
Weddellrobbe	60,78 (42,85)	47,24[7] (26,35)	9,88[8]	1,00	0,88	99 (1)
Krabbenfresser	66,98 (55,09)	50,77 (35,03)	10,78 (10,04)	0,68 (0,78)	0,93 (1,04)	8 (1)
Nördlicher See-Elefant	58,71	44,14[9]	11,79[10]	0,21	0,61	24
Südlicher See-Elefant	51,95 (32,22)	41,61 (15,08)	9,98 (12,97)	0,18 (0,22)	0,68 (1,04)	66 (18)
Klappmütze	67,98 (66,00)	59,06[11] (56,30)	6,40 (6,19)	0,69 (0,86)	0,78	27 (7)

Angaben in Klammern: Werte für Kolostrum
Erwähnenswerte Abweichungen von Einzelproben:
[1]53,30 % [2]8,90 %, davon Kasein 4,60 %, Albumin und Globulin 4,30 % [3]36,50 % [4]13,80 % [5]42,65 % [6]10,45 %
[7]42,10 % [8]15,80 % [9]29,40 % [10]11,70 %, davon Kasein 5,20 %, Albumin und Globulin 6,40 % [11]40,43 %

zu nahe an das Wasser kommen. Junge lernen auch erst später die am flachen Ufer notwendige Atemtechnik. Seehunde und Klappmützen stoßen das Lanugo meist bereits vor der Geburt im Mutterkörper oder während des Geburtsvorgangs, sehr selten kurz danach ab. Ohrenrobben beginnen mit dem Fellwechsel mit etwa 3 Wochen und schließen ihn mit 6–7 Wochen ab. Das Geburtsfell der Ohrenrobben und See-Elefanten ist artverschieden braun, das der Südrobben grau bis graubraun, das der übrigen Hundsrobben gelblich weiß bis grauweiß. Junge Sattelrobben besitzen ein schneeweißes Geburtsfell. Bei dieser Art setzt der Fellwechsel mit 14, bei Kegelrobben mit 11–22, bei See-Elefanten mit 10, bei den übrigen Hundsrobben mit etwa 14 Tagen ein und ist mit 4 Wochen abgeschlossen.

Bei den meisten Jungrobben ist bis zum Alter von 1 Woche eine Altersbestimmung durch den Nabelzustand möglich (eingetrockneter Nabelschnurrest fällt um den 3. Tag ab, Nabel völlig vernarbt am 7. Tag). Altersbestimmung bei Seebären auch durch Tonhöhe der Rufe, die zudem individuell sehr unterschiedlich sein können. Neugeborene sind bei der Geburt meist voll bezahnt. Milchgebiss bei Südlichen See-Elefanten mit 10 Tagen komplett, erste bleibende Molaren Ende des 2. Monats. Bei Ohrenrobben erste bleibende Molaren im 2. und 3. Monat, Zahnwechsel beginnt im 5. Monat und ist mit 8–10 Monaten abgeschlossen. Bei Kegelrobben Zahnwechsel noch im Mutterleib, bleibendes Gebiss bei der Geburt schon komplett durchgebrochen und gebrauchsfähig.

Bei Hundsrobben ist die Säugezeit kurz, etwa 3 Wochen, z.B. bei Sattelrobben 10–14, bei Kegelrobben 15–22, bei See-Elefanten 21–23 Tage, bei Ringelrobben 4, bei Seehunden 5–6 Wochen, bei Seeleoparden 2 Monate, Klappmützen nur 10–14 Tage. Danach wie bei anderen Robben abrupter Abbruch der Mutter-Kind-Beziehungen. Die Jungtiere fasten anschließend bis zum Abschluss des Fellwechsels, gehen dann ins Wasser und beginnen feste Kost zu sich zu nehmen, die aber bereits nach Abschluss der Säugezeit schon regelmäßig angeboten werden sollte, um ein zu starkes Abmagern zu vermeiden. Nach im Durchschnitt reichlich 40-tägiger (9–90 Tage) Fastenzeit wiegen junge Kegelrobben, die am Ende der Säugezeit im Durchschnitt 41 (28–46) kg auf die Waage brachten, nur noch durchschnittlich reichlich 26 (20,5–38,5) kg. Das Wasser suchen sie zwischen dem 40. und 50. Lebenstag auf. Anzustreben ist bei allen Hundsrobben, dass die Jungen mit Abschluss des Fellwechsels bereits futterfest sind.

Säugezeit bei Ohrenrobben lang, endet in der Regel kurz vor der Geburt des nächsten Jungen, d.h. mit knapp 1 Jahr, bei nicht erneut gedeckten Weibchen noch später (dauert bis 18 Monate). Mitunter säugen kinderlose Ammen weiter, wenn die Mutter das Junge nicht mehr saugen lässt. Bei Kalifornischen Seelöwen in den ersten 2 Monaten tägliche Zunahmen von 150–200 g, ab 3. Monat nur noch 65–100 g. Etwa ab 6. Monat reicht Muttermilch als alleinige Nahrung nicht aus, daher Jungtiere zeitweilig von der Mutter absperren und Fische zur spielerischen Nahrungsaufnahme anbieten, von denen dann auch Stücke abgeschluckt werden. Junge Seelöwen sollten möglichst spätestens mit 8 Monaten regelmäßig selbständig fressen. Notfalls Zwangsfütterung. Seebären sollen erst mit 10–11 Monaten in der Lage sein, Fische zu verdauen. Dennoch ebenfalls spätestens ab 8. Monat an Futterfisch gewöhnen. Säugezeit bei Walrossen 2 Jahre.

Junge Seehunde und Klappmützen gehen bereits in den ersten Lebenstagen ins Wasser und können schwimmen, übrige Hundsrobben nach dem Fellwechsel. Neugeborene Ohrenrobben (Seebären in Bremerhaven) können unter Zoobedingungen meist schon so gut schwimmen, dass sie selten ertrinken. Sie unterkühlen im Wasser aber sehr schnell. Erfahrene Weibchen, die in der Gruppe werfen, verlegen oft mit ihrem eigenen Körper dem Jungen den Weg zum Wasser. Im Zweifelsfall durch geeignete Absperrungen Zugang für beide zum Wasser verhindern, was allerdings bei Seebären teilweise schwierig und kritisch sein kann. Erst ab 2. Lebenswoche Zugang zum Wasserbecken, das flach auslaufende Uferzone haben muss (besonders bei Hundsrobben!), damit müde Junge mühelos an Land gelangen können. Erfahrene Mütter dirigieren ermattete Junge auch zum Landteil und heben die Jungen durch Schnauzenstöße aus dem Wasser. Wenn Mutter und Junges in der ersten Zeit von der Gruppe getrennt waren, Vergesellschaftung mit übrigen Artgenossen erst dann, wenn das Jungtier sicher schwimmt und den Ausstieg aus dem Wasserbecken zielsicher findet.

Weibliche Hundsrobben werden am Ende der Säugezeit oder kurz danach erneut brünstig und gedeckt, so z.B. eine Kegelrobbe, die 23 Tage säugte, ab 21. Tag. Brunstdauer 2–3 Tage. Seeleopard, Krabbenfresser und vermutlich übrige Südrobben haben getrennte Wurf- und Paarungszeiten. Brunst setzt 3–4 Monate nach vorangegangenem Wurf ein.

Weibliche Südafrikanische Seebären werden bereits 4–6 Tage nach der Geburt brünstig. Um Junge nicht zu gefährden, lässt man in Toronto den Bullen in dieser Zeit nicht zu Weibchen und Jungen, in Bremerhaven gab es damit nie Probleme. Kalifornische Seelöwen werden 4–6 Tage nach der Geburt für 2–4 Tage brünstig. In geräumigen Anlagen mit geeigneten Becken (Flachwasserausstiege) sind die dann schon recht gewandten Jungtiere nicht zu stark durch den Bullen gefährdet. Mähnenrobbenbullen sind oft sehr fürsorglich mit Jungtieren, bewachen sie sogar.

Geschlechtsreife bei Ohrenrobben in der Wildnis mit 3–4 (Weibchen) bzw. 4–5 Jahren (Männchen), obwohl letztere dann noch nicht völlig ausgewachsen sind. Im Zoo häufig viel früher. In Bremerhaven waren männliche Zwergseebären mit 2 Jahren zeugungsfähig, in Stuttgart waren ein männlicher und ein weiblicher Kalifornischer Seelöwe mit 3 Jahren geschlechtsreif. Ebenfalls vermutliche Frühreife bei einem männlichen Südlichen See-Elefanten, der mit knapp 2½ Jahren erfolgreich deckte. Geschlechtsreife von Kegelrobben bei Weibchen mit 4–5, Männchen mit 5–6 Jahren, bei den übrigen nordischen Hundsrobben vermutlich 1–2 Jahre früher, bei Seeleoparden Weibchen mit 2½, Männchen mit 4 Jahren, bei Walrossen Weibchen mit 6–8, Männchen mit 7–9 Jahren. Fertilität bleibt bis ins hohe Alter erhalten, z. B. bei Kegelrobben Männchen bis ins 26., ebenso bei Mähnenrobben, weibliche Kegelrobben bis ins 28. Lebensjahr. Ein weiblicher Kalifornischer Seelöwe brachte in Basel 16 Junge, ein anderes Weibchen mit 22 Jahren als letzten Wurf Zwillinge, die alle aufgezogen wurden.

Künstliche Aufzucht bei Robben häufiger als bei anderen Arten erforderlich, da nicht selten Jungtiere in Menschenhand gelangen, die sich noch in der Säugezeit befinden und nicht an feste Kost gewöhnt sind, z. B. Wildfänge von Walrossen, Ohrenrobben oder Seehundheuler. Bei diesen Tieren künstliche Aufzucht zwar nicht einfach, aber meist erfolgreich. Nach wie vor problematisch ist die künstliche Aufzucht neugeborener, von der Mutter nicht angenommener Jungtiere. Milchzusammensetzung in Tabelle 26.26. Robbenmilch ist fett- und eiweißreich, enthält aber keine oder nur wenig Kohlenhydrate, d. h. keinen oder sehr wenig Milchzucker. Das Zucker abbauende Ferment Laktase wird von Robbensäuglingen entweder nicht oder nur in sehr geringer Menge gebildet. Zur Aufzucht daher laktosefreie oder -arme Nahrung, sonst schwere, nicht selten tödliche Durchfälle. Aus gleichem Grund auch Haferschleim nur in geringer Menge einsetzen. Für Seehundheuler wird heute erfolgreich eine halbflüssige Emulsion aus fetten, sorgfältig entgräteten, absolut frischen Heringen eingesetzt, die in einem Küchenmixgerät fein gemust, mit Wasser unter Beigabe von Vitaminzusätzen emulgiert wurde. In den ersten Tagen 4–5 Mahlzeiten, je 200–300 g, später 3 Mahlzeiten, Menge individuell verschieden (überfütterte Tiere brechen, hungrige betteln und heulen). Bei optimaler Sättigung schlafen die Jungtiere nach der Fütterung sofort ein. Bei empfindlichen Tieren mehrere Fütterungen mit kleineren Mengen. Schwachen Jungtieren als 1. Mahlzeiten frisches Rinderserum (vom Schlachthof) oder entsprechende Präparate verabreichen. Fütterungstechnik bei künstlicher Aufzucht mit einer Magensonde. Die Jungtiere schlucken meist nach kurzer Zeit den Schlauch (1,2–1,5 cm Durchmesser) ohne größere Gegenwehr. Nahrung stets handwarm, kann über einen Trichter oder ein Einlaufgefäß langsam allein in den Magen laufen (mit Stress für das Tier verbunden, da sehr langwierig) oder erheblich schneller, aber behutsam unter ganz leichtem Druck mit einer großen Spritze eingegeben werden. Vor Bissen hüten (lange Lederhandschuhe, Beißholz mit Loch für die Sonde), Robbenbisse heilen schlecht! Unter Vorzeigen des Schlauches (Auslöser für bedingte Reflexe) können manchmal bald auch entgrätete Heringsstücke, später ganze Heringe in das Maul gesteckt werden, welche die Jungtiere dann abschlucken. Anfangs müssen aber die Fische oft tief in den Schlund geschoben werden. Mit 3 Wochen sollen junge Seehunde, Kegel- und andere nördliche Hundsrobben auf feste Kost umgestellt sein. In Bremerhaven bekommen Seehunde oft bereits nach dem 5. Tag ganze Heringe. Mit der folgenden Methode konnten 2 See-Elefanten aufgezogen werden: 1. Tag frisches Rinderserum und Boviserin, ab 2. Tag etwa 8 Teile Sahne (Fettgehalt 40 %), 2 Teile Boviserin sowie Multivitaminzusätze. Milchzuckergehalt von etwa 2,4 % wurde vertragen, doch verloren die Jungtiere an Gewicht, anstatt zuzunehmen. Erst als ab 22. Tag Muschelfleischmus, ab 29. Tag Heringsmus zugesetzt wurde, traten Gewichtszunahmen ein. Für einen neugeborenen Kalifornischen Seelöwen bewährte sich eine Mischung aus 150 g Mus von grätenfreien Makrelenfilets, 50 g laktosefreiem Milchpulver (Milchaustauscher), 30 ml Pflanzenöl, 50 ml Schlagsahne, 10 ml Boviserin und 150 ml Wasser, dazu ½ Tablette Meeressalz, mineralisierten Futterkalk und Multivitaminpräparat. Das Gemisch wurde aus der Milchflasche mit einer Temperatur von 42 °C anfangs in 8–10 Mahlzeiten mit täglich 400–900 g, im 2. Monat 7 Mahlzeiten (davon 2 nachts) mit 700–1000 g, im 3. Monat 4–6 Mahlzeiten mit 1,20 kg, im 4. Monat 1,50 kg und vom 7.–13. Monat 4 Mahlzeiten bis 1,60 kg angeboten. Heute verzichtet man in der Robbenaufzucht wegen des darin enthaltenen Milchzuckers weitgehend auf Kuhmilch und Sahne. Zucht bei Kalifornischen Seelöwen, Südafrikanischen Seebären und beim Seehund verhältnismäßig häufig gelungen. In Bremerhaven züchten Zwergseebären und Mähnenrobben seit Jahren regelmäßig. Vereinzelt nur Zuchterfolge bei Stellers Seelöwen, Nördlichem Seebär, Nördlichem und Südlichem See-Elefanten (Erstzucht 1965), Kegelrobbe (Erstzucht 1957) und Walross (Erstzucht 1975).

Höchstalter in Menschenobhut. Südamerikanischer Seebär 29½, Nördlicher Seebär 24, Südafrikanischer Seebär fast 30½, Stellers Seelöwe 29¼, Kalifornischer Seelöwe über 33, Australischer Seelöwe über 23¾, Mähnenrobbe 29, Atlantik-Walross 33, Pazifik-Walross 35, Mittelmeer-Mönchsrobbe fast 23¾, Hawaii-Mönchsrobbe 20½, Seeleopard fast 16½, Kegelrobbe 43, Seehund 47¾, Ringelrobbe 15, Baikalrobbe über 23, Sattelrobbe über 16¼, Bandrobbe fast 8, Südlicher See-Elefant fast 23¾, Nördlicher See-Elefant fast 13¾, Klappmütze fast 12¼ Jahre.

Familie Marder (Mustelidae)

Ursprünglichste Familie der Landraubtiere. Vorfahren bereits im Neogen von teils wiesel-, otter- oder dachsähnlicher Gestalt. Bisweilen Unterteilung in 8 Unterfamilien, der Übersicht halber und der tiergärtnerischen Praxis entsprechend wird nachfolgend die klassische Unterteilung Otterartige (Lutrinae) und Wieselartige (Mustelinae) verwendet. Für die Skunks (Mephitidae) wurde der Status einer Familie geschaffen.

Marder zeichnet bis auf wenige Ausnahmen (Dachse, Vielfraße) ein langgestreckter, schlanker Körper aus. Bekrallte Gliedmaßen stets fünfzehig. Meist langer, dicht behaarter Schwanz. Paarige Analdrüsentaschen mit stark riechendem Sekret.

Verbreitung. Ganze Erde, außer Antarktis und Australien.

22 Gattungen, 58 Arten.

Otterartige (Lutrinae)

Auch Wassermarder genannt. Gestalt marderähnlich, kleinste Art etwa baummardergroß, größte einschließlich Schwanz bis 2,20 m lang. Männchen größer und schwerer als Weibchen. Kopf flach, breit, kleine Ohren, wie Nasenlöcher verschließbar. Zahnformel: 3/2–3 1/1 3–4/3 1/2. Rumpf schlank, walzenförmig. Gliedmaßen kurz, mit Schwimmhäuten und nagelartigen Krallen. Schwanz lang, muskulös, spitz. Fell wasserabweisend, mit dichter, weicher Unterwolle und kurzen, glatten Grannen (mehr als 1000 Haare/mm^2, damit eines der dichtesten Felle im Tierreich, macht starkes Unterhautfettgewebe überflüssig).

Verbreitung. Amerika, Afrika, Eurasien einschließlich Sunda-Inseln.

7 Gattungen, 12 Arten.

Altweltotter (*Lutra*): 3 Arten. **Fischotter** (*L. lutra*), auch Europäischer Otter, Eurasischer Fischotter: braun, Lippen, Kehle, Unterhals und Vorderbrust weißlich, Schwanz im Querschnitt rund. 28 Unterarten. Europa, Nordafrika, Asien bis Nordostsibirien, südlich bis Indien. – **Haarnasenotter** (*L. sumatrana*): ähnelt Eurasischem Fischotter, stark behaarte Schnauze. Vietnam, Thailand, über die Malaiische Halbinsel bis Sumatra, Borneo und Java.

Fleckenhalsotter (*Hydrictis*): 1 Art. **Fleckenhalsotter** (*H. maculicollis*): Kehle und Vorderhals aufgehellt und hell gefleckt, sonst braun gefärbt. Westafrika (Angola bis Elfenbeinküste), Ostafrika (Äthiopien bis Mosambik) und Südafrika (Südostkongo, Sambia und Botsuana bis Namibia und Südafrika).

Glattotter (*Lutrogale*): 1 Art. Ähnelt Fischotter, schwarzbraun, aber weicheres Fell, flacherer Schwanz, runderer Schädel mit kürzerer Schnauze und größeren Zähnen. **Glattotter** (*L. perspicillata*), auch Indischer Fischotter, Weichfellotter: 3 Unterarten. Irak (Restvorkommen), Afghanistan, Nepal, Südchina, Indien, Hinterindien von Thailand und Vietnam ein-

Abb. 26.50 Zwergotter (*Aonyx cinerea*) leben gesellig in Familiengruppen.

schließlich Malaiische Halbinsel, Malaysia, Indonesien, Sumatra, Borneo, dazu eine kleine, heller gefärbte, isolierte Population im Industal von Pakistan.

Amerikanische Fischotter (*Lontra*): 4 Arten. Ähneln dem Europäischen Fischotter. Fell oberseits braun, Unterseite hellbraun oder gräulich, Schnauze und Kehle weiß oder hellgrau. **Kanadischer Fischotter** (*L. canadensis*), auch Kanadischer Flussotter: Schwanz seitlich etwas abgeflacht. 7 Unterarten. Alaska bis südliche USA. – **Südamerikanischer Fischotter** (*L. longicaudis*): ähnlich. 3 Unterarten. Mexiko bis Uruguay und Mittelargentinien. – **Südlicher Flussotter** (*L. provocax*): Patagonien (mittleres und südliches Chile) und Westargentinien. – **Küstenotter** (*L. felina*), auch Chilenischer Fischotter oder Chungungo: Peru bis Chile, äußerster Süden Argentiniens, größte Population auf der chilenischen Insel Chiloé, eingeführte Population auf den Falklandinseln.

Fingerotter (*Aonyx*): 2 Arten. Feinsystematik umstritten. **Kapotter** (*A. capensis*), auch Fingerotter: Finger und Zehen ohne Krallen, rudimentär lediglich winzige, fingernagelähnliche Hornplatten, Schwimmhäute nur noch an den Hinterfüßen, vorn nicht mehr vorhanden oder nur sehr kurz, braun, helle Kopf- und Kehlzeichnung. 2 Unterarten. Afrika südlich der Sahara vom Senegal bis Äthiopien und in Ost- und Westafrika südwärts bis Südafrika. – **Zwergotter** (*A. cinerea*), auch Kurzkrallenotter: lange als eigene Gattung *Amblonyx* geführt. Kleinster Otter, äußerlich dem Fingerotter ähnlich, oberseits braun oder grau, unterseits heller, Krallen an Vorder- und Hintergliedmaßen sehr klein und stummelförmig, vorn ohne Schwimmhäute. 3 Unterarten. Indien bis Südchina mit Taiwan und Hainan, Hinterindien, Indonesien (Große Sunda-Inseln) und Malaysia (Palawan).

Riesenotter (*Pteronura*): 1 Art. Größter im Süßwasser lebender Otter. **Riesenotter** (*P. brasiliensis*), auch Brasilianischer Otter: nach dem Seeotter zweitgrößte Art, stark gewölbter Schädel mit kurzer Schnauze, an Vorder- und Hintergliedmaßen gut entwickelte Schwimmhäute, Schwanz am Ansatz rund, an den beiden Enddritteln abgeflacht, Seitenkanten dort gerippt, Fell dunkelbraun, Lippen, Kinn, Kehle und Brust mit heller Fleckzeichnung, die bei allen Tieren individuell verschieden ausfällt. Gutes individuelles Kennzeichen! Möglicherweise 2 Unterarten. Nördliches Südamerika von Venezuela und Guayana, über Brasilien in den Flusssystemen von Orinoko und Amazonasbecken bis Nordostargentinien, Paraguay und Uruguay in den Flusssystemen des unteren Rio Paraná und Rio Paraguay.

Meerotter (*Enhydra*): 1 Art. Einziger ausschließlich maritimer Otter. Vergrößerte Backenzähne, deren Oberfläche aus niedrigen, rundlichen Höckern besteht. Damit können die harten Schalen von Beutetieren geknackt werden. Größter und schwerster Otter, bis 1,8 m

Abb. 26.51 Der Riesenotter (*Pteronura brasiliensis*) ist der größte im Süßwasser lebende Otter. Er lebt und jagt in Gemeinschaft.

lang, bis 33 kg schwer, Gestalt plumper als bei Riesenotter, Schwanz kürzer, leicht kellenartig abgeflacht, keilförmig, Hand kurz, Fuß robbenähnlich, langflossig. Hautfalte im Achselbereich für den„Werkzeugtransport". Fell extrem dicht, aus gröberen, dunkleren Deckhaaren und einer sehr feinen, hellbraungrauen Unterwolle, schwärzlich dunkelbraun, Kopf, Kehle und Brust grauweiß, leicht gelblich überhaucht. **Seeotter** (*E. lutris*), auch Kalan, Meerotter: 3 Unterarten. Ursprünglich Westküste Nordamerikas, Inseln des Beringmeeres und des nördlichen Stillen Ozeans, Nordostasien von Kamtschatka über die Kurilen und das Ochotskische Meer bis Hokkaido, großflächig ausgerottet, geschützte Reste heute vor Kalifornien, vor Alaska, auf den Kurilen und Kommandeursinseln.

Gefährdungsstatus. Bestand in der Wildnis nur teilweise ungefährdet, mehrere Arten regional vom Aussterben bedroht oder auch ausgerottet. Seeotter in der 1. Hälfte des vorigen Jahrhunderts fast ausgerottet, seither durch strengen internationalen Schutz Bestand der Population wieder angewachsen, der Alaska-Seeotter (*E. l. kenyoni*) trotzdem stark gefährdet, der Kalifornische Seeotter (*E l. nereis*) trotz Schutzmaßnahmen noch nicht wieder in ausreichendem Maße erholt (durch große Verluste in Fischernetzen Population etwa 3000 Tiere). Zumindest teilweise regional bestandsgefährdet sind Riesenotter, Südamerikanischer Fischotter, Küstenotter und Südlicher Flussotter, Kamerun- (*Aonyx capensis microdon*) und Kongo-Fingerotter (*A. c. congica*). Als generell schutzbedürftig gelten Fischotter, Glattotter, Fleckenhalsotter und Riesenotter.

Internationales Zuchtbuch für den Zwergotter im New Forest Wildlife Park, England, EEP für den Europäischen Fischotter in Paris Jardin, Internationales Zuchtbuch und EEP für den Riesenotter in Schwerin.

Lebensweise. Von tropischen Arten wenig bekannt. Tag- und Dämmerungstiere, nur in Gebieten mit starker Beunruhigung Nachttiere, dann besonders in hellen Nächten rege (Europäischer Fischotter, der aber in ungestörten Arealen stets tagaktiv ist). Lebensraum bewaldete, buschbestandene, mangroven- oder schilfbewachsene Ufer stehender oder ruhig fließender Gewässer und Flussmündungen. Zwerg-, Glatt-, Finger-, Kanadischer und Europäischer Fischotter auch an Meeresküsten und küstennahen Inseln, Seeotter an steilen, felsigen Küsten, Riffen, Küstenfelsen und Inseln am Polarkreis (nördliche Verbreitungsgrenze des Fischotters).

Fischotter ortstreu in großen Revieren mit festen Wechseln durch dichten Bewuchs zum Wasser („Otterstiege") und zum selbst gegrabenen Wohnbau mit Wohnkessel oberhalb der Hochwasserlinie, Luftschacht und Landausstieg sowie Unterwasserzugang. Als Höhle auch ufernahe Erdbaue anderer Tiere. Neben Hauptbau zahlreiche Ruheverstecke, die auf weiten, oft tagelangen Jagdausflügen aufgesucht werden. Kein Winterschlaf, im Winter werden Atemlöcher und Ausstiege eisfrei gehalten. Bei starken Störungen und Nahrungsmangel weite Wanderungen in neuen Lebensraum, meist nachts zu Wasser, aber auch über Land und Gebirge. Wurfhöhlen der Riesenotter in Uferböschungen oder unter Wurzeln, Fingerotter haben Verstecke in Felsspalten, Erdhöhlen, unter Geröll oder dichtem Pflanzenwuchs, Zwergotter Wurfverstecke in Böschungen von Reisfeldern, graben keine Höhlen, Seeotter nutzen offene, flache, kotmarkierte Erdmulden, schlafen auf großen Tangfeldern im offenen Meer, kommen nur sehr selten an Land. Europäische Fischotter und Fingerotter sind sowohl Einzelgänger, als auch paarweise oder in Mutterfamilien. Kanadischer Fischotter, Zwerg-, Fleckenhals- und Riesenotter in Familien. Bei Seeottern trennen sich Männchen und Weibchen nach der Paarungszeit, letztere dann mit Jungtieren verschiedenen Alters in Gruppen von bis zu 20 Tieren aus mehreren Mutterfamilien. Seeotter an Land plump und ungeschickt, übrige Arten laufen und springen gut. Im und unter Wasser sind alle Arten schnell, beweglich und gewandt, schwimmen und tauchen in Bauch-, Seiten- und Rückenlage. Fortbewegung und Steuerung durch schlängelnde Bewegung des Rumpfes und Schwanzes sowie kräftiges Kraulen mit den Hinterbeinen. Maximale Tauchdauer bei Fisch- und Seeotter 5–8 Minuten, meist kürzere Tauchzeiten. Maximale Tauchtiefe bei Seeotter bis 97 m. Sichern im Wasser mit aufgerichtetem Oberkörper bei ständigem Wassertreten (Fisch- und Seeotter). Sehr bewegungs- und spielfreudig. Gesellig lebende Tiere, besonders Weibchen mit Jungtieren, jagen und balgen sich häufig im Wasser und an Land. Verständigung durch zahlreiche zirpende, pfeifende und keckernde Rufe, fauchende, knurrende, kreischende Wutlaute. Rufe der Riesenotter vielfältig und weit tragend. Bei Fischottern Gesichtssinn hoch entwickelt, können vom Land aus unter Wasser schwimmende Beute unter Berücksichtigung der Lichtbrechung genau orten. Geruch und Gehör hochleistungsfähig. Bei Zwerg-, Finger- und Seeotter empfindliche Tastsinnesorgane an den Fingern, erkennen im Uferschlamm und Bodengrund lebende Beute tastend. Seeotter zerschlagen die festen Schalen der Beutetiere an einem Stein, den sie in Rückenlage auf der Wasseroberfläche schwimmend auf dem Bauch platzieren und der zwischenzeitlich meist in einer Hautfalte der Achselhöhle getragen wird. Zwerg- und Fingerotter tragen erbeutete Muscheln an Land, legen sie dort ab und setzen die Suche fort. Erst wenn sich die trocken liegende Muschel geöffnet hat, wird der Inhalt verzehrt. Beutefang bei Fischjägern oft marderähnlich durch Unterwasserhetzjagd, bringen Beute an Land, gehen sofort wieder ins Wasser, um weitere Stücke zu greifen, und verzehren Beute erst nach Abschluss der Jagd. Gesellig lebende Fischfresser treiben Fische auch gemeinsam ins Flachwasser oder in Buchten, wo sie leichter zu erbeuten sind.

Nahrung. Fische (Hauptanteil der Beute), z.B. Riesenotter fast reine Fischfresser, daneben Wasservögel, Eier, Kleinsäuger wie Schermäuse, Bisamratten (Europäischer Fischotter), Krebse, Frösche (Fisch- und Fleckenotter). Nahrungsspezialisten fressen Krebse, Würmer, Weichtiere aus Bodenschlamm (Zwerg- und Fingerotter) oder Stachelhäuter, besonders Seeigel, Muscheln, Schnecken, Tintenfische, Krebse (Seeotter nur wenig Fisch, auch etwas Tang). Fischotter verzehren kleine Beutetiere im Wasser in Rückenlage, größere an Land. Täglicher Nahrungsbedarf des Fischotters über 20 %, des Seeotters bis 30 % des Körpergewichts.

Haltung von Ottern

Otter gelten neben den Robben, Walen und Flusspferden bei Zoobesuchern zu den attraktivsten im und am Wasser lebenden Säugetieren. Sie sind über die längste Zeit des Tages aktiv und dabei lebhaft und verspielt. In Tiergärten dennoch nicht häufig, da strenge Schutzvorschriften in den meisten Ursprungsgebieten bzw. Herkunftsländern Exporte einschränken und bei vielen Arten Zuchterfolge in Menschenobhut noch immer nicht alltäglich sind. In Tiergärten werden Europäischer Fischotter (vorwiegend in Europa), Kanadischer Fischotter (vorwiegend in den USA) und Zwergotter gelegentlich gezeigt, Fingerotter und Fleckenhalsotter seltener, Riesenotter in den vergangenen Jahren zunehmend, Seeotter werden (fast ausschließlich in den USA und Japan) höchst selten gezeigt.

Unterkunft. Bereits bei der Planung neuer Otteranlagen berücksichtigen, dass bei diesen Tieren wie bei Mardern das Entweichen aus Gehegen eine wesentliche Abgangsursache ist. Zugänge zu den Unterkünften der Tiere stets mit Schleuse, die zumindest bei Außenanlagen so groß sein muss, dass eine Schubkarre mitgeführt werden kann.

Für eurasische und nordamerikanische Fischotter ganzjährig eine geräumige Freianlage. Otter klettern gut. Etwa 1,5–1,8 m hohe Begrenzungen des Landabteils daher mit möglichst glatten Oberflächen und ohne spitzwinklige Ecken aus fugenloser Mauer oder Glasscheiben. Fundamenttiefe bis 80 cm, da Otter auch graben. Bei Zaunbegrenzungen Stützpfosten an der Außenseite der Drahtgitterflächen (Maschenweite geringer als 4 cm. Drahtstärke nicht unter 3 mm) setzen, die gegen Überklettern durch gehegeseitig im Winkel von 45° abgeknickte Abweiser aus Leichtmetall, Kunststoff oder Gitter, stattdessen auch aufgesetzte Weidezaundrähte gesichert sind. Obwohl davor gewarnt wird, dass Elektrozäune bei Temperaturen unter –20 °C ihre Wirkung verlieren, erfüllen sie auch in strengen Wintern durch ihre bloße Existenz ihren Zweck. Otter, die damit schlechte Erfahrungen gemacht haben, vermeiden eine Berührung der Drähte. Genau so verhalten sich andere Tiere gegenüber zeitweilig stromlosen Begrenzungsanlagen. Dagegen sind Warnungen vor der Verwendung von Maschendraht oder anderen Drahtgeflechten als Gehegebegrenzung wegen der Verletzungsgefahr durch Abstürzen kletternder Tiere nicht unbegründet. Selten Trockengraben von etwa 2 m Breite und besucherseitig nicht unter 1,5 m Tiefe.

An der Schauseite zur Gehegebegrenzung meist ein Wassergraben, der besucherseitig mit einer Mauer abgeschlossen wird. Abstand zwischen der Oberkante der Außenmauer und der Wasseroberfläche 1–1,5 m. Vereinzelt auch Wasserflächen, an deren besucherseitigen Ufern mehrere Elektrodrähte ein Verlassen des Wassers verhindern. Gehegeseitige Uferbereiche müssen auch bei leerem Becken leicht erklimmbar sein und voll geflutet Flachwasserzonen von 10–15 cm Wassertiefe aufweisen (wichtig, vielleicht sogar unverzichtbar als verhaltensgerechte Kopulationsplätze und für die erfolgreiche Jungtieraufzucht). Für Zwergotter als Ausstieg gehegeseitig treppenstufenartig gestaltete Uferränder bis 1,5 m Wassertiefe. Ständiger Frischwasserzulauf, im Zoo Innsbruck als Gegenstromanlage. Da Fischotter sich an Land länger als im Wasser aufhalten, Neuanlagen mit ausreichend großem Landteil und Uferbereich versehen. Als Gehegebelag Naturboden wie bei Marderanlagen. Landteile sollten vielseitig und ideenreich gestaltet werden. Stein- und Holzverstecke, tunnelartige Durchgänge, hohle Baumstämme, Sandflächen, terrassenartige Felsaufbauten, sonnige und schattige Ruheplätze, in größeren Gehegen auch dichte Bepflanzungen, Inseln und in das Wasser ragende Baumstämme, an möglichst vielen Stellen Auslugplätze. Natürliche Strukturierung der Uferbereiche (z.B. Wurzelstöcke, Äste, Steinaufbauten, Höhlen) bieten den Ottern die Möglichkeit zu angeborenem Such- und Stöberverhalten. Zur Attraktivitätserhöhung eines Otter-Lebensraumes in Menschenobhut tragen kleinteilige, natürliche Requisiten (Aststückchen, Nadelbaumzapfen, runde Kieselsteine, Muschelschalen, Schneckenhäuser, Federn mit kräftigem Kiel u.a.) zum Spielen bei. Bäume mindestens bis 1,2 m hoch glatt ummanteln.

Fischotter klettern zwar selten (außer Zwergotter), doch gab es vereinzelt Abstürze mit Verletzungen oder Todesfolge (Riesenotter). In zu kleinen oder unzureichend gestalteten Anlagen Bewegungsstereotypien.

Neben einem Hauptgehege mindestens 1 möglichst nach gleichen Prinzipien gestaltetes und denselben Anforderungen entsprechendes Absperrgehege, für eventuelle größere Reinigungs-, Reparatur- und Dekorationsarbeiten wünschenswert, für die Zucht zwecks längerfristiger Absperrung eines der Partner (bis 15 Monate) oder jungerwachsener Nachkommen unerlässlich. Bei der Verwendung von Drahttrenngittern zwischen nebeneinander liegenden Gehegen doppelwandige Zäune mit einem Mindestabstand von 10 cm erforderlich, wird nur ein Gittertrennzaun verwendet, Maschenweite unter 1 cm, um Verletzungen bei Beißereien an der Gehegebegrenzung zu Lande und im Wasser zu verhindern. Im Idealfall Schließung von Durchgängen in einer zu Lande hinter dichter Vegetation versteckten und im Wasser von Schilf und anderen Sumpfpflanzen kaschierten Trennwand in besonders geräumigen Gehegen, die so schnell und einfach in 2 gleichwertige, nicht unbedingt gleich große Freianlagen geteilt werden können.

Als Versteck- und Ruheplätze bewährt haben sich in der Vergangenheit zweiteilige Holzboxen ähnlich wie für Biber mit Vor- und Schlafraum (Grundfläche zusammen 40 cm x 60 cm), die zum Schutz vor Winterkälte und Durchfeuchtung meist in einem an den Landteil des Geheges angrenzenden Gebäude untergebracht, verschließbar und von außen kontrollierbar sind. Eintrittsöffnungen zu den Boxen meist ebenerdige Landzugänge, zu denen in Wassernähe auch Unterwassereingänge führen können. In solchen zweiteiligen Schlafverstecken wurden auch erfolgreich Jungtiere aufgezogen. Versteck- und Ruheboxen werden, außer in Zeiten der Jungenaufzucht, von 2 oder mehr erwachsenen Tieren gemeinsam benutzt. In Innsbruck sind die Schlafräume durch Glasscheiben für die Besucher einsichtbar.

Heute meist dreikammerige Boxen, bestehend aus einem mit dürrem Pflanzenmaterial (Heu, Stroh, Laub) ausgelegtem Trockenraum, in dem sich die Tiere Restwasser aus dem Fell schütteln bzw. putzen können, einer dahinter liegenden Kotkammer und anschließend dem Ruhe- und Schlafraum, den die Tiere mit trockenem, weichem Pflanzenmaterial auspolstern. Zum Bau solcher Versteck-, Ruhe- und gegebenenfalls Aufzuchtboxen kein ungedämmtes Material (Steine, Beton) verwenden, da solche Unterkünfte meist feuchtkalt werden und zur Vermeidung von Unterkühlungserkrankungen kostspielig künstlich beheizt (Fußbodenheizung, Wärmestrahler, Infrarotlichttemperierung) werden müssen. Empfohlene Maße der Einzelkammern: 45 cm x 45 cm x 45 cm, auch 40 cm x 60 cm x 40 cm. Die einzelnen Kammern müssen gut belüftet und deren Böden mit Abflüssen versehen sein, damit eingetragenes Wasser verdunsten oder abfließen kann. Bei oberirdischen Eingängen werden von manchen Haltern dorthin führende, ca. 1 m lange, versteckt angelegte, ebenerdige Zugangstunnel empfohlen (Kantenlänge des kastenförmigen Innenraums nicht über 15 cm, bei Röhren mit griffiger innerer Lauffläche Durchmesser nicht über 15–20 cm), in denen die Tiere bereits einen Teil des Wassers aus ihrem Fell abstreifen. In Wassernähe ist aber außerdem ein zusätzlicher Unterwassereingang wünschenswert, da solche Zugänge oft bevorzugt werden. Die Öffnung zwischen Ruhe- und Schlafabteil und Kotkammer sollte verschließbar und die Schlafkammer von der restlichen Box abtrennbar sein. So kann dieser Bauteil auch als Transportbehälter zur Behandlung oder zum Versand von Einzeltieren dienen.

Zwerg-, Finger-, Fleckenhals-, Riesenotter und andere tropische Formen sind nicht winterhart. Unterkunft im Idealfall in Freianlagen mit anschließendem Warmhaus und ähnlich gestalteten Innengehegen für den Daueraufenthalt in der kalten Jahreszeit. Mindesttemperatur für Zwerg- und Fingerotter 5–10 °C, Riesen- und Kongo-Fingerotter nicht unter 15 °C, besser höher halten. Steht das Warmhaus jederzeit zur Verfügung, kann Riesenotter der Ausgang auch bei Temperaturen um den Gefrierpunkt und sogar bei Schnee gewährt werden, Wasser in Außenbecken unbedingt ablassen. Für die Übergangsperiode bei Aufenthalt im Außengehege hier zusätzlich Wärmelampen und heizbare Schlafboxen. Für Zwergotter großes Landabteil, klettern gern auf Kletteräste. Bodenbelag darf bei Riesenottern nicht rau sein (z.B. Beton). Unterkunft für Seeotter schattige Freianlagen mit sehr sauberem Salzwasser und ständiger Frischwasserzufuhr (in Küstennähe Meerwasser) mit trockenem, zwei- bis dreiseitig freiem, überdachtem Schlafplatz (gute Luftzirkulation) und wasseraufsaugendem, täglich zu wechselndem Lager. Beckenwasser darf zu Reinigungszwecken nicht gechlort werden, da Chlor die wasserabweisende Struktur des Pelzes zerstört. Seeotter halten sich erheblich länger als übrige Arten, nämlich bis zu 90 % des Tages, im Wasser auf.

Umgang. Täglicher Umgang bei Routinearbeiten und Transport wie bei Mardern. Bei allen Arten verliert das Fell auf längeren Transporten oder bei längerem Aufenthalt in sehr kleinen Käfigen, wahrscheinlich durch die damit verbundene Verschmutzung, seine wasserabweisende Wirkung. In diesem Zustand ins Wasser gelassene Tiere durchnässen und unterkühlen. Neulinge gut beobachten. Tropentiere zug- und kälteempfindlich, nordische Formen hitzeanfällig. Riesenotter können aggressiv und damit gefährlich werden, notwendige Arbeiten in Unterkünften möglichst in Abwesenheit der Tiere ausführen. Alle Arten legen Kotplätze an, die vor allem bei Riesenotter beträchtliche Ausmaße annehmen können und regelmäßig beräumt werden müssen. Dabei auf die Kotbeschaffenheit achten. Teerähnlich schwarzer Kot oftmals Zeichen für Darmstörungen. Bei Reinigungsarbeiten täglich Nestlager aus Heu in den Schlafboxen kontrollieren, feuchtes Material auswechseln.

Bei auch im Winter auf Freianlagen lebenden winterharten Tieren auf Schneehöhen und Zufrieren von Gewässern achten, erhöhte Ausbruchsgefahr. Handaufgezogene Tiere werden sehr zahm und bleiben es oft lebenslang. Auch erwachsene Riesen- und Seeotter gewöhnen sich schnell an den Menschen. Einzeltiere zeigen großes Anschlussbedürfnis. Fischotter lassen sich dressieren, werden zum Fischfang abgerichtet, treiben Fische in Netze (China). Fischfang auch auf Malakka mithilfe von Zwergottern.

Fütterung. 2–3 oder mehr Fütterungen am Tag besser als täglich nur 1 Fütterung. Mehrere Mahlzeiten entsprechen den natürlichen Gegebenheiten und tragen außerdem zur Steigerung der Aktivitäten am Tag bei. Kein Fasttag.

Fischotter und verwandte Arten: Süßwasserfisch, ergänzend frisch getötete Kleintiere (Eintagsküken, Ratten. Kaninchen, Hühner, Enten, Meerschweinchen), gegebenenfalls Rind- oder Pferdefleisch und -herz, was jedoch nicht dem natürlichen Nahrungsangebot entspricht. Schweinefleisch wird wegen der Gefahr der Aujesky-Krankheit nicht empfohlen. Tagesration zusammen etwa 500 g (etwa 10 % des Körpergewichts). Obst als Beschäftigung, bei großer Hitze gefroren. Ergänzend Vitamin B_1 und Vitamin E.

Riesenotter: Süßwasserfisch im Ganzen, von guter Qualität, der wenig Thiaminase und Fett enthält (Forellen werden gerne gefressen, haben aber einen sehr hohen Fettgehalt, eher als Belohnung nutzen), Tagesration insgesamt 3–4 kg, über den Tag verteilt, gezielt zur Tierkontrolle, tragende Weibchen bis zu 6 kg. Ergänzung mit den Vitaminen A, D, E, B.

Zwerg- und Fingerotter: wie Fischotter, sehr abwechslungsreich, auch Schnecken, Muscheln, Regenwürmer.

Seeotter: dreimal im Abstand von 6 Stunden Seefisch (Plattfische werden schlecht genommen), viel Krebse. Tagesration etwa 20–25 % des Körpergewichts.

Bei reichlicher Fischfütterung wie bei Mardern hohe Vitamin-B_1-Gaben notwendig. Fütterung an vorher gereinigten, befestigten, glatten Plätzen, da sonst Fremdkörpergefahr durch die Aufnahme von Einstreu besteht.

Vergesellschaftung. Obwohl noch nicht abschließend geklärt ist, ob die Tiere in lebenslanger oder nur saisonaler Paarbindung leben, werden meist alle echten Otterarten (*Lutra*, *Lontra*) paarweise gehalten, besonders Europäische, Kanadische und Indische Fischotter. In kleinen Gruppen, Familien oder Haremsfamilien aus 1 Männchen sowie mehreren Weibchen und Jungen vertragen sich darüber hinaus Zwergotter. Riesenotter im Familienverband mit mehreren Generationen oder in Männchengruppen, Weibchen als Paar oder in Gruppen gelingt aufgrund hoher Aggressivität nicht. Auch bei den weniger geselligen Arten Vergesellschaftung von Männchen und 2–3 Weibchen möglich, nicht selten aber Streitigkeiten während der Brunst. Vergesellschaftung möglichst als Jungtiere, dann problemlos. Erwachsene Einzeltiere nur während der Brunstzeit zusammengewöhnen. Vergesellschaftung mit anderen Otterarten möglich, kann aber zu Kreuzungen führen, so z.B. intergenerische Bastarde zwischen männlichem Glattotter und weiblichem Zwergotter. Gemeinschaftshaltung mit anderen Tierarten attraktiv, z.B. Zwergotter mit Orang-Utans (Dortmund), mit Bartaffen und Orang-Utans (Münster) oder mit Nasenaffen (Bronx Zoo New York), Fischotter mit Höckerschwänen (Görlitz), Fischotter mit Waschbären (Niederfischbach).

Fortpflanzung und Zucht. Zucht bei einigen Arten noch nicht gelungen, bei anderen sporadisch, selten bis sehr selten und dann oft Jungtierverluste, lediglich bei Fisch- und Zwergotter in letzter Zeit häufiger und erfolgreicher, auch bei Riesenottern. Fortpflanzungsbiologie noch nicht völlig geklärt, bisherige Beobachtungen oft widersprüchlich. Vermutlich sind viele Arten ganzjährig fortpflanzungsfähig, Weibchen dann polyöstrisch. Größte Brunsthäufigkeit bei nördlichen Arten (Europäischer und Kanadischer Fischotter) Spätwinter bis Frühsommer, beim Seeotter im Herbst. Beim Europäischen Fischotter vermutlich 1 Hauptbrunstzeit von Februar bis April und Nebenranz von September bis November. Brunstdauer bei Kanadischem, Europäischem und Indischem Fischotter 7–14, Riesenotter etwa 10, Seeotter etwa 5 und Zwergotter etwa 3 Tage. Brunstzeichen oft nicht deutlich, bei Kanadischem Fischotter Vulva- und Zitzenschwellung, blutiges Scheidensekret, bei anderen Arten Unruhe, viele Rufe, teilweise kurzzeitig nachlassender Appetit. Riesenotter werden Pflegern gegenüber bissig, rollen wie Katzen. Bei Männchen Hodenschwellung und deutliche Vergrößerung des Scrotums. Brunstintervalle: Europäischer Fischotter 40–45, Kanadischer Fischotter 42–45, Seeotter etwa 35, Zwergotter 28 Tage. Paarung fast immer im Wasser, vorzugsweise in Flachwasserzonen, ausnahmsweise an Land, marderähnlich mit Haltebiss ins Nackenfell des Weibchens, meist verbunden mit Rollbewegungen um die Längsachse und sanft keckernden bis schrill kreischenden Lauten. Seeotter paaren sich bäuchlings, seltener auch Zwergotter. Paarungsdauer: Riesenotter 5–10, Seeotter 15–20, Europäischer Fischotter etwa 20 (an Land bis 50) Minuten, eigentliche Kopulation kurz, nur 5–10 Sekunden. Meist mehrere Kopulationen während einer Paarung. Im Laufe eines Tages mehrere Paarungen, zu denen beim Riesenotter das Weibchen, sonst meist das Männchen anregt. Beim Zwergotter übernehmen wechselseitig beide Geschlechter die Initiative.

Trächtigkeitsanzeichen meist Umfangsvergrößerung des Leibes, etwa 2 Wochen vor dem Wurf Anschwellen und Vergrößerung der 4 bauchständigen Zitzen (Seeotter nur 1 Zitzenpaar zwischen den Hinterbeinen), Appetitzunahme. Bei den weniger geselligen *Lutra-* bzw. *Lontra-*Arten, nur ausnahmsweise auch bei Zwergottern, zunehmende Unverträglichkeit gegenüber den Männchen oder anderen Artgenossen. Zu trennende Paare müssen nur bei starker und dauerhafter Unruhe außer Sicht- und Hörweite voneinander isoliert werden. Bei einigen Arten, besonders Zwergotter, Aufzuchtserfolge auch in Anwesenheit des Männchens und weiterer erwachsener Tiere möglich. In Aberdeen und Adelaide beteiligten sich Zwergottermännchen an Nestbau und Aufzucht, in Innsbruck und Hoyerswerda duldeten weibliche Fischotter ihren Partner im gemeinsamen Gehege, verwehrten ihm aber den Zugang zu den Jungen. Auch gut harmonierende Paare von Riesenottern müssen nicht getrennt werden, allerdings vereinzelt Jungtierverluste bei Fami-

Tab. 26.27 Angaben zur Jugendentwicklung von Ottern

Art	Augenöffnung (Tag)	Nestverlassen (Tag)	Schwimmen (Tag)	erste feste Kost (Tag)	Säugezeit (Monate)
Fischotter	15.–38.	50.–55.	57.–72.	45.–69.	6–7
Kanadischer Fischotter	22.–35	48.–62.	49.–72.	56.–76.	4–6
Glattotter	21.–28.	ca. 40.	45.–50.	48.–60.	3½–4½
Zwergotter	ca. 35.	40.–70.	54.–90.	49.–85.	4–5
Riesenotter	ca. 30.	ca. 50.	20.–50.	ca. 70	7

lienhaltung, weil ältere Geschwister zu robust mit den Neugeborenen spielen. Insbesondere bei erstem Wurf sind Störungen und Lärm zu vermeiden, Reinigungsarbeiten auf ein absolutes Minimum reduzieren.

Wurfvorbereitung in der Regel aber durch Entfernung des Männchens und eventuell anderer Artgenossen aus dem bisherigen Gemeinschaftsgehege oder Überführung des Weibchens in ein spezielles Aufzuchtgehege und, wenn noch nicht vorhanden, Bereitstellung von mehreren(!) Wurfboxen. Mit fortschreitender Trächtigkeit suchen die Weibchen solche Wurfverstecke immer häufiger auf und tragen bereitgestelltes Nistmaterial ein (Heu, Stroh). Manche Halter empfehlen eine Beheizung der Unterkünfte, was außerhalb der Fortpflanzungsperiode umstritten, dagegen bei Jungenaufzuchten in der kalten Jahreszeit ratsam ist.

Geburten ganzjährig. Hauptwurfzeit bei Seeotter im Herbst, bei Kanadischem Fischotter im März bis Mai, bei Europäischem Fischotter in der Wildnis im Frühsommer, in Innsbruck und Norfolk Würfe über das ganze Jahr verteilt. Tragzeit beim Seeotter vermutlich 9 Monate, davon 4 Monate verlängerte Tragzeit mit Keimlingsruhe, eigentliche Tragzeit 4½–5 Monate (Gesamttragzeit nach Angaben verschiedener amerikanischer Zoos auch zwischen 6½–8 Monaten. Es wird über eine tote Frühgeburt nach 5-monatiger Tragzeit berichtet). Eindeutig verlängerte Tragzeit mit Keimlingsruhe beim Kanadischen Fischotter, schwankt zwischen 8½–12½ Monaten. Unklare Literaturangaben beim Europäischen Fischotter, nach Zoobeobachtungen aber eindeutig 58–62 (im Mittel 61) Tage. Tragzeit bei Indischem Fischotter 61–63, bei Zwergotter 60–63, bei Riesenotter 65–70 Tage.

Wurfgröße bei Seeotter stets 1 Junges, bei echten Ottern (*Lutra*, *Lontra*) 1–5 (im Mittel 3–4), Zwergotter 1–7 (im Mittel 4), Riesenotter 1–6 (im Mittel 3–4) Junge. Neugeborene beim Seeotter gut behaart, sehtüchtig, mit teilfertigem Milchgebiss, Geburtsgewicht 1,4–2,3 kg. Leichtere Junge meist nicht lebensfähige Frühgeburten, in Menschenobhut nicht nur bei erstgebärenden Weibchen relativ häufig. Bei allen anderen Arten wenig behaarte, blinde Lagerjunge. Geburtsgewicht beim Europäischen Fischotter zwischen 70–109 g, beim Kanadischen Fischotter um 150 g, beim Riesenotter 200–250 g und beim Zwergotter 50–60 g. Junge aus kleineren Würfen oft kräftiger als aus großen Würfen. Auch innerhalb eines Wurfes oft erhebliche Unterschiede, wobei schwächere Junge meist nicht überleben. Nach der Geburt Wurfkiste völlig in Ruhe lassen, auch bei sonst zahmen Weibchen. Mütter meist sehr aggressiv, auch gegenüber vertrautem Pfleger. In den ersten Tagen keine Gehegereinigung. Störungen aller Art, auch ungewohnte Arbeiten in der weiteren Umgebung möglichst schon vorausschauend verhindern. Weibchen stellen oft nach dem Wurf für kurze Zeit die Nahrungsaufnahme ein. Entwicklung der Jungen nach bisherigen Erkenntnissen auch innerartlich unterschiedlich, wohl abhängig von Wurfgröße und Entwicklungszustand der Jungen bei der Geburt. Angaben zur Jugendentwicklung von Ottern in Tabelle 26.27. Nach dem Verlassen der Wurfbox Jungtiere sorgfältig beobachten und gegebenenfalls Beckenwasserspiegel auf 5–10 cm absenken. Fähigkeit zum Schwimmen ist nicht angeboren, Junge müssen schwimmen lernen. Erst wenn Junge im Wasser sicherer werden, langsam den Wasserspiegel anheben. Bei erfahrenen Müttern ist diese Vor-

Tab. 26.28 Milchzusammensetzung von Ottern

Art	Trockensubstanz (%)	Fett (%)	Eiweiß (%)	Kohlenhydrate (%)	Asche (%)	Proben (Anzahl)
Kanadischer Fischotter	38,00	24,00	11,00	0,10	0,75	1
Seeotter	36,47 (22,70)	21,87 (6,20)	11,17 (10,50)	0,85 (1,20)	0,85 (0,28)	4 (1)

Angaben in Klammern: Werte für Kolostrum

sichtsmaßnahme nicht erforderlich, sie begleiten Junge stets ins Wasser, verhindern Ertrinken und tragen Junge, die nicht allein das Wasser verlassen können, an Land. Riesenotter gewöhnen ihre Jungen extrem früh ans Wasser. Ein weiblicher Riesenotter in Sao Paulo trug seine noch blinden Jungen bereits am 20. Lebenstag ins Wasser, wo sie anfangs untergingen, was die Mutter verhinderte. Als sich die Jungen einige Tage später selbst über Wasser halten konnten, tauchte die Mutter ihre Jungen mit dem Kopf unter Wasser. Sie schwammen bereits mit dem 32. Tag kurz nach Augenöffnung sicher. Seeotter werden im Wasser oder an Land geboren. In der Wildnis ruhen und schlafen die Tiere gern in Tangwäldern. Mütter gebären gern auf dem Pflanzenteppich liegend, ruhen mit dem Jungen auch auf den sie tragenden Tangflächen. Im Zoo werden Weibchen zur Geburt mangels der die Geburt und Aufzucht unterstützenden Tangwälder oft vom Wasser abgetrennt, zumal viele an Land gebärende Weibchen die Neugeborenen bei den ersten Wasseraufenthalten nach der Geburt dort allein lassen und nach Rückkehr an Land säugen. Junge werden aber später bald von der Mutter mit dem Maul ins Wasser getragen, wo sie auf dem Bauch der in Rückenlage schwimmenden Mutter ruhen und saugen, bei Tauchgängen der Mutter entweder mitgetragen werden oder auf der Wasseroberfläche treiben und Tauchversuche unternehmen. Übrige Arten säugen an Land in Seiten- oder Rückenlage. Während der Säugezeit fressen die Mütter den Milchkot ihrer Jungen, bis diese beginnen, feste Kost zu sich nehmen. Gegen Ende der langen Säugezeit, bei Riesen- und Zwergottern auch früher, kann die Mutterfamilie mit dem Vatertier und anderen Artgenossen vereinigt werden. Dann meist neue Brunst, daher sind außer bei Kanadischen Fischottern 2 oder sogar 3 Würfe innerhalb 1 Jahres möglich. Bei Kanadischen Fischottern 1. Brunst bereits etwa 20 Tage nach der Geburt der Jungen, weitere Brunstperioden in den folgenden 2 Monaten. Wenn in dieser Zeit Elterntiere keine Kontakt- und Paarungsmöglichkeiten haben, Würfe in Menschenobhut nur alle 2 Jahre. Kurzfristiges Zusammenlassen der Alttiere unter Aufsicht daher wenige Wochen nach der Geburt empfehlenswert, wenn Weibchen Brunstzeichen zu erkennen gibt (durch Sichtkontakt am Trenngitter überprüfen). Bei allen Arten nach Wurfverlust neue Brunst wenige Tage (Riesenotter) bis wenige Wochen nach der Geburt. Geschlechtsreife der Fischotter (*Lutra*, *Lontra*) meist mit 2½–3 Jahren, bei Männchen des Europäischen Fischotters bereits mit 18, bei Weibchen mit 24 Monaten nachgewiesen. Fertilität bei Finger- und Zwergotter wahrscheinlich mit 12–18 Monaten, beim Riesenotter mit 2 und beim Seeotter mit 3½–4 Jahren.

Künstliche Aufzucht wie Marder. Nur bei sehr wenigen Arten gelungen, meistens bei Säuglingen aus der Wildnis. Milchzusammensetzung in Tabelle 26.28. Auffällig ist der niedrige Wert für Kohlenhydrate. Als Milchersatz Hunde- oder Katzenmilchaustauscher (z.B. Esbilac, KMR). Übergang zwischen Milchnahrung und fester Kost problematisch. Riesenotter nehmen lange Zeit feste Kost auf, bevor sie diese im Verdauungstrakt aufschließen können. Erstzucht des Europäischen Fischotters schon 1836 in London, des Riesenotters 1968 in Caracas del Este/Venezuela, des Seeotters 1973 in Tacoma.

Höchstalter in Menschenobhut. Europäischer Fischotter 22, Kanadischer Fischotter 23, Glattotter über 20, Riesenotter 21, Zwergotter 21¾,

Abb. 26.52 Das Hermelin (*Mustela erminea*) zeigt im Sommerfell die für viele Wiesel typische braune Ober- und weiße Unterseite. Im Winterfell ist es bis auf die schwarze Schwanzspitze weiß. Die Umfärbung kann beim Fehlen stimulierender Faktoren unterbleiben.

Abb. 26.53 Der Iltis (*Mustela putorius*) ist die Stammform des Frettchens.

Kapotter über 14, Kongo-Fingerotter über 14, Seeotter 25 Jahre.

Unterfamilie Wieselartige (Mustelinae)

Größe sehr unterschiedlich, kleinste Art etwa 20 cm, größte über 1 m lang. Gestalt marderartig. Kopf flach, Zahnformel: 3/3 1/1 2–4/2–4 1/1–2. Rumpf langgestreckt, schlank. Gliedmaßen kurz, Schwanz mittellang bis lang.

Verbreitung. Wie die Familie, hauptsächlich gemäßigte Zone der Nordhalbkugel.

15 Gattungen, 46 Arten.

Wieselartige

Wiesel (*Mustela*): 17 Arten. **Hermelin** (*M. erminea*), auch Großwiesel: unterseits weiß, oberseits braun, im Winter völlig weiß, Schwanzspitze schwarz, die Umfärbung entfällt in wärmeren, südlicheren Klimaten. 34 Unterarten. Nördliches und mittleres Eurasien einschließlich Japan, Alaska, Kanada, nördliche USA, nordkanadische Inseln, Nord- und Nordwestgrönland. – **Mauswiesel** (*M. nivalis*), auch Kleines Wiesel: kleinste Art, doch je nach Unterart beträchtliche Größenunterschiede (Kopf-Rumpf-Länge beim Männchen 13–26 cm, beim Weibchen 11–20 cm), Färbung hermelinähnlich, Schwanz kurz, Spitze nicht schwarz. 19 Unterarten. Verbreitung wie Hermelin, nicht auf Irland, Grönland, den nordkanadischen Inseln und die nordwestlichen USA, zusätzlich aber in Nordafrika, Klein- und Mittelasien bis Korea. – **Ägyptisches Wiesel** (*M. subpalmata*): früher dem Mauswiesel zugeordnet, ähnelt diesem. Ägypten. – **Langschwanzwiesel** (*M. frenata*): ähnelt in Größe und Fellfärbung dem Hermelin, unterscheidet sich durch längeren, buschigeren Schwanz. Im nördlichen Teil des Verbreitungsgebietes Fellwechsel wie Hermelin. 42 Unterarten. Südkanada über die USA und Mittelamerika bis Guyana und Bolivien. – **Altaiwiesel** (*M. altaica*), auch Gebirgswiesel: Fellfärbung ändert sich mit den Jahreszeiten, Sommerfell grau oder graubraun,

Abb. 26.54 Der Mink (*Neovison vison*) war ursprünglich auf Nordamerika beschränkt. Aus Nerzfarmen entlaufene oder freigelassene Tiere haben sich in Europa ausgebreitet und den heimischen Europäischen Nerz weithin verdrängt.

Winterfell heller, dunkelgelb bis hellbraun, Unterseite fast weißlich, Fellwechsel jedoch weniger ausgeprägt als beim Hermelin. Südsibirien und Himalaja-Region bis Nordchina und Korea. – **Gelbbauchwiesel** (*M. kathiah*): Fell oberseits dunkelbraun, Unterseite gelblich, Lippen und Kehle weißlich, Schwanz relativ lang, Sohlen der Hinterbeine unbehaart. Himalaja-Region von Pakistan bis Südchina und Südostasien. – **Feuerwiesel** (*M. sibirica*), auch Sibirisches Wiesel: Sommerfell gelblich braun, im Winter ockergelb, Kopf braun und weiß gezeichnet. 22 Unterarten. Östliches Asien von Nordindien und Myanmar über China und Korea bis zum Ural und Südsibirien einschließlich Japan und Taiwan. – **Japanisches Wiesel** (*M. itatsi*): bisher dem Feuerwiesel zugerechnet, ähnelt diesem. Japan, in Russland (auf Sachalin) ausgewildert. – **Rückenstreifenwiesel** (*M. strigidorsa*): Fell dunkelbraun, weißer Streifen über den Rücken bis zur Schwanzwurzel, heller Streifen auch am Bauch entlang, Lippen, Wangen und Kehle gelblich, Fußsohlen unbehaart. Von Nepal über Myanmar und das südliche China (Yunnan) bis Nordvietnam. – **Nacktfußwiesel** (*M. nudipes*): Fell rötlich braun bis hellgrau, Kopf deutlich heller, unbehaarte Fußsohlen. Malaiische Halbinsel, Sumatra und Borneo. – **Indonesisches Bergwiesel** (*M. lutreolina*): ähnelt dem Feuerwiesel, Fell meist rotbraun. Indonesien (Java, Sumatra). – **Amazonaswiesel** (*M. africana*), auch Tropisches Wiesel: Fell rötlich braun, Bauchseite heller mit dunklem Längsstreifen, Schwanzspitze schwarzbraun, nackte Fußsohlen. Brasilien (Amazonasbecken) sowie Ecuador und Ostperu. – **Kolumbianisches Wiesel** (*M. felipei*): kleiner als Amazonaswiesel, Fell schwarzbraun, Bauchseite heller, dottergelbbraun, Fußsohlen nackt, Schwimmhäute zwischen den Zehen. Ecuador, Kolumbien. – **Europäischer Nerz** (*M. lutreola*): braun, weiße Lippen, Schwimmhäute zwischen den Zehen. 7 Unterarten. Frankreich, Nordspanien, Osteuropa bis zum Ural. – **Iltis** (*M. putorius*), auch Waldiltis oder Ratz: schwarzbraune Grannen, darunter hellgelbliche Unterwolle, helle Kopfzeichnung. Stammform des Frettchens. 22 Unterarten. Kontinentaleuropa und Irland sowie von Mittelskandinavien, Südosteuropa und Westrussland bis zum Ural. – **Steppeniltis** (*M. eversmanii*), auch Weißer Iltis: weißliche Unterwolle, darüber spärliche, dunkelbraune Grannen. 19 Unterarten. Südosteuropa, Mittelasien bis Westsibirien. – **Schwarzfußiltis** (*M. nigripes*): Fell überwiegend gelbbraun, Kopf hell mit dunkler Gesichtszeichnung (Maske), Beine und Schwanzende schwarz. USA (Montana, South Dakota, Wyoming und Arizona).

Abb. 26.55 Den Baummarder (*Martes martes*) erkennt man an seinem rundlichen, gelben Kehlfleck. Er ist ein ausgesprochener Kulturflüchter.

Minke (*Neovison*): 2 Arten. Dem Europäischen Nerz in Gestalt und Verhalten ähnlich. **Mink** (*N. vison*), auch Amerikanischer Nerz: dunkelbraun, im Winterfell bis schwarz, keine weiße Oberlippe, aber weißes Kinn, Schwimmhäute zwischen den Zehen. In weiten Teilen der Welt als Farmtier für die Pelzindustrie gehalten und gezüchtet, dabei durch das Auftreten und die gezielte Auslese mehrerer Farbvarianten erste Domestikationserscheinungen. Entkommene Farmnerze haben vor allem in verschiedenen Teilen Europas eigene Populationen gebildet und als ökologisch überlegene und anpassungsfähigere Art den Europäischen Nerz verdrängt. 15 Unterarten. Ursprünglich Kanada und USA, verwilderte Populationen entkommener Minks aus Farmen heute auch in Südamerika, Europa und Asien.

Tigeriltisse (*Vormela*): 1 Art. Grenzt sich durch Körpermerkmale (besonders große Ohren, buschiger Schwanz) und Fellzeichnung von den übrigen Gattungen ab. **Tigeriltis** (*V. peregusna*): Unterseite und Schwanzspitze dunkelbraun, oberseits hellbraun, gelblich weiße Flecken und Streifen, kaum merklicher Geschlechtsdimorphismus. 6 Unterarten. Südosteuropa, Vorderer Orient, Klein- und Mittelasien bis zur Mongolei und Nordchina.

Grisons (*Galictis*): 2 Arten. Den Wieseln nahestehende, neuweltliche Musteliden. **Großgrison** (*G. vittata*): Gesicht, Brust, Bauch und Beine schwarz, Rücken, Seiten und Schwanz graubraun, dazwischen grauweißer Kontraststreifen von der Stirn zu den Schultern. 4 Unterarten. Südmexiko bis mittleres Südamerika. – **Kleingrison** (*G. cuja*): ähnlich, oberseits bräunlicher. 4 Unterarten. Mittleres Südamerika bis Patagonien.

Zwerggrisons (*Lyncodon*): 1 Art. Den Grisons ähnlich, aber kleiner und systematisch eigenständig. **Patagonisches Wiesel** (*L. patagonicus*): Fell oberseits gräulich, Kehle, Bauch und Beine dunkelbraun bis schwarz, gelblich weißer Streifen vom Kopf bis zu den Schultern. Südchile, Südwestargentinien, Patagonien.

Weißnackenwiesel (*Poecilogale*): 1 Art. **Weißnackenwiesel** (*P. albinucha*): schwarz mit weißem Nacken und Schwanz, Rücken hell gestreift. Südliches Zentral- bis Südafrika.

Zorillas (*Ictonyx*): 2 Arten. **Zorilla** (*I. striatus*), auch Bandiltis: braunschwarz, auffällig weiße Kopfzeichnung und breite weiße Längsstreifen auf dem Rücken, Schwanz weiß. Auffällige Fellzeichnung dient als Warnfärbung vor Besitz von Stinkdrüsen. 22 Unterarten. Afrika südlich der Sahara, mit Ausnahme des geschlossenen Regenwaldes. – **Libysches Streifenwiesel** (*I. libyca*): systematische Zuordnung zu *Ictonyx* ist umstritten, auch in einer eigenen Gattung *Poecilictis* geführt. Fell auf Rücken und Flanken weiß mit schwarzen Längsstreifen, Bauch schwarz, ebenso Kopf mit weißer Bänderung, Schwanz weiß und buschig. 4 Unterarten. Nordafrika rund um die Sahara zwischen Atlantik und Rotem Meer.

Marder (*Martes*): 8 Arten. Den Wieseln und ihnen verwandten Formen sehr nahestehend, doch meist deutlich größer. Fell bräunlich, meist mit heller Kehl- oder Nackenzeichnung.

Abb. 26.56 Das Vielfraß (*Gulo gulo*) ist die größte Marderart. Sein Name leitet sich vom altnordischen Fjellfräs her, was soviel wie „Gebirgs-(Fjell)-Katze" bedeutet.

Baummarder (*M. martes*), auch Edelmarder: kastanien- bis dunkelbraun, runder, gelber Kehlfleck, langer, buschiger Schwanz, behaarte Fußsohlen. 13 Unterarten. Nordspanien über Europa, östlicher Vorderer Orient, Kleinasien, Westsibirien. – **Steinmarder** (*M. foina*), auch Hausmarder: Fell braungrau, weißer, auf die Vorderbeine auslaufender Kehlfleck (kann bei asiatischen Populationen fehlen), buschiger, langer Schwanz, Fußsohlen unbehaart. 15 Unterarten. Europa (außer Großbritannien und Irland), Vorder- und Zentralasien, im Süden bis Nordindien, im Norden bis zur Mongolei und Mandschurei. – **Zobel** (*M. zibellina*): Fell graubraun bis dunkelbraun, häufig grauer oder gelber Kehlfleck, Schwanz relativ kurz. 30 Unterarten. Nord- und Ostasien. – **Fichtenmarder** (*M. americana*): Fell braun, Kehle heller, creme- bis orangefarben, Oberkopf und Nackenseiten dunkler. 8 Unterarten. Alaska, Kanada, nördliche USA. – **Japanischer Marder** (*M. melampus*): Fell gelbbraun bis dunkelbraun, weißlicher Fleck am Nacken. 3 Unterarten. Japan (Honshû, Shikoku, Kyûshû, Tsushima), Korea, auf Hokkaidô und Sado eingeführt. – **Fischermarder** (*M. pennanti*), auch Pekan: Fell dunkelbraun. 3 Unterarten. Kanada außer Labrador, nördliche USA. – **Buntmarder** (*M. flavigula*), auch Charsa: Fell des Vorderkörpers meist hellbraun, Hinterkörper, Kopf und Beine dunkelbraun, gelbliche Kehl- und Brustzeichnung. 6 Unterarten. Große Sunda-Inseln, Südostasien, Mittel- und Ostasien bis zur Mandschurei. – **Nilgiri-Marder** (*M. gwatkinsii*), auch Indischer Charsa oder Südindischer Buntmarder: etwas kleiner als Buntmarder, ansonsten ähnlich. Südindien (Nilgiri-Region).

Vielfraße (*Gulo*): 1 Art. Den Angehörigen von *Martes* sehr nahestehend. Der Name bezieht sich nicht auf Ernährungsgewohnheiten, sondern ist abgeleitet vom altnordischen Fjellfräs, was soviel wie „Gebirgs-(Fjell-)Katze" bedeutet. Größte Mustelidenart. Fell braun, Stirn und Wangen sowie breiter Streif vom Schulterblatt zur Schwanzwurzel gelblich weiß. Spannhäute zwischen den Zehen. Kurzer Schwanz. **Vielfraß** (*G. gulo*), auch Järv, Bärenmarder: 2 Unterarten. Über die gesamte holarktisch-circumpolare Region verbreitet in Nordeuropa, Nordasien, Nordamerika.

Tayras (*Eira*): 1 Art. Wie Fischmarder größer und hochbeiniger als übrige Marder. Fell dunkel- bis schwarzbraun, gelblicher Kehlfleck. Einzelindividuen können heller gefärbt sein. **Tayra** (*E. barbara*), auch Hyrare: 9 Unterarten. Südmexiko über das nördliche Südamerika und von Peru bis Westbolivien, Paraguay und Nordargentinien.

Abb. 26.57 Die Tayra (*Eira barbara*) lebt in tropischen Regenwäldern Mittel- und Südamerikas.

Gefährdungsstatus. Bestand in der Wildnis weitgehend gesichert. Ausgerottet wurde eine Unterart des Langschwanzwiesels, *Mustela frenata gracilis*, als ausgerottet gilt auch der Seemink. In Westeuropa weitgehend verschwunden ist der Europäische Nerz. Er gilt als vom Aussterben bedroht. Ursachen sind Habitatverlust, überlegene Konkurrenz durch aus Nerzfarmen entwichene Minke und unbeabsichtigter Fallenfang. Schwarzfußiltis durch Rückgang des Präriehundebestandes überaus selten geworden, stark gefährdet, gelungene Wiederansiedlung in Teilen der USA. Zobel in Russland streng geschützt, Exportverbot für lebende Tiere. Mehr oder minder gefährdet sind Indonesisches Bergwiesel, Kolumbianisches Wiesel, Taiwanesischer Buntmarder (*Martes flavigula chrysospila*), Vorder- und Kleinasiatischer Steinmarder (*M. foina syriaca*), Schutzbedürftig sind unter anderen Rückenstreifenwiesel, Amur-Steppeniltis (*Mustela eversmanii amurensis*), Osteuropäisch-Südrussischer Tigeriltis (*Vormela peregusna peregusna*), Nilgiri-Marder und Graukopf-Tayra (*Eira barbara senex*). Bei den übrigen Arten ist der Bestand in der Wildnis meist noch gesichert, obwohl Baummarder, Vielfraß und andere Arten regional in manchen Teilen ihres Verbreitungsgebietes ausgerottet oder bedroht sind. EEP für den Vielfraß in Hunnebostrand, für den Europäischen Nerz in Tallin (hier mit großer Zuchtstation und Auswilderungsprogrammen).

Lebensweise. Überwiegend Dämmerungs- und Nachttiere, aber viele Arten (Hermelin, Mauswiesel, Nerze, Baum- und Steinmarder, Zobel, Tayra, Grisons) sehr häufig auch tagsüber viele Stunden rege. Beim Vielfraß wechseln Aktivitäts- und Ruhephasen im Abstand von 3–4 Stunden. Lebensraum sehr verschieden, viele Arten anpassungsfähig und in den verschiedensten Habitaten anzutreffen. Iltis, Stein- und Baummarder im Bergland bis in 2000 m, Tigeriltis bis in 2100 m, Hermelin in Gebirgen bis in 3400 m Höhe. Ortstreu in kleinen (Wiesel) bis sehr großen (Vielfraß, Baummarder) unscharf begrenzten Revieren mit 1 Haupt- und mehreren Nebenverstecken als Ruheplatz sowie mit festen Wechseln, die mit dem Sekret der Analdrüsen und Drüsen im Genitalbereich sowie mit Harn und Kot markiert werden. Territorien der Männchen von Hermelin und anderen Arten größer als die der Weibchen, erstrecken sich manchmal über mehrere Weibchenterritorien. Bei manchen Arten Reviergröße jahreszeitlich unterschiedlich (Mauswiesel, Zobel). Bei Nahrungsmangel Aufgabe der Territorien und Abwanderung in andere Gebiete. Manche Arten sind Kulturfolger oder meiden die Nähe der Menschen nicht (Hermelin und Verwandte, Iltisse, Steinmarder, Grison, Zorilla), andere wie Baummarder sind Kulturflüchter. Teils ausschließlich Bodenbewohner (Iltisse), teils selten (Wiesel, Nerze, Vielfraß), teils zumindest zeitweilig (Bunt- und Fischermarder, Zobel, Tayra,

Grisons) oder häufig (Fichten- und Baummarder) auf Bäumen. Alle klettern gut, springen geschickt, Baummarder beträchtlich weit. Gute Schwimmer, Nerze, Iltis, Fischermarder, Zobel und Tayra gehen auch zum Beutefang ins Wasser. Zur besseren Umgebungswahrnehmung richten sich viele Arten auf ihre Hinterbeine auf. Ruheplätze und Verstecke von Baumbewohnern in Baumhörnchenkobeln, großen leeren Vogelnestern, hohlen Bäumen, Eulennistkästen (z.B. Baummarder, Zobel, Fichtenmarder, Tayra), von Bodenbewohnern in Felsspalten, unter Baumwurzeln, Steinen und in Erdbauen anderer Tiere (Grison in Viscachabauen), auch in oder unter menschlichen Bauwerken (Dachböden, Scheunen usw.). Bei einigen Arten auch eigene Baue, z.B. Nerze in selbst gegrabenen Uferhöhlen mit Eingang über der Wasseroberfläche und Luftschacht zur Uferböschung. Iltisse zur Jungtieraufzucht in eigenen Bauen mit erweiterter Nestkammer, Vorratskammer, Kotgang und mehreren Ausgängen oder in umgestalteten Erdbauen anderer Tiere. Schwarzfußiltis in Bauen von Präriehunden, Tigeriltis in solchen von Rennmausarten und Zieseln. Iltisse, Hermelin und verwandte Arten verzichten teilweise auch auf Höhlen oder ähnliche Verstecke und polstern oberirdisch versteckt gelegene, kleine, flache Erdmulden als Schlaf- und Ruheplätze nestähnlich mit Pflanzenmaterial aus. Nur Vielfraß ohne feste Ruheplätze. Jungenaufzucht bei allen Arten in Baum-, Erd- oder Felshöhlen, die mit Moos, Laub, Haaren und Federn erbeuteter Tiere ausgepolstert werden.

Viele Arten sind Einzelgänger, nur zur Brunstzeit für wenige Stunden, selten einige Wochen (Vielfraß) paarweise. Tayra und Buntmarder auch längere Paarbindung, Grisons bilden Gruppen. Buntmarder jagen im Winter auch in Familienverbänden. Verständigung durch zirpende, trillernde und knurrende Kontaktlaute, beim Grison auch bellende Laute. Keckernde, kreischende Warn- und Drohlaute, nicht selten auch gellender Wutschrei bei Kämpfen. Geruchs- und Gehörsinn meist hochleistungsfähig, Gesichtssinn bei Vielfraß, Mardern und Wieseln ausgezeichnet, bei Iltissen weniger entwickelt. Gereizte oder in die Enge getriebene Tiere greifen ungestüm an, Hermeline auch dann, wenn sie eine Fluchtmöglichkeit haben. Manche Arten, so Iltisse und Grison, entleeren bei Gefahr ihr Stinkdrüsen, Vielfraß und besonders Tigeriltis und Zorilla spritzen das Sekret über mehrere Meter auf den Angreifer. Jedes sich bewegende Objekt löst den Jagdtrieb aus. Bei panikartigem Herumflattern von Geflügel im Stall werden oft alle Vögel getötet, aber es werden auch Hermeline und Steinmarder als lange Zeit unerkannte und unschädliche Untermieter in Hühnerställen gefunden (Burgfrieden im Heim 1. Ordnung). Nahrung wird sofort ins Versteck getragen und die Umgebung nach weiterer Beute abgesucht. Vielfraße fressen ihre Beute sofort nach der Tötung an, verstecken nur übrig gebliebene Reste. Tötungsart ist Instinkthandlung, bei kleineren Beutetieren tödlicher Biss in Kopf oder Nacken, bei größeren Öffnung der Halsschlagader. Vielfraße springen großen Beutetieren auf den Rücken, halten sich mit den Krallen fest und beißen so lange auf Hals und Genick ein, bis das Opfer zusammenbricht.

Nahrung. Kleintiere aller Art, vorwiegend Nagetiere (Ratten, Mäuse, Lemminge, Ziesel, Hamster, Erd- und Eichhörnchen, in Nordamerika vor allem Präriehunde, in Südamerika auch Meerschweinchen und Agutis), Kaninchen, Hasen, Pfeifhasen, Vögel, Eier, Kriechtiere, Lurche, Insekten, Würmer, Schnecken. Hermelin und Verwandte sowie Iltisse nehmen auch Maulwürfe und Spitzmäuse, Iltis Frösche und Kröten, die von vielen anderen Raubtieren verschmäht werden. Vielfraß, Nerze und Fischermarder erbeuten auch Fische (Fischermarder plündert Reusen), Europäischer Nerz viel Krebse. Buntmarder erbeuten Tiere bis zur Größe eines Hirschkalbes, in Teilen des Verbreitungsgebietes sind Moschustiere die bevorzugte Beute. Tayras schlagen Tiere bis zur Größe eines Spießhirsches. Vielfraße ernähren sich im Sommer von Aas, Kälbern von Hirschen und Haustieren, Lemmingen, Wespenlarven, Würmern, Schnecken, Beeren und Trieben, schlagen im Winter auch bis elchgroße Huftiere, außerdem

Abb. 26.58 Der Europäische Dachs (*Meles meles*) wurde in der Vergangenheit stark verfolgt und ist deswegen zur nächtlichen Lebensweise übergegangen.

sogar Luchse. Baum-, Fichten-, Fischermarder und Zobel erbeuten bevorzugt Eichhörnchen, Fischermarder überwältigen Baumstachler. Selten werden Obst (Iltis, Baum-, Stein-, Buntmarder, Tayra), Beeren (Baummarder, Zobel, Vielfraß), Nüsse und Sämereien (Baummarder, Zobel auch Zirbelnüsse!), Honig (Iltis, Zobel, Vielfraß) verzehrt.

Frettchen (*Mustela putorius f. furio*)

Vom Iltis abstammendes Haustier, dessen Domestikation sowohl lokal als auch zeitlich nicht eingeordnet werden kann. Im antiken Griechenland (Aufzeichnungen des Aristoteles vor ca. 4350 Jahren) und im alten Rom (Texte von Plinus d. Ä. vor ca. 3950 Jahren) als Haustier noch unbekannt. Kleiner als die Stammform. Frettchen im eigentlichen Sinne sind rotäugige, teilalbinotische Tiere mit weißlich gelbem Fell. Iltisfrettchen nennt man Angehörige einer Zuchtrasse des Frettchens mit dunklen Augen und einem in Färbung und Zeichnung iltisähnlichen Fell. Frettchen werden zur Kaninchenjagd abgerichtet und auch zur Rattenbekämpfung eingesetzt. Sie wurden auf Sizilien, Korsika und Neuseeland zur Bekämpfung der Kaninchenplage ausgesetzt und bilden dort inzwischen verwilderte Populationen.

Dachse

Honigdachse (*Mellivora*): 1 Art. Trotz dachsähnlicher Gestalt und Größe ist er den Wieselartigen als spezialisierte Riesenform viel näher verwandt als den Dachsen. Zahnformel: 3/3 1/1 3/2 1/2. Beine kurz, vorn mit großen Grabklauen. Haut lederartig derb, dick, locker mit starkem Unterhautfettgewebe verbunden, deshalb sehr verschiebbar. Haarkleid lang, grob, oberseits weißlich grau, unterseits schwarzbraun, dazwischen vom Scheitel bis zum Schwanzansatz weißer oder weißlicher Kontraststreifen. **Honigdachs** (*M. capensis*), auch Ratel: 10 Unterarten. Afrika westlich, östlich und südlich der Sahara sowie von Palästina und der arabischen Halbinsel bis Indien und Nepal.

Dachse (*Meles*): 3 Arten. Gestalt meist gedrungen. Kopf mit spitzer Schnauze, Augen und Ohren klein, Zahnformel: 3/3 1/1 4/4 1/2, Rumpf gedrungen, Rücken breit, Gliedmaßen kurz, stämmig, stark bekrallt, Schwanz kurz, Haut lederartig derb, wenig Unterwolle, dichte Grannen. **Europäischer Dachs** (*M. meles*): oberseits grau, unterseits und Beine schwarzbraun, Kopf schwarz mit breitem weißen Streifen von der Nase zum Nacken und vom Mundwinkel zur Halsseite. 23 Unterarten. Europa, Vorder-, Mittel-, Nord- und Ostasien einschließlich Japan. – **Asiatischer Dachs** (*M. leucurus*): bisher meist als Unterart des Europäischen Dachses geführt, ähnelt diesem. 2 Unterarten. Russland, Kasachstan, China, Nordkorea, Südkorea. – **Japanischer Dachs** (*M. anakuma*): bisher meist als Unterart des Europäischen bzw. Asiatischen Dachses geführt, ähnelt diesen. Japan.

Schweinsdachse (*Arctonyx*): 1 Art, möglicherweise 2 weitere Arten (*A. albogularis*, *A. hoevenii*). Schmale, lange, rüsselähnliche Schnauze namensgebend. Gestalt und Färbung dem Europäischen Dachs ähnlich, etwas hochbeiniger, Nase rüsselförmig, großer weißer Kehlfleck, schwarze Wangenstreifen, sehr kräftige, helle Krallen. **Schweinsdachs** (*A. collaris*), auch Riesendachs: bis zu 6 Unterarten. Nord-, Ost- und Südchina, Indien, Hinterindien bis einschließlich Sumatra.

Sonnendachse (*Melogale*): 5 Arten. Plump marderartig, mit langem, buschigem Schwanz. Fell braun bis graubraun mit weißer Zeichnung an Kopf und Kehle, Bauchseite etwas heller, weißer oder rötlicher Rückenstreifen. **Chinesischer Sonnendachs** (*M. moschata*): 7 Unterarten. China (Zentral- und Südostchina, Hainan, Taiwan), Nordostindien, Myanmar, Laos, Vietnam. – **Burma-Sonnendachs** (*M. personata*): 5 Unterarten. Von Myanmar und Vietnam bis Thailand. – **Everett-Sonnendachs** (*M. everetti*), auch Borneo-Sonnendachs: Indonesien (Borneo), Malaysia (Sabah, Sarawak). – **Cuc-Phuong-Sonnendachs** (*M. cuphuongensis*): Erstbeschreibung 2011. Unterschiede zu anderen Sonnendachsen im Kop- bzw. Schnauzenbereich (z.B. leicht nach oben gebogene Schnauze), genetische Unterschiede. Vietnam.

Silberdachse (*Taxidea*): 1 Art. Gestalt und Färbung ähnlich dem Europäischem Dachs, weißer Streifen von der Nasenspitze bis zum Schwanzansatz. **Silberdachs** (*T. taxus*): 4 Unterarten. Nordamerika von Mittelkanada bis Mexiko.

Gefährdungsstatus. Bestand in der Wildnis weitgehend gesichert, Honigdachse gebietsweise gefährdet, Bestandsverhältnisse beim Everett-Sonnendachs unklar.

Lebensweise. Teilweise tagaktiv (Honigdachs), sonst Dämmerungs- und Nachttiere, morgens selten, nachmittags häufig rege, ruhen tagsüber oft in der Sonne. Lebensraum Baum- und Buschsteppe, lichte Wälder, häufig Galeriewälder in Wassernähe, Flach- und Hügelland (Honigdachs), lichte, trockene Wälder, Waldränder, Buschdickicht, busch- und baumbewachsene Kulturlandschaft bis in 2000 m Höhe (Europäischer Dachs), trockene, offene Prärien (Silberdachs), Wälder, dicht bestandene Baum- und Buschsteppen (Sonnendachse), Grassteppen und Halbwüsten. Als Einzelgänger (Silberdachs), paarweise oder in Kleingruppen (Europäische Dachse, vermutlich dauerhafte Paarbindung) ortstreu in Revieren von etwa 50–150 ha (Europäischer Dachs) mit festen Sonn- und Kotplätzen und durch Duftstoffe markierten Wechseln sowie mit meist nur 1 selbst gegrabenen Erdbau (Sonnendachse auch in Baumhöhlen). Burgen des Europäischen Dachses bis 30 m Durchmesser mit zahlreichen Eingängen, verzweigten Laufröhren und Luftschächten, mehreren Schlafkesseln bis 5 m Tiefe. Baue werden generationenlang bewohnt, weiter ausgebaut, benutzte Schlafkessel mit Gras, Laub und Moos gepolstert. Während der Aufzucht unterirdische Kotplätze. Europäische Dachse auffällig friedlich und verträglich, leben in Clans von bis zu 25 Tieren. Silberdachse Einzelgänger. Honigdachs einzeln oder paarweise lebender Bodenbewohner, der aber sehr gut klettert und bis 6 m hoch in den Bäumen angetroffen wurde. Schlaf- und Ruheplätze in selbst gegrabenen Erdhöhlen, Erdbauen anderer Tiere oder natürlichen Höhlen. Wenig natürliche Feinde, da feste Haut fast unverletzlich und mit starkem Gebiss und mächtigen Klauen sehr wehrhaft. Greift in die Enge getrieben an, entleert dabei Stinkdrüsen, meidet jedoch Kämpfe mit Fressfeinden und gräbt sich bei Gefahr auch schnell ein. Einzelheiten über die Lebensweise von Schweins-, Stink- und Sonnendachsen weitgehend unbekannt. Europäische und Silberdachse halten in nördlichen Gebieten Winterruhe (keinen Winterschlaf!) von maximal 5–7 Monaten, zehren von Fettreserven wie Bären. Jungtiere bleiben oft den 1. Winter bei der Mutter, werden aber meist schon im Herbst vertrieben. Hoch entwickelter Geruchssinn, feines Gehör. Augen weniger leistungsfähig, ermöglichen Dämmerungssehen. Fortbewegung trabend, auf der Flucht plumper Laufgalopp. Schwimmen sicher. Klettervermögen (außer Sonnendachse) mäßig. Wenig stimmfreudig, keckernde, bellende Angst- und Wutlaute, lauter Ranz- und Schmerzschrei.

Nahrung. Europäischer Dachs Allesfresser, oft Regenwürmer als Hauptnahrung, außerdem Wurzeln, Knollen, Pilze, Früchte, Beeren, Sämereien, Feldfrüchte des Menschen, Honig aus Hummel- und Wespennestern, wirbellose Tiere wie Engerlinge, Käfer und andere Kerbtiere, Schnecken, kleine bis mittelgroße Wirbeltiere, vorwiegend Frösche, Eidechsen, Eier und Junge bodenbrütender Vögel, Kleinsäuger, besonders Jungmäuse und Kaninchen aus Erdbauen. Übrige Arten mehr, Silberdachs und Sonnendachse überwiegend Fleischfresser, Hauptbeute bodenlebende Nager. Honigdachs frisst Kleinsäuger, Vögel, auch Hausgeflügel, Eier, Kriechtiere (bricht Schildkrötenpanzer, verzehrt Giftschlangen, deren Zähne nicht in seine Haut eindringen können), besonders in Westafrika auch Lurche, Fische und andere Wassertiere, dazu Aas, Wurzeln, Knollen, Wild- und Kulturfrüchte. Namensgebend seine Vorliebe für Honig, öffnet dazu Bienen-, Wespen- und Hummelnester. Nicht endgültig bewiesen ist die Aussage, dass der Dachs durch die Rufe des starengroßen Honiganzeigers (*Indicator indicator*) zu den Nestern der Honigproduzenten geführt wird. Der Vogel könne sich dann an Larven und Puppen sättigen, nachdem der Honigdachs das Insektennest aufgebrochen habe, um selbst an die Honigwaben zu gelangen.

Haltung von Wieselartigen

Zur Haltung von Frettchen siehe Spezialliteratur. Zur Haltung von Honig-, Schweins-, Sonnen- und Silberdachsen sowie Dachsen siehe Abschnitt „Haltung von Dachsen“.

In Tiergärten weltweit werden die jeweils einheimischen Arten häufig, andere Arten selten gehalten, tropische Arten in Europa nur vereinzelt gezeigt. Ein Teil der Zootierbestände noch immer Wildfänge, da Zoonachzuchten bei den meisten Arten relativ selten sind. Bei Wildfängen möglichst von der Bevölkerung in Tiergärten abgegebene Nestjunge künstlich aufziehen, da erwachsene Tiere oft zeitlebens scheu und wild bleiben und sich auf ein Leben in Menschenobhut meist nicht einstellen können. Auch eine Umsetzungen alter Tiere aus langjährig gewöhnten Anlagen ist nicht ratsam, belastet diese über die Maßen stark. Eingewöhnung erwachsener Tiere in abgedunkelten Käfigen. Einheimische Marder sind häufig Überträger der Tollwut, deshalb sollten Wildfänge nicht aufgenommen werden, die nicht garantiert aus langjährig tollwutfreien Gebieten stammen.

Unterkunft. Für vorwiegend dämmerungs- und nachtaktive Arten aus den Tropen und Subtropen (z.B. Weißnackenwiesel, Zorilla) klimatisierte Gehege im Nachttierhaus, für kälteempfindliche, auch oder teilweise tagaktive Arten (z.B. Grisons, südliche Unterarten des Buntmarders, Tayra) geräumige Innenkäfige im Kleinsäugerhaus mit zugeordneten Außenkäfigen für die warme Jahreszeit, für übrige, winterharte Arten teilüberdachte, volierenartige, unbeheizte Maschendrahtkäfige, in denen allerdings auch Tayras ganzjährig bei Außentemperaturen bis –18 °C gehalten wurden. Zugänge zu den Tierunterkünften für das Pflegepersonal aus Sicherheitsgründen möglichst über eine Personenschleuse. Für Baummarder wie in Hankensbüttel auch Freianlagen mit Baumbestand, allerdings hoher, kostenintensiver Umzäunungsaufwand. Kleine Arten (z.B. Mauswiesel) werden auch in terrarienartigen, teilverglasten Vitrinen gehalten. In solchen Unterkünften ganzjährig warm gehaltene Mauswiesel bilden kein Winterfell aus. Viele Wieselartige sind polyphasisch, d.h., sie verbringen in 24 Stunden sowohl am Tag als auch in der Nacht mehrere, individuell verschiedene Aktivitäts- und Ruhephasen. Besonders für solche Arten sind Haltungssysteme aus einem Schaugehege und mehreren außerhalb des Besucherbereichs befindlichen Einzelgehegen geeignet, von denen die dort lebenden Tiere im Wechsel während ihrer individuellen Aktivitätsphase Zugang zum Schaugehege erhalten (Zoo Helsinki). Unterkünfte für Vielfraße erfordern besonders stabile Konstruktionen und anstelle von Maschendraht Stahlgittergeflechte. Die Absicherung des Zauns mit 1 oder mehreren stromführenden Drähten ab 10–30 cm Höhe erlaubt jedoch auch leichtere Zaunkonstruktionen. Vielfraße werden ebenso in Freianlagen (Brüstungshöhe der Umfassungsmauer von Trockengräben innen etwa 2 m) gehalten. Drahtzäune solcher oben offenen Gehege müssen gegen ein Überklettern durch einen Elektrozaun oder glatten, nach innen kragenden Abweisern gesichert sein.

Bei Paarhaltung und für Zuchtzwecke sind Doppelvolieren oder -käfige erforderlich, da die Möglichkeit zur Trennung bei allen Arten vorhanden sein muss, zumal die Vertreter ungeselliger Arten außerhalb der Brunstzeit ohnehin einzeln gehalten werden müssen. Außer für kleine Arten Absperrmöglichkeiten (z.B. kleine Fütterungskäfige) erforderlich, da Reinigungsarbeiten aus Sicherheitsgründen oft nicht in Anwesenheit der Tiere erfolgen können. Voraussetzung für die erfolgreiche Haltung sehr geräumige Unterkünfte mit vielseitigen Kletter- und Laufeinrichtungen, offenen und versteckten Liegeplätzen, Holz- und Steinaufbauten, mehreren zugfreien, trockenen Schlafkästen mit rundem Einschlupfloch (für Wiesel 5 cm, Nerze 6–8 cm Durchmesser) an sonnen- und windgeschützten Orten, für Bodenbewohner am oder dicht über dem Käfigboden, für Baumbewohner in Höhe der Klettereinrichtungen und mit diesen durch einen Laufast oder ein -brett verbunden. Kästen mit 2 Kammern haben sich bewährt, da 1 Kammer gerne als Latrine benutzt wird. Schwarzfußiltisse nehmen aus Wasserrohren nachgebildete Gangsysteme der Präriehunde gern an. Als Bodenbelag ist gewachsener Boden nur bei großräumigen Volieren und Freianlagen sinnvoll, da hohe Bewegungsaktivität (z.B. Vielfraße) zur Bodenverdichtung und Zerstörung der Bodenvegetation führt. Zum Schutz gegen Untergraben als Unterbau breitfugig in Sand verlegtes Packlager aus Natur-, Ziegel- oder Betonsteinen in Fundamenttiefe der Umfassungsmauern (bei Vielfraßen und Zorillas bis in 1 m Tiefe) mit darunterliegender guter Drainage. Besonders in kleineren Unterkünften bei Baumbewohnern auch betonierter bzw. mit Natursteinen felsenartig gestalteter Steinboden, darüber leicht auswechselbarer Sand oder Rindenmulch. Badebecken für Nerze notwendig, für Iltis, Fischermarder, Tayra und Vielfraß wünschenswert, gehen an heißen Tagen gern ins Wasser. Vielfraße sind hitzeempfindlich, benötigen im Sommer schattige Plätze. Alle Arten neigen in zu kleinen oder schlecht ausgestalteten Unterkünften zu Bewegungsstereotypien und anderen Verhaltensstörungen, daher möglichst auch vielseitige Beschäftigungsmöglichkeiten vorsehen, z.B. zur Beschäftigung der Tiere in großen Gehegen Verstecken von Futterbrocken, in Hankensbüttel für Baummarder auch auf Bäumen.

Umgang. Einzeln künstlich aufgezogene Tiere werden zahm, beißen aber später aus Futterneid nicht selten auch nach dem Pfleger (Nerz). Zahme Iltisse, Tigeriltisse, Grisons, Zorillas und Vielfraße machen den Pflegern gegenüber keinen Gebrauch ihrer Stinkdrüsen. Künstlich aufgezogene Vielfraße bleiben auch als erwachsene Tiere zu vertrauten Personen oft zutraulich und zuverlässig, Fremde können beim Betreten des Geheges angegriffen werden. Deswegen Tiere unbedingt absperren! Im Umgang mit Mardern besonders bei Reinigungsarbeiten in den Unterkünften Vorsicht walten lassen, vor allem sind Wiesel extrem schnell. Ausbruchskünstler möglichst vor der Aufnahme von Arbeiten absperren. Schlafkästen regelmäßig säubern, da viele Arten hier Futterfleisch und andere Nahrungsbrocken verstecken. Bei Reinigungsarbeiten von Vitrinen bzw. Unterkünften im Kleinsäuger- oder Nachttierhaus nur klares Wasser mit geringem Zusatz von Geschirrspülmittel verwenden. Wird eine Verwendung von Desinfektionsmitteln oder stärkeren Waschchemikalien erforderlich, Tiere grundsätzlich absperren, nicht alle Markierungspunkte gleichzeitig reinigen und desinfizieren, gründlich nachspülen und Tiere nur in absolut trockenen Käfig lassen. In Freivolieren Bodenbelag regelmäßig erneuern. Reinigungsarbeiten dazu nutzen, alle Drahtgeflechte oft und gründlich zu kontrollieren. Ausbrüche können auch durch kleinste Defektstellen erfolgen. Fang zum Transport oder zu Behandlungszwecken mit dem Kescher. Nur mit Lederhandschuh durch Genickgriff festhalten. Fang vor allem von Wieselarten wenn möglich vermeiden. Zum Versand besser aus der Schlafkiste in den Transportbehälter überführen. Transport stets einzeln in gut abgesicherten Holzkisten mit verdrahteter Stirnfront. Marder sind extrem empfindlich gegenüber Transportstress, Transportkiste abdunkeln, reichlich mit Heu füllen, in das sich das Tier verkriechen kann. Für Vielfraße stabile, blechausgeschlagene Kisten verwenden, stirnseitig mit möglichst engem Stabstahlgitterschieber (Ausbruchskünstler, zerstören einfache Holzkisten mit den Zähnen).

Fütterung. Größere Marder: Ganzkörper mit Federn oder mit Fell (Geflügel, Kaninchen, Meschweinche, Ratten), eventuell Hunde- oder Katzenfertigfutter, gequollenen Hundekuchen, durchgedrehtes Fleisch mit Vitaminen und Mineralstoffen, mageres Rindfleisch, Kalbfleisch. Als Zukost rohes oder gekochtes Ei, zartes Gemüse, Honig (vor allem als Beschäftigungsfutter), für Baum- und Fichtenmarder auch Vogelbeeren und geöffnete Nüsse, gelegentlich Süßwasserfisch, auch Frösche und Krebse (besonders für Fischermarder, Nerze und Iltisse). Fisch in größerer Menge kann zu Vitamin-B_1-Mangel führen, da er Thiaminase enthält, die das Vitamin B_1 zerstört. Bei hohem Fischanteil im Futter Fische entweder kochen – dabei wird die Thiaminase unschädlich gemacht – oder reine Fleischmahlzeiten mit hohem Vitamin-B_1-Gehalt einschieben bzw. eine Vitaminergänzung, z.B. mit Fischfresser-Tabletten. Für Nerze Futterzusammensetzung aus 1 Drittel Fisch (Weißfische, Karauschen, Rotfedern u.a. Süßwasserfische, auch magere Seefische), 2 Dritteln möglichst frischtoten Küken, Mäusen, durchgedrehtem Fleisch, Hunde- und Katzenfertigfutter mit zerkleinertem Obst und Gemüse, eventuell auch Beimischung von gekochtem Cerealienfutter.

Vielfraße sollten große Fleischstücke (Rind, Pferd, Wild) oder ganze Kadaver angeboten bekommen, damit sie ihr natürliches Verhalten zeigen können, das Fleisch in kleinere Stücke zu schneiden und diese für den späteren Verzehr zu verstecken. Zusätzlich zum Fleisch wird Vielfraßen oft einmal wöchentlich frische Leber und unregelmäßiger ein Thiaminpräparat angeboten. Da ein leichter Vitamin-B_1-Mangel bei älteren Tieren zu Ataxie und Tremor führen kann, benötigen diese Tiere häufiger Thiaminpräparate als junge Tiere.

Für Mauswiesel, Hermelin und andere kleinere Arten: häufig Mäuse, Ratten mit Fell, Küken, Sperlinge mit Federn, als Beigaben Mehl- und Regenwürmer, Heuschrecken, Grillen, andere Zuchtinsekten, alternativ durchgedrehtes Fleisch mit Vitamin- und Mineralstoffzusätzen, Hunde- und Katzenfertigfutter. Haare und Federn untermengen! Leberstückchen, Gemüse, eventuell Quark und Milch oder Milchpulver. Wieselarten fressen täglich bis 25 % ihrer Körpermasse! Im Sommer kann der Fleischanteil für alle Arten auf 50 % der Gesamtnahrungsmenge reduziert werden, im Winterhalbjahr sollte er etwa 80 % betragen. Für alle Arten können ergänzend Canine D3 und Omnicarnivore (S) zum Einsatz kommen. Täglich mindestens 2 Fütterungen, kein Fastentag. Bei Paarhaltung oder für Mütter mit selbständig werdenden Jungen mehrere Futterplätze, um Kämpfen aus Futterneid vorzubeugen, dann etwas reichlicher füttern. Bei Wieseln kaum Gefahr der Verfettung. Allerdings legen Wiesel und Iltisse Futterverstecke an, die regelmäßig beräumt und gesäubert werden müssen. Stets frisches Wasser anbieten, an heißen Tagen mehrmals täglich, bei Frostgraden angewärmt.

Vergesellschaftung. Die meisten Arten tolerieren den Partner nur zur Brunst des Weibchens oder während der Paarungszeit. Bei einigen Arten ist Paarhaltung in großräumigen Gehegen möglich, z.B. viele Marder, darunter Buntmarder, auch Hermelin, Tayra, Zorilla und vor allem Vielfraße, die sich als Erwachsene besonders dann gut vertragen, wenn sie bereits als Jungtiere zusammengelebt haben. Bei Tayras ließen sich kleine Haremsgruppen bilden, wenn ein Muttertier mit seinen heranwachsenden Töchtern mit dem Vater vergesellschaftet wurde. Darüber hinaus Haltung von mehreren Iltissen zeitweilig erfolgreich. Vergesellschaftung besonders dann risikoarm, wenn die Gehege von zunächst einzeln gehaltenen Tieren miteinander verbunden werden konnten. So kann sich jedes Individuum bei aufkommenden Spannungen in seine gewohnte Umgebung zurückziehen und sich in diesem Eigenterritorium besser als in einer Gemeinschaftsunterkunft gegenüber dem Kontrahenten behaupten. Ernsthafte Kämpfe fangen oft fast ohne Vorzeichen an. Bei beginnenden Unverträglichkeiten Kontrahenten sofort trennen. Vergesellschaftung mit anderen Arten wenig praktiziert, so z.B. in Innsbruck Baummarder mit Europäischen Dachsen.

Tab. 26.29 Angaben zur Fortpflanzungsbiologie von Mardern

Art	Paarungszeit (Monate)	Tragzeit (Tage)	Wurfzeit (Monate)	Wurfgröße (Anzahl)
Hermelin	VI–VII	255–340	IV–V	4–5 (2–15)
Mauswiesel	I–XII	34–37	I–XII	4–5 (1–12)
Feuerwiesel	II–V	28–42	III–VI	4–5 (1–12)
Europäischer Nerz	III–V	35–42	V–VI	3–4 (1–7)
Mink	II–III	34–70	IV–VI	2–6 (1–10)
Iltis, Frettchen	III–VI	40–45	IV–VIII	3–6 (1–12)
Steppeniltis	III–VI	38–42	IV–VIII	4–6 (3–18)
Tigeriltis	III	56–63	V	4–8
Zorilla	I–XII	35–44	I–XII	1–3
Baummarder	VII–VIII	230–290	II–V	3–5 (1–8)
Steinmarder	VII–VIII	230–250	III–IV	3–5 (1–8)
Zobel	VI–VIII	250–300	III–V	2–5 (1–7)
Fischermarder	III–V	300–358	II–V	2–4 (1–6)
Buntmarder	II–VII	132–152 (240–300)		1–5
Tayra	I–XII	63–67	I–XII	1–2 (1–4)
Vielfraß	II–VII	210–320	III–IV	2–3 (1–5)

Zahlen in Klammern: von der Norm abweichende, im natürlichen Schwankungsbereich liegende Angaben.

Fortpflanzung und Zucht. Geschlechtsunterscheidung einfach. Männchen mit deutlichen Hoden. Vagina der Weibchen dicht unter der Analöffnung. Zitzenzahl bei Wieseln 10, bei Nerzen, Iltis und verwandten Arten 8, bei Mardern, Tayra, Zorilla und Vielfraß 4. Zucht schwierig wegen der häufig praktizierten Einzelhaltung der untereinander oft sehr unverträglichen Einzelgänger, aber zunehmend häufiger, da sich bei einigen Arten in großen Gehegen Paarhaltung als möglich erwiesen hat (siehe Vergesellschaftung). Verpaarung der übrigen Arten nur unter Aufsicht während der Brunst (Ranzzeit). Tiere dann wie beim Aneinandergewöhnen neuer Partner vorher an möglichst engem Sichtgitter halten und gut beobachten. Zur Paarung stets Männchen in das Gehege der Weibchen lassen oder Vergesellschaftung in neutraler Unterkunft. Im Gegensatz dazu fanden bei Schwarzfußiltissen Paarungen stets im Gehege der Männchen statt. Brunstzeichen bei Baum- und Steinmardern sind gesteigerte Aktivität, nachlassender Appetit, vermehrtes Harnen und Markieren von Gegenständen, bei Mauswieseln girrende Kontaktlaute, bei Zorilla katzenähnliches Rollen, Beißspiele. Brünstige Tayraweibchen reiten beim Männchen auf, fordern es mit den Vorderpfoten in dessen Flanken stupsend zur Paarung auf. In der Hochbrunst bei Tayraweibchen deutlich sichtbare Vulvaschwellung. Bei Wieseln und Mardern meist heftiges Treiben, bis das Männchen das Weibchen mit den Zähnen im Genick erfasst hat. Weibchen wehren sich anfangs heftig mit den Beinen (Nerze), verfallen dann aber in eine Tragschlaffe und lassen sich willenlos vom Männchen hin und her zerren (beim Iltis über 30 Minuten). Erst danach für die Dauer von 1–2 Stunden mehrere Begattungen, oft im seitlichen Liegen. Zwischendurch hält das Männchen das Weibchen ununterbrochen fest. Während der Paarung kreischende, keckernde Laute. Brunstdauer 5–20, bei Vielfrassen 1–5, ausnahmsweise bis 11 Tage. Paarungen bei allen Arten jedoch meist nur an 3-5 Tagen. Mehrere Paarungen wichtig, da die Ovulation durch die 1. Paarung ausgelöst wird und erst die nachfolgenden Paarungen zur Befruchtung führen sollen. Nach Abschluss der Paarung Männchen einzelgängerischer Arten und bei nicht aneinander gewöhnten Partnern entfernen und nach 1–14 Tagen erneut zum Weibchen setzen. Zeigt letzteres deutliche Abwehrreaktionen und droht das

Tab. 26.30 Angaben zur Jugendentwicklung von Mardern

Art	Augenöffnung (Lebenstag)	Säugezeit (Wochen)	Geschlechtsreife (Monate)
Hermelin	35.–42.	8–10	M 10, W 1¼–2[1]
Mauswiesel	21.–25.	6–8	4–5
Feuerwiesel	28.–30.	8	10
Europäischer Nerz	30.–35.	8–10	9
Mink	35.	8	10–12
Iltisse, Frettchen	28.–30.	8–9	9
Zorilla		8	9
Baummarder	34.–38.	8	22–24[2]
Steinmarder	30.–35.	8	27–28[2]
Zobel	30.–38.	8	27
Buntmarder	25.–40.		36
Tayra	35.–47.	10–12	18–24
Vielfraß	28.–35.	10	36–48

M=Männchen, W=Weibchen
[1] In Einzelfällen, sonst wie Männchen mit 10 Monaten
[2] Manchmal schon mit 15 Monaten

Männchen an, kann mit beginnender Trächtigkeit gerechnet werden. Bei Tayras und Wieseln gelang die Aufzucht auch in Gegenwart des Männchens, doch geht bei Wieseln durch das aufziehende, meist recht aggressive Weibchen eine Gefahr für das viel größere Männchen aus. Allgemein werden bei diesen Arten wie auch bei verträglichen Vielfraßen und Zorillas die Männchen wie bei den übrigen Wieselartigen vor der Geburt abgesetzt.

Trächtigkeitszeichen sind zunehmende Aggressivität des Weibchens, Umfangsvermehrung, häufiges Aufsuchen von Wurfboxen und Sammeln von Nistmaterial. Bei Tayras treten 2–3 Wochen vor dem Wurf deutlich die 4 Zitzen aus dem Fell hervor. Angaben zur Fortpflanzungsbiologie von Mardern in Tabelle 26.29.

Extreme Unterschiede der Tragzeitlängen bei manchen Arten infolge verlängerter Tragzeit, d.h., die befruchteten Eizellen verbleiben im Eileiter, wandern erst kurz vor der Geburt, bei amerikanischen Hermelinen höchstens 4, bei anderen Arten 5–6 Wochen vorher in die Gebärmutter ein und betten sich dort in die Schleimhaut ein. Würfe bei vielen Arten deshalb im darauf folgenden Jahr (Hermelin, Marder). Eigentliche Keimesentwicklung bei amerikanischen Hermelinen 28–30, bei Mardern und Vielfraß 35–42 Tage. Die mit 28 Tagen extrem kurze Tragzeit beim Feuerwiesel dürfte mit der eigentlichen Tragzeit identisch sein. Bei Hermelinen und Mardern nach der Hauptbrunstzeit im Hochsommer Nebenbrunstzeit im Dezember/Januar, während der die Weibchen, die in der Hauptbrunstzeit nicht gedeckt wurden, befruchtet werden. Würfe erfolgen stets in der Wurfzeit (Frühjahr), sodass innerhalb einer Art 2 verschieden lange Tragzeiten möglich sind. Während der Nebenbrunstzeit sollen sich auch die bereits tragenden Weibchen erneut decken lassen, wobei die Zweitbedeckung Auslöser für die Fortsetzung der unterbrochenen Keimesentwicklung sein soll. In Tiergärten, so z.B. in Warschau, zeigten während der Hauptbrunstzeit gedeckte Marder während der Nebenbrunstzeit Anzeichen von Hitze, wurden aber nicht nochmals verpaart und brachten zur Wurfzeit Junge. Bei ganzjährig warm gehaltenen Mauswieseln 2 Würfe im Jahr möglich. Bei Hermelinen erstaunliche Frühreife. Weibchen können noch im Nest schon mit 3–5 Wochen gedeckt werden (frühester Nachweis 17 Tage) und werfen im Alter von 1 Jahr. Rüden werden erst mit 10 Monaten geschlechtsreif. Tragenden Weibchen möglichst mehrere heugepolsterte Wurfplätze (Schlafkästen) und reichlich Nistmaterial (trockenes Laub und Moos, Federn, Haare) anbieten, können so den Nestplatz selbst wählen, bei eventueller Beunruhigung die Jungen in ein anderes Versteck transportieren. Weibchen aller Arten, auch zahme Tiere, die die besten Voraussetzungen für erfolgreiche Aufzuchten mitbringen, sind während der Jungenaufzucht überaus sensibel und reizbar, reagieren auf geringste Störung mit ruhelosem Schleppen der Jungen, säugen nicht ausreichend und fressen nicht selten die Jungen. Umgang nur durch vertrauten Pfleger unter strikter Einhaltung des gewohnten Raum-Zeit-Systems. Keine Störungen durch Besucher, keine ungewohnten Arbeiten in der Umgebung der Unterkunft. Werden Weibchen, die Junge tragen, beobachtet, unverzüglich nach der Störungsquelle suchen und diese ausschalten. Reinigungsarbeiten nur dann durchführen, wenn das Weibchen den vertrauten Pfleger toleriert. Notfalls in den ersten Wochen nach der Geburt auf Reinigungsarbeiten verzichten und nur vorsichtig füttern und tränken.

Jungtiere sind nackt, selten schwach behaart (Iltis, Zorilla, Vielfraß), blind, Lagerjunge. Geburtsgewichte: Hermelin 2,5–4 g, Mauswiesel 0,9–2,3 g (Weibchen leichter als Männchen, nur bis 1,9 g), Nerze, Iltis 6–12 g, Steppeniltis 4–6 g, Zorilla um 15 g, Baum- und Steinmarder um 30 g, Zobel 25–30 g, Buntmarder 50–65 g, Tayra 75–95 g, Vielfraß 80–100 g. Angaben zur Jugendentwicklung von Mardern in Tabelle 26.30. Einzelheiten noch wenig bekannt. Jugendentwicklung am Anfang der Säugezeit relativ langsam, gegen Ende mit zunehmender Aufnahme von fester Kost sehr schnell. Bei einigen Arten erste feste Kost noch vor der Augenöffnung bzw. erstem Nestverlassen. Nahrung wird von der Mutter zugetragen und zerkleinert. Fell mit 3–4 Wochen voll ausgebildet. Mit 8–10 (Mauswiesel), 10–12 (Hermelin, Marder) Wochen werden die Jungen selbständig und vom Weibchen abgebissen. Bei ersten Anzeichen beginnender Unverträglichkeit absetzen. Gefahr der Verletzung der Jungen bzw. des von der Aufzucht geschwächten Weibchens durch kräftige männliche Jungtiere. Vielfraße können 1½–1¾ Jahre bei der Mutter bleiben.

Die künstliche Aufzucht ist aufwändig, aber erfolgversprechend, auch bei sehr jungen Tieren. Nackte oder wenig behaarte Junge, auch einzeln aufwachsende Junge kälteempfindlich. Umgebungstemperaturen bei sehr jungen Tieren anfangs 28–32 °C, mit zunehmender Fellbildung absenken auf Zimmertemperatur. Milchzusammensetzung in Tabelle 26.31. In den ersten beiden Lebenswochen 9–10 Mahlzeiten mit 4- bis 6-stündiger Nachtruhe, in den beiden folgenden Wochen 7–8 Mahlzeiten mit 6- bis 8-stündiger Nachtruhe, danach bis zur endgültigen Umstellung auf feste Kost tagsüber 5-6 Mahlzeiten. Anfangsnahrung Hunde- bzw. Katzenmilchaustauscher oder mäßig fette Kuhmilch, die mit Serumeiweiß, flüssigem Eidotter und Kondensmilch angereichert und aus Pipette oder Spezialfläschchen mit sehr kleiner Saugöffnung verabreicht werden kann. Nahrungsmenge bei sehr jungen Tieren täglich etwa 25–30 % des Körpergewichts, mit dem Heranwachsen prozentual verringern. Jungtiere trinken nicht in einem Zug, sondern in Intervallen. Vor den Mahlzeiten (bei anderen Arten oft danach) Analmassage (siehe Großkatzen). Zellstoff oder Läppchen leicht anfeuchten oder mit einem Tropfen Öl geschmeidig machen, sonst infolge zu groben oder trockenen Materials Entzündungsgefahr im Analbereich. Bei gleichzeitiger Aufzucht mehrerer Jungtiere können auch durch gegenseitiges Benuckeln Hautentzündungen entstehen. Jungtiere notfalls trennen. Milchkot hellgelb, fest, leicht perlenartig geformt. Ab 10.–14. Lebenstag Lebertrank anstelle einer Milchmahlzeit reichen (Leber in Küchenmixer musen, durch feines Sieb streichen, mit 2 Teilen abgekochtem Wasser verdünnen), Kot wird dunkler, bleibt aber fest. Bereits ab Ende der 3. Lebenswoche zartes, mageres, mit einem scharfen Messer fein geschabtes Geflügel-, Kaninchen- oder Kalbfleisch und Lebermus beifüttern (Leber wie oben zubereiten, nicht mehr mit Wasser verdünnen). Mit 4–6 Wochen nach und nach auf feste Kost umstellen (Kot wird dunkler, etwas breiiger, darf aber nicht

Tab. 14.3 Milchzusammensetzung von Mardern

Art	Trockensubstanz (%)	Fett (%)	Eiweiß (%)	Kohlenhydrate (%)	Asche (%)	Proben (Anzahl)
Iltis		9,88[1] (8,23)	7,49[2] (7,98)	3,59 (3,50)		97 (23)
Mink	25,34 (21,58)	9,43[3] (7,41)	8,10[4] (7,94)	4,61[5]	0,97 (1,08)	137 (12)

Angaben in Klammern: Werte für Kolostrum
Erwähnenswerte Abweichungen:
[1]8,0% [2]6,0% (Einzelproben) [3]3,6 bzw. 3,3% [4]7,4 bzw. 7,7% [5]8,2 bzw. 10,3% (2. Laktationswoche 15 Tiere bzw. 5.–9. Laktationswoche 8 Tiere)

flüssig werden). Milch bis Ende der 8. Woche zufüttern. Säugende Frettchen hervorragend als Ammen geeignet. Zucht bei Iltissen und Nerzen regelmäßig, Feuerwiesel, Hermelin und Vielfraß häufig, Buntmarder, Stein- und Baummarder, Zorilla und Tayra gelegentlich. Zobelzucht zur Vergrößerung der gesunkenen Zobelbestände seit 1933 in Puschkino bei Moskau. Werden in den ursprünglichen Verbreitungsgebieten der Zobel wieder eingebürgert. Zucht der übrigen Arten selten.

Höchstalter in Menschenobhut. Mauswiesel 10, Hermelin fast 13, Feuerwiesel fast 9, Langschwanzwiesel über 8¾, Nerz 12, Mink fast 11½, Iltis 14, Schwarzfußiltis 12, Steppeniltis über 9, Tigeriltis fast 9, Baummarder fast 18¼, Zobel fast 18½, Steinmarder über 18, Buntmarder über 15½, Fischermarder 14¼, Fichtenmarder 18, Tayra fast 20, Großgrison über 11¾, Kleingrison 10¼, Zorilla über 13¼, Vielfraß 20 Jahre.

Haltung von Dachsen

In altweltlichen Tiergärten werden nur Europäische Dachse häufig, Honigdachse selten, in amerikanischen Zoos außerdem Silberdachse gezeigt. Relativ unkompliziert, Pflegeansprüche leicht zu befriedigen, aber Tropentiere nicht akklimatisierbar. Eingewöhnung erwachsen gefangener Tiere schwierig, bleiben meist scheu und wild, Jungtiere leben sich gut ein. Honig-, Silber- und Europäischer Dachs werden in Tiergärten mehr oder minder tagaktiv.

Unterkunft. Für nicht winterharte Arten (Honig- und Sonnendachse) während der kalten Jahreszeit geräumiges Quartier in Nachttier- oder konventionellem Warmhaus mit leicht erwärmtem Betonfußboden. Sichtfläche verglast oder stabil vergittert. Während der warmen Jahreszeit Tages- oder Daueraufenthalt in zugeordnetem Außenkäfig oder in einer Freianlage, wo winterharte Arten ganzjährig bleiben. Untergrund von Dachsanlagen muss stabil gegen Aufbrechen und Untergraben gesichert sein (Betonboden mit ausreichender Drainage, eventuell vermauerte große Natursteine, auch im Boden liegende Gitter oder Stahlgeflechte, darüber mäßig starke Sandschicht, nicht tiefer als etwa 90 cm). Einfriedung mit stabilem Drahtgewebe, Stahlnetz oder punktgeschweißten Stahlgitterfeldern. Gitter müssen oben nach innen überkragen, um ein Überklettern zu vermeiden (besonders gut klettern Honig-, Sonnen-, nicht selten auch Schweinsdachse und Europäische Dachse). Sicherung der Gehegebegrenzung gegen Überklettern auch durch Elektroabsperrung (2–3 Drähte innen an der senkrechten Gitterwand, beginnend 50 cm über dem Bodenbelag, sowie 2 Drähte im Mittelteil und am Ende an der ins Gehege kragenden Gitterfläche). Gehegeeinfassung anstelle von Gittern auch aus etwa 1,50 m hoher, glatter Trockenmauer oder Panzerglasscheibe. Die Tiere zerstören mit ihrer außergewöhnlichen Körperkraft zu leicht gebautes Gehegeinventar. Deshalb für jedes Tier möglichst stabile, zugfreie, trockene, gut am Boden befestigte Unterkunft mit Absperreinrichtung (zuverlässig von außen zu sichernde Stahlschieber). Schlafboxen von Europäischen und Silberdachsen, die in ihrer Anlage überwintern, müssen durch geeignete Isolierung gegen Durchfrieren gesichert sein (doppelwandig, anstelle von

Tab. 26.32 Milchzusammensetzung von Dachsen

Art	Trockensubstanz (%)	Fett (%)	Eiweiß (%)	Kohlenhydrate (%)	Asche (%)	Proben (Anzahl)
Europäischer Dachs		6,30	7,20*	3,50	1,60	1
Silberdachs	31,10		9,20	2,80	1,00	2

*Davon 2,30 % Kasein und 4,90 % Albumin und Globulin

Blech eventuell Hartholzauskleidung des Innenraumes). Innenraum so gestalten, dass die abgegebene Körperwärme der Tiere im Raum erhalten bleibt. Auch bei starker Kälte auf Dauer Temperaturen von 8–10 °C in der Box erforderlich. Überwinternden Tieren reichlich Heu zum Schlafnestbau anbieten. In den Gehegen Verstecke (Stein- und Holzhaufen) einrichten, senkrechter, gut verankerter Stamm als Kratzbaum. Flachwasserbecken. Die Anlage muss eine gute Drainage besitzen. Kotplätze regelmäßig reinigen.

Umgang. Künstlich aufgezogene Tiere werden sehr zahm und anhänglich, sind Fremden gegenüber manchmal bissig. Dennoch Vorsicht im Umgang. Silberdachse stellen sich oft scheintot, starr oder tiefschlafend. Nicht mit bloßen Händen anfassen, sie fahren blitzschnell herum und beißen zu. Dachse nur mit stabilem Kescher oder mit einer Dachszange fangen. Nicht ins Genick greifen, man kann sie nicht festhalten! Fang am besten in Schlafboxen. Transport in stabilen, sorgfältig mit Blech ausgeschlagenen Kisten.

Fütterung. Hunde- oder Katzenfertigfutter, Fleisch, teilweise durchgedreht, mit Mineralstoff- und Vitaminzusätzen, ergänzend Canine D3 und Omnicarnivore (S), rohes und gekochtes Ei, hin und wieder Küken, Geflügelköpfe, Ratten, Regenwürmer, Mehlwürmer, Hundekuchen. Vereinzelt nehmen Honigdachse nur tierische Kost an.

Vergesellschaftung. Europäische Dachse und Honigdachse paarweise meist sehr verträglich. Silberdachse Einzelgänger, in Menschenobhut daher oft unverträglich. Vergesellschaftung mit anderen Arten wenig praktiziert, so z.B. Europäischer Dachs mit Rotfuchs, in Innsbruck Europäische Dachse mit Baummardern.

Fortpflanzung und Zucht. Einzeln gehaltene Tiere nur unter Aufsicht während der Ranzzeit zusammenlassen. Paarung marderähnlich, Männchen erfasst Weibchen im Nacken oder an einem Ohr und lässt es bis zum Abschluss der Begattung nicht los (3 Minuten bis 1 Stunde). Paarende Tiere keckern und grunzen. Bei Honigdachsen sollen erst zahlreiche Paarungen zur induzierten Ovulation führen. Männchen braucht nach der Paarung nicht sofort vom Weibchen getrennt zu werden. Lediglich wenn später mit einem Wurf gerechnet wird, Männchen in der Regel absetzen. Aufzuchtserfolge bei Europäischem Dachs auch in Anwesenheit des Männchens, das sich aber nicht direkt an der Aufzucht beteiligte und die Jungen meist ignorierte. Im Gegensatz dazu spielten in Anwesenheit des Männchens aufgezogene Schweinsdachse mit 2 Monaten mit dem Vater, der derbe Kampfspiele duldete.

Brunstzeit bei Europäischem Dachs Juli bis September, bei Silberdachs August bis September. Tragzeit bei Honigdachs etwa 6 Monate, bei Europäischem und Schweinsdachs sehr variabel, meist 7–8, Silberdachs 6–7 Monate (verlängerte Tragzeit mit Keimlingsruhe), eigentliche Tragzeit 40–60 Tage. In Einzelfällen haben Weibchen, die 12–15 Monate allein waren, Junge gebracht (extrem verlängerte Tragzeit). Wurfzeit bei Europäischem Dachs Februar/März, bei Silberdachs März/April. Wurfgröße beim Honigdachs 1 (selten 2), beim Sonnendachs 1–3 Junge (4 Zitzen, übrige Arten 8 Zitzen), bei Europäischem, Silber- und Schweinsdachs 1–7, meist 2–3 Junge. Zucht bei allen Arten selten.

Abb. 26.59 Das bekannteste Stinktier ist der Streifenskunk (*Mephitis mephitis*), der sein stinkendes Afterdrüsensekret gezielt meterweit spritzen kann.

Bei dauernder Paarhaltung zur Jungenaufzucht mindestens 2, möglichst mehr Wurfboxen anbieten, da im Fall von Störungen das Weibchen mit den Jungen umzieht. Nach dem Wurf alle Störfaktoren ausschalten, anfangs auch auf Reinigungsarbeiten verzichten. Als Nistmaterial Heu, Laub, eventuell Stoffreste in die Anlage geben. Jugendentwicklung wenig bekannt. Geburtsgewichte: Schweinsdachs 60 g, Honigdachs 150 g, Europäischer Dachs mit kurzem, weißem Fell wie Silberdachs 90–100 g, wiegen mit 1 Monat das 6- bis 7-Fache. Zahndurchbruch ab 30. Tag, Augenöffnung 40.–45. Tag (Schweinsdachs 41.–48. Tag). Jungtiere verlassen erstmals den Bau zwischen 50. und 70. Tag (Schweinsdachse 61.–63. Tag). Säugezeit 12–14 Wochen. Honigdachse mit langsamerer Entwicklung, Säugezeit 17 Wochen. Absetzen nach 6 Monaten. Geschlechtsreife bei einem weiblichen Silberdachs mit 6 Monaten, sonst in beiden Geschlechtern mit 1½–2 Jahren.

Künstliche Aufzucht wie bei Mardern, Bären oder Katzen (siehe dort). Anal- und Bauchmassage lebenswichtig. Milchzusammensetzung in Tabelle 26.32.

Höchstalter in Menschenobhut. Honigdachs 31¼, Europäischer Dachs 19, Asiatischer Dachs fast 19¾, Schweinsdachs 14½, Silberdachs 26, Chinesischer Sonnendachs 14½ Jahre.

Familie Skunks (Mephitidae)

Auch Stinktiere. Vormals eine Unterfamilie der Marder, Ergebnisse genetischer Untersuchungen führten zur Einordnung der Skunks zusammen mit den Stinkdachsen in eine gemeinsame Familie. Gestalt plump, marderartig, Fell meist langhaarig, Grundfarbe schwarz bis dunkelbraun mit stark kontrastierender weißer Flecken- und Streifenzeichnung, Schwanz meist buschig, Beine relativ kurz, Vorderpfoten mit langen, gebogenen zum Graben geeigneten Krallen, Schnauze bei den meisten Arten langgestreckt, Zahnformel: 3/3 1/1 3–2/3 1/2, Augen und Ohren relativ klein, beiderseits des Afters fast hühnereigroße Stinkdrüsen, die dicht hinter dem Schließmuskel in den After münden und ein streng riechendes Sekret absondern, welches bis zu 6 m weit versprüht werden kann, ähnelt geruchlich einer hochkonzentrierten Mischung aus Knoblauch, Schwefelkohlenstoff und angebranntem Gummi.

Verbreitung. Nord-, Mittel- und Südamerika, Südostasien.

4 Gattungen, 12 Arten.

Streifenskunks (*Mephitis*): 2 Arten. Schwarzweiße Färbung. **Streifenskunk** (*M. mephitis*): breiter weißer Streifen von der Stirn über die Flanken bis zur Schwanzwurzel. 13 Unterarten. Kanada und USA, im Süden bis Nord-Arizona. – **Haubenskunk** (*M. macroura*), auch Langschwanzskunk: 2 Farbmorphen: entweder einzelner breiter, weißer Streifen entlang des Rückens oder ganzer Rücken mit Ausnahme von 2 schmalen Flankenstrichen schwarz gefärbt. 4 Unterarten. Südliche USA und Mittelamerika.

Fleckenskunks (*Spilogale*): 4 Arten. Kleinste Skunks, Fell auffallend schwarz-weiß, weiße Flecken oder Streifen, in 6 streifenförmigen Längslinien auf schwarzem Untergrund, am Körperende einige Querstreifen, Kopfoberseite mit weißem Fleck, Schwanzspitze weiß. **Östlicher Fleckenskunk** (*S. putorius*): 3 Unterarten. Wyoming, Texas bis Florida. – **Westlicher Fleckenskunk** (*S. gracilis*): 7 Unterarten. British Columbia, Wyoming bis Costa Rica. – **Südlicher Fleckenskunk** (*S. angustifrons*): 5 Unterarten. Zentralmexiko bis Costa Rica. – **Zwerg-Fleckenskunk** (*S. pygmaea*): 3 Unterarten. Mittelteil der Pazifikküste Mexikos.

Ferkelskunks (*Conepatus*), auch Schweinsnasenskunks: 4 Arten. Gattung mit den größten Vertretern. Auffällig verlängerte Nasenpartie der Schnauze, individuell sehr variable Schwarz-Weiß-Färbung. **Östlicher Ferkelskunk** (*C. leuconotus*): 3 Unterarten. Südliche USA bis Nicaragua. – **Amazonas-Ferkelskunk** (*C. semistriatus*): 8 Unterarten. Südmexiko, Nordperu und Ostbrasilien. – **Anden-Ferkelskunk** (*C. chinga*): 7 Unterarten. Mittleres Südamerika (Peru, Brasilien, Chile, Uruguay, Nordargentinien). – **Humboldts Skunk** (*C. humboldtii*), auch Patagonien-Felsenskunk: 3 Unterarten. Nordosten Argentiniens und Paraguay bis zur Südspitze Südamerikas.

Stinkdachse (*Mydaus*): 2 Arten. Bewegliche, lange Schnauze, Beine und Schwanz kurz, dunkelbraun bis schwarz. **Sunda-Stinkdachs** (*M. javanensis*), auch Java-Stinkdachs, Malaiischer Stinkdachs, Teledu: braun, weißer Streifen von der Stirn bis zur Schwanzwurzel. 3 Unterarten. Sumatra, Java, Borneo und nördliche Natuna-Inseln. – **Palawan-Stinkdachs** (*M. marchei*), auch Philippinen-Stinkdachs: schwarzbraun mit gelblichem Fleck auf dem Scheitel. Palawan und Calamian-Inseln.

Gefährdungsstatus. Bestand in der Wildnis überwiegend nicht gefährdet, allerdings ist die Unterart *C. leuconotus telmalestes* des Östlichen Ferkelskunks ausgerottet worden. Palawan-Stinkdachs schutzbedürftig, Zwerg-Fleckenskunk gefährdet.

Lebensweise. Dämmerungs- und Nachttiere, doch auch tagsüber vereinzelt aktiv. Lebensraum lockerer Buschwald, lichte Wälder, offene Graslandschaften mit Busch- oder Waldinseln, Prärie, Hochsteppen des Hügel- und Berglandes, auch Kulturland in der Nähe menschlicher Siedlungen (zunehmend Kulturfolger) oder Halbwüsten. Gesellig, nur erwachsene Männchen zur Paarungszeit oft Einzelgänger. Bodenbewohner, ortstreu in Revieren mit festen, durch Kot markierten Wechseln zu natürlichen Höhlen, selbst gegrabenen Erdhöhlen mit gepolstertem Schlafkessel oder annektierten Erdbauen anderer Tiere (Stinkdachse in Stachelschweinbauen). Fortbewegung bedächtiges Laufen, können schwimmen, gehen aber ungern ins Wasser, springen und klettern meist schlecht (Ausnahme: Fleckenskunks klettern bei Gefahr bis in die Baumkronen, nutzen auch Baumhöhlennester). Geruchssinn hoch entwickelt, dient der Nahrungssuche. Seh- und Hörvermögen gut.

Im Winter mehrfach unterbrochene Ruheperioden (kein Winterschlaf), dann in einer Höhle nicht selten 1 Männchen, mehrere Weibchen und Jungtiere. Wenig Feinde (Eulen, Greifvögel), deshalb Menschen und Großtieren gegenüber wenig scheu. Verteidigung durch Analdrüsensekret. Chemische Zusammensetzung vorwiegend alkoholähnliche Schwefelverbindungen (Merkaptane).

Nahrung. Wirbellose Tiere aller Art, auch Bienen und Wespen, niedere Wirbeltiere, darunter auch Giftschlangen (wenig empfindlich gegen Schlangenbisse und Insektenstiche), Eier, Vögel, nestjunge Bodenbrüter, viele Kleinnager, Aas, daneben Honig, weiches süßes Obst, Beeren, zartes Grün.

Haltung von Skunks

In Tiergärten nur Streifenskunk häufiger, übrige Skunkvertreter seltener gezeigt. Haltung grundsätzlich wie Marder, insbesondere hinsichtlich Unterkunft, Fütterung und Umgang. Südliche Arten nicht akklimatisierbar.

Tab. 26.33 Angaben zur Fortpflanzungsbiologie von Stinktieren

Art/Gattung	Paarungszeit (Monate)	Tragzeit (Tage)	Wurfzeit (Monate)	Wurfgröße (Anzahl)	Geburtsgewicht (g)
Streifenskunk	II–III	59–77[1]	V–VI	3–5 (2–10)	32–35
Fleckenskunk[2]	IX–X	230–250[3]	IV–VI	3–6 (2–9)	ca. 22
Fleckenskunk[4]	III–IV	50–65[5]	V–VI	3–6 (2–9)	ca. 22
Ferkelskunks	II–II	ca. 60[6]	IV–V		

Zahlen in Klammern: von der Norm abweichende, im natürlichen Schwankungsbereich liegende Werte
[1] Im Mittel 61–64 Tage
[2] Im nördlichen und westlichen Verbreitungsgebiet
[3] Verlängerte Tragzeit, Keimlingsruhe bis März/April, eigentliche Tragzeit bei allen Arten ca. 28–31 Tage. Eventuell 2 Würfe im Jahr, wenn Junge nicht aufkommen, Zweitwurf Ende Juli
[4] Im südlichen Verbreitungsgebiet
[5] Implantation der Keimlinge vermutlich schon 14–16 Tage nach der Paarung. Eventuell 2 Würfe im Jahr, wenn Junge nicht aufkommen, Zweitwurf Ende Juli
[6] Östlicher Ferkelskunk (*Conepatus leuconotus*) 42 Tage

Unterkunft. Winterharte Arten (Streifen-, Flecken- und Humboldts Skunk) im Freien in ungeheizter, volierenähnlicher, von Maschendraht, punktgeschweißtem Drahtgeflecht oder Stahlnetz allseits umschlossener Stahlkonstruktion oder in Freianlage mit etwa 1,20 m hoher glatter Abgrenzung (Glas, Beton etc.). Ausbruchssicherung gegen Untergraben der Begrenzung durch locker in ein Kiesbett mit Drainagefugen verlegte schwere Natursteine. Als Bodenbelag Sand, Rindenmulch, Naturrasen. Kälteempfindliche Formen (mittel- und südamerikanische Skunks, Stinkdachse) in besucherseitig mit Drahtgeflecht oder Glas begrenztem Käfig eines konventionellen Kleinsäugerhauses oder ähnlichen Warmhauses mit leicht erwärmtem Betonfußboden und zugeordneter Außenanlage. Untergrund der Außenanlage muss für Stinkdachse sehr fest gegen Aufbrechen und Untergraben gesichert sein. Einfriedung mit stabilem Drahtgewebe, Stahlnetz oder punktgeschweißten, nach innen überkragenden Stahlgitterfeldern. Inventar der Unterkünfte wie für Marder.

Paarweise gut verträglich, Vergesellschaftung auch mehrerer Weibchen mit 1 Männchen möglich, dann aber öfter Streitigkeiten unter den Weibchen. Männchen zur Brunst oft reizbar und unruhig.

Umgang. Zahme, künstlich aufgezogene Tiere machen von den Stinkdrüsen nur in Ausnahmefällen Gebrauch. Vorher drohen Skunks, indem sie Schwanz und Hinterteil anheben, mit den Vorderpfoten den Boden kratzen oder darauf klopfen und mit dem nach rückwärts gedrehten Kopf den Gegner anvisieren und anfauchen. Fleckenskunks drohen im Handstand. Sekret wird stets treffsicher in Richtung des gegnerischen Kopfes geschossen, ruft Augenentzündungen, eventuell Erblindung hervor, kann an Kleidung oder unempfindlichen Hautpartien mit Ammoniakwasser neutralisiert werden. Ersteinsatz des Drüsensekrets bei Jungtieren zwischen dem 45. und 55. Lebenstag, in Ausnahmefällen auch schon nach dem 22. Lebenstag, da Drüsen bereits ab 8. Lebenstag sezernieren. Stinkdrüsen werden in der Regel im Alter von etwa 3–4 Wochen operativ (bei medizinischer Indikation) entfernt, dadurch keine spätere Beeinträchtigung der Lebensqualität für das Tier. Stinkdachse können bei Fangversuchen Analdrüsensekret 1,50 m weit verspritzen, machen aber selten davon Gebrauch, stellen sich auch scheintot, starr oder tiefschlafend und beißen bei Berührungen schnell zu. Nicht mit bloßen Händen anfassen.

Fütterung. Durchgedrehtes Fleisch mit Mineralstoff- und Vitaminbeigaben (z. B. Omnicanivore Supplement), Hunde- und Katzenfertigfutter, hin und wieder gekochtes oder rohes Ei, Mäuse, Küken, Regenwürmer, Milch und Honig. Stinkdachse nehmen meist nur tierische

Kost an. Nicht bis zur Sättigung füttern, Tagesrationen knapper bemessen. Lediglich Tiere, die im Freien überwintern, im Spätsommer und Herbst reichlich füttern, auch wenn sie dabei fett und träge werden. Fettreserve für die Winterruhe notwendig.

Fortpflanzung und Zucht. Ähnlich wie bei Mardern. Zusammenstellung von Paaren unkomplizierter, weil untereinander weniger aggressiv, daher Zucht nicht selten. Paarung nach Nackenbiss in Seitenlage, Dauer 1–20 Minuten. Angaben zur Fortpflanzungsbiologie in Tabelle 26.33. Tragende Weibchen isolieren, ziehen auch in der Wildnis Junge allein auf. Neugeborene nackt und blind. Spätere Fellfärbung durch Pigmentierung der Haut sichtbar. Fellbildung beginnt zwischen 10. und 20. Tag, Augenöffnung 27.–28. Tag, erstes Verlassen des Nestes mit etwa 35 Tagen, erste feste Kost mit etwa 40 Tagen. Säugezeit 6–8 Wochen, danach absetzen. Geschlechtsreife mit 10–11 Monaten.

Künstliche Aufzucht wie bei Wieselartigen. Milchzusammensetzung von 15 Proben beim Streifenskunk: Trockensubstanz 30,60 %, Fett 13,80 %, Eiweiß 9,90 %, Kohlenhydrate 3 %.

Höchstalter in Menschenobhut. Streifenskunk fast 14, Fleckenskunk über 9¾, Andenskunk fast 8¼, Östlicher Ferkelskunk über 10 Jahre.

Familie Kleinbären (Procyonidae)

Kleine bis mittelgroße, heute ausschließlich neuweltliche Raubtiere. In Nordamerika bereits gegen Ende des Paläogens verbreitet. Darunter Katzenfrett als lebendes Fossil seit dem Neogen nahezu unverändert bis heute erhalten. Abstammung von altweltlichen Vorfahren. Zahnformel: 3/3 1/1 3–4/3–4 2/2, Brechscherengebiss gut entwickelt.

Verbreitung. Nord-, Mittel- und Südamerika, teils in Europa eingeführt.

6 Gattungen, 13 Arten.

Makibären (*Bassaricyon*), auch Schlankbären oder Olingos: 4 Arten. Gestalt ähnelt der des Wickelbären, aber spitzere Schnauze und langer, buschiger, unscharf dunkel geringelter Schwanz (kein Greifschwanz!), Körper schlank, langgestreckt, Fell kurz und dicht, oberseits gelblich graubraun, unterseits gelblich weiß, weißes Kehlband bis zur Ohröffnung. Südliches Mittel-, nördliches Südamerika, westlich der Anden von Südkolumbien über Ostperu, Westbrasilien bis Bolivien. – **Allens Makibär** (*B. alleni*): Ecuador, Peru und Westbolivien. – **Beddards Makibär** (*B. beddardi*): Guyana, Venezuela, Brasilien. – **Schlankbär** (*B. gabbii*), auch Olingo: 3 Unterarten. Nicaragua bis Kolumbien und Ecuador. – **Anden-Makibär** (*B. neblina*), auch Olingo: wurde 2013 als neue Art beschrieben. Kleiner als andere Makibären, Abweichungen im Schädel und Gebiss, in Fellfarbe und -dichte. 4 Unterarten. Anden Kolumbiens und Ecuadors. – **Chocó-Makibär** (*B. medius*): Körpergröße zwischen Schlankbär und Anden-Makibär, Füße breit mit gebogener Kralle. Kolumbien und Peru westlich der Anden, mittleres und östliches Panama.

Wickelbären (*Potos*): 1 Art. Mit den Makibären nahe verwandt. Körper langgestreckt, etwas gedrungener und kurzbeiniger als Schlankbären, kleine, runde Ohren, langer Greifschwanz. Fell dicht, kurz, samtartig, oberseits braun, unterseits gelblich. **Wickelbär** (*P. flavus*), auch Kinkajou: 7 Unterarten. Mittelamerika, nördliches und mittleres Südamerika.

Katzenfretts (*Bassariscus*): 2 Arten. Gestalt marderartig. Ohren groß, langer, buschiger Schwanz mit dunkler Ringelung, Schnauze spitz, weiße Zeichnung um die Augen, Fell oberseits hellgelblich grau bis braun mit schwärzlichem Anflug, unterseits grauweiß. **Nordamerikanischer Katzenfrett** (*B. astutus*): 14 Unterarten. USA von Südwest-Oregon und Ost-Kansas bis Niederkalifornien und Südmexiko. – **Mittelamerikanischer Katzenfrett** (*B. sumichrasti*): 5 Unterarten. Südmexiko bis Westpanama.

Waschbären (*Procyon*): 3 Arten. Mittelgroße Raubtiere von einander sehr ähnlichem Erschei-

Abb. 26.60 Wickelbär (*Potos flavus*). Der lange muskulöse Greifschwanz dient beim Klettern als zusätzliches Ankerorgan.

nungsbild. Gestalt gedrungen, etwas plump, breiter Kopf mit spitzer Schnauze, Beine mäßig lang, Schwanz mittellang, dunkel geringelt. Fell dicht, lang, braun- bis schwarzgrau, Gesichtsmaske schwarz- bzw. braunweiß. **Nordamerikanischer Waschbär** (*P. lotor*): 20 Unterarten. Südkanada bis südliches Mittelamerika, in weiten Teilen Europas frei lebende Populationen. – **Krabbenwaschbär** (*P. cancrivorus*): 4 Unterarten. Südliches Mittelamerika, Südamerika von Kolumbien und Venezuela über Nord- und Mittelbrasilien, Bolivien sowie West- und Mittelargentinien. – **Cozumel-Waschbär** (*P. pygmaeus*): Mexiko (Insel Cozumel vor Yucatán).

Nasenbären (*Nasua*), auch Rüsselbären: 2 Arten. Mittelgroße, schlanke, hochbeinige Raubtiere mit unverwechselbarer Kopfform, Hirnschädel schmal, Stirn flach, Gesichtsschädel mit langer, rüsselartiger, sehr beweglicher Schnauze, die an Länge den Unterkiefer erheblich überragt, kräftige Vorderbeine mit gebogenen Krallen, Schwanz meist lang und mehr oder minder deutlich dunkel geringelt, wird oft senkrecht getragen, Fell kurz und dicht, rötlich bis graugelblich braun, hell-dunkle Gesichtszeichnungen. **Nasenbär** (*N. nasua*), auch Südamerikanischer Nasenbär: Fell rötlich braun bis grau, Unterseite heller, Füße schwarz, Schwanz auffallend geringelt, Schnauze mit schwacher Weißzeichnung. 12 Unterarten. Südamerika bis Nordargentinien. – **Weißrüssel-Nasenbär** (*N. narica*), auch Weißrüsselbär: Fell meist graubraun, deutliche weiße Zeichnung an Schnauze, Wangen, Kehle und Bauch, Füße fast schwarz, Schwanz undeutlich geringelt. 4 Unterarten. Südwestliche USA über Mittelamerika bis Nordkolumbien.

Bergnasenbären (*Nasuella*): 1 Art. Kleiner, schlanker und mit kürzerem Schwanz als Nasenbären. Fell oliv- bis graubraun, Schwanz gelbgrau-dunkelbraun geringelt. **Bergnasenbär** (*N. olivacea*): 3 Unterarten. Kolumbien Westvenezuela, Ecuador.

Gefährdungsstatus. Bestand in der Wildnis bei einigen Arten nicht hinreichend geklärt. Barbados-Waschbär gilt als ausgestorben. Gefährdet sind Harris' und Chiriqui-Makibär, die Unterarten des Nordamerikanischen Waschbären Bahama- und Tres-Marias-Waschbär sowie Nelson-Nasenbär (*Nasua narica nelsoni*). Manche mittelamerikanischen Katzenfretts, Inselformen des Waschbären und Bergnasenbären sind in ihrem Verbreitungsgebiet selten, andere Arten vorläufig nicht gefährdet.

Lebensweise. Nacht- und Dämmerungstiere, die nur ausnahmsweise in Höhlennähe morgens sonnenbaden (Katzenfretts, Waschbären). Nur Nasenbären tagaktiv. Lebensraum tropische Wälder (Wickel-, Makibären, Mittelamerikanischer Katzenfrett), bewaldete tropisch-subtropische Niederungen, Trockenwälder, buschbestandene Grassteppen und Halbwüstenränder (Nasenbären), wasserarme, busch- und baumbestandene, unterholz- und schluchtenreiche, fel-

Abb. 26.61 Der Nordamerikanische Katzenfrett (*Bassariscus astutus*) besitzt wie alle Katzenfretts mit 40 Zähnen noch das ursprüngliche Raubtiergebiss.

sige, halbtrockene Hochplateaus (Nordamerikanische Katzenfretts), Wald-, Busch-, Park- und Kulturlandschaft und Savannen in der Nähe von stehenden oder fließenden Binnengewässern, Sümpfe, Mangrovengebiete an Flussmündungen und Küsten (Waschbären, sehr anpassungsfähig). Überwiegend Waldbewohner, im Hügelland und Gebirge Makibären bis in 2000 m, Anden-Makibär bis in 2750 m, Mittelamerikanische Katzenfretts, Wasch- und Wickelbären bis in 2500 m, Nasenbären und Nordamerikanische Katzenfretts bis in 3100 bzw. 3300 m Höhe. Einige Arten Kulturfolger und wenig menschenscheu. Waschbären dringen in Park- und Gartenanlagen, Katzenfretts in Dachböden und Scheunen ein. Teils fast ausschließlich Baumbewohner (Mittelamerikanischer Katzenfrett, Schlankbär, Wickelbär), teils sowohl Baum- als auch Bodentiere (Wasch- und Nasenbären). Alle klettern gut, Nordamerikanischer Katzenfrett mithilfe spitzer Krallen auch an glatten, steilen Felsen. Bei Katzenfretts und Makibären Schwanz als Balance-, bei Wickelbären zusätzlich als Ankerorgan. Echte Baumbewohner springen im Geäst weit und zielsicher, lediglich Wickelbären klettern behäbig. Überwiegend am Erdboden lebende Arten laufen hier bedächtig, flüchten in kurzem Galopp meist auf Bäume (Wasch- und Nasenbär), springen wenig weit, können schwimmen, gehen aber nur ungern in tieferes Wasser (Ausnahme Krabbenwaschbär). Ruheplätze in Baumhöhlen (Mittelamerikanischer Katzenfrett, Makibären, Wasch- und Wickelbären), Felsspalten (Nordamerikanischer Katzenfrett), selten in Erdbauen oder natürlichen Höhlen am Boden (Waschbär), in dichtem Pflanzenwuchs, z.B. Lianen (Wickelbär) oder auf Astgabeln und starken Ästen in Stammnähe (Nasenbären). Im Norden halten Waschbären in Baumhöhlen bei Temperaturen unter –4 °C oft wochenlang Winterruhe (kein Winterschlaf!). Abnahme des Körpergewichts bis zu 50 % durch Aufzehren der Fettreserven. Bei Nachttieren gutes Dämmerungssehen, wie übrige feines Gehör, hoch entwickelter Geruchs- und Tastsinn (Waschbären ertasten Unterwasserbeute!). Verschiedene Alarm-, Kontakt-, Angst- und Komfortlaute, besonders Mittelamerikanischer Katzenfrett und Nasenbären sind stimmfreudig.

Meist Einzelgänger, nur während der Brunst paarweise. Bei Wickelbären auch Zusammenkunft von mehreren Tieren in Früchte tragenden Bäumen. Lediglich Nasenbären gesellig in Gruppen aus mehreren Mutterfamilien, dazu während der Brunst 1 Männchen. Weitgehend ortstreu in großen Nahrungs- oder Jagdrevieren, die sich oft überlappen (Katzenfrett, Wasch-, Nasenbären), und kleineren Wohnterritorien, die gegen Artgenossen verteidigt und mit Harn und/oder Drüsensekret markiert werden. Duftmarken an Steinen und Ästen dienen auch der Wege- und Wechselkennzeichnung oder spielen im Fortpflanzungsgeschehen eine Rolle (bei Wickelbären Drüsenfelder unterhalb der Mundwinkel, an Kehl- und Nabelregion). Männliche Waschbären vagabundieren zur Brunstzeit weit umher. Dann besonders bei Wasch- und Nasenbären heftige Kämpfe unter den Männchen, die

Abb. 26.62 Typisch für den Weißrüssel-Nasenbären (*Nasua narica*) sind die weißen Flecken an Schnauze, Wangen, Kehle und Bauch.

sich nacheinander oft mit mehreren Weibchen paaren.

Nahrung. Allesfresser, die teils mehr tierische, teils mehr pflanzliche Kost bevorzugen, Nordamerikanischer Katzenfrett Kleinsäuger, Vögel, Eier, Kriechtiere, Gliederfüßler, daneben Früchte, Beeren, Feldfrüchte des Menschen. Anteil der pflanzlichen Kost an der Nahrung 25 %. Mittelamerikanischer Katzenfrett ähnlich, aber mehr Früchte. Makibären vorwiegend Früchtefresser und nur etwa 1 Drittel der Nahrung Insekten, Kleinsäuger und Vögel. Wickelbären ähnlich, aber noch mehr pflanzliche Kost. Nordamerikanische Wasch- und Nasenbären: Kerbtiere, nestjunge Kleinvögel und Kleinnager, Eier, Würmer, Schnecken, Muscheln, Fische, Lurche, Obst, Sämereien, Feldfrüchte, zarte Triebe, Krabbenwaschbär zusätzlich Krebse. Wickelbär: vorwiegend pflanzliche Nahrung wie Früchte, Nüsse, Sämereien, zarte Triebe, Nektar, Blüten, Knospen, Honig, aber auch Kleinsäuger, Vogeleier, wenig Kerbtiere.

Haltung von Kleinbären

In Tiergärten werden Bergnasenbären sowie Inselformen des Waschbären nicht gehalten, Makibären, Katzenfretts und Krabbenwaschbär verhältnismäßig selten, sonst Vertreter der übrigen Gattungen häufig gezeigt. Gegensätzliche Aktivitätszeiten und klimatisch unterschiedliche Herkunftsgebiete der Vertreter dieser Tiergruppe machen verschiedenartige Haltungssysteme erforderlich.

Unterkunft. Für Dämmerungs- und Nachttiere wie Makibären, Wickelbär und Katzenfretts geräumige, frontseitig verglaste, klimatisierte Nachttierhausgehege. Herkömmlich untergebrachte Wickelbären und Katzenfretts sind tagsüber inaktiv und schlafen viel. Tagaktive Nasenbären auch in Gehegen von konventionellem Klimahaus mit besucherseitig verglaster oder verdrahteter Begrenzung. Gehegeausstattung mit natürlichem Bodenbelag (Rindenmulch, Torf, Laub) vielen Kletterästen, Seilen und hoch gelegenen, über Äste erreichbaren Schlafboxen mit rundem Eingang und Nestmaterial (Heu, Haferstroh). Bei den wenig verträglichen Makibären je Tier mindestens 1 Schlafversteck, ähnlich bei Wickelbär und Katzenfretts, obwohl beide Arten gelegentlich gemeinsam mit ihren Partnern schlafen. Unterkünfte für Katzenfretts zuverlässig gegen Ausbruch sichern, möglichst auch Eingangsschleuse für Tierpfleger. Bei Verwendung von Maschendraht regelmäßige Kontrolle. Bewohner zwängen sich durch enge Spalten. Entkommene Tiere richten Schäden in Vogelbeständen an. Alle Arten mehr (Makibären, Wickelbär, Mittelamerikanischer Katzenfrett, südliche Nasenbären) oder minder (Nordamerikanischer Katzenfrett, Krabbenwaschbär, nördliche Nasenbären) kälteempfindlich, nur nordamerikanische Waschbären sind winterhart, können außerdem tagsüber durch Beschäftigung an eine weitgehend tagaktive Lebensweise gewöhnt werden. Unterkunft für weniger kälteempfindliche Arten wie Krabbenwaschbären, nordamerikanische Katzenfretts und nördliche Nasenbären zumindest im Sommerhalbjahr wie Waschbären ganzjährig auch in einer Außenanlage, die auch einem Klimahaus angeschlossen sein kann. Alle Arten gute Kletterer, daher oft drahtüberdachte, maschendrahtbespannte Freivoliere mit etwa 60 cm tiefem Fundament. Sehr häufig auch von glatten, fugenlosen Mauern (Brüstungsmauer von Gehegeboden bis Oberkante 1,5 m hoch, innen leicht eingezogen) oder Trockengräben (etwa 1,2 m breit und nicht unter 1,5 m tief) begrenzte Freianlagen. Nasenbären können besser springen als Waschbären, deshalb Grabenbreite 1,5 m, wenn Gehegeoberfläche und Mauerkrone auf gleichem Niveau sind. Gehegebegrenzung vereinzelt auch durch Wassergräben oder Glasscheibe. Außenbegrenzungen können gegen Untergraben unter der Erde mit Draht und nach oben gegen Überklettern mit Elektrodraht zusätzlich gesichert werden. Ausbruchsgefahr bei gut eingewöhnten Gruppen ohne sozialen Stress gering. Als Gehegeinventar von Freianlagen Kletterbäume, Holz- und Steinverstecke, bei Gehegen ohne Wassergraben flaches, betoniertes Wasserbecken mit Grundablass und ständig schwachem Frischwasserzulauf. Gehegeeinrichtungen von Zeit zu Zeit auswechseln oder umdekorieren, um die Tiere durch Veränderung ihrer Umwelt zu veranlassen, sich mit der neuen Situation zu beschäftigen. Ausreichende Anzahl heugepolsterter Schlafboxen wie für Otter (Vorraum nicht erforderlich) oder Schlafkisten, die bei Nasenbären besonders stabil sein müssen, weil sie an allen lockeren Gehegeteilen ausdauernd herumkratzen und dabei Schäden anrichten. Südliche, nicht winterharte Arten, u.a. Krabbenwaschbär, mit Beginn der kalten Jahreszeit in ein Warmhaus überführen. Für gut akklimatisierte Nasenbären und Waschbären genügen auf Außenanlagen im Winter trockene, zugfreie, gut isolierte Kisten mit reichlicher dichter Lagereinstreu als Höhle.

Umgang. Vorsicht auch mit zahmen Tieren, sind sehr schreckhaft und wendig, können schmerzhaft kratzen und beißen. Fang mit dem Kescher. Langschwänzige Arten nicht am Schwanz greifen, pendeln sich schnell an den Fänger heran, greifen nach dessen Beinen und beißen. Genickgriff nur, wenn eine zuverlässige 2. Person die Beine des Tieres festhält, sonst tiefe Kratzwunden. Transport wie Marder. Für erwachsene Nasenbären hartholz- oder blechausgeschlagene Kisten oder stabile Transportboxen für Hunde. Eingewöhnung bei erwachsen gefangenen Katzenfretts, Schlank- und Wickelbären schwierig, bleiben scheu und bissig.

Fütterung. Katzenfretts: ca. 170 g Futter pro Tag, davon die Hälfte Früchte, die andere Hälfte Hundefertigfutter, Ratten, Mäuse, Eintagsküken, dazu Insekten. Nasenbären: Insektenfresserpellets, Mehlwürmer, Sodatenfliegenlarven, Gemüsemischungen, gelegentlich Eintagsküken und gekochstes Ei. Alternativ Hunde- und Katzenfertigfutter, mageres Mahlfleisch. Als Streu- und Beschäftigungsfutter eignen sich Papageienmischungen, jedoch ohne Nüsse. Im Gegensatz zu Katzenfretts neigen Nasenbären zur Verfettung und Eisenspeicherkrankheit (daher kein schieres Fleisch und kein Obst). Junge Tiere können an sehr verschiedene Futtermittel gewöhnt werden. Wickel- und Makibären: viel weiches Obst, Südfrüchte, rohes oder gegartes Gemüse, Reis- oder Haferflockenbrei mit Obststückchen und Rosinen, Nüsse, Honig, gekochtes Ei, Eigelb, gekochte und rohe Fleischstückchen, Kleintiere mit Fell oder Federn, Insekten, Mehlwürmer. Makibären nehmen mehr tierische Kost als Wickelbären (Fütterung erst kurz vor Beginn der Aktivitätsphase!). Waschbären: Allesfresser, wie Nasenbären, dazu verschiedenes Obst und Gemüse,

Tab. 26.34 Angaben zur Fortpflanzungsbiologie von Kleinbären

Art	Paarungszeit (Monate)	Tragzeit (Tage)	Wurfzeit (Monate)	Wurfgröße (Anzahl)	Säugezeit (Wochen)	Geschlechtsreife (Monate)
Nordamerikanischer Katzenfrett	(I[1]–)II–III	51–55	(III[1]–)IV–VI	2–3 (1–5)	16–18	10–22
Mittelamerikanischer Katzenfrett	XII–III[2]	63–66	II–VI[2]	1 (–2)		10–22
Makibären	I–XII	72–75	I–XII	1	16–18	20–22
Waschbären	(I[1]–)II–III	63–64[3]	(III[1]–)IV–VI	3–4 (1–7)	16–18	12[4]–24[5]
Nasenbären	I–III[6]	66–79[7]	IV–VI[6]	3–4 (1–8)	10–12	10
Wickelbär	I–XII	112–118	I–XII	1 (–2)	16–18	18[4]–30[5]

Zahlenangaben in Klammern sind von der Norm abweichende, im natürlichen Schwankungsbereich liegende Angaben.
[1] In wärmeren Klimaten oder sehr milden Wintern
[2] Nicht selten auch ganzjährig
[3] Nach manchen Angaben 60–73 Tage
[4] Weibchen
[5] Männchen
[6] Paarungen in Ausnahmefällen auch November bis August, Würfe dann von Januar bis Oktober
[7] Angaben widersprüchlich: Weißrüsselbär 67–79 Tage, Nasenbär 66–77 oder 77–79 Tage

Kleintiere, Hühnerköpfe, Fische, Eier, besonders für Krabbenwaschbär auch Krebse und Würmer. Tagesrationen nicht zu hoch ansetzen, da die Tiere zur Verfettung neigen.

Für alle Arten Futterzusätze mit Vitamin- und Mineralstoffpräparaten, für Waschbären zusätzlich Jodpräparate oder jodiertes Salz, da die Tiere zu Schilddrüsenstörungen neigen. Für in Nachttierhäusern gehaltene Tiere möglichst mehrmals am Tag kleinere Portionen, Reste nach beendeter Nahrungsaufnahme entfernen, sonst rascher Verderb infolge warmer Umgebungstemperatur. Bei nicht in Nachttierhäusern gehaltenen Tieren Fütterung zweimal täglich, morgens eine kleine Portion, abends Hauptmahlzeit, dann sind sie tagsüber mehr aktiv. Für Nasen- und Waschbären kleine Zwischenmahlzeiten mit Beschäftigungsfutter, z.B. Mehlwürmer, die in einer Art Sandkasten versteckt werden. Bei nordamerikanischen Waschbären in der Winterruhe nach reichlicher Fütterung im Herbst während der Frostperiode auf 1 Monat etwa 15 Fasttage. „Futterwaschen" der Waschbären ist Ersatzhandlung für Beuteerwerb in der Wildnis, wo die Tiere ihre Beute oft vom Boden des Gewässerufers holen. Auch ungenießbare Gegenstände (Steinchen, Holzstücke) werden „gewaschen".

Vergesellschaftung. Katzenfretts und Makibären wenig verträglich, einzeln oder paarweise halten. Bei letzteren nicht selten Spannungen auch zwischen dauernd zusammenlebenden Paaren. Viele Katzenfretts nehmen außerhalb der Brunst kaum Notiz voneinander. Wickelbären paarweise meist verträglich, können auch in Trios gehalten werden, wenn 2 Weibchen miteinander auskommen. Wasch- und Nasenbären paarweise sehr verträglich, aber Vergesellschaftung auch in Haremsgruppen aus mehreren Weibchen und 1 Männchen meist problemlos.

Fortpflanzung und Zucht. Brunst bei weiblichen Katzenfretts, Schlank- und Wickelbären durch Scheidenschwellung erkennbar. Paarungen nach mehr oder minder langem Treiben nur während der 1–3 Tage anhaltenden Hochbrunst. Während der Paarung keckernde (Wasch- und Nasenbären) oder zwitschernd-zirpende Laute. Paarungsdauer teils kurz (bei Katzenfretts bis 25 Sekunden), teils von sehr wechselnder Länge (Schlankbär wenige Sekunden bis 40 Minuten, Wickelbär wenige Sekunden bis 85 Minuten). Ovulation wird durch die Paarung ausgelöst. Angaben zur Fortpflanzungsbiologie in Tabelle 26.34.

Trächtigkeitszeichen nicht immer deutlich. Bei Katzenfretts ab 32. Tag vor der Geburt beginnende, ab 21. Tag deutlich zunehmende Scheidenschwellung, die bei Schlankbären verbunden mit wässrigem Ausfluss erst 12 Stunden vor der Geburt einsetzt. Für jedes trächtige Weibchen muss mindestens 1 eigene Aufzucht-

Tab. 26.35 Angaben zur Jugendentwicklung von Kleinbären

Art	Geburtsgewicht (g)	Gehörgangsöffnung (Tag)	Augenöffnung (Tag)	erste feste Kost (Tag)	erstes Nestverlassen (Tag)	ständiger Aufenthalt bei der Mutter bis (Tag)
Katzenfretts	25–30	9.–15.[1]	31.–34.[2]	28.–30.	35.–40.	55.–60.
Makibären	50–55	15.–18.	22.–30.	60.–65.		
Waschbären	etwa 70	10.–13.	21.–24.	30.–35.	40.–45.	55.–65.
Nasenbär	80–180	4.–8.	11.–15.	19.–25.	21.–28.	35.–40.
Wickelbär	125–200	1.–5.	7.–19.	45.–50.	35.–40.	

[1] Beim Mittelamerikanischen Katzenfrett Beginn 16.–21., Ende 20.–25. Tag
[2] Beim Mittelamerikanischen Katzenfrett Beginn 24.–27., Ende 28.–33. Tag

box bereitstehen. Männchen muss während der Geburt bzw. Jungenaufzucht abgetrennt werden können. Große individuelle Verträglichkeitsunterschiede während der Geburts- und Aufzuchtperiode. Waschbären züchteten zu mehreren gemeinsam auch in Anwesenheit des Männchens, doch haben manchmal Weibchen gegenseitig ihren Nachwuchs gefressen (stressanfällig während der Aufzuchtphase). 2 gut harmonierende Nasenbärweibchen zogen in 1 Wurfbox gemeinsam 2 Würfe auf, die im Abstand von 1 Woche fielen, obwohl bei dieser Art Weibchen in der Wurfzeit als unverträglich gelten. Bei Katzenfretts gelangen Aufzuchten in Anwesenheit des Männchens, das sich aber nicht daran beteiligte.

Generell sondert sich das Weibchen vor dem Werfen vom Männchen oder den Gruppengenossen ab. Heu, Stofflappen oder Papierreste zum Auspolstern des Wurfplatzes anbieten. Für Wasch- und Nasenbären, die kein Nistmaterial eintragen, als Lager für die Jungen trockenes, sauberes Tuch in die Wurfbox einbringen.

Zitzenzahl bei Wickel- und Makibären 2, bei Katzenfrett 4, bei Wasch- und Nasenbären 6. Angaben zur Jugendentwicklung in Tabelle 26.35. Neugeborene spärlich behaart, Augen und Gehörgänge geschlossen. Nasenbären und besonders Wickelbären sind bei der Geburt weiter entwickelt als Neugeborene der übrigen Arten. Bei einigen Arten bereits zeitig stimmliche Kontakte zwischen den Weibchen und Jungen, z.B. geben junge Katzenfretts außer während des Saugens oder Tiefschlafs bis etwa zum 40. Lebenstag ständig Quieklaute von sich, Wickelbärweibchen lassen in Gegenwart der Jungen ein Beruhigungszirpen hören, Wasch- und Nasenbären führen die Jungen mit Kontakttrillern.

Mutterfamilie löst sich bei Wickel- und Waschbären mit 4–5, bei Katzenfretts mit 6–8, bei Nasenbären mit 9–11 Monaten auf. Jungtiere können aber bereits am Ende der Säugezeit abgesetzt werden. Junge sind sehr spielfreudig, drangsalieren die Mutter sehr, wenn diese sich nicht vor den Jungen zurückziehen kann (Nasenbären!). Erstlingswürfe der Weibchen mit 1 Jahr (Krabbenwaschbär und Waschbär, Nasenbär und Nordamerikanischer Katzenfrett) oder mit 2 Jahren (Mittelamerikanischer Katzenfrett, Weißrüsselbär, Schlankbären), selten erst mit 3 Jahren (Wickelbär). Bei ihren letzten Würfen waren weibliche Krabbenwaschbären 9, Nordamerikanische Katzenfretts 10, Mittelamerikanische Katzenfretts, Weißrüssel- und Nasenbären 11, Schlankbären über 11¼, Waschbären 12–13, und Wickelbären über 18¼ Jahre alt.

Zucht bei Wasch- und Nasenbären bereitet keine Probleme, auch bei Krabbenwaschbären und Wickelbären regelmäßige Nachzuchten, sehr selten bei Katzenfretts und Schlankbären.

Künstliche Aufzucht wie bei Mardern. Milchzusammensetzung beim Waschbär (Einzelprobe): Fett 3,90 %, Eiweiß 4,00 %, Kohlenhydrate 4,70 %, Asche 0,75 %.

Höchstalter in Menschenobhut. Mittelamerikanischer Katzenfrett fast 23½, Nordamerikanischer Katzenfrett 16½, Allens Makibär fast 25, Schlankbär über 21¾, Waschbär über 22½, Krabbenwaschbär über 19, Weißrüsselbär fast 26½, Nasenbär fast 23½, Wickelbär fast 38½ Jahre.

Familie Kleine Pandas (Ailuridae)

Abkömmlinge alt- und neuweltlicher Kleinbären aus dem Mio- und Pliozän. Waren systematisch schwierig einzuordnen, wurden oft taxonomisch neu kategorisiert und dabei sowohl den Kleinbären, als auch den Großbären zugeordnet bzw. mit dem Großen Panda zu einer Familie zusammengefasst. Im Ergebnis auch molekularsystematischer Forschungen stellt man heute Kleine Pandas in eine eigene Familie.

Verbreitung. Bhutan, Indien, Nepal, Myanmar und isoliert in einem Areal der chinesischen Provinzen Teilen Sichuan und Yunnan.

1 Gattung, 1 Art.

Kleine Pandas (*Ailurus*): Brechscherengebiss noch andeutungsweise vorhanden. Die breiten, vielhöckrigen Backenzahnkronen und ein „Falscher Daumen" (verlängertes Sesambein als zusätzlicher Daumen) gelten als Anpassung an die Bambusnahrung. Gestalt katzenähnlich, fuchsgroß. Gliedmaßen mit teilweise rückziehbaren, sichelartigen Krallen. Sohlen stark behaart, Fell lang, buschig, oberseits kupferrot, unterseits schwarz, weiße, spitz zulaufende Ohren, Schwanz lang, buschig behaart, rötlich gelb quer geringelt, Gesicht mit weißen Abzeichen. Duftdrüsen an den Füßen, zusätzlich Analdrüsen. **Kleiner Panda** (*A. fulgens*), auch Roter Panda, Katzenbär: 2 Unterarten.

Gefährdungsstatus. Bestand in der Wildnis in zersplitterten Arealen meist zahlenmäßig gering, stark gefährdet. Internationales Zuchtbuch und EEP im Zoo Rotterdam.

Lebensweise. Dämmerungs- und Nachttiere, gelegentlich auch in den Vor- und Nachmittagsstunden aktiv. Lebensraum feuchtkühle, im Winter kalte Bergwälder und Bambusdschungel in 1800–4000 m Höhe. Ortstreue Einzelgänger in Revieren unterschiedlicher Größe (Streifgebiete der Männchen größer als die von Weibchen) mit festen, durch Duftmarken aus der Analdrüse gekennzeichneten Wechseln. Gut kletternde Baum- und Bodenbewohner, galoppieren am Boden mit einwärts gedrehten Vorderfüßen hüpfend, springen bis 1,50 m weit, schlafen tagsüber in Fels- oder Baumhöhlen, auch auf starken Ästen. Gesichts-, Gehör- und Geschmackssinn gleichermaßen gut entwickelt. Wenig stimmfreudig, Verständigungslaute zwitschernd, quiekend, pfeifend.

Nahrung. Zarte Bambusschösslinge, besonders der Gattungen *Sinarundinaria* und *Arundinaria*, Gräser, Wurzeln, Beeren, Früchte, besonders von Ebereschen und Mehlbeeren (Gattung *Sorbus*, darunter *S. microphylla* oder die Himalaja-Mehlbeere *S. cuspidata*), daneben in geringem Maße Insekten, Eier, Jungvögel, Kleinnager. Verdauungstrakt kann Bambus nur schwer aufschließen. Kleine Pandas verbringen daher viel Zeit mit Fressen und sparen Energie durch ausgedehnte Ruhephasen.

Haltung von Kleinen Pandas

In Tiergärten nicht selten gezeigt. 1. Katzenbär in Menschenobhut 1869 in London. Haltung im Grunde unproblematisch und erfolgreich, wenn Fütterung und Unterbringung den speziellen Erfordernissen Rechnung tragen. Die Tiere sind winterhart, aber sehr hitze- und nässeempfindlich. Optimale Umgebungstemperatur zwischen 17 und 24 °C. 50 % der Anlage sollten beschattet sein, um Hitzestress zu vermeiden. Temperaturen bis –10 °C sind unproblematisch, insbesondere wenn isolierte Boxen angeboten werden.

Unterkunft. Meist schattige, mit Büschen und Bäumen bestandene Freianlage mit Sandboden oder Naturrasen. Begrenzung oftmals reichlich 1 m hohe, innen glatte Umfassungsmauer oder gleich hohe senkrechte Glasscheibe, auch 2 m breiter und 1 m tiefer Trockengraben oder gehegeseitig flach auslaufender Wassergraben (sehr wasserscheu). Oftmals Sicherung der Gehegebegrenzung auch zusätzlich durch Elektrodrähte. Zahlreiche wind- und regengeschützte, gut isolierte, im Schatten gelegene hölzerne Schutzhäuschen oder Schlafboxen als Schlaf-, Ruhe- und Wurfplätze in 0,8–1,5 m Höhe. Im Zoo Köln nach Vorbildern aus Dallas und Minnesota im Erdboden der hügeligen Freianlage auch Erdhöhlen. Reichlich Klettergelegenheit bis in 4 m Höhe in Form von Ästen, Laufbrettern, Balken oder Klettergerüsten mit erhöhter Futterplattform und Liegeplätzen als Rückzugsmöglichkeiten. In die Freianlage integrierte lebende Bäume werden gern als Rückzugs- und Schlafplätze angenommen. Erhöhte Schlaf-, Ruhe-, Liege- und Auslugplätze müssen einen horizontalen Mindestabstand von 1,5 m von der Gehegebegrenzung haben, damit letztere nicht von einem erhöhten Absprungplatz aus überwunden werden kann. Unterkünfte auch in teilweise regensicher überdachter, allseitig mit Maschendraht oder Drahtstahlgewebe umgebener, volierenartiger Anlage mit massiver Rückwand oder als Außenkäfig eines Klimahauses mit Schaukäfigen im Inneren.

Umgang. Gemeinsam oder einzeln benutzte Kotplätze an erhöhten Stellen, z.B. auf starken Astgabeln oder Klettergerüsten, sowie am Boden regelmäßig reinigen. Normaler Kot geformt. Einzelne Tiere werden zahm, lassen sich von vertrauter Person streicheln und aus der Hand füttern. Fang niemals mit der freien Hand, sondern stets mit einem Kescher, doch besonders beim Greifen Vorsicht vor plötzlichen Schlägen mit den messerscharf bekrallten Vorderpfoten. Um die Tiere sicher fassen zu können, die Fütterung in der Schlafbox mit gelegentlichem Einsperren trainieren. Zum Impfen oder Narkotisieren am Kistenschieber durchsichtige Röhre befestigen, welche so eng ist, dass sich das Tier darin nicht drehen kann. Man treibt das Tier dann aus der Kiste in die Röhre, aus der man es dann ein Stückchen am Schwanz rückwärts heraus zieht, damit eine Spritze gesetzt werden kann.

Fütterung. Möglichst faserreiches, cholesterinarmes Futter, 15 % der aufgenommenen Trockensubstanz soll aus jungem Bambus oder anderem faserreichen Pflanzenmaterial bestehen. Dazu werden täglich 1–2 kg Bambusblätter und Triebe (Anbau der auch in unserem Klima gedeihenden *Phyllostachys spec.* und *Pseudosasa japonica*), grüne Getreidehalme, hartstängelige Gräser und Weidenzweige angeboten. Ergänzend eignen sich Pandapellets und Pandamehl (z.B. von DK Zoological), Letzteres mit Wasser oder bei Bedarf mit etwas Saft zu kleinen Bällchen geformt, oder Leareaterpellets. ein- bis zweimal pro Woche gekochte Eier oder junge Mäuse, Eintagsküken. Auf Früchte ist weitestgehend zu verzichten, da sie zu Störungen der Verdauung führen. Allenfalls als Belohnung im Rahmen des Trainings können Äpfel, Beeren oder Bananen in kleinen Mengen angeboten werden. An mehreren oder wechselnden Plätzen morgens und

Abb. 26.63 Kleine Pandas (*Ailurus fulgens*) halten sich mit Vorliebe in belaubten Bäumen auf.

abends je 1 Fütterung, dazwischen stets zur gleichen Zeit in den späten Vormittags- und frühen Nachmittagsstunden kleine Menge von Leckerbissen oder Bambus anbieten, da die dämmerungsaktiven Tiere sich sonst tagsüber nur selten zeigen. Futterplätze sowohl freistehend, als auch nach Rotterdamer Muster in Futterhäuschen, in denen im Winter durch eine schwach beheizte Bodenplatte das Gefrieren des Futters verhindert wird.

Vergesellschaftung. Obwohl Einzelgänger Haltung in der Regel paarweise erfolgreich, wobei auch Familiengruppen entstehen können. Gemeinsam gehaltene Tiere tolerieren sich gegenseitig. Auseinandersetzungen (Prankenschläge, Bisse) nur auf engem Raum ohne Ausweichmöglichkeiten. Bildung von Trios aus 1 Männchen und 2 Weibchen zeitlich befristet möglich, dann aber Weibchen vor der Geburt trennen. Männchen sind untereinander in der Regel unverträglich. Vergesellschaftung einander fremder Tiere nur unter Aufsicht. Nachts in der ersten Zeit trennen. Für jedes Tier mindestens 1 eigene Schlafbox. Erfolgreich wird die Gemeinschaftshaltung mit Europäischen Fischottern (Zoo Schwerin), Zwergottern, Muntjaks, Schopfhirschen und verschiedenen Kaninchenarten praktiziert.

Fortpflanzung und Zucht. Während der Brunstperiode reduziert sich die wintersüber gewöhnlich lange Schlafzeit bis auf wenige Stunden. Paarung meist Januar bis März nach längerem Treiben ohne Nackenbiss, Paarungsdauer 2–25 Minuten. Weibchen vermutlich monöstrisch, Östrusdauer 2–14 Tage. Tragzeiten zwischen 90 und 158 Tagen nachgewiesen, meist jedoch 114–145 Tage. Variierende Bandbreite zwischen Paarung und Geburt mutmaßlich begründet durch individuell verschieden lange Keimlingsruhe nach verzögerter Implantation. Geburten im Juni/Juli, seltener August. Vorher, wenn nicht vorhanden, mehrere mit Heu gepolsterte Wurfplätze und Nistmaterial zur Verfügung stellen, da das Weibchen seine Jungen aus unterschiedlichen Gründen verlagert. Männchen oder auch andere Weibchen, die zwar für die Jungtiere ungefährlich sind, aber allein durch ihre Anwesenheit die Aufzucht stören können, möglichst aus der Unterkunft entfernen. Wurfgröße 1-4, meist 2 Junge. Geburtsgewicht 110–200 g, vielleicht auch nur 90–150 g, wobei Junge aus größeren Würfen leichter und schwächer sein sollen als solche aus Zwillingswürfen. Neugeborene schwach hellgraubraun behaart, werden bei normaler Aufzucht in den ersten 3 Tagen von der Mutter nur zur Nahrungsaufnahme und zum Harn- und Kotabsatz verlassen. Säugende Weibchen sehr störungsempfindlich (Besucher fern halten, keine Umweltveränderungen), tragen auch ohne äußere Störungen Junge in den ersten 3 Wochen mehrmals täglich an andere Nistplätze, halten sich nach dem 3. Lebenstag nur noch sechs- bis zehnmal täglich bei den Jungen auf, um sie zu versorgen, verbringen bereits ab 3. Woche den größeren Teil des Tages getrennt von den Jungen außerhalb der Wurfbox, aus der sie aber bis 2½ Monate nach der Geburt Kot der Jungen entfernen.

Jugendentwicklung relativ langsam, Augenöffnung beginnt um den 18. Lebenstag, vollständiges Sehvermögen erst mit 6 Wochen vorhanden. Erste Zahndurchbrüche zwischen 23. und 25. Tag, Milchgebiss mit 55–60 Tagen vollständig. Erste feste Kost zwischen 115. und 130. Tag. Umfärbung zum Erwachsenenkleid beginnt mit 10–14 Tagen und ist mit 70 Tagen abgeschlossen. Erste, noch unkoordinierte Bewegungsversuche mit 10–16 Tagen, mit 25 Tagen gezielte Ortsveränderung im Nest, mit 25–35 Tagen erstmals Abgabe von Analdrüsensekret, mit 50–55 Tagen beginnendes Spielverhalten und Kletterversuche. Erstmaliges Verlassen der Wurfbox zwischen 65. und 90. Tag, längerer Aufenthalt im Freien auch tagsüber ab 120. Tag. Angaben zur Säugezeit widersprüchlich, 16–18 Wochen oder bis 5 Monate. Lösung der Mutter-Kind-Bindung vor der nächsten Paarungszeit, doch können die Jungen auch schon früher abgesetzt werden. Geschlechtsreife mit 18 Monaten, 1. Wurf meist mit etwa 2, letzten Wurf mit etwa 10 Jahren. Ursachen für Aufzuchtverluste meist Nichtannahme der Jungen durch Muttertiere oder Jungtierverluste durch Wurmbefall oder Infektionskrankheiten (daher regelmäßige Entwurmungen auch bei erwachsenen Tieren sowie Schutzimpfungen gegen Staupe, Katzenseuche und Leptospirose).

Künstliche Aufzucht gelungen. Ähnlich wie bei Bären. Bei Einsatz eines Hundemilchaustauschers anfänglich täglich 8 Mahlzeiten in 3-stündigem Abstand, 3.–6. Woche 6 Mahlzeiten, danach 5 Fütterungen. Die Harn- und Kotabgabe wurde in Krefeld durch eine Haushündin stimuliert, die bis zum 65. Tag an dem Jungen Körperpflege betrieb. Umgebungstemperatur 24 °C.

Höchstalter in Menschenobhut. Roter Panda 20 Jahre.

27
Ordnung Unpaarhufer (Perissodactyla)

Im Neogen überaus formenreiche, heute artenarme, verschiedenartige Tiergruppe. Unpaarhufer wurden früher in 3 Unterordnungen eingeteilt, die ausgestorbenen Ancyclopoda, die Pferdeverwandten (Hippomorpha) mit 1 Familie (Pferde) und die Nashornverwandten (Ceratomorpha) mit 2 Familien (Tapire und Nashörner). Da die verwandtschaftliche Stellung der 3 rezenten Familien zueinander hinsichtlich ihrer verwandtschaftlichen Nähe und systematischen Bedeutung gleichwertig anzusehen ist, wird heute auf eine zusätzliche Einteilung in Unterordnungen verzichtet.

Schädel gestreckt, Eckzähne klein oder fehlend, Backenzahnhöcker durch quer verlaufende Schmelzleisten verbunden. Einfacher Magen, sehr großer Blinddarm. Zehen mit Hornhufen, Zahl verschieden, Mittelzehe stets am stärksten entwickelt, ist unabhängig von der Zehenzahl auch die am stärksten belastete. Schlüsselbein und Gallenblase fehlen.

3 Familien, 6 Gattungen, 16 Arten.

Familie Pferde (Equidae)

Abstammungsgeschichtlich relativ gut erforschte Tiergruppe. Einhufer, Kopf lang und schlank, Augen groß, nahe dem Schädelhinterende, Ohren spitz, in der Regel tütenförmig, Nasenlöcher (Nüstern) groß, dehn- und verschließbar, Oberlippe breit, beweglich, Zahnformel: 3/3 0–1/0–1 3/3 3/3, Schneidezähne meißelartig, Eckzähne klein, verkümmert, bei Weibchen oft fehlend, zwischen Schneide- und Backenzähnen breite zahnlose Lücke im Kiefer (Diastema), Backenzähne hochkronig, Hals und Rumpf gedrungen, Gliedmaßen schlank, enden mit der hufumschlossenen Mittelzehe (äußerlich nicht sichtbare Reste der 2. und 4. Zehe als winzige Griffelbeine erhalten), an Vorder- und/oder Hinterbeinen mit unbehaarten, warzig verhornten Stellen (Kastanien), deren Herkunft unterschiedlich gedeutet wird, Schwanz kurz oder mittellang, buschig behaart oder mit Endquaste, Fell meist kurz, dicht anliegend, bei nördlichen Formen im Winter mit Unterwolle, vom Scheitel bis zum Widerrist kurze Stehmähne, Färbung und Zeichnung verschieden, dunkler Aalstrich stets vorhanden.

Verbreitung. Ursprünglich Asien, Europa, Afrika. Domestizierte Einhufer weltweit eingebürgert, mancherorts verwildert.

1 Gattung, 7 Arten.

Wildpferd (*Equus ferus*)

Auch Urwildpferd, Przewalskipferd, Takhi. Gestalt gedrungen, Schulterhöhe bis 1,45 m, Kopf schwer, Ohren kurz, Kastanien an hinterer Innenseite der Vorder- und Hinterbeine, Fell kurz, glatt, im Winter dicht mit grauer Unterwolle, kurze Stehmähne ohne Stirnlocke, untere beiden Schwanzdrittel buschig behaart, Färbung oberseits einschließlich oberes Schwanzdrittel rötlich- bis gelbbraun, Schnauzenspitze weißlich, Bauch, Beininnenseiten und Teile der Rückseiten grauweiß. Spitzen der Mähne, Aalstrich (bis zum Ende des ersten Schwanzdrittels), Schweif, Beinvorder- und -unterseiten braun bis schwarzbraun, helle Beinrückseiten dunkel geringelt. Stammform des Hauspferdes.

Weitere Untergliederung in vermutlich 3 Unterarten. Przewalskipferd (*E. f. przewalskii*),

Abb. 27.1 Es ist das Verdienst Zoologischer Gärten, dass das in der Wildnis ausgerottete Wildpferd (*Equus ferus*) nicht nur überlebte, sondern auch in seinem Herkunftsgebiet wiedereingebürgert wurde.

auch Urwildpferd: erst 1881 wissenschaftlich beschrieben. Verbreitung der Nominatform einst östlich des Urals über Mittelasien bis zur Mongolei.

Gefährdungsstatus. Bestand in der Natur war ausgerottet, letzte Reste des Urwildpferds wohl in der 2. Hälfte des vorigen Jahrhunderts erloschen, letzter Waldtarpan starb 1876. In einigen Tiergärten und Wildgattern Haltung tarpanfarbener Hauspferde (sog. Tarpanrückzüchtung). Dank der in den Tiergärten stark angewachsenen Urwildpferdbestände seit 1992 erfolgreiche Wiedereinbürgerungsprojekte mit Nachzuchttieren aus Zoos in der Mongolei und in China auf Betreiben einzelner Zoologischer Gärten und verschiedener Privatinitiativen sowie mit Unterstützung des Verbandes Deutscher Zoodirektoren. Seit 1999 Begleitung und Förderung des Wiederansiedelungsprojekts durch die Internationale Takhi-Gruppe (ein weltweiter Zusammenschluss von Zoos, Forschungsinstituten, Universitäten, darunter auch Ulan Bator, finanzierenden Stiftungen und mongolischen Behörden). In der südwestlichen Mongolei wurden 2 Wildpferdreservate (Great Gobi A, 44000 km^2 in der südlichen Altai-Gobi, und Great Gobi B, 9000 km^2 in der Dsungarischen Gobi) errichtet, dazu 2 Zuchtstationen (Tachin-Tal am Rande von Gobi B und Hustain Nuruu im Raum Ulan Bator). In China 2 weitere Zuchtstationen (Jimsar bei Urumtschi und Wuwei, Provinz Ganshu). Ab 1992 erste Urwildpferde aus europäischen Zoos nach Tachin-Tal. Von hier 1997 erstmals 8 Tiere in Reservat Gobi B freigelassen, die sich in einem Streifgebiet von 180 km^2 aufhielten. In den Folgejahren dort weitere Zoonachzuchten ausgewildert. Unter den dort geborenen Fohlen zunächst Verluste durch Wölfe und Klima (Kälte, Sandstürme), aber Aufzuchtsquote steigend und erfolgversprechend. Internationales Zuchtbuch und EEP im Zoo Prag.

Lebensweise. Ursprünglich Tagtiere, infolge starker Bejagung Nachttiere. Lebensraum Steppen und Wüstensteppen bis in 2500 m Höhe, infolge Besiedlung des Verbreitungsgebietes durch den Menschen sogar in Wüsten. Bis zur zwischenzeitlichen Ausrottung gesellig in kleinen Rudeln (bis 20 Tiere) unter Führung einer Leitstute bzw. in Konfliktsituationen eines erwachsenen Hengstes tagsüber meist in Halbwüsten und Wüsten, nachts in Steppenrandgebieten zur Nahrungsaufnahme. Geruchssinn hoch entwickelt. Lautäußerungen pferdeartiges Wiehern, Schnauben, Verständigung auch durch Kopfhaltung, Flehmen, Gähnen, Zähnefletschen, Ohrenstellung, Körperhaltung. Während des Äsens bewacht der Hengst vielfach die Herde von erhöhten Standorten oder umkreist sie. Zu Zeiten starker Bejagung und Verfolgung scheu, wachsam. Bei Gefahr meist Flucht, wobei ältere Stute die Fluchtrichtung bestimmt, Hengst seitlich oder hinter der Herde läuft. Gegen Raubtiermeuten (z.B. Wölfe) auch Kreis- oder Halbkreisbildung zum Schutz der Jungtiere. Leithengst und noch geduldete Junghengste attackieren Gegner mit Hufschlägen und Bissen. Geschlechtsreif werdende Männchen werden vom Leithengst verjagt, paarten sich nicht selten mit Mongolenponystuten, was problematisch für den Erhalt der Reinblütigkeit der Przewalskipferde ist.

Nahrung. Dürre, harte Gräser, im Sommer auf Wasserstellen angewiesen, im Winter Deckung des Wasserbedarfs mit Schnee.

Hauspferd (*Equus ferus f. caballus*)

Unterschiedliche Ansichten dazu, wer als Stammform/-formen infrage kommt, das Przewalskipferd und die teilweise umstrittenen Unterarten der Tarpane. Gestalt plump bis schlank, Schulterhöhe 0,80–1,80 m, langhaarige Kippmähne mit Stirnlocke, Schwanz bis zur Wurzel lang behaart, Färbung verschieden, auch bestimmte Färbungstypen, z.B. Rappe (schwarz), Schimmel (weiß), Brauner (bräunlich mit schwarzer Mähne und Schwanz), Fuchs (bräunlich mit brauner Mähne und Schweif), Falbe (grau, gelblich), Schecken (großflächig gescheckt), Tigerschecken (auf hellem Grund dunkel gepunktet und getüpfelt). Neben kleinen, ausdauernden, wenig durchgezüchteten nord- und mittelasiatischen Formen ist die älteste, nach züchterischen Gesichtspunkten entstandene Pferderasse das Araberpferd. Es existierte bereits vor etwa 1400 Jahren im Hochland von Nedschd (Innerarabien). Kreuzungen zwischen Araber- und verschiedenen europäischen Hauspferden ergaben weitere Rassen, so das Altspanische Pferd (u.a. Ausgangsmaterial für Lipizzaner und das Englische Vollblut, Reinzucht seit 1791). Auf Englische Vollblüter oder Araberpferde zurückgehende Pferde werden als Vollblüter bezeichnet. Weitere Sammelbegriffe für Zuchtrassen etwa gleichen Typs, aber verschiedenen Ausgangsmaterials sind die mittelschweren, mehr oder minder temperamentvollen Halb- und Warmblüter (z.B. Trakehner, Hannoveraner, Oldenburger) oder die schweren, ruhigen Kaltblüter (z.B. Pinzgauer, Belgier, Rheinische Kaltblüter). Züchterische und natürliche Auslese führte zu Pferderassen, deren Leistungen ganz speziellen örtlichen Bedingungen entsprechen, so im Gebirgsraum die Haflinger oder die Fjordpferde oder als verzwergte Inselform das Shetlandpony. Hochgezüchtete Rennpferde erreichen Geschwindigkeiten bis 65 km/h auf Kurzstrecken, Araber 18–20 km/h auf Langstrecken bis 150 km, Lastpferde tragen bis zu 1 Drittel des Eigengewichts. Sprungpferde springen 8 m weit (obwohl das Pferd ursprünglich ein Lauftier und kein Springtier ist). Eine volksbildnerisch interessante Haustierrasse ist das tarpanfarbene Hauspferd, das in der 1. Hälfte des vorigen Jahrhunderts im Zoo Berlin und im Tierpark München-Hellabrunn als lebendes Abbild der ausgerotteten Tarpane aus ursprünglichen Hauspferdrassen gezüchtet wurde (sog. „Tarpanrückzüchtung“) und nun in einigen Tiergärten und Wildgattern gehalten wird.

Hauspferde verwilderten in den verschiedensten Teilen der Erde und demonstrierten dabei ihr großes Anpassungspotential. Sie werden oft fälschlich als Wildpferde bezeichnet. Dazu gehören die halbwilden Pferde von Dülmen, Westfalen, aus der Camargue, die wilden Mustangs der nordamerikanischen Prärien, aus denen Prärieindianer die Indianerponys züchteten, die Cimarrones der argentinischen Pampas, die völlig verwilderten Hauspferde der Namib-Wüste im Südwesten Namibias östlich von Lüderitz oder die Brumbies Australiens. Weiterhin gibt es in Großbritannien seit Jahrhunderten wild und isoliert lebende, eher kleinwüchsige Hauspferde in Südwestengland (Exmoor-Pony) und Wales (Caneddau-Pony).

Abb. 27.2 Der in Tiergärten selten anzutreffende Persische Onager (*Equus hemionus onager*) ist in seinem Wildbestand hochgradig gefährdet.

Da das Hauspferd als Arbeitstier heute mehr und mehr von Maschinen abgelöst wird, sollten in den Industrieländern die Wirtschaftszweige, die ihre einstige Entstehung und spätere Entwicklung dem Pferd verdanken, es als ihre historisch begründete Aufgabe ansehen, die durch gezielte Zucht über viele Jahrhunderte hinweg entstandenen Pferderassen als kulturelles Erbe der Menschheit zu bewahren.

Onager (*E. hemionus*) und Kiang (*E. kiang*)

Asiatische Einhufer, die auch als Halbesel, verschiedentlich als Asiatische Wildesel bezeichnet werden.

Onager (*E. hemionus*), auch Asiatischer Esel: Gestalt pferdeartig, Widerristhöhe 1,20–1,40 m, Ohren eselähnlich, „Kastanien" nur an den Vorderbeinen, oberes Schwanzdrittel kurz, letztes buschig behaart, Fell oberseits fahlbraungelb, Schnauzenspitze hinter den Nüstern, Unterhals, Bauch, Weichen, innere Hinterschenkelrückseiten, Beininnen- und -rückseiten gelblich weiß bis weißlich grau, Ohrspitzen, Stehmähne, Aalstrich bis einschließlich Schwanzquaste braun bis schwarzbraun. 7 Unterarten, u. a. mit Dschiggetai (*E. h. hemionus*), Kulan (*E. h. kulan*), Khur (*E. h. khur*) Persischer Onager (*E. h. onager*). Einst Zentral- bis Vorderasien von der Mongolei und China über Tibet, Nordwestindien, Pakistan, Afghanistan bis Kasachstan, Usbekistan, Turkmenistan und Nordiran bis Nordirak, Anatolien und Syrien.

Kiang (*E. kiang*): größer als Onager, Widerristhöhe etwa 1,35–1,45 m, oberseits rötlich braun, Bauch und Maulbereich weiß, Schwanzwurzel länger behaart. 3 Unterarten. Nordwestindien (Ladak), China mit Tibet, Sichuan und Tsinghai, Nepal und Nordosten Indiens (Sikkim).

Gefährdungsstatus. Bestand in der Wildnis äußerst gefährdet, da die verbliebenen inselartig isolierten Populationen in dem weiten Verbreitungsgebiet fast ausnahmslos vom Aussterben bedroht sind. Syrischer Onager (*E. h. hemippus*) und Baluchistan-Onager (*E. h. blanfordi*) ausgerottet, Persischer Onager und Kulan hochgradig gefährdet, Letzterer allerdings im Badchys Reservat und im Andasaiski-Naturreservat unter Schutz gestellt. Wiederansiedlungsprojekt für den Kulan seit 2017 im Altyn-Emel-Nationalpark, Kasachstan. Khur in einigen nordindi-

Abb. 27.3 Kiangs wie der Ostkiang (*Equus kiang holdereri*) unterscheiden sich durch das rötlich braune Rückenfell deutlich von den übrigen Asiatischen Wildeseln.

schen Reservaten geschützt, sonst gefährdet, Dschiggetai schutzbedürftig. Bestandszahlen beim Kiang fragwürdig, wahrscheinlich 70000 Individuen, daher Ostkiang (*E. k. holdereri*) vermutlich noch nicht übermäßig bedroht. Internationales Zuchtbuch für Onager bei Hagenbeck, für Kulan in Wroclaw und für Kiagn in Moskau. EEP für Kiang in Moskau, für Kulan in Wroclaw und für Onager bei Hagenbeck, Hamburg.

Lebensweise. Tagtiere, die durch Landwirtschaft und Viehzucht aus den von ihnen ursprünglich besiedelten, ausreichend Nahrung und Wasser bietenden Steppengebieten verdrängt worden sind. Lebensraum heute meist hügelige, buschbestandene Halbwüsten und Wüstensteppen mit vereinzelten Wasserstellen (nie in wasserlosen Wüsten), seltener in flachen Halbwüsten mit eingesprengten Buschwäldern (Onager) oder auf grasbestandenen Hochebenen oberhalb der Waldgrenze in 4000–5000 m Höhe (Kiang). Gesellig in großen Weideterritorien, die teilweise während ungünstiger Jahreszeiten (Dürreperioden, Hochschnee) verlassen werden (z.B. wandern Kulane aus nördlichen schneebedeckten Kurzgrassteppen in südlicher gelegene Hochgrassteppen mit geringer Schneedecke oder in schneefreie Gebirgstäler). Nahezu dauerweidend, im Herbst bei Kiangs Fettreservebildung. Im Winter Verluste durch Hunger, wenn verharschte Schneedecke Wandermöglichkeiten oder Vagabundieren einschränkt. Ausdauernde, schnelle Läufer (auf Kurzstrecken 60–70 km/h, Dauerfluchtgeschwindigkeit 40–50 km/h, von schnellen Reitpferden nicht einzuholen!). Sozialverhalten wenig bekannt. Verständigung durch Kopfhaltung, Mimik und pferdeähnlich wieherndes Eselsgeschrei. Meist und besonders zur Fortpflanzungszeit kleinere Trupps aus einem erwachsenen Hengst und 5–15 Stuten mit Jungtieren, wobei sich wohl Stuten mit Fohlen mehr in der Nähe des Hengstes aufhalten als solche mit älteren Jungen. Auch Einzelgänger (abgeschlagene junge oder Althengste), die sich z.B. beim Onager auch in Hengstrudeln vereinigen können. Außerhalb der Fortpflanzungszeit vor allem auf Wanderungen Bildung von Großherden, denen zahlreiche erwachsene und halbwüchsige Männchen angehören. Hengste auch dann meist unverträglich. Führung kleiner Haremsverbände oft durch eine Altstute, während Hengst wacht und durch Umkreisen die Gruppe zusammenhält. Bei Gefahr übernimmt Hengst die Führung, verteidigt Rudelangehörige mit Hufen und Zähnen. Feinde sind Wölfe, denen besonders Fohlen, Einzelgänger oder im Winter geschwächte Tiere zum Opfer fallen.

Abb. 27.4 Anders als bei den übrigen Zebraarten entstehen beim Grevy-Zebra (*Equus grevyi*) nur zwischen Müttern und ihren Fohlen enge soziale Bindungen.

Nahrung. Harte Gräser, Sträucher, Saxaulbüsche, Tamariskengewächse, auch Salzpflanzen. Wasserbedarf wird im Winter mit Schnee, im Sommer an teilweise sogar salzhaltigen Tränken gedeckt.

Zebras

Sammelbezeichnung für schwarz-weiß gestreifte, in Körperbau, Verhalten und Lautäußerungen teils mehr esel-, teils mehr pferdeähnliche Einhufer Afrikas südlich der Sahara.

3 Arten.

Grevy-Zebra (*E. grevyi*): größte Einhuferart, Schulterhöhe bis 1,60 m, eselähnlich, Kopf plump, sehr große Ohren rundlich tütenförmig, Streifung sehr eng und schmal bis zu den Hufen, fehlt am Bauch und um die Schwanzwurzel. Ostafrika von Südsudan und Nordkenia bis Äthiopien. – **Bergzebra** (*E. zebra*): spitzer Kopf schlanker, Ohren pferdeartig spitz, Hufe schmal, hoch, Schwanzquaste kurz, Streifung ähnlich dicht, aber Schwarzstreifen breiter, auffällig breit an den Hinterkeulen, auch Beine bis zu den Hufen gestreift, von der Kruppenmitte bis zur Schwanzwurzel fein quer gebändert (Streifendreieck), Bauch ungestreift weiß, Wamme am Unterhals, beim Hengst deutlich. 2 Unterarten. Südöstliches Südafrika bis zum Ostkap sowie westliches Südafrika vom Westkap über Namibia nördlich bis Südwestangola. – **Steppenzebra** (*E. quagga*): wird auch als *E. burchelli* geführt. Da das ausgerottete Quagga (*E. q. quagga*) aber als Unterart dem Steppenzebra zugeordnet wird, gilt es als Nominatform aller Steppenzebras. Kopf pferdeähnlich, Ohren kurz und spitz, Hufe kürzer und breiter, Schwanzquaste lang, Färbung, insbesondere Fellzeichnung und Größe der Unterarten unterschiedlich, generell sind von Norden nach Süden eine Streifenreduktion und Größenzunahme festzustellen. 6 Unterarten (Anzahl umstritten). Die Übergänge zwischen den einzelnen Formen sind jedoch fließend, z. B. beim ausgestorbenen Quagga Hinterteil streifenlos, beim Chapman-Zebra (*E. q. chapmani*) Streifen mit bräunlichen Zwischenstreifen (Schattenstreifen), verdrängen auf den Hinterschenkeln die weiße Grund-

Abb. 27.5 Das Chapman-Zebra (*Equus quagga chapmani*), eine Unterart des Steppenzebras, weist Streifung bis zu den Hufen und das Vorhandensein von Zwischen- beziehungsweise Schattenstreifen auf.

farbe, ist dort dann hellbräunlich, Damara-Zebra (*E. q. antiquorum*) wie Chapman-Zebra, aber Bauch schwach und Beine ungestreift, beim Selous-Zebra (*E. q. borensis*) Streifung schmaler, dichter, Crawshay's Zebra (*E. q. crawshaii*) verhältnismäßig eng bis zu den Hufen gestreift, beim Grant-Zebra (*E. q. boehmi*), auch als Böhm-Zebra bezeichnet, Streifung am Körper breit, auch an Bauch und Beinen bis zu den Hufen, Zeichnungsmuster sehr veränderlich. Vereinzelt treten „weiße", „schwarze" und mähnenlose Zebras auf. Ostafrika vom Südostsudan, Mitteläthiopien und Südsomalia bis Mittelmosambik und Nordostsambia.

Gefährdungsstatus. Bestand im Verbreitungsgebiet nur bei einigen Steppenzebras vorläufig gesichert. Grevy-Zebra stark bedroht, in Südsomalia und inzwischen vermutlich auch in Äthiopien ausgerottet, im übrigen Verbreitungsgebiet schleichender Bestandsrückgang der jahreszyklisch weit wandernden Tiere. Reservate bieten keinen ausreichenden Schutz, da die Wanderterritorien zunehmend von nomadisierenden Viehzüchtern besiedelt werden, welche die wenigen Wasserstellen für sich und ihr Vieh beanspruchen und mit ihren großen Herden die Steppe oft überweiden. Kap-Bergzebra (*E. z. zebra*) stark dezimiert und nur noch in Schutzgebieten erhalten. Hartmanns Bergzebra (*E. z. hartmannae*) außerhalb geschützter Lebensräume gefährdet. Internationales Zuchtbuch und EEP für Hartmanns Bergzebra in Sigean, für Grevy-Zebra im Marwell Zoological Park, EEP für Selous-Zebra im Zoo Leberec.

Lebensweise. Tagtiere, Lebensraum Steppe des Flach- und Hügellandes, auf Wasser angewiesen. Bergzebras auch in steinigen wasserarmen Halbwüsten und Wüstengebirgen mit teilweise steilen Berghängen, können im Gegensatz zu anderen Arten tagelang ohne Wasser auskommen. Alle Arten gesellig, bei Gefahr gelegentlich Igelbildung, auf der Flucht im Flach- und Hügelland schnell galoppierende Kurzstreckenläufer. Bergzebras klettern gut, flüchten bei Gefahr bergauf. Lautäußerungen: Grevy-Zebra schreit eselähnlich, Bergzebras wiehern, Steppenzebras bellen hell und laut. Sozialverhalten sehr verschieden und nur bei Steppenzebras genauer erforscht. Bergzebras bilden meist kleine Gruppen aus 5–12 Stuten und halbwüchsigen Jungen oder Fohlen sowie 1 Hengst, der sich aber meist abseits hält, weil ihn die Weibchen bei größerer Annäherung attackieren. Kämpfe zwischen Hengsten um die Herde, Hengste auch Einzelgänger oder in kleinen Junggesellentrupps. Gelegentlich bilden sich zu seltenen Wanderungen größere Herden. Bei Grevy-Zebra sowohl reine Männchen- als auch reine Weibchentrupps, meist mit Jungtieren, die solche Gruppen im Alter von etwa 2 Jahren verlassen. Auf jahreszeitlichen weiten Wanderungen auch größere Verbände von Tieren beider Geschlechter und verschiedenen Alters. Meist jedoch große Männchenterritorien, in denen neben dem revierbesitzenden Männchen und dem Weibchenrudel auch männliche Einzelgänger oder Hengsttrupps geduldet werden, die sich aber den Weibchen nicht nähern, nicht flehmen und sich nicht mit ihnen paaren dürfen. Territorialanspruch des Revierbesitzers wird durch bloße Anwesenheit und erhöhte Aggressivität gegen Artgenossen, auch gegen eigene Weibchen, besonders aber gegen fremde Männchen demonstriert. Steppenzebras bilden lebenslang zusammenhaltende Weibchenrudel in festem Haremsverband mit 1 Hengst, der von den Weibchen als Beschützer und Leittier so akzeptiert wird, dass bei seiner Vertreibung durch einen stärkeren, jugendlichen Hengst oder nach seinem Tod ein neuer Hengst anfangs von der Gruppe abgelehnt wird. Fremder Hengst weicht nach zeitlich befristeter Abwesenheit des Leithengstes im Falle von dessen Rückkehr kampflos. Haremsverband bleibt freiwillig zusammen, braucht vom Leithengst nicht durch ständiges Umkreisen beieinander gehalten zu werden. Weibliche Einzeltiere, welche die Gruppe nach Raubtierangriff aus den Augen verloren haben, finden durch Rufe wieder zueinander. Klare Rangordnung unter den Stuten. Obwohl der Hengst in der Rangordnung Spitzentier ist, führt eine alte Stute die Haremsfamilie an, der Hengst bildet

Abb. 27.6 Intensive Zuchtbestrebungen der Tiergärten sollen den Bestand an Somali-Wildeseln (*Equus africanus somalicus*) sichern.

die Nachhut. Jungtiere beider Geschlechter verlassen vor der Geschlechtsreife die Haremsfamilie. Weibchen bilden eigene Trupps oder schließen sich fremden, noch jungen, deshalb wenig festgefügten Harems an. Männchen in Junggesellentrupps versuchen zur Brunstzeit, besonders wenn eine Stute rossig ist, Harem zu erobern. Dann Kämpfe zwischen Haremsbesitzern und fremden Hengsten. Außerhalb der Paarungszeit (örtlich verschieden) hält Leithengst ständigen Kontakt mit fremden einzelgängerischen Hengsten oder Angehörigen benachbarter Hengstrudel. Zur Regenzeit vorübergehend Großherden aus fest zusammenhaltenden Haremsfamilien, deren Angehörige sich untereinander am Zeichnungsmuster genau erkennen. Auch Fohlen identifizieren ihre Mutter nur für kurze Zeit am Geruch, erkennen sie und Familienangehörige sehr bald visuell an der Zeichnung. Hauptfeind ist der Löwe. Gegen Hyänen und Afrika-Wildhunde können sich Zebras manchmal erfolgreich wehren.

Nahrung. Gräser, Kräuter.

Wildesel (*E. africanus*)

Wissenschaftlicher Name umstritten, auch *E. asinus.* Schulterhöhe bis 1,40 m, Ohren sehr lang, spitz, „Kastanien" nur an den Vorderbeinen, kurze Stehmähne, Schwanz mit buschiger Endquaste, Fell kurz, oberseits grau, gelblich bis blassrötlich grau, dunkler als Bauch und Beine, Stehmähne, schmaler Aalstrich, „Schulterkreuz" (vom Aalstrich rechtwinklig zum Schulterblatt ziehender Streifen) und Schwanzquaste braun bis schwarzbraun. 2 Unterarten. Nordafrika südlich des Atlas, Nordostafrika und nördliches Ostafrika von Ägypten bis Sudan und Somalia.

Gefährdungsstatus. Bestand in der Wildnis vom Aussterben bedroht. Geringe Restbestände des Nubischen Wildesels (*E. a. africanus*) vielleicht noch im Sudan, Population des Somali-Wildesels (*E. a. somalicus*) in Somalia vermutlich stark dezimiert, weitere Reste möglicherweise in und um die Danakilwüste, Äthiopien zerstreut. Gesamtpopulation im natürlichen Lebensraum 200–400 Tiere. Internationales Zuchtbuch und EEP für den Somali-Wildesel im Zoo Basel.

Lebensweise. Wenig bekannt. Tagtiere. Lebensraum steinige, trockene Felswüsten, Halbwüsten, Wüstengebirge. Gesellig in Trupps von 10–15 Tieren, vagabundieren unter Führung einer alten Stute in großem Weideterritorium, suchen Tränken nur unregelmäßig auf. Hengste als Einzelgänger in Rudelnähe oder in Junggesellengruppen. Äußerst scheu, auf der Flucht in wildem Galopp auch über steinige Flächen, sogar steile Hänge abwärts. Verständigung durch Mimik, Körperhaltung und charakteristisches Eselsgeschrei.

Nahrung. Harte Gräser, Mimosen, Dornbüsche, tagelang wasserunabhängig.

Hausesel (*Equus africanus f. asinus*)

An der Entstehung dieses Haustieres sind die Unterarten des Wildesels als Stammformen beteiligt, vermutlich besonders der Nubische Wildesel. Domestikation vor etwa 6000 Jahren im unteren Niltal und von dort Verbreitung über Arabien und Kleinasien. Zahl der durchgezüchteten Rassen viel kleiner als beim Hauspferd, Farbvarianten sind geringer. Neben einigen mittelgroßen Rassen gibt es Riesenformen (Poitou-

Esel, Puli-Esel, Spanischer Riesenesel) und auch Zwergformen (Mazedonischer Esel, Zwergesel von Sardinien, Korsika, den Balearen). Kreuzungen mit Hauspferden bereits seit über 2000 Jahren. Meist Maultiere (Eselhengst × Pferdestute), seltener Maulesel (Pferdehengst × Eselstute), da bei Letzteren Verpaarung oft nicht einfach sind. Nachkommen fast stets unfruchtbar. Verwendung als Arbeits-, Last-, Zug- und Reittiere, die genügsamer, ruhiger und ausdauernder als Pferde, auch im Gebirge geeigneter und stärker als Esel sind. Heutige Bedeutung von Eseln, Maultieren und Mauleseln noch geringer als von Pferden, aber noch immer weit verbreitet in Südeuropa, Nordafrika, Klein- und Vorderasien. Zuchtrassen vielerorts erlöschend, so dass Erhaltung einiger Formen nur noch in Tiergärten möglich erscheint.

Haltung von wilden Einhufern

In Tiergärten werden Urwildpferd, Chapman-Zebra, Grant-Zebra, Buchell-Zebra, Hartmanns Bergzebra, Grevy-Zebra und Kulan häufiger, Östlicher Kiang, Selous-Zebra und Onager seltener, Khur und Dschiggetai nur sehr vereinzelt gezeigt. Somali-Wildesel wird nur in geringer Zahl gehalten. Der gesamte heutige Zootierbestand (ca. 270 Tiere) stammt von 5 im Jahre 1970 aus Somalia nach Basel importierten Wildfängen sowie später von 12 in einem israelischen Reservat geborenen Tieren ab.

Wilde Einhufer, auch zoogeborene Tiere, sind in neuer Umgebung schreckhaft, zur Panik neigend und oftmals aggressiv. Eingewöhnung ähnlich wie bei Hirschen. Einzeln, aber möglichst mit Sichtkontakt zu Artgenossen aufstellen. Scheue Jungtiere werden in Gegenwart einer zahmen Pony- oder Eselstute ruhig, gehen besser ans Futter. Fütterung von außen. Zu Reinigungsarbeiten in benachbarten Wechselstall umsperren. Individuelle Kotprobenentnahme.

Przewalskipferd und die meisten Halbesel sind winterhart, Wildesel gut akklimatisierbar, können im Winter in ungeheizten Ställen gehalten werden. Treffen Wildesel oder Zebras aus warmen Regionen in kühler Jahreszeit ein, Unterkunft in gut temperierten, zugfreien Ställen. Zebras nur bedingt akklimatisierbar. Bei Kalthaltung im Winter schlechte Resultate und nur zu mehreren in verhältnismäßig kleinen, geschlossenen Ställen möglich, in denen die Raumtemperatur durch abgegebene Körperwärme der Tiere nicht unter 8 °C sinken darf. Beheizbare Stallungen mit einer Mindesttemperatur von 10 °C sind daher dringend empfohlen, teils vorgeschrieben.

Unterkunft. Für Przewalskipferde, weibliche Wildesel und Halbesel trockene, zugfreie, unbeheizte Gemeinschaftsstallungen oder unbeheizte Einzelställe. Auch Zebrastuten können in Gemeinschaftsställen gehalten werden, doch sind, wie auch für übrige Arten, Einzelboxen mit Sichtkontakt günstiger, für viele Halbesel- und Steppenzebrahengste, alle Grevy-, Bergzebra- und Wildeselhengste unbedingt erforderlich, selbst wenn einzelne Hengste ausnahms- und zeitweise mit mehreren Stuten gemeinsam in geräumigen Laufställen gehalten werden können. Als Bodenbelag raues Ziegelpflaster oder rauer bzw. strukturierter Beton, in Köln für Urwildpferde verdichteter Lehm. Auf glatten Böden mehr als bei anderen Säugetieren größte Rutschgefahr. Trittsicherheit des Bodens für Einhufer von besonderer Bedeutung. Boden mit leichtem Gefälle zur Jaucherinne. Als Einstreu während der warmen Jahreszeit und für Zebras im Winter dünne Sägemehlschicht und Strohlager zum Schlafen, für winterharte Arten bei Kalthaltung gutes Winterlager. Massiv gemauerte oder mobile Holztrennwände zwischen den Boxen 1,20–1,50 m hoch, darüber bis auf Gesamthöhe von 1,90–2,20 m enges Sichtgitter. Frontbegrenzung in Schauhäusern aus leichtem Stabstahl- oder Stahlgewebegitter. Maschenweite bzw. Stababstand zumindest im unteren Gitterteil nicht über 5 cm, damit auskeilende Tiere nicht durchschlagen und hängen bleiben können. Oberkante von Futter- und Wassertrog etwa 40 cm über dem Boden, um Hineinsteigen zu verhindern. Keine frei im Stall hängenden Raufen (Unfallgefahr). Wenn Heu oder Grünfutter nicht in wandbündigen Raufen von außen gereicht wird, Fütterung vom sauberen Stallboden. Stalltemperatur im Winter für Zebras etwa 15 °C, nachts nicht unter 10 °C. Möglichst sonnige, teilbeschattete, weitläufige geräumige Außengehege. Bodenbelag auf großen, koppelartigen Anlagen für Steppenzebras, Przewalskipferde und Halbesel Naturrasen,eventuell auch Schotterrasen, aber an viel begangenen Stellen (Streifen entlang von Absperrgittern oder Trenngraben, Futterplatz, Vorgatterauslauf) mit rauem Beton oder Pflaster zur Hufabnutzung. In mittelgroßen oder kleineren Ausläufen fester, rauer, gut profilierter Hartplatzbelag und zusätzliche Pflasterung an stark begangenen Plätzen, um Verschlammung zu vermeiden und gleichzeitig auf Raufläche für ausreichende Hufabnutzung zu sorgen. Bei manchen Arten, z.B. Bergzebras, Wildeseln, reicht auch rauer, harter Boden oft nicht aus, deswegen mit Sand bestreute Laufwege, sonst ein- bis zweimal jährlich Hufpflege erforderlich. In Basel sorgte bei Wildeseln der Pfleger für ausreichende Hufabnutzung, indem er die Herde täglich in zügigem Trab sowohl links- als auch rechtsherum im Gehege kreisen ließ und dabei mehrfach die Laufrichtung änderte, wobei das überflüssige Hufhorn auf dem scharfsandigen, gewalzten Mergelboden abgerieben wurde. Möglichst größere Flächen mit lockerem Sand als Liege- und Wälzplätze vorsehen. Juckpfeiler (künstlicher Termitenbau aus Beton oder strukturierte Steinsäule) ist eine wichtige Komforteinrichtung zum Scheuern, besonders für Zebras. Im Gehege stehende Bäume mit Hartholz-Lattenmantel schützen oder von Natursteinwall (dient dann zusätzlich als Scheuerstelle) umgeben. Niedrige Äste oder Rinde erreichen Somali-Wildesel auf den Hinterbeinen stehend, deshalb ausreichend hoher Baumschutz. Große Holunderbüsche sind als Schattenspender und Gehegedekoration gut geeignet, da sie von Einhufern in der Regel nicht verbissen werden. Als Gehegeeinfriedung leichtes Stabstahlgitter oder Stahlgewebsgitter, auch stabile Maschendrahtrahmenfelder, etwa 1,60–1,80 m hoch. An den Schauflächen muss Kontakt zwischen den Besuchern und Tieren entweder durch geeignete innere (1,20–1,40 m hoch) oder äußere (80–90 cm hoch) Absperrbarrieren bzw. entsprechende Vorpflanzungen verhindert werden (wichtig bei bissigen Tieren!). An Sichtflächen häufig Trockengräben (Mindestbreite 2 m, Mindesttiefe an der Vorderwand 1,50 m), dann oft zusätzliche Abschirmung an der äußeren und inneren Grabenkante, seltener auch Wassergräben. Vor den Stallungen oft teilüberdachte Vorgehege. Für aggressive Zebra-, Esel- und Halbeselhengste auch kleinere Einzelgehege mit doppelwandiger Begrenzung und dichter Sichtblende zum Gehege der Restherde. Bei erstmaligem Hinauslassen neuer Tiere in das Außengehege eventuell vorhandenen Graben gut sichern. Das Sehvermögen der Einhufer, besonders ihre Sehschärfe, ist gering. Keine schwarz-weißen oder rot-weißen Barrieren. Weiß wird oft nicht wahrgenommen. Begrenzung möglichst dunkel. Von den Farben werden Gelb und Grün am besten erkannt. Aufenthalt im Außengehege für Przewalskipferd, Halb- und Wildesel ganzjährig möglich. Bei strengem Frost nachts, wenn verschließbare Stallungen vorhanden, einsperren, sonst wie tagsüber wahlweise Aufenthalt im Stall oder Gehege. Zebras bei Minustemperaturen nur unter Aufsicht, doch möglichst täglich je nach Witterung mehr oder minder lange (an sonnigen, milden Wintertagen mehrstündig) auf Außenanlagen lassen. Hören die Tiere auf, sich zu bewegen und stehen viel, Zeichen für Frieren. Dann zurück in die Stallungen. Vereiste Flächen abstumpfen oder zerschlagen, besonders viel begangene Wechsel dürfen nicht eisglatt werden. Zebras rutschen auf vereisten Flächen schneller aus als Halbesel und Urwildpferde. Kalt gehaltene Urwildpferde und Halbesel bilden dichtes Winterfell mit Unterwolle aus. Auch bei Wildeseln Fell im Winter länger und dichter, dagegen bei Zebras Haarkleid nahezu unverändert. Ausfall der Unterwolle des Winterfells bei Halbeseln von Frühjahr bis Frühsommer in flächigen Fetzen. Beginnt an den Kopfseiten, erfasst 14 Tage später Hals, Bauch und Beine, ergreift 4 Wochen nach Beginn den Rumpf, wo zottige Reste auf den oberen Flanken und Keulen am längsten erhalten bleiben.

Gesamtdauer des Haarwechsels etwa 2 Monate. Auf Fellschäden achten, besonders auf Borkenbildung an den Fesseln. Scheuerstellen an der Schwanzwurzel deuten auf Wurmbefall hin. Ställe und Außengehege ein- bis zweimal täglich reinigen, bei Kotfressern häufiger. Im Herbst mehrfach am Tag Falllaub entfernen. Aufnahme in größeren Mengen kann zu schweren Verdauungsstörungen führen. In dieser Zeit alle Arten abends einsperren und morgens erst nach Entfernung des nächtlich gefallenen Laubs herauslassen.

Umgang. Bei Einhufern, mögen sie auch noch so zahm und ruhig sein, ist Vorsicht geboten. Abgesehen von aggressiven Hengsten (solche häufig bei Wild- und Halbesel, Berg- und Grevy-Zebra), deren Gehege nicht in Anwesenheit des Tieres betreten werden darf, können auch Stuten mit neugeborenen Fohlen (Vorsicht beim Fangen zur Fohlenbehandlung!) wütend angreifen. Angriffe in schnellem Trab mit angelegten Ohren, geöffnetem Maul, wiehernd, bellend, schreiend. Tiere beißen, schlagen mit den Hinterbeinen oder, auf den Hinterbeinen stehend, mit den Vorderhufen aus. Niemals bei Routinearbeiten an einen Einhufer von hinten herangehen! Sehr schreckhaft, keilen oft im Schreck aus. Stets ansprechen, da ihr Gehör gut ist und vertraute Laute beruhigend wirken. Bei Arbeiten keine hastigen Bewegungen, Lärm vermeiden. Ungeachtet der häufigen Aggressivität wilder Einhufer auch zahlreiche Beispiele völlig ruhiger Tiere, so können z.B. manchmal auch männliche Halbesel oder Zebras friedlich und ruhig sein. Transport in Huftierkisten, möglichst mit abgepolstertem hinteren Schieber oder auch frei laufend in Containern oder Tiertransportern. Vor dem Einladen ist es günstig, in der Kiste anzufüttern, da Eintreiben gefährlich. Ein Kulanhengst durchschlug mit einem einzigen Hufschlag ein 2,5 cm starkes Schutzschild aus Fichtenholz.

Fütterung. Als Raufutter gutes, nicht zu weiches Wiesenheu, auch Klee- oder Luzerneheu oder gutes Futterstroh. Im Sommer anstelle von Heu Wiesengras, Klee, Luzerne. Vorsicht! Bei jungem Klee oder Luzerne Gefahr von Eiweißvergiftungen. Als Saftfutter können insbesondere im Winter Möhren und Futterrüben gegeben werden. Welkes oder nasses Grünfutter kann zu Koliken führen. Möglichst kein gehäckseltes Grünfutter verfüttern oder, wenn keine andere Wahl vorhanden, wie generell zu Beginn der Vegetationsperiode Grünfutter anfangs vorsichtig in kleinen Mengen und reichlich mit Heu untermischt anbieten. Heu- oder Strohbeifütterung in der Grünfutterperiode auch bei feuchtem Kot. Fehler bei der Fütterung werden oft wenig später durch den Zustand des Kots sichtbar, der sich auch krankheitsbedingt schnell verändern kann. Normaler Kot eichel- bis kastaniengroße, feste, trockene (besonders bei Wild- und Halbeseln, Zebras), glänzende, braune bis schwarzbraune, rundliche „Pferdeäpfel", die nicht aneinander kleben. Sonst Verdacht auf beginnende Verdauungsstörung. Breiig werdender Kot ist Durchfall, flüssige Stühle sind oft tödlich. Zu reichhaltige Ernährung bei Hauseseln hat oftmals starke Fetteinlagerungen entlang des Nackenkammes zur Folge, der als unansehnlicher Wulst nach einer Halsseite abkippt, oder unnatürlich starkes Hufwachstum. Ansonsten ist eine Kippmähne bei Einhufern ein Zeichen für schlechten Nährzustand. Salzleckstein, eventuell mit Jodzusatz, zur beliebigen Aufnahme. Mineralstoffe über Pellets, als Salvanabriketts oder in Saftfutter verabreichen. Im Winter und Frühjahr bis zu Beginn der Grünfutterperiode oder auch ganzjährig zusätzlich Selen, Vitamin A und E in Form von Pellets geben. Beginn von Kotaufnahme ist bei Einhufern oft ein Hinweis auf Vitamin-B-Mangel, was später zur Gewohnheit werden kann. Ganzjährig Äste und Zweige zum Abnutzen der Zähne (keine Robinie!), bei Asiatischen Wildeseln vorwiegend von Weichholzarten (Pappel, Weide, Birke). Einhufer neigen oft bei geringsten Fütterungsfehlern (Besucherfütterung, sandbehaftete Möhren und Rüben) zu Koliken. Dabei scharren die Tiere mit den Hufen, werfen sich zu Boden und wälzen sich (Gefahr von Darmverschlüssen!). Festliegenden Tieren, besonders umgänglichen Wild-

oder Haustieren, kann man beim Aufstehen behilflich sein, indem man versucht, das Tier am Halfter hochzuziehen und außerdem den Brustkorb anhebt. Einhufer stehen im Gegensatz zu Paarhufern zuerst mit den Vorderbeinen und dann mit den Hinterbeinen auf, legen sich auch zuerst mit den Vorderbeinen nieder.

Vergesellschaftung. Meist in kleinen Haremsgruppen aus 1 Hengst und mehreren Stuten. Daneben reine Hengstherden (überzählige Männchen) oder zumindest zeitweilig Stuten-Fohlengruppen, weil manche Wildesel-, Halbesel-, Berg- und Grevy-Zebrahengste oft nicht ständig mit Weibchen zusammen gehalten werden können, da sie sich Stuten und Fohlen gegenüber aggressiv verhalten. Für solche Hengste Einzelhaltung und Vergesellschaftung nur während der Rosse mit Einzelstuten. Erfahrungen mit heranwachsenden Junghengsten von Grevy-Zebras, die wegen beginnender Unverträglichkeit aus der Gruppe genommen werden mussten, besagen, dass solche in der Folgezeit einzeln gehaltenen Tiere Artgenossen gegenüber aggressiv werden können und das oftmals auch bleiben, während Junghengste, die in Junggesellengruppen integriert worden sind, sich später gegenüber Artgenossen, besonders Weibchen, friedlich verhalten. Unter Weibchen straffe Rangordnung. Neuzugänge zuerst ans Sichtgitter bringen, dann nacheinander mit Einzeltieren unter Aufsicht zusammengewöhnen. Kontaktaufnahme mit gespitzten Ohren, erhobenem Kopf, leicht angewinkeltem Schwanz, durch Beschnüffeln an Nüstern, Anal- und Genitalregion und anderen Körperstellen, oft leichtes Bocken mit angedeutetem Hufschlag und Wiehern oder Schreien. Drohgeste umfasst angelegte Ohren, gebleckte Zähne, geöffnetes Maul. Kämpfe mit Vorderhufen oder versuchten Bissen in die Vorderbeine. Flüchtendes Tier wird mehr oder minder stark verfolgt und wehrt sich gegen Bisse in die Hinterbeine oder den Rücken und Nacken durch Auskeilen. Anfängliche Kämpfe klären Rangstellung des Neulings, nur bei Verletzungsgefahr trennen. Gut zusammengewöhnte Tiere sehr verträglich. Häufig gegenseitige Fellpflege, indem sich 2 Tiere antiparallel nebeneinander stellen und sich Fell und Haut der Kruppenregion beknabbern. Auch am eigenen Körper intensive Fellpflege, mit den Zähnen an den Beinen und Körperseiten, mit den Hinterbeinhufen an den Vorderweichen und durch Scheuern an kantigen Gegenständen (Juckpfeiler), am Nacken oft unter inneren Absperrbarrieren. Hautpflege auch durch Sandbad oder Wälzen im Schlamm, wobei Schuppen und Haare mit abtrocknender Erde abfallen. Nicht aggressive Einhufer aller Arten können zusammengewöhnt und zusammen gehalten werden. Vergesellschaftung mit anderen Tierarten möglich. Przewalskipferde, Wild- und Halbesel werden selten mit anderen Säugern zusammen gehalten, doch vertrugen sich z.B. Przewalskipferde mit Trampeltieren, Wisenten und Damhirschen, Kulane mit Trampeltieren, Dromedaren und Yaks, wobei mitunter Kamelhengste zeitweise oder dauernd isoliert werden müssen. Zebras werden auf größeren Anlagen häufig mit Nashörnern, Giraffen, Pinselohrschweinen, Warzenschweinen, Antilopen, Straußen und anderen Laufvögeln zusammen gehalten, dann manchmal nur als eingeschlechtliche Gruppe, seltener mit Marabus, Hornraben, Helmperlhühnern oder Rosapelikanen. Zebrahengste provozieren nicht selten Kämpfe mit anderen Arten, dabei oft Verletzungen, besonders bei Antilopen (Bisse, Hufschläge), seltener bei Zebras (Hornstichverletzungen). Fremde Jungtiere von Paarhufern, z.B. aus Gruppen, die mit Einhufern vergesellschaftet sind, oder Jungtiere aus Nachbargehegen, die versehentlich in Einhuferanlagen gelangen, werden sehr häufig attackiert. Da die Verletzungsgefahr dabei verhältnismäßig groß ist, ist man in Tiergärten mit kleineren Anlagen wieder von der risikoreichen Vergesellschaftung mit anderen Arten abgegangen und praktiziert sie nur dort, wo sehr große Flächen vorhanden sind. Gelegentliche Auseinandersetzung zwischen Nashörnern und Zebras, die für Zebras tödlich enden können erfolgen in der Regel bei Streitigkeiten um Futterstellen, daher zwingend mehrere, großzügig verteilte Futterstellen anbieten.

Fortpflanzung und Zucht. Geschlechtsunterscheidung einfach, Männchen mit deutlich sichtbarem Penis und Scrotum, Scheide der Weibchen in Afternähe. 2 Zitzen in den Schenkelweichen. Paarungen in Haremsgruppen meist ohne menschliches Zutun. Bei Wildeseln, Halbeseln sowie den im Verhalten ähnlichen Grevy- und Bergzebras oft sehr heftiges Treiben, wobei noch nicht paarungsbereite oder schon gedeckte Stuten den Hengst mit oft krachenden Hieben der auskeilenden Hufe an Brust und Unterkiefer abschlagen. In der Hochbrunst (Rosse) steht die Stute mit leicht gespreizten Hinterbeinen, oft urinierend, und macht „Rossigkeitsgesicht" (leicht nach unten gehaltener Kopf, angelegte Ohren, geöffnetes Maul, angedeutete Kaubewegungen). Häufig auch „Blitzen", d.h. ruckartiges Öffnen und Schließen der äußeren Schamlippen, wobei rosafarbene Schleimhaut sichtbar wird. In der Nachbarschaft stehende, abgesperrte Hengste wittern die Rossigkeit, laufen unruhig am Gitter auf und ab und rufen wie treibende Tiere viel. Bei der Paarung reitet Hengst, auf den Hinterbeinen stehend, auf und hält die Stute mit sog. Kammbiss am unteren Nacken fest. Paarung kurz. Männchen ganzjährig fortpflanzungsfähig. Paarungen und Geburten bei Urwildpferden überwiegend im April/Mai, bei Halbeseln ganzjährig mit deutlichen Häufungen von Mai bis August, bei Wildeseln und Zebras keine saisonale Häufung erkennbar. Tragzeit 10–12, im Mittel meist 11–11½ Monate. Exakte Ermittlung der Tragzeitlänge wird dadurch erschwert, dass rasches, oft unauffälliges Decken vollrossiger Stuten nicht bemerkt wird, während heftiges Treiben und anschließendes Decken nicht paarungsbereiter oder schon trächtiger Stuten durch den ständig im Herdenverband lebenden Hengst als Brunst- und Paarungszeitraum angesehen wird. Außerdem ist die Länge der Tragzeit auch schwankend. Stattgefundene Paarungen manifestieren sich aber oft durch Spermaflecke am Gehegeboden, da Einhufer Scheidenbesamer sind, bei denen die Stuten nach der Paarung Spermareste verlieren.

Tragzeit bei Kulanen, deren Rosse zu Beginn der Paarungszeit im Frühjahr einsetzt, bis 355 Tage; bei solchen, die erst am Ende der Paarungszeit im Sommer gedeckt werden, kürzeste Tragzeit 309 Tage. Tragzeitlänge kann auch abhängig vom Geschlecht der Jungen sein. Bei Steppenzebras durchschnittliche Tragzeit 371 (361–390) Tage, Tragzeit bei Stutfohlen im Durchschnitt 369, bei Hengstfohlen 373 Tage. Bei Grevy-Zebras durchschnittliche Tragzeit nach Beobachtungen in Hagenbecks Tierpark 420,6 Tage (±15,4 Tage, n = 22), Schwankungsbereich 397–471 Tage. Tragzeit bei Hengstfohlen 417 (±12), bei Stutfohlen 424 (±18) Tage, doch sind diese geschlechtsunterschiedlichen Zeitangaben statistisch nicht gesichert. Zunahme des Leibesumfangs ab 8. Monat, Anschwellen des Euters bei älteren Stuten 3–4 Wochen, bei jüngeren Weibchen 1–2 Wochen vor der Geburt. Dann mitunter sog. „Harztropfen" oder auch Milchtropfen an den Zitzen (meist bei mehrfach gebärenden Altstuten, bei Erstgebärenden schießt die Milch mitunter am Tag des Fohlens ein). 1 Junges, Zwillinge sehr selten und meist lebensschwach oder tot (beim Persischen Onager überlebte in der Catskill Game Farm 1 Zwilling). Tragende Stuten, besonders Erstgebärende möglichst isolieren, da Jungtiere 1–2 Tage brauchen, um auf das Muttertier geprägt zu sein, oft auch erst einige Tage abliegen (Halbesel, Berg- und Grevy-Zebras), bevor sie der Mutter folgen. Wenn kein aggressiver Hengst (häufig bei Wild- und Halbeseln, Berg- und Grevy-Zebras) in der Herde ist, können Mutter und Junges nach 3–6 Tagen dorthin zurück. In gut harmonierenden Gruppen kann Geburt in Gegenwart der anderen Tiere erfolgen. Gutmütige Hengste (z.B. bei Przewalskipferden, Steppenzebras) kümmern sich meist nicht um Junges. Muttertier vertreibt oftmals neugierige Stuten. Geburt im Liegen, meist nur kurz, von 15–25 Minuten Dauer. Nachgeburt nach 1½ Stunden, wird, abgesehen von den Eihüllen, nicht gefressen, unbedingt auf Vollständigkeit kontrollieren! Weibliche Einhufer aller Arten, auch Hauspferdstuten, sind in der Lage, die Geburt zu verzögern, besonders wenn Störungen in der Umgebung die übliche Geborgenheit beeinträchtigen. Ursache kann z.B. auch der anwe-

Tab. 27.1 Milchzusammensetzung bei Einhufern

Art	Trockensubstanz (%)	Fett (%)	Eiweiß (%)	Kohlenhydrate (%)	Asche (%)	Proben (Anzahl)
Wildpferd	10,17	1,50[1]	1,84	6,64	0,33	38
Hauspferd	10,65 (17,87)	1,39[2] (1,96)	2,27[5] (8,74)	6,40[7] (4,78)	0,42 (0,64)	1071 (77)
Onager	12,00 (26,75)	3,67 (1,83)	2,75 (20,92)	6,52 (1,90)	0,35 (0,78)	1 (2)
Grevy-Zebra	8,10	0,80	1,10	5,80	0,35	1
Bergzebra	10,37	1,27[3]	2,18	6,84[8]	0,38	14
Steppenzebra	11,08	2,98	1,83	6,37	0,42	6
Hausesel	10,62 (17,67)	1,24[4] (5,46)	1,80[6] (3,23)	5,77 (6,36)	0,39 (0,60)	96 (2)

Angaben in Klammern: Werte für Kolostrum
Erwähnenswerte Abweichungen von Einzelproben:
[1]2,20 % [2]1,90 % [3]4,65 % (4. Laktationswoche) [4]1,80 % [5]2,00–8,00 % davon Kasein 1,40–1,60 % [6]1,50 bzw. 1,60 % [7]3,78 % [8]3,80 % (4. Laktationswoche)

sende Pfleger sein, weshalb bei bevorstehenden Geburten nächtliche Stallwachen besonders bei Wildtieren von fragwürdigem Wert sind. Videoüberwachung ist vorzuziehen. Geburtsgewichte: Przewalskipferd 35–45 kg, Kulan 25–30 kg, Bergzebra um 30 kg, Grant-Zebra 30–35 kg, Grevy-Zebra 30–40 kg, Somaliwildesel um 25 kg. Neugeborene Einhufer sind dicht behaart, seh- und lauftüchtig. Junge Zebras und Przewalskipferde sind kälte- und nässeempfindlich, Halbesel dagegen erstaunlich wetterfest. Junge stehen meist nach etwa 15 Minuten, laufen nach 1 Stunde, setzen nach 2–3 Stunden Darmpech ab. Mutter leckt Junges nicht trocken, deshalb bei zahmen Müttern mit Stroh trocken reiben. Färbung gleicht der der Eltern, meist etwas aufgehellt (Urwildpferde, Halbesel), dunklere Zeichnungen verwaschen. Stehmähne bei jungen Grevy-Zebras entlang des ganzen Rückens. Jungtiere sind sehr spiel- und lauffreudig, beginnen mit 6–12 Tagen Heu zu knabbern, nehmen mit 4 Wochen häufig kleine Mengen fester Kost auf, fressen mit 2–3 Monaten regelmäßig und können frühestens (aber nicht empfehlenswert) mit 5–6 Monaten abgesetzt werden. Im Gegensatz zu anderen Auffassungen ist die Aufnahme von sauberem Tränkwasser durch junge Fohlen auch bei Wild- und Halbeseln nicht schädlich. Generell aber erhöhte Aufmerksamkeit bei Fohlen und Jährlingen erforderlich, da z. B. bei Przewalskipferden ansonsten die Mortalität über 40 % der Jungen vor Ende des 2. Lebensjahres betragen kann. Säugezeit 6–8, bei allen Arten in Ausnahmefällen bis 12 Monate. Geschlechtsreif mit 2½–3 Jahren, gelegentlich auch früher (Kulanhengst 1½ Jahre, Onagerstute 2 Jahre) oder später (Grevy-Zebra 3½–5 Jahre). Fortpflanzungsfähigkeit nicht selten auch nach 20. Lebensjahr bei beiden Geschlechtern noch voll erhalten (Halbesel und Afrikanische Wildesel). So konnten eine Kulanstute als Maximun 16 Fohlen, eine Onagerstute 13 Fohlen sowie eine Kiangstute und eine Afrikanische Wildeselstute 10 Fohlen gebären. Viele Stuten werden 5–15 Tage nach der Geburt wieder brünstig, manche jedoch erst nach 1 Jahr. Während der Rosse der Mutter beim Jungtier oft Durchfälle.

Künstliche Aufzucht möglichst durch Pferde- oder Eselamme. Flaschenaufzucht im Prinzip wie Hirsche. Milchzusammensetzung in Tabelle 27.1. Zusammensetzung der Muttermilch von einzelnen Wildtierarten noch nicht abschließend geklärt, kann sich außerdem während der Laktation sehr verändern. Sicher sind lediglich relativ hohe Kohlenhydratwerte (Milchzucker) und ein niedriger Eiweiß- und Fettgehalt. Als Ersatznahrung werden Pferdemilchaustauscher empfohlen, wie in Gelsenkirchen bei der Aufzucht eines neugeborenen Kulans erfolgreich eingesetzt. Anfangs 8 Mahlzeiten, ab 2. Woche 5, ab 3. Woche 4 Mahlzeiten aus der Flasche, ab

5. Woche Umstellung auf Eimer. Ab 3. Tag wurden Heu, Quetschhafer und Pferdepellets, ab 5. Tag Wasser angeboten und in steigendem Maß aufgenommen. Ab 15. Woche beginnende Entwöhnung von Milch. 1½–2 Monate alte Khurfohlen konnten mit gezuckerter, eiweißangereicherter Milch, der später Kleie und Mehl zugefügt wurden, aufgezogen werden, erhielten bereits ab Ende der 2. Lebenswoche gutes Wiesenheu, ab Ende der 4. Lebenswoche trockene Haferflocken.

Zucht von Przewalskipferden und Steppenzebras häufig, auch Halbesel züchten regelmäßig. Zucht von Wildeseln, Berg- und Grevy-Zebras seltener, weil eine Verpaarung der oft aggressiven Hengste mit den Stuten schwierig ist. Oft wird der Hengst in das Gehege der Stute gelassen, nachdem bis auf das rossige Tier alle anderen abgesperrt worden sind. Stute kennt beim Treiben ihr Gehege, während sie in dem meist auch kleineren Gehege des Hengstes Orientierungsschwierigkeiten haben kann.

Kreuzungen zwischen Haustieren, zwischen Haus- und Wildtieren und zwischen verschiedenen Wildformen in unterschiedlichsten Kombinationen gelungen, z.B. Zebra × Pferd = „Zebroid“, Zebra × Esel = „Eselzebroid“, auch „Zebrule“ (mit Schulterkreuz, meist enger gestreift), Kulan × Chapman-Zebra = „Kulanzebroid“, doch lassen sich die 3 Zebraarten untereinander schwieriger (Steppenzebra × Bergzebra selten, Grevy-Zebra × Berg- oder Steppenzebra noch seltener) kreuzen als mit den übrigen Arten. Nachkommen von Kreuzungstieren meist unfruchtbar.

Eine volksbildnerisch interessante Haustierrasse ist das tarpanfarbene Hauspferd, das in Berlin und München-Hellabrunn als lebendes Abbild der ausgerotteten Tarpane aus Primitivformen gezüchtet wurde.

Ein Embryotransfer von wilden Einhufern gelang erstmalig 1984 auf einer Farm bei Louisville, Kentucky. Eine 26-jährige Hauspferdstute trug ein Steppenzebra aus und zog es auf. Ebenfalls 1984 Transfer eines 7-tägigen Przewalskipferd-Embryos erfolgreich auf 4-jährige Ponystute im New-Forest-Ponyhof in Cambridge.

Mit der Zucht ausgerotteter oder vom Aussterben bedrohter Einhufer beteiligen sich Tiergärten weltweit an der Erhaltung von Arten und Unterarten. Alle heute in Tiergärten lebenden Przewalskipferde stammen von 11 Tieren ab. Es sind zum großen Teil Nachfahren der Urwildpferde, die Carl Hagenbeck um die vorletzte Jahrhundertwende in der Transaltaiischen Gobi fangen ließ. Auf diese Importe gehen je 2 Gründertiere des heutigen Wildpferdbestands aus Cincinnati, New York, Woburn Abbey und Halle (hier leider Einkreuzung einer Mongolenponystute) sowie Prag zurück. Schon Jahre bevor Hagenbecks Tiere nach Europa kamen, hatte Friedrich von Falz-Fein Gehege für Urwildpferde in seinem großen Wildpark Askania Nova auf der Krim errichten lassen. Von dort gelangte Mitte der 1920er Jahre das Erbgut von weiteren 2 wichtigen Gründertieren über die Tiergärten Berlin und München-Hellabrunn in die westeuropäischen und später über Catskill in die amerikanischen Zuchten. Die Stute Orlica III kam als letzter Wildfang 1957 nach Askania Nova. Mit ihrem Nachwuchs ist sie das 11. und letzte Gründungsmitglied der mit nahezu 2500 Tieren weltweit verbreiteten Urwildpferd-Dynastie. Die in Menschenobhut gehaltenen Somali-Wildesel stammen ab von 5 Wildfängen aus Somalia (1970) und 12 aus Äthiopien (1972). Ein großer Teil der in Menschenhand lebenden Onager, darunter eine große Zahl in Hamburg geborener Tiere, sind Nachkömmlinge von 20 persischen Onagern, die Carl-Heinrich Hagenbeck 1954 in den Salzwüsten Nordirans fangen ließ.

Höchstalter in Menschenobhut. Hauspferd 44, Przewalskipferd fast 36¾, Somaliwildesel 31½, Nubischer Wildesel über 22, Kiang 30, Dschiggetai 30, Kulan 34¼, Persischer Onager 34¼, Khur 25¼, Syrischer Onager 22½, Grevy-Zebra 30¼, Kap-Bergzebra 26¼, Hartmann's Bergzebra über 33, Burchell-Zebra (*E. quagga burchelli*) 31½, Quagga über 21¼, Chapman-Zebra über 34½, Damara-Zebra fast 29¾, Grant-Zebra fast 36 Jahre. Durchschnittsalter wie in der Wildnis meist jedoch viel geringer.

Abb. 27.7 Der Mittelamerikanische Tapir (*Tapirus bairdii*) unterscheidet sich vom Flachlandtapir durch seine Größe und deutlich dunklere Farbe. Von den Wangen ausgehend ist er über Kehle und Brustbereich hell behaart.

Familie Tapire (Tapiridae)

Erdgeschichtlich sehr alte, ursprünglich formenreiche, heute artenarme Unpaarhufergruppe, oft als „lebende Fossilien" bezeichnet. Viele Merkmale ausgestorbener Arten. Älteste Vorfahren im Paläogen urpferdchenähnlich. Erste echte Tapire (*Tapiridae*) mit *Protapirus* vor über 25 Millionen Jahren im Oligozän in Eurasien und Nordamerika. Vorfahren der südamerikanischen Tapire wanderten erst zu Beginn der Eiszeit nach Südamerika ein. Schabrackentapir einziger altweltlicher Überlebender.

Rezente Arten etwa schweinegroß, Weibchen meist größer als Männchen. Schädel lang, schlank, Nasenbeine kurz, Nase und Oberlippe zu beweglichem Rüssel umgebildet, Gebiss sehr urtümlich, zum vollständigen Ursäugergebiss fehlt häufig nur 1 unterer Prämolar, Zahnformel: 3/3 1/1 4/3–4 3/3, äußerer oberer Schneidezahn lang und spitz, wird als Waffe eingesetzt, Eckzahn kegelförmig, Rumpf massig, Beine kurz, vorn vierzehig (1. Zehe fehlt), hinten dreizehig (1. und 5. Zehe fehlen), Hufe, besonders an den kräftigen, tragenden 3. Zehen, pferdeähnlich, schwielige Hornhaut schützt Sohlenballen, Schwanz kurz, stummelförmig, Haut lederartig derb, Haarkleid aus kurzen Grannen, teils dicht und glatt anliegend, teils spärlich, Fell bei 1 Art etwas länger.

Verbreitung. Südamerika und Südostasien.

1 Gattung, 4 Arten.

Tapire (*Tapirus*): **Flachlandtapir** (*T. terrestris*): Schulterhöhe etwa 1 m, deutlicher Nackenkamm, kurzes, mittel- bis dunkelbraunes Haarkleid, weiße Ohrränder. 4 Unterarten. Noch nicht allenthalben als weitere Unterart anerkannt ist der Guayana-Flachlandtapir (*T. t. tapir*). Tropisches Südamerika östlich der Anden, im Norden von Guayana bis Kolumbien und südlich davon über Brasilien und Bolivien bis Nordargentinien. – **Mittelamerikanischer Tapir** (*T. bairdii*), auch Baird-Tapir: größte neuweltliche Art, Schulterhöhe etwa 1,20 m, Nackenkamm fehlt oder nur angedeutet, Fell langhaariger, kurze Bürstenmähne, helle Behaarung des Wangen-, Kehl- und Brustbereiches, sonst deutlich dunkler als Flachlandtapir. Mittelamerika von Mexiko bis nördliches Südamerika (Westkolumbien und Westecuador). – **Bergtapir** (*T. pinchaque*), auch Wolltapir: kleinste Art, Schulterhöhe nur etwa 80 cm, kein Nackenkamm, dichtes, wolliges, langes, dunkelbraunes Fell, am Kopf meist kürzer und heller, weiße Ohrränder und auffallend weiße Zeichnung der Lippen um die Mundwinkel. Anden von Peru, Kolumbien und Ecuador. – **Schabrackentapir** (*T. indicus*), auch Indomalaiischer Tapir, Malaysischer Tapir: größte Art, Schulterhöhe bis 1,30 m, Nackenkamm und Mähne fehlen, Grannenhaarkleid kurz, eng anliegend, schwarz oder braunschwarz, von der Mitte bis zum Ende des Rumpfes auffällig weiße oder grauweiße Schabracke. Es treten auch ausnahmslos schwarz gefärbte Tapire auf. Strittig ist, ob es sich dabei um den Südsumatra-Tapir oder melanistische Tiere handelt. 2 Unterarten. Malaiischer Archipel, Sumatra, Hinterindien bis an die Grenzen von Myanmar und Thailand. – 2013 wurde der **Kaomani-Tapir** (*T. kabomani*) beschrieben. Die Artbeschreibung wird aber allgemein nicht akzeptiert und der Kabomani-Tapir nur als besondere Variante des Flachlandtapirs angesehen.

Abb. 27.8 Der Schabrackentapir (*Tapirus indicus*) ist der einzige in Südostasien lebende Vertreter seiner Gattung. Sein Name leitet sich von der farblich abgesetzten Rückenpartie ab.

Gefährdungsstatus. Bestand des Flachlandtapirs gefährdet, übrige Arten stark gefährdet, am stärksten wohl Schabrackentapir mit etwa 2000 Tieren, Bergtapir (Restbestand wird auf 2500 Tiere geschätzt) und Mittelamerikanischer Tapir mit ca. 5500 Tieren. Für den Erhalt dieser Arten gibt es mehrere Schutzprojekte. Internationales Zuchtbuch für Mittelamerikanischen Tapir in Puebla, für Schabrackentapir in der Taman Safari Bogor. EEP für Flachlandtapir in Lisieux, für Schabrackentapir im Tiergarten Nürnberg, für Mittelamerikanischen Tapir in Olmütz.

Lebensweise. Tag- und Dämmerungstiere, in stark bejagten Gebieten auch Nachttiere. Lebensraum feuchtwarme Urwälder, besonders an Lichtungen und Flussufern, ausnahmsweise heiße trockene Bergregionen (Mittelamerikanischer Tapir) oder neblige, feuchtkühle Gebirgswälder (Bergtapir, auch in Höhen von 2000–4000 m mit spärlichem Pflanzenwuchs). Keine Kulturfolger, obwohl Flachland- und Schabrackentapir nachts in Pflanzungen einbrechen. Ortstreu als Einzelgänger (während der Brunst und danach auch paarweise) in Revieren mit festen, pflanzenüberwachsenen, tunnelartigen, im Bergland steilen Wechseln zu Ruhe- und Äsungsplätzen bzw. zum Wasser. Generationenlang benutzte Pfade des Mittelamerikanischen Tapirs werden auch von Menschen begangen. Gute Läufer, die in federndem Kreuzgang schnell traben, in steilem Gebirgsgelände gut klettern, sogar Zäune überwinden. Bei Gefahr Flucht in schnellem Galopp mit gesenktem Kopf ins Dickicht oder ins Wasser. Lederartige Haut verhindert Körperverletzungen durch Dornen oder brechende Zweige, oberflächliche Kratzer heilen schnell. Tapire schwimmen und tauchen gut, baden und suhlen gern. Hör- und Riechvermögen hochleistungsfähig. Rüssel nicht nur Riech-, sondern auch empfindliches Tastorgan. Mit Ausnahme des Bergtapirs kurzsichtig.

Nahrung. Blätter, frische Triebe, Zweige, auch Gras, Wildfrüchte, Sumpf- und Wasserpflanzen, die tauchend geäst werden, daneben vereinzelt Feldfrüchte.

Haltung von Tapiren

In Tiergärten Flachlandtapir häufig, Schabrackentapir weniger oft, übrige Arten sehr selten gezeigt. Einzige erfolgreiche europäische Zuchtgruppe des Mittelamerikanischen Tapirs war im Zoo Wuppertal ausgestellt.

Tapire sind zwar Einzelgänger, können jedoch auch paarweise oder in kleinen Haremsgruppen gehalten werden. Vor dem Zusammenlassen (in den ersten Tagen nur unter Aufsicht) an ein Sichtgitter nehmen. Gut zusammengewöhnte Tiere kümmern sich außerhalb der Brunstzeit wenig umeinander. Brünstige Weibchen attackieren Geschlechtsgenossinnen. Manche Einzelindividuen sind aber auch sonst recht unverträglich. In seltenen Fällen gelingt die Vergesellschaftung mit anderen Artgenossen nicht, weil sie als Einzelgänger keine Rangordnung und keine Imponier-, Demuts- oder Befriedungsgesten kennen. Besonders aggressiven Einzeltieren wurden früher die unteren Eck- und Schneidezähne stumpf geschliffen. Eingewöhnung bei zoogeborenen Tieren meist unkompliziert. Nur noch sehr selten Wildfänge, erfordern die ganze Aufmerksamkeit des Pflegepersonals. Gut temperierte, zugfreie Stallungen. Langsame Akklimatisation erst nach erfolgter Eingewöhnung. In den ersten Tagen lediglich gutes Heu und ständig frisches Wasser anbieten, später nach und nach Gemüse und Kraftfutter beigeben. Unter allen Umständen auf die Beschaffenheit des Kotes achten. Normaler Tapirkot ist wie Pferdeäpfel geformt, Geruch wie Pferdemist. Breiige, säuerlich riechende, kuhfladenähnliche Abgänge, die eventuell unverdaute Futterreste enthalten, sind Alarmzeichen. Wässriger Durchfall bedeutet Lebensgefahr. Ursachen sind oft Fütterungsfehler, Erkältung während des Transports und Aufregung. Wildfänge meist stark verwurmt, auch oft Befall mit parasitierenden, pathogenen Protozoen. Bei Neuankömmlingen höchste Vorsicht im Umgang mit den Tieren erforderlich. Stets beim Betreten der Stallungen einen Besen mitnehmen. Vorher überlegen, wohin man sich beim Angriff zurückziehen kann. Tiere stets in freie Nachbarbox überführen.

Unterkunft. Nur gut akklimatisierte Bergtapire sind winterhart, wenig kälteempfindlich. Überwinterung auf gutem Winterlager in zugsicheren, trockenen, unbeheizten, aber zumindest nachts frostfreien Ställen, dürfen auch bei strengem Frost ganztägig nach eigenem Belieben ins Freie. Türen erst abends schließen. Überwinterung der übrigen Arten in einem Warmhaus, bei gut akklimatisierten Flachlandtapiren auch nur schwach beheizte Unterkunft ausreichend. Flachlandtapire dürfen bei mildem Frost täglich einige Stunden, Mittelamerikanische und Schabrackentapire je nach Witterung auch im Winter kurzzeitig auf die Außenanlage. Als Sichtflächenbegrenzung von Innenräumen leichtes Stabstahl- oder Stahlgeflechtgitter, auch Maschendraht oder Glastrennscheibe, in modernen Häusern Trockengraben (etwa 1,50 m breit, 1,30–1,50 m tief). Als Bodenbelag fein strukturierter Zementestrich, auch kunstharzbeschichtete Betonböden, Asphalt oder gummierte Böden. Oberfläche darf nicht zu rau sein, sonst Sohlenverletzungen durch Abschleifen der Hornschicht. Andererseits ist auf zu glatten, besonders nassen Böden die Standsicherheit stark beeinträchtigt, Rutschgefahr. Folge sind Zerrungen, verbunden mit starken Lahmheiten. Kein Stroh einstreuen, außer weichem Heulager oder Hobelspänen für die Nachtruhe keine Einstreu. Auf unbeheiztem Boden Liegebretter oder niedrige bettähnliche Schlafgestelle aus Holz oder starke Hartgummimatten. Wichtige Voraussetzung für gute Überwinterung ist ein ausreichend großes und tiefes Badebecken mit Zugang über Stufen, die sicheren Halt bieten, möglichst keine Schrägen, da sonst Rutschgefahr. Wo nicht vorhanden, Tapire so oft wie möglich, mindestens zweimal wöchentlich mit lauwarmem Wasser duschen oder mit kräftiger Bürste nass abscheuern. Wenn die Haut zu trocken wird, mit Öl leicht einfetten. Schlecht gepflegte Tiere haben vor allem am Rücken Hautschuppen.

Einfriedung der Außengehege wie Innenställe, Gitterhöhe über 1,50 m nicht erforderlich, meist Trockengraben. Tapire können schlecht springen, aber ihr Klettervermögen ist nicht zu unterschätzen. Als Bodenbelag in größeren Anlagen Naturrasen auf gewachsenem Boden oder weicher Sand (bei zu scharfkörnigem Bodenmaterial Entzündungen zwischen den Hufen und Ballen). Badebecken erforderlich. Reichlich schattige Plätze, da die meisten Tiere direkte Sonneneinstrahlung nicht lieben. Des ungeachtet nehmen manche Tiere auch an heißen Sommertagen stundenlange Sonnenbäder, baden danach aber viel. Alle Arten alljährlich zu Beginn des Aufenthalts im Freien an sehr sonnigen Tagen gut beobachten, ob auch ausreichend lang Schattenstellen aufgesucht werden. Schabracken- und Flachlandtapire können sich regelrechten Sonnenbrand zuziehen. Haut, besonders an Nacken, Rücken und Flanken täglich inspizieren. Gegebenenfalls anfangs ein- bis dreimal täglich mit Sonnenschutzöl einreiben. Bei allen Arten auf die Abnutzung der Hufe achten. Gründliche Gehegehygiene. Feste Kotplätze gewissenhaft reinigen, auf Beton täglich scheuern, im Freigehege verschmutzten Bodenbelag mit den Abgängen entfernen. Tapire koten gern in die Nähe des Badebeckens oder ins Wasser, deswegen reichlich Frischwasserzulauf, damit schwimmende Kotreste abgespült werden. Becken einmal wöchentlich gründlich, bei Darm- oder Hautparasitenbefall täglich scheuern. Ein kleines, zum Baden ungeeignetes flaches Wasserbecken im Vorgehege regt die Tiere an, dorthin ihren Kot zu entleeren. Erst nachdem das geschehen ist, kommen die Tiere in die eigentliche Außenanlage, deren Badebecken so seltener mit Kot verschmutzt wird.

Umgang. Meist unkompliziert, Tapire werden oft sehr zahm. Die Tiere lieben es, am Hals, Rücken und Bauch gekrault zu werden, was man so viel wie möglich tun sollte, um guten Kontakt mit ihnen zu haben. Sogar Weibchen mit neugeborenen Jungen sind dem Pfleger gegenüber meist freundlich, dennoch bei Routinearbeiten den Tieren dann größere Aufmerksamkeit widmen. Vereinzelt greifen zahme Tiere in den ersten Tagen nach der Geburt Pfleger an und attackieren Besucher am Gitter, so dass letztere zeitweilig fern gehalten werden müssen. Besonders weibliche Schabrackentapire sind nach dem Wurf unberechenbar. Männchen aller Arten meist auch umgänglich und friedlich, doch manchmal angriffslustig (besonders Schabrackentapire). Außerdem können beide Geschlechter ohne erkennbare Ursache toben und um sich beißen. Manche Einzeltiere sind auf Dauer sehr aggressiv, dann Stallung nicht betreten. Drohende Tiere legen die Ohren an und fletschen die Zähne, unfreundliche Bergtapire stoßen bei Annäherung einen schnarchenden Warnlaut aus. Transport in einfachen Holzkisten mit Schiebern an den Stirnseiten mitunter problematisch. Nicht selten wird dabei die beträchtliche Körperkraft der Tiere unterschätzt und nicht berücksichtigt, dass Tapire sich mitunter in der Kiste setzen und durch Überschlagen in Rückenlage kommen können. Geeignet sind deshalb Kisten, in denen sich Tapire drehen können und die im Deckenbereich gepolstert sind. Tapire freilaufend auf Tiertransporten zu verschicken ist möglich.

Fütterung. Als Grundfutter sollten gutes Wiesenheu und weiches Luzerneheu ad libitum zur Verfügung stehen. Tapirpellets mit einem hohen Faser- und geringen Eisengehalt (Tapire neigen zu Hämosiderose) sollten ebenfalls mit 1,5–2 kg pro Tag und Tier gefüttert werden. So oft wie möglich, am besten täglich, belaubte Äste und Zweige. Wurzel- und Blattgemüse ergänzen die tägliche Futterration. Nach vorsichtiger Umstellung kann im Sommer Luzerne oder anderes Grünfutter gegeben werden. Auf Obst sollte verzichtet oder höchstens zur Medikamentengabe verwendet werden. Kochsalz in Form von Salzlecksteinen anbieten, nicht direkt beifüttern. Gelegentlich wurde Fisch angeboten und auch gefressen. Nach der Verabreichung von zu grob zerkleinertem und ungeeignetem Futter vereinzelt Enddarmvorfälle. Deswegen auch kein hartstängeliges Luzerneheu oder derbes Stroh verfüttern oder als Lager anbieten. Hartstängeliges Raufutter und Quetschhaferspelzen können feine Verletzungen in der Maulhöhle hervorrufen und so das Entstehen von Strahlenpilzerkrankungen begünstigen. Des ungeachtet fraßen in Magdeburg Flachlandtapire im Freigehege wachsende Disteln, ohne dass es zu Maulhöhlenverletzungen kam.

Tab. 27.2 Milchzusammensetzung bei Tapiren

Art	Trockensubstanz (%)	Fett (%)	Eiweiß (%)	Kohlenhydrate (%)	Asche (%)	Proben (Anzahl)
Flachlandtapir	15,29	4,09 (1,20[1])	4,73 (12,75)	5,54 (1,40[2])	0,81 (0,81)	6 (1)
Baird-Tapir	13,30	1,90	4,60	5,30	0,70	4

Angaben in Klammern: Werte für Kolostrum
[1] Ungewöhnlich niedrig
[2] Sehr niedrig, siehe auch Werte vom 1. und 2. Lebenstag der Tabelle 27.3

Vergesellschaftung. Bei entsprechender Flächengröße und Gehegegestaltung Gemeinschaftshaltung möglich. Flachlandtapire z.B. mit Capybaras, Großen Maras, Großen Ameisenbären, Mazamas, Vikugnas, Guanakos, Südpudus, Nandus, verschiedenen Wasser- und Watvögeln und großen Schildkröten, Mittelamerikanische Tapire mit Kleinen Maras und Südpudus (Zoo Wuppertal), Schabrackentapire z.B. mit Sumatra-Orang-Utans (Zoo Dortmund), Schopfmakaken, Gibbons, Languren, wie Brillenlanguren (Zoo Adelaide), Kurzkrallenottern, Kranichen, verschiedenen Wasser- und Watvögeln.

Fortpflanzung und Zucht. Keine feste Brunstzeit. Würfe ganzjährig möglich. Brunstintervalle meist um 30 Tage, manchmal länger. Bei säugenden Weibchen 1. Brunst 2½–5 Monate nach vorangegangener Geburt, doch wurden weibliche Flachlandtapire auch bereits zwischen dem 1. und 22. Tag nach der Geburt erneut mit Erfolg gedeckt (Beobachtungen an 8 Tieren). Wenn während dieses frühen Post-partum-Östrus keine Befruchtung erfolgt, ergeben sich in der Regel Partusintervalle von etwa 1¼–1½ Jahren. Brunstdauer 2–3, gelegentlich bis 5 Tage. Brunstzeichen das auch für Pferde typische „Blitzen“, d.h. die etwas geschwollenen, äußeren Schamlippen zucken auseinander und zeigen ihre himbeerfarben glänzenden, inneren Schleimhäute. Weibchen harnen oft, Männchen verspritzen Urin häufiger als zu anderen Zeiten. Beide lassen öfter ihren schrillen Pfiff oder den zirpenden Kontaktlaut hören und treiben den Partner (beim Schabrackentapir verfolgt anfangs das Weibchen sogar das Männchen). Beim Paarungsvorspiel stehen beide Tiere antiparallel Seite an Seite, den Kopf am Körperende des Partners, und schieben einander im Kreis herum, wobei sie sich gegenseitig in die Hinterbeine zu schnappen versuchen. Penis des Männchens auffällig lang, vor der Spitze lappenförmig verbreitert. Paarungen oft in kurzen Abständen. Tragzeit bei allen 4 Arten etwa 390–420, beim Flachlandtapir 371–420, beim Schabrackentapir 390–403, beim Bergtapir um 393 Tage. Männchen vor der Geburt vom Weibchen trennen. In Einzelfällen verhielten sich Männchen gegenüber Jungtieren friedlich, doch nicht selten griffen sie Neugeborene an und bissen auf sie ein. Aber auch friedliche Vatertiere werden, besonders im Stall wegen der relativen räumlichen Enge, für die Jungtiere spätestens mit Beginn der neuen Brunst des Muttertieres gefährlich. Trächtigkeit äußerlich kaum bemerkbar, Ausfall der Brunst, später langsames Anschwellen des zweizitzigen Euters. Milch schießt oft erst 1–2 Tage vor der Geburt ein, vorher schlaffe Striche stehen prall vom Euter ab, Scheide schwillt an. Der Abgang eines daumenstarken Schleimpfropfens kündigt die bevorstehende Geburt an, die stehend in Hockstellung erfolgt. Dauer der Austreibungsphase etwa 3–6 Minuten. Neugeborene seh- und lauftüchtig. Geburtsgewicht: Schabrackentapir 6,4–10,2 kg, im Durchschnitt 8,5 kg, Flachlandtapir 4,1–7,4 kg, im Durchschnitt 5,6 kg (hohe Mortalität bei Neugeborenen mit einem Gewicht von weniger als 7 kg), Bergtapir 4 bzw. 5,4 kg (2 Junge im Zoo Los Angeles), Baird-Tapir um 8,5 kg (11 Junge im Zoo San Diego zwischen 7–10 kg). 1 Junges, das in der Regel nach 10 Minuten steht und nach 20 Minuten zu laufen beginnt. Zwillinge selten. Nachgeburt geht nach 45–90 Minuten ab, wird vom Weibchen teils an-, teils völlig aufgefressen. 1. Saug-

Tab. 27.3 Veränderung der Milchzusammensetzung beim Flachlandtapir in den ersten 4 Lebenswochen[1]

Lebenstag	Trockensubstanz (%)	Fett[2] (%)	Eiweiß[3] (%)	Kohlenhydrate[4] (%)	Proben (Anzahl)
1.+2.	22,00	5,37	11,96	3,79	4
3.–7.	15,44	3,26	6,05	4,71	9
8.–14.	17,05	5,49	5,60	5,44	14
15.–21.	17,21	6,32	4,94	5,54	13
22.–28.	16,15	5,25	4,73	5,52	12

[1]Bisher unveröffentlichte eigene Untersuchungsergebnisse (Puschmann) aus dem Zoo Magdeburg
Erwähnenswerte Abweichungen von Einzelproben:
[2]Nicht nur in den ersten Tagen, sondern während des gesamten Untersuchungszeitraums täglich wechselnd erhebliche Schwankungen von 2,0–3,9 % (Minimum) bis 9,9–16,6 % (Maximum). Rechnerische Durchschnittswerte dagegen im gesamten Zeitraum fast konstant
[3]Im Kolostrum maximal 13,7 %, bis 10. Laktationstag auf 6,2 % abgesunken, ab 15. Laktationstag zwischen 4,3 % und 5,4 % pendelnd
[4]Im Kolostrum minimal 3,31 %, bereits am 6. Laktationstag auf 5,5 % angestiegen, bleibt in der Folgezeit in dieser Höhe ziemlich konstant

akt 1–3½ Stunden nach der Geburt. Infantizid beim Flachlandtapir durch Muttertiere kommt äußerst selten vor.

Die Mutter legt sich dazu auf die Seite und hebt oberes Hinterbein an. Unerfahrene Erstgebärende bleiben anfangs noch stehen, wenn Neugeborenes saugen will. Saugdauer im Liegen bis 15 Minuten. Junge Tapire sind in den ersten 7–10 Tagen Ablieger, folgen erst nach dieser Zeit der Mutter. Erste feste Kost in Form weicher Nahrung (Banane, Blattgemüse) wird schon nach wenigen Tagen probiert, im Alter von 2–3 Wochen regelmäßig aufgenommen. Prämolaren und Schneidezähne brechen bei Flachlandtapiren innerhalb der ersten 14 Tage durch, Molaren etwa zwischen 8. und 9. Woche. Schabrackentapire besitzen bei der Geburt bereits erste Milchzähne. Fell der Neugeborenen dicht, wollig, braun bis schwarzbraun mit gelblichen, frischlingsartig in Längsrichtung verlaufenden Streifen und Punktreihen. Fell junger Schabrackentapire nicht selten über der Kruppe leicht aufgehellt als erstes Anzeichen der späteren Schabracke. Beginn der Umfärbung individuell verschieden zwischen 10. Lebenstag und 8.–9. Lebenswoche. Abschluss der Umfärbung ebenfalls uneinheitlich, in Dresden mit reichlich 3, in San Diego nach dem 6. Monat. Umfärbung des Flachlandtapirs beginnt mit 1–2 Monaten und ist bis auf unbedeutende Fleckenreste mit 6 Monaten abgeschlossen. Jungtiere schlafen anfangs viel, sind später sehr spielfreudig. Junge wachsen schnell, Verzehnfachung des Geburtsgewichts nach 4–4½ Monaten. Säugezeit etwa 10 Monate, doch können Jungtiere unbeschadet mit 5–6 Monaten abgesetzt werden. Verbleiben sie länger bei der Mutter, beginnen sie mit 8 Monaten selbständiger zu werden. Mutter-Kind-Bindung erlischt mit 10–11 Monaten. Geschlechtsreife mit 3, bei Schabrackentapiren auch mit 4 Jahren, in Einzelfällen erheblich früher, beim Flachlandtapir in Magdeburg ein Männchen mit 16¼ Monaten, in Leipzig ein Männchen mit 17½ Monaten, in Dresden ein Weibchen mit 2¼ Jahren, beim Schabrackentapir in Berlin ein Paar mit 2 Jahren, in Dortmund ein Weibchen mit 15 Monaten. Fortpflanzungsfähigkeit bleibt bis in hohes Alter erhalten. Ein weiblicher Flachlandtapir, der seit seinem 7. Lebensjahr in Dresden regelmäßig züchtete, warf mit 28 Jahren sein 14. Jungtier, ein anderes Weibchen in Magdeburg 14 Jungtiere in 17 Jahren. In Frankfurt brachte ein Flachlandtapir in 14 Jahren 10 Junge.

Künstliche Aufzucht in Tiergärten selten, von südamerikanischen Indianern nach Abschuss eines Muttertieres häufig praktiziert. Nach bisherigen Erkenntnissen unkompliziert. Wenn das Weibchen zahm und friedlich ist, kann man versuchen, es zu melken. Alle Tiere lassen sich gern an Kehle und Bauch streicheln oder bürsten, legen sich dann auf die Seite, heben auch das obere Hinterbein an. Während ein Tierpfleger das Muttertier durch Bürsten ablenkt, kann der andere versuchen, es zu melken. Milchzusammensetzung in Tabelle 27.2. Publizierte Einzelbefunde von Milchanalysen, besonders der Fettwerte, sehr uneinheitlich, oft in Abhängigkeit vom Laktationsalter, aber nach bisher unveröffentlichten Untersuchungsergebnissen aus dem Zoo Magdeburg extreme Schwankungen der Fettwerte nicht nur in den ersten Laktationstagen, sondern auch lange danach und oft auch an ein und demselben Tag. Veränderungen der Milchzusammensetzung in den ersten Laktationswochen (siehe Tabelle 27.3), nach 1–2 Tagen langsam auf normale Kuhmilch umstellen, die etwas mit Eiweiß und Milchzucker angereichert ist. Möglicherweise ist auch normale Kuhmilch geeignet. Ein junger Flachlandtapir (Geburtsgewicht reichlich 4 kg), der nicht selbst saugte, sonst aber nicht von der Mutter verstoßen wurde, erhielt 14 Tage lang sechsmal täglich im Abstand von 4 Stunden 120 g einer Mischung von 1 Teil Kondensmilch und 1 Teil Wasser. Danach lernte er selbst bei der Mutter zu saugen. Flaschenaufzucht möglich, doch lassen sich Jungtiere bald an das Trinken aus einer Futterschale umstellen. Später Brei, mit 10 Tagen gekochtes Gemüse zusetzen und ab 3.–4. Woche zartes, rohes Gemüse anbieten. Bei Normalentwicklung wöchentliche Zunahme etwa 3 kg.

Zucht von Flachlandtapiren häufig, von Schabrackentapiren seltener, von Mittelamerikanischen Tapiren sehr selten (Erstzucht 1960 im Zoo Tuxtla, europäische Erstzucht 1998 in Wuppertal), von Bergtapiren äußerst selten gelungen (Erstzucht 1970 in Los Angeles, in den folgenden 15 Jahren nur dort 6 weitere Würfe). Einzige bekannte Tapir-Hybriden züchtete der San Francisco Zoo aus einem weiblichen Mittelamerikanischen und einem männlichen Flachlandtapir. 1 der 4 Jungtiere zeugte Nachkommen.

Höchstalter in Menschenobhut. Flachlandtapir etwa 37½, Bergtapir fast 27¾, Mittelamerikanischer Tapir 31¼ und Schabrackentapir 36½ Jahre.

Familie Nashörner (Rhinocerotidae)

Heute lebende Nashornarten sind die spärlichen Nachfahren einer im Neogen weit verbreiteten, artenreichen Tiergruppe. Erste echte Nashörner bereits zu Beginn des Paläogens. Nur tapirgroße Verwandte des Sumatranashorns (Gattung *Dicerorhinus*) existierten bereits vor 25 Millionen Jahren. Vorfahren der ebenfalls südasiatischen Panzernashörner (*Rhinoceros*) waren im Neogen weit verbreitet. Obwohl sie von gemeinsamen Ahnen abstammen, gehören die beiden rezenten Arten der afrikanischen Nashörner 2 verschiedenen Gattungen an und sind nur entfernt miteinander verwandt.

Gestalt gedrungen, Schulterhöhe 1–2 m, Kopf groß, schwer, mit 1 oder 2, nicht mit dem Knochen verwachsenen Hörnern über dem Nasenbein, Hornsubstanz besteht aus feinen, miteinander verwachsenen, vom Grund bis zur Spitze durchgehenden Hornbälkchen, die nicht, wie man bisher annahm, aus Haaren hervorgegangen sind, sondern strukturbestimmend auch für den Feinbau des Pferdehufs und des Klauenhorns der Paarhufer charakteristisch sind. Gleiche Feinstrukturen weisen bei Spitzmaul- und Panzernashorn gelegentlich auftretende kleine, stirnständige Zusatzhörnchen auf, die leicht abbrechen, aber wieder nachwachsen. Hornförmige Hautauswüchse auch an anderen Körperstellen, so z. B. beim Breitmaulnashorn an der Schulter oder bei Panzernashörnern an Hautfalten oder noppenartigen Hautbuckeln. Gebiss uneinheitlich, Zahnformel: 0–2/0–1 0/0–1 3–4/3–4 3/3. Geruchssinn ausgezeichnet, dient der Ortsorientierung, Feinderkennung und Kontakterhaltung zu Artgenossen, gutes Hörvermögen. Ohren groß, beweglich, Augen klein, kurzsichtig, Oberlippe (außer beim Breitmaulnashorn) lang und spitz. Hals kurz, Rumpf massig, Gliedmaßen kurz, stämmig, dreizehig mit breiten Nägeln. 1. und 5. Zehe fehlen. Spitzengänger, Fußballen ähnlich abgefedert wie bei Elefanten, aber Hauptlast ruht auf großer Mittelzehe, Sohle elastisch, Zehenballen verwachsen, von harter Hornschicht bedeckt, Schwanz fast fersenlang.

Abb.27.9 Das Panzernashorn (*Rhinoceros unicornis*) ist das größte der asiatischen Nashörner und in seinem Bestand gefährdet.

Haut derb, glatt, faltig oder mit nietenartigen Hornbuckeln überzogen, meist spärlich borstig oder unbehaart. Nashornbullen ohne Scrotum, Hoden in Leibeshöhle.

Gefährdungsstatus. Bestand in der Wildnis bei allen Arten bedroht, in weiten Teilen des Verbreitungsgebietes ausgerottet. Hauptursache ist der weit verbreitete Aberglaube, dass die Hornsubstanz Stoffe enthalte, die gegen Krankheiten, Kater, Feinde und bösen Zauber schütze. Daneben gilt es als Statussymbol. Insbesondere im Jemen werden aus Nashornhörnern teuer bezahlte Dolchgriffe geschnitzt.

Verbreitung. Afrika, Süd- und Südostasien. 4 Gattungen, 5 Arten.

Panzernashörner (*Rhinoceros*)

2 Arten. Nur 1 Horn (Nasalhorn), untere Schneidezähne vorhanden, Haut nackt, nur Ohr- und Schwanzspitze behaart. Haut vor (Schulterfalte) und hinter der Schulter (Brustfalte), am Hinterbauch (Bauchfalte) und längs von der Schwanzwurzel bis zur Keulenaußenseite (Schwanzfalte) gefaltet, mit nietenartigen Hornbuckeln, die eine Panzerung vortäuschen. Einst ganz Nordindien südlich des Himalaja, Hinterindien, Sumatra, Java. **Panzernashorn** (*R. unicornis*): Schulterhöhe bis 2 m, Weibchen etwas kleiner, Schulterfalte im Nacken nicht durchgehend. Einst Nordindien von Kaschmir bis Assam, heute in Schutzgebieten von Assam (Kaziranga), West-Bengalen (Jaldapara) und Nepal. – **Javanashorn** (*R. sondaicus*): früher auch Schuppennashorn, da die Oberhaut schuppenähnlich in kleinen Strukturen mosaikartig gefeldert, Schulterfalte im Nacken durchgehend, Weibchen hornlos, Männchen nur mit kleinem Horn. 3 Unterarten. Einst von Ostbengalen (jetzt Bangladesch) über ganz Hinterindien, Sumatra und Java.

Gefährdungsstatus. Bestand 2000–4000 adulte Tiere, im Verbreitungsgebiet durch ungesetzliche Bejagung äußerst gefährdet, Panzernashörner auch in manchen Schutzgebieten. Indonesisches Javanashorn derzeit nachweislich nur noch etwa 68 Tiere im Ujong-Kulon-Reservat auf Westjava, Indisches Javanashorn in den ers-

Abb. 27.10 Das Sumatranashorn (*Dicerorhinus sumatrensis*) ist das kleinste lebende Nashorn. Auffällig ist seine Körperbehaarung.

ten Jahrzehnten des 20. Jahrhunderts ausgerottet, Vietnamesisches Nashorn einst in Vietnam, Kambodscha, Laos und Westthailand verbreitet, schien während des Vietnamkrieges ausgestorben zu sein, doch 1988 Wiederentdeckung aufgrund eines gewilderten Weibchens, 1989 durch nachgewiesene Fußspuren und in den folgenden Jahren durch Lebendbeobachtungen. Gesamtbestand wird derzeit auf 60–65 Tiere geschätzt. Internationales Zuchtbuch und EEP für das Panzernashorn im Zoo Basel.

Lebensweise. Panzernashörner sind Tag- und Dämmerungstiere, ruhen in der heißen Mittagszeit. Lebensraum Buschwälder, Bambus- oder Elefantengrasdschungel des Flach- und Hügellandes, stets in der Nähe von Sumpfgebieten, Seen. Gesellig in großen Gruppenterritorien mit tunnelartigen Gemeinschaftswechseln zu Treffplätzen an Suhlen und Badestellen. Weide- und Schlafplätze sowie dorthin führende Wechsel werden als Individualterritorien verteidigt. Gemeinsame Dungplätze an Suhlen, Badestellen und Gemeinschaftswechseln, individuelle Dungmarken, z.B. an Weideplätzen oder Wechseln in Individualterritorien. Wechsel werden auch auf der Flucht (z.B. vor Elefanten) benutzt, Elefanten jedoch in manchen Fällen auch angegriffen. Angriff gegen artfremde oder arteigene Gegner in rasendem Galopp (35–40 km/h) mit gesenktem Kopf, reißen diesen erst im letzten Augenblick hoch und schlagen mit den kräftigen Schneidezähnen des Unterkiefers zu. Fortbewegung in gemächlichem Schritt oder federndem Trab, schwimmen und tauchen gut, suhlen gern und viel.

Javanashorn wenig erforscht. Lebensraum sind Wald- und Buschwalddschungel, tropische Bergwälder, Randgebiete von Seen und Sumpfgebieten, auch an fließenden Gewässern und in Küstennähe. Einzelgänger, Männchen vagabundieren, Weibchen mit Jungen meist in festem Wohngebiet, wandern täglich oft weit auf ausgetretenen Wechseln zu Futterplätzen an Waldrändern, Lichtungen, im Küstendschungel oder Bergwald. Keine Territorialmarkierung. Männchen setzen orange- bis braunrote Harnmarken an Büschen und Bäumen als Anwesenheits- und Abschreckungsmarkierung gegen andere Männchen. Kotabsatz ins Wasser oder auf großen Kotplätzen. Suhl- und Badestellen örtlich jahreszeitlich verschieden, baden auch in Bächen, Flussmündungen, Meeresbuchten.

Nahrung. Panzernashorn Gräser (vor allem Süßgräser), Sumpfkräuter, Wasserhyazinthen,

Zweige, auch Wildfrüchte. Javanashorn vor allem Laub, daneben Triebe, Gräser, Wildfrüchte und krautige Pflanzen.

Sumatranashörner (*Dicerorhinus*)

1 Art. 2 Hörner (Nasal- und Frontalhorn), hinteres manchmal nur als schwacher Buckel, beim Weibchen beide mitunter nur angedeutet, Haut weniger gefaltet, Schwanzfalte fehlt, Schulterfalte nur an der unteren Kehle und den Halsseiten vorhanden. Jüngere Tiere dicht, ältere spärlich behaart, langhaarige Ohrbüschel. **Sumatranashorn** (*D. sumatrensis*): kleinste Art, Schulterhöhe nur 1–1,5 m, 3 Unterarten. Einst über weite Teile Bangladeschs, Hinterindiens, die Malaiische Halbinsel, Sumatra und Borneo verbreitet, heute nur noch vereinzelte Vorkommen auf Südsumatra, Nordborneo und der Malaiischen Halbinsel.

Gefährdungsstatus. Bestand in der Wildnis vom Aussterben bedroht. Nur noch weniger als 50 Sumatranashörner, die sich auf zahlreiche Subpopulationen verteilen. Eigentliche Sumatranashörner (*D. s. sumatrensis*) auf Sumatra stark fragmentiert. Dazu eine sehr kleine Population der Borneo-Sumatranashörner (*D. s. harrissoni*) im malaysischen Sabah im Norden der Insel. Hinterindisches Sumatranashorn (*D. s. lasiotis*) gilt als ausgestorben, wenngleich geringfügige Reste in unzugänglichen Gebieten Hinterindiens (besonders genannt Myanmar) überlebt haben könnten. Auch Zuchtprogramme sollten das Überleben dieser Art sichern helfen. Nach 2001 wurden im Zoo Cincinnati 3 Kälber geboren, zu 2 weiteren Geburten kam es 2012 (aus einer Verpaarung mit einem Nachzuchttier aus Cincinnati) und 2016 im Sumatran Rhino Sanctuary in der Zuchtstation Way Kambas. Haltung und Zucht in zoologischen Gärten wurden gänzlich aufgegeben und alle Konzentration liegt nun auf der Zucht mit den 10 Tieren in der Zuchtstation auf Sumatra. Internationales Zuchtbuch in Waynesboro.

Lebensweise. Vornehmlich nachts aktiv, was aber an der Wilderei liegen kann. Lebensraum

Abb. 27.11 Bei Spitzmaulnashörnern, wie hier beim Ostafrikanischen Spitzmaulnashorn (*Diceros bicornis michaeli*), ist die Oberlippe spitz mit fingerartigem Greiffortsatz ausgebildet.

dichte, feuchtwarme Gebirgswälder und hügelige oder ebene Dschungellandschaft in Wassernähe. Verbringen mehrere Stunden täglich in Suhlen. Territoriale Einzelgänger, die nur während der Brunst des Weibchens den Partner in den Randgebieten ihrer mit Harn und Kot markierten Reviere dulden.

Nahrung. Frisst vornehmlich Laub und junge Triebe von Bäumen und Sträuchern.

Spitzmaulnashörner (*Diceros*)

1 Art. Schulterhöhe 1,50–1,60 m, Kopf wird leicht angehoben, oft fast waagerecht getragen, 2 Hörner, hinteres kürzer als vorderes, vereinzelt auch kleines 3. Horn vorhanden, Zahnformel: 0/0 0/0 4/4 3/3, Oberlippe spitz mit fingerartigem Greiffortsatz, Ohrränder und Schwanzspitze behaart, Haut sonst nackt, glatt, lediglich an

Abb. 27.12 Das Südliche Breitmaulnashorn (*Ceratotherium simum simum*) ist nach den Elefanten das größte Landsäugetier. Von den Nashörnern ist es in Tiergärten am häufigsten anzutreffen.

den Körperseiten rippenähnliche Hautfalten, die sich aber nicht mit den darunter liegenden Brustkorbknochen decken. **Spitzmaulnashorn** (*D. bicornis*): 4 Unterarten. Einst Afrika südlich der Sahara, außer dem zentralafrikanischen Urwald von der Republik Niger über den Tschad bis Südsudan, Südostäthiopien, Somalia, im Süden bis zum nordöstlichen Südafrika sowie Südangola und Namibia.

Gefährdungsstatus. Von den 4 Unterarten ist 1ausgestorben, die anderen Unterarten im einstigen Verbreitungsgebiet hochgradig dezimiert oder sehr gefährdet und nur noch punktuell sowie meist nur noch in Reservaten erhalten, doch auch in vielen Schutzgebieten durch rücksichtslose Wilderei nicht mehr gesichert. Von den wohl letzten Spitzmaulnashörnern in ungeschützter Natur lebt eine kleine Population sog. „Wüstennashörner" im nördlichen Damaraland von Namibia im Gebiet von Palmwag. Diese Tiere gehören zur Unterart Südwestafrikanisches Spitzmaulnashorn (*D. b. bicornis*). Laut Schätzung beläuft sich der Gesamtbestand im Verbreitungsgebiet derzeit auf 5000–5500 Individuen. Internationales Zuchtbuch im Zoo Berlin, EEP in Chester.

Lebensweise. Tagtiere, vereinzelt auch nachts aktiv. Lebensraum trockene Steppe, auch dichter Busch oder Halbwüste, in 900–2700 m Höhe im Bergland . Meist in Wassernähe, jedoch nicht in feuchtwarmen Gebieten. Verhältnismäßig ortstreu, teilweise aber auch vagabundierende Einzelgänger. Große Gemeinschaftsterritorien ohne Eigenbezirke mit Wechseln zu Weide-, Bade- und Suhlplätzen, die häufig nachmittags, abends oder nachts aufgesucht werden. Gute Läufer, die in gemächlichem Gang (z.B. täglich bis zu 10 km zur Tränke), schlenderndem Trab oder schnellem Galopp laufen. Suhlen und baden gern. Schwimmen sehr schlecht. Feste Kotplätze. Das Markieren von Wechseln (Weibchen) oder an Büschen (Männchen) dient der individuellen Kontakterhaltung. Vereinzelt kleine Gruppen, Paare (können bis 4 Monate nach der Paarung zusammenbleiben, gehen aber meist kurz nach der Brunst auseinander) oder Weibchen mit Jungen (Kälber bleiben bis zum 3. Lebensjahr bei der Mutter). Während der Brunst zwischen den Männchen keine Kämpfe. Hornkämpfe nicht selten zwischen Paaren oder Weibchen. Kurzsichtig, Gehör sehr gut, Geruchssinn ausgezeichnet. Wenn ein Gegenstand ihre Aufmerksamkeit erregt, laufen sie auf diesen zu, stoppen erst kurz davor (Verhalten wurde oft als Angriff missverstanden), um zu wittern oder Einzelheiten sehen zu können. Daneben auch Scheinangriffe, selten echte Angriffe (auf Menschen oder Autos, meist verletzte Tiere). Anderen Tieren gegenüber friedliche Duldung, weichen Elefanten aus. Wenig Feinde, vereinzelt Unfälle mit Löwen (Kälber), Flusspferden und Krokodilen (an Tränken).

Nahrung. Laub, Zweige, auch von dornigen Pflanzen, krautige Pflanzen, Wildfrüchte, Gras (nur bei Trockenheit).

Breitmaulnashörner (*Ceratotherium*)

1 Art. Kopf sehr schwer, tief angesetzt und meist gesenkt getragen, quaderförmig, breite Lippen ohne Greiffortsatz, Unterlippe mit verhornter Schneidekante, Zahnformel: 0/0 0/0 3/3 3/3, Feten mit Schneidezahnanlagen, 2 Hörner, hinteres kleiner als vorderes, Gestalt sehr massig, besonders durch bindegewebig-muskulösen Nackenkamm, deutliche waagrechte Hautfalte am Ansatz der Vorderbeine, Ohren und Schwanzspitze kurzborstig behaart. **Breitmaulnashorn** (*C. simum*): größte Art, nach Elefanten größter Landsäuger, Schulterhöhe 1,6–2 m. 2 Unterarten. Einst nördliches Zentralafrika von Nordosten Nigerias und Tschad bis zur nördlichen Demokratischen Republik Kongo und Uganda, östliches und zentrales Südafrika.

Gefährdungsstatus. Bestand des Südlichen Breitmaulnashorns (*C. s. simum*) in Reservaten gesichert. Bereits 1897 durch Schutzmaßnahmen im Umfolozi-Reservat (südöstliches Südafrika) vor der Ausrottung gerettet. Im Laufe der Jahre konnten von dort überzählige Tiere in andere Reservate Südafrikas und weitere afrikanische Staaten umgesiedelt werden. Derzeitiger Bestand unter 20000 Tiere, nachdem insbesondere während der COVID-19-Pandemie die Wilderei wieder stark zugenommen hatte. Reste des Nördlichen Breitmaulnashorns (*C. s. cottoni*) Ende des vorigen Jahrhunderts noch im Nordostkongo, der Zentralafrikanischen Republik, Südsudan und Uganda, seither ausgerottet oder extrem von der Ausrottung bedroht. Anfang 2018 noch 1,2 Tiere, von denen der 45-jährige Bulle „Sudan“ im März 2018 wegen gesundheitlicher Probleme eingeschläfert werden musste, sodass diese Unterart als funktional ausgestorben gilt. An der Zucht aus konservierten Spermien und Eizellen über den Weg des Embryonentransfers in Leihmütter (Südliches Breitmaulnashorn) wird gegenwärtig geforscht, dabei starke Unterstützung durch Zoos. Internationales Zuchtbuch in Flamingoland, EEP in Beekse Bergen.

Lebensweise. Tagtiere, während bestimmter Jahreszeiten oder witterungsbedingt auch Dämmerungs- oder Nachttiere (meiden brennend heiße Sonne im südlichen Sommer). Lebensraum Grassteppe mit eingestreuten Busch- und Walddickungen, Busch- und Baumsteppe des Flach- und Hügellandes in Gewässernähe. Suhlen gern, nehmen auch Sand- und Staubbäder. Wandernde Tiere laufen in federndem, ausdauerndem Trab mit Geschwindigkeiten von 15–29 km/h, galoppierende, flüchtende oder angreifende Tiere erreichen 40 km/h. Gesellig in großen Gemeinschaftsterritorien. Männchen markieren ihre Anwesenheit mit Harn, den sie auf Büsche und Gräser verspritzen. Durch Benutzung gemeinsamer Kotplätze geruchliche Kontakterhaltung zwischen Individuen und Gruppen. Weibchen meist in kleineren Mutterfamilientrupps (bis etwa 20 Tiere) mit verschieden alten Jungen, dulden gelegentlich Männchen, solange dieses keine Deckversuche macht. Aufdringliche Männchen werden von Weibchen verjagt (dabei Verletzungen und Todesfälle möglich). Mutterfamilientrupps gehen bei Gefahr in Igelstellung, nehmen die Jungen in die Mitte. Männchen Einzelgänger oder in kleinen Junggesellentrupps, sind Jungtieren gegenüber oft bösartig. Zur Brunstzeit (in Südafrika vorwiegend Juli bis September) sondern sich brünstige Weibchen ab. In dieser Zeit heftige, auch tödlich endende Kämpfe zwischen den Männchen. Sinnesleistungen und daraus resultierendes Erkundungs- und Angriffsverhalten wie Spitzmaulnashörner, doch friedlicher, weniger reizbar und angriffslustig.

Nahrung. Gräser.

Haltung von Nashörnern

In Tiergärten Breitmaulnashorn am häufigsten gehalten, Spitzmaulnashorn und Panzernashorn weniger häufig, Sumatranashorn in Tiergärten extrem selten, z.B. ausnahmsweise in Südostasien in einzelnen Zuchtstationen Malaysias. Die letzten Tiere aus den Zoos Cincinnati und Los Angeles wurden ins Sumatran Rhino Sanctuary Way Kambas, Indonesien gegeben. Das letzte Tier im Port Lympne Zoo verstarb 2011. 2007 wurde ein damals 5-jähriges Nachwuchsmännchen vom Zoo Cincinatti in die Schutzstation Way Kambas auf Sumatra verbracht, um mit 3 dort lebenden Weibchen verpaart zu werden. Javanashorn in Tiergärten nicht vertreten.

Eingewöhnung. Neuankömmlinge zunächst in Einzelboxen eines Warmhauses aufstallen. Eventuell vorhandene Trockengrabenabsperrung mit Holzbohlen oder Stahlträgern sichern, um Absturz zu vermeiden. Zur Eingewöhnung füttern nach dem Futterplan der vorherigen Institution, sonst erste Tage nur Heu, für Breitmaulnashörner weiches, gutes Wiesenheu, übrige Arten Luzerneheu. Normaler Kot ähnlich wie der von Elefanten, fest, trocken. Geformter Kot, aus dem bräunliche, säuerlich riechende Flüssigkeit läuft, oft erstes Anzeichen beginnenden Durchfalls. Wildfänge häufig von zahlreichen Magen-Darm-Parasiten befallen, Kotuntersuchung sofort nach der Ankunft. Ställe auch menschenvertraut scheinender Tiere nicht betreten. Tiere zu Reinigungs- und Fütterungszwecken umsperren. Nashörner, die am Herkunftsort zusammengelebt haben, sich kennen, nicht sofort nach der Ankunft wieder zusammenlassen, weil sie aufgrund der neuen Umgebung nervös sind und deshalb Kämpfe zu erwarten sind. Tiere müssen sich erst einleben, danach vergesellschaften. Alle Arten nicht sind winterhart, empfindlich gegen Nasskälte und Zugluft.

Unterkunft. Im Warmhaus bei Temperaturen für Breitmaulnashorn von mindestens 14 °C, wenn ein wärmerer Platz mit 20 °C vorhanden ist, für Spitmaulnashorn 18–20 °C, für Panzernashorn über 18 °C. Junge Importtiere eventuell wärmer halten. Asiatische Arten sind empfindlicher als afrikanische, in deren Herkunftsgebieten oft große jahreszyklische oder Tag-Nacht-Temperaturschwankungen auftreten und die auch Raumtemperaturen von 12–15 °C tolerieren. Bei Breitmaulnashörnern sollen sogar höhere Raumtemperaturen zusammen mit hoher relativer Luftfeuchtigkeit zu Problemen des Atmungsapparates führen. Alle bedingt akklimatisationsfähig, d.h., gesunde Tiere können ab Spätfrühling an unser Klima gewöhnt und tagsüber auf der Außenanlage wie Elefanten gehalten werden. Akklimatisierten Breitmaulnashörnern und Spitzmaulnashörnern sollten ab 10 °C (wenn trocken, ab 5 °C) Außentemperatur permanent Zugang zur warmen Innenanlage angeboten werden. Breitmaulnashörner können im Winter bei Minusgraden raus, wenn sie jederzeit Zugang zum Stall haben. Bei Kälbern ist besonere Vorsicht geboten. Ansonsten nur bei mäßigem Frost und außerdem nur kurzzeitig, z.B. zwecks Stallreinigung, in gut abgestumpfte Anlagen ins Freie lassen. Ein Aufenthalt im Schnee ist durchaus möglich und wird auch gern angenommen, dann aber die Aufenthaltsdauer kontrollieren. Spitzmaulnashörner ab –5 °C nicht mehr auf die Außenanlage lassen (Ohren können Erfrierungen erleiden). Panzernashörner im Winter ab 0 °C nicht länger als 30 Minuten am Stück ins Freie lassen, dafür mehrfach oder Zugang zur Innenanlage bieten. Kälber streng beobachten und gegebenenfalls mit der Mutter reinnehmen. Einige Halter empfehlen UV-Bestrahlungen (täglich 20–60 Minuten) im Winterhalbjahr. An heißen Sommertagen Schatten für afrikanische Nashörner wünschenswert, für asiatische Nashörner lebenswichtig, da Dauerbesonnung schädlich ist.

Beim Sumatranashorn konnte Brüchigwerden des Fells infolge zu geringer relativer Luftfeuchtigkeit durch eine Schlammsuhle und Rasensprenger im Gehege verhindert werden. Nacht-, Schlechtwetter- und Winterquartier teils getrennt, teils gemeinsam mit anderen Großsäugern (Elefanten, Flusspferde, Tapire) im Warmhaus mit Boxen für die Einzelhaltung, die zum Besucher heute meist durch Trockengraben getrennt sind. Für Panzernashörner wird im Haus ein Badebecken benötigt. Panzer- und Breitmaulnashörner können auch in großen Gemeinschaftsställen gehalten werden, wobei die Möglichkeit der Einzelaufstallung gegeben sein muss.

Außenanlagen an den Schauseiten ebenfalls meist mit Trocken-, seltener mit Wassergraben. Seitliche und rückwärtige Umfriedung auch aus massiven Mauern, Felsbarrieren, stabilen Holzpalisaden oder aus 1,20–1,80 m (Spitzmaul- und Breitmaulnashorn) bis 1,80 m (Panzernashorn) hohem, starkwandigem, senkrechtem Stahlrohrgitter (Rohrdurchmesser 6–10 cm, lichter Abstand 30–35 cm). Lichte Weite garantiert Fluchtweg für Tierpfleger. Als Gehegebegrenzung nicht eingesetzt werden sollten Stahlseile oder bodenferne Elektroschienen, die entweder bezüglich Hornabriebs oder hinsichtlich der Kurzsichtigkeit der Nashörner als problembehaftet gelten. Als Bodenbelag Hartplatzbelag, gewachsener Boden, in sehr großen Ausläufen auch Naturrasen, feiner, weicher, kieselfreier Sand. Sohlenhorn der asiatischen Arten (besonders Sumatranashorn) weicher als bei afrikanischen Arten, nutzt sich auf sehr harten Böden zu stark ab. Höhenunterschiede innerhalb des Bodenbelags möglichst durch Gefälle ausgleichen. Stufen nur dort, wo unumgänglich, aber dann flach und mindestens so breit, dass beim Betreten die ganze Sohle aufliegt. Bei zu starker Sohlenabnutzung und ungünstiger Belastung einzelner Fußsohlenpartien auf Stufen nicht selten entzündliche Risse im Übergang zwischen Sohlenhorn und Nägeln (Pododermatitis purulenta), besonders häufig hinter dem medialen Nagel, der möglichst kurz gehalten werden muss. Außengehege sollten langgestreckte Laufflächen bieten und mit Hindernissen gestaltet sein, welche die Tiere auf der Flucht oder bei Verfolgung umlaufen müssen, hinter denen sie sich auch aus dem Weg gehen können. Die Anlagen sollten außerdem leicht unterteilbar sein. Badebecken für suhl- und badefreudige asiatische Arten erforderlich, für Spitz- und Breitmaulnashörner zumindest Suhlen wünschenswert. Wenn nicht vorhanden, an heißen Tagen Rasensprenger einsetzen, Tiere mehrmals mit dem Schlauch duschen (Wasserstrahl nicht direkt auf das Tier richten, sondern von oben beregnen lassen). Kein gemauerter, kantiger Juckpfeiler, sondern Findlinge unterschiedlicher Form und Größe, starker runder Scheuerpfahl aus Weichholz oder starkes Stammstück, mit dem die Tiere auch spielen. Als Bodengrund in Innenanlagen möglichst harte (z.B. Beton) und weiche Bereiche (z.B Gummibeläge, Holzhäcksel, rindenmulch, Sand), um eine Überbelastung der Gelenke, übermäßigen Nagelabrieb und Liegestellen in der Haut zu vermeiden. Stallungen, deren Inneneinrichtung und Außengehege müssen frei von scharfen Kanten aus Metall oder Stein sein (notfalls mit Hartholz verkleiden oder abdecken), da Nashörner an solchen oft das Horn scheuern, dabei deformieren, in manchen Fällen bis auf die blutige Basis abwetzen können. Hörner regelmäßig auf kerbenartige Wetzstellen kontrollieren. Wenn Einkerbungen vorhanden, durch Beobachtung der Tiere oder Absuchen der Unterkunft nach Hornspänen ungeeignete Scheuerstelle ausfindig machen und durch bauliche Maßnahmen beseitigen. Auch bei Reinigungsarbeiten auf Hornspäne achten. Hörner, besonders bei Breitmaulnashörnern, sind nicht immer starr, sondern vor allem nach längeren Kampfspielen etwas beweglich (Spitze kann innerhalb eines Radius von 3 cm verschoben werden), reißen bei tobenden Tieren auch ab, wachsen aber wieder nach. Monatliches Wachstum etwa 0,7–0,9 cm beim Spitzmaulnashorn, 0,6–0,9 cm beim Breitmaulnashorn, 0,9–1,3 cm bei jungen und 0,2–0,4 cm bei erwachsenen Panzernashörnern. Abrissflächen und Beschädigungsstellen nahe der Hornbasis gut beobachten, wenn möglich regelmäßig desinfizieren und lokale Wundbehandlung durchführen. Todesfälle nach entzündlichen Infektionen und Sepsis der umgebenden knöchernen Schädelteile wie schon 1900 in Hamburg bei einem Panzernashorn.

Nashörner urinieren gern gegen senkrechte Wände. Der aggressive Harn zerstört dabei den Mörtel der Fugen sowie die Oberfläche von Mauersteinen, Klinkerverblendungen und anderen Baustoffen und hinterlässt unansehnliche grauweiße Verschmutzungen, die sich in der Regel mit verdünnten anorganischen Säuren beseitigen lassen. Zum Schutz der äußeren Stallwände wurden im Zoo Berlin Wandvorbauten aus starken Hartholzbohlen errichtet, der Freiraum zwischen Vorbau und Hausaußenwand mit Erde aufgefüllt und bepflanzt. Die Holzteile müssen lediglich in größeren Abständen ausgetauscht und erneuert werden. Hohlräume vermeiden, in denen sich Schadnager ansiedeln.

Ställe und Gehege nicht in Gegenwart der Tiere betreten. Nashörner zur Stallreinigung und zu Fütterungszwecken umsperren. Ställe morgens ausmisten, anschließend scheuern und trocknen lassen. In regelmäßigen Abständen desinfizieren und gut nachspülen. Kot wird, besonders im Außengehege, an 1 oder 2 Kotplätzen abgesetzt, auf lockerem Boden mit den Hinterbeinen auch verscharrt. Verschmutzten Sand mit entfernen, durch frischen ergänzen, aber so, dass Markierungs- und Orientierungsfunktion erhalten bleibt. Auf Außenanlagen sollte nach Erfahrungen aus Basel bei Panzernashörnern das Anwachsen von Gras und Moos nicht geduldet werden, da sich dort Moosmilben als Zwischenwirte für die Bandwurmgattung *Anoplocephala* aufhalten. Aus dem gleichen Grund auch kein Dauerlager aus Stroh im Stall und sehr trockene Lagerung von Heu. Wenn im Haus kein Badebecken vorhanden ist, Tiere im Winter einmal täglich lauwarm duschen, aber bei kaltem Wetter nicht nass ins Freie lassen. Außenbecken im Herbst entleeren und sorgfältig abdecken oder durch ständigen Frischwasserzufluss Eisbildung im Winter verhindern. Bad wird bei kühlem Wetter fast ausnahmslos gemieden. Im Winter bei Aufenthalt im Freien Tiere gut überwachen.

Umgang. Vorsicht und überlegtes Handeln ist die Grundlage für gefahrlosen Umgang. Zwar können besonders junge oder jugendliche Tiere sehr zahm werden und bis ins hohe Alter bleiben, doch ist stets das Betreten von Gehegen in Anwesenheit von Tieren angesichts der Schreckhaftigkeit und der daraus resultierenden Unberechenbarkeit der Nashörner gefährlich. Auch greifen zahme Weibchen in der Brunst, Männchen in Gegenwart brünstiger Weibchen oder Mütter mit kleinen Jungtieren unvermittelt an. Menschenvertrautheit ist oft stark personengebunden. Vertrauter Pfleger wird an Stimme (viel beruhigend auf Tiere einreden) und Geruch erkannt (keine Arbeitskleidung im direkten Umgang mit Nashörnern tragen, der fremde, unbekannte Gerüche anhaften, z.B. nach Aushilfsarbeiten in anderem Revier, besonders bei Raubtieren). Fremde Personen werden auch von sonst zahmen Tieren nicht selten angegriffen. Zahme Tiere empfinden aber offenbar Streicheln über den geschlossenen Augen als angenehm, lassen sich auch gern die Haut mit einer harten Bürste bearbeiten. Hautpflege z.B. auch mittels waagerecht und senkrecht in der Anlage angebrachten Bürstenwalzen. Alle Nashörner sind sehr geräuschempfindlich. Lärm vermeiden! Schlafen täglich 8–9 Stunden, dabei nachts tief 2–5 Stunden hintereinander. Schlafende Tiere nicht aufschrecken! Transport möglichst nur während der warmen Jahreszeit, aber auch nicht an zu heißen Tagen. Schwere Spezialkisten, Länge nur wenig mehr als Körperlänge des Tieres, damit Anlauffläche für tobendes Tier so gering wie möglich ist. Stahlrahmenkonstruktion mit gut versteiften, etwa 40 mm starken Hartholzbrettern. Schraubenköpfe (Schlossschrauben) müssen im Holz der innen absolut glatten Kiste versenkt sein, um Horn- und Hautschäden zu vermeiden.

Beschäftigung der Nashörner mittels stärkerer Strukturierung der Anlagen durch Elemente zur aktiven Körperpflege, Pendelhölzer für Kampfspiele, Einbringen von Fremdgerüchen ins Gehege und auch über das Fütterungsregime. Dazu Konditionstrainingsprogramme, die ohne Stress Kontrollen und bestimmte Handhabungen am Tier ermöglichen.

Fütterung. Für alle Nashörner Futter vorwiegend als Raufutter, am besten frisch, als Silage oder Heu. Breitmaulnashörnern ausschließlich Wiesenheu/Gras/Grassilage, ergänzt mit Vitaminen und Mineralstoffen füttern. Wenn eine energiereichere Ration benötigt wird (z.B. für säugende Weibchen), zusätzlich Luzerneheu anbieten. Bei weichem Kot kann in Maßen Stroh unter das Heu gemischt werden (keine großen Mengen, da sonst Verstopfungsgefahr). Spitzmaulnashörner bekommen als Grundration eine Mischung aus Wiesen- und Luzerneheu bzw. frischem Gras und frischer Luzerne (jeweils im Verhältnis 1:1), ergänzt mit Laub. Im Winter kann eingefrorenes Laub oder Laubsilage angeboten werden, außerhalb der Vegetationsperiode auch dünne Weichholzäste. Wenn Pellets für die Ergänzung der Ration benötigt werden, nur solche mit hohem Rohfaseranteil (20 % TM, ADF 25 % TM) und geringem Eisengehalt (Spitzmaulnashörner sind eisenempfindlich). Panzernashörner bekommen als Futter Wiesenheu/Gas/Gassilage, ergänzt mit Laub sowie Vitaminen und Mineralstoffen. Um die Ration energiereicher zu machen, kann Luzerneheu beigemischt werden. Alle Nashornarten sollten, außer als Trainingsbelohnung, kein Gemüse oder Obst bekommen.

Umstellung auf Grünfutter wie bei Elefanten, da bei übergangsloser Umstellung von Heu auf Grünfutter, das zu Beginn der Vegetationsperiode außerdem sehr eiweißreich ist, massive Durchfälle und Koliken auftreten. Anders als Elefanten vertragen Nashörner aber nach sachgerechter Futterumstellung ausschließliche Grünfütterung meist ohne Heubeimischungen gut. Grünfutter darf nicht altwelk oder heiß sein. Heu und Grünfutter aufschütteln, auf Fremdkörper achten. Vitamine und Mineralstoffe ergänzen (z.B. in Form von Vitamin- und Mineralstoffpellets für Pferde). Falls Kraftfutter benötigt wird, nur Pellets mit hohem Rohfaseranteil und geringem Stärkegehalt verwenden. Kraftfutter für afrikanische Arten stets trocken, für asiatische Arten eventuell etwas angefeuchtet verabreichen. Fütterung von Kraftfutter vom sauberen Boden. Täglich 2 Mahlzeiten. Wasserbedarf 80–100 l. Kot bei reichlicher Grünfütterung auch grünbraun und etwas feuchter als nach Heufütterung. Bei breiigen Stühlen Grünfutter vorübergehend ganz absetzen oder Menge verringern und Heu untermischen.

Vergesellschaftung. In modernen Häusern mit geräumigen Innenstallungen werden Panzer- und Breitmaulnashörner manchmal paarweise oder in kleinen Haremsgruppen gemeinsam, sonst und in kleineren Stallungen nachts stets, tagsüber im Winter meist getrennt gehalten und getrennt gefüttert. Panzer- und Breitmaulnashörner sind bei der Fütterung vereinzelt untereinander unverträglich. Spitzmaulnashörner, besonders tragende Kühe, sind Artgenossen gegenüber oft aggressiv. Neue Tiere zunächst allein im Außengehege eingewöhnen und nur nach längerem Aufenthalt am Sichtgitter mit schon länger am Ort lebenden Artgenossen vereinen. Einzelindividuen mit anderen bereits zusammengewöhnten Tieren nicht gleichzeitig, sondern nacheinander vergesellschaften. Panzer- und Breitmaulnashörner sind untereinander meist verträglicher als ungesellige Spitzmaulnashörner. Anfänglich bei den ersten Begegnungen besonders bei Spitzmaulnashörnern heftige Kampfspiele mit frontalem Aufeinanderprallen, gegenseitigem Schieben und Stoßen, Treiben, dabei nicht selten blutende Hautabschürfungen. Trennung nur erforderlich, wenn schwächeres Tier länger herumgehetzt wird und dabei Hornstöße oder bei Panzernashörnern Bisse hinnehmen muss. Vergesellschaftung mit Vögeln unproblematisch, besonders mit Lauf-, Gänse-, Hühner- und Kranichvögeln, von Breitmaulnashörnern auch mit vielen Säugetierarten, von Panzer- und Spitzmaulnashörnern auf großen Anlagen auch mit Huftieren (Antilopen, Zebras, asiatischen Hirschen) oder kleinen Raubtieren (z.B. Schabrackenschakale) sowie Geparden möglich. Nashörner dulden solche andere Arten, die aber genügend Platz zum Ausweichen haben müssen. Besonders duldsam erwiesen sich Breitmaulnashörner in Schwerin, die in einer Anlage mit Zwergziegen friedlich zusammenlebten und von den Gehegemitbewohnern

Abb 27.13 Südostafrikanische Spitzmaulnashörner (*Diceros bicornis minor*) beim Deckakt, der etwa 30 Minuten dauert. Ihm geht ein längeres Treiben mit Lauf- und Kampfspielen der Tiere voraus.

nicht nur als Kletter- und Reittiere benutzt wurden, sondern sich von diesen sogar zu Plätzen dirigieren ließen, an denen die Zwergziegen auf dem Rücken der Nashörner stehend an Baumlaub herankommen konnten.

Fortpflanzung und Zucht. Früher wegen heftiger Kampf- und Paarungsvorspiele selten gelungen, da die Tiere aus Furcht vor Verletzungen nicht länger zusammengehalten bzw. bei Kampfspielen getrennt wurden. Geschlechtsunterscheidung einfach, Vagina unter dem After deutlich sichtbar. 2 Zitzen in den Schenkelweichen. Penisspitze nach hinten gerichtet. Paarungszeit des Panzernashorns in Assam Ende Februar bis Ende April, des Breitmaulnashorns in Südafrika von September bis Juli. Paarungen aber auch in anderen Monaten möglich. Alle bisher in Menschenobhut züchtenden Arten ganzjährig fortpflanzungsfähig. Zyklusverlauf durch Hormonuntersuchungen des Kotes relativ gut erkennbar. Brunstdauer soll beim Panzernashorn sehr kurz (8–24 Stunden) sein, beim Spitzmaulnashorn in der Regel 24–48 Stunden, in Einzelfällen auch mehrere (bis 6) Tage.

Brunstzeichen beim weiblichen Spitzmaulnashorn sind geringer Appetit, häufiges Urinieren, leichte Unruhe, Vergrößerung, Schwellung und manchmal sogar leichte Öffnung der Schamlippen, gelegentlich pferde- oder tapirartiges „Blitzen"; beim Panzernashorn gesteigertes Laufbedürfnis, häufiges Anheben des Schwanzes, vermehrte Urinabgabe durch horizontales Abspritzen, gelegentlich milchig-schleimiger Scheidenausfluss, „Blitzen", brunsttypische, sonst nicht geäußerte Doppelpfiffe. Brunstsymptome besonders bei Spitzmaulnashörnern oftmals wenig deutlich („stille Brunst"), daher auch Männchen beobachten. In Nachbarschaft brünstiger Weibchen oft hochgradige Unruhe, auffällige Lautäußerungen (Quietschen, Pfiffe) und häufiges Urinieren. Vor der Paarung heftige Kampfspiele, oft ausgelöst durch Attacken des Weibchens, z.B. Hornstöße in die Flanken des

Männchens (beim Spitzmaulnashorn besonders raue Vorspiele), frontales Schieben und Stoßen, heftiges ½- bis 4-stündiges Treiben mit gurgelnden, prustenden, schniefenden, schnaufenden und quietschenden Lautäußerungen. Solche Kämpfe tragen auch Paare von Spitzmaulnashörnern aus, die in zurückliegenden Zeiten schon länger zusammengelebt und sich früher auch gepaart haben. Heftigkeit der Auseinandersetzungen individuell verschieden und oft bei einander fremden Tieren größer als von solchen, die sich kennen. Kampfspiele können in Kämpfe ausarten, beim Panzernashorn können Bissverletzungen, beim Spitzmaulnashorn Hornbeschädigungen oder Hornabriss auftreten. Panzernashörner sind in zu kleinen Anlagen meist so unverträglich, dass Einzelhaltung erforderlich ist. Auf kleinen Anlagen sind verträgliche Paare (Panzernashörner, Breitmaulnashörner) manchmal aneinander sexuell desinteressiert. Auf geräumigen Anlagen erwacht bei männlichen Panzernashörnern meist schnell ein Interesse am Weibchen, das sich lange treiben lässt.

Bei Breitmaulnashörnern ist die Zucht bei nur paarweise gehaltenen Tieren selten, weil die Kühe außerhalb der Brunst gegenüber nicht verwandten Artgenossen unverträglich sind. Der in der Regel solitär lebende Bulle wird von der Kuh meist unterdrückt und die daraus resultierende Disharmonie zwischen beiden Tieren lässt Paarungen nicht oder nicht in der erforderlichen Intensität zu, kann beim Bullen auch zu einem Nachlassen der Spermaqualität führen. Bei jung zusammengewöhnten Paaren oft Geschwisterverhalten (sexuelles Desinteresse aneinander). Dass aber auch bei Paarhaltung Nachwuchs möglich ist, zeigten 2 Tiere in Münster, die mehrfach Junge hatten. In großen Gehegen sind auch mehrere Männchen untereinander verträglich, von denen meist nur das ranghöchste deckt und dabei weniger heftig treibt. Die besseren Zuchtergebnisse von Breitmaulnashörnern bei Herdenhaltung sind möglicherweise darauf zurückzuführen, dass sich bei Gruppenhaltung leichter miteinander harmonierende Paare zusammenfinden können bzw. Kühe sich untereinander ablenken und ihre Aggressivität nicht nur auf den Bullen fokussieren. In vielen Fällen ist aber die Spermaqualität der Männchen, auch die von dominanten Tieren, so schlecht, dass bei bis dahin nicht züchtenden Tieren erst durch Austausch von Einzelindividuen im Rahmen von Erhaltungszuchtprogrammen Trächtigkeiten erzielt werden konnten. Die schlechte Spermaqualität von jüngeren, subdominaten Männchen bessert sich oft, nachdem ein solches Tier allein mit mehreren Weibchen zusammengebracht wurde. Mütter scheinen den Zyklus ihrer Töchter zu unterdrücken, weshalb das EEP begonnen hat, weibliche Jungtiere aus der Gruppe herauszunehmen und in andere Zoos zu vermitteln. Seitdem steigen die Zuchterfolge. Ausbleibender Nachwuchs bei Breitmaulnashörnern führte z.B. im Zoo Budapest 2005 zum Versuch einer künstlichen Befruchtung, aus der Anfang 2007 ein gesundes Jungtier hervorging. Beim Panzer- und Spitzmaulnashorn wurden Paare während der Brunst vor dem Zusammenlassen durch ein Gitter getrennt nebeneinander untergebracht, um nach Abklingen der aggressiven Phase die Tiere zusammenzubringen. Hochbrunst der Weibchen nicht selten in den Nachmittags- oder frühen Abendstunden, daher an solchen Tagen keine Routinebetreuung! Tiere länger als gewöhnlich, möglichst bis Sonnenuntergang, unerfahrene Paare auch nachts, allerdings unter Aufsicht und entsprechenden Vorkehrungsmaßnahmen beieinander lassen. Nach Lauf- und Kampfspielen oft Ruhepause im Liegen (Panzer-, Spitzmaulnashorn). Zur Paarung reitet das Männchen auf, stützt sich mit den Vorderbeinen auf den Rücken des Weibchens und hinterlässt dort oft deutlich sichtbare Fußabdrücke. Während einer Brunstperiode meist nur 1, selten mehrere Paarungen von durchschnittlich 30–60 (auch bis über 90) Minuten Dauer mit mehreren Samenergüssen im Abstand von 5–10 Minuten oder kürzer. Paarungsdauer beim Spitzmaulnashorn meist 25–35 Minuten mit 15–21 Ergüssen. Paarungen von weniger als 15 Minuten Dauer oft nicht erfolgreich. Nach Abschluss der Paarung gleitet das Männchen rückwärtsgehend vom Körper des Weibchens ab. Männliche, besonders ältere Spitzmaulnashörner können nach einem längeren Deckakt oft so erschöpft sein, dass sie am Ende seitlich vom Weibchen herunterfallen und mit der gesamten Breitseite auf dem Boden aufschlagen. Nach der Paarung erlischt das sexuelle Interesse der Partner füreinander, vorerst für Stunden oder bis zur nächsten Brunst. Brunstintervalle nicht trächtiger Weibchen beim Panzernashorn 35–45 (30–50) Tage, beim Sumatranashorn 21–25 Tage, beim Spitzmaulnashorn in der Regel 26–35 Tage, aber nicht selten kürzer (17–24 Tage) und ausnahmsweise länger (bis 60 Tage, wobei hier eine „stille Brunst" übersehen worden sein kann), beim Breitmaulnashorn 45–60 Tage, aber auch gelegentlich kürzer oder länger (31–35 bzw. 66–70 Tage). Brunstzyklen selten konstant, oft sehr unterschiedlich lang, weniger individuelle Schwankungen, mehr in Abhängigkeit von der jeweiligen physiologischen oder psychologischen Verfassung. Besonders fruchtbare Weibchen, die regelmäßig Junge gebären und diese über die volle Laktationsperiode säugen, sollen im Laufe ihres Lebens insgesamt nur etwa 30 Östruszyklen haben.

Verträgliche Paare können nach Abschluss der Brunst, zumindest tagsüber, oft bis wenige Tage vor dem Wurf zusammenbleiben, Panzernashörner manchmal nur bis zum 10. Schwangerschaftsmonat. Weibliche Spitzmaulnashörner werden gegenüber Männchen mitunter zwischen 3.–4. oder auch bis 6. Schwangerschaftsmonat vorübergehend unverträglich, leben danach meist wie übrige Arten wieder friedlich mit dem Partner zusammen. Breitmaul- und Spitzmaulnashörner lassen sich nicht selten auch noch während der Trächtigkeit decken. Diese Paarungen sind jedoch von erheblich kürzerer Dauer als Kopulationen während des Östrus und dienen möglicherweise der Paarbindung. Hochtragende Weibchen müssen aber oftmals wenige Wochen vor dem Werfen wegen zunehmender Aggressivität gegenüber Artgenossen, darunter auch dem letzten Nachwuchs, isoliert werden. In San Diego blieben die Mütter von Breitmaulnashörnern auch mit neugeborenen Jungen in der Herde, in Whipsnade und Hodenhagen wurden sie vor dem Werfen aus der Herde genommen, isoliert und erst nach 14-45 Tagen in die Gruppe zurückgelassen.

Trächtigkeitszeichen sind beginnende Eutervergrößerung und Schwellung der Zitzen ab 7.–10. Trächtigkeitsmonat. Deutliche Eutervergrößerung ab 13. Monat. Tragzeit beim Breitmaulnashorn 17–18 Monate (einmal 547 Tage), beim Spitzmaulnashorn durchschnittlich 452 (n=11), nach Einzelbeobachtungen 419–470 Tage, beim Panzernashorn durchschnittlich 478 (n=27), nach Einzelbeobachtungen 462–490 Tage. Geburtsanzeichen sind starke Euterentwicklung, Anschwellen der Scheide, gelegentlich Schleimabgänge (beim Spitzmaulnashorn oft mehrere Wochen vor der Geburt), häufiger Kotabsatz. Bevorstehende Geburt kenntlich durch Unruhe, Reizbarkeit, gelegentlich Milchabgang. 1½–1 Stunden vor der Geburt Eröffnungswehen in immer kürzer werden Abständen. Eigentliche Geburt (Austreibungsphase) kurz, 15–30 Minuten. Geburt im seitlichen Liegen oder im Stehen. Fruchthüllen reißen während der Geburt im Mutterleib, damit einhergehend Abgang von großer Fruchtwassermenge (in Frankfurt beim Spitzmaulnashorn 17 l). Nachgeburt und Fruchthüllen werden nach 4–6 Stunden abgestoßen. 1 seh- und lauftüchtiges, hornloses Jungtier, dessen Geburtsgewicht erheblich schwanken kann, etwa beim Panzernashorn von 40–81 kg (durchschnittlich 60–65 kg), beim Spitzmaulnashorn von 13,6–45 kg (durchschnittlich 25–30 kg). Neugeborene Breitmaulnashörner wogen durchschnittlich 35-40 kg, in Einzelfällen bis zu 56 kg. Junge stehen nach 10–60 Minuten, saugen nach 2¼–4½ Stunden erstmals. Ein Spitzmaulnashorn, welches das Euter erst nach 33 Stunden fand, konnte zwischendurch mit abgemolkener Muttermilch ernährt werden. Zahl der Saugakte in den beiden ersten Tagen groß (oft stündlich), doch meist nur kurz (2–6 Minuten), sinkt ab 3.–4. Tag (2- bis 3-stündig) zugunsten längerer Saugzeiten (5–12 Minuten). Weibchen säugt stehend oder seitlich liegend, leckt Jungtier nicht, um Harn- und Kotabgabe auszulösen, nimmt auch keine Exkremente des Jungen auf. Tägliche Zunahme der Jungtiere in den ersten 3 Monaten beim Panzernashorn um 2 kg, beim

Tab. 27.4 Milchzusammensetzung bei Nashörnern

Art	Trockensubstanz (%)	Fett (%)	Eiweiß (%)	Kohlenhydrate (%)	Asche (%)	Proben (Anzahl)
Panzernashorn	9,65 (16,80)	3,33 (1,97)	1,37 (12,05)	6,98		8 (2)
Spitzmaulnashorn	9,22 (11,63)	0,29 (0,45)	2,24[2] (6,39)	6,76[4] (4,38)	0,40	9 (1)
Breitmaulnashorn	8,85 (14,23)	1,05[1] (1,73)	2,26[3] (7,34)	6,51	0,22	4(19)

Angaben in Klammern: Werte für Kolostrum
Erwähnenswerte Abweichungen von Einzelproben:
[1] Im 5. Laktationsmonat 0,6 %, im 18. Laktationsmonat nur noch Spuren
[2] 1,00–3,20 %
[3] 1,8 %
[4] 6,06-6,90 % (ausnahmsweise auch 3,60 %)

Breitmaulnashorn 1,25–1,5 kg, beim Spitzmaulnashorn um 1 kg. Täglich aufgenommene Milchmenge in den ersten 3 Monaten beim Panzernashorn bis 35 l, bei Breitmaul- und Spitzmaulnashorn um 20 l. In der Regel verdoppeln junge Nashörner ihr Geburtsgewicht mit 5–6 Wochen. Beginnendes Interesse für feste Kost beim Breitmaulnashorn mit 1–2 Wochen (Gras, Heu), beim Spitzmaulnashorn ab 9. Tag (Heu), beim Panzernashorn mit 1 Monat. Breitmaul- und Spitzmaulnashörner nehmen mit 5–6 Wochen regelmäßig Kraftfutter und Heu auf, Breitmaulnashörner fressen mit 4 Monaten, Panzernashörner mit 7 Monaten jegliche feste Kost. Säugezeit 14–16 Monate, ausnahmsweise bis 2 Jahre. Euter der Mutter nach dem Absetzen des Jungen gut kontrollieren. Hornwachstum im 1. Jahr monatlich 1 cm oder etwas mehr, danach geringere Zuwachsrate. Bei doppelhornigen Arten setzt Ausbildung des 2. Horns erst später (nach etwa 6 Monaten) ein.

Mütter mit Jungen werden meist allein gehalten (Ausnahme: Herdenhaltung von Breitmaulnashörnern). Je nach Harmonie des Paares kann bei Spitzmaulnashörnern jungtierführendes Weibchen 3–6 Monate nach der Geburt mit dem Männchen vergesellschaftet werden. Bei Spitz- und Breitmaulnashörnern wurde 2–3 Wochen nach der Geburt ein kurzer, schwacher Post-partum-Östrus beobachtet. Erstmals wieder vollbrünstig wurden Breitmaul- und Spitzmaulnashörner 5–6, gelegentlich auch erst 7–10, ein Panzernashorn 13½ Monate nach der Geburt. Geschlechtsreife bei Spitz- und Breitmaulnashörnern mit 4–5 Jahren, doch werden Weibchen selten vor dem 6. Jahr trächtig. Ein weibliches Panzernashorn war schon mit 3 Jahren, ein anderes mit 3 Jahren und 2 Monaten geschlechtsreif. Beide paarten sich in diesem Alter erfolgreich. Regelmäßige Zyklen werden jedoch erst ab 6. Jahr beobachtet. 2 weibliche Breitmaulnashörner wurden mit reichlich 2¾ Jahren bzw. etwa 3½ Jahren gedeckt und waren bei der Geburt der Jungen etwas über 4¼ bzw. 5¾ Jahre alt. Geschlechtsreife bei männlichen Panzernashörnern mit 7–9 Jahren. Fruchtbarkeit bleibt besonders bei männlichen Nashörnern bis ins hohe Alter erhalten, so z. B. bei einem männlichen Breitmaulnashorn im Safaripark Hodenhagen, das 22 Junge gezeugt hat und mit 44 Jahren noch zuchtfähig war.

Künstliche Aufzucht bei Panzer- und Breitmaulnashorn gelungen. Milchzusammensetzung in Tabelle 27.4. Nashornmilch ist fettarm, aber reich an Milchzucker. Die Fettwerte bleiben während der gesamten Laktationszeit niedrig. Der Laktosegehalt des Kolostrums ist niedriger als in der späteren reifen Milch. Der im Kolostrum hohe Eiweißgehalt sinkt im Laufe der Laktation ab. Künstliche Aufzucht eines 21 Tage alten Breitmaulnashorns mit einer Mischung aus 1 Teil Magermilchpulver, 1 Teil eines Kälberaufzuchtpräparates auf 9 Teile Wasser. Künstliche Aufzucht eines Panzernashorns mit Kuhmilch ab 2. Lebenstag. Tagesmilchmenge anfangs 10–15 l, später bis 20 l auf 10–11 Mahlzeiten. Durchgängige Nachtruhe im 1. Monat 4 Stunden, ab 2. Monat 6 Stunden. Flaschenaufzucht mit etwa 7,5 cm langem Kälbersauger von 2,5 cm Durchmesser. Wird von älteren Jungtieren die Flasche verweigert, kann versucht werden, am milchgetränkten Schwamm oder an den Fingern saugende Jungtiere an einen Eimer oder eine Tränkwanne zu gewöhnen. Bestmögliche Nahrungs- und Futtergerätehygiene einhalten. Verschmutzte Haut (Analregion) lauwarm waschen, anschließend leicht einölen. Aufzuchtkomplikationen während des Zahndurchbruchs mit Durchfall, Appetitlosigkeit, Temperaturerhöhung bis 38,4 °C (Normalwerte bei 33,4–35,0 °C) möglich.

Erstzuchten: Sumatra-Nashorn 1889 in Kalkutta, außerhalb des tropischen Asiens 2001 in Cincinnati, Panzernashorn 1924 in der Menagerie des Rajah von Nepal in Kathmandu, außerhalb Indiens 1956 in Basel, Südliches Breitmaulnashorn 1969 in Pretoria (bereits 1967 dort Geburt und erfolgreiche Aufzucht eines in der Wildnis gezeugten Jungen), in Europa erstmals 1971 in Hannover, Nördliches Breitmaulnashorn erstmals 1999 in Dvur Kralove, Spitzmaulnashorn 1941 in Chicago, in Europa 1950 in Frankfurt/Main. Zucht von Panzer-, Breit- und Spitzmaulnashorn bereits in mehreren Generationen.

Höchstalter in Menschenobhut. Panzernashorn 47, Javanashorn 20¾, Sumatranashorn fast 32¾, 1,0 Spitzmaulnashorn 49, 0,1 Spitzmaulnashorn 47, 1,0 Breitmaulnashorn 53, 0,1 Breitmaulnashorn 46 Jahre.

28 Ordnung Paarhufer (Artiodactyla)

Paarhufer existierten bereits vor fast 40 Millionen Jahren. Im Alteozän traten mit der Familie Dichobunidae in Europa und Nordamerika die ersten Paarhufer auf, deren mögliche Vorfahren in der Stamm-Huftierfamilie Arctocyonidae zu suchen sind, aus der auch die Wale hervorgingen, als deren nächste Verwandte die Flusspferde angesehen werden. Obwohl viele Entwicklungslinien frühzeitig ausstarben, haben sich andere zu reicher Formenfülle entfaltet. Daumen und Großzehe fehlen. Verlagerung des Körpergewichts auf die Strahlen des 3. und 4. Fingers bzw. der 3. und 4. Zehe, diese sind auch meist kräftiger und länger als die übrigen. Bei Flusspferden 2. und 5. Finger bzw. Zehen noch vorhanden und voll funktionsfähig, bei den meisten Paarhufern nur noch in Form von Afterklauen oder fehlend (Kamele, Gabelböcke und Giraffen). Endglieder von Finger- und Zehenknochen durch Hornscheiden in Form von Hufen, vereinzelt auch von nagelartigen Bildungen geschützt (Bau der Gliedmaßen siehe Band „Grundlagen"). Schädelbau und Gebiss sind sehr unterschiedlich, doch meist am Schädeldach oder im Gebiss, selten gleichzeitig an beiden, Waffen in Form von Gehörnen, Geweihen und verknöcherten Stirnzapfen oder verlängerten Eckzähnen. Vorbacken- und Backenzähne mit meist nur mäßig höckeriger Oberfläche. Schneide- und Eckzähne können teilweise oder ganz fehlen. Gehör- und Geruchssinn hochleistungsfähig, Gesichtssinn meist gut, aber vorwiegend auf Bewegungssehen orientiert. Häufig Hautdrüsen, die oft auf bestimmte Körperteile konzentriert sind. Sekrete dienen der innerartlichen Kontaktaufnahme oder Kontaktvermeidung.

Verbreitung. Alle Erdteile mit Ausnahme Australiens und der Antarktis.

10 Familien (die verschiedentlich 4 Unterordnungen zugeordnet werden: Schweineartige, Flusspferde, Schwielensohler, Wiederkäuer), 93 Gattungen, 259 Arten.

Familie Schweine (Suidae)

Auch Echte Schweine, Altweltliche Schweine. Kopf verhältnismäßig groß, Schnauze verlängert, durch Rüsselknochen gestützt, Nase mit verknorpelter, nackter, drüsenreicher Rüsselscheibe mit vielen Tastkörperchen, häufig Gesichtswarzen. Zahnformel: 1–3/3 1/1 2–4/2–4 3/3, Eckzähne wurzellos, dauerwachsend, bei Männchen obere Eckzähne aufwärts gekrümmt und oft als mächtige Hauer, einhöhliger Magen ohne Schlundrinne. Augen klein, Ohren spitz, meist klein. Hals kurz, Körper gedrungen. Gliedmaßen schlank, 3. und 4. Zehe voll paarhufig ausgebildet, 2. und 5. Zehe als typische Afterklauen vorhanden, Mittelhand- und Mittelfußknochen nicht verschmolzen. Schwanz kurz oder mittellang, meist mit Endquaste. Haut lederartig derb, drüsenarm, Schweißdrüsen fehlen, Voraugen-, Kinn-, Lippen-, Vorhaut-, Handgelenk- und Fußdrüsen vorhanden. Fell schütter, selten mit Unterwolle (Wildschweine in kalten Regionen), vorwiegend Grannen, oft an Kopf und Nacken mähnenartig verlängert, meist unscheinbar gefärbt, einige Arten bunt. Schweine sind Kontakttiere, die soziale Körperpflege betreiben und mit Körperkontakt ruhen.

Verbreitung. Ganze Erde, außer Australien und Antarktis.

Abb. 28.1 Mit der schwarz-weißen Gesichtszeichnung und der rötlich braunen Körperbehaarung sind die Pinselohrschweine (*Potamochoerus porcus*) die am auffälligsten gefärbten Schweine.

5 Gattungen, 19 Arten.

Buschschweine (*Potamochoerus*)

Auch Flussschweine. 2 Arten. Körperlänge 100–150 cm, Körperhöhe 55–80 cm, Kopf und Rumpf schlank, viel höher als breit, am Oberkopf wulstige Knochenauftreibungen im Bereich der hinteren Nasenbeine und der oberen Eckzähne, Hauer mäßig lang, aber scharfkantig, da sie sich gegenseitig abschleifen. Zahnformel: 3/3 1/1 3–4/3–4 3/3. Fell ohne Unterwolle, rötlich bis braunschwarz, an Wangen, Nacken und Hals meist mähnenartig verlängert, weißlicher Rückenkamm, helle Backenbärte. Haarpinsel an den Ohren. Schwanz lang mit endständiger Haarquaste. West- und Zentralafrika, östliches Südafrika und Madagaskar. **Pinselohrschwein** (*P. porcus*), auch Flussschwein: Fell rötlich bräunlich mit hellen Abzeichen, weißlichen Ohrpinseln und oft dunklen Beinen. Eines der farbenprächtigsten Säugetiere. West- und Zentralafrika südlich der Sahara. – **Buschschwein** (*P. larvatus*): weniger auffällige Fellzeichnung, bräunlich schwärzlich, weißliche Haarspitzen am Rücken und Backenbart, Ohrpinsel schwarz. 6 Unterarten. Madagaskar, östliches und südöstliches Afrika.

Gefährdungsstatus. Bestand in der Wildnis wohl gesichert, geringes Gefährdungspotential. EEP für Pinselohrschwein im Zoo Banham.

Lebensweise. Dämmerungs- und Nachttiere, mancherorts auch Tagtiere. Lebensraum Randgebiete des tropischen Regenwaldes, auch lichte Wälder bis Baum- und Buschsteppe, meist in Wassernähe im Flach- und Hügelland. Kulturfolger, die auch in Pflanzungen einbrechen und durch ihre Grabaktivitäten beträchtlichen Schaden anrichten. Gesellig in Rotten von bis zu 12 Tieren, selten größere Ansammlungen, meist nur 1 adultes geschlechtsreifes Paar und dessen Junge. Alte Keiler und Bachen auch als Einzelgänger. Erwachsene Tiere vermutlich monogam, ortstreu in festen, gegen Artgenossen verteidigten Territorien. Bei Gefahr schnelle Flucht ins Unterholz. Schwimmen gut. Schlaf- und Ruheplätze in Pflanzendickungen, seltener in Erdhöhlen anderer Tiere.

Nahrung. Allesfresser. Vorwiegend Kräuter, Wurzeln, Knollen, Früchte, Gemüse und Feldfrüchte des Menschen, Wildobst, Gräser, hartschalige Samen, Wasserpflanzen, aber auch Schnecken, Insektenlarven, andere kleine Wirbellose und Wirbeltiere, Vogeleier, auch Aas.

Wildschweine (*Sus*)

10 (11) Arten. Starke Größenunterschiede zwischen den einzelnen Arten und innerhalb derselben zwischen Männchen und Weibchen. Kopf lang, Schnauze gerade. Zahnformel: 3/3 1/1 4/4 3/3, Eckzähne unterschiedlich lang, bei Weibchen bedeutend kürzer als bei Männchen, obere meist kürzer als untere, im Querschnitt dreikantig, krümmen sich bei erwachsenen Männchen nach oben, weisen mit ihren Spitzen oft nach hinten, scharfkantig und spitz. Körper schlank bis gedrungen, Gliedmaßen schlank. Schwanz kurz oder mittellang mit Endquaste. Fell bei südlichen Formen spärlich, bei nördlichen Formen dicht, im Winter mit Unterwolle, sonst vorwiegend borstenartiges Grannenkleid, gelbgrau bis -braun, schwarzbraun. Europa (mit Ausnahme Großbritanniens und Norwegens), Nordafrika, Mittel-, Ost- und Südasien, einschließlich malaiischer Inseln. **Wildschwein** (*S. scrofa*): größte Art, Körperlänge bis 2 m, Schulterhöhe bis 1,1 m, Körpergewicht bis 350 kg (alte Keiler), oftmals mähnenartige Behaarung von Kopf und Nacken, manchmal auch Backenbärte, Schulterhaut erwachsener Männchen als „Schild" oft stark verdickt und derb, darunter bindegewebiges Polster, 36–38 Chromosomen. Südliche Unterarten und Inselformen kleiner. 15 Unterarten. Europa (ohne Großbritannien und Norwegen), Nordafrika, Asien. Mit vielen dieser Unterarten als Stammformen an der Haustierwerdung des Hausschweins beteiligt. – **Hausschwein** (*Sus scrofa f. domestica*): an mehreren Stellen Eurasiens etwa zur gleichen Zeit (Beginn etwa vor 10000 Jahren) domestiziert. Stammformen verschiedene Unterarten des Wildschweins, sowohl für die bis zu 300 kg schweren europäischen Hochleistungsrassen als auch für die zwerghaften, z.T halbwild gehaltenen Hausschweine Südostasiens. Hausschweine traten stets erst bei Ackerbauern, nicht aber schon bei nomadisierenden Jägervölkern auf. Unter den europäischen Hausschweinen zuerst langsam wachsende, spät reife Landschweine (Deutsches Weideschwein) und weitere Primitivrassen, wie z.B. ungarisches Mangalizaschwein, kroatisches Turopolje-Weideschwein, Schwäbisch-Hallisches Schwein. – **Bartschwein** (*S. barbatus*): wildschweingroß, längstes Kopf-Schnauzen-Profil unter Schweinen, 2 Warzenpaare im Gesicht, heller, lang- oder kraushaariger Backenbart vom Nasenrücken über den Mundwinkel bis zum Ohr, sonst schütter behaart, so dass graue oder graurosafarbene Haut durchscheint, mittellanger Schwanz mit zweizeilig langhaariger Endquaste. 2 Unterarten. Südliche Malaiische Halbinsel (Sarawak), Sumatra, Borneo und umliegende kleinere Inseln Indonesiens. – **Palawan-Bartschwein** (*S. ahoenobarbus*): Inseln Palawan, Balabac und Calamian-Inselgruppe. – **Java-Pustelschwein** (*S. verrucosus*): beiderseits des Kopfes je 1 Warze vor, 1 unter dem Auge und 1 am hinteren Unterkieferwinkel, letztere bei Alttieren besonders groß und schwammig, Haarkleid unterschiedlich dicht, auf dem Oberkopf mützenartig, im Nacken als Kamm verlängert, Haarbüschel an den Kopfseiten, Färbung oberseits hell- bis schwarzbraun, unterseits gelbbraun bis weißlich, helle Zeichnungen an Kopf und Vorderbeinen, Schwanz kurz, meist ohne Endquaste. 2 Unterarten, davon 1 jetzt oft als eigene Art Bawean-Pustelschwein (*S. blouchi*) geführt. Java, Madoera, Bawean. – Auch den beiden nachfolgenden Formen wird heute Artstatus zuerkannt, obwohl sie möglicherweise nur weitere Unterarten des Java-Pustelschweins sind. – **Oli-**

Abb. 28.2 Ein Verwandter unseres Wildschweins ist das selten in Tiergärten anzutreffende Borneo-Bartschwein (*Sus barbatus barbatus*).

vers Pustelschwein (*S. oliveri*), auch Mindoro-Pustelschwein: Insel Mindoro (Philippinen). – **Philippinen-Pustelschwein** (*S. philippinensis*): 2 Unterarten. Inseln Luzon, Mindanao und auf weiteren kleinen Inseln wie Jolo und Inselgruppen wie die Samar-Inseln (Philippinen). – **Visaya-Pustelschwein** (*S. cebifrons*): nur reichlich pekarigroß, schütter behaart mit dunkler Stehmähne von der Stirn bis zum Nacken und weißem Querband über der Schnauze. 2 Unterarten. Inseln Cebu, Negros, Panay, eventuell auf den Masbate-Inseln (Philippinen). – **Annamitisches Pustelschwein** (*S. bucculentus*), auch Heudes, Indochinesisches oder Vietnamesisches Pustelschwein: galt bis 1995 als ausgestorben, Existenz auch heute umstritten. Südvietnam (im Bereich des Flusses Dong Nai) sowie im Grenzgebiet von Mittelvietnam und Laos im Annamite-Hügelland. – **Celebes-Pustelschwein** (*S. celebensis*), auch Sulawesi-Pustelschwein: Sulawesi und benachbarte Kleininseln, verwildert auf Halmahera und den Simaleue-Inseln, möglicherweise auch auf Flores (Indonesien). – **Zwergwildschwein** (*S. salvanius*): verschiedentlich als eigene Gattung (*Porcula salvania*) geführt. Sehr klein, Schulterhöhe 20–30 cm, Gewicht nur 6–8,5 kg, Körper gedrungen, hinten etwas höher gestellt, Schnauze schlank, 1. Prämolar fehlt, 3. Molar verkümmert, Ohren klein, rundlich, nackt, Schwanz stummelförmig, Fell schütter, nur am Rücken und an den Wangen als Kamm bzw. Bart verlängert, braun bis braunschwarz, vereinzelt weißliche Zeichnung an den Kopfseiten. Einst südlich des Himalajas von Uttar Pradesh und Nepal über Bhutan bis Assam und Nordindien (Sikkim), heute nur noch Reste in Naturreservaten im Nordwesten von Assam.

Gefährdungsstatus. Bestand in der Wildnis der meisten Arten ungefährdet, lediglich Ryukyu-Wildschwein (*S. scrofa riukiuanus*), Palawan-Bartschwein und Philippinen-Pustelschwein schutzbedürftig. Hochgradig gefährdet ist das

Visaya-Pustelschwein, von dem die Nominatform, das Cebu-Pustelschwein, ausgerottet ist, die Restpopulationen des Negros-Pustelschweins (*S. cebifrons negrinus*) auf den Inseln Negros und Panay extrem gefährdet sind. Bedroht ist auch das Java-Pustelschwein, dessen auf Bawean lebende Unterart (*S. verrucosus blouchi*) als Ernteschädling gilt und im Fortbestand durch Bejagung gefährdet ist. Das Zwergwildschwein galt Mitte des 20. Jahrhunderts durch Lebensraumzerstörung als ausgerottet. 1971 im Manas-Nationalpark im Nordwesten Assams, später auch im Barnardi Wildlife Sanctuary wiederentdeckt, Gesamtrestbestand damals ca. 150 Tiere. Seit Einrichtung des Pygmy Hog Research and Breeding Centre 1995 in Basistha bei Guwahati inzwischen beachtliche Nachzuchtergebnisse. Allerdings geht der dortige Bestand von derzeit etwa 70 Tieren auf nur 2,4 Gründertiere zurück. 2005 zur Dezentralisierung des Arterhaltungsbestandes Inbetriebnahme einer weiteren Zuchtstation inmitten des Balipara Reserve Forest in Potasali (Assam) nahe des Nameri-Nationalparks. Seitdem wurden Nachzuchttiere in mehreren Schutzgebieten erfolgreich ausgewildert. Versuche von Erhaltungszuchten in Europa (Zoo Zürich 1976-1978, Zoo London 1983) ohne Erfolg. EEP für Visaya-Pustelschwein im Zoo Wroclaw.

Lebensweise. Vorwiegend Dämmerungs- oder Nachttiere, in ungestörten Waldgebieten auch tagaktiv. Lebensraum von tropischen Arten in Randgebieten von Urwäldern oder Dschungeldickichten, darüber hinaus küstennahe Mangrovenbestände und Sumpfwälder, Teakholzpflanzungen bis in 800 m Höhe (Pustelschwein), immergrüner tropischer Regenwald bis zu den Spitzen hoher Berge (Bartschwein), dichte, hoch wachsende Graslandschaften, Teeplantagen (Zwergwildschwein). Wildschweine in der gemäßigten Zone in jeder Vegetation und jeder Höhenlage (bis 4000 m). Alle Arten häufig in Wassernähe. Kulturfolger, die zur Nahrungssuche oft Plantagen, Pflanzungen und Felder aufsuchen. Durch Bejagung und andere Störfaktoren menschenscheu und dämmerungs- bzw. nachtaktiv. Bei ausreichend Nahrung und geringer Störung ortstreu in festen Revieren mit ausgetretenen Wechseln zu Futterplätzen, Tränke, Suhle und Schlafplätzen. Bei Bartschweinen jahreszeitlich (wechseln während der Monsunzeit von sumpfigen Küstenniederungen ins höhere Binnenland) und nahrungsbedingt Wanderungen in großen Gruppen, in früherer Zeit Herden von mehreren 100 Tieren. Flüsse und Meerengen werden schwimmend überquert. Männliche Tiere (Keiler) meist Einzelgänger in sehr großen Revieren, schließen sich nur zur Paarungszeit den in Mutterfamilien von 4–8 Individuen lebenden Weibchen (Pustelschwein, Zwergwildschwein) oder den aus mehreren Mutterfamilien bestehenden Rotten von bis zu 25 oder 30 Tieren (Wildschwein, Bartschwein) an. Reviere der Weibchen (Bachen) kleiner, Größe abhängig von der Kopfzahl der Gruppen, die von Weibchen mit sehr jungem Nachwuchs (Frischlinge) sich kleinräumig auf das Nestareal beschränkt. Verständigung durch zahlreiche Quiek-, Schnauf- und Grunzlaute, dienen der Kontakterhaltung, der Anlockung oder Warnung von Artgenossen, werden auch in Not- und Angstsituationen, bei Angriffen auf Feinde oder Kämpfen mit Artgenossen und während der Paarung ausgestoßen. Außerdem Knirschen oder Klappern mit dem Gebiss oder schmatzende Geräusche. Kurzsichtig, aber ausgezeichneter Geruchssinn, der sowohl der individuellen Identifizierung als auch der Nahrungssuche dient. Wildschweine benutzen bestimmte Bäume zum Scheuern der Haut, die dann Beschädigungen an der Rinde zeigen. Weibliche Schweine und Jungtiere lieben zur Ruhe engen körperlichen Kontakt, liegen oft dicht nebeneinander. Keiler lagern einzeln. Viele bauen „Betten“, besonders in der kalten Jahreszeit mit Pflanzenmaterial als Unterlage. Hochträchtige Weibchen errichten vor der Geburt große Wurfnester in Dickungen. Unter den Weibchen einer Rotte straffe Rangordnung, wird bei seltenen Auseinandersetzungen durch Bisse und heftige Kopfstöße festgelegt. Unter den Jungen anfangs keine Rangordnung und harmlose Kämpfe, dagegen schlagen sich Keiler in der Brunstzeit („Rauschzeit“) blu-

Abb. 28.3 Savannen-Warzenschweine (*Phacochoerus africanus*) sind nicht winterhart und benötigen auch für die Aufzucht ihrer kälteempfindlichen Jungen beheizte Unterkünfte.

tende Wunden mit den Eckzähnen, die auch als Waffen gegen artfremde Angreifer dienen. Hauptfeinde sind große Raubtiere wie Großkatzen, Bären, vor allem aber Wölfe, für Jungtiere manchmal auch Greifvögel und bei tropischen Arten gelegentlich Schlangen.

Nahrung. Allesfresser. Wildfrüchte wie Eicheln und Bucheckern, Gräser, Wildkräuter, Laub, Wurzeln, Knollen, Pilze, Feldfrüchte des Menschen (Yamswurzeln, Maniok, Mais, Reis, Kartoffeln, Rüben u. a.), dazu bodenlebende Insektenlarven, Würmer, Schnecken, Krebse, Muscheln, kranke oder fluchtunfähige Wirbeltiere, Vogeleier aus Bodengelegen, auch Aas. Tropische Arten suchen zum Nahrungserwerb auch Gesellschaft anderer Tiere (z.B. Affen) und fressen z.B. heruntergefallene Baumfrüchte.

Warzenschweine (*Phacochoerus*)

2 Arten. Männchen bis 85 cm hoch und etwa 1,50 m lang. Sehr großer breiter Kopf mit langer Schnauze und 3 Gesichtswarzen-Paaren (Unteraugen-, Voraugen-, Unterkieferwarzen), bei Männchen stark, bei Weibchen wesentlich schwächer entwickelt, Zahnformel: 1/2–3 1/1 2/2 3/3, davon bei älteren Tieren in jeder Kieferhälfte nur noch 2 untere Schneidezähne sowie oben und unten je 1 Eck- und Backenzahn vorhanden, obere Eckzähne nach oben und später nach innen gekrümmt, bei alten Männchen bis 60 cm lang, untere kürzer, gerade, an den oberen schleifend, scharfkantig, spitz, Backenzähne stark verlängert und erhöht, dienen ausschließlich der Kauarbeit, kurzer Hals mit lockerer Wamme, Rumpf tonnenförmig, Beine dünn, an der Vorderseite der Handwurzelgelenke hornige Schwielen, auf denen die Tiere zur Nahrungssuche rutschen und sich bei Rivalenkämpfen abstützen, Schwanz mittellang, rund, am Ende spatelartig abgeflacht, mit schwarzer Quaste, bei Erregung und Flucht kerzengerade aufgerichtet, Haut grau, spärlich borstig behaart, lediglich entlang der Wirbelsäule vom Kopf bis zum Becken dunkel- bis hellbräunliche Mähne, Backenbart am hinteren Unterkiefer, kein Unterhautfettgewebe. **Savannen-Warzenschwein** (*Ph. africanus*): 4 Unterarten. Weit verbreitet in Afrika südlich der Sahara mit Ausnahme der Urwälder West- und Zentralafrikas. – **Wüsten-Warzenschwein** (*Ph. aethiopicus*), auch Äthio-

pisches Warzenschwein: etwas kleiner, Unterschiede zum Savannen-Warzenschwein im Bau des Schädels und der Zähne. 2 Unterarten. Südsomalia und Äthiopien bis Nordostkenia.

Gefährdungsstatus. Bestand des Wüsten-Warzenschweins in der Wildnis unterschiedlich zu beurteilen, da das Kap-Warzenschwein (*Ph. ae. aethiopicus*) bereits ausgerottet wurde und das Delameres Warzenschwein (*Ph. ae. delamerei*) trotz geringer Bestandsdichte im Verbreitungsgebiet als nicht gefährdet geführt wird. Bestand des Savannen-Warzenschweins generell nicht bedroht. ESB für das Savannen-Warzenschwein im Flamingo Land Resort Malton, GB.

Lebensweise. Tagtiere. Lebensraum Busch- und Grassteppen, Halbwüsten, Savannen und lichte Wälder. Nicht unmittelbar an Gewässer gebunden, doch Größe der Streifgebiete abhängig vom Nahrungsangebot, von Wasserstellen und dem Vorhandensein von Erdhöhlen zum Schutz vor Fressfeinden und vor zu hohen bzw. niedrigen Temperaturen. Gesellig in kleinen Mutterfamilien, oft auch in Begleitung eines Männchens und Gruppen aus mehreren Weibchen mit verschieden alten Jungen mit Anwesenheit 1, seltener auch 2–3 Keilern. Besonders an Futterplätzen öfter kleine Familiengruppen, tagsüber auch größere Rotten. Keiler außerhalb der Paarungszeit (allgemein in Regenzeiten, in Zentral- und Westafrika möglicherweise ganzjährig) auch Einzelgänger. Bei Rivalenkämpfen sind Verletzungen selten, da nur Stirn- oder Schnauzenstöße erfolgen. Paarungssystem ist überwiegend Polygamie mit absoluter Männchenhierarchie. Nachtruhe meist in Erdbauen von Erdferkeln, in Höhlen unter verlassenen Termitenbauen, auch Schlafnester in dichtem Gestrüpp. Trächtige Weibchen sondern sich ab und werfen in Erdhöhlen. Bei Gefahr rennen Jungtiere als Erste mit dem Kopf voran in den Bau, Mutter folgt rückwärts rutschend und kann so den Höhleneingang mit dem wehrhaften Kopf wirkungsvoll verteidigen. Feinde (Löwen, Leoparden, Afrika-Wildhunde, Fleckenhyänen) werden unter Umständen mit den Hauern attackiert.

Nahrung. Überwiegend Gräser, auch Wurzeln, Zwiebeln, seltener Früchte und Kleintiere, vereinzelt auch Kot von anderen Huftieren und Frankolinen. Bedarf an Mineralstoffen und Spurenelementen wird durch Erde und zerfallende Knochen gedeckt. Graben in Dürrezeiten in trockenen Flussbetten nach Wasser.

Waldschweine (*Hylochoerus*)

1 Art. Wildschweingroß, breiter Kopf mit langer Schnauze, behaarte Rüsselscheibe (wühlen selten) bis 16 cm Durchmesser, Augen klein, darunter vom Nasenrücken jeweils bis zum Ohrgrund breite, schwammige, drüsenreiche Längswarze, besonders beim Männchen stark ausgeprägt, Gebiss mit 30 Zähnen, obere Eckzähne kräftig, nach innen und hinten gebogen, untere nach oben gerichtet, kürzer, spitz, schleifen gegen obere Eckzähne, Hals kurz, Körper gedrungen, Schwanz mittellang, am Ende spatelartig abgeflacht, mit Endquaste, Haut schiefer- bis aschgrau, meist langes, mehr oder weniger dichtes, schwarzes bis schwarzbraunes Fell mit vereinzelten weißlichen Haaren, Mähne an Stirn und Nacken. Bei Frischlingen abweichende Fellfarbe, aber ohne Streifung. **Riesenwaldschwein** (*H. meinertzhageni*): erst 1904 entdeckt. 3 Unterarten. Waldgebiete West- und Zentralafrikas entlang des Äquators, fragmentarisch verbreitet vom südlichen Äthiopien und westlichen Kenia bis Tansania sowie von Uganda, dem Norden der Demokratischen Republik Kongo, und dem südlichen Tschad über Kamerun entlang der Westküste bis Liberia.

Gefährdungsstatus. Bestand im Verbreitungsgebiet gefährdet.

Lebensweise. Tag- und Dämmerungstiere. Lebensraum unzugängliche Urwälder, teilweise auch an Waldrändern, Lichtungen, im Queen Elizabeth Nationalpark/Uganda auch in benachbarten waldnahen Busch- und Kultursteppen.

Abb. 28.4 Bei diesem männlichen Buru-Hirscheber (*Babyrousa babyrussa*) haben die oberen Eckzähne in typischer Weise die Rüsseldecke durchbrochen und wachsen bogenförmig zur Nasenwurzel hin. Diese Zahnstellung ist einmalig im Tierreich.

Zur Nahrungssuche hier und ausnahmsweise andernorts auch in offenem Gelände. Stets in Gewässernähe, da stark von Wasser abhängig. Familiengruppen von 1 erwachsenen Männchen und 1–2 Weibchen mit Jungen im Alter bis zu 3 Jahren, gelegentlich Gruppen von 2–3 Männchen mit bis zu 4 Weibchen und juvenilen Tieren mehrerer Generationen. Geschlechtsreif werdende Männchen wandern ab, fruchtbar werdende Weibchen verbleiben in der Gruppe, deren Größe durchschnittlich 11 Tiere umfasst. Nicht selten aber auch Horden von über 20, zur Nahrungssuche kurzzeitig Herden mit bis zu 50 Tieren aus mehreren Gruppen ohne soziale Bindung. Weibchen werfen erstmals mit 2–3 Jahren. Meist 2, aber auch bis 4 Junge, die abseits von der Gruppe geboren und dieser nach 1 bis mehreren Tagen zugeführt sowie stehend gesäugt werden. Bindung der Mutter an den Nachwuchs lose, daher hohe Sterblichkeit unter Säuglingen, die Kontakt zur Mutter verloren haben.

Nahrung. Gräser, Kräuter, Laub, Früchte, zarte Triebe, Insektenlarven, Fleisch, Vogeleier, nicht im Boden wühlend.

Hirscheber (*Babyrousa*)

Auch Babirusa. 4 Arten. Kleiner als Wildschweine, Schulterhöhe nur 65 bis maximal 80 cm, Weibchen etwa 1 Drittel kleiner, Kopf spitz mit kleiner Rüsselscheibe, Ohren klein und spitz, Zahnformel: 2/3 1/1 2/2 3/3, Eckzähne der Weibchen klein, obere können fehlen, bei Männchen sitzen die oberen Eckzähne locker in den Zahnfächern (Alveolen), durchbrechen die Haut des Rüssels, wachsen nach oben und hinten, so dass ihre Spitzen bei alten Keilern die Haut der Nasenwurzel berühren, sogar einwachsen können. Diese Zahnstellung ist einzigartig im Tierreich! Untere Eckzähne verlängert und spitz, gerade nach oben gerichtet, selten gekrümmt. Obere Eckzähne spröde, als Waffen oder Werkzeuge zur Nahrungssuche ungeeignet, brechen leicht ab, sind als sekundäre Geschlechtsmerkmale eher Statussymbol. Körper leicht walzenförmig, am Rücken gewölbt, hinten überbaut, Gliedmaßen lang, schlank, Schwanz dünn, Haut grau oder graubraun, kurz und spärlich behaart. **Buru-Hirscheber** (*B. babyrussa*): auch Buru-Babirusa oder Molukken-Hirscheber. Kleinster Vertreter mit relativ langen, goldgelben bis dunklen Borsten und deutlicher Schwanzquaste. Ursprünglich einzige anerkannte Art der Gattung und Nominatform der bis dahin als Unterarten eingestuften, inzwischen in den Artstatus erhobenen nachfolgenden Formen. Indonesische Kleininseln von Buru (nördliche Molukken) bis zu der östlich davon gelegenen Sula-Inselgruppe. – **Bola-Batu-Hirscheber** (*B. bolabatuensis*): gilt als vor prähistorischer Zeit ausgestorben (nur Knochenfunde). Zentral- und Südsulawesi. – **Sulawesi-Hirscheber** (*B. celebensis*): unauffällige, kurze Behaarung. Nordhalbinsel von Sulawesi bis zur Lembeh-Insel. – **Malenge-Hirscheber** (*B. togeanensis*), auch Togian-Hirscheber: größter Vertreter, lange Schwanzquaste. Malenge-Insel der Togian-Inselgruppe in der Molukkenbucht südlich der Halbinsel Nordsulawesi.

Gefährdungsstatus. Bestand in der Wildnis durch Bejagung und Rodung von Wald meist extrem gefährdet. EEP im Zoo Nürnberg.

Lebensweise. Dämmerungs- und Nachttiere, tagsüber selten aktiv. Lebensraum tropische Wälder und Dschungel, vorwiegend Sumpfwälder, Schilf- und Rohrdickichte an Binnengewässern und Küsten. Sozialverhalten wenig bekannt. Meist paarweise, in Eltern- oder Mutterfamilien, Männchen zeitweise Einzelgänger. Beim Rivalenkampf stellen sich die Keiler auf ihre Hinterbeine und boxen gegen die Brust und die Vorderläufe des Gegners. Die Hauer scheinen in dieser Situation nicht eingesetzt zu werden. Beißen sich mit Eckzähnen des Unterkiefers. Wühlen im Gegensatz zu anderen Schweinen während der Nahrungssuche nicht.

Nahrung. Vorwiegend Blätter, Triebe, Laub, auch Wasserpflanzen und Früchte, Nüsse, daneben Insektenlarven und andere Kleintiere.

Haltung von Schweinen

Haltung von Hausschweinen: siehe Spezialliteratur. Manche in ihrem Fortbestand nicht immer gesicherten Primitivrassen sowie die schwarzen oder grauschwarzen asiatischen Hausschweine, das spitzohrige Chinesische Maskenschwein und das Vietnamesische Hängebauchschwein, werden in der Haustierabteilung von manchen Tiergärten gezeigt.

In Tiergärten ist nur das Wildschwein sehr häufig, Bart- und Pustelschweine, Pinselohrschwein und Savannen-Warzenschwein seltener, Hirscheber nur vereinzelt gehalten und nachgezogen. Zwergwildschwein und Riesenwaldschwein werden in Zoos gegenwärtig wohl nicht gezeigt.

Im Gegensatz zur weit verbreiteten Meinung, Schweine seien leicht zu halten, erfordert die Pflege wilder Schweine Sachkenntnis und Gewissenhaftigkeit. Wegen Seuchengefahr heute kaum Einfuhr von Wildfängen aus Afrika und Asien möglich, daher ist der Austausch von Nachzuchten zwischen Zoos üblich und notwendig.

Eingewöhnung. Auch bei zoogeborenen Tieren nicht unproblematisch. Besonders bei Wildfängen von tropischen Schweinen sind große Aufmerksamkeit und Umsicht erforderlich. Hohe Stressanfälligkeit. Für tropische Arten gut temperierte, zugfreie Stallungen bereitstellen. Langsame Akklimatisation erst nach abgeschlossener Eingewöhnung. Akklimatisierung aller europäischen Wildschweine aus gemäßigten oder subpolaren Zonen ist nicht nötig. Eingewöhnung bei diesen wie Ernährung unkomplizierter als bei ihren Verwandten aus den Tropen oder Subtropen. Eingewöhnungsfutter für empfindliche Arten, z.B. Hirscheber und Riesenwaldschweine, zartes Gemüse, reifes Kernobst, Bananen und körnig gekochter Reis, gut gequollener Mais, trockene Haferflocken und andere, leicht verdauliche Futtermittel. Für Riesenwaldschweine außerdem hohen Grünfutteranteil. Daneben im Sommer etwas Laub, frische Luzerne und Klee sowie ständig frisches klares Wasser. Beschaffenheit des Kotes beachten. Gesunde Schweine haben geformte, halbtrockene, meist wurstförmige Abgänge, die zwar kräftig, keineswegs aber säuerlich riechen. Ursache von Durchfällen sind oft Fütterungsfehler oder

Stress, aber auch Darmparasiten und Darmerkrankungen. Besonders gefürchtet ist die sog. Ferkelgrippe bei Jungtieren zum Zeitpunkt der Nahrungsumstellung von Muttermilch auf Normalfutter. Kann zu Totalverlusten ganzer Würfe führen.

Besonders tropische Schweine kommen oft mit Hausschweinen ihrer Heimat in Berührung und infizieren sich mit deren Parasiten und Krankheitserregern. Durch zusätzliche Belastung während des Transportes treffen die Tiere häufig geschwächt in ihrer neuen Heimat ein und brauchen meist intensive Pflege. Deshalb bei Importtieren tierärztliche Betreuung und strenge Quarantäne. Stallungen in Gegenwart der gefährlichen Tiere nicht betreten.

Unterkunft. Für alle Arten mit Außengehege. Als Schutzunterkunft für eurasische winterharte Wildschweine unbeheizter, zugfreier, trockener Stall, in der nasskalten Jahreszeit mit Winterlager und ständigem freien Zugang. Die nicht winterharten, tropischen Arten brauchen im Winter helle, trockene, warme, geräumige Stallungen, ähnlich wie Tapire. Stalltemperaturen nicht unter 20 °C. Als Bodenbelag partiell beheizter Zementestrich, erwärmte Ziegelböden oder Holz- bzw. Kunststoffbelag. Als Einstreu ist eine dünne Schicht Sägemehl geeignet, erleichtert die Reinigung. Zum Ruhen Strohlager, das täglich erneuert bzw. gereinigt und ergänzt wird. Warzenschweine und Hirscheber wühlen sich gern in Stroh ein. Günstig für Warzenschweine sind außerdem Rückzugmöglichkeiten in individuelle Schlafkisten in den Stallungen (Box-in-Box-System), die wärmetechnisch und psychisch für die Tiere von Bedeutung sind. Stallwände müssen mindestens bis auf doppelte Widerristhöhe gut zu säubern sein. Begrenzung der Ställe zum Besucher- bzw. Pflegergang durch fest im Boden verankerte Gitter, die wühlende Arten nicht aus ihrer Verankerung heben können. Innenunterkünfte und Zugang zum Außengehege untereinander mit Schiebern verbunden, die ein gefahrloses Umsperren der Tiere ermöglichen. Futter- und Tränktröge gut befestigen, damit die Tiere diese nicht umkippen. Ständig frisches Trinkwasser anbieten, auch Selbsttränken sind einsetzbar. Das starke Bedürfnis zum Baden und Suhlen durch Wasser- und Schlammbecken befriedigen. Sonst Tiere regelmäßig mit lauwarmem Wasser duschen. Bei schlechter Hautpflege stumpfes, glanzloses Fell und schuppige, borkige Haut.

Als Außenanlage meist Freisichtgehege mit Trocken- oder Wassergräben. Über der Wasseroberfläche an der Besucherseite massive Begrenzung von etwa 1,20 m Höhe, um gut schwimmenden Arten die Möglichkeit des Herauskletterns zu nehmen. Außerdem häufig gitterumfriedete oder ummauerte Ausläufe. Höhe der Begrenzungen wird vom Sprungvermögen der einzelnen Arten bestimmt. Bartschweine übersprangen 1,50 m hohe, zur Dekoration im Gehege liegende Baumstämme. Einfriedungen müssen genügend tief im Boden verankert sein, um Unterwühlen zu verhindern. Nur für nicht wühlende Arten (Hirscheber, Riesenwaldschwein) als Bodenbelag gut gewachsener Naturrasen oder leichte Sandböden. Alle anderen pflügen nach und nach solche Gehege um, brechen den Boden auf und zerstören dessen Oberschicht. Die Folge sind leicht verschmutzende, verschlammte, unhygienische, unansehnliche Ausläufe. Deswegen große Anlagen mit geringem Besatz oder harte, trockene Böden mit günstigem Gefälle oder teilweise betonierte oder gepflasterte Ausläufe. Unerlässliche Komforteinrichtungen sind gut drainierte, trockene, besandete Wühlplätze mit Randbefestigung und feuchte Suhlen, auch Badebecken und Kratzbäume. Außerdem sind sonnige und schattige Plätze erforderlich, da manche Arten sich gerne und ausdauernd sonnen, andere gegen länger anhaltende direkte Sonneneinstrahlung empfindlich sind (Hirscheber wegen Sonnenbrand, andere Arten wegen Überhitzung). Warzenschweinen einsehbare „Halbhöhlen“ anbieten. In Außenanlagen Vorsorge für wirksamen Wurzelschutz der Bäume treffen. Auf Abnutzung der Klauen achten. Bei geeigneten, festen Ausläufen Korrekturen nicht erforderlich, dagegen bei feuchten, morastigen Freigehegen nicht selten Entzündungen, besonders des Kronensaumes oder zwischen den Klauen. Die Auffassung, Schweine würden sich in schmutziger Umgebung wohl fühlen, ist töricht. Schweine sind auch in der Wildnis saubere Tiere, die wie Nashörner durch Schlamm- und Staubbäder Körperpflege betreiben. Deswegen Innenställe und Außengehege täglich gewissenhaft reinigen, besonders die regelmäßig benutzten Kratzbäume und Kotplätze. Da Hausschweine das Reservoir für Krankheiten der wilden Schweinearten bilden, ist es günstig, wilde Schweine nicht mit Hausschweinen zusammen zu halten. Deswegen sollten erstere nicht von Tierpflegern betreut werden, die Hausschweine pflegen. Mäuse und Ratten, die als Krankheitsüberträger große Bedeutung haben, von Schweinen fern halten, da diese Nager töten und fressen.

Umgang. Bei Schweinen ist äußerste Vorsicht geboten. Grundsätzlich dürfen Ställe oder Ausläufe nur in Abwesenheit der Tiere betreten werden. Zwar werden auch Wildfänge dem vertrauten Pfleger gegenüber umgänglich, nicht selten auch zahm, doch bleiben sie unberechenbar, zumal man ihre Angriffsabsichten nur schwer erkennt. Wenn ein Schwein mit Schmatzen und Zähneklappern einen Angriff signalisiert, ist es meist bereits zu spät. Noch gefährlicher ist ungeschützter Umgang mit Tieren, die Junge führen. Keiler, aber vor allem Bachen greifen, wenn sie ihre Jungen bedroht glauben, ohne Warnung an. Schweine auch nicht in die Enge treiben, wenn sie z.B. umgesetzt oder in eine Transportkiste gebracht werden sollen. In Kisten anfüttern oder eine Futterbahn von Gehege zu Gehege streuen. Künstlich aufgezogene Schweine werden außerordentlich zahm und bleiben es dem vertrauten Pfleger gegenüber meist lebenslang, anderen Personen gegenüber sind sie jedoch oft unberechenbar.

Fütterung. Während Wildschweine verhältnismäßig genügsame Kostgänger sind, bedürfen andere Arten wie Pinselohrschwein, Buschschwein, Warzenschwein, Riesenwaldschwein und Hirscheber z.T. hochwertigere Nahrungsmittel.

Wildschweine: als Kraftfutter Quetschhafer, gequollener Mais, rohe oder gekochte Kartoffel, Rübenschnitzel mit Kleie, Brot, Pellets. Tagesration für 1 erwachsenes Tier etwa 2 kg. Dazu etwa 4 kg Saftfutter wie Gemüse, vorwiegend Möhre, Futterrübe und Rote Bete, auch Obst (Apfel, Birne). Im Herbst und Winter zusätzlich Eicheln und kleine Mengen Kastanien, im Sommer frischen Klee und Luzerne. Außerdem tierisches Eiweiß (Kleintiere, rohes und gekochtes Fleisch, Geflügel, Fisch etc.). Bartschweine erhalten in Berlin täglich 2 Mahlzeiten: morgens verschiedene Getreidekörner, Sonnenblumensamen, Eicheln, Nüsse, Brot, dazu Blattsalat, Blattgemüse, Kohl, Porree und andere Lauchgewächse. Als kleine Zwischenmahlzeiten werden weniger gern Laub und Gras, mit Vorliebe hin und wieder aber Eintagsküken und Süßwasserfisch gefressen. Hauptmahlzeit nachmittags: Apfel, Banane, Möhre, gekochte Kartoffel, gekochter Mais und Reis, Quark, Sojaschrot, Kleie, Fertigfutter für weibliche Hausschweine, Vitakalk und Vitamine.

Warzenschweine: teils ähnlich wie Wildschweine, teils ähnlich wie die folgenden Arten füttern. Keine Rübenschnitzel, Kleie, Weißkraut, Kastanien und Milch. Eicheln nur in kleinen Mengen geben. Möglichst trockenes Kraftfutter, kann durch Hirse und geröstetes Brot bzw. Knäckebrot ergänzt werden. Reichlich Grünfutter, im Winter Wiesen- oder Luzerneheu, Grasfresserpellets, Obst und Gemüse sowie tierisches Eiweiß in Maßen.

Pinselohrschweine, Buschschweine, Riesenwaldschweine und Hirscheber: kleinere Kraftfuttermengen unterschiedlicher Zusammensetzung. Je nach Verträglichkeit und Futteraufnahme trockene Haferflocken, mit Milch oder Wasser steif gekochter Haferflockenbrei, körnig gekochter Reis, gequollener Mais, Pellkartoffeln, wenig Brot und Pellets, eventuell kleine Mengen von ganzem Weizen und Hirse. Als Saftfutter Gemüse und Obst, wie Apfel, Birne, Banane, in kleineren Mengen Zitrusfrüchte, auch Weinbeeren, Melone, Kürbis, Möhre, Salat, Chinakohl, Porree, Zwiebel, Gurke, daneben (besonders für Riesenwaldschweine) reichlich Grünfutter wie frischer Klee und Luzerne, grünes Getreide, grüner Mais, Gras, Baumlaub. Hirscheber erhielten im Zoo Antwerpen täglich 2 Fütterungen: morgens 0,5 kg Obst und Gemüse, abends 2,5–3 kg Obst und Gemüse und 0,5–1 kg Pflanzenfresserpellets, Jungtiere und laktierende Sauen zusätzlich Vitamin E und Mineralsalzgemisch. Pinselohrschweine, Waldschweine und Buschschweine fressen auch gern Fleisch in jeder Form, Küken, Kaninchen, in kleinen Mengen Fisch. Obst und Gemüse sowie tierische Beikost werden mit einem Vitamin- und Mineralstoffgemisch sowie Futterkalk (3 % des Gesamtfuttergewichts) ergänzt. Ein plötzliches Überangebot an frischer Luzerne oder an Maiskolben kann zu Todesfällen durch Magenüberladung mit nachfolgendem Herz- bzw. Kreislaufversagen führen (Zoo Duisburg).

Die meisten Schweine neigen zur Verfettung, die nicht nur Konditionsmängel (u.a. Bewegungsunlust, Gelenkschäden, Herz-Kreislauf-Erkrankungen), sondern auch Unfruchtbarkeit (bei beiden Geschlechtern!) zur Folge haben kann. Vorbeugung durch Rationierung der Futterportionen, eventuell separate Fütterung dominanter Individuen, Erhöhung des Rohfasergehalts gegenüber energiereichen, leicht verdaulichen Futtermitteln, regelmäßige kritische Beurteilung des Nährzustands eines jeden Tieres. Grundsätzlich nur frisches, einwandfreies Futter verabreichen, kein „Schlappfutterbrei" aus Abfällen, Futterresten und gesäuertem Material. Trockene Futtermittel getrennt von feuchter, wasserhaltiger Nahrung verabreichen. Obst, Gemüse usw. nicht musen oder raspeln, sondern nur mit dem Messer in Stücke schneiden (bleibt so saftiger und säuert nicht so schnell), besonders für die empfindlichen tropischen Schweine sauber waschen und sorgfältig putzen. Faulstellen gründlich ausschneiden, angeschimmeltes Futter generell nicht verfüttern.

Täglich 2 oder 3 Mahlzeiten, 1 am Morgen (Kraftfutter und Saftfutter), gegebenenfalls 1 am Mittag, 1 am Nachmittag (Saftfutter). Im Winterhalbjahr für die nicht winterharten tropischen Schweine zusätzlich Vitamin C sowie geringe Gaben von Vitamin D_3.

Vergesellschaftung. Wilde Schweine sind auch untereinander oft unverträglich, besonders Arten, die in der Wildnis einzeln oder paarweise leben. So werden Pinselohrschweine, Warzenschweine und Hirscheber meist nur als Paare oder im Familienverband gehalten. Wild- und Bartschweine sind auch in kleinen Rotten verträglich. Vor dem Zusammenlassen von Paaren und Neuzugängen die Tiere vorher genügend lange an einem Sichtgitter mit den Gehegetieren in Kontakt bringen. Zuführung von Einzeltieren in eine Gruppe ist problematisch, da Rotten individualisierte Sozialverbände sind, in denen fremde Tiere nicht oder kaum geduldet werden. Niemals Neulinge mit allen Tieren einer Gruppe gleichzeitig zusammen lassen, sondern geduldig nach und nach mit jedem Einzeltier vergesellschaften. Bei einem Kampf nicht den Stall betreten, um Tiere zu trennen. Kämpfe dienen meist dem Aufbau einer sozialen Rangordnung. Fluchtmöglichkeit für unterlegene Tiere schaffen, aber keine längere Abtrennung, weil danach erneut Rangordnungskämpfe auftreten können. Sichtschutz und Ausweichmöglichkeit schaffen. Bei dauerhafter Unverträglichkeit und Abstoßungsreaktion der Gruppe gegen ein Einzeltier ist eine Abtrennung bzw. Abgabe sinnvoll. Gilt besonders für männliche Tiere, daher stets nur 1 geschlechtsreifer Keiler pro Gehege. Auch Futterneid führt zu Angriffen, sogar gegen Artfremde.

Vergesellschaftung mit anderen Tierarten ist möglich, die Schweinen bei geeigneten Rückzugsmöglichkeiten an Schnelligkeit überlegen, z.B. in Salzburg Pinselohrschweine mit Weißscheitelmangaben (*Cercopithecus atys lunulatus*), oder größer und wehrhafter sind, z.B. im Zoo Duisburg Pinselohrschweine mit Watussirindern und Zebras, im Alpenzoo Innsbruck Wildschweine mit Wisenten, in Hagenbecks Tierpark Warzenschweine mit Chapman-Zebras und Straußen. In Los Angeles werden bzw. wurden Pinselohrschweine mit Bongos, in Saint Louis Pinselohrschweine mit Löffelhunden und Warzenschweine mit Edmigazellen, im San Diego Zoo mit Rappenantilopen und in Chicago Brookfield mit Defassa-Wasserböcken und

Tab. 28.1 Angaben zur Fortpflanzungsbiologie von wilden Schweinen

Gattung/Art	Paarungszeit (Monate)	Tragzeit (Tage)	Wurfzeit (Monate)	Wurfgröße (Anzahl)
Eurasisches Wildschwein der gemäßigten Zone	XI–I[1]	114–118 (112–121)[2]	III–IV[1]	4–8 (1–10)[3]
Bartschwein	[4]	etwa 120		4–8
Zwergwildschwein	XII–I	100–110	V–VII	2–6
Fluss-/Buschschwein	V–X[5]	118–122	X–XII[5]	1–5
Warzenschweine	I–XII	170–175	I–XII[6]	3–4
Riesenwaldschwein	I–XII	149–154	I–XII	1–4
Hirscheber	I–XII	156–161	I–XII	1–2 (3)[7]

[1] In Einzelfällen Paarungen schon im Oktober oder erst im Mai, Würfe schon Anfang Februar oder erst Anfang September
[2] Tragzeitangaben schwanken zwischen 112 und 121 Tagen. Milde Winter sollen tragzeitverkürzend, harte, nahrungsarme Winter tragzeitverlängernd wirken.
[3] Bei primiparen Wildschweinen kleinere Würfe (1–5 Junge), bei multiparen Müttern größere Würfe (4–10, maximal 13 Junge)
[4] Synchron mit der Blütezeit des Waldes
[5] In Südafrika
[6] In Afrika je nach Verbreitungsgebiet auf der Nord- bzw. Südhalbkugel Februar bis April oder August bis November
[7] Mehrlingswürfe sind nicht, wie gelegentlich behauptet, gleichgeschlechtlich, sondern Wurfgeschwister können auch verschiedenen Geschlechts sein.

Straußen gehalten. Eine Vergesellschaftung von Flachland-Anoas mit Hirschebern ist aus Los Angeles bekannt. So vergesellschaftete Arten brauchen separate Futterplätze und Stallungen und vor allem zur Setzzeit und Jungenaufzucht eigene abgetrennte Gehegezonen, da Schweine als Allesfresser Jungtiere fremder Arten angreifen und töten können.

Fortpflanzung und Zucht. Geschlechtsunterscheidung nicht schwierig. Männchen mit meist gut sichtbarem Scrotum sowie anderen sekundären Geschlechtsmerkmalen (Gebiss, Warzenbildung), meist größer und deutlich schwerer als Weibchen. Penis vollständig unter der Bauchhaut und oft wenig deutlich erkennbar.

Zitzenzahl: Pustelschwein und Wildschwein 10–12 (Hausschweine bis 16), Zwergwildschwein und Buschschwein 6, Hirscheber, Warzen- und Riesenwaldschwein 4. Gelegentlich 1 oder 2 überzählige, funktionslose Zitzen (z.B. Hirscheber).

Brunstzeichen wenig deutlich. Weibchen harnen öfter als sonst. Paarungsaufforderung des Keilers durch charakteristische Laute („Ebergesang"). Häufiges Harnen und Berüsseln, Verreiben des schaumigen Speichels, Auflegen des Kopfes auf den Rücken der Bache löst beim kopulationsbereiten Weibchen den Duldungsreflex aus. Lange Kopulationsphase (10 Minuten und länger). Danach bildet sich ein Vaginalpfropf. Brunstdauer 1–3 Tage. Brunstzyklus beim Wildschwein 21–23, beim Hirscheber 22–30 Tage. Weitere Angaben zur Fortpflanzungsbiologie in Tabelle 28.1.

Trächtigkeitszeichen erst spät erkennbar. Durch geringe Größe der Jungen (etwa 12–20 cm lang) nur bei Arten mit hoher Wurfzahl Vergrößerung des Leibesumfangs. Das Anschwellen des Gesäuges erfolgt erst kurz vor der Geburt, wenn die Milch einschießt. Wildschweinmütter verlieren unter mitteleuropäischen Klimabedingungen das Fell um die Zitzen herum. Schwangerschaft kann oft nur vermutet werden, nachdem Deckakte registriert wurden und das Weibchen nicht wieder in Brunst kam. Gebärende Sauen reagieren auf jegliche Störungen aus dem Umfeld sehr sensibel, fressen sogar ihre Neugeborenen. Deshalb auch hochträchtige Weibchen vor der Geburt nicht zwangsweise aus der Rotte entfernen, aber freie Wahl des Nestplatzes an einem geschützten Ort (z.B. Stall, Separiergehege, in großen Außenanlagen auch rückwärtige Gehegebereiche) ermöglichen und dort rechtzeitig Nistmaterial anbieten. Eurasische Wildschweine werfen (ferkeln) auch in Anwesenheit der Artgenossen und vertreiben diese vom gewählten Wurfplatz. Trotzdem oft Störungen während Geburt und Nestphase (1–7 Tage post partum) durch neugierige Rottenmitglieder, daher vorübergehend Abtrennung der Artgenossen vom Muttertier empfehlenswert. Vor allem Bachen tropischer Arten zur Geburt isolieren, auch wenn in freier Wildnis Tiere ganzjährig paarweise leben und Keiler sich an der Aufzucht beteiligen. Dabei Männchen hinter einem stabilen, engen Sichtgitter möglichst in der Nachbarbox oder im Nachbargehege unterbringen, um Kontakt zu Weibchen und Jungen zu erhalten, mit denen sie später wieder zusammengelassen werden können.

Trächtige Bachen erhalten reichlich Stroh und frische Zweige zum Nestbau. Warzenschweine nehmen gern eine geräumige Wurfkiste an. Bei nervösen Tieren Stallgitter ganz oder teilweise abdecken, um Weibchen das Gefühl der Geborgenheit zu geben. Geburt üblicherweise in Seitenlage, meist komplikationslos. Zumindest bei Wildschweinen werden Ferkel sowohl in Steiß-, als auch Kopflage geboren. Geburtsdauer je nach Wurfgröße 1–2, ausnahmsweise bis 6 Stunden. Fruchthüllen reißen während des Geburtsvorganges, werden zusammen mit der etwa 1 Stunde nach Geburtsende abgehenden Plazenta gefressen. Seh- und lauftüchtige Junge, beginnen sofort nach der Geburt herumzukrabbeln, wobei die Nabelschnur reißt. Wenig später suchen sie nach den Zitzen. Eckzähne, bei manchen Arten auch Schneidezähne, bereits vorhanden. Weibchen reinigen und trocknen das nasse Fell ihrer Jungen nicht („passiver Brutpflegetypus"), ausgenommen die Bachen der Hirscheber, die ihre Jungen nach der Geburt belecken. Jungtierfell meist recht schütter, daher Jungtiere aller Arten sehr wärmebedürftig, liegen in den ersten Tagen dicht zusammen im Nest. Deshalb besonders bei tropischen Schweinen Wurfställe oder Wurfkisten gut heizen (in den Höhlen von Warzenschweinen Temperaturen von 32 °C). Über dem Wurflager Infrarotstrahler anbringen, die nach der Geburt von außen eingeschaltet werden können. Beim Pinselohrschwein hat sich als größtes Aufzuchtproblem die extreme Empfindlichkeit der Jungen gegen Zugluft erwiesen, die im Zoo Duisburg schon bei 2 Tage alten Ferkeln zu einer oft unbemerkten Pneumonie geführt hat. Geburtsgewichte schwanken erheblich, beim Wildschwein 750–1200 g, beim Zwergwildschwein 133–250 g, beim Bartschwein 630–750 g, beim Buschschwein 650–900 g, beim Hirscheber 380–1050 g, beim Warzenschwein 330–910 g. Nicht alle Jungtiere tragen das charakteristische Frischlingskleid mit der hellen Streifen- oder Punktreihenzeichnung an den Körperseiten, das gewöhnlich mit 2 Monaten zu verblassen beginnt, mit 6 Monaten durch ein rötlich braunes Jugendkleid ersetzt wird, dem mit reichlich 1 Jahr das Alterskleid folgt. Neugeborene Warzenschweine, Riesenwaldschweine, Hirscheber und Zwergwildschweine ohne Streifenzeichnung, letztere erst ab einem Alter von 11 Tagen.

Neugeborene Schweine erkämpfen sich eine bestimmte Zitze, die gegen Geschwister verteidigt wird (Saug- oder Zitzenordnung, Zitzenprägung). Überzählige Jungtiere sind ohne Überlebenschance, wenn andere Mütter mit kleineren Würfen die fremden Jungen nicht an ihren Zitzen dulden (z.B. Warzenschweine). Milchfluss von nicht besetzten Zitzen geht zurück. Meist legt sich die säugebereite Mutter von allein auf die Seite und lockt die Jungen mit Grunzlauten. Die Frischlinge können aber auch den Saugakt durch Quieklaute und Massage des Gesäuges provozieren. Der Milchfluss wird durch kräftiges Massieren des Euters mit dem Rüssel eingeleitet. Dabei nehmen die Jungen die Zitze ins Maul und stoßen mit dem Kopf gegen die Milchleiste bzw. treten mit den Vorderbeinen gegen das Gesäuge. Erste feste Kost bei Warzenschweinen mit 9–10, bei Wildschweinen mit 10–14 Tagen. Die Nestphase der Wildschweine endet 1–7 Tage nach der Geburt, sie verlassen dann das Wurfnest und folgen der Mutter. Warzenschweine verlassen den Wurfbau endgültig erst mit etwa 50 Tagen. Säugezeit bei Wildschweinen 14–16, bei Warzenschweinen 18–21 Wochen. Geschlechtsreife bei mehr als der Hälfte aller weiblichen Wildschweine mit 7–9, bei männlichen Wildschweinen mit 5-8, bei Warzenschweinen mit 13–14, Zwergwildschweinen mit 20–24 Monaten. Bei natürlicher Aufzucht in

Tab. 28.2 Milchzusammensetzung von Schweinen

Art	Trockensubstanz (%)	Fett (%)	Eiweiß (%)	Kohlenhydrate (%)	Asche (%)	Proben (Anzahl)
Wildschwein	17,20	5,10	7,10	3,70	1,10	1
Hausschwein	19,59 (23,73)	7,25[1] (5,76)	6,21[2] (12,88)	5,10 (3,08)	0,95 (0,67)	2095 (251)
Warzenschwein	20,30	7,30[3] (6,60)	7,02[4] (27,00)	3,65 (3,00)	1,00	3 (1)
Halsbandpekari	16,40 (18,20)	3,50 (4,80)	5,40[5]	6,50 (5,20)	0,60 (0,64)	9 (1)

Angaben in Klammern: Werte für Kolostrum
Erwähnenswerte Abweichungen von Einzelproben:
[1] 8,80 %
[2] Gesamteiweiß 5,50 %, davon Kasein 3,80 %, Albumin und Globulin 1,70 %
[3] 6,60 %
[4] 6,70–8,85 %, Gesamteiweiß im Kolostrum 27 %, davon Kasein 7,0–9,0 %, Albumin und Globulin 18,0–20,0 %
[5] davon Kasein 4,0 %, Albumin und Globulin 1,4 %

der Regel 1 Wurf im Jahr, Zweitwurf nur nach Wurfverlust bald nach der Geburt. Zwergwildschweine sollen pro Jahr 2 Würfe bringen.

Künstliche Aufzucht unkompliziert. Sehr wichtig sind warme Umgebungstemperaturen. Milchzusammensetzung in Tabelle 28.2. Als Nahrung meist handelsübliche Ferkelaufzuchtpräparate. Flaschenaufzucht anfangs fast stündlich, später 6–8 Mahlzeiten von etwa 30–60 g Milch. Mit steigender Nahrungsaufnahme tägliche Zahl der Mahlzeiten verringern. Ab Ende der 1. Woche feste Stoffe, z. B. Bananen- oder Möhrenbrei, später Banane, weiches Obst und etwas Schabefleisch anbieten. Besonders in dieser Zeit auf das Auftreten von Durchfällen achten, die meist mit einer Diätfütterung (Knäckebrot, Hafer- und Reisschleim) behoben werden können. Junge Warzenschweine durften in Frankfurt ab 4. Tag Erde und Sand aufnehmen, erhielten ab 3. Woche Kuhmilch, ab 28. Tag Reis, Haferflocken, gekochte Kartoffeln, Möhrenbrei, nach 5 Wochen reichlich feste Kost, auch tierische Nahrung. Milchbeifütterung bis Ende des 4. Monats. In Münster fraßen 9 Tage alte Warzenschweine erstmals Gras und nahmen nach Entzug der Flasche Milch ab 13. Tag aus der Futterschale. Pinselohrschweine erhielten im Zoo Duisburg gegen Eisenmangelanämie am 2. Lebenstag eine Eiseninjektion, dazu 2 ml einer wässrigen Vitamin-AD_3E- und 2 ml Vitamin-E-Selen-Lösung. Nach Angaben aus dem Zoo Duisburg hat sich auch bei natürlicher Aufzucht Beifütterung mit handelsüblicher Ersatzmilch bewährt. Ab einem Alter von 3-4 Lebenswochen wird ein pelletiertes Milchpulver verabreicht, nach spätestens 4 Monaten werden die Frischlinge abgesetzt.

Kreuzungen zwischen Wild- und Hausschweinen nicht selten. Im Zoo Halle wurde ein männliches Europäisches Wildschwein mit 2 Bartschweinweibchen verpaart. Die F1-Generation war miteinander fruchtbar, in der F2-Generation traten Totgeburten und lebensschwache Ferkel auf. Im Zoo Kopenhagen wurde 2006 ein Hausschwein von einem Hirscheber gedeckt und warf 5 lebenstüchtige Ferkel. Auf Java wurde ein Mischling zwischen Wildschwein und Java-Wildschwein nachgewiesen.

Höchstalter in Menschenobhut. Buschschwein über 16, Pinselohrschwein über 21½, Wildschwein 27, Bartschwein ca. 16¼, Java-Pustelschwein 17, Celebes-Pustelschwein über 10, Visaya-Pustelschwein 7, Zwergwildschwein 14, Savannen-Warzenschwein 30, Riesenwaldschwein über 2¾ (längste Haltungsdauer, in der Natur wahrscheinlich 18), Nordsulawesi-Hirscheber 23 Jahre.

Familie Nabelschweine (Tayassuidae)

Auch Pekaris. Mittelgroß, Schulterhöhe durchschnittlich 55 cm, Gewicht mehrheitlich bis 35 kg. Kaum Sexualdimorphismus, Kopf kurz

Abb. 28.5 Halsbandpekaris (*Pecari tajacu*) leben in Rotten zusammen und verteidigen sich gemeinsam wehrhaft gegen Fressfeinde.

und spitz, Rüsselknochen fehlen, Rüssel kurz, endet in kleiner, nackter, drüsenreicher Rüsselscheibe, Augen und Ohren klein. Zahnformel: 2/3 1/1 3/3 3/3, obere Eckzähne nach unten gerichtet, spitz, Vorderkante schleift gegen die Hinterkante der nach oben wachsenden unteren Eckzähne, gefährliche Bisswaffe. Körper schlank, seitlich abgeflacht, hinten überbaut, Beine schlank, kurz, unterscheiden sich von denen der altweltlichen Schweine anatomisch: Mittelfußknochen an ihrem oberen Ende miteinander verschmolzen, Klauen schmal, Afterklauen lang, 2. und 4. Vorderfuß- sowie 2. Hinterfußstrahl länger und kräftiger als übrige, 5. Hinterfußstrahl und hintere Außenzehe samt Afterklaue fehlen, Gran-Chaco-Pekari ohne Afterklauen an den Hinterbeinen. Schwanz sehr klein, im Fell verborgen, Haare besonders strukturiert, Fell dicht borstig, schwarzbraun, dunkel graubraun, oliv getönt, unterseits heller, an Kehle und Vorderbrust weißlich, oft dunkler Rückenstreifen, Borstenhaare des Scheitels, Nackens und Rückens verlängert und aufrichtbar. Auf der Mitte der Kruppe nabelähnlich eingesenkte Drüsentasche (sog. Nabeldrüse), aus der die im Unterhautbindegewebe liegende Drüse ein nach Moschus riechendes, öliges Sekret absondert. Keine Gallenblase, Magen ohne Schlundrinne, vierteilig mit 2 Blindsäcken zum Verdauen von Zellulose mittels Bakterien. Gattungen unterscheiden sich in der Chromosomenzahl (30, 26, 20) stark. Pekaris sind Kontakttiere, die intensiv soziale Körperpflege betreiben.

Verbreitung. Vom südlichen Nordamerika über Mittelamerika bis zum mittleren Südamerika.

3 Gattungen, 4 Arten.

Halsbandpekaris (*Pecari*): 2 Arten. **Halsbandpekari** (*P. tajacu*): kleinste Form. Fell dunkelgrau oder graubraun bis schwarz mit weißer Halsbandzeichnung, das der Jungtiere rötlich mit schmalem schwarzen Steifen auf dem Rücken. 14 Unterarten. Südliches Nordamerika, Mittelamerika, nördliches und mittleres Südamerika, bis Uruguay, Paraguay und Mittelargentinien. – **Riesenpekari** (*P. maximus*): erst 2006 beschrieben. Größte und schwerste Art (Körperlänge etwa 125 cm, Schulterhöhe 85 cm, Gewicht bis zu 50 kg), mit Halsbandpekari verwandt (Schädelmerkmale), doch proportional kleinköpfiger, schlanker und hochbeiniger, Fell borstig, braun mit weißlichen Grannen und schwarzem Aalstrich. Territorial- und Sozialverhalten von den übrigen Arten deutlich abweichend. Nördliches Zentralbrasilien südlich des Amazonas, vermutlich begrenzt vom Rio Madeira im Westen und Rio Tapajós-Juruena im Osten sowie Rio Guaporé im Süden. Verbreitungsgebiet möglicherweise kleiner, nachgewiesen auf beiden Seiten entlang von Mittel- und Unterlauf des in den Rio Madeira mündenden Rio Aripuanã.

Weißbartpekaris (*Tayassu*): 1 Art. Größer und dunkler gefärbt als Halsbandpekari, längere Nackenmähne, Wangen, Nase und Lippen weiß. **Weißbartpekari** (*T. pecari*), auch Bisamschwein: 5 Unterarten. Vom südöstlichen Mexiko über das nördliche Südamerika sowie das gesamte Amazonasbecken, vom zentralen Südamerika südlich bis Bolivien, Paraguay und Südbrasilien.

Chaco-Pekaris (*Catagonus*): 1 Art. **Gran-Chaco-Pekari** (*C. wagneri*), auch Taguá: galt nach seiner Erstbeschreibung 1930 als ausgerottet, wurde aber 1974 in der Chaco-Region (Grenzgebiet von Südostbolivien, Nordwesten von Paraguay und Argentinien) wiederentdeckt.

Gefährdungsstatus. Bestand in der Wildnis bei dem häufigen Halsbandpekari nicht bedroht. Das Weißbartpekari gilt als gefährdet. Das Gran-Chaco-Pekari wird aufgrund Bejagung im räumlich relativ eng begrenzten Verbreitungsgebiet als gefährdet eingestuft. Das Riesenpekari wird von der IUCN nicht als eigene Art anerkannt, daher liegt keine Bedrohungseinschätzung vor. EEP für Gran-Chaco-Pekari im Tierpark Berlin.

Lebensweise. Dämmerungs- und Nachttiere, besonders in den Morgen- und Abendstunden, im Winterhalbjahr auch am Tag aktiv, Chaco-Pekaris überwiegend Tagtiere. Lebensraum regional sehr verschieden, von Urwald über lichte Wälder über busch- und grasbedeckte Pampa bis in Halbwüsten. Mit 1 Ausnahme (Riesenpekari) gesellig in Rotten von 3–30, durchschnittlich 9 Tieren (Halsbandpekari) oder auch in größeren Verbänden bis weit über 100 Individuen (Weißbartpekari), Chaco-Pekaris in Gruppen von 2–10 Tieren. Strenge Rangordnung unter Führung des Alphaweibchens. Gelegentlich auch Einzelgänger im Randbereich der Rotten, bleiben stets in lockerem Kontakt. In kleinen Gruppen nur 1 Keiler, in größeren mehrere erwachsene Keiler, zwischen denen Auseinandersetzungen selten sind. Brünstige Weibchen paaren sich in größeren Rotten nacheinander mit mehreren Männchen. Vor der Geburt sondern sich tragende Weibchen etwas von der Rotte ab und gebären in einer Dickung oder Höhle. Junge folgen, anders als bei Wildschweinen, kurz nach der Geburt der Mutter und schließen sich mit ihr meist am Tag nach der Geburt der Herde an. Riesenpekaris sind monogam, bilden kleine Familienverbände aus 1 Paar und 1–2 Jungtieren. Reviertreu in verhältnismäßig kleinen, gegen Artgenossen verteidigten Wohngebieten, vorwiegend in Urwäldern und mit festen Wechseln, die im dichten Unterholz auch aus tunnelähnlichen Gängen bestehen können. Im Gegensatz dazu beanspruchen die übrigen, halbnomadisch lebenden Arten großflächige Wanderterritorien. Solche Reviere können sich in Randbereichen überlappen und dort von mehreren Gruppen ge-

Abb. 28.6 Das Weißbartpekari (*Tayassu pecari*) hat ein schwarzes Fell und eine weiße Kinnpartie. Die Jungtiere sind andersfarbig, aber ohne Frischlingszeichnung.

nutzt werden. Dabei keine Vermischungen. Fremde Weibchen werden von den Weibchen, fremde Männchen von den Männchen der Gruppe vertrieben. Wütende Tiere drohen einander mit leicht geöffnetem Maul, erhobenen Lefzen und leicht aufgeschürzter Rüsselscheibe, klappern bei größerer Erregung mit den Zähnen.

Sehvermögen meist wenig leistungsfähig, Gehör ausgezeichnet. Innerartliche Verständigung vor allem auf Wanderungen bei den meisten Arten durch eine Vielzahl von Grunz-, Bell- oder Kläfflauten, die auch über weite Entfernungen wahrgenommen werden. Jungtiere meckern ziegenartig. Riesenpekaris verhalten sich dagegen meist völlig lautlos. Sekret der Nabeldrüse dient in der Regel dem sozialen Zusammenhalt der Rotten und der Territorialmarkierung, wird an Steinen, totem Holz oder Zweigen, Ästen und anderen Pflanzenteilen im Vorübergehen abgestreift, verspritzt, direkt verrieben oder durch gegenseitiges Scheuern mit den Köpfen in antiparallelem Seite-an-Seite-Stehen auf die Kehl- und Kopfseitenpartie des Partners verteilt, ist auch im Paarungsgeschehen von Bedeutung. Reviermarkierung außerdem mit Kotplätzen an markanten Punkten. Bei Riesenpekaris Nabeldrüse vermutlich rudimentär, Sekretabsonderung bisher nicht beobachtet, daher auch keine Territorialmarkierung mit Drüsensekret.

Alle Arten suhlen gern und schwimmen gut. Halsbandpekaris können aber z.B. in Südarizona auch ohne Wasser auskommen, decken Flüssigkeitsbedarf aus Sprossen und Früchten wasserspeichernder Pflanzen (Opuntien). Feinde sind Jaguar und Puma, für jüngere Tiere auch Rotluchs und Coyote. In Rotten lebende Arten greifen bei Gefahr gemeinsam an und versuchen, den Gegner einzukreisen. Dagegen keine kollektive Verteidigung bei den Riesenpekaris, die sich meist erfolgreich individuell zur Wehr setzen. Pekaris werden wegen ihres Fleisches und Felles als Jagdwild, in landwirtschaftlich genutzten Gegenden von Farmern wegen der von ihnen angerichteten Schäden auf Plantagen, angeblich sogar als Nahrungskonkurrenten der Rinderherden verfolgt.

Nahrung. Variiert nach Verbreitungsgebiet und Jahreszeit: Gräser, Zuckerrohr, Blätter, Früchte, regional bevorzugt Agaven und Opuntien (Feigenkaktus), Wurzeln, Knollen, Pilze, Feldfrüchte des Menschen, auch hartschalige Samen, Palmnüsse, daneben reichlich Insektenlarven, Würmer, Käfer, Schnecken, kleine Wirbeltiere bis hin zu Agutis und Zwergmaras. Benagen Knochen. Verzehren salzhaltige Erden.

Haltung von Pekaris

In Tiergärten nur Halsbandpekari häufig. Weißbartpekari in süd- und mittelamerikanischen Zoos nicht selten, in Europa nur vereinzelt zu sehen, nach Import aus Paraguay seit 1985 erfolgreiche Zucht in Berlin (Erstzucht hier 1929) und Abgabe an einige Zoos Mitteleuropas. Für das Gran-Chaco-Pekari gute Haltungs- und Zuchtergebnisse in amerikanischen Zoos, in Europa erstmals 1978 im Zoo Berlin. Derzeit neben dem Tierpark Berlin in einigen weiteren mitteleuropäischen Zoos. Riesenpekari weltweit gegenwärtig nicht gehalten. Haltung von Pekaris ähnlich wie von tropischen Schweinen. Im Gegensatz zu diesen sind Halsbandpekaris jedoch gut akklimatisierbar. Eingewöhnung wie für tropische Schweine.

Unterkunft. Für Halsbandpekaris im Winter trockener, zug- und frostfreier Stall mit Temperaturen zwischen 5–12 °C, den sie nach Belieben aufsuchen können und der im Idealfall mit einer partiellen Bodenheizung ausgestattet ist. Stall- und Gehegehygiene wie für tropische Schweine. Gut eingewöhnte, akklimatisierte Tiere können auch im Winter tagsüber ins Freie gelassen werden, nachts im verschlossenen Stall, aber im Sommer auch nachts auf der Außenanlage. Besonders bei fehlender Bodenheizung als Bodeneinstreu dickes, weiches, trockenes Winterlager, über dem erforderlichenfalls Infrarotstrahler angebracht werden können. Weißbart- und Gran-Chaco-Pekaris sind weniger robust. Stalltemperaturen von mindestens 16–20 °C erforderlich. Vor allem Gran-Chaco-Pekaris bewohnen in ihrem Herkunftsgebiet heiße, trockene Zonen. Sie sind hochgradig empfindlich gegen nasskalte Witterung.

Umgang. Trotz der geringen Größe der Tiere kein ungeschützter Umgang mit Pekaris, besonders wenn sie in größeren Gruppen gehalten werden. Der Angstlaut eines abgesprengten Tieres kann den Angriff der Rotte auslösen. Drohende Pekaris gähnen und zeigen die Zähne. Angst, Wut, Verteidigungs- und Angriffsbereitschaft äußern sie mit rasselndem Zähneklappern. Angreifende Pekaris beißen. Sie springen den Menschen auch an, wenn sie sich bedroht fühlen.

Fütterung. Eiweiß- und kohlenhydratreiche Kost pflanzlicher und tierischer Herkunft wie verschiedenes Obst, besonders Banane, Apfel; Gemüse, besonders Möhre; Getreideprodukte, besonders Pellets, Haferflockenbrei, Reis, gequollener Mais; auch rohe Kartoffel, daneben gekochtes Fleisch, gekochtes Ei, Ferkelaufzuchtnahrung, gelegentlich Ganzkörper, Mineralstoffpräparate, auch Salzlecksteine, salzhaltige Erde. Alle Futtermittel wie für tropische Schweine sehr sauber zubereiten.

Vergesellschaftung. Pekaris möglichst in kleinen Gruppen halten. In großen Ausläufen mit entsprechender Stallkapazität sind auch mehrere erwachsene Keiler miteinander verträglich. Integration fremder Einzeltiere in fest gefügte Gruppen sehr schwierig, meist nicht möglich. Beim Weißbartpekari im Zoo Berlin wiederholt unvorhersehbare, plötzliche gemeinsame Angriffe mit schweren Bissverletzungen von Gruppenmitgliedern gegen einzelne Artgenossen. Danach war eine Reintegration nicht mehr möglich.

Vergesellschaftung mit anderen Tierarten auf großen Anlagen bedingt möglich, z. B. in Dortmund Halsbandpekaris mit Flachlandtapiren, Capybaras, Maras, Großen Ameisenbären, Tschajas, in Nordhorn und Tokio mit Waldbisons, in Puebla, Mexiko, mit Amerikanischen Schwarzbären, in New Orleans mit Weißwedelhirschen und Wildtruthühnern. In Schwerin werden Gran-Chaco-Pekaris mit Rückenstreifen-Kapuzineraffen und Nasenbären gemeinsam gehalten, in Planckendael Weißbartpekaris mit Nasenbären. Dabei sollte die subdominante Art immer einen Zugang zu einem separaten Innen- und Außengehegebereich haben und auch separat gefüttert werden.

Fortpflanzung und Zucht. Geschlechtsdiagnose schwierig und nur sicher, wenn man die Tiere direkt untersucht. Die Wurfzeit beim Chaco-Pekari erstreckt sich von September bis Januar. Halsbandpekaris ganzjährig fortpflanzungsfähig, in Arizona allerdings Paarungen im Frühjahr und Würfe im Sommer. In Südostbrasilien dagegen werfen Weißbart- und Halsbandpekari im Oktober/November. Geburten bei Weißbartpekaris lassen auf jährlich 2 Wurfzeiten (Frühjahr/Herbst) schließen. Geburtsgewicht beim Gran-Chaco-Pekari 678–763 g, beim Halsbandpekari 700–950 g in Menschenobhut, dagegen 320–788 g im natürlichen Lebensraum., wobei Einlinge am schwersten und Drillinge am leichtesten sind.

Östruszyklus 17–30, im Mittel 18–21 Tage, Brunstdauer 1–8, meist 2–3 Tage. Brünstige Tiere verreiben Sekret der Rückendrüse an Geschlechtspartner und Gegenstände. Tragzeit bei Halsbandpekaris 142–151 Tage, bei Weißbartpekari 156–162 Tage, bei Gran-Chaco-Pekari 181 Tage (nur 1 Beobachtung). Bei Halsbandpekaris Post-partum-Östrus nach 3–17 Tagen, somit 2 Würfe im Jahr in etwa 6-monatigem Abstand möglich. Trächtigkeitszeichen gering, wenig vermehrter Leibesumfang. Entfernung von tragenden Weibchen aus der Gruppe ist von Ausnahmen abgesehen nicht nötig. Rangniedere Weibchen, bei denen man Trächtigkeit vermutet, so isolieren, dass am Sichtgitter direkter Kontakt zu den Artgenossen bleibt. ½- bis 1-jährige Töchter brauchen nicht von der Mutter getrennt zu werden.

Meist Zwillinge, gelegentlich auch 1 oder 3, in seltenen Ausnahmen 4 Junge. Weibchen mit 8 Zitzen, von denen in der Regel nur 4 funktionstüchtig sind (Chako-Pekaris mit 6–8 funktionstüchtigen Zitzen). Davon scheinen aber nur

2 Zitzen ausreichende Milchleistung zu bringen. Neugeborene seh- und lauftüchtig, teilbezahnt (äußere Schneide- und Eckzähne vorhanden), dunkler Aalstrich, keine Frischlingszeichnung. Bei Halsbandpekaris weißlicher Halsring bereits vorhanden. Ohrränder, Kopfseiten, Kehle, Bauch sowie die „Nabel"drüsenregion weißlich. Neugeborene Weißbartpekaris mit hellgelbem Gesicht und Ohren, sonst rötlich gelb, junge Chaco-Pekaris wie Alttiere gefärbt. Bei Halsbandpekaris beginnt die Umfärbung am Kopf und ist nach 3–4 Monaten abgeschlossen. Bei Weißbartpekaris wird das helle Jugendkleid erst im 2. Lebensjahr durch die Erwachsenenfärbung ersetzt. Neugeborene Pekaris sind dichter behaart und weniger kälteempfindlich als junge Schweine. An kühlen Tagen beheizter Stall als Rückzugsmöglichkeit ausreichend. Weibchen säugen stehend, Junge kriechen dazu wie Wiederkäuer unter die Mutter. Erste feste Kost bereits am Ende der 1. Lebenswoche. Säugezeit bei Halsbandpekaris 8–10 Wochen. Nach der Geburt anwesende, 6–12 Monate ältere weibliche Geschwister können sich zu milchspendenden „Ammen" entwickeln, obwohl sie weder ausgewachsen noch geschlechtsreif sind. ½-jährige „Ammen" können dabei selbst noch an 1-jährigen Schwestern saugen. „Ammen" sind in der Stammgruppe unfruchtbar, vermutlich auch infolge einer Inzesthemmung. Weibchen von Halsbandpekaris sind mit etwa ¾- bis 1¼ Jahren, Männchen mit etwa 1 Jahr geschlechtsreif, Weißbartpekaris wahrscheinlich erst nach dem Umfärben mit etwa 2 Jahren.

Künstliche Aufzucht schwieriger als bei Schweinen, da junge Pekaris an der Mutter pro Mahlzeit nur kleinste Milchmengen zu sich nehmen, dafür aber sehr oft am Tag gesäugt werden. Deshalb im Falle einer künstlichen Aufzucht in kürzeren Abständen Nahrung anbieten, auch nachts keine längeren Pausen einlegen. Pekarimilch ist fettärmer und dünner als die Milch von Schweinen. Milchzusammensetzung beim Halsbandpekari in Tabelle 28.2. Verdauungsstörungen lassen sich beim Einsatz von Ferkelaufzuchtpräparaten oft durch Verdünnung der Flaschennahrung beheben.

Im Zoo London wurde 1891 ein lebensfähiger Mischling aus Halsbandpekari und Weißbartpekari geboren.

Höchstalter in Menschenobhut. Halsbandpekari über 31½, Weißbartpekari über 28½, Gran-Chaco-Pekari mindestens 14¾ Jahre.

Familie Flusspferde (Hippopotamidae)

Körper walzenförmig, plump, gedrungen. Kopf groß mit breiter Schnauze und auf der Kopfoberseite in einer Ebene liegenden verschließbaren Nasenlöchern, kleinen Augen und beweglichen, verschließbaren Ohren. Unterkiefergelenk gestattet weitwinklige Maulöffnung (bis 150° beim Flusspferd). Eckzähne groß, dauerwachsend, untere meist kräftiger als obere, schleifen mit ihrer Hinterkante gegen die Vorderkanten der oberen, so entstehen messerscharfe Spitzen und Schneidkanten. Gekammerter Magen mit Blindsäcken. Hals kurz. Gliedmaßen kurz und gedrungen, vierzehig, Afterzehen (2. und 5.) kräftig entwickelt, am Boden aufliegend, aber schwächer als Mittelzehen, zwischen den wenig spreizbaren Zehen kleine Schwimmhäute. Schwanz kurz, an der Spitze seitlich spatelartig abgeflacht. Haut braun, schleimdrüsenreich, glatt, von vereinzelten Borsten abgesehen, nackt, lediglich an Schnauze und Schwanz dichter beborstet. Nach genetischen Untersuchungen scheinen Flusspferde von allen Paarhufern am engsten mit den Walen verwandt zu sein.

Verbreitung. Afrika südlich der Sahara.

2 Gattungen, 2 Arten.

Flusspferde (*Hippopotamus*)

1 Art. Körperlänge 4,5 m, Schulterhöhe bis 1,65 m, Gewicht bis 4,5 t. Schwer, plump, Männchen größer und schwerer als Weibchen. Zahnformel: 2/2 1/1 3–4/3–4 3/3, neben den

Abb. 28.7 Das Flusspferd (*Hippopotamus amphibius*) ist zwar ein Steppentier, hält sich aber tagsüber im Wasser oder in Gewässernähe auf.

Eck-, sind auch die Schneidezähne des Unterkiefers dauerwachsend, nach vorn gerichtet und wirken beim Grasen als „Harke". Haut bis 5 cm stark, ohne Unterhautfettgewebe, braun, an Bauch, Kehle und um die Augen und Ohren meist fleischfarben oder rosabraun, vereinzelt helle Abzeichen an den Beinen und Füßen. Ausnahmsweise durch Pigmentausfall rosafleischfarbene Individuen. Die Haut ist mit einer großen Zahl von Schleimdrüsen ausgestattet, die einen bräunlich roten, dünnen, sehr salzigen Schleim absondern, wenn sich die Tiere im Trockenen befinden. Er schützt die Haut vor zu starker Austrocknung und hat vermutlich antibiotische Wirkung. **Flusspferd** (*H. amphibius*): 2 Unterarten. Afrika südlich der Sahara, außer dem geschlossenen westafrikanischen und westlichen zentralafrikanischen Urwald.

Gefährdungsstatus. Bestand in der Wildnis in vielen Schutzgebieten gesichert, aber leicht zurückgegangen (ca. 120000–130000 Tiere), in anderen, z.B. im Virunga-Nationalpark (Demokratische Republik Kongo) fast völlig vernichtet und außerhalb von Schutzgebieten regional völlig ausgerottet, insgesamt als gefährdet geführt. EEP im Zoo Olmütz.

Lebensweise. Sowohl nacht- als auch tagaktiv. Lebensraum kleine bis große stehende oder langsam fließende Binnengewässer bis in 2000 m Höhe. Vorwiegend in flach auslaufenden Uferregionen, in offenen, tieferen Gewässern nur zeitweilig. Vereinzelt auch an Flussmündungen zum Meer, aber nicht in Stromgebieten im geschlossenen Urwald, da angrenzendes Hinterland mit Weideflächen erforderlich ist.

Gesellig, je nach der Größe des zur Verfügung stehenden Lebensraumes in Gruppen von einigen wenigen bis über 100 Tieren in unterschiedlicher und wechselnder Zusammensetzung bezüglich Alters- und Geschlechterstrukturen, daneben auch Einzelgänger. Soziale Organisationsform ist Paarungsterritorialität, d.h., ca. 10 % der adulten Bullen halten ein Territorium, in dem sie allein das Paarungsrecht haben. Die Ausmaße schwanken in Abhängigkeit von Landschaftsstrukturen und Zahl der Tiere. Ein Territorium besteht immer aus einem schmalen Landanteil (Uferterritorium) und setzt sich zum größeren Teil im Flachwasser (Wasserterritorium) fort. Lokale Bedingungen, wie sicherer Aufenthalt, bequeme Ein- und Ausstiege sowie Liegeplätze und Nahrungsangebot bestimmen Zuwanderung, Aufenthaltsdauer und Fluktuation. Innerhalb des Territoriums werden auch weitere Männchen geduldet, die die ranghohe Stellung des paarungsberechtigten Bullen nicht infrage stellen. Die einzige feste Sozialeinheit sind Mutter und Kind. In den ersten Tagen nach einer Geburt halten sich Neugeborenes und Mutter deutlich getrennt von den Artgenossen auf. Hierbei handelt es sich um eine Prägungsphase, in der das Neugeborene die Mutter zu erkennen lernt. Mütter sind in dieser Zeit sehr aggressiv. Im natürlichen Lebensraum wurde ein Infantizid durch Bullen, die eine Weibchengruppe neu übernommen haben, nachgewiesen.

Flusspferde ruhen oder dösen tagsüber im Flachwasser oder sonnen sich am Ufer, auf Sand- und Schlammbänken. Nachts begeben sie sich auf das Festland zum Weidegang auf regelmäßig benutzten Wechseln, die an Flüssen mit hohen Böschungen oft sehr steil sind. Die Weideflächen sind neutrales Gebiet und werden von allen Tieren genutzt. Große Kothaufen findet man sowohl in den Territorien als auch in den Weideflächen. Der Kot wird hier meist bei der Abgabe mit dem Schwanz durch seitliches Wedeln verteilt. Die Kothaufen dienen den Kontakten zwischen den Tieren, haben keine territoriale Funktion. Auf der Flucht ins Wasser oder beim Angriff an Land sind Flusspferde sehr schnell, sollen schwimmend Meeresarme (z.B. von Ostafrika nach Sansibar und Mafia, Luftlinienentfernung etwa 30 km) überquert haben. Ruhig gleitend und schwebend schwimmen sie untergetaucht, laufen auch am Grund der Gewässer wie an Land. Starke Strömungen werden gemieden, Wassertiefen um 2 m bevorzugt. Fortbewegung im Wasser meist tauchend, flüchten so bei Gefahr und tauchen dann nur kurz unter schützenden Wasserpflanzen oder unter anderer Deckung auf, um zu atmen. Tauchdauer 2–6, bei erwachsenen Tieren in Ausnahmefällen bis 15 Minuten. Beim Tauchen sind Nasenlöcher fest verschlossen, Augen dagegen offen. Ohren werden angelegt, eingedrungenes Wasser wird nach dem Auftauchen durch schnelle, kreiselnde Bewegungen der Ohrmuscheln herausgeschleudert. Gesichts-, Gehör- und Geruchssinn leistungsfähig. Akustische Verständigung durch Grunz- und Schnauflaute, auch lautes, brüllendes Rufen und verschiedene Unterwasserlaute. Bedeutung der einzelnen Lautäußerungen ist unklar. Drohgeste mit halb bis weit geöffnetem Maul. Wütende, kämpfende Tiere rufen viel. Bei Begegnungen von ausgewachsenen ranghohen Bullen meist ritualisierte Verhaltensabläufe. Dabei spielt die Abgabe von Kot und Urin eine große Rolle. Kot wird bei der Abgabe mit dem Schwanz durch seitliche Bewegung verteilt, gleichzeitig wird über den nach hinten gerichteten Penis Urin abgegeben. Rangniedere Tiere halten bei Begegnungen mit ranghohen den Kopf niedrig und das Hinterteil hoch. Weit häufiger als echte Kämpfe sind imponierende Frontkämpfe. Dabei wird dem Gegner mit geöffnetem Maul Wasser entgegen geschleudert und laut gerufen. Nach Rangordnungskonflikten unterlegene Tiere, die z.B. auf der Flucht vor dem Sieger von diesem eingeholt werden, zeigen an Land bzw. im Flachwasser als Unterlegenheitsgebärde ruckartiges Schwanzwedeln und setzen sich auf das Hinterteil. Nicht selten Beschädigungskämpfe, die tödlich enden können oder klaffende, aber später meist gut verheilende Wunden zur Folge haben. Fische und Wasserschildkröten wurden bei „Wundsäuberung“ beobachtet. Gegen artfremde Gegner meist Scheinangriffe, indem sie sich hoch aus dem Wasser aufrichten und dann ungestüm in Richtung Feind tauchen, oft jedoch unter Wasser ihren Kurs ändern und anderswo auftauchen. Sowohl an Land als auch im Wasser können Flusspferde, insbesondere Kühe mit jungen Kälbern, blitzschnell angreifen, wenn sie sich in die Enge getrieben fühlen. Oft bleibt es aber auch in dieser Situation bei einem Scheinangriff. Löwen greifen erwachsene Flusspferde nur selten an, schlagen aber wie Leoparden, Hyänen und Afrika-Wildhunde an Land nicht selten Jungtiere oder Halbwüchsige, die sich zu weit von der Mutter entfernt haben. Jungtiere können im Wasser auch Krokodilen zum Opfer fallen. Adulte Tiere sind gegenüber Krokodilen meist überlegen.

Nahrung. Vorwiegend Gräser, die auf dem Festland geweidet werden, Kräuter, Feldfrüchte des Menschen, selten Wasserpflanzen, etwa gelegentlich Nilsalat (*Pistia stratiotes*) oder Schilf.

Haltung von Flusspferden

1. Flusspferd in Europa vor etwa 2000 Jahren in der Menagerie des römischen Kaisers Augustus. In europäischen Tiergärten 1850 in London, 1853 im Jardin des Plantes in Paris. Flusspferde werden heute in vielen größeren Zoos Europas gehalten und gezielt erfolgreich gezüchtet. Deshalb seit vielen Jahren keine Wildfänge. Gegenwärtig jährliche Nachzuchtquote stößt an die Grenze der Aufnahmefähigkeit in den Tiergärten.

Eingewöhnung und Fütterung meist wenig schwierig. Nicht winterhart, aber wenig empfindlich gegen Temperaturschwankungen, da sie in Afrika in Höhen von 1500–2000 m vor allem nachts kühlen Temperaturen ausgesetzt sind. Im milden, maritimen Klima Südostenglands wurden Flusspferde schon ganzjährig im Freien gehalten. Sie ertrugen dort Winter, in denen sich gelegentlich dünne Eisschichten über dem Wohngewässer bildeten. Solche Haltungsmethoden werden jedoch ansonsten nicht praktiziert, weil Bedingungen angestrebt werden, unter denen sich Wildtiere wohlfühlen sollen.

Unterkunft. Während des Winterhalbjahres in meist für Besucher zugänglichem Warmhaus. Außen- und Innenanlage je mit großem Wasserbecken mit möglichst publikumsnahen Flachwasserzonen zum Ruhen, z.B. an Wasserzugängen. Beckentiefe 1,3–2,5 m, Wassertemperatur 18–20 °C. Raumtemperatur im Haus nicht unter 18 °C. Innenunterkunft samt Innenbecken sollte teilbar sein, um Einzeltiere (Bullen, tragendes Weibchen) von der Gruppe trennen zu können. Getrennte Zugänge zum Innenbecken sind vorteilhaft. Innenställe sollten möglichst untereinander verbunden sein, im Idealfall durch Rundläufe. Türen und Tore müssen leicht und gefahrlos zu öffnen und zu schließen sein. Gehegebegrenzungen von 1,65 m Höhe sind im Allgemeinen ausreichend, allerdings können sich adulte Tiere zumindest mit den Vorderbeinen aufstützen und erreichen dann Höhen von 2,8 m. In Rotterdam hat ein adultes Weibchen 1,65 m überstiegen. Als kälteisolierender Bodenbelag hat sich ein 15 mm starker Gummifußboden bewährt, günstig auch partielle Fußbodenheizung. Landanteil der Außenanlage sollte dem Bewegungsbedürfnis der Tiere Rechnung tragen. Boden als fester Hartboden, auch weicher Sand oder Rasen (empfindliche Sohlen der Flusspferde beachten). In der Außenanlage müssen Schattenplätze, Scheuermöglichkeiten und Sandsuhlen vorhanden sein. Flusspferde kann man bereits im späten Frühjahr an warmen Tagen ins Außengehege lassen, Wassertemperatur beachten. Nachts die Tiere aber stets wieder in das Warmhaus zurücknehmen. Spätestens ab Ende Mai können die Tiere dann bei normalen Witterungsverhältnissen in Mitteleuropa bis in den Herbst hinein Tag und Nacht in den Außenanlagen bleiben.

Flusspferde hinterlassen den größten Teil ihres Kots im Wasser. Bisher übliche Haltungssysteme mit einfachen Zu- und Überläufen müssen ein- bis zweimal wöchentlich entleert und gemistet werden. In modernen Anlagen sorgt aufwendige Filtertechnik für relativ klares Wasser und ermöglicht dem Besucher einmalige Unterwassereinblicke. Im Zoo Hannover wird das Beckenvolumen dauerhaft innerhalb von ½ Stunde über Siebtrommeln und Sandfilter gereinigt und schafft so eine Sichtweite von bis zu 7 m.

Umgang. Gehege oder Anlagen nicht in Anwesenheit der Tiere betreten. Lebensgefährlich! Warnungen vor einem Angriff werden meist nicht erkannt. Bei einem Angriff entwickeln Flusspferde so hohe Geschwindigkeiten, die eine rechtzeitige, erfolgreiche Flucht meist ausschließen. Auch aus dem Wasserbecken können sie plötzlich angreifend auftauchen. Deshalb nicht auf niedrigen Beckenmauern oder am Beckenrand entlang laufen.

Flusspferde lieben es, mit einem Schlauch abgetränkt oder geduscht zu werden. Damit können die Tiere auch dirigiert, kontrolliert (wichtig ist die regelmäßige Zahnkontrolle) oder beschäftigt werden. Wegen des großen Narkoserisikos wird auf Sedierungen, Immobilisation oder Narkosen für operative Eingriffe meist verzichtet. Transport je nach Alter in Spezialkisten. Wenn möglich, Kiste an einen Stallzugang anschließen und das Tier an die Kiste als Futterplatz gewöhnen. Flusspferde müssen auf längeren Reisen von oben mit Wasser begossen werden, weniger um sie abzukühlen (nur an sehr heißen Tagen), sondern um die Haut feucht zu halten, auf der sich sonst der für länger im Trockenen stehende Flusspferde typische Hautschutzschleim bildet. Da aber nach und nach das in diesem Schleim enthaltene Wasser verdunstet, überzieht sich die Haut mit einem leimartigen Film, der die Hautporen verstopft. In der Wildnis werden diese Schleimreste nach dem Landaufenthalt beim nächsten Bad abgewaschen. Fahrt darf nicht sofort nach der Dusche fortgesetzt werden, da das verdunstende Wasser bei Zugluft den Körper zu stark auskühlt. Generell Zugluft vermeiden, auf offenem Transportmittel Kiste mit Planen abdecken. Empfohlen wird, die Tiere vor dem Versand mit einer feinen Wasser-Öl-Emulsion mittels eines Zerstäubers zu besprühen. Die Haut wird länger feucht gehalten und das Öl verhindert, dass der Schleim der Hautdrüsen später als Film an der Haut anklebt.

Fütterung. Für erwachsene Flusspferde im Sommer täglich 30–45 kg Gras, Klee, Luzerne, Grünhafer, grünen Mais, auch Salat, Kohl oder anderes Gemüse, im Winter 15–25 kg Heu, 10–15 kg Rübe (gehackt), auch Möhre, Rote Bete, Apfel, gekochte Kartoffel, 5–10 kg Kraftfutter (Pferdepellets, Hafer- oder Weizenkleie, Maisschrot, Quetschhafer, auch altbackenes Brot). Hauptmahlzeit abends, am Morgen zusätzlich eine kleinere Futtergabe. Fütterung gemeinsam auf dem Landteil.

Vergesellschaftung. Flusspferde sind untereinander wesentlich verträglicher als Zwergflusspferde. Je nach Größe der Unterkünfte können Gruppen aus 1 erwachsenen Männchen und 1 bis mehreren Weibchen gehalten werden. Vor dem erstmaligen Zusammenlassen Neulinge nacheinander mit den einzelnen Artgenossen bekannt machen. Dazu Kontakt am Sichtgitter ermöglichen. Tiere erst zusammenlassen, wenn sie sich keine Drohgebärden mit halb geöffnetem Maul zeigen, sich gegenseitig beriechen, belecken und eventuell gemeinsam am Gitter ruhen. Rundlauf muss wegen Fluchten möglich sein. Geschieht das direkte Aufeinandertreffen im Becken, dann Wasserhöhe so reduzieren, dass insbesondere junge Tiere Unterlegenheitsgebärden zeigen können. Außerdem können die Tiere bei einem Wasserstand von ca. 1 m nicht schwimmen oder tauchen und auch nicht so schnell laufen wie an Land. Wenn technisch möglich, Trenngitter des Beckens nur an den Gitterenden entfernen und Mittelteil als Raumteiler stehen lassen, hinter den sich ein flüchtendes Tier zurückziehen kann. Flusspferde sind anfangs sehr zurückhaltend und schreckhaft, doch verläuft die Vereinigung in den meisten Fällen erfolgreich, wenn die Tiere vorher gegenseitig kein aggressives Verhalten gezeigt haben. Ungeachtet dessen darf das Zusammengewöhnen von Flusspferden nur unter ständiger Aufsicht erfolgen. Nach und nach erlischt das Interesse für einander. Tiere liegen dösend im Flachwasser, wahren anfangs öfter einen bestimmten Abstand voneinander. Dann ist die Eingewöhnung meist abgeschlossen. Tieren, die wegen eines ernsthaften Angriffs getrennt werden mussten, bald erneut den Kontakt am Sichtgitter ermöglichen, gegebenenfalls dort füttern.

Verschiedene Zoos halten oder hielten auf den Außenanlagen Flusspferde mit anderen Großsäugern zusammen, z.B. mit Steppenzebras, Straußen (Zoo Basel), Breitmaulnashörnern, Elenantilopen, Wasserböcken, Thomsongazellen, Gnus (Ramat Gan). Vergesellschaftung auch mit Gänsevögeln, Reihern, Wasserschildkröten und Fischen erfolgreich praktiziert. Wichtig bei kleineren Anlagen sind Rückzugsmöglichkeiten, die nur von 1 Tierart aufgesucht werden können, denn bei einer solchen Vergesellschaftung kann sich auch einmal der körperlich schwächere, aber aggressivere Teil durchsetzen. Im Zoo Berlin grenzen die Außengehege der Tieflandnyalas und der Flusspferde aneinander. Die Nyalas können den Auslauf der Flusspferde betreten, sich aber jederzeit hinter eine für die Flusspferde unüberwindbare Barriere in ihr eigenes Gehege zurückziehen. Der aggressive Nyalabock verschaffte sich durch gezielte Angriffe mit heftigen Hornstößen in die Flanken oder das Hinterteil der Flusspferde einen solchen Respekt, dass die Flusspferde ins Wasserbecken flüchten, wenn sie im eigenen Gehege von der Antilope bedroht werden.

Fortpflanzung und Zucht. Geschlechtsunterscheidung unkompliziert. Vagina unter dem Anus deutlich sichtbar. Öffnung des in der Bauchhöhle liegenden Penis nach hinten gerichtet. Ein Zitzenpaar zwischen den Hinterbeinen. Würfe in der Wildnis während der Regenzeit, in Tiergärten ganzjährig. Unterschiedliche Angaben zur Östrusdauer, liegen aber im Bereich von 30 Tagen. Brunstdauer 3 Tage, davon meist 1½ Tage Hochbrunst. Tiere brüllen während dieser Zeit viel. Eigentliche Paarung unauffällig, fast geräuschlos, stets im Wasser, wobei das Weibchen nur im Abstand von 3–4 Minuten die Nasenlöcher aus dem Wasser heraussteckt, um schnaufend aus- und einzuatmen. Paarungsdauer bis zu 30 Minuten, mehrere Paarungen am Tag. Tragzeit 227–245, im Durchschnitt 237 Tage.

Keine sicheren Trächtigkeitszeichen. Der Ausfall von Brunsterscheinungen nach beobachteten Paarungen ist ein Anzeichen von Schwangerschaft. Verhalten zu Artgenossen während der Tragzeit ist individuell verschieden. In Rotterdam wurden tragende Weibchen gegenüber Artgenossen aggressiv, so dass sie ab 6. Trächtigkeitsmonat isoliert werden mussten. In Leipzig lebten sowohl 1 Paar als auch 2 Weibchen bis wenige Tage vor der Geburt friedlich nebeneinander. Gegen Ende der Trächtigkeit schwillt das die Scheide umgebende Haut- und Muskelgebiet an, wird schlaff und verfärbt sich rosa. Bereits 14 Tage vor der Geburt werden aus der Scheide Schleimabgänge beobachtet. Euter und äußere Schamlippen schwellen bei mehrfach gebärenden Weibchen etwa 3–4 Wochen, bei Erstgebärenden etwa 2 Wochen vor der Geburt an. Bei gut genährten, älteren Tieren tropft beim Laufen an Land Milch aus dem Euter. Spätestens dann tragendes Weibchen in einem eigenen Beckenteil mit dazugehörigem Ausstieg und Futterplattform isolieren.

Geburt fast immer im Wasser, selten an Land. An Land geborene Junge kommen in der Regel nicht auf. In Leipzig wurden bisher in einem über 65-jährigen Zuchtzeitraum 5 Flusspferde an Land geboren. Alle starben in den ersten Tagen, obwohl sie mehr oder weniger kurze Zeit nach der Geburt allein oder mit der Hilfe der Pfleger ins Wasser gelangten. Nicht alle hatten leere Mägen. Eine Erklärung für diese Todesfälle gibt es nicht. Bei normalen Geburten liegt das Weibchen während der Eröffnungswehen im Flachwasserteil des Beckens (oft an den Ausstiegsstufen). Dauer dieses Geburtsabschnitts 30 Minuten bis mehr als 2 Stunden. Zwischen den Wehen, die anfangs im Abstand von 5, später 3 Minuten oder in noch kürzeren Abständen auftreten, schwimmt das Weibchen kleine Runden durch das Becken, wechselt auch die Körperseite, auf der es liegt. Vermutlich wird während dieser Geburtsphase die Frucht aus dem Uterus in den langen Schlauch der Vagina gedrückt. Die eigentliche Geburt erfolgt dann zwar nicht explosionsartig, aber doch ziemlich rasch und vermutlich nur mit einer einzigen, kräftigen Presswehe. Vorher verlässt die Mutter meist ihren Ruheplatz und schwimmt wenige Meter. Plötzlich macht sie einen kleinen Satz im Wasser und presst das 27–45 kg schwere Junge in einem Schwall blutigen Fruchtwassers aus dem Mutterkörper heraus. Die Geburt kann nach Beobachtungen in Rotterdam bei Niedrigwasser auch im seitlichen Liegen erfolgen. Es ist unklar, ob dabei die Jungen in der Regel mit dem Kopf oder mit den Hinterbeinen voran geboren werden. Zuverlässigen Beobachtungen zufolge sind beide Geburtslagen nicht selten. In Zürich erfolgte eine Geburt nicht in einem Zuge, sondern wurde erst abgeschlossen, nachdem der Kopf des Jungen bereits 3 Minuten aus der Vulvaöffnung herausschaute. Auch bei Hinterendlagen kann es zu beträchtlichen Verzögerungen kommen. In Magdeburg deutete sich der Beginn einer Geburt bereits in den frühen Abendstunden des Vortages durch aus der Vagina hängende Fruchthüllenteile an. Am folgenden Morgen waren die Hinterbeine des Jungen zu sehen, das im Zusammenhang mit der versuchten Applikation eines Wehen anregenden Medikamentes 15 Stunden nach Geburtsbeginn mit einer einzigen Presswehe stoßartig ausgetrieben wurde und überlebte. Nabel mit Sollbruchstelle, reißt meist während oder direkt nach der Austreibung. Gelegentlich wird die Auffassung vertreten, vor der Geburt das Beckenwasser auf eine Höhe von nur 30–40 cm abzusenken. Dass das nicht erforderlich ist, beweist eine große Zahl erfolgreicher Flusspferdaufzuchten bei normalem, etwa 2 m tiefem Wasserstand. In Europa finden die meisten Geburten zwischen Mai und Oktober statt.

Das Neugeborene kann sofort schwimmen und tauchen und wird gleich nach der Geburt vom Weibchen mit dem Kopf ins Flachwasser dirigiert. Bereits nach 30–75 Minuten versucht das Junge zu saugen. Es schwimmt dabei um die Mutter herum und sucht, häufig an verschiedenen Stellen auftauchend, nach dem Euter. Wenn es das gefunden hat, beginnt es sofort zu saugen und taucht nun nicht mehr so oft wie vorher, aber immer fast an der gleichen Stelle auf, schnappt kurz Luft und verschwindet wieder im Wasser: Die Häufigkeit des Auftauchens während eines Saugaktes nimmt mit dem Wachstum des Jungen zu, Tauchzeiten verlängern sich. In den ersten Lebenstagen für einen Saugakt 10–15 Tauchhandlungen mit Einzelsaugzeiten von 30–60 Sekunden, bei älteren Jungen 15–20 Tauchakte zu je 60–130 Sekunden. Tagsüber finden in einem Zeitraum von 8 Stunden etwa 15–20 Saugakte statt. Dazwischen schläft das Junge viel. Mutter verlässt das Wasser ohne das Junge nicht, um an Land zu fressen. Nach 2–3 Tagen, manchmal früher, geht das Junge mit dem Weibchen erstmals an Land. Spätestens dann im unteren Drittel der Gitterumzäunung des Landabteils ein enges Gitter einsetzen, damit das Junge nicht zufällig durch die mannsbreiten Zwischenräume der Einzäunung kriecht. In den letzten Tagen vor und den ersten Tagen nach der Geburt ist die Flusspferdmutter gegen Pfleger und Artgenossen besonders angriffslustig. Deshalb möglichst noch vor der Geburt die übrigen Flusspferde aus dem Becken entfernen, bis das Jungtier sicher und schnell schwimmen und tauchen kann. Bei zwangsweise langem Aufenthalt an Land kommt es oft zu Hautschäden. Deshalb Tiere regelmäßig duschen. Aus dem gleichen Grund entstehen Gelenkschäden an den nicht auf Dauerbelastung eingerichteten Gliedmaßen. Deshalb den Tieren so früh wie möglich Zugang zum Badebecken ermöglichen. Die Artgenossen sind an dem Neugeborenen sehr interessiert, halten sich oft laut rufend am Trenngitter auf. Wenn dann das Jungtier zu sehr in die Nähe der anderen Tiere schwimmt, versucht die Mutter diese durch einen Angriff in Richtung des Gitters zu vertreiben. Das wiederum kann für das Jungtier gefährlich sein, weil es von der wütenden Mutter gegen das Gitter geschleudert oder gar gequetscht werden kann.

Meist nur 1 Junges, Zwillingsgeburten selten (nur 1:150), erstmals 1963 in St. Louis, später Köln, Guatemala City, Memphis und Prag. Junge wachsen schnell. Geburtsgewicht wird mit 1½ Monaten verdoppelt, Gewicht mit 6 Monaten 150–180 kg. Die Geburtsintervalle liegen zwischen 241 und 585 Tagen. Erste feste Kost wie im Freiland mit 4 Wochen. Säugezeit ca. 6 Monate. Gegen den Widerstand von 2 anderen Weibchen „adoptierte“ ein 39 Jahre altes Weibchen im Zoo Hannover ein 8 Monate altes Jungtier. Das Weibchen hatte selbst 22 Junge geboren und teilweise aufgezogen, das letzte 3 Jahre zuvor. Das Jungtier wurde von ihm nach kurzer Zeit sogar gesäugt. Aufgrund der Häufigkeit der Saugakte und des stärkeren Wachstums dieses Tieres im Vergleich mit Jungtieren, die in diesem Alter nicht mehr gesäugt wurden, ist die Annahme berechtigt, dass das Weibchen tatsächlich wieder laktierte. Als in München das Flusspferd „Rosa“ ein Junges gebar, löste das Ereignis eine spontane Laktation bei deren 50-jähriger Mutter „Tanga“ aus, die nun gemeinsam mit ihrer Tochter den Enkel säugte.

Ab 6. Lebensmonat können die Jungen abgesetzt werden oder unter Einhaltung der notwendigen Sicherheitsmaßnahmen zusammen mit der Mutter zum Vater bzw. in die Gruppe gelassen werden. Im Allgemeinen sind in Tiergärten Flusspferdbullen freundlich zu ihren Sprösslingen, spielen sogar mit ihnen und tragen Scheingefechte mit ihnen aus. In Magdeburg wuchs 1996 ein Jungtier in Anwesenheit des Vaters auf, welches auch in dessen Beisein geboren wurde. Der Vater zeigte sich in den ersten Monaten friedfertig und duldsam gegenüber dem Jungen. Als dieses 4 Monate alt war, griff er seinen Nachwuchs plötzlich an und verletzte ihn. Das Junge wurde abgesetzt und danach mutterlos aufgezogen.

Jungtiere sind mit etwa 9 Monaten selbstständig. Geschlechtsreife mit 3–4 Jahren, gelegentlich noch früher (Weibchen mit 2¼, Männchen mit 2½ Jahren). Im Freiland zeigen Weibchen eine Gewichtszunahme bis zu etwa 24 Jahren, Männchen bis über das 35. Jahr hinaus. Das Weibchen „Grete", das in Leipzig fast 45 Jahre alt wurde, brachte 18 Junge zur Welt, zog davon mit 37 Jahren letztmalig eines auf und brachte mit 39 bzw. 40 Jahren nochmals lebende Junge. Diese Lebensdaten übertraf das Berliner Flusspferdweibchen „Bulette", das 53¾ Jahre alt wurde, zwischen ihrem 5. und 42. Lebensjahr 26 Junge brachte und davon 19 aufzog. Ein weiteres Jungtier starb mit 7 Monaten an einer Pneumonie. Ein Männchen hat mit 39 Jahren noch erfolgreich gedeckt.

Künstliche Aufzucht erstmals 1887 in St. Petersburg mit Ziegenmilch, in den 1980er und 1990er Jahren in Wroclaw, Melbourne, Nürnberg und Portland erfolgreich. Als Nahrung eiweißangereicherte Kuhmilch oder Kälberaufzuchtmilchersatz. Milchzusammensetzung von 2 Proben beim Flusspferd: Trockensubstanz 10,54 %, Fett 4 %, Eiweiß 5,30 %, Kohlenhydrate 4,36 %, Asche 0,80 %, im Kolostrum hoher Eiweißgehalt und unter dem Durchschnitt liegende Fett- und Kohlenhydratanteile (Fett 2,24 %, Eiweiß 15,88 %, Kohlenhydrate 2,09 %). Flasche mit Sauger wird mitunter schlecht angenommen, dann Nahrungsaufnahme aus Trinkgefäß, während am Finger des Pflegers gesaugt wird. Nahrungsmenge in der 1. Woche 2,3–4,5 l, in den folgenden Wochen wöchentlich um reichlich 1 l ansteigend.

Versuche zur hormonellen Kontrazeption über Implantate waren im National Zoological Park Washington erfolgreich. Es laufen auch

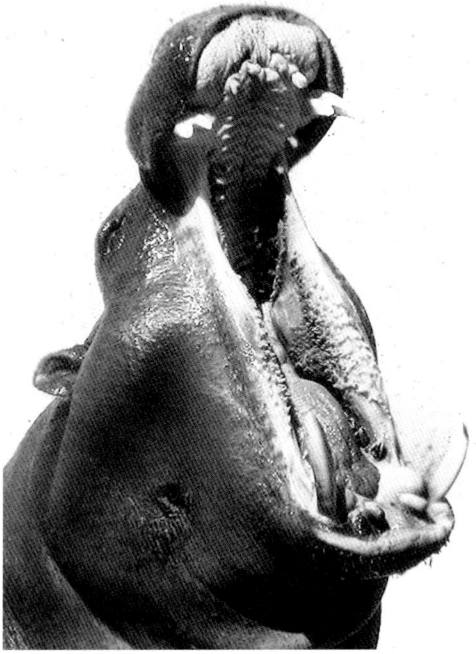

Abb. 28.8 Das Zwergflusspferd (*Choeropsis liberiensis*) kann sein Maul weit aufreißen und dabei besonders die überproportional langen unteren Eckzähne präsentieren, die ansonsten in „Taschen" des Oberkiefers verborgen sind.

Versuche zur chemischen Sterilisation, auch in der Hoffnung auf damit verbundene Aggressionshemmung, um z. B. mehrere Bullen gemeinsam halten zu können.

Höchstalter in Menschenobhut. Flusspferd „Tanga" fast 61¼ Jahre (München-Hellabrunn).

Zwergflusspferde (*Choeropsis*)

1 Art. Erheblich kleiner und schlanker als Flusspferd, Schulterhöhe 75–100 cm, Kopf mittelgroß, mehr rundlich, Augen an den Kopfseiten, Zahnformel: 2/1 1/1 4/4 3/3, untere Eckzähne liegen bei geschlossenem Maul in Taschen des Oberkiefers, Körper walzenförmig, hinten etwas überbaut, Beine kurz, kräftig, Afterzehen berühren nur auf weichem Grund den Boden, verhältnismäßig kurz und hoch am Fuß ange-

setzt, Haut schwarzbraun, mit zahlreichen, ein klares Sekret produzierenden Hautdrüsen, das sich schaumigweiß verändern kann, Haare nur an Maul und Schwanz. **Zwergflusspferd** (*C. liberiensis*): 2 Unterarten. Westafrika (Hauptvorkommen in Liberia, außerdem in Guinea, Sierra Leone und Elfenbeinküste, getrennt davon einst auch ein Vorkommen in Nigeria am Unterlauf des Niger bis zum Delta.

Gefährdungsstatus. Bestand in der Wildnis 2000–3000 Tiere, stark gefährdet durch Lebensraumverlust und Jagd. Östliche Unterart in Nigeria wahrscheinlich ausgerottet. Internationales Zuchtbuch und EEP im Zoo Basel.

Lebensweise. Dämmerungs- und nachtaktiv. Lebensraum Bach-, Fluss- und Seeuferdschungel, Sümpfe, Sumpfwald und dichtes Unterholz des angrenzenden Urwaldes, sowohl Primär- als auch Sekundärwald. Ortstreu, Einzelgänger in unterschiedlich großen Streifgebieten, die sich großflächig überlappen, durchzogen von oft tunnelartig von Pflanzen überdachten Wechseln, die stellenweise zu flachen „Kanälen" werden können. Territorialmarkierung mit Kot. Aktive Revierverteidigung ist die Ausnahme, gehen sich aus dem Weg. Tagesaufenthalt an schattigen Ruheplätzen oder in Kesseln im Dickicht, unter ausgewaschenen Uferhöhlen oder im Wasser. Nachts wandern sie auf der Nahrungssuche weit umher, weiden aber auch in Ufernähe oder im Wasser. Laufen an Land gut und geschickt, flüchten bei Gefahr ins Wasser und tauchen dort wie Flusspferde. Kot und Urin werden wie beim Flusspferd zum Markieren genutzt. Hauptfeind ist der Leopard, aber auch Krokodile und Pythons können Zwergflusspferden gefährlich werden.

Nahrung. Sumpf- und Wasserpflanzen, Laub, Gräser, auch Algen, Waldfrüchte, Farne, vermutlich auch Wurzeln und Knollen.

Haltung von Zwergflusspferden

Zwergflusspferde erstmals 1912 von Schomburgk importiert. Aus Afrika wurden seit 1982 keine Zwergflusspferde mehr eingeführt. In europäischen Zoos seltener als Flusspferd. Zoobestand derzeit über 300 Tiere, jährlicher Nachwuchs in den Zoos der Welt gegenwärtig etwa 15 Jungtiere. Haltung im Prinzip wie Flusspferde. Wie diese nicht winterhart, gegen niedrige Luft- und Wassertemperaturen empfindlicher. Während der Eingewöhnung anfangs kein Badebecken anbieten, um zunächst Kotbeschaffenheit begutachten und Kotuntersuchungen veranlassen zu können. Zwergflusspferde suchen bei Beunruhigung das Wasser auf. Gestattet man einem Neuling den Zugang zum Badebecken, verlässt er es in der neuen Umgebung nicht freiwillig, setzt dort auch Kot ab, der dann für Untersuchungen ungeeignet ist. Normaler Kot ist kugelig geformt, nicht sehr nass und zellulosefaserreich. Falls erforderlich, schadet zeitlich begrenzter Daueraufenthalt auf dem Land nicht, wenn die Haut regelmäßig befeuchtet, d.h. möglichst mehrmals am Tag lauwarm geduscht wird. Neuankömmlinge verweigern gelegentlich die Aufnahme mancher Futtermittel. Wichtig ist, dass die Tiere anfangs reichlich fasserreiches Futter aufnehmen. Zugabe von Kraftfutter erst später.

Unterkunft. Meist in für Besucher offenem Warmhaus. Größere Badebecken werden nicht benötigt. Tiere halten sich vorwiegend an Land auf und brauchen hier deshalb mehr Raum. Wassertemperatur je nach Akklimatisationsstand 18–24 °C. Stallboden leicht erwärmt. Häufigkeit der Beckenreinigung richtet sich nach dem Verschmutzungsgrad von Wasser und Becken. Möglichst für jedes Tier eine komplette Anlage, um Tiere auch längerfristig getrennt halten zu können. Unterkünfte sollten direkte Verbindungen untereinander haben. Einfriedung mit Glaswänden hat sich aufgrund des Defäkationsverhaltens als unbefriedigend erwiesen, wird bei Kot- und Harnabgabe verschmutzt. Badebecken im Idealfall mit Unterwassereinblick bei entsprechendem Aufwand für die Wasserfilterung. Als Bodenbelag des Außengeheges fester Hartboden, weicher Sand, eventuell auch Naturrasen. An heißen Tagen

Abb. 28.9 Zwergflusspferde (*Choeropsis liberiensis*) sind Einzelgänger. So sind bei Paarhaltung auch in Tieranlagen aggressive Interaktionen nicht auszuschließen.

schattige Stellen im Gehege erforderlich. Suhlen werden gerne angenommen. Auslaufeinfriedung sind meist Mauern (1,5 m hoch) oder Trockengräben. Aufenthalt im Freigehege ab Spätfrühling oder Frühsommer nur an warmen Tagen, Tiere abends ins Warmhaus überführen. Im Laufe des Sommers dürfen sie auch nachts im Freigehege bleiben und dieses im Herbst bis zum Ende der Schönwetterperiode aufsuchen.

Umgang. Bei erwachsenen Zwergflusspferden ist Vorsicht geboten. Keinesfalls Tiere zu nahe heranlassen, mit geeignetem Werkzeug (Besen, Schaufel, Schubkarre) auf Distanz halten. Wenn möglich, absperren und auf direkten Umgang verzichten. Transport für kurze Reisen in Kisten wie für Schweine, auf längeren, z. B. Flug- oder Seereisen, in quadratischen Kisten, in denen sich das Tier drehen kann. Zu versendendes Tier rechtzeitig vor dem Versand in der Kiste anfüttern, damit es diese kennenlernt und sich freiwillig dorthin begibt. Eincremen mit Vaseline vor Transporten verhindert Austrocknen und Rissigwerden der Haut.

Fütterung. Lokal recht verschieden. Die Fütterung sollte aus 30 % Pflanzenfresserpellets, 40–50 % Luzerneheu sowie 20–30 % gutem Wiesenheu bestehen. Obst und Blattgemüse sollten nicht mehr als 5 % der Gesamtfuttermenge ausmachen. Meist wird zweimal täglich gefüttert (vormittags wenig, nachmittags Hauptmahlzeit). Zwergflusspferde verfetten leicht. Eine Gewichtsreduzierung wird durch teilweises oder völliges Absetzen von Obst und Gemüse erreicht. Dann müssen aber Mineralstoffe und Vitamine supplementiert werden. Die Nahrung sehr gewissenhaft zubereiten, Obst und Gemüse sorgfältig waschen, Faulstellen ausschneiden. An warmen Tagen darauf achten, dass Kraftfutter nicht säuert.

Vergesellschaftung. Einzeln oder paarweise halten. Mittels Sichtgitter an Land zusammengewöhnen. Erst wenn sich die Tiere bei einer zufälligen Begegnung an der Trennwand nicht mehr durch ein schnarchendes Grunzen androhen, ist die Vergesellschaftung erfolgversprechend. Erste Begegnung auf dem Landteil ihres

Auslaufes und nur unter Aufsicht gut ausgerüsteter Tierpfleger, welche die Tiere notfalls trennen können, ohne dabei das Gehege zu betreten. Zwergflusspferde, besonders Weibchen, zeigen beim 1. direkten Aufeinandertreffen wenig Sympathie für den Partner. Ohne leichte Schrammen gehen Vergesellschaftungen nur selten aus. Zusammengelassene Tiere dürfen in der ersten Zeit, meist über mehrere Tage, nicht unbeaufsichtigt sein und müssen nachts getrennt werden. Nicht wenige Tiergärten halten Zwergflusspferde grundsätzlich nur tagsüber gemeinsam in einem Gehege und separieren sie nachts. Im Gegensatz zu Flusspferden, die ein Bedürfnis nach dem Zusammensein mit vertrauten Artgenossen haben und nach längerer Trennung von diesen unruhig werden, kann man bei gut zusammengewöhnten Zwergflusspferden außer in der Brunst höchstens von gegenseitiger Duldung sprechen. Deshalb werden in manchen Tiergärten Zwergflusspferde außerhalb der Brunst grundsätzlich einzeln gehalten. Zwergflusspferde können mit verschieden Säugern zusammen gehalten werden, z.B. mit Steppenzebras, verschiedenen Antilopenarten, Meerkatzen, Colobusaffen, Mandrills (Melbourne, Chicago), Afrikanischen Elefanten, Spitzmaulnashörnern, Breitmaulnashörnern, Servalen, Wasservögeln. Wichtig sind auch hier Rückzugsmöglichkeiten, die nur von 1 Tierart aufgesucht werden können.

Fortpflanzung und Zucht. Geschlechtsunterscheidung wie bei Flusspferden. In Tiergärten ganzjährig fortpflanzungsfähig. Östruszyklus 28–40 Tage. Brunstdauer 1-3 Tage. Keine deutlichen Brunstzeichen. Männchen schmatzen in der Nähe eines brünstigen Weibchens, treiben es, indem sie sich ihm von hinten nähern und den Kopf auf die Kruppe legen. Durch die Erregung der Tiere starke, oft weißlich schäumende Schleimabsonderungen aus den Hautdrüsen. Paarung meist an Land, wobei das Männchen auf das stehende Weibchen aufreitet und es bäuchlings zu Boden drückt. Paarung auch im Wasser möglich. Paarungsdauer 5–10 Minuten. Anschließend legen sich die Tiere oft nieder, dösen oder schlafen bis zu 1 Stunde. Manche Paare kopulieren fünf- bis sechsmal am Tag, andere nur einmal. Nachts Tiere trennen. Nur offensichtlich verträgliche Tiere, die sich gut kennen, dürfen auch nachts zusammenbleiben.

Es gibt keine sicheren Trächtigkeitsanzeichen. Trächtigkeit lässt sich nur durch Desinteresse oder Aggressivität des Weibchens gegenüber dem Männchen vermuten. Vereinzelt lassen sich aber bereits trächtige Weibchen decken, dann „Überraschungswürfe", weil Wurftermin nach letztem Deckdatum errechnet wird. Bei hochtragenden Weibchen Vulvaschwellung und Vergrößerung der Zitzen, die sich auch rötlich verfärben können, sowie verringertes Markieren mit Kot. Trächtige Weibchen in ein Wurfabteil ohne Badebecken überführen, dürfen nur noch unter Aufsicht das Schwimmbecken aufsuchen, dessen Wasserstand so niedrig sein muss, dass man das Tier bei eventuellen Geburtsanzeichen unverzüglich heraustreiben kann. Vor und nach dem Gebären den Weibchen ein dickes Strohlager anbieten. Tragzeitangaben variieren zwischen 187 und 214 Tagen, in der Regel 192–199 Tage. Meist 1, im Durchschnitt 5,5–6,5 kg schweres Junges, doch wuchsen auch ein 3,33 kg leichtes Jungtier in künstlicher Aufzucht in Washington sowie ein 8,0 kg schweres Jungtier bei der Mutter auf. Zwillingsgeburten selten (1:200). Erfolgreiche Aufzucht von Zwillingen 1977 in Basel, tote Zwillinge (2,2 und 4 kg) 1995 im Baby-Zoo Wingst. Geburt im Stehen, fast ausschließlich an Land, nur im Einzelfall auch im flachen Wasser. Austreibungsphase oft nur 2 Minuten. Sobald das Jungtier den Mutterkörper verlässt, reißt die Nabelschnur. Das Weibchen kümmert sich anfangs wenig um das Neugeborene, das sich durch zappelnde Bewegungen aus den Fruchthüllen befreit. Fruchthüllenreste und Nachgeburt werden 10–30 Minuten nach dem Jungen ausgestoßen und nicht gefressen. Jungtier versucht bald zu laufen und sucht bereits etwa 30 Minuten nach der Geburt die Zitzen, um zu saugen. Weibchen säugen in der ersten Zeit an Land im seitlichen Liegen mit leicht abgespreiztem Hinterbein. Nachdem das Junge schwimmen und tauchen gelernt hat, saugt es zeitweilig auch unter Wasser. Saugakte etwa alle 2 Stunden. Tägliche Gewichtszunahme etwa 450–700 g. Das Geburtsgewicht wird manchmal schon mit 1–2, meist mit 2–3 Wochen verdoppelt, mit 5 Monaten verzehnfacht.

Neugeborene sind in den ersten 3 Lebenswochen Ablieger, die von der Mutter meist nur zum Säugen aufgesucht werden. Sie können unmittelbar nach der Geburt nicht schwimmen, ertrinken im Wasser. Deshalb dürfen sie erst zwischen dem 5. und 10. Lebenstag erstmals mit der Mutter das Badebecken aufsuchen. Wasserstand anfangs so bemessen, dass das Junge darin stehen kann. Wenn feststeht, dass es tauchen kann, d.h. im Flachwasser hin und wieder länger mit dem Kopf unter die Wasseroberfläche gegangen ist, wird der Wasserstand nach und nach erhöht. Während des Landaufenthaltes in den Tagen nach der Geburt Mutter und Kind lauwarm duschen. Zahndurchbruch beginnt Ende der 1. Woche mit den Eckzähnen. Erste feste Kost im Alter von 15 Tagen, regelmäßige Aufnahme mit 1½ Monaten. Säugezeit etwa 6 Monate, manche Mütter dulden längeres Saugen, im Extremfall bis 24 Monate. Jungtiere werden meist nach dem 6. Monat abgesetzt, bei Unverträglichkeit der Mutter, z.B. im Zusammenhang mit dem vorzeitigen Einsetzen des Östrus, auch früher. Etwa 12–16 Tage nach dem Absetzen des Jungen sollen die Weibchen wieder brünstig werden. Geschlechtsreife mit 3–5 Jahren. Beide Geschlechter haben im Alter von 32 Jahren noch erfolgreich gezüchtet.

Künstliche Aufzucht in verschiedenen Zoos mit Kondensmilch und abgekochtem Wasser im Verhältnis 1:1 gelungen. Mahlzeiten in 4-stündigem Abstand. Nach jeder Mahlzeit warmes Bad, stimuliert Harn- und Kotabsatz, dient der Hautpflege. Übergang zu fester Kost mit etwa 2½ Monaten. In Zürich künstliche Aufzucht eines 5,45 kg schweren Jungen, anfangs mit Milchaustauscher, später mit pasteurisierter Milch und Sahnezusatz. Anfängliche Tagesmenge 1,5 l, Steigerung mit zunehmendem Alter bis auf 2,75 l. Tägliche Zunahmen zwischen 300 und 600 g.

Höchstalter in Menschenobhut. Zwergflusspferd 50 Jahre („Hannibal“, †2016 in der Wilhelma Stuttgart).

Familie Kamele (Camelidae)

Artenarme Paarhuferfamilie, deren früheste Fossilfunde aus dem Paläogen, vorwiegend aus Nordamerika stammen und die ihr größtes Artenspektrum und ihre weiteste Verbreitung im Pleistozän hatte (Europa, Asien, Afrika, Amerika).

Mittel- bis sehr groß, Kopf schlank, verschließbare Nasenlöcher mit nackten Rändern, behaarte Oberlippe gespalten, Schneidezähne unten fast waagerecht nach vorn gerichtet, Eckzähne und erste Vorbackenzähne hakenförmig gekrümmt und einzeln in einem sonst zahnfreien Kieferteil zwischen Schneidezähnen, übrigen Vorbacken- und Backenzähnen stehend, Hals lang, Körper rundlich, Beine lang, Oberschenkel nicht durch Spannhaut mit dem Bauch verbunden, von derbem Horn geschützte, schwielenartige, dick bindegewebige federnde Sohle unter der 3. und 4. Zehe, 1., 2. und 5. Strahl der Extremitäten restlos zurückgebildet, Zehenspitze mit einem Nagel bedeckt, laufen auf den vorderen Teilen ihrer mittleren Zehen, Schwanz meist mittellang, teils mit Endquaste, Fell vorwiegend wollhaarig, dicht, wenig Grannen, an manchen Teilen des Körpers mähnenartig, Farbe verschieden, an Bauch und Innenseiten der Beine meist heller, an Brust und verschiedenen Gliedmaßenteilen hornige Schwielen, Magen dreikammerig, gleicht funktionell, nicht aber im Bau dem der Wiederkäuer. Einzigartig bei Säugetieren sind die Verknöcherungen im Zwerchfell und ovale rote Blutkörperchen, deren Zahl außerdem ungewöhnlich groß ist (19 Millionen rote Blutkörperchen pro ml Blut beim Trampeltier, 14 Millionen beim Lama), Gallenblase fehlt, Penisöffnung nach hinten gerichtet, Körpertemperatur kann um 6–8 °C variieren.

Verbreitung. Vorder- bis Ostasien, Nordafrika, Südamerika.

3 Gattungen, 4 Arten.

Abb. 28.10 Das bestandsbedrohte Wildkamel (*Camelus ferus*) unterscheidet sich vom Trampeltier durch kleinere, weiter auseinanderstehende Höcker.

Altweltkamele (*Camelus*)

Auch Großkamele. 1 oder 2 Arten. Es gibt kontroverse Interpretationen über die Wildtierarten der Haustierformen der Altweltkamele. Als solche werden einerseits Trampeltier (*C. bactrianus*) und Dromedar (*C. dromedarius*) angesehen, andererseits auch nur eine Wildtierart, das Wildkamel *C. ferus*. Sehr groß, bis 2,30 m hoch, schlanker Kopf mit leicht gewölbter Stirn, große, bewimperte Augen, verschließbare Nasenlöcher, kräftige Lippen, von denen die oberen gespalten sind und besonders die unteren meist etwas herabhängen, Zahnformel: 1/3 1/1 2–4/2–3 3/3, meist 34 Zähne. I3, C und P1 im Oberkiefer bei Hengsten gekrümmt und als sog. Kampfzähne ausgebildet, am Hinterkopf großflächige Hautdrüsen, die zur Brunst schwarzes, schmieriges Sekret absondern, Hals lang, schwach gebogen, auf dem Rücken 1 oder 2 Fetthöcker, Gliedmaßen lang und kräftig, Schwielensohle des Fußes breit, an den Zehenspitzen nur wenig gespalten, Schwanz rund, mit Endquaste, Fell im Sommer meist kurz, an Kopf, Hals und Höckern und an den Gliedmaßen sowie im Winter teilweise länger, Farbe variiert, vorwiegend sandgelb, auf dem Ellenbogen-, Hand-, Knie- und Fersengelenk sowie auf der Brust harte Hornschwielen, die schon im Mutterleib vorhanden sind, Fortbewegung im Passgang. Nordafrika, Vorder- bis Ostasien. **Wildkamel** (*C. ferus*), auch Khavtgai: kleiner als die Haustierform Trampeltier, 2 spitze kleine, stets stehende, durch einen deutlichen Sattel weit voneinander getrennte Höcker, Fußsohlen klein, Sohlenhorn sehr hart, Hornschwielen am Handgelenk fehlen. Einst in weiten Teilen Zentralasiens, heute nur noch in der Südwestmongolei und angrenzenden chinesischen Gebieten, so im Raum von Lopnor und in Teilen der Takla-Makan-Wüste.

Trampeltier (*C. ferus f. bactrianus*), auch Zweihöckriges Kamel: Haustier, das etwa vor 4500 Jahren in Mittelasien domestiziert wurde, Stammform ist das kleinere Wildkamel. Höcker groß, enger zusammenstehend, Sohlenhorn weicher, keine Zuchtrassen, lediglich Konstitu-

Abb. 28.11 Als domestiziertes Last- und Nutztier ist das Trampeltier (*Camelus ferus f. bactrianus*) in Asien weit verbreitet.

tion (stämmige und Tiere von leichtem Körperbau) und Fellfarben variabel, weißlich gelb bis braunschwarz. Kleinasien, Mittelasien, Tibet, über die Mongolei, Nordchina bis Südsibirien. – **Dromedar** (*C. ferus f. dromedarius*), auch Einhöckriges Kamel: Abstammung strittig, Stammform ist entweder das Wildkamel, eine Unterart von diesem oder ein vor 2000–3000 Jahren in Arabien ausgestorbenes Wilddromedar, Domestikation vor 4000–6000 Jahren. Einhöckerig, doch werden embryonal 2 unterschiedlich große Höcker angelegt. Beim Männchen kann das Gaumensegel in der Brunstzeit als Resonanzorgan zu einer fußballgroßen Blase seitlich aus dem Maul gestülpt werden (Dulaa, Brüllsack). Fell sehr dicht, etwas kürzer als beim Trampeltier, meist sandfarben, daneben weißliche, goldbraune, braunrote oder braunschwarze Formen, vereinzelt sogar Fleckungen. Verschiedene Scheckentypen werden unterschieden. Vor allem im arabischen Raum neben verschiedenen Farbschlägen viele unterschiedliche Rassen, die in 3 Gruppen eingeteilt werden können: leichte, schnelle Reitdromedare, Milchtiere, die bis zu 20 l Milch am Tag liefern, und schwere, starke Lastkamele. Die als Azerhaf bezeichneten Tiere, einer Plattenscheckenrasse der Tuareg aus dem Air-Gebirge (Südwestsahara, Republik Niger), bei der auch blauäugige Tiere (Fischaugen) vorkommen, sind reinblütig stets taub. Die Scheckung vererbt sich dominant. Sie werden vorwiegend als Lastkamele auf den Salzkarawanen eingesetzt, gelten als sanft und fügsam und sollen sich infolge ihrer Taubheit durch das Brüllen anderer Tiere nicht nervös machen lassen. Ganz Nordafrika einschließlich Sahara von Mauretanien und Senegal bis Somalia, Arabische Halbinsel, Vorder- und Kleinasien bis Mittelasien und Nordwestindien. In viele Staaten und Regionen eingeführt, u.a. nach Australien (hier verwildert), Namibia, Spanien, USA und ins nördliche Mittelamerika.

Gefährdungsstatus. Bestand des Wildkamels in der Wildnis gering, derzeit etwa 950 Individuen in 3 getrennten Populationen. Vom Aussterben bedroht, wenn eingeleitete Schutz- und Erhaltungsmaßnahmen, wie z.B. das von der

Abb. 28.12 Beim Dromedar (*Camelus ferus f. dromedarius*) gibt es mehrere Zuchtrichtungen, wie Reit-, Last- und Milchtiere.

Wild Camel Protection Foundation (WCPF) initiierte Wildkamel-Zuchtprogramm, wirkungslos bleiben. Im Zuchtzentrum Zakyn-Us wurden in nur 2 Jahren allein 5 Jungtiere geboren und aufgezogen.

Lebensweise. Wildkamele sind Tagtiere, die morgens und abends weiden, während der heißen Tageszeit ruhen. Lebensraum Wüsten, Halbwüsten und Salzsteppen bis in Höhen von 2000 m, im Sommer in Hochtälern und Hügelland, im Winter in ausgetrockneten Flussbetten und in der Nähe von Oasen. Ausdauernd laufende und bei Gefahr schnell rennende Passgänger, die auch steile Geröllhalden erklimmen. Über Territorialverhalten und andere Fragen der Lebensweise in der Wildnis ist wenig bekannt. Gesellig in kleinen Trupps von 6–30 Tieren. Meist 1 erwachsenes Männchen (Hengst), mehrere Weibchen (Stuten) und Junge. Auch Einzelgänger, da geschlechtsreif werdende männliche Jungtiere vom Leithengst verjagt werden. Paarungszeit Februar, Wurfzeit März. Mit 3–4 Jahren geschlechtsreif.

Die Haustierformen werden vor allem als Reit- und Tragtiere, Milch-, Woll- und Fleischlieferanten von vorwiegend nomadisierenden Steppen- und Wüstenvölkern, Trampeltiere auch als Zugtiere genutzt. Dung dient als Brennmaterial. Teils in kleineren Trupps, teils in großen Herden gehalten. Hengste meist isoliert. Wenig empfindlich gegen große Temperaturschwankungen, ertragen Temperaturdifferenzen von nahezu 80 °C (50 °C Sommertemperatur, –27 °C Wintertemperatur). Dromedare aus trockenheißen Wüsten- und Steppengebieten weniger kältefest. Haarkleid in der kalten Jahreszeit kürzer und mit weniger Unterwolle als bei Trampeltieren, deren längeres, dichte Wolle enthaltendes Fell besser wärmt und selbst vor Schneestürmen schützt. Bei beiden Formen im Frühjahr Fellwechsel mit flächigem Haarausfall. Großkamele zeigen erstaunliche Anpassungen an das Leben in wasserarmen Wüsten. Die Körpertemperatur der Tiere kann stark schwanken, am Tag bis 42 °C ansteigen, ohne dass die Tiere Fiebersymptome zeigen, nachts bis auf 34 °C absinken. Dabei geringere

Schweißbildung, weil dadurch dem Körper Flüssigkeit entzogen würde. Sehr trockener Kot und überaus konzentrierter Urin verhindern ebenfalls unnötige Flüssigkeitsverluste. Übermäßige Erwärmung am Tage wird vermieden, indem sich die Tiere dicht nebeneinander legen, um so ihre Körper nur teilweise der Sonne auszusetzen. Tagsüber im Körper aufgespeicherte Wärme wird nachts zum Ausgleich des Temperaturgefälles von Körper- und Außentemperatur genutzt. Altweltkamele können je nach Kondition und Außenbedingungen 10–14 Tage ohne Wasser auskommen. Infolge Verdunstung von Körperflüssigkeit ertragen sie einen Wasserverlust von bis zu 30 % ihres Körpergewichtes, da bei ihnen das Wasser nicht, wie bei Säugetieren sonst üblich, dem Blut, sondern in erster Linie der Muskulatur und dem Gewebe von inneren Organen entzogen wird. Beim Menschen ist z.B. ein Verlust von 12 % Körperflüssigkeit bezogen auf das Körpergewicht tödlich. Entstandenes Flüssigkeitsdefizit kann schnell ausgeglichen werden. Sehr durstige Tiere trinken in einer Stunde bis zu 100 l. Ein Dromedar, das 120 kg Körpergewicht infolge Wassermangels verloren hat, kann so innerhalb von etwa 2 Tagen sein ursprüngliches Gewicht von etwa 400 kg wieder erreichen. Im Winterhalbjahr geringeres Trinkbedürfnis, weil Temperaturen niedriger und Futterpflanzen wasserreicher.

Nahrung. Gräser, Kräuter, Zweige, Rinde, Laub, auch salzhaltige Pflanzen.

Neuweltkamele (*Lama* und *Vicugna*)

Auch Klein- oder Schafskamele. 2 Wildarten mit 2 Haustierformen. Mittelgroß, Schulterhöhe 70–125 cm. Kopf schlank, Profil gerade, große Augen mit lang bewimpertem Oberlid, Ohren lang und spitz. Zahnformel: 1/3 1/1 2/1 3/3, Zahnbau wie bei Altweltkamelen, jedoch untere Schneidezähne bei Vikugna dauerwachsend. Hals sehr lang, schlank, gerade, wird senkrecht getragen. Rücken ohne Höcker. Schwanz kurz, rund, am Ansatz dick, unterseits nackt, liegt dem Körper dicht an. Beine schlank, Schwielensohlen schmal, zwischen den beiden Zehen tief eingekerbt, an der Außen- und Innenseite des Mittelfußes je 1 dunkler länglicher, verhornter, unbehaarter Drüsenfleck. Haarkleid weich, wollig, dicht, mit spärlichen Grannen durchsetzt, kurz bis mittellang, an Schnauze, Beinen, Bauch und Innenschenkeln kurz bis sehr kurz, Fell bei Wildtieren rötlich gelb bis braunrot, unterseits leicht aufgehellt. Westliches Südamerika von Südecuador bis Feuerland.

Abb. 28.13 Beim brünstigen Hengst des Dromedars (*Camelus ferus f. dromedarius*) kann das Gaumensegel als Resonanzorgan (Dulaa) seitlich aus dem Maul ausgestülpt werden. Gleichzeitig tritt schaumiger Speichel aus.

2 Wildarten und 2 Haustierformen.

Lamas (*Lama*): 1 Art. Schulterhöhe 90–125 cm, Kopf länger, Ohren kürzer. **Guanako** (*L. guanicoë*): 2 Unterarten. Westperu, Westbolivien, Nordwesten Paraguays sowie West- und Südargentinien, Südchile.

Vikugnas (*Vicugna*): 1 Art. Kleinster Vertreter der Familie, Schulterhöhe 70–110 cm, Ge-

Abb. 28.14 Das Vikugna (*Vicugna vicugna*) ist nur in Schutzgebieten im Bestand gesichert, ansonsten in weiten Teilen seines Verbreitungsgebiets gefährdet oder ausgerottet.

stalt zierlich, Kopf kurz, Ohren lang, Haarkleid dicht und feinhaarig, Unterhalsansatz und Vorderbrust weiß, mit 20–35 cm langer Mähne, Mittelfußdrüsen nicht deutlich markiert. **Vikugna** (*V. vicugna*): 2 Unterarten. Südecuador, Westperu, Westbolivien, Nordwestargentinien, Nordchile.

Lama (*L. guanicoë f. glama*): vom Guanako abstammendes Haustier, Schulterhöhe 100–125 cm, deutliche Gestalts- und Fellunterschiede, Fell kurz bis mittellang, weiß bis braunschwarz, in vielen Farbtönen, häufig auch gescheckt.

Alpaka (*L. guanicoë f. pacos*): Abstammung strittig, mehrere Hypothesen: Haustierform des Guanakos, aus einer Kreuzung von Guanako und Vikugna entstanden oder domestiziertes Vikugna. Nach genetischen Analysen ist die Abstammung des Alpakas vom Vikugna am wahrscheinlichsten. Schulterhöhe 80–100 cm, Fell sehr lang, Färbung wie Lama.

Gefährdungsstatus. Bestand in der Wildnis beim Guanako vorläufig nicht bedroht. Vikugna in einigen Teilen seines Verbreitungsgebiets teilweise ausgerottet, durch Schutzmaßnahmen und die Nutzung der Wolle durch die indigene Bevölkerung jedoch vorläufig gesichert. Internationales Zuchtbuch und EEP für Vikugna im Tierpark Hellabrunn München.

Lebensweise. Guanako und Vikugna sind Tagtiere, Lebensraum trockene, heiße Halbwüsten, Grassteppen und Buschgebiete vom flachen Küstenland bis in die Hochtäler und Gebirge in bis zu 4000 m Höhe (Guanako), trockene Grasmatten und Geröllhalden von Hochtälern und Gebirgen bis zur Schneegrenze in 3500–5500 m Höhe (Vikugna). Ausdauernd kletternde und mithilfe der schmalen, weit eingeschnittenen und damit sehr beweglichen Zehen auch auf schmalen Pfaden und Wechseln sicher laufende Passgänger. Guanako nicht auf steilen Hängen und Geröllflächen, Vikugna dort sicher und schnell. Guanakos gesellig in Revieren mit festen Wechseln und Kotplätzen. Größere Wanderungen während der Trockenzeit in tiefere, fruchtbarere Gebiete, können gut schwimmen, müssen nicht täglich trinken. Herden aus 1 erwachsenen Männchen, 5–15 erwachsenen Weibchen und deren Jungen. Heranwachsende männliche (und weibliche?) Jungtiere werden vom Leithengst verjagt. Fremde Stuten werden meist problemlos vom Leithengst in die Gruppe aufgenommen, auch wird eine Stute nicht am Verlassen der Gruppe gehindert (offene Gesellschaft). Nicht selten Junghengst- und Jungstutenherden aus 20–30 Tieren. Erwachsene Männchen auch solitär. An nahrungsreichen Plätzen außerhalb der Paarungszeit manchmal gleichzeitig mehrere Guanakotrupps. Während der Paarungszeit versuchen einzelne Männchen, Weibchen von fremden Herden abzusprengen. Dabei heftige Kämpfe zwischen dem männlichen Leittier und dem Nebenbuhler. Feinde sind Puma, verwilderte Haushunde und Magellanfuchs. Vikugnas sind mehr ortstreu, müssen täglich trinken und verlassen ihr Revier im Allgemeinen nicht. Leithengst hindert Stuten am Verlassen der Gruppe. Aufnahme einer neuen Stute in die Gruppe ist selten (geschlossene Gesellschaft). Wie bei den Guanakos Junghengst- und Jungstutengruppen sowie männliche Einzelgänger.

Lamas und Alpakas werden in Herden gehalten. Männliche Lamas sind oft kastrierte Lasttiere (Packgewichte von 25–60 kg, pro Tag über 16–20 km), Weibchen Milch- und Wollproduzenten. Fleisch wird gegessen, Häute gegerbt. Alpakas werden ihrer feinen Wolle wegen etwa alle 2 Jahre geschoren. Sie werden in Herkunftsgebieten oft halbwild gehalten und nur zur Schur gefangen.

Nahrung. Vorwiegend Gräser, daneben Kräuter, Blätter.

Haltung von Kamelen

Als einziger Tiergarten der Welt zeigt der Zoo Peking spätestens seit Beginn der 1970er Jahre Wildkamele. Darüber hinaus ist die Wildform gegenwärtig in Tiergärten nicht vertreten. Trampeltiere, Dromedare, Guanakos, Lamas und Alpakas werden häufig, Vikugnas seltener gezeigt. Eingewöhnung meist unkompliziert. Neuzugänge bei strenger Kälte oder nasskalter Witterung nicht sofort ins Freie lassen.

Unterkunft. Zugfreier, trockener, unbeheizter Gemeinschaftsstall mit trittfestem Boden und Einzelboxen für männliche und hochträchtige Tiere oder Mütter mit Jungen. Einstreu Sägemehl oder Strohschütte. In der kalten Jahreszeit Winterlager. Bodenbelag für Außenanlagen Hartplatzdecke, feine Sandschicht über Naturboden oder Mineralbodengemisch mit einem großen Sandbad. Auch gewachsener Naturrasen ist in größeren Gehegen möglich. Auf tiefen, scharfen Sandböden können bei Neuweltkamelen eitrige Entzündungen zwischen den Klauen entstehen. Auf weichen, oft verschlammten Böden nutzen sich die Fußschwielen von Altweltkamelen nicht ausreichend ab. Dann Bildung von Doppelsohlen möglich, zwischen denen sich schmerzhafte Entzündungen entwickeln. Betroffene Tiere hinken. Außengehege bei Altweltkamelen mit einfachen, nicht scharfkantigen, stabilen Stahlbarrieren, bei Neuweltkamelen ist ein Zaun (rechteckig oder quadratisch punktgeschweißte, filigrane Stahlgitter) von 1,50 m Höhe ausreichend. Maschendrahtgeflecht soll bei Kamelen mit Verletzungsgefahr verbunden sein. Sichere Gehegebegrenzung auch durch Gräben (Wasser-/Trockengräben). Altweltkamele können sowohl hinter flachen (40–80 cm tief) und wenig breiten (100–150 cm) Trockengräben als auch hinter seichten (etwa 40 cm tief) Wassergräben sicher abgesperrt werden. Allerdings übersprangen in Hamburg junge Trampeltiere einfache Gräben zur Trennung von Gehegen, die von den Alttieren nicht überwunden werden konnten.

Trockengräben mit flach ansteigendem Ausstieg für Neuweltkamele 1,5–2,0 m breit, an der inneren Gehegekante mindestens 1 m, besucherseitig von der Mauerkrone bis zur Grabensohle mindestens 1,5 m tief. Für Neuweltkamele auch Wassergräben.

Ungeachtet der Art der Gehegebegrenzung ausreichender Sicherheitsabstand zum Besucher beachten.

Wichtige Komforteinrichtungen für die Tiere sind trockene, sonnige Liegeflächen, schattige Flächen (besonders für dunkel gefärbte Lamas und Alpakas), Kratzsäulen oder -pfeiler. Bäume im Gehege mit sicherer Ummantelung.

Umgang. Vorsicht bei Kamelen ist geboten. Alle Kamelhengste sind grundsätzlich als gefährliche Tiere zu betrachten. Das Gehege eines aggressiven Hengstes nie in Anwesenheit des Tieres betreten. Auch in der Brunst kann ein sonst friedfertiges Tier plötzlich den Menschen als vermeintlichen Nebenbuhler angreifen. Kamelmütter beißen in Sorge um das Junge wild um sich oder stürzen sich auf den Gegner. Angreifende Kamele beißen und verursachen dabei schwere Verletzungen. Zur Halfterführung von Altweltkamelen bei nervösen Tieren beiderseits vom Kopf je eine Führleine, so dass das Tier zwischen 2 Tierpflegern läuft und so nicht ohne weiteres einen der beiden Führenden beißen kann. Kamele schlagen nicht wie Pferde nur nach hinten, sondern mit voller Wucht auch nach vorn oder nach der Seite. Diese Gefahr besteht besonders, wenn das Tier gefangen werden muss. Da einander bekämpfende Tiere versuchen, sich gegenseitig mit dem Hals den Kopf nach unten zu drücken und das unterlegene Tier stets zu einer tiefen Kopfhaltung gezwungen wird, muss man bei einer erforderlichen Zwangsmaßnahme immer versuchen, den Kopf des Tieres zu ergreifen und so tief wie möglich nach unten zu drücken, um körperliche Überlegenheit zu demonstrieren. Kamele nicht bei erhobenem Kopf anhalftern! Unangenehm, wenngleich ungefährlich ist das Spucken von Speichel und Mageninhalt. Ein mit hoch erhobenem Kopf und angelegten Ohren schreiendes Altweltkamel oder ein Neuweltkamel, das in dieser Haltung eine Serie kurzer, gutturaler Grunzlaute hören lässt, zeigt so die Absicht zu spucken an. Die Stellung der Ohren verrät meist die Stimmung der Tiere. Ein mit angelegten Ohren und nach unten und vorn gestrecktem Hals herangaloppierendes Kamel greift an! Neuweltkamele rempeln ihren Gegner oft einfach um, rennen dazu mit angelegten Ohren und erhobenem Kopf auf ihn zu, springen ihn mit leicht angelegten Vorderbeinen, auf den Hinterbeinen stehend, an und werfen sich mit der Brust auf ihn. Fast immer beißen sie dann auf den am Boden Liegenden ein. Deshalb stets beim Aufenthalt im Gehege der Tiere ein geeignetes Abwehrgerät (Stock, Besen u.a.) bei sich tragen. Bei Arbeiten im Gehege die Tiere ständig im Auge behalten. Neben den üblichen Hygienemaßnahmen bedürfen Altweltkamele während des Haarwechsels im Frühjahr besonderer Pflege. Die Winterwolle fällt in großen Fetzen aus, die Tiere machen in dieser Zeit auf den Besucher einen ungepflegten Eindruck. Deshalb die Tiere rupfen oder bürsten, um den Haarwechsel zu beschleunigen. Bei wenig umgänglichen Tieren während der Routinearbeit im Stall oder im Gehege versuchen, herabhängende Fellfetzen mittels Besen oder Harke abzuziehen. Im Gehege herumliegende Wolle regelmäßig entfernen. Bei Reinigungsarbeiten auf Kotbeschaffenheit achten. Normaler Kot von Altweltkamelen ist trocken, leicht glänzend, mittel- bis dunkelbraun, in Form und Größe Kastanien ähnlich. Bei Neuweltkamelen zahlreiche schwarzbraun glänzende, knapp eichelgroße, ovale Bohnen, die stets an festen Kotplätzen abgesetzt werden. Alpakas werden in den meisten Tiergärten alle 2 Jahre im späten Frühjahr geschoren. Sie sollten aber nicht so kurz wie Schafe geschoren werden, sondern 2–3 cm Wolle behalten. Nach der Schur sicherstellen, dass die Tiere keinen Schaden durch Kälte oder Sonne erleiden. Wolle wächst langsam. In einem der Schur folgenden sehr kalten Winter können die Tiere frieren. Dann brauchen Alpakas ein richtiges Winterlager und müssen auch tagsüber den Stall aufsuchen dürfen. Unter normalen Umständen ertragen alle Kamele in unseren Breiten niedrige Wintertemperaturen ohne Schaden. Probleme entstehen nur bei Feucht- und Nasskälte (Neigung älterer Tiere zu Arthritis).

Fütterung. Trampeltiere und Dromedare: täglich je nach Kondition 3 kg Kraftfutter (etwa 50 % aus Quetschhafer mit Zusatz von Pflanzenfresserpellets) mit Rübenschnitzeln oder geraspelter Möhre und Häcksel. Als Saftfutter Möhre, Rote- oder Futterrübe, Tagesmenge je nach Nährzustand 2–5 kg, als Raufutter 3–4 kg Heu oder Futterstroh. Im Sommer anstelle von Saftfutter und Heu 15–20 kg Grünfutter. Neuweltkamele: ähnlich wie Altweltkamele, Tagesration etwa 1–1 ½ kg Kraftfutter, 1–3 kg Saftfutter und 1–2 kg Heu. Vorsichtige Umstellung auf Grünfutter, anfangs viel Heu untermischen. Für alle auch rohe oder gekochte Kartoffel, genügend Mineralstoffe, besonders ständig Salzleckstein. Altweltkamele haben hohen Bedarf an Salz (100–140 g/Tag), Selen, und Vitamin E. Heu sollte immer zur freien Verfügung stehen. Fütterung zweimal täglich, entweder morgens Kraftfutter mit etwas Heu und abends nur Heu oder Rau- und Kraftfutter gleichmäßig auf 2 Mahlzeiten verteilt. Um Auseinandersetzungen wegen Futterneids vorzubeugen, möglichst mehrere Fressplätze mit ausreichendem Abstand einrichten. Regelmäßig Zweige, von denen die Tiere auch die Rinde abschälen, dienen bei Neuweltkamelen auch der Abnutzung der Schneidezähne. Bei ungenügender Schneidezahnabnutzung besonders bei Vikugna und Alpaka Zahnstellungsprobleme. Altweltkamele fressen gern Robinie, deren Stacheln ihnen nicht schaden. Fütterungsfehler können bei Altweltkamelen zu Kipphöckern führen, die sich nach einer eiweißreicheren Zusammensetzung und Steigerung der Kraftfutterrationen wieder straffen und aufrichten können. Außer Ernährungsmängeln können dafür auch Alter oder erbliche Disposition die Ursache sein.

Vergesellschaftung. Nur 1 erwachsenes Männchen in einer Gruppe halten. Angehörige der gleichen Gattung, deren Gehege nebeneinander liegen, durch sichere Absperrungen voneinander trennen. Das Zusammengewöhnen einander fremder Tiere ist meist unproblematisch. Schwierigkeiten nur dann, wenn ein Einzeltier in eine Gruppe eingeführt wird. Meist leben Männchen und Weibchen friedlich zusammen. Gelegentlich sind männliche Neuweltkamele zu Weibchen aggressiv. Solches Verhalten tritt besonders bei männlichen Vikugnas auf, die nicht nur brünstige Weibchen treiben, sondern auch nicht brünstige Weibchen verfolgen und beißen. Wenn ein Austausch gegen ein friedlicheres Tier nicht möglich ist, sollten aggressive Hengste nur mit Beißkorb, nur unter Aufsicht und nur wenn ein Weibchen brünstig ist, in die Gruppe oder mit dem brünstigen Weibchen zusammen gelassen werden. Nach Züricher Erfahrungen ist es günstig, möglichst junge Hengste in Gruppen von sozial überlegenen, älteren Weibchen aufwachsen zu lassen. Wenn Herden neu zusammengestellt werden, sollten erst die Weibchen aneinander gewöhnt und der Hengst als letztes Tier in die Gruppe eingebracht werden.

Vergesellschaftung mit Gattungs- oder Familienangehörigen, auch mit vielen anderen Tierarten ist möglich. Altweltkamele werden bzw. wurden mit anderen wehrhaften Säugetieren gemeinsam auf einer Anlage gehalten, Trampeltier mit Przewalskipferd, mit Yak, mit Esel, mit Kulan, mit Hausziege, Alpaka, Guanako, Zebu, mit Wasserschwein, mit Hirschziegenantilope, Gänsegeier, diverse Gänse und Kraniche, Ziesel; Dromedar mit Addax, mit Watussi, Dama-Zebra, Elenantilope, mit Kulan, mit Esel. Neuweltkamele lassen sich ebenfalls gut mit verschiedenen Tierarten vergesellschaften, Guanako mit Nandu, mit Mara, mit Tschaja, mit Wasserschwein, Tapir; Vikugna mit Mara, mit Nandu, mit Flachlandtapir, mit Wasserschwein, mit Tschaja, mit Hausschaf, Lama mit Tapir, mit Wasserschwein, Mara, mit Nandu, Alpaka mit Nandu, mit Mara. Probleme traten bei der Vergesellschaftung von Dromedar und Addax auf (Aggression gegen Jungtiere), mit Kulanhengsten oder Yakbullen, vor allem in der Brunstzeit. In Schwerin musste der Trampeltierhengst isoliert werden, weil er alle Kulane biss. Keine Probleme mit weiblichen Kulanen oder Yaks.

Fortpflanzung und Zucht. Geschlechtsunterscheidung einfach, Genitalöffnungen gut sichtbar. Weibchen mit 4 Zitzen. In unseren Breiten Hauptbrunstzeiten für Trampeltier und Dromedar von Dezember bis April, für Neuweltkamele Juni bis Oktober. Östrusdauer 2–4 Tage, Zyklusdauer 10–23 Tage. Brünstige Stuten sind unruhig, vereinzelt Vulvaschwellung und Scheidenausfluss. Hengste von Neuweltkamelen zeigen kein auffälliges Brunstverhalten. Dagegen werden männliche Altweltkamele in der Brunst oft aggressiv, sondern schaumigen Speichel ab, brüllen auch viel, wobei bei Dromedarhengsten das zu einem Resonanzorgan umfunktionierte Gaumensegel als fußballgroße Hautblase seitlich aus dem Maul herausgestülpt wird. Bei Trampeltieren ist die Blase nur etwa faustgroß. Hengste beider Arten urinieren oft und schlagen mit dem Schwanz in den Harnstrahl des nach hinten gerichteten Penis. Der so benässte Schwanz wird schlagartig auf den Rücken geklatscht, versprüht Urin in die Gegend und hinterlässt auf dem Hinterrücken, bei Trampeltieren auch an der Basis des hinteren Höckers eine nasse, schaumig weißliche Spur. Die vergrößerten Hinterhauptdrüsen sondern außerdem ein dunkles, zäh klebriges Sekret ab, das am Boden, an Gegenständen und in das vordere Rückenfell verrieben wird. Paarung bei allen Kamelen mit bäuchlings untergeschlagenen Beinen im Liegen. Männchen brüllen oder grunzen meist während der Begattung. Künstliche Besamung 1960 erstmals beim Trampeltier in Madison erfolgreich, heute wie auch Embryonentransfer vor allem in den Regionen intensiver Kamelnutzung erprobt und weit verbreitet.

Tragzeit bei Altweltkamelen 370–410 Tage, wobei die rechnerischen Mittelwerte beim Trampeltier mit 406, beim Dromedar mit 375 Tagen angegeben werden. Tragzeit bei Neuweltkamelen 310–370, beim Vikugna 310–365, im Mittel 345, Guanako 334-368, im Mittel 354, Lama 347–385, im Mittel 363 und beim Alpaka 310–370, im Mittel 355 Tage. Bei Altweltkamelen Geburten meist von Februar bis Juni, bei Guanako Mai bis Oktober, bei Lama und Alpaka ganzjährig mit einer Geburtenhäufigkeit von März bis Oktober, bei Vikugna Juli bis Oktober. Hochträchtige Tiere können oft vor der Geburt in der Herde verbleiben, da weibliche Artgenossen für das Junge nicht gefährlich sind. Lediglich ein in der Gruppe lebender Hengst kann sich durch die Geburt sexuell so stark erregen, dass er oft Anlass für die Isolierung des gebärenden Tieres ist oder von der Herde getrennt werden muss. Erfahrungen in mehreren Tiergärten haben außerdem gezeigt, dass bei allen Arten, besonders aber bei Altweltkamelen die Abtrennung kurz vor der Geburt stehender Tiere sinnvoll ist. Anzeichen der bevorstehenden Geburt sind Schwellung des Euters, der Milchleisten und der äußeren Schamlippen.

Das Mutterstubenstroh muss kurz sein, damit sich das Jungtier nicht darin mit den Beinen verstrickt. Fast ausnahmslos nur 1 Junges, Zwillinge sehr selten, nur von Guanakos und Lamas bekannt. Geburt im seitlichen Liegen, meist nur von kurzer Dauer. Die langen Vorderbeine erscheinen bei Altweltkamelen vor der Schnauzenspitze, bei Neuweltkamelen gleichzeitig mit dieser. Das Junge wird meist in der Fruchthülle oder in Teilen von dieser geboren und muss sich erst durch Strampeln davon befreien, um nicht zu ersticken. Die Mutter erhebt sich sofort nach der Geburt, zerreißt dabei die Nabelschnur, kümmert sich aber sonst nicht um das Neugeborene, d.h. entfernt weder Fruchthüllenreste noch leckt sie das nasse Jungtier trocken. Nach kurzer Zeit erste Kontakte zum Jungen durch Stimmfühlungslaute, die das Neugeborene erwidert. Auch sucht die Mutter das Junge durch Antippen mit Nase oder Vorderfuß zum Aufstehen zu bewegen. Erst ein stehendes Jungtier löst bei ihr das Pflegeverhalten aus. Deshalb nach Kamelgeburten oft Hilfe erforderlich. Das nasse Jungtier mit Stroh trocken reiben. Nabel mit Antiseptikum behandeln, um Nabelinfektionen zu vermeiden. Jungtier notfalls auf die Beine stellen. Saugen des Neugeborenen gut überwachen. Ist das Junge zu schwach dazu oder die Mutter (meist Erstgebärende) am Euter empfindlich, wird die Mutter festgehalten, notfalls an den Beinen leicht gefesselt und das Junge ans Euter gelegt. In vielen Zoos veterinärmedizinische Jungtierprophylaxe (im Zoo Hannover z.B. Baypamun zur Jungtierstabilisation).

Geburtsgewichte der Neugeborenen: Trampeltier um 44 kg (30–60 kg), Dromedar um 33 kg (25–50 kg), Guanako um 11 kg (6–15 kg), Lama um 12 kg (8–16 kg), Alpaka um 7 kg (4,5–10 kg), Vikugna 6 kg (5–8 kg). Männliche Junge sind meist etwas schwerer als neugeborene Weibchen. Wurde die Mutter vor der Geburt isoliert, kann sie etwa 3–10 Tage danach mit ihrem Jungen in die Herde zurück. Neugeborene Altweltkamele sind in den ersten Tagen nach der Geburt noch etwas unbeholfen auf den Beinen. Neuweltkamele laufen dagegen bereits 1 Stunde nach der Geburt ganz sicher und beginnen nicht selten 2 Stunden später schon zu rennen und kleine Bocksprünge zu machen. Erste feste Kost nehmen Neuweltkamele mit 1 Woche, Altweltkamele mit etwa 14 Tagen auf. Säugezeit bei Altweltkamelen 10–11 Monate, bei Neuweltkamelen 4–6 Monate. Hin und wieder gewöhnen sich einzelne Tiere, besonders Jungtiere, Fellfressen an (bei Altweltkamelen Beginn vorwiegend in der Zeit des Fellwechsels). Sie saugen anfangs am Fell

Tab. 28.3 Milchzusammensetzung bei Kamelen

Art	Trockensubstanz (%)	Fett (%)	Eiweiß (%)	Kohlenhydrate (%)	Asche (%)	Proben (Anzahl)
Trampeltier[1]	15,27	4,57 (6,40)	4,28 (6,34)	4,47 (4,55)	0,87 (0,88)	43 (1)
Dromedar[1]	12,68 (23,46)	3,66 (0,25)	3,49 (14,85)	4,41 (5,94)	0,84 (2,47)	569 (47)
Guanako	16,47	3,37	6,90	5,37		1
Lama	13,36 (26,00)	2,90[2] (1,33)	3,73[3] (16,50)	6,44 (6,48)	0,62 (0,95)	94 (2)
Alpaka		3,22 (0,75)				135 (2)

Angaben in Klammern: Werte für Kolostrum
Erwähnenswerte Abweichungen:
[1] Publizierte Milchanalysen innerhalb der gleichen Art oft uneinheitlich. Unveröffentlichte eigene Untersuchungen anhand von 235 Proben eines weiblichen Trampeltiers (1.–92. Laktationstag) und von 76 Proben eines Dromedars (1.–70. Laktationstag) brachten im Zoo Magdeburg folgende Befunde:
Der hohe Eiweißanteil im Kolostrum am 1. Laktationstag (Trampeltier 13,86 %, Dromedar 13,08 %) verringerte sich bereits bis zum 3. Tag drastisch (Trampeltier 4,82 %, Dromedar 5,35 %), schwankte danach beim Dromedar bis zum 9. Laktationstag erheblich (3,69–9,56 %) und pegelte sich bis zum 20. Laktationstag auf Werte von 3,10–3,80 % (Mittelwert 3,67 %), später auf Werte von 1,87–3,07 % (Mittelwert 2,69 %) ein. Beim Trampeltier schwankten die Eiweißwerte bis zum 9. Laktationstag nicht so stark (4,40–5,70 %), stabilisierten sich bis zum 20. Laktationstag auf Werte von 3,11–4,49 % (Mittelwert 3,75 %), später auf Werte von 2,82–4,62 % (Mittelwert 3,60 %). Literaturangaben zufolge dürfte dabei das Gesamteiweiß aus 3 Viertel Kasein und 1 Viertel Albumin und Globulin bestehen. Noch stabiler war der Milchzuckergehalt, der beim Trampeltier nach Werten von 4,00 % in den ersten beiden Tagen schon ab 3. Laktationstag mit 5,20 % die Bandbreite des endgültigen Gehalts von 4,68–5,69 % (Mittelwert 5,16 %) erreichte. Beim Dromedar dagegen lag der Laktosewert am Tag nach der Geburt mit 4,97 % bereits im Rahmen der späteren Bandbreite, zeigte aber in den ersten 15 Laktationstagen erhebliche Schwankungen (2,79–5,56 %), bevor er sich danach zwischen 4,18 und 5,99 % (Mittelwert 5,40 %) einpegelte. Der Milchfettanteil bei Dromedar und Trampeltier war am 1. bzw. 2. Laktationstag mit 0,22–0,50 % sehr niedrig, stieg unter starken Schwankungen in den ersten 10 Tagen ohne Berücksichtigung von Extremwerten (Dromedar: 9. Tag 15 %, Trampeltier: 7,70 %) beim Dromedar bis zum Ende des 1. Monats auf eine Bandbreite von 4,0–6,0 % (Mittelwert 4,47 %), fiel danach auf Werte von 1–3 % (Mittelwert 1,83 %). Beim Trampeltier lag die Schwankungsbreite für Fett im 1. Laktationsmonat bei 1,50–4,85 % (Mittelwert 3,05 %), im 2. und 3. Monat bei 1,45–6,50 % (Mittelwerte: 50.–60. Tag 4,12 %, 75.–85. Tag 4,49 %).
[2] 2,40–4,70 %
[3] 3,90 % (davon Kasein 3,00 %) bis 7,10 % (davon Kasein 6,20 %)

der Artgenossen, was an nassen, verfilzten Haarbüscheln zu erkennen ist, kauen darauf herum und fressen später schließlich die unverdaulichen Haare. Diese bleiben als harte, verfilzte Haarkugeln (Trichobezoare) von bis zu Fußballgröße im pansenähnlichen Abschnitt des Magens der Tiere liegen und führen zu dauernder Unterernährung und Magenentzündungen. Die Ursache des Fellfressens ist oft eine Mangelerscheinung, meist Defizite im Mineralstoffhaushalt, manchmal aber auch Stereotypie. Fellfressen durch Steigerung der Mineralstoffzufuhr unter Berücksichtigung eines breiten Spektrums von Spurenelementen, durch Scheren der Artgenossen oder dicht schließenden Maulkorb, der nur zur Fütterung bzw. zum Saugen abgenommen wird, unterbinden. Männliche Altweltkamele versuchen, männlichen Nachwuchs zu Beginn oder während der 2. auf die Geburt des Jungen folgenden Brunstperiode mit Bissen aus der Herde zu vertreiben, paaren sich dagegen später auch mit geschlechtsreif werdenden Töchtern. Ähnlich verhalten sich ebenso männliche Lamas und Alpakas. Bei den wilden Neuweltkamelen dagegen werden oft alle Jungtiere von den Leithengsten aus den Gruppen vertrieben, und zwar bei Vikugnas Junghengste zwischen dem 10. und 11. Monat, bei Guanakos Jungtiere beider Geschlechter zwischen dem 11. und 15. Monat, Junghengste auch früher. In Tiergärten müssen solche Junge rechtzeitig abgesetzt werden, doch gibt es auch Hengste, die weiblichen Nachwuchs nicht vertreiben. Oft ist aber die Vergrößerung oder Verjüngung einer Vikugna- oder Guanakoherde nur mit der Auswechselung des seinen Töchtern gegenüber unverträglichen Leithengstes möglich.

Neuweltkamele werden meist innerhalb der ersten 4 Wochen nach der Geburt neu gedeckt. Die bisher bekannt gewordenen kürzesten Intervalle zwischen 2 Geburten betragen beim Guanako 349, beim Lama 346, beim Alpaka 341, beim Vikugna 354 Tage. In der Regel erfolgen Würfe im Abstand von 12–15 Monaten. Altweltkamele sollen zwar bereits am Tag nach der

Geburt wieder begattungsfähig sein, doch schlagen sie, solange das Junge klein und der Milchfluss in vollem Gange ist, den Hengst meist ab und werden erst etwa 9–11 Monate später wieder voll brünstig. Ungeachtet dessen werden nicht selten jungtierführende Stuten erfolgreich gedeckt, wobei beim Trampeltier die kürzesten Geburtsintervalle zwischen 414 und 472, beim Dromedar zwischen 392 und 458 Tage betrugen. Auch wenn das Junge in den ersten Tagen stirbt, ist das Partusintervall kürzer als nach erfolgreicher Aufzucht. In der Regel Geburten alle 2 Jahre. Geschlechtsreife bei Altweltkamelen mit 3, bei Neuweltkamelen mit etwa 2 Jahren.

Künstliche Aufzucht nicht sehr schwierig. Milchzusammensetzung in Tabelle 28.3. Kolostralmilch innerhalb der ersten 24 Stunden von großer Bedeutung (Darmpechabgabe und Immunisierung). Bei Altweltkamelen versuchen, die Mutter zu melken, bei Neuweltkamelen ist das infolge der geringen Eutergröße und der kleineren Zitzen nur bei Lama und Alpaka möglich. Sollte Abmelken der Mutter nicht möglich sein, Ziegen- oder Rinderkolostralmilch aus guten Haltungen einsetzen, wenn möglich sogar von zooeigenen Spendertieren. Junge anfangs alle 2–4 Stunden, in den ersten Tagen auch nachts, tränken. Zu Beginn ist Lämmermilchaustauscher als Aufzuchtnahrung geeignet, spätere Umstellung auf Kälbermilchersatz. Dosierungs- und Temperaturangaben genau beachten. Nahrungsmenge orientiert sich am Gewicht des Jungtiers. In 24 Stunden eine Milchmenge von 10–15 % des Körpergewichts verteilt auf anfangs 8–10, später 6–8 Mahlzeiten verfüttern. Neuweltkamelen ab 7.–10. Lebenstag, Altweltkamelen etwa ab 15. Lebenstag gutes, weiches Heu anbieten.

Trampeltiere und Dromedare sind kreuzbar (Tulu). Tulus besitzen einen langgestreckten, oft eingekerbten Höcker. Ihr Körperbau ist massiger und kompakter als bei Trampeltier oder Dromedar. Nachkommen der F2-Generation meist schwächlich. Alle Neuweltkamele dagegen untereinander unbegrenzt miteinander fruchtbar, deswegen leider vereinzelt lamablütige Guanakogruppen. Gezielte Kreuzungen zwischen Vikugna und Alpaka (Pakovikugna) in den Herkunftsländern, da die Wolle der Hybriden sehr fein und seidig ist. 1998 gelang im Dubai Camel Reproduction Centre erstmals die lebensfähige Kreuzung von Dromedar (Hengst) und Lama (Stute) durch künstliche Befruchtung.

Höchstalter in Menschenobhut. Wildkamel über 26, Trampeltier 40, Dromedar fast 30¾, Guanako fast 33¾, Vikugna 31½, Lama über 29, Alpaka 25¾ Jahre.

Familie Zwergböckchen (Tragulidae)

Auch Hirschferkel. Sehr ursprüngliche, stammesgeschichtlich 30 Millionen Jahre alte, wiederkäuende Paarhufer, die sich seit dem Neogen fast nicht verändert haben. Rezente Zwergböckchen gleichen in vielen Details von Gestalt und Körperbau ihren fossilen Verwandten, weshalb sie früher von den nachfolgenden Wiederkäuern als eigene Teilordnung (*Tragulina*) abgetrennt wurden.

Nur hasengroß, Kopf klein, ohne Stirnwaffen, Nase nackt, Augen groß, keine Voraugendrüsen. Zahnformel: 0/3 1/1 3/3 3/3, obere Eckzähne der Männchen dolchartig, leicht nach hinten gekrümmt, bei Weibchen nur stummelförmig oder fehlend, untere Eckzähne wie Schneidezähne gebaut und in 1 Reihe mit diesen. Hals kurz, Körper gedrungen, Rücken gewölbt, hinten überbaut. Gliedmaßen vierzehig, an der Spitze durch Hornhufe geschützt, Afterzehen erreichen den Boden nicht. Schwanz kurz oder mittellang. Wiederkäuermagen mit rudimentärem Blättermagenabschnitt, Gallenblase vorhanden. Fell meist kurz, dicht anliegend, oberseits oft mähnenartig verlängert.

Verbreitung. Westafrika, Süd- und Südostasien.

3 Gattungen, 10 Arten.

Abb. 28.15 Kleinkantschils (*Tragulus kanchil*) werden zunehmend paarweise oder in Haremsgruppe in Tropenhallen gehalten.

Hirschferkel (*Hyemoschus*): 1 Art. Schulterhöhe 35–40 cm, Beine kurz, schlank, Afterzehen kräftig, schwaches Drüsenfeld am Kinn, Haarkleid dunkeloliv bis rotbraun, auffallend weißlich gemustert, auf dem Rücken gefleckt, an Flanken, Hals, Kinn und Brust streifig oder gebändert, Fell an den Hinterkeulen mähnenartig verlängert, Schwanz lang, oberseits buschig behaart. **Hirschferkel** (*H. aquaticus*), auch Afrikanisches Hirschferkel: Westafrika von Senegal bis Gabun und Ituri-Forst (Republik Kongo).

Fleckenkantschils (*Moschiola*): 3 Arten. Schulterhöhe 25–30 cm, Beine dünn, Nebenzehen klein, Drüsenfeld am Unterkiefer klein, Fell grünlich braunoliv bis dunkelbraun, helle Fleckung an Hals, Brust und Körperseiten. **Fleckenkantschil** (*M. meminna*): trockene Gebiete auf Sri Lanka. – **Gelbstreifenkantschil** (*M. kathygre*): Fell ockerbraun, gelbe Flecken und Streifen. Feuchte Gebiete auf Sri Lanka. – **Indienkantschil** (*M. indica*): dunkelbraunes Fell mit weißen Streifen und Punkten, Stirn schwarz. Südliches bis mittleres Vorderindien.

Kleinböckchen (*Tragulus*): auch Kantschils: 6 Arten. Kleinste Paarhufer, mit den typischen Merkmalen der Familie. Auch Weibchen mit relativ großen Eckzähnen. **Großkantschil** (*T. napu*): Schulterhöhe 30–35 cm, am Kinn großes Drüsenfeld, Fellgrundfarbe wie Fleckenkantschil, helle Fleckenmuster nur an Hals und Brust. 18 Unterarten. Südliches Hinterindien, Malaiische Halbinsel, Sumatra, Borneo und umliegende indonesische und malaysische Kleininseln. – **Philippinen-Kantschil** (*T. nigricans*): lange Zeit als Unterart des Großkantschil geführt. Philippinen-Inseln Balabac und Bugsuc sowie Ramos-Inselgruppe. – **Indochinesischer Kantschil** (*T. versicolor*), auch Vietnam- oder Annam-Kantschil: relativ eigenständige Art mit verwandtschaftlicher Distanz zu den vorstehenden und nachfolgenden Vertretern. Vietnam. – **Java-Kantschil** (*T. javanicus*): Schulterhöhe 20–25 cm, Drüsenfeld am Kinn wie bei Großkantschil, Färbung fast gleichartig. Java. – **Kleinkantschil** (*T. kanchil*): ähnlich dem Javakantschil. 29 Unterarten. Südchina westlich bis Myanmar, südöstlich über Hinterindien bis Südvietnam, Thailand, Indonesien, Malaysia, Sumatra, Borneo einschließlich umliegender Kleininseln. – **Williamsons Kantschil** (*T. willi-*

amsoni), auch Thailand-Kantschil: ehemalige Unterart des Kleinkantschils. Vermutlich nur Nordthailand.

Gefährdungsstatus. Bestand in der Wildnis artverschieden teils noch gesichert, manche Arten teils gebietsweise, z.T auch generell bedroht, Philippinen-Kantschil stark gefährdet. EEP für Philippinen-Kantschil in Wroclaw, für Java-Kantschil und Kleinkantschil im Zoo Amsterdam.

Lebensweise. Wenig bekannt. Dämmerungs- oder Nachttiere. Lebensraum dichtes Unterholz von Urwald- und Galeriewaldrändern, Mangrovengebiete (Hirschferkel, teilweise auch Großkantschil), Trockenwälder, Grasdschungel und Felsgelände (Klein-, Groß- und Fleckenkantschil). Viele Arten bevorzugen Wassernähe, daher häufig Küsten- oder Inselbewohner oder im Binnenland an Ufern von Flüssen und Seen. Einzelgänger, oft paarweise oder in Mutterfamilien. Standorttreu in markierten Revieren, benutzen hier aber keine festen Ruhe- und Markierungsplätze. Männchen verlassen nach einer gewissen Aufenthaltsdauer solche Wohnbereiche und beziehen danach zeitweilig das Territorium eines anderen Weibchens. Kleinkantschilmännchen markieren, indem sie den After in Hockstellung auf den Untergrund pressen (einmalig unter Wiederkäuern). Zwergböckchen ruhen tagsüber in verlassenen Erdbauen anderer Tiere, in Felsspalten oder kleinen Kesseln unter dichtem Pflanzenwuchs, schlüpfen schnell und gewandt durch das Dickicht. Kantschils ducken sich bei Beunruhigung, springen ab, wenn sie sich entdeckt fühlen. Hirschferkel schwimmen gut, tauchen bei Gefahr. Feinde sind Raubtiere, Greifvögel, Eulen, Riesenschlangen, Krokodile.

Nahrung. Früchte und Sämereien, Kräuter, Laub, Gräser (außer Kleinkantschil), Hirschferkel angeblich auch Aas, Kleinsäuger, Würmer, Insekten und Wassertiere. Auf Nahrungssuche wird der Boden mit der Schnauze durchwühlt. Manche Unterarten von Groß- und Kleinkantschil sind auf besonders nährstoffreiche, hochverdauliche Futterpflanzen angewiesen. Ihre Bestandsdichte ist abhängig von der Größe des Vorkommens verschiedener *Ficus*-Arten.

Haltung von Zwergböckchen

In Tiergärten Kleinkantschils vereinzelt, Philippinen-Kantschils und Großkantschils selten, Letztere nur in manchen südostasiatischen Tiergärten und einigen Zoos der USA gezeigt, Java-Kantschil in mehreren europäischen Zoos. Über Haltung von Hirschferkeln wenig bekannt. Alle Arten nicht akklimatisierbar, kälte- und zugempfindlich. Umgebungstemperaturen um 22 °C. Schreckhaft, bei Reinigungsarbeiten vorsichtig hantieren.

Unterkunft. Für Kantschils warme, trockene Innenräume von Kleinsäugerhäusern mit zugehörigem Außengehege, in dem sie sich bei warmem Wetter aufhalten dürfen. Als Dämmerungs- und Nachttiere auch in Nachttierhäusern mit 12-stündigem Dämmerlicht am Tag, neuerdings meist frei laufend in dicht bepflanzten Tropenhallen. Voraussetzung für langjährige erfolgreiche Haltung sind geräumige Haltungssysteme mit weichem, dichtem Bodengrund (kein Sand! Todesfall beim Kleinkantschil in Wien nach Sandaufnahme), dichter, bodennaher Bepflanzung, mit Sichtbarrieren, Rückzugsmöglichkeiten und Versteckplätzen, wozu auch kleine Schutzhütten genutzt werden. Bei solchen Haltungsbedingungen (z.B. Münster) sind Kantschils häufig auch tagsüber zu sehen. In Abhängigkeit von der Größe des Tierbesatzes sind aber in derartigen Unterkünften Nachpflanzungen unverzichtbar, da die Vegetation oder Teile davon gefressen werden. Kantschils meist paarweise oder in kleinen Haremsgruppen, da sich mehrere Weibchen gegenseitig tolerieren. Männchen sind untereinander unverträglich, ausgesprochen territorial, verjagen geschlechtsreif werdenden männlichen Nachwuchs im Alter von 4–5 Monaten unermüdlich und mit Todesfolge, wenn nicht vorher eingegriffen wird und solche Jungtiere entfernt werden. Deshalb muss für Nachzuchten ein geeignetes Ausweichgehege zur Verfügung stehen. Beim Java-Kantschil erhöhen sich die Fortpflanzungschancen, wenn Männchen und Weibchen sich deutlich aus dem Weg gehen können.

Fütterung. Haferflocken, gequetschter Weizen, Grünmehlpellets, pelletiertes Lämmerfutter, andere Pflanzenfresserpellets, Zwieback, Knäckebrot, geröstetes Weißbrot, Johannisbrotbruch, Erdnüsse, Rosinen, Himbeerlaub, geraspelte Möhre, Gurke, Tomate, Melone, Apfel, Banane, Weintrauben, Mango, hart gekochtes Ei, Mehlkäferlarven, in kleinen Mengen frische Luzerne oder Löwenzahn. Fressen außerdem frische Blätter tropischer Pflanzen (Tradescantien, Bananenschösslinge, *Ficus*-Arten), erbeuten vermutlich auch gelegentlich Junge von bodenbrütenden Vögeln des gemeinsamen Haltungssystems. Salzleckstein, Mineralstoff- und Vitaminbeifütterung (besonders Vitamine A, E und D, letzteres vor allem bei Haltung ohne Außengehege und bei ausschließlich künstlichem Licht). Nach Erfahrungen in Münster findet keine Raufutteraufnahme (Heu, trockene Luzerne) statt. Form von Schädel, Kiefer und Verdauungstrakt des Kleinkantschils weist auf eine Spezialisierung als Früchtefresser hin.

Vergesellschaftung. Kleinkantschil mit Plumploris, Großkantschil mit Borneo-Koboldmaki (Cleveland), wie übrige Kantschils auch mit Vögeln, darunter auch mit überwiegend bodenbewohnenden Arten sowie mit Flachlandtapiren, Landschildkröten, Wasseragamen und Tupaias.

Fortpflanzung und Zucht. Details nicht ausreichend bekannt. Weibchen mit 4 Zitzen. Kantschils ganzjährig fortpflanzungsfähig, Zyklusdauer beim Kleinkantschil nach Erkenntnissen in Münster 16 Tage. Sehr früher Post-partum-Östrus. Ein weiblicher Kleinkantschil ließ sich bereits 30 Minuten, ein anderer 85–155 Minuten nach der Geburt seines Jungen erneut decken. Weibchen dadurch quasi dauertragend. Beim Männchen vor der Paarung Erregungstrommeln mit den Vorderbeinen. Paarungsdauer nach Beobachtungen in Münster beim Kleinkantschil 30–60 Minuten. Tragzeit beim Kleinkantschil 132–136 (bis 143?), beim Großkantschil 152–155, beim Fleckenkantschil um 140 Tage, beim Hirschferkel widersprüchliche Angaben von 6 bzw. 9 Monaten. Geburt in einem Versteck, z.B. in kleiner Schutzhütte, meist nachts oder in den frühen Morgenstunden. Dabei erscheinen nicht zunächst die Vorderbeine, sondern zuerst Kopf, Hals und Schulterpartie, da Vordergliedmaßen nach hinten an den Körper angelegt sind. Meist 1 seh- und lauftüchtiges Junges, Zwillinge selten. Neugeborene werden von der Mutter trocken geleckt, stehen nach 30 Minuten auf den Beinen. 2 neugeborene Großkantschils wogen 371 bzw. 379 g, Kleinkantschils in Münster um 150 g, in Zürich zwischen 110–260 g. Ablieger, die nur zum Säugen zur Mutter kommen. Vermutlich täglich lediglich 2–3 Saugakte, wobei die Mutter das dem Jungen zugewandte Hinterbein anhebt. Erste feste Kost mit etwa 2 Wochen. Säugezeit 3 Monate (Hirschferkel bis 6 Monate). Kantschils sind mit rund 5 Monaten ausgewachsen. Kleinkantschils können sich in beiden Geschlechtern mit 4½ Monaten fruchtbar paaren, obwohl die Eckzähne der Männchen erst mit etwa 10 Monaten sichtbar sind. Männliche Jungtiere aus Sicherheitsgründen schon mit 2½–3 Monaten absetzen.

Milchzusammensetzung einer Probe eines toten Kleinkantschils in Hongkong am 21. Laktationstag: Trockensubstanz 37 %, Fett 26,8 %, Eiweiß 6,4 %, Laktose 0,4 %, Asche 1,1 %. Das zugehörige Jungtier verweigerte nach dem Verlust der Mutter bei künstlicher Aufzucht die Aufnahme von fremder Milch in jeder Form, nahm dagegen klein geschnittene Äpfel und Möhren, Rosinen, Brot und Erdnüsse gut auf und wuchs komplikationslos heran.

Zucht von Hirschferkeln bisher nur selten geglückt, erstmals 1883 in London. Kantschils, besonders Kleinkantschils, pflanzen sich gegenwärtig außer in südasiatischen Tiergärten auch in einigen europäischen und nordamerikanischen Zoos fort. Die in einigen US-amerikanischen Zoos gehaltenen Großkantschils gehen auf eine Zucht im Bronx Zoo New York zurück.

Abb. 28.16 Moschushirsche sind wie das Waldmoschustier (*Moschus berezovskii*) geweihlos. Geschlechtsreife Männchen sondern in der Paarungszeit ein nach Moschus riechendes Sekret ab.

Höchstalter in Menschenobhut. Hirschferkel 3½, Fleckenkantschil 14½, Malaiischer Großkantschil (*Tragulus napu napu*) knapp 16¾, Riau-Großkantschil (*T. n. stanleyanus*) 10¼, Indochinesischer Kantschil (*T. n. versicolor*) über 4, Javakantschil 14, Kleinkantschil ssp. über 11¾ Jahre, Malaiischer Kleinkantschil (*T. kanchil ravus*) 14, Pipidon-Kleinkantschil (*T. k. pidonis*) über 6¼, Williamson-Kantschil knapp 9¼ Jahre.

Familie Moschushirsche (Moschidae)

Auch Moschustiere. Knapp rehgroß, Fell kurz, dicht, ohne Unterwolle, überwiegend dunkelbraun, im Bereich von Kinn, Kehle und Beinen mit hellen Flecken, am Hinterkörper Fell länger als vorn. Kopf klein, schlank, geweihlos. Zahnformel: 0/3 1/1 3/3 3/3, obere Eckzähne hauerartig verlängert, nach hinten gekrümmt, seitlich leicht beweglich, ständig nachwachsend, mit scharfer Hinterkante. Hals kurz, Rücken rund, Rumpf hinten überbaut. Vorderbeine kürzer als hintere, Hauptzehen (Klauen) mit Spannhaut, weit spreizbar, Nebenzehen (Afterklauen) lang, bodenberührend. Schwanz sehr kurz. Gallenblase vorhanden, Euter mit 2 Zitzen, beim Männchen zwischen Nabel und Vorhautöffnung etwa 6 cm langer, 3 cm breiter Hautsack (Moschusbeutel), in dem sich Moschusdrüse (50-70 g) befindet; sondert bei geschlechtsreifen Männchen ab 3. Lebensjahr vor allem während der Paarungszeit ein salbenartiges, rotbraunes, nach Moschus riechendes Sekret ab.

Verbreitung. Nepal, Nordmyanmar, Tibet über Süd-, Ost- und Nordchina einschließlich Korea bis Sibirien östlich des Jenissei einschließlich Sachalin (außer Nordostsibirien und Kamtschatka).

1 Gattung, 7 Arten. Taxonomie noch umstritten, ursprünglich nur 1 anerkannte Art. Ob alle Arten Bestand haben, werden künftige Untersuchungen erweisen.

Moschustiere (*Moschus*): **Sibirisches Moschustier** (*M. moschiferus*): Merkmale wie Familie. 5 Unterarten. Sachalin und Ostsibirien, Nordchina bis Korea und Nordmongolei. – **Anhui-Moschustier** (*M. anhuiensis*): China, Anhui-Provinz. – **Waldmoschustier** (*M. berezovskii*), auch Chinesisches Moschustier: 4 Unterarten. Süd- und Zentralchina, Nordvietnam. – **Alpines Moschustier** (*M. chrysogaster*), auch Himalaja- oder Gelbbauch-Moschustier, was zu Verwechselungen mit *M. leucogaster* führt: 2 Unterarten. Süd- und Zentralchina, Bhutan, Nepal, Nordindien. – **Kaschmir-Moschustier** (*M. cupreus*): Nordafghanistan, Kaschmirregion von Pakistan und Indien. – **Schwarzes Moschustier** (*M. fuscus*): Nordmyanmar, China (nordwestliches Yunnan und südöstliches Tibet), Indien (Assam) und Nepal. – **Himalaja-Moschustier** (*M. leucogaster*): Himalajagebirge von Bhutan, Nordindien (einschließlich Sikkim) und Nepal (wird auch als Unterart des Alpinen Moschustiers angesehen).

Gefährdungsstatus. Bestand in der Wildnis abnehmend, Sibirisches Moschustier gefährdet, alle anderen Arten stark gefährdet. EEP für das Sibirische Moschustier in Leipzig.

Lebensweise. Dämmerungs- und Nachttiere, besonders morgens und abends aktiv. Lebensraum Nadel- und Rhododendronwälder mit dichtem Unterwuchs im Hügel- und Bergland in 2600–3600 m Höhe, im Sommer teilweise auch in tiefer gelegenen Sumpfwäldern und Flusstälern. Einzeln, paarweise oder in Mutterfamilien, ortstreu in Revieren mit versteckten Ruheplätzen (selbst gescharrte Erdmulden) und festen Wechseln, die mit Analdrüsensekret markiert werden. Laufen auch über Geröll, klettern gämsenartig in steilen Hängen oder auf schräg stehende Bäume, um zu äsen oder zu ruhen, springen aus dem Stand oder dem Lauf mühelos auf höher oder niedriger gelegene Flächen, setzen beim Rennen die Hinterfüße vor die Vorderfüße. Moschusdrüsen der Männchen nur während der Brunstzeit (im Spätherbst bis Frühwinter, d.h. Oktober bis Dezember) tätig, dann zwischen den Männchen sehr heftige Kämpfe, bei denen sie sich mit den Hauern oft tiefe Wunden reißen. Lautäußerungen leises Pfeifen, prustend-niesender Schreck- und Warnlaut.

Nahrung. Flechten, Moose, Blätter (vor allem von Zwergeichen), Nadelgehölze, zarte Rinde, junge Gräser und Schösslinge, auch Schachtelhalme und Zedernnüsse.

Haltung von Moschushirschen

Moschustiere (Sibirisches Moschustier) werden nur vereinzelt gehalten. Europäische Erstzucht 1962 in Frankfurt, danach in mehreren Tiergärten.

Eingewöhnung. Ähnlich wie für kleinere Hirscharten. Sehr schreckhaft, daher nicht sofort in die Außenanlage lassen, sondern in geschlossenem Raum eingewöhnen. Unterkünfte leicht abdunkeln, kein grelles Licht einsetzen, Ställe auch zu Reinigungsarbeiten nicht in Gegenwart der Tiere betreten, hastige Bewegungen und Lärm vermeiden. Auch in den Stallungen Rückzugsmöglichkeiten anbieten, z.B. Sichtschutzwände (reichlich körperlang, und etwas über Widerristhöhe). Allseits geschlossene, nur an 1 Schmalseite offene Kisten nur bedingt geeignet. Neulinge ziehen sich bei der kleinsten Beunruhigung dorthin zurück, lassen sich daraus nur mit Gewalt vertreiben und werden dann noch scheuer. Als Eingewöhnungsfutter vorwiegend Baumlaub, weichstängeliges, blattreiches Heu, Rentierflechten, zartes, nicht blähendes Gemüse. Zur Gewöhnung an spätere, sparsame Kraftfutterrationen kleine Mengen Haferflocken, Knäckebrot, ungesüßten Zwieback.

Unterkunft. Weitgehend wetterhart, aber hitze-, zug- und nässeempfindlich, daher sind zumindest dreiseitig umschlossene Unterstände oder unbeheizte Unterkünfte erforderlich, die von den Tieren wahlweise aufgesucht werden können. Außengehege in Form von strukturierten Freianlagen mit trockenem, festen, auch begrüntem Boden, entsprechendem Unterwuchs, Nadelbäumen und erhöhten Standplätzen aus Felsgestein oder schräg stehenden bzw. schräg angelegten Baumstämmen, die zu Plattformen führen. Diese werden sowohl als Liegeplätze, aber auch als Wetterschutz genutzt. Als Verstecke werden in manchen Tiergärten an der Gehegerückseite dichte Ast- und Zweigbündel angeboten und von den Tieren gut angenommen. Als Gehegebegrenzung Drahtgeflechteinzäunungen oder Trocken- bzw. Wassergräben. Moschustiere benutzen meist mehrere ortsfeste Kotplätze, die täglich zu kontrollieren und zu reinigen sind. Normaler Kot sind zahlreiche kleine, linsen- bis erbsengroße Kügelchen, die nicht miteinander verkleben. Abweichungen davon sind erste Anzeichen für beginnenden Durchfall, der leicht chronisch werden kann.

Umgang. Auch eingewöhnte Moschustiere sind sehr schreckhaft und scheu. Bei Pflegearbeiten in Anwesenheit der Tiere keine hastigen Bewegungen, Lärm vermeiden. Bei Reinigungsarbeiten sich vorsichtig Liegeplätzen nähern, sich drückendem Tier bequemen Fluchtweg (Wechsel beachten) freihalten. Beim Betreten von Stallungen oder Gehegen absichern, dass die kleinen Tiere nicht durch die geöffnete Tür schlüpfen können. Moschustiere wegen der scharfen Eckzähne nicht per Hand greifen, sondern im Kescher oder mit derbem Tuch fangen. Dabei brechen nicht selten die Haare des spröden Fells auf großen Flächen ab. Beim Fixieren des Kopfes darauf achten, dass dabei die Eckzähne nicht brechen. Medikamentöse Immobilisation oder Distanznarkose mittels Blasrohr oder Narkosewaffen nur einsetzen, wenn der Fang von Hand für das Tier zu gefährlich werden könnte. Da Moschustiere anfällig für Myasis sind, sollten sie täglich auch auf kleinste Wunden inspiziert werden. Dafür ist es vorteilhaft, wenn die Moschustiere einen vertrauten Umgang mit den Tierpflegern haben.

Fütterung. Siehe auch kleine Hirschformen. Moschustiere bevorzugen nach Erfahrungen aus Leipzig Blätter aller Art, fressen auch Holunder und Rhododendron, benötigen aber zusätzlich Browserpellets. Firsche Luzerne oder Luzerneheu sollte immer ad libitum zur Verfügung stehen. Zur Eiweißversorgung kann eingeweichtes Hundetrockenfutter gegeben werden.

Vergesellschaftung. Meist paarweise, wobei sich die Partner außerhalb der Paarungszeit meist nur tolerieren. Auch kleine Haremsgruppen erwachsener Tiere aus 1 Männchen und 2–3 Weibchen, Elternfamilien (Zuchtpaar mit Jungtieren des letzten bzw. auch zusätzlich vorletzten Wurfes) oder Mutterfamilien vertragen sich. Weibchen gehen einander aber aus dem Weg und interessieren sich wenig füreinander. Erwachsene Männchen dulden keine geschlechtsreifen männlichen Artgenossen, beim Aufeinandertreffen blutige Kämpfe, greifen gelegentlich halbwüchsige Jungtiere an. Vergesellschaftung mit Leierhirschen sowie früher mit Weißnackenkranichen und Mandschurenkranichen (Leipzig). Dies wurde aber beendet, da Kraniche Kitze der Moschustiere getötet hatten.

Fortpflanzung und Zucht. Tragzeit 185–195 Tage, meist 2 (seltener 1 oder 3) Junge. Embryonenzahl nicht selten bis 3. Überzählige Keimlinge sterben ab und werden resorbiert. Neugeborene wiegen 490–900 g, sind braun gefärbt mit weißen oder gelblich weißen Flecken oder Fleckenstreifen. Jungtiere sind empfindlich gegen Nasskälte und Störungen. Allein die Anwesenheit fremder Artgenossen kann Nervosität auslösen. Dann vorsichtshalber störendes Tier entfernen. Zwillinge haben wie bei anderen Hirschen in den ersten Wochen getrennte Abliegeplätze und werden auch einzeln nacheinander gesäugt. Zum Säugen legen sich Moschustiermütter in den ersten Tagen auf die Seite und heben das obere Hinterbein an, damit das Junge das Euter erreicht. Junge trinken anfangs oft auf dem Bauch liegend, später stehend an stehender Mutter. Dabei machen die trinkenden Jungtiere mit den Vorderbeinen ritualisierte Schritte ins Leere, was an den „Milchtritt" anderer Säugetiere erinnert. Erste feste Kost mit 16 Tagen, vorher oft Aufnahme von Spuren von Erde. Abliegezeit endet mit etwa 3 Wochen. Junge folgen nun häufig der Mutter, benutzen mit dieser etwa ab 4. Woche gemeinsamen Liegeplatz. Mutter-Kind-Bindung löst sich mit 3–4 Monaten. Geschlechtsreife mit 18 Monaten.

Höchstalter in Menschenobhut. Moschustier über 14¾ Jahre.

Familie Hirsche (Cervidae)

Artenreiche Wiederkäuergruppe von sehr verschiedener Körpergröße, die sich vor mehr als 40 Millionen Jahren entwickelte und früher gemeinsam mit den Familien Giraffen, Gabelhorntiere und Hornträger in der Überfamilie Stirnwaffenträger (Pecora) zusammengefasst wurde. Die systematische Zuordnung ihrer Vertreter befindet sich momentan im Umbruch, sodass mit einer Endgültigkeit in naher Zukunft nicht zu rechnen ist. Bisher wurden die Arten dieser Familie 3 Unterfamilien zugeordnet, den Echthirschen, den Wasserrehen und den Trughirschen. Molekulargenetische Ergebnisse lassen eine Eingliederung der Wasserrehe in die Unterfamilie der Trughirsche sinnvoll erscheinen, die auch vorgenommen wurde. Hauptkennzeichen der hasen- bis pferdegroßen Hirsche ist das Geweih der Männchen, bei Rentieren auch bei Weibchen, es fehlt beim Wasserreh. Es wird auf den als Rosenstöcke bezeichneten, auf dem Stirnbein aufsitzenden, knöchernen Wachstumszonen durch Osteoblasten aus Knochensubstanz gebildet, ist anfangs von Blutgefäßen und Nerven durchzogen und von einer stark durchbluteten, fein behaarten Nähr- und Schutzhaut (Bast) bedeckt. Wachstumsdauer art- und altersabhängig 60–140, im Mittel etwa 100 Tage wie beim Rothirsch. Nach Fertigstellung stirbt der Geweihknochen ab. Die ebenfalls verödende Basthaut wird mechanisch an elastischen Gegenständen (Büschen, Ästen) abgerieben (gefegt). Danach verfärbt sich die ursprünglich weiße, von Blutspuren bedeckte Knochenoberfläche durch das Eindringen von Gerb- und Humusstoffen, Rinden- und Pflanzensäften in die Poren der Oberfläche dunkel. Nach Abschluss der Brunst setzt an der Oberfläche des Rosenstockes unter dem Einfluss von Osteoklasten in einer dünnen Zone, sowohl vom Zentrum als auch vom äußeren Rande ausgehend, an einer Sollbruchstelle die Auflösung der Knochensubstanz ein, was zu einem späteren Abbrechen der toten Stangen (Geweihabwurf) führt. Intervalle für die Tragdauer der gefegten Geweihe zwischen Fege- und Abwurfzeiten art- und alters-, bei Rentieren sogar geschlechtsabhängig. Beschädigungen der Basthaut, Hodenerkrankungen und -verletzungen sowie andere hormonelle Störungen führen meist zu Geweihdeformationen. Kastration während der Geweihbildung hat Perückengeweih zur Folge. Bei Kastration nach dem Fegen werden die Stangen unverzüglich abgeworfen, anschließend Bildung eines bastbedeckten Dauergeweihes. Bei Renern dagegen, deren Weibchen in der Regel Geweihe tragen, bleibt die Kastration der Hirsche ohne Folgen für die Geweihbildung. Form, Aufbau, Stärke und Größe des Geweihes ist art- und altersabhängig, wird außerdem von Umwelteinflüssen (z.B. Ernährung) und genetischen Faktoren mitgeprägt. Geweihe werden bei innerartlichen Auseinandersetzungen (z.B. Brunstkämpfen) und seltener als Waffen gegen Fressfeinde eingesetzt. Zahnformel: 0/3 0–1/1 3/3 3/3. Das Gebiss dient fast ausschließlich der Nahrungszerkleinerung, nur noch bei wenigen Arten der Verteidigung (Eckzähne). Allen Hirschen gemeinsam ist außerdem das Fehlen der Gallenblase.

2 Unterfamilien, 19 Gattungen, 60 Arten.

Unterfamilie Echthirsche (Cervinae)

Zwergziegen- bis pferdegroße Tiere, Männchen meist mit vielendigem Geweih auf kurzem Rosenstock, Zahnformel: 0/3 0–1/1 3/3 3/3, obere Eckzähne bei den meisten Arten verkleinert oder fehlend, von den verkümmerten Mittelhandknochen der Seitenfinger nur die oberen Enden als Knochenrest vorhanden (bei Trughirschen nur die unteren Enden).

Verbreitung. Eurasien, Nordafrika, Nordamerika.

9 Gattungen, 35 Arten.

Muntjaks (*Muntiacus*), auch Bellhirsche: 16 Arten, davon 5 erst um die Jahrtausendwende in Vietnam und angrenzenden Ländern entdeckt. Muntjakhirsche mit Schopfhirschen bisher einer eigenen Unterfamilie Muntiacinae zugeordnet. Schulterhöhe 40–65 cm, Kopf schlank, Nasenspiegel nackt, große Voraugendrüse mit langer Öffnungsspalte. Männchen mit kurzem Geweih auf langen Rosenstöcken, deren Wurzeln sich als Wülste bis zum Nasenbein ziehen und sich dort spitzwinklig vereinigen, dazwischen in Augenhöhe die Stirndrüse, Geweih 4–25 cm lang, leicht einwärts gebogen, mit meist nur 1 kurzen Augsprosse kurz über der Rose. Lange obere Eckzähnen, die beweglich sind, Zahnformel: 0/3 1/1 3/3 3/3. Hals kurz, Rumpf gedrungen, hinten überbaut, Hinterbeine länger als Vorderbeine. Schwanz mittellang. Keine Gallenblase. Fell ohne Unterwolle. Inner-

Abb. 28.17 Der Nordindische Muntjak (*Muntiacus muntjak vaginalis*) ist das Säugetier mit der niedrigsten Chromosomenzahl (Männchen 7, Weibchen nur 6 Chromosomen).

halb der Gattung erhebliche Unterschiede in der Anzahl der Chromosomen, nicht nur artspezifisch, sondern auch innerartlich zwischen den Geschlechtern. Sri Lanka, Vorder- und Hinterindien, Süd- und Mittelchina einschließlich Hainan und Taiwan, Sumatra, Borneo, Java, Bali, Lombok. **Roter Muntjak** (*M. muntjak*): deutscher Trivialname Indischer Muntjak irreführend, da auch außerhalb des indischen Subkontinents weit verbreitet. Rückenfell rötlich kastanienbraun, Bauchseite hell, Rosenstöcke setzen weit unten am Nasenrücken an. Der Nordindische Muntjak (*M. vaginalis*) ist das Säugetier mit der niedrigsten Chromosomenzahl (Männchen 7, Weibchen nur 6 Chromosomen). 11 Unterarten, wovon seit 2003 bzw. 2011 folgende auch als eigenständige Arten geführt werden: Nordindischer Muntjak (*M. vaginalis*), Zentralindischer Muntjak (*M. aureus*), Malabar-Muntjak (*M. malabaricus*), Sumatra-Muntjak (*M. montanus*) und Schwarzfuß-Muntjak (*M. nigripes*). Indien, Sri Lanka, Südwestchina, Tibet, Myanmar, Thailand, Vietnam, Malaysia, Sunda-Inseln, in England angesiedelt. – **Zwergmuntjak** (*M. reevesi*), auch Chinesischer Muntjak: rostbraun mit schwarzem Nackenstreifen und rotbraunem Stirnfleck, Kinn, Hals und Schwanzunterseite weiß, 46 Chromosomen in beiden Geschlechtern. Süd- und Mittelchina einschließlich Hainan und Taiwan, in England eingeführt. – **Tenasserim-Muntjak** (*M. feae*), auch Feaes Muntjak: ähnlich Rotem Muntjak, aber dunkler und mit gelben Haaren, Männchen mit 15, Weibchen mit 13 Chromosomen. Tenasserim, Thailand. – **Schwarzer Muntjak** (*M. crinifrons*): dunkelbraun, Kopf und Nacken heller, relativ langer Schwanz, Männchen mit 9, Weibchen mit 8 Chromosomen. Ostchina. – **Gelber Borneo-Muntjak** (*M. atherodes*): Borneo, Malaysia. – **Riesenmuntjak** (*M. vuquangensis*): 1994 in Vietnam entdeckt. Nicht viel größer als große *Muntiacus*-Arten, aber schwerer (Männchen bis 50 kg), Geweih größer, bis 28,5 cm lang, dunkelgelbbraun bis graubraun, Schwanz relativ kurz und breit. Vietnam, Südostlaos und Nordkambodscha. – **Truong-Son-Muntjak** (*M. truongsonensis*), auch Annam-Muntjak: 1997 entdeckt. Truong-Son-Berge (früher Annamite-Bergland) in Vietnam. – **Putao-Muntjak** (*M. putaoensis*): 1999 entdeckt, kleinster Hirsch der Welt. Norden von Myanmar. – **Roosevelt-Muntjak** (*M. rooseveltorum*): verschiedentlich als Unterart von *M. feae* angesehen. Nordlaos. – **Gongshan-Muntjak** (*M. gongshanensis*): 1990 in China entdeckt. Bergland von Nordwest-Yunnan. – **Puhoat-Muntjak** (*M. puhoatensis*), auch Vietnam-Muntjak: 1997 entdeckt. Vietnam.

Schopfhirsche (*Elaphodus*): 1 Art. Nur wenige Zentimeter lange Spieße als Geweih, meist im Fell verborgen, Rosenstöcke kurz, keine Stirndrüse, verlängerte obere Eckzähne der Männchen sind starr, Haare spröde, auf der Stirn dunkler, mittellanger Haarschopf, 47 Chromosomen in beiden Geschlechtern. **Schopfhirsch** (*E. cephalophus*): etwas größer als Muntjak. 4 Unterarten. Nordmyanmar, Südosttibet, Mittel- und Ostchina.

Damhirsche (*Dama*): 2 Arten. Schulterhöhe 80–90 cm, Kopf kurz, große Augen mit mittelgroßen Voraugendrüsengruben, obere Eckzähne

Abb. 28.18 Haltung und Zucht des Mesopotamischen Damhirsches (*Dama mesopotamica*) insbesondere in europäischen Tiergärten sichern seinen Fortbestand.

fehlen meist, Geweih vielendig, an der Spitze schaufelartig verbreitert, Hals gedrungen mit stark vorspringendem Kehlkopf, Sommerfell kurz, glatt anliegende Grannen, rotbraun, weißlich gefleckt, Winterfell rau mit dichter Unterwolle, dunkler, Fleckung undeutlich. **Europäischer Damhirsch** (*D. dama*): schwarzer Aalstrich, Spiegel hell, von schwarzem Rand umgrenzt, als Parkwild auch in den Farben Weiß, Isabellfarben, Dunkelbraun oder Schwarz gezüchtet. Seit dem Altertum von Kleinasien aus in Europa, später auch in Nord- und Südamerika, Nord- und Südafrika, Madagaskar, Australien, Tasmanien und Neuseeland eingebürgert. – **Mesopotamischer Damhirsch** (*D. d. mesopotamica*): etwas größer als Europäischer Damhirsch, Grundfarbe heller als die der Nominatform, stärker gefleckt, Schwanz oberseits weiß, Schaufel kleiner, gesamtes Geweih abgeflacht.

Fleckenhirsche (*Axis*): 4 Arten. Geflecktes Fell nur bei 1 Art, übrige ohne deutliche Fellzeichnung. Geweihe mehr oder minder lyraförmig geschwungen, mit langer, kurz über dem Rosenstock entspringender Augsprosse, höchstens 8, meist nur 6 Enden. Süd- und Südostasien. **Axishirsch** (*A. axis*), auch Chital: etwas größer als Damhirsch, oberes Augenlid lang bewimpert, obere Eckzähne fehlen meist, Geweih nicht geperlt, breit geschwungen, meist 8 Enden, sonst gattungstypisch, Fell kurz, glatt anliegend, überwiegend rotbraun, 6–8 weißlich gelbe Fleckenreihen. Vorderindien und Sri Lanka. Tiere aus der vorderindischen Population auf Neuseeland, Hawaii, in Australien, Brasilien und Argentinien eingebürgert. – **Schweinshirsch** (*A. porcinus*): etwas kleiner und gedrungener als Damhirsch (Schulterhöhe 60–75 cm), Geweih lyraförmig, wie beim Axishirsch mit kurzer, nach hinten und innen gerichteter Gabelsprosse, meist Sechsender, Fell glatt, braun bis schwarzbraun, mehr oder minder gefleckt. 2 Unterarten. Nördliches Westpakistan über Nordindien und Nepal über ganz Hinterindien von Myanmar über Südchina südlich bis Tenasserim, auf Sri Lanka und Australien eingebürgert. – **Calamian-Schweinshirsch** (*A. calamianensis*): wurde früher als Unterart des Schweinshirsches angesehen. Calamian-Inselgruppe (Philippinen). – **Bawean-Schweinshirsch** (*A. kuhlii*): wurde früher als Unterart des Schweinshirsches angesehen. Insel Bawean (Indonesien).

Sambarhirsche (*Rusa*), verschiedentlich als Untergattung der Gattung *Cervus* zugeordnet: 4 Arten. Reh- bis pferdegroße Hirsche mit mittellangem, aber sehr kompaktem, stark geperltem Geweih mit kräftiger Augsprosse, Fell grob, rauhaarig, im Halsbereich oft mähnenartig verlängert. **Indischer Sambar** (*R. unicolor*), auch Pferde- oder Aristoteleshirsch: Größe wie Mitteleuropäischer Rothirsch (Schulterhöhe 120–155 cm), sehr große Voraugendrüse, Ge-

Abb. 28.19 Axishirsche (*Axis axis*) sind in ihrer Heimat ganzjährig fortpflanzungsfähig und der Geweihwechsel findet individuell zu unterschiedlichen Zeiten statt. So sind in einer Herde brünstige Hirsche und solche im Bastgeweih gleichzeitig anzutreffen.

weih kräftig geperlt mit niedrig angesetzter, nach oben gerichteter, kräftiger Augsprosse, Enden der Endgabel etwa gleich lang, meist Sechsender, Schwanz buschig behaart, Fell lang, hart, am Hals mähnenartig verlängert, schwarzbraun bis schwarz. 7 Unterarten. Sri Lanka, Vorder- und Hinterindien, Sumatra und Borneo, nördlich bis Südwestchina, Hainan und Taiwan, eingeführt in Australien, Neuseeland und Florida. – **Mähnenhirsch** (*R. timorensis*): kleiner und zierlicher als Indischer Sambar, Geweih ähnlich, aber schwächer, Schwanz nicht buschig, Halsmähne, Fell wie bei Pferdehirsch, oberseits goldgelb bis dunkel- oder graubraun, unterseits aufgehellt. 7 Unterarten. Java, Kleine Sunda-Inseln und Molukken bis Sulawesi und Nordwest-Neuguinea. – **Philippinensambar** (*R. marianna*), auch Mariannenhirsch: knapp damhirschgroß, Geweih klein, hinterer Gabelzinken kürzer als vorderer, Fell mittellang, rot- bis schwarzbraun. 4 Unterarten. Philippinen von Luzon über Mindoro, Samar-Inseln und Leyte bis Mindanao und Basilan. – **Prinz-Alfred-Hirsch** (*R. alfredi*): klein, als einzige Art weißlich gelb gefleckt. Philippineninseln Panay und Negros.

Zackenhirsche (*Rucervus*): 3 Arten. Geweihe mit der größten Zahl von Enden unter den asiatischen Hirschen. **Barasingha** (*R. duvauceli*), auch Zackenhirsch, Tiefland-Barasingha: knapp rothirschgroß, Geweih vielendig, kräftige, kurz über dem Rosenstock abzweigende, nach oben geschwungene Augsprosse, nicht selten mit kleiner Nebensprosse, Hauptstange schwach lyraförmig gebogen, gabelt sich an der Spitze, jede Gabelzinke mehrfach verzweigt in Nebensprossen, manchmal leicht schaufelartig, schlank, hochbeinig mit großen, spreizbaren Klauen, Afterklauen lang, Fell dünn, am Schwanz lang, gelb- oder rotbraun bis dunkelbraun, Aalstrich, beiderseits davon oft gelbliche Fleckenreihe. 3 Unterarten. Mittleres und östliches Vorderindien bis Assam, einst bis Thailand. – **Hochland-Barasingha** (*R. branderi*):

Abb. 28.20 Der Prinz-Alfred-Hirsch (*Rusa alfredi*) ist in seinem Verbreitungsgebiet äußerst gefährdet, weshalb in einigen Zoos koordinierte Erhaltungszuchten betrieben werden.

ehemals Unterart des Barasingha. Indien (Madhya Pradesh). – **Schomburgk-Hirsch** (*R. schomburgki*): Hauptstange des Geweihs schwach lyraförmig, gabelt sich bereits in der Mitte. Thailand, Südchina (Yunnan) und Nordlaos, gilt als ausgestorben. – **Assam-Barasingha** (*R. ranjitsinhi*): endemisch in Assam.

Leierhirsche (*Panolia*): traditionell auch unter *Rucervus* geführt. 3 Arten. **Leierhirsch** (*P. eldii*), auch Manipur-Leierhirsch: etwas kleiner als Barasingha, Geweih ähnlich, stark lyraförmig, Hauptsprosse gabelt sich an der Spitze, jeder Zinken mit kleinen Nebensprossen, teils fast schaufelartig verbreitert, Fell grau- bis gelbbraun, unscharf gefleckt. 4 Unterarten, Bundesstaat Manipur. – **Myanmar-Leierhirsch** (*P. thamin*): Myanmar, Thailand. – **Thailand-Leierhirsch** (*P. siamensis*): Thailand, Laos, Kambodscha, Vietnam.

Echthirsche (*Cervus*): 5 Arten. Damhirsch- bis fast pferdegroße Hirsche mit starken, oft vielendigen Geweihen. Fell im Winter fast ohne Unterwolle, jahreszyklisch verschieden gefärbt. **Rothirsch** (*C. elaphus*): Körpergröße je nach Unterart verschieden, Schulterhöhe schwankt zwischen 70–150 cm, Geweih vielendig, Aug- und Mittelsprosse bei erwachsenen Tieren stets, Eis- und Wolfssprosse meist vorhanden, Hauptsprosse manchmal gegabelt oder mit Endkrone, auch Aug-, Mittel- und Wolfssprosse können gegabelt sein, Fell im Sommer glatt anliegend, im Winter rau, dicht, Halsmähne der Männchen dann deutlicher als im Sommer, schwarz- bis braunrot, im Winter meist etwas dunkler, halbwüchsige und jungerwachsene Tiere, 1 Unterart sogar lebenslänglich mit heller Fleckung. Mehrere Unterarten. Europa, Nordafrika, Klein- und Vorderasien. – **China-Rothirsch** (*C. hanglu*): Schulterhöhe bis 130 cm, Körperlänge bis 230 cm. Fell braun bis aschgrau, Ohren, Wangen und Kinn hell. Geweih gelblich. Vorderes und zentrales Asien bis China und südlich bis Indien. 2–3 Unterarten, darunter Bucharahirsch (*C. h. bactrianus*). – **Wapiti** (*C. canadensis*): schwerer, kompakter und teilweise größer als Rothirsch, Schulterhöhe bis 155 cm, Gewicht bis 450 kg, Geweih bis 150 cm Länge. Fell graubraun bis gelblich, Kopf und Hals immer dunkler, meist dunkelbraun. Spiegel gelblich. Nordamerika, östliches Russland, China, Mongolei.

Abb. 28.21 Barasinghas (*Rucervus duvauceli*) kommen in ihrer nordindischen Heimat vorwiegend in Feuchtgebieten und Uferbereichen von Flüssen vor. Dort stehen sie auch äsend bis zum Bauch im Wasser.

Mehrere Unterarten, davon Östlicher Wapiti (*C. c. canadensis*) und Merriam-Wapiti (*C. c. merriami*) bereits ausgestorben. – **Sikahirsch** (*C. nippon*): etwa damhirschgroß, zierlicher, Geweih einfach mit aufwärts gerichteter Aug- und Eissprosse und einfach gegabelter Endsprosse, meist Achtender, vereinzelt zwischen Eis- und Endsprosse kleine „Wolfssprosse", Fell im Sommer glatt, im Winter rau, dicht, Halsmähne der Männchen dann deutlicher als im Sommer, gelb, rot- bis graubraun, Rücken und Körperseiten hell gefleckt, im Winter dunkler, Fleckung verwaschen. Bisher 16 Unterarten, darunter Vietnam-Sikahirsch (*C. n. pseudaxis*). Von Ostsibirien über die Mandschurei bis zum mittleren Ostchina, Taiwan, Korea, Japan und Riu-Kiu-Inseln, eingebürgert auf Madagaskar und Neuseeland. – **Weißlippenhirsch** (*C. albirostris*): rothirschgroß, Kopf kurz und breit, sehr große Voraugendrüse. Lippen, Kehle und Unterkiefer weiß. Geweih weit ausladend, Augsprosse dicht über der Rose, verhältnismäßig weit entfernt davon die Mittelsprosse, Hauptsprosse gabelt sich in etwa gleich lange Enden, die sich wiederum spalten (Zehn- bis Zwölfender), aber keine Kronen bilden. Klauen kurz und rinderähnlich breit, Afterklauen lang. Fell rau, grob, im Winter um das Doppelte länger als im Sommer, braungrau, im Winter braunschwarz. Tibet, Westchina.

Zahlreiche Unterarten des Rothirsches und des Sikahirsches erhielten in jüngster Zeit Artstatus, wobei die Beweisführung bis ins letzte Detail verschiedentlich noch aussteht. Als Arten gelten: Alashan-Wapiti (*C. alashanicus*), Dybowskihirsch (*C. hortulorum*), Isubrahirsch (*C. xanthopygus*), Szetschuanhirsch (*C. macneilli*), Korsischer Rothirsch (*C. corsicanus*), auch Tyrrhenischer Rothirsch, Sichuan-Sikahirsch (*C. sichuanicus*).

Davidshirsche (*Elaphurus*): 1 Art. Rothirschgroß, Kopf lang, schmal, Ohren sehr kurz, große Augen mit langem Voraugendrüsenspalt. Geweih ungewöhnlich, steil, nach oben gerichtete Hauptsprosse mit nach hinten gerichteten, von unten nach oben kürzer werdenden Nebensprossen, deren unterste sich oft noch gabeln (Geweih wirkt wie „verkehrt herum aufgesetzt"). Zehen spreizbar, Klauen groß, Afterklauen lang. Schwanz lang mit fersenberührender Endquaste. Fell weich, kurz, im Winter länger und dichter mit Unterwolle, beim Männchen Mähne an Hals und Widerrist, Fell rötlich graugelbbraun, im Winter dunkler, Schwanzquaste schwarz. **Davidshirsch** (*E. davidianus*), auch Milu: einstige Verbreitung in China nicht näher bekannt.

Gefährdungsstatus. Bestand der Muntjaks in der Wildnis weitgehend gesichert. Tenasserim-Muntjak, einige Unterarten des Roten Muntjaks und Schwarzer Muntjak gefährdet, Riesenmuntjak gilt als vom Aussterben bedroht, der Schopfhirsch-Bestand ist unklar. EEP für Ostchinesischen Schopfhirsch (*E. c. michianus*) in Rotterdam, für Zwergmuntjak in Prag, für Riesenmuntjak am IZW in Berlin.

Bestand beim Europäischen Damhirsch ungefährdet, vom Mesopotamischen Damhirsch einst letzte Reste in der Provinz Khusistan (Südwestiran) an den Flüssen Karun, Karcheh und Dez, die aber vermutlich in den 1980er Jahren ausgerottet wurden. Ob ehemalige iranische Gatterbestände die Jahrtausendwende überstanden, ist unklar. Erhaltungszuchten in europäischen Tiergärten und Israel. Internationales Zuchtbuch und EEP in Kronberg.

Bestand in der Wildnis beim Axishirsch nur regional gefährdet, sonst gesichert. Bawean- und Calamian-Schweinshirsch hochgradig gefährdet, Hinterindischer Schweinshirsch (*A. p. annamiticus*) gebietsweise ausgerottet, andernorts gefährdet. EEP für Schweinshirsch in Usti nad Labem, für Bawean-Schweinshirsch in Wroclaw.

Bestand der Sambarhirsche in der Wildnis hochgradig gefährdet, bei Prinz-Alfreds-Hirsch aber in Menschenobhut (in Zoos, philippinischen Naturschutzstationen) zunehmend. Bestand der übrigen Arten vorerst nicht gefährdet, Situation der meisten Unterarten nicht im Detail bekannt. EEP für Prinz-Alfred-Hirsch in Landau, für Manipur-Leierhirsch in Chester, für Indischen Sambar im Port Lymphne Wild Animal Park.

Barasinghas sind bedroht bis extrem gefährdet. EEP für Barasingha in Olmütz. Vom Manipur-Leierhisch lebten in dem 1975 in Assam eingerichteten Keibul Lamjao Nationalpark

Abb. 28.22 Der Davidshirsch oder Milu (*Elaphurus davidianus*) hat als auffälligstes Merkmal ein Geweih mit nach hinten gerichteten Verzweigungen, wobei die 1. fast so groß wie die Hauptstange ist. So scheint das Geweih in die „verkehrte" Richtung gewachsen zu sein.

1977 nur noch 18 Tiere. Ihre Zahl hat sich, teilweise auch durch Zugänge aus indischen Zoos mehr als verzehnfacht. Den Bürgerkrieg in Kambodscha überlebte nur noch eine Gesamtpopulation von 200–400 Thailand-Leierhirschen, die aber durch Bejagung extrem gefährdet sind. Einzige kleine Zuchtgruppe des Thailand-Leierhirsches in Menschenobhut in der Bang Lamung Wildlife Propagation Station in der Chon Buri Provinz von Thailand. Für Myanmar-Leierhirsch im westlichen Zentralthailand laufen nach 2 erfolglosen Versuchen gegenwärtig Wiederansiedelungsversuche auf der Grundlage des National Eld's Deer Recovery Plan.

Bestand des Davidhirsches in der Wildnis erloschen, verschwanden nach dem 2. Weltkrieg aus ihren letzten Rückzugsgebieten im Delta des Jangtsekiang. Alle heute lebenden Milus stammen vermutlich von 1 Männchen und 2 Weibchen ab, die der Zoo Berlin 1876 aus der Herde des Kaiserlichen Parks von Peking erhielt. Bedeutendste Zuchtgruppe der Welt im Wildpark des Herzogs von Bedford auf Woburn Abbey. 1986 lieferten britische Zoos 22 Tiere nach Shanghai, die im Da Feng Reservat in der Provinz Kiangsu im Delta des Jangtsekiang ausgesetzt werden sollten. Weißlippenhirsch auf inselartige Restpopulationen geschrumpft, zumindest gebietsweise gefährdet. Wildnisbestände des Sikahirsches als Art noch nicht gefährdet, dagegen Taiwan- und Nordchinesischer Sikahirsch sowie Vietnam-Sika (im Herkunftsland nur kleine Herde in einem Schutzgebiet erhalten) vom Aussterben bedroht oder hochgradig gefährdet. EEP für Weißlippenhirsch in Mulhouse.

Rothirsch in Europa, Kanada und den USA gesichert, manche Unterarten allerdings nur noch in geringer Kopfzahl vorhanden, so der kleine Korsische Rothirsch, der aber auf Sardinien überlebte (um die Jahrtausendwende ca. 1500 Tiere), aber auf Korsika ausgerottet wurde. Aus Sardinien wurden 8 Exemplare nach Korsika überführt, in Gattern gehalten, wo bis Anfang der 2000er Jahre ein Bestand von über 100 Tieren herangewachsen ist. Die Nachzucht soll nun in Zentralkorsika ausgewildert werden. Einige weitere Rothirsch-Unterarten bedroht (Atlashirsch, Bucharahirsch und Kaschmirhirsch) oder auch in Schutzgebieten gefährdet, die meisten anderen noch gesichert. Bestand der letzten frei lebenden Kaschmirhirsche zwischen 1989 und 2007 von 900 auf weniger als 200 Tiere zusammengeschmolzen. Im Süden des Bundesstaates Kaschmir will die Staatsregierung durch ein Zuchtzentrum in den Bergen und einen Hirschpark in einem Urlauberzentrum die Erhaltung der Unterart gewährleisten.

Beim Sikahirsch sind fast alle Unterarten gefährdet oder stark bedroht, Nordchinesischer Sikahirsch (*C. n. mandarinus*) wahrscheinlich ausgestorben, Taiwan-Sikahirsch (*C. n. taiouanus*) lebt nur noch in Gehegen, Vietnam-Sikahirsch kommt nur noch im Cuc-Phuong-Nationalpark vor. EEP für Bucharahirsch in Chomutov, Internationales Zuchtbuch und EEP für Vietnam-Sikahirsch in Olmütz.

Lebensweise. Überwiegend Tagtiere, in Gebieten mit starker Bejagung Dämmerungs- und Nachttiere, in den Tropen besonders vor- und nachmittags aktiv. Manche Arten, z.B. Muntjaks, Schopfhirsch, Schweinshirsch, reine Dämmerungs- und Nachttiere. Lebensraum manchmal sogar innerartlich sehr verschieden, fast in jedem Biotop vom Küstenland bis ins Hochgebirge, von Sumpfgebieten bis zur Trockensteppe. Zahlreiche tropische Hirsche wie Muntjaks, Schweinshirsche, Axishirsche, Sambarhirsche, Barasinghas und Leierhirsche sehr oft in Wassernähe. Barasinghas und Leierhirsche stehen häufig stundenlang im Wasser, Axishirsch, Indischer und Philippinensambar schwimmen gut, flüchten z.T. bei Gefahr ins Wasser (Axishirsch) und suhlen gern (Sika-, Davidshirsch). Ortstreu in Revieren mit festen Wechseln. Grenzen der Reviere liegen nicht streng fest. Gebirgsbewohner (Rothirsch u.a.) winterkalter Gebiete wandern bei Kälte und Tiefschnee in niedrigere Lagen. Außerhalb der Brunstzeit sind Männchen manchmal Einzelgänger (z.B. Philippinensambar, Weißlippenhirsch, Rothirsche, Sikahirsche, Barasingha, Schweinshirsche und Indischer Sambar) oder in Männchenrudeln (z.B. Rothirsch, Damhirsch, Sikahirsch und Philippinensambar). Weibchen in dieser Zeit entweder in kleinen Trupps von 2–3 Tieren (Philippinensambar, Barasingha, Leier- und Schweinshirsche), in kleinen Rudeln (Weißlippen-, Rot-, Axis-, Sikahirsche) oder auch in größeren Herden (Damhirsch, Axishirsch, Schweinshirsch, Mähnenhirsch, Barasingha). Verständigung durch eine Vielzahl meist blökender Laute und laute Schreckrufe (z.B. hundeähnliches Bellen der Muntjaks). Bei Gefahr und auf der Flucht werden vielfach der Schwanz mit der leuchtend weißen Unterseite steil nach oben gestreckt und die Spiegelhaare (weißes Fell an der Hinterkeulenrückseite) gesträubt. Nachfolgende Artgenossen verlieren damit visuellen Kontakt zu den vor ihnen flüchtenden Tieren nicht. Brunstruf der Männchen artverschieden, orgelndes Grollen (Rothirsch), Husten (Damhirsch), melodisches Orgeln (Barasingha), hohes, schrilles Quieken (Sikas), zwitschernde Laute (Schopfhirsch) oder quäkendes Röhren (Wapitis und Marale). Geruchs- und Gehörorgane leistungsfähig. Gesichtssinn weniger gut entwickelt, vermögen unbewegte Objekte schwer auszumachen (Ausnahme: Damhirsch). In den Rudeln straffe Rangordnung, besonders in Weibchenrudeln als Ergebnis von Beißkämpfen und Auseinandersetzungen mit Vorderbeinschlägen klar gegliedert. Rudelführung durch ranghohe alte Weibchen (oft „Gehltiere“, sind Weibchen, die nicht mehr trächtig werden).

Sexual- und Geweihzyklus bei Tieren aus äquatornahen Gebieten jahreszeitlich nicht fixiert, z. B. Geweihwechsel bei Axis-, Schweinshirschen und Indischer Sambar individuell zu verschiedenen Zeiten während des ganzen Jahres. Fortpflanzung ganzjährig. Innerhalb einer Axisherde treten zur gleichen Zeit geweihlose Männchen, solche im Bast und Tiere mit gefegtem Geweih auf. Hirsche mit blankem Geweih begatten die Weibchen, die gerade brünstig werden, und sind so lange den anderen Männchen überlegen, bis sie das Geweih verlieren. Bei diesen Arten kaum Kämpfe um Weibchen. Beispiel für Einfluss des Klimas und der geographischen Lage auf das Fortpflanzungsgeschehen ist der Indische Sambar. Auf Sumatra und Borneo weder feste Fege- oder Abwurfzeiten noch feste Brunst- und Wurfzeiten. In Mittel- und Südindien Brunst im Oktober/November, Wurfzeit im Mai/Juni, in den Subtropen und der gemäßigten Zone Brunst im November/Dezember, Wurfzeit Juni/Juli. Bei den meisten Arten sind jedoch Geweihentwicklung und Fortpflanzung jahreszyklisch festgelegt. In tropischen Gebieten Würfe meist kurz nach der Regenzeit oder am Ende derselben. Brunstzeit der nordischen Arten im Herbst, Würfe im Frühsommer. Während der Brunstzeit suchen die Männchen die Weibchenrudel auf oder locken Weibchen durch Brunstrufe an. Männchen kämpfen untereinander heftig um Weibchen, einzelne Männchen versuchen, aus den Brunstrudeln Weibchengruppen abzusprengen. Große Brunstrudel zwischen 30–50 Tieren mit nur 1 Männchen bei Dam-, Sika- und Rothirsch, kleinere Brunstgruppen bei Philippinen-, Leierhirsch und Barasingha. Brunstreviere der Männchen, die gegen andere verteidigt werden, beim Indischen Sambar und verwandten Arten. Weibchen, die Brunstreviere betreten, werden von dem Platzhirsch zu einem kleinen Rudel zusammengetrieben. In diesen Brunstrudeln oder etwas abseits davon leben unbehelligt die letzten Jungen der brünstigen Weibchen, werden kurz vor der Geburt des nächsten Jungtieres von der Mutter verjagt. Weißlippenhirsche sollen länger bei der Mutter bleiben dürfen. Hauptfeinde sind Großkatzen, Bären, Tiger und große hundeartige Raubtiere.

Nahrung. Gräser, Kräuter, Laub, Knospen, Rinde, Wildfrüchte, Nüsse, Pilze, auch Seggen, Schilf, Bambus, Reis, Wasserpflanzen, Algen (am Wasser lebende Arten) oder Moose und Flechten (Gebirgsbewohner), Muntjaks auch Eier von Bodenbrütern, Kleintiere, sogar Aas.

Unterfamilie Trughirsche (Capreolinae)

Hasen- bis pferdegroß, Männchen meist größer als Weibchen. Mittellanges bis langes Geweih auf kurzem Rosenstock, Stangen- und Schaufelgeweihe. Zahnformel: 0/3 0–1/1 3/3 3/3, oberer Eckzahn fehlt oder ist verkümmert. Von den verkümmerten Mittelhandknochen der Seitenfinger sind im Unterschied zu den Echthirschen nur die unteren Enden als Knochenrest vorhanden. Die ausschließlich amerikanischen Arten werden umgangssprachlich auch als Neuwelthirsche bezeichnet.

Verbreitung. Eurasien und Amerika.

10 Gattungen, 25 Arten.

Wasserrehe (*Hydropotes*)

1 Art. Rehgroß, Schulterhöhe 45–55 cm, schlank, hinten überbaut. Beide Geschlechter geweihlos. Männchen mit bis zu 8 cm langen, spitzen Eckzahnhauern im Oberkiefer, die äu-

ßerlich deutlich sichtbar sind, Zahnformel: 0/3 1/1 3/3 3/3. Fell kurz, glatt, im Winter dick, dicht, Grannen mit wenig aber sehr feiner Unterwolle, gelb- bis dunkelgraubraun, ohne Spiegel am Hinterteil. Einzige Hirschart mit Drüsen in der Leistengegend (Inguinaldrüsen). **Wasserreh** (*H. inermis*): 2 Unterarten. Einzugsgebiet des unteren Jangtsekiang (östliches Mittelchina) bis zur Koreanischen Halbinsel, in Bedfordshire und umliegenden Grafschaften Englands und in der Normandie Frankreichs eingebürgert und verwildert.

Gefährdungsstatus. Bestand in der Wildnis gefährdet, daher auch Haltung und Zucht in Farmen der Herkunftsgebiete.

Rehe (*Capreolus*)

2 Arten. Schulterhöhe 60–90 cm. Große Augen, am Oberlid lange Wimpern, Voraugendrüsengrube mittellang, Männchen mit Stirndrüse vor und zwischen den Rosenstöcken. Geperltes Geweih einfach, meist sechsendig mit je 1 Sprosse nach vorn (untere) und nach hinten (obere), letztere manchmal weiter verzweigt. Rumpf schlank, hinten leicht überbaut. Beine lang, schlank, Klauen klein, spitz. Schwanz stummelförmig. Fell dünn, glatt, gelb- bis braunrot, im Winter dick, dicht, rau, wenig feine Unterwolle, braungrau bis braunrot, an Vagina und Penisöffnung büschelartig verlängert, Spiegel am Hinterteil. **Europäisches Reh** (*C. capreolus*): Gestalt und Färbung gattungstypisch, Schulterhöhe 60–75 cm, vereinzelt auch Farbabweichungen, Schwärzlinge, Weißlinge und Schecken. 4 Unterarten. Europa (außer Irland, Mittelmeerinseln, Nordskandinavien) bis zum Ural, die Kaukasusregion und nördliche Gebiete Syriens, Iraks und Irans. – **Asiatisches Reh** (*C. pygargus*): wurde früher als Unterart des Europäischen Rehs geführt, wird aber erheblich größer (bis 90 cm Widerristhöhe) und erreicht fast doppeltes Gewicht. 4 Unterarten. Kasachstan und Kirgisien sowie asiatischer Teil Russlands ohne hochnordische Gebiete bis Sibirien, von der Mongolei über Nord- und Mittelchina, Mittel- und Ostasien bis Korea.

Gefährdungsstatus. Bestand des Europäischen und Asiatischen Rehs in der Wildnis gesichert. Chinesisches Reh (*C. p. bedfordi*) in weiten Teilen seines Verbreitungsgebiets vermutlich ausgerottet.

Vielendenhirsche (*Odocoileus*)

2 Arten. 4 Millionen Jahre alte Hirschgattung, ursprünglich aus dem südwestlichen Nordamerika. Geweih vielendig, Hauptstange im unteren Teil steil, dann in engem Bogen nach vorn abgeknickt, 1 kleine Innensprosse in Rosenstocknähe und zahlreiche, im gleichen Abstand voneinander stehende und zur Spitze zu kleiner und schwächer werdende Rücksprossen. **Weißwedelhirsch** (*O. virginianus*), auch Virginiahirsch: reichlich damhirschgroß, Geweih gattungstypisch, Ohren groß, Voraugendrüsengrube lang, Schwanz buschig, Fell kurz, glatt, gelb- bis braunrot, braunschwarz, im Winter dicht, langhaarig, dunkler. In einem riesigen Verbreitungsgebiet 38 Unterarten. Von Kanada südlich des 60. Breitengrads (Süden der Provinzen Yukon und Northwest Territories über Teile von British Columbia, Süd-Alberta, Süd-Saskatchewan, Ontario bis Quebec), fast gesamte USA (außer Südwesten mit Nevada und Kalifornien), ganz Mittelamerika bis in das nördliche und nordwestliche Südamerika (Kolumbien über Venezuela bis Guayana und über Peru bis Nordbolivien sowie Nordbrasilien), eingebürgert in Neuseeland und einigen Gebieten Europas, hier besonders erfolgreich in Finnland. – **Schwarzwedelhirsch** (*O. hemionus*), auch Maultierhirsch, Großohrhirsch: dem Weißwedelhirsch sehr ähnlich, damhirschgroß, sehr lange Ohren, Geweih vielendiger, da sich jede Sprosse gabeln kann, so bis fünfzigendig, Winterfell weiß gesprenkelt. 10 Unterarten. Westliches Nordamerika von Süd-Alaska bis Niederkalifornien und Mexiko, im Norden der USA östlich bis West-Minnesota und Süd-Dakota, im Süden östlich bis etwa 110. Längengrad.

Gefährdungsstatus. Bestand beider Arten in der Wildnis nicht bedroht, dagegen einige Unterarten, dazu Key-Weißwedelhirsch und Cerros-Insel-Schwarzwedelhirsch stark bedroht bzw. gefährdet.

Sumpfhirsche (*Blastocerus*) und Pampashirsche (*Ozotocerus*)

Sumpfhirsche (*Blastocerus*): 1 Art. Geweih ähnlich wie bei Maultierhirsch (*Odocoileus hemionus hemionus*), jede Sprosse in Nebensprossen gegabelt, die selbst nochmals zweispitzig sein können, Klauen lang und spreizbar mit dehnbarer Spannhaut, Afterklauen lang, Schwanz lang, buschig, Fell lang, struppig, rotbraun bis braun. **Sumpfhirsch** (*B. dichotomus*): größte neuweltliche Hirschart. Süd- und Ostbrasilien, Paraguay, Nordargentinien, Uruguay.

Pampashirsche (*Ozotoceros*): 1 Art. Rehgroß, Geweih schwach, Hauptstange wenig gebogen, nur je 1 Sprosse nach vorn und hinten und nur vereinzelt nochmals gegabelt. Schwanz buschig, Fell kurz und glatt, gelbrot, im Winter dichter, graugelb. **Pampashirsch** (*O. bezoarticus*), auch Kamphirsch: 5 Unterarten. Brasilien südlich des Amazonas, Bolivien, Paraguay, Nordwest- und Osturuguay, Nord- und Mittelargentinien.

Gefährdungsstatus. Bestand beider Arten in der Wildnis bedroht. Beim Sumpfhirsch bedenkliche Bestandsabnahme, ist als gefährdet eingestuft. Pampashirsch einst über weite Teile Südamerikas verbreitet, gilt als Art als gering gefährdet, der Argentinische Pampashirsch (*O. b. celer*) als bedroht, die beiden Unterarten aus Uruguay sind extrem gefährdet. Internationales Zuchtbuch für den Pampashirsch im Zoo Piriapolis.

Andenhirsche (*Hippocamelus*)

Auch Gabelhirsche. 2 Arten. Etwa rehgroß, kurzbeinig, Körper daher gedrungener wirkend, Geweih kräftig, kurz, dicht über der Rose einfach gegabelt, Voraugendrüsengrube groß, in beiden Geschlechtern kurze, hauerartige obere Eckzähne vorhanden. **Nord-Andenhirsch** (*H. antisiensis*), auch Taruca, Nördlicher Huemul oder Peruanischer Gabelhirsch: weniger als rehgroß, Spross und Stange des Geweihs meist gleich lang, Gesichtsmaske zwischen den Augen und auf dem oberen Nasenrücken schwächer als beim Süd-Andenhirsch, Fell dicht, lange raue Grannen, braungrau, fein stumpfgelbbraun gesprenkelt, im Winter braungrau, unterseits aufgehellt, über der Kruppe dunkler Fleck, Schwanzunterseite braun. Anden von Ecuador bis Nordwestargentinien. – **Süd-Andenhirsch** (*H. bisulcus*), auch Guemal, Südlicher Huemul oder Chilenischer Gabelhirsch: neben dem Kondor Wappentier Chiles. Dem Nord-Andenhirsch sehr ähnlich, aber etwas größer, Y-förmiger Streifen auf der Stirn zwischen den Augen beginnend über den Nasenrücken bis zum Nasenspiegel, Geweih ähnlich, über dem Rosenstock einfache Gabelung, Fell rau, fein gelbbraun getüpfelt, Schwanzunterseite weiß. Bergland von Mittel- und Südargentinien und Südchile.

Gefährdungsstatus. Bestand beider Arten in der Wildnis gefährdet.

Spießhirsche (*Mazama*)

11 Arten, Systematik noch nicht abschließend geklärt. Hasen- bis knapp rehgroß. Einfache, kurze und unverzweigte Geweihe in Form von gerade nach hinten gerichteten Spießen. **Großmazama** (*M. americana*), auch Großer Roter Spießhirsch: rehgroß, Voraugendrüse verkümmert, Fell kurz, glänzend, auf der Stirn und zwischen den Rosenstöcken schopfartig, gelb- bis fuchs- oder braunrot. 12 Unterarten. Nördliches Südamerika von Kolumbien und Venezuela Brasilien. – **Paraguay-Großmazama** (*M. rufa*): bisher Unterart des Großmazamas. Paraguay, südöstliches Brasilien bis Nordargentinien. – **Mittelamerikanischer Großmazama** (*M. temama*), auch Mexiko-Großmazama: einstige Unterart des Großmazamas. 3 Unterarten. Mittelamerika von Mexiko, Belize und Guatemala bis Panama und Westkolumbien. – **Graumazama** (*M. gouazoubira*), auch Großer Grauer Spießhirsch: kleiner als Mittelamerikanischer Großmazama, Fell grau-, gelb- oder dunkelgraubraun. 9 Unterarten. Mittelamerika von Panama über das ganze nördliche Südamerika bis Nordargentinien und Uruguay. – **Amazonien-**

Abb. 28.23 Pudus wie diese Südpudus (*Pudu pudu*) werden hasengroß und sind somit die kleinsten Hirschvertreter.

Mazama (*M. nemorivaga*): bisher Unterart des Graumazamas. Südostvenezuela. – **Yucatan-Graumazama** (*M. pandora*): einstmals Unterart des Graumazamas. Mexiko. – **Roter Mazama** (*M. rufina*), auch Kleiner Roter Spießhirsch: etwa zwergziegengroß, Fell fuchsfarben, Kopf und Beine schwarzrot. Ecuador und Südkolumbien. – **Kleinmazama** (*M. nana*): Nordargentinien, Südostbrasilien, Ostparaguay. – **Zwergmazama** (*M. chunyi*), auch Südlicher Zwergmazama, Kleiner Grauer Spießhirsch: hasengroß, sonst wie Kleinmazama. Inselartig in der Andenregion von Südperu bis Bolivien. – **Merida-Mazama** (*M. bricenii*), auch Nördlicher Zwergmazama, Merida-Spießhirsch: Westvenezuela. – **Sao-Paulo-Mazama** (*M. bororo*), auch Küstenwald-Mazama: erst 1996 aus Südostbrasilien beschrieben.

Gefährdungsstatus. Bestand in der Wildnis mangels aussagefähiger Zahlen nicht bekannt. Population des Kleinmazamas durch Vernichtung der Flachlandwälder inselartig zersplittert. Sao-Paulo-Mazama wird als gefährdet eingestuft.

Pudus (*Pudu*)

2 Arten. Hasengroß. Geweihspieße nur im 1. Lebensjahr winzig und im Stirnschopf verborgen, den sie schon im 2. Geweih deutlich überragen, bei voll erwachsenen Tieren 5–8 cm (maximal 9 cm) lang. Rumpf kurz und gedrungen, Gliedmaßen zierlich schlank, Klauen spitz. **Südpudu** (*P. pudu*): Voraugendrüsengrube groß, Schwanz winzig, Fell dicht, dunkelrotbraun, im Winter dunkelgraubraun, Färbung kann individuell sehr unterschiedlich sein. Südchile und Südwesten Argentiniens. – **Nordpudu** (*P. mephistopheles*): Voraugendrüsengrube klein, Schwanz fehlt, Fell dunkel- bis schwarzbraun. Südkolumbien, Ecuador, Peru.

Gefährdungsstatus. Bestand im natürlichen Verbreitungsgebiet gefährdet, beim Südpudu durch Zerstörung des Lebensraums (Abholzung und Landwirtschaft) auf unter 10000 Tiere gesunken, auf den der Küste Südchiles vorgelagerten Inseln ausgerottet. Nordpudu regional gefährdet. Internationales Zuchtbuch und EEP für den Südpudu im Zoo Wuppertal.

Lebensweise. Teils Tagtiere, die nur in Gebieten mit starker Bejagung oder Beunruhigung zu Nacht- und Dämmerungstieren werden (Wasserreh, Reh, Weißwedel- und Maultierhirsch, vielleicht auch Andenhirsche und Pudus), teils Dämmerungs- und Nachttiere (Pampashirsch, Sumpfhirsch, Mazamas, teilweise auch Andenhirsche). Wie Echthirsche in den unterschiedlichsten Lebensräumen, nicht nur in versumpften Urwäldern der Niederungen, in Steppen und Halbwüsten, den feucht- oder trockenheißen Tropen, sondern auch in Gebieten mit winterkalten Nächten (Weißwedel-, Schwarzwedel-, Pampas- und Andenhirsche) oder in nasskalten, kühlen Bergregionen (Mazamas) und bis hinauf in höchste Gebirgsregionen oberhalb der Waldgrenze. Südpudu z.B. in Waldgebieten bis in 1700 m Höhe, Nordpudu in den Anden zwischen 3000 und 4000 m Höhe. Einige Arten gern am oder auch im Wasser (Sumpfhirsch, Groß-, Klein- und Zwergmazama, Südpudu, Andenhirsche, Weißwedelhirsch), andere meiden geschlossenen Wald (Schwarzwedelhirsch, Pampashirsch, Reh). Wasserreh bevorzugt offene Park-, Gras- und Kulturlandschaft mit Gebüschdickungen oder Wäldchen, auch Sumpfgebiete, verschilfte Ufer von Gewässern. Teils menschenscheu (Schwarzwedel-, Sumpf-, Pampas-, Andenhirsche), teils Kulturfolger (Reh, Weißwedelhirsch, Mazamas). Gehör und Geruchssinn hoch entwickelt, Sehvermögen bei unbewegten Objekten gering. Bei Feindannäherung drücken sich manche in dichten Pflanzenwuchs, um erst im letzten Augenblick aufzuspringen und in weiten Sätzen zu flüchten (Reh, Andenhirsche, Mazamas, Pudus, Sumpf-und Pampashirsche). Sumpf- und Pampashirsche strecken flüchtend wie Weißwedelhirsche den Schwanz nach oben und zeigen dessen leuchtend weiße Unterseite. Sumpfhirsche, Mazamas und Pudus sind Buschschlüpfer, versuchen sich schleichend davonzustehlen. Weißwedel- und Schwarzwedelhirsche ausdauernde Läufer, übrige Arten nur auf kurzen Strecken mit Höchstgeschwindigkeit. Alle schwimmen mehr oder minder gut, besonders Wasserreh, Sumpf-, Anden-, Weißwedel- und Schwarzwedelhirsche.

Ortstreu, nur die im Hochgebirge lebenden Gabel-, Weißwedel- und Maultierhirsche wandern im Spätherbst in tiefere Lagen und gehen erst im Frühjahr wieder in die Berge zurück. Bei Rehen in der Mongolei Winterwanderungen. Meist in festen Revieren, z.B. Wasserreh in Eigenterritorien, bei Mazamas und Pudus mit festen Wechseln zu Kot-, Lager- und Suhlplätzen. Puduwechsel oft tunnelartige Gänge im Gras- und Gebüschdschungel. Reviermarkierung bei Rehen und Mazamas durch Verreiben des Stirndrüsensekrets an Gräsern, Zweigen, Ästen oder Bäumen. Andere Arten markieren Wechsel beim Laufen mit dem Sekret aus den Zwischenklauen- oder Mittelfußdrüsen. Zwischenklauendrüse fungiert auch als Brunstdrüse, brünstige Weibchen hinterlassen damit Duftspuren (Reh, Weißwedelhirsch, Schwarzwedelhirsch, Pampashirsch, Andenhirsche). Sekret der Zwischenklauendrüse bei männlichen geschlechtsreifen Pampashirschen durchdringend nach Knoblauch riechend, werden wegen des ungenießbaren Wildbrets nicht gejagt. Sozial- und Sexualverhalten unterschiedlich. Männchen außerhalb der Brunstzeit Einzelgänger (alte Rehböcke, Weißwedel-, Schwarzwedel-, Sumpfhirsche, Mazamas und Pudus) oder in kleinen Männchenrudeln (jüngere Rehböcke, Weißwedelhirsche), auch zu mehreren friedlich in gemischtgeschlechtlichen Herden (Schwarzwedel-, Sumpfhirsch, Rehe) oder ausnahmsweise ganzjährig bei 1 Weibchen in Dauerehe (Pampashirsch). Wasserrehe einzeln oder in Mutterfamilien, zur Brunstzeit (Männchen führen aggressive Kämpfe) paarweise. Andenhirsche über längere Zeit bei 2–3 Weibchen und deren Jungen oder in Saisonfamilien (1 Weibchen und Jungtiere). In Äquatornähe keine feste Brunstzeit, ganzjährig fortpflanzungsfähig, dann Geweihzyklus individuell festgelegt und vom Geburtstermin des jeweiligen Tieres abhängig (manche Weißwedelhirsche, Pampashirsch, Mazamas und Sumpfhirsch). Bei Sumpfhirschen aus diesem Grunde keine Brunstkämpfe, obwohl oft mehrere Männchen in einer Herde mit Weibchen und Jungen sind. Spießabwurf bei Mazamas nicht regelmäßig jährlich, sondern nach 2 oder sogar 3 Jahren. Bei den meisten Trughirschen jedoch jahreszeitlich fixierte Geweih- und Sexualzyklen. Südpudus werfen in Chile Mitte Juli ihr kleines Spießgeweih ab, das dann bis Mitte November wieder nachgewachsen und gefegt ist. Die Brunst findet erst von April bis Juni statt. Bei Rehen während Brunst- und Setzzeit Weibchenterritorien, die mit Harn markiert und aus denen andere Weibchen verjagt werden. Im Spätfrühling nach Kämpfen Bockreviere, werden zur Brunstzeit aufgegeben. Während der Brunst Junge des gleichen Jahres in der Nähe des Weibchens. Bei Weißwedel- und Schwarzwedelhirschen schwillt der Nacken während der Brunst an. Heftige Kämpfe unter den Männchen nicht um Weibchenrudel, sondern um Einzeltiere. Besonders bei männlichen Weißwedelhirschen kommt es gelegentlich vor, dass sich ihre verkeilten Geweihe nicht mehr voneinander lösen lassen. Maultier- und Weißwedelhirsche, Mazamas und Pudus zur Brunst paarweise, bei Maultierhirschen auch 1 Männchen mit 3–4 Weibchen, ebenso bei Sumpf- und Andenhirschen. Weibchen sondert sich spätestens vor der Geburt, meist aber schon einige Wochen vorher von seinem letzten Jungen, der Herde oder dem Männchen ab, um allein zu werfen. Nur männliche Pampashirsche in der Nähe des werfenden Weibchens, verteidigen gemeinsam mit ihm das Jungtier. Junge nach der Geburt für 3–5 Tage allein an einem geschützten Ort, werden vom Weibchen nur zum Säugen aufgesucht. Etwa ab 10. Tag folgen sie der Mutter. Reh, Weißwedel- und Schwarzwedelhirsch meist 2, seltener 1 oder 3 Junge (Vierlinge selten, bei Rehen vereinzelt), übrige Arten meist nur 1 Junges. Bei Gefahr für das Kalb versuchen die Mütter mancher Arten durch auffälliges Verhalten den Feind auf sich zu lenken, stellen sich z.B. krank. Alle wenig stimmfreudig, nur Alarm-, Schreck- und Suchlaute, Weißwedelhirsche pfeifen laut. Hauptfeinde sind große Katzen, Bären, hundeartige Raubtiere, große Greifvögel.

Nahrung. Gräser, Kräuter, Knospen, Laub, Zweige, Rinde, Wildfrüchte, Ackerbauprodukte und Feldfrüchte des Menschen (Roter Mazama z.B. Melonen, junges Getreide, Obst), auch Sumpf- und Wasserpflanzen (Wasserreh, Sumpfhirsch), Bambusschösslinge, Farne (Pudus).

Elche (*Alces*)

2 Arten, wobei die uneinheitliche Anzahl der Unterarten (4–8) in anderen Systematiken in 1 Art zusammengefasst werden. Deutliche Unterschiede in Körperfärbung, Geweihgröße und Chromosomenzahl, pferdegroß, Elchbullen bis ca. 600 kg schwer, Kopf lang und schmal, ramsnasig nach unten hängende bewegliche Nase (Muffel), mit zahlreichen feinen Tasthärchen am Nasenspiegel, Geweih nur beim Männchen, gabelt sich kurz über den seitlich am Kopf sitzenden Rosenstöcken in 2 Stangen. 2 Geweihtypen: Beim Stangengeweih Vorderstange vereinzelt nochmals gegabelt, hintere Stange ein- bis zweimal gegabelt, meist Sechsender. Beim Schaufelgeweih zwischen 1. Geweihgabel Schaufel mit oft kleinerer Vorder- und größerer Hinterschaufel, Ränder mit zahlreichen mehr oder minder langen Sprossen. Zahnformel: 0/3 0/1 3/3 3/3, obere Eckzähne fehlen, Hals kurz, bei Männchen mit Kehlsack, Wamme und Kehlbart, Rumpf mit Widerristbuckel, lange Beine, große Klauen schmal und lang, spreizbar, Afterklauen groß und breit, Grannenfell lang, im Sommer anliegend, rötlich braun, grau- oder schwarzbraun, im Winter dicht, leicht zottig, nur wenig Unterwolle, teilweise auch mähnenartig. Nordeuropa, nördliches Asien, nördliches Nordamerika. **Eurasischer Elch** (*A. alces*): eher dunkelbraun mit weißlichen Beinen, Geweihgröße geringer als beim Amerikanischen Elch, einheitlich 69 Chromosomen. Nordeuropa von Skandinavien über Polen, den Norden Russlands bis Westsibirien, südlich über die Ukraine, den Kaukasus bis Nordkasachstan und Nordchina, in Ostdeutschland gelegentlich Einwanderungen aus Polen. – **Amerikanischer Elch** (*A. americanus*): vorwiegend schwarzbraun mit hellbrauner Beinzeichnung, unterschiedliche Gesichtszeichnung der Geschlechter, Geweihe größer als beim Eurasischen Elch, einheitlich 70 Chromosomen. Innerhalb der ost-

Abb. 28.24 Dieser männliche Europäische Elch (*Alces alces*) zeigt wesentliche Merkmale der Elche: die Geweihschaufeln, die überhängende Oberlippe und den Kehlsack.

sibirisch-nordamerikanischen Population heute nur noch 2 Unterarten. Ostsibirien, hier südlich bis zur nördlichen Mongolei und Nordmandschurei, bis Nordamerika von Mittel- und Südkanada über die Nordstaaten der USA bis Alaska.

Gefährdungsstatus. Bestand in der Wildnis und in Reservaten weitgehend gesichert.

Lebensweise. Tagtiere, nur durch Störungen oder starke Bejagung Dämmerungs- oder Nachttiere. Lebensraum Wälder an Sumpf- oder Randgebieten von Binnengewässern, auch in Brüchen, Mooren, Heide- und Tundragebieten. Im Bergland bis in etwa 2500 m Höhe. Gehör und Geruchssinn ausgezeichnet. Gute und ausdauernde Schwimmer, laufen mit den breiten Hufen sicher über Moore und Sümpfe und wandern weit. Verlassen ihren Lebensraum z.B. während der Brunst (Männchen), wegen Insektenplage oder während Überschwemmungen (dabei hohe Jungtierverluste). Männchen sind Einzelgänger, während der Brunst nur wenige Tage mit einem Weibchen zusammen, wandern auf der Suche nach brünstigen Kühen weiter. In Nordamerika auch lockere Haremsgruppen, wenn Elchkühe zu einzelnen Elchbullen wandern, die in sog. Paarungsstationen Brunstgruben ausscharren, welche mit Urin durchtränkt sind und in denen sich sowohl der Bulle, als auch die brünstigen Kühe wälzen. Treffen Männchen aufeinander, kommt es zu heftigen Kämpfen. Während dieser Zeit weit hallende Brunstrufe der sonst lautlosen Tiere. Außerhalb der Brunstzeit in Gebieten mit hoher Populationsgröße zeitweilig auch kleine Männchengruppen. Jugendliche und geschlechtsreif werdende Weibchen sind Einzelgänger, ältere in Mutterfamilien mit 1–2 Jungtieren, darunter auch vorjähriger Nachwuchs. In Gebieten mit starker Bejagung sehr scheu, vorsichtig, suchen bei Gefahr fast lautlos in Dickungen Schutz, flüchten nur im Notfall. Gehen zum Trinken meist direkt ins Wasser, grasen nicht wie andere Hirsche, da sie, um mit dem Maul den Boden zu erreichen, niederknien oder wie Giraffen die Vorderbeine spreizen müssen. Verteidigung gegen angreifende Fressfeinde nicht nur mit Geweih und Vorderläufen, auch Tritte mit Hinter-

Abb. 28.25 Bei den Renern, hier ein männliches Eurasisches Waldren (*Rangifer tarandus fennicus*), besitzen beide Geschlechter Geweihe, wobei das der Weibchen kleiner ist.

beinen. Hauptfeinde sind Wolf (schlägt junge, halbwüchsige und geschwächte Tiere), Grizzly- und Schwarzbär. Rachenbremsen und Dasselfliegen können Elche im Sommer aus bestimmten Gebieten vertreiben. In manchen Gebieten Schwedens Todesfälle und schwere Gesundheitsschädigungen infolge von Fell- und Hautschäden durch die blutsaugende Hirschlausfliege (*Lipoptena cervi*).

Nahrung. Laub, Rinde und Weichholz bevorzugt von Büschen und kleinen Bäumen, auch Moor- und Heidekräuter, hochwüchsige Gräser und Wasserpflanzen, vereinzelt auch Pilze, Nadeln, sogar grünes Getreide und Feldprodukte.

Rener (*Rangifer*)

1 Art. Rothirschgroß, Geweih bei beiden Geschlechtern, bei Weibchen kleiner, ausnahmsweise fehlend, Hauptstange des Geweihs mit Aug- und Eissprosse, Mittelsprosse fehlt meist, an ihrer Stelle oft eine Rücksprosse, darüber letzter Stangenteil mit zahlreichen, kleiner werdenden, teils gegabelten Rücksprossen, bilden meist eine Schaufel, einseitige schaufelartige Verbreiterung auch an Aug- oder Eissprosse („Schneeschaufel"). Klauen breit, spreizbar, durch eine Spannhaut verbunden, Afterklauen lang, kräftig, berühren den Boden. Fell dicht, überwiegend Grannen, nur wenig Unterwolle, an der Halsunterseite oft mähnenartig verlängert (Männchen), braunschwarz bis hellbraun oder weißlich braun, im Winter heller als im Sommer. **Wildren** (*R. tarandus*), auch Karibu oder Rentier: 14 Unterarten, die sich in 3 Gruppen unterscheiden lassen: *tarandus*-Gruppe der hochnordischen, mittelgroßen Tundrarentiere, *pearyi*-Gruppe der kleinen, oft kurzbeinigen, meist hellen bis nahezu reinweißen Inselrentiere, *caribou*-Gruppe der Wald- oder Taiga-Rentiere aus dem waldreichen Süden des Verbreitungsgebiets mit den größten und schwersten Unterarten. Inseln und Festland des Polar- und Subpolargebietes der Nordhalbkugel, Südgrenze zwischen 50. und 45. Breitengrad.

Gefährdungsstatus. Bestand in der Wildnis gesichert oder mit geringem Risiko behaftet, dagegen Dawson-Karibu ausgerottet, Amerikanisches Waldland-Karibu hochgradig gefährdet und Pearyi-Karibu bestandsbedroht. EEP für das Eurasische Waldren (*R. t. fennicus*) in Helsinki.

Lebensweise. Sowohl Tag- als auch Nachttiere, die in der langen Polarwinternacht in wechselnden Intervallen (3–8 Stunden) Nahrung suchen und 4–6 Wiederkäu- bzw. Ruhezeiten einlegen. Lebensraum je nach Vorkommen nordische Tundra des Tieflandes, tundraartige Hochebenen und Gebirge (Fjälle) oder nordischer Wald. Gehör und Geruchssinn ausgezeichnet, ausdauernde Läufer und Schwimmer, die mit ihren breiten Hufen Sümpfe und Moore mit Leichtigkeit passieren. Beim Laufen knackendes Geräusch durch Spiel der Fußsehnen (akustische Orientierungshilfe innerhalb wandernder Gruppen). Mit Ausnahme einer Population auf Neufundland nicht standorttreu. Keine Verteidigung von Territorien. Bis zu 1000 km lange Wanderungen (Tundraform) zwischen Sommer- und Wintereinständen, Wurf- und Brunstplätzen. Finden im Winter im Tiefland Nahrung, weichen im Sommer vor den sich hier bildenden großen Mückenschwärmen aus. Wandern teils in kleinen Trupps (Waldrener), teils in gewaltigen Herden (Tundrarener) im Frühling in das Gebirge oder in Hochebenen, oft nach Norden. Dort treffen die hochtragenden Weibchen mit den vorjährigen Jungen und jungerwachsenen Weibchen zuerst ein. Wenig später folgen die Männchen ebenfalls in kleinen Trupps oder großen Herden, Männchen sind selten Einzelgänger. Im Hochland Geburten im Sommer, vorher Auflösung der großen Herden. Bei Weibchen Geweihabwurf zur Setzzeit. Sondern sich dabei von den übrigen Tieren ab, bilden aber, sobald das Junge folgen kann, mit anderen Müttern kleine Rudel. Brunst örtlich verschieden vom Frühling bis Spätherbst. Bei Waldrenern heftige Kämpfe der Männchen um kleine Brunstrudel aus 10–12 Weibchen. In den großen Herden der Tundrarener folgt meist jeweils 1 Hirsch einem brünstigen Weibchen, bis deren Brunst abgeklungen ist. Hier kaum Kämpfe zwischen den Bullen. Während der Brunst schwellen beim Männchen Hals und Vorderbrust an, Stirnhaut wird stärker. Nach der Paarungszeit, also deutlich vor den Weibchen, werfen die Hirsche ab und wandern nach den Weibchen in die schützenden Wälder der Niederungen. Sie bilden hier im Winter kleine Gruppen. Neubildung der Geweihe bereits auf der Rückwanderung. Fegezeit im späten Sommer. Im Winter graben die Tiere mit Vorderhufen und Schnauze im Schnee nach Nahrung, setzen dabei sog. Schneeschaufel nicht ein. Feinde sind große Raubtiere, vor allem Wölfe, auch Vielfraß, Schwarz- und Grizzlybär. Leiden unter Mücken, Gnitzen, Kriebelmücken, Dasselfliegen und Bremsen.

Nahrung. Vor allem Flechten, daneben Gräser, Kräuter, Baum-, Busch- und Strauchlaub, Knospen, Zweige, Rinde, auch Beeren, Wildfrüchte, Pilze, Moose, sogar tierische Kost wie Kleinnager (Lemminge), Jungvögel, Eier usw.

Hausren (*Rangifer tarandus f. domesticus*)
In Nordeuropa aus dem Nordeuropäischen Wildren (*R. t. tarandus*) und im nördlichen Asien, vor allem in Sibirien aus dessen sibirischem Verwandten (*R. t. sibiricus*) domestiziertes Haustier, das noch heute von verschiedenen Völkern des nördlichen Eurasiens wie über viele Jahrhunderte halbwild in Herden gehalten wird. Züchter folgen nomadisierend ihren Herden, treiben diese im Herbst an bestimmten Plätzen zusammen, um das Individualeigentum an Jungtieren zu kennzeichnen, überzählige Tiere zu schlachten und voll geschlechtsreife Männchen zu kastrieren. Die Kastration verhindert Zerfall der Großherden (keine Brunstkämpfe zwischen starken Männchen). Fortpflanzung durch geschlechtsreif werdende Junghirsche (Geweihe schwächer, Auseinandersetzungen während der Brunst harmloser). Unterkunft in Gattern erst seit verhältnismäßig kurzer Zeit. Als Folge der Domestikation viele Farbabweichungen, dunklere, hellere, sogar gescheckte und weiße Tiere von unterschiedlich schlanker oder gedrungener Gestalt.

Haltung großer Hirscharten

In Tiergärten Europäischer Damhirsch häufig, Schweinshirsche und Weißwedelhirsch selten, Axishirsch häufig, Indischer Sambar vereinzelt, Mähnenhirsche sehr selten, Philippinensambar äußerst selten gezeigt. Leierhirsche weltweit in verschieden Zoos außerhalb des Herkunftsgebiets, Barasinghas nur gelegentlich, Weißlippenhirsche äußerst selten, auch Davidshirsche seltener, Unterarten des Rothirsches unterschiedlich häufig, Sikahirsche in Tiergärten häufiger, Wasserreh in Zoos vereinzelt, Europäisches Reh in Tiergärten sehr häufig gezeigt. Alle anderen Vertreter, darunter Elche in Tiergärten nur vereinzelt und Wildform der Wildrener sehr selten, meist Hausrener anzutreffen.

Über die Pflege dieser vielgestaltigen Tiergruppe sind einheitliche Aussagen schwierig. Haltungserfahrungen bei Europäischem Rothirsch, Kaukasischem und Altai-Maral, Wapiti, Sikahirsch, Europäischem Damhirsch, Axishirsch, Schweinshirsch, Weißwedelhirsch, Wasserreh, Sambarhirsch, Myanmar-Leierhirsch, Milu und Barasingha gut, keine komplizierten Pflegeansprüche, Ren und Reh ernährungstechnisch heikel, Elch empfindlicher Nahrungsspezialist, bei geringen Fütterungsfehlern sehr krankheitsanfällig. Der Schwarzwedelhirsch soll sich schlecht akklimatisieren und hinfällig sein.

Klein- und Kleinstformen (Muntjaks, Mazamas und Pudus) werden gesondert behandelt (siehe Haltung von kleinen Hirscharten).

Eingewöhnung. Neuankömmlinge nicht sofort ins Gehege aussetzen, sondern zuerst im Stall unterbringen, auch wenn keine Quarantäne erforderlich ist. Von jedem Tier Kotproben entnehmen, um individuelle Untersuchungen zu ermöglichen. Zur Kontrolle den Mikrochip (Transponder) auslesen. Ist dieser nicht vorhanden bzw. funktionsunfähig, gleich bei der Ankunft von jedem Tier körperliche Besonderheiten (Geschlecht, Größe, Zeichnung etc.) dokumentieren, damit bei dem späteren Untersuchungsbefund das entsprechende Tier identifiziert werden kann.

Tropische Arten in gut temperierte, zugfreie Stallungen unterbringen. Mit einer vorsichtigen Akklimatisation erst nach erfolgter Eingewöhnung beginnen. Tiere während dieser Zeit an das später übliche Futter gewöhnen. Für Neuankömmlinge erstklassiges Heu, etwas Haferflocken und Knäckebrot mit Vitamin- und Mineralstoffzusätzen. Tropenhirsche zusätzlich etwas Banane, später wie den anderen z.B. auch Möhre. Im Frühjahr und Sommer junge Zweige mit Knospen oder Blättern von Weide, Pappel, Espe, Erle, Birke, Him- und Brombeere, bei leichten Darmstörungen auch Eiche oder Kräuter. Stets klares, etwas abgestandenes Wasser. Normaler Hirschkot besteht aus zahlreichen, mittel- bis schwarzbraunen glänzenden, ei- oder leicht walzenförmigen Bohnen oder Kügelchen, bei kleinen Arten linsen-, bei großen bis eichelgroß. Geruch würzig, nie säuerlich. Bei Feisthirschen in der Anmastphase ist Kot allerdings meist weniger geformt. Sonst aber bei klumpig zusammenklebenden Bohnen Verdacht auf beginnende Verdauungsstörung. Breiiger, aber noch leicht geformter Kot gilt schon als Durchfall. Futterumstellung (Heu- oder Laubdiät, besonders Eiche, Weide, dazu Knäckebrot, gekochten Reis, Teekräuter, Kamillentee) und tierärztliche Behandlung sind angezeigt. Dünnbreiige und wässrige Durchfälle sind in der Folge oft tödlich. Eine erforderliche Wurmbekämpfung sollte, wenn keine zwingenden tierärztlichen Gründe dagegen sprechen, möglichst erst erfolgen, wenn sich die Tiere an ihre neue Umgebung und Fütterung gewöhnt haben. Jede Wurmkur ist eine Belastung für den Wirtskörper, denn alle Wurmmittel sind schwache Gifte, und die Toxine der im Wirtskörper getöteten und sich zersetzenden Parasiten sind ebenfalls nicht ungefährlich. Gezielt eingesetzte Vitamine steigern die Abwehrkraft des Tieres gegen Keime und Parasiten, lassen es die Belastung der Eingewöhnung besser überstehen und bringen meist eine Verbesserung der Kondition mit sich, die später eine Parasitenbekämpfung ungefährlich werden lässt.

Bevor die Hirsche erstmals in ein Außengehege gelassen werden, müssen die Tiere die Gehegegrenzen kennenlernen. Gräben an der Gehegekante durch starke Holzbarrieren sichern, die ein dagegen laufendes Tier nicht zerbrechen bzw. überspringen kann. Die Tiere lernen durch die Barriere, von der man nach und nach, von oben beginnend, einen Riegel nach dem anderen entfernt, den Graben kennen und respektieren ihn schließlich, wenn die Barriere verschwunden ist. Um zu verhindern, dass Hirsche während der ersten Aufenthalte im Außengehege in das Gitter rasen oder springen, das sie nicht kennen und nur schlecht und undeutlich wahrnehmen, Gitter durch Holzbarriere markieren oder besser mit Schilfmatten, festem Tuch- oder Kunststoffplanen als Sichtbarrieren verkleiden. Verkleidung gut befestigen, damit sie nicht im Wind flattert. Bei Neuankömmlingen auch in Ställen Gitter zu Schauräumen oder Nachbarboxen augenfällig kennzeichnen. Gitterverkleidung nach der Eingewöhnung nach und nach wieder abbauen, wenn die Tiere nicht im Gehege sind. In Außenanlagen mit dem Abbau an der Besucherseite beginnen und an der rückwärtigen Gitterfront beenden.

Unterkunft. Alle Arten benötigen Stallungen oder Schutzunterkünfte, denen geräumige Ausläufe zugeordnet sind. Für Elche, Rener, Rehe, Wasserrehe, Milus, Weißlippenhirsche, Damhirsche, nordische Sikahirsche, nördliche Maultierhirsche, nördliche Weißwedelhirsche, Rothirsche und deren Unterarten genügen trockene, zugfreie Schutzhütten oder ungeheizte Stallungen, die sie nach Belieben aufsuchen können. Axis-, und Schweinshirsche sowie Indische Sambar können als halbwüchsige und erwachsene Tiere ebenso gehalten werden, wenn man sie einen Winter vorher vorsichtig akklimatisiert und während dieser Zeit wie bedingt winterharte Arten untergebracht hat. Allerdings sind dann bei den sich meist ganzjährig fortpflanzenden Arten im Winter bei Frost Jungtierverluste oft unvermeidlich. Deswegen besser auch diesen Arten, graduell abgestuft, leicht erwärmte Unterkünfte anbieten, wie das für die bedingt winterharten Hirsche, nämlich südliche Weißwedel- und Schwarzwedelhirsche, Philippinensambar, Mähnen- und Leierhirsche erforderlich ist. Diese Arten dürfen im Winter tagsüber nach eigener Wahl das Außengehege aufsuchen, wenn ein leicht erwärmter Stall (Temperaturen etwa 8–12 °C) zur Verfügung steht, in den sie sich zurückziehen können. Günstig sind Doppelställe, bestehend aus einem Hauptstall mit weichem, warmem Lager sowie ausreichender Beheizung und dem davor liegenden, als Windfang dienenden, meist kleineren Vorstall, dazwischen nur körperbreite und körperhohe Durchgänge. Im Vorstall Einstreu von Sägemehl, Stroh, Rindenmulch oder anderem Material zum Aufsaugen von Nässe, welche die Tiere vom Aufenthalt im Schnee mit hereinbringen. Im beheizten Stallteil Winterlager, d.h. ein dichtes Polster aus Mist und Stroh, das sich durch Fäulnisprozesse selbst erwärmt. Winterlager müssen oberseits absolut trocken und sollen nicht stärker als 20 cm sein. Regelmäßig Oberschicht, vor allem frischen Kot entfernen und frisches, kurzes Stroh aufschütten. Schimmelbildung ist ein Zeichen für schlechte Bearbeitung des Lagers, das im Spätfrühling oder zeitigem Frühsommer mit dem Einsetzen wärmerer Witterung entfernt wird. Solche Winterlager auch für Arten, die in unbeheizten Stallungen überwintert werden. Bedingt winterharte Hirsche oder winterharte tropische Arten müssen in der Regel nachts oder bei Temperaturen unter –10 °C im geschlossenen Stall bleiben. Pampashirsche, die unter ähnlichen Bedingungen im Zoo Berlin gehalten wurden, verließen bei Temperaturen unter 10 °C nur selten den beheizten Stall, gingen bei Frost und Schnee nur kurzzeitig ins Freie. In Europa wenig oder nicht akklimatisierbar sind vermutlich Sumpf-, Nord-Anden- und Süd-Andenhirsch. Für sie, eventuell auch für kälteempfindliche Unterarten bedingt winterharter Hirsche, wintersüber helle, trockene, geräumige Ställe mit Temperaturen von etwa 20 °C. Als Einstreu nur dünne Schicht Sägemehl und kleines Strohlager, kein Winterlager.

Außengehege meist von Gittern oder Wasser-, seltener von gemauerten oder betonierten Trockengräben umgeben. Gitterhöhe für etwa damhirschgroße Tiere 1,80 m, für größere Tiere nur wenig höher. Bei der Auswahl der Gitter ist die Kraft männlicher Tiere zu bedenken, die den davor stehenden Menschen nicht selten als Störquelle betrachten und ihn am Gitter bekämpfen. Um keine allzu massiven Gitter verwenden zu müssen und um außerdem Verletzungen von Besuchern zu vermeiden, die mit den Händen durch das Gitter greifen und dabei durch einen mit dem Geweih zuschlagenden Hirsch unfallgefährdet sind, mancherorts starke Rohrbarrieren im Gehege, die den Hirsch vom Gehegegitter fern halten, oder Absperrung vor der Gehegeeinfriedung, die den Besucher zurückhalten. Solche Sicherheitsmaßnahmen sind aber nur bei den sehr großen Arten oder aggressiven Einzeltieren kleinerer Formen notwendig. Gehege zweier Hirschgruppen nicht nur durch einfache Trennwand begrenzen, sondern, um Kämpfe zu vermeiden, 2 Gitterfronten mit 1 m Mindestabstand, besser aber 1,5–2,0 m stellen. Zwischenraum sollte als Sichtblende begrünt werden. Zwischen Gitterunterkante und Gehegeboden keinen weiten Zwischenraum lassen, da sonst Jungtiere entweichen können. Weißwedelhirsche haben sogar grabend einen solchen Zwischenraum erweitert, um sich hindurchzuzwängen. Unter dem Gitter daher festes Streifenfundament günstig. Echthirsche, vereinzelt auch Rener, seltener andere Arten, sind während der Brunst in kleineren Ausläufen oftmals auch ihren Weibchen gegenüber gefährlich. Für diese Arten sind zweiteilige Außengehege vorzusehen, d.h. kleineres Vorgehege vor dem Stall oder Absperrgehege für brünstigen Hirsch, das mit dem Auslauf der Weibchen durch schmale „Hochzeitsgänge“ verbunden ist, die vom Hirsch mit Geweih nicht passiert werden können. Solche Durchgänge auch zwischen den Ställen. So dürfen brünstige Weibchen den Hirsch aufsuchen, werden in dessen Auslauf von ihm gedeckt, können aber jederzeit in den anderen Gehegeteil flüchten, wenn sie vom Hirsch angegriffen werden. Bei Elchen zum Fressen und Ruhen für jedes Tier einen eigenen Stall.

In nicht zu stark besetzten Gehegen besonders für kleinere, leichte Arten als Bodenbelag Rasen, in sehr weiträumigen Gehegen auch für größere Formen. Meist ist aber die Belastung des Rasens (bezogen auf Anzahl und Gewicht der Tiere) zu groß. Auslauf kann sich, nicht zuletzt dadurch, dass die Männchen mit ihren Geweihen den Boden umpflügen, während niederschlagsreicher Zeiten in unansehnliche Schlammflächen verwandeln. Rasen in erster Linie für Laub und Kräuter äsende Arten (Reh), nicht für reine Grasfresser. Rasengehege lassen sich außerdem schlecht reinigen, Gefahr der Aufnahme von Parasiten beim Äsen. Deswegen für Ausläufe von Hirschen auch oft kombiniert mit Sandböden oder Hartplatzbelag, der allerdings gut profiliert sein muss, damit Regenwasser oberflächlich ablaufen kann. Solcher Boden wird besonders für Rentiere und Schwarzwedelhirsche empfohlen, da er fast immer trocken und leicht zu reinigen ist. Rechtzeitig vor der Fegezeit (siehe Tabelle 28.4) müssen Fegebäume bzw. Fegebüsche in das Gehege gebracht werden, sobald der Hirsch die Basthaut von dem absterbenden, durchgehärteten Geweih abzustreifen (zu „fegen“) beginnt. Als Fegematerial junge Kiefern, Fichten, Birkenstämmchen, mit der Spitze nach unten hängend, am Gitter oder als buschförmige Bündel an Säulen und dergleichen im Gehege befestigen. Zum Anbinden keinen Draht oder Perlonfaden (Fremdkörpergefahr!), sondern Hanfbindfaden verwenden. Auch sind ins Gehege gelegte Kronen von Obst- und anderen Bäumen geeignet. Fegebüsche mehrmals erneuern, damit auch letzte Hautreste vom Geweih entfernt werden. Manche Hirsche fressen gefegte Basthaut (z.B. Pampashirsch). Nicht mehr benötigtes Fegematerial aus hygienischen und ästhetischen Gründen umgehend aus dem Gehege entfernen. Wichtige Komforteinrichtungen für manche Arten (Rothirsch sowie Wapitis, Marale, Milu, Sikahirsch u.a.) sind trockene und feuchte Suhlen, die je nach Verschmutzungsgrad von Zeit zu Zeit zu beräumen sind. Für Elche Badebecken, in deren Wasser das Horn der Hufe weicher wird und diese sich dann besser auf möglichst festem Boden abnutzen. Milus stehen gern bis zum Rücken im Wasser der Absperrgräben und äsen Algen. Wasserrehe brauchen kein Wasserbecken, aber in den Ausläufen sonnige und schattige Plätze. Stämme von Bäumen, die in den Gehegen stehen, müssen im unteren Teil geschützt werden, da die Tiere sonst die Baumrinde fressen („schälen“) und den Baum zum Absterben bringen. Den Schutz so auswählen, dass die Tiere nicht mit Klauen oder Beinen hineingeraten können. Bestimmte Anstrichmittel aus der Forstwirtschaft haben sich gegen Verbiss bewährt, die auf der Rinde einen elastischen Film bilden und scharfe Kieselsäurepartikel beinhalten, die den Tieren auf Zunge und Zähnen unangenehm sind.

Ställe und Außengehege täglich reinigen. Im Stall im Sommer nur dünne Sägemehlschicht nach dem Auskehren einstreuen. Während des Laubfalls durch häufige Säuberung der Außengehege dafür sorgen, dass die Tiere nicht zu viel herabgefallenes Laub aufnehmen. Das kann, besonders bei nassem Laub oder bei zu viel aufgenommenen Eicheln, Bucheckern oder Kastanien, zu Verdauungsstörungen führen.

Umgang. Besonders mit den mittelgroßen und großen Arten problematisch. Während der Brunstzeit greifen männliche Tiere den Tierpfleger, in dem sie einen Rivalen sehen, mit Ungestüm an. Vor Angriff meist nur geringes Droh- oder Warnverhalten. Oft senken Hirsche die Köpfe, bewegen sie langsam hin und her, fixieren dabei mit einem Auge den Gegner und springen dann plötzlich auf ihn zu. Einem flüchtenden Gegner rasen sie mit gesenktem Geweih hinterher. Rehböcke und einige andere Arten gehen auch mit verzögertem Stechschritt auf das Angriffsobjekt zu und setzen dabei die Füße stampfend auf. Sehr gefährlich sind in dieser Zeit Indischer Sambar, Schweinshirsch, Barasingha, Leierhirsch und Davidshirsch, Angehörige der verschiedenen Unterarten des Rothirsches und des Sikahirsches, Weißwedelhirsch und Schwarzwedelhirsch. Auch Rehböcke, besonders künstlich aufgezogene, können Menschen ernstlich verletzen. Rener, Dam- und Axishirsche greifen seltener an, doch sind auch von diesen Arten Attacken auf Tierpfleger bekannt. Elche sollen sich während der Brunst Menschen gegenüber nicht anders als in der übrigen Zeit des Jahres verhalten. Da es mit Hirschen der verschiedensten Arten, vor allem mit Rothirschen schon öfter Unfälle mit schweren Folgen gab, männliche Tiere nach dem Fegen vor dem Betreten des Geheges sicher absperren. Das gilt auch für Gehege von Rehböcken, für die wie für die anderen Hirscharten kleine Absperrgehege eingerichtet werden müssen. Besonders in dieser Zeit peinlich genau darauf achten, dass alle Verschlüsse, Riegel, Sicherungen usw. vorschriftsmäßig funktionieren und gewissenhaft verschließen. Ein entlaufener brünstiger Hirsch ist oft gefährlicher als ein ausgebrochenes Raubtier!

Aber auch Weibchen mit Neugeborenen oder wenige Tage alten Jungtieren stellen oft eine außerordentliche Gefahr für den Tierpfleger dar. Sie drohen mit einer auch für Böcke im Bast oder geweihlose Männchen typischen Mimik. Sie ziehen den Kopf auf hochgestrecktem Hals leicht nach unten, legen die Ohren nach hinten, entblößen einseitig den seitlichen zahnlosen Oberkiefer (uralte Drohgeste längst ausgestorbener Hirsche, die dort noch einen meist hauerartigen Eckzahn hatten) und knirschen mit den Zähnen. Oft auch Stechschritt oder Aufstampfen mit den Vorderbeinen. Glauben sie ihre Jungen in Gefahr, greifen sie ungestüm an und schlagen mit den scharfen Hufen ihrer Vorderbeine trommelnd auf den Gegner ein. Reinigungsarbeiten in Hirschgehegen, besonders von großen oder mittelgroßen Arten, nicht von einer Einzelperson, sondern immer zu zweit ausführen, damit gegenseitiger Schutz bzw. rechtzeitige Warnung möglich ist. Vor dem Betreten des Geheges oder der Stallungen während der Wurfzeit zuerst von außen informieren, ob ein neugeborenes Kalb hinzugekommen ist. Erst wenn das nicht der Fall ist, notwendige Arbeiten im Stall oder Auslauf der Tiere in der üblichen Weise beginnen. Wenn ein neues Kalb vorhanden ist, zuerst das Verhalten der Mutter beobachten und vor Betreten des Geheges einen Fluchtweg vorausplanen. Zeigt das Muttertier Angriffsabsichten, besser 1 Tag auf die übliche Routinearbeit verzichten. Weibchen beruhigen sich meist schnell. Wenn das Verhalten der Mutter Arbeiten im Gehege zulässt, sich nicht dem Jungtier zu sehr nähern, möglichst sich nicht zwischen Mutter und Junges begeben. Soll das Neugeborene gefangen werden (z.B. für vorbeugende tierärztliche Behandlung), Muttertier vorher absperren oder den Pfleger, der das Kalb aus dem Gehege oder Stall holt, durch genügende Zahl zweckmäßig ausgerüsteter Tierpfleger (Fanggabeln, hölzerne Schutzschilde, Arbeitsschutzhelm) vor der eventuell angreifenden Mutter schützen und diese ablenken. Männliche Tiere ohne Geweih oder Bastgeweihträger schlagen ebenfalls, auf den Hinterbeinen stehend, mit den Vorderbeinen zu, wenn sie angreifen. So wehren sich alle Tiere auch dann, wenn sie gefangen werden sollen (Transport, Behandlung). Die betroffenen Hirsche werden zwar vorher meist medikamentös sediert oder narkotisiert, müssen aber in Ausnahmefällen notfalls auch bei vollem Bewusstsein gegriffen werden. Dabei, auch während Narkose bzw. Transporten in Kisten, bei männlichen Hirschen Gefahr von Kreislaufproblemen, im Extremfall von Kreislaufzusammenbrüchen. Für Fangaktionen derbes Schuhwerk (Stiefel) und robuste Bekleidung (lange Hosen!) erforderlich, die einen gewissen Schutz gegen Tritte bieten. Keine Sandalen oder kurze Hosen tragen. Grundsätzlich sollte man nicht ohne geeignetes Abwehrinstrument (Stock, Besen) Hirschgehege betreten. Elche sind als Jungtiere zähmbar, können dann auch als Erwachsene umgänglich und menschenvertraut bleiben. Transport siehe Band „Grundlagen". Männliche Tiere werden mit abgesägtem Geweih transportiert. Beim Absägen muss Geweih gefegt und ausgetrocknet sein und so viel Stange stehen lassen, dass genügend Hebelwirkung für komplikationsloses Abwerfen verbleibt.

Fütterung. Keine einheitlichen Rezepturen.

Damhirsch, Rothirsch und Sikahirsch: Quetschhafer, Pellets, Getreideschrot, Maisschrot oder Kleie (Menge je nach Art, Alter, Leistungsstand, z.B. Geweihbildung, Säugen usw. 0,5–3,5 kg), zusätzlich Rüben- oder Möhrenschnitzel, Stroh- oder Grünhäcksel. Als Raufutter Wiesenheu. Zur Aufwertung oder zur Bereicherung des Futters gekochte, ungeschälte Kartoffel, Eicheln und Kastanien (kleine Mengen in bester Qualität!), Laub, im Sommer frisches Gras, dosiert auch Klee oder Luzerne. Prinz-Alfred-Hirsche erhalten Heu und Mineralsteine ad libitum und 2 Rationen Kraftfutter: 20 % Pferdemüsli, 70 % saisonales Gemüse und 10 % saisonales Obst (WASS Sachsenhagen).

Axishirsche, Schweinshirsche, Sambarhirsche, Barasinghas, Leierhirsche, Schwarzwedelhirsch, Weißwedelhirsch und Milu: Kraftfutter entweder wie oben oder nur Quetschhafer und Pellets, anstelle von Gemüseschnitzeln geputztes, würfelig geschnittenes Gemüse (vor allem Möhre, Rote Bete, frischer Kohlrabi, Chicorée, rohe oder gekochte Kartoffel), Obst (Kernobst, Banane) und Eicheln. Raufutter für Laubfresser vorwiegend Luzerneheu, für Grasfresser gutes Wiesenheu. Im Sommer für alle Grünfutter, vorwiegend Klee oder Luzerne, auch milchigen Mais. Laubfresser (Sambarhirsche, Barasinghas, Leierhirsche, Milu, besonders Weißwedelhirsch) während der Vegetationsperiode viel Zweige und Laub.

Elche: Laub und Weichholzzweige, auch Kiefer und Fichte, so viel man nur beschaffen kann. Besonders wertvoll soll Weide wegen der darin enthaltenen Salizylate, Alkaloide und ätherischen Öle sein. Zweige nicht auf dem Boden auslegen, sondern in Halterungen aufstecken oder aufhängen. Rentierflechte als gutes Ergänzungsfutter. Als Kraftfutter nur Elch-Pellets. In verschiedenen Elchhaltungen wurde beobachtet, dass Elche auf Futter mit Zusätzen von Gerste, Hafer und Weizenkleie mit Verdauungsstörungen reagierten. Im Winter Klee- und Luzerneheu sowie Äste von Kiefer und Fichte und getrocknetes Laub. Laubzweige für den Winter können auch als Ganzes oder als geschredderte Masse eingefroren werden. Bei zu reichlicher Eiweißfütterung besteht die Gefahr übermäßigen Klauenwachstums.

Rehe: heikle Kostgänger, werden in Tiergärten nicht einheitlich gefüttert. Bewährt hat sich ein Kraftfutter aus Quetschhafer oder Haferflocken mit Pellets, ergänzt durch Knäckebrot und geröstete Weißbrotwürfel. Kraftfutter muss trocken sein. Als Saftfutter würfelig geschnittene Möhren und anderes zartes, nicht blähendes Gemüse. Im Sommer viel verschiedenes Laub, darunter auch Himbeer- oder Brombeerranken, nur wenig frische Luzerne oder Klee, im Winter bestes, blattreiches Heu (Grummetheu, Gebirgswiesenheu) und Zweige zum Schälen, auch eventuell Efeu (Antwerpen).

Rentiere: Fütterung ähnlich wie Rehe, aber mehr Gemüse. Als Raufutter Luzerneheu bzw. frische Luzerne und Klee, Rentierflechte nicht unbedingt erforderlich, aber wünschenswert, da sehr gut bekömmlich. Ergänzend dazu das Reindeer-Rentierfutter. Eventuell ein- bis zweimal wöchentlich pro Tier etwa 250 g rohes oder gekochtes Fleisch.

Wasserrehe: Fütterung wie Rehe, geringerer Laubbedarf, reichlich verschiedenes Obst und Gemüse.

Pampashirsche: Haferflocken, Bruchmais, Pellets, blattreiches Wiesen- oder Luzerneheu, belaubte Zweige, dazu Apfel, Birne, Banane, Apfelsine, rohe Möhre, Salat, zarten Kohl; im Winterhalbjahr weniger Saftfutter.

Über Einzelheiten zur Fütterung der übrigen größeren Arten liegen wenige und fragmentarische Aussagen vor. Als Diätfütterung für alle Arten, je nachdem, ob Gras- oder Laubfresser, Heu oder Baumlaub, beides wird durch kleine oder mäßige Mengen von Haferflocken, gekochtem Reis, ungesüßtem Zwieback, geröstetem Weiß- oder Knäckebrot und durch nicht abführende, vielseitige Teemischungen als Trockenkräuter über das Futter bzw. außerdem als Tränke ergänzt. Kraftfutter in Tonnäpfen bzw. -schalen oder hölzernen Futterkrippen verabreichen. Geschnitzeltes Gemüse wird mit Kraftfutter vermischt, würfelig geschnittenes Obst oder Gemüse bei Arten, die trockenes Kraftfutter beanspruchen, getrennt davon geben. Geweihträgern Futtertröge bzw. -schalen nicht zu dicht an Gitter oder Wände stellen (siehe Band „Grundlagen"). In einem sauberen Stall darf Heu auch vom Boden gefüttert werden. Zweige grundsätzlich nicht ins Gehege werfen, sondern in Bündeln am Gitter oder der Stallwand aufhängen (Hanfbindfaden!). Bevorzugt wird Laub von Weide, Pappel, Birke, Eiche, auch junge Linde, Erle. Salzlecksteine sollten stets vorhanden sein. Zur Deckung des Bedarfs an Spurenelementen besonders junger Tiere wird auch gesunde Gartenerde angeboten, die mancherorts mittels Hitze sterilisiert wird. Besonders im Sommer muss Trinkwasser ständig verfügbar sein. Bewährt haben sich beheizbare Selbsttränken im Gehege.

Männchen werden während der Geweihbildung nicht selten einzeln und besonders gehaltreich und mit höheren Dosierungen von Mineralstoffen gefüttert, um eine optimale Geweihbildung zu erreichen. Je mehr Tiere in einer Gruppe, desto mehr Futterplätze müssen vorhanden sein, um rangtiefen Tieren ein ausreichendes Futterangebot zu gewährleisten. Sambars, auch Sikas, besonders deren Männchen, neigen zur Verfettung. Rationen ebenso gründlich überwachen und notfalls reduzieren wie bei ranghohen Tieren anderer Arten, die man zu einer Konditionierung notfalls einzeln füttern muss. Täglich 2 Mahlzeiten, morgens Kraftfutter und etwas Heu, nachmittags oder abends Heu bzw. Grünfutter. In manchen Tiergärten wird das Futter in umgekehrter Reihenfolge verabreicht. Nicht minder bedeutend als die Zusammensetzung der täglichen Futterration ist die Qualität des verabreichten Futters. Höchstmaß an Sauberkeit und Hygiene besonders bei Saftfutter. Unzureichende Raufutter- und überreichliche Kraftfutteraufnahme sind ebenso schädlich wie ein Überangebot von Kohlehydraten und ein Mangel an Eiweißstoffen. Erhöhten Mineralstoffbedarf in der Grünfutterperiode abdecken, dazu Salzlecksteine ad libidum zur Verfügung stellen.

Vergesellschaftung. Sozialverhalten in der Wildnis während und nach der Brunst- bzw. Wurfzeit bestimmt entscheidend soziale Pflegeansprüche in Menschenobhut. In mehr oder minder großen Gruppen von Weibchen kann meist nur 1 Männchen gehalten werden. Es duldet oft auch jugendliche, zu Brunstbeginn gerade geschlechtsreif werdende Männchen nicht. Lediglich bei Milus, Dam- und Weißwedelhirschen in großen Gehegen mehrere Männchen in einer Gruppe, von denen das stärkste das Rudel der Weibchen erkämpft, die anderen sich in einer kleinen Männerhorde abseits halten. Auch bei Axishirschen mehrere Männchen in einer Herde, weil der Geweihzyklus über das ganze Jahr verteilt und so fast bei jedem Einzeltier anders terminiert ist. Männchen mit blankem, d.h. gefegtem Geweih ist zeitweilig ranghöchstes Tier, deckt in dieser Phase brünstige Weibchen. Kopfzahl der Gruppe richtet sich nicht nur nach Gehegegröße, sondern auch nach dem sexuellen Sozialverhalten in der Wildnis. In großen Rudeln können Ren, Damhirsch, Sikahirsch, Rothirsch und seine Verwandten (Marale, Wapitis), Milu, auch Weißlippenhirsch, Axishirsch und Schweinshirsch gehalten werden. Indische Sambars, Philippinensambars, Mähnenhirsche, Barasinghas und Leierhirsche in kleineren Gruppen (etwa 8–10 Tiere) pflegen, um die Männchen während der Brunst nicht zu überfordern. Obwohl z.B. Pampashirsche in der Wildnis nur paarweise leben, vertragen sich bei dieser Art mehrere Weibchen meist gut. Gleiches gilt für Weißwedel- und Schwarzwedelhirsche, die in der Wildnis während der Brunst paarweise leben, aber auch während dieser Zeit in Menschenobhut in kleinen Gruppen verträglich bleiben. Bei vielen Hirscharten ist die Haltung reiner Männergruppen möglich. Elche als Einzelgänger in kleinflächigen oder wenig strukturierten Anlagen nur paarweise pflegen, Nachwuchs kann bis zum Einsetzen der Geschlechtsreife, in Ausnahmefällen können Weibchen auch länger bei den Eltern bleiben. Mehrere in einem Gehege gehaltene weibliche Elche halten sich gegenseitig auf Distanz. Weibchen von Rehen und Wasserrehen sind während der Brunstzeit oft recht unverträglich. Weibliche Wasserrehe werden schon vor der Brunstzeit gegen Jahresende so aggressiv zu anderen Weibchen, darunter auch weiblichen Nachwuchs des gleichen Jahres, dass diese rechtzeitig entfernt werden müssen, um Verletzungen oder ein Vertreiben aus dem Gehege vorzubeugen. Bei Rehen Haltung von Trios oder Quartetten (1,3) möglich, wenn die Gruppe als Jungtiere zusammengewöhnt oder Töchter bei ihrer Mutter gelassen werden. Neue Weibchen, die im Herbst oder Winter in die Gruppe eingewöhnt worden waren, müssen oft spätestens Ende Juni/Anfang Juli, manchmal auch schon vor der Setzzeit ab Anfang April aus der Gruppe entfernt werden, weil das oder die unterlegenen Tiere von ranghöheren gehetzt werden. Auch zusammengewöhnte Echthirsche können untereinander recht unverträglich sein. In größeren Gruppen unter den Weibchen Rangordnung. Ranghohe Weibchen tyrannisieren, jagen, beißen und schlagen oft ihre rangniederen Geschlechtsgenossinnen. Das trifft besonders auf neue Weibchen zu, die in die Herde integriert werden sollen. Bei Brunstrudel bildenden Arten (meiste Echthirsche, Ren) einzelne Weibchen oder ein neues Männchen möglichst in der Brunstzeit mit der Stammherde vergesellschaften. Manchmal ist es auch erforderlich, Männchen nach dem Geweihabwurf zu isolieren, da die nun wenig wehrhaften Tiere, besonders wenn sie vorher während der Brunst die Weibchen stark getrieben haben, nun von diesen und von Hirschen, die noch nicht abgeworfen haben, gehetzt und geschlagen werden (v.a. Vertreter aller Sika- und Rothirsche). Im Gegensatz dazu hat der Geweihverlust keinen Einfluss auf den Sozialstatus männlicher Milus. Meist aber können, wenn sie nicht aus ernährungstechnischen Gründen isoliert werden sollen, die Männchen in der Herde bleiben. Bei wenig geselligen Arten (viele Trughirsche) Vergesellschaftungen oft nur außerhalb der Paarungszeit und Wurfzeit erfolgreich. Neulinge werden aber fast immer anfangs von den alteingesessenen Tieren gejagt, dürfen dann nur unter Aufsicht und stundenweise in der Herde bleiben. Bei reinen Männchengruppen des Prinz-Alfred-Hirsches kommt es früher oder später zu Unverträglichkeiten, sodass unterlegene Tiere abgegeben oder separat gehalten werden müssen. Verschiedenartige Hirsche etwa gleicher Größe lassen sich vergesellschaften, nur 1 Männchen in einer solchen Gruppe belassen. Vereinzelt Mischlinge, wie z.B. zwischen Axishirsch und Schweinshirsch. Vergesellschaftung ebenso von Milus und Wasserrehen, denen ein eigenes Rückzugsgehege zur Verfügung stand. Auch mit anderen Säugetieren können weniger aggressive Hirsche in geräumigen Gehegen zusammen gehalten werden, so z.B. Damhirsche mit Wisenten, Axishirsche mit Hirschziegenantilopen und Panzernashörnern, Barasinghas mit Gayalen und Bartschweinen, Wasserrehe mit Serau, Milus mit Onagern, Pampashirsche mit Tapiren, Maras und Wasserschweinen, oder mit großen Vögeln, z.B. Axishirsche mit Saruskranichen oder indischen Kropfstörchen, Axishirsche mit Sambar, Nilgauantilopen und Saruskranichen, Rehe mit europäischen Kranichen, Pampashirsche mit Nandus oder Tschajas. Allerdings sind die Kombinationsmöglichkeiten beschränkt, da brünstige Böcke andersartige Gehegeinsassen angreifen können.

Fortpflanzung und Zucht. Fortpflanzungsbiologie und Geweihzyklus der Männchen (außer Wasserreh) sind meist eng miteinander verknüpft. Männchen fegen vor der Brunstzeit, werfen einige Monate danach ab und bilden in etwa 100 Tagen ein neues Geweih aus. Der Zeitraum zwischen Fege- und Abwurfzeit, also die Dauer, in der die Männchen ein blankes Geweih besitzen, beträgt bei Elch und männlichen Rentieren 3–4, bei weiblichen Rentieren 5–8, bei Reh, Sika- und Weißwedelhirsch reichlich 7, bei Rothirsch und Muntjak fast 8, bei Damhirsch und Indischem Sambar reichlich 8, bei Schweins-, Axis- und Davidshirsch fast 9 Monate, wobei diese Zeiten durch individuelle Schwankungen um Wochen, seltener sogar um Monate differieren können. Auch das Alter kann die Abwurfzeit beeinflussen. Junge Rothirsche werfen später ab als ältere Tiere. Beim Pampashirsch vergehen zwischen Ende der Brunst und Geweihabwurf, zwischen Abwurf und Fegen sowie zwischen Fegen und Ende der Brunst fast genau jeweils 120 Tage. Männliche Pampashirsche sind ganzjährig fortpflanzungsfähig. Ihr Sexualzyklus ist nicht an den Geweihzyklus gekoppelt. Auch bei Barasinghas kann die Brunst einsetzen, wenn die Männchen noch im Bast sind. Weißwedelhirsch und Reh sind nachweislich im Bast fortpflanzungsfähig. Auch Sikahirsche deckten schon im Bast. Bei Hirschen aus äquatorfernen Regionen sind Fortpflanzungs- und Geweihzyklus saisonal fixiert (z.B. Reh, Ren, Elch, Rot-, Dam-, Sikahirsche und Milu), bei Arten aus äquatornahen Gebieten Fege-, Brunst-, Abwurf- und Wurfzeit individuell unterschiedlich über das ganze Jahr verteilt (z.B. Muntjak, Axis-, Schweinshirsch). Seltener besitzen Tropenhirsche im äquatornahen Herkunftsgebiet jahreszyklische Fortpflanzungsabläufe, an denen sie auch unter extrem veränderten Klimaten festhalten (Leierhirschwürfe auch bei uns im Spätherbst bzw. Winter). Nicht ungewöhnlich sind dagegen Unterschiede im Fortpflanzungsverhalten einer Art, die auf großem Areal verbreitet ist (bei Weißwedelhirsch z.B. Paarungszeit in Kanada im November, in Süd-Texas November/Januar, in Arizona Januar/Februar, in Florida ganzjährig wie in Venezuela, wo sich aber ein Höhepunkt von November bis Januar abzeichnet). Beim Pampashirsch wird das Fortpflanzungsgeschehen vom Sexualzyklus der Weibchen gesteuert, die bei normaler Aufzucht im Abstand von 10 Monaten Würfe bringen können. Angaben zum Sexual- und Geweihzyklus bei Hirschen in Tabelle 28.4.

Sexual- und Geweihzyklus in Menschenhand nicht selten anders als in der Wildnis. Bei jahreszeitlich fixiertem Zyklusgeschehen in Tiergärten Zeiträume für Brunst-, Wurf-, Fege- und Abwurfzeit oft verlängert (z.B. Rothirschgeburten noch im Oktober, Wapitis noch im Dezember). Gelegentlich auch Aufbau und Abwurf von 2 Geweihen im Jahr, so z.B. beim Reh und Sikahirsch sowie bei Rothirschen verschiedener Unterarten, konnte auch experimentell durch Veränderung der Jahresperiodik provoziert werden. Besonders häufig unter normalen Verhältnissen beim Davidshirsch, wobei im Gegensatz zu Befunden in Prag und Rotterdam die im Tierpark Berlin im Herbst gebildeten, zu Jahresbeginn gefegten Wintergeweihe stets größer als die im Frühjahr geschobenen, im Frühsommer gefegten und im Herbst abgeworfenen kleinen Sommergeweihe waren. In Magdeburg warf ein Milu im April ein fast fertiges Bastgeweih ab und fegte im Juni ein kleines Sommergeweih, welches bis in den Dezember getragen wurde. Störungen im Geweihzyklus vermutlich hormonell bedingt, wie auch gelegentliches Nichtabwerfen des Geweihes, z.B. bei alternden Muntjaks.

Während der Brunst geben Männchen vieler Arten Laute, mitunter weit hallende Schreie von sich. Sie treiben die Weibchen (z.B. Wasserreh, Reh und alle Trughirsche), schachten häufig aus und urinieren viel. Das Fehlen von Rivalenkämpfen in Gehegehaltung staut ihren Aggressionstrieb auf. Sie entladen ihn z.T. an toten Gegenständen (kämpfen mit Futter- und Tränktrögen, attackieren Gitter, hinter denen Menschen oder Tiere stehen, durchpflügen den Boden mit dem Geweih), werden aber auch gegen weibliche Artgenossen aggressiv und verletzen („forkeln") diese nicht selten mit dem Geweih. Männliche Hirsche, die gegen Weibchen bösartig werden, müssen von diesen abgesperrt werden. Um aggressive Hirsche zu beschäftigen, z.B. ein etwa 1 m langes Baumstammstück ins Gehege legen, welches so stark ist, dass es der Hirsch zwar hin- und herschieben, nicht aber

Tab. 28.4 Sexual- und Geweihzyklen bei Hirschen

Unterart/Art/Gattung	Ort	Brunstzeit (Monate)	Wurfzeit (Monate)	Fegezeit (Monate)	Abwurfzeit (Monate)
Moschustiere	in der Wildnis	XI–XII	V-VI	entfällt	entfällt
	in Tiergärten	XI–I (XI–XII)	V-IX (VI)	entfällt	entfällt
Muntjaks	in der Wildnis	I–XII	I-XII	I-XII	I-XII
	in Indien	I–II	VII-VIII	VIII-IX	V
	in Tiergärten	I–XII	I-XII	I-XII	I-XII
Damhirsch	in der Wildnis	X–XI	V-VI	VIII-IX	IV-V
	in Tiergärten	X–XI	V-IX (VI-VII)	VIII-IX	IV-VI (IV-V)
Mesopotamischer Damhirsch	in der Wildnis	VIII–IX	III–V	VII	II
	in Tiergärten	VIII–IX	IV–IX	VII	III–IV
Axishirsch	in der Wildnis	I–XII	I–XII[1]	I–XII	I–XII
	in Tiergärten	I–XII	I–XII	I–XII	I–XII
Schweinshirsch	in der Wildnis	I–XII[2]	I–XII[2]	I–XII[2]	I–XII[2]
	in Vorderindien	IX–X	V–VI		
	in Hinterindien	IV–V	X–XI		
	in Tiergärten	I–XII	I–XII	I–XII	I–XII
Indischer Sambar	in der Wildnis	I–XII[2]	I–XII[2]	I–XII[2]	I–XII[2]
	in Indien	X–XI	V–VI		
	in Tiergärten	I–XII	I–XII	I–XII	I–XII
Barasingha	in der Wildnis	X–I	VI-VII		II–IV
	in Tiergärten	VII–II (VIII–XI)	IV–XI (IV–VIII)	VII–VIII	I–III
Leierhirsch	in der Wildnis	III-V	XI–I	XII–I	IX–X
	in Tiergärten	II–VII (II–IV)	X–IV (XI–XII)	XII–I	VIII–X
Sikahirsch	in der Wildnis	X–XII	VI–VII	VIII	III
	in Tiergärten	VI–IX (VIII)	II–VI (II–III)	V–VIII (VI–VII)	I–V (II–III)
Vietnam-Sika	in Tiergärten		XII–IX (II–IV)		
Rothirsch	in der Wildnis	IX–XI	V–VII	VII–VIII	II–III
	in Tiergärten	IX–I (IX–XI)	V–X (V–VII)	VII–VIII	II–IV (II–III)
Weißlippenhirsch	in Tiergärten	X–II	(VI–) VII (–X)	X–XI	IV–V
Milu	in Tiergärten	II–X (V–VIII)	III–VI (IV)	II–V (III–V)	XI–I (XI–XII)
Wasserreh	in der Wildnis	XII	VI-VII	entfällt	entfällt
	in Tiergärten	IX–I (XII)	V–VII (VI)	entfällt	entfällt
Europäisches Reh	in der Wildnis	VII–VIII[3]	IV–VI	IV–VI	IX–XII
	in Tiergärten	VII–VIII	IV–VI (V)	IV–VI (IV–V)	X–II (XI)
Weißwedelhirsch	in der Wildnis	XI–I[4]	V–VI[4]	VIII–IX[4]	XII–II[4]
	in Tiergärten	XI–II (XII)	III–VIII (VI)	VIII–IX (VIII)	II–IV (III–IV)
Schwarzwedelhirsch	in der Wildnis	X–XII	V–VI	VIII-IX	XII–II
	in Tiergärten	XI	V–VIII	IX	IV
Sumpfhirsch	in der Wildnis	I–XII	I–XII	I–XII	I–XII
Pampashirsch	in der Wildnis	I–XII	I–XII	I–XII	I–XII
	in Tiergärten	IV–X[5]	XI–V	III–V[6]	XII–I
Südandenhirsch	in der Wildnis	IV–V	XI–XII	XII	VI–VII
Mazamas	in der Wildnis	I–XII	I–XII	I–XII	I–XII
	in Tiergärten	I–XII	I–XII	I–XII	I–XII
Südpudu	in der Wildnis	V–VI	XI–I	XI	VII
Südpudu	in Tiergärten	X–XII	IV–VII		XII–I

Unterart/Art/Gattung	Ort	Brunstzeit (Monate)	Wurfzeit (Monate)	Fegezeit (Monate)	Abwurfzeit (Monate)
Elche	in der Wildnis	VIII–XI	IV–VI	VI–IX	X–IV
	in Europa	VIII–IX	IV–V	VI–VII	XII–I
	in Tiergärten	VIII–I	V–VII (V)	VIII–IX	XII–III
Ren	in der Wildnis	IX–XI	V–VI	VIII–IX	XII–IV
	in Tiergärten	IX–X	IV–VI (V)	VIII–X (VIII–IX[7])	XII–V (II–V[7])

Römische Zahlen entsprechen den Kalendermonaten. Zahlen in Klammern benennen die Hauptsaison in Tiergärten.
[1] 2 Würfe im Jahr möglich
[2] In Äquatornähe, sonst mehr jahreszyklisch, z.T. von Monsunzeiten abhängig
[3] Verlängerte Tragzeit, eigentliche Keimesentwicklung etwa 7 Monate
[4] In den Tropen ganzjährig
[5] Monate mit dem strengsten Brunstgeruch
[6] Spießer fegen meist erst im Oktober.
[7] Vollerwachsene Männchen fegen meist im September, junge Männchen und Weibchen im Oktober. Abwurfmonate bei vollerwachsenen Männchen Dezember/Januar, bei jungen Männchen und nichttragenden Weibchen April/Mai. Tragedauer für gefegte Geweihe somit bei Renen innerhalb der Art verschieden, bei erwachsenen Männchen 90–120, bei Junghirschen und nichttragenden Weibchen 150–180, bei tragenden Weibchen 210–240 Tage

herumwerfen kann. An diesem Ersatzgegner können sie ihr Kampfbedürfnis abreagieren. Fehlen geeignete Absperrgehege und besteht für die Weibchen die Gefahr des Geforkeltwerdens, sollte man das Geweih mit einer Knochensäge nach dem Fegen abschneiden (für das Tier schmerzlos, da toter Knochen!). Dabei oberhalb des Kranztellers einen kurzen, etwa 5 cm langen Stumpf der Hauptstange stehen lassen, um späteren Abwurf zu erleichtern. Schnittkanten möglichst mit der Feile brechen. Meist sind Schwarzwedel-, Weißwedel-, Sumpf-, Pampas-, Axis-, Schweins-, Damhirsche, Wasserrehe und Elche wenig aggressiv gegen weibliche Artgenossen. Brünstige Axishirsche stellen sogar für geweihlose Männchen oder solche im Bast keine Gefahr dar. Männliche Pampashirsche sondern während der Brunst ein durchdringend zwiebelähnlich riechendes Sekret ab. Auch viele männliche Echthirsche verbreiten einen typischen Brunstgeruch. Dagegen sind die Duftspuren weiblicher Trughirsche, die vom Sekret der Zwischenklauendrüse stammen, für Menschen nicht wahrnehmbar.

Östrusdauer der Weibchen kurz, meist nur 24, gelegentlich bis 48 Stunden, am Beginn der Geschlechtsreife manchmal länger. Bei Arten mit jahreszyklischem Fortpflanzungsgeschehen Weibchen meist saisonal di- oder polyöstrisch, d.h. im Abstand von 10–12 (Ren), etwa 21 (Rothirsch), 20–2 2 (Elch), 24–26 (Damhirsch) oder 28 Tagen (Weißwedelhirsch) während der Paarungszeit auftretende Östren, wenn während der vorausgegangenen Hitze keine Befruchtung eingetreten ist. Rehe dagegen während der Hauptbrunstzeit monöstrisch mit langem Östrus (bis 5 Tage). Vermutlich einzige Hirschart mit verlängerter Tragzeit. Keimlingsruhe beginnt bald nach der Befruchtung und endet Anfang Dezember. Bereits ab November können bis zu diesem Zeitpunkt nicht befruchtete Weibchen erneut brünstig und belegt werden. Verlängerte Tragzeit 9½ Monate, eigentliche Tragzeit nur 5½ Monate. Angaben zur Fortpflanzungsbiologie in Tabelle 28.5. Tragzeit der übrigen Arten art- und größenabhängig; mittelgroße Arten (Axishirsch) 210-225, große Arten (Rothirsch) 230-240, sehr große Arten (Milu) 245-265 Tage. Zwillingsgeburten bei Wasserreh, Reh, Weißwedel- und Schwarzwedelhirsch sowie Elch häufig, mitunter noch größere Jungenzahl. Bei anderen Hirschen ist 1 Kalb die Regel, Zwillinge die Ausnahme. Gelegentlich größere Embryonenzahl (Wasserreh bis 7, Reh bis 6, Wapiti und Schwarzwedelhirsch bis 4). Überzählige Keimlinge sterben ab und werden resorbiert. Als große Ausnahmen ungewöhnliche Mehrlingsgeburten (Ren und Reh bis 4, Elch bis 3 Junge), die teils tot oder lebensschwach geboren wurden, von denen einzelne Tiere aber auch

Tab. 28.5 Angaben zur Fortpflanzungsbiologie von Hirschen

Art/Gattung	Tragzeit (Tage)	Junge (Anzahl)	Säugezeit (Monate)	Geschlechtsreife (Jahre)
Moschustier	185–195	1–2	3	1½–2½[1]
Muntjaks	200–220	1	4	1½
Schopfhirsch	um 210	1	3–4	
Damhirsch	215–235 (im Mittel 229)	1	4–5	1½[2]
Axishirsch	210–230	1	4–5	1½
Schweinshirsch	220–235	1	4–5	1½
Indischer Sambar	240–260	1	3–4	1½
Mähnenhirsch	240–260	1		1½
Barasingha	240–260	1	3–4	1½
Leierhirsch	235–245 (im Mittel 240)	1	3	1
Sikahirsch	214–225 (im Mittel 221)	1	3–4	1½
Rothirsch	225–262 (im Mittel 235)	1	3–4	1½
Milu	250–267	1	4–5	1½
Weißlippenhirsch	230–250	1		2½
Wasserreh	170–190	1–2 (–5)	2–3	½–1
Reh	etwa 285 (bzw. etwa 165)[3]	1–2 (–4)	5–6	1½
Weißwedelhirsch	196–224 (im Mittel 210)	1–2 (–3)	3–4	1¼
Schwarzwedelhirsch	196–210 (im Mittel 205)	1–2 (–3)		1½
Sumpfhirsch	255–271	1		
Pampashirsch	210–230	1	4	1
Süd-Andenhirsch	etwa 210	1		
Spießhirsche	200–230[4]	1	2½	½–1½
Südpudu	200–220	1		¾–1
Elche	242–264	1–2 (–3)[5]	5	1½–2½
Ren	220–240[6] (im Mittel 227–229)	1	4–5	½–1½[7]

[1] Im Zoo Leipzig warf ein Weibchen im Alter von nur 400 Tagen, die Mehrzahl aber mit 2 bzw. 3 Jahren. Manche Männchen deckten mit 2½ Jahren erfolgreich.
[2] Im Tierpark Fürstenwalde warf ein Weibchen im Alter von 15 Monaten (Konzeption mit 7–7½ Monaten).
[3] Verlängerte Tragzeit nach Befruchtung in der Hauptbrunstzeit im Juli/August (etwa 285 Tage) bzw. in der Nebenbrunstzeit Ende November/Anfang Dezember (etwa 165 Tage), Implantation im Dezember und eigentliche Tragzeit 145 Tage
[4] Tragzeit beim Kleinmazama in einem Fall 217, bei Graumazamas etwa 206, bei Großmazamas etwa 206 bzw. 225 Tage
[5] 1. Geburt meist 1 Junges, folgende Würfe Zwillinge, seltener auch Drillinge
[6] Die Tragzeit soll bei männlichen Jungen 2–5 Tage länger als bei weiblichen sein. In Dresden wurden in 2 Fällen nur 200 bzw. 210 Tage ermittelt
[7] Im Tierpark Berlin erwies sich ein Weibchen im Alter von 6–7 Monaten als geschlechtsreif und brachte mit 14 Monaten das 1. Kalb, in St. Petersburg warf ein Weibchen schon im Alter von 12½ Monaten.

aufkamen. In Prag brachte ein Wasserreh einen Fünflingswurf bestehend aus 2 toten und 3 lebenden Jungen. Bei nichtsaisonalen, polyöstrischen Arten setzt oft – nicht nur nach Totgeburten oder frühen Jungtierverlusten – bald nach dem Werfen ein neuer Östruszyklus ein, das Muttertier wird gedeckt und erneut trächtig. Die daraus resultierenden kurzen Intervalle zwischen 2 Geburten betragen bei Axis-, Schweinshirschen und Indischem Sambar in der Regel 250–270 Tage, so dass 2 Würfe im Kalenderjahr möglich sind. Eine Pampashirschkuh warf 252 Tage nach einer Totgeburt erneut. Trächtigkeitszeichen gering, Umfangsvermehrung des Leibes manchmal 4–6 Wochen vor der Geburt sichtbar. Trächtigkeit scheint auch den Fellwechsel zu verzögern. Nichttragende weibliche Rentiere werfen ihre Geweihe früher ab als tragende Weibchen, die sie mitunter erst nach der Geburt verlieren.

Anzeichen für bevorstehende Geburt sind Schwellung des Euters und der Scheide. Hochtragende Weibchen geselliger Arten brauchen meist nicht aus der Herde entfernt zu werden, da Artgenossen nicht für das Junge gefährlich sind. Bei Einzelgängern (Wasserreh, Reh, Elch, Pampashirsch) kann die Anwesenheit besonders gleichgeschlechtlicher Artgenossen Nervosität auslösen. Dann vorsichtshalber störendes Tier entfernen. In der Regel ist keine Mutterstube erforderlich, doch bei Schlechtwetter möglichst Stall anbieten und Geburten auf tiefem, weichem Sandboden vermeiden.

Geburt erfolgt im seitlichen Liegen und dauert meist nicht viel länger als 20–40 Minuten. Bei Zwillingen Geburtsintervalle in der Regel meist kurz, bei Rehen aber auch bis 3½ Stunden. Während der Wehen stöhnen die Weibchen manchmal. Sofort nach dem Austreten der Frucht steht das Muttertier auf, wobei die Nabelschnur reißt. Junges wird sorgfältig trocken geleckt, Fruchthüllen, oft später auch die Nachgeburt gefressen. Junge stehen meist nach 30 Minuten und beginnen, das Euter zu suchen. Vielfach haben sie spätestens nach 60 Minuten erstmals getrunken. Männchen an Jungen uninteressiert. Lediglich männliche Pampashirsche sollen ihren Nachwuchs bewachen und verteidigen. Brünstige Milus können Spätlingen, die erst zu Beginn der Brunstzeit geboren wurden, gefährlich werden. Weibchen, besonders die von großen Arten, verteidigen ihre Jungen gegen Artfremde oder Feinde mit Hufschlägen.

Junge tropische Hirsche (Indischer Sambar, Axishirsche, Schweinshirsche, Barasinghas, Leierhirsche, tropische Sikahirsche sowie Pampashirsch u. a.) kälte- und nässeempfindlich. Im Winter in ungeheiztem Stall wenig Überlebenschancen. Geburtsgewichte: Damhirsch 2–5,5 kg. Axishirsch 1,8–4,0 kg, Leierhirsch 3,5–5,5 kg, Sikahirsch 1,8–4,8 kg (durchschnittlich 3–3,3 kg), Rothirsch 4–9,5 kg, Milu um 7 kg, Weißlippenhirsch um 8 kg, Wasserreh 0,6–0,8 kg, Reh 1,4–1,5 kg (Einzeltier) oder 1,2 kg (Mehrling), Weißwedelhirsch 1,5–3,5 kg, Schwarzwedel hirsch 2–4 kg, Sumpfhirsch um 4,2 kg, Pampashirsch 1,3–2,5 kg, Ren 4–9 kg, Elch 11–16 kg. Die differierenden Geburtsgewichte liegen meist im Rahmen der natürlichen Schwankungsbreite. Allerdings konnte bei Damhirschen der Nachweis geführt werden, dass bei 2 sehr unterschiedlich konditionierten Herden die Geburtsgewichte der konditionell schlechteren Gruppe niedriger und damit die Jungtiersterblichkeit höher war als bei der besseren, konditionell stärkeren Herde.

Bei meisten Arten geflecktes Jugendkleid. Jungtierfärbung: Damhirsch braun, unregelmäßig weißgelb gefleckt. Axishirsch rotbraun, unterseits weiß, dunkler Aalstrich, rechts und links davon von der Schulter bis zum Schwanz leuchtend weiße Fleckenreihe, übriger Rumpf darunter mit weiteren 5–6 Fleckenreihen, deren unterste an Brust und Hinterbauch zu Streifen ausgezogen ist. Schweinshirsch braun, dunkler Aalstrich, beiderseits davon Fleckenreihe, übriger Körper unregelmäßig gefleckt. Indischer Sambar schwarz bis rotbraun, dunkler Aalstrich, nicht immer gefleckt. Mähnenhirsch gelb- bis graubraun, dunkler Aalstrich. Philippinensambar rot bis schwarzbraun, dunkler Aalstrich, teils ungefleckt, teils helle Fleckung. Barasingha hell bis dunkelbraun, unregelmäßig gelblich weiß gefleckt. Leierhirsche grau- bis mittelbraun, unregelmäßig gelblich weiß gefleckt. Sikahirsch graubraun bis braunrot, unterseits weißgelb, zahlreiche, dicht stehende gelbe Flecken. Rothirsch hellbraun bis braunrot, Rückenmitte dunkler oder mit Aalstrich, 6-8, höchstens 14 Fleckenreihen auf Rücken und Körperseiten. Milu hellrotbraun, gelbliche Fleckung verwaschen, schwach. Weißlippenhirsch braun, helle Fleckung. Wasserreh kastanien- bis rotbraun, beiderseits 2 weiße Fleckenreihen. Reh dunkelrotbraun, 4–6 Reihen von Flecken, die z. T streifig verschmelzen. Weißwedelhirsch dunkelbraun, unterseits weiß, 5–7 blassgelbe Fleckenreihen. Schwarzwedelhirsch dunkelbraun, unterseits weiß, 3–4 blassgelbe Fleckenreihen. Sumpfhirsch rotbraun, Beine nicht dunkel gestiefelt, ungefleckt bis auf wenige helle Abzeichen am Kopf. Pampashirsch dunkelbraun, beiderseits 4 weiße Fleckenreihen. Andenhirsche braungrau, ungefleckt, kein Jugendkleid, Färbung wie Alttiere. Elch rötlich braun, ungefleckt. Ren mittelbraun, am Bauch weißlich grau, ungefleckt. Umfärbung zum Alterskleid beginnt mit 2–2 ½ Monaten und ist meist mit 5–6, bei Weißwedelhirsch, Schwarzwedelhirsch und Pampashirschen mit 7 Monaten abgeschlossen. Lediglich Wasserrehe sind schon ab 3. Monat völlig umgefärbt.

Neugeborene sind Ablieger. Kurz nach der Geburt suchen sie einen geschützten Ort auf, in dessen Nähe die Mutter sich nur zum Säugen begibt. In Menschenobhut sind das oft Innenstall, Schutzhütten, unter Futter- und Tränktrögen, in Gehegeecken. Fast alle nehmen auch gern Reisighaufen im Gehege an. Wenn die Gehegeeinfriedungen nicht dicht genug sind, verkriechen sich die Jungen oft in Grünpflanzungen außerhalb des Geheges. Meist ungefährlich, da Jungtiere zur Mutter ins Gehege zurückgehen, wenn diese ruft. Lediglich Wasserrehe verlaufen sich regelrecht. Während der Abliegezeit (Dauer artverschieden 2–4 Wochen) verbleiben Junge auch bei hautnaher Annäherung des Pflegers in einer Art Abliegestarre und lassen sich berühren, teilweise sogar widerstandslos hochheben. Allerdings schreien manche Junge dabei und Wasserrehe wehren sich beißend. Junge Pampashirsche sollen 3–4 Ablegeplätze haben, die sie bei Annäherung Fremder unter 2 m Distanz fluchtartig verlassen. Wenige Tage alte Rehe, die sich nach dem Saugen noch eine kurze Weile in der Nähe der Mutter aufhalten, bevor sie zum Abliegeplatz zurückkehren, legen sich bei ungewohnten Bewegungen oder anderen Reizen aus der Umgebung unverzüglich schlagartig ab. Bei Zwillingen sind die Abliegeplätze so weit wie möglich voneinander entfernt („Zwillingsdistanz“), in Ställen z. B. in diagonal entgegengesetzten Ecken. Mit zunehmender Beweglichkeit der Jungen werden diese von den Müttern der Herde zugeführt (mit etwa 3 Wochen) bzw. begleiten diese ständig (ab 2.–3. Woche). Zwillinge benutzen von nun an gemeinsame Ruheplätze und flüchten bei Störungen unverzüglich. Erstes Saugen oft unmittelbar nach der Geburt, bei Pampashirschen oft noch vor Abgang der Nachgeburt. Junge saugen in der Regel stehend antiparallel unter der gleichfalls stehenden Mutter, die durch Belecken der Analregion das Junge zum Absetzen von Urin und Kot anregt. Exkrete werden von der Mutter gefressen, die damit olfaktorische Spuren beseitigt. In den ersten Tagen legen sich Muntjaks, Wasserrehe, Pampashirsche und Elche auf die Seite und heben das obere Hinterbein an, damit das Junge das Euter erreicht. Ausnahmsweise im Liegen sollen gelegentlich auch Ren, Reh, Weißwedel- und Schwarzwedelhirsch, Dam-, Sika- und Rothirsch säugen. Während der Abliegephase werden Zwillinge von Wasserrehen, Rehen und Elchen nicht gleichzeitig, sondern einzeln in Abständen nacheinander gesäugt. Weißwedelhirsche dagegen saugen von Anfang an gleichzeitig. Tagsüber etwa alle 2 Stunden ein Saugakt von 1½–2½ Minuten Dauer. 2 Zitzenpaare, bei weiblichen Rentieren oft noch 1 weiteres, verkümmertes, funktionsunfähiges Paar.

Erste feste Kost verhältnismäßig zeitig, etwa mit 2 oder 3 Wochen, bei Wasserrehen in der 2. Lebenswoche (Schneidezähne sind bei der Geburt vorhanden, ebenso bei beiden Geschlechtern kleine obere Milcheckzähne, die mit etwa 3 Monaten ausfallen, bleibende obere Eckzähne der Männchen bei geschlossenem Maul im 7. Monat deutlich sichtbar), bei Rehen am 10. Tag (dann auch erstes Wiederkäuen), bei Elchen mit 7 bzw. 13, bei Weißwedel- und Pampashirschen mit 14, übrige wie bei Dam- und Rothirschen mit 18–20 Tagen. Aber in diesem Alter noch völlig auf Milch angewiesen, fressen erst mit etwa 6–8 Wochen Futter der Alttiere. Während der Setzzeit und in den Wochen und Monaten danach deshalb besonders auf einwandfreie Qualität und reichhaltiges Angebot der Nahrung achten. Ende der Säugezeit artverschieden. Dauer selten länger als 6 Monate, dann Junge selbständig. Vorjährige männliche Junge vor Brunstbeginn aus der Herde entfernen (außer Axis-, Dam-, Weißwedelhirsch). Geschlechtsreife meist im Alter von 1¼–1½ Jahren (siehe auch Tabelle 28.5), dann bei Junghirschen 1. kleines Geweih, meist nur 2 kleine Spieße (Spießer). Geweihbildung kann schon relativ zeitig einsetzen, nicht selten mit 3 Monaten (Reh, Pampashirsch, Ren) oder auch mit 6–7

Tab. 28.6 Milchzusammensetzung bei Hirschen

Art	Trockensubstanz (%)	Fett (%)	Eiweiß (%)	Kohlenhydrate (%)	Asche (%)	Proben (Anzahl)
Damhirsch	20,43 (21,50)	8,97[1] (8,80)	6,90[2] (7,90)	6,10[3] (3,70)	0,96 (1,10)	7 (1)
Axishirsch[4]	29,59	12,00	12,70	3,19	1,70	1
Sikahirsch	36,10	19,00	12,40	3,40	1,40	1
Rothirsch	21,20 (20,49)	8,33[5] (7,91)	7,00[6] (7,65)	4,64[7] (4,27)	1,14 (1,09)	145 (8)
Europäisches Reh	23,68	7,97 (9,83)	7,85 (9,87)	3,56 (3,20)	1,18	13 (2)
Weißwedelhirsch	25,20 (24,11)	9,94[8] (8,81)	10,87[9] (8,94)	3,66 (2,27)	1,50 (1,17)	16 (10)
Schwarzwedelhirsch	19,49	8,16[10]	7,10[11]	4,60	1,42	42
Südpudu		3,0-4,0	2,03 (11,46-12,22)	7,0-8,0 (3,26-3,93)[12]		1 (2)[13]
Elche	23,70 (30,32)	7,81 (7,57)	10,24[14] (18,43)	3,36 (3,42)	1,74 (1,43)	46 (4)
Hausren	32,65 (40,40)	16,49[15] (23,20)	10,41[16] (11,60)	3,04 (2,45)	1,58 (1,07)	92 (1)
Wildren		11,00	7,60[17]	3,70	1,30	1

Angaben in Klammern: Werte für Kolostrum
Erwähnenswerte Abweichungen von Einzelproben:
[1] 12,60 % [2] 6,50 %, davon Kasein 5,30 %, Albumin und Globulin 1,20 % [3] 3,72 %
[4] Probe vom 2. Laktationstag
[5] 19,70 % [6] 10,60 % [7] 2,60 %
[8] 19,60 % [9] 8,83 %
[10] 10,50 %, [11] 9,56 %
[12] [13]
[14] 17,81 %, davon Kasein 8,18 %, Albumin und Globulin 9,63 %
[15] 23,60 %, [16] 10,91 %, davon Kasein 8,69 %
[17] davon Kasein 6,10 %, Albumin und Globulin 1,50 %

Monaten (Damhirsch, manche anderen Echthirsche). Bei Pampashirschen ist bereits das 2. Geweih sechsendig. Bei allen Arten werden mit zunehmendem Alter die Geweihe immer kräftiger und größer, bei manchen geperlter, bei anderen sprossenreicher. Geweihe alternder Hirsche zunehmend schwächer, häufig auch sprossenärmer, oft einhergehend mit Sprossenverlängerung.

Künstliche Aufzucht meist unkompliziert. Milchzusammensetzung in Tabelle 28.6. Als Nahrung ist reine Kuhmilch geeignet, bei empfindlichen Arten in den ersten Tagen auch zusätzlich Rinderkolostrum. Da Kuhmilch weniger Eiweiß und Fett enthält als Milch der meisten Hirsche, Milch mit ungezuckerter, kondensierter Vollmilch aufwerten. Kuhmilch nur in zwingenden Fällen mit Tee, Reis- oder Leinschleim als Diät kurzfristig verdünnen, außer eventuell in den ersten Tagen der Umstellung von Muttermilch auf Ersatzmilch. Günstiger in der Zusammensetzung als Kuhmilch ist Schaf- oder Ziegenmilch. Letztere wird aber oft von den Jungtieren abgelehnt. Alternativ wird daher jetzt Milchaustauscher für Paarhufer eingesetzt. Im Tierpark Berlin hat sich früher folgende „Hirschmischung" bewährt: 3 Teile (150 ml) Kuhmilch (2,5 % Fett), ein Teil (50 ml) Kondensmilch (7,5 % Fett), ein Teil (50 ml) Leinsamenschleim. Bei Durchfällen anstelle von 50 ml Kuhmilch 50 ml Serumeiweißpräparat. Bei positiver Entwicklung wurde ab 2. Woche nach und nach die Kondensmilch abgesetzt.

Nicht bis zur vollen Sättigung tränken (siehe auch Antilopen). Beim Tränken auf die Voraugendrüsen achten. Stark geöffnete Voraugendrüsengruben sind nach Beobachtungen Zeichen von Hunger, schließen sich während des Tränkens, wenn der Magen gefüllt ist. Dann nicht weiterfüttern, auch wenn das Junge noch saugen will. Schon leichte Überfütterung führt dazu, dass unangedaute Milch aus dem überfüllten Magen in den Darm gelangt und dort zu Durchfällen, Darmentzündungen oder zum Tode führt. Bereits in den ersten Lebenstagen erstklassiges Wiesen- oder Gebirgsheu, trockene Luzerneblätter, Haferflocken, Knäckebrotkrümel, frisches Eichenlaub und etwas trockene, sterilisierte Erde und Holzkohle anbieten. Ab 10. Tag geraspelte Möhre beigeben. Ab Anfang des 2. Monats zunehmend feste Kost reichen und Zahl der Flaschenmahlzeiten bis Ende des 3. Monats nach und nach verringern.

Junge Tiere nicht zu sehr auf den Menschen prägen, möglichst dem künstlich aufzuziehenden Hirschkälbern Gesellschaft bieten, am besten einen anderen jungen Hirsch oder auch ein Hausschaf- bzw. ein Ziegenlamm, das man gleichfalls künstlich aufzieht. Gelegentlich gelingt es, ein Haustier als „Amme" zu verwenden. In manchen Fällen ist es auch möglich, das Jungtier in der Herde zu belassen. Es stellt sich meist schnell auf die Flasche ein und kommt zu den regelmäßigen(!) Mahlzeiten auf Zuruf. Des Weiteren sollten möglichst mehrere Personen an der Aufzucht bzw. Verabreichung der Mahlzeiten beteiligt sein, damit das Junge nicht individuell geprägt wird und auch von anderen Personen als dem Pfleger die Flasche annimmt. Grundsätzlich ist aber bei künstlicher Aufzucht eine Prägung auf den Menschen nicht völlig zu vermeiden. Das hat bei männlichen Tieren zur Folge, dass sie später mit dem Einsetzen der Geschlechtsreife dem Menschen gegenüber besonders aggressiv werden, weil sie keine Scheu vor ihm haben und ihn als Artgenossen und Rivalen betrachten.

Höchstalter in Menschenobhut. Europäischer Damhirsch 32, Mesopotamischer Damhirsch 20¼, Axishirsch 22, Schweinshirsch fast 23, Indischer Sambar fast 26½, Barasingha knapp 24½, Leierhirsch 20¼, Wapiti 26, Sikahirsch fast 26¼, Rothirsch fast 26¾, Milu 27½, Weißwedelhirsch 23, Schwarzwedelhirsch fast 18½, Sumpfhirsch fast 13¾, Pampashirsch fast 22, Nord-Andenhirsch 10½, Süd-Andenhirsch 10¾, Elch fast 18, im natürlichen Lebensraum 22, Ren fast 21¾, Wasserreh fast 14, Reh 25 Jahre.

Haltung kleiner Hirscharten

In Tiergärten nur Roter und Zwergmuntjak häufig gezeigt, letzterer in der englischen Grafschaft Hertfortshire und in Südfrankreich eingebürgert und verwildert. Mittlerweile gibt es auch etablierte Vorkommen unterschiedlicher Populationsgröße in Belgien, den Niederlanden, Dänemark und seit 2015 in Deutschland. Schopfhirsch außerhalb Chinas äußerst selten, in Europa wohl nur Ostchinesische Schopfhirsche (*E. c. michianus*) gehalten. Erstzucht außerhalb Chinas 1985 im Tierpark Berlin. Spießhirsche weltweit nur ausnahmsweise, Südpudu selten, Nordpudu äußerst selten gehalten.

Eingewöhnung. Im Prinzip wie Hirsche. Eingewöhnungsfutter bei allen Arten wie für tropische Hirsche, d. h. Haferflocken, Knäckebrot, gutes, weichstängeliges, blattreiches Heu, Banane, Möhre, Laub usw. Bei Durchfällen sofort tierärztliche Behandlung! Alle Arten sind äußerst schreckhaft, deshalb anfangs Ställe eventuell mit Dämmerlicht, abdunkeln, in Gegenwart der Tiere keine Reinigungsarbeiten durchführen, sondern in einen Nachbarstall überführen.

Unterkunft. Für winterharte Muntjaks ungeheizte, trockene Schutzhütte. Schopfhirsche können vermutlich ganzjährig kalt gehalten werden, wenn ihnen ein zugfreier, trockener Stall zur Verfügung steht. Das Gehege sollte aber nicht in der Nähe von Schafhaltungen sein, da Schopfhirsche anfällig gegen Bösartiges Katarrhalfieber sind. Tropische Muntjaks und Pudus können vorsichtig akklimatisiert, später ähnlich wie bedingt winterharte Hirsche in temperierten Ställen mit freiem Zugang zum Außengehege gehalten werden. Pudus sind im Hochsommer hitzeempfindlich, sowohl gegen hohe Lufttemperaturen als auch längeren Aufenthalt in praller Sommersonne. Schlammige Flächen sollten in Pudu-Gehegen vermieden werden. Kleinmazamas können vermutlich wie Pudus gehalten werden. Ebenfalls wärme- und hitzeempfindlich, dagegen widerstandsfähig bei kalter Witterung, suchten auch bei Frost tagsüber Außengehege auf, lagerten auch im Schnee. Groß- und Graumazamas sind sehr kälteanfällig, Überwinterung oft im Warmhaus, sonst gut geheizte Innenställe, oft mit zusätzlicher Infrarotbestrahlung des Liegeplatzes. Bei feuchtkühler oder kalter Witterung kein Aufenthalt im Freien. Außengehege von Trocken- bzw. Wassergräben oder Maschendrahteinzäunungen begrenzt. Trockener, fester Gehegeboden mit Rasenbelag. Möglichst dichte Bepflanzungen mit Nadelbäumen, die von den Tieren meist geschont werden und unter denen sie versteckt gern ruhen. Muntjaks nehmen als Verstecke auch gebündelte Äste von Fichten oder Kiefern an, die schräg an die seitlichen oder rückwärtigen Gehegeeinfriedungen gelegt und in regelmäßigen Abständen erneuert werden. Pudus mit ortsfestem Kotplatz, Mazamas auch mit einem Kotplatz, aber nicht ortsfest, sondern wechselnd. Bei Muntjaks Kotabsatz nicht ortsgebunden. Normaler Kot zahlreiche kleine, linsen- bis erbsengroße Kügelchen, die nicht miteinander verkleben. Traubenförmige Kothäufchen meist erste Anzeichen für beginnenden Durchfall.

Umgang. Während Pudus sehr zahm und menschenvertraut werden können, bleiben die meisten Arten (Muntjaks, Graumazama) sehr schreckhaft und scheu. Bei Aufregung und Angst bei Pudus weit geöffnete Voraugendrüsen. Fast alle Arten mit ausgezeichnetem Geruchssinn. Pfleger sollen häufigen Wechsel der ihnen anhaftenden Geruchsstoffe (z.B. parfümierte Körperpflegemittel) vermeiden. Im Umgang keine hastigen Bewegungen. Bei Reinigungsarbeiten nur vorsichtig an Liegeplätze nähern, sich drückendem Tier bequemen Fluchtweg (Wechsel beachten) freihalten. Beim Betreten von Stallungen oder Gehegen daran denken, dass die kleinen Tiere schnell durch die geöffnete Tür schlüpfen können. Muntjaks wegen der scharfen Eckzähne nicht mit der Hand greifen, sondern im Kescher oder mit derbem Tuch fangen. Vorsicht, dass Eckzähne nicht brechen! Bei Transport für Pudus und Mazamas quadratische Kisten.

Fütterung. Obst und Gemüse in Maßen, Laub in reicher Auswahl, gutes, weichstängeliges, blattreiches Heu. Pudus erhielten pro Tier und Tag in Erfurt 600–750 g Obst und zartes Gemüse, vorwiegend Apfel, Möhre, Banane (in Köln auch Tomate, Gurke, Bohnen, Kartoffel), 70 g Kraftfuttermischung aus Haferflocken, Soja- und Maisschrot, Leinsamen, Säuglingsnahrung (in Köln auch Kleie, Zwieback, Pellets) sowie sehr viele verschiedene Laubarten im Wechsel, im Winter Trockenlaub und Fichte(!), in Köln vorwiegend Himbeere, Weide, Robinie, auch Heide. Hagebutten wurden roh gefressen, getrocknet verschmäht, Eicheln, besonders in grünem Zustand, gern genommen. Vielseitige Fütterung ist entscheidend für Pflegeerfolg. Mazamas erhielten in Berlin Weizen, Mais (roh und gekocht), Haferflocken, in kleinen Mengen Sonnenblumenkerne, Erdnüsse, Leinsamen, trockenes Brötchen, als Saftfutter Apfel, Banane, Weintrauben, gekochte Kartoffel, Rosinen, Porree, Salat, gekeimte Gerste, dazu im Sommer Gras, im Winter gutes Heu. Futter für Muntjaks wie für tropische und subtropische Hirsche, weniger empfindlich als Reh, Ren und Elch. Schopfhirsche erhielten im Tierpark Berlin Haferflocken, Knäckebrot, Brotwürfel, gekochten Reis und Mais, Kartoffel, Möhre, Chicorée, Apfel. Von dieser Mischung nahmen die Tiere täglich knapp 2 kg, dazu erhielten sie außerdem täglich je 50 g rohes und gekochtes Fleisch. Beim Laub bevorzugten sie Robinie, Ahorn und Eiche. Zusätzlich können Luzerneheu und Browserpellets gegeben werden.

Vergesellschaftung. Obwohl vorwiegend Einzelgänger Haltung meist paarweise, wobei sich Muntjaks außerhalb der Paarungszeit meist nur tolerieren, Pudus und Mazamas aber ausnahmsweise auch mit Körperkontakt ruhen. Sozialkontakte bei Pudus vorwiegend durch gegenseitiges Belecken. In kleinen Haremsgruppen (1,2 Graumazamas bis 1,4 Großmazamas) oder Elternfamilien vertragen sich die Weibchen meist, gehen einander aber aus dem Weg und interessieren sich nicht füreinander. Bei Pudus vertrugen sich auch Mütter mit ihren heranwachsenden Töchtern, so dass bei diesen Kleinstrudel entstehen können. Weibliche Muntjaks verhalten sich bei Gruppenhaltung indifferent, tolerieren sich, können sich aber auch bekämpfen. Erwachsene

Männchen dulden keine geschlechtsreifen männlichen Artgenossen, beim Aufeinandertreffen blutige Kämpfe (Muntjaks, Schopfhirsch), greifen gelegentlich halbwüchsige Jungtiere an. Bei Vergesellschaftung mit größeren Huftieren (nicht häufig praktiziert, z.B. Muntjaks mit Hirschziegenantilopen) kleine Schutzhütten und/oder Rückzugsgehege, deren Zugänge die größeren Gehegegenossen nicht passieren können. Weitere zwischenartliche Vergesellschaftungen: Muntjaks oft mit Kleinen Pandas (wobei Übergriffe von Pandas auf Jungtiere der Muntjaks erfolgten), aber auch mit Kranichen, Weißstörchen, Nimmersatten, Bennettkängurus, Takinen, Leierhirschen, Prinz-Alfred-Hirschen, Schweinshirschen, Bantengs, Schweinsaffen und Panzernashörnern. Südpudus mit Faultieren, Brüllaffen und Wollaffen. Vergesellschaftungen mit Vögeln sollten bei Pudus vermieden werden. Schopfhirsche mit Kleinen Pandas, Kranichen und Takinen.

Fortpflanzung und Zucht. Angaben zur Fortpflanzungsbiologie in Tabellen 28.4 und 28.5.

Während der Brunst treiben Männchen ihre Weibchen z.T recht heftig. Muntjaks können ihre Weibchen dabei mit dem Geweih verletzen. Südpudus und Mazamas sind verträglicher, bei letzteren außerdem Geweihentwicklung ohne Einfluss auf den Sexualzyklus; Böcke im Bast decken erfolgreich. Kaum Trächtigkeitsanzeichen. Weibliche Südpudus verlassen etwa 3 Wochen vor der Geburt gemeinsamen Ruheplatz, danach neue Individualdistanz. Kurz vor der Geburt oft nachlassende Fresslust (Südpudus!). Neugeborene Muntjaks wiegen je nach Unterart um 500–650 g (Zwergmuntjak) bis um 1,2 kg (Indischer Muntjak), Südpudus um 700–800 g, vielleicht bis 900 g, Schopfhirsche 1,6 kg, Großmazamas 500–600 g. Junge Südpudus, Groß- und Graumazamas sind sehr kälteempfindlich, benötigen in den ersten Wochen warmen, trockenen Liegeplatz. Zwergmuntjaks gegen Nasskälte relativ widerstandsfähig. Färbung der Jungen: Muntjaks mittelbraun, 2 hellgraubraune Fleckenreihen auf der Rückenmitte von der Schulter bis zur Kruppe, Hinterschenkel unregelmäßig gefleckt. Mazamas hell- bis dunkelbraun, 4 gelbliche oder weiße Fleckenreihen an beiden Körperseiten. Südpudus rotbraun oder schwarzbraun, obere Flanken beiderseits mit 2 Fleckenreihen. Schopfhirsche braun, beiderseits der Rückenmitte heller Längsstreifen, über der Schulter andeutungsweise 2 weitere Längsstreifen, Keulen unregelmäßig gefleckt.

Jungtiere sind Ablieger, die nach der Geburt von sich aus geschützten Ort aufsuchen, wobei junge Südpudus in den ersten 3 Tagen den Abliegeplatz wechseln können und erst danach festen Abliegeplatz besitzen. Junge Muntjaks liegen nicht selten außerhalb des Geheges ab, finden stets den Weg zurück. Zwillinge von Schopfhirschen haben wie die anderer Hirsche in den ersten Wochen getrennte Abliegeplätze und werden auch einzeln nacheinander gesäugt, doch in den ersten Tagen liegen sie am gleichen Ort ab, um danach auf größere Abliegedistanz zu gehen. Vom Abliegeplatz aufgenommene Schopfhirsche schreien quiekend, worauf das Muttertier oft angreift. Erste feste Kost bei Südpudus mit 8–12, bei Muntjaks mit 16 Tagen, vorher oft Aufnahme von Spuren von Erde. Abliegezeit endet bei Südpudus mit 17–18 Tagen, bei übrigen Arten etwa mit 3 Wochen. Junge folgen nun häufig der Mutter, benutzen mit dieser etwa ab 4. Woche gemeinsamen Liegeplatz. Frühzeitiger Fellwechsel, bei Südpudus mit 52–55 Tagen, bei den übrigen Arten mit 2½–3 Monaten abgeschlossen. Säugezeit bei Südpudus 2, bei den übrigen Arten 2½–3 Monate.

Geschlechtsreife bei Mazamas mit 7, bei Südpudus mit 9 Monaten, bei übrigen Arten mit 1 Jahr. Nach Totgeburten oder frühzeitigem Jungtierverlust kurzfristiger Post-partum-Östrus, der zu kurzen Wurfintervallen führt, beim Zwergmuntjak z.B. um 225, beim Südpudu in 1 Fall 241, beim Graumazama 203, 205 bzw. 232 Tage. Außerdem können weibliche Mazamas und Muntjaks noch in der Säugezeit erfolgreich gedeckt und tragend werden. Ein Zwergmuntjak-Weibchen im Zoo Berlin hatte im Zeitraum von 11 Jahren und 4 Monaten 17 Geburten und zog alle 17 Kälber auf. Bei Südpudus 1. Geweih mit 3 Monaten geschoben, mit 6–8 Monaten gefegt und mit 12 Monaten abgeworfen. 1. Hauptspieße mit 15.–16. Monat. Mazamas werfen in der Regel jährlich ab, 4–5 Monate nach Abwurf wird ein neues Geweih gefegt. Wie bei Pudus treten gelegentlich Zyklusstörungen auf, d.h. das Geweih wird über längere Zeit, manchmal bis zu 2 oder mehr Jahren, nicht gewechselt. Auch beim Schopfhirsch sind Aufbau und Abwurf der nur zentimeterlangen Geweihspieße unregelmäßig.

Künstliche Aufzucht wie Hirsche. Milchzusammensetzung beim Südpudu in Tabelle 28.6.

Höchstalter in Menschenobhut. Zwergmuntjak über 23, Schopfhirsch fast 22¾, Großmazama über 17, Graumazama über 14¾, Merida-Mazama 2, Roter Mazama 6, Südpudu über 17¾ Jahre, Nordpudu 6 Monate.

Familie Gabelhorntiere (*Antilocapridae*)

Auch Gabelhornträger. Seit dem Miozän vor etwa 7–10 Millionen Jahren in Nordamerika beheimatete, einst formenreiche Paarhuferfamilie, die sich von den *Merycodontidae* ableitet, welche hochkronige Zähne besaßen und geweihähnlich verzweigte, hornbedeckte, knöcherne Stirnwaffen trugen.

Verbreitung. Nordamerika bis Mexiko.
1 Gattung, 1 Art.

Gabelböcke (*Antilocapra*): rehgroß, mit weit auseinander stehenden, einfach gegabelten, stirnständigen Hörnern auf messerklingenschmalen, ungegabelten Knochenzapfen, Hornscheiden werden jährlich abgeworfen, Weibchen mit schwächeren oder fehlenden Hörnern. Zahnformel: 0/3 0/1 3/3 3/3, unterer Eckzahn wie Schneidezahn gestaltet und fungierend, Backenzähne hochkronig, mit offenen Wurzeln. Sehr große Augen. Hals kurz, gedrungen, Rumpf schlank. Hufe schmal, spitz mit elastischer Sohle, keine Afterklauen. 4 Zitzen. Schwanz stummelförmig. Im Fell, besonders in Kruppen- und Schwanzregion, Duftdrüsen, Fell

Abb. 28.26 Einzigartig unter allen Paarhufern besitzt der Gabelbock (*Antilocapra americana*) gegabelte Hornscheiden, die jährlich abgeworfen und erneuert werden.

dicht, mittellange Grannen mit wenig Unterwolle, am Hinterrücken und den oberen Oberschenkeln 7–10 cm lang, aufricht- bzw. spreizbar, Männchen mit kurzer, aufstellbarer Nackenmähne, Färbung rostrot bis fahlgelb, weiße und schwarze Abzeichen an Kopf und Unterseite, Beininnenseiten und lange Spiegelhaare weiß. **Gabelbock** (*A. americana*): 5 Unterarten. Westliches Nordamerika von Süd-Alberta und Süd-Saskatchewan über die westliche und mittlere USA bis Kalifornien, Baja California und mittleres Mexiko.

Gefährdungsstatus. Bestand in der Wildnis als Art gesichert, obwohl in manchen Gebieten ausgerottet, Niederkalifornischer Gabelbock (*A. a. peninsularis*) vom Aussterben bedroht, Mexikanischer Gabelbock (*A. a. mexicana*) in Arizona,

Neumexiko, Texas und Nordmexiko gefährdet. Bestand des ursprünglich ebenfalls vom Aussterben bedrohten Sonora-Gabelbocks (*A. a. sonoriensis*) hat sich wieder vergrößert.

Lebensweise. Tagtiere, auch nachts aktiv. Lebensraum offene Grassteppen (Prärien) des Flach- und Hügellandes, besonders in Gewässernähe. Jahreszyklische Wanderungen zu Futter- bzw. Geburtsplätzen. Auf Wanderungen und in Wintereinständen außerhalb der Brunst- und Setzzeit oft große Herden, sonst aber kleine Gruppen (Männchen in kleinen Trupps, Weibchen mit Jungtieren), alte Männchen auch als Einzelgänger. Gabelbockmännchen leben entweder mehrere Monate vor der Fortpflanzungszeit territorial in Revieren oder wandern in Gebieten mit karger Futtergrundlage während der Brunst mit den auf Nahrungssuche herumziehenden Weibchengruppen. Sie verteidigen diese Rudel, die aus 2–5, sehr selten 8 oder mehr Weibchen bestehen. In Gebieten mit ausreichendem Nahrungsangebot erkämpfen sich die Böcke ein Revier. Starke Böcke besiegen im Kampf oft die Rivalen in den Nachbarrevieren, die aber danach in ihrem bisherigen Revier verbleiben, nur dass sie dem dominanten Bock zukünftig jederzeit ohne neuerliche Kämpfe Zutritt zum Revier gewähren. Mit Brunstbeginn bricht das Territorialsystem zusammen, da sich dann die starken Böcke mit paarungsbereiten Weibchen absondern und sich mit diesen in ihnen bekannten Verstecken paaren. Nach der Brunst Abwurf der Hornscheiden.

Verständigung bei Gefahr durch Aufstellen und Spreizen der Spiegelhaare, gleichzeitig sondern vor allem Kreuzbein- und Schwanzdrüsen ein durchdringend riechendes Drüsensekret ab. Gesichtssinn hochleistungsfähig, kilometerweites Bewegungssehen. Nach dem Gepard schnellstes Landsäugetier, auf kurzen Strecken Geschwindigkeiten von 95 km/h, springen dabei in weiten Sätzen. Hauptfeinde sind Wölfe, für Jungtiere Coyoten, Füchse, große Greifvögel.

Nahrung. Beifußgewächse, die reich an ätherischen Ölen und Gerbsäure sind, Meldearten, Steppenkräuter, u.a. Salbei, und andere proteinreiche Pflanzen (der Eiweißgehalt schwankt bei einer Futterpflanze je nach Jahreszeit zwischen 8,5 und 15,86 %), daneben auch sukkulente Pflanzen (Flüssigkeitsspender?). Gräser mit hohem Zelluloseanteil werden verschmäht, dafür frisch sprießende Gräser mit hohem Eiweißanteil, wie sie auf Brandrodungsflächen zu finden sind, bevorzugt.

Haltung von Gabelböcken

In Tiergärten außerhalb der USA sehr selten. Haltung wie Antilopen, doch außerhalb ihres Verbreitungsgebietes bisher wenig erfolgreich (geringe Lebenserwartung, spärlicher Nachwuchs). Eingewöhnung bei Futterumstellung schwierig. Kotbeschaffenheit und Darmparasitenbefall kontrollieren. Vor Einführung in neues Gehege Begrenzung auffällig sichtbar machen.

Unterkunft. Gemeinschaftsställe für Weibchen und Jungtiere sowie Einzelställe für Männchen. In Apple Valley, Minnesota ganzjährig Zugang zu Außengehege, Ställe dort ungeheizt. Bei trockener Kälte winterhart, aber kein Daueraufenthalt im Freien bei Nasskälte. In Regionen mit feuchtkühler Witterung im Winterhalbjahr Unterkünfte mit Raumtemperaturen um 17 °C anbieten. Außengehege sollten möglichst groß sein, weil die Tiere bei kleinsten Veränderungen ihrer Umgebung, oftmals auch aus unerklärlicher Ursache in kollektive Panik geraten und in zu kleinen Gehegen auf kopfloser Flucht vor einem vermeintlichen Feind in die Gehegebegrenzungen rasen und sich dort Verletzungen zuziehen, die bisweilen auch tödlich sind. Große Gehege bieten den Tieren außerdem Rückzugsmöglichkeiten und Weibchen genügend Platz, um aufdringlichen Männchen ausweichen zu können. Für letztere Separatgehege mit Absperrmöglichkeit.

Umgang. Umgang sowie Stall- und Gehegehygiene ähnlich wie bei Antilopen. Größtmögliche Ruhe und Besonnenheit bei allen Routinearbeiten. Vor jeder beabsichtigten Handlung überlegen, ob dabei Panik ausgelöst werden kann. Im Zoo Columbus und anderen amerikanischen Tiergärten und Wildparks wurden alle Jungtiere künstlich aufgezogen, weil sich solche Tiere später ruhiger verhalten und nicht so schnell in Panik verfallen. Künstlich aufgezogene Böcke können später ähnlich wie Rehböcke gegen Menschen aggressiv werden. Deshalb werden auf Farmen als halbzahme Einzeltiere gehaltene Böcke nicht selten kastriert und können später als zuchtuntaugliche Individuen in Tiergärten auftauchen. Nach Kastration Störungen des Hornwechsels, die alte Hornscheide wird nicht abgeworfen, obwohl darunter neues Horn gebildet wird. Nicht selten mehrere Hornschichten übereinander und dann Hornmissbildungen. Störungen des Hornscheidenwechsels aber auch bei fertilen Böcken, daher oftmals zu Jahresbeginn Eingriffe nötig, wenn während der von Mitte Oktober bis Anfang Dezember festliegenden Abwurfzeit kein Hornscheidenwechsel erfolgt ist. Auch andere Horndefekte, Deformationen sowie Zahnerkrankungen, Zahnschäden, Fellschäden und Störungen des Haarwechsels vermutlich infolge ungeklärter Haltungsprobleme.

Fütterung. Hoher Proteinbedarf, daher sehr eiweißreich füttern. In Apple Valley Luzerne, Getreidepellets mit 12–16 % Proteingehalt, Mineralstoffe (Salzleckstein!) und Vitamine. Außerdem Laub (Weide, Ahorn), Würzkräuter (Salbei u.a.) und Löwenzahn, wenig Gras und Heu, Obst und Gemüse nur gelegentlich. Falls nach Aufnahme von Wasser Durchfälle auftreten, Leinsamenschleim als Tränke.

Vergesellschaftung. In kleinen Gruppen mit nur 1 Männchen oder Haltung von Paaren. Meist nicht ganzjährig, da Männchen oft isoliert werden müssen, weil sie in zu kleinen Gehegen oder bei Paarhaltung bzw. sehr kleinen Weibchengruppen während der Brunstzeit zum Forkeln der Weibchen neigen und während und nach der Wurfzeit den Jungen gefährlich werden können. Über Vergesellschaftungen mit anderen Arten liegen keine Erfahrungen vor.

Fortpflanzung und Zucht. Weibchen saisonal von Anfang August bis Mitte Oktober polyöstrisch (Zyklus 28–29 Tage). Östrusdauer etwa 24 Stunden. Paarung kurz. Tragzeit etwa 240 (217–252) Tage. Wurfzeit vorwiegend 2. Hälfte Mai bis 1. Hälfte Juni (Anfang Mai bis Anfang Juli). Meist Zwillinge, seltener 1, sehr selten 3 Junge. Geburtsgewichte in Apple Valley zwischen 1,6 und 4,4 kg, im Zoo Hannover zwischen 1,5 und 4,16 kg (Extremwerte 1,043 bzw. 5,782 kg), wobei Normalwerte um 3 kg liegen. Leichtere Junge überlebten selten, bei erheblich schwereren sind Geburtsschwierigkeiten möglich. Jungtiere in den ersten Tagen besonders empfindlich gegen nasskalte Witterung. Ablieger, bei denen Zwillinge in den ersten 3 Wochen stets getrennte und voneinander entfernte Ruheplätze belegen, wo sie von der Mutter zum Säugen aufgesucht werden. Mit 1 Monat grasen, spielen, ruhen sie zusammen, aber erst Monate später Schlafplatz in der Nähe der Mutter. Rasche Entwicklung mit täglichen Gewichtszunahmen von etwa 30 g in 1. Woche, 100 g in 2. Woche, 115 g in 3. Woche, 130 g ab 4. Woche. Mit 5 Monaten 6- bis 7-faches Geburtsgewicht. Entwöhnung nach 90–100 Tagen. Geschlechtsreife bei Weibchen mit 16 Monaten, bei Männchen mit 2 Jahren. Europäische Erstzucht 1961 in Paris. Obwohl Zwillingsgeburten die Regel sind, nisten sich oft 4–7 Embryonen in die Gebärmutter ein. Von deren Embryonalhüllen wachsen lange Vorsprünge, die andere Embryonen bis zum Absterben beeinträchtigen. Diese werden vom mütterlichen Organismus resorbiert, die kräftigsten ausgetragen.

Künstliche Aufzucht in den USA häufig praktiziert, da handaufgezogene Tiere weniger schreckhaft sind. In Apple Valley werden Kälber etwa 20 Stunden, mindestens jedoch bis zum 1. Säugen beim Muttertier belassen. Milchzusammensetzung von 2 Proben: Trockensubstanz 25,59 %, Fett 11,3 %, Eiweiß 6,9 %, Kohlenhydrate 4 %, Asche 1,34 % (erwähnenswerte Abweichung einer Einzelprobe: Fett 13 %). Jungtiere kommen dann bis zur Gewöhnung an Pfleger und Flasche (meist nach 6–8 Tagen) in gepolsterte Einzelbox, anschließend zusammen mit Gleichaltrigen in Gemeinschaftsgehege. In den ersten 4 Wochen Fütterung mit Milchersatz viermal täglich, dabei wird die Menge pro Fütterung von 30 ml am 1. Tag bis auf 330 ml Ende der 4. Woche erhöht. Zwischen 5. und 10. Woche Portionen von 360 ml. Dabei wird die Mahlzeitenzahl von viermal täglich in 5. und 6. Woche bis auf zweimal täglich in 9. und 10. Woche reduziert. In der 11. und 12. Woche nur noch täglich zweimal 180 ml. Ab 10. Tag wird zusätzlich Getreide, Luzerne und Wasser angeboten. Während der ersten Tage werden die Tiere durch sanfte Massage der Analregion zum Urinieren und Koten stimuliert. Kälber sollten spätestens am 2. Tag urinieren, am 5. Tag Kot absetzen. Bei guter Entwicklung können Jungtiere nach 4–5 Wochen mit erwachsenen Weibchen vergesellschaftet werden.

Höchstalter in Menschenobhut. 17 Jahre.

Familie Giraffen (Giraffidae)

Einst formenreiche Wiederkäuerfamilie, die aus den vor 25 Millionen Jahren lebenden *Lagomerycidae* hervorgegangen ist. Die Gebisse jener Tiere waren denen der Hirsche ähnlich. Auf dem Kopf trugen sie gegabelte oder verästelte, auch auf Stielen sitzende, flächig verbreiterte, hirschgeweihähnliche Knochenfortsätze, die von Haut bedeckt waren und nicht wie Geweihe abgeworfen wurden. Davon abzuleiten sind die 2–5 hautbedeckten Knochenzapfen (Ossiconen) auf dem Oberkopf der heutigen Giraffen. Weitere Merkmale: Lange, schlanke Schnauze, bewegliche Oberlippe überdeckt Unterlippe, Nasenlöcher lang, verschließbar, Augen mit langen Wimpern, Zahnformel: 0/3 0/1 3/3 3/3, untere Eckzähne breit, fungieren als zusätzliche Schneidezähne, Zunge lang, schmal, sehr bewegliches Nahrungsgreiforgan, Körper relativ kurz und gedrungen, abfallende Rückenlinie, lange Beine, Vorderbeine länger als Hinterbeine, keine Spannhaut zwischen oberen Hintergliedmaßen und Körper, keine Afterklauen, Schwanz mit Endquaste, Gallenblase nicht (Okapi) oder nur in Ausnahmefällen (Giraffe) vorhanden.

Verbreitung. Afrika südlich der Sahara.

2 Gattungen, 2 (-5) Arten.

Okapis (*Okapia*)

Auch Waldgiraffen. 1 Art. Erst 1901 wissenschaftlich beschrieben. Schulterhöhe 135–160 cm, Männchen mit 2 stirnständigen, spitzen Knochenzapfen (Stirnwaffen), die beim Weibchen fehlen oder nur als hautüberzogene Buckel angedeutet sind. Ohren sehr groß, tütenförmig, Augen mittelgroß, ohne Lidschlag, Zunge lang (reicht bis zu Augen und Ohren). Hals wenig verlängert. Fell extrem kurz, dicht, samtartig, leicht ölig, dunkelkastanienbraun bis fast schwarz, an Schulter und Keule immer mit schwärzlichem Anflug, Kehle und Kopfseiten grauweiß, Gliedmaßen z. T weiß gestreift. **Okapi** (*O. johnstoni*), auch Wald- oder Kurzhalsgiraffe: eng begrenztes Gebiet im äußersten Nordosten der Demokratischen Republik Kongo in den Wäldern entlang des Ituri-Flusses. Kleineres Vorkommen von wenigen hundert Tieren im 200 km südlich von Epulu gelegenen Maikowald.

Gefährdungsstatus. Bestand in der Wildnis vermutlich zwischen 6000 und 10500 Tiere, gilt als stark gefährdet. Internationales Zuchtbuch und EEP in Antwerpen.

Lebensweise. Vorzugsweise Tagtiere. Lebensraum Lichtungen und dichtes Unterholz des tropischen Regenwaldes in Gewässernähe, nicht im geschlossenen, unterholzarmen Hochwald. Einzelgänger, doch wurden auch Gruppen von 3–4 Tieren auf gemeinsamen Streifzügen beobachtet. Ortstreu in Revieren von 2–5 km² (Weibchen) bis 12 km² (Männchen) Größe mit festen Wechseln zu Ruhe- und Kotplätzen. Weibchen suchen bei Eintritt der Brunst, manchmal zusammen mit einem halbwüchsigen Kalb, das nächstwohnende Männchen für kurze Zeit auf. Hoch entwickelter Geruchs- und Gehörsinn, auch bei Dunkelheit sehtüchtig. Keine feste Brunstzeit, Östrusdauer nur 1 bis maximal 3 Tage. Wenig stimmfreudig, Lautäußerungen Knarren, leises Hüsteln (Weibchen und Junge), dumpfes Husten, kurzes Pfeifen, Schnauben (bei Erregung) und kälberartiges Blöken (Angst- bzw. Verlassenseinsruf der Jungen). Innerartliche Verständigung zum großen Teil im Infraschallbereich von 30–12 Hz. Zwischen Männchen Kämpfe, dabei Schläge des knochenzapfenbewehrten Kopfes gegen Hals und Körper des Kontrahenten. Natürlicher Hauptfeind ist der Leopard.

Nahrung. Vorwiegend Blätter und Triebspitzen von Busch- oder Baumschösslingen, über 100 Arten von Nahrungspflanzen nachgewiesen, darunter auch Wolfsmilchgewächse, Früchte, Pilze, nur selten Gräser. Die im Maikowald lebende Population bevorzugt z.T. völlig andere Pflanzenarten als die im Einzugsgebiet des Ituriflusses lebenden Tiere. Vereinzelt Aufnahme von verkohltem Holz (Blitzschlag!) und leicht salzhaltigen Erden.

Abb. 28.27 Okapimütter (*Okapia johnstoni*) bringen nach einer Tragzeit von 15 Monaten ein Jungtier zur Welt, was in enger Mutter-Kind-Beziehung aufwächst.

Giraffen (*Giraffa*)

Auch Steppengiraffen. 1 Art. In diesem Jahrzehnt gibt es allerdings, u.a. gestützt auf molekulargenetische Untersuchungsergebnisse, Bestrebungen, Korrekturen in der Anzahl und Zuordnung von Arten und Unterarten vorzunehmen. so sollen einerseits 8 Unterarten Artstatus erhalten, andererseits die Unterarten 2 eigenständigen Gruppen bzw. 4 Arten zugeordnet werden: Nord-Giraffe (*G. camelopardalis*), Süd-Giraffe (*G. giraffa*), Netzgiraffe (*G. reticulata*) und Massai-Giraffe (*G. tippelskirchi*). Sehr groß, Scheitelhöhe bei Bullen bis 5,80 m, bei Weibchen bis 4,50 m, Gewicht bis maximal 1,2 t (Weibchen) bzw. 1,9 t (Bullen). Am Kopf meist 2, vereinzelt 3, seltener 5 hautbedeckte, am Ende abgerundete Knochenzapfen, die beiden größten mit Apikalfeld (haarlose, verhornte Hautstelle). Augen extrem groß, lang bewimpert. Sehr langer Hals, in dessen Venensystem zahlreiche Verschlussklappen den Blutdruck im Gehirn regeln. Auch ein Netz feiner arterieller Kapillaren (Wundernetz) in der Nähe des Gehirns dient der Blutdruckregulation (der mittlere aterielle Blutdruck ist mit ca. 220 mg Hg etwa doppelt so hoch wie der des Menschen). Große Speicheldrüsen. Gliedmaßen sehr lang. Fell relativ kurz, dicht, am Halsrücken Stehmähne, weißgelb bis gelbbraun mit dunkler Zeichnung, aber mit starken individuellen Abweichungen bei Fellfarbe und Muster. **Giraffe** (*G. camelopardalis*), auch Steppen- oder Langhalsgiraffe: 6 (–10) Unterarten. Zwischen deren Fellmustern oft fließende Übergänge, daneben selten ungefleckte, fast weiße oder braunschwarze Tiere. Afrika südlich der Sahara bis nördlich des Oranjeflusses, ohne Ostäthiopien, Somaliland, Mosambik und die zentral- und westafrikanischen Urwaldgebiete.

Gefährdungsstatus. Bestand in der Wildnis mit ca. 70 000 Tieren als Art regional und besonders in Reservaten vorläufig gesichert, einzelne Unterarten aber akut bedroht (vor allem Ugandagiraffe, *G. c. rothschildi*, Nubische Giraffe, *G. c. camelopardalis*, Westafrikanische Giraffe, *G. c. peralta*, und Thornicroft-Giraffe, *G. c. thornicrofti*). In einigen Ländern (Kenia, Namibia, Südafrika) auf Wildfarmen gehalten. EEP in Kronberg.

Abb. 28.28 Das Verbreitungsgebiet der Netzgiraffe (*Giraffa camelopardalis reticulata*) umfasst das nördliche Kenia, das südliche Somalia und Südäthiopien.

Lebensweise. Tagtiere. Lebensraum trockene Baum- (Schirmakazien) und Buschsavanne des Flach- und Hügellandes bis in 2000 m Höhe, gelegentlich auch lichter Buschwald. Wenig ortstreu, keine festen Reviere, wandern innerhalb eines Wohngebietes von bis zu 180 km^2 Größe umher. Gesellig in Verbänden von stets wechselnder Zusammensetzung, mit meist 1, manchmal aber auch 2 und mehr Männchen, mehreren Weibchen und Jungtieren. Diese Trupps sind auch zu lockeren, größeren Herden vereint. Ältere, nicht mehr fortpflanzungsaktive Männchen auch Einzelgänger oder wie jüngere in kleinen Junggesellentrupps von 2–5 Tieren. Soziale Stellung der Weibchen altersabhängig. Kämpfe sind selbst zwischen adulten Bullen selten, dabei Schläge mit Kopf und Stirnfortsätzen an Hals und Vorderkörper des Gegners. Unterlegene werden nicht verjagt, entfernen sich entweder vom Trupp des Siegers oder gehen diesem aus dem Weg, dürfen in seiner Gegenwart nicht flehmen oder sich mit einem Weibchen paaren. Ranghohe Individuen laufen mit erhobenem Kopf und angehobenem Kinn umher, dürfen rangniederen, die stets den Kopf etwas gesenkt halten, den Weg abschneiden. Passgänger, die nur im Schritt oder Galopp, nicht aber im Trab laufen und auf der Flucht beträchtliche Geschwindigkeiten (bis 56 km/h) erreichen. Kaum Lautäußerungen (Husten, Brummen), können aber laut brüllen. Auch bei Giraffen ist eine Verständigung im Infraschallbereich nachgewiesen. Hör- und vor allem Sehvermögen ausgezeichnet. Zur Wasser- oder Nahrungsaufnahme vom Boden müssen Vorderbeine gespreizt und im Ellenbogengelenk, gelegentlich auch im Karpalgelenk eingeknickt werden. Nachtruhe im Liegen mit untergeschlagenen Vorderbeinen, wird von mehreren Pausen unterbrochen, um Kot abzusetzen, zu fressen oder wiederzukäuen. Mehrmals pro Nacht kurze Tiefschlafphasen von 1–12 Minuten (in der Wildnis möglicherweise noch kürzer), dabei sinkt die Schnauzenspitze auf den Unterschenkel des seitlich abgestreckten Hinterbeins. Natürliche Feinde sind Löwen, Leoparden, Hyänen, Wildhunde.

Nahrung. Blätter, Knospen, Zweige und Rinde von Bäumen (bevorzugt Schirmakazie), auch Früchte. Können längere Zeit auf Wasser verzichten.

Haltung von Giraffen

Giraffen in Tiergärten häufig gezeigt, Okapis selten, etwa 60 in Europa. Haltung und Pflege in mancherlei Hinsicht problematischer als bei anderen tropischen Paarhufern.

Eingewöhnung. Nicht selten kompliziert wegen ihrer Schreckhaftigkeit. Beim Herauslassen aus der Transportkiste in den Stall möglichst Gitter zum Besucherteil und Zwischengitter mit belaubten Zweigen bestecken oder mit schweren Tüchern (Segeltuch, Kunststofffolien), Kunststoff-, Hartfaser-, Leichtbau- oder anderen Platten markieren, die später nach und nach entfernt werden. Für Besucher begehbare Tierhäuser sollten in den ersten Tagen nach Ankunft der Tiere geschlossen bleiben. Gehegeabgrenzungen ähnlich kenntlich machen, wenn die Tiere erstmals das Außengehege betreten, wie bei Hirschen (siehe auch dort) optisch betonen. Bei Verzicht auf solche oder ähnliche Maßnahmen ist das Risiko groß, dass Tiere bei Fluchtreaktionen die Gehegeabgrenzungen nicht wahrnehmen und sich ernsthaft verletzen. Beim Betreten von Gehegen oder Ställen von neu eingetroffenen Tieren ist äußerste Vorsicht erforderlich. Giraffen können sowohl nach vorne, nach den Seiten und nach hinten wuchtige Hufschläge austeilen. Okapis dagegen wirken oft ruhiger, meist weniger schreckhaft und treffen oft zahm und menschenvertraut ein. Dennoch Vorsicht im Umgang auch mit offensichtlich zahmen Tieren. Nicht nur Huftritte, sondern auch Kopfschläge ohne Warnung. Günstig bei zahmen Okapis ist, wenn der vertraute Pfleger das Tier auf dem Transport begleitet und in der Eingewöhnungsphase anwesend sein kann. Hinsichtlich der Fütterung sind Giraffen in der Eingewöhnungszeit häufig unproblematisch. Bei Okapis dagegen ist jede Futterumstellung kompliziert, da sie recht wählerisch sind und ihnen bisher nicht bekannte Futtermittel verweigern. Anfangs viel Laub (Robinie, Ahorn, Linde, Eiche, Weide), daneben vielfältige Auswahl von blättrig oder streifig geschnittenem Obst und Gemüse. Sobald dieses Saftfutter regelmäßig aufgenommen wird, streut man Kraftfutter darüber, das später untergemischt wird, um das Tier auch an trockene Futtermittel zu gewöhnen. Besonders in der Eingewöhnungsphase auf Kotbeschaffenheit achten. Normaler Kot von Giraffen und Okapis sind glänzende, mittel- bis schwarzbraune, walzenförmige Kügelchen, bei Okapis reichlich erdnuss-, bei Giraffen knapp eichelgroß. Veränderungen des Kots (siehe Hirsche) ist stets sehr gefährlich.

Unterkunft. Beide Arten nicht winterhart, vor allem Okapis gegen Nässe, Kälte und Zugluft empfindlich. Unterkünfte während kühler oder kalter Witterung in Warmhäusern. Eingewöhnte Tiere dürfen aber an milden, windstillen, sonnigen Wintertagen für kurze Zeit ins Freie. Dabei bedenken, dass besonders Giraffen auf vereisten Stellen leicht ausrutschen, stürzen und sich dabei verletzen können. Eisflächen daher möglichst vorher zerschlagen und gut abstumpfen. Beim Aufenthalt im Freien während der kalten Jahreszeit Tiere ständig beobachten. Solange sie umherlaufen, dürfen sie im Außengehege bleiben. Herumstehende Tiere frieren und begeben sich sofort in den warmen Stall, wenn man die Tür dorthin öffnet. Stallungen für Giraffen mindestens 6 m hoch. Aufstallung in Einzelboxen oder Gruppenlaufställen. Trennwände zwischen den einzelnen Boxen brauchen nicht höher als 3 m zu sein. Umbauter Raum möglichst nicht mit allseitig geschlossenen Wänden. In Magdeburg besteht der an das Außengehege grenzende Teil des Hauses vom Stallboden bis zum Dach aus einer Sicherheitsglasfassade, die von den Tieren stets respektiert wurde. Die stark visuell geprägten Tiere beobachten beim Aufenthalt im Haus interessiert alle sich außerhalb abspielenden Vorgänge und nehmen mit sichtbarer Aufmerksamkeit sowohl täglich wiederholende Routineprozesse als auch ungewöhnliche Ereignisse zur Kenntnis. Mindesttemperatur im Stall 15 °C. Bodenbelag soll möglichst teilweise beheizt, griffig und rutschfest, dabei aber nicht zu hart sein (Asphalt, gegossener Gummiboden). Bei mangelnder Hufabnutzung besonders im Winterhalbjahr täglich neben anderer Einstreu eine dünne Schicht feinen Sandes einbringen. Im Sommer meist nur Sägemehl, nachts eine Strohschütte als Lager.

Möglichst großflächige, von Gittern oder Wassergräben begrenzte Außengehege. Auch Schrägwand- oder flache Trockengräben mit Untergrund aus groben Steinen (Geröll) werden respektiert (Erfurt). Bodenbelag teilweise Hartplatz-Mineralboden-Mischung, daneben auch besandeter, wasserdurchlässiger Naturboden, in größeren Außengehegen auch Rasen. In den Ausläufen sollten sonnige und schattige Plätze vorhanden sein. Stämme von Bäumen, die im oder am Gehege stehen, müssen bei Giraffen bis 6 m hoch gegen Verbiss geschützt werden. Hindernisse oder Gehegeelemente, an denen sich galoppierende Giraffen verletzen können, vermeiden bzw. entfernen. Zwischen Tierhaus und Auslauf überdachtes, sonniges, windgeschütztes Vorgehege empfehlenswert, das von dem Freigehege durch ein Gitter abgesperrt werden kann und das den Tieren bei schlechter Witterung (Regen, Schnee) oder ungünstigen Bodenverhältnissen (Verschlammung infolge Nässe, Eisflächen) den Aufenthalt im Freien ermöglicht. Witterungsbedingt entstandene Eisflächen auf dem Auslaufboden des Vorgeheges sollten durch eine kurzzeitig bei Bedarf betriebene Fußbodenheizung beseitigt werden können. Innenställe für Okapis mindestens 18 °C warm, besser noch etwas wärmer, hell und geräumig, mit Rückzugsmöglichkeiten vor den Blicken der Besucher. Für jedes Tier eigene Nachtbox. Im Winter Tiere tagsüber bei Reinigungsarbeiten (Scheuern des Stalles, des Bodenbelags) in Wechselboxen gleicher Größe und Ausstattung überführen. Bodenbelag rutschfest und noch weicher und federnder als bei Giraffen (Urwaldbewohner). Langes Stehen auf zu harten Böden führt zu degenerativen Veränderungen an Gelenken und Klauen. Stallböden sollten stets punktuell beheizt sein, damit Trockenheit ungünstige Entwicklungsbedingungen für Eier und Larven von Endoparasiten schafft und der Stallboden nach Nassreinigung schnell abtrocknet. Als Einstreu eignen sich gehäckseltes Leinoder Hanfstroh, kurzes Weizen- oder Haferstroh, eine Mischung aus Sägemehl und feinem Sand (Volumenverhältnis 8–9:1), Hackschnitzel oder auch Rindenmulch (Schimmelgefahr beachten!). Sehr wichtig ist eine gewissenhafte Stallhygiene. Bei Parasitenbefall jeden Kot nach dem Absetzen sofort entfernen, fest getretene Kotperlen mit dem Spachtel abkratzen, feuchte Einstreu nach Urinabgaben beseitigen und durch frische, trockene ersetzen. Besonders gefährlich sind eierhaltige Kotreste an den Klauen, die von den reinlichen Okapis abgeleckt werden, oder im Klauenspalt, in dessen feuchtwarmem Milieu sich Würmer ungehindert entwickeln können. Um während kühler Tage oder in der kalten Jahreszeit Okapis die Möglichkeit zum Wechsel zwischen Aufenthalt im warmen Haus und im Freigehege zu gewähren, das Auskühlen der Innenställe aber zu vermeiden, haben sich in Köln transparente, aus ca. 20 cm breiten Plastikstreifen bestehende Türvorhänge an den geöffneten Türen zum Außengehege bewährt. Bodenbelag der Außengehege weich (tiefer Sand, Rasen, Naturboden), Gehegestrukturierung mit Baumstämmen und Gebüschinseln (stachelige Berberis-Arten, z.B. *Berberis juliana*, *B. lanceolata*, *B. gagnepainii*, werden nach Erfahrungen aus Köln kaum oder gar nicht verbissen). Ausgedehnte schattige Bereiche, für Okapis kein Baumschutz erforderlich. Okapis bevorzugen beim Aufenthalt im Freigehege besonders Deckung bietende Standorte, von denen im Idealfall weite Teile des Geheges und dessen Umgebung beobachtet werden können. Auch im Außengehege frischen Kot mehrmals täglich entfernen. Ausläufe frei von Falllaub halten, welches im Übermaß aufgenommen zu schweren Verdauungsstörungen führen kann.

Umgang. Mit beiden Arten meist wenig problematisch, obwohl Giraffen und Okapis recht gefährlich sein können. Giraffen können nach allen Seiten wuchtige Hufschläge mit beträchtlicher Reichweite austeilen und mit Kopf und Stirnfortsätzen kräftig zuschlagen. Deshalb nervösen Tieren nicht zu nahe kommen. Ställe, in denen sich ein Weibchen mit neugeborenem Jungtier befindet, notfalls in den ersten Tagen nicht betreten. In Gegenwart eines brünstigen Weibchens kann das Männchen den Pfleger als Rivalen betrachten und ihm mit nach vorn gestrecktem Hals und leicht gesenktem, seitlich gedrehtem Kopf drohen. Dann sofort das Gehege verlassen und in den folgenden Tagen beim Umgang mit den Tieren besonders vorsichtig sein. Giraffen, die mit gestrecktem Hals und leicht angehobenem Kopf ihre ranghohe Stellung demonstrierend, auf den Menschen zulaufen, erwarten, dass man ihnen aus dem Weg geht.

Okapis werden oft sehr zahm. Fellpflege mit der Bürste oder einem feuchten Schwamm behagt ihnen ebenso wie Kraulen an Kinn und Kehle. Tiere am besten von früher Jugend an daran gewöhnen, wie in Antwerpen oder Hamburg Klauenkontrolle und Klauenpflege zu dulden. Manche Okapis bleiben schreckhaft und unberechenbar. Ein plötzliches Geräusch oder ein ungewohnter Anblick können bei einem noch eben ruhigen Tier Aggressivität auslösen, in deren Folge es mit Hufen und Stirnwaffen angreift. Stall eines gereizten Okapis (gesenkter Kopf, rhythmisches Aufstampfen mit den Vorderbeinen, leicht erhobener Schwanz) keinesfalls betreten. Nicht selten wird nach Geburten auch der bekannte Pfleger bedroht und angegriffen. Okapis gewöhnen sich meist nur an Stimme, Geruch und Verhalten eines oder weniger Pfleger. Der für solche Personen risikoarme körpernahe Umgang mit den Tieren (Bürsten, Klauenpflege etc.) ist für andere Leute unmöglich oder sehr gefährlich. Zahme Okapis verlieren jeden Respekt vor dem Menschen und können sogar in Gegenwart des vertrauten Pflegers Fremde (Tierarzt, Fotografen usw.) plötzlich ohne Warnung attackieren. Wenn das Tier während des Kraulens an der Kehle langsam den Kopf senkt, schlägt es oft wenig später unter ruckartigem Hochreißen damit zu. Um einem Okapi ein Medikament zu verabreichen, vermengt man dieses mit einer klebrigen Trägersubstanz (Honig, Marmelade, Mehlkleister) und streicht es dem Tier auf die Hinterkeule. Das Okapi beseitigt die Verunreinigung mit der Zunge und nimmt dabei das Medikament auf. Verabreichung bei Giraffen schwieriger, nur bedingt in Leckerbissen versteckt möglich.

Transport von Giraffen und Okapis in der Größe des jeweiligen Tieres genau angepassten, seitlich gepolsterten, oben offenen Spezialkisten, die bei Okapis zum Be- oder Entladen des Transportfahrzeugs sicherheitshalber mit einem Netz abgedeckt werden. Alternativ offenes Verladen in Pferdeanhänger ohne Trennwand, Brust- und Heckstangen (Okapi) oder Spezialtransporter mit hydraulisch verstellbarer Dachkonstruktion (Giraffe). Sedierung zum Transport kann Komplikationen nach sich ziehen, besser im Vorfeld entsprechendes Kistentraining durchführen (Füttern in der auf die Anlage gestellten Transportkiste).

Fütterung. Okapis und Giraffen sind vorwiegend Blätterfresser. Nahrung sollte deshalb zu 65–70 % aus eiweißreichem Rauhfutter bestehen. Als Grundfutter für Giraffen und Okapis frische Luzerne oder Luzerneheu bester Qualität sowie so viel wie möglich belaubte Äste. Kraft- und Saftfutter nur als Zusatzfutter verabreichen. Als Kraftfutter Quetschhafer oder gebrochener Mais, dazu Huftier- bzw. Luzernepellets, auch Knäckebrot sowie Vitamine und Mineralstoffe. Minerallecksteine sollten ständig verfügbar sein. Heranwachsende Tiere benötigen viel Vitamin D_2 und Kalziumphosphat (Kalzium-Phosphor-Verhältnis beachten!). Dazu Obst und Gemüse, für Giraffen würfelig, für Okapis besser blättrig oder streifig zubereiten. Banane (auch Gemüsebanane) ohne Schale (Pestizidrückstände!), Apfel, Birne, Möhre, Rote Bete, Kartoffel, Salat, Chicorée, Chinakohl, Spinat, Petersilie, junger Kohlrabi, Blumenkohl, Kohl, Petersilie, Zwiebel, Porree, Fenchel, Sellerie etc. Da manche Obst- und Gemüsesorten sich aufgrund ihres hohen Zuckergehalts ungünstig auf das Pansenmilieu auswirken können, was sehr leicht zur Übersäuerung des Pansenmilieus (Pansenazidose) mit weiteren Folgeerscheinungen (z.B. Clostridienintoxikation) führen kann, werden in Nürnberg und Köln Obst und Gemüse teilweise durch melassefreie Rübenschnitzelpellets (vor dem Verfüttern aufquellen lassen) ersetzt. Das Zusatzfutter ist leicht verdaulich, günstig für den pH-Wert und besitzt hohe Pektinanteile.

Im Sommer so viel frisches Laub wie möglich von Robinie (Giraffen!), Platane, Weide, Pappel, Eiche, Linde, Ahorn, Haselnuss etc. sowie frische Luzerne und frischen Klee in mäßigen Mengen, im Winter getrocknetes (Robinie oder Eiche) oder tiefgefrorenes, aufgetautes Laub der genannten Arten. Pappel nicht mehr verfüttern, nachdem sich die braunen, klebrigen Sprossknospen gebildet haben, Ursache für Vergiftungserscheinungen. Verfüttern großer Mengen von Weidenlaub (Salicylsäuregehalt!) an Okapis kann langfristig zu pathologischen Veränderungen der Niere führen. Die Gesamtration für Giraffen und Okapis darf einen Rohproteingehalt von 16 % nicht unterschreiten.

Giraffen und Okapis fressen rund um die Uhr. In Tiergärten sollte ihnen daher ständig, auch in der Nacht, Raufutter (Luzerneheu) zur Verfügung stehen. Auch aus diesem Grund sollten ihre Ställe nachts nicht stockdunkel, sondern in schwachem Dämmerlicht gehalten werden. Heuraufe oder Heukorb direkt über der Futterkrippe anbringen, damit herabfallende Luzerneblätter nicht auf den Boden, sondern in die Krippe fallen. Kraftfutter, Obst- und Gemüseration auf mehrere Mahlzeiten über den Tag verteilen, für Getreide und Pellets eventuell Futterautomaten verwenden. Einwandfreies Trinkwasser zur beliebigen Aufnahme in Eimer zur Verfügung stellen. In Kyoto führte die Gabe von warmem statt kaltem Trinkwasser bei Giraffen in den Wintermonaten zu einem Anstieg der Wasseraufnahme. Auch Selbsttränken mit Schwimmerventil (Zungen- und andere Ventile, die durch Druck betätigt werden müssen, sind absolut ungeeignet!) einsetzbar. Fütterung durch Besucher ist bei Giraffen und ganz besonders bei Okapis unter allen Umständen zu unterbinden. Verdauungsstörungen (ungeformter, breiiger Kot ist bereits Durchfall) können tödlich enden oder chronisch werden, daher ist schnell therapeutisch zu reagieren. Das energiereiche Futter und der Wegfall der Futtersuche verursachten bei Okapis in Basel relativ häufig aus „Langeweile" Verhaltensstereotypien (intensives Belecken von Körperteilen und Gegenständen). Stereotypien bei Giraffen sind auf ähnliche Gegebenheiten zurückzuführen. Mit Beschäftigungsprogrammen (Einsatz von Heunetz, Gemüseseil, Futterkasten und Lochkasten) werden verlängerte Futteraufnahme und andere Verhaltensweisen ausgelöst und die Stereotypien deutlich reduziert.

Vergesellschaftung. Giraffen in Paaren und kleineren Gruppen mit 1 erwachsenen Männchen und mehreren Weibchen und Jungtieren. Auch Haltung von reinen Bullengruppen ist möglich (Amersfoort, Beauval). Nachts Unterkunft ebenfalls gemeinsam in ausreichend großem Stall mit gemeinsamen Futtergefäßen. Ist eine Unterbringung der Tiere in 2 oder mehreren Ställen erforderlich, Möglichkeit zu ständigem Kontakt geben. Kühe mit sehr jungen Kälbern und geschlechtsreife Bullen (Verletzungsgefahr beim Treiben und bei Paarungsversuchen mit brünstigen Weibchen) stets getrennt aufstallen. Okapis, obwohl von Natur aus Einzelgänger, sind untereinander meist verträglich, können sowohl paarweise als auch in Gruppen von 1 Männchen und mehreren Weibchen gehalten werden. Verträglichkeit allerdings individuell verschieden. Geschlechtsreife Bullen in Gegenwart von Weibchen untereinander fast stets unverträglich. Nachts in Einzelboxen aufstallen, in denen sie sich möglichst sehen können. Okapis werden in der Regel nicht mit anderen Tierarten vergesellschaftet, gemeinsame Haltung mit kleineren Antilopenarten wie Duckern ist aber durchaus möglich (z.B. San Diego Wild Animal Park, Leipzig). Giraffen werden in zahlreichen Fällen auf größeren Anlagen mit verschiedenen Antilopen und Zebras, aber auch mit Vögeln (Afrikanische Strauße, Kraniche, Trappen, Hornraben, Perlhühner u.a.), selbst mit Sporenschildkröten (Santa Barbara), zusammen gehalten. Vergesellschaftungen mit anderen Arten sind für Giraffen wichtige Faktoren im Enrichment und können durch sinnvolles Zieltraining (Target) ergänzt werden.

Fortpflanzung und Zucht. Beide Arten sind ganzjährig fortpflanzungsfähig. Gelegentlich zu beobachtende Häufungen von Geburten in den Frühjahrs- und Sommermonaten sind haltungstechnisch bedingt. Nichtträchtige, geschlechtsreife Giraffenweibchen werden in Abständen von 14–19 Tagen für etwa 24–30 Stunden brünstig. Das Männchen kann abgetrennt gehalten werden, um das Zuchtgeschehen so zu steuern, dass Geburten nur im Frühjahr und Sommer erfolgen. Bei Okapis 1- bis 3-tägiger, manchmal auch 5-tägiger Östrus zyklisch etwa alle 2–3 Wochen. Tragzeit bei Giraffen 450–488, im Mittel 457 (in der Literatur) oder 461 (n = 9) Tage, beim Okapi 435–473, im Mittel 453 Tage (in der Literatur) oder 419–449, im Mittel 430 Tage (Angaben aus dem San Diego Wild Animal Park). Trächtigkeitszeichen ist deutlich vermehrter Leibesumfang. In den letzten 4–6 Trächtigkeitswochen bei beiden Arten Euterschwellung und sehr starke Vergrößerung der Schamlippen, bei älteren Okapiweibchen oft gekoppelt mit regelrechtem Prolaps der Vagina. Bis zu 5 Tagen vor der Geburt zeigen Okapiweibchen während der Nachtstunden deutlich erhöhte Laufaktivitäten. Zur Geburt Weibchen bei beiden Arten einzeln aufstallen. Manche Okapimütter verteidigen ihre Jungen ungestüm gegen Artgenossen und Pfleger. Bei Giraffen erfolgte Geburt auch in Gegenwart von Artgenossen (auch des Männchens) auf Außenanlagen wie in Gemeinschaftslaufställen ohne Zwischenfälle. Rechtzeitig vor einer Giraffengeburt im Stall dichtes Polster aus Heu, Stroh, Sand, Rindenmulch usw. (ähnlich wie Winterlager) einrichten, weil Geburt im Stehen erfolgt, wobei das Jungtier auf den Boden gleitet. Außerdem geht vor und während der Austreibungsphase eine große Menge von Fruchtwasser ab, das von dem Polster aufgesaugt wird. Ist ein solches nicht vorhanden, besteht die Gefahr, dass das Jungtier auf dem glitschigen Stallboden nicht auf die Beine kommt. Gebärende Giraffen fressen während der Wehenpausen, laufen umher, auch wenn Kopf und Vordergliedmaßen des Jungtieres bereits aus der Geburtsöffnung heraushängen. Geburtsdauer im Normalfall 1–2 Stunden, in Extremfällen zwischen 20 Minuten und 5 Stunden. Nabelschnur reißt während des Geburtsvorganges an einer Sollbruchstelle. Giraffen fressen Fruchthüllen, belecken Neugeborenes besonders an der Nase und übrigen Teilen des Kopfes, weniger am Körper. Sie interessieren sich nicht für die bis zu 8 Stunden nach der Frucht abgestoßene Nachgeburt. Von Okapimüttern dagegen wird diese gefressen, auch wird intensivere Fellpflege am Neugeborenen betrieben. Bei Okapis Geburt gelegentlich auch in hockender Stellung oder sogar im Liegen. Beide Arten gebären im Normalfall 1 Junges, Zwillinge sehr selten, beim Okapi erstmals 1976 in Bristol, 1981 und 1984 in Paris. Die Jungen wurden jeweils tot geboren. Giraffenzwillinge sind anscheinend etwas häufiger, erstmals 1986 in Longleat, dann u.a. auch 1994 in Duisburg, wo die beiden Männchen ohne größere Probleme aufgezogen wurden, 2015 in Buenos Aires, 2017 in Auckland.

Neugeborene Giraffen sind durchschnittlich 165–175 cm (155–185 cm) groß und wiegen im Mittel 60–65 kg (46–78 kg). Literaturangaben für Neugeborene mit 1,90 m Körperhöhe und Gewichten von 95 kg für Weibchen und 102 kg für Männchen erscheinen sehr hoch. Stirnzapfen noch nicht starr mit dem Schädelknochen verbunden, sondern zur Schädelmitte hin umgeklappt, können bei der Geburt nach hinten verschoben werden. Bereits nach 15–20 Minuten erste Stehversuche, die je nach Kondition und Bodenverhältnissen in der Regel nach 30–45, selten erst nach 120 Minuten erfolgreich sind. Gutes Wurfboxenpolster ist daher wichtig. Zu langes Stroh kann sich als Fessel um die Beine wickeln und sehr hinderlich sein. Oft regt die Mutter das Junge vorsichtig mit den Hufen an aufzustehen. Sobald das Jungtier etwas sicherer auf den Beinen steht, beginnt es nach dem Euter zu suchen. 1. Saugakt etwa 1-4 Stunden nach der Geburt. Lebensschwache oder missgebildete Junge stehen oft nicht auf. Wenn die Jungen nicht auf die Beine kommen, erlischt das Interesse der Mutter an dem Jungtier. Besonders im 1. Lebensjahr schnelle Entwicklung, in den ersten beiden Lebenswochen tägliches Längenwachstum von 1 cm. Körpergröße mit 1 Jahr 300–325 cm. Erste feste Kost mit 14–21 Tagen (Laub, Luzerneblätter), regelmäßige Aufnahme in kleinen Mengen ab etwa 35. Tag, erstes Wiederkäuen mit ca. 45 Tagen, in Budapest bei einer künstlichen Aufzucht schon am 20. Tag. Säugezeit 8–12 Monate. Geburtsintervalle bei natürlicher Aufzucht 20–23, bei einzelnen Weibchen aber auch nur 17–18 Monate. Geschlechtsreife in der Regel bei Männchen mit 3½ Jahren, frühestens mit 2 Jahren und 7 Monaten, bei Weibchen mit 4–4½ Jahren. Eine weibliche Netzgiraffe warf in St. Petersburg im Alter von 37¾ Monaten, wurde also mit etwa 22¾ Monaten erfolgreich gedeckt. Weibchen mit frühestens 5, Männchen mit 7 Jahren ausgewachsen. Weibchen bleiben über das 20. Lebensjahr hinaus fertil. In München brachte ein

Tab. 28.7 Milchzusammensetzung bei der Giraffe

Laktationsalter	Trockensubstanz (%)	Fett (%)	Eiweiß[1] (%)	Kohlenhydrate (%)	Asche (%)	Proben (Anzahl)
Kolostrum	27,77	14,97	9,90		0,83	3
in den ersten 10 Tagen	22,80	12,50	5,90	3,40	1,00	1
nach den ersten 10 Tagen	13,90	4,70	2,90	5,40	0,70	1
Mitte der Laktationszeit[2]	14,50	4,80	4,00	4,90	0,80	?

[1] Eine Milchprobe unbekannten Laktationsalters enthielt 5,76 % Eiweiß, davon 4,80 % Kasein.
[2] Nach Angaben des EEP

26-jähriges Weibchen, in Stuttgart ein 27-jähriges Weibchen noch ein Junges, in Cincinnati war ein Weibchen bei der Geburt des 9. Jungen 25 Jahre alt.

Neugeborene Okapis wiegen zwischen 14,5 und 31,6 kg (im Durchschnitt etwa 22,5 kg). Junge mit kleiner Stehmähne, weiße Fellteile langhaariger als übriges Fell. Männchen ohne Stirnzapfen, beginnen erst mit 1½ bis Anfang des 2. Lebensjahres zu wachsen. Junge stehen nach 15–45 Minuten, saugen erstmals 20-120 Minuten, im Extremfall 340 Minuten (Dallas) nach dem Aufstehen. Jungtiere sind in den ersten beiden Lebenswochen Ablieger, folgen erst danach der Mutter. Erste feste Kost mit 15–25 Tagen, regelmäßige Aufnahme mit etwa 60 Tagen, dann auch Beginn des Wiederkäuens. Abschluss der Umstellung auf feste Kost und Ende der Säugezeit mit etwa 9 Monaten, obwohl einzelne Jungtiere noch länger ans Euter gingen. 1. Absatz von Kot nach 28-75 Tagen (Chicago, Dallas, White Oak), in Bristol in einem Fall erstmals am 30., danach am 52., 65., 73., 80. Lebenstag. Im Alter von 3 Monaten Kotabsatz alle 3–4 Tage, ab 5 Monaten täglich. Geschlechtsreife früher als bei Giraffen mit etwa 2 bis maximal 3 Jahren, bei Weibchen häufig schon mit 19–22 Monaten. Bei natürlicher Aufzucht Geburten im Abstand von etwas weniger als 2 Jahren, manchmal auch in Abständen von nur 17-18 Monaten. Die Fruchtbarkeit der Weibchen nimmt allgemein nach dem 16. Lebensjahr drastisch ab, kann im Einzelfall aber auch deutlich länger andauern. So zog in Frankfurt ein Weibchen 8 Junge auf, das letzte im Alter von 20 Jahren. Nach Berichten aus Antwerpen warf ein Okapi dort sein 12. Junges mit 26 Jahren, ein Weibchen im Zoo von Rotterdam hatte sein letztes Jungtier im Alter von 27 Jahren.

Künstliche Aufzucht ist bei beiden Arten problematisch, bei schwächlichen Jungtieren meist aussichtslos. Trotzdem konnten in Kopenhagen eine weibliche, nur 46 kg schwere und 155 cm große Giraffe, in Basel sogar ein nur 30 kg schweres und nur 1,20 m großes Jungtier, das nach Erstlingsgeburt von der Mutter nicht angenommen worden war, künstlich aufgezogen werden. Im Tierpark Berlin wurde einem Kalb im Alter von 1 Monat nach Verlust des Muttertieres Milch aus einer Schöpfkelle gereicht, weil es die Flasche nicht annahm. Milchzusammensetzung von Giraffen in Tabelle 28.7, von Okapis in Tabelle 28.8. Ergebnisse von Milchanalysen sind in der Literatur sehr widersprüchlich.

Bei künstlichen Aufzuchten muss in den ersten beiden Lebenstagen stets Rinderkolostrum verabreicht werden, da die Jungtiere die darin enthaltenen Antikörper als ersten Schutz vor Infektionen unbedingt benötigen. Nach neueren Erkenntnissen des EEP gleicht Giraffenmilch zur Mitte der Laktationszeit der Milch des Hausrindes. In der Folgezeit können deshalb frische Kuhmilch oder Kälbermilchaustauscher eingesetzt werden. 5–6 Mahlzeiten etwa in der Zeit von 7.00–21.00 Uhr waren bei einer gut dokumentierten Handaufzucht in Columbus ausreichend, wobei die täglich aufgenommenen Nahrungsmengen von knapp 2 l in der 1. Woche auf bis zu 3,5 l in der 2., bis zu 4,5 l in der 3. und 4., bis zu 6,5 l in der 5.–8., bis zu 8 l in der 9.–14. und bis zu 9 l in der 15.-30. Woche anstiegen. Mit der allmählichen Entwöhnung wurde mit

Tab. 28.8 Milchzusammensetzung beim Okapi

Laktationsalter	Trockensubstanz (%)	Fett (%)	Eiweiß (%)	Kohlenhydrate (%)	Asche (%)	Proben (Anzahl)
3. Laktationswoche	28,20	4,40	16,60	4,20		1
12. Laktationswoche	18,34	1,98	9,82[1]	5,14	1,40	
31. Laktationswoche[2]	24,12	9,48	5,99		1,62	1
ohne Altersangabe[3]	24,15	5,96	10,76	4,20	1,62	3

[1] Davon Kasein 5,70 %
[2] Entnahme unter Narkose, möglicherweise Beeinflussung des Fettgehalts
[3] Rechnerischer Mittelwert von 3 Einzelproben

7½ Monaten begonnen. Diese Mengenangaben scheinen aber, auch nach den Erfahrungen mit anderen Paarhufern, deutlich zu niedrig zu sein. Bei der Zufütterung(!) einer jungen Giraffe im Frankfurter Zoo beispielsweise wurde bereits am 8. Lebenstag eine Flüssigkeitsmenge von insgesamt 7 l aufgenommen. 1. Harnabgabe mit etwa 24 Stunden, 1. Kotabsatz am 3. Tag. Okapimilch ist offenbar etwas gehaltvoller als Giraffenmilch, doch sind die bisher ermittelten Werte der Inhaltsstoffe noch nicht ausreichend und sollten nicht verallgemeinert werden. Im Brookfield Zoo Chicago wurde deshalb mit gutem Erfolg die Kuhmilch bzw. der Milchaustauscher zusätzlich mit Trockenmilchpulver angereichert. Gut bewährt hat sich die besonders gehaltvolle Milch von Guernsey-Rindern bei der Handaufzucht von Okapis im Marwell Zoo Winchester. 5 Fütterungen pro Tag erwiesen sich als ausreichend. Die maximal aufgenommene Milchmenge betrug 4,5 l pro Tag. Wie bei anderen künstlichen Aufzuchten ist ein Höchstmaß an Hygiene erforderlich. Nahrungszubereitung und -verabreichung nur mit sterilisierten Gerätschaften.

Erstzucht bei Giraffen 1839 in London, beim Okapi Erstgeburt in Menschenobhut 1954 in Antwerpen. Das Junge, ein Bulle, überlebte wie seine 1956 und 1958 geborenen Geschwister nicht. 1. erfolgreiche natürliche Aufzucht 1957 im Tierpark Vincennes. Giraffen sind ausdauernde Pfleglinge und Geburten sind relativ häufig. Geburten beim Okapi sind immer noch selten.

Höchstalter in Menschenobhut. Giraffe über 39, Okapi 33½ Jahre.

Familie Hornträger (Bovidae)

Stammesgeschichtlich junge, hoch entwickelte, artenreichste Paarhuferfamilie. Erste Vorfahren unter der Familie Gelocidae mit der Species *Eotragus* vor etwa 25 Millionen Jahren im Alt-Miozän, eigentliche Entwicklung zu großem Formenreichtum erst im Pliozän und zu Beginn des Quartärs während der Eiszeiten. Hasen- bis rindergroß, bei Männchen, oft auch bei beiden Geschlechtern 1 unverzweigtes, spitzendiges Hornpaar (Vierhornantilope 2 Paare) auf stirnständigen Knochenzapfen, das in Form und Länge starke Unterschiede aufweisen und für die systematische Einordnung herangezogen werden kann. Knochenzapfen sind Sonderbildungen, entwicklungsgeschichtlich nicht von einem bestimmten Schädelknochen abzuleiten. Sie verwachsen kurz nach der Geburt mit dem Stirnbein, sind von einer Hornscheide überzogen, werden nicht abgeworfen (gewechselt) und wachsen von der Basis nach. Alle Hornträger besitzen den typischen Wiederkäuermagen, jedoch mit unterschiedlicher Ausbildung der einzelnen Abschnitte. Die systematische Neu- und Einordnung der Vertreter dieser Familie wird kontrovers diskutiert und ist in ihren Ergebnissen umstritten. Deshalb erfolgt die Aktualisierung dieser Familie weiterhin in Anlehnung an die Systematik nach Wilson & Reeder. Die als Antilopen bezeichneten Arten sind teils mehr, teils weniger untereinander verwandt.

Verbreitung. Weltweit, außer Australien (ursprünglich) und Antarktis.

8 Unterfamilien, 54 Gattungen, 150 Arten.

Abb. 28.29 Die auffällige Rückenstreifung der Zebraducker (*Cephalophula zebra*) stellt im Schatten des Unterholzes seines Lebensraumes eine perfekte Tarnung dar.

Unterfamilie Ducker (Cephalophinae)

Hasen- bis rehgroß, den ausgestorbenen Ahnen der Hornträger ähnlich, verschiedentlich aber auch in die Nähe der Kuhantilopen gestellt. Weibchen größer als Männchen, Zahnformel: 0/3 0/1 3/3 3/3, Hörner rund, gerade oder nur leicht gebogen, spitz, bei Weibchen kleiner oder fehlend, Augen groß, lange, schlitzartige Wangen- oder Maxillardrüsen, Rumpf schlank, rundrückig, Gliedmaßen schlank und zierlich, Klauen spitz. Schwanz kurz, mit Endquaste, Fell kurz, glatt anliegend, dicht, am Scheitel oft schopfartig verlängert, Färbung der einzelnen Arten sehr unterschiedlich, oft kontrastreich.

Verbreitung. Afrika südlich der Sahara.

6 Gattungen, 23 Arten (Artstatus z.T. umstritten).

Zebraducker (*Cephalophula*): 1 Art. **Zebraducker** (*C. zebra*): dunkle Querstreifung über gesamten Rücken, Präorbitalgrube tiefer als bei übrigen Arten, längerer Stirnschopf und längere Hörner. Sierra Leone bis Elfenbeinküste.

Walducker (*Cephalophus*). 5 Arten. **Gelbrückenducker** (*C. silvicultor*), auch Riesenducker: größte Art, kein Sexualdimorphismus, Fell dunkelbraun-schwarz bis auf eine gelbe Keilzeichnung auf dem Rücken, helles Kinn und Wangen, Präorbitalgrube länger, Schwanz ohne Endbüschel. 4 Unterarten. Senegal über Kamerun, Gabun, östlich bis Kenia und südlich bis Nordangola bzw. Sambia. – **Abbot-Ducker** (*C. spadix*): Tansania. – **Jentink-Ducker** (*C. jentinki*): fast rehgroß, schwarze Kopf-Hals-Partie durch weißlichen Streifen vom graubraunen Körper abgesetzt. Sierra Leone, Liberia bis Elfenbeinküste. – **Schwarzrückenducker** (*C. dorsalis*): 2 Unterarten. Nördliches Westafrika von Guinea-Bissau bis Togo, westliches Zentralafrika von Südostnigeria über Kamerun, die südliche Zentralafrikanische Republik, Demokratische Republik Kongo, Republik Kongo bis Nordostangola.

Aders-Ducker (*Leucocephalolophus*): 1 Art. **Aders-Ducker** (*L. adersi*), auch Sansibar-Ducker: klein, tiefe Präorbitalgruben, Fell weich, seidig. Sansibar, Ostkenia bis Tansania.

Gattung *Cephalophorus*: 13 Arten. Bei den folgenden 6 Arten deutlicher Sexualdimorphismus, Hörner der Männchen stärker und länger als bei Weibchen. Schwanz mit Endquaste. Jungtierfärbung ähnelt der erwachsener Tiere, manchmal etwas dunkler, aber nicht gefleckt oder getüpfelt. – **Ogilby-Ducker** (*C. ogilbyi*), auch Fernando-Po-Ducker. 2 Unterarten. Sierra Leone bis Gabun und Insel Bioko in 3 isolierten Subpopulationen. – **Weißbeinducker** (*C. crusalbum*): bisherige Unterart des Ogilby-Duckers, seit 2011 Artstatus. Gabun bis Westen der Demokratischen Republik Kongo. – **Peters-Ducker** (*C. callipygus*): Zentralafrika westlich der Flüsse Kongo und Ubangi über die südliche Zentralafrikanische Republik, Südkamerun bis Gabun. – **Weyns-Ducker** (*C. weynsi*): 3 Unterarten. Zentralafrika, Demokratische Republik Kongo, nordöstlich bis zum Sudan, östlich über Ruanda und Uganda bis Westkenia. – **Brookes Ducker** (*C. brookei*): verschiedentlich als Unterart dem Ogilby-Ducker zugeordnet. Sierra Leone, Liberia, Elfenbeinküste bis Westghana. – **Schwarzducker** (*C. niger*): Westafrika von Sierra Leone bis Westnigeria.

Rotducker (*C. natalensis*), auch Natal-Ducker: 2 Unterarten. Südsomalia und Äthiopien entlang der Küste von Ostafrika bis östliches Südafrika (KwaZulu/Natal), im Binnenland westlich bis zum Grabenbruch in Kenia, Zentraltansania und Ostsambia. – **Harvey-Rotducker** (*C. harveyi*): Ostafrika, verstreut in mehreren Verbreitungsgebieten. – **Weißbauchducker** (*C. leucogaster*): 2 Unterarten. Kamerun bis zur Zairemündung, im Osten über die südliche Zentralafrikanische Republik bis Westuganda und Westruanda. – **Blaurückenducker** (*C. rufilatus*), auch Rotflankenducker: Westafrika von Guinea über das nördliche Zentralafrika bis Südwestsudan und Nordwestuganda. – **Schwarzstirnducker** (*C. nigrifrons*): 6 Unterarten. Zentralafrika, Südnigeria über Kamerun und Gabun bis Nordangola und über die Demokratische Republik Kongo bis Westuganda, isolierte Populationen auf dem Mt. Elgon und den Aberdares mit Mt. Kenya. – **Itombwe-Schwarzstirnducker** (*C. hypoxanthus*): Itombwe Mountains der Demokratischen Republik Kongo. – **Ruwenzori-Schwarzstirnducker** (*C. rubidus*): Ruwenzori-Gebirge bis in 4300 m Höhe.

Blauducker (*Philantomba*): 3 Arten. Sehr klein, nur hasengroß, keine altersbedingten Färbungsunterschiede, Schwanz behaart, aber ohne Quaste, kein Stirnschopf, fehlende Leistendrüsen, dazu weitere abweichende Merkmale. **Blauducker** (*P. monticola*), auch Blauböckchen: kleinste Art. 12 Unterarten. Von Ostnigeria über Zentralafrika bis Nordangola und bis Südsudan sowie Ostafrika von Uganda, Kenia und Tansania einschließlich Sansibar und Pemba südlich bis Südost- und Südafrika. – **Maxwell-Ducker** (*P. maxwellii*): Nördliches Westafrika von Senegal bis Nigeria. – **Verheyen-Ducker** (*P. walteri*): Seit 2010 Artstatus. Nahe verwandt mit dem Maxwell-Ducker. Nigeria, Benin, Togo.

Kronenducker (*Sylvicapra*), auch Buschducker: 1 Art. Mittelgroße, schlanke, langbeinige Duckergattung mit ohrenlangen, verhältnismäßig eng stehenden, geraden und nur im männlichen Geschlecht vorhandenen Hörnern.

Abb. 28.30 Der Gelbrückenducker (*Cephalophus silvicultor*) ist der größte Vertreter der Ducker. Bei dieser Tierart tritt kein Sexualdimorphismus auf.

Kronenducker (*S. grimmia*): 13 Unterarten. Fast ganz Afrika südlich der Sahara außer Kongobecken.

Weitere Arten (momentan bei Waldduckern 8, bei Blauduckern bis zu 9, bei Kronenduckern 2) werden umstritten interpretiert.

Gefährdungsstatus. Bestand in der Wildnis in den meisten Fällen nicht genau bekannt. Artverschieden noch gesichert im ganzen Verbreitungsgebiet, teilweise nur noch regional in geschützten Zonen, teilweise aber auch mehr oder minder gefährdet (Zebra-, Jentink-, Abbot-, Brookes-, Ogilby- und Ruwenzori-Schwarzstirnducker, Aders-Ducker vom Aussterben bedroht. Internationales Zuchtbuch für Gelbrückenducker im Franklin Park Zoo Boston, EEP in Frankfurt, EEP für den Rotducker in Leipzig.

Lebensweise. Artverschieden, aber auch regional unterschiedlich. Dämmerungs-, Tag- oder Nachttiere. Lebensraum Buschsteppen, Gebüschinseln in Grassteppen, kleinere geschlossene Steppengehölze oder lockerer Wald (Kronenducker, nicht in dichtem Wald), dichter, geschlossener Urwald (z.B. Maxwell-Ducker), sumpfiges Waldgelände (z.B. Schwarzstirnducker), Sekundärwälder (z.B. Weißbauchducker oder Schwarzrückenducker), Buschwald, dichtes Unterholz, Waldränder oder Lichtungen, Galeriewald an Flussufern (übrige Arten), Gebüschinseln oder hohe Grasdschungel oft in Wassernähe. Im Gebirge bis in 4300 m Höhe (Schwarzstirn-), bis in 4000 m Höhe (Abbot-) oder in mittleren Lagen (Blau-, Zebraducker). Einzelgänger oder paarweise. Paare ortstreu in Revieren mit festen Wechseln zu bevorzugten Ruhe-, Futter- und Tränkplätzen. Reviermarkierung mit Maxillardrüsensekret. Kämpfe, wenn Männchen aufeinander treffen. Buschschlüpfer, die sich bei Gefahr ins dichte Pflanzengewirr drücken, entdeckt ins Dickicht stürmen. Akustische Verständigung durch Alarmpfiffe. Feinde sind kleine und mittelgroße Raubtiere, Greifvögel, größere Warane und Riesenschlangen.

Nahrung. Blätter, Gräser, Kräuter, Früchte, Körner, aber auch Termiten und andere Wirbellose, z.B. Schnecken, Insektenlarven, auch niedere Wirbeltiere, sogar vereinzelt Vögel.

Haltung von Duckern

Wenige Duckerarten in Tiergärten und diese vor allem in den USA. Der Individualbestand von Duckern in Menschenobhut ist gering. Von Gelbrückenducker und Kongo-Blauducker (*P. m. congica*) gibt es wenige Exemplare, einige vom Rotducker. Gleiches gilt für den jährlichen Zuwachs und für Haltungserfahrungen bei fast allen Arten.

Eingewöhnung. Oft schwierig, erfordert Einfühlungsvermögen und viel Geduld. Einzeln, paarweise oder in kleinen Gruppen unterbringen. Äußerst scheu, bei geringsten Anlässen panikartige Fluchtversuche. Alle Gitter sorgfältig mit halbdurchsichtigem Sackleinen, Decken oder Tüchern abdecken. Zur Reinigung der Unterkunft Tiere in Wechselstall überführen. Keinesfalls treiben! Ställe in Gegenwart der Tiere nicht betreten. Tiere an gleichmäßige Geräuschkulisse gewöhnen (eventuell leise spielendes Radiogerät). Ruhiges und leises Sprechen beim Betreten des Stallgebäudes vermeidet Schreckreaktionen. Import erwachsener Tiere möglichst im Frühsommer, da bei Futterumstellung anfangs nur frisches Laub, später Grünzeug genommen wird. Nach und nach vorsichtig auf Normalfütterung umstellen. Bei Duckern treffen gelegentlich nur 1–1½ Monate alte Jungtiere ein, die an Flaschenaufzucht gewöhnt sind. Flaschenfütterung nicht einfach. Tiere beißen in den Sauger. Diesen seitlich in die Lücke zwischen Schneide- und Backenzähnen ins Maul stecken, damit er nicht zerbissen wird. Vorsicht! Tiere beißen oft in Hände und Beine! Eventuell Milch in Tränknapf anbieten. Erfolgreich eingesetzt wurde ein Nahrungsgemisch aus 2 Drittel fetter (10–12 %), ungezuckerter Kondensmilch und 1 Drittel Reis- oder Haferschleim, alternativ Milchaustauscher. Für junge Ducker täglich 4 Mahlzeiten zu 150 g, für ältere 2 Mahlzeiten zu 200 g. Gleichzeitige Aufnahme von fester Kost und Milch meist gut bekömmlich. Futterverträglichkeit durch regelmäßige Kotkontrolle beobachten. Normaler Kot schwarz bis braunschwarz, glänzende, reichlich stecknadelkopf- bis erbsengroße Kügelchen.

Je nach Ursprungsgebiet artspezifisch unterschiedlich akklimatisierbar, insgesamt aber schwierig. Tiere aus äquatorferneren Gebieten und besonders dort aus dem Hochland (Nordostafrika, Südost-, Süd- und Südwestafrika) sind an jahreszeitliche oder Tag-Nacht-Temperaturwechsel gewöhnt und bedingt akklimatisierbar, werden allerdings nicht winterhart. Bei kühlen Außentemperaturen im Sommerhalbjahr muss in jedem Fall ständiger Zugang zum temperierten Stall gewährleistet sein. Stalltemperaturen artverschieden ausreichend bei 12–18 °C. Tiere aus äquatornahen Gebieten und dort besonders aus dem Tiefland bleiben zeitlebens empfindlich gegen Nasskälte und Zugluft. Solche Arten frieren nicht selten bereits bei Temperaturen unter 10 °C. Da die Tiere tagsüber viel liegen (besonders Schwarzrücken- und Schwarzducker, aber auch Blaurücken-, Blau- und Maxwell-Ducker), darf das Außengehege nur bei sonnigem, warmem Wetter und ausgetrocknetem, durchwärmtem Boden aufgesucht werden oder es muss ein Stallschieber stets geöffnet sein, so dass die Tiere jederzeit den Stall aufsuchen können (Achtung: Zugluft vermeiden!). Während kühler Witterung und kalter Jahreszeit Daueraufenthalt im geheizten Stall (18–24 °C).

Unterkunft. In Warmhäusern oder beheizten Stallungen mit anschließendem Außengehege. Bodenbelag wie für Antilopen. Möglichst schwache Bodenheizung, eventuell Wärmelampe anbieten. Gut einstreuen, besonders Ruheplätze mit Heu- oder Strohlager. In den USA verwenden Zoos bei Betonböden Gummimatten, um Schürfverletzungen zu vermeiden. Schlupfwinkel (Schlafkästen, niedrige Bretterwände in Stallecken) anbieten, eventuell auch Stall durch hölzerne Trennwände teilen und ein so entstandenes Abteil weniger hell ausleuchten. Kleinere, helle, deckungslose Unterkünfte sind nur für handzahme Tiere geeignet, die sogar dort züchten. Zu Reinigungszwecken ist ein Wechselstall erforderlich. Verbindung zwischen den Ställen möglichst durch von außen bedienbare Horizontal- oder Vertikalschieber. Türen, zu deren Öffnung der Stall betreten werden muss, sind ungeeignet. Gitterbegrenzte Außengehege möglichst mit nur 1 Schauseite, hier auch Grabenbegrenzung wie für Antilopen geeignet. Gitterhöhe nicht unter 1,8 m. Gehegebegrenzungen sollten, außer an der Schauseite, dicht bepflanzt sein, um den Tieren Geborgenheit zu vermitteln, müssen beim Eingewöhnen neuer Tiere auch anderweitig optisch sichtbar gemacht werden, um zu verhindern, dass Neulinge bei Panik in das Gitter rasen. Deckungsreiche Außenanlagen mit gut profiliertem, Regenwasser ableitendem Bodenbelag, z.B. weicher Sand, Hartplatzdecke, kurzer Rasen (siehe Antilopen). Als Versteckmöglichkeiten niedrige Büsche, kleine Bäume, große Steine, Stammstücke, Totholzhaufen u.a. Ducker liegen im Sommer tagsüber fast immer an versteckten Plätzen im Schatten.

Umgang. Ruhiges, überlegtes pflegerisches Verhalten, um Panik auslösende, ungewohnte Vorgänge in Unterkünften und deren Umgebung zu verhindern. Fast alle Veränderungen werden mit hoher Fluchtbereitschaft beantwortet, z.B. ungewohnte Ereignisse auf Besucherwegen, in umgebenden Grünanlagen, Nachbargehegen. Daher Tiere langsam an Geräusche und Besucher gewöhnen. Haltungsergebnisse sind dauerhaft umso besser, je mehr die Tiere an unruhige Umgebung gewöhnt werden. Erwachsene Wildfänge bleiben zeitlebens scheu und nervös, aber nach natürlicher Aufzucht reagieren auch heranwachsende Jungtiere in Tiergärten oft ähnlich. Fluchtdistanz sehr konstant, verringert sich auch bei längerer Pflege in Menschenobhut nur wenig oder gar nicht. Künstlich aufgezogene Tiere gegenüber Menschen oft handzahm, daher in Washington vielfach künstliche Aufzucht solcher Jungtiere, die später abgegeben werden sollen, da diese auf Transporten weniger stressanfällig sein sollen. Tiere vor dem Versand langsam an den Transportbehälter gewöhnen. Meist kleine, leichte Holzkisten mit reichlich Heu oder Stroh, das auch als Versteck genutzt werden kann. Zahme Tiere können aggressiv gegenüber Menschen werden, greifen z.B. beißend an. Zustand der Tränen- und Wangendrüsen gut beobachten, da gelegentlich Sekretstauungen zu Augen- und Mundschleimhautentzündungen, Kopfseitenschwellungen, Tränenfluss und gestörtem Allgemeinbefinden führen können. Grundsätzlich geeignete kleine Zweige auch in den Stallungen zum Markieren anbieten, um zu Sekretabgabe anzuregen und Sekretstau vorzubeugen.

Fütterung. Saftiges Obst, Banane, nicht blähendes zartes Gemüse, vor allem Möhre, Salat, gekochte Kartoffel. Saftfutter kleinwürfelig geschnitten anbieten. Außerdem Grünzeug wie Klee, Luzerne, Löwenzahn, frisches Laub. Als Kraftfutter keinen Quetschhafer (Verletzungen der zarten Mundschleimhaut durch Spelzen), sondern Pflanzenfresserpellets und Haferflocken, auch gekochter Reis, gequollener Mais. Manche Arten oder Individuen (Blauducker) nehmen trockenes Futter schlecht, manchmal zeitlebens nicht an. Dann eventuell steifen

Haferflockenbrei anbieten. Dazu regelmäßig tierische Kost, wie rohes oder gekochtes Ei, frischtote Eintagsküken, Tauben (Schwarzrückenducker), Mäuse, Goldhamster, kleine Meerschweinchen, gutes, zartes, rohes Fleisch reichen (gekochtes Kalbfleisch führte anscheinend zu Durchfällen). Besonders in den USA werden erfolgreich auch verschiedene, industriell produzierte Fertigfuttermittel für Haustiere, gelegentlich auch für Kleinkinder eingesetzt. Manche Ducker verweigern tierisches Eiweiß, vor allem als Ganzkörper. Als Raufutter erstklassiges Gebirgswiesenheu, sehr gutes, blattreiches Luzerneheu oder Luzerneblätter. Täglich frisches Trinkwasser, wird aber nur unregelmäßig und in geringer Menge angenommen. Beifütterung wie für Antilopen. Auf Qualität des frischen Grünfutters achten, das nicht überdüngt sein darf. Qualitätskontrollen durch Analysen von Stichproben.

Vergesellschaftung. Meist nur paarweise möglich, sehr häufig aggressiv gegen gleichgeschlechtliche Artgenossen, doch auch gelegentlich Haremsfamilien mit 2–3 Weibchen in gemeinsamem Außengehege verträglich. Weibliche Ducker, vereinzelt auch Paare (Zebraducker) beißen sich bei Auseinandersetzungen. Männchen verschiedener Duckerarten können nicht zusammengehalten werden. Vergesellschaftung von Duckern mit anderen Säugern erbrachten unterschiedliche Ergebnisse. In Los Angeles vertrugen sich Zebraducker mit Varis, mussten aber von Zwergmeerkatzen getrennt werden. Vergesellschaftung von Gelbrückenduckern in Washington mit Kirk-Dikdiks, Blessböcken, Dorkasgazellen und Bongos wenig erfolgreich, Ducker waren nervös und aggressiv. Maxwell-Ducker verfolgten und bissen Nyalas, vertrugen sich aber in Paris mit Bleichböckchen, wie Schwarzrückenducker mit Sömmeringgazellen oder Blaurückenducker mit Buschböcken und Blauducker in Arnheim mit Bongos. In Nürnberg Vergesellschaftung von Rotduckern mit Koritrappen, in Leipzig mit Okapis, im San Diego Wild Animal Park Maxwell-Ducker mit Gerenuks und Gelbrückenducker mit Okapis, im San Diego Zoo Kronenducker mit Gerenuks und Steinböckchen und Blaurückenducker mit Blauduckern und Steinböckchen sowie Rotflankenducker mit Blauduckern, Zwergflusspferden und Wolfs Meerkatzen. San Francisco hielt Netzgiraffen, Große Kudus, Kirk-Dikdiks, Grantzebras und Afrikanische Strauße mit Gelbrückenduckern zusammen.

Fortpflanzung und Zucht. Keine feste Paarungs- und Wurfzeit, ganzjährig fortpflanzungsfähig (bei Maxwell-Duckern 9 Würfe von Februar bis Dezember). Östruszyklus etwa 30 Tage. Brunstdauer 12–24 Stunden. Brünstige Weibchen heben viel den Schwanz hoch, schleimen, reiten auf anderen Weibchen auf. Männliche Ducker treiben heftig (eventuell Schläuche auf die kurzen Hörner stecken, damit das Weibchen nicht verletzt wird). Mehrmals täglich kurze, nur sekundenlange Paarungen. Männchen reitet dem stehenden Weibchen auf. Bei Zebraduckern Paarungen auch außerhalb der Brunst. Trächtigkeitszeichen vermehrter Leibesumfang, bei vielen Arten 3–4 Wochen vor der Geburt Jungtierbewegungen sichtbar. Beginnende Euterschwellung 1–2 Monate vor der Geburt, Euter 5–7 Tage vorher voll entwickelt. Scheidenschwellung ab 5. Tag vor der Geburt, bedingt fast waagerechtes Abstrecken des Schwanzes. Bei Blauduckern verlagert sich 3–4 Wochen vor der Geburt der Fetus nach hinten, weshalb das Weibchen nun schlanker erscheint.

Tragzeit bei Duckern in Relation zur Körpergröße verschieden, bei kleineren Arten kürzer als bei größeren. Bekannte Daten: Maxwell-Ducker um 120, Schwarzducker um 126, Gelbrückenducker 145–155 (nach Angaben aus Wuppertal aufgrund des letzten beobachteten Östrus und des Verhaltens des Männchens 237 Tage. Paarung wurde jedoch nicht beobachtet), Blauducker 120, Kronenducker um 210, Zebraducker 221–229, Blaurückenducker 223–245, Schwarzrückenducker 228–244 Tage. Männchen werden meist rechtzeitig vor der Geburt vom Weibchen abgetrennt, besonders wenn es durch Sexualgerüche des gebärenden Tieres zum Treiben stimuliert oder später für das Junge gefährlich wird. Geburt meist nachts oder morgens. Austreibungsphase kurz, oft nur 20 Minuten. Nachgeburt meist 2–3 Stunden später, wird teilweise oder gänzlich gefressen. 1 Junges, sehr selten Zwillinge. Relativ hohes Geburtsgewicht. Während bei den meisten übrigen Wiederkäuern Neugeborene zwischen 3–7 % des mütterlichen Körpergewichts wiegen, bringen neugeborene Ducker 10–11 % (Blaurückenducker 760–1140 g, Blauducker um 800 g, Gelbrückenducker 1,0–1,5 kg, Schwarzrückenducker um 1,6 kg, Zebraducker 1,6–1,8 kg) auf die Waage.

Hoch entwickelte Laufjunge mit voll funktionsfähigen Sinnesorganen und teilweise vorhandenen Milchzähnen, stehen bald nach der Geburt und suchen nach dem mütterlichen Euter, saugen nach 15–20 Minuten erstmals etwa 1 Minute lang an einer der beiden Zitzen. Saugdauer verlängert sich später auf mehrere Minuten, beim Gelbrückenducker sogar von anfangs 7 auf später 12 Minuten. Täglich 4–6 Saugakte, während denen kleine Ducker 60-80 g, mittelgroße Ducker 80–110 g Muttermilch aufnehmen und dabei am Ende der 3. Lebenswoche ihr Geburtsgewicht verdoppeln. Neugeborene Zebra-, Schwarz- und Blaurückenducker lagern anfangs neben der Mutter, suchen sich aber nach einigen Tagen einen geschützten Platz, wo sie als Ablieger von der Mutter nur zum Säugen aufgesucht werden. Diese nimmt während des Saugaktes Harn und Kot des Jungen auf. Andere Ducker meiden bis zum Ende der Abliegezeit mit etwa 2½-3 Wochen den Liegeplatz der Jungen, rufen diese zum Säugen zu sich, schlafen erst nach der Abliegezeit neben dem Jungtier. Manche Weibchen liegen oft wie auch das meist wenige Tage nach der Geburt wieder dazu gelassene Männchen in unmittelbarer Nähe des Jungen. Solche männlichen Ducker belecken dann sogar gelegentlich abliegende Jungtiere. Säugezeit 4–5 Monate, beim Blauducker 2, manchmal 3 Monate, nach Angaben aus Washington beim Gelbrückenducker nur 4–6 Wochen, obwohl ein Jungtier bei künstlicher Aufzucht dort noch bis zum 5. Monat die Flasche erhielt. Muttermilch bildet in den ersten 8–10 Wochen die Hauptnahrung. Erste feste Kost (Gras, Laub, zartes Grünzeug, Heu, Banane) bei Zebraduckern in Los Angeles und Blauduckern mit 1 Woche, bei Gelbrückenduckern in Washington mit 9 (Heuhalme) bzw. 17 Tagen (geschnitzeltes Obst und Gemüse), bei Schwarzrücken- und Blaurückenduckern im Zoo Hannover mit 2–4 Wochen (Banane, Blätter). Regelmäßige Aufnahme von fester Kost mit 6–8 Wochen, bei Zebra- und Blauduckern schon mit 4–6 Wochen. Junge wachsen schnell, verdoppeln nach 2–3 Wochen, vervierfachen nach 9 Wochen das Geburtsgewicht, haben mit 3 Monaten etwa die Hälfte des mütterlichen Gewichts und sind mit 8–12 Monaten ausgewachsen.

Geschlechtsreife mit 11–14 Monaten, bei weiblichen Blauduckern schon mit 6, Männchen mit 9 Monaten, bei weiblichen Blaurückenduckern dagegen mit 8½–9, Männchen aber erst mit fast 17 Monaten. Bei den meisten Arten werden die Jungen, besonders die Männchen vom Vater, nicht selten vor dem Einsetzen der Geschlechtsreife angegriffen und müssen von den Eltern getrennt werden. Weibliche Ducker tolerieren teilweise ihre Töchter. Nach Jungtierverlusten früher Post-partum-Östrus, aber auch bei normalem Aufzuchtgeschehen, so z.B. bei Blauduckern am 2.–4. Tag nach der Geburt, danach auch oft 3–4 Wochen später, bei Zebraduckern um den 10. Tag, übrige Arten nach 4–6 Wochen. Bei natürlichen Aufzuchten Geburtsintervalle zwischen 5½ (Schwarzducker), 8½ (Blaurückenducker) oder 7–15 (Gelbrückenducker) Monaten, in der Regel etwa 1 Jahr.

Künstliche Aufzucht wenig kompliziert, Methoden und Milchmischungen wie bei Hirschen und Antilopen, wobei die Verabreichung von auch artfremdem Kolostrum sowie die Verhinderung der Überfütterung durch Verabreichung zu großer Nahrungsmengen von großer Bedeutung sind. Kuhmilch, Ziegenmilch, ungezuckerte Kondensmilch, Milchpulver sowie Milchaustauscher für Huftiere geeignet. Milchzusammensetzung von 11 Proben beim Blauducker: Trockensubstanz 27,63 %, Fett 12,53 %, Eiweiß 9,63 %, Kohlenhydrate 3,74 %, Asche 1,86 %. Gelbrückenducker erhielten in Washington nach 8-stündiger Nachtruhe in 5 Mahlzeiten anfangs insgesamt 300 ml Milch am Tag, später höchstens 1,2 l Milch pro Tag. Ab Ende des 2. Monats wurden bis zum 5. Monat nur noch ein- bis zweimal Milch verabreicht.

Höchstalter in Menschenobhut. Schwarzducker 14¾, Zebraducker fast 12¼, Jentink-Ducker über 20¼, Blaurückenducker fast 15¼, Schwarzrückenducker über 17, Gelbrückenducker über 22½, Weißbauchducker fast 18, Blauducker 16, Abbot-Ducker fast 5½, Rotducker über 15, Schwarzstirnducker fast 19¾, Aders-Ducker über 4, Kronenducker über 14¼ Jahre, Ogilby-Ducker 9 Monate, Peters-Ducker 7 Monate.

Unterfamilie Impalas (Aepycerotinae)

Systematische Stellung und Einordnung in eine eigene Unterfamilie gründet sich vor allem auf Verhaltens- und anatomische Unterschiede zu Gazellen, sonst sind sie diesen äußerlich sehr ähnlich.

1 Gattung, 1 Art.

Impalas (*Aepyceros*): dam- bis rothirschgroß, Männchen größer als Weibchen und etwas kompakter, Schulterhöhe 75–95 cm. Hörner nur beim Männchen, lang, weit leierförmig nach hinten oben außen verlaufend, Spitzen parallel steil nach oben gestellt, Oberfläche kräftig gewulstet, keine Afterklauen, ebenso fehlen Voraugen-, Zwischenzehen- und Leistendrüsen, Männchen besitzen auf der Stirn ein Drüsenfeld, das öliges Sekret ausscheidet. Fell oberseits rotbraun mit dunklem Aalstrich ab der Rückenmitte bis zur Schwanzspitze, Bauch weiß, weiße Zeichnungen beidseits des Schwanzansatzes, über den Augen und an der Muffel, großes schwarzes Haarbüschel oberhalb des Fesselgelenks auf der Rückseite der Hinterbeine, das auf einem Drüsenfeld sitzt. **Impala** (*A. melampus*), auch Schwarzfersenantilope: 2 Unterarten, wobei der Schwarznasen-Impala (*A. m. petersi*) verschiedentlich Artstatus zugebilligt wird. Südwestafrika von Südangola über Namibia und Botsuana sowie Ostafrika von Mittelkenia über Tansania, Simbabwe, Mosambik bis in die nordöstliche Südafrikanische Union.

Gefährdungsstatus. Bestand in der Wildnis als Art nicht bedroht, jedoch Schwarznasen-Impala in Angola mit einem Bestand von 3000–4000 adulten Tieren äußerst gefährdet. EEP im Zoo Zürich.

Lebensweise. Tag- und Dämmerungstiere, auch in hellen Nächten aktiv. Lebensraum Gras-, Busch- und Baumsavanne, ebenso Buschwald und Waldränder, in die sie sich bei Gefahr nach Deckung suchend vorsichtig und heimlich zurückziehen, während Gazellen in solchen Fällen übersichtliche, freie Flächen aufsuchen. Mit angelegten Beinen überspringen fliehende Impalas Hindernisse mit Sätzen von bis zu 3 m Höhe und 10 m Weite. Gazellen können im Gegensatz dazu mit ihren Prellsprüngen hohe Hindernisse nicht überwinden. Gesellig in Bocksrudeln aller Altersgruppen und in meist kopfstarken Weibchenherden mit etwa gleichaltrigen Jungtieren, die in „Kindergartengruppen" vereint von erfahrenen Weibchen beaufsichtigt und geführt werden. Altböcke bewachen Haremsrudel, mit dem sie vagabundieren und in dessen Nähe sich meist Junggesellentrupps und männliche Einzelgänger aufhalten. Fremde Männchen versuchen, Weibchen abzusprengen. Deshalb verhalten sich Leitböcke ähnlich wie Echthirsche, treiben Weibchen, die sich zu weit von der Gruppe entfernt haben, in Imponierhaltung lauthals röhrend zum Verband zurück und halten so die Gruppe eng beieinander. Im Gegensatz zu Gazellen haben Impalas eine wesentlich geringere Individualdistanz, was sichtbar wird, wenn sie im Schatten eines Baumes freiwillig eng beisammen stehen. Starke Böcke zur Brunstzeit territorial mit aneinander grenzenden Revieren, welche mit dem Sekret der Stirndrüse markiert werden, das sie an Büschen abstreifen oder beim Forkeln von Büschen verteilen. In dieser Zeit um die Reviergrenzen oder um die Reviere selbst Kämpfe zwischen den Männchen, die durch Drohgesten eingeleitet werden. Weibchengruppen, die in ein Revier einwandern, bilden Harems auf Zeit. Nebenbuhlern begegnen die Haremsbesitzer in Imponierhaltung mit erhobenem Kopf und bekämpfen sie, wenn die Geste erfolglos blieb. Unmittelbar vor dem Kampf einäugiges Fixieren des Gegners mit seitlich abgewendetem Kopf. Unterlegene Männchen, aber auch 6–12 Monate alte männliche Jungtiere werden verjagt.

Nahrung. Gräser, Laub, Blüten und Früchte. Wasser erforderlich.

Haltung von Impalas

Impalas in Tiergärten vereinzelt gezeigt, Schwarznasen-Impala zeitweilig in den Zoos von Lissabon und Barcelona sowie in verschiedenen Haltungen auf Neuseeland. Siehe Haltung von Antilopen.

Unterfamilie Gazellen (Antilopinae)

Die systematische Ein- und Zuordnung der hier abgehandelten Gattungen und Arten wird momentan ohne eindeutig gesicherte Ergebnisse kontrovers diskutiert, weshalb wir die bisherige Auslegung beibehalten. 4 Gattungsgruppen: Böckchen (Neotragini), Saigas (Saigini), Gazellen (Antilopini) und Tibetantilopen (Pantholopini).

Hasen- bis damhirschgroß, Männchen mit kurzen bis mittelgroßen Hörnern, diese fehlen vielen Weibchen oder sind kürzer, Fell bei beiden Geschlechtern meist gleich, bei einigen Arten kontrastreich gefärbt, Zahnformel: 0/3 0/1 3/2–3 3/3.

Verbreitung. Afrika, Arabien, Vorder-, Mittel-, Ostasien.

17 Gattungen, 38 Arten.

Böckchen (Neotragini)

Auch Zwergantilopen. Hasen- bis rehgroß, Männchen mit sehr kurzen oder höchstens ohrlangen, weit auseinander stehenden, meist einfachen, wenig gebogenen Hörnern, fehlen bei den in der Regel meist größeren Weibchen. Zahnformel: 0/3 0/1 3/3 3/3. Afrika südlich der Sahara.

7 Gattungen mit 13 Arten.

Zwergantilopen (*Neotragus*): 3 Arten, von denen Bates- und Moschusböckchen mitunter einer neuen Gattung *Nesotragus* zugeordnet werden. Klein, Rumpf hinten überbaut, Hörner glatt, kurz, nach hinten gebogen, Schwanz relativ lang, Afterklauen fehlen. **Batesböckchen** (*N. batesi*): Hörner gerippelt, länger, im Bereich der fehlenden Afterklauen unbehaarte Hautflecken. Westliches Zentralafrika von Nigeria, Kamerun und Gabun bis Westuganda. – **Kleinstböckchen** (*N. pygmaeus*): Schulterhöhe etwa 25 cm, kleinster Wiederkäuer, Hornlänge maximal 3,8 cm, Gestalt zierlich, rundrückig, mit Voraugendrüse, keine Maxillarorgane, Fell kurz und glatt. Nördliches Westafrika von Sierra Leone bis Ghana.

Moschusböckchen (*Nesotragus*): 1 Art. **Moschusböckchen** (*N. moschatus*), auch Suni: größer (Schulterhöhe fast 40 cm), Hornlänge bis 12,5 cm. Große Voraugendrüsen, deren Sekret mit moschusartigem Geruch. 4 Unterarten. Trockenzonen Kenias und Osttansanias einschließlich Sansibar und Mafia-Inseln nach Süden bis östliches Südafrika.

Windspielantilopen (*Madoqua*), auch Dikdiks: 4 Arten. Größer (Schulterhöhe bis 45 cm), Nase beweglich, schwach rüsselförmig, numerischer Polymorphismus der diploiden Chromosomensätze (2 n = 46–50). **Rotbauch-Dikdik** (*M. saltiana*), auch Eritrea-Dikdik: rotbrauner Rücken, an den Flanken rötlich grau, Stirn und Nasenrücken rostrot, Hörner bis 9 cm. 5 Unterarten. Nordostsudan, Äthiopien, Somalia. – **Silberdikdik** (*M. piacentinii*): kleinste Dikdik-Art, Fell Pfeffer-Salz-artig eisengrau, rötliche Beinfärbung. Ostsomalia. – **Günther-Dikdik** (*M. guentheri*): Fell hell, graubraun gesprenkelt, Nase leicht rüsselartig verlängert, Hörner fast 10 cm. 2 Unterarten. Südostsudan, Somalia, Südäthiopien, Nordkenia, Nordostuganda. –

Abb. 28.31 Das Moschusböckchen (*Nesotragus moschatus*) ist ein Vertreter der Zwergantilopen. Die Männchen haben kurze, stark geringelte Hörner.

Kirk-Dikdik (*M. kirkii*): dem Günther-Dikdik ähnlich, aufrichtbarer Stirnschopf, Hörner bis 11,5 cm. 4 Unterarten. Südsomalia, Nord- und Mittelkenia, Zentraltansania sowie Teile von Südwestangola und Namibia. Laufende Bestrebungen, Unterarten in den Artstatus zu heben, haben bisher zur Nennung von 11 weiteren Arten geführt.

Beiras (*Dorcatragus*): 1 Art. Schulterhöhe 55–60 cm, Männchen und Weibchen gleich groß. Gestalt klippspringerähnlich, Hörner nur beim Männchen, steil, an der Basis geringelt. Ohren groß, Rumpf rundlich, hinten leicht überbaut, Schwanz kurz, mit langer Quaste. Fell dicht, mittellang, Kopfoberseite und Gliedmaßen rötlich ockerfarben, Hals, Rücken und Flanken blaugrau, unterseits und Gliedmaßeninnenseiten weißlich gelb. **Beira-Antilope** (*D. megalotis*): Nordsomalia, Süden von Djibouti und mittleres Ostäthiopien (Marmar-Berge).

Klippspringer (*Oreotragus*): 1 Art. Größe wie Beira-Antilope, Männchen größer als Weibchen. Hörner lang, steil, bei den Weibchen in der Regel kurz oder fehlend. Rumpf gedrungen, Gliedmaßen kräftig, lang, Klauen lang, spreizbar, Zehenspitzen nicht waagerecht, sondern senkrecht gestellt, steht deshalb auf den Hufspitzen (abgelaufen mit zylindrischer Form). Schwanz stummelförmig, Fell dick, dicht, sehr brüchig und spröde, Haare borstenartig, hohl, goldgelb bis hellsandfarben. **Klippspringer** (*O. oreotragus*): 5 Unterarten. Südafrika, Südwestafrika bis Angola, Botsuana und Süden der Demokratischen Republik Kongo, Südostafrika, Ostafrika bis Djibouti, Eritrea, Äthiopien, Nordsomalia, und Sudan, nördliches Westafrika von der Zentralafrikanischen Republik bis Nigeria. Benannt nach ihren Verbreitungsgebieten werden bis zu 10 Populationen des Klippspringers in manchen Systematiken in den Artstatus erhoben.

Greisböckchen (*Raphicerus*): 3 Arten. Höchstens rehgroß oder deutlich kleiner, Hörner nur beim Männchen, Stirnschopf fehlt oder nur angedeutet, Afterklauen klein oder fehlend, Schwanz mittellang. **Kap-Greisböckchen** (*R. melanotis*): kleiner als Klippspringer, Hörner 6,5–15 cm lang, steil, kleine Afterklauen vor-

Abb. 28.32 Phillips Rotbauch-Dikdiks (*Madoqua saltiana phillipsi*) sind dämmerungs- und nachtaktiv, wobei die aktivsten Phasen in den frühen Morgen- und den späten Abendstunden liegen.

Abb. 28.33 Beira-Antilopen (*Dorcatragus megalotis*) sind soziale Tiere und leben in kleinen Familienverbänden.

handen, Fell oberseits bräunlich. Westkap und Ostkap (Südafrika). – **Sharpes Greisböckchen** (*R. sharpei*): dem Kap-Greisböckchen ähnlich, Fell intensiver rötlich. Vom östlichen Südafrika nördlich bis Botsuana und zur Demokratischen Republik Kongo, weiter östlich nach Norden über Mosambik, Simbabwe, Sambia bis Tansania. – **Steinböckchen** (*R. campestris*): größtes Greisböckchen, übrigen Arten ähnlich, keine Afterklauen. 4 Unterarten. Ostafrika in Kenia und Tansania, Süden Afrikas von Südangola über Namibia und über Botsuana, Mosambik, Sambia und Simbabwe bis ganz Südafrika.

Bleichböckchen (*Ourebia*): 1 Art. rehgroß, Hörner nur beim Männchen, 8–18 cm lang, steil, leicht nach vorn gebogen, im unteren Drittel geriffelt. Afterklauen vorhanden. Fell kurz, dicht, oberseits blassisabellfarben bis kräftig-orangebraun. **Bleichböckchen** (*O. ourebi*), auch Oribi: 8 Unterarten, von denen 3 auch als eigenständige Arten angesehen werden. Weite Teile Afrikas südlich der Sahara mit Ausnahme der zentralafrikanischen Waldgebiete.

Gefährdungsstatus. Bestand in der Wildnis in den meisten Fällen nicht bekannt, artverschieden in der Mehrzahl noch nicht bedroht oder in Schutzgebieten vorerst gesichert. Äthiopischer Klippspringer (*O. o. saltatrixoides*), Nigerianischer Klippspringer (*O. o. porteousi*), Silberdikdik und Beira-Antilope gefährdet. EEP für Kirk-Dikdik im Zoo Hannover.

Lebensweise. Tagtiere, besonders in den Vor- und Nachmittagsstunden aktiv. Dikdiks, Greis-, Kleinst-, Bates- und Moschusböckchen auch Dämmerungstiere. Lebensraum verschieden: Wälder, Waldränder, dichte Gehölze im offenen Gelände (Kleinst-, Bates-, Moschusböckchen), Baum-, Busch- oder Grassavanne, steiniges, felsiges Hügelgelände (übrige Arten). Im Gebirge bis in 3000 m (Bleichböckchen und Dikdiks) oder bis in 2000 m Höhe (Kleinstböckchen und Verwandte). Viele Arten (Moschusböckchen,

Abb. 28.34 Klippspringer (*Oreotragus oreotragus*) besitzen ein dichtes, sprödes Fell und stehen auf felsigem Untergrund auf den Spitzen ihrer Klauen.

Dikdiks u.a.) nicht in Gewässernähe. Ortstreu in festen Revieren, die aber bei saisonbedingten, ungünstigen klimatischen Bedingungen (Trockenzeiten) verlassen werden können. Reviergröße unterschiedlich und oft vom Lebensraum (Waldtiere wie Kleinstböckchen u.a. haben kleinere Reviere als Steppenbewohner) oder von der Besiedlungsdichte der einzelnen Gebiete abhängig (Dikdiks mit Revieren von 5–30 km^2). Klippspringer und Dikdiks auf Dauer in festen Revieren, wahrscheinlich zeitlebens in Einehe, meist 1 Junges, das mit dem Einsetzen der Geschlechtsreife vom Vater bzw. der Mutter vertrieben wird. Jungtiere dann so lange Einzelgänger, bis sie einen Partner gefunden haben. Beira-Antilopen meist paarweise oder in kleineren Trupps, geringe Besiedlungsdichte. Bei Bleichböckchen wurden auch kleinere Rudel von 6 Tieren beobachtet. Stein- und Greisböckchen wahrscheinlich Einzelgänger. Brünstige Weibchen werden vom Männchen nur zur Paarungszeit in deren Revier aufgesucht. Generell gibt es über das Freileben wenige Beobachtungen. Männliche Kirk-Dikdiks und Bleichböckchen markieren Reviergrenzen mit Kothaufen und dem Sekret der Voraugendrüse. Feste Kotplätze der Klippspringer dienen nicht der Markierung. Greis- und Steinböckchen verscharren ihren Kot. Verständigung (besonders Kleinstböckchen und Verwandte, Dikdiks, Klippspringer und Bleichböckchen) durch laute Warnpfiffe. Ruheplätze in muldenförmigen Lagern unter schützendem Pflanzenwuchs, Dikdiks gern in Gebüschinseln. Klippspringer verharren an erhöhten Standorten stehend, wobei die Hufe mitten unter dem Körper eng zusammengesetzt werden. Bei Gefahr flüchten Kleinstböckchen und Dikdiks, die eine sehr geringe Fluchtdistanz haben, in schnellem Lauf, oft Haken schlagend, ins Dickicht. Klippspringer fliehen meist steil bergab, Bleichböckchen, Stein- und Greisböckchen flüchten in weiten, federnden Sprüngen, verbergen sich im Pflanzenwuchs, Stein- und Greisböckchen auch in Höhlen, unter Bäumen, in Felsspalten, sogar in Erdferkelbauen. Zu den Fressfeinden gehören Leoparden, Geparde, Schakale, Paviane und Adler.

Nahrung. Blätter, Knospen, junge Triebe, Gräser, Kräuter, vereinzelt Früchte.

Haltung von Böckchen

Die Haltungsbedingungen der Böckchen sind denen der Ducker ähnlich bzw. gleich (siehe daher auch Haltung von Duckern). Von den Böckchen werden in Europa nur noch Kirk-Dikdiks gehalten, diese aber in zahlreichen Zoos. Haltungserfolge bei den meisten Dikdiks und Bleichböckchen gut, bei Klippspringern unterschiedlich, bei anderen Böckchen nur mäßig. Bei manchen Dikdiks gelegentlich hohe Jungtiermortalität oder Unfruchtbarkeit. Ursache vermutlich verschiedene Chromosomenzahlen der Elterntiere. Genetiker empfehlen, vor der Verpaarung die Chromosomenzahlen der Paarpartner zu ermitteln und nur Tiere gleicher Chromosomenzahl zu verpaaren. Beira in größerer Anzahl nur im Al Wabra Wildlife Conservation, Doha erfolgreich gehalten und gezüchtet.

Eingewöhnung. Oft schwierig, erfordert Fingerspitzengefühl und Geduld. Einzeln, paarweise oder in kleinen Gruppen unterbringen. Sehr scheu, neigen bei Störung zu panikartiger Flucht. Deshalb Gitter und Glasscheiben sorgfältig verblenden. Zur Stallreinigung in Nachbarbox laufen lassen, nicht treiben! Innen- und Außenanlagen in Gegenwart der Tiere nicht betreten. Beim Betreten des Stallgebäudes ruhig und leise sprechen. Import möglichst im hiesigen Frühsommer, da bei Futterumstellung anfangs nur frisches Laub, später auch anderes Grünzeug genommen wird. Schrittweise auf neue Futterrezepturen umstellen. Futterverträglichkeit durch regelmäßige Kotkontrolle prüfen. Normaler Kot ist schwarz bis braunschwarz, glänzende, fest geformte Kotperlen. Akklimatisierbarkeit artverschieden, nicht selten problematisch. Tiere aus äquatorferneren Gebieten und besonders dort aus dem Hochland sind eher an Temperaturwechsel gewöhnt und bedingt akklimatisierbar, werden allerdings nicht winterhart. Zwergantilopen aus Savannen, Wüstensteppen und Bergland weniger kälteempfindlich, z. B. Moschusböckchen, Dikdiks, Klippspringer, Bleichböckchen, aber anfällig bei feuchtkühler, nasser Witterung. Bei Temperaturen unter 5 °C mit Ausnahme robuster Arten (z. B. Kirk-Dikdik) nicht mehr in die Außenanlage lassen. Bei mäßigen Außentemperaturen ständigen Zugang zum temperierten Stall (12–18 °C) gewährleisten. Während kühler Witterung und kalter Jahreszeit Daueraufenthalt im geheizten Stall (18–24 °C).

Unterkunft. In Warmhäusern mit Außengehege, gelegentlich auch in Nachttierhäusern (manche Zwergantilopen). Bodenstruktur wie für Antilopen. Günstig schwache punktuelle Bodenheizung in Innenunterkünften, eventuell Wärmelampe anbieten. Ruheplätze im Stall mit Heu- oder Strohlager. Schlafkästen und/oder niedrige Blendwände anbieten, eventuell auch Stall durch Trennwände teilen und unterschiedlich ausleuchten. Kleine, helle Unterkünfte ohne Versteckmöglichkeiten nur für handzahme Tiere geeignet, die dort auch züchteten. Zu Reinigungszwecken Wechselbox nötig. Verbindung zwischen den Ställen durch von außen bedienbare Schieber. Außengehege für Besucher nur von 1 Schauseite einsehbar, um ausreichend Rückzugsmöglichkeiten zu gewährleisten. Grabenbegrenzung wie für Antilopen, auch Gitter. Gitterhöhe nicht unter 1,8 m. Gehegeabschnitte sollten, außer an der Schauseite, dicht mit Buschwerk und eingestreuten kleinen Bäumen bepflanzt sein, um den Tieren Geborgenheit zu geben. Weitere Versteckmöglichkeiten und Gestaltungselemente sind z. B. große Steine, Reisighaufen und Stämme. Für Klippspringer zum Klettern und als Auslugplätze möglichst Hügel aus großen Natursteinen, auch solitäre Kunstfelsen.

Gehegegrenzen müssen in den Eingewöhnungsphasen optisch sichtbar gemacht werden, um zu verhindern, dass Neulinge bei Panik in Gitter oder Gräben geraten und verunfallen. Außenanlagen mit Regenwasser ableitendem Untergrund, z. B. weicher Sand, Hartplatzdecke, kurzer Rasen (siehe Antilopen).

Umgang. Ruhiges Verhalten, um keine Panikreaktionen auszulösen. Böckchen reagieren auf ungewohnte Situationen, selbst aus der weiteren Umgebung von Innen- und Außenanlagen, mit panischem Fluchtverhalten. Gefahr von Verletzungen, auch mit Todesfolge. Deshalb langsam, sachgerecht und möglichst schonend mit neuen Verhältnissen vertraut machen und an Störungen aus dem Besucherbereich gewöhnen. Erwachsene Wildfänge bleiben zeitlebens meist scheu und nervös, aber auch Tiere aus natürlichen Aufzuchten reagieren oft ähnlich. Fluchtdistanz sehr konstant, verringert sich auch bei längerer Pflege in Menschenobhut nur wenig oder gar nicht. Künstlich aufgezogene Tiere sind gegenüber Menschen oft handzahm. Tiere vor dem Versand langsam an den Transportbehälter gewöhnen. Kleine, leichte Holzkisten mit reichlich Heu oder Stroh, dienen auch als Versteck. Zahme Tiere können aggressiv gegenüber Pflegern werden. Männliche Klippspringer sollen während der Jungenaufzucht attackieren.

Fütterung. Saftiges Obst, Banane, nicht blähendes zartes Gemüse, vor allem Möhre, Salat (besonders im Winter für Klippspringer, Dikdiks u. a.), gekochte Kartoffel. Saftfutter kleinwürfelig geschnitten anbieten. Außerdem Grünzeug wie Klee, Luzerne, Löwenzahn, frisches Laub. Als Kraftfutter keinen Quetschhafer (Verletzungen der zarten Mundschleimhaut durch Spelzen), sondern Haferflocken und Pflanzenfresserpellets, auch gekochter Reis, gequollener Mais. Als Raufutter erstklassiges Gebirgswiesenheu, sehr gutes, weichstängeliges, blattreiches Luzerneheu oder Luzerneblätter. Täglich frisches Trinkwasser, wird aber nur unregelmäßig und in geringer Menge angenommen. Beifütterung wie für Antilopen. Auf Qualität des frischen Grünfutters achten. Ständige Qualitätskontrollen.

Vergesellschaftung. Ähnlich wie bei Duckern. In kleinen Anlagen können Böckchen oft nur paarweise gehalten werden. In gut strukturierten und in großen Gehegen ist die Haltung auch mehrerer Tiere möglich (Bleichböckchen in

Kleingruppen, Dikdiks in kleinen Haremsverbänden von 1,2–1,4 Tieren). Mit aggressivem Verhalten gegen gleichgeschlechtliche Artgenossen muss gerechnet werden. Weibliche Klippspringer beißen sich bei Auseinandersetzungen. Die monogamen Klippspringer sind nur mit ihren letzten Nachkommen verträglich. Stallhaltung von Klippspringern meist nur paarweise möglich. Dagegen tolerierten sich mehrere männliche Moschusböckchen in Dallas. Vergesellschaftung von Kirk-Dikdiks in Washington mit Gelbrückenduckern, von Maxwell-Duckern in Paris mit Bleichböckchen. Bleichböckchen, Klippspringer oder Dikdiks konnten mit verschiedenen größeren Paarhufern sowie Vögeln zusammen gehalten werden, Dikdiks in Magdeburg mit Koritrappen und Kranichen, in Basel mit Rappenantilopen, im Zoo Hannover mit Pferdeantilopen, Sitatungas, Giraffen, Kleinen Kudus und Springböcken, jedoch nicht mit Tieflandnyalas. San Francisco hält Netzgiraffen, Große Kudus, Kirk-Dikdiks, Grantzebras und Afrikanische Strauße mit Gelbrückenduckern zusammen, in Houston Günther-Dikdik mit Husarenaffen und Sporenschildkröten. Steinböckchen werden in Saint Louis mit Gerenuks, im San Diego Zoo mit Kronenduckern und Gerenuks vergesellschaftet gehalten.

Fortpflanzung und Zucht. Keine feste Paarungs- und Wurfzeit, ganzjährig fortpflanzungsfähig, Östruszyklus etwa 30 Tage. Brunstdauer 12–24 Stunden. Weibchen heben den Schwanz viel hoch, schleimen, reiten auf anderen Weibchen auf. Mehrmals täglich kurze, nur sekundenlange Paarungen. Zwergantilopenböcke nähern sich dem Weibchen von hinten und fordern es mit dem für viele Hornticre charakteristischen Vorderlaufschlag zur Paarung auf, fahren auch mit dem Kopf zwischen die Hinterbeine des Weibchens und heben dieses regelrecht aus. Trächtigkeitszeichen sind vermehrter Leibesumfang, bei Dikdiks 4–6 Wochen vor der Geburt Jungtierbewegungen sichtbar. Beginnende Euterschwellung 1–2 Monate vor der Geburt, Euter 5–7 Tage vorher voll entwickelt, Scheidenschwellung ab 5. Tag vor der Geburt, bedingt fast waagerechtes Abstrecken des Schwanzes. Tragzeiten bei Kleinstböckchen und Verwandten 168–177 bzw. 180, Kirk-Dikdik 168–175, Beira 186–209, Bleichböckchen 198–210, Klippspringer 213–228 Tage. Trennung der Männchen von gebärenden Weibchen bei mehreren Arten meist nicht erforderlich (Kirk-Dikdik, Moschusböckchen, Klippspringer). Geburt in der Regel nachts oder morgens. Bei Dikdiks sehr lange Einleitungsphase, erste Wehen (Stellwehen) bis 5 Tage vor der Geburt. Eigentliche Geburt 40–45 Minuten, bei der zuerst Kopf, Hals und Schultergürtel erscheinen, weil die Vordergliedmaßen nach hinten an den Körper angelegt sind. Nachgeburt meist 2–3 Stunden später, wird teilweise oder gänzlich gefressen. 1 Junges, sehr selten Zwillinge. Relativ hohes Geburtsgewicht. Während bei den meisten übrigen Wiederkäuern Neugeborene zwischen 3–7 % des mütterlichen Körpergewichts wiegen, bringen neugeborene Böckchen 12–13 % (Kirk-Dikdik 550–795 g, im Mittel 650 g, Moschusböcken 860–925 g, Steinböckchen um 900 g, Beira 1,5–1,7 kg, Bleichböckchen 1,6–2,5 kg) auf die Waage. Hoch entwickelte Laufjunge mit voll funktionsfähigen Sinnesorganen und teilweise vorhandenen Milchzähnen, stehen bald nach der Geburt und suchen nach dem mütterlichen Euter, saugen nach 15–20 Minuten erstmals etwa 1 Minute lang an einer der beiden Zitzen (nur Beira-Antilope mit 4 Zitzen). Bei manchen Arten (z. B. Kirk-Dikdik) können bis zum 1. Saugakt auch 2 Stunden vergehen. Saugdauer verlängert sich später auf mehrere Minuten. Täglich 4–6 Saugakte, während denen Dikdiks 25–40 g und Bleichböckchen 80–110 g Muttermilch aufnehmen. Die meisten Neugeborenen sind keine Nachfolger, sondern suchen sich wie Klippspringer und Dikdiks einen geschützten Platz, wo sie als Ablieger von der Mutter nur zum Säugen aufgesucht werden. Diese nimmt während des Saugaktes Harn und Kot des Jungen auf. Junge Klippspringer in Neapel wurden auch von anderen Weibchen aufgesucht und beleckt. Muttertier schlief nachts in der Nähe. Abliegezeit etwa 2½–3 Wochen. Klippspringer und Dikdiks halten sich nach 1

Monat in der Gruppe bzw. bei der Mutter auf, schlafen aber am alten Abliegeplatz. Säugezeit 4–5 Monate. Muttermilch bildet in den ersten 8–10 Wochen Hauptnahrung. Erste feste Kost (Gras, Laub, zartes Grünzeug, Heu, Banane) bei Dikdiks mit etwa 3 Wochen. Regelmäßige Aufnahme von fester Kost mit 6–8 Wochen. Junge wachsen schnell, verdoppeln nach 3 Wochen, vervierfachen nach 9 Wochen das Geburtsgewicht, haben mit 3 Monaten etwa die Hälfte des mütterlichen Gewichts und sind mit 8–12 Monaten ausgewachsen. Geschlechtsreife bei den eigentlichen Böckchen (*Neotragus*-Arten) mit etwa 12–18 Monaten, bei Klippspringern mit 12, bei weiblichen Bleichböckchen auch mit 12½, bei männlichen mit 14, bei weiblichen Beiras mit 18, bei männlichen mit 11 Monaten. Weibliche Dikdiks werden bereits mit etwa 6–8 Monaten geschlechtsreif und werfen mit 15–18 Monaten erstmals. Bei den meisten Arten werden die Jungen, besonders die Männchen vom Vater, nicht selten vor dem Einsetzen der Geschlechtsreife angegriffen und müssen von den Eltern getrennt werden. Bei Klippspringern und Kirk-Dikdiks, auch Bleich- und Moschusböckchen können mehrere Weibchen zusammen gehalten werden. Nach Jungtierverlusten früher Post-partum-Östrus.

Künstliche Aufzucht wenig kompliziert, Methoden und Milchmischungen wie bei Hirschen und Antilopen. Dem Aufzuchterfolg förderlich ist in den ersten Lebenstagen die Verabreichung von auch artfremdem Kolostrum. Überfütterung durch zu große Nahrungsmengen gefährdet dagegen jede Aufzucht. Wie bei Hirschen (siehe dort) auf Öffnungszustand der Voraugendrüse achten. Kirk-Dikdiks erhielten im Zoo Hannover z.B. bei 8 Mahlzeiten im 2-stündigen Intervall je Mahlzeit 20–40 g, nach 2 Wochen 5–7 Mahlzeiten zu 40–50 g, bis zum 6. Monat 3 Mahlzeiten je Tag. Im Al Wabra Wildlife Preservation, Katar wurde ein Phillips Rotbauch-Dikdik per Hand mit einer Mischung aus Ziegenmilch, Wasser, Lämmer-Milchaustauscher und gefriergetrocknetem Rinderkolostrum (in wechselnden Anteilen) aufgezogen und nach 90 Tagen entwöhnt.

Höchstalter in Menschenobhut. Kleinstböckchen über 11, Moschusböckchen 13½, Beira-Antilope mehr als 1, Klippspringer über 25¾, Bleichböckchen mehr als 15¾, Günther-Dikdik über 15¼, Rotbauch-Dikdik 4¾, Kirk-Dikdik 16¾, Steinböckchen über 9¼, Kap-Greisböckchen fast 7¾ Jahre.

Saiga-Antilopen (Saigini)

Nach neueren Erkenntnissen sowohl den Böckchen als auch den größeren Hornträgern (Antilopen, Rinder) nahe stehende Gruppe, die sich seit 25 Millionen Jahren eigenständig entwickelt hat. Saigas werden in der Regel den *Antilopinae* zugeordnet.

1 Gattung, 1 (2) Art.

Saigas (*Saiga*): gazellengroß, Gestalt gedrungen, Beine dünn, zierlich, Nase mit Sonderbildung, Zahnformel: 0/3 0/1 3/2 3/3. **Steppen-Saiga** (*S. tatarica*): Männchen größer als Weibchen, Schulterhöhe 60-80 cm, Kopf groß, plump, ramsnasig, Nase beweglich, fleischig, groß, Nasengänge aufblähbar, Nasenbeine bis auf kleine Reste verschwunden, Hörner beim Männchen bis 25 cm, steil senkrecht, schwach leierförmig oder einwärts säbelförmig, in unterer Hälfte gewulstet, ausnahmsweise bei Weibchen kurze Hornstifte, Fell im Sommer kurz, glatt, grannig, im Winter lang, dicht, mit weicher Unterwolle, im Sommer oberseits sandbraun, unterseits weißlich, im Winter weißgrau. 2 Unterarten (*S. t. tatarica* und *S. t. mongolica*), die verschiedentlich mit Artstatus geführt werden. Vom östlichen Wolgaufer Südrusslands (Kalmückien und südlich bis Daghestan) bis Kasachstan, Usbekistan, Turkmenistan, Mongolei. Umstritten ist die Nördliche Saiga (*S. borealis*), deren Nominatform ausgerottet und durch 1 überlebende Unterart repräsentiert sein soll, und zwar noch in der Westmongolei, vor allem im Sharga-Nationalpark. Tatsächlich aber handelt es sich bei dieser Unterart um *S. t. mongolica*.

Gefährdungsstatus. Bestand rapide gesunken, vom Aussterben bedroht. Durch Wilderei stark

Abb. 28.35 Die Nase der Steppen-Saiga (*Saiga tatarica*) ist eine Sonderbildung in Anpassung an die Lebensraumverhältnisse. Sie ist beweglich, fleischig und groß. Die Nasengänge sind aufblähbar und dienen als Staubfilter und zur Erwärmung kalter Luft.

rückläufig. Überweidung des Lebensraums durch Haustiere und Zugangsbeschränkungen zu den Wasserstellen durch Hirtennomaden. Bejagung wegen des Fleisches und besonders wegen des Hornes der Böcke, eine auf orientalischen Märkten begehrte Ware als Heilmittel in der traditionellen chinesischen Medizin. Folge: Dezimierung des Anteils adulter Böcke in den Herden auf weniger als 1 %. Bildung natürlicher, kleiner Haremsgruppen ist damit nicht mehr möglich, Paarungen in Herden von 500–700 Tieren, wobei viele Weibchen ungedeckt bleiben. Phasen leichter Bestandserholung wurden in den vergangenen Jahrzehnten durch Massensterben, bedingt durch extreme Klimaschwankungen, Massenbefall von Parasiten und Krankheitserregern, unterbrochen.

Lebensweise. Tagtiere, ruhen im Sommer nur während der heißen Mittagszeit. Lebensraum vorwiegend Grassteppen, Halbwüsten und Wüsten des flachen oder hügeligen Tieflandes. Früher besonders im Winter und außerhalb der Jagdzeit teilweise Kulturfolger, jetzt aber deutlich menschenscheuer. Nicht ortstreu, vagabundieren über Weidegründe, legen dabei stündlich 3–6 km zurück. Bei Nahrungsmangel infolge Dürre, starker Schneedecke oder Vereisung von Flachschnee weite Wanderungen, in 2 Tagen Strecken von 120 bis zu 200 km. Überqueren Flüsse schwimmend. Wanderherden früher aus Zehntausenden, sogar 150 000–200 000 Tieren. Haupttrupp Weibchen mit Jungen, gefolgt von kleineren Männchenrudeln. Ehemals zu Beginn der Brunst im November unter Männchen heftige, nicht selten tödliche Kämpfe um Brunstrudel von 5–20, vereinzelt sogar von 50 erwachsenen Weibchen und Jungtieren beider Geschlechter, unter denen die nicht geschlechtsreifen Jungböcke der vergangenen Saison geduldet wurden. Durch Überjagung Hörner tragender Männchen fehlt die nötige Anzahl der Böcke, um alle brünstigen Weibchen zu decken, von denen zuerst die erwachsenen, später die 7–

8 Monate alten Jungtiere brünstig, werden. Während der Paarungszeit fressen die Männchen nicht, zehren viel von ihren Fettreserven und magern gegen Ende der Brunst stark ab. Ein sehr großer Teil dieser geschwächten Tiere übersteht den Winter nicht, verhungert, fällt Feinden oder Krankheiten zum Opfer. Nach der Paarungszeit beide Geschlechter gemeinsam in Herden, die im Frühjahr, deshalb meist nur aus Weibchen und einer geringen Zahl von Männchen bestehen. Im Spätfrühling und Frühsommer Wanderungen meist in nördliche Richtung zu kurzrasigen Wurfplätzen. Passgänger, leiten Flucht vor Feinden mit Hochweitsprüngen ein, dann rasender Galopp mit 70–80 km/h, Hindernisse werden nicht übersprungen, sondern umlaufen. Hauptsinnesorgan ist das Auge (Feindwahrnehmung auch über 100 m). Geruchssinn weniger gut entwickelt, Gehör nur durchschnittlich leistungsfähig. Feinde sind Wölfe (besonders für abgebrunstete Männchen und hochtragende Weibchen) sowie Adler und Füchse (für Jungtiere).

Nahrung. Gräser, Kräuter, darunter auch stark salzhaltige oder für Haustiere giftige Pflanzen, Strauchblätter, Triebe, Flechten im Winter Beifußgewächse. Solange grüne saftige Pflanzenkost vorhanden ist, keine Wasseraufnahme, bei Dürre auf Wasser angewiesen.

Haltung von Saigas

In Tiergärten sehr selten gezeigt. Siehe Haltung von Antilopen.

Gazellen (Antilopini)

Reh- bis damhirschgroß, schlank, hochbeinig, Hals oft lang, in beiden Geschlechtern meist gleich gefärbt, Hörner teilweise nur beim Männchen, Fell kurz, glatt, oft lebhaft, kontrastreich gezeichnet. Bei wahrscheinlich allen Arten mit Ausnahme der Giraffengazelle mehr oder minder starker numerischer Chromosomenpolymorphismus. Männliche Tiere besitzen meist 1 Chromosom mehr als die Weibchen. Darüber hinaus innerhalb einer Art auch weitere Abweichungen, z.B. Damagazelle (2 n = 38–40), besonders Sömmeringgazelle (2 n = 34–39). Afrika, Arabien, Vorder-, Mittel-, Ostasien.

8 Gattungen, 24 Arten.

Großgazellen (*Nanger*), auch Spiegelgazellen: 3 Arten. **Damagazelle** (*N. dama*): reichlich damhirschgroß, Hörner leierartig fast waagerecht nach hinten geschwungen, glatte Spitzen steil aufwärts gerichtet, 12–14 Querwülste, Weibchen schwächer gehörnt, oberseits braungelb bis hellrötlich braun, Kopf, Keulen bis zum Kreuz (großer Spiegel) und Körperunterseite gelblich weiß bis weiß. 3 Unterarten. Nordsenegal (Wiederansiedlung) über Mauretanien bis Tschad. – **Sömmerringgazelle** (*N. soemmeringii*): damhirschgroß, Hörner weiter nach hinten und außen, Spitzen nach oben und innen geschwungen, untere 2 Drittel stark gerillt, Weibchen schwächer gehörnt, Färbung wie Damagazelle isabellfarben bis kräftig gelb, Kopf schwarzbraun bis grauweiß. 3 Unterarten. Ostsudan, Äthiopien, Eritrea, Somalia. – **Grantgazelle** (*N. granti*): Hörner lang, bei der Weithorn-Grantgazelle (*N. g. robertsi*) nach außen, sonst lyraartig, und s-förmig nach hinten oben geschwungen, untere beiden Drittel mit kräftigen Ringen, Spitzen leicht einwärts gebogen, Oberfläche glatt, Färbung wie Damagazelle, isabellfarben bis rötlich braun, braun-weiße Abzeichen am Kopf, z.B. dunkelbrauner Zügelstreif von den Ohren über die Augen bis zur Nase. 5 Unterarten, die verschiedentlich jetzt infrage gestellt werden und einige stattdessen Artstatus erhielten: Nördliche Grantgazelle (*N. notata*), Östliche Grantgazelle (*N. petersii*). Ostafrika (Südwestsomalia und -sudan, Kenia, Uganda, Tansania).

Eudorcas-Gazellen (*Eudorcas*): 2 Arten. Körpergröße geringer, meist ähnlich wie Kleingazellen. **Rotstirngazelle** (*E. rufifrons*): Hörner kräftig, Hornform und Färbungsmuster wie Dorkasgazelle, sandfarben bis rotbraun, Stirn rotbraun. 5 Unterarten, davon werden die Dünengazelle (*E. r. tilonura*) und die Rotstirngazelle (*E. r. albonotata*) auch als eigene Art geführt. Afrika südlich der Sahara von Mauretanien und Senegal über Südniger und Nordnigeria,

Abb. 28.36 Charakteristisch für die Sömmerringgazelle (*Nanger soemmerringii*) ist die Kopfzeichnung: 1 breiter schwarzer Streifen zieht sich von der Nase zur Stirn und wird von 2 schmalen weißen Streifen gesäumt.

Tschad und Sudan bis Äthiopien und Eritrea. – **Thomsongazelle** (*E. thomsonii*): kleiner, Färbung wie Dorkasgazelle, aber breiter dunkler Flankenstreif, Hörner wie bei Echtgazelle, bei Weibchen viel kürzer und gerade. Neben Streifengnu häufigstes Huftier der Serengeti. 2 Unterarten, die heute auch als 2 Arten geführt werden: als Westliche Thomsongazelle (*E. nasalis*) und als Östliche Thomsongazelle (*E. thomsonii*). Kenia und Tansania, südlicher Südostsudan. – Als weitere Art wird auch die Mongalla-Gazelle (*E. albonotata*) genannt, die andererseits mit Unterartstatus sowohl bei der Rotstirn- als auch bei der Thomsongazelle geführt wird. Südsudan.

Kleingazellen (*Gazella*): 10 Arten. Als anatomische Besonderheit in der Regel rechts und links des Nasenbeines kleiner, von dünnen Knorpellamellen durchzogener, aufblähbarer Hohlraum, dessen Ausdehnung bei einzelnen Arten durch darüber liegende Hautfalten noch vergrößert werden kann. Dient vermutlich als Resonanzorgan bei der für Gazellen typischen niesenden Lautgebung durch die Nase. **Dorkasgazelle** (*G. dorcas*): klein, nur knapp damhirschgroß, Hörner bei beiden Geschlechtern, verhälnismäßig lang, lyraförmig, gerippt, 18-28 Querwülste, Spitzen einwärts gebogen, Färbung fahl, hell- bis rotbraun, mit hellem Bauch, schwachem Flanken- und deutlichem Zügelstreif, weiße Hinterkeulen (Spiegel) außen von bräunlichem Keulenstreif umschlossen. 6 Unterarten. Nordafrika von Algerien über Ägypten

Abb. 28.37 Grantgazellen (*Nanger granti*) leben in Haremsfamilien, abgeschlagene alte Männchen auch als Einzelgänger.

Abb. 28.38 Als Besonderheit haben Spekegazellen (*Gazella spekei*) eine Hautfalte quer über dem Nasenrücken. Bei Alarmrufen können sie diese zu Tennisballgröße aufblasen.

bis zum Roten Meer, Nordostafrika vom Sudan, Nordwestäthiopien, Ostäthiopien bis Somalia sowie den westlichen vorderen Orient über die Arabische Halbinsel und Israel bis Jordanien und Nordwestafrika bis nördliches Zentralafrika von Marokko bis Senegal und über Nordmali, Burkina Faso, Niger, Nordnigeria, Tschad bis Sudan. – **Echtgazelle** (*G. gazella*), auch Edmi- oder Berggazelle: etwas kleiner als Dorkasgazelle, Hörner mittellang, seitlich bogen- und schwach s-förmig nach hinten oben gerichtet, glatte Spitzen leicht einander zugeneigt, 12-17 kräftige Ringe, Weibchen schwächer gehörnt, Färbung reh- bis graubraun, auf den Flanken an der Grenze von der hellen Unterseiten- und dunklen Oberseitenfärbung dunkleres Band (Flankenstreif), Kopffärbung mit braunem, oben weiß abgesetztem Zügelstreif. 6 Unterarten. Westsyrien, Libanon, Israel, Jordanien, Küstenregion der arabischen Halbinsel vom Sinai bis Jemen, Oman und Arabische Emirate sowie eingebürgert auf den Farsan-Inseln (Rotes Meer) und Farur (Persischer Golf). – **Neumanngazelle** (*G. erlangeri*): früher Unterart der Echtgazelle. Arabische Halbinsel. – **Spekegazelle** (*G. spekei*): etwas kleiner als Dorkasgazelle, Färbungsmuster wie Echtgazelle, zwischen Nasenrücken und Zügelstreif weißer Streifen, Flankenstreif breiter und intensiver gefärbt, Hörner mittellang, kräftig s-förmig geschwungen, flach nach hinten verlaufend, 3-5 Falten über der bis auf halbe Tennisballgröße aufblähbaren Nasenregion. Ostäthiopien, Somalia. – **Indische Gazelle** (*G. bennettii*), auch Chinkara: Größe wie Echtgazelle, Färbung ähnlich Dorkasgazelle, der die Art früher zugeordnet wurde. 6 Unterarten. Iran, Südafghanistan, Pakistan und Nordindien. – **Saudi-Gazelle** (*G. saudiya*): starb Mitte des 20. Jahrhunderts in der Wildnis aus. Es gibt wohl noch einige Exemplare in Zoos, allerdings ausschließlich Hybride. Einst in Saudi-Arabien und Kuwait. – **Kropfgazelle** (*G. subgutturosa*): mittelgroße Gazelle, Männchen etwas größer als Weibchen, Hörner nur

Abb. 28.39 Der Hals männlicher Kropfgazellen (*Gazella subgutturosa*) ist während der Brunst an der Kehle kropfartig verdickt.

beim Männchen und wie bei Spekesgazelle, nur kürzer und schwächer, bei Weibchen vereinzelt Hornstümpfe, Hals der Männchen während der Brunst an der Kehle kropfartig verdickt, Nacken geschwollen, Fell oberseits graubraun, unterseits weiß, auf der Keulenrückseite kleiner Spiegel, breiter weißer Gesichtsstreif von der Hornbasis bis zur Nase, darunter schmaler, meist brauner Augenstreif. 4 Unterarten. Von der Osttürkei über Iran, die westliche Arabische Halbinsel über Afghanistan bis Nordtibet, Turkestan bis Nordchina, West- und Südmongolei bis Südsibirien. – **Sandgazelle** (*G. marica*): kleiner als Kropfgazelle, Hörner der Böcke länger als die der Weibchen und im oberen Bereich leierartig gebogen. Arabische Halbinsel, Jordanien, Syrien, Irak. – **Dünengazelle** (*G. leptoceros*): Größe wie Kropfgazelle, Färbungsmuster wie Damagazelle, oberseits hellsandfarben bis weißgelb, unterseits und Keulenrückseite weiß, Hörner wie Grantgazelle, aber dünner, schlanker. 2 Unterarten. Nord- bis Nordwestafrika von Südalgerien und Libyen bis Westägypten, Mali, Tschad, Niger und Sudan. – **Cuviergazelle** (*G. cuvieri*): der Dünengazelle sehr ähnlich. Atlasgebirge in Teilen Marokkos, Nordalgeriens und Tunesiens. In der Fachliteratur werden bis zu 24 Gazellenarten der Gattung *Gazella* aufgeführt, wobei es sich meist um jetzige oder bisherige Unterarten handelt.

Kurzschwanzgazellen (*Procapra*): 3 Arten. Kleine bis mittelgroße, kälteunempfindliche, zentralasiatische Gazellen von leicht gedrungener Gestalt, Schwanz kurz. **Mongoleigazelle** (*P. gutturosa*): Männchen etwas größer als Weibchen, Männchen mit sehr großem Kropf und dromedarähnlicher Maulblase, Hörner lyraförmig nach oben und hinten geschwungen, verhältnismäßig lang, Fell auf der Stirn schopfartig, im Nacken und am Hals leicht mähnenartig verlängert, oberseits blass- bis kräftigockerfarben, unterseits und an den Hinterkeulen weiß. Nordwestchina, Innere Mongolei, West- und Ostmongolei, Transbaikalien. – **Tibetgazelle** (*P. picticaudata*): kleiner, Hörner mit Hinterhorndrüsen, nur beim Männchen, weißer Schwanz sehr kurz mit schwarzer Spitze, Fell oberseits gelbbraungrau bis aschgrau. Tibet, Westchina, Nordindien (Ladakh, jahreszyklisch auch Sikkim). – **Przewalski-Gazelle** (*P. przewalskii*): der Tibetgazelle sehr ähnlich. 2 Unterarten. China (früher Innere Mongolei, Xinjiang, Gansu, Hochland von Tibet, heute vermutlich nur noch im Gebiet von Quinghai).

Hirschziegenantilopen (*Antilope*): 1 Art. Starker Geschlechtsdimorphismus, mittelgroß, Männchen größer als Weibchen, Hörner nur beim Männchen, wie bei Addax, aber nur etwa halb so lang, kräftiger gedreht und gerillt, Hornscheiden blättern teilweise ab und werden durch nachwachsende ersetzt. Fell erwachsener Männchen oberseits und an den Beinaußenseiten schwarzbraun bis blauschwarz, vereinzelt auch gelb- bis graubraun, Unterseite und Beininnenseiten scharf weiß abgesetzt, über Kinn und Kehle weißer Fleck, Augen weiß umrandet, Weibchen und Jungtiere oberseits sandfarben bis gelbbraun. **Hirschziegenantilope** (*A. cervicapra*), auch Sasin: 2 Unterarten. Pakistan und Indien bis Nepal und Bangladesch.

Giraffengazellen (*Litocranius*): 1 Art. Gestalt lamaähnlich, aber erheblich schlanker, Hals und Gliedmaßen länger, Schulterhöhe 0,90 - 1,05 m, Weibchen etwas kleiner, zierlicher, schlanker Kopf, Hörner nur beim Männchen, Hals sehr lang, Rumpf flach, Beine sehr lang und dünn, Schwanz knapp fersenlang mit schwach buschiger Endquaste, Fell oberseits hellbraun, vom Nacken bis zur Schwanzspitze beiderseits der Wirbelsäule auf dem Rumpf breiter kastanienbrauner Streifen, unterseits an der Hinterkeulenrückseite, an den Brustseiten und Augenumgebung weiß. **Giraffengazelle** (*L. walleri*), auch Gerenuk: 2 Unterarten, die neuerdings vereinzelt als Nördliche Giraffengazelle (*L. sclateri*) und Südliche Giraffengazelle (*L. walleri*) unterschieden werden. Somalia und Äthiopien, Kenia, und Nordtansania.

Lamagazellen (*Ammodorcas*): 1 Art. Gestalt wie Giraffengazelle, aber kleiner, Hörner nur beim Männchen, rückwärts-aufwärts gekrümmt, untere Hälfte kräftig gerillt, glatte Spitze senkrecht nach oben vorn gerichtet, Fell oberseits zimtbraun, unterseits und an der Hinterkeulenrückseite weiß, Schwanz schwarz, sehr lang, ohne Endquaste, Oberkopf rotbraun, weißer Überaugenstreif und dunkler Voraugenstreif fast bis zur Nasenspitze. **Lamagazelle** (*A. clarkei*), auch Stelzengazelle, Dibatag: Südostäthiopien (Ogaden), angrenzendes Nord- und Mittelsomalia.

Springböcke (*Antidorcas*): 1 Art. Knapp damhirschgroß, Männchen größer als Weibchen, Hörner beim Männchen wie bei der Rotstirngazelle, am Grunde aber kräftiger und Spitzen meist nach innen-hinten gerichtet, beim Weibchen schwächer, steiler, weniger geschwungen, beiderseits der Wirbelsäule von der Rückenmitte bis fast zur Schwanzwurzel verlaufende

Abb. 28.40 Dieser Springbock (*Antidorcas marsupialis*) zeigt Anfänge des „Prunkens". Er hat die Hauttasche auf dem Rücken ausgestülpt und die langen weißen Haare aufgerichtet.

Hautfaltentasche mit sehr langen, weißen Haaren und Talgdrüsen, Sekret gelb, Tasche kann beim „Prunken" (Prellsprünge) ausgestülpt werden, dann ist die weiße Haarfahne sichtbar, Fell oberseits hell- bis mittelbraun, unterseits sowie Kopf, Rückenfalte und Hinterkeulenrückseite weiß, dunkle Augen-, Flanken- und Keulenstreifen. Gelegentlich weiße und melanistische Farbvarianten. **Springbock** (*A. marsupialis*): 3 Unterarten, neuerdings auch als eigenständige Arten geführt: Angola-Springbock (*A. angolensis*), Kalahari-Springbock (*A. hofmeyri*), Kap-Springbock (*A. marsupialis*). Südafrika, Namibia und Botsuana, im Westen nördlich bis Ostangola.

Gefährdungsstatus. Bestand in der Wildnis von Ausnahmen abgesehen mehr oder minder stark bedroht. Ausgerottet wurden Arabische Gazelle und deren einzige Unterart, die Arabische Jemen-Gazelle, Saudi-Gazelle, von der nur noch Dorkasgazellen-Hybriden in einigen arabischen Tiergärten vorhanden sind, und Algerische Rotgazelle. Extrem gefährdet sind Przewalskigazelle (in voneinander getrennten Populationen 1300–1600 Tiere, und zwar im nördlichen und im östlichen ufernahen Gebiet des Qinghai Hu (Hochland der chinesischen Provinz Qinghai), Tibet-, Akazien- (*Gazella gazella acaciae*) und Maskat-Echtgazelle (*G. g. muscatensis*). Bestandsgefährdet sind die schon immer seltene Lamagazellle (Rest geschätzt 4100 Tiere), Damagazelle (wahrscheinlich weniger als 500 Tiere), Indische Gazelle (50000–70000 adulte Individuen), Cuviergazelle, Pelzelngazelle (*G. dorcas pelzelnii*), Rif-Dorkasgazelle (*G. d. massaesyla*), Palästina-Echtgazelle (*G. g. gazella*, in Israel streng geschützt), Dünengazelle (Rest vielleicht 300–600 erwachsene Tiere) Spekes- und Sandgazelle. Als schutzbedürftig gelten Senegal- (*Eudorcas rufifrons rufifrons*) und Sudd-Rotstirngazelle (*E. r. albonotata*), Soemmering-Gazelle, Südarabische Echtgazelle und Farsan-Echtgazelle (*G. g. farasani*). Als Art nicht bedroht, aber in weiten Teilen des Verbreitungsgebietes (Bangladesch, Ostpakistan) ausgerottet ist die Hirschziegenantilope. Bestandssituation bei den meisten übrigen Arten unklar, lediglich Grantgazelle, Thomsongazelle und Springbock, möglicherweise auch Mongoleigazelle (aber fallende Bestandszahlen!) und gebietsweise Kropfgazelle vorläufig gesichert.

Von vielen Arten sind zugehörige Unterarten in den Ursprungsgebieten bereits ausgestorben oder extrem gefährdet, z.B. Mhorr-Gazelle (*N. d. mhorr*), von der man in den 1960er Jahren glaubte, sie sei ausgerottet worden, doch konnte durch gezielte Erhaltungszucht in menschlicher Obhut (Parque de Rescate de la Fauna Sahariana in Almeria) seit den 1970er Jahren ihr Bestand deutlich erhöht werden. Mit der Auswilderung von Mhorr-Gazellen im Nationalpark Souss-Massa wurde im Jahr 1994 begonnen.

Internationales Zuchtbuch und EEP für Mhorr-Gazelle, Cuviergazelle, Sahara-Dorkasgazelle und Damagazelle in Almeria (dort mit dem Synonym *G. dorcas neglecta* bezeichnet), für die Kropfgazelle im Zoo Karlsruhe. Internationales Zuchtbuch für die Dünengazelle in Palm Desert, USA.

Lebensweise. Tag- und Dämmerungstiere, besonders in den Morgen- bzw. Abendstunden aktiv, viele sind auch in hellen Nächten rege. Stehen oder liegen während der heißen Mittagszeit im Schatten von Felsen und Steinbrocken (Wüsten-, Wüstensteppenbewohner), des hohen Grases oder einzelner Büsche oder Bäume (meiste Arten), selten auch in Dickungen, Tibet- und Mongoleigazelle in flachen, selbst gescharrten Erdmulden. Lebensraum unterschiedlich. Vorwiegend Bewohner von wüstenähnlichen oder trockensteppenartigen Gebieten, auch in lockerem Wald und an Waldrändern. Lamagazelle in dichter Dornbuschsavanne auf rot- oder braunsandigen Wüsten- und Halbwüstenböden. Meist im Flach- und Hügelland (vor allem Grant- und Thomsongazelle), auch im Hochland in Höhen bis zu 1800 m (Grant-, Sömmering- und Giraffengazelle) oder bis 2000 m (Thomson-, Speke- und Kropfgazelle), Echtgazellen an Hängen und im Hochland von Gebirgen (Atlas), Przewalski- und Tibetgazellen im Gebirge auf Hochebenen bis in 6000 m Höhe. Wüsten- und Trockensteppenbewohner kommen monatelang ohne Wasser aus, decken ihren Flüssigkeitsbedarf aus der Nahrung. Manche Steppenbewohner (Thomsongazelle) ziehen nur zur Trockenzeit an die Tränke. Über Territorial- und Sozialverhalten bei einigen Arten so gut wie nichts (Rotstirn-, Speke-, Dünen-, Kropf-, Tibet- und Mongoleisowie Lamagazelle), bei anderen Arten z.T wenig bekannt. Mit Ausnahme von Hirschziegenantilope und Giraffengazelle nicht standorttreu, unternehmen klimazyklisch bedingte, weite Wanderungen, z.B. Wüstenbewohner während der Regenzeit in zentralere Wüstengebiete, während der Trockenzeit in umliegende Halbwüsten und Steppen, südafrikanische Arten während der Regenzeit nach Norden und in das zentrale Binnenland, während der Trockenzeit nach Süden in Küstennähe, Przewalski-, Tibet- und Mongoleigazellen im Winter aus höheren in tiefere Lagen. Oft auch vegetationsbedingte Wanderungen zu neuen Weideplätzen. Auf der Wanderschaft mehr oder minder große Herden, Individuenzahl je nach Art unterschiedlich, so z.B. geringste Anzahl (maximal 15) bei Giraffengazelle, sonst 10–20 (Echtgazelle), 30–40 (Dorkasgazelle), 20–200 und darüber (Sömmering-, Grant-, Thomson-, Tibet- und Mongoleigazelle). Solche Herden treten überwiegend in der Trockenzeit auf, zerfallen zu Beginn der Regenzeit in kleinere Trupps von 3–6 (–10) Tieren (Echt-, Dorkas-, Rotstirn-, Speke-, Kropf-, Giraffen- und Lamagazelle) oder 5–25 (–30) Tieren (Dama-, Sömmering-, Grantgazelle, Hirschziegenantilope und Springbock). In den Großherden erwachsene Männchen und Weibchen bei Grant-, Thomsongazelle, Hirschziegenantilope und Springbock nebeneinander, Junggesellenrudel und Mutterfamilientrupps bei Sömmering-, Grant-, Thomson-, Tibet- und Mongoleigazelle. Abgeschlagene alte Männchen meist Einzelgänger, übrige Tiere bilden in der Regel außerhalb der Wanderzeiten und während der Brunst kleine Haremsfamilien mit nur 1 erwachsenen Männchen. Häufig in der Nähe eines solchen Verbandes ein Junggesellentrupp.

Im Gegensatz dazu bei Lamagazellen keine Hinweise auf dauerhafte Bildung von Gruppen- oder Herdenverbänden. Beide Geschlechter in der Trockenzeit vielfach Einzelgänger. Paare und Weibchen mit Jungtieren auch zu zweit, junge Männchen auch in Zweier- oder Dreiergruppen. Gruppen von bis zu 6 Individuen vermutlich nur ab Beginn der Regenzeiten (April/Mai und Oktober/November) im Zusammenhang mit dem Paarungsgeschehen.

Bei den meisten Arten spätestens zu Beginn der Paarungszeit Männchen mit Individualterritorien. Größe von Männchen-Territorien sind artverschieden, bei Thomsongazellen Durchmesser von 100–200 m, erwachsene Grantgazellenböcke besonders während der Regenzeit in großen Territorien mit einem Durchmesser von 500–2000 m, bei Giraffengazellen Reviere bis 340 ha. Grenzen zum Reviernachbarn, mit dem es infolge territorialer Ansprüche nicht selten zu Auseinandersetzungen kommt (z.B. Grantgazelle), werden durch Forkeln markanter Grasbüschel oder Sträucher sowie mit Harn und Kot markiert. Große Kothaufen als Territorialmarken in zeitweiligen Männchenrevieren bei Thomson- und Sömmeringgazellen. Trupps Junge führender weiblicher Thomsongazellen nur für Stunden in einem solchen Gebiet, wandern dann weiter, obwohl die Männchen durch Treiben versuchen, das Rudel am Verlassen des Reviers zu hindern. Bei Grenzübertritten der Weibchen nur selten Kämpfe zwischen den Männchen. Ähnlich bei Mongolei- und Tibetgazellen. Deren Rudel, die aus weiblichen und Jungtieren bestehen, durchwandern die Brunstterritorien der Männchen. Bei Grantgazellen bleiben Rudel von Weibchen mit Jungen wochen- bis monatelang im selben Territorium eines Männchens. Obwohl zwischen den Männchenrevieren oftmals Niemandsland liegt, kommt es beim Aufeinandertreffen zweier Rudel nach anhaltendem, gegenseitigem Imponieren nicht selten zu einem Gefecht der Männchen, das oftmals Veränderungen in der Zusammensetzung der Gruppen zur Folge hat.

Manche Arten, so Echt-, Dorkas-, Rotstirn- und Lamagazelle, leben auch paarweise. Bei Gefahr verharren Giraffengazellen regungslos, sichern und versuchen sich dann geduckt wegzuschleichen. Im offenen Gelände flüchten sie wie Lamagazellen im Trab und Galopp. Alle sind Passgänger, die trabend in den Kreuzgang wechseln und bei schneller Flucht in einen rasanten Sprunggalopp fallen, bei dem Thomsongazellen 60 (–80?) km/h erreichen. Bei fliehenden Springböcken 15 m lange Sätze, Tiere entfalten dabei die Rückentasche, so dass deren lange weiße Haare als Signalflagge wirken. Springböcke springen während der Werbung, beim Erkennen einer Gefahr oder wenn sie aus anderen Gründen erregt sind, bis zu zwölfmal aus dem Stand über 2 m senkrecht in die Höhe („Prunken"), die weißen Haare der Rückentasche sind ein weithin sichtbares Signal. Beginnt ein Tier mit derartigen Hochsprüngen, wirkt das auf die anderen als ansteckendes Stimulanz. (Achtung! Dies bei Vergesellschaftung in Tiergärten beachten.) Als Lautäußerungen Warnpfiffe oder Schrecklaute.

Vergesellschaftet anzutreffen auf gemeinsamen Weideplätzen bei meist nur gegenseitiger Duldung sind Grantgazellen mit Impalas, Sömmeringgazellen mit Spekegazellen und Kuhantilopen, Grantgazellen mit Oryx- und Leierantilopen, Lamagazellen mit Giraffengazellen,

Springböcke mit Gnus, Kuhantilopen, Blessböcken und Straußen, Dorkasgazellen mit Dromedaren. Hauptfeinde sind große Katzen wie Löwen, Leoparden und Geparde sowie Afrikanische Wildhunde, Hyänen, vereinzelt Paviane.

Nahrung. Nicht ausschließlich, aber vorwiegend teils Gräser und Kräuter (Sömmering-, Thomson- und Spekesgazelle), teils vorwiegend Blätter, Knospen, junge Triebe, Rinde und weiche Zweige (Giraffen- und Lamagazelle) oder beides (übrige Arten). Rotstirngazellen richten sich, mit den Vorderbeinen an Stamm und Äste gestützt, auf den Hinterbeinen auf, um Blätter zu erlangen. Lama- und Giraffengazellen stehen beim Äsen nahezu völlig ausbalanciert frei auf den Hinterbeinen.

Haltung von Gazellen

In Tiergärten relativ selten gehaltene Tiergruppe, aus der Lamagazelle zu Beginn des Jahrtausends nicht und Tibet- und Mongoleigazelle außerhalb Chinas nicht gezeigt wurden. Äußerst selten werden in wenigen Erhaltungszuchten Echt- und Spekegazelle gehalten, selten Sömmering- und Dünengazelle, deren Bestände aus Erhaltungszuchten auf wenige Gründertiere zurückgehen. Ähnlich sind die Verhältnisse bei Sudan-Rotstirn- (*Eudorcas rufifrons laevipes*) und Giraffengazelle (in einigen Tiergärten der USA und Berlin), außerdem bei Thomsongazelle und verschiedenen Unterarten der Dama- und Grantgazelle. Zuchtbestände der Dorkasgazelle vermutlich durch Vermischung mit anderen Arten nicht mehr reinblütig. Etwas häufiger gehalten werden Kropfgazelle und Springbock. Öfter in Tiergärten anzutreffen ist lediglich die Hirschziegenantilope. Siehe Haltung von Antilopen.

Tibetantilopen (Pantholopini)

Bisher systematisch in die Nähe der Saigas gestellt, obwohl sich die Arten so stark voneinander unterscheiden, dass sie 2 verschiedenen Gattungsgruppen zugeordnet wurden. Tibetantilopen zeigen verwandtschaftliche Merkmale zu Gazellen (*Antilopinae*) und Böcken (*Caprini*), sind so schwierig in der Familie Hornträger (Bovidae) einzuordnen. Ausschlaggebend für ihre Eingruppierung an das Ende der Gazellen waren morphologische und ethologische Schlussfolgerungen, wobei neue Ergebnisse auch gewisse Tendenzen zu den Böcken nahelegen.

1 Gattung, 1 Art.

Tibetantilopen (*Pantholops*): Systematische Stellung umstritten, auch in die Nähe der Böcke (Ziegenartige) gestellt. Gestalt wie Saiga, doch etwas größer, Nase mit aufblähbaren Nebensäcken, Nasenbeine vorhanden, Hörner lang, steil senkrecht, leicht nach außen gestellt, schwach s-förmig, untere Hälfte kräftig quergewulstet, Fell lang, dicht, viel Unterwolle, oberseits graugelb bis sandfarben, unterseits grauweiß, während der Brunst bei Männchen Brustmähne, Männchen mit braunen, schwarzen oder schwarzbraunen Zeichnungen an Kopf und Beinvorderseiten. **Tibetantilope** (*P. hodgsonii*), auch Tschiru oder Orongo: Nordindien (Ladakh) und China (Sinkiang, Sichuan, Tibet).

Gefährdungsstatus. Bestand in der Wildnis unklar, durch Bejagung gebietsweise vermutlich sehr stark rückläufig und bedroht. Durch Schutzmaßnahmen hat sich der Gesamtbestand mit leichtem Aufwärtstrend stabilisiert.

Lebensweise. Tagtiere, ruhen im Sommer nur während der heißen Mittagszeit in tiefen, selbst gescharrten Gruben. Lebensraum flache oder wellige, baumlose Hochsteppen in etwa 4500 m Höhe. Menschenscheu. Über Territorial- und Sozialverhalten wenig bekannt. Jahreszeitlich bedingte, weite Wanderungen zu neuen Weideplätzen in großen Herden aus Weibchen und Jungen, dahinter Männchenrudel. Zur Brunst im November/Dezember heftige Kämpfe unter den Männchen. Nach neueren Auslegungen von Beobachtungen des russischen Forschers Przewalski aus dem Jahr 1877 Brunstterritorien, die von den Weibchen durchwandert werden. Im Spätfrühling und Sommer Zerfall der Großherden. In den Sommereinständen kleine Trupps. Wäh-

Abb. 28.41 Bei der Tieflandnyala (*Tragelaphus angasii*) gibt es zwischen den Geschlechtern beträchtliche Unterschiede in Größe und Färbung. Die Weibchen sind hornlos.

rend der Paarungszeit fressen die Männchen nicht, zehren viel von ihren Fettreserven und magern gegen Ende der Brunst stark ab.

Nahrung. Gräser, Kräuter, darunter auch stark salzhaltige oder für Haustiere giftige Pflanzen, Strauchblätter, Triebe, im Winter Beifußgewächse. Solange grüne saftige Pflanzenkost vorhanden ist, keine Wasseraufnahme, bei Dürre auf Wasser angewiesen.

Haltung von Tibetantilopen

Tibetantilopen mit Ausnahme von Peking in Tiergärten nicht gehalten. Siehe Haltung von Antilopen.

Unterfamilie Rinder (Bovinae)

Waldböcke und Rinder bilden diese Unterfamilie. Rinder sind in beiden Geschlechtern gehörnt, bei den Waldböcken tragen entweder nur die Männchen oder beide Geschlechter Hörner. Ihnen fehlen sowohl Präorbital- als auch Zwischenzehendrüsen, haben aber Duftdrüsen an den Afterklauen der Hinterbeine.

Verbreitung. Eurasien, Afrika, Nordamerika.

9 Gattungen, 24 Arten.

Waldböcke (Tragelaphini)

Reh- bis rindergroß, schlank, hochbeinig, nur Männchen mit Hörnern, Ausnahmen: Elenantilope, Riesenelenantilope und Bongo (beide Geschlechter gehörnt). Afrika südlich der Sahara, Indien.

4 Gattungen, 11 Arten.

Waldböcke (*Tragelaphus*): 7 Arten. **Großer Kudu** (*T. strepsiceros*): mitunter als eigene Gattung (*Strepsiceros*) geführt. Schulterhöhe 100–150 cm, Hörner der Männchen bis 2½-mal schraubenförmig nach außen gewunden, bis 1,80 m lang, Ohren sehr groß und tütenförmig,

Abb. 28.42 Die Sitatunga (*Tragelaphus spekeii*) wird auch als Sumpfantilope bezeichnet. Ihre vergleichsweise sehr langen, gespreizten Klauen und die bodennahen Afterklauen sind eine Anpassung an den Lebensraum.

Schwanz mittellang mit Endquaste, Fell kurz, eng anliegend, außer Hals-Rücken-Mähne, Männchen außerdem mit Vorderhalsmähne, Färbung braun bis rötlich braun, alte Männchen vorn blaugrau, sonst grau, V-förmiger, weißer Querstreifen zwischen den Augen, weiße Wangenflecken, 6–10 weiße senkrechte Rumpfstreifen. 5 Unterarten, davon werden jetzt 3 als weitere Arten bezeichnet: *S. chora*, *S. cottoni*, *S. zambesiensis*. Südtschad bis Somalia und über Ostafrika bis ins südliche Afrika. – **Kleiner Kudu** (*T. imberbis*): auch unter dem Gattungsnamen *Ammelaphus* geführt. Deutlich kleiner, sonst Großem Kudu sehr ähnlich, aber Hörner nur halb so lang und nicht so weit ausladend, Rumpfseitenstreifen kräftiger und dichter (11–13), kurze Nacken- und Rückenmähne nur beim Männchen. 1 der Unterarten als *A. australis* geführt. Äthiopien, Südostsudan und Südsomalia bis Osttansania und Nordostuganda. – **Bergnyala** (*T. buxtoni*), auch Mittelkudu: Gestalt wie Kudus, Hörner stark, anderthalb- bis zweifach längs gewunden, unten dick, breit seitlich ausgelegt, Spitzen senkrecht, Fell kurz, dicht, Männchen mit starkem Haarkamm auf der Rückenmitte vom Halsansatz bis zum Schwanz, Färbung dunkelsandgraubraun, weiße Abzeichen an Kopf, Kehle und Flanken sowie Beinen, 2–4 grauweiße, senkrechte Rumpfstreifen, fehlen bei Jungtieren. Hochland von Südäthiopien. – **Tieflandnyala** (*T. angasii*), auch Nyala: Ohren klein, Hörner dick, fast parallel laufend, mit schwächerer 1½- bis 2-facher Längsachsenwindung, Fell kurz, glatt, bei Männchen starke Mähne an Rücken, Hals und Bauch, Männchen schiefergrau bis schwarz, Weibchen und Junge rotbraun, weiße Abzeichen am Kopf, 8–13 senkrechte weiße Rumpfstreifen und 3–4 runde Keulenflecken. Südmalawi bis zum östlichen und mittleren Südafrika. – **Sitatunga** (*T. spekeii*), auch Sumpfantilope oder Wasserkudu: Hörner kräftig, lyraförmig geschwungen, um die Längsachse 1- bis 1½-fach gewunden, Rücken zur Kruppe ansteigend, hochbeinig, Schwanz lang, buschig, Fell ölig, lang, strähnig, Männchen oft mit Halsmähne, Farbe von Männchen und Weibchen je nach Unterart teils gleich, teils Männchen erheblich dunkler, Rumpfstreifung und Keulenflecken wie bei Tieflandnyala, vergleichsweise sehr lange, gespreizte Klauen, Afterklauen bodennäher. 5 Unterarten. Afrika südlich der Sahara mit Inselvorkommen von Senegal und Guinea bis Niger und Tschad sowie von der Zentralafrikanischen Republik, über Kamerun und das Kongobecken bis Zentral- und Ostangola und Botsuana, östlich bis Uganda, Kenia, Tansania, Nordsambia und Simbabwe. – **Buschbock** (*T. scriptus*), auch Schirrantilope: kleiner, sonst Sitatunga sehr ähnlich, Schulterhöhe 65–110 cm, Hörner weniger lyraförmig, mit 1 Längsdrehung, Beine kürzer, daher Gestalt gedrungener, kürzere und nicht stark gespreizte Klauen, Fell kurz, Farbe je nach Unterart unterschiedlich, von Fahlgelbbraun über Rotbraun bis Grauoliv, Männchen häufig dunkler, weiße Abzeichen an Kopf, Beinen und Keulen, 4–11 senkrechte Rumpfstreifen, ein weißer Querstreifen am Halsansatz, 1–2 Längsstreifen an der unteren Flanke. Deren Unterarten wird neuerdings auch Artstatus zugebilligt: *T. bor*, *T. decula*, *T. phaleratus*, *T. fasciatus*, *T. ornatus*, *T. sylvaticus*, *T. meneliki*. Afrika südlich der Sahara von Senegal bis Nordäthiopien, Zentralafri-

Abb. 28.43 Trotz ihrer auffälligen hellen Streifung sind Bongos (*Tragelaphus eurycerus*) im Urwald und Bambusdickicht ihres Lebensraumes perfekt getarnt.

ka, im Westen südlich bis Angola, im Osten südlich bis Mosambik, Simbabwe, Botsuana und Südosten Südafrikas. – **Bongo** (*T. eurycerus*): Schulterhöhe 110–140 cm, Gestalt der Tieflandnyala ähnlich, etwas gedrungen, beide Geschlechter gehörnt, Hörner der Bullen dick, massig, 1½-fach gedreht, am Kopf eng stehend, in der Mitte lyraartig an den Spitzen wieder einwärts geschwungen, beim Weibchen schwächer, Ohren groß, Schwanz mit fersenlanger, schwarz-weißer Endquaste, Fell glatt, glänzend, bei Weibchen und Jungen gelb bis hellrötlich, Männchen je nach Alter dunkler, an Kopf und Beinen weiße Abzeichen, 9–15 senkrechte, weiße Rumpfstreifen, wie bei Elenantilopen fehlen Leistendrüsen. 3 nicht allseits anerkannte Unterarten. Guinea bis Togo sowie von Kamerun bis zur Republik Kongo, weiter östlich in den kleinen Waldgebieten Kenias und Ugandas.

Elenantilopen (*Taurotragus*): 2 Arten. **Elenantilope** (*T. oryx*): mehr als hausrindgroß, beim Männchen Schulterhöhe bis zu 160 cm, Gewicht bis 800 kg, Hörner gerade, massig, 1- bis 1½-fach um die Längsachse gewunden, auch beim Weibchen, aber schwächer, über der Schulter leichter, zebuartiger Fetthöcker, Halswamme, beim Männchen oft sehr ausgeprägt, Fell kurz, glatt, gelbbraun, bei Bullen bis grau, auf der Stirn schopfartig, an der Wammenmitte bartartig verlängert, dunkelgraubraun bis dunkelrotbraun, weiße Abzeichen an Kopf und Beinen, 2–15 senkrechte Rumpfstreifen. 3 Unterarten. Vom Südsudan und Äthiopien über Kenia und Tansania und vom Süden der Republik Kongo über Angola und Namibia bis Südafrika. – **Riesenelenantilope** (*T. derbianus*): der Elenantilope sehr ähnlich, aber größer, beim Männchen Schulterhöhe bis 180 cm, Gewicht bis 1000 kg, massiger, Hörner länger und wuchtiger, Fell rötlich braun, bei alten Bullen bis schiefergrau und im hinteren Halsbereich dunkler gefärbt. 2 Unterarten. Savannenzone des Senegals bis Südsudan.

Nilgauantilopen (*Boselaphus*): 1 Art. Reichlich rothirschgroß, Schulterhöhe 120–150 cm, Männchen größer und gedrungener als hornlose Weibchen. Hörner sehr kurz (15–30 cm), steil, schwach gekrümmt, spitz. Rücken zur Kruppe abfallend, Fell kurz, glatt, bei Männchen am Vorderhals kurze Mähne. Junge Männchen wie Weibchen hellbraun mit weißen und dunklen Abzeichen an Kopf und Hals, besitzen schon Hörner, dunkelbrauner, weiß abgesetzter Ring um die Fesseln, Männchen ab 3. Lebensjahr eisen- bis blaugrau. **Nilgauantilope** (*B. tragocamelus*): Östliches Pakistan und Indien.

Abb. 28.44 Die in Herden lebenden Elenantilopen (*Taurotragus oryx*) rudeln ihre Jungtiere mitunter in „Kindergärten“ in Obhut erwachsener Weibchen.

Vierhornantilopen (*Tetracerus*): 1 Art. Kleinste Art, Schulterhöhe bis 65 cm, Haupthörner rund, leicht bogig steil nach oben geschwungen, 5-10 cm lang, davor Nebenhörner, meist weniger als halb so lang, nicht immer vorhanden, können auch abfallen, Fell kurz, dünn, glatt, oberseits gelb- bis mittelbraun, braune und weiße Abzeichen an Kopf und Beinen. **Vierhornantilope** (*T. quadricornis*): Indien und Nepal.

Gefährdungsstatus. Bestand in der Wildnis bei Bergnyala durch Zerstörung des Lebensraumes außerhalb des Nationalparks hochgradig gefährdet. Gesamtbestand nach Schätzungen derzeit 1500–2500 Tiere. Gefährdet ist die Riesenelenantilope. Schwierig zu beurteilen sind die Wildbestände von Nilgau (ca. 100000 Tiere), die aber vermutlich noch nicht bzw. nur regional bedroht ist, und die Vierhornantilope, die mit etwa 10000 Individuen als gefährdet gilt. Andere Arten meist in Schutzgebieten noch gesichert, aber auf Schutz angewiesen (Kleiner Kudu, Tieflandnyala, Riesenelenantilope, Bongo) oder auch außerhalb von Schutzgebieten noch nicht gefährdet (Elenantilope, Sitatunga, Großer Kudu, Buschbock). Internationales Zuchtbuch für Östlichen Bongo (*Tragelaphus eurycerus isaaci*) im Oregon Zoo, für Östliche Riesenelenantilope (*Taurotragus derbianus gigas*) im Tulsa Zoo, EEP für Östlichen Bongo in Chester, für Großen Kudu in Gelsenkirchen, für Kleinen Kudu in Basel, für Tieflandnyala im Zoo Lissabon und für Westafrikanische Sitatunga im Zoo Köln.

Lebensweise. Teils Tagtiere, die besonders in den Morgen- und Nachmittagsstunden rege (Vierhorn-, Nilgau-, Elenantilope, Buschbock, Bergnyala), teils Dämmerungs- und Nachttiere, die in den frühen Morgen-, späten Abend- und Nachtstunden aktiv sind (z.B. Buschbock in Siedlungsnähe). Lebensraum artverschieden: Urwald (Bongo), Waldränder, auch Sumpfwälder, Schilfdschungel (Buschbock, Sitatunga, Bongo) oder Savanne, seltener Wüstensteppe. Die meisten Arten sind auf Wasser angewiesen, so z.B. Tieflandnyala, Großer Kudu, Bongo, Nilgau- und Vierhornantilope. Bergnyala ausschließlich im Gebirge ab 2500–3000 m Höhe, übrige Arten im Flach- und Hügelland, manche

Abb. 28.45 Der wissenschaftliche Name der Nilgauantilope (*Boselaphus tragocamelus*) weist auf verschiedene Merkmale von Huftieren in ihrem Erscheinungsbild hin. In ihm verbergen sich die Begriffe für „Rind", „Hirsch", „Ziegenbock" und „Kamel".

auch im Hoch- oder Bergland (Elenantilope bis in 5000 m, Großer Kudu, Bongo und Buschbock bis in 4000 m Höhe). Nilgauantilope und Großer Kudu als Kulturfolger auch am Rande menschlicher Siedlungen. Über das Freileben einiger Arten ist wenig bekannt. Meist ortstreu. Bongo, Vierhornantilope und Nilgau in Revieren mit Wechseln zu Kot-, Suhl- und Fressplätzen. Beim Buschbock leben alle erwachsenen Individuen mehr oder weniger in Einzelterritorien, dabei aber tolerant gegen weitere Artgenossen, Wohngebiete überlappen sich teilweise. Männchenterritorien kleiner als Weibchenterritorien, Einzelterritorien sind wie Kreissegmente ringförmig um ein kleines zentrales Sozialterritorium angeordnet, wo sich Tiere eines Territoriendistrikts meist spät nachmittags an einem gemeinsamen Treffplatz einfinden. Oft einzeln oder paarweise lebend (bei Vierhornantilope vermutlich lebenslange Einehe), Bongo und Sitatunga in manchen Gebieten aber wie übrige Arten in kleinen Haremsfamilien. Bei Nilgau, Tieflandnyala, Buschbock, Bongo, Sitatunga, Elenantilope und Großem Kudu auch Weibchengruppen aus 6–12, manchmal auch 20 Tieren. In bestimmten Zeiten bilden Haremsfamilien kleinere (30–40 Tiere) oder größere Herden (100–200 Individuen), besonders auf weiten Wanderungen. Überzählige Männchen in Männerrudeln aus jugendlichen, halbwüchsigen und vollerwachsenen Tieren. Alte Männchen oft Einzelgänger. Kleiner Kudu weniger gesellig, einzeln, paarweise oder in kleinen Haremsfamilien mit 1 Männchen, 2–4 Weibchen und Jungen. Bergnyala in Weibchentrupps (meist 4–6 Tiere), denen sich zeitweise 1 Männchen zugesellt. Verständigung oft durch bellende Warnrufe, bei Sitatunga niesender Alarmlaut. Waldbewohner schleichen und schlüpfen bei Gefahr lautlos ins Dickicht, um sich zu drücken oder zu verstecken (Vierhornantilope, Buschbock, Sitatunga), Sitatungas flüchten auch ins Wasser und tauchen bis auf die Nasenöffnung völlig unter, können durch spreizbare Hufe mit langen Klau-

Abb. 28.46 Zu den kleinsten Wildrindern zählt das auf Sulawesi beheimatete Flachland-Anoa (*Bubalus depressicornis*). Während die Alttiere ein schwarzes Fell besitzen, sind die Kälber braun.

en über sumpfige Böden laufen. Offenes Gelände bewohnende Arten fliehen in ausdauerndem Trab, für kurze Strecken auch in rasendem Galopp, der z.B. bei Elenantilopen u.a. oft durch einige Hoch-Weit-Sprünge eingeleitet wird, bei denen sogar Artgenossen übersprungen werden können. Weißlich behaarte Unterseite des nach oben gestreckten oder nach vorn eingerollten Schwanzes als Signal für nachfolgende Tiere. Berg- und Hügellandbewohner klettern auf steinigen Halden und Hängen geschickt, fast alle Arten schwimmen gut. In die Enge getriebene Bongos und Buschböcke wehren sich mit den Hörnern, Elenantilopen greifen vereint Raubtiere an, wenn ihre Jungen bedroht sind.

Nahrung. Teils Blätter, Knospen, junge Triebe, Rinde, eventuell auch Feldfrüchte, teils Gräser, Kräuter. Bevorzugt Laubfresser sind Vierhorn- und Nilgauantilope, Berg- und Tieflandnyala, Großer und Kleiner Kudu, Riesenelenantilope und Bongo. Grasfresser sind Buschbock, Sitatunga und Elenantilope. Flüssigkeitsbedarf verschieden. Täglich ein- bis zweimal trinken Vierhornantilope, Buschbock, Sitatunga, Tieflandnyala, Großer Kudu und Bongo. In kühlen Zeiten und wenn saftige Früchte als Nahrung vorhanden sind, können übrige Arten, besonders Nilgauantilope, Elenantilope und Kleiner Kudu, mehrere Tage (3–4) dürsten. Alle regelmäßig an Salzlecken. Elenantilopen trinken auch Brackwasser.

Haltung von Waldböcken

In Tiergärten werden Bergnyala nicht, Riesenelenantilope und Buschbock selten, Tieflandnyala und Vierhornantilope vereinzelt, die übrigen Arten mehr oder minder häufig gezeigt. Siehe Haltung von Antilopen.

Rinder (Bovini)

Meist sehr groß, Schulterhöhe bis 220 cm, Hörner bei beiden Geschlechtern, Maul nur wenig schmaler als breiter Schädel, Schädelachse erscheint bei höher entwickelten Formen geknickt, da Scheitelbeine auf Hinterhauptfläche verlagert werden, Rumpf tonnenförmig. Eurasien, Afrika, Nordamerika.

5 Gattungen, 13 Arten, mehrere Haustierformen.

Asiatische Büffel (*Bubalus*): 4 Arten. **Flachland-Anoa** (*B. depressicornis*), auch Tiefland-Anoa: klein (Schulterhöhe unter 1 m), Hörner kurz, gerade, nach hinten gerichtet, Hornquerschnitt dreieckig, Fell schwarz, nur in der Jugend wollig, dunkelbraun, weißliche Abzeichen an Kopf, Hals und Füßen, erwachsene Tiere oft fast nackt. Sulawesi. – **Berg-Anoa** (*B. quarlesi*): kleinste Rinder (Schulterhöhe 70 cm), Hornquerschnitt rundlich, dichtwollig behaart, Fell braunschwarz, in der Jugend dicht wollig, rötlich braun. Bergland von Sulawesi. – **Arni** (*B. arnee*), auch Wasserbüffel: Schulterhöhe 1-1,8 m, Hörner am Grund breit, Querschnitt fast dreieckig, im mittleren Teil mit kräftigen Querwülsten, sichelförmig nach hinten geschwungen, beim Männchen kräftiger als beim Weibchen, Haut schiefergrau bis schwarz, vereinzelt hell gestiefelt oder helle Abzeichen, Fell fehlt teilweise, sonst kurz, schütter, grobe Grannen. 5 Unterarten. Vorderindien, Sri Lanka, Nepal, Assam, Hinterindien, Borneo. Stammform des kleineren und leichteren Hausbüffels. – **Tamarau** (*B. mindorensis*), auch Mindorobüffel: Fell dunkelbraun-grauschwarz, fein behaart, Hörner gedrungen. Mindoro.

Saolas (*Pseudoryx*): 1 Art: 1993 als neue Art beschrieben, bei der bis zur Klärung durch DNA-Analysen eine Verwandtschaft mit den *Caprinae* vermutet wurde. Der vietnamesische Name Sao La bedeutet wörtlich „Spindelhorn“, deshalb vereinzelt auch die Bezeichnung „Spindelbock“. Klein (Schulterhöhe 80 cm), Gestalt dem Anoa ähnlich, aber hochbeiniger, große auffällige Voraugendrüsengruben, Hörner 40-45 cm lang, nach hinten gerichtet, Fell kurz, dunkelbraun mit weißen Abzeichen über den Augen, an Wangen, Kinn, Lippen und Füßen. **Vu-Quang-Wildrind** (*P. nghetinhensis*), auch Vietnamesisches Waldrind, Vu-Quang-Antilope oder Saola: Zentralvietnam, Laos.

Abb. 28.47 Erst 1993 wurde das Vu-Quang-Wildrind (*Pseudoryx nghetinhensis*) als einzige Art einer neuen Rindergattung beschrieben. Es wird auch als Vietnamesisches Waldrind oder Saola bezeichnet.

Afrikanische Büffel (*Syncerus*): 1 Art. Gestalt wasserbüffelähnlich, Hörner der Steppenbewohner lang, an der Basis stark verbreitert und aufgewölbt, beide Hornbasen berühren sich und bilden einen „Helm“, sind im unteren Teil nach unten, dann nach oben geschwungen, Hornspitzen oft nach innen gerichtet, bei kleineren Waldbewohnern weit auseinander stehend, kurz, konisch, nach hinten gerichtet, Fell kurz, grob, bei älteren Tieren sehr schütter, Ohrränder mit Fransen, kurze Rücken- oder Nackenmähne, Steppenformen rot- bis schwarzbraun, Waldbewohner rotbraun (Rotbüffel), teilweise gelbschwarze Ohrfransen. **Kaffernbüffel** (*S. caffer*), auch Afrikanischer Büffel, Steppenbüffel, Schwarzbüffel: Größe variiert je nach Unterart (Schulterhöhe 110–170 cm), Männchen oft mächtiger als Weibchen. 5 z.T. umstrittene Unterarten, 3 davon auch als Arten geführt: Rotbüffel (*S. nanus*), Sudan-Büffel (*S. brachyceros*), Virunga-Büffel (*S. matthewsi*). An den Grenzen der Verbreitungsgebiete dieser Unterarten treten starke Mischpopulationen. Afrika südlich der Sahara von Senegal über Südmali, Burkina Faso, Nordnigeria, Tschad bis zum Mittel- und Südsudan, in Westafrika von Sierra

Abb. 28.48 Der Kaffernbüffel (*Syncerus caffer*) hat sich unterschiedliche Lebensräume Afrikas erschlossen. Seine Unterarten variieren in Größe und Färbung.

Leone bis Südnigeria, Kamerun, Gabun, Kongo und Nordangola, in Ostafrika vom Südsudan und Südäthiopien über Kenia, Uganda, Tansania, Sambia, Simbabwe, Mosambik und Teile Botsuanas bis in den Osten Südafrikas.

Eigentliche Rinder (*Bos*): 5 Arten. **Gaur** (*B. gaurus*): auch als *B. frontalis* geführt. Größte Art (Schulterhöhe bis über 210 cm), Gestalt wuchtig, Weibchen kleiner als Bulle, Hörner rund, kräftig, halbmondförmig nach hinten geschwungen, Spitzen einwärts gekrümmt, dazwischen hoher, wulstiger Stirnkamm, erwachsene Männchen mit zweigeteilter Wamme an Kehle und Hals, alte Männchen mit mächtigem Schulterbuckel, Fell glänzend, kurz, oberseits dunkelbraun bis braunschwarz, gelblich weiße Zeichnung am Kopf, Beine hell gestiefelt. 3 Unterarten. Vorderindien (außer Nordwestindien), Myanmar, Hinterindien, Malaiische Halbinsel, früher auch auf Sri Lanka, neu entdeckt in der chinesischen Provinz Yunnan. Stammform des Gayal. – **Banteng** (*B. javanicus*): Gestalt gaurähnlich, Männchen groß (Schulterhöhe bis 180 cm), Weibchen kleiner, Rumpf tonnenförmig, über Widerrist massiver Muskelkamm, der durch verlängerte Dornfortsätze der Brustwirbel gestützt wird, Hörner gaurähnlich, bei Männchen Stirnhaut zwischen den Hörnern verhornt, bildet wulstigen Stirnkamm, Fell kurz, glatt, dicht, Männchen reh- oder dunkelbraun bis blauschwarz, Weibchen in der Regel und Junge rotbraun, oft weißer Spiegel und weiße Stiefel, in manchen Gebieten Männchen und Weibchen gleich gefärbt. 3 Unterarten. Südchina und Myanmar über Hinterindien bis Malaysia, Java, Borneo. Stammform des Balirindes. – **Kouprey** (*B. sauveli*): Männchen (Schulterhöhe bis 190 cm) größer und viel wuchtiger als die grazilen, schlanken und schmalen Weibchen, Gestalt sonst bantengähnlich, hochbeinig, mit starker Halswamme, Hörner breit ausladend, bei alten Bullen in halber Spirale auch nach oben und innen gedreht, Spitzen nach oben geschwungen, bei alten Männchen oft ausgefranst, Fell glatt, kurz, an den Ohren Fransen, Männchen schwarz- bis schwarzbraun, alte Bullen mit hellgrauer Schabracke, Weibchen gelblich hellbraun, silber- bis hellgrau überhaucht, weiß gestiefelt. Nordostkambodscha, Südlaos, westliches Mittelsüdvietnam zwischen 12. und 14. Grad nördlicher Breite. – **Auerochse** (*B. primigenius*), auch Ur: Männchen groß (Schulterhöhe bis 1,85 m), Weibchen kleiner, Hörner rund, Form verschieden, Verlauf meist erst seitlich nach unten, dann nach oben und vorn, bis 80 cm lang, Haarkleid im Sommer glatt, im Winter lang und dicht, Weibchen einfarbig braun, Männchen schwarzbraun oder schwarz, auch rötlich braun, Sattel, Bauch- und Beininnenseiten weißlich, heller Aalstrich. Einst gemäßigtes Eurasien außer Irland und Skandinavien, Nordafrika, Vorderasien, Nordindien. Stammform des Hausrindes. – **Wildyak** (*B. mutus*): wird auch als *B. grunniens* geführt, zweitgrößtes Wildrind (Schulterhöhe etwa 200 cm), Weibchen viel kleiner, tief getragener Kopf, Hörner auerochsenähnlich nach vorn geschwungen, bis 1 m lang, Rückenlinie vom Widerrist zur Krup-

Abb. 28.49 Die meist schwarzbraunen Bullen der Nominatform des Bantengs (*Bos javanicus*) sind bedeutend größer und schwerer als die rötlich braun gefärbten Kühe.

pe hin abfallend, breite Klauen, lange, kräftige Afterklauen, Schwanz lang, ab dem Ansatz buschig behaart, Fell an Rumpfseiten und Schultern mähnenartig, fast bis zum Boden reichend, schwarzbraun bis schwarz, im Sommer mit weißlichen Haarspitzen. China (Nordwest- über Nord- bis Nordost-Tibet sowie Quinghai), Nordindien (Ladakh) und Nepal. Stammform des kleineren Hausyak.

Bisons (*Bison*): auch mit Gattungsnamen *Bos* geführt. 2 Arten: **Bison** (*B. bison*), auch Indianerbüffel: Männchen groß (Schulterhöhe bis 190 cm), Weibchen kleiner, Gestalt wuchtig, Kopf sehr groß und breit, wird tief getragen, Hörner kurz, gedrungen, einfach schräg nach hinten oben gebogen, an der Basis geringelt (jährliche Zuwachsringe), Vorderkörper massiger als Hinterkörper, Stark überhöhter Widerrist, Fell weich, locker, an Kopf und Vorderkörper lang, grau-, rötlich bis schwarzbraun, Schopf, Bart, Mähne und Vorderbeinmanschette dunkler. 2 Unterarten. Einst weit verbreitet in Nordamerika mit Ausnahme des Südwestens der USA, Alaskas, Nord- und Ostkanadas. – **Wisent** (*B. bonasus*): wenig größer (Schulterhöhe bis 200 cm), Gestalt aber schlanker als Bison, Kopf leichter, wird nicht so tief getragen, Hörner bisonähnlich, etwas länger, Proportionen zwischen schwerem Vorderkörper und leichterem Hinterkörper ausgeglichener, Rücken weniger abfallend, Fell weich, wollig, mit einzelnen Grannen, an Kopf und Vorderkörper etwas mähnenartig verlängert, besonders Stirnschopf, Kehlbart, Halsmähne und Vorderbeinmanschetten, Färbung bisonähnlich. 3 nicht unumstrittene Unterarten. Einst gemäßigte Klimazone des westlichen Eurasiens.

Gefährdungsstatus. Kaffernbüffel als einzige Art wohl ungefährdet. Arni nur gebietsweise gesichert, teilweise Vermischung mit Hauswasserbüffeln (z.B. Assam-Wasserbüffel, Ceylon-Wasserbüffel, Borneo-Wasserbüffel) stark bedroht. Gaur gefährdet, gebietsweise ausgerottet, Banteng (alle 3 Unterarten, besonders Hinterindischer Banteng) gefährdet, gebietsweise ausgerottet. Wildyak sehr gefährdet, Flachland-Anoas mit maximal 5000 Individuen) durch Bejagung sehr, Tamarau mit 200–400 Tieren äußerst bedroht. Beim Berg-Anoas gibt es seit Jah-

Abb. 28.50 Der Wisent (*Bison bonasus*) verdankt sein Überleben den Bemühungen vor allem tiergärtnerischer Einrichtungen zur Erhaltung dieser Art.

ren keine Sichtungen mehr im natürlichen Lebensraum, sodass ein Individuum im Zoo Krefeld möglicherweise das letzte seiner Art ist. Kouprey im einstigen Verbreitungsgebiet Nordostkambodschas ausgerottet, aus Laos gibt es seit Jahren keine Nachweise mehr, eventuelle Restbestände extrem gefährdet. Vu-Quang-Wildrind vermutlich sehr selten und hochgradig gefährdet, Bestand etwa 250 Tiere. 2011 wurde das Saola-Schutzgebiet in der Provinz Quang Nam (Vietnam) beschlossen. Kurz vor der Ausrottung stand der Präriebison (Bestand im 17. und 18. Jahrhundert auf etwa 60 Millionen Tiere geschätzt, davon in den USA 1889 nur noch 835 Tiere erhalten). Der Gesamtbestand frei lebender Präriebisons wird heute auf 400000 Tiere geschätzt. Bisons werden heute vor allem in den USA auch in Privathand gehalten, gezüchtet und vermarktet. Waldbison in der Wildnis vor Jahrzehnten durch Einkreuzung von Präriebisons und Krankheiten (Tbk) fast erloschen. 1960 in einem unzugänglichen, entlegenen Teil des Wood-Buffalo-Parks (Grenzgebiet zwischen Provinz Alberta und Nordwestterritorien) in Kanada letzte reinblütige Herde von etwa 200 Tieren entdeckt. Zur Jahrtausendwende lebte ein Bestand von 1800 Tieren in einem weiteren Schutzgebiet westlich des Großen Sklavensees. Beim Wisent war der Bestand in der Wildnis erloschen (Südosteuropäischer Wisent in Ungarn um 1790 und Kaukasuswisent zu Beginn des 20. Jahrhunderts), eine Unterart (Flachlandwisent) überlebte in Tiergärten und Reservaten. Mittlerweile gibt es einige erfolgreiche Wiederansiedlungsprogramme, sodass wieder mehrere Tausend Tiere im natürlichen Lebensraum vorkommen. Ausgerottet wurde der Auerochse. Letztes Tier, eine Kuh, starb 1627 in einem polnischen Wildgatter.

Internationales Zuchtbuch für den Gaur im Zoo Berlin, für den Banteng in der Taman Safari, Indonesien und am San Diego Safari Park, für den Flachland-Anoa im Zoo Leipzig, für den Wisent im Bialowieza National Park. EEP für den Gaur in Paris-Jardin, für den Banteng in Chester, für den Flachland-Anoa im Zoo Münster, für den Wisent in Jersey, für den Kaffernbüffel in Dresden, für den Tamarau in London.

Lebensweise. Tag- und Dämmerungstiere, die morgens und am Spätnachmittag äsen, den übrigen Teil des Tages ruhen, dösen oder wiederkäuen. Arni und Tamarau infolge Bejagung meist, Kaffernbüffel, Gaur und Kouprey oft dämmerungs- und nachtaktiv wie Banteng, Wisent und Bison in hellen Nächten. Lebensraum artverschieden. Von tropischem Urwald, Wald-, Busch- und Grassteppen der Tropen, Subtropen und gemäßigten Zone bis zu baumlosen, wüstensteppenartigen Hochgebirgsebenen. Vorwiegend Flach- und Hügellandbewohner, manche auch in höheren Lagen (Arni bis in 1800 m, Banteng und Gaure bis in 2000 m, Kaffernbüffel und Wisent bis in 3000 m, Yak bis in 5200 m Höhe). Alle Arten auf das Vorhandensein von Wasser in Sümpfen, Mooren, Tümpeln, Seen oder Flussläufen angewiesen (Ausnahme: Präriebison). Arni liegt viel dösend oder schlafend im Wasser, Gaur und Kouprey baden gern, Kaffernbüffel und Yak suhlen ausgiebig. Alle schwimmen gut, Tamarau ist jedoch wasserscheu. In trockenen Gebieten häufig Sand- und Staubbäder (Präriebison). Nähe menschlicher Siedlungen wird gemieden (Ausnahme: Arni). Ausgesprochene Kulturflüchter sind Anoas, Banteng, Gaur, Kouprey und Yak.

Hoch entwickelter Geruchssinn, Gehör gut, aber weniger leistungsfähig als z.B. bei Hirschen. Sehvermögen bei unbewegten Objekten gering. Bei Feindannäherung flüchten Waldbewohner ins Dickicht (Anoas, Arni, Rotbüffel, Banteng und Kouprey). Gaur und Yak klettern in steilem Gelände gut. Steppenbewohner entwickeln auf der Flucht in rasendem Galopp Geschwindigkeiten bis 50 km/h (Kaffernbüffel und Bison). Meist ortstreu, doch weite Wanderungen zu neuen Äsungsplätzen in der Trockenzeit bei Kaffernbüffel und einst bei Präriebison. Yaks suchen im Winter niedere Gebirgslagen, Gaure zur Regenzeit wegen der Insektenplage in den Niederungen höhere Lagen auf. Über Territorialverhalten ist wenig bekannt. Revierbildung bei Arni, Rotbüffel, Banteng und Yak. Mit Ausnahme der einzeln, paarweise oder in Mutterfamilien lebenden Anoas gesellig in Gruppen aus Kühen mit Jungtieren (Yak) und 1 erwachsenen Bullen (Kaffernbüffel, Banteng, Gaur, Kouprey, Bison, Wisent), der in manchen Fällen auch 1 oder einige jüngere Bullen duldet (Arni, Bison, Wisent). Beim Banteng in einem Rudel ohne Altbullen auch 2–3 Jungbullen. Gruppenstärke bei Kaffernbüffel, Gaur und Kouprey durchschnittlich 3–12, bei Arni 10–12, bei Bison 20–25, bei Banteng 3–30 Tiere. Nur selten paarweise. Jungerwachsene Bullen in Junggesellenherden, meist 3–30, bei Bison 2–12 Tiere. Alte Männchen fast immer Einzelgänger. Alte Kaffernbüffelbullen leben in eigenen Territorien, die entlang der Wanderwege liegen. Alte männliche Yaks sind entweder Einzelgänger oder in kleinen Trupps von 2–5 Tieren. Bei Arni auch große Herden mit mehreren Altbullen. Großherden auf Wanderungen ebenfalls bei Kaffernbüffel, Gaur und Bison während der Trockenzeit. In Mutterfamilien oder Haremsverbänden keine ausgeprägte Rangordnung. Meist hat zwar der Bulle eine gewisse Spitzenstellung, doch führen alte erfahrene Kühe die Trupps oder bilden oft gemeinsam mit dem oder den Bullen die Nachhut. Auf großen Wanderungen bei Kaffernbüffel, Bison und Gaur als Vor- und Nachhut allein Bullen. Paarungszeit teils nicht festgelegt (Anoas, Arni, Banteng, Gaur), teils am Ende der Trockenzeit (Kaffernbüffel, Banteng in bestimmten Gebieten), teils im Herbst (Arnis des nördlichen Verbreitungsgebietes, Yak, Bison, Wisent). Zur Brunst unter den Männchen schwere Kämpfe um die Herde oder brünstige Weibchen. Zur Paarung sondern sich Bulle und Kuh von der übrigen Gruppe ab. Vor der Geburt trennt sich die tragende Kuh bei manchen Arten von der Herde (Gaur) und bleibt einige Tage mit dem Kalb allein, bei anderen bleibt sie im Sozialverband (Bison). Verständigung durch brummende und grunzende Kontakt- bzw. Warnlaute, Brüllen und Schnauben. Manche dulden andere Tierarten in ihrer Nähe, Gaur z.B. Bankivahühner, Bindenschweine und Hirsche, Kaffernbüffel Kuhreiher, Madenhacker, Zebras, Antilopen. Bei Gefahr wird der Kopf in Richtung Gefahrenquelle gedreht. Gruppen schließen sich dann enger zusammen, nehmen Jungtiere in ihre Mitte. Nicht selten stürmische Angriffe (Arni, Kaffernbüffel, Gaur, Bison) gegen Feinde (Löwen, Tiger, Wölfe, Rotwölfe), teilweise nur durch Kühe (Arni, Gaur), nur durch Bullen (Bison) oder durch beide Geschlechter (Kaffernbüffel). Rinder sind von mehreren gefährlichen Krankheiten bedroht, welche die Bestände teilweise stark dezimieren (Rinderpest und Maul- und Klauenseuche).

Nahrung. Sowohl vorwiegend Blätter, Knospen, Zweige, Rinde, Blüten (Wisent, Waldbison) als auch vorwiegend Gräser, Kräuter, Sumpf- und Wasserpflanzen (besonders Flachland-Anoa und Arni). Nicht selten Bambusschösslinge (Anoas, Arni, Kouprey, Yak) oder sowohl Blätter als auch Gräser (Banteng, Gaur, Anoas), auch vorwiegend Gräser (Präriebison, Kaffernbüffel), vereinzelt Flechten und Moose (Yak, Bison, Wisent).

Hausrinder (*Bos, Bubalus*)

Bedeutendste Haustierform unter den Rindern ist das **Europäische Hausrind** (*Bos primigenius f. taurus*), dessen Domestizierung im Vorderen Orient etwa vor 10000–12000 Jahren begann. Stammform ist der europäische Auerochse, der aber nicht als direkter Vorfahre der heutigen Europäischen Hausrinder angesehen wird. Wahrscheinlich wurden frühe Entwicklungsstufen domestizierter Auerochsenabkömmlinge nach dem Ende der Eiszeit vor etwa 10000 Jahren von Einwanderern mit Viehzügen aus Anatolien nach Europa eingeführt und hier weiter gezüchtet. Unter den zahlreichen Rinderrassen, die in verschiedenen Rassegruppen haustiersystematisch geordnet werden, gibt es neben Hochleistungsrassen noch viele ursprüngliche Formen, dazu in Europa die schwarzen Camargue-Rinder und die Spanischen Kampfrinder als ursprünglichste Formen, auch die auerochsenähnlich gefärbten Korsischen Landrinder, die auf Zugleistung gezüchteten, grauen Ungarischen Steppenrinder, die in manchen Gebieten Englands halbwild gehaltenen weißen Parkrinder. Die wenig kälteempfindlichen Schottischen Hochlandrinder mit langem, zottigem rotbraunem Fell haben wie die anderen ursprünglichen Formen eine geringe Mast- und Milchleistung. Bei den europäischen Hochleistungsformen zahlreiche Rassen, z.B. das gelbbraun-weiß gefleckte Simmentaler Fleckvieh, das graubraune Höhenvieh, die Angusrinder sowie das Pinzgauer Rind, als bedeutungsvolle Milchrasse das Schwarzbunte Niederungsrind sowie mehrere einfarbig rote Rassen (Anglerrind, Rote Dänen). Außerdem Mastrassen wie Shorthorn und Charolaise. Ursprünglich auf der Kanalinsel Jersey entstanden und heute in Südengland weit verbreitet ist das Jerseyrind, das eine besonders fettreiche (6–7 %) und auch eiweißreiche (über 4 %) Milch produziert und mit dem Schwarzbunten Niederungsrind gekreuzt wurde. Eine nur der Schaustellung und zoologischen Bildung der Bevölkerung dienende Form ist das Auerochsenähnliche Hausrind, das in den Tiergärten von Berlin und München von den Zoodirektoren L. und H. Heck aus verschiedenen ursprünglichen Hausrinderrassen gezüchtet wurde (Heckrind). In Südasien war eine heute fossile tropische Unterart des Auerochsen (*B. p. namadicus*) Stammform der Zebus, deren Buckel über dem Widerrist aus einem nahezu untätigen, stark vergrößerten Muskel mit Fetteinlagerungen besteht (nicht identisch mit dem Muskelkamm der Bantengs und Gaure). Zebus gibt es in vielen Farbschlägen und in mehreren Rassen, darunter auch Zwergformen wie das Ceylon-Zwergzebu. Außer in Asien werden Zebus auch in Afrika und Südamerika gehalten. Die afrikanischen Watussirinder, die auf Langhornigkeit gezüchtet wurden, sind Nachfahren von Kreuzungstieren aus altägyptischen Langhornrindern und Zebus. – **Balirind** (*B. javanicus f. domesticus*): auf Bali und Java domestiziertes und vom Banteng abstammendes Haustier. Kleiner als Stammform, oft wildfarben, aber auch Schecken, weiße, gelbe und schwarze Tiere. Bali, auf Lombok verwildert. Bastarde mit Zebus in weiten Teilen Indonesiens, Malaysias und auf Hinterindien, verwildert auf Sulawesi. – **Gayal** (*B. gaurus f. frontalis*), auch Stirnrind: vor etwa 5000 Jahren domestiziertes, vom Gaur, sehr wahrscheinlich vom Hinterindien-Gaur, abstammendes Haustier. Kleiner als die Stammform, neben schwarzbraunen, weiß gestiefelten wildfarbenen Tieren auch heller gefärbte oder solche mit weißer Schwanzquaste, geflecktem Kopf sowie Schecken und Weißlinge. Westliches Hinterindien von Assam über Myanmar bis zur nördlichen Malaiischen Halbinsel, teilweise verwildert. – **Hausyak** (*B. mutus f. grunniens*): zwischen dem 13. und 18. Jahrhundert in Zentralasien aus dem Wildyak domestiziert, Last- und Reittier, liefert Wolle, Leder, Fleisch und wenig, aber sehr fettreiche Milch, unterschiedliche Fellfärbung. Usbekistan und Turkmenien über Mittelasien bis zur Mongolei und Südwestsibirien. – **Wasserbüffel** (*Bubalus arnee f. bubalis*), auch Hausbüffel oder Kerabau: Domestikationsbeginn nicht endgültig geklärt, mehrere Jahrtausende vor Beginn der heutigen Zeitrechnung. 2 Rassetypen: Sumpfbüffel (schweres Zug-, Reit- und Tragtier) und Milchbüffel (kleiner, Milch- und Fleischlieferant, auch Zugtier bei Feldarbeiten). Färbung vorwiegend schwarz, daneben auch weiße, bräunliche und gescheckte Schläge. Vom Menschen fast weltweit verbreitet. Süd-, Südost- und Ostasien, Malaiischer Archipel, Vorderasien, Südosteuropa, Mittelmeerraum, außerdem Australien, Madagaskar, Mittelamerika, Brasilien. Hausyak und Wasserbüffel sind in Deutschland sowohl in der Landwirtschaft als auch als Nutztiere im Naturschutz immer häufiger anzutreffen.

Haltung von Rindern

In Tiergärten werden häufig meist ursprüngliche europäische Formen des Hausrindes (z.B. Steppenrind, Schottisches Hochlandrind) und tropische Hausrinder wie Watussirind und Zebus sowie Wasserbüffel und Hausyak, sehr selten Balirind und Gayal gezeigt. Haltung von Hausrindern siehe Spezialliteratur.

Wildrindarten sind in Tiergärten seltener vertreten als domestizierte Formen, am häufigsten Präriebison und Wisent, weniger Banteng (wohl nur die javanische Unterart). Relativ gering ist die Zahl des Kaffernbüffels, noch seltener Gaur, Anoas und Waldbison. Nicht gehalten werden derzeit Wildyak, Kouprey, Vu-Quang-Wildrind und Tamarau. Von den in Menschenobhut gehaltenen Wildrindern stammen nur noch wenige Einzeltiere aus der Wildnis. Die heute in Zoos existierenden Wildrinderbestände wurden fast ausnahmslos in Menschenobhut geboren, viele Arten hier seit zahlreichen Generationen gezüchtet.

Je nach Ursprungsgebiet werden unterschiedliche Ansprüche an die Haltungsbedingungen in der gemäßigten Klimazone gestellt. Fast alle Arten aus tropischen Klimaten sind bedingt akklimatisierbar, können im Winter auch bei Frost auf Außenanlagen gehalten werden, benötigen aber für ihr Wohlbefinden temperierte Stallungen.

Eingewöhnung. Erwachsene Neuankömmlinge möglichst einzeln aufstallen und zur Stallreinigung stets umsperren. Ställe von neuen Tieren in deren Gegenwart keinesfalls betreten, auch wenn die Tiere einen zahmen, ruhigen Eindruck machen. Jungtiere können zu zweien oder zu mehreren in einem Stall untergebracht werden. Als Eingewöhnungsfutter in den ersten Tagen nur Heu, nach und nach steigende Kraftfutterration mit klein geschnittener Möhre. Für Grasfresser gutes Wiesen-, für Laubfresser blattreiches, weichstängeliges Luzerneheu, im Sommer Zweige von Eiche, Pappel und Weide. Besonders während der Eingewöhnung auf den Zustand des Kots achten. Wildrinderkot ist niemals kuhfladenartig breiig, sondern stets geformt (meist flache, ovale oder runde Scheibenplatten oder auch hirschähnliche Bohnen oder Kugeln). Kugeln werden lose abgesetzt, Scheibenplatten dürfen aneinander kleben. Farbe glänzend schwarzbraun bis schwarz, Geruch würzig, nie sauer. Kuhfladenartiger Kot von Wildrindern, Hausyaks und tropischen Hausrindern ist Durchfall. Auch bei ursprünglichen europäischen Hausrindern (Schottisches Hochlandrind, Ungarisches Steppenrind usw.) bei normalen Stühlen leichte Formung erkennbar.

Unterkunft. Stabile Behausungen erforderlich. Die früher übliche Gemeinschaftshaltung einer Herde oder Gruppe in einem einzigen Stall wird heute möglichst nicht mehr praktiziert. Für jedes Tier eine eigene Stallbox mit Sichtkontakt zu den anderen Herdenmitgliedern (oberer Teil der Stalltrennwände aus Gittern!), einzeln füttern. Während der kalten Jahreszeit für winterharte Bisons, Wisente, Yaks, Zebus, Hausbüffel und manche ursprüngliche europäische Hausrinder Beheizung nicht erforderlich. Mit Ausnahme der Zebus, Hausbüffel und der meisten ursprünglichen Hausrinder kann für Wisente, Bisons und Yaks auch auf Stroheinstreu weitgehend verzichtet werden. Für übrige Arten nach vorsichtiger Akklimatisation schwach beheizte Ställe mit sorgfältig gepflegtem Winterlager (große Urinmengen verursachen schnelle Durchfeuchtung!). Tiere dürfen Unterkünfte bei mäßigem Frost auch wintersüber nach Belieben verlassen, um das Freigehege aufzusuchen. Tropische Rinder bei Außentemperaturen von etwa −10 °C und darunter nicht mehr ins Freie lassen. Erfrierungen an Ohren und Schwanz sind bei niedrigeren Temperaturen in kurzer Zeit möglich (z.B. während Stallreinigung!). In manchen Tiergärten bleiben tropische Wildrinder wintersüber ganztägig im Warmhaus (z.B. Anoas, Kaffernbüffel, Bantengs und Gaure). Des ungeachtet werden in Leipzig seit Jahrzehnten auch Flachland-Anoas unter Einhaltung des oben Gesagten im Winter tagsüber ins Freie gelassen. In der Catskill Game Farm wurde diese Art sogar ganzjährig in ungeheizten Ställen gehalten. Tropische Rinder während des Aufenthalts im Freien im Winter gut beobachten. Tiere, die mit krummem Rücken, unter den Bauch gestellten Beinen und gesträubtem Fell herumstehen, frieren und müssen in den Stall gebracht werden. Besonders kälteempfindlich scheinen Gaure zu sein, die leicht frieren und vornehmlich unter Nasskälte leiden. Stalltemperatur möglichst nicht unter 16 °C. Bantengs sind widerstandsfähiger, benötigen aber mindestens frostfreie, gut belüftete, trockene Ställe, sind in feuchtkalten Unterkünften anfällig. Bei Kaffernbüffel innerartliche Unterschiede: behaarte Rotbüffel sind weniger kälteempfindlich als die nackthäutige Nominatform.

Außengehege meist mit starken Stabstahlgittern umfriedet. Gelegentlich werden bei den körperlich starken, aber meist sehr ruhigen Tieren auch punktverschweißte, aus rechteckigen Feldern bestehende, filigran wirkende Stahldrahtgitter verwendet. Höhe der Einfriedung stets 30-50 cm höher als die Rückenhöhe der Tiere, da die plump und schwerfällig wirkenden Rinder auch hohe Hindernisse springend überwinden können. Auf der Schauseite von Rinderanlagen heute überwiegend Trocken- oder Wassergräben. Trockengräben meist wenig mehr als 2 m breit, besucherseitige Begrenzungsmauer 1,5 m hoch. Wassergräben können, wenn sie gleichzeitig die Funktion eines Badebeckens haben (Hausbüffel), 4-8 m breit sein. Die Sohle fällt dann flach zur Schauseite ab und erreicht mit einem Wasserstand von etwa 1,5 m dort den tiefsten Punkt. Gelegentlich als Gehegeeinfriedung auch nur 2 m breite und 65 cm tiefe Wassergräben, die zum Besucher hin von einem 1,2 m breiten Grünstreifen eingefasst werden. In solchen Gräben suhlen Wasserbüffel gern. Vor den Unterkünften meist Vorgehege, um Weibchen mit sehr jungen Kälbern oder aggressive erwachsene Tiere isolieren zu können. In sehr großen Gehegen ist Naturrasen geeignet, in kleineren, dicht besetzten Ausläufen gut profilierter Hartplatzbelag (Mineralbodenmischung). Sandsuhle erforderlich, in der die Tiere auch mit den Hörnern wühlen können, sonst bearbeiten und zerstören sie die Bodenoberfläche damit. Gemauerte oder hölzerne Juckpfeiler sind wünschenswert. Bäume ummanteln (starke Eichenbohlen, Gitter). Gegen Sonne unempfindlich sind Kaffernbüffel und Präriebison. Schattige Gehege besonders für Anoas, Banteng, Gaur, Wisent und Waldbison, auch für die übrigen Arten und Haustierformen bei starker Sonnenbestrahlung schattige Plätze erforderlich. Bodenoberfläche in der Umgebung der Futterplätze in Außenanlagen als Hartplatzbelag anlegen, da sie sonst leicht morastig wird. Begrenzung von Außenanlagen mit Trockengräben vor dem ersten Aufenthalt im Freien optisch markieren. Stall- und Gehegehygiene wie bei Hirschen.

Umgang. Erfordert Kenntnis der Arteigenschaften, des arttypischen Verhaltens, aber auch der individuellen Eigenheiten. Gehege werden in Anwesenheit von Wildrindern in der Regel nicht betreten, denn auch als wenig angriffslustig geltende Arten oder Individuen, ja sogar zahme Tiere sind oft unberechenbar, besonders aber Bullen und Kühe mit neugeborenen Kälbern oder bei brünstigen Kühen auf der Anlage. Das gilt häufig auch für domestizierte Formen. Anoas, Rotbüffel und Kaffernbüffel sind vielfach angriffslustig, Wisent und Bison meiden Berührungskontakte mit dem Menschen, tolerieren ihn ebenso oft wie sie ihn attackieren. Bantengs dagegen sind nicht selten handzahm, auch Kerabaus, Hausyaks, Watussirinder und Zebus meist umgänglich. Muss ein Außengehege in Anwesenheit der Tiere betreten werden, Verhalten der Tiere vor und beim Betreten der Anlage genau beobachten. Rinder greifen selten unvermittelt an, geben oft vor Angriffen durch Imponier- oder Drohverhalten (Aufstampfen mit den Vorderbeinen, gespannte Körperhaltung, gesenkter Kopf, der manchmal geschüttelt wird, verlangsamter, leicht stelzender Gang von vorn oder beim Gaur auch breitseits, Wutbrüllen oder andere Drohlaute) Aggressionsabsicht zu erkennen. Gehege von gereizten Tieren keinesfalls betreten. Vorbeugende Sicherheitsmaßnahmen wie bei Hirschen, d.h. sorgsame Verriegelung aller Türen, Vorsicht im Umgang mit Müttern von neugeborenen Kälbern, gegenüber heranwachsenden, besonders männlichen Jungen Respekt verschaffen. Transport in stabilen Kisten. Polsterung des Innendachs nicht erforderlich. An heißen Sommertagen darauf achten, dass Kisten nicht in der prallen Sonne stehen und genügend Luftzirkulation durch Schlitze besteht. Besonders Tropentiere vor Zugluft schützen und nicht bei nasskalter Witterung transportieren. Transport von Hausrindern auch im Viehtransporter möglich.

Fütterung. Als Kraftfutter Pflanzenfresserpellets, auch Quetschhafer, dazu Getreideschrot, Kleie, Extraktionsschrot, Maisschrot, Mineralstoffe und Vitamine. Zusätze auch in pelletierter Form. Volumen durch Grün- oder Strohhäcksel erhöhen, damit Sättigung ohne Überfütterung erfolgt. Je nach Art, Alter, Ernährungs- und Leistungszustand (Trächtigkeit, Laktation, kühles Klima) schwanken Kraftfuttermengen zwischen 0,5 und 5 kg. Außerhalb der Frostperiode (Gefahr des Gefrierens von Futter) zu trockenem Kraftfutter Möhren- oder Rübenschnitzel beigeben. An heißen Tagen säuernde Futterreste unverzüglich entfernen. Als Raufutter für Grasfresser (Kaffernbüffel, Präriebison) Wiesenheu, übrige Arten Luzerne-, notfalls auch Kleeheu. Im Sommer reichlich Grünfutter (Wiesengras, Klee, Luzerne, Grünhafer), das, wenn nicht aus eigenem Anbau stammend, bei Bezug aus Landwirtschaftsbetrieben regelmäßig auf eventuelle Überdüngung und Mangel an Spurenelementen (z.B. Kupfer) kontrolliert werden sollte. Heubeimischung bei ungeformtem Kot. Verschiedentlich kommen Anwelk- und/oder Grünmaissilage zum Einsatz. Besonders für Wisent und Waldbison viel belaubte Zweige. Futter für tropische Rinder mit Obst und Gemüse aufwerten, gegebenenfalls auch gekochte Kartoffeln anbieten. In der Grünfutterperiode erhöhter Mineralstoffbedarf. Salzlecksteine ad libidum. Fütterungstechnik wie bei Hirschen beschrieben. Futtertröge müssen fest verankert sein, werden sonst umgeworfen, bei Arten mit längeren Hörnern auf genügend Wandabstand achten.

Vergesellschaftung. Grundsätzlich nur 1 geschlechtsreifes männliches Tier in einer Gruppe halten, dann sowohl paarweise als auch in Haremsfamilien meist gut verträglich. Gaure können oft nur als Paar gehalten werden, da Kühe untereinander unverträglich sind und rangniedere Tiere unter Zoobedingungen nicht weit genug ausweichen können. Anoas als Einzelgänger gelten als aggressiv gegenüber Artgenossen. Das trifft besonders für Individuen zu, die lange einzeln gehalten wurden. Eine Paarhaltung ist oft nur während der Brunstzeit der Kuh möglich, doch auch dann sind Kämpfe zwischen den Partnern nicht ungewöhnlich. Große Verletzungsgefahr, deshalb in solchen Fällen Hornspitzen durch aufgesteckte Schlauchstücke, Hartgummikugeln o.Ä. schützen. Auch weibliche Anoas sind gegeneinander nicht selten aggressiv. Für jedes Tier unbedingt eigenen Stall vorsehen. Anoas, die von klein auf mit Artgenossen vergesellschaftet waren, können nicht nur in Elternfamilien, sondern auch in kleinen Haremsfamilien dauerhaft friedlich zusammen leben. Kämpferische Auseinandersetzungen nur in Ausnahmefällen und dann auch nur mit geringer Intensität. Übrige Arten sind ungleich verträglicher. Kämpfe zwischen Angehörigen einer Gruppe selten. Dennoch neue Tiere nicht abrupt mit einem zusammengewöhnten Paar oder einer Gruppe vereinigen, vorher bei längerem Aufenthalt am Sichtgitter Verhalten beobachten. Erstes Zusammenlassen so vorbereiten, dass kämpfende Tiere getrennt werden können, ohne dass Menschen das Gehege betreten müssen.

Verschiedenartige Rinder lassen sich vergesellschaften, allerdings darf in einer solchen Gruppe nur 1 Bulle sein. Dabei Kreuzungen häufig und nicht selten fruchtbare Nachkommen (Hausrind × Yak, Hausrind × Zebu, Yak × Gayal, Banteng × Zebu, Wisent und Bison × Hausrind). Mit anderen Tierarten werden Wildrinder seltener in einem Gehege gehalten, doch haben sich z.B. Flachland-Anoas mit Hirschebern (Los Angeles),Wasserbüffel mit Axis- und Wisente mit Damhirschen bzw. mit Wildschweinen, Yaks mit Trampeltieren und Kulanen, Bantengs mit brütenden(!) Kranichen, Schweinsaffen, Hirschziegenantilopen und Hirschen, Gaure mit Panzernashörnern und Schabrackentapiren, Kaffernbüffel mit Antilopen, Zebras, Giraffen und Afrikanischen Elefanten, Bisons mit Wapitis, Elchen und Pekaris, Hausrinder mit Ziegen und Schafen, Hausirinder mit Zwergziegen und Zwergeseln, Watussirinder mit Säbelantilopen und Atlashirschen (San Diego Wild Animal Park) gut vertragen.

Fortpflanzung und Zucht. Alle Arten sind ganzjährig fortpflanzungsfähig, doch können sich auch bei tropischen Arten saisonale Reproduktionsschwerpunkte herausbilden, z.B. große Wurfhäufigkeit beim Kaffernbüffel in europäischen Zoos im März und Juni, in der Wildnis in der Regenzeit. Kühe bei Bisons, Wisenten und Hausyaks saisonal polyöstrisch. Hauptbrunstzeit bei Bison Juli/August, Wisent August/September, Hausyak September/Oktober. Östruszyklus 3–4 Wochen, beim Kaffernbüffel um 23 Tage, allerdings nach Beobachtungen in Berlin vielleicht auch nur um 18 Tage. Östruszyklus, Brunstdauer und Intensität auch individuell schwankend oder verschieden. Brunst der Weibchen bezeichnet man als „Rindern“. Meist wittern die Bullen einige Tage bis 1 Tag vorher die bevorstehende Brunst, halten sich dann viel in der Nähe der Kuh auf, folgen ihr, legen den Kopf an ihre Kruppe und versuchen aufzuspringen. Aber die Kuh „steht“ anfangs noch nicht, sondern läuft weg. Bei vielen Arten, z.B. Gauren, stehen die Partner stundenlang parallel oder antiparallel nebeneinander und belecken sich an Kopf, Ohren, Hals und Vorderrücken. Östrusdauer 36–48 Stunden. Häufige Brunstzeichen sind leichte Schwellung und Rötung der Schamlippen, Scheide sondert oft glasig-fadigen Schleim ab, Aufreitversuche anderer Kühe, häufiges Brüllen. Mehrfach täglich kurze Paarungen. Bei Trächtigkeit im fortgeschrittenen Stadium fast stets vermehrter Leibesumfang. Steht man direkt hinter dem Tier, erkennt man auf der linken Seite die Wölbung des Pansens, auf der rechten Seite die Wölbung des Uterus. Gibt man der Mutter kaltes Wasser zu trinken, löst das Bewegungen des Fetus aus, die auf der rechten Seite gut zu sehen sind. Gegen Ende der Trächtigkeit schwellen Milchleisten und Euter an und Mutterbänder fallen an der Kruppe ein. Tragzeit etwa 9–10 Monate. Bekannte Einzeltragzeiten: Anoas 275–315 (Mittelwert 295) Tage, Arni 300–340 Tage, Hausbüffel 287–340 (Mittelwert 304) Tage, Kaffernbüffel 300–340 Tage, Banteng 285–300 Tage, Gaur 270–280 Tage, Gayal 275–285 Tage, Hausyak 255–270 Tage, Wisent und Bison 254–285 (Mittelwerte 276 bzw. 274) Tage. Meist 1 Junges, Zwillinge bei Wildrindern (Bison, Gaur) seltener als bei Hausrindern. Anzeichen der bevorstehenden Geburt sind Schwellung der Scheide, Schleimabsonderung, unruhiges Verhalten (häufiges Hinlegen und Wiederaufstehen), verstärktes Interesse des Bullen an der Kuh (auch Aufreitversuche). Kühe, besonders von Wildrindern, vor der Geburt von der Herde absondern. Jungtier ist zwar nicht direkt durch die Herdenmitglieder gefährdet, doch solange es noch wackelig auf den Beinen steht, kann es umgeworfen werden. Größere Zahl anwesender Artgenossen ist außerdem der Festigung des Mutter-Kind-Kontaktes abträglich. Auch in der Wildnis ziehen sich gebärende Kühe meist von der Herde zurück und suchen diese erst wieder auf, wenn das Kalb sicher laufen kann. Hochtragende Anoakühe, die vorher monatelang friedlich mit einem Bullen zusammenlebten, werden in den letzten Trächtigkeitswochen oder spätestens kurz vor der Geburt aggressiv, versuchen den Bullen zu vertreiben. Dabei kann es zu heftigen Kämpfen kommen. Deshalb besonders diese Art rechtzeitig trennen. Bei Wisent, Bison, manchen anderen Wild- und Hausrindern auch nach der Geburt in der Herde komplikationslose Aufzucht.

Fußboden des Wurfstalles mit rauer Oberfläche, ausreichendem Gefälle und Fußbodeneinlauf versehen, damit in großen Mengen abgehendes Fruchtwasser schnell abfließt. Als Einstreu dünne Schicht Sägemehl, darüber kurzes Stroh. Geburt erfolgt im seitlichen Liegen. Zwischen den einzelnen Wehen steht das Muttertier häufig auf. Dauer bei Wildtieren vielfach nur etwa 45 Minuten, bei Haustieren oft wesentlich länger. Sofort nachdem das Kalb geboren ist, steht die Kuh auf. Dabei reißt die Nabelschnur. Kalb wird sorgfältig trocken geleckt, Fruchthüllen fast stets, die im Normalfall bis zu 2 Stunden später abgehende Nachgeburt seltener gefressen. Geburtsgewichte: Flachland-Anoa etwa 3 kg, Wasserbüffel 20 kg, Kaffernbüffel 40 kg, nach Literaturangaben sogar 55–60 kg (sehr hoch!), Hausyak 20 kg, Banteng 30 kg, Gayal 16–25 kg (ausnahmsweise bis 33 kg), Bison und Wisent 25–30 kg. Jungtiere stehen meist 30 Minuten nach der Geburt, haben oftmals schon 60 Minuten danach erstmals getrunken. Wie Antilopen orientieren sie sich auf der Suche nach dem Euter an dem Winkel zwischen dem senkrechten und dem waagerechten Körperumriss und landen dabei nicht selten zwischen den Vorderbeinen. Da aber die Mutter das Junge häufig an der Analregion beleckt, während dieses auf Eutersuche ist, findet es die Milchquelle zwangsläufig allein. Möglichst Kuh und Kalb kurz voneinander trennen, um den Nabel des Neugeborenen antiseptisch zu behandeln. In vielen Tiergärten Jungtierprophylaxe für alle neugeborenen Huftiere (Immuntherapie, Infektionsprophylaxe, Vitaminstoß). Neugeborene kälte- und nässeempfindlich, besonders tropische und subtropische Haus- und Wildrinder. Wisente, Bisons, manche Hausrinder, wie z.B. das Schottische Hochlandrind temperaturresistenter. Färbung der Kälber: Anoas rötlich kastanienbraun bis dunkelbraun, Banteng gelbbraun mit scharfem, schwarzem Aalstrich, Gaur rötlich braun mit schwarzem Aalstrich, Kouprey rötlich braun mit hellen Läufen, Bison rötlich braun, Wisent rötlich grau. Umfärbung zum Erwachsenenkleid meist mit 3–6 Monaten, bei Kühen spätestens am Ende des 1. Lebensjahres. Bei Arten mit deutlichem Geschlechtsdimorphismus Umfärbung der Bullen auch später abgeschlossen. Die Kälber der übrigen Arten gleichen mehr oder minder den Eltern. Säugezeit etwa 6 (selten bis 9) Monate. 4 Zitzen, Weibchen säugen im Stehen. Erste feste Kost ab 4. Lebenswoche, zuerst oft Grünfutter bzw. Heu (in dieser Zeit besonders gute Qualität, sonst Verdauungsstörungen). Mit 6–8 Wochen erste Kraftfutteraufnahme in kleinen Mengen. Für das Kalb möglichst separaten Fressplatz einrichten, an den erwachsene Tiere nicht herankommen können, um zu verhindern, dass das für das Junge gedachte Futter von anderen Tieren gefressen oder verschmutzt wird. Von der Herde bzw. dem Bullen isolierte Kühe mit Kälbern können in der Regel 2–3 Wochen nach der Geburt mit den Artgenossen wieder vereint werden. Zusammenlassen für Jungtiere meist ungefährlich, da Bullen sich selten um den Nachwuchs kümmern. Lediglich Neugierverhalten anderer erwachsener Kühe und dadurch provozierte Abwehr des Muttertieres können zu Beginn der Vergesellschaftung heikle Situationen hervorrufen. Anoas sollten vorher am Sichtgitter gehalten und nur dann möglichst bald wieder zusammengelassen werden, wenn die Elterntiere vor der Geburt gut verträglich waren. Postpartum-Östrus 6–8 Wochen nach der Geburt, bei Gauren 3¾–6½, durchschnittlich 5½ Mona-

Tab. 28.9 Milchzusammensetzung bei Rindern

Art	Trockensubstanz (%)	Fett (%)	Eiweiß (%)	Kohlenhydrate (%)	Asche (%)	Proben (Anzahl)
Wasserbüffel	16,77 (28,31)	6,84[1] (5,39)	4,04[2] (19,10)	4,80 (1,68)	0,83 (0,83)	996 (2)
Gayal	20,00	7,00	6,30 (16,99)	5,20 (2,57)		4 (2)
Hausrind	13,34 (19,08)	4,35 (5,58)	3,39[3] (12,26[4])	4,96 (3,30)	0,74 (0,99)	3337 (113)
Zebu	13,70	4,90	3,06[5]	5,16	0,70	
Hausyak	17,61 (33,01)	7,11 (14,00)	5,56 (16,14)	4,63 (1,86)	0,88 (1,01)	154 (1)
Wisent		5,87	5,10			3
Bison	13,59	2,18[6]	4,63[7]	5,57	0,88	4

Angaben in Klammern: Werte für Kolostrum
Erwähnenswerte Abweichungen von Einzelproben:
[1]12,0 % [2]6,0 %
[3]davon Kasein 3,0 %, Albumin und Globulin 0,4 % [4]im Kolostrum jedoch davon Kasein 2,8 %, Albumin und Globulin 9,5 %
[5]3,2 %, davon Kasein 2,6 %, Albumin und Globulin 0,6 %
[6]1,7–3,5 % [7]4,5 %, davon Kasein 3,7 %, Albumin und Globulin 0,8 %

te später (Geburtenabstand 394–485 Tage). In der Regel also bei den meisten Arten jährlich 1 Wurf, auch bei Gayalen, obwohl häufig bei Gauren nur 2 Würfe in 3 Jahren nicht ungewöhnlich sind. In Bayern brachte ein 30-jähriges Hausrind insgesamt 26 Kälber. Geschlechtsreife zwischen 1½ und 2½ Jahre, Bullen meist später als Kühe. Nachweise bei Anoas mit 2–3, weiblichen Bantengs mit 2, Wisent und Bison mit 2–4 Jahren, Gaurbullen mit 30 Monaten, Gaurkühen mit 25 Monaten, in 1 Fall mit 17 Monaten, bei weiblichen Gayalen mit 25–36 Monaten, ausnahmsweise auch schon mit 15 Monaten. Ausgewachsen sind Kühe etwa mit 4, Bullen mit 5–6, Wisente und Bisons sogar erst mit 8 Jahren. Im Bronx Zoo New York 1981 erstmals Embryotransfer beim Wildrind. Holsteiner Kuh trug in 308 Tagen Gaurkalb aus. Dazu hormonelle Synchronisation von Spender- und Empfängertier erforderlich bei gleichzeitiger hormonell verursachter Superovulation des Spendertieres. Die befruchtete Eizelle war zusammen mit weiteren der Gaurkuh nach Kaiserschnitt entnommen worden. Wenig später wurde in München einer Bantengkuh 8 Tage nach der Paarung eine befruchtete Eizelle durch Ausspülen aus dem Uterus unblutig über den Muttermund entnommen und einer Fleckviehfärse eingesetzt, die nach 251 Tagen Tragzeit ein gesundes Banteng-Bullkalb ausgetragen hat.

Künstliche Aufzucht unkompliziert, kann nach den in der Landwirtschaft üblichen Methoden und Techniken erfolgen, d.h. Tränken aus dem Eimer, wird aber oft auch als Flaschenaufzucht praktiziert wie bei Hirschen. Nahrungsgrundlage aller künstlichen Aufzuchten ist Milch von Hausrindern, die sich in Mitteleuropa in der Regel aus 13–13,5 % Trockensubstanz, 5 % Fett, 3,5 % Eiweiß, davon 3 % Kasein und 0,5 % Albumin und Globulin, 4,8 % Kohlenhydraten (Milchzucker) und 0,75 % Asche zusammensetzt. Handelsübliche Milchsorten unterscheiden sich im Fettgehalt (Vollmilch 3,5 %, fettarme Milch 1,3–1,8 %, entrahmte oder Magermilch 0,3 %). Die übrigen Bestandteile sind unverändert (siehe auch Band „Grundlagen"). In den ersten Lebenstagen möglichst Kolostralmilch eines Hausrindes einsetzen, die durch ihren hohen Anteil an Albumin und immunisierenden Gammaglobulinen den Aufbau des Immunsystems unterstützt, sowie den Abgang von Darmpech und den Beginn der natürlichen Verdauung fördert. Milchzusammensetzung von Rindern in Tabelle 28.9. Milch von tropischen Haustieren und, soweit bekannt, von Wildrindern, ist oft wesentlich fett- und eiweißreicher als die von europäischem Milchvieh, kann deshalb gegebenenfalls mit ungezuckerter Kondensmilch oder Vollmilchpulver angereichert werden. Gute Erfolge auch mit Kälbermilchaustauschern.

Höchstalter in Menschenobhut. Wasserbüffel 34¾, Flachland-Anoa über 36, Berg-Anoa knapp 29¼, Kaffernbüffel 29¾, Rotbüffel 28½, Gaur knapp 26¼, Gayal 25¼, Java-Banteng über 27, Hausyak 26¼, Wildyak über 19, Bison 33½, Wisent fast 26½ Jahre.

Unterfamilie Kuhantilopen (Alcelaphinae)

Etwa rothirschgroß, Hörner bei beiden Geschlechtern, bei Weibchen meist schwächer, länglicher Gesichtsschädel, abfallender Rücken, nackter Nasenspiegel, Fell stets kurz und dicht anliegend, bei Jungtieren häufig anders gefärbt, schlanke, spitzendige Klauen, relativ große Afterklauen, Voraugen- und Zwischenzehendrüsen vorhanden, Leistendrüsen fehlen, 2 Zitzen.

Verbreitung. Afrika, Nordarabien, Palästina.

4 Gattungen, 10 Arten.

Kuhantilopen (*Alcelaphus*): 3 Arten. Schulterhöhe 1,2-1,5 m, Hörner von der Basis aus zuerst leicht nach vorn und zur Seite, dann nach innen geschwungen und mit der oberen Hälfte nach hinten abgeknickt, an der Basis mit Querringen, im Mittelteil mit breiten Querwülsten, an der Spitze glatt. **Kuhantilope** (*A. buselaphus*), auch Hartebeest: Fell je nach Unterart blassgelb-, über rötlich bis schokoladenbraun. Ehemals 6 Unterarten. Einst über weite Teile Afrikas von Nordafrika mit Nordarabien bis Westafrika, außer Sahara und ohne zentralafrikanische Urwaldgebiete, über Ostafrika bis Südafrika verbreitet. Ihre Unterart *A. b. buselaphus* ist ausgestorben. Die übrigen werden jetzt häufig mit unterschiedlicher Argumentation als Unterarten oder Arten geführt: Kongoni-Kuhantilope (*A. cokii*), Tora-Kuhantilope (*A. tora*), Lelwel-Kuhantilope (*A. lelwel*), Westafrika-Kuhantilope (*A. major*) und Somalia-Kuhantilope (*A. swaynei*). – **Rotes Hartebeest** (*A. caama*), auch Kaama-Hartebeest, Rote oder Südliche Kuhantilope: vormals Unterart der Kuhantilope. Fellfarbe leuchtend kastanienrotbraun, dunkler Nasenrücken mit heller Querbinde, Beinvorderseiten dunkel, Hinterkeulen seitlich und an den Rückseiten bis zur Schwanzwurzel weiß, weißer Bauch. Südangola, Botsuana, Namibia, Südafrika bis Simbabwe. – **Lichtensteins Hartebeest** (*A. lichtensteinii*), auch Lichtenstein-Antilope, Konzi-Hartebeest: lange Zeit als Unterart der Kuhantilope angesehen, anderseits verschiedentlich sogar als eigene Gattung (*Sigmoceros*) geführt. Fell einheitlich gelbbraun, Stirn und Nasenrücken braun. Ostangola, Südosten der Demokratischen Republik Kongo, Malawi, Mosambik, Südafrika, Tansania, Sambia, Südostsimbabwe.

Beatragus-Antilopen (*Beatragus*): 1 Art. Häufig noch den Leierantilopen zugeordnet, von denen sie sich aber unter anderem durch die Hornform, ihr gelbbraunes Haarkleid und die fehlende dunkle Gesichts- und Beinzeichnung unterscheiden, dunkle Voraugendrüsen wirken wie ein 2. Augenpaar, brillengestellähnlicher, weißer, waagerechter Streifen zwischen den Augen, Schwanz überwiegend weiß. **Hunter-Antilope** (*B. hunteri*), auch Hirola, Vieraugen-

Abb. 28.51 Die Hunter-Antilope (*Beatragus hunteri*) wird nach der brillenähnlichen Zeichnung und den auffälligen dunklen Voraugendrüsen auch Brillenbock oder Vieraugenantilope genannt.

Abb. 28. 52 Die Fellfärbung des Buntbocks (*Damaliscus pygargus pygargus*) ist kontrastreicher als die der meisten anderen Antilopen, die der Jungtiere aber einfarbig hellbraun.

antilope, Brillenbock: Grenzgebiet zwischen Nordkenia bis zum Tana-Fluss und Südsomalia, im Tsavo-Nationalpark angesiedelt.

Leierantilopen (*Damaliscus*): 4 Arten. Noch viele Unklarheiten bezüglich der Zuordnung und Bezeichnung von Arten/Unterarten. **Leierantilope** (*D. lunatus*), auch Halbmondantilope oder Tsesseby, Sassaby: Größe und Gestalt wie Kuhantilope, Hörner schräg nach hinten oben und leicht lyraartig, schwach s-förmig geschwungen, starke Querwülste, nur Spitzenteil glatt, Fell gelbbraun bis dunkelrotbraun mit dunkler Zeichnung an Gesicht, Beinen und Schwanzende. Inselartig verbreitet im südlichen Afrika, einst von Nordostkongo und Ostangola über Nordostnamibia, Nordbotsuana, Ost- und Zentralsambia, Simbabwe sowie östliches Südafrika. – **Topi** (*D. korrigum*), auch Korrigum: der Leierantilope ähnlich, früher als deren Unterart geführt, hoher Widerrist, glänzendes Fell, Färbung rotbraun bis purpurrot. 3 Unterarten. Westafrika, Zentralafrika, Ostafrikas Küstengebiet von Südsomalia bis Südostkenia und Tansania. – **Bangweulu-Tsessebe** (*D. superstes*): 2003 als neue Art beschrieben. Der Leierantilope ähnlich. Nordöstliches Sambia im südlichen Teil der Bangweulu-Ebene. – **Buntbock** (*D. pygargus*): Gestalt wie Leierantilope, kleiner, zierlicher (Schulterhöhe 85–110 cm), Hörner schlanker, kürzer, Fell graurotbraun bis rötlich schwarzbraun, Gesicht, Beine, Bauch und Schwanzregion mit scharf abgegrenzten weißen Abzeichen. 2 Unterarten, von denen der Blessbock (*D. p. phillipsi*) auch als eigenständige Art geführt wird. Süd- und südliches Südostafrika, in Namibia, Botsuana und Simbabwe in privaten Wildreservaten angesiedelt.

Gnus (*Connochaetes*): 2 Arten. Kopf groß mit breiter Schnauze, Hörner an der Basis keulenartig verdickt, dann sich stark verjüngend, zuerst schräg nach vorn unten, dann steil seitlich nach vorn oben gebogen. **Weißschwanzgnu** (*C. gnou*): knapp rothirschgroß (Schulterhöhe 100–120 cm), Fell an Stirn-, Nacken-, Kehl-, Unterhals- und Brustregion kurzmähnig, dunkelbraun, Nackenmähne und Schwanz weißlich. Östliches Südafrika. – **Weißbartgnu** (*C. taurinus*), auch Streifengnu, Blaues Gnu: größer als Weißschwanzgnu, Hörner ähnlich, aber mehr nach hinten oben geschwungen, Fell von der Kehle bis zur Brust und vom Nacken bis zur Rückenmitte mähnenartig, blaugrau bis hellgraubraun, von der Schulter bis zur Keulenweiche dunkel gestreift, Halsmähne weißgrau, Nackenmähne und Schwanz schwarz. Weißbindengnu (*C. t. johnstoni*) mit weißer Querbinde auf dem Nasenrücken. 5 Unterarten, von denen *C. t. albojubatus* (Östliches Weißbartgnu), *C. t. johnstoni* und *C. t. mearnsi* auch als Arten geführt werden. Ost-, Südwest- und Südafrika, im Osten nördlich bis Südkenia, im Westen nördlich bis Angola, im Osten südlich bis Südwestsambia, Simbabwe, Mosambik und ins nordöstliche Südafrika, im Westen südlich bis Botsuana und Namibia.

Gefährdungsstatus. Bestand der meisten Arten gesichert. Ausgerottet wurde die Nordafrikanische Kuhantilope, hochgradig gefährdet sind Tora-Kuhantilope und Somalia-Kuhantilope. Im eigentlichen Verbreitungsgebiet nahezu ausgerottet wurden Hunter-Antilope (gilt mit ca.

Abb. 28.53 Beim dunkelbraunen Weißschwanzgnu (*Connochaetes gnou*) sind Nackenmähne und Schwanz weißlich.

250 geschlechtsreifen Individuen als eine der bedrohtesten Huftierarten. Topi, Bangweulu-Tsessebe und Buntbock aber in privaten ausgedehnten, gut bewachten und eingezäunten Ländereien durch Zucht vermehrt, Wiederansiedlung in Wildschutzgebieten durch staatliche Maßnahmen), Weißbartgnu (in Malawi und Südafrika ausgerottet, danach in Nationalparks und Schutzgebieten wieder angesiedelt) und Weißschwanzgnu (Mitte des vorigen Jahrhunderts in der Wildnis ausgerottet). Farmer schützten die letzten auf ihrem Land befindlichen Tiere, so dass die Art später in Schutzgebieten ausgesetzt werden konnte und mit einem Bestand von über 11000 geschleichtsreifen Tieren mit steigender Tendenz als nicht mehr gefährdet eingeordnet wird. Das einst vom Aussterben bedrohte Rote Hartebeest konnte in Südafrika durch geeignete Schutzmaßnahmen erhalten werden. Der Blessbock hat in Schutzgebieten überlebt und ist dort auch weiter nicht bedroht. Weiterhin gefährdet ist die Westafrika-Kuhantilope, dagegen ist die Kongoni-Kuhantilope heute die häufigste aller Hartebeeste. EEP für den Blessbock in Chessington, für den Weißschwanzgnu in der Zoo Safari Thoiry.

Lebensweise. Tag- und Dämmerungstiere, vorwiegend in den frühen Morgen-, Nachmittags- und Abendstunden aktiv, ruhen oder wiederkäuen während der heißen Tageszeit im Schatten. Kuh- und Leierantilopen äsen häufig nachts, Gnus nur in hellen Nächten. Lebensraum sehr unterschiedlich: offene Grassteppe, Strauch-, Busch- und Baumsteppe im Flach- und Hügelland, dichte, mit Lichtungen durchsetzte Buschgebiete (Kuh-, Hunter-, Leierantilopen und Weißschwanzgnu). Leierantilopen sowohl in Halbwüsten als auch im feuchten Grasdschungel von Überschwemmungsgebieten. Weißbartgnu in felsig-steiniger Geröllsteppe, die vom Weißschwanzgnu gemieden wird. Kuh- und Leierantilopen sind nicht an das Vorhandensein von Wasser gebunden, können einige Tage ganz ohne Wasser auskommen (Kuhantilopen in der Kalahari), Gnus unbedingt auf Wasser angewiesen.

Gesellig in kleinen bis mittelgroßen Rudeln von 5–50 Tieren oder in großen Herden. Rudel bestehen entweder meist nur aus Weibchen mit Jungen oder nur aus Männchen verschiedener Altersgruppen. Ältere Männchen einzeln oder in kleinen eigenen Territorien, die gegen andere Männchen verteidigt und durch Kotplätze (Kuh-

und Leierantilopen) sowie mit Voraugendrüsensekret entweder gezielt an einzeln stehenden Stängeln oder Zweigen (Kuh- und Leierantilopen) oder durch Verreiben im Gras (Gnu) markiert werden. Männchenterritorien werden von den Weibchenrudeln aufgesucht, dann Bildung von Rudeln aus 1 Männchen, Weibchen und Jungtieren. In Gegenden mit ganzjährig reichlichem Nahrungsangebot ortstreu, Territorien bleiben jahrelang besetzt, werden aber andernorts während der Trockenzeit meist verlassen. Dann Wanderungen in großen Herden. Passgänger. Bei Weißschwanzgnus der Serengeti besetzen einzelne Männchen sogar während der Wanderung für wenige Stunden oder Tage kleine Territorien, reihen sich später wieder in den Zug ein. Territorialverhalten der Männchen besonders während der Brunstzeit stark ausgeprägt. Brunst örtlich verschieden, doch jahreszeitlich fixiert. Dann heftige Kämpfe um Territorien und Weibchenrudel. Kampfstellung kniend auf den Karpalgelenken (Vorderfußgelenke). Kuhantilopen- sind wie Gnubullen auch während der Wanderungen streitsüchtig, verfolgen flüchtenden Unterlegenen, schlagen mit den Hörnern zu, dabei kommt es zu Verletzungen. Geburten meist in der kleinen Regenzeit. Große Wanderherden auf gemeinsamer Futtersuche auch bei Bunt- und Blessbock vor ihrer Dezimierung. Wanderungen im Gänsemarsch. Jungtiere seitlich neben der Mutter in Schulter- oder Beckenhöhe. Einzelne Kuh- und Leierantilopen oft auf erhöhten Plätzen (Hügelkuppen, Termitenbaue) als Wache für äsende Artgenossen oder zur optischen Reviermarkierung. Grasende Leierantilopen sind weit über das Gelände zerstreut. Jungtiere bleiben unter Aufsicht eines oder einiger Weibchen zurück. Beunruhigte Mütter eilen unverzüglich zu ihren Jungen. Bei Gefahr schnelle Flucht mit weiten Sprüngen, oft Schaukelpferdgalopp. Kuhantilopen sind schnelle ausdauernde Läufer. In die Enge getrieben, greifen sie ungestüm an, Gnus nicht selten gemeinsam. Kuh- und Leierantilopen flehmen nicht. Alle sind wenig stimmfreudig, kurz blökende (Gnus) oder prustende (Leierantilopen) Alarmlaute, bellende oder knurrende Brunstrufe, brummende oder zirpende Stimmfühlungslaute der Mütter. Alle erkennen auch Alarmrufe anderer Tierarten. Vergesellschaftung (mit Zebras, anderen Antilopen und Straußen) ist nur gegenseitiges Dulden auf gemeinsamen Weideplätzen.

Nahrung. Vorwiegend Gräser und Kräuter, seltener Blätter, Knospen. Manche Arten (z.B. Kuh-, Leierantilopen und Weißbartgnus) schälen auch Rinde.

Haltung von Kuhantilopen

Kuhantilopen werden sehr selten, Leierantilopen und Buntbock selten, Blessbock häufiger und beide Gnuarten gelegentlich in Tiergärten gezeigt. Siehe Haltung von Antilopen.

Unterfamilie Pferdeböcke (Hippotraginae)

Rothirsch- bis pferdegroß, Hörner bei beiden Geschlechtern, bei Weibchen schwächer.

Verbreitung. Afrika, Arabien.

3 Gattungen, 7 Arten.

Pferdeantilopen (*Hippotragus*), auch Rossantilopen: 2 Arten: Charakteristisch sind rückwärts gebogene Hörner mit Querrillen und Nackenmähne aus steifen Haaren. **Pferdeantilope** (*H. equinus*): bis pferdegroß (Schulterhöhe der Männchen 140–160 cm), Weibchen kleiner, Hörner lang, kreisbogenförmig nach oben und hinten geschwungen, stark quer gerillt, an der Spitze glatt, Fell kurz, glatt, große Ohren mit Haarpinsel, Halsmähne, vom Nackenkamm bis zur Rückenmitte Stehmähne, Fell ockerrot bis graubraun, mit helleren, weißen und dunkleren Abzeichen am Kopf. 6 Unterarten. Afrika südlich der Sahara im Norden von Südmauretanien und Senegal über Mali, Niger, Tschad und Somalia bis östliches Äthiopien, im Westen von Guinea Bissau über Elfenbeinküste, Burkina Faso, Nigeria, Demokratische Republik Kongo und Angola bis Namibia, im Osten von Kenia und Uganda über Tansania, Sambia, Mosambik,

Abb. 28.54 Die Säbelantilope (*Oryx dammah*), die einst im alten Ägypten halb domestiziert als Opfertier gehalten wurde, konnte später nur in Tiergärten als Art überleben und wurde erfolgreich in Tunesien und Marokko wieder eingebürgert.

Simbabwe bis ins östliche Südafrika. – **Rappenantilope** (*H. niger*): Gestalt wie Pferdeantilope, aber etwas kleiner, ohne Ohrpinsel, Nackenmähne vorhanden, aber keine oder nur angedeutete Halsmähne, Hörner länger, stärker kreisbogenförmig, Geschlechter verschiedenartig gefärbt, aber mit gleicher Kontrastzeichnung, erwachsene Männchen dunkelbraun bis braunschwarz, selten kastanienbraun, Weibchen kastanienbraun bis rötlich ockerfarben, weiße, halfterartige Zeichnung von Kinn, Maul und Nase über den Nasenrücken zu den Augen und entlang des Unterkiefers zum Kieferwinkel, Bauch und Hinterkeulen scharf abgesetzt weiß. 4 Unterarten, davon Riesenrappenantilope (*H. n. variani*) und Ostafrikanische Rappenantilope (*H. n. roosevelti*) auch als Art geführt. Südliches Afrika, im Westen vom Süden der Demokratischen Republik Kongo über Zentral- und Ostangola, Nordbotsuana bis Nordostnamibia, im Osten von Südostkenia über Tansania, Malawi, Mosambik, Sambia und Simbabwe bis ins nordöstliche Südafrika.

Spießböcke (*Oryx*): 4 Arten. Sehr lange, gerade oder gebogene Hörner mit Querrillen, Hörner der Weibchen oft etwas länger, kurze Mähne, schwarz-weiße Gesichtsmaske, Fellfarbe, -struktur und physiologische Mechanismen helfen Überhitzung zu vermeiden (untersucht an Ostafrikanischen Spießböcken). Körpertemperatur schwankt zwischen 36 °C und 46,5 °C und ein Adergeflecht der Halsschlagader sorgt für Herunterkühlen des zum Hirn geführten Blutes. **Südafrikanischer Spießbock** (*O. gazella*), auch Südafrikanische Oryx: kleiner (Schulterhöhe 90–140 cm), Hörner als gerade Spieße nach hinten oben gerichtet, im unteren Drittel quer gerillt, beim Weibchen länger als beim Männchen, fersenlange Schwanzquaste, vom Nacken bis zum Widerrist kurze Stehmähne, Fell kurz, dicht, weißlich, rötlich weißlich oder hellbraunrötlich sowie weiße Kontrastfärbung neben dunkelbraunen Abzeichen. Südliches Afrika, Namibia, Botsuana, Südafrika, Simbabwe. – **Ostafrikanischer Spießbock** (*O. beisa*), auch Beisa-Antilope: dem Südafrikanischen Spießbock sehr ähnlich. 2 Unterarten, die auch als Arten (Büschelohr-Spießbock, *O. callotis*, und Galla-Spießbock, *O. gallarum*) aufgeführt werden. Äthiopien bis Kenia. – **Säbelantilope** (*O. dammah*): lange, runde, quer geringelte Hörner säbelartig nach hinten gebogen, Fell weißlich, an Flanken und Rücken, besonders an Hals und Brust hellbraunrötlich. Einst von Mauretanien

Abb. 28.55 Der Arabische Spießbock (*Oryx leucoryx*) war in seinem gesamten Ursprungsgebiet ausgerottet. Aus einer kleinen Restgruppe in Tiergärten wurde der Bestand vergrößert und Tiere daraus in nun geschützten Arealen ihrer früheren Heimat wieder angesiedelt.

bis Ägypten, zuletzt nur noch kleine Restvorkommen im Norden der Staaten Niger und Tschad. – **Arabischer Spießbock** (*O. leucoryx*), auch Weiße oder Arabische Oryx: Hornform und Stellung ähnlich wie Spießbock, enger stehend, Fell hellgrau mit dunkler Gesichts- und Beinzeichnung. Einst Vorderasien von Sinai, Israel, Libanon und Syrien bis zum Irak und Arabische Halbinsel.

Addax-Antilopen (*Addax*): 1 Art. Kleinster Pferdebock (Schulterhöhe 95–115 cm). Hörner gerade, schräg nach hinten oben, leicht auswärts gerichtet, anderthalb- bis dreimal um die Längsachse gewunden. Fell dicht, im Sommer weiß, kurz, locker anliegend, im Winter Mähne um den Hals und die vordere Schulter bis zum Widerrist, übriges Fell langhaariger, graubraun bis grauweiß, Kopf, Hals und Seiten dunkler als übriger Körper, brauner Stirnschopf, weiße Abzeichen am Kopf. Bildung des Winterfells ab September, Fellwechsel im Mai. **Addax** (*A. nasomaculatus*), auch Mendesantilope: Einst ganz Nordafrika von Mauretanien über die mittlere und südliche Sahara bis Nordwestsudan, heute nur noch unbedeutende Reste, vor allem im Süden des Verbreitungsgebiets.

Gefährdungsstatus. Wildbestände der Säbelantilope, auch deren einstige Restbestände am Südrand der Sahara, und des Arabischen Spießbocks innerhalb des einstigen Verbreitungsgebiets in der 2. Hälfte des 20. Jahrhunderts vernichtet. Die Säbelantilope, die schon im alten Reich Ägyptens als halb domestizierte Opfertiere von Menschen gehalten wurde, konnte in einer größeren Zahl von Tiergärten als Art überleben. Erfolgreiche Wiederansiedelungen durch europäische Zoos in Tunesien und Marokko. Beim Arabischen Spießbock wurde 1962 mit wenigen überlebenden Einzeltieren aus Zoos und 3 Wildfängen durch die Bildung einer Weltherde im Zoo Phoenix die Keimzelle einer erfolgreichen Arterhaltung in Tiergärten geschaffen. Inzwischen Wiedereinbürgerungen im Oman, in Saudi-Arabien, Jordanien und Israel (Sinai-Halbinsel). Artbestand der schutzbedürftigen Pferdeantilope in der Wildnis stark rückläufig, in Reservaten aber noch gesichert, allerdings ausgerottet in Eritrea, Gambia, Burundi und Swaziland (dort inzwischen wieder eingebürgert). Bestandssicherung der Rappenantilope vor allem in Schutzgebieten (Krüger-Nationalpark), bisher ungeschützt dagegen die hochgradig gefährdete Restpopulation der in weiten Teilen ihres einstigen Verbreitungsgebietes ausgerotteten Riesenrappenantilope, von der eine Restpopulation im Luando Integral Nature Reserve und im nahen, nördlich davon gelegenem Cangandala-Nationalpark in Angola überlebte, obwohl das Land in dem 27-jährigen Bürgerkrieg 90 % seiner Großwildbestände verloren hat. Bestand der Addax in der Wildnis extrem gefährdet, in Niger größte Population mit 200 Tieren, im Sudan, Tschad und in Mali sowie eventuell im südlichen Algerien noch wenige einzelne Tiere. Wiederansiedlung aus Zoobeständen im Dschebel-Bou-Hedma-Nationalpark (Mitteltunesien) am Rande der Sahara sowie im Souss-Massa-Nationalpark in Marokko durch den Zoo Hannover in Zusammenarbeit mit dem Zoo Tunis. Weitere Wiederansiedlungsprojekte in Vorbereitung (Nationalpark Bas Drâa in Marokko). Ost- und Südafrikanischer Spießbock auch außerhalb von Schutzgebieten noch gesichert.

Internationales Zuchtbuch für die Arabische Oryx und die Säbelantilope im Zoo Marwell, für die Addax in Palm Desert, EEP für die Arabische Oryx in Zürich, für die Säbelantilope im Zoo Görlitz, für den Ostafrikanischen Spießbock in Prag, für die Addax und die Pferdeantilope im Zoo Hannover, für die Rappenantilope im Zoo Givskud.

Lebensweise. Tag- und Dämmerungstiere, besonders in den Morgen- und Abendstunden aktiv. Während der heißen Tageszeit in baum- oder buschbestandenen Einständen, unter Felsen oder in selbst gescharrten, kühlenden Sandmulden. Nur in stark bejagten Gebieten Nachttiere (Pferde- und Rappenantilope, Spießböcke), Addax dagegen häufig nachts rege. Lebensraum sind deckungsreiches Gelände wie lockere bis dichte Buschsavanne, Galeriewälder und Gehölzlichtungen (Rappenantilope bis in 2000 m Höhe), lockere offene Baumsteppe (Pferdeantilopen) oder Gras- und Buschsteppe (manche Spießböcke), Halbwüsten und Wüsten mit sandigem oder steinigem und felsigem Boden des Flach-, Hügel- oder Berglandes (einige Spießböcke, Addax). Pferdeantilopen sind an Wasser gebunden, trinken in der Trockenzeit bis zu dreimal täglich, Wüsten bewohnende Spießböcke und Addax kommen längere Zeit ohne Wasser aus, decken ihren Feuchtigkeitsbedarf aus der Nahrung. Gesellige Kulturflüchter, in kleinen Familienverbänden von 3–20 Tieren mit 1 Männchen, mehreren Weibchen und Jungtieren oder auch mit 2 oder mehreren Männchen, Rudel von Rappenantilopen größer. Auf Wanderungen Herdenbildung. Pferde- und Spießböcke auch paarweise. Jüngere und abgeschlagene alte Männchen in kleinen Bockrudeln. Alte Spießböcke und Addax auch Einzelgänger. Führung der Trupps bei Pferdeantilopen durch altes Weibchen, bei Spießböcken durch Männchen oder Weibchen. Letztere erkunden neues Terrain erst allein, geleiten Herde später dorthin. Über Territorialverhalten wenig bekannt. Pferdeantilopen und Ostafrikanischer Spießbock ortstreu, vagabundieren in großen Weideterritorien. Nur in ungünstigen Gebieten während der Trockenzeit weite Wanderungen. Säbelantilope, Arabische Oryx und Addax nicht ortstreu, im Verlauf eines Jahres weite Wanderungen (Säbelantilopen einst von der Westsahara in die Zentralsahara, von da in den Südsudan und umgekehrt). Brunstzeit entweder örtlich verschieden, jahreszeitlich fixiert oder ganzjährig. Heftige Kämpfe der Männchen, ähnlich wie Kuhantilopen kniend. Bei Spießböcken Fechtduelle im Laufen oder im Stehen. Dieses Kampfverhalten, auch das Scharren männlicher Spießböcke vor der Kot- und Harnabgabe, die nicht gleichzeitig erfolgen, sowie die Gesichtszeichnung sind gazellenähnlich. Bei Gefahr prustender Warnlaut. Flucht in rasendem Galopp und mit weiten Sprüngen. In die Enge getrieben, greifen sie ungestüm sogar Löwen an. Mehr als Kuhantilopen vergesellschaftet mit anderen Antilopen, Zebras, Straußen.

Nahrung. Vorwiegend Gräser und Kräuter, weniger Blätter, Knospen, Früchte, Triebe, Rinde. Spießböcke nehmen auch Zwiebeln, Knollen und Früchte, um Wasserbedarf zu decken. Südafrikanischer Spießbock gräbt in der Kalahari die melonenähnlichen, saftigen Früchte und Wurzeln der Tschamna aus. Arabische Oryx ernährt sich u.a. von Wüstenmelonen, Tamariskenknospen und Sträuchern. Als Wasserspender dienen auch die grünen, stacheligen Früchte des Nara-Busches.

Haltung von Pferdeböcken

In Tiergärten werden Arabische Oryx in Deutschland sehr selten, in Europa häufiger,

Abb. 28.56 Nur männliche Wasserböcke haben Hörner mit kräftigen Querringen und glattem Spitzenteil. Das Kennzeichen des Defassa-Wasserbocks (*Kobus defassa*) ist der weiße Spiegel.

Pferde- und Rappenantilope selten, Ostafrikanischer und Südafrikanischer Spießbock vereinzelt, Säbelantilope und Addax häufiger gezeigt. Siehe Haltung von Antilopen.

Unterfamilie Ried- und Wasserböcke (Reduncinae)

Dam- bis rothirschgroß, Hörner nur bei Männchen, alle mit relativ langem Fell.

Verbreitung. Afrika südlich der Sahara.

3 Gattungen, 11 Arten.

Wasserböcke (*Kobus*): 6 Arten. Männchen größer als Weibchen. **Ellipsen-Wasserbock** (*K. ellipsiprymnus*), auch Hirschantilope: Schulterhöhe 100–130 cm, Weibchen kleiner, Hörner lang, leicht säbelförmig, schwach nach hinten, dann nach oben außen und am Ende leicht nach vorn geschwungen, 18–38 kräftige Querringe und raue Längsriefen, Spitzenteil glatt, Fell mittellang, strähnig rau, ölig-fettig, terpentinartig riechend, am Hals mähnenartig, gelbbraun über graurot bis grauschwarz, an manchen Körperteilen dunkler, weiße Abzeichen an Kopf, Keulen, Gliedmaßenweichen und über den Hufen je nach Unterart verschieden, weißer Ringstreifen um Schwanzansatz. Im Zusammenhang mit dem weiten Verbreitungsgebiet 13 Unterarten. Afrika südlich der Sahara, im Norden von Senegal bis Somalia, im Westen von Gabun bis Angola und Nordnamibia, über weite Teile Zentralafrikas und im Osten von Kenia bis Mosambik und Simbabwe sowie im Süden bis Botsuana und das östliche Südafrika. – **Defassa-Wasserbock** (*K. defassa*): Fell heller als beim Ellipsen-Wasserbock, weißer Spiegel am Schwanzansatz. Kongo bis Angola. – **Puku** (*K. vardoni*): wurde lange Zeit nur als Unterart des Ellipsenwasserbocks geführt. 2 Unterarten. Savannenfeuchtgebiete im Süden der Demokratischen Republik Kongo, Nordostangola, Nordostnamibia, Südsambia, Nordbotswana. – **Kob-Wasserbock** (*K. kob*), auch Kob- oder Kop-Grasantilope: Gestalt wasserbockähnlich, kleiner (Schulterhöhe der Männchen 70–105 cm) und zierlicher, Hörner mittellang, sehr kräftig, nach hinten oben leierartig, s-förmig geschwungen, in den beiden unteren Dritteln 10–15 Querringe, Fell glatt, kurz, vorn leicht strähnig, an Kopf und Gliedmaßen schwarzbraune und weiße Abzeichen. 7 Unterarten, wovon einige auch als Arten geführt werden: Kamerun-Grasantilo-

Abb. 28.57 Weißnacken-Moorantilopen (*Kobus megaceros*) unterscheiden sich in den Geschlechtern deutlich. Die Männchen sind größer, besitzen Hörner und im dunklen Fell zeichnet sich ein weißer Nackenfleck deutlich ab. Die Weibchen sind unscheinbar hellbraun.

pe (*K. loderi*), Uganda-Grasantilope (*K. thomasi*), Weißohr-Moorantilope (*K. leucotis*). Westafrika von Senegal bis Nigeria, nördliches Zentralafrika von Kamerun bis Uganda, Westkenia und Südäthiopien, inneres Ostafrika vom Sudan bis Tansania. – **Litschi-Wasserbock** (*K. leche*), auch Moorantilope, Litschi, Lechwe: Gestalt, Größe und Hörner wie Kob-Wasserbock, Hörner aber schwächer, länger, doppelte Zahl Querringe, Afterklauen kräftig, dreikantig, spitz, wie Klauen weit spreizbar, Fell strähnig, gelbbraun, selten schwarzbraun, weiße und dunkle Abzeichen. 3 Unterarten, jetzt mit Artstatus geführt: Upemba-Litschi (*K. anselli*), Gestalt und Färbung ähnlich der Schwarzen Litschi, und Kafue-Litschi (*K. kafuensis*). Demokratische Republik Kongo, Südostangola und Nordostnamibia, Botsuana und Sambia südlich bis zum Sambesi. – **Schwarze Litschi** (*K. smithemani*), auch Bangweole-Litschi: früher als Unterart des Litschi-Wasserbocks geführt. Ähnlich, aber Männchen färben mit 3–4 Jahren um, Fell dann schwarz bis schwarzbraun, auch Weibchen dunkeln nach. Nordsambia im Raum des Bangweulu-Sees und nordwestlich davon im Einzugsgebiet des Chambeshi-Flusses. – **Weißnacken-Moorantilope** (*K. megaceros*), auch Frau Grays Wasserbock: Gestalt, Größe wie Kob-Wasserbock, deutlicher Sexualdimorphismus, Hörner des Männchens wie Litschi-Wasserbock, aber länger, etwas dünner, steiler, Weibchen hornlos, Fell strähnig, Hals mit Mähne, Färbung der Männchen oberseits gold- bis schwarzbraun, weiße Abzeichen an Kopf, Nacken und Fesseln Weibchen gelb- bis kastanienbraun mit abgeschwächter Zeichnung. Südlicher Sudan und Westäthiopien.

Riedböcke (*Redunca*): 3 Arten. Männchen und Weibchen gleich groß, unter den Ohren Drüsenfleck. **Großer Riedbock** (*R. arundinum*), auch Großriedbock: damhirschgroß oder etwas größer (Schulterhöhe 65–105 cm), Gestalt schlank, Hörner kurz, am Grunde dick, dann sich schnell verjüngend, nach hinten oben außen aufsteigend und dann nach vorn gekrümmt, in den beiden unteren Dritteln vorn kräftig, hinten schwach quer gerillt, wenig gewulstet, Fell kurz, eng anliegend, am Hals leicht strähnig, gelbgraubraun bis braungrau, am Kopf weiße, daneben wie an den Beinen dunkle Abzeichen. Von Gabun über Angola, Namibia bis Botsuana und von der Demokratischen Republik Kongo über Sambia, Simbabwe und Mosambik bis in den Osten Südafrikas. – **Gemeiner Riedbock** (*R. redunca*), auch Isabell-Antilope: kleiner (Schulterhöhe 65–90 cm), Gestalt und Hörner wie Großriedbock, Hörner im Spitzenteil stärker nach vorn gekrümmt und stark quer gewulstet, Afterklauen miteinander verwachsen, Fell kurz, isabellfarben bis blassbraungelb. 7 Unterarten. Nördliches Mittelafrika vom südlichen Mauretanien und Senegal bis Eritrea und Äthiopien, von dort südlich über Kenia, Uganda bis Tansania. – **Bergriedbock** (*R. fulvorufula*): kleiner (Schulterhöhe 60–80 cm), Gestalt wie Riedbock, aber Hörner kürzer, wenig quer gewulstet, Fell leicht wollig, gekräuselt, graubraun. 3 Unterarten. In 3 weit auseinander liegenden, inselartigen Verbreitungsgebieten in Südostafrika (Südmosambik und Südosten von Botsuana bis Lesotho im östlichen Südafrika), Ostafrika (Sudan und Äthiopien über Kenia und Uganda bis Nordtansania) sowie Westafrika (Ostnigeria bis Westkamerun). Seit 2011 werden neben den traditionellen 3 Arten, kontrovers diskutiert, 6 bisherige Unterarten als Arten geführt, davon Tschad-Riedbock (*R. nigeriensis*), Sambia-Riedbock (*R. occidentalis*), Sudan-Riedbock (*R. cottoni*), Bohor-Riedbock (*R. bohor*) und Ostafrika-Bergriedbock (*R. chanleri*).

Rehantilopen (*Pelea*): 1 Art. Rehgroß (Schulterhöhe 70–80 cm), Hörner kurz, dünn senkrecht, nur gering nach vorn gebogen, Gestalt schlank, zierlich, hochbeinig, Fell wollig, kurz, dicht, blassgrau bis graubraun, Beine und Stirn gelbbraun, an Kopf und Hals weiße und schwarzbraune Abzeichen. **Rehantilope** (*P. capreolus*), auch Rehböckchen: Südafrika mit Lesotho und Swaziland.

Gefährdungsstatus. Bestand in der Wildnis bei einigen Arten oder deren Unterarten nicht gefährdet, andere regional ausgerottet, so Kob-Wasserbock in Gambia, Sierra Leone und Westkenia, Ellipsenwasserbock in Gambia und Schwarze Litschi im Einzugsgebiet des Chambeshi-Flusses in Nordwestsambia, aber 1975 wieder angesiedelt. Ellipsenwasserbock nur in Schutzgebieten erhalten. Bedroht oder schutzbedürftig sind Schwarze Litschi, Bergriedbock in allen 3 Verbreitungsgebieten, besonders in Westafrika. Wildnisbestand der Rehantilope unklar, Zahl wahrscheinlich abnehmend, daher schutzbedürftig wie andere Arten, deren Individuenzahl unter 50 000 (Weißnacken-Moorantilope, Großer Riedbock) geschätzt wird. EEP für den Litschi-Wasserbock im Fota Wildlife Park, für die Weißnacken-Moorantilope im Bioparco die Roma.

Lebensweise. Tag- und Dämmerungstiere, besonders in den Vor- und Nachmittagsstunden aktiv. Während der heißen Mittagszeit meist in Einständen im Schatten von hohem Gras, Büschen und Bäumen (Ellipsen-Wasserbock, Kob-Wasserbock, Riedböcke), manche liegen auch in der prallen Sonne auf Sandbänken am Ufer oder auf Inseln (Litschi-Wasserbock und Weißnacken-Moorantilope). Alle Arten äsen häufig nachts (Rehböckchen besonders in hellen Nächten) oder gehen nachts zur Tränke (Rehböckchen). Besonders nachtaktiv sind Kob-Wasserböcke. Lebensraum verschieden. Alle Arten, außer Bergriedbock, sind auf Vorhandensein von Wasser angewiesen. Mit einer Ausnahme Kulturflüchter, meiden die Nähe menschlicher Siedlungen, zeigen sich dort höchstens nachts (Wasserböcke). Rehböckchen gelten als Kulturfolger. Über Sozial- und Territorialverhalten ist wenig bekannt. Zu bestimmten Zeiten in größeren Rudeln. Rehböckchen in kleinen Haremsverbänden (6–12 Tiere). Riedböcke auch sehr oft paarweise, Rudelbildung vermutlich nur bei noch nicht erwachsenen, von den Eltern abgeschlagenen Jungtieren, später Paarbildung, beim Uganda-Riedbock vielleicht Dauerehe. Alte männliche Wasserböcke sind ortstreue Einzelgänger in großem Territorium. Weibchen und Junge in Trupps aus Mutterfamilien, wandern durch die Reviere der alten, einzelgängerischen Männchen und gehören diesen, solange sie sich in deren Territorium aufhalten. Überzählige Männchen bilden

Junggesellenrudel. Während der Trockenzeit große gemischtgeschlechtliche Herden. Bei Kob-Wasserböcken teils große, weit auseinander liegende Männchenterritorien, jedoch in dicht besiedelten Gebieten (Hügelland) Kleinstterritorien von 20–60 m Durchmesser. Dann zwischen den Grenzen meist schmale, neutrale Zonen. Dort vereinzelte Auseinandersetzungen zwischen Reviernachbarn. Dagegen keine Kämpfe um Weibchen, da letztere Männchenreviere durchwandern. Reviermarkierung durch Imponierverhalten, Pfiffe und langes Verharren an optisch auffallenden Stammplätzen (Schaustellung). Bei Riedböcken und Rehböckchen heftige Kämpfe unter Männchen um Weibchen, im Stehen frontal mit gesenkten Hörnern oder halbseitlich gehend oder stehend. Bei Riedböcken während der Brunst hohe Werbungssprünge. Anführung der Familien von Weißnacken-Moorantilopen durch älteres Weibchen. Männchen folgen den Trupps bis an die Reviergrenze. Alle Arten versuchen sich durch Drücken, flach am Boden liegend, vor Feinden zu verbergen. Wasserböcke fliehen in schwerfälligem Galopp, Riedböcke, Kob- und Litschi-Wasserböcke sowie Weißnacken-Moorantilopen in hohen, weiten, eleganten Sätzen, auch über Büsche und andere Hindernisse. Flüchten ins Wasser, wo sie sich bis auf den Kopf eingetaucht verstecken, schwimmen in tieferem Wasser gut. Bergriedböcke, die auf der Flucht wie alle Riedböcke bei jedem Satz die Hinterbeine und den Schwanz hochwerfen, und Rehböckchen versuchen hangabwärts oder durch Umlaufen des Hügels der Gefahr zu entgehen.

Nahrung. Gräser und Kräuter, auch Sumpf- und Wasserpflanzen (Kob-Wasserbock, Weißnacken-Moorantilope und Litschi-Wasserbock), Feldfrüchte (Ellipsen-Wasserbock), nur wenig Blätter, Zweige, Triebe (Ellipsen-Wasserbock, Rehböckchen).

Haltung von Ried- und Wasserböcken

In Tiergärten nur Ellipsen- und Defassa-Wasserbock häufiger, auch Weißnacken-Moorantilope nicht selten, Litschi-Wasserbock, besonders die Unterarten Rote Litschi (*K. l. leche*) und Kafue-Litschi, gelegentlich, Bergriedbock (z.B. Tierpark Berlin) sehr selten gezeigt. Siehe Haltung von Antilopen.

Haltung von Antilopen

Die Sammelbezeichnung „Antilopen“ hat nach zoologisch-systematischen Erkenntnissen zwar keine Berechtigung mehr, ist aber im deutschen Sprachgebrauch so eingebürgert, dass sie als praxisbezogener Oberbegriff für verschiedene, vorwiegend tropische und subtropische, ausnahmsweise auch in gemäßigten Breiten lebende, Hörner tragende Paarhufer Verwendung findet, die etwa nach den gleichen Methoden und Praktiken in Menschenhand gepflegt werden.

Eingewöhnung. Wegen der hohen Fluchtbereitschaft oft nicht komplikationslos. Neuankömmlinge nicht ins Gehege aussetzen, sondern zuerst in den Stall überführen und hier nach der Ankunft unterbringen. Oft sehr schreckhaft, deswegen langsam an Sprache und andere Geräusche gewöhnen, eventuell Radiogerät leise spielen lassen. Wie bei Giraffen und Hirschen vorhandene Gitter zum Schauraum, zu Nachbarboxen oder Pflegergang mit Laubgehölzzweigen bestecken oder mit halbdurchsichtigem Sackleinen, Planen, festen Kunststofffolien abdecken, die gut befestigt sein müssen, dass sie bei Zugluft nicht flattern und von den Tieren nicht abgerissen werden können. Individuelle Kotentnahme am besten aus der Transportkiste. Methoden zur individuellen Wiedererkennung wie bei Hirschen. Jungtiere und erwachsene, hornlose Weibchen können gemeinsam, erwachsene Männchen sollten stets, Hörner tragende Weibchen in den meisten Fällen einzeln mit Sichtkontakt zu Artgenossen aufgestallt werden. Sichtkontakt in Form von Stabstahlgittern muss bei unverträglichen Tieren von schlankhörnigen Arten unterbleiben, da sonst Kämpfe am Gitter mit Hornbrüchen möglich sind. Zu Fütterungs- und Reinigungszwecken in Wechselstall umsperren, dabei nicht treiben.

Ställe bei Anwesenheit der Tiere nicht betreten. Stalltemperaturen für nicht akklimatisierte Neuankömmlinge im Herbst, Winter und Frühjahr nicht unter 18 °C, gutachterlich vorgeschriebene Mindesttemperatur von 16 °C erst nach Eingewöhnung nicht winterharter Arten. Eingewöhnungsfütterung am besten mit vertrautem Futter des Herkunftszoos, daher im Rahmen der Transportvorbereitung Futterplan anfordern. In den ersten Tagen auch erstklassiges Heu (für Laubfresser blattreiche, weichstängelige Luzerne, für Grasfresser Gebirgsheu), etwas Haferflocken und Knäckebrot mit Vitamin- und Mineralstoffzusätzen, dazu nach und nach etwas Banane und zarte Möhre, im Sommer junge Zweige mit Knospen, Blättern von Weide, Pappel, Birke, Maulbeerbaum, eventuell auch Eiche, besonders bei leichten Darmstörungen. Importtiere fressen mitunter anfangs nur Heu und Stroh (Leierantilopen in Dvur Kralove) oder verweigern das sogar und nehmen nur Blätter (Saigas im Tierpark Berlin). Stets klares, abgestandenes Wasser anbieten, wird jedoch von Wüsten bewohnenden Gazellen, Spießböcken, Addax, Lama- und Giraffengazellen oft nicht oder nur wenig angenommen. Jungtiere sollten vor dem Versand milchentwöhnt und futterfest sein. Lässt sich die Aufnahme sehr junger Tiere, die noch in der Säugezeit sind, nicht vermeiden, täglich zwei- bis viermal Milch wie bei Flaschenaufzucht zufüttern. Zusammensetzung wie bei künstlicher Aufzucht. Eventuell auch fettreiche (10–12 %) ungezuckerte Kondensmilch mit 1 Drittel Hafer-, Reis- oder Leinschleim verdünnt verabreichen. Während der Eingewöhnungszeit Futterzusammensetzung behutsam an Normalfütterung angleichen. Futterverträglichkeit durch regelmäßige Kontrolle der Kotbeschaffenheit beobachten. Normaler Kot zahlreiche mittel- bis schwarzbraun glänzende, kugel-, ei- oder eichelförmige Bohnen von Weizenkorn- bis Kirschgröße. Geruch würzig, nie säuerlich. Kleben diese Kotkügelchen zu Klumpen zusammen, so ist das nur bei Wasserböcken normal, bei allen anderen Arten besteht Verdacht auf beginnende Verdauungsstörung oder Parasitenbefall, gefördert durch Eingewöhnungsstress. Breiiger, noch geformter Kot ist Durchfall (Futterumstellung, tierärztliche Behandlung). Dünnbreiige oder wässrige Stühle sind durch Flüssigkeitsverlust und Mineralstoffhaushaltstörung sehr gefährlich, oft tödlich, damit verbundene Komplikationen im Magen-Darm-Trakt nehmen unbehandelt oft chronischen Verlauf. Verwurmt eintreffende Tiere möglichst erst nach erfolgter Eingewöhnung und abgeschlossener Futterumstellung gegen Darmparasiten behandeln, nur in dringenden Fällen sofort und möglichst schonend entwurmen. Neulingen mit stabiler körperlicher Kondition schaden prophylaktische Gaben von Anthelminthika nicht. Stall- und Gehegehygiene wie bei Hirschen. Gewöhnung an das Klima der gemäßigten Zone erst nach erfolgreich abgeschlossener Eingewöhnung und nur mit gesunden Tieren möglich (Quarantänebestimmungen beachten). Wüsten- und Wüstensteppenbewohner sowie mittelasiatische Arten meist wenig kälteempfindlich, teilakklimatisierbar, aber wie alle übrigen Arten, in besonderem Maße Giraffen- und Lamagazelle, oft anfällig gegen hohe Luftfeuchtigkeit und Nasskälte. Ungeheizte Ställe nur für winterharte Saiga-Antilope, Tibet- oder Kropfgazelle, mancherorts auch für akklimatisierte Gazellen aus winterkalten Herkunftsgebieten oder andere weniger temperaturempfindliche Arten wie Spießböcke, Säbel-, Mendes-, Elen-, Nilgau-, Hirschziegenantilope. Letztere Arten frieren aber in kalten Wintern, deshalb sind schwach beheizte Ställe mit Temperaturen um 14–16 °C günstiger. Auch Busch- und Waldbewohner, besonders größere Arten, sind mehr oder minder teilakklimatisierbar. Dazu Stalltemperaturen zwischen 14 und 16 °C, bei kleineren Arten ab 16 °C und gegebenenfalls höher. Akklimatisierte Tiere dürfen bei mildem Frost und trockener windstiller Witterung tagsüber ständig ins Freie gelassen werden. Vorder- und mittelasiatische Arten, aber auch Addax, bilden Winterfell. Besonders robust scheinen einige Waldböcke (Nilgau-, Nyala-, Elenantilope), viele Kuhantilopen (Kuhantilope, Gnus, Buntbock), manche Pferdeböcke (Säbel-, Spießbock und Addax), Ellipsen- und Defassa-

Wasserbock und die meisten Gazellen zu sein. Bei starkem Frost Erfrierungen an den Ohrspitzen wurden bei Großem Kudu, Rappen- und Pferdeantilopen, Spießböcken und Grantgazelle beobachtet, vermutlich sind auch andere, vor allem großohrige Arten gefährdet. Kälteempfindlich sind besonders die Urwaldtiere, wie Buschbock und vor allem Bongo, die auch bei Windstille oder in windgeschützten Gehegen bei Temperaturen unter 5 °C schnell frieren. Für die Mehrzahl dagegen ist bei Temperaturen zwischen –6 bis –8 °C Aufenthalt im Freien zeitlich begrenzt möglich zwischen 30 Minuten und etwa 5 Stunden. Regen- oder Witterungsschutzdach in der Außenanlage kann die Aufenthaltsdauer im Freien verlängern. Dazu sind ständige Beobachtung und eisfreie Ausläufe nötig (Eisflächen notfalls aufhacken, mit Sand abstumpfen, auch kleinste Eisflächen sind höchst gefährlich. Kein Viehsalz oder andere Chemikalien zum Auftauen verwenden!). Frierende Tiere laufen nur wenig umher, stehen viel mit gesträubtem Fell, krummem Rücken und eng unter den Bauch gestellten Beinen. Unverzüglich in Ställe überführen, vor allem Jungtiere dürfen sich nicht ablegen.

Unterkunft. Für winterharte Arten zugfreie, ungeheizte, geräumige Gemeinschaftsställe mit gutem Winterlager wie für winterharte Hirsche, für manche Männchen Einzelboxen. Winter- und Schlechtwetterunterkünfte für übrige Arten in soliden, heizbaren Stallungen. Als Bodenbelag griffiger Zementestrich, Ziegelpflaster, säurefester Asphalt oder Hartgummibeschichtung. Bei empfindlichen Arten in nicht unterkellerten Räumen schwache Bodenheizung, optimal ist grundsätzlich partielle Fußbodenheizung in einem der Ställe für Jungtiere (Ablieger) oder kranke Tiere. Ruhelager aus Stroh, sonst Sägemehl, eventuell zur besseren Hufabnutzung bei längerem Stallaufenthalt im Winter feinen Sand untermischen. Stallboxen möglichst mit versetzbaren Holztrennwänden, darüber in Kopfhöhe der Tiere nur aus senkrechten Rundstäben bestehende Sichtgitter zu den Nachbarställen und zum Pflegergang. Männchen über Nacht oder in Einzelboxen aufstallen, da unter beengten Stallverhältnissen gefährlich für die Weibchen (in geräumigen, vor allem in strukturierten Ställen können Riedböcke mit der Herde, Gazellenböcke art-, individual- und temperamentsspezifisch mit den Weibchen gemeinsam untergebracht werden). Besonders gehörnte Weibchen größerer Arten sind untereinander auf engem Raum oft so unverträglich, dass Einzelaufstallung erforderlich ist. Dazu gehören auch Buschbock, Sitatunga (individuell verschieden), Bongo, Elenantilope (individuell verschieden), Kuh- und Leierantilopen, Gnus, Pferdeböcke, viele Gazellen, Lama- und Giraffengazelle.

In geräumigen Gemeinschaftsställen können unter Berücksichtigung des individuellen Temperaments von Einzeltieren kleine Weibchengruppen mit Jungtieren der verträglicheren Hirschziegen- und Nilgauantilopen, Tieflandnyalas, Impalas, mancher Gazellen, Saigas, Springböcke, Kudus (individuell verschieden), Ried- und Wasserböcke untergebracht werden. Innenstallungen müssen für die Tiere vertrauter Ort der Geborgenheit sein, in den sie sich bei Beunruhigung zurückziehen können, wo sie Futter und Nachtruhe finden. Erst wenn dieser Zustand erreicht ist, sollten sie auch auf die Außenanlagen gelassen werden. Außenanlagen sind oft mehr oder minder großes Gemeinschaftsgehege, dazu am Haus meist gitterumfriedete, teilüberdachte Vorgehege mit befestigten Bodenflächen und/oder rückwärtige Isolierunterkünfte mit oder ohne Kontaktzonen zum Hauptgehege als zeitweilige Unterkunft für Böcke, Weibchen mit Neugeborenen, Neulinge oder aus der Herde ausgestoßene Individuen sowie als Winterausläufe bei durchnässten oder vereistem Gemeinschaftsgehege. Nebengehege auch außerhalb der Brunst als Dauerunterkunft für aggressive Böcke bestimmter Arten (Nilgauantilope, Kuhantilope, alle Gnus, Leierantilope, Buntbock, manche Pferde-, Ried- und Wasserböcke, viele Gazellen). Größe der Gemeinschaftsgehege art- und verhaltensabhängig. Günstig sind in der Regel geräumige Außengehege, sonst ist Gruppenhaltung infolge Unverträglichkeit der Weibchen oder Aggressivität der Böcke oft nicht möglich. Schreckhafte, scheue, zu Panik neigende, meist kleinere Arten erreichen in großen Unterkünften sehr hohe Fluchtgeschwindigkeiten, durch die beim Aufprall auf Gehegebegrenzungen Verletzungen oder Todesfälle eintreten. Für solche Arten können nach Erfahrungen in Dvur Kralove kleinere Ausläufe vorteilhafter sein, vorausgesetzt, die Tiere sind trotz des etwas engeren Raumes untereinander verträglich. Als Begrenzung meist 1,8–2,2 m hohe Gitterzäune, meist aus punktgeschweißten Stahldrahtgeflechten, gelegentlich auch Maschendraht. Für Saigas niedrigere Umzäunung ausreichend, überspringen Hindernisse nicht. Dagegen übersprang in Magdeburg ein weiblicher Großer Kudu einen 2 m hohen Stahlgeflechtzaun mühelos aus dem Stand, ein Kropfgazellenweibchen aus 2,1 m Entfernung eine fast 1,9 m hohe Mauer. Filigrane Gittergehegebegrenzung sollte zur Vermeidung von Aufprallunfällen auffällig markiert werden. Dazu kann der auf der Gehegeinnenseite davor liegende Bodenbelag dienen, wenn sich dieser für die Tiere auch aus der Entfernung wahrnehmbar deutlich von der übrigen Gehegeoberfläche abhebt (Einbau von Kies-, Geröll-, oder Sandbett, auch heller Beton- oder Pflasterlaufstreifen für Klauenabnutzung). Als Gehegebegrenzung vor allem schauseitig auch Wassergräben von bis zu 4 m Breite, deren Sohle mit rauer, rutschfester Oberfläche vom Gehegerand zur Außenmauer abfällt. Wassertiefe je nach Tierart besucherseitig 0,8–1,8 m. In Grabentiefen, in denen die Tiere nicht mehr stehen können, sondern schwimmen müssen, Begrenzungssicherung auch durch 5–10 cm unter der Wasseroberfläche endende, mit Abständen von weniger als Tierkörperbreite aufgestellte Poller mit abgerundeten Kopfteilen, die von den Tieren nicht überschwommen bzw. überklettert werden. Gehegeseitig müssen wegen Rutschgefahr die sich auf den oberen Teilen der Grabensohle bildenden Algenbeläge entfernt werden. Neben Trockengräben mit steiler, bis 2,2 m hoher Außenwand und flacher, von der Grabensohle bis zur Gehegeoberkante auf 6–8 m ansteigender Böschung haben sich im Zoo Hannover erstmals für Antilopen auch Trockengräben von etwa 2 m Breite mit steiler, bis 2,2 m hoher Außen- und ebenfalls steiler, 1,1–1,6 m tiefer Grabeninnenwand bewährt, an die sich gehegeseitig ein bis 1,5 m breiter, im Vergleich zum übrigen Gehegeboden auffallend andersartiger Bodenmaterialstreifen (Beton oder Pflaster) anschließt. Hinter der Wand des Außengrabens besucherseitig 1,5–2 m breiter Niedriggehölzstreifen, der als Sichtbarriere zur optischen Überhöhung gemeinsam mit der Befestigung der Innenkante des Grabens dazu beiträgt, dass diese Gräben nicht übersprungen werden. In der Regel reicht für Antilopen eine symbolische Reviergrenze als Gehegebegrenzung (Ausnahme Vorgehege). Das können neben Zäunen, Wasser- oder Trockengräben auch Mauern, Stein- oder Felsschüttungen sowie Totholzhaufen sein, die 1,8–2,2 m hoch in Linien an der Gehegegrenze aufgeschichtet wurden und als Benjeshecke bepflanzt sein können. Entscheidend ist, dass Tiere während der Eingewöhnung auch für das Außengehege eine feste Territorialität und Revierakzeptanz entwickeln, die später selbst in ungewohnten Situationen stabil bleibt. Bodendeckung in großen und nicht zu stark besetzten Gehegen mit Rasen. Für kleinere oder stark belegte Ausläufe Hartplatzbelag aus Mineralbodengemisch wie wassergebundene Wegedecke, eventuell mit Magerraseneinsaat oder weicher Sand. Idealerweise enthält ein Gehege verschiedene Bodenbeläge, so dass die Tiere wählen können. Auf stallnahen Wechseln und entlang der Gehegebegrenzung Hartbeläge (z.B. Raubeton oder Pflaster zum verbesserten Klauenabrieb), auf erhöhten Flächen Rasen (verstärkter Regenabfluss, daher nicht aufweichend), auf stallfernen Wechseln wassergebundene Wegedecke, dazu fest eingefasste feinsandige Liegeflächen (40 cm tief, gut drainiert für Oberflächenwasserabfluss) ohne Beimengungen von Kieseln, die bei Körnungen von 2–4 cm zwischen den Klauen temporäre Lahmheiten hervorrufen können. Zu scharfer und zu tiefer Sand kann z.B. bei Buschböcken, Nyalas, Sitatungas und Wasserböcken Entzündungen im Klauenspalt auslösen. Gehegeböden müssen gut profiliert und drainiert sein, da verschlammte

Ausläufe besonders bei Wüsten- und Wüstensteppenbewohnern zu Klauenerkrankungen führen, außerdem vereisen diese Flächen im Winter leicht. Im Sommer sind schattige Stellen erforderlich (im Gehege stehende Bäume ummanteln). Regenschutz vorteilhaft, weil damit verlängerte Verweildauer im Außengehege möglich ist. Badebecken nicht notwendig, wird aber von manchen Wald-, Moor- und Riedböcken gern angenommen. Gazellen wälzen und scheuern sich nicht, andere Arten suhlen gern und nehmen Sandbäder. Bei Arten mit weniger verträglichen Weibchen oder zeitweilig aggressiven Böcken erweisen sich neben geeigneten Absperrmöglichkeiten gestaltete Gehege mit Sichtblenden und anderen dekorativen Einbauten (große Steine, gegen Verbiss geschützte Buschgruppen) oft als vorteilhaft, auch Gehegeinseln aus Totholzhaufen, Stein- bzw. Geröllaufschüttungen oder von steilen Palisadenwänden eingefasste Hochpflanzflächen, die von den Tieren bei Verfolgungsrennen auf kreis- oder ellipsenförmigem Wechsel umlaufen werden können, sowie auch Hügel für Ausweichmanöver.

Umgang. Vorsichtsmaßnahmen bei Antilopen ähnlich wie bei Hirschen. Fast alle künstlich aufgezogenen männlichen Antilopen werden mit Einsetzen der Geschlechtsreife aggressiv und betrachten den Pfleger als Rivalen. Auch bei der Mutter aufgewachsene Männchen einiger großer wehrhafter Arten werden fast immer angriffslustig und deshalb für den Menschen höchst gefährlich, z.B. Nilgauantilope, manche andere Buschböcke, Kuhantilope, Buntbock, Gnus, Pferde- und Rappenantilope, alle Spießböcke, Addax, aber auch einige Gazellenarten (z.B. Springbock, Dorkas- und Thomsongazelle). Manche von ihnen demolieren sogar feste Gitter und Türen, beschädigen sich dabei auch die Hörner (z.B. Rappenantilopen). Ursachen sind nicht nur Rivalitätsgründe oder Territorialverteidigung, sondern unter beengten räumlichen Verhältnissen (Ställe, kleine Gehege) auch die Unterschreitung der verhältnismäßig weiten kritischen Distanz durch den Menschen, die den Angriff auslöst. Vorbeugend sollte daher das ritualisierte Territorialverhalten beobachtet werden, das vor dem Angriff demonstriert wird. Durch rechtzeitiges Erkennen der Absicht des Tieres und geeignete Maßnahmen (Zurückziehen, bis sich das Tier beruhigt hat, oder Überführung desselben in leeren Nachbarstall) können Schäden vermieden werden. Bei anderen, auch kleinen Arten Verhalten der Männchen individuell verschieden. Ställe und Gehege aggressiver Individuen in Anwesenheit der Tiere nicht betreten. Lebensgefahr! Typisches Angriffsverhalten, z.B. bei Nilgauantilope, Imponierhaltung mit vorgestrecktem Hals und Kopf, angelegten Ohren, eingezogenem Schwanz, leichtem Katzbuckeln, Stechschritt. Beim Angriff „kniet" sie auf Karpalgelenken und stößt plötzlich zu. Bei Elenantilope Angriffshaltung mit gesenktem Kopf und nach vorn gerichteten Hornspitzen, langsame, fast schleichende Annäherung, nach Hornkontakt wuchtiges Zustoßen. Kuhantilopen zeigen Drohscharren, Angriff wie Nilgauantilope, flüchtender Gegner wird verfolgt und auch am Boden liegend mit den Hörnern bearbeitet. Rappen- und Pferdeantilopen zeigen Drohschnauben, Angriff nach kurzem Anlauf und Zuschlagen mit der vorderen Hornkante. Weitere Drohgesten sind Präsentieren der Hörner mit hoch erhobenem (Thomsongazelle), seitlich hin- und herschwenkendem (Grantgazelle) oder gesenktem Kopf (Hirschziegenantilope), Forkeln des Bodens (Buntbock, Gnus, Elenantilope, Kudus) oder Umkreisen des Gegners (Grantgazelle u.a.). Verhalten der übrigen Arten indifferent, oftmals Herausbildung einer biologischen Rangordnung, im Rahmen derer die Antilopen dem Menschen aus dem Wege gehen, mehr oder minder große Fluchtbereitschaft und im Extrem übersteigerte Nervosität zeigen (Buschbock, Kob-Wasserbock, Riedböcke, Impala, manche Gazellen). Weibchen mit neugeborenen oder kleinen Jungen, auch ursprünglich zahme oder sogar ängstliche Tiere, können zur Verteidigung des Jungtiers plötzlich aggressiv werden. Vor allem gehörnte Arten sind dann sehr gefährlich. Aber auch hornlose Weibchen (Nilgauantilope) verteidigen ihre Jungen wirkungsvoll wie Hirsche. Bei Routinearbeiten vor allem abliegenden Jungtieren nicht zu nahe kommen. Nie ohne Werkzeug (Laubbesen, Schaufel, Besen, eventuell Stock zur Verlängerung des Armes) auf eine mit Tieren besetzte Außenanlage gehen. Vorsichtiger, bewusst ruhiger Umgang, halblautes, beruhigendes Sprechen, in ganz besonderem Maße ruhig arbeiten, keine hastigen Bewegungen, Lärm und ungewohnte Störungen vermeiden. Alle Handwerker- und Gärtnerarbeiten vor Beginn detailliert durchsprechen, um diesem im Umgang mit Tieren nicht oder wenig erfahrenen Personenkreis Verhaltenshinweise geben zu können. Je eindeutiger der Ablauf eines Ereignisses für das Tier zu erkennen und auch einzuordnen ist, desto berechenbarer ist die Verhaltensantwort (Flucht oder Verteidigung) des Tieres auf den vom Menschen ausgehenden Reiz (Verhaltensauslöser). Transport in möglichst eng angepassten Kisten (Tiere sollen sich nicht drehen und dabei verklemmen können) mit ausreichenden Belüftungsmöglichkeiten. Keine Rundlöcher (wegen Hörnern), waagerechte Luftschlitze, die eventuell von außen mit Maschendraht abgedeckt werden können. Kisten mit geteiltem Schieber sollen nur verwendet werden, wenn die Deckenhöhe der Tierunterkunft am Abgangs- oder Ankunftsort die Verwendung ungeteilter Schieber nicht zulässt. Bei hornlosen Tieren das Dach der Kiste polstern (siehe auch Transport von Hirschen).

Fütterung. Ähnlich wie tropische Hirsche. Hoher Eiweißbedarf muss im Kraftfutter berücksichtigt werden (18–22 % Rohprotein), daher neben Quetschhafer oder Haferflocken (für empfindliche Arten, vor allem Laubfresser) als Kraftfutter Pflanzenfresserpellets, gelegentlich sogar zusätzlich Kälber- oder Spezialpellets, dazu Bruchmais, Mais-, Soja-, Weizen-, Hafer- oder Gerstenschrot. Regelmäßige Beifütterung von Ölsaat (Hanf, Leinsamen) gibt dem Fell seidigen Glanz. Als natürliche Vitaminträger auch Weizenkeime, Keimweizen, Futterhefe einsetzen. Mineralstoff- und Vitaminbedarf absichern, besonders im Winter zusätzlich Vitamin D und Kalzium, und allen Arten regelmäßig Salzlecksteine mit Spurenelementen anbieten. Als Saftfutter geputztes, würfelig geschnittenes zuckerarmes Obst und Gemüse, wie Pfirsich, Möhre, Rote Bete, Sellerie, frische Kohlrabi, gekochte Kartoffel, Chicorée usw. sowie Banane und Apfel in Maßen. Kraftfutter nicht zusammen mit feuchtem Saftfutter verabreichen. Getrennte Futtergefäße. Manche Wüsten- und Steppenbewohner nehmen nur absolut trockenes Kraftfutter. Als Raufutter für Laubfresser (z.B. Vierhornantilope, Kudus, Nyalas, Bongo, Riesenelenantilope, manche Wasserböcke, manche Gazellen wie Rotstirn-, Lama- und Giraffengazelle) blattreiches, weichstängeliges Luzerneheu, für Grasfresser (z.B. Elenantilope und Buschbock, Sitatunga, manche Pferdeböcke und Kuhantilopen) auch gutes, blattreiches Gebirgswiesenheu. Oftmals wird auch von Grasfressern Wiesenheu nur notfalls gefressen und Luzerneheu bevorzugt. Im Sommer reichlich Grünfutter (frische Luzerne, Klee, Gras) und Laub (Weide, Pappel, Robinie, Eiche) anbieten. Vorsichtige Umstellung von Heu- auf Grünfutterperiode durch langsames Untermischen des Grünfutters unter das Heu, besser erst Sättigung mit Heu mit anschließender Grünfuttergabe. Außerdem auf eventuelle Überdüngung des frischen Futters achten (Blaufärbung des Futters relativ sicheres Zeichen für Stickstoffüberdüngung). Futter sicherheitshalber stichprobenartig testen lassen. Im Winter möglichst getrocknetes Baumlaub (Robinie, Eiche) beifüttern. Als Tränke abgestandenes Wasser, für Wald- und Steppenbewohner zwei- bis dreimal täglich. Wüsten- und Halbwüstentiere nehmen nur sehr wenig Wasser auf, Lama- und Giraffengazellen trinken oft gar nicht. Trotzdem regelmäßig Trinkmöglichkeit anbieten. Empfohlen wurde, grünes Futterlaub für beide Arten vor der Verfütterung mit Wasser zu übergießen.

Fütterungstechnik wie bei Hirschen. Futterschalen für Hornträger nicht direkt an der Stall- oder Hauswand. Bei Herdenhaltung mehrere Futterplätze. Zweige möglichst nicht lose wie Grünfutter vom Boden oder aus der Raufe füttern, sondern bündeln und aufhängen oder in Haltevorrichtungen aufstecken, weil Blätter so leichter abgerissen, Rinde einfacher geschält werden kann und das Futterlaub sauberer und für dic Tiere attraktiver bleibt. Meist 2 Mahlzeiten, morgens Kraft- und Saftfutter sowie etwas Heu, abends Saftfutter und reichlich Heu. Für Giraffengazellen und andere Selektierer mehrmals täglich kleine, stets neu zubereitete Futterrationen. Bei hochträchtigen Weibchen möglichst kleine Trinknäpfe, da Junge in größere Gefäße hineingeboren werden können, aber auch hinein steigen und ertrinken. Im Winter vor dem Herauslassen stets tränken und Heu füttern. Schneeaufnahme nicht selten mit nachteiligen Folgen.

Vergesellschaftung. In der Regel auf Außenanlagen, meist Haremsfamilien aus mehreren Weibchen mit Jungen beider Geschlechter und 1 geschlechtsreifen Bock. Bezüglich der Gruppengröße gilt bei einigen Arten (z.B. Impala) die Regel: Je größer die Individuenzahl, desto ruhiger die Gruppe. Heranwachsende männliche Junge müssen aus der Herde entfernt werden, weil der Bock sie z.T noch vor dem Einsetzen der Geschlechtsreife, bei sexualdimorph gefärbten Arten (Nilgau-, Hirschziegenantilope) spätestens während des Umfärbens attackiert und zu vertreiben versucht. Böcke von in beiden Geschlechtern gehörnten Arten (Ausnahmen: u.a. Elenantilope, Bongo) sind ihren Weibchen gegenüber aggressiver als männliche Angehörige von Arten mit hornlosen Weibchen. Männliche Spießböcke z.B. treiben in zu kleinen Haremsgruppen auch nicht brünstige Weibchen. Da Paarungs- und Drohverhalten bei Pferdeböcken sehr ähnlich ist, werden flüchtende Weibchen auch unvermittelt angegriffen. Männchen besonders unverträglicher Arten (viele Kuhantilopen, Pferdeböcke, Gazellen, seltener Waldböcke) werden daher oft einzeln gehalten und nur während der Brunst eines Weibchens in die Herde oder mit diesem allein und stets im Gehege des Weibchens zusammengelassen. In ausreichend strukturierten Gehegen und in Abhängigkeit vom Individualverhalten des männlichen Tieres ist Dauergemeinschaftshaltung möglich. Gazellenböcke, die Neugeborenen oder Jungtiere gefährlich werden (z.B. Dünen-, Sömmering-, Dama-, Dorkasgazelle) werden vor den erwarteten Geburten aus den Gruppen genommen. Andere, z.B. männliche Spekesgazellen, werden aus den Herden entfernt, nachdem alle Weibchen durchgedeckt sind, um später für die Weibchen den Stress zu mildern, wenn sie nach dem Werfen wieder in die Gruppe zurückgebracht werden. Unter Weibchen mit Ausnahme der Saigas meist klare, aber nach kurzzeitiger Trennung instabile Rangordnung, die bei einer mehr als 3-tägigen Trennung meist wieder neu erkämpft werden muss. Bei Auseinandersetzungen Horn- oder Kopfstöße, auch Bisse. Weib-

Abb. 28.58 Diese weibliche Giraffengazelle (*Litocranius walleri*) demonstriert ein für sie typisches Verhalten bei der Nahrungsaufnahme.

chen sind auch bei Fehlen eines Bockes oft untereinander sehr unverträglich (Gazellen, Pferdeböcke, Kuh- und Leierantilopen, Buntbock, Gnus, manche Waldböcke). Kuduweibchen attackieren sogar vereinzelt ihr Männchen, das in Imponierhaltung abwehrt. Bei Neueingliederung von Einzeltieren in Gruppen (auch Weibchen mit Jungen, die seit Ende der Trächtigkeit isoliert gehalten wurden) niemals Neuling mit allen Herdenmitgliedern auf einmal, sondern nacheinander mit Einzeltieren, eventuell nach vorherigem Aufenthalt an Sichtgitter, zusammengewöhnen. Vielfach wird das Zusammengewöhnen im Stall praktiziert, weil bessere Beobachtungs- und Absperrmöglichkeiten vorhanden sind. Die Tiere sind hier mit dem Umgang des Pflegers vertraut, fühlen sich nicht gestört und können aufgrund der räumlichen Enge nicht beschleunigen (Verletzungsgefahr geringer). Ansonsten klassisch 1. Zusammenlassen so vorbereiten, dass kämpfende Tiere notfalls getrennt werden können, ohne dass Menschen das Gehege betreten müssen, da nicht selten in der Gruppe gehaltene Männchen fremde Weibchen (z.B. bei Rappenantilopen) angreifen und auch Weibchen neue oder längere Zeit isolierte Geschlechtsgenossinnen attackieren. Folgen von besonders aggressivem individuellem Verhalten können gemildert werden, indem starkwandige Schlauchstücke, die im oberen Hornspitzenbereich mit Kunstharz verschlossen sind, über die Hörner gezogen werden. Erheblich geringere Verletzungsgefahr rechtfertigt notfalls Sedierungen oder Narkosen, die zum Aufsetzen und Entfernen der Schläuche notwendig sind. Einige Arten kämpfen auf den Karpalgelenken kniend (Kuh-, Leier- und Nilgauantilope, Gnus, Buntbock), andere fechten stehend (Gazellen, Elenantilope, Kudus, Nyalas, Wasserböcke).

Vergesellschaftung bei Männchen gleich großer Arten individuenabhängig möglich, aber risikoreich, da schwere Kämpfe nicht selten sind. Weibchen verschiedener Arten oft verträglich. Vergesellschaftungsmöglichkeit oft abhängig von Artzugehörigkeit, systematischer Verwandtschaft, Größenunterschieden und individueller Verträglichkeit. Je größer der Größenunterschied und das Erscheinungsbild bzw. je weiter die systematische Verwandtschaft voneinander entfernt ist, desto erfolgversprechender sind artverschiedene Vergesellschaftungen, weil Missverständnisse durch ritualisiertes Kämpfen geringer sind. Aggressive Angehörige kleiner Arten wie Gazellen (z.B. Springbock, Dorkas- und Thomsongazellen) verletzen größere Tiere (z.B. Großer Kudu, Giraffe oder Elenantilope), indem sie ihnen unter den Bauch oder in die Weichen springen und mit den spitzen Hörnern zustoßen. Entstehende Verletzungen (oft Bauchdeckenperforationen) werden leicht übersehen, weil sie sich unmittelbar wieder schließen. Infektionen führen dann nicht selten zum Verlust des betroffenen Tieres. Obwohl z.B. manche Waldböcke, Kuhantilopen und Pferdeböcke als besonders unverträglich gelten, konnten Dorkasgazellen z.B. mit Defassa-Wasserböcken, Impalas, Addax, Elen- und Rappenantilopen, Grantzebras und Straußen, Rotstirngazellen mit Kuhantilopen, Thomsongazellen, Dikdiks und Damarazebras, Sömmeringgazellen mit verschiedenen Leierantilopen, Kleinen Kudus, Giraffen, Grevyzebras und Straußen, Grantgazellen mit Giraffen, Großen Kudus, Buschböcken und Bleichböckchen, Damagazellen mit Dorkasgazellen, Mongoleigazellen mit verschiedenen afrikanischen Antilopen oder Nilgauantilopen mit Axishirschen oder Hirschziegenantilopen, Gerenuks mit Duckern und Steinböckchen, Bongos mit Gelbrückenduckern bzw. Pinselohrschweinen, Wasserböcke bzw. Rappenantilopen mit Warzenschweinen vergesellschaftet werden. Dabei müssen während der Vergesellschaftung die Zugänge zum Vorgehege so klein sein, dass sie nur von den kleineren, schwächeren Arten passiert werden können, die sich in das Vorgehege zurückziehen, wenn sie von den größeren Arten belästigt werden. Beim Versuch der Vergesellschaftung systematisch nahe verwandter Arten gibt es meist Kämpfe, besonders zwischen den Männchen, z.B. zwischen männlichen Sitatungas und Kleinen Kudus. Außerdem können auch bei wenig verwandten Arten brünstige Weibchen Anlass für Kämpfe zwischen den Männchen sein, z.B. zwischen männlichem

Großen Kudu und Grantgazellenbock. In solchen Fällen dürfen die männlichen Tiere nicht gleichzeitig auf die Anlagen gelassen werden. Bei der Überführung der Tiere vom Außengehege in die Ställe werden zuerst die kleinen Arten hereingelassen. Das morgendliche Herauslassen der Tiere erfolgt in umgekehrter Reihenfolge. Eine Vergesellschaftung von Antilopen mit Reptilien (kleine Arten mit Schildkröten, die aber salmonellenfrei sein müssen) und Vögeln (auch große Arten z.B. mit Hornraben, Kuhreihern, aber ebenso vielen Kranicharten) ist nach anfänglicher Eingewöhnung meist völlig problemlos. Vergesellschaftung auf geräumigen, gut strukturierten Anlagen, besonders mit Huftieren, ist für Tiere und Besucher sehr attraktiv, intraspezifische Verhaltensäußerungen nehmen einen erheblichen Anteil am Gesamtverhalten in Anspruch. Trotzdem heute häufig getrennte Haltung der Arten, weil sie risikoärmer ist. Besonders auf Reaktionen achten, wenn sich Neugeborene bzw. Jungtiere auf der Anlage befinden. Zebras greifen häufig Antilopenkälber an, Schweine können ihnen ebenfalls gefährlich werden. Bei Gesellschaftshaltung mitunter unerwünschte Mischlinge als Folge von Arten- und Gattungskreuzungen, z.B. Kuh- × Leierantilope, Addax × Säbelantilope, Säbel- × Südafrikanische Oryxantilope, Edmi- × Rotstirngazelle, Thomson- × Rotstirngazelle, Wasserbock × Kob-Wasserbock, Wasserbock × Weißnackenmoorantilope, Litschi-Wasserbock × Weißnacken-Moorantilope, Elenantilope × Großer Kudu, Buschbock × Sitatunga, Bongo × Sitatunga, Blessbock × Kuhantilope u.a.

Fortpflanzung und Zucht. Vorder- und mittelasiatische Arten sind saisonal polyöstrisch, Brunstzeit von Tibetantilope November/Dezember, Mongoleigazelle November bis Januar, Saiga-Antilope Mitte Dezember bis 2. Januardrittel. Übrige Arten ganzjährig polyöstrisch, wobei z.B. weibliche Weißschwanzgnus in Dvur Kralove während eines längeren Beobachtungszeitraums überwiegend von August bis Dezember (besonders September bis November) brünstig wurden und meist im Zeitraum von April bis Juli warfen. Dauer des Östruszyklus schwankt vorwiegend individuell zwischen 22 und 25–28 oder 32 Tagen. Zyklus bei kleineren Arten vermutlich kürzer als bei größeren. Anzeichen der Brunst gering, Gazellen strecken oft den Schwanz waagerecht ab, wedeln auch wie andere Arten öfter als sonst. Bei Mongoleigazellen deutlich sichtbare Schwellung und Rötung der Scheide. Böcke kontrollieren Zykluszustand durch Harnlecken mit anschließendem Flehmen, auch mit Zungenflickern, animieren Weibchen zur Paarung mit sog. Laufschlag (Stechschritt des gerade gestreckten Vorderlaufes zwischen die Hinterbeine des Weibchens). Brunstdauer bei größeren Arten 1–2, seltener 3 Tage, bei kleineren Arten (z.B. viele Gazellen) mitunter kürzer. Vor der Paarung bei vielen Arten (z.B. Gazellen, Saiga, Impala, Hirschziegenantilope, Addax) heftiges Treiben, bei anderen Paarungsvorspiele (Pferdeböcke) oder fehlende Vorbereitungszeremonien (z.B. Nilgau-, viele Kuhantilopen). Gnus bellen während der Brunst mehr als sonst, bei manchen Arten (Kob-Wasserbock, Großer Kudu, Buschbock, Impala) laute Pfiffe oder brummende, röhrende oder schnalzende Laute. Vereinzelt scharfer, durchdringender Brunstgeruch der Männchen (Saiga, Addax). Weißnacken-Moorantilope harnt sich bei gesenktem Kopf zwischen den Vorderbeinen hindurch in die Halsmähne und verreibt Urin auf der Kruppe des Weibchens. Kuhantilopen verreiben Voraugendrüsensekret auf die Schulter, so dass dort ein dunkler Fleck entsteht. Männliche Saigas, die während der Brunst meist weniger fressen, verursachen bei ihren Weibchen im Bereich der Schulterblätter durch erfolgloses Aufspringen auf das nicht brünstige Tier Fellschäden bis Kahlstellen. Paarung durch kurzes Aufreiten auf das stehende (Kuhantilopen, Wald-, Pferde-, Ried- und Wasserböcke) oder weiterlaufende (Gazellen) Weibchen, artverschieden teilweise verbunden mit Auflegen des Kopfes auf das Weibchen, teilweise mit erhobenem Haupt des Bockes, sehr kurz, 2–3 (viele Gazellen, Penis dringt nur wenig tief ein, keine Friktionsbewegungen), 3–5 (Pferdeböcke) oder 5–10 (Waldböcke, z.B. Bongo) Se-

Tab. 28.10 Angaben zur Fortpflanzungsbiologie von Antilopen

Art	Tragzeit (Tage)			Geburtsgewicht (kg)	Geschlechtsreife Männchen (Monate)	Geschlechtsreife Weibchen (Monate)
	Spanne	Mittel	Einzeldaten			
Impala	194–212	208		4,0–6,0	12–18	15–20
Saiga	139–152			2,2–3,8[1]	ca. 19	7–8
Damagazelle	190–210			3,1–5,4	ca. 12(?)	ca. 12(?)
Sömmeringgazelle	180–210			3,5–4,4		18–21
Grantgazelle			198, 199, 199	5,1–7,3		18–21
Echtgazelle	160(?)			2,0–3,0	ca. 24	7-8
Dorkasgazelle		268			ca. 15	12–22
Rotstirngazelle	180–200			2,5; 3,2		
Thomsongazelle			177, 180, 189	2,7–3,0	ca. 18	ca. 12
Spekesgazelle	169–198	179		1,0–1,7		8–17
Dünengazelle			156, 169	1,0; 1,8		ca. 5(?)
Kropfgazelle	165–180			2,5–3,5		
Hirschziegenantilope	170–180			3,5–5,0	ca. 12(?)	8–14
Giraffengazelle	195–212			ca. 3,0	ca. 18	ca. 12
Springbock	167–175			4,0-5,0	ca. 12	6–7
Großer Kudu			271, 280	15,0–20,0	21–24	15–18
Kleiner Kudu	236–264			4,8–7,6	ca. 30	18–30
Tieflandnyala	229–245			5,2–7,0	ca. 16	11–15
Sitatunga	237–259	251		3,3–4,5	10–17	8–17
Buschbock			178, 179, 182	3,3–4,1	11–12	ca. 18
Elenantilope	245–277	265		18,0–28,0		ca. 22
Bongo	284–296	285		17,0-22,3	ca. 20	20–31
Nilgauantilope	245–277	263		3,0–7,0	12–18	12–22
Vierhornantilope	183–240				ca. 24(?)	ca. 24(?)
Kuhantilope	214–242	235		4,8–13,0[2]		ca. 18
Leierantilope			229, 231	8,35		ca. 24
Buntbock	223–236			4,2–9,1[3]		ca. 24
Blessbock	210–242				24–36(?)	24–36(?)
Weißschwanzgnu	239–262	252		9,9–13,8[4]	24–36(?)	ca. 22
Weißbartgnu	249–259			8,3–12,5		18–21
Pferdeantilope	259–280			13,5–20,0		ca. 24
Rappenantilope	262–281	270		12,1–15,5[5]		19–20
Südafrikanischer Spießbock	264–275	266		9,5–14,7		ca. 21
Säbelantilope	242–256			9,6–11,3		21–27
Arabische Oryx	260–270					24–42(?)
Addax	252–270			4,5–7,6	24–25	13–40(?)
Defassa-Wasserbock	272–287	281		12,0–13,0	ca. 14	13–15
Kob-Wasserbock	261–271	266		4,0–5,0		
Litschi-Wasserbock				5,0–10,0	17–24 (–27)	16–26
Weißnacken-Moorantilope	230–240	237		4,0-6,0	20–23	13–22 (–46)
Bergriedbock	223–253		240–253[7]	1,9–3,4[6]	14–25	11–28 (–35)
Rehantilope	180–210					

Durchschnittswerte: [1]3,1 kg [2]7,8 kg [3]7,1 kg [4]10,9 kg [5]13,5 kg [6]2,5 kg
[7]n = 10

kunden. Täglich mehrere Paarungen, bei Bongos bis zu 8 Kopulationen. Tragzeiten bei manchen Arten noch nicht in ausreichender Zahl von Einzelbeobachtungen ermittelt, daher sind exakte Angaben nicht in jedem Fall möglich. Als grobe Richtzahlen können gelten: Saiga 4½–5, Kleine Gazellen (z. B. Dünen-, Dorkas-, Rotstirn-, Thomsongazelle, Springbock und Tibetantilope) 5½–6, übrige Gazellen, kleine Antilopen (Buschbock, Grant-, Dama-, Sömmering-, Spekesgazelle, Impala, Gerenuk) 6½–7, mittelgroße Antilopen (Kleiner Kudu, Sitatunga, Leierantilope, Buntbock, Bergriedbock, Weißnacken-Moorantilope) 7–8½, große Antilopen (Elenantilope, Nilgau, Großer Kudu, Rappen-, Pferde-, Säbelantilope, Addax, Spießbock, größere Wasserböcke) 8½–9 oder bis 9½ (Bongo) Monate. Nähere Angaben zur Fortpflanzungsbiologie in Tabelle 28.10.

Trächtigkeitszeichen sind vermehrter Leibesumfang, ab 6–10 Wochen vor der Geburt Fruchtbewegungen sichtbar. Anschwellen des Euters durchschnittlich 2–3 Wochen, manchmal früher oder erst wenige Tage vor der Geburt. Zitzenzahl meist 4, nur 2 bei Hirschziegen-, Kuh- und Leierantilopen, Buntbock, Gnus, vielen Gazellen und Kurzschwanzgazellen, kann ausnahmsweise individuell zwischen 2 und 4 schwanken (Springbock). Kurz vor der Geburt auch Vulvaschwellung und im Zusammenhang damit Abwinkelung des Schwanzes. Abgesehen von vorder- und mittelasiatischen Arten mit jahreszyklischem Fellwechsel (männliche Saigas im April, Weibchen etwas später) und saisonal fixierten Geburtsmonaten (Saigas, Tibetantilope Mai/Juni, Mongoleigazelle April/Mai, in Osaka aber auch Anfang August) keine feste Wurfzeit. Würfe ganzjährig möglich, dabei aber artverschieden Würfe ohne Hauptwurfzeit (Buschbock, Großer und Kleiner Kudu, Elenantilope, Pferdeböcke, Ried- und Wasserböcke, Impala, Gerenuk, Springbock, Dorkas-, Rotstirn-,Thomson- und Grantgazelle) oder mit Hauptwurfzeit (Tieflandnyala Oktober bis Februar, Nilgau April/Mai und August/September, Kuhantilope Februar/Mai, Buntbock Juli/August, Weißschwanzgnu Mai bis August, Weißbartgnu Mai/Juli, Sömmeringgazelle September/Dezember). Konzentration der Würfe in Menschenobhut auf bestimmte Monate oft haltungstechnisch begründet, da die Geschlechter vom Spätherbst bis Frühjahr häufig getrennt gehalten werden müssen. Paarungen daher meist zwischen Spätfrühling und Frühherbst. Daraus resultiert bei den großen Arten (Elenantilope, Großer Kudu, Tieflandnyala, Kuhantilope, Addax, Gnus, Pferdeböcke) ein 10- bis 13-monatiger Wurfzyklus mit Haupt- und Nebenwurfzeiten. Durch geeignetes Zuchtmanagement (Trennen und Zulassen der Böcke), können ungünstige Winterwürfe vermieden werden. Nach Paarungen in der Zeit von April bis Juni Hauptwurfzeit vom November bis Januar, nach Paarungen im Sommer und Frühherbst Nebenwurfzeiten von Frühjahr bis Frühsommer. Bei kleinen und mittelgroßen Arten, die bis zweimal im Jahr werfen können und die in der Regel im Herbst gedeckt werden, können durch Paarungen im Spätfrühling Nebenwurfzeiten entstehen, die ebenfalls haltungstechnisch durch nur sporadisches Zusammenlassen der Tiere in den Wintermonaten begründet sind. Anzeichen bevorstehender Geburt sind Unruhe, versuchte Absonderung von der Herde, gelegentlich auch zunehmende Aggressivität gegen Pfleger oder Artgenossen. Gazellen u.a. heben den Schwanz leicht an. Geburten auf der Freianlage möglichst vermeiden. Es ist besser, die Weibchen 1–3 Tage vor dem Werfen von der Gruppe zu separieren und sie nach der Geburt noch 2–3 Tage im Stall zu lassen, bis das Jungtier in der Lage ist, sicher zu folgen. Die Stallzeit vor dem Werfen sollte möglichst kurz bemessen sein. Im Wurfstall mäßig starke Einstreu aus kurzem Stroh. Rechtzeitig vorher, sonst werden umgebungsverändernde Eingriffe als Störung empfunden, eventuell vorhandene Gitter so sichern (Maschendraht), dass Junge sich nicht durchzwängen können und vielleicht hängen bleiben. Geburt häufig nachts, bei Mehrfachgebärenden auch tags. Dauer vom ersten Erkennen der Wehen bis zur Fruchtaustreibung in der Regel unter 2 Stunden, bei Gazellen 1–1½ Stunden (bei mehr als 3 Stunden Geburtsdauer ist nach Erfahrungen im Zoo Hannover Geburtshilfe erforderlich). Während der Geburt ist das Weibchen sehr unruhig, häufiger Wechsel zwischen Liegen und Aufstehen und Herumlaufen, doch anstrengende Phasen und eigentliche Geburt des Jungen häufig im Liegen. Austreibungsphase (ab erstem Sichtbarwerden der Fruchthüllen bzw. der Vorderbeinspitzen) kurz, unter 30 Minuten, bei Gazellen etwa 10 Minuten. Muttertier steht sofort nach erfolgter Austreibung auf und zerreißt dabei die Nabelschnur, frisst die Fruchthüllen, später auch die nach 1-4 Stunden abgehende Nachgeburt, und leckt das Jungtier trocken. Wird die Nachgeburt nicht gefressen, oftmals Zeichen für gestörtes Aufzuchtverhalten der Mutter, besonders bei Abliegern (s.u.). Nur Saigas scheinen die Nachgeburt nicht zu fressen. Fast stets 1 Junges. Zwillinge bei den meisten Arten als seltene Ausnahme, so z.B. bei Buschböcken, Großen Kudus, Tieflandnyalas, Elenantilopen, Sitatungas (unter 1087 Würfen zweimal Zwillinge), Säbelantilopen (1975 in der Catskill Game Farm aufgewachsen), Spießbock (1976 in Catskill Zwillingsfeten), Weißschwanzgnu (1965 in Catskill tot geboren), dagegen gelegentlich Zwillinge bei Ried- und Wasserböcken, Impalas, Hirschziegenantilope und regelmäßig Zwillinge, besonders von mehrfach gebärenden Müttern, bei Nilgau-, Tibetantilope und Saigas, Tibet-, Mongolei- und Kropfgazellen. Bei Saiga sowie wahrscheinlich Vierhornantilopen auch Drillinge. Färbung der Jungtiere bei Arten ohne geschlechtsspezifischen Färbungsdimorphismus häufig wie die der erwachsenen Tiere, doch gibt es bei einigen Arten (z.B. Buntbock, Kuhantilopen, Addax, Saigas) auch deutlich abweichende Jungtierfärbungen. Bei Arten mit geschlechtsdimorpher Fellfärbung entsprechen Farbe und Zeichnung der Jungtiere häufig der der Weibchen (Nilgau, Hirschziegenantilope, Nyala, z.T aber heller oder dunkler). Die Umfärbung erfolgt meist auf direktem Wege und ist noch vor dem Einsetzen der Geschlechtsreife abgeschlossen. Lediglich die anfangs einfarbig hellbraunen Buntbockjungen bilden während der Umfärbung auf der später weißen Blesse zunächst eine schwarzbraune Behaarung aus, die erst mit 13 Monaten durch die typische Weißfärbung ersetzt wird. Jungtiere werden ohne Hörner geboren, doch sind bei manchen Arten (z.B. Spießbock, Addax) die Hornanlagen bereits am Neugeborenen sichtbar. Hornwachstum beginnt bei den in beiden Geschlechtern gehörnten Arten meist schon am Ende des 1. Monats, bei den übrigen Arten um den 6. Monat, bei Riedböcken noch später. Geburtsgewichte bei kleinen Antilopen und mittelgroßen Gazellen etwa 10–15 %, bei großen Gazellen und mittelgroßen Antilopen um 10 %, bei großen Antilopen etwa 8–10 % des mütterlichen Gewichts. Nähere Angaben in Tabelle 28.10. Bei manchen Arten Geburtsgewichte von Weibchen niedriger als von Männchen, z.B. Addax: Männchen 7,5 kg, Weibchen 5–6 kg, Sitatunga: Männchen 4–4,5 kg, Weibchen 3,75–4 kg. In der Regel aber sind geschlechtsspezifische Gewichtsunterschiede nicht typisch (z.B. Bongo) oder sie sind nicht beschrieben, weil zu wenig Geburtsgewichte erfasst wurden. Tageszunahme in den ersten Wochen bei kleinen Gazellen, kleinsten Antilopen 60–80 g, mittelgroßen Gazellen und kleinen Antilopen 100–140 g, großen Gazellen und mittelgroßen Antilopen etwa 150 g, großen Antilopen 200–250 g. Bereits am Ende der 4. bzw. Anfang der 5. Woche ist das Geburtsgewicht verdoppelt. Jungtiere mit Ausnahme von Kropfgazelle, Saiga und anderen zentralasiatischen Arten sehr kälteempfindlich, besonders bei Waldtieren. Zugluftfreie, im Sommer bei kühler Witterung auch geheizte Ställe erforderlich, bei Abliegern gegebenenfalls Zusatzheizung (Infrarotstrahler) am Liegeplatz oder mit Fußbodenheizung. Kälteempfindlichkeit bei Nachfolgern (s.u.) geringer, nimmt bei übrigen Arten mit Ende der Abliegezeit ab. Innerhalb der ersten 24 bis maximal 48 Stunden lassen sich junge Antilopen noch ohne weiteres vom Pfleger aufnehmen, nachdem zuvor die Mutter abgesperrt wurde. In dieser Zeit neben der individuellen Markierung (Tätowierung/Ohrmarke/Transponder) auch veterinärmedizinische Erstversorgung (im Zoo Hannover mit alpha-Tocopherolacetat und Natriumselenit sowie dem Paraimmunitätsinducer Baypamun mit dem Ergebnis einer fast vollständigen Reduktion der Jungtiersterblichkeit) möglich. Hoch entwickelte Laufjunge mit voll funktionsfähigen Sinnesorganen, die artverschieden je nach Verhalten in den ersten Lebenstagen als Nachfolger oder Ablieger bezeichnet werden. Zwischen beiden Verhaltensformen gibt es auch Übergänge. Nachfolger machen sofort nach der Geburt Aufstehversuche, stehen nach 10–20 Minuten verhältnismäßig sicher auf den Beinen, laufen der Mutter nach, saugen erstmals oft ¾–1½ Stunden nach der Geburt, legen sich zur Ruhe direkt neben die Mutter (z.B. Elen-, Kuh- und Leierantilopen, Gnus), werden in der Folgezeit ganztägig im Abstand von etwa 2–3 Stunden, manchmal kürzer, gesäugt. Orientierung der Jungen zum Euter durch angeborenen Suchtrieb nach rechtem Winkel zwischen senkrechter und waagerechter Linie am Körperumriss der Mutter. Suchen anfangs auch zwischen den Vorderbeinen am Brustkorb, lernen aber falsche Stelle bald meiden, weil Mutter weggeht. Mutter bleibt dagegen stehen und beleckt das Junge an der Analregion, wenn es entlang des Hinterbauches oder der inneren Hinterschenkel sucht. Ablieger machen erste Aufstehversuche meist erst 10-20 Minuten nach der Geburt, stehen manchmal erst nach 1 Stunde, oft recht wacklig. Fesselgelenke noch wenig gestrafft, treten oft durch. Wie Nachfolger saugen sie bald danach, gehen dann aber von der Mutter weg und legen sich an geschütztem Ort nieder (möglichst in einer muldenartigen Bodenvertiefung oder bevorzugt im Schatten, in der Wildnis z.B. im hohen Gras, unter Büschen, am Fuß von Bäumen, Felsen oder neben Steinen, im Tiergarten in einer Stall- oder Gitterecke, in oder neben dem Futtertrog, an einer Hauswand). Mehr als üblich Stroh oder sogar Heu anbieten, in das sich das Jungtier drücken kann). Zwillinge (z.B. Saiga, Nilgauantilope) liegen oft weit auseinander. Weibchen bleibt dem Abliegeplatz fern, lockt von Zeit zu Zeit Junges durch Rufen zum Saugen vom Abliegeplatz fort und zu sich hin (bei Gazellen anfangs nur 3–4 Saugakte/Tag), regt durch Analmassage Jungtier zu Harn- und Kotabgabe an, nimmt diese Abgänge auf und entfernt damit verräterische Geruchsstoffe (Schutz vor Raubtieren am Abliegeplatz). Säugezeiten vorwiegend in den Morgen- und Nachmittags- bzw. Abendstunden, oft auch nachts. Muss zur Förderung des Aufzuchtgeschehens bei Abliegern tagsüber zugetränkt werden (z.B. pasteurisierte Kuhmilch bei Kleinen Kudus in Basel oder Milchaustauscher für Kälber bei Dorkasgazellen in Budapest), ist die Kotbeschaffenheit des Jungtieres genau zu beobachten. Bei Durchfall Zugabe von Schwarztee oder anderen stopfenden Präparaten. Auch sollte bedacht werden, dass durch Zutränken gesättigte Jungtiere keine oder nur wenig nachdrückliche Saugversuche machen. Somit wird der Milchfluss der Mutter nicht angeregt, sondern kann sogar mangels auslösender Reize zum Erliegen kommen. Daher nur in Notfällen zutränken. Abliegezeit teils nur wenige Tage (Saiga), 1 Woche (Buschbock), 10–12 Tage (Kuhantilopen, Pferdeböcke), etwa 14 Tage (Gazellen), bei Riedböcken bis 2 Monate(?). Nach dem Ende der Abliegezeit benutzen Zwillinge dann meist den gleichen Schlafplatz. Alle Jungen ruhen nun nahe der Mutter, anfangs am Rand, später inmitten der Herde. Während der Abliegezeit bleiben Mutter und Junges meist im Stall, doch können die Mütter tagsüber auch zeitweise auf die Außenanlage gelassen werden, ohne dass dabei das Aufzuchtgeschehen beeinträchtigt wird. Die in Ställen aus Platzgründen geringe Distanz zwischen Abliegeplatz des Jungen und Schlafplatz der Mutter wird meist toleriert, doch wenn Muttertiere nicht mit den Jungen in einem Stall gehalten werden können (z.B. in Budapest bei Dorkasgazellen), sollte eine leere Nachbarbox bei geöffnetem Schieber angeboten werden. Nach Abschluss der Abliegezeit können Mutter- und Jungtier vorsichtig in die Haremsfamilie oder Weibchenherde eingegliedert werden. Jungtier muss ausreichend sicher und ausdauernd laufen können und soll vorher gemeinsam mit der Mutter Gelegenheit haben, das Gehege kennenzulernen (Aufenthalt im Vorgehege, alleiniger Aufenthalt im Schaugehege). Bei manchen Gazellenarten (Dünen-, Sömmering-, Dama-, Dorkasgazelle), Kuhantilopen und Pferdeböcken ist die Vergesellschaftung mit den in der Herde lebenden männlichen Zuchttieren nicht immer ratsam und muss gut beobachtet werden, da die Böcke individuell verschieden die Jungen angreifen und forkeln können. Männchen der anderen Arten für Jungtiere meist ungefährlich. Bei manchen Arten sind die Böcke zwar für Jungtiere im Kälberfell ungefährlich, versuchen aber manchmal, heranwachsende Junge beider Geschlechter zu vertreiben, so dass es dann unmöglich werden kann, heranwachsende Töchter in die Zuchtherde zu integrieren (z.B. Buntbock, viele Gazellen). Bei Wiedereingliederung der Mütter in die Herde nicht selten Kämpfe zwischen den Weibchen (Gazellen, aber auch Pferdeböcke), daher nicht alle Tiere gleichzeitig zusammenlassen, sondern Mutter mit Kalb nach und nach einzeln mit den übrigen Tieren zusammenführen. Erwachsene Weibchen attackieren gelegentlich fremde Junge leicht, wenn diese zu saugen versuchen. Gazellen z.B. lassen nur das eigene Junge ans Euter, obwohl im Zoo Jerusalem öfter junge Echtgazellen aus der Wildnis von laktierenden Weibchen des Zoos angenommen und aufgezogen wurden. Bei dieser Art adoptierte nach einer Wildnisbeobachtung ein Weibchen mit Kalb das einige Wochen jüngere Jungtier eines verendeten anderen Weibchens. Mütter anderer Arten lassen dagegen öfter fremde Junge bei sich saugen, z.B. Großer und Kleiner Kudu, Buschbock, Weißnacken-Moorantilope, Saiga, Nilgauantilope, Elenantilope.

Erste feste Kost nehmen Saigas mit 3–4 Tagen (Grünzeug), Gnus mit 1 Woche, Addax 10–14 Tage nach der Geburt, übrige ab 3.–5. Lebenswoche auf. Säugezeit unterschiedlich lang, Saiga 2–2½, Gazellen und mittelgroße Arten etwa 6, große Arten bis 8 Monate. Lösung der Mutter-Kind-Bindung bei kleinen Arten mit 6–8, bei größeren mit 8–10 Monaten, manchmal auch früher, spätestens 3–6 Wochen vor der nächsten Geburt. Kleine Arten sind mit etwa 1, mittelgroße mit 2, große mit 3–4, selten 5 Jahren ausgewachsen. Aufzuchtskomplikationen in den ersten Tagen möglich durch ungenügende Mutter-Kind-Bindung, Milchmangel oder Abwehr von Saugversuchen durch die Mutter, später beim Eintritt der 1. Brunst nach dem Setzen. In dieser Zeit greifen Mütter oft das eigene Junge an. Auf engem Raum (Stall) gehaltene Tiere in solchen Fällen stundenweise trennen oder Nebenbox bei offener Tür anbieten. Weibchen dabei eventuell zum Bock lassen. Sonst Junges und Mutter gut beobachten. Aggressivität meist nur 1–2 Tage. Weitere Probleme oft zwischen Ende des 1. und 2. Drittels der Säugezeit mit dem Nachlassen des Milchflusses bei gleichzeitig ständig steigendem Nahrungsbedarf des Jungen. Jungtiere, die zu diesem Zeitpunkt (bei Gazellen um 9.–12. Woche) nicht reichlich feste Kost aufnehmen, gehen an Unterernährung ein, wenn nicht Milch zugetränkt wird. Anzeichen sind Abmagerung, geringes Bewegungsbedürfnis, glanzloses, gesträubtes Fell (durch Kotuntersuchung Parasitenbefall ausschließen). Bei manchen Arten mit steigender Gruppengröße Zunahme von Aufzuchtverlusten, z.B. bei Sitatungagruppen mit mehr als 2–3 Weibchen. Bei Gazellen, besonders Sömmeringgazellen, oft hohe Jungtiermortalität oder Unfruchtbarkeit der Nachzuchttiere. Ursache vielleicht ähnlich wie bei Dikdiks verschieden große Chromosomensätze der Elterntiere. Empfohlen wurde, vor der Zusammenstellung von Zuchtpaaren oder -gruppen die Chromosomenzahlen der Zuchttiere zu ermitteln und nur Tiere mit gleichen Chromosomenzahlen miteinander zu verpaaren. Allerdings dürfen die Böcke ein Mehrchromosom besitzen.

Angaben über das Wiedereinsetzen des Östrus nach dem Werfen sind widersprüchlich. Sitatunga und Tieflandnyala sollen unmittelbar nach dem Wurf erneut fruchtbar gedeckt werden. Bei einigen Gazellenarten früher Post-partum-Östrus, z.B. Grantgazelle nach 21–22, Spekesgazelle nach 22–32, Dünengazelle nach 26, Rotstirngazelle nach 33 Tagen, doch kommt es in der Regel erst 45–90 Tage nach der Geburt zur Konzeption. Ebenfalls früher Post-partum-Östrus bei Addax nach 12–15 bzw. 28 oder 29 Tagen, doch nur selten frühe Konzeption. Erfolgreiche Paarungen meist erst 4–5½ Monate nach der Geburt. Bei Grant- und Sömmeringgazellen finden Befruchtungen stets zwischen 4½–5½ Monaten nach der Geburt statt. Während bei

Rappen-, Pferde-, Säbelantilopen, Buntbock und Kuhantilope der Östrus 5–8 Wochen nach dem Werfen eintritt, sollen Buschböcke 2–3, Wasserböcke 2–6½, Nilgauantilope und Bongo erst 3½ Monate später brünstig werden. Demzufolge Geburtsintervalle verschieden. Kleinere und mittelgroße Arten (Tragzeiten zwischen 5½ und 6½ Monaten) können zweimal im Jahr oder in 2 Jahren dreimal werfen. Bei größeren Arten Geburtsintervalle 11–14 Monate, selten kürzer, da auch bei frühem Post-partum-Östrus oft keine Befruchtung erfolgt. Angaben zur Geschlechtsreife in Tabelle 28.10, nach Beobachtungen in Washington soll die Geschlechtsreife bei Dorkasgazellen nach Inzucht verspätet einsetzen. Fertilität bei Weibchen wahrscheinlich bis Lebensende. So hat z.B. eine im Zoo Hannover gehaltene Addax mit 21 Jahren noch ein Jungtier aufgezogen, wurde danach aus der Herde genommen und hat bei regelmäßigem Östrus ein Alter von 23 Jahren erreicht. Wie bei Rindern auch bei Antilopen Embryotransfer. Erstmals 1983 wurden in Los Angeles einem zur Superovulation stimulierten Bongoweibchen 7 Tage alte Keimlinge entnommen, nach Cincinnati geflogen und dort 1 Bongo und 4 Elenantilopen implantiert. Von diesen brachte 1 Elenantilope und das Bongoweibchen 1984 je 1 gesundes Bongokalb. Da das Spendermuttertier 1983 in Los Angeles erneut gedeckt worden war, ebenfalls 1984 ein gesundes Kalb brachte, konnten so aus 1 Bongoweibchen in einem Jahr 3 Kälber gezogen werden.

Künstliche Aufzucht wenig kompliziert. Milchzusammensetzung in Tabelle 28.11. In den ersten Tagen möglichst Rinderkolostrum. Als Aufzuchtnahrung haben sich Kuh- und Ziegenmilch, Kälber- und Lämmermilchaustauscher (Tierpark München: Fettpartikelchen durch Ummantelung mit Eiweiß besonders leicht verdaulich). Trockenmilch nach Zubereitungsangabe und stets mit abgekochtem Wasser, bei leichten Durchfällen auch mit dünnem schwarzen Tee anrühren. Da Kuhmilch in der Regel fett- und eiweißärmer als Antilopenmilch ist, kann man diese Nahrung mit ungezuckerter Kondensmilch, Milchpulver und Sahne, bei schwächlichen Tieren in den ersten Tagen auch mit Serumeiweiß aufwerten. Im Zoo Leipzig wurden für künstliche Aufzuchten jahrzehntelang Jersey-Rinder gehalten, die eine besonders gehaltvolle Milch produzieren. Wurde besonders fett- und eiweißreiche Milch benötigt, verwendete man dort vor allem Anfangs- und Endgemelke. Nahrung nur in zwingenden Fällen bei Verdauungsstörungen (Durchfälle) mit Tee, Reis- oder Leinschleim kurzfristig verdünnen, besser eine Tagesmahlzeit durch schwarzen Tee oder Säuglingsheilnahrung ersetzen. Im Zoo Hannover wurde bei künstlicher Aufzucht die Milch ab 12. Tag mit Schmelzflocken bzw. Getreideschleim angereichert, Anfangsgaben 20–40 ml, später bis 100 ml oder etwas mehr. Meist Flaschenaufzucht, tagsüber anfangs alle 2, später alle 3 Stunden tränken. Tagesmenge auf 5–7 Mahlzeiten verteilen. Vorsicht, Jungtiere nicht bis zur vollen Sättigung tränken! Nehmen bei künstlicher Aufzucht oft mehr Nahrung auf, als ihnen zuträglich ist. Bei Überfütterung oft schwere Darmstörungen (siehe auch künstliche Aufzucht von Hirschen!). Saugergummi mit kleinem seitlichen Loch oder Kreuzschnitt verwenden, damit nicht zu viel Milch auf einmal abzuschlucken ist, sonst Gefahr von Nahrungsaspiration (Folge: Lungenentzündung). Nachtversorgung nur selten nötig. In den ersten Tagen Harn- und Kotabgabe durch Analmassage wie bei Raubtieren anregen. Bei Abliegern ist anfangs regelmäßige Nabelkontrolle notwendig. Rechtzeitig ab dem 10. Tag, spätestens ab Ende der 2. Woche zusätzlich erstklassiges Wiesen- und Gebirgsheu, trockene Luzerneblätter, Haferflocken, Knäckebrotkrümel und frisches Grünzeug anbieten (Laub, Gras, Luzerne- oder Kleehalme, Löwenzahn und andere Kräuter). Vorsicht! Nur kurz vorlegen, welkendes Grünzeug entfernen. Mit steigender Aufnahme fester Kost auf Normalfütterung umstellen, dabei Zahl der Flaschenmahlzeiten verringern. Bei künstlicher Aufzucht starke Prägung des Jungen, besonders bei Nachfolgern, auf den Menschen. Fütternder Pfleger wird oft bereits nach 24 Stunden (Leierantilope, Thomson- und Dorkasgazelle) an Stimme und Geruch erkannt und von

Tab. 28.11 Milchzusammensetzung bei Antilopen

Art	Trockensubstanz (%)	Fett (%)	Eiweiß (%)	Kohlenhydrate (%)	Asche (%)	Proben (Anzahl)
Impala	35,30	20,40	10,80	2,40	1,40	1
Saiga	(62,00)	(33,50)	(19,60)		(1,23)	(1)
Grantgazelle	34,10	19,50	10,40	2,80	1,50	1
Thomsongazelle	34,20	19,60	10,50	2,70	1,40	1
Echtgazelle	36,10	19,00	12,40	3,30	1,50	1
Dorcasgazelle	24,10	8,80	8,80	5,70	1,10	16
Hirschziegenantilope	20,85	9,27	6,90	4,35		3
Giraffengazelle		2,10	7,43	4,00		1
Springbock	22,80 (40,31)	9,24 (3,40)	8,75 (32,75)	4,80	1,60 (1,26)	11 (1)
Großer Kudu	27,80 (19,16)	10,00 (2,46)	12,21[1] (13,74)	4,65 (2,20)		1 (1)
Elenantilope	22,37 (34,82)	10,08 (12,20)	6,70 (15,00)	3,82 (3,90)	1,13 (1,35)	41 (2)
Blessbock		(10,13)	(9,20)	(5,25)	(0,85)	(1)
Weißbartgnu	19,80	8,70[2]	6,90[3]	3,70	1,00	2
Rappenantilope	17,75	5,45	5,31	5,39	0,90	15
Pferdeantilope	19,51	6,55	6,45	5,62	1,04	2
Säbelantilope	(37,20)	(12,70)	(5,40)			(1)
Litschi-Wasserbock	(22,80)		(14,50)		(1,00)	(1)
Rehantilope	30,06	15,61	10,25		1,24	1

Angaben in Klammern: Werte für Kolostrum
Erwähnenswerte Abweichungen von Einzelproben:
[1] 6,70 %, davon Kasein 5,90 % [2] 4,10 % [3] 3,00 %

anderen Menschen unterschieden. Stark geprägte Tiere lehnen Nahrung von Fremden ab. Flaschenaufzucht daher anfangs möglichst von 2 Personen durchführen, die sich an freien Tagen vertreten können und auch mehrere Sauger im Wechsel zum Einsatz bringen. Antilopenhaltung und Zähmungsversuche mit Sudan-Dorkasgazellen, Addax, Elen-, Kuh- Säbelantilopen und Arabische Spießböcke bereits im Altertum bei den Ägyptern. Zucht vieler Arten gelungen, doch Pflege einiger Arten problematisch (z.B. Saiga).

Höchstalter in Menschenobhut. Großer Kudu 23½, Kleiner Kudu 19, Bongo fast 22, Elenantilope über 26, Riesenelenantilope über 18¾, Buschbock 15¼, Sitatunga über 22½, Tieflandnyala 23, Bergnyala 11½, Nilgauantilope fast 23¾, Vierhornantilope fast 18¾, Kuhantilope 19, Lichtensteins Hartebeest 2¾, Leierantilope 35, Buntbock 16½, Blessbock fast 22, Weißschwanzgnu fast 21¾, Weißbartgnu 21¾, Östliches Weißbartgnu 24¼, Rappenantilope 22¼, Pferdeantilope 23, Säbelantilope 27½, Südafrikanischer Spießbock fast 20, Ostafrikanischer Spießbock über 23¾, Arabische Oryx fast 20¾, Addax 27¼, Ellipsen-Wasserbock fast 26¾, Defassa-Wasserbock über 23¼, Kob-Wasserbock fast 22, Litschi-Wasserbock fast 25½, Weißnacken-Moorantilope über 21, Puku 3, Großer Riedbock 16¾, Riedbock 18, Bergriedbock 14, Rehantilope 12¼, Impala über 25½, Damagazelle 17½, Mhorr-Gazelle fast 16¾, Echtgazelle 15, Sömmeringgazelle 15½, Grantgazelle 23, Edmigazelle mehr als 18¼, Dorkasgazelle 19, Rotstirngazelle 14½, Thomsongazelle 20, Spekesgazelle 14, Dünengazelle über 14½, Kropfgazelle über 16¼, Hirschziegenantilope über 23¾, Giraffengazelle über 17¼, Saudi-Gazelle 21, Lamagazelle 3, Springbock über 19¾, Mongoleigazelle 19, Saiga 10 Jahre.

Unterfamilie Böcke (Caprinae)

Etwa ziegengroß, Hörner bei beiden Geschlechtern. Systematik sehr umstritten.

Verbreitung. Nordamerika, Eurasien, Nordafrika.

11 Gattungen, 36 Arten.

Gämsen (Rupicaprini)

Geschlechter ähnlich im Erscheinungsbild, kurze, spitze Hörner, kurzer Schwanz. 4 Zitzen. Eurasien, Nordamerika.
4 Gattungen, 13 Arten.

Gämsen (*Rupicapra*): 2 (bis 6 umstrittene) Arten. Schulterhöhe 70–85 cm, Hörner gewulstet, steil parallel aufsteigend, Spitzen hakenförmig nach hinten unten gebogen, Spitzenteil glatt, ovale paarige Hinterhorndrüsen (Brunstfeigen), Klauen mit elastischem Sohlenpolster, sehr beweglich und verstellbar, Klauenspitzen sehr hart, lange Afterklauen als zusätzliche Anker- und Haftorgane, Fell kurz, glatt, grannig, im Winter lang, dicht, entlang der Wirbelsäule vom Nacken bis zur Schwanzwurzel Stehmähne (Gamsbart). **Eurasiatische Gämse** (*R. rupicapra*): Fell im Sommer oberseits blassbraun, unterseits und Keulenrückseite weiß- bis braungelb, im Winter oberseits dunkelbraun bis schwarz, weiße bis gelbliche Gesichtsstreifen. Bis 5 Unterarten, davon seit 2011 verschiedentlich auch als Arten eingestuft: Anatolische Gämse (*R. asiatica*), Karpaten-Gämse (*R. carpatica*). Europa und Vorderasien von den Alpen östlich über den Balkan, die Karpaten und Kleinasien bis zum Kaukasus, eingebürgert in Sachsen im Elbsandsteingebirge und in Neuseeland. – **Südwesteuropäische Gämse** (*R. pyrenaica*): Fell rötlich beige im Sommer, im Winter dunkelbraun mit breiten gelblichen Flecken an Kehle, Halsseiten, Schultern und Hinterbeinen. 2 Unterarten, die ebenso in der Literatur auch als Arten geführt werden: Abruzzen-Gämse (*R. ornata*), Kantabrische Gämse (*R. parva*). Pyrenäen Nordspaniens und Frankreichs bis zum italienischen Apennin.

Schneeziegen (*Oreamnos*): 1 Art. Reichlich damhirschgroß (Schulterhöhe 90–105 cm), Weibchen kleiner. Gestalt gedrungen, Hörner schwarz, sehr spitz, schwach säbelförmig, nach hinten gebogen, glatt, nur unten schwach gewulstet, hinter dem Hornansatz paarige Hinterhorndrüsen. Fell weiß, im Sommer kurz bis mittellang, sonst sehr lang und dicht, Grannen mit feiner Unterwolle, vom Nacken bis zur Schulter und über der Kruppe länger, an der Kehle besonders bei Männchen typischer Ziegenbart. **Schneeziege** (*O. americanus*): Gebirge im Westen Nordamerikas von Südost-Alaska und Westkanada (Süd-Yukon und Mackenzie) bis zu den nördlichen USA (Oregon, Idaho, Montana), eingebürgert in weiteren Teilen der USA.

Abb. 28.59 Das Fell der Abruzzen-Gämse (*Rupicapra pyrenaica ornata*) ist im Sommer rot-, im Winter dunkel- bis schwarzbraun. Die Unterseite ist deutlich heller. Das Gesicht weist ganzjährig seine markante Zeichnung auf.

Seraus (*Capricornis*): 6 Arten, systematische Zuordnung und Artenzahl umstritten. Mittelgroße, stämmige Tiere, grau bis schwarz gefärbt, Männchen und Weibchen mit kurzen Hörnern, Voraugen- und Zwischenklauendrüsen vorhanden. **Japan-Serau** (*C. crispus*): ziegengroß (Schulterhöhe etwa 70 cm), Gestalt wie Goral, gedrungener, Hörner unten quer gewulstet, kurz, kräftig, steil aufsteigend, spitz, Fell pelzähnlich dicht, grannig, graubraun, bei er-

Abb. 28.60 Weibliche Schneeziegen (*Oreamnos americanus*) dulden die Männchen nur kurzzeitig im Revier. Die Bindung zu ihren Jungen dauert aber über 1 Jahr hinweg.

wachsenen Tieren Backenbart und Rückenmähne. Japanische Inseln Honshu, Shikoku und Kyushu. – **Taiwan-Serau** (*C. swinhoei*): dem Japan-Serau äußerlich ähnlich. Taiwan. – **Sumatra-Serau** (*C. sumatraensis*), auch Südlicher Serau: bis zwergeselgroß (Schulterhöhe bis 95 cm), Fell oberseits graubraun bis schwärzlich, Haarlänge kürzer als beim Japan-Serau, etwas hart, schüttere Nacken- und Rückenmähne beidseits der Wirbelsäule. Thailand, Malaiische Halbinsel, Sumatra und benachbarte Inseln. – **Chinesischer Serau** (*C. milneedwardsii*): dem Sumatra-Serau ähnlich. 2 Unterarten, 1 davon jetzt auch als Indochinesischer Serau (*C. maritimus*) geführt. Süd- und Zentralchina, Südmyanmar, Thailand, Laos, Kambodscha, Vietnam. – **Roter Serau** (*C. rubidus*): Nordmyanmar. – **Himalaja-Serau** (*C. thar*): Ost- und Südostbangladesch, Himalajagebiet bis Nordostindien.

Gorale (*Naemorhedus*): 4 Arten. Gestalt ziegenartig, Fell je nach Art grau, dunkelbraun bis fuchsrot, helle Kehle und schwarzer Aalstrich, beide Geschlechter mit Hörnern. Systematische Gliederung weicht durch Neueinführung von Arten, Namensänderungen aus Prioritätsgründen und Neuzuordnung von Unterarten von früheren Versionen oft stark ab. **Himalaja-Goral** (*N. goral*), auch Waldziegenantilope, Grauer Goral: knapp rehgroß (Schulterhöhe 50–75 cm), Gestalt ziegenartig, leicht gedrungen, Hörner mittellang spitz, säbelförmig nach hinten gekrümmt, Spitzen glatt, sonst eng quer gewulstet, Fell dicht, zottig, grannig, aber weich, im Win-

Abb. 28.61 Das pelzartig dichte Fell zeichnet sich beim Japan-Serau (*Capricornis crispus*) durch Backenbart und Rückenmähne aus.

Abb. 28.62 Gorale sind von ziegenartiger Gestalt. Ihre Arten unterscheiden sich in der Fellfarbe. Die des Chinesischen Gorals (*Naemorhedus griseus*) ist Graubraun.

ter lang mit warmer Unterwolle, entlang der Hals-Rücken-Mittellinie kammartig verlängert, Färbung unterartlich verschieden, schwarzbraun, schwärzlich oder grau, unterseits heller, vereinzelt weiße Abzeichen. 2 Unterarten, 1 davon auch als Art angesehen: Westhimalaja-Goral (*N. bedfordi*). Nördliches Pakistan, weite Teile des Himalajas von Nordindien über Nepal,

Abb. 28.63 Beim Alpensteinbock (*Capra ibex*) können mehrere erwachsene Männchen mit den Weibchen gemeinsam in einer Herde gehalten werden. Es kommt dabei kaum zu Beschädigungskämpfen.

Bhutan bis China (Süd-Tibet). – **Roter Goral** (*N. baileyi*): dem Himalaja-Goral sehr ähnlich, fahlgelbbraun bis hellfuchsrot mit dunklem Aalstrich vom Nacken bis zur Schwanzwurzel. Nordmyanmar, Nordostindien, Südchina mit Tibet und Yunnan. – **Langschwanz-Goral** (*N. caudatus*): Fell graubraun bis braun, bei den kleineren Weibchen heller, relativ langer Schwanz, dunkelbraun bis schwarz gefärbt. Ostsibirien, Nordwestchina, Korea. – **Chinesischer Goral** (*N. griseus*), auch Westchinesischer Goral: dem Langschwanz-Goral im Erscheinungsbild ähnlich, Fellfarbe graubraun. 2 Unterarten, 1 auch als Burma-Goral (*N. evansi*) aufgeführt. Nordostindien, West- und Südostmyanmar, Ostchina, Nordwestthailand, Nordvietnam.

Ziegenartige (Caprini)

Deutliche Geschlechtsunterschiede in Größe, Gewicht, Länge und Form der Hörner. 2–4 Zitzen. Eurasien, Nordafrika.

5 Gattungen, 21 Arten.

Ziegen (*Capra*): 9 Arten. Reichlich damhirschgroß (Schulterhöhe 65–105 cm), Weibchen kleiner, Gestalt gedrungen. Fell glatt, kurz,

Abb. 28.64 Verglichen mit Alpensteinböcken sind Nubische Steinböcke (*Capra nubiana*) deutlich kleiner und heller. Während der Brunftzeit verfärben sich bei den Männchen Nacken, Brust, Schultern und Flanken dunkelbraun bis schwarz.

grannig, im Winter länger, dicht, mit Unterwolle, Männchen mit Rückenhaarkamm, mitunter Kinnbart vorhanden, Färbung verschieden, weißgrau bis dunkelbraun, unterseits heller, vereinzelt dunkle Abzeichen, Schädel relativ kurz, gewölbte, breite Stirn, Hörner der Männchen mächtig, vielgestaltig, artlich verschieden, häufig steil aufsteigend, kreisbogenförmig nach hinten geschwungen, schmal, vorn und seitlich mit dicken Wülsten und mitunter Jahreszuwachsfurchen, Hornoberfläche kann auch fast glatt oder nur wenig gerillt sein, Hörner der Weibchen viel kleiner, schwächer, paarige Hinterhorndrüsen vorhanden, Voraugen- und Zwischenzehendrüsen fehlen, 2 funktionstüchtige, dazu mitunter 2 rückgebildete Zitzen. **Alpensteinbock** (*C. ibex*): Bock mit langen, sichelförmig gebogenen Hörnern mit dicken Querwülsten, Hörner der Weibchen deutlich kürzer, nur leicht gebogen, kurzer Kinnbart, fahl- bis dunkelbraunes Fell. Die bisher bekanntesten Unterarten werden jetzt überwiegend als eigenständige Arten geführt. Alpen von Österreich und Deutschland bis Frankreich und Norditalien. – **Iberischer Steinbock** (*C. pyrenaica*), auch Spanischer Steinbock: Gestalt wie Alpensteinbock, aber kleiner und zierlicher (Schulterhöhe 70–75 cm), Weibchen kleiner, Hörner vorn und hinten mit scharfen Kanten, sonst nur schwach gewulstet, Spitzen nach innen oben gezogen, kontrastreich gezeichnetes Fell hellbraun bis braungrau, im Winter dunkler. 4 Unterarten, davon Portugiesischer Steinbock (*C. p. lusitanica*) und Pyrenäen-Streinbock (*C. p. pyrenaica*) ausgestorben, Letzterer erst im Jahr 2000. Gebirge Spaniens. – **Nubischer Steinbock** (*C. nubiana*): Fell hellbraun, Bart und Schwanzhaar dunkler, Vorderseiten der Beine dunkel, Hörner dreiviertelkreisförmig mit sehr vielen (bis 30) Querwülsten. Eritrea, Äthiopien, Sudan, Ostägypten, Südostoman, Jordanien, Israel, westliches Saudi-Arabien, Jemen. – **Abessinischer Steinbock** (*C. walie*), auch Äthiopischer oder Waliasteinbock: kleiner als Alpen-, aber größer als Nubischer Steinbock, Fell nussbraun, dunkle Beinschienen, helle Bauchseite, Hörner kürzer und mit weniger Querwülsten als vorige Art, knöcherner Stirnhöcker. Nordäthiopien. – **Westkaukasischer Steinbock** (*C. caucasica*), auch Kaukasischer Steinbock, Kuban-Tur: Gestalt massiger als Alpen-Steinbock, Fell oberseits rötlich braun, unterseits gelblich, im Winter zimt- bis graubraun, Bart und Schwanz kurz, innerartlich deutliche Unterschiede in Hornform, Hornlänge und Wulstbildung. Bei Böcken aus dem westlichen Verbreitungsgebiet Hörner kürzer, stärker und mehr gekrümmt als beim Alpensteinbock, mit starken Querwülsten. Böcke aus dem östlichen Kaukasus mit größeren, spiralig gedrehten, glatten Hörnern mit großem Durchmesser. Zur systematischen Einordnung kontroverse Ansichten, besonders z. B. auch für Bezeichnung von Populationen, deren Verbreitungsgebiete sich überschneiden. Mittelkaukasischer Tur (*C. c. caucasica*), möglicherweise natürliche Mischlingspopulation zwischen den Unterarten, da Hornform der Männchen individuell verschieden mal mehr der des Westkaukasischen oder des Ostkaukasischen Steinbocks ähnelt oder auch Merkmale von beiden gleichzeitig aufweist. – **Ostkaukasischer Steinbock** (*C. cylindricornis*), auch Dagestanischer Tur: verschiedentlich als Unterart des Westkaukasischen Steinbocks geführt. Kaukasusgebirge Russlands, Georgiens, Aserbaidschans. – **Sibirischer Steinbock** (*C. sibirica*): Bock mit sehr großen bogenförmigen, z.T stark gekrümmten Hörnern, relativ langer Kinnbart, Fellfarbe variiert im Verbreitungsgebiet, beim Bock im Winterfell hellere Nacken-/Rückenregion. Größte Gesamtpopulation unter den Steinböcken. Zentralasien (Sibirien, Westchina, Mongolei, Kasachstan, Kirgisien bis Afghanistan). – **Schraubenziege** (*C. falconeri*), auch Markhor: Gestalt steinbockähnlich, größte Ziegenart (Schulterhöhe 85–115 cm), Weibchen kleiner, Hörner der Männchen weit schraubenförmig um die Längsachse nach oben geschwungen oder steil nach oben hinten gestellt und korkenzieherartig eng um die Längsachse gewunden, Männchen mit Kinnbart, Hals-, Brust-, Schulter- und Rückenmähne sowie Behang an der Unterschenkelvorderseite, bei Weibchen nur schwacher Bart, Fell

Abb. 28.65 Ostkaukasischer Steinbock (*Capra cylindricornis*). Seine systematische Einordnung ist umstritten. Er unterscheidet sich von anderen Steinböcken durch die Hornkrümmung und das Fehlen von Hornwülsten.

grannig, kurz, glatt, im Winter länger, dicht, mit kurzer Unterwolle, grau, gelbbraun bis grauweiß oder bräunlich weiß, an Ohren und Beinen dunkle Abzeichen, Bart und Schwanz schwarzbraun. 3 Unterarten. Usbekistan, Tadschikistan, Afghanistan, Nord- und Zentralpakistan, Nordindien (Jammu und Kaschmir). – **Bezoarziege** (*C. aegagrus*), auch Wildziege: Gestalt und Größe wie Steinböcke, Hörner der Männchen nahezu kreisförmig um 180–270° geschwungen, oft mit flachen, weit auseinander liegenden Wülsten und Beulen, Hörner der Weibchen bedeutend kürzer, nur leicht nach hinten gebogen, rund, Fell kurz, dicht, glatt, im Winter länger, dichter, Männchen mit Kinnbart und Rückenkamm, Färbung von rost- und rötlich braun bis graugelb und weißlich grau, unterseits heller, beim erwachsenen Männchen dunkle Abzei-

Abb. 28.66 Charakteristisch für die Turkmenische Schraubenziege (*Capra falconeri heptneri*) sind neben den arttypisch spiralig gedrehten Hörnern und der langen Halsmähne, das rötlich graue Fell und der lange schwarze Ziegenbart.

chen. Stammform der Hausziege. 5 Unterarten. Einst weit verbreitet, heute nur noch inselartig im Vorderen und Mittleren Orient von Afghanistan und Südpakistan über Iran und Armenien bis zum Kaukasus und Südrussland, westlich über den Irak, Syrien, Jordanien und Israel sowie die Türkei bis zum östlichen Mittelmeer, dazu kleine, möglicherweise von Menschen ausgewilderte Populationen auf Kreta und den vorgelagerten Inseln (St. Theodor, Dia und St. Pantes), sowie auf der Insel Yioura (Nördliche Sporaden) und den Kykladeninseln Antimilos und Erimomilos. Die sog. Wildziegen auf anderen Mittelmeerinseln sind meist verwilderte Hausziegen.

Mähnenspringer (*Ammotragus*): 1 Art. Stehen bei morphologischer und genetischer Betrachtungsweise den Ziegen, nach biochemischen Befunden (Blutserumeiweiße) den Schafen nahe. **Mähnenspringer** (*A. lervia*), auch Mähnenschaf, Berberschaf oder Aoudad: reichlich damhirschgroß (Schulterhöhe 90–100 cm), Weibchen viel kleiner, große, schwere Hörner der Männchen kreisbogenförmig geschwungen, Spitzen einwärts aufwärts gerichtet, dicht, flach quer gewulstet, Hörner der Weibchen kleiner, Fell kurz, harte Grannen, darunter kurze Unterwolle, beim Männchen lange Mähne von der Hinterkehle über den Unterhals bis Vorderbrust und Ellenbogen, hier als fast fußlange Manschette, Mähne des Weibchens schwächer, Färbung hellbräunlich gelb bis blassrötlich braun, Mähne oft heller als übriges Fell, Bock ohne „Bocksgeruch“. 6 Unterarten. Nordafrika südlich des Atlasgebirges von Mauretanien über Libyen bis Sudan westlich des Weißen Nils (Kordofan), eingebürgert in den USA im Oberlauf des Canadian River (New Mexico) sowie in felsigem, pazifischem Küstengebiet Mittel-Arizonas etwa 400 km südlich von San Francisco (San Luis Obispo).

Tahre (*Hemitragus*, *Nilgiritragus*, *Arabitragus*): 3 Arten. Systematik umstritten. Seit 2005 werden die 3 Arten aufgrund molekulargenetischer Erkenntnisse auch 3 Gattungen zugeordnet. Gestalt und Größe gämsenähnlich (Schulterhöhe bis 1 m), Weibchen kleiner, beide Geschlechter mit Hörnern, Hörner vergleichsweise kurz, in der oberen Hälfte nach hinten gebogen, mit messerscharfen Kanten, schwielenartige Hornpolster an Brust und Vorderfußgelenken, Voraugen-, Leisten-, Fuß-, Schwanzdrüsen, kein „Bocksgeruch“. **Himalaja-Tahr** (*H. jemlahicus*): Fell dunkel, dicht, lang, grannig, mit weicher Unterwolle, beim Weibchen kürzer, Männchen mit heller Vorderkörpermähne, Rückenmähne und Vorderbeinmanschetten. Himalajagebiete Chinas, Indiens, Nepal, auf Neuseeland und in Südafrika eingebürgert. – **Nilgiri-Tahr** (*H. hylocrius*): jetzt als *Nilgiritragus hylocrius* geführt. Fell des Männchens dunkel, fast schwarz, kurzhaarig, silbergrauer Sattel, Mähne kurz und borstig, Weibchen graubraun mit hellerem Bauch. Nilgiriberge in Südwestindien. – **Arabischer Tahr** (*H. jayakari*): jetzt als *Arabitragus jayakari* geführt. Vermutlich kleinste

Abb. 28.67 Die letzten reinblütigen Vertreter der Kreta-Bezoarziege (*Capra aegagrus cretica*) leben auf Kreta und der davor liegenden Insel St. Theodor.

Art, Fell bräunlich, dunkler Rückenstreifen, schwarze Beine, heller Bauch, lange Haare an Kinn und Widerrist. Oman.

Blauschafe (*Pseudois*): 2 Arten. Mit Merkmalen von Schafen und Ziegen, z. B. kein Bart, keine nackten Hautstellen an den Handwurzeln, kein typischer Bocksgeruch, aber nackte Schwanzunterseite, auffällige Zeichnung an den Vorderbeinen, große Afterklauen. **Blauschaf** (*P. nayaur*), auch Bharal, Nahur: Gestalt und Größe schafsähnlich (Schulterhöhe 75–90 cm), Weibchen kleiner, Hörner mähnenspringerartig, ohne Querwülste, Spitzen nach oben außen, mehr oder minder kräftig quer geringelt, Hörner der Weibchen kleiner, schwach leierförmig, mit fast glatter Oberfläche, Fell kurz, dicht, im Winter mit Unterwolle, oberseits graubraun bis schieferblau (Männchen dunkler als Weibchen), unterseits weißlich, oft dunkle Abzeichen. Bergland des Himalajas von Südtadschikistan und Nordafghanistan, Nordpakistan und Nordwestindien über Nepal, Bhutan und Nordostindien bis Nordmyanmar sowie West- und Mittelchina von Tibet bis zur Inneren Mongolei. – **Zwergblauschaf** (*P. schaeferi*): galt früher als Unterart des Blauschafs, kleiner, Fell silbrig überhaucht. Westsichuan und angrenzende Teile von Südost-Tibet und Nord-Yunnan.

Schafe (*Ovis*): 6 (–20) Arten. Systematische Gliederung innerhalb der Gattung bedarf einer endgültigen Klärung, da es zu Arten und Unterarten von mehreren Autoren mehrere Auslegungen gibt. Männchen teilweise mit großen, schweren, schneckenförmig gedrehten Hörnern, die bei Weibchen sehr klein sind oder fehlen, 2 Zitzen, Voraugen-, Zwischenklauen- und Leistendrüsen vorhanden, kein ausgeprägter „Bocksgeruch". Schwanz rundum behaart, nicht abgeflacht. **Wildschaf** (*O. orientalis*), jetzt auch als Armenisches oder Asiatisches Wildschaf *O. gmelini* geführt: Gestalt gedrungen, Hörner meist bei beiden Geschlechtern,

Abb. 28.68 Beim männlichen Himalaja-Tahr (*Hemitragus jemlahicus*) kontrastiert die lange, helle Vorderkörpermähne zum übrigen dunkleren Fell.

beim Weibchen kleiner und schwächer und säbelförmig gekrümmt, bei Männchen Hornform verschieden, einfach um 180–270° gekrümmt (z.B. Mufflon) oder schneckenförmig in 1½-facher Spirale dicht neben den Kopfseiten gewunden, Hornoberfläche teils kräftig, teils schwä-

Abb. 28.69 Äußerlich zeigt das Blauschaf (*Pseudois nayaur*) Merkmale von Ziegen und Schafen, ist aber trotz seines Namens nicht näher mit den Schafen verwandt.

cher und eng gewulstet mit deutlichen Jahreszuwachsringen, Fell grannig, fein bis grob, mit mehr oder minder feiner Unterwolle, am Hals z.T mähnenartig verlängert, Färbung sehr unterschiedlich, neben gelb- oder braungrauen, meist einheitlich gefärbten Formen bunte Unterarten mit oberseits rot-, dunkel- oder schwarzbrauner oder fast schwarzer, unterseits, an den Beininnenseiten und der Hinterkeulenrückseite weißlicher oder gelblich weißer Färbung, Bock im Winterfell meist mit weißem Sattelfleck, Kopf mit kontrastreicher Zeichnung. Stammform des Hausschafes (*O. orientalis f. aries*). 6 Unterarten, von denen jetzt verschiedentlich als Arten geführt werden: Isphahan-Wildschaf (*O. isphahani*), Laristan-Wildschaf (*O. laristanica*). Verbreitung einst vom östlichen Mittelmeerraum (Zypern) bis Vorderasien (Türkei, Iran, Afghanistan, Oman). Im Altertum eingebürgert auf Sardinien und Korsika, später von hier nach Nord- und Mitteleuropa, auf die Krim, nach Teneriffa, in die USA einschließlich der Hawaii-Inseln, nach Chile, Neuseeland und die Kerguelen. – **Urial** (*O. vignei*), auch Steppenwildschaf: kleiner (Schulterhöhe bis 90 cm) und leichter (35–90 kg) als Argali. Fell hellbraun, mit stattlicher schwarzer, weißer oder schwarz-weißer Halsmähne, Bauch und Beine heller gefärbt als restliches Fell. Gehörn ähnlich dem des Wildschafs. 5 Unterarten. Von Iran über Afghanistan, Turkmenistan, Usbekistan, Tadschikistan und Kasachstan bis nach Nordindien und Pakistan. – **Argali** (*O. ammon*), auch Riesenwildschaf: größtes und schwerstes Wildschaf (Schulterhöhe 110–125 cm), Weibchen kleiner, Bock mit massiven, spiralig auswärts gezogenen, schneckenförmigen Hörnern, Weibchen kurzhörnig, Fell hell- bis dunkelbraun, großer weißer Spiegel, Bauchunterseite und Beine im unteren Bereich weiß, im Winterfell bei Böcken der meisten Unterarten weiße Halsmähne. 9 Unterarten, davon auch als Arten: Altai-Wildschaf (*O. ammon*), Kasachstan-Wildschaf (*O. collium*), Gobi-Wildschaf (*O. darwini*), Kysylkum-Wildschaf (*O. severtzovi*), Karatau-Wildschaf (*O. nigrimontana*), Nordchina-Wildschaf (*O. jubatus*), Tibet-Argali (*O. hodgsoni*), Pamir-Ar-

Abb. 28.70 Das Armenische Mufflon (*Ovis orientalis orientalis*) ist im Kaukasusgebiet, Nordwestiran und südlichen Kleinasien beheimatet. Männchen besitzen meist einen hellen Flankenfleck variabler Größe. Halsunterseite und Brust sind dunkel.

gali (*O. polii*), Tienshan-Argali (*O. karelini*). Kasachstan, Usbekistan, Tadschikistan, Kirgisistan, Nordafghanistan, Nordpakistan, Nordindien, Nepal, China (Tibet, Sichuan, Gansu, Sinkiang, Innere Mongolei), Mongolei, südliches Zentralsibirien. – **Dickhornschaf** (*O. canadensis*): Körperbau gedrungener, Hörner meist kürzer, aber massiver, Fell hell- bis dunkelbraun, heller Spiegel. 6 Unterarten. Westliches Nordamerika von Kanada (British Columbia und Alberta) bis Nordmexiko und Niederkalifornien (Baja California). – **Dall-Schaf** (*O. dalli*), auch Dünnhornschaf: je nach Unterart ganz weiß oder schieferbraun. 2 Unterarten. Großteil Alaskas und Westkanadas (Yukon-Gebiet und British Columbia). – **Schneeschaf** (*O. nivicola*): dunkelbraun bis grauweiß, Hörner und Spiegel kleiner als beim Dickhornschaf. Kamtschatka und angrenzendes Nordostsibirien. 4 Unterarten.

Gefährdungsstatus. Bestand der meisten Angehörigen dieser Tiergruppe in der Wildnis mehr oder minder stark gefährdet. Gefährdungsgrad art- bzw. unterartverschieden und je nach Ursprungsgebiet unterschiedlich zu bewerten. Ausgerottet wurden Pyrenäensteinbock, Portugiesischer Steinbock und Mauretanischer Mähnenspringer. Hochgradig gefährdet sind u.a. Abessinischer Steinbock, Zwergblauschaf (um die Jahrtausendwende nur noch ein Restbestand von etwa 200 Tieren auf einer Fläche von nur 295 km^2, mit seitdem sinkender Tendenz). Als mehr oder minder gefährdet gelten u.a. Langschwanzgoral, Roter Goral, Sumatra-Serau, Südwesteuropäische Gämse, Abruzzen-Gämse, Tatra-Gämse (*R. rupicapra tatrica*) und eine Population der Alpengämse aus den südfranzösischen Alpen im Raum von Grenoble, die früher unter der Bezeichnung Chartreuse-Gämse (*R. rupicapra cartuliana*) als eigene Unterart geführt wurde, weiterhin Nubischer Steinbock, Westkaukasischer Steinbock, die Unterarten der Schraubenziege, Arabischer Tahr und Nilgiri-Tahr. Schutzbedürftig sind alle Gorale, Chinesischer, Taiwanesischer und Himalaja-Serau, Dagestanischer Tur, alle noch erhaltenen

Unterarten des Mähnenspringers, Himalaja-Tahr. Japan-Serau nur noch in Schutzgebieten gesichert. Schneeziege stark dezimiert, aber mit durchschnittlich 100000 Tieren in der Wildnis und in Reservaten erhalten. Alpensteinbock in der Mitte des 19. Jahrhunderts fast ausgerottet, aber 1821 die letzten etwa 50 Tiere im Gran-Paradiso-Massiv in den nordwestitalienischen Alpen zwischen Aostatal und Piemont unter königlichen Schutz gestellt. 1922 Einrichtung des Gran-Paradiso-Nationalparks zur gesicherten Erhaltung dieser Restpopulation, aus der einige wenige Tiere zur Zucht in die Schweizer Wildparks Peter & Paul/St. Gallen sowie Harder/Interlaken gelangten. Aus deren Nachkommen und reinblütigen Tieren aus Zoo- und Wildgehegebeständen Österreichs, der Schweiz und Italiens ging eine den ganzen Alpenraum umspannende, neue Wildpopulation hervor. Internationales Zuchtbuch für Japan-Serau im Toyama Zoo, EEP für Blauschaf im Jardin des Plantes, Paris, für Chinesischen Goral im Parc Animlier d'Auvergne, für Mähnenspringer in Halle, für Westkaukasischen Steinbock im Zoo Olomouc, für Nubischen Steinbock im Tisch Family Zoo Jerusalem, für Turkmenische Schraubenziege im Zoo Helsinki, für Alpensteinbock in Goldau, für Urial im Parco Faunistico Valcorba, für Bezoarziege im Monde Sauvage Safari-Park in Aywaille, für Gämse im Zoo Kosice.

Lebensweise. Tagtiere, die oft in der Mittagszeit ruhen, teilweise aber auch auf Auslugplätzen (Felsspitzen, Grate), selten auf schräg stehenden Bäumen (Goral) stehen oder liegen. Viele Arten sind auch in hellen Nächten rege. Gorale und Zwergblauschaf Dämmerungstiere, werden in Gebieten mit starker Bejagung zu Nachttieren. Lebensraum verschieden, vorwiegend Gebirge, bis in höchste Regionen, feuchtwarmer, tropischer Bergdschungel (Seraus), tropische und subtropische Fels- und Halbwüsten (Nubischer Steinbock, Tahre, Mähnenspringer), winterkalte Hochsteppen (Schraubenziege, Steppenwildschaf, Argali), felsige Mittel- und Hochgebirge mit dichtem Wald oder Buschwald, Almen und Matten, auch kahle Hänge und steile Grate oberhalb der Baumgrenze. Alle Arten (Ausnahme: Mufflon) meiden den Hochwald, manche aber, wie Gorale, Seraus, Iberischer Steinbock, Bezoarziege, Nilgiri-Tahr und einige Wildschafe, lieben deckungsbzw. dickungsreiches Gelände oder ziehen sich dorthin während bestimmter Jahreszeiten oder in Einstände zurück, echte Hochgebirgstiere in nur wenig bewachsenem Gelände, so auch Himalaja-Tahr und Steinböcke, deren Weibchen im Sommer in waldfreie Gebiete bis zur Schneegrenze wandern, Böcke halten sich dann oft in tieferen Lagen auf. Vorwiegend Kulturflüchter, lediglich bei Mufflon Anpassung an Kulturlandschaft. Gämsen und Steinböcke in Gebieten, in denen sie nicht gejagt werden, vor allem im Winter in der Nähe einzeln stehender Gehöfte. Alle Arten klettern sehr gut, laufen auch in schroffen Felswänden schnell (Gorale, Gämsen, Steinböcke, Mähnenspringer, Tahre) oder steigen bedächtig (Seraus, Schneeziege). Auf der Flucht werden Geröllfelder im schnellen Lauf oder mit weiten Sprüngen überquert, ohne dass sich lösende, rollende Steine die Tiere stören. Gämsen rennen leichtfüßig bergauf, bergab dagegen schwerfälliger. Hochgebirgstiere springen sicher in steilen Wänden, finden dabei auf schmalsten Vorsprüngen Halt oder benutzen solche bei Seriensprüngen als Absprungbasis. Schneeziegen können nur wenig hoch springen, abwärts dagegen auch in steilen Wänden und Schluchten weite Sätze bis in 6–8 m Tiefe. Auch auf verharschtem Schnee und Eisflächen bewegen sich die Tiere sicher. Gämsen rodeln im weichen Schnee auf dem Hinterteil sitzend hangabwärts, baden und suhlen (vielleicht mit Ausnahme der Seraus) nicht, können notfalls schwimmen. Hervorragendes Sehvermögen, ausgezeichneter Geruchssinn und gutes Gehör.

Ortstreu, oft über Generationen im gleichen Gebiet, lediglich im Winter in tieferen Lagen. Hochgebirgstiere wie Steinböcke, Gämsen, Blauschafe und Hochgebirgswildschafe auch im Winter vorwiegend in steilen Hochlagen ohne Tiefschnee (in den Tälern ist durch starke Schneelagen Nahrungsmangel). Wanderungen (bei Steinböcken jahreszyklisch) meist auf generationenlang benutzten Wechseln. Auch in den Sommer- und Wintereinständen feste Wechsel, bei Steinböcken bevorzugt entlang schmaler, spitzer Grate. Feste Ruhe- und Auslug-, teils sogar Kotplätze (Seraus). Keine territorialen Grenzen zum Lebensraum benachbarter Artgenossengruppen. Gesellig, Weibchen mit Jungen in Mutterfamilienrudeln, von denen sich Muttertiere vor der Geburt zeitweilig absondern. Bei Wildschafen außerhalb der Brunstzeit auch große gemischtgeschlechtliche Rudel. Männchen, besonders ältere Gorale, Seraus, Schneeziegen, Gämsen, Steinböcke, Mähnenspringer und Schafe, außerhalb der Paarungszeit zeitweilig Einzelgänger, oft auch mit jüngeren Männchen (Gämsen, Steinböcke, Schraubenziegen, Tahre, Blauschafe, manche Wildschafe) in Bocksrudeln. Innerhalb dieser Rudel zwischen gleich alten, gleich starken Tieren häufig harmlose, spielerische Rangordnungskämpfe. Seraus leben paarweise. Besonders zur Brunstzeit „fegen" Böcke von Arten mit Hinterhorndrüsen kleine Sträucher, Zweige und Gräser, wobei Drüsensekret abgestrichen wird. Duftmarken ohne territoriale Bedeutung, dienen nur bei Gämsen und Goralen der kurzfristigen Markierung eines Männchenterritoriums. Sekrete von Hinterhorn- und Unterschwanzdrüsen oft mit durchdringendem Geruch. Während der Brunst heftige, bei Schneeziegen und Gämsen nicht selten tödlich endende Kämpfe zwischen den Männchen. Gämsböcke harnen zwischen den Vorderbeinen hindurch auf den Gegner. Bei Steinböcken nur zwischen gleich starken Männchen vereinzelt erbitterte Duelle, wobei sich die Tiere auf die Hinterbeine stellen und dann von oben nach unten auf die Hörner des Gegners einschlagen. Meist aber meiden gleich starke Tiere einander. Schraubenziegen bleiben beim Kampf mit den Vorderbeinen am Boden, schlagen mit den Hörnern aufeinander ein, verhakeln diese seitlich nebeneinander stehend und versuchen, den Gegner zu Boden zu drücken. Mähnenspringer kämpfen ebenso, versuchen aber auch, sich mit gegenseitig über die Kruppe gelegten Hörnern niederzudrücken oder rennen wie Schafe aus einigen Metern Entfernung aufeinander los und schlagen dabei mit den Hörnern zusammen. Bei Wildschafen Kämpfe nur unter gleich starken Tieren. Männchen schlagen, um einander zu imponieren, während der Brunst oft krachend mit den Hörnern auf Steine und Stämme. Bei Dickhornschafen ist allein die Größe der Hörner für Ranghöhe und Stellung ausschlaggebend, schwächere Männchen bleiben in der Herde, verhalten sich wie Weibchen und werden vom Leitwidder sogar demonstrativ besprungen. Sonst während der Brunst nur 1 Männchen in einem Rudel. Nebenbuhler werden nach dem Kampf vertrieben. Paarung fast immer in der Herde, lediglich männliche Wildschafe treiben Weibchen etwas abseits und fordern sie durch leichtes Schlagen mit einem waagerecht nach vorn gestreckten Vorderbein zur Paarung auf. Bei Schafen werden zuerst die 1½-jährigen, später die älteren Weibchen brünstig.

Wenig stimmfreudig, innerartliche Verständigung durch Lautäußerungen gering. Bei Gämsen gellender Warnpfiff, grunzende Brunstrufe der Männchen. Bei Schneeziegen melodisch zirpender Kontakt- oder Warnlaut. Steinböcke pfeifen bei Gefahr, besonders Weibchen und Jungtiere verständigen sich durch meckernde Laute. Bei Schafen Warnpfiffe, zischende oder meckernde Alarmlaute, blökender Such-, Kontakt- oder Angstruf, grunzender Brunstlaut der Männchen.

Feinde sind Großkatzen (Leopard, Irbis), Bären, Wölfe, auch Rotwölfe, vereinzelt Vielfraß, Luchs, Adler (besonders für Jungtiere). Bei Gämsen und Alpensteinböcken aufgrund weniger Feinde Dezimierung durch Krankheiten, die sich seuchenhaft ausbreiten können, weil erkrankte Tiere nicht Beute von Fleischfressern werden.

Nahrung. Vorwiegend Gräser und Kräuter, daneben Blätter, Knospen, Triebe (Vorzugsnahrung von Seraus, die wie Ziegen und verwandte Arten oftmals nur auf den Hinterbeinen stehend äsen) sowie Rinde, Nadeln, Moose, Flechten, Pilze, Waldfrüchte. Wildschafe leben während der Trockenzeit auch monatelang von dürren Pflanzen. Mufflons sollen sogar manche Giftpflanzen (Tollkirsche und Wolfsmilchgewächse) vertragen.

Hausziegen (*Capra aegagrus f. hircus*)

Vermutlich im Mittelmeerraum und in Vorderasien vor etwa 9000 Jahren domestiziert. Stammform wahrscheinlich ausschließlich Bezoarziege. Hausziegen, besonders Lämmer, sind wie Schafe seit dem frühen Altertum bevorzugte Opfertiere. In wirtschaftlich unterentwickelten Ländern werden sie vor allem in bergigen Gebieten und Halbwüsten gehalten. In hoch entwickelten Ländern mit industriemäßig produzierender Landwirtschaft sind Ziegen als landwirtschaftliche Nutztiere von geringerer Bedeutung, dennoch in weiten Teilen der Erde in zunehmendem Maße Lieferanten von Milch, Milchprodukten (Käse), Fleisch, Wolle und weichem Leder. Neben ursprünglichen Rassen mit geringer Milchleistung heute Hochleistungsrassen mit jährlichen Spitzenerträgen bis zu 2000 l Milch. Ursprüngliche europäische Formen sind u.a. die Schraubenhörnige Langhaarziege aus Bulgarien, Jämtlandziegen aus Südskandinavien und die schwarz-weißen Walliser Sattelziegen (Böcke mit weit ausladenden Hörnern) aus der Schweiz, dem traditionellen Ziegenzuchtzentrum Europas. Hochleistungsformen sind die hornlose Saanenziege und die einst in den Alpenländern weit verbreitete gämsenfarbene Alpenziege, daneben mit geringerer Milchleistung Toggenburger und Appenzeller Ziege sowie die Deutsche Weiße und die Deutsche Bunte Edelziege. Im Orient Zucht von Ziegen mit besonders langem Haarkleid (Angoraziege) oder feiner weicher Unterwolle (Kaschmirziege). Kaschmirziegen werden besonders in Nordindien, China und der Mongolei gehalten. Ihre am Ende des Winters ausfallende Wolle wird im Frühjahr durch Auskämmen gewonnen. Afrikanische Formen sind die Burenziege (Hochleistungsrasse, Zahl scheint aber zurückzugehen), daneben die Hängeohrziege und als bekannteste afrikanische Rasse die Zwergziege. Ziegen mit Hängeohren auch in Asien. Weite Verbreitung von Hausziegen bereits vom späten Mittelalter und seit Beginn der Neuzeit nach und nach in alle Erdteile, teilweise verwildert. Durch Ziegen wurden manche Gebiete des Balkans, Nordafrikas und einige Mittelmeerinseln fast kahl gefressen und in Karstlandschaften verwandelt. Verwilderte Hausziegen auch in Zentralaustralien, auf Neuseeland, zahlreichen kleinen Inseln im Atlantik und Pazifik.

Hausschafe (*Ovis orientalis f. aries*)

Vermutlich im Mittelmeerraum und im Vorderen Orient vor etwa 9000 Jahren domestiziert. Ausgangsmaterial die in jenen Gebieten einst lebenden Unterarten des Wildschafes, besonders Hügelland- und Steppenbewohner. Bekanntestes steinzeitliches Hausschaf ist das mufflonähnliche Torfschaf. Schafe sind als landwirtschaftliche Nutztiere (Wolllieferanten) von großer Bedeutung (Australien, Europa, Südafrika, Südamerika). Schaffelle, besonders Lammfell (z.B. Karakulschaf, Toscana-Lamm) und Schafleder bilden wichtige Rohstoffe in der Pelz- und Bekleidungsindustrie. Das Fleisch spielt in der menschlichen Ernährung eine größere Rolle als das der Ziegen. Milch wird in zunehmendem Maße verarbeitet. Verschiedene Rassen sind in der Landschaftspflege im Einsatz. Hausschafe gedeihen als genügsame Weidetiere auch auf Steppen und Wüstensteppen. Weltbestand etwa 800 Millionen Tiere, werden je nach Art des Felles in Haar- und Wollschafe unterteilt. Haarschafe haben ein kurzes Fell aus harten markhaltigen Grannen und wenig feinem, weichem, marklosem Flaumhaar, das zweimal im Jahr gewechselt wird (Frühjahr, Herbst). Böcke oft mit Hals-, nicht selten auch mit Widerrist- oder Nackenmähne. Dazu gehören Fessan-, Senegal-, Guinea- und Kamerunschaf, afrikanische Fettsteißschafe, Schwarzkopfschaf aus Kenia, Kurzohrschaf sowie ungehörnte, stummelschwänzige Perser-, Massai- und Somalischafe. Wollschafe haben ein wolliges Fell und einen geringen Grannenanteil, kein regelrechter jährlicher Haarwechsel. Je nach Verhältnis von Woll- zu Grannenanteil und Grannenart werden unterschieden: mischwollige Schafe (verhältnismäßig hoher Anteil markhaltiger Grannen, die über den mittellangen

Wollhaaren oft verfilzen, z.B. Heidschnucke, Ungarisches Zackelschaf, Fettschwanzschafe wie Karakulschaf, asiatische Fettsteißschafe), schlichtwollige Schafe (Grannen weich, marklos, hoher Wollanteil, z.B. Hängeohrschafe der Alpenländer, Marschschafe der Nordseeküste oder Skudden der Ostseeküste) und merinowollige Schafe (keine Grannen, dichtflaumiges Wollfell, z.B. Merinoschaf, europäisches Veredeltes Landschaf). Merinoschaf als Wollproduzent von größter wirtschaftlicher Bedeutung. Daneben Zucht des Karakulschafes wegen der Felle seiner neu- bzw. ungeborenen Lämmer (Breitschwanz, Persianer).

Haltung von Böcken

Zur Haltung von Hausziegen und Hausschafen siehe Spezialliteratur.

Viele Arten der Böcke werden in Tiergärten gegenwärtig nicht oder äußerst selten gezeigt, so das Zwergblauschaf, alle Gorale und die meisten Seraus außer Himalaja-Goral und Japan-Serau. Selten gezeigt werden auch Schneeziege, Alpengämse, West- und Ostkaukasischer Steinbock, fast alle Wildschafe und Argalis, selten Alpensteinbock, Turkmenische Schraubenziege, Himalaja-Tahr, Blauschaf, Dickhornschafe und Weißes Dallschaf. Relativ häufig zu sehen sind Mähnenspringer und Mufflon.

Wildtiere aller Gattungen gelten zu Recht als heikle Pfleglinge. Klimatische Eingewöhnung ist oft nicht leicht, viele Arten sind gegen übermäßige Hitze und vor allem nasskalte Witterung empfindlich. Zwar sind manche Wildschafe recht genügsam, doch ist die Ernährung der übrigen vorwiegend von zarten Gebirgspflanzen lebenden Arten besonders während der Eingewöhnungszeit nicht einfach.

Eingewöhnung. Bei erwachsenen Tieren oft nicht komplikationslos, da sehr scheu. Erwachsene während der Quarantänezeit einzeln, Jungtiere zu mehreren aufstallen. Zum Zweck des Aufbaus stabiler Zuchtgruppen von einheimischen Wildschafen in Menschenobhut wurden in Armenien aus Wildbeständen wenige Tage alte Junge entnommen, die man an laktierende Hausschafe oder Hausziegen als Ammen ansetzte. Die anfangs scheuen Jungen werden dann schnell zahm und ruhig wie ihre Ziehmütter. Individuelle Kotentnahme und Kennzeichnung wie bei Hirschen (siehe dort). Zu Fütterungs- und Reinigungszwecken Tiere in Wechselstall umsperren, nicht treiben. Ställe wehrhafter Arten, besonders von männlichen Wildschafen und Wildziegen, Seraus, Schneeziegen und Tahren, bei Anwesenheit der Tiere nicht betreten.

In den ersten Tagen nur erstklassiges Gebirgs- und Luzerneheu füttern, danach zusätzlich langsam ansteigende Mengen von Quetschhafer oder Haferflocken, Knäckebrot mit Vitamin- und Mineralstoffzusätzen (Salzleckstein anbieten!), dazu später etwas Möhre. Im Sommer frisches Baumlaub. Stets klares, abgestandenes Wasser, wird aber von Steppenbewohnern oft nur in geringen Mengen aufgenommen. Während der Eingewöhnungszeit Tiere jeden Alters auf eventuelle Verwurmung durch regelmäßige parasitologische Untersuchungen kontrollieren. Futterverträglichkeit durch ständige Beobachtung der Kotbeschaffenheit prüfen. Normaler Kot besteht aus zahlreichen, losen, mittel- bis schwarzbraun glänzenden, kugel-, ei- oder eichelförmigen Bohnen von Erbsen- bis knapp Kirschgröße. Geruch würzig, nie säuerlich. Klumpig werdende Abgänge oft Zeichen beginnender Verdauungsstörung, breiiger Kot ist Durchfall, dünnbreiige oder wässrige Stühle sind oft tödlich. Möglichst trockenes Stallklima. Nordische und aus Hochgebirgen stammende Arten sind winterhart, die übrigen weitgehend adaptierbar bis auf tropische Serau-Arten. Für letztere besonders in der Eingewöhnungszeit Stalltemperaturen nicht unter 20 °C. Aber auch andere Arten oder Unterarten aus sommerheißen Trockengebieten in der Eingewöhnungsphase wegen der anfänglich gering ausgebildeten Unterwolle während der kalten Jahreszeit in schwach temperierten Ställen halten.

Unterkunft. Stall- und Gehegebau für Seraus wie für Antilopen. Als Dauerunterkünfte für übrige Arten zugfreie, ungeheizte, geräumige Gemeinschaftsställe mit Absperrboxen für Mutter- und Jungtiere oder aggressive Böcke vorsehen. Während der kalten Jahreszeit gutes, trockenes Winterlager, im Sommer dünne Sägemehlschicht über glattem, festem, leicht zu reinigendem Stallboden. Geräumige Außengehege, besonders für Gebirgstiere mit Kunstfelsen, Steinaufbauten oder anderen Klettermöglichkeiten gestalten. Auf größeren Felsanlagen möglichst kleine Plateaus in unterschiedlichen Höhen als Ausweich- und geschützte Liegeplätze anbieten. Auch auf ebenen Gehegeflächen möglichst optische Gehegetrennung, damit weniger verträgliche Stücke einander aus dem Gesichtskreis gehen können, erhöhte Plattformen als Auslug- und Ruheplätze gehören zu den Komforteinrichtungen. Rote Gorale schliefen in Rangoon auf dem Flachdach ihrer Hütte. Bodenbelag flacher Gehegeteile sind rauer Beton, Natur- oder Kunststeinpflaster mit gutem Gefälle zu Drainageeinläufen, damit Regenwasser abläuft, keine Pfützen stehen bleiben und Gehegeflächen zu eventuellen Reinigungszwecken abgespritzt werden können. Harte, trockene Auslaufböden dienen der besseren Hufabnutzung, erleichtern Reinigung und Parasitenbekämpfung. Daneben auch gut drainierter Hartplatzbelag oder Beschichtung der Außengehege mit 15–20 cm starker Grobkiespackung, die je nach Verschmutzung erneuert werden muss. Als Gehegeeinfriedung meist punktverschweißte, rechteckig gefelderte Stahlgeflechtzäune, im unteren Drittel oft auch Stabstahlgitter, um Deformationen durch Hornschläge der Böcke zu vermeiden. Maschendrahtzäune werden vielfach schnell verbeult und unansehnlich. Daneben an Rück- und Seitenwänden auch Mauern, an Schauseiten Trocken- oder Wassergräben als Abgrenzung. Höhe der Einfriedung artverschieden, für Gorale, Seraus, Schneeziege (springt nur wenig hoch!), Mähnenspringer (überspringt 2 m hohen Zaun), Mufflon u.a. Wildschafe 2,2–2,5 m, für Gämsen, Steinböcke (Alpensteinbock überquerte 4 m hohes Gitter!) sind 2,5–3 m im Allgemeinen ausreichend. Massive Mauern bilden offensichtlich größeren Anreiz zum Überspringen als Zäune, durch welche die Tiere hindurch sehen können und deren obere Begrenzung weniger deutlich markiert ist. Auch rechtwinklige, aufeinander stoßende Mauern, Gehegeeckpunkte, Winkel zwischen Hauswänden und Gehegegittern müssen oft überhöht werden, um Ausbrüchen vorzubeugen. Die Oberkante offen stehender Stalltüren in der Nähe von Gehegegittern wurden von Tahren als Absprungbasis zur Überwindung der Begrenzung genutzt. In Gehegen sind schattige Plätze unbedingt notwendig, dort stehende Bäume und Büsche gegen Verbiss schützen. Meist ist ein Absperrgehege mit dazugehörigem Stall erforderlich, um aggressive Böcke während der Setzzeit (z.B. Seraus, Tahre, Blauschaf, Wildschafe) oder außerhalb der Brunstzeit auf Dauer (manche Hochgebirgsschafe) zum Schutz der Weibchen und Jungen sowie während der Reinigungsarbeiten zur Sicherheit des Pflegers absperren oder hochtragende Weibchen vor dem Werfen (Gämse, Tahre, Seraus) isolieren zu können. Erstmaliger Aufenthalt nach Ablauf der Quarantäne im Außengehege sowie Stall- und Gehegehygiene wie bei Hirschen und Antilopen (siehe dort). Auf Durchfälle achten! Kot wird an allen Stellen des Geheges abgesetzt. Nur Seraus benutzen feste Kotplätze. Fast alle Arten sind hochgradig empfindlich gegen Eingeweideparasiten (Würmer). Besonders gefährdet sind Halbwüchsige und Jungtiere. Regelmäßige parasitologische Kotuntersuchungen und Wurmbekämpfung. Keine verschlammten Gehegeböden. Gewissenhafte Stall- und Gehegehygiene. Wenn sich hartes Klauenhorn nicht abnutzt, treten Klauenschäden auf, dann Klauenpflege, besonders bei schweren Böcken erforderlich.

Umgang. Bei Seraus und Schneeziegen sind beide Geschlechter wehrhaft, bei den übrigen Arten oft erwachsene Böcke wehrhafter, großer Formen können sehr gefährlich werden (Steinböcke, Schrauben- und Bezoarziegen, Mähnenspringer, Wildschafe, Argalis, Dickhornschafe). Vereinzelt auch Männchen kleinerer Arten aggressiv (z.B. Goral, schwere Verletzung eines Pflegers in Prag). Ausnahmsweise auch Angriffe durch Weibchen (z.B. Nilgiri-Tahr in Memphis, Pfleger mussten sich durch Holzschilde schützen). Seraus warnen vor Angriffen, indem sie mit den Vorderläufen auf den Boden stampfen. Sie versuchen zu beißen, wenn sie festgehalten werden. Transport meist in Kisten. Hinteren Schieber, bei weiblichen Tieren auch Dach der Kiste polstern. Transport von mehreren Weibchen oder Jungtieren auch im Viehtransportanhänger möglich.

Fütterung. Ähnlich wie für Rehe und andere heikle, winterharte Hirsche. Als Kraftfutter Quetschhafer, für empfindliche Formen Haferflocken, daneben Weizenkleie, Weizenschrot, Gerstenschrot, Weizenkeime, Sojaschrot, Maisschrot, Grünmehl- und Pflanzenfresserpellets, Wildfutterpellets oder Kälberfertignahrung, auch Eicheln, Rübenschnitzel in Maßen. Aus diätetischen Gründen Knäckebrot, geröstete Weißbrotwürfel, auch ungesüßten Zwieback. Als Saftfutter Möhre, zartes, nicht blähendes Gemüse (keinen Kohl), Zwiebel, Porree, gekochte Kartoffel, mürber Apfel, möglichst viel frisches Baumlaub. Frischen Klee und Luzerne nur in kleinen Mengen. Als Raufutter erstklassiges, blattreiches Gebirgswiesenheu, Grummetheu, weichstängeliges Klee- und Luzerneheu, im Winter möglichst etwas getrocknetes Baumlaub, auch Äste (Ahorn, Eiche). Kein nasses Gras verfüttern, da dadurch Durchfälle entstehen können. Aufbesserung von Grünfutter und Heu durch Beigabe frischer oder getrockneter Würzkräuter (Salbei, Wermut, Thymian usw.). Hohen Eiweißbedarf der heiklen Arten eventuell durch Beigabe von Hundebiskuit (bei Argalis erfolgreich eingesetzt), Kälber- oder Geflügelpellets abdecken. Mineralstoff- und Vitaminzusätze regelmäßig beifüttern, ständig Salzleckstein mit Spurenelementen anbieten. Täglich sauberes Wasser.

Spezielle Futterzusammensetzungen: für züchtende Seraus täglich 1 kg Möhren, 2 kg Kartoffeln, 120 g Kleie, 1–2 g Salz, andernorts auch Rentierpellets, sehr reichlich Laub bis zur Sättigung, im Sommer vorzugsweise Weide und Ahorn, hier besonders bevorzugt Spitz- und Silberahorn, auch Feldahorn, Bergulme, Hartriegel, Robinie, Rosenschnitt, Holunder, im Winter getrocknete Robinie und Eiche, besonders Amerikanische Roteiche, auch frischen Bambus. Linde wird in der Blütezeit verschmäht, Berberitze ganzjährig kaum verbissen, eignet sich daher zur Gehegebegrünung. Keine Nadelgehölze (Kiefern!), welche im Falle von Verbiss die Tanninproduktion steigern, woraus schwere Durchfälle resultieren. Für amerikanische Wildschafe Kraftfutter aus 60 % Quetschhafer, 40 % Weizen- und Gerstenschrot, dazu viel frisches Laub oder Gras bzw. getrocknetes Laub und Luzerneheu, im Winter zusätzlich Vitamin A und eiweißreiche Pellets. Ständig reichlich Mineralstoffzusätze und Kobaltsalzleckstein.

Futterzubereitung und Fütterungstechnik wie für Hirsche und Antilopen (siehe dort). Für Kraft- und Saftfutter getrennte Futtergefäße. Peinliche Futterhygiene, Futtertröge empfindlicher Arten täglich gewissenhaft säubern, Saftfutternapf täglich, übrige Gefäße einmal wöchentlich mit kochendem Wasser reinigen. Bei Gruppenhaltung Futteraufnahme gut beobachten, starke Böcke verdrängen oft Weibchen mit Jungen. Notfalls getrennte Futterplätze einrichten.

Vergesellschaftung. Bei Wildziegen wie Steinböcken, Schrauben- und Bezoarziegen sowie Mähnenspringern mehr oder minder große Gruppen auf geräumigen Anlagen mit Ausweich- und Versteckmöglichkeiten mit mehreren erwachsenen Böcken möglich, wenn diese in der Herde aufgewachsen sind. Einzelne, geschlechtsreife Männchen lassen sich in Gruppen von erwachsenen männlichen Artgenossen nur in Ausnahmefällen eingewöhnen. Wegen der Unverträglichkeit der Männchen ist die Haltung von Goralen, Seraus, Gämsen, Schneeziege, Tahren, Dickhorn- und Wildschafen nur in Haremsfamilien oder paarweise möglich. Männchen dieser Arten können, besonders bei paarweiser Haltung, außerhalb der Brunst auch das eigene Weibchen angreifen. Auch Weibchen untereinander können so aggressiv sein, dass eine Trennung erforderlich wird (Gorale, Seraus,

Gämsen, Schneeziege). Im Gegensatz zu allen übrigen Arten stehen weibliche Schneeziegen innerhalb der Rangordnung höher als Männchen, die sich vor der Paarung dem Weibchen sogar in Demutshaltung (langgestreckter, durch Einknicken der Beine niedriger Rumpf, Kopf nach vorn gestreckt) nähern. Imponier- und Drohgeste steif durchgedrückte Beine, Rücken nach oben gebuckelt, Sträuben des Fells entlang der Rückenmitte. Zwischen gemeinsam gehaltenen männlichen Wildziegen klare Rangordnung. Gleich starke Tiere gehen sich in der Brunst aus dem Weg. Dann nur vereinzelt heftige Kämpfe zwischen jungerwachsenen und älteren Böcken. Dabei auch selten Hornbrüche. Außerhalb der Paarungszeit häufig in den frühen Vormittags- und späten Nachmittagsstunden meist spielerische Kommentkämpfe, das sind Auseinandersetzungen mit vorhersehbarer Abfolge von Verhaltensweisen zweier Kontrahenten (Steinböcke, Schrauben- und Bezoarziege, Mähnenspringer). Bei Neueingliederung einzelner weiblicher Tiere in Gruppen niemals Neuling mit der ganzen Herde auf einmal, sondern nach Kennenlernen am Sichtgitter nacheinander mit den Einzeltieren zusammengewöhnen. Gut beobachten, da die Gefahr besteht, dass weibliche Steinböcke, Schneeziegen und Gämsen Artgenossen forkeln. Einzeln bei der Gruppe stehende Mufflonböcke forkelten mehrfach Lämmer. Vergesellschaftung von Männchen verschiedener Arten ist risikoreich, da schwere Kämpfe nicht selten sind und das Kampfritual oft unterschiedlich ist, daher sind schwere Verletzungen auch von starken Tieren möglich. So brachten männliche Tahre, die durch Fremdhand ins mit Mufflons besetzte Nebengehege gelassen wurden, Mufflonböcken Verletzungen mit Todesfolge bei. Bei versuchter Vergesellschaftung von Steinböcken und Gämsen tyrannisierten und verfolgten die kampftechnisch überlegenen Gämsen die größeren Steinböcke. Vergesellschaftung mit Vertretern anderer Familien oder Ordnungen wird dagegen oft praktiziert, z.B. Steinböcke oder Gämsen mit Murmeltieren, Mähnenspringer mit Dscheladas, Mähnenspringer mit Mantelpavianen (außerhalb der Lammzeit, da Paviane Lämmer töteten und fraßen), Nilgiri-Tahr mit Rhesusaffen oder Taiwan-Serau mit Sambarhirschen und Muntjaks, Mufflons mit Damhirschen, Chinesischer Goral mit Sechuan-Takin, Alpensteinböcke oder Chinesische Gorale mit Gäsegeiern, Nubische Steinböcke mit Dscheladas und Klippspringern.

Gesellschaftshaltung von Wild- mit Hausschafen und Wild- mit Hausziegen ergab Mischlinge, z.B. Mähnenspringer oder Steinbock mit weiblicher Hausziege als Nachweis systematischer Verwandtschaft. Bei Kreuzungen zwischen Schafen und Ziegen vereinzelt Konzeptionen, aber meist Frühaborte oder Resorption der Embryonen.

Fortpflanzung und Zucht. Nur bei tropischen Seraus, Nilgiri- und Arabischem Tahr nicht eindeutig jahreszeitlich fixierte Würfe, bei Mähnenspringern neben der Hauptwurfzeit im Frühjahr Würfe ganzjährig möglich. Während der Brunst sondern Wildziegenböcke, besonders Bezoar- und Schraubenziege, durchdringend riechendes Brunstsekret (Bocksgeruch) ab. Steinböcke, Tahre und Mähnenschafe dagegen besitzen keine vom Menschen wahrnehmbare Brunstgeruchsstoffe, doch urinieren sich Steinbockmänner in der Brunst regelmäßig an die Vorderbeine, so dass dort sogar zeitweise gerötete Stellen auftreten. Östrusdauer der Weibchen meist kurz, 1–2 Tage. Keine deutlichen Brunstzeichen. Böcke dagegen sehr aktiv, folgen dem langsam weglaufenden, brünstig werdenden Weibchen, welches nur in der Hochbrunst „steht", machen Aufreitversuche, legen Kehle und Hals auf die Kruppe des Weibchens. Dabei grunzende, meckernde, blökende Brunstrufe. Wildschafe schlagen mit den Hörnern auch dröhnend auf tote Gegenstände (Gitter, Hüttenwand, Futtertrog, Baumstämme oder Steine). Teil des Paarungszeremoniells ist auch der charakteristische Vorderlaufschlag. Japan-Seraus belecken die Schnauze des Weibchens, reiben ihre Hörner an der Vagina. Bei den Böcken mehrerer Arten (z.B. Steinböcke, Mähnenspringer), auch solchen in größeren Weib-

Tab. 28.12 Angaben zur Fortpflanzungsbiologie von Böcken

Art/Gattung	Paarungszeit [Monate]	Tragzeit [Tag]	Wurfzeit [Monate]	Wurfgröße [Anzahl]	Geschlechtsreife [Jahre]
Gämsen	(X–) XI (–I)	153–180	(IV–) V–VI (–VII)	1 (–2)	M: 2½–3½, W: 1½–2½
Schneeziege	(X–) XI (–XII)	147–179	(IV–) V (–VI)	1–2	2½
Seraus	IX–XI	195–210[1]	V–VII	1 (–2)	1½
Gorale	IX–XI (–I)	215–245[2]	VI–VII (–IX)	1 (–2)	1½–2½
Steinböcke	X–I	145–175	(III–) V (–VI)	1 (–2)	1½–2½
Alpensteinbock	X–XII	155–170	V–VI	1 (–2)	1½
Schraubenziege	(XI–) XII (–I)	140–160[3]	(IV–) V–VI	1–2 (–3)	M: 1½, W: 2½–3½
Bezoarziege	X–I	150–160	IV–V (–VI)	1–3	M: 1½, W: 2½–3½
Mähnenspringer	X–XI (I–XII)	154–161	III–IV (I–XII)	1–2 (–3)	1½
Himalaja-Tahr	XI–I	170–190	(V–) VI (–VII)	1 (–2)	1½
Arabischer und Nilgiri-Tahr	I–XII	175–190[4]	I–XII	1 (–2)	1½
Blauschaf	XI–XII	etwa 160	V–VI	1 (–2)	1½
Wildschafe	X–I	150–170[5]	(III–) IV–V (–VI)	1 (–2)	1½-2½
Mufflon	X–XII	150–160	III–IV (–V)	1–2 (–3)	W: 7 Monate bis 1½

M: Männchen, W: Weibchen
In den Spalten „Paarungszeit" und „Wurfzeit" eingeklammerte Angaben kennzeichnen seltene, aber noch in der normalen Schwankungsbreite liegende Monate, in denen Paarungen oder Würfe stattfanden. In der Spalte „Wurfgröße" eingeklammerte Werte weisen auf Abweichungen bezüglich der Jungenzahl innerhalb eines Wurfes hin.
[1] Gesicherte Tragzeitangaben von 197–201 Tagen
[2] Nach Angaben aus dem Tierpark Berlin dauert die Tragzeit 206–216 Tage.
[3] Gesicherte Tragzeitangaben von 153–155 Tagen
[4] Eine gesicherte Tragzeitangabe von 179 Tagen beim Nilgiri-Tahr
[5] Gesicherte Tragzeitangaben von 149–165 Tagen

chenrudeln, während der Brunst Selbstbefriedigungshandlungen. Angaben zur Fortpflanzungsbiologie in Tabelle 28.12. Genaue Tragzeiten bei vielen Arten noch nicht ermittelt, da Beobachtung von Paarungen oft schwierig sind. Außerdem ist nicht bekannt, ob begattete, aber nicht befruchtete Weibchen innerhalb eines Paarungszeitraumes ein weiteres Mal brünstig werden können. Vermutlich aber sind die meisten Arten saisonal monöstrisch. Dagegen bei Mufflons und Mähnenspringern 2 Würfe im Jahr möglich, z.B. Mufflon in Fürstenwalde 3 Würfe innerhalb von 13½ Monaten (April, Oktober, Mai) mit Intervallen von 212 bzw. 203 Tagen (d.h. Post-partum-Östrus nach 52–62 bzw. 43–53 Tagen) oder Mähnenspringer in Nürnberg 4 Würfe innerhalb von 2 Jahren (jeweils April und Oktober) mit Intervallen von 178, 185 und 184 Tagen (d.h. Post-partum-Östrus nach 13, 19 oder 18 Tagen). Ausnahmsweise lassen sich auch tragende Weibchen decken, z.B. Serau in Jakarta nach 3-monatiger Tragzeit. Bei den ganzjährig fortpflanzungsfähigen Nigiri-Tahren in Memphis Geburtsintervalle von 7–10, in der Regel 8 Monaten. Auch bei Hausziegen gelegentlich 2 Würfe im Jahr, so z.B. in Leipzig bei Thüringer Landziegen, die nach einem etwa 4-wöchigen Post-partum-Östrus und Partusintervallen von 177–223 Tagen in den Monaten Juli/August ein 2. Mal warfen (lammten). Trächtigkeitszeichen sind vermehrter Leibesumfang und Euterschwellung, werden infolge langen, dichten Felles oft nicht erkannt. Bei Seraus kurz vor der Geburt Scheidenschwellung, Abstrecken des Schwanzes. Zitzenzahl meist 2, z.B. Wildschafe, Blauschafe, Mähnenspringer und Wildziegen wie Steinböcke, Schraubenund Bezoarziege. Bei Wildziegen außerdem oft zusätzlich 2 rudimentäre Zitzen am hinteren Euterteil. Gorale, Seraus, Gämsen, Schneeziege, Tahre mit 4 Zitzen. Bei bevorstehender Geburt Unruhe, beginnende Unverträglichkeit gegenüber vorjährigem Jungtier (Gämsen, Tahre), vereinzelt Absonderung von den Herdengenossen. Isolierung hochträchtiger Tiere ist meist nicht erforderlich, Geburt kann in der Herde er-

Tab. 28.13 Milchzusammensetzung bei Böcken

Art	Trockensubstanz (%)	Fett (%)	Eiweiß (%)	Kohlenhydrate (%)	Asche (%)	Proben (Anzahl)
Schneeziege	18,99	7,27[1]	6,47[2]	4,44[3]	0,77	40
Nubischer Steinbock	23,30	12,40[4]	4,40	1,20	1,20	24
Bezoarziege	14,61 (28,80)	4,70 (13,20)	3,86 (10,65)		0,72 (0,80)	2 (1)
Hausziege	13,86 (24,33)	4,45[5] (9,22)	3,60[6] (11,18)	4,60 (3,62)	0,80 (0,97)	1173 (101)
Tahr		9,82	5,84	3,27		32
Mufflon	24,35	12,16	5,46	4,13	1,05	12
Hausschaf	18,69 (34,64)	6,82 (13,27)[7]	5,39 (16,87)[8]	4,75 (2,62)	0,89 (0,97)	6563 (55)
Dallschaf	27,49	12,01	9,19	4,70	1,09	7
Dickhornschaf	25,50	12,04[9]	8,79[10]	4,29[11]	1,13	5

Angaben in Klammern: Werte für Kolostrum
Erwähnenswerte Abweichungen von Einzelproben:
[1] 5,7 % [2] 11,4 % [3] 2,8 %, sehr widersprüchlich
[4] Ohne Angabe der Unterart 17,18 %
[5] 3,6 % [6] 3,8 %, davon Kasein 2,6 %, Albumin und Globulin 1,2 %
[7] 5,8 % [8] 5,2 %, davon Kasein 4,2 %, Albumin und Globulin 1,0 %
[9] 16,0 % [10] 12,1 % [11] 3,4 %

folgen, doch werden bei vielen Arten die Weibchen kurz vor der Geburt für einige Tage bei Aufrechterhaltung der Sicht-, Geruchs- und Hörkontakte isoliert und erst mit dem 1–5 Tage alten Jungtier wieder zur Herde gelassen, z.B. Gorale, Seraus, Schneeziege und Gämsen, Tahre und Blauschafe. Oftmals werden auch das oder die männlichen Tiere vor dem Werfen aus der Gruppe entfernt, z.B. viele Wildschafe. Geburt häufig nachts, Dauer meist kurz. Nach Austreibung der Frucht steht das Muttertier sofort auf, leckt das Jungtier trocken, frisst Fruchthüllen und später die Nachgeburt. In der Regel 1 Junges, Zwillinge selten, bei manchen Arten aber auch die Regel, bei diesen dann sehr selten Drillinge. Zwillings- und Drillingswürfe bei Mufflons sind nicht, wie früher angenommen, auf Einkreuzung von Hausschafen zurückzuführen. Neugeborene noch ohne Hörner. Geburtsgewicht: Mufflon 1,95–3,4 kg, im Mittel 2,5 kg, Dallschaf 3–4,5 kg, Felsengebirgs-Dickhornschaf um 4 kg, Argali 3,5–5 kg, Mähnenspringer 3,5–5,5 kg, Bezoarziege 2–3,5 kg, Schraubenziege 1,5–2,5 kg, Kaukasische Steinböcke 3,5–5 kg, Alpensteinbock 3,5–5,5 kg, Seraus 1,3–4,5 kg, Schneeziege um 3 kg, Gämsen 3–5 kg. Nach etwa 3 Wochen bringen die Jungen das Doppelte, nach etwa 3 Monaten das 4-Fache auf die Waage. Hoch entwickelte Laufjunge, die nach 20–30 Minuten stehen und bald darauf der Mutter folgen. Nilgiri-Tahre sollen allerdings in den ersten beiden Monaten viel liegen, halten sich erst danach wie die anderen Arten ständig an der Seite der Mutter auf. Junge Steinböcke laufen anfangs vor der Mutter her, später neben deren Hinterschenkel, werden schon mit 14 Tagen selbständiger, entfernen sich weiter weg, bilden mit etwa 4 Wochen Spielgruppen. Junge Mähnenspringer sind bereits kurz nach der Geburt sehr lebhaft, laufen, klettern, springen bald. Erstes Saugen innerhalb der ersten beiden Lebensstunden. Orientierung zum Euter wie bei Rindern und Antilopen. Erste feste Kost bei Wildschafen, Steinböcken, Mähnenspringern und Tahren mit 1 Woche, regelmäßig mit 2 Wochen, bei den übrigen zwischen 2. und 4. Woche, bei Seraus vermutlich erst mit 4 Wochen. Säugezeit 4 Monate (z.B. Gämsen, Schneeziege, Tahre, Mähnenspringer, die meisten Wildschafe, viele Steinböcke) oder 5–6 Monate (Seraus, Blauschafe). Kritische Aufzuchtphase wie bei Antilopen. Lösung der Mutter-Kind-Bindung meist mit etwa 9–10 Monaten, bei Gämsen, Goralen, Tahren und Mufflons vorübergehend während der Geburt des nachfolgenden Jungen, doch schließen sich später

Jährlinge der Mutter mit jüngeren Geschwistern wieder 1 weiteres Jahr an. Übrige Wildschafe bleiben meist fast 2 Jahre beim Muttertier. 1. Winterfell bei Blauschafen mit bläulichem Schimmer. Alterskleid erst mit 1 Jahr, wird bei Böcken mit zunehmendem Alter dunkler und kontrastreicher.

Angaben zur Geschlechtsreife in Tabelle 28.12. Ungewöhnlich frühe Geschlechtsreife bei Hausziegen in Leipzig. 6 Thüringer Landziegen wurden im Alter von 6–8 Wochen erfolgreich gedeckt. 5 dieser Lämmer abortierten zwischen dem 91. und 101. Lebenstag, das 6. Tier brachte an seinem 193. Lebenstag ein gesundes Jungtier und zog es komplikationslos auf. Während bei Wildtieren die Weibchen mit dem Einsetzen der Geschlechtsreife in den meisten Fällen ausgewachsen sind, erreichen mit Ausnahme von Goralen und Seraus (mit 1–2 Jahren) sowie Gämsen und Schneeziege (mit 2–3 Jahren) die Männchen erst mit 5–7 Jahren ihre endgültige Körpergröße, Hornlänge und Hornstärke. Die Geschlechtsreife bleibt bei beiden Geschlechtern bis ins hohe Alter erhalten. So deckte ein Goral noch mit 12¼ Jahren erfolgreich, kam ein Goralweibchen noch mit 14¾ Jahren in den Östrus.

Künstliche Aufzucht wie bei Antilopen unkompliziert. Milchzusammensetzung in Tabelle 28.13. Ernährung je nach Art mit Milch von Hausschafen oder Hausziegen, auch aufgewerteter Kuhmilch oder Kälbermilchaustauschern. In den ersten 1–2 Tagen möglichst Kolostrum, auch vom Hausrind geeignet. Wie bei Antilopen starke Prägung der Jungen auf den Menschen, daher Aufzucht möglichst in der Gruppe von Artgenossen, mit artverwandter Amme oder artverwandten Spielgefährten (Lämmer von Hausziegen bzw. Hausschafen). Zeitig feste Kost in Form von Haferflocken, Knäckebrot, frischem Gras, Kräutern, Baumlaub, gutem Heu sowie kleine Mengen von gutem Humus (eventuell pasteurisiert) anbieten. Während in der Regel die endgültige Umstellung auf feste Kost durch allmähliche Verringerung der Zahl der Milchmahlzeiten bei gleichzeitiger Verkleinerung der Milchmengen wenig problematisch ist, traten bei künstlich aufgezogenen Japanischen Seraus im Yagiyama Zoo von Sendai in dieser Phase (Alter 155–160 Tage) heftige Durchfälle mit Gewichtsverlusten auf, die in 2 Fällen durch medikamentöse Behandlung zum Stehen gebracht werden konnten, bei anderen Tieren zum Tode führten.

Höchstalter in Menschenobhut. Himalaja-Goral über 17½, Roter Goral über 18, Langschwanz-Goral fast 18¾, Chinesischer Goral 20, Japan-Serau über 24, Taiwan-Serau über 18¼, Himalaja-Serau über 15, Schraubenziege 19, Schneeziege 20¾, Eurasiatische Gämse über 17, Himalaja-Tahr 24, Nilgiri-Tahr 17¼, Alpensteinbock (Altersbestimmung an jährlichen Zuwachsringen der Hörner möglich) fast 21, Nubischer Steinbock fast 19, Sibirischer Steinbock 22¼, Kaukasischer Steinbock fast 20¼, Iberischer Steinbock fast 15¼, Bezoarziege 20¾, Mähnenspringer 24, Blauschaf über 20¾, Mufflon 22¾, Kreishornschaf 17, Kara-Tau-Argali (*Ovis ammon nigrimontana*) über 15, Felsengebirgs-Dickhornschaf über 20, California-Dickhornschaf 16, Peninsular-Dickhornschaf über 20½, Schwarzes Dickhornschaf fast 19½, Dallschaf über 19½ Jahre.

Schafsochsen (Ovibovini)

Systematische Stellung beider Gattungen zueinander nicht völlig geklärt, sind aber mit den Böcken näher verwandt als mit den Rindern. Ergebnisse genetischer Untersuchungen an Moschusochsen lassen auch nahe Verwandtschaft mit Goralen vermuten. Körper gedrungen, kurze Beine, mittellange Hörner, langes Fell, Geschlechter einander ähnlich, aber Weibchen deutlich leichter. 4 Zitzen.

2 Gattungen, 2 Arten.

Takins (*Budorcas*)

1 Art. Größe hausrindähnlich (Schulterhöhe bis 140 cm), Kühe kleiner als Bullen, Hörner bei beiden Geschlechtern, dicht zusammenstehend, flach nach außen hinten geschwungen, Oberflä-

Abb. 28.71 Der Sichuan-Takin (*Budorcas taxicolor tibetana*) ist eine der 4 Unterarten des Takins. Vom Erscheinungsbild her sind die stämmigen, fast rindergroßen Takins verwandtschaftlich schwer einzuordnen. In älterer Literatur werden sie deshalb oft als Rindergämse oder Gnuziege bezeichnet.

che wulstig, Spitzenteil glatt, Fell dicht, zottig, ölig, Färbung variiert vom vorherrschenden Braun bis Strohgelb. **Takin** (*B. taxicolor*), auch Rindergämse: 4 Unterarten, die seit 2011 auch als Arten geführt werden. Bhutan, Nord-Assam und Nordmyanmar bis Süd- und Zentralchina (Bergland östlich des tibetanischen Gebirgsmassivs von Yunnan nördlich über Sichuan bis Süd-Gansu und Shaanxi).

Gefährdungsstatus. Bestand in der Wildnis unbekannt, vielerorts durch Bejagung, Holzeinschlag oder Haustierhaltung gefährdet. Mishmi-Takin (*B. t. taxicolor*) und Gold-Takin (*B. t. bedfordi*) gelten als bedroht, Sichuan-Takin (*B. t. tibetana*) und Bhutan-Takin (*B. t. whitei*) als schutzbedürftig. EEP im Parc Animalier d'Auvergne, Frankreich.

Lebensweise. Tagtiere. Lebensraum Bergwälder, Rhododendron- und Bambusdschungel, im Sommer auch buschbestandene Almen bis in 4500 m Höhe, im Winter in tieferen Lagen. Klettern in steilem, steinigem Gelände gut. Bei Flucht oder Angriff schnelles Durchbrechen auch dichten Unterholzes. Meist gesellig in kleinen Familientrupps, die sich auf der Sommerweide mitunter zu großen Herden vereinen. Kälber oft in „Kindergärten" unter Aufsicht einer Kuh. Vor allem alte Männchen sind dagegen häufig Einzelgänger. Ortstreu in Revieren mit festen, regelmäßig begangenen Wechseln zu Salzlecken, Äsungs- und Ruheplätzen. Scharfes Schnaufen als Warnlaut. Als Raubfeinde gelten Schneeleoparden, wahrscheinlich auch Wölfe, Rothunde, Tiger, Leoparden und Kragenbären.

Nahrung. Gräser, Kräuter, Blätter, Knospen, Triebe.

Haltung von Takins

In Tiergärten selten gezeigte (erstmals 1909 im Zoo London) und in der breiten Öffentlichkeit weitgehend unbekannte Paarhufer, die möglicherweise gerade deswegen besonderes Besucherinteresse finden.

Eingewöhnung. Wie kälteunempfindliche Rinder oder Antilopen, vertragen aber weder große Hitze, noch starken Frost. Bei sehr heißem Wetter Gehege mit Rasensprenger befeuchten und dadurch kühlen, bei Kälte Zugang zum zugfreien Stall.

Unterkunft. Ganzjährige Haltung in einem Gehege mit Schutzdach und frostfreier Stallung möglich, bei Frost aber dickere Matte aus Stroh oder Heu als Nachtlager. Frostfreier Stall auch bei Geburten im Winter ausreichend. Gehegebegrenzung aus stabilem Gittermaterial, welches den robusten Tieren standhält. Höhe wegen deren Sprungfähigkeit nicht unter 2 m. Haltung hinter Wasser- oder Trockengraben (Tiefe 1,8 m) möglich und vorrangig in Außenanlagen besucherseitig praktiziert. Richten sich oft an Gitter, Baumschutz oder Stallwand mit Vorderbeinen abstützend steil auf und reichen dann mit dem Kopf bis in Höhen von 2,5 m. Kletterfelsen werden besonders von jüngeren Tieren gern genutzt.

Umgang. Auch von der Mutter aufgezogene Kälber meist mit großer Vertrautheit zum Pfleger, sodass regelmäßige Gewichtskontrollen möglich sind. Kleine Öffnung im Zaun nutzen Jungtiere als Zugang zu den für sie eingerichteten Futterstellen. Mit dem Wachstum der Hörner können Kampfspiele der Kälber für den Menschen schmerzhaft werden. Mit erwachsenen Bullen (spätestens ab 3. Lebensjahr) kein direkter Umgang. Kälber und Kühe dulden vertrauten Pfleger im Gehege. Fixieren ohne Narkose mit einer Seilschlinge um die für diesen Zweck günstig geformten Hörner möglich. Transport problemlos in gut belüfteten, stabilen, geräumigen Kisten.

Fütterung. Unproblematisch. Im Winterhalbjahr Heu, im Sommer Grünfutter, dazu Kraftfutter, Pellets, Knäckebrot, Laub aller Art und Rinde, im Winter bevorzugt von Kiefer, Fichte und Bambus. Salzleckstein und Trinkwasser zur ständigen Verfügung.

Vergesellschaftung. Herdentiere. Haltung in Gruppe aus Kühen und Jungtieren mit 1 geschlechtsreifen Bullen. Unter den erwachsenen Kühen besteht feste Rangordnung. Der Bulle ist dominant, heranwachsende Jungbullen werden mit etwa 2 Jahren nicht mehr in der Herde geduldet, müssen rechtzeitig vorher entfernt werden. Über Vergesellschaftungen mit anderen Arten liegen wenige Erfahrungen vor. In Saint Louis werden Sichuan-Takins mit Chinesischen Goralen bzw. Indischen Muntjaks gehalten.

Fortpflanzung und Zucht. Wurfzeit in der Wildnis März bis Juni. In Tiergärten bisher Geburten von Dezember bis Juli, vor allem Februar bis April. Tragzeit 8 Monate. Am Körperumfang ist die Trächtigkeit oft kaum erkennbar, Euterschwellung besonders bei Erstgebärenden kurz vor dem Werfen auffällig. Stärkere Schleimabsonderung zeigt unmittelbar bevorstehende Geburt an. Austreibungsphase sehr kurz, da Kälber relativ klein sind. Obwohl mehrfach Geburten problemlos in der Herde und im Beisein des Bullen erfolgten, sicherheitshalber Weibchen kurz vor dem Wurf isolieren. Baldige Rückführung in die Herde, möglichst in den ersten Tagen nach der Geburt, da sonst Rangordnungskämpfe zwischen den Weibchen auftreten können. 1 Junges, Zwillinge noch nicht bekannt. Geburtsgewicht zwischen 5–10 kg (im Mittel reichlich 7 kg). Färbung dunkler als bei Erwachsenen, auf der Stirn meist weißer Fleck in sehr variabler Form. Neugeborene neigen nicht selten auch auf rauem Untergrund zum Grätschen der Hinterbeine. Spitzen von Schneide- und Backenzähnen mitunter schon bei der Geburt fühlbar. Durchbruch der Schneidezähne spätestens mit 2 Wochen abgeschlossen, Eckzähne erscheinen zwischen 8. und 18. Woche. Wechsel der Schneide- und Eckzähne im Alter von 3–5 Jahren. Schnelles Wachstum der Kälber, Tageszunahme oft 500 g. Beginnen mit 1 Woche am Heu zu knabbern, mit 3 Wochen schon deutliche Aufnahme fester Nahrung (Haferflocken, geriebene Möhre). Säugezeit schwierig einzugrenzen, weil neben regelmäßiger und reichlicher Aufnahme von fester Kost noch längere Zeit Saugakte zu beobachten sind. Geschlechtsreife bei Weibchen mit knapp 2½ Jahren oder etwas später. 6 Kühe des Mishmi-Takins im Tierpark Berlin waren bei der Geburt des 1. Kalbes 3 Jahre, 7 Erstgebärende 4 Jahre alt. Jährlich 1 Wurf möglich. Die Takinkuh „Aka“ brachte im Tierpark Berlin in 19 Jahren 15 Würfe, gefolgt von den Weibchen „Tanga“ und „Caroline“, die mit 18 Jahren ihre letzten

Abb. 28.72 Die Kälber der Moschusochsen (*Ovibos moschatus*) werden von ihren Müttern intensiv betreut und von der gesamten Herde gemeinsam beschützt. Anfänglich sind sie gegen anhaltende Nässe empfindlich, da ihrem wolligen Fell noch die Grannenhaare fehlen.

Kälber aufzogen. Die Takinkuh „Ronda“ ist mit 12 lebenskräftigen Kälbern das bis dahin fruchtbarste Weibchen mit der Höchstzahl aller erfolgreichen Würfe. Weltweit größte Takinzucht im Tierpark Berlin. Gründertiere waren ein 1974/1976 aus Myanmar importiertes Zuchtpaar.

Künstliche Aufzucht wie bei vielen anderen Paarhufern unkompliziert, mit der Flasche oder von Anfang an aus dem Napf oder Eimer wiederholt gelungen. Als Tränke erfolgreich eingesetzt wurde fettangereicherte Kuhmilch (naturell oder aus Pulver angerührt) oder neuerdings Salvana-Lämmermilch (Milchaustauscher). Erstzucht 1967 in Rangun, außerhalb der Heimatländer 1980 im Tierpark Berlin.

Höchstalter in Menschenobhut. Fast 23½ Jahre (zoogeborenes Weibchen).

Moschusochsen (*Ovibos*)

1 Art. Gestalt gedrungen, rinderähnlich (Schulterhöhe 110–145 cm), Weibchen viel kleiner, Hörner eng stehend, an der Basis schildartig verbreitert und verdickt, bedecken bei alten Männchen den Scheitel, verlaufen neben den Kopfseiten nach unten, dann mit den Spitzen hakenförmig nach oben, Fell sehr lang, zottig, grannig, im Winter mit feiner, weicher, dichter Unterwolle, auf der Rückenmitte fast grannenfreier, niedriger, grauwolliger Sattel, Färbung dunkel- bis schwarzbraun, Fettdepots unter der Haut, weitgehend ohne Talgdrüsen, daher Haare nicht wasserabweisend, Augen mit stark lichtempfindlicher Netzhaut, Pupille, kann sich zu waagerechtem Schlitz verengen, besonders an den Vorderbeinen breite, runde, scharfkantige Klauen. **Moschusochse** (*O. moschatus*), auch Schafs- oder Bisamochse: Die Unterarten Alaska-Moschusochse (*O. m. moschatus*) und Grönland-Moschusochse (*O. m. wardi*) werden kontrovers diskutiert. Äußerster Norden Nordamerikas (Alaska bis zur Hudson Bay einschließlich umliegende Kleininseln) und westliche, nördliche und nordöstliche Küste von

Grönland, eingebürgert in Norwegen, Spitzbergen, der Insel Nunivak vor Westalaska, auf der Halbinsel Taimyr und der sibirischen Wrangelinsel.

Gefährdungsstatus. Bestand in weiten Teilen des Verbreitungsgebietes ausgerottet, Restvorkommen in allen Schutzgebieten gesichert. EEP im Lycksele Djurpark.

Lebensweise. Während der hellen Jahreszeit Tagtiere. Lebensrhythmus während der Polarnacht unbekannt. Lebensraum trockene arktische Tundren des Flachlands und der Hochplateaus. Weitgehend ortstreu, aber in manchen Gebieten regelmäßige Wanderungen zwischen festen Sommer- und Winterquartieren. Gesellig in kleinen Trupps von etwa 20 Tieren mit 1 erwachsenen Männchen, 2–6 erwachsenen Weibchen, Halbwüchsigen und Jungtieren. Alte Männchen auch Einzelgänger oder mit anderen Männchen in kleinen Bullenrudeln. Im Winter größere Herden von 40–100 Tieren. Bei Gefahr bilden erwachsene Tiere eine halbkreisförmige dichte Front vor den Kälbern oder nehmen diese in die Mitte eines Kreises, igeln sich ein und flüchten nicht. Einzeltiere, besonders der Leitbulle, attackieren Gegner (Bären, Wölfe) mit kurzen, plötzlichen Ausfällen. Da sie sich auch Jägern gegenüber so verhielten, wurden früher ganze Herden von Einzelschützen abgeschossen. Bei Schneesturm stellen sich die Tiere mit dem Hinterteil gegen den Wind, bilden eine Keilformation, an deren Spitze der Leitbulle steht, und nehmen Kälber und Jungtiere in die Mitte. Zur Brunstzeit (Ende Juli bis Anfang September) Kämpfe unter den Männchen durch gegenseitiges Anrennen mit frontalem Zusammenstoß. Geringe Fortpflanzungsrate, da die Jungtiere fast 2 Jahre bei der Mutter bleiben und eine hohe Jungensterblichkeit durch Erfrieren von Neugeborenen auftritt. Wölfe und Braunbären sind Fressfeinde, jedoch überwiegend für Jungtiere.

Nahrung. Gräser, Kräuter, Blätter, Knospen, Triebe, Rinde, auch Flechten, Pilze, Moos.

Haltung von Moschusochsen

In Tiergärten selten gezeigt. In der breiten Öffentlichkeit sind sie wegen ihres deutschen Namens und ihrer Gestalt als Rinder attraktive Paarhufer, deren Beschilderung deutlich auf ihre verwandtschaftlichen Beziehungen zu den Böcken aufmerksam machen sollte.

Eingewöhnung. Wie winterharte Rinder. Kältebeständig, aber hitzeempfindlich, besonders bei direkter Sonnenbestrahlung und feuchtheißer Witterung, daher schattiges, baumbestandenes Gehege erforderlich. Besonders problematisch können warme Frühlingstage sein, wenn das Winterfell noch vorhanden ist und die Sonne ungehindert durch die noch kahlen Bäume scheint.

Unterkunft. Obwohl Alttiere nicht so nässeempfindlich sind, wie früher angenommen, ist ein Regenschutz in Form von einfachen Offenställen oder Schutzdächern angebracht, die vor allem auch als Futterplätze dienen und mit Absperreinrichtungen versehen sein sollten, um Einzeltiere (Bullen!) zeitweilig isolieren zu können bzw. alle Tiere bei Gehegereinigungsarbeiten hier unterzubringen. Alle Türen und Tore müssen durch zuverlässige Verriegelungen und gegebenenfalls selbsttätige Verschlüsse so gesichert sein, dass bei der Bedienung der Sicherheitstechnik auch infolge menschlichen Versagens ein Entweichen der Tiere aus ihren Unterkünften oder ein direktes, ungeschütztes Aufeinandertreffen von Pflegern und Moschusochsen in einzelnen Gehegeteilen ausgeschlossen sind. Für die Jungtieraufzucht sind vollständig überdachte Offenställe angeraten, in denen Mutter und Kalb in den ersten Monaten bei Regen untergebracht werden (s.u.). Massive Gehegebegrenzungen sind unabdingbar, die der beträchtlichen Zerstörungskraft der Bullen standhalten. Gehegegitter nicht unter 1,6 m hoch, starkwandige Stahlrohre mit kräftigen, tief im Boden einbetonierten Stützen. Da sich Bullen in Rivalenkämpfen nicht austoben können, reagieren sie aufgestauten Kampftrieb oft an Gegenständen im Gehege ab. Gitter muss besonders stabil sein, weil während der Brunstzeit auch davor stehende Besucher durch heftiges Anrennen an die Barriere vertrieben werden sollen, außerhalb des Geheges befindliche bekannte Personen (z.B. Pfleger) als Rivalen betrachtet und in gleicher Weise attackiert werden. Aufschlagshöhe der Hornbasis zwischen 55 und 80 cm über dem Erdboden. Besonders in diesem Bereich dürfen an Gittern und Gehegeeinrichtungen keine Vorsprünge vorhanden sein. Im Gehege stehende Bäume durch gleichartige Gitter oder große Natursteine schützen. Raumteiler und ähnliche Einbauten verhindern, dass ein stark treibender Bulle der flüchtenden Kuh den Weg abschneiden kann. Zum Schutze der äußeren Gehegebegrenzung oftmals einfache, 60–80 cm hohe Innenbarriere mit massivem horizontalem Stoßbalken aus Hartholz verwenden. Auch ein gehegeseitig in kurzem Abstand vor dem Begrenzungsgitter am Boden liegender, starker Baumstamm verhindert oder bremst Anrennen und Aufprall gegen den Zaun. Attraktiver als Gehegebegrenzung sind Wasser- oder Trockengräben (ca. 1,6 m tief). Zur Hufabnutzung raue Betonflächen als Streifen entlang der Gehegegitter und im Bereich der Futter- und Absperrplätze. Um an heißen Tagen durch Verdunstungskälte Abkühlung zu erreichen, können Rasensprenger eingesetzt werden. Nach kanadischen Erfahrungen sind die Tiere an heißen Tagen inaktiver als bei kühler Witterung. Als Ruheplätze dienen selbst gescharrte, flache Liegemulden, die individuell genutzt werden und 2–5 m voneinander entfernt sind.

Umgang. Stall- und Gehegehygiene sowie Vorsichtsmaßnahmen im Umgang wie bei Rindern. Bei Routinearbeiten automatisch Kotbeschaffenheit kontrollieren. Normaler Kot schwarzbraun glänzende, eichelförmige, etwa 1,5 cm lange Bohnen, deren Verkleben bereits auf möglicherweise beginnende Verdauungsstörung hinweist. Menschen gegenüber außerhalb der Brunst- und Wurfzeit oft umgänglich, besonders bei vertrauten Personen. Dennoch sollten direkte Kontakte, wie z.B. das Auszupfen der Unterwolle des Winterfells während des Haarwechsels unterbleiben. Fellwechsel meist von Anfang März bis Anfang April, kann bei tragenden Tieren verzögert sein. Ausbildung des Winterfells ab August. Während der Brunst sind Bullen, während der Wurfzeit Kühe lebensgefährlich, betrachten auch vertrauten Pfleger als Rivalen bzw. potentiellen Feind der Kälber und greifen jeden Menschen an, der sich in dieser Zeit am Gehege zeigt. Brünstige Männchen können Jungtieren gefährlich werden, die ihnen in den Weg laufen. Bullen notfalls absperren und nur unter Aufsicht in die Gruppe lassen. Moschusochsen klettern gern auf erhöhte Plattformen, Steinhaufen oder Stämme. Um hoch hängende Laubbüschel abzuäsen, stellen sie sich oft wie Ziegen auf die Hinterbeine, laufen so sogar einige Schritte.

Fütterung. Unkompliziert, Kraftfuttermischung wie für Wildrinder oder Hirsche, z.B. 5 Teile Pflanzenfresserpellets, 3 Teile Quetschhafer, je 1 Teil Weizen und Gerste, dazu auch Haferflocken, Leinsamen und Sojaschrot, Knäcke- oder Röstbrot und Gemüse, besonders Möhre. Im Sommer verschiedenes Grünfutter, möglichst auch Luzerne (wie bei Antilopen, Rindern und Böcken ausschließen, dass überdüngte Grünmasse verfüttert wird), grünes Laub von Birke und Weide, im Winter Wiesen- oder Luzerneheu (Heu wird nur mäßig aufgenommen), trockenes Laub. Der Eiweißanteil der täglichen Futterrations sollte 10–12 % nicht übersteigen, da sonst Durchfälle und zu starkes Hufwachstum drohen. Regelmäßig Salzlecksteine und frisches Wasser.

Vergesellschaftung. Gruppenhaltung als Herde von Kühen mit Jungtieren und 1 erwachsenen Bullen. 2-jährige Jungbullen werden spätestens zu Beginn der Brunstzeit vom Zuchtbullen attackiert und müssen vorher aus der Herde genommen werden.

Fortpflanzung und Zucht. Brunstzeit Anfang August bis Ende September, vereinzelt bis Anfang Oktober. Teils grunzende, teils fast brüllende gutturale Brunstrufe der Männchen, die nicht

Tab. 28.14 Milchzusammensetzung beim Moschusochsen

Laktationsalter	Trockensubstanz (%)	Fett (%)	Eiweiß (%)	Kohlenhydrate (%)	Asche (%)	Proben (Anzahl)
Kolostrum	26,27	10,50	5,30	3,20	1,45	2
4. Laktationstag		5,40	5,30[1]	4,10	1,10	1
reife Milch[2]	26,88	9,79	7,69	4,19	1,14	64

[1] Davon Kasein 4,3 %, Albumin und Globulin 1,0 %
[2] Ohne Angabe des Laktationsalters

brünstige Weibchen heftig treiben. Bullen verströmen oft bereits ab Ende Juni einen Brunstgeruch, der durch häufiges Harnen in die Bauchbehaarung entsteht. Hochbrunst 2–3 Wochen, vorwiegend Ende September. Obwohl die Kühe bei ihren Erstgeburten in der Regel meist 3- bis 4-jährig sind, können Weibchen manchmal bereits mit 14–15 Monaten geschlechtsreif werden. Tragzeit 250–275 Tage. Würfe bisher meist Mai und Juni, nur ausnahmsweise später bis August. 1 Junges, selten Zwillinge (bei frei lebenden Herden in Alaska etwa 4 % aller Würfe, in Menschenobhut erstmals 1984 im Zoo Minnesota). Manche Männchen kommen durch die mit der Geburt zusammenhängenden Geruchsstoffe in starke sexuelle Erregung, können durch Belästigung die werfende Kuh stören und müssen ebenso abgetrennt werden wie eventuell aus dem Vorjahr stammendes Jungtier, das zu saugen versucht. Neugeborene wiegen 7,5–12,3 kg, im Mittel 10,5 kg (n = 6), sind von erstgebärenden Kühen oft leichter. Die Kälber mit schwarzem, dichtwolligem Fell stehen schnell auf, saugen spätestens 2 Stunden nach der Geburt erstmals. Moschusochsen sind Nachfolger, liegen in den ersten Tagen viel, sind wegen ihres wolligen Fells und noch nicht vorhandener, regenableitender Grannenhaare empfindlich gegen anhaltende Nässe (Folgen sind Pneumonien u. a.). Vorsicht bei eventueller Jungtierprophylaxe, aufgeregte Junge überhitzen schnell. Erste feste Kost mit 2 Wochen, regelmäßig mit 3–4 Wochen. Ganztägig Zweige und gutes Heu so anbieten, dass Nahrung vom Kalb erreicht werden kann, ohne dass es die Alttiere wegfressen können. Mit 6 Wochen sind im Gebiss die unteren Schneide- und Eckzähne sowie oben und unten alle 3 Prämolaren vorhanden. Säugezeit nicht genau bekannt, auch individuell verschieden, manche Kälber saugen noch bis zum 10. Monat. Mit 8 Monaten werden die vorher vom Fell verdeckten Hörner sichtbar, deren Hornbasen sich bei Männchen nach und nach verbreitern, so dass sie beim 3-jährigen Bullen nur noch durch einen schmalen Schlitz getrennt, beim 4-jährigen Tier zu einem Hornhelm geschlossen sind. Im Gegensatz zur Wildnis in Menschenobhut jährlich Junge.

Künstliche Aufzucht unkompliziert. Milchzusammensetzung in Tabelle 28.14. Erfolgreiche Aufzuchten in Kanada und Moskau mit Kälbermilchaustauschern, Milchpulver bzw. einer Mischung aus Kuh- und Kondensmilch mit Reisschleim und Serumpräparaten. Tagesmenge von anfangs 1,8 l über 2,7 l (40. Tag) bis knapp 3,3 l (4 Monate) steigend, danach langsame Entwöhnung. Regelmäßige Aufnahme fester Kost (Heu, Pellets) mit 35 Tagen. Tägliche Zunahme bis zum 4. Monat 400 g.

Höchstalter in Menschenobhut. Moschusochse über 27 Jahre.

29
Ordnung Wale (Cetacea)

Ausschließlich im Wasser lebende und ans Wasserleben angepasste Säugetiere. Vorfahren vor 50 Millionen Jahren überwiegend an Land lebende, schweineähnliche, auch mit den Vorläufern der Flusspferde verwandte, fleischfressende Urwale (Pakicetidae) mit bereits walähnlichem Schädel, kräftigem Gebiss und muskulösem Schwanz, deren von Hufen umgebene, breite Zehenenden und bewegliche Knöchel (sog. Rollbein, Astralagus, im Fußskelett) und molekularbiologische und immunologische Merkmale verwandtschaftliche Beziehungen zu den Paarhufern, speziell den Flusspferden erkennen lassen. Der Übergang vom Land- zum Wasserleben war vor 47 Millionen Jahren mit *Rodhocetus* vollzogen, einem Fleischfresser von krokodilähnlicher Gestalt mit langer, stark bezahnter Schnauze, langgestrecktem Körper und langem muskulösen Schwanz. Zwischen den Zehen der Hintergliedmaßen trug er Schwimmhäute, dagegen waren die Zehenspitzen der Vordergliedmaßen noch von Hufen umschlossen. Vor knapp 30 Millionen Jahren war dann mit den stark verkürzten Hintergliedmaßen des ausschließlich im Wasser lebenden *Durodon* die Entwicklung zu den Walen unumkehrbar, wobei die Abstammung beider Unterordnungen (Barten- und Zahnwale) nicht auf eine einheitliche Wurzel zurückzugehen scheint, so dass sie auch als eigene Ordnungen angesehen werden können. Unabhängig davon weisen genetische Untersuchungen in Japan aus dem Jahre 1999 darauf hin, dass die heute lebenden Wale mit den heute lebenden Flusspferden enger verwandt sind als mit den rezenten Schweinen.

Gestalt fischähnlich. Körperlänge von 125 cm (La-Plata-Delfin, Hector-Delfin, Kalifornischer Schweinswal) bis 33 m (Blauwal). Kopf groß, teilweise unsymmetrisch, Kiefer verlängert. Paarige Nasenlöcher oft zu einer Öffnung vereinigt (Blasloch), Nasenbein stirnwärts verschoben, deshalb Nasenöffnung auf dem Oberkopf verlagert. Augen klein, vereinzelt rückgebildet, Ohrmuscheln fehlen. Knöcherne, mit dem Schädel nur knorpelig verbundene Ohrkapsel, kann unabhängig vom Schädel schwingen. Zähne entweder teilweise oder völlig rückgebildet und durch Barten (artverschieden gestaltete lange, vom Gaumen hängende Hornlamellen als Seih- und Filterapparat, meist mehrere, hintereinanderstehende Kämme) ersetzt oder vorhanden und durch Spaltung der Zahnanlagen stark vermehrt. Hals kurz, wenig oder nicht von Kopf und Rumpf abgesetzt. Wirbelsäule mit artbedingt zwischen 40 und 93 Einzelwirbeln, davon 7 kurze Halswirbel, Wirbel teilweise verwachsen. Rumpf rund, wird nach hinten schlanker und geht glatt in den Schwanz über. Schwanzende mit generell quergestellter, nur durch den Achsenstab der Schwanzwirbelsäule gestützter Flosse (Fluke) aus festem Bindegewebe. Auf der Rückenmitte nicht selten eine bindegewebige Rückenflosse (Finne) ohne verknöcherte Stützelemente. Ober- und Unterarmknochen der Vordergliedmaßen verkürzt, Hand meist verlängert, Zahl der Fingerknochen vermehrt. Hand in Brustflosse (Flipper) umgewandelt. Hintergliedmaßen fehlen, nur kleiner Beckenrest erhalten, bei Pottwal Rest des Oberschenkels frei in der Körpermuskulatur. Haut besonders strukturiert, drüsenlos, bis auf einige Sinnesborsten am Kopf nackt, federnd, gleicht beim Schwimmen bremsende Wasserwirbel aus und verwandelt sie in am Körper vorbeifließende Strömungen. Ober- und Lederhaut dünn, meist nur wenige Millimeter stark. Darunter starke Schicht Unterhautbindegewebe mit großen Fetteinlagerungen (Wärmeisolierung). Stärke 2–70 cm, art- und jahreszeitlich verschieden, auch vom Fortpflanzungszyklus abhängig (bei tragenden Weibchen dicker als bei säugenden). Lunge auch in feinsten Verästelungen durch Knorpelringe wie Luftröhre und Bronchien gestützt. Atmen durchschnittlich in 2–4 Minuten einmal, Tauchdauer artverschieden lang, bis 90 Minuten (Pottwal). Ausatmen unter hohem Druck in 1–2 Sekunden. Dabei dehnt sich die feuchtwarme, komprimierte Luft (Menge bis 2000 l) in der Atmosphäre aus und kondensiert. So entstehen in Form und Höhe arttypische, bis 8 m hohe Nebelfahnen („Blas"). Dabei werden 85 % des Luftinhaltes der Lunge gewechselt. Deswegen sowie durch Sauerstoffspeicherung im Blut (hoher Hämoglobingehalt), in der Muskulatur und den Organen (sehr hoher Myohämoglobingehalt) lange Tauchdauer möglich. Bei tief tauchenden Arten (Pottwal in mehr als 1100 m Tiefe) sind Lungen verkleinert. Dadurch wird vermieden, dass bei hohem Druck in großer Tiefe zu viel Luft ins Blut übertritt, welche beim Auftauchen Gasbläschen bildet, die dann zu Embolien führen können. Nahrung wird unzerkaut abgeschluckt. Magen dreiteilig. Sehr große Leber ohne Gallenblase. Nieren groß, stark gegliedert, filtern Salz aus dem Blut, so dass Wale Salzwasser trinken können.

Fortbewegung durch Auf- und Abschlagen des Schwanzes. Dauergeschwindigkeit bei Glattwalen, Grau- und Buckelwal 3,5–5,5 km/h, Pottwal 18 km/h, Furchenwalen und Delfinen 22–26 km/h. Spitzengeschwindigkeit bei Glatt- und Grauwalen 11 km/h, Buckelwal 18 km/h, Pottwal 37 km/h, Furchenwalen und Delfinen 50 km/h. Bei vielen Arten jährlich weite Wanderungen zu Nahrungs- oder Fortpflanzungsgründen. Gesellig in Familien (1 Männchen, mehrere Weibchen, Jungtiere und Halbwüchsige) oder Schulen (mehrere Familien), seltener paarweise. Bei manchen Arten ganz oder teiljährig auch Einzelgänger. Mitunter Vergesellschaftung verschiedener Walarten. Verständigung durch eine Vielzahl von Rufen, die u.a. der individuellen Kennung oder der Kennung aller Gruppenmitglieder dienen und innerartlich in Abhängigkeit von der geographischen Verbreitung einzelner Populationen variieren können („Dialekte"). Mit Lauten im Ultraschallbereich werden Gegenstände, besonders Beute, nach dem Echolotprinzip (siehe Fledermäuse) geortet. Walbiologie noch unvollständig. Mit Sicherheit psychisch hoch stehende Tiere mit außerordentlichem Gemeinschaftsgefühl und hoch spezialisierten akustischen Verständigungsmitteln. Niedrige Nachzuchtquoten, nach langer Tragzeit nur 1 Junges, Geburten bei vielen Arten nur alle 2–3 Jahre. Deshalb industriell betriebener Walfang (meist nur Fett für menschlichen Bedarf, Fleisch wird häufig zu Hundefutter oder als Fleischmehl verarbeitet) für den Fortbestand vieler Arten bedrohlich. Abschusszahlen und jagdbare Arten werden von einer internationalen Kommission festgelegt, deren Zuständigkeit von einigen Staaten aber nicht anerkannt wird.

Verbreitung. Alle Ozeane, viele Nebenmeere, einige Arten in Flüsse eindringend, wenige ganz an Süßwasser gebunden.

2 Unterordnungen, 11 Familien, 40 Gattungen, 85 Arten.

Unterordnung Bartenwale (Mystacoceti)

Gesamtlänge 6–33 m, darunter größte Arten. Schädel symmetrisch, Riechschleimhaut und kleines Riechhirn vorhanden. Spritzloch paarig. Kiefer zahnlos, dafür Barten (bis zu 400 dreiseitige Hornplatten, die sehr dicht federartig gefasert sind) am Gaumendach. Embryonen noch mit Zahnanlagen. Verständigung über weit tragende Töne im Infraschallbereich, aber keine Ultraschallortung.

4 Familien, 6 Gattungen, 14 Arten.

Familie Glattwale (Balaenidae)

Länge 6–19 m, plump gebaut. Kopf sehr groß, mit langen, dünnen, schwarzen Barten, Kehle glatt, ungefurcht. Rückenfinne fehlt, Flipper kurz, kräftig. Fluke relativ breit und eingekerbt. Sehr starkes Unterhautfettgewebe (Blubber). Weibchen größer und schwerer als Männchen.

2 Gattungen, 4 Arten.

Grönlandwale (*Balaena*): 1 Art. Großer Kopf. **Grönlandwal** (*B. mysticetus*): beim Männchen Länge bis 18 m, Gewicht 50–70 t, beim Weibchen Länge bis 20 m, Gewicht bis 100 t, Fettschicht bis 60 cm dick, Haut dunkelblau bis schwarz, am Unterkiefer weißer Fleck mit schwarzen Punkten, Bauch oft mit weißen oder grauen Strichen, einzelne Tiere weisen hellen Fleck an der Schwanzwurzel auf, Fluke bis 8 m, Brustflossen relativ klein, paddelförmig. Arktische Gewässer der Nordpolarregion.

Kaper (*Eubalaena*), auch Glattwale: 3 Arten. Mit den Grönlandwalen eng verwandt. **Atlantischer Nordkaper** (*E. glacialis*), auch Nördlicher Glattwal: Länge bis 17 m, Gewicht 70 t, davon bis 40 % Blubber (Speck), Haut schwarz, extremer „Hautbewuchs" (Parasitenbefall) mit Seepocken, Walläusen und anderen Krebstieren, die auf der Stirn eine „weiße Haube" vortäuschen. Im Sommer in subpolaren Regionen und im Winter in gemäßigten Breiten des Nordatlantiks. – **Pazifischer Nordkaper** (*E. japonica*), auch Nordpazifik-Glattwal: dem Atlantischen Nordkaper sehr ähnlich, aber deutliche Unterschiede in der DNA. Länge über 17 m, Gewicht über 18 t, weibliche Tiere etwas größer und schwerer als Bullen. Nordpazifik. – **Südkaper** (*E. australis*), auch Südlicher Glattwal: ähnelt dem Atlantischen Nordkaper, mit 15–17 m und 60 t etwas kleiner und leichter. Haut hellbraun bis blauschwarz, mitunter mit weißen Flecken, gelegentlich weiße männliche Kälber (keine Albinos), im Kopfbereich individuell verschiedene Hautwucherungen. Zirkumpolar in subpolaren und gemäßigten Meeren der Antarktis.

Gefährdungsstatus. Bestand in der Wildnis einst fast ausgerottet, Südkaper stabil, Grönlandwal auf Artebene nicht gefährdet, einzelne Subpopulationen, z. B. um Spitzbergen, als stark bedroht eingestuft, die beiden anderen Arten werden als gefährdet eingeschätzt. Alle Arten streng geschützt.

Familie Zwergglattwale (Neobalaenidae)

Den Glattwalen ähnlich, aber molekularbiologische Unterschiede.

1 Gattung, 1 Art.

Zwergglattwale (*Caperea*): überdimensional großer Kopf mit bogenförmigem Unterkiefer, Rückenfinne und schwache Kehlfurchen vorhanden. 34 Rippen (höchste Zahl bei Walen). **Zwergglattwal** (*C. marginata*): Länge 6,5 m, Gewicht 3–4 t (kleinster Bartenwal), Fluke bis 2 m, schwarz bis dunkelgrau. Gemäßigt-kalte Meere der Südhalbkugel.

Gefährdungsstatus. Genaue Bestandszahlen sind nicht bekannt.

Familie Grauwale (Eschrichtiidae)

Anatomische Besonderheiten wie grubenförmige Hautvertiefungen unterschiedlicher Größe (Durchmesser 3–12 cm) von bisher unbekannter Funktion, in denen borstenförmige Haare wachsen, unregelmäßige Höcker auf Hinterrücken und Fehlen einer Finne führten zur Sonderstellung unter den Bartenwalen.

1 Gattung, 1 Art.

Grauwale (*Eschrichtius*): Länge bis 15 m, Gewicht etwa 35 t. Relativ kleiner Kopf und wenig gefurchte Kehle (2–7 Furchen). Kopf spitz, Rostrum stark gewölbt. Fluke relativ breit und eingekerbt. Haut schieferfarben bis dunkelgrau, erscheint durch flächige Ansiedlung von Seepocken und Walläusen oft hell gefleckt. Auf Kopf und Schwanzflosse sitzen meist Entenmuscheln. **Grauwal** (*E. robustus*): 2 isolierte Populationen im Nordpazifik, die jedoch keine erkennbaren morphologischen Unterschiede aufweisen. Die Verbreitung der ostpazifischen Population erstreckt sich von den Küsten Niederkaliforniens und Mexikos bis in das Behringmeer und die Tschuktschensee, die Tiere der westpazifischen Population vagabundieren zwischen Ostchinesischem und Ochotskischem Meer.

Gefährdungsstatus. Der Bestand in der Wildnis galt in der 1. Hälfte des 20. Jahrhunderts als bereits ausgerottet, 1937 wurden letzte Exemplare streng geschützt, seither leichte Bestandszunahme, allerdings gilt die westliche Population als gefährdet bis äußerst gefährdet.

Familie Furchenwale (Balaenopteridae)

Familie eng verwandter Bartenwale von sehr verschiedener Größe, darunter nicht nur die größten aller Wale, sondern auch die größten lebenden Tiere überhaupt.

2 Gattungen, 8 Arten.

Furchenwale (*Balaenoptera*), auch Minkwale: 7 Arten. Länge 6–33 m, Gewicht bis 130 t. Kopf flach, groß, kurze, breite Barten, Kehle stark gefurcht, Gestalt relativ schlank, Rückenflosse vorhanden. **Nördlicher Zwergwal** (*B. acutorostrata*), auch Minkwal: kleinste Art, Länge bis 8 m, Rücken dunkelgrau bis schwarz, Unterseite heller, weißes Querband auf Flipperoberseite. Alle Meere nördlich des Äquators. 2 Unterarten, eine 3., noch nicht beschriebene Form auch in der südlichen Hemisphäre. – **Südlicher Zwergwal** (*B. bonaerensis*): dem Nördlichen Zwergwal sehr ähnlich, aber nicht immer mit weißem Querband auf der Flipperoberseite. Alle Meere südlich des Äquators. – **Blauwal** (*B. musculus*): größte Art, Länge 24–30 m, vereinzelt bis 33 m, Gewicht bis 150 t, weibliche Tiere größer als die männlichen, damit die größten Tiere, die jemals existierten. Dunkelblaugrau mit helleren Flecken, am ganzen Körper gesprenkelt, hellere Bauchseite verursacht durch Kieselalgenbewuchs mit *Cocconeis ceticola*. 4 Unterarten. Alle Meere. – **Finnwal** (*B. physalus*): Länge bis 27 m, Gewicht bis 90 t. Rücken dunkelgrau bis schwarzbraun, Bauch und Unterseite von Flipper und Fluke weiß, Unterkiefer rechts weiß, links dunkel. 2 Unterarten. Alle Meere. – **Seiwal** (*B. borealis*): Länge bis 20 m, Gewicht 45 t, Oberseite dunkelgrau, Unterseite weißlich. 2 Unterarten. Alle Meere. – **Brydewal** (*B. edeni*), auch auch als *B. brydei* geführt: Länge 13–14 m, Gewicht 16 t. Dunkelgrau, an Kehle und Bauch heller. Tropische Meere der Südhemisphäre. – **Omura-Furchenwal** (*B. omurai*): ist dem Finnwal ähnlich, aber mit bis 12 m Länge deutlich kleiner, geringe Anzahl von Barten (etwa 200). Erstbeschreibung 2003. Tropische Meere.

Buckelwale (*Megaptera*): 1 Art. Namensgebend zahlreiche buckel-, beulen- und andersartige Hautverdickungen am Kopf, besonders den Maulrändern und den Flossen, nicht zu verwechseln mit häufigen Hautparasiten (*Coronula*) an Lippen und Schwanz. **Buckelwal** (*M. novaeangliae*): Länge bis 17 m, Gewicht bis 34 t, oberseits schwarz, unterseits unterschiedlich weiß bis schwarz, 14–20 Kehlfurchen, die bis zum Bauchnabel reichen, sehr große, lange, vorn zackenrandige Brustflossen, winzige dreieckige bis sichelförmige Rückenfinne, sehr große Fluke, Hinterrand tief eingekerbt. Sehr stimmfreudig, weit reichende „Gesänge". Alle Meere.

Gefährdungsstatus. Bestand in der Wildnis bei Blauwal wie Grauwal einst fast ausgerottet, nach Schutzmaßnahmen langsame Bestandszunahme, Blauwal aber nach wie vor gefährdet, besonders Antarktischer Blauwal (stagnierende Population von wenigen hundert Tieren) hochgradig bedroht, auch Buckelwal bedroht. Finnwal wie Seiwal ebenfalls gefährdet. Lediglich Zwergwale noch gesichert.

Lebensweise. Vorwiegend Tagtiere, nicht selten auch nachts aktiv. Lebensraum offenes Meer (Ausnahmen: Grauwal in Küstennähe, Buckelwal an Küsten, Flussmündungen, auch im Un-

Tab. 29.1 Milchzusammensetzung bei Bartenwalen

Art	Trockensubstanz (%)	Fett (%)	Eiweiß (%)	Kohlenhydrate (%)	Asche (%)	Proben (Anzahl)
Grönlandwal	(28,50)	(0,17)	(27,73)		(0,66)	(1)
Grauwal	59,42	53,04				1
Finnwal	48,08	33,35	11,54[1]	2,25	1,22	22
Blauwal	50,48	37,51	12,42	2,74	1,44	10
Nördlicher Zwergwal	35,85	20,80	12,02		1,45	1
Seiwal	42,59	25,64	7,21		1,00	6
Buckelwal	49,30	34,07	12,34	0,00	1,57	10

Angaben in Klammern: Werte für Präkolostrum
[1] Eine Einzelprobe von 12,8 % enthielt 4,80 % Kasein und 8,00 % Albumin und Globulin.

terlauf von Strömen). In Küstennähe Gefahr des Strandens und Sterbens durch Verlagerung und Quetschung innerer Organe. Grauwale stranden nicht selten während der Ebbe, kommen aber meist bei Flut wieder frei. Gesellig in Familien oder Schulen. Wanderungen während des Frühjahrs entweder arttypisch in das nördliche (z. B. Nordkaper, Nordpazifik-Glattwal, Grauwal) bzw. südliche (Grauwal, Zwergglattwal) Polarmeer oder gruppenindividuell sowohl ins Nord- als auch ins Südpolarmeer (Furchenwale, Buckelwal). Bleiben hier während des Sommers (reiches Futterangebot in kalten Meeren). Zur Überwinterung Rückkehr im Herbst in tropische und subtropische, seltener gemäßigte Meere. Grönlandwale verlassen das nördliche Polargebiet nicht. Glattwale sind langsame, Furchenwale schnelle Schwimmer. Innerhalb der Gruppen intensive Kontaktpflege durch eine Vielzahl von Lauten, die bei Buckelwalen ihre höchste Entwicklungsstufe in Form von abwechslungsreichen, langen, im Wasser fast 200 km weit hörbaren „Gesängen" erreicht. Bedeutung nicht eindeutig geklärt, dienen vermutlich der Partnerwerbung, auch der Kontakterhaltung zwischen einzelnen Verbänden. Grauwale spielen gern, Buckelwale springen während der Paarungszeit häufig über die Wasseroberfläche.

Nahrung. Südlicher Zwergwal frisst ausschließlich Krill, Nördlicher Zwergwal auch kleine Fische wie Heringe und Sardinen. Übrige Arten ernähren sich vom Spätfrühling bis Frühherbst von planktisch in den oberen Wasserschichten von kalten Meeren lebenden, etwa 5 cm langen Kleinkrebsen (vorwiegend Gattung *Euphausia*), die infolge des hohen Karotingehalts der Tiere rötlich gefärbte, wolkenähnliche Schwärme (Krill) bilden. Wasser, das beim Öffnen des Maules zur Nahrungsaufnahme in die Maulhöhle mit eingeströmt ist, wird anschließend wieder durch die Barten aus dem Maul herausgepresst. Die in den Barten hängen gebliebene Nahrung wird unzerkaut abgeschluckt. Buckelwale fressen bei Mangel an Krill auch Fische, indem sie deren Schwärme vor sich her treiben und mit einem Luftbläschenvorhang einkreisen. Diesen wagen die Fische nicht zu durchbrechen. Die Wale stoßen dann von unten in das Zentrum der röhrenförmigen Luftbläschenbarriere und so mitten in die Fischansammlung hinein und machen dort reiche Beute.

Haltung von Bartenwalen

In Tiergärten ist die Haltung schon fütterungstechnisch praktisch unmöglich und wird deshalb nicht praktiziert. Erwähnenswert ist eine Ausnahme. Aus einer Gruppe von Grauwalen, die im Januar 1997 bei Monterey an der kalifornischen Pazifikküste gestrandet war, gelangte ein junges 6 m langes Weibchen ins Sea World San Diego. Es erhielt dort täglich 4 Mahlzeiten von einem Gemisch aus Milch und fein zu Mus verarbeitetem Tintenfisch- und Fischfleisch. Die Fütterung erfolgte über einen Schlauch, an dessen Ende ein großer Sauger die Aufnahme der Mixtur ermöglichte. Ende März 1998 war der Wal inzwischen um ½ Körperlänge auf 9 m gewachsen und wurde bei bester Gesundheit nach 14 Monaten Aufenthalt in menschlicher Pflege wieder ins Meer entlassen.

Fortpflanzung und Zucht. Grönlandwale paaren sich im Sommer, Grauwale im Winter, der südliche Blauwal im Juni/Juli, der im nördlichen Verbreitungsgebiet vorkommende Blauwal im Dezember/Januar, Finnwale mehrere Monate im Winter, nördlicher Buckelwal im April, südlicher Buckelwal im September. Tragzeit beim Grönlandwal 9–10, beim Zwergfurchenwal 10, beim Grauwal 11–12, beim Buckelwal und Blauwal 12 Monate. 1 Junges, Zwillinge (Grauwal, Blauwal) sehr selten. Neugeborene beim Blauwal 8 m lang und 3 t schwer, trinken täglich 400 l Milch, die erheblich fetter als Kuhmilch ist. In der 6–7 Monate langen Säugezeit nimmt das Muttertier bis zu 50 t ab, während das Junge am Ende des 1. Lebensjahres etwa 26 t wiegt. Milchzusammensetzung von Bartenwalen in Tabelle 29.1.

Unterordnung Zahnwale (Odontoceti)

Körperlänge 1–20 m, Schädel unsymmetrisch, Nasenöffnungen zu Spritzloch vereinigt. Gehirn hochleistungsfähig, jedoch kein Geruchssinn, Riechlappen im Gehirn und Riechschleimhaut im Nasenbereich nicht vorhanden. Typisches Merkmal vieler Zahnwale ist die „Melone", eine runde, bindegewebige Wölbung des vorderen Kopfteils aus Luftsäcken und Fett. Kiefer vielfach gestreckt und mehr oder minder schnabelähnlich nach vorn verlängert. Meist bezahnt, Zahnzahl kann bis auf 272 vermehrt oder bis auf 2 vermindert sein. Da die Zähne meist gleichförmig spitzkegelig sind, können viele Zahnwale ihre Nahrung mit den Zähnen ergreifen, aber nicht zerkleinern. Das äußerlich manchmal schnabelähnliche Aussehen der Schnauzenpartie hat in der Fachliteratur und umgangssprachlich zur anatomisch falschen Verwendung des Begriffs „Schnabel" geführt. Das schlägt sich auch in manchen Trivialnamen nieder.

7 (bis 10) Familien, 34 Gattungen, 71 Arten.

Familie Eigentliche Delfine (Delphinidae)

Auch Delphine. Gehirn gut entwickelt. Leistungsfähiges Hörorgan (Ultraschall-Echo-Ortung). Schnauze meist gestreckt, schnabelförmig, Zähne spitzkegelig. Besonderheiten im Skelettbereich (Verschmelzung der ersten beiden Halswirbel, weniger Rippen als übrige Zahnwale). Färbung artverschieden, einfarbig (Großer Tümmler) bis lebhaft schwarz-weiß (Jacobita). Werden verschiedentlich mit Gründelwalen (Monodontidae) und Schweinswalen (Phocoenidae) in einer Überfamilie zusammengefasst und andererseits in Unterfamilien unterteilt.

Verbreitung. Alle Meere.
17 Gattungen, 38 Arten.

Großtümmler (*Tursiops*): 2 Arten. Systematik der Gattung lange umstritten. **Großer Tümmler** (*T. truncatus*): Länge bis 3,8 m, Gewicht bis 600 kg. Grau mit heller Körperunterseite. 2 Unterarten. Tropische und subtropische Meere weltweit, einschließlich Schwarzes Meer. Häufigster Delfinariums-„Flipper". – **Indopazifischer Großer Tümmler** (*T. aduncus*), auch Rotmeer-Tümmler: ähnelt Großem Tümmler, wurde auch als Unterart von diesem geführt. Indischer Ozean, warmer Südpazifik, westlicher und südlicher Nordpazifik. – **Burrunan-Tümmler** (*T. australis*): 2011 Erstbeschreibung. Unterschiede in DNA, Größe, Gestalt und Färbung zu beiden anderen Großtümmlern. Küsten Südostaustraliens.

Eigentliche Delfine (*Delphinus*), auch Gewöhnliche Delfine: 2 Arten. Systematik der Gattung unterschiedlich interpretiert. Wurden ursprünglich den Schmalschnabeldelfinen zugerechnet, haben aber Unterschiede in Schädel-

Abb. 29.1 Von den Walen wird der Große Tümmler (*Tursiops truncatus*) am häufigsten in Delfinarien gehalten.

bau und Bezahnung. – **Gewöhnlicher Delfin** (*D. delphis*), auch Eigentlicher, Gemeiner oder Klassischer Delfin: Länge bis 2,5 m, Gewicht bis 200 kg. Schnauze sehr schlank und schnabelähnlich, zahlreiche kleine, spitze Zähne. Rücken dunkel, Bauch weiß, Flanken vorn gelblich im hinteren Teil grau. 2 Unterarten. Tropische, subtropische und Meere der gemäßigten Zone. – **Langschnauzendelfin** (*D. capensis*): dem Klassischen Delfin sehr ähnlich, aber blasser und mit längerer Schnauze. Weltweit, gemäßigte bis tropische Meere.

Rundfinnendelfine (*Lagenorhynchus*), auch Kurzschnauzendelfine, Flaschenschnabeldelfine: 6 Arten. Kurzschnäuzig. **Weißschnauzendelfin** (*L. albirostris*): Länge etwa 2,5–3 m, Rücken und Flanken dunkel, heller Streifen an den Flanken, Bauch weiß, Schnauze weiß bis grau. Nordatlantik. – **Weißseitendelfin** (*L. acutus*): Länge bis 2,5 m, Schnauze, Rücken und Flossen schwarz, Flanken grau, Bauch weiß. breiter weißer Streifen an den Flanken, darüber gelber Streifen, der sich nach hinten verbreitert. Nordatlantik. – **Schwarzdelfin** (*L. obscurus*): Länge bis 2 m, Rücken dunkelgrau bis blauschwarz, Bauch weiß, Flanken hellgrau. Südhalbkugel, küstennahe Gewässer. – **Weißstreifendelfin** (*L. obliquidens*), auch Pazifischer Weißseitendelfin: Länge bis 3 m, Schnauze wenig vom Kopf abgesetzt, Rücken, Schnauze und Fluke schwarz, Flanken grau, Bauch weiß, vom Kopf zur Fluke horizontaler hellgrauer Streifen, der hinten breiter wird. Nordpazifik, nördlich 20. Breitengrad. – **Stundenglasdelfin** (*L. cruciger*): schwarz, Bauch weiß, an den Flanken 2 weiße, sanduhrförmige Flecken. Südliches Polarmeer. – **Peale-Delfin** (*L. australis*), auch Schwarzkinndelfin: Rücken und Flossen grau bis schwarz, Bauch weiß, Flanken unterbrochen hellgrau, schmaler dunkler Strich trennt Flanken- und Bauchfärbung. Küstengewässer Argentiniens und Chiles.

Rundkopfdelfine (*Grampus*): 1 Art. Größte (Länge bis 4 m) und schwerste (Gewicht bis 450 kg), rundköpfige Delfinart. **Rundkopfdelfin** (*G. griseus*), auch Rissos Delfin: grau, Bauch heller, Schnauze nicht schnabelförmig ausgezogen, wenig und nur im Unterkiefer bezahnt. Meere der gemäßigten Zone und warmer Gebiete.

Schmalschnabeldelfine (*Stenella*), auch Fleckendelfine: 5 Arten. Sehr schlank, lange, schmale, spitze Schnauze mit bis zu 260 Zähnen. Haut hell gefleckt oder gestreift. **Zügeldelfin** (*S. frontalis*): oben grau, vom Kopf bis zur Finne dunkler, mit zügelartiger hellerer Zeichnung, Bauch weißlich, Körper gefleckt. Atlantischer Ozean zwischen 48° nördlicher und 24° südlicher Breite. – **Schlankdelfin** (*S. attenuata*), auch Pantropischer Fleckendelfin, Gefleckter

Abb. 29.2 Chinesischer Weißer Delfin (*Sousa chinensis*). Sein Lebensraum umfasst seichte, warme Küstengewässer und Mündungsbereiche von Flüssen.

Delfin: Körper gefleckt, dunkelgrau, zum Bauch aufhellend, dunkles Band vom Kopf zu den Flippern. 2 Unterarten. Weltweit, subtropische und tropische Gewässer. – **Ostpazifischer Delfin** (*S. longirostris*), auch Spinner, Spinnerdelfin: überwiegend grau, dunkles Band von den Augen zu den Flippern, lange Schnauze. 3 Unterarten. Weltweit, subtropische und tropische Gewässer. – **Clymene-Delfin** (*S. clymene*), auch Kurzschnauzenspinner, Senegal-Delfin: Rücken dunkel, Flanken grau, weißer Bauch, kürzerer Schnabel, Bandzeichnung von den Augen zu den Flippern. Subtropische und tropische Bereiche des Atlantiks, einschließlich Golf von Mexiko. – **Blau-Weißer Delfin** (*S. coeruleoalba*), auch Gestreifter Delfin: Rücken dunkel, Flanken hell, blaugrau, weißlicher Bauch, Streifen von den Augen zu den dunklen Flippern, schmaler Streifen bis kurz über die Flipper und hinten breiter werdender Streifen zum After, von den Flanken schmaler Streifen Richtung Finne. Weltweit in gemäßigt-warmen und tropischen Meeren, einschließlich Mittelmeer.

Borneo-Delfine (*Lagenodelphis*): 1 Art. Besonderheiten im Schädelbau. **Borneo-Delfin** (*L. hosei*), auch Frasers Delfin: Schnauze kurz, Rücken blaugrau bis graubraun, Bauch weiß, dunkler Streifen entlang der Flanken vom Kopf bis zum After, der oben von cremefarbenen Streifen begrenzt, weiterer Streifen vom Kinn zu den Flippern. Weltweit in warmen Meeren.

Rauzahndelfine (*Steno*): 1 Art. Unregelmäßige Oberflächenfurchung der Zahnkronen. **Rauzahndelfin** (*S. bredanensis*): Rücken und Flanken dunkelgrau bis grauviolett, Schnabelunterseite und Bauch weiß, oft mit gelben oder rosafarbenen Flecken, Kopfform kegelförmig, da Melone wenig ausgebildet. Weltweit in Küstengewässern der gemäßigten Zone und subtropischen und tropischen Gewässern.

Buckeldelfine (*Sousa*): 4 Arten. Systematik umstritten. Basis der Finne buckelförmig vergrößert, gewölbter Rücken. **Chinesischer Weißer Delfin** (*S. chinensis*): hellgrau bis rosaweißlich, meist mit dunklen Flecken, Jungtiere dunkelgrau. Küstengewässer des Indischen und Westpazifischen Ozeans bis hinein in Flussmündungen. – **Bleifarbener Delfin** (*S. plumbea*): bisher dem Chinesischen Weißen Delfin zugeordnet. Unterschiede in der Färbung, deutlicher Rückenbuckel. Ostküste Afrikas bis Küsten Indiens. – **Kamerunfluss-Delfin** (*S. teuszii*), auch Atlantischer Buckeldelfin: schiefer- bis bleigrau. Küstengewässer und Flussmündungen tropischer und subtropischer Küstengebiete des östlichen Südatlantiks. – ***S. sahulen-***

sis: Erstbeschreibung 2014. Unterschiede zu anderen Buckeldelfinen sind Abweichung in der Färbung, Zahn- und Wirbelanzahl. Sahuschelf zwischen Nordaustralien und Neuguinea.

Sotalias (*Sotalia*): 2 Arten. Kleinste Zahnwale mit Abweichungen anatomischer Details im inneren Körperbau (Skelett, Gliederung der Nasensäcke). **Amazonas-Sotalia** (*S. fluviatilis*), auch Tucuxi, Brackwasserdelfin: Länge nur ca. 1,5 m, gut abgesetzte schnabelähnliche Schnauze, deutliche Melone, oberseits mittel- bis dunkelgrau, mitunter bräunlich, Bauch weiß, 2 Streifen: von den Augen zu den Flippern und in der Körpermitte. Küstengewässer und Flussmündungen des westlichen Atlantiks von der Orinokomündung bis zum südlichen Wendekreis. – **Küsten-Sotalia** (*S. guianensis*), auch Guyana-Delfin: Körpergrößen- und genetische Unterschiede zum Amazonas-Sotalia. Karibik- und Atlantikküsten Mittel- und Südamerikas.

Glattdelfine (*Lissodelphis*): 2 Arten. Länge bis 2,5 m, glatter Rücken ohne Rückenfinne. **Nördlicher Glattdelfin** (*L. borealis*): sehr schlank, bis auf weißen Bauchbereich und Kinnfleck fast schwarz. Nordpazifik. – **Südlicher Glattdelfin** (*L. peronii*): schwarz-weiß, ausgedehnter weißer Bereich an und hinter den Flippern, Schnauze und Teil des Kopfes weiß. Küstenferne Gewässer des Südpolarmeeres.

Schwarz-Weiß-Delfine (*Cephalorhynchus*): 4 Arten. Länge bis 1,8 m, Schnauze nicht schnabel-, sondern mehr kegelförmig, Körper auffällig schwarz-weiß gezeichnet. **Jacobita** (*C. commersonii*), auch Commerson-Delfin: Kopf, Flossen, hinterer Rückenabschnitt und Schwanzstiel schwarz, vorderer Rückenbereich, Flanken und Bauch weiß, Kehle mit weißem, Bauch mit schwarzem Fleck. Seegebiet um Kap Hoorn, Magellanstraße, um die Falklandinseln und die Kerguelen. – **Weißbauchdelfin** (*C. eutropia*), auch Chilenischer Delfin: dunkelgrau, am Kopf dunkler Fleck, Kehle und Bauch weiß, kleiner weißer Fleck hinter den Flippern. Küstengewässer von Chile zwischen Valparaiso und der Navarino-Insel. – **Heavisides Delfin** (*C. heavisidii*), auch Braunfisch: Vorderkörper grau, dahinter schwarz, auf der unterseits von den Flippern bis zum After weißer Fleck, der als Streifen in die Flanken zieht, an der Brust und hinter den Flippern weißer Fleck. Küstengewässer von Namibia bis zum Kap. – **Hectors Delfin** (*C. hectori*), auch Neuseeland-Delfin: grau, vom Kinn bis zum After langer weißer Fleck, von dem Streifen in die Flanken reicht, Flossen dunkler als Körper, breiter dunkler Streifen von der Schnauze zu den Flippern, schmaler Streifen von der Körpermitte zum Kopf, hinter Flippern weißer Fleck. 2 Unterarten. Küstengewässer Neuseelands.

Abb. 29.3 Als Zahnwal besitzt der Amazonas-Sotalia (*Sotalia fluviatilis*) ein typisches Fischfressergebiss, das sich durch viele spitze, gleichartige Zähne auszeichnet.

Stupsfinnendelfine (*Orcaella*): 2 Arten. Ohne vorspringende Schnauze, daher rundköpfig wirkend. **Irrawaddy-Delfin** (*O. brevirostris*): oberseits bläulich grau, Bauchseite heller. Küsten und Flüsse (Irrawaddy-River, Mekong, Brahmaputra) Südostasiens und Nordaustraliens sowie Papua-Neuguineas. – **Heinsohns-Stupsfinnendelfin** (*O. heinsohni*), auch Australischer Stupsfinnendelfin, Stumpfflossendelfin: ursprünglich dem Irrawaddy-Delfin zugerechnete Population, seit 2005 eigene Art, neben Dreifarbigkeit der Haut, geringen Abweichungen in der Morphologie und Anatomie (Flossengröße und Schädelform), deutliche Unterschiede in der DNA. Küstengebiete Nordaustraliens, vermutlich bis in die Gewässer vor Papua-Neuguinea verbreitet.

Breitschnabeldelfine (*Peponocephala*): 1 Art. In Größe, Gestalt, Farbe und Verbreitung dem Zwergschwertwal sehr ähnlich, dennoch weder zu diesem noch zu anderen Gattungen eine eindeutige Zuordnung möglich. **Melonenkopf** (*P. electra*), auch Breitschnabeldelfin: wohl ausgebildete Melone, Färbung dunkelgrau, Bauch mit hellem länglichen Fleck, Kopf und Cape (dunkle Färbung an Hinterkopf und Rücken, die sich mantelartig zu den Flanken hinzieht) schwarz, Lippen weiß-rosa. Weltweit beiderseits des Äquators, warme tropische und subtropische Gewässer.

Zwergschwertwale (*Feresa*): 1 Art. **Zwergschwertwal** (*F. attenuata*), auch Zwerggrindwal: grau, dunkleres Cape, Bauch mit helleren Flecken, w-förmiger Fleck auf der Brust, Lippen, mitunter auch Kinn weiß. Weltweit in allen warmen tropischen und subtropischen Meeren.

Falsche Schwertwale (*Pseudorca*), auch Kleine Schwertwale: 1 Art. Vorderrand der nach vorn verlängerten Melone hängt über Unterlippe, Zahnbau robust, grob und klobig, kleine verdickte Rückenfinne. **Kleiner Schwertwal** (*P. crassidens*), auch Mittlerer oder Schwarzer Schwertwal: beim Männchen Länge bis 6 m, Weibchen kleiner, schwarz oder dunkelgrau, wenige hellere Abzeichen an Lippen, Brust und Bauch. Weltweit in allen Meeren außer polaren Gewässern.

Große Schwertwale (*Orcinus*): 1 Art. Namensgebend ist die sehr große, schwertförmige Finne. **Schwertwal** (*O. orca*), auch Orca, Großer Schwertwal, Killerwal: größter Vertreter der Familie, Länge etwa 9 m, schwarz, Fleck hinter dem Auge, Unterkiefer und Bauch weiß, von dort zieht in der hinteren Körperhälfte ein Streifen in die Flanken, grauer Fleck hinter der Finne, in jedem Kiefer 10–13 große, spitze Zähne. Am weitesten verbreitete Art innerhalb der Ordnung Cetacea. Alle Meere.

Grindwale (*Globicephala*), auch Pilotwale: 2 Arten. Runder Kopf, große Melone, Flipper lang, leicht gekrümmt, spitzendig. **Langflossengrindwal** (*G. melas*), auch Langflossen-Pilotwal: Flipper sehr lang, schlank, Körperfärbung dunkelgrau bis bräunlich, schmaler Streifen auf dem Bauch und Fleck auf der Brust heller. 2 Unterarten. Gemäßigte und subpolare Gewässer des Nord- und Südatlantiks, Südpazifiks und Indischen Ozeans. – **Kurzflossengrindwal** (*G. macrorhynchus*), auch Indischer Grindwal, Kurzflossen-Pilotwal: dem Langflossengrindwal sehr ähnlich, aber kürzere Flipper, die dennoch 20 % der Körperlänge erreichen. Tropische, subtropische und gemäßigt-warme Meere.

Gefährdungsstatus. Bestand in der Wildnis bei einigen Arten vorläufig noch nicht gefährdet, bei anderen dramatische Bestandsrückgänge, z.B. bei Hectors Delfin, dessen nordisländische Subpopulation hochgradig bedroht ist (Rest wenige tausend Tiere, hohe Verluste als Beifang in Fischernetzen). Gleiches gilt für eine Subpopulation des Irrawaddy-Delfins aus dem ins Meer mündenden Fluss Mahakam (Borneo). Gefährdet ist auch die mediterrane Population des Gewöhnlichen Delfins.

Lebensweise. Lebensraum vorwiegend tropische, subtropische und Meere der gemäßigten Zone, nie in Polarmeeren. Bewohner des offenen Meeres, die zur Nahrungssuche bis zu 1000 m tief tauchen (Grindwale) oder Küsten zur Jagd auf Beutetiere aufsuchen (Schwertwal). Große Tümmler gelangen bei der Beutejagd im Flachwasser bis an die Ufer. Einige Arten wandern (Rundkopfdelfin, Glattdelfine) im Sommer in Meere der gemäßigten Zone. Viele Arten halten sich in Küstengewässern von warmen Meeren, im Brackwasser von Flussmündungen, Mangrovesümpfen und im Süßwasser des Unterlaufs großer Ströme auf. Einige Arten wandern sogar flussaufwärts (z.B. Irrawaddy-Delfin). Über schlammigem Grund von Küstengewässern scheint bei Hochseebewohnern (Grindwale, Kleiner Schwertwal) das Echolotsystem zu versagen, Tiere stranden.

Gesellig meist in Familien, Gruppen oder Schulen von 10–50 oder mehreren hundert Tieren (Grindwale), aber auch in riesigen Herden von mehreren tausend Exemplaren (Rundfinnendelfine, Glattdelfine, Schlankdelfin, Gewöhnlicher Delfin), auf Jagd auch als Einzelgänger (Schwertwal). Rauzahndelfin in Schulen von bis zu 100 Tieren, nicht selten vergesellschaftet mit anderen Delfinarten oder Thunfischen. Übrige Arten in kleineren Gruppen und Familien, Amazonas-Sotalia auch vergesellschaftet mit Flussdelfinen.

Verständigung durch eine Vielzahl von knurrenden, knarrenden, quietschenden und pfeifenden Rufen, vielfach im Ultraschallbereich. Hoch entwickeltes Gehör. Wie auch bei den vorangegangenen Familien hoch entwickelter Gemeinschaftssinn. Kranke oder verletzte Tiere und Neugeborene werden von gesunden Tieren durch Unterschwimmen an die Oberfläche oder ins seichte Wasser getragen. Damit ist zugleich die mehrfach nachgewiesene Rettung von Menschen, die am Ertrinken waren, durch Delfine zu erklären. Auffällig ist gleichermaßen das offensichtliche Interesse vieler Delfine an Menschen oder Schiffen, die sie schwimmend begleiten (Rundkopfdelfin „Pelorus Jack" vor Neuseeland). Ebenso freundeten sich wild lebende Delfine an Badestränden mit Menschen an, trugen sie auf ihrem Rücken auf das Meer hinaus und wieder zum Strand zurück. Lediglich der Heinsohns-Stupsfinnendelfin soll sich von Menschen und Booten fern halten.

Nahrung. Vorwiegend Fische, große Knochenfische und andere Delfine (Schwertwal), Krebs- und Weichtiere, darunter auch Kopffüßer, Seeschildkröten, Pinguine, Robben, auch große Bartenwale, die von Familien oder Schulen von Schwertwalen buchstäblich zerrissen werden.

Familie Schweinswale (Phocoenidae)

Auch als Kleine Tümmler oder Braunfische bezeichnet. Beide Namen sind irreführend und sollten deshalb gemieden werden.

3 Gattungen, 7 Arten.

Schweinswale (*Phocoena*): 4 Arten. Länge selten über 1,8 m. Schnauze stumpf, Kopf oft rundlich. Zähne spatelförmig, zwei- oder dreigipfelig. Körper gedrungen. Rückenflosse dreieckig. **Nordischer Schweinswal** (*P. phocoena*), auch Eigentlicher Schweinswal, Meerschwein: Länge 1,5–1,8 m, Rücken braun bis dunkelgrau, Bauch weiß, Farbübergänge am Vorderkörper meist fließend, hinten scharf. 3 Unterarten. Nordatlantik, auch Nord- und Ostsee sowie nördliche Ägäis über den Bosporus bis zum Schwarzen Meer und Nordpazifik. – **Burmeisters Schweinswal** (*P. spinipinnis*), auch Schmalfinnenschweinswal, Schwarzer Schweinswal: dunkelgrau bis schwarz, hellere Flecken auf dem Bauch. Küsten und Flussmündungen Südamerikas, von Feuerland aus im Pazifik bis Peru, im Atlantik bis Südbrasilien. – **Kalifornischer Schweinswal** (*P. sinus*), auch Vaquita, Mexikanischer Schweinswal, Pazifischer Hafenschweinswal: zählt zu kleinsten Walen, Länge 1,2–1,5 m, grau, Rücken dunkler als der Bauch, Augen und Mundspalt dunkel umrandet, grauer Streifen vom Kinn bis zu den Flippern. Oberer Golf von Kalifornien, Coloradodelta (engster begrenzter Lebensraum aller Wale). – **Brillenschweinswal** (*P. dioptrica*): verschiedentlich auch unter *Australophocoena dioptrica* geführt. Schwarz, Bauch weiß, Maulspalt schwarz, schwarzer, weiß gesäumter Augenring, grauer Streifen vom Maulspalt bis zu den Flippern. Subpolare Gewässer der Antarktis.

Glattschweinswale (*Neophocaena*): 2 Arten. Keine Finne. **Glattschweinswal** (*N. phocaenoides*), auch Indischer oder Finnenloser Glattschweinswal: grau, am Bauch mitunter leicht heller. Asiatische Küstengewässer vom Persischen Golf bis Japan, vor allem in indischen, indonesischen, chinesischen und japanischen Gewässern, auch in Flussmündungen und Flüssen (z.B. Jangtse). – **Östlicher Glattschweinswal** (*N. asiaeorientalis*): größer und heller als Glattschweinswal. Von diesem als eigenen Art abgetrennt, da reproduktiv isoliert. 2 Unterarten. Küsten Südkoreas, Japans, im Jangtsekiang und Süßwasserseen.

Weißflankenschweinswale (*Phocoenoides*): 1 Art. Stämmiger Körperbau. **Weißflankenschweinswal** (*P. dalli*), auch Dalls Schweinswal: schwarz, großer weißer Fleck vom Bauch

Abb. 29.4 Der Beluga (*Delphinapterus leucas*) ist erwachsen reinweiß, seine Jungtiere hingegen sind grau oder braun.

zu den Flanken, Finne und Fluken mit helleren Bereichen, Auftreten vollkommen weißer oder schwarzer Tiere. 2 lokale Formen, verschiedentlich als Unterarten geführt. Nordpazifik, Beringmeer.

Gefährdungsstatus. Bestand in der Wildnis artverschieden, teils noch gesichert, teils rückläufig, teils gefährdet oder hochgradig von der Ausrottung bedroht, z.B. durch große Verluste in Fischernetzen wie beim Kalifornischen Schweinswal (etwa 10–13 Tiere im Jahr 2023) oder beim Jangtsekiang-Glattschweinswal (*N. a. asiaeorientalis*) mit einem Restbestand von unter 1000 Exemplaren.

Lebensweise. Mit Ausnahme der Hochseeform des Weißflankenschweinswals Bewohner von Meeresbuchten und Schelfgebieten, 2 Arten auch in flachen Wattgebieten und Flussmündungen bis ins Süßwasser (z.B. Nordischer Schweinswal gelegentlich flussaufwärts in der Elbe und anderen europäischen Strömen). Meist in Gruppen von 3–5 oder Schulen von 10–20 Tieren, artverschieden zeitweilig auch in größeren Verbänden.

Nahrung. Artverschieden Fische, Kopffüßer, Krebstiere.

Familie Gründelwale (Monodontidae)

Körperlänge 4–6,5 m. Kopf rund, ohne vorstehende Schnauze, Oberkopf durch große Melone beulenartig verdickt, Blasloch in Nackennähe auf der Körpermitte, Halswirbel nicht miteinander verschmolzen, deshalb Kopf frei beweglich. Ohne Rückenfinne.

Verbreitung. Nordpolarmeere.

2 Gattungen, 2 Arten.

Weißwale (*Delphinapterus*): 1 Art. Fast vollständiges Gebiss (38 löffelähnliche Zähne bei beiden Geschlechtern). **Beluga** (*D. leucas*), auch Weißwal: Länge bis 4,5 m, Gewicht etwa 500 kg, aber auch bis zu 1600 kg möglich. Erwachsene reinweiß (vor Hautwechsel gelblich), Jungtiere grau oder braun. Nördliches Polarmeer, Einzeltiere bis in gemäßigte Nordmeere.

Abb. 29.5 Beim Amazonasdelfin (*Inia geoffrensis*) wurde erstmalig die Ultraschallorientierung der Delfine nachgewiesen.

Narwale (*Monodon*): 1 Art. Einmalig unter den Säugetieren der „Stoßzahn" der Männchen als vermutliche Ursache für die Legende vom Einhorn. **Narwal** (*M. monoceros*): Länge bis 5 m, Gewicht 700–1800 kg. Zähne rückgebildet, beim Männchen aber meist im linken Oberkiefer bis über 2,5 m langer, gerader, in der Körperlängsachse nach vorn gerichteter, spiralig gedrehter, vorn spitzer Zahn (Schneidezahn), der durch die Oberlippe wächst und immer links herum gedreht ist, Bedeutung unklar, Finne fehlt, Rücken grau marmoriert, Bauch hell, ältere Tiere mitunter fast weiß, Jungtiere grau bis graubraun. Nördliches Polarmeer.

Gefährdungsstatus. Bestand in der Wildnis gebietsweise durch Souvenirhandel (Narwal) oder Verkehr und Tourismus (Weißwal) gefährdet.

Lebensweise. Über Narwal wenig bekannt. Gesellig in Familien oder kleinen Trupps z.T. gleichgeschlechtlicher Tiere in hochnordischen Meeren, teils auf offener See, teils in Küstennähe (in Fjorden, an Packeis- oder Treibeisrand), selten südlicher als 65° nördlicher Breite. Weißwal ist Tagtier, ruht nachts in Ufernähe, gesellig in küstennahen Meeresbuchten, Fjorden und Flussmündungen, taucht dort zur Nahrungssuche auf den Grund der Gewässer. Einzelgänger wandern auch flussaufwärts, so war 1966 ein ausgewachsener Beluga im Rhein.

Nahrung. Pelagische Fische, Platt- und andere Bodenfische, Krebse, Kopffüßer und andere Weichtiere, Borstenwürmer.

Familie Flussdelfine (Iniidae)

Systematik noch nicht abschließend entschieden. So werden *Pontoporia* und *Lipotes* auch in eigenen Familien (*Pontoporiidae*) bzw. (*Lipotidae*) geführt. Körperlänge 1,5–2,5 m. Gestalt urwalähnlich, Kopf gegen den schlangenartig beweglichen Hals deutlich abgesetzt. Schnauze lang ausgezogen, schnabelartig schmal. Im Ober- und Unterkiefer reich und gleichförmig bezahnt (bis zu 272 kleine, spitzkegelige Zähne). Augen klein, wenig leistungsfähig oder rückgebildet. Raumorientierung z.T. durch hochfrequente Schallortung.

Verbreitung. Südamerika und China.

3 Gattungen, 5 Arten.

Südamerikanische Flussdelfine (*Inia*): 3 Arten. Größte Vertreter der Familie. Sexualdimorphismus vorhanden, männliche Tiere etwas größer und robuster. Zahnbau uneinheitlich, im hinteren Kieferbereich zunehmend breitkronig. Körperfärbung sehr variabel, hellblau, rosa bis milchweiß, darunter auch Albinos. **Amazonasdelfin** (*I. geoffrensis*), auch (Orinoko-)Boto, Inia, Tonina: größter Flussdelfin, Länge 2–2,5 m, Gewicht 70–200 kg. Silbergrau (Jungtiere) bis rosafarben (Alttiere), Zähne im Gebiss nicht homogen, so dass die Nahrung sowohl gefangen, als auch zerkleinert werden kann, Finne kaum ausgebildet. Fast im gesamten Orinoko und im Amazonasflusssystem in Venezuela, Kolumbien, Brasilien, Peru und Ecuador. – **Bolivien-Delfin** (*I. boliviensis*), auch Boto. Amazonas von der Mündung bis in die Zuflüsse des Oberlaufs, Rio Negro, Orinoko. – **Araguaia-Delfin** (*I. araguaiaensis*): 2014 neu beschrieben. Anatomische Unterschiede im Schädelbereich zu den anderen Inia-Arten. Flussgebiete (Rio Araguaia) Norstostbrasiliens.

Südamerikanische Küstendelfine (*Pontoporia*): 1 Art. Kleinste Flussdelfine. **La-Plata-Delfin** (*P. blainvillei*): Länge 1,1–1,6 m, Gewicht 20–40 kg, weibliche Tiere tendenziell größer als männliche. Grau bis bräunlich, Rücken leicht dunkler als der Bauch, sehr kleinen Kopf, Schnauze sehr schmal, schlank, verhältnismäßig lang. Atlantische Küstengewässer von Espirito Santo bis zur argentinischen Halbinsel Valdez, Brackwasser im Mündungsgebiet des La-Plata, geht nicht flussaufwärts.

Chinesische Flussdelfine (*Lipotes*): 1 Art. Zoologisch wenig bekannt, einheitlicher Zahnbau. **Jangtse-Delfin** (*L. vexillifer*), auch Baiji, Chinesischer Flussdelfin: Länge 2,0–2,5 m, Gewicht bis zu 167 kg. Rücken blaugrau, Bauch weiß, langer, leicht aufwärts gebogener Schnabel. Einzugsgebiet des Jangtse (Mittelchina).

Gefährdungsstatus. Bestand in der Wildnis z. T. unbekannt oder noch gesichert (Amazonasdelfin), meist aber durch Gewässerverschmutzung mit toxischen Stoffen und Fischfang bedroht. Jangtse-Delfin mit großer Wahrscheinlichkeit infolge wirkungsloser Schutzmaßnahmen ausgerottet (Habitatverlust durch Verlandung des Tung-Ting-Sees, Staudammbauten im Jangtse und kontaminierte Zuflüsse). 2006 Suche nach überlebenden Tieren erfolglos, am 19. August 2007 jedoch Zufallsbeobachtung eines Einzelexemplars im Oberlauf des Jangtse. Geschätzter Bestand des La-Plata-Delfins um die Jahrtausendwende noch 42000 Tiere, verenden aber jährlich in großen Zahlen in Stellnetzen. Gilt als bedroht.

Lebensweise. Flussbewohner in meist trüben, oft flachen tropischen und subtropischen Gewässern, jedoch La-Plata-Delfin vorwiegend in flachen, weniger als 20 m tiefen Küstengewässern und nur in Flussmündungen. Alle schwimmen schnell und geschickt, nicht selten in Seitenlage, auch bei der Nahrungssuche, Amazonasdelfine können sogar über Schlammbänke rutschen. Sozial- und Fortpflanzungsverhalten noch ungenügend erforscht. Leben einzelgängerisch (La-Plata-Delfin) oder meist in kleinen Familien oder Schulen (beim La-Plata-Delfin nicht mehr als 5 Tiere), seltener paarweise (Amazonasdelfin).

Nahrung. Fische, vereinzelt auch Krebse und Weichtiere aus dem Bodenschlamm.

Familie Indoasiatische Flussdelfine (Platanistidae)

Auch Gangesdelfine. In Größe und Gestalt den Flussdelfinen ähnlich, aber vermutlich keine nahe Verwandtschaft, sondern Konvergenzerscheinungen bei ähnlicher Lebensweise. Augen ebenfalls weitgehend rückgebildet, wenig leistungsfähig. Raumorientierung mittels Echolot.

1 Gattung, 2 Arten.

Indoasiatische Flussdelfine (*Platanista*), Systematik nicht ausreichend untersucht: **Ganges-**

delfin (*P. gangetica*), auch Susu: völlig blind, grau, Rücken dunkler als der Bauch, Schnauzenspitze mit deutlichem Wulst, Finne nur angedeutet. Ganges-, Brahmaputra-, Meghna-Flusssystem und Karnaphuli-River. – **Indusdelfin** (*P. minor*): dem Gangesdelfin äußerlich sehr ähnlich, verschiedentlich als Unterart desselben geführt, aber abweichende Schädelstruktur und Unterschiede bei den Blutproteinen. Indus in Pakistan.

Gefährdungsstatus. Bestand in der Wildnis z. T. unbekannt, meist durch Gewässerverschmutzung, starke Fragmentierung der Population und durch Fischfang bedroht. Indusdelfin höchstgefährdet, ähnlich Gangesdelfin (nur noch wenige Tausend Tiere).

Lebensweise. Flussbewohner in meist trüben, oft flachen tropischen und subtropischen Gewässern. Kenntnisse über Sozial- und Fortpflanzungsverhalten ungenügend.

Nahrung. Fische, vereinzelt auch Krebse und Weichtiere.

Familie Schnabelwale (Ziphiidae)

Urtümlichste Zahnwale, deren systematische Einordnung sich an Zahl, Sitz, Form und Bau der Zähne orientiert. Gesamtlänge zwischen 4–12 m, Schnauze spitz oder entenschnabelartig breit, oft deutlich vom Kopf abgesetzt, meist nur noch 1–2 Zahnpaare im Unterkiefer, der meist den Oberkiefer mit einer Länge von bis zu 10 cm überragt und bei Auseinandersetzungen zwischen Männchen genutzt werden. An der Kehle sind 2 v-förmig angeordnete Furchen.

6 Gattungen, 21 Arten.

Tasmanische Schnabelwale (*Tasmacetus*): 1 Art. **Shepherds Schnabelwal** (*T. shepherdi*), auch Shepherd-Wal, Tasmanischer Schnabelwal: Länge 6–7 m Gewicht bis 5 t. Rücken dunkelbraun, Bauch fast weiß, Flanken mit helleren Flecken, neben 2 hauerähnlichen Zähnen als einzige Art der Familie mit normalem Delfingebiss. Kalte Ozeane der Südhalbkugel.

Schwarzwale (*Berardius*): 2 Arten. Entenschnabelähnlich verbreiterte, langgezogene Schnauze mit 4 kräftigen Zähnen im vorderen Unterkiefer. **Bairds Schnabelwal** (*B. bairdii*): Länge bis 12 m, schiefergrau mit wenigen hellen Flecken am Bauch. Nordpazifik. – **Südlicher Schwarzwal** (*B. arnuxii*), auch Arnoux-Schnabelwal: Länge bis 10 m, blaugrau bis bräunlich, Kopf und Unterseite alter Bullen etwas heller. Südliches Polarmeer.

Zweizahnwale (*Mesoplodon*): 14 Arten. Länge 4–6 m, 2 voll entwickelte Zähne im Unterkiefer die beim Männchen äußerlich sichtbar sind. Daneben können funktionslose Rudimente weiterer Zähne in beiden Kieferhälften auftreten. **Sowerbys Zweizahnwal** (*M. bidens*), auch Nordsee-Schnabelwal, Flosser: Oberseite dunkelgrau bis schwarz, Bauchseite und Flanken heller, deutlicher Wulst vor dem Blasloch. Östlicher Nordatlantik. – **Blainvilles Schnabelwal** (*M. densirostris*): Rücken und Flanken dunkler als der Bauch, mit unregelmäßigen hellen Flecken. Warme und tropische Gewässer beiderseits des Äquators. – **Gervais-Zweizahnwal** (*M. europaeus*), auch Europäischer Schnabelwal: Rücken dunkelgrau, Bauch heller. Gemäßigt-warme bis tropische Gewässer des westlichen Nordatlantiks. – **Layard-Wal** (*M. layardii*): dunkelgrau bis schwarz mit kontrastreichen hellen Partien. Gemäßigt-kalte Gewässer der Südhalbkugel. – **Hectors Schnabelwal** (*M. hectori*): Rücken dunkelgrau bis braun, Bauch hellgrau. Gemäßigt-kalte Gewässer der Südhalbkugel. – **Camperdown-Wal** (*M. grayi*), auch Gray-Schnabelwal, Südlicher Schnabelwal: Rücken dunkelgrau, Bauch heller mit kleinen hellen Flecken, Schnabel und Stirn weiß. Südliche zirkumpolare, temperierte Meere. – **Stejnegers Schnabelwal** (*M. stejnegeri*), auch Beringmeer-Schnabelwal, Säbelzahn-Wal: oberseits dunkelgrau bis -braun, Schnabel und Bauch heller. Nordpazifik. – **Andrews Schnabelwal** (*M. bowdoini*), auch Bowdoin-Schnabelwal: dunkelgrau, weiße Schnabel- und Unterkieferspitze. Südlicher gemäßigt-temperierter Indopazifik. – **Trues-Schnabelwal** (*M. mirus*): Rücken dunkel- bis blaugrau, Bauch heller, bei südlichen Populationen marmoriert. 2 separate Bestände: gemäßigte Gewässer des Nordatlantiks und des südlichen Indischen Ozeans. – **Japanischer Schnabelwal** (*M. ginkgodens*), auch Ginkgo-Schnabelwal: meist dunkel, helle Flecken in der Nabelgegend. Namensgebend ginkgoblattförmiges Zahnpaar. Warme und tropische Gewässer des Nordpazifiks und Indischen Ozeans. – **Hubbs Schnabelwal** (*M. carlhubbsi*): dunkelgrau bis schwarz, Weibchen heller, weißer Schnabel und weißer Fleck um das Blasloch. Gemäßigte Gewässer des Nordpazifiks. – **Zwergschnabelwal** (*M. peruvianus*), auch Peruanischer Schnabelwal, Humboldtschnabelwal: dunkelbraun bis -grau, Unterkiefer und Bauch etwas heller. Östlicher Süd- und Nordpazifik. – **Travers Schnabelwal** (*M. traversii*), auch Bahamonde-Schnabelwal: weitgehend unbekannt. Südpazifik. – **Perrins Schnabelwal** (*M. perrini*): 2002 beschrieben, DNA-Analysen zeigten signifikante Unterschiede zu Hectors Schnabelwal, dem er äußerlich gleicht. Kalter östlicher Nordpazifik.

Indopazifische Schnabelwale (*Indopacetus*): 1 Art. **Longman-Schnabelwal** (*I. pacificus*): weitgehend unbekannt, Färbung hell- bis dunkelgrau, lange Schnauze, leicht gewölbte Stirn, Flipper schlank, groß, Finne dreieckig, weit hinten sitzend. Indopazifik.

Schnabelwale (*Ziphius*): 1 Art. **Cuvier-Schnabelwal** (*Z. cavirostris*): Länge bis 7 m, braun bis grau, mitunter cremeweiß oder schwarz, Kopf, bei älteren Tieren auch der Rücken, heller, Schnauze gänseschnabelartig breit. Alle Weltmeere außer Polarregionen, als einzige Art der Familie auch im Mittelmeer.

Entenwale (*Hyperoodon*): 2 Arten. Stirn durch gut ausgebildete Melone deutlich gerundet, Schnauze entenschnabelähnlich. **Nördlicher Entenwal** (*H. ampullatus*), auch Dögling, Butzkopf: Länge bis 9 m, dunkelbraun bis -grau, Schnauze, Stirn und Bauch heller, mitunter hinter dem Kopf hellerer kreisförmiger Streifen. Nordatlantik. – **Südlicher Entenwal** (*H. planifrons*): ähnelt Nördlichem Entenwal, kleiner (Länge bis 7,5 m). Ozeane der Südhalbkugel.

Gefährdungsstatus. Bestand in der Wildnis mangels gesicherten Zahlenmaterials und infolge des unübersichtlichen Lebensraumes unklar. Intensität der Bejagung artverschieden, aber vermutlich nicht bestandsgefährdend. Nördlicher Entenwal durch jahrzehntelange Bejagung sehr selten.

Lebensweise. Wenig bekannt. Vielfach Einzelgänger in den Weiten der Weltmeere, aber auch in Schulen lebende Hochseeformen. Tauchtiefe vermutlich bis 1000 m und mehr (Cuvier-Schnabelwale sogar Tauchtiefen bis 1900 m).

Nahrung. Vorwiegend Kalmare (Kopffüßer).

Familie Pottwale (Physeteridae)

Gesamtlänge 10–20 m, Kopf sehr lang und massig durch breites, hohes Bindegewebskissen über dem Mauldach (sog. Walrat-Organ), in dem ein klares, an der Luft erstarrendes flüssiges Fett (Walrat, auch Spermaceti genannt) unbekannter Bedeutung (Auftriebsregulierung? Unterstützung bei der Erzeugung lauter Töne? Stickstoffabsorption bei Tieftauchen? Stabilisierung des Kopfes und Puffer bei Rammstößen?) gespeichert wird. Das Organ ist mit 2 Luftsäcken verbunden, die Verbindungen zu den Nasengängen haben. Spritzloch weit vorn asymmetrisch auf der linken Kopfseite (einmalig bei Zahnwalen). Darm bis 250 m lang, kann bis zu 500 kg einer grauen oder schwarzen Absonderung (Ambra) enthalten, die noch vereinzelt zur Parfümherstellung verwendet wird. Verarbeitung von Hautfett, Walrat und Ambra in der pharmazeutischen Industrie, Walrat auch als Öl für feine Instrumente und Geräte.

1 Gattung, 1 Art.

Eigentliche Pottwale (*Physeter*): 1 Art. **Pottwal** (*P. macrocephalus*), auch Spermwal, auch als *P. catodon* geführt: deutlicher Geschlechtsdimorphismus: beim Weibchen Länge bis 12 m, beim Männchen bis 20 m, dunkelgrau bis

-braun, hellgrauer Fleck am Bauch, im hinteren Körperdrittel Haut sehr faltig, riesiger, fast rechteckiger Kopf, der 1 Drittel der Körperlänge ausmacht, im schmalen Unterkiefer 18–25 spitzkegelförmige, leicht nach hinten gerichtete Zahnpaare, im Oberkiefer nur noch Zahnanlagen vorhanden, Finne als kleiner Buckel, dahinter Buckelkamm bis zur Fluke. Alle Meere.

Gefährdungsstatus. Früher besonders durch Jagd gefährdet, jetzt u.a. durch Verunreinigung der Gewässer, Lärm und Verfangen in Netzen.

Lebensweise. Hochseebewohner von Tiefwassergebieten der Tropen und Subtropen sowie auf der Südhalbkugel von Meeren in der gemäßigten Zone. Gesellig in Familien oder in Schulen von bis zu 50 Tieren, auch Weibchengruppen und Junggesellenverbände. Vereinzelt auch Großherden mit zahlreichen erwachsenen Männchen. Erwachsene geschlechtsreife, abgeschlagene alte oder junge Bullen als Einzelgänger auch in Polarmeeren, greifen nicht selten kleine Boote an und versuchen zur Paarungszeit Weibchen aus Haremsfamilien abzusprengen oder im Kampf Leitbullen zu vertreiben.

Nahrung. Kopffüßer, auch Riesenkraken (*Architeuthis*), daneben Krebse, Fische, z.B. kleine Haie. Nahrungserwerb in Tiefen zwischen 500 und 2000 m, Tauchdauer zwischen 20 Minuten (entwöhnte Jungtiere) und über 2 Stunden (Erwachsene).

Familie Zwergpottwale (Kogiidae)

In der Literatur verschiedentlich auch mit dem Pottwalen in einer Familie (Physeteridae) geführt. Mittelgroße Zahnwale, Gesamtlänge 2–4 m, mit unterständigen Unterkiefern, stumpfen, viereckigen Köpfen, robusten Körpern, die sich abrupt zu einer Fluke hin verjüngen, mit Walrat (Spermaceti). Kein Größenunterschied zwischen den Geschlechtern, im Oberkiefer 1–2, im Unterkiefer 10–15 Zähne. Interaktiv bei beiden Arten laute, hochfrequente Rufe. Informationen zu beiden Arten wurden vorwiegend aus Strandungen abgeleitet, daher ist nur wenig zu Verhalten, Sozialstruktur und tatsächlicher Verbreitung bekannt.

1 Gattung, 2 Arten.

Zwergpottwale (*Kogia*): **Zwergpottwal** (*K. breviceps*): Rücken und Flanken bläulich, Unterseite hellgrau, blassrosa oder weißlich, hinter dem Kopf heller Streifen, Kopf nicht eckig, sondern abgerundet, Länge höchstens 1 Sechstel der Gesamtlänge, Maul proportional klein, Spritzloch nur wenig links von der Kopfmitte. Weltweit alle gemäßigten bis tropischen Meere. – **Kleinstpottwal** (*K. simus*), auch Kleiner Pottwal: dem Zwergpottwal sehr ähnlich, aber deutlich kleiner. Weltweit tropische und gemäßigte Meere.

Gefährdungsstatus. Zwergpottwale sind zwar nicht häufig, aber kaum bedroht.

Nahrung. Kopffüßer, Krebse, Fische, z.B. kleine Haie. Nahrungserwerb in Tiefen zwischen 500 und 1500 m.

Haltung von Zahnwalen

In Europa 1. Versuch von Zahnwalhaltung 1877/78 in London. Vorher war in Boston ein gleichartiges Tier über 2 Jahre gehalten worden. Beginn der modernen Zahnwalhaltung in „Delfinarien" mit Eröffnung der Marine Studios 1938 in Austin, Florida, die später den Namen „Marineland of Florida" erhielten. Die 1. Delfinhaltung im Binnenland wurde 1961 im Brookfield Zoo Chicago mit Großen Tümmlern eröffnet. Ab 1962 wurden dann in Europa die ersten Delfinarien errichtet. Weltweit werden in verschiedenen Tiergärten bzw. Delfinarien von den Zahnwalen vor allem Große Tümmler, seltener Belugas und nur ausnahmsweise, Orcas, Schweinswale und Orinoko-Flussdelfine sowie Jacobita-Delfine und Rauzahndelfine gezeigt.

Die seit einiger Zeit geführten Debatten über „artgerechte" Haltung befassen sich besonders mit der Haltung von Delfinen und der dafür erforderlichen Gehegegröße. Die Qualität einer Tierhaltung steigt jedoch nicht mit der Quadratmeterzahl. Es besteht deshalb grundsätzlich kein Anlass, Wale von der für die anderen Säugetiere gültigen, gesicherten Erkenntnis auszunehmen, dass sich das in der Wildnis übliche Platz- und Aktionsvolumen (u.a. durch Futter- und Partnersuche, Feindvermeidung) unter Zoobedingungen minimiert.

Unterkunft. In tropisch-subtropischen Gebieten genügen nicht überdachte Freianlagen, in kühleren Regionen empfehlen sich insbesondere für warmwasseradaptierte Arten beheizbare Innen- und Außenanlagen. Liegen sie in Meeresnähe, dann ist regelmäßiger Wasserwechsel mit frischem Meerwasser („offenes Wassersystem") möglich (USA, Japan, Schwarzmeerstaaten). Zu berücksichtigen ist die Gefahr der Verschmutzung des küstennahen Wassers (Sandfilter vorschalten, regelmäßige Untersuchungen auf chemische oder biologische Schadstoffe). Sonst sind feste Tierhäuser erforderlich, mit überdachten, beheizbaren Innen- und Außenbecken und „geschlossenem Wassersystem" unter ständiger Kontrolle und Beaufsichtigung. Sind keine Außenanlagen vorhanden, müssen Schiebedächer eine zeitweise direkte Einwirkung der Witterung (Sonne, Regen) auf die Tiere ermöglichen. Bezüglich der Dimensionen solcher Anlagen gibt es Festlegungen, welche bestimmte Mindestmaße für die Unterbringung von Delfinen und anderen Zahnwalen fordern. Hier ist ein Blick in das Gutachten über die Mindestanforderungen an die Haltung von Säugetieren des Bundesministeriums für Ernährung und Landwirtschaft sowie in die Haltungsempfehlungen der European Association für Aquatic Mammals (EAAM) geboten.

Unterkünfte als Mehrbeckensysteme mit Rundschwimmmöglichkeit, meist mit Hauptbecken für Beschäftigung und Einsehbarkeit für Besucher und mehreren Nebenräumen unterschiedlicher Funktionen und Nutzung. Als Hauptbecken möglichst großes ovales Betonbecken ohne Ecken und mit steilen Wänden, Grundablass sowie großer beckenlanger Überlauffläche. Wassertiefe für kleine Arten die etwa 3,5 m lang werden 3–3,5 m, für Grindwal, Weißwal und Schwertwal mindestens 4–4,5 m. Teil des Hauptbeckens kann als Flachwasserbereich gestaltet sein. Beckenrand soll Fußboden nicht überragen und abgerundet sein. An Beckenboden und -rändern können Kunststoffbürsten als Scheuerplätze für die Tiere angeboten werden, die jedoch schnell „zerspielt" werden, lose Teile können dann ein gewisses Risiko bergen. Regelmäßige Kontrolle erforderlich. In nicht für die Öffentlichkeit einzusehenden Nebenräumen Separationsbecken, Medical Pools und Rückzugbassins. Für kleine Arten können etwa 1,5 m breite Kanäle mit 1,2–1,5 m Wasserstand als Verbindung genutzt werden. Eine einfache Verbindung, durch klassische Schieber abtrennbar, ist ebenfalls möglich. Als Trenneinrichtungen mit Kunststoffnetz bespannte Plastikschieber. In den Kanälen und Becken auch Hebe- und Absperreinrichtungen oder Hebebühnen für Behandlungen vorsehen. Entwässerung und Zufluss für alle Becken separat steuerbar. Überläufe wie im Hauptbecken. Das Mehrbeckensystem ist gemäß Mindestanforderung und je nach beabsichtigter Gruppenstärke durch weitere Absperrbecken zu ergänzen. Alle Bassins zur Kontrolle durch Unterwasserscheiben einsehbar.

Für Süßwasserformen wird zur Beckenfüllung Trinkwasser verwendet, für Meerestiere künstliches Meerwasser bereitet oder in Küstennähe Meerwasser eingeleitet. Salzgehalt des Wassers je nach Delfinart 2,2–3,5 %. Salzkonzentration wichtig, da der Walkörper bei zu niedriger Wasserdichte nicht mehr im Wasser schwebt (Beeinträchtigung des Schlafens der Tiere). Salzzusammensetzung uneinheitlich, mancherorts wird einfaches Steinsalz verwendet, hier besteht jedoch das Risiko der Verklumpung. Gängiger ist heute die Verwendung von Sole. pH-Wert zwischen 7,2 und 8,4 (optimal bei 7,8), NO_3-Gehalt < 100 mg/l.

Filterung des Wassers durch einfache Durchlauf- oder Druckfilter, Umwälzleistung im Hauptbecken alle 3–4 Stunden. Filter müssen von Zeit zu Zeit je nach Belastung zur Reinigung gespült werden. Mehrere Filter erforderlich, die sowohl voneinander unabhängig das Wasser verschiedener Becken (sehr wichtig für Quarantänebecken) als auch gemeinsam das gesamte, ständig über Grundablass und Überläufe abfließende Wasser reinigen. Durchlauf der gesamten Wassermenge etwa alle 1½–2½ Stunden. Etwa 5 % Altwasser werden täglich durch Frischwasser ersetzt. Während des Filtervorgangs werden Harn und andere stickstoffhaltige Abbauprodukte chemisch ausgefällt. Zur Entkeimung wird dem Wasser Chlor in Form von unterchloriger Säure beigemischt und das Wasser während des Kreislaufs durch die Reinigungssysteme in speziellen Aggregaten mit UV-Licht bestrahlt. In modernen Delfinarien erfolgt die Wasserreinigung jedoch bevorzugt mittels biologischer Filter (Sand-Kies-Filter als Aufsitzersubstrat für den bakteriellen und mikrobiellen Abbau wassergelöster Schadstoffe) und unter Verwendung von Aktivkohle, Eiweißabschäumern und zusätzlich auch Ozonisatoren. Neben Krankheitskeimen und schädlichen organischen oder anorganischen Verbindungen im Wasser stellen auch Fremdkörper eine Gefahr dar, wenn sie von den Tieren abgeschluckt werden. Daher sollten sowohl die Besuchern darüber informiert als auch die Tiere trainiert werden, diese nicht zu schlucken bzw. den Trainern zu bringen. Wassertemperatur für wärmeliebende Delfine 18–30 °C, Raumtemperatur ebenso oder bis 3° C höher. Kühlung des Wassers von wärmeempfindlichen Arten im Sommer nach Filterdurchlauf in Kühlaggregaten (Weißwal höchstens 12 °C). Das Wasser wird täglich auf Temperatur (mehrmals), Dichte und Chlorgehalt, täglich oder mindestens wöchentlich auf das Vorhandensein von Ammoniak, Nitraten und Nitriten untersucht. Beckenreinigung teils mit Unterwassergerät, teils durch Ablassen eines Teiles des Wassers.

Umgang. Sollte ein Absenken des Wasserspiegels unbedingt erforderlich sein, können die Tiere in Angstzustände verfallen, meist beruhigt sie dann die Anwesenheit des vertrauten Pflegers am oder im Becken, weshalb die Tiere in solchen Fällen nicht allein gelassen werden dürfen. Wie auch bei anderen Tiergruppen bestehen für Tierpfleger und andere Personen natürliche Risiken im Umgang mit Zahnwalen. In der Regel friedfertig und zutraulich werden sie sogar so zahm, dass bekannte Personen nicht nur unbeschadet das Becken aufsuchen, sondern auch mit den Tieren Körperkontakt aufnehmen dürfen. Doch selbst gut eingewöhnte, älter werdende Tiere können auch ungeduldig und ruppig werden.

Wichtig ist ein ständiges Zieltraining („Target"), um z.B. Vorsorgeuntersuchungen und tierärztliche Behandlungen zu ermöglichen. Bei der Form der operanten Konditionierung liegt der Fokus des Trainers auf dem gewünschten Verhalten. Dieses wird gezielt verstärkt (belohnt) und dadurch in Zukunft häufiger gezeigt. Merke: Gewünschtes Verhalten wird verstärkt, unerwünschtes wird ignoriert. Müssen Hautschäden behandelt werden, Medikamente auf der Haut antrocknen lassen. Intramuskuläre Injektionen beiderseits der Rückenfinne in die Rückenmuskulatur, intravenöse Injektionen in die Brustflosse. Transport nur in Begleitung erfahrener Pfleger in einem Stretcher, einer Art Walhängematte, d.h., zwischen 2 Stahlrohren wird hängemattenartig ein kräftiges Segel- oder Leinentuch befestigt, das Löcher für Brustflossen (Flipper) hat und auf den der Wal gelegt wird. Ränder der Öffnungen gut mit Schaumgummi oder anderem weichen Material abpolstern, um Hautabschürfungen zu vermeiden. Rücken und Kopf (Atemloch freilassen!) mit nassen Tüchern bedecken, häufig befeuchten. Auf Transporten für kälte- und zugempfindliche Delfine (Gefahr von Erkältungskrankheiten, Lungenentzündung usw.) Temperatur etwa 20 °C. Wärmeempfindliche Arten (z.B. Weißwal und Schwertwal) mit Eis kühlen, Umgebungstemperatur von 1–2 °C optimal, Raumtemperatur möglichst nicht über 5 °C. Flipper, Flipper-„Achsel", Augenumgebung, Analregion, Fluke und, wenn vorhanden, Rückenfinne einfetten (z.B. mit Lanolin). So können Tier auch über längere Zeit (über 30 Stunden) gut transportiert werden. Transport so kurz wie möglich halten.

Eingewöhnung zuerst in nur 1,50 m tiefem Wasser oder Einsetzen mit einer Hebebühne mit kurzer Orientierungszeit (Gefahr des Ertrinkens durch mögliche Schwächung als Folge des Transports).

Fütterung. Fast ausschließlich Seefisch und fast ausnahmslos Tiefkühlware, da Parasiten, welche die Fische als Zwischenwirte benutzen, durch Tiefgefrieren abgetötet werden. Nur frische Ware verwenden, die aus wenig belasteter Umwelt kommt, besonders Hering, Makrele, Wittling, Dorsch, Kabeljau, Seelachs, Kalmare.

Die Futtermenge richtet sich nach dem Körpergewicht sowie dem Nährwert des Futterfischs (Analyse der Fische zur Bestimmung des Energiegehalts), etwa 30–50 kcal/kg Körpergewicht pro Tag. Die individuellen Lebensumstände wie Trächtigkeit, Laktations, Wachstumsphase, Krankheit usw. sind zu berücksichtigen. Der Bedarf kann bis auf 90–130 kcal/kg/Tag ansteigen.

Für eine grobe Orientierung können diese Tagesmengen dienen: Tümmler (3 m lang) 6–10 kg, Weißwal (3 m lang) 10 kg, größere Tiere bis 22,5 kg (teilweise sehr wählerisch!), Schwertwal (4,5 m lang) bis 100 kg. Supplementierunge von Vitaminen und Mineralien mit Multipräparaten oder auf Basis regelmäßig erhobener Blutwerte. Auf keinen Fall unbegründete Eisensupplementation, da dies schnell zu Schäden führen kann.

Leicht zu reinigende, geflieste Fischräume mit Kühlkammer unabdingbar. Tiefkühltemperaturen für kurzfristige Lagerung mindestens –10 °C, für längere Bevorratung nicht unter –18 °C. Lagerzeiten für fette Futterfische begrenzt (Makrelen nicht länger als 6 Monate), damit Histaminbildung eingeschränkt und Ranzigwerden des Fetts verhindert wird. Gefrorenen Fisch im Kühlraum auftauen, das reduziert den Verlust von Vitaminen und Mineralstoffen. Ein Auftauen durch mehrstündiges Wässern in fließendem Wasser ist aus ökologischen Gründen sowie wegen des Qualitätsverlustes nicht angebracht. Entscheidend allein für den Appetit der Tiere und die Bekömmlichkeit der Nahrung ist deren größtmögliche Frische und beste Qualität.

Vergesellschaftung. Da fast alle Arten sehr gesellig leben, mindestens paarweise halten. Auch verschiedene Arten untereinander sehr verträglich. Man kann sogar Schwertwale mit kleineren Arten (Weißseitendelfin, Großer Tümmler) zusammen halten. Schwertwale zeigten sogar anfangs Angst vor kleineren Beckengenossen. Tiere verschiedener Arten freunden sich untereinander an und spielen miteinander. Angehörige kleiner Arten können für Einzeltiere großer Arten sogar Artgenossen ersetzen. Manchmal kam es dabei zu nicht angestrebter Hybridisierung. Auch eine Vergesellschaftung von Kalifornischen Seelöwen mit Großen Tümmlern wird praktiziert.

Fortpflanzung und Zucht. Geschlechtsunterscheidung: längliche wulstumrandete Genitalöffnung der Weibchen in Afternähe, je 1 Zitze daneben rechts und links in kleiner Hautfalte. Genitalöffnung der Männchen ähnlich wie beim Weibchen, länglich, etwa auf halber Strecke zwischen Nabel und After, Penis lang und dünn. Paarungen nachts sowie tagsüber, vorher langes Treiben und Vorspiele. Paarungsstellung bei Buckelwalen bäuchlings senkrecht im Wasser stehend, bei übrigen Arten bäuchlings seitlich oder indem Männchen mit dem Bauch nach oben Weibchen unterschwimmen. Paarungsakt kurz. Paarungszeit bei Schweinswalen im Frühjahr und Frühsommer, bei Großem Tümmler bei La-Plata-Delfin in den südlichen Herbstmonaten März bis Mai, Wurfzeit November bis Januar. Die Annahme, dass trächtige Weibchen sich meist von den übrigen Tieren absondern und deren Lebhaftigkeit und Spielfreude nachlassen, ist hinfällig. Tragzeit: Amazonas-Flussdelfin 8½, Gewöhnlicher Delfin und andere Arten etwa 10–13 (z.B. Großer Tümmler knapp 12), Pottwal 16, Schwertwal 17 Monate. Geburtsdauer (ab Erscheinen der Fluke, gelegentlich auch mit Kopf voran) nur etwa 30–45 Minuten oder kürzer, selten mehr als 1 Stunde, als bisher bekannte Ausnahme bei einem Schwertwal in San Diego 4 Stunden. Sehr lange Nabelschnur, reißt erst ab, wenn Kopf des Jungen geboren ist. Manche Weibchen nabeln durch Biss ab. Dabei zeigte sich, dass der Atemreflex erst

Tab. 29.2 Milchzusammensetzung von Zahnwalen

Art	Trockensubstanz (%)	Fett (%)	Eiweiß (%)	Kohlenhydrate (%)	Asche (%)	Proben (Anzahl)
Großer Tümmler	30,91	20,26 (20,70)	10,25[1] (18,30)	1,07	0,74	8 (1)
Klassischer Delfin	43,93	32,17	10,23		0,67	3
Zügeldelfin	31,02	18,00	10,31	0,63		1
Schlankdelfin		25,34	8,28	1,09		8
Ostpazifischer Delfin		26,20	7,09	1,03		1
Langflossengrindwal	51,33	43,76			0,46	1
Nordischer Schweinswal	46,19	34,78	14,55	1,19	1,56	3
Beluga	41,00	26,90	10,60	0,74	0,83	1
Amazonasdelfin	20,30	13,00	7,55	3,40		1
Stejnegers Schnabelwal	40,90	17,30	16,70		1,20	1
Pottwal	43,34	30,64	9,22	0,12	0,70	8
Zwergpottwal	35,70	15,30	8,20	2,20	0,80	1
Chinesischer Weißer Delfin	23,40	10,20	11,30			1

Angaben in Klammern: Werte für Kolostrum
[1] Eine Einzelprobe von 6,80 % enthielt 3,90 % Kasein und 2,90 % Albumin und Globulin.

nach der Abnabelung und dem Erreichen der Wasseroberfläche einsetzt.

1 hoch entwickeltes Junges, sehr selten 2 (etwa 1 % Zwillinge). Neugeborene schwimmen nach der Geburt direkt zur Wasseroberfläche, gelegentlich werden sie von der Mutter oder anderen Weibchen an die Wasseroberfläche getragen. Neugeborene sind sehr groß, bis 45 % der Körperlänge der Mutter (Amazonas-Flussdelfin 80 cm, 6–7 kg, Gewöhnlicher Delfin etwa 90 cm, 6,5–7,5 kg, Tümmler etwa 1 m, 12–19 kg). Abgang der Nachgeburt nach 1½–10 Stunden. Saugakt sehr kurz, unter Wasser, erstmals 1¼–4 Stunden nach der Geburt. Milch ist sehr nährstoffreich, wird durch Muskeldruck dem Jungen ins Maul gespritzt. Milchzusammensetzung von Zahnwalen in Tabelle 29.2.

Neugeborene haben anfangs beim Saugen Fehlversuche. Ein junger Tümmler brauchte für 15-minütigen Saugakt 4–6 Tauchakte, erster spielerischer Umgang mit Fisch mit etwa 4 Wochen, die Aufnahme von Fisch variiert stark und kann zwischen 6 Monaten und 2½ Jahren liegen. Junge Tümmler wachsen schnell bei einer Zunahme von 0,5–1 kg pro Tag, haben mit 6 Monaten das 8-fache Geburtsgewicht. Säugezeit bei Weißwalen 6, bei La-Plata-Delfinen 9 (Würfe in 2-jährigem Abstand), bei Schweins- und Schwertwalen 12, bei Tümmlern über 16 Monate. Zahndurchbruch bei Tümmlern mit 6 Wochen. Manche Weibchen werden kurz nach der Geburt erneut brünstig und gedeckt, was in der Regel mit dem Verlust des Jungtiers in Zusammenhang steht, andere erst am Ende der Säugezeit (Blauwal, Finnwal, Pottwal). Geschlechtsreife mit 3–4 Jahren, weibliche Weißwale mit 3 Jahren, weibliche Große Tümmler erst mit 7–10 (gelegentlich mit 4) Jahren, Männchen erst mit 10–12 Jahren. Fertilitätsdauer weitgehend unbekannt. Im Tiergarten Nürnberg deckte ein 44 Jahre alter Großer Tümmler ein 37-jähriges Weibchen erfolgreich, welches das gesund geborene Junge ohne Probleme aufzog. Jüngere Erfahrungen deuten darauf hin, dass die Fertilität auch bei Weibchen durchaus bis ins 40. Lebensjahr erhalten ist.

Die Erstzucht von Zahnwalen in Menschenobhut gelang beim Großen Tümmler 1947 in Marineland, Florida (zuvor schon 1914 Schweinswalgeburt ohne Aufzucht im Aquarium Brighton). Inzwischen Zucht bei Großen Tümmlern in Amerika, in Europa und Japan häufig gelungen, in 5. Generation, Schwertwal (1977 Palo Verdes Marineland of the Pacific, Kalifornien) in 4. Generation mit regelmäßigen Nachzuchten. Seltener bzw. sehr selten wurden weiterhin gezüchtet u.a. Amazonas-Flussdelfin oder Toninia (1969 Fort Worth), Weißwal (1977 Vancouver), Spinnerdelfin (1973 Waimanalo), Pazifik-Tümmler (1969 Fujisawa), Rotmeer-Tümmler (1968 Port Elizabeth), Gewöhnlicher Delfin (1965 Napier), Kleiner Schwertwal (1978 Fujisawa). Hybride wurden bekannt zwischen Rauzahndelfin und Großem Tümmler (1971 Waimanalo) sowie zwischen Großem Tümmler und Rundkopfdelfin (1980 Fujisawa). Bisher wurden etwa 20 Zahnwalarten in Ozeanarien und Delfinarien weltweit gehalten und 6–7 Arten gezüchtet. Im Jahr 2000 gelang nach 12-jähriger kooperativer Forschungsarbeit zwischen der Polytechnischen Universität Hongkong, dem Ocean Park Hongkong und den Sea World Adventure Parks die künstliche Besamung von Zahnwalen. Voraussetzung dafür war die Entschlüsselung des unregelmäßigen Zyklusverlaufs der weiblichen Tiere mit Ultraschall und die exakte Ermittlung des Ovulationszeitpunkts als Besamungstermin.

Höchstalter in Menschenobhut. La-Plata-Delfin 3, Inia-Arten über 50, Baiji 22½, Weißwal über 40, Glattschweinswal über 28¾, Gewöhnlicher Schweinswal über 20¼, Sotalia fast 26¾, Chinesischer Weißer Delfin 25, Rauzahndelfin 15, Rundkopfdelfin fast 42½, Großer Tümmler über 61, Weißstreifendelfin 30¾, Commersons Delfin 25¾, Gewöhnlicher Delfin 29, Irrawaddy-Delfin 14¼, Schwertwal 34½, Kleiner Schwertwal über 33½, Gewöhnlicher Grindwal über 37¾ Jahre.

Bildnachweis

Adler, Jörg: Abb. 26.50, 28.14
Archiv Rudloff, Klaus: 28.47
Archiv Tierpark Berlin: Abb. 2.3
Arras, Peter: Abb. 28.70
Budich, Gerhard: Abb. 26.60
Dmoch, Rüdiger: Abb. 11.2
Dreier, Wolfgang: Abb. 6.3, 6.4, 13.1, 26.13, 26.21, 26.29, 26.51, 27.10, 28.10, 28.29, 28.51, 28.58, 29.2
Ehlers, Gunter: Abb. 28.16, 28.31
Encke, Bruni: Abb. 2.1, 19.42, 19.50, 19.51, 19.52, 26.26, 26.36
Griesbach, Peter: Abb. 28.27
Grimmberger, Eckhard: Abb. 26.48
Günther, Erich: Abb. 16.5, 19.33
Gusset, Markus: Abb. 26.35
Hammer, Catrin und Sven: Abb. 28.32, 28.33, 28.36, 28.38
Hartl, Andreas: Abb. 26.55
Hausmann, Ralf: Abb. 1.1, 12.1, 13.3, 19.4, 19.6, 19.9, 19.12, 19.17, 19.19, 19.24, 19.26, 19.28, 19.32, 19.43, 19.44, 19.45, 19.47, 19.48, 19.49, 29.1, 20.27, 25.2, 26.12, 26.16, 26.28, 26.34, 26.44, 26.45, 26.47, 26.53, 27.1, 27.5, 27.11, 27.12, 28.1, 28.2, 28.3, 28.6, 28.7, 28.20, 28.22, 28.23, 28.37, 28.46, 28.48, 28.50, 28.52, 28.54, 28.56, 29.61
Höhle, Martin: Abb. 2.2
Heuer, Jutta: Abb. 16.1
Jordan, Mike: Abb. 20.19, 26.1, 26.54, 28.19
Kern, Christian: Abb. 19.35, 20.6, 20.13, 22.1, 28.69
Köhler, Beatrix: Abb. 28.59
Kusmin, Igor: Abb. 24.1
Kotkin, Andrej: Abb. 28.8, 28.39
Limbrunner, Alfred: Abb. 26.25, 26.52
Matschei, Christian: Abb. 29.3
Nadler, Tilo: Abb. 19.34, 19.36, 19.38
Osmann, Christine: Abb. 16.6
Pes, Thomas: Abb. 18.1, 19.37
Puschmann, Wolfgang: Abb. 28.26
Reisky, Dietmar: Abb. 13.4
Romanow, Peter: Abb. 20.5, 20.7
Rudloff, Klaus: Abb. 1.2, 6.2, 7.2, 8.1, 8.2, 8.3, 8.4, 8.5, 8.6, 8.7, 8.9, 8.10, 8.11, 9.1, 10.1, 10.2, 11.1, 12.2, 13.2, 14.1, 15.1, 15.2, 15.3, 16.2, 16.3, 16.4, 17.1, 17.2, 19.1, 19.2, 19.3, 19.4, 19.5, 19.7, 19.8, 19.10, 19.13, 19.14, 19.15, 19.16, 19.18, 19.20, 19.21, 19.22, 19.23, 19.25, 19.27, 19.29, 19.30, 19.31, 19.39, 19.40, 19.41, 19.46, 20.2, 20.3, 20.4, 20.8, 20.9, 20.10, 20.11, 20.12, 20.14, 20.15, 20.16, 20.17, 20.18, 20.20, 20.21, 20.22, 20.23, 20.24, 20.25, 20.26, 20.28, 20.29, 20.30, 20.31, 20.32, 20.33, 20.34, 20.35, 20.36, 20.38, 20.39, 20.40, 21.1, 21.2, 21.3, 23.1, 24.2, 25.1, 26.2, 26.3, 26.4, 26.5, 26.6, 26.7, 26.8, 26.10, 26.11, 26.14, 26.15, 26.18, 26.20, 26.22, 26.23, 26.24, 26.27, 26.30, 26.31, 26.32, 26.33, 26.37, 26.38, 26.39, 26.40, 26.42, 26.43, 26.46, 26.56, 26.57, 26.58, 26.59, 26.61, 26.62, 26.63, 27.2, 27.3, 27.4, 27.6, 27.7, 27.8, 27.9, 27.13, 28.4, 28.5, 28.9, 28.11, 28.12, 28.13, 28.15, 28.17, 28.18, 28.21, 28.24, 28.25, 28.28, 28.30, 28.34, 28.35, 28.40, 28.41, 28.42, 28.43, 28.44, 28.45, 28.49, 28.53, 28.55, 28.57, 28.60, 28.62, 28.64, 28.65, 28.66, 28.67, 28.68, 28.71, 28.72, 29.1, 29.4, 29.5
Rudloff, Regine: Abb. 28.63
Schröpel, Michael: Abb. 1.3
Schürer, Ulrich: Abb. 6.1
Sliwa, Alex: Abb. 26.9, 26.17, 26.41
Stach, Rostislav: Abb. 26.49
Vogeltanz, Jaroslav: Abb. 26.19
Wirth, Roland: Abb. 7.1, 8.8, 19.11
Wuest, Rene: Abb. 20.37

Die Autoren

Wolfgang Puschmann†
Biologe. 1952–1953 Studium an der Universität Greifswald und 1953–1957 mit Diplomabschluss an der Universität Leipzig. Neben dem Studium 1956 Lehrtätigkeit als Gastdozent an der Fachschule für Medizinische Präparatoren in Leipzig. 1958–1963 wissenschaftlicher Assistent und ab 1961 Kurator für Säugetiere am Leipziger Zoo. 1963–1979 Direktorialassistent (wissenschaftlicher Stellvertreter des Direktors) am Zoologischen Garten Leipzig. Ab 1979 Direktor des Zoologischen Gartens Magdeburg, in dieser Eigenschaft 1991–1995 Vizepräsident und 1995–1997 Präsident des Verbandes Deutscher Zoodirektoren. Nach Erreichen der Altersgrenze ab 1998 im Ruhestand. Verstorben im August 2008.

Dr. Tim Schikora
Biologe. 2002–2007 Biologie-Studium (Diplom) an der Goethe-Universität Frankfurt am Main, dort 2012 auch Promotion. 2004–2010 Honorarkraft am Zoo Frankfurt, 2008–2012 wissenschaftlicher Mitarbeiter am Biodiversität und Klima Forschungszentrum in Frankfurt, 2012–2013 Assistent am Tierpark Chemnitz, 2013–2014 Volontär-Assistent am Zoo Dortmund. Seit 2015 Direktor des Zoologischen Garten Schwerin. Ab 2013 assistierend und ab 2015 Internationaler Zuchtbuchführer (WAZA) und Koordinator des EEP für Riesenotter. Mitbegründer und Co-Chair der International Giant Otter Alliance und Mitglied der IUCN/SSC Otter Specialist Group. Seit 2017 Vorstandsmitglied des Landeszooverband Mecklenburg-Vorpommern und 2019–2025 Vorstandsvorsitzender, seit 2019 Schatzmeister und Vorstandsmitglied des Verbandes der Zoologischen Gärten (VdZ). Seit 2023 Aufsichtsratsvorsitzender von Citizen Conservation, seit 2025 Mitglied des EAZA EEP committe.

Dr. Frank Velte
Biologe. 1984–1991 Studium der Biologie und Paläontologie an der Goethe-Universität Frankfurt am Main, daneben 1988–1991 Honorarkraft am Zoo Frankfurt, dort auch Diplomarbeit 1991. 1992–1999 Arbeit im Opel-Zoo Kronberg, ab 1995 als Zoologischer Leiter. 2000–2004 Assistenzzeit an der Goethe-Universität Frankfurt am Main. Seit 2004 als Zoopädagoge am Zoo Vivarium Darmstadt, seit 2010 zusätzlich als Wissenschaftlicher Mitarbeiter. Promotion 2019. 1995–1998 und 2009–2024 Mitglied der Fachgruppe Zootierernährung. Einer der Leiter der Zuchtprogramme des Deutschen Wildgehege-Verbandes (DWV), dort auch Mitglied im Wissenschaftlichen Beirat.

Literatur

Eierlegende Säugetiere

Hawkins, M. & A. Battaglia (2009): Breeding behaviour of the Platypus (Ornithorhynchus anatinus) in captivity. Austral. J. Zool 57: 283–293

Thomas, J. L., Parrott, M. L., Handasyde, K. A. & P. Temple-Smith (2018): Female control of reproductive behaviour in the platypus (*Ornithorhynchus anatinus*), with notes on female competition for mating. Behaviour 155: 27–53

Beutelrattenartige

Arcangeli, J., Light, J. E. & F. A. Cervantes (2018): Molecular and morphological evidence of the diversification in the gray mouse opossum, *Tlacuatzin canescens* (Didelphimorphia), with description of a new species. J. Mammal. 99: 138–158

Astúa, D. (2015): Didelphidae (Opossums). In: Wilson, D. E. & R. A. Mittermeier (Hrsg.): Handbook of the Mammals of the World. Vol. 5: Monotremes and Marsupials. Lynx Edicions, Barcelona

Pavan, S. E. (2019): A revision of the Monodelphis glirina group (Didelphidae: Marmosini), with a description of a new species from Roraima, Brazil. J. Mammal. 100: 103–117

Semedo, T., Brandão de Oliveira, M. V., Carmignotto, A. P., Nunes, M. S., Farias, I. P., Ferreira da Silva, M. N. & R. V. Rossi (2014): Taxonomic status and phylogenetic relationships of *Marmosa agilis peruana* Tate, 1931 (Didelphimorphia: Didelphidae), with comments on the morphological variation of Gracilinanus from central-western Brazil. Zool. J. Linn. Soc. 173: 190–216

Voss, R. S., Lunde, D. P. & S. A. Jansa (2005): On the contents of Gardner & Creighton, 1989, with the description of a previously unrecognized clade of small didelphid marsupials. American Museum Novitates 3482:1–34

Voss, R. S., Díaz-Nieto, J. F. & S. A. Jansa (2018): A Revision of *Philander* (Marsupialia: Didelphidae), Part 1: *P. quica*, *P. canus*, and a new Species from Amazonia. American Museum Novitates. 3891: 1–70

Voss, R. S. Díaz-Nieto, J. F. & S. A. Jansa (2020): A Revision of *Philander* (Marsupialia: Didelphidae), Part 2: Phylogenetic Relationships and Morphological Diagnosis of *P. nigratus* Thomas, 1923. American Museum Novitates 3955: 1–16

Werner, R. M. & J. A. Vick (1977): Resistance of the opossum (*Didelphis virginiana*) to envernomation by snakes of the familiy Crotalidae. Toxicon 15: 29–32

Spitzmausopossums

Martin, G. M. & B. Gonzalez-Chavez (2016): Observations on the behavior of *Caenolestes fuliginosus* (Tomes, 1863) (Marsupialia, Paucituberculata, Caenolestidae) in captivity. J. Mammal. 97: 568–575

Ojala-Barbour, R., Pinto, C. M., Brito J. M., Albuja, L., Lee, T. E. JR. & B. D. Patterson (2013): A new species of shrew-opossum (Paucituberculata: Caenolestidae) with a phylogeny of extant caenolestids. J. Mammal. 94: 967–982

Zwergopossums

D'Elía, G., Hurtado, N. & A. D'Anatro (2016): Alpha taxonomy of *Dromiciops* (Microbiotheriidae) with the description of two new species of Monito del Monte. J. Mammal. 97: 1136–1152

Fontúrbel,F. E., Franco, L. M., Bozinovic, F., Quintero-Galvis, J. F., Mejías, C., Amico, G.

C., Vazquez, M. S., Sabat, P., Sánchez-Hernández, J. C., Watson, D. M., Saenz-Agudelo, P. & R. F. Nespolo (2021): The ecology and evolution of the monito del monte, a relict species from the southern South America temperate forests. Ecol. Evol. 12: e8645

Raubbeutler

Baker, A. (2015): Family Dasyuridae (Carnivorous Marsupials). In: Wilson, D. E. & R. A. Mittermeier (Hrsg.): Handbook of the Mammals of the World. Vol. 5: Monotremes and Marsupials. Lynx Edicions, Barcelona

Friend, J. A. & N. D. Thomas (2003): Conservation oft he Numbat (*Myrmecobius fasciatus*). In: Jones, M., Dickman, C. & M. Archer (Hrsg.): Predators without pouches – The biology of carnivorous marsupials. CSIRO Publ. Collingwood

Lambert, C. & H. Mills (2006): Husbandry and breeding of the Dibbler, *Parantechinus apicalis*, at Perth Zoo. Int. Zoo Yb. 40: 290–301

Read, D. G. (1984): Reproduction and breeding season of *Plenigale gilesi* and *P. tenuirostris* (Marsupilaia: Dasyuridae). Austr. Mammal. 7: 161–173

Schmidt, F. (2017): Haltung und Zucht des Tüpfelbeutelmarders (*Dasyurus viverrinus*). Vortrag VdZ-Tagung, Landau

Blacket, M. J., Adams, M., Cooper, S. J. B., Krajewski, C. & M. Westerman (2001): Systematics and Evolution of the Dasyurid Marsupial Genus *Sminthopsis*: I. The *Macroura* Species Group. J. Mammal. Evolution 8: 149–170

Nasenbeutler

Dickman, Ch. (2015): Peramelidae (Bandicoots and Echymiperas). In: Wilson, D. E. & R. A. Mittermeier (Hrsg.): Handbook of the Mammals of the World. Vol. 5: Monotremes and Marsupials. Lynx Edicions, Barcelona

Känguruverwandte

Aplin, K. (2015): Family Acrobatidae. In: Wilson, D. E. & R. A. Mittermeier (Hrsg.): Handbook of the Mammals of the World. Vol. 5: Monotremes and Marsupials. Lynx Edicions. Barcelona

Atherton, R. G. & A. P. Haffenden (1982): Observations on the reproduction and growth of the Long-tailed Possum, *Cercartetes caudatus* (Marsupialia: Burramyidae) in captivity. Austral. Mammol. 5: 253–259

Birot, H., Nowakowski,A., Petry,A., Brando, S. & Quintard, B. (2022): EAZA Best Practice Guidelines Yellow-footed Rock-Wallaby (*Petrogale xanthopus*). EAZA Monotreme and Marsupial TAG Kopenhagen

Booth, R., Lack, T. J. & S. M. Jackson (2019): Growth and development of the Mahogany Glider (*Petaurus gracilis*). Zoo Biology 38: 266–271

Carson, N. (2006): Husbandry Manual for Rufous Bettong *Aepyprymnus rufescens*, Mammalia: Potoridae. Western Sydney Institute, Richmond

Celik, M., Cascini, M., Haouchar, D., Van Der Burg, C., Dodt, W., Evans, A., Prentis, P., Bunce, M., Fruciano, C. & Phillips, M. (2019): A molecular and morphometric assessment of the systematics of the *Macropus* complex clarifies the tempo and mode of kangaroo evolution. Zool. J. Linn. Soc. 186: 793–812

Craig, J. (2008): Husbandry Guidelines for the Ground Cuscus (*Strigocuscus gymnotis*). Cotswold Wildlife Park

Cremona, T., Baker, A. M., Cooper, S. J. B., Montague-Drake, R., Stobo-Wilson, A. M., & Carthew, S. M. (2021): Integrative taxonomic investigation of *Petaurus breviceps* (Marsupialia: Petauridae) reveals three distinct species. Zool J. Linn. Soc. 191:503–527

EAZA Monotreme and Marsupial TAG (Hrsg.) (2006): Feeding macropods in captivity

Ferguson, J. (2004). An Overview of Feeding Ecology and Morphophysiology of Digestion in Macropodids. Institut f. Zoologie der Universität Erlangen-Nürnberg

Freeman, M. (2007): Long-Nosed Potoroo *Potorous tridactylus* Husbandry Guidelines. BIAZA Small Mammal Focus Group, Blackpool Zoo

Harris, J. M. (2008): *Cercartetus nanus* (Diprodontia: Burramyidae). Mammal. Species 85: 1–10

Helgen, K. & S. Jackson (2015): Family Phalangeridae (Cuscuses, Brush-tailed Possums and Scaly-tailed Possum). In: Wilson, D. E. & R. A. Mittermeier (Hrsg.): Handbook of the Mammals of the World. Vol. 5: Monotremes and Marsupials. Lynx Edicions, Barcelona

Jackson, S. (2015): Family Pseudocheiridae. In: Wilson, D. E. & R. A. Mittermeier (Hrsg.): Handbook of the Mammals of the World. Vol. 5: Monotremes and Marsupials. Lynx Edicions, Barcelona

Jackson, S. (2015): Family Petauridae. In: Wilson, D. E. & R. A. Mittermeier (Hrsg.): Handbook of the Mammals of the World. Vol. 5: Monotremes and Marsupials. Lynx Edicions, Barcelona

McGregor, D., Padovan, A., Georges, A., Krockenberger, A., Yoon, H.-J. & Youngentob, K. N. (2020): Genetic evidence supports three previously described species of greater glider, *Petauroides volans*, *P. minor*, and *P. armillatus*. Sci. Rep. 10. e19284. https://doi.org/10.1038/s41598-020-76364-z

Menkhorst, P., Heinze, D., Broome, L., Mansergh, I., & Hynes, E. (2012). National Recovery Plan for the Mountain Pygmy-possum *Burramys parvus*. Department of Sustainability and Environment, Melbourne

Millis, A. L. & Bradley, A. J. (2001): Reproduction in the squirrel glider, *Petaurus norfolcensis* (Petauridae) in south-east Queensland. Autral. J. Zool. 49: 139–154

Patterson, T. (2012): Husbandry Guidelines for Feathertail Gliders *Acrobates frontalis* and *Acrobates pygmaeus*. Western Sydney Institute, Richmond

Potter, S., Close R.L., Taggart D. A., Cooper S. J. B. & Eldridge, M. D. B. (2014): Taxonomy of Rock-Wallabies, *Petrogale* (Marsupialia: Macropodidae). IV. Multifaceted Study of the *brachyotis* group identifies additional taxa. Austral. J. Zool. 62: 401–414

Stubbs, A. (2017): Husbandry Guidelines for Bare-nosed Wombat *Vombatus ursinus tasmaniensis*. Trowunna Wildlife Sanctuary, Mole Creek, Tasmania

Whiteford, J. & Boose, R. (2007): Husbandry Manual Mahagony Glider (*Petaurus gracilis*). David Fleay Wildlife Park

Wright, S. J. (2000): Husbandry Manual Guidelines for Brush-tailed Bettong (*Bettongia penicillata*), Mammalia Potoridae. Western Sydney Institute, Richmond

Tenrekartige

Everson, K. M., Soarimalala, V., Goodman, S. M. & L. M. Olson (2016): Multiple loci and complete taxonomic sampling resolve the phylogeny and biogegraphic history of Tenrecs (Mammalia: Tenrecidae) and reveal higher speciation rates in Madagascar‘s humid forests. Syst. Biol. 65: 890–909

Stephenson, P. J. (1993): Reproductive biology of the Large-eared Tenrec, *Geogale aurita* (Insectivora: Tenrecidae). Mammalia 57: 553–563

Rüsselspringer

Baker, A. J., Lengel. K., McCafferty, K. & H. Hellmuth (2005): Black-and-rufous sengi (*Rhynchocyon petersi*) at the Philadelphia Zoo. Afrotherian Cons. 3: 6–7

Heritage, S. (2018): Macroscelididae (Sengis). In: Wilson, D. E. & R. A. Mittermeier (Hrsg.): Handbook of the Mammals of the World. Volume 8: Insectivores, Sloths and Colugos. Lynx Edicions, Barcelona

Krásová, J., Mikula, O., Šumbera, R., Horáková, S., Robovský, J., Kostin, D. S., Martynov, A. A., Lavrenchenko, L. A. & J. Bryja (2021): The Rufous Sengi is not *Elephantulus*—Multilocus reconstruction of evolutionary history of sengis from the subfamily Macroscelidinae. J. Zool. Syst. Evol. Res. 59: 918–932

Olbricht, G. (2007): Longevity and fecundity in sengis (Macroscelidea). Afrotherian Cons. 5: 3–5

Olbricht, G. & A. Sliwa (2010): Elefantenspitzmäuse – die kleinen Verwandten der Elefanten? Z. Kölner Zoo 53: 135–147

Olbricht, G. & A. Sliwa (2011): *Rufous sengis* in Cologne Zoo. Afrotherian Cons. 8: 21–22

Röhrchenzähner

Grüsser, M. (2012): Anmerkung zur Handaufzucht von zwei Erdferkeln (*Orycteropus afer*) im Zoologischen Garten Berlin. Bongo 42: 33–40

Schliefer

McWilliams, D. & Y. Strode (2015): Rock Hyrax: Diet recommendations and Nutritional Pathology. Canada's Accredited Zoos and Aquarium Nutrition Advisory and Research Group

Rüsseltiere

EAZA Elephant Taxon Advisory Group (Hrsg.) (2020): EAZA Best practice guidelines for Elephants. European Association of Zoos and Aquariums, Amsterdam, The Netherlands

Fowler, M. E. & S. K. Mikota (2006): Biology, medicine, and surgery of Elephants. Blackwell Publishing, Ames, USA

Lahdenperä, M., Mar, U. K. & V. Lummaa (2014): Reproductive cessation and post reproductive lifespan in Asian elephants and pre-industrial humans. Frontiers Zool. 11: 54

Schmidt, H. & J. Kappelhoff (2019): Review of the management of the Asian Elephant *Elephas maximus* EEP: current challenges and future solutions. Int. Zoo Yb. 53: 31–44

Voorham,. M. J. (2015): Developments in elephant husbandry in EAZA Zoos. Universität Utrecht

Wiese, R. J. & K. Willis (2004): Calculation of longevity and life expectancy in captive elephants. Zoo Biol. 23: 365–373

Seekühe

Courbis, S. S. & G. A. J. Worthy (2003): Opportunistic carnivory of Florida Manatees (*Trichechus manatus latirostris*). Aquat. Mammals 29: 103–107

Heukels, M. & L. Van Leeuwen (2008): Draft husbandry guidelines of the West-Indian Manatee (*Trichechus manatus*). EAZA Marine Mammal TAG

Nowak, R. M. (1999): Walker's Mammals of the World. Johns Hopkins University Press

Gepanzerte Nebengelenktiere

Lynx Nature Books (Hrsg.) (2023): All the Mammals of the World. Lynx Edicions, Barcelona

Behaarte Nebengelenktiere

Lynx Nature Books (Hrsg.) (2023): All the Mammals of the World. Lynx Edicions, Barcelona

Spitzhörnchen

Hawkins, M. (2018): Tupaiidae (Treeshrews). In: Wilson, D. E. & R. A. Mittermeier (Hrsg.): Handbook of the Mammals of the World. Vol. 8: Insectivores, Sloths and Colugos. Lynx Edicions, Barcelona

Sargis, E. J., Woodman, N., Reese, A. T. & L. E. Olson (2013): Using hand proportions to test taxonomic boundaries within the *Tupaia glis* species complex (Scandentia, Tupaiidae). J. Mammal. 92: 183–201

Primaten

Abello, M. T., Ter Meulen, T. & Prins, E. F. (Hrsg.) (2018): EAZA Mangabey Best Practice Guidelines. Parc Zoològic de Barcelona and Gaia ZOO. European Association of Zoos and Aquariums, Amsterdam, The Netherlands

Bemment, N. (Hrsg.) (2018): EAZA Best Practice Guidelines for Orang Utans. European Association of Zoos and Aquariums, Amsterdam, The Netherlands

Bemment, N. (Hrsg.) (2024): EAZA Best Practice Guidelines for the Western Lowland Gorilla (*Gorilla gorilla gorilla*). 3rd Edition. European Association of Zoos and Aquariums, Amsterdam, The Netherlands

Byczyk, K., Dunn, N., Pribrsky, F. & Tang, C. (Hrsg.) (2022): EAZA Best Practice Guidelines for *Nycticebus* species. European Association of Zoos and Aquariums, Amsterdam, The Netherlands

Cabana, F., Jasmi, R. & Maguire, R. (2018): Great Ape Nutrition: Low-sugar and high-fibre diets can lead to increased natural behaviours, decreased regurgitation and reingestion, and reversal of prediabetes. Int. Zoo YB. 52: 1–14

Carlsen, F., De Jongh, T. & Pluhackova, J. (Hrsg.) (2022): EAZA Best Practice Guidelines for Chimpanzees (*Pan troglodytes*). European Association of Zoos and Aquariums, Amsterdam, The Netherlands

Hartley, M. & Chapman, M. (2018): EAZA Best Practice Guidelines for the De Brazza Monkey (*Cercopithecus neglectus*). European Association of Zoos and Aquariums, Amsterdam, The Netherlands

Johann, A. & Brüning, N. (Hrsg.) (2021): EAZA Best Practice Guidelines for the Gelada baboon (*Theropithecus gelada*). European Association of Zoos and Aquariums, Amsterdam, The Netherlands

Lynx Nature Books (Hrsg.) (2023): All the Mammals of the World. Lynx Edicions, Barcelona

Mittermeier, R. A., Rylands, A. B. & D. E. Wilson (Hrsg.) (2013): Handbook of the Mammals of the World. Vol. 3: Primates. Lynx Edicions, Barcelona

Stevens, J. (Hrsg.) (2020): EAZA Best Practice Guidelines for Bonobos (*Pan paniscus*). European Association of Zoos and Aquariums, Amsterdam, The Netherlands

Stevensen, M. & Rylands, A. (Hrsg.) (2022): EAZA Best Practice Guidelines for Callitrichidae. 3. Edition. European Association of Zoos and Aquariums, Amsterdam, The Netherlands

Souvignet, T., Giorgiadis, M., Drouet, B. & Quintard, B. (2019): EAZA Best Practice Guidelines for capuchin monkeys (*Sapajus* and *Cebus* sp.). European Association of Zoos and Aquariums, Amsterdam, The Netherlands

Unger, B., Roullet, D., Pauly, A., Laidebeure, S., Lecu, A. & Morino, L. (2023): EAZA Best Practice Guidelines for Crowned Sifaka (*Propithecus coronatus*) and Coquerel's Sifaka (*Propithecus coquereli*). European Association of Zoos and Aquariums, Amsterdam, The Netherlands

Van den Heuvel, S., Hoevens, S., Daalhuisen, F., Cabana, F., De Boer, F. & Persaud, F. (2021). EAZA Best Practice Guidelines for the White-faced Saki (*Pithecia pithecia*). European Association of Zoos and Aquariums, Amsterdam, The Netherlands

Nagetiere

Alvarado-Larios, R., Teta, P., Cuello, P., Jayat, J. P., Tarquino-Carbonell, A. P., D'Elía, G., Cornejo, P. & Ojeda, A. A. (2024): A new living species of the genus *Ctenomys* (Rodentia: Ctenomyidae) from central-western Argentina. Vertebrate Zool. 74: 193–207

Begall, S., Burda, H. & Sumbera, R. (2018): Graumulle. Neue Brehm Bücherei 679. VerlagsKG Wolf, Magdeburg

Beneta, D. (2020): Die Balkan-Schneemaus (Dinaromys bogdanovi) – eine Übersicht über in situ und ex situ-Aktivitäten. Vortrag EAZA-Online-Tagung

Brem, E. A., McNulty, A. D. & Israelson, W. J. (2021): Breeding and hibernation of captive meadow jumping mice (*Zapus hudsonius*). PLoS ONE 16(5): e0240706. https://doi.org/10.1371

Brook, F., Tomasco, I.H., González, B. & Martin, G. M. (2022): A New Species of *Ctenomys* (Rodentia: Ctenomyidae) from Patagonia

Related to *C. Sociabilis*. J. Mammal. Evol. 29: 237–258

Dammann, P., Begall, S. & Sumbera, R. (2022): Analysis of ageing and longevity in African mole-rats – digging deeper than before (Rodentia: Bathyergida). Lynx n. s. 53: 125–133.

Eisenberg, J. F. & Maliniak, E. (1973): Breeding and captive maintenance of the Lesser bamboo rat. Int. Zoo YB. 13: 204–207

Gazit, I., Shanas, U. & J. Terkel (1996): First succesful breeding oft he blind mole rat (Spalax ehrenbergi) in captivity. Israel. J. Zool. 42: 3–13

Honigs, S. & Greven, H. (2024): Gundis (*Ctenodactylus gundi* (Rothmann, 1776)) in European Zoos: Since when, how to keep, and why? Zool. Garten N.F. 92: 51–73

Jansa, S. A. & Weksler, M. (2004): Phylogeny of Muroid Rodents. Relationships Within and Among Major Lineages as Determined by IRBP Gene Sequences. Mol. Phylogent. Evol. 31: 256–276

Krawinkel, P. (2011): Futterhygiene bei empfindlichen Tierarten am Beispiel Baumstachler und Elch. Vortrag 38. Tagung Fachgruppe Zootierernährung ZOOM Gelsenkirchen

LaHaye, M. (2020): Der Europäische Hamster (*Cricetus cricetus*) in den Niederlanden: Von der Plage zum Leuchtturm der Biodiversität landwirtschaftlich genutzter Flächen. Vortrag EAZA-Online-Tagung

Lambert, C. & Mills, H. (2006): Husbandry and breeding of the Dibbler, *Parantechinus apicalis* at Perth Zoo. Int. Zoo Yb. 40: 290–301

Peron, G., Lemaıtre, J.-F., Ronget, V., Tidière M. & Gaillard, J.-M. (2019): Variation in actuarial senescence does not reflect life span variation across mammals. PLoS Biol 17(9): e3000432

Rahm, U. (1980): Die Afrikanische Wurzelratte. Neue Brehm Bücherei 528. Ziemsen-Verlag, Lutherstadt Wittenberg

Stadler, A. (2021): Wir retten (hoffentlich) eine Art – Das Artenschutzprojekt: Bayerische Kurzohrmaus vom Alpenzoo Innsbruck. Eliomys 2021 (Heft 3): 38–40

Teta, P., Jayat, J. P. & Ortiz, P. E. (2021): A new species of the genus *Microcavia* (Rodentia, Caviidae). Therya 13: 103–114

Teta, P., Ojeda, R. A., Lucero, S. O. & D'Elía, G. (2017). Geographic Variation in Cranial Morphology of the Southern Mountain Cavy, *Microcavia australis* (Rodentia, Caviidae): Taxonomic Implications, with the Description of a New Species. Zool. Studies, 56, e29

Wilson, D. E., Lacher, T. E. & R. A. Mittermeier (Hrsg.) (2016): Handbook of the Mammals of the World: Lagomorphs and Rodents 1. Lynx Edicions, Barcelona

Wünnemann, K. & Hluboka, M. (2020): Rettet die regional bedrohten Arten: Beispiele für den Europäischen Hamster (Deutschland) und den Europäischen Ziesel (Tschechien). Vortrag EAZA-Online-Tagung

Zielinski, W. J. & Mazurek, M. J. (2016): Reproductive Characteristics of the Point Arena Mountain Beaver (*Aplodontia rufa nigra*). Northwest Sci. 90: 13–145

Hasenartige

Boback, A. W. (1970): Das Wildkaninchen. Neue Brehm Bücherei 415

Elias, B. A., Shipley, L. A., McCusker, S., Sayler, R. D. & T. R. Johnson (2013): Effects of genetic management on reproduction, growth, and survival in captive endangered pygmy rabbits (*Brachylagus idahoensis*). J. Mammol. 94: 1282–1292

García, Y., González, V. F., Campos Morales, R., Teles, D., García, S., García, D. & U. Martínez. (2020): A Survival Blueprint for the conservation of the Volcano rabbit, *Romerolagus diazi*, and its habitat, Mexico. EDGE, Zoological Society of London

Hoth, J. & Granados, H. (1987): A preliminary report on the breeding of the Volcano rabbit *Romerolagus diazi* at the Chapultepec Zoo, Mexico City. Int. Zoo YB. 26: 261–265

Zörner, H. (1996): Der Feldhase. Neue Brehm Bücherei 169

Igelartige

Ai, H.-S., He, K., Chen, Z.-Z., QiLi, J., Li, Q., Nie, W.-H., Wang, J.-H. Su, W. T. & X.-L. Jiang (2018): Taxonomic revision of the genus *Mesechinus* (Mammalia: Erinaceidae) with description of a new species. Zool. Res. 39: 335–347

Baboo, I., Janshair, M., Iqbal, K. J., Shabaz, M., Shafiq, A. & H. M. Sajawal (2022): Behavioural responses and feeding preferences of *Hemiechinius collaris* (Eulypothyphla: Erinaceidae). Uni. Sindh J. Anim. Sci. 6: 31–35

Bandini, G. & D. Bandini (2004): Einige Bemerkungen zum Afrikanischen Weißbauchigel (*Atelerix albiventris*) und zur Problematik seiner Haltung in Gefangenschaft. Pro Igel e. V.

Spitzmausartige

Burgin, C., Haslauer, R., He, K., Himckey, A., Hintsche, S., Hutterer, R., Jenkins, P. D., Motokawa, M., Ruedi, M., Sheftel, B. & N. Woodman (2018): Soricidae (Shrews). In: Wilson, D. E. & R. A. Mittermeier (Hrsg.): Handbook of the Mammals of the World. Vol. 8: Insectivores, Sloths, Colugos. Lynx Edicions, Barcelona

Derbridge, J. J., Posthumus, E. E., Chen, H. L. & J. L. Koprowski (2015): *Solenodon paradoxus* (Soricomorpha: Solenodontidae). Mammal. Species 47 (927): 100–106

Folinsbee, K. E. (2013): Evolution of venom across extant and extinct eulipotyphlans. C. R. Paleaoevol. 12: 531–542

Igea, I., Aymerich, P., Bannikova, A. A., Gosálbez, J. & J. Castresana (2015): Multilocus species trees and species delimitation in a temporal context: application to the water shrews of the genus *Neomys*. BMC Evolutionary Biology 15: 209

Kowalski, K., Marciniak, P. & L. Rychlik (2022): A new, widespread venomous mammal species: hemolytic activity of *Sorex araneus* venom is similar to that of *Neomys fodiens* venom. Zool. Letters 8: 7. https://doi.org/10.1186/s40851-022-00191-5

Kryštufek, B. & M. Motokawa (2018): Talpidae (Moles, Desmans, Star-nosed Moles and Shrew Moles). In: Wilson, D. E. & R. A. Mittermeier (Hrsg.): Handbook of the Mammals of the World. Volume 8: Insectivores, Sloths, Colugos. Lynx Edicions, Barcelona

Turvey, S. (2018): Solenodontidae. In: Wilson, D. E. & R. A. Mittermeier (Hrsg.): Handbook of the Mammals of the World. Vol. 8: Insectivores, Sloths and Colugos. Lynx Edicions, Barcelona

Witte, G. R. (2013): Der Maulwurf. Neue Brehm Bücherei 637. Verlags KG Wolf, Magdeburg

Fledertiere

Ch'ng, L., Tsang, S. M, Ong, Z. A., Dolyce H. W. Low, D. H. W., Wiantoro, S., Smith, I. L., Simmons, N. B., Su, Y. C. F., Lohman, D. J., Smith, G. J. D. & I. H. Mendenhall (2022): Co-circulation of alpha- and beta-coronaviruses in *Pteropus vampyrus* flying foxes from Indonesia. Transboundary Em Dis. DOI: 10.1111/tbed.14762

Courts, S. E. (1997): Insectivory in captive Livingstone's and Rodrigues fruit bats *Pteropus livingstonii* and *P. rodricensis* (Chiroptera: Pteropodidae): a behavioural adaptation for obtaining protein. J. Zoology 242: 404–410

Delpietro, H. A. & R. G. Russo (2002): Observations of the common vampire bat (*Desmodus rotundus*) and the hairy-legged vampire bat (*Diphylla ecaudata*) in captivity. Mammal. Biol. 67: 65–78

Hutcheon, J. M. & J. A. W. Kirsch (2006): A moveable face: deconstructing the Microchiroptera and a new classification of extant bats. Acta Chiropterologica 8: 1–10

Teeling, E. C., Madsen, O., Van Den Bussche, R. A., de Jong; W. W., Stanhope, M. J. & M. S. Springer (2002): Microbat paraphyly and the convergent evolution of a key innovation in Old World rhinolophoid microbats. PNAS 99: 1431–1436

Wacharapluesadee, S, Duengkae, P., Chaiyes, A., Kaewpom, T., Rodpan, A., Yingsakmongkon, S., Petchara, S., Phengsakul, P., Maneeorn, P. & T. Hemachudha (2018): Longitudinal study of age-specific pattern of coronavirus infection in Lyle's flying fox (*Pteropus lylei*) in Thailand. Virology J. 15: 38

Zigeler, N. (2000): Species Management Guidelines No. 4: Rodriguez Fruit Bat (*Pteropus rodricensis*) and Livingstone's Fruit Bat (*Pteropus livingstonii*). Durrell Wildlife Conservation Trust

Schuppentiere

Hua, H., Gong, S., Wang, F., Li, W., Ge, Y., Li, X. & F. Hou (2015): Captive breeding of pangolins: current status, problems and future prospects. ZooKeys 597: 99–114

Van Thai, N., Clark, L & T. Q. Phuong (2014), Management Guidelines for Sunda pangolin (*Manis javanica*), Carnivore and Pangolin Conservation Program – Save Vietnam's Wildlife, Carnivore & Pangolin Conservation Program, Cuc Phoong, Vietnam

Yan, D., Zeng, X., Jia, M., Guo, X., Deng, S., Tao, L., Huang, X., Li, B., Huang, C., Que, T., Li, K., Liang, W., Zhao, W., Liang, W., Zhong, Y., Platto, S. & S. W. Choo (2021): Successful captive breeding of a Malayan pangolin population to the third filial generation. Commun. Biol. 4: 1212

Yang, C. W., Chen, S., Chang, C.-Y., Lin, M. F., Block, E., Lorentsen, R., Chin,J. S. C. & E. S. Dierenfeld (2007): History and Dietary Husbandry of Pangolins in Captivity. Zoo Biol. 26: 223–230

Zhang, F., Yu, J., Wu, S., Li, S., Zou, C., Wang, Q & R. Sun (2017): Keeping and breeding the rescued Sunda pangolins (*Manis javanica*) in captivity. Zoo Biol. 36: 387–396

Raubtiere

Biddle, R. (Hrsg.) (2022): Jaguar (*Panthera onca*) EAZA Best Practice Guideline. European Association of Zoos and Aquariums, Amsterdam, The Netherlands

Blomqvist, L. (2012): Husbandry Manual for captive Wolverines (*Gulo gulo*). Nordens Ark Foundation, Sweden

Helgen, K. M., Pinto, C. M., Kays, R., Helgen, L. E., Tsuchiya, M. T. N., Quinn, A., Wilson, D. E. & Maldonado, J. E. (2013): Taxonomic revision of the Olingos (*Bassaricyon*), with description of an new species, the olinguito. ZooKeys 324, Special issue: 1–83

Houssaye; F. (Hrsg.) (2014): Striped Hyaena (*Hyaena hyaena*) EAZA Best Practice Guideline. European Association of Zoos and Aquariums, CERZA Zoological Park, Lisieux, France

Kitchner, A. C., Breitenmoser, C., Eizirik, E. & Gentry, A. (2017): A revised taxonomy of the Felidae. The final report of the Cat Classification Task Force oft he IUCN/SSC Cat Specialist Group. Cat News Special Issue 11

Lynx Nature Books (Hrsg.) (2023): All the Mammals of the World. Lynx Edicions, Barcelona

Maisch, H., Rixt Vellinga, N. & Boersma, H. (Hrsg.) (2017): Dhole (*Cuon alpinus*) EAZA Best Practice Guideline. European Association of Zoos and Aquariums, Amsterdam, The Netherlands

Reichler, S. (Hrsg.) (2018): Asiatic Golden Cat (*Catopuma temmincki*). EAZA Best Practice Guideline. European Association of Zoos and Aquariums, Amsterdam, The Netherlands

Rey, E. (Hrsg.) (2016): European Otter (*Lutra lutra*) EAZA Best Practice Guideline. European Association of Zoos and Aquariums, Amsterdam, The Netherlands

Schikora, T. (2020): Giant Otter (*Pteronura brasiliensis*) breeding programmes: challenges and current developments. Int. Zoo Yb. 54: 72–79

Verberkmoes, W. & Verberkmoes, H. (2009): African Wild Dog (*Lycaon pictus*). EEP Husbandry Guideline. European Association of Zoos and Aquariums, Amsterdam, The Netherlands

Weerman, J. (2021). EAZA Best Practice Guidelines for the Red Panda (*Ailurus fulgens*). 2nd Edition. European Association of Zoos and Aquariums, Amsterdam, The Netherlands

Wilson, D. E. & R. A. Mittermeier (Hrsg.) (2014): Handbook of the Mammals of the World. Vol. 4: Sea Mammals. Lynx Edicions, Barcelona

Unpaarhufer

Alviz, A., González-González, P. & J. Pérez-Torres (2023): Scientific and traditional knowledgement: diet of the lowland tapir *Tapirus terrestris* in the Orinoquia region of Colombia. Animal Biodiv. Cons. 46: 87–97

Anonymus (o. J): Tapir nutrition fact sheet. EAZA Tapir and Suiform TAG

Clauss, M., Wilkins, T., Hartley, A. & J.-M. Hatt (2009): Diet composition, food intake, body condition, and fecal consistency in captive tapirs in U.K. collections. Zoo Biology 28: 279–291

Driechciarz, R. & E. Driechciarz (2020): Erkenntnisse zur Fortpflanzungsbiologie von Flachlandtapiren (*Tapirus terrestris* Linnaeus, 1758) im Magdebuger Zoo. Zool. Garten N. F. 88: 7–15

Ibler, B. & Fischer, K. (2017): Comparative analyses of life-history strategies in Asiatic and African wild asses using a demographical approach. Folia. Zool. 66: 133–146

Lynx Nature Books (Hrsg.) (2023): All the Mammals of the World. Lynx Edicions, Barcelona

Pilgrim, M. & Biddle, R. (Hrsg.) (2020): Black Rhinoceros (*Diceros bicornis*). EAZA Best Practice Guideline. 2nd Edition. European Association of Zoos and Aquariums, Amsterdam, The Netherlands

Turghan, M. A., Jiang, Z. & Niu, Z. (2022): An Update on Status and Conservation of the Przewalski's Horse (*Equus ferus przewalskii*): Captive Breeding and Reintroduction Projects. Animals 12, 3158

Versteege, L. (Hrsg.) (2018): EAZA White Rhino (*Ceratotherium simum*) EEP Best Practice Guideline. Safari Park Beekse Berge, The Netherlands

Paarhufer

AZA Ungulate TAG (2017): Ungulate Taxon Advisory Groups Mixed-species Exhibit Manual. Association of Zoos and Aquariums, Silver Springs, USA

Blaum, N. (2012): Chronoethologie von Okapis – Veränderungen der Aktivitätsmuster von trächtigen Tieren und Jungtieren. Akademiker-Verlag, Saarbrücken

Engel, H. & K. Brünsing (1999): Husbandry Guidelines. Europäisches Zuchtbuch / European Studbook *Addax nasomaculatus*. Zoo Hannover. S. 58–73

Fischer, M. (Hrsg.) (o. J.): Husbandry Guidelines for the Babirusa (*Babyrousa babyrussa*) Species Survival Plan. St. Louis Zoo

Groves, C. P. & E. Meijaard (2005): Inter specific variation in *Moschiola*, the Indian chevrotain. Raffles Bull. Zool. Suppl. 12: 413–421

Groves, C. & P. Grubb (2011): Ungulate Taxonomy. John Hopkins Univ. Press

Groves, C. & D. M. Leslie Jr. (2011): Bovidae (Hollow-horned Ruminants). In: Wilson, D. E. & R. A. Mittermeier (Hrsg.): Handbook of the Mammals of the World. Vol. 2: Hooved Mammals. Lynx Edicions, Barcelona

Hartley, M. & E. Wall (2018): EAZA Best practice guidelines Burmese Brow Antlered Deer (*Rucervus eldii thamin*). EAZA Deer Taxon Advisory Group

Houwald, F. von, MacDonald, A. A., Pagan, O. & B. Steck (Hrsg.) (o. J.): Husbandry guidelines for the pygmy hippotamus (*Choeropsis liberiensis*). Zoo Basel, Schweiz

Houwald, F. von, Wyss, F., Hruby, J., Goodwin, I., Rademacher, U. & B. Steck (Hrsg.) (2018): EAZA best practice guidelines for the Lesser Kudu (*Tragelaphus imberbis*). Zoo Basel, Schweiz

Joseph, S. (2004): Husbandry Manual for Wild Cattle Species. AZA Bison Buffalo and Cattle Advisory Group

Kadwell, M., Fernandez, M., Stanley, H. F., Baldi, R., Wheeler, J. C., Rosadio, R. & M. W. Bruford (2001): Genetic analysis reveals the wild ancestors of the llama and the alpaca. Proc. R. Soc. London B. 268: 2575–2584

Leslie, D. M., Lee, D. N. & R. W. Dolman (2013): *Elaphodus cephalophus* (Artiodactyla: Cervidae). Mammal. Spec. 45 (904): 80–91

Lewison, R. (1998): Infanticide in the hippopotamus: evidence for polygynous ungulates. Ethol. Ecol. Evol. 10: 277–286

Ludt, C. J., Schröder, W., Rottmann, O. & R. Kühn (2004): Mitochondrial DNA phylogeography of red Deer (*Cervus elaphus*). Mol. Phyl. Evolution 31: 064–1083

Rue III, L. L. (2003): The Encyclopedia of Deer. Voyageur Press, Stillwater

Matschei, Ch. (2012): Böcke, Takine, & Moschusochsen. Filander-Verlag, Erlangen

Müller, D., Lackey, L. B., Streich, J., Hatt, J.-M. & M. Clauss (2010): Relevance of management and feeding regimens on life expectancy in captive deer. Am. J. Vet. Res. 71:275–280

Müller, D., Gaillard, J.-M., Lackey, L. B., Hatt, J.-M. & M. Clauss (2010): Comparing life expectancy of three deer species between captive and wild populations. Eur. J. Wildlife Res. 56: 205–208

Okabe, K., Fukuizumi, H., Kawamura, A., Matsunaga, M., Kase, Ch. & K. Uetake (2022): Giraffes like it hot? Research on giraffe drinking behaviour in response to warm water supply in a cold environment. Journal Zoo Aquar. Res. 10: 188–193

Richardson, D. (2014): Basic Takin Husbandry Guide. Manuscript

Richardson, D. & Stelvig, M. (2014): EAZA Best practice guidelines fort he muskox (*Ovibos moschatus*). 2nd edition, Copenhagen Zoo, Denmark

Rueda, L. L. J. de & T. A. Ancin (2013): Husbandry guidelines for captive breeding and management of Saharawi Dorcas gazelle (*Gazella dorcas neglecta*). Madrid

Schürer, U., Sliwa, A. & A. Lawrenz (2003): EEP Manual for the Chilean Pudu (*Pudu pudu*)

Semrau, A., Verstappen, F., Wolters, M., Szantho, J. & M. Hoyer (2010): Husbandry Manual Lesser Mousedeer (*Tragulus javanicus* – group). 2nd Edition, European Association of Zoos and Aquariums, Amsterdam, The Netherlands

Stadler, A. & Aurich, J. (2015): Captive Management of the Chilean Pudu (*Pudu pudu* Molina 1782). Deer Specialsit Group Newsletter 27: 67–73

Svabik, K. (2021): Mixed-species exhibits with Peccaries (Tayassuidae). Manuskript

Ueckermann, E &, P. Hansen (1994): Das Damwild. Naturgeschichte – Hege – Jagd. Parey-Verlag, Hamburg

Vercammen, P. & K. Habets (2006): Husbandry Guidelines for Warthog (*Phacochoerus africanus*). Breeding Centre for Endangered Arabian Wildlife, Sharjah, UAE

Velte, F. (2024): Bemerkenswertes Lebensalter beim Dromedar. Zool. Garten N. F. 92: 39–40

Weerman, J. & W. Van de Bunte (2020). EAZA Best Practice Guidelines for the tufted deer (*Elaphodus cephalophus*). European Association of Zoos and Aquariums, Amsterdam, The Netherlands

Wikberg, E. (2009): Husbandry guidelines for Turkmenian markhor. 1st edition. European Association of Zoos and Aquariums, Amsterdam, The Netherlands

Wilson, D & S. Ruff (1999): The Smithsonian Book of North American Mammals. Smithsonian Books, Washington

Zschokke, S. & B. Steck (2001): Tragzeit und Geburtsgewicht beim Zwergflußpferd, *Hexaprotodon liberiensis*. Zool. Garten N. F. 71: 57–61

Wale

Lynx Nature Books (Hrsg.) (2023): All the Mammals of the World. Lynx Edicions, Barcelona

Index der deutschen Tiernamen

B

E

H

I

J

K

L

M

N

O

P

Q

R

S

T

U

V

W

Y

Z

Index der lateinischen Tiernamen

A

B

C

D

E

H

M

N

R

S

T

U

V

W

X

Z

Notizen

Zootierhaltung

Die Bände dieser Reihe sind vor allem für Tierpflegerinnen und Tierpfleger sowie für Mitarbeitende in Tierparks geschrieben. Erkenntnisse über Verbreitung und Lebensweise in der Natur sowie über Unterkunft, Umgang, Ernährung, Zucht etc. in zoologischen Gärten werden aufbereitet und so für die Tierpflege zugänglich gemacht.

Grundlagen
J. Junhold (Hrsg.)
13., überarbeitete Auflage 2025
454 Seiten, zahlreiche Abbildungen, gebunden
ISBN: 978-3-8085-5098-4 Europa-Nr.: 57402

Säugetiere
T. Schikora & F. Velte
7., überarbeitete und aktualisierte Auflage 2025
992 Seiten, ca. 300 s/w-Fotos, gebunden, digitales Zusatzmaterial
ISBN: 978-3-8085-5949-9 Europa-Nr.: 57440

Vögel
H. Strehlow (Hrsg.)
4., vollständig überarbeitete Auflage 2021
824 Seiten, ca. 580 s/w-Fotos, gebunden, digitales Zusatzmaterial
ISBN: 978-3-8085-5916-1 Europa-Nr.: 57464

Reptilien und Amphibien
W. E. Engelmann & A. Jacken (Hrsg.)
2., vollständig überarbeitete und aktualisierte Auflage 2024
631 Seiten, ca. 550 s/w-Fotos, gebunden, digitales Zusatzmaterial
ISBN: 978-3-8085-5743-3 Europa-Nr.: 57426

Fische
W. E. Engelmann (Hrsg.)
1. Auflage 2005
890 Seiten, über 630 s/w-Fotos und Abbildungen, englische Broschur
ISBN: 978-3-8085-5738-9 Europa-Nr.: 57389

Wirbellose
W. E. Engelmann & J. Lange (Hrsg.)
1. Auflage 2011
1160 Seiten, ca. 830 s/w-Fotos, gebunden, Multiplattform-CD mit ca. 830 Farbfotos
ISBN: 978-3-8085-5748-8 Europa-Nr.: 57488

Bilder-Paket

DIGITAL+

INHALT DIGITAL+

- HTML-Struktur mit sämtlichen Fotos des Bandes in Farbe

EUROPA THEK

Die ergänzenden digitalen Materialien finden Sie in unserem virtuellen Medienregal EUROPATHEK kostenlos unter

www.europathek.de

Öffnen Sie www.europathek.de auf Ihrem Gerät (PC/MAC, Smartphone oder Tablet). Melden Sie sich mit Ihrem Nutzerkonto (bestehend aus E-Mail-Adresse und Passwort) an. Sofern Sie noch nicht über ein eigenes Nutzerkonto verfügen, können Sie sich kostenlos registrieren.

Durch die Eingabe des folgenden Codes schalten Sie das Bilder-Paket in Ihrer EUROPATHEK frei.

VEL-9YSK-TXK2-TM4N